中国立木材积表

Tree Volume Tables of China

刘琪璟　主编
孟盛旺　周华　周光　李园园　副主编

中国林业出版社

内容简介

本书收录了全国各地区编制的一元、二元立木材积表及材积式约 2000 个，是迄今为止收录数量最多、包括树种最全的立木材积表。本书可供林业生产经营、森林资源管理、林业稽查执法、林业科研教学等使用。

图书在版编目（CIP）数据

中国立木材积表 / 刘琪璟主编. —北京：中国林业出版社，2017.4

ISBN 978-7-5038-8935-6

I. ①中… II. ①刘… III. ①立木材积表–材积表 IV. ①S758.62

中国版本图书馆 CIP 数据核字（2017）第 075238 号

中国林业出版社·教育出版分社

策划编辑：肖基浒　　责任编辑：肖基浒　苏　梅

电话：010-83143555　　传真：010-83143516

出版发行　中国林业出版社（100009　北京市西城区德内大街刘海胡同 7 号）

Email: jiaocaipublic@163.com 电话（010）83143555

http://lycb.forestry.gov.cn

经　　销　新华书店

印　　刷　北京中科印刷有限公司

版　　次　2017 年 4 月第 1 版

印　　次　2017 年 4 月第 1 次印刷

开　　本　880 mm × 1230 mm 1/32

印　　张　36.25

字　　数　1310 千字

定　　价　168.00 元

前言

中国疆域辽阔，树种丰富，木本植物有 8000 余种，约占世界的 54%，其中乔木树种有 2000 余种，而乔木树种中，优良用材树种和经济树种多达 1000 余种。造林树种中还包括大量的品种，如杨树、桉树等。

准确测算森林资源的储量和动态，立木材积表是不可缺少的工具。森林蓄积量测算的基础是立木材积，而立木材积的测算需要有可靠的材积表。从新中国成立开始，国家及地方林业部门，先后组织力量编制了大量的立木材积表，编表所用样木数量之大难以统计。第一部立木材积表的行业标准《立木材积表》（LY 208—1977，后调整为LY/T 1353—1999）于 1978 年发布。这是迄今为止中国最有影响的立木材积表，共利用样木近 20 万株，56 个树种（组），涵盖了全国各地主要针阔叶树种。在计算工具十分不发达的时代，科研人员历时多年，完成了这部具有历史意义的立木材积测算工具，为中国各地建立地方材积表奠定了重要的基础。该书给出的是二元材积表（轮尺径）。

这套材积表发行后，各省（自治区、直辖市）除了独立采样编表外，更多的是在此基础上导算一元材积表，亦称地方材积表。方法是建立本地树种的树高方程，将二元材积表导算成一元材积表。到目前为止，全国各省区建立了大量的一元材积表、二元材积表、树高级材积表等，但尚没有关于全国范围各种材积表数量的具体统计数字。上海市、天津市、重庆市、香港特别行政区和澳门特别行政区没有独立编制立木材积表，台湾省也尚未见到正式发布的立木材积表。

随着对森林生态系统功能认识的深入，尤其是森林碳汇计量的需要，立木材积表对于测算森林生产力是非常重要的工具。尽管已经编制了很多数表，但是仍不能满足实际需要。各省（自治区、直辖市）一直在更新和补充新的材积表。

将众多的材积表集中起来，对于方便森林资源调查将起到重要作用。本书编者收集了全国各省（自治区、直辖市）的立木材积表并进行整理加工和汇编，以期为国家森林资源调查发挥作用。收集的途径或来源有：馆藏图书、个人藏书、古旧书店、学术期刊、地方标准、调查报告等。本书是全国广大林业工作者多年工作成果的集成。

和地方营林局平行，各地区的国有林业局也都有独立的材积表，即省林业厅或营林局编辑一套用于全省各市县的材积表，而森工企业所属各林业局均使用自己的材积表。例如，黑龙江省森工总局有 40 个林业局、吉林省有

18 个国有林业局，主要树种均独立编表。

由于材积表多数为内部发行的工具，且编表单位众多，图书馆很少有收藏，收集起来困难较大。本书编者共收集各种材积表 2000 余个，包括轮尺径、围尺径、地径等，从中筛选部分编辑成册。书后面附有树种名称索引，方便读者查找。庞大数量材积表的编辑，需要做大量细致的工作，包括树种考证、参数考证、方程测试、错误纠正等，本书编辑过程中共处理各种材积表计算文件、表格排版文件 4000 余个。

各地材积表编排风格各不相同，包括使用的径阶距、起始径阶等也不同。由于计算机技术的普及，目前测算材积已经不完全依靠单纯的表格，而以材积方程为主。从各地区材积表的编排形式及给出的参数信息来看，编表特点及存在的主要问题如下：

1. 材积方程形式多样：按使用的自变量数量分，主要有一元方程和二元方程；按方程的形式分，有幂函数方程、多项式方程、指数方程、对数方程等。树高方程、轮尺—围尺径转换方程的形式更是多种多样。

2. 材积方程不全：有的材积表附有材积方程，有的材积表则没有材积方程。一元材积表多数是从二元材积式导算出来的，很难利用一元材积表中的数据拟合出和原表完全吻合的材积方程。而有的材积表把从二元材积表到一元材积表的导算过程所需方程及参数都附上，方便使用。

3. 所用测树工具无标注：有的材积表明确标注了材积表适用于轮尺径或围尺径，而有的则没有标注。

4. 材积表的径阶距不同：径阶距有 0.1 cm（即实际直径）、1.0 cm 和 2.0 cm，个别材积表采用 4 cm 径阶距。本书未收录树高级材积表。

5. 材积方程的适用区间无标注：对于材积表附材积方程的情况，可以根据材积表查找材积式的适用区间（直径、树高），而只有材积方程时，就无法判断自变量的区间，这给方程应用带来一定困难，特别是大径木的材积测算，方程的外延会有较大误差。

6. 材积方程和表中数据不吻合：有部分省（自治区、直辖市）的材积方程和材积表不吻合，这类问题主要出现在 1990 年以前的材积表。

7. 树种起源无标注：人工林和天然林的树木干形往往差异很大而需要分别编表，但有不少材积表都没有标注所适用的树种起源，比如到底是天然林还是人工林。本书编者在引用时难以考证，读者在使用过程中还需要向地方编表机构咨询确认。

8. 有效数字不一致：多数省份的材积表采用 4 位小数，少数地区采用 3 位小数，也有的材积表采用 5 位小数。

9. 材积曲线不匀滑：有一部分树种的材积曲线匀滑度不够，如阶梯形等。利用材积差检验结果显示，随着径阶增加，材积差不是单调匀滑增加，而呈一定程度的波浪形或锯齿形。说明材积表还需要做进一步检验加工。

10. 缺少详细的编表说明：多数材积表没有说明编表的样木数、精度检验等信息。

11. 排版拣字错误：有的材积表有明显的拣字错误，这类问题主要出现在 1990 年以前的材积表。

在本书编辑过程中，编者对所有原材积表和材积方程都进行了测试。对于附有方程的材积表，将方程计算值和表中数值进行比较。对方程式和表中数值不一致的情况，原则上采用原表数据，同时给出原方程并附加注解。对于没有给出材积式的材积表，通过绘制材积曲线以及材积差曲线，查看曲线形状，分析材积表的质量。将有明显排版错误的数值，根据曲线趋势加以修正。但是对于个别呈波浪形或阶梯形的材积表，属于编表方法产生的误差，有待进一步研究订正。

本书采用数据压缩技术进行编表。汇集数量庞大的材积表，需要很多版面。压缩编表使版面数量大大减少。关于一元材积表，通过引入径阶材积差项，对实际直径材积表进行压缩处理，同时保持实际直径材积表的精度。与实际直径（径阶距 0.1 cm）材积表相比，本书编制的一元材积表压缩比达 80%，这是对材积表编制方法的改进。材积差的引入，能更直观地检测材积表的质量。本书对所收录的二元材积表编制了简表，在采用 1 cm 径阶距的基础上，树高仅取原材积表对角线上对应的数值。限于篇幅，本书的二元材积表主要收录部颁标准 LY 208—1977，各省单独编制的二元材积表除少数给出简表外，原则上只给出材积式。

本书直径和树高采用的单位分别为厘米（cm）和米（m）。本书给出的表格数据直径区间和树高区间都完全保留原材积表列出的范围，所列出的材积方程也都注明了直径树高适用范围（上限）。多数材积表的直径下限为 4 cm（有的为 2 cm），但材积式用来计算更小直径的材积一般误差不会很大，所以未特别指定直径下限。本书材积表统一使用 4 位小数，原表为 3 位小数且没有材积方程的，保留原表格式。

有的省份的材积表里包括形高表、形数表、出材率表、标准表、疏密度表等。鉴于篇幅的关系，本书原则上只收录立木材积表。对材积表的适用区域也都分别作了说明。二元材积表可以根据材积式计算形高而不需要单独给出形高数据。

本书对树种或树种组的名称适当进行了统一化处理，如色木槭（色木、色树）、栎树（柞树）等。有些树种组名称相同但代表的树种并不同，故仍然保留原来的名称，如各省的阔叶树、针叶树等。本书的每个材积表下方都详细列出了表格数据的来源、编表机构、刊印时间等信息，特别注明了适用树种和地区，读者可以根据有关信息确定选用最适合的材积表。关于适用树种和地区，以原表名称所包含的树种给出，同时根据该区同类树种的分布情况加以补充。例如，东北落叶松二元材积表，原材积表没有说明具体包括哪些树种。根据森林分布，东北天然落叶松林主要有兴安落叶松和长白落叶松，所以据此给出更详细的树种适用范围。关于材积表的适用地区，本书原则上使用材积表刊印时给出的地区名，尽管有些县市的名称或行政区划已经发生变化。

关于材积表的编排顺序，首先按照全国行政区编码顺序进行排列。同一个行政区内，在充分利用版面的前提下，大致按编表地区或编表单元、树种组（先针后阔）的顺序排列。

由于各地材积表很分散，有的林场对个别树种也独立编表，全面收集全国的材积表还需要做大量的工作，以使本书更加完善。这有赖于广大同行的大力支持和协助。

林业是公益事业，编辑本书，纯粹是编者们的公益行动。本书是在没有任何经费资助的情况下，历时 10 余载编成的。从资料收集、数据录入、测试纠错到编辑排版，全部由编者们自己完成。使用的排版工具为 LaTeX。如果本书的出版能够为林业生产、科研、教学等发挥作用则是编者们的最大欣慰。尽管本书编辑过程中投入了大量的时间和人力，难免还会有遗漏和错误，诚恳希望广大读者指正，以期再版时修订。

本书由刘琪璟主编，孟盛旺、周华、周光、李园园副主编。参加编写工作的还有（以拼音排序）：程小云、杜文先、史景宁、文冰彬、吴丹、徐玮泽、徐振招、于健、张宁、周亚爽、周阳等。本书在编辑过程中，得到众多同行朋友的帮助。他们或提供原版资料，或帮助拍摄复印，为充实本书的内容起到重要作用。他们（以拼音排序）是：白树青、崔嵬、邸月宝、刁鸣军、高志雄、亢新刚、廉培勇、刘丽婷、刘洋、尚鹤、孙翀、余涛、岳刚、张大海、张国斌、张国春、张梦雅、郑小贤、庄会霞等。值此书出版之际，特别向他们表示衷心感谢。

编　者

2016 年 12 月

使用说明

1. 材积表中采用的符号

D—直径，包括胸径、地径，单位为厘米（cm）；V—材积，单位为立方米（m^3）；ΔV—材积差，为所在径阶与下一个径阶之间的材积增量，即当直径增加 1 cm 时的材积增量，单位为立方米（m^3）（一元材积表最后一个径阶的材积差采用上一个径阶的材积差值）；H—树高，单位为米（m）；F—形数；FH—形高。材积表中的 D 不仅代表胸径，还代表地径、围径、轮径，未分别采用不同符号表示，可根据表的标题判断直径的类型，部分材积表专门做了标注。

2. 利用一元材积表查找材积

查找一株直径带小数（实际直径）的立木材积，需要根据材积差进行简单计算，即整数直径部分对应的材积加上小数部分对应的材积增量。直径小数部分对应的材积增量为：材积差×直径小数。例如，第 439 页表 475，20 cm 径阶的材积为 0.2045 m^3，材积差为 0.0273 m^3（从胸径 20 cm 到 21 cm 的材积增量），欲查胸径 20.6 cm 树木的材积，则该株树的材积为：$V = 0.2045+0.0273\times0.6 = 0.2209$ m^3。

3. 利用二元材积表查找材积

本书的二元材积表是简化表，是原表对角线的元素。查找材积时，根据胸径和最接近的树高查找单株材积。如果要查找的样木的树高与表中对应直径给出的树高差异较大，就需要根据材积式计算。

4. 利用二元材积式导算一元材积表

多数二元材积表的形式为：$V = aD^bH^c$，式中：D 和 H 分别为直径和树高，a、b、c 为参数。在导算成一元材积表时，需要将 H 用树高与胸径之间的回归关系替换。此外，全国二元立木材积表采用的是轮尺径，而实际工作中使用的却是围尺径，需要将围尺径转换成轮尺径，然后代入二元材积式计算材积。

5. 材积表兼用

天津市、上海市、重庆市可分别使用河北省、江苏省、四川省的立木材积表，香港特别行政区和澳门特别行政区可使用广东省的立木材积表。

分省目录

材积表目录

总目录

总目录

1 全国立木材积表

全国二元立木材积表于 1978 年出版，共 56 个树种（组），为部颁标准《立木材积表》，标准编号为 LY 208—1977，后调整为 LY/T 1353—1999。

1. 材积表的基本情况

本表是在收集全国各地 180 个树种的 197 000 株样木资料基础上编制的，共有 56 个二元立木材积表，其中针叶树 35 个，阔叶树 21 个，编表系统误差一般在 ±1% 以内，少数在 ±1% 到 ±2% 之间。

2. 材积表的适用范围

东北林区的各树种二元立木材积表，适用于大、小兴安岭、长白山、牡丹江、完达山等林区，其中阔叶树二元立木材积表适用于除柞树、山杨、白桦、黑桦以外的所有阔叶树及阔叶混交林中的白桦树、针叶林分内混生的阔叶树。

华北地区的各树种二元立木材积表，适用于北京、天津、山东、山西、河南、河北、内蒙古等省、自治区、直辖市的林分，其中阔叶树二元立木材积表，适用于除山杨、刺槐、桦木以外的所有阔叶树林分。松类人工林二元立木材积表，适用于油松、赤松、黑松等人工林。落叶松人工林二元立木材积表，适用于华北地区及辽宁的落叶松人工林。

杉木二元立木材积表（一）适用于湖南、湖北、广东、广西、浙江、安徽、江苏、四川、贵州等省、自治区的杉木林。杉木二元立木材积表（二）适用于江西、福建等省、自治区的杉木林。

马尾松二元立木材积表（一）适用于湖南、江西、广东、广西、福建、浙江、江苏、安徽、贵州等省、自治区的马尾松林。马尾松二元立木材积表（二）适用于四川、湖北等省、自治区的马尾松林。

北亚热带指湖北、湖南、江西、浙江、江苏、安徽和桂北地区。南亚热带指广东、广西（不含桂北）、福建、云南南部、台湾等，其阔叶树二元立木材积表适用于这些地区（除海南岛以外）的所有阔叶树林分（桉树等人工林分除外），海南岛阔叶混交林单独编制了二元立木材积表。台湾省的立木材积表，由于当时缺少资料，未编在内。

西南地区云杉和冷杉二元立木材积表（一）适用于四川省云杉、冷杉林，西南地区云杉和冷杉二元立木材积表（二）适用于云南省云杉、冷杉林。西南地区柏、杉类二元立木材积表，适用于西南及湖北西部地区的侧柏、圆柏（桧柏）、柳杉、油杉、铁杉等林分。四川和滇西北阔叶树二元立木材积表适用于除桦木、栎类以外的所有阔叶树林分。

西北地区落叶松二元立木材积表（一）适用于天山林区，西北地区落叶松二元立木材积表（二）适用于阿尔泰山林区。西北地区云杉二元立木材积表（一）适用于天山、祁连山、六盘山等林区，西北地区云杉二元立木材积表（二）适用于阿尔泰山林区，西北地区云杉二元立木材积表（三）适用于青海省云杉林区。

西北地区阔叶树二元立木材积表适用于该地区除山杨、桦木、栎类以外的所有阔叶树林分。

3. 材积表的计量单位

胸高直径（D）：从地径起 1.3 m 处的树干直径，单位厘米（cm）；树高（H）：单位米（m）；材积（V）：即树干材积，不包括枝桠材积，单位立方米（m^3）。

4. 材积表的使用

在测得立木的直径（D）、树高（H）后，查材积表中相应 D、H 的材积（V），即为该立木的材积。如为计测简便起见，亦可将二元立木材积表导算成一元立木材积表使用。

该材积表采用轮尺径，而实际中多使用围尺径，所以各地区据此导算一元材积表时，还要首先将围尺径换算为轮尺径，再推导一元材积表。

1. 华北地区人工松类二元立木材积表

$V = 0.000076051908D^{1.9030339}H^{0.86055052}$；$D \leqslant 40\text{cm}, H \leqslant 30\text{m}$

D	H	V	D	H	V	D	H	V	D	H	V	D	H	V
2	2	0.0005	10	8	0.0364	18	14	0.1804	26	20	0.4937	34	26	1.0309
3	3	0.0016	11	9	0.0483	19	15	0.2122	27	21	0.5532	35	27	1.1253
4	3	0.0027	12	9	0.0570	20	15	0.2339	28	21	0.5928	36	27	1.1873
5	4	0.0054	13	10	0.0727	21	16	0.2714	29	22	0.6597	37	28	1.2906
6	5	0.0092	14	11	0.0909	22	17	0.3124	30	23	0.7311	38	29	1.3995
7	6	0.0144	15	12	0.1117	23	18	0.3571	31	24	0.8072	39	30	1.5139
8	6	0.0186	16	12	0.1263	24	18	0.3872	32	24	0.8574	40	30	1.5886
9	7	0.0266	17	13	0.1518	25	19	0.4384	33	25	0.9417			

适用树种：油松、赤松、黑松；适用地区：北京、天津、山东、山西、河南、河北、内蒙古等地区；资料名称：立木材积表（部颁标准 LY 208—1977）；编表人或作者：中国农林科学院、农林部设计院、黑龙江省大兴安岭地区森林调查规划大队；出版机构：技术标准出版社；刊印或发表时间：1978。

2. 华北地区侧柏二元立木材积表

$V = 0.000091972184D^{1.8639778}H^{0.83156779}$；$D \leqslant 34\text{cm}, H \leqslant 20\text{m}$

D	H	V	D	H	V	D	H	V	D	H	V	D	H	V
2	2	0.0006	9	6	0.0245	16	10	0.1096	23	14	0.2851	30	18	0.5765
3	3	0.0018	10	7	0.0339	17	11	0.1328	24	15	0.3268	31	19	0.6410
4	3	0.0030	11	7	0.0405	18	11	0.1477	25	15	0.3527	32	19	0.6801
5	4	0.0059	12	8	0.0532	19	12	0.1756	26	16	0.4004	33	20	0.7517
6	4	0.0082	13	8	0.0618	20	12	0.1933	27	16	0.4295	34	20	0.7947
7	5	0.0132	14	9	0.0783	21	13	0.2262	28	17	0.4834			
8	5	0.0169	15	9	0.0890	22	14	0.2624	29	18	0.5412			

适用树种：侧柏；适用地区：北京、天津、山东、山西、河南、河北、内蒙古等地区；资料名称：立木材积表（部颁标准 LY 208—1977）；编表人或作者：中国农林科学院、农林部设计院、黑龙江省大兴安岭地区森林调查规划大队；出版机构：技术标准出版社；刊印或发表时间：1978。

全国

3. 华北地区刺槐二元立木材积表

$$V = 0.00007118229D^{1.9414874}H^{0.8148708};\ D \leqslant 34\text{cm},\ H \leqslant 25\text{m}$$

D	H	V	D	H	V	D	H	V	D	H	V	D	H	V
2	2	0.0005	9	7	0.0248	16	12	0.1174	23	17	0.3154	30	22	0.6518
3	3	0.0015	10	8	0.0339	17	13	0.1409	24	18	0.3589	31	23	0.7202
4	3	0.0026	11	9	0.0449	18	14	0.1673	25	19	0.4060	32	24	0.7930
5	4	0.0050	12	9	0.0531	19	14	0.1858	26	19	0.4381	33	25	0.8703
6	5	0.0086	13	10	0.0676	20	15	0.2171	27	20	0.4915	34	25	0.9223
7	6	0.0134	14	11	0.0844	21	16	0.2516	28	21	0.5488			
8	6	0.0174	15	11	0.0965	22	17	0.2893	29	22	0.6102			

适用树种：刺槐；适用地区：北京、天津、山东、山西、河南、河北、内蒙古等地区；资料名称：立木材积表（部颁标准 LY 208—1977）；编表人或作者：中国农林科学院、农林部设计院、黑龙江省大兴安岭地区森林调查规划大队；出版机构：技术标准出版社；刊印或发表时间：1978。

4. 华北地区阔叶树二元立木材积表

$$V = 0.000057468552D^{1.915559}H^{0.9265972};\ D \leqslant 48\text{cm},\ H \leqslant 25\text{m}$$

D	H	V	D	H	V	D	H	V	D	H	V	D	H	V
2	2	0.0004	12	7	0.0407	22	12	0.2142	32	17	0.6064	42	22	1.2964
3	3	0.0013	13	8	0.0537	23	13	0.2512	33	18	0.6782	43	23	1.4132
4	3	0.0023	14	8	0.0619	24	13	0.2726	34	18	0.7181	44	23	1.4768
5	4	0.0045	15	9	0.0788	25	14	0.3157	35	19	0.7981	45	24	1.6038
6	4	0.0064	16	9	0.0892	26	14	0.3403	36	19	0.8424	46	24	1.6728
7	5	0.0106	17	10	0.1104	27	15	0.3900	37	20	0.9310	47	25	1.8103
8	5	0.0137	18	10	0.1232	28	15	0.4181	38	20	0.9798	48	25	1.8848
9	6	0.0203	19	11	0.1492	29	16	0.4748	39	21	1.0774			
10	6	0.0249	20	11	0.1647	30	16	0.5066	40	21	1.1309			
11	7	0.0345	21	12	0.1960	31	17	0.5706	41	22	1.2379			

适用树种：阔叶树；适用地区：北京、天津、山东、山西、河南、河北、内蒙古等地区；资料名称：立木材积表（部颁标准 LY 208—1977）；编表人或作者：中国农林科学院、农林部设计院、黑龙江省大兴安岭地区森林调查规划大队；出版机构：技术标准出版社；刊印或发表时间：1978。其他说明：本表适用于除山杨、刺槐、桦木以外的所有阔叶树。

5. 华北地区人工落叶松二元立木材积表

$V = 0.000053403288D^{1.8080721}H^{1.0724207}$；$D \leqslant 30\text{cm}, H \leqslant 26\text{m}$

D	H	V	D	H	V	D	H	V	D	H	V	D	H	V
2	2	0.0004	8	7	0.0185	14	12	0.0906	20	18	0.2667	26	23	0.5576
3	3	0.0013	9	8	0.0264	15	13	0.1119	21	18	0.2914	27	24	0.6248
4	4	0.0029	10	9	0.0362	16	14	0.1361	22	19	0.3358	28	24	0.6673
5	5	0.0055	11	10	0.0482	17	15	0.1635	23	20	0.3845	29	25	0.7428
6	5	0.0077	12	11	0.0625	18	16	0.1943	24	21	0.4376	30	26	0.8237
7	6	0.0123	13	11	0.0722	19	17	0.2287	25	22	0.4952			

适用树种：落叶松；适用地区：北京、天津、山东、山西、河南、河北、内蒙古等地区；资料名称：立木材积表（部颁标准 LY 208—1977）；编表人或作者：中国农林科学院、农林部设计院、黑龙江省大兴安岭地区森林调查规划大队；出版机构：技术标准出版社；刊印或发表时间：1978。

6. 东北地区柞树二元立木材积表

$V = 0.000061125534D^{1.8810091}H^{0.94462565}$；$D \leqslant 80\text{cm}, H \leqslant 28\text{m}$

D	H	V	D	H	V	D	H	V	D	H	V	D	H	V
2	2	0.0004	18	7	0.0882	34	13	0.5239	50	18	1.4715	66	24	3.2552
3	2	0.0009	19	8	0.1108	35	13	0.5532	51	19	1.6074	67	24	3.3486
4	3	0.0023	20	8	0.1221	36	14	0.6256	52	19	1.6672	68	25	3.5786
5	3	0.0036	21	8	0.1338	37	14	0.6587	53	19	1.7280	69	25	3.6783
6	3	0.0050	22	9	0.1632	38	14	0.6926	54	20	1.8787	70	25	3.7792
7	4	0.0088	23	9	0.1774	39	15	0.7762	55	20	1.9447	71	26	4.0279
8	4	0.0113	24	10	0.2123	40	15	0.8141	56	20	2.0117	72	26	4.1353
9	4	0.0141	25	10	0.2293	41	15	0.8528	57	21	2.1779	73	26	4.2439
10	5	0.0213	26	10	0.2468	42	16	0.9484	58	21	2.2503	74	27	4.5120
11	5	0.0254	27	11	0.2900	43	16	0.9914	59	21	2.3239	75	27	4.6274
12	5	0.0300	28	11	0.3105	44	16	1.0352	60	22	2.5063	76	27	4.7441
13	6	0.0414	29	11	0.3317	45	17	1.1435	61	22	2.5854	77	28	5.0321
14	6	0.0476	30	12	0.3838	46	17	1.1918	62	23	2.7800	78	28	5.1558
15	6	0.0541	31	12	0.4082	47	17	1.2410	63	23	2.8650	79	28	5.2808
16	7	0.0707	32	12	0.4334	48	18	1.3627	64	23	2.9511	80	29	5.5895
17	7	0.0793	33	13	0.4952	49	18	1.4166	65	24	3.1631			

适用树种：柞树（栎树）；适用地区：东北；资料名称：立木材积表（部颁标准 LY 208—1977）；编表人或作者：中国农林科学院、农林部设计院、黑龙江省大兴安岭地区森林调查规划大队；出版机构：技术标准出版社；刊印或发表时间：1978。

全国

7. 华北地区山杨二元立木材积表

$V = 0.000065678245D^{1.9410626}H^{0.84929086}$；$D \leqslant 46\text{cm}, H \leqslant 30\text{m}$

D	H	V	D	H	V	D	H	V	D	H	V	D	H	V
2	2	0.0005	11	8	0.0403	20	14	0.2071	29	19	0.5522	38	25	1.1780
3	3	0.0014	12	8	0.0478	21	14	0.2277	30	20	0.6160	39	26	1.2809
4	3	0.0025	13	9	0.0617	22	15	0.2642	31	21	0.6842	40	26	1.3454
5	4	0.0048	14	10	0.0779	23	16	0.3043	32	21	0.7277	41	27	1.4574
6	5	0.0083	15	10	0.0890	24	16	0.3305	33	22	0.8036	42	28	1.5751
7	5	0.0113	16	11	0.1094	25	17	0.3766	34	23	0.8843	43	28	1.6487
8	6	0.0170	17	12	0.1325	26	17	0.4064	35	23	0.9355	44	29	1.7761
9	7	0.0244	18	12	0.1481	27	18	0.4591	36	24	1.0245	45	30	1.9095
10	7	0.0299	19	13	0.1760	28	19	0.5158	37	25	1.1186	46	30	1.9927

适用树种：山杨；适用地区：北京、天津、山东、山西、河南、河北、内蒙古等地区；资料名称：立木材积表（部颁标准 LY 208—1977）；编表人或作者：中国农林科学院、农林部设计院、黑龙江省大兴安岭地区森林调查规划大队；出版机构：技术标准出版社；刊印或发表时间：1978。

8. 沙地樟子松二元立木材积表

$V = 0.000082179346D^{1.8318749}H^{0.88035007}$；$D \leqslant 80\text{cm}, H \leqslant 26\text{m}$

D	H	V	D	H	V	D	H	V	D	H	V	D	H	V
2	2	0.0005	18	7	0.0908	34	12	0.4681	50	17	1.2891	66	22	2.6899
3	2	0.0011	19	7	0.1003	35	12	0.4936	51	18	1.4057	67	23	2.8754
4	3	0.0027	20	8	0.1239	36	13	0.5577	52	18	1.4566	68	23	2.9545
5	3	0.0041	21	8	0.1355	37	13	0.5864	53	18	1.5083	69	23	3.0346
6	3	0.0058	22	8	0.1476	38	13	0.6157	54	18	1.5609	70	24	3.2346
7	4	0.0098	23	9	0.1776	39	14	0.6893	55	19	1.6929	71	24	3.3198
8	4	0.0126	24	9	0.1920	40	14	0.7220	56	19	1.7497	72	24	3.4059
9	4	0.0156	25	9	0.2069	41	14	0.7554	57	19	1.8074	73	24	3.4931
10	5	0.0230	26	10	0.2439	42	15	0.8389	58	20	1.9521	74	25	3.7123
11	5	0.0274	27	10	0.2613	43	15	0.8759	59	20	2.0142	75	25	3.8047
12	5	0.0321	28	10	0.2793	44	15	0.9136	60	20	2.0772	76	25	3.8981
13	5	0.0372	29	11	0.3240	45	16	1.0076	61	21	2.2350	77	26	4.1328
14	6	0.0500	30	11	0.3447	46	16	1.0490	62	21	2.3026	78	26	4.2317
15	6	0.0568	31	11	0.3661	47	16	1.0911	63	21	2.3711	79	26	4.3316
16	6	0.0639	32	11	0.3880	48	17	1.1962	64	22	2.5425	80	27	4.5823
17	7	0.0818	33	12	0.4431	49	17	1.2423	65	22	2.6157			

适用树种：沙地樟子松；适用地区：东北；资料名称：立木材积表（部颁标准 LY 208—1977）；编表人或作者：中国农林科学院、农林部设计院、黑龙江省大兴安岭地区森林调查规划大队；出版机构：技术标准出版社；刊印或发表时间：1978。

9. 华北地区云杉二元立木材积表

$$V = 0.00007396062D^{1.850747}H^{0.92235557};\ D \leqslant 36\text{cm},\ H \leqslant 26\text{m}$$

D	H	V	D	H	V	D	H	V	D	H	V	D	H	V
2	2	0.0005	9	7	0.0260	16	12	0.1239	23	17	0.3343	30	22	0.6934
3	3	0.0016	10	8	0.0357	17	13	0.1492	24	18	0.3813	31	23	0.7676
4	3	0.0027	11	8	0.0426	18	13	0.1658	25	18	0.4112	32	23	0.8140
5	4	0.0052	12	9	0.0558	19	14	0.1962	26	19	0.4648	33	24	0.8963
6	5	0.0090	13	10	0.0713	20	15	0.2300	27	20	0.5225	34	25	0.9835
7	6	0.0142	14	11	0.0893	21	16	0.2671	28	21	0.5846	35	26	1.0759
8	6	0.0181	15	11	0.1014	22	16	0.2911	29	21	0.6239	36	26	1.1335

适用树种：云杉；适用地区：北京、天津、山东、山西、河南、河北、内蒙古等地区；资料名称：立木材积表（部颁标准 LY 208—1977）；编表人或作者：中国农林科学院、农林部设计院、黑龙江省大兴安岭地区森林调查规划大队；出版机构：技术标准出版社；刊印或发表时间：1978。

10. 东北地区阔叶树二元立木材积表

$$V = 0.000041960698D^{1.9094595}H^{1.0413892};\ D \leqslant 70\text{cm},\ H \leqslant 35\text{m}$$

D	H	V	D	H	V	D	H	V	D	H	V	D	H	V
2	2	0.0003	16	9	0.0824	30	16	0.4981	44	23	1.5102	58	30	3.3752
3	2	0.0007	17	9	0.0925	31	16	0.5303	45	23	1.5764	59	30	3.4872
4	3	0.0019	18	10	0.1151	32	17	0.6001	46	24	1.7185	60	31	3.7260
5	3	0.0028	19	10	0.1276	33	17	0.6364	47	24	1.7905	61	31	3.8454
6	4	0.0054	20	11	0.1555	34	18	0.7151	48	25	1.9449	62	32	4.1000
7	4	0.0073	21	11	0.1706	35	18	0.7558	49	25	2.0230	63	32	4.2272
8	5	0.0119	22	12	0.2042	36	19	0.8438	50	26	2.1903	64	33	4.4982
9	5	0.0149	23	12	0.2223	37	19	0.8891	51	26	2.2747	65	33	4.6333
10	6	0.0220	24	13	0.2620	38	20	0.9869	52	27	2.4552	66	34	4.9210
11	6	0.0264	25	13	0.2833	39	20	1.0370	53	27	2.5462	67	34	5.0644
12	7	0.0366	26	14	0.3298	40	21	1.1451	54	28	2.7405	68	35	5.3693
13	7	0.0427	27	14	0.3544	41	21	1.2004	55	28	2.8382	69	35	5.5211
14	8	0.0565	28	15	0.4082	42	22	1.3193	56	29	3.0469	70	36	5.8439
15	8	0.0644	29	15	0.4365	43	22	1.3800	57	29	3.1517			

适用树种：白桦、阔叶树；适用地区：大、小兴安岭、长白山、牡丹江、完达山等地区；资料名称：立木材积表（部颁标准 LY 208—1977）；编表人或作者：中国农林科学院、农林部设计院、黑龙江省大兴安岭地区森林调查规划大队；出版机构：技术标准出版社；刊印或发表时间：1978。其他说明：本表适用于除柞树、山杨、白桦、黑桦以外的所有阔叶树及阔叶混交林中的白桦、针叶林内混生的阔叶树。

11. 华北地区落叶松二元立木材积表

$V = 0.000067770402D^{1.8118141}H^{0.9804529}$；$D \leqslant 45$cm, $H \leqslant 26$m

D	H	V	D	H	V	D	H	V	D	H	V	D	H	V
2	2	0.0005	11	7	0.0352	20	12	0.1763	29	17	0.4864	38	22	1.0221
3	3	0.0015	12	8	0.0470	21	13	0.2084	30	18	0.5471	39	23	1.1191
4	3	0.0025	13	8	0.0543	22	13	0.2267	31	18	0.5806	40	24	1.2215
5	4	0.0049	14	9	0.0697	23	14	0.2642	32	19	0.6484	41	24	1.2774
6	4	0.0068	15	9	0.0790	24	15	0.3054	33	20	0.7209	42	25	1.3889
7	5	0.0112	16	10	0.0984	25	15	0.3288	34	20	0.7610	43	25	1.4494
8	5	0.0142	17	11	0.1206	26	16	0.3761	35	21	0.8414	44	26	1.5703
9	6	0.0210	18	11	0.1338	27	16	0.4027	36	21	0.8854	45	26	1.6356
10	7	0.0296	19	12	0.1607	28	17	0.4565	37	22	0.9739			

适用树种：落叶松；适用地区：北京、天津、山东、山西、河南、河北、内蒙古等地区；资料名称：立木材积表（部颁标准 LY 208—1977）；编表人或作者：中国农林科学院、农林部设计院、黑龙江省大兴安岭地区森林调查规划大队；出版机构：技术标准出版社；刊印或发表时间：1978。

12. 东北地区白桦二元立木材积表

$V = 0.000051935163D^{1.8586884}H^{1.0038941}$；$D \leqslant 66$cm, $H \leqslant 35$m

D	H	V	D	H	V	D	H	V	D	H	V	D	H	V
2	2	0.0004	15	9	0.0723	28	16	0.4112	41	22	1.1502	54	29	2.5324
3	3	0.0012	16	9	0.0816	29	16	0.4389	42	23	1.2578	55	30	2.7110
4	3	0.0021	17	10	0.1015	30	17	0.4968	43	23	1.3140	56	30	2.8033
5	4	0.0042	18	10	0.1129	31	17	0.5281	44	24	1.4312	57	31	2.9940
6	4	0.0058	19	11	0.1373	32	18	0.5932	45	24	1.4923	58	31	3.0924
7	5	0.0097	20	11	0.1510	33	18	0.6282	46	25	1.6195	59	32	3.2956
8	5	0.0125	21	12	0.1805	34	19	0.7010	47	26	1.7533	60	32	3.4002
9	6	0.0186	22	12	0.1968	35	19	0.7398	48	26	1.8233	61	33	3.6163
10	6	0.0227	23	13	0.2316	36	20	0.8208	49	27	1.9676	62	33	3.7272
11	7	0.0316	24	14	0.2700	37	20	0.8637	50	27	2.0429	63	34	3.9566
12	7	0.0371	25	14	0.2913	38	21	0.9531	51	28	2.1983	64	34	4.0741
13	8	0.0493	26	15	0.3358	39	21	1.0003	52	28	2.2791	65	35	4.3170
14	8	0.0565	27	15	0.3602	40	22	1.0986	53	29	2.4459	66	35	4.4413

适用树种：白桦；适用地区：东北；资料名称：立木材积表（部颁标准 LY 208—1977）；编表人或作者：中国农林科学院、农林部设计院、黑龙江省大兴安岭地区森林调查规划大队；出版机构：技术标准出版社；刊印或发表时间：1978。

13. 华北地区桦木二元立木材积表

$V = 0.000062324282D^{1.8255808}H^{0.97749362}$；$D \leqslant 36\text{cm}, H \leqslant 22\text{m}$

D	H	V	D	H	V	D	H	V	D	H	V	D	H	V
2	2	0.0004	9	6	0.0198	16	10	0.0934	23	15	0.2693	30	19	0.5511
3	3	0.0014	10	7	0.0279	17	11	0.1145	24	15	0.2910	31	19	0.5851
4	3	0.0023	11	7	0.0333	18	12	0.1384	25	16	0.3340	32	20	0.6519
5	4	0.0046	12	8	0.0444	19	12	0.1528	26	16	0.3588	33	21	0.7232
6	4	0.0064	13	9	0.0577	20	13	0.1814	27	17	0.4078	34	21	0.7638
7	5	0.0105	14	9	0.0660	21	13	0.1983	28	18	0.4609	35	22	0.8427
8	6	0.0160	15	10	0.0830	22	14	0.2321	29	18	0.4914	36	22	0.8872

适用树种：桦木；适用地区：北京、天津、山东、山西、河南、河北、内蒙古等地区；资料名称：立木材积表（部颁标准 LY 208—1977）；编表人或作者：中国农林科学院、农林部设计院、黑龙江省大兴安岭地区森林调查规划大队；出版机构：技术标准出版社；刊印或发表时间：1978。

14. 东北地区落叶松二元立木材积表

$V = 0.000050168241D^{1.7582894}H^{1.1496653}$；$D \leqslant 84\text{cm}, H \leqslant 45\text{m}$

D	H	V	D	H	V	D	H	V	D	H	V	D	H	V
2	2	0.0004	19	11	0.1400	36	20	0.8563	53	29	2.5910	70	38	5.7659
3	3	0.0012	20	12	0.1693	37	21	0.9504	54	30	2.7840	71	39	6.0907
4	3	0.0020	21	12	0.1845	38	21	0.9960	55	30	2.8753	72	39	6.2424
5	4	0.0042	22	13	0.2195	39	22	1.0998	56	31	3.0819	73	40	6.5845
6	4	0.0058	23	13	0.2374	40	22	1.1499	57	31	3.1793	74	40	6.7439
7	5	0.0098	24	14	0.2786	41	23	1.2639	58	32	3.3999	75	41	7.1038
8	5	0.0124	25	14	0.2993	42	23	1.3186	59	32	3.5036	76	41	7.2712
9	6	0.0187	26	15	0.3471	43	24	1.4432	60	33	3.7387	77	42	7.6493
10	6	0.0226	27	15	0.3709	44	24	1.5027	61	33	3.8489	78	42	7.8248
11	7	0.0318	28	16	0.4259	45	25	1.6384	62	34	4.0988	79	43	8.2215
12	7	0.0371	29	16	0.4530	46	25	1.7029	63	34	4.2158	80	43	8.4053
13	8	0.0498	30	17	0.5155	47	26	1.8501	64	35	4.4810	81	44	8.8210
14	8	0.0567	31	17	0.5461	48	26	1.9199	65	35	4.6049	82	44	9.0134
15	9	0.0733	32	18	0.6167	49	27	2.0791	66	36	4.8859	83	45	9.4485
16	9	0.0822	33	18	0.6510	50	27	2.1543	67	36	5.0168	84	45	9.6496
17	10	0.1032	34	19	0.7300	51	28	2.3258	68	37	5.3139			
18	10	0.1141	35	19	0.7682	52	29	2.5057	69	38	5.6219			

适用树种：落叶松；适用地区：东北、内蒙古；资料名称：立木材积表（部颁标准 LY 208—1977）；编表人或作者：中国农林科学院、农林部设计院、黑龙江省大兴安岭地区森林调查规划大队；出版机构：技术标准出版社；刊印或发表时间：1978。

15. 红松二元立木材积表

$V = 0.000063527721D^{1.9435455}H^{0.89689361}$； $D \leqslant 100\text{cm}, H \leqslant 45\text{m}$

全国

D	H	V	D	H	V	D	H	V	D	H	V	D	H	V
2	2	0.0005	22	11	0.2218	42	20	1.3326	62	29	3.9644	82	38	8.6985
3	2	0.0010	23	11	0.2419	43	20	1.3950	63	29	4.0896	83	38	8.9059
4	3	0.0025	24	12	0.2840	44	21	1.5240	64	30	4.3469	84	38	9.1156
5	3	0.0039	25	12	0.3075	45	21	1.5920	65	30	4.4799	85	39	9.5476
6	4	0.0072	26	13	0.3565	46	22	1.7323	66	30	4.6148	86	39	9.7671
7	4	0.0097	27	13	0.3837	47	22	1.8062	67	31	4.8935	87	40	10.2184
8	5	0.0153	28	14	0.4401	48	22	1.8817	68	31	5.0364	88	40	10.4480
9	5	0.0193	29	14	0.4711	49	23	2.0383	69	32	5.3310	89	41	10.9191
10	6	0.0278	30	14	0.5032	50	23	2.1199	70	32	5.4822	90	41	11.1588
11	6	0.0335	31	15	0.5706	51	24	2.2888	71	33	5.7931	91	42	11.6501
12	6	0.0397	32	15	0.6069	52	24	2.3768	72	33	5.9528	92	42	11.9003
13	7	0.0532	33	16	0.6827	53	25	2.5584	73	34	6.2804	93	42	12.1529
14	7	0.0614	34	16	0.7235	54	25	2.6531	74	34	6.4487	94	43	12.6729
15	8	0.0792	35	17	0.8082	55	26	2.8479	75	34	6.6192	95	43	12.9362
16	8	0.0898	36	17	0.8537	56	26	2.9494	76	35	6.9707	96	44	13.4772
17	9	0.1123	37	18	0.9477	57	26	3.0526	77	35	7.1500	97	44	13.7514
18	9	0.1255	38	18	0.9981	58	27	3.2662	78	36	7.5192	98	45	14.3139
19	10	0.1532	39	18	1.0498	59	27	3.3766	79	36	7.7077	99	45	14.5991
20	10	0.1692	40	19	1.1576	60	28	3.6044	80	37	8.0950	100	46	15.1835
21	10	0.1861	41	19	1.2145	61	28	3.7220	81	37	8.2928			

适用树种：红松；适用地区：东北；资料名称：立木材积表（部颁标准 LY 208—1977）；编表人或作者：中国农林科学院、农林部设计院、黑龙江省大兴安岭地区森林调查规划大队；出版机构：技术标准出版社；刊印或发表时间：1978。

16. 东北地区云冷杉二元立木材积表

$V = 0.000061859978 D^{1.8557513} H^{1.0070547}$；$D \leqslant 100\text{cm}, H \leqslant 45\text{m}$

D	H	V	D	H	V	D	H	V	D	H	V	D	H	V
2	2	0.0004	22	11	0.2145	42	20	1.3001	62	29	3.8937	82	38	8.5882
3	2	0.0010	23	11	0.2329	43	20	1.3581	63	29	4.0110	83	38	8.7835
4	3	0.0025	24	12	0.2751	44	21	1.4887	64	30	4.2734	84	38	8.9809
5	3	0.0037	25	12	0.2968	45	21	1.5521	65	30	4.3981	85	39	9.4237
6	4	0.0069	26	13	0.3460	46	22	1.6942	66	30	4.5245	86	39	9.6305
7	4	0.0092	27	13	0.3711	47	22	1.7632	67	31	4.8088	87	40	10.0934
8	5	0.0148	28	14	0.4277	48	22	1.8334	68	31	4.9428	88	40	10.3097
9	5	0.0185	29	14	0.4565	49	23	1.9922	69	32	5.2435	89	41	10.7933
10	6	0.0270	30	14	0.4862	50	23	2.0683	70	32	5.3854	90	41	11.0194
11	6	0.0322	31	15	0.5539	51	24	2.2397	71	33	5.7031	91	42	11.5240
12	6	0.0378	32	15	0.5875	52	24	2.3218	72	33	5.8531	92	42	11.7601
13	7	0.0512	33	16	0.6638	53	25	2.5063	73	34	6.1881	93	42	11.9985
14	7	0.0588	34	16	0.7016	54	25	2.5948	74	34	6.3463	94	43	12.5325
15	8	0.0765	35	17	0.7869	55	26	2.7928	75	34	6.5064	95	43	12.7810
16	8	0.0862	36	17	0.8292	56	26	2.8878	76	35	6.8658	96	44	13.3370
17	9	0.1086	37	18	0.9241	57	26	2.9842	77	35	7.0344	97	44	13.5960
18	9	0.1207	38	18	0.9710	58	27	3.2015	78	36	7.4122	98	45	14.1744
19	10	0.1484	39	18	1.0190	59	27	3.3047	79	36	7.5895	99	45	14.4440
20	10	0.1632	40	19	1.1277	60	28	3.5366	80	37	7.9861	100	46	15.0453
21	10	0.1787	41	19	1.1806	61	28	3.6467	81	37	8.1724			

适用树种：云杉、冷杉；适用地区：东北；资料名称：立木材积表（部颁标准 LY 208—1977）；编表人或作者：中国农林科学院、农林部设计院、黑龙江省大兴安岭地区森林调查规划大队；出版机构：技术标准出版社；刊印或发表时间：1978。

17. 大兴安岭樟子松二元立木材积表

$V = 0.000054585749D^{1.9705412}H^{0.91418311}$；$D \leqslant 70\text{cm}$，$H \leqslant 40\text{m}$

D	H	V	D	H	V	D	H	V	D	H	V	D	H	V
2	2	0.0004	16	10	0.1057	30	18	0.6242	44	26	1.8583	58	34	4.0930
3	3	0.0013	17	10	0.1191	31	18	0.6659	45	26	1.9424	59	34	4.2332
4	3	0.0023	18	11	0.1454	32	19	0.7448	46	27	2.0996	60	35	4.4932
5	4	0.0046	19	12	0.1752	33	20	0.8294	47	27	2.1905	61	35	4.6420
6	4	0.0066	20	12	0.1938	34	20	0.8796	48	28	2.3605	62	36	4.9182
7	5	0.0110	21	13	0.2296	35	21	0.9738	49	29	2.5385	63	36	5.0757
8	5	0.0143	22	13	0.2516	36	21	1.0294	50	29	2.6416	64	37	5.3685
9	6	0.0213	23	14	0.2939	37	22	1.1337	51	30	2.8332	65	38	5.6717
10	7	0.0302	24	14	0.3196	38	22	1.1949	52	30	2.9437	66	38	5.8449
11	7	0.0365	25	15	0.3689	39	23	1.3098	53	31	3.1493	67	39	6.1654
12	8	0.0489	26	16	0.4228	40	23	1.3768	54	31	3.2675	68	39	6.3480
13	8	0.0572	27	16	0.4554	41	24	1.5028	55	32	3.4875	69	40	6.6863
14	9	0.0738	28	17	0.5172	42	25	1.6358	56	33	3.7167	70	40	6.8786
15	9	0.0845	29	17	0.5542	43	25	1.7134	57	33	3.8486			

适用树种：樟子松；适用地区：东北、大兴安岭；资料名称：立木材积表（部颁标准 LY 208—1977）；编表人或作者：中国农林科学院、农林部设计院、黑龙江省大兴安岭地区森林调查规划大队；出版机构：技术标准出版社；刊印或发表时间：1978。

18. 东北地区黑桦二元立木材积表

$V = 0.000052786451D^{1.7947313}H^{1.0712626}$；$D \leqslant 60\text{cm}$，$H \leqslant 30\text{m}$

D	H	V	D	H	V	D	H	V	D	H	V	D	H	V
2	2	0.0004	14	8	0.0558	26	14	0.3089	38	20	0.8944	50	26	1.9388
3	2	0.0008	15	8	0.0632	27	14	0.3306	39	20	0.9371	51	26	2.0089
4	3	0.0021	16	9	0.0805	28	15	0.3799	40	21	1.0333	52	27	2.1660
5	3	0.0031	17	9	0.0898	29	15	0.4046	41	21	1.0801	53	27	2.2413
6	4	0.0058	18	10	0.1113	30	16	0.4608	42	22	1.1855	54	28	2.4099
7	4	0.0077	19	10	0.1227	31	16	0.4887	43	22	1.2366	55	28	2.4905
8	5	0.0124	20	11	0.1490	32	17	0.5521	44	23	1.3516	56	29	2.6709
9	5	0.0153	21	11	0.1626	33	17	0.5834	45	23	1.4072	57	29	2.7571
10	6	0.0224	22	12	0.1940	34	18	0.6544	46	24	1.5321	58	30	2.9498
11	6	0.0266	23	12	0.2102	35	18	0.6893	47	24	1.5924	59	30	3.0417
12	7	0.0367	24	13	0.2471	36	19	0.7683	48	25	1.7277	60	31	3.2469
13	7	0.0424	25	13	0.2659	37	19	0.8071	49	25	1.7928			

适用树种：黑桦；适用地区：东北；资料名称：立木材积表（部颁标准 LY 208—1977）；编表人或作者：中国农林科学院、农林部设计院、黑龙江省大兴安岭地区森林调查规划大队；出版机构：技术标准出版社；刊印或发表时间：1978。

19. 东北地区山杨二元立木材积表

$V = 0.000053474319D^{1.8778994}H^{0.99982785}$；$D \leqslant$44cm, $H \leqslant$30m

D	H	V	D	H	V	D	H	V	D	H	V	D	H	V
2	2	0.0004	11	8	0.0386	20	14	0.2076	29	20	0.5959	38	26	1.2869
3	3	0.0013	12	9	0.0511	21	15	0.2438	30	21	0.6668	39	27	1.4032
4	3	0.0022	13	9	0.0594	22	15	0.2661	31	22	0.7430	40	28	1.5260
5	4	0.0044	14	10	0.0759	23	16	0.3085	32	22	0.7886	41	28	1.5985
6	5	0.0077	15	11	0.0950	24	17	0.3550	33	23	0.8735	42	29	1.7322
7	5	0.0103	16	11	0.1073	25	18	0.4059	34	24	0.9640	43	30	1.8728
8	6	0.0159	17	12	0.1312	26	18	0.4369	35	24	1.0179	44	30	1.9555
9	7	0.0232	18	13	0.1582	27	19	0.4950	36	25	1.1180			
10	7	0.0282	19	13	0.1751	28	20	0.5579	37	26	1.2241			

适用树种：山杨；适用地区：东北；资料名称：立木材积表（部颁标准 LY 208—1977）；编表人或作者：中国农林科学院、农林部设计院、黑龙江省大兴安岭地区森林调查规划大队；出版机构：技术标准出版社；刊印或发表时间：1978。

20. 桉树二元立木材积表

$V = 0.000079541813D^{1.9430935}H^{0.73965335}$；$D \leqslant$60cm, $H \leqslant$36m

D	H	V	D	H	V	D	H	V	D	H	V	D	H	V
2	2	0.0005	14	9	0.0681	26	16	0.3473	38	23	0.9494	50	30	1.9697
3	3	0.0015	15	10	0.0842	27	17	0.3908	39	24	1.0305	51	31	2.0973
4	3	0.0027	16	10	0.0955	28	17	0.4194	40	25	1.1157	52	32	2.2297
5	4	0.0051	17	11	0.1153	29	18	0.4684	41	25	1.1705	53	32	2.3137
6	4	0.0072	18	11	0.1288	30	19	0.5207	42	26	1.2627	54	33	2.4546
7	5	0.0115	19	12	0.1526	31	19	0.5550	43	26	1.3218	55	33	2.5436
8	6	0.0170	20	13	0.1789	32	20	0.6131	44	27	1.4213	56	34	2.6931
9	6	0.0214	21	13	0.1967	33	20	0.6509	45	28	1.5252	57	35	2.8477
10	7	0.0294	22	14	0.2274	34	21	0.7151	46	28	1.5918	58	35	2.9456
11	7	0.0354	23	14	0.2479	35	22	0.7831	47	29	1.7034	59	36	3.1092
12	8	0.0463	24	15	0.2834	36	22	0.8271	48	29	1.7745	60	36	3.2124
13	9	0.0590	25	16	0.3218	37	23	0.9015	49	30	1.8939			

适用树种：桉树；适用地区：华南地区；资料名称：立木材积表（部颁标准 LY 208—1977）；编表人或作者：中国农林科学院、农林部设计院、黑龙江省大兴安岭地区森林调查规划大队；出版机构：技术标准出版社；刊印或发表时间：1978。

21. 杉木二元立木材积表(一)

$V = 0.000058777042D^{1.9699831}H^{0.89646157}$；$D \leqslant 60\text{cm}$, $H \leqslant 23\text{m}$

D	H	V	D	H	V	D	H	V	D	H	V	D	H	V
2	2	0.0004	14	6	0.0530	26	11	0.3092	38	15	0.8623	50	20	1.9163
3	2	0.0010	15	7	0.0698	27	11	0.3331	39	16	0.9617	51	20	1.9926
4	3	0.0024	16	7	0.0792	28	12	0.3868	40	16	1.0108	52	21	2.1628
5	3	0.0037	17	8	0.1006	29	12	0.4145	41	17	1.1205	53	21	2.2455
6	3	0.0054	18	8	0.1126	30	12	0.4432	42	17	1.1750	54	21	2.3298
7	4	0.0094	19	8	0.1253	31	13	0.5079	43	17	1.2307	55	22	2.5184
8	4	0.0122	20	9	0.1540	32	13	0.5407	44	18	1.3555	56	22	2.6094
9	5	0.0189	21	9	0.1696	33	14	0.6139	45	18	1.4168	57	23	2.8118
10	5	0.0232	22	9	0.1859	34	14	0.6511	46	18	1.4795	58	23	2.9098
11	5	0.0280	23	10	0.2230	35	14	0.6894	47	19	1.6202	59	23	3.0095
12	6	0.0392	24	10	0.2425	36	15	0.7752	48	19	1.6888	60	24	3.2318
13	6	0.0458	25	11	0.2862	37	15	0.8182	49	20	1.8416			

适用树种：杉木；适用地区：湖南、湖北、广东、广西、浙江、安徽、江苏、四川、贵州等地区；资料名称：立木材积表（部颁标准 LY 208—1977）；编表人或作者：中国农林科学院、农林部设计院、黑龙江省大兴安岭地区森林调查规划大队；出版机构：技术标准出版社；刊印或发表时间：1978。

22. 杉木二元立木材积表(二)

$V = 0.00005806186D^{1.9553351}H^{0.89403304}$；$D \leqslant 60\text{cm}$, $H \leqslant 36\text{m}$

D	H	V	D	H	V	D	H	V	D	H	V	D	H	V
2	2	0.0004	14	9	0.0721	26	16	0.4047	38	23	1.1758	50	30	2.5500
3	3	0.0013	15	10	0.0907	27	17	0.4600	39	24	1.2850	51	31	2.7295
4	3	0.0023	16	10	0.1029	28	17	0.4939	40	25	1.4004	52	32	2.9168
5	4	0.0047	17	11	0.1261	29	18	0.5567	41	25	1.4697	53	32	3.0275
6	4	0.0067	18	11	0.1411	30	19	0.6243	42	26	1.5956	54	33	3.2278
7	5	0.0110	19	12	0.1695	31	19	0.6657	43	26	1.6707	55	33	3.3457
8	6	0.0168	20	13	0.2013	32	20	0.7415	44	27	1.8075	56	34	3.5594
9	6	0.0212	21	13	0.2214	33	20	0.7875	45	28	1.9511	57	35	3.7815
10	7	0.0298	22	14	0.2591	34	21	0.8721	46	28	2.0368	58	35	3.9123
11	7	0.0360	23	14	0.2826	35	22	0.9621	47	29	2.1920	59	36	4.1485
12	8	0.0480	24	15	0.3267	36	22	1.0166	48	29	2.2841	60	36	4.2870
13	9	0.0624	25	16	0.3748	37	23	1.1160	49	30	2.4512			

适用树种：杉木；适用地区：江西、福建；资料名称：立木材积表（部颁标准 LY 208—1977）；编表人或作者：中国农林科学院、农林部设计院、黑龙江省大兴安岭地区森林调查规划大队；出版机构：技术标准出版社；刊印或发表时间：1978。

23. 马尾松二元立木材积表(一)

$V = 0.000062341803D^{1.8551497}H^{0.95682492}$； $D \leqslant 86\text{cm}, H \leqslant 50\text{m}$

D	H	V	D	H	V	D	H	V	D	H	V	D	H	V
2	2	0.0004	19	12	0.1584	36	22	0.9256	53	31	2.6335	70	41	5.7659
3	3	0.0014	20	12	0.1742	37	22	0.9738	54	32	2.8106	71	42	6.0577
4	3	0.0023	21	13	0.2058	38	23	1.0677	55	33	2.9948	72	42	6.2169
5	4	0.0047	22	14	0.2409	39	23	1.1204	56	33	3.0966	73	43	6.5233
6	4	0.0065	23	14	0.2616	40	24	1.2231	57	34	3.2927	74	44	6.8388
7	5	0.0107	24	15	0.3024	41	24	1.2804	58	34	3.4006	75	44	7.0112
8	5	0.0138	25	15	0.3262	42	25	1.3923	59	35	3.6089	76	45	7.3418
9	6	0.0204	26	16	0.3732	43	26	1.5100	60	35	3.7232	77	45	7.5221
10	7	0.0287	27	16	0.4002	44	26	1.5758	61	36	3.9441	78	46	7.8680
11	7	0.0343	28	17	0.4537	45	27	1.7033	62	37	4.1728	79	46	8.0562
12	8	0.0458	29	18	0.5115	46	27	1.7742	63	37	4.2985	80	47	8.4178
13	8	0.0531	30	18	0.5447	47	28	1.9118	64	38	4.5404	81	48	8.7894
14	9	0.0682	31	19	0.6096	48	29	2.0559	65	38	4.6728	82	48	8.9917
15	9	0.0776	32	19	0.6465	49	29	2.1360	66	39	4.9281	83	49	9.3795
16	10	0.0967	33	20	0.7190	50	30	2.2907	67	39	5.0675	84	49	9.5902
17	11	0.1185	34	20	0.7599	51	30	2.3764	68	40	5.3364	85	50	9.9944
18	11	0.1318	35	21	0.8402	52	31	2.5421	69	41	5.6140	86	50	10.2136

适用树种：马尾松；适用地区：湖南、江西、广东、广西、福建、浙江、江苏、安徽、贵州等地区；资料名称：立木材积表（部颁标准 LY 208—1977）；编表人或作者：中国农林科学院、农林部设计院、黑龙江省大兴安岭地区森林调查规划大队；出版机构：技术标准出版社；刊印或发表时间：1978。

24. 马尾松二元立木材积表(二)

$V=0.000060049144D^{1.8719753}H^{0.97180232}$；$D\leqslant 86\text{cm}, H\leqslant 50\text{m}$

全国

D	H	V	D	H	V	D	H	V	D	H	V	D	H	V
2	2	0.0004	19	12	0.1664	36	22	0.9918	53	31	2.8551	70	41	6.3066
3	3	0.0014	20	12	0.1831	37	22	1.0440	54	32	3.0494	71	42	6.6297
4	3	0.0023	21	13	0.2169	38	23	1.1459	55	33	3.2518	72	42	6.8056
5	4	0.0047	22	14	0.2543	39	23	1.2030	56	33	3.3633	73	43	7.1451
6	4	0.0066	23	14	0.2763	40	24	1.3147	57	34	3.5790	74	44	7.4950
7	5	0.0110	24	15	0.3200	41	24	1.3769	58	34	3.6974	75	44	7.6858
8	5	0.0141	25	15	0.3454	42	25	1.4987	59	35	3.9267	76	45	8.0527
9	6	0.0209	26	16	0.3958	43	26	1.6270	60	35	4.0522	77	45	8.2521
10	7	0.0296	27	16	0.4248	44	26	1.6986	61	36	4.2955	78	46	8.6364
11	7	0.0354	28	17	0.4823	45	27	1.8377	62	37	4.5478	79	46	8.8448
12	8	0.0475	29	18	0.5444	46	27	1.9149	63	37	4.6861	80	47	9.2468
13	8	0.0551	30	18	0.5801	47	28	2.0653	64	38	4.9530	81	48	9.6600
14	9	0.0710	31	19	0.6501	48	29	2.2229	65	38	5.0989	82	48	9.8845
15	9	0.0808	32	19	0.6899	49	29	2.3103	66	39	5.3808	83	49	10.3160
16	10	0.1010	33	20	0.7682	50	30	2.4797	67	39	5.5344	84	49	10.5499
17	11	0.1241	34	20	0.8123	51	30	2.5734	68	40	5.8318	85	50	11.0000
18	11	0.1382	35	21	0.8993	52	31	2.7551	69	41	6.1389	86	50	11.2435

适用树种：马尾松；适用地区：四川、湖北；资料名称：立木材积表（部颁标准 LY 208—1977）；编表人或作者：中国农林科学院、农林部设计院、黑龙江省大兴安岭地区森林调查规划大队；出版机构：技术标准出版社；刊印或发表时间：1978。

25. 黄山松二元立木材积表

$$V=0.000062654183D^{1.9540699}H^{0.88521176};\ D\leqslant 46\text{cm},\ H\leqslant 25\text{m}$$

D	H	V	D	H	V	D	H	V	D	H	V	D	H	V
2	2	0.0004	11	7	0.0380	20	12	0.1970	29	16	0.5254	38	21	1.1334
3	3	0.0014	12	7	0.0451	21	12	0.2168	30	17	0.5923	39	22	1.2426
4	3	0.0025	13	8	0.0593	22	13	0.2548	31	17	0.6315	40	22	1.3056
5	4	0.0050	14	8	0.0685	23	13	0.2779	32	18	0.7068	41	23	1.4251
6	4	0.0071	15	9	0.0871	24	14	0.3225	33	19	0.7874	42	23	1.4939
7	5	0.0117	16	9	0.0988	25	14	0.3493	34	19	0.8347	43	24	1.6242
8	5	0.0151	17	10	0.1221	26	15	0.4009	35	20	0.9244	44	24	1.6988
9	6	0.0224	18	11	0.1485	27	15	0.4315	36	20	0.9767	45	25	1.8404
10	6	0.0275	19	11	0.1650	28	16	0.4906	37	21	1.0759	46	25	1.9212

适用树种：黄山松；适用地区：黄山地区；资料名称：立木材积表（部颁标准 LY 208—1977）；编表人或作者：中国农林科学院、农林部设计院、黑龙江省大兴安岭地区森林调查规划大队；出版机构：技术标准出版社；刊印或发表时间：1978。

26. 北亚热带阔叶树二元立木材积表

$$V=0.000050479055D^{1.9085054}H^{0.99076507};\ D\leqslant 80\text{cm},\ H\leqslant 35\text{m}$$

D	H	V	D	H	V	D	H	V	D	H	V	D	H	V
2	2	0.0004	18	9	0.1107	34	16	0.6591	50	23	1.9713	66	30	4.3571
3	2	0.0008	19	9	0.1228	35	16	0.6966	51	23	2.0472	67	30	4.4840
4	3	0.0021	20	10	0.1503	36	17	0.7806	52	24	2.2160	68	30	4.6126
5	3	0.0032	21	10	0.1649	37	17	0.8225	53	24	2.2981	69	31	4.8995
6	4	0.0061	22	11	0.1981	38	17	0.8654	54	24	2.3815	70	31	5.0359
7	4	0.0082	23	11	0.2157	39	18	0.9624	55	25	2.5682	71	32	5.3395
8	5	0.0132	24	11	0.2339	40	18	1.0100	56	25	2.6581	72	32	5.4839
9	5	0.0165	25	12	0.2756	41	19	1.1170	57	26	2.8583	73	33	5.8045
10	5	0.0201	26	12	0.2970	42	19	1.1696	58	26	2.9548	74	33	5.9572
11	6	0.0289	27	13	0.3456	43	20	1.2871	59	27	3.1691	75	33	6.1118
12	6	0.0342	28	13	0.3704	44	20	1.3448	60	27	3.2724	76	34	6.4564
13	7	0.0464	29	14	0.4262	45	21	1.4733	61	27	3.3773	77	34	6.6195
14	7	0.0534	30	14	0.4547	46	21	1.5364	62	28	3.6116	78	35	6.9822
15	8	0.0696	31	14	0.4841	47	21	1.6008	63	28	3.7235	79	35	7.1540
16	8	0.0787	32	15	0.5507	48	22	1.7450	64	29	3.9729	80	36	7.5353
17	8	0.0883	33	15	0.5840	49	22	1.8150	65	29	4.0922			

适用树种：阔叶树；适用地区：湖北、湖南、江西、浙江、江苏、安徽、桂北地区；资料名称：立木材积表（部颁标准 LY 208—1977）；编表人或作者：中国农林科学院、农林部设计院、黑龙江省大兴安岭地区森林调查规划大队；出版机构：技术标准出版社；刊印或发表时间：1978。

全国

27. 南亚热带阔叶树二元立木材积表

$V = 0.000052764291D^{1.8821611}H^{1.0093166}$；$D \leqslant 134\text{cm}, H \leqslant 35\text{m}$

D	H	V	D	H	V	D	H	V	D	H	V	D	H	V
2	2	0.0004	29	9	0.2741	56	16	1.6906	83	23	5.1141	110	30	11.3620
3	2	0.0008	30	9	0.2922	57	16	1.7479	84	23	5.2307	111	30	11.5571
4	3	0.0022	31	9	0.3108	58	16	1.8061	85	23	5.3485	112	30	11.7539
5	3	0.0033	32	10	0.3669	59	17	1.9828	86	23	5.4675	113	30	11.9522
6	3	0.0047	33	10	0.3888	60	17	2.0465	87	24	5.8331	114	31	12.5610
7	3	0.0062	34	10	0.4113	61	17	2.1112	88	24	5.9599	115	31	12.7691
8	4	0.0107	35	10	0.4344	62	17	2.1768	89	24	6.0880	116	31	12.9789
9	4	0.0134	36	11	0.5043	63	18	2.3766	90	24	6.2174	117	31	13.1903
10	4	0.0163	37	11	0.5309	64	18	2.4481	91	25	6.6151	118	32	13.8398
11	4	0.0195	38	11	0.5583	65	18	2.5206	92	25	6.7526	119	32	14.0613
12	5	0.0288	39	11	0.5862	66	18	2.5941	93	25	6.8914	120	32	14.2846
13	5	0.0335	40	12	0.6713	67	19	2.8182	94	26	7.3154	121	32	14.5094
14	5	0.0385	41	12	0.7032	68	19	2.8979	95	26	7.4626	122	33	15.2008
15	5	0.0438	42	12	0.7359	69	19	2.9786	96	26	7.6111	123	33	15.4362
16	6	0.0594	43	12	0.7692	70	19	3.0604	97	26	7.7611	124	33	15.6732
17	6	0.0666	44	13	0.8708	71	20	3.3102	98	27	8.2195	125	33	15.9120
18	6	0.0742	45	13	0.9084	72	20	3.3985	99	27	8.3781	126	34	16.6465
19	6	0.0821	46	13	0.9468	73	20	3.4879	100	27	8.5381	127	34	16.8960
20	7	0.1057	47	14	1.0624	74	20	3.5784	101	27	8.6995	128	34	17.1473
21	7	0.1159	48	14	1.1054	75	21	3.8552	102	28	9.1937	129	34	17.4003
22	7	0.1265	49	14	1.1491	76	21	3.9525	103	28	9.3641	130	35	18.1792
23	7	0.1375	50	14	1.1937	77	21	4.0510	104	28	9.5359	131	35	18.4433
24	8	0.1705	51	15	1.3283	78	21	4.1505	105	28	9.7092	132	35	18.7092
25	8	0.1841	52	15	1.3778	79	22	4.4556	106	29	10.2403	133	35	18.9769
26	8	0.1982	53	15	1.4281	80	22	4.5624	107	29	10.4229	134	36	19.8014
27	8	0.2128	54	15	1.4792	81	22	4.6703	108	29	10.6070			
28	9	0.2566	55	16	1.6343	82	22	4.7794	109	29	10.7926			

适用树种：阔叶树；适用地区：广东、广西（不含桂北）、福建、云南南部、台湾等地区；资料名称：立木材积表（部颁标准 LY 208—1977）；编表人或作者：中国农林科学院、农林部设计院、黑龙江省大兴安岭地区森林调查规划大队；出版机构：技术标准出版社；刊印或发表时间：1978。其他说明：本表适用于除海南岛以外的南亚热带地区所有阔叶林（桉树等人工林除外）。

全国

28. 海南岛阔叶混交林二元立木材积表

$$V = 0.000047530232D^{1.9249507}H^{0.99462884};\ D \leqslant 150\text{cm},\ H \leqslant 45\text{m}$$

D	H	V	D	H	V	D	H	V	D	H	V	D	H	V
2	2	0.0004	32	11	0.4075	62	20	2.6380	92	29	8.1603	122	37	17.9015
3	2	0.0008	33	11	0.4323	63	20	2.7205	93	29	8.3319	123	38	18.6738
4	3	0.0020	34	11	0.4579	64	20	2.8043	94	29	8.5052	124	38	18.9671
5	3	0.0031	35	12	0.5280	65	21	3.0329	95	29	8.6803	125	38	19.2627
6	3	0.0045	36	12	0.5574	66	21	3.1233	96	30	9.1608	126	39	20.0724
7	3	0.0060	37	12	0.5876	67	21	3.2151	97	30	9.3453	127	39	20.3801
8	4	0.0103	38	13	0.6698	68	21	3.3081	98	30	9.5317	128	39	20.6902
9	4	0.0130	39	13	0.7041	69	22	3.5635	99	31	10.0420	129	40	21.5380
10	4	0.0159	40	13	0.7393	70	22	3.6636	100	31	10.2382	130	40	21.8606
11	5	0.0238	41	14	0.8346	71	22	3.7650	101	31	10.4362	131	40	22.1854
12	5	0.0282	42	14	0.8742	72	23	4.0426	102	32	10.9772	132	40	22.5126
13	5	0.0328	43	14	0.9147	73	23	4.1513	103	32	11.1853	133	41	23.4100
14	6	0.0454	44	14	0.9561	74	23	4.2615	104	32	11.3953	134	41	23.7500
15	6	0.0519	45	15	1.0693	75	24	4.5621	105	32	11.6071	135	41	24.0923
16	6	0.0587	46	15	1.1155	76	24	4.6800	106	33	12.1883	136	42	25.0298
17	6	0.0660	47	15	1.1627	77	24	4.7992	107	33	12.4106	137	42	25.3853
18	7	0.0859	48	16	1.2910	78	24	4.9199	108	33	12.6348	138	42	25.7432
19	7	0.0953	49	16	1.3433	79	25	5.2510	109	34	13.2486	139	42	26.1035
20	7	0.1052	50	16	1.3965	80	25	5.3797	110	34	13.4835	140	43	27.0929
21	8	0.1320	51	16	1.4508	81	25	5.5099	111	34	13.7205	141	43	27.4666
22	8	0.1443	52	17	1.5997	82	26	5.8660	112	34	13.9594	142	43	27.8429
23	8	0.1572	53	17	1.6594	83	26	6.0045	113	35	14.6157	143	44	28.8743
24	8	0.1706	54	17	1.7202	84	26	6.1445	114	35	14.8657	144	44	29.2642
25	9	0.2075	55	18	1.8863	85	27	6.5265	115	35	15.1177	145	44	29.6567
26	9	0.2238	56	18	1.9529	86	27	6.6751	116	36	15.8086	146	45	30.7309
27	9	0.2407	57	18	2.0206	87	27	6.8253	117	36	16.0720	147	45	31.1374
28	10	0.2866	58	19	2.2048	88	27	6.9772	118	36	16.3374	148	45	31.5464
29	10	0.3066	59	19	2.2785	89	28	7.3932	119	37	17.0637	149	45	31.9580
30	10	0.3273	60	19	2.3535	90	28	7.5540	120	37	17.3408	150	46	33.0876
31	11	0.3833	61	19	2.4296	91	28	7.7164	121	37	17.6201			

适用树种：阔叶树；适用地区：海南岛；资料名称：立木材积表（部颁标准 LY 208—1977）；编表人或作者：中国农林科学院、农林部设计院、黑龙江省大兴安岭地区森林调查规划大队；出版机构：技术标准出版社；刊印或发表时间：1978。

29. 云南松二元立木材积表

$V=0.000058290117D^{1.9796344}H^{0.90715154}$；$D\leqslant$80cm, $H\leqslant$54m

D	H	V	D	H	V	D	H	V	D	H	V	D	H	V
2	2	0.0004	18	13	0.1824	34	23	1.0781	50	34	3.2978	66	45	7.3679
3	3	0.0014	19	13	0.2030	35	24	1.1867	51	35	3.5210	67	46	7.7433
4	3	0.0025	20	14	0.2404	36	25	1.3021	52	36	3.7537	68	46	7.9738
5	4	0.0050	21	15	0.2818	37	25	1.3747	53	36	3.8979	69	47	8.3693
6	5	0.0087	22	15	0.3090	38	26	1.5017	54	37	4.1467	70	48	8.7772
7	5	0.0118	23	16	0.3578	39	27	1.6360	55	38	4.4053	71	48	9.0271
8	6	0.0182	24	17	0.4113	40	27	1.7201	56	38	4.5653	72	49	9.4558
9	7	0.0264	25	17	0.4459	41	28	1.8668	57	39	4.8409	73	50	9.8973
10	7	0.0325	26	18	0.5075	42	29	2.0214	58	40	5.1268	74	50	10.1675
11	8	0.0443	27	19	0.5744	43	30	2.1839	59	40	5.3033	75	51	10.6305
12	9	0.0586	28	19	0.6173	44	30	2.2856	60	41	5.6069	76	52	11.1069
13	9	0.0686	29	20	0.6932	45	31	2.4617	61	42	5.9215	77	52	11.3981
14	10	0.0874	30	21	0.7748	46	32	2.6463	62	42	6.1152	78	53	11.8968
15	11	0.1093	31	21	0.8268	47	32	2.7614	63	43	6.4481	79	54	12.4093
16	11	0.1242	32	22	0.9184	48	33	2.9605	64	44	6.7925	80	54	12.7222
17	12	0.1515	33	23	1.0162	49	34	3.1685	65	44	7.0042			

适用树种：云南松；适用地区：云南；资料名称：立木材积表（部颁标准 LY 208—1977）；编表人或作者：中国农林科学院、农林部设计院、黑龙江省大兴安岭地区森林调查规划大队；出版机构：技术标准出版社；刊印或发表时间：1978。

30. 西南地区云杉二元立木材积表(一)

$V=0.000056790543D^{1.851732}H^{1.0334624}$；$D\leqslant$166cm, $H\leqslant$70m

D	H	V	D	H	V	D	H	V	D	H	V	D	H	V
2	2	0.0004	35	16	0.7209	68	30	4.7222	101	43	14.2518	134	57	32.1910
3	2	0.0009	36	16	0.7595	69	30	4.8516	102	44	14.8632	135	58	33.2292
4	3	0.0023	37	17	0.8507	70	30	4.9826	103	44	15.1341	136	58	33.6864
5	3	0.0035	38	17	0.8938	71	31	5.2915	104	45	15.7694	137	58	34.1465
6	4	0.0066	39	17	0.9378	72	31	5.4303	105	45	16.0513	138	59	35.2263
7	4	0.0087	40	18	1.0427	73	32	5.7566	106	45	16.3355	139	59	35.7005
8	5	0.0141	41	18	1.0914	74	32	5.9035	107	46	17.0039	140	60	36.8114
9	5	0.0175	42	19	1.2068	75	33	6.2476	108	46	17.2993	141	60	37.2998
10	5	0.0213	43	19	1.2606	76	33	6.4027	109	47	17.9926	142	61	38.4422
11	6	0.0307	44	20	1.3870	77	33	6.5596	110	47	18.2995	143	61	38.9450
12	6	0.0360	45	20	1.4459	78	34	6.9287	111	48	19.0180	144	61	39.4508
13	7	0.0490	46	20	1.5060	79	34	7.0941	112	48	19.3365	145	62	40.6368
14	7	0.0562	47	21	1.6482	80	35	7.4821	113	48	19.6574	146	62	41.1573
15	7	0.0639	48	21	1.7138	81	35	7.6562	114	49	20.4111	147	63	42.3758
16	8	0.0827	49	22	1.8681	82	35	7.8322	115	49	20.7439	148	63	42.9111
17	8	0.0925	50	22	1.9394	83	36	8.2466	116	50	21.5239	149	63	43.4496
18	9	0.1161	51	22	2.0118	84	36	8.4315	117	50	21.8687	150	64	44.7129
19	9	0.1283	52	23	2.1835	85	37	8.8658	118	51	22.6754	151	64	45.2665
20	10	0.1574	53	23	2.2619	86	37	9.0600	119	51	23.0326	152	65	46.5633
21	10	0.1722	54	24	2.4468	87	38	9.5147	120	51	23.3923	153	65	47.1321
22	10	0.1877	55	24	2.5314	88	38	9.7182	121	52	24.2360	154	66	48.4628
23	11	0.2249	56	25	2.7300	89	38	9.9236	122	52	24.6082	155	66	49.0471
24	11	0.2434	57	25	2.8210	90	39	10.4067	123	53	25.4797	156	66	49.6347
25	12	0.2872	58	25	2.9133	91	39	10.6219	124	53	25.8646	157	67	51.0121
26	12	0.3088	59	26	3.1314	92	40	11.1264	125	53	26.2522	158	67	51.6154
27	12	0.3312	60	26	3.2304	93	40	11.3514	126	54	27.1621	159	68	53.0277
28	13	0.3848	61	27	3.4633	94	40	11.5784	127	54	27.5626	160	68	53.6469
29	13	0.4106	62	27	3.5692	95	41	12.1127	128	55	28.5012	161	68	54.2694
30	14	0.4721	63	28	3.8173	96	41	12.3499	129	55	28.9149	162	69	55.7297
31	14	0.5016	64	28	3.9303	97	42	12.9066	130	56	29.8827	163	69	56.3684
32	15	0.5713	65	28	4.0447	98	42	13.1541	131	56	30.3097	164	70	57.8646
33	15	0.6048	66	29	4.3144	99	43	13.7336	132	56	30.7395	165	70	58.5196
34	15	0.6392	67	29	4.4362	100	43	13.9916	133	57	31.7476	166	71	60.0519

适用树种：云杉；适用地区：四川；资料名称：立木材积表（部颁标准LY 208—1977）；编表人或作者：中国农林科学院、农林部设计院、黑龙江省大兴安岭地区森林调查规划大队；出版机构：技术标准出版社；刊印或发表时间：1978。

31. 西南地区云杉二元立木材积表(二)

$V = 0.000064116195D^{1.8374832}H^{1.0280631}$；$D \leqslant 160\text{cm}, H \leqslant 65\text{m}$

D	H	V	D	H	V	D	H	V	D	H	V	D	H	V
2	2	0.0005	34	15	0.6763	66	28	4.3463	98	41	13.3001	130	54	29.6697
3	2	0.0010	35	15	0.7133	67	28	4.4681	99	41	13.5506	131	54	30.0904
4	3	0.0025	36	16	0.8027	68	29	4.7600	100	41	13.8031	132	54	30.5138
5	3	0.0038	37	16	0.8442	69	29	4.8894	101	42	14.4104	133	55	31.5291
6	4	0.0072	38	16	0.8866	70	29	5.0204	102	42	14.6737	134	55	31.9661
7	4	0.0095	39	17	0.9897	71	30	5.3358	103	43	15.3049	135	56	33.0117
8	4	0.0122	40	17	1.0368	72	30	5.4747	104	43	15.5791	136	56	33.4624
9	5	0.0190	41	18	1.1506	73	31	5.8077	105	43	15.8554	137	56	33.9159
10	5	0.0231	42	18	1.2027	74	31	5.9548	106	44	16.5199	138	57	35.0034
11	6	0.0332	43	19	1.3276	75	31	6.1034	107	44	16.8074	139	57	35.4708
12	6	0.0389	44	19	1.3849	76	32	6.4613	108	45	17.4967	140	58	36.5896
13	6	0.0451	45	19	1.4433	77	32	6.6184	109	45	17.7956	141	58	37.0712
14	7	0.0605	46	20	1.5842	78	33	6.9950	110	45	18.0967	142	58	37.5558
15	7	0.0687	47	20	1.6480	79	33	7.1607	111	46	18.8206	143	59	38.7177
16	8	0.0887	48	21	1.8011	80	33	7.3281	112	46	19.1334	144	59	39.2166
17	8	0.0992	49	21	1.8707	81	34	7.7310	113	47	19.8832	145	60	40.4107
18	8	0.1101	50	21	1.9414	82	34	7.9073	114	47	20.2077	146	60	40.9243
19	9	0.1373	51	22	2.1120	83	35	8.3299	115	47	20.5347	147	60	41.4408
20	9	0.1509	52	22	2.1887	84	35	8.5153	116	48	21.3205	148	61	42.6795
21	10	0.1839	53	23	2.3727	85	35	8.7025	117	48	21.6594	149	61	43.2108
22	10	0.2003	54	23	2.4556	86	36	9.1528	118	49	22.4721	150	62	44.4826
23	10	0.2174	55	23	2.5398	87	36	9.3493	119	49	22.8233	151	62	45.0291
24	11	0.2592	56	24	2.7427	88	37	9.8205	120	49	23.1770	152	62	45.5785
25	11	0.2794	57	24	2.8334	89	37	10.0265	121	50	24.0270	153	63	46.8961
26	12	0.3284	58	25	3.0508	90	37	10.2345	122	50	24.3931	154	63	47.4609
27	12	0.3520	59	25	3.1481	91	38	10.7347	123	51	25.2710	155	64	48.8127
28	12	0.3763	60	25	3.2468	92	38	10.9525	124	51	25.6498	156	64	49.3929
29	13	0.4358	61	26	3.4847	93	39	11.4746	125	52	26.5561	157	64	49.9762
30	13	0.4638	62	26	3.5904	94	39	11.7023	126	52	26.9478	158	65	51.3751
31	14	0.5316	63	27	3.8438	95	39	11.9321	127	52	27.3421	159	65	51.9741
32	14	0.5636	64	27	3.9566	96	40	12.4847	128	53	28.2875	160	66	53.4081
33	14	0.5964	65	27	4.0710	97	40	12.7247	129	53	28.6949			

适用树种：云杉；适用地区：云南；资料名称：立木材积表（部颁标准LY 208—1977）；编表人或作者：中国农林科学院、农林部设计院、黑龙江省大兴安岭地区森林调查规划大队；出版机构：技术标准出版社；刊印或发表时间：1978。

32. 西南地区冷杉二元立木材积表(一)

$V = 0.000063219426D^{1.9006108}H^{0.96265927}$；$D \leqslant 136\text{cm}, H \leqslant 56\text{m}$

全国

D	H	V	D	H	V	D	H	V	D	H	V	D	H	V
2	2	0.0005	29	13	0.4494	56	24	2.8324	83	35	8.6036	110	46	19.1167
3	2	0.0010	30	13	0.4793	57	24	2.9293	84	35	8.8017	111	46	19.4483
4	3	0.0025	31	14	0.5479	58	25	3.1491	85	36	9.2494	112	47	20.1965
5	3	0.0039	32	14	0.5819	59	25	3.2531	86	36	9.4573	113	47	20.5406
6	4	0.0072	33	15	0.6594	60	26	3.4879	87	37	9.9258	114	48	21.3152
7	4	0.0097	34	15	0.6979	61	26	3.5992	88	37	10.1438	115	48	21.6719
8	4	0.0125	35	15	0.7374	62	26	3.7122	89	37	10.3640	116	48	22.0315
9	5	0.0194	36	16	0.8278	63	27	3.9684	90	38	10.8617	117	49	22.8428
10	5	0.0237	37	16	0.8721	64	27	4.0889	91	38	11.0922	118	49	23.2153
11	6	0.0338	38	17	0.9725	65	28	4.3613	92	39	11.6118	119	50	24.0540
12	6	0.0399	39	17	1.0218	66	28	4.4897	93	39	11.8529	120	50	24.4396
13	6	0.0465	40	17	1.0721	67	28	4.6199	94	39	12.0963	121	50	24.8281
14	7	0.0620	41	18	1.1872	68	29	4.9150	95	40	12.6465	122	51	25.7050
15	7	0.0707	42	18	1.2428	69	29	5.0533	96	40	12.9007	123	51	26.1069
16	8	0.0909	43	19	1.3691	70	30	5.3657	97	41	13.4738	124	52	27.0120
17	8	0.1021	44	19	1.4303	71	30	5.5123	98	41	13.7391	125	52	27.4275
18	9	0.1274	45	20	1.5682	72	31	5.8424	99	42	14.3355	126	53	28.3614
19	9	0.1412	46	20	1.6351	73	31	5.9976	100	42	14.6119	127	53	28.7907
20	9	0.1557	47	20	1.7034	74	31	6.1547	101	42	14.8909	128	53	29.2231
21	10	0.1890	48	21	1.8582	75	32	6.5097	102	43	15.5200	129	54	30.1971
22	10	0.2065	49	21	1.9324	76	32	6.6756	103	43	15.8105	130	54	30.6435
23	11	0.2463	50	22	2.1000	77	33	7.0493	104	44	16.4638	131	55	31.6472
24	11	0.2671	51	22	2.1806	78	33	7.2243	105	44	16.7660	132	55	32.1079
25	11	0.2886	52	22	2.2626	79	33	7.4014	106	44	17.0708	133	55	32.5718
26	12	0.3381	53	23	2.4485	80	34	7.8015	107	45	17.7582	134	56	33.6170
27	12	0.3632	54	23	2.5371	81	34	7.9879	108	45	18.0750	135	56	34.0954
28	13	0.4204	55	24	2.7370	82	35	8.4077	109	46	18.7877	136	57	35.1712

适用树种：冷杉；适用地区：四川；资料名称：立木材积表（部颁标准LY 208—1977）；编表人或作者：中国农林科学院、农林部设计院、黑龙江省大兴安岭地区森林调查规划大队；出版机构：技术标准出版社；刊印或发表时间：1978。

33. 西南地区冷杉二元立木材积表(二)

$V = 0.000071171252D^{1.9327326}H^{0.91161229}$；$D \leqslant 168\text{cm}, H \leqslant 50\text{m}$

D	H	V	D	H	V	D	H	V	D	H	V	D	H	V
2	2	0.0005	36	12	0.6983	70	22	4.3869	104	32	13.2680	138	42	29.3692
3	2	0.0011	37	12	0.7362	71	22	4.5088	105	32	13.5156	139	42	29.7820
4	3	0.0028	38	13	0.8339	72	23	4.8239	106	33	14.1571	140	42	30.1974
5	3	0.0043	39	13	0.8768	73	23	4.9542	107	33	14.4164	141	43	31.2795
6	3	0.0062	40	13	0.9208	74	23	5.0862	108	33	14.6779	142	43	31.7097
7	3	0.0083	41	13	0.9658	75	23	5.2199	109	33	14.9417	143	43	32.1427
8	4	0.0140	42	14	1.0825	76	24	5.5671	110	34	15.6274	144	44	33.2685
9	4	0.0176	43	14	1.1329	77	24	5.7096	111	34	15.9031	145	44	33.7165
10	4	0.0216	44	14	1.1844	78	24	5.8538	112	34	16.1812	146	44	34.1674
11	5	0.0318	45	15	1.3172	79	25	6.2272	113	35	16.9024	147	45	35.3377
12	5	0.0376	46	15	1.3744	80	25	6.3804	114	35	17.1927	148	45	35.8038
13	5	0.0439	47	15	1.4327	81	25	6.5354	115	35	17.4853	149	45	36.2728
14	6	0.0598	48	15	1.4922	82	25	6.6923	116	35	17.7804	150	45	36.7448
15	6	0.0684	49	16	1.6470	83	26	7.1003	117	36	18.5481	151	46	37.9730
16	6	0.0774	50	16	1.7126	84	26	7.2666	118	36	18.8557	152	46	38.4605
17	6	0.0871	51	16	1.7794	85	26	7.4347	119	36	19.1658	153	46	38.9511
18	7	0.1119	52	17	1.9524	86	27	7.8708	120	37	19.9709	154	47	40.2256
19	7	0.1242	53	17	2.0256	87	27	8.0487	121	37	20.2938	155	47	40.7319
20	7	0.1372	54	17	2.1002	88	27	8.2285	122	37	20.6192	156	47	41.2414
21	8	0.1702	55	18	2.2924	89	28	8.6936	123	38	21.4626	157	47	41.7538
22	8	0.1863	56	18	2.3736	90	28	8.8834	124	38	21.8011	158	48	43.0885
23	8	0.2030	57	18	2.4562	91	28	9.0752	125	38	22.1422	159	48	43.6171
24	8	0.2204	58	18	2.5402	92	28	9.2689	126	38	22.4859	160	48	44.1488
25	9	0.2655	59	19	2.7581	93	29	9.7723	127	39	23.3791	161	49	45.5316
26	9	0.2864	60	19	2.8492	94	29	9.9764	128	39	23.7362	162	49	46.0797
27	9	0.3081	61	19	2.9417	95	29	10.1825	129	39	24.0960	163	49	46.6311
28	10	0.3638	62	20	3.1809	96	30	10.7168	130	40	25.0293	164	50	48.0626
29	10	0.3894	63	20	3.2808	97	30	10.9336	131	40	25.4028	165	50	48.6306
30	10	0.4157	64	20	3.3822	98	30	11.1525	132	40	25.7789	166	50	49.2019
31	11	0.4831	65	20	3.4851	99	30	11.3735	133	40	26.1577	167	50	49.7764
32	11	0.5137	66	21	3.7527	100	31	11.9485	134	41	27.1433	168	51	51.2713
33	11	0.5452	67	21	3.8634	101	31	12.1805	135	41	27.5362			
34	11	0.5776	68	21	3.9756	102	31	12.4147	136	41	27.9318			
35	12	0.6613	69	22	4.2666	103	32	13.0225	137	42	28.9593			

适用树种：冷杉；适用地区：云南；资料名称：立木材积表（部颁标准LY 208—1977）；编表人或作者：中国农林科学院、农林部设计院、黑龙江省大兴安岭地区森林调查规划大队；出版机构：技术标准出版社；刊印或发表时间：1978。

34. 思茅松二元立木材积表

$$V = 0.000051577714D^{1.985218}H^{0.92035096};\ D \leqslant 76\text{cm},\ H \leqslant 40\text{m}$$

全国

D	H	V	D	H	V	D	H	V	D	H	V	D	H	V
2	2	0.0004	17	10	0.1190	32	18	0.7175	47	25	2.0823	62	33	4.6593
3	3	0.0013	18	10	0.1333	33	18	0.7627	48	26	2.2509	63	34	4.9436
4	3	0.0022	19	11	0.1620	34	19	0.8505	49	26	2.3450	64	34	5.1006
5	4	0.0045	20	11	0.1794	35	19	0.9009	50	27	2.5272	65	35	5.4023
6	4	0.0065	21	12	0.2141	36	20	0.9988	51	27	2.6286	66	35	5.5685
7	5	0.0108	22	12	0.2348	37	20	1.0546	52	28	2.8249	67	36	5.8879
8	5	0.0141	23	13	0.2761	38	21	1.1630	53	29	3.0300	68	36	6.0637
9	6	0.0210	24	13	0.3004	39	21	1.2246	54	29	3.1446	69	37	6.4014
10	6	0.0259	25	14	0.3488	40	22	1.3440	55	30	3.3646	70	37	6.5869
11	7	0.0361	26	14	0.3770	41	22	1.4115	56	30	3.4871	71	38	6.9433
12	7	0.0429	27	15	0.4330	42	23	1.5425	57	31	3.7225	72	38	7.1388
13	8	0.0569	28	16	0.4939	43	23	1.6163	58	31	3.8533	73	39	7.5145
14	8	0.0659	29	16	0.5295	44	24	1.7594	59	32	4.1045	74	39	7.7203
15	9	0.0842	30	17	0.5988	45	24	1.8396	60	32	4.2437	75	40	8.1157
16	9	0.0958	31	17	0.6391	46	25	1.9952	61	33	4.5112	76	40	8.3319

适用树种：思茅松；适用地区：云南思茅；资料名称：立木材积表（部颁标准 LY 208—1977）；编表人或作者：中国农林科学院、农林部设计院、黑龙江省大兴安岭地区森林调查规划大队；出版机构：技术标准出版社；刊印或发表时间：1978。

35. 高山松二元立木材积表

$V = 0.000061238922D^{2.0023969}H^{0.85927542}$；$D \leqslant 80$cm, $H \leqslant 40$m

D	H	V	D	H	V	D	H	V	D	H	V	D	H	V
2	2	0.0004	18	10	0.1445	34	18	0.8556	50	26	2.5403	66	34	5.5775
3	2	0.0010	19	10	0.1610	35	18	0.9068	51	26	2.6431	67	34	5.7480
4	3	0.0025	20	11	0.1937	36	19	1.0050	52	27	2.8385	68	35	6.0704
5	3	0.0040	21	11	0.2135	37	19	1.0617	53	27	2.9488	69	35	6.2505
6	4	0.0073	22	12	0.2526	38	20	1.1704	54	28	3.1585	70	36	6.5908
7	4	0.0099	23	12	0.2761	39	20	1.2329	55	28	3.2767	71	36	6.7807
8	5	0.0157	24	13	0.3221	40	21	1.3525	56	29	3.5010	72	37	7.1394
9	5	0.0199	25	13	0.3495	41	21	1.4211	57	29	3.6273	73	37	7.3393
10	6	0.0287	26	14	0.4029	42	22	1.5521	58	30	3.8669	74	38	7.7169
11	6	0.0348	27	14	0.4345	43	22	1.6270	59	30	4.0016	75	38	7.9271
12	7	0.0472	28	15	0.4959	44	23	1.7700	60	31	4.2568	76	39	8.3239
13	7	0.0554	29	15	0.5320	45	23	1.8515	61	31	4.4000	77	39	8.5446
14	8	0.0721	30	16	0.6018	46	24	2.0068	62	32	4.6714	78	40	8.9611
15	8	0.0828	31	16	0.6427	47	24	2.0951	63	32	4.8235	79	40	9.1927
16	9	0.1043	32	17	0.7215	48	25	2.2634	64	33	5.1114	80	41	9.6293
17	9	0.1177	33	17	0.7673	49	25	2.3588	65	33	5.2726			

适用树种：高山松；适用地区：西南；资料名称：立木材积表（部颁标准 LY 208—1977）；编表人或作者：中国农林科学院、农林部设计院、黑龙江省大兴安岭地区森林调查规划大队；出版机构：技术标准出版社；刊印或发表时间：1978。

36. 西南地区柏、杉类二元立木材积表

$V = 0.000057173591D^{1.8813305}H^{0.99568845}$；$D \leqslant 80\text{cm}, H \leqslant 40\text{m}$

D	H	V	D	H	V	D	H	V	D	H	V	D	H	V
2	2	0.0004	18	10	0.1302	34	18	0.7732	50	26	2.3035	66	34	5.0726
3	2	0.0009	19	10	0.1441	35	18	0.8165	51	26	2.3910	67	34	5.2182
4	3	0.0023	20	11	0.1745	36	19	0.9086	52	27	2.5749	68	35	5.5228
5	3	0.0035	21	11	0.1913	37	19	0.9566	53	27	2.6688	69	35	5.6766
6	4	0.0066	22	12	0.2276	38	20	1.0585	54	28	2.8663	70	36	5.9983
7	4	0.0088	23	12	0.2475	39	20	1.1116	55	28	2.9670	71	36	6.1605
8	5	0.0142	24	13	0.2904	40	21	1.2238	56	29	3.1784	72	37	6.4997
9	5	0.0177	25	13	0.3136	41	21	1.2820	57	29	3.2860	73	37	6.6706
10	6	0.0259	26	14	0.3634	42	22	1.4051	58	30	3.5119	74	38	7.0277
11	6	0.0310	27	14	0.3902	43	22	1.4687	59	30	3.6267	75	38	7.2074
12	7	0.0426	28	15	0.4475	44	23	1.6030	60	31	3.8674	76	39	7.5828
13	7	0.0495	29	15	0.4780	45	23	1.6722	61	31	3.9895	77	39	7.7716
14	8	0.0650	30	16	0.5433	46	24	1.8182	62	32	4.2456	78	40	8.1659
15	8	0.0740	31	16	0.5779	47	24	1.8933	63	32	4.3753	79	40	8.3640
16	9	0.0939	32	17	0.6517	48	25	2.0515	64	33	4.6471	80	41	8.7774
17	9	0.1052	33	17	0.6905	49	25	2.1327	65	33	4.7847			

适用树种：侧柏、圆柏（桧柏）、柳杉、油杉、铁杉；适用地区：西南及湖北西部；资料名称：立木材积表（部颁标准 LY 208—1977）；编表人或作者：中国农林科学院、农林部设计院、黑龙江省大兴安岭地区森林调查规划大队；出版机构：技术标准出版社；刊印或发表时间：1978。

全国

37. 西南地区桦木二元立木材积表

$V=0.000048941911D^{2.0172708}H^{0.88580889}$；$D\leqslant 80$cm, $H\leqslant 35$m

D	H	V	D	H	V	D	H	V	D	H	V	D	H	V
2	2	0.0004	18	9	0.1167	34	16	0.7010	50	23	2.1047	66	30	4.6627
3	2	0.0008	19	9	0.1302	35	16	0.7432	51	23	2.1905	67	30	4.8064
4	3	0.0021	20	10	0.1585	36	17	0.8301	52	24	2.3655	68	30	4.9522
5	3	0.0033	21	10	0.1749	37	17	0.8772	53	24	2.4582	69	31	5.2505
6	4	0.0062	22	11	0.2090	38	17	0.9257	54	24	2.5527	70	31	5.4051
7	4	0.0085	23	11	0.2286	39	18	1.0262	55	25	2.7464	71	32	5.7207
8	5	0.0135	24	11	0.2491	40	18	1.0799	56	25	2.8481	72	32	5.8844
9	5	0.0171	25	12	0.2922	41	19	1.1908	57	26	3.0560	73	33	6.2176
10	5	0.0212	26	12	0.3162	42	19	1.2501	58	26	3.1651	74	33	6.3906
11	6	0.0302	27	13	0.3663	43	20	1.3718	59	27	3.3875	75	33	6.5660
12	6	0.0360	28	13	0.3942	44	20	1.4369	60	27	3.5044	76	34	6.9245
13	7	0.0485	29	14	0.4518	45	21	1.5700	61	27	3.6232	77	34	7.1095
14	7	0.0563	30	14	0.4838	46	21	1.6411	62	28	3.8666	78	35	7.4868
15	8	0.0728	31	14	0.5169	47	21	1.7139	63	28	3.9934	79	35	7.6817
16	8	0.0829	32	15	0.5858	48	22	1.8635	64	29	4.2525	80	36	8.0782
17	8	0.0937	33	15	0.6233	49	22	1.9426	65	29	4.3876			

适用树种：桦木；适用地区：西南；资料名称：立木材积表（部颁标准LY 208—1977）；编表人或作者：中国农林科学院、农林部设计院、黑龙江省大兴安岭地区森林调查规划大队；出版机构：技术标准出版社；刊印或发表时间：1978。

38. 西南地区栎类二元立木材积表

$V = 0.000059599784D^{1.8564005}H^{0.98056206}$；$D \leqslant 80\text{cm}$, $H \leqslant 38\text{m}$

D	H	V	D	H	V	D	H	V	D	H	V	D	H	V
2	2	0.0004	18	9	0.1100	34	17	0.6681	50	24	1.9169	66	32	4.2554
3	2	0.0009	19	10	0.1348	35	17	0.7050	51	25	2.0699	67	32	4.3759
4	3	0.0023	20	10	0.1483	36	18	0.7857	52	25	2.1459	68	33	4.6357
5	3	0.0035	21	11	0.1782	37	18	0.8267	53	26	2.3103	69	33	4.7630
6	4	0.0065	22	11	0.1943	38	19	0.9159	54	26	2.3918	70	34	5.0373
7	4	0.0086	23	12	0.2298	39	19	0.9612	55	27	2.5680	71	34	5.1717
8	5	0.0137	24	12	0.2487	40	20	1.0594	56	27	2.6554	72	35	5.4607
9	5	0.0171	25	13	0.2902	41	20	1.1091	57	28	2.8437	73	35	5.6024
10	6	0.0248	26	13	0.3121	42	21	1.2166	58	28	2.9370	74	36	5.9066
11	6	0.0296	27	14	0.3600	43	21	1.2710	59	29	3.1378	75	36	6.0556
12	7	0.0405	28	14	0.3851	44	22	1.3883	60	29	3.2373	76	37	6.3754
13	7	0.0470	29	15	0.4398	45	22	1.4474	61	30	3.4510	77	37	6.5320
14	8	0.0614	30	15	0.4684	46	23	1.5749	62	30	3.5567	78	38	6.8676
15	8	0.0698	31	16	0.5303	47	23	1.6390	63	31	3.7837	79	38	7.0320
16	9	0.0884	32	16	0.5625	48	24	1.7770	64	31	3.8959	80	39	7.3838
17	9	0.0989	33	17	0.6320	49	24	1.8463	65	32	4.1365			

适用树种：栎类；适用地区：西南；资料名称：立木材积表（部颁标准 LY 208—1977）；编表人或作者：中国农林科学院、农林部设计院、黑龙江省大兴安岭地区森林调查规划大队；出版机构：技术标准出版社；刊印或发表时间：1978。

全国

39. 西南地区丝栗、高山栎二元立木材积表

$V=0.000048346625D^{1.8905785}H^{1.0769496}$；$D\leqslant 126\text{cm}, H\leqslant 35\text{m}$

D	H	V	D	H	V	D	H	V	D	H	V	D	H	V
2	2	0.0004	27	9	0.2619	52	16	1.6803	77	22	4.9733	102	29	11.3949
3	2	0.0008	28	9	0.2805	53	16	1.7419	78	23	5.3460	103	29	11.6071
4	3	0.0022	29	9	0.2998	54	16	1.8046	79	23	5.4764	104	30	12.2606
5	3	0.0033	30	10	0.3580	55	16	1.8682	80	23	5.6081	105	30	12.4844
6	3	0.0047	31	10	0.3809	56	17	2.0634	81	23	5.7414	106	30	12.7102
7	3	0.0063	32	10	0.4045	57	17	2.1336	82	24	6.1518	107	31	13.4028
8	4	0.0110	33	10	0.4287	58	17	2.2049	83	24	6.2944	108	31	13.6406
9	4	0.0137	34	11	0.5027	59	18	2.4220	84	24	6.4385	109	31	13.8804
10	4	0.0167	35	11	0.5310	60	18	2.5001	85	25	6.8801	110	31	14.1221
11	4	0.0200	36	11	0.5600	61	18	2.5795	86	25	7.0339	111	32	14.8655
12	5	0.0300	37	12	0.6477	62	18	2.6600	87	25	7.1894	112	32	15.1197
13	5	0.0349	38	12	0.6812	63	19	2.9061	88	25	7.3464	113	32	15.3760
14	5	0.0402	39	12	0.7155	64	19	2.9939	89	26	7.8288	114	32	15.6342
15	6	0.0557	40	12	0.7506	65	19	3.0830	90	26	7.9959	115	33	16.4301
16	6	0.0629	41	13	0.8573	66	19	3.1733	91	26	8.1647	116	33	16.7013
17	6	0.0706	42	13	0.8972	67	20	3.4502	92	26	8.3352	117	33	16.9745
18	6	0.0786	43	13	0.9381	68	20	3.5482	93	27	8.8602	118	34	17.8134
19	7	0.1028	44	13	0.9797	69	20	3.6475	94	27	9.0412	119	34	18.0999
20	7	0.1133	45	14	1.1072	70	20	3.7481	95	27	9.2239	120	34	18.3885
21	7	0.1242	46	14	1.1542	71	21	4.0577	96	28	9.7841	121	34	18.6793
22	7	0.1357	47	14	1.2020	72	21	4.1664	97	28	9.9777	122	35	19.5739
23	8	0.1704	48	15	1.3473	73	21	4.2765	98	28	10.1731	123	35	19.8783
24	8	0.1846	49	15	1.4009	74	22	4.6134	99	28	10.3702	124	35	20.1849
25	8	0.1995	50	15	1.4554	75	22	4.7319	100	29	10.9762	125	35	20.4938
26	9	0.2439	51	15	1.5110	76	22	4.8519	101	29	11.1846	126	36	21.4457

适用树种：丝栗；适用地区：西南；资料名称：立木材积表（部颁标准LY 208—1977）；编表人或作者：中国农林科学院、农林部设计院、黑龙江省大兴安岭地区森林调查规划大队；出版机构：技术标准出版社；刊印或发表时间：1978。

40. 四川和滇西北阔叶树二元立木材积表

$$V = 0.000052750716D^{1.9450324}H^{0.9388533};\ D \leqslant 120\text{cm},\ H \leqslant 37\text{m}$$

D	H	V	D	H	V	D	H	V	D	H	V	D	H	V
2	2	0.0004	26	9	0.2346	50	17	1.5205	74	24	4.5057	98	31	9.8946
3	2	0.0009	27	10	0.2787	51	17	1.5802	75	24	4.6249	99	31	10.0919
4	3	0.0022	28	10	0.2991	52	17	1.6410	76	24	4.7456	100	32	10.6025
5	3	0.0034	29	10	0.3203	53	17	1.7030	77	25	5.0580	101	32	10.8097
6	3	0.0048	30	10	0.3421	54	18	1.8634	78	25	5.1865	102	32	11.0188
7	4	0.0085	31	11	0.3987	55	18	1.9311	79	25	5.3166	103	33	11.5591
8	4	0.0111	32	11	0.4241	56	18	2.0000	80	26	5.6527	104	33	11.7784
9	4	0.0139	33	11	0.4503	57	19	2.1778	81	26	5.7909	105	33	11.9997
10	4	0.0171	34	12	0.5178	58	19	2.2528	82	26	5.9308	106	33	12.2229
11	5	0.0254	35	12	0.5479	59	19	2.3289	83	27	6.2913	107	34	12.8021
12	5	0.0300	36	12	0.5787	60	20	2.5250	84	27	6.4395	108	34	13.0358
13	5	0.0351	37	13	0.6581	61	20	2.6075	85	27	6.5895	109	34	13.2716
14	6	0.0481	38	13	0.6931	62	20	2.6913	86	27	6.7411	110	35	13.8821
15	6	0.0550	39	13	0.7290	63	20	2.7764	87	28	7.1339	111	35	14.1287
16	6	0.0624	40	13	0.7658	64	21	2.9969	88	28	7.2942	112	35	14.3773
17	7	0.0811	41	14	0.8614	65	21	3.0887	89	28	7.4563	113	36	15.0201
18	7	0.0906	42	14	0.9027	66	21	3.1818	90	29	7.8754	114	36	15.2797
19	7	0.1007	43	14	0.9450	67	22	3.4225	91	29	8.0465	115	36	15.5415
20	7	0.1112	44	15	1.0543	68	22	3.5225	92	29	8.2193	116	36	15.8054
21	8	0.1386	45	15	1.1014	69	22	3.6240	93	30	8.6655	117	37	16.4903
22	8	0.1518	46	15	1.1495	70	23	3.8857	94	30	8.8476	118	37	16.7655
23	8	0.1655	47	16	1.2735	71	23	3.9944	95	30	9.0316	119	37	17.0430
24	9	0.2008	48	16	1.3267	72	23	4.1045	96	30	9.2174	120	38	17.7619
25	9	0.2174	49	16	1.3810	73	23	4.2161	97	31	9.6991			

适用树种：阔叶树；适用地区：四川和云南西北；资料名称：立木材积表（部颁标准 LY 208—1977）；编表人或作者：中国农林科学院、农林部设计院、黑龙江省大兴安岭地区森林调查规划大队；出版机构：技术标准出版社；刊印或发表时间：1978。其他说明：本表适用于除桦木、栎类以外的所有阔叶树。

全国

41. 油松二元立木材积表

$$V = 0.000066492455D^{1.8655617}H^{0.93768879};\ D \leqslant 70\text{cm},\ H \leqslant 40\text{m}$$

D	H	V	D	H	V	D	H	V	D	H	V	D	H	V
2	2	0.0005	16	10	0.1016	30	18	0.5695	44	26	1.6426	58	34	3.5368
3	3	0.0014	17	10	0.1137	31	18	0.6054	45	26	1.7130	59	34	3.6514
4	3	0.0025	18	11	0.1384	32	19	0.6758	46	27	1.8489	60	35	3.8715
5	4	0.0049	19	12	0.1661	33	20	0.7510	47	27	1.9246	61	35	3.9927
6	4	0.0069	20	12	0.1828	34	20	0.7940	48	28	2.0712	62	36	4.2259
7	5	0.0113	21	13	0.2158	35	21	0.8773	49	29	2.2244	63	36	4.3539
8	5	0.0146	22	13	0.2353	36	21	0.9247	50	29	2.3098	64	37	4.6004
9	6	0.0215	23	14	0.2741	37	22	1.0165	51	30	2.4742	65	38	4.8553
10	7	0.0303	24	14	0.2967	38	22	1.0684	52	30	2.5654	66	38	4.9956
11	7	0.0361	25	15	0.3416	39	23	1.1692	53	31	2.7412	67	39	5.2644
12	8	0.0482	26	16	0.3905	40	23	1.2257	54	31	2.8385	68	39	5.4120
13	8	0.0559	27	16	0.4189	41	24	1.3358	55	32	3.0261	69	40	5.6950
14	9	0.0717	28	17	0.4746	42	25	1.4517	56	33	3.2212	70	40	5.8499
15	9	0.0816	29	17	0.5067	43	25	1.5168	57	33	3.3293			

适用树种：油松；适用地区：西南；资料名称：立木材积表（部颁标准 LY 208—1977）；编表人或作者：中国农林科学院、农林部设计院、黑龙江省大兴安岭地区森林调查规划大队；出版机构：技术标准出版社；刊印或发表时间：1978。

42. 华山松二元立木材积表

$V=0.000059973839D^{1.8334312}H^{1.0295315}$； $D\leqslant$66cm, $H\leqslant$36m

D	H	V	D	H	V	D	H	V	D	H	V	D	H	V
2	2	0.0004	15	9	0.0825	28	16	0.4687	41	23	1.3704	54	30	2.9849
3	3	0.0014	16	10	0.1036	29	17	0.5321	42	24	1.4964	55	31	3.1930
4	3	0.0024	17	10	0.1157	30	17	0.5662	43	24	1.5624	56	31	3.3003
5	4	0.0048	18	11	0.1418	31	18	0.6377	44	25	1.6996	57	32	3.5224
6	4	0.0067	19	11	0.1565	32	18	0.6759	45	25	1.7711	58	32	3.6365
7	5	0.0111	20	12	0.1881	33	19	0.7561	46	26	1.9199	59	33	3.8731
8	5	0.0142	21	12	0.2057	34	19	0.7986	47	26	1.9971	60	33	3.9943
9	6	0.0213	22	13	0.2432	35	20	0.8879	48	27	2.1579	61	34	4.2457
10	6	0.0259	23	13	0.2639	36	20	0.9349	49	27	2.2411	62	34	4.3742
11	7	0.0361	24	14	0.3079	37	21	1.0338	50	28	2.4144	63	35	4.6408
12	7	0.0423	25	14	0.3319	38	21	1.0856	51	28	2.5036	64	35	4.7768
13	8	0.0562	26	15	0.3829	39	22	1.1944	52	29	2.6898	65	36	5.0591
14	8	0.0644	27	15	0.4103	40	22	1.2511	53	29	2.7854	66	36	5.2027

适用树种：华山松；适用地区：西南；资料名称：立木材积表（部颁标准 LY 208—1977）；编表人或作者：中国农林科学院、农林部设计院、黑龙江省大兴安岭地区森林调查规划大队；出版机构：技术标准出版社；刊印或发表时间：1978。

43. 西北地区落叶松二元立木材积表(一)

$V=0.000054381398D^{1.8288952}H^{1.0666428}$； $D\leqslant$64cm, $H\leqslant$40m

D	H	V	D	H	V	D	H	V	D	H	V	D	H	V
2	2	0.0004	15	10	0.0898	28	18	0.5261	41	26	1.5644	54	34	3.4463
3	3	0.0013	16	11	0.1118	29	19	0.5943	42	27	1.7020	55	35	3.6759
4	3	0.0022	17	11	0.1249	30	19	0.6323	43	27	1.7768	56	35	3.7990
5	4	0.0045	18	12	0.1522	31	20	0.7091	44	28	1.9264	57	36	4.0437
6	4	0.0063	19	13	0.1830	32	21	0.7917	45	29	2.0838	58	37	4.2982
7	5	0.0106	20	13	0.2009	33	21	0.8375	46	29	2.1693	59	37	4.4347
8	6	0.0165	21	14	0.2378	34	22	0.9295	47	30	2.3394	60	38	4.7051
9	6	0.0204	22	14	0.2589	35	22	0.9801	48	30	2.4312	61	39	4.9857
10	7	0.0292	23	15	0.3023	36	23	1.0820	49	31	2.6145	62	39	5.1362
11	8	0.0401	24	16	0.3500	37	24	1.1905	50	32	2.8064	63	40	5.4335
12	8	0.0470	25	16	0.3771	38	24	1.2500	51	32	2.9099	64	40	5.5923
13	9	0.0617	26	17	0.4323	39	25	1.3691	52	33	3.1157			
14	9	0.0707	27	17	0.4631	40	26	1.4953	53	34	3.3305			

适用树种：落叶松；适用地区：天山林区；资料名称：立木材积表（部颁标准 LY 208—1977）；编表人或作者：中国农林科学院、农林部设计院、黑龙江省大兴安岭地区森林调查规划大队；出版机构：技术标准出版社；刊印或发表时间：1978。

全国

44. 西北地区落叶松二元立木材积表(二)

$V = 0.000056427724D^{1.7572497}H^{1.1057552}$；$D \leqslant 100$cm, $H \leqslant 50$m

D	H	V	D	H	V	D	H	V	D	H	V	D	H	V
2	2	0.0004	22	12	0.2013	42	22	1.2256	62	32	3.6771	82	42	8.1182
3	2	0.0008	23	12	0.2176	43	22	1.2773	63	32	3.7819	83	42	8.2929
4	3	0.0022	24	13	0.2562	44	23	1.3970	64	33	4.0226	84	43	8.6926
5	3	0.0032	25	13	0.2753	45	23	1.4532	65	33	4.1337	85	43	8.8752
6	4	0.0061	26	14	0.3201	46	24	1.5832	66	34	4.3886	86	44	9.2928
7	4	0.0080	27	14	0.3421	47	24	1.6442	67	34	4.5061	87	44	9.4835
8	5	0.0129	28	15	0.3935	48	25	1.7850	68	35	4.7756	88	45	9.9193
9	5	0.0159	29	15	0.4186	49	25	1.8508	69	35	4.8997	89	45	10.1183
10	6	0.0234	30	16	0.4771	50	26	2.0027	70	36	5.1842	90	46	10.5727
11	6	0.0277	31	16	0.5054	51	26	2.0736	71	36	5.3150	91	46	10.7800
12	7	0.0382	32	17	0.5715	52	27	2.2371	72	37	5.6148	92	47	11.2535
13	7	0.0440	33	17	0.6032	53	27	2.3132	73	37	5.7526	93	47	11.4694
14	8	0.0581	34	18	0.6772	54	28	2.4885	74	38	6.0681	94	48	11.9622
15	8	0.0656	35	18	0.7126	55	28	2.5701	75	38	6.2129	95	48	12.1868
16	9	0.0837	36	19	0.7949	56	29	2.7577	76	39	6.5445	96	49	12.6993
17	9	0.0931	37	19	0.8341	57	29	2.8448	77	39	6.6966	97	49	12.9327
18	10	0.1156	38	20	0.9251	58	30	3.0452	78	40	7.0447	98	50	13.4654
19	10	0.1272	39	20	0.9683	59	30	3.1380	79	40	7.2042	99	50	13.7078
20	11	0.1546	40	21	1.0685	60	31	3.3514	80	41	7.5690	100	51	14.2609
21	11	0.1685	41	21	1.1159	61	31	3.4502	81	41	7.7361			

适用树种：落叶松；适用地区：阿尔泰山林区；资料名称：立木材积表（部颁标准 LY 208—1977）；编表人或作者：中国农林科学院、农林部设计院、黑龙江省大兴安岭地区森林调查规划大队；出版机构：技术标准出版社；刊印或发表时间：1978。

45. 西北地区冷杉二元立木材积表

$$V = 0.00006699611D^{1.8054787}H^{0.95298464}；D \leqslant 110\text{cm}, H \leqslant 50\text{m}$$

D	H	V	D	H	V	D	H	V	D	H	V	D	H	V
2	2	0.0005	24	12	0.2220	46	22	1.2807	68	32	3.7067	90	42	7.9675
3	2	0.0009	25	12	0.2390	47	22	1.3314	69	32	3.8057	91	42	8.1281
4	3	0.0023	26	13	0.2769	48	23	1.4428	70	33	4.0221	92	42	8.2901
5	3	0.0035	27	13	0.2964	49	23	1.4975	71	33	4.1265	93	43	8.6452
6	4	0.0064	28	14	0.3397	50	24	1.6174	72	33	4.2320	94	43	8.8137
7	4	0.0084	29	14	0.3619	51	24	1.6763	73	34	4.4639	95	44	9.1827
8	5	0.0133	30	15	0.4109	52	24	1.7361	74	34	4.5749	96	44	9.3580
9	5	0.0164	31	15	0.4360	53	25	1.8681	75	35	4.8184	97	45	9.7411
10	6	0.0236	32	15	0.4617	54	25	1.9323	76	35	4.9351	98	45	9.9232
11	6	0.0280	33	16	0.5190	55	26	2.0734	77	36	5.1904	99	46	10.3207
12	6	0.0328	34	16	0.5478	56	26	2.1420	78	36	5.3127	100	46	10.5097
13	7	0.0439	35	17	0.6115	57	27	2.2925	79	37	5.5802	101	47	10.9218
14	7	0.0502	36	17	0.6435	58	27	2.3656	80	37	5.7083	102	47	11.1178
15	8	0.0646	37	18	0.7139	59	28	2.5258	81	38	5.9881	103	47	11.3153
16	8	0.0726	38	18	0.7492	60	28	2.6037	82	38	6.1222	104	48	11.7478
17	9	0.0906	39	19	0.8266	61	29	2.7738	83	38	6.2577	105	48	11.9526
18	9	0.1004	40	19	0.8653	62	29	2.8564	84	39	6.5547	106	49	12.4002
19	10	0.1224	41	20	0.9501	63	29	2.9401	85	39	6.6963	107	49	12.6122
20	10	0.1343	42	20	0.9923	64	30	3.1242	86	40	7.0062	108	50	13.0751
21	11	0.1606	43	20	1.0354	65	30	3.2129	87	40	7.1540	109	50	13.2945
22	11	0.1747	44	21	1.1306	66	31	3.4075	88	41	7.4770	110	51	13.7730
23	11	0.1893	45	21	1.1775	67	31	3.5013	89	41	7.6311			

适用树种：冷杉；适用地区：西北；资料名称：立木材积表（部颁标准 LY 208—1977）；编表人或作者：中国农林科学院、农林部设计院、黑龙江省大兴安岭地区森林调查规划大队；出版机构：技术标准出版社；刊印或发表时间：1978。

46. 西北地区云杉二元立木材积表(一)

$V=0.000062936619D^{1.79324}H^{1.0469707}$；$D\leqslant$140cm, $H\leqslant$63m

D	H	V	D	H	V	D	H	V	D	H	V	D	H	V
2	2	0.0005	30	14	0.4443	58	27	2.8824	86	39	8.5846	114	52	19.2324
3	2	0.0009	31	15	0.5065	59	27	2.9721	87	40	8.9999	115	52	19.5359
4	3	0.0024	32	15	0.5362	60	28	3.1819	88	40	9.1862	116	53	20.2413
5	3	0.0036	33	16	0.6062	61	28	3.2776	89	41	9.6198	117	53	20.5553
6	4	0.0067	34	16	0.6396	62	29	3.5009	90	41	9.8145	118	54	21.2839
7	4	0.0088	35	17	0.7178	63	29	3.6028	91	42	10.2667	119	54	21.6084
8	5	0.0141	36	17	0.7550	64	30	3.8399	92	42	10.4699	120	55	22.3606
9	5	0.0175	37	18	0.8420	65	30	3.9482	93	43	10.9411	121	55	22.6958
10	6	0.0255	38	18	0.8832	66	31	4.1995	94	43	11.1529	122	56	23.4719
11	6	0.0303	39	19	0.9792	67	31	4.3143	95	43	11.3666	123	56	23.8181
12	6	0.0354	40	19	1.0247	68	31	4.4304	96	44	11.8642	124	56	24.1664
13	7	0.0480	41	19	1.0711	69	32	4.7016	97	44	12.0867	125	57	24.9756
14	7	0.0548	42	20	1.1801	70	32	4.8245	98	45	12.6042	126	57	25.3350
15	8	0.0714	43	20	1.2310	71	33	5.1109	99	45	12.8358	127	58	26.1689
16	8	0.0801	44	21	1.3500	72	33	5.2407	100	46	13.3734	128	58	26.5396
17	9	0.1010	45	21	1.4055	73	34	5.5425	101	46	13.6142	129	59	27.3985
18	9	0.1119	46	22	1.5350	74	34	5.6793	102	47	14.1724	130	59	27.7806
19	10	0.1377	47	22	1.5953	75	35	5.9970	103	47	14.4225	131	60	28.6650
20	10	0.1510	48	23	1.7356	76	35	6.1411	104	47	14.6746	132	60	29.0585
21	10	0.1648	49	23	1.8010	77	35	6.2868	105	48	15.2613	133	60	29.4545
22	11	0.1979	50	23	1.8675	78	36	6.6265	106	48	15.5229	134	61	30.3739
23	11	0.2143	51	24	2.0231	79	36	6.7797	107	49	16.1310	135	61	30.7816
24	12	0.2534	52	24	2.0948	80	37	7.1361	108	49	16.4023	136	62	31.7272
25	12	0.2727	53	25	2.2623	81	37	7.2969	109	50	17.0322	137	62	32.1468
26	13	0.3181	54	25	2.3394	82	38	7.6704	110	50	17.3134	138	63	33.1190
27	13	0.3404	55	26	2.5190	83	38	7.8390	111	51	17.9653	139	63	33.5506
28	14	0.3926	56	26	2.6017	84	39	8.2299	112	51	18.2566	140	64	34.5496
29	14	0.4181	57	27	2.7939	85	39	8.4064	113	52	18.9309			

适用树种：云杉；适用地区：天山、祁连山、六盘山等地区；资料名称：立木材积表（部颁标准 LY 208—1977）；编表人或作者：中国农林科学院、农林部设计院、黑龙江省大兴安岭地区森林调查规划大队；出版机构：技术标准出版社；刊印或发表时间：1978。

47. 西北地区云杉二元立木材积表(二)

$V = 0.000060504753D^{1.8077573}H^{1.0229567}$；$D \leqslant 70\text{cm}, H \leqslant 40\text{m}$

D	H	V	D	H	V	D	H	V	D	H	V	D	H	V
2	2	0.0004	16	10	0.0958	30	18	0.5447	44	26	1.5857	58	34	3.4378
3	3	0.0014	17	10	0.1069	31	18	0.5780	45	26	1.6514	59	34	3.5457
4	3	0.0023	18	11	0.1307	32	19	0.6469	46	27	1.7860	60	35	3.7650
5	4	0.0046	19	12	0.1576	33	20	0.7208	47	27	1.8568	61	35	3.8792
6	4	0.0064	20	12	0.1729	34	20	0.7607	48	28	2.0019	62	36	4.1118
7	5	0.0106	21	13	0.2049	35	21	0.8427	49	29	2.1539	63	36	4.2324
8	5	0.0135	22	13	0.2229	36	21	0.8867	50	29	2.2340	64	37	4.4784
9	6	0.0201	23	14	0.2606	37	22	0.9771	51	30	2.3971	65	38	4.7331
10	7	0.0284	24	14	0.2814	38	22	1.0254	52	30	2.4828	66	38	4.8656
11	7	0.0338	25	15	0.3251	39	23	1.1247	53	31	2.6574	67	39	5.1343
12	8	0.0453	26	16	0.3728	40	23	1.1774	54	31	2.7488	68	39	5.2736
13	8	0.0524	27	16	0.3991	41	24	1.2859	55	32	2.9353	69	40	5.5567
14	9	0.0676	28	17	0.4535	42	25	1.4004	56	33	3.1294	70	40	5.7032
15	9	0.0766	29	17	0.4832	43	25	1.4613	57	33	3.2312			

适用树种：云杉；适用地区：阿尔泰山林区；资料名称：立木材积表（部颁标准 LY 208—1977）；编表人或作者：中国农林科学院、农林部设计院、黑龙江省大兴安岭地区森林调查规划大队；出版机构：技术标准出版社；刊印或发表时间：1978。

全国

48. 西北地区云杉二元立木材积表(三)

$V=0.000053108582D^{1.778667}H^{1.1280516}$； $D\leqslant$80cm, $H\leqslant$50m

D	H	V	D	H	V	D	H	V	D	H	V	D	H	V
2	2	0.0004	18	12	0.1497	34	22	0.9193	50	32	2.7858	66	42	6.2035
3	3	0.0013	19	13	0.1804	35	22	0.9680	51	32	2.8857	67	42	6.3717
4	3	0.0022	20	13	0.1976	36	23	1.0701	52	33	3.0926	68	43	6.7178
5	4	0.0044	21	14	0.2343	37	24	1.1788	53	34	3.3088	69	44	7.0756
6	4	0.0061	22	14	0.2546	38	24	1.2360	54	34	3.4206	70	44	7.2590
7	5	0.0104	23	15	0.2978	39	25	1.3555	55	35	3.6516	71	45	7.6356
8	6	0.0162	24	16	0.3455	40	26	1.4820	56	35	3.7705	72	45	7.8280
9	6	0.0200	25	16	0.3715	41	26	1.5486	57	36	4.0167	73	46	8.2238
10	7	0.0287	26	17	0.4265	42	27	1.6867	58	37	4.2730	74	47	8.6321
11	8	0.0395	27	18	0.4865	43	27	1.7588	59	37	4.4049	75	47	8.8407
12	8	0.0461	28	18	0.5190	44	28	1.9089	60	38	4.6771	76	48	9.2690
13	9	0.0607	29	19	0.5872	45	29	2.0670	61	39	4.9599	77	49	9.7103
14	9	0.0692	30	19	0.6237	46	29	2.1494	62	39	5.1055	78	49	9.9357
15	10	0.0881	31	20	0.7005	47	30	2.3203	63	40	5.4050	79	50	10.3977
16	11	0.1101	32	21	0.7832	48	31	2.4996	64	40	5.5586	80	50	10.6330
17	11	0.1226	33	21	0.8272	49	31	2.5929	65	41	5.8754			

适用树种：云杉；适用地区：青海；资料名称：立木材积表（部颁标准LY 208—1977）；编表人或作者：中国农林科学院、农林部设计院、黑龙江省大兴安岭地区森林调查规划大队；出版机构：技术标准出版社；刊印或发表时间：1978。

49. 西北地区山杨二元立木材积表

$V = 0.000054031091D^{1.9440215}H^{0.93067368}$；$D \leqslant 50$cm, $H \leqslant 30$m

D	H	V	D	H	V	D	H	V	D	H	V	D	H	V
2	2	0.0004	12	8	0.0469	22	14	0.2565	32	20	0.7405	42	26	1.6038
3	3	0.0013	13	9	0.0611	23	14	0.2796	33	20	0.7861	43	26	1.6789
4	3	0.0022	14	9	0.0706	24	15	0.3239	34	21	0.8718	44	27	1.8184
5	4	0.0045	15	10	0.0891	25	16	0.3723	35	22	0.9632	45	27	1.8996
6	4	0.0064	16	10	0.1010	26	16	0.4018	36	22	1.0174	46	28	2.0507
7	5	0.0106	17	11	0.1241	27	17	0.4575	37	23	1.1184	47	29	2.2093
8	6	0.0163	18	11	0.1387	28	17	0.4910	38	23	1.1779	48	29	2.3016
9	6	0.0205	19	12	0.1671	29	18	0.5544	39	24	1.2889	49	30	2.4725
10	7	0.0291	20	13	0.1989	30	19	0.6227	40	24	1.3540	50	30	2.5716
11	7	0.0350	21	13	0.2187	31	19	0.6637	41	25	1.4756			

适用树种：山杨；适用地区：西北；资料名称：立木材积表（部颁标准LY 208—1977）；编表人或作者：中国农林科学院、农林部设计院、黑龙江省大兴安岭地区森林调查规划大队；出版机构：技术标准出版社；刊印或发表时间：1978。

50. 西北地区桦木二元立木材积表

$V = 0.000052286055D^{1.8593621}H^{1.0140715}$；$D \leqslant 46$cm, $H \leqslant 35$m

D	H	V	D	H	V	D	H	V	D	H	V	D	H	V
2	2	0.0004	11	9	0.0419	20	16	0.2283	29	22	0.6293	38	29	1.3764
3	3	0.0012	12	10	0.0548	21	16	0.2500	30	23	0.7011	39	30	1.4951
4	4	0.0028	13	10	0.0636	22	17	0.2899	31	24	0.7780	40	31	1.6201
5	4	0.0043	14	11	0.0804	23	18	0.3336	32	25	0.8602	41	31	1.6962
6	5	0.0075	15	12	0.0999	24	19	0.3815	33	25	0.9109	42	32	1.8320
7	6	0.0120	16	13	0.1222	25	19	0.4115	34	26	1.0019	43	33	1.9746
8	7	0.0180	17	13	0.1367	26	20	0.4663	35	27	1.0987	44	34	2.1242
9	7	0.0224	18	14	0.1639	27	21	0.5256	36	28	1.2013	45	34	2.2148
10	8	0.0312	19	15	0.1944	28	22	0.5895	37	28	1.2640	46	35	2.3760

适用树种：桦木；适用地区：西北；资料名称：立木材积表（部颁标准LY 208—1977）；编表人或作者：中国农林科学院、农林部设计院、黑龙江省大兴安岭地区森林调查规划大队；出版机构：技术标准出版社；刊印或发表时间：1978。

全国

51. 西北地区栎类二元立木材积表

$V = 0.000060970532D^{1.8735078}H^{0.94157465}$；$D \leqslant 50\text{cm}, H \leqslant 30\text{m}$

D	H	V	D	H	V	D	H	V	D	H	V	D	H	V
2	2	0.0004	12	8	0.0454	22	14	0.2395	32	20	0.6762	42	26	1.4408
3	3	0.0013	13	9	0.0590	23	14	0.2603	33	20	0.7163	43	26	1.5057
4	3	0.0023	14	9	0.0677	24	15	0.3008	34	21	0.7931	44	27	1.6288
5	4	0.0046	15	10	0.0851	25	16	0.3451	35	22	0.8749	45	27	1.6989
6	4	0.0065	16	10	0.0961	26	16	0.3714	36	22	0.9223	46	28	1.8320
7	5	0.0106	17	11	0.1177	27	17	0.4220	37	23	1.0123	47	29	1.9714
8	6	0.0162	18	11	0.1310	28	17	0.4518	38	23	1.0642	48	29	2.0507
9	6	0.0202	19	12	0.1574	29	18	0.5092	39	24	1.1630	49	30	2.2006
10	7	0.0285	20	13	0.1868	30	19	0.5709	40	24	1.2194	50	30	2.2855
11	7	0.0340	21	13	0.2047	31	19	0.6071	41	25	1.3272			

适用树种：栎类；适用地区：西北；资料名称：立木材积表（部颁标准 LY 208—1977）；编表人或作者：中国农林科学院、农林部设计院、黑龙江省大兴安岭地区森林调查规划大队；出版机构：技术标准出版社；刊印或发表时间：1978。

52. 西北地区阔叶树二元立木材积表

$V = 0.000057887451D^{1.8445349}H^{0.93088457}$；$D \leqslant 50\text{cm}, H \leqslant 30\text{m}$

D	H	V	D	H	V	D	H	V	D	H	V	D	H	V
2	2	0.0004	12	8	0.0393	22	14	0.2021	32	20	0.5623	42	26	1.1855
3	3	0.0012	13	9	0.0508	23	14	0.2194	33	20	0.5952	43	26	1.2381
4	3	0.0021	14	9	0.0582	24	15	0.2531	34	21	0.6581	44	27	1.3379
5	4	0.0041	15	10	0.0729	25	16	0.2898	35	22	0.7250	45	27	1.3945
6	4	0.0057	16	10	0.0821	26	16	0.3115	36	22	0.7636	46	28	1.5022
7	5	0.0094	17	11	0.1004	27	17	0.3533	37	23	0.8371	47	29	1.6149
8	6	0.0142	18	11	0.1115	28	17	0.3779	38	23	0.8794	48	29	1.6789
9	6	0.0177	19	12	0.1336	29	18	0.4252	39	24	0.9598	49	30	1.7999
10	7	0.0248	20	13	0.1582	30	19	0.4759	40	24	1.0057	50	30	1.8682
11	7	0.0295	21	13	0.1731	31	19	0.5056	41	25	1.0933			

适用树种：阔叶树；适用地区：西北；资料名称：立木材积表（部颁标准 LY 208—1977）；编表人或作者：中国农林科学院、农林部设计院、黑龙江省大兴安岭地区森林调查规划大队；出版机构：技术标准出版社；刊印或发表时间：1978。其他说明：本表适用于西北地区除山杨、桦木、栎类以外的所有阔叶树。

53. 西藏地区云杉二元立木材积表

$$V=0.000061839D^{1.6558}H^{1.20849};\ D\leqslant 180\text{cm},\ H\leqslant 80\text{m}$$

D	H	V	D	H	V	D	H	V	D	H	V	D	H	V
2	2	0.0005	38	18	0.8396	74	34	5.4590	110	50	16.7721	146	66	37.4885
3	2	0.0009	39	18	0.8765	75	34	5.5817	111	50	17.0254	147	66	37.9147
4	3	0.0023	40	19	0.9757	76	35	5.9089	112	51	17.6986	148	66	38.3427
5	3	0.0034	41	19	1.0164	77	35	6.0382	113	51	17.9610	149	67	39.4837
6	4	0.0064	42	20	1.1254	78	36	6.3822	114	51	18.2250	150	67	39.9234
7	4	0.0083	43	20	1.1701	79	36	6.5182	115	52	18.9295	151	68	41.0943
8	5	0.0135	44	21	1.2894	80	36	6.6554	116	52	19.2028	152	68	41.5459
9	5	0.0164	45	21	1.3383	81	37	7.0224	117	53	19.9313	153	69	42.7470
10	6	0.0244	46	21	1.3879	82	37	7.1666	118	53	20.2141	154	69	43.2106
11	6	0.0286	47	22	1.5213	83	38	7.5514	119	54	20.9669	155	70	44.4423
12	6	0.0330	48	22	1.5753	84	38	7.7026	120	54	21.2594	156	70	44.9180
13	7	0.0454	49	23	1.7200	85	39	8.1055	121	55	22.0368	157	70	45.3958
14	7	0.0513	50	23	1.7785	86	39	8.2640	122	55	22.3392	158	71	46.6687
15	8	0.0676	51	24	1.9348	87	40	8.6854	123	55	22.6432	159	71	47.1588
16	8	0.0752	52	24	1.9980	88	40	8.8514	124	56	23.4540	160	72	48.4632
17	9	0.0959	53	25	2.1663	89	40	9.0185	125	56	23.7681	161	72	48.9658
18	9	0.1054	54	25	2.2344	90	41	9.4652	126	57	24.6044	162	73	50.3019
19	10	0.1310	55	25	2.3033	91	41	9.6400	127	57	24.9286	163	73	50.8171
20	10	0.1426	56	26	2.4882	92	42	10.1061	128	58	25.7909	164	73	51.3343
21	10	0.1546	57	26	2.5622	93	42	10.2886	129	58	26.1253	165	74	52.7133
22	11	0.1873	58	27	2.7602	94	43	10.7745	130	58	26.4615	166	74	53.2433
23	11	0.2016	59	27	2.8394	95	43	10.9650	131	59	27.3588	167	75	54.6549
24	12	0.2403	60	28	3.0507	96	43	11.1567	132	59	27.7055	168	75	55.1979
25	12	0.2571	61	28	3.1354	97	44	11.6696	133	60	28.6295	169	76	56.6424
26	13	0.3022	62	28	3.2209	98	44	11.8695	134	60	28.9868	170	76	57.1984
27	13	0.3217	63	29	3.4507	99	45	12.4030	135	61	29.9380	171	77	58.6763
28	13	0.3417	64	29	3.5418	100	45	12.6111	136	61	30.3061	172	77	59.2455
29	14	0.3961	65	30	3.7859	101	46	13.1657	137	62	31.2847	173	77	59.8170
30	14	0.4190	66	30	3.8828	102	46	13.3822	138	62	31.6637	174	78	61.3397
31	15	0.4808	67	31	4.1416	103	47	13.9583	139	62	32.0445	175	78	61.9245
32	15	0.5067	68	31	4.2445	104	47	14.1834	140	63	33.0603	176	79	63.4813
33	16	0.5765	69	32	4.5184	105	47	14.4099	141	63	33.4522	177	79	64.0796
34	16	0.6057	70	32	4.6274	106	48	15.0151	142	64	34.4963	178	80	65.6709
35	17	0.6838	71	32	4.7373	107	48	15.2503	143	64	34.8994	179	80	66.2829
36	17	0.7164	72	33	5.0320	108	49	15.8778	144	65	35.9722	180	81	67.9091
37	17	0.7497	73	33	5.1483	109	49	16.1220	145	65	36.3867			

适用树种：云杉；适用地区：西藏；资料名称：立木材积表（部颁标准 LY 208—1977）；编表人或作者：中国农林科学院、农林部设计院、黑龙江省大兴安岭地区森林调查规划大队；出版机构：技术标准出版社；刊印或发表时间：1978。

54. 西藏地区高山松二元立木材积表

$V = 0.000049569D^{1.97201}H^{0.94808}$；$D \leqslant 120$cm, $H \leqslant 60$m

D	H	V	D	H	V	D	H	V	D	H	V	D	H	V
2	2	0.0004	26	14	0.3734	50	26	2.4384	74	38	7.5703	98	50	17.0878
3	2	0.0008	27	14	0.4022	51	26	2.5355	75	38	7.7734	99	50	17.4334
4	3	0.0022	28	15	0.4614	52	27	2.7304	76	39	8.1781	100	51	18.1194
5	3	0.0034	29	15	0.4944	53	27	2.8350	77	39	8.3916	101	51	18.4784
6	4	0.0063	30	16	0.5620	54	28	3.0446	78	40	8.8170	102	52	19.1910
7	4	0.0086	31	16	0.5995	55	28	3.1568	79	40	9.0413	103	52	19.5638
8	5	0.0138	32	17	0.6760	56	29	3.3816	80	41	9.4879	104	53	20.3035
9	5	0.0174	33	17	0.7183	57	29	3.5017	81	41	9.7232	105	53	20.6903
10	6	0.0254	34	18	0.8043	58	30	3.7423	82	42	10.1916	106	54	21.4576
11	6	0.0307	35	18	0.8516	59	30	3.8706	83	42	10.4381	107	54	21.8586
12	7	0.0421	36	19	0.9476	60	31	4.1274	84	43	10.9287	108	55	22.6540
13	7	0.0493	37	19	1.0002	61	31	4.2641	85	43	11.1867	109	55	23.0695
14	8	0.0648	38	20	1.1067	62	32	4.5376	86	44	11.7000	110	56	23.8935
15	8	0.0742	39	20	1.1649	63	32	4.6831	87	44	11.9698	111	56	24.3237
16	9	0.0943	40	21	1.2825	64	33	4.9738	88	45	12.5063	112	57	25.1767
17	9	0.1063	41	21	1.3465	65	33	5.1282	89	45	12.7881	113	57	25.6219
18	10	0.1314	42	22	1.4757	66	34	5.4367	90	46	13.3482	114	58	26.5044
19	10	0.1462	43	22	1.5458	67	34	5.6003	91	46	13.6423	115	58	26.9648
20	11	0.1771	44	23	1.6871	68	35	5.9270	92	47	14.2266	116	59	27.8773
21	11	0.1950	45	23	1.7636	69	35	6.1001	93	47	14.5332	117	59	28.3532
22	12	0.2321	46	24	1.9175	70	36	6.4456	94	48	15.1422	118	60	29.2962
23	12	0.2533	47	24	2.0006	71	36	6.6284	95	48	15.4615	119	60	29.7879
24	13	0.2972	48	25	2.1677	72	37	6.9931	96	49	16.0957	120	61	30.7618
25	13	0.3222	49	25	2.2576	73	37	7.1859	97	49	16.4280			

适用树种：高山松；适用地区：西藏；资料名称：立木材积表（部颁标准 LY 208—1977）；编表人或作者：中国农林科学院、农林部设计院、黑龙江省大兴安岭地区森林调查规划大队；出版机构：技术标准出版社；刊印或发表时间：1978。

55. 西藏地区冷杉二元立木材积表

$V = 0.000066304D^{1.68905}H^{1.1857}$；$D \leqslant 160\text{cm}$, $H \leqslant 60\text{m}$

D	H	V	D	H	V	D	H	V	D	H	V	D	H	V
2	2	0.0005	34	14	0.5851	66	26	3.7374	98	38	11.4280	130	49	24.8978
3	2	0.0010	35	14	0.6145	67	26	3.8336	99	38	11.6256	131	50	25.8336
4	3	0.0025	36	15	0.6994	68	26	3.9307	100	38	11.8247	132	50	26.1676
5	3	0.0037	37	15	0.7325	69	27	4.2132	101	39	12.4012	133	51	27.1330
6	3	0.0050	38	15	0.7662	70	27	4.3169	102	39	12.6093	134	51	27.4784
7	4	0.0092	39	16	0.8643	71	28	4.6164	103	39	12.8188	135	51	27.8257
8	4	0.0115	40	16	0.9020	72	28	4.7267	104	40	13.4268	136	52	28.8309
9	5	0.0183	41	16	0.9405	73	28	4.8382	105	40	13.6456	137	52	29.1899
10	5	0.0218	42	17	1.0525	74	29	5.1610	106	41	14.2778	138	52	29.5507
11	5	0.0257	43	17	1.0952	75	29	5.2793	107	41	14.5060	139	53	30.5966
12	6	0.0369	44	18	1.2184	76	29	5.3988	108	41	14.7357	140	53	30.9693
13	6	0.0422	45	18	1.2655	77	30	5.7457	109	42	15.4007	141	54	32.0463
14	6	0.0479	46	18	1.3134	78	30	5.8723	110	42	15.6401	142	54	32.4311
15	7	0.0646	47	19	1.4522	79	31	6.2378	111	42	15.8810	143	54	32.8178
16	7	0.0720	48	19	1.5047	80	31	6.3718	112	43	16.5796	144	55	33.9367
17	8	0.0935	49	19	1.5581	81	31	6.5069	113	43	16.8304	145	55	34.3357
18	8	0.1029	50	20	1.7132	82	32	6.8980	114	44	17.5548	146	55	34.7367
19	8	0.1128	51	20	1.7715	83	32	7.0407	115	44	17.8157	147	56	35.8983
20	9	0.1414	52	21	1.9396	84	32	7.1846	116	44	18.0782	148	56	36.3117
21	9	0.1536	53	21	2.0030	85	33	7.6020	117	45	18.8375	149	57	37.5060
22	9	0.1661	54	21	2.0673	86	33	7.7537	118	45	19.1102	150	57	37.9322
23	10	0.2029	55	22	2.2533	87	34	8.1914	119	45	19.3846	151	57	38.3603
24	10	0.2180	56	22	2.3229	88	34	8.3511	120	46	20.1796	152	58	39.5985
25	11	0.2615	57	22	2.3934	89	34	8.5120	121	46	20.4645	153	58	40.0396
26	11	0.2794	58	23	2.5981	90	35	8.9775	122	47	21.2869	154	58	40.4826
27	11	0.2978	59	23	2.6742	91	35	9.1466	123	47	21.5824	155	59	41.7656
28	12	0.3511	60	24	2.8936	92	35	9.3170	124	47	21.8796	156	59	42.2217
29	12	0.3726	61	24	2.9756	93	36	9.8110	125	48	22.7391	157	60	43.5390
30	12	0.3945	62	24	3.0584	94	36	9.9899	126	48	23.0472	158	60	44.0084
31	13	0.4585	63	25	3.2980	95	37	10.5058	127	48	23.3570	159	60	44.4799
32	13	0.4837	64	25	3.3869	96	37	10.6933	128	49	24.2543	160	61	45.8431
33	14	0.5564	65	25	3.4768	97	37	10.8821	129	49	24.5752			

适用树种：冷杉；适用地区：西藏；资料名称：立木材积表（部颁标准 LY 208—1977）；编表人或作者：中国农林科学院、农林部设计院、黑龙江省大兴安岭地区森林调查规划大队；出版机构：技术标准出版社；刊印或发表时间：1978。

全国

56. 西藏地区乔松二元立木材积表

$V = 0.000061458D^{1.89236}H^{0.95924}$；$D \leqslant 100\text{cm}$, $H \leqslant 35\text{m}$

D	H	V	D	H	V	D	H	V	D	H	V	D	H	V
2	2	0.0004	22	9	0.1755	42	16	1.0361	62	23	3.0666	82	29	6.5012
3	2	0.0010	23	9	0.1909	43	16	1.0833	63	23	3.1608	83	30	6.8719
4	3	0.0024	24	10	0.2289	44	16	1.1314	64	23	3.2565	84	30	7.0295
5	3	0.0037	25	10	0.2473	45	17	1.2513	65	24	3.4931	85	31	7.4184
6	3	0.0052	26	10	0.2664	46	17	1.3044	66	24	3.5955	86	31	7.5844
7	4	0.0092	27	11	0.3135	47	17	1.3586	67	24	3.6993	87	31	7.7521
8	4	0.0119	28	11	0.3358	48	18	1.4935	68	25	3.9564	88	32	8.1666
9	4	0.0149	29	11	0.3588	49	18	1.5529	69	25	4.0673	89	32	8.3431
10	5	0.0225	30	12	0.4159	50	18	1.6134	70	25	4.1795	90	32	8.5214
11	5	0.0269	31	12	0.4426	51	19	1.7642	71	26	4.4578	91	33	8.9621
12	5	0.0317	32	12	0.4700	52	19	1.8302	72	26	4.5774	92	33	9.1494
13	6	0.0440	33	13	0.5379	53	20	1.9931	73	26	4.6985	93	33	9.3385
14	6	0.0506	34	13	0.5692	54	20	2.0649	74	27	4.9987	94	34	9.8062
15	6	0.0576	35	13	0.6012	55	20	2.1378	75	27	5.1273	95	34	10.0046
16	7	0.0755	36	14	0.6809	56	21	2.3180	76	27	5.2575	96	34	10.2048
17	7	0.0847	37	14	0.7171	57	21	2.3969	77	28	5.5805	97	35	10.7003
18	7	0.0943	38	14	0.7542	58	21	2.4771	78	28	5.7184	98	35	10.9101
19	8	0.1188	39	15	0.8464	59	22	2.6753	79	28	5.8579	99	35	11.1217
20	8	0.1309	40	15	0.8880	60	22	2.7618	80	29	6.2044	100	36	11.6457
21	9	0.1607	41	15	0.9305	61	22	2.8495	81	29	6.3520			

适用树种：乔松；适用地区：西藏；资料名称：立木材积表（部颁标准 LY 208—1977）；编表人或作者：中国农林科学院、农林部设计院、黑龙江省大兴安岭地区森林调查规划大队；出版机构：技术标准出版社；刊印或发表时间：1978。

2 北京市立木材积表

57. 北京市侧柏一元立木材积表

D	V	ΔV	D	V	ΔV	D	V	ΔV	D	V	ΔV
5	0.0050	0.0010	12	0.0320	0.0050	19	0.0750	0.0070	26	0.1340	0.0100
6	0.0060	0.0040	13	0.0370	0.0050	20	0.0820	0.0080	27	0.1440	0.0100
7	0.0100	0.0030	14	0.0420	0.0060	21	0.0900	0.0080	28	0.1540	0.0100
8	0.0130	0.0050	15	0.0480	0.0060	22	0.0980	0.0090	29	0.1640	0.0110
9	0.0180	0.0040	16	0.0540	0.0060	23	0.1070	0.0090	30	0.1750	0.0110
10	0.0220	0.0040	17	0.0600	0.0080	24	0.1160	0.0090			
11	0.0260	0.0060	18	0.0680	0.0070	25	0.1250	0.0090			

适用树种：侧柏；适用地区：北京市；资料名称：北京市一元立木材积表；编表人或作者：北京市林业勘察设计院。

58. 北京市落叶松一元立木材积表

D	V	ΔV	D	V	ΔV	D	V	ΔV	D	V	ΔV
5	0.0060	0.0030	8	0.0200	0.0060	11	0.0440	0.0100	14	0.0800	0.0140
6	0.0090	0.0050	9	0.0260	0.0080	12	0.0540	0.0120	15	0.0940	0.0170
7	0.0140	0.0060	10	0.0340	0.0100	13	0.0660	0.0140	16	0.1110	0.0170

适用树种：落叶松；适用地区：北京市；资料名称：北京市一元立木材积表；编表人或作者：北京市林业勘察设计院。

59. 北京市山杨一元立木材积表

D	V	ΔV	D	V	ΔV	D	V	ΔV	D	V	ΔV
5	0.0050	0.0040	11	0.0480	0.0120	17	0.1480	0.0230	23	0.3140	0.0330
6	0.0090	0.0050	12	0.0600	0.0140	18	0.1710	0.0250	24	0.3470	0.0340
7	0.0140	0.0060	13	0.0740	0.0160	19	0.1960	0.0270	25	0.3810	0.0370
8	0.0200	0.0080	14	0.0900	0.0170	20	0.2230	0.0180	26	0.4180	0.0390
9	0.0280	0.0090	15	0.1070	0.0200	21	0.2410	0.0410	27	0.4570	0.0390
10	0.0370	0.0110	16	0.1270	0.0210	22	0.2820	0.0320			

适用树种：山杨；适用地区：北京市；资料名称：北京市一元立木材积表；编表人或作者：北京市林业勘察设计院。

京

60. 北京市油松一元立木材积表

D	V	ΔV	D	V	ΔV	D	V	ΔV	D	V	ΔV
5	0.0040	0.0030	13	0.0520	0.0100	21	0.1530	0.0160	29	0.2850	0.0190
6	0.0070	0.0030	14	0.0620	0.0120	22	0.1690	0.0140	30	0.3040	0.0200
7	0.0100	0.0050	15	0.0740	0.0120	23	0.1830	0.0160	31	0.3240	0.0200
8	0.0150	0.0050	16	0.0860	0.0130	24	0.1990	0.0160	32	0.3440	0.0210
9	0.0200	0.0070	17	0.0990	0.0120	25	0.2150	0.0170	33	0.3650	0.0210
10	0.0270	0.0070	18	0.1110	0.0140	26	0.2320	0.0170	34	0.3860	0.0220
11	0.0340	0.0090	19	0.1250	0.0140	27	0.2490	0.0180	35	0.4080	0.0220
12	0.0430	0.0090	20	0.1390	0.0140	28	0.2670	0.0180	36	0.4300	0.0220

适用树种：油松；适用地区：北京市；资料名称：北京市一元立木材积表；编表人或作者：北京市林业勘察设计院。

61. 北京市柞树一元立木材积表

D	V	ΔV	D	V	ΔV	D	V	ΔV	D	V	ΔV
5	0.0040	0.0030	13	0.0520	0.0100	21	0.1590	0.0180	29	0.3000	0.0200
6	0.0070	0.0030	14	0.0620	0.0120	22	0.1770	0.0150	30	0.3200	0.0200
7	0.0100	0.0050	15	0.0740	0.0120	23	0.1920	0.0180	31	0.3400	0.0210
8	0.0150	0.0050	16	0.0860	0.0130	24	0.2100	0.0170	32	0.3610	0.0220
9	0.0200	0.0060	17	0.0990	0.0150	25	0.2270	0.0180	33	0.3830	0.0220
10	0.0260	0.0080	18	0.1140	0.0140	26	0.2450	0.0180	34	0.4050	0.0230
11	0.0340	0.0080	19	0.1280	0.0160	27	0.2630	0.0180	35	0.4280	0.0230
12	0.0420	0.0100	20	0.1440	0.0150	28	0.2810	0.0190	36	0.4510	0.0230

适用树种：柞树（栎树）；适用地区：北京市；资料名称：北京市一元立木材积表；编表人或作者：北京市林业勘察设计院。

62. 北京市刺槐一元立木材积表

D	V	ΔV	D	V	ΔV	D	V	ΔV	D	V	ΔV
5	0.0050	0.0030	10	0.0330	0.0090	15	0.0920	0.0160	20	0.1810	0.0210
6	0.0080	0.0050	11	0.0420	0.0110	16	0.1080	0.0160	21	0.2020	0.0220
7	0.0130	0.0050	12	0.0530	0.0110	17	0.1240	0.0180	22	0.2240	0.0220
8	0.0180	0.0070	13	0.0640	0.0140	18	0.1420	0.0190	23	0.2460	0.0230
9	0.0250	0.0080	14	0.0780	0.0140	19	0.1610	0.0200	24	0.2690	0.0230

适用树种：刺槐；适用地区：北京市；资料名称：北京市一元立木材积表；编表人或作者：北京市林业勘察设计院。

63. 北京市桦木一元立木材积表

D	V	ΔV	D	V	ΔV	D	V	ΔV	D	V	ΔV
5	0.0040	0.0030	12	0.0440	0.0100	19	0.1340	0.0170	26	0.2690	0.0190
6	0.0070	0.0030	13	0.0540	0.0120	20	0.1510	0.0170	27	0.2880	0.0190
7	0.0100	0.0050	14	0.0660	0.0110	21	0.1680	0.0190	28	0.3070	0.0210
8	0.0150	0.0060	15	0.0770	0.0140	22	0.1870	0.0190	29	0.3280	0.0210
9	0.0210	0.0070	16	0.0910	0.0130	23	0.2060	0.0200	30	0.3490	0.0210
10	0.0280	0.0070	17	0.1040	0.0150	24	0.2260	0.0200	31	0.3700	0.0220
11	0.0350	0.0090	18	0.1190	0.0150	25	0.2460	0.0230	32	0.3920	0.0220

适用树种：桦树；适用地区：北京市；资料名称：北京市一元立木材积表；编表人或作者：北京市林业勘察设计院。

64. 北京市阔叶树一元立木材积表

D	V	ΔV	D	V	ΔV	D	V	ΔV	D	V	ΔV
5	0.0050	0.0040	13	0.0590	0.0110	21	0.1650	0.0160	29	0.3070	0.0210
6	0.0090	0.0040	14	0.0700	0.0120	22	0.1810	0.0160	30	0.3280	0.0210
7	0.0130	0.0050	15	0.0820	0.0140	23	0.1970	0.0170	31	0.3490	0.0220
8	0.0180	0.0060	16	0.0960	0.0120	24	0.2140	0.0170	32	0.3710	0.0230
9	0.0240	0.0070	17	0.1080	0.0140	25	0.2310	0.0180	33	0.3940	0.0230
10	0.0310	0.0080	18	0.1220	0.0150	26	0.2490	0.0190	34	0.4170	0.0230
11	0.0390	0.0100	19	0.1370	0.0140	27	0.2680	0.0190			
12	0.0490	0.0100	20	0.1510	0.0140	28	0.2870	0.0200			

适用树种：柞树（栎树）、山杨、刺槐以外的阔叶树；适用地区：北京市；资料名称：北京市一元立木材积表；编表人或作者：北京市林业勘察设计院。

京

65. 北京市平原加杨一元立木材积表

D	V	ΔV	D	V	ΔV	D	V	ΔV	D	V	ΔV
6	0.0102	0.0042	16	0.1098	0.0164	26	0.3590	0.0322	36	0.7698	0.0525
7	0.0144	0.0042	17	0.1262	0.0164	27	0.3912	0.0322	37	0.8223	0.0525
8	0.0186	0.0084	18	0.1425	0.0232	28	0.4233	0.0407	38	0.8748	0.0594
9	0.0270	0.0084	19	0.1657	0.0232	29	0.4640	0.0407	39	0.9342	0.0594
10	0.0353	0.0099	20	0.1889	0.0248	30	0.5046	0.0418	40	0.9936	0.0611
11	0.0452	0.0099	21	0.2137	0.0248	31	0.5464	0.0418	41	1.0547	0.0611
12	0.0551	0.0121	22	0.2384	0.0264	32	0.5881	0.0468	42	1.1158	0.0553
13	0.0672	0.0121	23	0.2648	0.0264	33	0.6349	0.0468	43	1.1711	0.0553
14	0.0793	0.0153	24	0.2911	0.0340	34	0.6817	0.0441	44	1.2263	0.0553
15	0.0946	0.0153	25	0.3251	0.0340	35	0.7258	0.0441			

适用树种：加拿大杨；适用地区：北京市平原地区；资料名称：北京市一元立木材积表；编表人或作者：北京市林业勘察设计院。

66. 北京市平原榆树一元立木材积表

D	V	ΔV	D	V	ΔV	D	V	ΔV	D	V	ΔV
6	0.0090	0.0055	15	0.0960	0.0150	24	0.3000	0.0340	33	0.6600	0.0480
7	0.0145	0.0055	16	0.1110	0.0190	25	0.3340	0.0340	34	0.7080	0.0510
8	0.0200	0.0070	17	0.1300	0.0190	26	0.3680	0.0360	35	0.7590	0.0510
9	0.0270	0.0070	18	0.1490	0.0220	27	0.4040	0.0360	36	0.8100	0.0560
10	0.0340	0.0100	19	0.1710	0.0220	28	0.4400	0.0420	37	0.8660	0.0560
11	0.0440	0.0100	20	0.1930	0.0250	29	0.4820	0.0420	38	0.9220	0.0565
12	0.0540	0.0135	21	0.2180	0.0250	30	0.5240	0.0440	39	0.9785	0.0565
13	0.0675	0.0135	22	0.2430	0.0285	31	0.5680	0.0440	40	1.0350	0.0565
14	0.0810	0.0150	23	0.2715	0.0285	32	0.6120	0.0480			

适用树种：榆树；适用地区：北京市平原地区；资料名称：北京市一元立木材积表；编表人或作者：北京市林业勘察设计院。

67. 北京市平原柳树一元立木材积表

D	V	ΔV	D	V	ΔV	D	V	ΔV	D	V	ΔV
6	0.0098	0.0048	16	0.1072	0.0189	26	0.3755	0.0401	36	0.8785	0.0652
7	0.0146	0.0048	17	0.1261	0.0189	27	0.4156	0.0401	37	0.9438	0.0653
8	0.0194	0.0070	18	0.1450	0.0229	28	0.4557	0.0446	38	1.0090	0.0726
9	0.0264	0.0070	19	0.1679	0.0229	29	0.5003	0.0446	39	1.0816	0.0725
10	0.0333	0.0095	20	0.1907	0.0266	30	0.5449	0.0498	40	1.1541	0.0760
11	0.0428	0.0095	21	0.2173	0.0266	31	0.5948	0.0498	41	1.2301	0.0760
12	0.0522	0.0122	22	0.2439	0.0311	32	0.6446	0.0555	42	1.3061	0.0781
13	0.0644	0.0122	23	0.2750	0.0311	33	0.7001	0.0555	43	1.3843	0.0781
14	0.0766	0.0153	24	0.3060	0.0348	34	0.7556	0.0615	44	1.4624	0.0781
15	0.0919	0.0153	25	0.3408	0.0348	35	0.8171	0.0614			

适用树种：柳树；适用地区：北京市平原地区；资料名称：北京市一元立木材积表；编表人或作者：北京市林业勘察设计院。

68. 北京市平原软阔一元立木材积表

D	V	ΔV	D	V	ΔV	D	V	ΔV	D	V	ΔV
6	0.0080	0.0050	17	0.1185	0.0175	28	0.3790	0.0310	39	0.7920	0.0430
7	0.0130	0.0050	18	0.1360	0.0190	29	0.4100	0.0310	40	0.8350	0.0480
8	0.0180	0.0065	19	0.1550	0.0190	30	0.4410	0.0350	41	0.8830	0.0480
9	0.0245	0.0065	20	0.1740	0.0215	31	0.4760	0.0350	42	0.9310	0.0510
10	0.0310	0.0090	21	0.1955	0.0215	32	0.5110	0.0365	43	0.9820	0.0510
11	0.0400	0.0090	22	0.2170	0.0245	33	0.5475	0.0365	44	1.0330	0.0520
12	0.0490	0.0120	23	0.2415	0.0245	34	0.5840	0.0395	45	1.0850	0.0520
13	0.0610	0.0120	24	0.2660	0.0270	35	0.6235	0.0395	46	1.1370	0.0575
14	0.0730	0.0140	25	0.2930	0.0270	36	0.6630	0.0430	47	1.1945	0.0575
15	0.0870	0.0140	26	0.3200	0.0295	37	0.7060	0.0430	48	1.2520	0.0575
16	0.1010	0.0175	27	0.3495	0.0295	38	0.7490	0.0430			

适用树种：软阔叶树；适用地区：北京市平原地区；资料名称：北京市一元立木材积表；编表人或作者：北京市林业勘察设计院。

京

69. 北京市平原硬阔一元立木材积表

D	V	ΔV	D	V	ΔV	D	V	ΔV	D	V	ΔV
6	0.0090	0.0050	17	0.1240	0.0180	28	0.3990	0.0340	39	0.8400	0.0500
7	0.0140	0.0050	18	0.1420	0.0205	29	0.4330	0.0340	40	0.8900	0.0550
8	0.0190	0.0065	19	0.1625	0.0205	30	0.4670	0.0385	41	0.9450	0.0550
9	0.0255	0.0065	20	0.1830	0.0235	31	0.5055	0.0385	42	1.0000	0.0565
10	0.0320	0.0095	21	0.2065	0.0235	32	0.5440	0.0380	43	1.0565	0.0565
11	0.0415	0.0095	22	0.2300	0.0260	33	0.5820	0.0380	44	1.1130	0.0585
12	0.0510	0.0130	23	0.2560	0.0260	34	0.6200	0.0410	45	1.1715	0.0585
13	0.0640	0.0130	24	0.2820	0.0285	35	0.6610	0.0410	46	1.2300	0.0600
14	0.0770	0.0145	25	0.3105	0.0285	36	0.7020	0.0440	47	1.2900	0.0600
15	0.0915	0.0145	26	0.3390	0.0300	37	0.7460	0.0440	48	1.3500	0.0600
16	0.1060	0.0180	27	0.3690	0.0300	38	0.7900	0.0500			

适用树种：硬阔叶树；适用地区：北京市平原地区；资料名称：北京市一元立木材积表；编表人或作者：北京市林业勘察设计院。

70. 北京市侧柏地径一元立木材积表

D	V	ΔV	D	V	ΔV	D	V	ΔV	D	V	ΔV
7	0.0060	0.0000	15	0.0300	0.0050	23	0.0710	0.0070	31	0.1280	0.0070
8	0.0060	0.0030	16	0.0350	0.0040	24	0.0780	0.0060	32	0.1350	0.0090
9	0.0090	0.0020	17	0.0390	0.0050	25	0.0840	0.0070	33	0.1440	0.0080
10	0.0110	0.0040	18	0.0440	0.0050	26	0.0910	0.0060	34	0.1520	0.0090
11	0.0150	0.0030	19	0.0490	0.0050	27	0.0970	0.0080	35	0.1610	0.0090
12	0.0180	0.0040	20	0.0540	0.0050	28	0.1050	0.0070	36	0.1700	0.0090
13	0.0220	0.0040	21	0.0590	0.0070	29	0.1120	0.0070	37	0.1790	0.0090
14	0.0260	0.0040	22	0.0660	0.0050	30	0.1190	0.0090			

适用树种：侧柏；适用地区：北京市；资料名称：北京市一元立木材积表；编表人或作者：北京市林业勘察设计院。

71. 北京市落叶松地径一元立木材积表

D	V	ΔV	D	V	ΔV	D	V	ΔV	D	V	ΔV
7	0.0070	0.0020	16	0.0580	0.0100	25	0.1600	0.0120	34	0.2740	0.0110
8	0.0090	0.0040	17	0.0680	0.0100	26	0.1720	0.0110	35	0.2850	0.0080
9	0.0130	0.0050	18	0.0780	0.0130	27	0.1830	0.0110	36	0.2930	0.0120
10	0.0180	0.0050	19	0.0910	0.0130	28	0.1940	0.0150	37	0.3050	0.0120
11	0.0230	0.0040	20	0.1040	0.0120	29	0.2090	0.0120	38	0.3170	0.0080
12	0.0270	0.0070	21	0.1160	0.0100	30	0.2210	0.0120	39	0.3250	0.0080
13	0.0340	0.0080	22	0.1260	0.0130	31	0.2330	0.0130	40	0.3330	0.0080
14	0.0420	0.0080	23	0.1390	0.0100	32	0.2460	0.0140			
15	0.0500	0.0080	24	0.1490	0.0110	33	0.2600	0.0140			

适用树种：落叶松；适用地区：北京市；资料名称：北京市一元立木材积表；编表人或作者：北京市林业勘察设计院。

72. 北京市油松地径一元立木材积表

D	V	ΔV	D	V	ΔV	D	V	ΔV	D	V	ΔV
7	0.0050	0.0010	18	0.0590	0.0090	29	0.1750	0.0120	40	0.3290	0.0150
8	0.0060	0.0020	19	0.0680	0.0090	30	0.1870	0.0120	41	0.3440	0.0160
9	0.0080	0.0040	20	0.0770	0.0100	31	0.1990	0.0130	42	0.3600	0.0170
10	0.0120	0.0030	21	0.0870	0.0100	32	0.2120	0.0130	43	0.3770	0.0180
11	0.0150	0.0050	22	0.0970	0.0110	33	0.2250	0.0140	44	0.3950	0.0170
12	0.0200	0.0050	23	0.1080	0.0110	34	0.2390	0.0140	45	0.4120	0.0180
13	0.0250	0.0050	24	0.1190	0.0090	35	0.2530	0.0150	46	0.4300	0.0190
14	0.0300	0.0070	25	0.1280	0.0120	36	0.2680	0.0130	47	0.4490	0.0190
15	0.0370	0.0070	26	0.1400	0.0100	37	0.2810	0.0150			
16	0.0440	0.0070	27	0.1500	0.0130	38	0.2960	0.0160			
17	0.0510	0.0080	28	0.1630	0.0120	39	0.3120	0.0170			

适用树种：油松；适用地区：北京市；资料名称：北京市一元立木材积表；编表人或作者：北京市林业勘察设计院。

73. 北京市栎类地径一元立木材积表

D	V	ΔV	D	V	ΔV	D	V	ΔV	D	V	ΔV
6	0.0040	0.0020	17	0.0550	0.0080	28	0.1780	0.0130	39	0.3380	0.0170
7	0.0060	0.0010	18	0.0630	0.0100	29	0.1910	0.0140	40	0.3550	0.0170
8	0.0070	0.0030	19	0.0730	0.0090	30	0.2050	0.0140	41	0.3720	0.0170
9	0.0100	0.0030	20	0.0820	0.0100	31	0.2190	0.0130	42	0.3890	0.0180
10	0.0130	0.0040	21	0.0920	0.0110	32	0.2320	0.0140	43	0.4070	0.0180
11	0.0170	0.0040	22	0.1030	0.0120	33	0.2460	0.0150	44	0.4250	0.0190
12	0.0210	0.0060	23	0.1150	0.0110	34	0.2610	0.0140	45	0.4440	0.0190
13	0.0270	0.0060	24	0.1260	0.0140	35	0.2750	0.0160	46	0.4630	0.0190
14	0.0330	0.0070	25	0.1400	0.0100	36	0.2910	0.0150			
15	0.0400	0.0070	26	0.1500	0.0130	37	0.3060	0.0160			
16	0.0470	0.0080	27	0.1630	0.0150	38	0.3220	0.0160			

适用树种：栎树；适用地区：北京市；资料名称：北京市一元立木材积表；编表人或作者：北京市林业勘察设计院。

74. 北京市桦木地径一元立木材积表

D	V	ΔV	D	V	ΔV	D	V	ΔV	D	V	ΔV
6	0.0040	0.0010	16	0.0480	0.0080	26	0.1560	0.0130	36	0.3090	0.0170
7	0.0050	0.0020	17	0.0560	0.0100	27	0.1690	0.0150	37	0.3260	0.0160
8	0.0070	0.0030	18	0.0660	0.0080	28	0.1840	0.0140	38	0.3420	0.0180
9	0.0100	0.0030	19	0.0740	0.0100	29	0.1980	0.0160	39	0.3600	0.0170
10	0.0130	0.0040	20	0.0840	0.0110	30	0.2140	0.0160	40	0.3770	0.0180
11	0.0170	0.0050	21	0.0950	0.0100	31	0.2300	0.0160	41	0.3950	0.0180
12	0.0220	0.0060	22	0.1050	0.0130	32	0.2460	0.0190	42	0.4130	0.0180
13	0.0280	0.0060	23	0.1180	0.0120	33	0.2650	0.0140			
14	0.0340	0.0060	24	0.1300	0.0130	34	0.2790	0.0160			
15	0.0400	0.0080	25	0.1430	0.0130	35	0.2950	0.0140			

适用树种：桦木；适用地区：北京市；资料名称：北京市一元立木材积表；编表人或作者：北京市林业勘察设计院。

75. 北京市山杨地径一元立木材积表

D	V	ΔV	D	V	ΔV	D	V	ΔV	D	V	ΔV
6	0.0070	0.0020	14	0.0530	0.0110	22	0.1710	0.0200	30	0.3680	0.0290
7	0.0090	0.0020	15	0.0640	0.0110	23	0.1910	0.0230	31	0.3970	0.0290
8	0.0110	0.0050	16	0.0750	0.0130	24	0.2140	0.0230	32	0.4260	0.0310
9	0.0160	0.0050	17	0.0880	0.0140	25	0.2370	0.0230	33	0.4570	0.0350
10	0.0210	0.0070	18	0.1020	0.0160	26	0.2600	0.0250	34	0.4920	0.0350
11	0.0280	0.0070	19	0.1180	0.0170	27	0.2850	0.0260			
12	0.0350	0.0080	20	0.1350	0.0180	28	0.3110	0.0290			
13	0.0430	0.0100	21	0.1530	0.0180	29	0.3400	0.0280			

适用树种：山杨；适用地区：北京市；资料名称：北京市一元立木材积表；编表人或作者：北京市林业勘察设计院。

76. 北京市刺槐地径一元立木材积表

D	V	ΔV	D	V	ΔV	D	V	ΔV	D	V	ΔV
6	0.0060	0.0010	13	0.0370	0.0070	20	0.1090	0.0140	27	0.2220	0.0170
7	0.0070	0.0030	14	0.0440	0.0090	21	0.1230	0.0160	28	0.2390	0.0180
8	0.0100	0.0030	15	0.0530	0.0090	22	0.1390	0.0150	29	0.2570	0.0200
9	0.0130	0.0050	16	0.0620	0.0110	23	0.1540	0.0150	30	0.2770	0.0200
10	0.0180	0.0050	17	0.0730	0.0120	24	0.1690	0.0160			
11	0.0230	0.0060	18	0.0850	0.0110	25	0.1850	0.0180			
12	0.0290	0.0080	19	0.0960	0.0130	26	0.2030	0.0190			

适用树种：刺槐；适用地区：北京市；资料名称：北京市一元立木材积表；编表人或作者：北京市林业勘察设计院。

京

77. 北京市杨树地径一元立木材积表

D	V	ΔV	D	V	ΔV	D	V	ΔV	D	V	ΔV
8	0.0120	0.0040	20	0.1220	0.0150	32	0.3940	0.0280	44	0.8420	0.0490
9	0.0160	0.0030	21	0.1370	0.0140	33	0.4220	0.0340	45	0.8910	0.0540
10	0.0190	0.0070	22	0.1510	0.0200	34	0.4560	0.0320	46	0.9450	0.0490
11	0.0260	0.0070	23	0.1710	0.0200	35	0.4880	0.0360	47	0.9940	0.0540
12	0.0330	0.0080	24	0.1910	0.0220	36	0.5240	0.0360	48	1.0480	0.0510
13	0.0410	0.0090	25	0.2130	0.0220	37	0.5600	0.0360	49	1.0990	0.0470
14	0.0500	0.0090	26	0.2350	0.0220	38	0.5960	0.0400	50	1.1460	0.0500
15	0.0590	0.0100	27	0.2570	0.0250	39	0.6360	0.0400	51	1.1960	0.0460
16	0.0690	0.0110	28	0.2820	0.0240	40	0.6760	0.0400	52	1.2420	0.0540
17	0.0800	0.0100	29	0.3060	0.0300	41	0.7160	0.0380	53	1.2960	0.0500
18	0.0900	0.0090	30	0.3360	0.0290	42	0.7540	0.0400	54	1.3460	0.0500
19	0.0990	0.0230	31	0.3650	0.0290	43	0.7940	0.0480			

适用树种：杨树（山杨除外）；适用地区：北京市；资料名称：北京市一元立木材积表；编表人或作者：北京市林业勘察设计院。

78. 北京市阔叶树地径一元立木材积表

D	V	ΔV	D	V	ΔV	D	V	ΔV	D	V	ΔV
6	0.0050	0.0020	16	0.0560	0.0090	26	0.1670	0.0130	36	0.3170	0.0190
7	0.0070	0.0020	17	0.0650	0.0100	27	0.1800	0.0140	37	0.3360	0.0170
8	0.0090	0.0030	18	0.0750	0.0100	28	0.1940	0.0140	38	0.3530	0.0190
9	0.0120	0.0040	19	0.0850	0.0120	29	0.2080	0.0140	39	0.3720	0.0190
10	0.0160	0.0040	20	0.0970	0.0100	30	0.2220	0.0150	40	0.3910	0.0190
11	0.0200	0.0060	21	0.1070	0.0120	31	0.2370	0.0160	41	0.4100	0.0210
12	0.0260	0.0070	22	0.1190	0.0110	32	0.2530	0.0150	42	0.4310	0.0210
13	0.0330	0.0060	23	0.1300	0.0130	33	0.2680	0.0160			
14	0.0390	0.0090	24	0.1430	0.0120	34	0.2840	0.0170			
15	0.0480	0.0080	25	0.1550	0.0120	35	0.3010	0.0160			

适用树种：阔叶树；适用地区：北京市；资料名称：北京市一元立木材积表；编表人或作者：北京市林业勘察设计院。

3 河北省立木材积表

河北省立木材积表分别平原和山区编制，其中平原区编表样木 7700 多株，收集范围为乐（lào）亭、望都、永清、临西、盐山、献县、漳河、滹（hū）沱河林场等。

滨海平原区指唐山、廊坊、沧州、衡水地区；山前平原区指保定、石家庄、邢台、邯郸地区。

河北省立木材积表也适用于天津市。

冀

79. 河北山区落叶松一元立木材积表

D	V	ΔV	D	V	ΔV	D	V	ΔV	D	V	ΔV
4	0.0040	0.0020	8	0.0200	0.0060	12	0.0540	0.0120	16	0.1110	0.0170
5	0.0060	0.0030	9	0.0260	0.0080	13	0.0660	0.0140			
6	0.0090	0.0050	10	0.0340	0.0100	14	0.0800	0.0140			
7	0.0140	0.0060	11	0.0440	0.0100	15	0.0940	0.0170			

适用树种：落叶松；适用地区：河北山区；资料名称：森林调查常用表；编表人或作者：河北省林业局勘察设计队，承德地区林业调查队；刊印或发表时间：1980。

80. 河北山区油松一元立木材积表

D	V	ΔV	D	V	ΔV	D	V	ΔV	D	V	ΔV
5	0.0050	0.0030	13	0.0690	0.0130	21	0.1990	0.0210	29	0.4030	0.0310
6	0.0080	0.0050	14	0.0820	0.0140	22	0.2200	0.0220	30	0.4340	0.0320
7	0.0130	0.0060	15	0.0960	0.0140	23	0.2420	0.0240	31	0.4660	0.0340
8	0.0190	0.0070	16	0.1100	0.0160	24	0.2660	0.0250	32	0.5000	0.0350
9	0.0260	0.0090	17	0.1260	0.0170	25	0.2910	0.0260	33	0.5350	0.0350
10	0.0350	0.0100	18	0.1430	0.0180	26	0.3170	0.0280			
11	0.0450	0.0120	19	0.1610	0.0190	27	0.3450	0.0280			
12	0.0570	0.0120	20	0.1800	0.0190	28	0.3730	0.0300			

适用树种：油松；适用地区：河北山区；资料名称：森林调查常用表；编表人或作者：河北省林业局勘察设计队，承德地区林业调查队；刊印或发表时间：1980。

81. 河北山区山杨一元立木材积表

D	V	ΔV	D	V	ΔV	D	V	ΔV	D	V	ΔV
5	0.0050	0.0040	11	0.0480	0.0120	17	0.1480	0.0230	23	0.3140	0.0330
6	0.0090	0.0050	12	0.0600	0.0140	18	0.1710	0.0250	24	0.3470	0.0340
7	0.0140	0.0060	13	0.0740	0.0160	19	0.1960	0.0270	25	0.3810	0.0370
8	0.0200	0.0080	14	0.0900	0.0170	20	0.2230	0.0280	26	0.4180	0.0390
9	0.0280	0.0090	15	0.1070	0.0200	21	0.2510	0.0310	27	0.4570	0.0390
10	0.0370	0.0110	16	0.1270	0.0210	22	0.2820	0.0320			

适用树种：山杨；适用地区：河北山区；资料名称：森林调查常用表；编表人或作者：河北省林业局勘察设计队，承德地区林业调查队；刊印或发表时间：1980。

82. 河北山区桦树一元立木材积表

D	V	ΔV	D	V	ΔV	D	V	ΔV	D	V	ΔV
5	0.0060	0.0030	11	0.0440	0.0110	17	0.1260	0.0170	23	0.2400	0.0200
6	0.0090	0.0050	12	0.0550	0.0120	18	0.1430	0.0190	24	0.2600	0.0200
7	0.0140	0.0050	13	0.0670	0.0130	19	0.1620	0.0180	25	0.2800	0.0210
8	0.0190	0.0070	14	0.0800	0.0140	20	0.1800	0.0200	26	0.3010	0.0210
9	0.0260	0.0090	15	0.0940	0.0160	21	0.2000	0.0200			
10	0.0350	0.0090	16	0.1100	0.0160	22	0.2200	0.0200			

适用树种：桦树；适用地区：河北山区；资料名称：森林调查常用表；编表人或作者：河北省林业局勘察设计队，承德地区林业调查队；刊印或发表时间：1980。

83. 河北山区柞树一元立木材积表

D	V	ΔV	D	V	ΔV	D	V	ΔV	D	V	ΔV
5	0.0050	0.0030	10	0.0280	0.0080	15	0.0740	0.0120	20	0.1390	0.0150
6	0.0080	0.0040	11	0.0360	0.0080	16	0.0860	0.0130	21	0.1540	0.0140
7	0.0120	0.0040	12	0.0440	0.0090	17	0.0990	0.0130	22	0.1680	0.0160
8	0.0160	0.0060	13	0.0530	0.0110	18	0.1120	0.0130	23	0.1840	0.0150
9	0.0220	0.0060	14	0.0640	0.0100	19	0.1250	0.0140	24	0.1990	0.0150

适用树种：柞树（栎树）；适用地区：河北山区；资料名称：森林调查常用表；编表人或作者：河北省林业局勘察设计队，承德地区林业调查队；刊印或发表时间：1980。

84. 河北山区其他阔叶树一元立木材积表

D	V	ΔV	D	V	ΔV	D	V	ΔV	D	V	ΔV
5	0.0040	0.0030	10	0.0290	0.0080	15	0.0780	0.0110	20	0.1390	0.0140
6	0.0070	0.0040	11	0.0370	0.0090	16	0.0890	0.0130	21	0.1530	0.0150
7	0.0110	0.0050	12	0.0460	0.0100	17	0.1020	0.0120	22	0.1680	0.0150
8	0.0160	0.0060	13	0.0560	0.0110	18	0.1140	0.0120	23	0.1830	0.0150
9	0.0220	0.0070	14	0.0670	0.0110	19	0.1260	0.0130	24	0.1980	0.0150

适用树种：其他阔叶树；适用地区：河北山区；资料名称：森林调查常用表；编表人或作者：河北省林业局勘察设计队，承德地区林业调查队；刊印或发表时间：1980。

85. 河北山区刺槐一元立木材积表

D	V	ΔV	D	V	ΔV	D	V	ΔV	D	V	ΔV
5	0.0050	0.0030	10	0.0330	0.0090	15	0.0920	0.0160	20	0.1810	0.0210
6	0.0080	0.0050	11	0.0420	0.0110	16	0.1080	0.0160	21	0.2020	0.0220
7	0.0130	0.0050	12	0.0530	0.0110	17	0.1240	0.0180	22	0.2240	0.0220
8	0.0180	0.0070	13	0.0640	0.0140	18	0.1420	0.0190	23	0.2460	0.0230
9	0.0250	0.0080	14	0.0780	0.0140	19	0.1610	0.0200	24	0.2690	0.0230

适用树种：刺槐；适用地区：河北山区；资料名称：森林调查常用表；编表人或作者：河北省林业局勘察设计队，承德地区林业调查队；刊印或发表时间：1980。

冀

86. 河北山前平原杨树一元立木材积表

$V = 0.00007371D^{2.0089933}H^{0.7032304}$；$H = 3.05D^{0.56} - 1.5$，$D \leqslant 40\text{cm}$

D	V	ΔV	D	V	ΔV	D	V	ΔV	D	V	ΔV
5	0.0066	0.0038	14	0.0843	0.0155	23	0.2838	0.0310	32	0.6343	0.0493
6	0.0104	0.0049	15	0.0998	0.0171	24	0.3148	0.0329	33	0.6836	0.0515
7	0.0153	0.0059	16	0.1169	0.0187	25	0.3477	0.0349	34	0.7351	0.0537
8	0.0212	0.0072	17	0.1356	0.0203	26	0.3826	0.0369	35	0.7888	0.0559
9	0.0284	0.0085	18	0.1559	0.0221	27	0.4195	0.0388	36	0.8447	0.0582
10	0.0369	0.0097	19	0.1780	0.0237	28	0.4583	0.0409	37	0.9029	0.0604
11	0.0466	0.0111	20	0.2017	0.0256	29	0.4992	0.0429	38	0.9633	0.0628
12	0.0577	0.0126	21	0.2273	0.0273	30	0.5421	0.0451	39	1.0261	0.0650
13	0.0703	0.0140	22	0.2546	0.0292	31	0.5872	0.0471	40	1.0911	0.0650

适用树种：杨树；适用地区：河北山前平原；其他同上表。

87. 河北山前平原柳树一元立木材积表

$$V = 0.00007119D^{1.8571747}H^{0.8866435}$$
$$H = 1.26 + 1.019D - 0.0196D^2\text{，}D < 14\text{cm}$$
$$H = 16.614 - 61.786/D\text{，}14\text{cm} \leqslant D \leqslant 40\text{cm}$$

D	V	ΔV	D	V	ΔV	D	V	ΔV	D	V	ΔV
5	0.0068	0.0039	14	0.0879	0.0142	23	0.2487	0.0223	32	0.4812	0.0301
6	0.0107	0.0049	15	0.1021	0.0151	24	0.2710	0.0233	33	0.5113	0.0309
7	0.0156	0.0062	16	0.1172	0.0160	25	0.2943	0.0241	34	0.5422	0.0318
8	0.0218	0.0073	17	0.1332	0.0170	26	0.3184	0.0250	35	0.5740	0.0326
9	0.0291	0.0086	18	0.1502	0.0179	27	0.3434	0.0258	36	0.6066	0.0334
10	0.0377	0.0098	19	0.1681	0.0188	28	0.3692	0.0267	37	0.6400	0.0342
11	0.0475	0.0111	20	0.1869	0.0197	29	0.3959	0.0276	38	0.6742	0.0351
12	0.0586	0.0124	21	0.2066	0.0206	30	0.4235	0.0284	39	0.7093	0.0359
13	0.0710	0.0169	22	0.2272	0.0215	31	0.4519	0.0293	40	0.7452	0.0359

适用树种：柳树；适用地区：河北山前平原；其他同上表。

冀

88. 河北山前平原榆树一元立木材积表

$$V = 0.00007167D^{1.9305278}H^{0.819907}$$

$$H = 3.45D^{0.4557} - 0.8,\ D < 26\text{cm}$$

$$H = 7.4748D^{0.2025},\ 26\text{cm} \leqslant D \leqslant 40\text{cm}$$

D	V	ΔV	D	V	ΔV	D	V	ΔV	D	V	ΔV
5	0.0073	0.0039	14	0.0816	0.0142	23	0.2592	0.0269	32	0.5336	0.0356
6	0.0112	0.0049	15	0.0958	0.0155	24	0.2861	0.0285	33	0.5692	0.0368
7	0.0161	0.0060	16	0.1113	0.0169	25	0.3146	0.0307	34	0.6060	0.0379
8	0.0221	0.0070	17	0.1282	0.0183	26	0.3453	0.0284	35	0.6439	0.0392
9	0.0291	0.0081	18	0.1465	0.0196	27	0.3737	0.0296	36	0.6831	0.0404
10	0.0372	0.0093	19	0.1661	0.0211	28	0.4033	0.0308	37	0.7235	0.0416
11	0.0465	0.0104	20	0.1872	0.0225	29	0.4341	0.0320	38	0.7651	0.0428
12	0.0569	0.0117	21	0.2097	0.0240	30	0.4661	0.0332	39	0.8079	0.0441
13	0.0686	0.0130	22	0.2337	0.0255	31	0.4993	0.0343	40	0.8520	0.0441

适用树种：榆树；适用地区：河北山前平原；资料名称：森林调查常用表；编表人或作者：河北省林业局勘察设计队，承德地区林业调查队；刊印或发表时间：1980。

89. 河北平原刺槐一元立木材积表

$$V = 0.00007118D^{1.9414874}H^{0.8148708}$$

$$H = 2.11D^{0.5741},\ D \leqslant 40\text{cm}$$

D	V	ΔV	D	V	ΔV	D	V	ΔV	D	V	ΔV
5	0.0063	0.0035	14	0.0755	0.0137	23	0.2497	0.0270	32	0.5533	0.0426
6	0.0098	0.0044	15	0.0892	0.0150	24	0.2767	0.0286	33	0.5959	0.0444
7	0.0142	0.0054	16	0.1042	0.0163	25	0.3053	0.0302	34	0.6403	0.0463
8	0.0196	0.0064	17	0.1205	0.0178	26	0.3355	0.0319	35	0.6866	0.0483
9	0.0260	0.0076	18	0.1383	0.0193	27	0.3674	0.0337	36	0.7349	0.0501
10	0.0336	0.0086	19	0.1576	0.0207	28	0.4011	0.0354	37	0.7850	0.0521
11	0.0422	0.0099	20	0.1783	0.0223	29	0.4365	0.0371	38	0.8371	0.0541
12	0.0521	0.0111	21	0.2006	0.0237	30	0.4736	0.0390	39	0.8912	0.0560
13	0.0632	0.0123	22	0.2243	0.0254	31	0.5126	0.0407	40	0.9472	0.0560

适用树种：刺槐；适用地区：河北平原；资料名称：森林调查常用表；编表人或作者：河北省林业局勘察设计队，承德地区林业调查队；刊印或发表时间：1980。

90. 河北平原臭椿一元立木材积表

$$V = 0.0001021D^{1.912145}H^{0.6777}$$

$$H = 1.67429D^{0.52993} + 1，D \leqslant 40\text{cm}$$

D	V	ΔV	D	V	ΔV	D	V	ΔV	D	V	ΔV
5	0.0065	0.0033	14	0.0637	0.0106	23	0.1928	0.0193	32	0.4037	0.0288
6	0.0098	0.0039	15	0.0743	0.0115	24	0.2121	0.0202	33	0.4325	0.0300
7	0.0137	0.0047	16	0.0858	0.0124	25	0.2323	0.0213	34	0.4625	0.0310
8	0.0184	0.0055	17	0.0982	0.0134	26	0.2536	0.0224	35	0.4935	0.0322
9	0.0239	0.0063	18	0.1116	0.0143	27	0.2760	0.0234	36	0.5257	0.0333
10	0.0302	0.0071	19	0.1259	0.0152	28	0.2994	0.0245	37	0.5590	0.0344
11	0.0373	0.0079	20	0.1411	0.0163	29	0.3239	0.0255	38	0.5934	0.0356
12	0.0452	0.0089	21	0.1574	0.0172	30	0.3494	0.0266	39	0.6290	0.0368
13	0.0541	0.0096	22	0.1746	0.0182	31	0.3760	0.0277	40	0.6658	0.0368

适用树种：臭椿；适用地区：河北平原；资料名称：森林调查常用表；编表人或作者：河北省林业局勘察设计队，承德地区林业调查队；刊印或发表时间：1980。

91. 河北平原泡桐一元立木材积表

$$V = 0.00007632D^{1.997791}H^{0.691425}$$

$$H = 14.2721\lg(D + 3) - 7.71，D \leqslant 40\text{cm}$$

D	V	ΔV	D	V	ΔV	D	V	ΔV	D	V	ΔV
5	0.0059	0.0034	14	0.0723	0.0128	23	0.2297	0.0236	32	0.4887	0.0353
6	0.0093	0.0044	15	0.0851	0.0139	24	0.2533	0.0249	33	0.5240	0.0367
7	0.0137	0.0053	16	0.0990	0.0150	25	0.2782	0.0262	34	0.5607	0.0381
8	0.0190	0.0062	17	0.1140	0.0163	26	0.3044	0.0274	35	0.5988	0.0394
9	0.0252	0.0073	18	0.1303	0.0174	27	0.3318	0.0287	36	0.6382	0.0408
10	0.0325	0.0083	19	0.1477	0.0187	28	0.3605	0.0301	37	0.6790	0.0421
11	0.0408	0.0094	20	0.1664	0.0198	29	0.3906	0.0314	38	0.7211	0.0435
12	0.0502	0.0105	21	0.1862	0.0211	30	0.4220	0.0326	39	0.7646	0.0449
13	0.0607	0.0116	22	0.2073	0.0224	31	0.4546	0.0341	40	0.8095	0.0449

适用树种：泡桐；适用地区：河北平原；资料名称：森林调查常用表；编表人或作者：河北省林业局勘察设计队，承德地区林业调查队；刊印或发表时间：1980。

冀

92. 河北滨海平原杨树一元立木材积表

$$V = 0.00007371D^{2.0089933}H^{0.7032304}$$

$$H = 3.08 + 0.4988D，D < 22\text{cm}$$

$$H = 7.4748D^{0.2025}，22\text{cm} \leqslant D \leqslant 40\text{cm}$$

D	V	ΔV	D	V	ΔV	D	V	ΔV	D	V	ΔV
5	0.0063	0.0033	14	0.0750	0.0142	23	0.2579	0.0248	32	0.5249	0.0359
6	0.0096	0.0037	15	0.0892	0.0157	24	0.2827	0.0259	33	0.5608	0.0372
7	0.0133	0.0057	16	0.1049	0.0173	25	0.3086	0.0272	34	0.5980	0.0385
8	0.0190	0.0063	17	0.1222	0.0190	26	0.3358	0.0284	35	0.6365	0.0397
9	0.0253	0.0074	18	0.1412	0.0207	27	0.3642	0.0297	36	0.6762	0.0411
10	0.0327	0.0086	19	0.1619	0.0226	28	0.3939	0.0308	37	0.7173	0.0423
11	0.0413	0.0099	20	0.1845	0.0241	29	0.4247	0.0321	38	0.7596	0.0437
12	0.0512	0.0112	21	0.2086	0.0258	30	0.4568	0.0334	39	0.8033	0.0450
13	0.0624	0.0126	22	0.2344	0.0235	31	0.4902	0.0347	40	0.8483	0.0450

适用树种：杨树；适用地区：河北滨海平原；资料名称：森林调查常用表；编表人或作者：河北省林业局勘察设计队，承德地区林业调查队；刊印或发表时间：1980。

93. 河北滨海平原柳树一元立木材积表

$$V = 0.00007119D^{1.8571747}H^{0.8866435}$$

$$H = 1.86D^{0.5934}，D < 26.5\text{cm}$$

$$H = 7.4748D^{0.2025} - 1.5，26.5\text{cm} \leqslant D \leqslant 40\text{cm}$$

D	V	ΔV	D	V	ΔV	D	V	ΔV	D	V	ΔV
5	0.0057	0.0031	14	0.0665	0.0119	23	0.2172	0.0232	32	0.4490	0.0293
6	0.0088	0.0039	15	0.0784	0.0130	24	0.2404	0.0245	33	0.4783	0.0303
7	0.0127	0.0048	16	0.0914	0.0143	25	0.2649	0.0260	34	0.5086	0.0312
8	0.0175	0.0057	17	0.1057	0.0154	26	0.2909	0.0256	35	0.5398	0.0322
9	0.0232	0.0066	18	0.1211	0.0166	27	0.3165	0.0246	36	0.5720	0.0332
10	0.0298	0.0076	19	0.1377	0.0179	28	0.3411	0.0256	37	0.6052	0.0341
11	0.0374	0.0087	20	0.1556	0.0192	29	0.3667	0.0265	38	0.6393	0.0350
12	0.0461	0.0097	21	0.1748	0.0205	30	0.3932	0.0275	39	0.6743	0.0360
13	0.0558	0.0107	22	0.1953	0.0219	31	0.4207	0.0283	40	0.7103	0.0360

适用树种：柳树；适用地区：河北滨海平原；资料名称：森林调查常用表；编表人或作者：河北省林业局勘察设计队，承德地区林业调查队；刊印或发表时间：1980。

94. 河北滨海平原榆树一元立木材积表

$$V = 0.00007167D^{1.9305278}H^{0.819907}$$

$$H = 22.105\lg(D+10) - 20.95，D \leqslant 40\text{cm}$$

D	V	ΔV	D	V	ΔV	D	V	ΔV	D	V	ΔV
5	0.0060	0.0034	14	0.0744	0.0135	23	0.2437	0.0258	32	0.5293	0.0394
6	0.0094	0.0044	15	0.0879	0.0147	24	0.2695	0.0272	33	0.5687	0.0409
7	0.0138	0.0053	16	0.1026	0.0161	25	0.2967	0.0288	34	0.6096	0.0425
8	0.0191	0.0064	17	0.1187	0.0174	26	0.3255	0.0301	35	0.6521	0.0441
9	0.0255	0.0074	18	0.1361	0.0187	27	0.3556	0.0317	36	0.6962	0.0457
10	0.0329	0.0086	19	0.1548	0.0201	28	0.3873	0.0333	37	0.7419	0.0472
11	0.0415	0.0098	20	0.1749	0.0215	29	0.4206	0.0347	38	0.7891	0.0489
12	0.0513	0.0110	21	0.1964	0.0230	30	0.4553	0.0362	39	0.8380	0.0505
13	0.0623	0.0121	22	0.2194	0.0243	31	0.4915	0.0378	40	0.8885	0.0505

适用树种：榆树；适用地区：河北滨海平原；资料名称：森林调查常用表；编表人或作者：河北省林业局勘察设计队，承德地区林业调查队；刊印或发表时间：1980。

冀

95. 河北张北市杨树立木材积表

D	V	ΔV	D	V	ΔV	D	V	ΔV	D	V	ΔV
6	0.0092	0.0043	15	0.0844	0.0135	24	0.2512	0.0249	33	0.5121	0.0341
7	0.0135	0.0043	16	0.0978	0.0158	25	0.2761	0.0249	34	0.5461	0.0364
8	0.0178	0.0066	17	0.1136	0.0158	26	0.3010	0.0272	35	0.5825	0.0364
9	0.0244	0.0066	18	0.1293	0.0180	27	0.3282	0.0272	36	0.6189	0.0387
10	0.0309	0.0089	19	0.1473	0.0180	28	0.3554	0.0295	37	0.6576	0.0387
11	0.0398	0.0089	20	0.1653	0.0204	29	0.3849	0.0295	38	0.6962	0.0409
12	0.0486	0.0112	21	0.1857	0.0204	30	0.4144	0.0318	39	0.7372	0.0410
13	0.0598	0.0112	22	0.2060	0.0226	31	0.4462	0.0318	40	0.7781	0.0410
14	0.0709	0.0135	23	0.2286	0.0226	32	0.4780	0.0341			

适用树种：杨树；适用地区：河北张北市。资料来源：互联网。

96. 河北承德地区椴树一元立木材积表

D	V	ΔV	D	V	ΔV	D	V	ΔV	D	V	ΔV
5	0.0061	0.0037	14	0.0853	0.0158	23	0.2692	0.0264	32	0.5562	0.0383
6	0.0098	0.0051	15	0.1011	0.0165	24	0.2956	0.0284	33	0.5945	0.0396
7	0.0149	0.0063	16	0.1176	0.0179	25	0.3240	0.0294	34	0.6341	0.0408
8	0.0212	0.0025	17	0.1355	0.0190	26	0.3534	0.0306	35	0.6749	0.0421
9	0.0237	0.0139	18	0.1545	0.0204	27	0.3840	0.0319	36	0.7170	0.0434
10	0.0376	0.0101	19	0.1749	0.0217	28	0.4159	0.0331	37	0.7604	0.0447
11	0.0477	0.0115	20	0.1966	0.0219	29	0.4490	0.0345	38	0.8051	0.0460
12	0.0592	0.0127	21	0.2185	0.0252	30	0.4835	0.0357	39	0.8511	0.0452
13	0.0719	0.0134	22	0.2437	0.0255	31	0.5192	0.0370	40	0.8963	0.0452

适用树种：椴树；适用地区：河北承德地区。资料来源：互联网。

冀

97. 河北承德地区侧柏一元立木材积表

D	V	ΔV	D	V	ΔV	D	V	ΔV	D	V	ΔV
5	0.0065	0.0034	14	0.0712	0.0150	23	0.2645	0.0296	32	0.5895	0.0443
6	0.0099	0.0020	15	0.0862	0.0166	24	0.2941	0.0313	33	0.6338	0.0458
7	0.0119	0.0036	16	0.1028	0.0182	25	0.3254	0.0328	34	0.6796	0.0475
8	0.0155	0.0052	17	0.1210	0.0199	26	0.3582	0.0345	35	0.7271	0.0491
9	0.0207	0.0069	18	0.1409	0.0215	27	0.3927	0.0361	36	0.7762	0.0507
10	0.0276	0.0084	19	0.1624	0.0231	28	0.4288	0.0378	37	0.8269	0.0524
11	0.0360	0.0101	20	0.1855	0.0247	29	0.4666	0.0393	38	0.8793	0.0540
12	0.0461	0.0118	21	0.2102	0.0264	30	0.5059	0.0410	39	0.9333	0.0556
13	0.0579	0.0133	22	0.2366	0.0279	31	0.5469	0.0426	40	0.9889	0.0556

适用树种：侧柏；适用地区：河北承德地区。资料来源：互联网。

4 山西省立木材积表

山西省一元立木材积表是由部颁标准 LY 208—1977 二元材积式推导而来的，并纳入山西省地方标准。经测试，由材积式计算所得结果与原表数据不吻合或部分不吻合，树高方程参数有待考证。本书仍然照原资料给出，以供研究订正。

98. 山西天然油松立木一元材积表（围尺）

$$V = 0.000066492455 D_{轮}^{1.8655617} H^{0.93768879}$$

$$H = 1.68988 + 0.49360 D_{轮} - 0.00521 D_{轮}^{2[注]}$$

$D_{轮} = -0.100 + 0.967 D_{围}$；表中$D$为围尺径；$D_{围} \leqslant 38$cm

D	V	ΔV	D	V	ΔV	D	V	ΔV	D	V	ΔV
5	0.0044	0.0026	14	0.0564	0.0105	23	0.1908	0.0202	32	0.4154	0.0323
6	0.0070	0.0033	15	0.0669	0.0125	24	0.2110	0.0214	33	0.4477	0.0301
7	0.0103	0.0037	16	0.0794	0.0119	25	0.2324	0.0230	34	0.4778	0.0323
8	0.0140	0.0048	17	0.0913	0.0141	26	0.2554	0.0241	35	0.5101	0.0366
9	0.0188	0.0058	18	0.1054	0.0153	27	0.2795	0.0254	36	0.5467	0.0339
10	0.0246	0.0063	19	0.1207	0.0153	28	0.3049	0.0245	37	0.5806	0.0364
11	0.0309	0.0078	20	0.1360	0.0180	29	0.3294	0.0281	38	0.6170	0.0364
12	0.0387	0.0090	21	0.1540	0.0177	30	0.3575	0.0294			
13	0.0477	0.0087	22	0.1717	0.0191	31	0.3869	0.0285			

适用树种：天然油松；适用地区：山西全省；资料名称：山西省主要树种立木一元材积表；编表人或作者：山西省林业勘察设计院；出版机构：山西省标准局；刊印或发表时间：1985。注：树高方程参数或有误。

晋

99. 山西人工油松立木一元材积表（围尺）

$$V = 0.000076051908 D_{轮}^{1.9030339} H^{0.86055052}$$

$$H = 2.58734 + 0.33699 D_{轮} - 0.00443 D_{轮}^{2[注]}$$

$D_{轮} = 0.100 + 0.942 D_{围}$；表中$D$为围尺径；$D_{围} \leqslant 20$cm

D	V	ΔV	D	V	ΔV	D	V	ΔV	D	V	ΔV
5	0.0049	0.0026	9	0.0186	0.0050	13	0.0428	0.0082	17	0.0794	0.0118
6	0.0075	0.0031	10	0.0236	0.0058	14	0.0510	0.0084	18	0.0912	0.0106
7	0.0106	0.0036	11	0.0294	0.0066	15	0.0594	0.0100	19	0.1018	0.0125
8	0.0142	0.0044	12	0.0360	0.0068	16	0.0694	0.0100	20	0.1143	0.0125

适用树种：人工油松；适用地区：山西全省；资料名称：山西省主要树种立木一元材积表；编表人或作者：山西省林业勘察设计院；出版机构：山西省标准局；刊印或发表时间：1985。注：树高方程参数或有误。

100. 山西云杉立木一元材积表（围尺）

$$V=0.00007396062D_{轮}^{1.850747}H^{0.92235557}$$

$$H=-0.48212+0.94837D_{轮}-0.01368D_{轮}^{2[注]}$$

$D_{轮}=0.114+0.955D_{围}$；表中D为围尺径；$D_{围}\leqslant 38$cm

D	V	ΔV	D	V	ΔV	D	V	ΔV	D	V	ΔV
5	0.0047	0.0030	14	0.0750	0.0143	23	0.2562	0.0251	32	0.5426	0.0363
6	0.0077	0.0043	15	0.0893	0.0163	24	0.2813	0.0290	33	0.5789	0.0413
7	0.0120	0.0049	16	0.1056	0.0167	25	0.3103	0.0283	34	0.6202	0.0394
8	0.0169	0.0065	17	0.1223	0.0186	26	0.3386	0.0325	35	0.6596	0.0446
9	0.0234	0.0078	18	0.1409	0.0187	27	0.3711	0.0291	36	0.7042	0.0384
10	0.0312	0.0090	19	0.1596	0.0233	28	0.4002	0.0358	37	0.7426	0.0435
11	0.0402	0.0106	20	0.1829	0.0224	29	0.4360	0.0338	38	0.7861	0.0435
12	0.0508	0.0112	21	0.2053	0.0235	30	0.4698	0.0347			
13	0.0620	0.0130	22	0.2288	0.0274	31	0.5045	0.0381			

适用树种：云杉；适用地区：山西全省；资料名称：山西省主要树种立木一元材积表；编表人或作者：山西省林业勘察设计院；出版机构：山西省标准局；刊印或发表时间：1985。注：树高方程参数或有误。

晋

101. 山西落叶松立木一元材积表（围尺）

$$V=0.000067770402D_{轮}^{1.8118141}H^{0.9804529}$$

$$H=-0.16392+0.90082D_{轮}-0.00869D_{轮}^{2[注]}$$

$D_{轮}=-0.050+0.951D_{围}$；表中D为围尺径；$D_{围}\leqslant 38$cm

D	V	ΔV	D	V	ΔV	D	V	ΔV	D	V	ΔV
5	0.0040	0.0027	14	0.0725	0.0138	23	0.2633	0.0313	32	0.5969	0.0490
6	0.0067	0.0039	15	0.0863	0.0166	24	0.2946	0.0337	33	0.6459	0.0442
7	0.0106	0.0048	16	0.1029	0.0171	25	0.3283	0.0312	34	0.6901	0.0499
8	0.0154	0.0060	17	0.1200	0.0204	26	0.3595	0.0381	35	0.7400	0.0480
9	0.0214	0.0069	18	0.1404	0.0196	27	0.3976	0.0351	36	0.7880	0.0541
10	0.0283	0.0088	19	0.1600	0.0243	28	0.4327	0.0402	37	0.8421	0.0564
11	0.0371	0.0100	20	0.1843	0.0232	29	0.4729	0.0392	38	0.8985	0.0564
12	0.0471	0.0116	21	0.2075	0.0286	30	0.5121	0.0446			
13	0.0587	0.0138	22	0.2361	0.0272	31	0.5567	0.0402			

适用树种：落叶松；适用地区：山西全省；资料名称：山西省主要树种立木一元材积表；编表人或作者：山西省林业勘察设计院；出版机构：山西省标准局；刊印或发表时间：1985。注：树高方程参数或有误。

102. 山西山杨立木一元材积表（围尺）

$$V = 0.000065678245 D_{轮}^{1.9410626} H^{0.84929086}$$

$D_{轮} = 0.231 + 0.933 D_{围}$；表中$D$为围尺径；$D_{围} \leqslant 35$cm

D	V	ΔV	D	V	ΔV	D	V	ΔV	D	V	ΔV
5	0.0043	0.0030	13	0.0595	0.0134	21	0.1932	0.0215	29	0.3926	0.0280
6	0.0073	0.0037	14	0.0729	0.0132	22	0.2147	0.0235	30	0.4206	0.0264
7	0.0110	0.0055	15	0.0861	0.0147	23	0.2382	0.0228	31	0.4470	0.0331
8	0.0165	0.0061	16	0.1008	0.0168	24	0.2610	0.0240	32	0.4801	0.0311
9	0.0226	0.0074	17	0.1176	0.0168	25	0.2850	0.0258	33	0.5112	0.0323
10	0.0300	0.0092	18	0.1344	0.0167	26	0.3108	0.0265	34	0.5435	0.0332
11	0.0392	0.0095	19	0.1511	0.0220	27	0.3373	0.0258	35	0.5767	0.0332
12	0.0487	0.0108	20	0.1731	0.0201	28	0.3631	0.0295			

适用树种：山杨、椴树、漆树、软阔叶树；适用地区：山西全省；资料名称：山西省主要树种立木一元材积表；编表人或作者：山西省林业勘察设计院；出版机构：山西省标准局；刊印或发表时间：1985。注：树高方程缺失。

晋

103. 山西桦树立木一元材积表（围尺）

$$V = 0.000062324282 D_{轮}^{1.8255808} H^{0.97749362}$$

$$H = 1.69322 + 0.70992 D_{轮} - 0.00988 D_{轮}^{2[注]}$$

$D_{轮} = 0.387 + 0.940 D_{围}$；表中$D$为围尺径；$D_{围} \leqslant 34$cm

D	V	ΔV	D	V	ΔV	D	V	ΔV	D	V	ΔV
5	0.0059	0.0029	13	0.0557	0.0117	21	0.1721	0.0204	29	0.3559	0.0267
6	0.0088	0.0041	14	0.0674	0.0114	22	0.1925	0.0185	30	0.3826	0.0250
7	0.0129	0.0045	15	0.0788	0.0126	23	0.2110	0.0231	31	0.4076	0.0314
8	0.0174	0.0061	16	0.0914	0.0149	24	0.2341	0.0208	32	0.4390	0.0302
9	0.0235	0.0064	17	0.1063	0.0140	25	0.2549	0.0239	33	0.4692	0.0309
10	0.0299	0.0075	18	0.1203	0.0177	26	0.2788	0.0252	34	0.5001	0.0309
11	0.0374	0.0092	19	0.1380	0.0164	27	0.3040	0.0242			
12	0.0466	0.0091	20	0.1544	0.0177	28	0.3282	0.0277			

适用树种：桦树；适用地区：山西全省；资料名称：山西省主要树种立木一元材积表；编表人或作者：山西省林业勘察设计院；出版机构：山西省标准局；刊印或发表时间：1985。注：树高方程参数或有误。

104. 山西栎类立木一元材积表（围尺）

$$V = 0.000057468552D_{轮}^{1.915559}H^{0.9265972}$$

$$H = 1.35330 + 0.54731D_{轮} - 0.00742D_{轮}^{2[注]}$$

$D_{轮} = 0.006 + 0.971D_{围}$；表中$D$为围尺径；$D_{围} \leqslant 38$cm

D	V	ΔV	D	V	ΔV	D	V	ΔV	D	V	ΔV
5	0.0040	0.0023	14	0.0545	0.0110	23	0.1840	0.0198	32	0.3965	0.0291
6	0.0063	0.0030	15	0.0655	0.0106	24	0.2038	0.0212	33	0.4256	0.0294
7	0.0093	0.0040	16	0.0761	0.0126	25	0.2250	0.0205	34	0.4550	0.0306
8	0.0133	0.0043	17	0.0887	0.0139	26	0.2455	0.0237	35	0.4856	0.0317
9	0.0176	0.0059	18	0.1026	0.0139	27	0.2692	0.0225	36	0.5173	0.0301
10	0.0235	0.0066	19	0.1165	0.0151	28	0.2917	0.0263	37	0.5474	0.0296
11	0.0301	0.0068	20	0.1316	0.0163	29	0.3180	0.0254	38	0.5770	0.0296
12	0.0369	0.0084	21	0.1479	0.0189	30	0.3434	0.0260			
13	0.0453	0.0092	22	0.1668	0.0172	31	0.3694	0.0271			

适用树种：栎树、山榆、黄榆、鹅耳枥、千金榆、花楸、槭树、胡桃楸、青冈、槲树；适用地区：山西全省；资料名称：山西省主要树种立木一元材积表；编表人或作者：山西省林业勘察设计院；出版机构：山西省标准局；刊印或发表时间：1985。注：树高方程参数或有误。

晋

105. 山西栓皮栎立木一元材积表（围尺）

$$V = 0.000057468552D_{轮}^{1.915559}H^{0.9265972}$$

$$H = -0.59476 + 0.90009D_{轮} - 0.01601D_{轮}^{2[注]}$$

$D_{轮} = 0.009 + 0.929D_{围}$；表中$D$为围尺径；$D_{围} \leqslant 26$cm

D	V	ΔV	D	V	ΔV	D	V	ΔV	D	V	ΔV
5	0.0034	0.0025	11	0.0314	0.0078	17	0.0969	0.0138	23	0.2000	0.0216
6	0.0059	0.0031	12	0.0392	0.0098	18	0.1107	0.0156	24	0.2216	0.0211
7	0.0090	0.0041	13	0.0490	0.0103	19	0.1263	0.0170	25	0.2427	0.0213
8	0.0131	0.0053	14	0.0593	0.0109	20	0.1433	0.0175	26	0.2640	0.0213
9	0.0184	0.0059	15	0.0702	0.0132	21	0.1608	0.0189			
10	0.0243	0.0071	16	0.0834	0.0135	22	0.1797	0.0203			

适用树种：栓皮栎；适用地区：山西全省；资料名称：山西省主要树种立木一元材积表；编表人或作者：山西省林业勘察设计院；出版机构：山西省标准局；刊印或发表时间：1985。注：树高方程参数或有误。

106. 山西榲子木立木一元材积表（围尺）

$$V = 0.000057468552D_{轮}^{1.915559}H^{0.9265972}$$

$$H = 1.21120 + 0.64213D_{轮} - 0.02119D_{轮}^{2[注]}$$

$$D_{轮} = 0.322 + 0.910D_{围}；表中D为围尺径；D_{围} \leqslant 20\text{cm}$$

D	V	ΔV	D	V	ΔV	D	V	ΔV	D	V	ΔV
5	0.0041	0.0022	9	0.0160	0.0041	13	0.0353	0.0064	17	0.0635	0.0081
6	0.0063	0.0027	10	0.0201	0.0046	14	0.0417	0.0069	18	0.0716	0.0076
7	0.0090	0.0032	11	0.0247	0.0048	15	0.0486	0.0073	19	0.0792	0.0091
8	0.0122	0.0038	12	0.0295	0.0058	16	0.0559	0.0076	20	0.0883	0.0091

适用树种：榲子木；适用地区：山西全省；资料名称：山西省主要树种立木一元材积表；编表人或作者：山西省林业勘察设计院；出版机构：山西省标准局；刊印或发表时间：1985。注：树高方程参数或有误。

107. 山西白皮松立木一元材积表（围尺）

$$V = 0.000091972184D_{轮}^{1.8639778}H^{0.83156779}$$

$$H = 3.62909 - 0.01925D_{轮} + 0.01415D_{轮}^{2[注]}$$

$$D_{轮} = -0.030 + 0.969D_{围}；表中D为围尺径；D_{围} \leqslant 16\text{cm}$$

D	V	ΔV	D	V	ΔV	D	V	ΔV	D	V	ΔV
5	0.0053	0.0024	8	0.0141	0.0040	11	0.0291	0.0064	14	0.0529	0.0092
6	0.0077	0.0029	9	0.0181	0.0053	12	0.0355	0.0078	15	0.0621	0.0128
7	0.0106	0.0035	10	0.0234	0.0057	13	0.0433	0.0096	16	0.0749	0.0128

适用树种：白皮松；适用地区：山西全省；资料名称：山西省主要树种立木一元材积表；编表人或作者：山西省林业勘察设计院；出版机构：山西省标准局；刊印或发表时间：1985。注：树高方程参数或有误。

108. 山西侧柏立木一元材积表（围尺）

$$V = 0.000091972184D_{轮}^{1.8639778}H^{0.83156779}$$

$$H = 1.96967 + 0.39969D_{轮} - 0.00357D_{轮}^{2[注]}$$

$$D_{轮} = -0.190 + 0.970D_{围}；\text{表中}D\text{为围尺径；}D_{围} \leqslant 16\text{cm}$$

D	V	ΔV	D	V	ΔV	D	V	ΔV	D	V	ΔV
5	0.0047	0.0025	8	0.0149	0.0044	11	0.0318	0.0068	14	0.0564	0.0101
6	0.0072	0.0034	9	0.0193	0.0055	12	0.0386	0.0084	15	0.0665	0.0102
7	0.0106	0.0043	10	0.0248	0.0070	13	0.0470	0.0094	16	0.0767	0.0102

适用树种：侧柏；适用地区：山西全省；资料名称：山西省主要树种立木一元材积表；编表人或作者：山西省林业勘察设计院；出版机构：山西省标准局；刊印或发表时间：1985。注：树高方程参数或有误。

晋

109. 山西杨树立木一元材积表（围尺）

$$V = 0.000057468552D_{轮}^{1.915559}H^{0.9265972}$$

$$H = 0.25300 + 0.77550D_{轮} - 0.01020D_{轮}^{2[注]}$$

$$D_{轮} = 0.165 + 0.967D_{围}；\text{表中}D\text{为围尺径；}D_{围} \leqslant 32\text{cm}$$

D	V	ΔV	D	V	ΔV	D	V	ΔV	D	V	ΔV
5	0.0043	0.0029	12	0.0451	0.0107	19	0.1469	0.0192	26	0.3123	0.0310
6	0.0072	0.0036	13	0.0558	0.0111	20	0.1661	0.0225	27	0.3433	0.0304
7	0.0108	0.0046	14	0.0669	0.0136	21	0.1886	0.0227	28	0.3737	0.0292
8	0.0154	0.0057	15	0.0805	0.0143	22	0.2113	0.0224	29	0.4029	0.0334
9	0.0211	0.0071	16	0.0948	0.0156	23	0.2337	0.0260	30	0.4363	0.0321
10	0.0282	0.0077	17	0.1104	0.0174	24	0.2597	0.0277	31	0.4684	0.0334
11	0.0359	0.0092	18	0.1278	0.0191	25	0.2874	0.0249	32	0.5018	0.0334

适用树种：杨树、柳树、白榆、泡桐；适用地区：山西全省；资料名称：山西省主要树种立木一元材积表；编表人或作者：山西省林业勘察设计院；出版机构：山西省标准局；刊印或发表时间：1985。注：树高方程参数或有误。

110. 山西杨树矮林立木一元材积表（围尺）

$$V = 0.000057468552D_{轮}^{1.915559}H^{0.9265972}$$

$$H = -2.36842 + 1.55213D_{轮} - 0.07962D_{轮}^{2[注]}$$

$D_{轮} = 0.030 + 0.974D_{围}$；表中$D$为围尺径；$D_{围} \leqslant 10$cm

D	V	ΔV	D	V	ΔV	D	V	ΔV
5	0.0039	0.0021	7	0.0091	0.0037	9	0.0171	0.0046
6	0.0060	0.0031	8	0.0128	0.0043	10	0.0217	0.0046

适用树种：杨树（矮林）；适用地区：山西全省；资料名称：山西省主要树种立木一元材积表；编表人或作者：山西省林业勘察设计院；出版机构：山西省标准局；刊印或发表时间：1985。注：树高方程参数或有误。

111. 山西刺槐立木一元材积表（围尺）

$$V = 0.00007118229D_{轮}^{1.9414874}H^{0.8148708}$$

$$H = 2.80305 + 0.50948D_{轮} + 0.00608D_{轮}^{2[注]}$$

$D_{轮} = 0.040 + 0.970D_{围}$；表中$D$为围尺径；$D_{围} \leqslant 20$cm

D	V	ΔV	D	V	ΔV	D	V	ΔV	D	V	ΔV
5	0.0060	0.0033	9	0.0251	0.0078	13	0.0647	0.0145	17	0.1330	0.0235
6	0.0093	0.0042	10	0.0329	0.0096	14	0.0792	0.0151	18	0.1565	0.0241
7	0.0135	0.0055	11	0.0425	0.0099	15	0.0943	0.0183	19	0.1806	0.0285
8	0.0190	0.0061	12	0.0524	0.0123	16	0.1126	0.0204	20	0.2091	0.0285

适用树种：刺槐、椿、榆树（除白榆）；适用地区：山西全省；资料名称：山西省主要树种立木一元材积表；编表人或作者：山西省林业勘察设计院；出版机构：山西省标准局；刊印或发表时间：1985。注：树高方程参数或有误。

112. 山西北部杨树（四旁）立木一元材积表（围尺）

$$V = 0.000065678245D_{轮}^{1.9410626}H^{0.84929086}$$

$$H = 1.15597 + 0.71928D_{轮} - 0.00802D_{轮}^{2[注]}$$

$D_{轮} = (D_{围} - 0.149)/1.011$；表中$D$为围尺径；$D_{围} \leqslant 34$cm

D	V	ΔV	D	V	ΔV	D	V	ΔV	D	V	ΔV
5	0.0049	0.0029	13	0.0584	0.0131	21	0.1992	0.0251	29	0.4392	0.0383
6	0.0078	0.0041	14	0.0715	0.0141	22	0.2243	0.0271	30	0.4775	0.0376
7	0.0119	0.0050	15	0.0856	0.0158	23	0.2514	0.0290	31	0.5151	0.0422
8	0.0169	0.0059	16	0.1014	0.0166	24	0.2804	0.0291	32	0.5573	0.0411
9	0.0228	0.0064	17	0.1180	0.0182	25	0.3095	0.0310	33	0.5984	0.0430
10	0.0292	0.0086	18	0.1362	0.0183	26	0.3405	0.0328	34	0.6414	0.0430
11	0.0378	0.0096	19	0.1545	0.0214	27	0.3733	0.0296			
12	0.0474	0.0110	20	0.1759	0.0233	28	0.4029	0.0363			

适用树种：杨树（四旁树）；适用地区：忻县、吕梁、大同、雁北；资料名称：山西省主要树种立木一元材积表；编表人或作者：山西省林业勘察设计院；出版机构：山西省标准局；刊印或发表时间：1985。注：树高方程参数或有误。

晋

113. 山西中部杨树（四旁）立木一元材积表（围尺）

$$V = 0.000065678245D_{轮}^{1.9410626}H^{0.84929086}$$

$$H = 3.51646 + 0.68169D_{轮} - 0.00681D_{轮}^{2[注]}$$

$D_{轮} = (D_{围} - 0.236)/1.023$；表中$D$为围尺径；$D_{围} \leqslant 48$cm

D	V	ΔV	D	V	ΔV	D	V	ΔV	D	V	ΔV
5	0.0064	0.0033	16	0.1125	0.0189	27	0.4063	0.0320	38	0.8971	0.0560
6	0.0097	0.0046	17	0.1314	0.0199	28	0.4383	0.0390	39	0.9531	0.0538
7	0.0143	0.0058	18	0.1513	0.0198	29	0.4773	0.0411	40	1.0069	0.0548
8	0.0201	0.0070	19	0.1711	0.0233	30	0.5184	0.0431	41	1.0617	0.0571
9	0.0271	0.0077	20	0.1944	0.0252	31	0.5615	0.0435	42	1.1188	0.0589
10	0.0348	0.0098	21	0.2196	0.0272	32	0.6050	0.0454	43	1.1777	0.0605
11	0.0446	0.0104	22	0.2468	0.0291	33	0.6504	0.0464	44	1.2382	0.0622
12	0.0550	0.0128	23	0.2759	0.0270	34	0.6968	0.0484	45	1.3004	0.0580
13	0.0678	0.0133	24	0.3029	0.0329	35	0.7452	0.0502	46	1.3584	0.0655
14	0.0811	0.0143	25	0.3358	0.0333	36	0.7954	0.0476	47	1.4239	0.0611
15	0.0954	0.0171	26	0.3691	0.0372	37	0.8430	0.0541	48	1.4850	0.0611

适用树种：杨树（四旁树）；适用地区：太原、阳泉、长治、晋中、晋东南；资料名称：山西省主要树种立木一元材积表；编表人或作者：山西省林业勘察设计院；出版机构：山西省标准局；刊印或发表时间：1985。注：树高方程参数或有误。

114. 山西南部杨树（四旁）立木一元材积表（围尺）

$$V = 0.000065678245D_{轮}^{1.9410626}H^{0.84929086}$$

$$H = 3.21000 + 0.74685D_{轮} - 0.00576D_{轮}^{2[注]}$$

$$D_{轮} = (D_{围} + 0.446)/1.040；表中D为围尺径；D_{围} \leqslant 48cm$$

D	V	ΔV	D	V	ΔV	D	V	ΔV	D	V	ΔV
5	0.0083	0.0044	16	0.1271	0.0205	27	0.4581	0.0413	38	1.0382	0.0617
6	0.0127	0.0054	17	0.1476	0.0207	28	0.4994	0.0436	39	1.0999	0.0740
7	0.0181	0.0061	18	0.1683	0.0255	29	0.5430	0.0479	40	1.1739	0.0651
8	0.0242	0.0081	19	0.1938	0.0267	30	0.5909	0.0436	41	1.2390	0.0718
9	0.0323	0.0086	20	0.2205	0.0265	31	0.6345	0.0527	42	1.3108	0.0728
10	0.0409	0.0112	21	0.2470	0.0309	32	0.6872	0.0553	43	1.3836	0.0735
11	0.0521	0.0124	22	0.2779	0.0291	33	0.7425	0.0502	44	1.4571	0.0775
12	0.0645	0.0125	23	0.3070	0.0353	34	0.7927	0.0604	45	1.5346	0.0853
13	0.0770	0.0158	24	0.3423	0.0379	35	0.8531	0.0547	46	1.6199	0.0753
14	0.0928	0.0170	25	0.3802	0.0371	36	0.9078	0.0657	47	1.6952	0.0848
15	0.1098	0.0173	26	0.4173	0.0408	37	0.9735	0.0647	48	1.7800	0.0848

适用树种：杨树（四旁树）；适用地区：临汾、运城；资料名称：山西省主要树种立木一元材积表；编表人或作者：山西省林业勘察设计院；出版机构：山西省标准局；刊印或发表时间：1985。注：树高方程参数或有误。

115. 山西刺槐（四旁）立木一元材积表（围尺）

$$V = 0.00007118229D_{轮}^{1.9414874}H^{0.8148708}$$

$$H = 3.82400 + 0.47250D_{轮} - 0.00468D_{轮}^{2[注]}$$

$$D_{轮} = (D_{围} - 0.098)/1.010；表中D为围尺径；D_{围} \leqslant 40cm$$

D	V	ΔV	D	V	ΔV	D	V	ΔV	D	V	ΔV
5	0.0067	0.0031	14	0.0722	0.0133	23	0.2346	0.0239	32	0.5017	0.0374
6	0.0098	0.0042	15	0.0855	0.0128	24	0.2585	0.0271	33	0.5391	0.0391
7	0.0140	0.0052	16	0.0983	0.0152	25	0.2856	0.0244	34	0.5782	0.0373
8	0.0192	0.0061	17	0.1135	0.0165	26	0.3100	0.0282	35	0.6155	0.0351
9	0.0253	0.0073	18	0.1300	0.0180	27	0.3382	0.0296	36	0.6506	0.0437
10	0.0326	0.0083	19	0.1480	0.0194	28	0.3678	0.0312	37	0.6943	0.0414
11	0.0409	0.0091	20	0.1674	0.0208	29	0.3990	0.0327	38	0.7357	0.0385
12	0.0500	0.0107	21	0.1882	0.0224	30	0.4317	0.0342	39	0.7742	0.0484
13	0.0607	0.0115	22	0.2106	0.0240	31	0.4659	0.0358	40	0.8226	0.0484

适用树种：刺槐（四旁树）；适用地区：山西全省；资料名称：山西省主要树种立木一元材积表；编表人或作者：山西省林业勘察设计院；出版机构：山西省标准局；刊印或发表时间：1985。注：树高方程参数或有误。

116. 山西榆树（四旁）立木一元材积表（围尺）

$$V = 0.000057468552D_{轮}^{1.915559}H^{0.9265972}$$

$$H = 2.53302 + 0.59547D_{轮} - 0.00587D_{轮}^{2[注]}$$

$D_{轮} = (D_{围} - 0.150)/1.011$；表中$D$为围尺径；$D_{围} \leqslant 36$cm

D	V	ΔV	D	V	ΔV	D	V	ΔV	D	V	ΔV
5	0.0054	0.0031	13	0.0579	0.0124	21	0.1933	0.0247	29	0.4260	0.0361
6	0.0085	0.0039	14	0.0703	0.0133	22	0.2180	0.0249	30	0.4621	0.0396
7	0.0124	0.0050	15	0.0836	0.0156	23	0.2429	0.0286	31	0.5017	0.0384
8	0.0174	0.0060	16	0.0992	0.0164	24	0.2715	0.0285	32	0.5401	0.0402
9	0.0234	0.0065	17	0.1156	0.0180	25	0.3000	0.0304	33	0.5803	0.0456
10	0.0299	0.0079	18	0.1336	0.0185	26	0.3304	0.0322	34	0.6259	0.0439
11	0.0378	0.0096	19	0.1521	0.0196	27	0.3626	0.0316	35	0.6698	0.0458
12	0.0474	0.0105	20	0.1717	0.0216	28	0.3942	0.0318	36	0.7156	0.0458

适用树种：榆树（四旁树）；适用地区：山西全省；资料名称：山西省主要树种立木一元材积表；编表人或作者：山西省林业勘察设计院；出版机构：山西省标准局；刊印或发表时间：1985。注：树高方程参数或有误。

晋

117. 山西柳树（四旁）立木一元材积表（围尺）

$$V = 0.000057468552D_{轮}^{1.915559}H^{0.9265972}$$

$$H = 2.87477 + 0.52324D_{轮} - 0.00383D_{轮}^{2[注]}$$

$D_{轮} = (D_{围} - 0.043)/1.028$；表中$D$为围尺径；$D_{围} \leqslant 38$cm

D	V	ΔV	D	V	ΔV	D	V	ΔV	D	V	ΔV
5	0.0054	0.0031	14	0.0667	0.0126	23	0.2300	0.0275	32	0.5239	0.0428
6	0.0085	0.0038	15	0.0793	0.0141	24	0.2575	0.0276	33	0.5667	0.0379
7	0.0123	0.0044	16	0.0934	0.0157	25	0.2851	0.0281	34	0.6046	0.0467
8	0.0167	0.0056	17	0.1091	0.0162	26	0.3132	0.0299	35	0.6513	0.0451
9	0.0223	0.0069	18	0.1253	0.0174	27	0.3431	0.0353	36	0.6964	0.0491
10	0.0292	0.0078	19	0.1427	0.0205	28	0.3784	0.0350	37	0.7455	0.0469
11	0.0370	0.0082	20	0.1632	0.0208	29	0.4134	0.0312	38	0.7924	0.0469
12	0.0452	0.0101	21	0.1840	0.0239	30	0.4446	0.0386			
13	0.0553	0.0114	22	0.2079	0.0221	31	0.4832	0.0407			

适用树种：柳树（四旁树）；适用地区：山西全省；资料名称：山西省主要树种立木一元材积表；编表人或作者：山西省林业勘察设计院；出版机构：山西省标准局；刊印或发表时间：1985。注：树高方程参数或有误。

118. 山西天然油松立木一元材积表（轮尺）

$$V = 0.000066492455D_{轮}^{1.8655617}H^{0.93768879}$$

$$H = 1.68988 + 0.49360D_{轮} - 0.00521D_{轮}^{2[注]}；D_{轮} \leqslant 37\text{cm}$$

D	V	ΔV	D	V	ΔV	D	V	ΔV	D	V	ΔV
5	0.0051	0.0028	14	0.0627	0.0112	23	0.2093	0.0213	32	0.4529	0.0340
6	0.0079	0.0034	15	0.0739	0.0133	24	0.2306	0.0248	33	0.4869	0.0356
7	0.0113	0.0046	16	0.0872	0.0137	25	0.2554	0.0241	34	0.5225	0.0331
8	0.0159	0.0053	17	0.1009	0.0149	26	0.2795	0.0254	35	0.5556	0.0384
9	0.0212	0.0062	18	0.1158	0.0163	27	0.3049	0.0267	36	0.5940	0.0401
10	0.0274	0.0073	19	0.1321	0.0176	28	0.3316	0.0282	37	0.6341	0.0401
11	0.0347	0.0084	20	0.1497	0.0190	29	0.3598	0.0296			
12	0.0431	0.0089	21	0.1687	0.0205	30	0.3894	0.0310			
13	0.0520	0.0107	22	0.1892	0.0201	31	0.4204	0.0325			

适用树种：天然油松；适用地区：山西全省；资料名称：山西省主要树种立木一元材积表；编表人或作者：山西省林业勘察设计院；出版机构：山西省标准局；刊印或发表时间：1985。注：树高方程参数或有误。

119. 山西人工油松立木一元材积表（轮尺）

$$V = 0.000076051908D_{轮}^{1.9030339}H^{0.86055052}$$

$$H = 2.58734 + 0.33699D_{轮} - 0.00443D_{轮}^{2[注]}；D_{轮} \leqslant 19\text{cm}$$

D	V	ΔV	D	V	ΔV	D	V	ΔV	D	V	ΔV
5	0.0054	0.0027	9	0.0209	0.0055	13	0.0482	0.0096	17	0.0891	0.0127
6	0.0081	0.0036	10	0.0264	0.0067	14	0.0578	0.0098	18	0.1018	0.0137
7	0.0117	0.0042	11	0.0331	0.0071	15	0.0676	0.0108	19	0.1155	0.0137
8	0.0159	0.0050	12	0.0402	0.0080	16	0.0784	0.0107			

适用树种：人工油松；适用地区：山西全省；资料名称：山西省主要树种立木一元材积表；编表人或作者：山西省林业勘察设计院；出版机构：山西省标准局；刊印或发表时间：1985。注：树高方程参数或有误。

120. 山西云杉立木一元材积表（轮尺）

$$V = 0.00007396062D_{轮}^{1.850747}H^{0.92235557}$$

$$H = -0.48212 + 0.94837D_{轮} - 0.01368D_{轮}^{2[注]};\ D_{轮} \leqslant 37\text{cm}$$

D	V	ΔV	D	V	ΔV	D	V	ΔV	D	V	ΔV
5	0.0050	0.0035	14	0.0833	0.0156	23	0.2813	0.0290	32	0.5959	0.0420
6	0.0085	0.0043	15	0.0989	0.0173	24	0.3103	0.0355	33	0.6379	0.0438
7	0.0128	0.0062	16	0.1162	0.0192	25	0.3458	0.0279	34	0.6817	0.0415
8	0.0190	0.0066	17	0.1354	0.0198	26	0.3737	0.0344	35	0.7232	0.0470
9	0.0256	0.0089	18	0.1552	0.0229	27	0.4081	0.0337	36	0.7702	0.0444
10	0.0345	0.0096	19	0.1781	0.0234	28	0.4418	0.0381	37	0.8146	0.0444
11	0.0441	0.0117	20	0.2015	0.0253	29	0.4799	0.0370			
12	0.0558	0.0122	21	0.2268	0.0255	30	0.5169	0.0387			
13	0.0680	0.0153	22	0.2523	0.0290	31	0.5556	0.0403			

适用树种：云杉；适用地区：山西全省；资料名称：山西省主要树种立木一元材积表；编表人或作者：山西省林业勘察设计院；出版机构：山西省标准局；刊印或发表时间：1985。注：树高方程参数或有误。

晋

121. 山西落叶松立木一元材积表（轮尺）

$$V = 0.000067770402D_{轮}^{1.8118141}H^{0.9804529}$$

$$H = -0.16392 + 0.90082D_{轮} - 0.00869D_{轮}^{2[注]};\ D_{轮} \leqslant 37\text{cm}$$

D	V	ΔV	D	V	ΔV	D	V	ΔV	D	V	ΔV
5	0.0048	0.0033	14	0.0833	0.0163	23	0.3012	0.0341	32	0.6752	0.0493
6	0.0081	0.0044	15	0.0996	0.0181	24	0.3353	0.0364	33	0.7245	0.0514
7	0.0125	0.0056	16	0.1177	0.0201	25	0.3717	0.0366	34	0.7759	0.0536
8	0.0181	0.0070	17	0.1378	0.0222	26	0.4083	0.0412	35	0.8295	0.0559
9	0.0251	0.0087	18	0.1600	0.0243	27	0.4495	0.0412	36	0.8854	0.0581
10	0.0338	0.0093	19	0.1843	0.0266	28	0.4907	0.0434	37	0.9435	0.0581
11	0.0431	0.0119	20	0.2109	0.0273	29	0.5341	0.0427			
12	0.0550	0.0132	21	0.2382	0.0312	30	0.5768	0.0480			
13	0.0682	0.0151	22	0.2694	0.0318	31	0.6248	0.0504			

适用树种：落叶松；适用地区：山西全省；资料名称：山西省主要树种立木一元材积表；编表人或作者：山西省林业勘察设计院；出版机构：山西省标准局；刊印或发表时间：1985。注：树高方程参数或有误。

122. 山西山杨立木一元材积表（轮尺）

$$V = 0.000065678245D_{轮}^{1.9410626}H^{0.84929086}；D_{轮} \leqslant 33\text{cm}$$

D	V	ΔV	D	V	ΔV	D	V	ΔV	D	V	ΔV
5	0.0045	0.0036	13	0.0686	0.0145	21	0.2208	0.0254	29	0.4440	0.0330
6	0.0081	0.0045	14	0.0831	0.0157	22	0.2462	0.0255	30	0.4770	0.0342
7	0.0126	0.0059	15	0.0988	0.0174	23	0.2717	0.0251	31	0.5112	0.0374
8	0.0185	0.0071	16	0.1162	0.0182	24	0.2968	0.0284	32	0.5486	0.0319
9	0.0256	0.0086	17	0.1344	0.0199	25	0.3252	0.0278	33	0.5805	0.0319
10	0.0342	0.0104	18	0.1543	0.0223	26	0.3530	0.0291			
11	0.0446	0.0117	19	0.1766	0.0204	27	0.3821	0.0327			
12	0.0563	0.0123	20	0.1970	0.0238	28	0.4148	0.0292			

适用树种：山杨、椴树、漆树、软阔叶树；适用地区：山西全省；资料名称：山西省主要树种立木一元材积表；编表人或作者：山西省林业勘察设计院；出版机构：山西省标准局；刊印或发表时间：1985。注：树高方程缺失。

晋

123. 山西桦树立木一元材积表（轮尺）

$$V = 0.000062324282D_{轮}^{1.8255808}H^{0.97749362}$$

$$H = 1.69322 + 0.70992D_{轮} - 0.00988D_{轮}^{2[注]}；D_{轮} \leqslant 33\text{cm}$$

D	V	ΔV	D	V	ΔV	D	V	ΔV	D	V	ΔV
6	0.0088	0.0041	13	0.0602	0.0123	20	0.1705	0.0189	27	0.3373	0.0282
7	0.0129	0.0052	14	0.0725	0.0130	21	0.1894	0.0216	28	0.3655	0.0296
8	0.0181	0.0062	15	0.0855	0.0143	22	0.2110	0.0231	29	0.3951	0.0280
9	0.0243	0.0072	16	0.0998	0.0158	23	0.2341	0.0247	30	0.4231	0.0322
10	0.0315	0.0082	17	0.1156	0.0172	24	0.2588	0.0241	31	0.4553	0.0304
11	0.0397	0.0096	18	0.1328	0.0175	25	0.2829	0.0254	32	0.4857	0.0348
12	0.0493	0.0109	19	0.1503	0.0202	26	0.3083	0.0290	33	0.5205	0.0348

适用树种：桦树；适用地区：山西全省；资料名称：山西省主要树种立木一元材积表；编表人或作者：山西省林业勘察设计院；出版机构：山西省标准局；刊印或发表时间：1985。注：树高方程参数或有误。

124. 山西栎类立木一元材积表（轮尺）

$$V = 0.000057468552D_{轮}^{1.915559}H^{0.9265972}$$

$$H = 1.35330 + 0.54731D_{轮} - 0.00742D_{轮}^{2[注]}；D_{轮} \leqslant 37\text{cm}$$

D	V	ΔV	D	V	ΔV	D	V	ΔV	D	V	ΔV
5	0.0043	0.0026	14	0.0583	0.0115	23	0.1970	0.0207	32	0.4256	0.0294
6	0.0069	0.0033	15	0.0698	0.0120	24	0.2177	0.0220	33	0.4550	0.0306
7	0.0102	0.0040	16	0.0818	0.0132	25	0.2397	0.0233	34	0.4856	0.0317
8	0.0142	0.0052	17	0.0950	0.0144	26	0.2630	0.0246	35	0.5173	0.0330
9	0.0194	0.0059	18	0.1094	0.0158	27	0.2876	0.0261	36	0.5503	0.0296
10	0.0253	0.0069	19	0.1252	0.0157	28	0.3137	0.0246	37	0.5799	0.0296
11	0.0322	0.0080	20	0.1409	0.0185	29	0.3383	0.0234			
12	0.0402	0.0085	21	0.1594	0.0182	30	0.3617	0.0323			
13	0.0487	0.0096	22	0.1776	0.0194	31	0.3940	0.0316			

晋

适用树种：栎类、山榆、黄榆、鹅耳枥、千金榆、花楸、槭树、胡桃楸、青冈、槲树；适用地区：山西全省；资料名称：山西省主要树种立木一元材积表；编表人或作者：山西省林业勘察设计院；出版机构：山西省标准局；刊印或发表时间：1985。注：树高方程参数或有误。

125. 山西栓皮栎立木一元材积表（轮尺）

$$V = 0.000057468552D_{轮}^{1.915559}H^{0.9265972}$$

$$H = -0.59476 + 0.90009D_{轮} - 0.01601D_{轮}^{2[注]}；D_{轮} \leqslant 25\text{cm}$$

D	V	ΔV	D	V	ΔV	D	V	ΔV	D	V	ΔV
5	0.0043	0.0030	11	0.0381	0.0101	17	0.1155	0.0168	23	0.2369	0.0240
6	0.0073	0.0039	12	0.0482	0.0111	18	0.1323	0.0182	24	0.2609	0.0254
7	0.0112	0.0050	13	0.0593	0.0126	19	0.1505	0.0197	25	0.2863	0.0254
8	0.0162	0.0060	14	0.0719	0.0134	20	0.1702	0.0212			
9	0.0222	0.0077	15	0.0853	0.0148	21	0.1914	0.0228			
10	0.0299	0.0082	16	0.1001	0.0154	22	0.2142	0.0227			

适用树种：栓皮栎；适用地区：山西全省；资料名称：山西省主要树种立木一元材积表；编表人或作者：山西省林业勘察设计院；出版机构：山西省标准局；刊印或发表时间：1985。注：树高方程参数或有误。

126. 山西榲子木立木一元材积表（轮尺）

$$V = 0.000057468552D_{轮}^{1.915559}H^{0.9265972}$$

$$H = 1.21120 + 0.64213D_{轮} - 0.02119D_{轮}^{2[注]}；D_{轮} \leqslant 19\text{cm}$$

D	V	ΔV	D	V	ΔV	D	V	ΔV	D	V	ΔV
5	0.0044	0.0025	9	0.0181	0.0052	13	0.0417	0.0072	17	0.0741	0.0097
6	0.0069	0.0031	10	0.0233	0.0052	14	0.0489	0.0077	18	0.0838	0.0092
7	0.0100	0.0040	11	0.0285	0.0062	15	0.0566	0.0084	19	0.0930	0.0092
8	0.0140	0.0041	12	0.0347	0.0070	16	0.0650	0.0091			

适用树种：榲子木；适用地区：山西全省；资料名称：山西省主要树种立木一元材积表；编表人或作者：山西省林业勘察设计院；出版机构：山西省标准局；刊印或发表时间：1985。注：树高方程参数或有误。

晋

127. 山西白皮松立木一元材积表（轮尺）

$$V = 0.000091972184D_{轮}^{1.8639778}H^{0.83156779}$$

$$H = 3.62909 - 0.01925D_{轮} + 0.01415D_{轮}^{2[注]}；D_{轮} \leqslant 16\text{cm}$$

D	V	ΔV	D	V	ΔV	D	V	ΔV	D	V	ΔV
5	0.0057	0.0025	8	0.0152	0.0045	11	0.0311	0.0073	14	0.0566	0.0113
6	0.0082	0.0032	9	0.0197	0.0051	12	0.0384	0.0089	15	0.0679	0.0126
7	0.0114	0.0038	10	0.0248	0.0063	13	0.0473	0.0093	16	0.0805	0.0126

适用树种：白皮松；适用地区：山西全省；资料名称：山西省主要树种立木一元材积表；编表人或作者：山西省林业勘察设计院；出版机构：山西省标准局；刊印或发表时间：1985。注：树高方程参数或有误。

晋

128. 山西侧柏立木一元材积表（轮尺）

$$V = 0.000091972184 D_{轮}^{1.8639778} H^{0.83156779}$$

$$H = 1.96967 + 0.39969 D_{轮} - 0.00357 D_{轮}^{2[注]}；D_{轮} \leqslant 16\text{cm}$$

D	V	ΔV	D	V	ΔV	D	V	ΔV	D	V	ΔV
5	0.0056	0.0030	8	0.0166	0.0055	11	0.0356	0.0080	14	0.0627	0.0104
6	0.0086	0.0035	9	0.0221	0.0061	12	0.0436	0.0091	15	0.0731	0.0122
7	0.0121	0.0045	10	0.0282	0.0074	13	0.0527	0.0100	16	0.0853	0.0122

适用树种：侧柏；适用地区：山西全省；资料名称：山西省主要树种立木一元材积表；编表人或作者：山西省林业勘察设计院；出版机构：山西省标准局；刊印或发表时间：1985。注：树高方程参数或有误。

129. 山西杨树立木一元材积表（轮尺）

$$V = 0.000057468552 D_{轮}^{1.915559} H^{0.9265972}$$

$$H = 0.25300 + 0.77550 D_{轮} - 0.01020 D_{轮}^{2[注]}；D_{轮} \leqslant 32\text{cm}$$

D	V	ΔV	D	V	ΔV	D	V	ΔV	D	V	ΔV
5	0.0043	0.0029	12	0.0471	0.0110	19	0.1555	0.0216	26	0.3336	0.0298
6	0.0072	0.0036	13	0.0581	0.0131	20	0.1771	0.0219	27	0.3634	0.0340
7	0.0108	0.0052	14	0.0712	0.0141	21	0.1990	0.0251	28	0.3974	0.0304
8	0.0160	0.0059	15	0.0853	0.0148	22	0.2241	0.0253	29	0.4278	0.0347
9	0.0219	0.0072	16	0.1001	0.0175	23	0.2494	0.0271	30	0.4625	0.0362
10	0.0291	0.0085	17	0.1176	0.0181	24	0.2765	0.0266	31	0.4987	0.0346
11	0.0376	0.0095	18	0.1357	0.0198	25	0.3031	0.0305	32	0.5333	0.0346

适用树种：杨树、柳树、白榆、泡桐；适用地区：山西全省；资料名称：山西省主要树种立木一元材积表；编表人或作者：山西省林业勘察设计院；出版机构：山西省标准局；刊印或发表时间：1985。注：树高方程参数或有误。

130. 山西杨树矮林立木一元材积表（轮尺）

$$V = 0.000057468552D_{轮}^{1.915559}H^{0.9265972}$$

$$H = -2.36842 + 1.55213D_{轮} - 0.07962D_{轮}^{2[注]}；D_{轮} \leqslant 10\text{cm}$$

D	V	ΔV	D	V	ΔV	D	V	ΔV
5	0.0040	0.0026	7	0.0096	0.0039	9	0.0181	0.0053
6	0.0066	0.0030	8	0.0135	0.0046	10	0.0234	0.0053

适用树种：杨树（矮林）；适用地区：山西全省；资料名称：山西省主要树种立木一元材积表；编表人或作者：山西省林业勘察设计院；出版机构：山西省标准局；刊印或发表时间：1985。注：树高方程参数或有误。

晋

131. 山西刺槐立木一元材积表（轮尺）

$$V = 0.00007118229D_{轮}^{1.9414874}H^{0.8148708}$$

$$H = 2.80305 + 0.50948D_{轮} + 0.00608D_{轮}^{2[注]}；D_{轮} \leqslant 20\text{cm}$$

D	V	ΔV	D	V	ΔV	D	V	ΔV	D	V	ΔV
5	0.0065	0.0036	9	0.0273	0.0083	13	0.0698	0.0152	17	0.1445	0.0257
6	0.0101	0.0044	10	0.0356	0.0097	14	0.0850	0.0178	18	0.1702	0.0274
7	0.0145	0.0057	11	0.0453	0.0116	15	0.1028	0.0201	19	0.1976	0.0312
8	0.0202	0.0071	12	0.0569	0.0129	16	0.1229	0.0216	20	0.2288	0.0312

适用树种：刺槐、椿、榆树（除白榆）；适用地区：山西全省；资料名称：山西省主要树种立木一元材积表；编表人或作者：山西省林业勘察设计院；出版机构：山西省标准局；刊印或发表时间：1985。注：树高方程参数或有误。

132. 山西北部杨树（四旁）立木一元材积表（轮尺）

$$V = 0.000065678245D_{轮}^{1.9410626}H^{0.84929086}$$

$$H = 1.15597 + 0.71928D_{轮} - 0.00802D_{轮}^{2[注]}；D_{轮} \leqslant 34\text{cm}$$

D	V	ΔV	D	V	ΔV	D	V	ΔV	D	V	ΔV
5	0.0054	0.0032	13	0.0623	0.0136	21	0.2096	0.0259	29	0.4594	0.0367
6	0.0086	0.0042	14	0.0759	0.0146	22	0.2355	0.0262	30	0.4961	0.0412
7	0.0128	0.0052	15	0.0905	0.0155	23	0.2617	0.0298	31	0.5373	0.0403
8	0.0180	0.0061	16	0.1060	0.0171	24	0.2915	0.0298	32	0.5776	0.0421
9	0.0241	0.0076	17	0.1231	0.0197	25	0.3213	0.0317	33	0.6197	0.0404
10	0.0317	0.0086	18	0.1428	0.0205	26	0.3530	0.0335	34	0.6601	0.0404
11	0.0403	0.0105	19	0.1633	0.0222	27	0.3865	0.0355			
12	0.0508	0.0115	20	0.1855	0.0241	28	0.4220	0.0374			

适用树种：杨树（四旁树）；适用地区：忻县、吕梁、大同、雁北；资料名称：山西省主要树种立木一元材积表；编表人或作者：山西省林业勘察设计院；出版机构：山西省标准局；刊印或发表时间：1985。注：树高方程参数或有误。

晋

133. 山西中部杨树（四旁）立木一元材积表（轮尺）

$$V = 0.000065678245D_{轮}^{1.9410626}H^{0.84929086}$$

$$H = 3.51646 + 0.68169D_{轮} - 0.00681D_{轮}^{2[注]}；D_{轮} \leqslant 48\text{cm}$$

D	V	ΔV	D	V	ΔV	D	V	ΔV	D	V	ΔV
5	0.0074	0.0040	16	0.1236	0.0192	27	0.4351	0.0389	38	0.9580	0.0583
6	0.0114	0.0050	17	0.1428	0.0219	28	0.4740	0.0409	39	1.0163	0.0558
7	0.0164	0.0065	18	0.1647	0.0228	29	0.5149	0.0430	40	1.0721	0.0574
8	0.0229	0.0076	19	0.1875	0.0246	30	0.5579	0.0452	41	1.1295	0.0591
9	0.0305	0.0090	20	0.2121	0.0266	31	0.6031	0.0473	42	1.1886	0.0608
10	0.0395	0.0101	21	0.2387	0.0285	32	0.6504	0.0464	43	1.2494	0.0625
11	0.0496	0.0116	22	0.2672	0.0290	33	0.6968	0.0484	44	1.3119	0.0643
12	0.0612	0.0131	23	0.2962	0.0325	34	0.7452	0.0502	45	1.3762	0.0659
13	0.0743	0.0147	24	0.3287	0.0347	35	0.7954	0.0522	46	1.4421	0.0615
14	0.0890	0.0164	25	0.3634	0.0349	36	0.8476	0.0542	47	1.5036	0.0692
15	0.1054	0.0182	26	0.3983	0.0368	37	0.9018	0.0562	48	1.5728	0.0692

适用树种：杨树（四旁树）；适用地区：太原、阳泉、长治、晋中、晋东南；资料名称：山西省主要树种立木一元材积表；编表人或作者：山西省林业勘察设计院；出版机构：山西省标准局；刊印或发表时间：1985。注：树高方程参数或有误。

134. 山西南部杨树（四旁）立木一元材积表（轮尺）

$$V = 0.000065678245 D_{轮}^{1.9410626} H^{0.84929086}$$

$$H = 3.21000 + 0.74685 D_{轮} - 0.00576 D_{轮}^{2[注]}；D_{轮} \leqslant 48\text{cm}$$

D	V	ΔV	D	V	ΔV	D	V	ΔV	D	V	ΔV
5	0.0076	0.0042	16	0.1310	0.0210	27	0.4828	0.0468	38	1.1096	0.0701
6	0.0118	0.0052	17	0.1520	0.0239	28	0.5296	0.0471	39	1.1797	0.0728
7	0.0170	0.0064	18	0.1759	0.0263	29	0.5767	0.0497	40	1.2525	0.0708
8	0.0234	0.0079	19	0.2022	0.0273	30	0.6264	0.0495	41	1.3233	0.0781
9	0.0313	0.0096	20	0.2295	0.0296	31	0.6759	0.0577	42	1.4014	0.0807
10	0.0409	0.0112	21	0.2591	0.0318	32	0.7336	0.0545	43	1.4821	0.0783
11	0.0521	0.0124	22	0.2909	0.0342	33	0.7881	0.0602	44	1.5604	0.0863
12	0.0645	0.0142	23	0.3251	0.0367	34	0.8483	0.0595	45	1.6467	0.0833
13	0.0787	0.0161	24	0.3618	0.0392	35	0.9078	0.0657	46	1.7300	0.0798
14	0.0948	0.0172	25	0.4010	0.0397	36	0.9735	0.0647	47	1.8098	0.0880
15	0.1120	0.0190	26	0.4407	0.0421	37	1.0382	0.0714	48	1.8978	0.0880

适用树种：杨树（四旁树）；适用地区：临汾、运城；资料名称：山西省主要树种立木一元材积表；编表人或作者：山西省林业勘察设计院；出版机构：山西省标准局；刊印或发表时间：1985。注：树高方程参数或有误。

135. 山西刺槐（四旁）立木一元材积表（轮尺）

$$V = 0.00007118229 D_{轮}^{1.9414874} H^{0.8148708}$$

$$H = 3.82400 + 0.47250 D_{轮} - 0.00468 D_{轮}^{2[注]}；D_{轮} \leqslant 40\text{cm}$$

D	V	ΔV	D	V	ΔV	D	V	ΔV	D	V	ΔV
5	0.0071	0.0035	14	0.0749	0.0136	23	0.2423	0.0243	32	0.5171	0.0381
6	0.0106	0.0044	15	0.0885	0.0143	24	0.2666	0.0276	33	0.5552	0.0365
7	0.0150	0.0054	16	0.1028	0.0156	25	0.2942	0.0273	34	0.5917	0.0412
8	0.0204	0.0064	17	0.1184	0.0170	26	0.3215	0.0288	35	0.6329	0.0393
9	0.0268	0.0074	18	0.1354	0.0184	27	0.3503	0.0303	36	0.6722	0.0407
10	0.0342	0.0086	19	0.1538	0.0198	28	0.3806	0.0318	37	0.7129	0.0419
11	0.0428	0.0093	20	0.1736	0.0213	29	0.4124	0.0333	38	0.7548	0.0380
12	0.0521	0.0111	21	0.1949	0.0229	30	0.4457	0.0349	39	0.7928	0.0501
13	0.0632	0.0117	22	0.2178	0.0245	31	0.4806	0.0365	40	0.8429	0.0501

适用树种：刺槐（四旁树）；适用地区：山西全省；资料名称：山西省主要树种立木一元材积表；编表人或作者：山西省林业勘察设计院；出版机构：山西省标准局；刊印或发表时间：1985。注：树高方程参数或有误。

136. 山西榆树（四旁）立木一元材积表（轮尺）

$$V = 0.000057468552D_{轮}^{1.915559}H^{0.9265972}$$

$$H = 2.53302 + 0.59547D_{轮} - 0.00587D_{轮}^{2[注]}；D_{轮} \leqslant 36\text{cm}$$

D	V	ΔV	D	V	ΔV	D	V	ΔV	D	V	ΔV
5	0.0060	0.0032	13	0.0618	0.0122	21	0.2035	0.0239	29	0.4444	0.0358
6	0.0092	0.0041	14	0.0740	0.0137	22	0.2274	0.0244	30	0.4802	0.0405
7	0.0133	0.0052	15	0.0877	0.0161	23	0.2518	0.0305	31	0.5207	0.0393
8	0.0185	0.0062	16	0.1038	0.0168	24	0.2823	0.0292	32	0.5600	0.0446
9	0.0247	0.0074	17	0.1206	0.0185	25	0.3115	0.0311	33	0.6046	0.0430
10	0.0321	0.0087	18	0.1391	0.0202	26	0.3426	0.0329	34	0.6476	0.0449
11	0.0408	0.0095	19	0.1593	0.0206	27	0.3755	0.0323	35	0.6925	0.0467
12	0.0503	0.0115	20	0.1799	0.0236	28	0.4078	0.0366	36	0.7392	0.0467

适用树种：榆树（四旁树）；适用地区：山西全省；资料名称：山西省主要树种立木一元材积表；编表人或作者：山西省林业勘察设计院；出版机构：山西省标准局；刊印或发表时间：1985。注：树高方程参数或有误。

晋

137. 山西柳树（四旁）立木一元材积表（轮尺）

$$V = 0.000057468552D_{轮}^{1.915559}H^{0.9265972}$$

$$H = 2.87477 + 0.52324D_{轮} - 0.00383D_{轮}^{2[注]}；D_{轮} \leqslant 38\text{cm}$$

D	V	ΔV	D	V	ΔV	D	V	ΔV	D	V	ΔV
5	0.0060	0.0032	14	0.0719	0.0134	23	0.2476	0.0289	32	0.5633	0.0383
6	0.0092	0.0040	15	0.0853	0.0157	24	0.2765	0.0287	33	0.6016	0.0497
7	0.0132	0.0050	16	0.1010	0.0166	25	0.3052	0.0329	34	0.6513	0.0451
8	0.0182	0.0062	17	0.1176	0.0170	26	0.3381	0.0326	35	0.6964	0.0511
9	0.0244	0.0070	18	0.1346	0.0197	27	0.3707	0.0345	36	0.7475	0.0533
10	0.0314	0.0081	19	0.1543	0.0214	28	0.4052	0.0365	37	0.8008	0.0512
11	0.0395	0.0098	20	0.1757	0.0218	29	0.4417	0.0385	38	0.8520	0.0512
12	0.0493	0.0106	21	0.1975	0.0250	30	0.4802	0.0405			
13	0.0599	0.0120	22	0.2225	0.0251	31	0.5207	0.0426			

适用树种：柳树（四旁树）；适用地区：山西全省；资料名称：山西省主要树种立木一元材积表；编表人或作者：山西省林业勘察设计院；出版机构：山西省标准局；刊印或发表时间：1985。注：树高方程参数或有误。

5 内蒙古自治区立木材积表

内蒙古自治区编表地区划分：

东部：呼盟（除额尔古纳左旗、额尔古纳右旗、喜桂图旗、鄂伦春族自治旗）、兴安盟、哲里木盟、昭乌达盟、呼和浩特市、包头市、乌海市。

大兴安岭地区：呼盟的额尔古纳左旗、额尔古纳右旗、喜桂图旗、鄂伦春族自治旗。

树种组划分：

冷杉：利用云杉材积表。

枫桦、岳桦、水冬瓜、山丁子、山里红：利用柞树材积表。

黑松：利用油松材积表。

椴树：利用黑桦材积表。

刺槐、水曲柳：利用榆树材积表。

杜松、柏树、桧柏：利用云杉材积表。

其他树种：利用当地生长型相近树种材积表。

内蒙古大兴安岭国有林区独立编表（→107页）。

138. 内蒙古大兴安岭北坡落叶松一元立木材积表

D	V	ΔV	D	V	ΔV	D	V	ΔV	D	V	ΔV
8	0.0290	0.0105	27	0.5280	0.0430	46	1.6240	0.0660	65	3.0145	0.0815
9	0.0395	0.0105	28	0.5710	0.0490	47	1.6900	0.0660	66	3.0960	0.0830
10	0.0500	0.0150	29	0.6200	0.0490	48	1.7560	0.0685	67	3.1790	0.0830
11	0.0650	0.0150	30	0.6690	0.0500	49	1.8245	0.0685	68	3.2620	0.0855
12	0.0800	0.0170	31	0.7190	0.0500	50	1.8930	0.0690	69	3.3475	0.0855
13	0.0970	0.0170	32	0.7690	0.0540	51	1.9620	0.0690	70	3.4330	0.0875
14	0.1140	0.0225	33	0.8230	0.0540	52	2.0310	0.0710	71	3.5205	0.0875
15	0.1365	0.0225	34	0.8770	0.0580	53	2.1020	0.0710	72	3.6080	0.0895
16	0.1590	0.0250	35	0.9350	0.0580	54	2.1730	0.0705	73	3.6975	0.0895
17	0.1840	0.0250	36	0.9930	0.0600	55	2.2435	0.0705	74	3.7870	0.0820
18	0.2090	0.0290	37	1.0530	0.0600	56	2.3140	0.0725	75	3.8690	0.0820
19	0.2380	0.0290	38	1.1130	0.0605	57	2.3865	0.0725	76	3.9510	0.0935
20	0.2670	0.0325	39	1.1735	0.0605	58	2.4590	0.0795	77	4.0445	0.0935
21	0.2995	0.0325	40	1.2340	0.0640	59	2.5385	0.0795	78	4.1380	0.0940
22	0.3320	0.0365	41	1.2980	0.0640	60	2.6180	0.0785	79	4.2320	0.0940
23	0.3685	0.0365	42	1.3620	0.0640	61	2.6965	0.0785	80	4.3260	0.0940
24	0.4050	0.0400	43	1.4260	0.0640	62	2.7750	0.0790			
25	0.4450	0.0400	44	1.4900	0.0670	63	2.8540	0.0790			
26	0.4850	0.0430	45	1.5570	0.0670	64	2.9330	0.0815			

适用树种：落叶松；适用地区：内蒙古大兴安岭北坡；资料名称：内蒙古自治区立木材积表汇编；编表人或作者：内蒙古自治区林业区划办公室；刊印或发表时间：1983。

139. 内蒙古大兴安岭北坡柞树一元立木材积表

D	V	ΔV	D	V	ΔV	D	V	ΔV	D	V	ΔV
8	0.0200	0.0065	17	0.1095	0.0145	26	0.2740	0.0235	35	0.5100	0.0300
9	0.0265	0.0065	18	0.1240	0.0160	27	0.2975	0.0235	36	0.5400	0.0315
10	0.0330	0.0080	19	0.1400	0.0160	28	0.3210	0.0245	37	0.5715	0.0315
11	0.0410	0.0080	20	0.1560	0.0180	29	0.3455	0.0245	38	0.6030	0.0335
12	0.0490	0.0105	21	0.1740	0.0180	30	0.3700	0.0265	39	0.6365	0.0335
13	0.0595	0.0105	22	0.1920	0.0200	31	0.3965	0.0265	40	0.6700	0.0335
14	0.0700	0.0125	23	0.2120	0.0200	32	0.4230	0.0285			
15	0.0825	0.0125	24	0.2320	0.0210	33	0.4515	0.0285			
16	0.0950	0.0145	25	0.2530	0.0210	34	0.4800	0.0300			

适用树种：柞树（栎树）；适用地区：内蒙古大兴安岭北坡；资料名称：内蒙古自治区立木材积表汇编；编表人或作者：内蒙古自治区林业区划办公室；刊印或发表时间：1983。

140. 内蒙古大兴安岭北坡白桦一元立木材积表

D	V	ΔV	D	V	ΔV	D	V	ΔV	D	V	ΔV
8	0.0230	0.0100	19	0.2040	0.0220	30	0.4940	0.0325	41	0.8955	0.0425
9	0.0330	0.0100	20	0.2260	0.0230	31	0.5265	0.0325	42	0.9380	0.0415
10	0.0430	0.0130	21	0.2490	0.0230	32	0.5590	0.0345	43	0.9795	0.0415
11	0.0560	0.0130	22	0.2720	0.0250	33	0.5935	0.0345	44	1.0210	0.0460
12	0.0690	0.0165	23	0.2970	0.0250	34	0.6280	0.0360	45	1.0670	0.0460
13	0.0855	0.0165	24	0.3220	0.0275	35	0.6640	0.0360	46	1.1130	0.0450
14	0.1020	0.0195	25	0.3495	0.0275	36	0.7000	0.0385	47	1.1580	0.0450
15	0.1215	0.0195	26	0.3770	0.0285	37	0.7385	0.0385	48	1.2030	0.0500
16	0.1410	0.0205	27	0.4055	0.0285	38	0.7770	0.0380	49	1.2530	0.0500
17	0.1615	0.0205	28	0.4340	0.0300	39	0.8150	0.0380	50	1.3030	0.0500
18	0.1820	0.0220	29	0.4640	0.0300	40	0.8530	0.0425			

蒙

适用树种：白桦；适用地区：内蒙古大兴安岭北坡；资料名称：内蒙古自治区立木材积表汇编；编表人或作者：内蒙古自治区林业区划办公室；刊印或发表时间：1983。

141. 内蒙古大兴安岭北坡云杉一元立木材积表

D	V	ΔV	D	V	ΔV	D	V	ΔV	D	V	ΔV
8	0.0330	0.0105	24	0.4370	0.0485	40	1.1880	0.0560	56	2.2170	0.0745
9	0.0435	0.0105	25	0.4855	0.0485	41	1.2440	0.0560	57	2.2915	0.0745
10	0.0540	0.0140	26	0.5340	0.0395	42	1.3000	0.0585	58	2.3660	0.0770
11	0.0680	0.0140	27	0.5735	0.0395	43	1.3585	0.0585	59	2.4430	0.0770
12	0.0820	0.0180	28	0.6130	0.0415	44	1.4170	0.0610	60	2.5200	0.0790
13	0.1000	0.0180	29	0.6545	0.0415	45	1.4780	0.0610	61	2.5990	0.0790
14	0.1180	0.0220	30	0.6960	0.0445	46	1.5390	0.0635	62	2.6780	0.0815
15	0.1400	0.0220	31	0.7405	0.0445	47	1.6025	0.0635	63	2.7595	0.0815
16	0.1620	0.0270	32	0.7850	0.0465	48	1.6660	0.0655	64	2.8410	0.0835
17	0.1890	0.0270	33	0.8315	0.0465	49	1.7315	0.0655	65	2.9245	0.0835
18	0.2160	0.0315	34	0.8780	0.0495	50	1.7970	0.0675	66	3.0080	0.0855
19	0.2475	0.0315	35	0.9275	0.0495	51	1.8645	0.0675	67	3.0935	0.0855
20	0.2790	0.0365	36	0.9770	0.0515	52	1.9320	0.0705	68	3.1790	0.0880
21	0.3155	0.0365	37	1.0285	0.0515	53	2.0025	0.0705	69	3.2670	0.0880
22	0.3520	0.0425	38	1.0800	0.0540	54	2.0730	0.0720	70	3.3550	0.0880
23	0.3945	0.0425	39	1.1340	0.0540	55	2.1450	0.0720			

适用树种：云杉；适用地区：内蒙古大兴安岭北坡；资料名称：内蒙古自治区立木材积表汇编；编表人或作者：内蒙古自治区林业区划办公室；刊印或发表时间：1983。

142. 内蒙古大兴安岭南坡落叶松一元立木材积表

D	V	ΔV	D	V	ΔV	D	V	ΔV	D	V	ΔV
8	0.0210	0.0085	26	0.4450	0.0400	44	1.4020	0.0640	62	2.6400	0.0735
9	0.0295	0.0085	27	0.4850	0.0400	45	1.4660	0.0640	63	2.7135	0.0735
10	0.0380	0.0120	28	0.5250	0.0445	46	1.5300	0.0665	64	2.7870	0.0715
11	0.0500	0.0120	29	0.5695	0.0445	47	1.5965	0.0665	65	2.8585	0.0715
12	0.0620	0.0155	30	0.6140	0.0485	48	1.6630	0.0655	66	2.9300	0.0715
13	0.0775	0.0155	31	0.6625	0.0485	49	1.7285	0.0655	67	3.0015	0.0715
14	0.0930	0.0200	32	0.7110	0.0505	50	1.7940	0.0675	68	3.0730	0.0810
15	0.1130	0.0200	33	0.7615	0.0505	51	1.8615	0.0675	69	3.1540	0.0810
16	0.1330	0.0245	34	0.8120	0.0525	52	1.9290	0.0655	70	3.2350	0.0820
17	0.1575	0.0245	35	0.8645	0.0525	53	1.9945	0.0655	71	3.3170	0.0820
18	0.1820	0.0270	36	0.9170	0.0560	54	2.0600	0.0735	72	3.3990	0.0760
19	0.2090	0.0270	37	0.9730	0.0560	55	2.1335	0.0735	73	3.4750	0.0760
20	0.2360	0.0315	38	1.0290	0.0600	56	2.2070	0.0650	74	3.5510	0.0770
21	0.2675	0.0315	39	1.0890	0.0600	57	2.2720	0.0650	75	3.6280	0.0770
22	0.2990	0.0355	40	1.1490	0.0625	58	2.3370	0.0775	76	3.7050	0.0770
23	0.3345	0.0355	41	1.2115	0.0625	59	2.4145	0.0775			
24	0.3700	0.0375	42	1.2740	0.0640	60	2.4920	0.0740			
25	0.4075	0.0375	43	1.3380	0.0640	61	2.5660	0.0740			

适用树种：落叶松；适用地区：内蒙古大兴安岭南坡；资料名称：内蒙古自治区立木材积表汇编；编表人或作者：内蒙古自治区林业区划办公室；刊印或发表时间：1983。

143. 内蒙古大兴安岭南坡柞树一元立木材积表

D	V	ΔV	D	V	ΔV	D	V	ΔV	D	V	ΔV
8	0.0210	0.0075	17	0.1250	0.0170	26	0.3170	0.0270	35	0.5825	0.0335
9	0.0285	0.0075	18	0.1420	0.0190	27	0.3440	0.0270	36	0.6160	0.0335
10	0.0360	0.0100	19	0.1610	0.0190	28	0.3710	0.0290	37	0.6495	0.0335
11	0.0460	0.0100	20	0.1800	0.0205	29	0.4000	0.0290	38	0.6830	0.0350
12	0.0560	0.0120	21	0.2005	0.0205	30	0.4290	0.0300	39	0.7180	0.0350
13	0.0680	0.0120	22	0.2210	0.0235	31	0.4590	0.0300	40	0.7530	0.0350
14	0.0800	0.0140	23	0.2445	0.0235	32	0.4890	0.0300			
15	0.0940	0.0140	24	0.2680	0.0245	33	0.5190	0.0300			
16	0.1080	0.0170	25	0.2925	0.0245	34	0.5490	0.0335			

适用树种：柞树（栎树）；适用地区：内蒙古大兴安岭南坡；资料名称：内蒙古自治区立木材积表汇编；编表人或作者：内蒙古自治区林业区划办公室；刊印或发表时间：1983。

144. 内蒙古大兴安岭南坡白桦一元立木材积表

D	V	ΔV	D	V	ΔV	D	V	ΔV	D	V	ΔV
8	0.0220	0.0085	22	0.2470	0.0285	36	0.7510	0.0450	50	1.5070	0.0630
9	0.0305	0.0085	23	0.2755	0.0285	37	0.7960	0.0450	51	1.5700	0.0630
10	0.0390	0.0110	24	0.3040	0.0305	38	0.8410	0.0505	52	1.6330	0.0620
11	0.0500	0.0110	25	0.3345	0.0305	39	0.8915	0.0505	53	1.6950	0.0620
12	0.0610	0.0125	26	0.3650	0.0330	40	0.9420	0.0490	54	1.7570	0.0680
13	0.0735	0.0125	27	0.3980	0.0330	41	0.9910	0.0490	55	1.8250	0.0680
14	0.0860	0.0160	28	0.4310	0.0355	42	1.0400	0.0560	56	1.8930	0.0670
15	0.1020	0.0160	29	0.4665	0.0355	43	1.0960	0.0560	57	1.9600	0.0670
16	0.1180	0.0210	30	0.5020	0.0390	44	1.1520	0.0570	58	2.0270	0.0740
17	0.1390	0.0210	31	0.5410	0.0390	45	1.2090	0.0570	59	2.1010	0.0740
18	0.1600	0.0190	32	0.5800	0.0420	46	1.2660	0.0570	60	2.1750	0.0715
19	0.1790	0.0190	33	0.6220	0.0420	47	1.3230	0.0570	61	2.2465	0.0715
20	0.1980	0.0245	34	0.6640	0.0435	48	1.3800	0.0635	62	2.3180	0.0715
21	0.2225	0.0245	35	0.7075	0.0435	49	1.4435	0.0635			

适用树种：白桦；适用地区：内蒙古大兴安岭南坡；资料名称：内蒙古自治区立木材积表汇编；编表人或作者：内蒙古自治区林业区划办公室；刊印或发表时间：1983。

145. 内蒙古大兴安岭南坡云杉一元立木材积表

D	V	ΔV	D	V	ΔV	D	V	ΔV	D	V	ΔV
8	0.0360	0.0115	24	0.4600	0.0505	40	1.2470	0.0595	56	2.3290	0.0785
9	0.0475	0.0115	25	0.5105	0.0505	41	1.3065	0.0595	57	2.4075	0.0785
10	0.0590	0.0150	26	0.5610	0.0410	42	1.3660	0.0615	58	2.4860	0.0805
11	0.0740	0.0150	27	0.6020	0.0410	43	1.4275	0.0615	59	2.5665	0.0805
12	0.0890	0.0190	28	0.6430	0.0440	44	1.4890	0.0640	60	2.6470	0.0830
13	0.1080	0.0190	29	0.6870	0.0440	45	1.5530	0.0640	61	2.7300	0.0830
14	0.1270	0.0230	30	0.7310	0.0465	46	1.6170	0.0665	62	2.8130	0.0855
15	0.1500	0.0230	31	0.7775	0.0465	47	1.6835	0.0665	63	2.8985	0.0855
16	0.1730	0.0280	32	0.8240	0.0495	48	1.7500	0.0685	64	2.9840	0.0875
17	0.2010	0.0280	33	0.8735	0.0495	49	1.8185	0.0685	65	3.0715	0.0875
18	0.2290	0.0330	34	0.9230	0.0515	50	1.8870	0.0715	66	3.1590	0.0900
19	0.2620	0.0330	35	0.9745	0.0515	51	1.9585	0.0715	67	3.2490	0.0900
20	0.2950	0.0385	36	1.0260	0.0540	52	2.0300	0.0735	68	3.3390	0.0925
21	0.3335	0.0385	37	1.0800	0.0540	53	2.1035	0.0735	69	3.4315	0.0925
22	0.3720	0.0440	38	1.1340	0.0565	54	2.1770	0.0760	70	3.5240	0.0925
23	0.4160	0.0440	39	1.1905	0.0565	55	2.2530	0.0760			

适用树种：云杉；适用地区：内蒙古大兴安岭南坡；资料名称：内蒙古自治区立木材积表汇编；编表人或作者：内蒙古自治区林业区划办公室；刊印或发表时间：1983。

146. 内蒙古大兴安岭地区樟子松一元立木材积表

D	V	ΔV	D	V	ΔV	D	V	ΔV	D	V	ΔV
8	0.0290	0.0110	25	0.5000	0.0450	42	1.5450	0.0800	59	3.1285	0.1085
9	0.0400	0.0110	26	0.5450	0.0745	43	1.6250	0.0800	60	3.2370	0.1130
10	0.0510	0.0155	27	0.6195	0.0745	44	1.7050	0.0850	61	3.3500	0.1130
11	0.0665	0.0155	28	0.6940	0.0280	45	1.7900	0.0850	62	3.4630	0.1170
12	0.0820	0.0355	29	0.7220	0.0280	46	1.8750	0.0885	63	3.5800	0.1170
13	0.1175	0.0355	30	0.7500	0.0580	47	1.9635	0.0885	64	3.6970	0.1215
14	0.1530	0.0090	31	0.8080	0.0580	48	2.0520	0.0890	65	3.8185	0.1215
15	0.1620	0.0090	32	0.8660	0.0605	49	2.1410	0.0890	66	3.9400	0.1255
16	0.1710	0.0295	33	0.9265	0.0605	50	2.2300	0.0925	67	4.0655	0.1255
17	0.2005	0.0295	34	0.9870	0.0625	51	2.3225	0.0925	68	4.1910	0.1295
18	0.2300	0.0330	35	1.0495	0.0625	52	2.4150	0.0970	69	4.3205	0.1295
19	0.2630	0.0330	36	1.1120	0.0670	53	2.5120	0.0970	70	4.4500	0.1340
20	0.2960	0.0375	37	1.1790	0.0670	54	2.6090	0.1005	71	4.5840	0.1340
21	0.3335	0.0375	38	1.2460	0.0710	55	2.7095	0.1005	72	4.7180	0.1340
22	0.3710	0.0420	39	1.3170	0.0710	56	2.8100	0.1050			
23	0.4130	0.0420	40	1.3880	0.0785	57	2.9150	0.1050			
24	0.4550	0.0450	41	1.4665	0.0785	58	3.0200	0.1085			

适用树种：樟子松；适用地区：内蒙古大兴安岭地区；资料名称：内蒙古自治区立木材积表汇编；编表人或作者：内蒙古自治区林业区划办公室；刊印或发表时间：1983。

147. 内蒙古大兴安岭地区甜杨一元立木材积表

D	V	ΔV	D	V	ΔV	D	V	ΔV	D	V	ΔV
8	0.0380	0.0130	18	0.2640	0.0360	28	0.7060	0.0560	38	1.3260	0.0710
9	0.0510	0.0130	19	0.3000	0.0360	29	0.7620	0.0560	39	1.3970	0.0710
10	0.0640	0.0160	20	0.3360	0.0405	30	0.8180	0.0580	40	1.4680	0.0760
11	0.0800	0.0160	21	0.3765	0.0405	31	0.8760	0.0580	41	1.5440	0.0760
12	0.0960	0.0225	22	0.4170	0.0435	32	0.9340	0.0650	42	1.6200	0.0800
13	0.1185	0.0225	23	0.4605	0.0435	33	0.9990	0.0650	43	1.7000	0.0800
14	0.1410	0.0275	24	0.5040	0.0490	34	1.0640	0.0620	44	1.7800	0.0800
15	0.1685	0.0275	25	0.5530	0.0490	35	1.1260	0.0620			
16	0.1960	0.0340	26	0.6020	0.0520	36	1.1880	0.0690			
17	0.2300	0.0340	27	0.6540	0.0520	37	1.2570	0.0690			

适用树种：甜杨；适用地区：内蒙古大兴安岭地区；资料名称：内蒙古自治区立木材积表汇编；编表人或作者：内蒙古自治区林业区划办公室；刊印或发表时间：1983。

148. 内蒙古东部地区天然落叶松一元立木材积表

D	V	ΔV	D	V	ΔV	D	V	ΔV	D	V	ΔV
5	0.0059	0.0034	23	0.3200	0.0325	41	1.1131	0.0562	59	2.3095	0.0774
6	0.0093	0.0049	24	0.3525	0.0341	42	1.1693	0.0578	60	2.3869	0.0780
7	0.0142	0.0064	25	0.3866	0.0353	43	1.2271	0.0586	61	2.4649	0.0789
8	0.0206	0.0082	26	0.4219	0.0364	44	1.2857	0.0602	62	2.5438	0.0815
9	0.0288	0.0099	27	0.4583	0.0382	45	1.3459	0.0610	63	2.6253	0.0829
10	0.0387	0.0117	28	0.4965	0.0395	46	1.4069	0.0625	64	2.7082	0.0829
11	0.0504	0.0135	29	0.5360	0.0409	47	1.4694	0.0640	65	2.7911	0.0821
12	0.0639	0.0151	30	0.5769	0.0424	48	1.5334	0.0641	66	2.8732	0.0855
13	0.0790	0.0170	31	0.6193	0.0435	49	1.5975	0.0661	67	2.9587	0.0869
14	0.0960	0.0184	32	0.6628	0.0448	50	1.6636	0.0668	68	3.0456	0.0881
15	0.1144	0.0201	33	0.7076	0.0461	51	1.7304	0.0691	69	3.1337	0.0880
16	0.1345	0.0219	34	0.7537	0.0505	52	1.7995	0.0688	70	3.2217	0.0884
17	0.1564	0.0235	35	0.8042	0.0468	53	1.8683	0.0711	71	3.3101	0.0905
18	0.1799	0.0251	36	0.8510	0.0493	54	1.9394	0.0709	72	3.4006	0.0918
19	0.2050	0.0265	37	0.9003	0.0507	55	2.0103	0.0729	73	3.4924	0.0931
20	0.2315	0.0279	38	0.9510	0.0533	56	2.0832	0.0744	74	3.5855	0.0931
21	0.2594	0.0297	39	1.0043	0.0536	57	2.1576	0.0747			
22	0.2891	0.0309	40	1.0579	0.0552	58	2.2323	0.0772			

适用树种：天然落叶松；适用地区：内蒙古东部地区；资料名称：内蒙古自治区立木材积表汇编；编表人或作者：内蒙古自治区林业区划办公室；刊印或发表时间：1983。

149. 内蒙古东部地区人工落叶松一元立木材积表

D	V	ΔV	D	V	ΔV	D	V	ΔV	D	V	ΔV
5	0.0064	0.0032	12	0.0446	0.0086	19	0.1237	0.0150	26	0.2483	0.0218
6	0.0096	0.0038	13	0.0532	0.0095	20	0.1387	0.0158	27	0.2701	0.0227
7	0.0134	0.0046	14	0.0627	0.0104	21	0.1545	0.0169	28	0.2928	0.0238
8	0.0180	0.0055	15	0.0731	0.0113	22	0.1714	0.0177	29	0.3166	0.0247
9	0.0235	0.0062	16	0.0844	0.0122	23	0.1891	0.0188	30	0.3413	0.0247
10	0.0297	0.0071	17	0.0966	0.0131	24	0.2079	0.0198			
11	0.0368	0.0078	18	0.1097	0.0140	25	0.2277	0.0206			

适用树种：人工落叶松；适用地区：内蒙古东部地区；资料名称：内蒙古自治区立木材积表汇编；编表人或作者：内蒙古自治区林业区划办公室；刊印或发表时间：1983。

150. 内蒙古东部地区油松一元立木材积表

D	V	ΔV	D	V	ΔV	D	V	ΔV	D	V	ΔV
5	0.0043	0.0030	14	0.0726	0.0142	23	0.2549	0.0281	32	0.5671	0.0431
6	0.0073	0.0039	15	0.0868	0.0157	24	0.2830	0.0298	33	0.6102	0.0447
7	0.0112	0.0050	16	0.1025	0.0172	25	0.3128	0.0313	34	0.6549	0.0463
8	0.0162	0.0062	17	0.1197	0.0187	26	0.3441	0.0332	35	0.7012	0.0483
9	0.0224	0.0074	18	0.1384	0.0202	27	0.3773	0.0346	36	0.7495	0.0495
10	0.0298	0.0087	19	0.1586	0.0218	28	0.4119	0.0363	37	0.7990	0.0510
11	0.0385	0.0100	20	0.1804	0.0233	29	0.4482	0.0379	38	0.8500	0.0529
12	0.0485	0.0114	21	0.2037	0.0247	30	0.4861	0.0401	39	0.9029	0.0249
13	0.0599	0.0127	22	0.2284	0.0265	31	0.5262	0.0409	40	0.9278	0.0249

适用树种：油松；适用地区：内蒙古东部地区；资料名称：内蒙古自治区立木材积表汇编；编表人或作者：内蒙古自治区林业区划办公室；刊印或发表时间：1983。

151. 内蒙古东部地区山杨一元立木材积表

D	V	ΔV	D	V	ΔV	D	V	ΔV	D	V	ΔV
5	0.0038	0.0034	22	0.2525	0.0273	39	0.8988	0.0510	56	1.9411	0.0741
6	0.0072	0.0048	23	0.2798	0.0285	40	0.9498	0.0512	57	2.0152	0.0754
7	0.0120	0.0060	24	0.3083	0.0302	41	1.0010	0.0522	58	2.0906	0.0773
8	0.0180	0.0076	25	0.3385	0.0311	42	1.0532	0.0548	59	2.1679	0.0789
9	0.0256	0.0089	26	0.3696	0.0325	43	1.1080	0.0552	60	2.2468	0.0813
10	0.0345	0.0104	27	0.4021	0.0343	44	1.1632	0.0562	61	2.3281	0.0822
11	0.0449	0.0119	28	0.4364	0.0350	45	1.2194	0.0589	62	2.4103	0.0846
12	0.0568	0.0132	29	0.4714	0.0371	46	1.2783	0.0599	63	2.4949	0.0843
13	0.0700	0.0147	30	0.5085	0.0377	47	1.3382	0.0614	64	2.5792	0.0885
14	0.0847	0.0161	31	0.5462	0.0393	48	1.3996	0.0623	65	2.6677	0.0897
15	0.1008	0.0175	32	0.5855	0.0407	49	1.4619	0.0632	66	2.7574	0.0906
16	0.1183	0.0190	33	0.6262	0.0422	50	1.5251	0.0685	67	2.8480	0.0931
17	0.1373	0.0203	34	0.6684	0.0439	51	1.5936	0.0638	68	2.9411	0.1026
18	0.1576	0.0216	35	0.7123	0.0443	52	1.6574	0.0693	69	3.0437	0.0873
19	0.1792	0.0232	36	0.7566	0.0458	53	1.7267	0.0702	70	3.1310	0.0873
20	0.2024	0.0244	37	0.8024	0.0478	54	1.7969	0.0700			
21	0.2268	0.0257	38	0.8502	0.0486	55	1.8669	0.0742			

适用树种：山杨；适用地区：内蒙古东部地区；资料名称：内蒙古自治区立木材积表汇编；编表人或作者：内蒙古自治区林业区划办公室；刊印或发表时间：1983。

152. 内蒙古东部地区榆树一元立木材积表

D	V	ΔV	D	V	ΔV	D	V	ΔV	D	V	ΔV
5	0.0051	0.0026	14	0.0509	0.0084	23	0.1542	0.0153	32	0.3221	0.0229
6	0.0077	0.0031	15	0.0593	0.0092	24	0.1695	0.0162	33	0.3450	0.0238
7	0.0108	0.0038	16	0.0685	0.0050	25	0.1857	0.0170	34	0.3688	0.0246
8	0.0146	0.0044	17	0.0735	0.0157	26	0.2027	0.0177	35	0.3934	0.0256
9	0.0190	0.0050	18	0.0892	0.0114	27	0.2204	0.0186	36	0.4190	0.0264
10	0.0240	0.0057	19	0.1006	0.0122	28	0.2390	0.0196	37	0.4454	0.0273
11	0.0297	0.0064	20	0.1128	0.0130	29	0.2586	0.0203	38	0.4727	0.0282
12	0.0361	0.0070	21	0.1258	0.0138	30	0.2789	0.0211	39	0.5009	0.0282
13	0.0431	0.0078	22	0.1396	0.0146	31	0.3000	0.0221			

适用树种：榆树；适用地区：内蒙古东部地区；资料名称：内蒙古自治区立木材积表汇编；编表人或作者：内蒙古自治区林业区划办公室；刊印或发表时间：1983。

蒙

153. 内蒙古东部地区人工杨树一元立木材积表

D	V	ΔV	D	V	ΔV	D	V	ΔV	D	V	ΔV
5	0.0066	0.0034	19	0.1461	0.0185	33	0.5279	0.0380	47	1.2021	0.0603
6	0.0100	0.0043	20	0.1646	0.0198	34	0.5659	0.0395	48	1.2624	0.0622
7	0.0143	0.0053	21	0.1844	0.0211	35	0.6054	0.0410	49	1.3246	0.0637
8	0.0196	0.0061	22	0.2055	0.0224	36	0.6464	0.0426	50	1.3883	0.0654
9	0.0257	0.0071	23	0.2279	0.0237	37	0.6890	0.0441	51	1.4537	0.0672
10	0.0328	0.0082	24	0.2516	0.0251	38	0.7331	0.0457	52	1.5209	0.0690
11	0.0410	0.0091	25	0.2767	0.0265	39	0.7788	0.0473	53	1.5899	0.0707
12	0.0501	0.0103	26	0.3032	0.0278	40	0.8261	0.0488	54	1.6606	0.0724
13	0.0604	0.0114	27	0.3310	0.0292	41	0.8749	0.0504	55	1.7330	0.0742
14	0.0718	0.0125	28	0.3602	0.0307	42	0.9253	0.0520	56	1.8072	0.0760
15	0.0843	0.0136	29	0.3909	0.0320	43	0.9773	0.0538	57	1.8832	0.0778
16	0.0979	0.0149	30	0.4229	0.0336	44	1.0311	0.0554	58	1.9610	0.0796
17	0.1128	0.0160	31	0.4565	0.0349	45	1.0865	0.0569	59	2.0406	0.0813
18	0.1288	0.0173	32	0.4914	0.0365	46	1.1434	0.0587	60	2.1219	0.0813

适用树种：人工杨树；适用地区：内蒙古东部地区；资料名称：内蒙古自治区立木材积表汇编；编表人或作者：内蒙古自治区林业区划办公室；刊印或发表时间：1983。

154. 内蒙古呼盟天然白桦一元立木材积表

D	V	ΔV	D	V	ΔV	D	V	ΔV	D	V	ΔV
5	0.0064	0.0037	19	0.1766	0.0234	33	0.6266	0.0423	47	1.2383	0.0494
6	0.0101	0.0045	20	0.2000	0.0245	34	0.6689	0.0403	48	1.2877	0.0502
7	0.0146	0.0059	21	0.2245	0.0262	35	0.7092	0.0420	49	1.3379	0.0511
8	0.0205	0.0071	22	0.2507	0.0274	36	0.7512	0.0391	50	1.3890	0.0520
9	0.0276	0.0081	23	0.2781	0.0302	37	0.7903	0.0440	51	1.4410	0.0529
10	0.0357	0.0098	24	0.3083	0.0302	38	0.8343	0.0416	52	1.4939	0.0538
11	0.0455	0.0110	25	0.3385	0.0328	39	0.8759	0.0422	53	1.5477	0.0541
12	0.0565	0.0125	26	0.3713	0.0338	40	0.9181	0.0430	54	1.6018	0.0555
13	0.0690	0.0140	27	0.4051	0.0336	41	0.9611	0.0440	55	1.6573	0.0563
14	0.0830	0.0158	28	0.4387	0.0366	42	1.0051	0.0448	56	1.7136	0.0573
15	0.0988	0.0175	29	0.4753	0.0361	43	1.0499	0.0458	57	1.7709	0.0581
16	0.1163	0.0184	30	0.5114	0.0380	44	1.0957	0.0466	58	1.8290	0.0581
17	0.1347	0.0199	31	0.5494	0.0390	45	1.1423	0.0476			
18	0.1546	0.0220	32	0.5884	0.0382	46	1.1899	0.0484			

适用树种：天然白桦；适用地区：内蒙古呼盟；资料名称：内蒙古自治区立木材积表汇编；编表人或作者：内蒙古自治区林业区划办公室；刊印或发表时间：1983。

155. 内蒙古哲、昭盟白桦一元立木材积表

D	V	ΔV	D	V	ΔV	D	V	ΔV	D	V	ΔV
5	0.0039	0.0032	15	0.0826	0.0140	25	0.2609	0.0239	35	0.5319	0.0327
6	0.0071	0.0042	16	0.0966	0.0144	26	0.2848	0.0230	36	0.5646	0.0335
7	0.0113	0.0053	17	0.1110	0.0156	27	0.3078	0.0266	37	0.5981	0.0347
8	0.0166	0.0062	18	0.1266	0.0157	28	0.3344	0.0250	38	0.6328	0.0357
9	0.0228	0.0074	19	0.1423	0.0183	29	0.3594	0.0261	39	0.6685	0.0322
10	0.0302	0.0085	20	0.1606	0.0181	30	0.3855	0.0272	40	0.7007	0.0381
11	0.0387	0.0093	21	0.1787	0.0192	31	0.4127	0.0284	41	0.7388	0.0389
12	0.0480	0.0106	22	0.1979	0.0204	32	0.4411	0.0292	42	0.7777	0.0347
13	0.0586	0.0113	23	0.2183	0.0218	33	0.4703	0.0303	43	0.8124	0.0354
14	0.0699	0.0127	24	0.2401	0.0208	34	0.5006	0.0313	44	0.8478	0.0354

适用树种：白桦；适用地区：内蒙古哲、昭盟；资料名称：内蒙古自治区立木材积表汇编；编表人或作者：内蒙古自治区林业区划办公室；刊印或发表时间：1983。

156. 内蒙古西部地区油松一元立木材积表

D	V	ΔV	D	V	ΔV	D	V	ΔV	D	V	ΔV
4	0.0030	0.0025	14	0.0655	0.0117	24	0.2377	0.0241	34	0.5469	0.0430
5	0.0055	0.0032	15	0.0772	0.0129	25	0.2618	0.0259	35	0.5899	0.0443
6	0.0087	0.0042	16	0.0901	0.0140	26	0.2877	0.0271	36	0.6342	0.0480
7	0.0129	0.0047	17	0.1041	0.0153	27	0.3148	0.0284	37	0.6822	0.0522
8	0.0176	0.0055	18	0.1194	0.0164	28	0.3432	0.0299	38	0.7344	0.0541
9	0.0231	0.0065	19	0.1358	0.0179	29	0.3731	0.0309	39	0.7885	0.0572
10	0.0296	0.0074	20	0.1537	0.0188	30	0.4040	0.0329	40	0.8457	0.0572
11	0.0370	0.0085	21	0.1725	0.0206	31	0.4369	0.0335			
12	0.0455	0.0095	22	0.1931	0.0215	32	0.4704	0.0356			
13	0.0550	0.0105	23	0.2146	0.0231	33	0.5060	0.0409			

适用树种：油松；适用地区：内蒙古西部地区；资料名称：内蒙古自治区立木材积表汇编；编表人或作者：内蒙古自治区林业区划办公室；刊印或发表时间：1983。

157. 内蒙古西部地区白桦一元立木材积表

D	V	ΔV	D	V	ΔV	D	V	ΔV	D	V	ΔV
1	0.0002	0.0006	21	0.1941	0.0233	41	0.9375	0.0511	61	2.0955	0.0601
2	0.0008	0.0011	22	0.2174	0.0247	42	0.9886	0.0523	62	2.1556	0.0598
3	0.0019	0.0018	23	0.2421	0.0263	43	1.0409	0.0533	63	2.2154	0.0591
4	0.0037	0.0024	24	0.2684	0.0277	44	1.0942	0.0542	64	2.2745	0.0586
5	0.0061	0.0033	25	0.2961	0.0293	45	1.1484	0.0552	65	2.3331	0.0578
6	0.0094	0.0041	26	0.3254	0.0308	46	1.2036	0.0560	66	2.3909	0.0570
7	0.0135	0.0050	27	0.3562	0.0323	47	1.2596	0.0569	67	2.4479	0.0559
8	0.0185	0.0061	28	0.3885	0.0337	48	1.3165	0.0576	68	2.5038	0.0550
9	0.0246	0.0071	29	0.4222	0.0353	49	1.3741	0.0582	69	2.5588	0.0537
10	0.0317	0.0083	30	0.4575	0.0368	50	1.4323	0.0588	70	2.6125	0.0524
11	0.0400	0.0094	31	0.4943	0.0381	51	1.4911	0.0594	71	2.6649	0.0510
12	0.0494	0.0107	32	0.5324	0.0397	52	1.5505	0.0598	72	2.7159	0.0494
13	0.0601	0.0119	33	0.5721	0.0410	53	1.6103	0.0602	73	2.7653	0.0477
14	0.0720	0.0133	34	0.6131	0.0425	54	1.6705	0.0605	74	2.8130	0.0459
15	0.0853	0.0146	35	0.6556	0.0437	55	1.7310	0.0607	75	2.8589	0.0439
16	0.0999	0.0160	36	0.6993	0.0452	56	1.7917	0.0609	76	2.9028	0.0419
17	0.1159	0.0174	37	0.7445	0.0464	57	1.8526	0.0609	77	2.9447	0.0396
18	0.1333	0.0188	38	0.7909	0.0477	58	1.9135	0.0608	78	2.9843	0.0373
19	0.1521	0.0203	39	0.8386	0.0488	59	1.9743	0.0607	79	3.0216	0.0348
20	0.1724	0.0217	40	0.8874	0.0501	60	2.0350	0.0605	80	3.0564	0.0348

适用树种：白桦；适用地区：内蒙古西部地区；资料名称：内蒙古自治区立木材积表汇编；编表人或作者：内蒙古自治区林业区划办公室；刊印或发表时间：1983。

158. 内蒙古西部地区山杨一元立木材积表

D	V	ΔV	D	V	ΔV	D	V	ΔV	D	V	ΔV
1	0.0002	0.0006	21	0.1932	0.0213	41	0.8437	0.0449	61	1.9642	0.0682
2	0.0008	0.0012	22	0.2145	0.0225	42	0.8886	0.0460	62	2.0324	0.0694
3	0.0020	0.0020	23	0.2370	0.0237	43	0.9346	0.0473	63	2.1018	0.0706
4	0.0040	0.0018	24	0.2607	0.0248	44	0.9819	0.0484	64	2.1724	0.0717
5	0.0058	0.0047	25	0.2855	0.0260	45	1.0303	0.0496	65	2.2441	0.0729
6	0.0105	0.0046	26	0.3115	0.0272	46	1.0799	0.0508	66	2.3170	0.0740
7	0.0151	0.0056	27	0.3387	0.0284	47	1.1307	0.0520	67	2.3910	0.0752
8	0.0207	0.0066	28	0.3671	0.0296	48	1.1827	0.0531	68	2.4662	0.0763
9	0.0273	0.0077	29	0.3967	0.0307	49	1.2358	0.0543	69	2.5425	0.0775
10	0.0350	0.0087	30	0.4274	0.0320	50	1.2901	0.0554	70	2.6200	0.0786
11	0.0437	0.0099	31	0.4594	0.0331	51	1.3455	0.0567	71	2.6986	0.0798
12	0.0536	0.0109	32	0.4925	0.0343	52	1.4022	0.0578	72	2.7784	0.0810
13	0.0645	0.0121	33	0.5268	0.0355	53	1.4600	0.0589	73	2.8594	0.0820
14	0.0766	0.0132	34	0.5623	0.0366	54	1.5189	0.0601	74	2.9414	0.0833
15	0.0898	0.0143	35	0.5989	0.0379	55	1.5790	0.0613	75	3.0247	0.0843
16	0.1041	0.0155	36	0.6368	0.0390	56	1.6403	0.0625	76	3.1090	0.0855
17	0.1196	0.0167	37	0.6758	0.0402	57	1.7028	0.0636	77	3.1945	0.0867
18	0.1363	0.0178	38	0.7160	0.0354	58	1.7664	0.0648	78	3.2812	0.0878
19	0.1541	0.0189	39	0.7514	0.0485	59	1.8312	0.0659	79	3.3690	0.0890
20	0.1730	0.0202	40	0.7999	0.0438	60	1.8971	0.0671	80	3.4580	0.0890

适用树种：山杨；适用地区：内蒙古西部地区；资料名称：内蒙古自治区立木材积表汇编；编表人或作者：内蒙古自治区林业区划办公室；刊印或发表时间：1983。

蒙

159. 内蒙古云杉一元立木材积表

D	V	ΔV	D	V	ΔV	D	V	ΔV	D	V	ΔV
3	0.0013	0.0015	13	0.0538	0.0109	23	0.2162	0.0231	33	0.5047	0.0360
4	0.0028	0.0020	14	0.0647	0.0120	24	0.2393	0.0246	34	0.5407	0.0372
5	0.0048	0.0029	15	0.0767	0.0132	25	0.2639	0.0253	35	0.5779	0.0386
6	0.0077	0.0037	16	0.0899	0.0143	26	0.2892	0.0270	36	0.6165	0.0399
7	0.0114	0.0045	17	0.1042	0.0156	27	0.3162	0.0281	37	0.6564	0.0411
8	0.0159	0.0056	18	0.1198	0.0168	28	0.3443	0.0295	38	0.6975	0.0425
9	0.0215	0.0065	19	0.1366	0.0180	29	0.3738	0.0308	39	0.7400	0.0439
10	0.0280	0.0075	20	0.1546	0.0393	30	0.4046	0.0322	40	0.7839	0.0448
11	0.0355	0.0086	21	0.1739	0.0005	31	0.4368	0.0333	41	0.8287	0.0448
12	0.0441	0.0097	22	0.1944	0.0218	32	0.4701	0.0346			

适用树种：云杉；适用地区：内蒙古全区；资料名称：内蒙古自治区立木材积表汇编；编表人或作者：内蒙古自治区林业区划办公室；刊印或发表时间：1983。

160. 内蒙古西部地区人工榆树一元立木材积表

D	V	ΔV	D	V	ΔV	D	V	ΔV	D	V	ΔV
1	0.0002	0.0008	16	0.0808	0.0110	31	0.3222	0.0219	46	0.7259	0.0325
2	0.0010	0.0013	17	0.0918	0.0117	32	0.3441	0.0226	47	0.7584	0.0332
3	0.0023	0.0020	18	0.1035	0.0124	33	0.3667	0.0234	48	0.7916	0.0339
4	0.0043	0.0026	19	0.1159	0.0132	34	0.3901	0.0241	49	0.8255	0.0346
5	0.0069	0.0032	20	0.1291	0.0139	35	0.4142	0.0248	50	0.8601	0.0353
6	0.0101	0.0039	21	0.1430	0.0146	36	0.4390	0.0255	51	0.8954	0.0359
7	0.0140	0.0046	22	0.1576	0.0154	37	0.4645	0.0262	52	0.9313	0.0366
8	0.0186	0.0053	23	0.1730	0.0161	38	0.4907	0.0269	53	0.9679	0.0373
9	0.0239	0.0060	24	0.1891	0.0168	39	0.5176	0.0277	54	1.0052	0.0379
10	0.0299	0.0067	25	0.2059	0.0176	40	0.5453	0.0283	55	1.0431	0.0386
11	0.0366	0.0074	26	0.2235	0.0183	41	0.5736	0.0291	56	1.0817	0.0393
12	0.0440	0.0081	27	0.2418	0.0190	42	0.6027	0.0297	57	1.1210	0.0399
13	0.0521	0.0089	28	0.2608	0.0197	43	0.6324	0.0305	58	1.1609	0.0406
14	0.0610	0.0095	29	0.2805	0.0205	44	0.6629	0.0311	59	1.2015	0.0412
15	0.0705	0.0103	30	0.3010	0.0212	45	0.6940	0.0319	60	1.2427	0.0412

适用树种：人工榆树；适用地区：内蒙古西部地区；资料名称：内蒙古自治区立木材积表汇编；编表人或作者：内蒙古自治区林业区划办公室；刊印或发表时间：1983。

161. 内蒙古西部地区人工杨树一元立木材积表

D	V	ΔV	D	V	ΔV	D	V	ΔV	D	V	ΔV
1	0.0002	0.0007	16	0.1021	0.0149	31	0.4497	0.0329	46	1.0742	0.0517
2	0.0009	0.0014	17	0.1170	0.0161	32	0.4826	0.0341	47	1.1259	0.0530
3	0.0023	0.0021	18	0.1331	0.0173	33	0.5167	0.0353	48	1.1789	0.0542
4	0.0044	0.0029	19	0.1504	0.0184	34	0.5520	0.0366	49	1.2331	0.0555
5	0.0073	0.0037	20	0.1688	0.0195	35	0.5886	0.0379	50	1.2886	0.0567
6	0.0110	0.0047	21	0.1883	0.0207	36	0.6265	0.0391	51	1.3453	0.0580
7	0.0157	0.0055	22	0.2090	0.0219	37	0.6656	0.0404	52	1.4033	0.0592
8	0.0212	0.0065	23	0.2309	0.0231	38	0.7060	0.0416	53	1.4625	0.0605
9	0.0277	0.0075	24	0.2540	0.0243	39	0.7476	0.0429	54	1.5230	0.0618
10	0.0352	0.0085	25	0.2783	0.0255	40	0.7905	0.0441	55	1.5848	0.0629
11	0.0437	0.0096	26	0.3038	0.0268	41	0.8346	0.0454	56	1.6477	0.0643
12	0.0533	0.0105	27	0.3306	0.0279	42	0.8800	0.0467	57	1.7120	0.0654
13	0.0638	0.0117	28	0.3585	0.0292	43	0.9267	0.0479	58	1.7774	0.0667
14	0.0755	0.0127	29	0.3877	0.0304	44	0.9746	0.0492	59	1.8441	0.0680
15	0.0882	0.0139	30	0.4181	0.0316	45	1.0238	0.0504	60	1.9121	0.0680

适用树种：人工杨树；适用地区：内蒙古西部地区；资料名称：内蒙古自治区立木材积表汇编；编表人或作者：内蒙古自治区林业区划办公室；刊印或发表时间：1983。

162. 内蒙古西部地区胡杨一元立木材积表

D	V	ΔV	D	V	ΔV	D	V	ΔV	D	V	ΔV
5	0.0047	0.0024	24	0.1983	0.0221	43	0.8446	0.0494	62	2.0403	0.0822
6	0.0071	0.0032	25	0.2204	0.0225	44	0.8940	0.0499	63	2.1225	0.0810
7	0.0103	0.0036	26	0.2429	0.0253	45	0.9439	0.0496	64	2.2035	0.0784
8	0.0139	0.0045	27	0.2682	0.0245	46	0.9935	0.0570	65	2.2819	0.0794
9	0.0184	0.0050	28	0.2927	0.0262	47	1.0505	0.0546	66	2.3613	0.0822
10	0.0234	0.0061	29	0.3189	0.0271	48	1.1051	0.0564	67	2.4435	0.0836
11	0.0295	0.0065	30	0.3460	0.0300	49	1.1615	0.0565	68	2.5271	0.0856
12	0.0360	0.0080	31	0.3760	0.0317	50	1.2180	0.0637	69	2.6127	0.0861
13	0.0440	0.0086	32	0.4077	0.0328	51	1.2817	0.0631	70	2.6988	0.0892
14	0.0526	0.0102	33	0.4405	0.0322	52	1.3448	0.0633	71	2.7880	0.0887
15	0.0628	0.0114	34	0.4727	0.0352	53	1.4081	0.0636	72	2.8767	0.0937
16	0.0742	0.0118	35	0.5079	0.0360	54	1.4717	0.0661	73	2.9704	0.0910
17	0.0860	0.0127	36	0.5439	0.0376	55	1.5378	0.0676	74	3.0614	0.0871
18	0.0987	0.0136	37	0.5815	0.0398	56	1.6054	0.0687	75	3.1485	0.0887
19	0.1123	0.0154	38	0.6213	0.0386	57	1.6741	0.0721	76	3.2372	0.0876
20	0.1277	0.0152	39	0.6599	0.0407	58	1.7462	0.0741	77	3.3248	0.0932
21	0.1429	0.0178	40	0.7006	0.0476	59	1.8203	0.0751	78	3.4180	0.1004
22	0.1607	0.0184	41	0.7482	0.0480	60	1.8954	0.0720	79	3.5184	0.1040
23	0.1791	0.0192	42	0.7962	0.0484	61	1.9674	0.0729	80	3.6224	0.1040

适用树种：胡杨；适用地区：内蒙古西部地区；资料名称：内蒙古自治区立木材积表汇编；编表人或作者：内蒙古自治区林业区划办公室；刊印或发表时间：1983。

163. 内蒙古天然柞树一元立木材积表

D	V	ΔV	D	V	ΔV	D	V	ΔV	D	V	ΔV
5	0.0034	0.0027	17	0.0928	0.0132	29	0.3095	0.0204	41	0.6518	0.0342
6	0.0061	0.0035	18	0.1060	0.0142	30	0.3299	0.0278	42	0.6860	0.0351
7	0.0096	0.0044	19	0.1202	0.0148	31	0.3577	0.0254	43	0.7211	0.0353
8	0.0140	0.0053	20	0.1350	0.0159	32	0.3831	0.0264	44	0.7564	0.0365
9	0.0193	0.0060	21	0.1509	0.0169	33	0.4095	0.0271	45	0.7929	0.0368
10	0.0253	0.0070	22	0.1678	0.0175	34	0.4366	0.0284	46	0.8297	0.0391
11	0.0323	0.0079	23	0.1853	0.0183	35	0.4650	0.0291	47	0.8688	0.0395
12	0.0402	0.0088	24	0.2036	0.0194	36	0.4941	0.0295	48	0.9083	0.0404
13	0.0490	0.0087	25	0.2230	0.0205	37	0.5236	0.0306	49	0.9487	0.0403
14	0.0577	0.0114	26	0.2435	0.0209	38	0.5542	0.0317	50	0.9890	0.0403
15	0.0691	0.0115	27	0.2644	0.0222	39	0.5859	0.0322			
16	0.0806	0.0122	28	0.2866	0.0229	40	0.6181	0.0337			

适用树种：天然柞树（栎树）；适用地区：内蒙古全区；资料名称：内蒙古自治区立木材积表汇编；编表人或作者：内蒙古自治区林业区划办公室；刊印或发表时间：1983。

蒙

164. 内蒙古樟子松一元立木材积表

D	V	ΔV	D	V	ΔV	D	V	ΔV	D	V	ΔV
5	0.0016	0.0023	22	0.1958	0.0188	39	0.6942	0.0386	56	1.4689	0.0502
6	0.0039	0.0032	23	0.2146	0.0234	40	0.7328	0.0397	57	1.5191	0.0592
7	0.0071	0.0045	24	0.2380	0.0230	41	0.7725	0.0371	58	1.5783	0.0520
8	0.0116	0.0053	25	0.2610	0.0262	42	0.8096	0.0420	59	1.6303	0.0562
9	0.0169	0.0067	26	0.2872	0.0258	43	0.8516	0.0431	60	1.6865	0.0538
10	0.0236	0.0081	27	0.3130	0.0246	44	0.8947	0.0443	61	1.7403	0.0638
11	0.0317	0.0093	28	0.3376	0.0283	45	0.9390	0.0455	62	1.8041	0.0555
12	0.0410	0.0108	29	0.3659	0.0295	46	0.9845	0.0467	63	1.8596	0.0662
13	0.0518	0.0104	30	0.3954	0.0283	47	1.0312	0.0378	64	1.9258	0.0516
14	0.0622	0.0125	31	0.4237	0.0322	48	1.0690	0.0488	65	1.9774	0.0685
15	0.0747	0.0140	32	0.4559	0.0277	49	1.1178	0.0500	66	2.0459	0.0591
16	0.0887	0.0156	33	0.4836	0.0347	50	1.1678	0.0468	67	2.1050	0.0709
17	0.1043	0.0162	34	0.5183	0.0328	51	1.2146	0.0457	68	2.1759	0.0610
18	0.1205	0.0162	35	0.5511	0.0374	52	1.2603	0.0534	69	2.2369	0.0555
19	0.1367	0.0179	36	0.5885	0.0321	53	1.3137	0.0547	70	2.2924	0.0555
20	0.1546	0.0192	37	0.6206	0.0362	54	1.3684	0.0485			
21	0.1738	0.0220	38	0.6568	0.0374	55	1.4169	0.0520			

适用树种：樟子松；适用地区：内蒙古全区；资料名称：内蒙古自治区立木材积表汇编；编表人或作者：内蒙古自治区林业区划办公室；刊印或发表时间：1983。

165. 内蒙古黑桦一元立木材积表

D	V	ΔV	D	V	ΔV	D	V	ΔV	D	V	ΔV
5	0.0039	0.0028	19	0.1299	0.0162	33	0.4497	0.0300	47	0.9562	0.0493
6	0.0067	0.0038	20	0.1461	0.0176	34	0.4797	0.0311	48	1.0055	0.0436
7	0.0105	0.0046	21	0.1637	0.0184	35	0.5108	0.0323	49	1.0491	0.0451
8	0.0151	0.0056	22	0.1821	0.0193	36	0.5431	0.0325	50	1.0942	0.0458
9	0.0207	0.0066	23	0.2014	0.0204	37	0.5756	0.0340	51	1.1400	0.0461
10	0.0273	0.0074	24	0.2218	0.0213	38	0.6096	0.0353	52	1.1861	0.0470
11	0.0347	0.0085	25	0.2431	0.0225	39	0.6449	0.0355	53	1.2331	0.0485
12	0.0432	0.0094	26	0.2656	0.0232	40	0.6804	0.0365	54	1.2816	0.0491
13	0.0526	0.0104	27	0.2888	0.0242	41	0.7169	0.0380	55	1.3307	0.0502
14	0.0630	0.0114	28	0.3130	0.0256	42	0.7549	0.0383	56	1.3809	0.0502
15	0.0744	0.0123	29	0.3386	0.0263	43	0.7932	0.0393	57	1.4311	0.0527
16	0.0867	0.0135	30	0.3649	0.0271	44	0.8325	0.0398	58	1.4838	0.0523
17	0.1002	0.0143	31	0.3920	0.0283	45	0.8723	0.0419	59	1.5361	0.0532
18	0.1145	0.0154	32	0.4203	0.0294	46	0.9142	0.0420	60	1.5893	0.0532

适用树种：黑桦；适用地区：内蒙古全区；资料名称：内蒙古自治区立木材积表汇编；编表人或作者：内蒙古自治区林业区划办公室；刊印或发表时间：1983。

166. 内蒙古人工柳树一元立木材积表

D	V	ΔV	D	V	ΔV	D	V	ΔV	D	V	ΔV
1	0.0002	0.0007	16	0.1018	0.0151	31	0.4586	0.0343	46	1.1193	0.0555
2	0.0009	0.0013	17	0.1169	0.0163	32	0.4929	0.0356	47	1.1748	0.0570
3	0.0022	0.0021	18	0.1332	0.0174	33	0.5285	0.0369	48	1.2318	0.0585
4	0.0043	0.0028	19	0.1506	0.0187	34	0.5654	0.0384	49	1.2903	0.0600
5	0.0071	0.0037	20	0.1693	0.0199	35	0.6038	0.0397	50	1.3503	0.0615
6	0.0108	0.0046	21	0.1892	0.0212	36	0.6435	0.0412	51	1.4118	0.0629
7	0.0154	0.0055	22	0.2104	0.0224	37	0.6847	0.0425	52	1.4747	0.0645
8	0.0209	0.0064	23	0.2328	0.0236	38	0.7272	0.0440	53	1.5392	0.0659
9	0.0273	0.0075	24	0.2564	0.0250	39	0.7712	0.0454	54	1.6051	0.0675
10	0.0348	0.0084	25	0.2814	0.0262	40	0.8166	0.0468	55	1.6726	0.0690
11	0.0432	0.0096	26	0.3076	0.0276	41	0.8634	0.0483	56	1.7416	0.0705
12	0.0528	0.0105	27	0.3352	0.0288	42	0.9117	0.0497	57	1.8121	0.0720
13	0.0633	0.0117	28	0.3640	0.0302	43	0.9614	0.0512	58	1.8841	0.0735
14	0.0750	0.0128	29	0.3942	0.0316	44	1.0126	0.0526	59	1.9576	0.0751
15	0.0878	0.0140	30	0.4258	0.0328	45	1.0652	0.0541	60	2.0327	0.0751

适用树种：人工柳树；适用地区：内蒙古全区；资料名称：内蒙古自治区立木材积表汇编；编表人或作者：内蒙古自治区林业区划办公室；刊印或发表时间：1983。

蒙

167. 内蒙古人工沙枣一元立木材积表

D	V	ΔV	D	V	ΔV	D	V	ΔV	D	V	ΔV
1	0.0002	0.0007	16	0.0730	0.0100	31	0.2912	0.0197	46	0.6514	0.0287
2	0.0009	0.0011	17	0.0830	0.0106	32	0.3109	0.0204	47	0.6801	0.0294
3	0.0020	0.0018	18	0.0936	0.0113	33	0.3313	0.0209	48	0.7095	0.0298
4	0.0038	0.0023	19	0.1049	0.0120	34	0.3522	0.0216	49	0.7393	0.0305
5	0.0061	0.0029	20	0.1169	0.0125	35	0.3738	0.0222	50	0.7698	0.0304
6	0.0090	0.0036	21	0.1294	0.0133	36	0.3960	0.0229	51	0.8002	0.0322
7	0.0126	0.0041	22	0.1427	0.0139	37	0.4189	0.0234	52	0.8324	0.0321
8	0.0167	0.0048	23	0.1566	0.0146	38	0.4423	0.0240	53	0.8645	0.0326
9	0.0215	0.0054	24	0.1712	0.0152	39	0.4663	0.0247	54	0.8971	0.0332
10	0.0269	0.0061	25	0.1864	0.0158	40	0.4910	0.0252	55	0.9303	0.0337
11	0.0330	0.0067	26	0.2022	0.0166	41	0.5162	0.0259	56	0.9640	0.0342
12	0.0397	0.0073	27	0.2188	0.0171	42	0.5421	0.0264	57	0.9982	0.0347
13	0.0470	0.0081	28	0.2359	0.0178	43	0.5685	0.0271	58	1.0329	0.0353
14	0.0551	0.0086	29	0.2537	0.0184	44	0.5956	0.0276	59	1.0682	0.0357
15	0.0637	0.0093	30	0.2721	0.0191	45	0.6232	0.0282	60	1.1039	0.0357

适用树种：人工沙枣；适用地区：内蒙古全区；资料名称：内蒙古自治区立木材积表汇编；编表人或作者：内蒙古自治区林业区划办公室；刊印或发表时间：1983。

蒙

内蒙古大兴安岭国有林区立木材积表

内蒙古大兴安岭国有林区材积表原表径阶距为 2 cm，本书通过线性内插调整为 1 cm。本材积表适用于大兴安岭的内蒙古部分。全林区共划分成 4 个片区：

西坡北部：根河、金河、阿龙山、满归、得耳布尔、莫尔道嘎及北部原始林区、汗马自然保护区。

西坡中部：乌尔旗汉、库都尔、图里河、伊图里河。

东坡：克一河、甘河、吉文、阿里河及诺敏自然保护区。

东南坡：大杨树、毕拉河、北大河。

南坡：阿尔山、绰尔、绰源。

蒙

168. 内蒙古大兴安岭西坡北部落叶松一元立木材积表（围尺）

D	V	ΔV	D	V	ΔV	D	V	ΔV	D	V	ΔV
4	0.0003	0.0027	21	0.2696	0.0311	38	1.0408	0.0608	55	2.2643	0.0842
5	0.0030	0.0027	22	0.3006	0.0342	39	1.1016	0.0608	56	2.3485	0.0871
6	0.0057	0.0059	23	0.3348	0.0342	40	1.1623	0.0638	57	2.4356	0.0871
7	0.0116	0.0059	24	0.3689	0.0385	41	1.2261	0.0638	58	2.5227	0.0898
8	0.0174	0.0093	25	0.4074	0.0385	42	1.2898	0.0668	59	2.6126	0.0899
9	0.0267	0.0093	26	0.4458	0.0414	43	1.3566	0.0668	60	2.7024	0.0926
10	0.0360	0.0130	27	0.4872	0.0414	44	1.4234	0.0698	61	2.7951	0.0927
11	0.0490	0.0130	28	0.5286	0.0448	45	1.4932	0.0698	62	2.8877	0.0953
12	0.0619	0.0166	29	0.5734	0.0448	46	1.5630	0.0728	63	2.9831	0.0953
13	0.0785	0.0166	30	0.6181	0.0481	47	1.6358	0.0728	64	3.0784	0.0981
14	0.0951	0.0203	31	0.6662	0.0480	48	1.7086	0.0757	65	3.1765	0.0981
15	0.1154	0.0203	32	0.7142	0.0513	49	1.7843	0.0757	66	3.2745	0.1008
16	0.1356	0.0239	33	0.7655	0.0513	50	1.8599	0.0786	67	3.3753	0.1008
17	0.1595	0.0239	34	0.8167	0.0545	51	1.9385	0.0786	68	3.4761	0.1034
18	0.1834	0.0276	35	0.8712	0.0545	52	2.0171	0.0815	69	3.5795	0.1034
19	0.2110	0.0276	36	0.9256	0.0576	53	2.0986	0.0814	70	3.6829	0.1034
20	0.2385	0.0311	37	0.9832	0.0576	54	2.1800	0.0842			

适用树种：落叶松；适用地区：大兴安岭西坡北部国有林区；资料名称：内蒙古大兴安岭林区一元立木材积表；编表人或作者：内蒙古大兴安岭林业管理局；刊印或发表时间：1994。

169. 内蒙古大兴安岭西坡北部白桦一元立木材积表（围尺）

D	V	ΔV	D	V	ΔV	D	V	ΔV	D	V	ΔV
4	0.0024	0.0037	19	0.1953	0.0234	34	0.6969	0.0446	49	1.4889	0.0620
5	0.0061	0.0037	20	0.2187	0.0262	35	0.7415	0.0446	50	1.5509	0.0644
6	0.0097	0.0064	21	0.2449	0.0262	36	0.7861	0.0472	51	1.6153	0.0644
7	0.0161	0.0064	22	0.2710	0.0289	37	0.8333	0.0471	52	1.6797	0.0669
8	0.0225	0.0093	23	0.2999	0.0289	38	0.8804	0.0497	53	1.7466	0.0668
9	0.0318	0.0093	24	0.3287	0.0316	39	0.9301	0.0497	54	1.8134	0.0693
10	0.0410	0.0121	25	0.3603	0.0316	40	0.9798	0.0522	55	1.8827	0.0693
11	0.0531	0.0121	26	0.3918	0.0342	41	1.0320	0.0521	56	1.9519	0.0716
12	0.0652	0.0150	27	0.4260	0.0342	42	1.0841	0.0546	57	2.0235	0.0716
13	0.0802	0.0150	28	0.4602	0.0369	43	1.1388	0.0547	58	2.0951	0.0740
14	0.0951	0.0178	29	0.4971	0.0369	44	1.1934	0.0572	59	2.1691	0.0740
15	0.1129	0.0178	30	0.5339	0.0395	45	1.2506	0.0572	60	2.2431	0.0740
16	0.1307	0.0206	31	0.5734	0.0395	46	1.3077	0.0596			
17	0.1513	0.0206	32	0.6128	0.0420	47	1.3673	0.0596			
18	0.1719	0.0234	33	0.6549	0.0421	48	1.4268	0.0620			

适用树种：白桦；适用地区：大兴安岭西坡北部国有林区；资料名称：内蒙古大兴安岭林区一元立木材积表；编表人或作者：内蒙古大兴安岭林业管理局；刊印或发表时间：1994。

170. 内蒙古大兴安岭西坡中部落叶松一元立木材积表（围尺）

D	V	ΔV	D	V	ΔV	D	V	ΔV	D	V	ΔV
4	0.0013	0.0030	21	0.2604	0.0295	38	0.9864	0.0569	55	2.1319	0.0788
5	0.0043	0.0030	22	0.2898	0.0327	39	1.0434	0.0570	56	2.2107	0.0814
6	0.0072	0.0059	23	0.3225	0.0327	40	1.1003	0.0598	57	2.2921	0.0814
7	0.0131	0.0059	24	0.3551	0.0359	41	1.1601	0.0598	58	2.3735	0.0839
8	0.0190	0.0092	25	0.3910	0.0359	42	1.2198	0.0626	59	2.4575	0.0840
9	0.0282	0.0092	26	0.4269	0.0391	43	1.2824	0.0626	60	2.5414	0.0866
10	0.0373	0.0126	27	0.4660	0.0391	44	1.3450	0.0654	61	2.6280	0.0865
11	0.0499	0.0126	28	0.5050	0.0421	45	1.4104	0.0654	62	2.7145	0.0891
12	0.0624	0.0160	29	0.5471	0.0421	46	1.4758	0.0681	63	2.8036	0.0891
13	0.0784	0.0160	30	0.5892	0.0452	47	1.5439	0.0681	64	2.8927	0.0916
14	0.0943	0.0194	31	0.6344	0.0452	48	1.6120	0.0709	65	2.9843	0.0916
15	0.1137	0.0194	32	0.6796	0.0482	49	1.6829	0.0708	66	3.0759	0.0941
16	0.1331	0.0228	33	0.7278	0.0482	50	1.7537	0.0735	67	3.1700	0.0940
17	0.1559	0.0228	34	0.7760	0.0511	51	1.8272	0.0735	68	3.2640	0.0966
18	0.1786	0.0262	35	0.8271	0.0511	52	1.9007	0.0762	69	3.3606	0.0966
19	0.2048	0.0262	36	0.8782	0.0541	53	1.9769	0.0762	70	3.4572	0.0966
20	0.2309	0.0295	37	0.9323	0.0541	54	2.0531	0.0788			

适用树种：落叶松；适用地区：大兴安岭西坡中部国有林区；资料名称：内蒙古大兴安岭林区一元立木材积表；编表人或作者：内蒙古大兴安岭林业管理局；刊印或发表时间：1994。

171. 内蒙古大兴安岭西坡中部白桦一元立木材积表（围尺）

D	V	ΔV	D	V	ΔV	D	V	ΔV	D	V	ΔV
4	0.0015	0.0032	19	0.1786	0.0216	34	0.6406	0.0411	49	1.3681	0.0569
5	0.0047	0.0032	20	0.2002	0.0241	35	0.6817	0.0411	50	1.4250	0.0591
6	0.0079	0.0058	21	0.2243	0.0241	36	0.7227	0.0434	51	1.4841	0.0591
7	0.0137	0.0058	22	0.2484	0.0266	37	0.7661	0.0434	52	1.5432	0.0614
8	0.0194	0.0085	23	0.2750	0.0266	38	0.8094	0.0456	53	1.6046	0.0614
9	0.0279	0.0085	24	0.3016	0.0291	39	0.8550	0.0456	54	1.6659	0.0635
10	0.0363	0.0111	25	0.3307	0.0291	40	0.9006	0.0480	55	1.7294	0.0635
11	0.0474	0.0111	26	0.3598	0.0315	41	0.9486	0.0480	56	1.7929	0.0657
12	0.0585	0.0138	27	0.3913	0.0315	42	0.9965	0.0502	57	1.8586	0.0657
13	0.0723	0.0138	28	0.4228	0.0340	43	1.0467	0.0502	58	1.9242	0.0679
14	0.0861	0.0165	29	0.4568	0.0340	44	1.0969	0.0525	59	1.9921	0.0679
15	0.1026	0.0165	30	0.4907	0.0363	45	1.1494	0.0524	60	2.0599	0.0679
16	0.1190	0.0190	31	0.5270	0.0363	46	1.2018	0.0547			
17	0.1380	0.0190	32	0.5633	0.0387	47	1.2565	0.0547			
18	0.1570	0.0216	33	0.6020	0.0387	48	1.3112	0.0569			

适用树种：白桦；适用地区：大兴安岭西坡中部国有林区；资料名称：内蒙古大兴安岭林区一元立木材积表；编表人或作者：内蒙古大兴安岭林业管理局；刊印或发表时间：1994。

172. 内蒙古大兴安岭东坡落叶松一元立木材积表（围尺）

D	V	ΔV	D	V	ΔV	D	V	ΔV	D	V	ΔV
4	0.0001	0.0030	21	0.2870	0.0326	38	1.0877	0.0626	55	2.3441	0.0863
5	0.0031	0.0030	22	0.3196	0.0362	39	1.1503	0.0626	56	2.4304	0.0891
6	0.0060	0.0065	23	0.3558	0.0362	40	1.2128	0.0657	57	2.5195	0.0891
7	0.0125	0.0065	24	0.3920	0.0397	41	1.2785	0.0657	58	2.6086	0.0919
8	0.0189	0.0102	25	0.4317	0.0397	42	1.3442	0.0687	59	2.7005	0.0919
9	0.0291	0.0102	26	0.4713	0.0431	43	1.4129	0.0687	60	2.7924	0.0947
10	0.0392	0.0140	27	0.5144	0.0431	44	1.4816	0.0718	61	2.8871	0.0947
11	0.0532	0.0140	28	0.5575	0.0465	45	1.5534	0.0718	62	2.9818	0.0974
12	0.0671	0.0178	29	0.6040	0.0465	46	1.6251	0.0747	63	3.0792	0.0974
13	0.0849	0.0178	30	0.6505	0.0498	47	1.6998	0.0747	64	3.1766	0.1002
14	0.1026	0.0216	31	0.7003	0.0498	48	1.7745	0.0777	65	3.2768	0.1002
15	0.1242	0.0216	32	0.7501	0.0531	49	1.8522	0.0777	66	3.3769	0.1029
16	0.1457	0.0254	33	0.8032	0.0530	50	1.9298	0.0805	67	3.4798	0.1029
17	0.1711	0.0254	34	0.8562	0.0563	51	2.0104	0.0806	68	3.5826	0.1057
18	0.1964	0.0290	35	0.9125	0.0563	52	2.0909	0.0835	69	3.6882	0.1057
19	0.2254	0.0290	36	0.9688	0.0594	53	2.1744	0.0835	70	3.7937	0.1057
20	0.2544	0.0326	37	1.0283	0.0595	54	2.2578	0.0863			

适用树种：落叶松；适用地区：大兴安岭东坡国有林区；资料名称：内蒙古大兴安岭林区一元立木材积表；编表人或作者：内蒙古大兴安岭林业管理局；刊印或发表时间：1994。

173. 内蒙古大兴安岭东坡白桦一元立木材积表（围尺）

D	V	ΔV	D	V	ΔV	D	V	ΔV	D	V	ΔV
4	0.0006	0.0026	19	0.1820	0.0236	34	0.7050	0.0475	49	1.5572	0.0673
5	0.0032	0.0026	20	0.2055	0.0267	35	0.7525	0.0475	50	1.6245	0.0700
6	0.0057	0.0052	21	0.2322	0.0267	36	0.8000	0.0504	51	1.6946	0.0700
7	0.0109	0.0052	22	0.2588	0.0297	37	0.8504	0.0504	52	1.7646	0.0728
8	0.0160	0.0081	23	0.2885	0.0297	38	0.9008	0.0533	53	1.8374	0.0728
9	0.0241	0.0081	24	0.3182	0.0327	39	0.9541	0.0533	54	1.9102	0.0755
10	0.0322	0.0111	25	0.3509	0.0327	40	1.0073	0.0561	55	1.9857	0.0755
11	0.0433	0.0111	26	0.3836	0.0358	41	1.0634	0.0561	56	2.0612	0.0783
12	0.0544	0.0142	27	0.4194	0.0358	42	1.1195	0.0590	57	2.1395	0.0782
13	0.0686	0.0142	28	0.4551	0.0387	43	1.1785	0.0590	58	2.2177	0.0809
14	0.0828	0.0174	29	0.4938	0.0387	44	1.2374	0.0618	59	2.2986	0.0809
15	0.1002	0.0174	30	0.5325	0.0417	45	1.2992	0.0618	60	2.3795	0.0809
16	0.1175	0.0205	31	0.5742	0.0417	46	1.3609	0.0645			
17	0.1380	0.0205	32	0.6158	0.0446	47	1.4254	0.0645			
18	0.1584	0.0236	33	0.6604	0.0446	48	1.4899	0.0673			

适用树种：白桦；适用地区：大兴安岭东坡国有林区；资料名称：内蒙古大兴安岭林区一元立木材积表；编表人或作者：内蒙古大兴安岭林业管理局；刊印或发表时间：1994。

174. 内蒙古大兴安岭东南坡落叶松一元立木材积表（围尺）

D	V	ΔV	D	V	ΔV	D	V	ΔV	D	V	ΔV
4	0.0030	0.0040	21	0.2806	0.0304	38	1.0180	0.0574	55	2.1677	0.0789
5	0.0070	0.0040	22	0.3109	0.0335	39	1.0754	0.0574	56	2.2465	0.0814
6	0.0110	0.0071	23	0.3444	0.0335	40	1.1327	0.0601	57	2.3279	0.0814
7	0.0181	0.0071	24	0.3779	0.0367	41	1.1929	0.0601	58	2.4093	0.0840
8	0.0251	0.0104	25	0.4146	0.0367	42	1.2530	0.0630	59	2.4933	0.0840
9	0.0355	0.0104	26	0.4513	0.0398	43	1.3160	0.0630	60	2.5773	0.0864
10	0.0458	0.0137	27	0.4911	0.0398	44	1.3789	0.0657	61	2.6638	0.0865
11	0.0595	0.0137	28	0.5308	0.0428	45	1.4446	0.0657	62	2.7502	0.0890
12	0.0732	0.0171	29	0.5736	0.0428	46	1.5102	0.0683	63	2.8392	0.0890
13	0.0903	0.0171	30	0.6164	0.0459	47	1.5786	0.0684	64	2.9282	0.0915
14	0.1074	0.0205	31	0.6623	0.0458	48	1.6469	0.0710	65	3.0197	0.0915
15	0.1279	0.0205	32	0.7081	0.0488	49	1.7179	0.0710	66	3.1111	0.0939
16	0.1484	0.0238	33	0.7569	0.0488	50	1.7889	0.0737	67	3.2050	0.0939
17	0.1722	0.0238	34	0.8056	0.0517	51	1.8626	0.0737	68	3.2989	0.0963
18	0.1960	0.0271	35	0.8573	0.0517	52	1.9362	0.0763	69	3.3953	0.0964
19	0.2231	0.0271	36	0.9089	0.0546	53	2.0125	0.0763	70	3.4916	0.0964
20	0.2502	0.0304	37	0.9635	0.0546	54	2.0888	0.0789			

适用树种：落叶松；适用地区：大兴安岭东南坡国有林区；资料名称：内蒙古大兴安岭林区一元立木材积表；编表人或作者：内蒙古大兴安岭林业管理局；刊印或发表时间：1994。

175. 内蒙古大兴安岭东南坡白桦一元立木材积表（围尺）

D	V	ΔV	D	V	ΔV	D	V	ΔV	D	V	ΔV
4	0.0040	0.0040	19	0.1925	0.0226	34	0.6756	0.0430	49	1.4391	0.0598
5	0.0080	0.0040	20	0.2150	0.0252	35	0.7186	0.0430	50	1.4989	0.0621
6	0.0119	0.0065	21	0.2402	0.0252	36	0.7616	0.0454	51	1.5611	0.0622
7	0.0184	0.0065	22	0.2654	0.0278	37	0.8070	0.0454	52	1.6232	0.0645
8	0.0248	0.0092	23	0.2932	0.0278	38	0.8524	0.0479	53	1.6877	0.0645
9	0.0340	0.0092	24	0.3210	0.0304	39	0.9003	0.0479	54	1.7522	0.0668
10	0.0431	0.0118	25	0.3514	0.0304	40	0.9482	0.0503	55	1.8190	0.0668
11	0.0549	0.0118	26	0.3817	0.0330	41	0.9985	0.0503	56	1.8858	0.0691
12	0.0667	0.0145	27	0.4147	0.0330	42	1.0488	0.0527	57	1.9549	0.0691
13	0.0812	0.0145	28	0.4476	0.0355	43	1.1015	0.0527	58	2.0240	0.0714
14	0.0957	0.0172	29	0.4831	0.0355	44	1.1542	0.0551	59	2.0954	0.0714
15	0.1129	0.0172	30	0.5186	0.0380	45	1.2093	0.0551	60	2.1668	0.0714
16	0.1301	0.0199	31	0.5566	0.0380	46	1.2643	0.0575			
17	0.1500	0.0199	32	0.5946	0.0405	47	1.3218	0.0575			
18	0.1699	0.0226	33	0.6351	0.0405	48	1.3793	0.0598			

适用树种：白桦；适用地区：大兴安岭东南坡国有林区；资料名称：内蒙古大兴安岭林区一元立木材积表；编表人或作者：内蒙古大兴安岭林业管理局；刊印或发表时间：1994。

176. 内蒙古大兴安岭南坡落叶松一元立木材积表（围尺）

D	V	ΔV	D	V	ΔV	D	V	ΔV	D	V	ΔV
4	0.0009	0.0033	21	0.2752	0.0306	38	1.0199	0.0579	55	2.1803	0.0795
5	0.0042	0.0033	22	0.3058	0.0339	39	1.0778	0.0579	56	2.2598	0.0821
6	0.0075	0.0065	23	0.3397	0.0339	40	1.1357	0.0608	57	2.3420	0.0822
7	0.0140	0.0065	24	0.3735	0.0370	41	1.1965	0.0608	58	2.4241	0.0846
8	0.0205	0.0100	25	0.4105	0.0370	42	1.2572	0.0636	59	2.5088	0.0846
9	0.0305	0.0100	26	0.4475	0.0402	43	1.3208	0.0636	60	2.5934	0.0873
10	0.0405	0.0135	27	0.4877	0.0402	44	1.3843	0.0662	61	2.6807	0.0873
11	0.0540	0.0135	28	0.5278	0.0433	45	1.4506	0.0662	62	2.7679	0.0897
12	0.0674	0.0170	29	0.5711	0.0432	46	1.5168	0.0690	63	2.8576	0.0897
13	0.0844	0.0170	30	0.6143	0.0463	47	1.5858	0.0690	64	2.9473	0.0922
14	0.1014	0.0205	31	0.6606	0.0463	48	1.6548	0.0717	65	3.0395	0.0922
15	0.1219	0.0205	32	0.7068	0.0493	49	1.7265	0.0717	66	3.1317	0.0947
16	0.1423	0.0239	33	0.7561	0.0493	50	1.7981	0.0744	67	3.2264	0.0947
17	0.1662	0.0239	34	0.8053	0.0522	51	1.8725	0.0743	68	3.3210	0.0971
18	0.1901	0.0273	35	0.8575	0.0522	52	1.9468	0.0770	69	3.4182	0.0972
19	0.2174	0.0273	36	0.9097	0.0551	53	2.0238	0.0769	70	3.5153	0.0972
20	0.2446	0.0306	37	0.9648	0.0551	54	2.1007	0.0796			

适用树种：落叶松；适用地区：大兴安岭南坡国有林区；资料名称：内蒙古大兴安岭林区一元立木材积表；编表人或作者：内蒙古大兴安岭林业管理局；刊印或发表时间：1994。

177. 内蒙古大兴安岭南坡白桦一元立木材积表（围尺）

D	V	ΔV	D	V	ΔV	D	V	ΔV	D	V	ΔV
4	0.0021	0.0033	19	0.1894	0.0234	34	0.6983	0.0458	49	1.5157	0.0643
5	0.0054	0.0033	20	0.2127	0.0262	35	0.7441	0.0458	50	1.5800	0.0669
6	0.0087	0.0059	21	0.2389	0.0262	36	0.7899	0.0482	51	1.6469	0.0669
7	0.0146	0.0059	22	0.2651	0.0291	37	0.8381	0.0482	52	1.7138	0.0695
8	0.0205	0.0088	23	0.2942	0.0291	38	0.8863	0.0515	53	1.7833	0.0695
9	0.0293	0.0088	24	0.3233	0.0319	39	0.9378	0.0515	54	1.8527	0.0720
10	0.0380	0.0116	25	0.3552	0.0319	40	0.9892	0.0538	55	1.9247	0.0720
11	0.0496	0.0116	26	0.3871	0.0348	41	1.0430	0.0538	56	1.9967	0.0746
12	0.0612	0.0146	27	0.4219	0.0348	42	1.0968	0.0565	57	2.0713	0.0745
13	0.0758	0.0146	28	0.4566	0.0375	43	1.1533	0.0565	58	2.1458	0.0771
14	0.0903	0.0175	29	0.4941	0.0375	44	1.2098	0.0591	59	2.2229	0.0771
15	0.1078	0.0175	30	0.5316	0.0403	45	1.2689	0.0591	60	2.3000	0.0771
16	0.1252	0.0204	31	0.5719	0.0403	46	1.3280	0.0617			
17	0.1456	0.0204	32	0.6122	0.0431	47	1.3897	0.0617			
18	0.1660	0.0234	33	0.6553	0.0431	48	1.4514	0.0643			

适用树种：白桦；适用地区：大兴安岭南坡国有林区；资料名称：内蒙古大兴安岭林区一元立木材积表；编表人或作者：内蒙古大兴安岭林业管理局；刊印或发表时间：1994。

178. 内蒙古大兴安岭西坡北部落叶松一元立木材积表（轮尺）

D	V	ΔV	D	V	ΔV	D	V	ΔV	D	V	ΔV
4	0.0005	0.0029	21	0.2684	0.0307	38	1.0283	0.0598	55	2.2337	0.0847
5	0.0034	0.0029	22	0.2990	0.0342	39	1.0881	0.0598	56	2.3184	0.0838
6	0.0062	0.0060	23	0.3332	0.0342	40	1.1479	0.0628	57	2.4022	0.0838
7	0.0122	0.0060	24	0.3673	0.0375	41	1.2107	0.0628	58	2.4860	0.0884
8	0.0181	0.0094	25	0.4048	0.0375	42	1.2734	0.0658	59	2.5744	0.0884
9	0.0275	0.0094	26	0.4423	0.0408	43	1.3392	0.0658	60	2.6628	0.0911
10	0.0369	0.0129	27	0.4831	0.0408	44	1.4049	0.0686	61	2.7539	0.0911
11	0.0498	0.0129	28	0.5239	0.0441	45	1.4736	0.0687	62	2.8449	0.0938
12	0.0627	0.0165	29	0.5680	0.0441	46	1.5422	0.0716	63	2.9387	0.0938
13	0.0792	0.0165	30	0.6121	0.0473	47	1.6138	0.0716	64	3.0324	0.0964
14	0.0957	0.0201	31	0.6594	0.0473	48	1.6854	0.0744	65	3.1289	0.0964
15	0.1158	0.0201	32	0.7067	0.0505	49	1.7598	0.0744	66	3.2253	0.0991
16	0.1359	0.0237	33	0.7572	0.0505	50	1.8342	0.0773	67	3.3244	0.0991
17	0.1596	0.0237	34	0.8077	0.0536	51	1.9115	0.0773	68	3.4234	0.1017
18	0.1832	0.0273	35	0.8613	0.0536	52	1.9888	0.0801	69	3.5251	0.1017
19	0.2105	0.0273	36	0.9149	0.0567	53	2.0689	0.0801	70	3.6267	0.1017
20	0.2377	0.0307	37	0.9716	0.0567	54	2.1490	0.0847			

适用树种：落叶松；适用地区：大兴安岭西坡北部国有林区；资料名称：内蒙古大兴安岭林区一元立木材积表；编表人或作者：内蒙古大兴安岭林业管理局；刊印或发表时间：1994。

179. 内蒙古大兴安岭西坡北部白桦一元立木材积表（轮尺）

D	V	ΔV	D	V	ΔV	D	V	ΔV	D	V	ΔV
4	0.0023	0.0038	19	0.2020	0.0243	34	0.7223	0.0463	49	1.5439	0.0643
5	0.0061	0.0038	20	0.2262	0.0271	35	0.7686	0.0462	50	1.6082	0.0669
6	0.0098	0.0066	21	0.2533	0.0271	36	0.8148	0.0490	51	1.6751	0.0668
7	0.0164	0.0066	22	0.2804	0.0300	37	0.8638	0.0489	52	1.7419	0.0694
8	0.0230	0.0096	23	0.3104	0.0300	38	0.9127	0.0515	53	1.8113	0.0694
9	0.0326	0.0096	24	0.3403	0.0327	39	0.9642	0.0515	54	1.8806	0.0719
10	0.0421	0.0125	25	0.3730	0.0327	40	1.0157	0.0542	55	1.9525	0.0719
11	0.0546	0.0125	26	0.4057	0.0355	41	1.0699	0.0541	56	2.0243	0.0743
12	0.0671	0.0155	27	0.4412	0.0355	42	1.1240	0.0567	57	2.0986	0.0743
13	0.0826	0.0155	28	0.4767	0.0383	43	1.1807	0.0567	58	2.1729	0.0768
14	0.0981	0.0185	29	0.5150	0.0383	44	1.2374	0.0593	59	2.2497	0.0768
15	0.1166	0.0185	30	0.5532	0.0409	45	1.2967	0.0593	60	2.3264	0.0768
16	0.1350	0.0214	31	0.5941	0.0409	46	1.3559	0.0619			
17	0.1564	0.0214	32	0.6350	0.0437	47	1.4178	0.0619			
18	0.1777	0.0243	33	0.6787	0.0437	48	1.4796	0.0643			

适用树种：白桦；适用地区：大兴安岭西坡北部国有林区；资料名称：内蒙古大兴安岭林区一元立木材积表；编表人或作者：内蒙古大兴安岭林业管理局；刊印或发表时间：1994。

180. 内蒙古大兴安岭西坡中部落叶松一元立木材积表（轮尺）

D	V	ΔV	D	V	ΔV	D	V	ΔV	D	V	ΔV
4	0.0024	0.0038	21	0.2774	0.0304	38	1.0183	0.0578	55	2.1770	0.0796
5	0.0062	0.0038	22	0.3077	0.0336	39	1.0761	0.0578	56	2.2565	0.0821
6	0.0099	0.0068	23	0.3413	0.0336	40	1.1338	0.0606	57	2.3387	0.0821
7	0.0167	0.0068	24	0.3749	0.0368	41	1.1944	0.0606	58	2.4208	0.0848
8	0.0235	0.0101	25	0.4117	0.0368	42	1.2550	0.0634	59	2.5056	0.0848
9	0.0336	0.0101	26	0.4485	0.0400	43	1.3184	0.0634	60	2.5903	0.0873
10	0.0437	0.0136	27	0.4885	0.0400	44	1.3817	0.0662	61	2.6776	0.0873
11	0.0573	0.0136	28	0.5284	0.0430	45	1.4479	0.0662	62	2.7648	0.0898
12	0.0708	0.0170	29	0.5714	0.0430	46	1.5141	0.0689	63	2.8546	0.0898
13	0.0878	0.0170	30	0.6144	0.0460	47	1.5830	0.0689	64	2.9444	0.0923
14	0.1047	0.0204	31	0.6604	0.0460	48	1.6519	0.0716	65	3.0367	0.0923
15	0.1251	0.0204	32	0.7064	0.0490	49	1.7235	0.0716	66	3.1290	0.0948
16	0.1454	0.0237	33	0.7555	0.0491	50	1.7951	0.0742	67	3.2238	0.0948
17	0.1691	0.0237	34	0.8045	0.0520	51	1.8694	0.0743	68	3.3186	0.0972
18	0.1928	0.0271	35	0.8565	0.0520	52	1.9436	0.0769	69	3.4159	0.0973
19	0.2199	0.0271	36	0.9085	0.0549	53	2.0205	0.0769	70	3.5131	0.0973
20	0.2470	0.0304	37	0.9634	0.0549	54	2.0974	0.0795			

适用树种：落叶松；适用地区：大兴安岭西坡中部国有林区；资料名称：内蒙古大兴安岭林区一元立木材积表；编表人或作者：内蒙古大兴安岭林业管理局；刊印或发表时间：1994。

181. 内蒙古大兴安岭西坡中部白桦一元立木材积表（轮尺）

D	V	ΔV	D	V	ΔV	D	V	ΔV	D	V	ΔV
4	0.0024	0.0037	19	0.1871	0.0221	34	0.6563	0.0415	49	1.3904	0.0574
5	0.0061	0.0037	20	0.2092	0.0246	35	0.6978	0.0415	50	1.4477	0.0596
6	0.0097	0.0063	21	0.2338	0.0246	36	0.7392	0.0438	51	1.5073	0.0596
7	0.0160	0.0063	22	0.2584	0.0271	37	0.7830	0.0438	52	1.5668	0.0618
8	0.0223	0.0090	23	0.2855	0.0271	38	0.8268	0.0461	53	1.6286	0.0618
9	0.0313	0.0090	24	0.3126	0.0296	39	0.8729	0.0461	54	1.6903	0.0639
10	0.0402	0.0117	25	0.3422	0.0296	40	0.9190	0.0484	55	1.7542	0.0639
11	0.0519	0.0117	26	0.3717	0.0320	41	0.9674	0.0484	56	1.8181	0.0661
12	0.0635	0.0143	27	0.4037	0.0320	42	1.0157	0.0506	57	1.8842	0.0661
13	0.0778	0.0143	28	0.4357	0.0344	43	1.0664	0.0507	58	1.9503	0.0683
14	0.0921	0.0170	29	0.4701	0.0344	44	1.1170	0.0529	59	2.0186	0.0682
15	0.1091	0.0170	30	0.5045	0.0368	45	1.1699	0.0529	60	2.0868	0.0682
16	0.1260	0.0195	31	0.5413	0.0367	46	1.2228	0.0551			
17	0.1455	0.0195	32	0.5780	0.0392	47	1.2779	0.0551			
18	0.1650	0.0221	33	0.6172	0.0392	48	1.3330	0.0574			

适用树种：白桦；适用地区：大兴安岭西坡中部国有林区；资料名称：内蒙古大兴安岭林区一元立木材积表；编表人或作者：内蒙古大兴安岭林业管理局；刊印或发表时间：1994。

182. 内蒙古大兴安岭东坡落叶松一元立木材积表（轮尺）

D	V	ΔV	D	V	ΔV	D	V	ΔV	D	V	ΔV
4	0.0001	0.0031	21	0.2998	0.0340	38	1.1341	0.0652	55	2.4415	0.0898
5	0.0032	0.0031	22	0.3338	0.0378	39	1.1993	0.0651	56	2.5312	0.0926
6	0.0063	0.0068	23	0.3716	0.0378	40	1.2644	0.0683	57	2.6239	0.0926
7	0.0131	0.0068	24	0.4093	0.0414	41	1.3328	0.0684	58	2.7165	0.0956
8	0.0198	0.0106	25	0.4507	0.0414	42	1.4011	0.0715	59	2.8121	0.0956
9	0.0304	0.0106	26	0.4920	0.0450	43	1.4726	0.0715	60	2.9077	0.0984
10	0.0410	0.0146	27	0.5370	0.0449	44	1.5441	0.0746	61	3.0062	0.0985
11	0.0556	0.0146	28	0.5819	0.0484	45	1.6188	0.0747	62	3.1046	0.1014
12	0.0702	0.0186	29	0.6303	0.0484	46	1.6934	0.0778	63	3.2060	0.1014
13	0.0888	0.0186	30	0.6787	0.0519	47	1.7712	0.0778	64	3.3073	0.1041
14	0.1073	0.0226	31	0.7306	0.0519	48	1.8489	0.0808	65	3.4114	0.1041
15	0.1299	0.0226	32	0.7825	0.0553	49	1.9297	0.0808	66	3.5155	0.1070
16	0.1524	0.0265	33	0.8378	0.0553	50	2.0104	0.0839	67	3.6225	0.1070
17	0.1789	0.0265	34	0.8930	0.0586	51	2.0943	0.0839	68	3.7294	0.1098
18	0.2053	0.0303	35	0.9516	0.0586	52	2.1781	0.0868	69	3.8392	0.1098
19	0.2356	0.0303	36	1.0102	0.0620	53	2.2649	0.0868	70	3.9489	0.1098
20	0.2658	0.0340	37	1.0722	0.0619	54	2.3517	0.0898			

适用树种：落叶松；适用地区：大兴安岭东坡国有林区；资料名称：内蒙古大兴安岭林区一元立木材积表；编表人或作者：内蒙古大兴安岭林业管理局；刊印或发表时间：1994。

183. 内蒙古大兴安岭东坡白桦一元立木材积表（轮尺）

D	V	ΔV	D	V	ΔV	D	V	ΔV	D	V	ΔV
4	0.0015	0.0033	19	0.1992	0.0249	34	0.7465	0.0493	49	1.6296	0.0696
5	0.0048	0.0033	20	0.2241	0.0281	35	0.7959	0.0494	50	1.6991	0.0724
6	0.0080	0.0061	21	0.2522	0.0281	36	0.8452	0.0524	51	1.7715	0.0723
7	0.0141	0.0061	22	0.2803	0.0312	37	0.8976	0.0524	52	1.8438	0.0752
8	0.0201	0.0091	23	0.3115	0.0312	38	0.9499	0.0553	53	1.9190	0.0752
9	0.0292	0.0091	24	0.3427	0.0343	39	1.0052	0.0553	54	1.9942	0.0780
10	0.0383	0.0122	25	0.3770	0.0343	40	1.0604	0.0581	55	2.0722	0.0780
11	0.0505	0.0122	26	0.4113	0.0374	41	1.1186	0.0582	56	2.1501	0.0807
12	0.0627	0.0154	27	0.4487	0.0374	42	1.1767	0.0610	57	2.2308	0.0807
13	0.0781	0.0154	28	0.4860	0.0404	43	1.2377	0.0610	58	2.3115	0.0835
14	0.0935	0.0186	29	0.5264	0.0404	44	1.2987	0.0639	59	2.3950	0.0835
15	0.1121	0.0186	30	0.5668	0.0435	45	1.3626	0.0639	60	2.4784	0.0835
16	0.1307	0.0218	31	0.6103	0.0435	46	1.4265	0.0668			
17	0.1525	0.0218	32	0.6537	0.0464	47	1.4933	0.0667			
18	0.1743	0.0249	33	0.7001	0.0464	48	1.5600	0.0696			

适用树种：白桦；适用地区：大兴安岭东坡国有林区；资料名称：内蒙古大兴安岭林区一元立木材积表；编表人或作者：内蒙古大兴安岭林业管理局；刊印或发表时间：1994。

184. 内蒙古大兴安岭东南坡落叶松一元立木材积表（轮尺）

D	V	ΔV	D	V	ΔV	D	V	ΔV	D	V	ΔV
4	0.0027	0.0039	21	0.2797	0.0305	38	1.0202	0.0577	55	2.1761	0.0793
5	0.0066	0.0039	22	0.3101	0.0336	39	1.0779	0.0577	56	2.2554	0.0819
6	0.0105	0.0070	23	0.3437	0.0336	40	1.1355	0.0604	57	2.3373	0.0819
7	0.0175	0.0070	24	0.3773	0.0369	41	1.1960	0.0605	58	2.4192	0.0844
8	0.0244	0.0103	25	0.4142	0.0369	42	1.2564	0.0633	59	2.5037	0.0844
9	0.0347	0.0103	26	0.4510	0.0399	43	1.3197	0.0633	60	2.5881	0.0870
10	0.0449	0.0137	27	0.4909	0.0399	44	1.3829	0.0660	61	2.6751	0.0870
11	0.0586	0.0137	28	0.5308	0.0430	45	1.4489	0.0660	62	2.7621	0.0896
12	0.0722	0.0171	29	0.5738	0.0430	46	1.5149	0.0688	63	2.8517	0.0895
13	0.0893	0.0171	30	0.6168	0.0460	47	1.5837	0.0688	64	2.9412	0.0920
14	0.1063	0.0205	31	0.6628	0.0460	48	1.6524	0.0714	65	3.0332	0.0920
15	0.1268	0.0205	32	0.7088	0.0489	49	1.7238	0.0714	66	3.1252	0.0944
16	0.1473	0.0238	33	0.7578	0.0490	50	1.7952	0.0741	67	3.2197	0.0945
17	0.1711	0.0238	34	0.8067	0.0519	51	1.8693	0.0741	68	3.3141	0.0970
18	0.1949	0.0272	35	0.8586	0.0519	52	1.9434	0.0767	69	3.4111	0.0970
19	0.2221	0.0272	36	0.9105	0.0549	53	2.0201	0.0767	70	3.5080	0.0970
20	0.2492	0.0305	37	0.9654	0.0549	54	2.0968	0.0793			

适用树种：落叶松；适用地区：大兴安岭东南坡国有林区；资料名称：内蒙古大兴安岭林区一元立木材积表；编表人或作者：内蒙古大兴安岭林业管理局；刊印或发表时间：1994。

185. 内蒙古大兴安岭东南坡白桦一元立木材积表（轮尺）

D	V	ΔV	D	V	ΔV	D	V	ΔV	D	V	ΔV
4	0.0036	0.0039	19	0.1914	0.0226	34	0.6768	0.0432	49	1.4453	0.0602
5	0.0075	0.0039	20	0.2140	0.0253	35	0.7200	0.0432	50	1.5055	0.0626
6	0.0113	0.0064	21	0.2393	0.0253	36	0.7632	0.0458	51	1.5681	0.0626
7	0.0177	0.0064	22	0.2645	0.0279	37	0.8090	0.0458	52	1.6307	0.0650
8	0.0240	0.0091	23	0.2924	0.0279	38	0.8547	0.0481	53	1.6957	0.0649
9	0.0331	0.0091	24	0.3203	0.0305	39	0.9029	0.0482	54	1.7606	0.0673
10	0.0421	0.0118	25	0.3508	0.0305	40	0.9510	0.0507	55	1.8279	0.0673
11	0.0539	0.0118	26	0.3813	0.0331	41	1.0017	0.0507	56	1.8952	0.0696
12	0.0656	0.0145	27	0.4144	0.0331	42	1.0523	0.0531	57	1.9648	0.0696
13	0.0801	0.0145	28	0.4475	0.0357	43	1.1054	0.0531	58	2.0344	0.0719
14	0.0945	0.0173	29	0.4832	0.0357	44	1.1584	0.0555	59	2.1064	0.0720
15	0.1118	0.0173	30	0.5189	0.0382	45	1.2139	0.0555	60	2.1783	0.0720
16	0.1290	0.0199	31	0.5571	0.0382	46	1.2693	0.0579			
17	0.1489	0.0199	32	0.5953	0.0408	47	1.3272	0.0579			
18	0.1688	0.0226	33	0.6361	0.0408	48	1.3850	0.0603			

适用树种：白桦；适用地区：大兴安岭东南坡国有林区；资料名称：内蒙古大兴安岭林区一元立木材积表；编表人或作者：内蒙古大兴安岭林业管理局；刊印或发表时间：1994。

186. 内蒙古大兴安岭南坡落叶松一元立木材积表（轮尺）

D	V	ΔV	D	V	ΔV	D	V	ΔV	D	V	ΔV
4	0.0008	0.0033	21	0.2739	0.0305	38	1.0173	0.0579	55	2.1767	0.0795
5	0.0041	0.0033	22	0.3044	0.0338	39	1.0752	0.0579	56	2.2562	0.0821
6	0.0073	0.0065	23	0.3382	0.0338	40	1.1331	0.0607	57	2.3383	0.0821
7	0.0138	0.0065	24	0.3719	0.0370	41	1.1938	0.0607	58	2.4204	0.0846
8	0.0202	0.0099	25	0.4089	0.0370	42	1.2545	0.0635	59	2.5050	0.0846
9	0.0301	0.0099	26	0.4458	0.0401	43	1.3180	0.0635	60	2.5896	0.0872
10	0.0399	0.0134	27	0.4859	0.0401	44	1.3814	0.0662	61	2.6768	0.0871
11	0.0533	0.0134	28	0.5260	0.0432	45	1.4476	0.0662	62	2.7639	0.0897
12	0.0667	0.0169	29	0.5692	0.0431	46	1.5138	0.0689	63	2.8536	0.0897
13	0.0836	0.0169	30	0.6123	0.0462	47	1.5828	0.0690	64	2.9433	0.0921
14	0.1005	0.0204	31	0.6585	0.0462	48	1.6517	0.0716	65	3.0354	0.0921
15	0.1209	0.0204	32	0.7047	0.0492	49	1.7233	0.0716	66	3.1275	0.0947
16	0.1413	0.0239	33	0.7539	0.0492	50	1.7949	0.0742	67	3.2222	0.0947
17	0.1652	0.0239	34	0.8031	0.0521	51	1.8692	0.0743	68	3.3168	0.0970
18	0.1890	0.0272	35	0.8552	0.0521	52	1.9434	0.0769	69	3.4139	0.0970
19	0.2162	0.0272	36	0.9073	0.0550	53	2.0203	0.0769	70	3.5109	0.0970
20	0.2434	0.0305	37	0.9623	0.0550	54	2.0972	0.0795			

适用树种：落叶松；适用地区：大兴安岭南坡国有林区；资料名称：内蒙古大兴安岭林区一元立木材积表；编表人或作者：内蒙古大兴安岭林业管理局；刊印或发表时间：1994。

187. 内蒙古大兴安岭南坡白桦一元立木材积表（轮尺）

D	V	ΔV	D	V	ΔV	D	V	ΔV	D	V	ΔV
4	0.0022	0.0034	19	0.1904	0.0234	34	0.7003	0.0459	49	1.5186	0.0644
5	0.0056	0.0034	20	0.2138	0.0263	35	0.7462	0.0458	50	1.5829	0.0670
6	0.0089	0.0060	21	0.2401	0.0263	36	0.7920	0.0486	51	1.6499	0.0670
7	0.0149	0.0060	22	0.2663	0.0292	37	0.8406	0.0486	52	1.7168	0.0696
8	0.0209	0.0088	23	0.2955	0.0292	38	0.8891	0.0512	53	1.7864	0.0696
9	0.0297	0.0088	24	0.3246	0.0320	39	0.9403	0.0512	54	1.8559	0.0720
10	0.0384	0.0117	25	0.3566	0.0320	40	0.9915	0.0539	55	1.9280	0.0720
11	0.0501	0.0117	26	0.3886	0.0348	41	1.0454	0.0539	56	2.0000	0.0746
12	0.0618	0.0146	27	0.4234	0.0348	42	1.0993	0.0565	57	2.0746	0.0746
13	0.0764	0.0146	28	0.4582	0.0376	43	1.1558	0.0565	58	2.1492	0.0772
14	0.0910	0.0176	29	0.4958	0.0376	44	1.2123	0.0592	59	2.2264	0.0772
15	0.1086	0.0176	30	0.5334	0.0404	45	1.2715	0.0592	60	2.3035	0.0772
16	0.1261	0.0205	31	0.5738	0.0404	46	1.3307	0.0618			
17	0.1466	0.0205	32	0.6141	0.0431	47	1.3925	0.0618			
18	0.1670	0.0234	33	0.6572	0.0431	48	1.4542	0.0643			

适用树种：白桦；适用地区：大兴安岭南坡国有林区；资料名称：内蒙古大兴安岭林区一元立木材积表；编表人或作者：内蒙古大兴安岭林业管理局；刊印或发表时间：1994。

6 辽宁省立木材积表

辽宁省编表地区划分：

辽宁东部林区：包括丹东、抚顺、本溪三个市，鞍山市的岫岩及铁岭市的西丰、开原、铁岭三县。

辽宁西部林区：包括锦州、锦西、阜新、朝阳、沈阳五市及铁岭市的昌图县。

辽宁南部林区：包括大连、鞍山（除岫岩县）、营口、盘锦、辽阳五市。

树种组划分：

硬阔树种组：包括水曲柳、胡桃楸、黄波罗、花曲柳、色木槭、槭、榆、黑桦、怀槐。

软阔树种组：包括山杨、柳、椴、白桦。

柞树（栎树）：蒙古栎、辽东栎。

油松：油松、黑松、赤松。

红松：红松、云杉、冷杉。

辽宁南部地区刺槐二元立木材积表采用部颁标准 (LY 208—1977)。

188. 辽宁东部林区柞树一元立木材积表（围尺）

$$V = 0.000061125534D_{轮}^{1.8810091}H^{0.94462565}$$

$$H = 26.4159 - 445.5118/(D_{轮} + 18)$$

$D_{轮} = -0.0592 + 0.9635D_{围}$；表中$D$为围尺径；$D_{围} \leqslant 90\text{cm}$

D	V	ΔV	D	V	ΔV	D	V	ΔV	D	V	ΔV
2	0.0007	0.0013	25	0.3281	0.0302	48	1.3656	0.0611	71	3.1000	0.0908
3	0.0020	0.0021	26	0.3583	0.0316	49	1.4267	0.0625	72	3.1907	0.0920
4	0.0041	0.0030	27	0.3899	0.0329	50	1.4892	0.0638	73	3.2827	0.0933
5	0.0071	0.0040	28	0.4228	0.0343	51	1.5529	0.0651	74	3.3760	0.0945
6	0.0111	0.0051	29	0.4571	0.0357	52	1.6180	0.0664	75	3.4706	0.0958
7	0.0162	0.0063	30	0.4928	0.0370	53	1.6844	0.0677	76	3.5664	0.0970
8	0.0225	0.0075	31	0.5298	0.0384	54	1.7521	0.0690	77	3.6634	0.0983
9	0.0299	0.0087	32	0.5682	0.0397	55	1.8211	0.0703	78	3.7617	0.0995
10	0.0386	0.0100	33	0.6080	0.0411	56	1.8913	0.0716	79	3.8613	0.1008
11	0.0486	0.0112	34	0.6491	0.0425	57	1.9629	0.0729	80	3.9621	0.1020
12	0.0598	0.0125	35	0.6916	0.0438	58	2.0358	0.0742	81	4.0641	0.1033
13	0.0724	0.0139	36	0.7354	0.0452	59	2.1100	0.0755	82	4.1674	0.1045
14	0.0862	0.0152	37	0.7805	0.0465	60	2.1854	0.0767	83	4.2719	0.1058
15	0.1014	0.0165	38	0.8270	0.0479	61	2.2622	0.0780	84	4.3777	0.1070
16	0.1180	0.0179	39	0.8749	0.0492	62	2.3402	0.0793	85	4.4847	0.1082
17	0.1359	0.0192	40	0.9241	0.0505	63	2.4195	0.0806	86	4.5929	0.1095
18	0.1551	0.0206	41	0.9746	0.0519	64	2.5001	0.0819	87	4.7024	0.1107
19	0.1757	0.0220	42	1.0265	0.0532	65	2.5820	0.0831	88	4.8131	0.1119
20	0.1977	0.0233	43	1.0797	0.0545	66	2.6652	0.0844	89	4.9251	0.1132
21	0.2211	0.0247	44	1.1342	0.0559	67	2.7496	0.0857	90	5.0382	0.1132
22	0.2458	0.0261	45	1.1901	0.0572	68	2.8353	0.0870			
23	0.2719	0.0275	46	1.2472	0.0585	69	2.9222	0.0882			
24	0.2993	0.0288	47	1.3057	0.0598	70	3.0105	0.0895			

适用树种：柞树（栎树）；适用地区：东部林区；资料名称：辽宁省林业经营数表 (DB 21-778-814-94)；编表人或作者：辽宁省林业勘察设计院；出版机构：辽宁省技术监督局；刊印或发表时间：1994。

189. 辽宁东部林区硬阔叶树一元立木材积表（围尺）

$$V = 0.000041960698D_{轮}^{1.9094595}H^{1.0413892}$$

$$H = 27.8534 - 449.2707/(D_{轮} + 16)$$

$D_{轮} = -0.1195 + 0.9661D_{围}$；表中$D$为围尺径；$D_{围} \leqslant 82$cm

D	V	ΔV	D	V	ΔV	D	V	ΔV	D	V	ΔV
2	0.0004	0.0009	23	0.2790	0.0295	44	1.2260	0.0622	65	2.8528	0.0941
3	0.0012	0.0016	24	0.3085	0.0310	45	1.2881	0.0637	66	2.9469	0.0956
4	0.0028	0.0025	25	0.3395	0.0326	46	1.3519	0.0653	67	3.0425	0.0971
5	0.0054	0.0036	26	0.3721	0.0342	47	1.4171	0.0668	68	3.1396	0.0986
6	0.0089	0.0047	27	0.4063	0.0357	48	1.4839	0.0683	69	3.2382	0.1001
7	0.0136	0.0059	28	0.4420	0.0373	49	1.5523	0.0699	70	3.3383	0.1016
8	0.0195	0.0072	29	0.4793	0.0389	50	1.6221	0.0714	71	3.4399	0.1031
9	0.0267	0.0085	30	0.5182	0.0404	51	1.6935	0.0729	72	3.5430	0.1046
10	0.0352	0.0099	31	0.5586	0.0420	52	1.7665	0.0745	73	3.6476	0.1061
11	0.0451	0.0113	32	0.6006	0.0436	53	1.8409	0.0760	74	3.7537	0.1075
12	0.0564	0.0127	33	0.6442	0.0451	54	1.9169	0.0775	75	3.8612	0.1090
13	0.0691	0.0142	34	0.6893	0.0467	55	1.9944	0.0790	76	3.9702	0.1105
14	0.0833	0.0157	35	0.7359	0.0482	56	2.0734	0.0805	77	4.0807	0.1120
15	0.0989	0.0172	36	0.7842	0.0498	57	2.1540	0.0821	78	4.1927	0.1135
16	0.1161	0.0187	37	0.8340	0.0513	58	2.2360	0.0836	79	4.3062	0.1149
17	0.1347	0.0202	38	0.8853	0.0529	59	2.3196	0.0851	80	4.4212	0.1164
18	0.1549	0.0217	39	0.9382	0.0545	60	2.4047	0.0866	81	4.5376	0.1179
19	0.1767	0.0233	40	0.9927	0.0560	61	2.4913	0.0881	82	4.6555	0.1179
20	0.1999	0.0248	41	1.0487	0.0576	62	2.5794	0.0896			
21	0.2247	0.0264	42	1.1062	0.0591	63	2.6690	0.0911			
22	0.2511	0.0279	43	1.1653	0.0606	64	2.7601	0.0926			

适用树种：硬阔叶树；适用地区：东部林区；资料名称：辽宁省林业经营数表 (DB 21-778-814-94)；编表人或作者：辽宁省林业勘察设计院；出版机构：辽宁省技术监督局；刊印或发表时间：1994。

190. 辽宁东部林区软阔叶树一元立木材积表（围尺）

$$V = 0.000041960698D_{轮}^{1.9094595}H^{1.0413892}$$

$$H = 25.9198 - 319.7165/(D_{轮} + 12)$$

$D_{轮} = -0.2221 + 0.9707D_{围}$；表中$D$为围尺径；$D_{围} \leqslant 86$cm

D	V	ΔV	D	V	ΔV	D	V	ΔV	D	V	ΔV
2	0.0003	0.0009	24	0.3176	0.0312	46	1.3477	0.0637	68	3.0799	0.0950
3	0.0012	0.0017	25	0.3488	0.0327	47	1.4114	0.0651	69	3.1750	0.0964
4	0.0030	0.0027	26	0.3815	0.0342	48	1.4766	0.0666	70	3.2714	0.0978
5	0.0057	0.0038	27	0.4157	0.0357	49	1.5432	0.0680	71	3.3692	0.0992
6	0.0095	0.0050	28	0.4515	0.0372	50	1.6112	0.0695	72	3.4684	0.1006
7	0.0146	0.0063	29	0.4887	0.0387	51	1.6807	0.0709	73	3.5690	0.1020
8	0.0209	0.0076	30	0.5274	0.0402	52	1.7516	0.0723	74	3.6710	0.1034
9	0.0285	0.0090	31	0.5676	0.0417	53	1.8240	0.0738	75	3.7744	0.1048
10	0.0375	0.0104	32	0.6093	0.0432	54	1.8977	0.0752	76	3.8792	0.1062
11	0.0480	0.0119	33	0.6525	0.0447	55	1.9729	0.0766	77	3.9854	0.1076
12	0.0598	0.0133	34	0.6971	0.0461	56	2.0496	0.0781	78	4.0929	0.1089
13	0.0731	0.0148	35	0.7432	0.0476	57	2.1277	0.0795	79	4.2019	0.1103
14	0.0879	0.0162	36	0.7909	0.0491	58	2.2071	0.0809	80	4.3122	0.1117
15	0.1041	0.0177	37	0.8400	0.0506	59	2.2881	0.0823	81	4.4239	0.1131
16	0.1219	0.0192	38	0.8905	0.0520	60	2.3704	0.0838	82	4.5370	0.1145
17	0.1411	0.0207	39	0.9426	0.0535	61	2.4541	0.0852	83	4.6515	0.1158
18	0.1618	0.0222	40	0.9961	0.0550	62	2.5393	0.0866	84	4.7673	0.1172
19	0.1840	0.0237	41	1.0510	0.0564	63	2.6259	0.0880	85	4.8845	0.1186
20	0.2077	0.0252	42	1.1074	0.0579	64	2.7139	0.0894	86	5.0031	0.1186
21	0.2329	0.0267	43	1.1653	0.0593	65	2.8033	0.0908			
22	0.2596	0.0282	44	1.2247	0.0608	66	2.8941	0.0922			
23	0.2878	0.0297	45	1.2855	0.0623	67	2.9863	0.0936			

适用树种：软阔叶树；适用地区：东部林区；资料名称：辽宁省林业经营数表 (DB 21-778-814-94)；编表人或作者：辽宁省林业勘察设计院；出版机构：辽宁省技术监督局；刊印或发表时间：1994。

191. 辽宁东部林区落叶松一元立木材积表（围尺）

$$V = 0.000059237242D_{轮}^{1.8655726}H^{0.98098962}$$

$$H = 34.7911 - 560.5995/(D_{轮} + 14)$$

$D_{轮} = -0.081 + 0.9688D_{围}$；表中$D$为围尺径；$D_{围} \leqslant 62$cm

D	V	ΔV	D	V	ΔV	D	V	ΔV	D	V	ΔV
3	0.0006	0.0017	18	0.1949	0.0275	33	0.8047	0.0555	48	1.8281	0.0825
4	0.0023	0.0029	19	0.2224	0.0294	34	0.8603	0.0574	49	1.9106	0.0843
5	0.0052	0.0043	20	0.2518	0.0313	35	0.9176	0.0592	50	1.9949	0.0860
6	0.0095	0.0058	21	0.2830	0.0332	36	0.9769	0.0610	51	2.0809	0.0878
7	0.0153	0.0074	22	0.3162	0.0350	37	1.0379	0.0628	52	2.1687	0.0895
8	0.0227	0.0091	23	0.3512	0.0369	38	1.1007	0.0647	53	2.2582	0.0913
9	0.0317	0.0108	24	0.3882	0.0388	39	1.1654	0.0665	54	2.3495	0.0930
10	0.0426	0.0126	25	0.4270	0.0407	40	1.2319	0.0683	55	2.4425	0.0947
11	0.0551	0.0144	26	0.4677	0.0426	41	1.3001	0.0701	56	2.5372	0.0965
12	0.0695	0.0162	27	0.5102	0.0444	42	1.3702	0.0719	57	2.6336	0.0982
13	0.0858	0.0181	28	0.5547	0.0463	43	1.4421	0.0736	58	2.7318	0.0999
14	0.1038	0.0199	29	0.6010	0.0482	44	1.5157	0.0754	59	2.8317	0.1016
15	0.1238	0.0218	30	0.6491	0.0500	45	1.5911	0.0772	60	2.9334	0.1033
16	0.1456	0.0237	31	0.6992	0.0519	46	1.6684	0.0790	61	3.0367	0.1050
17	0.1693	0.0256	32	0.7510	0.0537	47	1.7473	0.0807	62	3.1417	0.1050

适用树种：落叶松；适用地区：东部林区；资料名称：辽宁省林业经营数表 (DB 21-778-814-94)；编表人或作者：辽宁省林业勘察设计院；出版机构：辽宁省技术监督局；刊印或发表时间：1994。

192. 辽宁东部林区油松一元立木材积表（围尺）

$$V = 0.000076051908D_{轮}^{1.9030339}H^{0.86055052}$$

$$H = 23.2327 - 317.3131/(D_{轮} + 12)$$

$D_{轮} = -0.1597 + 0.9791D_{围}$；表中$D$为围尺径；$D_{围} \leqslant 78$cm

D	V	ΔV	D	V	ΔV	D	V	ΔV	D	V	ΔV
3	0.0009	0.0016	22	0.2461	0.0264	41	0.9800	0.0520	60	2.1904	0.0766
4	0.0025	0.0026	23	0.2725	0.0278	42	1.0320	0.0533	61	2.2669	0.0778
5	0.0051	0.0037	24	0.3003	0.0292	43	1.0853	0.0546	62	2.3448	0.0791
6	0.0088	0.0049	25	0.3295	0.0305	44	1.1399	0.0559	63	2.4239	0.0804
7	0.0137	0.0061	26	0.3601	0.0319	45	1.1958	0.0572	64	2.5043	0.0816
8	0.0199	0.0074	27	0.3920	0.0333	46	1.2531	0.0585	65	2.5859	0.0829
9	0.0273	0.0087	28	0.4252	0.0346	47	1.3116	0.0598	66	2.6688	0.0842
10	0.0359	0.0100	29	0.4598	0.0360	48	1.3715	0.0611	67	2.7530	0.0854
11	0.0460	0.0114	30	0.4958	0.0373	49	1.4326	0.0624	68	2.8384	0.0867
12	0.0573	0.0127	31	0.5331	0.0387	50	1.4950	0.0637	69	2.9251	0.0879
13	0.0700	0.0141	32	0.5718	0.0400	51	1.5588	0.0650	70	3.0130	0.0892
14	0.0841	0.0154	33	0.6118	0.0414	52	1.6238	0.0663	71	3.1022	0.0904
15	0.0995	0.0168	34	0.6532	0.0427	53	1.6901	0.0676	72	3.1927	0.0917
16	0.1164	0.0182	35	0.6959	0.0440	54	1.7577	0.0689	73	3.2844	0.0929
17	0.1345	0.0196	36	0.7399	0.0454	55	1.8266	0.0702	74	3.3773	0.0942
18	0.1541	0.0209	37	0.7853	0.0467	56	1.8968	0.0715	75	3.4715	0.0954
19	0.1750	0.0223	38	0.8319	0.0480	57	1.9683	0.0727	76	3.5670	0.0967
20	0.1974	0.0237	39	0.8800	0.0493	58	2.0410	0.0740	77	3.6637	0.0979
21	0.2210	0.0251	40	0.9293	0.0507	59	2.1151	0.0753	78	3.7616	0.0979

适用树种：油松；适用地区：东部林区；资料名称：辽宁省林业经营数表 (DB 21-778-814-94)；编表人或作者：辽宁省林业勘察设计院；出版机构：辽宁省技术监督局；刊印或发表时间：1994。

193. 辽宁东部林区刺槐一元立木材积表（围尺）

$$V = 0.00007118229D_{轮}^{1.9414874}H^{0.8148708}$$

$$H = 48.851 - 2586.9909/(D_{轮} + 56)$$

$D_{轮} = -0.3177 + 0.9798D_{围}$；表中$D$为围尺径；$D_{围} \leqslant 58$cm

D	V	ΔV	D	V	ΔV	D	V	ΔV	D	V	ΔV
2	0.0006	0.0011	17	0.1312	0.0201	32	0.6212	0.0479	47	1.5551	0.0790
3	0.0016	0.0018	18	0.1513	0.0217	33	0.6691	0.0499	48	1.6341	0.0811
4	0.0034	0.0026	19	0.1730	0.0235	34	0.7190	0.0519	49	1.7152	0.0833
5	0.0060	0.0035	20	0.1965	0.0252	35	0.7709	0.0540	50	1.7985	0.0854
6	0.0095	0.0045	21	0.2217	0.0270	36	0.8249	0.0560	51	1.8839	0.0876
7	0.0141	0.0057	22	0.2487	0.0288	37	0.8809	0.0581	52	1.9714	0.0897
8	0.0197	0.0068	23	0.2775	0.0306	38	0.9390	0.0601	53	2.0611	0.0919
9	0.0266	0.0081	24	0.3081	0.0325	39	0.9991	0.0622	54	2.1530	0.0940
10	0.0346	0.0094	25	0.3405	0.0343	40	1.0613	0.0643	55	2.2470	0.0962
11	0.0441	0.0108	26	0.3749	0.0362	41	1.1255	0.0663	56	2.3432	0.0984
12	0.0548	0.0122	27	0.4111	0.0381	42	1.1918	0.0684	57	2.4416	0.1005
13	0.0671	0.0137	28	0.4492	0.0401	43	1.2603	0.0705	58	2.5421	0.1005
14	0.0808	0.0152	29	0.4893	0.0420	44	1.3308	0.0726			
15	0.0960	0.0168	30	0.5313	0.0440	45	1.4034	0.0748			
16	0.1128	0.0184	31	0.5752	0.0459	46	1.4782	0.0769			

适用树种：刺槐；适用地区：东部林区；资料名称：辽宁省林业经营数表 (DB 21-778-814-94)；编表人或作者：辽宁省林业勘察设计院；出版机构：辽宁省技术监督局；刊印或发表时间：1994。

194. 辽宁西部林区油松一元立木材积表（围尺）

$$V = 0.000076051908D_{轮}^{1.9030339}H^{0.86055052}$$

$$H = 33.8552 - 1284.6234/(D_{轮} + 38)$$

$D_{轮} = -0.542 + 1.0006D_{围}$；表中$D$为围尺径；$D_{围}$ ≤70cm

D	V	ΔV	D	V	ΔV	D	V	ΔV	D	V	ΔV
3	0.0008	0.0012	20	0.1769	0.0233	37	0.8015	0.0523	54	1.9328	0.0826
4	0.0020	0.0019	21	0.2001	0.0249	38	0.8538	0.0541	55	2.0154	0.0844
5	0.0039	0.0028	22	0.2250	0.0265	39	0.9079	0.0559	56	2.0998	0.0862
6	0.0067	0.0038	23	0.2515	0.0282	40	0.9638	0.0576	57	2.1859	0.0879
7	0.0105	0.0048	24	0.2797	0.0298	41	1.0214	0.0594	58	2.2739	0.0897
8	0.0153	0.0060	25	0.3096	0.0315	42	1.0809	0.0612	59	2.3636	0.0915
9	0.0213	0.0072	26	0.3411	0.0332	43	1.1421	0.0630	60	2.4551	0.0933
10	0.0285	0.0084	27	0.3743	0.0349	44	1.2050	0.0648	61	2.5484	0.0951
11	0.0369	0.0097	28	0.4092	0.0366	45	1.2698	0.0665	62	2.6434	0.0968
12	0.0467	0.0111	29	0.4459	0.0384	46	1.3363	0.0683	63	2.7403	0.0986
13	0.0578	0.0125	30	0.4842	0.0401	47	1.4047	0.0701	64	2.8389	0.1004
14	0.0703	0.0140	31	0.5243	0.0418	48	1.4748	0.0719	65	2.9393	0.1022
15	0.0843	0.0154	32	0.5661	0.0436	49	1.5466	0.0737	66	3.0415	0.1040
16	0.0997	0.0170	33	0.6097	0.0453	50	1.6203	0.0755	67	3.1455	0.1057
17	0.1167	0.0185	34	0.6550	0.0471	51	1.6958	0.0772	68	3.2512	0.1075
18	0.1352	0.0201	35	0.7021	0.0488	52	1.7730	0.0790	69	3.3587	0.1093
19	0.1552	0.0216	36	0.7509	0.0506	53	1.8520	0.0808	70	3.4680	0.1093

适用树种：油松；适用地区：西部林区；资料名称：辽宁省林业经营数表 (DB 21-778-814-94)；编表人或作者：辽宁省林业勘察设计院；出版机构：辽宁省技术监督局；刊印或发表时间：1994。

195. 辽宁西部林区杨柳一元立木材积表（围尺）

$$V = 0.000057468552D_{轮}^{1.915559}H^{0.9265922}$$

$$H = 26.8687 - 235.7964/(D_{轮} + 8)$$

$D_{轮} = -0.0798 + 0.9756D_{围}$；表中$D$为围尺径；$D_{围}$ ≤70cm

D	V	ΔV	D	V	ΔV	D	V	ΔV	D	V	ΔV
3	0.0019	0.0026	20	0.2494	0.0286	37	0.9460	0.0547	54	2.0773	0.0798
4	0.0045	0.0039	21	0.2780	0.0302	38	1.0006	0.0562	55	2.1571	0.0812
5	0.0084	0.0053	22	0.3082	0.0318	39	1.0568	0.0577	56	2.2383	0.0827
6	0.0136	0.0067	23	0.3400	0.0333	40	1.1145	0.0592	57	2.3210	0.0841
7	0.0203	0.0082	24	0.3733	0.0349	41	1.1736	0.0607	58	2.4051	0.0856
8	0.0286	0.0098	25	0.4081	0.0364	42	1.2343	0.0621	59	2.4907	0.0870
9	0.0383	0.0113	26	0.4445	0.0379	43	1.2964	0.0636	60	2.5777	0.0885
10	0.0496	0.0129	27	0.4825	0.0395	44	1.3600	0.0651	61	2.6662	0.0899
11	0.0625	0.0144	28	0.5220	0.0410	45	1.4251	0.0666	62	2.7561	0.0913
12	0.0770	0.0160	29	0.5630	0.0426	46	1.4917	0.0681	63	2.8474	0.0928
13	0.0930	0.0176	30	0.6055	0.0441	47	1.5598	0.0695	64	2.9402	0.0942
14	0.1106	0.0192	31	0.6496	0.0456	48	1.6293	0.0710	65	3.0344	0.0956
15	0.1298	0.0208	32	0.6952	0.0471	49	1.7003	0.0725	66	3.1301	0.0971
16	0.1505	0.0223	33	0.7423	0.0486	50	1.7728	0.0739	67	3.2271	0.0985
17	0.1729	0.0239	34	0.7910	0.0502	51	1.8467	0.0754	68	3.3257	0.0999
18	0.1968	0.0255	35	0.8411	0.0517	52	1.9221	0.0769	69	3.4256	0.1014
19	0.2223	0.0271	36	0.8928	0.0532	53	1.9990	0.0783	70	3.5270	0.1014

适用树种：杨树、柳树；适用地区：西部林区；资料名称：辽宁省林业经营数表 (DB 21-778-814-94)；编表人或作者：辽宁省林业勘察设计院；出版机构：辽宁省技术监督局；刊印或发表时间：1994。

196. 辽宁西部林区刺槐一元立木材积表（围尺）

$$V = 0.00007118229D_{轮}^{1.9414874}H^{0.8148708}$$

$$H = 22.2927 - 328.7191/(D_{轮} + 14)$$

$D_{轮} = -0.0054 + 0.9735D_{围}$；表中$D$为围尺径；$D_{围} \leqslant 50\text{cm}$

D	V	ΔV	D	V	ΔV	D	V	ΔV	D	V	ΔV
3	0.0013	0.0017	15	0.0901	0.0149	27	0.3514	0.0299	39	0.7927	0.0449
4	0.0030	0.0025	16	0.1051	0.0162	28	0.3813	0.0311	40	0.8376	0.0461
5	0.0056	0.0035	17	0.1212	0.0174	29	0.4124	0.0324	41	0.8837	0.0474
6	0.0091	0.0045	18	0.1386	0.0186	30	0.4448	0.0337	42	0.9311	0.0486
7	0.0136	0.0056	19	0.1573	0.0199	31	0.4785	0.0349	43	0.9797	0.0498
8	0.0191	0.0067	20	0.1772	0.0211	32	0.5134	0.0362	44	1.0295	0.0511
9	0.0258	0.0078	21	0.1983	0.0224	33	0.5495	0.0374	45	1.0806	0.0523
10	0.0335	0.0089	22	0.2207	0.0236	34	0.5869	0.0387	46	1.1329	0.0536
11	0.0425	0.0101	23	0.2443	0.0249	35	0.6256	0.0399	47	1.1865	0.0548
12	0.0526	0.0113	24	0.2692	0.0261	36	0.6655	0.0411	48	1.2413	0.0560
13	0.0639	0.0125	25	0.2954	0.0274	37	0.7066	0.0424	49	1.2973	0.0573
14	0.0764	0.0137	26	0.3227	0.0286	38	0.7490	0.0436	50	1.3546	0.0573

适用树种：刺槐；适用地区：西部林区；资料名称：辽宁省林业经营数表 (DB 21-778-814-94)；编表人或作者：辽宁省林业勘察设计院；出版机构：辽宁省技术监督局；刊印或发表时间：1994。

197. 辽宁南部林区刺槐一元立木材积表（围尺）

$$V = 0.00004991298D_{轮}^{1.6769859}H^{1.24507242}$$

$$H = 25.5016 - 437.2167/(D_{轮} + 18)$$

$D_{轮} = -0.0054 + 0.9735D_{围}$；表中$D$为围尺径；$D_{围} \leqslant 40\text{cm}$

D	V	ΔV	D	V	ΔV	D	V	ΔV	D	V	ΔV
2	0.0007	0.0013	12	0.0593	0.0122	22	0.2356	0.0241	32	0.5272	0.0351
3	0.0020	0.0021	13	0.0715	0.0134	23	0.2598	0.0253	33	0.5623	0.0362
4	0.0041	0.0030	14	0.0850	0.0146	24	0.2850	0.0264	34	0.5985	0.0372
5	0.0071	0.0040	15	0.0996	0.0159	25	0.3114	0.0275	35	0.6357	0.0382
6	0.0111	0.0051	16	0.1155	0.0171	26	0.3389	0.0286	36	0.6739	0.0393
7	0.0163	0.0062	17	0.1325	0.0183	27	0.3676	0.0297	37	0.7132	0.0403
8	0.0225	0.0074	18	0.1508	0.0194	28	0.3973	0.0308	38	0.7534	0.0413
9	0.0299	0.0086	19	0.1702	0.0206	29	0.4282	0.0319	39	0.7947	0.0423
10	0.0385	0.0098	20	0.1909	0.0218	30	0.4601	0.0330	40	0.8370	0.0423
11	0.0483	0.0110	21	0.2127	0.0230	31	0.4931	0.0341			

适用树种：刺槐；适用地区：南部林区；资料名称：辽宁省林业经营数表 (DB 21-778-814-94)；编表人或作者：辽宁省林业勘察设计院；出版机构：辽宁省技术监督局；刊印或发表时间：1994。

198. 辽宁红松一元立木材积表（围尺）

$$V = 0.000059229001D_{轮}^{1.9367571}H^{0.9327867}$$

$$H = 40.1173 - 1344.6294/(D_{轮} + 32)$$

$D_{轮} = -0.1597 + 0.9791D_{围}$；表中$D$为围尺径；$D_{围} \leqslant 60$cm

D	V	ΔV	D	V	ΔV	D	V	ΔV	D	V	ΔV
3	0.0006	0.0012	18	0.1642	0.0252	33	0.7722	0.0587	48	1.9026	0.0945
4	0.0018	0.0021	19	0.1894	0.0273	34	0.8309	0.0611	49	1.9971	0.0970
5	0.0039	0.0031	20	0.2167	0.0294	35	0.8920	0.0634	50	2.0941	0.0994
6	0.0070	0.0043	21	0.2461	0.0316	36	0.9555	0.0658	51	2.1934	0.1018
7	0.0113	0.0056	22	0.2777	0.0337	37	1.0213	0.0682	52	2.2952	0.1042
8	0.0169	0.0070	23	0.3114	0.0359	38	1.0895	0.0705	53	2.3994	0.1066
9	0.0239	0.0085	24	0.3473	0.0381	39	1.1600	0.0729	54	2.5061	0.1091
10	0.0324	0.0101	25	0.3855	0.0404	40	1.2329	0.0753	55	2.6151	0.1115
11	0.0426	0.0118	26	0.4258	0.0426	41	1.3082	0.0777	56	2.7266	0.1139
12	0.0544	0.0136	27	0.4685	0.0449	42	1.3860	0.0801	57	2.8405	0.1163
13	0.0680	0.0154	28	0.5133	0.0472	43	1.4660	0.0825	58	2.9569	0.1188
14	0.0834	0.0173	29	0.5605	0.0495	44	1.5485	0.0849	59	3.0756	0.1212
15	0.1006	0.0192	30	0.6099	0.0518	45	1.6334	0.0873	60	3.1968	0.1212
16	0.1198	0.0212	31	0.6617	0.0541	46	1.7208	0.0897			
17	0.1410	0.0232	32	0.7158	0.0564	47	1.8105	0.0921			

适用树种：红松；适用地区：全省；资料名称：辽宁省林业经营数表(DB 21-778-814-94)；编表人或作者：辽宁省林业勘察设计院；出版机构：辽宁省技术监督局；刊印或发表时间：1994。

199. 辽宁东部林区柞树一元立木材积表（轮尺）

$$V = 0.000061125534D_{轮}^{1.8810091}H^{0.94462565}$$

$H = 26.4159 - 445.5118/(D_{轮} + 18)$；表中$D$为轮尺径；$D_{轮} \leqslant 90\text{cm}$

D	V	ΔV	D	V	ΔV	D	V	ΔV	D	V	ΔV
2	0.0009	0.0014	25	0.3586	0.0328	48	1.4816	0.0660	71	3.3527	0.0978
3	0.0023	0.0023	26	0.3914	0.0343	49	1.5476	0.0675	72	3.4505	0.0992
4	0.0046	0.0034	27	0.4257	0.0357	50	1.6151	0.0689	73	3.5497	0.1005
5	0.0080	0.0045	28	0.4614	0.0372	51	1.6839	0.0703	74	3.6502	0.1019
6	0.0125	0.0057	29	0.4986	0.0387	52	1.7542	0.0717	75	3.7521	0.1032
7	0.0181	0.0069	30	0.5373	0.0402	53	1.8259	0.0731	76	3.8553	0.1046
8	0.0251	0.0082	31	0.5775	0.0416	54	1.8989	0.0745	77	3.9599	0.1059
9	0.0333	0.0096	32	0.6191	0.0431	55	1.9734	0.0759	78	4.0658	0.1072
10	0.0429	0.0109	33	0.6622	0.0445	56	2.0493	0.0773	79	4.1730	0.1086
11	0.0538	0.0123	34	0.7067	0.0460	57	2.1265	0.0786	80	4.2816	0.1099
12	0.0661	0.0138	35	0.7527	0.0474	58	2.2052	0.0800	81	4.3915	0.1113
13	0.0799	0.0152	36	0.8001	0.0489	59	2.2852	0.0814	82	4.5028	0.1126
14	0.0951	0.0166	37	0.8490	0.0503	60	2.3666	0.0828	83	4.6153	0.1139
15	0.1117	0.0181	38	0.8994	0.0518	61	2.4494	0.0842	84	4.7293	0.1152
16	0.1298	0.0195	39	0.9511	0.0532	62	2.5336	0.0855	85	4.8445	0.1166
17	0.1493	0.0210	40	1.0044	0.0547	63	2.6191	0.0869	86	4.9611	0.1179
18	0.1703	0.0225	41	1.0590	0.0561	64	2.7060	0.0883	87	5.0790	0.1192
19	0.1928	0.0239	42	1.1151	0.0575	65	2.7943	0.0897	88	5.1982	0.1205
20	0.2167	0.0254	43	1.1726	0.0589	66	2.8840	0.0910	89	5.3187	0.1219
21	0.2422	0.0269	44	1.2316	0.0604	67	2.9750	0.0924	90	5.4406	0.1219
22	0.2691	0.0284	45	1.2919	0.0618	68	3.0674	0.0937			
23	0.2974	0.0299	46	1.3537	0.0632	69	3.1611	0.0951			
24	0.3273	0.0313	47	1.4169	0.0646	70	3.2562	0.0965			

适用树种：柞树（栎树）；适用地区：东部林区；资料名称：辽宁省林业经营数表 (DB 21-778-814-94)；编表人或作者：辽宁省林业勘察设计院；出版机构：辽宁省技术监督局；刊印或发表时间：1994。

200. 辽宁东部林区硬阔叶树一元立木材积表（轮尺）

$$V = 0.000041960698 D_{轮}^{1.9094595} H^{1.0413892}$$

$H = 27.8534 - 449.2707/(D_{轮} + 16)$；表中$D$为轮尺径；$D_{轮} \leqslant 82$cm

D	V	ΔV	D	V	ΔV	D	V	ΔV	D	V	ΔV
2	0.0005	0.0010	23	0.3064	0.0320	44	1.3305	0.0671	65	3.0816	0.1012
3	0.0015	0.0019	24	0.3385	0.0337	45	1.3976	0.0687	66	3.1828	0.1028
4	0.0034	0.0029	25	0.3722	0.0354	46	1.4663	0.0703	67	3.2856	0.1044
5	0.0063	0.0040	26	0.4076	0.0371	47	1.5366	0.0720	68	3.3899	0.1060
6	0.0104	0.0053	27	0.4446	0.0387	48	1.6086	0.0736	69	3.4959	0.1076
7	0.0157	0.0066	28	0.4834	0.0404	49	1.6822	0.0753	70	3.6035	0.1092
8	0.0223	0.0080	29	0.5238	0.0421	50	1.7575	0.0769	71	3.7127	0.1108
9	0.0303	0.0094	30	0.5659	0.0438	51	1.8344	0.0785	72	3.8234	0.1123
10	0.0397	0.0109	31	0.6097	0.0454	52	1.9130	0.0802	73	3.9358	0.1139
11	0.0506	0.0125	32	0.6551	0.0471	53	1.9931	0.0818	74	4.0497	0.1155
12	0.0631	0.0140	33	0.7023	0.0488	54	2.0749	0.0834	75	4.1652	0.1171
13	0.0771	0.0156	34	0.7510	0.0505	55	2.1583	0.0851	76	4.2823	0.1187
14	0.0927	0.0172	35	0.8015	0.0521	56	2.2434	0.0867	77	4.4010	0.1203
15	0.1099	0.0188	36	0.8536	0.0538	57	2.3301	0.0883	78	4.5213	0.1218
16	0.1287	0.0204	37	0.9074	0.0555	58	2.4184	0.0899	79	4.6431	0.1234
17	0.1491	0.0221	38	0.9629	0.0571	59	2.5083	0.0915	80	4.7665	0.1250
18	0.1712	0.0237	39	1.0200	0.0588	60	2.5998	0.0931	81	4.8915	0.1266
19	0.1949	0.0254	40	1.0788	0.0604	61	2.6929	0.0948	82	5.0181	0.1266
20	0.2203	0.0270	41	1.1393	0.0621	62	2.7877	0.0964			
21	0.2473	0.0287	42	1.2014	0.0638	63	2.8841	0.0980			
22	0.2760	0.0304	43	1.2651	0.0654	64	2.9820	0.0996			

适用树种：硬阔叶树；适用地区：东部林区；资料名称：辽宁省林业经营数表 (DB 21-778-814-94)；编表人或作者：辽宁省林业勘察设计院；出版机构：辽宁省技术监督局；刊印或发表时间：1994。

201. 辽宁东部林区软阔叶树一元立木材积表（轮尺）

$$V = 0.000041960698 D_{轮}^{1.9094595} H^{1.0413892}$$

$H = 25.9198 - 319.7165/(D_{轮} + 12)$；表中$D$为轮尺径；$D_{轮} \leqslant 86$cm

D	V	ΔV	D	V	ΔV	D	V	ΔV	D	V	ΔV
2	0.0005	0.0012	24	0.3473	0.0337	46	1.4515	0.0681	68	3.2988	0.1012
3	0.0017	0.0021	25	0.3810	0.0353	47	1.5195	0.0696	69	3.4000	0.1027
4	0.0038	0.0032	26	0.4162	0.0368	48	1.5891	0.0711	70	3.5026	0.1042
5	0.0070	0.0044	27	0.4531	0.0384	49	1.6602	0.0726	71	3.6068	0.1056
6	0.0114	0.0057	28	0.4915	0.0400	50	1.7329	0.0742	72	3.7124	0.1071
7	0.0172	0.0071	29	0.5315	0.0416	51	1.8071	0.0757	73	3.8195	0.1086
8	0.0243	0.0086	30	0.5731	0.0432	52	1.8827	0.0772	74	3.9281	0.1101
9	0.0329	0.0100	31	0.6163	0.0448	53	1.9600	0.0787	75	4.0382	0.1115
10	0.0429	0.0115	32	0.6610	0.0463	54	2.0387	0.0802	76	4.1497	0.1130
11	0.0544	0.0131	33	0.7074	0.0479	55	2.1189	0.0818	77	4.2627	0.1145
12	0.0675	0.0146	34	0.7553	0.0495	56	2.2007	0.0833	78	4.3772	0.1159
13	0.0821	0.0162	35	0.8047	0.0510	57	2.2839	0.0848	79	4.4931	0.1174
14	0.0983	0.0177	36	0.8557	0.0526	58	2.3687	0.0863	80	4.6105	0.1189
15	0.1160	0.0193	37	0.9083	0.0542	59	2.4550	0.0878	81	4.7294	0.1203
16	0.1354	0.0209	38	0.9625	0.0557	60	2.5427	0.0893	82	4.8497	0.1218
17	0.1563	0.0225	39	1.0182	0.0573	61	2.6320	0.0908	83	4.9715	0.1232
18	0.1788	0.0241	40	1.0755	0.0588	62	2.7228	0.0923	84	5.0947	0.1247
19	0.2029	0.0257	41	1.1343	0.0604	63	2.8151	0.0938	85	5.2194	0.1261
20	0.2286	0.0273	42	1.1946	0.0619	64	2.9088	0.0953	86	5.3455	0.1261
21	0.2559	0.0289	43	1.2565	0.0634	65	3.0041	0.0967			
22	0.2848	0.0305	44	1.3200	0.0650	66	3.1008	0.0982			
23	0.3152	0.0321	45	1.3850	0.0665	67	3.1990	0.0997			

适用树种：软阔叶树；适用地区：东部林区；资料名称：辽宁省林业经营数表 (DB 21-778-814-94)；编表人或作者：辽宁省林业勘察设计院；出版机构：辽宁省技术监督局；刊印或发表时间：1994。

202. 辽宁东部林区落叶松一元立木材积表（轮尺）

$$V = 0.000059237242 D_{轮}^{1.8655726} H^{0.98098962}$$

$H = 34.7911 - 560.5995/(D_{轮} + 14)$；表中$D$为轮尺径；$D_{轮} \leqslant 62$cm

D	V	ΔV	D	V	ΔV	D	V	ΔV	D	V	ΔV
3	0.0008	0.0020	18	0.2129	0.0297	33	0.8686	0.0595	48	1.9634	0.0882
4	0.0028	0.0033	19	0.2426	0.0317	34	0.9281	0.0615	49	2.0516	0.0900
5	0.0061	0.0048	20	0.2743	0.0337	35	0.9896	0.0634	50	2.1416	0.0919
6	0.0109	0.0065	21	0.3081	0.0357	36	1.0530	0.0654	51	2.2335	0.0937
7	0.0174	0.0082	22	0.3438	0.0377	37	1.1184	0.0673	52	2.3272	0.0956
8	0.0256	0.0100	23	0.3815	0.0398	38	1.1856	0.0692	53	2.4228	0.0974
9	0.0356	0.0119	24	0.4213	0.0418	39	1.2549	0.0711	54	2.5203	0.0993
10	0.0474	0.0138	25	0.4631	0.0438	40	1.3260	0.0730	55	2.6195	0.1011
11	0.0612	0.0157	26	0.5068	0.0457	41	1.3990	0.0750	56	2.7207	0.1030
12	0.0769	0.0177	27	0.5526	0.0477	42	1.4740	0.0769	57	2.8236	0.1048
13	0.0946	0.0197	28	0.6003	0.0497	43	1.5508	0.0787	58	2.9284	0.1066
14	0.1143	0.0217	29	0.6500	0.0517	44	1.6296	0.0806	59	3.0350	0.1084
15	0.1359	0.0237	30	0.7017	0.0537	45	1.7102	0.0825	60	3.1434	0.1102
16	0.1596	0.0257	31	0.7553	0.0556	46	1.7927	0.0844	61	3.2537	0.1121
17	0.1852	0.0277	32	0.8110	0.0576	47	1.8772	0.0863	62	3.3657	0.1121

适用树种：落叶松；适用地区：东部林区；资料名称：辽宁省林业经营数表 (DB 21-778-814-94)；编表人或作者：辽宁省林业勘察设计院；出版机构：辽宁省技术监督局；刊印或发表时间：1994。

203. 辽宁东部林区油松一元立木材积表（轮尺）

$$V = 0.000076051908D_{轮}^{1.9030339}H^{0.86055052}$$

$H = 23.2327 - 317.3131/(D_{轮} + 12)$；表中$D$为轮尺径；$D_{轮} \leqslant 78$cm

D	V	ΔV	D	V	ΔV	D	V	ΔV	D	V	ΔV
3	0.0012	0.0019	22	0.2627	0.0279	41	1.0340	0.0545	60	2.3013	0.0801
4	0.0030	0.0030	23	0.2906	0.0293	42	1.0885	0.0559	61	2.3814	0.0814
5	0.0060	0.0041	24	0.3199	0.0308	43	1.1444	0.0572	62	2.4628	0.0827
6	0.0101	0.0054	25	0.3506	0.0322	44	1.2016	0.0586	63	2.5456	0.0841
7	0.0155	0.0067	26	0.3828	0.0336	45	1.2602	0.0600	64	2.6296	0.0854
8	0.0222	0.0080	27	0.4164	0.0350	46	1.3202	0.0613	65	2.7150	0.0867
9	0.0302	0.0094	28	0.4514	0.0364	47	1.3815	0.0627	66	2.8017	0.0880
10	0.0396	0.0108	29	0.4878	0.0378	48	1.4442	0.0640	67	2.8897	0.0893
11	0.0503	0.0122	30	0.5257	0.0392	49	1.5083	0.0654	68	2.9790	0.0906
12	0.0625	0.0136	31	0.5649	0.0406	50	1.5736	0.0667	69	3.0696	0.0919
13	0.0761	0.0150	32	0.6056	0.0420	51	1.6404	0.0681	70	3.1615	0.0932
14	0.0911	0.0164	33	0.6476	0.0434	52	1.7085	0.0694	71	3.2548	0.0945
15	0.1075	0.0179	34	0.6910	0.0448	53	1.7779	0.0708	72	3.3493	0.0958
16	0.1254	0.0193	35	0.7359	0.0462	54	1.8487	0.0721	73	3.4452	0.0971
17	0.1447	0.0207	36	0.7821	0.0476	55	1.9208	0.0734	74	3.5423	0.0984
18	0.1654	0.0222	37	0.8297	0.0490	56	1.9942	0.0748	75	3.6407	0.0997
19	0.1876	0.0236	38	0.8787	0.0504	57	2.0690	0.0761	76	3.7405	0.1010
20	0.2112	0.0250	39	0.9291	0.0518	58	2.1451	0.0774	77	3.8415	0.1023
21	0.2362	0.0265	40	0.9809	0.0531	59	2.2226	0.0788	78	3.9438	0.1023

适用树种：油松；适用地区：东部林区；资料名称：辽宁省林业经营数表 (DB 21-778-814-94)；编表人或作者：辽宁省林业勘察设计院；出版机构：辽宁省技术监督局；刊印或发表时间：1994。

204. 辽宁东部林区刺槐一元立木材积表（轮尺）

$$V = 0.00007118229D_{轮}^{1.9414874}H^{0.8148708}$$

$H = 48.851 - 2586.9909/(D_{轮} + 56)$；表中$D$为轮尺径；$D_{轮} \leqslant 58$cm

D	V	ΔV	D	V	ΔV	D	V	ΔV	D	V	ΔV
2	0.0009	0.0013	17	0.1446	0.0217	32	0.6683	0.0509	47	1.6576	0.0835
3	0.0022	0.0021	18	0.1662	0.0234	33	0.7192	0.0530	48	1.7411	0.0857
4	0.0044	0.0030	19	0.1896	0.0252	34	0.7723	0.0552	49	1.8268	0.0879
5	0.0074	0.0040	20	0.2149	0.0271	35	0.8274	0.0573	50	1.9147	0.0902
6	0.0114	0.0051	21	0.2420	0.0289	36	0.8847	0.0594	51	2.0049	0.0924
7	0.0166	0.0063	22	0.2709	0.0308	37	0.9441	0.0616	52	2.0973	0.0947
8	0.0229	0.0076	23	0.3018	0.0328	38	1.0057	0.0637	53	2.1919	0.0969
9	0.0305	0.0089	24	0.3345	0.0347	39	1.0694	0.0659	54	2.2888	0.0992
10	0.0395	0.0104	25	0.3692	0.0367	40	1.1352	0.0680	55	2.3880	0.1014
11	0.0498	0.0118	26	0.4059	0.0387	41	1.2033	0.0702	56	2.4894	0.1037
12	0.0616	0.0133	27	0.4446	0.0407	42	1.2735	0.0724	57	2.5931	0.1060
13	0.0750	0.0149	28	0.4852	0.0427	43	1.3459	0.0746	58	2.6991	0.1060
14	0.0899	0.0165	29	0.5279	0.0447	44	1.4205	0.0768			
15	0.1065	0.0182	30	0.5726	0.0468	45	1.4974	0.0790			
16	0.1247	0.0199	31	0.6194	0.0489	46	1.5764	0.0812			

适用树种：刺槐；适用地区：东部林区；资料名称：辽宁省林业经营数表 (DB 21-778-814-94)；编表人或作者：辽宁省林业勘察设计院；出版机构：辽宁省技术监督局；刊印或发表时间：1994。

205. 辽宁西部林区油松一元立木材积表（轮尺）

$$V = 0.000076051908 D_{轮}^{1.9030339} H^{0.86055052}$$

$H = 33.8552 - 1284.6234/(D_{轮} + 38)$；表中$D$为轮尺径；$D_{轮} \leqslant 70\text{cm}$

D	V	ΔV	D	V	ΔV	D	V	ΔV	D	V	ΔV
3	0.0014	0.0016	20	0.1890	0.0241	37	0.8284	0.0532	54	1.9747	0.0834
4	0.0029	0.0024	21	0.2131	0.0257	38	0.8817	0.0550	55	2.0581	0.0852
5	0.0053	0.0033	22	0.2388	0.0274	39	0.9367	0.0568	56	2.1433	0.0870
6	0.0087	0.0043	23	0.2662	0.0290	40	0.9934	0.0585	57	2.2303	0.0888
7	0.0130	0.0054	24	0.2952	0.0307	41	1.0519	0.0603	58	2.3191	0.0906
8	0.0184	0.0066	25	0.3260	0.0324	42	1.1123	0.0621	59	2.4097	0.0923
9	0.0250	0.0078	26	0.3584	0.0341	43	1.1743	0.0639	60	2.5020	0.0941
10	0.0328	0.0091	27	0.3925	0.0358	44	1.2382	0.0656	61	2.5962	0.0959
11	0.0420	0.0105	28	0.4283	0.0375	45	1.3038	0.0674	62	2.6921	0.0977
12	0.0524	0.0119	29	0.4658	0.0392	46	1.3712	0.0692	63	2.7898	0.0995
13	0.0643	0.0133	30	0.5050	0.0410	47	1.4404	0.0710	64	2.8892	0.1012
14	0.0776	0.0147	31	0.5460	0.0427	48	1.5114	0.0728	65	2.9905	0.1030
15	0.0923	0.0162	32	0.5887	0.0444	49	1.5842	0.0745	66	3.0935	0.1048
16	0.1085	0.0178	33	0.6331	0.0462	50	1.6587	0.0763	67	3.1983	0.1066
17	0.1263	0.0193	34	0.6793	0.0479	51	1.7350	0.0781	68	3.3048	0.1083
18	0.1456	0.0209	35	0.7273	0.0497	52	1.8131	0.0799	69	3.4132	0.1101
19	0.1665	0.0225	36	0.7770	0.0515	53	1.8930	0.0817	70	3.5233	0.1101

适用树种：油松；适用地区：西部林区；资料名称：辽宁省林业经营数表 (DB 21-778-814-94)；编表人或作者：辽宁省林业勘察设计院；出版机构：辽宁省技术监督局；刊印或发表时间：1994。

206. 辽宁西部林区杨柳一元立木材积表（轮尺）

$$V = 0.000057468552D_{轮}^{1.915559}H^{0.9265922}$$

$H = 26.8687 - 235.7964/(D_{轮} + 8)$；表中$D$为轮尺径；$D_{轮} \leqslant 70$cm

D	V	ΔV	D	V	ΔV	D	V	ΔV	D	V	ΔV
3	0.0023	0.0028	20	0.2658	0.0303	37	1.0010	0.0576	54	2.1920	0.0839
4	0.0051	0.0042	21	0.2961	0.0319	38	1.0586	0.0592	55	2.2759	0.0854
5	0.0093	0.0057	22	0.3281	0.0336	39	1.1178	0.0607	56	2.3614	0.0870
6	0.0151	0.0073	23	0.3617	0.0352	40	1.1786	0.0623	57	2.4484	0.0885
7	0.0223	0.0089	24	0.3969	0.0368	41	1.2409	0.0639	58	2.5368	0.0900
8	0.0312	0.0105	25	0.4337	0.0385	42	1.3047	0.0654	59	2.6268	0.0915
9	0.0416	0.0121	26	0.4721	0.0401	43	1.3702	0.0670	60	2.7184	0.0930
10	0.0537	0.0138	27	0.5122	0.0417	44	1.4372	0.0685	61	2.8114	0.0945
11	0.0675	0.0154	28	0.5539	0.0433	45	1.5057	0.0701	62	2.9059	0.0960
12	0.0829	0.0171	29	0.5972	0.0449	46	1.5758	0.0716	63	3.0020	0.0976
13	0.1000	0.0187	30	0.6421	0.0465	47	1.6474	0.0732	64	3.0995	0.0991
14	0.1187	0.0204	31	0.6886	0.0481	48	1.7206	0.0747	65	3.1986	0.1006
15	0.1391	0.0220	32	0.7367	0.0497	49	1.7953	0.0763	66	3.2992	0.1021
16	0.1611	0.0237	33	0.7864	0.0513	50	1.8716	0.0778	67	3.4012	0.1036
17	0.1848	0.0254	34	0.8377	0.0529	51	1.9494	0.0793	68	3.5048	0.1051
18	0.2102	0.0270	35	0.8905	0.0545	52	2.0288	0.0809	69	3.6098	0.1065
19	0.2372	0.0287	36	0.9450	0.0560	53	2.1096	0.0824	70	3.7164	0.1065

适用树种：杨树、柳树；适用地区：西部林区；资料名称：辽宁省林业经营数表 (DB 21-778-814-94)；编表人或作者：辽宁省林业勘察设计院；出版机构：辽宁省技术监督局；刊印或发表时间：1994。

207. 辽宁柞树二元立木材积表（围尺）

$$V = 0.0000853076D_{轮}^{1.887196}H^{0.798487}$$

$D_{轮} = -0.0592 + 0.9635D_{围}$；表中$D$为围尺径；$D \leqslant 70$cm, $H \leqslant 26$m

D	H	V	D	H	V	D	H	V	D	H	V	D	H	V
4	3	0.0025	18	8	0.0972	32	13	0.4255	46	18	1.0957	60	23	2.2015
5	3	0.0039	19	8	0.1077	33	13	0.4510	47	18	1.1411	61	23	2.2713
6	4	0.0069	20	9	0.1304	34	14	0.5063	48	19	1.2398	62	24	2.4231
7	4	0.0093	21	9	0.1430	35	14	0.5348	49	19	1.2891	63	24	2.4975
8	4	0.0120	22	9	0.1562	36	14	0.5641	50	19	1.3393	64	24	2.5729
9	5	0.0179	23	10	0.1848	37	15	0.6277	51	20	1.4484	65	25	2.7371
10	5	0.0219	24	10	0.2003	38	15	0.6601	52	20	1.5026	66	25	2.8172
11	6	0.0304	25	11	0.2335	39	16	0.7300	53	21	1.6195	67	26	2.9906
12	6	0.0358	26	11	0.2514	40	16	0.7658	54	21	1.6777	68	26	3.0755
13	6	0.0417	27	11	0.2701	41	16	0.8024	55	21	1.7369	69	26	3.1615
14	7	0.0543	28	12	0.3101	42	17	0.8815	56	22	1.8651	70	27	3.3480
15	7	0.0619	29	12	0.3314	43	17	0.9215	57	22	1.9285			
16	7	0.0699	30	12	0.3533	44	17	0.9625	58	22	1.9929			
17	8	0.0872	31	13	0.4007	45	18	1.0511	59	23	2.1327			

适用树种：柞树（栎树）；适用地区：全省；资料名称：辽宁省林业经营数表 (DB 21-778-814-94)；编表人或作者：辽宁省林业勘察设计院；出版机构：辽宁省技术监督局；刊印或发表时间：1994。

208. 辽宁南部林区刺槐一元立木材积表（轮尺）

$$V = 0.00004991298D_{轮}^{1.6769859}H^{1.24507242}$$

$H = 25.5016 - 437.2167/(D_{轮} + 18)$；表中$D$为轮尺径；$D_{轮} \leqslant 40$cm

D	V	ΔV	D	V	ΔV	D	V	ΔV	D	V	ΔV
2	0.0008	0.0014	12	0.0632	0.0130	22	0.2501	0.0255	32	0.5579	0.0370
3	0.0022	0.0022	13	0.0762	0.0143	23	0.2756	0.0267	33	0.5949	0.0381
4	0.0044	0.0032	14	0.0905	0.0155	24	0.3023	0.0279	34	0.6331	0.0392
5	0.0076	0.0043	15	0.1060	0.0168	25	0.3302	0.0291	35	0.6723	0.0403
6	0.0119	0.0055	16	0.1228	0.0181	26	0.3593	0.0302	36	0.7126	0.0414
7	0.0174	0.0067	17	0.1409	0.0193	27	0.3895	0.0314	37	0.7540	0.0424
8	0.0241	0.0079	18	0.1603	0.0206	28	0.4209	0.0326	38	0.7964	0.0435
9	0.0320	0.0092	19	0.1809	0.0218	29	0.4535	0.0337	39	0.8399	0.0445
10	0.0411	0.0104	20	0.2027	0.0231	30	0.4871	0.0348	40	0.8844	0.0445
11	0.0515	0.0117	21	0.2258	0.0243	31	0.5220	0.0359			

适用树种：刺槐；适用地区：南部林区；资料名称：辽宁省林业经营数表 (DB 21-778-814-94)；编表人或作者：辽宁省林业勘察设计院；出版机构：辽宁省技术监督局；刊印或发表时间：1994。

209. 辽宁红松一元立木材积表（轮尺）

$$V = 0.000059229001D_{轮}^{1.9367571}H^{0.9327867}$$

$H = 40.1173 - 1344.6294/(D_{轮} + 32)$；表中$D$为轮尺径；$D_{轮} \leqslant 60\text{cm}$

D	V	ΔV	D	V	ΔV	D	V	ΔV	D	V	ΔV
3	0.0008	0.0014	18	0.1777	0.0269	33	0.8230	0.0621	48	2.0151	0.0995
4	0.0022	0.0024	19	0.2047	0.0291	34	0.8851	0.0646	49	2.1147	0.1020
5	0.0046	0.0035	20	0.2338	0.0314	35	0.9497	0.0670	50	2.2167	0.1046
6	0.0081	0.0048	21	0.2652	0.0336	36	1.0167	0.0695	51	2.3212	0.1071
7	0.0129	0.0062	22	0.2988	0.0359	37	1.0862	0.0720	52	2.4283	0.1096
8	0.0191	0.0077	23	0.3347	0.0382	38	1.1582	0.0744	53	2.5379	0.1121
9	0.0267	0.0093	24	0.3728	0.0405	39	1.2326	0.0769	54	2.6501	0.1147
10	0.0360	0.0110	25	0.4134	0.0429	40	1.3095	0.0794	55	2.7648	0.1172
11	0.0471	0.0128	26	0.4562	0.0452	41	1.3890	0.0819	56	2.8820	0.1197
12	0.0599	0.0147	27	0.5014	0.0476	42	1.4709	0.0844	57	3.0017	0.1223
13	0.0745	0.0166	28	0.5490	0.0500	43	1.5553	0.0869	58	3.1239	0.1248
14	0.0911	0.0186	29	0.5990	0.0524	44	1.6423	0.0894	59	3.2487	0.1273
15	0.1097	0.0206	30	0.6514	0.0548	45	1.7317	0.0920	60	3.3761	0.1273
16	0.1302	0.0227	31	0.7061	0.0572	46	1.8237	0.0945			
17	0.1529	0.0248	32	0.7634	0.0597	47	1.9182	0.0970			

适用树种：红松；适用地区：全省；资料名称：辽宁省林业经营数表(DB 21-778-814-94)；编表人或作者：辽宁省林业勘察设计院；出版机构：辽宁省技术监督局；刊印或发表时间：1994。

210. 辽宁南部林区刺槐二元立木材积表（围尺）

$$V = 0.000049913D_{轮}^{1.676986}H^{1.245072}$$

$D_{轮} = -0.0054 + 0.9735D_{围}$；表中$D$为围尺径；$D \leqslant 40\text{cm}$, $H \leqslant 18\text{m}$

D	H	V	D	H	V	D	H	V	D	H	V	D	H	V
4	3	0.0019	12	6	0.0286	20	10	0.1274	28	13	0.3107	36	17	0.6614
5	3	0.0028	13	7	0.0397	21	10	0.1383	29	14	0.3614	37	17	0.6925
6	4	0.0054	14	7	0.0449	22	11	0.1684	30	14	0.3825	38	18	0.7775
7	4	0.0070	15	8	0.0596	23	11	0.1814	31	15	0.4404	39	18	0.8122
8	5	0.0116	16	8	0.0664	24	12	0.2171	32	15	0.4645	40	19	0.9064
9	5	0.0141	17	9	0.0851	25	12	0.2325	33	16	0.5300			
10	6	0.0211	18	9	0.0937	26	13	0.2744	34	16	0.5572			
11	6	0.0247	19	9	0.1026	27	13	0.2923	35	16	0.5850			

适用树种：刺槐；适用地区：南部林区；资料名称：辽宁省林业经营数表 (DB 21-778-814-94)；编表人或作者：辽宁省林业勘察设计院；出版机构：辽宁省技术监督局；刊印或发表时间：1994。

211. 辽宁西部林区刺槐一元立木材积表（轮尺）

$$V = 0.00007118229 D_{轮}^{1.9414874} H^{0.8148708}$$

$H = 22.2927 - 328.7191/(D_{轮} + 14)$；表中$D$为轮尺径；$D_{轮} \leqslant 50$cm

D	V	ΔV	D	V	ΔV	D	V	ΔV	D	V	ΔV
3	0.0015	0.0018	15	0.0962	0.0159	27	0.3734	0.0317	39	0.8406	0.0475
4	0.0033	0.0027	16	0.1120	0.0172	28	0.4051	0.0330	40	0.8881	0.0488
5	0.0060	0.0037	17	0.1292	0.0185	29	0.4381	0.0343	41	0.9369	0.0501
6	0.0097	0.0048	18	0.1477	0.0198	30	0.4724	0.0356	42	0.9870	0.0514
7	0.0146	0.0059	19	0.1675	0.0211	31	0.5081	0.0370	43	1.0384	0.0527
8	0.0205	0.0071	20	0.1886	0.0224	32	0.5450	0.0383	44	1.0911	0.0540
9	0.0276	0.0083	21	0.2111	0.0238	33	0.5833	0.0396	45	1.1452	0.0553
10	0.0359	0.0095	22	0.2348	0.0251	34	0.6229	0.0409	46	1.2005	0.0566
11	0.0454	0.0108	23	0.2599	0.0264	35	0.6638	0.0422	47	1.2571	0.0579
12	0.0562	0.0120	24	0.2863	0.0277	36	0.7060	0.0435	48	1.3151	0.0592
13	0.0682	0.0133	25	0.3140	0.0290	37	0.7496	0.0449	49	1.3743	0.0605
14	0.0816	0.0146	26	0.3430	0.0304	38	0.7944	0.0462	50	1.4348	0.0605

适用树种：刺槐；适用地区：西部林区；资料名称：辽宁省林业经营数表 (DB 21-778-814-94)；编表人或作者：辽宁省林业勘察设计院；出版机构：辽宁省技术监督局；刊印或发表时间：1994。

212. 辽宁硬阔叶树二元立木材积表（围尺）

$$V = 0.000063312 D_{轮}^{1.798791} H^{1.00361}$$

$D_{轮} = -0.1195 + 0.9661 D_{围}$；表中$D$为围尺径；$D \leqslant 60$cm, $H \leqslant 25$m

D	H	V	D	H	V	D	H	V	D	H	V	D	H	V
4	3	0.0021	16	8	0.0693	28	13	0.3106	40	18	0.8198	52	22	1.6095
5	3	0.0031	17	8	0.0774	29	13	0.3309	41	18	0.8571	53	23	1.7417
6	4	0.0058	18	9	0.0966	30	13	0.3518	42	18	0.8952	54	23	1.8014
7	4	0.0077	19	9	0.1065	31	14	0.4021	43	19	0.9861	55	24	1.9432
8	5	0.0123	20	9	0.1169	32	14	0.4258	44	19	1.0279	56	24	2.0074
9	5	0.0152	21	10	0.1419	33	15	0.4824	45	20	1.1269	57	24	2.0725
10	5	0.0184	22	10	0.1543	34	15	0.5091	46	20	1.1725	58	25	2.2279
11	6	0.0263	23	11	0.1841	35	16	0.5724	47	20	1.2189	59	25	2.2976
12	6	0.0308	24	11	0.1988	36	16	0.6023	48	21	1.3296	60	26	2.4634
13	7	0.0416	25	11	0.2140	37	16	0.6328	49	21	1.3800			
14	7	0.0476	26	12	0.2507	38	17	0.7056	50	22	1.4996			
15	7	0.0539	27	12	0.2684	39	17	0.7395	51	22	1.5541			

适用树种：硬阔叶树；适用地区：全省；资料名称：辽宁省林业经营数表 (DB 21-778-814-94)；编表人或作者：辽宁省林业勘察设计院；出版机构：辽宁省技术监督局；刊印或发表时间：1994。

213. 辽宁软阔叶树二元立木材积表（围尺）

$$V = 0.00010599D_{轮}^{2.081086}H^{0.547909}$$

$D_{轮} = -0.2221 + 0.9707D_{围}$；表中$D$为围尺径；$D \leqslant 60\text{cm}$, $H \leqslant 30\text{m}$

D	H	V	D	H	V	D	H	V	D	H	V	D	H	V
4	4	0.0034	16	10	0.1094	28	15	0.4436	40	21	1.1264	52	27	2.2377
5	4	0.0055	17	10	0.1244	29	16	0.4947	41	22	1.2167	53	27	2.3286
6	5	0.0092	18	11	0.1478	30	16	0.5312	42	22	1.2797	54	28	2.4701
7	5	0.0129	19	11	0.1657	31	17	0.5882	43	22	1.3442	55	28	2.5667
8	6	0.0190	20	12	0.1936	32	17	0.6287	44	23	1.4453	56	29	2.7169
9	6	0.0244	21	12	0.2145	33	18	0.6919	45	23	1.5148	57	29	2.8193
10	7	0.0332	22	13	0.2472	34	18	0.7365	46	24	1.6235	58	30	2.9784
11	7	0.0407	23	13	0.2714	35	19	0.8062	47	24	1.6982	59	30	3.0867
12	8	0.0527	24	13	0.2968	36	19	0.8552	48	25	1.8148	60	31	3.2550
13	8	0.0624	25	14	0.3367	37	20	0.9315	49	25	1.8947			
14	9	0.0779	26	14	0.3656	38	20	0.9850	50	26	2.0194			
15	9	0.0901	27	15	0.4110	39	21	1.0682	51	26	2.1048			

适用树种：软阔叶树；适用地区：全省；资料名称：辽宁省林业经营数表 (DB 21-778-814-94)；编表人或作者：辽宁省林业勘察设计院；出版机构：辽宁省技术监督局；刊印或发表时间：1994。

214. 辽宁油松二元立木材积表（围尺）

$$V = 0.0000818856D^{1.887572}H^{0.852449}$$

$D_{轮} = -0.5420 + 1.0006D_{围}$；表中$D$为围尺径；$D \leqslant 60\text{cm}$, $H \leqslant 23\text{m}$

D	H	V	D	H	V	D	H	V	D	H	V	D	H	V
4	3	0.0022	16	7	0.0756	28	12	0.3542	40	16	0.8974	52	21	1.8678
5	3	0.0035	17	8	0.0954	29	12	0.3789	41	17	0.9907	53	21	1.9369
6	4	0.0066	18	8	0.1066	30	13	0.4330	42	17	1.0374	54	21	2.0071
7	4	0.0090	19	9	0.1310	31	13	0.4612	43	17	1.0852	55	22	2.1627
8	4	0.0119	20	9	0.1447	32	13	0.4902	44	18	1.1905	56	22	2.2383
9	5	0.0182	21	9	0.1590	33	14	0.5539	45	18	1.2428	57	23	2.4044
10	5	0.0225	22	10	0.1904	34	14	0.5866	46	18	1.2960	58	23	2.4855
11	6	0.0317	23	10	0.2075	35	14	0.6201	47	19	1.4141	59	23	2.5677
12	6	0.0377	24	10	0.2253	36	15	0.6942	48	19	1.4721	60	24	2.7492
13	6	0.0441	25	11	0.2644	37	15	0.7316	49	20	1.5996			
14	7	0.0582	26	11	0.2851	38	16	0.8135	50	20	1.6625			
15	7	0.0667	27	11	0.3066	39	16	0.8549	51	20	1.7265			

适用树种：油松；适用地区：全省；资料名称：辽宁省林业经营数表 (DB 21-778-814-94)；编表人或作者：辽宁省林业勘察设计院；出版机构：辽宁省技术监督局；刊印或发表时间：1994。

215. 辽宁油松二元立木材积表（轮尺）

$$V = 0.0000818856D_{轮}^{1.887572}H^{0.852449}$$

表中D为轮尺径；$D \leqslant 60$cm, $H \leqslant 23$m

D	H	V	D	H	V	D	H	V	D	H	V	D	H	V
4	3	0.0029	16	7	0.0806	28	12	0.3671	40	16	0.9197	52	21	1.9029
5	3	0.0044	17	8	0.1013	29	12	0.3922	41	17	1.0147	53	21	1.9725
6	4	0.0079	18	8	0.1128	30	13	0.4477	42	17	1.0619	54	21	2.0434
7	4	0.0105	19	9	0.1382	31	13	0.4763	43	17	1.1102	55	22	2.2010
8	4	0.0135	20	9	0.1522	32	13	0.5057	44	18	1.2173	56	22	2.2771
9	5	0.0204	21	9	0.1669	33	14	0.5709	45	18	1.2701	57	23	2.4454
10	5	0.0249	22	10	0.1993	34	14	0.6039	46	18	1.3238	58	23	2.5270
11	6	0.0349	23	10	0.2168	35	14	0.6379	47	19	1.4437	59	23	2.6099
12	6	0.0411	24	10	0.2349	36	15	0.7135	48	19	1.5023	60	24	2.7935
13	6	0.0478	25	11	0.2752	37	15	0.7514	49	20	1.6317			
14	7	0.0627	26	11	0.2964	38	16	0.8349	50	20	1.6951			
15	7	0.0714	27	11	0.3182	39	16	0.8768	51	20	1.7597			

适用树种：油松；适用地区：全省；资料名称：辽宁省林业经营数表 (DB 21-778-814-94)；编表人或作者：辽宁省林业勘察设计院；出版机构：辽宁省技术监督局；刊印或发表时间：1994。

216. 辽宁硬阔叶树二元立木材积表（轮尺）

$$V = 0.000063312D_{轮}^{1.798791}H^{1.00361}$$

表中D为轮尺径；$D \leqslant 60$cm, $H \leqslant 25$m

D	H	V	D	H	V	D	H	V	D	H	V	D	H	V
4	3	0.0023	16	8	0.0748	28	13	0.3331	40	18	0.8771	52	22	1.7198
5	3	0.0034	17	8	0.0834	29	13	0.3548	41	18	0.9170	53	23	1.8610
6	4	0.0064	18	9	0.1040	30	13	0.3771	42	18	0.9576	54	23	1.9246
7	4	0.0084	19	9	0.1147	31	14	0.4309	43	19	1.0547	55	24	2.0760
8	5	0.0134	20	9	0.1257	32	14	0.4562	44	19	1.0992	56	24	2.1444
9	5	0.0166	21	10	0.1526	33	15	0.5168	45	20	1.2050	57	24	2.2138
10	5	0.0200	22	10	0.1659	34	15	0.5453	46	20	1.2536	58	25	2.3796
11	6	0.0286	23	11	0.1977	35	16	0.6129	47	20	1.3031	59	25	2.4539
12	6	0.0334	24	11	0.2135	36	16	0.6448	48	21	1.4213	60	26	2.6308
13	7	0.0450	25	11	0.2297	37	16	0.6774	49	21	1.4750			
14	7	0.0514	26	12	0.2690	38	17	0.7552	50	22	1.6027			
15	7	0.0582	27	12	0.2879	39	17	0.7914	51	22	1.6608			

适用树种：硬阔叶树；适用地区：全省；资料名称：辽宁省林业经营数表 (DB 21-778-814-94)；编表人或作者：辽宁省林业勘察设计院；出版机构：辽宁省技术监督局；刊印或发表时间：1994。

217. 辽宁软阔叶树二元立木材积表（轮尺）

$$V = 0.00010599D_{轮}^{2.081086}H^{0.547909}$$

表中D为轮尺径；$D \leqslant 60$cm, $H \leqslant 30$m

D	H	V	D	H	V	D	H	V	D	H	V	D	H	V
4	4	0.0041	16	10	0.1200	28	15	0.4801	40	21	1.2127	52	27	2.4026
5	4	0.0065	17	10	0.1361	29	16	0.5350	41	22	1.3096	53	27	2.4997
6	5	0.0107	18	11	0.1615	30	16	0.5742	42	22	1.3769	54	28	2.6512
7	5	0.0147	19	11	0.1807	31	17	0.6355	43	22	1.4460	55	28	2.7544
8	6	0.0214	20	12	0.2109	32	17	0.6789	44	23	1.5543	56	29	2.9151
9	6	0.0274	21	12	0.2335	33	18	0.7468	45	23	1.6287	57	29	3.0245
10	7	0.0371	22	13	0.2687	34	18	0.7947	46	24	1.7452	58	30	3.1948
11	7	0.0452	23	13	0.2948	35	19	0.8694	47	24	1.8250	59	30	3.3105
12	8	0.0583	24	13	0.3221	36	19	0.9219	48	25	1.9499	60	31	3.4904
13	8	0.0689	25	14	0.3652	37	20	1.0039	49	25	2.0354			
14	9	0.0858	26	14	0.3962	38	20	1.0611	50	26	2.1689			
15	9	0.0990	27	15	0.4451	39	21	1.1504	51	26	2.2602			

适用树种：软阔叶树；适用地区：全省；资料名称：辽宁省林业经营数表 (DB 21-778-814-94)；编表人或作者：辽宁省林业勘察设计院；出版机构：辽宁省技术监督局；刊印或发表时间：1994。

218. 辽宁柞树一元立木材积表

D	V	ΔV	D	V	ΔV	D	V	ΔV	D	V	ΔV
4	0.0049	0.0041	14	0.1003	0.0191	24	0.3684	0.0393	34	0.8538	0.0631
5	0.0090	0.0041	15	0.1194	0.0191	25	0.4077	0.0393	35	0.9170	0.0632
6	0.0130	0.0065	16	0.1385	0.0228	26	0.4469	0.0438	36	0.9801	0.0683
7	0.0195	0.0065	17	0.1613	0.0228	27	0.4907	0.0438	37	1.0484	0.0683
8	0.0260	0.0093	18	0.1840	0.0266	28	0.5344	0.0484	38	1.1167	0.0735
9	0.0353	0.0093	19	0.2106	0.0266	29	0.5828	0.0484	39	1.1902	0.0735
10	0.0445	0.0123	20	0.2372	0.0307	30	0.6312	0.0532	40	1.2636	0.0735
11	0.0568	0.0123	21	0.2679	0.0307	31	0.6844	0.0532			
12	0.0691	0.0156	22	0.2986	0.0349	32	0.7376	0.0581			
13	0.0847	0.0156	23	0.3335	0.0349	33	0.7957	0.0581			

适用树种：柞树（栎树）；适用地区：全省；资料名称：辽宁林业工作手册；编表人或作者：辽宁省林业学校；刊印或发表时间：1971。

219. 辽宁柞树二元立木材积表（轮尺）

$$V = 0.0000853076D_{轮}^{1.887196}H^{0.798487}$$

表中D为轮尺径；$D \leqslant 70\text{cm}, H \leqslant 26\text{m}$

D	H	V	D	H	V	D	H	V	D	H	V	D	H	V
4	3	0.0028	18	8	0.1050	32	13	0.4581	46	18	1.1783	60	23	2.3661
5	3	0.0043	19	8	0.1162	33	13	0.4855	47	18	1.2271	61	23	2.4411
6	4	0.0076	20	9	0.1407	34	14	0.5450	48	19	1.3332	62	24	2.6041
7	4	0.0102	21	9	0.1542	35	14	0.5756	49	19	1.3861	63	24	2.6840
8	4	0.0131	22	9	0.1684	36	14	0.6070	50	19	1.4399	64	24	2.7649
9	5	0.0195	23	10	0.1992	37	15	0.6754	51	20	1.5573	65	25	2.9414
10	5	0.0238	24	10	0.2159	38	15	0.7103	52	20	1.6154	66	25	3.0273
11	6	0.0329	25	11	0.2516	39	16	0.7854	53	21	1.7410	67	26	3.2136
12	6	0.0388	26	11	0.2709	40	16	0.8239	54	21	1.8036	68	26	3.3047
13	6	0.0451	27	11	0.2909	41	16	0.8632	55	21	1.8671	69	26	3.3970
14	7	0.0587	28	12	0.3340	42	17	0.9481	56	22	2.0048	70	27	3.5973
15	7	0.0669	29	12	0.3569	43	17	0.9912	57	22	2.0729			
16	7	0.0755	30	12	0.3805	44	17	1.0351	58	22	2.1420			
17	8	0.0942	31	13	0.4315	45	18	1.1304	59	23	2.2922			

适用树种：柞树（栎树）；适用地区：全省；资料名称：辽宁省林业经营数表 (DB 21-778-814-94)；编表人或作者：辽宁省林业勘察设计院；出版机构：辽宁省技术监督局；刊印或发表时间：1994。

220. 辽宁桦树一元立木材积表

D	V	ΔV	D	V	ΔV	D	V	ΔV	D	V	ΔV
4	0.0063	0.0050	14	0.1148	0.0205	24	0.3983	0.0405	34	0.8912	0.0630
5	0.0113	0.0050	15	0.1353	0.0205	25	0.4388	0.0405	35	0.9542	0.0630
6	0.0162	0.0076	16	0.1558	0.0245	26	0.4793	0.0448	36	1.0172	0.0677
7	0.0238	0.0076	17	0.1803	0.0245	27	0.5241	0.0448	37	1.0849	0.0677
8	0.0314	0.0106	18	0.2048	0.0283	28	0.5688	0.0493	38	1.1525	0.0725
9	0.0420	0.0106	19	0.2331	0.0283	29	0.6181	0.0493	39	1.2251	0.0726
10	0.0526	0.0138	20	0.2613	0.0322	30	0.6673	0.0537	40	1.2976	0.0726
11	0.0664	0.0138	21	0.2935	0.0322	31	0.7210	0.0537			
12	0.0802	0.0173	22	0.3257	0.0363	32	0.7746	0.0583			
13	0.0975	0.0173	23	0.3620	0.0363	33	0.8329	0.0583			

适用树种：桦树；适用地区：全省；资料名称：辽宁林业工作手册；编表人或作者：辽宁省林业学校；刊印或发表时间：1971。

221. 辽宁胡桃楸一元立木材积表

D	V	ΔV	D	V	ΔV	D	V	ΔV	D	V	ΔV
4	0.0063	0.0048	14	0.1079	0.0191	24	0.3660	0.0364	34	0.8061	0.0558
5	0.0111	0.0048	15	0.1270	0.0191	25	0.4024	0.0364	35	0.8619	0.0558
6	0.0158	0.0073	16	0.1460	0.0224	26	0.4388	0.0402	36	0.9176	0.0598
7	0.0231	0.0073	17	0.1684	0.0224	27	0.4790	0.0402	37	0.9774	0.0598
8	0.0303	0.0102	18	0.1907	0.0257	28	0.5191	0.0440	38	1.0372	0.0640
9	0.0405	0.0102	19	0.2164	0.0257	29	0.5631	0.0439	39	1.1012	0.0640
10	0.0506	0.0127	20	0.2421	0.0292	30	0.6070	0.0478	40	1.1651	0.0640
11	0.0633	0.0127	21	0.2713	0.0292	31	0.6548	0.0478			
12	0.0760	0.0160	22	0.3005	0.0328	32	0.7026	0.0518			
13	0.0920	0.0160	23	0.3333	0.0328	33	0.7544	0.0518			

适用树种：胡桃楸；适用地区：全省；资料名称：辽宁林业工作手册；编表人或作者：辽宁省林业学校；刊印或发表时间：1971。

222. 辽宁椴树一元立木材积表

D	V	ΔV	D	V	ΔV	D	V	ΔV	D	V	ΔV
4	0.0048	0.0041	11	0.0575	0.0126	18	0.1881	0.0275	25	0.4197	0.0408
5	0.0089	0.0041	12	0.0701	0.0160	19	0.2156	0.0275	26	0.4604	0.0456
6	0.0130	0.0066	13	0.0861	0.0160	20	0.2431	0.0318	27	0.5060	0.0456
7	0.0196	0.0066	14	0.1020	0.0196	21	0.2749	0.0318	28	0.5515	0.0456
8	0.0261	0.0094	15	0.1216	0.0196	22	0.3066	0.0362			
9	0.0355	0.0094	16	0.1412	0.0235	23	0.3428	0.0362			
10	0.0449	0.0126	17	0.1647	0.0235	24	0.3789	0.0408			

适用树种：椴树；适用地区：全省；资料名称：辽宁林业工作手册；编表人或作者：辽宁省林业学校；刊印或发表时间：1971。

223. 辽宁槭树一元立木材积表

D	V	ΔV	D	V	ΔV	D	V	ΔV	D	V	ΔV
4	0.0052	0.0040	11	0.0536	0.0110	18	0.1637	0.0224	25	0.3484	0.0319
5	0.0092	0.0040	12	0.0646	0.0137	19	0.1861	0.0224	26	0.3803	0.0352
6	0.0132	0.0062	13	0.0783	0.0137	20	0.2084	0.0255	27	0.4155	0.0352
7	0.0194	0.0062	14	0.0920	0.0165	21	0.2339	0.0255	28	0.4507	0.0386
8	0.0255	0.0086	15	0.1085	0.0165	22	0.2593	0.0286	29	0.4893	0.0386
9	0.0341	0.0086	16	0.1250	0.0194	23	0.2879	0.0286	30	0.5279	0.0386
10	0.0426	0.0110	17	0.1444	0.0194	24	0.3165	0.0319			

适用树种：槭树；适用地区：全省；资料名称：辽宁林业工作手册；编表人或作者：辽宁省林业学校；刊印或发表时间：1971。

224. 辽宁榆树一元立木材积表

D	V	ΔV	D	V	ΔV	D	V	ΔV	D	V	ΔV
4	0.0049	0.0039	14	0.0929	0.0173	24	0.3291	0.0341	34	0.7455	0.0536
5	0.0088	0.0039	15	0.1102	0.0173	25	0.3632	0.0341	35	0.7991	0.0536
6	0.0127	0.0062	16	0.1274	0.0201	26	0.3972	0.0377	36	0.8526	0.0577
7	0.0189	0.0062	17	0.1475	0.0201	27	0.4349	0.0377	37	0.9103	0.0577
8	0.0250	0.0086	18	0.1675	0.0235	28	0.4726	0.0416	38	0.9680	0.0619
9	0.0336	0.0086	19	0.1910	0.0235	29	0.5142	0.0416	39	1.0300	0.0620
10	0.0421	0.0113	20	0.2145	0.0269	30	0.5557	0.0455	40	1.0919	0.0620
11	0.0534	0.0113	21	0.2414	0.0269	31	0.6012	0.0455			
12	0.0647	0.0141	22	0.2683	0.0304	32	0.6466	0.0495			
13	0.0788	0.0141	23	0.2987	0.0304	33	0.6961	0.0495			

适用树种：榆树；适用地区：全省；资料名称：辽宁林业工作手册；编表人或作者：辽宁省林业学校；刊印或发表时间：1971。

225. 辽宁柳树一元立木材积表

D	V	ΔV	D	V	ΔV	D	V	ΔV	D	V	ΔV
4	0.0069	0.0044	11	0.0545	0.0100	18	0.1474	0.0177	25	0.2886	0.0235
5	0.0113	0.0044	12	0.0645	0.0119	19	0.1651	0.0177	26	0.3121	0.0255
6	0.0157	0.0063	13	0.0764	0.0119	20	0.1828	0.0196	27	0.3376	0.0255
7	0.0220	0.0063	14	0.0883	0.0139	21	0.2024	0.0196	28	0.3630	0.0275
8	0.0282	0.0082	15	0.1022	0.0139	22	0.2220	0.0216	29	0.3905	0.0275
9	0.0364	0.0082	16	0.1160	0.0157	23	0.2436	0.0216	30	0.4179	0.0275
10	0.0445	0.0100	17	0.1317	0.0157	24	0.2651	0.0235			

适用树种：柳树；适用地区：全省；资料名称：辽宁林业工作手册；编表人或作者：辽宁省林业学校；刊印或发表时间：1971。

226. 辽宁小叶杨一元立木材积表

D	V	ΔV	D	V	ΔV	D	V	ΔV	D	V	ΔV
4	0.0040	0.0032	11	0.0438	0.0093	18	0.1379	0.0195	25	0.2999	0.0282
5	0.0072	0.0032	12	0.0530	0.0117	19	0.1574	0.0195	26	0.3281	0.0313
6	0.0104	0.0050	13	0.0647	0.0117	20	0.1768	0.0223	27	0.3594	0.0313
7	0.0154	0.0050	14	0.0763	0.0141	21	0.1991	0.0223	28	0.3907	0.0345
8	0.0204	0.0071	15	0.0904	0.0141	22	0.2213	0.0252	29	0.4252	0.0345
9	0.0275	0.0071	16	0.1045	0.0167	23	0.2465	0.0252	30	0.4597	0.0345
10	0.0345	0.0092	17	0.1212	0.0167	24	0.2717	0.0282			

适用树种：小叶杨；适用地区：全省；资料名称：辽宁林业工作手册；编表人或作者：辽宁省林业学校；刊印或发表时间：1971。

227. 辽宁人工落叶松一元立木材积表

D	V	ΔV	D	V	ΔV	D	V	ΔV	D	V	ΔV
4	0.0050	0.0055	10	0.0560	0.0155	16	0.1720	0.0280	22	0.3680	0.0430
5	0.0105	0.0055	11	0.0715	0.0155	17	0.2000	0.0280	23	0.4110	0.0430
6	0.0160	0.0085	12	0.0870	0.0190	18	0.2280	0.0330	24	0.4540	0.0430
7	0.0245	0.0085	13	0.1060	0.0190	19	0.2610	0.0330			
8	0.0330	0.0115	14	0.1250	0.0235	20	0.2940	0.0370			
9	0.0445	0.0115	15	0.1485	0.0235	21	0.3310	0.0370			

适用树种：人工落叶松；适用地区：全省；资料名称：森林调查工作手册；编表人或作者：黑龙江省森林资源调查管理局；刊印或发表时间：1971。

228. 辽宁人工黑松一元立木材积表

辽

D	V	ΔV	D	V	ΔV	D	V	ΔV	D	V	ΔV
4	0.0040	0.0040	10	0.0420	0.0110	16	0.1220	0.0195	22	0.2500	0.0255
5	0.0080	0.0040	11	0.0530	0.0110	17	0.1415	0.0195	23	0.2755	0.0255
6	0.0120	0.0060	12	0.0640	0.0130	18	0.1610	0.0215	24	0.3010	0.0255
7	0.0180	0.0060	13	0.0770	0.0130	19	0.1825	0.0215			
8	0.0240	0.0090	14	0.0900	0.0160	20	0.2040	0.0230			
9	0.0330	0.0090	15	0.1060	0.0160	21	0.2270	0.0230			

适用树种：人工黑松；适用地区：全省；资料名称：森林调查工作手册；编表人或作者：黑龙江省森林资源调查管理局；刊印或发表时间：1971。

229. 辽宁柞树一元立木材积表

D	V	ΔV	D	V	ΔV	D	V	ΔV	D	V	ΔV
4	0.0060	0.0038	9	0.0346	0.0085	14	0.0880	0.0126	19	0.1659	0.0178
5	0.0098	0.0038	10	0.0430	0.0102	15	0.1006	0.0126	20	0.1836	0.0196
6	0.0135	0.0063	11	0.0532	0.0102	16	0.1132	0.0175	21	0.2032	0.0196
7	0.0198	0.0063	12	0.0634	0.0123	17	0.1307	0.0175	22	0.2228	0.0196
8	0.0261	0.0085	13	0.0757	0.0123	18	0.1481	0.0178			

适用树种：柞树（栎树）；适用地区：全省；资料名称：森林调查工作手册；编表人或作者：黑龙江省森林资源调查管理局；刊印或发表时间：1971。

230. 辽宁水曲柳一元立木材积表

D	V	ΔV	D	V	ΔV	D	V	ΔV	D	V	ΔV
4	0.0057	0.0045	14	0.1094	0.0204	24	0.3938	0.0413	34	0.9011	0.0656
5	0.0102	0.0045	15	0.1298	0.0204	25	0.4351	0.0413	35	0.9667	0.0656
6	0.0146	0.0072	16	0.1502	0.0243	26	0.4763	0.0459	36	1.0322	0.0708
7	0.0218	0.0072	17	0.1745	0.0243	27	0.5222	0.0458	37	1.1030	0.0708
8	0.0289	0.0102	18	0.1987	0.0283	28	0.5680	0.0506	38	1.1738	0.0761
9	0.0391	0.0102	19	0.2270	0.0283	29	0.6186	0.0506	39	1.2499	0.0761
10	0.0492	0.0133	20	0.2553	0.0325	30	0.6692	0.0555	40	1.3259	0.0761
11	0.0625	0.0133	21	0.2878	0.0325	31	0.7247	0.0555			
12	0.0758	0.0168	22	0.3202	0.0368	32	0.7802	0.0605			
13	0.0926	0.0168	23	0.3570	0.0368	33	0.8407	0.0605			

适用树种：水曲柳；适用地区：全省；资料名称：辽宁林业工作手册；编表人或作者：辽宁省林业学校；刊印或发表时间：1971。

231. 辽宁人工落叶松一元立木材积表（围尺）

D	V	ΔV	D	V	ΔV	D	V	ΔV	D	V	ΔV
4	0.0023	0.0029	19	0.2224	0.0294	34	0.8603	0.0573	49	1.9106	0.0842
5	0.0052	0.0043	20	0.2518	0.0312	35	0.9176	0.0592	50	1.9948	0.0861
6	0.0095	0.0058	21	0.2830	0.0332	36	0.9768	0.0611	51	2.0809	0.0877
7	0.0153	0.0074	22	0.3162	0.0350	37	1.0379	0.0628	52	2.1686	0.0896
8	0.0227	0.0090	23	0.3512	0.0370	38	1.1007	0.0647	53	2.2582	0.0912
9	0.0317	0.0109	24	0.3882	0.0388	39	1.1654	0.0664	54	2.3494	0.0930
10	0.0426	0.0125	25	0.4270	0.0407	40	1.2318	0.0683	55	2.4424	0.0948
11	0.0551	0.0144	26	0.4677	0.0425	41	1.3001	0.0701	56	2.5372	0.0964
12	0.0695	0.0163	27	0.5102	0.0445	42	1.3702	0.0718	57	2.6336	0.0982
13	0.0858	0.0180	28	0.5547	0.0463	43	1.4420	0.0737	58	2.7318	0.0999
14	0.1038	0.0200	29	0.6010	0.0481	44	1.5157	0.0754	59	2.8317	0.1016
15	0.1238	0.0218	30	0.6491	0.0500	45	1.5911	0.0772	60	2.9333	0.1034
16	0.1456	0.0237	31	0.6991	0.0519	46	1.6683	0.0790	61	3.0367	0.1050
17	0.1693	0.0256	32	0.7510	0.0537	47	1.7473	0.0808	62	3.1417	0.1050
18	0.1949	0.0275	33	0.8047	0.0556	48	1.8281	0.0825			

适用树种：人工落叶松；适用地区：全省；资料名称：林业经营数表；编表人或作者：辽宁省林业勘察设计院；刊印或发表时间：1980。

232. 辽宁山杨一元立木材积表

D	V	ΔV	D	V	ΔV	D	V	ΔV	D	V	ΔV
4	0.0056	0.0046	14	0.1070	0.0204	24	0.3839	0.0399	34	0.8721	0.0630
5	0.0102	0.0046	15	0.1274	0.0204	25	0.4238	0.0399	35	0.9351	0.0630
6	0.0147	0.0070	16	0.1477	0.0235	26	0.4636	0.0442	36	0.9980	0.0677
7	0.0217	0.0070	17	0.1712	0.0235	27	0.5078	0.0442	37	1.0657	0.0677
8	0.0287	0.0101	18	0.1947	0.0266	28	0.5520	0.0506	38	1.1333	0.0728
9	0.0388	0.0101	19	0.2213	0.0266	29	0.6026	0.0506	39	1.2061	0.0727
10	0.0488	0.0131	20	0.2479	0.0325	30	0.6531	0.0516	40	1.2788	0.0727
11	0.0619	0.0131	21	0.2804	0.0325	31	0.7047	0.0516			
12	0.0750	0.0160	22	0.3128	0.0356	32	0.7562	0.0580			
13	0.0910	0.0160	23	0.3484	0.0356	33	0.8142	0.0579			

适用树种：山杨；适用地区：全省；资料名称：辽宁林业工作手册；编表人或作者：辽宁省林业学校；刊印或发表时间：1971。

233. 辽宁西部林区杨、柳一元立木材积表（围尺）

D	V	ΔV	D	V	ΔV	D	V	ΔV	D	V	ΔV
3	0.0005	0.0015	20	0.1984	0.0236	37	0.7818	0.0461	54	1.7400	0.0678
4	0.0020	0.0026	21	0.2220	0.0251	38	0.8279	0.0474	55	1.8078	0.0690
5	0.0046	0.0038	22	0.2471	0.0263	39	0.8753	0.0487	56	1.8768	0.0703
6	0.0084	0.0049	23	0.2734	0.0278	40	0.9240	0.0500	57	1.9471	0.0715
7	0.0133	0.0062	24	0.3012	0.0290	41	0.9740	0.0513	58	2.0186	0.0727
8	0.0195	0.0075	25	0.3302	0.0304	42	1.0253	0.0526	59	2.0913	0.0741
9	0.0270	0.0089	26	0.3606	0.0317	43	1.0779	0.0538	60	2.1654	0.0752
10	0.0359	0.0101	27	0.3923	0.0330	44	1.1317	0.0551	61	2.2406	0.0765
11	0.0460	0.0116	28	0.4253	0.0344	45	1.1868	0.0563	62	2.3171	0.0777
12	0.0576	0.0128	29	0.4597	0.0357	46	1.2431	0.0578	63	2.3948	0.0790
13	0.0704	0.0142	30	0.4954	0.0370	47	1.3009	0.0589	64	2.4738	0.0802
14	0.0846	0.0156	31	0.5324	0.0383	48	1.3598	0.0602	65	2.5540	0.0815
15	0.1002	0.0169	32	0.5707	0.0396	49	1.4200	0.0615	66	2.6355	0.0827
16	0.1171	0.0183	33	0.6103	0.0409	50	1.4815	0.0627	67	2.7182	0.0839
17	0.1354	0.0196	34	0.6512	0.0422	51	1.5442	0.0640	68	2.8021	0.0851
18	0.1550	0.0210	35	0.6934	0.0436	52	1.6082	0.0653	69	2.8872	0.0864
19	0.1760	0.0224	36	0.7370	0.0448	53	1.6735	0.0665	70	2.9736	0.0864

适用树种：杨树、柳树；适用地区：西部林区；资料名称：林业经营数表；编表人或作者：辽宁省林业勘察设计院；刊印或发表时间：1980。

234. 辽宁速生杨二元立木材积表

$V = 0.00006841D^{1.98619797}H^{0.77827151}$； $D \leqslant 52\text{cm}, H \leqslant 18\text{m}$

D	H	V	D	H	V	D	H	V	D	H	V	D	H	V
5	5	0.0059	15	10	0.0890	25	16	0.3539	35	21	0.8531	45	27	1.7089
6	6	0.0097	16	11	0.1089	26	16	0.3825	36	22	0.9354	46	27	1.7852
7	6	0.0132	17	12	0.1315	27	17	0.4322	37	22	0.9878	47	28	1.9165
8	7	0.0193	18	12	0.1473	28	17	0.4646	38	23	1.0781	48	28	1.9984
9	7	0.0244	19	13	0.1746	29	18	0.5208	39	23	1.1352	49	29	2.1396
10	8	0.0334	20	13	0.1933	30	19	0.5810	40	24	1.2340	50	29	2.2272
11	8	0.0404	21	14	0.2256	31	19	0.6201	41	25	1.3378	51	30	2.3784
12	9	0.0526	22	14	0.2474	32	20	0.6874	42	25	1.4034	52	30	2.4720
13	9	0.0617	23	15	0.2852	33	20	0.7307	43	26	1.5162			
14	10	0.0776	24	15	0.3103	34	21	0.8054	44	26	1.5870			

适用树种：速生杨；适用地区：辽宁省；资料名称：辽宁省地方标准 (DB 21/T 2275—2014) 速生杨二元立木材积表；编表人或作者：辽宁省林业调查规划院；出版机构：辽宁省质量技术监督局；刊印或发表时间：2014。

235. 辽宁华北落叶松二元立木材积表

$V = 0.00005741D^{1.77035219}H^{1.12503045}$； $D \leqslant 40\text{cm}, H \leqslant 24\text{m}$

D	H	V	D	H	V	D	H	V	D	H	V	D	H	V
5	5	0.0061	13	9	0.0638	21	14	0.2450	29	18	0.5757	37	23	1.1675
6	6	0.0103	14	10	0.0819	22	14	0.2661	30	19	0.6496	38	23	1.2239
7	6	0.0135	15	11	0.1030	23	15	0.3111	31	19	0.6884	39	24	1.3443
8	7	0.0203	16	11	0.1154	24	16	0.3607	32	20	0.7715	40	24	1.4060
9	7	0.0251	17	12	0.1417	25	16	0.3877	33	21	0.8607			
10	8	0.0351	18	12	0.1568	26	17	0.4449	34	21	0.9074			
11	8	0.0416	19	13	0.1888	27	17	0.4757	35	22	1.0065			
12	9	0.0553	20	13	0.2068	28	18	0.5410	36	22	1.0579			

适用树种：华北落叶松；适用地区：辽宁省；资料名称：辽宁省地方标准 (DB 21/T 2275—2014) 速生杨二元立木材积表；编表人或作者：辽宁省林业调查规划院；出版机构：辽宁省质量技术监督局；刊印或发表时间：2014。

7 吉林省立木材积表

吉林省林业厅发布的立木材积表有过几次更新，2015 年发行了最新版（2016 年开始使用），此前使用的是 2003 年发布的材积表。2003 年版的材积表共有 8 个树种组和将近 250 个一元材积表，2015 年版的材积表调整为 12 个树种组和 80 个一元材积表，编表单元（地区）也从原来的 31 个调整为 8 个。由于篇幅的关系，并考虑到生产实际及教学与科研的需要，本书主要收录 2003 年版的一元材积表（信息更详细些），而 2015 版的只收录材积式及用于导算材积表的树高方程等计算工具，包括：地径立木材积式（→372页）、二元立木材积式（→403页）、立木树高方程（→405页）、立木胸径轮围转换方程（→412页）。此外，还收录了更早刊印的一些树种比较具体的一元立木材积表。

吉林省立木材积表（2003）使用说明

吉林省一元立木材积表有地方营林局和国有林业局两套表格，地方营林局划分为 13 个编表单元，以行政区命名，国有林业局从地域上分为 3 个森工区 18 个林业局，每个林业局为一个编表单元。长白山保护局采用白河林业局材积表。

一、地方林业局编表地区划分

吉林市I：蛟河市、桦甸市、上营经营局、省蛟河林业实验区管理局。

吉林市II：舒兰市、永吉县、磐石市、三湖保护局、吉林市区。

通化市I：集安市、通化县、辉南经营局、柳河县、辉南县。

通化市II：通化市区、梅河口市。

白山市I：长白经营局、长白县。

白山市II：临江市、八道江区、抚松县、江源县、靖宇县。

延边州I：敦化市、和龙市、安图森林经营局、汪清县、珲春市。

延边州II：安图县、龙井市、延吉市、图们市。

二、国有林业局分区编表地区划分

延边森工区：汪清、大兴沟、天桥岭、和龙、八家子、大石头、敦化、黄泥河、白河、珲春。

吉林森工区：红石、白石山。

白山森工区：三岔子、露水河、湾沟、临江、松江河、泉阳。

1980 年代以前 18 个林业局都属于吉林省林业厅管理，分别在延边朝鲜族自治州，白山市（原浑江市）和吉林市管辖的区域。1980 年代后期，国家把延边的 10 个林业局划归延边管理（称延边森工区），与林业厅脱离，林业厅仅在业务上指导。之后国家要求政企分离，吉林省把林业厅管辖的 8 个国有林业局分出成立了吉林森工集团，归省国资委管。这 8 个林业局有 6 个在白山市境内（称白山森工区），2 个在吉林市境内（称吉林森工区）。

三、天然林树种组划分

1. 针叶：包括红松、云杉、樟子松、落叶松、臭冷杉（臭松）及其他针叶树。

2. 一类阔叶：包括水曲柳、胡桃楸、黄波罗、椴树、榆树、枫桦、白桦、杨树。

吉

3. 二类阔叶：包括色木槭、杂木。

4. 柞树：包括栎树类和黑桦。

注：长春市、四平市、白城市和松原市一类阔叶、二类阔叶、柞树统称为阔叶。

四、人工林树种组划分

1. 人工红松：包括人工鱼鳞云杉、人工赤柏松、人工红皮云杉。

2. 人工樟子松：包括人工赤松、人工黑松。

3. 人工落叶松。

4. 人工杨树：包括人工大青杨、人工香杨、人工朝鲜柳。

5. 其他人工阔叶树查相应编表单位的人工杨树。

注：人工林以市（州）为编表单位，不分区（I或II）。

五、使用方法

轮尺材积表：吉林省所有围尺径材积表都附有轮尺径二元材积方程和树高方程，将树高方程代入材积方程即可计算轮尺径材积。由于篇幅的关系，本书未将轮尺径材积表单独给出。

236. 长春市针叶树一元立木材积表（围尺）

$$V = 0.00007349D_{轮}^{1.96240694}H^{0.80185729}$$

$$H = 32.722135 - 927.018963/(D_{轮} + 28)$$

$D_{轮} = -0.38941 + 0.97868D_{围}$；表中$D$为围尺径；$D \leqslant 100$cm

D	V	ΔV	D	V	ΔV	D	V	ΔV	D	V	ΔV
5	0.0045	0.0031	29	0.4732	0.0401	53	1.9336	0.0836	77	4.4478	0.1277
6	0.0076	0.0042	30	0.5133	0.0419	54	2.0173	0.0855	78	4.5755	0.1296
7	0.0117	0.0053	31	0.5552	0.0437	55	2.1027	0.0873	79	4.7051	0.1314
8	0.0171	0.0065	32	0.5989	0.0455	56	2.1900	0.0891	80	4.8365	0.1332
9	0.0236	0.0078	33	0.6444	0.0473	57	2.2792	0.0910	81	4.9697	0.1351
10	0.0314	0.0092	34	0.6916	0.0490	58	2.3701	0.0928	82	5.1048	0.1369
11	0.0406	0.0106	35	0.7407	0.0508	59	2.4629	0.0946	83	5.2417	0.1387
12	0.0511	0.0120	36	0.7915	0.0526	60	2.5576	0.0965	84	5.3804	0.1406
13	0.0631	0.0135	37	0.8442	0.0544	61	2.6541	0.0983	85	5.5210	0.1424
14	0.0766	0.0150	38	0.8986	0.0563	62	2.7524	0.1002	86	5.6634	0.1442
15	0.0915	0.0165	39	0.9549	0.0581	63	2.8525	0.1020	87	5.8077	0.1461
16	0.1081	0.0181	40	1.0130	0.0599	64	2.9545	0.1038	88	5.9538	0.1479
17	0.1262	0.0197	41	1.0728	0.0617	65	3.0584	0.1057	89	6.1017	0.1497
18	0.1459	0.0213	42	1.1345	0.0635	66	3.1640	0.1075	90	6.2514	0.1516
19	0.1672	0.0230	43	1.1981	0.0653	67	3.2716	0.1094	91	6.4030	0.1534
20	0.1902	0.0246	44	1.2634	0.0672	68	3.3809	0.1112	92	6.5564	0.1552
21	0.2148	0.0263	45	1.3305	0.0690	69	3.4921	0.1130	93	6.7117	0.1571
22	0.2411	0.0280	46	1.3995	0.0708	70	3.6051	0.1149	94	6.8688	0.1589
23	0.2691	0.0297	47	1.4703	0.0726	71	3.7200	0.1167	95	7.0277	0.1607
24	0.2988	0.0314	48	1.5430	0.0745	72	3.8367	0.1185	96	7.1884	0.1626
25	0.3302	0.0331	49	1.6174	0.0763	73	3.9552	0.1204	97	7.3510	0.1644
26	0.3633	0.0349	50	1.6937	0.0781	74	4.0756	0.1222	98	7.5154	0.1662
27	0.3982	0.0366	51	1.7719	0.0800	75	4.1978	0.1241	99	7.6816	0.1681
28	0.4348	0.0384	52	1.8518	0.0818	76	4.3219	0.1259	100	7.8497	0.1681

适用树种：针叶树；适用地区：长春市；资料名称：吉林省一元立木材积表、材种出材率表、地径材积表；编表人或作者：吉林省林业厅；刊印或发表时间：2003。其他说明：吉林资 (2002) 627 号文件发布。

237. 长春市阔叶一元立木材积表（围尺）

$$V = 0.00004331D_{轮}^{1.73738556}H^{1.22688346}$$

$$H = 26.982315 - 395.998675/(D_{轮} + 14)$$

$D_{轮} = -0.41226 + 0.97241D_{围}$；表中$D$为围尺径；$D \leqslant 100\text{cm}$

D	V	ΔV	D	V	ΔV	D	V	ΔV	D	V	ΔV
5	0.0047	0.0036	29	0.4681	0.0363	53	1.6783	0.0650	77	3.5317	0.0901
6	0.0083	0.0048	30	0.5045	0.0376	54	1.7432	0.0661	78	3.6218	0.0911
7	0.0130	0.0061	31	0.5421	0.0389	55	1.8093	0.0672	79	3.7129	0.0921
8	0.0191	0.0074	32	0.5810	0.0402	56	1.8764	0.0683	80	3.8050	0.0931
9	0.0265	0.0088	33	0.6212	0.0414	57	1.9447	0.0693	81	3.8981	0.0941
10	0.0352	0.0102	34	0.6626	0.0427	58	2.0140	0.0704	82	3.9921	0.0950
11	0.0454	0.0116	35	0.7053	0.0439	59	2.0845	0.0715	83	4.0871	0.0960
12	0.0569	0.0130	36	0.7492	0.0452	60	2.1560	0.0726	84	4.1832	0.0970
13	0.0699	0.0144	37	0.7944	0.0464	61	2.2285	0.0736	85	4.2801	0.0980
14	0.0844	0.0158	38	0.8408	0.0476	62	2.3022	0.0747	86	4.3781	0.0989
15	0.1002	0.0173	39	0.8884	0.0488	63	2.3769	0.0758	87	4.4770	0.0999
16	0.1175	0.0187	40	0.9372	0.0500	64	2.4526	0.0768	88	4.5769	0.1008
17	0.1361	0.0201	41	0.9872	0.0512	65	2.5295	0.0779	89	4.6777	0.1018
18	0.1562	0.0215	42	1.0384	0.0524	66	2.6073	0.0789	90	4.7795	0.1028
19	0.1778	0.0229	43	1.0908	0.0536	67	2.6862	0.0799	91	4.8823	0.1037
20	0.2007	0.0243	44	1.1444	0.0547	68	2.7662	0.0810	92	4.9860	0.1047
21	0.2250	0.0257	45	1.1991	0.0559	69	2.8471	0.0820	93	5.0907	0.1056
22	0.2506	0.0270	46	1.2550	0.0571	70	2.9292	0.0830	94	5.1963	0.1065
23	0.2777	0.0284	47	1.3121	0.0582	71	3.0122	0.0841	95	5.3028	0.1075
24	0.3061	0.0298	48	1.3703	0.0593	72	3.0962	0.0851	96	5.4103	0.1084
25	0.3358	0.0311	49	1.4296	0.0605	73	3.1813	0.0861	97	5.5187	0.1094
26	0.3669	0.0324	50	1.4901	0.0616	74	3.2674	0.0871	98	5.6281	0.1103
27	0.3993	0.0337	51	1.5517	0.0627	75	3.3545	0.0881	99	5.7383	0.1112
28	0.4331	0.0350	52	1.6144	0.0638	76	3.4426	0.0891	100	5.8495	0.1112

适用树种：一类阔叶；适用地区：长春市；资料名称：吉林省一元立木材积表、材种出材率表、地径材积表；编表人或作者：吉林省林业厅；刊印或发表时间：2003。其他说明：吉林资 (2002) 627 号文件发布。

238. 长春市人工樟子松一元立木材积表（围尺）

$$V = 0.00005228D_{轮}^{1.57561364}H^{1.36856283}$$

$$H = 30.791543 - 913.566419/(D_{轮} + 31)$$

$D_{轮} = -0.34995 + 0.97838D_{围}$；表中$D$为围尺径；$D \leqslant 100$cm

D	V	ΔV	D	V	ΔV	D	V	ΔV	D	V	ΔV
5	0.0053	0.0032	29	0.4177	0.0332	53	1.5405	0.0607	77	3.2688	0.0837
6	0.0085	0.0042	30	0.4509	0.0344	54	1.6011	0.0617	78	3.3525	0.0846
7	0.0127	0.0053	31	0.4854	0.0357	55	1.6629	0.0627	79	3.4371	0.0855
8	0.0180	0.0064	32	0.5210	0.0369	56	1.7256	0.0638	80	3.5225	0.0863
9	0.0244	0.0075	33	0.5579	0.0381	57	1.7894	0.0648	81	3.6089	0.0872
10	0.0320	0.0087	34	0.5961	0.0393	58	1.8541	0.0658	82	3.6961	0.0881
11	0.0407	0.0100	35	0.6354	0.0405	59	1.9199	0.0668	83	3.7841	0.0889
12	0.0507	0.0112	36	0.6760	0.0417	60	1.9867	0.0678	84	3.8731	0.0898
13	0.0619	0.0125	37	0.7177	0.0429	61	2.0545	0.0688	85	3.9629	0.0906
14	0.0744	0.0138	38	0.7606	0.0441	62	2.1232	0.0697	86	4.0535	0.0915
15	0.0881	0.0151	39	0.8047	0.0453	63	2.1930	0.0707	87	4.1450	0.0923
16	0.1032	0.0164	40	0.8500	0.0464	64	2.2637	0.0717	88	4.2373	0.0932
17	0.1196	0.0177	41	0.8964	0.0476	65	2.3354	0.0726	89	4.3304	0.0940
18	0.1372	0.0190	42	0.9440	0.0487	66	2.4080	0.0736	90	4.4244	0.0948
19	0.1562	0.0203	43	0.9927	0.0498	67	2.4817	0.0745	91	4.5192	0.0956
20	0.1765	0.0216	44	1.0425	0.0510	68	2.5562	0.0755	92	4.6149	0.0965
21	0.1982	0.0229	45	1.0935	0.0521	69	2.6317	0.0764	93	4.7113	0.0973
22	0.2211	0.0242	46	1.1455	0.0532	70	2.7081	0.0774	94	4.8086	0.0981
23	0.2453	0.0255	47	1.1987	0.0543	71	2.7855	0.0783	95	4.9066	0.0989
24	0.2708	0.0268	48	1.2530	0.0554	72	2.8637	0.0792	96	5.0055	0.0997
25	0.2977	0.0281	49	1.3083	0.0564	73	2.9429	0.0801	97	5.1052	0.1005
26	0.3258	0.0294	50	1.3648	0.0575	74	3.0231	0.0810	98	5.2057	0.1013
27	0.3551	0.0307	51	1.4223	0.0586	75	3.1041	0.0819	99	5.3069	0.1021
28	0.3858	0.0319	52	1.4809	0.0596	76	3.1860	0.0828	100	5.4090	0.1021

适用树种：人工樟子松；适用地区：长春市；资料名称：吉林省一元立木材积表、材种出材率表、地径材积表；编表人或作者：吉林省林业厅；刊印或发表时间：2003。其他说明：吉林资 (2002) 627 号文件发布。

239. 长春市人工落叶松一元立木材积表（围尺）

$$V = 0.00008472D_{轮}^{1.97420228}H^{0.74561762}$$

$$H = 32.749371 - 615.851989/(D_{轮} + 18)$$

$D_{轮} = -0.39467 + 0.98006D_{围}$；表中$D$为围尺径；$D \leqslant 100$cm

D	V	ΔV	D	V	ΔV	D	V	ΔV	D	V	ΔV
5	0.0058	0.0041	29	0.5565	0.0455	53	2.1673	0.0907	77	4.8664	0.1360
6	0.0099	0.0054	30	0.6020	0.0473	54	2.2581	0.0926	78	5.0024	0.1379
7	0.0153	0.0068	31	0.6493	0.0492	55	2.3507	0.0945	79	5.1404	0.1398
8	0.0221	0.0083	32	0.6985	0.0511	56	2.4452	0.0964	80	5.2802	0.1417
9	0.0304	0.0098	33	0.7496	0.0530	57	2.5416	0.0983	81	5.4219	0.1436
10	0.0402	0.0114	34	0.8026	0.0548	58	2.6399	0.1002	82	5.5654	0.1455
11	0.0516	0.0130	35	0.8574	0.0567	59	2.7401	0.1021	83	5.7109	0.1473
12	0.0647	0.0147	36	0.9141	0.0586	60	2.8422	0.1040	84	5.8582	0.1492
13	0.0794	0.0164	37	0.9727	0.0605	61	2.9462	0.1059	85	6.0074	0.1511
14	0.0958	0.0181	38	1.0332	0.0624	62	3.0520	0.1077	86	6.1585	0.1530
15	0.1139	0.0199	39	1.0956	0.0643	63	3.1598	0.1096	87	6.3115	0.1549
16	0.1337	0.0216	40	1.1599	0.0662	64	3.2694	0.1115	88	6.4664	0.1567
17	0.1554	0.0234	41	1.2260	0.0680	65	3.3809	0.1134	89	6.6231	0.1586
18	0.1788	0.0252	42	1.2941	0.0699	66	3.4943	0.1153	90	6.7817	0.1605
19	0.2040	0.0270	43	1.3640	0.0718	67	3.6096	0.1172	91	6.9422	0.1624
20	0.2310	0.0288	44	1.4358	0.0737	68	3.7268	0.1191	92	7.1046	0.1642
21	0.2598	0.0306	45	1.5096	0.0756	69	3.8459	0.1210	93	7.2688	0.1661
22	0.2904	0.0325	46	1.5852	0.0775	70	3.9669	0.1228	94	7.4350	0.1680
23	0.3229	0.0343	47	1.6627	0.0794	71	4.0897	0.1247	95	7.6030	0.1699
24	0.3572	0.0362	48	1.7420	0.0813	72	4.2145	0.1266	96	7.7728	0.1718
25	0.3933	0.0380	49	1.8233	0.0832	73	4.3411	0.1285	97	7.9446	0.1736
26	0.4314	0.0399	50	1.9065	0.0851	74	4.4696	0.1304	98	8.1182	0.1755
27	0.4712	0.0417	51	1.9916	0.0870	75	4.6000	0.1323	99	8.2937	0.1774
28	0.5129	0.0436	52	2.0785	0.0888	76	4.7322	0.1342	100	8.4711	0.1774

适用树种：人工落叶松；适用地区：长春市；资料名称：吉林省一元立木材积表、材种出材率表、地径材积表；编表人或作者：吉林省林业厅；刊印或发表时间：2003。其他说明：吉林资 (2002) 627 号文件发布。

240. 长春市人工杨树一元立木材积表（围尺）

$$V = 0.0000717D_{轮}^{1.69135017}H^{1.08071211}$$

$$H = 31.766731 - 568.265225/(D_{轮} + 16)$$

$D_{轮} = -0.62168 + 0.98712D_{围}$；表中$D$为围尺径；$D \leqslant 100$cm

D	V	ΔV	D	V	ΔV	D	V	ΔV	D	V	ΔV
5	0.0036	0.0034	29	0.4804	0.0373	53	1.7090	0.0654	77	3.5615	0.0895
6	0.0070	0.0047	30	0.5177	0.0386	54	1.7744	0.0665	78	3.6510	0.0904
7	0.0117	0.0061	31	0.5562	0.0398	55	1.8409	0.0675	79	3.7414	0.0913
8	0.0178	0.0075	32	0.5961	0.0411	56	1.9084	0.0686	80	3.8328	0.0923
9	0.0253	0.0090	33	0.6372	0.0424	57	1.9770	0.0696	81	3.9250	0.0932
10	0.0342	0.0104	34	0.6795	0.0436	58	2.0466	0.0707	82	4.0182	0.0941
11	0.0446	0.0119	35	0.7231	0.0448	59	2.1173	0.0717	83	4.1124	0.0951
12	0.0566	0.0134	36	0.7679	0.0460	60	2.1890	0.0727	84	4.2074	0.0960
13	0.0700	0.0149	37	0.8140	0.0473	61	2.2618	0.0738	85	4.3034	0.0969
14	0.0849	0.0164	38	0.8612	0.0485	62	2.3356	0.0748	86	4.4003	0.0978
15	0.1012	0.0179	39	0.9097	0.0496	63	2.4104	0.0758	87	4.4981	0.0987
16	0.1191	0.0193	40	0.9593	0.0508	64	2.4862	0.0768	88	4.5968	0.0996
17	0.1384	0.0208	41	1.0102	0.0520	65	2.5630	0.0778	89	4.6964	0.1005
18	0.1592	0.0222	42	1.0622	0.0532	66	2.6408	0.0788	90	4.7969	0.1014
19	0.1815	0.0237	43	1.1153	0.0543	67	2.7196	0.0798	91	4.8983	0.1023
20	0.2051	0.0251	44	1.1696	0.0555	68	2.7994	0.0808	92	5.0006	0.1032
21	0.2302	0.0265	45	1.2251	0.0566	69	2.8802	0.0818	93	5.1038	0.1041
22	0.2567	0.0279	46	1.2817	0.0577	70	2.9620	0.0828	94	5.2079	0.1050
23	0.2846	0.0293	47	1.3394	0.0588	71	3.0447	0.0837	95	5.3128	0.1058
24	0.3139	0.0306	48	1.3983	0.0600	72	3.1285	0.0847	96	5.4187	0.1067
25	0.3445	0.0320	49	1.4582	0.0611	73	3.2132	0.0857	97	5.5254	0.1076
26	0.3765	0.0333	50	1.5193	0.0622	74	3.2988	0.0866	98	5.6330	0.1085
27	0.4098	0.0347	51	1.5814	0.0632	75	3.3854	0.0876	99	5.7414	0.1093
28	0.4444	0.0360	52	1.6447	0.0643	76	3.4730	0.0885	100	5.8508	0.1093

适用树种：人工杨树；适用地区：长春市；资料名称：吉林省一元立木材积表、材种出材率表、地径材积表；编表人或作者：吉林省林业厅；刊印或发表时间：2003。其他说明：吉林资 (2002) 627 号文件发布。

241. 四平市针叶树一元立木材积表（围尺）

$$V = 0.00007349D_{轮}^{1.96240694}H^{0.80185729}$$
$$H = 32.722135 - 927.018963/(D_{轮} + 28)$$
$D_{轮} = -0.38941 + 0.97868D_{围}$；表中$D$为围尺径；$D \leqslant 100$cm

D	V	ΔV	D	V	ΔV	D	V	ΔV	D	V	ΔV
5	0.0045	0.0031	29	0.4732	0.0401	53	1.9336	0.0836	77	4.4478	0.1277
6	0.0076	0.0042	30	0.5133	0.0419	54	2.0173	0.0855	78	4.5755	0.1296
7	0.0117	0.0053	31	0.5552	0.0437	55	2.1027	0.0873	79	4.7051	0.1314
8	0.0171	0.0065	32	0.5989	0.0455	56	2.1900	0.0891	80	4.8365	0.1332
9	0.0236	0.0078	33	0.6444	0.0473	57	2.2792	0.0910	81	4.9697	0.1351
10	0.0314	0.0092	34	0.6916	0.0490	58	2.3701	0.0928	82	5.1048	0.1369
11	0.0406	0.0106	35	0.7407	0.0508	59	2.4629	0.0946	83	5.2417	0.1387
12	0.0511	0.0120	36	0.7915	0.0526	60	2.5576	0.0965	84	5.3804	0.1406
13	0.0631	0.0135	37	0.8442	0.0544	61	2.6541	0.0983	85	5.5210	0.1424
14	0.0766	0.0150	38	0.8986	0.0563	62	2.7524	0.1002	86	5.6634	0.1442
15	0.0915	0.0165	39	0.9549	0.0581	63	2.8525	0.1020	87	5.8077	0.1461
16	0.1081	0.0181	40	1.0130	0.0599	64	2.9545	0.1038	88	5.9538	0.1479
17	0.1262	0.0197	41	1.0728	0.0617	65	3.0584	0.1057	89	6.1017	0.1497
18	0.1459	0.0213	42	1.1345	0.0635	66	3.1640	0.1075	90	6.2514	0.1516
19	0.1672	0.0230	43	1.1981	0.0653	67	3.2716	0.1094	91	6.4030	0.1534
20	0.1902	0.0246	44	1.2634	0.0672	68	3.3809	0.1112	92	6.5564	0.1552
21	0.2148	0.0263	45	1.3305	0.0690	69	3.4921	0.1130	93	6.7117	0.1571
22	0.2411	0.0280	46	1.3995	0.0708	70	3.6051	0.1149	94	6.8688	0.1589
23	0.2691	0.0297	47	1.4703	0.0726	71	3.7200	0.1167	95	7.0277	0.1607
24	0.2988	0.0314	48	1.5430	0.0745	72	3.8367	0.1185	96	7.1884	0.1626
25	0.3302	0.0331	49	1.6174	0.0763	73	3.9552	0.1204	97	7.3510	0.1644
26	0.3633	0.0349	50	1.6937	0.0781	74	4.0756	0.1222	98	7.5154	0.1662
27	0.3982	0.0366	51	1.7719	0.0800	75	4.1978	0.1241	99	7.6816	0.1681
28	0.4348	0.0384	52	1.8518	0.0818	76	4.3219	0.1259	100	7.8497	0.1681

适用树种：针叶树；适用地区：四平市；资料名称：吉林省一元立木材积表、材种出材率表、地径材积表；编表人或作者：吉林省林业厅；刊印或发表时间：2003。其他说明：吉林资 (2002) 627 号文件发布。

242. 四平市阔叶一元立木材积表（围尺）

$$V = 0.00004331D_{轮}^{1.73738556}H^{1.22688346}$$

$$H = 26.269542 - 385.537857/(D_{轮} + 14)$$

$D_{轮} = -0.41226 + 0.97241D_{围}$；表中$D$为围尺径；$D \leqslant$100cm

D	V	ΔV	D	V	ΔV	D	V	ΔV	D	V	ΔV
5	0.0046	0.0034	29	0.4530	0.0352	53	1.6240	0.0629	77	3.4176	0.0872
6	0.0080	0.0046	30	0.4882	0.0364	54	1.6869	0.0639	78	3.5048	0.0882
7	0.0126	0.0059	31	0.5246	0.0377	55	1.7508	0.0650	79	3.5929	0.0891
8	0.0185	0.0071	32	0.5622	0.0389	56	1.8158	0.0660	80	3.6820	0.0901
9	0.0256	0.0085	33	0.6011	0.0401	57	1.8819	0.0671	81	3.7721	0.0910
10	0.0341	0.0098	34	0.6412	0.0413	58	1.9490	0.0681	82	3.8631	0.0920
11	0.0439	0.0112	35	0.6825	0.0425	59	2.0171	0.0692	83	3.9551	0.0929
12	0.0551	0.0126	36	0.7250	0.0437	60	2.0863	0.0702	84	4.0480	0.0939
13	0.0677	0.0140	37	0.7687	0.0449	61	2.1565	0.0713	85	4.1418	0.0948
14	0.0816	0.0153	38	0.8136	0.0461	62	2.2278	0.0723	86	4.2366	0.0957
15	0.0970	0.0167	39	0.8597	0.0472	63	2.3001	0.0733	87	4.3324	0.0967
16	0.1137	0.0181	40	0.9069	0.0484	64	2.3734	0.0743	88	4.4290	0.0976
17	0.1317	0.0195	41	0.9553	0.0495	65	2.4477	0.0753	89	4.5266	0.0985
18	0.1512	0.0208	42	1.0049	0.0507	66	2.5231	0.0764	90	4.6251	0.0994
19	0.1720	0.0222	43	1.0556	0.0518	67	2.5994	0.0774	91	4.7245	0.1004
20	0.1942	0.0235	44	1.1074	0.0530	68	2.6768	0.0784	92	4.8249	0.1013
21	0.2177	0.0248	45	1.1604	0.0541	69	2.7552	0.0794	93	4.9262	0.1022
22	0.2425	0.0262	46	1.2145	0.0552	70	2.8345	0.0804	94	5.0284	0.1031
23	0.2687	0.0275	47	1.2697	0.0563	71	2.9149	0.0813	95	5.1315	0.1040
24	0.2962	0.0288	48	1.3260	0.0574	72	2.9962	0.0823	96	5.2355	0.1049
25	0.3250	0.0301	49	1.3834	0.0585	73	3.0785	0.0833	97	5.3404	0.1058
26	0.3551	0.0314	50	1.4419	0.0596	74	3.1618	0.0843	98	5.4462	0.1067
27	0.3864	0.0326	51	1.5016	0.0607	75	3.2461	0.0853	99	5.5529	0.1076
28	0.4191	0.0339	52	1.5623	0.0618	76	3.3314	0.0862	100	5.6605	0.1076

适用树种：一类阔叶；适用地区：四平市；资料名称：吉林省一元立木材积表、材种出材率表、地径材积表；编表人或作者：吉林省林业厅；刊印或发表时间：2003。其他说明：吉林资 (2002) 627 号文件发布。

243. 四平市人工樟子松一元立木材积表（围尺）

$$V = 0.00005228D_{轮}^{1.57561364}H^{1.36856283}$$

$$H = 30.791543 - 913.566419/(D_{轮} + 31)$$

$D_{轮} = -0.34995 + 0.97838D_{围}$；表中$D$为围尺径；$D \leqslant 100$cm

D	V	ΔV	D	V	ΔV	D	V	ΔV	D	V	ΔV
5	0.0053	0.0032	29	0.4177	0.0332	53	1.5405	0.0607	77	3.2688	0.0837
6	0.0085	0.0042	30	0.4509	0.0344	54	1.6011	0.0617	78	3.3525	0.0846
7	0.0127	0.0053	31	0.4854	0.0357	55	1.6629	0.0627	79	3.4371	0.0855
8	0.0180	0.0064	32	0.5210	0.0369	56	1.7256	0.0638	80	3.5225	0.0863
9	0.0244	0.0075	33	0.5579	0.0381	57	1.7894	0.0648	81	3.6089	0.0872
10	0.0320	0.0087	34	0.5961	0.0393	58	1.8541	0.0658	82	3.6961	0.0881
11	0.0407	0.0100	35	0.6354	0.0405	59	1.9199	0.0668	83	3.7841	0.0889
12	0.0507	0.0112	36	0.6760	0.0417	60	1.9867	0.0678	84	3.8731	0.0898
13	0.0619	0.0125	37	0.7177	0.0429	61	2.0545	0.0688	85	3.9629	0.0906
14	0.0744	0.0138	38	0.7606	0.0441	62	2.1232	0.0697	86	4.0535	0.0915
15	0.0881	0.0151	39	0.8047	0.0453	63	2.1930	0.0707	87	4.1450	0.0923
16	0.1032	0.0164	40	0.8500	0.0464	64	2.2637	0.0717	88	4.2373	0.0932
17	0.1196	0.0177	41	0.8964	0.0476	65	2.3354	0.0726	89	4.3304	0.0940
18	0.1372	0.0190	42	0.9440	0.0487	66	2.4080	0.0736	90	4.4244	0.0948
19	0.1562	0.0203	43	0.9927	0.0498	67	2.4817	0.0745	91	4.5192	0.0956
20	0.1765	0.0216	44	1.0425	0.0510	68	2.5562	0.0755	92	4.6149	0.0965
21	0.1982	0.0229	45	1.0935	0.0521	69	2.6317	0.0764	93	4.7113	0.0973
22	0.2211	0.0242	46	1.1455	0.0532	70	2.7081	0.0774	94	4.8086	0.0981
23	0.2453	0.0255	47	1.1987	0.0543	71	2.7855	0.0783	95	4.9066	0.0989
24	0.2708	0.0268	48	1.2530	0.0554	72	2.8637	0.0792	96	5.0055	0.0997
25	0.2977	0.0281	49	1.3083	0.0564	73	2.9429	0.0801	97	5.1052	0.1005
26	0.3258	0.0294	50	1.3648	0.0575	74	3.0231	0.0810	98	5.2057	0.1013
27	0.3551	0.0307	51	1.4223	0.0586	75	3.1041	0.0819	99	5.3069	0.1021
28	0.3858	0.0319	52	1.4809	0.0596	76	3.1860	0.0828	100	5.4090	0.1021

适用树种：人工樟子松；适用地区：四平市；资料名称：吉林省一元立木材积表、材种出材率表、地径材积表；编表人或作者：吉林省林业厅；刊印或发表时间：2003。其他说明：吉林资 (2002) 627 号文件发布。

244. 四平市人工落叶松一元立木材积表（围尺）

$$V = 0.00008472D_{轮}^{1.97420228}H^{0.74561762}$$

$$H = 31.83957 - 598.743182/(D_{轮} + 18)$$

$D_{轮} = -0.39467 + 0.98006D_{围}$；表中$D$为围尺径；$D \leqslant 100$cm

D	V	ΔV	D	V	ΔV	D	V	ΔV	D	V	ΔV
5	0.0057	0.0040	29	0.5450	0.0445	53	2.1223	0.0888	77	4.7652	0.1332
6	0.0097	0.0053	30	0.5895	0.0463	54	2.2111	0.0907	78	4.8985	0.1351
7	0.0150	0.0067	31	0.6358	0.0482	55	2.3018	0.0926	79	5.0335	0.1369
8	0.0216	0.0081	32	0.6840	0.0500	56	2.3944	0.0944	80	5.1704	0.1387
9	0.0297	0.0096	33	0.7340	0.0519	57	2.4888	0.0963	81	5.3092	0.1406
10	0.0394	0.0112	34	0.7859	0.0537	58	2.5851	0.0981	82	5.4497	0.1424
11	0.0505	0.0128	35	0.8396	0.0555	59	2.6832	0.1000	83	5.5922	0.1443
12	0.0633	0.0144	36	0.8951	0.0574	60	2.7831	0.1018	84	5.7365	0.1461
13	0.0777	0.0161	37	0.9525	0.0592	61	2.8849	0.1037	85	5.8826	0.1480
14	0.0938	0.0177	38	1.0118	0.0611	62	2.9886	0.1055	86	6.0305	0.1498
15	0.1115	0.0195	39	1.0728	0.0629	63	3.0941	0.1074	87	6.1803	0.1516
16	0.1310	0.0212	40	1.1358	0.0648	64	3.2014	0.1092	88	6.3320	0.1535
17	0.1521	0.0229	41	1.2006	0.0666	65	3.3106	0.1111	89	6.4854	0.1553
18	0.1751	0.0247	42	1.2672	0.0685	66	3.4217	0.1129	90	6.6407	0.1572
19	0.1997	0.0264	43	1.3357	0.0703	67	3.5346	0.1148	91	6.7979	0.1590
20	0.2262	0.0282	44	1.4060	0.0722	68	3.6494	0.1166	92	6.9569	0.1608
21	0.2544	0.0300	45	1.4782	0.0740	69	3.7660	0.1184	93	7.1177	0.1627
22	0.2844	0.0318	46	1.5522	0.0759	70	3.8844	0.1203	94	7.2804	0.1645
23	0.3162	0.0336	47	1.6281	0.0777	71	4.0047	0.1221	95	7.4449	0.1663
24	0.3498	0.0354	48	1.7058	0.0796	72	4.1268	0.1240	96	7.6113	0.1682
25	0.3852	0.0372	49	1.7854	0.0814	73	4.2508	0.1258	97	7.7794	0.1700
26	0.4224	0.0390	50	1.8669	0.0833	74	4.3767	0.1277	98	7.9495	0.1719
27	0.4614	0.0409	51	1.9502	0.0851	75	4.5043	0.1295	99	8.1213	0.1737
28	0.5023	0.0427	52	2.0353	0.0870	76	4.6339	0.1314	100	8.2950	0.1737

适用树种：人工落叶松；适用地区：四平市；资料名称：吉林省一元立木材积表、材种出材率表、地径材积表；编表人或作者：吉林省林业厅；刊印或发表时间：2003。其他说明：吉林资 (2002) 627 号文件发布。

245. 四平市人工杨树一元立木材积表（围尺）

$$V = 0.0000717 D_{轮}^{1.69135017} H^{1.08071211}$$

$$H = 31.200015 - 558.127417/(D_{轮} + 16)$$

$D_{轮} = -0.62168 + 0.98712 D_{围}$；表中$D$为围尺径；$D \leqslant 100$cm

D	V	ΔV	D	V	ΔV	D	V	ΔV	D	V	ΔV
5	0.0035	0.0033	29	0.4712	0.0365	53	1.6761	0.0641	77	3.4929	0.0877
6	0.0069	0.0046	30	0.5077	0.0378	54	1.7402	0.0652	78	3.5807	0.0887
7	0.0115	0.0060	31	0.5455	0.0391	55	1.8054	0.0662	79	3.6693	0.0896
8	0.0174	0.0074	32	0.5846	0.0403	56	1.8716	0.0673	80	3.7589	0.0905
9	0.0248	0.0088	33	0.6249	0.0415	57	1.9389	0.0683	81	3.8494	0.0914
10	0.0336	0.0102	34	0.6664	0.0428	58	2.0072	0.0693	82	3.9408	0.0923
11	0.0438	0.0117	35	0.7092	0.0440	59	2.0765	0.0703	83	4.0332	0.0932
12	0.0555	0.0131	36	0.7531	0.0452	60	2.1469	0.0713	84	4.1264	0.0941
13	0.0686	0.0146	37	0.7983	0.0463	61	2.2182	0.0724	85	4.2205	0.0950
14	0.0832	0.0161	38	0.8446	0.0475	62	2.2906	0.0734	86	4.3155	0.0959
15	0.0993	0.0175	39	0.8922	0.0487	63	2.3639	0.0743	87	4.4114	0.0968
16	0.1168	0.0190	40	0.9409	0.0498	64	2.4383	0.0753	88	4.5082	0.0977
17	0.1358	0.0204	41	0.9907	0.0510	65	2.5136	0.0763	89	4.6059	0.0986
18	0.1562	0.0218	42	1.0417	0.0521	66	2.5899	0.0773	90	4.7045	0.0995
19	0.1780	0.0232	43	1.0938	0.0533	67	2.6672	0.0783	91	4.8040	0.1003
20	0.2012	0.0246	44	1.1471	0.0544	68	2.7455	0.0792	92	4.9043	0.1012
21	0.2258	0.0260	45	1.2015	0.0555	69	2.8247	0.0802	93	5.0055	0.1021
22	0.2518	0.0273	46	1.2570	0.0566	70	2.9049	0.0812	94	5.1075	0.1029
23	0.2791	0.0287	47	1.3136	0.0577	71	2.9861	0.0821	95	5.2105	0.1038
24	0.3078	0.0300	48	1.3713	0.0588	72	3.0682	0.0831	96	5.3143	0.1047
25	0.3378	0.0314	49	1.4301	0.0599	73	3.1513	0.0840	97	5.4189	0.1055
26	0.3692	0.0327	50	1.4900	0.0610	74	3.2353	0.0849	98	5.5244	0.1064
27	0.4019	0.0340	51	1.5510	0.0620	75	3.3202	0.0859	99	5.6308	0.1072
28	0.4359	0.0353	52	1.6130	0.0631	76	3.4061	0.0868	100	5.7380	0.1072

适用树种：人工杨树；适用地区：四平市；资料名称：吉林省一元立木材积表、材种出材率表、地径材积表；编表人或作者：吉林省林业厅；刊印或发表时间：2003。其他说明：吉林资 (2002) 627 号文件发布。

246. 白城市阔叶一元立木材积表（围尺）

$$V = 0.00004331D_{轮}^{1.73738556}H^{1.22688346}$$

$$H = 25.791498 - 378.521967/(D_{轮} + 14)$$

$D_{轮} = -0.41226 + 0.97241D_{围}$；表中$D$为围尺径；$D \leqslant 100\text{cm}$

D	V	ΔV	D	V	ΔV	D	V	ΔV	D	V	ΔV
5	0.0045	0.0034	29	0.4429	0.0344	53	1.5879	0.0615	77	3.3414	0.0852
6	0.0078	0.0045	30	0.4773	0.0356	54	1.6493	0.0625	78	3.4267	0.0862
7	0.0123	0.0057	31	0.5129	0.0368	55	1.7118	0.0635	79	3.5129	0.0871
8	0.0180	0.0070	32	0.5497	0.0380	56	1.7754	0.0646	80	3.6000	0.0881
9	0.0250	0.0083	33	0.5877	0.0392	57	1.8399	0.0656	81	3.6881	0.0890
10	0.0333	0.0096	34	0.6269	0.0404	58	1.9055	0.0666	82	3.7770	0.0899
11	0.0429	0.0109	35	0.6673	0.0416	59	1.9722	0.0677	83	3.8670	0.0908
12	0.0539	0.0123	36	0.7089	0.0427	60	2.0398	0.0687	84	3.9578	0.0918
13	0.0662	0.0136	37	0.7516	0.0439	61	2.1085	0.0697	85	4.0496	0.0927
14	0.0798	0.0150	38	0.7955	0.0450	62	2.1782	0.0707	86	4.1422	0.0936
15	0.0948	0.0163	39	0.8405	0.0462	63	2.2488	0.0717	87	4.2358	0.0945
16	0.1111	0.0177	40	0.8867	0.0473	64	2.3205	0.0727	88	4.3303	0.0954
17	0.1288	0.0190	41	0.9340	0.0484	65	2.3932	0.0737	89	4.4257	0.0963
18	0.1478	0.0203	42	0.9825	0.0496	66	2.4669	0.0747	90	4.5221	0.0972
19	0.1682	0.0217	43	1.0321	0.0507	67	2.5415	0.0756	91	4.6193	0.0981
20	0.1899	0.0230	44	1.0827	0.0518	68	2.6172	0.0766	92	4.7174	0.0990
21	0.2128	0.0243	45	1.1345	0.0529	69	2.6938	0.0776	93	4.8164	0.0999
22	0.2371	0.0256	46	1.1874	0.0540	70	2.7714	0.0786	94	4.9163	0.1008
23	0.2627	0.0269	47	1.2414	0.0551	71	2.8499	0.0795	95	5.0171	0.1017
24	0.2896	0.0281	48	1.2964	0.0561	72	2.9294	0.0805	96	5.1188	0.1026
25	0.3177	0.0294	49	1.3526	0.0572	73	3.0099	0.0814	97	5.2214	0.1035
26	0.3472	0.0307	50	1.4098	0.0583	74	3.0914	0.0824	98	5.3249	0.1043
27	0.3778	0.0319	51	1.4681	0.0594	75	3.1738	0.0834	99	5.4292	0.1052
28	0.4097	0.0332	52	1.5274	0.0604	76	3.2571	0.0843	100	5.5344	0.1052

适用树种：一类阔叶；适用地区：白城市；资料名称：吉林省一元立木材积表、材种出材率表、地径材积表；编表人或作者：吉林省林业厅；刊印或发表时间：2003。其他说明：吉林资 (2002) 627 号文件发布。

247. 白城市人工樟子松一元立木材积表（围尺）

$$V = 0.00005228D_{轮}^{1.57561364}H^{1.36856283}$$
$$H = 30.300659 - 899.002176/(D_{轮} + 31)$$
$D_{轮} = -0.34995 + 0.97838D_{围}$；表中$D$为围尺径；$D \leqslant 100$cm

D	V	ΔV	D	V	ΔV	D	V	ΔV	D	V	ΔV
5	0.0051	0.0032	29	0.4087	0.0325	53	1.5070	0.0593	77	3.1977	0.0819
6	0.0083	0.0041	30	0.4411	0.0337	54	1.5663	0.0604	78	3.2796	0.0827
7	0.0125	0.0052	31	0.4748	0.0349	55	1.6267	0.0614	79	3.3623	0.0836
8	0.0176	0.0063	32	0.5097	0.0361	56	1.6881	0.0624	80	3.4459	0.0845
9	0.0239	0.0074	33	0.5458	0.0373	57	1.7504	0.0634	81	3.5304	0.0853
10	0.0313	0.0086	34	0.5831	0.0385	58	1.8138	0.0644	82	3.6157	0.0862
11	0.0398	0.0097	35	0.6216	0.0397	59	1.8781	0.0653	83	3.7018	0.0870
12	0.0496	0.0110	36	0.6612	0.0408	60	1.9435	0.0663	84	3.7888	0.0878
13	0.0605	0.0122	37	0.7021	0.0420	61	2.0098	0.0673	85	3.8766	0.0887
14	0.0727	0.0135	38	0.7441	0.0431	62	2.0771	0.0682	86	3.9653	0.0895
15	0.0862	0.0147	39	0.7872	0.0443	63	2.1453	0.0692	87	4.0548	0.0903
16	0.1010	0.0160	40	0.8315	0.0454	64	2.2145	0.0701	88	4.1451	0.0911
17	0.1170	0.0173	41	0.8769	0.0465	65	2.2846	0.0711	89	4.2362	0.0919
18	0.1343	0.0186	42	0.9234	0.0476	66	2.3557	0.0720	90	4.3282	0.0927
19	0.1528	0.0199	43	0.9711	0.0488	67	2.4277	0.0729	91	4.4209	0.0936
20	0.1727	0.0211	44	1.0198	0.0499	68	2.5006	0.0738	92	4.5145	0.0944
21	0.1938	0.0224	45	1.0697	0.0509	69	2.5744	0.0748	93	4.6088	0.0951
22	0.2163	0.0237	46	1.1206	0.0520	70	2.6492	0.0757	94	4.7040	0.0959
23	0.2400	0.0250	47	1.1726	0.0531	71	2.7249	0.0766	95	4.7999	0.0967
24	0.2649	0.0262	48	1.2257	0.0542	72	2.8015	0.0775	96	4.8966	0.0975
25	0.2912	0.0275	49	1.2799	0.0552	73	2.8789	0.0784	97	4.9941	0.0983
26	0.3187	0.0288	50	1.3351	0.0563	74	2.9573	0.0793	98	5.0924	0.0991
27	0.3474	0.0300	51	1.3914	0.0573	75	3.0365	0.0801	99	5.1915	0.0998
28	0.3774	0.0312	52	1.4486	0.0583	76	3.1167	0.0810	100	5.2913	0.0998

适用树种：人工樟子松；适用地区：白城市；资料名称：吉林省一元立木材积表、材种出材率表、地径材积表；编表人或作者：吉林省林业厅；刊印或发表时间：2003。其他说明：吉林资 (2002) 627 号文件发布。

248. 白城市人工落叶松一元立木材积表（围尺）

$$V = 0.00008472 D_{轮}^{1.97420228} H^{0.74561762}$$

$$H = 30.933229 - 581.699428/(D_{轮} + 18)$$

$D_{轮} = -0.39467 + 0.98006 D_{围}$；表中$D$为围尺径；$D \leqslant 100$cm

D	V	ΔV	D	V	ΔV	D	V	ΔV	D	V	ΔV
5	0.0056	0.0039	29	0.5334	0.0436	53	2.0771	0.0870	77	4.6637	0.1304
6	0.0095	0.0052	30	0.5769	0.0454	54	2.1640	0.0888	78	4.7941	0.1322
7	0.0146	0.0065	31	0.6223	0.0472	55	2.2528	0.0906	79	4.9263	0.1340
8	0.0212	0.0079	32	0.6694	0.0490	56	2.3434	0.0924	80	5.0603	0.1358
9	0.0291	0.0094	33	0.7184	0.0508	57	2.4358	0.0942	81	5.1961	0.1376
10	0.0385	0.0109	34	0.7691	0.0526	58	2.5300	0.0960	82	5.3337	0.1394
11	0.0495	0.0125	35	0.8217	0.0544	59	2.6260	0.0978	83	5.4731	0.1412
12	0.0620	0.0141	36	0.8761	0.0562	60	2.7238	0.0996	84	5.6143	0.1430
13	0.0761	0.0157	37	0.9322	0.0580	61	2.8235	0.1014	85	5.7573	0.1448
14	0.0918	0.0174	38	0.9902	0.0598	62	2.9249	0.1033	86	5.9021	0.1466
15	0.1091	0.0190	39	1.0500	0.0616	63	3.0282	0.1051	87	6.0487	0.1484
16	0.1282	0.0207	40	1.1116	0.0634	64	3.1332	0.1069	88	6.1971	0.1502
17	0.1489	0.0224	41	1.1750	0.0652	65	3.2401	0.1087	89	6.3473	0.1520
18	0.1713	0.0241	42	1.2402	0.0670	66	3.3488	0.1105	90	6.4993	0.1538
19	0.1955	0.0259	43	1.3072	0.0688	67	3.4593	0.1123	91	6.6531	0.1556
20	0.2213	0.0276	44	1.3760	0.0706	68	3.5716	0.1141	92	6.8087	0.1574
21	0.2490	0.0294	45	1.4467	0.0725	69	3.6857	0.1159	93	6.9661	0.1592
22	0.2783	0.0311	46	1.5191	0.0743	70	3.8017	0.1177	94	7.1253	0.1610
23	0.3094	0.0329	47	1.5934	0.0761	71	3.9194	0.1195	95	7.2863	0.1628
24	0.3423	0.0346	48	1.6695	0.0779	72	4.0389	0.1213	96	7.4491	0.1646
25	0.3770	0.0364	49	1.7474	0.0797	73	4.1603	0.1232	97	7.6137	0.1664
26	0.4134	0.0382	50	1.8271	0.0815	74	4.2834	0.1250	98	7.7801	0.1682
27	0.4516	0.0400	51	1.9086	0.0833	75	4.4084	0.1268	99	7.9483	0.1700
28	0.4916	0.0418	52	1.9919	0.0851	76	4.5352	0.1286	100	8.1183	0.1700

适用树种：人工落叶松；适用地区：白城市；资料名称：吉林省一元立木材积表、材种出材率表、地径材积表；编表人或作者：吉林省林业厅；刊印或发表时间：2003。其他说明：吉林资 (2002) 627 号文件发布。

249. 白城市人工杨树一元立木材积表（围尺）

$$V = 0.0000717D_{轮}^{1.69135017}H^{1.08071211}$$
$$H = 29.496804 - 527.659195/(D_{轮} + 16)$$
$D_{轮} = -0.62168 + 0.98712D_{围}$；表中$D$为围尺径；$D \leqslant 100$cm

D	V	ΔV	D	V	ΔV	D	V	ΔV	D	V	ΔV
5	0.0033	0.0031	29	0.4434	0.0344	53	1.5774	0.0604	77	3.2873	0.0826
6	0.0064	0.0043	30	0.4778	0.0356	54	1.6378	0.0614	78	3.3699	0.0834
7	0.0108	0.0056	31	0.5134	0.0368	55	1.6991	0.0623	79	3.4533	0.0843
8	0.0164	0.0069	32	0.5502	0.0379	56	1.7615	0.0633	80	3.5376	0.0852
9	0.0233	0.0083	33	0.5881	0.0391	57	1.8248	0.0643	81	3.6228	0.0860
10	0.0316	0.0096	34	0.6272	0.0402	58	1.8891	0.0652	82	3.7089	0.0869
11	0.0412	0.0110	35	0.6674	0.0414	59	1.9543	0.0662	83	3.7957	0.0877
12	0.0522	0.0124	36	0.7088	0.0425	60	2.0205	0.0671	84	3.8835	0.0886
13	0.0646	0.0137	37	0.7513	0.0436	61	2.0876	0.0681	85	3.9721	0.0894
14	0.0783	0.0151	38	0.7949	0.0447	62	2.1557	0.0690	86	4.0615	0.0903
15	0.0935	0.0165	39	0.8397	0.0458	63	2.2248	0.0700	87	4.1518	0.0911
16	0.1099	0.0178	40	0.8855	0.0469	64	2.2947	0.0709	88	4.2429	0.0919
17	0.1278	0.0192	41	0.9324	0.0480	65	2.3656	0.0718	89	4.3348	0.0928
18	0.1470	0.0205	42	0.9804	0.0491	66	2.4375	0.0727	90	4.4276	0.0936
19	0.1675	0.0218	43	1.0295	0.0501	67	2.5102	0.0737	91	4.5212	0.0944
20	0.1893	0.0232	44	1.0796	0.0512	68	2.5839	0.0746	92	4.6156	0.0952
21	0.2125	0.0245	45	1.1308	0.0522	69	2.6584	0.0755	93	4.7108	0.0961
22	0.2369	0.0257	46	1.1830	0.0533	70	2.7339	0.0764	94	4.8069	0.0969
23	0.2627	0.0270	47	1.2363	0.0543	71	2.8103	0.0773	95	4.9038	0.0977
24	0.2897	0.0283	48	1.2906	0.0553	72	2.8876	0.0782	96	5.0015	0.0985
25	0.3180	0.0295	49	1.3459	0.0564	73	2.9658	0.0791	97	5.1000	0.0993
26	0.3475	0.0308	50	1.4023	0.0574	74	3.0448	0.0799	98	5.1993	0.1001
27	0.3782	0.0320	51	1.4597	0.0584	75	3.1248	0.0808	99	5.2994	0.1009
28	0.4102	0.0332	52	1.5180	0.0594	76	3.2056	0.0817	100	5.4003	0.1009

适用树种：人工杨树；适用地区：白城市；资料名称：吉林省一元立木材积表、材种出材率表、地径材积表；编表人或作者：吉林省林业厅；刊印或发表时间：2003。其他说明：吉林资 (2002) 627 号文件发布。

250. 松原市阔叶一元立木材积表（围尺）

$$V = 0.00004331D_{轮}^{1.73738556}H^{1.22688346}$$

$$H = 25.791498 - 378.521967/(D_{轮} + 14)$$

$D_{轮} = -0.41226 + 0.97241D_{围}$；表中$D$为围尺径；$D \leqslant 100$cm

D	V	ΔV	D	V	ΔV	D	V	ΔV	D	V	ΔV
5	0.0045	0.0034	29	0.4429	0.0344	53	1.5879	0.0615	77	3.3414	0.0852
6	0.0078	0.0045	30	0.4773	0.0356	54	1.6493	0.0625	78	3.4267	0.0862
7	0.0123	0.0057	31	0.5129	0.0368	55	1.7118	0.0635	79	3.5129	0.0871
8	0.0180	0.0070	32	0.5497	0.0380	56	1.7754	0.0646	80	3.6000	0.0881
9	0.0250	0.0083	33	0.5877	0.0392	57	1.8399	0.0656	81	3.6881	0.0890
10	0.0333	0.0096	34	0.6269	0.0404	58	1.9055	0.0666	82	3.7770	0.0899
11	0.0429	0.0109	35	0.6673	0.0416	59	1.9722	0.0677	83	3.8670	0.0908
12	0.0539	0.0123	36	0.7089	0.0427	60	2.0398	0.0687	84	3.9578	0.0918
13	0.0662	0.0136	37	0.7516	0.0439	61	2.1085	0.0697	85	4.0496	0.0927
14	0.0798	0.0150	38	0.7955	0.0450	62	2.1782	0.0707	86	4.1422	0.0936
15	0.0948	0.0163	39	0.8405	0.0462	63	2.2488	0.0717	87	4.2358	0.0945
16	0.1111	0.0177	40	0.8867	0.0473	64	2.3205	0.0727	88	4.3303	0.0954
17	0.1288	0.0190	41	0.9340	0.0484	65	2.3932	0.0737	89	4.4257	0.0963
18	0.1478	0.0203	42	0.9825	0.0496	66	2.4669	0.0747	90	4.5221	0.0972
19	0.1682	0.0217	43	1.0321	0.0507	67	2.5415	0.0756	91	4.6193	0.0981
20	0.1899	0.0230	44	1.0827	0.0518	68	2.6172	0.0766	92	4.7174	0.0990
21	0.2128	0.0243	45	1.1345	0.0529	69	2.6938	0.0776	93	4.8164	0.0999
22	0.2371	0.0256	46	1.1874	0.0540	70	2.7714	0.0786	94	4.9163	0.1008
23	0.2627	0.0269	47	1.2414	0.0551	71	2.8499	0.0795	95	5.0171	0.1017
24	0.2896	0.0281	48	1.2964	0.0561	72	2.9294	0.0805	96	5.1188	0.1026
25	0.3177	0.0294	49	1.3526	0.0572	73	3.0099	0.0814	97	5.2214	0.1035
26	0.3472	0.0307	50	1.4098	0.0583	74	3.0914	0.0824	98	5.3249	0.1043
27	0.3778	0.0319	51	1.4681	0.0594	75	3.1738	0.0834	99	5.4292	0.1052
28	0.4097	0.0332	52	1.5274	0.0604	76	3.2571	0.0843	100	5.5344	0.1052

适用树种：一类阔叶；适用地区：松原市；资料名称：吉林省一元立木材积表、材种出材率表、地径材积表；编表人或作者：吉林省林业厅；刊印或发表时间：2003。其他说明：吉林资 (2002) 627 号文件发布。

251. 松原市人工樟子松一元立木材积表（围尺）

$$V = 0.00005228D_{轮}^{1.57561364}H^{1.36856283}$$

$$H = 30.300659 - 899.002176/(D_{轮} + 31)$$

$D_{轮} = -0.34995 + 0.97838D_{围}$；表中$D$为围尺径；$D \leqslant 100$cm

D	V	ΔV	D	V	ΔV	D	V	ΔV	D	V	ΔV
5	0.0051	0.0032	29	0.4087	0.0325	53	1.5070	0.0593	77	3.1977	0.0819
6	0.0083	0.0041	30	0.4411	0.0337	54	1.5663	0.0604	78	3.2796	0.0827
7	0.0125	0.0052	31	0.4748	0.0349	55	1.6267	0.0614	79	3.3623	0.0836
8	0.0176	0.0063	32	0.5097	0.0361	56	1.6881	0.0624	80	3.4459	0.0845
9	0.0239	0.0074	33	0.5458	0.0373	57	1.7504	0.0634	81	3.5304	0.0853
10	0.0313	0.0086	34	0.5831	0.0385	58	1.8138	0.0644	82	3.6157	0.0862
11	0.0398	0.0097	35	0.6216	0.0397	59	1.8781	0.0653	83	3.7018	0.0870
12	0.0496	0.0110	36	0.6612	0.0408	60	1.9435	0.0663	84	3.7888	0.0878
13	0.0605	0.0122	37	0.7021	0.0420	61	2.0098	0.0673	85	3.8766	0.0887
14	0.0727	0.0135	38	0.7441	0.0431	62	2.0771	0.0682	86	3.9653	0.0895
15	0.0862	0.0147	39	0.7872	0.0443	63	2.1453	0.0692	87	4.0548	0.0903
16	0.1010	0.0160	40	0.8315	0.0454	64	2.2145	0.0701	88	4.1451	0.0911
17	0.1170	0.0173	41	0.8769	0.0465	65	2.2846	0.0711	89	4.2362	0.0919
18	0.1343	0.0186	42	0.9234	0.0476	66	2.3557	0.0720	90	4.3282	0.0927
19	0.1528	0.0199	43	0.9711	0.0488	67	2.4277	0.0729	91	4.4209	0.0936
20	0.1727	0.0211	44	1.0198	0.0499	68	2.5006	0.0738	92	4.5145	0.0944
21	0.1938	0.0224	45	1.0697	0.0509	69	2.5744	0.0748	93	4.6088	0.0951
22	0.2163	0.0237	46	1.1206	0.0520	70	2.6492	0.0757	94	4.7040	0.0959
23	0.2400	0.0250	47	1.1726	0.0531	71	2.7249	0.0766	95	4.7999	0.0967
24	0.2649	0.0262	48	1.2257	0.0542	72	2.8015	0.0775	96	4.8966	0.0975
25	0.2912	0.0275	49	1.2799	0.0552	73	2.8789	0.0784	97	4.9941	0.0983
26	0.3187	0.0288	50	1.3351	0.0563	74	2.9573	0.0793	98	5.0924	0.0991
27	0.3474	0.0300	51	1.3914	0.0573	75	3.0365	0.0801	99	5.1915	0.0998
28	0.3774	0.0312	52	1.4486	0.0583	76	3.1167	0.0810	100	5.2913	0.0998

适用树种：人工樟子松；适用地区：松原市；资料名称：吉林省一元立木材积表、材种出材率表、地径材积表；编表人或作者：吉林省林业厅；刊印或发表时间：2003。其他说明：吉林资 (2002) 627 号文件发布。

252. 松原市人工落叶松一元立木材积表（围尺）

$$V = 0.00008472D_{轮}^{1.97420228}H^{0.74561762}$$

$$H = 31.83957 - 598.743182/(D_{轮} + 18)$$

$D_{轮} = -0.39467 + 0.98006D_{围}$；表中$D$为围尺径；$D \leqslant 100$cm

D	V	ΔV	D	V	ΔV	D	V	ΔV	D	V	ΔV
5	0.0057	0.0040	29	0.5450	0.0445	53	2.1223	0.0888	77	4.7652	0.1332
6	0.0097	0.0053	30	0.5895	0.0463	54	2.2111	0.0907	78	4.8985	0.1351
7	0.0150	0.0067	31	0.6358	0.0482	55	2.3018	0.0926	79	5.0335	0.1369
8	0.0216	0.0081	32	0.6840	0.0500	56	2.3944	0.0944	80	5.1704	0.1387
9	0.0297	0.0096	33	0.7340	0.0519	57	2.4888	0.0963	81	5.3092	0.1406
10	0.0394	0.0112	34	0.7859	0.0537	58	2.5851	0.0981	82	5.4497	0.1424
11	0.0505	0.0128	35	0.8396	0.0555	59	2.6832	0.1000	83	5.5922	0.1443
12	0.0633	0.0144	36	0.8951	0.0574	60	2.7831	0.1018	84	5.7365	0.1461
13	0.0777	0.0161	37	0.9525	0.0592	61	2.8849	0.1037	85	5.8826	0.1480
14	0.0938	0.0177	38	1.0118	0.0611	62	2.9886	0.1055	86	6.0305	0.1498
15	0.1115	0.0195	39	1.0728	0.0629	63	3.0941	0.1074	87	6.1803	0.1516
16	0.1310	0.0212	40	1.1358	0.0648	64	3.2014	0.1092	88	6.3320	0.1535
17	0.1521	0.0229	41	1.2006	0.0666	65	3.3106	0.1111	89	6.4854	0.1553
18	0.1751	0.0247	42	1.2672	0.0685	66	3.4217	0.1129	90	6.6407	0.1572
19	0.1997	0.0264	43	1.3357	0.0703	67	3.5346	0.1148	91	6.7979	0.1590
20	0.2262	0.0282	44	1.4060	0.0722	68	3.6494	0.1166	92	6.9569	0.1608
21	0.2544	0.0300	45	1.4782	0.0740	69	3.7660	0.1184	93	7.1177	0.1627
22	0.2844	0.0318	46	1.5522	0.0759	70	3.8844	0.1203	94	7.2804	0.1645
23	0.3162	0.0336	47	1.6281	0.0777	71	4.0047	0.1221	95	7.4449	0.1663
24	0.3498	0.0354	48	1.7058	0.0796	72	4.1268	0.1240	96	7.6113	0.1682
25	0.3852	0.0372	49	1.7854	0.0814	73	4.2508	0.1258	97	7.7794	0.1700
26	0.4224	0.0390	50	1.8669	0.0833	74	4.3767	0.1277	98	7.9495	0.1719
27	0.4614	0.0409	51	1.9502	0.0851	75	4.5043	0.1295	99	8.1213	0.1737
28	0.5023	0.0427	52	2.0353	0.0870	76	4.6339	0.1314	100	8.2950	0.1737

适用树种：人工落叶松；适用地区：松原市；资料名称：吉林省一元立木材积表、材种出材率表、地径材积表；编表人或作者：吉林省林业厅；刊印或发表时间：2003。其他说明：吉林资 (2002) 627 号文件发布。

253. 松原市人工杨树一元立木材积表（围尺）

$$V = 0.0000717D_{轮}^{1.69135017}H^{1.08071211}$$

$$H = 30.066583 - 537.851801/(D_{轮} + 16)$$

$D_{轮} = -0.62168 + 0.98712D_{围}$；表中$D$为围尺径；$D \leqslant 100$cm

D	V	ΔV	D	V	ΔV	D	V	ΔV	D	V	ΔV
5	0.0034	0.0032	29	0.4527	0.0351	53	1.6104	0.0616	77	3.3560	0.0843
6	0.0066	0.0044	30	0.4878	0.0363	54	1.6720	0.0626	78	3.4403	0.0852
7	0.0110	0.0057	31	0.5241	0.0375	55	1.7346	0.0636	79	3.5255	0.0861
8	0.0167	0.0071	32	0.5617	0.0387	56	1.7983	0.0646	80	3.6116	0.0870
9	0.0238	0.0084	33	0.6004	0.0399	57	1.8629	0.0656	81	3.6985	0.0878
10	0.0322	0.0098	34	0.6403	0.0411	58	1.9285	0.0666	82	3.7863	0.0887
11	0.0421	0.0112	35	0.6814	0.0422	59	1.9951	0.0676	83	3.8750	0.0896
12	0.0533	0.0126	36	0.7236	0.0434	60	2.0627	0.0686	84	3.9646	0.0904
13	0.0659	0.0140	37	0.7670	0.0445	61	2.1313	0.0695	85	4.0550	0.0913
14	0.0800	0.0154	38	0.8115	0.0457	62	2.2008	0.0705	86	4.1463	0.0922
15	0.0954	0.0168	39	0.8572	0.0468	63	2.2712	0.0714	87	4.2385	0.0930
16	0.1122	0.0182	40	0.9040	0.0479	64	2.3427	0.0724	88	4.3315	0.0939
17	0.1304	0.0196	41	0.9519	0.0490	65	2.4151	0.0733	89	4.4254	0.0947
18	0.1500	0.0209	42	1.0009	0.0501	66	2.4884	0.0743	90	4.5201	0.0956
19	0.1710	0.0223	43	1.0510	0.0512	67	2.5627	0.0752	91	4.6156	0.0964
20	0.1933	0.0236	44	1.1021	0.0523	68	2.6379	0.0761	92	4.7120	0.0972
21	0.2169	0.0250	45	1.1544	0.0533	69	2.7140	0.0771	93	4.8093	0.0981
22	0.2419	0.0263	46	1.2077	0.0544	70	2.7910	0.0780	94	4.9073	0.0989
23	0.2682	0.0276	47	1.2621	0.0554	71	2.8690	0.0789	95	5.0062	0.0997
24	0.2957	0.0289	48	1.3176	0.0565	72	2.9479	0.0798	96	5.1060	0.1006
25	0.3246	0.0301	49	1.3741	0.0575	73	3.0277	0.0807	97	5.2065	0.1014
26	0.3547	0.0314	50	1.4316	0.0586	74	3.1084	0.0816	98	5.3079	0.1022
27	0.3861	0.0327	51	1.4902	0.0596	75	3.1901	0.0825	99	5.4101	0.1030
28	0.4188	0.0339	52	1.5498	0.0606	76	3.2726	0.0834	100	5.5131	0.1030

适用树种：人工杨树；适用地区：松原市；资料名称：吉林省一元立木材积表、材种出材率表、地径材积表；编表人或作者：吉林省林业厅；刊印或发表时间：2003。其他说明：吉林资 (2002) 627 号文件发布。

254. 辽源市针叶树一元立木材积表（围尺）

$$V = 0.00007349D_{轮}^{1.96240694}H^{0.80185729}$$

$$H = 33.595244 - 951.754157/(D_{轮} + 28)$$

$D_{轮} = -0.38941 + 0.97868D_{围}$；表中$D$为围尺径；$D \leqslant 100$cm

D	V	ΔV	D	V	ΔV	D	V	ΔV	D	V	ΔV
5	0.0045	0.0032	29	0.4833	0.0410	53	1.9749	0.0854	77	4.5427	0.1305
6	0.0077	0.0043	30	0.5243	0.0428	54	2.0603	0.0873	78	4.6731	0.1323
7	0.0120	0.0054	31	0.5671	0.0446	55	2.1476	0.0892	79	4.8055	0.1342
8	0.0174	0.0067	32	0.6117	0.0464	56	2.2368	0.0910	80	4.9397	0.1361
9	0.0241	0.0080	33	0.6581	0.0483	57	2.3278	0.0929	81	5.0758	0.1380
10	0.0321	0.0094	34	0.7064	0.0501	58	2.4207	0.0948	82	5.2137	0.1398
11	0.0414	0.0108	35	0.7565	0.0519	59	2.5155	0.0967	83	5.3536	0.1417
12	0.0522	0.0122	36	0.8084	0.0538	60	2.6122	0.0985	84	5.4953	0.1436
13	0.0644	0.0138	37	0.8622	0.0556	61	2.7107	0.1004	85	5.6388	0.1455
14	0.0782	0.0153	38	0.9178	0.0575	62	2.8111	0.1023	86	5.7843	0.1473
15	0.0935	0.0169	39	0.9753	0.0593	63	2.9134	0.1042	87	5.9316	0.1492
16	0.1104	0.0185	40	1.0346	0.0612	64	3.0176	0.1061	88	6.0808	0.1511
17	0.1289	0.0201	41	1.0957	0.0630	65	3.1236	0.1079	89	6.2319	0.1529
18	0.1490	0.0218	42	1.1587	0.0649	66	3.2316	0.1098	90	6.3848	0.1548
19	0.1708	0.0235	43	1.2236	0.0667	67	3.3414	0.1117	91	6.5397	0.1567
20	0.1942	0.0251	44	1.2903	0.0686	68	3.4531	0.1136	92	6.6963	0.1586
21	0.2194	0.0269	45	1.3589	0.0705	69	3.5666	0.1154	93	6.8549	0.1604
22	0.2462	0.0286	46	1.4294	0.0723	70	3.6821	0.1173	94	7.0153	0.1623
23	0.2748	0.0303	47	1.5017	0.0742	71	3.7994	0.1192	95	7.1776	0.1642
24	0.3051	0.0321	48	1.5759	0.0761	72	3.9186	0.1211	96	7.3418	0.1660
25	0.3372	0.0338	49	1.6520	0.0779	73	4.0396	0.1229	97	7.5078	0.1679
26	0.3711	0.0356	50	1.7299	0.0798	74	4.1626	0.1248	98	7.6758	0.1698
27	0.4067	0.0374	51	1.8097	0.0817	75	4.2874	0.1267	99	7.8455	0.1716
28	0.4441	0.0392	52	1.8914	0.0835	76	4.4141	0.1286	100	8.0172	0.1716

适用树种：针叶树；适用地区：辽源市；资料名称：吉林省一元立木材积表、材种出材率表、地径材积表；编表人或作者：吉林省林业厅；刊印或发表时间：2003。其他说明：吉林资 (2002) 627 号文件发布。

255. 辽源市一类阔叶一元立木材积表（围尺）

$$V = 0.00004331D_{轮}^{1.73738556}H^{1.22688346}$$

$$H = 27.689363 - 406.37547/(D_{轮} + 14)$$

$D_{轮} = -0.41226 + 0.97241D_{围}$；表中$D$为围尺径；$D \leqslant 100$cm

D	V	ΔV	D	V	ΔV	D	V	ΔV	D	V	ΔV
5	0.0049	0.0037	29	0.4832	0.0375	53	1.7324	0.0671	77	3.6456	0.0930
6	0.0085	0.0049	30	0.5207	0.0388	54	1.7994	0.0682	78	3.7386	0.0940
7	0.0134	0.0062	31	0.5596	0.0402	55	1.8676	0.0693	79	3.8326	0.0951
8	0.0197	0.0076	32	0.5997	0.0415	56	1.9369	0.0705	80	3.9277	0.0961
9	0.0273	0.0090	33	0.6412	0.0428	57	2.0074	0.0716	81	4.0237	0.0971
10	0.0364	0.0105	34	0.6840	0.0441	58	2.0790	0.0727	82	4.1208	0.0981
11	0.0468	0.0119	35	0.7281	0.0453	59	2.1517	0.0738	83	4.2189	0.0991
12	0.0588	0.0134	36	0.7734	0.0466	60	2.2255	0.0749	84	4.3180	0.1001
13	0.0722	0.0149	37	0.8200	0.0479	61	2.3004	0.0760	85	4.4181	0.1011
14	0.0871	0.0164	38	0.8679	0.0491	62	2.3764	0.0771	86	4.5193	0.1021
15	0.1034	0.0178	39	0.9170	0.0504	63	2.4535	0.0782	87	4.6214	0.1031
16	0.1212	0.0193	40	0.9674	0.0516	64	2.5317	0.0793	88	4.7245	0.1041
17	0.1405	0.0207	41	1.0191	0.0529	65	2.6110	0.0804	89	4.8286	0.1051
18	0.1613	0.0222	42	1.0719	0.0541	66	2.6914	0.0814	90	4.9337	0.1061
19	0.1835	0.0236	43	1.1260	0.0553	67	2.7728	0.0825	91	5.0397	0.1071
20	0.2071	0.0251	44	1.1813	0.0565	68	2.8554	0.0836	92	5.1468	0.1080
21	0.2322	0.0265	45	1.2378	0.0577	69	2.9390	0.0847	93	5.2548	0.1090
22	0.2587	0.0279	46	1.2955	0.0589	70	3.0236	0.0857	94	5.3638	0.1100
23	0.2866	0.0293	47	1.3544	0.0601	71	3.1093	0.0868	95	5.4738	0.1109
24	0.3159	0.0307	48	1.4144	0.0613	72	3.1961	0.0878	96	5.5847	0.1119
25	0.3467	0.0321	49	1.4757	0.0624	73	3.2839	0.0889	97	5.6967	0.1129
26	0.3787	0.0335	50	1.5381	0.0636	74	3.3728	0.0899	98	5.8095	0.1138
27	0.4122	0.0348	51	1.6017	0.0648	75	3.4627	0.0909	99	5.9234	0.1148
28	0.4470	0.0362	52	1.6665	0.0659	76	3.5536	0.0920	100	6.0382	0.1148

适用树种：一类阔叶；适用地区：辽源市；资料名称：吉林省一元立木材积表、材种出材率表、地径材积表；编表人或作者：吉林省林业厅；刊印或发表时间：2003。其他说明：吉林资 (2002) 627 号文件发布。

256. 辽源市二类阔叶一元立木材积表（围尺）

$$V = 0.00005244D_{轮}^{1.79066793}H^{1.07249096}$$

$$H = 21.951279 - 282.108787/(D_{轮} + 13)$$

$D_{轮} = -0.51001 + 0.97963D_{围}$；表中$D$为围尺径；$D \leqslant 100$cm

D	V	ΔV	D	V	ΔV	D	V	ΔV	D	V	ΔV
5	0.0048	0.0032	29	0.3726	0.0283	53	1.3141	0.0506	77	2.7641	0.0708
6	0.0080	0.0042	30	0.4009	0.0293	54	1.3647	0.0515	78	2.8349	0.0716
7	0.0122	0.0052	31	0.4302	0.0303	55	1.4162	0.0524	79	2.9065	0.0724
8	0.0174	0.0062	32	0.4605	0.0313	56	1.4686	0.0532	80	2.9789	0.0732
9	0.0237	0.0073	33	0.4918	0.0322	57	1.5218	0.0541	81	3.0521	0.0740
10	0.0310	0.0084	34	0.5240	0.0332	58	1.5759	0.0550	82	3.1261	0.0748
11	0.0394	0.0095	35	0.5572	0.0342	59	1.6309	0.0558	83	3.2009	0.0756
12	0.0488	0.0105	36	0.5913	0.0351	60	1.6867	0.0567	84	3.2764	0.0764
13	0.0594	0.0116	37	0.6265	0.0361	61	1.7434	0.0575	85	3.3528	0.0772
14	0.0710	0.0127	38	0.6625	0.0370	62	1.8009	0.0584	86	3.4300	0.0780
15	0.0837	0.0138	39	0.6995	0.0379	63	1.8593	0.0592	87	3.5079	0.0787
16	0.0975	0.0149	40	0.7375	0.0389	64	1.9185	0.0601	88	3.5867	0.0795
17	0.1124	0.0159	41	0.7763	0.0398	65	1.9786	0.0609	89	3.6662	0.0803
18	0.1283	0.0170	42	0.8162	0.0407	66	2.0395	0.0617	90	3.7465	0.0811
19	0.1453	0.0181	43	0.8569	0.0417	67	2.1012	0.0626	91	3.8276	0.0819
20	0.1634	0.0191	44	0.8985	0.0426	68	2.1638	0.0634	92	3.9095	0.0826
21	0.1825	0.0202	45	0.9411	0.0435	69	2.2272	0.0642	93	3.9921	0.0834
22	0.2027	0.0212	46	0.9846	0.0444	70	2.2915	0.0651	94	4.0755	0.0842
23	0.2239	0.0222	47	1.0290	0.0453	71	2.3565	0.0659	95	4.1597	0.0850
24	0.2461	0.0233	48	1.0743	0.0462	72	2.4224	0.0667	96	4.2447	0.0857
25	0.2694	0.0243	49	1.1205	0.0471	73	2.4891	0.0675	97	4.3304	0.0865
26	0.2937	0.0253	50	1.1675	0.0480	74	2.5567	0.0683	98	4.4169	0.0873
27	0.3190	0.0263	51	1.2155	0.0489	75	2.6250	0.0692	99	4.5042	0.0880
28	0.3453	0.0273	52	1.2644	0.0497	76	2.6942	0.0700	100	4.5922	0.0880

适用树种：二类阔叶；适用地区：辽源市；资料名称：吉林省一元立木材积表、材种出材率表、地径材积表；编表人或作者：吉林省林业厅；刊印或发表时间：2003。其他说明：吉林资 (2002) 627 号文件发布。

257. 辽源市柞树一元立木材积表（围尺）

$$V = 0.00017579D_{轮}^{1.9894288}H^{0.39924234}$$

$$H = 21.983047 - 232.77053/(D_{轮} + 9)$$

$D_{轮} = -0.48554 + 0.97332D_{围}$；表中$D$为围尺径；$D \leqslant 100$cm

D	V	ΔV	D	V	ΔV	D	V	ΔV	D	V	ΔV
5	0.0061	0.0039	29	0.3916	0.0296	53	1.3996	0.0555	77	3.0293	0.0814
6	0.0100	0.0049	30	0.4212	0.0306	54	1.4551	0.0566	78	3.1107	0.0824
7	0.0148	0.0059	31	0.4518	0.0317	55	1.5117	0.0577	79	3.1931	0.0835
8	0.0207	0.0069	32	0.4835	0.0328	56	1.5693	0.0587	80	3.2767	0.0846
9	0.0277	0.0080	33	0.5163	0.0339	57	1.6281	0.0598	81	3.3613	0.0857
10	0.0357	0.0090	34	0.5502	0.0350	58	1.6879	0.0609	82	3.4469	0.0867
11	0.0447	0.0101	35	0.5852	0.0361	59	1.7488	0.0620	83	3.5337	0.0878
12	0.0548	0.0112	36	0.6212	0.0371	60	1.8108	0.0631	84	3.6215	0.0889
13	0.0660	0.0123	37	0.6584	0.0382	61	1.8739	0.0641	85	3.7104	0.0900
14	0.0782	0.0133	38	0.6966	0.0393	62	1.9380	0.0652	86	3.8003	0.0910
15	0.0916	0.0144	39	0.7359	0.0404	63	2.0032	0.0663	87	3.8914	0.0921
16	0.1060	0.0155	40	0.7763	0.0415	64	2.0695	0.0674	88	3.9835	0.0932
17	0.1215	0.0166	41	0.8177	0.0425	65	2.1369	0.0684	89	4.0767	0.0943
18	0.1380	0.0176	42	0.8603	0.0436	66	2.2053	0.0695	90	4.1709	0.0953
19	0.1557	0.0187	43	0.9039	0.0447	67	2.2749	0.0706	91	4.2663	0.0964
20	0.1744	0.0198	44	0.9486	0.0458	68	2.3455	0.0717	92	4.3627	0.0975
21	0.1942	0.0209	45	0.9944	0.0469	69	2.4171	0.0728	93	4.4602	0.0986
22	0.2151	0.0220	46	1.0412	0.0479	70	2.4899	0.0738	94	4.5587	0.0996
23	0.2370	0.0231	47	1.0892	0.0490	71	2.5637	0.0749	95	4.6584	0.1007
24	0.2601	0.0241	48	1.1382	0.0501	72	2.6386	0.0760	96	4.7591	0.1018
25	0.2842	0.0252	49	1.1883	0.0512	73	2.7146	0.0771	97	4.8608	0.1028
26	0.3094	0.0263	50	1.2395	0.0523	74	2.7917	0.0781	98	4.9637	0.1039
27	0.3357	0.0274	51	1.2918	0.0534	75	2.8698	0.0792	99	5.0676	0.1050
28	0.3631	0.0285	52	1.3451	0.0544	76	2.9490	0.0803	100	5.1726	0.1050

适用树种：柞树（栎树）；适用地区：辽源市；资料名称：吉林省一元立木材积表、材种出材率表、地径材积表；编表人或作者：吉林省林业厅；刊印或发表时间：2003。其他说明：吉林资 (2002) 627 号文件发布。

258. 辽源市人工红松一元立木材积表（围尺）

$$V = 0.00007616D_{轮}^{1.89948264}H^{0.86116962}$$

$$H = 21.331961 - 301.986783/(D_{轮} + 14)$$

$D_{轮} = -0.49805 + 0.98158D_{围}$；表中$D$为围尺径；$D \leqslant 100$cm

D	V	ΔV	D	V	ΔV	D	V	ΔV	D	V	ΔV
5	0.0050	0.0034	29	0.4171	0.0327	53	1.5388	0.0617	77	3.3426	0.0896
6	0.0084	0.0044	30	0.4498	0.0339	54	1.6005	0.0629	78	3.4322	0.0907
7	0.0129	0.0055	31	0.4838	0.0352	55	1.6634	0.0641	79	3.5229	0.0918
8	0.0184	0.0067	32	0.5189	0.0364	56	1.7275	0.0653	80	3.6147	0.0930
9	0.0251	0.0079	33	0.5554	0.0376	57	1.7928	0.0665	81	3.7077	0.0941
10	0.0330	0.0090	34	0.5930	0.0389	58	1.8593	0.0676	82	3.8018	0.0952
11	0.0420	0.0103	35	0.6319	0.0401	59	1.9269	0.0688	83	3.8971	0.0964
12	0.0523	0.0115	36	0.6720	0.0413	60	1.9957	0.0700	84	3.9935	0.0975
13	0.0637	0.0127	37	0.7133	0.0425	61	2.0657	0.0711	85	4.0910	0.0986
14	0.0764	0.0139	38	0.7558	0.0438	62	2.1368	0.0723	86	4.1896	0.0998
15	0.0904	0.0152	39	0.7996	0.0450	63	2.2091	0.0735	87	4.2894	0.1009
16	0.1056	0.0164	40	0.8446	0.0462	64	2.2826	0.0746	88	4.3902	0.1020
17	0.1220	0.0177	41	0.8908	0.0474	65	2.3572	0.0758	89	4.4923	0.1031
18	0.1397	0.0190	42	0.9382	0.0486	66	2.4330	0.0769	90	4.5954	0.1043
19	0.1587	0.0202	43	0.9868	0.0498	67	2.5099	0.0781	91	4.6996	0.1054
20	0.1789	0.0215	44	1.0366	0.0510	68	2.5880	0.0793	92	4.8050	0.1065
21	0.2003	0.0227	45	1.0876	0.0522	69	2.6673	0.0804	93	4.9115	0.1076
22	0.2231	0.0240	46	1.1398	0.0534	70	2.7477	0.0816	94	5.0191	0.1087
23	0.2470	0.0252	47	1.1932	0.0546	71	2.8292	0.0827	95	5.1279	0.1098
24	0.2723	0.0265	48	1.2478	0.0558	72	2.9119	0.0839	96	5.2377	0.1110
25	0.2987	0.0277	49	1.3036	0.0570	73	2.9958	0.0850	97	5.3487	0.1121
26	0.3265	0.0290	50	1.3606	0.0582	74	3.0808	0.0861	98	5.4607	0.1132
27	0.3554	0.0302	51	1.4188	0.0594	75	3.1669	0.0873	99	5.5739	0.1143
28	0.3857	0.0315	52	1.4782	0.0606	76	3.2542	0.0884	100	5.6882	0.1143

适用树种：人工红松；适用地区：辽源市；资料名称：吉林省一元立木材积表、材种出材率表、地径材积表；编表人或作者：吉林省林业厅；刊印或发表时间：2003。其他说明：吉林资 (2002) 627 号文件发布。

259. 辽源市人工樟子松一元立木材积表（围尺）

$$V = 0.00005228D_{轮}^{1.57561364}H^{1.36856283}$$
$$H = 32.244561 - 956.676579/(D_{轮} + 31)$$
$$D_{轮} = -0.34995 + 0.97838D_{围}；表中D为围尺径；D \leqslant 100\text{cm}$$

D	V	ΔV	D	V	ΔV	D	V	ΔV	D	V	ΔV
5	0.0056	0.0035	29	0.4450	0.0353	53	1.6408	0.0646	77	3.4817	0.0892
6	0.0091	0.0045	30	0.4803	0.0367	54	1.7054	0.0657	78	3.5709	0.0901
7	0.0136	0.0056	31	0.5170	0.0380	55	1.7712	0.0668	79	3.6609	0.0910
8	0.0192	0.0068	32	0.5550	0.0393	56	1.8380	0.0679	80	3.7520	0.0920
9	0.0260	0.0080	33	0.5943	0.0406	57	1.9059	0.0690	81	3.8439	0.0929
10	0.0340	0.0093	34	0.6349	0.0419	58	1.9749	0.0701	82	3.9368	0.0938
11	0.0433	0.0106	35	0.6768	0.0432	59	2.0450	0.0711	83	4.0306	0.0947
12	0.0540	0.0119	36	0.7200	0.0445	60	2.1161	0.0722	84	4.1253	0.0956
13	0.0659	0.0133	37	0.7644	0.0457	61	2.1883	0.0732	85	4.2210	0.0965
14	0.0792	0.0147	38	0.8102	0.0470	62	2.2615	0.0743	86	4.3175	0.0974
15	0.0939	0.0160	39	0.8571	0.0482	63	2.3358	0.0753	87	4.4149	0.0983
16	0.1099	0.0174	40	0.9053	0.0494	64	2.4112	0.0764	88	4.5133	0.0992
17	0.1274	0.0188	41	0.9548	0.0507	65	2.4875	0.0774	89	4.6125	0.1001
18	0.1462	0.0202	42	1.0055	0.0519	66	2.5649	0.0784	90	4.7126	0.1010
19	0.1664	0.0216	43	1.0573	0.0531	67	2.6433	0.0794	91	4.8136	0.1019
20	0.1880	0.0230	44	1.1104	0.0543	68	2.7227	0.0804	92	4.9154	0.1027
21	0.2111	0.0244	45	1.1647	0.0555	69	2.8031	0.0814	93	5.0182	0.1036
22	0.2355	0.0258	46	1.2202	0.0566	70	2.8845	0.0824	94	5.1218	0.1045
23	0.2613	0.0272	47	1.2768	0.0578	71	2.9669	0.0834	95	5.2262	0.1053
24	0.2885	0.0286	48	1.3346	0.0590	72	3.0503	0.0844	96	5.3316	0.1062
25	0.3170	0.0299	49	1.3936	0.0601	73	3.1346	0.0853	97	5.4377	0.1070
26	0.3470	0.0313	50	1.4537	0.0613	74	3.2200	0.0863	98	5.5448	0.1079
27	0.3783	0.0327	51	1.5149	0.0624	75	3.3063	0.0872	99	5.6526	0.1087
28	0.4109	0.0340	52	1.5773	0.0635	76	3.3935	0.0882	100	5.7613	0.1087

适用树种：人工樟子松；适用地区：辽源市；资料名称：吉林省一元立木材积表、材种出材率表、地径材积表；编表人或作者：吉林省林业厅；刊印或发表时间：2003。其他说明：吉林资 (2002) 627 号文件发布。

260. 辽源市人工落叶松一元立木材积表（围尺）

$$V = 0.00008472D_{轮}^{1.97420228}H^{0.74561762}$$

$$H = 34.129639 - 641.807935/(D_{轮} + 18)$$

$D_{轮} = -0.39467 + 0.98006D_{围}$；表中$D$为围尺径；$D \leqslant 100$cm

D	V	ΔV	D	V	ΔV	D	V	ΔV	D	V	ΔV
5	0.0060	0.0042	29	0.5739	0.0469	53	2.2351	0.0936	77	5.0185	0.1403
6	0.0102	0.0056	30	0.6208	0.0488	54	2.3287	0.0955	78	5.1588	0.1422
7	0.0158	0.0070	31	0.6696	0.0507	55	2.4242	0.0975	79	5.3011	0.1442
8	0.0228	0.0085	32	0.7204	0.0527	56	2.5217	0.0994	80	5.4452	0.1461
9	0.0313	0.0101	33	0.7730	0.0546	57	2.6211	0.1014	81	5.5914	0.1481
10	0.0415	0.0118	34	0.8277	0.0566	58	2.7225	0.1033	82	5.7394	0.1500
11	0.0532	0.0135	35	0.8842	0.0585	59	2.8258	0.1053	83	5.8894	0.1519
12	0.0667	0.0152	36	0.9427	0.0604	60	2.9310	0.1072	84	6.0414	0.1539
13	0.0818	0.0169	37	1.0032	0.0624	61	3.0383	0.1092	85	6.1952	0.1558
14	0.0988	0.0187	38	1.0655	0.0643	62	3.1474	0.1111	86	6.3511	0.1578
15	0.1174	0.0205	39	1.1299	0.0663	63	3.2585	0.1131	87	6.5088	0.1597
16	0.1379	0.0223	40	1.1961	0.0682	64	3.3716	0.1150	88	6.6685	0.1616
17	0.1602	0.0241	41	1.2644	0.0702	65	3.4866	0.1170	89	6.8301	0.1636
18	0.1844	0.0260	42	1.3345	0.0721	66	3.6036	0.1189	90	6.9937	0.1655
19	0.2103	0.0278	43	1.4067	0.0741	67	3.7225	0.1209	91	7.1592	0.1674
20	0.2382	0.0297	44	1.4807	0.0760	68	3.8433	0.1228	92	7.3267	0.1694
21	0.2679	0.0316	45	1.5567	0.0780	69	3.9661	0.1247	93	7.4961	0.1713
22	0.2995	0.0335	46	1.6347	0.0799	70	4.0909	0.1267	94	7.6674	0.1733
23	0.3330	0.0354	47	1.7146	0.0819	71	4.2176	0.1286	95	7.8406	0.1752
24	0.3684	0.0373	48	1.7965	0.0838	72	4.3462	0.1306	96	8.0158	0.1771
25	0.4056	0.0392	49	1.8803	0.0858	73	4.4768	0.1325	97	8.1929	0.1791
26	0.4448	0.0411	50	1.9661	0.0877	74	4.6093	0.1345	98	8.3720	0.1810
27	0.4859	0.0430	51	2.0538	0.0897	75	4.7438	0.1364	99	8.5530	0.1829
28	0.5290	0.0450	52	2.1435	0.0916	76	4.8802	0.1384	100	8.7359	0.1829

适用树种：人工落叶松；适用地区：辽源市；资料名称：吉林省一元立木材积表、材种出材率表、地径材积表；编表人或作者：吉林省林业厅；刊印或发表时间：2003。其他说明：吉林资 (2002) 627 号文件发布。

261. 辽源市人工杨树一元立木材积表（围尺）

$$V = 0.0000717D_{轮}^{1.69135017}H^{1.08071211}$$

$$H = 30.633299 - 547.989609/(D_{轮} + 16)$$

$D_{轮} = -0.62168 + 0.98712D_{围}$；表中$D$为围尺径；$D \leqslant 100$cm

D	V	ΔV	D	V	ΔV	D	V	ΔV	D	V	ΔV
5	0.0035	0.0033	29	0.4619	0.0358	53	1.6432	0.0629	77	3.4244	0.0860
6	0.0067	0.0045	30	0.4977	0.0371	54	1.7061	0.0639	78	3.5104	0.0869
7	0.0112	0.0058	31	0.5348	0.0383	55	1.7700	0.0649	79	3.5974	0.0878
8	0.0171	0.0072	32	0.5731	0.0395	56	1.8349	0.0659	80	3.6852	0.0887
9	0.0243	0.0086	33	0.6126	0.0407	57	1.9009	0.0670	81	3.7739	0.0896
10	0.0329	0.0100	34	0.6534	0.0419	58	1.9678	0.0680	82	3.8635	0.0905
11	0.0429	0.0115	35	0.6953	0.0431	59	2.0358	0.0690	83	3.9540	0.0914
12	0.0544	0.0129	36	0.7384	0.0443	60	2.1048	0.0699	84	4.0454	0.0923
13	0.0673	0.0143	37	0.7826	0.0454	61	2.1747	0.0709	85	4.1377	0.0932
14	0.0816	0.0158	38	0.8281	0.0466	62	2.2456	0.0719	86	4.2309	0.0940
15	0.0973	0.0172	39	0.8747	0.0477	63	2.3175	0.0729	87	4.3249	0.0949
16	0.1145	0.0186	40	0.9224	0.0489	64	2.3904	0.0739	88	4.4198	0.0958
17	0.1331	0.0200	41	0.9713	0.0500	65	2.4643	0.0748	89	4.5156	0.0966
18	0.1531	0.0214	42	1.0213	0.0511	66	2.5391	0.0758	90	4.6122	0.0975
19	0.1745	0.0228	43	1.0724	0.0522	67	2.6149	0.0767	91	4.7097	0.0984
20	0.1972	0.0241	44	1.1246	0.0533	68	2.6916	0.0777	92	4.8081	0.0992
21	0.2213	0.0255	45	1.1779	0.0544	69	2.7693	0.0786	93	4.9073	0.1001
22	0.2468	0.0268	46	1.2323	0.0555	70	2.8479	0.0796	94	5.0074	0.1009
23	0.2736	0.0281	47	1.2878	0.0566	71	2.9275	0.0805	95	5.1083	0.1018
24	0.3018	0.0295	48	1.3444	0.0576	72	3.0080	0.0814	96	5.2100	0.1026
25	0.3312	0.0308	49	1.4021	0.0587	73	3.0894	0.0824	97	5.3126	0.1034
26	0.3620	0.0320	50	1.4608	0.0598	74	3.1718	0.0833	98	5.4161	0.1043
27	0.3940	0.0333	51	1.5205	0.0608	75	3.2551	0.0842	99	5.5204	0.1051
28	0.4273	0.0346	52	1.5813	0.0619	76	3.3393	0.0851	100	5.6255	0.1051

适用树种：人工杨树；适用地区：辽源市；资料名称：吉林省一元立木材积表、材种出材率表、地径材积表；编表人或作者：吉林省林业厅；刊印或发表时间：2003。其他说明：吉林资 (2002) 627 号文件发布。

262. 吉林市I针叶树一元立木材积表（围尺）

$$V = 0.00007349D_{轮}^{1.96240694}H^{0.80185729}$$

$$H = 35.790388 - 1013.942638/(D_{轮} + 28)$$

$D_{轮} = -0.38941 + 0.97868D_{围}$；表中$D$为围尺径；$D \leqslant 100$cm

D	V	ΔV	D	V	ΔV	D	V	ΔV	D	V	ΔV
5	0.0048	0.0034	29	0.5084	0.0431	53	2.0777	0.0899	77	4.7792	0.1372
6	0.0081	0.0045	30	0.5516	0.0450	54	2.1676	0.0918	78	4.9164	0.1392
7	0.0126	0.0057	31	0.5966	0.0469	55	2.2594	0.0938	79	5.0557	0.1412
8	0.0183	0.0070	32	0.6436	0.0489	56	2.3532	0.0958	80	5.1969	0.1432
9	0.0253	0.0084	33	0.6924	0.0508	57	2.4490	0.0977	81	5.3400	0.1451
10	0.0337	0.0098	34	0.7432	0.0527	58	2.5467	0.0997	82	5.4852	0.1471
11	0.0436	0.0113	35	0.7959	0.0546	59	2.6465	0.1017	83	5.6323	0.1491
12	0.0549	0.0129	36	0.8505	0.0566	60	2.7482	0.1037	84	5.7814	0.1511
13	0.0678	0.0145	37	0.9071	0.0585	61	2.8518	0.1056	85	5.9324	0.1530
14	0.0823	0.0161	38	0.9656	0.0604	62	2.9575	0.1076	86	6.0854	0.1550
15	0.0984	0.0178	39	1.0260	0.0624	63	3.0651	0.1096	87	6.2404	0.1570
16	0.1161	0.0195	40	1.0884	0.0643	64	3.1747	0.1116	88	6.3974	0.1589
17	0.1356	0.0212	41	1.1528	0.0663	65	3.2863	0.1135	89	6.5563	0.1609
18	0.1567	0.0229	42	1.2191	0.0682	66	3.3998	0.1155	90	6.7173	0.1629
19	0.1797	0.0247	43	1.2873	0.0702	67	3.5153	0.1175	91	6.8801	0.1648
20	0.2043	0.0265	44	1.3575	0.0722	68	3.6328	0.1195	92	7.0450	0.1668
21	0.2308	0.0283	45	1.4297	0.0741	69	3.7523	0.1214	93	7.2118	0.1688
22	0.2590	0.0301	46	1.5038	0.0761	70	3.8738	0.1234	94	7.3806	0.1708
23	0.2891	0.0319	47	1.5799	0.0781	71	3.9972	0.1254	95	7.5513	0.1727
24	0.3210	0.0338	48	1.6580	0.0800	72	4.1226	0.1274	96	7.7240	0.1747
25	0.3548	0.0356	49	1.7380	0.0820	73	4.2500	0.1293	97	7.8987	0.1767
26	0.3904	0.0375	50	1.8200	0.0840	74	4.3793	0.1313	98	8.0754	0.1786
27	0.4279	0.0394	51	1.9039	0.0859	75	4.5106	0.1333	99	8.2540	0.1806
28	0.4672	0.0412	52	1.9898	0.0879	76	4.6439	0.1353	100	8.4346	0.1806

适用树种：针叶树；适用地区：吉林I；资料名称：吉林省一元立木材积表、材种出材率表、地径材积表；编表人或作者：吉林省林业厅；刊印或发表时间：2003。其他说明：吉林资 (2002) 627 号文件发布。

263. 吉林市I一类阔叶一元立木材积表（围尺）

$$V = 0.00004331D_{轮}^{1.73738556}H^{1.22688346}$$

$$H = 28.625414 - 420.113171/(D_{轮} + 14)$$

$D_{轮} = -0.41226 + 0.97241D_{围}$；表中$D$为围尺径；$D \leqslant 100$cm

D	V	ΔV	D	V	ΔV	D	V	ΔV	D	V	ΔV
5	0.0051	0.0038	29	0.5033	0.0391	53	1.8045	0.0698	77	3.7974	0.0969
6	0.0089	0.0051	30	0.5424	0.0405	54	1.8743	0.0710	78	3.8942	0.0979
7	0.0140	0.0065	31	0.5829	0.0418	55	1.9454	0.0722	79	3.9922	0.0990
8	0.0205	0.0079	32	0.6247	0.0432	56	2.0176	0.0734	80	4.0912	0.1001
9	0.0285	0.0094	33	0.6679	0.0446	57	2.0910	0.0746	81	4.1913	0.1011
10	0.0379	0.0109	34	0.7125	0.0459	58	2.1655	0.0757	82	4.2924	0.1022
11	0.0488	0.0124	35	0.7584	0.0472	59	2.2413	0.0769	83	4.3946	0.1032
12	0.0612	0.0140	36	0.8056	0.0486	60	2.3181	0.0780	84	4.4978	0.1043
13	0.0752	0.0155	37	0.8542	0.0499	61	2.3962	0.0792	85	4.6021	0.1053
14	0.0907	0.0170	38	0.9040	0.0512	62	2.4754	0.0803	86	4.7074	0.1064
15	0.1077	0.0186	39	0.9552	0.0525	63	2.5557	0.0815	87	4.8138	0.1074
16	0.1263	0.0201	40	1.0077	0.0538	64	2.6371	0.0826	88	4.9212	0.1084
17	0.1464	0.0216	41	1.0615	0.0551	65	2.7197	0.0837	89	5.0296	0.1095
18	0.1680	0.0231	42	1.1165	0.0563	66	2.8034	0.0848	90	5.1391	0.1105
19	0.1911	0.0246	43	1.1729	0.0576	67	2.8883	0.0860	91	5.2495	0.1115
20	0.2158	0.0261	44	1.2305	0.0589	68	2.9742	0.0871	92	5.3611	0.1125
21	0.2419	0.0276	45	1.2893	0.0601	69	3.0613	0.0882	93	5.4736	0.1135
22	0.2695	0.0291	46	1.3494	0.0613	70	3.1495	0.0893	94	5.5871	0.1146
23	0.2986	0.0305	47	1.4108	0.0626	71	3.2388	0.0904	95	5.7017	0.1156
24	0.3291	0.0320	48	1.4733	0.0638	72	3.3291	0.0915	96	5.8172	0.1166
25	0.3611	0.0334	49	1.5371	0.0650	73	3.4206	0.0926	97	5.9338	0.1176
26	0.3945	0.0349	50	1.6022	0.0662	74	3.5132	0.0936	98	6.0514	0.1186
27	0.4294	0.0363	51	1.6684	0.0674	75	3.6068	0.0947	99	6.1700	0.1196
28	0.4656	0.0377	52	1.7359	0.0686	76	3.7015	0.0958	100	6.2895	0.1196

适用树种：一类阔叶；适用地区：吉林I；资料名称：吉林省一元立木材积表、材种出材率表、地径材积表；编表人或作者：吉林省林业厅；刊印或发表时间：2003。其他说明：吉林资 (2002) 627 号文件发布。

264. 吉林市I二类阔叶一元立木材积表（围尺）

$$V = 0.00005244D_{轮}^{1.79066793}H^{1.07249096}$$

$$H = 22.793648 - 292.934567/(D_{轮} + 13)$$

$D_{轮} = -0.51001 + 0.97963D_{围}$；表中$D$为围尺径；$D \leqslant 100$cm

D	V	ΔV	D	V	ΔV	D	V	ΔV	D	V	ΔV
5	0.0050	0.0034	29	0.3880	0.0295	53	1.3683	0.0527	77	2.8781	0.0737
6	0.0084	0.0044	30	0.4174	0.0305	54	1.4210	0.0536	78	2.9518	0.0745
7	0.0127	0.0054	31	0.4479	0.0315	55	1.4746	0.0545	79	3.0263	0.0754
8	0.0181	0.0065	32	0.4795	0.0325	56	1.5291	0.0554	80	3.1017	0.0762
9	0.0246	0.0076	33	0.5120	0.0336	57	1.5845	0.0563	81	3.1779	0.0770
10	0.0323	0.0087	34	0.5456	0.0346	58	1.6409	0.0572	82	3.2549	0.0779
11	0.0410	0.0098	35	0.5801	0.0356	59	1.6981	0.0581	83	3.3328	0.0787
12	0.0508	0.0110	36	0.6157	0.0366	60	1.7562	0.0590	84	3.4115	0.0795
13	0.0618	0.0121	37	0.6523	0.0375	61	1.8152	0.0599	85	3.4910	0.0803
14	0.0739	0.0132	38	0.6898	0.0385	62	1.8751	0.0608	86	3.5713	0.0812
15	0.0872	0.0144	39	0.7284	0.0395	63	1.9359	0.0617	87	3.6525	0.0820
16	0.1015	0.0155	40	0.7679	0.0405	64	1.9976	0.0625	88	3.7345	0.0828
17	0.1170	0.0166	41	0.8083	0.0414	65	2.0601	0.0634	89	3.8173	0.0836
18	0.1336	0.0177	42	0.8498	0.0424	66	2.1236	0.0643	90	3.9009	0.0844
19	0.1513	0.0188	43	0.8922	0.0434	67	2.1878	0.0652	91	3.9853	0.0852
20	0.1701	0.0199	44	0.9356	0.0443	68	2.2530	0.0660	92	4.0706	0.0861
21	0.1900	0.0210	45	0.9799	0.0453	69	2.3190	0.0669	93	4.1566	0.0869
22	0.2110	0.0221	46	1.0252	0.0462	70	2.3859	0.0677	94	4.2435	0.0877
23	0.2331	0.0232	47	1.0714	0.0472	71	2.4537	0.0686	95	4.3311	0.0885
24	0.2563	0.0242	48	1.1185	0.0481	72	2.5223	0.0695	96	4.4196	0.0893
25	0.2805	0.0253	49	1.1666	0.0490	73	2.5917	0.0703	97	4.5089	0.0901
26	0.3058	0.0263	50	1.2157	0.0499	74	2.6620	0.0712	98	4.5989	0.0909
27	0.3321	0.0274	51	1.2656	0.0509	75	2.7332	0.0720	99	4.6898	0.0917
28	0.3595	0.0284	52	1.3165	0.0518	76	2.8052	0.0729	100	4.7815	0.0917

适用树种：二类阔叶；适用地区：吉林I；资料名称：吉林省一元立木材积表、材种出材率表、地径材积表；编表人或作者：吉林省林业厅；刊印或发表时间：2003。其他说明：吉林资 (2002) 627 号文件发布。

265. 吉林市I柞树一元立木材积表（围尺）

$$V = 0.00017579 D_{轮}^{1.9894288} H^{0.39924234}$$

$$H = 22.55724 - 238.850451/(D_{轮} + 9)$$

$D_{轮} = -0.48554 + 0.97332 D_{围}$；表中$D$为围尺径；$D \leqslant 100$cm

D	V	ΔV	D	V	ΔV	D	V	ΔV	D	V	ΔV
5	0.0062	0.0039	29	0.3957	0.0299	53	1.4141	0.0561	77	3.0607	0.0822
6	0.0101	0.0049	30	0.4255	0.0310	54	1.4701	0.0572	78	3.1429	0.0833
7	0.0150	0.0060	31	0.4565	0.0320	55	1.5273	0.0583	79	3.2262	0.0844
8	0.0209	0.0070	32	0.4885	0.0331	56	1.5856	0.0594	80	3.3106	0.0855
9	0.0280	0.0081	33	0.5217	0.0342	57	1.6449	0.0604	81	3.3960	0.0866
10	0.0360	0.0091	34	0.5559	0.0353	58	1.7054	0.0615	82	3.4826	0.0876
11	0.0452	0.0102	35	0.5912	0.0364	59	1.7669	0.0626	83	3.5702	0.0887
12	0.0554	0.0113	36	0.6277	0.0375	60	1.8295	0.0637	84	3.6589	0.0898
13	0.0667	0.0124	37	0.6652	0.0386	61	1.8933	0.0648	85	3.7488	0.0909
14	0.0791	0.0135	38	0.7038	0.0397	62	1.9581	0.0659	86	3.8397	0.0920
15	0.0925	0.0146	39	0.7435	0.0408	63	2.0239	0.0670	87	3.9316	0.0931
16	0.1071	0.0156	40	0.7843	0.0419	64	2.0909	0.0681	88	4.0247	0.0942
17	0.1227	0.0167	41	0.8262	0.0430	65	2.1590	0.0692	89	4.1189	0.0952
18	0.1394	0.0178	42	0.8692	0.0441	66	2.2282	0.0702	90	4.2141	0.0963
19	0.1573	0.0189	43	0.9132	0.0452	67	2.2984	0.0713	91	4.3104	0.0974
20	0.1762	0.0200	44	0.9584	0.0463	68	2.3697	0.0724	92	4.4078	0.0985
21	0.1962	0.0211	45	1.0047	0.0474	69	2.4422	0.0735	93	4.5063	0.0996
22	0.2173	0.0222	46	1.0520	0.0484	70	2.5157	0.0746	94	4.6059	0.1007
23	0.2395	0.0233	47	1.1005	0.0495	71	2.5903	0.0757	95	4.7066	0.1017
24	0.2628	0.0244	48	1.1500	0.0506	72	2.6659	0.0768	96	4.8083	0.1028
25	0.2872	0.0255	49	1.2006	0.0517	73	2.7427	0.0779	97	4.9111	0.1039
26	0.3126	0.0266	50	1.2524	0.0528	74	2.8206	0.0789	98	5.0150	0.1050
27	0.3392	0.0277	51	1.3052	0.0539	75	2.8995	0.0800	99	5.1200	0.1061
28	0.3669	0.0288	52	1.3591	0.0550	76	2.9796	0.0811	100	5.2261	0.1061

适用树种：柞树（栎树）；适用地区：吉林I；资料名称：吉林省一元立木材积表、材种出材率表、地径材积表；编表人或作者：吉林省林业厅；刊印或发表时间：2003。其他说明：吉林资 (2002) 627 号文件发布。

266. 吉林市人工红松一元立木材积表（围尺）

$$V = 0.00007616D_{轮}^{1.89948264}H^{0.86116962}$$

$$H = 21.585289 - 305.57303/(D_{轮} + 14)$$

$D_{轮} = -0.49805 + 0.98158D_{围}$；表中$D$为围尺径；$D \leqslant 100$cm

D	V	ΔV	D	V	ΔV	D	V	ΔV	D	V	ΔV
5	0.0051	0.0034	29	0.4214	0.0330	53	1.5545	0.0624	77	3.3768	0.0905
6	0.0085	0.0045	30	0.4544	0.0343	54	1.6169	0.0636	78	3.4673	0.0916
7	0.0130	0.0056	31	0.4887	0.0355	55	1.6804	0.0648	79	3.5589	0.0928
8	0.0186	0.0068	32	0.5242	0.0368	56	1.7452	0.0659	80	3.6517	0.0939
9	0.0254	0.0079	33	0.5610	0.0380	57	1.8111	0.0671	81	3.7456	0.0951
10	0.0333	0.0091	34	0.5991	0.0393	58	1.8783	0.0683	82	3.8407	0.0962
11	0.0424	0.0104	35	0.6383	0.0405	59	1.9466	0.0695	83	3.9369	0.0974
12	0.0528	0.0116	36	0.6788	0.0417	60	2.0161	0.0707	84	4.0343	0.0985
13	0.0644	0.0128	37	0.7206	0.0430	61	2.0868	0.0719	85	4.1328	0.0996
14	0.0772	0.0141	38	0.7636	0.0442	62	2.1586	0.0730	86	4.2324	0.1008
15	0.0913	0.0153	39	0.8078	0.0454	63	2.2317	0.0742	87	4.3332	0.1019
16	0.1067	0.0166	40	0.8532	0.0467	64	2.3059	0.0754	88	4.4351	0.1031
17	0.1233	0.0179	41	0.8999	0.0479	65	2.3813	0.0766	89	4.5382	0.1042
18	0.1411	0.0191	42	0.9477	0.0491	66	2.4578	0.0777	90	4.6423	0.1053
19	0.1603	0.0204	43	0.9968	0.0503	67	2.5356	0.0789	91	4.7477	0.1065
20	0.1807	0.0217	44	1.0472	0.0515	68	2.6145	0.0801	92	4.8541	0.1076
21	0.2024	0.0230	45	1.0987	0.0528	69	2.6945	0.0812	93	4.9617	0.1087
22	0.2253	0.0242	46	1.1515	0.0540	70	2.7757	0.0824	94	5.0704	0.1098
23	0.2496	0.0255	47	1.2054	0.0552	71	2.8581	0.0835	95	5.1803	0.1110
24	0.2750	0.0267	48	1.2606	0.0564	72	2.9417	0.0847	96	5.2912	0.1121
25	0.3018	0.0280	49	1.3170	0.0576	73	3.0264	0.0859	97	5.4033	0.1132
26	0.3298	0.0293	50	1.3746	0.0588	74	3.1123	0.0870	98	5.5165	0.1143
27	0.3591	0.0305	51	1.4333	0.0600	75	3.1993	0.0882	99	5.6309	0.1155
28	0.3896	0.0318	52	1.4933	0.0612	76	3.2875	0.0893	100	5.7463	0.1155

适用树种：人工红松；适用地区：吉林I；资料名称：吉林省一元立木材积表、材种出材率表、地径材积表；编表人或作者：吉林省林业厅；刊印或发表时间：2003。其他说明：吉林资 (2002) 627 号文件发布。

267. 吉林市人工樟子松一元立木材积表（围尺）

$$V = 0.00005228D_{轮}^{1.57561364}H^{1.36856283}$$
$$H = 32.486731 - 963.861605/(D_{轮} + 31)$$
$$D_{轮} = -0.34995 + 0.97838D_{围}；表中D为围尺径；D \leqslant 100\text{cm}$$

D	V	ΔV	D	V	ΔV	D	V	ΔV	D	V	ΔV
5	0.0057	0.0035	29	0.4495	0.0357	53	1.6577	0.0653	77	3.5175	0.0901
6	0.0092	0.0046	30	0.4852	0.0371	54	1.7230	0.0664	78	3.6076	0.0910
7	0.0137	0.0057	31	0.5223	0.0384	55	1.7894	0.0675	79	3.6986	0.0920
8	0.0194	0.0069	32	0.5607	0.0397	56	1.8569	0.0686	80	3.7906	0.0929
9	0.0263	0.0081	33	0.6004	0.0410	57	1.9255	0.0697	81	3.8835	0.0938
10	0.0344	0.0094	34	0.6414	0.0423	58	1.9952	0.0708	82	3.9773	0.0948
11	0.0438	0.0107	35	0.6838	0.0436	59	2.0660	0.0719	83	4.0721	0.0957
12	0.0545	0.0121	36	0.7274	0.0449	60	2.1379	0.0729	84	4.1678	0.0966
13	0.0666	0.0134	37	0.7723	0.0462	61	2.2108	0.0740	85	4.2644	0.0975
14	0.0800	0.0148	38	0.8185	0.0475	62	2.2848	0.0751	86	4.3620	0.0984
15	0.0948	0.0162	39	0.8659	0.0487	63	2.3599	0.0761	87	4.4604	0.0993
16	0.1111	0.0176	40	0.9147	0.0500	64	2.4360	0.0771	88	4.5597	0.1002
17	0.1287	0.0190	41	0.9646	0.0512	65	2.5131	0.0782	89	4.6600	0.1011
18	0.1477	0.0204	42	1.0158	0.0524	66	2.5913	0.0792	90	4.7611	0.1020
19	0.1681	0.0218	43	1.0682	0.0536	67	2.6705	0.0802	91	4.8631	0.1029
20	0.1900	0.0233	44	1.1218	0.0548	68	2.7507	0.0812	92	4.9660	0.1038
21	0.2132	0.0247	45	1.1767	0.0560	69	2.8320	0.0822	93	5.0698	0.1047
22	0.2379	0.0261	46	1.2327	0.0572	70	2.9142	0.0832	94	5.1745	0.1055
23	0.2640	0.0275	47	1.2899	0.0584	71	2.9974	0.0842	95	5.2800	0.1064
24	0.2914	0.0289	48	1.3483	0.0596	72	3.0817	0.0852	96	5.3864	0.1073
25	0.3203	0.0302	49	1.4079	0.0607	73	3.1669	0.0862	97	5.4937	0.1081
26	0.3505	0.0316	50	1.4686	0.0619	74	3.2531	0.0872	98	5.6018	0.1090
27	0.3822	0.0330	51	1.5305	0.0630	75	3.3403	0.0881	99	5.7108	0.1098
28	0.4152	0.0344	52	1.5936	0.0642	76	3.4284	0.0891	100	5.8206	0.1098

适用树种：人工樟子松；适用地区：吉林I；资料名称：吉林省一元立木材积表、材种出材率表、地径材积表；编表人或作者：吉林省林业厅；刊印或发表时间：2003。其他说明：吉林资 (2002) 627 号文件发布。

268. 吉林市人工落叶松一元立木材积表（围尺）

$$V = 0.00008472D_{轮}^{1.97420228}H^{0.74561762}$$

$$H = 34.129639 - 641.807935/(D_{轮} + 18)$$

$D_{轮} = -0.39467 + 0.98006D_{围}$；表中$D$为围尺径；$D \leqslant 100$cm

D	V	ΔV	D	V	ΔV	D	V	ΔV	D	V	ΔV
5	0.0060	0.0042	29	0.5739	0.0469	53	2.2351	0.0936	77	5.0185	0.1403
6	0.0102	0.0056	30	0.6208	0.0488	54	2.3287	0.0955	78	5.1588	0.1422
7	0.0158	0.0070	31	0.6696	0.0507	55	2.4242	0.0975	79	5.3011	0.1442
8	0.0228	0.0085	32	0.7204	0.0527	56	2.5217	0.0994	80	5.4452	0.1461
9	0.0313	0.0101	33	0.7730	0.0546	57	2.6211	0.1014	81	5.5914	0.1481
10	0.0415	0.0118	34	0.8277	0.0566	58	2.7225	0.1033	82	5.7394	0.1500
11	0.0532	0.0135	35	0.8842	0.0585	59	2.8258	0.1053	83	5.8894	0.1519
12	0.0667	0.0152	36	0.9427	0.0604	60	2.9310	0.1072	84	6.0414	0.1539
13	0.0818	0.0169	37	1.0032	0.0624	61	3.0383	0.1092	85	6.1952	0.1558
14	0.0988	0.0187	38	1.0655	0.0643	62	3.1474	0.1111	86	6.3511	0.1578
15	0.1174	0.0205	39	1.1299	0.0663	63	3.2585	0.1131	87	6.5088	0.1597
16	0.1379	0.0223	40	1.1961	0.0682	64	3.3716	0.1150	88	6.6685	0.1616
17	0.1602	0.0241	41	1.2644	0.0702	65	3.4866	0.1170	89	6.8301	0.1636
18	0.1844	0.0260	42	1.3345	0.0721	66	3.6036	0.1189	90	6.9937	0.1655
19	0.2103	0.0278	43	1.4067	0.0741	67	3.7225	0.1209	91	7.1592	0.1674
20	0.2382	0.0297	44	1.4807	0.0760	68	3.8433	0.1228	92	7.3267	0.1694
21	0.2679	0.0316	45	1.5567	0.0780	69	3.9661	0.1247	93	7.4961	0.1713
22	0.2995	0.0335	46	1.6347	0.0799	70	4.0909	0.1267	94	7.6674	0.1733
23	0.3330	0.0354	47	1.7146	0.0819	71	4.2176	0.1286	95	7.8406	0.1752
24	0.3684	0.0373	48	1.7965	0.0838	72	4.3462	0.1306	96	8.0158	0.1771
25	0.4056	0.0392	49	1.8803	0.0858	73	4.4768	0.1325	97	8.1929	0.1791
26	0.4448	0.0411	50	1.9661	0.0877	74	4.6093	0.1345	98	8.3720	0.1810
27	0.4859	0.0430	51	2.0538	0.0897	75	4.7438	0.1364	99	8.5530	0.1829
28	0.5290	0.0450	52	2.1435	0.0916	76	4.8802	0.1384	100	8.7359	0.1829

适用树种：人工落叶松；适用地区：吉林I；资料名称：吉林省一元立木材积表、材种出材率表、地径材积表；编表人或作者：吉林省林业厅；刊印或发表时间：2003。其他说明：吉林资 (2002) 627 号文件发布。

269. 吉林市人工杨树一元立木材积表（围尺）

$$V = 0.0000717D_{轮}^{1.69135017}H^{1.08071211}$$

$$H = 30.633299 - 547.989609/(D_{轮} + 16)$$

$D_{轮} = -0.62168 + 0.98712D_{围}$；表中$D$为围尺径；$D \leqslant 100$cm

D	V	ΔV	D	V	ΔV	D	V	ΔV	D	V	ΔV
5	0.0035	0.0033	29	0.4619	0.0358	53	1.6432	0.0629	77	3.4244	0.0860
6	0.0067	0.0045	30	0.4977	0.0371	54	1.7061	0.0639	78	3.5104	0.0869
7	0.0112	0.0058	31	0.5348	0.0383	55	1.7700	0.0649	79	3.5974	0.0878
8	0.0171	0.0072	32	0.5731	0.0395	56	1.8349	0.0659	80	3.6852	0.0887
9	0.0243	0.0086	33	0.6126	0.0407	57	1.9009	0.0670	81	3.7739	0.0896
10	0.0329	0.0100	34	0.6534	0.0419	58	1.9678	0.0680	82	3.8635	0.0905
11	0.0429	0.0115	35	0.6953	0.0431	59	2.0358	0.0690	83	3.9540	0.0914
12	0.0544	0.0129	36	0.7384	0.0443	60	2.1048	0.0699	84	4.0454	0.0923
13	0.0673	0.0143	37	0.7826	0.0454	61	2.1747	0.0709	85	4.1377	0.0932
14	0.0816	0.0158	38	0.8281	0.0466	62	2.2456	0.0719	86	4.2309	0.0940
15	0.0973	0.0172	39	0.8747	0.0477	63	2.3175	0.0729	87	4.3249	0.0949
16	0.1145	0.0186	40	0.9224	0.0489	64	2.3904	0.0739	88	4.4198	0.0958
17	0.1331	0.0200	41	0.9713	0.0500	65	2.4643	0.0748	89	4.5156	0.0966
18	0.1531	0.0214	42	1.0213	0.0511	66	2.5391	0.0758	90	4.6122	0.0975
19	0.1745	0.0228	43	1.0724	0.0522	67	2.6149	0.0767	91	4.7097	0.0984
20	0.1972	0.0241	44	1.1246	0.0533	68	2.6916	0.0777	92	4.8081	0.0992
21	0.2213	0.0255	45	1.1779	0.0544	69	2.7693	0.0786	93	4.9073	0.1001
22	0.2468	0.0268	46	1.2323	0.0555	70	2.8479	0.0796	94	5.0074	0.1009
23	0.2736	0.0281	47	1.2878	0.0566	71	2.9275	0.0805	95	5.1083	0.1018
24	0.3018	0.0295	48	1.3444	0.0576	72	3.0080	0.0814	96	5.2100	0.1026
25	0.3312	0.0308	49	1.4021	0.0587	73	3.0894	0.0824	97	5.3126	0.1034
26	0.3620	0.0320	50	1.4608	0.0598	74	3.1718	0.0833	98	5.4161	0.1043
27	0.3940	0.0333	51	1.5205	0.0608	75	3.2551	0.0842	99	5.5204	0.1051
28	0.4273	0.0346	52	1.5813	0.0619	76	3.3393	0.0851	100	5.6255	0.1051

适用树种：人工杨树；适用地区：吉林I；资料名称：吉林省一元立木材积表、材种出材率表、地径材积表；编表人或作者：吉林省林业厅；刊印或发表时间：2003。其他说明：吉林资 (2002) 627 号文件发布。

270. 吉林市II针叶树一元立木材积表（围尺）

$$V = 0.00007349 D_{轮}^{1.96240694} H^{0.80185729}$$

$$H = 34.030031 - 964.071682/(D_{轮} + 28)$$

$D_{轮} = -0.38941 + 0.97868 D_{围}$；表中$D$为围尺径；$D \leqslant 100$cm

D	V	ΔV	D	V	ΔV	D	V	ΔV	D	V	ΔV
5	0.0046	0.0032	29	0.4883	0.0414	53	1.9954	0.0863	77	4.5898	0.1318
6	0.0078	0.0043	30	0.5297	0.0432	54	2.0817	0.0882	78	4.7216	0.1337
7	0.0121	0.0055	31	0.5730	0.0451	55	2.1698	0.0901	79	4.8553	0.1356
8	0.0176	0.0067	32	0.6180	0.0469	56	2.2599	0.0920	80	4.9909	0.1375
9	0.0243	0.0081	33	0.6650	0.0488	57	2.3519	0.0939	81	5.1284	0.1394
10	0.0324	0.0094	34	0.7137	0.0506	58	2.4458	0.0958	82	5.2678	0.1413
11	0.0419	0.0109	35	0.7643	0.0525	59	2.5416	0.0977	83	5.4090	0.1432
12	0.0527	0.0124	36	0.8168	0.0543	60	2.6392	0.0996	84	5.5522	0.1451
13	0.0651	0.0139	37	0.8711	0.0562	61	2.7388	0.1015	85	5.6973	0.1470
14	0.0790	0.0155	38	0.9273	0.0581	62	2.8403	0.1034	86	5.8442	0.1489
15	0.0945	0.0171	39	0.9854	0.0599	63	2.9436	0.1053	87	5.9931	0.1507
16	0.1115	0.0187	40	1.0453	0.0618	64	3.0489	0.1072	88	6.1438	0.1526
17	0.1302	0.0203	41	1.1071	0.0637	65	3.1560	0.1090	89	6.2965	0.1545
18	0.1505	0.0220	42	1.1708	0.0655	66	3.2651	0.1109	90	6.4510	0.1564
19	0.1725	0.0237	43	1.2363	0.0674	67	3.3760	0.1128	91	6.6074	0.1583
20	0.1962	0.0254	44	1.3037	0.0693	68	3.4888	0.1147	92	6.7657	0.1602
21	0.2216	0.0271	45	1.3730	0.0712	69	3.6036	0.1166	93	6.9259	0.1621
22	0.2488	0.0289	46	1.4442	0.0731	70	3.7202	0.1185	94	7.0880	0.1640
23	0.2777	0.0306	47	1.5173	0.0750	71	3.8388	0.1204	95	7.2520	0.1659
24	0.3083	0.0324	48	1.5922	0.0768	72	3.9592	0.1223	96	7.4179	0.1678
25	0.3407	0.0342	49	1.6691	0.0787	73	4.0815	0.1242	97	7.5857	0.1696
26	0.3749	0.0360	50	1.7478	0.0806	74	4.2057	0.1261	98	7.7553	0.1715
27	0.4109	0.0378	51	1.8284	0.0825	75	4.3318	0.1280	99	7.9268	0.1734
28	0.4487	0.0396	52	1.9110	0.0844	76	4.4599	0.1299	100	8.1003	0.1734

适用树种：针叶树；适用地区：吉林II；资料名称：吉林省一元立木材积表、材种出材率表、地径材积表；编表人或作者：吉林省林业厅；刊印或发表时间：2003。其他说明：吉林资 (2002) 627 号文件发布。

271. 吉林市II一类阔叶一元立木材积表（围尺）

$$V = 0.00004331D_{轮}^{1.73738556}H^{1.22688346}$$

$$H = 27.924091 - 409.820398/(D_{轮} + 14)$$

$D_{轮} = -0.41226 + 0.97241D_{围}$；表中$D$为围尺径；$D \leqslant 100$cm

D	V	ΔV	D	V	ΔV	D	V	ΔV	D	V	ΔV
5	0.0049	0.0037	29	0.4882	0.0379	53	1.7504	0.0677	77	3.6835	0.0940
6	0.0086	0.0050	30	0.5261	0.0392	54	1.8182	0.0689	78	3.7775	0.0950
7	0.0136	0.0063	31	0.5654	0.0406	55	1.8871	0.0700	79	3.8725	0.0960
8	0.0199	0.0077	32	0.6060	0.0419	56	1.9571	0.0712	80	3.9686	0.0971
9	0.0276	0.0091	33	0.6479	0.0432	57	2.0283	0.0723	81	4.0656	0.0981
10	0.0367	0.0106	34	0.6911	0.0445	58	2.1006	0.0735	82	4.1637	0.0991
11	0.0473	0.0121	35	0.7356	0.0458	59	2.1741	0.0746	83	4.2629	0.1001
12	0.0594	0.0135	36	0.7815	0.0471	60	2.2487	0.0757	84	4.3630	0.1012
13	0.0729	0.0150	37	0.8286	0.0484	61	2.3243	0.0768	85	4.4641	0.1022
14	0.0880	0.0165	38	0.8769	0.0497	62	2.4012	0.0779	86	4.5663	0.1032
15	0.1045	0.0180	39	0.9266	0.0509	63	2.4791	0.0790	87	4.6695	0.1042
16	0.1225	0.0195	40	0.9775	0.0522	64	2.5581	0.0801	88	4.7737	0.1052
17	0.1420	0.0210	41	1.0297	0.0534	65	2.6382	0.0812	89	4.8788	0.1062
18	0.1630	0.0224	42	1.0831	0.0546	66	2.7194	0.0823	90	4.9850	0.1072
19	0.1854	0.0239	43	1.1377	0.0559	67	2.8017	0.0834	91	5.0922	0.1082
20	0.2093	0.0253	44	1.1936	0.0571	68	2.8851	0.0845	92	5.2004	0.1092
21	0.2346	0.0268	45	1.2507	0.0583	69	2.9695	0.0855	93	5.3095	0.1101
22	0.2614	0.0282	46	1.3090	0.0595	70	3.0551	0.0866	94	5.4197	0.1111
23	0.2896	0.0296	47	1.3685	0.0607	71	3.1417	0.0877	95	5.5308	0.1121
24	0.3192	0.0310	48	1.4292	0.0619	72	3.2294	0.0887	96	5.6429	0.1131
25	0.3503	0.0324	49	1.4911	0.0631	73	3.3181	0.0898	97	5.7560	0.1141
26	0.3827	0.0338	50	1.5541	0.0643	74	3.4079	0.0908	98	5.8700	0.1150
27	0.4165	0.0352	51	1.6184	0.0654	75	3.4987	0.0919	99	5.9850	0.1160
28	0.4517	0.0366	52	1.6838	0.0666	76	3.5906	0.0929	100	6.1010	0.1160

适用树种：一类阔叶；适用地区：吉林II；资料名称：吉林省一元立木材积表、材种出材率表、地径材积表；编表人或作者：吉林省林业厅；刊印或发表时间：2003。其他说明：吉林资 (2002) 627 号文件发布。

272. 吉林市II二类阔叶一元立木材积表（围尺）

$$V = 0.00005244 D_{轮}^{1.79066793} H^{1.07249096}$$

$$H = 21.741251 - 279.409598/(D_{轮} + 13)$$

$D_{轮} = -0.51001 + 0.97963 D_{围}$；表中$D$为围尺径；$D \leqslant 100$cm

D	V	ΔV	D	V	ΔV	D	V	ΔV	D	V	ΔV
5	0.0048	0.0032	29	0.3688	0.0280	53	1.3006	0.0501	77	2.7358	0.0701
6	0.0080	0.0041	30	0.3968	0.0290	54	1.3507	0.0510	78	2.8058	0.0708
7	0.0121	0.0052	31	0.4258	0.0300	55	1.4017	0.0518	79	2.8767	0.0716
8	0.0172	0.0062	32	0.4558	0.0309	56	1.4535	0.0527	80	2.9483	0.0724
9	0.0234	0.0072	33	0.4867	0.0319	57	1.5062	0.0535	81	3.0208	0.0732
10	0.0307	0.0083	34	0.5186	0.0329	58	1.5598	0.0544	82	3.0940	0.0740
11	0.0390	0.0094	35	0.5515	0.0338	59	1.6142	0.0552	83	3.1680	0.0748
12	0.0483	0.0104	36	0.5853	0.0348	60	1.6694	0.0561	84	3.2428	0.0756
13	0.0588	0.0115	37	0.6200	0.0357	61	1.7255	0.0569	85	3.3184	0.0764
14	0.0703	0.0126	38	0.6557	0.0366	62	1.7825	0.0578	86	3.3948	0.0772
15	0.0828	0.0137	39	0.6923	0.0376	63	1.8402	0.0586	87	3.4719	0.0779
16	0.0965	0.0147	40	0.7299	0.0385	64	1.8988	0.0595	88	3.5499	0.0787
17	0.1112	0.0158	41	0.7684	0.0394	65	1.9583	0.0603	89	3.6286	0.0795
18	0.1270	0.0168	42	0.8078	0.0403	66	2.0186	0.0611	90	3.7081	0.0803
19	0.1438	0.0179	43	0.8481	0.0412	67	2.0797	0.0619	91	3.7883	0.0810
20	0.1617	0.0189	44	0.8893	0.0421	68	2.1416	0.0628	92	3.8694	0.0818
21	0.1806	0.0200	45	0.9315	0.0430	69	2.2044	0.0636	93	3.9512	0.0826
22	0.2006	0.0210	46	0.9745	0.0439	70	2.2680	0.0644	94	4.0337	0.0833
23	0.2216	0.0220	47	1.0184	0.0448	71	2.3324	0.0652	95	4.1170	0.0841
24	0.2436	0.0230	48	1.0632	0.0457	72	2.3976	0.0660	96	4.2011	0.0849
25	0.2666	0.0240	49	1.1090	0.0466	73	2.4636	0.0668	97	4.2860	0.0856
26	0.2907	0.0250	50	1.1556	0.0475	74	2.5304	0.0676	98	4.3716	0.0864
27	0.3157	0.0260	51	1.2030	0.0484	75	2.5981	0.0684	99	4.4580	0.0871
28	0.3417	0.0270	52	1.2514	0.0492	76	2.6665	0.0693	100	4.5451	0.0871

适用树种：二类阔叶；适用地区：吉林II；资料名称：吉林省一元立木材积表、材种出材率表、地径材积表；编表人或作者：吉林省林业厅；刊印或发表时间：2003。其他说明：吉林资 (2002) 627 号文件发布。

273. 吉林市II柞树一元立木材积表（围尺）

$$V = 0.00017579D_{轮}^{1.9894288}H^{0.39924234}$$

$$H = 20.319786 - 215.158858/(D_{轮} + 9)$$

$D_{轮} = -0.48554 + 0.97332D_{围}$；表中$D$为围尺径；$D \leqslant 100$cm

D	V	ΔV	D	V	ΔV	D	V	ΔV	D	V	ΔV
5	0.0059	0.0037	29	0.3795	0.0286	53	1.3563	0.0538	77	2.9357	0.0788
6	0.0097	0.0047	30	0.4081	0.0297	54	1.4101	0.0548	78	3.0145	0.0799
7	0.0144	0.0057	31	0.4378	0.0307	55	1.4649	0.0559	79	3.0944	0.0809
8	0.0201	0.0067	32	0.4686	0.0318	56	1.5208	0.0569	80	3.1753	0.0820
9	0.0268	0.0077	33	0.5004	0.0328	57	1.5777	0.0580	81	3.2573	0.0830
10	0.0346	0.0088	34	0.5332	0.0339	58	1.6357	0.0590	82	3.3403	0.0841
11	0.0433	0.0098	35	0.5671	0.0349	59	1.6947	0.0601	83	3.4244	0.0851
12	0.0531	0.0108	36	0.6020	0.0360	60	1.7548	0.0611	84	3.5095	0.0861
13	0.0640	0.0119	37	0.6380	0.0370	61	1.8159	0.0622	85	3.5956	0.0872
14	0.0758	0.0129	38	0.6750	0.0381	62	1.8781	0.0632	86	3.6828	0.0882
15	0.0887	0.0140	39	0.7131	0.0391	63	1.9413	0.0642	87	3.7710	0.0893
16	0.1027	0.0150	40	0.7522	0.0402	64	2.0055	0.0653	88	3.8603	0.0903
17	0.1177	0.0160	41	0.7924	0.0412	65	2.0708	0.0663	89	3.9506	0.0913
18	0.1337	0.0171	42	0.8337	0.0423	66	2.1371	0.0674	90	4.0420	0.0924
19	0.1508	0.0181	43	0.8759	0.0433	67	2.2045	0.0684	91	4.1343	0.0934
20	0.1690	0.0192	44	0.9193	0.0444	68	2.2729	0.0695	92	4.2278	0.0945
21	0.1882	0.0202	45	0.9636	0.0454	69	2.3424	0.0705	93	4.3222	0.0955
22	0.2084	0.0213	46	1.0091	0.0465	70	2.4129	0.0716	94	4.4178	0.0965
23	0.2297	0.0223	47	1.0555	0.0475	71	2.4845	0.0726	95	4.5143	0.0976
24	0.2520	0.0234	48	1.1030	0.0486	72	2.5570	0.0736	96	4.6119	0.0986
25	0.2754	0.0244	49	1.1516	0.0496	73	2.6307	0.0747	97	4.7105	0.0997
26	0.2999	0.0255	50	1.2012	0.0507	74	2.7054	0.0757	98	4.8102	0.1007
27	0.3254	0.0265	51	1.2519	0.0517	75	2.7811	0.0768	99	4.9109	0.1017
28	0.3519	0.0276	52	1.3036	0.0527	76	2.8579	0.0778	100	5.0127	0.1017

适用树种：柞树（栎树）；适用地区：吉林II；资料名称：吉林省一元立木材积表、材种出材率表、地径材积表；编表人或作者：吉林省林业厅；刊印或发表时间：2003。其他说明：吉林资 (2002) 627 号文件发布。

274. 通化市I针叶树一元立木材积表（围尺）

$$V = 0.00007349D_{轮}^{1.96240694}H^{0.80185729}$$

$$H = 36.232244 - 1026.460449/(D_{轮} + 28)$$

$D_{轮} = -0.38941 + 0.97868D_{围}$；表中$D$为围尺径；$D \leqslant 100$cm

D	V	ΔV	D	V	ΔV	D	V	ΔV	D	V	ΔV
5	0.0048	0.0034	29	0.5135	0.0436	53	2.0983	0.0907	77	4.8265	0.1386
6	0.0082	0.0045	30	0.5570	0.0455	54	2.1890	0.0927	78	4.9651	0.1406
7	0.0127	0.0058	31	0.6025	0.0474	55	2.2817	0.0947	79	5.1057	0.1426
8	0.0185	0.0071	32	0.6499	0.0493	56	2.3765	0.0967	80	5.2482	0.1446
9	0.0256	0.0085	33	0.6993	0.0513	57	2.4732	0.0987	81	5.3928	0.1466
10	0.0341	0.0099	34	0.7505	0.0532	58	2.5719	0.1007	82	5.5394	0.1486
11	0.0440	0.0114	35	0.8038	0.0552	59	2.6726	0.1027	83	5.6880	0.1506
12	0.0555	0.0130	36	0.8589	0.0571	60	2.7753	0.1047	84	5.8385	0.1525
13	0.0685	0.0146	37	0.9161	0.0591	61	2.8800	0.1067	85	5.9911	0.1545
14	0.0831	0.0163	38	0.9751	0.0610	62	2.9867	0.1087	86	6.1456	0.1565
15	0.0993	0.0179	39	1.0362	0.0630	63	3.0954	0.1107	87	6.3021	0.1585
16	0.1173	0.0196	40	1.0992	0.0650	64	3.2061	0.1127	88	6.4607	0.1605
17	0.1369	0.0214	41	1.1642	0.0670	65	3.3188	0.1147	89	6.6212	0.1625
18	0.1583	0.0231	42	1.2311	0.0689	66	3.4334	0.1167	90	6.7837	0.1645
19	0.1814	0.0249	43	1.3001	0.0709	67	3.5501	0.1187	91	6.9482	0.1665
20	0.2064	0.0267	44	1.3710	0.0729	68	3.6688	0.1207	92	7.1146	0.1685
21	0.2331	0.0285	45	1.4438	0.0749	69	3.7894	0.1227	93	7.2831	0.1705
22	0.2616	0.0304	46	1.5187	0.0768	70	3.9121	0.1246	94	7.4536	0.1724
23	0.2920	0.0322	47	1.5955	0.0788	71	4.0367	0.1266	95	7.6260	0.1744
24	0.3242	0.0341	48	1.6743	0.0808	72	4.1633	0.1286	96	7.8004	0.1764
25	0.3583	0.0360	49	1.7552	0.0828	73	4.2920	0.1306	97	7.9768	0.1784
26	0.3942	0.0378	50	1.8379	0.0848	74	4.4226	0.1326	98	8.1552	0.1804
27	0.4321	0.0397	51	1.9227	0.0868	75	4.5552	0.1346	99	8.3356	0.1824
28	0.4718	0.0416	52	2.0095	0.0888	76	4.6898	0.1366	100	8.5180	0.1824

适用树种：针叶树；适用地区：通化I；资料名称：吉林省一元立木材积表、材种出材率表、地径材积表；编表人或作者：吉林省林业厅；刊印或发表时间：2003。其他说明：吉林资 (2002) 627 号文件发布。

275. 通化市I一类阔叶一元立木材积表（围尺）

$$V = 0.00004331 D_{轮}^{1.73738556} H^{1.22688346}$$

$$H = 29.323874 - 430.363932/(D_{轮} + 14)$$

$D_{轮} = -0.41226 + 0.97241 D_{围}$；表中$D$为围尺径；$D \leqslant 100\text{cm}$

D	V	ΔV	D	V	ΔV	D	V	ΔV	D	V	ΔV
5	0.0052	0.0039	29	0.5184	0.0402	53	1.8587	0.0719	77	3.9113	0.0998
6	0.0092	0.0053	30	0.5587	0.0417	54	1.9306	0.0732	78	4.0111	0.1009
7	0.0144	0.0067	31	0.6004	0.0431	55	2.0038	0.0744	79	4.1120	0.1020
8	0.0211	0.0082	32	0.6435	0.0445	56	2.0782	0.0756	80	4.2140	0.1031
9	0.0293	0.0097	33	0.6880	0.0459	57	2.1537	0.0768	81	4.3171	0.1042
10	0.0390	0.0112	34	0.7339	0.0473	58	2.2305	0.0780	82	4.4212	0.1053
11	0.0503	0.0128	35	0.7811	0.0487	59	2.3085	0.0792	83	4.5265	0.1063
12	0.0631	0.0144	36	0.8298	0.0500	60	2.3877	0.0804	84	4.6328	0.1074
13	0.0775	0.0160	37	0.8798	0.0514	61	2.4681	0.0816	85	4.7402	0.1085
14	0.0934	0.0175	38	0.9312	0.0527	62	2.5497	0.0827	86	4.8487	0.1096
15	0.1110	0.0191	39	0.9839	0.0541	63	2.6324	0.0839	87	4.9583	0.1106
16	0.1301	0.0207	40	1.0380	0.0554	64	2.7163	0.0851	88	5.0689	0.1117
17	0.1508	0.0223	41	1.0933	0.0567	65	2.8014	0.0862	89	5.1806	0.1127
18	0.1730	0.0238	42	1.1501	0.0580	66	2.8876	0.0874	90	5.2933	0.1138
19	0.1969	0.0254	43	1.2081	0.0593	67	2.9750	0.0885	91	5.4071	0.1149
20	0.2222	0.0269	44	1.2674	0.0606	68	3.0635	0.0897	92	5.5220	0.1159
21	0.2491	0.0284	45	1.3280	0.0619	69	3.1532	0.0908	93	5.6379	0.1170
22	0.2776	0.0300	46	1.3899	0.0632	70	3.2440	0.0920	94	5.7548	0.1180
23	0.3075	0.0315	47	1.4531	0.0645	71	3.3360	0.0931	95	5.8728	0.1190
24	0.3390	0.0329	48	1.5176	0.0657	72	3.4291	0.0942	96	5.9919	0.1201
25	0.3719	0.0344	49	1.5833	0.0670	73	3.5233	0.0953	97	6.1119	0.1211
26	0.4064	0.0359	50	1.6503	0.0682	74	3.6186	0.0965	98	6.2330	0.1221
27	0.4423	0.0374	51	1.7185	0.0695	75	3.7151	0.0976	99	6.3552	0.1232
28	0.4796	0.0388	52	1.7880	0.0707	76	3.8127	0.0987	100	6.4783	0.1232

适用树种：一类阔叶；适用地区：通化I；资料名称：吉林省一元立木材积表、材种出材率表、地径材积表；编表人或作者：吉林省林业厅；刊印或发表时间：2003。其他说明：吉林资 (2002) 627 号文件发布。

276. 通化市I二类阔叶一元立木材积表（围尺）

$$V = 0.00005244D_{轮}^{1.79066793}H^{1.07249096}$$

$$H = 23.423731 - 301.032134/(D_{轮} + 13)$$

$D_{轮} = -0.51001 + 0.97963D_{围}$；表中$D$为围尺径；$D \leqslant 100$cm

D	V	ΔV	D	V	ΔV	D	V	ΔV	D	V	ΔV
5	0.0052	0.0034	29	0.3995	0.0304	53	1.4089	0.0543	77	2.9635	0.0759
6	0.0086	0.0045	30	0.4298	0.0314	54	1.4631	0.0552	78	3.0393	0.0767
7	0.0131	0.0056	31	0.4612	0.0325	55	1.5184	0.0561	79	3.1161	0.0776
8	0.0187	0.0067	32	0.4937	0.0335	56	1.5745	0.0571	80	3.1937	0.0785
9	0.0254	0.0078	33	0.5272	0.0346	57	1.6316	0.0580	81	3.2722	0.0793
10	0.0332	0.0090	34	0.5618	0.0356	58	1.6896	0.0589	82	3.3515	0.0802
11	0.0422	0.0101	35	0.5974	0.0366	59	1.7485	0.0598	83	3.4317	0.0810
12	0.0523	0.0113	36	0.6340	0.0376	60	1.8083	0.0608	84	3.5127	0.0819
13	0.0636	0.0125	37	0.6716	0.0387	61	1.8691	0.0617	85	3.5946	0.0827
14	0.0761	0.0136	38	0.7103	0.0397	62	1.9308	0.0626	86	3.6773	0.0836
15	0.0897	0.0148	39	0.7500	0.0407	63	1.9934	0.0635	87	3.7609	0.0844
16	0.1045	0.0159	40	0.7906	0.0417	64	2.0569	0.0644	88	3.8453	0.0853
17	0.1205	0.0171	41	0.8323	0.0427	65	2.1213	0.0653	89	3.9306	0.0861
18	0.1376	0.0182	42	0.8750	0.0437	66	2.1866	0.0662	90	4.0167	0.0869
19	0.1558	0.0194	43	0.9187	0.0447	67	2.2528	0.0671	91	4.1036	0.0878
20	0.1752	0.0205	44	0.9633	0.0456	68	2.3199	0.0680	92	4.1914	0.0886
21	0.1957	0.0216	45	1.0090	0.0466	69	2.3878	0.0689	93	4.2800	0.0894
22	0.2173	0.0227	46	1.0556	0.0476	70	2.4567	0.0698	94	4.3694	0.0903
23	0.2400	0.0238	47	1.1032	0.0486	71	2.5265	0.0706	95	4.4597	0.0911
24	0.2639	0.0249	48	1.1517	0.0495	72	2.5971	0.0715	96	4.5508	0.0919
25	0.2888	0.0260	49	1.2012	0.0505	73	2.6686	0.0724	97	4.6427	0.0927
26	0.3148	0.0271	50	1.2517	0.0514	74	2.7410	0.0733	98	4.7354	0.0936
27	0.3420	0.0282	51	1.3032	0.0524	75	2.8143	0.0741	99	4.8290	0.0944
28	0.3702	0.0293	52	1.3555	0.0533	76	2.8885	0.0750	100	4.9234	0.0944

适用树种：二类阔叶；适用地区：通化I；资料名称：吉林省一元立木材积表、材种出材率表、地径材积表；编表人或作者：吉林省林业厅；刊印或发表时间：2003。其他说明：吉林资 (2002) 627 号文件发布。

277. 通化市I柞树一元立木材积表（围尺）

$$V = 0.00017579D_{轮}^{1.9894288}H^{0.39924234}$$

$$H = 25.551585 - 270.556486/(D_{轮} + 9)$$

$D_{轮} = -0.48554 + 0.97332D_{围}$；表中$D$为围尺径；$D \leqslant 100$cm

D	V	ΔV	D	V	ΔV	D	V	ΔV	D	V	ΔV
5	0.0065	0.0041	29	0.4158	0.0314	53	1.4862	0.0589	77	3.2168	0.0864
6	0.0106	0.0052	30	0.4472	0.0325	54	1.5452	0.0601	78	3.3032	0.0875
7	0.0158	0.0063	31	0.4798	0.0337	55	1.6052	0.0612	79	3.3908	0.0887
8	0.0220	0.0074	32	0.5134	0.0348	56	1.6665	0.0624	80	3.4795	0.0898
9	0.0294	0.0085	33	0.5483	0.0360	57	1.7289	0.0635	81	3.5693	0.0910
10	0.0379	0.0096	34	0.5843	0.0371	58	1.7924	0.0647	82	3.6603	0.0921
11	0.0475	0.0107	35	0.6214	0.0383	59	1.8571	0.0658	83	3.7524	0.0933
12	0.0582	0.0119	36	0.6597	0.0394	60	1.9229	0.0670	84	3.8456	0.0944
13	0.0701	0.0130	37	0.6991	0.0406	61	1.9898	0.0681	85	3.9400	0.0955
14	0.0831	0.0142	38	0.7397	0.0417	62	2.0580	0.0693	86	4.0356	0.0967
15	0.0972	0.0153	39	0.7814	0.0429	63	2.1272	0.0704	87	4.1322	0.0978
16	0.1125	0.0164	40	0.8243	0.0440	64	2.1976	0.0715	88	4.2301	0.0990
17	0.1290	0.0176	41	0.8683	0.0452	65	2.2692	0.0727	89	4.3290	0.1001
18	0.1466	0.0187	42	0.9135	0.0463	66	2.3418	0.0738	90	4.4291	0.1012
19	0.1653	0.0199	43	0.9598	0.0475	67	2.4157	0.0750	91	4.5303	0.1024
20	0.1852	0.0210	44	1.0073	0.0486	68	2.4906	0.0761	92	4.6327	0.1035
21	0.2062	0.0222	45	1.0559	0.0498	69	2.5668	0.0773	93	4.7362	0.1047
22	0.2284	0.0233	46	1.1057	0.0509	70	2.6440	0.0784	94	4.8409	0.1058
23	0.2517	0.0245	47	1.1566	0.0521	71	2.7224	0.0795	95	4.9467	0.1069
24	0.2762	0.0256	48	1.2087	0.0532	72	2.8020	0.0807	96	5.0536	0.1081
25	0.3018	0.0268	49	1.2619	0.0544	73	2.8827	0.0818	97	5.1617	0.1092
26	0.3286	0.0279	50	1.3163	0.0555	74	2.9645	0.0830	98	5.2709	0.1104
27	0.3565	0.0291	51	1.3718	0.0567	75	3.0475	0.0841	99	5.3813	0.1115
28	0.3856	0.0302	52	1.4284	0.0578	76	3.1316	0.0853	100	5.4928	0.1115

适用树种：柞树（栎树）；适用地区：通化I；资料名称：吉林省一元立木材积表、材种出材率表、地径材积表；编表人或作者：吉林省林业厅；刊印或发表时间：2003。其他说明：吉林资 (2002) 627 号文件发布。

278. 通化市I人工红松一元立木材积表（围尺）

$$V = 0.00007616D_{轮}^{1.89948264}H^{0.86116962}$$

$$H = 22.347457 - 316.362689/(D_{轮} + 14)$$

$D_{轮} = -0.49805 + 0.98158D_{围}$；表中$D$为围尺径；$D \leqslant 100$cm

D	V	ΔV	D	V	ΔV	D	V	ΔV	D	V	ΔV
5	0.0052	0.0035	29	0.4342	0.0340	53	1.6016	0.0643	77	3.4792	0.0932
6	0.0088	0.0046	30	0.4682	0.0353	54	1.6659	0.0655	78	3.5724	0.0944
7	0.0134	0.0058	31	0.5035	0.0366	55	1.7314	0.0667	79	3.6669	0.0956
8	0.0192	0.0070	32	0.5402	0.0379	56	1.7981	0.0679	80	3.7625	0.0968
9	0.0261	0.0082	33	0.5781	0.0392	57	1.8661	0.0692	81	3.8592	0.0980
10	0.0343	0.0094	34	0.6172	0.0405	58	1.9352	0.0704	82	3.9572	0.0991
11	0.0437	0.0107	35	0.6577	0.0417	59	2.0056	0.0716	83	4.0563	0.1003
12	0.0544	0.0119	36	0.6994	0.0430	60	2.0772	0.0728	84	4.1566	0.1015
13	0.0663	0.0132	37	0.7424	0.0443	61	2.1501	0.0740	85	4.2581	0.1027
14	0.0796	0.0145	38	0.7867	0.0455	62	2.2241	0.0753	86	4.3608	0.1038
15	0.0941	0.0158	39	0.8323	0.0468	63	2.2994	0.0765	87	4.4646	0.1050
16	0.1099	0.0171	40	0.8791	0.0481	64	2.3758	0.0777	88	4.5696	0.1062
17	0.1270	0.0184	41	0.9272	0.0493	65	2.4535	0.0789	89	4.6758	0.1073
18	0.1454	0.0197	42	0.9765	0.0506	66	2.5324	0.0801	90	4.7832	0.1085
19	0.1652	0.0210	43	1.0271	0.0518	67	2.6125	0.0813	91	4.8917	0.1097
20	0.1862	0.0223	44	1.0789	0.0531	68	2.6938	0.0825	92	5.0014	0.1108
21	0.2085	0.0236	45	1.1320	0.0544	69	2.7763	0.0837	93	5.1122	0.1120
22	0.2322	0.0250	46	1.1864	0.0556	70	2.8599	0.0849	94	5.2242	0.1132
23	0.2571	0.0263	47	1.2420	0.0568	71	2.9448	0.0861	95	5.3374	0.1143
24	0.2834	0.0276	48	1.2988	0.0581	72	3.0309	0.0873	96	5.4517	0.1155
25	0.3109	0.0289	49	1.3569	0.0593	73	3.1182	0.0885	97	5.5672	0.1167
26	0.3398	0.0302	50	1.4162	0.0606	74	3.2067	0.0897	98	5.6839	0.1178
27	0.3700	0.0315	51	1.4768	0.0618	75	3.2963	0.0909	99	5.8017	0.1190
28	0.4014	0.0327	52	1.5386	0.0630	76	3.3872	0.0920	100	5.9207	0.1190

适用树种：人工红松；适用地区：通化I；资料名称：吉林省一元立木材积表、材种出材率表、地径材积表；编表人或作者：吉林省林业厅；刊印或发表时间：2003。其他说明：吉林资 (2002) 627 号文件发布。

279. 通化市I人工樟子松一元立木材积表（围尺）

$$V = 0.00005228D_{轮}^{1.57561364}H^{1.36856283}$$

$$H = 33.439047 - 992.116237/(D_{轮} + 31)$$

$D_{轮} = -0.34995 + 0.97838D_{围}$；表中$D$为围尺径；$D \leqslant 100$cm

D	V	ΔV	D	V	ΔV	D	V	ΔV	D	V	ΔV
5	0.0059	0.0036	29	0.4677	0.0372	53	1.7246	0.0679	77	3.6594	0.0937
6	0.0095	0.0047	30	0.5048	0.0385	54	1.7925	0.0691	78	3.7531	0.0947
7	0.0143	0.0059	31	0.5434	0.0399	55	1.8616	0.0702	79	3.8478	0.0957
8	0.0202	0.0072	32	0.5833	0.0413	56	1.9318	0.0714	80	3.9435	0.0967
9	0.0273	0.0084	33	0.6246	0.0427	57	2.0032	0.0725	81	4.0401	0.0976
10	0.0358	0.0098	34	0.6673	0.0440	58	2.0757	0.0736	82	4.1378	0.0986
11	0.0456	0.0112	35	0.7113	0.0454	59	2.1494	0.0748	83	4.2364	0.0996
12	0.0567	0.0126	36	0.7567	0.0467	60	2.2241	0.0759	84	4.3359	0.1005
13	0.0693	0.0140	37	0.8035	0.0481	61	2.3000	0.0770	85	4.4364	0.1015
14	0.0832	0.0154	38	0.8515	0.0494	62	2.3770	0.0781	86	4.5379	0.1024
15	0.0987	0.0169	39	0.9009	0.0507	63	2.4551	0.0792	87	4.6403	0.1033
16	0.1155	0.0183	40	0.9515	0.0520	64	2.5342	0.0803	88	4.7436	0.1043
17	0.1339	0.0198	41	1.0035	0.0533	65	2.6145	0.0813	89	4.8479	0.1052
18	0.1537	0.0213	42	1.0568	0.0545	66	2.6958	0.0824	90	4.9531	0.1061
19	0.1749	0.0227	43	1.1113	0.0558	67	2.7782	0.0835	91	5.0593	0.1071
20	0.1976	0.0242	44	1.1671	0.0570	68	2.8617	0.0845	92	5.1663	0.1080
21	0.2218	0.0257	45	1.2241	0.0583	69	2.9462	0.0856	93	5.2743	0.1089
22	0.2475	0.0271	46	1.2824	0.0595	70	3.0317	0.0866	94	5.3832	0.1098
23	0.2746	0.0286	47	1.3420	0.0608	71	3.1183	0.0876	95	5.4930	0.1107
24	0.3032	0.0300	48	1.4027	0.0620	72	3.2060	0.0887	96	5.6037	0.1116
25	0.3332	0.0315	49	1.4647	0.0632	73	3.2946	0.0897	97	5.7153	0.1125
26	0.3647	0.0329	50	1.5279	0.0644	74	3.3843	0.0907	98	5.8278	0.1134
27	0.3976	0.0343	51	1.5923	0.0656	75	3.4750	0.0917	99	5.9411	0.1143
28	0.4319	0.0357	52	1.6578	0.0667	76	3.5667	0.0927	100	6.0554	0.1143

适用树种：人工樟子松；适用地区：通化I；资料名称：吉林省一元立木材积表、材种出材率表、地径材积表；编表人或作者：吉林省林业厅；刊印或发表时间：2003。其他说明：吉林资 (2002) 627 号文件发布。

280. 通化市I人工落叶松一元立木材积表（围尺）

$$V = 0.00008472D_{轮}^{1.97420228}H^{0.74561762}$$

$$H = 35.990753 - 676.806179/(D_{轮} + 18)$$

$D_{轮} = -0.39467 + 0.98006D_{围}$；表中$D$为围尺径；$D \leqslant 100$cm

D	V	ΔV	D	V	ΔV	D	V	ΔV	D	V	ΔV
5	0.0062	0.0044	29	0.5971	0.0488	53	2.3254	0.0973	77	5.2212	0.1460
6	0.0106	0.0058	30	0.6459	0.0508	54	2.4227	0.0994	78	5.3671	0.1480
7	0.0164	0.0073	31	0.6967	0.0528	55	2.5221	0.1014	79	5.5151	0.1500
8	0.0237	0.0089	32	0.7495	0.0548	56	2.6235	0.1034	80	5.6651	0.1520
9	0.0326	0.0105	33	0.8043	0.0568	57	2.7269	0.1055	81	5.8172	0.1540
10	0.0431	0.0122	34	0.8611	0.0588	58	2.8324	0.1075	82	5.9712	0.1561
11	0.0554	0.0140	35	0.9199	0.0609	59	2.9399	0.1095	83	6.1272	0.1581
12	0.0694	0.0158	36	0.9808	0.0629	60	3.0494	0.1115	84	6.2853	0.1601
13	0.0851	0.0176	37	1.0437	0.0649	61	3.1610	0.1136	85	6.4454	0.1621
14	0.1027	0.0194	38	1.1086	0.0669	62	3.2745	0.1156	86	6.6075	0.1641
15	0.1222	0.0213	39	1.1755	0.0690	63	3.3901	0.1176	87	6.7717	0.1661
16	0.1435	0.0232	40	1.2444	0.0710	64	3.5078	0.1197	88	6.9378	0.1682
17	0.1667	0.0251	41	1.3154	0.0730	65	3.6274	0.1217	89	7.1060	0.1702
18	0.1918	0.0270	42	1.3884	0.0750	66	3.7491	0.1237	90	7.2761	0.1722
19	0.2188	0.0290	43	1.4635	0.0771	67	3.8728	0.1257	91	7.4483	0.1742
20	0.2478	0.0309	44	1.5405	0.0791	68	3.9985	0.1278	92	7.6225	0.1762
21	0.2787	0.0329	45	1.6196	0.0811	69	4.1263	0.1298	93	7.7988	0.1782
22	0.3116	0.0348	46	1.7007	0.0831	70	4.2561	0.1318	94	7.9770	0.1802
23	0.3464	0.0368	47	1.7839	0.0852	71	4.3879	0.1338	95	8.1572	0.1823
24	0.3832	0.0388	48	1.8690	0.0872	72	4.5217	0.1359	96	8.3395	0.1843
25	0.4220	0.0408	49	1.9563	0.0892	73	4.6576	0.1379	97	8.5238	0.1863
26	0.4628	0.0428	50	2.0455	0.0913	74	4.7954	0.1399	98	8.7101	0.1883
27	0.5056	0.0448	51	2.1367	0.0933	75	4.9353	0.1419	99	8.8984	0.1903
28	0.5503	0.0468	52	2.2300	0.0953	76	5.0772	0.1439	100	9.0887	0.1903

适用树种：人工落叶松；适用地区：通化I；资料名称：吉林省一元立木材积表、材种出材率表、地径材积表；编表人或作者：吉林省林业厅；刊印或发表时间：2003。其他说明：吉林资 (2002) 627 号文件发布。

281. 通化市I人工杨树一元立木材积表（围尺）

$$V = 0.0000717D_{轮}^{1.69135017}H^{1.08071211}$$

$$H = 30.633299 - 547.989609/(D_{轮} + 16)$$

$D_{轮} = -0.62168 + 0.98712D_{围}$；表中$D$为围尺径；$D \leqslant 100$cm

D	V	ΔV	D	V	ΔV	D	V	ΔV	D	V	ΔV
5	0.0035	0.0033	29	0.4619	0.0358	53	1.6432	0.0629	77	3.4244	0.0860
6	0.0067	0.0045	30	0.4977	0.0371	54	1.7061	0.0639	78	3.5104	0.0869
7	0.0112	0.0058	31	0.5348	0.0383	55	1.7700	0.0649	79	3.5974	0.0878
8	0.0171	0.0072	32	0.5731	0.0395	56	1.8349	0.0659	80	3.6852	0.0887
9	0.0243	0.0086	33	0.6126	0.0407	57	1.9009	0.0670	81	3.7739	0.0896
10	0.0329	0.0100	34	0.6534	0.0419	58	1.9678	0.0680	82	3.8635	0.0905
11	0.0429	0.0115	35	0.6953	0.0431	59	2.0358	0.0690	83	3.9540	0.0914
12	0.0544	0.0129	36	0.7384	0.0443	60	2.1048	0.0699	84	4.0454	0.0923
13	0.0673	0.0143	37	0.7826	0.0454	61	2.1747	0.0709	85	4.1377	0.0932
14	0.0816	0.0158	38	0.8281	0.0466	62	2.2456	0.0719	86	4.2309	0.0940
15	0.0973	0.0172	39	0.8747	0.0477	63	2.3175	0.0729	87	4.3249	0.0949
16	0.1145	0.0186	40	0.9224	0.0489	64	2.3904	0.0739	88	4.4198	0.0958
17	0.1331	0.0200	41	0.9713	0.0500	65	2.4643	0.0748	89	4.5156	0.0966
18	0.1531	0.0214	42	1.0213	0.0511	66	2.5391	0.0758	90	4.6122	0.0975
19	0.1745	0.0228	43	1.0724	0.0522	67	2.6149	0.0767	91	4.7097	0.0984
20	0.1972	0.0241	44	1.1246	0.0533	68	2.6916	0.0777	92	4.8081	0.0992
21	0.2213	0.0255	45	1.1779	0.0544	69	2.7693	0.0786	93	4.9073	0.1001
22	0.2468	0.0268	46	1.2323	0.0555	70	2.8479	0.0796	94	5.0074	0.1009
23	0.2736	0.0281	47	1.2878	0.0566	71	2.9275	0.0805	95	5.1083	0.1018
24	0.3018	0.0295	48	1.3444	0.0576	72	3.0080	0.0814	96	5.2100	0.1026
25	0.3312	0.0308	49	1.4021	0.0587	73	3.0894	0.0824	97	5.3126	0.1034
26	0.3620	0.0320	50	1.4608	0.0598	74	3.1718	0.0833	98	5.4161	0.1043
27	0.3940	0.0333	51	1.5205	0.0608	75	3.2551	0.0842	99	5.5204	0.1051
28	0.4273	0.0346	52	1.5813	0.0619	76	3.3393	0.0851	100	5.6255	0.1051

适用树种：人工杨树；适用地区：通化I；资料名称：吉林省一元立木材积表、材种出材率表、地径材积表；编表人或作者：吉林省林业厅；刊印或发表时间：2003。其他说明：吉林资 (2002) 627 号文件发布。

282. 通化市II针叶树一元立木材积表（围尺）

$$V = 0.00007349 D_{轮}^{1.96240694} H^{0.80185729}$$

$$H = 34.468353 - 976.48935/(D_{轮} + 28)$$

$D_{轮} = -0.38941 + 0.97868 D_{围}$；表中$D$为围尺径；$D \leqslant 100$cm

D	V	ΔV	D	V	ΔV	D	V	ΔV	D	V	ΔV
5	0.0046	0.0033	29	0.4933	0.0418	53	2.0159	0.0872	77	4.6371	0.1332
6	0.0079	0.0043	30	0.5352	0.0437	54	2.1031	0.0891	78	4.7703	0.1351
7	0.0122	0.0055	31	0.5789	0.0455	55	2.1922	0.0910	79	4.9054	0.1370
8	0.0178	0.0068	32	0.6244	0.0474	56	2.2832	0.0929	80	5.0424	0.1389
9	0.0246	0.0081	33	0.6718	0.0493	57	2.3762	0.0948	81	5.1813	0.1408
10	0.0327	0.0095	34	0.7211	0.0511	58	2.4710	0.0968	82	5.3221	0.1427
11	0.0423	0.0110	35	0.7722	0.0530	59	2.5678	0.0987	83	5.4648	0.1447
12	0.0533	0.0125	36	0.8252	0.0549	60	2.6665	0.1006	84	5.6095	0.1466
13	0.0658	0.0140	37	0.8801	0.0568	61	2.7670	0.1025	85	5.7560	0.1485
14	0.0798	0.0156	38	0.9369	0.0587	62	2.8695	0.1044	86	5.9045	0.1504
15	0.0954	0.0172	39	0.9955	0.0605	63	2.9740	0.1063	87	6.0549	0.1523
16	0.1127	0.0189	40	1.0561	0.0624	64	3.0803	0.1083	88	6.2072	0.1542
17	0.1315	0.0205	41	1.1185	0.0643	65	3.1886	0.1102	89	6.3614	0.1561
18	0.1521	0.0222	42	1.1828	0.0662	66	3.2987	0.1121	90	6.5176	0.1580
19	0.1743	0.0239	43	1.2491	0.0681	67	3.4108	0.1140	91	6.6756	0.1599
20	0.1983	0.0257	44	1.3172	0.0700	68	3.5248	0.1159	92	6.8355	0.1619
21	0.2239	0.0274	45	1.3872	0.0719	69	3.6408	0.1178	93	6.9974	0.1638
22	0.2513	0.0292	46	1.4591	0.0738	70	3.7586	0.1198	94	7.1612	0.1657
23	0.2805	0.0310	47	1.5329	0.0757	71	3.8783	0.1217	95	7.3268	0.1676
24	0.3115	0.0327	48	1.6087	0.0776	72	4.0000	0.1236	96	7.4944	0.1695
25	0.3442	0.0345	49	1.6863	0.0795	73	4.1236	0.1255	97	7.6639	0.1714
26	0.3788	0.0364	50	1.7658	0.0815	74	4.2491	0.1274	98	7.8353	0.1733
27	0.4151	0.0382	51	1.8473	0.0834	75	4.3765	0.1293	99	8.0086	0.1752
28	0.4533	0.0400	52	1.9307	0.0853	76	4.5059	0.1313	100	8.1838	0.1752

适用树种：针叶树；适用地区：通化II；资料名称：吉林省一元立木材积表、材种出材率表、地径材积表；编表人或作者：吉林省林业厅；刊印或发表时间：2003。其他说明：吉林资 (2002) 627 号文件发布。

283. 通化市II一类阔叶一元立木材积表（围尺）

$$V = 0.00004331 D_{轮}^{1.73738556} H^{1.22688346}$$

$$H = 28.15882 - 413.265326/(D_{轮} + 14)$$

$D_{轮} = -0.41226 + 0.97241 D_{围}$；表中$D$为围尺径；$D \leqslant 100$cm

D	V	ΔV	D	V	ΔV	D	V	ΔV	D	V	ΔV
5	0.0050	0.0037	29	0.4933	0.0383	53	1.7685	0.0684	77	3.7216	0.0949
6	0.0087	0.0050	30	0.5316	0.0397	54	1.8369	0.0696	78	3.8165	0.0960
7	0.0137	0.0064	31	0.5712	0.0410	55	1.9065	0.0708	79	3.9125	0.0970
8	0.0201	0.0078	32	0.6122	0.0423	56	1.9773	0.0719	80	4.0095	0.0981
9	0.0279	0.0092	33	0.6546	0.0437	57	2.0492	0.0731	81	4.1076	0.0991
10	0.0371	0.0107	34	0.6982	0.0450	58	2.1223	0.0742	82	4.2067	0.1001
11	0.0478	0.0122	35	0.7432	0.0463	59	2.1965	0.0753	83	4.3069	0.1012
12	0.0600	0.0137	36	0.7895	0.0476	60	2.2719	0.0765	84	4.4080	0.1022
13	0.0737	0.0152	37	0.8371	0.0489	61	2.3483	0.0776	85	4.5102	0.1032
14	0.0889	0.0167	38	0.8860	0.0502	62	2.4259	0.0787	86	4.6134	0.1042
15	0.1056	0.0182	39	0.9362	0.0514	63	2.5047	0.0798	87	4.7177	0.1053
16	0.1238	0.0197	40	0.9876	0.0527	64	2.5845	0.0809	88	4.8229	0.1063
17	0.1435	0.0212	41	1.0403	0.0540	65	2.6654	0.0820	89	4.9292	0.1073
18	0.1646	0.0227	42	1.0942	0.0552	66	2.7475	0.0831	90	5.0365	0.1083
19	0.1873	0.0241	43	1.1495	0.0564	67	2.8306	0.0842	91	5.1448	0.1093
20	0.2114	0.0256	44	1.2059	0.0577	68	2.9149	0.0853	92	5.2540	0.1103
21	0.2370	0.0271	45	1.2636	0.0589	69	3.0002	0.0864	93	5.3643	0.1113
22	0.2641	0.0285	46	1.3225	0.0601	70	3.0866	0.0875	94	5.4756	0.1123
23	0.2926	0.0299	47	1.3826	0.0613	71	3.1741	0.0886	95	5.5879	0.1133
24	0.3225	0.0314	48	1.4439	0.0625	72	3.2627	0.0896	96	5.7011	0.1142
25	0.3539	0.0328	49	1.5065	0.0637	73	3.3523	0.0907	97	5.8154	0.1152
26	0.3866	0.0342	50	1.5702	0.0649	74	3.4430	0.0918	98	5.9306	0.1162
27	0.4208	0.0356	51	1.6351	0.0661	75	3.5348	0.0928	99	6.0468	0.1172
28	0.4564	0.0369	52	1.7012	0.0673	76	3.6277	0.0939	100	6.1640	0.1172

适用树种：一类阔叶；适用地区：通化II；资料名称：吉林省一元立木材积表、材种出材率表、地径材积表；编表人或作者：吉林省林业厅；刊印或发表时间：2003。其他说明：吉林资 (2002) 627 号文件发布。

284. 通化市II二类阔叶一元立木材积表（围尺）

$$V = 0.00005244D_{轮}^{1.79066793}H^{1.07249096}$$

$$H = 22.373592 - 287.536189/(D_{轮} + 13)$$

$D_{轮} = -0.51001 + 0.97963D_{围}$；表中$D$为围尺径；$D \leqslant 100$cm

D	V	ΔV	D	V	ΔV	D	V	ΔV	D	V	ΔV
5	0.0049	0.0033	29	0.3803	0.0289	53	1.3412	0.0517	77	2.8212	0.0722
6	0.0082	0.0043	30	0.4092	0.0299	54	1.3929	0.0526	78	2.8934	0.0731
7	0.0125	0.0053	31	0.4391	0.0309	55	1.4455	0.0534	79	2.9665	0.0739
8	0.0178	0.0064	32	0.4700	0.0319	56	1.4989	0.0543	80	3.0404	0.0747
9	0.0242	0.0075	33	0.5019	0.0329	57	1.5533	0.0552	81	3.1151	0.0755
10	0.0316	0.0086	34	0.5348	0.0339	58	1.6085	0.0561	82	3.1906	0.0763
11	0.0402	0.0097	35	0.5687	0.0349	59	1.6646	0.0570	83	3.2669	0.0771
12	0.0498	0.0108	36	0.6036	0.0358	60	1.7215	0.0578	84	3.3441	0.0780
13	0.0606	0.0119	37	0.6394	0.0368	61	1.7794	0.0587	85	3.4220	0.0788
14	0.0725	0.0130	38	0.6762	0.0378	62	1.8381	0.0596	86	3.5008	0.0796
15	0.0854	0.0141	39	0.7140	0.0387	63	1.8977	0.0604	87	3.5804	0.0804
16	0.0995	0.0152	40	0.7527	0.0397	64	1.9581	0.0613	88	3.6607	0.0812
17	0.1147	0.0163	41	0.7924	0.0406	65	2.0194	0.0622	89	3.7419	0.0820
18	0.1310	0.0174	42	0.8330	0.0416	66	2.0816	0.0630	90	3.8239	0.0828
19	0.1483	0.0184	43	0.8746	0.0425	67	2.1446	0.0639	91	3.9066	0.0836
20	0.1667	0.0195	44	0.9171	0.0434	68	2.2085	0.0647	92	3.9902	0.0844
21	0.1863	0.0206	45	0.9605	0.0444	69	2.2732	0.0656	93	4.0745	0.0851
22	0.2068	0.0216	46	1.0049	0.0453	70	2.3388	0.0664	94	4.1597	0.0859
23	0.2285	0.0227	47	1.0502	0.0462	71	2.4052	0.0672	95	4.2456	0.0867
24	0.2512	0.0238	48	1.0964	0.0471	72	2.4724	0.0681	96	4.3323	0.0875
25	0.2749	0.0248	49	1.1436	0.0481	73	2.5405	0.0689	97	4.4198	0.0883
26	0.2997	0.0258	50	1.1916	0.0490	74	2.6095	0.0698	98	4.5081	0.0891
27	0.3256	0.0269	51	1.2406	0.0499	75	2.6792	0.0706	99	4.5972	0.0898
28	0.3524	0.0279	52	1.2905	0.0508	76	2.7498	0.0714	100	4.6870	0.0898

适用树种：二类阔叶；适用地区：通化II；资料名称：吉林省一元立木材积表、材种出材率表、地径材积表；编表人或作者：吉林省林业厅；刊印或发表时间：2003。其他说明：吉林资 (2002) 627 号文件发布。

285. 通化市II柞树一元立木材积表（围尺）

$$V = 0.00017579D_{轮}^{1.9894288}H^{0.39924234}$$

$$H = 22.55724 - 238.850451/(D_{轮} + 9)$$

$D_{轮} = -0.48554 + 0.97332D_{围}$；表中$D$为围尺径；$D \leqslant 100$cm

D	V	ΔV	D	V	ΔV	D	V	ΔV	D	V	ΔV
5	0.0062	0.0039	29	0.3957	0.0299	53	1.4141	0.0561	77	3.0607	0.0822
6	0.0101	0.0049	30	0.4255	0.0310	54	1.4701	0.0572	78	3.1429	0.0833
7	0.0150	0.0060	31	0.4565	0.0320	55	1.5273	0.0583	79	3.2262	0.0844
8	0.0209	0.0070	32	0.4885	0.0331	56	1.5856	0.0594	80	3.3106	0.0855
9	0.0280	0.0081	33	0.5217	0.0342	57	1.6449	0.0604	81	3.3960	0.0866
10	0.0360	0.0091	34	0.5559	0.0353	58	1.7054	0.0615	82	3.4826	0.0876
11	0.0452	0.0102	35	0.5912	0.0364	59	1.7669	0.0626	83	3.5702	0.0887
12	0.0554	0.0113	36	0.6277	0.0375	60	1.8295	0.0637	84	3.6589	0.0898
13	0.0667	0.0124	37	0.6652	0.0386	61	1.8933	0.0648	85	3.7488	0.0909
14	0.0791	0.0135	38	0.7038	0.0397	62	1.9581	0.0659	86	3.8397	0.0920
15	0.0925	0.0146	39	0.7435	0.0408	63	2.0239	0.0670	87	3.9316	0.0931
16	0.1071	0.0156	40	0.7843	0.0419	64	2.0909	0.0681	88	4.0247	0.0942
17	0.1227	0.0167	41	0.8262	0.0430	65	2.1590	0.0692	89	4.1189	0.0952
18	0.1394	0.0178	42	0.8692	0.0441	66	2.2282	0.0702	90	4.2141	0.0963
19	0.1573	0.0189	43	0.9132	0.0452	67	2.2984	0.0713	91	4.3104	0.0974
20	0.1762	0.0200	44	0.9584	0.0463	68	2.3697	0.0724	92	4.4078	0.0985
21	0.1962	0.0211	45	1.0047	0.0474	69	2.4422	0.0735	93	4.5063	0.0996
22	0.2173	0.0222	46	1.0520	0.0484	70	2.5157	0.0746	94	4.6059	0.1007
23	0.2395	0.0233	47	1.1005	0.0495	71	2.5903	0.0757	95	4.7066	0.1017
24	0.2628	0.0244	48	1.1500	0.0506	72	2.6659	0.0768	96	4.8083	0.1028
25	0.2872	0.0255	49	1.2006	0.0517	73	2.7427	0.0779	97	4.9111	0.1039
26	0.3126	0.0266	50	1.2524	0.0528	74	2.8206	0.0789	98	5.0150	0.1050
27	0.3392	0.0277	51	1.3052	0.0539	75	2.8995	0.0800	99	5.1200	0.1061
28	0.3669	0.0288	52	1.3591	0.0550	76	2.9796	0.0811	100	5.2261	0.1061

适用树种：柞树（栎树）；适用地区：通化II；资料名称：吉林省一元立木材积表、材种出材率表、地径材积表；编表人或作者：吉林省林业厅；刊印或发表时间：2003。其他说明：吉林资 (2002) 627 号文件发布。

286. 白山市I针叶树一元立木材积表（围尺）

$$V = 0.00007349 D_{轮}^{1.96240694} H^{0.80185729}$$

$$H = 38.01381 - 1076.93226/(D_{轮} + 28)$$

$D_{轮} = -0.38941 + 0.97868 D_{围}$；表中$D$为围尺径；$D \leqslant 100$cm

D	V	ΔV	D	V	ΔV	D	V	ΔV	D	V	ΔV
5	0.0050	0.0035	29	0.5336	0.0453	53	2.1806	0.0943	77	5.0158	0.1440
6	0.0085	0.0047	30	0.5789	0.0473	54	2.2749	0.0964	78	5.1599	0.1461
7	0.0132	0.0060	31	0.6262	0.0493	55	2.3713	0.0984	79	5.3060	0.1482
8	0.0192	0.0074	32	0.6754	0.0513	56	2.4697	0.1005	80	5.4542	0.1503
9	0.0266	0.0088	33	0.7267	0.0533	57	2.5702	0.1026	81	5.6044	0.1523
10	0.0354	0.0103	34	0.7800	0.0553	58	2.6728	0.1047	82	5.7568	0.1544
11	0.0457	0.0119	35	0.8353	0.0573	59	2.7775	0.1067	83	5.9112	0.1565
12	0.0576	0.0135	36	0.8926	0.0594	60	2.8842	0.1088	84	6.0676	0.1585
13	0.0712	0.0152	37	0.9520	0.0614	61	2.9930	0.1109	85	6.2262	0.1606
14	0.0863	0.0169	38	1.0134	0.0634	62	3.1039	0.1130	86	6.3868	0.1627
15	0.1032	0.0186	39	1.0768	0.0655	63	3.2169	0.1150	87	6.5494	0.1647
16	0.1219	0.0204	40	1.1423	0.0675	64	3.3319	0.1171	88	6.7142	0.1668
17	0.1423	0.0222	41	1.2099	0.0696	65	3.4490	0.1192	89	6.8810	0.1689
18	0.1645	0.0240	42	1.2794	0.0716	66	3.5682	0.1212	90	7.0499	0.1709
19	0.1886	0.0259	43	1.3511	0.0737	67	3.6894	0.1233	91	7.2208	0.1730
20	0.2144	0.0278	44	1.4247	0.0757	68	3.8127	0.1254	92	7.3938	0.1751
21	0.2422	0.0297	45	1.5005	0.0778	69	3.9381	0.1275	93	7.5689	0.1771
22	0.2719	0.0316	46	1.5783	0.0799	70	4.0656	0.1295	94	7.7460	0.1792
23	0.3034	0.0335	47	1.6581	0.0819	71	4.1951	0.1316	95	7.9252	0.1813
24	0.3369	0.0354	48	1.7400	0.0840	72	4.3267	0.1337	96	8.1065	0.1833
25	0.3723	0.0374	49	1.8240	0.0860	73	4.4604	0.1358	97	8.2898	0.1854
26	0.4097	0.0393	50	1.9101	0.0881	74	4.5961	0.1378	98	8.4752	0.1875
27	0.4490	0.0413	51	1.9982	0.0902	75	4.7340	0.1399	99	8.6627	0.1895
28	0.4903	0.0433	52	2.0883	0.0922	76	4.8739	0.1420	100	8.8522	0.1895

适用树种：针叶树；适用地区：白山I；资料名称：吉林省一元立木材积表、材种出材率表、地径材积表；编表人或作者：吉林省林业厅；刊印或发表时间：2003。其他说明：吉林资 (2002) 627 号文件发布。

287. 白山市I一类阔叶一元立木材积表（围尺）

$$V = 0.00004331D_{轮}^{1.73738556}H^{1.22688346}$$

$$H = 29.323874 - 430.363932/(D_{轮} + 14)$$

$D_{轮} = -0.41226 + 0.97241D_{围}$；表中$D$为围尺径；$D \leqslant 100$cm

D	V	ΔV	D	V	ΔV	D	V	ΔV	D	V	ΔV
5	0.0052	0.0039	29	0.5184	0.0402	53	1.8587	0.0719	77	3.9113	0.0998
6	0.0092	0.0053	30	0.5587	0.0417	54	1.9306	0.0732	78	4.0111	0.1009
7	0.0144	0.0067	31	0.6004	0.0431	55	2.0038	0.0744	79	4.1120	0.1020
8	0.0211	0.0082	32	0.6435	0.0445	56	2.0782	0.0756	80	4.2140	0.1031
9	0.0293	0.0097	33	0.6880	0.0459	57	2.1537	0.0768	81	4.3171	0.1042
10	0.0390	0.0112	34	0.7339	0.0473	58	2.2305	0.0780	82	4.4212	0.1053
11	0.0503	0.0128	35	0.7811	0.0487	59	2.3085	0.0792	83	4.5265	0.1063
12	0.0631	0.0144	36	0.8298	0.0500	60	2.3877	0.0804	84	4.6328	0.1074
13	0.0775	0.0160	37	0.8798	0.0514	61	2.4681	0.0816	85	4.7402	0.1085
14	0.0934	0.0175	38	0.9312	0.0527	62	2.5497	0.0827	86	4.8487	0.1096
15	0.1110	0.0191	39	0.9839	0.0541	63	2.6324	0.0839	87	4.9583	0.1106
16	0.1301	0.0207	40	1.0380	0.0554	64	2.7163	0.0851	88	5.0689	0.1117
17	0.1508	0.0223	41	1.0933	0.0567	65	2.8014	0.0862	89	5.1806	0.1127
18	0.1730	0.0238	42	1.1501	0.0580	66	2.8876	0.0874	90	5.2933	0.1138
19	0.1969	0.0254	43	1.2081	0.0593	67	2.9750	0.0885	91	5.4071	0.1149
20	0.2222	0.0269	44	1.2674	0.0606	68	3.0635	0.0897	92	5.5220	0.1159
21	0.2491	0.0284	45	1.3280	0.0619	69	3.1532	0.0908	93	5.6379	0.1170
22	0.2776	0.0300	46	1.3899	0.0632	70	3.2440	0.0920	94	5.7548	0.1180
23	0.3075	0.0315	47	1.4531	0.0645	71	3.3360	0.0931	95	5.8728	0.1190
24	0.3390	0.0329	48	1.5176	0.0657	72	3.4291	0.0942	96	5.9919	0.1201
25	0.3719	0.0344	49	1.5833	0.0670	73	3.5233	0.0953	97	6.1119	0.1211
26	0.4064	0.0359	50	1.6503	0.0682	74	3.6186	0.0965	98	6.2330	0.1221
27	0.4423	0.0374	51	1.7185	0.0695	75	3.7151	0.0976	99	6.3552	0.1232
28	0.4796	0.0388	52	1.7880	0.0707	76	3.8127	0.0987	100	6.4783	0.1232

适用树种：一类阔叶；适用地区：白山I；资料名称：吉林省一元立木材积表、材种出材率表、地径材积表；编表人或作者：吉林省林业厅；刊印或发表时间：2003。其他说明：吉林资 (2002) 627 号文件发布。

288. 白山市I二类阔叶一元立木材积表（围尺）

$$V = 0.00005244D_{轮}^{1.79066793}H^{1.07249096}$$

$$H = 23.423731 - 301.032134/(D_{轮} + 13)$$

$D_{轮} = -0.51001 + 0.97963D_{围}$；表中$D$为围尺径；$D \leqslant 100$cm

D	V	ΔV	D	V	ΔV	D	V	ΔV	D	V	ΔV
5	0.0052	0.0034	29	0.3995	0.0304	53	1.4089	0.0543	77	2.9635	0.0759
6	0.0086	0.0045	30	0.4298	0.0314	54	1.4631	0.0552	78	3.0393	0.0767
7	0.0131	0.0056	31	0.4612	0.0325	55	1.5184	0.0561	79	3.1161	0.0776
8	0.0187	0.0067	32	0.4937	0.0335	56	1.5745	0.0571	80	3.1937	0.0785
9	0.0254	0.0078	33	0.5272	0.0346	57	1.6316	0.0580	81	3.2722	0.0793
10	0.0332	0.0090	34	0.5618	0.0356	58	1.6896	0.0589	82	3.3515	0.0802
11	0.0422	0.0101	35	0.5974	0.0366	59	1.7485	0.0598	83	3.4317	0.0810
12	0.0523	0.0113	36	0.6340	0.0376	60	1.8083	0.0608	84	3.5127	0.0819
13	0.0636	0.0125	37	0.6716	0.0387	61	1.8691	0.0617	85	3.5946	0.0827
14	0.0761	0.0136	38	0.7103	0.0397	62	1.9308	0.0626	86	3.6773	0.0836
15	0.0897	0.0148	39	0.7500	0.0407	63	1.9934	0.0635	87	3.7609	0.0844
16	0.1045	0.0159	40	0.7906	0.0417	64	2.0569	0.0644	88	3.8453	0.0853
17	0.1205	0.0171	41	0.8323	0.0427	65	2.1213	0.0653	89	3.9306	0.0861
18	0.1376	0.0182	42	0.8750	0.0437	66	2.1866	0.0662	90	4.0167	0.0869
19	0.1558	0.0194	43	0.9187	0.0447	67	2.2528	0.0671	91	4.1036	0.0878
20	0.1752	0.0205	44	0.9633	0.0456	68	2.3199	0.0680	92	4.1914	0.0886
21	0.1957	0.0216	45	1.0090	0.0466	69	2.3878	0.0689	93	4.2800	0.0894
22	0.2173	0.0227	46	1.0556	0.0476	70	2.4567	0.0698	94	4.3694	0.0903
23	0.2400	0.0238	47	1.1032	0.0486	71	2.5265	0.0706	95	4.4597	0.0911
24	0.2639	0.0249	48	1.1517	0.0495	72	2.5971	0.0715	96	4.5508	0.0919
25	0.2888	0.0260	49	1.2012	0.0505	73	2.6686	0.0724	97	4.6427	0.0927
26	0.3148	0.0271	50	1.2517	0.0514	74	2.7410	0.0733	98	4.7354	0.0936
27	0.3420	0.0282	51	1.3032	0.0524	75	2.8143	0.0741	99	4.8290	0.0944
28	0.3702	0.0293	52	1.3555	0.0533	76	2.8885	0.0750	100	4.9234	0.0944

适用树种：二类阔叶；适用地区：白山I；资料名称：吉林省一元立木材积表、材种出材率表、地径材积表；编表人或作者：吉林省林业厅；刊印或发表时间：2003。其他说明：吉林资 (2002) 627 号文件发布。

289. 白山市I柞树一元立木材积表（围尺）

$$V = 0.00017579D_{轮}^{1.9894288}H^{0.39924234}$$

$$H = 26.175604 - 277.164003/(D_{轮} + 9)$$

$D_{轮} = -0.48554 + 0.97332D_{围}$；表中$D$为围尺径；$D \leqslant 100$cm

D	V	ΔV	D	V	ΔV	D	V	ΔV	D	V	ΔV
5	0.0065	0.0041	29	0.4199	0.0317	53	1.5006	0.0595	77	3.2480	0.0872
6	0.0107	0.0052	30	0.4516	0.0328	54	1.5601	0.0607	78	3.3352	0.0884
7	0.0159	0.0063	31	0.4844	0.0340	55	1.6208	0.0618	79	3.4236	0.0895
8	0.0222	0.0074	32	0.5184	0.0352	56	1.6826	0.0630	80	3.5132	0.0907
9	0.0297	0.0086	33	0.5536	0.0363	57	1.7456	0.0641	81	3.6039	0.0918
10	0.0382	0.0097	34	0.5899	0.0375	58	1.8097	0.0653	82	3.6957	0.0930
11	0.0479	0.0108	35	0.6274	0.0387	59	1.8750	0.0665	83	3.7887	0.0942
12	0.0588	0.0120	36	0.6661	0.0398	60	1.9415	0.0676	84	3.8829	0.0953
13	0.0708	0.0131	37	0.7059	0.0410	61	2.0091	0.0688	85	3.9782	0.0965
14	0.0839	0.0143	38	0.7469	0.0421	62	2.0779	0.0699	86	4.0746	0.0976
15	0.0982	0.0154	39	0.7890	0.0433	63	2.1478	0.0711	87	4.1722	0.0988
16	0.1136	0.0166	40	0.8323	0.0445	64	2.2189	0.0722	88	4.2710	0.0999
17	0.1302	0.0178	41	0.8767	0.0456	65	2.2911	0.0734	89	4.3709	0.1011
18	0.1480	0.0189	42	0.9224	0.0468	66	2.3645	0.0745	90	4.4720	0.1022
19	0.1669	0.0201	43	0.9691	0.0479	67	2.4390	0.0757	91	4.5742	0.1034
20	0.1870	0.0212	44	1.0171	0.0491	68	2.5147	0.0769	92	4.6776	0.1045
21	0.2082	0.0224	45	1.0662	0.0503	69	2.5916	0.0780	93	4.7821	0.1057
22	0.2306	0.0236	46	1.1164	0.0514	70	2.6696	0.0792	94	4.8878	0.1068
23	0.2541	0.0247	47	1.1678	0.0526	71	2.7488	0.0803	95	4.9946	0.1080
24	0.2789	0.0259	48	1.2204	0.0537	72	2.8291	0.0815	96	5.1025	0.1091
25	0.3047	0.0270	49	1.2741	0.0549	73	2.9106	0.0826	97	5.2117	0.1103
26	0.3318	0.0282	50	1.3290	0.0560	74	2.9932	0.0838	98	5.3219	0.1114
27	0.3600	0.0294	51	1.3850	0.0572	75	3.0770	0.0849	99	5.4334	0.1126
28	0.3893	0.0305	52	1.4422	0.0584	76	3.1619	0.0861	100	5.5459	0.1126

适用树种：柞树（栎树）；适用地区：白山I；资料名称：吉林省一元立木材积表、材种出材率表、地径材积表；编表人或作者：吉林省林业厅；刊印或发表时间：2003。其他说明：吉林资 (2002) 627 号文件发布。

290. 白山市人工红松一元立木材积表（围尺）

$$V = 0.00007616D_{轮}^{1.89948264}H^{0.86116962}$$

$$H = 22.091945 - 312.745526/(D_{轮} + 14)$$

$D_{轮} = -0.49805 + 0.98158D_{围}$；表中$D$为围尺径；$D \leqslant 100$cm

D	V	ΔV	D	V	ΔV	D	V	ΔV	D	V	ΔV
5	0.0052	0.0035	29	0.4299	0.0337	53	1.5859	0.0636	77	3.4449	0.0923
6	0.0087	0.0046	30	0.4636	0.0350	54	1.6495	0.0648	78	3.5372	0.0935
7	0.0133	0.0057	31	0.4986	0.0363	55	1.7143	0.0661	79	3.6307	0.0947
8	0.0190	0.0069	32	0.5348	0.0375	56	1.7804	0.0673	80	3.7254	0.0958
9	0.0259	0.0081	33	0.5724	0.0388	57	1.8477	0.0685	81	3.8212	0.0970
10	0.0340	0.0093	34	0.6112	0.0401	58	1.9162	0.0697	82	3.9182	0.0982
11	0.0433	0.0106	35	0.6512	0.0413	59	1.9859	0.0709	83	4.0164	0.0993
12	0.0539	0.0118	36	0.6925	0.0426	60	2.0568	0.0721	84	4.1157	0.1005
13	0.0657	0.0131	37	0.7351	0.0438	61	2.1289	0.0733	85	4.2162	0.1017
14	0.0788	0.0144	38	0.7790	0.0451	62	2.2022	0.0745	86	4.3178	0.1028
15	0.0931	0.0157	39	0.8241	0.0464	63	2.2767	0.0757	87	4.4206	0.1040
16	0.1088	0.0169	40	0.8704	0.0476	64	2.3524	0.0769	88	4.5246	0.1051
17	0.1258	0.0182	41	0.9180	0.0489	65	2.4293	0.0781	89	4.6297	0.1063
18	0.1440	0.0195	42	0.9669	0.0501	66	2.5074	0.0793	90	4.7360	0.1074
19	0.1635	0.0208	43	1.0170	0.0513	67	2.5867	0.0805	91	4.8435	0.1086
20	0.1844	0.0221	44	1.0683	0.0526	68	2.6672	0.0817	92	4.9521	0.1098
21	0.2065	0.0234	45	1.1209	0.0538	69	2.7489	0.0829	93	5.0618	0.1109
22	0.2299	0.0247	46	1.1747	0.0551	70	2.8318	0.0841	94	5.1727	0.1121
23	0.2546	0.0260	47	1.2297	0.0563	71	2.9158	0.0852	95	5.2848	0.1132
24	0.2806	0.0273	48	1.2860	0.0575	72	3.0010	0.0864	96	5.3980	0.1144
25	0.3079	0.0286	49	1.3435	0.0587	73	3.0875	0.0876	97	5.5124	0.1155
26	0.3365	0.0299	50	1.4023	0.0600	74	3.1751	0.0888	98	5.6279	0.1166
27	0.3663	0.0311	51	1.4623	0.0612	75	3.2638	0.0900	99	5.7445	0.1178
28	0.3975	0.0324	52	1.5235	0.0624	76	3.3538	0.0911	100	5.8623	0.1178

适用树种：人工红松；适用地区：白山I；资料名称：吉林省一元立木材积表、材种出材率表、地径材积表；编表人或作者：吉林省林业厅；刊印或发表时间：2003。其他说明：吉林资 (2002) 627 号文件发布。

291. 白山市人工樟子松一元立木材积表（围尺）

$$V = 0.00005228D_{轮}^{1.57561364}H^{1.36856283}$$

$$H = 33.203422 - 985.1254/(D_{轮} + 31)$$

$D_{轮} = -0.34995 + 0.97838D_{围}$；表中$D$为围尺径；$D \leqslant 100$cm

D	V	ΔV	D	V	ΔV	D	V	ΔV	D	V	ΔV
5	0.0058	0.0036	29	0.4632	0.0368	53	1.7080	0.0673	77	3.6242	0.0928
6	0.0094	0.0047	30	0.5000	0.0382	54	1.7752	0.0684	78	3.7170	0.0938
7	0.0141	0.0059	31	0.5381	0.0396	55	1.8436	0.0696	79	3.8108	0.0948
8	0.0200	0.0071	32	0.5777	0.0409	56	1.9132	0.0707	80	3.9055	0.0957
9	0.0271	0.0084	33	0.6186	0.0423	57	1.9839	0.0718	81	4.0012	0.0967
10	0.0354	0.0097	34	0.6609	0.0436	58	2.0557	0.0729	82	4.0979	0.0976
11	0.0451	0.0110	35	0.7045	0.0450	59	2.1286	0.0740	83	4.1956	0.0986
12	0.0562	0.0124	36	0.7494	0.0463	60	2.2027	0.0751	84	4.2942	0.0995
13	0.0686	0.0138	37	0.7957	0.0476	61	2.2778	0.0762	85	4.3937	0.1005
14	0.0824	0.0153	38	0.8433	0.0489	62	2.3541	0.0773	86	4.4942	0.1014
15	0.0977	0.0167	39	0.8922	0.0502	63	2.4314	0.0784	87	4.5956	0.1024
16	0.1144	0.0182	40	0.9424	0.0515	64	2.5098	0.0795	88	4.6980	0.1033
17	0.1326	0.0196	41	0.9939	0.0527	65	2.5893	0.0805	89	4.8012	0.1042
18	0.1522	0.0211	42	1.0466	0.0540	66	2.6699	0.0816	90	4.9054	0.1051
19	0.1732	0.0225	43	1.1006	0.0553	67	2.7515	0.0827	91	5.0106	0.1060
20	0.1957	0.0240	44	1.1559	0.0565	68	2.8341	0.0837	92	5.1166	0.1069
21	0.2197	0.0254	45	1.2124	0.0577	69	2.9178	0.0847	93	5.2235	0.1078
22	0.2451	0.0269	46	1.2701	0.0590	70	3.0025	0.0858	94	5.3314	0.1087
23	0.2720	0.0283	47	1.3290	0.0602	71	3.0883	0.0868	95	5.4401	0.1096
24	0.3003	0.0297	48	1.3892	0.0614	72	3.1751	0.0878	96	5.5497	0.1105
25	0.3300	0.0312	49	1.4506	0.0626	73	3.2629	0.0888	97	5.6602	0.1114
26	0.3612	0.0326	50	1.5132	0.0638	74	3.3517	0.0898	98	5.7716	0.1123
27	0.3938	0.0340	51	1.5769	0.0649	75	3.4415	0.0908	99	5.8839	0.1132
28	0.4278	0.0354	52	1.6419	0.0661	76	3.5324	0.0918	100	5.9971	0.1132

适用树种：人工樟子松；适用地区：白山I；资料名称：吉林省一元立木材积表、材种出材率表、地径材积表；编表人或作者：吉林省林业厅；刊印或发表时间：2003。其他说明：吉林资 (2002) 627 号文件发布。

292. 白山市人工落叶松一元立木材积表（围尺）

$$V = 0.00008472D_{轮}^{1.97420228}H^{0.74561762}$$

$$H = 35.990753 - 676.806179/(D_{轮} + 18)$$

$D_{轮} = -0.39467 + 0.98006D_{围}$；表中$D$为围尺径；$D \leqslant$100cm

D	V	ΔV	D	V	ΔV	D	V	ΔV	D	V	ΔV
5	0.0062	0.0044	29	0.5971	0.0488	53	2.3254	0.0973	77	5.2212	0.1460
6	0.0106	0.0058	30	0.6459	0.0508	54	2.4227	0.0994	78	5.3671	0.1480
7	0.0164	0.0073	31	0.6967	0.0528	55	2.5221	0.1014	79	5.5151	0.1500
8	0.0237	0.0089	32	0.7495	0.0548	56	2.6235	0.1034	80	5.6651	0.1520
9	0.0326	0.0105	33	0.8043	0.0568	57	2.7269	0.1055	81	5.8172	0.1540
10	0.0431	0.0122	34	0.8611	0.0588	58	2.8324	0.1075	82	5.9712	0.1561
11	0.0554	0.0140	35	0.9199	0.0609	59	2.9399	0.1095	83	6.1272	0.1581
12	0.0694	0.0158	36	0.9808	0.0629	60	3.0494	0.1115	84	6.2853	0.1601
13	0.0851	0.0176	37	1.0437	0.0649	61	3.1610	0.1136	85	6.4454	0.1621
14	0.1027	0.0194	38	1.1086	0.0669	62	3.2745	0.1156	86	6.6075	0.1641
15	0.1222	0.0213	39	1.1755	0.0690	63	3.3901	0.1176	87	6.7717	0.1661
16	0.1435	0.0232	40	1.2444	0.0710	64	3.5078	0.1197	88	6.9378	0.1682
17	0.1667	0.0251	41	1.3154	0.0730	65	3.6274	0.1217	89	7.1060	0.1702
18	0.1918	0.0270	42	1.3884	0.0750	66	3.7491	0.1237	90	7.2761	0.1722
19	0.2188	0.0290	43	1.4635	0.0771	67	3.8728	0.1257	91	7.4483	0.1742
20	0.2478	0.0309	44	1.5405	0.0791	68	3.9985	0.1278	92	7.6225	0.1762
21	0.2787	0.0329	45	1.6196	0.0811	69	4.1263	0.1298	93	7.7988	0.1782
22	0.3116	0.0348	46	1.7007	0.0831	70	4.2561	0.1318	94	7.9770	0.1802
23	0.3464	0.0368	47	1.7839	0.0852	71	4.3879	0.1338	95	8.1572	0.1823
24	0.3832	0.0388	48	1.8690	0.0872	72	4.5217	0.1359	96	8.3395	0.1843
25	0.4220	0.0408	49	1.9563	0.0892	73	4.6576	0.1379	97	8.5238	0.1863
26	0.4628	0.0428	50	2.0455	0.0913	74	4.7954	0.1399	98	8.7101	0.1883
27	0.5056	0.0448	51	2.1367	0.0933	75	4.9353	0.1419	99	8.8984	0.1903
28	0.5503	0.0468	52	2.2300	0.0953	76	5.0772	0.1439	100	9.0887	0.1903

适用树种：人工落叶松；适用地区：白山I；资料名称：吉林省一元立木材积表、材种出材率表、地径材积表；编表人或作者：吉林省林业厅；刊印或发表时间：2003。其他说明：吉林资 (2002) 627 号文件发布。

293. 白山市人工杨树一元立木材积表（围尺）

$$V = 0.0000717D_{轮}^{1.69135017}H^{1.08071211}$$

$$H = 30.633299 - 547.989609/(D_{轮} + 16)$$

$D_{轮} = -0.62168 + 0.98712D_{围}$；表中$D$为围尺径；$D \leqslant 100$cm

D	V	ΔV	D	V	ΔV	D	V	ΔV	D	V	ΔV
5	0.0035	0.0033	29	0.4619	0.0358	53	1.6432	0.0629	77	3.4244	0.0860
6	0.0067	0.0045	30	0.4977	0.0371	54	1.7061	0.0639	78	3.5104	0.0869
7	0.0112	0.0058	31	0.5348	0.0383	55	1.7700	0.0649	79	3.5974	0.0878
8	0.0171	0.0072	32	0.5731	0.0395	56	1.8349	0.0659	80	3.6852	0.0887
9	0.0243	0.0086	33	0.6126	0.0407	57	1.9009	0.0670	81	3.7739	0.0896
10	0.0329	0.0100	34	0.6534	0.0419	58	1.9678	0.0680	82	3.8635	0.0905
11	0.0429	0.0115	35	0.6953	0.0431	59	2.0358	0.0690	83	3.9540	0.0914
12	0.0544	0.0129	36	0.7384	0.0443	60	2.1048	0.0699	84	4.0454	0.0923
13	0.0673	0.0143	37	0.7826	0.0454	61	2.1747	0.0709	85	4.1377	0.0932
14	0.0816	0.0158	38	0.8281	0.0466	62	2.2456	0.0719	86	4.2309	0.0940
15	0.0973	0.0172	39	0.8747	0.0477	63	2.3175	0.0729	87	4.3249	0.0949
16	0.1145	0.0186	40	0.9224	0.0489	64	2.3904	0.0739	88	4.4198	0.0958
17	0.1331	0.0200	41	0.9713	0.0500	65	2.4643	0.0748	89	4.5156	0.0966
18	0.1531	0.0214	42	1.0213	0.0511	66	2.5391	0.0758	90	4.6122	0.0975
19	0.1745	0.0228	43	1.0724	0.0522	67	2.6149	0.0767	91	4.7097	0.0984
20	0.1972	0.0241	44	1.1246	0.0533	68	2.6916	0.0777	92	4.8081	0.0992
21	0.2213	0.0255	45	1.1779	0.0544	69	2.7693	0.0786	93	4.9073	0.1001
22	0.2468	0.0268	46	1.2323	0.0555	70	2.8479	0.0796	94	5.0074	0.1009
23	0.2736	0.0281	47	1.2878	0.0566	71	2.9275	0.0805	95	5.1083	0.1018
24	0.3018	0.0295	48	1.3444	0.0576	72	3.0080	0.0814	96	5.2100	0.1026
25	0.3312	0.0308	49	1.4021	0.0587	73	3.0894	0.0824	97	5.3126	0.1034
26	0.3620	0.0320	50	1.4608	0.0598	74	3.1718	0.0833	98	5.4161	0.1043
27	0.3940	0.0333	51	1.5205	0.0608	75	3.2551	0.0842	99	5.5204	0.1051
28	0.4273	0.0346	52	1.5813	0.0619	76	3.3393	0.0851	100	5.6255	0.1051

适用树种：人工杨树；适用地区：白山I；资料名称：吉林省一元立木材积表、材种出材率表、地径材积表；编表人或作者：吉林省林业厅；刊印或发表时间：2003。其他说明：吉林资 (2002) 627 号文件发布。

294. 白山市II针叶树一元立木材积表（围尺）

$$V = 0.00007349D_{轮}^{1.96240694}H^{0.80185729}$$

$$H = 36.677636 - 1039.078402/(D_{轮} + 28)$$

$D_{轮} = -0.38941 + 0.97868D_{围}$；表中$D$为围尺径；$D \leqslant 100$cm

D	V	ΔV	D	V	ΔV	D	V	ΔV	D	V	ΔV
5	0.0049	0.0034	29	0.5185	0.0440	53	2.1189	0.0916	77	4.8740	0.1400
6	0.0083	0.0046	30	0.5625	0.0459	54	2.2106	0.0937	78	5.0139	0.1420
7	0.0129	0.0058	31	0.6084	0.0479	55	2.3042	0.0957	79	5.1559	0.1440
8	0.0187	0.0072	32	0.6563	0.0498	56	2.3999	0.0977	80	5.2999	0.1460
9	0.0258	0.0086	33	0.7061	0.0518	57	2.4975	0.0997	81	5.4459	0.1480
10	0.0344	0.0100	34	0.7579	0.0537	58	2.5972	0.1017	82	5.5939	0.1500
11	0.0444	0.0116	35	0.8117	0.0557	59	2.6989	0.1037	83	5.7440	0.1520
12	0.0560	0.0131	36	0.8674	0.0577	60	2.8026	0.1057	84	5.8960	0.1541
13	0.0691	0.0148	37	0.9251	0.0597	61	2.9084	0.1077	85	6.0501	0.1561
14	0.0839	0.0164	38	0.9847	0.0616	62	3.0161	0.1098	86	6.2061	0.1581
15	0.1003	0.0181	39	1.0464	0.0636	63	3.1259	0.1118	87	6.3642	0.1601
16	0.1184	0.0198	40	1.1100	0.0656	64	3.2376	0.1138	88	6.5243	0.1621
17	0.1383	0.0216	41	1.1756	0.0676	65	3.3514	0.1158	89	6.6864	0.1641
18	0.1599	0.0234	42	1.2432	0.0696	66	3.4672	0.1178	90	6.8505	0.1661
19	0.1832	0.0252	43	1.3128	0.0716	67	3.5850	0.1198	91	7.0166	0.1681
20	0.2084	0.0270	44	1.3844	0.0736	68	3.7049	0.1218	92	7.1847	0.1701
21	0.2354	0.0288	45	1.4580	0.0756	69	3.8267	0.1239	93	7.3548	0.1721
22	0.2642	0.0307	46	1.5336	0.0776	70	3.9506	0.1259	94	7.5269	0.1741
23	0.2949	0.0325	47	1.6112	0.0796	71	4.0764	0.1279	95	7.7011	0.1761
24	0.3274	0.0344	48	1.6908	0.0816	72	4.2043	0.1299	96	7.8772	0.1781
25	0.3618	0.0363	49	1.7724	0.0836	73	4.3342	0.1319	97	8.0554	0.1802
26	0.3981	0.0382	50	1.8560	0.0856	74	4.4661	0.1339	98	8.2355	0.1822
27	0.4363	0.0401	51	1.9417	0.0876	75	4.6001	0.1359	99	8.4177	0.1842
28	0.4765	0.0421	52	2.0293	0.0896	76	4.7360	0.1380	100	8.6018	0.1842

适用树种：针叶树；适用地区：白山II；资料名称：吉林省一元立木材积表、材种出材率表、地径材积表；编表人或作者：吉林省林业厅；刊印或发表时间：2003。其他说明：吉林资 (2002) 627 号文件发布。

295. 白山市II一类阔叶一元立木材积表（围尺）

$$V = 0.00004331D_{轮}^{1.73738556}H^{1.22688346}$$
$$H = 29.092008 - 426.961016/(D_{轮} + 14)$$
$D_{轮} = -0.41226 + 0.97241D_{围}$；表中$D$为围尺径；$D \leqslant 100$cm

D	V	ΔV	D	V	ΔV	D	V	ΔV	D	V	ΔV
5	0.0052	0.0039	29	0.5134	0.0399	53	1.8407	0.0712	77	3.8734	0.0988
6	0.0091	0.0052	30	0.5533	0.0413	54	1.9119	0.0725	78	3.9723	0.0999
7	0.0143	0.0066	31	0.5945	0.0427	55	1.9844	0.0737	79	4.0722	0.1010
8	0.0209	0.0081	32	0.6372	0.0441	56	2.0580	0.0749	80	4.1732	0.1021
9	0.0290	0.0096	33	0.6813	0.0454	57	2.1329	0.0761	81	4.2752	0.1032
10	0.0386	0.0111	34	0.7267	0.0468	58	2.2089	0.0772	82	4.3784	0.1042
11	0.0498	0.0127	35	0.7736	0.0482	59	2.2862	0.0784	83	4.4826	0.1053
12	0.0625	0.0142	36	0.8217	0.0495	60	2.3646	0.0796	84	4.5879	0.1064
13	0.0767	0.0158	37	0.8713	0.0509	61	2.4442	0.0808	85	4.6943	0.1074
14	0.0925	0.0174	38	0.9222	0.0522	62	2.5249	0.0819	86	4.8017	0.1085
15	0.1099	0.0189	39	0.9744	0.0535	63	2.6069	0.0831	87	4.9102	0.1095
16	0.1288	0.0205	40	1.0279	0.0549	64	2.6900	0.0842	88	5.0198	0.1106
17	0.1493	0.0220	41	1.0827	0.0562	65	2.7742	0.0854	89	5.1304	0.1117
18	0.1714	0.0236	42	1.1389	0.0575	66	2.8596	0.0865	90	5.2420	0.1127
19	0.1950	0.0251	43	1.1964	0.0587	67	2.9462	0.0877	91	5.3547	0.1137
20	0.2201	0.0266	44	1.2551	0.0600	68	3.0338	0.0888	92	5.4685	0.1148
21	0.2467	0.0282	45	1.3151	0.0613	69	3.1226	0.0899	93	5.5832	0.1158
22	0.2749	0.0297	46	1.3764	0.0626	70	3.2126	0.0911	94	5.6991	0.1169
23	0.3045	0.0312	47	1.4390	0.0638	71	3.3037	0.0922	95	5.8159	0.1179
24	0.3357	0.0326	48	1.5029	0.0651	72	3.3958	0.0933	96	5.9338	0.1189
25	0.3683	0.0341	49	1.5679	0.0663	73	3.4891	0.0944	97	6.0527	0.1199
26	0.4024	0.0356	50	1.6343	0.0676	74	3.5836	0.0955	98	6.1726	0.1210
27	0.4380	0.0370	51	1.7018	0.0688	75	3.6791	0.0966	99	6.2936	0.1220
28	0.4750	0.0384	52	1.7706	0.0700	76	3.7757	0.0977	100	6.4156	0.1220

适用树种：一类阔叶；适用地区：白山II；资料名称：吉林省一元立木材积表、材种出材率表、地径材积表；编表人或作者：吉林省林业厅；刊印或发表时间：2003。其他说明：吉林资 (2002) 627 号文件发布。

296. 白山市II二类阔叶一元立木材积表（围尺）

$$V = 0.00005244D_{轮}^{1.79066793}H^{1.07249096}$$

$$H = 23.003675 - 295.633756/(D_{轮} + 13)$$

$D_{轮} = -0.51001 + 0.97963D_{围}$；表中$D$为围尺径；$D \leqslant 100$cm

D	V	ΔV	D	V	ΔV	D	V	ΔV	D	V	ΔV
5	0.0051	0.0034	29	0.3918	0.0298	53	1.3818	0.0532	77	2.9065	0.0744
6	0.0084	0.0044	30	0.4216	0.0308	54	1.4350	0.0541	78	2.9809	0.0753
7	0.0129	0.0055	31	0.4524	0.0318	55	1.4892	0.0551	79	3.0562	0.0761
8	0.0183	0.0066	32	0.4842	0.0329	56	1.5442	0.0560	80	3.1323	0.0770
9	0.0249	0.0077	33	0.5171	0.0339	57	1.6002	0.0569	81	3.2093	0.0778
10	0.0326	0.0088	34	0.5510	0.0349	58	1.6571	0.0578	82	3.2871	0.0786
11	0.0414	0.0099	35	0.5859	0.0359	59	1.7149	0.0587	83	3.3657	0.0795
12	0.0513	0.0111	36	0.6218	0.0369	60	1.7736	0.0596	84	3.4452	0.0803
13	0.0624	0.0122	37	0.6587	0.0379	61	1.8332	0.0605	85	3.5255	0.0811
14	0.0746	0.0134	38	0.6966	0.0389	62	1.8937	0.0614	86	3.6066	0.0820
15	0.0880	0.0145	39	0.7356	0.0399	63	1.9551	0.0623	87	3.6886	0.0828
16	0.1025	0.0156	40	0.7754	0.0409	64	2.0173	0.0632	88	3.7714	0.0836
17	0.1182	0.0168	41	0.8163	0.0419	65	2.0805	0.0640	89	3.8550	0.0844
18	0.1349	0.0179	42	0.8582	0.0428	66	2.1445	0.0649	90	3.9395	0.0853
19	0.1528	0.0190	43	0.9010	0.0438	67	2.2095	0.0658	91	4.0247	0.0861
20	0.1718	0.0201	44	0.9448	0.0448	68	2.2753	0.0667	92	4.1108	0.0869
21	0.1919	0.0212	45	0.9896	0.0457	69	2.3420	0.0675	93	4.1977	0.0877
22	0.2131	0.0223	46	1.0353	0.0467	70	2.4095	0.0684	94	4.2854	0.0885
23	0.2354	0.0234	47	1.0820	0.0476	71	2.4779	0.0693	95	4.3740	0.0893
24	0.2588	0.0245	48	1.1296	0.0486	72	2.5472	0.0701	96	4.4633	0.0901
25	0.2833	0.0255	49	1.1782	0.0495	73	2.6173	0.0710	97	4.5535	0.0910
26	0.3088	0.0266	50	1.2277	0.0504	74	2.6884	0.0719	98	4.6444	0.0918
27	0.3354	0.0277	51	1.2781	0.0514	75	2.7602	0.0727	99	4.7362	0.0926
28	0.3631	0.0287	52	1.3295	0.0523	76	2.8329	0.0736	100	4.8287	0.0926

适用树种：二类阔叶；适用地区：白山II；资料名称：吉林省一元立木材积表、材种出材率表、地径材积表；编表人或作者：吉林省林业厅；刊印或发表时间：2003。其他说明：吉林资 (2002) 627 号文件发布。

297. 白山市II柞树一元立木材积表（围尺）

$$V = 0.00017579D_{轮}^{1.9894288}H^{0.39924234}$$

$$H = 24.934683 - 264.024339/(D_{轮} + 9)$$

$D_{轮} = -0.48554 + 0.97332D_{围}$；表中$D$为围尺径；$D \leqslant 100$cm

D	V	ΔV	D	V	ΔV	D	V	ΔV	D	V	ΔV
5	0.0064	0.0041	29	0.4118	0.0311	53	1.4718	0.0584	77	3.1856	0.0856
6	0.0105	0.0051	30	0.4429	0.0322	54	1.5302	0.0595	78	3.2712	0.0867
7	0.0156	0.0062	31	0.4751	0.0334	55	1.5897	0.0606	79	3.3579	0.0878
8	0.0218	0.0073	32	0.5085	0.0345	56	1.6503	0.0618	80	3.4457	0.0890
9	0.0291	0.0084	33	0.5430	0.0356	57	1.7121	0.0629	81	3.5346	0.0901
10	0.0375	0.0095	34	0.5786	0.0368	58	1.7750	0.0640	82	3.6247	0.0912
11	0.0470	0.0106	35	0.6154	0.0379	59	1.8390	0.0652	83	3.7159	0.0923
12	0.0576	0.0118	36	0.6533	0.0390	60	1.9042	0.0663	84	3.8083	0.0935
13	0.0694	0.0129	37	0.6923	0.0402	61	1.9705	0.0674	85	3.9018	0.0946
14	0.0823	0.0140	38	0.7325	0.0413	62	2.0380	0.0686	86	3.9964	0.0957
15	0.0963	0.0151	39	0.7738	0.0425	63	2.1066	0.0697	87	4.0921	0.0969
16	0.1114	0.0163	40	0.8163	0.0436	64	2.1763	0.0708	88	4.1890	0.0980
17	0.1277	0.0174	41	0.8599	0.0447	65	2.2471	0.0720	89	4.2870	0.0991
18	0.1451	0.0186	42	0.9046	0.0459	66	2.3191	0.0731	90	4.3861	0.1003
19	0.1637	0.0197	43	0.9505	0.0470	67	2.3922	0.0742	91	4.4864	0.1014
20	0.1834	0.0208	44	0.9975	0.0481	68	2.4665	0.0754	92	4.5877	0.1025
21	0.2042	0.0220	45	1.0457	0.0493	69	2.5418	0.0765	93	4.6902	0.1036
22	0.2262	0.0231	46	1.0950	0.0504	70	2.6183	0.0776	94	4.7939	0.1048
23	0.2493	0.0242	47	1.1454	0.0516	71	2.6960	0.0788	95	4.8987	0.1059
24	0.2735	0.0254	48	1.1969	0.0527	72	2.7748	0.0799	96	5.0046	0.1070
25	0.2989	0.0265	49	1.2496	0.0538	73	2.8547	0.0810	97	5.1116	0.1082
26	0.3254	0.0277	50	1.3035	0.0550	74	2.9357	0.0822	98	5.2197	0.1093
27	0.3531	0.0288	51	1.3584	0.0561	75	3.0179	0.0833	99	5.3290	0.1104
28	0.3819	0.0299	52	1.4145	0.0572	76	3.1012	0.0844	100	5.4394	0.1104

适用树种：柞树（栎树）；适用地区：白山II；资料名称：吉林省一元立木材积表、材种出材率表、地径材积表；编表人或作者：吉林省林业厅；刊印或发表时间：2003。其他说明：吉林资 (2002) 627 号文件发布。

298. 延边州I针叶树一元立木材积表（围尺）

$$V = 0.00007349D_{轮}^{1.96240694}H^{0.80185729}$$

$$H = 36.232244 - 1026.460449/(D_{轮} + 28)$$

$D_{轮} = -0.38941 + 0.97868D_{围}$；表中$D$为围尺径；$D \leqslant 100$cm

D	V	ΔV	D	V	ΔV	D	V	ΔV	D	V	ΔV
5	0.0048	0.0034	29	0.5135	0.0436	53	2.0983	0.0907	77	4.8265	0.1386
6	0.0082	0.0045	30	0.5570	0.0455	54	2.1890	0.0927	78	4.9651	0.1406
7	0.0127	0.0058	31	0.6025	0.0474	55	2.2817	0.0947	79	5.1057	0.1426
8	0.0185	0.0071	32	0.6499	0.0493	56	2.3765	0.0967	80	5.2482	0.1446
9	0.0256	0.0085	33	0.6993	0.0513	57	2.4732	0.0987	81	5.3928	0.1466
10	0.0341	0.0099	34	0.7505	0.0532	58	2.5719	0.1007	82	5.5394	0.1486
11	0.0440	0.0114	35	0.8038	0.0552	59	2.6726	0.1027	83	5.6880	0.1506
12	0.0555	0.0130	36	0.8589	0.0571	60	2.7753	0.1047	84	5.8385	0.1525
13	0.0685	0.0146	37	0.9161	0.0591	61	2.8800	0.1067	85	5.9911	0.1545
14	0.0831	0.0163	38	0.9751	0.0610	62	2.9867	0.1087	86	6.1456	0.1565
15	0.0993	0.0179	39	1.0362	0.0630	63	3.0954	0.1107	87	6.3021	0.1585
16	0.1173	0.0196	40	1.0992	0.0650	64	3.2061	0.1127	88	6.4607	0.1605
17	0.1369	0.0214	41	1.1642	0.0670	65	3.3188	0.1147	89	6.6212	0.1625
18	0.1583	0.0231	42	1.2311	0.0689	66	3.4334	0.1167	90	6.7837	0.1645
19	0.1814	0.0249	43	1.3001	0.0709	67	3.5501	0.1187	91	6.9482	0.1665
20	0.2064	0.0267	44	1.3710	0.0729	68	3.6688	0.1207	92	7.1146	0.1685
21	0.2331	0.0285	45	1.4438	0.0749	69	3.7894	0.1227	93	7.2831	0.1705
22	0.2616	0.0304	46	1.5187	0.0768	70	3.9121	0.1246	94	7.4536	0.1724
23	0.2920	0.0322	47	1.5955	0.0788	71	4.0367	0.1266	95	7.6260	0.1744
24	0.3242	0.0341	48	1.6743	0.0808	72	4.1633	0.1286	96	7.8004	0.1764
25	0.3583	0.0360	49	1.7552	0.0828	73	4.2920	0.1306	97	7.9768	0.1784
26	0.3942	0.0378	50	1.8379	0.0848	74	4.4226	0.1326	98	8.1552	0.1804
27	0.4321	0.0397	51	1.9227	0.0868	75	4.5552	0.1346	99	8.3356	0.1824
28	0.4718	0.0416	52	2.0095	0.0888	76	4.6898	0.1366	100	8.5180	0.1824

适用树种：针叶树；适用地区：延边I；资料名称：吉林省一元立木材积表、材种出材率表、地径材积表；编表人或作者：吉林省林业厅；刊印或发表时间：2003。其他说明：吉林资 (2002) 627 号文件发布。

299. 延边州I一类阔叶一元立木材积表（围尺）

$$V = 0.00004331D_{轮}^{1.73738556}H^{1.22688346}$$

$$H = 29.092008 - 426.961016/(D_{轮} + 14)$$

$D_{轮} = -0.41226 + 0.97241D_{围}$；表中$D$为围尺径；$D \leqslant 100$cm

D	V	ΔV	D	V	ΔV	D	V	ΔV	D	V	ΔV
5	0.0052	0.0039	29	0.5134	0.0399	53	1.8407	0.0712	77	3.8734	0.0988
6	0.0091	0.0052	30	0.5533	0.0413	54	1.9119	0.0725	78	3.9723	0.0999
7	0.0143	0.0066	31	0.5945	0.0427	55	1.9844	0.0737	79	4.0722	0.1010
8	0.0209	0.0081	32	0.6372	0.0441	56	2.0580	0.0749	80	4.1732	0.1021
9	0.0290	0.0096	33	0.6813	0.0454	57	2.1329	0.0761	81	4.2752	0.1032
10	0.0386	0.0111	34	0.7267	0.0468	58	2.2089	0.0772	82	4.3784	0.1042
11	0.0498	0.0127	35	0.7736	0.0482	59	2.2862	0.0784	83	4.4826	0.1053
12	0.0625	0.0142	36	0.8217	0.0495	60	2.3646	0.0796	84	4.5879	0.1064
13	0.0767	0.0158	37	0.8713	0.0509	61	2.4442	0.0808	85	4.6943	0.1074
14	0.0925	0.0174	38	0.9222	0.0522	62	2.5249	0.0819	86	4.8017	0.1085
15	0.1099	0.0189	39	0.9744	0.0535	63	2.6069	0.0831	87	4.9102	0.1095
16	0.1288	0.0205	40	1.0279	0.0549	64	2.6900	0.0842	88	5.0198	0.1106
17	0.1493	0.0220	41	1.0827	0.0562	65	2.7742	0.0854	89	5.1304	0.1117
18	0.1714	0.0236	42	1.1389	0.0575	66	2.8596	0.0865	90	5.2420	0.1127
19	0.1950	0.0251	43	1.1964	0.0587	67	2.9462	0.0877	91	5.3547	0.1137
20	0.2201	0.0266	44	1.2551	0.0600	68	3.0338	0.0888	92	5.4685	0.1148
21	0.2467	0.0282	45	1.3151	0.0613	69	3.1226	0.0899	93	5.5832	0.1158
22	0.2749	0.0297	46	1.3764	0.0626	70	3.2126	0.0911	94	5.6991	0.1169
23	0.3045	0.0312	47	1.4390	0.0638	71	3.3037	0.0922	95	5.8159	0.1179
24	0.3357	0.0326	48	1.5029	0.0651	72	3.3958	0.0933	96	5.9338	0.1189
25	0.3683	0.0341	49	1.5679	0.0663	73	3.4891	0.0944	97	6.0527	0.1199
26	0.4024	0.0356	50	1.6343	0.0676	74	3.5836	0.0955	98	6.1726	0.1210
27	0.4380	0.0370	51	1.7018	0.0688	75	3.6791	0.0966	99	6.2936	0.1220
28	0.4750	0.0384	52	1.7706	0.0700	76	3.7757	0.0977	100	6.4156	0.1220

适用树种：一类阔叶；适用地区：延边I；资料名称：吉林省一元立木材积表、材种出材率表、地径材积表；编表人或作者：吉林省林业厅；刊印或发表时间：2003。其他说明：吉林资 (2002) 627 号文件发布。

300. 延边州I二类阔叶一元立木材积表（围尺）

$$V = 0.00005244D_{轮}^{1.79066793}H^{1.07249096}$$

$$H = 23.003675 - 295.633756/(D_{轮} + 13)$$

$D_{轮} = -0.51001 + 0.97963D_{围}$；表中$D$为围尺径；$D \leqslant 100$cm

D	V	ΔV	D	V	ΔV	D	V	ΔV	D	V	ΔV
5	0.0051	0.0034	29	0.3918	0.0298	53	1.3818	0.0532	77	2.9065	0.0744
6	0.0084	0.0044	30	0.4216	0.0308	54	1.4350	0.0541	78	2.9809	0.0753
7	0.0129	0.0055	31	0.4524	0.0318	55	1.4892	0.0551	79	3.0562	0.0761
8	0.0183	0.0066	32	0.4842	0.0329	56	1.5442	0.0560	80	3.1323	0.0770
9	0.0249	0.0077	33	0.5171	0.0339	57	1.6002	0.0569	81	3.2093	0.0778
10	0.0326	0.0088	34	0.5510	0.0349	58	1.6571	0.0578	82	3.2871	0.0786
11	0.0414	0.0099	35	0.5859	0.0359	59	1.7149	0.0587	83	3.3657	0.0795
12	0.0513	0.0111	36	0.6218	0.0369	60	1.7736	0.0596	84	3.4452	0.0803
13	0.0624	0.0122	37	0.6587	0.0379	61	1.8332	0.0605	85	3.5255	0.0811
14	0.0746	0.0134	38	0.6966	0.0389	62	1.8937	0.0614	86	3.6066	0.0820
15	0.0880	0.0145	39	0.7356	0.0399	63	1.9551	0.0623	87	3.6886	0.0828
16	0.1025	0.0156	40	0.7754	0.0409	64	2.0173	0.0632	88	3.7714	0.0836
17	0.1182	0.0168	41	0.8163	0.0419	65	2.0805	0.0640	89	3.8550	0.0844
18	0.1349	0.0179	42	0.8582	0.0428	66	2.1445	0.0649	90	3.9395	0.0853
19	0.1528	0.0190	43	0.9010	0.0438	67	2.2095	0.0658	91	4.0247	0.0861
20	0.1718	0.0201	44	0.9448	0.0448	68	2.2753	0.0667	92	4.1108	0.0869
21	0.1919	0.0212	45	0.9896	0.0457	69	2.3420	0.0675	93	4.1977	0.0877
22	0.2131	0.0223	46	1.0353	0.0467	70	2.4095	0.0684	94	4.2854	0.0885
23	0.2354	0.0234	47	1.0820	0.0476	71	2.4779	0.0693	95	4.3740	0.0893
24	0.2588	0.0245	48	1.1296	0.0486	72	2.5472	0.0701	96	4.4633	0.0901
25	0.2833	0.0255	49	1.1782	0.0495	73	2.6173	0.0710	97	4.5535	0.0910
26	0.3088	0.0266	50	1.2277	0.0504	74	2.6884	0.0719	98	4.6444	0.0918
27	0.3354	0.0277	51	1.2781	0.0514	75	2.7602	0.0727	99	4.7362	0.0926
28	0.3631	0.0287	52	1.3295	0.0523	76	2.8329	0.0736	100	4.8287	0.0926

适用树种：二类阔叶；适用地区：延边I；资料名称：吉林省一元立木材积表、材种出材率表、地径材积表；编表人或作者：吉林省林业厅；刊印或发表时间：2003。其他说明：吉林资 (2002) 627 号文件发布。

301. 延边州I柞树一元立木材积表（围尺）

$$V = 0.00017579D_{轮}^{1.9894288}H^{0.39924234}$$

$$H = 22.55724 - 238.850451/(D_{轮} + 9)$$

$D_{轮} = -0.48554 + 0.97332D_{围}$；表中$D$为围尺径；$D \leqslant 100$cm

D	V	ΔV	D	V	ΔV	D	V	ΔV	D	V	ΔV
5	0.0062	0.0039	29	0.3957	0.0299	53	1.4141	0.0561	77	3.0607	0.0822
6	0.0101	0.0049	30	0.4255	0.0310	54	1.4701	0.0572	78	3.1429	0.0833
7	0.0150	0.0060	31	0.4565	0.0320	55	1.5273	0.0583	79	3.2262	0.0844
8	0.0209	0.0070	32	0.4885	0.0331	56	1.5856	0.0594	80	3.3106	0.0855
9	0.0280	0.0081	33	0.5217	0.0342	57	1.6449	0.0604	81	3.3960	0.0866
10	0.0360	0.0091	34	0.5559	0.0353	58	1.7054	0.0615	82	3.4826	0.0876
11	0.0452	0.0102	35	0.5912	0.0364	59	1.7669	0.0626	83	3.5702	0.0887
12	0.0554	0.0113	36	0.6277	0.0375	60	1.8295	0.0637	84	3.6589	0.0898
13	0.0667	0.0124	37	0.6652	0.0386	61	1.8933	0.0648	85	3.7488	0.0909
14	0.0791	0.0135	38	0.7038	0.0397	62	1.9581	0.0659	86	3.8397	0.0920
15	0.0925	0.0146	39	0.7435	0.0408	63	2.0239	0.0670	87	3.9316	0.0931
16	0.1071	0.0156	40	0.7843	0.0419	64	2.0909	0.0681	88	4.0247	0.0942
17	0.1227	0.0167	41	0.8262	0.0430	65	2.1590	0.0692	89	4.1189	0.0952
18	0.1394	0.0178	42	0.8692	0.0441	66	2.2282	0.0702	90	4.2141	0.0963
19	0.1573	0.0189	43	0.9132	0.0452	67	2.2984	0.0713	91	4.3104	0.0974
20	0.1762	0.0200	44	0.9584	0.0463	68	2.3697	0.0724	92	4.4078	0.0985
21	0.1962	0.0211	45	1.0047	0.0474	69	2.4422	0.0735	93	4.5063	0.0996
22	0.2173	0.0222	46	1.0520	0.0484	70	2.5157	0.0746	94	4.6059	0.1007
23	0.2395	0.0233	47	1.1005	0.0495	71	2.5903	0.0757	95	4.7066	0.1017
24	0.2628	0.0244	48	1.1500	0.0506	72	2.6659	0.0768	96	4.8083	0.1028
25	0.2872	0.0255	49	1.2006	0.0517	73	2.7427	0.0779	97	4.9111	0.1039
26	0.3126	0.0266	50	1.2524	0.0528	74	2.8206	0.0789	98	5.0150	0.1050
27	0.3392	0.0277	51	1.3052	0.0539	75	2.8995	0.0800	99	5.1200	0.1061
28	0.3669	0.0288	52	1.3591	0.0550	76	2.9796	0.0811	100	5.2261	0.1061

适用树种：柞树（栎树）；适用地区：延边I；资料名称：吉林省一元立木材积表、材种出材率表、地径材积表；编表人或作者：吉林省林业厅；刊印或发表时间：2003。其他说明：吉林资 (2002) 627 号文件发布。

302. 延边州人工红松一元立木材积表（围尺）

$$V = 0.00007616 D_{轮}^{1.89948264} H^{0.86116962}$$

$$H = 21.838617 - 309.159278/(D_{轮} + 14)$$

$D_{轮} = -0.49805 + 0.98158 D_{围}$；表中$D$为围尺径；$D \leqslant 100$cm

D	V	ΔV	D	V	ΔV	D	V	ΔV	D	V	ΔV
5	0.0051	0.0035	29	0.4256	0.0334	53	1.5702	0.0630	77	3.4109	0.0914
6	0.0086	0.0045	30	0.4590	0.0346	54	1.6332	0.0642	78	3.5023	0.0926
7	0.0131	0.0057	31	0.4936	0.0359	55	1.6974	0.0654	79	3.5948	0.0937
8	0.0188	0.0068	32	0.5295	0.0372	56	1.7628	0.0666	80	3.6886	0.0949
9	0.0256	0.0080	33	0.5667	0.0384	57	1.8294	0.0678	81	3.7834	0.0960
10	0.0336	0.0092	34	0.6051	0.0397	58	1.8972	0.0690	82	3.8795	0.0972
11	0.0429	0.0105	35	0.6448	0.0409	59	1.9662	0.0702	83	3.9767	0.0983
12	0.0533	0.0117	36	0.6857	0.0422	60	2.0365	0.0714	84	4.0750	0.0995
13	0.0650	0.0130	37	0.7279	0.0434	61	2.1078	0.0726	85	4.1745	0.1006
14	0.0780	0.0142	38	0.7713	0.0447	62	2.1804	0.0738	86	4.2752	0.1018
15	0.0922	0.0155	39	0.8159	0.0459	63	2.2542	0.0750	87	4.3769	0.1029
16	0.1077	0.0168	40	0.8618	0.0471	64	2.3292	0.0761	88	4.4799	0.1041
17	0.1245	0.0181	41	0.9089	0.0484	65	2.4053	0.0773	89	4.5840	0.1052
18	0.1426	0.0193	42	0.9573	0.0496	66	2.4827	0.0785	90	4.6892	0.1064
19	0.1619	0.0206	43	1.0069	0.0508	67	2.5612	0.0797	91	4.7956	0.1075
20	0.1825	0.0219	44	1.0577	0.0521	68	2.6409	0.0809	92	4.9031	0.1087
21	0.2044	0.0232	45	1.1098	0.0533	69	2.7217	0.0820	93	5.0118	0.1098
22	0.2276	0.0245	46	1.1631	0.0545	70	2.8038	0.0832	94	5.1216	0.1110
23	0.2521	0.0257	47	1.2176	0.0557	71	2.8870	0.0844	95	5.2326	0.1121
24	0.2778	0.0270	48	1.2733	0.0569	72	2.9714	0.0856	96	5.3447	0.1132
25	0.3048	0.0283	49	1.3303	0.0582	73	3.0570	0.0867	97	5.4579	0.1144
26	0.3331	0.0296	50	1.3884	0.0594	74	3.1437	0.0879	98	5.5722	0.1155
27	0.3627	0.0308	51	1.4478	0.0606	75	3.2316	0.0891	99	5.6877	0.1166
28	0.3935	0.0321	52	1.5084	0.0618	76	3.3207	0.0902	100	5.8044	0.1166

适用树种：人工红松；适用地区：延边I；资料名称：吉林省一元立木材积表、材种出材率表、地径材积表；编表人或作者：吉林省林业厅；刊印或发表时间：2003。其他说明：吉林资 (2002) 627 号文件发布。

303. 延边州人工樟子松一元立木材积表（围尺）

$$V = 0.00005228D_{轮}^{1.57561364}H^{1.36856283}$$

$$H = 32.964525 - 978.037469/(D_{轮} + 31)$$

$D_{轮} = -0.34995 + 0.97838D_{围}$；表中$D$为围尺径；$D \leqslant 100$cm

D	V	ΔV	D	V	ΔV	D	V	ΔV	D	V	ΔV
5	0.0058	0.0036	29	0.4586	0.0364	53	1.6912	0.0666	77	3.5885	0.0919
6	0.0093	0.0046	30	0.4950	0.0378	54	1.7578	0.0677	78	3.6804	0.0929
7	0.0140	0.0058	31	0.5328	0.0392	55	1.8255	0.0689	79	3.7733	0.0938
8	0.0198	0.0070	32	0.5720	0.0405	56	1.8944	0.0700	80	3.8671	0.0948
9	0.0268	0.0083	33	0.6125	0.0419	57	1.9644	0.0711	81	3.9619	0.0957
10	0.0351	0.0096	34	0.6544	0.0432	58	2.0355	0.0722	82	4.0576	0.0967
11	0.0447	0.0109	35	0.6976	0.0445	59	2.1077	0.0733	83	4.1543	0.0976
12	0.0556	0.0123	36	0.7421	0.0458	60	2.1810	0.0744	84	4.2519	0.0986
13	0.0679	0.0137	37	0.7879	0.0471	61	2.2554	0.0755	85	4.3505	0.0995
14	0.0816	0.0151	38	0.8350	0.0484	62	2.3309	0.0766	86	4.4500	0.1004
15	0.0968	0.0165	39	0.8834	0.0497	63	2.4075	0.0776	87	4.5504	0.1013
16	0.1133	0.0180	40	0.9331	0.0510	64	2.4851	0.0787	88	4.6518	0.1023
17	0.1313	0.0194	41	0.9841	0.0522	65	2.5638	0.0798	89	4.7540	0.1032
18	0.1507	0.0208	42	1.0363	0.0535	66	2.6436	0.0808	90	4.8572	0.1041
19	0.1715	0.0223	43	1.0898	0.0547	67	2.7244	0.0818	91	4.9613	0.1050
20	0.1938	0.0237	44	1.1445	0.0559	68	2.8062	0.0829	92	5.0663	0.1059
21	0.2175	0.0252	45	1.2004	0.0572	69	2.8891	0.0839	93	5.1722	0.1068
22	0.2427	0.0266	46	1.2576	0.0584	70	2.9730	0.0849	94	5.2789	0.1077
23	0.2693	0.0280	47	1.3160	0.0596	71	3.0579	0.0859	95	5.3866	0.1086
24	0.2973	0.0294	48	1.3756	0.0608	72	3.1439	0.0869	96	5.4951	0.1094
25	0.3268	0.0309	49	1.4363	0.0620	73	3.2308	0.0879	97	5.6046	0.1103
26	0.3576	0.0323	50	1.4983	0.0631	74	3.3188	0.0889	98	5.7149	0.1112
27	0.3899	0.0337	51	1.5614	0.0643	75	3.4077	0.0899	99	5.8261	0.1120
28	0.4236	0.0351	52	1.6257	0.0655	76	3.4976	0.0909	100	5.9381	0.1120

适用树种：人工樟子松；适用地区：延边I；资料名称：吉林省一元立木材积表、材种出材率表、地径材积表；编表人或作者：吉林省林业厅；刊印或发表时间：2003。其他说明：吉林资 (2002) 627 号文件发布。

304. 延边州人工落叶松一元立木材积表（围尺）

$$V = 0.00008472D_{轮}^{1.97420228}H^{0.74561762}$$

$$H = 34.593188 - 650.52497/(D_{轮} + 18)$$

$D_{轮} = -0.39467 + 0.98006D_{围}$；表中$D$为围尺径；$D \leqslant 100$cm

D	V	ΔV	D	V	ΔV	D	V	ΔV	D	V	ΔV
5	0.0060	0.0042	29	0.5797	0.0474	53	2.2577	0.0945	77	5.0693	0.1417
6	0.0103	0.0056	30	0.6271	0.0493	54	2.3522	0.0965	78	5.2110	0.1437
7	0.0159	0.0071	31	0.6764	0.0513	55	2.4487	0.0985	79	5.3546	0.1456
8	0.0230	0.0086	32	0.7276	0.0532	56	2.5472	0.1004	80	5.5003	0.1476
9	0.0316	0.0102	33	0.7809	0.0552	57	2.6476	0.1024	81	5.6479	0.1496
10	0.0419	0.0119	34	0.8360	0.0571	58	2.7500	0.1044	82	5.7974	0.1515
11	0.0538	0.0136	35	0.8932	0.0591	59	2.8543	0.1063	83	5.9490	0.1535
12	0.0673	0.0153	36	0.9522	0.0611	60	2.9607	0.1083	84	6.1024	0.1554
13	0.0827	0.0171	37	1.0133	0.0630	61	3.0690	0.1103	85	6.2579	0.1574
14	0.0998	0.0189	38	1.0763	0.0650	62	3.1792	0.1122	86	6.4153	0.1594
15	0.1186	0.0207	39	1.1413	0.0669	63	3.2915	0.1142	87	6.5746	0.1613
16	0.1393	0.0225	40	1.2082	0.0689	64	3.4057	0.1162	88	6.7359	0.1633
17	0.1619	0.0244	41	1.2771	0.0709	65	3.5219	0.1181	89	6.8992	0.1652
18	0.1862	0.0262	42	1.3480	0.0728	66	3.6400	0.1201	90	7.0644	0.1672
19	0.2125	0.0281	43	1.4209	0.0748	67	3.7601	0.1221	91	7.2316	0.1691
20	0.2406	0.0300	44	1.4957	0.0768	68	3.8822	0.1240	92	7.4007	0.1711
21	0.2706	0.0319	45	1.5725	0.0788	69	4.0062	0.1260	93	7.5718	0.1730
22	0.3025	0.0338	46	1.6512	0.0807	70	4.1322	0.1280	94	7.7449	0.1750
23	0.3363	0.0357	47	1.7320	0.0827	71	4.2602	0.1299	95	7.9199	0.1770
24	0.3721	0.0377	48	1.8147	0.0847	72	4.3901	0.1319	96	8.0968	0.1789
25	0.4097	0.0396	49	1.8993	0.0866	73	4.5220	0.1339	97	8.2758	0.1809
26	0.4493	0.0415	50	1.9860	0.0886	74	4.6559	0.1358	98	8.4566	0.1828
27	0.4909	0.0435	51	2.0746	0.0906	75	4.7917	0.1378	99	8.6394	0.1848
28	0.5343	0.0454	52	2.1651	0.0925	76	4.9295	0.1398	100	8.8242	0.1848

适用树种：人工落叶松；适用地区：延边I；资料名称：吉林省一元立木材积表、材种出材率表、地径材积表；编表人或作者：吉林省林业厅；刊印或发表时间：2003。其他说明：吉林资 (2002) 627 号文件发布。

305. 延边州人工杨树一元立木材积表（围尺）

$$V = 0.0000717D_{轮}^{1.69135017}H^{1.08071211}$$

$$H = 30.633299 - 547.989609/(D_{轮} + 16)$$

$D_{轮} = -0.62168 + 0.98712D_{围}$；表中$D$为围尺径；$D \leqslant 100$cm

D	V	ΔV	D	V	ΔV	D	V	ΔV	D	V	ΔV
5	0.0035	0.0033	29	0.4619	0.0358	53	1.6432	0.0629	77	3.4244	0.0860
6	0.0067	0.0045	30	0.4977	0.0371	54	1.7061	0.0639	78	3.5104	0.0869
7	0.0112	0.0058	31	0.5348	0.0383	55	1.7700	0.0649	79	3.5974	0.0878
8	0.0171	0.0072	32	0.5731	0.0395	56	1.8349	0.0659	80	3.6852	0.0887
9	0.0243	0.0086	33	0.6126	0.0407	57	1.9009	0.0670	81	3.7739	0.0896
10	0.0329	0.0100	34	0.6534	0.0419	58	1.9678	0.0680	82	3.8635	0.0905
11	0.0429	0.0115	35	0.6953	0.0431	59	2.0358	0.0690	83	3.9540	0.0914
12	0.0544	0.0129	36	0.7384	0.0443	60	2.1048	0.0699	84	4.0454	0.0923
13	0.0673	0.0143	37	0.7826	0.0454	61	2.1747	0.0709	85	4.1377	0.0932
14	0.0816	0.0158	38	0.8281	0.0466	62	2.2456	0.0719	86	4.2309	0.0940
15	0.0973	0.0172	39	0.8747	0.0477	63	2.3175	0.0729	87	4.3249	0.0949
16	0.1145	0.0186	40	0.9224	0.0489	64	2.3904	0.0739	88	4.4198	0.0958
17	0.1331	0.0200	41	0.9713	0.0500	65	2.4643	0.0748	89	4.5156	0.0966
18	0.1531	0.0214	42	1.0213	0.0511	66	2.5391	0.0758	90	4.6122	0.0975
19	0.1745	0.0228	43	1.0724	0.0522	67	2.6149	0.0767	91	4.7097	0.0984
20	0.1972	0.0241	44	1.1246	0.0533	68	2.6916	0.0777	92	4.8081	0.0992
21	0.2213	0.0255	45	1.1779	0.0544	69	2.7693	0.0786	93	4.9073	0.1001
22	0.2468	0.0268	46	1.2323	0.0555	70	2.8479	0.0796	94	5.0074	0.1009
23	0.2736	0.0281	47	1.2878	0.0566	71	2.9275	0.0805	95	5.1083	0.1018
24	0.3018	0.0295	48	1.3444	0.0576	72	3.0080	0.0814	96	5.2100	0.1026
25	0.3312	0.0308	49	1.4021	0.0587	73	3.0894	0.0824	97	5.3126	0.1034
26	0.3620	0.0320	50	1.4608	0.0598	74	3.1718	0.0833	98	5.4161	0.1043
27	0.3940	0.0333	51	1.5205	0.0608	75	3.2551	0.0842	99	5.5204	0.1051
28	0.4273	0.0346	52	1.5813	0.0619	76	3.3393	0.0851	100	5.6255	0.1051

适用树种：人工杨树；适用地区：延边I；资料名称：吉林省一元立木材积表、材种出材率表、地径材积表；编表人或作者：吉林省林业厅；刊印或发表时间：2003。其他说明：吉林资 (2002) 627 号文件发布。

306. 延边州II针叶树一元立木材积表（围尺）

$$V = 0.00007349 D_{轮}^{1.96240694} H^{0.80185729}$$

$$H = 34.468353 - 976.48935/(D_{轮} + 28)$$

$D_{轮} = -0.38941 + 0.97868 D_{围}$；表中$D$为围尺径；$D \leqslant 100$cm

D	V	ΔV	D	V	ΔV	D	V	ΔV	D	V	ΔV
5	0.0046	0.0033	29	0.4933	0.0418	53	2.0159	0.0872	77	4.6371	0.1332
6	0.0079	0.0043	30	0.5352	0.0437	54	2.1031	0.0891	78	4.7703	0.1351
7	0.0122	0.0055	31	0.5789	0.0455	55	2.1922	0.0910	79	4.9054	0.1370
8	0.0178	0.0068	32	0.6244	0.0474	56	2.2832	0.0929	80	5.0424	0.1389
9	0.0246	0.0081	33	0.6718	0.0493	57	2.3762	0.0948	81	5.1813	0.1408
10	0.0327	0.0095	34	0.7211	0.0511	58	2.4710	0.0968	82	5.3221	0.1427
11	0.0423	0.0110	35	0.7722	0.0530	59	2.5678	0.0987	83	5.4648	0.1447
12	0.0533	0.0125	36	0.8252	0.0549	60	2.6665	0.1006	84	5.6095	0.1466
13	0.0658	0.0140	37	0.8801	0.0568	61	2.7670	0.1025	85	5.7560	0.1485
14	0.0798	0.0156	38	0.9369	0.0587	62	2.8695	0.1044	86	5.9045	0.1504
15	0.0954	0.0172	39	0.9955	0.0605	63	2.9740	0.1063	87	6.0549	0.1523
16	0.1127	0.0189	40	1.0561	0.0624	64	3.0803	0.1083	88	6.2072	0.1542
17	0.1315	0.0205	41	1.1185	0.0643	65	3.1886	0.1102	89	6.3614	0.1561
18	0.1521	0.0222	42	1.1828	0.0662	66	3.2987	0.1121	90	6.5176	0.1580
19	0.1743	0.0239	43	1.2491	0.0681	67	3.4108	0.1140	91	6.6756	0.1599
20	0.1983	0.0257	44	1.3172	0.0700	68	3.5248	0.1159	92	6.8355	0.1619
21	0.2239	0.0274	45	1.3872	0.0719	69	3.6408	0.1178	93	6.9974	0.1638
22	0.2513	0.0292	46	1.4591	0.0738	70	3.7586	0.1198	94	7.1612	0.1657
23	0.2805	0.0310	47	1.5329	0.0757	71	3.8783	0.1217	95	7.3268	0.1676
24	0.3115	0.0327	48	1.6087	0.0776	72	4.0000	0.1236	96	7.4944	0.1695
25	0.3442	0.0345	49	1.6863	0.0795	73	4.1236	0.1255	97	7.6639	0.1714
26	0.3788	0.0364	50	1.7658	0.0815	74	4.2491	0.1274	98	7.8353	0.1733
27	0.4151	0.0382	51	1.8473	0.0834	75	4.3765	0.1293	99	8.0086	0.1752
28	0.4533	0.0400	52	1.9307	0.0853	76	4.5059	0.1313	100	8.1838	0.1752

适用树种：针叶树；适用地区：延边II；资料名称：吉林省一元立木材积表、材种出材率表、地径材积表；编表人或作者：吉林省林业厅；刊印或发表时间：2003。其他说明：吉林资 (2002) 627 号文件发布。

307. 延边州II一类阔叶一元立木材积表（围尺）

$$V = 0.00004331 D_{轮}^{1.73738556} H^{1.22688346}$$

$$H = 28.15882 - 413.265326/(D_{轮} + 14)$$

$D_{轮} = -0.41226 + 0.97241 D_{围}$；表中$D$为围尺径；$D \leqslant 100$cm

D	V	ΔV	D	V	ΔV	D	V	ΔV	D	V	ΔV
5	0.0050	0.0037	29	0.4933	0.0383	53	1.7685	0.0684	77	3.7216	0.0949
6	0.0087	0.0050	30	0.5316	0.0397	54	1.8369	0.0696	78	3.8165	0.0960
7	0.0137	0.0064	31	0.5712	0.0410	55	1.9065	0.0708	79	3.9125	0.0970
8	0.0201	0.0078	32	0.6122	0.0423	56	1.9773	0.0719	80	4.0095	0.0981
9	0.0279	0.0092	33	0.6546	0.0437	57	2.0492	0.0731	81	4.1076	0.0991
10	0.0371	0.0107	34	0.6982	0.0450	58	2.1223	0.0742	82	4.2067	0.1001
11	0.0478	0.0122	35	0.7432	0.0463	59	2.1965	0.0753	83	4.3069	0.1012
12	0.0600	0.0137	36	0.7895	0.0476	60	2.2719	0.0765	84	4.4080	0.1022
13	0.0737	0.0152	37	0.8371	0.0489	61	2.3483	0.0776	85	4.5102	0.1032
14	0.0889	0.0167	38	0.8860	0.0502	62	2.4259	0.0787	86	4.6134	0.1042
15	0.1056	0.0182	39	0.9362	0.0514	63	2.5047	0.0798	87	4.7177	0.1053
16	0.1238	0.0197	40	0.9876	0.0527	64	2.5845	0.0809	88	4.8229	0.1063
17	0.1435	0.0212	41	1.0403	0.0540	65	2.6654	0.0820	89	4.9292	0.1073
18	0.1646	0.0227	42	1.0942	0.0552	66	2.7475	0.0831	90	5.0365	0.1083
19	0.1873	0.0241	43	1.1495	0.0564	67	2.8306	0.0842	91	5.1448	0.1093
20	0.2114	0.0256	44	1.2059	0.0577	68	2.9149	0.0853	92	5.2540	0.1103
21	0.2370	0.0271	45	1.2636	0.0589	69	3.0002	0.0864	93	5.3643	0.1113
22	0.2641	0.0285	46	1.3225	0.0601	70	3.0866	0.0875	94	5.4756	0.1123
23	0.2926	0.0299	47	1.3826	0.0613	71	3.1741	0.0886	95	5.5879	0.1133
24	0.3225	0.0314	48	1.4439	0.0625	72	3.2627	0.0896	96	5.7011	0.1142
25	0.3539	0.0328	49	1.5065	0.0637	73	3.3523	0.0907	97	5.8154	0.1152
26	0.3866	0.0342	50	1.5702	0.0649	74	3.4430	0.0918	98	5.9306	0.1162
27	0.4208	0.0356	51	1.6351	0.0661	75	3.5348	0.0928	99	6.0468	0.1172
28	0.4564	0.0369	52	1.7012	0.0673	76	3.6277	0.0939	100	6.1640	0.1172

适用树种：一类阔叶；适用地区：延边II；资料名称：吉林省一元立木材积表、材种出材率表、地径材积表；编表人或作者：吉林省林业厅；刊印或发表时间：2003。其他说明：吉林资 (2002) 627 号文件发布。

308. 延边州II二类阔叶一元立木材积表（围尺）

$$V = 0.00005244D_{轮}^{1.79066793}H^{1.07249096}$$

$$H = 22.161306 - 284.807976/(D_{轮} + 13)$$

$D_{轮} = -0.51001 + 0.97963D_{围}$；表中$D$为围尺径；$D \leqslant 100$cm

D	V	ΔV	D	V	ΔV	D	V	ΔV	D	V	ΔV
5	0.0049	0.0033	29	0.3764	0.0286	53	1.3276	0.0511	77	2.7925	0.0715
6	0.0081	0.0042	30	0.4050	0.0296	54	1.3787	0.0520	78	2.8640	0.0723
7	0.0123	0.0053	31	0.4346	0.0306	55	1.4308	0.0529	79	2.9363	0.0731
8	0.0176	0.0063	32	0.4652	0.0316	56	1.4837	0.0538	80	3.0095	0.0739
9	0.0239	0.0074	33	0.4968	0.0326	57	1.5375	0.0547	81	3.0834	0.0747
10	0.0313	0.0085	34	0.5294	0.0335	58	1.5921	0.0555	82	3.1582	0.0756
11	0.0398	0.0096	35	0.5629	0.0345	59	1.6476	0.0564	83	3.2337	0.0764
12	0.0493	0.0107	36	0.5974	0.0355	60	1.7040	0.0573	84	3.3101	0.0772
13	0.0600	0.0117	37	0.6329	0.0364	61	1.7613	0.0581	85	3.3872	0.0780
14	0.0717	0.0128	38	0.6693	0.0374	62	1.8194	0.0590	86	3.4652	0.0788
15	0.0846	0.0139	39	0.7067	0.0383	63	1.8784	0.0598	87	3.5439	0.0795
16	0.0985	0.0150	40	0.7450	0.0393	64	1.9382	0.0607	88	3.6235	0.0803
17	0.1135	0.0161	41	0.7843	0.0402	65	1.9989	0.0615	89	3.7038	0.0811
18	0.1296	0.0172	42	0.8245	0.0412	66	2.0604	0.0624	90	3.7850	0.0819
19	0.1468	0.0183	43	0.8657	0.0421	67	2.1228	0.0632	91	3.8669	0.0827
20	0.1651	0.0193	44	0.9078	0.0430	68	2.1860	0.0641	92	3.9496	0.0835
21	0.1844	0.0204	45	0.9508	0.0439	69	2.2501	0.0649	93	4.0331	0.0843
22	0.2047	0.0214	46	0.9947	0.0448	70	2.3150	0.0657	94	4.1174	0.0851
23	0.2262	0.0225	47	1.0395	0.0458	71	2.3807	0.0666	95	4.2024	0.0858
24	0.2486	0.0235	48	1.0853	0.0467	72	2.4473	0.0674	96	4.2883	0.0866
25	0.2721	0.0245	49	1.1320	0.0476	73	2.5147	0.0682	97	4.3749	0.0874
26	0.2967	0.0256	50	1.1795	0.0485	74	2.5829	0.0690	98	4.4623	0.0882
27	0.3223	0.0266	51	1.2280	0.0494	75	2.6520	0.0699	99	4.5504	0.0889
28	0.3488	0.0276	52	1.2773	0.0503	76	2.7218	0.0707	100	4.6394	0.0889

适用树种：二类阔叶；适用地区：延边II；资料名称：吉林省一元立木材积表、材种出材率表、地径材积表；编表人或作者：吉林省林业厅；刊印或发表时间：2003。其他说明：吉林资 (2002) 627 号文件发布。

309. 延边州II柞树一元立木材积表（围尺）

$$V = 0.00017579 D_{轮}^{1.9894288} H^{0.39924234}$$

$$H = 21.983047 - 232.77053/(D_{轮} + 9)$$

$D_{轮} = -0.48554 + 0.97332 D_{围}$；表中$D$为围尺径；$D \leqslant 100$cm

D	V	ΔV	D	V	ΔV	D	V	ΔV	D	V	ΔV
5	0.0061	0.0039	29	0.3916	0.0296	53	1.3996	0.0555	77	3.0293	0.0814
6	0.0100	0.0049	30	0.4212	0.0306	54	1.4551	0.0566	78	3.1107	0.0824
7	0.0148	0.0059	31	0.4518	0.0317	55	1.5117	0.0577	79	3.1931	0.0835
8	0.0207	0.0069	32	0.4835	0.0328	56	1.5693	0.0587	80	3.2767	0.0846
9	0.0277	0.0080	33	0.5163	0.0339	57	1.6281	0.0598	81	3.3613	0.0857
10	0.0357	0.0090	34	0.5502	0.0350	58	1.6879	0.0609	82	3.4469	0.0867
11	0.0447	0.0101	35	0.5852	0.0361	59	1.7488	0.0620	83	3.5337	0.0878
12	0.0548	0.0112	36	0.6212	0.0371	60	1.8108	0.0631	84	3.6215	0.0889
13	0.0660	0.0123	37	0.6584	0.0382	61	1.8739	0.0641	85	3.7104	0.0900
14	0.0782	0.0133	38	0.6966	0.0393	62	1.9380	0.0652	86	3.8003	0.0910
15	0.0916	0.0144	39	0.7359	0.0404	63	2.0032	0.0663	87	3.8914	0.0921
16	0.1060	0.0155	40	0.7763	0.0415	64	2.0695	0.0674	88	3.9835	0.0932
17	0.1215	0.0166	41	0.8177	0.0425	65	2.1369	0.0684	89	4.0767	0.0943
18	0.1380	0.0176	42	0.8603	0.0436	66	2.2053	0.0695	90	4.1709	0.0953
19	0.1557	0.0187	43	0.9039	0.0447	67	2.2749	0.0706	91	4.2663	0.0964
20	0.1744	0.0198	44	0.9486	0.0458	68	2.3455	0.0717	92	4.3627	0.0975
21	0.1942	0.0209	45	0.9944	0.0469	69	2.4171	0.0728	93	4.4602	0.0986
22	0.2151	0.0220	46	1.0412	0.0479	70	2.4899	0.0738	94	4.5587	0.0996
23	0.2370	0.0231	47	1.0892	0.0490	71	2.5637	0.0749	95	4.6584	0.1007
24	0.2601	0.0241	48	1.1382	0.0501	72	2.6386	0.0760	96	4.7591	0.1018
25	0.2842	0.0252	49	1.1883	0.0512	73	2.7146	0.0771	97	4.8608	0.1028
26	0.3094	0.0263	50	1.2395	0.0523	74	2.7917	0.0781	98	4.9637	0.1039
27	0.3357	0.0274	51	1.2918	0.0534	75	2.8698	0.0792	99	5.0676	0.1050
28	0.3631	0.0285	52	1.3451	0.0544	76	2.9490	0.0803	100	5.1726	0.1050

适用树种：柞树（栎树）；适用地区：延边II；资料名称：吉林省一元立木材积表、材种出材率表、地径材积表；编表人或作者：吉林省林业厅；刊印或发表时间：2003。其他说明：吉林资 (2002) 627 号文件发布。

310. 汪清林业局针叶树一元立木材积表（围尺）

$$V = 0.0000578596D_{轮}^{1.8892}H^{0.98755}$$

$$H = 46.4026 - 2137.9188/(D_{轮} + 47)$$

$D_{轮} = -0.1349 + 0.9756D_{围}$；表中$D$为围尺径；$D \leqslant 100\text{cm}$

D	V	ΔV	D	V	ΔV	D	V	ΔV	D	V	ΔV
5	0.0055	0.0035	29	0.5490	0.0482	53	2.3608	0.1059	77	5.5841	0.1653
6	0.0089	0.0046	30	0.5972	0.0505	54	2.4667	0.1083	78	5.7494	0.1677
7	0.0135	0.0058	31	0.6477	0.0528	55	2.5750	0.1108	79	5.9171	0.1702
8	0.0193	0.0072	32	0.7005	0.0551	56	2.6858	0.1133	80	6.0873	0.1727
9	0.0265	0.0086	33	0.7557	0.0575	57	2.7990	0.1157	81	6.2600	0.1751
10	0.0351	0.0101	34	0.8132	0.0598	58	2.9148	0.1182	82	6.4351	0.1776
11	0.0452	0.0117	35	0.8730	0.0622	59	3.0330	0.1207	83	6.6127	0.1801
12	0.0568	0.0133	36	0.9352	0.0645	60	3.1536	0.1232	84	6.7928	0.1825
13	0.0702	0.0151	37	0.9997	0.0669	61	3.2768	0.1256	85	6.9754	0.1850
14	0.0853	0.0168	38	1.0666	0.0693	62	3.4024	0.1281	86	7.1604	0.1875
15	0.1021	0.0187	39	1.1360	0.0717	63	3.5305	0.1306	87	7.3479	0.1899
16	0.1208	0.0206	40	1.2077	0.0741	64	3.6611	0.1331	88	7.5378	0.1924
17	0.1414	0.0225	41	1.2818	0.0765	65	3.7942	0.1355	89	7.7302	0.1949
18	0.1639	0.0245	42	1.3583	0.0789	66	3.9297	0.1380	90	7.9251	0.1973
19	0.1883	0.0265	43	1.4373	0.0814	67	4.0677	0.1405	91	8.1224	0.1998
20	0.2148	0.0285	44	1.5186	0.0838	68	4.2082	0.1430	92	8.3222	0.2022
21	0.2434	0.0306	45	1.6024	0.0862	69	4.3512	0.1454	93	8.5245	0.2047
22	0.2740	0.0327	46	1.6886	0.0887	70	4.4966	0.1479	94	8.7292	0.2072
23	0.3067	0.0349	47	1.7773	0.0911	71	4.6446	0.1504	95	8.9363	0.2096
24	0.3416	0.0370	48	1.8684	0.0936	72	4.7950	0.1529	96	9.1459	0.2121
25	0.3786	0.0392	49	1.9620	0.0960	73	4.9478	0.1554	97	9.3580	0.2145
26	0.4179	0.0415	50	2.0580	0.0985	74	5.1032	0.1578	98	9.5725	0.2170
27	0.4593	0.0437	51	2.1565	0.1009	75	5.2610	0.1603	99	9.7894	0.2194
28	0.5030	0.0459	52	2.2574	0.1034	76	5.4213	0.1628	100	10.0088	0.2194

适用树种：针叶树；适用地区：汪清林业局；资料名称：吉林省一元立木材积表、材种出材率表、地径材积表；编表人或作者：吉林省林业厅；刊印或发表时间：2003。其他说明：吉林资 (2002) 627 号文件发布。

311. 汪清林业局一类阔叶一元立木材积表（围尺）

$$V = 0.000053309D_{轮}^{1.88452}H^{0.99834}$$
$$H = 29.4425 - 468.9247/(D_{轮} + 15.7)$$
$D_{轮} = -0.1659 + 0.9734D_{围}$；表中$D$为围尺径；$D \leqslant 100$cm

D	V	ΔV	D	V	ΔV	D	V	ΔV	D	V	ΔV
5	0.0063	0.0042	29	0.5323	0.0424	53	1.9982	0.0811	77	4.3717	0.1180
6	0.0105	0.0055	30	0.5747	0.0440	54	2.0792	0.0826	78	4.4897	0.1195
7	0.0160	0.0068	31	0.6188	0.0457	55	2.1619	0.0842	79	4.6092	0.1210
8	0.0228	0.0083	32	0.6644	0.0473	56	2.2461	0.0858	80	4.7302	0.1225
9	0.0310	0.0097	33	0.7118	0.0490	57	2.3318	0.0873	81	4.8528	0.1240
10	0.0408	0.0113	34	0.7607	0.0506	58	2.4192	0.0889	82	4.9768	0.1255
11	0.0520	0.0128	35	0.8113	0.0522	59	2.5081	0.0904	83	5.1023	0.1270
12	0.0648	0.0144	36	0.8636	0.0539	60	2.5985	0.0920	84	5.2294	0.1285
13	0.0792	0.0160	37	0.9174	0.0555	61	2.6905	0.0936	85	5.3579	0.1300
14	0.0952	0.0176	38	0.9729	0.0571	62	2.7841	0.0951	86	5.4879	0.1315
15	0.1128	0.0192	39	1.0300	0.0587	63	2.8792	0.0966	87	5.6194	0.1330
16	0.1320	0.0209	40	1.0888	0.0603	64	2.9758	0.0982	88	5.7524	0.1345
17	0.1529	0.0225	41	1.1491	0.0620	65	3.0740	0.0997	89	5.8869	0.1360
18	0.1754	0.0242	42	1.2111	0.0636	66	3.1737	0.1013	90	6.0229	0.1375
19	0.1996	0.0258	43	1.2746	0.0652	67	3.2750	0.1028	91	6.1604	0.1389
20	0.2254	0.0275	44	1.3398	0.0668	68	3.3778	0.1043	92	6.2993	0.1404
21	0.2528	0.0291	45	1.4066	0.0684	69	3.4821	0.1059	93	6.4397	0.1419
22	0.2820	0.0308	46	1.4750	0.0700	70	3.5880	0.1074	94	6.5816	0.1434
23	0.3128	0.0325	47	1.5450	0.0716	71	3.6954	0.1089	95	6.7250	0.1448
24	0.3452	0.0341	48	1.6165	0.0732	72	3.8043	0.1104	96	6.8698	0.1463
25	0.3793	0.0358	49	1.6897	0.0747	73	3.9147	0.1120	97	7.0161	0.1478
26	0.4151	0.0374	50	1.7644	0.0763	74	4.0267	0.1135	98	7.1639	0.1493
27	0.4525	0.0391	51	1.8408	0.0779	75	4.1402	0.1150	99	7.3132	0.1507
28	0.4916	0.0407	52	1.9187	0.0795	76	4.2552	0.1165	100	7.4639	0.1507

适用树种：一类阔叶；适用地区：汪清林业局；资料名称：吉林省一元立木材积表、材种出材率表、地径材积表；编表人或作者：吉林省林业厅；刊印或发表时间：2003。其他说明：吉林资 (2002) 627 号文件发布。

312. 汪清林业局二类阔叶一元立木材积表（围尺）

$$V = 0.000048841 D_{轮}^{1.84048} H^{1.05252}$$

$$H = 24.8174 - 402.0877/(D_{轮} + 16.3)$$

$D_{轮} = -0.1979 + 0.9728 D_{围}$；表中$D$为围尺径；$D \leqslant 100$cm

D	V	ΔV	D	V	ΔV	D	V	ΔV	D	V	ΔV
5	0.0051	0.0033	29	0.4098	0.0323	53	1.5137	0.0605	77	3.2739	0.0870
6	0.0084	0.0043	30	0.4421	0.0335	54	1.5743	0.0617	78	3.3609	0.0880
7	0.0127	0.0054	31	0.4756	0.0347	55	1.6360	0.0628	79	3.4490	0.0891
8	0.0181	0.0065	32	0.5103	0.0359	56	1.6988	0.0639	80	3.5381	0.0902
9	0.0246	0.0076	33	0.5462	0.0371	57	1.7627	0.0651	81	3.6282	0.0912
10	0.0322	0.0088	34	0.5833	0.0383	58	1.8278	0.0662	82	3.7195	0.0923
11	0.0410	0.0100	35	0.6217	0.0395	59	1.8940	0.0673	83	3.8118	0.0934
12	0.0509	0.0112	36	0.6612	0.0407	60	1.9613	0.0684	84	3.9051	0.0944
13	0.0621	0.0124	37	0.7020	0.0419	61	2.0297	0.0695	85	3.9996	0.0955
14	0.0745	0.0136	38	0.7439	0.0431	62	2.0992	0.0706	86	4.0950	0.0965
15	0.0882	0.0149	39	0.7870	0.0443	63	2.1699	0.0718	87	4.1915	0.0976
16	0.1031	0.0161	40	0.8313	0.0455	64	2.2416	0.0729	88	4.2891	0.0986
17	0.1192	0.0174	41	0.8768	0.0467	65	2.3145	0.0740	89	4.3877	0.0997
18	0.1365	0.0186	42	0.9235	0.0479	66	2.3885	0.0751	90	4.4874	0.1007
19	0.1552	0.0199	43	0.9714	0.0490	67	2.4635	0.0762	91	4.5881	0.1018
20	0.1750	0.0211	44	1.0204	0.0502	68	2.5397	0.0772	92	4.6899	0.1028
21	0.1961	0.0224	45	1.0706	0.0514	69	2.6169	0.0783	93	4.7926	0.1038
22	0.2185	0.0236	46	1.1219	0.0525	70	2.6952	0.0794	94	4.8965	0.1049
23	0.2421	0.0249	47	1.1744	0.0537	71	2.7747	0.0805	95	5.0013	0.1059
24	0.2670	0.0261	48	1.2281	0.0548	72	2.8552	0.0816	96	5.1072	0.1069
25	0.2931	0.0273	49	1.2830	0.0560	73	2.9368	0.0827	97	5.2142	0.1080
26	0.3204	0.0286	50	1.3389	0.0571	74	3.0195	0.0838	98	5.3221	0.1090
27	0.3490	0.0298	51	1.3961	0.0583	75	3.1032	0.0848	99	5.4311	0.1100
28	0.3788	0.0310	52	1.4543	0.0594	76	3.1880	0.0859	100	5.5411	0.1100

适用树种：二类阔叶；适用地区：汪清林业局；资料名称：吉林省一元立木材积表、材种出材率表、地径材积表；编表人或作者：吉林省林业厅；刊印或发表时间：2003。其他说明：吉林资 (2002) 627 号文件发布。

313. 汪清林业局柞树一元立木材积表（围尺）

$$V = 0.000061125534D_{轮}^{1.8810091}H^{0.94462565}$$

$$H = 23.4292 - 353.6657/(D_{轮} + 15)$$

$D_{轮} = -0.1791 + 0.9737D_{围}$；表中$D$为围尺径；$D \leqslant 100$cm

D	V	ΔV	D	V	ΔV	D	V	ΔV	D	V	ΔV
5	0.0056	0.0035	29	0.4235	0.0332	53	1.5601	0.0625	77	3.3838	0.0904
6	0.0091	0.0046	30	0.4567	0.0344	54	1.6226	0.0637	78	3.4742	0.0916
7	0.0137	0.0057	31	0.4911	0.0357	55	1.6863	0.0649	79	3.5658	0.0927
8	0.0193	0.0068	32	0.5267	0.0369	56	1.7511	0.0661	80	3.6585	0.0938
9	0.0261	0.0080	33	0.5637	0.0382	57	1.8172	0.0672	81	3.7524	0.0950
10	0.0341	0.0092	34	0.6018	0.0394	58	1.8845	0.0684	82	3.8473	0.0961
11	0.0433	0.0104	35	0.6412	0.0406	59	1.9529	0.0696	83	3.9435	0.0972
12	0.0537	0.0116	36	0.6819	0.0419	60	2.0225	0.0708	84	4.0407	0.0984
13	0.0653	0.0129	37	0.7238	0.0431	61	2.0933	0.0720	85	4.1391	0.0995
14	0.0782	0.0141	38	0.7669	0.0444	62	2.1652	0.0731	86	4.2386	0.1006
15	0.0923	0.0154	39	0.8112	0.0456	63	2.2384	0.0743	87	4.3392	0.1017
16	0.1077	0.0167	40	0.8568	0.0468	64	2.3126	0.0755	88	4.4409	0.1029
17	0.1244	0.0179	41	0.9036	0.0480	65	2.3881	0.0766	89	4.5438	0.1040
18	0.1423	0.0192	42	0.9517	0.0493	66	2.4647	0.0778	90	4.6478	0.1051
19	0.1615	0.0205	43	1.0009	0.0505	67	2.5425	0.0789	91	4.7529	0.1062
20	0.1820	0.0218	44	1.0514	0.0517	68	2.6215	0.0801	92	4.8591	0.1073
21	0.2038	0.0230	45	1.1031	0.0529	69	2.7016	0.0813	93	4.9665	0.1085
22	0.2268	0.0243	46	1.1560	0.0541	70	2.7828	0.0824	94	5.0749	0.1096
23	0.2511	0.0256	47	1.2101	0.0553	71	2.8652	0.0836	95	5.1845	0.1107
24	0.2766	0.0268	48	1.2654	0.0565	72	2.9488	0.0847	96	5.2952	0.1118
25	0.3035	0.0281	49	1.3220	0.0577	73	3.0335	0.0859	97	5.4070	0.1129
26	0.3316	0.0294	50	1.3797	0.0589	74	3.1194	0.0870	98	5.5199	0.1140
27	0.3610	0.0306	51	1.4386	0.0601	75	3.2064	0.0882	99	5.6339	0.1151
28	0.3916	0.0319	52	1.4987	0.0613	76	3.2945	0.0893	100	5.7490	0.1151

适用树种：柞树（栎树）；适用地区：汪清林业局；资料名称：吉林省一元立木材积表、材种出材率表、地径材积表；编表人或作者：吉林省林业厅；刊印或发表时间：2003。其他说明：吉林资 (2002) 627 号文件发布。

314. 汪清林业局人工红松一元立木材积表（围尺）

$$V = 0.00007616 D_{轮}^{1.89948264} H^{0.86116962}$$

$$H = 21.838617 - 309.159278/(D_{轮} + 14)$$

$D_{轮} = -0.49805 + 0.98158 D_{围}$；表中$D$为围尺径；$D \leqslant 100$cm

D	V	ΔV	D	V	ΔV	D	V	ΔV	D	V	ΔV
5	0.0051	0.0035	29	0.4256	0.0334	53	1.5702	0.0630	77	3.4109	0.0914
6	0.0086	0.0045	30	0.4590	0.0346	54	1.6332	0.0642	78	3.5023	0.0926
7	0.0131	0.0057	31	0.4936	0.0359	55	1.6974	0.0654	79	3.5948	0.0937
8	0.0188	0.0068	32	0.5295	0.0372	56	1.7628	0.0666	80	3.6886	0.0949
9	0.0256	0.0080	33	0.5667	0.0384	57	1.8294	0.0678	81	3.7834	0.0960
10	0.0336	0.0092	34	0.6051	0.0397	58	1.8972	0.0690	82	3.8795	0.0972
11	0.0429	0.0105	35	0.6448	0.0409	59	1.9662	0.0702	83	3.9767	0.0983
12	0.0533	0.0117	36	0.6857	0.0422	60	2.0365	0.0714	84	4.0750	0.0995
13	0.0650	0.0130	37	0.7279	0.0434	61	2.1078	0.0726	85	4.1745	0.1006
14	0.0780	0.0142	38	0.7713	0.0447	62	2.1804	0.0738	86	4.2752	0.1018
15	0.0922	0.0155	39	0.8159	0.0459	63	2.2542	0.0750	87	4.3769	0.1029
16	0.1077	0.0168	40	0.8618	0.0471	64	2.3292	0.0761	88	4.4799	0.1041
17	0.1245	0.0181	41	0.9089	0.0484	65	2.4053	0.0773	89	4.5840	0.1052
18	0.1426	0.0193	42	0.9573	0.0496	66	2.4827	0.0785	90	4.6892	0.1064
19	0.1619	0.0206	43	1.0069	0.0508	67	2.5612	0.0797	91	4.7956	0.1075
20	0.1825	0.0219	44	1.0577	0.0521	68	2.6409	0.0809	92	4.9031	0.1087
21	0.2044	0.0232	45	1.1098	0.0533	69	2.7217	0.0820	93	5.0118	0.1098
22	0.2276	0.0245	46	1.1631	0.0545	70	2.8038	0.0832	94	5.1216	0.1110
23	0.2521	0.0257	47	1.2176	0.0557	71	2.8870	0.0844	95	5.2326	0.1121
24	0.2778	0.0270	48	1.2733	0.0569	72	2.9714	0.0856	96	5.3447	0.1132
25	0.3048	0.0283	49	1.3303	0.0582	73	3.0570	0.0867	97	5.4579	0.1144
26	0.3331	0.0296	50	1.3884	0.0594	74	3.1437	0.0879	98	5.5722	0.1155
27	0.3627	0.0308	51	1.4478	0.0606	75	3.2316	0.0891	99	5.6877	0.1166
28	0.3935	0.0321	52	1.5084	0.0618	76	3.3207	0.0902	100	5.8044	0.1166

适用树种：人工红松；适用地区：汪清林业局；资料名称：吉林省一元立木材积表、材种出材率表、地径材积表；编表人或作者：吉林省林业厅；刊印或发表时间：2003。其他说明：吉林资 (2002) 627 号文件发布。

315. 汪清林业局人工樟子松一元立木材积表（围尺）

$$V = 0.00005228D_{轮}^{1.57561364}H^{1.36856283}$$

$$H = 32.964525 - 978.037469/(D_{轮} + 31)$$

$D_{轮} = -0.34995 + 0.97838D_{围}$；表中$D$为围尺径；$D \leqslant 100\text{cm}$

D	V	ΔV	D	V	ΔV	D	V	ΔV	D	V	ΔV
5	0.0058	0.0036	29	0.4586	0.0364	53	1.6912	0.0666	77	3.5885	0.0919
6	0.0093	0.0046	30	0.4950	0.0378	54	1.7578	0.0677	78	3.6804	0.0929
7	0.0140	0.0058	31	0.5328	0.0392	55	1.8255	0.0689	79	3.7733	0.0938
8	0.0198	0.0070	32	0.5720	0.0405	56	1.8944	0.0700	80	3.8671	0.0948
9	0.0268	0.0083	33	0.6125	0.0419	57	1.9644	0.0711	81	3.9619	0.0957
10	0.0351	0.0096	34	0.6544	0.0432	58	2.0355	0.0722	82	4.0576	0.0967
11	0.0447	0.0109	35	0.6976	0.0445	59	2.1077	0.0733	83	4.1543	0.0976
12	0.0556	0.0123	36	0.7421	0.0458	60	2.1810	0.0744	84	4.2519	0.0986
13	0.0679	0.0137	37	0.7879	0.0471	61	2.2554	0.0755	85	4.3505	0.0995
14	0.0816	0.0151	38	0.8350	0.0484	62	2.3309	0.0766	86	4.4500	0.1004
15	0.0968	0.0165	39	0.8834	0.0497	63	2.4075	0.0776	87	4.5504	0.1013
16	0.1133	0.0180	40	0.9331	0.0510	64	2.4851	0.0787	88	4.6518	0.1023
17	0.1313	0.0194	41	0.9841	0.0522	65	2.5638	0.0798	89	4.7540	0.1032
18	0.1507	0.0208	42	1.0363	0.0535	66	2.6436	0.0808	90	4.8572	0.1041
19	0.1715	0.0223	43	1.0898	0.0547	67	2.7244	0.0818	91	4.9613	0.1050
20	0.1938	0.0237	44	1.1445	0.0559	68	2.8062	0.0829	92	5.0663	0.1059
21	0.2175	0.0252	45	1.2004	0.0572	69	2.8891	0.0839	93	5.1722	0.1068
22	0.2427	0.0266	46	1.2576	0.0584	70	2.9730	0.0849	94	5.2789	0.1077
23	0.2693	0.0280	47	1.3160	0.0596	71	3.0579	0.0859	95	5.3866	0.1086
24	0.2973	0.0294	48	1.3756	0.0608	72	3.1439	0.0869	96	5.4951	0.1094
25	0.3268	0.0309	49	1.4363	0.0620	73	3.2308	0.0879	97	5.6046	0.1103
26	0.3576	0.0323	50	1.4983	0.0631	74	3.3188	0.0889	98	5.7149	0.1112
27	0.3899	0.0337	51	1.5614	0.0643	75	3.4077	0.0899	99	5.8261	0.1120
28	0.4236	0.0351	52	1.6257	0.0655	76	3.4976	0.0909	100	5.9381	0.1120

适用树种：人工樟子松；适用地区：汪清林业局；资料名称：吉林省一元立木材积表、材种出材率表、地径材积表；编表人或作者：吉林省林业厅；刊印或发表时间：2003。其他说明：吉林资 (2002) 627 号文件发布。

316. 汪清林业局人工落叶松一元立木材积表（围尺）

$$V = 0.00008472D_{轮}^{1.97420228}H^{0.74561762}$$

$$H = 34.593188 - 650.52497/(D_{轮} + 18)$$

$D_{轮} = -0.2506 + 0.9809D_{围}$；表中$D$为围尺径；$D \leqslant 100$cm

D	V	ΔV	D	V	ΔV	D	V	ΔV	D	V	ΔV
5	0.0066	0.0045	29	0.5877	0.0477	53	2.2757	0.0950	77	5.0993	0.1423
6	0.0111	0.0058	30	0.6355	0.0497	54	2.3707	0.0970	78	5.2415	0.1442
7	0.0169	0.0073	31	0.6851	0.0516	55	2.4677	0.0989	79	5.3858	0.1462
8	0.0242	0.0089	32	0.7368	0.0536	56	2.5666	0.1009	80	5.5319	0.1481
9	0.0331	0.0105	33	0.7904	0.0556	57	2.6675	0.1029	81	5.6801	0.1501
10	0.0436	0.0122	34	0.8459	0.0575	58	2.7703	0.1048	82	5.8302	0.1521
11	0.0558	0.0139	35	0.9035	0.0595	59	2.8752	0.1068	83	5.9823	0.1540
12	0.0696	0.0156	36	0.9630	0.0615	60	2.9820	0.1088	84	6.1363	0.1560
13	0.0853	0.0174	37	1.0244	0.0634	61	3.0908	0.1108	85	6.2923	0.1580
14	0.1026	0.0192	38	1.0878	0.0654	62	3.2016	0.1127	86	6.4503	0.1599
15	0.1218	0.0210	39	1.1532	0.0674	63	3.3143	0.1147	87	6.6102	0.1619
16	0.1428	0.0228	40	1.2206	0.0693	64	3.4290	0.1167	88	6.7721	0.1638
17	0.1657	0.0247	41	1.2899	0.0713	65	3.5457	0.1186	89	6.9359	0.1658
18	0.1904	0.0266	42	1.3612	0.0733	66	3.6643	0.1206	90	7.1017	0.1678
19	0.2169	0.0285	43	1.4345	0.0752	67	3.7849	0.1226	91	7.2695	0.1697
20	0.2454	0.0304	44	1.5097	0.0772	68	3.9075	0.1246	92	7.4392	0.1717
21	0.2757	0.0323	45	1.5869	0.0792	69	4.0320	0.1265	93	7.6109	0.1736
22	0.3080	0.0342	46	1.6661	0.0812	70	4.1586	0.1285	94	7.7845	0.1756
23	0.3422	0.0361	47	1.7473	0.0831	71	4.2870	0.1305	95	7.9601	0.1776
24	0.3783	0.0380	48	1.8304	0.0851	72	4.4175	0.1324	96	8.1377	0.1795
25	0.4163	0.0400	49	1.9155	0.0871	73	4.5499	0.1344	97	8.3172	0.1815
26	0.4562	0.0419	50	2.0026	0.0891	74	4.6843	0.1364	98	8.4987	0.1834
27	0.4981	0.0438	51	2.0917	0.0910	75	4.8207	0.1383	99	8.6821	0.1854
28	0.5420	0.0458	52	2.1827	0.0930	76	4.9590	0.1403	100	8.8675	0.1854

适用树种：人工落叶松；适用地区：汪清林业局；资料名称：吉林省一元立木材积表、材种出材率表、地径材积表；编表人或作者：吉林省林业厅；刊印或发表时间：2003。其他说明：吉林资 (2002) 627 号文件发布。

317. 汪清林业局人工杨树一元立木材积表（围尺）

$$V = 0.0000717D_{轮}^{1.69135017}H^{1.08071211}$$

$$H = 30.633299 - 547.989609/(D_{轮} + 16)$$

$D_{轮} = -0.62168 + 0.98712D_{围}$；表中$D$为围尺径；$D \leqslant 100$cm

D	V	ΔV	D	V	ΔV	D	V	ΔV	D	V	ΔV
5	0.0035	0.0033	29	0.4619	0.0358	53	1.6432	0.0629	77	3.4244	0.0860
6	0.0067	0.0045	30	0.4977	0.0371	54	1.7061	0.0639	78	3.5104	0.0869
7	0.0112	0.0058	31	0.5348	0.0383	55	1.7700	0.0649	79	3.5974	0.0878
8	0.0171	0.0072	32	0.5731	0.0395	56	1.8349	0.0659	80	3.6852	0.0887
9	0.0243	0.0086	33	0.6126	0.0407	57	1.9009	0.0670	81	3.7739	0.0896
10	0.0329	0.0100	34	0.6534	0.0419	58	1.9678	0.0680	82	3.8635	0.0905
11	0.0429	0.0115	35	0.6953	0.0431	59	2.0358	0.0690	83	3.9540	0.0914
12	0.0544	0.0129	36	0.7384	0.0443	60	2.1048	0.0699	84	4.0454	0.0923
13	0.0673	0.0143	37	0.7826	0.0454	61	2.1747	0.0709	85	4.1377	0.0932
14	0.0816	0.0158	38	0.8281	0.0466	62	2.2456	0.0719	86	4.2309	0.0940
15	0.0973	0.0172	39	0.8747	0.0477	63	2.3175	0.0729	87	4.3249	0.0949
16	0.1145	0.0186	40	0.9224	0.0489	64	2.3904	0.0739	88	4.4198	0.0958
17	0.1331	0.0200	41	0.9713	0.0500	65	2.4643	0.0748	89	4.5156	0.0966
18	0.1531	0.0214	42	1.0213	0.0511	66	2.5391	0.0758	90	4.6122	0.0975
19	0.1745	0.0228	43	1.0724	0.0522	67	2.6149	0.0767	91	4.7097	0.0984
20	0.1972	0.0241	44	1.1246	0.0533	68	2.6916	0.0777	92	4.8081	0.0992
21	0.2213	0.0255	45	1.1779	0.0544	69	2.7693	0.0786	93	4.9073	0.1001
22	0.2468	0.0268	46	1.2323	0.0555	70	2.8479	0.0796	94	5.0074	0.1009
23	0.2736	0.0281	47	1.2878	0.0566	71	2.9275	0.0805	95	5.1083	0.1018
24	0.3018	0.0295	48	1.3444	0.0576	72	3.0080	0.0814	96	5.2100	0.1026
25	0.3312	0.0308	49	1.4021	0.0587	73	3.0894	0.0824	97	5.3126	0.1034
26	0.3620	0.0320	50	1.4608	0.0598	74	3.1718	0.0833	98	5.4161	0.1043
27	0.3940	0.0333	51	1.5205	0.0608	75	3.2551	0.0842	99	5.5204	0.1051
28	0.4273	0.0346	52	1.5813	0.0619	76	3.3393	0.0851	100	5.6255	0.1051

适用树种：人工杨树；适用地区：汪清林业局；资料名称：吉林省一元立木材积表、材种出材率表、地径材积表；编表人或作者：吉林省林业厅；刊印或发表时间：2003。其他说明：吉林资 (2002) 627 号文件发布。

318. 大兴沟林业局针叶树一元立木材积表（围尺）

$$V = 0.0000578596D_{轮}^{1.8892}H^{0.98755}$$

$$H = 45.9282 - 2116.0599/(D_{轮} + 47)$$

$D_{轮} = -0.1349 + 0.9756D_{围}$；表中$D$为围尺径；$D \leqslant 100$cm

D	V	ΔV	D	V	ΔV	D	V	ΔV	D	V	ΔV
5	0.0054	0.0034	29	0.5434	0.0477	53	2.3370	0.1048	77	5.5277	0.1636
6	0.0088	0.0045	30	0.5912	0.0500	54	2.4418	0.1072	78	5.6913	0.1660
7	0.0134	0.0058	31	0.6412	0.0523	55	2.5490	0.1097	79	5.8574	0.1685
8	0.0191	0.0071	32	0.6935	0.0546	56	2.6587	0.1121	80	6.0259	0.1709
9	0.0262	0.0085	33	0.7481	0.0569	57	2.7708	0.1146	81	6.1968	0.1734
10	0.0347	0.0100	34	0.8050	0.0592	58	2.8853	0.1170	82	6.3702	0.1758
11	0.0447	0.0116	35	0.8642	0.0616	59	3.0023	0.1195	83	6.5460	0.1783
12	0.0563	0.0132	36	0.9257	0.0639	60	3.1218	0.1219	84	6.7242	0.1807
13	0.0695	0.0149	37	0.9896	0.0663	61	3.2437	0.1244	85	6.9050	0.1831
14	0.0844	0.0167	38	1.0559	0.0686	62	3.3681	0.1268	86	7.0881	0.1856
15	0.1011	0.0185	39	1.1245	0.0710	63	3.4949	0.1293	87	7.2737	0.1880
16	0.1196	0.0204	40	1.1955	0.0734	64	3.6241	0.1317	88	7.4617	0.1905
17	0.1399	0.0223	41	1.2688	0.0758	65	3.7559	0.1342	89	7.6522	0.1929
18	0.1622	0.0242	42	1.3446	0.0781	66	3.8900	0.1366	90	7.8451	0.1953
19	0.1864	0.0262	43	1.4227	0.0805	67	4.0266	0.1391	91	8.0404	0.1978
20	0.2127	0.0283	44	1.5033	0.0830	68	4.1657	0.1415	92	8.2382	0.2002
21	0.2409	0.0303	45	1.5862	0.0854	69	4.3072	0.1440	93	8.4384	0.2026
22	0.2712	0.0324	46	1.6716	0.0878	70	4.4512	0.1464	94	8.6410	0.2051
23	0.3036	0.0345	47	1.7594	0.0902	71	4.5977	0.1489	95	8.8461	0.2075
24	0.3382	0.0367	48	1.8496	0.0926	72	4.7465	0.1513	96	9.0536	0.2099
25	0.3748	0.0388	49	1.9422	0.0950	73	4.8979	0.1538	97	9.2635	0.2123
26	0.4137	0.0410	50	2.0372	0.0975	74	5.0517	0.1562	98	9.4758	0.2148
27	0.4547	0.0433	51	2.1347	0.0999	75	5.2079	0.1587	99	9.6906	0.2172
28	0.4980	0.0455	52	2.2346	0.1023	76	5.3666	0.1611	100	9.9078	0.2172

适用树种：针叶树；适用地区：大兴沟林业局；资料名称：吉林省一元立木材积表、材种出材率表、地径材积表；编表人或作者：吉林省林业厅；刊印或发表时间：2003。其他说明：吉林资 (2002) 627 号文件发布。

319. 大兴沟林业局一类阔叶一元立木材积表（围尺）

$$V = 0.000053309D_{轮}^{1.88452}H^{0.99834}$$

$$H = 29.2093 - 471.2245/(D_{轮} + 16)$$

$D_{轮} = -0.1659 + 0.9734D_{围}$；表中$D$为围尺径；$D \leqslant 100$cm

D	V	ΔV	D	V	ΔV	D	V	ΔV	D	V	ΔV
5	0.0063	0.0041	29	0.5263	0.0419	53	1.9772	0.0803	77	4.3282	0.1169
6	0.0105	0.0054	30	0.5682	0.0436	54	2.0575	0.0818	78	4.4452	0.1184
7	0.0159	0.0067	31	0.6118	0.0452	55	2.1393	0.0834	79	4.5636	0.1199
8	0.0226	0.0082	32	0.6570	0.0468	56	2.2227	0.0849	80	4.6835	0.1214
9	0.0308	0.0096	33	0.7038	0.0484	57	2.3076	0.0865	81	4.8049	0.1229
10	0.0404	0.0111	34	0.7523	0.0501	58	2.3941	0.0880	82	4.9278	0.1244
11	0.0515	0.0127	35	0.8023	0.0517	59	2.4821	0.0896	83	5.0522	0.1259
12	0.0641	0.0142	36	0.8540	0.0533	60	2.5717	0.0911	84	5.1781	0.1274
13	0.0784	0.0158	37	0.9073	0.0549	61	2.6628	0.0927	85	5.3054	0.1288
14	0.0941	0.0174	38	0.9622	0.0565	62	2.7555	0.0942	86	5.4343	0.1303
15	0.1115	0.0190	39	1.0187	0.0581	63	2.8497	0.0957	87	5.5646	0.1318
16	0.1305	0.0206	40	1.0769	0.0597	64	2.9454	0.0973	88	5.6964	0.1333
17	0.1512	0.0222	41	1.1366	0.0613	65	3.0427	0.0988	89	5.8296	0.1347
18	0.1734	0.0239	42	1.1979	0.0629	66	3.1415	0.1003	90	5.9644	0.1362
19	0.1973	0.0255	43	1.2608	0.0645	67	3.2418	0.1018	91	6.1006	0.1377
20	0.2228	0.0272	44	1.3254	0.0661	68	3.3436	0.1034	92	6.2383	0.1392
21	0.2499	0.0288	45	1.3915	0.0677	69	3.4470	0.1049	93	6.3774	0.1406
22	0.2787	0.0304	46	1.4592	0.0693	70	3.5518	0.1064	94	6.5181	0.1421
23	0.3092	0.0321	47	1.5284	0.0709	71	3.6582	0.1079	95	6.6601	0.1435
24	0.3413	0.0337	48	1.5993	0.0724	72	3.7661	0.1094	96	6.8037	0.1450
25	0.3750	0.0354	49	1.6717	0.0740	73	3.8755	0.1109	97	6.9487	0.1465
26	0.4104	0.0370	50	1.7457	0.0756	74	3.9865	0.1124	98	7.0952	0.1479
27	0.4474	0.0387	51	1.8213	0.0771	75	4.0989	0.1139	99	7.2431	0.1494
28	0.4860	0.0403	52	1.8985	0.0787	76	4.2128	0.1154	100	7.3925	0.1494

适用树种：一类阔叶；适用地区：大兴沟林业局；资料名称：吉林省一元立木材积表、材种出材率表、地径材积表；编表人或作者：吉林省林业厅；刊印或发表时间：2003。其他说明：吉林资 (2002) 627 号文件发布。

320. 大兴沟林业局二类阔叶一元立木材积表（围尺）

$$V = 0.000048841D_{轮}^{1.84048}H^{1.05252}$$

$$H = 23.8195 - 381.3462/(D_{轮} + 16)$$

$D_{轮} = -0.1979 + 0.9728D_{围}$；表中$D$为围尺径；$D \leqslant 100$cm

D	V	ΔV	D	V	ΔV	D	V	ΔV	D	V	ΔV
5	0.0049	0.0032	29	0.3937	0.0310	53	1.4533	0.0581	77	3.1417	0.0834
6	0.0080	0.0041	30	0.4247	0.0322	54	1.5114	0.0592	78	3.2251	0.0844
7	0.0122	0.0051	31	0.4569	0.0333	55	1.5706	0.0603	79	3.3095	0.0855
8	0.0173	0.0062	32	0.4902	0.0345	56	1.6309	0.0613	80	3.3950	0.0865
9	0.0235	0.0073	33	0.5247	0.0357	57	1.6922	0.0624	81	3.4814	0.0875
10	0.0308	0.0084	34	0.5603	0.0368	58	1.7546	0.0635	82	3.5689	0.0885
11	0.0393	0.0096	35	0.5972	0.0380	59	1.8181	0.0646	83	3.6574	0.0895
12	0.0489	0.0108	36	0.6351	0.0391	60	1.8827	0.0656	84	3.7469	0.0905
13	0.0596	0.0119	37	0.6742	0.0403	61	1.9483	0.0667	85	3.8375	0.0915
14	0.0716	0.0131	38	0.7145	0.0414	62	2.0150	0.0678	86	3.9290	0.0925
15	0.0847	0.0143	39	0.7559	0.0425	63	2.0828	0.0688	87	4.0215	0.0936
16	0.0990	0.0155	40	0.7984	0.0437	64	2.1516	0.0699	88	4.1151	0.0946
17	0.1145	0.0167	41	0.8421	0.0448	65	2.2215	0.0709	89	4.2097	0.0956
18	0.1312	0.0179	42	0.8869	0.0459	66	2.2924	0.0720	90	4.3052	0.0966
19	0.1490	0.0191	43	0.9328	0.0471	67	2.3644	0.0730	91	4.4018	0.0976
20	0.1681	0.0203	44	0.9799	0.0482	68	2.4375	0.0741	92	4.4993	0.0986
21	0.1884	0.0215	45	1.0281	0.0493	69	2.5116	0.0751	93	4.5979	0.0995
22	0.2099	0.0227	46	1.0774	0.0504	70	2.5867	0.0762	94	4.6974	0.1005
23	0.2326	0.0239	47	1.1278	0.0515	71	2.6629	0.0772	95	4.7980	0.1015
24	0.2565	0.0251	48	1.1793	0.0526	72	2.7401	0.0783	96	4.8995	0.1025
25	0.2816	0.0263	49	1.2319	0.0537	73	2.8183	0.0793	97	5.0020	0.1035
26	0.3078	0.0274	50	1.2856	0.0548	74	2.8976	0.0803	98	5.1055	0.1045
27	0.3353	0.0286	51	1.3404	0.0559	75	2.9779	0.0814	99	5.2100	0.1055
28	0.3639	0.0298	52	1.3963	0.0570	76	3.0593	0.0824	100	5.3155	0.1055

适用树种：二类阔叶；适用地区：大兴沟林业局；资料名称：吉林省一元立木材积表、材种出材率表、地径材积表；编表人或作者：吉林省林业厅；刊印或发表时间：2003。其他说明：吉林资 (2002) 627 号文件发布。

321. 大兴沟林业局柞树一元立木材积表（围尺）

$$V = 0.000061125534 D_{轮}^{1.8810091} H^{0.94462565}$$

$$H = 23.4292 - 353.6657/(D_{轮} + 15)$$

$D_{轮} = -0.1791 + 0.9737 D_{围}$；表中$D$为围尺径；$D \leqslant 100$cm

D	V	ΔV	D	V	ΔV	D	V	ΔV	D	V	ΔV
5	0.0056	0.0035	29	0.4235	0.0332	53	1.5601	0.0625	77	3.3838	0.0904
6	0.0091	0.0046	30	0.4567	0.0344	54	1.6226	0.0637	78	3.4742	0.0916
7	0.0137	0.0057	31	0.4911	0.0357	55	1.6863	0.0649	79	3.5658	0.0927
8	0.0193	0.0068	32	0.5267	0.0369	56	1.7511	0.0661	80	3.6585	0.0938
9	0.0261	0.0080	33	0.5637	0.0382	57	1.8172	0.0672	81	3.7524	0.0950
10	0.0341	0.0092	34	0.6018	0.0394	58	1.8845	0.0684	82	3.8473	0.0961
11	0.0433	0.0104	35	0.6412	0.0406	59	1.9529	0.0696	83	3.9435	0.0972
12	0.0537	0.0116	36	0.6819	0.0419	60	2.0225	0.0708	84	4.0407	0.0984
13	0.0653	0.0129	37	0.7238	0.0431	61	2.0933	0.0720	85	4.1391	0.0995
14	0.0782	0.0141	38	0.7669	0.0444	62	2.1652	0.0731	86	4.2386	0.1006
15	0.0923	0.0154	39	0.8112	0.0456	63	2.2384	0.0743	87	4.3392	0.1017
16	0.1077	0.0167	40	0.8568	0.0468	64	2.3126	0.0755	88	4.4409	0.1029
17	0.1244	0.0179	41	0.9036	0.0480	65	2.3881	0.0766	89	4.5438	0.1040
18	0.1423	0.0192	42	0.9517	0.0493	66	2.4647	0.0778	90	4.6478	0.1051
19	0.1615	0.0205	43	1.0009	0.0505	67	2.5425	0.0789	91	4.7529	0.1062
20	0.1820	0.0218	44	1.0514	0.0517	68	2.6215	0.0801	92	4.8591	0.1073
21	0.2038	0.0230	45	1.1031	0.0529	69	2.7016	0.0813	93	4.9665	0.1085
22	0.2268	0.0243	46	1.1560	0.0541	70	2.7828	0.0824	94	5.0749	0.1096
23	0.2511	0.0256	47	1.2101	0.0553	71	2.8652	0.0836	95	5.1845	0.1107
24	0.2766	0.0268	48	1.2654	0.0565	72	2.9488	0.0847	96	5.2952	0.1118
25	0.3035	0.0281	49	1.3220	0.0577	73	3.0335	0.0859	97	5.4070	0.1129
26	0.3316	0.0294	50	1.3797	0.0589	74	3.1194	0.0870	98	5.5199	0.1140
27	0.3610	0.0306	51	1.4386	0.0601	75	3.2064	0.0882	99	5.6339	0.1151
28	0.3916	0.0319	52	1.4987	0.0613	76	3.2945	0.0893	100	5.7490	0.1151

适用树种：柞树（栎树）；适用地区：大兴沟林业局；资料名称：吉林省一元立木材积表、材种出材率表、地径材积表；编表人或作者：吉林省林业厅；刊印或发表时间：2003。其他说明：吉林资 (2002) 627 号文件发布。

322. 大兴沟林业局人工红松一元立木材积表（围尺）

$$V = 0.00007616D_{轮}^{1.89948264}H^{0.86116962}$$
$$H = 21.838617 - 309.159278/(D_{轮} + 14)$$
$D_{轮} = -0.49805 + 0.98158D_{围}$；表中$D$为围尺径；$D \leqslant 100$cm

D	V	ΔV	D	V	ΔV	D	V	ΔV	D	V	ΔV
5	0.0051	0.0035	29	0.4256	0.0334	53	1.5702	0.0630	77	3.4109	0.0914
6	0.0086	0.0045	30	0.4590	0.0346	54	1.6332	0.0642	78	3.5023	0.0926
7	0.0131	0.0057	31	0.4936	0.0359	55	1.6974	0.0654	79	3.5948	0.0937
8	0.0188	0.0068	32	0.5295	0.0372	56	1.7628	0.0666	80	3.6886	0.0949
9	0.0256	0.0080	33	0.5667	0.0384	57	1.8294	0.0678	81	3.7834	0.0960
10	0.0336	0.0092	34	0.6051	0.0397	58	1.8972	0.0690	82	3.8795	0.0972
11	0.0429	0.0105	35	0.6448	0.0409	59	1.9662	0.0702	83	3.9767	0.0983
12	0.0533	0.0117	36	0.6857	0.0422	60	2.0365	0.0714	84	4.0750	0.0995
13	0.0650	0.0130	37	0.7279	0.0434	61	2.1078	0.0726	85	4.1745	0.1006
14	0.0780	0.0142	38	0.7713	0.0447	62	2.1804	0.0738	86	4.2752	0.1018
15	0.0922	0.0155	39	0.8159	0.0459	63	2.2542	0.0750	87	4.3769	0.1029
16	0.1077	0.0168	40	0.8618	0.0471	64	2.3292	0.0761	88	4.4799	0.1041
17	0.1245	0.0181	41	0.9089	0.0484	65	2.4053	0.0773	89	4.5840	0.1052
18	0.1426	0.0193	42	0.9573	0.0496	66	2.4827	0.0785	90	4.6892	0.1064
19	0.1619	0.0206	43	1.0069	0.0508	67	2.5612	0.0797	91	4.7956	0.1075
20	0.1825	0.0219	44	1.0577	0.0521	68	2.6409	0.0809	92	4.9031	0.1087
21	0.2044	0.0232	45	1.1098	0.0533	69	2.7217	0.0820	93	5.0118	0.1098
22	0.2276	0.0245	46	1.1631	0.0545	70	2.8038	0.0832	94	5.1216	0.1110
23	0.2521	0.0257	47	1.2176	0.0557	71	2.8870	0.0844	95	5.2326	0.1121
24	0.2778	0.0270	48	1.2733	0.0569	72	2.9714	0.0856	96	5.3447	0.1132
25	0.3048	0.0283	49	1.3303	0.0582	73	3.0570	0.0867	97	5.4579	0.1144
26	0.3331	0.0296	50	1.3884	0.0594	74	3.1437	0.0879	98	5.5722	0.1155
27	0.3627	0.0308	51	1.4478	0.0606	75	3.2316	0.0891	99	5.6877	0.1166
28	0.3935	0.0321	52	1.5084	0.0618	76	3.3207	0.0902	100	5.8044	0.1166

适用树种：人工红松；适用地区：大兴沟林业局；资料名称：吉林省一元立木材积表、材种出材率表、地径材积表；编表人或作者：吉林省林业厅；刊印或发表时间：2003。其他说明：吉林资 (2002) 627 号文件发布。

323. 大兴沟林业局人工樟子松一元立木材积表（围尺）

$$V = 0.00005228D_{轮}^{1.57561364}H^{1.36856283}$$

$$H = 32.964525 - 978.037469/(D_{轮} + 31)$$

$D_{轮} = -0.34995 + 0.97838D_{围}$；表中$D$为围尺径；$D \leqslant 100$cm

D	V	ΔV	D	V	ΔV	D	V	ΔV	D	V	ΔV
5	0.0058	0.0036	29	0.4586	0.0364	53	1.6912	0.0666	77	3.5885	0.0919
6	0.0093	0.0046	30	0.4950	0.0378	54	1.7578	0.0677	78	3.6804	0.0929
7	0.0140	0.0058	31	0.5328	0.0392	55	1.8255	0.0689	79	3.7733	0.0938
8	0.0198	0.0070	32	0.5720	0.0405	56	1.8944	0.0700	80	3.8671	0.0948
9	0.0268	0.0083	33	0.6125	0.0419	57	1.9644	0.0711	81	3.9619	0.0957
10	0.0351	0.0096	34	0.6544	0.0432	58	2.0355	0.0722	82	4.0576	0.0967
11	0.0447	0.0109	35	0.6976	0.0445	59	2.1077	0.0733	83	4.1543	0.0976
12	0.0556	0.0123	36	0.7421	0.0458	60	2.1810	0.0744	84	4.2519	0.0986
13	0.0679	0.0137	37	0.7879	0.0471	61	2.2554	0.0755	85	4.3505	0.0995
14	0.0816	0.0151	38	0.8350	0.0484	62	2.3309	0.0766	86	4.4500	0.1004
15	0.0968	0.0165	39	0.8834	0.0497	63	2.4075	0.0776	87	4.5504	0.1013
16	0.1133	0.0180	40	0.9331	0.0510	64	2.4851	0.0787	88	4.6518	0.1023
17	0.1313	0.0194	41	0.9841	0.0522	65	2.5638	0.0798	89	4.7540	0.1032
18	0.1507	0.0208	42	1.0363	0.0535	66	2.6436	0.0808	90	4.8572	0.1041
19	0.1715	0.0223	43	1.0898	0.0547	67	2.7244	0.0818	91	4.9613	0.1050
20	0.1938	0.0237	44	1.1445	0.0559	68	2.8062	0.0829	92	5.0663	0.1059
21	0.2175	0.0252	45	1.2004	0.0572	69	2.8891	0.0839	93	5.1722	0.1068
22	0.2427	0.0266	46	1.2576	0.0584	70	2.9730	0.0849	94	5.2789	0.1077
23	0.2693	0.0280	47	1.3160	0.0596	71	3.0579	0.0859	95	5.3866	0.1086
24	0.2973	0.0294	48	1.3756	0.0608	72	3.1439	0.0869	96	5.4951	0.1094
25	0.3268	0.0309	49	1.4363	0.0620	73	3.2308	0.0879	97	5.6046	0.1103
26	0.3576	0.0323	50	1.4983	0.0631	74	3.3188	0.0889	98	5.7149	0.1112
27	0.3899	0.0337	51	1.5614	0.0643	75	3.4077	0.0899	99	5.8261	0.1120
28	0.4236	0.0351	52	1.6257	0.0655	76	3.4976	0.0909	100	5.9381	0.1120

适用树种：人工樟子松；适用地区：大兴沟林业局；资料名称：吉林省一元立木材积表、材种出材率表、地径材积表；编表人或作者：吉林省林业厅；刊印或发表时间：2003。其他说明：吉林资 (2002) 627 号文件发布。

324. 大兴沟林业局人工落叶松一元立木材积表（围尺）

$$V = 0.00008472D_{轮}^{1.97420228}H^{0.74561762}$$

$$H = 34.593188 - 650.52497/(D_{轮} + 18)$$

$D_{轮} = -0.2506 + 0.9809D_{围}$；表中$D$为围尺径；$D \leqslant 100$cm

D	V	ΔV	D	V	ΔV	D	V	ΔV	D	V	ΔV
5	0.0066	0.0045	29	0.5877	0.0477	53	2.2757	0.0950	77	5.0993	0.1423
6	0.0111	0.0058	30	0.6355	0.0497	54	2.3707	0.0970	78	5.2415	0.1442
7	0.0169	0.0073	31	0.6851	0.0516	55	2.4677	0.0989	79	5.3858	0.1462
8	0.0242	0.0089	32	0.7368	0.0536	56	2.5666	0.1009	80	5.5319	0.1481
9	0.0331	0.0105	33	0.7904	0.0556	57	2.6675	0.1029	81	5.6801	0.1501
10	0.0436	0.0122	34	0.8459	0.0575	58	2.7703	0.1048	82	5.8302	0.1521
11	0.0558	0.0139	35	0.9035	0.0595	59	2.8752	0.1068	83	5.9823	0.1540
12	0.0696	0.0156	36	0.9630	0.0615	60	2.9820	0.1088	84	6.1363	0.1560
13	0.0853	0.0174	37	1.0244	0.0634	61	3.0908	0.1108	85	6.2923	0.1580
14	0.1026	0.0192	38	1.0878	0.0654	62	3.2016	0.1127	86	6.4503	0.1599
15	0.1218	0.0210	39	1.1532	0.0674	63	3.3143	0.1147	87	6.6102	0.1619
16	0.1428	0.0228	40	1.2206	0.0693	64	3.4290	0.1167	88	6.7721	0.1638
17	0.1657	0.0247	41	1.2899	0.0713	65	3.5457	0.1186	89	6.9359	0.1658
18	0.1904	0.0266	42	1.3612	0.0733	66	3.6643	0.1206	90	7.1017	0.1678
19	0.2169	0.0285	43	1.4345	0.0752	67	3.7849	0.1226	91	7.2695	0.1697
20	0.2454	0.0304	44	1.5097	0.0772	68	3.9075	0.1246	92	7.4392	0.1717
21	0.2757	0.0323	45	1.5869	0.0792	69	4.0320	0.1265	93	7.6109	0.1736
22	0.3080	0.0342	46	1.6661	0.0812	70	4.1586	0.1285	94	7.7845	0.1756
23	0.3422	0.0361	47	1.7473	0.0831	71	4.2870	0.1305	95	7.9601	0.1776
24	0.3783	0.0380	48	1.8304	0.0851	72	4.4175	0.1324	96	8.1377	0.1795
25	0.4163	0.0400	49	1.9155	0.0871	73	4.5499	0.1344	97	8.3172	0.1815
26	0.4562	0.0419	50	2.0026	0.0891	74	4.6843	0.1364	98	8.4987	0.1834
27	0.4981	0.0438	51	2.0917	0.0910	75	4.8207	0.1383	99	8.6821	0.1854
28	0.5420	0.0458	52	2.1827	0.0930	76	4.9590	0.1403	100	8.8675	0.1854

适用树种：人工落叶松；适用地区：大兴沟林业局；资料名称：吉林省一元立木材积表、材种出材率表、地径材积表；编表人或作者：吉林省林业厅；刊印或发表时间：2003。其他说明：吉林资 (2002) 627 号文件发布。

325. 大兴沟林业局人工杨树一元立木材积表（围尺）

$$V = 0.0000717D_{轮}^{1.69135017}H^{1.08071211}$$

$$H = 30.633299 - 547.989609/(D_{轮} + 16)$$

$D_{轮} = -0.62168 + 0.98712D_{围}$；表中$D$为围尺径；$D \leqslant 100\mathrm{cm}$

D	V	ΔV	D	V	ΔV	D	V	ΔV	D	V	ΔV
5	0.0035	0.0033	29	0.4619	0.0358	53	1.6432	0.0629	77	3.4244	0.0860
6	0.0067	0.0045	30	0.4977	0.0371	54	1.7061	0.0639	78	3.5104	0.0869
7	0.0112	0.0058	31	0.5348	0.0383	55	1.7700	0.0649	79	3.5974	0.0878
8	0.0171	0.0072	32	0.5731	0.0395	56	1.8349	0.0659	80	3.6852	0.0887
9	0.0243	0.0086	33	0.6126	0.0407	57	1.9009	0.0670	81	3.7739	0.0896
10	0.0329	0.0100	34	0.6534	0.0419	58	1.9678	0.0680	82	3.8635	0.0905
11	0.0429	0.0115	35	0.6953	0.0431	59	2.0358	0.0690	83	3.9540	0.0914
12	0.0544	0.0129	36	0.7384	0.0443	60	2.1048	0.0699	84	4.0454	0.0923
13	0.0673	0.0143	37	0.7826	0.0454	61	2.1747	0.0709	85	4.1377	0.0932
14	0.0816	0.0158	38	0.8281	0.0466	62	2.2456	0.0719	86	4.2309	0.0940
15	0.0973	0.0172	39	0.8747	0.0477	63	2.3175	0.0729	87	4.3249	0.0949
16	0.1145	0.0186	40	0.9224	0.0489	64	2.3904	0.0739	88	4.4198	0.0958
17	0.1331	0.0200	41	0.9713	0.0500	65	2.4643	0.0748	89	4.5156	0.0966
18	0.1531	0.0214	42	1.0213	0.0511	66	2.5391	0.0758	90	4.6122	0.0975
19	0.1745	0.0228	43	1.0724	0.0522	67	2.6149	0.0767	91	4.7097	0.0984
20	0.1972	0.0241	44	1.1246	0.0533	68	2.6916	0.0777	92	4.8081	0.0992
21	0.2213	0.0255	45	1.1779	0.0544	69	2.7693	0.0786	93	4.9073	0.1001
22	0.2468	0.0268	46	1.2323	0.0555	70	2.8479	0.0796	94	5.0074	0.1009
23	0.2736	0.0281	47	1.2878	0.0566	71	2.9275	0.0805	95	5.1083	0.1018
24	0.3018	0.0295	48	1.3444	0.0576	72	3.0080	0.0814	96	5.2100	0.1026
25	0.3312	0.0308	49	1.4021	0.0587	73	3.0894	0.0824	97	5.3126	0.1034
26	0.3620	0.0320	50	1.4608	0.0598	74	3.1718	0.0833	98	5.4161	0.1043
27	0.3940	0.0333	51	1.5205	0.0608	75	3.2551	0.0842	99	5.5204	0.1051
28	0.4273	0.0346	52	1.5813	0.0619	76	3.3393	0.0851	100	5.6255	0.1051

适用树种：人工杨树；适用地区：大兴沟林业局；资料名称：吉林省一元立木材积表、材种出材率表、地径材积表；编表人或作者：吉林省林业厅；刊印或发表时间：2003。其他说明：吉林资 (2002) 627 号文件发布。

326. 天桥岭林业局针叶树一元立木材积表（围尺）

$$V = 0.0000578596D_{轮}^{1.8892}H^{0.98755}$$

$$H = 45.9282 - 2116.0599/(D_{轮} + 47)$$

$D_{轮} = -0.1349 + 0.9756D_{围}$；表中$D$为围尺径；$D \leqslant 100$cm

D	V	ΔV	D	V	ΔV	D	V	ΔV	D	V	ΔV
5	0.0054	0.0034	29	0.5434	0.0477	53	2.3370	0.1048	77	5.5277	0.1636
6	0.0088	0.0045	30	0.5912	0.0500	54	2.4418	0.1072	78	5.6913	0.1660
7	0.0134	0.0058	31	0.6412	0.0523	55	2.5490	0.1097	79	5.8574	0.1685
8	0.0191	0.0071	32	0.6935	0.0546	56	2.6587	0.1121	80	6.0259	0.1709
9	0.0262	0.0085	33	0.7481	0.0569	57	2.7708	0.1146	81	6.1968	0.1734
10	0.0347	0.0100	34	0.8050	0.0592	58	2.8853	0.1170	82	6.3702	0.1758
11	0.0447	0.0116	35	0.8642	0.0616	59	3.0023	0.1195	83	6.5460	0.1783
12	0.0563	0.0132	36	0.9257	0.0639	60	3.1218	0.1219	84	6.7242	0.1807
13	0.0695	0.0149	37	0.9896	0.0663	61	3.2437	0.1244	85	6.9050	0.1831
14	0.0844	0.0167	38	1.0559	0.0686	62	3.3681	0.1268	86	7.0881	0.1856
15	0.1011	0.0185	39	1.1245	0.0710	63	3.4949	0.1293	87	7.2737	0.1880
16	0.1196	0.0204	40	1.1955	0.0734	64	3.6241	0.1317	88	7.4617	0.1905
17	0.1399	0.0223	41	1.2688	0.0758	65	3.7559	0.1342	89	7.6522	0.1929
18	0.1622	0.0242	42	1.3446	0.0781	66	3.8900	0.1366	90	7.8451	0.1953
19	0.1864	0.0262	43	1.4227	0.0805	67	4.0266	0.1391	91	8.0404	0.1978
20	0.2127	0.0283	44	1.5033	0.0830	68	4.1657	0.1415	92	8.2382	0.2002
21	0.2409	0.0303	45	1.5862	0.0854	69	4.3072	0.1440	93	8.4384	0.2026
22	0.2712	0.0324	46	1.6716	0.0878	70	4.4512	0.1464	94	8.6410	0.2051
23	0.3036	0.0345	47	1.7594	0.0902	71	4.5977	0.1489	95	8.8461	0.2075
24	0.3382	0.0367	48	1.8496	0.0926	72	4.7465	0.1513	96	9.0536	0.2099
25	0.3748	0.0388	49	1.9422	0.0950	73	4.8979	0.1538	97	9.2635	0.2123
26	0.4137	0.0410	50	2.0372	0.0975	74	5.0517	0.1562	98	9.4758	0.2148
27	0.4547	0.0433	51	2.1347	0.0999	75	5.2079	0.1587	99	9.6906	0.2172
28	0.4980	0.0455	52	2.2346	0.1023	76	5.3666	0.1611	100	9.9078	0.2172

适用树种：针叶树；适用地区：天桥岭林业局；资料名称：吉林省一元立木材积表、材种出材率表、地径材积表；编表人或作者：吉林省林业厅；刊印或发表时间：2003。其他说明：吉林资 (2002) 627 号文件发布。

327. 天桥岭林业局一类阔叶一元立木材积表（围尺）

$$V = 0.000053309D_{轮}^{1.88452}H^{0.99834}$$

$$H = 29.2093 - 471.2245/(D_{轮} + 16)$$

$D_{轮} = -0.1659 + 0.9734D_{围}$；表中$D$为围尺径；$D \leqslant 100$cm

D	V	ΔV	D	V	ΔV	D	V	ΔV	D	V	ΔV
5	0.0063	0.0041	29	0.5263	0.0419	53	1.9772	0.0803	77	4.3282	0.1169
6	0.0105	0.0054	30	0.5682	0.0436	54	2.0575	0.0818	78	4.4452	0.1184
7	0.0159	0.0067	31	0.6118	0.0452	55	2.1393	0.0834	79	4.5636	0.1199
8	0.0226	0.0082	32	0.6570	0.0468	56	2.2227	0.0849	80	4.6835	0.1214
9	0.0308	0.0096	33	0.7038	0.0484	57	2.3076	0.0865	81	4.8049	0.1229
10	0.0404	0.0111	34	0.7523	0.0501	58	2.3941	0.0880	82	4.9278	0.1244
11	0.0515	0.0127	35	0.8023	0.0517	59	2.4821	0.0896	83	5.0522	0.1259
12	0.0641	0.0142	36	0.8540	0.0533	60	2.5717	0.0911	84	5.1781	0.1274
13	0.0784	0.0158	37	0.9073	0.0549	61	2.6628	0.0927	85	5.3054	0.1288
14	0.0941	0.0174	38	0.9622	0.0565	62	2.7555	0.0942	86	5.4343	0.1303
15	0.1115	0.0190	39	1.0187	0.0581	63	2.8497	0.0957	87	5.5646	0.1318
16	0.1305	0.0206	40	1.0769	0.0597	64	2.9454	0.0973	88	5.6964	0.1333
17	0.1512	0.0222	41	1.1366	0.0613	65	3.0427	0.0988	89	5.8296	0.1347
18	0.1734	0.0239	42	1.1979	0.0629	66	3.1415	0.1003	90	5.9644	0.1362
19	0.1973	0.0255	43	1.2608	0.0645	67	3.2418	0.1018	91	6.1006	0.1377
20	0.2228	0.0272	44	1.3254	0.0661	68	3.3436	0.1034	92	6.2383	0.1392
21	0.2499	0.0288	45	1.3915	0.0677	69	3.4470	0.1049	93	6.3774	0.1406
22	0.2787	0.0304	46	1.4592	0.0693	70	3.5518	0.1064	94	6.5181	0.1421
23	0.3092	0.0321	47	1.5284	0.0709	71	3.6582	0.1079	95	6.6601	0.1435
24	0.3413	0.0337	48	1.5993	0.0724	72	3.7661	0.1094	96	6.8037	0.1450
25	0.3750	0.0354	49	1.6717	0.0740	73	3.8755	0.1109	97	6.9487	0.1465
26	0.4104	0.0370	50	1.7457	0.0756	74	3.9865	0.1124	98	7.0952	0.1479
27	0.4474	0.0387	51	1.8213	0.0771	75	4.0989	0.1139	99	7.2431	0.1494
28	0.4860	0.0403	52	1.8985	0.0787	76	4.2128	0.1154	100	7.3925	0.1494

适用树种：一类阔叶；适用地区：天桥岭林业局；资料名称：吉林省一元立木材积表、材种出材率表、地径材积表；编表人或作者：吉林省林业厅；刊印或发表时间：2003。其他说明：吉林资 (2002) 627 号文件发布。

328. 天桥岭林业局二类阔叶一元立木材积表（围尺）

$$V = 0.000048841D_{轮}^{1.84048}H^{1.05252}$$

$$H = 24.9945 - 400.1505/(D_{轮} + 16)$$

$D_{轮} = -0.1979 + 0.9728D_{围}$；表中$D$为围尺径；$D \leqslant 100$cm

D	V	ΔV	D	V	ΔV	D	V	ΔV	D	V	ΔV
5	0.0051	0.0033	29	0.4142	0.0326	53	1.5289	0.0611	77	3.3050	0.0877
6	0.0085	0.0043	30	0.4468	0.0338	54	1.5900	0.0623	78	3.3927	0.0888
7	0.0128	0.0054	31	0.4806	0.0351	55	1.6523	0.0634	79	3.4816	0.0899
8	0.0182	0.0065	32	0.5157	0.0363	56	1.7157	0.0645	80	3.5715	0.0910
9	0.0248	0.0077	33	0.5520	0.0375	57	1.7802	0.0657	81	3.6624	0.0920
10	0.0324	0.0089	34	0.5895	0.0387	58	1.8459	0.0668	82	3.7545	0.0931
11	0.0413	0.0101	35	0.6282	0.0399	59	1.9127	0.0679	83	3.8476	0.0942
12	0.0514	0.0113	36	0.6681	0.0411	60	1.9806	0.0690	84	3.9417	0.0952
13	0.0627	0.0125	37	0.7093	0.0424	61	2.0496	0.0702	85	4.0370	0.0963
14	0.0753	0.0138	38	0.7516	0.0436	62	2.1198	0.0713	86	4.1333	0.0974
15	0.0891	0.0150	39	0.7952	0.0447	63	2.1911	0.0724	87	4.2306	0.0984
16	0.1041	0.0163	40	0.8399	0.0459	64	2.2635	0.0735	88	4.3290	0.0995
17	0.1204	0.0176	41	0.8859	0.0471	65	2.3370	0.0746	89	4.4285	0.1005
18	0.1380	0.0188	42	0.9330	0.0483	66	2.4116	0.0757	90	4.5290	0.1016
19	0.1568	0.0201	43	0.9813	0.0495	67	2.4874	0.0768	91	4.6306	0.1026
20	0.1769	0.0213	44	1.0308	0.0507	68	2.5642	0.0779	92	4.7332	0.1037
21	0.1982	0.0226	45	1.0815	0.0519	69	2.6421	0.0790	93	4.8369	0.1047
22	0.2208	0.0239	46	1.1334	0.0530	70	2.7212	0.0801	94	4.9416	0.1058
23	0.2447	0.0251	47	1.1864	0.0542	71	2.8013	0.0812	95	5.0474	0.1068
24	0.2698	0.0264	48	1.2406	0.0554	72	2.8825	0.0823	96	5.1542	0.1078
25	0.2962	0.0276	49	1.2959	0.0565	73	2.9649	0.0834	97	5.2621	0.1089
26	0.3238	0.0289	50	1.3524	0.0577	74	3.0483	0.0845	98	5.3710	0.1099
27	0.3527	0.0301	51	1.4101	0.0588	75	3.1328	0.0856	99	5.4809	0.1110
28	0.3828	0.0314	52	1.4689	0.0600	76	3.2183	0.0867	100	5.5918	0.1110

适用树种：二类阔叶；适用地区：天桥岭林业局；资料名称：吉林省一元立木材积表、材种出材率表、地径材积表；编表人或作者：吉林省林业厅；刊印或发表时间：2003。其他说明：吉林资 (2002) 627 号文件发布。

329. 天桥岭林业局柞树一元立木材积表（围尺）

$$V = 0.000061125534D_{轮}^{1.8810091}H^{0.94462565}$$

$$H = 23.6924 - 357.6405/(D_{轮} + 15)$$

$D_{轮} = -0.1791 + 0.9737D_{围}$；表中$D$为围尺径；$D \leqslant 100\text{cm}$

D	V	ΔV	D	V	ΔV	D	V	ΔV	D	V	ΔV
5	0.0056	0.0036	29	0.4280	0.0335	53	1.5766	0.0632	77	3.4197	0.0914
6	0.0092	0.0046	30	0.4615	0.0348	54	1.6398	0.0644	78	3.5111	0.0925
7	0.0138	0.0057	31	0.4963	0.0360	55	1.7041	0.0656	79	3.6036	0.0937
8	0.0195	0.0069	32	0.5323	0.0373	56	1.7697	0.0668	80	3.6973	0.0948
9	0.0264	0.0081	33	0.5696	0.0386	57	1.8365	0.0680	81	3.7922	0.0960
10	0.0345	0.0093	34	0.6082	0.0398	58	1.9044	0.0692	82	3.8882	0.0971
11	0.0438	0.0105	35	0.6480	0.0411	59	1.9736	0.0703	83	3.9853	0.0983
12	0.0543	0.0118	36	0.6891	0.0423	60	2.0439	0.0715	84	4.0836	0.0994
13	0.0660	0.0130	37	0.7314	0.0436	61	2.1155	0.0727	85	4.1830	0.1006
14	0.0790	0.0143	38	0.7750	0.0448	62	2.1882	0.0739	86	4.2835	0.1017
15	0.0933	0.0156	39	0.8198	0.0461	63	2.2621	0.0751	87	4.3852	0.1028
16	0.1089	0.0168	40	0.8659	0.0473	64	2.3372	0.0763	88	4.4880	0.1040
17	0.1257	0.0181	41	0.9132	0.0485	65	2.4134	0.0774	89	4.5920	0.1051
18	0.1438	0.0194	42	0.9618	0.0498	66	2.4909	0.0786	90	4.6971	0.1062
19	0.1632	0.0207	43	1.0116	0.0510	67	2.5695	0.0798	91	4.8033	0.1074
20	0.1839	0.0220	44	1.0626	0.0522	68	2.6493	0.0810	92	4.9107	0.1085
21	0.2059	0.0233	45	1.1148	0.0535	69	2.7302	0.0821	93	5.0191	0.1096
22	0.2292	0.0246	46	1.1683	0.0547	70	2.8123	0.0833	94	5.1288	0.1107
23	0.2537	0.0258	47	1.2230	0.0559	71	2.8956	0.0844	95	5.2395	0.1119
24	0.2796	0.0271	48	1.2789	0.0571	72	2.9801	0.0856	96	5.3513	0.1130
25	0.3067	0.0284	49	1.3360	0.0583	73	3.0657	0.0868	97	5.4643	0.1141
26	0.3351	0.0297	50	1.3943	0.0596	74	3.1524	0.0879	98	5.5784	0.1152
27	0.3648	0.0310	51	1.4539	0.0608	75	3.2404	0.0891	99	5.6936	0.1163
28	0.3958	0.0322	52	1.5146	0.0620	76	3.3295	0.0902	100	5.8100	0.1163

适用树种：柞树（栎树）；适用地区：天桥岭林业局；资料名称：吉林省一元立木材积表、材种出材率表、地径材积表；编表人或作者：吉林省林业厅；刊印或发表时间：2003。其他说明：吉林资 (2002) 627 号文件发布。

330. 天桥岭林业局人工红松一元立木材积表（围尺）

$$V = 0.00007616D_{轮}^{1.89948264}H^{0.86116962}$$

$$H = 21.838617 - 309.159278/(D_{轮} + 14)$$

$D_{轮} = -0.49805 + 0.98158D_{围}$；表中$D$为围尺径；$D \leqslant 100$cm

D	V	ΔV	D	V	ΔV	D	V	ΔV	D	V	ΔV
5	0.0051	0.0035	29	0.4256	0.0334	53	1.5702	0.0630	77	3.4109	0.0914
6	0.0086	0.0045	30	0.4590	0.0346	54	1.6332	0.0642	78	3.5023	0.0926
7	0.0131	0.0057	31	0.4936	0.0359	55	1.6974	0.0654	79	3.5948	0.0937
8	0.0188	0.0068	32	0.5295	0.0372	56	1.7628	0.0666	80	3.6886	0.0949
9	0.0256	0.0080	33	0.5667	0.0384	57	1.8294	0.0678	81	3.7834	0.0960
10	0.0336	0.0092	34	0.6051	0.0397	58	1.8972	0.0690	82	3.8795	0.0972
11	0.0429	0.0105	35	0.6448	0.0409	59	1.9662	0.0702	83	3.9767	0.0983
12	0.0533	0.0117	36	0.6857	0.0422	60	2.0365	0.0714	84	4.0750	0.0995
13	0.0650	0.0130	37	0.7279	0.0434	61	2.1078	0.0726	85	4.1745	0.1006
14	0.0780	0.0142	38	0.7713	0.0447	62	2.1804	0.0738	86	4.2752	0.1018
15	0.0922	0.0155	39	0.8159	0.0459	63	2.2542	0.0750	87	4.3769	0.1029
16	0.1077	0.0168	40	0.8618	0.0471	64	2.3292	0.0761	88	4.4799	0.1041
17	0.1245	0.0181	41	0.9089	0.0484	65	2.4053	0.0773	89	4.5840	0.1052
18	0.1426	0.0193	42	0.9573	0.0496	66	2.4827	0.0785	90	4.6892	0.1064
19	0.1619	0.0206	43	1.0069	0.0508	67	2.5612	0.0797	91	4.7956	0.1075
20	0.1825	0.0219	44	1.0577	0.0521	68	2.6409	0.0809	92	4.9031	0.1087
21	0.2044	0.0232	45	1.1098	0.0533	69	2.7217	0.0820	93	5.0118	0.1098
22	0.2276	0.0245	46	1.1631	0.0545	70	2.8038	0.0832	94	5.1216	0.1110
23	0.2521	0.0257	47	1.2176	0.0557	71	2.8870	0.0844	95	5.2326	0.1121
24	0.2778	0.0270	48	1.2733	0.0569	72	2.9714	0.0856	96	5.3447	0.1132
25	0.3048	0.0283	49	1.3303	0.0582	73	3.0570	0.0867	97	5.4579	0.1144
26	0.3331	0.0296	50	1.3884	0.0594	74	3.1437	0.0879	98	5.5722	0.1155
27	0.3627	0.0308	51	1.4478	0.0606	75	3.2316	0.0891	99	5.6877	0.1166
28	0.3935	0.0321	52	1.5084	0.0618	76	3.3207	0.0902	100	5.8044	0.1166

适用树种：人工红松；适用地区：天桥岭林业局；资料名称：吉林省一元立木材积表、材种出材率表、地径材积表；编表人或作者：吉林省林业厅；刊印或发表时间：2003。其他说明：吉林资 (2002) 627 号文件发布。

331. 天桥岭林业局人工樟子松一元立木材积表（围尺）

$$V = 0.00005228D_{轮}^{1.57561364}H^{1.36856283}$$

$$H = 32.964525 - 978.037469/(D_{轮} + 31)$$

$D_{轮} = -0.34995 + 0.97838D_{围}$；表中$D$为围尺径；$D \leqslant 100$cm

D	V	ΔV	D	V	ΔV	D	V	ΔV	D	V	ΔV
5	0.0058	0.0036	29	0.4586	0.0364	53	1.6912	0.0666	77	3.5885	0.0919
6	0.0093	0.0046	30	0.4950	0.0378	54	1.7578	0.0677	78	3.6804	0.0929
7	0.0140	0.0058	31	0.5328	0.0392	55	1.8255	0.0689	79	3.7733	0.0938
8	0.0198	0.0070	32	0.5720	0.0405	56	1.8944	0.0700	80	3.8671	0.0948
9	0.0268	0.0083	33	0.6125	0.0419	57	1.9644	0.0711	81	3.9619	0.0957
10	0.0351	0.0096	34	0.6544	0.0432	58	2.0355	0.0722	82	4.0576	0.0967
11	0.0447	0.0109	35	0.6976	0.0445	59	2.1077	0.0733	83	4.1543	0.0976
12	0.0556	0.0123	36	0.7421	0.0458	60	2.1810	0.0744	84	4.2519	0.0986
13	0.0679	0.0137	37	0.7879	0.0471	61	2.2554	0.0755	85	4.3505	0.0995
14	0.0816	0.0151	38	0.8350	0.0484	62	2.3309	0.0766	86	4.4500	0.1004
15	0.0968	0.0165	39	0.8834	0.0497	63	2.4075	0.0776	87	4.5504	0.1013
16	0.1133	0.0180	40	0.9331	0.0510	64	2.4851	0.0787	88	4.6518	0.1023
17	0.1313	0.0194	41	0.9841	0.0522	65	2.5638	0.0798	89	4.7540	0.1032
18	0.1507	0.0208	42	1.0363	0.0535	66	2.6436	0.0808	90	4.8572	0.1041
19	0.1715	0.0223	43	1.0898	0.0547	67	2.7244	0.0818	91	4.9613	0.1050
20	0.1938	0.0237	44	1.1445	0.0559	68	2.8062	0.0829	92	5.0663	0.1059
21	0.2175	0.0252	45	1.2004	0.0572	69	2.8891	0.0839	93	5.1722	0.1068
22	0.2427	0.0266	46	1.2576	0.0584	70	2.9730	0.0849	94	5.2789	0.1077
23	0.2693	0.0280	47	1.3160	0.0596	71	3.0579	0.0859	95	5.3866	0.1086
24	0.2973	0.0294	48	1.3756	0.0608	72	3.1439	0.0869	96	5.4951	0.1094
25	0.3268	0.0309	49	1.4363	0.0620	73	3.2308	0.0879	97	5.6046	0.1103
26	0.3576	0.0323	50	1.4983	0.0631	74	3.3188	0.0889	98	5.7149	0.1112
27	0.3899	0.0337	51	1.5614	0.0643	75	3.4077	0.0899	99	5.8261	0.1120
28	0.4236	0.0351	52	1.6257	0.0655	76	3.4976	0.0909	100	5.9381	0.1120

适用树种：人工樟子松；适用地区：天桥岭林业局；资料名称：吉林省一元立木材积表、材种出材率表、地径材积表；编表人或作者：吉林省林业厅；刊印或发表时间：2003。其他说明：吉林资 (2002) 627 号文件发布。

吉

332. 天桥岭林业局人工落叶松一元立木材积表（围尺）

$$V = 0.00008472D_{轮}^{1.97420228}H^{0.74561762}$$

$$H = 34.593188 - 650.52497/(D_{轮} + 18)$$

$D_{轮} = -0.2506 + 0.9809D_{围}$；表中$D$为围尺径；$D \leqslant$100cm

D	V	ΔV	D	V	ΔV	D	V	ΔV	D	V	ΔV
5	0.0066	0.0045	29	0.5877	0.0477	53	2.2757	0.0950	77	5.0993	0.1423
6	0.0111	0.0058	30	0.6355	0.0497	54	2.3707	0.0970	78	5.2415	0.1442
7	0.0169	0.0073	31	0.6851	0.0516	55	2.4677	0.0989	79	5.3858	0.1462
8	0.0242	0.0089	32	0.7368	0.0536	56	2.5666	0.1009	80	5.5319	0.1481
9	0.0331	0.0105	33	0.7904	0.0556	57	2.6675	0.1029	81	5.6801	0.1501
10	0.0436	0.0122	34	0.8459	0.0575	58	2.7703	0.1048	82	5.8302	0.1521
11	0.0558	0.0139	35	0.9035	0.0595	59	2.8752	0.1068	83	5.9823	0.1540
12	0.0696	0.0156	36	0.9630	0.0615	60	2.9820	0.1088	84	6.1363	0.1560
13	0.0853	0.0174	37	1.0244	0.0634	61	3.0908	0.1108	85	6.2923	0.1580
14	0.1026	0.0192	38	1.0878	0.0654	62	3.2016	0.1127	86	6.4503	0.1599
15	0.1218	0.0210	39	1.1532	0.0674	63	3.3143	0.1147	87	6.6102	0.1619
16	0.1428	0.0228	40	1.2206	0.0693	64	3.4290	0.1167	88	6.7721	0.1638
17	0.1657	0.0247	41	1.2899	0.0713	65	3.5457	0.1186	89	6.9359	0.1658
18	0.1904	0.0266	42	1.3612	0.0733	66	3.6643	0.1206	90	7.1017	0.1678
19	0.2169	0.0285	43	1.4345	0.0752	67	3.7849	0.1226	91	7.2695	0.1697
20	0.2454	0.0304	44	1.5097	0.0772	68	3.9075	0.1246	92	7.4392	0.1717
21	0.2757	0.0323	45	1.5869	0.0792	69	4.0320	0.1265	93	7.6109	0.1736
22	0.3080	0.0342	46	1.6661	0.0812	70	4.1586	0.1285	94	7.7845	0.1756
23	0.3422	0.0361	47	1.7473	0.0831	71	4.2870	0.1305	95	7.9601	0.1776
24	0.3783	0.0380	48	1.8304	0.0851	72	4.4175	0.1324	96	8.1377	0.1795
25	0.4163	0.0400	49	1.9155	0.0871	73	4.5499	0.1344	97	8.3172	0.1815
26	0.4562	0.0419	50	2.0026	0.0891	74	4.6843	0.1364	98	8.4987	0.1834
27	0.4981	0.0438	51	2.0917	0.0910	75	4.8207	0.1383	99	8.6821	0.1854
28	0.5420	0.0458	52	2.1827	0.0930	76	4.9590	0.1403	100	8.8675	0.1854

适用树种：人工落叶松；适用地区：天桥岭林业局；资料名称：吉林省一元立木材积表、材种出材率表、地径材积表；编表人或作者：吉林省林业厅；刊印或发表时间：2003。其他说明：吉林资 (2002) 627 号文件发布。

333. 天桥岭林业局人工杨树一元立木材积表（围尺）

$$V = 0.0000717D_{轮}^{1.69135017}H^{1.08071211}$$

$$H = 30.633299 - 547.989609/(D_{轮} + 16)$$

$D_{轮} = -0.62168 + 0.98712D_{围}$；表中$D$为围尺径；$D \leqslant 100$cm

D	V	ΔV	D	V	ΔV	D	V	ΔV	D	V	ΔV
5	0.0035	0.0033	29	0.4619	0.0358	53	1.6432	0.0629	77	3.4244	0.0860
6	0.0067	0.0045	30	0.4977	0.0371	54	1.7061	0.0639	78	3.5104	0.0869
7	0.0112	0.0058	31	0.5348	0.0383	55	1.7700	0.0649	79	3.5974	0.0878
8	0.0171	0.0072	32	0.5731	0.0395	56	1.8349	0.0659	80	3.6852	0.0887
9	0.0243	0.0086	33	0.6126	0.0407	57	1.9009	0.0670	81	3.7739	0.0896
10	0.0329	0.0100	34	0.6534	0.0419	58	1.9678	0.0680	82	3.8635	0.0905
11	0.0429	0.0115	35	0.6953	0.0431	59	2.0358	0.0690	83	3.9540	0.0914
12	0.0544	0.0129	36	0.7384	0.0443	60	2.1048	0.0699	84	4.0454	0.0923
13	0.0673	0.0143	37	0.7826	0.0454	61	2.1747	0.0709	85	4.1377	0.0932
14	0.0816	0.0158	38	0.8281	0.0466	62	2.2456	0.0719	86	4.2309	0.0940
15	0.0973	0.0172	39	0.8747	0.0477	63	2.3175	0.0729	87	4.3249	0.0949
16	0.1145	0.0186	40	0.9224	0.0489	64	2.3904	0.0739	88	4.4198	0.0958
17	0.1331	0.0200	41	0.9713	0.0500	65	2.4643	0.0748	89	4.5156	0.0966
18	0.1531	0.0214	42	1.0213	0.0511	66	2.5391	0.0758	90	4.6122	0.0975
19	0.1745	0.0228	43	1.0724	0.0522	67	2.6149	0.0767	91	4.7097	0.0984
20	0.1972	0.0241	44	1.1246	0.0533	68	2.6916	0.0777	92	4.8081	0.0992
21	0.2213	0.0255	45	1.1779	0.0544	69	2.7693	0.0786	93	4.9073	0.1001
22	0.2468	0.0268	46	1.2323	0.0555	70	2.8479	0.0796	94	5.0074	0.1009
23	0.2736	0.0281	47	1.2878	0.0566	71	2.9275	0.0805	95	5.1083	0.1018
24	0.3018	0.0295	48	1.3444	0.0576	72	3.0080	0.0814	96	5.2100	0.1026
25	0.3312	0.0308	49	1.4021	0.0587	73	3.0894	0.0824	97	5.3126	0.1034
26	0.3620	0.0320	50	1.4608	0.0598	74	3.1718	0.0833	98	5.4161	0.1043
27	0.3940	0.0333	51	1.5205	0.0608	75	3.2551	0.0842	99	5.5204	0.1051
28	0.4273	0.0346	52	1.5813	0.0619	76	3.3393	0.0851	100	5.6255	0.1051

适用树种：人工杨树；适用地区：天桥岭林业局；资料名称：吉林省一元立木材积表、材种出材率表、地径材积表；编表人或作者：吉林省林业厅；刊印或发表时间：2003。其他说明：吉林资 (2002) 627 号文件发布。

334. 和龙林业局针叶树一元立木材积表（围尺）

$$V = 0.0000578596D_{轮}^{1.8892}H^{0.98755}$$

$$H = 49.7293 - 2291.2596/(D_{轮} + 47)$$

$D_{轮} = -0.1349 + 0.9756D_{围}$；表中$D$为围尺径；$D \leqslant 100$cm

D	V	ΔV	D	V	ΔV	D	V	ΔV	D	V	ΔV
5	0.0058	0.0037	29	0.5878	0.0516	53	2.5278	0.1133	77	5.9792	0.1770
6	0.0096	0.0049	30	0.6394	0.0541	54	2.6412	0.1160	78	6.1561	0.1796
7	0.0145	0.0062	31	0.6935	0.0566	55	2.7571	0.1186	79	6.3357	0.1822
8	0.0207	0.0077	32	0.7501	0.0590	56	2.8758	0.1213	80	6.5180	0.1849
9	0.0284	0.0092	33	0.8091	0.0615	57	2.9970	0.1239	81	6.7029	0.1875
10	0.0375	0.0108	34	0.8707	0.0641	58	3.1210	0.1266	82	6.8904	0.1902
11	0.0484	0.0125	35	0.9347	0.0666	59	3.2475	0.1292	83	7.0806	0.1928
12	0.0609	0.0143	36	1.0013	0.0691	60	3.3767	0.1319	84	7.2734	0.1955
13	0.0751	0.0161	37	1.0704	0.0717	61	3.5086	0.1345	85	7.4689	0.1981
14	0.0913	0.0180	38	1.1421	0.0742	62	3.6431	0.1372	86	7.6670	0.2007
15	0.1093	0.0200	39	1.2163	0.0768	63	3.7803	0.1398	87	7.8678	0.2034
16	0.1293	0.0220	40	1.2931	0.0794	64	3.9201	0.1425	88	8.0711	0.2060
17	0.1513	0.0241	41	1.3724	0.0819	65	4.0626	0.1451	89	8.2772	0.2087
18	0.1754	0.0262	42	1.4544	0.0845	66	4.2077	0.1478	90	8.4858	0.2113
19	0.2016	0.0284	43	1.5389	0.0871	67	4.3555	0.1504	91	8.6971	0.2139
20	0.2300	0.0306	44	1.6260	0.0897	68	4.5059	0.1531	92	8.9110	0.2166
21	0.2606	0.0328	45	1.7158	0.0923	69	4.6590	0.1557	93	9.1276	0.2192
22	0.2934	0.0351	46	1.8081	0.0949	70	4.8148	0.1584	94	9.3468	0.2218
23	0.3284	0.0373	47	1.9030	0.0976	71	4.9731	0.1610	95	9.5686	0.2244
24	0.3658	0.0397	48	2.0006	0.1002	72	5.1342	0.1637	96	9.7930	0.2271
25	0.4054	0.0420	49	2.1008	0.1028	73	5.2979	0.1664	97	10.0201	0.2297
26	0.4474	0.0444	50	2.2036	0.1054	74	5.4642	0.1690	98	10.2498	0.2323
27	0.4918	0.0468	51	2.3090	0.1081	75	5.6332	0.1717	99	10.4821	0.2349
28	0.5386	0.0492	52	2.4171	0.1107	76	5.8049	0.1743	100	10.7170	0.2349

适用树种：针叶树；适用地区：和龙林业局；资料名称：吉林省一元立木材积表、材种出材率表、地径材积表；编表人或作者：吉林省林业厅；刊印或发表时间：2003。其他说明：吉林资 (2002) 627 号文件发布。

335. 和龙林业局一类阔叶一元立木材积表（围尺）

$$V = 0.000053309D_{轮}^{1.88452}H^{0.99834}$$

$$H = 30.6856 - 495.0457/(D_{轮} + 16)$$

$D_{轮} = -0.1659 + 0.9734D_{围}$；表中$D$为围尺径；$D \leqslant 100$cm

D	V	ΔV	D	V	ΔV	D	V	ΔV	D	V	ΔV
5	0.0067	0.0043	29	0.5529	0.0440	53	2.0769	0.0843	77	4.5466	0.1228
6	0.0110	0.0057	30	0.5969	0.0458	54	2.1613	0.0860	78	4.6694	0.1244
7	0.0167	0.0071	31	0.6427	0.0475	55	2.2472	0.0876	79	4.7938	0.1260
8	0.0237	0.0086	32	0.6901	0.0492	56	2.3348	0.0892	80	4.9198	0.1275
9	0.0323	0.0101	33	0.7393	0.0509	57	2.4240	0.0909	81	5.0473	0.1291
10	0.0424	0.0117	34	0.7902	0.0526	58	2.5149	0.0925	82	5.1764	0.1307
11	0.0541	0.0133	35	0.8428	0.0543	59	2.6074	0.0941	83	5.3071	0.1322
12	0.0674	0.0149	36	0.8971	0.0560	60	2.7015	0.0957	84	5.4393	0.1338
13	0.0823	0.0166	37	0.9531	0.0577	61	2.7972	0.0973	85	5.5731	0.1353
14	0.0989	0.0183	38	1.0108	0.0594	62	2.8945	0.0989	86	5.7084	0.1369
15	0.1172	0.0200	39	1.0701	0.0611	63	2.9935	0.1006	87	5.8453	0.1384
16	0.1371	0.0217	40	1.1312	0.0627	64	3.0940	0.1022	88	5.9838	0.1400
17	0.1588	0.0234	41	1.1939	0.0644	65	3.1962	0.1038	89	6.1238	0.1415
18	0.1821	0.0251	42	1.2584	0.0661	66	3.3000	0.1054	90	6.2653	0.1431
19	0.2072	0.0268	43	1.3245	0.0678	67	3.4053	0.1070	91	6.4084	0.1446
20	0.2340	0.0285	44	1.3922	0.0694	68	3.5123	0.1086	92	6.5530	0.1462
21	0.2625	0.0302	45	1.4617	0.0711	69	3.6209	0.1102	93	6.6992	0.1477
22	0.2928	0.0320	46	1.5328	0.0728	70	3.7310	0.1118	94	6.8469	0.1493
23	0.3248	0.0337	47	1.6056	0.0744	71	3.8428	0.1133	95	6.9962	0.1508
24	0.3585	0.0354	48	1.6800	0.0761	72	3.9561	0.1149	96	7.1470	0.1523
25	0.3939	0.0372	49	1.7561	0.0777	73	4.0711	0.1165	97	7.2993	0.1539
26	0.4311	0.0389	50	1.8338	0.0794	74	4.1876	0.1181	98	7.4531	0.1554
27	0.4699	0.0406	51	1.9132	0.0810	75	4.3057	0.1197	99	7.6085	0.1569
28	0.5105	0.0423	52	1.9943	0.0827	76	4.4254	0.1213	100	7.7654	0.1569

适用树种：一类阔叶；适用地区：和龙林业局；资料名称：吉林省一元立木材积表、材种出材率表、地径材积表；编表人或作者：吉林省林业厅；刊印或发表时间：2003。其他说明：吉林资 (2002) 627 号文件发布。

336. 和龙林业局二类阔叶一元立木材积表（围尺）

$$V = 0.000048841 D_{轮}^{1.84048} H^{1.05252}$$

$$H = 25.2309 - 403.9724/(D_{轮} + 16)$$

$D_{轮} = -0.1979 + 0.9728 D_{围}$；表中$D$为围尺径；$D \leqslant 100$cm

D	V	ΔV	D	V	ΔV	D	V	ΔV	D	V	ΔV
5	0.0052	0.0034	29	0.4183	0.0329	53	1.5441	0.0617	77	3.3378	0.0886
6	0.0085	0.0044	30	0.4512	0.0342	54	1.6058	0.0629	78	3.4265	0.0897
7	0.0129	0.0055	31	0.4854	0.0354	55	1.6687	0.0640	79	3.5162	0.0908
8	0.0184	0.0066	32	0.5208	0.0366	56	1.7327	0.0652	80	3.6069	0.0919
9	0.0250	0.0078	33	0.5574	0.0379	57	1.7979	0.0663	81	3.6988	0.0930
10	0.0328	0.0090	34	0.5953	0.0391	58	1.8642	0.0675	82	3.7918	0.0940
11	0.0417	0.0102	35	0.6344	0.0403	59	1.9316	0.0686	83	3.8858	0.0951
12	0.0519	0.0114	36	0.6748	0.0416	60	2.0002	0.0697	84	3.9809	0.0962
13	0.0633	0.0127	37	0.7163	0.0428	61	2.0700	0.0709	85	4.0771	0.0973
14	0.0760	0.0139	38	0.7591	0.0440	62	2.1408	0.0720	86	4.1743	0.0983
15	0.0899	0.0152	39	0.8031	0.0452	63	2.2128	0.0731	87	4.2727	0.0994
16	0.1051	0.0165	40	0.8483	0.0464	64	2.2860	0.0742	88	4.3721	0.1005
17	0.1216	0.0177	41	0.8947	0.0476	65	2.3602	0.0754	89	4.4725	0.1015
18	0.1393	0.0190	42	0.9423	0.0488	66	2.4356	0.0765	90	4.5741	0.1026
19	0.1583	0.0203	43	0.9911	0.0500	67	2.5121	0.0776	91	4.6766	0.1036
20	0.1786	0.0216	44	1.0411	0.0512	68	2.5897	0.0787	92	4.7803	0.1047
21	0.2002	0.0228	45	1.0922	0.0524	69	2.6684	0.0798	93	4.8850	0.1058
22	0.2230	0.0241	46	1.1446	0.0535	70	2.7482	0.0809	94	4.9908	0.1068
23	0.2471	0.0254	47	1.1982	0.0547	71	2.8291	0.0820	95	5.0976	0.1079
24	0.2725	0.0266	48	1.2529	0.0559	72	2.9112	0.0831	96	5.2055	0.1089
25	0.2991	0.0279	49	1.3088	0.0571	73	2.9943	0.0842	97	5.3144	0.1100
26	0.3270	0.0292	50	1.3659	0.0582	74	3.0786	0.0853	98	5.4243	0.1110
27	0.3562	0.0304	51	1.4241	0.0594	75	3.1639	0.0864	99	5.5354	0.1121
28	0.3866	0.0317	52	1.4835	0.0606	76	3.2503	0.0875	100	5.6474	0.1121

适用树种：二类阔叶；适用地区：和龙林业局；资料名称：吉林省一元立木材积表、材种出材率表、地径材积表；编表人或作者：吉林省林业厅；刊印或发表时间：2003。其他说明：吉林资 (2002) 627 号文件发布。

337. 和龙林业局柞树一元立木材积表（围尺）

$$V = 0.000061125534D_{轮}^{1.8810091}H^{0.94462565}$$

$$H = 24.7506 - 373.6179/(D_{轮} + 15)$$

$D_{轮} = -0.1791 + 0.9737D_{围}$；表中$D$为围尺径；$D \leqslant 100$cm

D	V	ΔV	D	V	ΔV	D	V	ΔV	D	V	ΔV
5	0.0059	0.0037	29	0.4460	0.0349	53	1.6430	0.0658	77	3.5638	0.0952
6	0.0096	0.0048	30	0.4809	0.0362	54	1.7089	0.0671	78	3.6590	0.0964
7	0.0144	0.0060	31	0.5172	0.0376	55	1.7760	0.0683	79	3.7555	0.0976
8	0.0204	0.0072	32	0.5548	0.0389	56	1.8443	0.0696	80	3.8531	0.0988
9	0.0275	0.0084	33	0.5936	0.0402	57	1.9139	0.0708	81	3.9520	0.1000
10	0.0359	0.0097	34	0.6338	0.0415	58	1.9847	0.0721	82	4.0520	0.1012
11	0.0456	0.0110	35	0.6753	0.0428	59	2.0568	0.0733	83	4.1532	0.1024
12	0.0565	0.0123	36	0.7181	0.0441	60	2.1301	0.0745	84	4.2556	0.1036
13	0.0688	0.0136	37	0.7623	0.0454	61	2.2046	0.0758	85	4.3592	0.1048
14	0.0824	0.0149	38	0.8077	0.0467	62	2.2804	0.0770	86	4.4640	0.1060
15	0.0972	0.0162	39	0.8544	0.0480	63	2.3574	0.0782	87	4.5700	0.1072
16	0.1135	0.0175	40	0.9024	0.0493	64	2.4357	0.0795	88	4.6772	0.1083
17	0.1310	0.0189	41	0.9517	0.0506	65	2.5151	0.0807	89	4.7855	0.1095
18	0.1499	0.0202	42	1.0023	0.0519	66	2.5958	0.0819	90	4.8950	0.1107
19	0.1701	0.0216	43	1.0542	0.0532	67	2.6777	0.0831	91	5.0057	0.1119
20	0.1917	0.0229	44	1.1073	0.0544	68	2.7609	0.0844	92	5.1176	0.1131
21	0.2146	0.0242	45	1.1618	0.0557	69	2.8453	0.0856	93	5.2306	0.1142
22	0.2388	0.0256	46	1.2175	0.0570	70	2.9308	0.0868	94	5.3449	0.1154
23	0.2644	0.0269	47	1.2745	0.0583	71	3.0176	0.0880	95	5.4603	0.1166
24	0.2914	0.0283	48	1.3327	0.0595	72	3.1056	0.0892	96	5.5768	0.1177
25	0.3196	0.0296	49	1.3923	0.0608	73	3.1949	0.0904	97	5.6946	0.1189
26	0.3492	0.0309	50	1.4531	0.0621	74	3.2853	0.0916	98	5.8135	0.1201
27	0.3802	0.0323	51	1.5151	0.0633	75	3.3769	0.0928	99	5.9335	0.1212
28	0.4124	0.0336	52	1.5785	0.0646	76	3.4698	0.0940	100	6.0548	0.1212

适用树种：柞树（栎树）；适用地区：和龙林业局；资料名称：吉林省一元立木材积表、材种出材率表、地径材积表；编表人或作者：吉林省林业厅；刊印或发表时间：2003。其他说明：吉林资 (2002) 627 号文件发布。

338. 和龙林业局人工红松一元立木材积表（围尺）

$$V = 0.00007616D_{轮}^{1.89948264}H^{0.86116962}$$

$$H = 21.838617 - 309.159278/(D_{轮} + 14)$$

$D_{轮} = -0.49805 + 0.98158D_{围}$；表中$D$为围尺径；$D \leqslant 100$cm

D	V	ΔV	D	V	ΔV	D	V	ΔV	D	V	ΔV
5	0.0051	0.0035	29	0.4256	0.0334	53	1.5702	0.0630	77	3.4109	0.0914
6	0.0086	0.0045	30	0.4590	0.0346	54	1.6332	0.0642	78	3.5023	0.0926
7	0.0131	0.0057	31	0.4936	0.0359	55	1.6974	0.0654	79	3.5948	0.0937
8	0.0188	0.0068	32	0.5295	0.0372	56	1.7628	0.0666	80	3.6886	0.0949
9	0.0256	0.0080	33	0.5667	0.0384	57	1.8294	0.0678	81	3.7834	0.0960
10	0.0336	0.0092	34	0.6051	0.0397	58	1.8972	0.0690	82	3.8795	0.0972
11	0.0429	0.0105	35	0.6448	0.0409	59	1.9662	0.0702	83	3.9767	0.0983
12	0.0533	0.0117	36	0.6857	0.0422	60	2.0365	0.0714	84	4.0750	0.0995
13	0.0650	0.0130	37	0.7279	0.0434	61	2.1078	0.0726	85	4.1745	0.1006
14	0.0780	0.0142	38	0.7713	0.0447	62	2.1804	0.0738	86	4.2752	0.1018
15	0.0922	0.0155	39	0.8159	0.0459	63	2.2542	0.0750	87	4.3769	0.1029
16	0.1077	0.0168	40	0.8618	0.0471	64	2.3292	0.0761	88	4.4799	0.1041
17	0.1245	0.0181	41	0.9089	0.0484	65	2.4053	0.0773	89	4.5840	0.1052
18	0.1426	0.0193	42	0.9573	0.0496	66	2.4827	0.0785	90	4.6892	0.1064
19	0.1619	0.0206	43	1.0069	0.0508	67	2.5612	0.0797	91	4.7956	0.1075
20	0.1825	0.0219	44	1.0577	0.0521	68	2.6409	0.0809	92	4.9031	0.1087
21	0.2044	0.0232	45	1.1098	0.0533	69	2.7217	0.0820	93	5.0118	0.1098
22	0.2276	0.0245	46	1.1631	0.0545	70	2.8038	0.0832	94	5.1216	0.1110
23	0.2521	0.0257	47	1.2176	0.0557	71	2.8870	0.0844	95	5.2326	0.1121
24	0.2778	0.0270	48	1.2733	0.0569	72	2.9714	0.0856	96	5.3447	0.1132
25	0.3048	0.0283	49	1.3303	0.0582	73	3.0570	0.0867	97	5.4579	0.1144
26	0.3331	0.0296	50	1.3884	0.0594	74	3.1437	0.0879	98	5.5722	0.1155
27	0.3627	0.0308	51	1.4478	0.0606	75	3.2316	0.0891	99	5.6877	0.1166
28	0.3935	0.0321	52	1.5084	0.0618	76	3.3207	0.0902	100	5.8044	0.1166

适用树种：人工红松；适用地区：和龙林业局；资料名称：吉林省一元立木材积表、材种出材率表、地径材积表；编表人或作者：吉林省林业厅；刊印或发表时间：2003。其他说明：吉林资 (2002) 627 号文件发布。

339. 和龙林业局人工樟子松一元立木材积表（围尺）

$$V = 0.00005228D_{轮}^{1.57561364}H^{1.36856283}$$

$$H = 32.964525 - 978.037469/(D_{轮} + 31)$$

$D_{轮} = -0.34995 + 0.97838D_{围}$；表中$D$为围尺径；$D \leqslant 100$cm

D	V	ΔV	D	V	ΔV	D	V	ΔV	D	V	ΔV
5	0.0058	0.0036	29	0.4586	0.0364	53	1.6912	0.0666	77	3.5885	0.0919
6	0.0093	0.0046	30	0.4950	0.0378	54	1.7578	0.0677	78	3.6804	0.0929
7	0.0140	0.0058	31	0.5328	0.0392	55	1.8255	0.0689	79	3.7733	0.0938
8	0.0198	0.0070	32	0.5720	0.0405	56	1.8944	0.0700	80	3.8671	0.0948
9	0.0268	0.0083	33	0.6125	0.0419	57	1.9644	0.0711	81	3.9619	0.0957
10	0.0351	0.0096	34	0.6544	0.0432	58	2.0355	0.0722	82	4.0576	0.0967
11	0.0447	0.0109	35	0.6976	0.0445	59	2.1077	0.0733	83	4.1543	0.0976
12	0.0556	0.0123	36	0.7421	0.0458	60	2.1810	0.0744	84	4.2519	0.0986
13	0.0679	0.0137	37	0.7879	0.0471	61	2.2554	0.0755	85	4.3505	0.0995
14	0.0816	0.0151	38	0.8350	0.0484	62	2.3309	0.0766	86	4.4500	0.1004
15	0.0968	0.0165	39	0.8834	0.0497	63	2.4075	0.0776	87	4.5504	0.1013
16	0.1133	0.0180	40	0.9331	0.0510	64	2.4851	0.0787	88	4.6518	0.1023
17	0.1313	0.0194	41	0.9841	0.0522	65	2.5638	0.0798	89	4.7540	0.1032
18	0.1507	0.0208	42	1.0363	0.0535	66	2.6436	0.0808	90	4.8572	0.1041
19	0.1715	0.0223	43	1.0898	0.0547	67	2.7244	0.0818	91	4.9613	0.1050
20	0.1938	0.0237	44	1.1445	0.0559	68	2.8062	0.0829	92	5.0663	0.1059
21	0.2175	0.0252	45	1.2004	0.0572	69	2.8891	0.0839	93	5.1722	0.1068
22	0.2427	0.0266	46	1.2576	0.0584	70	2.9730	0.0849	94	5.2789	0.1077
23	0.2693	0.0280	47	1.3160	0.0596	71	3.0579	0.0859	95	5.3866	0.1086
24	0.2973	0.0294	48	1.3756	0.0608	72	3.1439	0.0869	96	5.4951	0.1094
25	0.3268	0.0309	49	1.4363	0.0620	73	3.2308	0.0879	97	5.6046	0.1103
26	0.3576	0.0323	50	1.4983	0.0631	74	3.3188	0.0889	98	5.7149	0.1112
27	0.3899	0.0337	51	1.5614	0.0643	75	3.4077	0.0899	99	5.8261	0.1120
28	0.4236	0.0351	52	1.6257	0.0655	76	3.4976	0.0909	100	5.9381	0.1120

适用树种：人工樟子松；适用地区：和龙林业局；资料名称：吉林省一元立木材积表、材种出材率表、地径材积表；编表人或作者：吉林省林业厅；刊印或发表时间：2003。其他说明：吉林资 (2002) 627 号文件发布。

340. 和龙林业局人工落叶松一元立木材积表（围尺）

$$V = 0.00008472D_{轮}^{1.97420228}H^{0.74561762}$$

$$H = 34.593188 - 650.52497/(D_{轮} + 18)$$

$D_{轮} = -0.2506 + 0.9809D_{围}$；表中$D$为围尺径；$D \leqslant 100$cm

D	V	ΔV	D	V	ΔV	D	V	ΔV	D	V	ΔV
5	0.0066	0.0045	29	0.5877	0.0477	53	2.2757	0.0950	77	5.0993	0.1423
6	0.0111	0.0058	30	0.6355	0.0497	54	2.3707	0.0970	78	5.2415	0.1442
7	0.0169	0.0073	31	0.6851	0.0516	55	2.4677	0.0989	79	5.3858	0.1462
8	0.0242	0.0089	32	0.7368	0.0536	56	2.5666	0.1009	80	5.5319	0.1481
9	0.0331	0.0105	33	0.7904	0.0556	57	2.6675	0.1029	81	5.6801	0.1501
10	0.0436	0.0122	34	0.8459	0.0575	58	2.7703	0.1048	82	5.8302	0.1521
11	0.0558	0.0139	35	0.9035	0.0595	59	2.8752	0.1068	83	5.9823	0.1540
12	0.0696	0.0156	36	0.9630	0.0615	60	2.9820	0.1088	84	6.1363	0.1560
13	0.0853	0.0174	37	1.0244	0.0634	61	3.0908	0.1108	85	6.2923	0.1580
14	0.1026	0.0192	38	1.0878	0.0654	62	3.2016	0.1127	86	6.4503	0.1599
15	0.1218	0.0210	39	1.1532	0.0674	63	3.3143	0.1147	87	6.6102	0.1619
16	0.1428	0.0228	40	1.2206	0.0693	64	3.4290	0.1167	88	6.7721	0.1638
17	0.1657	0.0247	41	1.2899	0.0713	65	3.5457	0.1186	89	6.9359	0.1658
18	0.1904	0.0266	42	1.3612	0.0733	66	3.6643	0.1206	90	7.1017	0.1678
19	0.2169	0.0285	43	1.4345	0.0752	67	3.7849	0.1226	91	7.2695	0.1697
20	0.2454	0.0304	44	1.5097	0.0772	68	3.9075	0.1246	92	7.4392	0.1717
21	0.2757	0.0323	45	1.5869	0.0792	69	4.0320	0.1265	93	7.6109	0.1736
22	0.3080	0.0342	46	1.6661	0.0812	70	4.1586	0.1285	94	7.7845	0.1756
23	0.3422	0.0361	47	1.7473	0.0831	71	4.2870	0.1305	95	7.9601	0.1776
24	0.3783	0.0380	48	1.8304	0.0851	72	4.4175	0.1324	96	8.1377	0.1795
25	0.4163	0.0400	49	1.9155	0.0871	73	4.5499	0.1344	97	8.3172	0.1815
26	0.4562	0.0419	50	2.0026	0.0891	74	4.6843	0.1364	98	8.4987	0.1834
27	0.4981	0.0438	51	2.0917	0.0910	75	4.8207	0.1383	99	8.6821	0.1854
28	0.5420	0.0458	52	2.1827	0.0930	76	4.9590	0.1403	100	8.8675	0.1854

适用树种：人工落叶松；适用地区：和龙林业局；资料名称：吉林省一元立木材积表、材种出材率表、地径材积表；编表人或作者：吉林省林业厅；刊印或发表时间：2003。其他说明：吉林资 (2002) 627 号文件发布。

341. 和龙林业局人工杨树一元立木材积表（围尺）

$$V = 0.0000717D_{轮}^{1.69135017}H^{1.08071211}$$

$$H = 30.633299 - 547.989609/(D_{轮} + 16)$$

$D_{轮} = -0.62168 + 0.98712D_{围}$；表中$D$为围尺径；$D \leqslant 100\text{cm}$

D	V	ΔV	D	V	ΔV	D	V	ΔV	D	V	ΔV
5	0.0035	0.0033	29	0.4619	0.0358	53	1.6432	0.0629	77	3.4244	0.0860
6	0.0067	0.0045	30	0.4977	0.0371	54	1.7061	0.0639	78	3.5104	0.0869
7	0.0112	0.0058	31	0.5348	0.0383	55	1.7700	0.0649	79	3.5974	0.0878
8	0.0171	0.0072	32	0.5731	0.0395	56	1.8349	0.0659	80	3.6852	0.0887
9	0.0243	0.0086	33	0.6126	0.0407	57	1.9009	0.0670	81	3.7739	0.0896
10	0.0329	0.0100	34	0.6534	0.0419	58	1.9678	0.0680	82	3.8635	0.0905
11	0.0429	0.0115	35	0.6953	0.0431	59	2.0358	0.0690	83	3.9540	0.0914
12	0.0544	0.0129	36	0.7384	0.0443	60	2.1048	0.0699	84	4.0454	0.0923
13	0.0673	0.0143	37	0.7826	0.0454	61	2.1747	0.0709	85	4.1377	0.0932
14	0.0816	0.0158	38	0.8281	0.0466	62	2.2456	0.0719	86	4.2309	0.0940
15	0.0973	0.0172	39	0.8747	0.0477	63	2.3175	0.0729	87	4.3249	0.0949
16	0.1145	0.0186	40	0.9224	0.0489	64	2.3904	0.0739	88	4.4198	0.0958
17	0.1331	0.0200	41	0.9713	0.0500	65	2.4643	0.0748	89	4.5156	0.0966
18	0.1531	0.0214	42	1.0213	0.0511	66	2.5391	0.0758	90	4.6122	0.0975
19	0.1745	0.0228	43	1.0724	0.0522	67	2.6149	0.0767	91	4.7097	0.0984
20	0.1972	0.0241	44	1.1246	0.0533	68	2.6916	0.0777	92	4.8081	0.0992
21	0.2213	0.0255	45	1.1779	0.0544	69	2.7693	0.0786	93	4.9073	0.1001
22	0.2468	0.0268	46	1.2323	0.0555	70	2.8479	0.0796	94	5.0074	0.1009
23	0.2736	0.0281	47	1.2878	0.0566	71	2.9275	0.0805	95	5.1083	0.1018
24	0.3018	0.0295	48	1.3444	0.0576	72	3.0080	0.0814	96	5.2100	0.1026
25	0.3312	0.0308	49	1.4021	0.0587	73	3.0894	0.0824	97	5.3126	0.1034
26	0.3620	0.0320	50	1.4608	0.0598	74	3.1718	0.0833	98	5.4161	0.1043
27	0.3940	0.0333	51	1.5205	0.0608	75	3.2551	0.0842	99	5.5204	0.1051
28	0.4273	0.0346	52	1.5813	0.0619	76	3.3393	0.0851	100	5.6255	0.1051

适用树种：人工杨树；适用地区：和龙林业局；资料名称：吉林省一元立木材积表、材种出材率表、地径材积表；编表人或作者：吉林省林业厅；刊印或发表时间：2003。其他说明：吉林资 (2002) 627 号文件发布。

342. 八家子林业局针叶树一元立木材积表（围尺）

$$V = 0.0000578596D_{轮}^{1.8892}H^{0.98755}$$

$$H = 48.7788 - 2247.4693/(D_{轮} + 47)$$

$D_{轮} = -0.1349 + 0.9756D_{围}$；表中$D$为围尺径；$D \leqslant 100$cm

D	V	ΔV	D	V	ΔV	D	V	ΔV	D	V	ΔV
5	0.0057	0.0036	29	0.5767	0.0507	53	2.4801	0.1112	77	5.8663	0.1736
6	0.0094	0.0048	30	0.6274	0.0531	54	2.5913	0.1138	78	6.0399	0.1762
7	0.0142	0.0061	31	0.6804	0.0555	55	2.7051	0.1164	79	6.2161	0.1788
8	0.0203	0.0075	32	0.7359	0.0579	56	2.8215	0.1190	80	6.3949	0.1814
9	0.0278	0.0090	33	0.7939	0.0604	57	2.9405	0.1216	81	6.5763	0.1840
10	0.0368	0.0106	34	0.8542	0.0628	58	3.0620	0.1242	82	6.7603	0.1866
11	0.0474	0.0123	35	0.9171	0.0653	59	3.1862	0.1268	83	6.9469	0.1892
12	0.0597	0.0140	36	0.9824	0.0678	60	3.3130	0.1294	84	7.1361	0.1918
13	0.0737	0.0158	37	1.0502	0.0703	61	3.4424	0.1320	85	7.3279	0.1944
14	0.0896	0.0177	38	1.1205	0.0728	62	3.5743	0.1346	86	7.5223	0.1970
15	0.1073	0.0196	39	1.1933	0.0753	63	3.7089	0.1372	87	7.7192	0.1995
16	0.1269	0.0216	40	1.2687	0.0779	64	3.8461	0.1398	88	7.9188	0.2021
17	0.1485	0.0236	41	1.3465	0.0804	65	3.9859	0.1424	89	8.1209	0.2047
18	0.1721	0.0257	42	1.4269	0.0829	66	4.1283	0.1450	90	8.3256	0.2073
19	0.1978	0.0278	43	1.5099	0.0855	67	4.2733	0.1476	91	8.5329	0.2099
20	0.2257	0.0300	44	1.5953	0.0880	68	4.4209	0.1502	92	8.7428	0.2125
21	0.2556	0.0322	45	1.6834	0.0906	69	4.5711	0.1528	93	8.9553	0.2150
22	0.2878	0.0344	46	1.7740	0.0932	70	4.7239	0.1554	94	9.1703	0.2176
23	0.3222	0.0366	47	1.8671	0.0957	71	4.8793	0.1580	95	9.3879	0.2202
24	0.3588	0.0389	48	1.9628	0.0983	72	5.0373	0.1606	96	9.6081	0.2228
25	0.3978	0.0412	49	2.0611	0.1009	73	5.1979	0.1632	97	9.8309	0.2254
26	0.4390	0.0436	50	2.1620	0.1034	74	5.3611	0.1658	98	10.0563	0.2279
27	0.4825	0.0459	51	2.2654	0.1060	75	5.5269	0.1684	99	10.2842	0.2305
28	0.5284	0.0483	52	2.3715	0.1086	76	5.6953	0.1710	100	10.5147	0.2305

适用树种：针叶树；适用地区：八家子林业局；资料名称：吉林省一元立木材积表、材种出材率表、地径材积表；编表人或作者：吉林省林业厅；刊印或发表时间：2003。其他说明：吉林资 (2002) 627 号文件发布。

343. 八家子林业局一类阔叶一元立木材积表（围尺）

$$V = 0.000053309D_{轮}^{1.88452}H^{0.99834}$$

$$H = 30.39 - 490.229/(D_{轮} + 16)$$

$D_{轮} = -0.1659 + 0.9734D_{围}$；表中$D$为围尺径；$D \leqslant 100$cm

D	V	ΔV	D	V	ΔV	D	V	ΔV	D	V	ΔV
5	0.0066	0.0043	29	0.5476	0.0436	53	2.0570	0.0835	77	4.5030	0.1216
6	0.0109	0.0056	30	0.5912	0.0453	54	2.1405	0.0851	78	4.6246	0.1232
7	0.0165	0.0070	31	0.6365	0.0470	55	2.2257	0.0868	79	4.7478	0.1248
8	0.0235	0.0085	32	0.6835	0.0487	56	2.3124	0.0884	80	4.8726	0.1263
9	0.0320	0.0100	33	0.7322	0.0504	57	2.4008	0.0900	81	4.9989	0.1279
10	0.0420	0.0116	34	0.7826	0.0521	58	2.4908	0.0916	82	5.1268	0.1294
11	0.0536	0.0132	35	0.8347	0.0538	59	2.5824	0.0932	83	5.2562	0.1310
12	0.0667	0.0148	36	0.8885	0.0555	60	2.6756	0.0948	84	5.3871	0.1325
13	0.0815	0.0164	37	0.9440	0.0571	61	2.7704	0.0964	85	5.5196	0.1340
14	0.0980	0.0181	38	1.0011	0.0588	62	2.8668	0.0980	86	5.6537	0.1356
15	0.1160	0.0198	39	1.0599	0.0605	63	2.9648	0.0996	87	5.7892	0.1371
16	0.1358	0.0214	40	1.1204	0.0621	64	3.0644	0.1012	88	5.9263	0.1386
17	0.1573	0.0231	41	1.1825	0.0638	65	3.1655	0.1028	89	6.0650	0.1402
18	0.1804	0.0248	42	1.2463	0.0655	66	3.2683	0.1044	90	6.2052	0.1417
19	0.2052	0.0265	43	1.3118	0.0671	67	3.3727	0.1059	91	6.3469	0.1432
20	0.2318	0.0283	44	1.3789	0.0688	68	3.4786	0.1075	92	6.4901	0.1448
21	0.2600	0.0300	45	1.4477	0.0704	69	3.5861	0.1091	93	6.6349	0.1463
22	0.2900	0.0317	46	1.5181	0.0721	70	3.6952	0.1107	94	6.7812	0.1478
23	0.3217	0.0334	47	1.5902	0.0737	71	3.8059	0.1123	95	6.9290	0.1493
24	0.3551	0.0351	48	1.6639	0.0754	72	3.9182	0.1138	96	7.0783	0.1509
25	0.3901	0.0368	49	1.7393	0.0770	73	4.0320	0.1154	97	7.2292	0.1524
26	0.4269	0.0385	50	1.8162	0.0786	74	4.1474	0.1170	98	7.3816	0.1539
27	0.4655	0.0402	51	1.8949	0.0803	75	4.2644	0.1185	99	7.5355	0.1554
28	0.5057	0.0419	52	1.9751	0.0819	76	4.3829	0.1201	100	7.6909	0.1554

适用树种：一类阔叶；适用地区：八家子林业局；资料名称：吉林省一元立木材积表、材种出材率表、地径材积表；编表人或作者：吉林省林业厅；刊印或发表时间：2003。其他说明：吉林资 (2002) 627 号文件发布。

344. 八家子林业局二类阔叶一元立木材积表（围尺）

$$V = 0.000048841D_{轮}^{1.84048}H^{1.05252}$$

$$H = 25.2309 - 403.9724/(D_{轮} + 16)$$

$D_{轮} = -0.1979 + 0.9728D_{围}$；表中$D$为围尺径；$D \leqslant 100$cm

D	V	ΔV	D	V	ΔV	D	V	ΔV	D	V	ΔV
5	0.0052	0.0034	29	0.4183	0.0329	53	1.5441	0.0617	77	3.3378	0.0886
6	0.0085	0.0044	30	0.4512	0.0342	54	1.6058	0.0629	78	3.4265	0.0897
7	0.0129	0.0055	31	0.4854	0.0354	55	1.6687	0.0640	79	3.5162	0.0908
8	0.0184	0.0066	32	0.5208	0.0366	56	1.7327	0.0652	80	3.6069	0.0919
9	0.0250	0.0078	33	0.5574	0.0379	57	1.7979	0.0663	81	3.6988	0.0930
10	0.0328	0.0090	34	0.5953	0.0391	58	1.8642	0.0675	82	3.7918	0.0940
11	0.0417	0.0102	35	0.6344	0.0403	59	1.9316	0.0686	83	3.8858	0.0951
12	0.0519	0.0114	36	0.6748	0.0416	60	2.0002	0.0697	84	3.9809	0.0962
13	0.0633	0.0127	37	0.7163	0.0428	61	2.0700	0.0709	85	4.0771	0.0973
14	0.0760	0.0139	38	0.7591	0.0440	62	2.1408	0.0720	86	4.1743	0.0983
15	0.0899	0.0152	39	0.8031	0.0452	63	2.2128	0.0731	87	4.2727	0.0994
16	0.1051	0.0165	40	0.8483	0.0464	64	2.2860	0.0742	88	4.3721	0.1005
17	0.1216	0.0177	41	0.8947	0.0476	65	2.3602	0.0754	89	4.4725	0.1015
18	0.1393	0.0190	42	0.9423	0.0488	66	2.4356	0.0765	90	4.5741	0.1026
19	0.1583	0.0203	43	0.9911	0.0500	67	2.5121	0.0776	91	4.6766	0.1036
20	0.1786	0.0216	44	1.0411	0.0512	68	2.5897	0.0787	92	4.7803	0.1047
21	0.2002	0.0228	45	1.0922	0.0524	69	2.6684	0.0798	93	4.8850	0.1058
22	0.2230	0.0241	46	1.1446	0.0535	70	2.7482	0.0809	94	4.9908	0.1068
23	0.2471	0.0254	47	1.1982	0.0547	71	2.8291	0.0820	95	5.0976	0.1079
24	0.2725	0.0266	48	1.2529	0.0559	72	2.9112	0.0831	96	5.2055	0.1089
25	0.2991	0.0279	49	1.3088	0.0571	73	2.9943	0.0842	97	5.3144	0.1100
26	0.3270	0.0292	50	1.3659	0.0582	74	3.0786	0.0853	98	5.4243	0.1110
27	0.3562	0.0304	51	1.4241	0.0594	75	3.1639	0.0864	99	5.5354	0.1121
28	0.3866	0.0317	52	1.4835	0.0606	76	3.2503	0.0875	100	5.6474	0.1121

适用树种：二类阔叶；适用地区：八家子林业局；资料名称：吉林省一元立木材积表、材种出材率表、地径材积表；编表人或作者：吉林省林业厅；刊印或发表时间：2003。其他说明：吉林资 (2002) 627 号文件发布。

345. 八家子林业局柞树一元立木材积表（围尺）

$$V = 0.000061125534D_{轮}^{1.8810091}H^{0.94462565}$$

$$H = 24.7506 - 373.6149/(D_{轮} + 15)$$

$D_{轮} = -0.1791 + 0.9737D_{围}$；表中$D$为围尺径；$D \leqslant 100\text{cm}$

D	V	ΔV	D	V	ΔV	D	V	ΔV	D	V	ΔV
5	0.0059	0.0037	29	0.4460	0.0349	53	1.6430	0.0658	77	3.5638	0.0952
6	0.0096	0.0048	30	0.4809	0.0362	54	1.7089	0.0671	78	3.6590	0.0964
7	0.0144	0.0060	31	0.5172	0.0376	55	1.7760	0.0683	79	3.7555	0.0976
8	0.0204	0.0072	32	0.5548	0.0389	56	1.8443	0.0696	80	3.8531	0.0988
9	0.0275	0.0084	33	0.5936	0.0402	57	1.9139	0.0708	81	3.9520	0.1000
10	0.0359	0.0097	34	0.6338	0.0415	58	1.9847	0.0721	82	4.0520	0.1012
11	0.0456	0.0110	35	0.6753	0.0428	59	2.0568	0.0733	83	4.1532	0.1024
12	0.0565	0.0123	36	0.7181	0.0441	60	2.1301	0.0745	84	4.2556	0.1036
13	0.0688	0.0136	37	0.7623	0.0454	61	2.2046	0.0758	85	4.3592	0.1048
14	0.0824	0.0149	38	0.8077	0.0467	62	2.2804	0.0770	86	4.4640	0.1060
15	0.0972	0.0162	39	0.8544	0.0480	63	2.3574	0.0782	87	4.5700	0.1072
16	0.1135	0.0175	40	0.9024	0.0493	64	2.4357	0.0795	88	4.6772	0.1083
17	0.1310	0.0189	41	0.9517	0.0506	65	2.5151	0.0807	89	4.7855	0.1095
18	0.1499	0.0202	42	1.0023	0.0519	66	2.5958	0.0819	90	4.8950	0.1107
19	0.1701	0.0216	43	1.0542	0.0532	67	2.6778	0.0831	91	5.0057	0.1119
20	0.1917	0.0229	44	1.1073	0.0544	68	2.7609	0.0844	92	5.1176	0.1131
21	0.2146	0.0242	45	1.1618	0.0557	69	2.8453	0.0856	93	5.2306	0.1142
22	0.2388	0.0256	46	1.2175	0.0570	70	2.9308	0.0868	94	5.3449	0.1154
23	0.2644	0.0269	47	1.2745	0.0583	71	3.0176	0.0880	95	5.4603	0.1166
24	0.2914	0.0283	48	1.3327	0.0595	72	3.1056	0.0892	96	5.5768	0.1177
25	0.3196	0.0296	49	1.3923	0.0608	73	3.1949	0.0904	97	5.6946	0.1189
26	0.3492	0.0309	50	1.4531	0.0621	74	3.2853	0.0916	98	5.8135	0.1201
27	0.3802	0.0323	51	1.5151	0.0633	75	3.3769	0.0928	99	5.9336	0.1212
28	0.4124	0.0336	52	1.5785	0.0646	76	3.4698	0.0940	100	6.0548	0.1212

适用树种：柞树（栎树）；适用地区：八家子林业局；资料名称：吉林省一元立木材积表、材种出材率表、地径材积表；编表人或作者：吉林省林业厅；刊印或发表时间：2003。其他说明：吉林资 (2002) 627 号文件发布。

346. 八家子林业局人工红松一元立木材积表（围尺）

$$V = 0.00007616D_{轮}^{1.89948264}H^{0.86116962}$$

$$H = 21.838617 - 309.159278/(D_{轮} + 14)$$

$D_{轮} = -0.49805 + 0.98158D_{围}$；表中$D$为围尺径；$D \leqslant 100$cm

D	V	ΔV	D	V	ΔV	D	V	ΔV	D	V	ΔV
5	0.0051	0.0035	29	0.4256	0.0334	53	1.5702	0.0630	77	3.4109	0.0914
6	0.0086	0.0045	30	0.4590	0.0346	54	1.6332	0.0642	78	3.5023	0.0926
7	0.0131	0.0057	31	0.4936	0.0359	55	1.6974	0.0654	79	3.5948	0.0937
8	0.0188	0.0068	32	0.5295	0.0372	56	1.7628	0.0666	80	3.6886	0.0949
9	0.0256	0.0080	33	0.5667	0.0384	57	1.8294	0.0678	81	3.7834	0.0960
10	0.0336	0.0092	34	0.6051	0.0397	58	1.8972	0.0690	82	3.8795	0.0972
11	0.0429	0.0105	35	0.6448	0.0409	59	1.9662	0.0702	83	3.9767	0.0983
12	0.0533	0.0117	36	0.6857	0.0422	60	2.0365	0.0714	84	4.0750	0.0995
13	0.0650	0.0130	37	0.7279	0.0434	61	2.1078	0.0726	85	4.1745	0.1006
14	0.0780	0.0142	38	0.7713	0.0447	62	2.1804	0.0738	86	4.2752	0.1018
15	0.0922	0.0155	39	0.8159	0.0459	63	2.2542	0.0750	87	4.3769	0.1029
16	0.1077	0.0168	40	0.8618	0.0471	64	2.3292	0.0761	88	4.4799	0.1041
17	0.1245	0.0181	41	0.9089	0.0484	65	2.4053	0.0773	89	4.5840	0.1052
18	0.1426	0.0193	42	0.9573	0.0496	66	2.4827	0.0785	90	4.6892	0.1064
19	0.1619	0.0206	43	1.0069	0.0508	67	2.5612	0.0797	91	4.7956	0.1075
20	0.1825	0.0219	44	1.0577	0.0521	68	2.6409	0.0809	92	4.9031	0.1087
21	0.2044	0.0232	45	1.1098	0.0533	69	2.7217	0.0820	93	5.0118	0.1098
22	0.2276	0.0245	46	1.1631	0.0545	70	2.8038	0.0832	94	5.1216	0.1110
23	0.2521	0.0257	47	1.2176	0.0557	71	2.8870	0.0844	95	5.2326	0.1121
24	0.2778	0.0270	48	1.2733	0.0569	72	2.9714	0.0856	96	5.3447	0.1132
25	0.3048	0.0283	49	1.3303	0.0582	73	3.0570	0.0867	97	5.4579	0.1144
26	0.3331	0.0296	50	1.3884	0.0594	74	3.1437	0.0879	98	5.5722	0.1155
27	0.3627	0.0308	51	1.4478	0.0606	75	3.2316	0.0891	99	5.6877	0.1166
28	0.3935	0.0321	52	1.5084	0.0618	76	3.3207	0.0902	100	5.8044	0.1166

适用树种：人工红松；适用地区：八家子林业局；资料名称：吉林省一元立木材积表、材种出材率表、地径材积表；编表人或作者：吉林省林业厅；刊印或发表时间：2003。其他说明：吉林资 (2002) 627 号文件发布。

347. 八家子林业局人工樟子松一元立木材积表（围尺）

$$V = 0.00005228D_{轮}^{1.57561364}H^{1.36856283}$$

$$H = 32.964525 - 978.037469/(D_{轮} + 31)$$

$D_{轮} = -0.34995 + 0.97838D_{围}$；表中$D$为围尺径；$D \leqslant 100$cm

D	V	ΔV	D	V	ΔV	D	V	ΔV	D	V	ΔV
5	0.0058	0.0036	29	0.4586	0.0364	53	1.6912	0.0666	77	3.5885	0.0919
6	0.0093	0.0046	30	0.4950	0.0378	54	1.7578	0.0677	78	3.6804	0.0929
7	0.0140	0.0058	31	0.5328	0.0392	55	1.8255	0.0689	79	3.7733	0.0938
8	0.0198	0.0070	32	0.5720	0.0405	56	1.8944	0.0700	80	3.8671	0.0948
9	0.0268	0.0083	33	0.6125	0.0419	57	1.9644	0.0711	81	3.9619	0.0957
10	0.0351	0.0096	34	0.6544	0.0432	58	2.0355	0.0722	82	4.0576	0.0967
11	0.0447	0.0109	35	0.6976	0.0445	59	2.1077	0.0733	83	4.1543	0.0976
12	0.0556	0.0123	36	0.7421	0.0458	60	2.1810	0.0744	84	4.2519	0.0986
13	0.0679	0.0137	37	0.7879	0.0471	61	2.2554	0.0755	85	4.3505	0.0995
14	0.0816	0.0151	38	0.8350	0.0484	62	2.3309	0.0766	86	4.4500	0.1004
15	0.0968	0.0165	39	0.8834	0.0497	63	2.4075	0.0776	87	4.5504	0.1013
16	0.1133	0.0180	40	0.9331	0.0510	64	2.4851	0.0787	88	4.6518	0.1023
17	0.1313	0.0194	41	0.9841	0.0522	65	2.5638	0.0798	89	4.7540	0.1032
18	0.1507	0.0208	42	1.0363	0.0535	66	2.6436	0.0808	90	4.8572	0.1041
19	0.1715	0.0223	43	1.0898	0.0547	67	2.7244	0.0818	91	4.9613	0.1050
20	0.1938	0.0237	44	1.1445	0.0559	68	2.8062	0.0829	92	5.0663	0.1059
21	0.2175	0.0252	45	1.2004	0.0572	69	2.8891	0.0839	93	5.1722	0.1068
22	0.2427	0.0266	46	1.2576	0.0584	70	2.9730	0.0849	94	5.2789	0.1077
23	0.2693	0.0280	47	1.3160	0.0596	71	3.0579	0.0859	95	5.3866	0.1086
24	0.2973	0.0294	48	1.3756	0.0608	72	3.1439	0.0869	96	5.4951	0.1094
25	0.3268	0.0309	49	1.4363	0.0620	73	3.2308	0.0879	97	5.6046	0.1103
26	0.3576	0.0323	50	1.4983	0.0631	74	3.3188	0.0889	98	5.7149	0.1112
27	0.3899	0.0337	51	1.5614	0.0643	75	3.4077	0.0899	99	5.8261	0.1120
28	0.4236	0.0351	52	1.6257	0.0655	76	3.4976	0.0909	100	5.9381	0.1120

适用树种：人工樟子松；适用地区：八家子林业局；资料名称：吉林省一元立木材积表、材种出材率表、地径材积表；编表人或作者：吉林省林业厅；刊印或发表时间：2003。其他说明：吉林资 (2002) 627 号文件发布。

348. 八家子林业局人工落叶松一元立木材积表（围尺）

$$V = 0.00008472 D_{轮}^{1.97420228} H^{0.74561762}$$

$$H = 34.593188 - 650.52497/(D_{轮} + 18)$$

$D_{轮} = -0.2506 + 0.9809 D_{围}$；表中$D$为围尺径；$D \leqslant 100$cm

D	V	ΔV	D	V	ΔV	D	V	ΔV	D	V	ΔV
5	0.0066	0.0045	29	0.5877	0.0477	53	2.2757	0.0950	77	5.0993	0.1423
6	0.0111	0.0058	30	0.6355	0.0497	54	2.3707	0.0970	78	5.2415	0.1442
7	0.0169	0.0073	31	0.6851	0.0516	55	2.4677	0.0989	79	5.3858	0.1462
8	0.0242	0.0089	32	0.7368	0.0536	56	2.5666	0.1009	80	5.5319	0.1481
9	0.0331	0.0105	33	0.7904	0.0556	57	2.6675	0.1029	81	5.6801	0.1501
10	0.0436	0.0122	34	0.8459	0.0575	58	2.7703	0.1048	82	5.8302	0.1521
11	0.0558	0.0139	35	0.9035	0.0595	59	2.8752	0.1068	83	5.9823	0.1540
12	0.0696	0.0156	36	0.9630	0.0615	60	2.9820	0.1088	84	6.1363	0.1560
13	0.0853	0.0174	37	1.0244	0.0634	61	3.0908	0.1108	85	6.2923	0.1580
14	0.1026	0.0192	38	1.0878	0.0654	62	3.2016	0.1127	86	6.4503	0.1599
15	0.1218	0.0210	39	1.1532	0.0674	63	3.3143	0.1147	87	6.6102	0.1619
16	0.1428	0.0228	40	1.2206	0.0693	64	3.4290	0.1167	88	6.7721	0.1638
17	0.1657	0.0247	41	1.2899	0.0713	65	3.5457	0.1186	89	6.9359	0.1658
18	0.1904	0.0266	42	1.3612	0.0733	66	3.6643	0.1206	90	7.1017	0.1678
19	0.2169	0.0285	43	1.4345	0.0752	67	3.7849	0.1226	91	7.2695	0.1697
20	0.2454	0.0304	44	1.5097	0.0772	68	3.9075	0.1246	92	7.4392	0.1717
21	0.2757	0.0323	45	1.5869	0.0792	69	4.0320	0.1265	93	7.6109	0.1736
22	0.3080	0.0342	46	1.6661	0.0812	70	4.1586	0.1285	94	7.7845	0.1756
23	0.3422	0.0361	47	1.7473	0.0831	71	4.2870	0.1305	95	7.9601	0.1776
24	0.3783	0.0380	48	1.8304	0.0851	72	4.4175	0.1324	96	8.1377	0.1795
25	0.4163	0.0400	49	1.9155	0.0871	73	4.5499	0.1344	97	8.3172	0.1815
26	0.4562	0.0419	50	2.0026	0.0891	74	4.6843	0.1364	98	8.4987	0.1834
27	0.4981	0.0438	51	2.0917	0.0910	75	4.8207	0.1383	99	8.6821	0.1854
28	0.5420	0.0458	52	2.1827	0.0930	76	4.9590	0.1403	100	8.8675	0.1854

适用树种：人工落叶松；适用地区：八家子林业局；资料名称：吉林省一元立木材积表、材种出材率表、地径材积表；编表人或作者：吉林省林业厅；刊印或发表时间：2003。其他说明：吉林资 (2002) 627 号文件发布。

349. 八家子林业局人工杨树一元立木材积表（围尺）

$$V = 0.0000717D_{轮}^{1.69135017}H^{1.08071211}$$

$$H = 30.633299 - 547.989609/(D_{轮} + 16)$$

$D_{轮} = -0.62168 + 0.98712D_{围}$；表中$D$为围尺径；$D \leqslant 100$cm

D	V	ΔV	D	V	ΔV	D	V	ΔV	D	V	ΔV
5	0.0035	0.0033	29	0.4619	0.0358	53	1.6432	0.0629	77	3.4244	0.0860
6	0.0067	0.0045	30	0.4977	0.0371	54	1.7061	0.0639	78	3.5104	0.0869
7	0.0112	0.0058	31	0.5348	0.0383	55	1.7700	0.0649	79	3.5974	0.0878
8	0.0171	0.0072	32	0.5731	0.0395	56	1.8349	0.0659	80	3.6852	0.0887
9	0.0243	0.0086	33	0.6126	0.0407	57	1.9009	0.0670	81	3.7739	0.0896
10	0.0329	0.0100	34	0.6534	0.0419	58	1.9678	0.0680	82	3.8635	0.0905
11	0.0429	0.0115	35	0.6953	0.0431	59	2.0358	0.0690	83	3.9540	0.0914
12	0.0544	0.0129	36	0.7384	0.0443	60	2.1048	0.0699	84	4.0454	0.0923
13	0.0673	0.0143	37	0.7826	0.0454	61	2.1747	0.0709	85	4.1377	0.0932
14	0.0816	0.0158	38	0.8281	0.0466	62	2.2456	0.0719	86	4.2309	0.0940
15	0.0973	0.0172	39	0.8747	0.0477	63	2.3175	0.0729	87	4.3249	0.0949
16	0.1145	0.0186	40	0.9224	0.0489	64	2.3904	0.0739	88	4.4198	0.0958
17	0.1331	0.0200	41	0.9713	0.0500	65	2.4643	0.0748	89	4.5156	0.0966
18	0.1531	0.0214	42	1.0213	0.0511	66	2.5391	0.0758	90	4.6122	0.0975
19	0.1745	0.0228	43	1.0724	0.0522	67	2.6149	0.0767	91	4.7097	0.0984
20	0.1972	0.0241	44	1.1246	0.0533	68	2.6916	0.0777	92	4.8081	0.0992
21	0.2213	0.0255	45	1.1779	0.0544	69	2.7693	0.0786	93	4.9073	0.1001
22	0.2468	0.0268	46	1.2323	0.0555	70	2.8479	0.0796	94	5.0074	0.1009
23	0.2736	0.0281	47	1.2878	0.0566	71	2.9275	0.0805	95	5.1083	0.1018
24	0.3018	0.0295	48	1.3444	0.0576	72	3.0080	0.0814	96	5.2100	0.1026
25	0.3312	0.0308	49	1.4021	0.0587	73	3.0894	0.0824	97	5.3126	0.1034
26	0.3620	0.0320	50	1.4608	0.0598	74	3.1718	0.0833	98	5.4161	0.1043
27	0.3940	0.0333	51	1.5205	0.0608	75	3.2551	0.0842	99	5.5204	0.1051
28	0.4273	0.0346	52	1.5813	0.0619	76	3.3393	0.0851	100	5.6255	0.1051

适用树种：人工杨树；适用地区：八家子林业局；资料名称：吉林省一元立木材积表、材种出材率表、地径材积表；编表人或作者：吉林省林业厅；刊印或发表时间：2003。其他说明：吉林资 (2002) 627 号文件发布。

350. 大石头林业局针叶树一元立木材积表（围尺）

$$V = 0.0000578596D_{轮}^{1.8892}H^{0.98755}$$

$$H = 45.4555 - 2094.3225/(D_{轮} + 47)$$

$D_{轮} = -0.1349 + 0.9756D_{围}$；表中$D$为围尺径；$D \leqslant 100$cm

D	V	ΔV	D	V	ΔV	D	V	ΔV	D	V	ΔV
5	0.0053	0.0034	29	0.5379	0.0473	53	2.3132	0.1037	77	5.4715	0.1619
6	0.0087	0.0045	30	0.5852	0.0495	54	2.4169	0.1061	78	5.6334	0.1643
7	0.0132	0.0057	31	0.6346	0.0518	55	2.5230	0.1086	79	5.7978	0.1668
8	0.0189	0.0070	32	0.6864	0.0540	56	2.6316	0.1110	80	5.9645	0.1692
9	0.0260	0.0084	33	0.7404	0.0563	57	2.7426	0.1134	81	6.1337	0.1716
10	0.0344	0.0099	34	0.7967	0.0586	58	2.8560	0.1158	82	6.3053	0.1740
11	0.0443	0.0114	35	0.8554	0.0609	59	2.9718	0.1182	83	6.4794	0.1765
12	0.0557	0.0131	36	0.9163	0.0632	60	3.0900	0.1207	84	6.6558	0.1789
13	0.0688	0.0148	37	0.9795	0.0656	61	3.2107	0.1231	85	6.8347	0.1813
14	0.0835	0.0165	38	1.0451	0.0679	62	3.3338	0.1255	86	7.0160	0.1837
15	0.1000	0.0183	39	1.1130	0.0703	63	3.4593	0.1279	87	7.1997	0.1861
16	0.1183	0.0202	40	1.1833	0.0726	64	3.5873	0.1304	88	7.3858	0.1885
17	0.1385	0.0220	41	1.2559	0.0750	65	3.7176	0.1328	89	7.5743	0.1909
18	0.1605	0.0240	42	1.3309	0.0774	66	3.8504	0.1352	90	7.7653	0.1933
19	0.1845	0.0260	43	1.4082	0.0797	67	3.9857	0.1377	91	7.9586	0.1958
20	0.2105	0.0280	44	1.4880	0.0821	68	4.1233	0.1401	92	8.1544	0.1982
21	0.2384	0.0300	45	1.5701	0.0845	69	4.2634	0.1425	93	8.3525	0.2006
22	0.2685	0.0321	46	1.6546	0.0869	70	4.4059	0.1449	94	8.5531	0.2030
23	0.3005	0.0342	47	1.7415	0.0893	71	4.5509	0.1474	95	8.7561	0.2054
24	0.3347	0.0363	48	1.8307	0.0917	72	4.6982	0.1498	96	8.9615	0.2078
25	0.3710	0.0384	49	1.9224	0.0941	73	4.8480	0.1522	97	9.1692	0.2102
26	0.4095	0.0406	50	2.0165	0.0965	74	5.0003	0.1547	98	9.3794	0.2126
27	0.4501	0.0428	51	2.1130	0.0989	75	5.1549	0.1571	99	9.5920	0.2150
28	0.4929	0.0450	52	2.2119	0.1013	76	5.3120	0.1595	100	9.8070	0.2150

适用树种：针叶树；适用地区：大石头林业局；资料名称：吉林省一元立木材积表、材种出材率表、地径材积表；编表人或作者：吉林省林业厅；刊印或发表时间：2003。其他说明：吉林资 (2002) 627 号文件发布。

351. 大石头林业局一类阔叶一元立木材积表（围尺）

$$V = 0.000053309 D_{轮}^{1.88452} H^{0.99834}$$

$$H = 29.4425 - 468.9247/(D_{轮} + 15.7)$$

$D_{轮} = -0.1659 + 0.9734 D_{围}$；表中$D$为围尺径；$D \leqslant 100$cm

D	V	ΔV	D	V	ΔV	D	V	ΔV	D	V	ΔV
5	0.0063	0.0042	29	0.5323	0.0424	53	1.9982	0.0811	77	4.3717	0.1180
6	0.0105	0.0055	30	0.5747	0.0440	54	2.0792	0.0826	78	4.4897	0.1195
7	0.0160	0.0068	31	0.6188	0.0457	55	2.1619	0.0842	79	4.6092	0.1210
8	0.0228	0.0083	32	0.6644	0.0473	56	2.2461	0.0858	80	4.7302	0.1225
9	0.0310	0.0097	33	0.7118	0.0490	57	2.3318	0.0873	81	4.8528	0.1240
10	0.0408	0.0113	34	0.7607	0.0506	58	2.4192	0.0889	82	4.9768	0.1255
11	0.0520	0.0128	35	0.8113	0.0522	59	2.5081	0.0904	83	5.1023	0.1270
12	0.0648	0.0144	36	0.8636	0.0539	60	2.5985	0.0920	84	5.2294	0.1285
13	0.0792	0.0160	37	0.9174	0.0555	61	2.6905	0.0936	85	5.3579	0.1300
14	0.0952	0.0176	38	0.9729	0.0571	62	2.7841	0.0951	86	5.4879	0.1315
15	0.1128	0.0192	39	1.0300	0.0587	63	2.8792	0.0966	87	5.6194	0.1330
16	0.1320	0.0209	40	1.0888	0.0603	64	2.9758	0.0982	88	5.7524	0.1345
17	0.1529	0.0225	41	1.1491	0.0620	65	3.0740	0.0997	89	5.8869	0.1360
18	0.1754	0.0242	42	1.2111	0.0636	66	3.1737	0.1013	90	6.0229	0.1375
19	0.1996	0.0258	43	1.2746	0.0652	67	3.2750	0.1028	91	6.1604	0.1389
20	0.2254	0.0275	44	1.3398	0.0668	68	3.3778	0.1043	92	6.2993	0.1404
21	0.2528	0.0291	45	1.4066	0.0684	69	3.4821	0.1059	93	6.4397	0.1419
22	0.2820	0.0308	46	1.4750	0.0700	70	3.5880	0.1074	94	6.5816	0.1434
23	0.3128	0.0325	47	1.5450	0.0716	71	3.6954	0.1089	95	6.7250	0.1448
24	0.3452	0.0341	48	1.6165	0.0732	72	3.8043	0.1104	96	6.8698	0.1463
25	0.3793	0.0358	49	1.6897	0.0747	73	3.9147	0.1120	97	7.0161	0.1478
26	0.4151	0.0374	50	1.7644	0.0763	74	4.0267	0.1135	98	7.1639	0.1493
27	0.4525	0.0391	51	1.8408	0.0779	75	4.1402	0.1150	99	7.3132	0.1507
28	0.4916	0.0407	52	1.9187	0.0795	76	4.2552	0.1165	100	7.4639	0.1507

适用树种：一类阔叶；适用地区：大石头林业局；资料名称：吉林省一元立木材积表、材种出材率表、地径材积表；编表人或作者：吉林省林业厅；刊印或发表时间：2003。其他说明：吉林资 (2002) 627 号文件发布。

352. 大石头林业局二类阔叶一元立木材积表（围尺）

$$V = 0.000048841 D_{轮}^{1.84048} H^{1.05252}$$

$$H = 24.0529 - 385.0727/(D_{轮} + 16)$$

$D_{轮} = -0.1979 + 0.9728 D_{围}$；表中$D$为围尺径；$D \leqslant 100$cm

D	V	ΔV	D	V	ΔV	D	V	ΔV	D	V	ΔV
5	0.0049	0.0032	29	0.3978	0.0313	53	1.4683	0.0587	77	3.1741	0.0843
6	0.0081	0.0042	30	0.4291	0.0325	54	1.5270	0.0598	78	3.2584	0.0853
7	0.0123	0.0052	31	0.4616	0.0337	55	1.5868	0.0609	79	3.3437	0.0863
8	0.0175	0.0063	32	0.4953	0.0348	56	1.6477	0.0620	80	3.4300	0.0874
9	0.0238	0.0074	33	0.5301	0.0360	57	1.7097	0.0631	81	3.5174	0.0884
10	0.0312	0.0085	34	0.5661	0.0372	58	1.7727	0.0642	82	3.6057	0.0894
11	0.0397	0.0097	35	0.6033	0.0384	59	1.8369	0.0652	83	3.6952	0.0904
12	0.0494	0.0109	36	0.6417	0.0395	60	1.9021	0.0663	84	3.7856	0.0915
13	0.0602	0.0120	37	0.6812	0.0407	61	1.9684	0.0674	85	3.8771	0.0925
14	0.0723	0.0132	38	0.7219	0.0418	62	2.0358	0.0685	86	3.9696	0.0935
15	0.0855	0.0144	39	0.7637	0.0430	63	2.1043	0.0695	87	4.0631	0.0945
16	0.1000	0.0157	40	0.8067	0.0441	64	2.1738	0.0706	88	4.1576	0.0955
17	0.1156	0.0169	41	0.8508	0.0453	65	2.2444	0.0717	89	4.2531	0.0965
18	0.1325	0.0181	42	0.8961	0.0464	66	2.3161	0.0727	90	4.3496	0.0976
19	0.1506	0.0193	43	0.9425	0.0475	67	2.3888	0.0738	91	4.4472	0.0986
20	0.1699	0.0205	44	0.9900	0.0487	68	2.4626	0.0749	92	4.5458	0.0996
21	0.1904	0.0217	45	1.0387	0.0498	69	2.5375	0.0759	93	4.6453	0.1006
22	0.2121	0.0229	46	1.0885	0.0509	70	2.6134	0.0770	94	4.7459	0.1016
23	0.2350	0.0241	47	1.1394	0.0520	71	2.6903	0.0780	95	4.8475	0.1026
24	0.2591	0.0253	48	1.1914	0.0532	72	2.7684	0.0791	96	4.9501	0.1036
25	0.2845	0.0265	49	1.2446	0.0543	73	2.8474	0.0801	97	5.0536	0.1046
26	0.3110	0.0277	50	1.2989	0.0554	74	2.9275	0.0811	98	5.1582	0.1056
27	0.3387	0.0289	51	1.3542	0.0565	75	3.0087	0.0822	99	5.2638	0.1066
28	0.3677	0.0301	52	1.4107	0.0576	76	3.0909	0.0832	100	5.3703	0.1066

适用树种：二类阔叶；适用地区：大石头林业局；资料名称：吉林省一元立木材积表、材种出材率表、地径材积表；编表人或作者：吉林省林业厅；刊印或发表时间：2003。其他说明：吉林资 (2002) 627 号文件发布。

353. 大石头林业局柞树一元立木材积表（围尺）

$$V = 0.000061125534D_{轮}^{1.8810091}H^{0.94462565}$$

$$H = 24.2211 - 365.5972/(D_{轮} + 15)$$

$D_{轮} = -0.1791 + 0.9737D_{围}$；表中$D$为围尺径；$D \leqslant$100cm

D	V	ΔV	D	V	ΔV	D	V	ΔV	D	V	ΔV
5	0.0057	0.0036	29	0.4370	0.0342	53	1.6098	0.0645	77	3.4918	0.0933
6	0.0094	0.0047	30	0.4712	0.0355	54	1.6743	0.0657	78	3.5851	0.0945
7	0.0141	0.0058	31	0.5068	0.0368	55	1.7401	0.0670	79	3.6796	0.0957
8	0.0199	0.0070	32	0.5436	0.0381	56	1.8070	0.0682	80	3.7753	0.0968
9	0.0270	0.0082	33	0.5816	0.0394	57	1.8752	0.0694	81	3.8721	0.0980
10	0.0352	0.0095	34	0.6210	0.0407	58	1.9446	0.0706	82	3.9701	0.0992
11	0.0447	0.0107	35	0.6617	0.0419	59	2.0152	0.0718	83	4.0693	0.1003
12	0.0554	0.0120	36	0.7036	0.0432	60	2.0870	0.0730	84	4.1696	0.1015
13	0.0674	0.0133	37	0.7469	0.0445	61	2.1601	0.0742	85	4.2711	0.1027
14	0.0807	0.0146	38	0.7914	0.0458	62	2.2343	0.0755	86	4.3738	0.1038
15	0.0953	0.0159	39	0.8371	0.0470	63	2.3098	0.0767	87	4.4776	0.1050
16	0.1112	0.0172	40	0.8842	0.0483	64	2.3864	0.0779	88	4.5826	0.1061
17	0.1284	0.0185	41	0.9325	0.0496	65	2.4643	0.0791	89	4.6888	0.1073
18	0.1469	0.0198	42	0.9821	0.0508	66	2.5434	0.0803	90	4.7961	0.1085
19	0.1667	0.0211	43	1.0329	0.0521	67	2.6236	0.0815	91	4.9046	0.1096
20	0.1878	0.0224	44	1.0850	0.0533	68	2.7051	0.0827	92	5.0142	0.1108
21	0.2103	0.0238	45	1.1383	0.0546	69	2.7878	0.0838	93	5.1249	0.1119
22	0.2340	0.0251	46	1.1929	0.0558	70	2.8716	0.0850	94	5.2369	0.1131
23	0.2591	0.0264	47	1.2487	0.0571	71	2.9567	0.0862	95	5.3499	0.1142
24	0.2855	0.0277	48	1.3058	0.0583	72	3.0429	0.0874	96	5.4641	0.1154
25	0.3132	0.0290	49	1.3642	0.0596	73	3.1303	0.0886	97	5.5795	0.1165
26	0.3422	0.0303	50	1.4237	0.0608	74	3.2189	0.0898	98	5.6960	0.1176
27	0.3725	0.0316	51	1.4845	0.0620	75	3.3087	0.0910	99	5.8136	0.1188
28	0.4041	0.0329	52	1.5466	0.0633	76	3.3996	0.0921	100	5.9324	0.1188

适用树种：柞树（栎树）；适用地区：大石头林业局；资料名称：吉林省一元立木材积表、材种出材率表、地径材积表；编表人或作者：吉林省林业厅；刊印或发表时间：2003。其他说明：吉林资 (2002) 627 号文件发布。

354. 大石头林业局人工红松一元立木材积表（围尺）

$$V = 0.00007616D_{轮}^{1.89948264}H^{0.86116962}$$

$$H = 21.838617 - 309.159278/(D_{轮} + 14)$$

$D_{轮} = -0.49805 + 0.98158D_{围}$；表中$D$为围尺径；$D \leqslant 100$cm

D	V	ΔV	D	V	ΔV	D	V	ΔV	D	V	ΔV
5	0.0051	0.0035	29	0.4256	0.0334	53	1.5702	0.0630	77	3.4109	0.0914
6	0.0086	0.0045	30	0.4590	0.0346	54	1.6332	0.0642	78	3.5023	0.0926
7	0.0131	0.0057	31	0.4936	0.0359	55	1.6974	0.0654	79	3.5948	0.0937
8	0.0188	0.0068	32	0.5295	0.0372	56	1.7628	0.0666	80	3.6886	0.0949
9	0.0256	0.0080	33	0.5667	0.0384	57	1.8294	0.0678	81	3.7834	0.0960
10	0.0336	0.0092	34	0.6051	0.0397	58	1.8972	0.0690	82	3.8795	0.0972
11	0.0429	0.0105	35	0.6448	0.0409	59	1.9662	0.0702	83	3.9767	0.0983
12	0.0533	0.0117	36	0.6857	0.0422	60	2.0365	0.0714	84	4.0750	0.0995
13	0.0650	0.0130	37	0.7279	0.0434	61	2.1078	0.0726	85	4.1745	0.1006
14	0.0780	0.0142	38	0.7713	0.0447	62	2.1804	0.0738	86	4.2752	0.1018
15	0.0922	0.0155	39	0.8159	0.0459	63	2.2542	0.0750	87	4.3769	0.1029
16	0.1077	0.0168	40	0.8618	0.0471	64	2.3292	0.0761	88	4.4799	0.1041
17	0.1245	0.0181	41	0.9089	0.0484	65	2.4053	0.0773	89	4.5840	0.1052
18	0.1426	0.0193	42	0.9573	0.0496	66	2.4827	0.0785	90	4.6892	0.1064
19	0.1619	0.0206	43	1.0069	0.0508	67	2.5612	0.0797	91	4.7956	0.1075
20	0.1825	0.0219	44	1.0577	0.0521	68	2.6409	0.0809	92	4.9031	0.1087
21	0.2044	0.0232	45	1.1098	0.0533	69	2.7217	0.0820	93	5.0118	0.1098
22	0.2276	0.0245	46	1.1631	0.0545	70	2.8038	0.0832	94	5.1216	0.1110
23	0.2521	0.0257	47	1.2176	0.0557	71	2.8870	0.0844	95	5.2326	0.1121
24	0.2778	0.0270	48	1.2733	0.0569	72	2.9714	0.0856	96	5.3447	0.1132
25	0.3048	0.0283	49	1.3303	0.0582	73	3.0570	0.0867	97	5.4579	0.1144
26	0.3331	0.0296	50	1.3884	0.0594	74	3.1437	0.0879	98	5.5722	0.1155
27	0.3627	0.0308	51	1.4478	0.0606	75	3.2316	0.0891	99	5.6877	0.1166
28	0.3935	0.0321	52	1.5084	0.0618	76	3.3207	0.0902	100	5.8044	0.1166

适用树种：人工红松；适用地区：大石头林业局；资料名称：吉林省一元立木材积表、材种出材率表、地径材积表；编表人或作者：吉林省林业厅；刊印或发表时间：2003。其他说明：吉林资 (2002) 627 号文件发布。

355. 大石头林业局人工樟子松一元立木材积表（围尺）

$$V = 0.00005228D_{轮}^{1.57561364}H^{1.36856283}$$

$$H = 32.964525 - 978.037469/(D_{轮} + 31)$$

$D_{轮} = -0.34995 + 0.97838D_{围}$；表中$D$为围尺径；$D \leqslant$100cm

D	V	ΔV	D	V	ΔV	D	V	ΔV	D	V	ΔV
5	0.0058	0.0036	29	0.4586	0.0364	53	1.6912	0.0666	77	3.5885	0.0919
6	0.0093	0.0046	30	0.4950	0.0378	54	1.7578	0.0677	78	3.6804	0.0929
7	0.0140	0.0058	31	0.5328	0.0392	55	1.8255	0.0689	79	3.7733	0.0938
8	0.0198	0.0070	32	0.5720	0.0405	56	1.8944	0.0700	80	3.8671	0.0948
9	0.0268	0.0083	33	0.6125	0.0419	57	1.9644	0.0711	81	3.9619	0.0957
10	0.0351	0.0096	34	0.6544	0.0432	58	2.0355	0.0722	82	4.0576	0.0967
11	0.0447	0.0109	35	0.6976	0.0445	59	2.1077	0.0733	83	4.1543	0.0976
12	0.0556	0.0123	36	0.7421	0.0458	60	2.1810	0.0744	84	4.2519	0.0986
13	0.0679	0.0137	37	0.7879	0.0471	61	2.2554	0.0755	85	4.3505	0.0995
14	0.0816	0.0151	38	0.8350	0.0484	62	2.3309	0.0766	86	4.4500	0.1004
15	0.0968	0.0165	39	0.8834	0.0497	63	2.4075	0.0776	87	4.5504	0.1013
16	0.1133	0.0180	40	0.9331	0.0510	64	2.4851	0.0787	88	4.6518	0.1023
17	0.1313	0.0194	41	0.9841	0.0522	65	2.5638	0.0798	89	4.7540	0.1032
18	0.1507	0.0208	42	1.0363	0.0535	66	2.6436	0.0808	90	4.8572	0.1041
19	0.1715	0.0223	43	1.0898	0.0547	67	2.7244	0.0818	91	4.9613	0.1050
20	0.1938	0.0237	44	1.1445	0.0559	68	2.8062	0.0829	92	5.0663	0.1059
21	0.2175	0.0252	45	1.2004	0.0572	69	2.8891	0.0839	93	5.1722	0.1068
22	0.2427	0.0266	46	1.2576	0.0584	70	2.9730	0.0849	94	5.2789	0.1077
23	0.2693	0.0280	47	1.3160	0.0596	71	3.0579	0.0859	95	5.3866	0.1086
24	0.2973	0.0294	48	1.3756	0.0608	72	3.1439	0.0869	96	5.4951	0.1094
25	0.3268	0.0309	49	1.4363	0.0620	73	3.2308	0.0879	97	5.6046	0.1103
26	0.3576	0.0323	50	1.4983	0.0631	74	3.3188	0.0889	98	5.7149	0.1112
27	0.3899	0.0337	51	1.5614	0.0643	75	3.4077	0.0899	99	5.8261	0.1120
28	0.4236	0.0351	52	1.6257	0.0655	76	3.4976	0.0909	100	5.9381	0.1120

适用树种：人工樟子松；适用地区：大石头林业局；资料名称：吉林省一元立木材积表、材种出材率表、地径材积表；编表人或作者：吉林省林业厅；刊印或发表时间：2003。其他说明：吉林资 (2002) 627 号文件发布。

356. 大石头林业局人工落叶松一元立木材积表（围尺）

$$V = 0.00008472D_{轮}^{1.97420228}H^{0.74561762}$$

$$H = 34.593188 - 650.52497/(D_{轮} + 18)$$

$D_{轮} = -0.2506 + 0.9809D_{围}$；表中$D$为围尺径；$D \leqslant 100$cm

D	V	ΔV	D	V	ΔV	D	V	ΔV	D	V	ΔV
5	0.0066	0.0045	29	0.5877	0.0477	53	2.2757	0.0950	77	5.0993	0.1423
6	0.0111	0.0058	30	0.6355	0.0497	54	2.3707	0.0970	78	5.2415	0.1442
7	0.0169	0.0073	31	0.6851	0.0516	55	2.4677	0.0989	79	5.3858	0.1462
8	0.0242	0.0089	32	0.7368	0.0536	56	2.5666	0.1009	80	5.5319	0.1481
9	0.0331	0.0105	33	0.7904	0.0556	57	2.6675	0.1029	81	5.6801	0.1501
10	0.0436	0.0122	34	0.8459	0.0575	58	2.7703	0.1048	82	5.8302	0.1521
11	0.0558	0.0139	35	0.9035	0.0595	59	2.8752	0.1068	83	5.9823	0.1540
12	0.0696	0.0156	36	0.9630	0.0615	60	2.9820	0.1088	84	6.1363	0.1560
13	0.0853	0.0174	37	1.0244	0.0634	61	3.0908	0.1108	85	6.2923	0.1580
14	0.1026	0.0192	38	1.0878	0.0654	62	3.2016	0.1127	86	6.4503	0.1599
15	0.1218	0.0210	39	1.1532	0.0674	63	3.3143	0.1147	87	6.6102	0.1619
16	0.1428	0.0228	40	1.2206	0.0693	64	3.4290	0.1167	88	6.7721	0.1638
17	0.1657	0.0247	41	1.2899	0.0713	65	3.5457	0.1186	89	6.9359	0.1658
18	0.1904	0.0266	42	1.3612	0.0733	66	3.6643	0.1206	90	7.1017	0.1678
19	0.2169	0.0285	43	1.4345	0.0752	67	3.7849	0.1226	91	7.2695	0.1697
20	0.2454	0.0304	44	1.5097	0.0772	68	3.9075	0.1246	92	7.4392	0.1717
21	0.2757	0.0323	45	1.5869	0.0792	69	4.0320	0.1265	93	7.6109	0.1736
22	0.3080	0.0342	46	1.6661	0.0812	70	4.1586	0.1285	94	7.7845	0.1756
23	0.3422	0.0361	47	1.7473	0.0831	71	4.2870	0.1305	95	7.9601	0.1776
24	0.3783	0.0380	48	1.8304	0.0851	72	4.4175	0.1324	96	8.1377	0.1795
25	0.4163	0.0400	49	1.9155	0.0871	73	4.5499	0.1344	97	8.3172	0.1815
26	0.4562	0.0419	50	2.0026	0.0891	74	4.6843	0.1364	98	8.4987	0.1834
27	0.4981	0.0438	51	2.0917	0.0910	75	4.8207	0.1383	99	8.6821	0.1854
28	0.5420	0.0458	52	2.1827	0.0930	76	4.9590	0.1403	100	8.8675	0.1854

适用树种：人工落叶松；适用地区：大石头林业局；资料名称：吉林省一元立木材积表、材种出材率表、地径材积表；编表人或作者：吉林省林业厅；刊印或发表时间：2003。其他说明：吉林资 (2002) 627 号文件发布。

357. 大石头林业局人工杨树一元立木材积表（围尺）

$$V = 0.0000717D_{轮}^{1.69135017}H^{1.08071211}$$

$$H = 30.633299 - 547.989609/(D_{轮} + 16)$$

$D_{轮} = -0.62168 + 0.98712D_{围}$；表中$D$为围尺径；$D \leqslant 100$cm

D	V	ΔV	D	V	ΔV	D	V	ΔV	D	V	ΔV
5	0.0035	0.0033	29	0.4619	0.0358	53	1.6432	0.0629	77	3.4244	0.0860
6	0.0067	0.0045	30	0.4977	0.0371	54	1.7061	0.0639	78	3.5104	0.0869
7	0.0112	0.0058	31	0.5348	0.0383	55	1.7700	0.0649	79	3.5974	0.0878
8	0.0171	0.0072	32	0.5731	0.0395	56	1.8349	0.0659	80	3.6852	0.0887
9	0.0243	0.0086	33	0.6126	0.0407	57	1.9009	0.0670	81	3.7739	0.0896
10	0.0329	0.0100	34	0.6534	0.0419	58	1.9678	0.0680	82	3.8635	0.0905
11	0.0429	0.0115	35	0.6953	0.0431	59	2.0358	0.0690	83	3.9540	0.0914
12	0.0544	0.0129	36	0.7384	0.0443	60	2.1048	0.0699	84	4.0454	0.0923
13	0.0673	0.0143	37	0.7826	0.0454	61	2.1747	0.0709	85	4.1377	0.0932
14	0.0816	0.0158	38	0.8281	0.0466	62	2.2456	0.0719	86	4.2309	0.0940
15	0.0973	0.0172	39	0.8747	0.0477	63	2.3175	0.0729	87	4.3249	0.0949
16	0.1145	0.0186	40	0.9224	0.0489	64	2.3904	0.0739	88	4.4198	0.0958
17	0.1331	0.0200	41	0.9713	0.0500	65	2.4643	0.0748	89	4.5156	0.0966
18	0.1531	0.0214	42	1.0213	0.0511	66	2.5391	0.0758	90	4.6122	0.0975
19	0.1745	0.0228	43	1.0724	0.0522	67	2.6149	0.0767	91	4.7097	0.0984
20	0.1972	0.0241	44	1.1246	0.0533	68	2.6916	0.0777	92	4.8081	0.0992
21	0.2213	0.0255	45	1.1779	0.0544	69	2.7693	0.0786	93	4.9073	0.1001
22	0.2468	0.0268	46	1.2323	0.0555	70	2.8479	0.0796	94	5.0074	0.1009
23	0.2736	0.0281	47	1.2878	0.0566	71	2.9275	0.0805	95	5.1083	0.1018
24	0.3018	0.0295	48	1.3444	0.0576	72	3.0080	0.0814	96	5.2100	0.1026
25	0.3312	0.0308	49	1.4021	0.0587	73	3.0894	0.0824	97	5.3126	0.1034
26	0.3620	0.0320	50	1.4608	0.0598	74	3.1718	0.0833	98	5.4161	0.1043
27	0.3940	0.0333	51	1.5205	0.0608	75	3.2551	0.0842	99	5.5204	0.1051
28	0.4273	0.0346	52	1.5813	0.0619	76	3.3393	0.0851	100	5.6255	0.1051

适用树种：人工杨树；适用地区：大石头林业局；资料名称：吉林省一元立木材积表、材种出材率表、地径材积表；编表人或作者：吉林省林业厅；刊印或发表时间：2003。其他说明：吉林资 (2002) 627 号文件发布。

358. 敦化林业局针叶树一元立木材积表（围尺）

$$V = 0.0000578596 D_{轮}^{1.8892} H^{0.98755}$$

$$H = 47.8253 - 2208.2375/(D_{轮} + 47)$$

$D_{轮} = -0.1349 + 0.9756 D_{围}$；表中$D$为围尺径；$D \leqslant 100$cm

D	V	ΔV	D	V	ΔV	D	V	ΔV	D	V	ΔV
5	0.0055	0.0035	29	0.5637	0.0496	53	2.4277	0.1089	77	5.7457	0.1701
6	0.0091	0.0047	30	0.6133	0.0519	54	2.5367	0.1115	78	5.9158	0.1727
7	0.0137	0.0059	31	0.6652	0.0543	55	2.6481	0.1140	79	6.0885	0.1752
8	0.0197	0.0073	32	0.7195	0.0567	56	2.7622	0.1166	80	6.2638	0.1778
9	0.0270	0.0088	33	0.7762	0.0591	57	2.8787	0.1191	81	6.4415	0.1803
10	0.0358	0.0103	34	0.8353	0.0615	58	2.9978	0.1217	82	6.6219	0.1829
11	0.0461	0.0120	35	0.8969	0.0640	59	3.1195	0.1242	83	6.8047	0.1854
12	0.0581	0.0137	36	0.9608	0.0664	60	3.2437	0.1268	84	6.9901	0.1880
13	0.0718	0.0155	37	1.0272	0.0688	61	3.3705	0.1293	85	7.1781	0.1905
14	0.0872	0.0173	38	1.0961	0.0713	62	3.4998	0.1319	86	7.3686	0.1930
15	0.1045	0.0192	39	1.1674	0.0738	63	3.6316	0.1344	87	7.5616	0.1956
16	0.1237	0.0211	40	1.2411	0.0762	64	3.7661	0.1370	88	7.7572	0.1981
17	0.1448	0.0231	41	1.3174	0.0787	65	3.9030	0.1395	89	7.9553	0.2006
18	0.1679	0.0251	42	1.3961	0.0812	66	4.0425	0.1421	90	8.1559	0.2032
19	0.1930	0.0272	43	1.4773	0.0837	67	4.1846	0.1446	91	8.3591	0.2057
20	0.2203	0.0293	44	1.5611	0.0862	68	4.3292	0.1472	92	8.5648	0.2082
21	0.2496	0.0315	45	1.6473	0.0887	69	4.4764	0.1497	93	8.7731	0.2108
22	0.2810	0.0336	46	1.7360	0.0912	70	4.6261	0.1523	94	8.9838	0.2133
23	0.3147	0.0358	47	1.8273	0.0938	71	4.7784	0.1548	95	9.1971	0.2158
24	0.3505	0.0381	48	1.9210	0.0963	72	4.9333	0.1574	96	9.4130	0.2184
25	0.3886	0.0403	49	2.0173	0.0988	73	5.0907	0.1599	97	9.6313	0.2209
26	0.4289	0.0426	50	2.1161	0.1013	74	5.2506	0.1625	98	9.8522	0.2234
27	0.4715	0.0449	51	2.2174	0.1039	75	5.4131	0.1650	99	10.0756	0.2259
28	0.5164	0.0472	52	2.3213	0.1064	76	5.5781	0.1676	100	10.3015	0.2259

适用树种：针叶树；适用地区：敦化林业局；资料名称：吉林省一元立木材积表、材种出材率表、地径材积表；编表人或作者：吉林省林业厅；刊印或发表时间：2003。其他说明：吉林资 (2002) 627 号文件发布。

359. 敦化林业局一类阔叶一元立木材积表（围尺）

$$V = 0.000053309D_{轮}^{1.88452}H^{0.99834}$$

$$H = 29.7991 - 480.7674/(D_{轮} + 16)$$

$D_{轮} = -0.1659 + 0.9734D_{围}$；表中$D$为围尺径；$D \leqslant 100$cm

D	V	ΔV	D	V	ΔV	D	V	ΔV	D	V	ΔV
5	0.0065	0.0042	29	0.5369	0.0428	53	2.0170	0.0819	77	4.4154	0.1193
6	0.0107	0.0055	30	0.5797	0.0444	54	2.0989	0.0835	78	4.5347	0.1208
7	0.0162	0.0069	31	0.6241	0.0461	55	2.1824	0.0851	79	4.6555	0.1223
8	0.0230	0.0083	32	0.6702	0.0478	56	2.2674	0.0867	80	4.7779	0.1239
9	0.0314	0.0098	33	0.7180	0.0494	57	2.3541	0.0882	81	4.9017	0.1254
10	0.0412	0.0113	34	0.7674	0.0511	58	2.4423	0.0898	82	5.0271	0.1269
11	0.0525	0.0129	35	0.8185	0.0527	59	2.5321	0.0914	83	5.1540	0.1284
12	0.0654	0.0145	36	0.8712	0.0544	60	2.6235	0.0930	84	5.2824	0.1299
13	0.0799	0.0161	37	0.9256	0.0560	61	2.7165	0.0945	85	5.4123	0.1314
14	0.0960	0.0177	38	0.9816	0.0577	62	2.8110	0.0961	86	5.5437	0.1329
15	0.1138	0.0194	39	1.0392	0.0593	63	2.9071	0.0977	87	5.6767	0.1345
16	0.1332	0.0210	40	1.0985	0.0609	64	3.0048	0.0992	88	5.8111	0.1360
17	0.1542	0.0227	41	1.1595	0.0626	65	3.1040	0.1008	89	5.9471	0.1375
18	0.1769	0.0244	42	1.2220	0.0642	66	3.2047	0.1023	90	6.0846	0.1390
19	0.2012	0.0260	43	1.2862	0.0658	67	3.3071	0.1039	91	6.2235	0.1405
20	0.2273	0.0277	44	1.3521	0.0674	68	3.4110	0.1054	92	6.3640	0.1420
21	0.2550	0.0294	45	1.4195	0.0691	69	3.5164	0.1070	93	6.5059	0.1435
22	0.2843	0.0311	46	1.4885	0.0707	70	3.6234	0.1085	94	6.6494	0.1449
23	0.3154	0.0327	47	1.5592	0.0723	71	3.7319	0.1101	95	6.7943	0.1464
24	0.3481	0.0344	48	1.6315	0.0739	72	3.8420	0.1116	96	6.9408	0.1479
25	0.3825	0.0361	49	1.7054	0.0755	73	3.9536	0.1132	97	7.0887	0.1494
26	0.4186	0.0378	50	1.7809	0.0771	74	4.0668	0.1147	98	7.2381	0.1509
27	0.4564	0.0394	51	1.8580	0.0787	75	4.1815	0.1162	99	7.3890	0.1524
28	0.4958	0.0411	52	1.9367	0.0803	76	4.2977	0.1178	100	7.5414	0.1524

适用树种：一类阔叶；适用地区：敦化林业局；资料名称：吉林省一元立木材积表、材种出材率表、地径材积表；编表人或作者：吉林省林业厅；刊印或发表时间：2003。其他说明：吉林资 (2002) 627 号文件发布。

360. 敦化林业局二类阔叶一元立木材积表（围尺）

$$V = 0.000048841 D_{轮}^{1.84048} H^{1.05252}$$

$$H = 24.8174 - 402.0877/(D_{轮} + 16.3)$$

$D_{轮} = -0.1979 + 0.9728 D_{围}$；表中$D$为围尺径；$D \leqslant 100$cm

D	V	ΔV	D	V	ΔV	D	V	ΔV	D	V	ΔV
5	0.0051	0.0033	29	0.4098	0.0323	53	1.5137	0.0605	77	3.2739	0.0870
6	0.0084	0.0043	30	0.4421	0.0335	54	1.5743	0.0617	78	3.3609	0.0880
7	0.0127	0.0054	31	0.4756	0.0347	55	1.6360	0.0628	79	3.4490	0.0891
8	0.0181	0.0065	32	0.5103	0.0359	56	1.6988	0.0639	80	3.5381	0.0902
9	0.0246	0.0076	33	0.5462	0.0371	57	1.7627	0.0651	81	3.6282	0.0912
10	0.0322	0.0088	34	0.5833	0.0383	58	1.8278	0.0662	82	3.7195	0.0923
11	0.0410	0.0100	35	0.6217	0.0395	59	1.8940	0.0673	83	3.8118	0.0934
12	0.0509	0.0112	36	0.6612	0.0407	60	1.9613	0.0684	84	3.9051	0.0944
13	0.0621	0.0124	37	0.7020	0.0419	61	2.0297	0.0695	85	3.9996	0.0955
14	0.0745	0.0136	38	0.7439	0.0431	62	2.0992	0.0706	86	4.0950	0.0965
15	0.0882	0.0149	39	0.7870	0.0443	63	2.1699	0.0718	87	4.1915	0.0976
16	0.1031	0.0161	40	0.8313	0.0455	64	2.2416	0.0729	88	4.2891	0.0986
17	0.1192	0.0174	41	0.8768	0.0467	65	2.3145	0.0740	89	4.3877	0.0997
18	0.1365	0.0186	42	0.9235	0.0479	66	2.3885	0.0751	90	4.4874	0.1007
19	0.1552	0.0199	43	0.9714	0.0490	67	2.4635	0.0762	91	4.5881	0.1018
20	0.1750	0.0211	44	1.0204	0.0502	68	2.5397	0.0772	92	4.6899	0.1028
21	0.1961	0.0224	45	1.0706	0.0514	69	2.6169	0.0783	93	4.7926	0.1038
22	0.2185	0.0236	46	1.1219	0.0525	70	2.6952	0.0794	94	4.8965	0.1049
23	0.2421	0.0249	47	1.1744	0.0537	71	2.7747	0.0805	95	5.0013	0.1059
24	0.2670	0.0261	48	1.2281	0.0548	72	2.8552	0.0816	96	5.1072	0.1069
25	0.2931	0.0273	49	1.2830	0.0560	73	2.9368	0.0827	97	5.2142	0.1080
26	0.3204	0.0286	50	1.3389	0.0571	74	3.0195	0.0838	98	5.3221	0.1090
27	0.3490	0.0298	51	1.3961	0.0583	75	3.1032	0.0848	99	5.4311	0.1100
28	0.3788	0.0310	52	1.4543	0.0594	76	3.1880	0.0859	100	5.5411	0.1100

适用树种：二类阔叶；适用地区：敦化林业局；资料名称：吉林省一元立木材积表、材种出材率表、地径材积表；编表人或作者：吉林省林业厅；刊印或发表时间：2003。其他说明：吉林资 (2002) 627 号文件发布。

361. 敦化林业局柞树一元立木材积表（围尺）

$$V = 0.000061125534D_{轮}^{1.8810091}H^{0.94462565}$$

$$H = 24.2211 - 365.5972/(D_{轮} + 15)$$

$D_{轮} = -0.1791 + 0.9737D_{围}$；表中$D$为围尺径；$D \leqslant 100$cm

D	V	ΔV	D	V	ΔV	D	V	ΔV	D	V	ΔV
5	0.0057	0.0036	29	0.4370	0.0342	53	1.6098	0.0645	77	3.4918	0.0933
6	0.0094	0.0047	30	0.4712	0.0355	54	1.6743	0.0657	78	3.5851	0.0945
7	0.0141	0.0058	31	0.5068	0.0368	55	1.7401	0.0670	79	3.6796	0.0957
8	0.0199	0.0070	32	0.5436	0.0381	56	1.8070	0.0682	80	3.7753	0.0968
9	0.0270	0.0082	33	0.5816	0.0394	57	1.8752	0.0694	81	3.8721	0.0980
10	0.0352	0.0095	34	0.6210	0.0407	58	1.9446	0.0706	82	3.9701	0.0992
11	0.0447	0.0107	35	0.6617	0.0419	59	2.0152	0.0718	83	4.0693	0.1003
12	0.0554	0.0120	36	0.7036	0.0432	60	2.0870	0.0730	84	4.1696	0.1015
13	0.0674	0.0133	37	0.7469	0.0445	61	2.1601	0.0742	85	4.2711	0.1027
14	0.0807	0.0146	38	0.7914	0.0458	62	2.2343	0.0755	86	4.3738	0.1038
15	0.0953	0.0159	39	0.8371	0.0470	63	2.3098	0.0767	87	4.4776	0.1050
16	0.1112	0.0172	40	0.8842	0.0483	64	2.3864	0.0779	88	4.5826	0.1061
17	0.1284	0.0185	41	0.9325	0.0496	65	2.4643	0.0791	89	4.6888	0.1073
18	0.1469	0.0198	42	0.9821	0.0508	66	2.5434	0.0803	90	4.7961	0.1085
19	0.1667	0.0211	43	1.0329	0.0521	67	2.6236	0.0815	91	4.9046	0.1096
20	0.1878	0.0224	44	1.0850	0.0533	68	2.7051	0.0827	92	5.0142	0.1108
21	0.2103	0.0238	45	1.1383	0.0546	69	2.7878	0.0838	93	5.1249	0.1119
22	0.2340	0.0251	46	1.1929	0.0558	70	2.8716	0.0850	94	5.2369	0.1131
23	0.2591	0.0264	47	1.2487	0.0571	71	2.9567	0.0862	95	5.3499	0.1142
24	0.2855	0.0277	48	1.3058	0.0583	72	3.0429	0.0874	96	5.4641	0.1154
25	0.3132	0.0290	49	1.3642	0.0596	73	3.1303	0.0886	97	5.5795	0.1165
26	0.3422	0.0303	50	1.4237	0.0608	74	3.2189	0.0898	98	5.6960	0.1176
27	0.3725	0.0316	51	1.4845	0.0620	75	3.3087	0.0910	99	5.8136	0.1188
28	0.4041	0.0329	52	1.5466	0.0633	76	3.3996	0.0921	100	5.9324	0.1188

适用树种：柞树（栎树）；适用地区：敦化林业局；资料名称：吉林省一元立木材积表、材种出材率表、地径材积表；编表人或作者：吉林省林业厅；刊印或发表时间：2003。其他说明：吉林资 (2002) 627 号文件发布。

362. 敦化林业局人工红松一元立木材积表（围尺）

$$V = 0.00007616D_{轮}^{1.89948264}H^{0.86116962}$$

$$H = 21.838617 - 309.159278/(D_{轮} + 14)$$

$D_{轮} = -0.49805 + 0.98158D_{围}$；表中$D$为围尺径；$D \leqslant 100$cm

D	V	ΔV	D	V	ΔV	D	V	ΔV	D	V	ΔV
5	0.0051	0.0035	29	0.4256	0.0334	53	1.5702	0.0630	77	3.4109	0.0914
6	0.0086	0.0045	30	0.4590	0.0346	54	1.6332	0.0642	78	3.5023	0.0926
7	0.0131	0.0057	31	0.4936	0.0359	55	1.6974	0.0654	79	3.5948	0.0937
8	0.0188	0.0068	32	0.5295	0.0372	56	1.7628	0.0666	80	3.6886	0.0949
9	0.0256	0.0080	33	0.5667	0.0384	57	1.8294	0.0678	81	3.7834	0.0960
10	0.0336	0.0092	34	0.6051	0.0397	58	1.8972	0.0690	82	3.8795	0.0972
11	0.0429	0.0105	35	0.6448	0.0409	59	1.9662	0.0702	83	3.9767	0.0983
12	0.0533	0.0117	36	0.6857	0.0422	60	2.0365	0.0714	84	4.0750	0.0995
13	0.0650	0.0130	37	0.7279	0.0434	61	2.1078	0.0726	85	4.1745	0.1006
14	0.0780	0.0142	38	0.7713	0.0447	62	2.1804	0.0738	86	4.2752	0.1018
15	0.0922	0.0155	39	0.8159	0.0459	63	2.2542	0.0750	87	4.3769	0.1029
16	0.1077	0.0168	40	0.8618	0.0471	64	2.3292	0.0761	88	4.4799	0.1041
17	0.1245	0.0181	41	0.9089	0.0484	65	2.4053	0.0773	89	4.5840	0.1052
18	0.1426	0.0193	42	0.9573	0.0496	66	2.4827	0.0785	90	4.6892	0.1064
19	0.1619	0.0206	43	1.0069	0.0508	67	2.5612	0.0797	91	4.7956	0.1075
20	0.1825	0.0219	44	1.0577	0.0521	68	2.6409	0.0809	92	4.9031	0.1087
21	0.2044	0.0232	45	1.1098	0.0533	69	2.7217	0.0820	93	5.0118	0.1098
22	0.2276	0.0245	46	1.1631	0.0545	70	2.8038	0.0832	94	5.1216	0.1110
23	0.2521	0.0257	47	1.2176	0.0557	71	2.8870	0.0844	95	5.2326	0.1121
24	0.2778	0.0270	48	1.2733	0.0569	72	2.9714	0.0856	96	5.3447	0.1132
25	0.3048	0.0283	49	1.3303	0.0582	73	3.0570	0.0867	97	5.4579	0.1144
26	0.3331	0.0296	50	1.3884	0.0594	74	3.1437	0.0879	98	5.5722	0.1155
27	0.3627	0.0308	51	1.4478	0.0606	75	3.2316	0.0891	99	5.6877	0.1166
28	0.3935	0.0321	52	1.5084	0.0618	76	3.3207	0.0902	100	5.8044	0.1166

适用树种：人工红松；适用地区：敦化林业局；资料名称：吉林省一元立木材积表、材种出材率表、地径材积表；编表人或作者：吉林省林业厅；刊印或发表时间：2003。其他说明：吉林资 (2002) 627 号文件发布。

363. 敦化林业局人工樟子松一元立木材积表（围尺）

$$V = 0.00005228D_{轮}^{1.57561364}H^{1.36856283}$$

$$H = 32.964525 - 978.037469/(D_{轮} + 31)$$

$D_{轮} = -0.34995 + 0.97838D_{围}$；表中$D$为围尺径；$D \leqslant 100$cm

D	V	ΔV	D	V	ΔV	D	V	ΔV	D	V	ΔV
5	0.0058	0.0036	29	0.4586	0.0364	53	1.6912	0.0666	77	3.5885	0.0919
6	0.0093	0.0046	30	0.4950	0.0378	54	1.7578	0.0677	78	3.6804	0.0929
7	0.0140	0.0058	31	0.5328	0.0392	55	1.8255	0.0689	79	3.7733	0.0938
8	0.0198	0.0070	32	0.5720	0.0405	56	1.8944	0.0700	80	3.8671	0.0948
9	0.0268	0.0083	33	0.6125	0.0419	57	1.9644	0.0711	81	3.9619	0.0957
10	0.0351	0.0096	34	0.6544	0.0432	58	2.0355	0.0722	82	4.0576	0.0967
11	0.0447	0.0109	35	0.6976	0.0445	59	2.1077	0.0733	83	4.1543	0.0976
12	0.0556	0.0123	36	0.7421	0.0458	60	2.1810	0.0744	84	4.2519	0.0986
13	0.0679	0.0137	37	0.7879	0.0471	61	2.2554	0.0755	85	4.3505	0.0995
14	0.0816	0.0151	38	0.8350	0.0484	62	2.3309	0.0766	86	4.4500	0.1004
15	0.0968	0.0165	39	0.8834	0.0497	63	2.4075	0.0776	87	4.5504	0.1013
16	0.1133	0.0180	40	0.9331	0.0510	64	2.4851	0.0787	88	4.6518	0.1023
17	0.1313	0.0194	41	0.9841	0.0522	65	2.5638	0.0798	89	4.7540	0.1032
18	0.1507	0.0208	42	1.0363	0.0535	66	2.6436	0.0808	90	4.8572	0.1041
19	0.1715	0.0223	43	1.0898	0.0547	67	2.7244	0.0818	91	4.9613	0.1050
20	0.1938	0.0237	44	1.1445	0.0559	68	2.8062	0.0829	92	5.0663	0.1059
21	0.2175	0.0252	45	1.2004	0.0572	69	2.8891	0.0839	93	5.1722	0.1068
22	0.2427	0.0266	46	1.2576	0.0584	70	2.9730	0.0849	94	5.2789	0.1077
23	0.2693	0.0280	47	1.3160	0.0596	71	3.0579	0.0859	95	5.3866	0.1086
24	0.2973	0.0294	48	1.3756	0.0608	72	3.1439	0.0869	96	5.4951	0.1094
25	0.3268	0.0309	49	1.4363	0.0620	73	3.2308	0.0879	97	5.6046	0.1103
26	0.3576	0.0323	50	1.4983	0.0631	74	3.3188	0.0889	98	5.7149	0.1112
27	0.3899	0.0337	51	1.5614	0.0643	75	3.4077	0.0899	99	5.8261	0.1120
28	0.4236	0.0351	52	1.6257	0.0655	76	3.4976	0.0909	100	5.9381	0.1120

适用树种：人工樟子松；适用地区：敦化林业局；资料名称：吉林省一元立木材积表、材种出材率表、地径材积表；编表人或作者：吉林省林业厅；刊印或发表时间：2003。其他说明：吉林资 (2002) 627 号文件发布。

364. 敦化林业局人工落叶松一元立木材积表（围尺）

$$V = 0.00008472D_{轮}^{1.97420228}H^{0.74561762}$$

$$H = 34.593188 - 650.52497/(D_{轮} + 18)$$

$D_{轮} = -0.2506 + 0.9809D_{围}$；表中$D$为围尺径；$D \leqslant 100$cm

D	V	ΔV	D	V	ΔV	D	V	ΔV	D	V	ΔV
5	0.0066	0.0045	29	0.5877	0.0477	53	2.2757	0.0950	77	5.0993	0.1423
6	0.0111	0.0058	30	0.6355	0.0497	54	2.3707	0.0970	78	5.2415	0.1442
7	0.0169	0.0073	31	0.6851	0.0516	55	2.4677	0.0989	79	5.3858	0.1462
8	0.0242	0.0089	32	0.7368	0.0536	56	2.5666	0.1009	80	5.5319	0.1481
9	0.0331	0.0105	33	0.7904	0.0556	57	2.6675	0.1029	81	5.6801	0.1501
10	0.0436	0.0122	34	0.8459	0.0575	58	2.7703	0.1048	82	5.8302	0.1521
11	0.0558	0.0139	35	0.9035	0.0595	59	2.8752	0.1068	83	5.9823	0.1540
12	0.0696	0.0156	36	0.9630	0.0615	60	2.9820	0.1088	84	6.1363	0.1560
13	0.0853	0.0174	37	1.0244	0.0634	61	3.0908	0.1108	85	6.2923	0.1580
14	0.1026	0.0192	38	1.0878	0.0654	62	3.2016	0.1127	86	6.4503	0.1599
15	0.1218	0.0210	39	1.1532	0.0674	63	3.3143	0.1147	87	6.6102	0.1619
16	0.1428	0.0228	40	1.2206	0.0693	64	3.4290	0.1167	88	6.7721	0.1638
17	0.1657	0.0247	41	1.2899	0.0713	65	3.5457	0.1186	89	6.9359	0.1658
18	0.1904	0.0266	42	1.3612	0.0733	66	3.6643	0.1206	90	7.1017	0.1678
19	0.2169	0.0285	43	1.4345	0.0752	67	3.7849	0.1226	91	7.2695	0.1697
20	0.2454	0.0304	44	1.5097	0.0772	68	3.9075	0.1246	92	7.4392	0.1717
21	0.2757	0.0323	45	1.5869	0.0792	69	4.0320	0.1265	93	7.6109	0.1736
22	0.3080	0.0342	46	1.6661	0.0812	70	4.1586	0.1285	94	7.7845	0.1756
23	0.3422	0.0361	47	1.7473	0.0831	71	4.2870	0.1305	95	7.9601	0.1776
24	0.3783	0.0380	48	1.8304	0.0851	72	4.4175	0.1324	96	8.1377	0.1795
25	0.4163	0.0400	49	1.9155	0.0871	73	4.5499	0.1344	97	8.3172	0.1815
26	0.4562	0.0419	50	2.0026	0.0891	74	4.6843	0.1364	98	8.4987	0.1834
27	0.4981	0.0438	51	2.0917	0.0910	75	4.8207	0.1383	99	8.6821	0.1854
28	0.5420	0.0458	52	2.1827	0.0930	76	4.9590	0.1403	100	8.8675	0.1854

适用树种：人工落叶松；适用地区：敦化林业局；资料名称：吉林省一元立木材积表、材种出材率表、地径材积表；编表人或作者：吉林省林业厅；刊印或发表时间：2003。其他说明：吉林资 (2002) 627 号文件发布。

365. 敦化林业局人工杨树一元立木材积表（围尺）

$$V = 0.0000717D_{轮}^{1.69135017}H^{1.08071211}$$

$$H = 30.633299 - 547.989609/(D_{轮} + 16)$$

$D_{轮} = -0.62168 + 0.98712D_{围}$；表中$D$为围尺径；$D \leqslant 100$cm

D	V	ΔV	D	V	ΔV	D	V	ΔV	D	V	ΔV
5	0.0035	0.0033	29	0.4619	0.0358	53	1.6432	0.0629	77	3.4244	0.0860
6	0.0067	0.0045	30	0.4977	0.0371	54	1.7061	0.0639	78	3.5104	0.0869
7	0.0112	0.0058	31	0.5348	0.0383	55	1.7700	0.0649	79	3.5974	0.0878
8	0.0171	0.0072	32	0.5731	0.0395	56	1.8349	0.0659	80	3.6852	0.0887
9	0.0243	0.0086	33	0.6126	0.0407	57	1.9009	0.0670	81	3.7739	0.0896
10	0.0329	0.0100	34	0.6534	0.0419	58	1.9678	0.0680	82	3.8635	0.0905
11	0.0429	0.0115	35	0.6953	0.0431	59	2.0358	0.0690	83	3.9540	0.0914
12	0.0544	0.0129	36	0.7384	0.0443	60	2.1048	0.0699	84	4.0454	0.0923
13	0.0673	0.0143	37	0.7826	0.0454	61	2.1747	0.0709	85	4.1377	0.0932
14	0.0816	0.0158	38	0.8281	0.0466	62	2.2456	0.0719	86	4.2309	0.0940
15	0.0973	0.0172	39	0.8747	0.0477	63	2.3175	0.0729	87	4.3249	0.0949
16	0.1145	0.0186	40	0.9224	0.0489	64	2.3904	0.0739	88	4.4198	0.0958
17	0.1331	0.0200	41	0.9713	0.0500	65	2.4643	0.0748	89	4.5156	0.0966
18	0.1531	0.0214	42	1.0213	0.0511	66	2.5391	0.0758	90	4.6122	0.0975
19	0.1745	0.0228	43	1.0724	0.0522	67	2.6149	0.0767	91	4.7097	0.0984
20	0.1972	0.0241	44	1.1246	0.0533	68	2.6916	0.0777	92	4.8081	0.0992
21	0.2213	0.0255	45	1.1779	0.0544	69	2.7693	0.0786	93	4.9073	0.1001
22	0.2468	0.0268	46	1.2323	0.0555	70	2.8479	0.0796	94	5.0074	0.1009
23	0.2736	0.0281	47	1.2878	0.0566	71	2.9275	0.0805	95	5.1083	0.1018
24	0.3018	0.0295	48	1.3444	0.0576	72	3.0080	0.0814	96	5.2100	0.1026
25	0.3312	0.0308	49	1.4021	0.0587	73	3.0894	0.0824	97	5.3126	0.1034
26	0.3620	0.0320	50	1.4608	0.0598	74	3.1718	0.0833	98	5.4161	0.1043
27	0.3940	0.0333	51	1.5205	0.0608	75	3.2551	0.0842	99	5.5204	0.1051
28	0.4273	0.0346	52	1.5813	0.0619	76	3.3393	0.0851	100	5.6255	0.1051

适用树种：人工杨树；适用地区：敦化林业局；资料名称：吉林省一元立木材积表、材种出材率表、地径材积表；编表人或作者：吉林省林业厅；刊印或发表时间：2003。其他说明：吉林资 (2002) 627 号文件发布。

366. 黄泥河林业局针叶树一元立木材积表（围尺）

$$V = 0.0000578596 D_{轮}^{1.8892} H^{0.98755}$$

$$H = 45.4555 - 2094.3225/(D_{轮} + 47)$$

$D_{轮} = -0.1349 + 0.9756 D_{围}$；表中$D$为围尺径；$D \leqslant 100\text{cm}$

D	V	ΔV	D	V	ΔV	D	V	ΔV	D	V	ΔV
5	0.0053	0.0034	29	0.5379	0.0473	53	2.3132	0.1037	77	5.4715	0.1619
6	0.0087	0.0045	30	0.5852	0.0495	54	2.4169	0.1061	78	5.6334	0.1643
7	0.0132	0.0057	31	0.6346	0.0518	55	2.5230	0.1086	79	5.7978	0.1668
8	0.0189	0.0070	32	0.6864	0.0540	56	2.6316	0.1110	80	5.9645	0.1692
9	0.0260	0.0084	33	0.7404	0.0563	57	2.7426	0.1134	81	6.1337	0.1716
10	0.0344	0.0099	34	0.7967	0.0586	58	2.8560	0.1158	82	6.3053	0.1740
11	0.0443	0.0114	35	0.8554	0.0609	59	2.9718	0.1182	83	6.4794	0.1765
12	0.0557	0.0131	36	0.9163	0.0632	60	3.0900	0.1207	84	6.6558	0.1789
13	0.0688	0.0148	37	0.9795	0.0656	61	3.2107	0.1231	85	6.8347	0.1813
14	0.0835	0.0165	38	1.0451	0.0679	62	3.3338	0.1255	86	7.0160	0.1837
15	0.1000	0.0183	39	1.1130	0.0703	63	3.4593	0.1279	87	7.1997	0.1861
16	0.1183	0.0202	40	1.1833	0.0726	64	3.5873	0.1304	88	7.3858	0.1885
17	0.1385	0.0220	41	1.2559	0.0750	65	3.7176	0.1328	89	7.5743	0.1909
18	0.1605	0.0240	42	1.3309	0.0774	66	3.8504	0.1352	90	7.7653	0.1933
19	0.1845	0.0260	43	1.4082	0.0797	67	3.9857	0.1377	91	7.9586	0.1958
20	0.2105	0.0280	44	1.4880	0.0821	68	4.1233	0.1401	92	8.1544	0.1982
21	0.2384	0.0300	45	1.5701	0.0845	69	4.2634	0.1425	93	8.3525	0.2006
22	0.2685	0.0321	46	1.6546	0.0869	70	4.4059	0.1449	94	8.5531	0.2030
23	0.3005	0.0342	47	1.7415	0.0893	71	4.5509	0.1474	95	8.7561	0.2054
24	0.3347	0.0363	48	1.8307	0.0917	72	4.6982	0.1498	96	8.9615	0.2078
25	0.3710	0.0384	49	1.9224	0.0941	73	4.8480	0.1522	97	9.1692	0.2102
26	0.4095	0.0406	50	2.0165	0.0965	74	5.0003	0.1547	98	9.3794	0.2126
27	0.4501	0.0428	51	2.1130	0.0989	75	5.1549	0.1571	99	9.5920	0.2150
28	0.4929	0.0450	52	2.2119	0.1013	76	5.3120	0.1595	100	9.8070	0.2150

适用树种：针叶树；适用地区：黄泥河林业局；资料名称：吉林省一元立木材积表、材种出材率表、地径材积表；编表人或作者：吉林省林业厅；刊印或发表时间：2003。其他说明：吉林资 (2002) 627 号文件发布。

367. 黄泥河林业局一类阔叶一元立木材积表（围尺）

$$V = 0.000053309D_{轮}^{1.88452}H^{0.99834}$$

$$H = 29.2093 - 471.2245/(D_{轮} + 16)$$

$D_{轮} = -0.1659 + 0.9734D_{围}$；表中$D$为围尺径；$D \leqslant 100$cm

D	V	ΔV	D	V	ΔV	D	V	ΔV	D	V	ΔV
5	0.0063	0.0041	29	0.5263	0.0419	53	1.9772	0.0803	77	4.3282	0.1169
6	0.0105	0.0054	30	0.5682	0.0436	54	2.0575	0.0818	78	4.4452	0.1184
7	0.0159	0.0067	31	0.6118	0.0452	55	2.1393	0.0834	79	4.5636	0.1199
8	0.0226	0.0082	32	0.6570	0.0468	56	2.2227	0.0849	80	4.6835	0.1214
9	0.0308	0.0096	33	0.7038	0.0484	57	2.3076	0.0865	81	4.8049	0.1229
10	0.0404	0.0111	34	0.7523	0.0501	58	2.3941	0.0880	82	4.9278	0.1244
11	0.0515	0.0127	35	0.8023	0.0517	59	2.4821	0.0896	83	5.0522	0.1259
12	0.0641	0.0142	36	0.8540	0.0533	60	2.5717	0.0911	84	5.1781	0.1274
13	0.0784	0.0158	37	0.9073	0.0549	61	2.6628	0.0927	85	5.3054	0.1288
14	0.0941	0.0174	38	0.9622	0.0565	62	2.7555	0.0942	86	5.4343	0.1303
15	0.1115	0.0190	39	1.0187	0.0581	63	2.8497	0.0957	87	5.5646	0.1318
16	0.1305	0.0206	40	1.0769	0.0597	64	2.9454	0.0973	88	5.6964	0.1333
17	0.1512	0.0222	41	1.1366	0.0613	65	3.0427	0.0988	89	5.8296	0.1347
18	0.1734	0.0239	42	1.1979	0.0629	66	3.1415	0.1003	90	5.9644	0.1362
19	0.1973	0.0255	43	1.2608	0.0645	67	3.2418	0.1018	91	6.1006	0.1377
20	0.2228	0.0272	44	1.3254	0.0661	68	3.3436	0.1034	92	6.2383	0.1392
21	0.2499	0.0288	45	1.3915	0.0677	69	3.4470	0.1049	93	6.3774	0.1406
22	0.2787	0.0304	46	1.4592	0.0693	70	3.5518	0.1064	94	6.5181	0.1421
23	0.3092	0.0321	47	1.5284	0.0709	71	3.6582	0.1079	95	6.6601	0.1435
24	0.3413	0.0337	48	1.5993	0.0724	72	3.7661	0.1094	96	6.8037	0.1450
25	0.3750	0.0354	49	1.6717	0.0740	73	3.8755	0.1109	97	6.9487	0.1465
26	0.4104	0.0370	50	1.7457	0.0756	74	3.9865	0.1124	98	7.0952	0.1479
27	0.4474	0.0387	51	1.8213	0.0771	75	4.0989	0.1139	99	7.2431	0.1494
28	0.4860	0.0403	52	1.8985	0.0787	76	4.2128	0.1154	100	7.3925	0.1494

适用树种：一类阔叶；适用地区：黄泥河林业局；资料名称：吉林省一元立木材积表、材种出材率表、地径材积表；编表人或作者：吉林省林业厅；刊印或发表时间：2003。其他说明：吉林资 (2002) 627 号文件发布。

368. 黄泥河林业局二类阔叶一元立木材积表（围尺）

$$V = 0.000048841 D_{轮}^{1.84048} H^{1.05252}$$

$$H = 24.5267 - 392.7061/(D_{轮} + 16)$$

$D_{轮} = -0.1979 + 0.9728 D_{围}$；表中$D$为围尺径；$D \leqslant 100$cm

D	V	ΔV	D	V	ΔV	D	V	ΔV	D	V	ΔV
5	0.0050	0.0033	29	0.4060	0.0320	53	1.4987	0.0599	77	3.2398	0.0860
6	0.0083	0.0043	30	0.4380	0.0332	54	1.5586	0.0610	78	3.3259	0.0871
7	0.0125	0.0053	31	0.4711	0.0344	55	1.6197	0.0621	79	3.4129	0.0881
8	0.0178	0.0064	32	0.5055	0.0356	56	1.6818	0.0633	80	3.5011	0.0892
9	0.0243	0.0075	33	0.5411	0.0368	57	1.7451	0.0644	81	3.5902	0.0902
10	0.0318	0.0087	34	0.5778	0.0380	58	1.8095	0.0655	82	3.6804	0.0913
11	0.0405	0.0099	35	0.6158	0.0392	59	1.8749	0.0666	83	3.7717	0.0923
12	0.0504	0.0111	36	0.6550	0.0403	60	1.9415	0.0677	84	3.8640	0.0934
13	0.0615	0.0123	37	0.6953	0.0415	61	2.0092	0.0688	85	3.9574	0.0944
14	0.0738	0.0135	38	0.7368	0.0427	62	2.0780	0.0699	86	4.0518	0.0954
15	0.0873	0.0147	39	0.7795	0.0439	63	2.1479	0.0710	87	4.1472	0.0965
16	0.1020	0.0160	40	0.8234	0.0450	64	2.2189	0.0721	88	4.2437	0.0975
17	0.1180	0.0172	41	0.8684	0.0462	65	2.2909	0.0732	89	4.3412	0.0985
18	0.1352	0.0185	42	0.9146	0.0474	66	2.3641	0.0742	90	4.4398	0.0996
19	0.1537	0.0197	43	0.9620	0.0485	67	2.4383	0.0753	91	4.5393	0.1006
20	0.1734	0.0209	44	1.0105	0.0497	68	2.5136	0.0764	92	4.6400	0.1016
21	0.1943	0.0222	45	1.0602	0.0508	69	2.5900	0.0775	93	4.7416	0.1027
22	0.2165	0.0234	46	1.1110	0.0520	70	2.6675	0.0786	94	4.8442	0.1037
23	0.2399	0.0246	47	1.1630	0.0531	71	2.7461	0.0796	95	4.9479	0.1047
24	0.2645	0.0259	48	1.2161	0.0543	72	2.8257	0.0807	96	5.0526	0.1057
25	0.2904	0.0271	49	1.2704	0.0554	73	2.9064	0.0818	97	5.1584	0.1067
26	0.3174	0.0283	50	1.3258	0.0565	74	2.9882	0.0828	98	5.2651	0.1078
27	0.3457	0.0295	51	1.3823	0.0577	75	3.0710	0.0839	99	5.3729	0.1088
28	0.3753	0.0307	52	1.4399	0.0588	76	3.1549	0.0850	100	5.4816	0.1088

适用树种：二类阔叶；适用地区：黄泥河林业局；资料名称：吉林省一元立木材积表、材种出材率表、地径材积表；编表人或作者：吉林省林业厅；刊印或发表时间：2003。其他说明：吉林资 (2002) 627 号文件发布。

369. 黄泥河林业局柞树一元立木材积表（围尺）

$$V = 0.000061125534D_{轮}^{1.8810091}H^{0.94462565}$$

$$H = 24.2211 - 365.5972/(D_{轮} + 15)$$

$D_{轮} = -0.1791 + 0.9737D_{围}$；表中$D$为围尺径；$D \leqslant 100$cm

D	V	ΔV	D	V	ΔV	D	V	ΔV	D	V	ΔV
5	0.0057	0.0036	29	0.4370	0.0342	53	1.6098	0.0645	77	3.4918	0.0933
6	0.0094	0.0047	30	0.4712	0.0355	54	1.6743	0.0657	78	3.5851	0.0945
7	0.0141	0.0058	31	0.5068	0.0368	55	1.7401	0.0670	79	3.6796	0.0957
8	0.0199	0.0070	32	0.5436	0.0381	56	1.8070	0.0682	80	3.7753	0.0968
9	0.0270	0.0082	33	0.5816	0.0394	57	1.8752	0.0694	81	3.8721	0.0980
10	0.0352	0.0095	34	0.6210	0.0407	58	1.9446	0.0706	82	3.9701	0.0992
11	0.0447	0.0107	35	0.6617	0.0419	59	2.0152	0.0718	83	4.0693	0.1003
12	0.0554	0.0120	36	0.7036	0.0432	60	2.0870	0.0730	84	4.1696	0.1015
13	0.0674	0.0133	37	0.7469	0.0445	61	2.1601	0.0742	85	4.2711	0.1027
14	0.0807	0.0146	38	0.7914	0.0458	62	2.2343	0.0755	86	4.3738	0.1038
15	0.0953	0.0159	39	0.8371	0.0470	63	2.3098	0.0767	87	4.4776	0.1050
16	0.1112	0.0172	40	0.8842	0.0483	64	2.3864	0.0779	88	4.5826	0.1061
17	0.1284	0.0185	41	0.9325	0.0496	65	2.4643	0.0791	89	4.6888	0.1073
18	0.1469	0.0198	42	0.9821	0.0508	66	2.5434	0.0803	90	4.7961	0.1085
19	0.1667	0.0211	43	1.0329	0.0521	67	2.6236	0.0815	91	4.9046	0.1096
20	0.1878	0.0224	44	1.0850	0.0533	68	2.7051	0.0827	92	5.0142	0.1108
21	0.2103	0.0238	45	1.1383	0.0546	69	2.7878	0.0838	93	5.1249	0.1119
22	0.2340	0.0251	46	1.1929	0.0558	70	2.8716	0.0850	94	5.2369	0.1131
23	0.2591	0.0264	47	1.2487	0.0571	71	2.9567	0.0862	95	5.3499	0.1142
24	0.2855	0.0277	48	1.3058	0.0583	72	3.0429	0.0874	96	5.4641	0.1154
25	0.3132	0.0290	49	1.3642	0.0596	73	3.1303	0.0886	97	5.5795	0.1165
26	0.3422	0.0303	50	1.4237	0.0608	74	3.2189	0.0898	98	5.6960	0.1176
27	0.3725	0.0316	51	1.4845	0.0620	75	3.3087	0.0910	99	5.8136	0.1188
28	0.4041	0.0329	52	1.5466	0.0633	76	3.3996	0.0921	100	5.9324	0.1188

适用树种：柞树（栎树）；适用地区：黄泥河林业局；资料名称：吉林省一元立木材积表、材种出材率表、地径材积表；编表人或作者：吉林省林业厅；刊印或发表时间：2003。其他说明：吉林资 (2002) 627 号文件发布。

370. 黄泥河林业局人工红松一元立木材积表（围尺）

$$V = 0.00007616D_{轮}^{1.89948264}H^{0.86116962}$$

$$H = 21.838617 - 309.159278/(D_{轮} + 14)$$

$D_{轮} = -0.49805 + 0.98158D_{围}$；表中$D$为围尺径；$D \leqslant 100$cm

D	V	ΔV	D	V	ΔV	D	V	ΔV	D	V	ΔV
5	0.0051	0.0035	29	0.4256	0.0334	53	1.5702	0.0630	77	3.4109	0.0914
6	0.0086	0.0045	30	0.4590	0.0346	54	1.6332	0.0642	78	3.5023	0.0926
7	0.0131	0.0057	31	0.4936	0.0359	55	1.6974	0.0654	79	3.5948	0.0937
8	0.0188	0.0068	32	0.5295	0.0372	56	1.7628	0.0666	80	3.6886	0.0949
9	0.0256	0.0080	33	0.5667	0.0384	57	1.8294	0.0678	81	3.7834	0.0960
10	0.0336	0.0092	34	0.6051	0.0397	58	1.8972	0.0690	82	3.8795	0.0972
11	0.0429	0.0105	35	0.6448	0.0409	59	1.9662	0.0702	83	3.9767	0.0983
12	0.0533	0.0117	36	0.6857	0.0422	60	2.0365	0.0714	84	4.0750	0.0995
13	0.0650	0.0130	37	0.7279	0.0434	61	2.1078	0.0726	85	4.1745	0.1006
14	0.0780	0.0142	38	0.7713	0.0447	62	2.1804	0.0738	86	4.2752	0.1018
15	0.0922	0.0155	39	0.8159	0.0459	63	2.2542	0.0750	87	4.3769	0.1029
16	0.1077	0.0168	40	0.8618	0.0471	64	2.3292	0.0761	88	4.4799	0.1041
17	0.1245	0.0181	41	0.9089	0.0484	65	2.4053	0.0773	89	4.5840	0.1052
18	0.1426	0.0193	42	0.9573	0.0496	66	2.4827	0.0785	90	4.6892	0.1064
19	0.1619	0.0206	43	1.0069	0.0508	67	2.5612	0.0797	91	4.7956	0.1075
20	0.1825	0.0219	44	1.0577	0.0521	68	2.6409	0.0809	92	4.9031	0.1087
21	0.2044	0.0232	45	1.1098	0.0533	69	2.7217	0.0820	93	5.0118	0.1098
22	0.2276	0.0245	46	1.1631	0.0545	70	2.8038	0.0832	94	5.1216	0.1110
23	0.2521	0.0257	47	1.2176	0.0557	71	2.8870	0.0844	95	5.2326	0.1121
24	0.2778	0.0270	48	1.2733	0.0569	72	2.9714	0.0856	96	5.3447	0.1132
25	0.3048	0.0283	49	1.3303	0.0582	73	3.0570	0.0867	97	5.4579	0.1144
26	0.3331	0.0296	50	1.3884	0.0594	74	3.1437	0.0879	98	5.5722	0.1155
27	0.3627	0.0308	51	1.4478	0.0606	75	3.2316	0.0891	99	5.6877	0.1166
28	0.3935	0.0321	52	1.5084	0.0618	76	3.3207	0.0902	100	5.8044	0.1166

适用树种：人工红松；适用地区：黄泥河林业局；资料名称：吉林省一元立木材积表、材种出材率表、地径材积表；编表人或作者：吉林省林业厅；刊印或发表时间：2003。其他说明：吉林资 (2002) 627 号文件发布。

371. 黄泥河林业局人工樟子松一元立木材积表（围尺）

$$V = 0.00005228D_{轮}^{1.57561364}H^{1.36856283}$$

$$H = 32.964525 - 978.037469/(D_{轮} + 31)$$

$D_{轮} = -0.34995 + 0.97838D_{围}$；表中$D$为围尺径；$D \leqslant$100cm

D	V	ΔV	D	V	ΔV	D	V	ΔV	D	V	ΔV
5	0.0058	0.0036	29	0.4586	0.0364	53	1.6912	0.0666	77	3.5885	0.0919
6	0.0093	0.0046	30	0.4950	0.0378	54	1.7578	0.0677	78	3.6804	0.0929
7	0.0140	0.0058	31	0.5328	0.0392	55	1.8255	0.0689	79	3.7733	0.0938
8	0.0198	0.0070	32	0.5720	0.0405	56	1.8944	0.0700	80	3.8671	0.0948
9	0.0268	0.0083	33	0.6125	0.0419	57	1.9644	0.0711	81	3.9619	0.0957
10	0.0351	0.0096	34	0.6544	0.0432	58	2.0355	0.0722	82	4.0576	0.0967
11	0.0447	0.0109	35	0.6976	0.0445	59	2.1077	0.0733	83	4.1543	0.0976
12	0.0556	0.0123	36	0.7421	0.0458	60	2.1810	0.0744	84	4.2519	0.0986
13	0.0679	0.0137	37	0.7879	0.0471	61	2.2554	0.0755	85	4.3505	0.0995
14	0.0816	0.0151	38	0.8350	0.0484	62	2.3309	0.0766	86	4.4500	0.1004
15	0.0968	0.0165	39	0.8834	0.0497	63	2.4075	0.0776	87	4.5504	0.1013
16	0.1133	0.0180	40	0.9331	0.0510	64	2.4851	0.0787	88	4.6518	0.1023
17	0.1313	0.0194	41	0.9841	0.0522	65	2.5638	0.0798	89	4.7540	0.1032
18	0.1507	0.0208	42	1.0363	0.0535	66	2.6436	0.0808	90	4.8572	0.1041
19	0.1715	0.0223	43	1.0898	0.0547	67	2.7244	0.0818	91	4.9613	0.1050
20	0.1938	0.0237	44	1.1445	0.0559	68	2.8062	0.0829	92	5.0663	0.1059
21	0.2175	0.0252	45	1.2004	0.0572	69	2.8891	0.0839	93	5.1722	0.1068
22	0.2427	0.0266	46	1.2576	0.0584	70	2.9730	0.0849	94	5.2789	0.1077
23	0.2693	0.0280	47	1.3160	0.0596	71	3.0579	0.0859	95	5.3866	0.1086
24	0.2973	0.0294	48	1.3756	0.0608	72	3.1439	0.0869	96	5.4951	0.1094
25	0.3268	0.0309	49	1.4363	0.0620	73	3.2308	0.0879	97	5.6046	0.1103
26	0.3576	0.0323	50	1.4983	0.0631	74	3.3188	0.0889	98	5.7149	0.1112
27	0.3899	0.0337	51	1.5614	0.0643	75	3.4077	0.0899	99	5.8261	0.1120
28	0.4236	0.0351	52	1.6257	0.0655	76	3.4976	0.0909	100	5.9381	0.1120

适用树种：人工樟子松；适用地区：黄泥河林业局；资料名称：吉林省一元立木材积表、材种出材率表、地径材积表；编表人或作者：吉林省林业厅；刊印或发表时间：2003。其他说明：吉林资 (2002) 627 号文件发布。

372. 黄泥河林业局人工落叶松一元立木材积表（围尺）

$$V = 0.00008472 D_{轮}^{1.97420228} H^{0.74561762}$$

$$H = 34.593188 - 650.52497/(D_{轮} + 18)$$

$D_{轮} = -0.2506 + 0.9809 D_{围}$；表中$D$为围尺径；$D \leqslant 100$cm

D	V	ΔV	D	V	ΔV	D	V	ΔV	D	V	ΔV
5	0.0066	0.0045	29	0.5877	0.0477	53	2.2757	0.0950	77	5.0993	0.1423
6	0.0111	0.0058	30	0.6355	0.0497	54	2.3707	0.0970	78	5.2415	0.1442
7	0.0169	0.0073	31	0.6851	0.0516	55	2.4677	0.0989	79	5.3858	0.1462
8	0.0242	0.0089	32	0.7368	0.0536	56	2.5666	0.1009	80	5.5319	0.1481
9	0.0331	0.0105	33	0.7904	0.0556	57	2.6675	0.1029	81	5.6801	0.1501
10	0.0436	0.0122	34	0.8459	0.0575	58	2.7703	0.1048	82	5.8302	0.1521
11	0.0558	0.0139	35	0.9035	0.0595	59	2.8752	0.1068	83	5.9823	0.1540
12	0.0696	0.0156	36	0.9630	0.0615	60	2.9820	0.1088	84	6.1363	0.1560
13	0.0853	0.0174	37	1.0244	0.0634	61	3.0908	0.1108	85	6.2923	0.1580
14	0.1026	0.0192	38	1.0878	0.0654	62	3.2016	0.1127	86	6.4503	0.1599
15	0.1218	0.0210	39	1.1532	0.0674	63	3.3143	0.1147	87	6.6102	0.1619
16	0.1428	0.0228	40	1.2206	0.0693	64	3.4290	0.1167	88	6.7721	0.1638
17	0.1657	0.0247	41	1.2899	0.0713	65	3.5457	0.1186	89	6.9359	0.1658
18	0.1904	0.0266	42	1.3612	0.0733	66	3.6643	0.1206	90	7.1017	0.1678
19	0.2169	0.0285	43	1.4345	0.0752	67	3.7849	0.1226	91	7.2695	0.1697
20	0.2454	0.0304	44	1.5097	0.0772	68	3.9075	0.1246	92	7.4392	0.1717
21	0.2757	0.0323	45	1.5869	0.0792	69	4.0320	0.1265	93	7.6109	0.1736
22	0.3080	0.0342	46	1.6661	0.0812	70	4.1586	0.1285	94	7.7845	0.1756
23	0.3422	0.0361	47	1.7473	0.0831	71	4.2870	0.1305	95	7.9601	0.1776
24	0.3783	0.0380	48	1.8304	0.0851	72	4.4175	0.1324	96	8.1377	0.1795
25	0.4163	0.0400	49	1.9155	0.0871	73	4.5499	0.1344	97	8.3172	0.1815
26	0.4562	0.0419	50	2.0026	0.0891	74	4.6843	0.1364	98	8.4987	0.1834
27	0.4981	0.0438	51	2.0917	0.0910	75	4.8207	0.1383	99	8.6821	0.1854
28	0.5420	0.0458	52	2.1827	0.0930	76	4.9590	0.1403	100	8.8675	0.1854

适用树种：人工落叶松；适用地区：黄泥河林业局；资料名称：吉林省一元立木材积表、材种出材率表、地径材积表；编表人或作者：吉林省林业厅；刊印或发表时间：2003。其他说明：吉林资 (2002) 627 号文件发布。

373. 黄泥河林业局人工杨树一元立木材积表（围尺）

$$V = 0.0000717D_{轮}^{1.69135017}H^{1.08071211}$$

$$H = 30.633299 - 547.989609/(D_{轮} + 16)$$

$D_{轮} = -0.62168 + 0.98712D_{围}$；表中$D$为围尺径；$D \leqslant 100$cm

D	V	ΔV	D	V	ΔV	D	V	ΔV	D	V	ΔV
5	0.0035	0.0033	29	0.4619	0.0358	53	1.6432	0.0629	77	3.4244	0.0860
6	0.0067	0.0045	30	0.4977	0.0371	54	1.7061	0.0639	78	3.5104	0.0869
7	0.0112	0.0058	31	0.5348	0.0383	55	1.7700	0.0649	79	3.5974	0.0878
8	0.0171	0.0072	32	0.5731	0.0395	56	1.8349	0.0659	80	3.6852	0.0887
9	0.0243	0.0086	33	0.6126	0.0407	57	1.9009	0.0670	81	3.7739	0.0896
10	0.0329	0.0100	34	0.6534	0.0419	58	1.9678	0.0680	82	3.8635	0.0905
11	0.0429	0.0115	35	0.6953	0.0431	59	2.0358	0.0690	83	3.9540	0.0914
12	0.0544	0.0129	36	0.7384	0.0443	60	2.1048	0.0699	84	4.0454	0.0923
13	0.0673	0.0143	37	0.7826	0.0454	61	2.1747	0.0709	85	4.1377	0.0932
14	0.0816	0.0158	38	0.8281	0.0466	62	2.2456	0.0719	86	4.2309	0.0940
15	0.0973	0.0172	39	0.8747	0.0477	63	2.3175	0.0729	87	4.3249	0.0949
16	0.1145	0.0186	40	0.9224	0.0489	64	2.3904	0.0739	88	4.4198	0.0958
17	0.1331	0.0200	41	0.9713	0.0500	65	2.4643	0.0748	89	4.5156	0.0966
18	0.1531	0.0214	42	1.0213	0.0511	66	2.5391	0.0758	90	4.6122	0.0975
19	0.1745	0.0228	43	1.0724	0.0522	67	2.6149	0.0767	91	4.7097	0.0984
20	0.1972	0.0241	44	1.1246	0.0533	68	2.6916	0.0777	92	4.8081	0.0992
21	0.2213	0.0255	45	1.1779	0.0544	69	2.7693	0.0786	93	4.9073	0.1001
22	0.2468	0.0268	46	1.2323	0.0555	70	2.8479	0.0796	94	5.0074	0.1009
23	0.2736	0.0281	47	1.2878	0.0566	71	2.9275	0.0805	95	5.1083	0.1018
24	0.3018	0.0295	48	1.3444	0.0576	72	3.0080	0.0814	96	5.2100	0.1026
25	0.3312	0.0308	49	1.4021	0.0587	73	3.0894	0.0824	97	5.3126	0.1034
26	0.3620	0.0320	50	1.4608	0.0598	74	3.1718	0.0833	98	5.4161	0.1043
27	0.3940	0.0333	51	1.5205	0.0608	75	3.2551	0.0842	99	5.5204	0.1051
28	0.4273	0.0346	52	1.5813	0.0619	76	3.3393	0.0851	100	5.6255	0.1051

适用树种：人工杨树；适用地区：黄泥河林业局；资料名称：吉林省一元立木材积表、材种出材率表、地径材积表；编表人或作者：吉林省林业厅；刊印或发表时间：2003。其他说明：吉林资 (2002) 627 号文件发布。

374. 白河林业局针叶树一元立木材积表（围尺）

$$V = 0.0000578596D_{轮}^{1.8892}H^{0.98755}$$

$$H = 47.8253 - 2208.2375/(D_{轮} + 47)$$

$D_{轮} = -0.1349 + 0.9756D_{围}$；表中$D$为围尺径；$D \leqslant 100$cm

D	V	ΔV	D	V	ΔV	D	V	ΔV	D	V	ΔV
5	0.0055	0.0035	29	0.5637	0.0496	53	2.4277	0.1089	77	5.7457	0.1701
6	0.0091	0.0047	30	0.6133	0.0519	54	2.5367	0.1115	78	5.9158	0.1727
7	0.0137	0.0059	31	0.6652	0.0543	55	2.6481	0.1140	79	6.0885	0.1752
8	0.0197	0.0073	32	0.7195	0.0567	56	2.7622	0.1166	80	6.2638	0.1778
9	0.0270	0.0088	33	0.7762	0.0591	57	2.8787	0.1191	81	6.4415	0.1803
10	0.0358	0.0103	34	0.8353	0.0615	58	2.9978	0.1217	82	6.6219	0.1829
11	0.0461	0.0120	35	0.8969	0.0640	59	3.1195	0.1242	83	6.8047	0.1854
12	0.0581	0.0137	36	0.9608	0.0664	60	3.2437	0.1268	84	6.9901	0.1880
13	0.0718	0.0155	37	1.0272	0.0688	61	3.3705	0.1293	85	7.1781	0.1905
14	0.0872	0.0173	38	1.0961	0.0713	62	3.4998	0.1319	86	7.3686	0.1930
15	0.1045	0.0192	39	1.1674	0.0738	63	3.6316	0.1344	87	7.5616	0.1956
16	0.1237	0.0211	40	1.2411	0.0762	64	3.7661	0.1370	88	7.7572	0.1981
17	0.1448	0.0231	41	1.3174	0.0787	65	3.9030	0.1395	89	7.9553	0.2006
18	0.1679	0.0251	42	1.3961	0.0812	66	4.0425	0.1421	90	8.1559	0.2032
19	0.1930	0.0272	43	1.4773	0.0837	67	4.1846	0.1446	91	8.3591	0.2057
20	0.2203	0.0293	44	1.5611	0.0862	68	4.3292	0.1472	92	8.5648	0.2082
21	0.2496	0.0315	45	1.6473	0.0887	69	4.4764	0.1497	93	8.7731	0.2108
22	0.2810	0.0336	46	1.7360	0.0912	70	4.6261	0.1523	94	8.9838	0.2133
23	0.3147	0.0358	47	1.8273	0.0938	71	4.7784	0.1548	95	9.1971	0.2158
24	0.3505	0.0381	48	1.9210	0.0963	72	4.9333	0.1574	96	9.4130	0.2184
25	0.3886	0.0403	49	2.0173	0.0988	73	5.0907	0.1599	97	9.6313	0.2209
26	0.4289	0.0426	50	2.1161	0.1013	74	5.2506	0.1625	98	9.8522	0.2234
27	0.4715	0.0449	51	2.2174	0.1039	75	5.4131	0.1650	99	10.0756	0.2259
28	0.5164	0.0472	52	2.3213	0.1064	76	5.5781	0.1676	100	10.3015	0.2259

适用树种：针叶树；适用地区：白河林业局、长白山保护区；资料名称：吉林省一元立木材积表、材种出材率表、地径材积表；编表人或作者：吉林省林业厅；刊印或发表时间：2003。其他说明：吉林资 (2002) 627 号文件发布。

375. 白河林业局一类阔叶一元立木材积表（围尺）

$$V = 0.000053309D_{轮}^{1.88452}H^{0.99834}$$

$$H = 29.7991 - 480.7674/(D_{轮} + 16)$$

$D_{轮} = -0.1659 + 0.9734D_{围}$；表中$D$为围尺径；$D \leqslant 100\text{cm}$

D	V	ΔV	D	V	ΔV	D	V	ΔV	D	V	ΔV
5	0.0065	0.0042	29	0.5369	0.0428	53	2.0170	0.0819	77	4.4154	0.1193
6	0.0107	0.0055	30	0.5797	0.0444	54	2.0989	0.0835	78	4.5347	0.1208
7	0.0162	0.0069	31	0.6241	0.0461	55	2.1824	0.0851	79	4.6555	0.1223
8	0.0230	0.0083	32	0.6702	0.0478	56	2.2674	0.0867	80	4.7779	0.1239
9	0.0314	0.0098	33	0.7180	0.0494	57	2.3541	0.0882	81	4.9017	0.1254
10	0.0412	0.0113	34	0.7674	0.0511	58	2.4423	0.0898	82	5.0271	0.1269
11	0.0525	0.0129	35	0.8185	0.0527	59	2.5321	0.0914	83	5.1540	0.1284
12	0.0654	0.0145	36	0.8712	0.0544	60	2.6235	0.0930	84	5.2824	0.1299
13	0.0799	0.0161	37	0.9256	0.0560	61	2.7165	0.0945	85	5.4123	0.1314
14	0.0960	0.0177	38	0.9816	0.0577	62	2.8110	0.0961	86	5.5437	0.1329
15	0.1138	0.0194	39	1.0392	0.0593	63	2.9071	0.0977	87	5.6767	0.1345
16	0.1332	0.0210	40	1.0985	0.0609	64	3.0048	0.0992	88	5.8111	0.1360
17	0.1542	0.0227	41	1.1595	0.0626	65	3.1040	0.1008	89	5.9471	0.1375
18	0.1769	0.0244	42	1.2220	0.0642	66	3.2047	0.1023	90	6.0846	0.1390
19	0.2012	0.0260	43	1.2862	0.0658	67	3.3071	0.1039	91	6.2235	0.1405
20	0.2273	0.0277	44	1.3521	0.0674	68	3.4110	0.1054	92	6.3640	0.1420
21	0.2550	0.0294	45	1.4195	0.0691	69	3.5164	0.1070	93	6.5059	0.1435
22	0.2843	0.0311	46	1.4885	0.0707	70	3.6234	0.1085	94	6.6494	0.1449
23	0.3154	0.0327	47	1.5592	0.0723	71	3.7319	0.1101	95	6.7943	0.1464
24	0.3481	0.0344	48	1.6315	0.0739	72	3.8420	0.1116	96	6.9408	0.1479
25	0.3825	0.0361	49	1.7054	0.0755	73	3.9536	0.1132	97	7.0887	0.1494
26	0.4186	0.0378	50	1.7809	0.0771	74	4.0668	0.1147	98	7.2381	0.1509
27	0.4564	0.0394	51	1.8580	0.0787	75	4.1815	0.1162	99	7.3890	0.1524
28	0.4958	0.0411	52	1.9367	0.0803	76	4.2977	0.1178	100	7.5414	0.1524

适用树种：一类阔叶；适用地区：白河林业局、长白山保护区；资料名称：吉林省一元立木材积表、材种出材率表、地径材积表；编表人或作者：吉林省林业厅；刊印或发表时间：2003。其他说明：吉林资 (2002) 627 号文件发布。

376. 白河林业局二类阔叶一元立木材积表（围尺）

$$V = 0.000048841D_{轮}^{1.84048}H^{1.05252}$$

$$H = 24.9945 - 400.1505/(D_{轮} + 16)$$

$D_{轮} = -0.1979 + 0.9728D_{围}$；表中$D$为围尺径；$D \leqslant 100$cm

D	V	ΔV	D	V	ΔV	D	V	ΔV	D	V	ΔV
5	0.0051	0.0033	29	0.4142	0.0326	53	1.5289	0.0611	77	3.3050	0.0877
6	0.0085	0.0043	30	0.4468	0.0338	54	1.5900	0.0623	78	3.3927	0.0888
7	0.0128	0.0054	31	0.4806	0.0351	55	1.6523	0.0634	79	3.4816	0.0899
8	0.0182	0.0065	32	0.5157	0.0363	56	1.7157	0.0645	80	3.5715	0.0910
9	0.0248	0.0077	33	0.5520	0.0375	57	1.7802	0.0657	81	3.6624	0.0920
10	0.0324	0.0089	34	0.5895	0.0387	58	1.8459	0.0668	82	3.7545	0.0931
11	0.0413	0.0101	35	0.6282	0.0399	59	1.9127	0.0679	83	3.8476	0.0942
12	0.0514	0.0113	36	0.6681	0.0411	60	1.9806	0.0690	84	3.9417	0.0952
13	0.0627	0.0125	37	0.7093	0.0424	61	2.0496	0.0702	85	4.0370	0.0963
14	0.0753	0.0138	38	0.7516	0.0436	62	2.1198	0.0713	86	4.1333	0.0974
15	0.0891	0.0150	39	0.7952	0.0447	63	2.1911	0.0724	87	4.2306	0.0984
16	0.1041	0.0163	40	0.8399	0.0459	64	2.2635	0.0735	88	4.3290	0.0995
17	0.1204	0.0176	41	0.8859	0.0471	65	2.3370	0.0746	89	4.4285	0.1005
18	0.1380	0.0188	42	0.9330	0.0483	66	2.4116	0.0757	90	4.5290	0.1016
19	0.1568	0.0201	43	0.9813	0.0495	67	2.4874	0.0768	91	4.6306	0.1026
20	0.1769	0.0213	44	1.0308	0.0507	68	2.5642	0.0779	92	4.7332	0.1037
21	0.1982	0.0226	45	1.0815	0.0519	69	2.6421	0.0790	93	4.8369	0.1047
22	0.2208	0.0239	46	1.1334	0.0530	70	2.7212	0.0801	94	4.9416	0.1058
23	0.2447	0.0251	47	1.1864	0.0542	71	2.8013	0.0812	95	5.0474	0.1068
24	0.2698	0.0264	48	1.2406	0.0554	72	2.8825	0.0823	96	5.1542	0.1078
25	0.2962	0.0276	49	1.2959	0.0565	73	2.9649	0.0834	97	5.2621	0.1089
26	0.3238	0.0289	50	1.3524	0.0577	74	3.0483	0.0845	98	5.3710	0.1099
27	0.3527	0.0301	51	1.4101	0.0588	75	3.1328	0.0856	99	5.4809	0.1110
28	0.3828	0.0314	52	1.4689	0.0600	76	3.2183	0.0867	100	5.5918	0.1110

适用树种：二类阔叶；适用地区：白河林业局、长白山保护区；资料名称：吉林省一元立木材积表、材种出材率表、地径材积表；编表人或作者：吉林省林业厅；刊印或发表时间：2003。其他说明：吉林资 (2002) 627 号文件发布。

377. 白河林业局柞树一元立木材积表（围尺）

$$V = 0.000061125534D_{轮}^{1.8810091}H^{0.94462565}$$
$$H = 24.4858 - 369.6402/(D_{轮} + 15)$$
$$D_{轮} = -0.1791 + 0.9737D_{围}；表中D为围尺径；D \leqslant 100\text{cm}$$

D	V	ΔV	D	V	ΔV	D	V	ΔV	D	V	ΔV
5	0.0058	0.0037	29	0.4415	0.0346	53	1.6264	0.0652	77	3.5277	0.0943
6	0.0095	0.0048	30	0.4761	0.0359	54	1.6916	0.0664	78	3.6220	0.0955
7	0.0142	0.0059	31	0.5119	0.0372	55	1.7580	0.0676	79	3.7175	0.0967
8	0.0201	0.0071	32	0.5491	0.0385	56	1.8256	0.0689	80	3.8141	0.0978
9	0.0272	0.0083	33	0.5876	0.0398	57	1.8945	0.0701	81	3.9120	0.0990
10	0.0356	0.0096	34	0.6274	0.0411	58	1.9646	0.0713	82	4.0110	0.1002
11	0.0451	0.0108	35	0.6685	0.0424	59	2.0359	0.0726	83	4.1112	0.1014
12	0.0560	0.0121	36	0.7109	0.0437	60	2.1085	0.0738	84	4.2126	0.1026
13	0.0681	0.0134	37	0.7545	0.0450	61	2.1823	0.0750	85	4.3151	0.1037
14	0.0815	0.0147	38	0.7995	0.0462	62	2.2573	0.0762	86	4.4189	0.1049
15	0.0963	0.0160	39	0.8457	0.0475	63	2.3336	0.0775	87	4.5238	0.1061
16	0.1123	0.0174	40	0.8933	0.0488	64	2.4110	0.0787	88	4.6298	0.1072
17	0.1297	0.0187	41	0.9421	0.0501	65	2.4897	0.0799	89	4.7371	0.1084
18	0.1484	0.0200	42	0.9921	0.0514	66	2.5696	0.0811	90	4.8455	0.1096
19	0.1684	0.0213	43	1.0435	0.0526	67	2.6506	0.0823	91	4.9551	0.1107
20	0.1897	0.0227	44	1.0961	0.0539	68	2.7329	0.0835	92	5.0658	0.1119
21	0.2124	0.0240	45	1.1500	0.0552	69	2.8165	0.0847	93	5.1777	0.1131
22	0.2364	0.0253	46	1.2052	0.0564	70	2.9012	0.0859	94	5.2908	0.1142
23	0.2617	0.0267	47	1.2616	0.0577	71	2.9871	0.0871	95	5.4050	0.1154
24	0.2884	0.0280	48	1.3193	0.0589	72	3.0742	0.0883	96	5.5204	0.1165
25	0.3164	0.0293	49	1.3782	0.0602	73	3.1625	0.0895	97	5.6370	0.1177
26	0.3457	0.0306	50	1.4384	0.0614	74	3.2520	0.0907	98	5.7547	0.1189
27	0.3763	0.0319	51	1.4998	0.0627	75	3.3427	0.0919	99	5.8735	0.1200
28	0.4083	0.0333	52	1.5625	0.0639	76	3.4346	0.0931	100	5.9935	0.1200

适用树种：柞树（栎树）；适用地区：白河林业局、长白山保护区；资料名称：吉林省一元立木材积表、材种出材率表、地径材积表；编表人或作者：吉林省林业厅；刊印或发表时间：2003。其他说明：吉林资 (2002) 627 号文件发布。

378. 白河林业局人工红松一元立木材积表（围尺）

$$V = 0.00007616D_{轮}^{1.89948264}H^{0.86116962}$$

$$H = 21.838617 - 309.159278/(D_{轮} + 14)$$

$D_{轮} = -0.49805 + 0.98158D_{围}$；表中$D$为围尺径；$D \leqslant 100$cm

D	V	ΔV	D	V	ΔV	D	V	ΔV	D	V	ΔV
5	0.0051	0.0035	29	0.4256	0.0334	53	1.5702	0.0630	77	3.4109	0.0914
6	0.0086	0.0045	30	0.4590	0.0346	54	1.6332	0.0642	78	3.5023	0.0926
7	0.0131	0.0057	31	0.4936	0.0359	55	1.6974	0.0654	79	3.5948	0.0937
8	0.0188	0.0068	32	0.5295	0.0372	56	1.7628	0.0666	80	3.6886	0.0949
9	0.0256	0.0080	33	0.5667	0.0384	57	1.8294	0.0678	81	3.7834	0.0960
10	0.0336	0.0092	34	0.6051	0.0397	58	1.8972	0.0690	82	3.8795	0.0972
11	0.0429	0.0105	35	0.6448	0.0409	59	1.9662	0.0702	83	3.9767	0.0983
12	0.0533	0.0117	36	0.6857	0.0422	60	2.0365	0.0714	84	4.0750	0.0995
13	0.0650	0.0130	37	0.7279	0.0434	61	2.1078	0.0726	85	4.1745	0.1006
14	0.0780	0.0142	38	0.7713	0.0447	62	2.1804	0.0738	86	4.2752	0.1018
15	0.0922	0.0155	39	0.8159	0.0459	63	2.2542	0.0750	87	4.3769	0.1029
16	0.1077	0.0168	40	0.8618	0.0471	64	2.3292	0.0761	88	4.4799	0.1041
17	0.1245	0.0181	41	0.9089	0.0484	65	2.4053	0.0773	89	4.5840	0.1052
18	0.1426	0.0193	42	0.9573	0.0496	66	2.4827	0.0785	90	4.6892	0.1064
19	0.1619	0.0206	43	1.0069	0.0508	67	2.5612	0.0797	91	4.7956	0.1075
20	0.1825	0.0219	44	1.0577	0.0521	68	2.6409	0.0809	92	4.9031	0.1087
21	0.2044	0.0232	45	1.1098	0.0533	69	2.7217	0.0820	93	5.0118	0.1098
22	0.2276	0.0245	46	1.1631	0.0545	70	2.8038	0.0832	94	5.1216	0.1110
23	0.2521	0.0257	47	1.2176	0.0557	71	2.8870	0.0844	95	5.2326	0.1121
24	0.2778	0.0270	48	1.2733	0.0569	72	2.9714	0.0856	96	5.3447	0.1132
25	0.3048	0.0283	49	1.3303	0.0582	73	3.0570	0.0867	97	5.4579	0.1144
26	0.3331	0.0296	50	1.3884	0.0594	74	3.1437	0.0879	98	5.5722	0.1155
27	0.3627	0.0308	51	1.4478	0.0606	75	3.2316	0.0891	99	5.6877	0.1166
28	0.3935	0.0321	52	1.5084	0.0618	76	3.3207	0.0902	100	5.8044	0.1166

适用树种：人工红松；适用地区：白河林业局、长白山保护区；资料名称：吉林省一元立木材积表、材种出材率表、地径材积表；编表人或作者：吉林省林业厅；刊印或发表时间：2003。其他说明：吉林资 (2002) 627 号文件发布。

379. 白河林业局人工樟子松一元立木材积表（围尺）

$$V = 0.00005228D_{轮}^{1.57561364}H^{1.36856283}$$

$$H = 32.964525 - 978.037469/(D_{轮} + 31)$$

$D_{轮} = -0.34995 + 0.97838D_{围}$；表中$D$为围尺径；$D \leqslant 100$cm

D	V	ΔV	D	V	ΔV	D	V	ΔV	D	V	ΔV
5	0.0058	0.0036	29	0.4586	0.0364	53	1.6912	0.0666	77	3.5885	0.0919
6	0.0093	0.0046	30	0.4950	0.0378	54	1.7578	0.0677	78	3.6804	0.0929
7	0.0140	0.0058	31	0.5328	0.0392	55	1.8255	0.0689	79	3.7733	0.0938
8	0.0198	0.0070	32	0.5720	0.0405	56	1.8944	0.0700	80	3.8671	0.0948
9	0.0268	0.0083	33	0.6125	0.0419	57	1.9644	0.0711	81	3.9619	0.0957
10	0.0351	0.0096	34	0.6544	0.0432	58	2.0355	0.0722	82	4.0576	0.0967
11	0.0447	0.0109	35	0.6976	0.0445	59	2.1077	0.0733	83	4.1543	0.0976
12	0.0556	0.0123	36	0.7421	0.0458	60	2.1810	0.0744	84	4.2519	0.0986
13	0.0679	0.0137	37	0.7879	0.0471	61	2.2554	0.0755	85	4.3505	0.0995
14	0.0816	0.0151	38	0.8350	0.0484	62	2.3309	0.0766	86	4.4500	0.1004
15	0.0968	0.0165	39	0.8834	0.0497	63	2.4075	0.0776	87	4.5504	0.1013
16	0.1133	0.0180	40	0.9331	0.0510	64	2.4851	0.0787	88	4.6518	0.1023
17	0.1313	0.0194	41	0.9841	0.0522	65	2.5638	0.0798	89	4.7540	0.1032
18	0.1507	0.0208	42	1.0363	0.0535	66	2.6436	0.0808	90	4.8572	0.1041
19	0.1715	0.0223	43	1.0898	0.0547	67	2.7244	0.0818	91	4.9613	0.1050
20	0.1938	0.0237	44	1.1445	0.0559	68	2.8062	0.0829	92	5.0663	0.1059
21	0.2175	0.0252	45	1.2004	0.0572	69	2.8891	0.0839	93	5.1722	0.1068
22	0.2427	0.0266	46	1.2576	0.0584	70	2.9730	0.0849	94	5.2789	0.1077
23	0.2693	0.0280	47	1.3160	0.0596	71	3.0579	0.0859	95	5.3866	0.1086
24	0.2973	0.0294	48	1.3756	0.0608	72	3.1439	0.0869	96	5.4951	0.1094
25	0.3268	0.0309	49	1.4363	0.0620	73	3.2308	0.0879	97	5.6046	0.1103
26	0.3576	0.0323	50	1.4983	0.0631	74	3.3188	0.0889	98	5.7149	0.1112
27	0.3899	0.0337	51	1.5614	0.0643	75	3.4077	0.0899	99	5.8261	0.1120
28	0.4236	0.0351	52	1.6257	0.0655	76	3.4976	0.0909	100	5.9381	0.1120

适用树种：人工樟子松；适用地区：白河林业局、长白山保护区；资料名称：吉林省一元立木材积表、材种出材率表、地径材积表；编表人或作者：吉林省林业厅；刊印或发表时间：2003。其他说明：吉林资 (2002) 627 号文件发布。

380. 白河林业局人工落叶松一元立木材积表（围尺）

$$V = 0.00008472D_{轮}^{1.97420228}H^{0.74561762}$$

$$H = 34.593188 - 650.52497/(D_{轮} + 18)$$

$D_{轮} = -0.2506 + 0.9809D_{围}$；表中$D$为围尺径；$D \leqslant 100$cm

D	V	ΔV	D	V	ΔV	D	V	ΔV	D	V	ΔV
5	0.0066	0.0045	29	0.5877	0.0477	53	2.2757	0.0950	77	5.0993	0.1423
6	0.0111	0.0058	30	0.6355	0.0497	54	2.3707	0.0970	78	5.2415	0.1442
7	0.0169	0.0073	31	0.6851	0.0516	55	2.4677	0.0989	79	5.3858	0.1462
8	0.0242	0.0089	32	0.7368	0.0536	56	2.5666	0.1009	80	5.5319	0.1481
9	0.0331	0.0105	33	0.7904	0.0556	57	2.6675	0.1029	81	5.6801	0.1501
10	0.0436	0.0122	34	0.8459	0.0575	58	2.7703	0.1048	82	5.8302	0.1521
11	0.0558	0.0139	35	0.9035	0.0595	59	2.8752	0.1068	83	5.9823	0.1540
12	0.0696	0.0156	36	0.9630	0.0615	60	2.9820	0.1088	84	6.1363	0.1560
13	0.0853	0.0174	37	1.0244	0.0634	61	3.0908	0.1108	85	6.2923	0.1580
14	0.1026	0.0192	38	1.0878	0.0654	62	3.2016	0.1127	86	6.4503	0.1599
15	0.1218	0.0210	39	1.1532	0.0674	63	3.3143	0.1147	87	6.6102	0.1619
16	0.1428	0.0228	40	1.2206	0.0693	64	3.4290	0.1167	88	6.7721	0.1638
17	0.1657	0.0247	41	1.2899	0.0713	65	3.5457	0.1186	89	6.9359	0.1658
18	0.1904	0.0266	42	1.3612	0.0733	66	3.6643	0.1206	90	7.1017	0.1678
19	0.2169	0.0285	43	1.4345	0.0752	67	3.7849	0.1226	91	7.2695	0.1697
20	0.2454	0.0304	44	1.5097	0.0772	68	3.9075	0.1246	92	7.4392	0.1717
21	0.2757	0.0323	45	1.5869	0.0792	69	4.0320	0.1265	93	7.6109	0.1736
22	0.3080	0.0342	46	1.6661	0.0812	70	4.1586	0.1285	94	7.7845	0.1756
23	0.3422	0.0361	47	1.7473	0.0831	71	4.2870	0.1305	95	7.9601	0.1776
24	0.3783	0.0380	48	1.8304	0.0851	72	4.4175	0.1324	96	8.1377	0.1795
25	0.4163	0.0400	49	1.9155	0.0871	73	4.5499	0.1344	97	8.3172	0.1815
26	0.4562	0.0419	50	2.0026	0.0891	74	4.6843	0.1364	98	8.4987	0.1834
27	0.4981	0.0438	51	2.0917	0.0910	75	4.8207	0.1383	99	8.6821	0.1854
28	0.5420	0.0458	52	2.1827	0.0930	76	4.9590	0.1403	100	8.8675	0.1854

适用树种：人工落叶松；适用地区：白河林业局、长白山保护区；资料名称：吉林省一元立木材积表、材种出材率表、地径材积表；编表人或作者：吉林省林业厅；刊印或发表时间：2003。其他说明：吉林资 (2002) 627 号文件发布。

381. 白河林业局人工杨树一元立木材积表（围尺）

$$V = 0.0000717D_{轮}^{1.69135017}H^{1.08071211}$$

$$H = 30.633299 - 547.989609/(D_{轮} + 16)$$

$D_{轮} = -0.62168 + 0.98712D_{围}$；表中$D$为围尺径；$D \leqslant$100cm

D	V	ΔV	D	V	ΔV	D	V	ΔV	D	V	ΔV
5	0.0035	0.0033	29	0.4619	0.0358	53	1.6432	0.0629	77	3.4244	0.0860
6	0.0067	0.0045	30	0.4977	0.0371	54	1.7061	0.0639	78	3.5104	0.0869
7	0.0112	0.0058	31	0.5348	0.0383	55	1.7700	0.0649	79	3.5974	0.0878
8	0.0171	0.0072	32	0.5731	0.0395	56	1.8349	0.0659	80	3.6852	0.0887
9	0.0243	0.0086	33	0.6126	0.0407	57	1.9009	0.0670	81	3.7739	0.0896
10	0.0329	0.0100	34	0.6534	0.0419	58	1.9678	0.0680	82	3.8635	0.0905
11	0.0429	0.0115	35	0.6953	0.0431	59	2.0358	0.0690	83	3.9540	0.0914
12	0.0544	0.0129	36	0.7384	0.0443	60	2.1048	0.0699	84	4.0454	0.0923
13	0.0673	0.0143	37	0.7826	0.0454	61	2.1747	0.0709	85	4.1377	0.0932
14	0.0816	0.0158	38	0.8281	0.0466	62	2.2456	0.0719	86	4.2309	0.0940
15	0.0973	0.0172	39	0.8747	0.0477	63	2.3175	0.0729	87	4.3249	0.0949
16	0.1145	0.0186	40	0.9224	0.0489	64	2.3904	0.0739	88	4.4198	0.0958
17	0.1331	0.0200	41	0.9713	0.0500	65	2.4643	0.0748	89	4.5156	0.0966
18	0.1531	0.0214	42	1.0213	0.0511	66	2.5391	0.0758	90	4.6122	0.0975
19	0.1745	0.0228	43	1.0724	0.0522	67	2.6149	0.0767	91	4.7097	0.0984
20	0.1972	0.0241	44	1.1246	0.0533	68	2.6916	0.0777	92	4.8081	0.0992
21	0.2213	0.0255	45	1.1779	0.0544	69	2.7693	0.0786	93	4.9073	0.1001
22	0.2468	0.0268	46	1.2323	0.0555	70	2.8479	0.0796	94	5.0074	0.1009
23	0.2736	0.0281	47	1.2878	0.0566	71	2.9275	0.0805	95	5.1083	0.1018
24	0.3018	0.0295	48	1.3444	0.0576	72	3.0080	0.0814	96	5.2100	0.1026
25	0.3312	0.0308	49	1.4021	0.0587	73	3.0894	0.0824	97	5.3126	0.1034
26	0.3620	0.0320	50	1.4608	0.0598	74	3.1718	0.0833	98	5.4161	0.1043
27	0.3940	0.0333	51	1.5205	0.0608	75	3.2551	0.0842	99	5.5204	0.1051
28	0.4273	0.0346	52	1.5813	0.0619	76	3.3393	0.0851	100	5.6255	0.1051

适用树种：人工杨树；适用地区：白河林业局、长白山保护区；资料名称：吉林省一元立木材积表、材种出材率表、地径材积表；编表人或作者：吉林省林业厅；刊印或发表时间：2003。其他说明：吉林资 (2002) 627 号文件发布。

382. 红石林业局针叶树一元立木材积表（围尺）

$$V = 0.0000578596D_{轮}^{1.8892}H^{0.98755}$$

$$H = 48.3048 - 2225.5684/(D_{轮} + 47)$$

$D_{轮} = -0.1349 + 0.9756D_{围}$；表中$D$为围尺径；$D \leqslant 100$cm

D	V	ΔV	D	V	ΔV	D	V	ΔV	D	V	ΔV
5	0.0057	0.0036	29	0.5712	0.0502	53	2.4564	0.1101	77	5.8101	0.1719
6	0.0093	0.0048	30	0.6214	0.0526	54	2.5665	0.1127	78	5.9821	0.1745
7	0.0141	0.0061	31	0.6739	0.0550	55	2.6792	0.1153	79	6.1566	0.1771
8	0.0201	0.0074	32	0.7289	0.0574	56	2.7945	0.1178	80	6.3337	0.1797
9	0.0276	0.0089	33	0.7863	0.0598	57	2.9123	0.1204	81	6.5133	0.1822
10	0.0365	0.0105	34	0.8461	0.0622	58	3.0327	0.1230	82	6.6956	0.1848
11	0.0470	0.0122	35	0.9083	0.0647	59	3.1557	0.1256	83	6.8804	0.1874
12	0.0591	0.0139	36	0.9730	0.0672	60	3.2813	0.1281	84	7.0677	0.1899
13	0.0730	0.0157	37	1.0402	0.0696	61	3.4094	0.1307	85	7.2577	0.1925
14	0.0887	0.0175	38	1.1098	0.0721	62	3.5401	0.1333	86	7.4502	0.1951
15	0.1062	0.0194	39	1.1819	0.0746	63	3.6734	0.1359	87	7.6453	0.1976
16	0.1257	0.0214	40	1.2565	0.0771	64	3.8093	0.1384	88	7.8429	0.2002
17	0.1471	0.0234	41	1.3337	0.0796	65	3.9477	0.1410	89	8.0431	0.2028
18	0.1705	0.0255	42	1.4133	0.0821	66	4.0887	0.1436	90	8.2458	0.2053
19	0.1960	0.0276	43	1.4954	0.0847	67	4.2323	0.1462	91	8.4511	0.2079
20	0.2235	0.0297	44	1.5801	0.0872	68	4.3785	0.1488	92	8.6590	0.2104
21	0.2532	0.0319	45	1.6673	0.0897	69	4.5273	0.1513	93	8.8694	0.2130
22	0.2851	0.0341	46	1.7570	0.0923	70	4.6786	0.1539	94	9.0824	0.2155
23	0.3191	0.0363	47	1.8492	0.0948	71	4.8325	0.1565	95	9.2980	0.2181
24	0.3554	0.0385	48	1.9441	0.0974	72	4.9890	0.1591	96	9.5161	0.2206
25	0.3940	0.0408	49	2.0414	0.0999	73	5.1481	0.1616	97	9.7367	0.2232
26	0.4348	0.0431	50	2.1413	0.1025	74	5.3097	0.1642	98	9.9599	0.2257
27	0.4779	0.0455	51	2.2438	0.1050	75	5.4739	0.1668	99	10.1856	0.2283
28	0.5234	0.0478	52	2.3488	0.1076	76	5.6407	0.1694	100	10.4139	0.2283

适用树种：针叶树；适用地区：红石林业局；资料名称：吉林省一元立木材积表、材种出材率表、地径材积表；编表人或作者：吉林省林业厅；刊印或发表时间：2003。其他说明：吉林资 (2002) 627 号文件发布。

383. 红石林业局一类阔叶一元立木材积表（围尺）

$$V = 0.000053309 D_{轮}^{1.88452} H^{0.99834}$$

$$H = 30.9806 - 499.7518/(D_{轮} + 16)$$

$D_{轮} = -0.1659 + 0.9734 D_{围}$；表中$D$为围尺径；$D \leqslant 100$cm

D	V	ΔV	D	V	ΔV	D	V	ΔV	D	V	ΔV
5	0.0067	0.0044	29	0.5582	0.0445	53	2.0969	0.0851	77	4.5904	0.1240
6	0.0111	0.0057	30	0.6027	0.0462	54	2.1821	0.0868	78	4.7144	0.1256
7	0.0168	0.0072	31	0.6489	0.0479	55	2.2689	0.0884	79	4.8400	0.1272
8	0.0240	0.0087	32	0.6968	0.0497	56	2.3573	0.0901	80	4.9671	0.1288
9	0.0326	0.0102	33	0.7465	0.0514	57	2.4474	0.0917	81	5.0959	0.1303
10	0.0428	0.0118	34	0.7978	0.0531	58	2.5391	0.0934	82	5.2262	0.1319
11	0.0546	0.0134	35	0.8509	0.0548	59	2.6325	0.0950	83	5.3582	0.1335
12	0.0680	0.0151	36	0.9057	0.0565	60	2.7275	0.0966	84	5.4916	0.1351
13	0.0831	0.0167	37	0.9623	0.0582	61	2.8241	0.0983	85	5.6267	0.1366
14	0.0999	0.0184	38	1.0205	0.0599	62	2.9224	0.0999	86	5.7633	0.1382
15	0.1183	0.0201	39	1.0804	0.0616	63	3.0223	0.1015	87	5.9016	0.1398
16	0.1385	0.0219	40	1.1421	0.0633	64	3.1238	0.1031	88	6.0413	0.1413
17	0.1603	0.0236	41	1.2054	0.0650	65	3.2270	0.1048	89	6.1827	0.1429
18	0.1839	0.0253	42	1.2705	0.0667	66	3.3317	0.1064	90	6.3256	0.1445
19	0.2092	0.0271	43	1.3372	0.0684	67	3.4381	0.1080	91	6.4700	0.1460
20	0.2363	0.0288	44	1.4056	0.0701	68	3.5461	0.1096	92	6.6161	0.1476
21	0.2651	0.0305	45	1.4758	0.0718	69	3.6557	0.1112	93	6.7636	0.1491
22	0.2956	0.0323	46	1.5476	0.0735	70	3.7670	0.1128	94	6.9128	0.1507
23	0.3279	0.0340	47	1.6210	0.0751	71	3.8798	0.1144	95	7.0635	0.1522
24	0.3619	0.0358	48	1.6962	0.0768	72	3.9942	0.1160	96	7.2157	0.1538
25	0.3977	0.0375	49	1.7730	0.0785	73	4.1102	0.1176	97	7.3695	0.1553
26	0.4352	0.0393	50	1.8515	0.0802	74	4.2279	0.1192	98	7.5248	0.1569
27	0.4745	0.0410	51	1.9316	0.0818	75	4.3471	0.1208	99	7.6817	0.1584
28	0.5155	0.0427	52	2.0135	0.0835	76	4.4679	0.1224	100	7.8401	0.1584

适用树种：一类阔叶；适用地区：红石林业局；资料名称：吉林省一元立木材积表、材种出材率表、地径材积表；编表人或作者：吉林省林业厅；刊印或发表时间：2003。其他说明：吉林资 (2002) 627 号文件发布。

384. 红石林业局二类阔叶一元立木材积表（围尺）

$$V = 0.000048841D_{轮}^{1.84048}H^{1.05252}$$

$$H = 25.4672 - 407.7676/(D_{轮} + 16)$$

$D_{轮} = -0.1979 + 0.9728D_{围}$；表中$D$为围尺径；$D \leqslant 100$cm

D	V	ΔV	D	V	ΔV	D	V	ΔV	D	V	ΔV
5	0.0052	0.0034	29	0.4224	0.0332	53	1.5593	0.0623	77	3.3707	0.0895
6	0.0086	0.0044	30	0.4557	0.0345	54	1.6216	0.0635	78	3.4602	0.0906
7	0.0130	0.0055	31	0.4902	0.0358	55	1.6851	0.0647	79	3.5508	0.0917
8	0.0186	0.0067	32	0.5259	0.0370	56	1.7498	0.0658	80	3.6425	0.0928
9	0.0252	0.0078	33	0.5629	0.0383	57	1.8156	0.0670	81	3.7353	0.0939
10	0.0331	0.0091	34	0.6012	0.0395	58	1.8826	0.0681	82	3.8291	0.0950
11	0.0421	0.0103	35	0.6407	0.0407	59	1.9507	0.0693	83	3.9241	0.0960
12	0.0524	0.0115	36	0.6814	0.0420	60	2.0200	0.0704	84	4.0201	0.0971
13	0.0640	0.0128	37	0.7234	0.0432	61	2.0904	0.0716	85	4.1173	0.0982
14	0.0768	0.0141	38	0.7666	0.0444	62	2.1619	0.0727	86	4.2155	0.0993
15	0.0908	0.0153	39	0.8110	0.0456	63	2.2346	0.0738	87	4.3148	0.1004
16	0.1062	0.0166	40	0.8566	0.0469	64	2.3085	0.0750	88	4.4152	0.1015
17	0.1228	0.0179	41	0.9035	0.0481	65	2.3835	0.0761	89	4.5166	0.1025
18	0.1407	0.0192	42	0.9516	0.0493	66	2.4596	0.0772	90	4.6191	0.1036
19	0.1599	0.0205	43	1.0008	0.0505	67	2.5368	0.0784	91	4.7227	0.1047
20	0.1804	0.0218	44	1.0513	0.0517	68	2.6152	0.0795	92	4.8274	0.1057
21	0.2022	0.0231	45	1.1030	0.0529	69	2.6947	0.0806	93	4.9331	0.1068
22	0.2252	0.0243	46	1.1559	0.0541	70	2.7753	0.0817	94	5.0399	0.1079
23	0.2496	0.0256	47	1.2100	0.0553	71	2.8570	0.0828	95	5.1478	0.1089
24	0.2752	0.0269	48	1.2652	0.0565	72	2.9399	0.0840	96	5.2567	0.1100
25	0.3021	0.0282	49	1.3217	0.0576	73	3.0238	0.0851	97	5.3667	0.1111
26	0.3303	0.0295	50	1.3793	0.0588	74	3.1089	0.0862	98	5.4778	0.1121
27	0.3597	0.0307	51	1.4381	0.0600	75	3.1951	0.0873	99	5.5899	0.1132
28	0.3904	0.0320	52	1.4981	0.0612	76	3.2823	0.0884	100	5.7031	0.1132

适用树种：二类阔叶；适用地区：红石林业局；资料名称：吉林省一元立木材积表、材种出材率表、地径材积表；编表人或作者：吉林省林业厅；刊印或发表时间：2003。其他说明：吉林资 (2002) 627 号文件发布。

385. 红石林业局柞树一元立木材积表（围尺）

$$V = 0.000061125534D_{轮}^{1.8810091}H^{0.94462565}$$

$$H = 25.8083 - 389.5458/(D_{轮} + 15)$$

$D_{轮} = -0.1791 + 0.9737D_{围}$；表中$D$为围尺径；$D \leqslant 100$cm

D	V	ΔV	D	V	ΔV	D	V	ΔV	D	V	ΔV
5	0.0061	0.0039	29	0.4640	0.0363	53	1.7093	0.0685	77	3.7076	0.0991
6	0.0100	0.0050	30	0.5004	0.0377	54	1.7778	0.0698	78	3.8067	0.1003
7	0.0150	0.0062	31	0.5381	0.0391	55	1.8476	0.0711	79	3.9070	0.1016
8	0.0212	0.0075	32	0.5771	0.0404	56	1.9187	0.0724	80	4.0086	0.1028
9	0.0286	0.0087	33	0.6176	0.0418	57	1.9911	0.0737	81	4.1114	0.1041
10	0.0374	0.0101	34	0.6594	0.0432	58	2.0648	0.0750	82	4.2155	0.1053
11	0.0474	0.0114	35	0.7026	0.0445	59	2.1397	0.0763	83	4.3208	0.1065
12	0.0588	0.0127	36	0.7471	0.0459	60	2.2160	0.0776	84	4.4273	0.1078
13	0.0716	0.0141	37	0.7930	0.0472	61	2.2936	0.0788	85	4.5351	0.1090
14	0.0857	0.0155	38	0.8403	0.0486	62	2.3724	0.0801	86	4.6441	0.1102
15	0.1012	0.0169	39	0.8889	0.0499	63	2.4525	0.0814	87	4.7543	0.1115
16	0.1180	0.0183	40	0.9388	0.0513	64	2.5339	0.0827	88	4.8658	0.1127
17	0.1363	0.0196	41	0.9901	0.0526	65	2.6166	0.0840	89	4.9785	0.1139
18	0.1559	0.0210	42	1.0427	0.0540	66	2.7006	0.0852	90	5.0925	0.1152
19	0.1770	0.0224	43	1.0967	0.0553	67	2.7858	0.0865	91	5.2076	0.1164
20	0.1994	0.0238	44	1.1520	0.0566	68	2.8723	0.0878	92	5.3240	0.1176
21	0.2233	0.0252	45	1.2087	0.0580	69	2.9600	0.0890	93	5.4416	0.1188
22	0.2485	0.0266	46	1.2666	0.0593	70	3.0491	0.0903	94	5.5605	0.1201
23	0.2751	0.0280	47	1.3259	0.0606	71	3.1394	0.0916	95	5.6805	0.1213
24	0.3031	0.0294	48	1.3865	0.0619	72	3.2309	0.0928	96	5.8018	0.1225
25	0.3325	0.0308	49	1.4485	0.0632	73	3.3237	0.0941	97	5.9243	0.1237
26	0.3633	0.0322	50	1.5117	0.0646	74	3.4178	0.0953	98	6.0480	0.1249
27	0.3955	0.0336	51	1.5763	0.0659	75	3.5131	0.0966	99	6.1729	0.1261
28	0.4291	0.0350	52	1.6421	0.0672	76	3.6097	0.0978	100	6.2990	0.1261

适用树种：柞树（栎树）；适用地区：红石林业局；资料名称：吉林省一元立木材积表、材种出材率表、地径材积表；编表人或作者：吉林省林业厅；刊印或发表时间：2003。其他说明：吉林资 (2002) 627 号文件发布。

386. 红石林业局人工红松一元立木材积表（围尺）

$$V = 0.00007616D_{轮}^{1.89948264}H^{0.86116962}$$

$$H = 21.585289 - 305.57303/(D_{轮} + 14)$$

$D_{轮} = -0.49805 + 0.98158D_{围}$；表中$D$为围尺径；$D \leqslant 100$cm

D	V	ΔV	D	V	ΔV	D	V	ΔV	D	V	ΔV
5	0.0051	0.0034	29	0.4214	0.0330	53	1.5545	0.0624	77	3.3768	0.0905
6	0.0085	0.0045	30	0.4544	0.0343	54	1.6169	0.0636	78	3.4673	0.0916
7	0.0130	0.0056	31	0.4887	0.0355	55	1.6804	0.0648	79	3.5589	0.0928
8	0.0186	0.0068	32	0.5242	0.0368	56	1.7452	0.0659	80	3.6517	0.0939
9	0.0254	0.0079	33	0.5610	0.0380	57	1.8111	0.0671	81	3.7456	0.0951
10	0.0333	0.0091	34	0.5991	0.0393	58	1.8783	0.0683	82	3.8407	0.0962
11	0.0424	0.0104	35	0.6383	0.0405	59	1.9466	0.0695	83	3.9369	0.0974
12	0.0528	0.0116	36	0.6788	0.0417	60	2.0161	0.0707	84	4.0343	0.0985
13	0.0644	0.0128	37	0.7206	0.0430	61	2.0868	0.0719	85	4.1328	0.0996
14	0.0772	0.0141	38	0.7636	0.0442	62	2.1586	0.0730	86	4.2324	0.1008
15	0.0913	0.0153	39	0.8078	0.0454	63	2.2317	0.0742	87	4.3332	0.1019
16	0.1067	0.0166	40	0.8532	0.0467	64	2.3059	0.0754	88	4.4351	0.1031
17	0.1233	0.0179	41	0.8999	0.0479	65	2.3813	0.0766	89	4.5382	0.1042
18	0.1411	0.0191	42	0.9477	0.0491	66	2.4578	0.0777	90	4.6423	0.1053
19	0.1603	0.0204	43	0.9968	0.0503	67	2.5356	0.0789	91	4.7477	0.1065
20	0.1807	0.0217	44	1.0472	0.0515	68	2.6145	0.0801	92	4.8541	0.1076
21	0.2024	0.0230	45	1.0987	0.0528	69	2.6945	0.0812	93	4.9617	0.1087
22	0.2253	0.0242	46	1.1515	0.0540	70	2.7757	0.0824	94	5.0704	0.1098
23	0.2496	0.0255	47	1.2054	0.0552	71	2.8581	0.0835	95	5.1803	0.1110
24	0.2750	0.0267	48	1.2606	0.0564	72	2.9417	0.0847	96	5.2912	0.1121
25	0.3018	0.0280	49	1.3170	0.0576	73	3.0264	0.0859	97	5.4033	0.1132
26	0.3298	0.0293	50	1.3746	0.0588	74	3.1123	0.0870	98	5.5165	0.1143
27	0.3591	0.0305	51	1.4333	0.0600	75	3.1993	0.0882	99	5.6309	0.1155
28	0.3896	0.0318	52	1.4933	0.0612	76	3.2875	0.0893	100	5.7463	0.1155

适用树种：人工红松；适用地区：红石林业局；资料名称：吉林省一元立木材积表、材种出材率表、地径材积表；编表人或作者：吉林省林业厅；刊印或发表时间：2003。其他说明：吉林资 (2002) 627 号文件发布。

387. 红石林业局人工樟子松一元立木材积表（围尺）

$$V = 0.00005228 D_{轮}^{1.57561364} H^{1.36856283}$$

$$H = 32.486731 - 963.861805/(D_{轮} + 31)$$

$D_{轮} = -0.34995 + 0.97838 D_{围}$；表中$D$为围尺径；$D \leqslant 100\text{cm}$

D	V	ΔV	D	V	ΔV	D	V	ΔV	D	V	ΔV
5	0.0057	0.0035	29	0.4495	0.0357	53	1.6577	0.0653	77	3.5175	0.0901
6	0.0092	0.0046	30	0.4852	0.0371	54	1.7230	0.0664	78	3.6076	0.0910
7	0.0137	0.0057	31	0.5223	0.0384	55	1.7894	0.0675	79	3.6986	0.0920
8	0.0194	0.0069	32	0.5607	0.0397	56	1.8569	0.0686	80	3.7906	0.0929
9	0.0263	0.0081	33	0.6004	0.0410	57	1.9255	0.0697	81	3.8835	0.0938
10	0.0344	0.0094	34	0.6414	0.0423	58	1.9952	0.0708	82	3.9773	0.0948
11	0.0438	0.0107	35	0.6838	0.0436	59	2.0660	0.0719	83	4.0721	0.0957
12	0.0545	0.0121	36	0.7274	0.0449	60	2.1379	0.0729	84	4.1678	0.0966
13	0.0666	0.0134	37	0.7723	0.0462	61	2.2108	0.0740	85	4.2644	0.0975
14	0.0800	0.0148	38	0.8185	0.0475	62	2.2848	0.0751	86	4.3620	0.0984
15	0.0948	0.0162	39	0.8659	0.0487	63	2.3599	0.0761	87	4.4604	0.0993
16	0.1111	0.0176	40	0.9147	0.0500	64	2.4360	0.0771	88	4.5597	0.1002
17	0.1287	0.0190	41	0.9646	0.0512	65	2.5131	0.0782	89	4.6600	0.1011
18	0.1477	0.0204	42	1.0158	0.0524	66	2.5913	0.0792	90	4.7611	0.1020
19	0.1681	0.0218	43	1.0682	0.0536	67	2.6705	0.0802	91	4.8631	0.1029
20	0.1900	0.0233	44	1.1218	0.0548	68	2.7507	0.0812	92	4.9660	0.1038
21	0.2132	0.0247	45	1.1767	0.0560	69	2.8320	0.0822	93	5.0698	0.1047
22	0.2379	0.0261	46	1.2327	0.0572	70	2.9142	0.0832	94	5.1745	0.1055
23	0.2640	0.0275	47	1.2899	0.0584	71	2.9974	0.0842	95	5.2800	0.1064
24	0.2914	0.0289	48	1.3483	0.0596	72	3.0817	0.0852	96	5.3864	0.1073
25	0.3203	0.0302	49	1.4079	0.0607	73	3.1669	0.0862	97	5.4937	0.1081
26	0.3505	0.0316	50	1.4686	0.0619	74	3.2531	0.0872	98	5.6018	0.1090
27	0.3822	0.0330	51	1.5305	0.0630	75	3.3403	0.0881	99	5.7108	0.1098
28	0.4152	0.0344	52	1.5936	0.0642	76	3.4284	0.0891	100	5.8206	0.1098

适用树种：人工樟子松；适用地区：红石林业局；资料名称：吉林省一元立木材积表、材种出材率表、地径材积表；编表人或作者：吉林省林业厅；刊印或发表时间：2003。其他说明：吉林资 (2002) 627 号文件发布。

388. 红石林业局人工落叶松一元立木材积表（围尺）

$$V = 0.00008472D_{轮}^{1.97420228}H^{0.74561762}$$

$$H = 34.129639 - 641.807935/(D_{轮} + 18)$$

$D_{轮} = -0.2506 + 0.9809D_{围}$；表中$D$为围尺径；$D \leqslant 100$cm

D	V	ΔV	D	V	ΔV	D	V	ΔV	D	V	ΔV
5	0.0065	0.0044	29	0.5818	0.0473	53	2.2530	0.0940	77	5.0482	0.1408
6	0.0109	0.0058	30	0.6291	0.0492	54	2.3470	0.0960	78	5.1891	0.1428
7	0.0167	0.0073	31	0.6783	0.0511	55	2.4430	0.0979	79	5.3318	0.1447
8	0.0240	0.0088	32	0.7294	0.0531	56	2.5409	0.0999	80	5.4766	0.1467
9	0.0328	0.0104	33	0.7825	0.0550	57	2.6408	0.1018	81	5.6232	0.1486
10	0.0432	0.0120	34	0.8375	0.0569	58	2.7426	0.1038	82	5.7718	0.1506
11	0.0552	0.0137	35	0.8944	0.0589	59	2.8464	0.1057	83	5.9224	0.1525
12	0.0689	0.0155	36	0.9533	0.0608	60	2.9522	0.1077	84	6.0749	0.1544
13	0.0844	0.0172	37	1.0142	0.0628	61	3.0599	0.1096	85	6.2293	0.1564
14	0.1016	0.0190	38	1.0769	0.0647	62	3.1695	0.1116	86	6.3857	0.1583
15	0.1206	0.0208	39	1.1417	0.0667	63	3.2811	0.1136	87	6.5440	0.1603
16	0.1414	0.0226	40	1.2084	0.0686	64	3.3947	0.1155	88	6.7043	0.1622
17	0.1640	0.0245	41	1.2770	0.0706	65	3.5102	0.1175	89	6.8665	0.1641
18	0.1885	0.0263	42	1.3476	0.0725	66	3.6276	0.1194	90	7.0306	0.1661
19	0.2148	0.0282	43	1.4201	0.0745	67	3.7470	0.1214	91	7.1967	0.1680
20	0.2429	0.0300	44	1.4946	0.0764	68	3.8684	0.1233	92	7.3648	0.1700
21	0.2730	0.0319	45	1.5711	0.0784	69	3.9917	0.1253	93	7.5347	0.1719
22	0.3049	0.0338	46	1.6495	0.0804	70	4.1169	0.1272	94	7.7066	0.1738
23	0.3387	0.0357	47	1.7298	0.0823	71	4.2441	0.1291	95	7.8805	0.1758
24	0.3745	0.0376	48	1.8121	0.0843	72	4.3733	0.1311	96	8.0562	0.1777
25	0.4121	0.0396	49	1.8964	0.0862	73	4.5044	0.1330	97	8.2340	0.1797
26	0.4517	0.0415	50	1.9826	0.0882	74	4.6374	0.1350	98	8.4136	0.1816
27	0.4931	0.0434	51	2.0708	0.0901	75	4.7724	0.1369	99	8.5952	0.1835
28	0.5365	0.0453	52	2.1609	0.0921	76	4.9094	0.1389	100	8.7787	0.1835

适用树种：人工落叶松；适用地区：红石林业局；资料名称：吉林省一元立木材积表、材种出材率表、地径材积表；编表人或作者：吉林省林业厅；刊印或发表时间：2003。其他说明：吉林资 (2002) 627 号文件发布。

389. 红石林业局人工杨树一元立木材积表（围尺）

$$V = 0.0000717D_{轮}^{1.69135017}H^{1.08071211}$$

$$H = 30.633299 - 547.989609/(D_{轮} + 16)$$

$D_{轮} = -0.62168 + 0.98712D_{围}$；表中$D$为围尺径；$D \leqslant 100$cm

D	V	ΔV	D	V	ΔV	D	V	ΔV	D	V	ΔV
5	0.0035	0.0033	29	0.4619	0.0358	53	1.6432	0.0629	77	3.4244	0.0860
6	0.0067	0.0045	30	0.4977	0.0371	54	1.7061	0.0639	78	3.5104	0.0869
7	0.0112	0.0058	31	0.5348	0.0383	55	1.7700	0.0649	79	3.5974	0.0878
8	0.0171	0.0072	32	0.5731	0.0395	56	1.8349	0.0659	80	3.6852	0.0887
9	0.0243	0.0086	33	0.6126	0.0407	57	1.9009	0.0670	81	3.7739	0.0896
10	0.0329	0.0100	34	0.6534	0.0419	58	1.9678	0.0680	82	3.8635	0.0905
11	0.0429	0.0115	35	0.6953	0.0431	59	2.0358	0.0690	83	3.9540	0.0914
12	0.0544	0.0129	36	0.7384	0.0443	60	2.1048	0.0699	84	4.0454	0.0923
13	0.0673	0.0143	37	0.7826	0.0454	61	2.1747	0.0709	85	4.1377	0.0932
14	0.0816	0.0158	38	0.8281	0.0466	62	2.2456	0.0719	86	4.2309	0.0940
15	0.0973	0.0172	39	0.8747	0.0477	63	2.3175	0.0729	87	4.3249	0.0949
16	0.1145	0.0186	40	0.9224	0.0489	64	2.3904	0.0739	88	4.4198	0.0958
17	0.1331	0.0200	41	0.9713	0.0500	65	2.4643	0.0748	89	4.5156	0.0966
18	0.1531	0.0214	42	1.0213	0.0511	66	2.5391	0.0758	90	4.6122	0.0975
19	0.1745	0.0228	43	1.0724	0.0522	67	2.6149	0.0767	91	4.7097	0.0984
20	0.1972	0.0241	44	1.1246	0.0533	68	2.6916	0.0777	92	4.8081	0.0992
21	0.2213	0.0255	45	1.1779	0.0544	69	2.7693	0.0786	93	4.9073	0.1001
22	0.2468	0.0268	46	1.2323	0.0555	70	2.8479	0.0796	94	5.0074	0.1009
23	0.2736	0.0281	47	1.2878	0.0566	71	2.9275	0.0805	95	5.1083	0.1018
24	0.3018	0.0295	48	1.3444	0.0576	72	3.0080	0.0814	96	5.2100	0.1026
25	0.3312	0.0308	49	1.4021	0.0587	73	3.0894	0.0824	97	5.3126	0.1034
26	0.3620	0.0320	50	1.4608	0.0598	74	3.1718	0.0833	98	5.4161	0.1043
27	0.3940	0.0333	51	1.5205	0.0608	75	3.2551	0.0842	99	5.5204	0.1051
28	0.4273	0.0346	52	1.5813	0.0619	76	3.3393	0.0851	100	5.6255	0.1051

适用树种：人工杨树；适用地区：红石林业局；资料名称：吉林省一元立木材积表、材种出材率表、地径材积表；编表人或作者：吉林省林业厅；刊印或发表时间：2003。其他说明：吉林资 (2002) 627 号文件发布。

390. 白石山林业局针叶树一元立木材积表（围尺）

$$V = 0.0000578596D_{轮}^{1.8892}H^{0.98755}$$

$$H = 46.4026 - 2137.9188/(D_{轮} + 47)$$

$D_{轮} = -0.1349 + 0.9756D_{围}$；表中$D$为围尺径；$D \leqslant 100$cm

D	V	ΔV	D	V	ΔV	D	V	ΔV	D	V	ΔV
5	0.0055	0.0035	29	0.5490	0.0482	53	2.3608	0.1059	77	5.5841	0.1653
6	0.0089	0.0046	30	0.5972	0.0505	54	2.4667	0.1083	78	5.7494	0.1677
7	0.0135	0.0058	31	0.6477	0.0528	55	2.5750	0.1108	79	5.9171	0.1702
8	0.0193	0.0072	32	0.7005	0.0551	56	2.6858	0.1133	80	6.0873	0.1727
9	0.0265	0.0086	33	0.7557	0.0575	57	2.7990	0.1157	81	6.2600	0.1751
10	0.0351	0.0101	34	0.8132	0.0598	58	2.9148	0.1182	82	6.4351	0.1776
11	0.0452	0.0117	35	0.8730	0.0622	59	3.0330	0.1207	83	6.6127	0.1801
12	0.0568	0.0133	36	0.9352	0.0645	60	3.1536	0.1232	84	6.7928	0.1825
13	0.0702	0.0151	37	0.9997	0.0669	61	3.2768	0.1256	85	6.9754	0.1850
14	0.0853	0.0168	38	1.0666	0.0693	62	3.4024	0.1281	86	7.1604	0.1875
15	0.1021	0.0187	39	1.1360	0.0717	63	3.5305	0.1306	87	7.3479	0.1899
16	0.1208	0.0206	40	1.2077	0.0741	64	3.6611	0.1331	88	7.5378	0.1924
17	0.1414	0.0225	41	1.2818	0.0765	65	3.7942	0.1355	89	7.7302	0.1949
18	0.1639	0.0245	42	1.3583	0.0789	66	3.9297	0.1380	90	7.9251	0.1973
19	0.1883	0.0265	43	1.4373	0.0814	67	4.0677	0.1405	91	8.1224	0.1998
20	0.2148	0.0285	44	1.5186	0.0838	68	4.2082	0.1430	92	8.3222	0.2022
21	0.2434	0.0306	45	1.6024	0.0862	69	4.3512	0.1454	93	8.5245	0.2047
22	0.2740	0.0327	46	1.6886	0.0887	70	4.4966	0.1479	94	8.7292	0.2072
23	0.3067	0.0349	47	1.7773	0.0911	71	4.6446	0.1504	95	8.9363	0.2096
24	0.3416	0.0370	48	1.8684	0.0936	72	4.7950	0.1529	96	9.1459	0.2121
25	0.3786	0.0392	49	1.9620	0.0960	73	4.9478	0.1554	97	9.3580	0.2145
26	0.4179	0.0415	50	2.0580	0.0985	74	5.1032	0.1578	98	9.5725	0.2170
27	0.4593	0.0437	51	2.1565	0.1009	75	5.2610	0.1603	99	9.7894	0.2194
28	0.5030	0.0459	52	2.2574	0.1034	76	5.4213	0.1628	100	10.0088	0.2194

适用树种：针叶树；适用地区：白石山林业局；资料名称：吉林省一元立木材积表、材种出材率表、地径材积表；编表人或作者：吉林省林业厅；刊印或发表时间：2003。其他说明：吉林资 (2002) 627 号文件发布。

391. 白石山林业局一类阔叶一元立木材积表（围尺）

$$V = 0.000053309D_{轮}^{1.88452}H^{0.99834}$$

$$H = 30.39 - 490.229/(D_{轮} + 16)$$

$D_{轮} = -0.1659 + 0.9734D_{围}$；表中$D$为围尺径；$D \leqslant 100$cm

D	V	ΔV	D	V	ΔV	D	V	ΔV	D	V	ΔV
5	0.0066	0.0043	29	0.5476	0.0436	53	2.0570	0.0835	77	4.5030	0.1216
6	0.0109	0.0056	30	0.5912	0.0453	54	2.1405	0.0851	78	4.6246	0.1232
7	0.0165	0.0070	31	0.6365	0.0470	55	2.2257	0.0868	79	4.7478	0.1248
8	0.0235	0.0085	32	0.6835	0.0487	56	2.3124	0.0884	80	4.8726	0.1263
9	0.0320	0.0100	33	0.7322	0.0504	57	2.4008	0.0900	81	4.9989	0.1279
10	0.0420	0.0116	34	0.7826	0.0521	58	2.4908	0.0916	82	5.1268	0.1294
11	0.0536	0.0132	35	0.8347	0.0538	59	2.5824	0.0932	83	5.2562	0.1310
12	0.0667	0.0148	36	0.8885	0.0555	60	2.6756	0.0948	84	5.3871	0.1325
13	0.0815	0.0164	37	0.9440	0.0571	61	2.7704	0.0964	85	5.5196	0.1340
14	0.0980	0.0181	38	1.0011	0.0588	62	2.8668	0.0980	86	5.6537	0.1356
15	0.1160	0.0198	39	1.0599	0.0605	63	2.9648	0.0996	87	5.7892	0.1371
16	0.1358	0.0214	40	1.1204	0.0621	64	3.0644	0.1012	88	5.9263	0.1386
17	0.1573	0.0231	41	1.1825	0.0638	65	3.1655	0.1028	89	6.0650	0.1402
18	0.1804	0.0248	42	1.2463	0.0655	66	3.2683	0.1044	90	6.2052	0.1417
19	0.2052	0.0265	43	1.3118	0.0671	67	3.3727	0.1059	91	6.3469	0.1432
20	0.2318	0.0283	44	1.3789	0.0688	68	3.4786	0.1075	92	6.4901	0.1448
21	0.2600	0.0300	45	1.4477	0.0704	69	3.5861	0.1091	93	6.6349	0.1463
22	0.2900	0.0317	46	1.5181	0.0721	70	3.6952	0.1107	94	6.7812	0.1478
23	0.3217	0.0334	47	1.5902	0.0737	71	3.8059	0.1123	95	6.9290	0.1493
24	0.3551	0.0351	48	1.6639	0.0754	72	3.9182	0.1138	96	7.0783	0.1509
25	0.3901	0.0368	49	1.7393	0.0770	73	4.0320	0.1154	97	7.2292	0.1524
26	0.4269	0.0385	50	1.8162	0.0786	74	4.1474	0.1170	98	7.3816	0.1539
27	0.4655	0.0402	51	1.8949	0.0803	75	4.2644	0.1185	99	7.5355	0.1554
28	0.5057	0.0419	52	1.9751	0.0819	76	4.3829	0.1201	100	7.6909	0.1554

适用树种：一类阔叶；适用地区：白石山林业局；资料名称：吉林省一元立木材积表、材种出材率表、地径材积表；编表人或作者：吉林省林业厅；刊印或发表时间：2003。其他说明：吉林资 (2002) 627 号文件发布。

392. 白石山林业局二类阔叶一元立木材积表（围尺）

$$V = 0.000048841D_{轮}^{1.84048}H^{1.05252}$$
$$H = 25.2309 - 403.9724/(D_{轮} + 16)$$
$D_{轮} = -0.1979 + 0.9728D_{围}$；表中$D$为围尺径；$D \leqslant 100$cm

D	V	ΔV	D	V	ΔV	D	V	ΔV	D	V	ΔV
5	0.0052	0.0034	29	0.4183	0.0329	53	1.5441	0.0617	77	3.3378	0.0886
6	0.0085	0.0044	30	0.4512	0.0342	54	1.6058	0.0629	78	3.4265	0.0897
7	0.0129	0.0055	31	0.4854	0.0354	55	1.6687	0.0640	79	3.5162	0.0908
8	0.0184	0.0066	32	0.5208	0.0366	56	1.7327	0.0652	80	3.6069	0.0919
9	0.0250	0.0078	33	0.5574	0.0379	57	1.7979	0.0663	81	3.6988	0.0930
10	0.0328	0.0090	34	0.5953	0.0391	58	1.8642	0.0675	82	3.7918	0.0940
11	0.0417	0.0102	35	0.6344	0.0403	59	1.9316	0.0686	83	3.8858	0.0951
12	0.0519	0.0114	36	0.6748	0.0416	60	2.0002	0.0697	84	3.9809	0.0962
13	0.0633	0.0127	37	0.7163	0.0428	61	2.0700	0.0709	85	4.0771	0.0973
14	0.0760	0.0139	38	0.7591	0.0440	62	2.1408	0.0720	86	4.1743	0.0983
15	0.0899	0.0152	39	0.8031	0.0452	63	2.2128	0.0731	87	4.2727	0.0994
16	0.1051	0.0165	40	0.8483	0.0464	64	2.2860	0.0742	88	4.3721	0.1005
17	0.1216	0.0177	41	0.8947	0.0476	65	2.3602	0.0754	89	4.4725	0.1015
18	0.1393	0.0190	42	0.9423	0.0488	66	2.4356	0.0765	90	4.5741	0.1026
19	0.1583	0.0203	43	0.9911	0.0500	67	2.5121	0.0776	91	4.6766	0.1036
20	0.1786	0.0216	44	1.0411	0.0512	68	2.5897	0.0787	92	4.7803	0.1047
21	0.2002	0.0228	45	1.0922	0.0524	69	2.6684	0.0798	93	4.8850	0.1058
22	0.2230	0.0241	46	1.1446	0.0535	70	2.7482	0.0809	94	4.9908	0.1068
23	0.2471	0.0254	47	1.1982	0.0547	71	2.8291	0.0820	95	5.0976	0.1079
24	0.2725	0.0266	48	1.2529	0.0559	72	2.9112	0.0831	96	5.2055	0.1089
25	0.2991	0.0279	49	1.3088	0.0571	73	2.9943	0.0842	97	5.3144	0.1100
26	0.3270	0.0292	50	1.3659	0.0582	74	3.0786	0.0853	98	5.4243	0.1110
27	0.3562	0.0304	51	1.4241	0.0594	75	3.1639	0.0864	99	5.5354	0.1121
28	0.3866	0.0317	52	1.4835	0.0606	76	3.2503	0.0875	100	5.6474	0.1121

适用树种：二类阔叶；适用地区：白石山林业局；资料名称：吉林省一元立木材积表、材种出材率表、地径材积表；编表人或作者：吉林省林业厅；刊印或发表时间：2003。其他说明：吉林资 (2002) 627 号文件发布。

393. 白石山林业局柞树一元立木材积表（围尺）

$$V = 0.000061125534D_{轮}^{1.8810091}H^{0.94462565}$$

$$H = 25.8083 - 389.5458/(D_{轮} + 15)$$

$D_{轮} = -0.1791 + 0.9737D_{围}$；表中$D$为围尺径；$D \leqslant 100\text{cm}$

D	V	ΔV	D	V	ΔV	D	V	ΔV	D	V	ΔV
5	0.0061	0.0039	29	0.4640	0.0363	53	1.7093	0.0685	77	3.7076	0.0991
6	0.0100	0.0050	30	0.5004	0.0377	54	1.7778	0.0698	78	3.8067	0.1003
7	0.0150	0.0062	31	0.5381	0.0391	55	1.8476	0.0711	79	3.9070	0.1016
8	0.0212	0.0075	32	0.5771	0.0404	56	1.9187	0.0724	80	4.0086	0.1028
9	0.0286	0.0087	33	0.6176	0.0418	57	1.9911	0.0737	81	4.1114	0.1041
10	0.0374	0.0101	34	0.6594	0.0432	58	2.0648	0.0750	82	4.2155	0.1053
11	0.0474	0.0114	35	0.7026	0.0445	59	2.1397	0.0763	83	4.3208	0.1065
12	0.0588	0.0127	36	0.7471	0.0459	60	2.2160	0.0776	84	4.4273	0.1078
13	0.0716	0.0141	37	0.7930	0.0472	61	2.2936	0.0788	85	4.5351	0.1090
14	0.0857	0.0155	38	0.8403	0.0486	62	2.3724	0.0801	86	4.6441	0.1102
15	0.1012	0.0169	39	0.8889	0.0499	63	2.4525	0.0814	87	4.7543	0.1115
16	0.1180	0.0183	40	0.9388	0.0513	64	2.5339	0.0827	88	4.8658	0.1127
17	0.1363	0.0196	41	0.9901	0.0526	65	2.6166	0.0840	89	4.9785	0.1139
18	0.1559	0.0210	42	1.0427	0.0540	66	2.7006	0.0852	90	5.0925	0.1152
19	0.1770	0.0224	43	1.0967	0.0553	67	2.7858	0.0865	91	5.2076	0.1164
20	0.1994	0.0238	44	1.1520	0.0566	68	2.8723	0.0878	92	5.3240	0.1176
21	0.2233	0.0252	45	1.2087	0.0580	69	2.9600	0.0890	93	5.4416	0.1188
22	0.2485	0.0266	46	1.2666	0.0593	70	3.0491	0.0903	94	5.5605	0.1201
23	0.2751	0.0280	47	1.3259	0.0606	71	3.1394	0.0916	95	5.6805	0.1213
24	0.3031	0.0294	48	1.3865	0.0619	72	3.2309	0.0928	96	5.8018	0.1225
25	0.3325	0.0308	49	1.4485	0.0632	73	3.3237	0.0941	97	5.9243	0.1237
26	0.3633	0.0322	50	1.5117	0.0646	74	3.4178	0.0953	98	6.0480	0.1249
27	0.3955	0.0336	51	1.5763	0.0659	75	3.5131	0.0966	99	6.1729	0.1261
28	0.4291	0.0350	52	1.6421	0.0672	76	3.6097	0.0978	100	6.2990	0.1261

适用树种：柞树（栎树）；适用地区：白石山林业局；资料名称：吉林省一元立木材积表、材种出材率表、地径材积表；编表人或作者：吉林省林业厅；刊印或发表时间：2003。其他说明：吉林资 (2002) 627 号文件发布。

394. 白石山林业局人工红松一元立木材积表（围尺）

$$V = 0.00007616 D_{轮}^{1.89948264} H^{0.86116962}$$

$$H = 21.585289 - 305.57303/(D_{轮} + 14)$$

$D_{轮} = -0.49805 + 0.98158 D_{围}$；表中$D$为围尺径；$D \leqslant 100\text{cm}$

D	V	ΔV	D	V	ΔV	D	V	ΔV	D	V	ΔV
5	0.0051	0.0034	29	0.4214	0.0330	53	1.5545	0.0624	77	3.3768	0.0905
6	0.0085	0.0045	30	0.4544	0.0343	54	1.6169	0.0636	78	3.4673	0.0916
7	0.0130	0.0056	31	0.4887	0.0355	55	1.6804	0.0648	79	3.5589	0.0928
8	0.0186	0.0068	32	0.5242	0.0368	56	1.7452	0.0659	80	3.6517	0.0939
9	0.0254	0.0079	33	0.5610	0.0380	57	1.8111	0.0671	81	3.7456	0.0951
10	0.0333	0.0091	34	0.5991	0.0393	58	1.8783	0.0683	82	3.8407	0.0962
11	0.0424	0.0104	35	0.6383	0.0405	59	1.9466	0.0695	83	3.9369	0.0974
12	0.0528	0.0116	36	0.6788	0.0417	60	2.0161	0.0707	84	4.0343	0.0985
13	0.0644	0.0128	37	0.7206	0.0430	61	2.0868	0.0719	85	4.1328	0.0996
14	0.0772	0.0141	38	0.7636	0.0442	62	2.1586	0.0730	86	4.2324	0.1008
15	0.0913	0.0153	39	0.8078	0.0454	63	2.2317	0.0742	87	4.3332	0.1019
16	0.1067	0.0166	40	0.8532	0.0467	64	2.3059	0.0754	88	4.4351	0.1031
17	0.1233	0.0179	41	0.8999	0.0479	65	2.3813	0.0766	89	4.5382	0.1042
18	0.1411	0.0191	42	0.9477	0.0491	66	2.4578	0.0777	90	4.6423	0.1053
19	0.1603	0.0204	43	0.9968	0.0503	67	2.5356	0.0789	91	4.7477	0.1065
20	0.1807	0.0217	44	1.0472	0.0515	68	2.6145	0.0801	92	4.8541	0.1076
21	0.2024	0.0230	45	1.0987	0.0528	69	2.6945	0.0812	93	4.9617	0.1087
22	0.2253	0.0242	46	1.1515	0.0540	70	2.7757	0.0824	94	5.0704	0.1098
23	0.2496	0.0255	47	1.2054	0.0552	71	2.8581	0.0835	95	5.1803	0.1110
24	0.2750	0.0267	48	1.2606	0.0564	72	2.9417	0.0847	96	5.2912	0.1121
25	0.3018	0.0280	49	1.3170	0.0576	73	3.0264	0.0859	97	5.4033	0.1132
26	0.3298	0.0293	50	1.3746	0.0588	74	3.1123	0.0870	98	5.5165	0.1143
27	0.3591	0.0305	51	1.4333	0.0600	75	3.1993	0.0882	99	5.6309	0.1155
28	0.3896	0.0318	52	1.4933	0.0612	76	3.2875	0.0893	100	5.7463	0.1155

适用树种：人工红松；适用地区：白石山林业局；资料名称：吉林省一元立木材积表、材种出材率表、地径材积表；编表人或作者：吉林省林业厅；刊印或发表时间：2003。其他说明：吉林资 (2002) 627 号文件发布。

395. 白石山林业局人工樟子松一元立木材积表（围尺）

$$V = 0.00005228D_{轮}^{1.57561364}H^{1.36856283}$$

$$H = 32.486731 - 963.861605/(D_{轮} + 31)$$

$D_{轮} = -0.34995 + 0.97838D_{围}$；表中$D$为围尺径；$D \leqslant 100$cm

D	V	ΔV	D	V	ΔV	D	V	ΔV	D	V	ΔV
5	0.0057	0.0035	29	0.4495	0.0357	53	1.6577	0.0653	77	3.5175	0.0901
6	0.0092	0.0046	30	0.4852	0.0371	54	1.7230	0.0664	78	3.6076	0.0910
7	0.0137	0.0057	31	0.5223	0.0384	55	1.7894	0.0675	79	3.6986	0.0920
8	0.0194	0.0069	32	0.5607	0.0397	56	1.8569	0.0686	80	3.7906	0.0929
9	0.0263	0.0081	33	0.6004	0.0410	57	1.9255	0.0697	81	3.8835	0.0938
10	0.0344	0.0094	34	0.6414	0.0423	58	1.9952	0.0708	82	3.9773	0.0948
11	0.0438	0.0107	35	0.6838	0.0436	59	2.0660	0.0719	83	4.0721	0.0957
12	0.0545	0.0121	36	0.7274	0.0449	60	2.1379	0.0729	84	4.1678	0.0966
13	0.0666	0.0134	37	0.7723	0.0462	61	2.2108	0.0740	85	4.2644	0.0975
14	0.0800	0.0148	38	0.8185	0.0475	62	2.2848	0.0751	86	4.3620	0.0984
15	0.0948	0.0162	39	0.8659	0.0487	63	2.3599	0.0761	87	4.4604	0.0993
16	0.1111	0.0176	40	0.9147	0.0500	64	2.4360	0.0771	88	4.5597	0.1002
17	0.1287	0.0190	41	0.9646	0.0512	65	2.5131	0.0782	89	4.6600	0.1011
18	0.1477	0.0204	42	1.0158	0.0524	66	2.5913	0.0792	90	4.7611	0.1020
19	0.1681	0.0218	43	1.0682	0.0536	67	2.6705	0.0802	91	4.8631	0.1029
20	0.1900	0.0233	44	1.1218	0.0548	68	2.7507	0.0812	92	4.9660	0.1038
21	0.2132	0.0247	45	1.1767	0.0560	69	2.8320	0.0822	93	5.0698	0.1047
22	0.2379	0.0261	46	1.2327	0.0572	70	2.9142	0.0832	94	5.1745	0.1055
23	0.2640	0.0275	47	1.2899	0.0584	71	2.9974	0.0842	95	5.2800	0.1064
24	0.2914	0.0289	48	1.3483	0.0596	72	3.0817	0.0852	96	5.3864	0.1073
25	0.3203	0.0302	49	1.4079	0.0607	73	3.1669	0.0862	97	5.4937	0.1081
26	0.3505	0.0316	50	1.4686	0.0619	74	3.2531	0.0872	98	5.6018	0.1090
27	0.3822	0.0330	51	1.5305	0.0630	75	3.3403	0.0881	99	5.7108	0.1098
28	0.4152	0.0344	52	1.5936	0.0642	76	3.4284	0.0891	100	5.8206	0.1098

适用树种：人工樟子松；适用地区：白石山林业局；资料名称：吉林省一元立木材积表、材种出材率表、地径材积表；编表人或作者：吉林省林业厅；刊印或发表时间：2003。其他说明：吉林资 (2002) 627 号文件发布。

396. 白石山林业局人工落叶松一元立木材积表（围尺）

$$V = 0.00008472D_{轮}^{1.97420228}H^{0.74561762}$$

$$H = 34.129639 - 641.807935/(D_{轮} + 18)$$

$D_{轮} = -0.2506 + 0.9809D_{围}$；表中$D$为围尺径；$D \leqslant 100$cm

D	V	ΔV	D	V	ΔV	D	V	ΔV	D	V	ΔV
5	0.0065	0.0044	29	0.5818	0.0473	53	2.2530	0.0940	77	5.0482	0.1408
6	0.0109	0.0058	30	0.6291	0.0492	54	2.3470	0.0960	78	5.1891	0.1428
7	0.0167	0.0073	31	0.6783	0.0511	55	2.4430	0.0979	79	5.3318	0.1447
8	0.0240	0.0088	32	0.7294	0.0531	56	2.5409	0.0999	80	5.4766	0.1467
9	0.0328	0.0104	33	0.7825	0.0550	57	2.6408	0.1018	81	5.6232	0.1486
10	0.0432	0.0120	34	0.8375	0.0569	58	2.7426	0.1038	82	5.7718	0.1506
11	0.0552	0.0137	35	0.8944	0.0589	59	2.8464	0.1057	83	5.9224	0.1525
12	0.0689	0.0155	36	0.9533	0.0608	60	2.9522	0.1077	84	6.0749	0.1544
13	0.0844	0.0172	37	1.0142	0.0628	61	3.0599	0.1096	85	6.2293	0.1564
14	0.1016	0.0190	38	1.0769	0.0647	62	3.1695	0.1116	86	6.3857	0.1583
15	0.1206	0.0208	39	1.1417	0.0667	63	3.2811	0.1136	87	6.5440	0.1603
16	0.1414	0.0226	40	1.2084	0.0686	64	3.3947	0.1155	88	6.7043	0.1622
17	0.1640	0.0245	41	1.2770	0.0706	65	3.5102	0.1175	89	6.8665	0.1641
18	0.1885	0.0263	42	1.3476	0.0725	66	3.6276	0.1194	90	7.0306	0.1661
19	0.2148	0.0282	43	1.4201	0.0745	67	3.7470	0.1214	91	7.1967	0.1680
20	0.2429	0.0300	44	1.4946	0.0764	68	3.8684	0.1233	92	7.3648	0.1700
21	0.2730	0.0319	45	1.5711	0.0784	69	3.9917	0.1253	93	7.5347	0.1719
22	0.3049	0.0338	46	1.6495	0.0804	70	4.1169	0.1272	94	7.7066	0.1738
23	0.3387	0.0357	47	1.7298	0.0823	71	4.2441	0.1291	95	7.8805	0.1758
24	0.3745	0.0376	48	1.8121	0.0843	72	4.3733	0.1311	96	8.0562	0.1777
25	0.4121	0.0396	49	1.8964	0.0862	73	4.5044	0.1330	97	8.2340	0.1797
26	0.4517	0.0415	50	1.9826	0.0882	74	4.6374	0.1350	98	8.4136	0.1816
27	0.4931	0.0434	51	2.0708	0.0901	75	4.7724	0.1369	99	8.5952	0.1835
28	0.5365	0.0453	52	2.1609	0.0921	76	4.9094	0.1389	100	8.7787	0.1835

适用树种：人工落叶松；适用地区：白石山林业局；资料名称：吉林省一元立木材积表、材种出材率表、地径材积表；编表人或作者：吉林省林业厅；刊印或发表时间：2003。其他说明：吉林资 (2002) 627 号文件发布。

397. 白石山林业局人工杨树一元立木材积表（围尺）

$$V = 0.0000717D_{轮}^{1.69135017}H^{1.08071211}$$

$$H = 30.633299 - 547.989609/(D_{轮} + 16)$$

$D_{轮} = -0.62168 + 0.98712D_{围}$；表中$D$为围尺径；$D \leqslant 100$cm

D	V	ΔV	D	V	ΔV	D	V	ΔV	D	V	ΔV
5	0.0035	0.0033	29	0.4619	0.0358	53	1.6432	0.0629	77	3.4244	0.0860
6	0.0067	0.0045	30	0.4977	0.0371	54	1.7061	0.0639	78	3.5104	0.0869
7	0.0112	0.0058	31	0.5348	0.0383	55	1.7700	0.0649	79	3.5974	0.0878
8	0.0171	0.0072	32	0.5731	0.0395	56	1.8349	0.0659	80	3.6852	0.0887
9	0.0243	0.0086	33	0.6126	0.0407	57	1.9009	0.0670	81	3.7739	0.0896
10	0.0329	0.0100	34	0.6534	0.0419	58	1.9678	0.0680	82	3.8635	0.0905
11	0.0429	0.0115	35	0.6953	0.0431	59	2.0358	0.0690	83	3.9540	0.0914
12	0.0544	0.0129	36	0.7384	0.0443	60	2.1048	0.0699	84	4.0454	0.0923
13	0.0673	0.0143	37	0.7826	0.0454	61	2.1747	0.0709	85	4.1377	0.0932
14	0.0816	0.0158	38	0.8281	0.0466	62	2.2456	0.0719	86	4.2309	0.0940
15	0.0973	0.0172	39	0.8747	0.0477	63	2.3175	0.0729	87	4.3249	0.0949
16	0.1145	0.0186	40	0.9224	0.0489	64	2.3904	0.0739	88	4.4198	0.0958
17	0.1331	0.0200	41	0.9713	0.0500	65	2.4643	0.0748	89	4.5156	0.0966
18	0.1531	0.0214	42	1.0213	0.0511	66	2.5391	0.0758	90	4.6122	0.0975
19	0.1745	0.0228	43	1.0724	0.0522	67	2.6149	0.0767	91	4.7097	0.0984
20	0.1972	0.0241	44	1.1246	0.0533	68	2.6916	0.0777	92	4.8081	0.0992
21	0.2213	0.0255	45	1.1779	0.0544	69	2.7693	0.0786	93	4.9073	0.1001
22	0.2468	0.0268	46	1.2323	0.0555	70	2.8479	0.0796	94	5.0074	0.1009
23	0.2736	0.0281	47	1.2878	0.0566	71	2.9275	0.0805	95	5.1083	0.1018
24	0.3018	0.0295	48	1.3444	0.0576	72	3.0080	0.0814	96	5.2100	0.1026
25	0.3312	0.0308	49	1.4021	0.0587	73	3.0894	0.0824	97	5.3126	0.1034
26	0.3620	0.0320	50	1.4608	0.0598	74	3.1718	0.0833	98	5.4161	0.1043
27	0.3940	0.0333	51	1.5205	0.0608	75	3.2551	0.0842	99	5.5204	0.1051
28	0.4273	0.0346	52	1.5813	0.0619	76	3.3393	0.0851	100	5.6255	0.1051

适用树种：人工杨树；适用地区：白石山林业局；资料名称：吉林省一元立木材积表、材种出材率表、地径材积表；编表人或作者：吉林省林业厅；刊印或发表时间：2003。其他说明：吉林资 (2002) 627 号文件发布。

398. 三岔子林业局针叶树一元立木材积表（围尺）

$$V = 0.0000578596 D_{轮}^{1.8892} H^{0.98755}$$

$$H = 48.3048 - 2225.5684/(D_{轮} + 47)$$

$D_{轮} = -0.1349 + 0.9756 D_{围}$；表中$D$为围尺径；$D \leqslant 100\text{cm}$

D	V	ΔV	D	V	ΔV	D	V	ΔV	D	V	ΔV
5	0.0057	0.0036	29	0.5712	0.0502	53	2.4564	0.1101	77	5.8101	0.1719
6	0.0093	0.0048	30	0.6214	0.0526	54	2.5665	0.1127	78	5.9821	0.1745
7	0.0141	0.0061	31	0.6739	0.0550	55	2.6792	0.1153	79	6.1566	0.1771
8	0.0201	0.0074	32	0.7289	0.0574	56	2.7945	0.1178	80	6.3337	0.1797
9	0.0276	0.0089	33	0.7863	0.0598	57	2.9123	0.1204	81	6.5133	0.1822
10	0.0365	0.0105	34	0.8461	0.0622	58	3.0327	0.1230	82	6.6956	0.1848
11	0.0470	0.0122	35	0.9083	0.0647	59	3.1557	0.1256	83	6.8804	0.1874
12	0.0591	0.0139	36	0.9730	0.0672	60	3.2813	0.1281	84	7.0677	0.1899
13	0.0730	0.0157	37	1.0402	0.0696	61	3.4094	0.1307	85	7.2577	0.1925
14	0.0887	0.0175	38	1.1098	0.0721	62	3.5401	0.1333	86	7.4502	0.1951
15	0.1062	0.0194	39	1.1819	0.0746	63	3.6734	0.1359	87	7.6453	0.1976
16	0.1257	0.0214	40	1.2565	0.0771	64	3.8093	0.1384	88	7.8429	0.2002
17	0.1471	0.0234	41	1.3337	0.0796	65	3.9477	0.1410	89	8.0431	0.2028
18	0.1705	0.0255	42	1.4133	0.0821	66	4.0887	0.1436	90	8.2458	0.2053
19	0.1960	0.0276	43	1.4954	0.0847	67	4.2323	0.1462	91	8.4511	0.2079
20	0.2235	0.0297	44	1.5801	0.0872	68	4.3785	0.1488	92	8.6590	0.2104
21	0.2532	0.0319	45	1.6673	0.0897	69	4.5273	0.1513	93	8.8694	0.2130
22	0.2851	0.0341	46	1.7570	0.0923	70	4.6786	0.1539	94	9.0824	0.2155
23	0.3191	0.0363	47	1.8492	0.0948	71	4.8325	0.1565	95	9.2980	0.2181
24	0.3554	0.0385	48	1.9441	0.0974	72	4.9890	0.1591	96	9.5161	0.2206
25	0.3940	0.0408	49	2.0414	0.0999	73	5.1481	0.1616	97	9.7367	0.2232
26	0.4348	0.0431	50	2.1413	0.1025	74	5.3097	0.1642	98	9.9599	0.2257
27	0.4779	0.0455	51	2.2438	0.1050	75	5.4739	0.1668	99	10.1856	0.2283
28	0.5234	0.0478	52	2.3488	0.1076	76	5.6407	0.1694	100	10.4139	0.2283

适用树种：针叶树；适用地区：三岔子林业局；资料名称：吉林省一元立木材积表、材种出材率表、地径材积表；编表人或作者：吉林省林业厅；刊印或发表时间：2003。其他说明：吉林资 (2002) 627 号文件发布。

399. 三岔子林业局一类阔叶一元立木材积表（围尺）

$$V = 0.000053309D_{轮}^{1.88452}H^{0.99834}$$

$$H = 30.9806 - 499.7518/(D_{轮} + 16)$$

$D_{轮} = -0.1659 + 0.9734D_{围}$；表中$D$为围尺径；$D \leqslant 100$cm

D	V	ΔV	D	V	ΔV	D	V	ΔV	D	V	ΔV
5	0.0067	0.0044	29	0.5582	0.0445	53	2.0969	0.0851	77	4.5904	0.1240
6	0.0111	0.0057	30	0.6027	0.0462	54	2.1821	0.0868	78	4.7144	0.1256
7	0.0168	0.0072	31	0.6489	0.0479	55	2.2689	0.0884	79	4.8400	0.1272
8	0.0240	0.0087	32	0.6968	0.0497	56	2.3573	0.0901	80	4.9671	0.1288
9	0.0326	0.0102	33	0.7465	0.0514	57	2.4474	0.0917	81	5.0959	0.1303
10	0.0428	0.0118	34	0.7978	0.0531	58	2.5391	0.0934	82	5.2262	0.1319
11	0.0546	0.0134	35	0.8509	0.0548	59	2.6325	0.0950	83	5.3582	0.1335
12	0.0680	0.0151	36	0.9057	0.0565	60	2.7275	0.0966	84	5.4916	0.1351
13	0.0831	0.0167	37	0.9623	0.0582	61	2.8241	0.0983	85	5.6267	0.1366
14	0.0999	0.0184	38	1.0205	0.0599	62	2.9224	0.0999	86	5.7633	0.1382
15	0.1183	0.0201	39	1.0804	0.0616	63	3.0223	0.1015	87	5.9016	0.1398
16	0.1385	0.0219	40	1.1421	0.0633	64	3.1238	0.1031	88	6.0413	0.1413
17	0.1603	0.0236	41	1.2054	0.0650	65	3.2270	0.1048	89	6.1827	0.1429
18	0.1839	0.0253	42	1.2705	0.0667	66	3.3317	0.1064	90	6.3256	0.1445
19	0.2092	0.0271	43	1.3372	0.0684	67	3.4381	0.1080	91	6.4700	0.1460
20	0.2363	0.0288	44	1.4056	0.0701	68	3.5461	0.1096	92	6.6161	0.1476
21	0.2651	0.0305	45	1.4758	0.0718	69	3.6557	0.1112	93	6.7636	0.1491
22	0.2956	0.0323	46	1.5476	0.0735	70	3.7670	0.1128	94	6.9128	0.1507
23	0.3279	0.0340	47	1.6210	0.0751	71	3.8798	0.1144	95	7.0635	0.1522
24	0.3619	0.0358	48	1.6962	0.0768	72	3.9942	0.1160	96	7.2157	0.1538
25	0.3977	0.0375	49	1.7730	0.0785	73	4.1102	0.1176	97	7.3695	0.1553
26	0.4352	0.0393	50	1.8515	0.0802	74	4.2279	0.1192	98	7.5248	0.1569
27	0.4745	0.0410	51	1.9316	0.0818	75	4.3471	0.1208	99	7.6817	0.1584
28	0.5155	0.0427	52	2.0135	0.0835	76	4.4679	0.1224	100	7.8401	0.1584

适用树种：一类阔叶；适用地区：三岔子林业局；资料名称：吉林省一元立木材积表、材种出材率表、地径材积表；编表人或作者：吉林省林业厅；刊印或发表时间：2003。其他说明：吉林资 (2002) 627 号文件发布。

400. 三岔子林业局二类阔叶一元立木材积表（围尺）

$$V = 0.000048841 D_{轮}^{1.84048} H^{1.05252}$$

$$H = 25.4672 - 407.7676/(D_{轮} + 16)$$

$D_{轮} = -0.1979 + 0.9728 D_{围}$；表中$D$为围尺径；$D \leqslant 100$cm

D	V	ΔV	D	V	ΔV	D	V	ΔV	D	V	ΔV
5	0.0052	0.0034	29	0.4224	0.0332	53	1.5593	0.0623	77	3.3707	0.0895
6	0.0086	0.0044	30	0.4557	0.0345	54	1.6216	0.0635	78	3.4602	0.0906
7	0.0130	0.0055	31	0.4902	0.0358	55	1.6851	0.0647	79	3.5508	0.0917
8	0.0186	0.0067	32	0.5259	0.0370	56	1.7498	0.0658	80	3.6425	0.0928
9	0.0252	0.0078	33	0.5629	0.0383	57	1.8156	0.0670	81	3.7353	0.0939
10	0.0331	0.0091	34	0.6012	0.0395	58	1.8826	0.0681	82	3.8291	0.0950
11	0.0421	0.0103	35	0.6407	0.0407	59	1.9507	0.0693	83	3.9241	0.0960
12	0.0524	0.0115	36	0.6814	0.0420	60	2.0200	0.0704	84	4.0201	0.0971
13	0.0640	0.0128	37	0.7234	0.0432	61	2.0904	0.0716	85	4.1173	0.0982
14	0.0768	0.0141	38	0.7666	0.0444	62	2.1619	0.0727	86	4.2155	0.0993
15	0.0908	0.0153	39	0.8110	0.0456	63	2.2346	0.0738	87	4.3148	0.1004
16	0.1062	0.0166	40	0.8566	0.0469	64	2.3085	0.0750	88	4.4152	0.1015
17	0.1228	0.0179	41	0.9035	0.0481	65	2.3835	0.0761	89	4.5166	0.1025
18	0.1407	0.0192	42	0.9516	0.0493	66	2.4596	0.0772	90	4.6191	0.1036
19	0.1599	0.0205	43	1.0008	0.0505	67	2.5368	0.0784	91	4.7227	0.1047
20	0.1804	0.0218	44	1.0513	0.0517	68	2.6152	0.0795	92	4.8274	0.1057
21	0.2022	0.0231	45	1.1030	0.0529	69	2.6947	0.0806	93	4.9331	0.1068
22	0.2252	0.0243	46	1.1559	0.0541	70	2.7753	0.0817	94	5.0399	0.1079
23	0.2496	0.0256	47	1.2100	0.0553	71	2.8570	0.0828	95	5.1478	0.1089
24	0.2752	0.0269	48	1.2652	0.0565	72	2.9399	0.0840	96	5.2567	0.1100
25	0.3021	0.0282	49	1.3217	0.0576	73	3.0238	0.0851	97	5.3667	0.1111
26	0.3303	0.0295	50	1.3793	0.0588	74	3.1089	0.0862	98	5.4778	0.1121
27	0.3597	0.0307	51	1.4381	0.0600	75	3.1951	0.0873	99	5.5899	0.1132
28	0.3904	0.0320	52	1.4981	0.0612	76	3.2823	0.0884	100	5.7031	0.1132

适用树种：二类阔叶；适用地区：三岔子林业局；资料名称：吉林省一元立木材积表、材种出材率表、地径材积表；编表人或作者：吉林省林业厅；刊印或发表时间：2003。其他说明：吉林资 (2002) 627 号文件发布。

401. 三岔子林业局柞树一元立木材积表（围尺）

$$V = 0.000061125534 D_{轮}^{1.8810091} H^{0.94462565}$$

$$H = 26.6049 - 401.5609/(D_{轮} + 15)$$

$D_{轮} = -0.1791 + 0.9737 D_{围}$；表中$D$为围尺径；$D \leqslant 100$cm

D	V	ΔV	D	V	ΔV	D	V	ΔV	D	V	ΔV
5	0.0063	0.0040	29	0.4776	0.0374	53	1.7591	0.0705	77	3.8156	0.1020
6	0.0103	0.0052	30	0.5149	0.0388	54	1.8296	0.0718	78	3.9176	0.1033
7	0.0154	0.0064	31	0.5538	0.0402	55	1.9014	0.0732	79	4.0208	0.1045
8	0.0218	0.0077	32	0.5940	0.0416	56	1.9746	0.0745	80	4.1254	0.1058
9	0.0295	0.0090	33	0.6356	0.0430	57	2.0491	0.0758	81	4.2312	0.1071
10	0.0385	0.0104	34	0.6786	0.0444	58	2.1249	0.0772	82	4.3383	0.1084
11	0.0488	0.0117	35	0.7231	0.0458	59	2.2021	0.0785	83	4.4466	0.1096
12	0.0606	0.0131	36	0.7689	0.0472	60	2.2806	0.0798	84	4.5563	0.1109
13	0.0737	0.0145	37	0.8161	0.0486	61	2.3604	0.0811	85	4.6672	0.1122
14	0.0882	0.0159	38	0.8648	0.0500	62	2.4415	0.0825	86	4.7794	0.1135
15	0.1041	0.0174	39	0.9148	0.0514	63	2.5240	0.0838	87	4.8929	0.1147
16	0.1215	0.0188	40	0.9662	0.0528	64	2.6078	0.0851	88	5.0076	0.1160
17	0.1403	0.0202	41	1.0190	0.0542	65	2.6928	0.0864	89	5.1236	0.1173
18	0.1605	0.0217	42	1.0731	0.0555	66	2.7792	0.0877	90	5.2408	0.1185
19	0.1821	0.0231	43	1.1287	0.0569	67	2.8669	0.0890	91	5.3594	0.1198
20	0.2052	0.0245	44	1.1856	0.0583	68	2.9560	0.0903	92	5.4791	0.1210
21	0.2298	0.0260	45	1.2439	0.0597	69	3.0463	0.0916	93	5.6002	0.1223
22	0.2557	0.0274	46	1.3035	0.0610	70	3.1379	0.0929	94	5.7225	0.1235
23	0.2831	0.0288	47	1.3645	0.0624	71	3.2308	0.0942	95	5.8460	0.1248
24	0.3120	0.0303	48	1.4269	0.0637	72	3.3251	0.0955	96	5.9708	0.1261
25	0.3422	0.0317	49	1.4907	0.0651	73	3.4206	0.0968	97	6.0969	0.1273
26	0.3739	0.0331	50	1.5558	0.0664	74	3.5174	0.0981	98	6.2242	0.1286
27	0.4070	0.0345	51	1.6222	0.0678	75	3.6155	0.0994	99	6.3527	0.1298
28	0.4416	0.0360	52	1.6900	0.0691	76	3.7149	0.1007	100	6.4825	0.1298

吉

适用树种：柞树（栎树）；适用地区：三岔子林业局；资料名称：吉林省一元立木材积表、材种出材率表、地径材积表；编表人或作者：吉林省林业厅；刊印或发表时间：2003。其他说明：吉林资 (2002) 627 号文件发布。

402. 三岔子林业局人工红松一元立木材积表（围尺）

$$V = 0.00007616 D_{轮}^{1.89948264} H^{0.86116962}$$

$$H = 22.091945 - 312.745526/(D_{轮} + 14)$$

$D_{轮} = -0.49805 + 0.98158 D_{围}$；表中$D$为围尺径；$D \leqslant 100$cm

D	V	ΔV	D	V	ΔV	D	V	ΔV	D	V	ΔV
5	0.0052	0.0035	29	0.4299	0.0337	53	1.5859	0.0636	77	3.4449	0.0923
6	0.0087	0.0046	30	0.4636	0.0350	54	1.6495	0.0648	78	3.5372	0.0935
7	0.0133	0.0057	31	0.4986	0.0363	55	1.7143	0.0661	79	3.6307	0.0947
8	0.0190	0.0069	32	0.5348	0.0375	56	1.7804	0.0673	80	3.7254	0.0958
9	0.0259	0.0081	33	0.5724	0.0388	57	1.8477	0.0685	81	3.8212	0.0970
10	0.0340	0.0093	34	0.6112	0.0401	58	1.9162	0.0697	82	3.9182	0.0982
11	0.0433	0.0106	35	0.6512	0.0413	59	1.9859	0.0709	83	4.0164	0.0993
12	0.0539	0.0118	36	0.6925	0.0426	60	2.0568	0.0721	84	4.1157	0.1005
13	0.0657	0.0131	37	0.7351	0.0438	61	2.1289	0.0733	85	4.2162	0.1017
14	0.0788	0.0144	38	0.7790	0.0451	62	2.2022	0.0745	86	4.3178	0.1028
15	0.0931	0.0157	39	0.8241	0.0464	63	2.2767	0.0757	87	4.4206	0.1040
16	0.1088	0.0169	40	0.8704	0.0476	64	2.3524	0.0769	88	4.5246	0.1051
17	0.1258	0.0182	41	0.9180	0.0489	65	2.4293	0.0781	89	4.6297	0.1063
18	0.1440	0.0195	42	0.9669	0.0501	66	2.5074	0.0793	90	4.7360	0.1074
19	0.1635	0.0208	43	1.0170	0.0513	67	2.5867	0.0805	91	4.8435	0.1086
20	0.1844	0.0221	44	1.0683	0.0526	68	2.6672	0.0817	92	4.9521	0.1098
21	0.2065	0.0234	45	1.1209	0.0538	69	2.7489	0.0829	93	5.0618	0.1109
22	0.2299	0.0247	46	1.1747	0.0551	70	2.8318	0.0841	94	5.1727	0.1121
23	0.2546	0.0260	47	1.2297	0.0563	71	2.9158	0.0852	95	5.2848	0.1132
24	0.2806	0.0273	48	1.2860	0.0575	72	3.0010	0.0864	96	5.3980	0.1144
25	0.3079	0.0286	49	1.3435	0.0587	73	3.0875	0.0876	97	5.5124	0.1155
26	0.3365	0.0299	50	1.4023	0.0600	74	3.1751	0.0888	98	5.6279	0.1166
27	0.3663	0.0311	51	1.4623	0.0612	75	3.2638	0.0900	99	5.7445	0.1178
28	0.3975	0.0324	52	1.5235	0.0624	76	3.3538	0.0911	100	5.8623	0.1178

适用树种：人工红松；适用地区：三岔子林业局；资料名称：吉林省一元立木材积表、材种出材率表、地径材积表；编表人或作者：吉林省林业厅；刊印或发表时间：2003。其他说明：吉林资 (2002) 627 号文件发布。

403. 三岔子林业局人工樟子松一元立木材积表（围尺）

$$V = 0.00005228 D_{轮}^{1.57561364} H^{1.36856283}$$

$$H = 33.203422 - 985.1254/(D_{轮} + 31)$$

$D_{轮} = -0.34995 + 0.97838 D_{围}$；表中$D$为围尺径；$D \leqslant 100$cm

D	V	ΔV	D	V	ΔV	D	V	ΔV	D	V	ΔV
5	0.0058	0.0036	29	0.4632	0.0368	53	1.7080	0.0673	77	3.6242	0.0928
6	0.0094	0.0047	30	0.5000	0.0382	54	1.7752	0.0684	78	3.7170	0.0938
7	0.0141	0.0059	31	0.5381	0.0396	55	1.8436	0.0696	79	3.8108	0.0948
8	0.0200	0.0071	32	0.5777	0.0409	56	1.9132	0.0707	80	3.9055	0.0957
9	0.0271	0.0084	33	0.6186	0.0423	57	1.9839	0.0718	81	4.0012	0.0967
10	0.0354	0.0097	34	0.6609	0.0436	58	2.0557	0.0729	82	4.0979	0.0976
11	0.0451	0.0110	35	0.7045	0.0450	59	2.1286	0.0740	83	4.1956	0.0986
12	0.0562	0.0124	36	0.7494	0.0463	60	2.2027	0.0751	84	4.2942	0.0995
13	0.0686	0.0138	37	0.7957	0.0476	61	2.2778	0.0762	85	4.3937	0.1005
14	0.0824	0.0153	38	0.8433	0.0489	62	2.3541	0.0773	86	4.4942	0.1014
15	0.0977	0.0167	39	0.8922	0.0502	63	2.4314	0.0784	87	4.5956	0.1024
16	0.1144	0.0182	40	0.9424	0.0515	64	2.5098	0.0795	88	4.6980	0.1033
17	0.1326	0.0196	41	0.9939	0.0527	65	2.5893	0.0805	89	4.8012	0.1042
18	0.1522	0.0211	42	1.0466	0.0540	66	2.6699	0.0816	90	4.9054	0.1051
19	0.1732	0.0225	43	1.1006	0.0553	67	2.7515	0.0827	91	5.0106	0.1060
20	0.1957	0.0240	44	1.1559	0.0565	68	2.8341	0.0837	92	5.1166	0.1069
21	0.2197	0.0254	45	1.2124	0.0577	69	2.9178	0.0847	93	5.2235	0.1078
22	0.2451	0.0269	46	1.2701	0.0590	70	3.0025	0.0858	94	5.3314	0.1087
23	0.2720	0.0283	47	1.3290	0.0602	71	3.0883	0.0868	95	5.4401	0.1096
24	0.3003	0.0297	48	1.3892	0.0614	72	3.1751	0.0878	96	5.5497	0.1105
25	0.3300	0.0312	49	1.4506	0.0626	73	3.2629	0.0888	97	5.6602	0.1114
26	0.3612	0.0326	50	1.5132	0.0638	74	3.3517	0.0898	98	5.7716	0.1123
27	0.3938	0.0340	51	1.5769	0.0649	75	3.4415	0.0908	99	5.8839	0.1132
28	0.4278	0.0354	52	1.6419	0.0661	76	3.5324	0.0918	100	5.9971	0.1132

适用树种：人工樟子松；适用地区：三岔子林业局；资料名称：吉林省一元立木材积表、材种出材率表、地径材积表；编表人或作者：吉林省林业厅；刊印或发表时间：2003。其他说明：吉林资 (2002) 627 号文件发布。

404. 三岔子林业局人工落叶松一元立木材积表（围尺）

$$V = 0.00008472D_{轮}^{1.97420228}H^{0.74561762}$$

$$H = 35.990753 - 676.806179/(D_{轮} + 18)$$

$D_{轮} = -0.2506 + 0.9809D_{围}$；表中$D$为围尺径；$D \leqslant 100$cm

D	V	ΔV	D	V	ΔV	D	V	ΔV	D	V	ΔV
5	0.0068	0.0046	29	0.6053	0.0492	53	2.3439	0.0978	77	5.2521	0.1465
6	0.0114	0.0060	30	0.6545	0.0512	54	2.4418	0.0999	78	5.3986	0.1485
7	0.0174	0.0075	31	0.7057	0.0532	55	2.5416	0.1019	79	5.5472	0.1506
8	0.0250	0.0091	32	0.7589	0.0552	56	2.6435	0.1039	80	5.6977	0.1526
9	0.0341	0.0108	33	0.8141	0.0572	57	2.7474	0.1060	81	5.8503	0.1546
10	0.0449	0.0125	34	0.8713	0.0592	58	2.8534	0.1080	82	6.0049	0.1566
11	0.0574	0.0143	35	0.9305	0.0613	59	2.9614	0.1100	83	6.1616	0.1587
12	0.0717	0.0161	36	0.9918	0.0633	60	3.0714	0.1120	84	6.3202	0.1607
13	0.0878	0.0179	37	1.0551	0.0653	61	3.1834	0.1141	85	6.4809	0.1627
14	0.1057	0.0198	38	1.1204	0.0674	62	3.2975	0.1161	86	6.6436	0.1647
15	0.1255	0.0216	39	1.1878	0.0694	63	3.4136	0.1181	87	6.8083	0.1667
16	0.1471	0.0235	40	1.2572	0.0714	64	3.5318	0.1202	88	6.9750	0.1688
17	0.1706	0.0254	41	1.3286	0.0734	65	3.6519	0.1222	89	7.1438	0.1708
18	0.1961	0.0274	42	1.4020	0.0755	66	3.7741	0.1242	90	7.3146	0.1728
19	0.2234	0.0293	43	1.4775	0.0775	67	3.8983	0.1263	91	7.4874	0.1748
20	0.2527	0.0313	44	1.5550	0.0795	68	4.0246	0.1283	92	7.6622	0.1768
21	0.2840	0.0332	45	1.6345	0.0816	69	4.1529	0.1303	93	7.8390	0.1788
22	0.3172	0.0352	46	1.7161	0.0836	70	4.2832	0.1323	94	8.0178	0.1809
23	0.3524	0.0372	47	1.7997	0.0856	71	4.4155	0.1344	95	8.1987	0.1829
24	0.3896	0.0392	48	1.8853	0.0877	72	4.5499	0.1364	96	8.3816	0.1849
25	0.4288	0.0411	49	1.9730	0.0897	73	4.6863	0.1384	97	8.5665	0.1869
26	0.4699	0.0431	50	2.0627	0.0917	74	4.8247	0.1404	98	8.7534	0.1889
27	0.5130	0.0451	51	2.1544	0.0938	75	4.9651	0.1425	99	8.9423	0.1909
28	0.5582	0.0472	52	2.2481	0.0958	76	5.1076	0.1445	100	9.1333	0.1909

适用树种：人工落叶松；适用地区：三岔子林业局；资料名称：吉林省一元立木材积表、材种出材率表、地径材积表；编表人或作者：吉林省林业厅；刊印或发表时间：2003。其他说明：吉林资 (2002) 627 号文件发布。

405. 三岔子林业局人工杨树一元立木材积表（围尺）

$$V = 0.0000717 D_{轮}^{1.69135017} H^{1.08071211}$$

$$H = 30.633299 - 547.989609/(D_{轮} + 16)$$

$D_{轮} = -0.62168 + 0.98712 D_{围}$；表中$D$为围尺径；$D \leqslant 100\text{cm}$

D	V	ΔV	D	V	ΔV	D	V	ΔV	D	V	ΔV
5	0.0035	0.0033	29	0.4619	0.0358	53	1.6432	0.0629	77	3.4244	0.0860
6	0.0067	0.0045	30	0.4977	0.0371	54	1.7061	0.0639	78	3.5104	0.0869
7	0.0112	0.0058	31	0.5348	0.0383	55	1.7700	0.0649	79	3.5974	0.0878
8	0.0171	0.0072	32	0.5731	0.0395	56	1.8349	0.0659	80	3.6852	0.0887
9	0.0243	0.0086	33	0.6126	0.0407	57	1.9009	0.0670	81	3.7739	0.0896
10	0.0329	0.0100	34	0.6534	0.0419	58	1.9678	0.0680	82	3.8635	0.0905
11	0.0429	0.0115	35	0.6953	0.0431	59	2.0358	0.0690	83	3.9540	0.0914
12	0.0544	0.0129	36	0.7384	0.0443	60	2.1048	0.0699	84	4.0454	0.0923
13	0.0673	0.0143	37	0.7826	0.0454	61	2.1747	0.0709	85	4.1377	0.0932
14	0.0816	0.0158	38	0.8281	0.0466	62	2.2456	0.0719	86	4.2309	0.0940
15	0.0973	0.0172	39	0.8747	0.0477	63	2.3175	0.0729	87	4.3249	0.0949
16	0.1145	0.0186	40	0.9224	0.0489	64	2.3904	0.0739	88	4.4198	0.0958
17	0.1331	0.0200	41	0.9713	0.0500	65	2.4643	0.0748	89	4.5156	0.0966
18	0.1531	0.0214	42	1.0213	0.0511	66	2.5391	0.0758	90	4.6122	0.0975
19	0.1745	0.0228	43	1.0724	0.0522	67	2.6149	0.0767	91	4.7097	0.0984
20	0.1972	0.0241	44	1.1246	0.0533	68	2.6916	0.0777	92	4.8081	0.0992
21	0.2213	0.0255	45	1.1779	0.0544	69	2.7693	0.0786	93	4.9073	0.1001
22	0.2468	0.0268	46	1.2323	0.0555	70	2.8479	0.0796	94	5.0074	0.1009
23	0.2736	0.0281	47	1.2878	0.0566	71	2.9275	0.0805	95	5.1083	0.1018
24	0.3018	0.0295	48	1.3444	0.0576	72	3.0080	0.0814	96	5.2100	0.1026
25	0.3312	0.0308	49	1.4021	0.0587	73	3.0894	0.0824	97	5.3126	0.1034
26	0.3620	0.0320	50	1.4608	0.0598	74	3.1718	0.0833	98	5.4161	0.1043
27	0.3940	0.0333	51	1.5205	0.0608	75	3.2551	0.0842	99	5.5204	0.1051
28	0.4273	0.0346	52	1.5813	0.0619	76	3.3393	0.0851	100	5.6255	0.1051

适用树种：人工杨树；适用地区：三岔子林业局；资料名称：吉林省一元立木材积表、材种出材率表、地径材积表；编表人或作者：吉林省林业厅；刊印或发表时间：2003。其他说明：吉林资 (2002) 627 号文件发布。

406. 露水河林业局针叶树一元立木材积表（围尺）

$$V = 0.0000578596D_{轮}^{1.8892}H^{0.98755}$$
$$H = 50.2045 - 2313.076/(D_{轮} + 47)$$
$$D_{轮} = -0.1349 + 0.9756D_{围}；表中D为围尺径；D \leqslant 100\text{cm}$$

D	V	ΔV	D	V	ΔV	D	V	ΔV	D	V	ΔV
5	0.0059	0.0037	29	0.5934	0.0521	53	2.5517	0.1144	77	6.0357	0.1786
6	0.0096	0.0050	30	0.6455	0.0546	54	2.6662	0.1171	78	6.2144	0.1813
7	0.0146	0.0063	31	0.7001	0.0571	55	2.7832	0.1197	79	6.3957	0.1840
8	0.0209	0.0077	32	0.7572	0.0596	56	2.9030	0.1224	80	6.5796	0.1866
9	0.0286	0.0093	33	0.8168	0.0621	57	3.0254	0.1251	81	6.7663	0.1893
10	0.0379	0.0109	34	0.8789	0.0647	58	3.1505	0.1278	82	6.9556	0.1920
11	0.0488	0.0126	35	0.9436	0.0672	59	3.2783	0.1304	83	7.1476	0.1946
12	0.0614	0.0144	36	1.0108	0.0698	60	3.4087	0.1331	84	7.3422	0.1973
13	0.0759	0.0163	37	1.0806	0.0723	61	3.5418	0.1358	85	7.5395	0.2000
14	0.0922	0.0182	38	1.1529	0.0749	62	3.6776	0.1385	86	7.7395	0.2026
15	0.1104	0.0202	39	1.2278	0.0775	63	3.8161	0.1411	87	7.9421	0.2053
16	0.1306	0.0222	40	1.3053	0.0801	64	3.9572	0.1438	88	8.1474	0.2080
17	0.1528	0.0243	41	1.3854	0.0827	65	4.1010	0.1465	89	8.3554	0.2106
18	0.1771	0.0265	42	1.4682	0.0853	66	4.2475	0.1492	90	8.5660	0.2133
19	0.2036	0.0286	43	1.5535	0.0879	67	4.3967	0.1519	91	8.7793	0.2159
20	0.2322	0.0308	44	1.6414	0.0906	68	4.5486	0.1545	92	8.9953	0.2186
21	0.2630	0.0331	45	1.7320	0.0932	69	4.7031	0.1572	93	9.2139	0.2213
22	0.2961	0.0354	46	1.8252	0.0958	70	4.8603	0.1599	94	9.4351	0.2239
23	0.3315	0.0377	47	1.9211	0.0985	71	5.0202	0.1626	95	9.6590	0.2266
24	0.3692	0.0400	48	2.0196	0.1011	72	5.1828	0.1652	96	9.8856	0.2292
25	0.4093	0.0424	49	2.1207	0.1038	73	5.3480	0.1679	97	10.1148	0.2319
26	0.4517	0.0448	50	2.2245	0.1064	74	5.5159	0.1706	98	10.3466	0.2345
27	0.4965	0.0472	51	2.3309	0.1091	75	5.6865	0.1733	99	10.5811	0.2371
28	0.5437	0.0497	52	2.4400	0.1118	76	5.8598	0.1759	100	10.8183	0.2371

适用树种：针叶树；适用地区：露水河林业局；资料名称：吉林省一元立木材积表、材种出材率表、地径材积表；编表人或作者：吉林省林业厅；刊印或发表时间：2003。其他说明：吉林资 (2002) 627 号文件发布。

407. 露水河林业局一类阔叶一元立木材积表（围尺）

$$V = 0.000053309D_{轮}^{1.88452}H^{0.99834}$$
$$H = 31.2764 - 504.5337/(D_{轮} + 16)$$
$$D_{轮} = -0.1659 + 0.9734D_{围}$$；表中D为围尺径；$D \leqslant 100$cm

D	V	ΔV	D	V	ΔV	D	V	ΔV	D	V	ΔV
5	0.0068	0.0044	29	0.5635	0.0449	53	2.1169	0.0859	77	4.6341	0.1252
6	0.0112	0.0058	30	0.6084	0.0466	54	2.2029	0.0876	78	4.7593	0.1268
7	0.0170	0.0072	31	0.6551	0.0484	55	2.2905	0.0893	79	4.8861	0.1284
8	0.0242	0.0087	32	0.7034	0.0501	56	2.3798	0.0909	80	5.0145	0.1300
9	0.0329	0.0103	33	0.7536	0.0519	57	2.4707	0.0926	81	5.1444	0.1316
10	0.0432	0.0119	34	0.8054	0.0536	58	2.5633	0.0943	82	5.2760	0.1332
11	0.0551	0.0135	35	0.8590	0.0553	59	2.6576	0.0959	83	5.4092	0.1348
12	0.0687	0.0152	36	0.9144	0.0571	60	2.7535	0.0976	84	5.5440	0.1364
13	0.0839	0.0169	37	0.9714	0.0588	61	2.8510	0.0992	85	5.6803	0.1379
14	0.1008	0.0186	38	1.0302	0.0605	62	2.9502	0.1009	86	5.8183	0.1395
15	0.1194	0.0203	39	1.0907	0.0622	63	3.0511	0.1025	87	5.9578	0.1411
16	0.1398	0.0221	40	1.1530	0.0640	64	3.1536	0.1041	88	6.0989	0.1427
17	0.1618	0.0238	41	1.2169	0.0657	65	3.2577	0.1058	89	6.2416	0.1443
18	0.1857	0.0256	42	1.2826	0.0674	66	3.3635	0.1074	90	6.3858	0.1458
19	0.2112	0.0273	43	1.3500	0.0691	67	3.4709	0.1090	91	6.5317	0.1474
20	0.2385	0.0291	44	1.4190	0.0708	68	3.5799	0.1107	92	6.6791	0.1490
21	0.2676	0.0308	45	1.4898	0.0725	69	3.6906	0.1123	93	6.8281	0.1506
22	0.2984	0.0326	46	1.5623	0.0742	70	3.8028	0.1139	94	6.9786	0.1521
23	0.3310	0.0344	47	1.6365	0.0759	71	3.9167	0.1155	95	7.1308	0.1537
24	0.3654	0.0361	48	1.7123	0.0776	72	4.0323	0.1171	96	7.2844	0.1553
25	0.4015	0.0379	49	1.7899	0.0792	73	4.1494	0.1188	97	7.4397	0.1568
26	0.4394	0.0396	50	1.8691	0.0809	74	4.2682	0.1204	98	7.5965	0.1584
27	0.4790	0.0414	51	1.9500	0.0826	75	4.3885	0.1220	99	7.7549	0.1599
28	0.5204	0.0431	52	2.0326	0.0843	76	4.5105	0.1236	100	7.9148	0.1599

适用树种：一类阔叶；适用地区：露水河林业局；资料名称：吉林省一元立木材积表、材种出材率表、地径材积表；编表人或作者：吉林省林业厅；刊印或发表时间：2003。其他说明：吉林资 (2002) 627 号文件发布。

408. 露水河林业局二类阔叶一元立木材积表（围尺）

$$V = 0.000048841D_{轮}^{1.84048}H^{1.05252}$$
$$H = 25.4672 - 407.7676/(D_{轮} + 16)$$
$D_{轮} = -0.1979 + 0.9728D_{围}$；表中$D$为围尺径；$D \leqslant 100$cm

D	V	ΔV	D	V	ΔV	D	V	ΔV	D	V	ΔV
5	0.0052	0.0034	29	0.4224	0.0332	53	1.5593	0.0623	77	3.3707	0.0895
6	0.0086	0.0044	30	0.4557	0.0345	54	1.6216	0.0635	78	3.4602	0.0906
7	0.0130	0.0055	31	0.4902	0.0358	55	1.6851	0.0647	79	3.5508	0.0917
8	0.0186	0.0067	32	0.5259	0.0370	56	1.7498	0.0658	80	3.6425	0.0928
9	0.0252	0.0078	33	0.5629	0.0383	57	1.8156	0.0670	81	3.7353	0.0939
10	0.0331	0.0091	34	0.6012	0.0395	58	1.8826	0.0681	82	3.8291	0.0950
11	0.0421	0.0103	35	0.6407	0.0407	59	1.9507	0.0693	83	3.9241	0.0960
12	0.0524	0.0115	36	0.6814	0.0420	60	2.0200	0.0704	84	4.0201	0.0971
13	0.0640	0.0128	37	0.7234	0.0432	61	2.0904	0.0716	85	4.1173	0.0982
14	0.0768	0.0141	38	0.7666	0.0444	62	2.1619	0.0727	86	4.2155	0.0993
15	0.0908	0.0153	39	0.8110	0.0456	63	2.2346	0.0738	87	4.3148	0.1004
16	0.1062	0.0166	40	0.8566	0.0469	64	2.3085	0.0750	88	4.4152	0.1015
17	0.1228	0.0179	41	0.9035	0.0481	65	2.3835	0.0761	89	4.5166	0.1025
18	0.1407	0.0192	42	0.9516	0.0493	66	2.4596	0.0772	90	4.6191	0.1036
19	0.1599	0.0205	43	1.0008	0.0505	67	2.5368	0.0784	91	4.7227	0.1047
20	0.1804	0.0218	44	1.0513	0.0517	68	2.6152	0.0795	92	4.8274	0.1057
21	0.2022	0.0231	45	1.1030	0.0529	69	2.6947	0.0806	93	4.9331	0.1068
22	0.2252	0.0243	46	1.1559	0.0541	70	2.7753	0.0817	94	5.0399	0.1079
23	0.2496	0.0256	47	1.2100	0.0553	71	2.8570	0.0828	95	5.1478	0.1089
24	0.2752	0.0269	48	1.2652	0.0565	72	2.9399	0.0840	96	5.2567	0.1100
25	0.3021	0.0282	49	1.3217	0.0576	73	3.0238	0.0851	97	5.3667	0.1111
26	0.3303	0.0295	50	1.3793	0.0588	74	3.1089	0.0862	98	5.4778	0.1121
27	0.3597	0.0307	51	1.4381	0.0600	75	3.1951	0.0873	99	5.5899	0.1132
28	0.3904	0.0320	52	1.4981	0.0612	76	3.2823	0.0884	100	5.7031	0.1132

适用树种：二类阔叶；适用地区：露水河林业局；资料名称：吉林省一元立木材积表、材种出材率表、地径材积表；编表人或作者：吉林省林业厅；刊印或发表时间：2003。其他说明：吉林资 (2002) 627 号文件发布。

409. 露水河林业局柞树一元立木材积表（围尺）

$$V = 0.000061125534D_{轮}^{1.8810091}H^{0.94462565}$$

$$H = 25.8083 - 389.5458/(D_{轮} + 15)$$

$D_{轮} = -0.1791 + 0.9737D_{围}$；表中$D$为围尺径；$D \leqslant$100cm

D	V	ΔV	D	V	ΔV	D	V	ΔV	D	V	ΔV
5	0.0061	0.0039	29	0.4640	0.0363	53	1.7093	0.0685	77	3.7076	0.0991
6	0.0100	0.0050	30	0.5004	0.0377	54	1.7778	0.0698	78	3.8067	0.1003
7	0.0150	0.0062	31	0.5381	0.0391	55	1.8476	0.0711	79	3.9070	0.1016
8	0.0212	0.0075	32	0.5771	0.0404	56	1.9187	0.0724	80	4.0086	0.1028
9	0.0286	0.0087	33	0.6176	0.0418	57	1.9911	0.0737	81	4.1114	0.1041
10	0.0374	0.0101	34	0.6594	0.0432	58	2.0648	0.0750	82	4.2155	0.1053
11	0.0474	0.0114	35	0.7026	0.0445	59	2.1397	0.0763	83	4.3208	0.1065
12	0.0588	0.0127	36	0.7471	0.0459	60	2.2160	0.0776	84	4.4273	0.1078
13	0.0716	0.0141	37	0.7930	0.0472	61	2.2936	0.0788	85	4.5351	0.1090
14	0.0857	0.0155	38	0.8403	0.0486	62	2.3724	0.0801	86	4.6441	0.1102
15	0.1012	0.0169	39	0.8889	0.0499	63	2.4525	0.0814	87	4.7543	0.1115
16	0.1180	0.0183	40	0.9388	0.0513	64	2.5339	0.0827	88	4.8658	0.1127
17	0.1363	0.0196	41	0.9901	0.0526	65	2.6166	0.0840	89	4.9785	0.1139
18	0.1559	0.0210	42	1.0427	0.0540	66	2.7006	0.0852	90	5.0925	0.1152
19	0.1770	0.0224	43	1.0967	0.0553	67	2.7858	0.0865	91	5.2076	0.1164
20	0.1994	0.0238	44	1.1520	0.0566	68	2.8723	0.0878	92	5.3240	0.1176
21	0.2233	0.0252	45	1.2087	0.0580	69	2.9600	0.0890	93	5.4416	0.1188
22	0.2485	0.0266	46	1.2666	0.0593	70	3.0491	0.0903	94	5.5605	0.1201
23	0.2751	0.0280	47	1.3259	0.0606	71	3.1394	0.0916	95	5.6805	0.1213
24	0.3031	0.0294	48	1.3865	0.0619	72	3.2309	0.0928	96	5.8018	0.1225
25	0.3325	0.0308	49	1.4485	0.0632	73	3.3237	0.0941	97	5.9243	0.1237
26	0.3633	0.0322	50	1.5117	0.0646	74	3.4178	0.0953	98	6.0480	0.1249
27	0.3955	0.0336	51	1.5763	0.0659	75	3.5131	0.0966	99	6.1729	0.1261
28	0.4291	0.0350	52	1.6421	0.0672	76	3.6097	0.0978	100	6.2990	0.1261

适用树种：柞树（栎树）；适用地区：露水河林业局；资料名称：吉林省一元立木材积表、材种出材率表、地径材积表；编表人或作者：吉林省林业厅；刊印或发表时间：2003。其他说明：吉林资 (2002) 627 号文件发布。

410. 露水河林业局人工樟子松一元立木材积表（围尺）

$$V = 0.00005228D_{轮}^{1.57561364}H^{1.36856283}$$

$$H = 33.203422 - 985.1254/(D_{轮} + 31)$$

$D_{轮} = -0.34995 + 0.97838D_{围}$；表中$D$为围尺径；$D \leqslant 100$cm

D	V	ΔV	D	V	ΔV	D	V	ΔV	D	V	ΔV
5	0.0058	0.0036	29	0.4632	0.0368	53	1.7080	0.0673	77	3.6242	0.0928
6	0.0094	0.0047	30	0.5000	0.0382	54	1.7752	0.0684	78	3.7170	0.0938
7	0.0141	0.0059	31	0.5381	0.0396	55	1.8436	0.0696	79	3.8108	0.0948
8	0.0200	0.0071	32	0.5777	0.0409	56	1.9132	0.0707	80	3.9055	0.0957
9	0.0271	0.0084	33	0.6186	0.0423	57	1.9839	0.0718	81	4.0012	0.0967
10	0.0354	0.0097	34	0.6609	0.0436	58	2.0557	0.0729	82	4.0979	0.0976
11	0.0451	0.0110	35	0.7045	0.0450	59	2.1286	0.0740	83	4.1956	0.0986
12	0.0562	0.0124	36	0.7494	0.0463	60	2.2027	0.0751	84	4.2942	0.0995
13	0.0686	0.0138	37	0.7957	0.0476	61	2.2778	0.0762	85	4.3937	0.1005
14	0.0824	0.0153	38	0.8433	0.0489	62	2.3541	0.0773	86	4.4942	0.1014
15	0.0977	0.0167	39	0.8922	0.0502	63	2.4314	0.0784	87	4.5956	0.1024
16	0.1144	0.0182	40	0.9424	0.0515	64	2.5098	0.0795	88	4.6980	0.1033
17	0.1326	0.0196	41	0.9939	0.0527	65	2.5893	0.0805	89	4.8012	0.1042
18	0.1522	0.0211	42	1.0466	0.0540	66	2.6699	0.0816	90	4.9054	0.1051
19	0.1732	0.0225	43	1.1006	0.0553	67	2.7515	0.0827	91	5.0106	0.1060
20	0.1957	0.0240	44	1.1559	0.0565	68	2.8341	0.0837	92	5.1166	0.1069
21	0.2197	0.0254	45	1.2124	0.0577	69	2.9178	0.0847	93	5.2235	0.1078
22	0.2451	0.0269	46	1.2701	0.0590	70	3.0025	0.0858	94	5.3314	0.1087
23	0.2720	0.0283	47	1.3290	0.0602	71	3.0883	0.0868	95	5.4401	0.1096
24	0.3003	0.0297	48	1.3892	0.0614	72	3.1751	0.0878	96	5.5497	0.1105
25	0.3300	0.0312	49	1.4506	0.0626	73	3.2629	0.0888	97	5.6602	0.1114
26	0.3612	0.0326	50	1.5132	0.0638	74	3.3517	0.0898	98	5.7716	0.1123
27	0.3938	0.0340	51	1.5769	0.0649	75	3.4415	0.0908	99	5.8839	0.1132
28	0.4278	0.0354	52	1.6419	0.0661	76	3.5324	0.0918	100	5.9971	0.1132

适用树种：人工樟子松；适用地区：露水河林业局；资料名称：吉林省一元立木材积表、材种出材率表、地径材积表；编表人或作者：吉林省林业厅；刊印或发表时间：2003。其他说明：吉林资 (2002) 627 号文件发布。

411. 露水河林业局人工落叶松一元立木材积表（围尺）

$$V = 0.00008472D_{轮}^{1.97420228}H^{0.74561762}$$

$$H = 35.990753 - 676.806179/(D_{轮} + 18)$$

$D_{轮} = -0.2506 + 0.9809D_{围}$；表中$D$为围尺径；$D \leqslant 100$cm

D	V	ΔV	D	V	ΔV	D	V	ΔV	D	V	ΔV
5	0.0068	0.0046	29	0.6053	0.0492	53	2.3439	0.0978	77	5.2521	0.1465
6	0.0114	0.0060	30	0.6545	0.0512	54	2.4418	0.0999	78	5.3986	0.1485
7	0.0174	0.0075	31	0.7057	0.0532	55	2.5416	0.1019	79	5.5472	0.1506
8	0.0250	0.0091	32	0.7589	0.0552	56	2.6435	0.1039	80	5.6977	0.1526
9	0.0341	0.0108	33	0.8141	0.0572	57	2.7474	0.1060	81	5.8503	0.1546
10	0.0449	0.0125	34	0.8713	0.0592	58	2.8534	0.1080	82	6.0049	0.1566
11	0.0574	0.0143	35	0.9305	0.0613	59	2.9614	0.1100	83	6.1616	0.1587
12	0.0717	0.0161	36	0.9918	0.0633	60	3.0714	0.1120	84	6.3202	0.1607
13	0.0878	0.0179	37	1.0551	0.0653	61	3.1834	0.1141	85	6.4809	0.1627
14	0.1057	0.0198	38	1.1204	0.0674	62	3.2975	0.1161	86	6.6436	0.1647
15	0.1255	0.0216	39	1.1878	0.0694	63	3.4136	0.1181	87	6.8083	0.1667
16	0.1471	0.0235	40	1.2572	0.0714	64	3.5318	0.1202	88	6.9750	0.1688
17	0.1706	0.0254	41	1.3286	0.0734	65	3.6519	0.1222	89	7.1438	0.1708
18	0.1961	0.0274	42	1.4020	0.0755	66	3.7741	0.1242	90	7.3146	0.1728
19	0.2234	0.0293	43	1.4775	0.0775	67	3.8983	0.1263	91	7.4874	0.1748
20	0.2527	0.0313	44	1.5550	0.0795	68	4.0246	0.1283	92	7.6622	0.1768
21	0.2840	0.0332	45	1.6345	0.0816	69	4.1529	0.1303	93	7.8390	0.1788
22	0.3172	0.0352	46	1.7161	0.0836	70	4.2832	0.1323	94	8.0178	0.1809
23	0.3524	0.0372	47	1.7997	0.0856	71	4.4155	0.1344	95	8.1987	0.1829
24	0.3896	0.0392	48	1.8853	0.0877	72	4.5499	0.1364	96	8.3816	0.1849
25	0.4288	0.0411	49	1.9730	0.0897	73	4.6863	0.1384	97	8.5665	0.1869
26	0.4699	0.0431	50	2.0627	0.0917	74	4.8247	0.1404	98	8.7534	0.1889
27	0.5130	0.0451	51	2.1544	0.0938	75	4.9651	0.1425	99	8.9423	0.1909
28	0.5582	0.0472	52	2.2481	0.0958	76	5.1076	0.1445	100	9.1333	0.1909

适用树种：人工落叶松；适用地区：露水河林业局；资料名称：吉林省一元立木材积表、材种出材率表、地径材积表；编表人或作者：吉林省林业厅；刊印或发表时间：2003。其他说明：吉林资 (2002) 627 号文件发布。

412. 露水河林业局人工杨树一元立木材积表（围尺）

$$V = 0.0000717D_{轮}^{1.69135017}H^{1.08071211}$$

$$H = 30.633299 - 547.989609/(D_{轮} + 16)$$

$D_{轮} = -0.62168 + 0.98712D_{围}$；表中$D$为围尺径；$D \leqslant 100$cm

D	V	ΔV	D	V	ΔV	D	V	ΔV	D	V	ΔV
5	0.0035	0.0033	29	0.4619	0.0358	53	1.6432	0.0629	77	3.4244	0.0860
6	0.0067	0.0045	30	0.4977	0.0371	54	1.7061	0.0639	78	3.5104	0.0869
7	0.0112	0.0058	31	0.5348	0.0383	55	1.7700	0.0649	79	3.5974	0.0878
8	0.0171	0.0072	32	0.5731	0.0395	56	1.8349	0.0659	80	3.6852	0.0887
9	0.0243	0.0086	33	0.6126	0.0407	57	1.9009	0.0670	81	3.7739	0.0896
10	0.0329	0.0100	34	0.6534	0.0419	58	1.9678	0.0680	82	3.8635	0.0905
11	0.0429	0.0115	35	0.6953	0.0431	59	2.0358	0.0690	83	3.9540	0.0914
12	0.0544	0.0129	36	0.7384	0.0443	60	2.1048	0.0699	84	4.0454	0.0923
13	0.0673	0.0143	37	0.7826	0.0454	61	2.1747	0.0709	85	4.1377	0.0932
14	0.0816	0.0158	38	0.8281	0.0466	62	2.2456	0.0719	86	4.2309	0.0940
15	0.0973	0.0172	39	0.8747	0.0477	63	2.3175	0.0729	87	4.3249	0.0949
16	0.1145	0.0186	40	0.9224	0.0489	64	2.3904	0.0739	88	4.4198	0.0958
17	0.1331	0.0200	41	0.9713	0.0500	65	2.4643	0.0748	89	4.5156	0.0966
18	0.1531	0.0214	42	1.0213	0.0511	66	2.5391	0.0758	90	4.6122	0.0975
19	0.1745	0.0228	43	1.0724	0.0522	67	2.6149	0.0767	91	4.7097	0.0984
20	0.1972	0.0241	44	1.1246	0.0533	68	2.6916	0.0777	92	4.8081	0.0992
21	0.2213	0.0255	45	1.1779	0.0544	69	2.7693	0.0786	93	4.9073	0.1001
22	0.2468	0.0268	46	1.2323	0.0555	70	2.8479	0.0796	94	5.0074	0.1009
23	0.2736	0.0281	47	1.2878	0.0566	71	2.9275	0.0805	95	5.1083	0.1018
24	0.3018	0.0295	48	1.3444	0.0576	72	3.0080	0.0814	96	5.2100	0.1026
25	0.3312	0.0308	49	1.4021	0.0587	73	3.0894	0.0824	97	5.3126	0.1034
26	0.3620	0.0320	50	1.4608	0.0598	74	3.1718	0.0833	98	5.4161	0.1043
27	0.3940	0.0333	51	1.5205	0.0608	75	3.2551	0.0842	99	5.5204	0.1051
28	0.4273	0.0346	52	1.5813	0.0619	76	3.3393	0.0851	100	5.6255	0.1051

适用树种：人工杨树；适用地区：露水河林业局；资料名称：吉林省一元立木材积表、材种出材率表、地径材积表；编表人或作者：吉林省林业厅；刊印或发表时间：2003。其他说明：吉林资 (2002) 627 号文件发布。

413. 弯沟林业局针叶树一元立木材积表（围尺）

$$V = 0.0000578596D_{轮}^{1.8892}H^{0.98755}$$

$$H = 46.4026 - 2137.9188/(D_{轮} + 47)$$

$D_{轮} = -0.1349 + 0.9756D_{围}$；表中$D$为围尺径；$D \leqslant 100$cm

D	V	ΔV	D	V	ΔV	D	V	ΔV	D	V	ΔV
5	0.0055	0.0035	29	0.5490	0.0482	53	2.3608	0.1059	77	5.5841	0.1653
6	0.0089	0.0046	30	0.5972	0.0505	54	2.4667	0.1083	78	5.7494	0.1677
7	0.0135	0.0058	31	0.6477	0.0528	55	2.5750	0.1108	79	5.9171	0.1702
8	0.0193	0.0072	32	0.7005	0.0551	56	2.6858	0.1133	80	6.0873	0.1727
9	0.0265	0.0086	33	0.7557	0.0575	57	2.7990	0.1157	81	6.2600	0.1751
10	0.0351	0.0101	34	0.8132	0.0598	58	2.9148	0.1182	82	6.4351	0.1776
11	0.0452	0.0117	35	0.8730	0.0622	59	3.0330	0.1207	83	6.6127	0.1801
12	0.0568	0.0133	36	0.9352	0.0645	60	3.1536	0.1232	84	6.7928	0.1825
13	0.0702	0.0151	37	0.9997	0.0669	61	3.2768	0.1256	85	6.9754	0.1850
14	0.0853	0.0168	38	1.0666	0.0693	62	3.4024	0.1281	86	7.1604	0.1875
15	0.1021	0.0187	39	1.1360	0.0717	63	3.5305	0.1306	87	7.3479	0.1899
16	0.1208	0.0206	40	1.2077	0.0741	64	3.6611	0.1331	88	7.5378	0.1924
17	0.1414	0.0225	41	1.2818	0.0765	65	3.7942	0.1355	89	7.7302	0.1949
18	0.1639	0.0245	42	1.3583	0.0789	66	3.9297	0.1380	90	7.9251	0.1973
19	0.1883	0.0265	43	1.4373	0.0814	67	4.0677	0.1405	91	8.1224	0.1998
20	0.2148	0.0285	44	1.5186	0.0838	68	4.2082	0.1430	92	8.3222	0.2022
21	0.2434	0.0306	45	1.6024	0.0862	69	4.3512	0.1454	93	8.5245	0.2047
22	0.2740	0.0327	46	1.6886	0.0887	70	4.4966	0.1479	94	8.7292	0.2072
23	0.3067	0.0349	47	1.7773	0.0911	71	4.6446	0.1504	95	8.9363	0.2096
24	0.3416	0.0370	48	1.8684	0.0936	72	4.7950	0.1529	96	9.1459	0.2121
25	0.3786	0.0392	49	1.9620	0.0960	73	4.9478	0.1554	97	9.3580	0.2145
26	0.4179	0.0415	50	2.0580	0.0985	74	5.1032	0.1578	98	9.5725	0.2170
27	0.4593	0.0437	51	2.1565	0.1009	75	5.2610	0.1603	99	9.7894	0.2194
28	0.5030	0.0459	52	2.2574	0.1034	76	5.4213	0.1628	100	10.0088	0.2194

适用树种：针叶树；适用地区：弯沟林业局；资料名称：吉林省一元立木材积表、材种出材率表、地径材积表；编表人或作者：吉林省林业厅；刊印或发表时间：2003。其他说明：吉林资 (2002) 627 号文件发布。

414. 弯沟林业局一类阔叶一元立木材积表（围尺）

$$V = 0.000053309D_{轮}^{1.88452}H^{0.99834}$$
$$H = 29.7991 - 480.7674/(D_{轮} + 16)$$
$$D_{轮} = -0.1659 + 0.9734D_{围}；表中D为围尺径；D \leqslant 100\text{cm}$$

D	V	ΔV	D	V	ΔV	D	V	ΔV	D	V	ΔV
5	0.0065	0.0042	29	0.5369	0.0428	53	2.0170	0.0819	77	4.4154	0.1193
6	0.0107	0.0055	30	0.5797	0.0444	54	2.0989	0.0835	78	4.5347	0.1208
7	0.0162	0.0069	31	0.6241	0.0461	55	2.1824	0.0851	79	4.6555	0.1223
8	0.0230	0.0083	32	0.6702	0.0478	56	2.2674	0.0867	80	4.7779	0.1239
9	0.0314	0.0098	33	0.7180	0.0494	57	2.3541	0.0882	81	4.9017	0.1254
10	0.0412	0.0113	34	0.7674	0.0511	58	2.4423	0.0898	82	5.0271	0.1269
11	0.0525	0.0129	35	0.8185	0.0527	59	2.5321	0.0914	83	5.1540	0.1284
12	0.0654	0.0145	36	0.8712	0.0544	60	2.6235	0.0930	84	5.2824	0.1299
13	0.0799	0.0161	37	0.9256	0.0560	61	2.7165	0.0945	85	5.4123	0.1314
14	0.0960	0.0177	38	0.9816	0.0577	62	2.8110	0.0961	86	5.5437	0.1329
15	0.1138	0.0194	39	1.0392	0.0593	63	2.9071	0.0977	87	5.6767	0.1345
16	0.1332	0.0210	40	1.0985	0.0609	64	3.0048	0.0992	88	5.8111	0.1360
17	0.1542	0.0227	41	1.1595	0.0626	65	3.1040	0.1008	89	5.9471	0.1375
18	0.1769	0.0244	42	1.2220	0.0642	66	3.2047	0.1023	90	6.0846	0.1390
19	0.2012	0.0260	43	1.2862	0.0658	67	3.3071	0.1039	91	6.2235	0.1405
20	0.2273	0.0277	44	1.3521	0.0674	68	3.4110	0.1054	92	6.3640	0.1420
21	0.2550	0.0294	45	1.4195	0.0691	69	3.5164	0.1070	93	6.5059	0.1435
22	0.2843	0.0311	46	1.4885	0.0707	70	3.6234	0.1085	94	6.6494	0.1449
23	0.3154	0.0327	47	1.5592	0.0723	71	3.7319	0.1101	95	6.7943	0.1464
24	0.3481	0.0344	48	1.6315	0.0739	72	3.8420	0.1116	96	6.9408	0.1479
25	0.3825	0.0361	49	1.7054	0.0755	73	3.9536	0.1132	97	7.0887	0.1494
26	0.4186	0.0378	50	1.7809	0.0771	74	4.0668	0.1147	98	7.2381	0.1509
27	0.4564	0.0394	51	1.8580	0.0787	75	4.1815	0.1162	99	7.3890	0.1524
28	0.4958	0.0411	52	1.9367	0.0803	76	4.2977	0.1178	100	7.5414	0.1524

适用树种：一类阔叶；适用地区：弯沟林业局；资料名称：吉林省一元立木材积表、材种出材率表、地径材积表；编表人或作者：吉林省林业厅；刊印或发表时间：2003。其他说明：吉林资 (2002) 627 号文件发布。

415. 弯沟林业局二类阔叶一元立木材积表（围尺）

$$V = 0.000048841D_{轮}^{1.84048}H^{1.05252}$$

$$H = 24.8174 - 402.0877/(D_{轮} + 16.3)$$

$D_{轮} = -0.1979 + 0.9728D_{围}$；表中$D$为围尺径；$D \leqslant 100$cm

D	V	ΔV	D	V	ΔV	D	V	ΔV	D	V	ΔV
5	0.0051	0.0033	29	0.4098	0.0323	53	1.5137	0.0605	77	3.2739	0.0870
6	0.0084	0.0043	30	0.4421	0.0335	54	1.5743	0.0617	78	3.3609	0.0880
7	0.0127	0.0054	31	0.4756	0.0347	55	1.6360	0.0628	79	3.4490	0.0891
8	0.0181	0.0065	32	0.5103	0.0359	56	1.6988	0.0639	80	3.5381	0.0902
9	0.0246	0.0076	33	0.5462	0.0371	57	1.7627	0.0651	81	3.6282	0.0912
10	0.0322	0.0088	34	0.5833	0.0383	58	1.8278	0.0662	82	3.7195	0.0923
11	0.0410	0.0100	35	0.6217	0.0395	59	1.8940	0.0673	83	3.8118	0.0934
12	0.0509	0.0112	36	0.6612	0.0407	60	1.9613	0.0684	84	3.9051	0.0944
13	0.0621	0.0124	37	0.7020	0.0419	61	2.0297	0.0695	85	3.9996	0.0955
14	0.0745	0.0136	38	0.7439	0.0431	62	2.0992	0.0706	86	4.0950	0.0965
15	0.0882	0.0149	39	0.7870	0.0443	63	2.1699	0.0718	87	4.1915	0.0976
16	0.1031	0.0161	40	0.8313	0.0455	64	2.2416	0.0729	88	4.2891	0.0986
17	0.1192	0.0174	41	0.8768	0.0467	65	2.3145	0.0740	89	4.3877	0.0997
18	0.1365	0.0186	42	0.9235	0.0479	66	2.3885	0.0751	90	4.4874	0.1007
19	0.1552	0.0199	43	0.9714	0.0490	67	2.4635	0.0762	91	4.5881	0.1018
20	0.1750	0.0211	44	1.0204	0.0502	68	2.5397	0.0772	92	4.6899	0.1028
21	0.1961	0.0224	45	1.0706	0.0514	69	2.6169	0.0783	93	4.7926	0.1038
22	0.2185	0.0236	46	1.1219	0.0525	70	2.6952	0.0794	94	4.8965	0.1049
23	0.2421	0.0249	47	1.1744	0.0537	71	2.7747	0.0805	95	5.0013	0.1059
24	0.2670	0.0261	48	1.2281	0.0548	72	2.8552	0.0816	96	5.1072	0.1069
25	0.2931	0.0273	49	1.2830	0.0560	73	2.9368	0.0827	97	5.2142	0.1080
26	0.3204	0.0286	50	1.3389	0.0571	74	3.0195	0.0838	98	5.3221	0.1090
27	0.3490	0.0298	51	1.3961	0.0583	75	3.1032	0.0848	99	5.4311	0.1100
28	0.3788	0.0310	52	1.4543	0.0594	76	3.1880	0.0859	100	5.5411	0.1100

适用树种：二类阔叶；适用地区：弯沟林业局；资料名称：吉林省一元立木材积表、材种出材率表、地径材积表；编表人或作者：吉林省林业厅；刊印或发表时间：2003。其他说明：吉林资 (2002) 627 号文件发布。

416. 弯沟林业局柞树一元立木材积表（围尺）

$$V = 0.000061125534D_{轮}^{1.8810091}H^{0.94462565}$$

$$H = 25.8083 - 389.5458/(D_{轮} + 15)$$

$D_{轮} = -0.1791 + 0.9737D_{围}$；表中$D$为围尺径；$D \leqslant 100$cm

D	V	ΔV	D	V	ΔV	D	V	ΔV	D	V	ΔV
5	0.0061	0.0039	29	0.4640	0.0363	53	1.7093	0.0685	77	3.7076	0.0991
6	0.0100	0.0050	30	0.5004	0.0377	54	1.7778	0.0698	78	3.8067	0.1003
7	0.0150	0.0062	31	0.5381	0.0391	55	1.8476	0.0711	79	3.9070	0.1016
8	0.0212	0.0075	32	0.5771	0.0404	56	1.9187	0.0724	80	4.0086	0.1028
9	0.0286	0.0087	33	0.6176	0.0418	57	1.9911	0.0737	81	4.1114	0.1041
10	0.0374	0.0101	34	0.6594	0.0432	58	2.0648	0.0750	82	4.2155	0.1053
11	0.0474	0.0114	35	0.7026	0.0445	59	2.1397	0.0763	83	4.3208	0.1065
12	0.0588	0.0127	36	0.7471	0.0459	60	2.2160	0.0776	84	4.4273	0.1078
13	0.0716	0.0141	37	0.7930	0.0472	61	2.2936	0.0788	85	4.5351	0.1090
14	0.0857	0.0155	38	0.8403	0.0486	62	2.3724	0.0801	86	4.6441	0.1102
15	0.1012	0.0169	39	0.8889	0.0499	63	2.4525	0.0814	87	4.7543	0.1115
16	0.1180	0.0183	40	0.9388	0.0513	64	2.5339	0.0827	88	4.8658	0.1127
17	0.1363	0.0196	41	0.9901	0.0526	65	2.6166	0.0840	89	4.9785	0.1139
18	0.1559	0.0210	42	1.0427	0.0540	66	2.7006	0.0852	90	5.0925	0.1152
19	0.1770	0.0224	43	1.0967	0.0553	67	2.7858	0.0865	91	5.2076	0.1164
20	0.1994	0.0238	44	1.1520	0.0566	68	2.8723	0.0878	92	5.3240	0.1176
21	0.2233	0.0252	45	1.2087	0.0580	69	2.9600	0.0890	93	5.4416	0.1188
22	0.2485	0.0266	46	1.2666	0.0593	70	3.0491	0.0903	94	5.5605	0.1201
23	0.2751	0.0280	47	1.3259	0.0606	71	3.1394	0.0916	95	5.6805	0.1213
24	0.3031	0.0294	48	1.3865	0.0619	72	3.2309	0.0928	96	5.8018	0.1225
25	0.3325	0.0308	49	1.4485	0.0632	73	3.3237	0.0941	97	5.9243	0.1237
26	0.3633	0.0322	50	1.5117	0.0646	74	3.4178	0.0953	98	6.0480	0.1249
27	0.3955	0.0336	51	1.5763	0.0659	75	3.5131	0.0966	99	6.1729	0.1261
28	0.4291	0.0350	52	1.6421	0.0672	76	3.6097	0.0978	100	6.2990	0.1261

适用树种：柞树（栎树）；适用地区：弯沟林业局；资料名称：吉林省一元立木材积表、材种出材率表、地径材积表；编表人或作者：吉林省林业厅；刊印或发表时间：2003。其他说明：吉林资 (2002) 627 号文件发布。

417. 弯沟林业局人工红松一元立木材积表（围尺）

$$V = 0.00007616 D_{轮}^{1.89948264} H^{0.86116962}$$

$$H = 22.091945 - 312.745526/(D_{轮} + 14)$$

$D_{轮} = -0.49805 + 0.98158 D_{围}$；表中$D$为围尺径；$D \leqslant 100$cm

D	V	ΔV	D	V	ΔV	D	V	ΔV	D	V	ΔV
5	0.0052	0.0035	29	0.4299	0.0337	53	1.5859	0.0636	77	3.4449	0.0923
6	0.0087	0.0046	30	0.4636	0.0350	54	1.6495	0.0648	78	3.5372	0.0935
7	0.0133	0.0057	31	0.4986	0.0363	55	1.7143	0.0661	79	3.6307	0.0947
8	0.0190	0.0069	32	0.5348	0.0375	56	1.7804	0.0673	80	3.7254	0.0958
9	0.0259	0.0081	33	0.5724	0.0388	57	1.8477	0.0685	81	3.8212	0.0970
10	0.0340	0.0093	34	0.6112	0.0401	58	1.9162	0.0697	82	3.9182	0.0982
11	0.0433	0.0106	35	0.6512	0.0413	59	1.9859	0.0709	83	4.0164	0.0993
12	0.0539	0.0118	36	0.6925	0.0426	60	2.0568	0.0721	84	4.1157	0.1005
13	0.0657	0.0131	37	0.7351	0.0438	61	2.1289	0.0733	85	4.2162	0.1017
14	0.0788	0.0144	38	0.7790	0.0451	62	2.2022	0.0745	86	4.3178	0.1028
15	0.0931	0.0157	39	0.8241	0.0464	63	2.2767	0.0757	87	4.4206	0.1040
16	0.1088	0.0169	40	0.8704	0.0476	64	2.3524	0.0769	88	4.5246	0.1051
17	0.1258	0.0182	41	0.9180	0.0489	65	2.4293	0.0781	89	4.6297	0.1063
18	0.1440	0.0195	42	0.9669	0.0501	66	2.5074	0.0793	90	4.7360	0.1074
19	0.1635	0.0208	43	1.0170	0.0513	67	2.5867	0.0805	91	4.8435	0.1086
20	0.1844	0.0221	44	1.0683	0.0526	68	2.6672	0.0817	92	4.9521	0.1098
21	0.2065	0.0234	45	1.1209	0.0538	69	2.7489	0.0829	93	5.0618	0.1109
22	0.2299	0.0247	46	1.1747	0.0551	70	2.8318	0.0841	94	5.1727	0.1121
23	0.2546	0.0260	47	1.2297	0.0563	71	2.9158	0.0852	95	5.2848	0.1132
24	0.2806	0.0273	48	1.2860	0.0575	72	3.0010	0.0864	96	5.3980	0.1144
25	0.3079	0.0286	49	1.3435	0.0587	73	3.0875	0.0876	97	5.5124	0.1155
26	0.3365	0.0299	50	1.4023	0.0600	74	3.1751	0.0888	98	5.6279	0.1166
27	0.3663	0.0311	51	1.4623	0.0612	75	3.2638	0.0900	99	5.7445	0.1178
28	0.3975	0.0324	52	1.5235	0.0624	76	3.3538	0.0911	100	5.8623	0.1178

适用树种：人工红松；适用地区：弯沟林业局；资料名称：吉林省一元立木材积表、材种出材率表、地径材积表；编表人或作者：吉林省林业厅；刊印或发表时间：2003。其他说明：吉林资 (2002) 627 号文件发布。

418. 弯沟林业局人工樟子松一元立木材积表（围尺）

$$V = 0.00005228D_{轮}^{1.57561364}H^{1.36856283}$$

$$H = 33.203422 - 985.1254/(D_{轮} + 31)$$

$D_{轮} = -0.34995 + 0.97838D_{围}$；表中$D$为围尺径；$D \leqslant 100$cm

D	V	ΔV	D	V	ΔV	D	V	ΔV	D	V	ΔV
5	0.0058	0.0036	29	0.4632	0.0368	53	1.7080	0.0673	77	3.6242	0.0928
6	0.0094	0.0047	30	0.5000	0.0382	54	1.7752	0.0684	78	3.7170	0.0938
7	0.0141	0.0059	31	0.5381	0.0396	55	1.8436	0.0696	79	3.8108	0.0948
8	0.0200	0.0071	32	0.5777	0.0409	56	1.9132	0.0707	80	3.9055	0.0957
9	0.0271	0.0084	33	0.6186	0.0423	57	1.9839	0.0718	81	4.0012	0.0967
10	0.0354	0.0097	34	0.6609	0.0436	58	2.0557	0.0729	82	4.0979	0.0976
11	0.0451	0.0110	35	0.7045	0.0450	59	2.1286	0.0740	83	4.1956	0.0986
12	0.0562	0.0124	36	0.7494	0.0463	60	2.2027	0.0751	84	4.2942	0.0995
13	0.0686	0.0138	37	0.7957	0.0476	61	2.2778	0.0762	85	4.3937	0.1005
14	0.0824	0.0153	38	0.8433	0.0489	62	2.3541	0.0773	86	4.4942	0.1014
15	0.0977	0.0167	39	0.8922	0.0502	63	2.4314	0.0784	87	4.5956	0.1024
16	0.1144	0.0182	40	0.9424	0.0515	64	2.5098	0.0795	88	4.6980	0.1033
17	0.1326	0.0196	41	0.9939	0.0527	65	2.5893	0.0805	89	4.8012	0.1042
18	0.1522	0.0211	42	1.0466	0.0540	66	2.6699	0.0816	90	4.9054	0.1051
19	0.1732	0.0225	43	1.1006	0.0553	67	2.7515	0.0827	91	5.0106	0.1060
20	0.1957	0.0240	44	1.1559	0.0565	68	2.8341	0.0837	92	5.1166	0.1069
21	0.2197	0.0254	45	1.2124	0.0577	69	2.9178	0.0847	93	5.2235	0.1078
22	0.2451	0.0269	46	1.2701	0.0590	70	3.0025	0.0858	94	5.3314	0.1087
23	0.2720	0.0283	47	1.3290	0.0602	71	3.0883	0.0868	95	5.4401	0.1096
24	0.3003	0.0297	48	1.3892	0.0614	72	3.1751	0.0878	96	5.5497	0.1105
25	0.3300	0.0312	49	1.4506	0.0626	73	3.2629	0.0888	97	5.6602	0.1114
26	0.3612	0.0326	50	1.5132	0.0638	74	3.3517	0.0898	98	5.7716	0.1123
27	0.3938	0.0340	51	1.5769	0.0649	75	3.4415	0.0908	99	5.8839	0.1132
28	0.4278	0.0354	52	1.6419	0.0661	76	3.5324	0.0918	100	5.9971	0.1132

适用树种：人工樟子松；适用地区：弯沟林业局；资料名称：吉林省一元立木材积表、材种出材率表、地径材积表；编表人或作者：吉林省林业厅；刊印或发表时间：2003。其他说明：吉林资 (2002) 627 号文件发布。

419. 弯沟林业局人工落叶松一元立木材积表（围尺）

$$V = 0.00008472D_{轮}^{1.97420228}H^{0.74561762}$$
$$H = 35.990753 - 676.806179/(D_{轮} + 18)$$
$$D_{轮} = -0.2506 + 0.9809D_{围}；表中D为围尺径；D \leqslant 100\text{cm}$$

D	V	ΔV	D	V	ΔV	D	V	ΔV	D	V	ΔV
5	0.0068	0.0046	29	0.6053	0.0492	53	2.3439	0.0978	77	5.2521	0.1465
6	0.0114	0.0060	30	0.6545	0.0512	54	2.4418	0.0999	78	5.3986	0.1485
7	0.0174	0.0075	31	0.7057	0.0532	55	2.5416	0.1019	79	5.5472	0.1506
8	0.0250	0.0091	32	0.7589	0.0552	56	2.6435	0.1039	80	5.6977	0.1526
9	0.0341	0.0108	33	0.8141	0.0572	57	2.7474	0.1060	81	5.8503	0.1546
10	0.0449	0.0125	34	0.8713	0.0592	58	2.8534	0.1080	82	6.0049	0.1566
11	0.0574	0.0143	35	0.9305	0.0613	59	2.9614	0.1100	83	6.1616	0.1587
12	0.0717	0.0161	36	0.9918	0.0633	60	3.0714	0.1120	84	6.3202	0.1607
13	0.0878	0.0179	37	1.0551	0.0653	61	3.1834	0.1141	85	6.4809	0.1627
14	0.1057	0.0198	38	1.1204	0.0674	62	3.2975	0.1161	86	6.6436	0.1647
15	0.1255	0.0216	39	1.1878	0.0694	63	3.4136	0.1181	87	6.8083	0.1667
16	0.1471	0.0235	40	1.2572	0.0714	64	3.5318	0.1202	88	6.9750	0.1688
17	0.1706	0.0254	41	1.3286	0.0734	65	3.6519	0.1222	89	7.1438	0.1708
18	0.1961	0.0274	42	1.4020	0.0755	66	3.7741	0.1242	90	7.3146	0.1728
19	0.2234	0.0293	43	1.4775	0.0775	67	3.8983	0.1263	91	7.4874	0.1748
20	0.2527	0.0313	44	1.5550	0.0795	68	4.0246	0.1283	92	7.6622	0.1768
21	0.2840	0.0332	45	1.6345	0.0816	69	4.1529	0.1303	93	7.8390	0.1788
22	0.3172	0.0352	46	1.7161	0.0836	70	4.2832	0.1323	94	8.0178	0.1809
23	0.3524	0.0372	47	1.7997	0.0856	71	4.4155	0.1344	95	8.1987	0.1829
24	0.3896	0.0392	48	1.8853	0.0877	72	4.5499	0.1364	96	8.3816	0.1849
25	0.4288	0.0411	49	1.9730	0.0897	73	4.6863	0.1384	97	8.5665	0.1869
26	0.4699	0.0431	50	2.0627	0.0917	74	4.8247	0.1404	98	8.7534	0.1889
27	0.5130	0.0451	51	2.1544	0.0938	75	4.9651	0.1425	99	8.9423	0.1909
28	0.5582	0.0472	52	2.2481	0.0958	76	5.1076	0.1445	100	9.1333	0.1909

适用树种：人工落叶松；适用地区：弯沟林业局；资料名称：吉林省一元立木材积表、材种出材率表、地径材积表；编表人或作者：吉林省林业厅；刊印或发表时间：2003。其他说明：吉林资 (2002) 627 号文件发布。

420. 弯沟林业局人工杨树一元立木材积表（围尺）

$$V = 0.0000717D_{轮}^{1.69135017}H^{1.08071211}$$

$$H = 30.633299 - 547.989609/(D_{轮} + 16)$$

$D_{轮} = -0.62168 + 0.98712D_{围}$；表中$D$为围尺径；$D \leqslant 100$cm

D	V	ΔV	D	V	ΔV	D	V	ΔV	D	V	ΔV
5	0.0035	0.0033	29	0.4619	0.0358	53	1.6432	0.0629	77	3.4244	0.0860
6	0.0067	0.0045	30	0.4977	0.0371	54	1.7061	0.0639	78	3.5104	0.0869
7	0.0112	0.0058	31	0.5348	0.0383	55	1.7700	0.0649	79	3.5974	0.0878
8	0.0171	0.0072	32	0.5731	0.0395	56	1.8349	0.0659	80	3.6852	0.0887
9	0.0243	0.0086	33	0.6126	0.0407	57	1.9009	0.0670	81	3.7739	0.0896
10	0.0329	0.0100	34	0.6534	0.0419	58	1.9678	0.0680	82	3.8635	0.0905
11	0.0429	0.0115	35	0.6953	0.0431	59	2.0358	0.0690	83	3.9540	0.0914
12	0.0544	0.0129	36	0.7384	0.0443	60	2.1048	0.0699	84	4.0454	0.0923
13	0.0673	0.0143	37	0.7826	0.0454	61	2.1747	0.0709	85	4.1377	0.0932
14	0.0816	0.0158	38	0.8281	0.0466	62	2.2456	0.0719	86	4.2309	0.0940
15	0.0973	0.0172	39	0.8747	0.0477	63	2.3175	0.0729	87	4.3249	0.0949
16	0.1145	0.0186	40	0.9224	0.0489	64	2.3904	0.0739	88	4.4198	0.0958
17	0.1331	0.0200	41	0.9713	0.0500	65	2.4643	0.0748	89	4.5156	0.0966
18	0.1531	0.0214	42	1.0213	0.0511	66	2.5391	0.0758	90	4.6122	0.0975
19	0.1745	0.0228	43	1.0724	0.0522	67	2.6149	0.0767	91	4.7097	0.0984
20	0.1972	0.0241	44	1.1246	0.0533	68	2.6916	0.0777	92	4.8081	0.0992
21	0.2213	0.0255	45	1.1779	0.0544	69	2.7693	0.0786	93	4.9073	0.1001
22	0.2468	0.0268	46	1.2323	0.0555	70	2.8479	0.0796	94	5.0074	0.1009
23	0.2736	0.0281	47	1.2878	0.0566	71	2.9275	0.0805	95	5.1083	0.1018
24	0.3018	0.0295	48	1.3444	0.0576	72	3.0080	0.0814	96	5.2100	0.1026
25	0.3312	0.0308	49	1.4021	0.0587	73	3.0894	0.0824	97	5.3126	0.1034
26	0.3620	0.0320	50	1.4608	0.0598	74	3.1718	0.0833	98	5.4161	0.1043
27	0.3940	0.0333	51	1.5205	0.0608	75	3.2551	0.0842	99	5.5204	0.1051
28	0.4273	0.0346	52	1.5813	0.0619	76	3.3393	0.0851	100	5.6255	0.1051

适用树种：人工杨树；适用地区：弯沟林业局；资料名称：吉林省一元立木材积表、材种出材率表、地径材积表；编表人或作者：吉林省林业厅；刊印或发表时间：2003。其他说明：吉林资 (2002) 627 号文件发布。

421. 临江林业局针叶树一元立木材积表（围尺）

$$V = 0.0000578596D_{轮}^{1.8892}H^{0.98755}$$

$$H = 47.3498 - 2181.3327/(D_{轮} + 47)$$

$D_{轮} = -0.1349 + 0.9756D_{围}$；表中$D$为围尺径；$D \leqslant 100\text{cm}$

D	V	ΔV	D	V	ΔV	D	V	ΔV	D	V	ΔV
5	0.0056	0.0035	29	0.5601	0.0492	53	2.4086	0.1080	77	5.6970	0.1686
6	0.0091	0.0047	30	0.6093	0.0515	54	2.5166	0.1105	78	5.8656	0.1711
7	0.0138	0.0059	31	0.6609	0.0539	55	2.6271	0.1130	79	6.0367	0.1736
8	0.0197	0.0073	32	0.7148	0.0563	56	2.7401	0.1155	80	6.2104	0.1762
9	0.0270	0.0088	33	0.7710	0.0586	57	2.8557	0.1181	81	6.3865	0.1787
10	0.0358	0.0103	34	0.8297	0.0610	58	2.9738	0.1206	82	6.5652	0.1812
11	0.0461	0.0119	35	0.8907	0.0634	59	3.0944	0.1231	83	6.7464	0.1837
12	0.0580	0.0136	36	0.9541	0.0659	60	3.2175	0.1256	84	6.9301	0.1862
13	0.0716	0.0154	37	1.0200	0.0683	61	3.3431	0.1282	85	7.1164	0.1888
14	0.0870	0.0172	38	1.0883	0.0707	62	3.4713	0.1307	86	7.3051	0.1913
15	0.1042	0.0191	39	1.1590	0.0732	63	3.6020	0.1332	87	7.4964	0.1938
16	0.1233	0.0210	40	1.2322	0.0756	64	3.7352	0.1357	88	7.6902	0.1963
17	0.1442	0.0230	41	1.3078	0.0781	65	3.8709	0.1383	89	7.8865	0.1988
18	0.1672	0.0250	42	1.3858	0.0805	66	4.0092	0.1408	90	8.0853	0.2013
19	0.1922	0.0270	43	1.4664	0.0830	67	4.1500	0.1433	91	8.2866	0.2038
20	0.2192	0.0291	44	1.5494	0.0855	68	4.2933	0.1459	92	8.4904	0.2063
21	0.2483	0.0312	45	1.6349	0.0880	69	4.4392	0.1484	93	8.6967	0.2088
22	0.2796	0.0334	46	1.7229	0.0905	70	4.5876	0.1509	94	8.9055	0.2113
23	0.3130	0.0356	47	1.8133	0.0930	71	4.7385	0.1534	95	9.1169	0.2138
24	0.3486	0.0378	48	1.9063	0.0955	72	4.8919	0.1560	96	9.3307	0.2163
25	0.3864	0.0400	49	2.0017	0.0980	73	5.0479	0.1585	97	9.5471	0.2188
26	0.4264	0.0423	50	2.0997	0.1005	74	5.2064	0.1610	98	9.7659	0.2213
27	0.4687	0.0446	51	2.2002	0.1030	75	5.3674	0.1635	99	9.9872	0.2238
28	0.5133	0.0469	52	2.3031	0.1055	76	5.5310	0.1661	100	10.2111	0.2238

适用树种：针叶树；适用地区：临江林业局；资料名称：吉林省一元立木材积表、材种出材率表、地径材积表；编表人或作者：吉林省林业厅；刊印或发表时间：2003。其他说明：吉林资 (2002) 627 号文件发布。

422. 临江林业局一类阔叶一元立木材积表（围尺）

$$V = 0.000053309D_{轮}^{1.88452}H^{0.99834}$$

$$H = 29.7991 - 480.7674/(D_{轮} + 16)$$

$D_{轮} = -0.1659 + 0.9734D_{围}$；表中$D$为围尺径；$D \leqslant 100\text{cm}$

D	V	ΔV	D	V	ΔV	D	V	ΔV	D	V	ΔV
5	0.0065	0.0042	29	0.5369	0.0428	53	2.0170	0.0819	77	4.4154	0.1193
6	0.0107	0.0055	30	0.5797	0.0444	54	2.0989	0.0835	78	4.5347	0.1208
7	0.0162	0.0069	31	0.6241	0.0461	55	2.1824	0.0851	79	4.6555	0.1223
8	0.0230	0.0083	32	0.6702	0.0478	56	2.2674	0.0867	80	4.7779	0.1239
9	0.0314	0.0098	33	0.7180	0.0494	57	2.3541	0.0882	81	4.9017	0.1254
10	0.0412	0.0113	34	0.7674	0.0511	58	2.4423	0.0898	82	5.0271	0.1269
11	0.0525	0.0129	35	0.8185	0.0527	59	2.5321	0.0914	83	5.1540	0.1284
12	0.0654	0.0145	36	0.8712	0.0544	60	2.6235	0.0930	84	5.2824	0.1299
13	0.0799	0.0161	37	0.9256	0.0560	61	2.7165	0.0945	85	5.4123	0.1314
14	0.0960	0.0177	38	0.9816	0.0577	62	2.8110	0.0961	86	5.5437	0.1329
15	0.1138	0.0194	39	1.0392	0.0593	63	2.9071	0.0977	87	5.6767	0.1345
16	0.1332	0.0210	40	1.0985	0.0609	64	3.0048	0.0992	88	5.8111	0.1360
17	0.1542	0.0227	41	1.1595	0.0626	65	3.1040	0.1008	89	5.9471	0.1375
18	0.1769	0.0244	42	1.2220	0.0642	66	3.2047	0.1023	90	6.0846	0.1390
19	0.2012	0.0260	43	1.2862	0.0658	67	3.3071	0.1039	91	6.2235	0.1405
20	0.2273	0.0277	44	1.3521	0.0674	68	3.4110	0.1054	92	6.3640	0.1420
21	0.2550	0.0294	45	1.4195	0.0691	69	3.5164	0.1070	93	6.5059	0.1435
22	0.2843	0.0311	46	1.4885	0.0707	70	3.6234	0.1085	94	6.6494	0.1449
23	0.3154	0.0327	47	1.5592	0.0723	71	3.7319	0.1101	95	6.7943	0.1464
24	0.3481	0.0344	48	1.6315	0.0739	72	3.8420	0.1116	96	6.9408	0.1479
25	0.3825	0.0361	49	1.7054	0.0755	73	3.9536	0.1132	97	7.0887	0.1494
26	0.4186	0.0378	50	1.7809	0.0771	74	4.0668	0.1147	98	7.2381	0.1509
27	0.4564	0.0394	51	1.8580	0.0787	75	4.1815	0.1162	99	7.3890	0.1524
28	0.4958	0.0411	52	1.9367	0.0803	76	4.2977	0.1178	100	7.5414	0.1524

适用树种：一类阔叶；适用地区：临江林业局；资料名称：吉林省一元立木材积表、材种出材率表、地径材积表；编表人或作者：吉林省林业厅；刊印或发表时间：2003。其他说明：吉林资 (2002) 627 号文件发布。

423. 临江林业局二类阔叶一元立木材积表（围尺）

$$V = 0.000048841D_{轮}^{1.84048}H^{1.05252}$$

$$H = 24.9945 - 400.1505/(D_{轮} + 16)$$

$D_{轮} = -0.1979 + 0.9728D_{围}$；表中$D$为围尺径；$D \leqslant$100cm

D	V	ΔV	D	V	ΔV	D	V	ΔV	D	V	ΔV
5	0.0051	0.0033	29	0.4142	0.0326	53	1.5289	0.0611	77	3.3050	0.0877
6	0.0085	0.0043	30	0.4468	0.0338	54	1.5900	0.0623	78	3.3927	0.0888
7	0.0128	0.0054	31	0.4806	0.0351	55	1.6523	0.0634	79	3.4816	0.0899
8	0.0182	0.0065	32	0.5157	0.0363	56	1.7157	0.0645	80	3.5715	0.0910
9	0.0248	0.0077	33	0.5520	0.0375	57	1.7802	0.0657	81	3.6624	0.0920
10	0.0324	0.0089	34	0.5895	0.0387	58	1.8459	0.0668	82	3.7545	0.0931
11	0.0413	0.0101	35	0.6282	0.0399	59	1.9127	0.0679	83	3.8476	0.0942
12	0.0514	0.0113	36	0.6681	0.0411	60	1.9806	0.0690	84	3.9417	0.0952
13	0.0627	0.0125	37	0.7093	0.0424	61	2.0496	0.0702	85	4.0370	0.0963
14	0.0753	0.0138	38	0.7516	0.0436	62	2.1198	0.0713	86	4.1333	0.0974
15	0.0891	0.0150	39	0.7952	0.0447	63	2.1911	0.0724	87	4.2306	0.0984
16	0.1041	0.0163	40	0.8399	0.0459	64	2.2635	0.0735	88	4.3290	0.0995
17	0.1204	0.0176	41	0.8859	0.0471	65	2.3370	0.0746	89	4.4285	0.1005
18	0.1380	0.0188	42	0.9330	0.0483	66	2.4116	0.0757	90	4.5290	0.1016
19	0.1568	0.0201	43	0.9813	0.0495	67	2.4874	0.0768	91	4.6306	0.1026
20	0.1769	0.0213	44	1.0308	0.0507	68	2.5642	0.0779	92	4.7332	0.1037
21	0.1982	0.0226	45	1.0815	0.0519	69	2.6421	0.0790	93	4.8369	0.1047
22	0.2208	0.0239	46	1.1334	0.0530	70	2.7212	0.0801	94	4.9416	0.1058
23	0.2447	0.0251	47	1.1864	0.0542	71	2.8013	0.0812	95	5.0474	0.1068
24	0.2698	0.0264	48	1.2406	0.0554	72	2.8825	0.0823	96	5.1542	0.1078
25	0.2962	0.0276	49	1.2959	0.0565	73	2.9649	0.0834	97	5.2621	0.1089
26	0.3238	0.0289	50	1.3524	0.0577	74	3.0483	0.0845	98	5.3710	0.1099
27	0.3527	0.0301	51	1.4101	0.0588	75	3.1328	0.0856	99	5.4809	0.1110
28	0.3828	0.0314	52	1.4689	0.0600	76	3.2183	0.0867	100	5.5918	0.1110

适用树种：二类阔叶；适用地区：临江林业局；资料名称：吉林省一元立木材积表、材种出材率表、地径材积表；编表人或作者：吉林省林业厅；刊印或发表时间：2003。其他说明：吉林资 (2002) 627 号文件发布。

424. 临江林业局柞树一元立木材积表（围尺）

$$V = 0.000061125534D_{轮}^{1.8810091}H^{0.94462565}$$
$$H = 26.6049 - 401.5609/(D_{轮} + 15)$$
$$D_{轮} = -0.1791 + 0.9737D_{围}；表中D为围尺径；D \leqslant 100\text{cm}$$

D	V	ΔV	D	V	ΔV	D	V	ΔV	D	V	ΔV
5	0.0063	0.0040	29	0.4776	0.0374	53	1.7591	0.0705	77	3.8156	0.1020
6	0.0103	0.0052	30	0.5149	0.0388	54	1.8296	0.0718	78	3.9176	0.1033
7	0.0154	0.0064	31	0.5538	0.0402	55	1.9014	0.0732	79	4.0208	0.1045
8	0.0218	0.0077	32	0.5940	0.0416	56	1.9746	0.0745	80	4.1254	0.1058
9	0.0295	0.0090	33	0.6356	0.0430	57	2.0491	0.0758	81	4.2312	0.1071
10	0.0385	0.0104	34	0.6786	0.0444	58	2.1249	0.0772	82	4.3383	0.1084
11	0.0488	0.0117	35	0.7231	0.0458	59	2.2021	0.0785	83	4.4466	0.1096
12	0.0606	0.0131	36	0.7689	0.0472	60	2.2806	0.0798	84	4.5563	0.1109
13	0.0737	0.0145	37	0.8161	0.0486	61	2.3604	0.0811	85	4.6672	0.1122
14	0.0882	0.0159	38	0.8648	0.0500	62	2.4415	0.0825	86	4.7794	0.1135
15	0.1041	0.0174	39	0.9148	0.0514	63	2.5240	0.0838	87	4.8929	0.1147
16	0.1215	0.0188	40	0.9662	0.0528	64	2.6078	0.0851	88	5.0076	0.1160
17	0.1403	0.0202	41	1.0190	0.0542	65	2.6928	0.0864	89	5.1236	0.1173
18	0.1605	0.0217	42	1.0731	0.0555	66	2.7792	0.0877	90	5.2408	0.1185
19	0.1821	0.0231	43	1.1287	0.0569	67	2.8669	0.0890	91	5.3594	0.1198
20	0.2052	0.0245	44	1.1856	0.0583	68	2.9560	0.0903	92	5.4791	0.1210
21	0.2298	0.0260	45	1.2439	0.0597	69	3.0463	0.0916	93	5.6002	0.1223
22	0.2557	0.0274	46	1.3035	0.0610	70	3.1379	0.0929	94	5.7225	0.1235
23	0.2831	0.0288	47	1.3645	0.0624	71	3.2308	0.0942	95	5.8460	0.1248
24	0.3120	0.0303	48	1.4269	0.0637	72	3.3251	0.0955	96	5.9708	0.1261
25	0.3422	0.0317	49	1.4907	0.0651	73	3.4206	0.0968	97	6.0969	0.1273
26	0.3739	0.0331	50	1.5558	0.0664	74	3.5174	0.0981	98	6.2242	0.1286
27	0.4070	0.0345	51	1.6222	0.0678	75	3.6155	0.0994	99	6.3527	0.1298
28	0.4416	0.0360	52	1.6900	0.0691	76	3.7149	0.1007	100	6.4825	0.1298

适用树种：柞树（栎树）；适用地区：临江林业局；资料名称：吉林省一元立木材积表、材种出材率表、地径材积表；编表人或作者：吉林省林业厅；刊印或发表时间：2003。其他说明：吉林资 (2002) 627 号文件发布。

425. 临江林业局人工红松一元立木材积表（围尺）

$$V = 0.00007616 D_{轮}^{1.89948264} H^{0.86116962}$$

$$H = 22.091945 - 312.745526/(D_{轮} + 14)$$

$D_{轮} = -0.49805 + 0.98158 D_{围}$；表中$D$为围尺径；$D \leqslant 100$cm

D	V	ΔV	D	V	ΔV	D	V	ΔV	D	V	ΔV
5	0.0052	0.0035	29	0.4299	0.0337	53	1.5859	0.0636	77	3.4449	0.0923
6	0.0087	0.0046	30	0.4636	0.0350	54	1.6495	0.0648	78	3.5372	0.0935
7	0.0133	0.0057	31	0.4986	0.0363	55	1.7143	0.0661	79	3.6307	0.0947
8	0.0190	0.0069	32	0.5348	0.0375	56	1.7804	0.0673	80	3.7254	0.0958
9	0.0259	0.0081	33	0.5724	0.0388	57	1.8477	0.0685	81	3.8212	0.0970
10	0.0340	0.0093	34	0.6112	0.0401	58	1.9162	0.0697	82	3.9182	0.0982
11	0.0433	0.0106	35	0.6512	0.0413	59	1.9859	0.0709	83	4.0164	0.0993
12	0.0539	0.0118	36	0.6925	0.0426	60	2.0568	0.0721	84	4.1157	0.1005
13	0.0657	0.0131	37	0.7351	0.0438	61	2.1289	0.0733	85	4.2162	0.1017
14	0.0788	0.0144	38	0.7790	0.0451	62	2.2022	0.0745	86	4.3178	0.1028
15	0.0931	0.0157	39	0.8241	0.0464	63	2.2767	0.0757	87	4.4206	0.1040
16	0.1088	0.0169	40	0.8704	0.0476	64	2.3524	0.0769	88	4.5246	0.1051
17	0.1258	0.0182	41	0.9180	0.0489	65	2.4293	0.0781	89	4.6297	0.1063
18	0.1440	0.0195	42	0.9669	0.0501	66	2.5074	0.0793	90	4.7360	0.1074
19	0.1635	0.0208	43	1.0170	0.0513	67	2.5867	0.0805	91	4.8435	0.1086
20	0.1844	0.0221	44	1.0683	0.0526	68	2.6672	0.0817	92	4.9521	0.1098
21	0.2065	0.0234	45	1.1209	0.0538	69	2.7489	0.0829	93	5.0618	0.1109
22	0.2299	0.0247	46	1.1747	0.0551	70	2.8318	0.0841	94	5.1727	0.1121
23	0.2546	0.0260	47	1.2297	0.0563	71	2.9158	0.0852	95	5.2848	0.1132
24	0.2806	0.0273	48	1.2860	0.0575	72	3.0010	0.0864	96	5.3980	0.1144
25	0.3079	0.0286	49	1.3435	0.0587	73	3.0875	0.0876	97	5.5124	0.1155
26	0.3365	0.0299	50	1.4023	0.0600	74	3.1751	0.0888	98	5.6279	0.1166
27	0.3663	0.0311	51	1.4623	0.0612	75	3.2638	0.0900	99	5.7445	0.1178
28	0.3975	0.0324	52	1.5235	0.0624	76	3.3538	0.0911	100	5.8623	0.1178

适用树种：人工红松；适用地区：临江林业局；资料名称：吉林省一元立木材积表、材种出材率表、地径材积表；编表人或作者：吉林省林业厅；刊印或发表时间：2003。其他说明：吉林资 (2002) 627 号文件发布。

426. 临江林业局人工樟子松一元立木材积表（围尺）

$$V = 0.00005228D_{轮}^{1.57561364}H^{1.36856283}$$

$$H = 33.203422 - 985.1254/(D_{轮} + 31)$$

$D_{轮} = -0.34995 + 0.97838D_{围}$；表中$D$为围尺径；$D \leqslant 100$cm

D	V	ΔV	D	V	ΔV	D	V	ΔV	D	V	ΔV
5	0.0058	0.0036	29	0.4632	0.0368	53	1.7080	0.0673	77	3.6242	0.0928
6	0.0094	0.0047	30	0.5000	0.0382	54	1.7752	0.0684	78	3.7170	0.0938
7	0.0141	0.0059	31	0.5381	0.0396	55	1.8436	0.0696	79	3.8108	0.0948
8	0.0200	0.0071	32	0.5777	0.0409	56	1.9132	0.0707	80	3.9055	0.0957
9	0.0271	0.0084	33	0.6186	0.0423	57	1.9839	0.0718	81	4.0012	0.0967
10	0.0354	0.0097	34	0.6609	0.0436	58	2.0557	0.0729	82	4.0979	0.0976
11	0.0451	0.0110	35	0.7045	0.0450	59	2.1286	0.0740	83	4.1956	0.0986
12	0.0562	0.0124	36	0.7494	0.0463	60	2.2027	0.0751	84	4.2942	0.0995
13	0.0686	0.0138	37	0.7957	0.0476	61	2.2778	0.0762	85	4.3937	0.1005
14	0.0824	0.0153	38	0.8433	0.0489	62	2.3541	0.0773	86	4.4942	0.1014
15	0.0977	0.0167	39	0.8922	0.0502	63	2.4314	0.0784	87	4.5956	0.1024
16	0.1144	0.0182	40	0.9424	0.0515	64	2.5098	0.0795	88	4.6980	0.1033
17	0.1326	0.0196	41	0.9939	0.0527	65	2.5893	0.0805	89	4.8012	0.1042
18	0.1522	0.0211	42	1.0466	0.0540	66	2.6699	0.0816	90	4.9054	0.1051
19	0.1732	0.0225	43	1.1006	0.0553	67	2.7515	0.0827	91	5.0106	0.1060
20	0.1957	0.0240	44	1.1559	0.0565	68	2.8341	0.0837	92	5.1166	0.1069
21	0.2197	0.0254	45	1.2124	0.0577	69	2.9178	0.0847	93	5.2235	0.1078
22	0.2451	0.0269	46	1.2701	0.0590	70	3.0025	0.0858	94	5.3314	0.1087
23	0.2720	0.0283	47	1.3290	0.0602	71	3.0883	0.0868	95	5.4401	0.1096
24	0.3003	0.0297	48	1.3892	0.0614	72	3.1751	0.0878	96	5.5497	0.1105
25	0.3300	0.0312	49	1.4506	0.0626	73	3.2629	0.0888	97	5.6602	0.1114
26	0.3612	0.0326	50	1.5132	0.0638	74	3.3517	0.0898	98	5.7716	0.1123
27	0.3938	0.0340	51	1.5769	0.0649	75	3.4415	0.0908	99	5.8839	0.1132
28	0.4278	0.0354	52	1.6419	0.0661	76	3.5324	0.0918	100	5.9971	0.1132

适用树种：人工樟子松；适用地区：临江林业局；资料名称：吉林省一元立木材积表、材种出材率表、地径材积表；编表人或作者：吉林省林业厅；刊印或发表时间：2003。其他说明：吉林资 (2002) 627 号文件发布。

427. 临江林业局人工落叶松一元立木材积表（围尺）

$$V = 0.00008472D_{轮}^{1.97420228}H^{0.74561762}$$

$$H = 35.990753 - 676.806179/(D_{轮} + 18)$$

$D_{轮} = -0.2506 + 0.9809D_{围}$；表中$D$为围尺径；$D \leqslant 100$cm

D	V	ΔV	D	V	ΔV	D	V	ΔV	D	V	ΔV
5	0.0068	0.0046	29	0.6053	0.0492	53	2.3439	0.0978	77	5.2521	0.1465
6	0.0114	0.0060	30	0.6545	0.0512	54	2.4418	0.0999	78	5.3986	0.1485
7	0.0174	0.0075	31	0.7057	0.0532	55	2.5416	0.1019	79	5.5472	0.1506
8	0.0250	0.0091	32	0.7589	0.0552	56	2.6435	0.1039	80	5.6977	0.1526
9	0.0341	0.0108	33	0.8141	0.0572	57	2.7474	0.1060	81	5.8503	0.1546
10	0.0449	0.0125	34	0.8713	0.0592	58	2.8534	0.1080	82	6.0049	0.1566
11	0.0574	0.0143	35	0.9305	0.0613	59	2.9614	0.1100	83	6.1616	0.1587
12	0.0717	0.0161	36	0.9918	0.0633	60	3.0714	0.1120	84	6.3202	0.1607
13	0.0878	0.0179	37	1.0551	0.0653	61	3.1834	0.1141	85	6.4809	0.1627
14	0.1057	0.0198	38	1.1204	0.0674	62	3.2975	0.1161	86	6.6436	0.1647
15	0.1255	0.0216	39	1.1878	0.0694	63	3.4136	0.1181	87	6.8083	0.1667
16	0.1471	0.0235	40	1.2572	0.0714	64	3.5318	0.1202	88	6.9750	0.1688
17	0.1706	0.0254	41	1.3286	0.0734	65	3.6519	0.1222	89	7.1438	0.1708
18	0.1961	0.0274	42	1.4020	0.0755	66	3.7741	0.1242	90	7.3146	0.1728
19	0.2234	0.0293	43	1.4775	0.0775	67	3.8983	0.1263	91	7.4874	0.1748
20	0.2527	0.0313	44	1.5550	0.0795	68	4.0246	0.1283	92	7.6622	0.1768
21	0.2840	0.0332	45	1.6345	0.0816	69	4.1529	0.1303	93	7.8390	0.1788
22	0.3172	0.0352	46	1.7161	0.0836	70	4.2832	0.1323	94	8.0178	0.1809
23	0.3524	0.0372	47	1.7997	0.0856	71	4.4155	0.1344	95	8.1987	0.1829
24	0.3896	0.0392	48	1.8853	0.0877	72	4.5499	0.1364	96	8.3816	0.1849
25	0.4288	0.0411	49	1.9730	0.0897	73	4.6863	0.1384	97	8.5665	0.1869
26	0.4699	0.0431	50	2.0627	0.0917	74	4.8247	0.1404	98	8.7534	0.1889
27	0.5130	0.0451	51	2.1544	0.0938	75	4.9651	0.1425	99	8.9423	0.1909
28	0.5582	0.0472	52	2.2481	0.0958	76	5.1076	0.1445	100	9.1333	0.1909

适用树种：人工落叶松；适用地区：临江林业局；资料名称：吉林省一元立木材积表、材种出材率表、地径材积表；编表人或作者：吉林省林业厅；刊印或发表时间：2003。其他说明：吉林资 (2002) 627 号文件发布。

428. 临江林业局人工杨树一元立木材积表（围尺）

$$V = 0.0000717D_{轮}^{1.69135017}H^{1.08071211}$$

$$H = 30.633299 - 547.989609/(D_{轮} + 16)$$

$D_{轮} = -0.62168 + 0.98712D_{围}$；表中$D$为围尺径；$D \leqslant 100$cm

D	V	ΔV	D	V	ΔV	D	V	ΔV	D	V	ΔV
5	0.0035	0.0033	29	0.4619	0.0358	53	1.6432	0.0629	77	3.4244	0.0860
6	0.0067	0.0045	30	0.4977	0.0371	54	1.7061	0.0639	78	3.5104	0.0869
7	0.0112	0.0058	31	0.5348	0.0383	55	1.7700	0.0649	79	3.5974	0.0878
8	0.0171	0.0072	32	0.5731	0.0395	56	1.8349	0.0659	80	3.6852	0.0887
9	0.0243	0.0086	33	0.6126	0.0407	57	1.9009	0.0670	81	3.7739	0.0896
10	0.0329	0.0100	34	0.6534	0.0419	58	1.9678	0.0680	82	3.8635	0.0905
11	0.0429	0.0115	35	0.6953	0.0431	59	2.0358	0.0690	83	3.9540	0.0914
12	0.0544	0.0129	36	0.7384	0.0443	60	2.1048	0.0699	84	4.0454	0.0923
13	0.0673	0.0143	37	0.7826	0.0454	61	2.1747	0.0709	85	4.1377	0.0932
14	0.0816	0.0158	38	0.8281	0.0466	62	2.2456	0.0719	86	4.2309	0.0940
15	0.0973	0.0172	39	0.8747	0.0477	63	2.3175	0.0729	87	4.3249	0.0949
16	0.1145	0.0186	40	0.9224	0.0489	64	2.3904	0.0739	88	4.4198	0.0958
17	0.1331	0.0200	41	0.9713	0.0500	65	2.4643	0.0748	89	4.5156	0.0966
18	0.1531	0.0214	42	1.0213	0.0511	66	2.5391	0.0758	90	4.6122	0.0975
19	0.1745	0.0228	43	1.0724	0.0522	67	2.6149	0.0767	91	4.7097	0.0984
20	0.1972	0.0241	44	1.1246	0.0533	68	2.6916	0.0777	92	4.8081	0.0992
21	0.2213	0.0255	45	1.1779	0.0544	69	2.7693	0.0786	93	4.9073	0.1001
22	0.2468	0.0268	46	1.2323	0.0555	70	2.8479	0.0796	94	5.0074	0.1009
23	0.2736	0.0281	47	1.2878	0.0566	71	2.9275	0.0805	95	5.1083	0.1018
24	0.3018	0.0295	48	1.3444	0.0576	72	3.0080	0.0814	96	5.2100	0.1026
25	0.3312	0.0308	49	1.4021	0.0587	73	3.0894	0.0824	97	5.3126	0.1034
26	0.3620	0.0320	50	1.4608	0.0598	74	3.1718	0.0833	98	5.4161	0.1043
27	0.3940	0.0333	51	1.5205	0.0608	75	3.2551	0.0842	99	5.5204	0.1051
28	0.4273	0.0346	52	1.5813	0.0619	76	3.3393	0.0851	100	5.6255	0.1051

适用树种：人工杨树；适用地区：临江林业局；资料名称：吉林省一元立木材积表、材种出材率表、地径材积表；编表人或作者：吉林省林业厅；刊印或发表时间：2003。其他说明：吉林资 (2002) 627 号文件发布。

429. 松江河林业局针叶树一元立木材积表（围尺）

$$V = 0.0000578596D_{轮}^{1.8892}H^{0.98755}$$
$$H = 48.7788 - 2247.4693/(D_{轮} + 47)$$
$D_{轮} = -0.1349 + 0.9756D_{围}$；表中$D$为围尺径；$D \leqslant 100$cm

D	V	ΔV	D	V	ΔV	D	V	ΔV	D	V	ΔV
5	0.0057	0.0036	29	0.5767	0.0507	53	2.4801	0.1112	77	5.8663	0.1736
6	0.0094	0.0048	30	0.6274	0.0531	54	2.5913	0.1138	78	6.0399	0.1762
7	0.0142	0.0061	31	0.6804	0.0555	55	2.7051	0.1164	79	6.2161	0.1788
8	0.0203	0.0075	32	0.7359	0.0579	56	2.8215	0.1190	80	6.3949	0.1814
9	0.0278	0.0090	33	0.7939	0.0604	57	2.9405	0.1216	81	6.5763	0.1840
10	0.0368	0.0106	34	0.8542	0.0628	58	3.0620	0.1242	82	6.7603	0.1866
11	0.0474	0.0123	35	0.9171	0.0653	59	3.1862	0.1268	83	6.9469	0.1892
12	0.0597	0.0140	36	0.9824	0.0678	60	3.3130	0.1294	84	7.1361	0.1918
13	0.0737	0.0158	37	1.0502	0.0703	61	3.4424	0.1320	85	7.3279	0.1944
14	0.0896	0.0177	38	1.1205	0.0728	62	3.5743	0.1346	86	7.5223	0.1970
15	0.1073	0.0196	39	1.1933	0.0753	63	3.7089	0.1372	87	7.7192	0.1995
16	0.1269	0.0216	40	1.2687	0.0779	64	3.8461	0.1398	88	7.9188	0.2021
17	0.1485	0.0236	41	1.3465	0.0804	65	3.9859	0.1424	89	8.1209	0.2047
18	0.1721	0.0257	42	1.4269	0.0829	66	4.1283	0.1450	90	8.3256	0.2073
19	0.1978	0.0278	43	1.5099	0.0855	67	4.2733	0.1476	91	8.5329	0.2099
20	0.2257	0.0300	44	1.5953	0.0880	68	4.4209	0.1502	92	8.7428	0.2125
21	0.2556	0.0322	45	1.6834	0.0906	69	4.5711	0.1528	93	8.9553	0.2150
22	0.2878	0.0344	46	1.7740	0.0932	70	4.7239	0.1554	94	9.1703	0.2176
23	0.3222	0.0366	47	1.8671	0.0957	71	4.8793	0.1580	95	9.3879	0.2202
24	0.3588	0.0389	48	1.9628	0.0983	72	5.0373	0.1606	96	9.6081	0.2228
25	0.3978	0.0412	49	2.0611	0.1009	73	5.1979	0.1632	97	9.8309	0.2254
26	0.4390	0.0436	50	2.1620	0.1034	74	5.3611	0.1658	98	10.0563	0.2279
27	0.4825	0.0459	51	2.2654	0.1060	75	5.5269	0.1684	99	10.2842	0.2305
28	0.5284	0.0483	52	2.3715	0.1086	76	5.6953	0.1710	100	10.5147	0.2305

适用树种：针叶树；适用地区：松江河林业局；资料名称：吉林省一元立木材积表、材种出材率表、地径材积表；编表人或作者：吉林省林业厅；刊印或发表时间：2003。其他说明：吉林资 (2002) 627 号文件发布。

430. 松江河林业局一类阔叶一元立木材积表（围尺）

$$V = 0.000053309D_{轮}^{1.88452}H^{0.99834}$$

$$H = 30.39 - 490.229/(D_{轮} + 16)$$

$D_{轮} = -0.1659 + 0.9734D_{围}$；表中$D$为围尺径；$D \leqslant 100$cm

D	V	ΔV	D	V	ΔV	D	V	ΔV	D	V	ΔV
5	0.0066	0.0043	29	0.5476	0.0436	53	2.0570	0.0835	77	4.5030	0.1216
6	0.0109	0.0056	30	0.5912	0.0453	54	2.1405	0.0851	78	4.6246	0.1232
7	0.0165	0.0070	31	0.6365	0.0470	55	2.2257	0.0868	79	4.7478	0.1248
8	0.0235	0.0085	32	0.6835	0.0487	56	2.3124	0.0884	80	4.8726	0.1263
9	0.0320	0.0100	33	0.7322	0.0504	57	2.4008	0.0900	81	4.9989	0.1279
10	0.0420	0.0116	34	0.7826	0.0521	58	2.4908	0.0916	82	5.1268	0.1294
11	0.0536	0.0132	35	0.8347	0.0538	59	2.5824	0.0932	83	5.2562	0.1310
12	0.0667	0.0148	36	0.8885	0.0555	60	2.6756	0.0948	84	5.3871	0.1325
13	0.0815	0.0164	37	0.9440	0.0571	61	2.7704	0.0964	85	5.5196	0.1340
14	0.0980	0.0181	38	1.0011	0.0588	62	2.8668	0.0980	86	5.6537	0.1356
15	0.1160	0.0198	39	1.0599	0.0605	63	2.9648	0.0996	87	5.7892	0.1371
16	0.1358	0.0214	40	1.1204	0.0621	64	3.0644	0.1012	88	5.9263	0.1386
17	0.1573	0.0231	41	1.1825	0.0638	65	3.1655	0.1028	89	6.0650	0.1402
18	0.1804	0.0248	42	1.2463	0.0655	66	3.2683	0.1044	90	6.2052	0.1417
19	0.2052	0.0265	43	1.3118	0.0671	67	3.3727	0.1059	91	6.3469	0.1432
20	0.2318	0.0283	44	1.3789	0.0688	68	3.4786	0.1075	92	6.4901	0.1448
21	0.2600	0.0300	45	1.4477	0.0704	69	3.5861	0.1091	93	6.6349	0.1463
22	0.2900	0.0317	46	1.5181	0.0721	70	3.6952	0.1107	94	6.7812	0.1478
23	0.3217	0.0334	47	1.5902	0.0737	71	3.8059	0.1123	95	6.9290	0.1493
24	0.3551	0.0351	48	1.6639	0.0754	72	3.9182	0.1138	96	7.0783	0.1509
25	0.3901	0.0368	49	1.7393	0.0770	73	4.0320	0.1154	97	7.2292	0.1524
26	0.4269	0.0385	50	1.8162	0.0786	74	4.1474	0.1170	98	7.3816	0.1539
27	0.4655	0.0402	51	1.8949	0.0803	75	4.2644	0.1185	99	7.5355	0.1554
28	0.5057	0.0419	52	1.9751	0.0819	76	4.3829	0.1201	100	7.6909	0.1554

适用树种：一类阔叶；适用地区：松江河林业局；资料名称：吉林省一元立木材积表、材种出材率表、地径材积表；编表人或作者：吉林省林业厅；刊印或发表时间：2003。其他说明：吉林资 (2002) 627 号文件发布。

431. 松江河林业局二类阔叶一元立木材积表（围尺）

$$V = 0.000048841 D_{轮}^{1.84048} H^{1.05252}$$

$$H = 25.2509 - 403.9724/(D_{轮} + 16)$$

$D_{轮} = -0.1979 + 0.9728 D_{围}$；表中$D$为围尺径；$D \leqslant 100$cm

D	V	ΔV	D	V	ΔV	D	V	ΔV	D	V	ΔV
5	0.0052	0.0034	29	0.4188	0.0330	53	1.5458	0.0618	77	3.3412	0.0887
6	0.0086	0.0044	30	0.4518	0.0342	54	1.6075	0.0629	78	3.4299	0.0898
7	0.0130	0.0055	31	0.4860	0.0354	55	1.6705	0.0641	79	3.5197	0.0909
8	0.0184	0.0066	32	0.5215	0.0367	56	1.7346	0.0652	80	3.6106	0.0920
9	0.0251	0.0078	33	0.5581	0.0379	57	1.7998	0.0664	81	3.7025	0.0930
10	0.0328	0.0090	34	0.5961	0.0392	58	1.8662	0.0675	82	3.7956	0.0941
11	0.0418	0.0102	35	0.6352	0.0404	59	1.9337	0.0687	83	3.8897	0.0952
12	0.0520	0.0114	36	0.6756	0.0416	60	2.0024	0.0698	84	3.9849	0.0963
13	0.0635	0.0127	37	0.7172	0.0428	61	2.0722	0.0709	85	4.0812	0.0973
14	0.0762	0.0139	38	0.7600	0.0440	62	2.1431	0.0721	86	4.1785	0.0984
15	0.0901	0.0152	39	0.8040	0.0452	63	2.2152	0.0732	87	4.2769	0.0995
16	0.1053	0.0165	40	0.8493	0.0464	64	2.2884	0.0743	88	4.3764	0.1006
17	0.1218	0.0178	41	0.8957	0.0476	65	2.3627	0.0754	89	4.4770	0.1016
18	0.1396	0.0190	42	0.9434	0.0488	66	2.4381	0.0766	90	4.5786	0.1027
19	0.1586	0.0203	43	0.9922	0.0500	67	2.5147	0.0777	91	4.6813	0.1037
20	0.1789	0.0216	44	1.0423	0.0512	68	2.5924	0.0788	92	4.7850	0.1048
21	0.2005	0.0229	45	1.0935	0.0524	69	2.6711	0.0799	93	4.8898	0.1059
22	0.2233	0.0241	46	1.1459	0.0536	70	2.7510	0.0810	94	4.9957	0.1069
23	0.2475	0.0254	47	1.1995	0.0548	71	2.8320	0.0821	95	5.1026	0.1080
24	0.2729	0.0267	48	1.2543	0.0560	72	2.9142	0.0832	96	5.2105	0.1090
25	0.2996	0.0279	49	1.3102	0.0571	73	2.9974	0.0843	97	5.3196	0.1101
26	0.3275	0.0292	50	1.3674	0.0583	74	3.0817	0.0854	98	5.4296	0.1111
27	0.3567	0.0305	51	1.4257	0.0595	75	3.1671	0.0865	99	5.5407	0.1122
28	0.3871	0.0317	52	1.4851	0.0606	76	3.2536	0.0876	100	5.6529	0.1122

适用树种：二类阔叶；适用地区：松江河林业局；资料名称：吉林省一元立木材积表、材种出材率表、地径材积表；编表人或作者：吉林省林业厅；刊印或发表时间：2003。其他说明：吉林资 (2002) 627 号文件发布。

432. 松江河林业局柞树一元立木材积表（围尺）

$$V = 0.000061125534D_{轮}^{1.8810091}H^{0.94462565}$$
$$H = 26.6049 - 401.5609/(D_{轮} + 15)$$
$D_{轮} = -0.1791 + 0.9737D_{围}$；表中$D$为围尺径；$D \leqslant 100$cm

D	V	ΔV	D	V	ΔV	D	V	ΔV	D	V	ΔV
5	0.0063	0.0040	29	0.4776	0.0374	53	1.7591	0.0705	77	3.8156	0.1020
6	0.0103	0.0052	30	0.5149	0.0388	54	1.8296	0.0718	78	3.9176	0.1033
7	0.0154	0.0064	31	0.5538	0.0402	55	1.9014	0.0732	79	4.0208	0.1045
8	0.0218	0.0077	32	0.5940	0.0416	56	1.9746	0.0745	80	4.1254	0.1058
9	0.0295	0.0090	33	0.6356	0.0430	57	2.0491	0.0758	81	4.2312	0.1071
10	0.0385	0.0104	34	0.6786	0.0444	58	2.1249	0.0772	82	4.3383	0.1084
11	0.0488	0.0117	35	0.7231	0.0458	59	2.2021	0.0785	83	4.4466	0.1096
12	0.0606	0.0131	36	0.7689	0.0472	60	2.2806	0.0798	84	4.5563	0.1109
13	0.0737	0.0145	37	0.8161	0.0486	61	2.3604	0.0811	85	4.6672	0.1122
14	0.0882	0.0159	38	0.8648	0.0500	62	2.4415	0.0825	86	4.7794	0.1135
15	0.1041	0.0174	39	0.9148	0.0514	63	2.5240	0.0838	87	4.8929	0.1147
16	0.1215	0.0188	40	0.9662	0.0528	64	2.6078	0.0851	88	5.0076	0.1160
17	0.1403	0.0202	41	1.0190	0.0542	65	2.6928	0.0864	89	5.1236	0.1173
18	0.1605	0.0217	42	1.0731	0.0555	66	2.7792	0.0877	90	5.2408	0.1185
19	0.1821	0.0231	43	1.1287	0.0569	67	2.8669	0.0890	91	5.3594	0.1198
20	0.2052	0.0245	44	1.1856	0.0583	68	2.9560	0.0903	92	5.4791	0.1210
21	0.2298	0.0260	45	1.2439	0.0597	69	3.0463	0.0916	93	5.6002	0.1223
22	0.2557	0.0274	46	1.3035	0.0610	70	3.1379	0.0929	94	5.7225	0.1235
23	0.2831	0.0288	47	1.3645	0.0624	71	3.2308	0.0942	95	5.8460	0.1248
24	0.3120	0.0303	48	1.4269	0.0637	72	3.3251	0.0955	96	5.9708	0.1261
25	0.3422	0.0317	49	1.4907	0.0651	73	3.4206	0.0968	97	6.0969	0.1273
26	0.3739	0.0331	50	1.5558	0.0664	74	3.5174	0.0981	98	6.2242	0.1286
27	0.4070	0.0345	51	1.6222	0.0678	75	3.6155	0.0994	99	6.3527	0.1298
28	0.4416	0.0360	52	1.6900	0.0691	76	3.7149	0.1007	100	6.4825	0.1298

适用树种：柞树（栎树）；适用地区：松江河林业局；资料名称：吉林省一元立木材积表、材种出材率表、地径材积表；编表人或作者：吉林省林业厅；刊印或发表时间：2003。其他说明：吉林资 (2002) 627 号文件发布。

433. 松江河林业局人工红松一元立木材积表（围尺）

$$V = 0.00007616D_{轮}^{1.89948264}H^{0.86116962}$$

$$H = 22.091945 - 312.745526/(D_{轮} + 14)$$

$D_{轮} = -0.49805 + 0.98158D_{围}$；表中$D$为围尺径；$D \leqslant 100$cm

D	V	ΔV	D	V	ΔV	D	V	ΔV	D	V	ΔV
5	0.0052	0.0035	29	0.4299	0.0337	53	1.5859	0.0636	77	3.4449	0.0923
6	0.0087	0.0046	30	0.4636	0.0350	54	1.6495	0.0648	78	3.5372	0.0935
7	0.0133	0.0057	31	0.4986	0.0363	55	1.7143	0.0661	79	3.6307	0.0947
8	0.0190	0.0069	32	0.5348	0.0375	56	1.7804	0.0673	80	3.7254	0.0958
9	0.0259	0.0081	33	0.5724	0.0388	57	1.8477	0.0685	81	3.8212	0.0970
10	0.0340	0.0093	34	0.6112	0.0401	58	1.9162	0.0697	82	3.9182	0.0982
11	0.0433	0.0106	35	0.6512	0.0413	59	1.9859	0.0709	83	4.0164	0.0993
12	0.0539	0.0118	36	0.6925	0.0426	60	2.0568	0.0721	84	4.1157	0.1005
13	0.0657	0.0131	37	0.7351	0.0438	61	2.1289	0.0733	85	4.2162	0.1017
14	0.0788	0.0144	38	0.7790	0.0451	62	2.2022	0.0745	86	4.3178	0.1028
15	0.0931	0.0157	39	0.8241	0.0464	63	2.2767	0.0757	87	4.4206	0.1040
16	0.1088	0.0169	40	0.8704	0.0476	64	2.3524	0.0769	88	4.5246	0.1051
17	0.1258	0.0182	41	0.9180	0.0489	65	2.4293	0.0781	89	4.6297	0.1063
18	0.1440	0.0195	42	0.9669	0.0501	66	2.5074	0.0793	90	4.7360	0.1074
19	0.1635	0.0208	43	1.0170	0.0513	67	2.5867	0.0805	91	4.8435	0.1086
20	0.1844	0.0221	44	1.0683	0.0526	68	2.6672	0.0817	92	4.9521	0.1098
21	0.2065	0.0234	45	1.1209	0.0538	69	2.7489	0.0829	93	5.0618	0.1109
22	0.2299	0.0247	46	1.1747	0.0551	70	2.8318	0.0841	94	5.1727	0.1121
23	0.2546	0.0260	47	1.2297	0.0563	71	2.9158	0.0852	95	5.2848	0.1132
24	0.2806	0.0273	48	1.2860	0.0575	72	3.0010	0.0864	96	5.3980	0.1144
25	0.3079	0.0286	49	1.3435	0.0587	73	3.0875	0.0876	97	5.5124	0.1155
26	0.3365	0.0299	50	1.4023	0.0600	74	3.1751	0.0888	98	5.6279	0.1166
27	0.3663	0.0311	51	1.4623	0.0612	75	3.2638	0.0900	99	5.7445	0.1178
28	0.3975	0.0324	52	1.5235	0.0624	76	3.3538	0.0911	100	5.8623	0.1178

适用树种：人工红松；适用地区：松江河林业局；资料名称：吉林省一元立木材积表、材种出材率表、地径材积表；编表人或作者：吉林省林业厅；刊印或发表时间：2003。其他说明：吉林资 (2002) 627 号文件发布。

434. 松江河林业局人工樟子松一元立木材积表（围尺）

$$V = 0.00005228D_{轮}^{1.57561364}H^{1.36856283}$$

$$H = 33.203422 - 985.1254/(D_{轮} + 31)$$

$D_{轮} = -0.34995 + 0.97838D_{围}$；表中$D$为围尺径；$D \leqslant 100$cm

D	V	ΔV	D	V	ΔV	D	V	ΔV	D	V	ΔV
5	0.0058	0.0036	29	0.4632	0.0368	53	1.7080	0.0673	77	3.6242	0.0928
6	0.0094	0.0047	30	0.5000	0.0382	54	1.7752	0.0684	78	3.7170	0.0938
7	0.0141	0.0059	31	0.5381	0.0396	55	1.8436	0.0696	79	3.8108	0.0948
8	0.0200	0.0071	32	0.5777	0.0409	56	1.9132	0.0707	80	3.9055	0.0957
9	0.0271	0.0084	33	0.6186	0.0423	57	1.9839	0.0718	81	4.0012	0.0967
10	0.0354	0.0097	34	0.6609	0.0436	58	2.0557	0.0729	82	4.0979	0.0976
11	0.0451	0.0110	35	0.7045	0.0450	59	2.1286	0.0740	83	4.1956	0.0986
12	0.0562	0.0124	36	0.7494	0.0463	60	2.2027	0.0751	84	4.2942	0.0995
13	0.0686	0.0138	37	0.7957	0.0476	61	2.2778	0.0762	85	4.3937	0.1005
14	0.0824	0.0153	38	0.8433	0.0489	62	2.3541	0.0773	86	4.4942	0.1014
15	0.0977	0.0167	39	0.8922	0.0502	63	2.4314	0.0784	87	4.5956	0.1024
16	0.1144	0.0182	40	0.9424	0.0515	64	2.5098	0.0795	88	4.6980	0.1033
17	0.1326	0.0196	41	0.9939	0.0527	65	2.5893	0.0805	89	4.8012	0.1042
18	0.1522	0.0211	42	1.0466	0.0540	66	2.6699	0.0816	90	4.9054	0.1051
19	0.1732	0.0225	43	1.1006	0.0553	67	2.7515	0.0827	91	5.0106	0.1060
20	0.1957	0.0240	44	1.1559	0.0565	68	2.8341	0.0837	92	5.1166	0.1069
21	0.2197	0.0254	45	1.2124	0.0577	69	2.9178	0.0847	93	5.2235	0.1078
22	0.2451	0.0269	46	1.2701	0.0590	70	3.0025	0.0858	94	5.3314	0.1087
23	0.2720	0.0283	47	1.3290	0.0602	71	3.0883	0.0868	95	5.4401	0.1096
24	0.3003	0.0297	48	1.3892	0.0614	72	3.1751	0.0878	96	5.5497	0.1105
25	0.3300	0.0312	49	1.4506	0.0626	73	3.2629	0.0888	97	5.6602	0.1114
26	0.3612	0.0326	50	1.5132	0.0638	74	3.3517	0.0898	98	5.7716	0.1123
27	0.3938	0.0340	51	1.5769	0.0649	75	3.4415	0.0908	99	5.8839	0.1132
28	0.4278	0.0354	52	1.6419	0.0661	76	3.5324	0.0918	100	5.9971	0.1132

适用树种：人工樟子松；适用地区：松江河林业局；资料名称：吉林省一元立木材积表、材种出材率表、地径材积表；编表人或作者：吉林省林业厅；刊印或发表时间：2003。其他说明：吉林资 (2002) 627 号文件发布。

435. 松江河林业局人工落叶松一元立木材积表（围尺）

$$V = 0.00008472 D_{轮}^{1.97420228} H^{0.74561762}$$

$$H = 35.990753 - 676.806179/(D_{轮} + 18)$$

$D_{轮} = -0.2506 + 0.9809 D_{围}$；表中$D$为围尺径；$D \leqslant 100\text{cm}$

D	V	ΔV	D	V	ΔV	D	V	ΔV	D	V	ΔV
5	0.0068	0.0046	29	0.6053	0.0492	53	2.3439	0.0978	77	5.2521	0.1465
6	0.0114	0.0060	30	0.6545	0.0512	54	2.4418	0.0999	78	5.3986	0.1485
7	0.0174	0.0075	31	0.7057	0.0532	55	2.5416	0.1019	79	5.5472	0.1506
8	0.0250	0.0091	32	0.7589	0.0552	56	2.6435	0.1039	80	5.6977	0.1526
9	0.0341	0.0108	33	0.8141	0.0572	57	2.7474	0.1060	81	5.8503	0.1546
10	0.0449	0.0125	34	0.8713	0.0592	58	2.8534	0.1080	82	6.0049	0.1566
11	0.0574	0.0143	35	0.9305	0.0613	59	2.9614	0.1100	83	6.1616	0.1587
12	0.0717	0.0161	36	0.9918	0.0633	60	3.0714	0.1120	84	6.3202	0.1607
13	0.0878	0.0179	37	1.0551	0.0653	61	3.1834	0.1141	85	6.4809	0.1627
14	0.1057	0.0198	38	1.1204	0.0674	62	3.2975	0.1161	86	6.6436	0.1647
15	0.1255	0.0216	39	1.1878	0.0694	63	3.4136	0.1181	87	6.8083	0.1667
16	0.1471	0.0235	40	1.2572	0.0714	64	3.5318	0.1202	88	6.9750	0.1688
17	0.1706	0.0254	41	1.3286	0.0734	65	3.6519	0.1222	89	7.1438	0.1708
18	0.1961	0.0274	42	1.4020	0.0755	66	3.7741	0.1242	90	7.3146	0.1728
19	0.2234	0.0293	43	1.4775	0.0775	67	3.8983	0.1263	91	7.4874	0.1748
20	0.2527	0.0313	44	1.5550	0.0795	68	4.0246	0.1283	92	7.6622	0.1768
21	0.2840	0.0332	45	1.6345	0.0816	69	4.1529	0.1303	93	7.8390	0.1788
22	0.3172	0.0352	46	1.7161	0.0836	70	4.2832	0.1323	94	8.0178	0.1809
23	0.3524	0.0372	47	1.7997	0.0856	71	4.4155	0.1344	95	8.1987	0.1829
24	0.3896	0.0392	48	1.8853	0.0877	72	4.5499	0.1364	96	8.3816	0.1849
25	0.4288	0.0411	49	1.9730	0.0897	73	4.6863	0.1384	97	8.5665	0.1869
26	0.4699	0.0431	50	2.0627	0.0917	74	4.8247	0.1404	98	8.7534	0.1889
27	0.5130	0.0451	51	2.1544	0.0938	75	4.9651	0.1425	99	8.9423	0.1909
28	0.5582	0.0472	52	2.2481	0.0958	76	5.1076	0.1445	100	9.1333	0.1909

适用树种：人工落叶松；适用地区：松江河林业局；资料名称：吉林省一元立木材积表、材种出材率表、地径材积表；编表人或作者：吉林省林业厅；刊印或发表时间：2003。其他说明：吉林资 (2002) 627 号文件发布。

436. 松江河林业局人工杨树一元立木材积表（围尺）

$$V = 0.0000717D_{轮}^{1.69135017}H^{1.08071211}$$

$$H = 30.633299 - 547.989609/(D_{轮} + 16)$$

$D_{轮} = -0.62168 + 0.98712D_{围}$；表中$D$为围尺径；$D \leqslant 100$cm

D	V	ΔV	D	V	ΔV	D	V	ΔV	D	V	ΔV
5	0.0035	0.0033	29	0.4619	0.0358	53	1.6432	0.0629	77	3.4244	0.0860
6	0.0067	0.0045	30	0.4977	0.0371	54	1.7061	0.0639	78	3.5104	0.0869
7	0.0112	0.0058	31	0.5348	0.0383	55	1.7700	0.0649	79	3.5974	0.0878
8	0.0171	0.0072	32	0.5731	0.0395	56	1.8349	0.0659	80	3.6852	0.0887
9	0.0243	0.0086	33	0.6126	0.0407	57	1.9009	0.0670	81	3.7739	0.0896
10	0.0329	0.0100	34	0.6534	0.0419	58	1.9678	0.0680	82	3.8635	0.0905
11	0.0429	0.0115	35	0.6953	0.0431	59	2.0358	0.0690	83	3.9540	0.0914
12	0.0544	0.0129	36	0.7384	0.0443	60	2.1048	0.0699	84	4.0454	0.0923
13	0.0673	0.0143	37	0.7826	0.0454	61	2.1747	0.0709	85	4.1377	0.0932
14	0.0816	0.0158	38	0.8281	0.0466	62	2.2456	0.0719	86	4.2309	0.0940
15	0.0973	0.0172	39	0.8747	0.0477	63	2.3175	0.0729	87	4.3249	0.0949
16	0.1145	0.0186	40	0.9224	0.0489	64	2.3904	0.0739	88	4.4198	0.0958
17	0.1331	0.0200	41	0.9713	0.0500	65	2.4643	0.0748	89	4.5156	0.0966
18	0.1531	0.0214	42	1.0213	0.0511	66	2.5391	0.0758	90	4.6122	0.0975
19	0.1745	0.0228	43	1.0724	0.0522	67	2.6149	0.0767	91	4.7097	0.0984
20	0.1972	0.0241	44	1.1246	0.0533	68	2.6916	0.0777	92	4.8081	0.0992
21	0.2213	0.0255	45	1.1779	0.0544	69	2.7693	0.0786	93	4.9073	0.1001
22	0.2468	0.0268	46	1.2323	0.0555	70	2.8479	0.0796	94	5.0074	0.1009
23	0.2736	0.0281	47	1.2878	0.0566	71	2.9275	0.0805	95	5.1083	0.1018
24	0.3018	0.0295	48	1.3444	0.0576	72	3.0080	0.0814	96	5.2100	0.1026
25	0.3312	0.0308	49	1.4021	0.0587	73	3.0894	0.0824	97	5.3126	0.1034
26	0.3620	0.0320	50	1.4608	0.0598	74	3.1718	0.0833	98	5.4161	0.1043
27	0.3940	0.0333	51	1.5205	0.0608	75	3.2551	0.0842	99	5.5204	0.1051
28	0.4273	0.0346	52	1.5813	0.0619	76	3.3393	0.0851	100	5.6255	0.1051

适用树种：人工杨树；适用地区：松江河林业局；资料名称：吉林省一元立木材积表、材种出材率表、地径材积表；编表人或作者：吉林省林业厅；刊印或发表时间：2003。其他说明：吉林资 (2002) 627 号文件发布。

437. 泉阳林业局针叶树一元立木材积表（围尺）

$$V = 0.0000578596D_{轮}^{1.8892}H^{0.98755}$$

$$H = 47.8253 - 2208.2375/(D_{轮} + 47)$$

$D_{轮} = -0.1349 + 0.9756D_{围}$；表中$D$为围尺径；$D \leqslant$100cm

D	V	ΔV	D	V	ΔV	D	V	ΔV	D	V	ΔV
5	0.0055	0.0035	29	0.5637	0.0496	53	2.4277	0.1089	77	5.7457	0.1701
6	0.0091	0.0047	30	0.6133	0.0519	54	2.5367	0.1115	78	5.9158	0.1727
7	0.0137	0.0059	31	0.6652	0.0543	55	2.6481	0.1140	79	6.0885	0.1752
8	0.0197	0.0073	32	0.7195	0.0567	56	2.7622	0.1166	80	6.2638	0.1778
9	0.0270	0.0088	33	0.7762	0.0591	57	2.8787	0.1191	81	6.4415	0.1803
10	0.0358	0.0103	34	0.8353	0.0615	58	2.9978	0.1217	82	6.6219	0.1829
11	0.0461	0.0120	35	0.8969	0.0640	59	3.1195	0.1242	83	6.8047	0.1854
12	0.0581	0.0137	36	0.9608	0.0664	60	3.2437	0.1268	84	6.9901	0.1880
13	0.0718	0.0155	37	1.0272	0.0688	61	3.3705	0.1293	85	7.1781	0.1905
14	0.0872	0.0173	38	1.0961	0.0713	62	3.4998	0.1319	86	7.3686	0.1930
15	0.1045	0.0192	39	1.1674	0.0738	63	3.6316	0.1344	87	7.5616	0.1956
16	0.1237	0.0211	40	1.2411	0.0762	64	3.7661	0.1370	88	7.7572	0.1981
17	0.1448	0.0231	41	1.3174	0.0787	65	3.9030	0.1395	89	7.9553	0.2006
18	0.1679	0.0251	42	1.3961	0.0812	66	4.0425	0.1421	90	8.1559	0.2032
19	0.1930	0.0272	43	1.4773	0.0837	67	4.1846	0.1446	91	8.3591	0.2057
20	0.2203	0.0293	44	1.5611	0.0862	68	4.3292	0.1472	92	8.5648	0.2082
21	0.2496	0.0315	45	1.6473	0.0887	69	4.4764	0.1497	93	8.7731	0.2108
22	0.2810	0.0336	46	1.7360	0.0912	70	4.6261	0.1523	94	8.9838	0.2133
23	0.3147	0.0358	47	1.8273	0.0938	71	4.7784	0.1548	95	9.1971	0.2158
24	0.3505	0.0381	48	1.9210	0.0963	72	4.9333	0.1574	96	9.4130	0.2184
25	0.3886	0.0403	49	2.0173	0.0988	73	5.0907	0.1599	97	9.6313	0.2209
26	0.4289	0.0426	50	2.1161	0.1013	74	5.2506	0.1625	98	9.8522	0.2234
27	0.4715	0.0449	51	2.2174	0.1039	75	5.4131	0.1650	99	10.0756	0.2259
28	0.5164	0.0472	52	2.3213	0.1064	76	5.5781	0.1676	100	10.3015	0.2259

适用树种：针叶树；适用地区：泉阳林业局；资料名称：吉林省一元立木材积表、材种出材率表、地径材积表；编表人或作者：吉林省林业厅；刊印或发表时间：2003。其他说明：吉林资 (2002) 627 号文件发布。

438. 泉阳林业局一类阔叶一元立木材积表（围尺）

$$V = 0.000053309D_{轮}^{1.88452}H^{0.99834}$$
$$H = 30.0937 - 485.4777/(D_{轮} + 16)$$
$$D_{轮} = -0.1659 + 0.9734D_{围}$$；表中D为围尺径；$D \leqslant 100\text{cm}$

D	V	ΔV	D	V	ΔV	D	V	ΔV	D	V	ΔV
5	0.0065	0.0042	29	0.5422	0.0432	53	2.0370	0.0827	77	4.4591	0.1205
6	0.0108	0.0056	30	0.5854	0.0449	54	2.1197	0.0843	78	4.5796	0.1220
7	0.0163	0.0069	31	0.6303	0.0466	55	2.2040	0.0859	79	4.7016	0.1235
8	0.0233	0.0084	32	0.6769	0.0482	56	2.2899	0.0875	80	4.8251	0.1251
9	0.0317	0.0099	33	0.7251	0.0499	57	2.3774	0.0891	81	4.9502	0.1266
10	0.0416	0.0115	34	0.7750	0.0516	58	2.4665	0.0907	82	5.0768	0.1281
11	0.0530	0.0130	35	0.8266	0.0532	59	2.5572	0.0923	83	5.2049	0.1297
12	0.0661	0.0146	36	0.8798	0.0549	60	2.6495	0.0939	84	5.3346	0.1312
13	0.0807	0.0163	37	0.9347	0.0566	61	2.7434	0.0955	85	5.4658	0.1327
14	0.0970	0.0179	38	0.9913	0.0582	62	2.8388	0.0970	86	5.5986	0.1343
15	0.1149	0.0196	39	1.0495	0.0599	63	2.9359	0.0986	87	5.7328	0.1358
16	0.1345	0.0212	40	1.1094	0.0615	64	3.0345	0.1002	88	5.8686	0.1373
17	0.1557	0.0229	41	1.1710	0.0632	65	3.1347	0.1018	89	6.0059	0.1388
18	0.1786	0.0246	42	1.2341	0.0648	66	3.2365	0.1033	90	6.1447	0.1403
19	0.2032	0.0263	43	1.2990	0.0665	67	3.3398	0.1049	91	6.2850	0.1418
20	0.2295	0.0280	44	1.3654	0.0681	68	3.4447	0.1065	92	6.4269	0.1434
21	0.2575	0.0297	45	1.4335	0.0697	69	3.5512	0.1080	93	6.5702	0.1449
22	0.2872	0.0314	46	1.5033	0.0714	70	3.6592	0.1096	94	6.7151	0.1464
23	0.3185	0.0331	47	1.5747	0.0730	71	3.7688	0.1112	95	6.8615	0.1479
24	0.3516	0.0347	48	1.6477	0.0746	72	3.8800	0.1127	96	7.0094	0.1494
25	0.3863	0.0364	49	1.7223	0.0762	73	3.9927	0.1143	97	7.1588	0.1509
26	0.4228	0.0381	50	1.7985	0.0779	74	4.1070	0.1158	98	7.3097	0.1524
27	0.4609	0.0398	51	1.8764	0.0795	75	4.2228	0.1174	99	7.4621	0.1539
28	0.5007	0.0415	52	1.9559	0.0811	76	4.3402	0.1189	100	7.6159	0.1539

适用树种：一类阔叶；适用地区：泉阳林业局；资料名称：吉林省一元立木材积表、材种出材率表、地径材积表；编表人或作者：吉林省林业厅；刊印或发表时间：2003。其他说明：吉林资 (2002) 627 号文件发布。

439. 泉阳林业局二类阔叶一元立木材积表（围尺）

$$V = 0.000048841 D_{轮}^{1.84048} H^{1.05252}$$

$$H = 25.2509 - 403.9724/(D_{轮} + 16)$$

$$D_{轮} = -0.1979 + 0.9728 D_{围}；表中D为围尺径；D \leqslant 100\text{cm}$$

D	V	ΔV	D	V	ΔV	D	V	ΔV	D	V	ΔV
5	0.0052	0.0034	29	0.4188	0.0330	53	1.5458	0.0618	77	3.3412	0.0887
6	0.0086	0.0044	30	0.4518	0.0342	54	1.6075	0.0629	78	3.4299	0.0898
7	0.0130	0.0055	31	0.4860	0.0354	55	1.6705	0.0641	79	3.5197	0.0909
8	0.0184	0.0066	32	0.5215	0.0367	56	1.7346	0.0652	80	3.6106	0.0920
9	0.0251	0.0078	33	0.5581	0.0379	57	1.7998	0.0664	81	3.7025	0.0930
10	0.0328	0.0090	34	0.5961	0.0392	58	1.8662	0.0675	82	3.7956	0.0941
11	0.0418	0.0102	35	0.6352	0.0404	59	1.9337	0.0687	83	3.8897	0.0952
12	0.0520	0.0114	36	0.6756	0.0416	60	2.0024	0.0698	84	3.9849	0.0963
13	0.0635	0.0127	37	0.7172	0.0428	61	2.0722	0.0709	85	4.0812	0.0973
14	0.0762	0.0139	38	0.7600	0.0440	62	2.1431	0.0721	86	4.1785	0.0984
15	0.0901	0.0152	39	0.8040	0.0452	63	2.2152	0.0732	87	4.2769	0.0995
16	0.1053	0.0165	40	0.8493	0.0464	64	2.2884	0.0743	88	4.3764	0.1006
17	0.1218	0.0178	41	0.8957	0.0476	65	2.3627	0.0754	89	4.4770	0.1016
18	0.1396	0.0190	42	0.9434	0.0488	66	2.4381	0.0766	90	4.5786	0.1027
19	0.1586	0.0203	43	0.9922	0.0500	67	2.5147	0.0777	91	4.6813	0.1037
20	0.1789	0.0216	44	1.0423	0.0512	68	2.5924	0.0788	92	4.7850	0.1048
21	0.2005	0.0229	45	1.0935	0.0524	69	2.6711	0.0799	93	4.8898	0.1059
22	0.2233	0.0241	46	1.1459	0.0536	70	2.7510	0.0810	94	4.9957	0.1069
23	0.2475	0.0254	47	1.1995	0.0548	71	2.8320	0.0821	95	5.1026	0.1080
24	0.2729	0.0267	48	1.2543	0.0560	72	2.9142	0.0832	96	5.2105	0.1090
25	0.2996	0.0279	49	1.3102	0.0571	73	2.9974	0.0843	97	5.3196	0.1101
26	0.3275	0.0292	50	1.3674	0.0583	74	3.0817	0.0854	98	5.4296	0.1111
27	0.3567	0.0305	51	1.4257	0.0595	75	3.1671	0.0865	99	5.5407	0.1122
28	0.3871	0.0317	52	1.4851	0.0606	76	3.2536	0.0876	100	5.6529	0.1122

适用树种：二类阔叶；适用地区：泉阳林业局；资料名称：吉林省一元立木材积表、材种出材率表、地径材积表；编表人或作者：吉林省林业厅；刊印或发表时间：2003。其他说明：吉林资 (2002) 627 号文件发布。

440. 泉阳林业局柞树一元立木材积表（围尺）

$$V = 0.000061125534 D_{轮}^{1.8810091} H^{0.94462565}$$

$$H = 26.3407 - 397.6289/(D_{轮} + 15)$$

$D_{轮} = -0.1791 + 0.9737 D_{围}$；表中$D$为围尺径；$D \leqslant 100$cm

D	V	ΔV	D	V	ΔV	D	V	ΔV	D	V	ΔV
5	0.0062	0.0039	29	0.4730	0.0370	53	1.7426	0.0698	77	3.7797	0.1010
6	0.0102	0.0051	30	0.5101	0.0384	54	1.8124	0.0711	78	3.8807	0.1023
7	0.0153	0.0063	31	0.5485	0.0398	55	1.8835	0.0725	79	3.9830	0.1036
8	0.0216	0.0076	32	0.5884	0.0412	56	1.9560	0.0738	80	4.0865	0.1048
9	0.0292	0.0089	33	0.6296	0.0426	57	2.0298	0.0751	81	4.1914	0.1061
10	0.0381	0.0103	34	0.6722	0.0440	58	2.1049	0.0764	82	4.2975	0.1074
11	0.0484	0.0116	35	0.7162	0.0454	59	2.1814	0.0777	83	4.4048	0.1086
12	0.0600	0.0130	36	0.7616	0.0468	60	2.2591	0.0791	84	4.5134	0.1099
13	0.0730	0.0144	37	0.8084	0.0482	61	2.3382	0.0804	85	4.6233	0.1111
14	0.0873	0.0158	38	0.8566	0.0495	62	2.4185	0.0817	86	4.7344	0.1124
15	0.1031	0.0172	39	0.9061	0.0509	63	2.5002	0.0830	87	4.8468	0.1136
16	0.1203	0.0186	40	0.9571	0.0523	64	2.5832	0.0843	88	4.9605	0.1149
17	0.1389	0.0200	41	1.0094	0.0537	65	2.6675	0.0856	89	5.0754	0.1162
18	0.1590	0.0214	42	1.0630	0.0550	66	2.7531	0.0869	90	5.1915	0.1174
19	0.1804	0.0229	43	1.1180	0.0564	67	2.8400	0.0882	91	5.3090	0.1187
20	0.2033	0.0243	44	1.1744	0.0577	68	2.9281	0.0895	92	5.4276	0.1199
21	0.2276	0.0257	45	1.2321	0.0591	69	3.0176	0.0908	93	5.5475	0.1211
22	0.2533	0.0271	46	1.2912	0.0604	70	3.1084	0.0921	94	5.6686	0.1224
23	0.2804	0.0286	47	1.3517	0.0618	71	3.2004	0.0933	95	5.7910	0.1236
24	0.3090	0.0300	48	1.4135	0.0631	72	3.2938	0.0946	96	5.9147	0.1249
25	0.3390	0.0314	49	1.4766	0.0645	73	3.3884	0.0959	97	6.0395	0.1261
26	0.3704	0.0328	50	1.5411	0.0658	74	3.4843	0.0972	98	6.1656	0.1273
27	0.4032	0.0342	51	1.6069	0.0672	75	3.5815	0.0985	99	6.2930	0.1286
28	0.4374	0.0356	52	1.6741	0.0685	76	3.6799	0.0997	100	6.4216	0.1286

适用树种：柞树（栎树）；适用地区：泉阳林业局；资料名称：吉林省一元立木材积表、材种出材率表、地径材积表；编表人或作者：吉林省林业厅；刊印或发表时间：2003。其他说明：吉林资 (2002) 627 号文件发布。

441. 泉阳林业局人工红松一元立木材积表（围尺）

$$V = 0.00007616D_{轮}^{1.89948264}H^{0.86116962}$$

$$H = 22.091945 - 312.745526/(D_{轮} + 14)$$

$D_{轮} = -0.49805 + 0.98158D_{围}$；表中$D$为围尺径；$D \leqslant 100\text{cm}$

D	V	ΔV	D	V	ΔV	D	V	ΔV	D	V	ΔV
5	0.0052	0.0035	29	0.4299	0.0337	53	1.5859	0.0636	77	3.4449	0.0923
6	0.0087	0.0046	30	0.4636	0.0350	54	1.6495	0.0648	78	3.5372	0.0935
7	0.0133	0.0057	31	0.4986	0.0363	55	1.7143	0.0661	79	3.6307	0.0947
8	0.0190	0.0069	32	0.5348	0.0375	56	1.7804	0.0673	80	3.7254	0.0958
9	0.0259	0.0081	33	0.5724	0.0388	57	1.8477	0.0685	81	3.8212	0.0970
10	0.0340	0.0093	34	0.6112	0.0401	58	1.9162	0.0697	82	3.9182	0.0982
11	0.0433	0.0106	35	0.6512	0.0413	59	1.9859	0.0709	83	4.0164	0.0993
12	0.0539	0.0118	36	0.6925	0.0426	60	2.0568	0.0721	84	4.1157	0.1005
13	0.0657	0.0131	37	0.7351	0.0438	61	2.1289	0.0733	85	4.2162	0.1017
14	0.0788	0.0144	38	0.7790	0.0451	62	2.2022	0.0745	86	4.3178	0.1028
15	0.0931	0.0157	39	0.8241	0.0464	63	2.2767	0.0757	87	4.4206	0.1040
16	0.1088	0.0169	40	0.8704	0.0476	64	2.3524	0.0769	88	4.5246	0.1051
17	0.1258	0.0182	41	0.9180	0.0489	65	2.4293	0.0781	89	4.6297	0.1063
18	0.1440	0.0195	42	0.9669	0.0501	66	2.5074	0.0793	90	4.7360	0.1074
19	0.1635	0.0208	43	1.0170	0.0513	67	2.5867	0.0805	91	4.8435	0.1086
20	0.1844	0.0221	44	1.0683	0.0526	68	2.6672	0.0817	92	4.9521	0.1098
21	0.2065	0.0234	45	1.1209	0.0538	69	2.7489	0.0829	93	5.0618	0.1109
22	0.2299	0.0247	46	1.1747	0.0551	70	2.8318	0.0841	94	5.1727	0.1121
23	0.2546	0.0260	47	1.2297	0.0563	71	2.9158	0.0852	95	5.2848	0.1132
24	0.2806	0.0273	48	1.2860	0.0575	72	3.0010	0.0864	96	5.3980	0.1144
25	0.3079	0.0286	49	1.3435	0.0587	73	3.0875	0.0876	97	5.5124	0.1155
26	0.3365	0.0299	50	1.4023	0.0600	74	3.1751	0.0888	98	5.6279	0.1166
27	0.3663	0.0311	51	1.4623	0.0612	75	3.2638	0.0900	99	5.7445	0.1178
28	0.3975	0.0324	52	1.5235	0.0624	76	3.3538	0.0911	100	5.8623	0.1178

适用树种：人工红松；适用地区：泉阳林业局；资料名称：吉林省一元立木材积表、材种出材率表、地径材积表；编表人或作者：吉林省林业厅；刊印或发表时间：2003。其他说明：吉林资 (2002) 627 号文件发布。

442. 泉阳林业局人工樟子松一元立木材积表（围尺）

$$V = 0.00005228D_{轮}^{1.57561364}H^{1.36856283}$$

$$H = 33.203422 - 985.1254/(D_{轮} + 31)^{[注]}$$

$D_{轮} = -0.34995 + 0.97838D_{围}$；表中$D$为围尺径；$D \leqslant 100$cm

D	V	ΔV	D	V	ΔV	D	V	ΔV	D	V	ΔV
5	0.0058	0.0036	29	0.4632	0.0368	53	1.7080	0.0673	77	3.6242	0.0928
6	0.0094	0.0047	30	0.5000	0.0382	54	1.7752	0.0684	78	3.7170	0.0938
7	0.0141	0.0059	31	0.5381	0.0396	55	1.8436	0.0696	79	3.8108	0.0948
8	0.0200	0.0071	32	0.5777	0.0409	56	1.9132	0.0707	80	3.9055	0.0957
9	0.0271	0.0084	33	0.6186	0.0423	57	1.9839	0.0718	81	4.0012	0.0967
10	0.0354	0.0097	34	0.6609	0.0436	58	2.0557	0.0729	82	4.0979	0.0976
11	0.0451	0.0110	35	0.7045	0.0450	59	2.1286	0.0740	83	4.1956	0.0986
12	0.0562	0.0124	36	0.7494	0.0463	60	2.2027	0.0751	84	4.2942	0.0995
13	0.0686	0.0138	37	0.7957	0.0476	61	2.2778	0.0762	85	4.3937	0.1005
14	0.0824	0.0153	38	0.8433	0.0489	62	2.3541	0.0773	86	4.4942	0.1014
15	0.0977	0.0167	39	0.8922	0.0502	63	2.4314	0.0784	87	4.5956	0.1024
16	0.1144	0.0182	40	0.9424	0.0515	64	2.5098	0.0795	88	4.6980	0.1033
17	0.1326	0.0196	41	0.9939	0.0527	65	2.5893	0.0805	89	4.8012	0.1042
18	0.1522	0.0211	42	1.0466	0.0540	66	2.6699	0.0816	90	4.9054	0.1051
19	0.1732	0.0225	43	1.1006	0.0553	67	2.7515	0.0827	91	5.0106	0.1060
20	0.1957	0.0240	44	1.1559	0.0565	68	2.8341	0.0837	92	5.1166	0.1069
21	0.2197	0.0254	45	1.2124	0.0577	69	2.9178	0.0847	93	5.2235	0.1078
22	0.2451	0.0269	46	1.2701	0.0590	70	3.0025	0.0858	94	5.3314	0.1087
23	0.2720	0.0283	47	1.3290	0.0602	71	3.0883	0.0868	95	5.4401	0.1096
24	0.3003	0.0297	48	1.3892	0.0614	72	3.1751	0.0878	96	5.5497	0.1105
25	0.3300	0.0312	49	1.4506	0.0626	73	3.2629	0.0888	97	5.6602	0.1114
26	0.3612	0.0326	50	1.5132	0.0638	74	3.3517	0.0898	98	5.7716	0.1123
27	0.3938	0.0340	51	1.5769	0.0649	75	3.4415	0.0908	99	5.8839	0.1132
28	0.4278	0.0354	52	1.6419	0.0661	76	3.5324	0.0918	100	5.9971	0.1132

适用树种：人工樟子松；适用地区：泉阳林业局；资料名称：吉林省一元立木材积表、材种出材率表、地径材积表；编表人或作者：吉林省林业厅；刊印或发表时间：2003。其他说明：吉林资 (2002) 627 号文件发布。

注：原资料树高方程参数印刷有误，本书已纠正。

443. 泉阳林业局人工落叶松一元立木材积表（围尺）

$$V = 0.00008472 D_{轮}^{1.97420228} H^{0.74561762}$$

$$H = 35.990753 - 676.806179/(D_{轮} + 18)$$

$D_{轮} = -0.2506 + 0.9809 D_{围}$；表中$D$为围尺径；$D \leqslant 100\text{cm}$

D	V	ΔV	D	V	ΔV	D	V	ΔV	D	V	ΔV
5	0.0068	0.0046	29	0.6053	0.0492	53	2.3439	0.0978	77	5.2521	0.1465
6	0.0114	0.0060	30	0.6545	0.0512	54	2.4418	0.0999	78	5.3986	0.1485
7	0.0174	0.0075	31	0.7057	0.0532	55	2.5416	0.1019	79	5.5472	0.1506
8	0.0250	0.0091	32	0.7589	0.0552	56	2.6435	0.1039	80	5.6977	0.1526
9	0.0341	0.0108	33	0.8141	0.0572	57	2.7474	0.1060	81	5.8503	0.1546
10	0.0449	0.0125	34	0.8713	0.0592	58	2.8534	0.1080	82	6.0049	0.1566
11	0.0574	0.0143	35	0.9305	0.0613	59	2.9614	0.1100	83	6.1616	0.1587
12	0.0717	0.0161	36	0.9918	0.0633	60	3.0714	0.1120	84	6.3202	0.1607
13	0.0878	0.0179	37	1.0551	0.0653	61	3.1834	0.1141	85	6.4809	0.1627
14	0.1057	0.0198	38	1.1204	0.0674	62	3.2975	0.1161	86	6.6436	0.1647
15	0.1255	0.0216	39	1.1878	0.0694	63	3.4136	0.1181	87	6.8083	0.1667
16	0.1471	0.0235	40	1.2572	0.0714	64	3.5318	0.1202	88	6.9750	0.1688
17	0.1706	0.0254	41	1.3286	0.0734	65	3.6519	0.1222	89	7.1438	0.1708
18	0.1961	0.0274	42	1.4020	0.0755	66	3.7741	0.1242	90	7.3146	0.1728
19	0.2234	0.0293	43	1.4775	0.0775	67	3.8983	0.1263	91	7.4874	0.1748
20	0.2527	0.0313	44	1.5550	0.0795	68	4.0246	0.1283	92	7.6622	0.1768
21	0.2840	0.0332	45	1.6345	0.0816	69	4.1529	0.1303	93	7.8390	0.1788
22	0.3172	0.0352	46	1.7161	0.0836	70	4.2832	0.1323	94	8.0178	0.1809
23	0.3524	0.0372	47	1.7997	0.0856	71	4.4155	0.1344	95	8.1987	0.1829
24	0.3896	0.0392	48	1.8853	0.0877	72	4.5499	0.1364	96	8.3816	0.1849
25	0.4288	0.0411	49	1.9730	0.0897	73	4.6863	0.1384	97	8.5665	0.1869
26	0.4699	0.0431	50	2.0627	0.0917	74	4.8247	0.1404	98	8.7534	0.1889
27	0.5130	0.0451	51	2.1544	0.0938	75	4.9651	0.1425	99	8.9423	0.1909
28	0.5582	0.0472	52	2.2481	0.0958	76	5.1076	0.1445	100	9.1333	0.1909

适用树种：人工落叶松；适用地区：泉阳林业局；资料名称：吉林省一元立木材积表、材种出材率表、地径材积表；编表人或作者：吉林省林业厅；刊印或发表时间：2003。其他说明：吉林资 (2002) 627 号文件发布。

444. 泉阳林业局人工杨树一元立木材积表（围尺）

$$V = 0.0000717D_{轮}^{1.69135017}H^{1.08071211}$$
$$H = 30.633299 - 547.989609/(D_{轮} + 16)$$
$$D_{轮} = -0.62168 + 0.98712D_{围}；表中D为围尺径；D \leqslant 100\text{cm}$$

D	V	ΔV	D	V	ΔV	D	V	ΔV	D	V	ΔV
5	0.0035	0.0033	29	0.4619	0.0358	53	1.6432	0.0629	77	3.4244	0.0860
6	0.0067	0.0045	30	0.4977	0.0371	54	1.7061	0.0639	78	3.5104	0.0869
7	0.0112	0.0058	31	0.5348	0.0383	55	1.7700	0.0649	79	3.5974	0.0878
8	0.0171	0.0072	32	0.5731	0.0395	56	1.8349	0.0659	80	3.6852	0.0887
9	0.0243	0.0086	33	0.6126	0.0407	57	1.9009	0.0670	81	3.7739	0.0896
10	0.0329	0.0100	34	0.6534	0.0419	58	1.9678	0.0680	82	3.8635	0.0905
11	0.0429	0.0115	35	0.6953	0.0431	59	2.0358	0.0690	83	3.9540	0.0914
12	0.0544	0.0129	36	0.7384	0.0443	60	2.1048	0.0699	84	4.0454	0.0923
13	0.0673	0.0143	37	0.7826	0.0454	61	2.1747	0.0709	85	4.1377	0.0932
14	0.0816	0.0158	38	0.8281	0.0466	62	2.2456	0.0719	86	4.2309	0.0940
15	0.0973	0.0172	39	0.8747	0.0477	63	2.3175	0.0729	87	4.3249	0.0949
16	0.1145	0.0186	40	0.9224	0.0489	64	2.3904	0.0739	88	4.4198	0.0958
17	0.1331	0.0200	41	0.9713	0.0500	65	2.4643	0.0748	89	4.5156	0.0966
18	0.1531	0.0214	42	1.0213	0.0511	66	2.5391	0.0758	90	4.6122	0.0975
19	0.1745	0.0228	43	1.0724	0.0522	67	2.6149	0.0767	91	4.7097	0.0984
20	0.1972	0.0241	44	1.1246	0.0533	68	2.6916	0.0777	92	4.8081	0.0992
21	0.2213	0.0255	45	1.1779	0.0544	69	2.7693	0.0786	93	4.9073	0.1001
22	0.2468	0.0268	46	1.2323	0.0555	70	2.8479	0.0796	94	5.0074	0.1009
23	0.2736	0.0281	47	1.2878	0.0566	71	2.9275	0.0805	95	5.1083	0.1018
24	0.3018	0.0295	48	1.3444	0.0576	72	3.0080	0.0814	96	5.2100	0.1026
25	0.3312	0.0308	49	1.4021	0.0587	73	3.0894	0.0824	97	5.3126	0.1034
26	0.3620	0.0320	50	1.4608	0.0598	74	3.1718	0.0833	98	5.4161	0.1043
27	0.3940	0.0333	51	1.5205	0.0608	75	3.2551	0.0842	99	5.5204	0.1051
28	0.4273	0.0346	52	1.5813	0.0619	76	3.3393	0.0851	100	5.6255	0.1051

适用树种：人工杨树；适用地区：泉阳林业局；资料名称：吉林省一元立木材积表、材种出材率表、地径材积表；编表人或作者：吉林省林业厅；刊印或发表时间：2003。其他说明：吉林资 (2002) 627 号文件发布。

445. 珲春林业局针叶树一元立木材积表（围尺）

$$V = 0.0000578596 D_{轮}^{1.8892} H^{0.98755}$$

$$H = 45.9282 - 2116.0599/(D_{轮} + 47)$$

$D_{轮} = -0.1349 + 0.9756 D_{围}$；表中$D$为围尺径；$D \leqslant 100$cm

D	V	ΔV	D	V	ΔV	D	V	ΔV	D	V	ΔV
5	0.0054	0.0034	29	0.5434	0.0477	53	2.3370	0.1048	77	5.5277	0.1636
6	0.0088	0.0045	30	0.5912	0.0500	54	2.4418	0.1072	78	5.6913	0.1660
7	0.0134	0.0058	31	0.6412	0.0523	55	2.5490	0.1097	79	5.8574	0.1685
8	0.0191	0.0071	32	0.6935	0.0546	56	2.6587	0.1121	80	6.0259	0.1709
9	0.0262	0.0085	33	0.7481	0.0569	57	2.7708	0.1146	81	6.1968	0.1734
10	0.0347	0.0100	34	0.8050	0.0592	58	2.8853	0.1170	82	6.3702	0.1758
11	0.0447	0.0116	35	0.8642	0.0616	59	3.0023	0.1195	83	6.5460	0.1783
12	0.0563	0.0132	36	0.9257	0.0639	60	3.1218	0.1219	84	6.7242	0.1807
13	0.0695	0.0149	37	0.9896	0.0663	61	3.2437	0.1244	85	6.9050	0.1831
14	0.0844	0.0167	38	1.0559	0.0686	62	3.3681	0.1268	86	7.0881	0.1856
15	0.1011	0.0185	39	1.1245	0.0710	63	3.4949	0.1293	87	7.2737	0.1880
16	0.1196	0.0204	40	1.1955	0.0734	64	3.6241	0.1317	88	7.4617	0.1905
17	0.1399	0.0223	41	1.2688	0.0758	65	3.7559	0.1342	89	7.6522	0.1929
18	0.1622	0.0242	42	1.3446	0.0781	66	3.8900	0.1366	90	7.8451	0.1953
19	0.1864	0.0262	43	1.4227	0.0805	67	4.0266	0.1391	91	8.0404	0.1978
20	0.2127	0.0283	44	1.5033	0.0830	68	4.1657	0.1415	92	8.2382	0.2002
21	0.2409	0.0303	45	1.5862	0.0854	69	4.3072	0.1440	93	8.4384	0.2026
22	0.2712	0.0324	46	1.6716	0.0878	70	4.4512	0.1464	94	8.6410	0.2051
23	0.3036	0.0345	47	1.7594	0.0902	71	4.5977	0.1489	95	8.8461	0.2075
24	0.3382	0.0367	48	1.8496	0.0926	72	4.7465	0.1513	96	9.0536	0.2099
25	0.3748	0.0388	49	1.9422	0.0950	73	4.8979	0.1538	97	9.2635	0.2123
26	0.4137	0.0410	50	2.0372	0.0975	74	5.0517	0.1562	98	9.4758	0.2148
27	0.4547	0.0433	51	2.1347	0.0999	75	5.2079	0.1587	99	9.6906	0.2172
28	0.4980	0.0455	52	2.2346	0.1023	76	5.3666	0.1611	100	9.9078	0.2172

适用树种：针叶树；适用地区：珲春林业局；资料名称：吉林省一元立木材积表、材种出材率表、地径材积表；编表人或作者：吉林省林业厅；刊印或发表时间：2003。其他说明：吉林资 (2002) 627 号文件发布。

446. 珲春林业局一类阔叶一元立木材积表（围尺）

$$V = 0.000053309 D_{轮}^{1.88452} H^{0.99834}$$

$$H = 29.4425 - 471.2245/(D_{轮} + 15.7)$$

$D_{轮} = -0.1659 + 0.9734 D_{围}$；表中$D$为围尺径；$D \leqslant 100$cm

D	V	ΔV	D	V	ΔV	D	V	ΔV	D	V	ΔV
5	0.0062	0.0041	29	0.5309	0.0423	53	1.9951	0.0810	77	4.3671	0.1180
6	0.0104	0.0054	30	0.5732	0.0440	54	2.0761	0.0826	78	4.4850	0.1195
7	0.0158	0.0068	31	0.6171	0.0456	55	2.1587	0.0841	79	4.6045	0.1210
8	0.0225	0.0082	32	0.6628	0.0473	56	2.2428	0.0857	80	4.7255	0.1225
9	0.0307	0.0097	33	0.7100	0.0489	57	2.3285	0.0873	81	4.8479	0.1240
10	0.0404	0.0112	34	0.7589	0.0505	58	2.4158	0.0888	82	4.9719	0.1255
11	0.0516	0.0128	35	0.8095	0.0522	59	2.5046	0.0904	83	5.0974	0.1270
12	0.0644	0.0143	36	0.8616	0.0538	60	2.5950	0.0919	84	5.2244	0.1285
13	0.0787	0.0159	37	0.9154	0.0554	61	2.6870	0.0935	85	5.3528	0.1300
14	0.0946	0.0175	38	0.9708	0.0570	62	2.7804	0.0950	86	5.4828	0.1315
15	0.1122	0.0192	39	1.0279	0.0587	63	2.8755	0.0966	87	5.6142	0.1329
16	0.1313	0.0208	40	1.0866	0.0603	64	2.9721	0.0981	88	5.7472	0.1344
17	0.1522	0.0224	41	1.1468	0.0619	65	3.0702	0.0997	89	5.8816	0.1359
18	0.1746	0.0241	42	1.2087	0.0635	66	3.1698	0.1012	90	6.0175	0.1374
19	0.1987	0.0258	43	1.2722	0.0651	67	3.2711	0.1027	91	6.1549	0.1389
20	0.2245	0.0274	44	1.3374	0.0667	68	3.3738	0.1043	92	6.2938	0.1404
21	0.2519	0.0291	45	1.4041	0.0683	69	3.4781	0.1058	93	6.4341	0.1418
22	0.2809	0.0307	46	1.4724	0.0699	70	3.5839	0.1073	94	6.5760	0.1433
23	0.3117	0.0324	47	1.5423	0.0715	71	3.6912	0.1089	95	6.7193	0.1448
24	0.3440	0.0340	48	1.6138	0.0731	72	3.8000	0.1104	96	6.8641	0.1463
25	0.3781	0.0357	49	1.6869	0.0747	73	3.9104	0.1119	97	7.0103	0.1477
26	0.4138	0.0374	50	1.7616	0.0763	74	4.0223	0.1134	98	7.1581	0.1492
27	0.4512	0.0390	51	1.8379	0.0778	75	4.1357	0.1149	99	7.3072	0.1507
28	0.4902	0.0407	52	1.9157	0.0794	76	4.2507	0.1164	100	7.4579	0.1507

适用树种：一类阔叶；适用地区：珲春林业局；资料名称：吉林省一元立木材积表、材种出材率表、地径材积表；编表人或作者：吉林省林业厅；刊印或发表时间：2003。其他说明：吉林资 (2002) 627 号文件发布。

447. 珲春林业局二类阔叶一元立木材积表（围尺）

$$V = 0.000048841D_{轮}^{1.84048}H^{1.05252}$$

$$H = 24.5267 - 392.7061/(D_{轮} + 16)$$

$D_{轮} = -0.1979 + 0.9728D_{围}$；表中$D$为围尺径；$D \leqslant 100$cm

D	V	ΔV	D	V	ΔV	D	V	ΔV	D	V	ΔV
5	0.0050	0.0033	29	0.4060	0.0320	53	1.4987	0.0599	77	3.2398	0.0860
6	0.0083	0.0043	30	0.4380	0.0332	54	1.5586	0.0610	78	3.3259	0.0871
7	0.0125	0.0053	31	0.4711	0.0344	55	1.6197	0.0621	79	3.4129	0.0881
8	0.0178	0.0064	32	0.5055	0.0356	56	1.6818	0.0633	80	3.5011	0.0892
9	0.0243	0.0075	33	0.5411	0.0368	57	1.7451	0.0644	81	3.5902	0.0902
10	0.0318	0.0087	34	0.5778	0.0380	58	1.8095	0.0655	82	3.6804	0.0913
11	0.0405	0.0099	35	0.6158	0.0392	59	1.8749	0.0666	83	3.7717	0.0923
12	0.0504	0.0111	36	0.6550	0.0403	60	1.9415	0.0677	84	3.8640	0.0934
13	0.0615	0.0123	37	0.6953	0.0415	61	2.0092	0.0688	85	3.9574	0.0944
14	0.0738	0.0135	38	0.7368	0.0427	62	2.0780	0.0699	86	4.0518	0.0954
15	0.0873	0.0147	39	0.7795	0.0439	63	2.1479	0.0710	87	4.1472	0.0965
16	0.1020	0.0160	40	0.8234	0.0450	64	2.2189	0.0721	88	4.2437	0.0975
17	0.1180	0.0172	41	0.8684	0.0462	65	2.2909	0.0732	89	4.3412	0.0985
18	0.1352	0.0185	42	0.9146	0.0474	66	2.3641	0.0742	90	4.4398	0.0996
19	0.1537	0.0197	43	0.9620	0.0485	67	2.4383	0.0753	91	4.5393	0.1006
20	0.1734	0.0209	44	1.0105	0.0497	68	2.5136	0.0764	92	4.6400	0.1016
21	0.1943	0.0222	45	1.0602	0.0508	69	2.5900	0.0775	93	4.7416	0.1027
22	0.2165	0.0234	46	1.1110	0.0520	70	2.6675	0.0786	94	4.8442	0.1037
23	0.2399	0.0246	47	1.1630	0.0531	71	2.7461	0.0796	95	4.9479	0.1047
24	0.2645	0.0259	48	1.2161	0.0543	72	2.8257	0.0807	96	5.0526	0.1057
25	0.2904	0.0271	49	1.2704	0.0554	73	2.9064	0.0818	97	5.1584	0.1067
26	0.3174	0.0283	50	1.3258	0.0565	74	2.9882	0.0828	98	5.2651	0.1078
27	0.3457	0.0295	51	1.3823	0.0577	75	3.0710	0.0839	99	5.3729	0.1088
28	0.3753	0.0307	52	1.4399	0.0588	76	3.1549	0.0850	100	5.4816	0.1088

适用树种：二类阔叶；适用地区：珲春林业局；资料名称：吉林省一元立木材积表、材种出材率表、地径材积表；编表人或作者：吉林省林业厅；刊印或发表时间：2003。其他说明：吉林资 (2002) 627 号文件发布。

448. 珲春林业局柞树一元立木材积表（围尺）

$$V = 0.000061125534D_{轮}^{1.8810091}H^{0.94462565}$$

$$H = 23.4292 - 353.6657/(D_{轮} + 15)$$

$D_{轮} = -0.1791 + 0.9737D_{围}$；表中$D$为围尺径；$D \leqslant 100$cm

D	V	ΔV	D	V	ΔV	D	V	ΔV	D	V	ΔV
5	0.0056	0.0035	29	0.4235	0.0332	53	1.5601	0.0625	77	3.3838	0.0904
6	0.0091	0.0046	30	0.4567	0.0344	54	1.6226	0.0637	78	3.4742	0.0916
7	0.0137	0.0057	31	0.4911	0.0357	55	1.6863	0.0649	79	3.5658	0.0927
8	0.0193	0.0068	32	0.5267	0.0369	56	1.7511	0.0661	80	3.6585	0.0938
9	0.0261	0.0080	33	0.5637	0.0382	57	1.8172	0.0672	81	3.7524	0.0950
10	0.0341	0.0092	34	0.6018	0.0394	58	1.8845	0.0684	82	3.8473	0.0961
11	0.0433	0.0104	35	0.6412	0.0406	59	1.9529	0.0696	83	3.9435	0.0972
12	0.0537	0.0116	36	0.6819	0.0419	60	2.0225	0.0708	84	4.0407	0.0984
13	0.0653	0.0129	37	0.7238	0.0431	61	2.0933	0.0720	85	4.1391	0.0995
14	0.0782	0.0141	38	0.7669	0.0444	62	2.1652	0.0731	86	4.2386	0.1006
15	0.0923	0.0154	39	0.8112	0.0456	63	2.2384	0.0743	87	4.3392	0.1017
16	0.1077	0.0167	40	0.8568	0.0468	64	2.3126	0.0755	88	4.4409	0.1029
17	0.1244	0.0179	41	0.9036	0.0480	65	2.3881	0.0766	89	4.5438	0.1040
18	0.1423	0.0192	42	0.9517	0.0493	66	2.4647	0.0778	90	4.6478	0.1051
19	0.1615	0.0205	43	1.0009	0.0505	67	2.5425	0.0789	91	4.7529	0.1062
20	0.1820	0.0218	44	1.0514	0.0517	68	2.6215	0.0801	92	4.8591	0.1073
21	0.2038	0.0230	45	1.1031	0.0529	69	2.7016	0.0813	93	4.9665	0.1085
22	0.2268	0.0243	46	1.1560	0.0541	70	2.7828	0.0824	94	5.0749	0.1096
23	0.2511	0.0256	47	1.2101	0.0553	71	2.8652	0.0836	95	5.1845	0.1107
24	0.2766	0.0268	48	1.2654	0.0565	72	2.9488	0.0847	96	5.2952	0.1118
25	0.3035	0.0281	49	1.3220	0.0577	73	3.0335	0.0859	97	5.4070	0.1129
26	0.3316	0.0294	50	1.3797	0.0589	74	3.1194	0.0870	98	5.5199	0.1140
27	0.3610	0.0306	51	1.4386	0.0601	75	3.2064	0.0882	99	5.6339	0.1151
28	0.3916	0.0319	52	1.4987	0.0613	76	3.2945	0.0893	100	5.7490	0.1151

适用树种：柞树（栎树）；适用地区：珲春林业局；资料名称：吉林省一元立木材积表、材种出材率表、地径材积表；编表人或作者：吉林省林业厅；刊印或发表时间：2003。其他说明：吉林资 (2002) 627 号文件发布。

449. 珲春林业局人工红松一元立木材积表（围尺）

$$V = 0.00007616D_{轮}^{1.89948264}H^{0.86116962}$$

$$H = 21.838617 - 309.159278/(D_{轮} + 14)$$

$D_{轮} = -0.49805 + 0.98158D_{围}$；表中$D$为围尺径；$D \leqslant 100$cm

D	V	ΔV	D	V	ΔV	D	V	ΔV	D	V	ΔV
5	0.0051	0.0035	29	0.4256	0.0334	53	1.5702	0.0630	77	3.4109	0.0914
6	0.0086	0.0045	30	0.4590	0.0346	54	1.6332	0.0642	78	3.5023	0.0926
7	0.0131	0.0057	31	0.4936	0.0359	55	1.6974	0.0654	79	3.5948	0.0937
8	0.0188	0.0068	32	0.5295	0.0372	56	1.7628	0.0666	80	3.6886	0.0949
9	0.0256	0.0080	33	0.5667	0.0384	57	1.8294	0.0678	81	3.7834	0.0960
10	0.0336	0.0092	34	0.6051	0.0397	58	1.8972	0.0690	82	3.8795	0.0972
11	0.0429	0.0105	35	0.6448	0.0409	59	1.9662	0.0702	83	3.9767	0.0983
12	0.0533	0.0117	36	0.6857	0.0422	60	2.0365	0.0714	84	4.0750	0.0995
13	0.0650	0.0130	37	0.7279	0.0434	61	2.1078	0.0726	85	4.1745	0.1006
14	0.0780	0.0142	38	0.7713	0.0447	62	2.1804	0.0738	86	4.2752	0.1018
15	0.0922	0.0155	39	0.8159	0.0459	63	2.2542	0.0750	87	4.3769	0.1029
16	0.1077	0.0168	40	0.8618	0.0471	64	2.3292	0.0761	88	4.4799	0.1041
17	0.1245	0.0181	41	0.9089	0.0484	65	2.4053	0.0773	89	4.5840	0.1052
18	0.1426	0.0193	42	0.9573	0.0496	66	2.4827	0.0785	90	4.6892	0.1064
19	0.1619	0.0206	43	1.0069	0.0508	67	2.5612	0.0797	91	4.7956	0.1075
20	0.1825	0.0219	44	1.0577	0.0521	68	2.6409	0.0809	92	4.9031	0.1087
21	0.2044	0.0232	45	1.1098	0.0533	69	2.7217	0.0820	93	5.0118	0.1098
22	0.2276	0.0245	46	1.1631	0.0545	70	2.8038	0.0832	94	5.1216	0.1110
23	0.2521	0.0257	47	1.2176	0.0557	71	2.8870	0.0844	95	5.2326	0.1121
24	0.2778	0.0270	48	1.2733	0.0569	72	2.9714	0.0856	96	5.3447	0.1132
25	0.3048	0.0283	49	1.3303	0.0582	73	3.0570	0.0867	97	5.4579	0.1144
26	0.3331	0.0296	50	1.3884	0.0594	74	3.1437	0.0879	98	5.5722	0.1155
27	0.3627	0.0308	51	1.4478	0.0606	75	3.2316	0.0891	99	5.6877	0.1166
28	0.3935	0.0321	52	1.5084	0.0618	76	3.3207	0.0902	100	5.8044	0.1166

适用树种：人工红松；适用地区：珲春林业局；资料名称：吉林省一元立木材积表、材种出材率表、地径材积表；编表人或作者：吉林省林业厅；刊印或发表时间：2003。其他说明：吉林资 (2002) 627 号文件发布。

450. 珲春林业局人工樟子松一元立木材积表（围尺）

$$V = 0.00005228D_{轮}^{1.57561364}H^{1.36856283}$$

$$H = 32.9645255 - 978.037469/(D_{轮} + 31)$$

$D_{轮} = -0.34995 + 0.97838D_{围}$；表中$D$为围尺径；$D \leqslant 100$cm

D	V	ΔV	D	V	ΔV	D	V	ΔV	D	V	ΔV
5	0.0058	0.0036	29	0.4586	0.0364	53	1.6912	0.0666	77	3.5885	0.0919
6	0.0093	0.0046	30	0.4950	0.0378	54	1.7578	0.0677	78	3.6804	0.0929
7	0.0140	0.0058	31	0.5328	0.0392	55	1.8255	0.0689	79	3.7733	0.0938
8	0.0198	0.0070	32	0.5720	0.0405	56	1.8944	0.0700	80	3.8671	0.0948
9	0.0268	0.0083	33	0.6125	0.0419	57	1.9644	0.0711	81	3.9619	0.0957
10	0.0351	0.0096	34	0.6544	0.0432	58	2.0355	0.0722	82	4.0576	0.0967
11	0.0447	0.0109	35	0.6976	0.0445	59	2.1077	0.0733	83	4.1543	0.0976
12	0.0556	0.0123	36	0.7421	0.0458	60	2.1810	0.0744	84	4.2519	0.0986
13	0.0679	0.0137	37	0.7879	0.0471	61	2.2554	0.0755	85	4.3505	0.0995
14	0.0816	0.0151	38	0.8350	0.0484	62	2.3309	0.0766	86	4.4500	0.1004
15	0.0968	0.0165	39	0.8834	0.0497	63	2.4075	0.0776	87	4.5504	0.1013
16	0.1133	0.0180	40	0.9331	0.0510	64	2.4851	0.0787	88	4.6518	0.1023
17	0.1313	0.0194	41	0.9841	0.0522	65	2.5638	0.0798	89	4.7540	0.1032
18	0.1507	0.0208	42	1.0363	0.0535	66	2.6436	0.0808	90	4.8572	0.1041
19	0.1715	0.0223	43	1.0898	0.0547	67	2.7244	0.0818	91	4.9613	0.1050
20	0.1938	0.0237	44	1.1445	0.0559	68	2.8062	0.0829	92	5.0663	0.1059
21	0.2175	0.0252	45	1.2004	0.0572	69	2.8891	0.0839	93	5.1722	0.1068
22	0.2427	0.0266	46	1.2576	0.0584	70	2.9730	0.0849	94	5.2789	0.1077
23	0.2693	0.0280	47	1.3160	0.0596	71	3.0579	0.0859	95	5.3866	0.1086
24	0.2973	0.0294	48	1.3756	0.0608	72	3.1439	0.0869	96	5.4951	0.1094
25	0.3268	0.0309	49	1.4363	0.0620	73	3.2308	0.0879	97	5.6046	0.1103
26	0.3576	0.0323	50	1.4983	0.0631	74	3.3188	0.0889	98	5.7149	0.1112
27	0.3899	0.0337	51	1.5614	0.0643	75	3.4077	0.0899	99	5.8261	0.1120
28	0.4236	0.0351	52	1.6257	0.0655	76	3.4976	0.0909	100	5.9381	0.1120

适用树种：人工樟子松；适用地区：珲春林业局；资料名称：吉林省一元立木材积表、材种出材率表、地径材积表；编表人或作者：吉林省林业厅；刊印或发表时间：2003。其他说明：吉林资 (2002) 627 号文件发布。

451. 珲春林业局人工落叶松一元立木材积表（围尺）

$$V = 0.00008472D_{轮}^{1.97420228}H^{0.74561762}$$

$$H = 34.593188 - 650.52497/(D_{轮} + 18)$$

$D_{轮} = -0.2506 + 0.9809D_{围}$；表中$D$为围尺径；$D \leqslant 100$cm

D	V	ΔV	D	V	ΔV	D	V	ΔV	D	V	ΔV
5	0.0066	0.0045	29	0.5877	0.0477	53	2.2757	0.0950	77	5.0993	0.1423
6	0.0111	0.0058	30	0.6355	0.0497	54	2.3707	0.0970	78	5.2415	0.1442
7	0.0169	0.0073	31	0.6851	0.0516	55	2.4677	0.0989	79	5.3858	0.1462
8	0.0242	0.0089	32	0.7368	0.0536	56	2.5666	0.1009	80	5.5319	0.1481
9	0.0331	0.0105	33	0.7904	0.0556	57	2.6675	0.1029	81	5.6801	0.1501
10	0.0436	0.0122	34	0.8459	0.0575	58	2.7703	0.1048	82	5.8302	0.1521
11	0.0558	0.0139	35	0.9035	0.0595	59	2.8752	0.1068	83	5.9823	0.1540
12	0.0696	0.0156	36	0.9630	0.0615	60	2.9820	0.1088	84	6.1363	0.1560
13	0.0853	0.0174	37	1.0244	0.0634	61	3.0908	0.1108	85	6.2923	0.1580
14	0.1026	0.0192	38	1.0878	0.0654	62	3.2016	0.1127	86	6.4503	0.1599
15	0.1218	0.0210	39	1.1532	0.0674	63	3.3143	0.1147	87	6.6102	0.1619
16	0.1428	0.0228	40	1.2206	0.0693	64	3.4290	0.1167	88	6.7721	0.1638
17	0.1657	0.0247	41	1.2899	0.0713	65	3.5457	0.1186	89	6.9359	0.1658
18	0.1904	0.0266	42	1.3612	0.0733	66	3.6643	0.1206	90	7.1017	0.1678
19	0.2169	0.0285	43	1.4345	0.0752	67	3.7849	0.1226	91	7.2695	0.1697
20	0.2454	0.0304	44	1.5097	0.0772	68	3.9075	0.1246	92	7.4392	0.1717
21	0.2757	0.0323	45	1.5869	0.0792	69	4.0320	0.1265	93	7.6109	0.1736
22	0.3080	0.0342	46	1.6661	0.0812	70	4.1586	0.1285	94	7.7845	0.1756
23	0.3422	0.0361	47	1.7473	0.0831	71	4.2870	0.1305	95	7.9601	0.1776
24	0.3783	0.0380	48	1.8304	0.0851	72	4.4175	0.1324	96	8.1377	0.1795
25	0.4163	0.0400	49	1.9155	0.0871	73	4.5499	0.1344	97	8.3172	0.1815
26	0.4562	0.0419	50	2.0026	0.0891	74	4.6843	0.1364	98	8.4987	0.1834
27	0.4981	0.0438	51	2.0917	0.0910	75	4.8207	0.1383	99	8.6821	0.1854
28	0.5420	0.0458	52	2.1827	0.0930	76	4.9590	0.1403	100	8.8675	0.1854

适用树种：人工落叶松；适用地区：珲春林业局；资料名称：吉林省一元立木材积表、材种出材率表、地径材积表；编表人或作者：吉林省林业厅；刊印或发表时间：2003。其他说明：吉林资 (2002) 627 号文件发布。

452. 珲春林业局人工杨树一元立木材积表（围尺）

$$V = 0.0000717D_{轮}^{1.69135017}H^{1.08071211}$$

$$H = 30.633299 - 547.989609/(D_{轮} + 16)$$

$D_{轮} = -0.62168 + 0.98712D_{围}$；表中$D$为围尺径；$D \leqslant 100$cm

D	V	ΔV	D	V	ΔV	D	V	ΔV	D	V	ΔV
5	0.0035	0.0033	29	0.4619	0.0358	53	1.6432	0.0629	77	3.4244	0.0860
6	0.0067	0.0045	30	0.4977	0.0371	54	1.7061	0.0639	78	3.5104	0.0869
7	0.0112	0.0058	31	0.5348	0.0383	55	1.7700	0.0649	79	3.5974	0.0878
8	0.0171	0.0072	32	0.5731	0.0395	56	1.8349	0.0659	80	3.6852	0.0887
9	0.0243	0.0086	33	0.6126	0.0407	57	1.9009	0.0670	81	3.7739	0.0896
10	0.0329	0.0100	34	0.6534	0.0419	58	1.9678	0.0680	82	3.8635	0.0905
11	0.0429	0.0115	35	0.6953	0.0431	59	2.0358	0.0690	83	3.9540	0.0914
12	0.0544	0.0129	36	0.7384	0.0443	60	2.1048	0.0699	84	4.0454	0.0923
13	0.0673	0.0143	37	0.7826	0.0454	61	2.1747	0.0709	85	4.1377	0.0932
14	0.0816	0.0158	38	0.8281	0.0466	62	2.2456	0.0719	86	4.2309	0.0940
15	0.0973	0.0172	39	0.8747	0.0477	63	2.3175	0.0729	87	4.3249	0.0949
16	0.1145	0.0186	40	0.9224	0.0489	64	2.3904	0.0739	88	4.4198	0.0958
17	0.1331	0.0200	41	0.9713	0.0500	65	2.4643	0.0748	89	4.5156	0.0966
18	0.1531	0.0214	42	1.0213	0.0511	66	2.5391	0.0758	90	4.6122	0.0975
19	0.1745	0.0228	43	1.0724	0.0522	67	2.6149	0.0767	91	4.7097	0.0984
20	0.1972	0.0241	44	1.1246	0.0533	68	2.6916	0.0777	92	4.8081	0.0992
21	0.2213	0.0255	45	1.1779	0.0544	69	2.7693	0.0786	93	4.9073	0.1001
22	0.2468	0.0268	46	1.2323	0.0555	70	2.8479	0.0796	94	5.0074	0.1009
23	0.2736	0.0281	47	1.2878	0.0566	71	2.9275	0.0805	95	5.1083	0.1018
24	0.3018	0.0295	48	1.3444	0.0576	72	3.0080	0.0814	96	5.2100	0.1026
25	0.3312	0.0308	49	1.4021	0.0587	73	3.0894	0.0824	97	5.3126	0.1034
26	0.3620	0.0320	50	1.4608	0.0598	74	3.1718	0.0833	98	5.4161	0.1043
27	0.3940	0.0333	51	1.5205	0.0608	75	3.2551	0.0842	99	5.5204	0.1051
28	0.4273	0.0346	52	1.5813	0.0619	76	3.3393	0.0851	100	5.6255	0.1051

适用树种：人工杨树；适用地区：珲春林业局；资料名称：吉林省一元立木材积表、材种出材率表、地径材积表；编表人或作者：吉林省林业厅；刊印或发表时间：2003。其他说明：吉林资 (2002) 627 号文件发布。

吉林地径立木材积式

适用的直径区间和围尺径林木材积表相同。树种后面括号内的数字为地径 D_0 =25cm 时的材积测试值，单位 m^3。为了避免混淆，不同要素的计算公式中对轮尺胸径采用了不同的表示方法，即 $D_{1.3}$、$D_{轮}$ 和 D 均为轮尺胸径。以长春市针叶树为例说明地径材积计算方法：设测得地径 D_0 =25 cm，由地径—胸径转换公式计算胸高轮尺径围 $D_{轮}$=18.6 cm，将该值代入树高方程得到树高为 H =12.8 m，最后将上述数值代入材积方程得到材积为 V =0.1751 m^3。

吉

长春市针叶树（0.1751）

$V = 0.00007349D^{1.96240694}H^{0.80185729}$（轮尺）

$H = 32.722135 - 927.018963/(D_{轮} + 28)$（$D_{轮} \leqslant 100\text{cm}$）

$D_{1.3} = -0.19908 + 0.75002D_0$

长春市一类阔叶（0.1685）

$V = 0.00004331D^{1.73738556}H^{1.22688346}$（轮尺）

$H = 26.982315 - 395.998675/(D_{轮} + 14)$（$D_{轮} \leqslant 100\text{cm}$）

$D_{1.3} = -0.5315 + 0.72731D_0$

长春市人工樟子松（0.1396）

$V = 0.00005228D^{1.57561364}H^{1.36856283}$（轮尺）

$H = 30.791543 - 913.566419/(D_{轮} + 31)$（$D_{轮} \leqslant 100\text{cm}$）

$D_{1.3} = -1.06309 + 0.73798D_0$

长春市人工落叶松（0.2286）

$V = 0.00008472D^{1.97420228}H^{0.74561762}$（轮尺）

$H = 32.749371 - 615.851989/(D_{轮} + 18)$（$D_{轮} \leqslant 100\text{cm}$）

$D_{1.3} = -0.45738 + 0.78324D_0$

长春市人工杨树（0.1893）

$V = 0.0000717D^{1.69135017}H^{1.08071211}$（轮尺）

$H = 31.766731 - 568.365225/(D_{轮} + 16)$（$D_{轮} \leqslant 100\text{cm}$）

$D_{1.3} = -1.00751 + 0.77901D_0$

四平市针叶树（0.1751）

$V = 0.00007349D^{1.96240694}H^{0.80185729}$（轮尺）

$H = 32.722135 - 927.018963/(D_{轮} + 28)$ （$D_{轮} \leqslant 100\text{cm}$）

$D_{1.3} = -0.19908 + 0.75002D_0$

四平市一类阔叶（0.1633）

$V = 0.00004331D^{1.73738556}H^{1.22688346}$（轮尺）

$H = 26.269542 - 385.537857/(D_{轮} + 14)$ （$D_{轮} \leqslant 100\text{cm}$）

$D_{1.3} = -0.52031 + 0.72731D_0$

四平市人工樟子松（0.1362）

$V = 0.00005228D^{1.57561364}H^{1.36856283}$（轮尺）

$H = 30.791543 - 913.566419/(D_{轮} + 31)$ （$D_{轮} \leqslant 100\text{cm}$）

$D_{1.3} = -1.0519 + 0.73021D_0$

四平市人工落叶松（0.2128）

$V = 0.00008472D^{1.97420228}H^{0.74561762}$（轮尺）

$H = 31.83957 - 598.743182/(D_{轮} + 18)$ （$D_{轮} \leqslant 100\text{cm}$）

$D_{1.3} = -0.44775 + 0.76675D_0$

四平市人工杨树（0.1815）

$V = 0.0000717D^{1.69135017}H^{1.08071211}$（轮尺）

$H = 31.200015 - 558.127417/(D_{轮} + 16)$ （$D_{轮} \leqslant 100\text{cm}$）

$D_{1.3} = -0.99763 + 0.77137D_0$

白城市一类阔叶（0.1517）

$V = 0.00004331D^{1.73738556}H^{1.22688346}$（轮尺）

$H = 25.791498 - 378.521967/(D_{轮} + 14)$ （$D_{轮} \leqslant 100\text{cm}$）

$D_{1.3} = -0.52031 + 0.712D_0$

白城市人工樟子松（0.1332）

$V = 0.00005228D^{1.57561364}H^{1.36856283}$（轮尺）

$H = 30.300659 - 899.002176/(D_{轮} + 31)$ （$D_{轮} \leqslant 100\text{cm}$）

$D_{1.3} = -1.0519 + 0.73021D_0$

白城市人工落叶松（0.2083）

$V = 0.00008472D^{1.97420228}H^{0.74561762}$（轮尺）

$H = 30.933229 - 581.699428/(D_{轮} + 18)$ （$D_{轮} \leqslant 100\text{cm}$）

$D_{1.3} = -0.44775 + 0.76675D_0$

白城市人工杨树（0.1592）

$V=0.0000717D^{1.69135017}H^{1.08071211}$（轮尺）

$H=29.496804-527.659195/(D_{轮}+16)$（$D_{轮}\leqslant 100\text{cm}$）

$D_{1.3}=-0.968+0.74846D_0$

松原市一类阔叶（0.1517）

$V=0.00004331D^{1.73738556}H^{1.22688346}$（轮尺）

$H=25.791498-378.521967/(D_{轮}+14)$（$D_{轮}\leqslant 100\text{cm}$）

$D_{1.3}=-0.52031+0.712D_0$

松原市人工樟子松（0.1332）

$V=0.00005228D^{1.57561364}H^{1.36856283}$（轮尺）

$H=30.300659-899.002176/(D_{轮}+31)$（$D_{轮}\leqslant 100\text{cm}$）

$D_{1.3}=-1.0519+0.73021D_0$

松原市人工落叶松（0.2128）

$V=0.00008472D^{1.97420228}H^{0.74561762}$（轮尺）

$H=31.83957-598.743182/(D_{轮}+18)$（$D_{轮}\leqslant 100\text{cm}$）

$D_{1.3}=-0.44775+0.76675D_0$

松原市人工杨树（0.1664）

$V=0.0000717D^{1.69135017}H^{1.08071211}$（轮尺）

$H=30.066583-537.851801/(D_{轮}+16)$（$D_{轮}\leqslant 100\text{cm}$）

$D_{1.3}=-0.97787+0.75609D_0$

辽源市针叶树（0.1789）

$V=0.00007349D^{1.96240694}H^{0.80185729}$（轮尺）

$H=33.595244-951.754157/(D_{轮}+28)$（$D_{轮}\leqslant 100\text{cm}$）

$D_{1.3}=-0.19908+0.75002D_0$

辽源市一类阔叶（0.1782）

$V=0.00004331D^{1.73738556}H^{1.22688346}$（轮尺）

$H=27.689363-406.37547/(D_{轮}+14)$（$D_{轮}\leqslant 100\text{cm}$）

$D_{1.3}=-0.53709+0.73497D_0$

辽源市二类阔叶（0.1244）

$V=0.00005244D^{1.79066793}H^{1.07249096}$（轮尺）

$H=21.951279-282.108787/(D_{轮}+13)$（$D_{轮}\leqslant 100\text{cm}$）

吉

$D_{1.3} = -1.112 + 0.72003D_0$

辽源市柞树（0.1246）

$V = 0.00017579D^{1.9894288}H^{0.39924234}$（轮尺）

$H = 21.983047 - 232.77053/(D_{轮} + 9)$（$D_{轮} \leqslant 100\text{cm}$）

$D_{1.3} = -1.02787 + 0.69104D_0$

辽源市人工红松（0.1657）

$V = 0.00007616D^{1.89948264}H^{0.86116962}$（轮尺）

$H = 21.331961 - 301.986783/(D_{轮} + 14)$（$D_{轮} \leqslant 100\text{cm}$）

$D_{1.3} = -0.36001 + 0.75434D_0$

辽源市人工樟子松（0.1524）

$V = 0.00005228D^{1.57561364}H^{1.36856283}$（轮尺）

$H = 32.244561 - 956.676579/(D_{轮} + 31)$（$D_{轮} \leqslant 100\text{cm}$）

$D_{1.3} = -1.07428 + 0.74575D_0$

辽源市人工落叶松（0.2417）

$V = 0.00008472D^{1.97420228}H^{0.74561762}$（轮尺）

$H = 34.129639 - 641.807935/(D_{轮} + 18)$（$D_{轮} \leqslant 100\text{cm}$）

$D_{1.3} = -0.46219 + 0.79148D_0$

辽源市人工杨树（0.1738）

$V = 0.0000717D^{1.69135017}H^{1.08071211}$（轮尺）

$H = 30.633299 - 547.989609/(D_{轮} + 16)$（$D_{轮} \leqslant 100\text{cm}$）

$D_{1.3} = -0.98775 + 0.76373D_0$

吉林市I针叶树（0.1931）

$V = 0.00007349D^{1.96240694}H^{0.80185729}$（轮尺）

$H = 35.790388 - 1013.942638/(D_{轮} + 28)$（$D_{轮} \leqslant 100\text{cm}$）

$D_{1.3} = -0.20118 + 0.75791D_0$

吉林市I一类阔叶（0.1901）

$V = 0.00004331D^{1.73738556}H^{1.22688346}$（轮尺）

$H = 28.625414 - 420.113171/(D_{轮} + 14)$（$D_{轮} \leqslant 100\text{cm}$）

$D_{1.3} = -0.54269 + 0.74262D_0$

吉林市I二类阔叶（0.1357）

$V = 0.00005244D^{1.79066793}H^{1.07249096}$（轮尺）

$H = 22.793648 - 292.934567/(D_{轮} + 13)$ ($D_{轮} \leqslant 100\text{cm}$)

$D_{1.3} = -1.1354 + 0.73519D_0$

吉林市I柞树（0.1317）

$V = 0.00017579D^{1.9894288}H^{0.39924234}$（轮尺）

$H = 22.55724 - 238.850451/(D_{轮} + 9)$ ($D_{轮} \leqslant 100\text{cm}$)

$D_{1.3} = -1.04951 + 0.70559D_0$

吉林市I人工红松（0.1755）

$V = 0.00007616D^{1.89948264}H^{0.86116962}$（轮尺）

$H = 21.585289 - 305.57303/(D_{轮} + 14)$ ($D_{轮} \leqslant 100\text{cm}$)

$D_{1.3} = -0.36759 + 0.77022D_0$

吉林市I人工樟子松（0.1578）

$V = 0.00005228D^{1.57561364}H^{1.36856283}$（轮尺）

$H = 32.486731 - 963.861605/(D_{轮} + 31)$ ($D_{轮} \leqslant 100\text{cm}$)

$D_{1.3} = -1.08547 + 0.75352D_0$

吉林市I人工落叶松（0.2477）

$V = 0.00008472D^{1.97420228}H^{0.74561762}$（轮尺）

$H = 34.129639 - 641.807935/(D_{轮} + 18)$ ($D_{轮} \leqslant 100\text{cm}$)

$D_{1.3} = -0.46701 + 0.79973D_0$

吉林市I人工杨树（0.1738）

$V = 0.0000717D^{1.69135017}H^{1.08071211}$（轮尺）

$H = 30.633299 - 547.989609/(D_{轮} + 16)$ ($D_{轮} \leqslant 100\text{cm}$)

$D_{1.3} = -0.98775 + 0.76373D_0$

吉林市II针叶树（0.1854）

$V = 0.00007349D^{1.96240694}H^{0.80185729}$（轮尺）

$H = 34.030031 - 964.071682/(D_{轮} + 28)$ ($D_{轮} \leqslant 100\text{cm}$)

$D_{1.3} = -0.20118 + 0.75791D_0$

吉林市II一类阔叶（0.1844）

$V = 0.00004331D^{1.73738556}H^{1.22688346}$（轮尺）

$H = 27.924091 - 409.820398/(D_{轮} + 14)$ ($D_{轮} \leqslant 100\text{cm}$)

$D_{1.3} = -0.54269 + 0.74262D_0$

吉林市II二类阔叶（0.129）

$V = 0.00005244D^{1.79066793}H^{1.07249096}$（轮尺）

$H = 21.741251 - 279.409598/(D_{轮} + 13)$ ($D_{轮} \leqslant 100\text{cm}$)

$D_{1.3} = -1.1354 + 0.73519D_0$

吉林市II柞树（0.1263）

$V = 0.00017579D^{1.9894288}H^{0.39924234}$（轮尺）

$H = 20.319786 - 215.158858/(D_{轮} + 9)$ ($D_{轮} \leqslant 100\text{cm}$)

$D_{1.3} = -1.04951 + 0.70559D_0$

通化市I针叶树（0.2051）

$V = 0.00007349D^{1.96240694}H^{0.80185729}$（轮尺）

$H = 36.232244 - 1026.460449/(D_{轮} + 28)$ ($D_{轮} \leqslant 100\text{cm}$)

$D_{1.3} = -0.20537 + 0.7737D_0$

通化市I一类阔叶（0.2053）

$V = 0.00004331D^{1.73738556}H^{1.22688346}$（轮尺）

$H = 29.323874 - 430.363932/(D_{轮} + 14)$ ($D_{轮} \leqslant 100\text{cm}$)

$D_{1.3} = -0.55388 + 0.75793D_0$

通化市I二类阔叶（0.1463）

$V = 0.00005244D^{1.79066793}H^{1.07249096}$（轮尺）

$H = 23.423731 - 301.032134/(D_{轮} + 13)$ ($D_{轮} \leqslant 100\text{cm}$)

$D_{1.3} = -1.15882 + 0.75035D_0$

通化市I柞树（0.1447）

$V = 0.00017579D^{1.9894288}H^{0.39924234}$（轮尺）

$H = 25.551585 - 270.556486/(D_{轮} + 9)$ ($D_{轮} \leqslant 100\text{cm}$)

$D_{1.3} = -1.07115 + 0.72014D_0$

通化市I人工红松（0.1894）

$V = 0.00007616D^{1.89948264}H^{0.86116962}$（轮尺）

$H = 22.347457 - 316.362689/(D_{轮} + 14)$ ($D_{轮} \leqslant 100\text{cm}$)

$D_{1.3} = -0.37517 + 0.7861D_0$

通化市I人工樟子松（0.1722）

$V = 0.00005228D^{1.57561364}H^{1.36856283}$（轮尺）

$H = 33.439047 - 992.116237/(D_{轮} + 31)$ ($D_{轮} \leqslant 100\text{cm}$)

$D_{1.3} = -1.10785 + 0.76905D_0$

通化市I人工落叶松（0.2704）

$V = 0.00008472D^{1.97420228}H^{0.74561762}$（轮尺）

$H = 35.990753 - 676.806179/(D_{轮} + 18)$（$D_{轮} \leqslant 100\text{cm}$）

$D_{1.3} = -0.47664 + 0.81622D_0$

通化市I人工杨树（0.1738）

$V = 0.0000717D^{1.69135017}H^{1.08071211}$（轮尺）

$H = 30.633299 - 547.989609/(D_{轮} + 16)$（$D_{轮} \leqslant 100\text{cm}$）

$D_{1.3} = -0.98775 + 0.76373D_0$

通化市II针叶树（0.1971）

$V = 0.00007349D^{1.96240694}H^{0.80185729}$（轮尺）

$H = 34.468353 - 976.48935/(D_{轮} + 28)$（$D_{轮} \leqslant 100\text{cm}$）

$D_{1.3} = -0.20537 + 0.7737D_0$

通化市II一类阔叶（0.1954）

$V = 0.00004331D^{1.73738556}H^{1.22688346}$（轮尺）

$H = 28.15882 - 413.265326/(D_{轮} + 14)$（$D_{轮} \leqslant 100\text{cm}$）

$D_{1.3} = -0.55388 + 0.75793D_0$

通化市II二类阔叶（0.1393）

$V = 0.00005244D^{1.79066793}H^{1.07249096}$（轮尺）

$H = 22.373592 - 287.536189/(D_{轮} + 13)$（$D_{轮} \leqslant 100\text{cm}$）

$D_{1.3} = -1.15882 + 0.75035D_0$

通化市II柞树（0.1376）

$V = 0.00017579D^{1.9894288}H^{0.39924234}$（轮尺）

$H = 22.55724 - 238.850451/(D_{轮} + 9)$（$D_{轮} \leqslant 100\text{cm}$）

$D_{1.3} = -1.07115 + 0.72014D_0$

白山市I针叶树（0.224）

$V = 0.00007349D^{1.96240694}H^{0.80185729}$（轮尺）

$H = 38.01381 - 1076.93226/(D_{轮} + 28)$（$D_{轮} \leqslant 100\text{cm}$）

$D_{1.3} = -0.20956 + 0.78949D_0$

白山市I一类阔叶（0.2102）

$V = 0.00004331D^{1.73738556}H^{1.22688346}$（轮尺）

$H = 29.323874 - 430.363932/(D_{轮} + 14)$（$D_{轮} \leqslant 100\text{cm}$）

$D_{1.3} = -0.55947 + 0.76559D_0$

白山市I二类阔叶（0.1496）

$V = 0.00005244D^{1.79066793}H^{1.07249096}$（轮尺）

$H = 23.423731 - 301.032134/(D_{轮} + 13)$（$D_{轮} \leqslant 100\text{cm}$）

$D_{1.3} = -1.17052 + 0.75793D_0$

白山市I柞树（0.1493）

$V = 0.00017579D^{1.9894288}H^{0.39924234}$（轮尺）

$H = 26.175604 - 277.164003/(D_{轮} + 9)$（$D_{轮} \leqslant 100\text{cm}$）

$D_{1.3} = -1.08197 + 0.72741D_0$

白山市I人工红松（0.1918）

$V = 0.00007616D^{1.89948264}H^{0.86116962}$（轮尺）

$H = 22.091945 - 312.745526/(D_{轮} + 14)$（$D_{轮} \leqslant 100\text{cm}$）

$D_{1.3} = -0.37896 + 0.79404D_0$

白山市I人工樟子松（0.1746）

$V = 0.00005228D^{1.57561364}H^{1.36856283}$（轮尺）

$H = 33.203422 - 985.1254/(D_{轮} + 31)$（$D_{轮} \leqslant 100\text{cm}$）

$D_{1.3} = -1.11904 + 0.77682D_0$

白山市I人工落叶松（0.2769）

$V = 0.00008472D^{1.97420228}H^{0.74561762}$（轮尺）

$H = 35.990753 - 676.806179/(D_{轮} + 18)$（$D_{轮} \leqslant 100\text{cm}$）

$D_{1.3} = -0.48145 + 0.82446D_0$

白山市I人工杨树（0.1738）

$V = 0.0000717D^{1.69135017}H^{1.08071211}$（轮尺）

$H = 30.633299 - 547.989609/(D_{轮} + 16)$（$D_{轮} \leqslant 100\text{cm}$）

$D_{1.3} = -0.98775 + 0.76373D_0$

白山市II针叶树（0.2176）

$V = 0.00007349D^{1.96240694}H^{0.80185729}$（轮尺）

$H = 36.677636 - 1039.078402/(D_{轮} + 28)$（$D_{轮} \leqslant 100\text{cm}$）

$D_{1.3} = -0.20956 + 0.78949D_0$

白山市II一类阔叶（0.2081）

$V = 0.00004331D^{1.73738556}H^{1.22688346}$（轮尺）

吉

$H = 29.092008 - 426.961016/(D_{轮} + 14)$ ($D_{轮} \leqslant 100\text{cm}$)

$D_{1.3} = -0.55947 + 0.76559D_0$

白山市II二类阔叶（0.1467）

$V = 0.00005244D^{1.79066793}H^{1.07249096}$（轮尺）

$H = 23.003675 - 295.633756/(D_{轮} + 13)$ ($D_{轮} \leqslant 100\text{cm}$)

$D_{1.3} = -1.17052 + 0.75793D_0$

白山市II柞树（0.1464）

$V = 0.00017579D^{1.9894288}H^{0.39924234}$（轮尺）

$H = 24.934683 - 264.024339/(D_{轮} + 9)$ ($D_{轮} \leqslant 100\text{cm}$)

$D_{1.3} = -1.08197 + 0.72741D_0$

延边州I针叶树（0.2103）

$V = 0.00007349D^{1.96240694}H^{0.80185729}$（轮尺）

$H = 36.232244 - 1026.460449/(D_{轮} + 28)$ ($D_{轮} \leqslant 100\text{cm}$)

$D_{1.3} = -0.20746 + 0.7816D_0$

吉

延边州I一类阔叶（0.1986）

$V = 0.00004331D^{1.73738556}H^{1.22688346}$（轮尺）

$H = 29.092008 - 426.961016/(D_{轮} + 14)$ ($D_{轮} \leqslant 100\text{cm}$)

$D_{1.3} = -0.54828 + 0.75028D_0$

延边州I二类阔叶（0.1402）

$V = 0.00005244D^{1.79066793}H^{1.07249096}$（轮尺）

$H = 23.003675 - 295.633756/(D_{轮} + 13)$ ($D_{轮} \leqslant 100\text{cm}$)

$D_{1.3} = -1.14711 + 0.74277D_0$

延边州I柞树（0.1346）

$V = 0.00017579D^{1.9894288}H^{0.39924234}$（轮尺）

$H = 22.55724 - 238.850451/(D_{轮} + 9)$ ($D_{轮} \leqslant 100\text{cm}$)

$D_{1.3} = -1.06033 + 0.71286D_0$

延边州I人工红松（0.1814）

$V = 0.00007616D^{1.89948264}H^{0.86116962}$（轮尺）

$H = 21.838617 - 309.159278/(D_{轮} + 14)$ ($D_{轮} \leqslant 100\text{cm}$)

$D_{1.3} = -0.37138 + 0.77816D_0$

延边州I人工樟子松（0.1649）

$V = 0.00005228D^{1.57561364}H^{1.36856283}$（轮尺）

$H = 32.964525 - 978.037469/(D_{轮} + 31)$ $(D_{轮} \leqslant 100\text{cm})$

$D_{1.3} = -1.09666 + 0.76128D_0$

延边州I人工落叶松（0.2563）

$V = 0.00008472D^{1.97420228}H^{0.74561762}$（轮尺）

$H = 34.593188 - 650.52497/(D_{轮} + 18)$ $(D_{轮} \leqslant 100\text{cm})$

$D_{1.3} = -0.47182 + 0.80797D_0$

延边州I人工杨树（0.1738）

$V = 0.0000717D^{1.69135017}H^{1.08071211}$（轮尺）

$H = 30.633299 - 547.989609/(D_{轮} + 16)$ $(D_{轮} \leqslant 100\text{cm})$

$D_{1.3} = -0.98775 + 0.76373D_0$

延边州II针叶树（0.202）

$V = 0.00007349D^{1.96240694}H^{0.80185729}$（轮尺）

$H = 34.468353 - 976.48935/(D_{轮} + 28)$ $(D_{轮} \leqslant 100\text{cm})$

$D_{1.3} = -0.20746 + 0.7816D_0$

延边州II一类阔叶（0.1908）

$V = 0.00004331D^{1.73738556}H^{1.22688346}$（轮尺）

$H = 28.15882 - 413.265326/(D_{轮} + 14)$ $(D_{轮} \leqslant 100\text{cm})$

$D_{1.3} = -0.54828 + 0.75028D_0$

延边州II二类阔叶（0.1347）

$V = 0.00005244D^{1.79066793}H^{1.07249096}$（轮尺）

$H = 22.161306 - 284.807976/(D_{轮} + 13)$ $(D_{轮} \leqslant 100\text{cm})$

$D_{1.3} = -1.14711 + 0.74277D_0$

延边州II柞树（0.1333）

$V = 0.00017579D^{1.9894288}H^{0.39924234}$（轮尺）

$H = 21.983047 - 232.77053/(D_{轮} + 9)$ $(D_{轮} \leqslant 100\text{cm})$

$D_{1.3} = -1.06033 + 0.71286D_0$

汪清林业局针叶树（0.2304）

$V = 0.0000578596D^{1.8892}H^{0.98755}$（轮尺）

$H = 46.4026 - 2137.9188/(D_{轮} + 47)$ $(D_{轮} \leqslant 100\text{cm})$

$D_{1.3} = -0.21375 + 0.80528D_0$

汪清林业局一类阔叶（0.2159）

$V = 0.000053309D^{1.88452}H^{0.99834}$（轮尺）

$H = 29.4425 - 468.9247/(D_{轮} + 15.7)$（$D_{轮} \leqslant 100\text{cm}$）

$D_{1.3} = -0.57066 + 0.7809D_0$

汪清林业局二类阔叶（0.1522）

$V = 0.000048841D^{1.84048}H^{1.05252}$（轮尺）

$H = 24.8174 - 402.0877/(D_{轮} + 16.3)$（$D_{轮} \leqslant 100\text{cm}$）

$D_{1.3} = -1.19393 + 0.77309D_0$

汪清林业局柞树（0.1442）

$V = 0.000061125534D^{1.8810091}H^{0.94462565}$（轮尺）

$H = 23.4292 - 353.6657/(D_{轮} + 15)$（$D_{轮} \leqslant 100\text{cm}$）

$D_{1.3} = -1.10361 + 0.74196D_0$

汪清林业局人工红松（0.1814）

$V = 0.00007616D^{1.89948264}H^{0.86116962}$（轮尺）

$H = 21.838617 - 309.159278/(D_{轮} + 14)$（$D_{轮} \leqslant 100\text{cm}$）

$D_{1.3} = -0.37138 + 0.77816D_0$

汪清林业局人工樟子松（0.1649）

$V = 0.00005228D^{1.57561364}H^{1.36856283}$（轮尺）

$H = 32.964525 - 978.037469/(D_{轮} + 31)$（$D_{轮} \leqslant 100\text{cm}$）

$D_{1.3} = -1.09666 + 0.76128D_0$

汪清林业局人工落叶松（0.2817）

$V = 0.00008472D^{1.97420228}H^{0.74561762}$（轮尺）

$H = 34.593188 - 650.52497/(D_{轮} + 18)$（$D_{轮} \leqslant 100\text{cm}$）

$D_{1.3} = -0.49108 + 0.840955D_0$

汪清林业局人工杨树（0.1738）

$V = 0.0000717D^{1.69135017}H^{1.08071211}$（轮尺）

$H = 30.633299 - 547.989609/(D_{轮} + 16)$（$D_{轮} \leqslant 100\text{cm}$）

$D_{1.3} = -0.98775 + 0.76373D_0$

大兴沟林业局针叶树（0.2281）

$V = 0.0000578596D^{1.8892}H^{0.98755}$（轮尺）

$H = 45.9282 - 2116.0599/(D_{轮} + 47)$（$D_{轮} \leqslant 100\text{cm}$）

$D_{1.3} = -0.21375 + 0.80528D_0$

大兴沟林业局一类阔叶（0.2134）

$V = 0.000053309D^{1.88452}H^{0.99834}$（轮尺）

$H = 29.2093 - 471.2245/(D_{轮} + 16)$（$D_{轮} \leqslant 100\text{cm}$）

$D_{1.3} = -0.57066 + 0.7809D_0$

大兴沟林业局二类阔叶（0.1462）

$V = 0.000048841D^{1.84048}H^{1.05252}$（轮尺）

$H = 23.8195 - 381.3462/(D_{轮} + 16)$（$D_{轮} \leqslant 100\text{cm}$）

$D_{1.3} = -1.19393 + 0.77309D_0$

大兴沟林业局柞树（0.1442）

$V = 0.000061125534D^{1.8810091}H^{0.94462565}$（轮尺）

$H = 23.4292 - 353.6657/(D_{轮} + 15)$（$D_{轮} \leqslant 100\text{cm}$）

$D_{1.3} = -1.10361 + 0.74196D_0$

大兴沟林业局人工红松（0.1814）

$V = 0.00007616D^{1.89948264}H^{0.86116962}$（轮尺）

$H = 21.838617 - 309.159278/(D_{轮} + 14)$（$D_{轮} \leqslant 100\text{cm}$）

$D_{1.3} = -0.37138 + 0.77816D_0$

大兴沟林业局人工樟子松（0.1649）

$V = 0.00005228D^{1.57561364}H^{1.36856283}$（轮尺）

$H = 32.964525 - 978.037469/(D_{轮} + 31)$（$D_{轮} \leqslant 100\text{cm}$）

$D_{1.3} = -1.09666 + 0.76128D_0$

大兴沟林业局人工落叶松（0.2817）

$V = 0.00008472D^{1.97420228}H^{0.74561762}$（轮尺）

$H = 34.593188 - 650.52497/(D_{轮} + 18)$（$D_{轮} \leqslant 100\text{cm}$）

$D_{1.3} = -0.49108 + 0.840955D_0$

大兴沟林业局人工杨树（0.1738）

$V = 0.0000717D^{1.69135017}H^{1.08071211}$（轮尺）

$H = 30.633299 - 547.989609/(D_{轮} + 16)$（$D_{轮} \leqslant 100\text{cm}$）

$D_{1.3} = -0.98775 + 0.76373D_0$

天桥岭林业局针叶树（0.2281）

$V = 0.0000578596D^{1.8892}H^{0.98755}$（轮尺）

$H = 45.9282 - 2116.0599/(D_{轮} + 47)$ ($D_{轮} \leqslant 100\text{cm}$)

$D_{1.3} = -0.21375 + 0.80528D_0$

天桥岭林业局一类阔叶（0.2134）

$V = 0.000053309D^{1.88452}H^{0.99834}$（轮尺）

$H = 29.2093 - 471.2245/(D_{轮} + 16)$ ($D_{轮} \leqslant 100\text{cm}$)

$D_{1.3} = -0.57066 + 0.7809D_0$

天桥岭林业局二类阔叶（0.1538）

$V = 0.000048841D^{1.84048}H^{1.05252}$（轮尺）

$H = 24.9945 - 400.1505/(D_{轮} + 16)$ ($D_{轮} \leqslant 100\text{cm}$)

$D_{1.3} = -1.19393 + 0.77309D_0$

天桥岭林业局柞树（0.1457）

$V = 0.000061125534D^{1.8810091}H^{0.94462565}$（轮尺）

$H = 23.6924 - 357.6405/(D_{轮} + 15)$ ($D_{轮} \leqslant 100\text{cm}$)

$D_{1.3} = -1.10361 + 0.74196D_0$

天桥岭林业局人工红松（0.1814）

$V = 0.00007616D^{1.89948264}H^{0.86116962}$（轮尺）

$H = 21.838617 - 309.159278/(D_{轮} + 14)$ ($D_{轮} \leqslant 100\text{cm}$)

$D_{1.3} = -0.37138 + 0.77816D_0$

天桥岭林业局人工樟子松（0.1649）

$V = 0.00005228D^{1.57561364}H^{1.36856283}$（轮尺）

$H = 32.964525 - 978.037469/(D_{轮} + 31)$ ($D_{轮} \leqslant 100\text{cm}$)

$D_{1.3} = -1.09666 + 0.76128D_0$

天桥岭林业局人工落叶松（0.2817）

$V = 0.00008472D^{1.97420228}H^{0.74561762}$（轮尺）

$H = 34.593188 - 650.52497/(D_{轮} + 18)$ ($D_{轮} \leqslant 100\text{cm}$)

$D_{1.3} = -0.49108 + 0.840955D_0$

天桥岭林业局人工杨树（0.1738）

$V = 0.0000717D^{1.69135017}H^{1.08071211}$（轮尺）

$H = 30.633299 - 547.989609/(D_{轮} + 16)$ ($D_{轮} \leqslant 100\text{cm}$)

$D_{1.3} = -0.98775 + 0.76373D_0$

和龙林业局针叶树（0.2467）

吉

$V = 0.0000578596D^{1.8892}H^{0.98755}$（轮尺）

$H = 49.7293 - 2291.2596/(D_{轮} + 47)$ $(D_{轮} \leqslant 100\text{cm})$

$D_{1.3} = -0.21375 + 0.80528D_0$

和龙林业局一类阔叶（0.2242）

$V = 0.000053309D^{1.88452}H^{0.99834}$（轮尺）

$H = 30.6856 - 495.0457/(D_{轮} + 16)$ $(D_{轮} \leqslant 100\text{cm})$

$D_{1.3} = -0.57066 + 0.7809D_0$

和龙林业局二类阔叶（0.1553）

$V = 0.000048841D^{1.84048}H^{1.05252}$（轮尺）

$H = 25.2309 - 403.9724/(D_{轮} + 16)$ $(D_{轮} \leqslant 100\text{cm})$

$D_{1.3} = -1.19393 + 0.77309D_0$

和龙林业局柞树（0.1519）

$V = 0.000061125534D^{1.8810091}H^{0.94462565}$（轮尺）

$H = 24.7506 - 373.6179/(D_{轮} + 15)$ $(D_{轮} \leqslant 100\text{cm})$

$D_{1.3} = -1.10361 + 0.74196D_0$

和龙林业局人工红松（0.1814）

$V = 0.00007616D^{1.89948264}H^{0.86116962}$（轮尺）

$H = 21.838617 - 309.159278/(D_{轮} + 14)$ $(D_{轮} \leqslant 100\text{cm})$

$D_{1.3} = -0.37138 + 0.77816D_0$

和龙林业局人工樟子松（0.1649）

$V = 0.00005228D^{1.57561364}H^{1.36856283}$（轮尺）

$H = 32.964525 - 978.037469/(D_{轮} + 31)$ $(D_{轮} \leqslant 100\text{cm})$

$D_{1.3} = -1.09666 + 0.76128D_0$

和龙林业局人工落叶松（0.2817）

$V = 0.00008472D^{1.97420228}H^{0.74561762}$（轮尺）

$H = 34.593188 - 650.52497/(D_{轮} + 18)$ $(D_{轮} \leqslant 100\text{cm})$

$D_{1.3} = -0.49108 + 0.840955D_0$

和龙林业局人工杨树（0.1738）

$V = 0.0000717D^{1.69135017}H^{1.08071211}$（轮尺）

$H = 30.633299 - 547.989609/(D_{轮} + 16)$ $(D_{轮} \leqslant 100\text{cm})$

$D_{1.3} = -0.98775 + 0.76373D_0$

八家子林业局针叶树（0.242）

$V=0.0000578596D^{1.8892}H^{0.98755}$（轮尺）

$H=48.7788-2247.4693/(D_{轮}+47)$（$D_{轮}\leqslant 100\text{cm}$）

$D_{1.3}=-0.21375+0.80528D_0$

八家子林业局一类阔叶（0.222）

$V=0.000053309D^{1.88452}H^{0.99834}$（轮尺）

$H=30.39-490.229/(D_{轮}+16)$（$D_{轮}\leqslant 100\text{cm}$）

$D_{1.3}=-0.57066+0.7809D_0$

八家子林业局二类阔叶（0.1553）

$V=0.000048841D^{1.84048}H^{1.05252}$（轮尺）

$H=25.2309-403.9724/(D_{轮}+16)$（$D_{轮}\leqslant 100\text{cm}$）

$D_{1.3}=-1.19393+0.77309D_0$

八家子林业局柞树（0.1519）

$V=0.000061125534D^{1.8810091}H^{0.94462565}$（轮尺）

$H=24.7506-373.6149/(D_{轮}+15)$（$D_{轮}\leqslant 100\text{cm}$）

$D_{1.3}=-1.10361+0.74196D_0$

八家子林业局人工红松（0.1814）

$V=0.00007616D^{1.89948264}H^{0.86116962}$（轮尺）

$H=21.838617-309.159278/(D_{轮}+14)$（$D_{轮}\leqslant 100\text{cm}$）

$D_{1.3}=-0.37138+0.77816D_0$

八家子林业局人工樟子松（0.1649）

$V=0.00005228D^{1.57561364}H^{1.36856283}$（轮尺）

$H=32.964525-978.037469/(D_{轮}+31)$（$D_{轮}\leqslant 100\text{cm}$）

$D_{1.3}=-1.09666+0.76128D_0$

八家子林业局人工落叶松（0.2817）

$V=0.00008472D^{1.97420228}H^{0.74561762}$（轮尺）

$H=34.593188-650.52497/(D_{轮}+18)$（$D_{轮}\leqslant 100\text{cm}$）

$D_{1.3}=-0.49108+0.840955D_0$

八家子林业局人工杨树（0.1738）

$V=0.0000717D^{1.69135017}H^{1.08071211}$（轮尺）

$H=30.633299-547.989609/(D_{轮}+16)$（$D_{轮}\leqslant 100\text{cm}$）

吉

$D_{1.3} = -0.98775 + 0.76373D_0$

大石头林业局针叶树（0.2257）

$V = 0.0000578596D^{1.8892}H^{0.98755}$（轮尺）

$H = 45.4555 - 2094.3225/(D_{轮} + 47)$（$D_{轮} \leqslant 100\text{cm}$）

$D_{1.3} = -0.21375 + 0.80528D_0$

大石头林业局一类阔叶（0.2159）

$V = 0.000053309D^{1.88452}H^{0.99834}$（轮尺）

$H = 29.4425 - 468.9247/(D_{轮} + 15.7)$（$D_{轮} \leqslant 100\text{cm}$）

$D_{1.3} = -0.57066 + 0.7809D_0$

大石头林业局二类阔叶（0.1477）

$V = 0.000048841D^{1.84048}H^{1.05252}$（轮尺）

$H = 24.0529 - 385.0727/(D_{轮} + 16)$（$D_{轮} \leqslant 100\text{cm}$）

$D_{1.3} = -1.19393 + 0.77309D_0$

大石头林业局柞树（0.1488）

$V = 0.000061125534D^{1.8810091}H^{0.94462565}$（轮尺）

$H = 24.2211 - 365.5972/(D_{轮} + 15)$（$D_{轮} \leqslant 100\text{cm}$）

$D_{1.3} = -1.10361 + 0.74196D_0$

大石头林业局人工红松（0.1814）

$V = 0.00007616D^{1.89948264}H^{0.86116962}$（轮尺）

$H = 21.838617 - 309.159278/(D_{轮} + 14)$（$D_{轮} \leqslant 100\text{cm}$）

$D_{1.3} = -0.37138 + 0.77816D_0$

大石头林业局人工樟子松（0.1649）

$V = 0.00005228D^{1.57561364}H^{1.36856283}$（轮尺）

$H = 32.964525 - 978.037469/(D_{轮} + 31)$（$D_{轮} \leqslant 100\text{cm}$）

$D_{1.3} = -1.09666 + 0.76128D_0$

大石头林业局人工落叶松（0.2817）

$V = 0.00008472D^{1.97420228}H^{0.74561762}$（轮尺）

$H = 34.593188 - 650.52497/(D_{轮} + 18)$（$D_{轮} \leqslant 100\text{cm}$）

$D_{1.3} = -0.49108 + 0.840955D_0$

大石头林业局人工杨树（0.1738）

$V = 0.0000717D^{1.69135017}H^{1.08071211}$（轮尺）

$H=30.633299-547.989609/(D_{轮}+16)$ ($D_{轮} \leqslant 100\text{cm}$)

$D_{1.3}=-0.98775+0.76373D_0$

敦化林业局针叶树（0.2363）

$V=0.0000578596D^{1.8892}H^{0.98755}$（轮尺）

$H=47.8253-2208.2375/(D_{轮}+47)$ ($D_{轮} \leqslant 100\text{cm}$)

$D_{1.3}=-0.21375+0.80528D_0$

敦化林业局一类阔叶（0.2177）

$V=0.000053309D^{1.88452}H^{0.99834}$（轮尺）

$H=29.7991-480.7674/(D_{轮}+16)$ ($D_{轮} \leqslant 100\text{cm}$)

$D_{1.3}=-0.57066+0.7809D_0$

敦化林业局二类阔叶（0.1522）

$V=0.000048841D^{1.84048}H^{1.05252}$（轮尺）

$H=24.8174-402.0877/(D_{轮}+16.3)$ ($D_{轮} \leqslant 100\text{cm}$)

$D_{1.3}=-1.19393+0.77309D_0$

敦化林业局柞树（0.1488）

吉

$V=0.000061125534D^{1.8810091}H^{0.94462565}$（轮尺）

$H=24.2211-365.5972/(D_{轮}+15)$ ($D_{轮} \leqslant 100\text{cm}$)

$D_{1.3}=-1.10361+0.74196D_0$

敦化林业局人工红松（0.1814）

$V=0.00007616D^{1.89948264}H^{0.86116962}$（轮尺）

$H=21.838617-309.159278/(D_{轮}+14)$ ($D_{轮} \leqslant 100\text{cm}$)

$D_{1.3}=-0.37138+0.77816D_0$

敦化林业局人工樟子松（0.1649）

$V=0.00005228D^{1.57561364}H^{1.36856283}$（轮尺）

$H=32.964525-978.037469/(D_{轮}+31)$ ($D_{轮} \leqslant 100\text{cm}$)

$D_{1.3}=-1.09666+0.76128D_0$

敦化林业局人工落叶松（0.2817）

$V=0.00008472D^{1.97420228}H^{0.74561762}$（轮尺）

$H=34.593188-650.52497/(D_{轮}+18)$ ($D_{轮} \leqslant 100\text{cm}$)

$D_{1.3}=-0.49108+0.840955D_0$

敦化林业局人工杨树（0.1738）

$V = 0.0000717D^{1.69135017}H^{1.08071211}$（轮尺）

$H = 30.633299 - 547.989609/(D_{轮} + 16)$ （$D_{轮} \leqslant 100\text{cm}$）

$D_{1.3} = -0.98775 + 0.76373D_0$

黄泥河林业局针叶树（0.2257）

$V = 0.0000578596D^{1.8892}H^{0.98755}$（轮尺）

$H = 45.4555 - 2094.3225/(D_{轮} + 47)$ （$D_{轮} \leqslant 100\text{cm}$）

$D_{1.3} = -0.21375 + 0.80528D_0$

黄泥河林业局一类阔叶（0.2134）

$V = 0.000053309D^{1.88452}H^{0.99834}$（轮尺）

$H = 29.2093 - 471.2245/(D_{轮} + 16)$ （$D_{轮} \leqslant 100\text{cm}$）

$D_{1.3} = -0.57066 + 0.7809D_0$

黄泥河林业局二类阔叶（0.1507）

$V = 0.000048841D^{1.84048}H^{1.05252}$（轮尺）

$H = 24.5267 - 392.7061/(D_{轮} + 16)$ （$D_{轮} \leqslant 100\text{cm}$）

$D_{1.3} = -1.19393 + 0.77309D_0$

黄泥河林业局柞树（0.1488）

$V = 0.000061125534D^{1.8810091}H^{0.94462565}$（轮尺）

$H = 24.2211 - 365.5972/(D_{轮} + 15)$ （$D_{轮} \leqslant 100\text{cm}$）

$D_{1.3} = -1.10361 + 0.74196D_0$

黄泥河林业局人工红松（0.1814）

$V = 0.00007616D^{1.89948264}H^{0.86116962}$（轮尺）

$H = 21.838617 - 309.159278/(D_{轮} + 14)$ （$D_{轮} \leqslant 100\text{cm}$）

$D_{1.3} = -0.37138 + 0.77816D_0$

黄泥河林业局人工樟子松（0.1649）

$V = 0.00005228D^{1.57561364}H^{1.36856283}$（轮尺）

$H = 32.964525 - 978.037469/(D_{轮} + 31)$ （$D_{轮} \leqslant 100\text{cm}$）

$D_{1.3} = -1.09666 + 0.76128D_0$

黄泥河林业局人工落叶松（0.2817）

$V = 0.00008472D^{1.97420228}H^{0.74561762}$（轮尺）

$H = 34.593188 - 650.52497/(D_{轮} + 18)$ （$D_{轮} \leqslant 100\text{cm}$）

$D_{1.3} = -0.49108 + 0.840955D_0$

黄泥河林业局人工杨树（0.1738）

$V = 0.0000717D^{1.69135017}H^{1.08071211}$（轮尺）

$H = 30.633299 - 547.989609/(D_{轮} + 16)$（$D_{轮} \leqslant 100\text{cm}$）

$D_{1.3} = -0.98775 + 0.76373D_0$

白河林业局、长白山保护区针叶树（0.2363）

$V = 0.0000578596D^{1.8892}H^{0.98755}$（轮尺）

$H = 47.8253 - 2208.2375/(D_{轮} + 47)$（$D_{轮} \leqslant 100\text{cm}$）

$D_{1.3} = -0.21375 + 0.80528D_0$

白河林业局、长白山保护区一类阔叶（0.2177）

$V = 0.000053309D^{1.88452}H^{0.99834}$（轮尺）

$H = 29.7991 - 480.7674/(D_{轮} + 16)$（$D_{轮} \leqslant 100\text{cm}$）

$D_{1.3} = -0.57066 + 0.7809D_0$

白河林业局、长白山保护区二类阔叶（0.1538）

$V = 0.000048841D^{1.84048}H^{1.05252}$（轮尺）

$H = 24.9945 - 400.1505/(D_{轮} + 16)$（$D_{轮} \leqslant 100\text{cm}$）

$D_{1.3} = -1.19393 + 0.77309D_0$

白河林业局、长白山保护区柞树（0.1503）

$V = 0.000061125534D^{1.8810091}H^{0.94462565}$（轮尺）

$H = 24.4858 - 369.6402/(D_{轮} + 15)$（$D_{轮} \leqslant 100\text{cm}$）

$D_{1.3} = -1.10361 + 0.74196D_0$

白河林业局、长白山保护区人工红松（0.1814）

$V = 0.00007616D^{1.89948264}H^{0.86116962}$（轮尺）

$H = 21.838617 - 309.159278/(D_{轮} + 14)$（$D_{轮} \leqslant 100\text{cm}$）

$D_{1.3} = -0.37138 + 0.77816D_0$

白河林业局、长白山保护区人工樟子松（0.1649）

$V = 0.00005228D^{1.57561364}H^{1.36856283}$（轮尺）

$H = 32.964525 - 978.037469/(D_{轮} + 31)$（$D_{轮} \leqslant 100\text{cm}$）

$D_{1.3} = -1.09666 + 0.76128D_0$

白河林业局、长白山保护区人工落叶松（0.2817）

$V = 0.00008472D^{1.97420228}H^{0.74561762}$（轮尺）

$H = 34.593188 - 650.52497/(D_{轮} + 18)$（$D_{轮} \leqslant 100\text{cm}$）

$D_{1.3} = -0.49108 + 0.840955D_0$

白河林业局、长白山保护区人工杨树（0.1738）

$V = 0.0000717D^{1.69135017}H^{1.08071211}$（轮尺）

$H = 30.633299 - 547.989609/(D_{轮} + 16)$（$D_{轮} \leqslant 100\text{cm}$）

$D_{1.3} = -0.98775 + 0.76373D_0$

红石林业局针叶树（0.2338）

$V = 0.0000578596D^{1.8892}H^{0.98755}$（轮尺）

$H = 48.3048 - 2225.5684/(D_{轮} + 47)$（$D_{轮} \leqslant 100\text{cm}$）

$D_{1.3} = -0.21166 + 0.79739D_0$

红石林业局一类阔叶（0.2212）

$V = 0.000053309D^{1.88452}H^{0.99834}$（轮尺）

$H = 30.9806 - 499.7518/(D_{轮} + 16)$（$D_{轮} \leqslant 100\text{cm}$）

$D_{1.3} = -0.56507 + 0.77325D_0$

红石林业局二类阔叶（0.1533）

$V = 0.000048841D^{1.84048}H^{1.05252}$（轮尺）

$H = 25.4672 - 407.7676/(D_{轮} + 16)$（$D_{轮} \leqslant 100\text{cm}$）

$D_{1.3} = -1.18223 + 0.76554D_0$

红石林业局柞树（0.1544）

$V = 0.000061125534D^{1.8810091}H^{0.94462565}$（轮尺）

$H = 25.8083 - 389.5458/(D_{轮} + 15)$（$D_{轮} \leqslant 100\text{cm}$）

$D_{1.3} = -1.09279 + 0.73468D_0$

红石林业局人工红松（0.1755）

$V = 0.00007616D^{1.89948264}H^{0.86116962}$（轮尺）

$H = 21.585289 - 305.57303/(D_{轮} + 14)$（$D_{轮} \leqslant 100\text{cm}$）

$D_{1.3} = -0.36759 + 0.77022D_0$

红石林业局人工樟子松（0.1578）

$V = 0.00005228D^{1.57561364}H^{1.36856283}$（轮尺）

$H = 32.486731 - 963.861805/(D_{轮} + 31)$（$D_{轮} \leqslant 100\text{cm}$）

$D_{1.3} = -1.08547 + 0.75352D_0$

红石林业局人工落叶松（0.2725）

$V = 0.00008472D^{1.97420228}H^{0.74561762}$（轮尺）

$H = 34.129639 - 641.807935/(D_{轮} + 18)$ （$D_{轮} \leqslant 100\text{cm}$）

$D_{1.3} = -0.48627 + 0.83271D_0$

红石林业局人工杨树（0.1738）

$V = 0.0000717D^{1.69135017}H^{1.08071211}$（轮尺）

$H = 30.633299 - 547.989609/(D_{轮} + 16)$ （$D_{轮} \leqslant 100\text{cm}$）

$D_{1.3} = -0.98775 + 0.76373D_0$

白石山林业局针叶树（0.2247）

$V = 0.0000578596D^{1.8892}H^{0.98755}$（轮尺）

$H = 46.4026 - 2137.9188/(D_{轮} + 47)$ （$D_{轮} \leqslant 100\text{cm}$）

$D_{1.3} = -0.21166 + 0.79739D_0$

白石山林业局一类阔叶（0.217）

$V = 0.000053309D^{1.88452}H^{0.99834}$（轮尺）

$H = 30.39 - 490.229/(D_{轮} + 16)$ （$D_{轮} \leqslant 100\text{cm}$）

$D_{1.3} = -0.56507 + 0.77325D_0$

白石山林业局二类阔叶（0.1518）

$V = 0.000048841D^{1.84048}H^{1.05252}$（轮尺）

$H = 25.2309 - 403.9724/(D_{轮} + 16)$ （$D_{轮} \leqslant 100\text{cm}$）

$D_{1.3} = -1.18223 + 0.76554D_0$

白石山林业局柞树（0.1544）

$V = 0.000061125534D^{1.8810091}H^{0.94462565}$（轮尺）

$H = 25.8083 - 389.5458/(D_{轮} + 15)$ （$D_{轮} \leqslant 100\text{cm}$）

$D_{1.3} = -1.09279 + 0.73468D_0$

白石山林业局人工红松（0.1755）

$V = 0.00007616D^{1.89948264}H^{0.86116962}$（轮尺）

$H = 21.585289 - 305.57303/(D_{轮} + 14)$ （$D_{轮} \leqslant 100\text{cm}$）

$D_{1.3} = -0.36759 + 0.77022D_0$

白石山林业局人工樟子松（0.1578）

$V = 0.00005228D^{1.57561364}H^{1.36856283}$（轮尺）

$H = 32.486731 - 963.861605/(D_{轮} + 31)$ （$D_{轮} \leqslant 100\text{cm}$）

$D_{1.3} = -1.08547 + 0.75352D_0$

白石山林业局人工落叶松（0.2725）

吉

$V = 0.00008472D^{1.97420228}H^{0.74561762}$（轮尺）

$H = 34.129639 - 641.807935/(D_{轮} + 18)$（$D_{轮} \leqslant 100\text{cm}$）

$D_{1.3} = -0.48627 + 0.83271D_0$

白石山林业局人工杨树（0.1738）

$V = 0.0000717D^{1.69135017}H^{1.08071211}$（轮尺）

$H = 30.633299 - 547.989609/(D_{轮} + 16)$（$D_{轮} \leqslant 100\text{cm}$）

$D_{1.3} = -0.98775 + 0.76373D_0$

三岔子林业局针叶树（0.2457）

$V = 0.0000578596D^{1.8892}H^{0.98755}$（轮尺）

$H = 48.3048 - 2225.5684/(D_{轮} + 47)$（$D_{轮} \leqslant 100\text{cm}$）

$D_{1.3} = -0.21585 + 0.81318D_0$

三岔子林业局一类阔叶（0.2316）

$V = 0.000053309D^{1.88452}H^{0.99834}$（轮尺）

$H = 30.9806 - 499.7518/(D_{轮} + 16)$（$D_{轮} \leqslant 100\text{cm}$）

$D_{1.3} = -0.57625 + 0.78856D_0$

三岔子林业局二类阔叶（0.1604）

$V = 0.000048841D^{1.84048}H^{1.05252}$（轮尺）

$H = 25.4672 - 407.7676/(D_{轮} + 16)$（$D_{轮} \leqslant 100\text{cm}$）

$D_{1.3} = -1.20564 + 0.78067D_0$

三岔子林业局柞树（0.1663）

$V = 0.000061125534D^{1.8810091}H^{0.94462565}$（轮尺）

$H = 26.6049 - 401.5609/(D_{轮} + 15)$（$D_{轮} \leqslant 100\text{cm}$）

$D_{1.3} = -1.11443 + 0.74923D_0$

三岔子林业局人工红松（0.1918）

$V = 0.00007616D^{1.89948264}H^{0.86116962}$（轮尺）

$H = 22.091945 - 312.745526/(D_{轮} + 14)$（$D_{轮} \leqslant 100\text{cm}$）

$D_{1.3} = -0.37896 + 0.79404D_0$

三岔子林业局人工樟子松（0.1746）

$V = 0.00005228D^{1.57561364}H^{1.36856283}$（轮尺）

$H = 33.203422 - 985.1254/(D_{轮} + 31)$（$D_{轮} \leqslant 100\text{cm}$）

$D_{1.3} = -1.11904 + 0.77682D_0$

三岔子林业局人工落叶松（0.2968）

$V = 0.00008472D^{1.97420228}H^{0.74561762}$（轮尺）

$H = 35.990753 - 676.806179/(D_{轮} + 18)\ (D_{轮} \leqslant 100\text{cm})$

$D_{1.3} = -0.49589 + 0.84919D_0$

三岔子林业局人工杨树（0.1738）

$V = 0.0000717D^{1.69135017}H^{1.08071211}$（轮尺）

$H = 30.633299 - 547.989609/(D_{轮} + 16)\ (D_{轮} \leqslant 100\text{cm})$

$D_{1.3} = -0.98775 + 0.76373D_0$

露水河林业局针叶树（0.2553）

$V = 0.0000578596D^{1.8892}H^{0.98755}$（轮尺）

$H = 50.2045 - 2313.076/(D_{轮} + 47)\ (D_{轮} \leqslant 100\text{cm})$

$D_{1.3} = -0.21585 + 0.81318D_0$

露水河林业局一类阔叶（0.2338）

$V = 0.000053309D^{1.88452}H^{0.99834}$（轮尺）

$H = 31.2764 - 504.5337/(D_{轮} + 16)\ (D_{轮} \leqslant 100\text{cm})$

吉

$D_{1.3} = -0.57625 + 0.78856D_0$

露水河林业局二类阔叶（0.1604）

$V = 0.000048841D^{1.84048}H^{1.05252}$（轮尺）

$H = 25.4672 - 407.7676/(D_{轮} + 16)\ (D_{轮} \leqslant 100\text{cm})$

$D_{1.3} = -1.20564 + 0.78067D_0$

露水河林业局柞树（0.1616）

$V = 0.000061125534D^{1.8810091}H^{0.94462565}$（轮尺）

$H = 25.8083 - 389.5458/(D_{轮} + 15)\ (D_{轮} \leqslant 100\text{cm})$

$D_{1.3} = -1.11443 + 0.74923D_0$

露水河林业局人工红松（0.1918）

$V = 0.00007616D^{1.89948264}H^{0.86116962}$（轮尺）

$H = 22.091945 - 312.745526/(D_{轮} + 14)\ (D_{轮} \leqslant 100\text{cm})$

$D_{1.3} = -0.37896 + 0.79404D_0$

露水河林业局人工樟子松（0.1746）

$V = 0.00005228D^{1.57561364}H^{1.36856283}$（轮尺）

$H = 33.203422 - 985.1254/(D_{轮} + 31)\ (D_{轮} \leqslant 100\text{cm})$

$D_{1.3} = -1.11904 + 0.77682D_0$

露水河林业局人工落叶松（0.2968）

$V = 0.00008472D^{1.97420228}H^{0.74561762}$（轮尺）

$H = 35.990753 - 676.806179/(D_{轮} + 18)$（$D_{轮} \leqslant 100\text{cm}$）

$D_{1.3} = -0.49589 + 0.84919D_0$

露水河林业局人工杨树（0.1738）

$V = 0.0000717D^{1.69135017}H^{1.08071211}$（轮尺）

$H = 30.633299 - 547.989609/(D_{轮} + 16)$（$D_{轮} \leqslant 100\text{cm}$）

$D_{1.3} = -0.98775 + 0.76373D_0$

弯沟林业局针叶树（0.2362）

$V = 0.0000578596D^{1.8892}H^{0.98755}$（轮尺）

$H = 46.4026 - 2137.9188/(D_{轮} + 47)$（$D_{轮} \leqslant 100\text{cm}$）

$D_{1.3} = -0.21585 + 0.81318D_0$

弯沟林业局一类阔叶（0.2228）

$V = 0.000053309D^{1.88452}H^{0.99834}$（轮尺）

$H = 29.7991 - 480.7674/(D_{轮} + 16)$（$D_{轮} \leqslant 100\text{cm}$）

$D_{1.3} = -0.57625 + 0.78856D_0$

弯沟林业局二类阔叶（0.1557）

$V = 0.000048841D^{1.84048}H^{1.05252}$（轮尺）

$H = 24.8174 - 402.0877/(D_{轮} + 16.3)$（$D_{轮} \leqslant 100\text{cm}$）

$D_{1.3} = -1.20564 + 0.78067D_0$

弯沟林业局柞树（0.1616）

$V = 0.000061125534D^{1.8810091}H^{0.94462565}$（轮尺）

$H = 25.8083 - 389.5458/(D_{轮} + 15)$（$D_{轮} \leqslant 100\text{cm}$）

$D_{1.3} = -1.11443 + 0.74923D_0$

弯沟林业局人工红松（0.1918）

$V = 0.00007616D^{1.89948264}H^{0.86116962}$（轮尺）

$H = 22.091945 - 312.745526/(D_{轮} + 14)$（$D_{轮} \leqslant 100\text{cm}$）

$D_{1.3} = -0.37896 + 0.79404D_0$

弯沟林业局人工樟子松（0.1746）

$V = 0.00005228D^{1.57561364}H^{1.36856283}$（轮尺）

$H = 33.203422 - 985.1254/(D_{轮} + 31)$ ($D_{轮} \leqslant 100\text{cm}$)

$D_{1.3} = -1.11904 + 0.77682D_0$

弯沟林业局人工落叶松（0.2968）

$V = 0.00008472D^{1.97420228}H^{0.74561762}$（轮尺）

$H = 35.990753 - 676.806179/(D_{轮} + 18)$ ($D_{轮} \leqslant 100\text{cm}$)

$D_{1.3} = -0.49589 + 0.84919D_0$

弯沟林业局人工杨树（0.1738）

$V = 0.0000717D^{1.69135017}H^{1.08071211}$（轮尺）

$H = 30.633299 - 547.989609/(D_{轮} + 16)$ ($D_{轮} \leqslant 100\text{cm}$)

$D_{1.3} = -0.98775 + 0.76373D_0$

临江林业局针叶树（0.241）

$V = 0.0000578596D^{1.8892}H^{0.98755}$（轮尺）

$H = 47.3498 - 2181.3327/(D_{轮} + 47)$ ($D_{轮} \leqslant 100\text{cm}$)

$D_{1.3} = -0.21585 + 0.81318D_0$

临江林业局一类阔叶（0.2228）

$V = 0.000053309D^{1.88452}H^{0.99834}$（轮尺）

$H = 29.7991 - 480.7674/(D_{轮} + 16)$ ($D_{轮} \leqslant 100\text{cm}$)

$D_{1.3} = -0.57625 + 0.78856D_0$

临江林业局二类阔叶（0.1573）

$V = 0.000048841D^{1.84048}H^{1.05252}$（轮尺）

$H = 24.9945 - 400.1505/(D_{轮} + 16)$ ($D_{轮} \leqslant 100\text{cm}$)

$D_{1.3} = -1.20564 + 0.78067D_0$

临江林业局柞树（0.1663）

$V = 0.000061125534D^{1.8810091}H^{0.94462565}$（轮尺）

$H = 26.6049 - 401.5609/(D_{轮} + 15)$ ($D_{轮} \leqslant 100\text{cm}$)

$D_{1.3} = -1.11443 + 0.74923D_0$

临江林业局人工红松（0.1918）

$V = 0.00007616D^{1.89948264}H^{0.86116962}$（轮尺）

$H = 22.091945 - 312.745526/(D_{轮} + 14)$ ($D_{轮} \leqslant 100\text{cm}$)

$D_{1.3} = -0.37896 + 0.79404D_0$

临江林业局人工樟子松（0.1746）

吉

$V = 0.00005228D^{1.57561364}H^{1.36856283}$（轮尺）

$H = 33.203422 - 985.1254/(D_{轮} + 31)$（$D_{轮} \leqslant 100\text{cm}$）

$D_{1.3} = -1.11904 + 0.77682D_0$

临江林业局人工落叶松（0.2968）

$V = 0.00008472D^{1.97420228}H^{0.74561762}$（轮尺）

$H = 35.990753 - 676.806179/(D_{轮} + 18)$（$D_{轮} \leqslant 100\text{cm}$）

$D_{1.3} = -0.49589 + 0.84919D_0$

临江林业局人工杨树（0.1738）

$V = 0.0000717D^{1.69135017}H^{1.08071211}$（轮尺）

$H = 30.633299 - 547.989609/(D_{轮} + 16)$（$D_{轮} \leqslant 100\text{cm}$）

$D_{1.3} = -0.98775 + 0.76373D_0$

松江河林业局针叶树（0.2481）

$V = 0.0000578596D^{1.8892}H^{0.98755}$（轮尺）

$H = 48.7788 - 2247.4693/(D_{轮} + 47)$（$D_{轮} \leqslant 100\text{cm}$）

$D_{1.3} = -0.21585 + 0.81318D_0$

松江河林业局一类阔叶（0.2272）

$V = 0.000053309D^{1.88452}H^{0.99834}$（轮尺）

$H = 30.39 - 490.229/(D_{轮} + 16)$（$D_{轮} \leqslant 100\text{cm}$）

$D_{1.3} = -0.57625 + 0.78856D_0$

松江河林业局二类阔叶（0.1591）

$V = 0.000048841D^{1.84048}H^{1.05252}$（轮尺）

$H = 25.2509 - 403.9724/(D_{轮} + 16)$（$D_{轮} \leqslant 100\text{cm}$）

$D_{1.3} = -1.20564 + 0.78067D_0$

松江河林业局柞树（0.1663）

$V = 0.000061125534D^{1.8810091}H^{0.94462565}$（轮尺）

$H = 26.6049 - 401.5609/(D_{轮} + 15)$（$D_{轮} \leqslant 100\text{cm}$）

$D_{1.3} = -1.11443 + 0.74923D_0$

松江河林业局人工红松（0.1918）

$V = 0.00007616D^{1.89948264}H^{0.86116962}$（轮尺）

$H = 22.091945 - 312.745526/(D_{轮} + 14)$（$D_{轮} \leqslant 100\text{cm}$）

$D_{1.3} = -0.37896 + 0.79404D_0$

松江河林业局人工樟子松（0.1746）

$V = 0.00005228D^{1.57561364}H^{1.36856283}$（轮尺）

$H = 33.203422 - 985.1254/(D_{轮} + 31)$ （$D_{轮} \leqslant 100\text{cm}$）

$D_{1.3} = -1.11904 + 0.77682D_0$

松江河林业局人工落叶松（0.2968）

$V = 0.00008472D^{1.97420228}H^{0.74561762}$（轮尺）

$H = 35.990753 - 676.806179/(D_{轮} + 18)$ （$D_{轮} \leqslant 100\text{cm}$）

$D_{1.3} = -0.49589 + 0.84919D_0$

松江河林业局人工杨树（0.1738）

$V = 0.0000717D^{1.69135017}H^{1.08071211}$（轮尺）

$H = 30.633299 - 547.989609/(D_{轮} + 16)$ （$D_{轮} \leqslant 100\text{cm}$）

$D_{1.3} = -0.98775 + 0.76373D_0$

泉阳林业局针叶树（0.2422）

$V = 0.0000578596D^{1.8892}H^{0.98755}$（轮尺）

$H = 47.8253 - 2208.2375/(D_{轮} + 47)$ （$D_{轮} \leqslant 100\text{cm}$）

吉

$D_{1.3} = -0.21585 + 0.81318D_0$

泉阳林业局一类阔叶（0.225）

$V = 0.000053309D^{1.88452}H^{0.99834}$（轮尺）

$H = 30.0937 - 485.4777/(D_{轮} + 16)$ （$D_{轮} \leqslant 100\text{cm}$）

$D_{1.3} = -0.57625 + 0.78856D_0$

泉阳林业局二类阔叶（0.1591）

$V = 0.000048841D^{1.84048}H^{1.05252}$（轮尺）

$H = 25.2509 - 403.9724/(D_{轮} + 16)$ （$D_{轮} \leqslant 100\text{cm}$）

$D_{1.3} = -1.20564 + 0.78067D_0$

泉阳林业局柞树（0.1647）

$V = 0.000061125534D^{1.8810091}H^{0.94462565}$（轮尺）

$H = 26.3407 - 397.6289/(D_{轮} + 15)$ （$D_{轮} \leqslant 100\text{cm}$）

$D_{1.3} = -1.11443 + 0.74923D_0$

泉阳林业局人工红松（0.1918）

$V = 0.00007616D^{1.89948264}H^{0.86116962}$（轮尺）

$H = 22.091945 - 312.745526/(D_{轮} + 14)$ （$D_{轮} \leqslant 100\text{cm}$）

$D_{1.3}=-0.37896+0.79404D_0$

泉阳林业局人工樟子松（0.1746）

$V=0.00005228D^{1.57561364}H^{1.36856283}$（轮尺）

$H=33.203422-985.1254/(D_{轮}+31)$ ($D_{轮}\leqslant 100\text{cm}$)

$D_{1.3}=-1.11904+0.77682D_0$

泉阳林业局人工落叶松（0.2968）

$V=0.00008472D^{1.97420228}H^{0.74561762}$（轮尺）

$H=35.990753-676.806179/(D_{轮}+18)$ ($D_{轮}\leqslant 100\text{cm}$)

$D_{1.3}=-0.49589+0.84919D_0$

泉阳林业局人工杨树（0.1738）

$V=0.0000717D^{1.69135017}H^{1.08071211}$（轮尺）

$H=30.633299-547.989609/(D_{轮}+16)$ ($D_{轮}\leqslant 100\text{cm}$)

$D_{1.3}=-0.98775+0.76373D_0$

珲春林业局针叶树（0.2281）

$V=0.0000578596D^{1.8892}H^{0.98755}$（轮尺）

$H=45.9282-2116.0599/(D_{轮}+47)$ ($D_{轮}\leqslant 100\text{cm}$)

$D_{1.3}=-0.21375+0.80528D_0$

珲春林业局一类阔叶（0.215）

$V=0.000053309D^{1.88452}H^{0.99834}$（轮尺）

$H=29.4425-471.2245/(D_{轮}+15.7)$ ($D_{轮}\leqslant 100\text{cm}$)

$D_{1.3}=-0.57066+0.7809D_0$

珲春林业局二类阔叶（0.1507）

$V=0.000048841D^{1.84048}H^{1.05252}$（轮尺）

$H=24.5267-392.7061/(D_{轮}+16)$ ($D_{轮}\leqslant 100\text{cm}$)

$D_{1.3}=-1.19393+0.77309D_0$

珲春林业局柞树（0.1442）

$V=0.000061125534D^{1.8810091}H^{0.94462565}$（轮尺）

$H=23.4292-353.6657/(D_{轮}+15)$ ($D_{轮}\leqslant 100\text{cm}$)

$D_{1.3}=-1.10361+0.74196D_0$

珲春林业局人工红松（0.1814）

$V=0.00007616D^{1.89948264}H^{0.86116962}$（轮尺）

$H = 21.838617 - 309.159278/(D_{轮} + 14)$ ($D_{轮} \leqslant 100\text{cm}$)

$D_{1.3} = -0.37138 + 0.77816D_0$

珲春林业局人工樟子松（0.1649）

$V = 0.00005228D^{1.57561364}H^{1.36856283}$（轮尺）

$H = 32.9645255 - 978.037469/(D_{轮} + 31)$ ($D_{轮} \leqslant 100\text{cm}$)

$D_{1.3} = -1.09666 + 0.76128D_0$

珲春林业局人工落叶松（0.2817）

$V = 0.00008472D^{1.97420228}H^{0.74561762}$（轮尺）

$H = 34.593188 - 650.52497/(D_{轮} + 18)$ ($D_{轮} \leqslant 100\text{cm}$)

$D_{1.3} = -0.49108 + 0.840955D_0$

珲春林业局人工杨树（0.1738）

$V = 0.0000717D^{1.69135017}H^{1.08071211}$（轮尺）

$H = 30.633299 - 547.989609/(D_{轮} + 16)$ ($D_{轮} \leqslant 100\text{cm}$)

$D_{1.3} = -0.98775 + 0.76373D_0$

吉林省立木材积式（2015）使用说明

吉林省林业厅于 2015 年发布了《吉林省立木材积、出材率表》（吉林资 [2015] 524 号文件）。这部材积表有 12 个树种组的二元材积表。材积表分别以轮尺径、围尺径和地径编制，由此导算的一元材积表各有 80 个。材积表中直径的上限全部设为 60 cm。在导算一元材积表时，将全省划分为 8 个编表地区（单元），其中地方和森工集团分别有 6 个和 2 个编表地区，与 2003 年版有所不同，使用时应注意区别。

一、编表地区划分

1. 地方I：白山市市区、江源区、抚松县、靖宇县、临江市、长白县、长白森林经营局；通化市市区、通化县、集安市；安图县、和龙市、敦化市、汪清县、安图森林经营局；上营森林经营局；省蛟河实验管理局。

2. 地方II：柳河县、辉南县；磐石市、桦甸市、蛟河市；延吉市、图们市、龙井市；珲春市；辉南森林经营局。

3. 地方III：吉林市市区、舒兰市、永吉县；辽源市市区、东丰县、东辽县；梅河口市。

4. 地方IV：四平市市区、梨树县、伊通县；公主岭市；松原市市区、扶余市、前郭县、长岭县、乾安县。

5. 地方V：长春市市区、九台区、双阳区、榆树市、农安县、德惠市。

6. 地方VI：白城市市区、大安市、洮南市、通榆县、镇赉县；双辽市。

7. 森工I：红石林业局、露水河林业局、临江林业局、三岔子林业局、松江林业局、八家子林业局、和龙林业局、敦化林业局、白河林业局、长白山保护局。

8. 森工II：泉阳林业局、白石山林业局、黄泥河林业局、大石头林业局、大兴沟林业局、天桥岭林业局、汪清林业局、珲春林业局、湾沟林业局。

二、树种组划分

1. 天然针叶I：红松（包括赤柏松）、云杉（包括鱼鳞云杉、红皮云杉）。

2. 天然针叶II：臭松、落叶松、樟子松（包括樟子松、赤松、黑松、油松、长白松）、其他针叶。

3. 天然阔叶I：水曲柳、胡桃楸、黄波罗。

4. 天然阔叶II：椴树、枫桦。

5. 天然阔叶III：柞树、黑桦。

6. 天然阔叶IV：色树、榆树。

7. 天然阔叶V：杨树、白桦。

8. 天然阔叶VI：其他阔叶。

9. 人工针叶I：人工红松（包括人工赤柏松）、人工云杉（人工鱼鳞云杉、人工红皮云杉）。

10. 人工针叶II：人工樟子松（包括樟子松、赤松、黑松、油松、长白松）、人工臭松、人工其他针叶。

11. 人工落叶松：人工落叶松。

12. 人工杨树：人工杨树（包括人工朝鲜柳）。

13. 没有编表的人工落叶树查相应编表单元的人工杨树表。

三、立木材积计算方法

1. 利用树高方程计算树高（见树高方程→405 页）。

2. 利用二元材积式计算立木材积（见二元材积式→403 页）。

以森工 I 天然针叶为例，说明如何根据直径数据和二元材积式计算立木材积，并设已测得围尺胸径为 20 cm：

（1）计算树高，利用森工 I 天然针叶 I 树高方程计算：

$H = 49.8679 - 2456.4084/(D_{围} + 50)$，得树高值为 14.8 m；

（2）计算材积，将树高值代入天然针叶 I 材积式：

$V = 0.00005085 D_{围}^{1.80946002} H^{1.1014315}$，得材积值为 0.2236 m^3。

吉林二元立木材积式 (2015)

树种组	测试	材积式
天然针叶I	0.2357	$V=0.00006312D_{轮}^{1.86387232}H^{0.97539633}$
天然针叶II	0.2316	$V=0.00006326D_{轮}^{1.76841737}H^{1.07368554}$
天然阔叶I	0.2217	$V=0.00006538D_{轮}^{1.92182345}H^{0.87570034}$
天然阔叶II	0.2164	$V=0.00004317D_{轮}^{1.76549034}H^{1.19308893}$
天然阔叶III	0.2200	$V=0.00004827D_{轮}^{1.70467591}H^{1.22521857}$
天然阔叶IV	0.2048	$V=0.00006574D_{轮}^{1.91461032}H^{0.85242726}$
天然阔叶V	0.2163	$V=0.00005739D_{轮}^{1.88134106}H^{0.95955453}$
天然阔叶VI	0.2043	$V=0.00005534D_{轮}^{1.7743546}H^{1.07032512}$
人工针叶I	0.2311	$V=0.00006408D_{轮}^{1.95925212}H^{0.85702895}$
人工针叶II	0.2162	$V=0.00010275D_{轮}^{2.12689931}H^{0.47268214}$
人工落叶松	0.2143	$V=0.00003535D_{轮}^{1.4079342}H^{1.65871646}$
人工杨树	0.2067	$V=0.00006034D_{轮}^{1.73242203}H^{1.08896196}$
天然针叶I	0.2269	$V=0.00005085D_{围}^{1.80946002}H^{1.1014315}$
天然针叶II	0.2209	$V=0.00005507D_{围}^{1.77206161}H^{1.10349762}$
天然阔叶I	0.2093	$V=0.00005129D_{围}^{1.93014641}H^{0.93487618}$
天然阔叶II	0.2055	$V=0.00003545D_{围}^{1.76789775}H^{1.24396035}$
天然阔叶III	0.2092	$V=0.00004071D_{围}^{1.71904224}H^{1.25350526}$
天然阔叶IV	0.2027	$V=0.00003629D_{围}^{1.81966905}H^{1.17303013}$
天然阔叶V	0.2022	$V=0.00004061D_{围}^{1.83543102}H^{1.11310324}$
天然阔叶VI	0.1950	$V=0.00004251D_{围}^{1.78308888}H^{1.14082685}$
人工针叶I	0.2214	$V=0.00005145D_{围}^{1.95544107}H^{0.92659441}$
人工针叶II	0.2065	$V=0.00008155D_{围}^{2.13112658}H^{0.53637136}$
人工落叶松	0.1998	$V=0.00002994D_{围}^{1.44765837}H^{1.65032695}$

（续表）

树种组	测试	材积式
人工杨树	0.1993	$V = 0.00005627D_{围}^{1.75867021}H^{1.07231738}$
天然针叶I	0.1469	$V = 0.00002773D_{地}^{1.69142914}H^{1.29543983}$
天然针叶II	0.1505	$V = 0.00003099D_{地}^{1.5801729}H^{1.3864489}$
天然阔叶I	0.1271	$V = 0.00002389D_{地}^{2.01283402}H^{0.94146296}$
天然阔叶II	0.1346	$V = 0.00001636D_{地}^{1.81950034}H^{1.31618853}$
天然阔叶III	0.1310	$V = 0.00001975D_{地}^{1.78632794}H^{1.27349484}$
天然阔叶IV	0.1082	$V = 0.00002206D_{地}^{2.1589788}H^{0.74984906}$
天然阔叶V	0.1248	$V = 0.00002022D_{地}^{1.90937661}H^{1.11079042}$
天然阔叶VI	0.1225	$V = 0.00001889D_{地}^{1.90472668}H^{1.13402032}$
人工针叶I	0.1427	$V = 0.00002615D_{地}^{1.91687541}H^{1.05700141}$
人工针叶II	0.1283	$V = 0.00002779D_{地}^{2.24906842}H^{0.62777077}$
人工落叶松	0.1372	$V = 0.00002037D_{地}^{1.52905986}H^{1.56364749}$
人工杨树	0.1255	$V = 0.00002395D_{地}^{1.83257947}H^{1.13526179}$

吉

测试：直径 20 cm 时的材积计算值；资料名称：吉林省立木材积、出材率表；编表者：吉林省林业厅；刊印或发表时间：2015。其他说明：吉林资 (2015) 524 号文件发布，从 2016 年开始使用。

吉林立木树高方程（2015）

地区	树种组	测试	树高方程
森工I	天然针叶I	15.0	$H = 50.1851 - 2462.4989/(D_{轮} + 50)$
森工I	天然针叶II	16.5	$H = 40.0376 - 1081.5218/(D_{轮} + 26)$
森工I	天然阔叶I	17.3	$H = 30.1697 - 423.6806/(D_{轮} + 13)$
森工I	天然阔叶II	16.6	$H = 28.6724 - 396.9537/(D_{轮} + 13)$
森工I	天然阔叶III	16.3	$H = 25.2072 - 248.4384/(D_{轮} + 8)$
森工I	天然阔叶IV	14.8	$H = 26.7414 - 442.6291/(D_{轮} + 17)$
森工I	天然阔叶V	18.2	$H = 31.6355 - 458.0282/(D_{轮} + 14)$
森工I	天然阔叶VI	14.8	$H = 23.1333 - 259.5141/(D_{轮} + 11)$
森工I	人工针叶I	13.8	$H = 26.1004 - 441.905/(D_{轮} + 16)$
森工I	人工针叶II	14.1	$H = 25.0958 - 385.799/(D_{轮} + 15)$
森工I	人工落叶松	17.6	$H = 36.1812 - 741.4157/(D_{轮} + 20)$
森工等[注]	人工杨树	14.9	$H = 29.6116 - 545.7875/(D_{轮} + 17)$
森工I	天然针叶I	14.8	$H = 49.8679 - 2456.4084/(D_{围} + 50)$
森工II	天然针叶II	16.2	$H = 40.4148 - 1136.0954/(D_{围} + 27)$
森工I	天然阔叶I	17.0	$H = 30.592 - 460.5511/(D_{围} + 14)$
森工I	天然阔叶II	16.4	$H = 28.6902 - 403.9366/(D_{围} + 13)$
森工I	天然阔叶III	16.2	$H = 25.2467 - 254.6311/(D_{围} + 8)$
森工I	天然阔叶IV	14.6	$H = 27.2844 - 482.0476/(D_{围} + 18)$
森工I	天然阔叶V	17.9	$H = 31.6599 - 466.1945/(D_{围} + 14)$
森工I	天然阔叶VI	14.6	$H = 23.1865 - 265.8607/(D_{围} + 11)$
森工I	人工针叶I	13.7	$H = 26.1187 - 448.7502/(D_{围} + 16)$
森工I	人工针叶II	13.9	$H = 25.5077 - 418.2353/(D_{围} + 16)$
森工I	人工落叶松	17.4	$H = 36.8089 - 795.9317/(D_{围} + 21)$
森工等[注]	人工杨树	14.7	$H = 29.6106 - 550.8105/(D_{围} + 17)$
森工I	天然针叶I	12.4	$H = 45.6653 - 2327.14/(D_{地} + 50)$
森工I	天然针叶II	13.7	$H = 40.9715 - 1526.0534/(D_{地} + 36)$
森工I	天然阔叶I	15.0	$H = 30.7667 - 583.0972/(D_{地} + 17)$
森工I	天然阔叶II	14.7	$H = 28.7542 - 492.4405/(D_{地} + 15)$
森工I	天然阔叶III	14.3	$H = 25.5045 - 336.2125/(D_{地} + 10)$
森工I	天然阔叶IV	12.7	$H = 28.1565 - 680.5712/(D_{地} + 24)$
森工I	天然阔叶V	15.8	$H = 32.4915 - 652.4814/(D_{地} + 19)$
森工I	天然阔叶VI	13.1	$H = 23.6792 - 358.7563/(D_{地} + 14)$
森工I	人工针叶I	12.0	$H = 25.8956 - 542.2663/(D_{地} + 19)$
森工I	人工针叶II	12.4	$H = 26.3588 - 559.2841/(D_{地} + 20)$
森工I	人工落叶松	15.0	$H = 34.8839 - 853.5152/(D_{地} + 23)$
森工等[注]	人工杨树	12.7	$H = 29.2315 - 645.643/(D_{地} + 19)$
森工II	天然针叶I	14.6	$H = 48.7374 - 2391.4653/(D_{轮} + 50)$
森工II	天然针叶II	15.7	$H = 38.131 - 1030.0208/(D_{轮} + 26)$

吉

（续表）

地区	树种组	测试	树高方程
森工 II	天然阔叶I	16.7	$H = 29.0093 - 407.3852/(D_{轮} + 13)$
森工 II	天然阔叶II	15.8	$H = 27.2806 - 377.6841/(D_{轮} + 13)$
森工 II	天然阔叶III	15.4	$H = 23.7668 - 234.2419/(D_{轮} + 8)$
森工 II	天然阔叶IV	14.5	$H = 26.2118 - 433.8641/(D_{轮} + 17)$
森工 II	天然阔叶V	17.1	$H = 29.8277 - 431.8551/(D_{轮} + 14)$
森工 II	天然阔叶VI	14.3	$H = 22.4595 - 251.9554/(D_{轮} + 11)$
森工 II	人工针叶I	13.4	$H = 25.3327 - 428.9078/(D_{轮} + 16)$
森工 II	人工针叶II	13.7	$H = 24.3577 - 374.452/(D_{轮} + 15)$
森工 II	人工落叶松	17.3	$H = 35.4715 - 726.8781/(D_{轮} + 20)$
森工 II	天然针叶I	14.4	$H = 48.4294 - 2385.5505/(D_{围} + 50)$
森工 II	天然针叶II	15.5	$H = 38.4903 - 1081.9956/(D_{围} + 27)$
森工 II	天然阔叶I	16.4	$H = 29.4154 - 442.8376/(D_{围} + 14)$
森工 II	天然阔叶II	15.7	$H = 27.2975 - 384.3281/(D_{围} + 13)$
森工 II	天然阔叶III	15.2	$H = 23.8041 - 240.0807/(D_{围} + 8)$
森工 II	天然阔叶IV	14.3	$H = 26.7442 - 472.5022/(D_{围} + 18)$
森工 II	天然阔叶V	16.9	$H = 29.8508 - 439.5549/(D_{围} + 14)$
森工 II	天然阔叶VI	14.2	$H = 22.5112 - 258.1172/(D_{围} + 11)$
森工 II	人工针叶I	13.3	$H = 25.3505 - 435.5517/(D_{围} + 16)$
森工 II	人工针叶II	13.5	$H = 24.7574 - 405.9343/(D_{围} + 16)$
森工 II	人工落叶松	17.1	$H = 36.0872 - 780.3252/(D_{围} + 21)$
森工 II	天然针叶I	12.1	$H = 44.348 - 2260.01/(D_{地} + 50)$
森工 II	天然针叶II	13.1	$H = 39.0205 - 1453.3842/(D_{地} + 36)$
森工 II	天然阔叶I	14.4	$H = 29.5834 - 560.6704/(D_{地} + 17)$
森工 II	天然阔叶II	14.0	$H = 27.3584 - 468.5356/(D_{地} + 15)$
森工 II	天然阔叶III	13.5	$H = 24.0471 - 317.0004/(D_{地} + 10)$
森工 II	天然阔叶IV	12.4	$H = 27.5989 - 667.0946/(D_{地} + 24)$
森工 II	天然阔叶V	14.9	$H = 30.6349 - 615.1968/(D_{地} + 19)$
森工 II	天然阔叶VI	12.7	$H = 22.9895 - 348.3071/(D_{地} + 14)$
森工 II	人工针叶I	11.6	$H = 25.1339 - 526.3173/(D_{地} + 19)$
森工 II	人工针叶II	12.0	$H = 25.5836 - 542.8345/(D_{地} + 20)$
森工 II	人工落叶松	14.7	$H = 34.1999 - 836.7796/(D_{地} + 23)$
地方 I	天然针叶I	14.7	$H = 49.22 - 2415.1431/(D_{轮} + 50)$
地方 I	天然针叶II	16.1	$H = 38.8936 - 1050.6212/(D_{轮} + 26)$
地方 I	天然阔叶I	16.8	$H = 29.2994 - 411.4591/(D_{轮} + 13)$
地方 I	天然阔叶II	16.5	$H = 28.394 - 393.0997/(D_{轮} + 13)$
地方 I	天然阔叶III	15.9	$H = 24.487 - 241.3402/(D_{轮} + 8)$
地方 I	天然阔叶IV	14.6	$H = 26.4766 - 438.2466/(D_{轮} + 17)$
地方 I	天然阔叶V	17.6	$H = 30.7316 - 444.9416/(D_{轮} + 14)$
地方 I	天然阔叶VI	14.6	$H = 22.9087 - 256.9945/(D_{轮} + 11)$

（续表）

地区	树种组	测试	树高方程
地方 I	人工针叶I	13.7	$H = 25.8445 - 437.5726/(D_{轮} + 16)$
地方 I	人工针叶II	13.9	$H = 24.8497 - 382.0166/(D_{轮} + 15)$
地方 I	人工落叶松	17.3	$H = 35.4718 - 726.8781/(D_{轮} + 20)$
地方 I	天然针叶I	14.5	$H = 48.9089 - 2409.1698/(D_{围} + 50)$
地方 I	天然针叶II	15.8	$H = 39.2601 - 1103.6355/(D_{围} + 27)$
地方 I	天然阔叶I	16.6	$H = 29.7096 - 447.266/(D_{围} + 14)$
地方 I	天然阔叶II	16.3	$H = 28.4117 - 400.0149/(D_{围} + 13)$
地方 I	天然阔叶III	15.7	$H = 24.5254 - 247.3559/(D_{围} + 8)$
地方 I	天然阔叶IV	14.5	$H = 27.0143 - 477.2749/(D_{围} + 18)$
地方 I	天然阔叶V	17.4	$H = 30.7553 - 452.8747/(D_{围} + 14)$
地方 I	天然阔叶VI	14.5	$H = 22.9614 - 263.2795/(D_{围} + 11)$
地方 I	人工针叶I	13.5	$H = 25.8627 - 444.3507/(D_{围} + 16)$
地方 I	人工针叶II	13.8	$H = 25.2576 - 414.1349/(D_{围} + 16)$
地方 I	人工落叶松	17.1	$H = 36.0872 - 780.3252/(D_{围} + 21)$
地方 I	天然针叶I	12.2	$H = 44.7871 - 2282.3864/(D_{地} + 50)$
地方 I	天然针叶II	13.3	$H = 39.8009 - 1482.4519/(D_{地} + 36)$
地方 I	天然阔叶I	14.6	$H = 29.8792 - 566.2771/(D_{地} + 17)$
地方 I	天然阔叶II	14.5	$H = 28.475 - 487.6596/(D_{地} + 15)$
地方 I	天然阔叶III	13.9	$H = 24.7758 - 326.6064/(D_{地} + 10)$
地方 I	天然阔叶IV	12.6	$H = 27.8777 - 673.8329/(D_{地} + 24)$
地方 I	天然阔叶V	15.3	$H = 31.5632 - 633.8391/(D_{地} + 19)$
地方 I	天然阔叶VI	13.0	$H = 23.4493 - 355.2732/(D_{地} + 14)$
地方 I	人工针叶I	11.9	$H = 25.6417 - 536.9499/(D_{地} + 19)$
地方 I	人工针叶II	12.3	$H = 26.1004 - 553.8009/(D_{地} + 20)$
地方 I	人工落叶松	14.7	$H = 34.1999 - 836.7796/(D_{地} + 23)$
地方 II	天然针叶I	14.0	$H = 46.8073 - 2296.7538/(D_{轮} + 50)$
地方 II	天然针叶II	15.4	$H = 37.3684 - 1009.4204/(D_{轮} + 26)$
地方 II	天然阔叶I	16.3	$H = 28.4291 - 399.2375/(D_{轮} + 13)$
地方 II	天然阔叶II	15.7	$H = 27.0022 - 373.8301/(D_{轮} + 13)$
地方 II	天然阔叶III	15.6	$H = 24.0069 - 236.608/(D_{轮} + 8)$
地方 II	天然阔叶IV	14.5	$H = 26.2118 - 433.8641/(D_{轮} + 17)$
地方 II	天然阔叶V	17.3	$H = 30.129 - 436.2173/(D_{轮} + 14)$
地方 II	天然阔叶VI	14.3	$H = 22.4595 - 251.9554/(D_{轮} + 11)$
地方 II	人工针叶I	13.6	$H = 25.5886 - 433.2402/(D_{轮} + 16)$
地方 II	人工针叶II	13.8	$H = 24.6037 - 378.2343/(D_{轮} + 15)$
地方 II	人工落叶松	17.1	$H = 35.1171 - 719.6093/(D_{轮} + 20)$
地方 II	天然针叶I	13.8	$H = 46.5114 - 2291.0733/(D_{围} + 50)$
地方 II	天然针叶II	15.2	$H = 37.7205 - 1060.3557/(D_{围} + 27)$
地方 II	天然阔叶I	16.1	$H = 28.8271 - 433.9808/(D_{围} + 14)$

（续表）

地区	树种组	测试	树高方程
地方Ⅱ	天然阔叶II	15.5	$H = 27.019 - 380.4064/(D_{围} + 13)$
地方Ⅱ	天然阔叶III	15.4	$H = 24.0445 - 242.5058/(D_{围} + 8)$
地方Ⅱ	天然阔叶IV	14.3	$H = 26.7442 - 472.5022/(D_{围} + 18)$
地方Ⅱ	天然阔叶V	17.1	$H = 30.1523 - 443.9948/(D_{围} + 14)$
地方Ⅱ	天然阔叶VI	14.2	$H = 22.5112 - 258.1172/(D_{围} + 11)$
地方Ⅱ	人工针叶I	13.4	$H = 25.6066 - 439.9512/(D_{围} + 16)$
地方Ⅱ	人工针叶II	13.6	$H = 25.0075 - 410.0346/(D_{围} + 16)$
地方Ⅱ	人工落叶松	16.9	$H = 35.7263 - 772.5219/(D_{围} + 21)$
地方Ⅱ	天然针叶I	11.6	$H = 42.5916 - 2170.5047/(D_{地} + 50)$
地方Ⅱ	天然针叶II	12.8	$H = 38.2401 - 1424.3165/(D_{地} + 36)$
地方Ⅱ	天然阔叶I	14.1	$H = 28.9917 - 549.457/(D_{地} + 17)$
地方Ⅱ	天然阔叶II	13.8	$H = 27.0792 - 463.7547/(D_{地} + 15)$
地方Ⅱ	天然阔叶III	13.6	$H = 24.29 - 320.2024/(D_{地} + 10)$
地方Ⅱ	天然阔叶IV	12.4	$H = 27.5989 - 667.0946/(D_{地} + 24)$
地方Ⅱ	天然阔叶V	15.0	$H = 30.9443 - 621.4109/(D_{地} + 19)$
地方Ⅱ	天然阔叶VI	12.7	$H = 22.9895 - 348.3071/(D_{地} + 14)$
地方Ⅱ	人工针叶I	11.8	$H = 25.3878 - 531.6336/(D_{地} + 19)$
地方Ⅱ	人工针叶II	12.1	$H = 25.842 - 548.3177/(D_{地} + 20)$
地方Ⅱ	人工落叶松	14.6	$H = 33.8579 - 828.4118/(D_{地} + 23)$
地方Ⅲ、Ⅳ	天然针叶I	13.6	$H = 45.3596 - 2225.7202/(D_{轮} + 50)$
地方Ⅲ、Ⅳ	天然针叶II	15.0	$H = 36.2245 - 978.5198/(D_{轮} + 26)$
地方Ⅲ、Ⅳ	天然阔叶I	15.7	$H = 27.2687 - 382.9421/(D_{轮} + 13)$
地方Ⅲ、Ⅳ	天然阔叶II	15.2	$H = 26.1671 - 362.2684/(D_{轮} + 13)$
地方Ⅲ、Ⅳ	天然阔叶III	14.8	$H = 22.8066 - 224.7776/(D_{轮} + 8)$
地方Ⅲ、Ⅳ	天然阔叶IV	13.9	$H = 25.1528 - 416.3343/(D_{轮} + 17)$
地方Ⅲ、Ⅳ	天然阔叶V	16.3	$H = 28.3213 - 410.0443/(D_{轮} + 14)$
地方Ⅲ、Ⅳ	天然阔叶VI	13.8	$H = 21.5611 - 241.8772/(D_{轮} + 11)$
地方Ⅲ、Ⅳ	人工针叶I	13.0	$H = 24.5651 - 415.9106/(D_{轮} + 16)$
地方Ⅲ、Ⅳ	人工针叶II	13.2	$H = 23.6196 - 363.1049/(D_{轮} + 15)$
地方Ⅲ、Ⅳ	人工落叶松	17.0	$H = 34.7624 - 712.3405/(D_{轮} + 20)$
地方Ⅲ、Ⅳ	天然针叶I	13.4	$H = 45.0729 - 2220.2153/(D_{围} + 50)$
地方Ⅲ、Ⅳ	天然针叶II	14.7	$H = 36.5658 - 1027.8958/(D_{围} + 27)$
地方Ⅲ、Ⅳ	天然阔叶I	15.4	$H = 27.6505 - 416.2673/(D_{围} + 14)$
地方Ⅲ、Ⅳ	天然阔叶II	15.0	$H = 26.1833 - 368.6412/(D_{围} + 13)$
地方Ⅲ、Ⅳ	天然阔叶III	14.6	$H = 22.8423 - 230.3805/(D_{围} + 8)$
地方Ⅲ、Ⅳ	天然阔叶IV	13.7	$H = 25.6636 - 453.4112/(D_{围} + 18)$
地方Ⅲ、Ⅳ	天然阔叶V	16.1	$H = 28.3432 - 417.3551/(D_{围} + 14)$
地方Ⅲ、Ⅳ	天然阔叶VI	13.6	$H = 21.6108 - 247.7925/(D_{围} + 11)$
地方Ⅲ、Ⅳ	人工针叶I	12.9	$H = 24.5823 - 422.3532/(D_{围} + 16)$

吉

（续表）

地区	树种组	测试	树高方程
地方Ⅲ、Ⅳ	人工针叶II	13.1	$H = 24.0072 - 393.6332/(D_{围} + 16)$
地方Ⅲ、Ⅳ	人工落叶松	16.7	$H = 35.3655 - 764.7187/(D_{围} + 21)$
地方Ⅲ、Ⅳ	天然针叶I	11.2	$H = 41.2744 - 2103.3757/(D_{地} + 50)$
地方Ⅲ、Ⅳ	天然针叶II	12.4	$H = 37.0695 - 1380.715/(D_{地} + 36)$
地方Ⅲ、Ⅳ	天然阔叶I	13.6	$H = 27.8084 - 527.0302/(D_{地} + 17)$
地方Ⅲ、Ⅳ	天然阔叶II	13.4	$H = 26.2417 - 449.4117/(D_{地} + 15)$
地方Ⅲ、Ⅳ	天然阔叶III	12.9	$H = 23.0755 - 304.1923/(D_{地} + 10)$
地方Ⅲ、Ⅳ	天然阔叶IV	11.9	$H = 26.4838 - 640.1413/(D_{地} + 24)$
地方Ⅲ、Ⅳ	天然阔叶V	14.1	$H = 29.0876 - 584.1262/(D_{地} + 19)$
地方Ⅲ、Ⅳ	天然阔叶VI	12.2	$H = 22.0699 - 334.3748/(D_{地} + 14)$
地方Ⅲ、Ⅳ	人工针叶I	11.3	$H = 24.3723 - 510.3683/(D_{地} + 19)$
地方Ⅲ、Ⅳ	人工针叶II	11.6	$H = 24.8083 - 526.385/(D_{地} + 20)$
地方Ⅲ、Ⅳ	人工落叶松	14.4	$H = 33.5159 - 820.044/(D_{地} + 23)$
地方V	天然针叶I	13.6	$H = 45.3596 - 2225.7202/(D_{轮} + 50)$
地方V	天然针叶II	15.0	$H = 36.2245 - 978.5198/(D_{轮} + 26)$
地方V	天然阔叶I	15.7	$H = 27.2687 - 382.9421/(D_{轮} + 13)$
地方V	天然阔叶II	15.2	$H = 26.1671 - 362.2684/(D_{轮} + 13)$
地方V	天然阔叶III	14.8	$H = 22.8066 - 224.7776/(D_{轮} + 8)$
地方V	天然阔叶IV	13.9	$H = 25.1528 - 416.3343/(D_{轮} + 17)$
地方V	天然阔叶V	16.3	$H = 28.3213 - 410.0443/(D_{轮} + 14)$
地方V	天然阔叶VI	13.8	$H = 21.5611 - 241.8772/(D_{轮} + 11)$
地方V	人工针叶I	13.0	$H = 24.5651 - 415.9106/(D_{轮} + 16)$
地方V	人工针叶II	13.2	$H = 23.6196 - 363.1049/(D_{轮} + 15)$
地方V	人工落叶松	17.0	$H = 34.7624 - 712.3405/(D_{轮} + 20)$
地方V	人工杨树	15.6	$H = 31.0922 - 573.0769/(D_{轮} + 17)$
地方V	天然针叶I	13.4	$H = 45.0729 - 2220.2153/(D_{围} + 50)$
地方V	天然针叶II	14.7	$H = 36.5658 - 1027.8958/(D_{围} + 27)$
地方V	天然阔叶I	15.4	$H = 27.6505 - 416.2673/(D_{围} + 14)$
地方V	天然阔叶II	15.0	$H = 26.1833 - 368.6412/(D_{围} + 13)$
地方V	天然阔叶III	14.6	$H = 22.8423 - 230.3805/(D_{围} + 8)$
地方V	天然阔叶IV	13.7	$H = 25.6636 - 453.4112/(D_{围} + 18)$
地方V	天然阔叶V	16.1	$H = 28.3432 - 417.3551/(D_{围} + 14)$
地方V	天然阔叶VI	13.6	$H = 21.6108 - 247.7925/(D_{围} + 11)$
地方V	人工针叶I	12.9	$H = 24.5823 - 422.3532/(D_{围} + 16)$
地方V	人工针叶II	13.1	$H = 24.0072 - 393.6332/(D_{围} + 16)$
地方V	人工落叶松	16.7	$H = 35.3655 - 764.7187/(D_{围} + 21)$
地方V	人工杨树	15.5	$H = 31.0911 - 578.351/(D_{围} + 17)$
地方V	天然针叶I	11.2	$H = 41.2744 - 2103.3757/(D_{地} + 50)$
地方V	天然针叶II	12.4	$H = 37.0695 - 1380.715/(D_{地} + 36)$

（续表）

地区	树种组	测试	树高方程
地方Ⅴ	天然阔叶I	13.6	$H = 27.8084 - 527.0302/(D_{地} + 17)$
地方Ⅴ	天然阔叶II	13.4	$H = 26.2417 - 449.4117/(D_{地} + 15)$
地方Ⅴ	天然阔叶III	12.9	$H = 23.0755 - 304.1923/(D_{地} + 10)$
地方Ⅴ	天然阔叶IV	11.9	$H = 26.4838 - 640.1413/(D_{地} + 24)$
地方Ⅴ	天然阔叶V	14.1	$H = 29.0876 - 584.1262/(D_{地} + 19)$
地方Ⅴ	天然阔叶VI	12.2	$H = 22.0699 - 334.3748/(D_{地} + 14)$
地方Ⅴ	人工针叶I	11.3	$H = 24.3723 - 510.3683/(D_{地} + 19)$
地方Ⅴ	人工针叶II	11.6	$H = 24.8083 - 526.385/(D_{地} + 20)$
地方Ⅴ	人工落叶松	14.4	$H = 33.5159 - 820.044/(D_{地} + 23)$
地方Ⅴ	人工杨树	13.3	$H = 30.6931 - 677.9252/(D_{地} + 19)$
地方Ⅵ	天然针叶I	13.6	$H = 45.3596 - 2225.7202/(D_{轮} + 50)$
地方Ⅵ	天然针叶II	15.0	$H = 36.2245 - 978.5198/(D_{轮} + 26)$
地方Ⅵ	天然阔叶I	15.7	$H = 27.2687 - 382.9421/(D_{轮} + 13)$
地方Ⅵ	天然阔叶II	15.2	$H = 26.1671 - 362.2684/(D_{轮} + 13)$
地方Ⅵ	天然阔叶III	14.8	$H = 22.8066 - 224.7776/(D_{轮} + 8)$
地方Ⅵ	天然阔叶IV	13.9	$H = 25.1528 - 416.3343/(D_{轮} + 17)$
地方Ⅵ	天然阔叶V	16.3	$H = 28.3213 - 410.0443/(D_{轮} + 14)$
地方Ⅵ	天然阔叶VI	13.8	$H = 21.5611 - 241.8772/(D_{轮} + 11)$
地方Ⅵ	人工针叶I	13.0	$H = 24.5651 - 415.9106/(D_{轮} + 16)$
地方Ⅵ	人工针叶II	13.2	$H = 23.6196 - 363.1049/(D_{轮} + 15)$
地方Ⅵ	人工落叶松	17.0	$H = 34.7624 - 712.3405/(D_{轮} + 20)$
地方Ⅵ	人工杨树	14.3	$H = 28.4271 - 523.956/(D_{轮} + 17)$
地方Ⅵ	天然针叶I	13.4	$H = 45.0729 - 2220.2153/(D_{围} + 50)$
地方Ⅵ	天然针叶II	14.7	$H = 36.5658 - 1027.8958/(D_{围} + 27)$
地方Ⅵ	天然阔叶I	15.4	$H = 27.6505 - 416.2673/(D_{围} + 14)$
地方Ⅵ	天然阔叶II	15.0	$H = 26.1833 - 368.6412/(D_{围} + 13)$
地方Ⅵ	天然阔叶III	14.6	$H = 22.8423 - 230.3805/(D_{围} + 8)$
地方Ⅵ	天然阔叶IV	13.7	$H = 25.6636 - 453.4112/(D_{围} + 18)$
地方Ⅵ	天然阔叶V	16.1	$H = 28.3432 - 417.3551/(D_{围} + 14)$
地方Ⅵ	天然阔叶VI	13.6	$H = 21.6108 - 247.7925/(D_{围} + 11)$
地方Ⅵ	人工针叶I	12.9	$H = 24.5823 - 422.3532/(D_{围} + 16)$
地方Ⅵ	人工针叶II	13.1	$H = 24.0072 - 393.6332/(D_{围} + 16)$
地方Ⅵ	人工落叶松	16.7	$H = 35.3655 - 764.7187/(D_{围} + 21)$
地方Ⅵ	人工杨树	14.1	$H = 28.4262 - 528.7781/(D_{围} + 17)$
地方Ⅵ	天然针叶I	11.2	$H = 41.2744 - 2103.3757/(D_{地} + 50)$
地方Ⅵ	天然针叶II	12.4	$H = 37.0695 - 1380.715/(D_{地} + 36)$
地方Ⅵ	天然阔叶I	13.6	$H = 27.8084 - 527.0302/(D_{地} + 17)$
地方Ⅵ	天然阔叶II	13.4	$H = 26.2417 - 449.4117/(D_{地} + 15)$
地方Ⅵ	天然阔叶III	12.9	$H = 23.0755 - 304.1923/(D_{地} + 10)$

（续表）

地区	树种组	测试	树高方程
地方Ⅵ	天然阔叶IV	11.9	$H = 26.4838 - 640.1413/(D_{地} + 24)$
地方Ⅵ	天然阔叶V	14.1	$H = 29.0876 - 584.1262/(D_{地} + 19)$
地方Ⅵ	天然阔叶VI	12.2	$H = 22.0699 - 334.3748/(D_{地} + 14)$
地方Ⅵ	人工针叶I	11.3	$H = 24.3723 - 510.3683/(D_{地} + 19)$
地方Ⅵ	人工针叶II	11.6	$H = 24.8083 - 526.385/(D_{地} + 20)$
地方Ⅵ	人工落叶松	14.4	$H = 33.5159 - 820.044/(D_{地} + 23)$
地方Ⅵ	人工杨树	12.2	$H = 28.0622 - 619.8173/(D_{地} + 19)$

注：森工I—II、地方I—IV 通用；测试：直径 20 cm 时的树高计算值；资料名称：吉林省立木材积、出材率表；编表者：吉林省林业厅；刊印或发表时间：2015。其他说明：吉林资 (2015) 524 号文件发布，从 2016 年开始使用。

吉林立木胸径轮围转换方程（2015）

树种组	测试	方程
天然针叶I	19.1	$D_{轮} = -0.2798 + 0.9688D_{围}$
天然针叶II	19.5	$D_{轮} = -0.2904 + 0.9896D_{围}$
天然阔叶I	19.5	$D_{轮} = -0.2564 + 0.9884D_{围}$
天然阔叶II	19.5	$D_{轮} = -0.2868 + 0.9881D_{围}$
天然阔叶III	19.4	$D_{轮} = -0.367 + 0.9905D_{围}$
天然阔叶IV	19.9	$D_{轮} = -0.3302 + 1.0109D_{围}$
天然阔叶V	19.5	$D_{轮} = -0.2144 + 0.985D_{围}$
天然阔叶VI	19.5	$D_{轮} = -0.3962 + 0.9932D_{围}$
人工针叶I	19.5	$D_{轮} = -0.2671 + 0.9888D_{围}$
人工针叶II	19.5	$D_{轮} = -0.3043 + 0.9923D_{围}$
人工落叶松	19.6	$D_{轮} = -0.4706 + 1.0031D_{围}$
人工杨树	19.6	$D_{轮} = -0.2581 + 0.9945D_{围}$
天然针叶I	14.7	$D_{轮} = -1.0745 + 0.7895D_{地}$
天然针叶II	15.0	$D_{轮} = -0.6421 + 0.7843D_{地}$
天然阔叶I	15.2	$D_{轮} = -0.9034 + 0.805D_{地}$
天然阔叶II	15.2	$D_{轮} = -1.4277 + 0.8326D_{地}$
天然阔叶III	14.6	$D_{轮} = -1.8388 + 0.8218D_{地}$
天然阔叶IV	14.5	$D_{轮} = -2.8269 + 0.8668D_{地}$
天然阔叶V	14.9	$D_{轮} = -1.54 + 0.8229D_{地}$
天然阔叶VI	15.0	$D_{轮} = -1.8243 + 0.8429D_{地}$
人工针叶I	15.3	$D_{轮} = -0.5089 + 0.7891D_{地}$
人工针叶II	15.6	$D_{轮} = -1.7243 + 0.8647D_{地}$
人工落叶松	15.0	$D_{轮} = 0.4662 + 0.7284D_{地}$
人工杨树	15.2	$D_{轮} = -0.6715 + 0.7924D_{地}$

测试：围尺径（$D_{围}$）或地径（$D_{地}$）为20cm时的轮尺径计算值；资料名称：吉林省立木材积、出材率表；编表者：吉林省林业厅；刊印或发表时间：2015。其他说明：吉林资 (2015) 524 号文件发布，从 2016 年开始使用。

453. 长白山东坡杨树一元立木材积表

D	V	ΔV	D	V	ΔV	D	V	ΔV	D	V	ΔV
6	0.0130	0.0085	44	1.7040	0.0820	82	6.1810	0.1625	120	13.3490	0.1975
7	0.0215	0.0085	45	1.7860	0.0820	83	6.3435	0.1625	121	13.5465	0.1975
8	0.0300	0.0120	46	1.8680	0.0895	84	6.5060	0.1520	122	13.7440	0.2530
9	0.0420	0.0120	47	1.9575	0.0895	85	6.6580	0.1520	123	13.9970	0.2530
10	0.0540	0.0160	48	2.0470	0.0905	86	6.8100	0.1515	124	14.2500	0.2425
11	0.0700	0.0160	49	2.1375	0.0905	87	6.9615	0.1515	125	14.4925	0.2425
12	0.0860	0.0205	50	2.2280	0.0945	88	7.1130	0.1670	126	14.7350	0.2230
13	0.1065	0.0205	51	2.3225	0.0945	89	7.2800	0.1670	127	14.9580	0.2230
14	0.1270	0.0240	52	2.4170	0.0990	90	7.4470	0.1710	128	15.1810	0.2505
15	0.1510	0.0240	53	2.5160	0.0990	91	7.6180	0.1710	129	15.4315	0.2505
16	0.1750	0.0285	54	2.6150	0.1035	92	7.7890	0.1750	130	15.6820	0.2295
17	0.2035	0.0285	55	2.7185	0.1035	93	7.9640	0.1750	131	15.9115	0.2295
18	0.2320	0.0325	56	2.8220	0.1075	94	8.1390	0.1795	132	16.1410	0.2605
19	0.2645	0.0325	57	2.9295	0.1075	95	8.3185	0.1795	133	16.4015	0.2605
20	0.2970	0.0365	58	3.0370	0.1120	96	8.4980	0.1835	134	16.6620	0.2370
21	0.3335	0.0365	59	3.1490	0.1120	97	8.6815	0.1835	135	16.8990	0.2370
22	0.3700	0.0400	60	3.2610	0.1105	98	8.8650	0.1880	136	17.1360	0.2400
23	0.4100	0.0400	61	3.3715	0.1105	99	9.0530	0.1880	137	17.3760	0.2400
24	0.4500	0.0450	62	3.4820	0.1210	100	9.2410	0.1925	138	17.6160	0.2715
25	0.4950	0.0450	63	3.6030	0.1210	101	9.4335	0.1925	139	17.8875	0.2715
26	0.5400	0.0490	64	3.7240	0.1185	102	9.6260	0.1805	140	18.1590	0.2475
27	0.5890	0.0490	65	3.8425	0.1185	103	9.8065	0.1805	141	18.4065	0.2475
28	0.6380	0.0520	66	3.9610	0.1225	104	9.9870	0.2000	142	18.6540	0.2500
29	0.6900	0.0520	67	4.0835	0.1225	105	10.1870	0.2000	143	18.9040	0.2500
30	0.7420	0.0575	68	4.2060	0.1340	106	10.3870	0.2045	144	19.1540	0.2535
31	0.7995	0.0575	69	4.3400	0.1340	107	10.5915	0.2045	145	19.4075	0.2535
32	0.8570	0.0615	70	4.4740	0.1305	108	10.7960	0.1905	146	19.6610	0.2565
33	0.9185	0.0615	71	4.6045	0.1305	109	10.9865	0.1905	147	19.9175	0.2565
34	0.9800	0.0645	72	4.7350	0.1345	110	11.1770	0.2130	148	20.1740	0.2600
35	1.0445	0.0645	73	4.8695	0.1345	111	11.3900	0.2130	149	20.4340	0.2600
36	1.1090	0.0670	74	5.0040	0.1385	112	11.6030	0.2170	150	20.6940	0.2625
37	1.1760	0.0670	75	5.1425	0.1385	113	11.8200	0.2170	151	20.9565	0.2625
38	1.2430	0.0740	76	5.2810	0.1425	114	12.0370	0.2215	152	21.2190	0.2660
39	1.3170	0.0740	77	5.4235	0.1425	115	12.2585	0.2215	153	21.4850	0.2660
40	1.3910	0.0760	78	5.5660	0.1565	116	12.4800	0.2050	154	21.7510	0.2735
41	1.4670	0.0760	79	5.7225	0.1565	117	12.6850	0.2050	155	22.0245	0.2735
42	1.5430	0.0805	80	5.8790	0.1510	118	12.8900	0.2295	156	22.2980	0.2675
43	1.6235	0.0805	81	6.0300	0.1510	119	13.1195	0.2295	157	22.5655	0.2675

（续表）

D	V	ΔV	D	V	ΔV	D	V	ΔV	D	V	ΔV
158	22.8330	0.2750	182	29.9370	0.3130	206	37.8510	0.3495	230	46.6350	0.3855
159	23.1080	0.2750	183	30.2500	0.3130	207	38.2005	0.3495	231	47.0205	0.3855
160	23.3830	0.2780	184	30.5630	0.3160	208	38.5500	0.3525	232	47.4060	0.3885
161	23.6610	0.2780	185	30.8790	0.3160	209	38.9025	0.3525	233	47.7945	0.3885
162	23.9390	0.2815	186	31.1950	0.3195	210	39.2550	0.3555	234	48.1830	0.3905
163	24.2205	0.2815	187	31.5145	0.3195	211	39.6105	0.3555	235	48.5735	0.3905
164	24.5020	0.2845	188	31.8340	0.3220	212	39.9660	0.3580	236	48.9640	0.3950
165	24.7865	0.2845	189	32.1560	0.3220	213	40.3240	0.3580	237	49.3590	0.3950
166	25.0710	0.2875	190	32.4780	0.3250	214	40.6820	0.3615	238	49.7540	0.3970
167	25.3585	0.2875	191	32.8030	0.3250	215	41.0435	0.3615	239	50.1510	0.3970
168	25.6460	0.2910	192	33.1280	0.3285	216	41.4050	0.3650	240	50.5480	0.4010
169	25.9370	0.2910	193	33.4565	0.3285	217	41.7700	0.3650	241	50.9490	0.4010
170	26.2280	0.2935	194	33.7850	0.3315	218	42.1350	0.3670	242	51.3500	0.4030
171	26.5215	0.2935	195	34.1165	0.3315	219	42.5020	0.3670	243	51.7530	0.4030
172	26.8150	0.2970	196	34.4480	0.3340	220	42.8690	0.3700	244	52.1560	0.4065
173	27.1120	0.2970	197	34.7820	0.3340	221	43.2390	0.3700	245	52.5625	0.4065
174	27.4090	0.2995	198	35.1160	0.3375	222	43.6090	0.3745	246	52.9690	0.4080
175	27.7085	0.2995	199	35.4535	0.3375	223	43.9835	0.3745	247	53.3770	0.4080
176	28.0080	0.3480	200	35.7910	0.3400	224	44.3580	0.3765	248	53.7850	0.4125
177	28.3560	0.3480	201	36.1310	0.3400	225	44.7345	0.3765	249	54.1975	0.4125
178	28.7040	0.3065	202	36.4710	0.3435	226	45.1110	0.3795	250	54.6100	0.4125
179	29.0105	0.3065	203	36.8145	0.3435	227	45.4905	0.3795			
180	29.3170	0.3100	204	37.1580	0.3465	228	45.8700	0.3825			
181	29.6270	0.3100	205	37.5045	0.3465	229	46.2525	0.3825			

适用树种：山杨、大青杨；适用地区：长白山东坡；资料名称：森林调查工作手册；编表人或作者：黑龙江省森林资源调查管理局；刊印或发表时间：1971；其他说明：原表径阶距为 2 cm，本书通过线性内插调整为 1 cm 径阶距，下同。

454. 长白山东坡水胡黄一元立木材积表

D	V	ΔV	D	V	ΔV	D	V	ΔV	D	V	ΔV
6	0.0140	0.0065	43	1.7325	0.0935	80	6.7320	0.1800	117	14.4430	0.2440
7	0.0205	0.0065	44	1.8260	0.0955	81	6.9120	0.1800	118	14.6870	0.2490
8	0.0270	0.0100	45	1.9215	0.0955	82	7.0920	0.1740	119	14.9360	0.2490
9	0.0370	0.0100	46	2.0170	0.1055	83	7.2660	0.1740	120	15.1850	0.2530
10	0.0470	0.0140	47	2.1225	0.1055	84	7.4400	0.1775	121	15.4380	0.2530
11	0.0610	0.0140	48	2.2280	0.1030	85	7.6175	0.1775	122	15.6910	0.2565
12	0.0750	0.0180	49	2.3310	0.1030	86	7.7950	0.1955	123	15.9475	0.2565
13	0.0930	0.0180	50	2.4340	0.1135	87	7.9905	0.1955	124	16.2040	0.2610
14	0.1110	0.0220	51	2.5475	0.1135	88	8.1860	0.1865	125	16.4650	0.2610
15	0.1330	0.0220	52	2.6610	0.1135	89	8.3725	0.1865	126	16.7260	0.2650
16	0.1550	0.0265	53	2.7745	0.1135	90	8.5590	0.1905	127	16.9910	0.2650
17	0.1815	0.0265	54	2.8880	0.1250	91	8.7495	0.1905	128	17.2560	0.2690
18	0.2080	0.0310	55	3.0130	0.1250	92	8.9400	0.1945	129	17.5250	0.2690
19	0.2390	0.0310	56	3.1380	0.1255	93	9.1345	0.1945	130	17.7940	0.2785
20	0.2700	0.0370	57	3.2635	0.1255	94	9.3290	0.2155	131	18.0725	0.2785
21	0.3070	0.0370	58	3.3890	0.1240	95	9.5445	0.2155	132	18.3510	0.2720
22	0.3440	0.0420	59	3.5130	0.1240	96	9.7600	0.2035	133	18.6230	0.2720
23	0.3860	0.0420	60	3.6370	0.1360	97	9.9635	0.2035	134	18.8950	0.2815
24	0.4280	0.0470	61	3.7730	0.1360	98	10.1670	0.2075	135	19.1765	0.2815
25	0.4750	0.0470	62	3.9090	0.1420	99	10.3745	0.2075	136	19.4580	0.2855
26	0.5220	0.0510	63	4.0510	0.1420	100	10.5820	0.2115	137	19.7435	0.2855
27	0.5730	0.0510	64	4.1930	0.1395	101	10.7935	0.2115	138	20.0290	0.2895
28	0.6240	0.0575	65	4.3325	0.1395	102	11.0050	0.2155	139	20.3185	0.2895
29	0.6815	0.0575	66	4.4720	0.1425	103	11.2205	0.2155	140	20.6080	0.2935
30	0.7390	0.0620	67	4.6145	0.1425	104	11.4360	0.2205	141	20.9015	0.2935
31	0.8010	0.0620	68	4.7570	0.1605	105	11.6565	0.2205	142	21.1950	0.2980
32	0.8630	0.0590	69	4.9175	0.1605	106	11.8770	0.2240	143	21.4930	0.2980
33	0.9220	0.0590	70	5.0780	0.1550	107	12.1010	0.2240	144	21.7910	0.3015
34	0.9810	0.0825	71	5.2330	0.1550	108	12.3250	0.2280	145	22.0925	0.3015
35	1.0635	0.0825	72	5.3880	0.1605	109	12.5530	0.2280	146	22.3940	0.3060
36	1.1460	0.0755	73	5.5485	0.1605	110	12.7810	0.2320	147	22.7000	0.3060
37	1.2215	0.0755	74	5.7090	0.1650	111	13.0130	0.2320	148	23.0060	0.3100
38	1.2970	0.0840	75	5.8740	0.1650	112	13.2450	0.2365	149	23.3160	0.3100
39	1.3810	0.0840	76	6.0390	0.1680	113	13.4815	0.2365	150	23.6260	0.3100
40	1.4650	0.0870	77	6.2070	0.1680	114	13.7180	0.2405			
41	1.5520	0.0870	78	6.3750	0.1785	115	13.9585	0.2405			
42	1.6390	0.0935	79	6.5535	0.1785	116	14.1990	0.2440			

适用树种：水曲柳、胡桃楸、黄波罗；适用地区：长白山东坡；资料名称：森林调查工作手册；编表人或作者：黑龙江省森林资源调查管理局；刊印或发表时间：1971。

455. 长白山东坡榆树一元立木材积表

D	V	ΔV	D	V	ΔV	D	V	ΔV	D	V	ΔV
6	0.0120	0.0065	43	1.4780	0.0780	80	5.4010	0.1405	117	11.3795	0.1845
7	0.0185	0.0065	44	1.5560	0.0795	81	5.5415	0.1405	118	11.5640	0.1880
8	0.0250	0.0090	45	1.6355	0.0795	82	5.6820	0.1445	119	11.7520	0.1880
9	0.0340	0.0090	46	1.7150	0.0840	83	5.8265	0.1445	120	11.9400	0.1860
10	0.0430	0.0120	47	1.7990	0.0840	84	5.9710	0.1365	121	12.1260	0.1860
11	0.0550	0.0120	48	1.8830	0.0845	85	6.1075	0.1365	122	12.3120	0.1980
12	0.0670	0.0155	49	1.9675	0.0845	86	6.2440	0.1520	123	12.5100	0.1980
13	0.0825	0.0155	50	2.0520	0.0880	87	6.3960	0.1520	124	12.7080	0.1960
14	0.0980	0.0190	51	2.1400	0.0880	88	6.5480	0.1555	125	12.9040	0.1960
15	0.1170	0.0190	52	2.2280	0.0925	89	6.7035	0.1555	126	13.1000	0.1990
16	0.1360	0.0235	53	2.3205	0.0925	90	6.8590	0.1465	127	13.2990	0.1990
17	0.1595	0.0235	54	2.4130	0.0970	91	7.0055	0.1465	128	13.4980	0.2020
18	0.1830	0.0265	55	2.5100	0.0970	92	7.1520	0.1630	129	13.7000	0.2020
19	0.2095	0.0265	56	2.6070	0.1010	93	7.3150	0.1630	130	13.9020	0.2045
20	0.2360	0.0315	57	2.7080	0.1010	94	7.4780	0.1525	131	14.1065	0.2045
21	0.2675	0.0315	58	2.8090	0.0995	95	7.6305	0.1525	132	14.3110	0.2080
22	0.2990	0.0350	59	2.9085	0.0995	96	7.7830	0.1710	133	14.5190	0.2080
23	0.3340	0.0350	60	3.0080	0.1090	97	7.9540	0.1710	134	14.7270	0.2100
24	0.3690	0.0400	61	3.1170	0.1090	98	8.1250	0.1590	135	14.9370	0.2100
25	0.4090	0.0400	62	3.2260	0.0955	99	8.2840	0.1590	136	15.1470	0.2130
26	0.4490	0.0440	63	3.3215	0.0955	100	8.4430	0.1620	137	15.3600	0.2130
27	0.4930	0.0440	64	3.4170	0.1225	101	8.6050	0.1620	138	15.5730	0.2160
28	0.5370	0.0485	65	3.5395	0.1225	102	8.7670	0.1645	139	15.7890	0.2160
29	0.5855	0.0485	66	3.6620	0.1145	103	8.9315	0.1645	140	16.0050	0.2190
30	0.6340	0.0520	67	3.7765	0.1145	104	9.0960	0.1680	141	16.2240	0.2190
31	0.6860	0.0520	68	3.8910	0.1180	105	9.2640	0.1680	142	16.4430	0.2210
32	0.7380	0.0605	69	4.0090	0.1180	106	9.4320	0.1705	143	16.6640	0.2210
33	0.7985	0.0605	70	4.1270	0.1220	107	9.6025	0.1705	144	16.8850	0.2245
34	0.8590	0.0595	71	4.2490	0.1220	108	9.7730	0.1730	145	17.1095	0.2245
35	0.9185	0.0595	72	4.3710	0.1255	109	9.9460	0.1730	146	17.3340	0.2270
36	0.9780	0.0675	73	4.4965	0.1255	110	10.1190	0.1760	147	17.5610	0.2270
37	1.0455	0.0675	74	4.6220	0.1200	111	10.2950	0.1760	148	17.7880	0.2300
38	1.1130	0.0710	75	4.7420	0.1200	112	10.4710	0.1800	149	18.0180	0.2300
39	1.1840	0.0710	76	4.8620	0.1330	113	10.6510	0.1800	150	18.2480	0.2300
40	1.2550	0.0725	77	4.9950	0.1330	114	10.8310	0.1820			
41	1.3275	0.0725	78	5.1280	0.1365	115	11.0130	0.1820			
42	1.4000	0.0780	79	5.2645	0.1365	116	11.1950	0.1845			

适用树种：榆树；适用地区：长白山东坡；资料名称：森林调查工作手册；编表人或作者：黑龙江省森林资源调查管理局；刊印或发表时间：1971。

456. 长白山东坡椴树一元立木材积表

D	V	ΔV	D	V	ΔV	D	V	ΔV	D	V	ΔV
6	0.0120	0.0065	35	0.9830	0.0630	64	3.5120	0.1045	93	7.1275	0.1435
7	0.0185	0.0065	36	1.0460	0.0685	65	3.6165	0.1045	94	7.2710	0.1460
8	0.0250	0.0095	37	1.1145	0.0685	66	3.7210	0.1070	95	7.4170	0.1460
9	0.0345	0.0095	38	1.1830	0.0735	67	3.8280	0.1070	96	7.5630	0.1490
10	0.0440	0.0130	39	1.2565	0.0735	68	3.9350	0.1095	97	7.7120	0.1490
11	0.0570	0.0130	40	1.3300	0.0755	69	4.0445	0.1095	98	7.8610	0.1515
12	0.0700	0.0170	41	1.4055	0.0755	70	4.1540	0.1125	99	8.0125	0.1515
13	0.0870	0.0170	42	1.4810	0.0775	71	4.2665	0.1125	100	8.1640	0.1540
14	0.1040	0.0205	43	1.5585	0.0775	72	4.3790	0.1240	101	8.3180	0.1540
15	0.1245	0.0205	44	1.6360	0.0815	73	4.5030	0.1240	102	8.4720	0.1570
16	0.1450	0.0255	45	1.7175	0.0815	74	4.6270	0.1185	103	8.6290	0.1570
17	0.1705	0.0255	46	1.7990	0.0865	75	4.7455	0.1185	104	8.7860	0.1595
18	0.1960	0.0295	47	1.8855	0.0865	76	4.8640	0.1215	105	8.9455	0.1595
19	0.2255	0.0295	48	1.9720	0.0865	77	4.9855	0.1215	106	9.1050	0.1625
20	0.2550	0.0340	49	2.0585	0.0865	78	5.1070	0.1240	107	9.2675	0.1625
21	0.2890	0.0340	50	2.1450	0.0910	79	5.2310	0.1240	108	9.4300	0.1635
22	0.3230	0.0390	51	2.2360	0.0910	80	5.3550	0.1265	109	9.5935	0.1635
23	0.3620	0.0390	52	2.3270	0.0900	81	5.4815	0.1265	110	9.7570	0.1690
24	0.4010	0.0425	53	2.4170	0.0900	82	5.6080	0.1405	111	9.9260	0.1690
25	0.4435	0.0425	54	2.5070	0.0985	83	5.7485	0.1405	112	10.0950	0.1700
26	0.4860	0.0485	55	2.6055	0.0985	84	5.8890	0.1330	113	10.2650	0.1700
27	0.5345	0.0485	56	2.7040	0.0975	85	6.0220	0.1330	114	10.4350	0.1725
28	0.5830	0.0515	57	2.8015	0.0975	86	6.1550	0.1350	115	10.6075	0.1725
29	0.6345	0.0515	58	2.8990	0.1010	87	6.2900	0.1350	116	10.7800	0.1755
30	0.6860	0.0565	59	3.0000	0.1010	88	6.4250	0.1385	117	10.9555	0.1755
31	0.7425	0.0565	60	3.1010	0.0980	89	6.5635	0.1385	118	11.1310	0.1795
32	0.7990	0.0605	61	3.1990	0.0980	90	6.7020	0.1410	119	11.3105	0.1795
33	0.8595	0.0605	62	3.2970	0.1075	91	6.8430	0.1410	120	11.4900	0.1795
34	0.9200	0.0630	63	3.4045	0.1075	92	6.9840	0.1435			

适用树种：椴树；适用地区：长白山东坡；资料名称：森林调查工作手册；编表人或作者：黑龙江省森林资源调查管理局；刊印或发表时间：1971。

吉

457. 长白山东坡枫桦一元立木材积表

D	V	ΔV	D	V	ΔV	D	V	ΔV	D	V	ΔV
6	0.0120	0.0080	35	1.0615	0.0675	64	3.5170	0.1075	93	7.2250	0.1500
7	0.0200	0.0080	36	1.1290	0.0720	65	3.6245	0.1075	94	7.3750	0.1525
8	0.0280	0.0100	37	1.2010	0.0720	66	3.7320	0.1105	95	7.5275	0.1525
9	0.0380	0.0100	38	1.2730	0.0690	67	3.8425	0.1105	96	7.6800	0.1555
10	0.0480	0.0145	39	1.3420	0.0690	68	3.9530	0.1135	97	7.8355	0.1555
11	0.0625	0.0145	40	1.4110	0.0775	69	4.0665	0.1135	98	7.9910	0.1585
12	0.0770	0.0180	41	1.4885	0.0775	70	4.1800	0.1165	99	8.1495	0.1585
13	0.0950	0.0180	42	1.5660	0.0715	71	4.2965	0.1165	100	8.3080	0.1615
14	0.1130	0.0230	43	1.6375	0.0715	72	4.4130	0.1195	101	8.4695	0.1615
15	0.1360	0.0230	44	1.7090	0.0765	73	4.5325	0.1195	102	8.6310	0.1645
16	0.1590	0.0275	45	1.7855	0.0765	74	4.6520	0.1225	103	8.7955	0.1645
17	0.1865	0.0275	46	1.8620	0.0800	75	4.7745	0.1225	104	8.9600	0.1740
18	0.2140	0.0330	47	1.9420	0.0800	76	4.8970	0.1255	105	9.1340	0.1740
19	0.2470	0.0330	48	2.0220	0.0820	77	5.0225	0.1255	106	9.3080	0.1635
20	0.2800	0.0370	49	2.1040	0.0820	78	5.1480	0.1290	107	9.4715	0.1635
21	0.3170	0.0370	50	2.1860	0.0860	79	5.2770	0.1290	108	9.6350	0.1735
22	0.3540	0.0430	51	2.2720	0.0860	80	5.4060	0.1315	109	9.8085	0.1735
23	0.3970	0.0430	52	2.3580	0.0885	81	5.5375	0.1315	110	9.9820	0.1765
24	0.4400	0.0480	53	2.4465	0.0885	82	5.6690	0.1345	111	10.1585	0.1765
25	0.4880	0.0480	54	2.5350	0.0920	83	5.8035	0.1345	112	10.3350	0.1790
26	0.5360	0.0525	55	2.6270	0.0920	84	5.9380	0.1380	113	10.5140	0.1790
27	0.5885	0.0525	56	2.7190	0.0955	85	6.0760	0.1380	114	10.6930	0.1825
28	0.6410	0.0555	57	2.8145	0.0955	86	6.2140	0.1405	115	10.8755	0.1825
29	0.6965	0.0555	58	2.9100	0.0985	87	6.3545	0.1405	116	11.0580	0.1850
30	0.7520	0.0590	59	3.0085	0.0985	88	6.4950	0.1515	117	11.2430	0.1850
31	0.8110	0.0590	60	3.1070	0.1005	89	6.6465	0.1515	118	11.4280	0.1880
32	0.8700	0.0620	61	3.2075	0.1005	90	6.7980	0.1385	119	11.6160	0.1880
33	0.9320	0.0620	62	3.3080	0.1045	91	6.9365	0.1385	120	11.8040	0.1880
34	0.9940	0.0675	63	3.4125	0.1045	92	7.0750	0.1500			

适用树种：枫桦；适用地区：长白山东坡；资料名称：森林调查工作手册；编表人或作者：黑龙江省森林资源调查管理局；刊印或发表时间：1971。

458. 长白山东坡色木槭一元立木材积表

D	V	ΔV	D	V	ΔV	D	V	ΔV	D	V	ΔV
6	0.0120	0.0080	35	1.0615	0.0675	64	3.5170	0.1075	93	7.2250	0.1500
7	0.0200	0.0080	36	1.1290	0.0720	65	3.6245	0.1075	94	7.3750	0.1525
8	0.0280	0.0100	37	1.2010	0.0720	66	3.7320	0.1105	95	7.5275	0.1525
9	0.0380	0.0100	38	1.2730	0.0690	67	3.8425	0.1105	96	7.6800	0.1555
10	0.0480	0.0145	39	1.3420	0.0690	68	3.9530	0.1135	97	7.8355	0.1555
11	0.0625	0.0145	40	1.4110	0.0775	69	4.0665	0.1135	98	7.9910	0.1585
12	0.0770	0.0180	41	1.4885	0.0775	70	4.1800	0.1165	99	8.1495	0.1585
13	0.0950	0.0180	42	1.5660	0.0715	71	4.2965	0.1165	100	8.3080	0.1615
14	0.1130	0.0230	43	1.6375	0.0715	72	4.4130	0.1195	101	8.4695	0.1615
15	0.1360	0.0230	44	1.7090	0.0765	73	4.5325	0.1195	102	8.6310	0.1645
16	0.1590	0.0275	45	1.7855	0.0765	74	4.6520	0.1225	103	8.7955	0.1645
17	0.1865	0.0275	46	1.8620	0.0800	75	4.7745	0.1225	104	8.9600	0.1740
18	0.2140	0.0330	47	1.9420	0.0800	76	4.8970	0.1255	105	9.1340	0.1740
19	0.2470	0.0330	48	2.0220	0.0820	77	5.0225	0.1255	106	9.3080	0.1635
20	0.2800	0.0370	49	2.1040	0.0820	78	5.1480	0.1290	107	9.4715	0.1635
21	0.3170	0.0370	50	2.1860	0.0860	79	5.2770	0.1290	108	9.6350	0.1735
22	0.3540	0.0430	51	2.2720	0.0860	80	5.4060	0.1315	109	9.8085	0.1735
23	0.3970	0.0430	52	2.3580	0.0885	81	5.5375	0.1315	110	9.9820	0.1765
24	0.4400	0.0480	53	2.4465	0.0885	82	5.6690	0.1345	111	10.1585	0.1765
25	0.4880	0.0480	54	2.5350	0.0920	83	5.8035	0.1345	112	10.3350	0.1790
26	0.5360	0.0525	55	2.6270	0.0920	84	5.9380	0.1380	113	10.5140	0.1790
27	0.5885	0.0525	56	2.7190	0.0955	85	6.0760	0.1380	114	10.6930	0.1825
28	0.6410	0.0555	57	2.8145	0.0955	86	6.2140	0.1405	115	10.8755	0.1825
29	0.6965	0.0555	58	2.9100	0.0985	87	6.3545	0.1405	116	11.0580	0.1850
30	0.7520	0.0590	59	3.0085	0.0985	88	6.4950	0.1515	117	11.2430	0.1850
31	0.8110	0.0590	60	3.1070	0.1005	89	6.6465	0.1515	118	11.4280	0.1880
32	0.8700	0.0620	61	3.2075	0.1005	90	6.7980	0.1385	119	11.6160	0.1880
33	0.9320	0.0620	62	3.3080	0.1045	91	6.9365	0.1385	120	11.8040	0.1880
34	0.9940	0.0675	63	3.4125	0.1045	92	7.0750	0.1500			

适用树种：色木槭；适用地区：长白山东坡；资料名称：森林调查工作手册；编表人或作者：黑龙江省森林资源调查管理局；刊印或发表时间：1971。

吉

459. 长白山东坡柞树一元立木材积表

D	V	ΔV	D	V	ΔV	D	V	ΔV	D	V	ΔV
6	0.0120	0.0060	30	0.6750	0.0545	54	2.4750	0.0975	78	5.2200	0.1370
7	0.0180	0.0060	31	0.7295	0.0545	55	2.5725	0.0975	79	5.3570	0.1370
8	0.0240	0.0090	32	0.7840	0.0590	56	2.6700	0.1015	80	5.4940	0.1305
9	0.0330	0.0090	33	0.8430	0.0590	57	2.7715	0.1015	81	5.6245	0.1305
10	0.0420	0.0130	34	0.9020	0.0625	58	2.8730	0.1005	82	5.7550	0.1330
11	0.0550	0.0130	35	0.9645	0.0625	59	2.9735	0.1005	83	5.8880	0.1330
12	0.0680	0.0165	36	1.0270	0.0670	60	3.0740	0.1160	84	6.0210	0.1360
13	0.0845	0.0165	37	1.0940	0.0670	61	3.1900	0.1160	85	6.1570	0.1360
14	0.1010	0.0205	38	1.1610	0.0695	62	3.3060	0.1020	86	6.2930	0.1385
15	0.1215	0.0205	39	1.2305	0.0695	63	3.4080	0.1020	87	6.4315	0.1385
16	0.1420	0.0250	40	1.3000	0.0745	64	3.5100	0.1180	88	6.5700	0.1415
17	0.1670	0.0250	41	1.3745	0.0745	65	3.6280	0.1180	89	6.7115	0.1415
18	0.1920	0.0290	42	1.4490	0.0790	66	3.7460	0.1150	90	6.8530	0.1440
19	0.2210	0.0290	43	1.5280	0.0790	67	3.8610	0.1150	91	6.9970	0.1440
20	0.2500	0.0335	44	1.6070	0.0805	68	3.9760	0.1190	92	7.1410	0.1475
21	0.2835	0.0335	45	1.6875	0.0805	69	4.0950	0.1190	93	7.2885	0.1475
22	0.3170	0.0385	46	1.7680	0.0850	70	4.2140	0.1225	94	7.4360	0.1495
23	0.3555	0.0385	47	1.8530	0.0850	71	4.3365	0.1225	95	7.5855	0.1495
24	0.3940	0.0430	48	1.9380	0.0850	72	4.4590	0.1265	96	7.7350	0.1525
25	0.4370	0.0430	49	2.0230	0.0850	73	4.5855	0.1265	97	7.8875	0.1525
26	0.4800	0.0470	50	2.1080	0.0900	74	4.7120	0.1210	98	8.0400	0.1555
27	0.5270	0.0470	51	2.1980	0.0900	75	4.8330	0.1210	99	8.1955	0.1555
28	0.5740	0.0505	52	2.2880	0.0935	76	4.9540	0.1330	100	8.3510	0.1555
29	0.6245	0.0505	53	2.3815	0.0935	77	5.0870	0.1330			

适用树种：柞树（栎树）；适用地区：长白山东坡；资料名称：森林调查工作手册；编表人或作者：黑龙江省森林资源调查管理局；刊印或发表时间：1971。

460. 长白山东坡白桦一元立木材积表

D	V	ΔV	D	V	ΔV	D	V	ΔV	D	V	ΔV
6	0.0140	0.0075	30	0.6220	0.0455	54	2.0710	0.0810	78	4.3560	0.1035
7	0.0215	0.0075	31	0.6675	0.0455	55	2.1520	0.0810	79	4.4595	0.1035
8	0.0290	0.0105	32	0.7130	0.0475	56	2.2330	0.0840	80	4.5630	0.1150
9	0.0395	0.0105	33	0.7605	0.0475	57	2.3170	0.0840	81	4.6780	0.1150
10	0.0500	0.0135	34	0.8080	0.0510	58	2.4010	0.0825	82	4.7930	0.1180
11	0.0635	0.0135	35	0.8590	0.0510	59	2.4835	0.0825	83	4.9110	0.1180
12	0.0770	0.0175	36	0.9100	0.0545	60	2.5660	0.0905	84	5.0290	0.1210
13	0.0945	0.0175	37	0.9645	0.0545	61	2.6565	0.0905	85	5.1500	0.1210
14	0.1120	0.0205	38	1.0190	0.0550	62	2.7470	0.0885	86	5.2710	0.1245
15	0.1325	0.0205	39	1.0740	0.0550	63	2.8355	0.0885	87	5.3955	0.1245
16	0.1530	0.0235	40	1.1290	0.0610	64	2.9240	0.0975	88	5.5200	0.1160
17	0.1765	0.0235	41	1.1900	0.0610	65	3.0215	0.0975	89	5.6360	0.1160
18	0.2000	0.0280	42	1.2510	0.0620	66	3.1190	0.0940	90	5.7520	0.1300
19	0.2280	0.0280	43	1.3130	0.0620	67	3.2130	0.0940	91	5.8820	0.1300
20	0.2560	0.0305	44	1.3750	0.0615	68	3.3070	0.0975	92	6.0120	0.1325
21	0.2865	0.0305	45	1.4365	0.0615	69	3.4045	0.0975	93	6.1445	0.1325
22	0.3170	0.0330	46	1.4980	0.0680	70	3.5020	0.1075	94	6.2770	0.1235
23	0.3500	0.0330	47	1.5660	0.0680	71	3.6095	0.1075	95	6.4005	0.1235
24	0.3830	0.0375	48	1.6340	0.0710	72	3.7170	0.0960	96	6.5240	0.1390
25	0.4205	0.0375	49	1.7050	0.0710	73	3.8130	0.0960	97	6.6630	0.1390
26	0.4580	0.0395	50	1.7760	0.0745	74	3.9090	0.1140	98	6.8020	0.1280
27	0.4975	0.0395	51	1.8505	0.0745	75	4.0230	0.1140	99	6.9300	0.1280
28	0.5370	0.0425	52	1.9250	0.0730	76	4.1370	0.1095	100	7.0580	0.1280
29	0.5795	0.0425	53	1.9980	0.0730	77	4.2465	0.1095			

适用树种：白桦；适用地区：长白山东坡；资料名称：森林调查工作手册；编表人或作者：黑龙江省森林资源调查管理局；刊印或发表时间：1971。

461. 长白山东坡红松一元立木材积表

D	V	ΔV	D	V	ΔV	D	V	ΔV	D	V	ΔV
6	0.0100	0.0060	35	1.0200	0.0660	64	3.9590	0.1250	93	8.1655	0.1645
7	0.0160	0.0060	36	1.0860	0.0740	65	4.0840	0.1250	94	8.3300	0.1675
8	0.0220	0.0090	37	1.1600	0.0740	66	4.2090	0.1290	95	8.4975	0.1675
9	0.0310	0.0090	38	1.2340	0.0765	67	4.3380	0.1290	96	8.6650	0.1705
10	0.0400	0.0130	39	1.3105	0.0765	68	4.4670	0.1325	97	8.8355	0.1705
11	0.0530	0.0130	40	1.3870	0.0790	69	4.5995	0.1325	98	9.0060	0.1730
12	0.0660	0.0175	41	1.4660	0.0790	70	4.7320	0.1370	99	9.1790	0.1730
13	0.0835	0.0175	42	1.5450	0.0840	71	4.8690	0.1370	100	9.3520	0.1765
14	0.1010	0.0220	43	1.6290	0.0840	72	5.0060	0.1405	101	9.5285	0.1765
15	0.1230	0.0220	44	1.7130	0.0895	73	5.1465	0.1405	102	9.7050	0.1800
16	0.1450	0.0260	45	1.8025	0.0895	74	5.2870	0.1450	103	9.8850	0.1800
17	0.1710	0.0260	46	1.8920	0.0950	75	5.4320	0.1450	104	10.0650	0.1825
18	0.1970	0.0315	47	1.9870	0.0950	76	5.5770	0.1390	105	10.2475	0.1825
19	0.2285	0.0315	48	2.0820	0.1000	77	5.7160	0.1390	106	10.4300	0.1860
20	0.2600	0.0355	49	2.1820	0.1000	78	5.8550	0.1420	107	10.6160	0.1860
21	0.2955	0.0355	50	2.2820	0.1110	79	5.9970	0.1420	108	10.8020	0.1885
22	0.3310	0.0405	51	2.3930	0.1110	80	6.1390	0.1450	109	10.9905	0.1885
23	0.3715	0.0405	52	2.5040	0.1120	81	6.2840	0.1450	110	11.1790	0.1920
24	0.4120	0.0450	53	2.6160	0.1120	82	6.4290	0.1485	111	11.3710	0.1920
25	0.4570	0.0450	54	2.7280	0.1125	83	6.5775	0.1485	112	11.5630	0.1945
26	0.5020	0.0490	55	2.8405	0.1125	84	6.7260	0.1510	113	11.7575	0.1945
27	0.5510	0.0490	56	2.9530	0.1175	85	6.8770	0.1510	114	11.9520	0.1975
28	0.6000	0.0550	57	3.0705	0.1175	86	7.0280	0.1675	115	12.1495	0.1975
29	0.6550	0.0550	58	3.1880	0.1290	87	7.1955	0.1675	116	12.3470	0.2005
30	0.7100	0.0595	59	3.3170	0.1290	88	7.3630	0.1580	117	12.5475	0.2005
31	0.7695	0.0595	60	3.4460	0.1225	89	7.5210	0.1580	118	12.7480	0.2035
32	0.8290	0.0625	61	3.5685	0.1225	90	7.6790	0.1610	119	12.9515	0.2035
33	0.8915	0.0625	62	3.6910	0.1340	91	7.8400	0.1610	120	13.1550	0.2035
34	0.9540	0.0660	63	3.8250	0.1340	92	8.0010	0.1645			

吉

适用树种：红松；适用地区：长白山东坡；资料名称：森林调查工作手册；编表人或作者：黑龙江省森林资源调查管理局；刊印或发表时间：1971。

462. 长白山东坡云冷杉一元立木材积表

D	V	ΔV	D	V	ΔV	D	V	ΔV	D	V	ΔV
6	0.0100	0.0065	35	1.0305	0.0685	64	3.8660	0.1140	93	7.9285	0.1585
7	0.0165	0.0065	36	1.0990	0.0745	65	3.9800	0.1140	94	8.0870	0.1620
8	0.0230	0.0105	37	1.1735	0.0745	66	4.0940	0.1250	95	8.2490	0.1620
9	0.0335	0.0105	38	1.2480	0.0770	67	4.2190	0.1250	96	8.4110	0.1645
10	0.0440	0.0140	39	1.3250	0.0770	68	4.3440	0.1205	97	8.5755	0.1645
11	0.0580	0.0140	40	1.4020	0.0830	69	4.4645	0.1205	98	8.7400	0.1675
12	0.0720	0.0195	41	1.4850	0.0830	70	4.5850	0.1325	99	8.9075	0.1675
13	0.0915	0.0195	42	1.5680	0.0855	71	4.7175	0.1325	100	9.0750	0.1705
14	0.1110	0.0230	43	1.6535	0.0855	72	4.8500	0.1365	101	9.2455	0.1705
15	0.1340	0.0230	44	1.7390	0.0945	73	4.9865	0.1365	102	9.4160	0.1735
16	0.1570	0.0285	45	1.8335	0.0945	74	5.1230	0.1305	103	9.5895	0.1735
17	0.1855	0.0285	46	1.9280	0.0960	75	5.2535	0.1305	104	9.7630	0.1770
18	0.2140	0.0305	47	2.0240	0.0960	76	5.3840	0.1440	105	9.9400	0.1770
19	0.2445	0.0305	48	2.1200	0.0975	77	5.5280	0.1440	106	10.1170	0.1815
20	0.2750	0.0350	49	2.2175	0.0975	78	5.6720	0.1365	107	10.2985	0.1815
21	0.3100	0.0350	50	2.3150	0.1020	79	5.8085	0.1365	108	10.4800	0.1795
22	0.3450	0.0410	51	2.4170	0.1020	80	5.9450	0.1515	109	10.6595	0.1795
23	0.3860	0.0410	52	2.5190	0.1075	81	6.0965	0.1515	110	10.8390	0.1850
24	0.4270	0.0450	53	2.6265	0.1075	82	6.2480	0.1435	111	11.0240	0.1850
25	0.4720	0.0450	54	2.7340	0.1125	83	6.3915	0.1435	112	11.2090	0.1880
26	0.5170	0.0490	55	2.8465	0.1125	84	6.5350	0.1465	113	11.3970	0.1880
27	0.5660	0.0490	56	2.9590	0.1120	85	6.6815	0.1465	114	11.5850	0.1905
28	0.6150	0.0540	57	3.0710	0.1120	86	6.8280	0.1620	115	11.7755	0.1905
29	0.6690	0.0540	58	3.1830	0.1100	87	6.9900	0.1620	116	11.9660	0.1720
30	0.7230	0.0565	59	3.2930	0.1100	88	7.1520	0.1530	117	12.1380	0.1720
31	0.7795	0.0565	60	3.4030	0.1140	89	7.3050	0.1530	118	12.3100	0.2180
32	0.8360	0.0630	61	3.5170	0.1140	90	7.4580	0.1560	119	12.5280	0.2180
33	0.8990	0.0630	62	3.6310	0.1175	91	7.6140	0.1560	120	12.7460	0.2180
34	0.9620	0.0685	63	3.7485	0.1175	92	7.7700	0.1585			

适用树种：云杉、沙松冷杉；适用地区：长白山东坡；资料名称：森林调查工作手册；编表人或作者：黑龙江省森林资源调查管理局；刊印或发表时间：1971。

463. 长白山东坡臭冷杉一元立木材积表

D	V	ΔV	D	V	ΔV	D	V	ΔV	D	V	ΔV
6	0.0100	0.0065	35	1.0305	0.0685	64	3.8660	0.1140	93	7.9285	0.1585
7	0.0165	0.0065	36	1.0990	0.0745	65	3.9800	0.1140	94	8.0870	0.1620
8	0.0230	0.0105	37	1.1735	0.0745	66	4.0940	0.1250	95	8.2490	0.1620
9	0.0335	0.0105	38	1.2480	0.0770	67	4.2190	0.1250	96	8.4110	0.1645
10	0.0440	0.0140	39	1.3250	0.0770	68	4.3440	0.1205	97	8.5755	0.1645
11	0.0580	0.0140	40	1.4020	0.0830	69	4.4645	0.1205	98	8.7400	0.1675
12	0.0720	0.0195	41	1.4850	0.0830	70	4.5850	0.1325	99	8.9075	0.1675
13	0.0915	0.0195	42	1.5680	0.0855	71	4.7175	0.1325	100	9.0750	0.1705
14	0.1110	0.0230	43	1.6535	0.0855	72	4.8500	0.1365	101	9.2455	0.1705
15	0.1340	0.0230	44	1.7390	0.0945	73	4.9865	0.1365	102	9.4160	0.1735
16	0.1570	0.0285	45	1.8335	0.0945	74	5.1230	0.1305	103	9.5895	0.1735
17	0.1855	0.0285	46	1.9280	0.0960	75	5.2535	0.1305	104	9.7630	0.1770
18	0.2140	0.0305	47	2.0240	0.0960	76	5.3840	0.1440	105	9.9400	0.1770
19	0.2445	0.0305	48	2.1200	0.0975	77	5.5280	0.1440	106	10.1170	0.1815
20	0.2750	0.0350	49	2.2175	0.0975	78	5.6720	0.1365	107	10.2985	0.1815
21	0.3100	0.0350	50	2.3150	0.1020	79	5.8085	0.1365	108	10.4800	0.1795
22	0.3450	0.0410	51	2.4170	0.1020	80	5.9450	0.1515	109	10.6595	0.1795
23	0.3860	0.0410	52	2.5190	0.1075	81	6.0965	0.1515	110	10.8390	0.1850
24	0.4270	0.0450	53	2.6265	0.1075	82	6.2480	0.1435	111	11.0240	0.1850
25	0.4720	0.0450	54	2.7340	0.1125	83	6.3915	0.1435	112	11.2090	0.1880
26	0.5170	0.0490	55	2.8465	0.1125	84	6.5350	0.1465	113	11.3970	0.1880
27	0.5660	0.0490	56	2.9590	0.1120	85	6.6815	0.1465	114	11.5850	0.1905
28	0.6150	0.0540	57	3.0710	0.1120	86	6.8280	0.1620	115	11.7755	0.1905
29	0.6690	0.0540	58	3.1830	0.1100	87	6.9900	0.1620	116	11.9660	0.1720
30	0.7230	0.0565	59	3.2930	0.1100	88	7.1520	0.1530	117	12.1380	0.1720
31	0.7795	0.0565	60	3.4030	0.1140	89	7.3050	0.1530	118	12.3100	0.2180
32	0.8360	0.0630	61	3.5170	0.1140	90	7.4580	0.1560	119	12.5280	0.2180
33	0.8990	0.0630	62	3.6310	0.1175	91	7.6140	0.1560	120	12.7460	0.2180
34	0.9620	0.0685	63	3.7485	0.1175	92	7.7700	0.1585			

适用树种：臭冷杉（臭松）；适用地区：长白山东坡；资料名称：森林调查工作手册；编表人或作者：黑龙江省森林资源调查管理局；刊印或发表时间：1971。

464. 长白山东坡落叶松一元立木材积表

D	V	ΔV	D	V	ΔV	D	V	ΔV	D	V	ΔV
6	0.0130	0.0055	35	0.9365	0.0665	64	3.8980	0.1320	93	8.3140	0.1630
7	0.0185	0.0055	36	1.0030	0.0760	65	4.0300	0.1320	94	8.4770	0.1785
8	0.0240	0.0085	37	1.0790	0.0760	66	4.1620	0.1370	95	8.6555	0.1785
9	0.0325	0.0085	38	1.1550	0.0775	67	4.2990	0.1370	96	8.8340	0.1695
10	0.0410	0.0110	39	1.2325	0.0775	68	4.4360	0.1350	97	9.0035	0.1695
11	0.0520	0.0110	40	1.3100	0.0865	69	4.5710	0.1350	98	9.1730	0.1860
12	0.0630	0.0145	41	1.3965	0.0865	70	4.7060	0.1465	99	9.3590	0.1860
13	0.0775	0.0145	42	1.4830	0.0905	71	4.8525	0.1465	100	9.5450	0.1755
14	0.0920	0.0185	43	1.5735	0.0905	72	4.9990	0.1445	101	9.7205	0.1755
15	0.1105	0.0185	44	1.6640	0.0940	73	5.1435	0.1445	102	9.8960	0.1935
16	0.1290	0.0220	45	1.7580	0.0940	74	5.2880	0.1485	103	10.0895	0.1935
17	0.1510	0.0220	46	1.8520	0.1000	75	5.4365	0.1485	104	10.2830	0.1815
18	0.1730	0.0255	47	1.9520	0.1000	76	5.5850	0.1530	105	10.4645	0.1815
19	0.1985	0.0255	48	2.0520	0.1030	77	5.7380	0.1530	106	10.6460	0.1845
20	0.2240	0.0310	49	2.1550	0.1030	78	5.8910	0.1490	107	10.8305	0.1845
21	0.2550	0.0310	50	2.2580	0.1045	79	6.0400	0.1490	108	11.0150	0.2040
22	0.2860	0.0350	51	2.3625	0.1045	80	6.1890	0.1515	109	11.2190	0.2040
23	0.3210	0.0350	52	2.4670	0.1105	81	6.3405	0.1515	110	11.4230	0.1910
24	0.3560	0.0410	53	2.5775	0.1105	82	6.4920	0.1460	111	11.6140	0.1910
25	0.3970	0.0410	54	2.6880	0.1115	83	6.6380	0.1460	112	11.8050	0.1935
26	0.4380	0.0450	55	2.7995	0.1115	84	6.7840	0.1695	113	11.9985	0.1935
27	0.4830	0.0450	56	2.9110	0.1220	85	6.9535	0.1695	114	12.1920	0.2145
28	0.5280	0.0510	57	3.0330	0.1220	86	7.1230	0.1635	115	12.4065	0.2145
29	0.5790	0.0510	58	3.1550	0.1175	87	7.2865	0.1635	116	12.6210	0.1995
30	0.6300	0.0565	59	3.2725	0.1175	88	7.4500	0.1790	117	12.8205	0.1995
31	0.6865	0.0565	60	3.3900	0.1270	89	7.6290	0.1790	118	13.0200	0.2030
32	0.7430	0.0635	61	3.5170	0.1270	90	7.8080	0.1715	119	13.2230	0.2030
33	0.8065	0.0635	62	3.6440	0.1270	91	7.9795	0.1715	120	13.4260	0.2030
34	0.8700	0.0665	63	3.7710	0.1270	92	8.1510	0.1630			

适用树种：落叶松；适用地区：长白山东坡；资料名称：森林调查工作手册；编表人或作者：黑龙江省森林资源调查管理局；刊印或发表时间：1971。

465. 长白山西坡水胡黄一元立木材积表

D	V	ΔV	D	V	ΔV	D	V	ΔV	D	V	ΔV
6	0.0120	0.0070	35	1.0280	0.0680	64	3.8010	0.1210	93	7.7700	0.1580
7	0.0190	0.0070	36	1.0960	0.0710	65	3.9220	0.1210	94	7.9280	0.1615
8	0.0260	0.0145	37	1.1670	0.0710	66	4.0430	0.1180	95	8.0895	0.1615
9	0.0405	0.0145	38	1.2380	0.0765	67	4.1610	0.1180	96	8.2510	0.1645
10	0.0550	0.0135	39	1.3145	0.0765	68	4.2790	0.1280	97	8.4155	0.1645
11	0.0685	0.0135	40	1.3910	0.0790	69	4.4070	0.1280	98	8.5800	0.1670
12	0.0820	0.0140	41	1.4700	0.0790	70	4.5350	0.1245	99	8.7470	0.1670
13	0.0960	0.0140	42	1.5490	0.0870	71	4.6595	0.1245	100	8.9140	0.1705
14	0.1100	0.0225	43	1.6360	0.0870	72	4.7840	0.1275	101	9.0845	0.1705
15	0.1325	0.0225	44	1.7230	0.0860	73	4.9115	0.1275	102	9.2550	0.1735
16	0.1550	0.0265	45	1.8090	0.0860	74	5.0390	0.1310	103	9.4285	0.1735
17	0.1815	0.0265	46	1.8950	0.0945	75	5.1700	0.1310	104	9.6020	0.1765
18	0.2080	0.0310	47	1.9895	0.0945	76	5.3010	0.1335	105	9.7785	0.1765
19	0.2390	0.0310	48	2.0840	0.0960	77	5.4345	0.1335	106	9.9550	0.1745
20	0.2700	0.0360	49	2.1800	0.0960	78	5.5680	0.1365	107	10.1295	0.1745
21	0.3060	0.0360	50	2.2760	0.1010	79	5.7045	0.1365	108	10.3040	0.1870
22	0.3420	0.0395	51	2.3770	0.1010	80	5.8410	0.1400	109	10.4910	0.1870
23	0.3815	0.0395	52	2.4780	0.1010	81	5.9810	0.1400	110	10.6780	0.1855
24	0.4210	0.0455	53	2.5790	0.1010	82	6.1210	0.1430	111	10.8635	0.1855
25	0.4665	0.0455	54	2.6800	0.1055	83	6.2640	0.1430	112	11.0490	0.2080
26	0.5120	0.0490	55	2.7855	0.1055	84	6.4070	0.1460	113	11.2570	0.2080
27	0.5610	0.0490	56	2.8910	0.1105	85	6.5530	0.1460	114	11.4650	0.1920
28	0.6100	0.0535	57	3.0015	0.1105	86	6.6990	0.1455	115	11.6570	0.1920
29	0.6635	0.0535	58	3.1120	0.1145	87	6.8445	0.1455	116	11.8490	0.2095
30	0.7170	0.0590	59	3.2265	0.1145	88	6.9900	0.1555	117	12.0585	0.2095
31	0.7760	0.0590	60	3.3410	0.1130	89	7.1455	0.1555	118	12.2680	0.1830
32	0.8350	0.0625	61	3.4540	0.1130	90	7.3010	0.1555	119	12.4510	0.1830
33	0.8975	0.0625	62	3.5670	0.1170	91	7.4565	0.1555	120	12.6340	0.1830
34	0.9600	0.0680	63	3.6840	0.1170	92	7.6120	0.1580			

适用树种：水曲柳、胡桃楸、黄波罗；适用地区：长白山西坡；资料名称：森林调查工作手册；编表人或作者：黑龙江省森林资源调查管理局；刊印或发表时间：1971。

466. 长白山西坡榆树一元立木材积表

D	V	ΔV	D	V	ΔV	D	V	ΔV	D	V	ΔV
6	0.0090	0.0055	35	0.9380	0.0640	64	3.4310	0.1025	93	6.8980	0.1390
7	0.0145	0.0055	36	1.0020	0.0680	65	3.5335	0.1025	94	7.0370	0.1410
8	0.0200	0.0085	37	1.0700	0.0680	66	3.6360	0.1030	95	7.1780	0.1410
9	0.0285	0.0085	38	1.1380	0.0700	67	3.7390	0.1030	96	7.3190	0.1435
10	0.0370	0.0120	39	1.2080	0.0700	68	3.8420	0.1070	97	7.4625	0.1435
11	0.0490	0.0120	40	1.2780	0.0755	69	3.9490	0.1070	98	7.6060	0.1465
12	0.0610	0.0155	41	1.3535	0.0755	70	4.0560	0.1095	99	7.7525	0.1465
13	0.0765	0.0155	42	1.4290	0.0805	71	4.1655	0.1095	100	7.8990	0.1490
14	0.0920	0.0200	43	1.5095	0.0805	72	4.2750	0.1125	101	8.0480	0.1490
15	0.1120	0.0200	44	1.5900	0.0825	73	4.3875	0.1125	102	8.1970	0.1510
16	0.1320	0.0240	45	1.6725	0.0825	74	4.5000	0.1150	103	8.3480	0.1510
17	0.1560	0.0240	46	1.7550	0.0840	75	4.6150	0.1150	104	8.4990	0.1545
18	0.1800	0.0280	47	1.8390	0.0840	76	4.7300	0.1175	105	8.6535	0.1545
19	0.2080	0.0280	48	1.9230	0.0880	77	4.8475	0.1175	106	8.8080	0.1565
20	0.2360	0.0325	49	2.0110	0.0880	78	4.9650	0.1205	107	8.9645	0.1565
21	0.2685	0.0325	50	2.0990	0.0885	79	5.0855	0.1205	108	9.1210	0.1590
22	0.3010	0.0360	51	2.1875	0.0885	80	5.2060	0.1230	109	9.2800	0.1590
23	0.3370	0.0360	52	2.2760	0.0925	81	5.3290	0.1230	110	9.4390	0.1615
24	0.3730	0.0415	53	2.3685	0.0925	82	5.4520	0.1255	111	9.6005	0.1615
25	0.4145	0.0415	54	2.4610	0.0915	83	5.5775	0.1255	112	9.7620	0.1645
26	0.4560	0.0460	55	2.5525	0.0915	84	5.7030	0.1280	113	9.9265	0.1645
27	0.5020	0.0460	56	2.6440	0.0945	85	5.8310	0.1280	114	10.0910	0.1665
28	0.5480	0.0500	57	2.7385	0.0945	86	5.9590	0.1310	115	10.2575	0.1665
29	0.5980	0.0500	58	2.8330	0.0985	87	6.0900	0.1310	116	10.4240	0.1840
30	0.6480	0.0540	59	2.9315	0.0985	88	6.2210	0.1300	117	10.6080	0.1840
31	0.7020	0.0540	60	3.0300	0.0955	89	6.3510	0.1300	118	10.7920	0.1565
32	0.7560	0.0590	61	3.1255	0.0955	90	6.4810	0.1390	119	10.9485	0.1565
33	0.8150	0.0590	62	3.2210	0.1050	91	6.6200	0.1390	120	11.1050	0.1565
34	0.8740	0.0640	63	3.3260	0.1050	92	6.7590	0.1390			

适用树种：榆树；适用地区：长白山西坡；资料名称：森林调查工作手册；编表人或作者：黑龙江省森林资源调查管理局；刊印或发表时间：1971。

467. 长白山西坡椴树一元立木材积表

D	V	ΔV	D	V	ΔV	D	V	ΔV	D	V	ΔV
6	0.0110	0.0065	35	0.9230	0.0600	64	3.1590	0.0940	93	6.3725	0.1285
7	0.0175	0.0065	36	0.9830	0.0625	65	3.2530	0.0940	94	6.5010	0.1310
8	0.0240	0.0085	37	1.0455	0.0625	66	3.3470	0.0965	95	6.6320	0.1310
9	0.0325	0.0085	38	1.1080	0.0670	67	3.4435	0.0965	96	6.7630	0.1340
10	0.0410	0.0125	39	1.1750	0.0670	68	3.5400	0.0990	97	6.8970	0.1340
11	0.0535	0.0125	40	1.2420	0.0685	69	3.6390	0.0990	98	7.0310	0.1355
12	0.0660	0.0160	41	1.3105	0.0685	70	3.7380	0.1015	99	7.1665	0.1355
13	0.0820	0.0160	42	1.3790	0.0690	71	3.8395	0.1015	100	7.3020	0.1385
14	0.0980	0.0200	43	1.4480	0.0690	72	3.9410	0.1040	101	7.4405	0.1385
15	0.1180	0.0200	44	1.5170	0.0700	73	4.0450	0.1040	102	7.5790	0.1405
16	0.1380	0.0240	45	1.5870	0.0700	74	4.1490	0.1020	103	7.7195	0.1405
17	0.1620	0.0240	46	1.6570	0.0800	75	4.2510	0.1020	104	7.8600	0.1430
18	0.1860	0.0280	47	1.7370	0.0800	76	4.3530	0.1135	105	8.0030	0.1430
19	0.2140	0.0280	48	1.8170	0.0770	77	4.4665	0.1135	106	8.1460	0.1455
20	0.2420	0.0325	49	1.8940	0.0770	78	4.5800	0.1115	107	8.2915	0.1455
21	0.2745	0.0325	50	1.9710	0.0795	79	4.6915	0.1115	108	8.4370	0.1480
22	0.3070	0.0365	51	2.0505	0.0795	80	4.8030	0.1140	109	8.5850	0.1480
23	0.3435	0.0365	52	2.1300	0.0830	81	4.9170	0.1140	110	8.7330	0.1500
24	0.3800	0.0405	53	2.2130	0.0830	82	5.0310	0.1165	111	8.8830	0.1500
25	0.4205	0.0405	54	2.2960	0.0810	83	5.1475	0.1165	112	9.0330	0.1530
26	0.4610	0.0440	55	2.3770	0.0810	84	5.2640	0.1185	113	9.1860	0.1530
27	0.5050	0.0440	56	2.4580	0.0840	85	5.3825	0.1185	114	9.3390	0.1550
28	0.5490	0.0495	57	2.5420	0.0840	86	5.5010	0.1215	115	9.4940	0.1550
29	0.5985	0.0495	58	2.6260	0.0860	87	5.6225	0.1215	116	9.6490	0.1570
30	0.6480	0.0520	59	2.7120	0.0860	88	5.7440	0.1235	117	9.8060	0.1570
31	0.7000	0.0520	60	2.7980	0.0860	89	5.8675	0.1235	118	9.9630	0.1600
32	0.7520	0.0555	61	2.8840	0.0860	90	5.9910	0.1265	119	10.1230	0.1600
33	0.8075	0.0555	62	2.9700	0.0945	91	6.1175	0.1265	120	10.2830	0.1600
34	0.8630	0.0600	63	3.0645	0.0945	92	6.2440	0.1285			

适用树种：椴树；适用地区：长白山西坡；资料名称：森林调查工作手册；编表人或作者：黑龙江省森林资源调查管理局；刊印或发表时间：1971。

吉

468. 长白山西坡枫桦一元立木材积表

D	V	ΔV	D	V	ΔV	D	V	ΔV	D	V	ΔV
6	0.0110	0.0060	35	1.0020	0.0660	64	3.6240	0.1055	93	7.2180	0.1430
7	0.0170	0.0060	36	1.0680	0.0690	65	3.7295	0.1055	94	7.3610	0.1460
8	0.0230	0.0090	37	1.1370	0.0690	66	3.8350	0.1085	95	7.5070	0.1460
9	0.0320	0.0090	38	1.2060	0.0740	67	3.9435	0.1085	96	7.6530	0.1480
10	0.0410	0.0130	39	1.2800	0.0740	68	4.0520	0.1115	97	7.8010	0.1480
11	0.0540	0.0130	40	1.3540	0.0790	69	4.1635	0.1115	98	7.9490	0.1510
12	0.0670	0.0170	41	1.4330	0.0790	70	4.2750	0.1140	99	8.1000	0.1510
13	0.0840	0.0170	42	1.5120	0.0810	71	4.3890	0.1140	100	8.2510	0.1535
14	0.1010	0.0210	43	1.5930	0.0810	72	4.5030	0.1165	101	8.4045	0.1535
15	0.1220	0.0210	44	1.6740	0.0830	73	4.6195	0.1165	102	8.5580	0.1555
16	0.1430	0.0260	45	1.7570	0.0830	74	4.7360	0.1195	103	8.7135	0.1555
17	0.1690	0.0260	46	1.8400	0.0905	75	4.8555	0.1195	104	8.8690	0.1590
18	0.1950	0.0305	47	1.9305	0.0905	76	4.9750	0.1220	105	9.0280	0.1590
19	0.2255	0.0305	48	2.0210	0.0875	77	5.0970	0.1220	106	9.1870	0.1610
20	0.2560	0.0345	49	2.1085	0.0875	78	5.2190	0.1245	107	9.3480	0.1610
21	0.2905	0.0345	50	2.1960	0.0965	79	5.3435	0.1245	108	9.5090	0.1635
22	0.3250	0.0395	51	2.2925	0.0965	80	5.4680	0.1275	109	9.6725	0.1635
23	0.3645	0.0395	52	2.3890	0.0955	81	5.5955	0.1275	110	9.8360	0.1820
24	0.4040	0.0450	53	2.4845	0.0955	82	5.7230	0.1300	111	10.0180	0.1820
25	0.4490	0.0450	54	2.5800	0.1005	83	5.8530	0.1300	112	10.2000	0.1530
26	0.4940	0.0480	55	2.6805	0.1005	84	5.9830	0.1325	113	10.3530	0.1530
27	0.5420	0.0480	56	2.7810	0.1040	85	6.1155	0.1325	114	10.5060	0.1710
28	0.5900	0.0535	57	2.8850	0.1040	86	6.2480	0.1350	115	10.6770	0.1710
29	0.6435	0.0535	58	2.9890	0.1020	87	6.3830	0.1350	116	10.8480	0.1735
30	0.6970	0.0570	59	3.0910	0.1020	88	6.5180	0.1380	117	11.0215	0.1735
31	0.7540	0.0570	60	3.1930	0.1060	89	6.6560	0.1380	118	11.1950	0.1760
32	0.8110	0.0625	61	3.2990	0.1060	90	6.7940	0.1405	119	11.3710	0.1760
33	0.8735	0.0625	62	3.4050	0.1095	91	6.9345	0.1405	120	11.5470	0.1760
34	0.9360	0.0660	63	3.5145	0.1095	92	7.0750	0.1430			

适用树种：枫桦；适用地区：长白山西坡；资料名称：森林调查工作手册；编表人或作者：黑龙江省森林资源调查管理局；刊印或发表时间：1971。

吉

469. 长白山西坡色木槭一元立木材积表

D	V	ΔV	D	V	ΔV	D	V	ΔV	D	V	ΔV
6	0.0110	0.0050	35	0.7355	0.0445	64	2.4340	0.0740	93	4.9775	0.1025
7	0.0160	0.0050	36	0.7800	0.0470	65	2.5080	0.0740	94	5.0800	0.1045
8	0.0210	0.0095	37	0.8270	0.0470	66	2.5820	0.0760	95	5.1845	0.1045
9	0.0305	0.0095	38	0.8740	0.0480	67	2.6580	0.0760	96	5.2890	0.1065
10	0.0400	0.0120	39	0.9220	0.0480	68	2.7340	0.0780	97	5.3955	0.1065
11	0.0520	0.0120	40	0.9700	0.0500	69	2.8120	0.0780	98	5.5020	0.1085
12	0.0640	0.0140	41	1.0200	0.0500	70	2.8900	0.0800	99	5.6105	0.1085
13	0.0780	0.0140	42	1.0700	0.0530	71	2.9700	0.0800	100	5.7190	0.1105
14	0.0920	0.0185	43	1.1230	0.0530	72	3.0500	0.0820	101	5.8295	0.1105
15	0.1105	0.0185	44	1.1760	0.0555	73	3.1320	0.0820	102	5.9400	0.1120
16	0.1290	0.0205	45	1.2315	0.0555	74	3.2140	0.0840	103	6.0520	0.1120
17	0.1495	0.0205	46	1.2870	0.0545	75	3.2980	0.0840	104	6.1640	0.1145
18	0.1700	0.0230	47	1.3415	0.0545	76	3.3820	0.0865	105	6.2785	0.1145
19	0.1930	0.0230	48	1.3960	0.0565	77	3.4685	0.0865	106	6.3930	0.1165
20	0.2160	0.0255	49	1.4525	0.0565	78	3.5550	0.0880	107	6.5095	0.1165
21	0.2415	0.0255	50	1.5090	0.0635	79	3.6430	0.0880	108	6.6260	0.1185
22	0.2670	0.0285	51	1.5725	0.0635	80	3.7310	0.0905	109	6.7445	0.1185
23	0.2955	0.0285	52	1.6360	0.0610	81	3.8215	0.0905	110	6.8630	0.1205
24	0.3240	0.0310	53	1.6970	0.0610	82	3.9120	0.0920	111	6.9835	0.1205
25	0.3550	0.0310	54	1.7580	0.0635	83	4.0040	0.0920	112	7.1040	0.1225
26	0.3860	0.0335	55	1.8215	0.0635	84	4.0960	0.0945	113	7.2265	0.1225
27	0.4195	0.0335	56	1.8850	0.0655	85	4.1905	0.0945	114	7.3490	0.1240
28	0.4530	0.0365	57	1.9505	0.0655	86	4.2850	0.0965	115	7.4730	0.1240
29	0.4895	0.0365	58	2.0160	0.0675	87	4.3815	0.0965	116	7.5970	0.1265
30	0.5260	0.0395	59	2.0835	0.0675	88	4.4780	0.0980	117	7.7235	0.1265
31	0.5655	0.0395	60	2.1510	0.0700	89	4.5760	0.0980	118	7.8500	0.1280
32	0.6050	0.0430	61	2.2210	0.0700	90	4.6740	0.1005	119	7.9780	0.1280
33	0.6480	0.0430	62	2.2910	0.0715	91	4.7745	0.1005	120	8.1060	0.1280
34	0.6910	0.0445	63	2.3625	0.0715	92	4.8750	0.1025			

适用树种：色木槭；适用地区：长白山西坡；资料名称：森林调查工作手册；编表人或作者：黑龙江省森林资源调查管理局；刊印或发表时间：1971。

470. 长白山西坡柞树一元立木材积表

D	V	ΔV	D	V	ΔV	D	V	ΔV	D	V	ΔV
6	0.0120	0.0055	35	0.8905	0.0625	64	3.5480	0.1205	93	7.5655	0.1525
7	0.0175	0.0055	36	0.9530	0.0665	65	3.6685	0.1205	94	7.7180	0.1555
8	0.0230	0.0085	37	1.0195	0.0665	66	3.7890	0.1240	95	7.8735	0.1555
9	0.0315	0.0085	38	1.0860	0.0715	67	3.9130	0.1240	96	8.0290	0.1585
10	0.0400	0.0060	39	1.1575	0.0715	68	4.0370	0.1290	97	8.1875	0.1585
11	0.0460	0.0060	40	1.2290	0.0740	69	4.1660	0.1290	98	8.3460	0.1760
12	0.0520	0.0195	41	1.3030	0.0740	70	4.2950	0.1250	99	8.5220	0.1760
13	0.0715	0.0195	42	1.3770	0.0795	71	4.4200	0.1250	100	8.6980	0.1655
14	0.0910	0.0180	43	1.4565	0.0795	72	4.5450	0.1375	101	8.8635	0.1655
15	0.1090	0.0180	44	1.5360	0.0815	73	4.6825	0.1375	102	9.0290	0.1565
16	0.1270	0.0220	45	1.6175	0.0815	74	4.8200	0.1330	103	9.1855	0.1565
17	0.1490	0.0220	46	1.6990	0.0905	75	4.9530	0.1330	104	9.3420	0.1700
18	0.1710	0.0255	47	1.7895	0.0905	76	5.0860	0.1370	105	9.5120	0.1700
19	0.1965	0.0255	48	1.8800	0.0915	77	5.2230	0.1370	106	9.6820	0.1605
20	0.2220	0.0300	49	1.9715	0.0915	78	5.3600	0.1405	107	9.8425	0.1605
21	0.2520	0.0300	50	2.0630	0.0970	79	5.5005	0.1405	108	10.0030	0.1340
22	0.2820	0.0345	51	2.1600	0.0970	80	5.6410	0.1445	109	10.1370	0.1340
23	0.3165	0.0345	52	2.2570	0.0975	81	5.7855	0.1445	110	10.2710	0.2325
24	0.3510	0.0385	53	2.3545	0.0975	82	5.9300	0.1370	111	10.5035	0.2325
25	0.3895	0.0385	54	2.4520	0.1025	83	6.0670	0.1370	112	10.7360	0.1815
26	0.4280	0.0460	55	2.5545	0.1025	84	6.2040	0.1880	113	10.9175	0.1815
27	0.4740	0.0460	56	2.6570	0.1075	85	6.3920	0.1880	114	11.0990	0.1840
28	0.5200	0.0445	57	2.7645	0.1075	86	6.5800	0.1075	115	11.2830	0.1840
29	0.5645	0.0445	58	2.8720	0.1120	87	6.6875	0.1075	116	11.4670	0.1870
30	0.6090	0.0540	59	2.9840	0.1120	88	6.7950	0.1460	117	11.6540	0.1870
31	0.6630	0.0540	60	3.0960	0.1115	89	6.9410	0.1460	118	11.8410	0.1895
32	0.7170	0.0555	61	3.2075	0.1115	90	7.0870	0.1630	119	12.0305	0.1895
33	0.7725	0.0555	62	3.3190	0.1145	91	7.2500	0.1630	120	12.2200	0.1895
34	0.8280	0.0625	63	3.4335	0.1145	92	7.4130	0.1525			

适用树种：柞树（栎树）；适用地区：长白山西坡；资料名称：森林调查工作手册；编表人或作者：黑龙江省森林资源调查管理局；刊印或发表时间：1971。

471. 长白山西坡白桦一元立木材积表

D	V	ΔV	D	V	ΔV	D	V	ΔV	D	V	ΔV
6	0.0140	0.0085	35	0.9655	0.0555	64	3.0870	0.0915	93	6.2025	0.1245
7	0.0225	0.0085	36	1.0210	0.0590	65	3.1785	0.0915	94	6.3270	0.1265
8	0.0310	0.0115	37	1.0800	0.0590	66	3.2700	0.0935	95	6.4535	0.1265
9	0.0425	0.0115	38	1.1390	0.0595	67	3.3635	0.0935	96	6.5800	0.1290
10	0.0540	0.0155	39	1.1985	0.0595	68	3.4570	0.0960	97	6.7090	0.1290
11	0.0695	0.0155	40	1.2580	0.0635	69	3.5530	0.0960	98	6.8380	0.1315
12	0.0850	0.0195	41	1.3215	0.0635	70	3.6490	0.0985	99	6.9695	0.1315
13	0.1045	0.0195	42	1.3850	0.0685	71	3.7475	0.0985	100	7.1010	0.1335
14	0.1240	0.0260	43	1.4535	0.0685	72	3.8460	0.1010	101	7.2345	0.1335
15	0.1500	0.0260	44	1.5220	0.0690	73	3.9470	0.1010	102	7.3680	0.1360
16	0.1760	0.0240	45	1.5910	0.0690	74	4.0480	0.1035	103	7.5040	0.1360
17	0.2000	0.0240	46	1.6600	0.0685	75	4.1515	0.1035	104	7.6400	0.1385
18	0.2240	0.0310	47	1.7285	0.0685	76	4.2550	0.1055	105	7.7785	0.1385
19	0.2550	0.0310	48	1.7970	0.0750	77	4.3605	0.1055	106	7.9170	0.1405
20	0.2860	0.0350	49	1.8720	0.0750	78	4.4660	0.1080	107	8.0575	0.1405
21	0.3210	0.0350	50	1.9470	0.0740	79	4.5740	0.1080	108	8.1980	0.1200
22	0.3560	0.0380	51	2.0210	0.0740	80	4.6820	0.1100	109	8.3180	0.1200
23	0.3940	0.0380	52	2.0950	0.0765	81	4.7920	0.1100	110	8.4380	0.1680
24	0.4320	0.0415	53	2.1715	0.0765	82	4.9020	0.1135	111	8.6060	0.1680
25	0.4735	0.0415	54	2.2480	0.0790	83	5.0155	0.1135	112	8.7740	0.1475
26	0.5150	0.0445	55	2.3270	0.0790	84	5.1290	0.1150	113	8.9215	0.1475
27	0.5595	0.0445	56	2.4060	0.0815	85	5.2440	0.1150	114	9.0690	0.1495
28	0.6040	0.0480	57	2.4875	0.0815	86	5.3590	0.1175	115	9.2185	0.1495
29	0.6520	0.0480	58	2.5690	0.0840	87	5.4765	0.1175	116	9.3680	0.1515
30	0.7000	0.0515	59	2.6530	0.0840	88	5.5940	0.1195	117	9.5195	0.1515
31	0.7515	0.0515	60	2.7370	0.0865	89	5.7135	0.1195	118	9.6710	0.1545
32	0.8030	0.0535	61	2.8235	0.0865	90	5.8330	0.1225	119	9.8255	0.1545
33	0.8565	0.0535	62	2.9100	0.0885	91	5.9555	0.1225	120	9.9800	0.1545
34	0.9100	0.0555	63	2.9985	0.0885	92	6.0780	0.1245			

适用树种：白桦；适用地区：长白山西坡；资料名称：森林调查工作手册；编表人或作者：黑龙江省森林资源调查管理局；刊印或发表时间：1971。

472. 长白山西坡红松一元立木材积表

D	V	ΔV	D	V	ΔV	D	V	ΔV	D	V	ΔV
6	0.0080	0.0040	43	1.3395	0.0745	80	5.4110	0.1290	117	11.1610	0.1800
7	0.0120	0.0040	44	1.4140	0.0825	81	5.5400	0.1290	118	11.3410	0.1830
8	0.0160	0.0070	45	1.4965	0.0825	82	5.6690	0.1415	119	11.5240	0.1830
9	0.0230	0.0070	46	1.5790	0.0800	83	5.8105	0.1415	120	11.7070	0.1860
10	0.0300	0.0100	47	1.6590	0.0800	84	5.9520	0.1445	121	11.8930	0.1860
11	0.0400	0.0100	48	1.7390	0.0925	85	6.0965	0.1445	122	12.0790	0.1880
12	0.0500	0.0125	49	1.8315	0.0925	86	6.2410	0.1385	123	12.2670	0.1880
13	0.0625	0.0125	50	1.9240	0.0925	87	6.3795	0.1385	124	12.4550	0.1910
14	0.0750	0.0165	51	2.0165	0.0925	88	6.5180	0.1415	125	12.6460	0.1910
15	0.0915	0.0165	52	2.1090	0.1020	89	6.6595	0.1415	126	12.8370	0.1935
16	0.1080	0.0200	53	2.2110	0.1020	90	6.8010	0.1440	127	13.0305	0.1935
17	0.1280	0.0200	54	2.3130	0.0995	91	6.9450	0.1440	128	13.2240	0.1965
18	0.1480	0.0240	55	2.4125	0.0995	92	7.0890	0.1470	129	13.4205	0.1965
19	0.1720	0.0240	56	2.5120	0.1040	93	7.2360	0.1470	130	13.6170	0.1995
20	0.1960	0.0245	57	2.6160	0.1040	94	7.3830	0.1495	131	13.8165	0.1995
21	0.2205	0.0245	58	2.7200	0.1045	95	7.5325	0.1495	132	14.0160	0.2020
22	0.2450	0.0335	59	2.8245	0.1045	96	7.6820	0.1525	133	14.2180	0.2020
23	0.2785	0.0335	60	2.9290	0.1145	97	7.8345	0.1525	134	14.4200	0.2040
24	0.3120	0.0365	61	3.0435	0.1145	98	7.9870	0.1550	135	14.6240	0.2040
25	0.3485	0.0365	62	3.1580	0.1140	99	8.1420	0.1550	136	14.8280	0.2075
26	0.3850	0.0395	63	3.2720	0.1140	100	8.2970	0.1585	137	15.0355	0.2075
27	0.4245	0.0395	64	3.3860	0.1130	101	8.4555	0.1585	138	15.2430	0.2100
28	0.4640	0.0440	65	3.4990	0.1130	102	8.6140	0.1605	139	15.4530	0.2100
29	0.5080	0.0440	66	3.6120	0.1230	103	8.7745	0.1605	140	15.6630	0.2120
30	0.5520	0.0490	67	3.7350	0.1230	104	8.9350	0.1640	141	15.8750	0.2120
31	0.6010	0.0490	68	3.8580	0.1215	105	9.0990	0.1640	142	16.0870	0.2155
32	0.6500	0.0530	69	3.9795	0.1215	106	9.2630	0.1660	143	16.3025	0.2155
33	0.7030	0.0530	70	4.1010	0.1260	107	9.4290	0.1660	144	16.5180	0.2180
34	0.7560	0.0580	71	4.2270	0.1260	108	9.5950	0.1690	145	16.7360	0.2180
35	0.8140	0.0580	72	4.3530	0.1300	109	9.7640	0.1690	146	16.9540	0.2205
36	0.8720	0.0610	73	4.4830	0.1300	110	9.9330	0.1720	147	17.1745	0.2205
37	0.9330	0.0610	74	4.6130	0.1265	111	10.1050	0.1720	148	17.3950	0.2235
38	0.9940	0.0665	75	4.7395	0.1265	112	10.2770	0.1750	149	17.6185	0.2235
39	1.0605	0.0665	76	4.8660	0.1385	113	10.4520	0.1750	150	17.8420	0.2235
40	1.1270	0.0690	77	5.0045	0.1385	114	10.6270	0.1770			
41	1.1960	0.0690	78	5.1430	0.1340	115	10.8040	0.1770			
42	1.2650	0.0745	79	5.2770	0.1340	116	10.9810	0.1800			

适用树种：红松；适用地区：长白山西坡；资料名称：森林调查工作手册；编表人或作者：黑龙江省森林资源调查管理局；刊印或发表时间：1971。

吉

473. 长白山西坡云冷杉一元立木材积表

D	V	ΔV	D	V	ΔV	D	V	ΔV	D	V	ΔV
6	0.0100	0.0055	35	0.9110	0.0600	64	3.5130	0.1100	93	7.1635	0.1355
7	0.0155	0.0055	36	0.9710	0.0650	65	3.6230	0.1100	94	7.2990	0.1370
8	0.0210	0.0080	37	1.0360	0.0650	66	3.7330	0.1205	95	7.4360	0.1370
9	0.0290	0.0080	38	1.1010	0.0720	67	3.8535	0.1205	96	7.5730	0.1400
10	0.0370	0.0120	39	1.1730	0.0720	68	3.9740	0.1180	97	7.7130	0.1400
11	0.0490	0.0120	40	1.2450	0.0710	69	4.0920	0.1180	98	7.8530	0.1415
12	0.0610	0.0155	41	1.3160	0.0710	70	4.2100	0.1210	99	7.9945	0.1415
13	0.0765	0.0155	42	1.3870	0.0775	71	4.3310	0.1210	100	8.1360	0.1440
14	0.0920	0.0190	43	1.4645	0.0775	72	4.4520	0.1255	101	8.2800	0.1440
15	0.1110	0.0190	44	1.5420	0.0825	73	4.5775	0.1255	102	8.4240	0.1465
16	0.1300	0.0235	45	1.6245	0.0825	74	4.7030	0.1205	103	8.5705	0.1465
17	0.1535	0.0235	46	1.7070	0.0875	75	4.8235	0.1205	104	8.7170	0.1480
18	0.1770	0.0275	47	1.7945	0.0875	76	4.9440	0.1240	105	8.8650	0.1480
19	0.2045	0.0275	48	1.8820	0.0895	77	5.0680	0.1240	106	9.0130	0.1505
20	0.2320	0.0310	49	1.9715	0.0895	78	5.1920	0.1265	107	9.1635	0.1505
21	0.2630	0.0310	50	2.0610	0.0940	79	5.3185	0.1265	108	9.3140	0.1525
22	0.2940	0.0360	51	2.1550	0.0940	80	5.4450	0.1300	109	9.4665	0.1525
23	0.3300	0.0360	52	2.2490	0.0995	81	5.5750	0.1300	110	9.6190	0.1545
24	0.3660	0.0400	53	2.3485	0.0995	82	5.7050	0.1330	111	9.7735	0.1545
25	0.4060	0.0400	54	2.4480	0.0995	83	5.8380	0.1330	112	9.9280	0.1570
26	0.4460	0.0435	55	2.5475	0.0995	84	5.9710	0.1260	113	10.0850	0.1570
27	0.4895	0.0435	56	2.6470	0.1040	85	6.0970	0.1260	114	10.2420	0.1585
28	0.5330	0.0500	57	2.7510	0.1040	86	6.2230	0.1385	115	10.4005	0.1585
29	0.5830	0.0500	58	2.8550	0.1035	87	6.3615	0.1385	116	10.5590	0.1610
30	0.6330	0.0520	59	2.9585	0.1035	88	6.5000	0.1310	117	10.7200	0.1610
31	0.6850	0.0520	60	3.0620	0.1135	89	6.6310	0.1310	118	10.8810	0.1630
32	0.7370	0.0570	61	3.1755	0.1135	90	6.7620	0.1330	119	11.0440	0.1630
33	0.7940	0.0570	62	3.2890	0.1120	91	6.8950	0.1330	120	11.2070	0.1630
34	0.8510	0.0600	63	3.4010	0.1120	92	7.0280	0.1355			

适用树种：云杉、冷杉；适用地区：长白山西坡；资料名称：森林调查工作手册；编表人或作者：黑龙江省森林资源调查管理局；刊印或发表时间：1971。

474. 长白山西坡落叶松一元立木材积表

D	V	ΔV	D	V	ΔV	D	V	ΔV	D	V	ΔV
6	0.0070	0.0050	30	0.7460	0.0615	54	2.7280	0.0965	78	5.4170	0.1260
7	0.0120	0.0050	31	0.8075	0.0615	55	2.8245	0.0965	79	5.5430	0.1260
8	0.0170	0.0100	32	0.8690	0.0670	56	2.9210	0.1055	80	5.6690	0.1280
9	0.0270	0.0100	33	0.9360	0.0670	57	3.0265	0.1055	81	5.7970	0.1280
10	0.0370	0.0120	34	1.0030	0.0715	58	3.1320	0.1035	82	5.9250	0.1315
11	0.0490	0.0120	35	1.0745	0.0715	59	3.2355	0.1035	83	6.0565	0.1315
12	0.0610	0.0185	36	1.1460	0.0750	60	3.3390	0.1070	84	6.1880	0.1335
13	0.0795	0.0185	37	1.2210	0.0750	61	3.4460	0.1070	85	6.3215	0.1335
14	0.0980	0.0230	38	1.2960	0.0780	62	3.5530	0.1100	86	6.4550	0.1360
15	0.1210	0.0230	39	1.3740	0.0780	63	3.6630	0.1100	87	6.5910	0.1360
16	0.1440	0.0280	40	1.4520	0.0805	64	3.7730	0.1135	88	6.7270	0.1385
17	0.1720	0.0280	41	1.5325	0.0805	65	3.8865	0.1135	89	6.8655	0.1385
18	0.2000	0.0335	42	1.6130	0.0855	66	4.0000	0.1105	90	7.0040	0.1410
19	0.2335	0.0335	43	1.6985	0.0855	67	4.1105	0.1105	91	7.1450	0.1410
20	0.2670	0.0370	44	1.7840	0.0910	68	4.2210	0.1120	92	7.2860	0.1430
21	0.3040	0.0370	45	1.8750	0.0910	69	4.3330	0.1120	93	7.4290	0.1430
22	0.3410	0.0445	46	1.9660	0.0885	70	4.4450	0.1235	94	7.5720	0.1460
23	0.3855	0.0445	47	2.0545	0.0885	71	4.5685	0.1235	95	7.7180	0.1460
24	0.4300	0.0485	48	2.1430	0.0935	72	4.6920	0.1180	96	7.8640	0.1485
25	0.4785	0.0485	49	2.2365	0.0935	73	4.8100	0.1180	97	8.0125	0.1485
26	0.5270	0.0525	50	2.3300	0.0970	74	4.9280	0.1210	98	8.1610	0.1505
27	0.5795	0.0525	51	2.4270	0.0970	75	5.0490	0.1210	99	8.3115	0.1505
28	0.6320	0.0570	52	2.5240	0.1020	76	5.1700	0.1235	100	8.4620	0.1505
29	0.6890	0.0570	53	2.6260	0.1020	77	5.2935	0.1235			

适用树种：落叶松；适用地区：长白山西坡；资料名称：森林调查工作手册；编表人或作者：黑龙江省森林资源调查管理局；刊印或发表时间：1971。

8 黑龙江省立木材积表

黑龙江省的立木材积表按编表机构分有黑龙江省营林局材积表（各市县用）（→437页）、黑龙江省大兴安岭国有林区材积表（→525页）、黑龙江省国有森林工业局材积表（→583页）。营林局材积表以行政区（市县）命名，国有林区材积表以林业局命名。国有森林工业局有黑龙江省森林工业总局所属的 40 个林业局和黑龙江省大兴安岭林管局所属的 11 个林业局。黑龙江省森林工业总局所属 40 个林业局的材积表只收集到一部分，其他林业局的材积表有待今后补充。本书还收录了黑龙江全省各地区地径立木材积方程（→515页）和国有林区地径-胸径关系方程（→618页）。

475. 黑龙江红松一元立木材积表

$$V=0.00010339412D_{轮}^{2.5550714}$$

$D_{轮}=-0.005162178+0.975389083D_{围}$；表中$D$为围尺径；$D\leqslant 97$cm

D	V	ΔV	D	V	ΔV	D	V	ΔV	D	V	ΔV
4	0.0033	0.0026	28	0.4835	0.0451	52	2.3515	0.1166	76	6.1989	0.2116
5	0.0059	0.0035	29	0.5286	0.0481	53	2.4682	0.1213	77	6.4105	0.2159
6	0.0094	0.0045	30	0.5767	0.0501	54	2.5895	0.1236	78	6.6264	0.2180
7	0.0140	0.0057	31	0.6268	0.0532	55	2.7131	0.1285	79	6.8444	0.2246
8	0.0197	0.0069	32	0.6800	0.0553	56	2.8415	0.1307	80	7.0690	0.2267
9	0.0265	0.0082	33	0.7353	0.0586	57	2.9723	0.1357	81	7.2957	0.2335
10	0.0348	0.0095	34	0.7939	0.0607	58	3.1080	0.1380	82	7.5292	0.2355
11	0.0443	0.0111	35	0.8546	0.0641	59	3.2460	0.1431	83	7.7647	0.2424
12	0.0554	0.0125	36	0.9187	0.0663	60	3.3891	0.1454	84	8.0072	0.2445
13	0.0679	0.0142	37	0.9850	0.0698	61	3.5345	0.1507	85	8.2516	0.2515
14	0.0822	0.0159	38	1.0548	0.0727	62	3.6852	0.1529	86	8.5032	0.2535
15	0.0981	0.0175	39	1.1275	0.0749	63	3.8381	0.1584	87	8.7567	0.2607
16	0.1156	0.0195	40	1.2024	0.0787	64	3.9965	0.1623	88	9.0174	0.2627
17	0.1351	0.0211	41	1.2811	0.0809	65	4.1587	0.1645	89	9.2801	0.2701
18	0.1562	0.0233	42	1.3620	0.0848	66	4.3233	0.1702	90	9.5502	0.2748
19	0.1795	0.0250	43	1.4469	0.0870	67	4.4934	0.1724	91	9.8249	0.2767
20	0.2045	0.0273	44	1.5339	0.0911	68	4.6658	0.1782	92	10.1016	0.2843
21	0.2318	0.0291	45	1.6250	0.0933	69	4.8440	0.1804	93	10.3859	0.2861
22	0.2608	0.0315	46	1.7184	0.0976	70	5.0244	0.1863	94	10.6720	0.2939
23	0.2924	0.0334	47	1.8159	0.0998	71	5.2107	0.1885	95	10.9659	0.2957
24	0.3258	0.0360	48	1.9157	0.1042	72	5.3993	0.1946	96	11.2616	0.3036
25	0.3618	0.0379	49	2.0199	0.1064	73	5.5939	0.1968	97	11.5653	0.3036
26	0.3997	0.0407	50	2.1263	0.1109	74	5.7907	0.2030			
27	0.4404	0.0431	51	2.2372	0.1144	75	5.9937	0.2052			

适用树种：红松；适用地区：黑龙江省；资料名称：黑龙江省立木材积表；编表人或作者：黑龙江省营林局；出版机构：黑龙江省营林局；刊印或发表时间：1981。其他说明：根据农林部农林（字）第 41 号文件编制；黑龙江省营林局文件林勘字 (81) 第 86 号。

476. 黑龙江樟子松一元立木材积表

$$V=0.0002380777D_{轮}^{2.3888099}$$

$D_{轮}=-0.16611345+0.983825482D_{围}$；表中$D$为围尺径；$D\leqslant 62$cm

D	V	ΔV	D	V	ΔV	D	V	ΔV	D	V	ΔV
4	0.0057	0.0042	19	0.2544	0.0333	34	1.0302	0.0747	49	2.4760	0.1236
5	0.0098	0.0056	20	0.2877	0.0357	35	1.1049	0.0770	50	2.5996	0.1259
6	0.0155	0.0071	21	0.3234	0.0386	36	1.1819	0.0808	51	2.7255	0.1293
7	0.0226	0.0087	22	0.3620	0.0407	37	1.2628	0.0831	52	2.8548	0.1342
8	0.0312	0.0105	23	0.4027	0.0437	38	1.3459	0.0862	53	2.9890	0.1364
9	0.0417	0.0121	24	0.4464	0.0459	39	1.4321	0.0903	54	3.1254	0.1399
10	0.0538	0.0141	25	0.4923	0.0485	40	1.5223	0.0925	55	3.2653	0.1450
11	0.0679	0.0159	26	0.5408	0.0517	41	1.6149	0.0957	56	3.4103	0.1471
12	0.0838	0.0178	27	0.5925	0.0539	42	1.7106	0.1000	57	3.5575	0.1523
13	0.1016	0.0201	28	0.6464	0.0566	43	1.8105	0.1022	58	3.7098	0.1545
14	0.1217	0.0220	29	0.7030	0.0601	44	1.9127	0.1066	59	3.8642	0.1581
15	0.1437	0.0244	30	0.7631	0.0623	45	2.0193	0.1088	60	4.0224	0.1635
16	0.1681	0.0264	31	0.8253	0.0658	46	2.1281	0.1122	61	4.1859	0.1656
17	0.1945	0.0286	32	0.8912	0.0681	47	2.2403	0.1167	62	4.3515	0.1656
18	0.2231	0.0313	33	0.9592	0.0710	48	2.3570	0.1190			

黑

适用树种：樟子松；适用地区：黑龙江省；资料名称：黑龙江省立木材积表；编表人或作者：黑龙江省营林局；出版机构：黑龙江省营林局；刊印或发表时间：1981。其他说明：根据农林部农林（字）第 41 号文件编制；黑龙江省营林局文件林勘字 (81) 第 86 号。

477. 黑龙江赤松一元立木材积表

$$V=0.00016773252D_{轮}^{2.2855543}$$

$D_{轮}=0.1539054215+0.981705489D_{围}$；表中$D$为围尺径；$D\leqslant 50$cm

D	V	ΔV	D	V	ΔV	D	V	ΔV	D	V	ΔV
4	0.0042	0.0027	16	0.0929	0.0136	28	0.3306	0.0274	40	0.7442	0.0430
5	0.0068	0.0034	17	0.1065	0.0147	29	0.3580	0.0289	41	0.7872	0.0448
6	0.0102	0.0042	18	0.1212	0.0159	30	0.3870	0.0299	42	0.8320	0.0457
7	0.0145	0.0050	19	0.1372	0.0169	31	0.4169	0.0312	43	0.8777	0.0471
8	0.0195	0.0059	20	0.1541	0.0180	32	0.4480	0.0324	44	0.9248	0.0485
9	0.0254	0.0068	21	0.1721	0.0191	33	0.4804	0.0337	45	0.9733	0.0499
10	0.0322	0.0077	22	0.1912	0.0203	34	0.5141	0.0350	46	1.0231	0.0513
11	0.0398	0.0086	23	0.2114	0.0214	35	0.5491	0.0367	47	1.0744	0.0532
12	0.0485	0.0097	24	0.2329	0.0228	36	0.5858	0.0376	48	1.1277	0.0541
13	0.0581	0.0106	25	0.2557	0.0238	37	0.6234	0.0389	49	1.1818	0.0556
14	0.0687	0.0116	26	0.2795	0.0250	38	0.6624	0.0403	50	1.2374	0.0556
15	0.0803	0.0126	27	0.3044	0.0262	39	0.7026	0.0416			

适用树种：赤松；适用地区：黑龙江省；资料名称：黑龙江省立木材积表；编表人或作者：黑龙江省营林局；出版机构：黑龙江省营林局；刊印或发表时间：1981。其他说明：根据农林部农林（字）第 41 号文件编制；黑龙江省营林局文件林勘字 (81) 第 86 号。

478. 黑龙江云杉一元立木材积表

$$V=0.000097559294D_{轮}^{2.6082001}\ 74\text{cm}$$

$$D_{轮}=-0.023269474+0.979033877D_{围}；表中D为围尺径；D\leqslant 74\text{cm}$$

D	V	ΔV	D	V	ΔV	D	V	ΔV	D	V	ΔV
4	0.0034	0.0027	22	0.2921	0.0356	40	1.3904	0.0926	58	3.6657	0.1674
5	0.0061	0.0037	23	0.3277	0.0386	41	1.4830	0.0963	59	3.8331	0.1720
6	0.0098	0.0049	24	0.3663	0.0412	42	1.5794	0.1001	60	4.0051	0.1767
7	0.0146	0.0061	25	0.4075	0.0440	43	1.6795	0.1029	61	4.1818	0.1814
8	0.0208	0.0075	26	0.4515	0.0468	44	1.7824	0.1078	62	4.3632	0.1862
9	0.0283	0.0090	27	0.4983	0.0497	45	1.8901	0.1117	63	4.5494	0.1890
10	0.0372	0.0105	28	0.5480	0.0526	46	2.0018	0.1157	64	4.7385	0.1958
11	0.0478	0.0122	29	0.6006	0.0556	47	2.1175	0.1197	65	4.9343	0.2007
12	0.0600	0.0138	30	0.6563	0.0587	48	2.2372	0.1238	66	5.1350	0.2057
13	0.0738	0.0158	31	0.7150	0.0618	49	2.3610	0.1279	67	5.3407	0.2107
14	0.0896	0.0177	32	0.7768	0.0643	50	2.4890	0.1321	68	5.5514	0.2157
15	0.1073	0.0197	33	0.8411	0.0682	51	2.6211	0.1364	69	5.7672	0.2208
16	0.1271	0.0218	34	0.9094	0.0716	52	2.7574	0.1407	70	5.9880	0.2260
17	0.1489	0.0240	35	0.9809	0.0749	53	2.8981	0.1435	71	6.2140	0.2312
18	0.1729	0.0262	36	1.0559	0.0784	54	3.0416	0.1493	72	6.4452	0.2364
19	0.1992	0.0286	37	1.1342	0.0818	55	3.1909	0.1538	73	6.6816	0.2417
20	0.2277	0.0310	38	1.2160	0.0854	56	3.3447	0.1583	74	6.9232	0.2417
21	0.2587	0.0334	39	1.3014	0.0890	57	3.5030	0.1628			

适用树种：云杉；适用地区：黑龙江省；资料名称：黑龙江省立木材积表；编表人或作者：黑龙江省营林局；出版机构：黑龙江省营林局；刊印或发表时间：1981。其他说明：根据农林部农林（字）第 41 号文件编制；黑龙江省营林局文件林勘字 (81) 第 86 号。

479. 黑龙江冷杉一元立木材积表

$$V=0.00012553802D_{轮}^{2.5301655}$$

$D_{轮}=-0.14050637+0.976669654D_{围}$；表中$D$为围尺径；$D\leqslant 70$cm

D	V	ΔV	D	V	ΔV	D	V	ΔV	D	V	ΔV
4	0.0036	0.0028	21	0.2575	0.0325	38	1.1633	0.0796	55	2.9747	0.1381
5	0.0064	0.0039	22	0.2900	0.0345	39	1.2429	0.0828	56	3.1128	0.1434
6	0.0104	0.0051	23	0.3245	0.0373	40	1.3257	0.0852	57	3.2563	0.1474
7	0.0154	0.0063	24	0.3618	0.0397	41	1.4109	0.0893	58	3.4036	0.1498
8	0.0217	0.0077	25	0.4015	0.0418	42	1.5003	0.0927	59	3.5534	0.1553
9	0.0295	0.0092	26	0.4433	0.0448	43	1.5929	0.0951	60	3.7087	0.1593
10	0.0387	0.0106	27	0.4882	0.0475	44	1.6880	0.0994	61	3.8680	0.1617
11	0.0493	0.0124	28	0.5356	0.0496	45	1.7874	0.1029	62	4.0297	0.1675
12	0.0617	0.0141	29	0.5853	0.0529	46	1.8903	0.1053	63	4.1972	0.1716
13	0.0758	0.0157	30	0.6382	0.0557	47	1.9956	0.1099	64	4.3688	0.1740
14	0.0914	0.0177	31	0.6938	0.0579	48	2.1055	0.1135	65	4.5428	0.1799
15	0.1091	0.0196	32	0.7517	0.0614	49	2.2190	0.1159	66	4.7227	0.1842
16	0.1288	0.0214	33	0.8131	0.0643	50	2.3349	0.1207	67	4.9069	0.1865
17	0.1502	0.0237	34	0.8774	0.0666	51	2.4557	0.1244	68	5.0934	0.1927
18	0.1738	0.0258	35	0.9440	0.0703	52	2.5801	0.1269	69	5.2861	0.1971
19	0.1996	0.0277	36	1.0143	0.0734	53	2.7070	0.1319	70	5.4832	0.1971
20	0.2273	0.0302	37	1.0876	0.0757	54	2.8389	0.1357			

适用树种：冷杉；适用地区：黑龙江省；资料名称：黑龙江省立木材积表；编表人或作者：黑龙江省营林局；出版机构：黑龙江省营林局；刊印或发表时间：1981。其他说明：根据农林部农林（字）第 41 号文件编制；黑龙江省营林局文件林勘字 (81) 第 86 号。

480. 黑龙江青杨一元立木材积表

$$V=0.00019774148D_{轮}^{2.3412972}$$

$D_{轮}=0.1182454578+0.977527992D_{围}$；表中$D$为围尺径；$D\leqslant97\text{cm}$

D	V	ΔV	D	V	ΔV	D	V	ΔV	D	V	ΔV
4	0.0052	0.0034	28	0.4631	0.0396	52	1.9635	0.0896	76	4.7659	0.1483
5	0.0086	0.0044	29	0.5026	0.0410	53	2.0531	0.0909	77	4.9141	0.1509
6	0.0130	0.0056	30	0.5436	0.0433	54	2.1440	0.0942	78	5.0650	0.1519
7	0.0186	0.0067	31	0.5870	0.0452	55	2.2381	0.0965	79	5.2169	0.1561
8	0.0253	0.0079	32	0.6322	0.0472	56	2.3346	0.0988	80	5.3730	0.1587
9	0.0332	0.0091	33	0.6794	0.0486	57	2.4334	0.1001	81	5.5317	0.1614
10	0.0423	0.0105	34	0.7280	0.0511	58	2.5335	0.1035	82	5.6931	0.1624
11	0.0527	0.0118	35	0.7791	0.0531	59	2.6371	0.1059	83	5.8555	0.1667
12	0.0646	0.0132	36	0.8321	0.0551	60	2.7429	0.1083	84	6.0222	0.1694
13	0.0778	0.0145	37	0.8872	0.0565	61	2.8512	0.1096	85	6.1915	0.1721
14	0.0922	0.0161	38	0.9437	0.0591	62	2.9608	0.1131	86	6.3636	0.1730
15	0.1083	0.0176	39	1.0029	0.0612	63	3.0739	0.1155	87	6.5366	0.1775
16	0.1259	0.0191	40	1.0641	0.0633	64	3.1894	0.1180	88	6.7141	0.1802
17	0.1450	0.0204	41	1.1274	0.0647	65	3.3074	0.1204	89	6.8943	0.1829
18	0.1654	0.0222	42	1.1921	0.0675	66	3.4278	0.1216	90	7.0772	0.1838
19	0.1876	0.0238	43	1.2596	0.0696	67	3.5495	0.1254	91	7.2610	0.1884
20	0.2115	0.0255	44	1.3292	0.0718	68	3.6749	0.1279	92	7.4495	0.1912
21	0.2370	0.0269	45	1.4010	0.0732	69	3.8027	0.1304	93	7.6407	0.1940
22	0.2639	0.0289	46	1.4742	0.0761	70	3.9331	0.1315	94	7.8346	0.1947
23	0.2927	0.0306	47	1.5504	0.0783	71	4.0647	0.1354	95	8.0294	0.1995
24	0.3233	0.0323	48	1.6287	0.0806	72	4.2001	0.1380	96	8.2289	0.2024
25	0.3557	0.0338	49	1.7093	0.0819	73	4.3381	0.1405	97	8.4313	0.2024
26	0.3894	0.0359	50	1.7912	0.0850	74	4.4786	0.1416			
27	0.4253	0.0377	51	1.8762	0.0873	75	4.6202	0.1457			

适用树种：青杨；适用地区：黑龙江省；资料名称：黑龙江省立木材积表；编表人或作者：黑龙江省营林局；出版机构：黑龙江省营林局；刊印或发表时间：1981。其他说明：根据农林部农林（字）第 41 号文件编制；黑龙江省营林局文件林勘字 (81) 第 86 号。

481. 小兴安岭北坡落叶松一元立木材积表

$$V = 0.000050168241D_{轮}^{1.7582894}H^{1.1496653[注]}$$

$$H = 3.206792 + 0.89766624D_{轮} - 0.0096925689D_{轮}^{2}$$

$D_{轮} = -0.1661345 + 0.983825482D_{围}$；表中$D$为围尺径；$D \leqslant 62$cm

D	V	ΔV	D	V	ΔV	D	V	ΔV	D	V	ΔV
4	0.0044	0.0032	19	0.2137	0.0288	34	0.8474	0.0558	49	1.7503	0.0604
5	0.0076	0.0043	20	0.2424	0.0308	35	0.9032	0.0565	50	1.8108	0.0587
6	0.0119	0.0055	21	0.2732	0.0332	36	0.9598	0.0581	51	1.8695	0.0574
7	0.0174	0.0069	22	0.3064	0.0347	37	1.0178	0.0585	52	1.9269	0.0566
8	0.0243	0.0084	23	0.3411	0.0372	38	1.0763	0.0593	53	1.9836	0.0543
9	0.0327	0.0099	24	0.3783	0.0386	39	1.1356	0.0610	54	2.0378	0.0534
10	0.0426	0.0116	25	0.4169	0.0408	40	1.1966	0.0611	55	2.0913	0.0510
11	0.0542	0.0133	26	0.4577	0.0429	41	1.2577	0.0608	56	2.1423	0.0491
12	0.0675	0.0150	27	0.5006	0.0444	42	1.3185	0.0623	57	2.1914	0.0462
13	0.0825	0.0171	28	0.5450	0.0461	43	1.3808	0.0618	58	2.2376	0.0439
14	0.0996	0.0188	29	0.5912	0.0482	44	1.4426	0.0624	59	2.2815	0.0410
15	0.1184	0.0209	30	0.6394	0.0498	45	1.5050	0.0623	60	2.3225	0.0385
16	0.1393	0.0226	31	0.6891	0.0513	46	1.5673	0.0612	61	2.3610	0.0357
17	0.1620	0.0247	32	0.7405	0.0528	47	1.6284	0.0620	62	2.3968	0.0357
18	0.1867	0.0269	33	0.7933	0.0541	48	1.6905	0.0599			

适用树种：落叶松；适用地区：小兴安岭北坡；资料名称：黑龙江省立木材积表；编表人或作者：黑龙江省营林局；出版机构：黑龙江省营林局；刊印或发表时间：1981。其他说明：根据农林部农林（字）第 41 号文件编制；黑龙江省营林局文件林勘字 (81) 第 86 号。注：原资料材积式参数印刷有误，本书已纠正。

482. 小兴安岭北坡水曲柳一元立木材积表

$$V = 0.000041960698D_{轮}^{1.9094595}H^{1.0413892}$$

$$H = 5.245995 + 0.59439765D_{轮} - 0.0054639062D_{轮}^2$$

$D_{轮} = -0.0283700973 + 0.969811198D_{围}$；表中$D$为围尺径；$D \leqslant 74$cm

D	V	ΔV	D	V	ΔV	D	V	ΔV	D	V	ΔV
4	0.0045	0.0029	22	0.2496	0.0285	40	1.0290	0.0587	58	2.2363	0.0715
5	0.0074	0.0038	23	0.2781	0.0303	41	1.0877	0.0601	59	2.3078	0.0713
6	0.0111	0.0048	24	0.3084	0.0320	42	1.1477	0.0614	60	2.3791	0.0709
7	0.0159	0.0058	25	0.3404	0.0338	43	1.2091	0.0626	61	2.4500	0.0705
8	0.0218	0.0070	26	0.3742	0.0356	44	1.2718	0.0638	62	2.5205	0.0699
9	0.0287	0.0082	27	0.4099	0.0374	45	1.3356	0.0649	63	2.5903	0.0692
10	0.0369	0.0095	28	0.4473	0.0392	46	1.4005	0.0660	64	2.6595	0.0683
11	0.0464	0.0108	29	0.4864	0.0410	47	1.4664	0.0669	65	2.7278	0.0673
12	0.0572	0.0122	30	0.5274	0.0427	48	1.5334	0.0678	66	2.7951	0.0662
13	0.0694	0.0136	31	0.5701	0.0445	49	1.6012	0.0686	67	2.8613	0.0649
14	0.0830	0.0151	32	0.6146	0.0462	50	1.6698	0.0693	68	2.9262	0.0635
15	0.0982	0.0167	33	0.6607	0.0479	51	1.7391	0.0699	69	2.9897	0.0619
16	0.1149	0.0183	34	0.7086	0.0495	52	1.8090	0.0705	70	3.0516	0.0602
17	0.1331	0.0199	35	0.7581	0.0506	53	1.8795	0.0709	71	3.1118	0.0583
18	0.1531	0.0216	36	0.8088	0.0528	54	1.9504	0.0712	72	3.1701	0.0563
19	0.1746	0.0233	37	0.8615	0.0543	55	2.0216	0.0715	73	3.2264	0.0541
20	0.1979	0.0250	38	0.9158	0.0558	56	2.0931	0.0716	74	3.2804	0.0541
21	0.2229	0.0267	39	0.9717	0.0573	57	2.1647	0.0716			

适用树种：水曲柳；适用地区：小兴安岭北坡；资料名称：黑龙江省立木材积表；编表人或作者：黑龙江省营林局；出版机构：黑龙江省营林局；刊印或发表时间：1981。其他说明：根据农林部农林（字）第 41 号文件编制；黑龙江省营林局文件林勘字 (81) 第 86 号。

黑

483. 小兴安岭北坡胡桃楸一元立木材积表

$$V = 0.000041960698 D_{轮}^{1.9094595} H^{1.0413892}$$

$$H = 3.5746195 + 0.69524474 D_{轮} - 0.0086011316 D_{轮}^2$$

$D_{轮} = -0.1068104174 + 0.975403018 D_{围}$；表中$D$为围尺径；$D \leqslant 39$cm

D	V	ΔV	D	V	ΔV	D	V	ΔV	D	V	ΔV
4	0.0035	0.0025	13	0.0638	0.0131	22	0.2348	0.0268	31	0.5256	0.0389
5	0.0060	0.0034	14	0.0768	0.0144	23	0.2615	0.0280	32	0.5645	0.0395
6	0.0094	0.0043	15	0.0912	0.0160	24	0.2895	0.0297	33	0.6040	0.0409
7	0.0136	0.0054	16	0.1072	0.0175	25	0.3193	0.0309	34	0.6449	0.0414
8	0.0190	0.0064	17	0.1247	0.0189	26	0.3501	0.0326	35	0.6862	0.0426
9	0.0254	0.0077	18	0.1436	0.0206	27	0.3827	0.0336	36	0.7288	0.0428
10	0.0331	0.0089	19	0.1642	0.0219	28	0.4164	0.0353	37	0.7716	0.0439
11	0.0420	0.0103	20	0.1861	0.0237	29	0.4517	0.0366	38	0.8155	0.0439
12	0.0522	0.0115	21	0.2098	0.0250	30	0.4882	0.0374	39	0.8593	0.0439

适用树种：胡桃楸；适用地区：小兴安岭北坡；资料名称：黑龙江省立木材积表；编表人或作者：黑龙江省营林局；出版机构：黑龙江省营林局；刊印或发表时间：1981。其他说明：根据农林部农林（字）第 41 号文件编制；黑龙江省营林局文件林勘字 (81) 第 86 号。

黑

484. 小兴安岭北坡黄波罗一元立木材积表

$$V = 0.00027148928 D_{轮}^{2.1687143}$$

$D_{轮} = -0.2516967596 + 0.972900665 D_{围}$；表中$D$为围尺径；$D \leqslant 50$cm

D	V	ΔV	D	V	ΔV	D	V	ΔV	D	V	ΔV
4	0.0045	0.0030	16	0.1008	0.0145	28	0.3448	0.0274	40	0.7517	0.0419
5	0.0075	0.0039	17	0.1154	0.0154	29	0.3723	0.0289	41	0.7937	0.0427
6	0.0113	0.0047	18	0.1308	0.0165	30	0.4012	0.0297	42	0.8364	0.0439
7	0.0160	0.0056	19	0.1472	0.0177	31	0.4309	0.0309	43	0.8803	0.0456
8	0.0216	0.0065	20	0.1650	0.0186	32	0.4618	0.0320	44	0.9260	0.0464
9	0.0281	0.0075	21	0.1835	0.0197	33	0.4938	0.0335	45	0.9723	0.0476
10	0.0357	0.0084	22	0.2032	0.0210	34	0.5274	0.0344	46	1.0199	0.0488
11	0.0440	0.0094	23	0.2242	0.0219	35	0.5617	0.0355	47	1.0688	0.0506
12	0.0534	0.0104	24	0.2461	0.0230	36	0.5973	0.0371	48	1.1194	0.0513
13	0.0638	0.0113	25	0.2690	0.0241	37	0.6344	0.0379	49	1.1707	0.0526
14	0.0752	0.0123	26	0.2931	0.0254	38	0.6723	0.0391	50	1.2232	0.0526
15	0.0875	0.0133	27	0.3185	0.0263	39	0.7114	0.0403			

适用树种：黄波罗；适用地区：小兴安岭北坡；资料名称：黑龙江省立木材积表；编表人或作者：黑龙江省营林局；出版机构：黑龙江省营林局；刊印或发表时间：1981。其他说明：根据农林部农林（字）第 41 号文件编制；黑龙江省营林局文件林勘字 (81) 第 86 号。

485. 小兴安岭北坡色木槭一元立木材积表

$$V=0.00019566954D_{轮}^{2.2828202}$$

$D_{轮}=-0.140158982+0.967911085D_{围}$；表中$D$为围尺径；$D\leqslant 64$cm

D	V	ΔV	D	V	ΔV	D	V	ΔV	D	V	ΔV
4	0.0040	0.0027	20	0.1668	0.0198	36	0.6424	0.0417	52	1.4919	0.0666
5	0.0067	0.0036	21	0.1866	0.0209	37	0.6842	0.0432	53	1.5585	0.0683
6	0.0103	0.0045	22	0.2075	0.0224	38	0.7274	0.0447	54	1.6268	0.0692
7	0.0147	0.0053	23	0.2298	0.0237	39	0.7721	0.0462	55	1.6960	0.0716
8	0.0201	0.0063	24	0.2535	0.0250	40	0.8183	0.0472	56	1.7675	0.0732
9	0.0264	0.0073	25	0.2785	0.0263	41	0.8655	0.0492	57	1.8408	0.0749
10	0.0337	0.0083	26	0.3048	0.0273	42	0.9147	0.0508	58	1.9157	0.0766
11	0.0420	0.0093	27	0.3321	0.0290	43	0.9655	0.0523	59	1.9923	0.0775
12	0.0513	0.0104	28	0.3611	0.0303	44	1.0178	0.0539	60	2.0697	0.0800
13	0.0618	0.0115	29	0.3914	0.0317	45	1.0717	0.0549	61	2.1497	0.0817
14	0.0733	0.0127	30	0.4231	0.0331	46	1.1266	0.0570	62	2.2314	0.0834
15	0.0860	0.0138	31	0.4563	0.0342	47	1.1836	0.0586	63	2.3148	0.0851
16	0.0998	0.0148	32	0.4904	0.0359	48	1.2421	0.0602	64	2.3999	0.0851
17	0.1146	0.0162	33	0.5264	0.0374	49	1.3023	0.0618			
18	0.1308	0.0174	34	0.5637	0.0388	50	1.3641	0.0627			
19	0.1482	0.0186	35	0.6026	0.0399	51	1.4268	0.0650			

黑

适用树种：色木槭；适用地区：小兴安岭北坡；资料名称：黑龙江省立木材积表；编表人或作者：黑龙江省营林局；出版机构：黑龙江省营林局；刊印或发表时间：1981。其他说明：根据农林部农林（字）第 41 号文件编制；黑龙江省营林局文件林勘字 (81) 第 86 号。

486. 小兴安岭北坡榆树一元立木材积表

$$V = 0.000041960698 D_{轮}^{1.9094595} H^{1.0413892}$$

$$H = 5.2917998 + 0.477287 D_{轮} - 0.0042593023 D_{轮}^2$$

$D_{轮} = -0.120162996 + 0.971592141 D_{围}$；表中$D$为围尺径；$D \leqslant 60$cm

D	V	ΔV	D	V	ΔV	D	V	ΔV	D	V	ΔV
4	0.0040	0.0026	19	0.1519	0.0200	34	0.6093	0.0429	49	1.3811	0.0598
5	0.0066	0.0034	20	0.1719	0.0214	35	0.6522	0.0438	50	1.4409	0.0605
6	0.0100	0.0042	21	0.1933	0.0229	36	0.6960	0.0452	51	1.5015	0.0612
7	0.0143	0.0052	22	0.2162	0.0246	37	0.7413	0.0466	52	1.5627	0.0618
8	0.0194	0.0061	23	0.2408	0.0259	38	0.7879	0.0479	53	1.6245	0.0630
9	0.0255	0.0072	24	0.2667	0.0274	39	0.8359	0.0493	54	1.6874	0.0628
10	0.0328	0.0083	25	0.2941	0.0289	40	0.8851	0.0510	55	1.7502	0.0632
11	0.0411	0.0094	26	0.3231	0.0304	41	0.9361	0.0518	56	1.8134	0.0635
12	0.0505	0.0106	27	0.3535	0.0320	42	0.9879	0.0529	57	1.8768	0.0637
13	0.0610	0.0118	28	0.3855	0.0338	43	1.0408	0.0541	58	1.9405	0.0638
14	0.0729	0.0131	29	0.4193	0.0350	44	1.0949	0.0552	59	2.0043	0.0645
15	0.0859	0.0146	30	0.4543	0.0365	45	1.1501	0.0562	60	2.0687	0.0645
16	0.1005	0.0158	31	0.4909	0.0380	46	1.2063	0.0572			
17	0.1163	0.0171	32	0.5289	0.0395	47	1.2634	0.0587			
18	0.1334	0.0185	33	0.5684	0.0410	48	1.3222	0.0590			

适用树种：榆树；适用地区：小兴安岭北坡；资料名称：黑龙江省立木材积表；编表人或作者：黑龙江省营林局；出版机构：黑龙江省营林局；刊印或发表时间：1981。其他说明：根据农林部农林（字）第 41 号文件编制；黑龙江省营林局文件林勘字 (81) 第 86 号。

487. 小兴安岭北坡枫桦一元立木材积表

$$V = 0.000041960698 D_{轮}^{1.9094595} H^{1.0413892}$$

$$H = 5.0358657 + 0.52137033 D_{轮} - 0.0036614286 D_{轮}^2$$

$D_{轮} = 0.040314124 + 0.957532468 D_{围}$；表中$D$为围尺径；$D \leqslant 82$cm

D	V	ΔV	D	V	ΔV	D	V	ΔV	D	V	ΔV
4	0.0042	0.0027	24	0.2828	0.0300	44	1.2360	0.0674	64	2.8771	0.0954
5	0.0069	0.0035	25	0.3128	0.0318	45	1.3034	0.0692	65	2.9725	0.0962
6	0.0104	0.0043	26	0.3446	0.0333	46	1.3726	0.0702	66	3.0687	0.0960
7	0.0147	0.0053	27	0.3779	0.0355	47	1.4428	0.0727	67	3.1647	0.0976
8	0.0200	0.0063	28	0.4134	0.0373	48	1.5155	0.0744	68	3.2623	0.0982
9	0.0263	0.0074	29	0.4507	0.0392	49	1.5899	0.0760	69	3.3605	0.0988
10	0.0338	0.0085	30	0.4899	0.0407	50	1.6659	0.0769	70	3.4593	0.0992
11	0.0423	0.0098	31	0.5306	0.0430	51	1.7428	0.0792	71	3.5585	0.0985
12	0.0520	0.0111	32	0.5736	0.0449	52	1.8220	0.0808	72	3.6570	0.0998
13	0.0631	0.0124	33	0.6185	0.0468	53	1.9028	0.0823	73	3.7568	0.1000
14	0.0755	0.0137	34	0.6653	0.0482	54	1.9851	0.0829	74	3.8568	0.1001
15	0.0892	0.0152	35	0.7135	0.0506	55	2.0680	0.0852	75	3.9569	0.0991
16	0.1044	0.0167	36	0.7642	0.0525	56	2.1532	0.0865	76	4.0560	0.1000
17	0.1211	0.0183	37	0.8167	0.0544	57	2.2397	0.0878	77	4.1560	0.0998
18	0.1394	0.0196	38	0.8712	0.0558	58	2.3276	0.0882	78	4.2559	0.0996
19	0.1590	0.0214	39	0.9269	0.0582	59	2.4158	0.0903	79	4.3554	0.0982
20	0.1804	0.0231	40	0.9851	0.0601	60	2.5061	0.0914	80	4.4536	0.0987
21	0.2035	0.0248	41	1.0452	0.0620	61	2.5975	0.0925	81	4.5523	0.0981
22	0.2283	0.0262	42	1.1072	0.0631	62	2.6900	0.0926	82	4.6504	0.0981
23	0.2545	0.0282	43	1.1703	0.0656	63	2.7826	0.0945			

适用树种：枫桦；适用地区：小兴安岭北坡；资料名称：黑龙江省立木材积表；编表人或作者：黑龙江省营林局；出版机构：黑龙江省营林局；刊印或发表时间：1981。其他说明：根据农林部农林（字）第 41 号文件编制；黑龙江省营林局文件林勘字 (81) 第 86 号。

488. 小兴安岭北坡柞树一元立木材积表

$$V=0.00016899172D_{轮}^{2.3005078}$$

$D_{轮}=0.1751205585+0.986711062D_{围}$；表中$D$为围尺径；$D\leqslant 85\text{cm}$

D	V	ΔV	D	V	ΔV	D	V	ΔV	D	V	ΔV
4	0.0044	0.0028	25	0.2738	0.0258	46	1.1052	0.0560	67	2.6180	0.0908
5	0.0072	0.0036	26	0.2995	0.0271	47	1.1613	0.0576	68	2.7088	0.0926
6	0.0108	0.0044	27	0.3266	0.0281	48	1.2189	0.0586	69	2.8014	0.0934
7	0.0153	0.0054	28	0.3547	0.0297	49	1.2774	0.0608	70	2.8948	0.0961
8	0.0206	0.0063	29	0.3845	0.0311	50	1.3382	0.0624	71	2.9909	0.0979
9	0.0269	0.0072	30	0.4156	0.0321	51	1.4006	0.0633	72	3.0888	0.0997
10	0.0341	0.0082	31	0.4477	0.0338	52	1.4639	0.0656	73	3.1885	0.1004
11	0.0423	0.0092	32	0.4815	0.0352	53	1.5294	0.0672	74	3.2889	0.1032
12	0.0515	0.0102	33	0.5168	0.0363	54	1.5966	0.0681	75	3.3921	0.1051
13	0.0617	0.0114	34	0.5531	0.0381	55	1.6648	0.0705	76	3.4972	0.1058
14	0.0731	0.0124	35	0.5911	0.0395	56	1.7353	0.0721	77	3.6030	0.1087
15	0.0855	0.0134	36	0.6307	0.0405	57	1.8074	0.0730	78	3.7116	0.1105
16	0.0990	0.0147	37	0.6712	0.0424	58	1.8804	0.0754	79	3.8221	0.1112
17	0.1137	0.0159	38	0.7136	0.0439	59	1.9559	0.0771	80	3.9333	0.1142
18	0.1295	0.0169	39	0.7575	0.0449	60	2.0330	0.0780	81	4.0475	0.1160
19	0.1464	0.0182	40	0.8024	0.0469	61	2.1110	0.0805	82	4.1635	0.1167
20	0.1646	0.0194	41	0.8492	0.0484	62	2.1915	0.0822	83	4.2802	0.1197
21	0.1840	0.0205	42	0.8976	0.0494	63	2.2737	0.0831	84	4.3999	0.1216
22	0.2045	0.0219	43	0.9470	0.0514	64	2.3568	0.0856	85	4.5215	0.1216
23	0.2264	0.0232	44	0.9984	0.0529	65	2.4424	0.0874			
24	0.2496	0.0242	45	1.0513	0.0539	66	2.5298	0.0882			

适用树种：柞树（栎树）；适用地区：小兴安岭北坡；资料名称：黑龙江省立木材积表；编表人或作者：黑龙江省营林局；出版机构：黑龙江省营林局；刊印或发表时间：1981。其他说明：根据农林部农林（字）第 41 号文件编制；黑龙江省营林局文件林勘字 (81) 第 86 号。

489. 小兴安岭北坡黑桦一元立木材积表

$$V=0.00017422692D_{轮}^{2.3039754}$$

$D_{轮}=-0.4899312906+0.995171441D_{围}$；表中$D$为围尺径；$D\leqslant 62$cm

D	V	ΔV	D	V	ΔV	D	V	ΔV	D	V	ΔV
4	0.0031	0.0024	19	0.1433	0.0184	34	0.5627	0.0392	49	1.3191	0.0638
5	0.0055	0.0032	20	0.1617	0.0198	35	0.6020	0.0412	50	1.3829	0.0649
6	0.0088	0.0041	21	0.1815	0.0209	36	0.6431	0.0423	51	1.4477	0.0672
7	0.0129	0.0050	22	0.2025	0.0225	37	0.6854	0.0442	52	1.5150	0.0683
8	0.0179	0.0060	23	0.2249	0.0236	38	0.7296	0.0454	53	1.5832	0.0707
9	0.0239	0.0069	24	0.2485	0.0252	39	0.7750	0.0474	54	1.6539	0.0717
10	0.0309	0.0080	25	0.2737	0.0263	40	0.8224	0.0485	55	1.7256	0.0742
11	0.0389	0.0090	26	0.2999	0.0279	41	0.8709	0.0506	56	1.7998	0.0752
12	0.0479	0.0102	27	0.3279	0.0290	42	0.9214	0.0517	57	1.8750	0.0777
13	0.0581	0.0112	28	0.3569	0.0308	43	0.9731	0.0538	58	1.9527	0.0795
14	0.0693	0.0125	29	0.3877	0.0322	44	1.0269	0.0549	59	2.0322	0.0805
15	0.0818	0.0135	30	0.4199	0.0333	45	1.0818	0.0571	60	2.1127	0.0831
16	0.0953	0.0148	31	0.4532	0.0351	46	1.1389	0.0582	61	2.1958	0.0841
17	0.1101	0.0159	32	0.4883	0.0363	47	1.1971	0.0604	62	2.2799	0.0841
18	0.1260	0.0173	33	0.5246	0.0381	48	1.2576	0.0615			

适用树种：黑桦；适用地区：小兴安岭北坡；资料名称：黑龙江省立木材积表；编表人或作者：黑龙江省营林局；出版机构：黑龙江省营林局；刊印或发表时间：1981。其他说明：根据农林部农林（字）第 41 号文件编制；黑龙江省营林局文件林勘字 (81) 第 86 号。

490. 小兴安岭北坡椴树一元立木材积表

$$V = 0.000041960698 D_{轮}^{1.9094595} H^{1.0413892}$$

$$H = 6.1092447 + 0.30907063 D_{轮} - 0.0006907608 D_{轮}^2$$

$D_{轮} = 0.2250730369 + 0.964592149 D_{围}$；表中$D$为围尺径；$D \leqslant 70$cm

D	V	ΔV	D	V	ΔV	D	V	ΔV	D	V	ΔV
4	0.0049	0.0028	21	0.1804	0.0213	38	0.7661	0.0510	55	1.9419	0.0902
5	0.0077	0.0035	22	0.2016	0.0225	39	0.8172	0.0537	56	2.0322	0.0938
6	0.0111	0.0043	23	0.2242	0.0243	40	0.8708	0.0552	57	2.1259	0.0954
7	0.0154	0.0050	24	0.2484	0.0256	41	0.9261	0.0580	58	2.2213	0.0990
8	0.0204	0.0059	25	0.2740	0.0271	42	0.9840	0.0595	59	2.3203	0.1005
9	0.0263	0.0068	26	0.3011	0.0291	43	1.0435	0.0624	60	2.4208	0.1043
10	0.0331	0.0078	27	0.3302	0.0304	44	1.1059	0.0640	61	2.5251	0.1058
11	0.0409	0.0087	28	0.3606	0.0325	45	1.1699	0.0669	62	2.6309	0.1085
12	0.0496	0.0097	29	0.3930	0.0339	46	1.2368	0.0685	63	2.7394	0.1123
13	0.0593	0.0109	30	0.4269	0.0360	47	1.3052	0.0715	64	2.8517	0.1139
14	0.0702	0.0119	31	0.4629	0.0374	48	1.3768	0.0731	65	2.9656	0.1179
15	0.0822	0.0132	32	0.5003	0.0397	49	1.4499	0.0755	66	3.0835	0.1194
16	0.0954	0.0143	33	0.5400	0.0412	50	1.5254	0.0787	67	3.2029	0.1234
17	0.1097	0.0157	34	0.5811	0.0435	51	1.6041	0.0803	68	3.3263	0.1249
18	0.1255	0.0169	35	0.6246	0.0450	52	1.6845	0.0836	69	3.4513	0.1291
19	0.1424	0.0184	36	0.6697	0.0470	53	1.7681	0.0852	70	3.5803	0.1291
20	0.1608	0.0196	37	0.7166	0.0495	54	1.8533	0.0886			

适用树种：椴树；适用地区：小兴安岭北坡；资料名称：黑龙江省立木材积表；编表人或作者：黑龙江省营林局；出版机构：黑龙江省营林局；刊印或发表时间：1981。其他说明：根据农林部农林（字）第 41 号文件编制；黑龙江省营林局文件林勘字 (81) 第 86 号。

491. 小兴安岭北坡白桦一元立木材积表

$$V = 0.000051935163 D_{轮}^{1.8586884} H^{1.0038941}$$

$$H = 5.2559956 + 0.74077944 D_{轮} - 0.0090331683 D_{轮}^2$$

$D_{轮} = -0.206067372 + 0.985196963 D_{围}$；表中$D$为围尺径；$D \leqslant 62$cm

D	V	ΔV	D	V	ΔV	D	V	ΔV	D	V	ΔV
4	0.0048	0.0032	19	0.1890	0.0244	34	0.7063	0.0444	49	1.4043	0.0439
5	0.0080	0.0043	20	0.2134	0.0257	35	0.7507	0.0448	50	1.4482	0.0432
6	0.0123	0.0053	21	0.2392	0.0276	36	0.7955	0.0459	51	1.4914	0.0415
7	0.0176	0.0065	22	0.2667	0.0288	37	0.8414	0.0461	52	1.5329	0.0404
8	0.0241	0.0077	23	0.2956	0.0307	38	0.8875	0.0471	53	1.5733	0.0383
9	0.0319	0.0091	24	0.3263	0.0319	39	0.9346	0.0470	54	1.6116	0.0369
10	0.0410	0.0104	25	0.3581	0.0337	40	0.9815	0.0478	55	1.6485	0.0345
11	0.0514	0.0119	26	0.3918	0.0347	41	1.0293	0.0474	56	1.6830	0.0326
12	0.0633	0.0133	27	0.4265	0.0365	42	1.0767	0.0480	57	1.7156	0.0302
13	0.0766	0.0149	28	0.4630	0.0374	43	1.1247	0.0474	58	1.7458	0.0273
14	0.0915	0.0163	29	0.5004	0.0391	44	1.1721	0.0477	59	1.7731	0.0247
15	0.1078	0.0180	30	0.5395	0.0403	45	1.2198	0.0468	60	1.7978	0.0214
16	0.1258	0.0194	31	0.5798	0.0410	46	1.2666	0.0468	61	1.8192	0.0184
17	0.1452	0.0212	32	0.6208	0.0425	47	1.3134	0.0457	62	1.8376	0.0184
18	0.1664	0.0226	33	0.6633	0.0431	48	1.3590	0.0453			

黑

适用树种：白桦；适用地区：小兴安岭北坡；资料名称：黑龙江省立木材积表；编表人或作者：黑龙江省营林局；出版机构：黑龙江省营林局；刊印或发表时间：1981。其他说明：根据农林部农林（字）第 41 号文件编制；黑龙江省营林局文件林勘字 (81) 第 86 号。

492. 小兴安岭北坡山杨一元立木材积表

$$V=0.00015105613D_{轮}^{2.4383677}$$

$D_{轮}=-0.1496560299+0.985284169D_{围}$；表中$D$为围尺径；$D\leqslant 85$cm

D	V	ΔV	D	V	ΔV	D	V	ΔV	D	V	ΔV
4	0.0039	0.0030	25	0.3678	0.0373	46	1.6378	0.0889	67	4.1078	0.1522
5	0.0069	0.0039	26	0.4051	0.0391	47	1.7268	0.0908	68	4.2600	0.1539
6	0.0108	0.0051	27	0.4442	0.0416	48	1.8175	0.0945	69	4.4139	0.1587
7	0.0159	0.0062	28	0.4858	0.0434	49	1.9120	0.0963	70	4.5726	0.1621
8	0.0221	0.0076	29	0.5292	0.0461	50	2.0083	0.1002	71	4.7346	0.1637
9	0.0297	0.0088	30	0.5753	0.0479	51	2.1085	0.1030	72	4.8984	0.1687
10	0.0385	0.0103	31	0.6231	0.0507	52	2.2115	0.1049	73	5.0671	0.1703
11	0.0488	0.0116	32	0.6738	0.0525	53	2.3164	0.1089	74	5.2374	0.1755
12	0.0604	0.0133	33	0.7263	0.0554	54	2.4252	0.1107	75	5.4129	0.1771
13	0.0737	0.0147	34	0.7816	0.0578	55	2.5359	0.1148	76	5.5900	0.1823
14	0.0884	0.0165	35	0.8394	0.0596	56	2.6507	0.1166	77	5.7722	0.1839
15	0.1048	0.0180	36	0.8990	0.0627	57	2.7673	0.1208	78	5.9561	0.1892
16	0.1228	0.0199	37	0.9617	0.0645	58	2.8881	0.1226	79	6.1453	0.1907
17	0.1426	0.0216	38	1.0263	0.0677	59	3.0106	0.1269	80	6.3360	0.1962
18	0.1643	0.0232	39	1.0940	0.0696	60	3.1375	0.1287	81	6.5322	0.1977
19	0.1875	0.0253	40	1.1635	0.0728	61	3.2662	0.1331	82	6.7299	0.2032
20	0.2128	0.0269	41	1.2364	0.0747	62	3.3993	0.1348	83	6.9332	0.2047
21	0.2397	0.0292	42	1.3111	0.0781	63	3.5341	0.1394	84	7.1379	0.2104
22	0.2689	0.0308	43	1.3892	0.0799	64	3.6735	0.1411	85	7.3483	0.2104
23	0.2997	0.0332	44	1.4691	0.0834	65	3.8146	0.1457			
24	0.3329	0.0349	45	1.5525	0.0853	66	3.9603	0.1475			

适用树种：山杨；适用地区：小兴安岭北坡；资料名称：黑龙江省立木材积表；编表人或作者：黑龙江省营林局；出版机构：黑龙江省营林局；刊印或发表时间：1981。其他说明：根据农林部农林（字）第 41 号文件编制；黑龙江省营林局文件林勘字 (81) 第 86 号。

493. 小兴安岭南坡胡桃楸一元立木材积表

$$V = 0.000041960698 D_{轮}^{1.9094595} H^{1.0413892}$$

$$H = 6.5706028 + 0.51071923 D_{轮} - 0.0034904293 D_{轮}^{2}$$

$D_{轮} = -0.1068104174 + 0.975403018 D_{围}$；表中$D$为围尺径；$D \leqslant 74$cm

D	V	ΔV	D	V	ΔV	D	V	ΔV	D	V	ΔV
4	0.0049	0.0032	22	0.2582	0.0296	40	1.0948	0.0656	58	2.5731	0.0976
5	0.0081	0.0041	23	0.2878	0.0312	41	1.1604	0.0683	59	2.6707	0.1000
6	0.0122	0.0051	24	0.3189	0.0334	42	1.2288	0.0704	60	2.7706	0.1002
7	0.0173	0.0062	25	0.3524	0.0350	43	1.2991	0.0716	61	2.8709	0.1025
8	0.0235	0.0073	26	0.3874	0.0374	44	1.3708	0.0744	62	2.9734	0.1027
9	0.0307	0.0086	27	0.4248	0.0390	45	1.4451	0.0755	63	3.0761	0.1049
10	0.0393	0.0098	28	0.4638	0.0414	46	1.5207	0.0783	64	3.1809	0.1048
11	0.0491	0.0112	29	0.5052	0.0435	47	1.5989	0.0793	65	3.2858	0.1069
12	0.0603	0.0125	30	0.5487	0.0451	48	1.6783	0.0820	66	3.3927	0.1078
13	0.0728	0.0141	31	0.5937	0.0476	49	1.7603	0.0830	67	3.5005	0.1076
14	0.0869	0.0155	32	0.6413	0.0492	50	1.8433	0.0857	68	3.6081	0.1094
15	0.1024	0.0172	33	0.6905	0.0518	51	1.9290	0.0866	69	3.7175	0.1090
16	0.1196	0.0189	34	0.7423	0.0533	52	2.0156	0.0892	70	3.8265	0.1107
17	0.1385	0.0203	35	0.7956	0.0559	53	2.1048	0.0899	71	3.9373	0.1101
18	0.1588	0.0223	36	0.8515	0.0574	54	2.1947	0.0925	72	4.0474	0.1117
19	0.1811	0.0238	37	0.9089	0.0601	55	2.2872	0.0941	73	4.1591	0.1109
20	0.2049	0.0259	38	0.9690	0.0615	56	2.3813	0.0947	74	4.2700	0.1109
21	0.2308	0.0274	39	1.0306	0.0642	57	2.4760	0.0971			

适用树种：胡桃楸；适用地区：小兴安岭南坡；资料名称：黑龙江省立木材积表；编表人或作者：黑龙江省营林局；出版机构：黑龙江省营林局；刊印或发表时间：1981。其他说明：根据农林部农林（字）第 41 号文件编制；黑龙江省营林局文件林勘字 (81) 第 86 号。

494. 小兴安岭南坡水曲柳一元立木材积表

$$V = 0.000041960698 D_{轮}^{1.9094595} H^{1.0413892}$$

$$H = 5.6382753 + 0.64085 D_{轮} - 0.0056371339 D_{轮}^{2}$$

$D_{轮} = -0.0283700973 + 0.969811198 D_{围}$；表中$D$为围尺径；$D \leqslant 85$cm

D	V	ΔV	D	V	ΔV	D	V	ΔV	D	V	ΔV
4	0.0048	0.0031	25	0.3710	0.0371	46	1.5487	0.0744	67	3.2460	0.0793
5	0.0079	0.0041	26	0.4081	0.0391	47	1.6231	0.0756	68	3.3252	0.0781
6	0.0120	0.0052	27	0.4472	0.0411	48	1.6988	0.0768	69	3.4034	0.0768
7	0.0172	0.0063	28	0.4883	0.0431	49	1.7756	0.0779	70	3.4802	0.0754
8	0.0235	0.0076	29	0.5314	0.0451	50	1.8534	0.0789	71	3.5556	0.0738
9	0.0311	0.0089	30	0.5764	0.0471	51	1.9323	0.0798	72	3.6294	0.0720
10	0.0399	0.0103	31	0.6235	0.0490	52	2.0121	0.0806	73	3.7014	0.0701
11	0.0502	0.0117	32	0.6725	0.0510	53	2.0927	0.0813	74	3.7715	0.0680
12	0.0619	0.0132	33	0.7235	0.0529	54	2.1740	0.0819	75	3.8394	0.0657
13	0.0752	0.0148	34	0.7765	0.0548	55	2.2559	0.0824	76	3.9052	0.0633
14	0.0900	0.0165	35	0.8313	0.0561	56	2.3383	0.0828	77	3.9684	0.0606
15	0.1065	0.0182	36	0.8874	0.0585	57	2.4211	0.0831	78	4.0291	0.0578
16	0.1246	0.0199	37	0.9460	0.0604	58	2.5043	0.0833	79	4.0869	0.0549
17	0.1445	0.0217	38	1.0063	0.0621	59	2.5876	0.0834	80	4.1418	0.0517
18	0.1662	0.0235	39	1.0684	0.0639	60	2.6710	0.0833	81	4.1935	0.0483
19	0.1898	0.0254	40	1.1323	0.0655	61	2.7543	0.0832	82	4.2418	0.0448
20	0.2151	0.0273	41	1.1978	0.0672	62	2.8375	0.0828	83	4.2866	0.0410
21	0.2424	0.0292	42	1.2650	0.0687	63	2.9203	0.0824	84	4.3276	0.0371
22	0.2716	0.0312	43	1.3337	0.0702	64	3.0027	0.0818	85	4.3648	0.0371
23	0.3028	0.0331	44	1.4040	0.0717	65	3.0846	0.0811			
24	0.3359	0.0351	45	1.4757	0.0731	66	3.1657	0.0803			

适用树种：水曲柳；适用地区：小兴安岭南坡；资料名称：黑龙江省立木材积表；编表人或作者：黑龙江省营林局；出版机构：黑龙江省营林局；刊印或发表时间：1981。其他说明：根据农林部农林（字）第 41 号文件编制；黑龙江省营林局文件林勘字 (81) 第 86 号。

495. 小兴安岭南坡色木槭一元立木材积表

$$V=0.00016017975D_{轮}^{2.3774895}$$

$D_{轮}=-0.140158982+0.967911085D_{围}$；表中$D$为围尺径；$D\leqslant 62$cm

D	V	ΔV	D	V	ΔV	D	V	ΔV	D	V	ΔV
4	0.0037	0.0027	19	0.1597	0.0209	34	0.6422	0.0461	49	1.5359	0.0760
5	0.0063	0.0036	20	0.1806	0.0224	35	0.6883	0.0475	50	1.6118	0.0773
6	0.0099	0.0045	21	0.2030	0.0237	36	0.7357	0.0498	51	1.6891	0.0802
7	0.0144	0.0055	22	0.2267	0.0255	37	0.7856	0.0517	52	1.7693	0.0824
8	0.0199	0.0066	23	0.2522	0.0271	38	0.8373	0.0537	53	1.8517	0.0846
9	0.0265	0.0077	24	0.2793	0.0287	39	0.8910	0.0556	54	1.9363	0.0859
10	0.0342	0.0088	25	0.3081	0.0304	40	0.9466	0.0570	55	2.0221	0.0889
11	0.0430	0.0099	26	0.3384	0.0317	41	1.0036	0.0595	56	2.1111	0.0912
12	0.0529	0.0113	27	0.3701	0.0337	42	1.0631	0.0615	57	2.2022	0.0934
13	0.0642	0.0125	28	0.4038	0.0354	43	1.1246	0.0635	58	2.2957	0.0957
14	0.0767	0.0139	29	0.4392	0.0371	44	1.1881	0.0656	59	2.3913	0.0969
15	0.0906	0.0152	30	0.4763	0.0389	45	1.2537	0.0669	60	2.4882	0.1002
16	0.1058	0.0164	31	0.5152	0.0402	46	1.3206	0.0697	61	2.5884	0.1025
17	0.1222	0.0180	32	0.5554	0.0425	47	1.3903	0.0717	62	2.6909	0.1025
18	0.1402	0.0194	33	0.5979	0.0443	48	1.4620	0.0738			

适用树种：色木槭；适用地区：小兴安岭南坡；资料名称：黑龙江省立木材积表；编表人或作者：黑龙江省营林局；出版机构：黑龙江省营林局；刊印或发表时间：1981。其他说明：根据农林部农林（字）第 41 号文件编制；黑龙江省营林局文件林勘字 (81) 第 86 号。

496. 小兴安岭南坡榆树一元立木材积表

$$V=0.00013344177D_{轮}^{2.4489629}$$

$D_{轮}=-0.120162996+0.971592141D_{围}$；表中$D$为围尺径；$D\leqslant 72$cm

D	V	ΔV	D	V	ΔV	D	V	ΔV	D	V	ΔV
4	0.0034	0.0026	22	0.2377	0.0277	40	1.0343	0.0653	58	2.5757	0.1102
5	0.0060	0.0035	23	0.2654	0.0293	41	1.0995	0.0669	59	2.6859	0.1141
6	0.0095	0.0045	24	0.2947	0.0311	42	1.1665	0.0693	60	2.8000	0.1157
7	0.0140	0.0055	25	0.3258	0.0330	43	1.2357	0.0717	61	2.9157	0.1185
8	0.0195	0.0066	26	0.3587	0.0348	44	1.3074	0.0741	62	3.0342	0.1213
9	0.0261	0.0079	27	0.3935	0.0368	45	1.3814	0.0765	63	3.1555	0.1241
10	0.0339	0.0090	28	0.4303	0.0391	46	1.4579	0.0789	64	3.2796	0.1270
11	0.0430	0.0103	29	0.4695	0.0407	47	1.5369	0.0823	65	3.4066	0.1298
12	0.0533	0.0116	30	0.5102	0.0428	48	1.6191	0.0839	66	3.5364	0.1341
13	0.0649	0.0130	31	0.5530	0.0448	49	1.7031	0.0865	67	3.6705	0.1356
14	0.0780	0.0145	32	0.5978	0.0469	50	1.7895	0.0890	68	3.8061	0.1386
15	0.0924	0.0161	33	0.6447	0.0490	51	1.8785	0.0916	69	3.9447	0.1415
16	0.1085	0.0175	34	0.6937	0.0517	52	1.9701	0.0942	70	4.0862	0.1445
17	0.1260	0.0190	35	0.7454	0.0533	53	2.0642	0.0978	71	4.2306	0.1474
18	0.1450	0.0206	36	0.7987	0.0555	54	2.1620	0.0994	72	4.3781	0.1474
19	0.1657	0.0223	37	0.8542	0.0578	55	2.2614	0.1021			
20	0.1880	0.0240	38	0.9120	0.0600	56	2.3635	0.1048			
21	0.2120	0.0257	39	0.9720	0.0623	57	2.4683	0.1075			

适用树种：榆树；适用地区：小兴安岭南坡；资料名称：黑龙江省立木材积表；编表人或作者：黑龙江省营林局；出版机构：黑龙江省营林局；刊印或发表时间：1981。其他说明：根据农林部农林（字）第 41 号文件编制；黑龙江省营林局文件林勘字 (81) 第 86 号。

497. 小兴安岭南坡枫桦一元立木材积表

$$V = 0.000041960698 D_{轮}^{1.9094595} H^{1.0413892}$$

$$H = 7.0086039 + 0.6791334 D_{轮} - 0.0063965703 D_{轮}^2$$

$D_{轮} = 0.040314124 + 0.957532468 D_{围}$；表中$D$为围尺径；$D \leqslant 83$cm

D	V	ΔV	D	V	ΔV	D	V	ΔV	D	V	ΔV
4	0.0058	0.0036	24	0.3642	0.0373	44	1.4729	0.0731	64	3.0530	0.0777
5	0.0095	0.0047	25	0.4015	0.0393	45	1.5460	0.0744	65	3.1306	0.0765
6	0.0142	0.0058	26	0.4409	0.0409	46	1.6204	0.0747	66	3.2071	0.0744
7	0.0200	0.0071	27	0.4818	0.0434	47	1.6951	0.0766	67	3.2815	0.0737
8	0.0272	0.0085	28	0.5252	0.0454	48	1.7717	0.0776	68	3.3553	0.0721
9	0.0356	0.0099	29	0.5706	0.0474	49	1.8493	0.0785	69	3.4273	0.0703
10	0.0455	0.0113	30	0.6180	0.0489	50	1.9278	0.0784	70	3.4976	0.0683
11	0.0568	0.0129	31	0.6669	0.0514	51	2.0062	0.0799	71	3.5659	0.0654
12	0.0698	0.0146	32	0.7182	0.0533	52	2.0861	0.0805	72	3.6313	0.0638
13	0.0843	0.0162	33	0.7716	0.0552	53	2.1666	0.0810	73	3.6951	0.0612
14	0.1006	0.0178	34	0.8268	0.0565	54	2.2475	0.0805	74	3.7563	0.0585
15	0.1184	0.0198	35	0.8833	0.0589	55	2.3280	0.0815	75	3.8148	0.0551
16	0.1381	0.0216	36	0.9423	0.0608	56	2.4095	0.0816	76	3.8699	0.0525
17	0.1597	0.0235	37	1.0030	0.0625	57	2.4912	0.0816	77	3.9224	0.0492
18	0.1832	0.0251	38	1.0655	0.0635	58	2.5728	0.0806	78	3.9717	0.0458
19	0.2083	0.0273	39	1.1291	0.0659	59	2.6534	0.0812	79	4.0174	0.0416
20	0.2355	0.0293	40	1.1949	0.0674	60	2.7346	0.0808	80	4.0591	0.0382
21	0.2648	0.0313	41	1.2624	0.0690	61	2.8154	0.0802	81	4.0972	0.0341
22	0.2961	0.0329	42	1.3313	0.0697	62	2.8956	0.0787	82	4.1313	0.0297
23	0.3290	0.0353	43	1.4011	0.0718	63	2.9743	0.0787	83	4.1611	0.0297

适用树种：枫桦；适用地区：小兴安岭南坡；资料名称：黑龙江省立木材积表；编表人或作者：黑龙江省营林局；出版机构：黑龙江省营林局；刊印或发表时间：1981。其他说明：根据农林部农林（字）第 41 号文件编制；黑龙江省营林局文件林勘字 (81) 第 86 号。

498. 小兴安岭南坡黑桦一元立木材积表

$$V = 0.000052786451 D_{轮}^{1.7947313} H^{1.0712623}$$

$$H = 6.2804214 + 0.46824315 D_{轮} - 0.0046635886 D_{轮}^{2}$$

$D_{轮} = -0.4899312906 + 0.995171441 D_{围}$；表中$D$为围尺径；$D \leqslant 70\text{cm}$

D	V	ΔV	D	V	ΔV	D	V	ΔV	D	V	ΔV
4	0.0045	0.0030	21	0.1984	0.0221	38	0.7399	0.0411	55	1.5094	0.0464
5	0.0075	0.0038	22	0.2206	0.0236	39	0.7810	0.0423	56	1.5557	0.0455
6	0.0114	0.0048	23	0.2442	0.0247	40	0.8233	0.0426	57	1.6012	0.0454
7	0.0161	0.0057	24	0.2688	0.0262	41	0.8659	0.0438	58	1.6467	0.0448
8	0.0218	0.0067	25	0.2950	0.0272	42	0.9097	0.0440	59	1.6915	0.0437
9	0.0285	0.0077	26	0.3222	0.0287	43	0.9537	0.0450	60	1.7352	0.0433
10	0.0362	0.0088	27	0.3508	0.0296	44	0.9986	0.0451	61	1.7785	0.0420
11	0.0450	0.0099	28	0.3804	0.0311	45	1.0437	0.0460	62	1.8204	0.0414
12	0.0549	0.0111	29	0.4115	0.0323	46	1.0897	0.0459	63	1.8618	0.0399
13	0.0660	0.0122	30	0.4438	0.0331	47	1.1355	0.0467	64	1.9017	0.0390
14	0.0782	0.0135	31	0.4770	0.0346	48	1.1822	0.0464	65	1.9407	0.0373
15	0.0917	0.0146	32	0.5116	0.0353	49	1.2286	0.0471	66	1.9781	0.0363
16	0.1063	0.0160	33	0.5469	0.0368	50	1.2757	0.0467	67	2.0144	0.0344
17	0.1223	0.0171	34	0.5837	0.0374	51	1.3224	0.0472	68	2.0487	0.0330
18	0.1393	0.0185	35	0.6211	0.0388	52	1.3696	0.0466	69	2.0818	0.0310
19	0.1578	0.0196	36	0.6599	0.0393	53	1.4162	0.0469	70	2.1127	0.0310
20	0.1774	0.0211	37	0.6992	0.0406	54	1.4631	0.0462			

适用树种：黑桦；适用地区：小兴安岭南坡；资料名称：黑龙江省立木材积表；编表人或作者：黑龙江省营林局；出版机构：黑龙江省营林局；刊印或发表时间：1981。其他说明：根据农林部农林（字）第 41 号文件编制；黑龙江省营林局文件林勘字 (81) 第 86 号。

499. 小兴安岭南坡柞树一元立木材积表

$$V=0.00025462482D_{轮}^{2.1935242}$$

$D_{轮}=0.1751205585+0.986711062D_{围}$；表中$D$为围尺径；$D\leqslant$74cm

D	V	ΔV	D	V	ΔV	D	V	ΔV	D	V	ΔV
4	0.0057	0.0034	22	0.2215	0.0226	40	0.8155	0.0453	58	1.8370	0.0702
5	0.0091	0.0043	23	0.2441	0.0238	41	0.8609	0.0467	59	1.9072	0.0717
6	0.0134	0.0052	24	0.2678	0.0247	42	0.9076	0.0475	60	1.9789	0.0723
7	0.0186	0.0062	25	0.2925	0.0262	43	0.9551	0.0494	61	2.0512	0.0745
8	0.0248	0.0072	26	0.3187	0.0274	44	1.0045	0.0507	62	2.1258	0.0760
9	0.0320	0.0081	27	0.3461	0.0284	45	1.0552	0.0515	63	2.2017	0.0766
10	0.0401	0.0092	28	0.3745	0.0299	46	1.1067	0.0534	64	2.2784	0.0789
11	0.0493	0.0102	29	0.4044	0.0311	47	1.1602	0.0548	65	2.3572	0.0803
12	0.0595	0.0112	30	0.4355	0.0321	48	1.2150	0.0556	66	2.4376	0.0810
13	0.0707	0.0123	31	0.4676	0.0336	49	1.2706	0.0576	67	2.5185	0.0833
14	0.0830	0.0134	32	0.5012	0.0349	50	1.3282	0.0590	68	2.6018	0.0847
15	0.0965	0.0144	33	0.5361	0.0358	51	1.3871	0.0597	69	2.6865	0.0853
16	0.1109	0.0156	34	0.5720	0.0375	52	1.4468	0.0617	70	2.7718	0.0877
17	0.1265	0.0168	35	0.6094	0.0388	53	1.5086	0.0631	71	2.8595	0.0892
18	0.1433	0.0177	36	0.6482	0.0397	54	1.5717	0.0639	72	2.9487	0.0907
19	0.1610	0.0191	37	0.6879	0.0414	55	1.6356	0.0660	73	3.0393	0.0912
20	0.1801	0.0202	38	0.7293	0.0427	56	1.7016	0.0674	74	3.1306	0.0912
21	0.2003	0.0212	39	0.7720	0.0436	57	1.7689	0.0681			

适用树种：柞树（栎树）；适用地区：小兴安岭南坡；资料名称：黑龙江省立木材积表；编表人或作者：黑龙江省营林局；出版机构：黑龙江省营林局；刊印或发表时间：1981。其他说明：根据农林部农林（字）第 41 号文件编制；黑龙江省营林局文件林勘字 (81) 第 86 号。

500. 小兴安岭南坡椴树一元立木材积表

$$V = 0.000041960698 D_{轮}^{1.9094595} H^{1.0413892}$$

$$H = 5.2592429 + 0.5670384 D_{轮} - 0.0038177352 D_{轮}^2$$

$D_{轮} = 0.2250730369 + 0.964592149 D_{围}$；表中$D$为围尺径；$D \leqslant 97$cm

D	V	ΔV	D	V	ΔV	D	V	ΔV	D	V	ΔV
4	0.0050	0.0031	28	0.4644	0.0421	52	2.0566	0.0922	76	4.6315	0.1177
5	0.0081	0.0039	29	0.5065	0.0438	53	2.1488	0.0930	77	4.7492	0.1165
6	0.0120	0.0050	30	0.5503	0.0464	54	2.2418	0.0958	78	4.8657	0.1177
7	0.0170	0.0060	31	0.5966	0.0480	55	2.3376	0.0965	79	4.9834	0.1163
8	0.0229	0.0072	32	0.6446	0.0507	56	2.4340	0.0991	80	5.0997	0.1172
9	0.0301	0.0083	33	0.6953	0.0523	57	2.5331	0.0997	81	5.2169	0.1156
10	0.0384	0.0097	34	0.7476	0.0550	58	2.6328	0.1022	82	5.3325	0.1163
11	0.0481	0.0109	35	0.8027	0.0566	59	2.7350	0.1027	83	5.4488	0.1145
12	0.0590	0.0123	36	0.8593	0.0588	60	2.8377	0.1051	84	5.5633	0.1150
13	0.0714	0.0140	37	0.9181	0.0616	61	2.9428	0.1054	85	5.6783	0.1129
14	0.0853	0.0154	38	0.9796	0.0631	62	3.0482	0.1067	86	5.7912	0.1120
15	0.1007	0.0171	39	1.0427	0.0659	63	3.1549	0.1090	87	5.9032	0.1120
16	0.1178	0.0186	40	1.1086	0.0674	64	3.2639	0.1090	88	6.0152	0.1097
17	0.1365	0.0205	41	1.1760	0.0702	65	3.3729	0.1112	89	6.1249	0.1095
18	0.1570	0.0221	42	1.2462	0.0716	66	3.4842	0.1111	90	6.2344	0.1069
19	0.1791	0.0241	43	1.3178	0.0745	67	3.5953	0.1132	91	6.3413	0.1064
20	0.2032	0.0257	44	1.3923	0.0758	68	3.7085	0.1129	92	6.4476	0.1036
21	0.2289	0.0279	45	1.4680	0.0786	69	3.8213	0.1148	93	6.5512	0.1028
22	0.2568	0.0295	46	1.5466	0.0798	70	3.9362	0.1143	94	6.6540	0.0997
23	0.2863	0.0318	47	1.6264	0.0827	71	4.0505	0.1161	95	6.7537	0.0986
24	0.3181	0.0335	48	1.7091	0.0838	72	4.1666	0.1154	96	6.8523	0.0953
25	0.3515	0.0355	49	1.7929	0.0857	73	4.2820	0.1158	97	6.9476	0.0953
26	0.3870	0.0379	50	1.8786	0.0885	74	4.3978	0.1173			
27	0.4249	0.0396	51	1.9671	0.0895	75	4.5151	0.1164			

适用树种：椴树；适用地区：小兴安岭南坡；资料名称：黑龙江省立木材积表；编表人或作者：黑龙江省营林局；出版机构：黑龙江省营林局；刊印或发表时间：1981。其他说明：根据农林部农林（字）第 41 号文件编制；黑龙江省营林局文件林勘字 (81) 第 86 号。

501. 小兴安岭南坡白桦一元立木材积表

$$V = 0.000051935163D_{轮}^{1.8586884}H^{1.0038941}$$

$$H = 4.8103291 + 0.73535087D_{轮} - 0.0095193646D_{轮}^2$$

$D_{轮} = -0.206067372 + 0.985196963D_{围}$；表中$D$为围尺径；$D \leqslant 60\text{cm}$

D	V	ΔV	D	V	ΔV	D	V	ΔV	D	V	ΔV
4	0.0045	0.0031	19	0.1805	0.0232	34	0.6648	0.0406	49	1.2753	0.0352
5	0.0076	0.0041	20	0.2037	0.0245	35	0.7055	0.0408	50	1.3105	0.0340
6	0.0116	0.0051	21	0.2282	0.0262	36	0.7463	0.0417	51	1.3444	0.0319
7	0.0167	0.0063	22	0.2543	0.0273	37	0.7879	0.0416	52	1.3763	0.0302
8	0.0229	0.0074	23	0.2817	0.0290	38	0.8295	0.0422	53	1.4065	0.0278
9	0.0303	0.0087	24	0.3107	0.0301	39	0.8718	0.0419	54	1.4343	0.0257
10	0.0391	0.0100	25	0.3407	0.0317	40	0.9137	0.0423	55	1.4600	0.0229
11	0.0490	0.0114	26	0.3724	0.0326	41	0.9560	0.0418	56	1.4829	0.0204
12	0.0604	0.0127	27	0.4050	0.0342	42	0.9978	0.0419	57	1.5033	0.0174
13	0.0731	0.0143	28	0.4392	0.0350	43	1.0397	0.0410	58	1.5207	0.0141
14	0.0874	0.0156	29	0.4742	0.0364	44	1.0807	0.0409	59	1.5348	0.0108
15	0.1030	0.0172	30	0.5106	0.0374	45	1.1216	0.0397	60	1.5456	0.0108
16	0.1202	0.0185	31	0.5480	0.0380	46	1.1613	0.0392			
17	0.1388	0.0202	32	0.5860	0.0392	47	1.2006	0.0378			
18	0.1590	0.0215	33	0.6252	0.0396	48	1.2383	0.0369			

适用树种：白桦；适用地区：小兴安岭南坡；资料名称：黑龙江省立木材积表；编表人或作者：黑龙江省营林局；出版机构：黑龙江省营林局；刊印或发表时间：1981。其他说明：根据农林部农林（字）第 41 号文件编制；黑龙江省营林局文件林勘字 (81) 第 86 号。

502. 小兴安岭南坡山杨一元立木材积表

$$V = 0.000053474319 D_{轮}^{1.8778994} H^{0.99982785}$$

$$H = 4.8779209 + 0.70972502 D_{轮} - 0.0088610295 D_{轮}^2$$

$D_{轮} = -0.1496560299 + 0.985284169 D_{围}$；表中$D$为围尺径；$D \leqslant 60$cm

D	V	ΔV	D	V	ΔV	D	V	ΔV	D	V	ΔV
4	0.0049	0.0033	19	0.1935	0.0251	34	0.7241	0.0453	49	1.4281	0.0432
5	0.0081	0.0043	20	0.2186	0.0264	35	0.7694	0.0457	50	1.4712	0.0422
6	0.0124	0.0055	21	0.2450	0.0283	36	0.8151	0.0468	51	1.5135	0.0407
7	0.0179	0.0066	22	0.2734	0.0296	37	0.8619	0.0469	52	1.5542	0.0385
8	0.0245	0.0080	23	0.3030	0.0315	38	0.9088	0.0478	53	1.5927	0.0370
9	0.0324	0.0092	24	0.3345	0.0327	39	0.9566	0.0477	54	1.6297	0.0345
10	0.0416	0.0107	25	0.3672	0.0346	40	1.0043	0.0484	55	1.6642	0.0325
11	0.0524	0.0121	26	0.4018	0.0357	41	1.0527	0.0480	56	1.6967	0.0296
12	0.0645	0.0137	27	0.4374	0.0374	42	1.1006	0.0484	57	1.7263	0.0271
13	0.0782	0.0151	28	0.4749	0.0384	43	1.1490	0.0477	58	1.7535	0.0239
14	0.0933	0.0169	29	0.5133	0.0401	44	1.1967	0.0478	59	1.7774	0.0209
15	0.1102	0.0183	30	0.5533	0.0409	45	1.2445	0.0468	60	1.7983	0.0209
16	0.1285	0.0201	31	0.5942	0.0424	46	1.2913	0.0466			
17	0.1486	0.0218	32	0.6366	0.0430	47	1.3380	0.0453			
18	0.1704	0.0232	33	0.6796	0.0445	48	1.3833	0.0448			

适用树种：山杨；适用地区：小兴安岭南坡；资料名称：黑龙江省立木材积表；编表人或作者：黑龙江省营林局；出版机构：黑龙江省营林局；刊印或发表时间：1981。其他说明：根据农林部农林（字）第 41 号文件编制；黑龙江省营林局文件林勘字 (81) 第 86 号。

503. 完达山山地胡桃楸一元立木材积表

$$V=0.000041960698D_{轮}^{1.9094595}H^{1.0413892}$$

$$H=5.2581491+0.50268944D_{轮}-0.0039033064D_{轮}^{2}$$

$D_{轮}=-0.1068104174+0.975403018D_{围}$；表中$D$为围尺径；$D\leqslant 74$cm

D	V	ΔV	D	V	ΔV	D	V	ΔV	D	V	ΔV
4	0.0041	0.0027	22	0.2299	0.0266	40	0.9738	0.0575	58	2.2339	0.0802
5	0.0068	0.0035	23	0.2565	0.0280	41	1.0314	0.0598	59	2.3141	0.0818
6	0.0104	0.0044	24	0.2845	0.0300	42	1.0911	0.0614	60	2.3958	0.0816
7	0.0147	0.0054	25	0.3145	0.0314	43	1.1525	0.0623	61	2.4774	0.0829
8	0.0201	0.0064	26	0.3459	0.0335	44	1.2149	0.0645	62	2.5603	0.0826
9	0.0265	0.0076	27	0.3794	0.0349	45	1.2794	0.0654	63	2.6429	0.0838
10	0.0341	0.0086	28	0.4143	0.0370	46	1.3447	0.0675	64	2.7267	0.0833
11	0.0427	0.0100	29	0.4513	0.0388	47	1.4122	0.0682	65	2.8100	0.0843
12	0.0527	0.0111	30	0.4902	0.0402	48	1.4805	0.0703	66	2.8943	0.0844
13	0.0638	0.0126	31	0.5304	0.0424	49	1.5508	0.0709	67	2.9788	0.0836
14	0.0764	0.0138	32	0.5728	0.0438	50	1.6217	0.0729	68	3.0624	0.0844
15	0.0902	0.0154	33	0.6166	0.0460	51	1.6946	0.0734	69	3.1468	0.0834
16	0.1056	0.0169	34	0.6626	0.0473	52	1.7680	0.0753	70	3.2302	0.0840
17	0.1225	0.0182	35	0.7099	0.0495	53	1.8433	0.0757	71	3.3141	0.0827
18	0.1408	0.0200	36	0.7594	0.0508	54	1.9190	0.0775	72	3.3969	0.0831
19	0.1608	0.0214	37	0.8102	0.0530	55	1.9965	0.0785	73	3.4800	0.0817
20	0.1821	0.0232	38	0.8632	0.0542	56	2.0750	0.0786	74	3.5617	0.0817
21	0.2053	0.0246	39	0.9174	0.0564	57	2.1536	0.0803			

适用树种：胡桃楸；适用地区：完达山山地；资料名称：黑龙江省立木材积表；编表人或作者：黑龙江省营林局；出版机构：黑龙江省营林局；刊印或发表时间：1981。其他说明：根据农林部农林（字）第 41 号文件编制；黑龙江省营林局文件林勘字 (81) 第 86 号。

504. 完达山山地水曲柳一元立木材积表

$$V=0.00014095529D_{轮}^{2.4614803}$$

$D_{轮}=-0.0283700973+0.969811198D_{围}$；表中$D$为围尺径；$D\leqslant 70$cm

D	V	ΔV	D	V	ΔV	D	V	ΔV	D	V	ΔV
4	0.0039	0.0029	21	0.2342	0.0285	38	1.0092	0.0667	55	2.5095	0.1139
5	0.0068	0.0039	22	0.2626	0.0304	39	1.0759	0.0693	56	2.6234	0.1169
6	0.0106	0.0049	23	0.2931	0.0324	40	1.1451	0.0718	57	2.7403	0.1199
7	0.0156	0.0061	24	0.3255	0.0344	41	1.2170	0.0744	58	2.8602	0.1230
8	0.0216	0.0073	25	0.3599	0.0365	42	1.2914	0.0771	59	2.9833	0.1261
9	0.0290	0.0086	26	0.3964	0.0386	43	1.3685	0.0798	60	3.1093	0.1292
10	0.0376	0.0100	27	0.4351	0.0408	44	1.4483	0.0824	61	3.2386	0.1323
11	0.0475	0.0114	28	0.4759	0.0430	45	1.5307	0.0852	62	3.3709	0.1355
12	0.0589	0.0129	29	0.5189	0.0452	46	1.6159	0.0879	63	3.5064	0.1387
13	0.0718	0.0144	30	0.5641	0.0475	47	1.7038	0.0907	64	3.6451	0.1419
14	0.0862	0.0160	31	0.6115	0.0498	48	1.7945	0.0935	65	3.7870	0.1451
15	0.1022	0.0176	32	0.6613	0.0521	49	1.8880	0.0963	66	3.9321	0.1484
16	0.1198	0.0193	33	0.7134	0.0544	50	1.9844	0.0992	67	4.0805	0.1516
17	0.1391	0.0211	34	0.7678	0.0568	51	2.0836	0.1021	68	4.2321	0.1549
18	0.1601	0.0228	35	0.8246	0.0586	52	2.1856	0.1050	69	4.3870	0.1583
19	0.1830	0.0247	36	0.8833	0.0617	53	2.2907	0.1079	70	4.5453	0.1583
20	0.2076	0.0265	37	0.9450	0.0642	54	2.3986	0.1109			

适用树种：水曲柳；适用地区：完达山山地；资料名称：黑龙江省立木材积表；编表人或作者：黑龙江省营林局；出版机构：黑龙江省营林局；刊印或发表时间：1981。其他说明：根据农林部农林（字）第 41 号文件编制；黑龙江省营林局文件林勘字 (81) 第 86 号。

505. 完达山山地黄波罗一元立木材积表

$$V=0.00014292055D_{轮}^{2.3974224}$$

$D_{轮}=-0.2516967596+0.972900665D_{围}$；表中$D$为围尺径；$D\leqslant$60cm

D	V	ΔV	D	V	ΔV	D	V	ΔV	D	V	ΔV
4	0.0032	0.0024	19	0.1506	0.0201	34	0.6169	0.0446	49	1.4896	0.0741
5	0.0056	0.0033	20	0.1707	0.0214	35	0.6615	0.0464	50	1.5637	0.0770
6	0.0089	0.0041	21	0.1921	0.0229	36	0.7080	0.0488	51	1.6407	0.0783
7	0.0130	0.0051	22	0.2150	0.0247	37	0.7568	0.0502	52	1.7191	0.0805
8	0.0181	0.0061	23	0.2397	0.0260	38	0.8069	0.0520	53	1.7996	0.0826
9	0.0242	0.0072	24	0.2656	0.0275	39	0.8590	0.0540	54	1.8822	0.0857
10	0.0314	0.0083	25	0.2931	0.0291	40	0.9129	0.0565	55	1.9679	0.0870
11	0.0397	0.0094	26	0.3223	0.0311	41	0.9694	0.0578	56	2.0549	0.0892
12	0.0491	0.0107	27	0.3533	0.0324	42	1.0272	0.0598	57	2.1442	0.0924
13	0.0598	0.0118	28	0.3857	0.0341	43	1.0870	0.0624	58	2.2366	0.0937
14	0.0716	0.0131	29	0.4198	0.0361	44	1.1495	0.0638	59	2.3303	0.0959
15	0.0847	0.0144	30	0.4560	0.0375	45	1.2133	0.0658	60	2.4262	0.0959
16	0.0991	0.0159	31	0.4935	0.0392	46	1.2791	0.0679			
17	0.1150	0.0171	32	0.5327	0.0410	47	1.3470	0.0707			
18	0.1321	0.0185	33	0.5737	0.0432	48	1.4176	0.0720			

黑

适用树种：黄波罗；适用地区：完达山山地；资料名称：黑龙江省立木材积表；编表人或作者：黑龙江省营林局；出版机构：黑龙江省营林局；刊印或发表时间：1981。其他说明：根据农林部农林（字）第 41 号文件编制；黑龙江省营林局文件林勘字 (81) 第 86 号。

506. 完达山山地色木槭一元立木材积表

$$V=0.0001606942D_{轮}^{2.3463857}$$

$D_{轮}=-0.140158982+0.967911085D_{围}$；表中$D$为围尺径；$D \leqslant 70\text{cm}$

D	V	ΔV	D	V	ΔV	D	V	ΔV	D	V	ΔV
4	0.0035	0.0025	21	0.1855	0.0214	38	0.7510	0.0475	55	1.7929	0.0778
5	0.0061	0.0034	22	0.2069	0.0230	39	0.7985	0.0492	56	1.8707	0.0797
6	0.0094	0.0042	23	0.2298	0.0243	40	0.8477	0.0503	57	1.9504	0.0816
7	0.0136	0.0051	24	0.2542	0.0258	41	0.8980	0.0525	58	2.0320	0.0836
8	0.0187	0.0061	25	0.2799	0.0272	42	0.9505	0.0543	59	2.1156	0.0846
9	0.0248	0.0071	26	0.3071	0.0284	43	1.0048	0.0560	60	2.2001	0.0874
10	0.0319	0.0081	27	0.3355	0.0301	44	1.0608	0.0578	61	2.2876	0.0894
11	0.0401	0.0091	28	0.3656	0.0316	45	1.1185	0.0589	62	2.3769	0.0913
12	0.0492	0.0103	29	0.3972	0.0331	46	1.1774	0.0613	63	2.4683	0.0933
13	0.0595	0.0115	30	0.4304	0.0347	47	1.2387	0.0631	64	2.5616	0.0943
14	0.0710	0.0126	31	0.4650	0.0358	48	1.3018	0.0649	65	2.6560	0.0973
15	0.0837	0.0138	32	0.5008	0.0378	49	1.3666	0.0667	66	2.7533	0.0993
16	0.0975	0.0149	33	0.5386	0.0393	50	1.4333	0.0678	67	2.8526	0.1013
17	0.1124	0.0163	34	0.5780	0.0409	51	1.5011	0.0703	68	2.9539	0.1034
18	0.1288	0.0176	35	0.6189	0.0421	52	1.5715	0.0722	69	3.0573	0.1043
19	0.1464	0.0189	36	0.6610	0.0442	53	1.6437	0.0741	70	3.1616	0.1043
20	0.1653	0.0202	37	0.7052	0.0458	54	1.7177	0.0751			

适用树种：色木槭；适用地区：完达山山地；资料名称：黑龙江省立木材积表；编表人或作者：黑龙江省营林局；出版机构：黑龙江省营林局；刊印或发表时间：1981。其他说明：根据农林部农林（字）第 41 号文件编制；黑龙江省营林局文件林勘字 (81) 第 86 号。

507. 完达山山地榆树一元立木材积表

$$V=0.0001183D_{轮}^{2.4526939}$$

$D_{轮}=-0.120162996+0.971592141D_{围}$；表中$D$为围尺径；$D\leqslant$72cm

D	V	ΔV	D	V	ΔV	D	V	ΔV	D	V	ΔV
4	0.0031	0.0023	22	0.2131	0.0249	40	0.9295	0.0587	58	2.3180	0.0993
5	0.0054	0.0031	23	0.2380	0.0263	41	0.9882	0.0602	59	2.4173	0.1028
6	0.0085	0.0040	24	0.2643	0.0279	42	1.0485	0.0624	60	2.5202	0.1043
7	0.0125	0.0049	25	0.2922	0.0296	43	1.1109	0.0645	61	2.6245	0.1068
8	0.0174	0.0059	26	0.3218	0.0313	44	1.1754	0.0667	62	2.7313	0.1094
9	0.0233	0.0070	27	0.3532	0.0331	45	1.2421	0.0689	63	2.8407	0.1119
10	0.0304	0.0081	28	0.3862	0.0352	46	1.3109	0.0711	64	2.9526	0.1145
11	0.0384	0.0092	29	0.4214	0.0366	47	1.3820	0.0741	65	3.0671	0.1171
12	0.0477	0.0104	30	0.4580	0.0385	48	1.4561	0.0756	66	3.1841	0.1209
13	0.0581	0.0117	31	0.4965	0.0403	49	1.5317	0.0779	67	3.3051	0.1223
14	0.0698	0.0130	32	0.5368	0.0422	50	1.6096	0.0802	68	3.4274	0.1250
15	0.0828	0.0145	33	0.5790	0.0441	51	1.6898	0.0825	69	3.5523	0.1276
16	0.0972	0.0157	34	0.6231	0.0465	52	1.7723	0.0848	70	3.6800	0.1303
17	0.1129	0.0171	35	0.6695	0.0480	53	1.8571	0.0881	71	3.8103	0.1330
18	0.1300	0.0185	36	0.7175	0.0500	54	1.9452	0.0896	72	3.9433	0.1330
19	0.1485	0.0200	37	0.7675	0.0520	55	2.0348	0.0920			
20	0.1685	0.0215	38	0.8195	0.0540	56	2.1268	0.0944			
21	0.1900	0.0231	39	0.8735	0.0560	57	2.2212	0.0969			

适用树种：榆树；适用地区：完达山山地；资料名称：黑龙江省立木材积表；编表人或作者：黑龙江省营林局；出版机构：黑龙江省营林局；刊印或发表时间：1981。其他说明：根据农林部农林（字）第 41 号文件编制；黑龙江省营林局文件林勘字 (81) 第 86 号。

508. 完达山山地枫桦一元立木材积表

$$V = 0.000041960698 D_{轮}^{1.9094595} H^{1.0413892}$$

$$H = 5.7726397 + 0.47357577 D_{轮} - 0.002965564 D_{轮}^2$$

$D_{轮} = 0.040314124 + 0.957532468 D_{围}$；表中$D$为围尺径；$D \leqslant 97$cm

D	V	ΔV	D	V	ΔV	D	V	ΔV	D	V	ΔV
4	0.0046	0.0028	28	0.4122	0.0370	52	1.8292	0.0830	76	4.2255	0.1139
5	0.0074	0.0036	29	0.4492	0.0389	53	1.9122	0.0848	77	4.3394	0.1145
6	0.0110	0.0045	30	0.4881	0.0403	54	1.9970	0.0856	78	4.4539	0.1150
7	0.0155	0.0055	31	0.5284	0.0427	55	2.0825	0.0882	79	4.5689	0.1142
8	0.0210	0.0065	32	0.5711	0.0446	56	2.1707	0.0899	80	4.6831	0.1158
9	0.0274	0.0076	33	0.6157	0.0465	57	2.2606	0.0915	81	4.7989	0.1161
10	0.0350	0.0086	34	0.6622	0.0480	58	2.3521	0.0922	82	4.9150	0.1163
11	0.0436	0.0099	35	0.7102	0.0504	59	2.4443	0.0947	83	5.0313	0.1152
12	0.0535	0.0111	36	0.7606	0.0524	60	2.5390	0.0962	84	5.1465	0.1165
13	0.0646	0.0124	37	0.8130	0.0544	61	2.6352	0.0977	85	5.2630	0.1164
14	0.0771	0.0137	38	0.8673	0.0557	62	2.7329	0.0981	86	5.3794	0.1163
15	0.0907	0.0152	39	0.9231	0.0583	63	2.8311	0.1006	87	5.4957	0.1149
16	0.1059	0.0167	40	0.9813	0.0602	64	2.9316	0.1019	88	5.6106	0.1158
17	0.1226	0.0182	41	1.0416	0.0622	65	3.0335	0.1032	89	5.7264	0.1154
18	0.1407	0.0195	42	1.1038	0.0635	66	3.1368	0.1034	90	5.8419	0.1150
19	0.1602	0.0213	43	1.1673	0.0661	67	3.2402	0.1057	91	5.9568	0.1132
20	0.1815	0.0229	44	1.2334	0.0680	68	3.3458	0.1068	92	6.0700	0.1137
21	0.2044	0.0246	45	1.3014	0.0700	69	3.4527	0.1079	93	6.1837	0.1130
22	0.2289	0.0260	46	1.3714	0.0711	70	3.5606	0.1090	94	6.2967	0.1121
23	0.2549	0.0280	47	1.4425	0.0738	71	3.6696	0.1088	95	6.4088	0.1100
24	0.2829	0.0297	48	1.5163	0.0757	72	3.7784	0.1109	96	6.5188	0.1101
25	0.3126	0.0315	49	1.5920	0.0775	73	3.8892	0.1117	97	6.6289	0.1101
26	0.3441	0.0330	50	1.6695	0.0785	74	4.0010	0.1125			
27	0.3771	0.0351	51	1.7480	0.0812	75	4.1135	0.1121			

适用树种：枫桦；适用地区：完达山山地；资料名称：黑龙江省立木材积表；编表人或作者：黑龙江省营林局；出版机构：黑龙江省营林局；刊印或发表时间：1981。其他说明：根据农林部农林（字）第 41 号文件编制；黑龙江省营林局文件林勘字 (81) 第 86 号。

509. 完达山山地柞树一元立木材积表

$$V=0.00017249939D_{轮}^{2.3139165}$$

$D_{轮}=0.1751205585+0.986711062D_{围}$；表中$D$为围尺径；$D\leqslant 85$cm

D	V	ΔV	D	V	ΔV	D	V	ΔV	D	V	ΔV
4	0.0046	0.0029	25	0.2918	0.0276	46	1.1874	0.0606	67	2.8269	0.0987
5	0.0075	0.0038	26	0.3194	0.0290	47	1.2480	0.0623	68	2.9256	0.1006
6	0.0113	0.0047	27	0.3484	0.0302	48	1.3103	0.0633	69	3.0262	0.1015
7	0.0160	0.0057	28	0.3786	0.0319	49	1.3736	0.0657	70	3.1277	0.1045
8	0.0216	0.0066	29	0.4105	0.0334	50	1.4393	0.0675	71	3.2321	0.1064
9	0.0283	0.0076	30	0.4439	0.0345	51	1.5068	0.0685	72	3.3385	0.1084
10	0.0359	0.0087	31	0.4785	0.0364	52	1.5753	0.0710	73	3.4469	0.1092
11	0.0446	0.0098	32	0.5149	0.0379	53	1.6463	0.0728	74	3.5561	0.1123
12	0.0544	0.0108	33	0.5528	0.0390	54	1.7191	0.0738	75	3.6684	0.1143
13	0.0652	0.0121	34	0.5918	0.0410	55	1.7929	0.0763	76	3.7827	0.1151
14	0.0773	0.0132	35	0.6328	0.0425	56	1.8693	0.0782	77	3.8978	0.1183
15	0.0905	0.0143	36	0.6754	0.0437	57	1.9474	0.0792	78	4.0160	0.1203
16	0.1048	0.0157	37	0.7190	0.0457	58	2.0266	0.0818	79	4.1363	0.1210
17	0.1205	0.0169	38	0.7647	0.0473	59	2.1084	0.0836	80	4.2573	0.1243
18	0.1374	0.0180	39	0.8120	0.0484	60	2.1920	0.0846	81	4.3816	0.1263
19	0.1554	0.0195	40	0.8605	0.0505	61	2.2766	0.0873	82	4.5079	0.1271
20	0.1749	0.0208	41	0.9110	0.0522	62	2.3640	0.0892	83	4.6350	0.1304
21	0.1957	0.0219	42	0.9632	0.0533	63	2.4532	0.0902	84	4.7654	0.1325
22	0.2175	0.0235	43	1.0165	0.0555	64	2.5433	0.0930	85	4.8979	0.1325
23	0.2410	0.0248	44	1.0720	0.0572	65	2.6363	0.0949			
24	0.2658	0.0259	45	1.1292	0.0583	66	2.7311	0.0958			

适用树种：柞树（栎树）；适用地区：完达山山地；资料名称：黑龙江省立木材积表；编表人或作者：黑龙江省营林局；出版机构：黑龙江省营林局；刊印或发表时间：1981。其他说明：根据农林部农林（字）第 41 号文件编制；黑龙江省营林局文件林勘字 (81) 第 86 号。

510. 完达山山地黑桦一元立木材积表

$$V = 0.000052786451 D_{轮}^{1.7947313} H^{1.0712623}$$

$$H = 6.0611929 + 0.42063048 D_{轮} - 0.0029870477 D_{轮}^2$$

$D_{轮} = -0.4899312906 + 0.995171441 D_{围}$；表中$D$为围尺径；$D \leqslant 85$cm

D	V	ΔV	D	V	ΔV	D	V	ΔV	D	V	ΔV
4	0.0043	0.0028	25	0.2869	0.0274	46	1.1591	0.0558	67	2.5276	0.0712
5	0.0071	0.0036	26	0.3142	0.0291	47	1.2148	0.0575	68	2.5988	0.0721
6	0.0108	0.0045	27	0.3433	0.0302	48	1.2723	0.0580	69	2.6709	0.0714
7	0.0153	0.0054	28	0.3735	0.0319	49	1.3304	0.0597	70	2.7423	0.0722
8	0.0206	0.0064	29	0.4054	0.0334	50	1.3901	0.0602	71	2.8145	0.0714
9	0.0270	0.0073	30	0.4388	0.0345	51	1.4503	0.0618	72	2.8860	0.0721
10	0.0342	0.0084	31	0.4732	0.0362	52	1.5121	0.0622	73	2.9580	0.0712
11	0.0426	0.0094	32	0.5094	0.0373	53	1.5742	0.0637	74	3.0292	0.0716
12	0.0520	0.0106	33	0.5467	0.0391	54	1.6380	0.0640	75	3.1008	0.0706
13	0.0626	0.0116	34	0.5858	0.0401	55	1.7020	0.0655	76	3.1714	0.0709
14	0.0742	0.0129	35	0.6260	0.0419	56	1.7675	0.0657	77	3.2423	0.0698
15	0.0872	0.0140	36	0.6679	0.0429	57	1.8332	0.0671	78	3.3121	0.0699
16	0.1012	0.0154	37	0.7108	0.0447	58	1.9003	0.0678	79	3.3820	0.0686
17	0.1166	0.0165	38	0.7555	0.0456	59	1.9681	0.0678	80	3.4506	0.0686
18	0.1331	0.0180	39	0.8011	0.0474	60	2.0359	0.0691	81	3.5192	0.0671
19	0.1511	0.0191	40	0.8486	0.0483	61	2.1050	0.0690	82	3.5863	0.0669
20	0.1702	0.0207	41	0.8969	0.0501	62	2.1740	0.0702	83	3.6533	0.0653
21	0.1909	0.0218	42	0.9470	0.0509	63	2.2442	0.0700	84	3.7186	0.0650
22	0.2127	0.0234	43	0.9979	0.0527	64	2.3141	0.0711	85	3.7836	0.0650
23	0.2361	0.0246	44	1.0505	0.0534	65	2.3852	0.0707			
24	0.2607	0.0262	45	1.1039	0.0551	66	2.4559	0.0717			

适用树种：黑桦；适用地区：完达山山地；资料名称：黑龙江省立木材积表；编表人或作者：黑龙江省营林局；出版机构：黑龙江省营林局；刊印或发表时间：1981。其他说明：根据农林部农林（字）第 41 号文件编制；黑龙江省营林局文件林勘字 (81) 第 86 号。

511. 完达山山地椴树一元立木材积表

$$V = 0.000041960698D_{轮}^{1.9094595}H^{1.0413892}$$

$$H = 4.3093804 + 0.53759883D_{轮} - 0.0035707905D_{轮}^2$$

$D_{轮} = 0.2250730369 + 0.964592149D_{围}$；表中$D$为围尺径；$D \leqslant 74$cm

D	V	ΔV	D	V	ΔV	D	V	ΔV	D	V	ΔV
4	0.0043	0.0027	22	0.2318	0.0270	40	1.0165	0.0624	58	2.4335	0.0954
5	0.0069	0.0034	23	0.2587	0.0291	41	1.0788	0.0650	59	2.5289	0.0958
6	0.0104	0.0044	24	0.2878	0.0306	42	1.1439	0.0664	60	2.6248	0.0982
7	0.0147	0.0053	25	0.3185	0.0325	43	1.2102	0.0690	61	2.7230	0.0985
8	0.0200	0.0064	26	0.3510	0.0348	44	1.2793	0.0703	62	2.8215	0.0997
9	0.0264	0.0074	27	0.3857	0.0363	45	1.3496	0.0730	63	2.9212	0.1019
10	0.0338	0.0087	28	0.4221	0.0387	46	1.4225	0.0741	64	3.0231	0.1020
11	0.0424	0.0098	29	0.4607	0.0402	47	1.4966	0.0768	65	3.1251	0.1041
12	0.0522	0.0111	30	0.5010	0.0427	48	1.5734	0.0779	66	3.2293	0.1040
13	0.0633	0.0126	31	0.5437	0.0442	49	1.6513	0.0797	67	3.3333	0.1060
14	0.0759	0.0139	32	0.5879	0.0467	50	1.7310	0.0823	68	3.4393	0.1058
15	0.0898	0.0155	33	0.6346	0.0482	51	1.8133	0.0832	69	3.5451	0.1076
16	0.1053	0.0169	34	0.6828	0.0508	52	1.8965	0.0858	70	3.6527	0.1072
17	0.1222	0.0186	35	0.7336	0.0523	53	1.9824	0.0867	71	3.7600	0.1090
18	0.1408	0.0201	36	0.7859	0.0543	54	2.0690	0.0892	72	3.8689	0.1084
19	0.1609	0.0220	37	0.8402	0.0569	55	2.1583	0.0899	73	3.9773	0.1088
20	0.1829	0.0234	38	0.8971	0.0584	56	2.2482	0.0924	74	4.0861	0.1088
21	0.2063	0.0255	39	0.9555	0.0610	57	2.3406	0.0930			

适用树种：椴树；适用地区：完达山山地；资料名称：黑龙江省立木材积表；编表人或作者：黑龙江省营林局；出版机构：黑龙江省营林局；刊印或发表时间：1981。其他说明：根据农林部农林（字）第 41 号文件编制；黑龙江省营林局文件林勘字 (81) 第 86 号。

512. 完达山山地白桦一元立木材积表

$$V = 0.000051935163 D_{轮}^{1.8586884} H^{1.0038941}$$

$$H = 5.0706074 + 0.59091849 D_{轮} - 0.0054081175 D_{轮}^2$$

$D_{轮} = -0.206067372 + 0.985196963 D_{围}$；表中$D$为围尺径；$D \leqslant 62$cm

D	V	ΔV	D	V	ΔV	D	V	ΔV	D	V	ΔV
4	0.0044	0.0029	19	0.1685	0.0222	34	0.6651	0.0456	49	1.4739	0.0611
5	0.0072	0.0038	20	0.1907	0.0235	35	0.7108	0.0466	50	1.5350	0.0622
6	0.0110	0.0047	21	0.2141	0.0253	36	0.7573	0.0484	51	1.5972	0.0621
7	0.0157	0.0058	22	0.2395	0.0266	37	0.8058	0.0493	52	1.6593	0.0631
8	0.0215	0.0068	23	0.2661	0.0285	38	0.8550	0.0511	53	1.7223	0.0627
9	0.0283	0.0080	24	0.2946	0.0298	39	0.9061	0.0518	54	1.7851	0.0636
10	0.0364	0.0092	25	0.3244	0.0317	40	0.9579	0.0535	55	1.8486	0.0630
11	0.0456	0.0105	26	0.3561	0.0330	41	1.0115	0.0541	56	1.9116	0.0637
12	0.0561	0.0117	27	0.3891	0.0349	42	1.0656	0.0558	57	1.9753	0.0636
13	0.0678	0.0132	28	0.4241	0.0361	43	1.1214	0.0563	58	2.0389	0.0627
14	0.0811	0.0145	29	0.4602	0.0381	44	1.1776	0.0578	59	2.1017	0.0631
15	0.0956	0.0161	30	0.4983	0.0396	45	1.2355	0.0581	60	2.1647	0.0620
16	0.1116	0.0174	31	0.5379	0.0408	46	1.2936	0.0596	61	2.2268	0.0622
17	0.1290	0.0191	32	0.5787	0.0427	47	1.3532	0.0597	62	2.2890	0.0622
18	0.1481	0.0204	33	0.6214	0.0437	48	1.4129	0.0611			

适用树种：白桦；适用地区：完达山山地；资料名称：黑龙江省立木材积表；编表人或作者：黑龙江省营林局；出版机构：黑龙江省营林局；刊印或发表时间：1981。其他说明：根据农林部农林（字）第 41 号文件编制；黑龙江省营林局文件林勘字 (81) 第 86 号。

513. 完达山山地山杨一元立木材积表

$$V=0.00017522988D_{轮}^{2.377425}$$

$D_{轮}=-0.1496560299+0.985284169D_{围}$；表中$D$为围尺径；$D\leqslant 60$cm

D	V	ΔV	D	V	ΔV	D	V	ΔV	D	V	ΔV
4	0.0042	0.0031	19	0.1820	0.0239	34	0.7322	0.0527	49	1.7516	0.0860
5	0.0072	0.0040	20	0.2059	0.0254	35	0.7850	0.0543	50	1.8375	0.0893
6	0.0113	0.0052	21	0.2313	0.0274	36	0.8393	0.0570	51	1.9268	0.0918
7	0.0164	0.0062	22	0.2587	0.0289	37	0.8963	0.0586	52	2.0186	0.0933
8	0.0227	0.0075	23	0.2876	0.0310	38	0.9549	0.0614	53	2.1119	0.0967
9	0.0302	0.0087	24	0.3186	0.0325	39	1.0163	0.0629	54	2.2086	0.0982
10	0.0389	0.0101	25	0.3511	0.0347	40	1.0792	0.0658	55	2.3068	0.1017
11	0.0490	0.0114	26	0.3858	0.0362	41	1.1450	0.0674	56	2.4085	0.1032
12	0.0603	0.0129	27	0.4220	0.0385	42	1.2124	0.0704	57	2.5118	0.1068
13	0.0732	0.0142	28	0.4605	0.0401	43	1.2828	0.0719	58	2.6186	0.1083
14	0.0874	0.0158	29	0.5006	0.0425	44	1.3547	0.0750	59	2.7269	0.1120
15	0.1032	0.0172	30	0.5431	0.0440	45	1.4297	0.0765	60	2.8389	0.1120
16	0.1205	0.0190	31	0.5871	0.0465	46	1.5062	0.0797			
17	0.1394	0.0206	32	0.6336	0.0481	47	1.5859	0.0812			
18	0.1600	0.0220	33	0.6816	0.0506	48	1.6671	0.0844			

黑

适用树种：山杨；适用地区：完达山山地；资料名称：黑龙江省立木材积表；编表人或作者：黑龙江省营林局；出版机构：黑龙江省营林局；刊印或发表时间：1981。其他说明：根据农林部农林（字）第 41 号文件编制；黑龙江省营林局文件林勘字 (81) 第 86 号。

514. 张广才岭西坡胡桃楸一元立木材积表

$$V = 0.000041960698 D_{轮}^{1.9094595} H^{1.0413892}$$

$$H = 5.2247524 + 0.61425828 D_{轮} - 0.0061494528 D_{轮}^2$$

$D_{轮} = -0.1068104174 + 0.975403018 D_{围}$；表中$D$为围尺径；$D \leqslant 74$cm

D	V	ΔV	D	V	ΔV	D	V	ΔV	D	V	ΔV
4	0.0043	0.0029	22	0.2523	0.0288	40	1.0225	0.0563	58	2.1356	0.0611
5	0.0072	0.0038	23	0.2811	0.0303	41	1.0789	0.0580	59	2.1968	0.0609
6	0.0111	0.0048	24	0.3114	0.0323	42	1.1369	0.0590	60	2.2576	0.0592
7	0.0159	0.0059	25	0.3437	0.0337	43	1.1959	0.0594	61	2.3169	0.0587
8	0.0218	0.0070	26	0.3774	0.0358	44	1.2553	0.0608	62	2.3755	0.0567
9	0.0288	0.0083	27	0.4132	0.0371	45	1.3161	0.0610	63	2.4323	0.0558
10	0.0371	0.0095	28	0.4503	0.0392	46	1.3771	0.0623	64	2.4881	0.0536
11	0.0467	0.0110	29	0.4896	0.0409	47	1.4394	0.0622	65	2.5417	0.0523
12	0.0577	0.0123	30	0.5305	0.0422	48	1.5016	0.0634	66	2.5940	0.0503
13	0.0700	0.0139	31	0.5727	0.0442	49	1.5650	0.0631	67	2.6444	0.0477
14	0.0839	0.0153	32	0.6169	0.0454	50	1.6280	0.0640	68	2.6920	0.0458
15	0.0991	0.0170	33	0.6623	0.0474	51	1.6920	0.0635	69	2.7378	0.0429
16	0.1162	0.0186	34	0.7097	0.0484	52	1.7555	0.0642	70	2.7807	0.0406
17	0.1348	0.0201	35	0.7581	0.0504	53	1.8197	0.0635	71	2.8213	0.0373
18	0.1548	0.0219	36	0.8085	0.0513	54	1.8832	0.0639	72	2.8586	0.0346
19	0.1768	0.0234	37	0.8597	0.0532	55	1.9471	0.0636	73	2.8932	0.0310
20	0.2002	0.0253	38	0.9129	0.0539	56	2.0107	0.0625	74	2.9243	0.0310
21	0.2255	0.0268	39	0.9668	0.0557	57	2.0731	0.0625			

适用树种：胡桃楸；适用地区：张广才岭西坡；资料名称：黑龙江省立木材积表；编表人或作者：黑龙江省营林局；出版机构：黑龙江省营林局；刊印或发表时间：1981。其他说明：根据农林部农林（字）第 41 号文件编制；黑龙江省营林局文件林勘字 (81) 第 86 号。

515. 张广才岭西坡水曲柳一元立木材积表

$$V = 0.000041960698 D_{轮}^{1.9094595} H^{1.0413892}$$

$$H = 5.7860217 + 0.579228 D_{轮} - 0.0049934316 D_{轮}^2$$

$D_{轮} = -0.0283700973 + 0.969811198 D_{围}$；表中$D$为围尺径；$D \leqslant 85$cm

D	V	ΔV	D	V	ΔV	D	V	ΔV	D	V	ΔV
4	0.0048	0.0031	25	0.3501	0.0348	46	1.4563	0.0702	67	3.0821	0.0778
5	0.0078	0.0040	26	0.3849	0.0366	47	1.5265	0.0715	68	3.1600	0.0770
6	0.0118	0.0050	27	0.4215	0.0385	48	1.5980	0.0726	69	3.2370	0.0760
7	0.0168	0.0061	28	0.4600	0.0404	49	1.6707	0.0737	70	3.3130	0.0749
8	0.0228	0.0072	29	0.5004	0.0422	50	1.7444	0.0748	71	3.3880	0.0737
9	0.0301	0.0085	30	0.5426	0.0441	51	1.8191	0.0757	72	3.4617	0.0723
10	0.0385	0.0098	31	0.5867	0.0460	52	1.8948	0.0766	73	3.5340	0.0708
11	0.0483	0.0111	32	0.6327	0.0478	53	1.9714	0.0774	74	3.6048	0.0691
12	0.0594	0.0125	33	0.6805	0.0496	54	2.0488	0.0781	75	3.6739	0.0673
13	0.0719	0.0140	34	0.7301	0.0514	55	2.1268	0.0787	76	3.7412	0.0653
14	0.0860	0.0156	35	0.7816	0.0526	56	2.2055	0.0792	77	3.8065	0.0632
15	0.1015	0.0171	36	0.8342	0.0549	57	2.2847	0.0796	78	3.8697	0.0609
16	0.1187	0.0188	37	0.8891	0.0567	58	2.3642	0.0799	79	3.9306	0.0585
17	0.1374	0.0204	38	0.9458	0.0583	59	2.4442	0.0801	80	3.9891	0.0559
18	0.1579	0.0221	39	1.0041	0.0600	60	2.5243	0.0802	81	4.0449	0.0531
19	0.1800	0.0239	40	1.0641	0.0616	61	2.6045	0.0803	82	4.0980	0.0501
20	0.2038	0.0256	41	1.1258	0.0632	62	2.6848	0.0801	83	4.1481	0.0470
21	0.2295	0.0274	42	1.1889	0.0647	63	2.7649	0.0799	84	4.1951	0.0437
22	0.2569	0.0292	43	1.2536	0.0662	64	2.8449	0.0796	85	4.2389	0.0437
23	0.2861	0.0311	44	1.3198	0.0676	65	2.9245	0.0791			
24	0.3172	0.0329	45	1.3874	0.0689	66	3.0036	0.0786			

适用树种：水曲柳；适用地区：张广才岭西坡；资料名称：黑龙江省立木材积表；编表人或作者：黑龙江省营林局；出版机构：黑龙江省营林局；刊印或发表时间：1981。其他说明：根据农林部农林（字）第 41 号文件编制；黑龙江省营林局文件林勘字 (81) 第 86 号。

黑

516. 张广才岭西坡黄波罗一元立木材积表

$$V=0.00018200258D_{轮}^{2.3187749}$$

$D_{轮}=-0.2516967596+0.972900665D_{围}$；表中$D$为围尺径；$D\leqslant 62$cm

D	V	ΔV	D	V	ΔV	D	V	ΔV	D	V	ΔV
4	0.0036	0.0027	19	0.1526	0.0197	34	0.5970	0.0417	49	1.4004	0.0673
5	0.0063	0.0035	20	0.1723	0.0208	35	0.6387	0.0433	50	1.4677	0.0698
6	0.0098	0.0044	21	0.1932	0.0222	36	0.6820	0.0454	51	1.5376	0.0710
7	0.0143	0.0054	22	0.2154	0.0238	37	0.7274	0.0466	52	1.6085	0.0728
8	0.0196	0.0064	23	0.2392	0.0250	38	0.7740	0.0482	53	1.6813	0.0746
9	0.0260	0.0075	24	0.2642	0.0264	39	0.8222	0.0499	54	1.7559	0.0773
10	0.0335	0.0085	25	0.2907	0.0279	40	0.8721	0.0521	55	1.8332	0.0783
11	0.0420	0.0096	26	0.3186	0.0297	41	0.9243	0.0533	56	1.9116	0.0802
12	0.0516	0.0109	27	0.3482	0.0308	42	0.9775	0.0550	57	1.9918	0.0830
13	0.0624	0.0119	28	0.3791	0.0323	43	1.0325	0.0573	58	2.0747	0.0840
14	0.0744	0.0131	29	0.4114	0.0342	44	1.0898	0.0585	59	2.1588	0.0859
15	0.0875	0.0143	30	0.4456	0.0354	45	1.1483	0.0602	60	2.2447	0.0887
16	0.1018	0.0158	31	0.4810	0.0369	46	1.2085	0.0620	61	2.3334	0.0898
17	0.1176	0.0169	32	0.5180	0.0385	47	1.2705	0.0644	62	2.4232	0.0898
18	0.1344	0.0182	33	0.5565	0.0405	48	1.3349	0.0655			

适用树种：黄波罗；适用地区：张广才岭西坡；资料名称：黑龙江省立木材积表；编表人或作者：黑龙江省营林局；出版机构：黑龙江省营林局；刊印或发表时间：1981。其他说明：根据农林部农林（字）第 41 号文件编制；黑龙江省营林局文件林勘字 (81) 第 86 号。

517. 张广才岭西坡色木槭一元立木材积表

$$V=0.00019744342D_{轮}^{2.2770524}$$

$D_{轮}=-0.140158982+0.967911085D_{围}$；表中$D$为围尺径；$D\leqslant 74$cm

D	V	ΔV	D	V	ΔV	D	V	ΔV	D	V	ΔV
4	0.0040	0.0027	22	0.2057	0.0221	40	0.8085	0.0465	58	1.8887	0.0753
5	0.0067	0.0036	23	0.2278	0.0234	41	0.8550	0.0485	59	1.9640	0.0762
6	0.0103	0.0044	24	0.2512	0.0247	42	0.9035	0.0500	60	2.0402	0.0786
7	0.0147	0.0053	25	0.2759	0.0260	43	0.9536	0.0515	61	2.1188	0.0803
8	0.0200	0.0063	26	0.3019	0.0270	44	1.0051	0.0531	62	2.1991	0.0820
9	0.0263	0.0073	27	0.3289	0.0286	45	1.0582	0.0540	63	2.2811	0.0837
10	0.0336	0.0083	28	0.3575	0.0300	46	1.1122	0.0561	64	2.3647	0.0845
11	0.0418	0.0092	29	0.3875	0.0313	47	1.1683	0.0577	65	2.4492	0.0870
12	0.0511	0.0104	30	0.4188	0.0327	48	1.2260	0.0592	66	2.5362	0.0887
13	0.0614	0.0115	31	0.4515	0.0337	49	1.2852	0.0608	67	2.6249	0.0905
14	0.0729	0.0126	32	0.4852	0.0355	50	1.3460	0.0617	68	2.7154	0.0922
15	0.0855	0.0137	33	0.5207	0.0369	51	1.4078	0.0640	69	2.8076	0.0929
16	0.0991	0.0147	34	0.5575	0.0383	52	1.4718	0.0656	70	2.9005	0.0956
17	0.1138	0.0160	35	0.5958	0.0393	53	1.5373	0.0672	71	2.9961	0.0974
18	0.1298	0.0172	36	0.6351	0.0412	54	1.6045	0.0681	72	3.0935	0.0991
19	0.1470	0.0184	37	0.6763	0.0426	55	1.6726	0.0704	73	3.1926	0.1009
20	0.1654	0.0196	38	0.7189	0.0441	56	1.7430	0.0720	74	3.2935	0.1009
21	0.1851	0.0206	39	0.7629	0.0455	57	1.8150	0.0737			

适用树种：色木槭；适用地区：张广才岭西坡；资料名称：黑龙江省立木材积表；编表人或作者：黑龙江省营林局；出版机构：黑龙江省营林局；刊印或发表时间：1981。其他说明：根据农林部农林（字）第 41 号文件编制；黑龙江省营林局文件林勘字 (81) 第 86 号。

518. 张广才岭西坡榆树一元立木材积表

$$V=0.0001693686D_{轮}^{2.3350654}$$

$D_{轮}=-0.120162996+0.971592141D_{围}$；表中$D$为围尺径；$D\leqslant 84$cm

D	V	ΔV	D	V	ΔV	D	V	ΔV	D	V	ΔV
4	0.0038	0.0027	25	0.2877	0.0277	46	1.2008	0.0619	67	2.8960	0.1020
5	0.0064	0.0035	26	0.3153	0.0291	47	1.2627	0.0644	68	2.9979	0.1040
6	0.0099	0.0044	27	0.3445	0.0306	48	1.3270	0.0655	69	3.1019	0.1060
7	0.0143	0.0053	28	0.3751	0.0325	49	1.3925	0.0673	70	3.2079	0.1080
8	0.0196	0.0063	29	0.4076	0.0337	50	1.4599	0.0691	71	3.3159	0.1101
9	0.0259	0.0074	30	0.4412	0.0352	51	1.5290	0.0710	72	3.4260	0.1133
10	0.0333	0.0084	31	0.4764	0.0368	52	1.6000	0.0728	73	3.5394	0.1143
11	0.0417	0.0095	32	0.5132	0.0383	53	1.6728	0.0755	74	3.6536	0.1163
12	0.0512	0.0106	33	0.5515	0.0399	54	1.7483	0.0766	75	3.7699	0.1184
13	0.0618	0.0118	34	0.5914	0.0419	55	1.8249	0.0785	76	3.8884	0.1205
14	0.0736	0.0130	35	0.6334	0.0431	56	1.9033	0.0804	77	4.0089	0.1226
15	0.0865	0.0143	36	0.6765	0.0448	57	1.9837	0.0823	78	4.1315	0.1260
16	0.1009	0.0154	37	0.7213	0.0464	58	2.0660	0.0842	79	4.2575	0.1269
17	0.1163	0.0167	38	0.7677	0.0481	59	2.1501	0.0870	80	4.3844	0.1290
18	0.1330	0.0180	39	0.8158	0.0498	60	2.2371	0.0881	81	4.5135	0.1312
19	0.1510	0.0193	40	0.8655	0.0520	61	2.3252	0.0900	82	4.6446	0.1333
20	0.1703	0.0206	41	0.9175	0.0532	62	2.4152	0.0920	83	4.7780	0.1355
21	0.1910	0.0220	42	0.9707	0.0549	63	2.5072	0.0939	84	4.9134	0.1355
22	0.2130	0.0236	43	1.0256	0.0566	64	2.6012	0.0959			
23	0.2366	0.0248	44	1.0822	0.0584	65	2.6971	0.0979			
24	0.2614	0.0262	45	1.1406	0.0601	66	2.7950	0.1010			

适用树种：榆树；适用地区：张广才岭西坡；资料名称：黑龙江省立木材积表；编表人或作者：黑龙江省营林局；出版机构：黑龙江省营林局；刊印或发表时间：1981。其他说明：根据农林部农林（字）第 41 号文件编制；黑龙江省营林局文件林勘字 (81) 第 86 号。

519. 张广才岭西坡枫桦一元立木材积表

$$V=0.00025233885D_{轮}^{2.2423728}$$

$D_{轮}=0.040314124+0.957532486D_{围}$；表中$D$为围尺径；$D\leqslant 74$cm

D	V	ΔV	D	V	ΔV	D	V	ΔV	D	V	ΔV
4	0.0052	0.0034	22	0.2355	0.0244	40	0.8977	0.0512	58	2.0642	0.0800
5	0.0086	0.0043	23	0.2599	0.0261	41	0.9489	0.0528	59	2.1441	0.0825
6	0.0129	0.0053	24	0.2860	0.0274	42	1.0016	0.0538	60	2.2266	0.0842
7	0.0182	0.0063	25	0.3134	0.0288	43	1.0554	0.0559	61	2.3109	0.0860
8	0.0245	0.0074	26	0.3423	0.0299	44	1.1113	0.0575	62	2.3968	0.0868
9	0.0319	0.0085	27	0.3722	0.0317	45	1.1689	0.0591	63	2.4836	0.0895
10	0.0404	0.0095	28	0.4038	0.0331	46	1.2280	0.0601	64	2.5731	0.0912
11	0.0499	0.0107	29	0.4369	0.0345	47	1.2882	0.0624	65	2.6643	0.0930
12	0.0607	0.0119	30	0.4715	0.0356	48	1.3505	0.0640	66	2.7573	0.0937
13	0.0726	0.0131	31	0.5071	0.0375	49	1.4146	0.0657	67	2.8510	0.0965
14	0.0857	0.0142	32	0.5446	0.0390	50	1.4802	0.0666	68	2.9475	0.0983
15	0.0999	0.0156	33	0.5835	0.0405	51	1.5468	0.0690	69	3.0458	0.1001
16	0.1154	0.0168	34	0.6240	0.0415	52	1.6158	0.0706	70	3.1459	0.1019
17	0.1322	0.0181	35	0.6655	0.0435	53	1.6865	0.0723	71	3.2477	0.1026
18	0.1503	0.0192	36	0.7090	0.0450	54	1.7588	0.0732	72	3.3503	0.1055
19	0.1695	0.0207	37	0.7540	0.0465	55	1.8320	0.0757	73	3.4558	0.1073
20	0.1902	0.0220	38	0.8005	0.0476	56	1.9077	0.0774	74	3.5631	0.1073
21	0.2122	0.0233	39	0.8481	0.0496	57	1.9851	0.0791			

适用树种：枫桦；适用地区：张广才岭西坡；资料名称：黑龙江省立木材积表；编表人或作者：黑龙江省营林局；出版机构：黑龙江省营林局；刊印或发表时间：1981。其他说明：根据农林部农林（字）第 41 号文件编制；黑龙江省营林局文件林勘字 (81) 第 86 号。

520. 张广才岭西坡柞树一元立木材积表

$$V=0.00021237014D_{轮}^{2.2638887}$$

$D_{轮}=0.1751205585+0.986711062D_{围}$；表中$D$为围尺径；$D\leqslant 82$cm

D	V	ΔV	D	V	ΔV	D	V	ΔV	D	V	ΔV
4	0.0052	0.0033	24	0.2792	0.0266	44	1.0927	0.0570	64	2.5444	0.0910
5	0.0085	0.0042	25	0.3059	0.0283	45	1.1496	0.0580	65	2.6353	0.0927
6	0.0127	0.0051	26	0.3342	0.0297	46	1.2077	0.0602	66	2.7281	0.0936
7	0.0178	0.0062	27	0.3639	0.0308	47	1.2679	0.0619	67	2.8216	0.0963
8	0.0240	0.0072	28	0.3947	0.0325	48	1.3297	0.0629	68	2.9179	0.0981
9	0.0312	0.0082	29	0.4272	0.0340	49	1.3926	0.0652	69	3.0161	0.0989
10	0.0393	0.0093	30	0.4612	0.0351	50	1.4578	0.0668	70	3.1150	0.1017
11	0.0487	0.0105	31	0.4963	0.0369	51	1.5246	0.0678	71	3.2167	0.1036
12	0.0591	0.0115	32	0.5332	0.0384	52	1.5924	0.0702	72	3.3203	0.1054
13	0.0706	0.0128	33	0.5716	0.0395	53	1.6626	0.0719	73	3.4257	0.1062
14	0.0834	0.0140	34	0.6110	0.0414	54	1.7344	0.0728	74	3.5319	0.1091
15	0.0973	0.0150	35	0.6524	0.0429	55	1.8073	0.0753	75	3.6409	0.1109
16	0.1124	0.0164	36	0.6953	0.0440	56	1.8825	0.0770	76	3.7519	0.1116
17	0.1288	0.0177	37	0.7392	0.0459	57	1.9595	0.0779	77	3.8635	0.1146
18	0.1464	0.0187	38	0.7852	0.0475	58	2.0374	0.0804	78	3.9782	0.1165
19	0.1652	0.0202	39	0.8327	0.0486	59	2.1178	0.0822	79	4.0947	0.1172
20	0.1854	0.0215	40	0.8812	0.0506	60	2.2000	0.0831	80	4.2119	0.1203
21	0.2069	0.0226	41	0.9318	0.0522	61	2.2830	0.0857	81	4.3322	0.1222
22	0.2295	0.0242	42	0.9840	0.0532	62	2.3687	0.0874	82	4.4543	0.1222
23	0.2537	0.0255	43	1.0373	0.0554	63	2.4561	0.0883			

适用树种：柞树（栎树）；适用地区：张广才岭西坡；资料名称：黑龙江省立木材积表；编表人或作者：黑龙江省营林局；出版机构：黑龙江省营林局；刊印或发表时间：1981。其他说明：根据农林部农林（字）第 41 号文件编制；黑龙江省营林局文件林勘字 (81) 第 86 号。

521. 张广才岭西坡黑桦一元立木材积表

$$V = 0.000052786451 D_{轮}^{1.7947313} H^{1.0712623}$$

$$H = 7.0358063 + 0.44981133 D_{轮} - 0.0037300984 D_{轮}^2$$

$D_{轮} = -0.4899312906 + 0.995171441 D_{围}$；表中$D$为围尺径；$D \leqslant 74$cm

D	V	ΔV	D	V	ΔV	D	V	ΔV	D	V	ΔV
4	0.0050	0.0032	22	0.2337	0.0252	40	0.8979	0.0490	58	1.9214	0.0626
5	0.0082	0.0041	23	0.2589	0.0263	41	0.9469	0.0506	59	1.9840	0.0622
6	0.0123	0.0051	24	0.2852	0.0280	42	0.9975	0.0512	60	2.0462	0.0629
7	0.0174	0.0060	25	0.3133	0.0292	43	1.0487	0.0528	61	2.1091	0.0623
8	0.0234	0.0071	26	0.3424	0.0309	44	1.1015	0.0533	62	2.1714	0.0629
9	0.0306	0.0081	27	0.3733	0.0320	45	1.1548	0.0548	63	2.2342	0.0621
10	0.0387	0.0094	28	0.4053	0.0337	46	1.2096	0.0552	64	2.2963	0.0625
11	0.0481	0.0104	29	0.4390	0.0352	47	1.2648	0.0566	65	2.3588	0.0616
12	0.0585	0.0117	30	0.4742	0.0362	48	1.3214	0.0569	66	2.4204	0.0618
13	0.0702	0.0128	31	0.5104	0.0379	49	1.3783	0.0582	67	2.4822	0.0607
14	0.0830	0.0142	32	0.5483	0.0389	50	1.4365	0.0584	68	2.5429	0.0608
15	0.0973	0.0154	33	0.5872	0.0407	51	1.4949	0.0596	69	2.6037	0.0595
16	0.1127	0.0169	34	0.6279	0.0416	52	1.5545	0.0597	70	2.6633	0.0594
17	0.1295	0.0180	35	0.6695	0.0433	53	1.6142	0.0608	71	2.7227	0.0580
18	0.1475	0.0196	36	0.7128	0.0442	54	1.6750	0.0607	72	2.7807	0.0577
19	0.1671	0.0207	37	0.7570	0.0459	55	1.7357	0.0617	73	2.8384	0.0561
20	0.1879	0.0223	38	0.8029	0.0467	56	1.7975	0.0615	74	2.8945	0.0561
21	0.2102	0.0235	39	0.8495	0.0483	57	1.8589	0.0624			

适用树种：黑桦；适用地区：张广才岭西坡；资料名称：黑龙江省立木材积表；编表人或作者：黑龙江省营林局；出版机构：黑龙江省营林局；刊印或发表时间：1981。其他说明：根据农林部农林（字）第 41 号文件编制；黑龙江省营林局文件林勘字 (81) 第 86 号。

522. 张广才岭西坡椴树一元立木材积表

$$V = 0.000041960698 D_{轮}^{1.9094595} H^{1.0413892}$$

$$H = 5.1906289 + 0.50462477 D_{轮} - 0.004157432 D_{轮}^2$$

$D_{轮} = 0.2250730369 + 0.964592149 D_{围}$；表中$D$为围尺径；$D \leqslant 82$cm

D	V	ΔV	D	V	ΔV	D	V	ΔV	D	V	ΔV
4	0.0048	0.0029	24	0.2836	0.0290	44	1.1771	0.0604	64	2.5750	0.0748
5	0.0077	0.0037	25	0.3126	0.0307	45	1.2375	0.0624	65	2.6498	0.0755
6	0.0113	0.0046	26	0.3433	0.0326	46	1.2999	0.0630	66	2.7254	0.0745
7	0.0159	0.0055	27	0.3759	0.0340	47	1.3629	0.0649	67	2.7999	0.0750
8	0.0215	0.0066	28	0.4099	0.0360	48	1.4278	0.0654	68	2.8749	0.0738
9	0.0280	0.0076	29	0.4459	0.0373	49	1.4931	0.0665	69	2.9487	0.0741
10	0.0357	0.0088	30	0.4832	0.0393	50	1.5596	0.0682	70	3.0228	0.0727
11	0.0445	0.0099	31	0.5225	0.0406	51	1.6278	0.0685	71	3.0956	0.0728
12	0.0544	0.0112	32	0.5631	0.0427	52	1.6963	0.0701	72	3.1683	0.0712
13	0.0656	0.0126	33	0.6058	0.0439	53	1.7664	0.0703	73	3.2395	0.0702
14	0.0782	0.0138	34	0.6497	0.0460	54	1.8367	0.0718	74	3.3097	0.0699
15	0.0920	0.0153	35	0.6957	0.0471	55	1.9086	0.0718	75	3.3796	0.0680
16	0.1074	0.0166	36	0.7428	0.0487	56	1.9804	0.0732	76	3.4476	0.0674
17	0.1240	0.0183	37	0.7915	0.0508	57	2.0536	0.0731	77	3.5150	0.0653
18	0.1422	0.0196	38	0.8423	0.0518	58	2.1266	0.0743	78	3.5803	0.0644
19	0.1618	0.0213	39	0.8941	0.0539	59	2.2010	0.0740	79	3.6447	0.0621
20	0.1831	0.0226	40	0.9480	0.0548	60	2.2749	0.0751	80	3.7068	0.0609
21	0.2057	0.0244	41	1.0028	0.0569	61	2.3500	0.0746	81	3.7677	0.0583
22	0.2301	0.0258	42	1.0597	0.0577	62	2.4246	0.0748	82	3.8260	0.0583
23	0.2559	0.0277	43	1.1174	0.0597	63	2.4994	0.0756			

适用树种：椴树；适用地区：张广才岭西坡；资料名称：黑龙江省立木材积表；编表人或作者：黑龙江省营林局；出版机构：黑龙江省营林局；刊印或发表时间：1981。其他说明：根据农林部农林（字）第 41 号文件编制；黑龙江省营林局文件林勘字 (81) 第 86 号。

523. 张广才岭西坡白桦一元立木材积表

$$V = 0.000051935163 D_{轮}^{1.8586884} H^{1.0038941}$$

$$H = 4.7094114 + 0.77510258 D_{轮} - 0.0099457649 D_{轮}^2$$

$D_{轮} = -0.206067372 + 0.985196963 D_{围}$；表中$D$为围尺径；$D \leqslant 60\text{cm}$

D	V	ΔV	D	V	ΔV	D	V	ΔV	D	V	ΔV
4	0.0045	0.0031	19	0.1863	0.0241	34	0.6915	0.0425	49	1.3334	0.0373
5	0.0076	0.0041	20	0.2105	0.0254	35	0.7341	0.0427	50	1.3707	0.0360
6	0.0118	0.0052	21	0.2359	0.0272	36	0.7768	0.0437	51	1.4067	0.0339
7	0.0169	0.0064	22	0.2631	0.0284	37	0.8205	0.0436	52	1.4406	0.0322
8	0.0233	0.0076	23	0.2915	0.0302	38	0.8641	0.0443	53	1.4729	0.0297
9	0.0309	0.0090	24	0.3217	0.0313	39	0.9084	0.0440	54	1.5026	0.0276
10	0.0399	0.0103	25	0.3531	0.0330	40	0.9524	0.0445	55	1.5302	0.0247
11	0.0502	0.0118	26	0.3861	0.0340	41	0.9969	0.0439	56	1.5549	0.0221
12	0.0620	0.0131	27	0.4201	0.0357	42	1.0408	0.0441	57	1.5770	0.0190
13	0.0751	0.0148	28	0.4558	0.0365	43	1.0848	0.0432	58	1.5960	0.0156
14	0.0898	0.0161	29	0.4923	0.0380	44	1.1280	0.0431	59	1.6116	0.0122
15	0.1060	0.0178	30	0.5303	0.0391	45	1.1711	0.0419	60	1.6238	0.0122
16	0.1238	0.0192	31	0.5694	0.0397	46	1.2130	0.0414			
17	0.1430	0.0210	32	0.6091	0.0410	47	1.2544	0.0399			
18	0.1640	0.0223	33	0.6501	0.0414	48	1.2943	0.0391			

适用树种：白桦；适用地区：张广才岭西坡；资料名称：黑龙江省立木材积表；编表人或作者：黑龙江省营林局；出版机构：黑龙江省营林局；刊印或发表时间：1981。其他说明：根据农林部农林（字）第 41 号文件编制；黑龙江省营林局文件林勘字 (81) 第 86 号。

524. 张广才岭西坡山杨一元立木材积表

$$V = 0.000053474319 D_{轮}^{1.8778994} H^{0.99982785}$$

$$H = 5.346341 + 0.66796027 D_{轮} - 0.0069869091 D_{轮}^2$$

$D_{轮} = -0.1496560299 + 0.985284169 D_{围}$；表中$D$为围尺径；$D \leqslant 74$cm

D	V	ΔV	D	V	ΔV	D	V	ΔV	D	V	ΔV
4	0.0051	0.0034	22	0.2808	0.0310	40	1.0947	0.0585	58	2.1961	0.0569
5	0.0085	0.0044	23	0.3119	0.0331	41	1.1532	0.0589	59	2.2530	0.0561
6	0.0128	0.0056	24	0.3450	0.0346	42	1.2121	0.0603	60	2.3091	0.0540
7	0.0184	0.0067	25	0.3796	0.0367	43	1.2724	0.0604	61	2.3631	0.0528
8	0.0251	0.0081	26	0.4163	0.0381	44	1.3328	0.0617	62	2.4159	0.0504
9	0.0332	0.0094	27	0.4544	0.0402	45	1.3945	0.0616	63	2.4663	0.0488
10	0.0426	0.0109	28	0.4946	0.0415	46	1.4560	0.0626	64	2.5151	0.0460
11	0.0535	0.0123	29	0.5361	0.0436	47	1.5187	0.0623	65	2.5611	0.0440
12	0.0657	0.0140	30	0.5797	0.0448	48	1.5809	0.0631	66	2.6051	0.0409
13	0.0797	0.0154	31	0.6244	0.0468	49	1.6440	0.0625	67	2.6461	0.0385
14	0.0951	0.0172	32	0.6713	0.0479	50	1.7066	0.0631	68	2.6846	0.0351
15	0.1123	0.0187	33	0.7192	0.0499	51	1.7697	0.0629	69	2.7196	0.0322
16	0.1310	0.0206	34	0.7690	0.0513	52	1.8326	0.0619	70	2.7518	0.0287
17	0.1516	0.0224	35	0.8204	0.0522	53	1.8945	0.0621	71	2.7804	0.0247
18	0.1740	0.0239	36	0.8725	0.0540	54	1.9566	0.0609	72	2.8051	0.0210
19	0.1979	0.0259	37	0.9266	0.0547	55	2.0175	0.0607	73	2.8262	0.0167
20	0.2239	0.0274	38	0.9813	0.0564	56	2.0782	0.0592	74	2.8429	0.0167
21	0.2513	0.0295	39	1.0377	0.0570	57	2.1374	0.0587			

适用树种：山杨；适用地区：张广才岭西坡；资料名称：黑龙江省立木材积表；编表人或作者：黑龙江省营林局；出版机构：黑龙江省营林局；刊印或发表时间：1981。其他说明：根据农林部农林（字）第 41 号文件编制；黑龙江省营林局文件林勘字 (81) 第 86 号。

525. 张广才岭西坡柳树一元立木材积表

$$V=0.000238125D_{轮}^{2.2050551}$$

$D_{轮}=-0.120162996+0.971592141D_{围}$；表中$D$为围尺径；$D\leqslant 60\text{cm}$

D	V	ΔV	D	V	ΔV	D	V	ΔV	D	V	ΔV
4	0.0044	0.0029	19	0.1454	0.0175	34	0.5280	0.0353	49	1.1852	0.0540
5	0.0074	0.0037	20	0.1629	0.0186	35	0.5632	0.0362	50	1.2393	0.0554
6	0.0111	0.0046	21	0.1815	0.0197	36	0.5994	0.0374	51	1.2946	0.0567
7	0.0157	0.0055	22	0.2012	0.0210	37	0.6368	0.0386	52	1.3513	0.0580
8	0.0212	0.0064	23	0.2223	0.0220	38	0.6754	0.0399	53	1.4093	0.0600
9	0.0275	0.0074	24	0.2442	0.0231	39	0.7153	0.0411	54	1.4693	0.0607
10	0.0349	0.0083	25	0.2673	0.0242	40	0.7565	0.0428	55	1.5300	0.0620
11	0.0431	0.0092	26	0.2915	0.0254	41	0.7993	0.0437	56	1.5921	0.0634
12	0.0524	0.0102	27	0.3169	0.0265	42	0.8430	0.0449	57	1.6555	0.0648
13	0.0626	0.0112	28	0.3435	0.0280	43	0.8879	0.0462	58	1.7202	0.0661
14	0.0738	0.0122	29	0.3715	0.0289	44	0.9342	0.0475	59	1.7863	0.0682
15	0.0860	0.0134	30	0.4004	0.0301	45	0.9817	0.0488	60	1.8545	0.0682
16	0.0994	0.0143	31	0.4305	0.0313	46	1.0305	0.0501			
17	0.1137	0.0154	32	0.4618	0.0325	47	1.0806	0.0519			
18	0.1290	0.0164	33	0.4942	0.0337	48	1.1325	0.0527			

黑

适用树种：柳树；适用地区：张广才岭西坡；资料名称：黑龙江省立木材积表；编表人或作者：黑龙江省营林局；出版机构：黑龙江省营林局；刊印或发表时间：1981。其他说明：根据农林部农林（字）第 41 号文件编制；黑龙江省营林局文件林勘字 (81) 第 86 号。

526. 张广才岭东坡胡桃楸一元立木材积表

$$V = 0.000041960698 D_{轮}^{1.9094595} H^{1.0413892}$$

$$H = 4.6168228 + 0.64200702 D_{轮} - 0.0068709081 D_{轮}^2$$

$D_{轮} = -0.1068104174 + 0.975403018 D_{围}$；表中$D$为围尺径；$D \leqslant 68$cm

D	V	ΔV	D	V	ΔV	D	V	ΔV	D	V	ΔV
4	0.0040	0.0028	21	0.2202	0.0263	38	0.8853	0.0512	55	1.8294	0.0544
5	0.0068	0.0037	22	0.2465	0.0282	39	0.9365	0.0527	56	1.8838	0.0528
6	0.0104	0.0046	23	0.2747	0.0296	40	0.9892	0.0531	57	1.9367	0.0522
7	0.0150	0.0057	24	0.3043	0.0316	41	1.0423	0.0545	58	1.9889	0.0503
8	0.0207	0.0068	25	0.3359	0.0329	42	1.0968	0.0552	59	2.0392	0.0494
9	0.0275	0.0081	26	0.3688	0.0349	43	1.1521	0.0553	60	2.0886	0.0472
10	0.0356	0.0093	27	0.4037	0.0362	44	1.2074	0.0564	61	2.1358	0.0458
11	0.0449	0.0107	28	0.4399	0.0382	45	1.2638	0.0563	62	2.1816	0.0434
12	0.0557	0.0120	29	0.4781	0.0397	46	1.3201	0.0572	63	2.2250	0.0416
13	0.0677	0.0136	30	0.5178	0.0409	47	1.3773	0.0568	64	2.2666	0.0388
14	0.0813	0.0150	31	0.5587	0.0428	48	1.4341	0.0575	65	2.3054	0.0366
15	0.0963	0.0167	32	0.6014	0.0438	49	1.4916	0.0569	66	2.3420	0.0338
16	0.1130	0.0183	33	0.6452	0.0456	50	1.5484	0.0573	67	2.3758	0.0305
17	0.1312	0.0197	34	0.6908	0.0465	51	1.6057	0.0564	68	2.4063	0.0305
18	0.1509	0.0215	35	0.7374	0.0483	52	1.6621	0.0566			
19	0.1724	0.0229	36	0.7856	0.0490	53	1.7187	0.0554			
20	0.1954	0.0249	37	0.8346	0.0507	54	1.7741	0.0553			

适用树种：胡桃楸；适用地区：张广才岭东坡；资料名称：黑龙江省立木材积表；编表人或作者：黑龙江省营林局；出版机构：黑龙江省营林局；刊印或发表时间：1981。其他说明：根据农林部农林（字）第 41 号文件编制；黑龙江省营林局文件林勘字 (81) 第 86 号。

527. 张广才岭东坡水曲柳一元立木材积表

$$V=0.00024580222D_{轮}^{2.3025927}$$

$D_{轮}=-0.0283700973+0.969811198D_{围}$；表中$D$为围尺径；$D\leqslant 58$cm

D	V	ΔV	D	V	ΔV	D	V	ΔV	D	V	ΔV
4	0.0055	0.0037	18	0.1773	0.0236	32	0.6682	0.0491	46	1.5413	0.0783
5	0.0092	0.0048	19	0.2009	0.0252	33	0.7173	0.0511	47	1.6196	0.0805
6	0.0140	0.0060	20	0.2261	0.0269	34	0.7684	0.0531	48	1.7001	0.0827
7	0.0200	0.0072	21	0.2530	0.0287	35	0.8215	0.0545	49	1.7829	0.0850
8	0.0273	0.0085	22	0.2817	0.0304	36	0.8760	0.0571	50	1.8678	0.0872
9	0.0358	0.0099	23	0.3121	0.0322	37	0.9331	0.0592	51	1.9550	0.0895
10	0.0457	0.0112	24	0.3443	0.0340	38	0.9923	0.0612	52	2.0445	0.0917
11	0.0569	0.0127	25	0.3782	0.0358	39	1.0535	0.0633	53	2.1363	0.0940
12	0.0696	0.0141	26	0.4140	0.0376	40	1.1168	0.0654	54	2.2303	0.0963
13	0.0837	0.0156	27	0.4517	0.0395	41	1.1822	0.0675	55	2.3266	0.0986
14	0.0993	0.0171	28	0.4912	0.0414	42	1.2498	0.0697	56	2.4252	0.1010
15	0.1164	0.0187	29	0.5326	0.0433	43	1.3194	0.0718	57	2.5262	0.1033
16	0.1351	0.0203	30	0.5758	0.0452	44	1.3912	0.0740	58	2.6295	0.1033
17	0.1554	0.0219	31	0.6211	0.0472	45	1.4652	0.0761			

黑

适用树种：水曲柳；适用地区：张广才岭东坡；资料名称：黑龙江省立木材积表；编表人或作者：黑龙江省营林局；出版机构：黑龙江省营林局；刊印或发表时间：1981。其他说明：根据农林部农林（字）第 41 号文件编制；黑龙江省营林局文件林勘字 (81) 第 86 号。

528. 张广才岭东坡黄波罗一元立木材积表

$$V = 0.000041960698 D_{轮}^{1.9094595} H^{1.0413892}$$

$$H = 2.5021566 + 0.97092929 D_{轮} - 0.016313806 D_{轮}^2$$

$D_{轮} = -0.2516967596 + 0.972900665 D_{围}$；表中$D$为围尺径；$D \leqslant 44$cm

D	V	ΔV	D	V	ΔV	D	V	ΔV	D	V	ΔV
4	0.0031	0.0025	15	0.0986	0.0173	26	0.3662	0.0312	37	0.7126	0.0276
5	0.0056	0.0035	16	0.1159	0.0191	27	0.3974	0.0315	38	0.7402	0.0260
6	0.0090	0.0045	17	0.1350	0.0204	28	0.4289	0.0320	39	0.7662	0.0241
7	0.0136	0.0057	18	0.1553	0.0218	29	0.4608	0.0326	40	0.7903	0.0221
8	0.0193	0.0070	19	0.1772	0.0235	30	0.4934	0.0324	41	0.8124	0.0195
9	0.0263	0.0084	20	0.2007	0.0246	31	0.5258	0.0323	42	0.8319	0.0167
10	0.0347	0.0098	21	0.2253	0.0259	32	0.5582	0.0321	43	0.8486	0.0138
11	0.0444	0.0112	22	0.2512	0.0274	33	0.5903	0.0320	44	0.8624	0.0138
12	0.0557	0.0129	23	0.2786	0.0282	34	0.6223	0.0310			
13	0.0685	0.0143	24	0.3068	0.0292	35	0.6533	0.0301			
14	0.0828	0.0158	25	0.3361	0.0301	36	0.6834	0.0293			

适用树种：黄波罗；适用地区：张广才岭东坡；资料名称：黑龙江省立木材积表；编表人或作者：黑龙江省营林局；出版机构：黑龙江省营林局；刊印或发表时间：1981。其他说明：根据农林部农林（字）第 41 号文件编制；黑龙江省营林局文件林勘字 (81) 第 86 号。

529. 张广才岭东坡色木槭一元立木材积表

$$V=0.00019064454D_{轮}^{2.3291552}$$

$D_{轮}=-0.140158982+0.967911085D_{围}$；表中$D$为围尺径；$D\leqslant 62$cm

D	V	ΔV	D	V	ΔV	D	V	ΔV	D	V	ΔV
4	0.0041	0.0029	19	0.1652	0.0212	34	0.6457	0.0454	49	1.5171	0.0735
5	0.0070	0.0038	20	0.1863	0.0226	35	0.6911	0.0467	50	1.5906	0.0747
6	0.0109	0.0048	21	0.2090	0.0239	36	0.7377	0.0489	51	1.6653	0.0774
7	0.0157	0.0058	22	0.2329	0.0256	37	0.7866	0.0507	52	1.7427	0.0795
8	0.0215	0.0069	23	0.2585	0.0272	38	0.8374	0.0525	53	1.8222	0.0815
9	0.0284	0.0081	24	0.2857	0.0287	39	0.8899	0.0544	54	1.9037	0.0827
10	0.0365	0.0092	25	0.3144	0.0303	40	0.9443	0.0556	55	1.9863	0.0856
11	0.0457	0.0103	26	0.3447	0.0316	41	0.9999	0.0581	56	2.0719	0.0876
12	0.0560	0.0117	27	0.3763	0.0335	42	1.0580	0.0599	57	2.1595	0.0897
13	0.0676	0.0129	28	0.4098	0.0352	43	1.1179	0.0618	58	2.2492	0.0918
14	0.0806	0.0142	29	0.4450	0.0368	44	1.1798	0.0637	59	2.3410	0.0929
15	0.0948	0.0156	30	0.4818	0.0385	45	1.2435	0.0650	60	2.4339	0.0960
16	0.1104	0.0168	31	0.5203	0.0398	46	1.3085	0.0676	61	2.5299	0.0981
17	0.1271	0.0183	32	0.5601	0.0419	47	1.3761	0.0695	62	2.6280	0.0981
18	0.1454	0.0197	33	0.6020	0.0436	48	1.4456	0.0715			

适用树种：色木槭；适用地区：张广才岭东坡；资料名称：黑龙江省立木材积表；编表人或作者：黑龙江省营林局；出版机构：黑龙江省营林局；刊印或发表时间：1981。其他说明：根据农林部农林（字）第 41 号文件编制；黑龙江省营林局文件林勘字 (81) 第 86 号。

530. 张广才岭东坡榆树一元立木材积表

$$V = 0.000041960698 D_{轮}^{1.9094595} H^{1.0413892}$$

$$H = 5.7274366 + 0.49464478 D_{轮} - 0.0030563495 D_{轮}^{2}$$

$D_{轮} = -0.120162996 + 0.971592141 D_{围}$；表中$D$为围尺径；$D \leqslant 84$cm

D	V	ΔV	D	V	ΔV	D	V	ΔV	D	V	ΔV
4	0.0043	0.0028	25	0.3275	0.0333	46	1.4570	0.0766	67	3.4628	0.1130
5	0.0071	0.0036	26	0.3608	0.0352	47	1.5336	0.0795	68	3.5758	0.1142
6	0.0108	0.0046	27	0.3960	0.0372	48	1.6131	0.0807	69	3.6900	0.1154
7	0.0154	0.0056	28	0.4331	0.0396	49	1.6938	0.0827	70	3.8054	0.1165
8	0.0209	0.0066	29	0.4727	0.0412	50	1.7765	0.0847	71	3.9219	0.1175
9	0.0275	0.0078	30	0.5139	0.0432	51	1.8612	0.0867	72	4.0394	0.1198
10	0.0354	0.0090	31	0.5571	0.0453	52	1.9479	0.0886	73	4.1592	0.1194
11	0.0443	0.0102	32	0.6023	0.0473	53	2.0365	0.0914	74	4.2786	0.1203
12	0.0545	0.0115	33	0.6497	0.0494	54	2.1279	0.0924	75	4.3989	0.1211
13	0.0661	0.0129	34	0.6990	0.0520	55	2.2202	0.0942	76	4.5200	0.1218
14	0.0790	0.0144	35	0.7511	0.0536	56	2.3144	0.0960	77	4.6417	0.1224
15	0.0934	0.0160	36	0.8046	0.0557	57	2.4104	0.0978	78	4.7641	0.1242
16	0.1094	0.0174	37	0.8603	0.0578	58	2.5082	0.0995	79	4.8883	0.1234
17	0.1268	0.0190	38	0.9181	0.0599	59	2.6077	0.1022	80	5.0117	0.1238
18	0.1458	0.0206	39	0.9780	0.0620	60	2.7099	0.1028	81	5.1355	0.1241
19	0.1665	0.0223	40	1.0400	0.0648	61	2.8128	0.1044	82	5.2595	0.1243
20	0.1888	0.0241	41	1.1048	0.0662	62	2.9172	0.1060	83	5.3838	0.1244
21	0.2129	0.0258	42	1.1711	0.0683	63	3.0232	0.1075	84	5.5082	0.1244
22	0.2387	0.0279	43	1.2394	0.0704	64	3.1307	0.1089			
23	0.2666	0.0295	44	1.3099	0.0725	65	3.2396	0.1103			
24	0.2961	0.0314	45	1.3824	0.0746	66	3.3499	0.1128			

适用树种：榆树；适用地区：张广才岭东坡；资料名称：黑龙江省立木材积表；编表人或作者：黑龙江省营林局；出版机构：黑龙江省营林局；刊印或发表时间：1981。其他说明：根据农林部农林（字）第 41 号文件编制；黑龙江省营林局文件林勘字 (81) 第 86 号。

531. 张广才岭东坡枫桦一元立木材积表

$$V = 0.000041960698 D_{轮}^{1.9094595} H^{1.0413892}$$

$$H = 6.3288507 + 0.65269699 D_{轮} - 0.0062317836 D_{轮}^2$$

$D_{轮} = 0.040314124 + 0.957532486 D_{围}$；表中$D$为围尺径；$D \leqslant 74$cm

D	V	ΔV	D	V	ΔV	D	V	ΔV	D	V	ΔV
4	0.0053	0.0034	22	0.2767	0.0309	40	1.1186	0.0630	58	2.3972	0.0740
5	0.0087	0.0044	23	0.3075	0.0331	41	1.1817	0.0644	59	2.4713	0.0744
6	0.0131	0.0054	24	0.3406	0.0350	42	1.2461	0.0651	60	2.5457	0.0739
7	0.0185	0.0066	25	0.3756	0.0369	43	1.3111	0.0670	61	2.6196	0.0732
8	0.0251	0.0079	26	0.4125	0.0384	44	1.3781	0.0682	62	2.6928	0.0717
9	0.0330	0.0092	27	0.4508	0.0407	45	1.4463	0.0693	63	2.7645	0.0715
10	0.0422	0.0105	28	0.4915	0.0426	46	1.5156	0.0696	64	2.8360	0.0704
11	0.0527	0.0121	29	0.5341	0.0445	47	1.5851	0.0712	65	2.9064	0.0692
12	0.0648	0.0136	30	0.5786	0.0458	48	1.6564	0.0721	66	2.9756	0.0671
13	0.0784	0.0152	31	0.6244	0.0481	49	1.7285	0.0728	67	3.0426	0.0662
14	0.0935	0.0166	32	0.6725	0.0500	50	1.8013	0.0727	68	3.1088	0.0645
15	0.1102	0.0185	33	0.7225	0.0517	51	1.8741	0.0741	69	3.1733	0.0626
16	0.1287	0.0202	34	0.7742	0.0529	52	1.9481	0.0745	70	3.2359	0.0605
17	0.1489	0.0220	35	0.8272	0.0552	53	2.0226	0.0749	71	3.2964	0.0577
18	0.1709	0.0235	36	0.8823	0.0569	54	2.0975	0.0743	72	3.3541	0.0559
19	0.1944	0.0256	37	0.9392	0.0585	55	2.1718	0.0752	73	3.4100	0.0533
20	0.2199	0.0274	38	0.9977	0.0594	56	2.2470	0.0752	74	3.4633	0.0533
21	0.2474	0.0293	39	1.0571	0.0616	57	2.3222	0.0751			

适用树种：枫桦；适用地区：张广才岭东坡；资料名称：黑龙江省立木材积表；编表人或作者：黑龙江省营林局；出版机构：黑龙江省营林局；刊印或发表时间：1981。其他说明：根据农林部农林（字）第 41 号文件编制；黑龙江省营林局文件林勘字 (81) 第 86 号。

532. 张广才岭东坡柞树一元立木材积表

$$V=0.00019605495D_{轮}^{2.2742588}$$

$D_{轮}=0.1751205585+0.986711062D_{围}$；表中$D$为围尺径；$D\leqslant$74cm

D	V	ΔV	D	V	ΔV	D	V	ΔV	D	V	ΔV
4	0.0049	0.0031	22	0.2188	0.0232	40	0.8452	0.0488	58	1.9615	0.0778
5	0.0080	0.0040	23	0.2419	0.0245	41	0.8939	0.0503	59	2.0393	0.0795
6	0.0120	0.0048	24	0.2664	0.0255	42	0.9443	0.0513	60	2.1188	0.0804
7	0.0168	0.0058	25	0.2920	0.0271	43	0.9956	0.0534	61	2.1992	0.0829
8	0.0226	0.0068	26	0.3191	0.0285	44	1.0490	0.0550	62	2.2821	0.0846
9	0.0295	0.0077	27	0.3476	0.0296	45	1.1039	0.0560	63	2.3667	0.0855
10	0.0372	0.0089	28	0.3771	0.0312	46	1.1599	0.0581	64	2.4522	0.0881
11	0.0461	0.0099	29	0.4084	0.0326	47	1.2180	0.0597	65	2.5402	0.0898
12	0.0560	0.0109	30	0.4410	0.0337	48	1.2777	0.0607	66	2.6300	0.0906
13	0.0670	0.0122	31	0.4747	0.0355	49	1.3384	0.0629	67	2.7207	0.0933
14	0.0791	0.0133	32	0.5102	0.0369	50	1.4014	0.0645	68	2.8140	0.0951
15	0.0924	0.0143	33	0.5471	0.0380	51	1.4659	0.0655	69	2.9090	0.0959
16	0.1068	0.0157	34	0.5850	0.0398	52	1.5314	0.0678	70	3.0049	0.0986
17	0.1224	0.0169	35	0.6248	0.0413	53	1.5992	0.0694	71	3.1035	0.1004
18	0.1393	0.0179	36	0.6661	0.0423	54	1.6686	0.0704	72	3.2039	0.1022
19	0.1572	0.0193	37	0.7084	0.0442	55	1.7390	0.0728	73	3.3060	0.1029
20	0.1765	0.0206	38	0.7527	0.0457	56	1.8118	0.0744	74	3.4090	0.1029
21	0.1971	0.0217	39	0.7984	0.0468	57	1.8862	0.0753			

适用树种：柞树（栎树）；适用地区：张广才岭东坡；资料名称：黑龙江省立木材积表；编表人或作者：黑龙江省营林局；出版机构：黑龙江省营林局；刊印或发表时间：1981。其他说明：根据农林部农林（字）第 41 号文件编制；黑龙江省营林局文件林勘字 (81) 第 86 号。

533. 张广才岭东坡黑桦一元立木材积表

$$V = 0.000052786451 D_{轮}^{1.7947313} H^{1.0712623}$$

$$H = 4.8923721 + 0.52713984 D_{轮} - 0.0052333743 D_{轮}^{2}$$

$D_{轮} = -0.4899312906 + 0.995171441 D_{围}$；表中$D$为围尺径；$D \leqslant 72$cm

D	V	ΔV	D	V	ΔV	D	V	ΔV	D	V	ΔV
4	0.0038	0.0026	22	0.2141	0.0237	40	0.8257	0.0435	58	1.6582	0.0445
5	0.0064	0.0034	23	0.2378	0.0248	41	0.8691	0.0446	59	1.7027	0.0432
6	0.0099	0.0043	24	0.2625	0.0263	42	0.9137	0.0448	60	1.7458	0.0426
7	0.0142	0.0052	25	0.2888	0.0274	43	0.9585	0.0458	61	1.7885	0.0411
8	0.0194	0.0063	26	0.3162	0.0290	44	1.0043	0.0458	62	1.8296	0.0403
9	0.0257	0.0072	27	0.3452	0.0299	45	1.0501	0.0467	63	1.8700	0.0386
10	0.0329	0.0084	28	0.3751	0.0315	46	1.0969	0.0466	64	1.9086	0.0376
11	0.0413	0.0094	29	0.4066	0.0328	47	1.1435	0.0474	65	1.9462	0.0357
12	0.0507	0.0107	30	0.4394	0.0336	48	1.1908	0.0471	66	1.9818	0.0343
13	0.0614	0.0118	31	0.4730	0.0352	49	1.2379	0.0477	67	2.0162	0.0322
14	0.0732	0.0132	32	0.5082	0.0359	50	1.2856	0.0472	68	2.0484	0.0306
15	0.0864	0.0143	33	0.5441	0.0374	51	1.3328	0.0476	69	2.0789	0.0282
16	0.1006	0.0157	34	0.5815	0.0381	52	1.3805	0.0470	70	2.1072	0.0263
17	0.1164	0.0168	35	0.6196	0.0395	53	1.4275	0.0472	71	2.1335	0.0237
18	0.1332	0.0183	36	0.6591	0.0401	54	1.4747	0.0464	72	2.1572	0.0237
19	0.1515	0.0195	37	0.6992	0.0414	55	1.5211	0.0464			
20	0.1710	0.0210	38	0.7407	0.0419	56	1.5675	0.0454			
21	0.1920	0.0221	39	0.7825	0.0431	57	1.6130	0.0452			

适用树种：黑桦；适用地区：张广才岭东坡；资料名称：黑龙江省立木材积表；编表人或作者：黑龙江省营林局；出版机构：黑龙江省营林局；刊印或发表时间：1981。其他说明：根据农林部农林（字）第 41 号文件编制；黑龙江省营林局文件林勘字 (81) 第 86 号。

534. 张广才岭东坡椴树一元立木材积表

$$V = 0.000041960698 D_{轮}^{1.9094595} H^{1.0413892}$$

$$H = 5.6681396 + 0.54669646 D_{轮} - 0.0038063661 D_{轮}^2$$

$D_{轮} = 0.2250730369 + 0.964592149 D_{围}$；表中$D$为围尺径；$D \leqslant 85\text{cm}$

D	V	ΔV	D	V	ΔV	D	V	ΔV	D	V	ΔV
4	0.0052	0.0032	25	0.3498	0.0349	46	1.5133	0.0771	67	3.4711	0.1069
5	0.0084	0.0040	26	0.3847	0.0372	47	1.5903	0.0797	68	3.5780	0.1064
6	0.0124	0.0051	27	0.4219	0.0388	48	1.6701	0.0807	69	3.6844	0.1081
7	0.0175	0.0061	28	0.4607	0.0413	49	1.7508	0.0825	70	3.7925	0.1075
8	0.0235	0.0073	29	0.5020	0.0429	50	1.8334	0.0852	71	3.9000	0.1090
9	0.0308	0.0084	30	0.5449	0.0454	51	1.9185	0.0860	72	4.0090	0.1082
10	0.0392	0.0098	31	0.5903	0.0470	52	2.0045	0.0886	73	4.1172	0.1084
11	0.0489	0.0110	32	0.6372	0.0495	53	2.0931	0.0893	74	4.2256	0.1096
12	0.0599	0.0124	33	0.6867	0.0511	54	2.1823	0.0918	75	4.3352	0.1085
13	0.0723	0.0140	34	0.7378	0.0537	55	2.2741	0.0924	76	4.4437	0.1096
14	0.0863	0.0153	35	0.7915	0.0552	56	2.3665	0.0948	77	4.5532	0.1082
15	0.1016	0.0171	36	0.8467	0.0572	57	2.4613	0.0952	78	4.6615	0.1091
16	0.1187	0.0185	37	0.9039	0.0599	58	2.5565	0.0976	79	4.7706	0.1076
17	0.1372	0.0204	38	0.9638	0.0613	59	2.6541	0.0979	80	4.8781	0.1082
18	0.1576	0.0219	39	1.0251	0.0640	60	2.7520	0.1002	81	4.9863	0.1064
19	0.1795	0.0239	40	1.0891	0.0654	61	2.8521	0.1003	82	5.0927	0.1068
20	0.2034	0.0254	41	1.1545	0.0681	62	2.9524	0.1014	83	5.1995	0.1049
21	0.2289	0.0275	42	1.2226	0.0694	63	3.0538	0.1035	84	5.3044	0.1050
22	0.2564	0.0291	43	1.2919	0.0721	64	3.1573	0.1034	85	5.4094	0.1050
23	0.2855	0.0313	44	1.3640	0.0733	65	3.2607	0.1053			
24	0.3169	0.0329	45	1.4373	0.0760	66	3.3660	0.1051			

适用树种：椴树；适用地区：张广才岭东坡；资料名称：黑龙江省立木材积表；编表人或作者：黑龙江省营林局；出版机构：黑龙江省营林局；刊印或发表时间：1981。其他说明：根据农林部农林（字）第 41 号文件编制；黑龙江省营林局文件林勘字 (81) 第 86 号。

535. 张广才岭东坡白桦一元立木材积表

$$V = 0.000051935163 D_{轮}^{1.8586884} H^{1.0038941}$$

$$H = 4.2731155 + 0.88011584 D_{轮} - 0.011590264 D_{轮}^2$$

$D_{轮} = -0.206067372 + 0.985196963 D_{围}$；表中$D$为围尺径；$D \leqslant 58$cm

D	V	ΔV	D	V	ΔV	D	V	ΔV	D	V	ΔV
4	0.0045	0.0032	18	0.1737	0.0239	32	0.6485	0.0434	46	1.2728	0.0410
5	0.0077	0.0043	19	0.1976	0.0258	33	0.6919	0.0437	47	1.3138	0.0391
6	0.0119	0.0054	20	0.2235	0.0272	34	0.7356	0.0448	48	1.3529	0.0378
7	0.0173	0.0067	21	0.2507	0.0291	35	0.7804	0.0449	49	1.3907	0.0355
8	0.0240	0.0080	22	0.2798	0.0304	36	0.8252	0.0457	50	1.4262	0.0338
9	0.0320	0.0095	23	0.3102	0.0323	37	0.8710	0.0455	51	1.4600	0.0311
10	0.0414	0.0109	24	0.3425	0.0335	38	0.9164	0.0461	52	1.4911	0.0289
11	0.0523	0.0125	25	0.3760	0.0353	39	0.9625	0.0456	53	1.5199	0.0258
12	0.0648	0.0140	26	0.4113	0.0363	40	1.0081	0.0458	54	1.5457	0.0230
13	0.0787	0.0157	27	0.4476	0.0380	41	1.0539	0.0450	55	1.5687	0.0195
14	0.0945	0.0172	28	0.4856	0.0389	42	1.0989	0.0449	56	1.5881	0.0161
15	0.1117	0.0191	29	0.5245	0.0404	43	1.1439	0.0438	57	1.6042	0.0122
16	0.1307	0.0205	30	0.5649	0.0415	44	1.1876	0.0433	58	1.6164	0.0122
17	0.1513	0.0225	31	0.6065	0.0421	45	1.2310	0.0418			

适用树种：白桦；适用地区：张广才岭东坡；资料名称：黑龙江省立木材积表；编表人或作者：黑龙江省营林局；出版机构：黑龙江省营林局；刊印或发表时间：1981。其他说明：根据农林部农林（字）第 41 号文件编制；黑龙江省营林局文件林勘字 (81) 第 86 号。

536. 张广才岭东坡柳树一元立木材积表

$$V=0.00028563773D_{轮}^{2.1097725}$$

$D_{轮}=-0.120162996+0.971592141D_{围}$；表中$D$为围尺径；$D\leqslant 50$cm

D	V	ΔV	D	V	ΔV	D	V	ΔV	D	V	ΔV
4	0.0047	0.0029	16	0.0918	0.0126	28	0.3009	0.0234	40	0.6404	0.0347
5	0.0076	0.0037	17	0.1044	0.0135	29	0.3243	0.0241	41	0.6751	0.0353
6	0.0113	0.0044	18	0.1179	0.0143	30	0.3484	0.0250	42	0.7103	0.0362
7	0.0157	0.0052	19	0.1322	0.0152	31	0.3734	0.0259	43	0.7465	0.0371
8	0.0209	0.0060	20	0.1474	0.0161	32	0.3994	0.0268	44	0.7837	0.0381
9	0.0269	0.0069	21	0.1635	0.0169	33	0.4262	0.0278	45	0.8218	0.0390
10	0.0337	0.0076	22	0.1804	0.0180	34	0.4540	0.0290	46	0.8608	0.0400
11	0.0413	0.0084	23	0.1984	0.0187	35	0.4830	0.0296	47	0.9008	0.0414
12	0.0498	0.0092	24	0.2171	0.0196	36	0.5126	0.0306	48	0.9422	0.0419
13	0.0590	0.0101	25	0.2367	0.0205	37	0.5432	0.0315	49	0.9842	0.0429
14	0.0691	0.0109	26	0.2572	0.0214	38	0.5746	0.0324	50	1.0270	0.0429
15	0.0800	0.0119	27	0.2786	0.0223	39	0.6071	0.0334			

适用树种：柳树；适用地区：张广才岭东坡；资料名称：黑龙江省立木材积表；编表人或作者：黑龙江省营林局；出版机构：黑龙江省营林局；刊印或发表时间：1981。其他说明：根据农林部农林（字）第 41 号文件编制；黑龙江省营林局文件林勘字 (81) 第 86 号。

537. 牡丹江地区人工樟子松一元立木材积表

$$V=0.0001238217D_{轮}^{2.3728776}$$

$D_{轮}=-0.2563572035+1.002957973D_{围}$；表中$D$为围尺径；$D\leqslant 34$cm

D	V	ΔV	D	V	ΔV	D	V	ΔV	D	V	ΔV
3	0.0014	0.0015	11	0.0349	0.0082	19	0.1307	0.0171	27	0.3036	0.0278
4	0.0029	0.0022	12	0.0431	0.0092	20	0.1478	0.0185	28	0.3315	0.0290
5	0.0050	0.0029	13	0.0523	0.0103	21	0.1663	0.0196	29	0.3604	0.0304
6	0.0079	0.0036	14	0.0626	0.0113	22	0.1859	0.0209	30	0.3908	0.0321
7	0.0115	0.0045	15	0.0740	0.0124	23	0.2068	0.0222	31	0.4229	0.0333
8	0.0161	0.0053	16	0.0864	0.0135	24	0.2289	0.0237	32	0.4562	0.0347
9	0.0214	0.0062	17	0.0999	0.0149	25	0.2526	0.0248	33	0.4909	0.0362
10	0.0277	0.0073	18	0.1148	0.0159	26	0.2775	0.0262	34	0.5272	0.0362

适用树种：人工樟子松；适用地区：牡丹江地区人工林；资料名称：黑龙江省立木材积表；编表人或作者：黑龙江省营林局；出版机构：黑龙江省营林局；刊印或发表时间：1981。其他说明：根据农林部农林（字）第 41 号文件编制；黑龙江省营林局文件林勘字 (81) 第 86 号。

538. 张广才岭东坡山杨一元立木材积表

$$V=0.00019122327D_{轮}^{2.3828204}$$

$D_{轮}=-0.1496560299+0.985284169D_{围}$；表中$D$为围尺径；$D\leqslant$62cm

D	V	ΔV	D	V	ΔV	D	V	ΔV	D	V	ΔV
4	0.0046	0.0034	19	0.2018	0.0266	34	0.8143	0.0588	49	1.9518	0.0960
5	0.0080	0.0044	20	0.2284	0.0282	35	0.8731	0.0605	50	2.0478	0.0997
6	0.0124	0.0057	21	0.2566	0.0305	36	0.9337	0.0636	51	2.1476	0.1025
7	0.0181	0.0069	22	0.2870	0.0321	37	0.9972	0.0653	52	2.2501	0.1042
8	0.0250	0.0083	23	0.3192	0.0345	38	1.0626	0.0685	53	2.3543	0.1081
9	0.0333	0.0096	24	0.3536	0.0362	39	1.1310	0.0702	54	2.4624	0.1098
10	0.0429	0.0112	25	0.3898	0.0386	40	1.2013	0.0734	55	2.5721	0.1137
11	0.0541	0.0126	26	0.4284	0.0403	41	1.2747	0.0752	56	2.6858	0.1154
12	0.0667	0.0143	27	0.4687	0.0429	42	1.3499	0.0785	57	2.8012	0.1194
13	0.0810	0.0157	28	0.5116	0.0446	43	1.4284	0.0803	58	2.9206	0.1211
14	0.0967	0.0176	29	0.5562	0.0473	44	1.5087	0.0837	59	3.0417	0.1252
15	0.1143	0.0191	30	0.6035	0.0490	45	1.5924	0.0854	60	3.1669	0.1269
16	0.1334	0.0211	31	0.6526	0.0518	46	1.6778	0.0890	61	3.2938	0.1311
17	0.1545	0.0229	32	0.7044	0.0536	47	1.7668	0.0907	62	3.4249	0.1311
18	0.1773	0.0245	33	0.7579	0.0564	48	1.8575	0.0943			

适用树种：山杨；适用地区：张广才岭东坡；资料名称：黑龙江省立木材积表；编表人或作者：黑龙江省营林局；出版机构：黑龙江省营林局；刊印或发表时间：1981。其他说明：根据农林部农林（字）第 41 号文件编制；黑龙江省营林局文件林勘字 (81) 第 86 号。

539. 嫩江流域落叶松一元立木材积表

$$V = 0.000050168241 D_{轮}^{1.7582894} H^{1.1496653}$$

$$H = 1.6504613 + 0.78031609 D_{轮} - 0.0076188678 D_{轮}^2$$

$D_{轮} = -0.1661345 + 0.983825482 D_{围}$；表中$D$为围尺径；$D \leqslant 70$cm

D	V	ΔV	D	V	ΔV	D	V	ΔV	D	V	ΔV
4	0.0029	0.0022	21	0.2186	0.0276	38	0.9152	0.0538	55	1.9019	0.0567
5	0.0052	0.0032	22	0.2461	0.0291	39	0.9690	0.0554	56	1.9586	0.0551
6	0.0083	0.0041	23	0.2752	0.0312	40	1.0244	0.0558	57	2.0137	0.0544
7	0.0124	0.0052	24	0.3064	0.0327	41	1.0802	0.0566	58	2.0681	0.0525
8	0.0176	0.0064	25	0.3391	0.0344	42	1.1369	0.0580	59	2.1206	0.0509
9	0.0240	0.0076	26	0.3735	0.0366	43	1.1948	0.0580	60	2.1715	0.0497
10	0.0317	0.0091	27	0.4101	0.0379	44	1.2528	0.0591	61	2.2212	0.0473
11	0.0408	0.0104	28	0.4480	0.0396	45	1.3120	0.0590	62	2.2686	0.0453
12	0.0512	0.0119	29	0.4877	0.0417	46	1.3710	0.0593	63	2.3139	0.0435
13	0.0631	0.0136	30	0.5294	0.0429	47	1.4302	0.0601	64	2.3574	0.0407
14	0.0767	0.0151	31	0.5723	0.0450	48	1.4903	0.0595	65	2.3981	0.0385
15	0.0918	0.0169	32	0.6173	0.0460	49	1.5498	0.0601	66	2.4366	0.0354
16	0.1087	0.0184	33	0.6633	0.0475	50	1.6099	0.0592	67	2.4720	0.0325
17	0.1271	0.0202	34	0.7108	0.0494	51	1.6691	0.0589	68	2.5045	0.0297
18	0.1473	0.0221	35	0.7602	0.0502	52	1.7280	0.0590	69	2.5341	0.0261
19	0.1694	0.0237	36	0.8104	0.0520	53	1.7870	0.0578	70	2.5602	0.0261
20	0.1931	0.0255	37	0.8625	0.0527	54	1.8449	0.0571			

适用树种：落叶松；适用地区：嫩江流域；资料名称：黑龙江省立木材积表；编表人或作者：黑龙江省营林局；出版机构：黑龙江省营林局；刊印或发表时间：1981。其他说明：根据农林部农林（字）第 41 号文件编制；黑龙江省营林局文件林勘字 (81) 第 86 号。

540. 嫩江流域柞树一元立木材积表

$$V = 0.000061125534 D_{轮}^{1.8810091} H^{0.94462565}$$

$$H = 4.0357752 + 0.49425948 D_{轮} - 0.0062765752 D_{轮}^2$$

$D_{轮} = 0.1751205585 + 0.986711062 D_{围}$；表中$D$为围尺径；$D \leqslant 60$cm

D	V	ΔV	D	V	ΔV	D	V	ΔV	D	V	ΔV
4	0.0047	0.0029	19	0.1503	0.0186	34	0.5369	0.0326	49	1.0405	0.0311
5	0.0076	0.0037	20	0.1689	0.0198	35	0.5695	0.0331	50	1.0716	0.0301
6	0.0112	0.0045	21	0.1887	0.0207	36	0.6026	0.0332	51	1.1016	0.0287
7	0.0157	0.0054	22	0.2094	0.0220	37	0.6358	0.0339	52	1.1303	0.0277
8	0.0211	0.0064	23	0.2314	0.0231	38	0.6697	0.0342	53	1.1581	0.0264
9	0.0275	0.0073	24	0.2545	0.0239	39	0.7039	0.0341	54	1.1844	0.0246
10	0.0348	0.0084	25	0.2784	0.0252	40	0.7380	0.0345	55	1.2090	0.0232
11	0.0432	0.0095	26	0.3036	0.0262	41	0.7726	0.0346	56	1.2322	0.0213
12	0.0527	0.0105	27	0.3299	0.0269	42	0.8071	0.0342	57	1.2535	0.0192
13	0.0632	0.0117	28	0.3568	0.0281	43	0.8413	0.0344	58	1.2727	0.0172
14	0.0749	0.0128	29	0.3849	0.0290	44	0.8757	0.0341	59	1.2899	0.0149
15	0.0878	0.0138	30	0.4139	0.0295	45	0.9097	0.0334	60	1.3048	0.0149
16	0.1016	0.0151	31	0.4434	0.0306	46	0.9431	0.0332			
17	0.1167	0.0163	32	0.4740	0.0313	47	0.9763	0.0326			
18	0.1330	0.0173	33	0.5053	0.0317	48	1.0089	0.0316			

适用树种：柞树（栎树）；适用地区：嫩江流域；资料名称：黑龙江省立木材积表；编表人或作者：黑龙江省营林局；出版机构：黑龙江省营林局；刊印或发表时间：1981。其他说明：根据农林部农林（字）第 41 号文件编制；黑龙江省营林局文件林勘字 (81) 第 86 号。

541. 牡丹江地区人工红松一元立木材积表

$$V = 0.00012710381 D_{轮}^{2.3086166}$$

$D_{轮} = -0.1566383607 + 0.991110219 D_{围}$；表中$D$为围尺径；$D \leqslant 24$cm

D	V	ΔV	D	V	ΔV	D	V	ΔV	D	V	ΔV
3	0.0014	0.0014	9	0.0191	0.0053	15	0.0631	0.0102	21	0.1381	0.0158
4	0.0028	0.0020	10	0.0244	0.0062	16	0.0733	0.0111	22	0.1539	0.0167
5	0.0048	0.0026	11	0.0306	0.0069	17	0.0844	0.0120	23	0.1706	0.0177
6	0.0073	0.0032	12	0.0375	0.0077	18	0.0964	0.0129	24	0.1883	0.0177
7	0.0105	0.0039	13	0.0452	0.0085	19	0.1093	0.0140			
8	0.0144	0.0046	14	0.0537	0.0094	20	0.1233	0.0148			

适用树种：人工红松；适用地区：牡丹江地区；资料名称：黑龙江省立木材积表；编表人或作者：黑龙江省营林局；出版机构：黑龙江省营林局；刊印或发表时间：1981。其他说明：根据农林部农林（字）第 41 号文件编制；黑龙江省营林局文件林勘字 (81) 第 86 号。

542. 嫩江流域黑桦一元立木材积表

$$V=0.00022289353D_{轮}^{2.2431085}$$

$D_{轮}=-0.4899312906+0.995171441D_{围}$；表中$D$为围尺径；$D \leqslant 62\text{cm}$

D	V	ΔV	D	V	ΔV	D	V	ΔV	D	V	ΔV
4	0.0037	0.0028	19	0.1536	0.0191	34	0.5815	0.0394	49	1.3328	0.0627
5	0.0065	0.0036	20	0.1727	0.0206	35	0.6210	0.0413	50	1.3955	0.0637
6	0.0101	0.0046	21	0.1933	0.0217	36	0.6623	0.0423	51	1.4592	0.0659
7	0.0147	0.0055	22	0.2150	0.0232	37	0.7046	0.0442	52	1.5252	0.0669
8	0.0203	0.0066	23	0.2381	0.0243	38	0.7488	0.0453	53	1.5920	0.0692
9	0.0269	0.0076	24	0.2624	0.0258	39	0.7941	0.0472	54	1.6612	0.0701
10	0.0344	0.0087	25	0.2882	0.0269	40	0.8414	0.0483	55	1.7313	0.0724
11	0.0432	0.0097	26	0.3152	0.0285	41	0.8896	0.0503	56	1.8037	0.0733
12	0.0529	0.0109	27	0.3437	0.0296	42	0.9399	0.0513	57	1.8770	0.0757
13	0.0638	0.0119	28	0.3733	0.0313	43	0.9912	0.0533	58	1.9527	0.0774
14	0.0757	0.0132	29	0.4046	0.0327	44	1.0445	0.0543	59	2.0301	0.0782
15	0.0889	0.0143	30	0.4373	0.0338	45	1.0989	0.0564	60	2.1083	0.0807
16	0.1032	0.0156	31	0.4710	0.0355	46	1.1553	0.0574	61	2.1890	0.0815
17	0.1188	0.0167	32	0.5066	0.0366	47	1.2127	0.0596	62	2.2706	0.0815
18	0.1355	0.0181	33	0.5431	0.0384	48	1.2723	0.0605			

适用树种：黑桦；适用地区：嫩江流域；资料名称：黑龙江省立木材积表；编表人或作者：黑龙江省营林局；出版机构：黑龙江省营林局；刊印或发表时间：1981。其他说明：根据农林部农林（字）第 41 号文件编制；黑龙江省营林局文件林勘字 (81) 第 86 号。

543. 松花江地区人工樟子松一元立木材积表

$$V=0.00015223596D_{轮}^{2.2828604}$$

$D_{轮}=-0.2563572035+1.002957973D_{围}$；表中$D$为围尺径；$D\leqslant$34cm

D	V	ΔV	D	V	ΔV	D	V	ΔV	D	V	ΔV
3	0.0015	0.0016	11	0.0347	0.0078	19	0.1234	0.0155	27	0.2776	0.0244
4	0.0031	0.0022	12	0.0424	0.0087	20	0.1389	0.0167	28	0.3021	0.0254
5	0.0054	0.0029	13	0.0511	0.0097	21	0.1556	0.0176	29	0.3274	0.0265
6	0.0083	0.0037	14	0.0608	0.0105	22	0.1732	0.0187	30	0.3540	0.0280
7	0.0119	0.0045	15	0.0713	0.0115	23	0.1918	0.0197	31	0.3819	0.0289
8	0.0164	0.0052	16	0.0828	0.0125	24	0.2116	0.0210	32	0.4108	0.0300
9	0.0216	0.0060	17	0.0953	0.0136	25	0.2326	0.0220	33	0.4408	0.0312
10	0.0277	0.0070	18	0.1089	0.0145	26	0.2546	0.0231	34	0.4721	0.0312

适用树种：人工樟子松；适用地区：松花江地区；资料名称：黑龙江省立木材积表；编表人或作者：黑龙江省营林局；出版机构：黑龙江省营林局；刊印或发表时间：1981。其他说明：根据农林部农林（字）第 41 号文件编制；黑龙江省营林局文件林勘字 (81) 第 86 号。

544. 松花江地区人工红松一元立木材积表

$$V=0.00010721832D_{轮}^{2.4245516}$$

$D_{轮}=-0.1566383607+0.991110219D_{围}$；表中$D$为围尺径；$D\leqslant$27cm

D	V	ΔV	D	V	ΔV	D	V	ΔV	D	V	ΔV
3	0.0013	0.0014	10	0.0268	0.0072	17	0.0987	0.0148	24	0.2292	0.0240
4	0.0027	0.0021	11	0.0340	0.0081	18	0.1135	0.0160	25	0.2532	0.0254
5	0.0048	0.0028	12	0.0420	0.0091	19	0.1295	0.0175	26	0.2786	0.0268
6	0.0076	0.0035	13	0.0512	0.0102	20	0.1469	0.0186	27	0.3055	0.0268
7	0.0111	0.0043	14	0.0614	0.0113	21	0.1655	0.0199			
8	0.0155	0.0052	15	0.0726	0.0124	22	0.1854	0.0212			
9	0.0207	0.0061	16	0.0851	0.0136	23	0.2067	0.0226			

适用树种：人工红松；适用地区：松花江地区；资料名称：黑龙江省立木材积表；编表人或作者：黑龙江省营林局；出版机构：黑龙江省营林局；刊印或发表时间：1981。其他说明：根据农林部农林（字）第 41 号文件编制；黑龙江省营林局文件林勘字 (81) 第 86 号。

545. 嫩江流域白桦一元立木材积表

$$V=0.000051935163D_{轮}^{1.8586884}H^{1.0038941}$$

$$H=3.4775728+0.81784912D_{轮}-0.010703185D_{轮}^{2}$$

$D_{轮}=-0.206067372+0.985196963D_{围}$；表中$D$为围尺径；$D\leqslant 58$cm

D	V	ΔV	D	V	ΔV	D	V	ΔV	D	V	ΔV
4	0.0039	0.0028	18	0.1563	0.0217	32	0.5889	0.0396	46	1.1601	0.0375
5	0.0066	0.0038	19	0.1780	0.0235	33	0.6285	0.0399	47	1.1976	0.0358
6	0.0104	0.0048	20	0.2014	0.0247	34	0.6684	0.0409	48	1.2334	0.0346
7	0.0152	0.0060	21	0.2262	0.0265	35	0.7094	0.0410	49	1.2681	0.0326
8	0.0211	0.0071	22	0.2527	0.0277	36	0.7504	0.0418	50	1.3006	0.0310
9	0.0283	0.0085	23	0.2803	0.0294	37	0.7922	0.0416	51	1.3316	0.0285
10	0.0367	0.0097	24	0.3098	0.0305	38	0.8338	0.0422	52	1.3601	0.0265
11	0.0465	0.0113	25	0.3402	0.0322	39	0.8760	0.0417	53	1.3866	0.0236
12	0.0577	0.0126	26	0.3724	0.0331	40	0.9177	0.0419	54	1.4102	0.0211
13	0.0703	0.0142	27	0.4055	0.0347	41	0.9596	0.0412	55	1.4313	0.0178
14	0.0845	0.0156	28	0.4402	0.0355	42	1.0008	0.0411	56	1.4491	0.0147
15	0.1001	0.0172	29	0.4756	0.0369	43	1.0420	0.0401	57	1.4638	0.0112
16	0.1173	0.0186	30	0.5125	0.0379	44	1.0821	0.0397	58	1.4750	0.0112
17	0.1359	0.0204	31	0.5505	0.0384	45	1.1217	0.0383			

适用树种：白桦；适用地区：嫩江流域；资料名称：黑龙江省立木材积表；编表人或作者：黑龙江省营林局；出版机构：黑龙江省营林局；刊印或发表时间：1981。其他说明：根据农林部农林（字）第 41 号文件编制；黑龙江省营林局文件林勘字 (81) 第 86 号。

546. 嫩江流域山杨一元立木材积表

$$V=0.000053474319D_{轮}^{1.8778994}H^{0.99982785}$$

$$H=3.2256367+0.72641194D_{轮}-0.0092517217D_{轮}^{2}$$

$D_{轮}=-0.1496560299+0.985284169D_{围}$；表中$D$为围尺径；$D\leqslant$56cm

D	V	ΔV	D	V	ΔV	D	V	ΔV	D	V	ΔV
4	0.0038	0.0027	18	0.1531	0.0214	32	0.5843	0.0396	46	1.1752	0.0405
5	0.0065	0.0036	19	0.1745	0.0231	33	0.6240	0.0409	47	1.2157	0.0390
6	0.0102	0.0047	20	0.1976	0.0244	34	0.6648	0.0416	48	1.2547	0.0381
7	0.0149	0.0058	21	0.2221	0.0262	35	0.7064	0.0418	49	1.2928	0.0363
8	0.0206	0.0070	22	0.2483	0.0274	36	0.7482	0.0427	50	1.3290	0.0350
9	0.0276	0.0082	23	0.2757	0.0292	37	0.7910	0.0427	51	1.3640	0.0331
10	0.0358	0.0096	24	0.3049	0.0303	38	0.8337	0.0434	52	1.3972	0.0308
11	0.0454	0.0109	25	0.3352	0.0320	39	0.8771	0.0431	53	1.4279	0.0288
12	0.0563	0.0124	26	0.3672	0.0330	40	0.9202	0.0436	54	1.4568	0.0261
13	0.0687	0.0138	27	0.4002	0.0347	41	0.9637	0.0430	55	1.4829	0.0237
14	0.0825	0.0154	28	0.4349	0.0355	42	1.0067	0.0431	56	1.5065	0.0237
15	0.0979	0.0167	29	0.4704	0.0370	43	1.0498	0.0423			
16	0.1146	0.0185	30	0.5074	0.0377	44	1.0921	0.0421			
17	0.1331	0.0200	31	0.5452	0.0391	45	1.1343	0.0410			

适用树种：山杨；适用地区：嫩江流域；资料名称：黑龙江省立木材积表；编表人或作者：黑龙江省营林局；出版机构：黑龙江省营林局；刊印或发表时间：1981。其他说明：根据农林部农林（字）第 41 号文件编制；黑龙江省营林局文件林勘字 (81) 第 86 号。

547. 黑龙江人工赤松一元立木材积表

$$V=0.00018373703D_{轮}^{2.1521289}$$

$D_{轮}=0.1539054215+0.981705489D_{围}$；表中$D$为围尺径；$D\leqslant$27cm

D	V	ΔV	D	V	ΔV	D	V	ΔV	D	V	ΔV
3	0.0021	0.0017	10	0.0259	0.0058	17	0.0801	0.0104	24	0.1672	0.0154
4	0.0038	0.0022	11	0.0317	0.0064	18	0.0904	0.0112	25	0.1826	0.0159
5	0.0060	0.0028	12	0.0381	0.0071	19	0.1016	0.0117	26	0.1985	0.0167
6	0.0088	0.0034	13	0.0453	0.0077	20	0.1133	0.0124	27	0.2152	0.0167
7	0.0122	0.0040	14	0.0530	0.0084	21	0.1257	0.0131			
8	0.0162	0.0046	15	0.0613	0.0090	22	0.1389	0.0138			
9	0.0207	0.0052	16	0.0704	0.0097	23	0.1527	0.0145			

适用树种：人工赤松；适用地区：黑龙江省；资料名称：黑龙江省立木材积表；编表人或作者：黑龙江省营林局；出版机构：黑龙江省营林局；刊印或发表时间：1981。其他说明：根据农林部农林（字）第 41 号文件编制；黑龙江省营林局文件林勘字 (81) 第 86 号。

548. 松花江地区人工落叶松一元立木材积表

$$V=0.0001471886D_{轮}^{2.410001}$$

$D_{轮}=-0.1891845046+0.9954401D_{围}$；表中$D$为围尺径；$D\leqslant 38$cm

D	V	ΔV	D	V	ΔV	D	V	ΔV	D	V	ΔV
3	0.0018	0.0019	12	0.0559	0.0120	21	0.2190	0.0261	30	0.5202	0.0433
4	0.0037	0.0028	13	0.0679	0.0136	22	0.2450	0.0281	31	0.5635	0.0448
5	0.0064	0.0037	14	0.0815	0.0149	23	0.2731	0.0296	32	0.6083	0.0473
6	0.0101	0.0047	15	0.0964	0.0165	24	0.3027	0.0317	33	0.6556	0.0494
7	0.0148	0.0058	16	0.1129	0.0179	25	0.3344	0.0332	34	0.7051	0.0510
8	0.0206	0.0070	17	0.1308	0.0196	26	0.3676	0.0354	35	0.7561	0.0537
9	0.0276	0.0082	18	0.1504	0.0210	27	0.4031	0.0370	36	0.8097	0.0553
10	0.0358	0.0094	19	0.1714	0.0229	28	0.4400	0.0393	37	0.8650	0.0580
11	0.0451	0.0108	20	0.1944	0.0246	29	0.4793	0.0409	38	0.9230	0.0580

适用树种：人工落叶松；适用地区：松花江地区；资料名称：黑龙江省立木材积表；编表人或作者：黑龙江省营林局；出版机构：黑龙江省营林局；刊印或发表时间：1981。其他说明：根据农林部农林（字）第 41 号文件编制；黑龙江省营林局文件林勘字 (81) 第 86 号。

549. 牡丹江地区人工落叶松一元立木材积表

$$V=0.0001257972D_{轮}^{2.4834541}$$

$D_{轮}=-0.1891845043+0.9954401D_{围}$；表中$D$为围尺径；$D\leqslant 38$cm

D	V	ΔV	D	V	ΔV	D	V	ΔV	D	V	ΔV
3	0.0016	0.0018	12	0.0573	0.0127	21	0.2338	0.0287	30	0.5703	0.0489
4	0.0034	0.0027	13	0.0700	0.0144	22	0.2625	0.0311	31	0.6192	0.0508
5	0.0062	0.0037	14	0.0844	0.0159	23	0.2936	0.0328	32	0.6701	0.0538
6	0.0098	0.0048	15	0.1004	0.0178	24	0.3264	0.0353	33	0.7239	0.0563
7	0.0146	0.0059	16	0.1181	0.0193	25	0.3617	0.0371	34	0.7802	0.0582
8	0.0205	0.0072	17	0.1375	0.0213	26	0.3988	0.0397	35	0.8384	0.0614
9	0.0276	0.0085	18	0.1588	0.0229	27	0.4385	0.0415	36	0.8998	0.0633
10	0.0361	0.0098	19	0.1817	0.0251	28	0.4800	0.0442	37	0.9631	0.0666
11	0.0459	0.0113	20	0.2068	0.0270	29	0.5242	0.0461	38	1.0297	0.0666

适用树种：人工落叶松；适用地区：牡丹江地区；资料名称：黑龙江省立木材积表；编表人或作者：黑龙江省营林局；出版机构：黑龙江省营林局；刊印或发表时间：1981。其他说明：根据农林部农林（字）第 41 号文件编制；黑龙江省营林局文件林勘字 (81) 第 86 号。

550. 合江地区人工红松一元立木材积表

$$V=0.00012088858D_{轮}^{2.3385285}$$

$D_{轮}=-0.1566383607+0.991110219D_{围}$；表中$D$为围尺径；$D\leqslant 32$cm

D	V	ΔV	D	V	ΔV	D	V	ΔV	D	V	ΔV
3	0.0014	0.0014	11	0.0312	0.0071	19	0.1135	0.0147	27	0.2597	0.0232
4	0.0028	0.0020	12	0.0384	0.0080	20	0.1282	0.0156	28	0.2829	0.0246
5	0.0047	0.0026	13	0.0464	0.0089	21	0.1438	0.0166	29	0.3075	0.0255
6	0.0073	0.0033	14	0.0552	0.0098	22	0.1605	0.0177	30	0.3329	0.0266
7	0.0106	0.0040	15	0.0650	0.0107	23	0.1782	0.0188	31	0.3596	0.0278
8	0.0146	0.0047	16	0.0757	0.0116	24	0.1969	0.0198	32	0.3874	0.0278
9	0.0193	0.0055	17	0.0873	0.0126	25	0.2167	0.0209			
10	0.0248	0.0064	18	0.0999	0.0136	26	0.2377	0.0220			

适用树种：人工红松；适用地区：合江地区；资料名称：黑龙江省立木材积表；编表人或作者：黑龙江省营林局；出版机构：黑龙江省营林局；刊印或发表时间：1981。其他说明：根据农林部农林（字）第 41 号文件编制；黑龙江省营林局文件林勘字 (81) 第 86 号。

551. 合江地区人工樟子松一元立木材积表

$$V=0.00016511358D_{轮}^{2.2206393}$$

$D_{轮}=-0.2563572035+1.002957973D_{围}$；表中$D$为围尺径；$D\leqslant 27$cm

D	V	ΔV	D	V	ΔV	D	V	ΔV	D	V	ΔV
3	0.0016	0.0016	10	0.0261	0.0064	17	0.0867	0.0120	24	0.1884	0.0182
4	0.0031	0.0022	11	0.0324	0.0071	18	0.0987	0.0127	25	0.2066	0.0189
5	0.0053	0.0028	12	0.0395	0.0078	19	0.1115	0.0136	26	0.2255	0.0199
6	0.0081	0.0034	13	0.0473	0.0087	20	0.1251	0.0146	27	0.2454	0.0199
7	0.0115	0.0042	14	0.0560	0.0094	21	0.1397	0.0153			
8	0.0157	0.0048	15	0.0654	0.0102	22	0.1550	0.0162			
9	0.0205	0.0056	16	0.0757	0.0111	23	0.1713	0.0171			

适用树种：人工樟子松；适用地区：合江地区；资料名称：黑龙江省立木材积表；编表人或作者：黑龙江省营林局；出版机构：黑龙江省营林局；刊印或发表时间：1981。其他说明：根据农林部农林（字）第 41 号文件编制；黑龙江省营林局文件林勘字 (81) 第 86 号。

552. 合江地区人工落叶松一元立木材积表

$$V=0.00013884773D_{轮}^{2.4356927}$$

$D_{轮}=-0.1891845046+0.9954401D_{围}$；表中$D$为围尺径；$D\leqslant 38$cm

D	V	ΔV	D	V	ΔV	D	V	ΔV	D	V	ΔV
3	0.0017	0.0019	12	0.0562	0.0122	21	0.2233	0.0269	30	0.5354	0.0450
4	0.0036	0.0027	13	0.0684	0.0138	22	0.2502	0.0290	31	0.5804	0.0467
5	0.0063	0.0037	14	0.0822	0.0152	23	0.2792	0.0306	32	0.6271	0.0493
6	0.0100	0.0047	15	0.0974	0.0169	24	0.3097	0.0328	33	0.6764	0.0516
7	0.0147	0.0058	16	0.1143	0.0183	25	0.3425	0.0344	34	0.7280	0.0533
8	0.0205	0.0070	17	0.1326	0.0201	26	0.3770	0.0367	35	0.7812	0.0561
9	0.0275	0.0083	18	0.1528	0.0216	27	0.4137	0.0384	36	0.8373	0.0578
10	0.0358	0.0095	19	0.1744	0.0236	28	0.4521	0.0408	37	0.8951	0.0607
11	0.0453	0.0109	20	0.1979	0.0253	29	0.4929	0.0425	38	0.9557	0.0607

适用树种：人工落叶松；适用地区：合江地区；资料名称：黑龙江省立木材积表；编表人或作者：黑龙江省营林局；出版机构：黑龙江省营林局；刊印或发表时间：1981。其他说明：根据农林部农林（字）第 41 号文件编制；黑龙江省营林局文件林勘字 (81) 第 86 号。

黑

553. 黑河地区人工樟子松一元立木材积表

$$V=0.00017655245D_{轮}^{2.22836}$$

$D_{轮}=-0.2563572035+1.002957973D_{围}$；表中$D$为围尺径；$D\leqslant 32$cm

D	V	ΔV	D	V	ΔV	D	V	ΔV	D	V	ΔV
3	0.0017	0.0017	11	0.0353	0.0077	19	0.1219	0.0149	27	0.2691	0.0231
4	0.0034	0.0023	12	0.0430	0.0086	20	0.1369	0.0160	28	0.2923	0.0239
5	0.0057	0.0030	13	0.0516	0.0095	21	0.1529	0.0169	29	0.3162	0.0250
6	0.0087	0.0037	14	0.0611	0.0103	22	0.1698	0.0178	30	0.3411	0.0263
7	0.0125	0.0045	15	0.0714	0.0112	23	0.1876	0.0188	31	0.3674	0.0271
8	0.0170	0.0053	16	0.0827	0.0121	24	0.2064	0.0200	32	0.3945	0.0271
9	0.0223	0.0061	17	0.0948	0.0132	25	0.2265	0.0208			
10	0.0284	0.0070	18	0.1080	0.0140	26	0.2473	0.0219			

适用树种：人工樟子松；适用地区：黑河地区；资料名称：黑龙江省立木材积表；编表人或作者：黑龙江省营林局；出版机构：黑龙江省营林局；刊印或发表时间：1981。其他说明：根据农林部农林（字）第 41 号文件编制；黑龙江省营林局文件林勘字 (81) 第 86 号。

554. 黑河地区人工落叶松一元立木材积表

$$V=0.00014983866D_{轮}^{2.3775439}$$

$D_{轮}=-0.1891845046+0.9954401D_{围}$；表中$D$为围尺径；$D\leqslant 39$cm

D	V	ΔV	D	V	ΔV	D	V	ΔV	D	V	ΔV
3	0.0017	0.0018	13	0.0637	0.0125	23	0.2512	0.0268	33	0.5960	0.0443
4	0.0036	0.0027	14	0.0762	0.0137	24	0.2781	0.0287	34	0.6403	0.0457
5	0.0062	0.0035	15	0.0899	0.0152	25	0.3068	0.0300	35	0.6860	0.0480
6	0.0097	0.0045	16	0.1051	0.0164	26	0.3368	0.0320	36	0.7340	0.0494
7	0.0142	0.0054	17	0.1215	0.0180	27	0.3688	0.0334	37	0.7834	0.0518
8	0.0196	0.0065	18	0.1395	0.0192	28	0.4022	0.0354	38	0.8352	0.0532
9	0.0262	0.0077	19	0.1587	0.0209	29	0.4376	0.0368	39	0.8884	0.0532
10	0.0338	0.0087	20	0.1796	0.0224	30	0.4744	0.0389			
11	0.0425	0.0100	21	0.2020	0.0237	31	0.5133	0.0403			
12	0.0525	0.0111	22	0.2257	0.0255	32	0.5535	0.0425			

适用树种：人工落叶松；适用地区：黑河地区；资料名称：黑龙江省立木材积表；编表人或作者：黑龙江省营林局；出版机构：黑龙江省营林局；刊印或发表时间：1981。其他说明：根据农林部农林（字）第 41 号文件编制；黑龙江省营林局文件林勘字 (81) 第 86 号。

555. 嫩江平原区人工樟子松一元立木材积表

$$V=0.000197417D_{轮}^{2.110806}$$

$D_{轮}=-0.2563572035+1.002957973D_{围}$；表中$D$为围尺径；$D\leqslant 20$cm

D	V	ΔV	D	V	ΔV	D	V	ΔV	D	V	ΔV
3	0.0017	0.0016	8	0.0150	0.0044	13	0.0428	0.0074	18	0.0861	0.0105
4	0.0032	0.0021	9	0.0193	0.0049	14	0.0502	0.0080	19	0.0966	0.0112
5	0.0053	0.0026	10	0.0243	0.0056	15	0.0582	0.0086	20	0.1077	0.0112
6	0.0080	0.0032	11	0.0299	0.0061	16	0.0668	0.0092			
7	0.0111	0.0038	12	0.0360	0.0068	17	0.0761	0.0100			

适用树种：人工樟子松；适用地区：嫩江平原区；资料名称：黑龙江省立木材积表；编表人或作者：黑龙江省营林局；出版机构：黑龙江省营林局；刊印或发表时间：1981。其他说明：根据农林部农林（字）第 41 号文件编制；黑龙江省营林局文件林勘字 (81) 第 86 号。

556. 嫩江平原区人工落叶松一元立木材积表

$$V=0.000174426D_{轮}^{2.276907}$$

$D_{轮}=-0.1891845046+0.9954401D_{围}$；表中$D$为围尺径；$D\leqslant 20$cm

D	V	ΔV	D	V	ΔV	D	V	ΔV	D	V	ΔV
3	0.0018	0.0018	8	0.0186	0.0059	13	0.0574	0.0108	18	0.1216	0.0160
4	0.0036	0.0026	9	0.0245	0.0068	14	0.0681	0.0117	19	0.1376	0.0173
5	0.0062	0.0033	10	0.0313	0.0077	15	0.0798	0.0129	20	0.1549	0.0173
6	0.0095	0.0041	11	0.0390	0.0087	16	0.0927	0.0138			
7	0.0136	0.0050	12	0.0477	0.0096	17	0.1065	0.0151			

适用树种：人工落叶松；适用地区：嫩江平原区；资料名称：黑龙江省立木材积表；编表人或作者：黑龙江省营林局；出版机构：黑龙江省营林局；刊印或发表时间：1981。其他说明：根据农林部农林（字）第 41 号文件编制；黑龙江省营林局文件林勘字 (81) 第 86 号。

557. 嫩江平原区泰来县人工小叶杨一元立木材积表

$$V=0.00026204D_{轮}^{2.030182}$$

$D_{轮}=-0.1496560299+0.985284169D_{围}$；表中$D$为围尺径；$D\leqslant 20$cm

D	V	ΔV	D	V	ΔV	D	V	ΔV	D	V	ΔV
3	0.0021	0.0018	8	0.0167	0.0046	13	0.0453	0.0074	18	0.0884	0.0103
4	0.0039	0.0024	9	0.0213	0.0051	14	0.0528	0.0081	19	0.0987	0.0110
5	0.0063	0.0029	10	0.0264	0.0058	15	0.0608	0.0086	20	0.1097	0.0110
6	0.0092	0.0035	11	0.0322	0.0063	16	0.0694	0.0092			
7	0.0126	0.0040	12	0.0384	0.0069	17	0.0786	0.0098			

适用树种：人工小叶杨；适用地区：嫩江平原区泰来县；资料名称：黑龙江省立木材积表；编表人或作者：黑龙江省营林局；出版机构：黑龙江省营林局；刊印或发表时间：1981。其他说明：根据农林部农林（字）第 41 号文件编制；黑龙江省营林局文件林勘字 (81) 第 86 号。

558. 嫩江平原区杜蒙自治县人工小叶杨一元立木材积表

$$V=0.000215018D_{轮}^{2.228896}$$

$D_{轮}=-0.1496560299+0.985284169D_{围}$；表中$D$为围尺径；$D\leqslant 25$cm

D	V	ΔV	D	V	ΔV	D	V	ΔV	D	V	ΔV
3	0.0022	0.0020	9	0.0268	0.0072	15	0.0851	0.0132	21	0.1812	0.0200
4	0.0042	0.0028	10	0.0340	0.0082	16	0.0983	0.0144	22	0.2012	0.0210
5	0.0070	0.0036	11	0.0423	0.0091	17	0.1127	0.0155	23	0.2222	0.0224
6	0.0107	0.0045	12	0.0514	0.0102	18	0.1282	0.0165	24	0.2446	0.0233
7	0.0152	0.0054	13	0.0616	0.0111	19	0.1447	0.0178	25	0.2679	0.0233
8	0.0205	0.0063	14	0.0728	0.0123	20	0.1625	0.0187			

适用树种：人工小叶杨；适用地区：嫩江平原区杜蒙自治县；资料名称：黑龙江省立木材积表；编表人或作者：黑龙江省营林局；出版机构：黑龙江省营林局；刊印或发表时间：1981。其他说明：根据农林部农林（字）第 41 号文件编制；黑龙江省营林局文件林勘字 (81) 第 86 号。

559. 嫩江平原区杜蒙自治县人工中东杨一元立木材积表

$$V=0.000132076D_{轮}^{2.495277}$$

黑

$D_{轮}=-0.1496560299+0.985284169D_{围}$；表中$D$为围尺径；$D\leqslant 27$cm

D	V	ΔV	D	V	ΔV	D	V	ΔV	D	V	ΔV
3	0.0017	0.0019	10	0.0383	0.0105	17	0.1463	0.0228	24	0.3484	0.0374
4	0.0037	0.0029	11	0.0488	0.0119	18	0.1691	0.0245	25	0.3857	0.0401
5	0.0065	0.0039	12	0.0607	0.0137	19	0.1936	0.0268	26	0.4258	0.0421
6	0.0104	0.0051	13	0.0744	0.0152	20	0.2204	0.0286	27	0.4679	0.0421
7	0.0155	0.0062	14	0.0896	0.0171	21	0.2490	0.0310			
8	0.0217	0.0076	15	0.1068	0.0187	22	0.2800	0.0329			
9	0.0294	0.0089	16	0.1255	0.0208	23	0.3129	0.0355			

适用树种：人工中东杨；适用地区：嫩江平原区杜蒙自治县；资料名称：黑龙江省立木材积表；编表人或作者：黑龙江省营林局；出版机构：黑龙江省营林局；刊印或发表时间：1981。其他说明：根据农林部农林（字）第 41 号文件编制；黑龙江省营林局文件林勘字 (81) 第 86 号。

560. 嫩江平原区龙江县人工中东杨一元立木材积表

$$V=0.00022468D_{轮}^{2.208316}$$

$D_{轮}=-0.1496560299+0.985284169D_{围}$；表中$D$为围尺径；$D\leqslant 25$cm

D	V	ΔV	D	V	ΔV	D	V	ΔV	D	V	ΔV
3	0.0022	0.0021	9	0.0268	0.0071	15	0.0841	0.0129	21	0.1779	0.0195
4	0.0043	0.0029	10	0.0339	0.0081	16	0.0970	0.0141	22	0.1974	0.0204
5	0.0071	0.0036	11	0.0421	0.0090	17	0.1112	0.0152	23	0.2178	0.0217
6	0.0107	0.0045	12	0.0510	0.0101	18	0.1263	0.0161	24	0.2395	0.0226
7	0.0152	0.0053	13	0.0611	0.0109	19	0.1424	0.0173	25	0.2621	0.0226
8	0.0206	0.0063	14	0.0720	0.0121	20	0.1597	0.0182			

适用树种：人工中东杨；适用地区：嫩江平原区龙江、富裕县；资料名称：黑龙江省立木材积表；编表人或作者：黑龙江省营林局；出版机构：黑龙江省营林局；刊印或发表时间：1981。其他说明：根据农林部农林（字）第 41 号文件编制；黑龙江省营林局文件林勘字 (81) 第 86 号。

561. 嫩江平原区林甸县人工小叶杨一元立木材积表

$$V=0.000226145D_{轮}^{2.146013}$$

$D_{轮}=-0.1496560299+0.985284169D_{围}$；表中$D$为围尺径；$D\leqslant 20$cm

D	V	ΔV	D	V	ΔV	D	V	ΔV	D	V	ΔV
3	0.0021	0.0019	8	0.0182	0.0054	13	0.0525	0.0091	18	0.1064	0.0131
4	0.0039	0.0025	9	0.0236	0.0061	14	0.0616	0.0100	19	0.1195	0.0141
5	0.0065	0.0032	10	0.0296	0.0069	15	0.0716	0.0107	20	0.1336	0.0141
6	0.0097	0.0039	11	0.0365	0.0076	16	0.0823	0.0116			
7	0.0136	0.0046	12	0.0441	0.0084	17	0.0939	0.0124			

适用树种：人工小叶杨；适用地区：嫩江平原区林甸、甘南、龙江、富裕县；资料名称：黑龙江省立木材积表；编表人或作者：黑龙江省营林局；出版机构：黑龙江省营林局；刊印或发表时间：1981。其他说明：根据农林部农林（字）第 41 号文件编制；黑龙江省营林局文件林勘字 (81) 第 86 号。

562. 嫩江平原区泰来县人工中东杨一元立木材积表

$$V=0.000203984D_{轮}^{2.193223}$$

$D_{轮}=-0.1496560299+0.985284169D_{围}$；表中$D$为围尺径；$D\leqslant$25cm

D	V	ΔV	D	V	ΔV	D	V	ΔV	D	V	ΔV
3	0.0020	0.0018	9	0.0236	0.0062	15	0.0733	0.0112	21	0.1543	0.0168
4	0.0038	0.0025	10	0.0298	0.0071	16	0.0845	0.0122	22	0.1711	0.0175
5	0.0063	0.0032	11	0.0368	0.0078	17	0.0967	0.0131	23	0.1887	0.0187
6	0.0095	0.0039	12	0.0447	0.0087	18	0.1098	0.0139	24	0.2073	0.0194
7	0.0134	0.0047	13	0.0534	0.0095	19	0.1237	0.0149	25	0.2268	0.0194
8	0.0181	0.0055	14	0.0629	0.0104	20	0.1386	0.0157			

适用树种：人工中东杨；适用地区：嫩江平原区泰来、甘南、林甸县；资料名称：黑龙江省立木材积表；编表人或作者：黑龙江省营林局；出版机构：黑龙江省营林局；刊印或发表时间：1981。其他说明：根据农林部农林（字）第 41 号文件编制；黑龙江省营林局文件林勘字 (81) 第 86 号。

563. 黑龙江人工小黑杨一元立木材积表

$V=0.000343836D^{2.138717}$；$D\leqslant$40cm

黑

D	V	ΔV	D	V	ΔV	D	V	ΔV	D	V	ΔV
4	0.0067	0.0041	14	0.0972	0.0155	24	0.3078	0.0281	34	0.6483	0.0415
5	0.0107	0.0051	15	0.1126	0.0167	25	0.3359	0.0294	35	0.6897	0.0428
6	0.0159	0.0062	16	0.1293	0.0179	26	0.3652	0.0307	36	0.7326	0.0442
7	0.0221	0.0073	17	0.1472	0.0191	27	0.3959	0.0320	37	0.7768	0.0456
8	0.0294	0.0084	18	0.1664	0.0204	28	0.4280	0.0334	38	0.8224	0.0470
9	0.0378	0.0095	19	0.1867	0.0217	29	0.4613	0.0347	39	0.8693	0.0484
10	0.0473	0.0107	20	0.2084	0.0229	30	0.4960	0.0360	40	0.9177	0.0484
11	0.0580	0.0119	21	0.2313	0.0242	31	0.5320	0.0374			
12	0.0699	0.0130	22	0.2555	0.0255	32	0.5694	0.0387			
13	0.0829	0.0142	23	0.2810	0.0268	33	0.6082	0.0401			

适用树种：人工小黑杨；适用地区：黑龙江省；资料名称：黑龙江省地方标准DB23/T745—2004；编表人或作者：邓宝忠，王云铭，赵清峰，张剑卫，张子健，李波，李晓川，赵麓青；出版机构：黑龙江省质量技术监督局；刊印或发表时间：2004。

黑龙江各地区立木地径材积方程

黑龙江省各地区立木地径材积方程资料来源：黑龙江省地方标准 DB 23/TB 982—2005；标准名称：市县林区地径材积表；起草人：尹小康、杨胜涛、高振寰；发行机构：黑龙江省质量技术监督局（2005）。

树种名称后括号中的数字为地径 25 cm 时立木材积（V）的测试值（人工小黑杨除外），单位 m^3。$D_{轮}$ 为轮尺胸径，$D_{围}$ 为围尺胸径，$D_{根}$ 为地径。

全省红松（0.1995）

$$V = 0.00010339412D_{轮}^{2.5550714}$$
$$D_{轮} = -0.005162178 + 0.975389083D_{围}$$
$$D_{围} = 0.765893D_{根}^{1.010496}$$

全省樟子松（0.2810）

$$V = 0.0002380777D_{轮}^{2.3888099}$$
$$D_{轮} = -0.1661345 + 0.983825482D_{围}$$
$$D_{围} = 0.765893D_{根}^{1.010496}$$

全省冷杉（0.2218）

$$V = 0.00012553802D_{轮}^{2.5301655}$$
$$D_{轮} = -0.14050637 + 0.976669654D_{围}$$
$$D_{围} = 0.765893D_{根}^{1.010496}$$

全省赤松（0.1438）

$$V = 0.00016773252D_{轮}^{2.2855543}$$
$$D_{轮} = -0.14050637 + 0.976669654D_{围}$$
$$D_{围} = 0.765893D_{根}^{1.010496}$$

全省云杉（0.2219）

$$V = 0.000097559294D_{轮}^{2.6082001}$$
$$D_{轮} = -0.023269474 + 0.979033877D_{围}$$
$$D_{围} = 0.765893D_{根}^{1.010496}$$

全省青杨（0.1515）

$$V = 0.00019774148D_{轮}^{2.3412972}$$
$$D_{轮} = 0.1182454578 + 0.977527992D_{围}$$
$$D_{围} = 0.878782D_{根}^{0.926277}$$

全省人工小黑杨（0.1375）

$$V = 0.000343836D_{轮}^{2}$$
$$D_{围} = 0.878782D_{根}^{0.926277}$$

黑

（注：小黑杨缺轮围关系式，测试值为轮尺胸径 20 cm 时的材积）

小兴安岭北坡落叶松（0.2103）

$V = 0.000050168241D_{轮}^{1.758289}H^{1.1496653}$

$H = 3.206792 + 0.89766624D_{轮} - 0.0096925689D_{轮}^{2}$

$D_{轮} = -0.1661345 + 0.983825482D_{围}$

$D_{围} = -0.586987 + 0.79544D_{根} - 0.000671D_{根}^{2}$

小兴安岭北坡胡桃楸（0.1868）

$V = 0.000041960698D_{轮}^{1.9094595}H^{1.0413892}$

$H = 3.5746195 + 0.69524474D_{轮} - 0.0086011316D_{轮}^{2}$

$D_{轮} = -0.1068104174 + 0.975403018D_{围}$

$D_{围} = -0.554696 + 0.823427D_{根}$

小兴安岭北坡水曲柳（0.2065）

$V = 0.000041960698D_{轮}^{1.9094595}H^{1.0413892}$

$H = 5.245995 + 0.59439765D_{轮} - 0.0054639062D_{轮}^{2}$

$D_{轮} = -0.0283700973 + 0.969811198D_{围}$

$D_{围} = -1.889423 + 0.992684D_{根} - 0.004953D_{根}^{2} + 0.000033369879D_{根}^{3}$

小兴安岭北坡黄波罗（0.1654）

$V = 0.00027148928D_{轮}^{2.1687143}$

$D_{轮} = -0.2516967596 + 0.972900665D_{围}$

$D_{围} = -0.554696 + 0.823427D_{根}$

小兴安岭北坡榆树（0.2023）

$V = 0.000041960698D_{轮}^{1.9094595}H^{1.0413892}$

$H = 5.2917998 + 0.477287D_{轮} - 0.0042593023D_{轮}^{2}$

$D_{轮} = -0.120162996 + 0.971592141D_{围}$

$D_{围} = 0.756826 + 0.825581D_{根}$

小兴安岭北坡色木槭（0.1707）

$V = 0.00019566954D_{轮}^{2.2828203}$

$D_{轮} = -0.140158982 + 0.967911085D_{围}$

$D_{围} = -1.465477 + 0.899685D_{根} - 0.001312D_{根}^{2}$

小兴安岭北坡枫桦（0.1096）

$V = 0.000041960698D_{轮}^{1.9094595}H^{1.0413892}$

$H = 5.0358657 + 0.52137033D_{轮} - 0.0036614286D_{轮}^{2}$

$D_{轮} = 0.040314124 + 0.957532468D_{围}$

$D_{围} = 1.035581 + 0.540263D_{根} + 0.003694D_{根}^{2} - 0.00003421125D_{根}^{3}$

小兴安岭北坡柞树（0.1227）

$V = 0.00016899172D_{轮}^{2.3005079}$

$D_{轮} = 0.1751205585 + 0.986711062D_{围}$

黑

$D_{围} = 0.710809D_{根}^{0.996709}$

小兴安岭北坡黑桦（0.1523）

$V = 0.00017422692D_{轮}^{2.3039754}$

$D_{轮} = -0.4899312906 + 0.995171441D_{围}$

$D_{围} = -1.351213 + 0.83387D_{根}$

小兴安岭北坡白桦（0.1318）

$V = 0.000051935163D_{轮}^{1.858688}H^{1.0038941}$

$H = 5.2559956 + 0.74077944D_{轮} - 0.0090331683D_{轮}^2$

$D_{轮} = -0.206067372 + 0.985196963D_{围}$

$D_{围} = 1.035581 + 0.540263D_{根} + 0.003694D_{根}^2 - 0.00003421125D_{根}^3$

小兴安岭北坡椴树（0.1641）

$V = 0.000041960698D_{轮}^{1.9094595}H^{1.0413892}$

$H = 6.1092447 + 0.30907063D_{轮} - 0.0006907608D_{轮}^2$

$D_{轮} = 0.2250730369 + 0.964592149D_{围}$

$D_{围} = -0.710461 + 0.835442D_{根}$

小兴安岭北坡山杨（0.1495）

$V = 0.00015105613D_{轮}^{2.4383677}$

$D_{轮} = -0.1496560299 + 0.985284169D_{围}$

$D_{围} = 0.878782D_{根}^{0.926277}$

小兴安岭南坡落叶松（0.1666）

$V = 0.000050168241D_{轮}^{1.758289}H^{1.1496653}$

$H = 1.6504613 + 0.78031609D_{轮} - 0.0076188678D_{轮}^2$

$D_{轮} = -0.1661345 + 0.983825482D_{围}$

$D_{围} = -0.586987 + 0.79544D_{根} - 0.000671D_{根}^2$

小兴安岭南坡胡桃楸（0.2057）

$V = 0.000041960698D_{轮}^{1.9094595}H^{1.0413892}$

$H = 6.5706028 + 0.51071923D_{轮} - 0.0034904923D_{轮}^2$

$D_{轮} = -0.1068104174 + 0.975403018D_{围}$

$D_{围} = -0.554696 + 0.823427D_{根}$

小兴安岭南坡水曲柳（0.2245）

$V = 0.000041960698D_{轮}^{1.9094595}H^{1.0413892}$

$H = 5.6382753 + 0.64085D_{轮} - 0.0056371339D_{轮}^2$

$D_{轮} = -0.0283700973 + 0.969811198D_{围}$

$D_{围} = -1.889423 + 0.992684D_{根} - 0.004953D_{根}^2 + 0.000033369879D_{根}^3$

小兴安岭南坡榆树（0.2220）

$V = 0.00013344177D_{轮}^{2.4489629}$

$D_{轮} = -0.120162996 + 0.971592141D_{围}$

$D_{围} = 0.756826 + 0.825581D_{根}$

小兴安岭南坡色木槭（0.1851）

$V = 0.00016017975D_{轮}^{2.3774895}$

$D_{轮} = -0.140158982 + 0.967911085D_{围}$

$D_{围} = -1.465477 + 0.899685D_{根} - 0.001312D_{根}^2$

小兴安岭南坡枫桦（0.1447）

$V = 0.000041960698D_{轮}^{1.9094595}H^{1.0413892}$

$H = 7.0086039 + 0.6791334D_{轮} - 0.0063965703D_{轮}^2$

$D_{轮} = 0.040314124 + 0.957532468D_{围}$

$D_{围} = 1.035581 + 0.540263D_{根} + 0.003694D_{根}^2 - 0.00003421125D_{根}^3$

小兴安岭南坡柞树（0.1361）

$V = 0.00025462482D_{轮}^{2.1935242}$

$D_{轮} = 0.1751205585 + 0.986711062D_{围}$

$D_{围} = 0.710809D_{根}^{0.996709}$

小兴安岭南坡黑桦（0.1674）

黑

$V = 0.000052786451D_{轮}^{1.7947313}H^{1.0712623}$

$H = 6.2804214 + 0.46824315D_{轮} - 0.0046635886D_{轮}^2$

$D_{轮} = -0.4899312906 + 0.995171441D_{围}$

$D_{围} = -1.351213 + 0.83387D_{根}$

小兴安岭南坡白桦（0.1259）

$V = 0.000051935163D_{轮}^{1.858688}H^{1.0038941}$

$H = 4.8103291 + 0.73535087D_{轮} - 0.0095193646D_{轮}^2$

$D_{轮} = -0.206067372 + 0.985196963D_{围}$

$D_{围} = 1.035581 + 0.540263D_{根} + 0.003694D_{根}^2 - 0.00003421125D_{根}^3$

小兴安岭南坡椴树（0.2075）

$V = 0.000041960698D_{轮}^{1.9094595}H^{1.0413892}$

$H = 5.2592429 + 0.5670384D_{轮} - 0.0038177352D_{轮}^2$

$D_{轮} = 0.2250730369 + 0.964592149D_{围}$

$D_{围} = -0.710461 + 0.835442D_{根}$

小兴安岭南坡山杨（0.1555）

$V = 0.000053474319D_{轮}^{1.8778994}H^{0.99982785}$

$H = 4.8779209 + 0.70972502D_{轮} - 0.0088610295D_{轮}^2$

$D_{轮} = -0.1496560299 + 0.985284169D_{围}$

$D_{围} = 0.878782D_{根}^{0.926277}$

完达山水曲柳（0.2168）

$V = 0.00014095529D_{轮}^{2.4614803}$

$D_{轮} = -0.0283700973 + 0.969811198D_{围}$

$D_{围} = -1.889423 + 0.992684D_{根} - 0.004953D_{根}^2 + 0.000033369879D_{根}^3$

完达山胡桃楸（0.1828）

$V = 0.000041960698D_{轮}^{1.9094595}H^{1.0413892}$

$H = 5.2581491 + 0.50268944D_{轮} - 0.0039033064D_{轮}^2$

$D_{轮} = -0.1068104174 + 0.975403018D_{围}$

$D_{围} = -0.554696 + 0.823427D_{根}$

完达山黄波罗（0.1713）

$V = 0.00014292055D_{轮}^{2.3974224}$

$D_{轮} = -0.2516967596 + 0.972900665D_{围}$

$D_{围} = -0.554696 + 0.823427D_{根}$

完达山榆树（0.1991）

$V = 0.0001183D_{轮}^{2.4526939}$

$D_{轮} = -0.120162996 + 0.971592141D_{围}$

$D_{围} = 0.756826 + 0.825581D_{根}$

完达山色木槭（0.1693）

$V = 0.0001606942D_{轮}^{2.3463857}$

$D_{轮} = -0.140158982 + 0.967911085D_{围}$

$D_{围} = -1.465477 + 0.899685D_{根} - 0.001312D_{根}^2$

完达山枫桦（0.1110）

$V = 0.000041960698D_{轮}^{1.9094595}H^{1.0413892}$

$H = 5.7726397 + 0.47357577D_{轮} - 0.002965564D_{轮}^2$

$D_{轮} = 0.040314124 + 0.957532468D_{围}$

$D_{围} = 1.035581 + 0.540263D_{根} + 0.003694D_{根}^2 - 0.00003421125D_{根}^3$

完达山柞树（0.1302）

$V = 0.00017249939D_{轮}^{2.3139165}$

$D_{轮} = 0.1751205585 + 0.986711062D_{围}$

$D_{围} = 0.710809D_{根}^{0.996709}$

完达山黑桦（0.1605）

$V = 0.000052786451D_{轮}^{1.7947313}H^{1.0712623}$

$H = 6.0611929 + 0.42063048D_{轮} - 0.0029870477D_{轮}^2$

$D_{轮} = -0.4899312906 + 0.995171441D_{围}$

$D_{围} = -1.351213 + 0.83387D_{根}$

完达山白桦（0.1170）

$V = 0.000051935163D_{轮}^{1.858688}H^{1.0038941}$

$H = 5.0706074 + 0.59091849D_{轮} - 0.0054081175D_{轮}^2$

$D_{轮} = -0.206067372 + 0.985196963D_{围}$

$D_{围} = 1.035581 + 0.540263D_{根} + 0.003694D_{根}^2 - 0.00003421125D_{根}^3$

完达山椴树（0.1868）

$V = 0.000041960698D_{轮}^{1.9094595}H^{1.0413892}$

$H = 4.3093804 + 0.53759883D_{轮} - 0.0035707905D_{轮}^2$

$D_{轮} = 0.2250730369 + 0.964592149D_{围}$

$D_{围} = -0.710461 + 0.835442D_{根}$

完达山山杨（0.1460）

$V = 0.00017522988D_{轮}^{2.377425}$

$D_{轮} = -0.1496560299 + 0.985284169D_{围}$

$D_{围} = 0.878782D_{根}^{0.926277}$

张广才岭西坡水曲柳（0.2126）

$V = 0.000041960698D_{轮}^{1.9094595}H^{1.0413892}$

$H = 5.7860217 + 0.579228D_{轮} - 0.0049934316D_{轮}^2$

$D_{轮} = -0.0283700973 + 0.969811198D_{围}$

$D_{围} = -1.889423 + 0.992684D_{根} - 0.004953D_{根}^2 + 0.000033369879D_{根}^3$

张广才岭西坡胡桃楸（0.2009）

$V = 0.000041960698D_{轮}^{1.9094595}H^{1.0413892}$

$H = 5.2247524 + 0.61425828D_{轮} - 0.0061494528D_{轮}^2$

$D_{轮} = -0.1068104174 + 0.975403018D_{围}$

$D_{围} = -0.554696 + 0.823427D_{根}$

张广才岭西坡黄波罗（0.1729）

$V = 0.00018200258D_{轮}^{2.3187749}$

$D_{轮} = -0.2516967596 + 0.972900665D_{围}$

$D_{围} = -0.554696 + 0.823427D_{根}$

张广才岭西坡榆树（0.1996）

$V = 0.0001693686D_{轮}^{2.3350654}$

$D_{轮} = -0.120162996 + 0.971592141D_{围}$

$D_{围} = 0.756826 + 0.825581D_{根}$

张广才岭西坡色木槭（0.1693）

$V = 0.00019744342D_{轮}^{2.2770524}$

$D_{轮} = -0.140158982 + 0.967911085D_{围}$

$D_{围} = -1.465477 + 0.899685D_{根} - 0.001312D_{根}^2$

张广才岭西坡枫桦（0.1206）

$V = 0.00025233885D_{轮}^{2.2423728}$

$D_{轮} = 0.040314124 + 0.957532468D_{围}$

$D_{围} = 1.035581 + 0.540263D_{根} + 0.003694D_{根}^2 - 0.00003421125D_{根}^3$

黑

张广才岭西坡柞树（0.1389）

$V = 0.00021237014D_{轮}^{2.2638887}$

$D_{轮} = 0.1751205585 + 0.986711062D_{围}$

$D_{围} = 0.710809D_{根}^{0.996709}$

张广才岭西坡黑桦（0.1772）

$V = 0.000052786451D_{轮}^{1.7947313}H^{1.0712623}$

$H = 7.0358063 + 0.44981133D_{轮} - 0.0037300984D_{轮}^{2}$

$D_{轮} = -0.4899312906 + 0.995171441D_{围}$

$D_{围} = -1.351213 + 0.83387D_{根}$

张广才岭西坡白桦（0.1297）

$V = 0.000051935163D_{轮}^{1.858688}H^{1.0038941}$

$H = 4.709414 + 0.77510258D_{轮} - 0.0099457649D_{轮}^{2}$

$D_{轮} = -0.206067372 + 0.985196963D_{围}$

$D_{围} = 1.035581 + 0.540263D_{根} + 0.003694D_{根}^{2} - 0.00003421125D_{根}^{3}$

张广才岭西坡椴树（0.1869）

$V = 0.000041960698D_{轮}^{1.9094595}H^{1.0413892}$

$H = 5.1906289 + 0.50462477D_{轮} - 0.004157432D_{轮}^{2}$

$D_{轮} = 0.2250730369 + 0.964592149D_{围}$

$D_{围} = -0.710461 + 0.835442D_{根}$

张广才岭西坡山杨（0.2286）

$V = 0.000053474319D_{轮}^{1.8778994}H^{0.99982785}$

$H = 5.3463410 + 0.66796027D_{轮} - 0.00696869091D_{轮}^{2}$

$D_{轮} = -0.1496560299 + 0.985284169D_{围}$

$D_{围} = -0.710461 + 0.835442D_{根}$

张广才岭西坡柳树（0.1185）

$V = 0.000238125D_{轮}^{2.2050551}$

$D_{轮} = -0.120162996 + 0.971592141D_{围}$

$D_{围} = 0.878782D_{根}^{0.926277}$

张广才岭东坡胡桃楸（0.1961）

$V = 0.000041960698D_{轮}^{1.9094595}H^{1.0413892}$

$H = 4.6168228 + 0.64200702D_{轮} - 0.0068709081D_{轮}^{2}$

$D_{轮} = -0.1068104174 + 0.975403018D_{围}$

$D_{围} = -0.554696 + 0.823427D_{根}$

张广才岭东坡水曲柳（0.2354）

$V = 0.00024580222D_{轮}^{2.3025927}$

$D_{轮} = -0.0283700973 + 0.969811198D_{围}$

$D_{围} = -1.889423 + 0.992684D_{根} - 0.004953D_{根}^{2} + 0.000033369879D_{根}^{3}$

张广才岭东坡黄波罗（0.2013）

$$V = 0.000041960698D_{轮}^{1.9094595}H^{1.0413892}$$

$$H = 2.5021566 + 0.97092929D_{轮} - 0.016313806D_{轮}^{2}$$

$$D_{轮} = -0.2516967596 + 0.972900665D_{围}$$

$$D_{围} = -0.554696 + 0.823427D_{根}$$

张广才岭东坡榆树（0.2230）

$$V = 0.000041960698D_{轮}^{1.9094595}H^{1.0413892}$$

$$H = 5.7274366 + 0.49464478D_{轮} - 0.0030563495D_{轮}^{2}$$

$$D_{轮} = -0.120162996 + 0.971592141D_{围}$$

$$D_{围} = 0.756826 + 0.825581D_{根}$$

张广才岭东坡色木槭（0.1908）

$$V = 0.00019064454D_{轮}^{2.3291552}$$

$$D_{轮} = -0.140158982 + 0.967911085D_{围}$$

$$D_{围} = -1.465477 + 0.899685D_{根} - 0.001312D_{根}^{2}$$

张广才岭东坡枫桦（0.1349）

$$V = 0.000041960698D_{轮}^{1.9094595}H^{1.0413892}$$

$$H = 6.3288507 + 0.65269699D_{轮} - 0.0062317836D_{轮}^{2}$$

$$D_{轮} = 0.040314124 + 0.957532468D_{围}$$

$$D_{围} = 1.035581 + 0.540263D_{根} + 0.003694D_{根}^{2} - 0.00003421125D_{根}^{3}$$

张广才岭东坡柞树（0.1321）

$$V = 0.00019605495D_{轮}^{2.2742588}$$

$$D_{轮} = 0.1751205585 + 0.986711062D_{围}$$

$$D_{围} = 0.710809D_{根}^{0.996709}$$

张广才岭东坡黑桦（0.1610）

$$V = 0.000052786451D_{轮}^{1.7947313}H^{1.0712623}$$

$$H = 4.8923721 + 0.52713984D_{轮} - 0.0052333743D_{轮}^{2}$$

$$D_{轮} = -0.4899312906 + 0.995171441D_{围}$$

$$D_{围} = -1.351213 + 0.83387D_{根}$$

张广才岭东坡白桦（0.1370）

$$V = 0.000051935163D_{轮}^{1.858688}H^{1.0038941}$$

$$H = 4.2731155 + 0.88011584D_{轮} - 0.011590264D_{轮}^{2}$$

$$D_{轮} = -0.206067372 + 0.985196963D_{围}$$

$$D_{围} = 1.035581 + 0.540263D_{根} + 0.003694D_{根}^{2} - 0.00003421125D_{根}^{3}$$

张广才岭东坡椴树（0.2077）

$$V = 0.000041960698D_{轮}^{1.9094595}H^{1.0413892}$$

$$H = 5.6681396 + 0.54669646D_{轮} - 0.0038063661D_{轮}^{2}$$

$$D_{轮} = 0.2250730369 + 0.964592149D_{围}$$

$D_{围} = -0.710461 + 0.835442D_{根}$

张广才岭东坡山杨（0.1617）

$V = 0.00019122327D_{轮}^{2.3828204}$

$D_{轮} = -0.1496560299 + 0.985284169D_{围}$

$D_{围} = 0.878782D_{根}^{0.926277}$

嫩江流域落叶松（0.1666）

$V = 0.000050168241D_{轮}^{1.758289}H^{1.1496653}$

$H = 1.6504613 + 0.78031609D_{轮} - 0.0076188678D_{轮}^2$

$D_{轮} = -0.1661345 + 0.983825482D_{围}$

$D_{围} = -0.586987 + 0.79544D_{根} - 0.000671D_{根}^2$

嫩江流域黑桦（0.1629）

$V = 0.00022289353D_{轮}^{2.2431085}$

$D_{轮} = -0.4899312906 + 0.995171441D_{围}$

$D_{围} = -1.351213 + 0.83387D_{根}$

嫩江流域柞树（0.1261）

$V = 0.000061125534D_{轮}^{1.8810091}H^{0.94462565}$

$H = 4.0357752 + 0.49425948D_{轮} - 0.0062765752D_{轮}^2$

$D_{轮} = 0.1751205585 + 0.986711062D_{围}$

$D_{围} = 0.710809D_{根}^{0.996709}$

嫩江流域白桦（0.1230）

$V = 0.000051935163D_{轮}^{1.858688}H^{1.0038941}$

$H = 3.4775728 + 0.81784912D_{轮} - 0.010703185D_{轮}^2$

$D_{轮} = -0.206067372 + 0.985196963D_{围}$

$D_{围} = 1.035581 + 0.540263D_{根} + 0.003694D_{根}^2 - 0.00003421125D_{根}^3$

嫩江流域山杨（0.1395）

$V = 0.000053474319D_{轮}^{1.8778994}H^{0.99982785}$

$H = 3.2256367 + 0.72641194D_{轮} - 0.0092517217D_{轮}^2$

$D_{轮} = -0.1496560299 + 0.985284169D_{围}$

$D_{围} = 0.878782D_{根}^{0.926277}$

东部区人工落叶松（0.1789）

$V = 0.0001257972D_{轮}^{2.4834541}$

$D_{轮} = -0.1891845046 + 0.9954401D_{围}$

$D_{围} = -0.586987 + 0.79544D_{根} - 0.000671D_{根}^2$

南部区人工落叶松（0.1689）

$V = 0.0001471886D_{轮}^{2.410001}$

$D_{轮} = -0.1891845046 + 0.9954401D_{围}$

$D_{围} = -0.586987 + 0.79544D_{根} - 0.000671D_{根}^2$

北部区人工落叶松（0.1564）

$V = 0.00014983866D_{轮}^{2.3775439}$

$D_{轮} = -0.1891845046 + 0.9954401D_{围}$

$D_{围} = -0.586987 + 0.79544D_{根} - 0.000671D_{根}^{2}$

龙江富裕县中东杨（0.1160）

$V = 0.00022468D_{轮}^{2.208316}$

$D_{轮} = -0.1496560299 + 0.985284169D_{围}$

$D_{围} = 0.878782D_{根}^{0.926277}$

杜蒙自治县中东杨（0.1536）

$V = 0.000132076D_{轮}^{2.495277}$

$D_{轮} = -0.1496560299 + 0.985284169D_{围}$

$D_{围} = 0.878782D_{根}^{0.926277}$

泰来甘南林缅中东杨（0.1009）

$V = 0.000203984D_{轮}^{2.193223}$

$D_{轮} = -0.1496560299 + 0.985284169D_{围}$

$D_{围} = 0.878782D_{根}^{0.926277}$

黑

杜蒙自治县小叶杨（0.1177）

$V = 0.000215018D_{轮}^{2.228896}$

$D_{轮} = -0.1496560299 + 0.985284169D_{围}$

$D_{围} = 0.878782D_{根}^{0.926277}$

泰来县小叶杨（0.0817）

$V = 0.00026204D_{轮}^{2.030181}$

$D_{轮} = -0.1496560299 + 0.985284169D_{围}$

$D_{围} = 0.878782D_{根}^{0.926277}$

林甸、甘南、龙江、富裕县小叶杨（0.0979）

$V = 0.000226145D_{轮}^{2.146013}$

$D_{轮} = -0.1496560299 + 0.985284169D_{围}$

$D_{围} = 0.878782D_{根}^{0.926277}$

黑龙江省大兴安岭林区立木材积表

黑

黑

564. 新林林业局落叶松一元立木材积表（围尺）

D	V	ΔV	D	V	ΔV	D	V	ΔV	D	V	ΔV
4	0.0034	0.0035	21	0.2890	0.0340	38	1.0626	0.0570	55	2.1847	0.0784
5	0.0069	0.0035	22	0.3230	0.0340	39	1.1196	0.0570	56	2.2631	0.0756
6	0.0104	0.0062	23	0.3570	0.0380	40	1.1766	0.0590	57	2.3387	0.0756
7	0.0166	0.0061	24	0.3950	0.0347	41	1.2356	0.0589	58	2.4143	0.0800
8	0.0227	0.0093	25	0.4297	0.0443	42	1.2945	0.0619	59	2.4943	0.0800
9	0.0320	0.0093	26	0.4740	0.0437	43	1.3564	0.0619	60	2.5743	0.0830
10	0.0413	0.0128	27	0.5177	0.0461	44	1.4183	0.0639	61	2.6573	0.0829
11	0.0541	0.0127	28	0.5638	0.0508	45	1.4822	0.0639	62	2.7402	0.0846
12	0.0668	0.0165	29	0.6146	0.0508	46	1.5461	0.0667	63	2.8248	0.0845
13	0.0833	0.0164	30	0.6654	0.0442	47	1.6128	0.0667	64	2.9093	0.0875
14	0.0997	0.0205	31	0.7096	0.0442	48	1.6795	0.0685	65	2.9968	0.0875
15	0.1202	0.0205	32	0.7538	0.0491	49	1.7480	0.0684	66	3.0843	0.0833
16	0.1407	0.0313	33	0.8029	0.0490	50	1.8164	0.0716	67	3.1676	0.0833
17	0.1720	0.0280	34	0.8519	0.0515	51	1.8880	0.0715	68	3.2509	0.0848
18	0.2000	0.0290	35	0.9034	0.0514	52	1.9595	0.0734	69	3.3357	0.0847
19	0.2290	0.0260	36	0.9548	0.0539	53	2.0329	0.0734	70	3.4204	0.0847
20	0.2550	0.0340	37	1.0087	0.0539	54	2.1063	0.0784			

适用树种：落叶松；适用地区：黑龙江大兴安岭新林林业局；资料名称：黑龙江省大兴安岭林政稽查执法手册。

565. 新林林业局白桦一元立木材积表（围尺）

D	V	ΔV	D	V	ΔV	D	V	ΔV	D	V	ΔV
4	0.0018	0.0047	16	0.1262	0.0180	28	0.3990	0.0295	40	0.8068	0.0400
5	0.0065	0.0047	17	0.1442	0.0179	29	0.4285	0.0295	41	0.8468	0.0400
6	0.0112	0.0071	18	0.1621	0.0198	30	0.4580	0.0312	42	0.8868	0.0422
7	0.0183	0.0071	19	0.1819	0.0197	31	0.4892	0.0311	43	0.9290	0.0421
8	0.0254	0.0094	20	0.2016	0.0218	32	0.5203	0.0331	44	0.9711	0.0438
9	0.0348	0.0093	21	0.2234	0.0218	33	0.5534	0.0331	45	1.0149	0.0437
10	0.0441	0.0116	22	0.2452	0.0238	34	0.5865	0.0349	46	1.0586	0.0457
11	0.0557	0.0116	23	0.2690	0.0237	35	0.6214	0.0349	47	1.1043	0.0457
12	0.0673	0.0137	24	0.2927	0.0256	36	0.6563	0.0368	48	1.1500	0.0471
13	0.0810	0.0137	25	0.3183	0.0256	37	0.6931	0.0367	49	1.1971	0.0471
14	0.0947	0.0158	26	0.3439	0.0276	38	0.7298	0.0385	50	1.2442	0.0471
15	0.1105	0.0157	27	0.3715	0.0275	39	0.7683	0.0385			

适用树种：白桦；适用地区：黑龙江大兴安岭新林林业局；资料名称：黑龙江省大兴安岭林政稽查执法手册。

566. 新林林业局樟子松一元立木材积表（围尺）

D	V	ΔV	D	V	ΔV	D	V	ΔV	D	V	ΔV
4	0.0030	0.0033	21	0.2769	0.0335	38	1.1987	0.0786	55	2.6921	0.0963
5	0.0063	0.0032	22	0.3104	0.0380	39	1.2773	0.0785	56	2.7884	0.1265
6	0.0095	0.0059	23	0.3484	0.0380	40	1.3558	0.0791	57	2.9149	0.1265
7	0.0154	0.0058	24	0.3864	0.0431	41	1.4349	0.0791	58	3.0414	0.0556
8	0.0212	0.0090	25	0.4295	0.0431	42	1.5140	0.0937	59	3.0970	0.1068
9	0.0302	0.0089	26	0.4726	0.0479	43	1.6077	0.0936	60	3.2038	0.1068
10	0.0391	0.0124	27	0.5205	0.0479	44	1.7013	0.0948	61	3.3105	0.1195
11	0.0515	0.0124	28	0.5684	0.0527	45	1.7961	0.0947	62	3.4300	0.1195
12	0.0639	0.0162	29	0.6211	0.0527	46	1.8908	0.0831	63	3.5494	0.0808
13	0.0801	0.0161	30	0.6738	0.0580	47	1.9739	0.0831	64	3.6302	0.1144
14	0.0962	0.0153	31	0.7318	0.0580	48	2.0570	0.0861	65	3.7446	0.1144
15	0.1115	0.0215	32	0.7898	0.0630	49	2.1431	0.0861	66	3.8590	0.1168
16	0.1330	0.0231	33	0.8528	0.0629	50	2.2292	0.0900	67	3.9758	0.1167
17	0.1561	0.0294	34	0.9157	0.0683	51	2.3192	0.0899	68	4.0925	0.1201
18	0.1855	0.0289	35	0.9840	0.0682	52	2.4091	0.0934	69	4.2126	0.1201
19	0.2144	0.0289	36	1.0522	0.0733	53	2.5025	0.0933	70	4.3327	0.1201
20	0.2433	0.0336	37	1.1255	0.0732	54	2.5958	0.0963			

黑

适用树种：樟子松；适用地区：黑龙江大兴安岭新林林业局；资料名称：黑龙江省大兴安岭林政稽查执法手册。

567. 新林林业局落叶松低产林一元立木材积表（围尺）

D	V	ΔV	D	V	ΔV	D	V	ΔV	D	V	ΔV
4	0.0022	0.0010	11	0.0415	0.0105	18	0.1630	0.0250	25	0.4037	0.0501
5	0.0032	0.0009	12	0.0520	0.0142	19	0.1880	0.0320	26	0.4538	0.0513
6	0.0041	0.0061	13	0.0662	0.0142	20	0.2200	0.0340	27	0.5051	0.0513
7	0.0102	0.0061	14	0.0804	0.0184	21	0.2540	0.0315	28	0.5564	0.0580
8	0.0163	0.0073	15	0.0988	0.0183	22	0.2855	0.0341	29	0.6144	0.0580
9	0.0236	0.0073	16	0.1171	0.0230	23	0.3196	0.0340	30	0.6724	0.0580
10	0.0309	0.0106	17	0.1401	0.0229	24	0.3536	0.0501			

适用树种：落叶松（低产林）；适用地区：黑龙江大兴安岭新林林业局；资料名称：黑龙江省大兴安岭林政稽查执法手册。

568. 新林林业局云杉一元立木材积表（围尺）

D	V	ΔV	D	V	ΔV	D	V	ΔV	D	V	ΔV
4	0.0056	0.0049	19	0.2360	0.0275	34	0.8301	0.0529	49	1.7178	0.0649
5	0.0105	0.0049	20	0.2635	0.0309	35	0.8830	0.0528	50	1.7827	0.0673
6	0.0154	0.0080	21	0.2944	0.0309	36	0.9358	0.0570	51	1.8500	0.0672
7	0.0234	0.0079	22	0.3253	0.0341	37	0.9928	0.0570	52	1.9172	0.0695
8	0.0313	0.0111	23	0.3594	0.0341	38	1.0498	0.0585	53	1.9867	0.0694
9	0.0424	0.0111	24	0.3935	0.0373	39	1.1083	0.0584	54	2.0561	0.0717
10	0.0535	0.0144	25	0.4308	0.0373	40	1.1667	0.0616	55	2.1278	0.0717
11	0.0679	0.0144	26	0.4681	0.0405	41	1.2283	0.0616	56	2.1995	0.0739
12	0.0823	0.0177	27	0.5086	0.0404	42	1.2899	0.0584	57	2.2734	0.0739
13	0.1000	0.0177	28	0.5490	0.0439	43	1.3483	0.0584	58	2.3473	0.0762
14	0.1177	0.0210	29	0.5929	0.0439	44	1.4067	0.0604	59	2.4235	0.0761
15	0.1387	0.0210	30	0.6368	0.0466	45	1.4671	0.0604	60	2.4996	0.0761
16	0.1597	0.0244	31	0.6834	0.0466	46	1.5275	0.0627			
17	0.1841	0.0243	32	0.7300	0.0501	47	1.5902	0.0626			
18	0.2084	0.0276	33	0.7801	0.0500	48	1.6528	0.0650			

适用树种：云杉；适用地区：黑龙江大兴安岭新林林业局；资料名称：黑龙江省大兴安岭林政稽查执法手册。

569. 新林林业局山杨一元立木材积表（围尺）

D	V	ΔV	D	V	ΔV	D	V	ΔV	D	V	ΔV
4	0.0038	0.0043	16	0.1431	0.0225	28	0.5144	0.0429	40	1.1359	0.0644
5	0.0081	0.0043	17	0.1656	0.0225	29	0.5573	0.0429	41	1.2003	0.0643
6	0.0124	0.0071	18	0.1881	0.0259	30	0.6002	0.0466	42	1.2646	0.0681
7	0.0195	0.0070	19	0.2140	0.0258	31	0.6468	0.0465	43	1.3327	0.0681
8	0.0265	0.0100	20	0.2398	0.0293	32	0.6933	0.0498	44	1.4008	0.0713
9	0.0365	0.0099	21	0.2691	0.0292	33	0.7431	0.0498	45	1.4721	0.0713
10	0.0464	0.0130	22	0.2983	0.0326	34	0.7929	0.0537	46	1.5434	0.0753
11	0.0594	0.0129	23	0.3309	0.0325	35	0.8466	0.0536	47	1.6187	0.0753
12	0.0723	0.0161	24	0.3634	0.0362	36	0.9002	0.0573	48	1.6940	0.0787
13	0.0884	0.0160	25	0.3996	0.0361	37	0.9575	0.0572	49	1.7727	0.0787
14	0.1044	0.0194	26	0.4357	0.0394	38	1.0147	0.0606	50	1.8514	0.0787
15	0.1238	0.0193	27	0.4751	0.0393	39	1.0753	0.0606			

适用树种：山杨；适用地区：黑龙江大兴安岭新林林业局；资料名称：黑龙江省大兴安岭林政稽查执法手册。

570. 新林林业局河岸杨柳一元立木材积表（围尺）

D	V	ΔV	D	V	ΔV	D	V	ΔV	D	V	ΔV
4	0.0038	0.0041	16	0.1575	0.0268	28	0.6127	0.0540	40	1.3956	0.0810
5	0.0079	0.0040	17	0.1843	0.0267	29	0.6667	0.0539	41	1.4766	0.0810
6	0.0119	0.0071	18	0.2110	0.0312	30	0.7206	0.0583	42	1.5576	0.0859
7	0.0190	0.0070	19	0.2422	0.0312	31	0.7789	0.0582	43	1.6435	0.0859
8	0.0260	0.0105	20	0.2734	0.0358	32	0.8371	0.0630	44	1.7294	0.0907
9	0.0365	0.0105	21	0.3092	0.0357	33	0.9001	0.0629	45	1.8201	0.0906
10	0.0470	0.0143	22	0.3449	0.0401	34	0.9630	0.0673	46	1.9107	0.0949
11	0.0613	0.0143	23	0.3850	0.0401	35	1.0303	0.0673	47	2.0056	0.0949
12	0.0756	0.0185	24	0.4251	0.0446	36	1.0976	0.0725	48	2.1005	0.0990
13	0.0941	0.0184	25	0.4697	0.0446	37	1.1701	0.0725	49	2.1995	0.0990
14	0.1125	0.0225	26	0.5143	0.0492	38	1.2426	0.0765	50	2.2985	0.0990
15	0.1350	0.0225	27	0.5635	0.0492	39	1.3191	0.0765			

适用树种：河岸杨柳；适用地区：黑龙江大兴安岭新林林业局；资料名称：黑龙江省大兴安岭林政稽查执法手册。

571. 加格达奇林业局落叶松一元立木材积表（围尺）

黑

D	V	ΔV	D	V	ΔV	D	V	ΔV	D	V	ΔV
4	0.0035	0.0037	19	0.2109	0.0265	34	0.8068	0.0546	49	1.7876	0.0775
5	0.0072	0.0036	20	0.2374	0.0301	35	0.8614	0.0545	50	1.8651	0.0808
6	0.0108	0.0063	21	0.2675	0.0301	36	0.9159	0.0579	51	1.9459	0.0807
7	0.0171	0.0063	22	0.2976	0.0337	37	0.9738	0.0579	52	2.0266	0.0839
8	0.0234	0.0094	23	0.3313	0.0336	38	1.0317	0.0613	53	2.1105	0.0838
9	0.0328	0.0094	24	0.3649	0.0372	39	1.0930	0.0612	54	2.1943	0.0870
10	0.0422	0.0126	25	0.4021	0.0372	40	1.1542	0.0646	55	2.2813	0.0870
11	0.0548	0.0126	26	0.4393	0.0407	41	1.2188	0.0646	56	2.3683	0.0901
12	0.0674	0.0160	27	0.4800	0.0407	42	1.2834	0.0680	57	2.4584	0.0900
13	0.0834	0.0159	28	0.5207	0.0443	43	1.3514	0.0680	58	2.5484	0.0932
14	0.0993	0.0195	29	0.5650	0.0442	44	1.4194	0.0710	59	2.6416	0.0931
15	0.1188	0.0195	30	0.6092	0.0477	45	1.4904	0.0709	60	2.7347	0.0931
16	0.1383	0.0230	31	0.6569	0.0476	46	1.5613	0.0744			
17	0.1613	0.0230	32	0.7045	0.0512	47	1.6357	0.0743			
18	0.1843	0.0266	33	0.7557	0.0511	48	1.7100	0.0776			

适用树种：落叶松；适用地区：黑龙江大兴安岭松岭林业局、加格达奇林业局；资料名称：黑龙江省大兴安岭林政稽查执法手册。

572. 加格达奇林业局白桦一元立木材积表（围尺）

D	V	ΔV	D	V	ΔV	D	V	ΔV	D	V	ΔV
6	0.0125	0.0070	17	0.1498	0.0188	28	0.4233	0.0319	39	0.8247	0.0419
7	0.0195	0.0069	18	0.1686	0.0212	29	0.4552	0.0318	40	0.8666	0.0440
8	0.0264	0.0095	19	0.1898	0.0211	30	0.4870	0.0339	41	0.9106	0.0440
9	0.0359	0.0094	20	0.2109	0.0234	31	0.5209	0.0339	42	0.9546	0.0459
10	0.0453	0.0119	21	0.2343	0.0233	32	0.5548	0.0360	43	1.0005	0.0459
11	0.0572	0.0119	22	0.2576	0.0255	33	0.5908	0.0359	44	1.0464	0.0479
12	0.0691	0.0143	23	0.2831	0.0255	34	0.6267	0.0380	45	1.0943	0.0479
13	0.0834	0.0142	24	0.3086	0.0276	35	0.6647	0.0380	46	1.1422	0.0479
14	0.0976	0.0167	25	0.3362	0.0276	36	0.7027	0.0400			
15	0.1143	0.0166	26	0.3638	0.0298	37	0.7427	0.0400			
16	0.1309	0.0189	27	0.3936	0.0297	38	0.7827	0.0420			

适用树种：白桦；适用地区：黑龙江大兴安岭松岭林业局、加格达奇林业局；资料名称：黑龙江省大兴安岭林政稽查执法手册。

573. 加格达奇林业局樟子松一元立木材积表（围尺）

D	V	ΔV	D	V	ΔV	D	V	ΔV	D	V	ΔV
4	0.0021	0.0026	19	0.1863	0.0257	34	0.8234	0.0777	49	2.0088	0.0979
5	0.0047	0.0026	20	0.2120	0.0300	35	0.9011	0.0776	50	2.1067	0.1032
6	0.0073	0.0049	21	0.2420	0.0300	36	0.9787	0.0526	51	2.2099	0.1032
7	0.0122	0.0048	22	0.2720	0.0344	37	1.0313	0.0526	52	2.3131	0.1083
8	0.0170	0.0076	23	0.3064	0.0344	38	1.0839	0.0726	53	2.4214	0.1083
9	0.0246	0.0075	24	0.3408	0.0389	39	1.1565	0.0726	54	2.5297	0.1136
10	0.0321	0.0107	25	0.3797	0.0389	40	1.2291	0.0776	55	2.6433	0.1135
11	0.0428	0.0106	26	0.4186	0.0435	41	1.3067	0.0776	56	2.7568	0.1188
12	0.0534	0.0141	27	0.4621	0.0435	42	1.3843	0.0827	57	2.8756	0.1187
13	0.0675	0.0141	28	0.5056	0.0482	43	1.4670	0.0826	58	2.9943	0.1240
14	0.0816	0.0178	29	0.5538	0.0481	44	1.5496	0.0877	59	3.1183	0.1239
15	0.0994	0.0177	30	0.6019	0.0530	45	1.6373	0.0877	60	3.2422	0.1239
16	0.1171	0.0217	31	0.6549	0.0529	46	1.7250	0.0929			
17	0.1388	0.0217	32	0.7078	0.0578	47	1.8179	0.0929			
18	0.1605	0.0258	33	0.7656	0.0578	48	1.9108	0.0980			

适用树种：樟子松；适用地区：黑龙江大兴安岭松岭林业局、加格达奇林业局；资料名称：黑龙江省大兴安岭林政稽查执法手册。

574. 加格达奇林业局云杉一元立木材积表（围尺）

D	V	ΔV	D	V	ΔV	D	V	ΔV	D	V	ΔV
4	0.0021	0.0024	16	0.1121	0.0219	28	0.5275	0.0547	40	1.3056	0.0780
5	0.0045	0.0024	17	0.1340	0.0218	29	0.5822	0.0546	41	1.3836	0.0779
6	0.0069	0.0045	18	0.1558	0.0265	30	0.6368	0.0611	42	1.4615	0.0826
7	0.0114	0.0044	19	0.1823	0.0265	31	0.6979	0.0611	43	1.5441	0.0825
8	0.0158	0.0070	20	0.2088	0.0315	32	0.7590	0.0669	44	1.6266	0.0871
9	0.0228	0.0070	21	0.2403	0.0315	33	0.8259	0.0668	45	1.7137	0.0871
10	0.0298	0.0101	22	0.2718	0.0369	34	0.8927	0.0643	46	1.8008	0.0917
11	0.0399	0.0100	23	0.3087	0.0369	35	0.9570	0.0642	47	1.8925	0.0916
12	0.0499	0.0136	24	0.3456	0.0425	36	1.0212	0.0688	48	1.9841	0.0962
13	0.0635	0.0136	25	0.3881	0.0425	37	1.0900	0.0688	49	2.0803	0.0962
14	0.0771	0.0175	26	0.4306	0.0485	38	1.1588	0.0734	50	2.1765	0.0962
15	0.0946	0.0175	27	0.4791	0.0484	39	1.2322	0.0734			

适用树种：云杉；适用地区：黑龙江大兴安岭松岭林业局、加格达奇林业局；资料名称：黑龙江省大兴安岭林政稽查执法手册。

575. 加格达奇林业局山杨一元立木材积表（围尺）

D	V	ΔV	D	V	ΔV	D	V	ΔV	D	V	ΔV
4	0.0028	0.0041	16	0.1482	0.0231	28	0.5144	0.0412	40	1.0859	0.0573
5	0.0069	0.0041	17	0.1713	0.0231	29	0.5556	0.0412	41	1.1432	0.0572
6	0.0110	0.0073	18	0.1944	0.0261	30	0.5968	0.0430	42	1.2004	0.0599
7	0.0183	0.0073	19	0.2205	0.0261	31	0.6398	0.0429	43	1.2603	0.0599
8	0.0256	0.0106	20	0.2466	0.0291	32	0.6827	0.0463	44	1.3202	0.0626
9	0.0362	0.0105	21	0.2757	0.0291	33	0.7290	0.0462	45	1.3828	0.0626
10	0.0467	0.0138	22	0.3048	0.0321	34	0.7752	0.0491	46	1.4454	0.0653
11	0.0605	0.0137	23	0.3369	0.0320	35	0.8243	0.0490	47	1.5107	0.0652
12	0.0742	0.0170	24	0.3689	0.0350	36	0.8733	0.0518	48	1.5759	0.0680
13	0.0912	0.0169	25	0.4039	0.0349	37	0.9251	0.0518	49	1.6439	0.0679
14	0.1081	0.0201	26	0.4388	0.0378	38	0.9769	0.0545	50	1.7118	0.0679
15	0.1282	0.0200	27	0.4766	0.0378	39	1.0314	0.0545			

适用树种：山杨；适用地区：黑龙江大兴安岭松岭林业局、加格达奇林业局；资料名称：黑龙江省大兴安岭林政稽查执法手册。

576. 加格达奇林业局河岸杨柳一元立木材积表（围尺）

D	V	ΔV	D	V	ΔV	D	V	ΔV	D	V	ΔV
4	0.0036	0.0033	16	0.1288	0.0224	28	0.5199	0.0475	40	1.2248	0.0747
5	0.0069	0.0033	17	0.1512	0.0223	29	0.5674	0.0475	41	1.2995	0.0746
6	0.0102	0.0057	18	0.1735	0.0264	30	0.6149	0.0520	42	1.3741	0.0793
7	0.0159	0.0057	19	0.1999	0.0263	31	0.6669	0.0520	43	1.4534	0.0793
8	0.0216	0.0085	20	0.2262	0.0304	32	0.7189	0.0564	44	1.5327	0.0839
9	0.0301	0.0084	21	0.2566	0.0303	33	0.7753	0.0564	45	1.6166	0.0838
10	0.0385	0.0116	22	0.2869	0.0346	34	0.8317	0.0610	46	1.7004	0.0886
11	0.0501	0.0116	23	0.3215	0.0345	35	0.8927	0.0610	47	1.7890	0.0885
12	0.0617	0.0150	24	0.3560	0.0333	36	0.9537	0.0655	48	1.8775	0.0932
13	0.0767	0.0149	25	0.3893	0.0333	37	1.0192	0.0655	49	1.9707	0.0931
14	0.0916	0.0186	26	0.4226	0.0487	38	1.0847	0.0701	50	2.0638	0.0931
15	0.1102	0.0186	27	0.4713	0.0486	39	1.1548	0.0700			

适用树种：河岸杨柳；适用地区：黑龙江大兴安岭松岭林业局、加格达奇林业局；资料名称：黑龙江省大兴安岭林政稽查执法手册。

577. 北三局落叶松一元立木材积表（围尺）

D	V	ΔV	D	V	ΔV	D	V	ΔV	D	V	ΔV
4	0.0032	0.0034	21	0.2572	0.0295	38	1.0234	0.0623	55	2.3060	0.0899
5	0.0066	0.0033	22	0.2867	0.0333	39	1.0857	0.0623	56	2.3959	0.0933
6	0.0099	0.0059	23	0.3200	0.0332	40	1.1480	0.0659	57	2.4892	0.0933
7	0.0158	0.0059	24	0.3532	0.0369	41	1.2139	0.0659	58	2.5825	0.0966
8	0.0217	0.0088	25	0.3901	0.0369	42	1.2798	0.0694	59	2.6791	0.0966
9	0.0305	0.0087	26	0.4270	0.0406	43	1.3492	0.0693	60	2.7757	0.0999
10	0.0392	0.0120	27	0.4676	0.0406	44	1.4185	0.0729	61	2.8756	0.0998
11	0.0512	0.0119	28	0.5082	0.0443	45	1.4914	0.0729	62	2.9754	0.1032
12	0.0631	0.0153	29	0.5525	0.0442	46	1.5643	0.0763	63	3.0786	0.1031
13	0.0784	0.0152	30	0.5967	0.0480	47	1.6406	0.0763	64	3.1817	0.1064
14	0.0936	0.0188	31	0.6447	0.0479	48	1.7169	0.0798	65	3.2881	0.1064
15	0.1124	0.0187	32	0.6926	0.0515	49	1.7967	0.0798	66	3.3945	0.1097
16	0.1311	0.0223	33	0.7441	0.0515	50	1.8765	0.0832	67	3.5042	0.1096
17	0.1534	0.0223	34	0.7956	0.0552	51	1.9597	0.0832	68	3.6138	0.1128
18	0.1757	0.0260	35	0.8508	0.0551	52	2.0429	0.0866	69	3.7266	0.1128
19	0.2017	0.0259	36	0.9059	0.0588	53	2.1295	0.0865	70	3.8394	0.1128
20	0.2276	0.0296	37	0.9647	0.0587	54	2.2160	0.0900			

适用树种：落叶松；适用地区：黑龙江大兴安岭阿木尔林业局、图强林业局、西林吉林业局；资料名称：黑龙江省大兴安岭林政稽查执法手册。

578. 北三局白桦一元立木材积表（围尺）

D	V	ΔV	D	V	ΔV	D	V	ΔV	D	V	ΔV
4	0.0042	0.0046	14	0.1024	0.0174	24	0.3233	0.0294	34	0.6567	0.0398
5	0.0088	0.0045	15	0.1198	0.0174	25	0.3527	0.0294	35	0.6965	0.0398
6	0.0133	0.0073	16	0.1372	0.0198	26	0.3821	0.0308	36	0.7363	0.0420
7	0.0206	0.0072	17	0.1570	0.0198	27	0.4129	0.0307	37	0.7783	0.0419
8	0.0278	0.0099	18	0.1768	0.0221	28	0.4436	0.0334	38	0.8202	0.0440
9	0.0377	0.0099	19	0.1989	0.0221	29	0.4770	0.0333	39	0.8642	0.0440
10	0.0476	0.0125	20	0.2210	0.0245	30	0.5103	0.0356	40	0.9082	0.0440
11	0.0601	0.0124	21	0.2455	0.0244	31	0.5459	0.0355			
12	0.0725	0.0150	22	0.2699	0.0267	32	0.5814	0.0377			
13	0.0875	0.0149	23	0.2966	0.0267	33	0.6191	0.0376			

适用树种：白桦；适用地区：黑龙江大兴安岭阿木尔林业局、图强林业局、西林吉林业局；资料名称：黑龙江省大兴安岭林政稽查执法手册。

579. 北三局落叶松低产林一元立木材积表（围尺）

黑

D	V	ΔV	D	V	ΔV	D	V	ΔV	D	V	ΔV
4	0.0024	0.0026	11	0.0408	0.0097	18	0.1434	0.0213	25	0.3230	0.0311
5	0.0050	0.0026	12	0.0505	0.0125	19	0.1647	0.0213	26	0.3541	0.0343
6	0.0076	0.0047	13	0.0630	0.0125	20	0.1860	0.0251	27	0.3884	0.0343
7	0.0123	0.0047	14	0.0755	0.0154	21	0.2111	0.0250	28	0.4227	0.0375
8	0.0170	0.0071	15	0.0909	0.0154	22	0.2361	0.0279	29	0.4602	0.0375
9	0.0241	0.0070	16	0.1063	0.0186	23	0.2640	0.0279	30	0.4977	0.0375
10	0.0311	0.0097	17	0.1249	0.0185	24	0.2919	0.0311			

适用树种：落叶松低产林；适用地区：黑龙江大兴安岭阿木尔林业局、图强林业局、西林吉林业局；资料名称：黑龙江省大兴安岭林政稽查执法手册。

580. 北三局樟子松一元立木材积表（围尺）

D	V	ΔV	D	V	ΔV	D	V	ΔV	D	V	ΔV
4	0.0027	0.0031	21	0.2535	0.0299	38	1.0565	0.0672	55	2.4204	0.1125
5	0.0058	0.0031	22	0.2834	0.0340	39	1.1237	0.0671	56	2.5329	0.0944
6	0.0089	0.0056	23	0.3174	0.0339	40	1.1908	0.0714	57	2.6273	0.1560
7	0.0145	0.0055	24	0.3513	0.0380	41	1.2622	0.0714	58	2.7833	0.1099
8	0.0200	0.0084	25	0.3893	0.0379	42	1.3336	0.0757	59	2.8932	0.1099
9	0.0284	0.0084	26	0.4272	0.0421	43	1.4093	0.0756	60	3.0031	0.1142
10	0.0368	0.0116	27	0.4693	0.0420	44	1.4849	0.0799	61	3.1173	0.1142
11	0.0484	0.0115	28	0.5113	0.0462	45	1.5648	0.0799	62	3.2315	0.1185
12	0.0599	0.0150	29	0.5575	0.0462	46	1.6447	0.0842	63	3.3500	0.1185
13	0.0749	0.0149	30	0.6037	0.0503	47	1.7289	0.0841	64	3.4685	0.1228
14	0.0898	0.0186	31	0.6540	0.0503	48	1.8130	0.0885	65	3.5913	0.1227
15	0.1084	0.0185	32	0.7043	0.0545	49	1.9015	0.0885	66	3.7140	0.1271
16	0.1269	0.0223	33	0.7588	0.0545	50	1.9900	0.0927	67	3.8411	0.1270
17	0.1492	0.0222	34	0.8133	0.0587	51	2.0827	0.0927	68	3.9681	0.1314
18	0.1714	0.0261	35	0.8720	0.0587	52	2.1754	0.0971	69	4.0995	0.1314
19	0.1975	0.0260	36	0.9307	0.0629	53	2.2725	0.0970	70	4.2309	0.1314
20	0.2235	0.0300	37	0.9936	0.0629	54	2.3695	0.0509			

适用树种：樟子松；适用地区：黑龙江大兴安岭阿木尔林业局、图强林业局、西林吉林业局；资料名称：黑龙江省大兴安岭林政稽查执法手册。

581. 北三局云杉一元立木材积表（围尺）

D	V	ΔV	D	V	ΔV	D	V	ΔV	D	V	ΔV
4	0.0021	0.0024	16	0.1121	0.0219	28	0.5275	0.0547	40	1.3056	0.0780
5	0.0045	0.0024	17	0.1340	0.0218	29	0.5822	0.0546	41	1.3836	0.0779
6	0.0069	0.0045	18	0.1558	0.0265	30	0.6368	0.0611	42	1.4615	0.0826
7	0.0114	0.0044	19	0.1823	0.0265	31	0.6979	0.0611	43	1.5441	0.0825
8	0.0158	0.0070	20	0.2088	0.0315	32	0.7590	0.0669	44	1.6266	0.0871
9	0.0228	0.0070	21	0.2403	0.0315	33	0.8259	0.0668	45	1.7137	0.0871
10	0.0298	0.0101	22	0.2718	0.0369	34	0.8927	0.0643	46	1.8008	0.0917
11	0.0399	0.0100	23	0.3087	0.0369	35	0.9570	0.0642	47	1.8925	0.0916
12	0.0499	0.0136	24	0.3456	0.0425	36	1.0212	0.0688	48	1.9841	0.0962
13	0.0635	0.0136	25	0.3881	0.0425	37	1.0900	0.0688	49	2.0803	0.0962
14	0.0771	0.0175	26	0.4306	0.0485	38	1.1588	0.0734	50	2.1765	0.0962
15	0.0946	0.0175	27	0.4791	0.0484	39	1.2322	0.0734			

适用树种：云杉；适用地区：黑龙江大兴安岭阿木尔林业局、图强林业局、西林吉林业局；资料名称：黑龙江省大兴安岭林政稽查执法手册。

582. 北三局山杨一元立木材积表（围尺）

D	V	ΔV	D	V	ΔV	D	V	ΔV	D	V	ΔV
4	0.0041	0.0051	16	0.1622	0.0241	28	0.5389	0.0414	40	1.1177	0.0577
5	0.0092	0.0050	17	0.1863	0.0240	29	0.5803	0.0413	41	1.1754	0.0577
6	0.0142	0.0084	18	0.2103	0.0271	30	0.6216	0.0442	42	1.2331	0.0604
7	0.0226	0.0084	19	0.2374	0.0271	31	0.6658	0.0441	43	1.2935	0.0603
8	0.0310	0.0117	20	0.2645	0.0300	32	0.7099	0.0469	44	1.3538	0.0630
9	0.0427	0.0116	21	0.2945	0.0300	33	0.7568	0.0469	45	1.4168	0.0630
10	0.0543	0.0149	22	0.3245	0.0329	34	0.8037	0.0497	46	1.4798	0.0656
11	0.0692	0.0148	23	0.3574	0.0328	35	0.8534	0.0496	47	1.5454	0.0656
12	0.0840	0.0180	24	0.3902	0.0358	36	0.9030	0.0489	48	1.6110	0.0683
13	0.1020	0.0180	25	0.4260	0.0357	37	0.9519	0.0488	49	1.6793	0.0682
14	0.1200	0.0211	26	0.4617	0.0386	38	1.0007	0.0585	50	1.7475	0.0682
15	0.1411	0.0211	27	0.5003	0.0386	39	1.0592	0.0585			

适用树种：山杨；适用地区：黑龙江大兴安岭阿木尔林业局、图强林业局、西林吉林业局；资料名称：黑龙江省大兴安岭林政稽查执法手册。

583. 北三局河岸杨柳一元立木材积表（围尺）

D	V	ΔV	D	V	ΔV	D	V	ΔV	D	V	ΔV
4	0.0036	0.0033	16	0.1288	0.0224	28	0.5149	0.0525	40	1.2248	0.0747
5	0.0069	0.0033	17	0.1512	0.0223	29	0.5674	0.0525	41	1.2995	0.0746
6	0.0102	0.0057	18	0.1735	0.0264	30	0.6199	0.0495	42	1.3741	0.0793
7	0.0159	0.0057	19	0.1999	0.0263	31	0.6694	0.0495	43	1.4534	0.0793
8	0.0216	0.0085	20	0.2262	0.0304	32	0.7189	0.0564	44	1.5327	0.0839
9	0.0301	0.0084	21	0.2566	0.0303	33	0.7753	0.0564	45	1.6166	0.0838
10	0.0385	0.0116	22	0.2869	0.0346	34	0.8317	0.0610	46	1.7004	0.0886
11	0.0501	0.0116	23	0.3215	0.0345	35	0.8927	0.0610	47	1.7890	0.0885
12	0.0617	0.0150	24	0.3560	0.0388	36	0.9537	0.0655	48	1.8775	0.0932
13	0.0767	0.0149	25	0.3948	0.0388	37	1.0192	0.0655	49	1.9707	0.0931
14	0.0916	0.0186	26	0.4336	0.0407	38	1.0847	0.0701	50	2.0638	0.0931
15	0.1102	0.0186	27	0.4743	0.0406	39	1.1548	0.0700			

适用树种：河岸杨柳；适用地区：黑龙江大兴安岭阿木尔林业局、图强林业局、西林吉林业局；资料名称：黑龙江省大兴安岭林政稽查执法手册。

584. 塔河林业局落叶松一元立木材积表（围尺）

D	V	ΔV	D	V	ΔV	D	V	ΔV	D	V	ΔV
4	0.0035	0.0036	21	0.2762	0.0320	38	1.0897	0.0660	55	2.2348	0.0715
5	0.0071	0.0036	22	0.3082	0.0349	39	1.1557	0.0660	56	2.3063	0.0736
6	0.0107	0.0065	23	0.3431	0.0349	40	1.2217	0.0697	57	2.3799	0.0735
7	0.0172	0.0064	24	0.3780	0.0393	41	1.2914	0.0697	58	2.4534	0.0755
8	0.0236	0.0094	25	0.4173	0.0393	42	1.3611	0.0734	59	2.5289	0.0754
9	0.0330	0.0094	26	0.4566	0.0432	43	1.4345	0.0734	60	2.6043	0.0775
10	0.0424	0.0128	27	0.4998	0.0432	44	1.5079	0.0615	61	2.6818	0.0774
11	0.0552	0.0128	28	0.5430	0.0470	45	1.5694	0.0614	62	2.7592	0.0793
12	0.0680	0.0164	29	0.5900	0.0470	46	1.6308	0.0635	63	2.8385	0.0793
13	0.0844	0.0164	30	0.6370	0.0409	47	1.6943	0.0635	64	2.9178	0.0813
14	0.1008	0.0201	31	0.6779	0.0409	48	1.7578	0.0656	65	2.9991	0.0812
15	0.1209	0.0201	32	0.7188	0.0647	49	1.8234	0.0655	66	3.0803	0.0832
16	0.1410	0.0239	33	0.7835	0.0647	50	1.8889	0.0676	67	3.1635	0.0831
17	0.1649	0.0238	34	0.8482	0.0585	51	1.9565	0.0675	68	3.2466	0.0850
18	0.1887	0.0277	35	0.9067	0.0584	52	2.0240	0.0696	69	3.3316	0.0850
19	0.2164	0.0277	36	0.9651	0.0623	53	2.0936	0.0696	70	3.4166	0.0850
20	0.2441	0.0321	37	1.0274	0.0623	54	2.1632	0.0716			

适用树种：落叶松；适用地区：黑龙江大兴安岭塔河林业局；资料名称：黑龙江省大兴安岭林政稽查执法手册。

585. 塔河林业局白桦一元立木材积表（围尺）

D	V	ΔV	D	V	ΔV	D	V	ΔV	D	V	ΔV
4	0.0038	0.0037	16	0.1324	0.0219	28	0.4705	0.0364	40	0.9791	0.0507
5	0.0075	0.0036	17	0.1543	0.0218	29	0.5069	0.0364	41	1.0298	0.0506
6	0.0111	0.0061	18	0.1761	0.0254	30	0.5433	0.0388	42	1.0804	0.0530
7	0.0172	0.0061	19	0.2015	0.0253	31	0.5821	0.0388	43	1.1334	0.0530
8	0.0233	0.0089	20	0.2268	0.0277	32	0.6209	0.0412	44	1.1864	0.0553
9	0.0322	0.0089	21	0.2545	0.0276	33	0.6621	0.0412	45	1.2417	0.0552
10	0.0411	0.0120	22	0.2821	0.0289	34	0.7033	0.0436	46	1.2969	0.0576
11	0.0531	0.0120	23	0.3110	0.0289	35	0.7469	0.0436	47	1.3545	0.0575
12	0.0651	0.0152	24	0.3399	0.0314	36	0.7905	0.0460	48	1.4120	0.0598
13	0.0803	0.0151	25	0.3713	0.0314	37	0.8365	0.0460	49	1.4718	0.0598
14	0.0954	0.0185	26	0.4027	0.0339	38	0.8825	0.0483	50	1.5316	0.0598
15	0.1139	0.0185	27	0.4366	0.0339	39	0.9308	0.0483			

适用树种：白桦；适用地区：黑龙江大兴安岭塔河林业局；资料名称：黑龙江省大兴安岭林政稽查执法手册。

586. 塔河林业局落叶松低产林一元立木材积表（围尺）

D	V	ΔV	D	V	ΔV	D	V	ΔV	D	V	ΔV
4	0.0022	0.0024	11	0.0378	0.0091	18	0.1377	0.0216	25	0.3207	0.0323
5	0.0046	0.0023	12	0.0469	0.0120	19	0.1593	0.0216	26	0.3530	0.0360
6	0.0069	0.0043	13	0.0589	0.0120	20	0.1809	0.0251	27	0.3890	0.0359
7	0.0112	0.0042	14	0.0709	0.0151	21	0.2060	0.0251	28	0.4249	0.0388
8	0.0154	0.0066	15	0.0860	0.0151	22	0.2311	0.0287	29	0.4637	0.0387
9	0.0220	0.0066	16	0.1011	0.0183	23	0.2598	0.0286	30	0.5024	0.0387
10	0.0286	0.0092	17	0.1194	0.0183	24	0.2884	0.0323			

适用树种：落叶松（低产林）；适用地区：黑龙江大兴安岭塔河林业局；资料名称：黑龙江省大兴安岭林政稽查执法手册。

587. 塔河林业局樟子松一元立木材积表（围尺）

D	V	ΔV	D	V	ΔV	D	V	ΔV	D	V	ΔV
4	0.0023	0.0038	21	0.2911	0.0322	38	1.1044	0.0709	55	2.6032	0.1077
5	0.0061	0.0038	22	0.3233	0.0358	39	1.1753	0.0708	56	2.7109	0.1124
6	0.0099	0.0071	23	0.3591	0.0358	40	1.2461	0.0754	57	2.8233	0.1124
7	0.0170	0.0071	24	0.3949	0.0394	41	1.3215	0.0754	58	2.9357	0.1171
8	0.0241	0.0106	25	0.4343	0.0393	42	1.3969	0.0800	59	3.0528	0.1171
9	0.0347	0.0105	26	0.4736	0.0430	43	1.4769	0.0800	60	3.1699	0.1217
10	0.0452	0.0142	27	0.5166	0.0429	44	1.5569	0.0846	61	3.2916	0.1217
11	0.0594	0.0141	28	0.5595	0.0466	45	1.6415	0.0846	62	3.4133	0.1264
12	0.0735	0.0178	29	0.6061	0.0465	46	1.7261	0.0892	63	3.5397	0.1264
13	0.0913	0.0177	30	0.6526	0.0501	47	1.8153	0.0892	64	3.6661	0.1311
14	0.1090	0.0214	31	0.7027	0.0501	48	1.9045	0.0939	65	3.7972	0.1311
15	0.1304	0.0214	32	0.7528	0.0537	49	1.9984	0.0938	66	3.9283	0.1357
16	0.1518	0.0250	33	0.8065	0.0536	50	2.0922	0.0985	67	4.0640	0.1357
17	0.1768	0.0249	34	0.8601	0.0572	51	2.1907	0.0984	68	4.1997	0.1405
18	0.2017	0.0286	35	0.9173	0.0572	52	2.2891	0.1032	69	4.3402	0.1404
19	0.2303	0.0286	36	0.9745	0.0650	53	2.3923	0.1031	70	4.4806	0.1404
20	0.2589	0.0322	37	1.0395	0.0649	54	2.4954	0.1078			

适用树种：樟子松；适用地区：黑龙江大兴安岭塔河林业局；资料名称：黑龙江省大兴安岭林政稽查执法手册。

588. 塔河林业局云杉一元立木材积表（围尺）

D	V	ΔV	D	V	ΔV	D	V	ΔV	D	V	ΔV
4	0.0027	0.0030	19	0.2012	0.0277	34	0.8906	0.0682	49	2.0557	0.0779
5	0.0057	0.0030	20	0.2289	0.0323	35	0.9588	0.0681	50	2.1336	0.0808
6	0.0086	0.0052	21	0.2612	0.0323	36	1.0269	0.0736	51	2.2144	0.0807
7	0.0138	0.0052	22	0.2935	0.0371	37	1.1005	0.0736	52	2.2951	0.0834
8	0.0190	0.0083	23	0.3306	0.0370	38	1.1741	0.0792	53	2.3785	0.0834
9	0.0273	0.0083	24	0.3676	0.0420	39	1.2533	0.0791	54	2.4619	0.0861
10	0.0356	0.0115	25	0.4096	0.0420	40	1.3324	0.0847	55	2.5480	0.0861
11	0.0471	0.0115	26	0.4516	0.0471	41	1.4171	0.0846	56	2.6341	0.0888
12	0.0586	0.0151	27	0.4987	0.0470	42	1.5017	0.0903	57	2.7229	0.0888
13	0.0737	0.0151	28	0.5457	0.0522	43	1.5920	0.0902	58	2.8117	0.0915
14	0.0888	0.0191	29	0.5979	0.0522	44	1.6822	0.0725	59	2.9032	0.0914
15	0.1079	0.0190	30	0.6501	0.0575	45	1.7547	0.0725	60	2.9946	0.0914
16	0.1269	0.0233	31	0.7076	0.0574	46	1.8272	0.0753			
17	0.1502	0.0233	32	0.7650	0.0628	47	1.9025	0.0752			
18	0.1735	0.0277	33	0.8278	0.0628	48	1.9777	0.0780			

适用树种：云杉；适用地区：黑龙江大兴安岭塔河林业局；资料名称：黑龙江省大兴安岭林政稽查执法手册。

589. 塔河林业局山杨一元立木材积表（围尺）

D	V	ΔV	D	V	ΔV	D	V	ΔV	D	V	ΔV
4	0.0039	0.0037	19	0.1982	0.0245	34	0.6761	0.0418	49	1.4138	0.0575
5	0.0076	0.0037	20	0.2227	0.0279	35	0.7179	0.0418	50	1.4713	0.0597
6	0.0113	0.0061	21	0.2506	0.0278	36	0.7597	0.0441	51	1.5310	0.0597
7	0.0174	0.0061	22	0.2784	0.0311	37	0.8038	0.0441	52	1.5907	0.0619
8	0.0235	0.0089	23	0.3095	0.0311	38	0.8479	0.0464	53	1.6526	0.0619
9	0.0324	0.0089	24	0.3406	0.0344	39	0.8943	0.0463	54	1.7145	0.0640
10	0.0413	0.0119	25	0.3750	0.0344	40	0.9406	0.0486	55	1.7785	0.0640
11	0.0532	0.0118	26	0.4094	0.0219	41	0.9892	0.0486	56	1.8425	0.0662
12	0.0650	0.0150	27	0.4313	0.0218	42	1.0378	0.0509	57	1.9087	0.0662
13	0.0800	0.0149	28	0.4531	0.0348	43	1.0887	0.0509	58	1.9749	0.0684
14	0.0949	0.0181	29	0.4879	0.0348	44	1.1396	0.0531	59	2.0433	0.0684
15	0.1130	0.0180	30	0.5227	0.0372	45	1.1927	0.0530	60	2.1117	0.0684
16	0.1310	0.0213	31	0.5599	0.0372	46	1.2457	0.0553			
17	0.1523	0.0213	32	0.5971	0.0395	47	1.3010	0.0553			
18	0.1736	0.0246	33	0.6366	0.0395	48	1.3563	0.0575			

适用树种：山杨；适用地区：黑龙江大兴安岭塔河林业局；资料名称：黑龙江省大兴安岭林政稽查执法手册。

590. 塔河林业局河岸杨柳一元立木材积表（围尺）

D	V	ΔV	D	V	ΔV	D	V	ΔV	D	V	ΔV
4	0.0040	0.0039	16	0.1527	0.0261	28	0.5993	0.0532	40	1.3764	0.0811
5	0.0079	0.0039	17	0.1788	0.0261	29	0.6525	0.0531	41	1.4575	0.0810
6	0.0118	0.0069	18	0.2049	0.0305	30	0.7056	0.0578	42	1.5385	0.0858
7	0.0187	0.0068	19	0.2354	0.0304	31	0.7634	0.0577	43	1.6243	0.0857
8	0.0255	0.0102	20	0.2658	0.0349	32	0.8211	0.0624	44	1.7100	0.0905
9	0.0357	0.0101	21	0.3007	0.0349	33	0.8835	0.0624	45	1.8005	0.0904
10	0.0458	0.0139	22	0.3356	0.0394	34	0.9459	0.0671	46	1.8909	0.0951
11	0.0597	0.0138	23	0.3750	0.0394	35	1.0130	0.0671	47	1.9860	0.0950
12	0.0735	0.0178	24	0.4144	0.0439	36	1.0801	0.0718	48	2.0810	0.0997
13	0.0913	0.0177	25	0.4583	0.0439	37	1.1519	0.0717	49	2.1807	0.0997
14	0.1090	0.0219	26	0.5022	0.0486	38	1.2236	0.0764	50	2.2804	0.0997
15	0.1309	0.0218	27	0.5508	0.0485	39	1.3000	0.0764			

适用树种：河岸杨柳；适用地区：黑龙江大兴安岭塔河林业局；资料名称：黑龙江省大兴安岭林政稽查执法手册。

591. 呼玛林业局落叶松一元立木材积表（围尺）

D	V	ΔV	D	V	ΔV	D	V	ΔV	D	V	ΔV
4	0.0030	0.0032	19	0.2088	0.0275	34	0.8316	0.0563	49	1.8347	0.0797
5	0.0062	0.0032	20	0.2363	0.0315	35	0.8879	0.0563	50	1.9144	0.0839
6	0.0094	0.0058	21	0.2678	0.0314	36	0.9442	0.0595	51	1.9983	0.0839
7	0.0152	0.0057	22	0.2992	0.0353	37	1.0037	0.0595	52	2.0822	0.0884
8	0.0209	0.0088	23	0.3345	0.0353	38	1.0632	0.0627	53	2.1706	0.0884
9	0.0297	0.0088	24	0.3698	0.0391	39	1.1259	0.0626	54	2.2590	0.0935
10	0.0385	0.0122	25	0.4089	0.0391	40	1.1885	0.0658	55	2.3525	0.0935
11	0.0507	0.0122	26	0.4480	0.0428	41	1.2543	0.0658	56	2.4460	0.0992
12	0.0629	0.0159	27	0.4908	0.0427	42	1.3201	0.0691	57	2.5452	0.0991
13	0.0788	0.0158	28	0.5335	0.0463	43	1.3892	0.0690	58	2.6443	0.1055
14	0.0946	0.0197	29	0.5798	0.0463	44	1.4582	0.0724	59	2.7498	0.1055
15	0.1143	0.0197	30	0.6261	0.0497	45	1.5306	0.0724	60	2.8553	0.1055
16	0.1340	0.0236	31	0.6758	0.0497	46	1.6030	0.0760			
17	0.1576	0.0236	32	0.7255	0.0531	47	1.6790	0.0759			
18	0.1812	0.0276	33	0.7786	0.0530	48	1.7549	0.0798			

适用树种：落叶松；适用地区：黑龙江大兴安岭呼玛林业局、十八站林业局、韩家园林业局；资料名称：黑龙江省大兴安岭林政稽查执法手册。

592. 呼玛林业局白桦一元立木材积表（围尺）

D	V	ΔV	D	V	ΔV	D	V	ΔV	D	V	ΔV
4	0.0029	0.0035	14	0.0912	0.0175	24	0.3263	0.0325	34	0.7092	0.0470
5	0.0064	0.0034	15	0.1087	0.0175	25	0.3588	0.0324	35	0.7562	0.0469
6	0.0098	0.0059	16	0.1262	0.0206	26	0.3912	0.0354	36	0.8031	0.0498
7	0.0157	0.0059	17	0.1468	0.0205	27	0.4266	0.0354	37	0.8529	0.0497
8	0.0216	0.0087	18	0.1673	0.0235	28	0.4620	0.0383	38	0.9026	0.0527
9	0.0303	0.0087	19	0.1908	0.0235	29	0.5003	0.0383	39	0.9553	0.0526
10	0.0390	0.0116	20	0.2143	0.0265	30	0.5386	0.0412	40	1.0079	0.0526
11	0.0506	0.0115	21	0.2408	0.0265	31	0.5798	0.0412			
12	0.0621	0.0146	22	0.2673	0.0295	32	0.6210	0.0441			
13	0.0767	0.0145	23	0.2968	0.0295	33	0.6651	0.0441			

适用树种：白桦；适用地区：黑龙江大兴安岭呼玛林业局、十八站林业局、韩家园林业局；资料名称：黑龙江省大兴安岭林政稽查执法手册。

593. 呼玛樟子松一元立木材积表（围尺）

D	V	ΔV	D	V	ΔV	D	V	ΔV	D	V	ΔV
4	0.0021	0.0011	19	0.1863	0.0257	34	0.8234	0.0627	49	2.0088	0.0979
5	0.0032	0.0011	20	0.2120	0.0300	35	0.8861	0.0626	50	2.1067	0.1032
6	0.0043	0.0049	21	0.2420	0.0300	36	0.9487	0.0676	51	2.2099	0.1032
7	0.0092	0.0048	22	0.2720	0.0344	37	1.0163	0.0676	52	2.3131	0.1083
8	0.0140	0.0091	23	0.3064	0.0344	38	1.0839	0.0726	53	2.4214	0.1083
9	0.0231	0.0090	24	0.3408	0.0389	39	1.1565	0.0726	54	2.5297	0.1136
10	0.0321	0.0107	25	0.3797	0.0389	40	1.2291	0.0776	55	2.6433	0.1135
11	0.0428	0.0106	26	0.4186	0.0435	41	1.3067	0.0776	56	2.7568	0.1188
12	0.0534	0.0141	27	0.4621	0.0435	42	1.3843	0.0827	57	2.8756	0.1187
13	0.0675	0.0141	28	0.5056	0.0482	43	1.4670	0.0826	58	2.9943	0.1240
14	0.0816	0.0178	29	0.5538	0.0481	44	1.5496	0.0827	59	3.1183	0.1239
15	0.0994	0.0177	30	0.6019	0.0530	45	1.6323	0.0827	60	3.2422	0.1239
16	0.1171	0.0217	31	0.6549	0.0529	46	1.7150	0.0979			
17	0.1388	0.0217	32	0.7078	0.0578	47	1.8129	0.0979			
18	0.1605	0.0258	33	0.7656	0.0578	48	1.9108	0.0980			

适用树种：樟子松；适用地区：黑龙江大兴安岭呼玛林业局、十八站林业局、韩家园林业局；资料名称：黑龙江省大兴安岭林政稽查执法手册。

594. 呼玛林业局云杉一元立木材积表（围尺）

D	V	ΔV	D	V	ΔV	D	V	ΔV	D	V	ΔV
4	0.0021	0.0024	16	0.1121	0.0219	28	0.5272	0.0548	40	1.3056	0.0780
5	0.0045	0.0024	17	0.1340	0.0218	29	0.5820	0.0548	41	1.3836	0.0779
6	0.0069	0.0045	18	0.1558	0.0265	30	0.6368	0.0611	42	1.4615	0.0826
7	0.0114	0.0044	19	0.1823	0.0265	31	0.6979	0.0611	43	1.5441	0.0825
8	0.0158	0.0070	20	0.2088	0.0315	32	0.7590	0.0669	44	1.6266	0.0871
9	0.0228	0.0070	21	0.2403	0.0315	33	0.8259	0.0668	45	1.7137	0.0871
10	0.0298	0.0101	22	0.2718	0.0369	34	0.8927	0.0643	46	1.8008	0.0917
11	0.0399	0.0100	23	0.3087	0.0369	35	0.9570	0.0642	47	1.8925	0.0916
12	0.0499	0.0136	24	0.3456	0.0425	36	1.0212	0.0688	48	1.9841	0.0962
13	0.0635	0.0136	25	0.3881	0.0425	37	1.0900	0.0688	49	2.0803	0.0962
14	0.0771	0.0175	26	0.4306	0.0483	38	1.1588	0.0734	50	2.1765	0.0962
15	0.0946	0.0175	27	0.4789	0.0483	39	1.2322	0.0734			

适用树种：云杉；适用地区：黑龙江大兴安岭呼玛林业局、十八站林业局、韩家园林业局；资料名称：黑龙江省大兴安岭林政稽查执法手册。

595. 呼玛林业局山杨一元立木材积表（围尺）

黑

D	V	ΔV	D	V	ΔV	D	V	ΔV	D	V	ΔV
4	0.0047	0.0043	19	0.2168	0.0262	34	0.7968	0.0528	49	1.7469	0.0752
5	0.0090	0.0042	20	0.2430	0.0296	35	0.8496	0.0528	50	1.8221	0.0785
6	0.0132	0.0070	21	0.2726	0.0295	36	0.9024	0.0561	51	1.9006	0.0784
7	0.0202	0.0069	22	0.3021	0.0329	37	0.9585	0.0560	52	1.9790	0.0816
8	0.0271	0.0099	23	0.3350	0.0329	38	1.0145	0.0593	53	2.0606	0.0816
9	0.0370	0.0099	24	0.3679	0.0363	39	1.0738	0.0592	54	2.1422	0.0847
10	0.0469	0.0131	25	0.4042	0.0363	40	1.1330	0.0625	55	2.2269	0.0847
11	0.0600	0.0130	26	0.4405	0.0396	41	1.1955	0.0625	56	2.3116	0.0878
12	0.0730	0.0163	27	0.4801	0.0395	42	1.2580	0.0658	57	2.3994	0.0878
13	0.0893	0.0163	28	0.5196	0.0427	43	1.3238	0.0657	58	2.4872	0.0910
14	0.1056	0.0196	29	0.5623	0.0427	44	1.3895	0.0689	59	2.5782	0.0909
15	0.1252	0.0195	30	0.6050	0.0464	45	1.4584	0.0689	60	2.6691	0.0909
16	0.1447	0.0229	31	0.6514	0.0464	46	1.5273	0.0722			
17	0.1676	0.0229	32	0.6978	0.0495	47	1.5995	0.0721			
18	0.1905	0.0263	33	0.7473	0.0495	48	1.6716	0.0753			

适用树种：山杨；适用地区：黑龙江大兴安岭呼玛林业局、十八站林业局、韩家园林业局；资料名称：黑龙江省大兴安岭林政稽查执法手册。

596. 呼玛林业局河岸杨柳一元立木材积表（围尺）

D	V	ΔV	D	V	ΔV	D	V	ΔV	D	V	ΔV
4	0.0036	0.0033	16	0.1288	0.0224	28	0.5199	0.0475	40	1.2248	0.0747
5	0.0069	0.0033	17	0.1512	0.0223	29	0.5674	0.0475	41	1.2995	0.0746
6	0.0102	0.0057	18	0.1735	0.0264	30	0.6149	0.0520	42	1.3741	0.0793
7	0.0159	0.0057	19	0.1999	0.0263	31	0.6669	0.0520	43	1.4534	0.0793
8	0.0216	0.0085	20	0.2262	0.0304	32	0.7189	0.0564	44	1.5327	0.0839
9	0.0301	0.0084	21	0.2566	0.0303	33	0.7753	0.0564	45	1.6166	0.0838
10	0.0385	0.0116	22	0.2869	0.0346	34	0.8317	0.0610	46	1.7004	0.0886
11	0.0501	0.0116	23	0.3215	0.0345	35	0.8927	0.0610	47	1.7890	0.0885
12	0.0617	0.0150	24	0.3560	0.0388	36	0.9537	0.0655	48	1.8775	0.0932
13	0.0767	0.0149	25	0.3948	0.0388	37	1.0192	0.0655	49	1.9707	0.0931
14	0.0916	0.0186	26	0.4336	0.0432	38	1.0847	0.0701	50	2.0638	0.0931
15	0.1102	0.0186	27	0.4768	0.0431	39	1.1548	0.0700			

适用树种：河岸杨柳；适用地区：黑龙江大兴安岭呼玛林业局、十八站林业局、韩家园林业局；资料名称：黑龙江省大兴安岭林政稽查执法手册。

597. 呼中林业局落叶松一元立木材积表（围尺）

D	V	ΔV	D	V	ΔV	D	V	ΔV	D	V	ΔV
4	0.0032	0.0039	21	0.2545	0.0283	38	1.0025	0.0629	55	2.3505	0.0985
5	0.0071	0.0038	22	0.2828	0.0319	39	1.0654	0.0628	56	2.4490	0.1034
6	0.0109	0.0065	23	0.3147	0.0318	40	1.1282	0.0671	57	2.5524	0.1033
7	0.0174	0.0065	24	0.3465	0.0354	41	1.1953	0.0670	58	2.6557	0.1082
8	0.0239	0.0092	25	0.3819	0.0354	42	1.2623	0.0714	59	2.7639	0.1081
9	0.0331	0.0092	26	0.4173	0.0391	43	1.3337	0.0713	60	2.8720	0.1131
10	0.0423	0.0121	27	0.4564	0.0391	44	1.4050	0.0757	61	2.9851	0.1130
11	0.0544	0.0121	28	0.4955	0.0429	45	1.4807	0.0757	62	3.0981	0.1181
12	0.0665	0.0152	29	0.5384	0.0429	46	1.5564	0.0802	63	3.2162	0.1180
13	0.0817	0.0151	30	0.5813	0.0467	47	1.6366	0.0801	64	3.3342	0.1231
14	0.0968	0.0183	31	0.6280	0.0467	48	1.7167	0.0846	65	3.4573	0.1230
15	0.1151	0.0183	32	0.6747	0.0506	49	1.8013	0.0846	66	3.5803	0.1282
16	0.1334	0.0216	33	0.7253	0.0506	50	1.8859	0.0892	67	3.7085	0.1282
17	0.1550	0.0215	34	0.7759	0.0547	51	1.9751	0.0892	68	3.8367	0.1334
18	0.1765	0.0249	35	0.8306	0.0546	52	2.0643	0.0939	69	3.9701	0.1333
19	0.2014	0.0248	36	0.8852	0.0587	53	2.1582	0.0938	70	4.1034	0.1333
20	0.2262	0.0283	37	0.9439	0.0586	54	2.2520	0.0985			

适用树种：落叶松；适用地区：黑龙江大兴安岭呼中林业局；资料名称：黑龙江省大兴安岭林政稽查执法手册。

598. 呼中林业局白桦一元立木材积表（围尺）

D	V	ΔV	D	V	ΔV	D	V	ΔV	D	V	ΔV
4	0.0041	0.0039	16	0.1229	0.0187	28	0.4265	0.0347	40	0.9249	0.0512
5	0.0080	0.0039	17	0.1416	0.0186	29	0.4612	0.0347	41	0.9761	0.0512
6	0.0119	0.0062	18	0.1602	0.0214	30	0.4959	0.0374	42	1.0273	0.0540
7	0.0181	0.0062	19	0.1816	0.0213	31	0.5333	0.0374	43	1.0813	0.0539
8	0.0243	0.0086	20	0.2029	0.0239	32	0.5707	0.0402	44	1.1352	0.0568
9	0.0329	0.0086	21	0.2268	0.0239	33	0.6109	0.0401	45	1.1920	0.0567
10	0.0415	0.0111	22	0.2507	0.0267	34	0.6510	0.0424	46	1.2487	0.0595
11	0.0526	0.0110	23	0.2774	0.0266	35	0.6934	0.0424	47	1.3082	0.0595
12	0.0636	0.0136	24	0.3040	0.0293	36	0.7358	0.0462	48	1.3677	0.0624
13	0.0772	0.0135	25	0.3333	0.0292	37	0.7820	0.0461	49	1.4301	0.0623
14	0.0907	0.0161	26	0.3625	0.0320	38	0.8281	0.0484	50	1.4924	0.0623
15	0.1068	0.0161	27	0.3945	0.0320	39	0.8765	0.0484			

适用树种：白桦；适用地区：黑龙江大兴安岭呼中林业局；资料名称：黑龙江省大兴安岭林政稽查执法手册。

599. 呼中林业局落叶松低产林一元立木材积表（围尺）

D	V	ΔV	D	V	ΔV	D	V	ΔV	D	V	ΔV
4	0.0021	0.0025	11	0.0418	0.0105	18	0.1593	0.0258	25	0.3704	0.0317
5	0.0046	0.0025	12	0.0523	0.0140	19	0.1851	0.0258	26	0.4021	0.0339
6	0.0071	0.0047	13	0.0663	0.0140	20	0.2109	0.0299	27	0.4360	0.0339
7	0.0118	0.0047	14	0.0803	0.0178	21	0.2408	0.0299	28	0.4699	0.0360
8	0.0165	0.0074	15	0.0981	0.0178	22	0.2707	0.0340	29	0.5059	0.0360
9	0.0239	0.0073	16	0.1159	0.0217	23	0.3047	0.0340	30	0.5419	0.0360
10	0.0312	0.0106	17	0.1376	0.0217	24	0.3387	0.0317			

适用树种：落叶松（低产林）；适用地区：黑龙江大兴安岭呼中林业局；资料名称：黑龙江省大兴安岭林政稽查执法手册。

黑

600. 呼中林业局樟子松一元立木材积表（围尺）

D	V	ΔV	D	V	ΔV	D	V	ΔV	D	V	ΔV
4	0.0025	0.0030	21	0.2410	0.0283	38	0.9914	0.0624	55	2.2991	0.0933
5	0.0055	0.0030	22	0.2693	0.0319	39	1.0538	0.0623	56	2.3924	0.0973
6	0.0085	0.0054	23	0.3012	0.0319	40	1.1161	0.0662	57	2.4897	0.0972
7	0.0139	0.0053	24	0.3331	0.0357	41	1.1823	0.0662	58	2.5869	0.1012
8	0.0192	0.0081	25	0.3688	0.0356	42	1.2485	0.0701	59	2.6881	0.1011
9	0.0273	0.0080	26	0.4044	0.0394	43	1.3186	0.0700	60	2.7892	0.1050
10	0.0353	0.0111	27	0.4438	0.0394	44	1.3886	0.0740	61	2.8942	0.1050
11	0.0464	0.0111	28	0.4832	0.0432	45	1.4626	0.0739	62	2.9992	0.1089
12	0.0575	0.0143	29	0.5264	0.0432	46	1.5365	0.0779	63	3.1081	0.1089
13	0.0718	0.0142	30	0.5696	0.0470	47	1.6144	0.0778	64	3.2170	0.1128
14	0.0860	0.0177	31	0.6166	0.0470	48	1.6922	0.0817	65	3.3298	0.1128
15	0.1037	0.0176	32	0.6636	0.0508	49	1.7739	0.0817	66	3.4426	0.1167
16	0.1213	0.0211	33	0.7144	0.0508	50	1.8556	0.0856	67	3.5593	0.1167
17	0.1424	0.0211	34	0.7652	0.0547	51	1.9412	0.0855	68	3.6760	0.1206
18	0.1635	0.0246	35	0.8199	0.0546	52	2.0267	0.0895	69	3.7966	0.1205
19	0.1881	0.0246	36	0.8745	0.0585	53	2.1162	0.0895	70	3.9171	0.1205
20	0.2127	0.0283	37	0.9330	0.0584	54	2.2057	0.0934			

适用树种：樟子松；适用地区：黑龙江大兴安岭呼中林业局；资料名称：黑龙江省大兴安岭林政稽查执法手册。

601. 呼中林业局山杨一元立木材积表（围尺）

D	V	ΔV	D	V	ΔV	D	V	ΔV	D	V	ΔV
4	0.0047	0.0041	19	0.2109	0.0264	34	0.8518	0.0633	49	2.0774	0.1039
5	0.0088	0.0041	20	0.2373	0.0305	35	0.9151	0.0633	50	2.1813	0.1104
6	0.0129	0.0067	21	0.2678	0.0305	36	0.9784	0.0687	51	2.2917	0.1103
7	0.0196	0.0066	22	0.2983	0.0347	37	1.0471	0.0687	52	2.4020	0.1169
8	0.0262	0.0094	23	0.3330	0.0347	38	1.1158	0.0742	53	2.5189	0.1169
9	0.0356	0.0094	24	0.3677	0.0390	39	1.1900	0.0741	54	2.6358	0.1236
10	0.0450	0.0124	25	0.4067	0.0423	40	1.2641	0.0798	55	2.7594	0.1236
11	0.0574	0.0123	26	0.4490	0.0403	41	1.3439	0.0798	56	2.8830	0.1305
12	0.0697	0.0157	27	0.4893	0.0435	42	1.4237	0.0856	57	3.0135	0.1305
13	0.0854	0.0156	28	0.5328	0.0483	43	1.5093	0.0856	58	3.1440	0.1374
14	0.1010	0.0190	29	0.5811	0.0482	44	1.5949	0.0916	59	3.2814	0.1374
15	0.1200	0.0190	30	0.6293	0.0531	45	1.6865	0.0916	60	3.4188	0.1374
16	0.1390	0.0227	31	0.6824	0.0531	46	1.7781	0.0977			
17	0.1617	0.0227	32	0.7355	0.0582	47	1.8758	0.0976			
18	0.1844	0.0265	33	0.7937	0.0581	48	1.9734	0.1040			

适用树种：山杨；适用地区：黑龙江大兴安岭呼中林业局；资料名称：黑龙江省大兴安岭林政稽查执法手册。

602. 新林林业局落叶松一元立木材积表（轮尺）

D	V	ΔV	D	V	ΔV	D	V	ΔV	D	V	ΔV
4	0.0036	0.0037	21	0.2927	0.0344	38	1.1008	0.0586	55	2.2564	0.0785
5	0.0073	0.0036	22	0.3271	0.0390	39	1.1594	0.0586	56	2.3349	0.0802
6	0.0109	0.0065	23	0.3661	0.0390	40	1.2180	0.0612	57	2.4151	0.0801
7	0.0174	0.0064	24	0.4051	0.0435	41	1.2792	0.0611	58	2.4952	0.0829
8	0.0238	0.0098	25	0.4486	0.0435	42	1.3403	0.0636	59	2.5781	0.0828
9	0.0336	0.0097	26	0.4921	0.0481	43	1.4039	0.0636	60	2.6609	0.0856
10	0.0433	0.0134	27	0.5402	0.0480	44	1.4675	0.0663	61	2.7465	0.0855
11	0.0567	0.0133	28	0.5882	0.0528	45	1.5338	0.0662	62	2.8320	0.0876
12	0.0700	0.0172	29	0.6410	0.0527	46	1.6000	0.0685	63	2.9196	0.0876
13	0.0872	0.0172	30	0.6937	0.0438	47	1.6685	0.0684	64	3.0072	0.0895
14	0.1044	0.0214	31	0.7375	0.0437	48	1.7369	0.0709	65	3.0967	0.0895
15	0.1258	0.0213	32	0.7812	0.0505	49	1.8078	0.0709	66	3.1862	0.0921
16	0.1471	0.0257	33	0.8317	0.0505	50	1.8787	0.0739	67	3.2783	0.0920
17	0.1728	0.0256	34	0.8822	0.0534	51	1.9526	0.0738	68	3.3703	0.0947
18	0.1984	0.0299	35	0.9356	0.0534	52	2.0264	0.0757	69	3.4650	0.0947
19	0.2283	0.0299	36	0.9890	0.0559	53	2.1021	0.0757	70	3.5597	0.0947
20	0.2582	0.0345	37	1.0449	0.0559	54	2.1778	0.0786			

黑

适用树种：落叶松；适用地区：黑龙江大兴安岭新林林业局；资料名称：黑龙江省大兴安岭林政稽查执法手册。

603. 新林林业局白桦一元立木材积表（轮尺）

D	V	ΔV	D	V	ΔV	D	V	ΔV	D	V	ΔV
4	0.0020	0.0048	16	0.1294	0.0182	28	0.4081	0.0300	40	0.8248	0.0409
5	0.0068	0.0048	17	0.1476	0.0224	29	0.4381	0.0300	41	0.8657	0.0409
6	0.0116	0.0073	18	0.1700	0.0260	30	0.4681	0.0320	42	0.9066	0.0425
7	0.0189	0.0073	19	0.1960	0.0225	31	0.5001	0.0319	43	0.9491	0.0424
8	0.0262	0.0096	20	0.2185	0.0225	32	0.5320	0.0338	44	0.9915	0.0453
9	0.0358	0.0096	21	0.2410	0.0180	33	0.5658	0.0338	45	1.0368	0.0453
10	0.0454	0.0119	22	0.2590	0.0220	34	0.5996	0.0357	46	1.0821	0.0463
11	0.0573	0.0118	23	0.2810	0.0185	35	0.6353	0.0356	47	1.1284	0.0463
12	0.0691	0.0140	24	0.2995	0.0262	36	0.6709	0.0380	48	1.1747	0.0482
13	0.0831	0.0140	25	0.3257	0.0261	37	0.7089	0.0379	49	1.2229	0.0482
14	0.0971	0.0162	26	0.3518	0.0282	38	0.7468	0.0390	50	1.2711	0.0482
15	0.1133	0.0161	27	0.3800	0.0281	39	0.7858	0.0390			

适用树种：白桦；适用地区：黑龙江大兴安岭新林林业局；资料名称：黑龙江省大兴安岭林政稽查执法手册。

604. 新林林业局樟子松一元立木材积表（轮尺）

D	V	ΔV	D	V	ΔV	D	V	ΔV	D	V	ΔV
4	0.0034	0.0035	21	0.2859	0.0343	38	1.2246	0.0786	55	2.7492	0.0985
5	0.0069	0.0034	22	0.3202	0.0392	39	1.3032	0.0785	56	2.8477	0.1020
6	0.0103	0.0062	23	0.3594	0.0391	40	1.3817	0.0884	57	2.9497	0.1019
7	0.0165	0.0061	24	0.3985	0.0440	41	1.4701	0.0884	58	3.0516	0.1054
8	0.0226	0.0094	25	0.4425	0.0439	42	1.5585	0.0909	59	3.1570	0.1054
9	0.0320	0.0093	26	0.4864	0.0490	43	1.6494	0.0909	60	3.2624	0.1089
10	0.0413	0.0128	27	0.5354	0.0489	44	1.7403	0.0962	61	3.3713	0.1088
11	0.0541	0.0128	28	0.5843	0.0541	45	1.8365	0.0961	62	3.4801	0.1124
12	0.0669	0.0167	29	0.6384	0.0540	46	1.9326	0.0846	63	3.5925	0.1123
13	0.0836	0.0167	30	0.6924	0.0591	47	2.0172	0.0845	64	3.7048	0.1158
14	0.1003	0.0209	31	0.7515	0.0590	48	2.1017	0.0880	65	3.8206	0.1158
15	0.1212	0.0208	32	0.8105	0.0643	49	2.1897	0.0880	66	3.9364	0.1193
16	0.1420	0.0254	33	0.8748	0.0642	50	2.2777	0.0916	67	4.0557	0.1192
17	0.1674	0.0254	34	0.9390	0.0696	51	2.3693	0.0915	68	4.1749	0.1227
18	0.1928	0.0294	35	1.0086	0.0695	52	2.4608	0.0950	69	4.2976	0.1227
19	0.2222	0.0294	36	1.0781	0.0733	53	2.5558	0.0949	70	4.4203	0.1227
20	0.2516	0.0343	37	1.1514	0.0732	54	2.6507	0.0985			

适用树种：樟子松；适用地区：黑龙江大兴安岭新林林业局；资料名称：黑龙江省大兴安岭林政稽查执法手册。

黑

605. 新林林业局落叶松低产林一元立木材积表（轮尺）

D	V	ΔV	D	V	ΔV	D	V	ΔV	D	V	ΔV
4	0.0023	0.0026	11	0.0428	0.0108	18	0.1678	0.0287	25	0.4099	0.0494
5	0.0049	0.0025	12	0.0536	0.0147	19	0.1965	0.0287	26	0.4593	0.0494
6	0.0074	0.0048	13	0.0683	0.0132	20	0.2252	0.0342	27	0.5087	0.0627
7	0.0122	0.0047	14	0.0815	0.0113	21	0.2594	0.0342	28	0.5714	0.0596
8	0.0169	0.0075	15	0.0928	0.0212	22	0.2936	0.0401	29	0.6310	0.0595
9	0.0244	0.0075	16	0.1140	0.0212	23	0.3337	0.0373	30	0.6905	0.0595
10	0.0319	0.0109	17	0.1352	0.0326	24	0.3710	0.0389			

适用树种：落叶松（低产林）；适用地区：黑龙江大兴安岭新林林业局；资料名称：黑龙江省大兴安岭林政稽查执法手册。

606. 新林林业局云杉一元立木材积表（轮尺）

D	V	ΔV	D	V	ΔV	D	V	ΔV	D	V	ΔV
4	0.0055	0.0051	19	0.2423	0.0283	34	0.8536	0.0547	49	1.7678	0.0669
5	0.0106	0.0050	20	0.2706	0.0318	35	0.9083	0.0546	50	1.8347	0.0693
6	0.0156	0.0082	21	0.3024	0.0318	36	0.9629	0.0576	51	1.9040	0.0693
7	0.0238	0.0081	22	0.3342	0.0351	37	1.0205	0.0576	52	1.9733	0.0716
8	0.0319	0.0114	23	0.3693	0.0351	38	1.0781	0.0610	53	2.0449	0.0715
9	0.0433	0.0114	24	0.4044	0.0384	39	1.1391	0.0610	54	2.1164	0.0739
10	0.0547	0.0148	25	0.4428	0.0384	40	1.2001	0.0638	55	2.1903	0.0739
11	0.0695	0.0147	26	0.4812	0.0417	41	1.2639	0.0637	56	2.2642	0.0762
12	0.0842	0.0182	27	0.5229	0.0417	42	1.3276	0.0599	57	2.3404	0.0761
13	0.1024	0.0182	28	0.5646	0.0450	43	1.3875	0.0598	58	2.4165	0.0785
14	0.1206	0.0216	29	0.6096	0.0450	44	1.4473	0.0622	59	2.4950	0.0784
15	0.1422	0.0216	30	0.6546	0.0482	45	1.5095	0.0622	60	2.5734	0.0784
16	0.1638	0.0251	31	0.7028	0.0481	46	1.5717	0.0646			
17	0.1889	0.0250	32	0.7509	0.0514	47	1.6363	0.0646			
18	0.2139	0.0284	33	0.8023	0.0513	48	1.7009	0.0669			

适用树种：云杉；适用地区：黑龙江大兴安岭新林林业局；资料名称：黑龙江省大兴安岭林政稽查执法手册。

607. 新林林业局山杨一元立木材积表（轮尺）

D	V	ΔV	D	V	ΔV	D	V	ΔV	D	V	ΔV
4	0.0039	0.0044	16	0.1440	0.0226	28	0.5166	0.0432	40	1.1402	0.0643
5	0.0083	0.0043	17	0.1666	0.0226	29	0.5598	0.0432	41	1.2045	0.0642
6	0.0126	0.0071	18	0.1892	0.0260	30	0.6030	0.0466	42	1.2687	0.0684
7	0.0197	0.0071	19	0.2152	0.0259	31	0.6496	0.0465	43	1.3371	0.0683
8	0.0268	0.0100	20	0.2411	0.0293	32	0.6961	0.0502	44	1.4054	0.0718
9	0.0368	0.0100	21	0.2704	0.0293	33	0.7463	0.0502	45	1.4772	0.0718
10	0.0468	0.0131	22	0.2997	0.0328	34	0.7965	0.0537	46	1.5490	0.0752
11	0.0599	0.0130	23	0.3325	0.0328	35	0.8502	0.0536	47	1.6242	0.0752
12	0.0729	0.0162	24	0.3653	0.0361	36	0.9038	0.0572	48	1.6994	0.0793
13	0.0891	0.0162	25	0.4014	0.0360	37	0.9610	0.0572	49	1.7787	0.0793
14	0.1053	0.0194	26	0.4374	0.0396	38	1.0182	0.0610	50	1.8580	0.0793
15	0.1247	0.0193	27	0.4770	0.0396	39	1.0792	0.0610			

适用树种：山杨；适用地区：黑龙江大兴安岭新林林业局；资料名称：黑龙江省大兴安岭林政稽查执法手册。

608. 新林林业局河岸杨柳一元立木材积表（轮尺）

D	V	ΔV	D	V	ΔV	D	V	ΔV	D	V	ΔV
4	0.0042	0.0043	16	0.1635	0.0276	28	0.6311	0.0550	40	1.4315	0.0831
5	0.0085	0.0042	17	0.1911	0.0276	29	0.6861	0.0549	41	1.5146	0.0831
6	0.0127	0.0074	18	0.2187	0.0321	30	0.7410	0.0598	42	1.5977	0.0877
7	0.0201	0.0074	19	0.2508	0.0320	31	0.8008	0.0597	43	1.6854	0.0876
8	0.0275	0.0110	20	0.2828	0.0367	32	0.8605	0.0644	44	1.7730	0.0924
9	0.0385	0.0109	21	0.3195	0.0366	33	0.9249	0.0643	45	1.8654	0.0924
10	0.0494	0.0149	22	0.3561	0.0412	34	0.9892	0.0692	46	1.9578	0.0967
11	0.0643	0.0148	23	0.3973	0.0411	35	1.0584	0.0692	47	2.0545	0.0966
12	0.0791	0.0190	24	0.4384	0.0458	36	1.1276	0.0738	48	2.1511	0.1018
13	0.0981	0.0190	25	0.4842	0.0458	37	1.2014	0.0737	49	2.2529	0.1017
14	0.1171	0.0232	26	0.5300	0.0506	38	1.2751	0.0782	50	2.3546	0.1017
15	0.1403	0.0232	27	0.5806	0.0505	39	1.3533	0.0782			

适用树种：河岸杨柳；适用地区：黑龙江大兴安岭新林林业局；资料名称：黑龙江省大兴安岭林政稽查执法手册。

609. 加格达奇林业局落叶松一元立木材积表（轮尺）

D	V	ΔV	D	V	ΔV	D	V	ΔV	D	V	ΔV
4	0.0041	0.0041	19	0.2261	0.0281	34	0.8542	0.0573	49	1.8824	0.0811
5	0.0082	0.0040	20	0.2542	0.0319	35	0.9115	0.0572	50	1.9635	0.0845
6	0.0122	0.0070	21	0.2861	0.0318	36	0.9687	0.0608	51	2.0480	0.0844
7	0.0192	0.0069	22	0.3179	0.0356	37	1.0295	0.0608	52	2.1324	0.0878
8	0.0261	0.0101	23	0.3535	0.0355	38	1.0903	0.0643	53	2.2202	0.0877
9	0.0362	0.0101	24	0.3890	0.0393	39	1.1546	0.0642	54	2.3079	0.0910
10	0.0463	0.0136	25	0.4283	0.0392	40	1.2188	0.0677	55	2.3989	0.0909
11	0.0599	0.0135	26	0.4675	0.0429	41	1.2865	0.0677	56	2.4898	0.0942
12	0.0734	0.0171	27	0.5104	0.0429	42	1.3542	0.0712	57	2.5840	0.0941
13	0.0905	0.0171	28	0.5533	0.0466	43	1.4254	0.0711	58	2.6781	0.0974
14	0.1076	0.0208	29	0.5999	0.0465	44	1.4965	0.0745	59	2.7755	0.0973
15	0.1284	0.0207	30	0.6464	0.0502	45	1.5710	0.0745	60	2.8728	0.0973
16	0.1491	0.0244	31	0.6966	0.0501	46	1.6455	0.0779			
17	0.1735	0.0244	32	0.7467	0.0538	47	1.7234	0.0778			
18	0.1979	0.0282	33	0.8005	0.0537	48	1.8012	0.0812			

适用树种：落叶松；适用地区：黑龙江大兴安岭松岭林业局、加格达奇林业局；资料名称：黑龙江省大兴安岭林政稽查执法手册。

610. 加格达奇林业局白桦一元立木材积表（轮尺）

D	V	ΔV	D	V	ΔV	D	V	ΔV	D	V	ΔV
4	0.0043	0.0047	16	0.1391	0.0199	28	0.4472	0.0338	40	0.9132	0.0462
5	0.0090	0.0047	17	0.1590	0.0199	29	0.4810	0.0337	41	0.9594	0.0462
6	0.0137	0.0074	18	0.1789	0.0223	30	0.5147	0.0354	42	1.0056	0.0478
7	0.0211	0.0074	19	0.2012	0.0223	31	0.5501	0.0354	43	1.0534	0.0477
8	0.0285	0.0100	20	0.2235	0.0246	32	0.5855	0.0378	44	1.1011	0.0508
9	0.0385	0.0100	21	0.2481	0.0245	33	0.6233	0.0378	45	1.1519	0.0508
10	0.0485	0.0127	22	0.2726	0.0269	34	0.6611	0.0399	46	1.2027	0.0523
11	0.0612	0.0126	23	0.2995	0.0269	35	0.7010	0.0399	47	1.2550	0.0523
12	0.0738	0.0151	24	0.3264	0.0291	36	0.7409	0.0421	48	1.3073	0.0544
13	0.0889	0.0151	25	0.3555	0.0290	37	0.7830	0.0420	49	1.3617	0.0543
14	0.1040	0.0176	26	0.3845	0.0314	38	0.8250	0.0441	50	1.4160	0.0543
15	0.1216	0.0175	27	0.4159	0.0313	39	0.8691	0.0441			

适用树种：白桦；适用地区：黑龙江大兴安岭松岭林业局、加格达奇林业局；资料名称：黑龙江省大兴安岭林政稽查执法手册。

黑

611. 加格达奇林业局樟子松一元立木材积表（轮尺）

D	V	ΔV	D	V	ΔV	D	V	ΔV	D	V	ΔV
4	0.0031	0.0032	19	0.2070	0.0279	34	0.8886	0.0666	49	2.1428	0.1033
5	0.0063	0.0031	20	0.2349	0.0324	35	0.9552	0.0665	50	2.2461	0.1088
6	0.0094	0.0057	21	0.2673	0.0323	36	1.0217	0.0717	51	2.3549	0.1087
7	0.0151	0.0056	22	0.2996	0.0370	37	1.0934	0.0717	52	2.4636	0.1142
8	0.0207	0.0086	23	0.3366	0.0370	38	1.1651	0.0769	53	2.5778	0.1141
9	0.0293	0.0086	24	0.3736	0.0417	39	1.2420	0.0769	54	2.6919	0.1196
10	0.0379	0.0119	25	0.4153	0.0417	40	1.3189	0.0822	55	2.8115	0.1195
11	0.0498	0.0119	26	0.4570	0.0466	41	1.4011	0.0821	56	2.9310	0.1250
12	0.0617	0.0156	27	0.5036	0.0465	42	1.4832	0.0874	57	3.0560	0.1249
13	0.0773	0.0156	28	0.5501	0.0514	43	1.5706	0.0874	58	3.1809	0.1304
14	0.0929	0.0195	29	0.6015	0.0514	44	1.6580	0.0927	59	3.3113	0.1304
15	0.1124	0.0194	30	0.6529	0.0564	45	1.7507	0.0927	60	3.4417	0.1304
16	0.1318	0.0236	31	0.7093	0.0564	46	1.8434	0.0980			
17	0.1554	0.0236	32	0.7657	0.0615	47	1.9414	0.0980			
18	0.1790	0.0280	33	0.8272	0.0614	48	2.0394	0.1034			

适用树种：樟子松；适用地区：黑龙江大兴安岭松岭林业局、加格达奇林业局；资料名称：黑龙江省大兴安岭林政稽查执法手册。

612. 加格达奇林业局云杉一元立木材积表（轮尺）

D	V	ΔV	D	V	ΔV	D	V	ΔV	D	V	ΔV
4	0.0025	0.0028	17	0.1494	0.0241	30	0.7031	0.0671	43	1.6746	0.0889
5	0.0053	0.0027	18	0.1735	0.0293	31	0.7702	0.0671	44	1.7635	0.0938
6	0.0080	0.0050	19	0.2028	0.0292	32	0.8373	0.0672	45	1.8573	0.0938
7	0.0130	0.0050	20	0.2320	0.0348	33	0.9045	0.0672	46	1.9511	0.0987
8	0.0180	0.0079	21	0.2668	0.0348	34	0.9717	0.0694	47	2.0498	0.0986
9	0.0259	0.0078	22	0.3016	0.0407	35	1.0411	0.0694	48	2.1484	0.1036
10	0.0337	0.0113	23	0.3423	0.0406	36	1.1105	0.0743	49	2.2520	0.1035
11	0.0450	0.0112	24	0.3829	0.0468	37	1.1848	0.0743	50	2.3555	0.1084
12	0.0562	0.0151	25	0.4297	0.0468	38	1.2591	0.0792	51	2.4639	0.1083
13	0.0713	0.0151	26	0.4765	0.0533	39	1.3383	0.0792	52	2.5722	0.1132
14	0.0864	0.0194	27	0.5298	0.0532	40	1.4175	0.0841	53	2.6854	0.1132
15	0.1058	0.0194	28	0.5830	0.0601	41	1.5016	0.0840	54	2.7986	0.1132
16	0.1252	0.0242	29	0.6431	0.0600	42	1.5856	0.0890			

适用树种：云杉；适用地区：黑龙江大兴安岭松岭林业局、加格达奇林业局；资料名称：黑龙江省大兴安岭林政稽查执法手册。

613. 加格达奇林业局山杨一元立木材积表（轮尺）

D	V	ΔV	D	V	ΔV	D	V	ΔV	D	V	ΔV
4	0.0032	0.0046	16	0.1587	0.0245	28	0.5457	0.0429	40	1.1479	0.0602
5	0.0078	0.0045	17	0.1832	0.0244	29	0.5886	0.0429	41	1.2081	0.0602
6	0.0123	0.0079	18	0.2076	0.0277	30	0.6315	0.0458	42	1.2683	0.0631
7	0.0202	0.0079	19	0.2353	0.0276	31	0.6773	0.0458	43	1.3314	0.0631
8	0.0281	0.0113	20	0.2629	0.0308	32	0.7231	0.0488	44	1.3945	0.0659
9	0.0394	0.0113	21	0.2937	0.0308	33	0.7719	0.0487	45	1.4604	0.0658
10	0.0507	0.0147	22	0.3245	0.0339	34	0.8206	0.0517	46	1.5262	0.0687
11	0.0654	0.0147	23	0.3584	0.0338	35	0.8723	0.0517	47	1.5949	0.0687
12	0.0801	0.0180	24	0.3922	0.0369	36	0.9240	0.0546	48	1.6636	0.0714
13	0.0981	0.0180	25	0.4291	0.0368	37	0.9786	0.0545	49	1.7350	0.0714
14	0.1161	0.0213	26	0.4659	0.0399	38	1.0331	0.0574	50	1.8064	0.0714
15	0.1374	0.0213	27	0.5058	0.0399	39	1.0905	0.0574			

适用树种：山杨；适用地区：黑龙江大兴安岭松岭林业局、加格达奇林业局；资料名称：黑龙江省大兴安岭林政稽查执法手册。

614. 加格达奇林业局河岸杨柳一元立木材积表（轮尺）

D	V	ΔV	D	V	ΔV	D	V	ΔV	D	V	ΔV
4	0.0040	0.0037	16	0.1393	0.0240	28	0.5572	0.0506	40	1.3064	0.0794
5	0.0077	0.0036	17	0.1633	0.0240	29	0.6078	0.0506	41	1.3858	0.0794
6	0.0113	0.0062	18	0.1873	0.0282	30	0.6584	0.0553	42	1.4652	0.0841
7	0.0175	0.0062	19	0.2155	0.0281	31	0.7137	0.0553	43	1.5493	0.0841
8	0.0237	0.0092	20	0.2436	0.0325	32	0.7690	0.0601	44	1.6334	0.0890
9	0.0329	0.0092	21	0.2761	0.0325	33	0.8291	0.0600	45	1.7224	0.0890
10	0.0421	0.0125	22	0.3086	0.0369	34	0.8891	0.0648	46	1.8114	0.0939
11	0.0546	0.0125	23	0.3455	0.0369	35	0.9539	0.0648	47	1.9053	0.0938
12	0.0671	0.0162	24	0.3824	0.0414	36	1.0187	0.0696	48	1.9991	0.0987
13	0.0833	0.0161	25	0.4238	0.0414	37	1.0883	0.0696	49	2.0978	0.0987
14	0.0994	0.0200	26	0.4652	0.0460	38	1.1579	0.0743	50	2.1965	0.0987
15	0.1194	0.0199	27	0.5112	0.0460	39	1.2322	0.0742			

适用树种：河岸杨柳；适用地区：黑龙江大兴安岭松岭林业局、加格达奇林业局；资料名称：黑龙江省大兴安岭林政稽查执法手册。

615. 北三局落叶松一元立木材积表（轮尺）

D	V	ΔV	D	V	ΔV	D	V	ΔV	D	V	ΔV
4	0.0037	0.0038	21	0.2786	0.0317	38	1.0970	0.0664	55	2.4600	0.0954
5	0.0075	0.0037	22	0.3103	0.0356	39	1.1634	0.0663	56	2.5554	0.0989
6	0.0112	0.0065	23	0.3459	0.0356	40	1.2297	0.0701	57	2.6543	0.0989
7	0.0177	0.0065	24	0.3815	0.0396	41	1.2998	0.0701	58	2.7532	0.1025
8	0.0242	0.0096	25	0.4211	0.0395	42	1.3699	0.0738	59	2.8557	0.1024
9	0.0338	0.0096	26	0.4606	0.0434	43	1.4437	0.0738	60	2.9581	0.1059
10	0.0434	0.0130	27	0.5040	0.0434	44	1.5175	0.0775	61	3.0640	0.1059
11	0.0564	0.0129	28	0.5474	0.0473	45	1.5950	0.0774	62	3.1699	0.1093
12	0.0693	0.0166	29	0.5947	0.0473	46	1.6724	0.0811	63	3.2792	0.1093
13	0.0859	0.0165	30	0.6420	0.0512	47	1.7535	0.0811	64	3.3885	0.1128
14	0.1024	0.0203	31	0.6932	0.0511	48	1.8346	0.0848	65	3.5013	0.1127
15	0.1227	0.0202	32	0.7443	0.0550	49	1.9194	0.0847	66	3.6140	0.1161
16	0.1429	0.0241	33	0.7993	0.0550	50	2.0041	0.0883	67	3.7301	0.1161
17	0.1670	0.0240	34	0.8543	0.0588	51	2.0924	0.0883	68	3.8462	0.1195
18	0.1910	0.0279	35	0.9131	0.0588	52	2.1807	0.0919	69	3.9657	0.1195
19	0.2189	0.0279	36	0.9719	0.0626	53	2.2726	0.0919	70	4.0852	0.1195
20	0.2468	0.0318	37	1.0345	0.0625	54	2.3645	0.0955			

适用树种：落叶松；适用地区：黑龙江大兴安岭阿木尔林业局、图强林业局、西林吉林业局；资料名称：黑龙江省大兴安岭林政稽查执法手册。

616. 北三局白桦一元立木材积表（轮尺）

D	V	ΔV	D	V	ΔV	D	V	ΔV	D	V	ΔV
4	0.0043	0.0048	14	0.1091	0.0186	24	0.3454	0.0310	34	0.7021	0.0429
5	0.0091	0.0048	15	0.1277	0.0186	25	0.3764	0.0309	35	0.7450	0.0428
6	0.0139	0.0078	16	0.1463	0.0212	26	0.4073	0.0334	36	0.7878	0.0446
7	0.0217	0.0077	17	0.1675	0.0211	27	0.4407	0.0333	37	0.8324	0.0446
8	0.0294	0.0106	18	0.1886	0.0237	28	0.4740	0.0357	38	0.8770	0.0471
9	0.0400	0.0105	19	0.2123	0.0236	29	0.5097	0.0357	39	0.9241	0.0471
10	0.0505	0.0133	20	0.2359	0.0262	30	0.5454	0.0381	40	0.9712	0.0471
11	0.0638	0.0133	21	0.2621	0.0261	31	0.5835	0.0380			
12	0.0771	0.0160	22	0.2882	0.0286	32	0.6215	0.0403			
13	0.0931	0.0160	23	0.3168	0.0286	33	0.6618	0.0403			

适用树种：白桦；适用地区：黑龙江大兴安岭阿木尔林业局、图强林业局、西林吉林业局；资料名称：黑龙江省大兴安岭林政稽查执法手册。

617. 北三局樟子松一元立木材积表（轮尺）

D	V	ΔV	D	V	ΔV	D	V	ΔV	D	V	ΔV
4	0.0036	0.0037	21	0.2765	0.0321	38	1.1292	0.0710	55	2.6195	0.1065
5	0.0073	0.0036	22	0.3086	0.0363	39	1.2002	0.0709	56	2.7260	0.1110
6	0.0109	0.0063	23	0.3449	0.0362	40	1.2711	0.0754	57	2.8370	0.1110
7	0.0172	0.0063	24	0.3811	0.0405	41	1.3465	0.0753	58	2.9480	0.1155
8	0.0235	0.0094	25	0.4216	0.0405	42	1.4218	0.0798	59	3.0635	0.1155
9	0.0329	0.0093	26	0.4621	0.0448	43	1.5016	0.0798	60	3.1790	0.1200
10	0.0422	0.0128	27	0.5069	0.0447	44	1.5814	0.0843	61	3.2990	0.1199
11	0.0550	0.0127	28	0.5516	0.0491	45	1.6657	0.0842	62	3.4189	0.1245
12	0.0677	0.0163	29	0.6007	0.0490	46	1.7499	0.0887	63	3.5434	0.1244
13	0.0840	0.0163	30	0.6497	0.0534	47	1.8386	0.0886	64	3.6678	0.1289
14	0.1003	0.0201	31	0.7031	0.0533	48	1.9272	0.0932	65	3.7967	0.1289
15	0.1204	0.0201	32	0.7564	0.0578	49	2.0204	0.0931	66	3.9256	0.1334
16	0.1405	0.0240	33	0.8142	0.0577	50	2.1135	0.0977	67	4.0590	0.1333
17	0.1645	0.0240	34	0.8719	0.0621	51	2.2112	0.0976	68	4.1923	0.1379
18	0.1885	0.0280	35	0.9340	0.0621	52	2.3088	0.1021	69	4.3302	0.1378
19	0.2165	0.0279	36	0.9961	0.0666	53	2.4109	0.1020	70	4.4680	0.1378
20	0.2444	0.0321	37	1.0627	0.0665	54	2.5129	0.1066			

适用树种：樟子松；适用地区：黑龙江大兴安岭阿木尔林业局、图强林业局、西林吉林业局；资料名称：黑龙江省大兴安岭林政稽查执法手册。

618. 北三局落叶松低产林一元立木材积表（轮尺）

D	V	ΔV	D	V	ΔV	D	V	ΔV	D	V	ΔV
4	0.0030	0.0030	16	0.1178	0.0201	28	0.4590	0.0403	40	1.0425	0.0603
5	0.0060	0.0030	17	0.1379	0.0201	29	0.4993	0.0402	41	1.1028	0.0602
6	0.0090	0.0053	18	0.1580	0.0234	30	0.5395	0.0436	42	1.1630	0.0636
7	0.0143	0.0053	19	0.1814	0.0234	31	0.5831	0.0436	43	1.2266	0.0635
8	0.0196	0.0079	20	0.2048	0.0267	32	0.6267	0.0470	44	1.2901	0.0668
9	0.0275	0.0078	21	0.2315	0.0267	33	0.6737	0.0469	45	1.3569	0.0668
10	0.0353	0.0107	22	0.2582	0.0301	34	0.7206	0.0504	46	1.4237	0.0700
11	0.0460	0.0107	23	0.2883	0.0301	35	0.7710	0.0503	47	1.4937	0.0700
12	0.0567	0.0137	24	0.3184	0.0350	36	0.8213	0.0537	48	1.5637	0.0732
13	0.0704	0.0137	25	0.3534	0.0349	37	0.8750	0.0536	49	1.6369	0.0732
14	0.0841	0.0169	26	0.3883	0.0354	38	0.9286	0.0570	50	1.7101	0.0732
15	0.1010	0.0168	27	0.4237	0.0353	39	0.9856	0.0569			

适用树种：落叶松（低产林）；适用地区：黑龙江大兴安岭阿木尔林业局、图强林业局、西林吉林业局；资料名称：黑龙江省大兴安岭林政稽查执法手册。

619. 北三局云杉一元立木材积表（轮尺）

D	V	ΔV	D	V	ΔV	D	V	ΔV	D	V	ΔV
4	0.0025	0.0028	17	0.1494	0.0241	30	0.7031	0.0671	43	1.6746	0.0889
5	0.0053	0.0027	18	0.1735	0.0293	31	0.7702	0.0671	44	1.7635	0.0938
6	0.0080	0.0050	19	0.2028	0.0292	32	0.8373	0.0672	45	1.8573	0.0938
7	0.0130	0.0050	20	0.2320	0.0348	33	0.9045	0.0672	46	1.9511	0.0987
8	0.0180	0.0079	21	0.2668	0.0348	34	0.9717	0.0694	47	2.0498	0.0986
9	0.0259	0.0078	22	0.3016	0.0407	35	1.0411	0.0694	48	2.1484	0.1036
10	0.0337	0.0113	23	0.3423	0.0406	36	1.1105	0.0743	49	2.2520	0.1035
11	0.0450	0.0112	24	0.3829	0.0468	37	1.1848	0.0743	50	2.3555	0.1084
12	0.0562	0.0151	25	0.4297	0.0468	38	1.2591	0.0792	51	2.4639	0.1083
13	0.0713	0.0151	26	0.4765	0.0533	39	1.3383	0.0792	52	2.5722	0.1132
14	0.0864	0.0194	27	0.5298	0.0532	40	1.4175	0.0841	53	2.6854	0.1132
15	0.1058	0.0194	28	0.5830	0.0601	41	1.5016	0.0840	54	2.7986	0.1132
16	0.1252	0.0242	29	0.6431	0.0600	42	1.5856	0.0890			

适用树种：云杉；适用地区：黑龙江大兴安岭阿木尔林业局、图强林业局、西林吉林业局；资料名称：黑龙江省大兴安岭林政稽查执法手册。

620. 北三局山杨一元立木材积表（轮尺）

D	V	ΔV	D	V	ΔV	D	V	ΔV	D	V	ΔV
4	0.0050	0.0057	16	0.1770	0.0260	28	0.5814	0.0444	40	1.2008	0.0617
5	0.0107	0.0057	17	0.2030	0.0259	29	0.6258	0.0443	41	1.2625	0.0616
6	0.0164	0.0093	18	0.2289	0.0291	30	0.6701	0.0473	42	1.3241	0.0645
7	0.0257	0.0092	19	0.2580	0.0291	31	0.7174	0.0472	43	1.3886	0.0645
8	0.0349	0.0127	20	0.2871	0.0322	32	0.7646	0.0502	44	1.4531	0.0673
9	0.0476	0.0127	21	0.3193	0.0322	33	0.8148	0.0502	45	1.5204	0.0673
10	0.0603	0.0162	22	0.3515	0.0353	34	0.8650	0.0531	46	1.5877	0.0701
11	0.0765	0.0161	23	0.3868	0.0353	35	0.9181	0.0531	47	1.6578	0.0701
12	0.0926	0.0195	24	0.4221	0.0384	36	0.9712	0.0560	48	1.7279	0.0729
13	0.1121	0.0194	25	0.4605	0.0383	37	1.0272	0.0559	49	1.8008	0.0728
14	0.1315	0.0228	26	0.4988	0.0413	38	1.0831	0.0589	50	1.8736	0.0728
15	0.1543	0.0227	27	0.5401	0.0413	39	1.1420	0.0588			

适用树种：山杨；适用地区：黑龙江大兴安岭阿木尔林业局、图强林业局、西林吉林业局；资料名称：黑龙江省大兴安岭林政稽查执法手册。

621. 北三局河岸杨柳一元立木材积表（轮尺）

D	V	ΔV	D	V	ΔV	D	V	ΔV	D	V	ΔV
4	0.0040	0.0037	16	0.1393	0.0240	28	0.5572	0.0506	40	1.3064	0.0794
5	0.0077	0.0036	17	0.1633	0.0240	29	0.6078	0.0506	41	1.3858	0.0794
6	0.0113	0.0062	18	0.1873	0.0282	30	0.6584	0.0553	42	1.4652	0.0841
7	0.0175	0.0062	19	0.2155	0.0281	31	0.7137	0.0553	43	1.5493	0.0841
8	0.0237	0.0092	20	0.2436	0.0325	32	0.7690	0.0601	44	1.6334	0.0890
9	0.0329	0.0092	21	0.2761	0.0325	33	0.8291	0.0600	45	1.7224	0.0890
10	0.0421	0.0125	22	0.3086	0.0369	34	0.8891	0.0648	46	1.8114	0.0939
11	0.0546	0.0125	23	0.3455	0.0369	35	0.9539	0.0648	47	1.9053	0.0938
12	0.0671	0.0162	24	0.3824	0.0414	36	1.0187	0.0696	48	1.9991	0.0987
13	0.0833	0.0161	25	0.4238	0.0414	37	1.0883	0.0696	49	2.0978	0.0987
14	0.0994	0.0200	26	0.4652	0.0460	38	1.1579	0.0743	50	2.1965	0.0987
15	0.1194	0.0199	27	0.5112	0.0460	39	1.2322	0.0742			

适用树种：河岸杨柳；适用地区：黑龙江大兴安岭阿木尔林业局、图强林业局、西林吉林业局；资料名称：黑龙江省大兴安岭林政稽查执法手册。

622. 塔河林业局落叶松一元立木材积表（轮尺）

D	V	ΔV	D	V	ΔV	D	V	ΔV	D	V	ΔV
4	0.0039	0.0039	21	0.2891	0.0328	38	1.1335	0.0684	55	2.3021	0.0736
5	0.0078	0.0039	22	0.3219	0.0369	39	1.2019	0.0683	56	2.3757	0.0756
6	0.0117	0.0068	23	0.3588	0.0368	40	1.2702	0.0721	57	2.4513	0.0756
7	0.0185	0.0067	24	0.3956	0.0409	41	1.3423	0.0721	58	2.5269	0.0776
8	0.0252	0.0100	25	0.4365	0.0408	42	1.4144	0.0702	59	2.6045	0.0776
9	0.0352	0.0100	26	0.4773	0.0449	43	1.4846	0.0701	60	2.6821	0.0796
10	0.0452	0.0135	27	0.5222	0.0448	44	1.5547	0.0632	61	2.7617	0.0796
11	0.0587	0.0135	28	0.5670	0.0488	45	1.6179	0.0631	62	2.8413	0.0816
12	0.0722	0.0172	29	0.6158	0.0488	46	1.6810	0.0654	63	2.9229	0.0815
13	0.0894	0.0172	30	0.6646	0.0528	47	1.7464	0.0653	64	3.0044	0.0835
14	0.1066	0.0211	31	0.7174	0.0527	48	1.8117	0.0670	65	3.0879	0.0835
15	0.1277	0.0210	32	0.7701	0.0567	49	1.8787	0.0669	66	3.1714	0.0855
16	0.1487	0.0249	33	0.8268	0.0566	50	1.9456	0.0699	67	3.2569	0.0854
17	0.1736	0.0249	34	0.8834	0.0606	51	2.0155	0.0699	68	3.3423	0.0874
18	0.1985	0.0289	35	0.9440	0.0606	52	2.0854	0.0716	69	3.4297	0.0874
19	0.2274	0.0288	36	1.0046	0.0645	53	2.1570	0.0715	70	3.5171	0.0874
20	0.2562	0.0329	37	1.0691	0.0644	54	2.2285	0.0736			

适用树种：落叶松；适用地区：黑龙江大兴安岭塔河林业局；资料名称：黑龙江省大兴安岭林政稽查执法手册。

623. 塔河林业局白桦一元立木材积表（轮尺）

D	V	ΔV	D	V	ΔV	D	V	ΔV	D	V	ΔV
6	0.0112	0.0064	18	0.1845	0.0266	30	0.5682	0.0407	42	1.1310	0.0555
7	0.0176	0.0064	19	0.2111	0.0266	31	0.6089	0.0406	43	1.1865	0.0555
8	0.0240	0.0093	20	0.2377	0.0285	32	0.6495	0.0382	44	1.2420	0.0580
9	0.0333	0.0093	21	0.2662	0.0285	33	0.6877	0.0382	45	1.3000	0.0579
10	0.0426	0.0126	22	0.2947	0.0303	34	0.7259	0.0507	46	1.3579	0.0603
11	0.0552	0.0125	23	0.3250	0.0302	35	0.7766	0.0507	47	1.4182	0.0603
12	0.0677	0.0160	24	0.3552	0.0329	36	0.8273	0.0482	48	1.4785	0.0627
13	0.0837	0.0159	25	0.3881	0.0329	37	0.8755	0.0481	49	1.5412	0.0626
14	0.0996	0.0194	26	0.4210	0.0355	38	0.9236	0.0507	50	1.6038	0.0626
15	0.1190	0.0194	27	0.4565	0.0355	39	0.9743	0.0506			
16	0.1384	0.0231	28	0.4920	0.0381	40	1.0249	0.0531			
17	0.1615	0.0230	29	0.5301	0.0381	41	1.0780	0.0530			

适用树种：白桦；适用地区：黑龙江大兴安岭塔河林业局；资料名称：黑龙江省大兴安岭林政稽查执法手册。

624. 塔河林业局樟子松一元立木材积表（轮尺）

D	V	ΔV	D	V	ΔV	D	V	ΔV	D	V	ΔV
4	0.0027	0.0042	21	0.3048	0.0334	38	1.1514	0.0735	55	2.7049	0.1116
5	0.0069	0.0041	22	0.3382	0.0372	39	1.2249	0.0735	56	2.8165	0.1164
6	0.0110	0.0076	23	0.3754	0.0371	40	1.2984	0.0783	57	2.9329	0.1164
7	0.0186	0.0075	24	0.4125	0.0400	41	1.3767	0.0782	58	3.0493	0.1212
8	0.0261	0.0112	25	0.4525	0.0399	42	1.4549	0.0830	59	3.1705	0.1212
9	0.0373	0.0111	26	0.4924	0.0455	43	1.5379	0.0829	60	3.2917	0.1261
10	0.0484	0.0149	27	0.5379	0.0454	44	1.6208	0.0877	61	3.4178	0.1260
11	0.0633	0.0148	28	0.5833	0.0482	45	1.7085	0.0877	62	3.5438	0.1308
12	0.0781	0.0186	29	0.6315	0.0482	46	1.7962	0.0925	63	3.6746	0.1308
13	0.0967	0.0186	30	0.6797	0.0519	47	1.8887	0.0925	64	3.8054	0.1356
14	0.1153	0.0223	31	0.7316	0.0519	48	1.9812	0.0973	65	3.9410	0.1356
15	0.1376	0.0223	32	0.7835	0.0556	49	2.0785	0.0972	66	4.0766	0.1496
16	0.1599	0.0260	33	0.8391	0.0555	50	2.1757	0.1020	67	4.2262	0.1495
17	0.1859	0.0260	34	0.8946	0.0593	51	2.2777	0.1020	68	4.3757	0.1362
18	0.2119	0.0298	35	0.9539	0.0592	52	2.3797	0.1068	69	4.5119	0.1361
19	0.2417	0.0297	36	1.0131	0.0692	53	2.4865	0.1068	70	4.6480	0.1361
20	0.2714	0.0334	37	1.0823	0.0691	54	2.5933	0.1116			

适用树种：樟子松；适用地区：黑龙江大兴安岭塔河林业局；资料名称：黑龙江省大兴安岭林政稽查执法手册。

625. 塔河林业局落叶松低产林一元立木材积表（轮尺）

D	V	ΔV	D	V	ΔV	D	V	ΔV	D	V	ΔV
4	0.0024	0.0026	14	0.0753	0.0158	24	0.3028	0.0337	34	0.7162	0.0530
5	0.0050	0.0025	15	0.0911	0.0158	25	0.3365	0.0336	35	0.7692	0.0530
6	0.0075	0.0046	16	0.1069	0.0192	26	0.3701	0.0375	36	0.8222	0.0570
7	0.0121	0.0046	17	0.1261	0.0191	27	0.4076	0.0374	37	0.8792	0.0569
8	0.0167	0.0070	18	0.1452	0.0227	28	0.4450	0.0413	38	0.9361	0.0610
9	0.0237	0.0069	19	0.1679	0.0226	29	0.4863	0.0413	39	0.9971	0.0609
10	0.0306	0.0097	20	0.1905	0.0263	30	0.5276	0.0452	40	1.0580	0.0609
11	0.0403	0.0097	21	0.2168	0.0262	31	0.5728	0.0452			
12	0.0500	0.0127	22	0.2430	0.0299	32	0.6180	0.0491			
13	0.0627	0.0126	23	0.2729	0.0299	33	0.6671	0.0491			

适用树种：落叶松（低产林）；适用地区：黑龙江大兴安岭塔河林业局；资料名称：黑龙江省大兴安岭林政稽查执法手册。

626. 塔河林业局云杉一元立木材积表（轮尺）

D	V	ΔV	D	V	ΔV	D	V	ΔV	D	V	ΔV
4	0.0030	0.0032	19	0.2122	0.0290	34	0.9315	0.0709	49	2.1220	0.0803
5	0.0062	0.0032	20	0.2412	0.0338	35	1.0024	0.0709	50	2.2023	0.0832
6	0.0094	0.0057	21	0.2750	0.0338	36	1.0733	0.0766	51	2.2855	0.0831
7	0.0151	0.0057	22	0.3088	0.0388	37	1.1499	0.0766	52	2.3686	0.0860
8	0.0208	0.0087	23	0.3476	0.0387	38	1.2265	0.0823	53	2.4546	0.0859
9	0.0295	0.0086	24	0.3863	0.0439	39	1.3088	0.0823	54	2.5405	0.0887
10	0.0381	0.0122	25	0.4302	0.0438	40	1.3911	0.0880	55	2.6292	0.0886
11	0.0503	0.0121	26	0.4740	0.0491	41	1.4791	0.0880	56	2.7178	0.0915
12	0.0624	0.0160	27	0.5231	0.0491	42	1.5671	0.0851	57	2.8093	0.0914
13	0.0784	0.0159	28	0.5722	0.0544	43	1.6522	0.0850	58	2.9007	0.0942
14	0.0943	0.0200	29	0.6266	0.0544	44	1.7372	0.0747	59	2.9949	0.0941
15	0.1143	0.0200	30	0.6810	0.0599	45	1.8119	0.0747	60	3.0890	0.0941
16	0.1343	0.0245	31	0.7409	0.0598	46	1.8866	0.0776			
17	0.1588	0.0244	32	0.8007	0.0654	47	1.9642	0.0775			
18	0.1832	0.0290	33	0.8661	0.0654	48	2.0417	0.0803			

适用树种：云杉；适用地区：黑龙江大兴安岭塔河林业局；资料名称：黑龙江省大兴安岭林政稽查执法手册。

627. 塔河林业局山杨一元立木材积表（轮尺）

D	V	ΔV	D	V	ΔV	D	V	ΔV	D	V	ΔV
4	0.0039	0.0038	21	0.2626	0.0292	38	0.8873	0.0486	55	1.8628	0.0671
5	0.0077	0.0037	22	0.2918	0.0328	39	0.9359	0.0486	56	1.9299	0.0694
6	0.0114	0.0064	23	0.3246	0.0327	40	0.9845	0.0510	57	1.9993	0.0694
7	0.0178	0.0064	24	0.3573	0.0362	41	1.0355	0.0509	58	2.0687	0.0717
8	0.0242	0.0093	25	0.3935	0.0362	42	1.0864	0.0533	59	2.1404	0.0716
9	0.0335	0.0093	26	0.4297	0.0273	43	1.1397	0.0533	60	2.2120	0.0739
10	0.0428	0.0124	27	0.4570	0.0300	44	1.1930	0.0557	61	2.2859	0.0739
11	0.0552	0.0124	28	0.4870	0.0310	45	1.2487	0.0556	62	2.3598	0.0762
12	0.0676	0.0157	29	0.5180	0.0287	46	1.3043	0.0580	63	2.4360	0.0761
13	0.0833	0.0157	30	0.5467	0.0390	47	1.3623	0.0579	64	2.5121	0.0784
14	0.0990	0.0190	31	0.5857	0.0389	48	1.4202	0.0704	65	2.5905	0.0783
15	0.1180	0.0189	32	0.6246	0.0414	49	1.4906	0.0563	66	2.6688	0.0806
16	0.1369	0.0224	33	0.6660	0.0413	50	1.5469	0.0563	67	2.7494	0.0805
17	0.1593	0.0224	34	0.7073	0.0438	51	1.6032	0.0627	68	2.8299	0.0828
18	0.1817	0.0258	35	0.7511	0.0438	52	1.6659	0.0649	69	2.9127	0.0828
19	0.2075	0.0258	36	0.7949	0.0462	53	1.7308	0.0648	70	2.9955	0.0828
20	0.2333	0.0293	37	0.8411	0.0462	54	1.7956	0.0672			

适用树种：山杨；适用地区：黑龙江大兴安岭塔河林业局；资料名称：黑龙江省大兴安岭林政稽查执法手册。

628. 塔河林业局河岸杨柳一元立木材积表（轮尺）

D	V	ΔV	D	V	ΔV	D	V	ΔV	D	V	ΔV
4	0.0039	0.0041	16	0.1599	0.0275	28	0.6305	0.0560	40	1.4494	0.0854
5	0.0080	0.0040	17	0.1874	0.0275	29	0.6865	0.0560	41	1.5348	0.0854
6	0.0120	0.0072	18	0.2149	0.0321	30	0.7425	0.0609	42	1.6202	0.0904
7	0.0192	0.0071	19	0.2470	0.0320	31	0.8034	0.0609	43	1.7106	0.0903
8	0.0263	0.0106	20	0.2790	0.0368	32	0.8643	0.0658	44	1.8009	0.0952
9	0.0369	0.0106	21	0.3158	0.0368	33	0.9301	0.0657	45	1.8961	0.0952
10	0.0475	0.0146	22	0.3526	0.0415	34	0.9958	0.0707	46	1.9913	0.1002
11	0.0621	0.0145	23	0.3941	0.0415	35	1.0665	0.0707	47	2.0915	0.1001
12	0.0766	0.0187	24	0.4356	0.0463	36	1.1372	0.0756	48	2.1916	0.1051
13	0.0953	0.0186	25	0.4819	0.0463	37	1.2128	0.0756	49	2.2967	0.1050
14	0.1139	0.0230	26	0.5282	0.0512	38	1.2884	0.0805	50	2.4017	0.1050
15	0.1369	0.0230	27	0.5794	0.0511	39	1.3689	0.0805			

适用树种：河岸杨柳；适用地区：黑龙江大兴安岭塔河林业局；资料名称：黑龙江省大兴安岭林政稽查执法手册。

629. 呼玛林业局落叶松一元立木材积表（轮尺）

D	V	ΔV	D	V	ΔV	D	V	ΔV	D	V	ΔV
4	0.0038	0.0037	19	0.2250	0.0291	34	0.8761	0.0585	49	1.9180	0.0831
5	0.0075	0.0036	20	0.2541	0.0332	35	0.9346	0.0585	50	2.0011	0.0876
6	0.0111	0.0065	21	0.2873	0.0331	36	0.9931	0.0618	51	2.0887	0.0875
7	0.0176	0.0064	22	0.3204	0.0371	37	1.0549	0.0617	52	2.1762	0.0925
8	0.0240	0.0097	23	0.3575	0.0370	38	1.1166	0.0650	53	2.2687	0.0925
9	0.0337	0.0096	24	0.3945	0.0410	39	1.1816	0.0650	54	2.3612	0.0980
10	0.0433	0.0132	25	0.4355	0.0409	40	1.2466	0.0683	55	2.4592	0.0980
11	0.0565	0.0132	26	0.4764	0.0447	41	1.3149	0.0682	56	2.5572	0.1043
12	0.0697	0.0171	27	0.5211	0.0446	42	1.3831	0.0717	57	2.6615	0.1043
13	0.0868	0.0170	28	0.5657	0.0483	43	1.4548	0.0717	58	2.7658	0.1113
14	0.1038	0.0210	29	0.6140	0.0483	44	1.5265	0.0752	59	2.8771	0.1113
15	0.1248	0.0210	30	0.6623	0.0518	45	1.6017	0.0752	60	2.9884	0.1113
16	0.1458	0.0251	31	0.7141	0.0517	46	1.6769	0.0790			
17	0.1709	0.0250	32	0.7658	0.0552	47	1.7559	0.0790			
18	0.1959	0.0291	33	0.8210	0.0551	48	1.8349	0.0831			

适用树种：落叶松；适用地区：黑龙江大兴安岭呼玛林业局、十八站林业局、韩家园林业局；资料名称：黑龙江省大兴安岭林政稽查执法手册。

630. 呼玛林业局白桦一元立木材积表（轮尺）

D	V	ΔV	D	V	ΔV	D	V	ΔV	D	V	ΔV
4	0.0046	0.0043	14	0.1041	0.0190	24	0.3557	0.0344	34	0.7591	0.0493
5	0.0089	0.0042	15	0.1231	0.0189	25	0.3901	0.0343	35	0.8084	0.0492
6	0.0131	0.0069	16	0.1420	0.0221	26	0.4244	0.0374	36	0.8576	0.0522
7	0.0200	0.0069	17	0.1641	0.0221	27	0.4618	0.0373	37	0.9098	0.0522
8	0.0269	0.0099	18	0.1862	0.0252	28	0.4991	0.0404	38	0.9620	0.0551
9	0.0368	0.0098	19	0.2114	0.0252	29	0.5395	0.0403	39	1.0171	0.0550
10	0.0466	0.0129	20	0.2366	0.0282	30	0.5798	0.0434	40	1.0721	0.0550
11	0.0595	0.0128	21	0.2648	0.0282	31	0.6232	0.0433			
12	0.0723	0.0159	22	0.2930	0.0314	32	0.6665	0.0463			
13	0.0882	0.0159	23	0.3244	0.0313	33	0.7128	0.0463			

适用树种：白桦；适用地区：黑龙江大兴安岭呼玛林业局、十八站林业局、韩家园林业局；资料名称：黑龙江省大兴安岭林政稽查执法手册。

631. 呼玛林业局樟子松一元立木材积表（轮尺）

D	V	ΔV	D	V	ΔV	D	V	ΔV	D	V	ΔV
4	0.0031	0.0032	19	0.2070	0.0279	34	0.8886	0.0666	49	2.1428	0.1033
5	0.0063	0.0031	20	0.2349	0.0324	35	0.9552	0.0665	50	2.2461	0.1088
6	0.0094	0.0057	21	0.2673	0.0323	36	1.0217	0.0717	51	2.3549	0.1087
7	0.0151	0.0056	22	0.2996	0.0370	37	1.0934	0.0717	52	2.4636	0.1140
8	0.0207	0.0086	23	0.3366	0.0370	38	1.1651	0.0769	53	2.5776	0.1139
9	0.0293	0.0086	24	0.3736	0.0417	39	1.2420	0.0769	54	2.6915	0.1198
10	0.0379	0.0119	25	0.4153	0.0417	40	1.3189	0.0822	55	2.8113	0.1197
11	0.0498	0.0119	26	0.4570	0.0466	41	1.4011	0.0821	56	2.9310	0.1248
12	0.0617	0.0156	27	0.5036	0.0465	42	1.4832	0.0874	57	3.0558	0.1247
13	0.0773	0.0156	28	0.5501	0.0514	43	1.5706	0.0874	58	3.1805	0.1306
14	0.0929	0.0195	29	0.6015	0.0514	44	1.6580	0.0927	59	3.3111	0.1306
15	0.1124	0.0194	30	0.6529	0.0564	45	1.7507	0.0927	60	3.4417	0.1306
16	0.1318	0.0236	31	0.7093	0.0564	46	1.8434	0.0980			
17	0.1554	0.0236	32	0.7657	0.0615	47	1.9414	0.0980			
18	0.1790	0.0280	33	0.8272	0.0614	48	2.0394	0.1034			

适用树种：樟子松；适用地区：黑龙江大兴安岭呼玛林业局、十八站林业局、韩家园林业局；资料名称：黑龙江省大兴安岭林政稽查执法手册。

632. 呼玛林业局云杉一元立木材积表（轮尺）

D	V	ΔV	D	V	ΔV	D	V	ΔV	D	V	ΔV
4	0.0025	0.0028	17	0.1494	0.0241	30	0.7031	0.0671	43	1.6746	0.0889
5	0.0053	0.0027	18	0.1735	0.0293	31	0.7702	0.0671	44	1.7635	0.0938
6	0.0080	0.0050	19	0.2028	0.0292	32	0.8373	0.0672	45	1.8573	0.0938
7	0.0130	0.0050	20	0.2320	0.0348	33	0.9045	0.0672	46	1.9511	0.0987
8	0.0180	0.0079	21	0.2668	0.0348	34	0.9717	0.0694	47	2.0498	0.0986
9	0.0259	0.0078	22	0.3016	0.0407	35	1.0411	0.0694	48	2.1484	0.1036
10	0.0337	0.0113	23	0.3423	0.0406	36	1.1105	0.0743	49	2.2520	0.1035
11	0.0450	0.0112	24	0.3829	0.0468	37	1.1848	0.0743	50	2.3555	0.1084
12	0.0562	0.0151	25	0.4297	0.0468	38	1.2591	0.0792	51	2.4639	0.1083
13	0.0713	0.0151	26	0.4765	0.0533	39	1.3383	0.0792	52	2.5722	0.1132
14	0.0864	0.0194	27	0.5298	0.0532	40	1.4175	0.0841	53	2.6854	0.1132
15	0.1058	0.0194	28	0.5830	0.0601	41	1.5016	0.0840	54	2.7986	0.1132
16	0.1252	0.0242	29	0.6431	0.0600	42	1.5856	0.0890			

适用树种：云杉；适用地区：黑龙江大兴安岭呼玛林业局、十八站林业局、韩家园林业局；资料名称：黑龙江省大兴安岭林政稽查执法手册。

633. 呼玛林业局山杨一元立木材积表（轮尺）

D	V	ΔV	D	V	ΔV	D	V	ΔV	D	V	ΔV
4	0.0044	0.0042	19	0.2200	0.0268	34	0.8148	0.0542	49	1.7904	0.0773
5	0.0086	0.0042	20	0.2468	0.0303	35	0.8690	0.0541	50	1.8677	0.0806
6	0.0128	0.0070	21	0.2771	0.0303	36	0.9231	0.0576	51	1.9483	0.0805
7	0.0198	0.0069	22	0.3074	0.0337	37	0.9807	0.0575	52	2.0288	0.0839
8	0.0267	0.0101	23	0.3411	0.0337	38	1.0382	0.0609	53	2.1127	0.0838
9	0.0368	0.0100	24	0.3748	0.0372	39	1.0991	0.0608	54	2.1965	0.0870
10	0.0468	0.0133	25	0.4120	0.0372	40	1.1599	0.0642	55	2.2835	0.0870
11	0.0601	0.0132	26	0.4492	0.0406	41	1.2241	0.0642	56	2.3705	0.0903
12	0.0733	0.0166	27	0.4898	0.0405	42	1.2883	0.0675	57	2.4608	0.0902
13	0.0899	0.0166	28	0.5303	0.0441	43	1.3558	0.0675	58	2.5510	0.0935
14	0.1065	0.0202	29	0.5744	0.0440	44	1.4233	0.0708	59	2.6445	0.0934
15	0.1267	0.0201	30	0.6184	0.0474	45	1.4941	0.0708	60	2.7379	0.0934
16	0.1468	0.0232	31	0.6658	0.0474	46	1.5649	0.0741			
17	0.1700	0.0232	32	0.7132	0.0508	47	1.6390	0.0740			
18	0.1932	0.0268	33	0.7640	0.0508	48	1.7130	0.0774			

适用树种：山杨；适用地区：黑龙江大兴安岭呼玛林业局、十八站林业局、韩家园林业局；资料名称：黑龙江省大兴安岭林政稽查执法手册。

634. 呼玛林业局河岸杨柳一元立木材积表（轮尺）

D	V	ΔV	D	V	ΔV	D	V	ΔV	D	V	ΔV
4	0.0040	0.0037	16	0.1393	0.0240	28	0.5672	0.0456	40	1.3064	0.0794
5	0.0077	0.0036	17	0.1633	0.0240	29	0.6128	0.0456	41	1.3858	0.0794
6	0.0113	0.0062	18	0.1873	0.0282	30	0.6584	0.0553	42	1.4652	0.0841
7	0.0175	0.0062	19	0.2155	0.0281	31	0.7137	0.0553	43	1.5493	0.0841
8	0.0237	0.0092	20	0.2436	0.0325	32	0.7690	0.0601	44	1.6334	0.0890
9	0.0329	0.0092	21	0.2761	0.0325	33	0.8291	0.0600	45	1.7224	0.0890
10	0.0421	0.0125	22	0.3086	0.0369	34	0.8891	0.0648	46	1.8114	0.0939
11	0.0546	0.0125	23	0.3455	0.0369	35	0.9539	0.0648	47	1.9053	0.0938
12	0.0671	0.0162	24	0.3824	0.0414	36	1.0187	0.0696	48	1.9991	0.0987
13	0.0833	0.0161	25	0.4238	0.0414	37	1.0883	0.0696	49	2.0978	0.0987
14	0.0994	0.0200	26	0.4652	0.0510	38	1.1579	0.0743	50	2.1965	0.0987
15	0.1194	0.0199	27	0.5162	0.0510	39	1.2322	0.0742			

适用树种：河岸杨柳；适用地区：黑龙江大兴安岭呼玛林业局、十八站林业局、韩家园林业局；资料名称：黑龙江省大兴安岭林政稽查执法手册。

635. 呼中林业局落叶松一元立木材积表（轮尺）

D	V	ΔV	D	V	ΔV	D	V	ΔV	D	V	ΔV
4	0.0045	0.0045	21	0.2732	0.0297	38	1.0539	0.0653	55	2.4525	0.1020
5	0.0090	0.0045	22	0.3029	0.0334	39	1.1192	0.0653	56	2.5545	0.0994
6	0.0135	0.0072	23	0.3363	0.0334	40	1.1845	0.0697	57	2.6539	0.0993
7	0.0207	0.0072	24	0.3697	0.0371	41	1.2542	0.0696	58	2.7532	0.1197
8	0.0279	0.0101	25	0.4068	0.0370	42	1.3238	0.0741	59	2.8729	0.1196
9	0.0380	0.0100	26	0.4438	0.0409	43	1.3979	0.0741	60	2.9925	0.1171
10	0.0480	0.0131	27	0.4847	0.0409	44	1.4720	0.0786	61	3.1096	0.1170
11	0.0611	0.0131	28	0.5256	0.0448	45	1.5506	0.0785	62	3.2266	0.1222
12	0.0742	0.0162	29	0.5704	0.0447	46	1.6291	0.0832	63	3.3488	0.1222
13	0.0904	0.0162	30	0.6151	0.0487	47	1.7123	0.0831	64	3.4710	0.1274
14	0.1066	0.0194	31	0.6638	0.0487	48	1.7954	0.0875	65	3.5984	0.1273
15	0.1260	0.0194	32	0.7125	0.0528	49	1.8829	0.0874	66	3.7257	0.1326
16	0.1454	0.0228	33	0.7653	0.0527	50	1.9703	0.0928	67	3.8583	0.1326
17	0.1682	0.0228	34	0.8180	0.0569	51	2.0631	0.0928	68	3.9909	0.1380
18	0.1910	0.0262	35	0.8749	0.0569	52	2.1559	0.0973	69	4.1289	0.1379
19	0.2172	0.0262	36	0.9318	0.0611	53	2.2532	0.0972	70	4.2668	0.1379
20	0.2434	0.0298	37	0.9929	0.0610	54	2.3504	0.1021			

适用树种：落叶松；适用地区：黑龙江大兴安岭呼中林业局；资料名称：黑龙江省大兴安岭林政稽查执法手册。

636. 呼中林业局白桦一元立木材积表（轮尺）

D	V	ΔV	D	V	ΔV	D	V	ΔV	D	V	ΔV
4	0.0044	0.0042	19	0.1899	0.0222	34	0.6780	0.0446	49	1.4868	0.0647
5	0.0086	0.0042	20	0.2121	0.0249	35	0.7226	0.0445	50	1.5515	0.0676
6	0.0128	0.0065	21	0.2370	0.0249	36	0.7671	0.0475	51	1.6191	0.0675
7	0.0193	0.0065	22	0.2619	0.0277	37	0.8146	0.0474	52	1.6866	0.0705
8	0.0258	0.0090	23	0.2896	0.0277	38	0.8620	0.0503	53	1.7571	0.0705
9	0.0348	0.0090	24	0.3173	0.0305	39	0.9123	0.0502	54	1.8276	0.0734
10	0.0438	0.0116	25	0.3478	0.0304	40	0.9625	0.0532	55	1.9010	0.0734
11	0.0554	0.0115	26	0.3782	0.0333	41	1.0157	0.0531	56	1.9744	0.0763
12	0.0669	0.0142	27	0.4115	0.0332	42	1.0688	0.0560	57	2.0507	0.0763
13	0.0811	0.0141	28	0.4447	0.0361	43	1.1248	0.0560	58	2.1270	0.0792
14	0.0952	0.0168	29	0.4808	0.0360	44	1.1808	0.0589	59	2.2062	0.0792
15	0.1120	0.0168	30	0.5168	0.0389	45	1.2397	0.0589	60	2.2854	0.0792
16	0.1288	0.0195	31	0.5557	0.0389	46	1.2986	0.0618			
17	0.1483	0.0194	32	0.5946	0.0417	47	1.3604	0.0617			
18	0.1677	0.0222	33	0.6363	0.0417	48	1.4221	0.0647			

适用树种：白桦；适用地区：黑龙江大兴安岭呼中林业局；资料名称：黑龙江省大兴安岭林政稽查执法手册。

黑

637. 呼中林业局樟子松一元立木材积表（轮尺）

D	V	ΔV	D	V	ΔV	D	V	ΔV	D	V	ΔV
4	0.0035	0.0036	21	0.2598	0.0298	38	1.0431	0.0647	55	2.3969	0.0965
5	0.0071	0.0035	22	0.2896	0.0336	39	1.1078	0.0647	56	2.4934	0.1004
6	0.0106	0.0061	23	0.3232	0.0335	40	1.1725	0.0687	57	2.5938	0.1004
7	0.0167	0.0060	24	0.3567	0.0374	41	1.2412	0.0686	58	2.6942	0.1045
8	0.0227	0.0089	25	0.3941	0.0373	42	1.3098	0.0727	59	2.7987	0.1044
9	0.0316	0.0089	26	0.4314	0.0413	43	1.3825	0.0726	60	2.9031	0.1084
10	0.0405	0.0121	27	0.4727	0.0412	44	1.4551	0.0766	61	3.0115	0.1083
11	0.0526	0.0120	28	0.5139	0.0451	45	1.5317	0.0766	62	3.1198	0.1124
12	0.0646	0.0154	29	0.5590	0.0451	46	1.6083	0.0806	63	3.2322	0.1124
13	0.0800	0.0154	30	0.6041	0.0490	47	1.6889	0.0805	64	3.3446	0.1163
14	0.0954	0.0189	31	0.6531	0.0490	48	1.7694	0.0846	65	3.4609	0.1163
15	0.1143	0.0188	32	0.7021	0.0529	49	1.8540	0.0845	66	3.5772	0.1203
16	0.1331	0.0224	33	0.7550	0.0529	50	1.9385	0.0885	67	3.6975	0.1203
17	0.1555	0.0224	34	0.8079	0.0568	51	2.0270	0.0885	68	3.8178	0.1243
18	0.1779	0.0261	35	0.8647	0.0568	52	2.1155	0.0925	69	3.9421	0.1243
19	0.2040	0.0260	36	0.9215	0.0608	53	2.2080	0.0924	70	4.0664	0.1243
20	0.2300	0.0298	37	0.9823	0.0608	54	2.3004	0.0965			

适用树种：樟子松；适用地区：黑龙江大兴安岭呼中林业局；资料名称：黑龙江省大兴安岭林政稽查执法手册。

638. 呼中林业局落叶松低产林一元立木材积表（轮尺）

D	V	ΔV	D	V	ΔV	D	V	ΔV	D	V	ΔV
4	0.0021	0.0025	14	0.0803	0.0178	24	0.3387	0.0317	34	0.6957	0.0403
5	0.0046	0.0025	15	0.0981	0.0178	25	0.3704	0.0317	35	0.7360	0.0402
6	0.0071	0.0047	16	0.1159	0.0217	26	0.4021	0.0339	36	0.7762	0.0409
7	0.0118	0.0047	17	0.1376	0.0217	27	0.4360	0.0339	37	0.8171	0.0409
8	0.0165	0.0074	18	0.1593	0.0258	28	0.4699	0.0360	38	0.8580	0.0411
9	0.0239	0.0073	19	0.1851	0.0258	29	0.5059	0.0360	39	0.8991	0.0411
10	0.0312	0.0106	20	0.2109	0.0299	30	0.5419	0.0378	40	0.9402	0.0411
11	0.0418	0.0105	21	0.2408	0.0299	31	0.5797	0.0377			
12	0.0523	0.0140	22	0.2707	0.0340	32	0.6174	0.0392			
13	0.0663	0.0140	23	0.3047	0.0340	33	0.6566	0.0391			

适用树种：落叶松（低产林）；适用地区：黑龙江大兴安岭呼中林业局；资料名称：黑龙江省大兴安岭林政稽查执法手册。

639. 呼中林业局山杨一元立木材积表（轮尺）

D	V	ΔV	D	V	ΔV	D	V	ΔV	D	V	ΔV
4	0.0042	0.0042	19	0.2223	0.0283	34	0.9145	0.0737	49	2.2481	0.1133
5	0.0084	0.0041	20	0.2506	0.0328	35	0.9882	0.0737	50	2.3614	0.1204
6	0.0125	0.0068	21	0.2834	0.0327	36	1.0619	0.0696	51	2.4818	0.1204
7	0.0193	0.0068	22	0.3161	0.0374	37	1.1315	0.0695	52	2.6022	0.1276
8	0.0261	0.0098	23	0.3535	0.0373	38	1.2010	0.0806	53	2.7298	0.1276
9	0.0359	0.0098	24	0.3908	0.0421	39	1.2816	0.0806	54	2.8574	0.1351
10	0.0457	0.0131	25	0.4329	0.0421	40	1.3622	0.0869	55	2.9925	0.1350
11	0.0588	0.0130	26	0.4750	0.0471	41	1.4491	0.0868	56	3.1275	0.1425
12	0.0718	0.0166	27	0.5221	0.0470	42	1.5359	0.0932	57	3.2700	0.1425
13	0.0884	0.0165	28	0.5691	0.0522	43	1.6291	0.0931	58	3.4125	0.1503
14	0.1049	0.0203	29	0.6213	0.0521	44	1.7222	0.0998	59	3.5628	0.1502
15	0.1252	0.0202	30	0.6734	0.0475	45	1.8220	0.0997	60	3.7130	0.1502
16	0.1454	0.0243	31	0.7209	0.0475	46	1.9217	0.1065			
17	0.1697	0.0242	32	0.7684	0.0731	47	2.0282	0.1065			
18	0.1939	0.0284	33	0.8415	0.0730	48	2.1347	0.1134			

适用树种：山杨；适用地区：黑龙江大兴安岭呼中林业局；资料名称：黑龙江省大兴安岭林政稽查执法手册。

640. 新林林业局落叶松地径一元立木材积表

D	V	ΔV	D	V	ΔV	D	V	ΔV	D	V	ΔV
6	0.0039	0.0023	30	0.2537	0.0210	54	0.9088	0.0314	78	1.7489	0.0389
7	0.0062	0.0023	31	0.2747	0.0210	55	0.9402	0.0314	79	1.7878	0.0388
8	0.0085	0.0035	32	0.2957	0.0226	56	0.9716	0.0321	80	1.8266	0.0393
9	0.0120	0.0035	33	0.3183	0.0226	57	1.0037	0.0321	81	1.8659	0.0393
10	0.0155	0.0049	34	0.3409	0.0243	58	1.0358	0.0328	82	1.9052	0.0399
11	0.0204	0.0048	35	0.3652	0.0242	59	1.0686	0.0328	83	1.9451	0.0398
12	0.0252	0.0063	36	0.3894	0.0259	60	1.1014	0.0335	84	1.9849	0.0403
13	0.0315	0.0062	37	0.4153	0.0258	61	1.1349	0.0335	85	2.0252	0.0403
14	0.0377	0.0078	38	0.4411	0.0275	62	1.1684	0.0342	86	2.0655	0.0408
15	0.0455	0.0078	39	0.4686	0.0274	63	1.2026	0.0341	87	2.1063	0.0407
16	0.0533	0.0094	40	0.4960	0.0290	64	1.2367	0.0348	88	2.1470	0.0413
17	0.0627	0.0093	41	0.5250	0.0290	65	1.2715	0.0348	89	2.1883	0.0412
18	0.0720	0.0110	42	0.5540	0.0306	66	1.3063	0.0354	90	2.2295	0.0417
19	0.0830	0.0110	43	0.5846	0.0305	67	1.3417	0.0354	91	2.2712	0.0416
20	0.0940	0.0127	44	0.6151	0.0321	68	1.3771	0.0361	92	2.3128	0.0422
21	0.1067	0.0126	45	0.6472	0.0320	69	1.4132	0.0360	93	2.3550	0.0421
22	0.1193	0.0143	46	0.6792	0.0253	70	1.4492	0.0366	94	2.3971	0.0425
23	0.1336	0.0143	47	0.7045	0.0253	71	1.4858	0.0366	95	2.4396	0.0425
24	0.1479	0.0160	48	0.7298	0.0291	72	1.5224	0.0372	96	2.4821	0.0394
25	0.1639	0.0159	49	0.7589	0.0290	73	1.5596	0.0372	97	2.5215	0.0393
26	0.1798	0.0177	50	0.7879	0.0299	74	1.5968	0.0378	98	2.5608	0.0469
27	0.1975	0.0176	51	0.8178	0.0298	75	1.6346	0.0377	99	2.6077	0.0469
28	0.2151	0.0193	52	0.8476	0.0306	76	1.6723	0.0383	100	2.6546	0.0469
29	0.2344	0.0193	53	0.8782	0.0306	77	1.7106	0.0383			

适用树种：落叶松；适用地区：黑龙江大兴安岭新林林业局；资料名称：黑龙江省大兴安岭林政稽查执法手册。

641. 新林林业局白桦地径一元立木材积表

D	V	ΔV	D	V	ΔV	D	V	ΔV	D	V	ΔV
6	0.0041	0.0037	25	0.1609	0.0128	44	0.4805	0.0211	63	0.9408	0.0277
7	0.0078	0.0037	26	0.1737	0.0138	45	0.5016	0.0210	64	0.9685	0.0284
8	0.0115	0.0049	27	0.1875	0.0137	46	0.5226	0.0218	65	0.9969	0.0284
9	0.0164	0.0049	28	0.2012	0.0146	47	0.5444	0.0218	66	1.0253	0.0291
10	0.0213	0.0060	29	0.2158	0.0145	48	0.5662	0.0226	67	1.0544	0.0291
11	0.0273	0.0060	30	0.2303	0.0155	49	0.5888	0.0225	68	1.0835	0.0298
12	0.0333	0.0071	31	0.2458	0.0154	50	0.6113	0.0234	69	1.1133	0.0297
13	0.0404	0.0071	32	0.2612	0.0163	51	0.6347	0.0233	70	1.1430	0.0305
14	0.0475	0.0082	33	0.2775	0.0162	52	0.6580	0.0241	71	1.1735	0.0305
15	0.0557	0.0081	34	0.2937	0.0171	53	0.6821	0.0240	72	1.2040	0.0312
16	0.0638	0.0091	35	0.3108	0.0170	54	0.7061	0.0248	73	1.2352	0.0311
17	0.0729	0.0091	36	0.3278	0.0179	55	0.7309	0.0248	74	1.2663	0.0319
18	0.0820	0.0101	37	0.3457	0.0179	56	0.7557	0.0255	75	1.2982	0.0318
19	0.0921	0.0101	38	0.3636	0.0187	57	0.7812	0.0255	76	1.3300	0.0326
20	0.1022	0.0110	39	0.3823	0.0187	58	0.8067	0.0263	77	1.3626	0.0325
21	0.1132	0.0110	40	0.4010	0.0195	59	0.8330	0.0262	78	1.3951	0.0332
22	0.1242	0.0120	41	0.4205	0.0195	60	0.8592	0.0270	79	1.4283	0.0332
23	0.1362	0.0119	42	0.4400	0.0203	61	0.8862	0.0269	80	1.4615	0.0332
24	0.1481	0.0128	43	0.4603	0.0202	62	0.9131	0.0277			

适用树种：白桦；适用地区：黑龙江大兴安岭新林林业局；资料名称：黑龙江省大兴安岭林政稽查执法手册。

642. 新林林业局樟子松地径一元立木材积表

D	V	ΔV	D	V	ΔV	D	V	ΔV	D	V	ΔV
6	0.0042	0.0026	30	0.3184	0.0286	54	1.3893	0.0648	78	3.3885	0.1060
7	0.0068	0.0025	31	0.3470	0.0285	55	1.4541	0.0647	79	3.4945	0.1059
8	0.0093	0.0040	32	0.3755	0.0313	56	1.5188	0.0680	80	3.6004	0.1096
9	0.0133	0.0039	33	0.4068	0.0312	57	1.5868	0.0680	81	3.7100	0.1096
10	0.0172	0.0056	34	0.4380	0.0342	58	1.6548	0.0713	82	3.8196	0.1133
11	0.0228	0.0055	35	0.4722	0.0341	59	1.7261	0.0713	83	3.9329	0.1132
12	0.0283	0.0074	36	0.5063	0.0370	60	1.7974	0.0747	84	4.0461	0.1170
13	0.0357	0.0073	37	0.5433	0.0369	61	1.8721	0.0747	85	4.1631	0.1169
14	0.0430	0.0093	38	0.5802	0.0399	62	1.9468	0.0780	86	4.2800	0.1206
15	0.0523	0.0092	39	0.6201	0.0399	63	2.0248	0.0780	87	4.4006	0.1206
16	0.0615	0.0113	40	0.6600	0.0429	64	2.1028	0.0814	88	4.5212	0.1244
17	0.0728	0.0113	41	0.7029	0.0428	65	2.1842	0.0814	89	4.6456	0.1243
18	0.0841	0.0135	42	0.7457	0.0459	66	2.2656	0.0849	90	4.7699	0.1281
19	0.0976	0.0135	43	0.7916	0.0459	67	2.3505	0.0848	91	4.8980	0.1280
20	0.1111	0.0158	44	0.8375	0.0489	68	2.4353	0.0883	92	5.0260	0.1319
21	0.1269	0.0157	45	0.8864	0.0489	69	2.5236	0.0883	93	5.1579	0.1319
22	0.1426	0.0182	46	0.9353	0.0520	70	2.6119	0.0918	94	5.2898	0.1357
23	0.1608	0.0182	47	0.9873	0.0520	71	2.7037	0.0918	95	5.4255	0.1356
24	0.1790	0.0207	48	1.0393	0.0552	72	2.7955	0.0953	96	5.5611	0.1395
25	0.1997	0.0206	49	1.0945	0.0551	73	2.8908	0.0953	97	5.7006	0.1395
26	0.2203	0.0232	50	1.1496	0.0583	74	2.9861	0.0988	98	5.8401	0.1434
27	0.2435	0.0232	51	1.2079	0.0583	75	3.0849	0.0988	99	5.9835	0.1433
28	0.2667	0.0259	52	1.2662	0.0616	76	3.1837	0.1024	100	6.1268	0.1433
29	0.2926	0.0258	53	1.3278	0.0615	77	3.2861	0.1024			

适用树种：樟子松；适用地区：黑龙江大兴安岭新林林业局；资料名称：黑龙江省大兴安岭林政稽查执法手册。

643. 加格达奇林业局落叶松地径一元立木材积表

D	V	ΔV	D	V	ΔV	D	V	ΔV	D	V	ΔV
6	0.0039	0.0022	30	0.2092	0.0167	54	0.7698	0.0311	78	1.6620	0.0442
7	0.0061	0.0021	31	0.2259	0.0166	55	0.8009	0.0310	79	1.7062	0.0442
8	0.0082	0.0032	32	0.2425	0.0179	56	0.8319	0.0322	80	1.7504	0.0452
9	0.0114	0.0031	33	0.2604	0.0179	57	0.8641	0.0322	81	1.7956	0.0452
10	0.0145	0.0043	34	0.2783	0.0191	58	0.8963	0.0334	82	1.8408	0.0463
11	0.0188	0.0042	35	0.2974	0.0191	59	0.9297	0.0333	83	1.8871	0.0462
12	0.0230	0.0054	36	0.3165	0.0204	60	0.9630	0.0345	84	1.9333	0.0473
13	0.0284	0.0054	37	0.3369	0.0203	61	0.9975	0.0344	85	1.9806	0.0472
14	0.0338	0.0066	38	0.3572	0.0216	62	1.0319	0.0356	86	2.0278	0.0483
15	0.0404	0.0066	39	0.3788	0.0216	63	1.0675	0.0356	87	2.0761	0.0483
16	0.0470	0.0079	40	0.4004	0.0228	64	1.1031	0.0367	88	2.1244	0.0493
17	0.0549	0.0078	41	0.4232	0.0228	65	1.1398	0.0366	89	2.1737	0.0493
18	0.0627	0.0091	42	0.4460	0.0240	66	1.1764	0.0378	90	2.2230	0.0503
19	0.0718	0.0090	43	0.4700	0.0240	67	1.2142	0.0378	91	2.2733	0.0503
20	0.0808	0.0103	44	0.4940	0.0253	68	1.2520	0.0389	92	2.3236	0.0513
21	0.0911	0.0103	45	0.5193	0.0252	69	1.2909	0.0388	93	2.3749	0.0513
22	0.1014	0.0116	46	0.5445	0.0264	70	1.3297	0.0400	94	2.4262	0.0523
23	0.1130	0.0116	47	0.5709	0.0264	71	1.3697	0.0399	95	2.4785	0.0523
24	0.1246	0.0129	48	0.5973	0.0276	72	1.4096	0.0410	96	2.5308	0.0533
25	0.1375	0.0128	49	0.6249	0.0275	73	1.4506	0.0410	97	2.5841	0.0532
26	0.1503	0.0141	50	0.6524	0.0288	74	1.4916	0.0421	98	2.6373	0.0543
27	0.1644	0.0141	51	0.6812	0.0287	75	1.5337	0.0421	99	2.6916	0.0542
28	0.1785	0.0154	52	0.7099	0.0300	76	1.5758	0.0431	100	2.7458	0.0542
29	0.1939	0.0153	53	0.7399	0.0299	77	1.6189	0.0431			

适用树种：落叶松；适用地区：黑龙江大兴安岭松岭林业局、加格达奇林业局；资料名称：黑龙江省大兴安岭林政稽查执法手册。

644. 加格达奇林业局白桦地径一元立木材积表

D	V	ΔV	D	V	ΔV	D	V	ΔV	D	V	ΔV
6	0.0040	0.0026	25	0.1411	0.0120	44	0.4512	0.0209	63	0.9129	0.0280
7	0.0066	0.0026	26	0.1531	0.0130	45	0.4721	0.0209	64	0.9409	0.0288
8	0.0092	0.0038	27	0.1661	0.0129	46	0.4930	0.0217	65	0.9697	0.0287
9	0.0130	0.0037	28	0.1790	0.0139	47	0.5147	0.0217	66	0.9984	0.0295
10	0.0167	0.0049	29	0.1929	0.0139	48	0.5364	0.0225	67	1.0279	0.0294
11	0.0216	0.0048	30	0.2068	0.0148	49	0.5589	0.0225	68	1.0573	0.0303
12	0.0264	0.0060	31	0.2216	0.0148	50	0.5814	0.0233	69	1.0876	0.0302
13	0.0324	0.0059	32	0.2364	0.0158	51	0.6047	0.0233	70	1.1178	0.0310
14	0.0383	0.0071	33	0.2522	0.0157	52	0.6280	0.0242	71	1.1488	0.0309
15	0.0454	0.0070	34	0.2679	0.0166	53	0.6522	0.0241	72	1.1797	0.0317
16	0.0524	0.0081	35	0.2845	0.0166	54	0.6763	0.0249	73	1.2114	0.0317
17	0.0605	0.0080	36	0.3011	0.0175	55	0.7012	0.0249	74	1.2431	0.0324
18	0.0685	0.0091	37	0.3186	0.0174	56	0.7261	0.0257	75	1.2755	0.0324
19	0.0776	0.0091	38	0.3360	0.0184	57	0.7518	0.0257	76	1.3079	0.0331
20	0.0867	0.0101	39	0.3544	0.0183	58	0.7775	0.0265	77	1.3410	0.0331
21	0.0968	0.0101	40	0.3727	0.0192	59	0.8040	0.0264	78	1.3741	0.0338
22	0.1069	0.0111	41	0.3919	0.0192	60	0.8304	0.0273	79	1.4079	0.0338
23	0.1180	0.0110	42	0.4111	0.0201	61	0.8577	0.0272	80	1.4417	0.0338
24	0.1290	0.0121	43	0.4312	0.0200	62	0.8849	0.0280			

适用树种：白桦；适用地区：黑龙江大兴安岭松岭林业局、加格达奇林业局；资料名称：黑龙江省大兴安岭林政稽查执法手册。

645. 北三局落叶松地径一元立木材积表

D	V	ΔV	D	V	ΔV	D	V	ΔV	D	V	ΔV
6	0.0025	0.0016	30	0.2173	0.0196	54	0.9347	0.0423	78	2.2025	0.0652
7	0.0041	0.0016	31	0.2369	0.0195	55	0.9770	0.0423	79	2.2677	0.0652
8	0.0057	0.0026	32	0.2564	0.0214	56	1.0193	0.0442	80	2.3329	0.0671
9	0.0083	0.0025	33	0.2778	0.0214	57	1.0635	0.0442	81	2.4000	0.0671
10	0.0108	0.0037	34	0.2992	0.0233	58	1.1077	0.0461	82	2.4671	0.0690
11	0.0145	0.0037	35	0.3225	0.0232	59	1.1538	0.0461	83	2.5361	0.0690
12	0.0182	0.0049	36	0.3457	0.0252	60	1.1999	0.0481	84	2.6051	0.0709
13	0.0231	0.0049	37	0.3709	0.0251	61	1.2480	0.0480	85	2.6760	0.0708
14	0.0280	0.0063	38	0.3960	0.0270	62	1.2960	0.0500	86	2.7468	0.0728
15	0.0343	0.0063	39	0.4230	0.0270	63	1.3460	0.0500	87	2.8196	0.0727
16	0.0406	0.0078	40	0.4500	0.0289	64	1.3960	0.0519	88	2.8923	0.0746
17	0.0484	0.0077	41	0.4789	0.0289	65	1.4479	0.0519	89	2.9669	0.0746
18	0.0561	0.0093	42	0.5078	0.0308	66	1.4998	0.0538	90	3.0415	0.0765
19	0.0654	0.0092	43	0.5386	0.0308	67	1.5536	0.0538	91	3.1180	0.0765
20	0.0746	0.0109	44	0.5694	0.0327	68	1.6074	0.0557	92	3.1945	0.0784
21	0.0855	0.0108	45	0.6021	0.0327	69	1.6631	0.0557	93	3.2729	0.0783
22	0.0963	0.0126	46	0.6348	0.0346	70	1.7188	0.0576	94	3.3512	0.0802
23	0.1089	0.0125	47	0.6694	0.0346	71	1.7764	0.0576	95	3.4314	0.0802
24	0.1214	0.0142	48	0.7040	0.0365	72	1.8340	0.0595	96	3.5116	0.0821
25	0.1356	0.0142	49	0.7405	0.0365	73	1.8935	0.0595	97	3.5937	0.0820
26	0.1498	0.0160	50	0.7770	0.0435	74	1.9530	0.0615	98	3.6757	0.0839
27	0.1658	0.0160	51	0.8205	0.0434	75	2.0145	0.0614	99	3.7596	0.0839
28	0.1818	0.0178	52	0.8639	0.0354	76	2.0759	0.0633	100	3.8435	0.0839
29	0.1996	0.0177	53	0.8993	0.0354	77	2.1392	0.0633			

适用树种：落叶松；适用地区：黑龙江大兴安岭阿木尔林业局、图强林业局、西林吉林业局；资料名称：黑龙江省大兴安岭林政稽查执法手册。

646. 北三局白桦地径一元立木材积表

D	V	ΔV	D	V	ΔV	D	V	ΔV	D	V	ΔV
6	0.0013	0.0011	25	0.1308	0.0140	44	0.5567	0.0324	63	1.3333	0.0480
7	0.0024	0.0012	26	0.1448	0.0157	45	0.5891	0.0323	64	1.3813	0.0562
8	0.0036	0.0023	27	0.1605	0.0157	46	0.6214	0.0343	65	1.4375	0.0561
9	0.0059	0.0023	28	0.1762	0.0174	47	0.6557	0.0343	66	1.4936	0.0554
10	0.0082	0.0035	29	0.1936	0.0174	48	0.6900	0.0363	67	1.5490	0.0553
11	0.0117	0.0034	30	0.2110	0.0192	49	0.7263	0.0363	68	1.6043	0.0576
12	0.0151	0.0048	31	0.2302	0.0191	50	0.7626	0.0384	69	1.6619	0.0575
13	0.0199	0.0048	32	0.2493	0.0210	51	0.8010	0.0383	70	1.7194	0.0598
14	0.0247	0.0062	33	0.2703	0.0209	52	0.8393	0.0404	71	1.7792	0.0598
15	0.0309	0.0062	34	0.2912	0.0228	53	0.8797	0.0404	72	1.8390	0.0620
16	0.0371	0.0089	35	0.3140	0.0228	54	0.9201	0.0425	73	1.9010	0.0620
17	0.0460	0.0093	36	0.3368	0.0247	55	0.9626	0.0425	74	1.9630	0.0643
18	0.0553	0.0093	37	0.3615	0.0246	56	1.0051	0.0446	75	2.0273	0.0643
19	0.0646	0.0080	38	0.3861	0.0265	57	1.0497	0.0446	76	2.0916	0.0666
20	0.0726	0.0101	39	0.4126	0.0265	58	1.0943	0.0467	77	2.1582	0.0666
21	0.0827	0.0100	40	0.4391	0.0285	59	1.1410	0.0466	78	2.2248	0.0689
22	0.0927	0.0118	41	0.4676	0.0284	60	1.1876	0.0489	79	2.2937	0.0688
23	0.1045	0.0123	42	0.4960	0.0304	61	1.2365	0.0488	80	2.3625	0.0688
24	0.1168	0.0140	43	0.5264	0.0303	62	1.2853	0.0480			

适用树种：白桦；适用地区：黑龙江大兴安岭阿木尔林业局、图强林业局、西林吉林业局；资料名称：黑龙江省大兴安岭林政稽查执法手册。

647. 北三局樟子松地径一元立木材积表

D	V	ΔV	D	V	ΔV	D	V	ΔV	D	V	ΔV
6	0.0056	0.0033	30	0.3587	0.0302	54	1.4318	0.0621	78	3.2801	0.0947
7	0.0089	0.0032	31	0.3889	0.0302	55	1.4939	0.0621	79	3.3748	0.0947
8	0.0121	0.0050	32	0.4191	0.0329	56	1.5560	0.0648	80	3.4695	0.0974
9	0.0171	0.0049	33	0.4520	0.0328	57	1.6208	0.0648	81	3.5669	0.0974
10	0.0220	0.0068	34	0.4848	0.0354	58	1.6856	0.0675	82	3.6643	0.1002
11	0.0288	0.0067	35	0.5202	0.0354	59	1.7531	0.0675	83	3.7645	0.1001
12	0.0355	0.0088	36	0.5556	0.0381	60	1.8206	0.0702	84	3.8646	0.1029
13	0.0443	0.0088	37	0.5937	0.0380	61	1.8908	0.0702	85	3.9675	0.1028
14	0.0531	0.0109	38	0.6317	0.0407	62	1.9610	0.0730	86	4.0703	0.1056
15	0.0640	0.0109	39	0.6724	0.0406	63	2.0340	0.0729	87	4.1759	0.1056
16	0.0749	0.0131	40	0.7130	0.0434	64	2.1069	0.0757	88	4.2815	0.1083
17	0.0880	0.0131	41	0.7564	0.0433	65	2.1826	0.0756	89	4.3898	0.1083
18	0.1011	0.0154	42	0.7997	0.0460	66	2.2582	0.0784	90	4.4981	0.1110
19	0.1165	0.0154	43	0.8457	0.0459	67	2.3366	0.0783	91	4.6091	0.1110
20	0.1319	0.0178	44	0.8916	0.0487	68	2.4149	0.0811	92	4.7201	0.1138
21	0.1497	0.0177	45	0.9403	0.0486	69	2.4960	0.0811	93	4.8339	0.1137
22	0.1674	0.0202	46	0.9889	0.0514	70	2.5771	0.0838	94	4.9476	0.1165
23	0.1876	0.0202	47	1.0403	0.0513	71	2.6609	0.0838	95	5.0641	0.1165
24	0.2078	0.0227	48	1.0916	0.0540	72	2.7447	0.0865	96	5.1806	0.1192
25	0.2305	0.0226	49	1.1456	0.0540	73	2.8312	0.0865	97	5.2998	0.1191
26	0.2531	0.0251	50	1.1996	0.0567	74	2.9177	0.0893	98	5.4189	0.1220
27	0.2782	0.0251	51	1.2563	0.0567	75	3.0070	0.0892	99	5.5409	0.1219
28	0.3033	0.0277	52	1.3130	0.0594	76	3.0962	0.0920	100	5.6628	0.1219
29	0.3310	0.0277	53	1.3724	0.0594	77	3.1882	0.0919			

适用树种：樟子松；适用地区：黑龙江大兴安岭阿木尔林业局、图强林业局、西林吉林业局；资料名称：黑龙江省大兴安岭林政稽查执法手册。

黑

648. 塔河林业局落叶松地径一元立木材积表

D	V	ΔV	D	V	ΔV	D	V	ΔV	D	V	ΔV
6	0.0049	0.0029	30	0.2783	0.0216	54	0.9743	0.0368	78	1.8785	0.0364
7	0.0078	0.0028	31	0.2999	0.0216	55	1.0111	0.0367	79	1.9149	0.0363
8	0.0106	0.0043	32	0.3215	0.0231	56	1.0478	0.0378	80	1.9512	0.0367
9	0.0149	0.0042	33	0.3446	0.0231	57	1.0856	0.0378	81	1.9879	0.0367
10	0.0191	0.0057	34	0.3677	0.0245	58	1.1234	0.0388	82	2.0246	0.0370
11	0.0248	0.0057	35	0.3922	0.0245	59	1.1622	0.0388	83	2.0616	0.0369
12	0.0305	0.0073	36	0.4167	0.0260	60	1.2010	0.0398	84	2.0985	0.0373
13	0.0378	0.0073	37	0.4427	0.0259	61	1.2408	0.0397	85	2.1358	0.0372
14	0.0451	0.0089	38	0.4686	0.0273	62	1.2805	0.0407	86	2.1730	0.0376
15	0.0540	0.0089	39	0.4959	0.0272	63	1.3212	0.0406	87	2.2106	0.0375
16	0.0629	0.0106	40	0.5231	0.0286	64	1.3618	0.0416	88	2.2481	0.0379
17	0.0735	0.0105	41	0.5517	0.0286	65	1.4034	0.0416	89	2.2860	0.0378
18	0.0840	0.0122	42	0.5803	0.0299	66	1.4450	0.0425	90	2.3238	0.0381
19	0.0962	0.0121	43	0.6102	0.0298	67	1.4875	0.0424	91	2.3619	0.0380
20	0.1083	0.0138	44	0.6400	0.0311	68	1.5299	0.0324	92	2.3999	0.0384
21	0.1221	0.0138	45	0.6711	0.0311	69	1.5623	0.0323	93	2.4383	0.0383
22	0.1359	0.0155	46	0.7022	0.0323	70	1.5946	0.0350	94	2.4766	0.0386
23	0.1514	0.0154	47	0.7345	0.0323	71	1.6296	0.0349	95	2.5152	0.0385
24	0.1668	0.0209	48	0.7668	0.0335	72	1.6645	0.0353	96	2.5537	0.0388
25	0.1877	0.0177	49	0.8003	0.0334	73	1.6998	0.0353	97	2.5925	0.0387
26	0.2054	0.0179	50	0.8337	0.0346	74	1.7351	0.0357	98	2.6312	0.0390
27	0.2233	0.0147	51	0.8683	0.0346	75	1.7708	0.0357	99	2.6702	0.0390
28	0.2380	0.0202	52	0.9029	0.0357	76	1.8065	0.0360	100	2.7092	0.0390
29	0.2582	0.0201	53	0.9386	0.0357	77	1.8425	0.0360			

适用树种：落叶松；适用地区：黑龙江大兴安岭塔河林业局；资料名称：黑龙江省大兴安岭林政稽查执法手册。

649. 塔河林业局白桦地径一元立木材积表

D	V	ΔV	D	V	ΔV	D	V	ΔV	D	V	ΔV
6	0.0039	0.0022	25	0.1431	0.0136	44	0.4941	0.0233	63	1.0127	0.0316
7	0.0061	0.0022	26	0.1567	0.0147	45	0.5174	0.0233	64	1.0443	0.0325
8	0.0083	0.0033	27	0.1714	0.0146	46	0.5407	0.0243	65	1.0768	0.0325
9	0.0116	0.0032	28	0.1860	0.0167	47	0.5650	0.0243	66	1.1093	0.0334
10	0.0148	0.0044	29	0.2027	0.0167	48	0.5893	0.0252	67	1.1427	0.0333
11	0.0192	0.0043	30	0.2194	0.0180	49	0.6145	0.0252	68	1.1760	0.0343
12	0.0235	0.0056	31	0.2374	0.0179	50	0.6397	0.0262	69	1.2103	0.0342
13	0.0291	0.0056	32	0.2553	0.0174	51	0.6659	0.0261	70	1.2445	0.0352
14	0.0347	0.0068	33	0.2727	0.0174	52	0.6920	0.0271	71	1.2797	0.0351
15	0.0415	0.0068	34	0.2901	0.0184	53	0.7191	0.0271	72	1.3148	0.0360
16	0.0483	0.0082	35	0.3085	0.0184	54	0.7462	0.0280	73	1.3508	0.0359
17	0.0565	0.0081	36	0.3269	0.0195	55	0.7742	0.0280	74	1.3867	0.0369
18	0.0646	0.0095	37	0.3464	0.0194	56	0.8022	0.0289	75	1.4236	0.0368
19	0.0741	0.0094	38	0.3658	0.0204	57	0.8311	0.0289	76	1.4604	0.0378
20	0.0835	0.0109	39	0.3862	0.0204	58	0.8600	0.0298	77	1.4982	0.0377
21	0.0944	0.0108	40	0.4066	0.0214	59	0.8898	0.0298	78	1.5359	0.0386
22	0.1052	0.0122	41	0.4280	0.0214	60	0.9196	0.0308	79	1.5745	0.0385
23	0.1174	0.0121	42	0.4494	0.0224	61	0.9504	0.0307	80	1.6130	0.0385
24	0.1295	0.0136	43	0.4718	0.0223	62	0.9811	0.0316			

适用树种：白桦；适用地区：黑龙江大兴安岭塔河林业局；资料名称：黑龙江省大兴安岭林政稽查执法手册。

650. 塔河林业局樟子松地径一元立木材积表

D	V	ΔV	D	V	ΔV	D	V	ΔV	D	V	ΔV
6	0.0041	0.0033	30	0.3355	0.0261	54	1.2094	0.0516	78	2.7187	0.0759
7	0.0074	0.0032	31	0.3616	0.0261	55	1.2610	0.0516	79	2.7946	0.0758
8	0.0106	0.0052	32	0.3877	0.0279	56	1.3126	0.0537	80	2.8704	0.0778
9	0.0158	0.0051	33	0.4156	0.0278	57	1.3663	0.0536	81	2.9482	0.0778
10	0.0209	0.0071	34	0.4434	0.0297	58	1.4199	0.0518	82	3.0260	0.0798
11	0.0280	0.0070	35	0.4731	0.0296	59	1.4717	0.0518	83	3.1058	0.0797
12	0.0350	0.0090	36	0.5027	0.0314	60	1.5235	0.0619	84	3.1855	0.0816
13	0.0440	0.0090	37	0.5341	0.0314	61	1.5854	0.0618	85	3.2671	0.0816
14	0.0530	0.0110	38	0.5655	0.0332	62	1.6472	0.0599	86	3.3487	0.0835
15	0.0640	0.0110	39	0.5987	0.0332	63	1.7071	0.0599	87	3.4322	0.0835
16	0.0750	0.0129	40	0.6319	0.0349	64	1.7670	0.0620	88	3.5157	0.0854
17	0.0879	0.0129	41	0.6668	0.0349	65	1.8290	0.0619	89	3.6011	0.0853
18	0.1008	0.0148	42	0.7017	0.0366	66	1.8909	0.0640	90	3.6864	0.0872
19	0.1156	0.0148	43	0.7383	0.0366	67	1.9549	0.0640	91	3.7736	0.0872
20	0.1304	0.0168	44	0.7749	0.0384	68	2.0189	0.0660	92	3.8608	0.0891
21	0.1472	0.0167	45	0.8133	0.0383	69	2.0849	0.0660	93	3.9499	0.0890
22	0.1639	0.0187	46	0.8516	0.0400	70	2.1509	0.0680	94	4.0389	0.0909
23	0.1826	0.0186	47	0.8916	0.0400	71	2.2189	0.0680	95	4.1298	0.0908
24	0.2012	0.0206	48	0.9316	0.0421	72	2.2869	0.0700	96	4.2206	0.0927
25	0.2218	0.0205	49	0.9737	0.0420	73	2.3569	0.0700	97	4.3133	0.0927
26	0.2423	0.0224	50	1.0157	0.0474	74	2.4269	0.0720	98	4.4060	0.0945
27	0.2647	0.0224	51	1.0631	0.0473	75	2.4989	0.0719	99	4.5005	0.0944
28	0.2871	0.0242	52	1.1104	0.0495	76	2.5708	0.0740	100	4.5949	0.0944
29	0.3113	0.0242	53	1.1599	0.0495	77	2.6448	0.0739			

适用树种：樟子松；适用地区：黑龙江大兴安岭塔河林业局；资料名称：黑龙江省大兴安岭林政稽查执法手册。

651. 呼玛林业局落叶松地径一元立木材积表

D	V	ΔV	D	V	ΔV	D	V	ΔV	D	V	ΔV
6	0.0016	0.0012	30	0.1970	0.0195	54	0.9368	0.0439	78	2.2773	0.0731
7	0.0028	0.0011	31	0.2165	0.0195	55	0.9807	0.0439	79	2.3504	0.0730
8	0.0039	0.0019	32	0.2360	0.0216	56	1.0246	0.0460	80	2.4234	0.0768
9	0.0058	0.0019	33	0.2576	0.0215	57	1.0706	0.0459	81	2.5002	0.0767
10	0.0077	0.0028	34	0.2791	0.0236	58	1.1165	0.0479	82	2.5769	0.0808
11	0.0105	0.0028	35	0.3027	0.0236	59	1.1644	0.0479	83	2.6577	0.0808
12	0.0133	0.0039	36	0.3263	0.0257	60	1.2123	0.0499	84	2.7385	0.0852
13	0.0172	0.0039	37	0.3520	0.0257	61	1.2622	0.0499	85	2.8237	0.0852
14	0.0211	0.0052	38	0.3777	0.0278	62	1.3121	0.0520	86	2.9089	0.0902
15	0.0263	0.0052	39	0.4055	0.0278	63	1.3641	0.0520	87	2.9991	0.0901
16	0.0315	0.0067	40	0.4333	0.0299	64	1.4161	0.0542	88	3.0892	0.0955
17	0.0382	0.0066	41	0.4632	0.0299	65	1.4703	0.0541	89	3.1847	0.0955
18	0.0448	0.0082	42	0.4931	0.0319	66	1.5244	0.0564	90	3.2802	0.1016
19	0.0530	0.0081	43	0.5250	0.0319	67	1.5808	0.0563	91	3.3818	0.1015
20	0.0611	0.0099	44	0.5569	0.0340	68	1.6371	0.0587	92	3.4833	0.1082
21	0.0710	0.0099	45	0.5909	0.0340	69	1.6958	0.0587	93	3.5915	0.1081
22	0.0809	0.0117	46	0.6249	0.0360	70	1.7545	0.0612	94	3.6996	0.1155
23	0.0926	0.0116	47	0.6609	0.0360	71	1.8157	0.0612	95	3.8151	0.1154
24	0.1042	0.0135	48	0.6969	0.0380	72	1.8769	0.0638	96	3.9305	0.1236
25	0.1177	0.0135	49	0.7349	0.0380	73	1.9407	0.0638	97	4.0541	0.1236
26	0.1312	0.0155	50	0.7729	0.0150	74	2.0045	0.0667	98	4.1777	0.1325
27	0.1467	0.0154	51	0.7879	0.0410	75	2.0712	0.0666	99	4.3102	0.1325
28	0.1621	0.0175	52	0.8289	0.0409	76	2.1378	0.0698	100	4.4427	0.1325
29	0.1796	0.0174	53	0.8698	0.0670	77	2.2076	0.0697			

适用树种：落叶松；适用地区：黑龙江大兴安岭呼玛林业局、十八站林业局、韩家园林业局；资料名称：黑龙江省大兴安岭林政稽查执法手册。

652. 呼玛林业局白桦地径一元立木材积表

D	V	ΔV	D	V	ΔV	D	V	ΔV	D	V	ΔV
6	0.0038	0.0023	25	0.1602	0.0155	44	0.6037	0.0322	63	1.3497	0.0471
7	0.0061	0.0023	26	0.1757	0.0172	45	0.6359	0.0321	64	1.3968	0.0489
8	0.0084	0.0035	27	0.1929	0.0171	46	0.6680	0.0338	65	1.4457	0.0488
9	0.0119	0.0035	28	0.2100	0.0188	47	0.7018	0.0338	66	1.4945	0.0505
10	0.0154	0.0048	29	0.2288	0.0188	48	0.7356	0.0355	67	1.5450	0.0505
11	0.0202	0.0048	30	0.2476	0.0205	49	0.7711	0.0354	68	1.5955	0.0522
12	0.0250	0.0062	31	0.2681	0.0204	50	0.8065	0.0372	69	1.6477	0.0521
13	0.0312	0.0061	32	0.2885	0.0221	51	0.8437	0.0371	70	1.6998	0.0539
14	0.0373	0.0077	33	0.3106	0.0221	52	0.8808	0.0389	71	1.7537	0.0538
15	0.0450	0.0076	34	0.3327	0.0238	53	0.9197	0.0388	72	1.8075	0.0555
16	0.0526	0.0092	35	0.3565	0.0237	54	0.9585	0.0405	73	1.8630	0.0554
17	0.0618	0.0091	36	0.3802	0.0255	55	0.9990	0.0405	74	1.9184	0.0572
18	0.0709	0.0107	37	0.4057	0.0254	56	1.0395	0.0422	75	1.9756	0.0571
19	0.0816	0.0107	38	0.4311	0.0271	57	1.0817	0.0421	76	2.0327	0.0588
20	0.0923	0.0123	39	0.4582	0.0271	58	1.1238	0.0438	77	2.0915	0.0588
21	0.1046	0.0123	40	0.4853	0.0288	59	1.1676	0.0438	78	2.1503	0.0605
22	0.1169	0.0139	41	0.5141	0.0287	60	1.2114	0.0456	79	2.2108	0.0604
23	0.1308	0.0139	42	0.5428	0.0305	61	1.2570	0.0455	80	2.2712	0.0604
24	0.1447	0.0155	43	0.5733	0.0304	62	1.3025	0.0472			

适用树种：白桦；适用地区：黑龙江大兴安岭呼玛林业局、十八站林业局、韩家园林业局；资料名称：黑龙江省大兴安岭林政稽查执法手册。

653. 呼玛林业局樟子松地径一元立木材积表

D	V	ΔV	D	V	ΔV	D	V	ΔV	D	V	ΔV
6	0.0030	0.0020	30	0.2858	0.0284	54	1.5095	0.0834	78	4.4463	0.1772
7	0.0050	0.0019	31	0.3142	0.0284	55	1.5929	0.0833	79	4.6235	0.1771
8	0.0069	0.0031	32	0.3426	0.0319	56	1.6762	0.0895	80	4.8006	0.1874
9	0.0100	0.0030	33	0.3745	0.0318	57	1.7657	0.0894	81	4.9880	0.1873
10	0.0130	0.0044	34	0.4063	0.0355	58	1.8551	0.0958	82	5.1753	0.1981
11	0.0174	0.0043	35	0.4418	0.0354	59	1.9509	0.0958	83	5.3734	0.1980
12	0.0217	0.0060	36	0.4772	0.0393	60	2.0467	0.1025	84	5.5714	0.2092
13	0.0277	0.0059	37	0.5165	0.0393	61	2.1492	0.1024	85	5.7806	0.2091
14	0.0336	0.0077	38	0.5558	0.0433	62	2.2516	0.1095	86	5.9897	0.2208
15	0.0413	0.0076	39	0.5991	0.0432	63	2.3611	0.1094	87	6.2105	0.2208
16	0.0489	0.0096	40	0.6423	0.0476	64	2.4705	0.1167	88	6.4313	0.2329
17	0.0585	0.0096	41	0.6899	0.0475	65	2.5872	0.1166	89	6.6642	0.2329
18	0.0681	0.0118	42	0.7374	0.0520	66	2.7038	0.1243	90	6.8971	0.2456
19	0.0799	0.0117	43	0.7894	0.0519	67	2.8281	0.1242	91	7.1427	0.2455
20	0.0916	0.0141	44	0.8413	0.0566	68	2.9523	0.1322	92	7.3882	0.2588
21	0.1057	0.0140	45	0.8979	0.0566	69	3.0845	0.1322	93	7.6470	0.2588
22	0.1197	0.0166	46	0.9545	0.0615	70	3.2167	0.1404	94	7.9058	0.2726
23	0.1363	0.0165	47	1.0160	0.0615	71	3.3571	0.1404	95	8.1784	0.2726
24	0.1528	0.0193	48	1.0775	0.0666	72	3.4975	0.1490	96	8.4510	0.2870
25	0.1721	0.0192	49	1.1441	0.0665	73	3.6465	0.1490	97	8.7380	0.2870
26	0.1913	0.0221	50	1.2106	0.0720	74	3.7955	0.1580	98	9.0250	0.3021
27	0.2134	0.0221	51	1.2826	0.0719	75	3.9535	0.1580	99	9.3271	0.3021
28	0.2355	0.0252	52	1.3545	0.0775	76	4.1115	0.1674	100	9.6292	0.3021
29	0.2607	0.0251	53	1.4320	0.0775	77	4.2789	0.1674			

适用树种：樟子松；适用地区：黑龙江大兴安岭呼玛林业局、十八站林业局、韩家园林业局；资料名称：黑龙江省大兴安岭林政稽查执法手册。

654. 呼中林业局落叶松地径一元立木材积表

D	V	ΔV	D	V	ΔV	D	V	ΔV	D	V	ΔV
6	0.0043	0.0026	30	0.2424	0.0199	54	0.9660	0.0435	78	2.3292	0.0738
7	0.0069	0.0026	31	0.2623	0.0198	55	1.0095	0.0434	79	2.4030	0.0738
8	0.0095	0.0038	32	0.2821	0.0216	56	1.0529	0.0458	80	2.4768	0.0767
9	0.0133	0.0037	33	0.3037	0.0215	57	1.0987	0.0458	81	2.5535	0.0766
10	0.0170	0.0050	34	0.3252	0.0233	58	1.1445	0.0481	82	2.6301	0.0796
11	0.0220	0.0049	35	0.3485	0.0233	59	1.1926	0.0480	83	2.7097	0.0796
12	0.0269	0.0063	36	0.3718	0.0252	60	1.2406	0.0504	84	2.7893	0.0825
13	0.0332	0.0062	37	0.3970	0.0251	61	1.2910	0.0504	85	2.8718	0.0825
14	0.0394	0.0076	38	0.4221	0.0271	62	1.3414	0.0529	86	2.9543	0.0855
15	0.0470	0.0075	39	0.4492	0.0270	63	1.3943	0.0528	87	3.0398	0.0855
16	0.0545	0.0089	40	0.4762	0.0289	64	1.4471	0.0553	88	3.1253	0.0886
17	0.0634	0.0089	41	0.5051	0.0289	65	1.5024	0.0552	89	3.2139	0.0886
18	0.0723	0.0104	42	0.5340	0.0309	66	1.5576	0.0578	90	3.3025	0.0917
19	0.0827	0.0103	43	0.5649	0.0308	67	1.6154	0.0577	91	3.3942	0.0917
20	0.0930	0.0119	44	0.5957	0.0329	68	1.6731	0.0604	92	3.4859	0.0949
21	0.1049	0.0118	45	0.6286	0.0329	69	1.7335	0.0603	93	3.5808	0.0949
22	0.1167	0.0134	46	0.6615	0.0349	70	1.7938	0.0629	94	3.6757	0.0981
23	0.1301	0.0133	47	0.6964	0.0349	71	1.8567	0.0629	95	3.7738	0.0981
24	0.1434	0.0149	48	0.7313	0.0370	72	1.9196	0.0656	96	3.8719	0.1014
25	0.1583	0.0148	49	0.7683	0.0369	73	1.9852	0.0655	97	3.9733	0.1014
26	0.1731	0.0165	50	0.8052	0.0391	74	2.0507	0.0683	98	4.0747	0.1048
27	0.1896	0.0165	51	0.8443	0.0391	75	2.1190	0.0682	99	4.1795	0.1047
28	0.2061	0.0182	52	0.8834	0.0413	76	2.1872	0.0710	100	4.2842	0.1047
29	0.2243	0.0181	53	0.9247	0.0413	77	2.2582	0.0710			

适用树种：落叶松；适用地区：黑龙江大兴安岭呼中林业局；资料名称：黑龙江省大兴安岭林政稽查执法手册。

655. 呼中林业局白桦地径一元立木材积表

D	V	ΔV	D	V	ΔV	D	V	ΔV	D	V	ΔV
6	0.0050	0.0031	25	0.1883	0.0177	44	0.6974	0.0373	63	1.5761	0.0563
7	0.0081	0.0030	26	0.2060	0.0196	45	0.7347	0.0373	64	1.6324	0.0586
8	0.0111	0.0044	27	0.2256	0.0195	46	0.7720	0.0394	65	1.6910	0.0586
9	0.0155	0.0044	28	0.2451	0.0215	47	0.8114	0.0393	66	1.7496	0.0608
10	0.0199	0.0059	29	0.2666	0.0214	48	0.8507	0.0414	67	1.8104	0.0607
11	0.0258	0.0058	30	0.2880	0.0234	49	0.8921	0.0414	68	1.8711	0.0630
12	0.0316	0.0074	31	0.3114	0.0233	50	0.9335	0.0436	69	1.9341	0.0630
13	0.0390	0.0074	32	0.3347	0.0253	51	0.9771	0.0435	70	1.9971	0.0652
14	0.0464	0.0090	33	0.3600	0.0253	52	1.0206	0.0456	71	2.0623	0.0651
15	0.0554	0.0090	34	0.3853	0.0272	53	1.0662	0.0456	72	2.1274	0.0675
16	0.0644	0.0107	35	0.4125	0.0272	54	1.1118	0.0478	73	2.1949	0.0674
17	0.0751	0.0107	36	0.4397	0.0292	55	1.1596	0.0478	74	2.2623	0.0697
18	0.0858	0.0124	37	0.4689	0.0292	56	1.2074	0.0499	75	2.3320	0.0696
19	0.0982	0.0123	38	0.4981	0.0312	57	1.2573	0.0499	76	2.4016	0.0719
20	0.1105	0.0142	39	0.5293	0.0312	58	1.3072	0.0521	77	2.4735	0.0719
21	0.1247	0.0141	40	0.5605	0.0332	59	1.3593	0.0520	78	2.5454	0.0719
22	0.1388	0.0159	41	0.5937	0.0332	60	1.4113	0.0542			
23	0.1547	0.0159	42	0.6269	0.0353	61	1.4655	0.0542			
24	0.1706	0.0177	43	0.6622	0.0352	62	1.5197	0.0564			

黑

适用树种：白桦；适用地区：黑龙江大兴安岭呼中林业局；资料名称：黑龙江省大兴安岭林政稽查执法手册。

656. 呼中林业局樟子松地径一元立木材积表

D	V	ΔV	D	V	ΔV	D	V	ΔV	D	V	ΔV
6	0.0051	0.0030	30	0.3148	0.0262	54	1.2341	0.0528	78	2.7990	0.0799
7	0.0081	0.0030	31	0.3410	0.0261	55	1.2869	0.0528	79	2.8789	0.0798
8	0.0111	0.0045	32	0.3671	0.0284	56	1.3397	0.0551	80	2.9587	0.0821
9	0.0156	0.0044	33	0.3955	0.0283	57	1.3948	0.0551	81	3.0408	0.0821
10	0.0200	0.0061	34	0.4238	0.0305	58	1.4499	0.0573	82	3.1229	0.0844
11	0.0261	0.0060	35	0.4543	0.0305	59	1.5072	0.0573	83	3.2073	0.0843
12	0.0321	0.0079	36	0.4848	0.0328	60	1.5645	0.0596	84	3.2916	0.0866
13	0.0400	0.0078	37	0.5176	0.0327	61	1.6241	0.0596	85	3.3782	0.0865
14	0.0478	0.0097	38	0.5503	0.0349	62	1.6837	0.0618	86	3.4647	0.0889
15	0.0575	0.0096	39	0.5852	0.0349	63	1.7455	0.0618	87	3.5536	0.0888
16	0.0671	0.0116	40	0.6201	0.0372	64	1.8073	0.0641	88	3.6424	0.0911
17	0.0787	0.0115	41	0.6573	0.0371	65	1.8714	0.0641	89	3.7335	0.0911
18	0.0902	0.0136	42	0.6944	0.0394	66	1.9355	0.0663	90	3.8246	0.0934
19	0.1038	0.0135	43	0.7338	0.0394	67	2.0018	0.0663	91	3.9180	0.0933
20	0.1173	0.0156	44	0.7732	0.0416	68	2.0681	0.0686	92	4.0113	0.0956
21	0.1329	0.0155	45	0.8148	0.0416	69	2.1367	0.0686	93	4.1069	0.0956
22	0.1484	0.0177	46	0.8564	0.0439	70	2.2053	0.0709	94	4.2025	0.0978
23	0.1661	0.0176	47	0.9003	0.0438	71	2.2762	0.0708	95	4.3003	0.0978
24	0.1837	0.0197	48	0.9441	0.0461	72	2.3470	0.0731	96	4.3981	0.1001
25	0.2034	0.0197	49	0.9902	0.0461	73	2.4201	0.0730	97	4.4982	0.1001
26	0.2231	0.0219	50	1.0363	0.0483	74	2.4931	0.0754	98	4.5983	0.1023
27	0.2450	0.0218	51	1.0846	0.0483	75	2.5685	0.0753	99	4.7006	0.1023
28	0.2668	0.0240	52	1.1329	0.0506	76	2.6438	0.0776	100	4.8029	0.1023
29	0.2908	0.0240	53	1.1835	0.0506	77	2.7214	0.0776			

适用树种：樟子松；适用地区：黑龙江大兴安岭呼中林业局；资料名称：黑龙江省大兴安岭林政稽查执法手册。

黑

黑龙江省国有林业局立木材积表

黑龙江省森林工业总局于 1995 年为所属的 40 个国有林业局编制发行了“一元立木材积表、一元材种出材率表”。材积表分 26 个树种组编制。表中标明“人工”以外的树种均为天然林树种。天然林一元材积表是在 11 个二元材积表的基础上导算的。共有 300 多个一元材积表。一部分主要树种分林业局独立编制，有的树种分片区编制，有的则为全区共用。本书只收集到少数几个林业局的材积表，其他林业局的材积表有待以后补充。原材积表给出的树高方程中，有的用“1.3+”的形式，有的直接将该值合并到常数项中，本书按原书的形式给出，以便读者理解。天然林树种的二元材积方程中的胸径均为轮尺径，人工林一元立木材积式中的胸径均为围尺径。本书材积表的名称冠以“OO林业局”是以所收集到的材积表为基础编辑整理的，每个表的后面都注明了所适用的林业局。

这套材积表包括天然林 18 个树种（组）、人工林 5 个树种（组），共约 52 个材积表，其中部分主要树种各林业局分别编表，多数树种全部或部分林业局共用。每个表的后面都注明所适用的林业局。天然林一元立木材积表是根据二元材积表（轮径）导算的，人工林一元立木材积表是直接用围尺径拟合方程计算的。由二元材积表导算一元材积表所用到的树高方程形式，各林业局不完全相同，除了五营林业局有 4 个天然林树种（红松、云杉、冷杉、白桦）外，其余树种的树高方程均加 1.3。

材积表中的径阶为围尺径。材积方程、树高方程中的直径均为轮尺径。每个材积表都注明了适用的最大围尺径。

另外有 3 个树种（组）的材积式在国有林区通用，原材积表中只给出了二元方程，没有轮围关系以及树高方程参数，也没有收集到材积表本身，分别是：

樟子松$V = 0.000054585749D^{1.9705412}H^{0.91418311}$；

柳树、杂木$V = 0.000041960698D^{1.9094595}H^{1.0413892}$。

黑

黑

657. 绥棱林业局红松一元立木材积表

$$V = 0.0000635277 D_{轮}^{1.9435455} H^{0.89689361}$$

$$H = 1.3 + 30.60232 e^{(-14.47829/D_{轮})}$$

$D_{轮} = 0.1777497 + 0.9753249 D_{围}$；表中$D$为围尺径；$D \leqslant 68$cm

D	V	ΔV	D	V	ΔV	D	V	ΔV	D	V	ΔV
5	0.0040	0.0033	21	0.2822	0.0346	37	1.0836	0.0675	53	2.4049	0.0996
6	0.0074	0.0048	22	0.3168	0.0367	38	1.1511	0.0695	54	2.5045	0.1016
7	0.0122	0.0065	23	0.3535	0.0388	39	1.2206	0.0715	55	2.6061	0.1036
8	0.0187	0.0083	24	0.3923	0.0408	40	1.2921	0.0735	56	2.7097	0.1056
9	0.0270	0.0102	25	0.4332	0.0429	41	1.3656	0.0756	57	2.8153	0.1075
10	0.0372	0.0121	26	0.4761	0.0450	42	1.4412	0.0776	58	2.9228	0.1095
11	0.0493	0.0141	27	0.5211	0.0470	43	1.5188	0.0796	59	3.0323	0.1115
12	0.0634	0.0161	28	0.5681	0.0491	44	1.5984	0.0816	60	3.1438	0.1135
13	0.0795	0.0181	29	0.6172	0.0511	45	1.6800	0.0836	61	3.2573	0.1155
14	0.0977	0.0202	30	0.6683	0.0532	46	1.7636	0.0856	62	3.3727	0.1174
15	0.1178	0.0222	31	0.7215	0.0552	47	1.8492	0.0876	63	3.4902	0.1194
16	0.1401	0.0243	32	0.7768	0.0573	48	1.9368	0.0896	64	3.6096	0.1214
17	0.1643	0.0264	33	0.8340	0.0593	49	2.0264	0.0916	65	3.7309	0.1233
18	0.1907	0.0284	34	0.8934	0.0614	50	2.1181	0.0936	66	3.8542	0.1253
19	0.2191	0.0305	35	0.9547	0.0634	51	2.2117	0.0956	67	3.9795	0.1273
20	0.2496	0.0326	36	1.0181	0.0654	52	2.3073	0.0976	68	4.1068	0.1273

适用树种：红松；适用地区：绥棱；资料名称：绥棱林业局一元立木材积表、一元材种出材率表；编表人或作者：黑龙江省森林工业总局；刊印或发表时间：1995。

658. 绥棱林业局人工红松一元立木材积表

$V = 0.0001613403 D_{轮}^{2.31284}$；表中$D$为围尺径；$D \leqslant 34$cm

D	V	ΔV	D	V	ΔV	D	V	ΔV	D	V	ΔV
5	0.0067	0.0035	13	0.0608	0.0114	21	0.1844	0.0209	29	0.3891	0.0317
6	0.0102	0.0044	14	0.0722	0.0125	22	0.2054	0.0222	30	0.4208	0.0332
7	0.0145	0.0053	15	0.0847	0.0136	23	0.2276	0.0235	31	0.4540	0.0346
8	0.0198	0.0062	16	0.0983	0.0148	24	0.2512	0.0249	32	0.4886	0.0360
9	0.0260	0.0072	17	0.1131	0.0160	25	0.2760	0.0262	33	0.5246	0.0375
10	0.0332	0.0082	18	0.1291	0.0172	26	0.3022	0.0276	34	0.5621	0.0375
11	0.0413	0.0092	19	0.1463	0.0184	27	0.3298	0.0289			
12	0.0505	0.0103	20	0.1647	0.0197	28	0.3587	0.0303			

适用树种：人工红松；适用地区：全区通用；资料名称：绥棱林业局一元立木材积表、一元材种出材率表；编表人或作者：黑龙江省森林工业总局；刊印或发表时间：1995。

659. 绥棱林业局云杉一元立木材积表

$$V=0.000061859978D_{\text{轮}}^{1.85577513}H^{1.0070547}$$

$$H=1.3+31.32357e^{(-15.46499/D_{\text{轮}})}$$

$D_{\text{轮}}=0.06779223+0.9815738D_{\text{围}}$；表中$D$为围尺径；$D\leqslant$68cm

D	V	ΔV	D	V	ΔV	D	V	ΔV	D	V	ΔV
5	0.0033	0.0029	21	0.2811	0.0350	37	1.0854	0.0671	53	2.3861	0.0971
6	0.0062	0.0044	22	0.3162	0.0371	38	1.1525	0.0690	54	2.4832	0.0989
7	0.0106	0.0061	23	0.3533	0.0392	39	1.2216	0.0709	55	2.5821	0.1007
8	0.0167	0.0080	24	0.3925	0.0412	40	1.2925	0.0728	56	2.6828	0.1025
9	0.0247	0.0099	25	0.4337	0.0433	41	1.3653	0.0748	57	2.7853	0.1043
10	0.0346	0.0119	26	0.4770	0.0453	42	1.4401	0.0766	58	2.8897	0.1061
11	0.0465	0.0140	27	0.5224	0.0474	43	1.5167	0.0785	59	2.9958	0.1079
12	0.0605	0.0161	28	0.5697	0.0494	44	1.5953	0.0804	60	3.1038	0.1097
13	0.0765	0.0182	29	0.6191	0.0514	45	1.6757	0.0823	61	3.2135	0.1115
14	0.0947	0.0203	30	0.6704	0.0534	46	1.7580	0.0842	62	3.3250	0.1133
15	0.1150	0.0224	31	0.7238	0.0554	47	1.8422	0.0860	63	3.4383	0.1151
16	0.1374	0.0245	32	0.7792	0.0573	48	1.9282	0.0879	64	3.5534	0.1169
17	0.1619	0.0266	33	0.8365	0.0593	49	2.0161	0.0897	65	3.6702	0.1186
18	0.1886	0.0288	34	0.8958	0.0613	50	2.1058	0.0916	66	3.7889	0.1204
19	0.2173	0.0309	35	0.9571	0.0632	51	2.1974	0.0934	67	3.9093	0.1221
20	0.2482	0.0330	36	1.0203	0.0652	52	2.2908	0.0953	68	4.0314	0.1221

黑

适用树种：云杉；适用地区：绥棱；资料名称：绥棱林业局一元立木材积表、一元材种出材率表；编表人或作者：黑龙江省森林工业总局；刊印或发表时间：1995。

660. 绥棱林业局人工云杉一元立木材积表

V=0.00006476034$D_{\text{轮}}^{2.712251}$；表中D为围尺径；$D\leqslant$34cm

D	V	ΔV	D	V	ΔV	D	V	ΔV	D	V	ΔV
5	0.0051	0.0033	13	0.0680	0.0151	21	0.2497	0.0336	29	0.5994	0.0577
6	0.0084	0.0043	14	0.0832	0.0171	22	0.2833	0.0363	30	0.6571	0.0611
7	0.0127	0.0055	15	0.1003	0.0192	23	0.3196	0.0391	31	0.7182	0.0646
8	0.0182	0.0069	16	0.1194	0.0213	24	0.3587	0.0420	32	0.7828	0.0681
9	0.0251	0.0083	17	0.1408	0.0236	25	0.4007	0.0450	33	0.8509	0.0718
10	0.0334	0.0098	18	0.1644	0.0260	26	0.4457	0.0480	34	0.9227	0.0718
11	0.0432	0.0115	19	0.1904	0.0284	27	0.4938	0.0512			
12	0.0547	0.0133	20	0.2188	0.0310	28	0.5450	0.0544			

适用树种：人工云杉；适用地区：全区通用；资料名称：绥棱林业局一元立木材积表、一元材种出材率表；编表人或作者：黑龙江省森林工业总局；刊印或发表时间：1995。

661. 绥棱林业局冷杉一元立木材积表

$$V = 0.000061859978 D_{轮}^{1.85577513} H^{1.0070547}$$

$$H = 1.3 + 29.04719 e^{(-13.95641/D_{轮})}$$

$D_{轮} = -0.007830989 + 0.9846957 D_{围}$；表中$D$为围尺径；$D \leqslant 58$cm

D	V	ΔV	D	V	ΔV	D	V	ΔV	D	V	ΔV
5	0.0036	0.0032	19	0.2179	0.0302	33	0.8155	0.0568	47	1.7746	0.0818
6	0.0068	0.0047	20	0.2480	0.0321	34	0.8723	0.0586	48	1.8563	0.0835
7	0.0115	0.0064	21	0.2802	0.0341	35	0.9309	0.0605	49	1.9398	0.0852
8	0.0180	0.0083	22	0.3142	0.0360	36	0.9914	0.0623	50	2.0250	0.0869
9	0.0262	0.0102	23	0.3503	0.0380	37	1.0537	0.0641	51	2.1120	0.0887
10	0.0364	0.0121	24	0.3883	0.0399	38	1.1177	0.0659	52	2.2007	0.0904
11	0.0486	0.0141	25	0.4282	0.0418	39	1.1836	0.0677	53	2.2910	0.0921
12	0.0627	0.0161	26	0.4700	0.0437	40	1.2513	0.0695	54	2.3831	0.0938
13	0.0788	0.0182	27	0.5137	0.0456	41	1.3207	0.0712	55	2.4769	0.0955
14	0.0970	0.0202	28	0.5593	0.0475	42	1.3920	0.0730	56	2.5724	0.0972
15	0.1172	0.0222	29	0.6068	0.0494	43	1.4650	0.0748	57	2.6696	0.0989
16	0.1393	0.0242	30	0.6562	0.0512	44	1.5397	0.0765	58	2.7684	0.0989
17	0.1635	0.0262	31	0.7075	0.0531	45	1.6163	0.0783			
18	0.1897	0.0282	32	0.7606	0.0550	46	1.6945	0.0800			

适用树种：冷杉；适用地区：绥棱；资料名称：绥棱林业局一元立木材积表、一元材种出材率表；编表人或作者：黑龙江省森林工业总局；刊印或发表时间：1995。

黑

662. 绥棱林业局人工樟子松一元立木材积表

$V = 0.0002997317 D_{轮}^{2.163587}$；表中$D$为围尺径；$D \leqslant 30$cm

D	V	ΔV	D	V	ΔV	D	V	ΔV	D	V	ΔV
5	0.0098	0.0047	12	0.0648	0.0123	19	0.1752	0.0206	26	0.3453	0.0294
6	0.0145	0.0057	13	0.0771	0.0134	20	0.1957	0.0218	27	0.3746	0.0307
7	0.0202	0.0068	14	0.0905	0.0146	21	0.2175	0.0230	28	0.4053	0.0320
8	0.0270	0.0078	15	0.1050	0.0157	22	0.2405	0.0243	29	0.4373	0.0333
9	0.0348	0.0089	16	0.1208	0.0169	23	0.2648	0.0255	30	0.4706	0.0333
10	0.0437	0.0100	17	0.1377	0.0181	24	0.2904	0.0268			
11	0.0537	0.0111	18	0.1558	0.0193	25	0.3172	0.0281			

适用树种：人工樟子松；适用地区：全区通用；资料名称：绥棱林业局一元立木材积表、一元材种出材率表；编表人或作者：黑龙江省森林工业总局；刊印或发表时间：1995。

663. 绥棱林业局水胡黄一元立木材积表

$$V = 0.000041960698 D_{轮}^{1.9094595} H^{1.0413892}$$

$$H = 1.3 + 27.41721 e^{(-12.5611/D_{轮})}$$

$D_{轮} = -0.1043069 + 0.9932008 D_{围}$；表中$D$为围尺径；$D \leqslant 74$cm

D	V	ΔV	D	V	ΔV	D	V	ΔV	D	V	ΔV
5	0.0030	0.0028	23	0.3141	0.0344	41	1.2039	0.0660	59	2.6505	0.0963
6	0.0059	0.0042	24	0.3485	0.0362	42	1.2699	0.0677	60	2.7468	0.0979
7	0.0101	0.0057	25	0.3847	0.0380	43	1.3376	0.0694	61	2.8447	0.0996
8	0.0158	0.0074	26	0.4226	0.0398	44	1.4070	0.0711	62	2.9443	0.1012
9	0.0232	0.0091	27	0.4624	0.0415	45	1.4781	0.0728	63	3.0455	0.1029
10	0.0322	0.0108	28	0.5040	0.0433	46	1.5509	0.0745	64	3.1484	0.1045
11	0.0431	0.0126	29	0.5473	0.0451	47	1.6254	0.0762	65	3.2529	0.1062
12	0.0556	0.0144	30	0.5924	0.0469	48	1.7015	0.0779	66	3.3590	0.1078
13	0.0700	0.0162	31	0.6392	0.0486	49	1.7794	0.0796	67	3.4668	0.1094
14	0.0862	0.0180	32	0.6879	0.0504	50	1.8590	0.0813	68	3.5762	0.1111
15	0.1043	0.0199	33	0.7382	0.0521	51	1.9403	0.0829	69	3.6873	0.1127
16	0.1241	0.0217	34	0.7904	0.0539	52	2.0232	0.0846	70	3.8000	0.1143
17	0.1458	0.0235	35	0.8442	0.0556	53	2.1078	0.0863	71	3.9143	0.1159
18	0.1693	0.0253	36	0.8998	0.0574	54	2.1941	0.0880	72	4.0302	0.1176
19	0.1946	0.0271	37	0.9572	0.0591	55	2.2820	0.0896	73	4.1478	0.1192
20	0.2218	0.0290	38	1.0163	0.0608	56	2.3717	0.0913	74	4.2670	0.1192
21	0.2507	0.0308	39	1.0771	0.0625	57	2.4629	0.0930			
22	0.2815	0.0326	40	1.1396	0.0643	58	2.5559	0.0946			

适用树种：水曲柳，胡桃楸，黄波罗；适用地区：绥棱、沾河、通北、兴隆、清河、亚布力、苇河、方正、山河屯；资料名称：绥棱林业局一元立木材积表、一元材种出材率表；编表人或作者：黑龙江省森林工业总局；刊印或发表时间：1995。

664. 绥棱林业局椴树一元立木材积表

$$V = 0.000041960698 D_{轮}^{1.9094595} H^{1.0413892}$$

$$H = 1.3 + 24.74338 e^{(-12.16939/D_{轮})}$$

$D_{轮} = -0.07525719 + 0.9890294 D_{围}$；表中$D$为围尺径；$D \leqslant 92$cm

D	V	ΔV	D	V	ΔV	D	V	ΔV	D	V	ΔV
5	0.0030	0.0027	27	0.4217	0.0376	49	1.6096	0.0716	71	3.5302	0.1042
6	0.0057	0.0040	28	0.4593	0.0392	50	1.6813	0.0732	72	3.6344	0.1057
7	0.0097	0.0054	29	0.4984	0.0408	51	1.7544	0.0747	73	3.7401	0.1071
8	0.0151	0.0069	30	0.5392	0.0423	52	1.8291	0.0762	74	3.8472	0.1086
9	0.0220	0.0084	31	0.5816	0.0439	53	1.9053	0.0777	75	3.9558	0.1100
10	0.0304	0.0100	32	0.6255	0.0455	54	1.9829	0.0792	76	4.0659	0.1115
11	0.0404	0.0116	33	0.6710	0.0471	55	2.0621	0.0807	77	4.1773	0.1129
12	0.0520	0.0132	34	0.7180	0.0486	56	2.1427	0.0821	78	4.2903	0.1144
13	0.0652	0.0148	35	0.7667	0.0502	57	2.2249	0.0836	79	4.4047	0.1158
14	0.0800	0.0165	36	0.8169	0.0517	58	2.3085	0.0851	80	4.5205	0.1173
15	0.0965	0.0181	37	0.8686	0.0533	59	2.3936	0.0866	81	4.6378	0.1187
16	0.1146	0.0198	38	0.9219	0.0548	60	2.4802	0.0881	82	4.7565	0.1201
17	0.1344	0.0214	39	0.9768	0.0564	61	2.5683	0.0896	83	4.8766	0.1216
18	0.1558	0.0230	40	1.0332	0.0579	62	2.6579	0.0910	84	4.9982	0.1230
19	0.1789	0.0247	41	1.0911	0.0595	63	2.7489	0.0925	85	5.1212	0.1244
20	0.2036	0.0263	42	1.1506	0.0610	64	2.8414	0.0940	86	5.2456	0.1259
21	0.2299	0.0279	43	1.2116	0.0625	65	2.9354	0.0955	87	5.3715	0.1273
22	0.2578	0.0296	44	1.2741	0.0641	66	3.0309	0.0969	88	5.4988	0.1287
23	0.2873	0.0312	45	1.3382	0.0656	67	3.1278	0.0984	89	5.6275	0.1302
24	0.3185	0.0328	46	1.4038	0.0671	68	3.2262	0.0999	90	5.7577	0.1316
25	0.3513	0.0344	47	1.4709	0.0686	69	3.3261	0.1013	91	5.8892	0.1330
26	0.3857	0.0360	48	1.5395	0.0701	70	3.4274	0.1028	92	6.0222	0.1330

适用树种：椴树；适用地区：绥棱、沾河、通北、兴隆、清河、亚布力、苇河、方正、山河屯；资料名称：绥棱林业局一元立木材积表、一元材种出材率表；编表人或作者：黑龙江省森林工业总局；刊印或发表时间：1995。

665. 绥棱林业局落叶松一元立木材积表

$$V = 0.000050168241 D_{\text{轮}}^{1.7582894} H^{1.1496653}$$

$$H = 1.3 + 29.97114 e^{(-14.56468/D_{\text{轮}})}$$

$D_{\text{轮}} = 0.2110355 + 0.972763 D_{\text{围}}$；表中$D$为围尺径；$D \leqslant 54\text{cm}$

D	V	ΔV	D	V	ΔV	D	V	ΔV	D	V	ΔV
5	0.0031	0.0028	18	0.1698	0.0253	31	0.6295	0.0466	44	1.3518	0.0657
6	0.0058	0.0041	19	0.1951	0.0270	32	0.6761	0.0482	45	1.4175	0.0671
7	0.0100	0.0057	20	0.2221	0.0288	33	0.7242	0.0497	46	1.4845	0.0685
8	0.0156	0.0073	21	0.2509	0.0305	34	0.7739	0.0512	47	1.5530	0.0698
9	0.0230	0.0091	22	0.2813	0.0321	35	0.8251	0.0527	48	1.6228	0.0712
10	0.0321	0.0109	23	0.3135	0.0338	36	0.8778	0.0542	49	1.6940	0.0726
11	0.0429	0.0127	24	0.3473	0.0355	37	0.9319	0.0556	50	1.7666	0.0739
12	0.0556	0.0145	25	0.3828	0.0371	38	0.9876	0.0571	51	1.8405	0.0753
13	0.0701	0.0163	26	0.4199	0.0387	39	1.0447	0.0586	52	1.9158	0.0766
14	0.0864	0.0181	27	0.4586	0.0403	40	1.1032	0.0600	53	1.9924	0.0779
15	0.1046	0.0200	28	0.4990	0.0419	41	1.1632	0.0614	54	2.0703	0.0779
16	0.1245	0.0217	29	0.5409	0.0435	42	1.2247	0.0629			
17	0.1463	0.0235	30	0.5844	0.0451	43	1.2875	0.0643			

适用树种：落叶松；适用地区：绥棱、沾河、通北、兴隆、清河、亚布力、苇河、方正、山河屯；资料名称：绥棱林业局一元立木材积表、一元材种出材率表；编表人或作者：黑龙江省森林工业总局；刊印或发表时间：1995。

黑

666. 绥棱林业局人工杨树一元立木材积表

$V = 0.0003359151 D_{\text{轮}}^{2.199671}$；表中$D$为围尺径；$D \leqslant 48\text{cm}$

D	V	ΔV	D	V	ΔV	D	V	ΔV	D	V	ΔV
5	0.0116	0.0057	16	0.1496	0.0213	27	0.4729	0.0394	38	1.0028	0.0590
6	0.0173	0.0070	17	0.1709	0.0229	28	0.5123	0.0411	39	1.0618	0.0608
7	0.0243	0.0083	18	0.1938	0.0245	29	0.5534	0.0428	40	1.1226	0.0627
8	0.0326	0.0096	19	0.2183	0.0261	30	0.5962	0.0446	41	1.1853	0.0645
9	0.0422	0.0110	20	0.2444	0.0277	31	0.6408	0.0464	42	1.2498	0.0664
10	0.0532	0.0124	21	0.2721	0.0293	32	0.6872	0.0481	43	1.3162	0.0683
11	0.0656	0.0138	22	0.3014	0.0310	33	0.7353	0.0499	44	1.3845	0.0702
12	0.0794	0.0153	23	0.3323	0.0326	34	0.7852	0.0517	45	1.4546	0.0721
13	0.0947	0.0168	24	0.3650	0.0343	35	0.8369	0.0535	46	1.5267	0.0740
14	0.1115	0.0183	25	0.3992	0.0360	36	0.8904	0.0553	47	1.6006	0.0759
15	0.1298	0.0198	26	0.4352	0.0377	37	0.9457	0.0571	48	1.6765	0.0759

适用树种：人工杨树；适用地区：全区通用；资料名称：绥棱林业局一元立木材积表、一元材种出材率表；编表人或作者：黑龙江省森林工业总局；刊印或发表时间：1995。

667. 绥棱林业局柞树一元立木材积表

$$V=0.000061125534D_{轮}^{1.8810091}H^{0.94462565}$$

$$H=1.3+21.45283e^{(-12.04234/D_{轮})}$$

$D_{轮}=0.03689092+0.9749068D_{围}$；表中$D$为围尺径；$D\leqslant$64cm

D	V	ΔV	D	V	ΔV	D	V	ΔV	D	V	ΔV
5	0.0036	0.0029	20	0.1831	0.0226	35	0.6574	0.0417	50	1.4092	0.0597
6	0.0065	0.0040	21	0.2058	0.0239	36	0.6990	0.0429	51	1.4689	0.0608
7	0.0105	0.0053	22	0.2297	0.0252	37	0.7419	0.0441	52	1.5297	0.0620
8	0.0157	0.0066	23	0.2550	0.0265	38	0.7860	0.0453	53	1.5917	0.0632
9	0.0223	0.0079	24	0.2815	0.0278	39	0.8313	0.0465	54	1.6549	0.0643
10	0.0302	0.0092	25	0.3093	0.0291	40	0.8779	0.0478	55	1.7192	0.0655
11	0.0394	0.0106	26	0.3384	0.0304	41	0.9256	0.0490	56	1.7847	0.0667
12	0.0500	0.0119	27	0.3688	0.0317	42	0.9746	0.0502	57	1.8514	0.0678
13	0.0619	0.0133	28	0.4005	0.0329	43	1.0247	0.0514	58	1.9192	0.0690
14	0.0752	0.0146	29	0.4334	0.0342	44	1.0761	0.0526	59	1.9882	0.0701
15	0.0898	0.0160	30	0.4676	0.0355	45	1.1287	0.0537	60	2.0583	0.0713
16	0.1058	0.0173	31	0.5031	0.0367	46	1.1824	0.0549	61	2.1295	0.0724
17	0.1232	0.0187	32	0.5398	0.0379	47	1.2373	0.0561	62	2.2019	0.0736
18	0.1418	0.0200	33	0.5777	0.0392	48	1.2935	0.0573	63	2.2755	0.0747
19	0.1618	0.0213	34	0.6169	0.0404	49	1.3508	0.0585	64	2.3502	0.0747

适用树种：柞树（栎树）；适用地区：绥棱；资料名称：绥棱林业局一元立木材积表、一元材种出材率表；编表人或作者：黑龙江省森林工业总局；刊印或发表时间：1995。

668. 绥棱林业局人工落叶松一元立木材积表

$V=0.0003290599D_{轮}^{2.226677}$；表中$D$为围尺径；$D\leqslant$40cm

D	V	ΔV	D	V	ΔV	D	V	ΔV	D	V	ΔV
5	0.0118	0.0059	14	0.1173	0.0195	23	0.3543	0.0352	32	0.7392	0.0524
6	0.0178	0.0073	15	0.1368	0.0211	24	0.3895	0.0371	33	0.7916	0.0544
7	0.0251	0.0087	16	0.1579	0.0228	25	0.4266	0.0389	34	0.8460	0.0564
8	0.0337	0.0101	17	0.1808	0.0245	26	0.4655	0.0408	35	0.9024	0.0584
9	0.0439	0.0116	18	0.2053	0.0263	27	0.5064	0.0427	36	0.9609	0.0604
10	0.0555	0.0131	19	0.2316	0.0280	28	0.5491	0.0446	37	1.0213	0.0625
11	0.0686	0.0147	20	0.2596	0.0298	29	0.5937	0.0466	38	1.0838	0.0645
12	0.0832	0.0162	21	0.2894	0.0316	30	0.6402	0.0485	39	1.1483	0.0666
13	0.0995	0.0178	22	0.3209	0.0334	31	0.6887	0.0505	40	1.2149	0.0666

适用树种：人工落叶松；适用地区：绥棱、沾河、通北、兴隆、清河、亚布力、苇河、方正、山河屯；资料名称：绥棱林业局一元立木材积表、一元材种出材率表；编表人或作者：黑龙江省森林工业总局；刊印或发表时间：1995。

669. 绥棱林业局榆树一元立木材积表

$$V = 0.000041960698 D_{轮}^{1.9094595} H^{1.0413892}$$

$$H = 1.3 + 24.71404 e^{(-12.99375/D_{轮})}$$

$D_{轮} = 0.04000567 + 0.9888117 D_{围}$；表中$D$为围尺径；$D \leqslant 86$cm

D	V	ΔV	D	V	ΔV	D	V	ΔV	D	V	ΔV
5	0.0030	0.0026	26	0.3774	0.0355	47	1.4511	0.0680	68	3.1940	0.0992
6	0.0055	0.0038	27	0.4129	0.0371	48	1.5191	0.0696	69	3.2932	0.1007
7	0.0094	0.0052	28	0.4499	0.0387	49	1.5887	0.0711	70	3.3939	0.1022
8	0.0145	0.0066	29	0.4886	0.0402	50	1.6598	0.0726	71	3.4961	0.1036
9	0.0211	0.0081	30	0.5288	0.0418	51	1.7324	0.0741	72	3.5997	0.1051
10	0.0292	0.0097	31	0.5706	0.0434	52	1.8064	0.0756	73	3.7047	0.1065
11	0.0389	0.0112	32	0.6140	0.0450	53	1.8820	0.0771	74	3.8113	0.1080
12	0.0501	0.0128	33	0.6590	0.0465	54	1.9591	0.0786	75	3.9192	0.1094
13	0.0629	0.0144	34	0.7055	0.0481	55	2.0377	0.0801	76	4.0286	0.1109
14	0.0774	0.0161	35	0.7536	0.0496	56	2.1177	0.0816	77	4.1395	0.1123
15	0.0934	0.0177	36	0.8033	0.0512	57	2.1993	0.0830	78	4.2518	0.1137
16	0.1111	0.0193	37	0.8545	0.0528	58	2.2823	0.0845	79	4.3656	0.1152
17	0.1305	0.0210	38	0.9072	0.0543	59	2.3668	0.0860	80	4.4807	0.1166
18	0.1514	0.0226	39	0.9615	0.0558	60	2.4529	0.0875	81	4.5974	0.1181
19	0.1740	0.0242	40	1.0173	0.0574	61	2.5403	0.0890	82	4.7154	0.1195
20	0.1982	0.0258	41	1.0747	0.0589	62	2.6293	0.0904	83	4.8349	0.1209
21	0.2240	0.0274	42	1.1336	0.0604	63	2.7197	0.0919	84	4.9559	0.1224
22	0.2515	0.0291	43	1.1941	0.0620	64	2.8117	0.0934	85	5.0782	0.1238
23	0.2806	0.0307	44	1.2560	0.0635	65	2.9050	0.0948	86	5.2020	0.1238
24	0.3112	0.0323	45	1.3195	0.0650	66	2.9999	0.0963			
25	0.3435	0.0339	46	1.3846	0.0665	67	3.0962	0.0978			

适用树种：榆树；适用地区：绥棱、沾河、通北、兴隆、清河、亚布力、苇河、方正、山河屯；资料名称：绥棱林业局一元立木材积表、一元材种出材率表；编表人或作者：黑龙江省森林工业总局；刊印或发表时间：1995。

670. 绥棱林业局色木槭一元立木材积表

$$V = 0.000041960698 D_{轮}^{1.9094595} H^{1.0413892}$$

$$H = 1.3 + 21.77047 e^{(-10.72333/D_{轮})}$$

$D_{轮} = -0.04314845 + 0.990679 D_{围}$；表中$D$为围尺径；$D \leqslant 66$cm

D	V	ΔV	D	V	ΔV	D	V	ΔV	D	V	ΔV
5	0.0035	0.0030	21	0.2192	0.0258	37	0.8019	0.0482	53	1.7362	0.0698
6	0.0064	0.0042	22	0.2450	0.0272	38	0.8501	0.0496	54	1.8060	0.0711
7	0.0106	0.0055	23	0.2723	0.0287	39	0.8997	0.0510	55	1.8771	0.0724
8	0.0161	0.0069	24	0.3009	0.0301	40	0.9507	0.0523	56	1.9495	0.0737
9	0.0230	0.0083	25	0.3310	0.0315	41	1.0031	0.0537	57	2.0232	0.0750
10	0.0313	0.0098	26	0.3626	0.0329	42	1.0568	0.0551	58	2.0982	0.0764
11	0.0411	0.0112	27	0.3955	0.0344	43	1.1118	0.0564	59	2.1746	0.0777
12	0.0523	0.0127	28	0.4299	0.0358	44	1.1682	0.0578	60	2.2523	0.0790
13	0.0650	0.0142	29	0.4656	0.0372	45	1.2260	0.0591	61	2.3312	0.0803
14	0.0792	0.0156	30	0.5028	0.0386	46	1.2851	0.0604	62	2.4115	0.0816
15	0.0948	0.0171	31	0.5414	0.0400	47	1.3455	0.0618	63	2.4931	0.0829
16	0.1119	0.0186	32	0.5813	0.0413	48	1.4073	0.0631	64	2.5760	0.0842
17	0.1304	0.0200	33	0.6227	0.0427	49	1.4704	0.0645	65	2.6602	0.0855
18	0.1505	0.0215	34	0.6654	0.0441	50	1.5349	0.0658	66	2.7457	0.0855
19	0.1719	0.0229	35	0.7095	0.0455	51	1.6007	0.0671			
20	0.1948	0.0244	36	0.7550	0.0469	52	1.6678	0.0684			

适用树种：色木槭；适用地区：绥棱、沾河、通北、兴隆、清河、亚布力、苇河、方正、山河屯；资料名称：绥棱林业局一元立木材积表、一元材种出材率表；编表人或作者：黑龙江省森林工业总局；刊印或发表时间：1995。

671. 绥棱林业局枫桦一元立木材积表

$$V = 0.000041960698 D_{轮}^{1.9094595} H^{1.0413892}$$

$$H = 1.3 + 25.91128 e^{(-11.3356/D_{轮})}$$

$D_{轮} = -0.01503531 + 0.9895577 D_{围}$；表中$D$为围尺径；$D \leqslant 88$cm

D	V	ΔV	D	V	ΔV	D	V	ΔV	D	V	ΔV
5	0.0036	0.0032	26	0.4188	0.0385	47	1.5720	0.0727	68	3.4271	0.1054
6	0.0069	0.0046	27	0.4573	0.0402	48	1.6447	0.0743	69	3.5325	0.1069
7	0.0115	0.0062	28	0.4975	0.0418	49	1.7190	0.0758	70	3.6394	0.1084
8	0.0176	0.0078	29	0.5393	0.0435	50	1.7948	0.0774	71	3.7478	0.1100
9	0.0254	0.0094	30	0.5828	0.0451	51	1.8722	0.0790	72	3.8578	0.1115
10	0.0348	0.0111	31	0.6279	0.0468	52	1.9512	0.0806	73	3.9693	0.1130
11	0.0459	0.0128	32	0.6747	0.0484	53	2.0318	0.0821	74	4.0823	0.1145
12	0.0587	0.0145	33	0.7232	0.0501	54	2.1139	0.0837	75	4.1968	0.1160
13	0.0733	0.0163	34	0.7733	0.0517	55	2.1976	0.0853	76	4.3128	0.1176
14	0.0895	0.0180	35	0.8250	0.0534	56	2.2829	0.0868	77	4.4304	0.1191
15	0.1075	0.0197	36	0.8784	0.0550	57	2.3697	0.0884	78	4.5494	0.1206
16	0.1273	0.0215	37	0.9333	0.0566	58	2.4581	0.0899	79	4.6700	0.1221
17	0.1487	0.0232	38	0.9900	0.0582	59	2.5480	0.0915	80	4.7921	0.1236
18	0.1719	0.0249	39	1.0482	0.0599	60	2.6395	0.0930	81	4.9157	0.1251
19	0.1968	0.0266	40	1.1081	0.0615	61	2.7325	0.0946	82	5.0408	0.1266
20	0.2234	0.0283	41	1.1695	0.0631	62	2.8271	0.0961	83	5.1674	0.1281
21	0.2517	0.0300	42	1.2326	0.0647	63	2.9233	0.0977	84	5.2956	0.1296
22	0.2818	0.0317	43	1.2973	0.0663	64	3.0210	0.0992	85	5.4252	0.1311
23	0.3135	0.0334	44	1.3636	0.0679	65	3.1202	0.1008	86	5.5563	0.1326
24	0.3469	0.0351	45	1.4315	0.0695	66	3.2210	0.1023	87	5.6889	0.1341
25	0.3820	0.0368	46	1.5010	0.0711	67	3.3233	0.1038	88	5.8230	0.1341

适用树种：枫桦；适用地区：绥棱、沾河、通北、兴隆、清河、亚布力、苇河、方正、山河屯；资料名称：绥棱林业局一元立木材积表、一元材种出材率表；编表人或作者：黑龙江省森林工业总局；刊印或发表时间：1995。

672. 绥棱林业局黑桦一元立木材积表

$$V = 0.000052786451 D_{轮}^{1.7947313} H^{1.0712623}$$

$$H = 1.3 + 20.4484 e^{(-8.399443/D_{轮})}$$

$D_{轮} = 0.02539258 + 0.9797975 D_{围}$；表中$D$为围尺径；$D \leqslant 80$cm

D	V	ΔV	D	V	ΔV	D	V	ΔV	D	V	ΔV
5	0.0052	0.0039	24	0.2904	0.0265	43	0.9657	0.0452	62	1.9785	0.0621
6	0.0091	0.0052	25	0.3169	0.0275	44	1.0109	0.0461	63	2.0406	0.0629
7	0.0142	0.0065	26	0.3444	0.0286	45	1.0570	0.0470	64	2.1035	0.0638
8	0.0207	0.0078	27	0.3730	0.0296	46	1.1041	0.0480	65	2.1673	0.0646
9	0.0285	0.0091	28	0.4026	0.0306	47	1.1520	0.0489	66	2.2319	0.0655
10	0.0375	0.0103	29	0.4332	0.0316	48	1.2009	0.0498	67	2.2974	0.0663
11	0.0479	0.0116	30	0.4649	0.0327	49	1.2507	0.0507	68	2.3637	0.0672
12	0.0595	0.0128	31	0.4975	0.0337	50	1.3013	0.0516	69	2.4309	0.0680
13	0.0723	0.0141	32	0.5312	0.0347	51	1.3529	0.0525	70	2.4989	0.0688
14	0.0864	0.0153	33	0.5658	0.0356	52	1.4054	0.0534	71	2.5677	0.0697
15	0.1016	0.0164	34	0.6015	0.0366	53	1.4588	0.0542	72	2.6374	0.0705
16	0.1181	0.0176	35	0.6381	0.0376	54	1.5130	0.0551	73	2.7079	0.0713
17	0.1357	0.0188	36	0.6757	0.0386	55	1.5681	0.0560	74	2.7792	0.0721
18	0.1544	0.0199	37	0.7143	0.0395	56	1.6241	0.0569	75	2.8513	0.0730
19	0.1743	0.0210	38	0.7538	0.0405	57	1.6810	0.0578	76	2.9243	0.0738
20	0.1954	0.0221	39	0.7943	0.0414	58	1.7388	0.0586	77	2.9981	0.0746
21	0.2175	0.0232	40	0.8357	0.0424	59	1.7974	0.0595	78	3.0726	0.0754
22	0.2407	0.0243	41	0.8781	0.0433	60	1.8569	0.0604	79	3.1481	0.0762
23	0.2651	0.0254	42	0.9215	0.0443	61	1.9173	0.0612	80	3.2243	0.0762

适用树种：黑桦；适用地区：全区通用；资料名称：绥棱林业局一元立木材积表、一元材种出材率表；编表人或作者：黑龙江省森林工业总局；刊印或发表时间：1995。

673. 绥棱林业局白桦一元立木材积表

$$V = 0.000051935163 D_{轮}^{1.8586884} H^{1.0038941}$$

$$H = 1.3 + 28.78809 e^{(-11.75268/D_{轮})}$$

$D_{轮} = 0.1708625 + 0.9799247 D_{围}$；表中$D$为围尺径；$D \leqslant 60$cm

D	V	ΔV	D	V	ΔV	D	V	ΔV	D	V	ΔV
5	0.0044	0.0036	19	0.2045	0.0268	33	0.7252	0.0488	47	1.5442	0.0695
6	0.0081	0.0051	20	0.2314	0.0285	34	0.7740	0.0504	48	1.6137	0.0709
7	0.0132	0.0067	21	0.2598	0.0301	35	0.8244	0.0519	49	1.6846	0.0723
8	0.0199	0.0083	22	0.2899	0.0317	36	0.8762	0.0534	50	1.7569	0.0737
9	0.0282	0.0100	23	0.3216	0.0333	37	0.9296	0.0548	51	1.8307	0.0752
10	0.0382	0.0117	24	0.3549	0.0349	38	0.9844	0.0563	52	1.9058	0.0766
11	0.0499	0.0134	25	0.3898	0.0365	39	1.0408	0.0578	53	1.9824	0.0780
12	0.0634	0.0151	26	0.4263	0.0380	40	1.0986	0.0593	54	2.0604	0.0794
13	0.0785	0.0168	27	0.4643	0.0396	41	1.1579	0.0608	55	2.1398	0.0808
14	0.0953	0.0185	28	0.5039	0.0412	42	1.2186	0.0622	56	2.2206	0.0822
15	0.1138	0.0202	29	0.5451	0.0427	43	1.2808	0.0637	57	2.3028	0.0836
16	0.1340	0.0219	30	0.5878	0.0443	44	1.3445	0.0651	58	2.3864	0.0850
17	0.1558	0.0235	31	0.6321	0.0458	45	1.4097	0.0666	59	2.4713	0.0864
18	0.1794	0.0252	32	0.6779	0.0473	46	1.4762	0.0680	60	2.5577	0.0864

黑

适用树种：白桦；适用地区：绥棱；资料名称：绥棱林业局一元立木材积表、一元材种出材率表；编表人或作者：黑龙江省森林工业总局；刊印或发表时间：1995。

674. 绥棱林业局山杨一元立木材积表

$$V = 0.00005347432 D_{轮}^{1.877899} H^{0.9998279}$$

$$H = 1.3 + 29.07891 e^{(-11.64581/D_{轮})}$$

$D_{轮} = -0.004704802 + 0.9876674 D_{围}$；表中$D$为围尺径；$D \leqslant 64$cm

D	V	ΔV	D	V	ΔV	D	V	ΔV	D	V	ΔV
5	0.0043	0.0038	20	0.2523	0.0315	35	0.9139	0.0582	50	1.9646	0.0834
6	0.0081	0.0054	21	0.2838	0.0333	36	0.9721	0.0599	51	2.0479	0.0850
7	0.0135	0.0071	22	0.3172	0.0352	37	1.0320	0.0616	52	2.1330	0.0867
8	0.0206	0.0089	23	0.3524	0.0370	38	1.0936	0.0633	53	2.2196	0.0883
9	0.0295	0.0108	24	0.3893	0.0388	39	1.1570	0.0650	54	2.3079	0.0899
10	0.0403	0.0127	25	0.4282	0.0406	40	1.2220	0.0667	55	2.3978	0.0915
11	0.0530	0.0146	26	0.4688	0.0424	41	1.2887	0.0684	56	2.4894	0.0932
12	0.0676	0.0165	27	0.5112	0.0442	42	1.3571	0.0701	57	2.5825	0.0948
13	0.0841	0.0184	28	0.5553	0.0460	43	1.4272	0.0718	58	2.6773	0.0964
14	0.1024	0.0203	29	0.6013	0.0477	44	1.4990	0.0734	59	2.7737	0.0980
15	0.1227	0.0222	30	0.6490	0.0495	45	1.5724	0.0751	60	2.8717	0.0996
16	0.1449	0.0241	31	0.6985	0.0512	46	1.6475	0.0768	61	2.9713	0.1012
17	0.1689	0.0259	32	0.7498	0.0530	47	1.7243	0.0784	62	3.0725	0.1028
18	0.1949	0.0278	33	0.8027	0.0547	48	1.8027	0.0801	63	3.1754	0.1044
19	0.2227	0.0297	34	0.8575	0.0565	49	1.8828	0.0817	64	3.2798	0.1044

黑

适用树种：山杨；适用地区：绥棱；资料名称：绥棱林业局一元立木材积表、一元材种出材率表；编表人或作者：黑龙江省森林工业总局；刊印或发表时间：1995。

675. 绥棱林业局大青杨一元立木材积表

$$V = 0.000053474319 D_{轮}^{1.8778994} H^{0.99982785}$$

$$H = 1.3 + 26.51351 e^{(-10.29054/D_{轮})}$$

$$D_{轮} = -0.02728948 + 0.990946 D_{围}$$；表中D为围尺径；$D \leqslant 104$cm

D	V	ΔV	D	V	ΔV	D	V	ΔV	D	V	ΔV
5	0.0049	0.0041	30	0.6248	0.0467	55	2.2632	0.0854	80	4.8382	0.1218
6	0.0090	0.0057	31	0.6715	0.0483	56	2.3486	0.0869	81	4.9600	0.1232
7	0.0147	0.0074	32	0.7198	0.0499	57	2.4355	0.0884	82	5.0832	0.1246
8	0.0221	0.0091	33	0.7698	0.0515	58	2.5239	0.0899	83	5.2078	0.1260
9	0.0312	0.0109	34	0.8213	0.0531	59	2.6137	0.0913	84	5.3338	0.1274
10	0.0421	0.0127	35	0.8744	0.0547	60	2.7051	0.0928	85	5.4612	0.1288
11	0.0547	0.0144	36	0.9291	0.0563	61	2.7979	0.0943	86	5.5901	0.1302
12	0.0692	0.0162	37	0.9854	0.0579	62	2.8922	0.0958	87	5.7203	0.1317
13	0.0854	0.0180	38	1.0433	0.0594	63	2.9880	0.0972	88	5.8520	0.1331
14	0.1034	0.0198	39	1.1027	0.0610	64	3.0852	0.0987	89	5.9850	0.1345
15	0.1232	0.0215	40	1.1637	0.0626	65	3.1839	0.1002	90	6.1195	0.1359
16	0.1447	0.0233	41	1.2263	0.0641	66	3.2841	0.1016	91	6.2553	0.1373
17	0.1680	0.0250	42	1.2904	0.0657	67	3.3857	0.1031	92	6.3926	0.1387
18	0.1930	0.0267	43	1.3561	0.0672	68	3.4888	0.1045	93	6.5313	0.1401
19	0.2197	0.0284	44	1.4233	0.0687	69	3.5933	0.1060	94	6.6713	0.1414
20	0.2481	0.0301	45	1.4920	0.0703	70	3.6993	0.1074	95	6.8128	0.1428
21	0.2783	0.0318	46	1.5623	0.0718	71	3.8067	0.1089	96	6.9556	0.1442
22	0.3101	0.0335	47	1.6341	0.0733	72	3.9156	0.1103	97	7.0998	0.1456
23	0.3436	0.0352	48	1.7075	0.0749	73	4.0259	0.1118	98	7.2455	0.1470
24	0.3788	0.0369	49	1.7823	0.0764	74	4.1376	0.1132	99	7.3925	0.1484
25	0.4157	0.0385	50	1.8587	0.0779	75	4.2508	0.1146	100	7.5409	0.1498
26	0.4543	0.0402	51	1.9366	0.0794	76	4.3654	0.1161	101	7.6906	0.1511
27	0.4944	0.0418	52	2.0160	0.0809	77	4.4815	0.1175	102	7.8418	0.1525
28	0.5363	0.0435	53	2.0969	0.0824	78	4.5990	0.1189	103	7.9943	0.1539
29	0.5797	0.0451	54	2.1793	0.0839	79	4.7179	0.1203	104	8.1482	0.1539

适用树种：大青杨；适用地区：全区通用；资料名称：绥棱林业局一元立木材积表、一元材种出材率表；编表人或作者：黑龙江省森林工业总局；刊印或发表时间：1995。

676. 五营林业局红松一元立木材积表

$$V = 0.00006352772 D_{轮}^{1.9435455} H^{0.89689361}$$

$$H = 29.11895 e^{(-12.05082/D_{轮})}$$

$D_{轮} = 0.6027918 + 1.010434 D_{围}$；表中$D$为围尺径；$D \leqslant 80$cm

D	V	ΔV	D	V	ΔV	D	V	ΔV	D	V	ΔV
5	0.0056	0.0047	24	0.4358	0.0432	43	1.6022	0.0814	62	3.4866	0.1187
6	0.0103	0.0065	25	0.4790	0.0452	44	1.6837	0.0834	63	3.6053	0.1207
7	0.0168	0.0084	26	0.5242	0.0473	45	1.7671	0.0854	64	3.7260	0.1226
8	0.0251	0.0103	27	0.5714	0.0493	46	1.8525	0.0874	65	3.8486	0.1246
9	0.0355	0.0123	28	0.6207	0.0513	47	1.9399	0.0894	66	3.9732	0.1265
10	0.0478	0.0143	29	0.6720	0.0534	48	2.0293	0.0913	67	4.0997	0.1284
11	0.0621	0.0164	30	0.7254	0.0554	49	2.1206	0.0933	68	4.2281	0.1304
12	0.0784	0.0184	31	0.7808	0.0574	50	2.2139	0.0953	69	4.3585	0.1323
13	0.0969	0.0205	32	0.8382	0.0594	51	2.3092	0.0972	70	4.4908	0.1342
14	0.1173	0.0225	33	0.8976	0.0614	52	2.4064	0.0992	71	4.6251	0.1362
15	0.1399	0.0246	34	0.9590	0.0635	53	2.5056	0.1012	72	4.7612	0.1381
16	0.1645	0.0267	35	1.0225	0.0655	54	2.6068	0.1031	73	4.8993	0.1400
17	0.1912	0.0288	36	1.0880	0.0675	55	2.7099	0.1051	74	5.0393	0.1419
18	0.2200	0.0308	37	1.1554	0.0695	56	2.8150	0.1070	75	5.1813	0.1439
19	0.2508	0.0329	38	1.2249	0.0715	57	2.9221	0.1090	76	5.3252	0.1458
20	0.2837	0.0350	39	1.2964	0.0735	58	3.0311	0.1110	77	5.4709	0.1477
21	0.3186	0.0370	40	1.3699	0.0755	59	3.1420	0.1129	78	5.6186	0.1496
22	0.3556	0.0391	41	1.4453	0.0775	60	3.2549	0.1149	79	5.7683	0.1515
23	0.3947	0.0411	42	1.5228	0.0795	61	3.3698	0.1168	80	5.9198	0.1515

适用树种：红松；适用地区：五营；资料名称：五营林业局一元立木材积表、一元材种出材率表；编表人或作者：黑龙江省森林工业总局；刊印或发表时间：1995。

677. 五营林业局云杉一元立木材积表

$$V = 0.000061859978D_{轮}^{1.85577513}H^{1.0070547}$$

$$H = 30.75665e^{(-12.09338/D_{轮})}$$

$D_{轮} = 0.2989028 + 1.012901D_{围}$；表中$D$为围尺径；$D \leqslant 64$cm

D	V	ΔV	D	V	ΔV	D	V	ΔV	D	V	ΔV
5	0.0045	0.0044	20	0.2945	0.0366	35	1.0579	0.0668	50	2.2595	0.0950
6	0.0090	0.0064	21	0.3311	0.0387	36	1.1247	0.0687	51	2.3545	0.0969
7	0.0153	0.0084	22	0.3698	0.0408	37	1.1934	0.0707	52	2.4513	0.0987
8	0.0238	0.0105	23	0.4105	0.0428	38	1.2641	0.0726	53	2.5500	0.1005
9	0.0343	0.0127	24	0.4534	0.0449	39	1.3367	0.0745	54	2.6505	0.1023
10	0.0470	0.0149	25	0.4983	0.0469	40	1.4112	0.0764	55	2.7528	0.1041
11	0.0619	0.0171	26	0.5452	0.0490	41	1.4875	0.0783	56	2.8569	0.1059
12	0.0790	0.0193	27	0.5942	0.0510	42	1.5658	0.0802	57	2.9628	0.1077
13	0.0983	0.0215	28	0.6452	0.0530	43	1.6460	0.0821	58	3.0706	0.1095
14	0.1199	0.0237	29	0.6982	0.0550	44	1.7281	0.0839	59	3.1801	0.1113
15	0.1436	0.0259	30	0.7532	0.0570	45	1.8120	0.0858	60	3.2914	0.1131
16	0.1694	0.0281	31	0.8102	0.0590	46	1.8978	0.0876	61	3.4044	0.1149
17	0.1975	0.0302	32	0.8692	0.0609	47	1.9854	0.0895	62	3.5193	0.1166
18	0.2277	0.0323	33	0.9301	0.0629	48	2.0749	0.0913	63	3.6359	0.1184
19	0.2600	0.0345	34	0.9930	0.0649	49	2.1663	0.0932	64	3.7543	0.1184

黑

适用树种：云杉；适用地区：五营；资料名称：五营林业局一元立木材积表、一元材种出材率表；编表人或作者：黑龙江省森林工业总局；刊印或发表时间：1995。

678. 五营林业局白桦一元立木材积表

$$V = 0.000051935163D_{轮}^{1.8586884}H^{1.0038941}$$

$$H = 32.72241e^{(-8.688438/D_{轮})}$$

$D_{轮} = 0.009446599 + 1.022245D_{围}$；表中$D$为围尺径；$D \leqslant 42$cm

D	V	ΔV	D	V	ΔV	D	V	ΔV	D	V	ΔV
5	0.0065	0.0056	15	0.1562	0.0263	25	0.5063	0.0455	35	1.0430	0.0635
6	0.0122	0.0077	16	0.1824	0.0282	26	0.5518	0.0473	36	1.1065	0.0653
7	0.0198	0.0097	17	0.2107	0.0302	27	0.5991	0.0492	37	1.1718	0.0670
8	0.0296	0.0118	18	0.2409	0.0322	28	0.6483	0.0510	38	1.2388	0.0688
9	0.0414	0.0139	19	0.2730	0.0341	29	0.6992	0.0528	39	1.3075	0.0705
10	0.0554	0.0160	20	0.3072	0.0360	30	0.7520	0.0546	40	1.3780	0.0722
11	0.0714	0.0181	21	0.3432	0.0379	31	0.8066	0.0564	41	1.4503	0.0739
12	0.0895	0.0202	22	0.3811	0.0398	32	0.8631	0.0582	42	1.5242	0.0739
13	0.1097	0.0222	23	0.4210	0.0417	33	0.9212	0.0600			
14	0.1319	0.0242	24	0.4627	0.0436	34	0.9812	0.0617			

适用树种：白桦；适用地区：五营；资料名称：五营林业局一元立木材积表、一元材种出材率表；编表人或作者：黑龙江省森林工业总局；刊印或发表时间：1995。

679. 五营林业局冷杉一元立木材积表

$$V = 0.000061859978 D_{轮}^{1.85577513} H^{1.0070547}$$

$$H = 26.81553 e^{(-9.210387/D_{轮})}$$

$D_{轮} = 0.1885271 + 1.01794 D_{围}$；表中$D$为围尺径；$D \leqslant 54$cm

D	V	ΔV	D	V	ΔV	D	V	ΔV	D	V	ΔV
5	0.0064	0.0054	18	0.2314	0.0309	31	0.7758	0.0543	44	1.6140	0.0761
6	0.0118	0.0073	19	0.2623	0.0328	32	0.8301	0.0560	45	1.6902	0.0778
7	0.0192	0.0093	20	0.2951	0.0347	33	0.8861	0.0577	46	1.7679	0.0794
8	0.0285	0.0114	21	0.3298	0.0365	34	0.9439	0.0595	47	1.8473	0.0810
9	0.0399	0.0134	22	0.3663	0.0383	35	1.0033	0.0612	48	1.9284	0.0826
10	0.0532	0.0154	23	0.4046	0.0402	36	1.0645	0.0628	49	2.0110	0.0843
11	0.0686	0.0174	24	0.4448	0.0420	37	1.1273	0.0645	50	2.0953	0.0859
12	0.0860	0.0194	25	0.4867	0.0438	38	1.1918	0.0662	51	2.1811	0.0875
13	0.1054	0.0213	26	0.5305	0.0455	39	1.2580	0.0679	52	2.2686	0.0891
14	0.1267	0.0233	27	0.5760	0.0473	40	1.3259	0.0695	53	2.3576	0.0907
15	0.1500	0.0252	28	0.6233	0.0491	41	1.3955	0.0712	54	2.4483	0.0907
16	0.1752	0.0271	29	0.6724	0.0508	42	1.4667	0.0729			
17	0.2023	0.0290	30	0.7232	0.0526	43	1.5395	0.0745			

适用树种：冷杉；适用地区：五营；资料名称：五营林业局一元立木材积表、一元材种出材率表；编表人或作者：黑龙江省森林工业总局；刊印或发表时间：1995。

680. 五营林业局柞树矮林一元立木材积表

$V = 0.000061125534 D_{轮}^{1.8810091} H^{0.94462565}$；表中$D$为围尺径；$D \leqslant 52$cm

D	V	ΔV	D	V	ΔV	D	V	ΔV	D	V	ΔV
5	0.0013	0.0005	17	0.0126	0.0014	29	0.0344	0.0023	41	0.0661	0.0031
6	0.0018	0.0006	18	0.0140	0.0015	30	0.0367	0.0023	42	0.0691	0.0031
7	0.0024	0.0007	19	0.0155	0.0016	31	0.0390	0.0024	43	0.0722	0.0032
8	0.0031	0.0008	20	0.0171	0.0016	32	0.0414	0.0025	44	0.0754	0.0033
9	0.0038	0.0008	21	0.0188	0.0017	33	0.0439	0.0025	45	0.0787	0.0033
10	0.0046	0.0009	22	0.0205	0.0018	34	0.0464	0.0026	46	0.0820	0.0034
11	0.0056	0.0010	23	0.0223	0.0019	35	0.0490	0.0027	47	0.0854	0.0034
12	0.0065	0.0011	24	0.0241	0.0019	36	0.0517	0.0027	48	0.0888	0.0035
13	0.0076	0.0011	25	0.0260	0.0020	37	0.0545	0.0028	49	0.0924	0.0036
14	0.0088	0.0012	26	0.0280	0.0021	38	0.0573	0.0029	50	0.0959	0.0036
15	0.0100	0.0013	27	0.0301	0.0021	39	0.0601	0.0029	51	0.0996	0.0037
16	0.0113	0.0014	28	0.0322	0.0022	40	0.0631	0.0030	52	0.1033	0.0037

适用树种：柞树（矮林）；适用地区：沾河、乌伊岭、通北、绥棱、汤旺河、新青、红星、五营、上甘岭、友好、翠峦、乌马河、美溪、金山屯、南岔、带岭、朗乡、桃山、铁力、双丰、兴隆、清河、鹤北、鹤立、亚布力、苇河、方正、山河屯、桦南、双鸭山；资料名称：五营林业局一元立木材积表、一元材种出材率表；编表人或作者：黑龙江省森林工业总局；刊印或发表时间：1995。

681. 五营林业局落叶松一元立木材积表

$$V = 0.000050168241 D_{轮}^{1.7582894} H^{1.1496653}$$

$$H = 1.3 + 28.02341 e^{(-10.78243/D_{轮})}$$

$D_{轮} = -0.1176251 + 0.9813218 D_{围}$；表中$D$为围尺径；$D \leqslant 74$cm

D	V	ΔV	D	V	ΔV	D	V	ΔV	D	V	ΔV
5	0.0042	0.0038	23	0.3442	0.0350	41	1.1993	0.0608	59	2.4906	0.0836
6	0.0080	0.0055	24	0.3792	0.0365	42	1.2601	0.0621	60	2.5742	0.0848
7	0.0134	0.0073	25	0.4157	0.0381	43	1.3222	0.0634	61	2.6589	0.0860
8	0.0207	0.0091	26	0.4538	0.0396	44	1.3857	0.0648	62	2.7449	0.0872
9	0.0298	0.0109	27	0.4933	0.0411	45	1.4504	0.0661	63	2.8321	0.0884
10	0.0407	0.0128	28	0.5344	0.0426	46	1.5165	0.0674	64	2.9204	0.0895
11	0.0535	0.0146	29	0.5770	0.0440	47	1.5838	0.0686	65	3.0100	0.0907
12	0.0682	0.0165	30	0.6210	0.0455	48	1.6525	0.0699	66	3.1007	0.0919
13	0.0846	0.0183	31	0.6666	0.0470	49	1.7224	0.0712	67	3.1926	0.0931
14	0.1029	0.0200	32	0.7135	0.0484	50	1.7936	0.0725	68	3.2857	0.0942
15	0.1229	0.0218	33	0.7619	0.0498	51	1.8661	0.0737	69	3.3799	0.0954
16	0.1447	0.0235	34	0.8117	0.0512	52	1.9398	0.0750	70	3.4753	0.0965
17	0.1682	0.0252	35	0.8629	0.0526	53	2.0148	0.0762	71	3.5718	0.0977
18	0.1934	0.0269	36	0.9156	0.0540	54	2.0910	0.0775	72	3.6695	0.0988
19	0.2203	0.0285	37	0.9696	0.0554	55	2.1685	0.0787	73	3.7684	0.1000
20	0.2489	0.0302	38	1.0250	0.0568	56	2.2472	0.0799	74	3.8684	0.1000
21	0.2790	0.0318	39	1.0817	0.0581	57	2.3271	0.0811			
22	0.3108	0.0334	40	1.1398	0.0595	58	2.4082	0.0824			

黑

适用树种：落叶松；适用地区：乌伊岭、五营、上甘岭、翠峦、美溪、金山屯、南岔、带岭、朗乡、桃山、铁力、双丰；资料名称：五营林业局一元立木材积表、一元材种出材率表；编表人或作者：黑龙江省森林工业总局；刊印或发表时间：1995。

682. 五营林业局水胡黄一元立木材积表

$$V = 0.000041960698 D_{轮}^{1.9094595} H^{1.0413892}\ 82\mathrm{cm}$$

$$H = 1.3 + 24.84302 e^{(-10.26841/D_{轮})}$$

$D_{轮} = -0.1340759 + 0.9904621 D_{围}$；表中$D$为围尺径；$D \leqslant 82\mathrm{cm}$

D	V	ΔV	D	V	ΔV	D	V	ΔV	D	V	ΔV
5	0.0038	0.0034	25	0.3790	0.0360	45	1.4011	0.0674	65	3.0371	0.0975
6	0.0072	0.0048	26	0.4150	0.0377	46	1.4685	0.0690	66	3.1346	0.0990
7	0.0120	0.0063	27	0.4527	0.0393	47	1.5375	0.0705	67	3.2336	0.1004
8	0.0183	0.0079	28	0.4920	0.0409	48	1.6080	0.0720	68	3.3340	0.1019
9	0.0262	0.0096	29	0.5328	0.0425	49	1.6800	0.0735	69	3.4359	0.1034
10	0.0358	0.0112	30	0.5753	0.0441	50	1.7535	0.0751	70	3.5393	0.1048
11	0.0470	0.0129	31	0.6194	0.0457	51	1.8286	0.0766	71	3.6442	0.1063
12	0.0599	0.0146	32	0.6650	0.0472	52	1.9052	0.0781	72	3.7505	0.1078
13	0.0744	0.0162	33	0.7123	0.0488	53	1.9833	0.0796	73	3.8583	0.1092
14	0.0907	0.0179	34	0.7611	0.0504	54	2.0629	0.0811	74	3.9675	0.1107
15	0.1086	0.0196	35	0.8115	0.0520	55	2.1440	0.0826	75	4.0782	0.1122
16	0.1282	0.0213	36	0.8634	0.0535	56	2.2266	0.0841	76	4.1903	0.1136
17	0.1494	0.0229	37	0.9170	0.0551	57	2.3107	0.0856	77	4.3040	0.1151
18	0.1724	0.0246	38	0.9720	0.0566	58	2.3962	0.0871	78	4.4190	0.1165
19	0.1969	0.0262	39	1.0287	0.0582	59	2.4833	0.0886	79	4.5355	0.1180
20	0.2232	0.0279	40	1.0869	0.0597	60	2.5719	0.0901	80	4.6535	0.1194
21	0.2511	0.0295	41	1.1466	0.0613	61	2.6620	0.0916	81	4.7729	0.1209
22	0.2806	0.0312	42	1.2079	0.0628	62	2.7536	0.0930	82	4.8938	0.1209
23	0.3118	0.0328	43	1.2708	0.0644	63	2.8466	0.0945			
24	0.3446	0.0344	44	1.3351	0.0659	64	2.9411	0.0960			

适用树种：水曲柳，胡桃楸，黄波罗；适用地区：乌伊岭、汤旺河、新青、红星、五营、上甘岭、友好、翠峦、乌马河、美溪、金山屯、南岔、带岭、朗乡、桃山、铁力、双丰；资料名称：五营林业局一元立木材积表、一元材种出材率表；编表人或作者：黑龙江省森林工业总局；刊印或发表时间：1995。

683. 五营林业局椴树一元立木材积表

$$V = 0.000041960698D_{轮}^{1.9094595}H^{1.0413892}$$

$$H = 1.3 + 23.83062e^{(-11.08188/D_{轮})}$$

$D_{轮} = -0.3178201 + 0.993646D_{围}$；表中$D$为围尺径；$D \leqslant 92$cm

D	V	ΔV	D	V	ΔV	D	V	ΔV	D	V	ΔV
5	0.0029	0.0027	27	0.4187	0.0370	49	1.5849	0.0702	71	3.4633	0.1018
6	0.0057	0.0040	28	0.4557	0.0386	50	1.6551	0.0716	72	3.5651	0.1033
7	0.0097	0.0054	29	0.4943	0.0401	51	1.7267	0.0731	73	3.6684	0.1047
8	0.0151	0.0069	30	0.5345	0.0417	52	1.7998	0.0746	74	3.7730	0.1061
9	0.0221	0.0085	31	0.5762	0.0432	53	1.8744	0.0760	75	3.8791	0.1075
10	0.0306	0.0100	32	0.6194	0.0447	54	1.9504	0.0775	76	3.9866	0.1089
11	0.0406	0.0116	33	0.6641	0.0463	55	2.0279	0.0789	77	4.0955	0.1103
12	0.0522	0.0132	34	0.7104	0.0478	56	2.1068	0.0804	78	4.2058	0.1117
13	0.0655	0.0148	35	0.7582	0.0493	57	2.1872	0.0818	79	4.3175	0.1131
14	0.0803	0.0165	36	0.8075	0.0508	58	2.2690	0.0833	80	4.4306	0.1145
15	0.0968	0.0181	37	0.8583	0.0523	59	2.3523	0.0847	81	4.5451	0.1159
16	0.1148	0.0197	38	0.9107	0.0538	60	2.4370	0.0861	82	4.6610	0.1173
17	0.1345	0.0213	39	0.9645	0.0553	61	2.5231	0.0876	83	4.7783	0.1187
18	0.1558	0.0229	40	1.0199	0.0568	62	2.6107	0.0890	84	4.8970	0.1201
19	0.1787	0.0245	41	1.0767	0.0583	63	2.6997	0.0905	85	5.0171	0.1215
20	0.2031	0.0261	42	1.1350	0.0598	64	2.7902	0.0919	86	5.1385	0.1229
21	0.2292	0.0276	43	1.1949	0.0613	65	2.8821	0.0933	87	5.2614	0.1243
22	0.2569	0.0292	44	1.2562	0.0628	66	2.9754	0.0947	88	5.3857	0.1256
23	0.2861	0.0308	45	1.3190	0.0643	67	3.0701	0.0962	89	5.5113	0.1270
24	0.3169	0.0324	46	1.3832	0.0658	68	3.1663	0.0976	90	5.6383	0.1284
25	0.3493	0.0339	47	1.4490	0.0672	69	3.2639	0.0990	91	5.7667	0.1298
26	0.3832	0.0355	48	1.5162	0.0687	70	3.3629	0.1004	92	5.8965	0.1298

适用树种：椴树；适用地区：乌伊岭、汤旺河、新青、红星、五营、上甘岭、友好、翠峦、乌马河、美溪、金山屯、南岔、带岭、朗乡、桃山、铁力、双丰；资料名称：五营林业局一元立木材积表、一元材种出材率表；编表人或作者：黑龙江省森林工业总局；刊印或发表时间：1995。

684. 五营林业局榆树一元立木材积表

$$V = 0.00004196067 D_{轮}^{1.9094595} H^{1.0413892}$$

$$H = 1.3 + 24.17011 e^{(-12.04452/D_{轮})}$$

$D_{轮} = -0.09734 + 0.9870044 D_{围}$；表中$D$为围尺径；$D \leqslant 100$cm

D	V	ΔV	D	V	ΔV	D	V	ΔV	D	V	ΔV
5	0.0030	0.0027	29	0.4862	0.0397	53	1.8567	0.0756	77	4.0693	0.1100
6	0.0056	0.0039	30	0.5259	0.0413	54	1.9323	0.0771	78	4.1793	0.1114
7	0.0095	0.0053	31	0.5672	0.0428	55	2.0094	0.0786	79	4.2906	0.1128
8	0.0148	0.0067	32	0.6100	0.0443	56	2.0880	0.0800	80	4.4034	0.1142
9	0.0215	0.0082	33	0.6543	0.0459	57	2.1680	0.0815	81	4.5176	0.1156
10	0.0297	0.0098	34	0.7002	0.0474	58	2.2494	0.0829	82	4.6332	0.1170
11	0.0395	0.0113	35	0.7476	0.0489	59	2.3323	0.0843	83	4.7502	0.1184
12	0.0508	0.0129	36	0.7965	0.0504	60	2.4166	0.0858	84	4.8685	0.1198
13	0.0637	0.0145	37	0.8469	0.0519	61	2.5024	0.0872	85	4.9883	0.1212
14	0.0782	0.0161	38	0.8988	0.0534	62	2.5897	0.0887	86	5.1095	0.1226
15	0.0943	0.0177	39	0.9522	0.0549	63	2.6783	0.0901	87	5.2320	0.1239
16	0.1120	0.0193	40	1.0072	0.0564	64	2.7684	0.0915	88	5.3560	0.1253
17	0.1313	0.0209	41	1.0636	0.0579	65	2.8599	0.0930	89	5.4813	0.1267
18	0.1521	0.0225	42	1.1216	0.0594	66	2.9529	0.0944	90	5.6080	0.1281
19	0.1746	0.0241	43	1.1810	0.0609	67	3.0473	0.0958	91	5.7362	0.1295
20	0.1987	0.0257	44	1.2419	0.0624	68	3.1431	0.0972	92	5.8656	0.1309
21	0.2244	0.0272	45	1.3043	0.0639	69	3.2403	0.0987	93	5.9965	0.1323
22	0.2516	0.0288	46	1.3682	0.0654	70	3.3390	0.1001	94	6.1288	0.1336
23	0.2804	0.0304	47	1.4336	0.0668	71	3.4391	0.1015	95	6.2624	0.1350
24	0.3108	0.0320	48	1.5004	0.0683	72	3.5406	0.1029	96	6.3974	0.1364
25	0.3428	0.0335	49	1.5687	0.0698	73	3.6435	0.1043	97	6.5338	0.1378
26	0.3763	0.0351	50	1.6385	0.0713	74	3.7478	0.1057	98	6.6716	0.1391
27	0.4114	0.0366	51	1.7098	0.0727	75	3.8536	0.1072	99	6.8108	0.1405
28	0.4480	0.0382	52	1.7825	0.0742	76	3.9607	0.1086	100	6.9513	0.1405

适用树种：榆树；适用地区：乌伊岭、汤旺河、新青、红星、五营、上甘岭、友好、翠峦、乌马河、美溪、金山屯、南岔、带岭、朗乡、桃山、铁力、双丰；资料名称：五营林业局一元立木材积表、一元材种出材率表；编表人或作者：黑龙江省森林工业总局；刊印或发表时间：1995。

685. 五营林业局色木槭一元立木材积表

$$V = 0.000041960698 D_{\text{轮}}^{1.9094595} H^{1.0413892}$$

$$H = 1.3 + 19.66254 e^{(-8.601885/D_{\text{轮}})}$$

$D_{\text{轮}} = -0.1948627 + 0.9913445 D_{\text{围}}$；表中$D$为围尺径；$D \leqslant 74\text{cm}$

D	V	ΔV	D	V	ΔV	D	V	ΔV	D	V	ΔV
5	0.0040	0.0033	23	0.2664	0.0272	41	0.9501	0.0498	59	2.0327	0.0715
6	0.0073	0.0045	24	0.2936	0.0285	42	0.9999	0.0511	60	2.1042	0.0727
7	0.0118	0.0058	25	0.3220	0.0298	43	1.0510	0.0523	61	2.1770	0.0739
8	0.0176	0.0072	26	0.3518	0.0310	44	1.1033	0.0535	62	2.2509	0.0751
9	0.0248	0.0085	27	0.3828	0.0323	45	1.1568	0.0547	63	2.3259	0.0763
10	0.0333	0.0099	28	0.4152	0.0336	46	1.2115	0.0559	64	2.4022	0.0774
11	0.0432	0.0112	29	0.4488	0.0349	47	1.2674	0.0572	65	2.4796	0.0786
12	0.0544	0.0126	30	0.4836	0.0361	48	1.3246	0.0584	66	2.5582	0.0798
13	0.0670	0.0139	31	0.5198	0.0374	49	1.3830	0.0596	67	2.6380	0.0810
14	0.0809	0.0153	32	0.5572	0.0387	50	1.4425	0.0608	68	2.7190	0.0821
15	0.0962	0.0166	33	0.5959	0.0399	51	1.5033	0.0620	69	2.8011	0.0833
16	0.1128	0.0180	34	0.6358	0.0412	52	1.5653	0.0632	70	2.8844	0.0845
17	0.1308	0.0193	35	0.6769	0.0424	53	1.6285	0.0644	71	2.9689	0.0856
18	0.1501	0.0206	36	0.7194	0.0437	54	1.6929	0.0656	72	3.0545	0.0868
19	0.1707	0.0219	37	0.7630	0.0449	55	1.7585	0.0668	73	3.1413	0.0880
20	0.1927	0.0233	38	0.8079	0.0461	56	1.8252	0.0680	74	3.2292	0.0880
21	0.2159	0.0246	39	0.8541	0.0474	57	1.8932	0.0692			
22	0.2405	0.0259	40	0.9015	0.0486	58	1.9624	0.0703			

适用树种：色木槭；适用地区：乌伊岭、汤旺河、新青、红星、五营、上甘岭、友好、翠峦、乌马河、美溪、金山屯、南岔、带岭、朗乡、桃山、铁力、双丰；资料名称：五营林业局一元立木材积表、一元材种出材率表；编表人或作者：黑龙江省森林工业总局；刊印或发表时间：1995。

686. 五营林业局枫桦一元立木材积表

$$V = 0.000041960698 D_{轮}^{1.9094595} H^{1.0413892}$$

$$H = 1.3 + 24.01214 e^{(-8.630002/D_{轮})}$$

$D_{轮} = -0.1172836 + 0.9899376 D_{围}$；表中$D$为围尺径；$D \leqslant 86$cm

D	V	ΔV	D	V	ΔV	D	V	ΔV	D	V	ΔV
5	0.0048	0.0040	26	0.4274	0.0377	47	1.5389	0.0694	68	3.3007	0.0997
6	0.0089	0.0055	27	0.4650	0.0392	48	1.6082	0.0708	69	3.4004	0.1011
7	0.0144	0.0071	28	0.5043	0.0408	49	1.6791	0.0723	70	3.5015	0.1025
8	0.0215	0.0087	29	0.5451	0.0423	50	1.7514	0.0738	71	3.6040	0.1039
9	0.0302	0.0104	30	0.5874	0.0439	51	1.8252	0.0752	72	3.7080	0.1053
10	0.0406	0.0120	31	0.6313	0.0454	52	1.9004	0.0767	73	3.8133	0.1068
11	0.0526	0.0136	32	0.6767	0.0469	53	1.9771	0.0782	74	3.9201	0.1082
12	0.0662	0.0153	33	0.7236	0.0485	54	2.0553	0.0796	75	4.0282	0.1096
13	0.0815	0.0169	34	0.7721	0.0500	55	2.1349	0.0811	76	4.1378	0.1110
14	0.0984	0.0186	35	0.8221	0.0515	56	2.2159	0.0825	77	4.2488	0.1124
15	0.1170	0.0202	36	0.8736	0.0530	57	2.2984	0.0839	78	4.3612	0.1138
16	0.1372	0.0218	37	0.9266	0.0545	58	2.3824	0.0854	79	4.4749	0.1152
17	0.1590	0.0234	38	0.9811	0.0560	59	2.4678	0.0868	80	4.5901	0.1166
18	0.1825	0.0250	39	1.0371	0.0575	60	2.5546	0.0883	81	4.7067	0.1180
19	0.2075	0.0267	40	1.0946	0.0590	61	2.6428	0.0897	82	4.8247	0.1194
20	0.2342	0.0282	41	1.1536	0.0605	62	2.7325	0.0911	83	4.9440	0.1208
21	0.2624	0.0298	42	1.2141	0.0620	63	2.8237	0.0926	84	5.0648	0.1222
22	0.2922	0.0314	43	1.2761	0.0635	64	2.9162	0.0940	85	5.1870	0.1235
23	0.3237	0.0330	44	1.3396	0.0650	65	3.0102	0.0954	86	5.3105	0.1235
24	0.3567	0.0346	45	1.4045	0.0664	66	3.1056	0.0968			
25	0.3912	0.0361	46	1.4710	0.0679	67	3.2025	0.0983			

适用树种：枫桦；适用地区：汤旺河、新青、红星、五营、上甘岭、友好、翠峦、乌马河、美溪、金山屯、南岔、带岭、朗乡、桃山、铁力、双丰；资料名称：五营林业局一元立木材积表、一元材种出材率表；编表人或作者：黑龙江省森林工业总局；刊印或发表时间：1995。

687. 林口林业局红松一元立木材积表

$V=0.0000635277D_{轮}^{1.9435455}H^{0.89689361}$；表中$D$为围尺径；$D\leqslant 76$cm

D	V	ΔV	D	V	ΔV	D	V	ΔV	D	V	ΔV
5	0.0015	0.0006	23	0.0282	0.0024	41	0.0866	0.0042	59	0.1757	0.0058
6	0.0021	0.0007	24	0.0306	0.0025	42	0.0907	0.0042	60	0.1815	0.0059
7	0.0028	0.0008	25	0.0331	0.0026	43	0.0950	0.0043	61	0.1874	0.0060
8	0.0036	0.0009	26	0.0357	0.0027	44	0.0993	0.0044	62	0.1934	0.0061
9	0.0045	0.0010	27	0.0384	0.0028	45	0.1038	0.0045	63	0.1996	0.0062
10	0.0056	0.0011	28	0.0413	0.0029	46	0.1083	0.0046	64	0.2058	0.0063
11	0.0067	0.0012	29	0.0442	0.0030	47	0.1129	0.0047	65	0.2121	0.0064
12	0.0080	0.0013	30	0.0472	0.0031	48	0.1176	0.0048	66	0.2184	0.0065
13	0.0093	0.0014	31	0.0503	0.0032	49	0.1224	0.0049	67	0.2249	0.0066
14	0.0107	0.0015	32	0.0535	0.0033	50	0.1273	0.0050	68	0.2315	0.0067
15	0.0123	0.0016	33	0.0568	0.0034	51	0.1323	0.0051	69	0.2381	0.0068
16	0.0139	0.0017	34	0.0602	0.0035	52	0.1374	0.0052	70	0.2449	0.0068
17	0.0156	0.0018	35	0.0637	0.0036	53	0.1426	0.0053	71	0.2517	0.0069
18	0.0175	0.0019	36	0.0673	0.0037	54	0.1479	0.0054	72	0.2587	0.0070
19	0.0194	0.0020	37	0.0709	0.0038	55	0.1533	0.0055	73	0.2657	0.0071
20	0.0215	0.0021	38	0.0747	0.0039	56	0.1587	0.0056	74	0.2728	0.0072
21	0.0236	0.0022	39	0.0786	0.0040	57	0.1643	0.0056	75	0.2800	0.0073
22	0.0258	0.0023	40	0.0825	0.0041	58	0.1699	0.0057	76	0.2873	0.0073

适用树种：红松；适用地区：林口；资料名称：林口林业局一元立木材积表、一元材种出材率表；编表人或作者：黑龙江省森林工业总局；刊印或发表时间：1995。

688. 林口林业局云杉一元立木材积表

$$V=0.000061859978D_{轮}^{1.85577513}H^{1.0070547}$$

$$H=1.3+25.99049e^{(-12.7586/D_{轮})}$$

$D_{轮}=-0.1224725+0.9976817D_{围}$；表中$D$为围尺径；$D\leqslant 34$cm

D	V	ΔV	D	V	ΔV	D	V	ΔV	D	V	ΔV
5	0.0037	0.0033	13	0.0785	0.0176	21	0.2717	0.0324	29	0.5807	0.0465
6	0.0071	0.0049	14	0.0961	0.0195	22	0.3041	0.0342	30	0.6271	0.0482
7	0.0119	0.0065	15	0.1157	0.0214	23	0.3383	0.0360	31	0.6754	0.0499
8	0.0185	0.0083	16	0.1370	0.0232	24	0.3743	0.0378	32	0.7253	0.0516
9	0.0268	0.0101	17	0.1603	0.0251	25	0.4120	0.0395	33	0.7769	0.0533
10	0.0369	0.0120	18	0.1854	0.0269	26	0.4516	0.0413	34	0.8302	0.0533
11	0.0489	0.0139	19	0.2123	0.0288	27	0.4929	0.0430			
12	0.0628	0.0157	20	0.2411	0.0306	28	0.5359	0.0448			

适用树种：云杉；适用地区：林口；资料名称：林口林业局一元立木材积表、一元材种出材率表；编表人或作者：黑龙江省森林工业总局；刊印或发表时间：1995。

689. 林口林业局冷杉一元立木材积表

$$V = 0.000061859978 D_{轮}^{1.85577513} H^{1.0070547}$$

$$H = 1.3 + 31.00183 e^{(-15.14165/D_{轮})}$$

$D_{轮} = -0.02587242 + 0.9953701 D_{围}$；表中$D$为围尺径；$D \leqslant 36$cm

D	V	ΔV	D	V	ΔV	D	V	ΔV	D	V	ΔV
5	0.0033	0.0030	13	0.0791	0.0187	21	0.2894	0.0359	29	0.6354	0.0525
6	0.0064	0.0046	14	0.0978	0.0209	22	0.3253	0.0381	30	0.6880	0.0546
7	0.0109	0.0063	15	0.1187	0.0231	23	0.3633	0.0402	31	0.7425	0.0566
8	0.0173	0.0082	16	0.1417	0.0252	24	0.4035	0.0422	32	0.7991	0.0586
9	0.0255	0.0102	17	0.1670	0.0274	25	0.4457	0.0443	33	0.8577	0.0606
10	0.0358	0.0123	18	0.1943	0.0295	26	0.4901	0.0464	34	0.9183	0.0626
11	0.0481	0.0144	19	0.2239	0.0317	27	0.5365	0.0485	35	0.9809	0.0646
12	0.0625	0.0166	20	0.2555	0.0338	28	0.5849	0.0505	36	1.0455	0.0646

适用树种：冷杉；适用地区：林口；资料名称：林口林业局一元立木材积表、一元材种出材率表；编表人或作者：黑龙江省森林工业总局；刊印或发表时间：1995。

690. 林口林业局落叶松一元立木材积表

$$V = 0.000050168241 D_{轮}^{1.7582894} H^{1.1496653}$$

$$H = 1.3 + 29.47648 e^{(-11.91068/D_{轮})}$$

$D_{轮} = 0.1104691 + 0.985384 D_{围}$；表中$D$为围尺径；$D \leqslant 66$cm

D	V	ΔV	D	V	ΔV	D	V	ΔV	D	V	ΔV
5	0.0043	0.0038	21	0.2879	0.0332	37	1.0121	0.0583	53	2.1148	0.0805
6	0.0082	0.0055	22	0.3210	0.0349	38	1.0704	0.0598	54	2.1953	0.0819
7	0.0137	0.0073	23	0.3559	0.0365	39	1.1302	0.0612	55	2.2772	0.0832
8	0.0210	0.0092	24	0.3924	0.0382	40	1.1914	0.0627	56	2.3603	0.0845
9	0.0302	0.0111	25	0.4306	0.0398	41	1.2541	0.0641	57	2.4448	0.0858
10	0.0414	0.0131	26	0.4704	0.0414	42	1.3182	0.0655	58	2.5306	0.0871
11	0.0544	0.0150	27	0.5119	0.0430	43	1.3837	0.0669	59	2.6177	0.0884
12	0.0694	0.0169	28	0.5549	0.0446	44	1.4506	0.0683	60	2.7061	0.0897
13	0.0863	0.0188	29	0.5996	0.0462	45	1.5189	0.0697	61	2.7958	0.0910
14	0.1051	0.0207	30	0.6458	0.0478	46	1.5886	0.0711	62	2.8867	0.0922
15	0.1258	0.0225	31	0.6935	0.0493	47	1.6597	0.0725	63	2.9790	0.0935
16	0.1483	0.0244	32	0.7429	0.0508	48	1.7321	0.0738	64	3.0725	0.0948
17	0.1726	0.0262	33	0.7937	0.0524	49	1.8059	0.0752	65	3.1672	0.0960
18	0.1988	0.0279	34	0.8461	0.0539	50	1.8811	0.0765	66	3.2632	0.0960
19	0.2267	0.0297	35	0.8999	0.0554	51	1.9577	0.0779			
20	0.2564	0.0314	36	0.9553	0.0568	52	2.0355	0.0792			

适用树种：落叶松；适用地区：林口、鹤北、鹤立、穆棱、柴河、东京城、海林、大海林、东方红、迎春、桦南、双鸭山；资料名称：林口林业局一元立木材积表、一元材种出材率表；编表人或作者：黑龙江省森林工业总局；刊印或发表时间：1995。

691. 林口林业局赤松一元立木材积表

$$V = 0.000054585749 D_{轮}^{1.9705412} H^{0.91418311}$$

$$H = 1.3 + 19.16097 e^{(-11.17844/D_{轮})}$$

$D_{轮} = 0.1179808 + 0.9923078 D_{围}$；表中$D$为围尺径；$D \leqslant 68\text{cm}$

D	V	ΔV	D	V	ΔV	D	V	ΔV	D	V	ΔV
5	0.0041	0.0032	21	0.2212	0.0260	37	0.8132	0.0495	53	1.7795	0.0727
6	0.0073	0.0044	22	0.2472	0.0274	38	0.8627	0.0509	54	1.8522	0.0742
7	0.0117	0.0057	23	0.2746	0.0289	39	0.9136	0.0524	55	1.9264	0.0756
8	0.0174	0.0070	24	0.3035	0.0304	40	0.9660	0.0538	56	2.0020	0.0771
9	0.0244	0.0084	25	0.3339	0.0319	41	1.0198	0.0553	57	2.0790	0.0785
10	0.0328	0.0098	26	0.3658	0.0333	42	1.0751	0.0568	58	2.1576	0.0800
11	0.0426	0.0113	27	0.3991	0.0348	43	1.1319	0.0582	59	2.2375	0.0814
12	0.0539	0.0127	28	0.4339	0.0363	44	1.1901	0.0597	60	2.3189	0.0828
13	0.0666	0.0142	29	0.4702	0.0377	45	1.2498	0.0611	61	2.4017	0.0843
14	0.0808	0.0156	30	0.5079	0.0392	46	1.3109	0.0626	62	2.4860	0.0857
15	0.0965	0.0171	31	0.5471	0.0407	47	1.3735	0.0640	63	2.5717	0.0872
16	0.1136	0.0186	32	0.5878	0.0421	48	1.4375	0.0655	64	2.6589	0.0886
17	0.1321	0.0201	33	0.6300	0.0436	49	1.5030	0.0669	65	2.7475	0.0900
18	0.1522	0.0215	34	0.6736	0.0451	50	1.5700	0.0684	66	2.8375	0.0915
19	0.1737	0.0230	35	0.7187	0.0465	51	1.6383	0.0698	67	2.9290	0.0929
20	0.1967	0.0245	36	0.7652	0.0480	52	1.7082	0.0713	68	3.0219	0.0929

适用树种：赤松；适用地区：林口、绥阳、穆棱、八面通、柴河、东京城、海林、大海林、迎春；资料名称：林口林业局一元立木材积表、一元材种出材率表；编表人或作者：黑龙江省森林工业总局；刊印或发表时间：1995。

692. 林口林业局椴树一元立木材积表

$$V = 0.000041960698 D_{轮}^{1.9094595} H^{1.0413892}$$

$$H = 1.3 + 25.844 e^{(-12.95482/D_{轮})}$$

$D_{轮} = -0.06312586 + 0.9904183 D_{围}$；表中$D$为围尺径；$D \leqslant 112$cm

D	V	ΔV	D	V	ΔV	D	V	ΔV	D	V	ΔV
5	0.0028	0.0026	32	0.6395	0.0470	59	2.4735	0.0900	86	5.4427	0.1312
6	0.0054	0.0039	33	0.6865	0.0486	60	2.5636	0.0916	87	5.5738	0.1327
7	0.0093	0.0053	34	0.7351	0.0503	61	2.6552	0.0931	88	5.7065	0.1342
8	0.0146	0.0068	35	0.7854	0.0519	62	2.7483	0.0947	89	5.8406	0.1356
9	0.0213	0.0083	36	0.8373	0.0535	63	2.8430	0.0962	90	5.9763	0.1371
10	0.0297	0.0100	37	0.8909	0.0552	64	2.9393	0.0978	91	6.1134	0.1386
11	0.0396	0.0116	38	0.9460	0.0568	65	3.0370	0.0993	92	6.2521	0.1401
12	0.0513	0.0133	39	1.0028	0.0584	66	3.1363	0.1009	93	6.3922	0.1416
13	0.0646	0.0150	40	1.0612	0.0600	67	3.2372	0.1024	94	6.5338	0.1431
14	0.0795	0.0167	41	1.1212	0.0616	68	3.3396	0.1039	95	6.6769	0.1446
15	0.0962	0.0184	42	1.1829	0.0632	69	3.4435	0.1055	96	6.8214	0.1461
16	0.1146	0.0201	43	1.2461	0.0648	70	3.5490	0.1070	97	6.9675	0.1475
17	0.1347	0.0218	44	1.3109	0.0664	71	3.6559	0.1085	98	7.1150	0.1490
18	0.1566	0.0235	45	1.3774	0.0680	72	3.7644	0.1100	99	7.2641	0.1505
19	0.1801	0.0252	46	1.4454	0.0696	73	3.8745	0.1116	100	7.4146	0.1520
20	0.2053	0.0269	47	1.5150	0.0712	74	3.9860	0.1131	101	7.5665	0.1534
21	0.2322	0.0286	48	1.5862	0.0728	75	4.0991	0.1146	102	7.7200	0.1549
22	0.2609	0.0303	49	1.6590	0.0744	76	4.2137	0.1161	103	7.8749	0.1564
23	0.2912	0.0320	50	1.7334	0.0760	77	4.3298	0.1176	104	8.0313	0.1579
24	0.3232	0.0337	51	1.8094	0.0775	78	4.4474	0.1191	105	8.1891	0.1593
25	0.3569	0.0354	52	1.8869	0.0791	79	4.5665	0.1206	106	8.3485	0.1608
26	0.3923	0.0370	53	1.9660	0.0807	80	4.6872	0.1222	107	8.5093	0.1623
27	0.4293	0.0387	54	2.0467	0.0822	81	4.8093	0.1237	108	8.6715	0.1637
28	0.4680	0.0404	55	2.1289	0.0838	82	4.9330	0.1252	109	8.8353	0.1652
29	0.5084	0.0420	56	2.2128	0.0854	83	5.0582	0.1267	110	9.0005	0.1667
30	0.5504	0.0437	57	2.2981	0.0869	84	5.1848	0.1282	111	9.1671	0.1681
31	0.5941	0.0454	58	2.3851	0.0885	85	5.3130	0.1297	112	9.3352	0.1681

适用树种：椴树；适用地区：绥阳、穆棱、八面通、林口、柴河、东京城、海林、大海林、东方红、迎春；资料名称：林口林业局一元立木材积表、一元材种出材率表；编表人或作者：黑龙江省森林工业总局；刊印或发表时间：1995。

693. 林口林业局榆树一元立木材积表

$$V = 0.000041960698 D_{轮}^{1.9094595} H^{1.0413892}$$

$$H = 1.3 + 24.43828 e^{(-12.37346/D_{轮})}$$

$D_{轮} = -0.01424257 + 0.9915497 D_{围}$；表中$D$为围尺径；$D \leqslant 76$cm

D	V	ΔV	D	V	ΔV	D	V	ΔV	D	V	ΔV
5	0.0031	0.0027	23	0.2851	0.0309	41	1.0824	0.0590	59	2.3747	0.0859
6	0.0058	0.0040	24	0.3160	0.0325	42	1.1414	0.0605	60	2.4606	0.0874
7	0.0098	0.0054	25	0.3486	0.0341	43	1.2019	0.0620	61	2.5480	0.0889
8	0.0151	0.0068	26	0.3827	0.0357	44	1.2639	0.0636	62	2.6369	0.0903
9	0.0220	0.0083	27	0.4184	0.0373	45	1.3275	0.0651	63	2.7272	0.0918
10	0.0303	0.0099	28	0.4556	0.0389	46	1.3926	0.0666	64	2.8190	0.0933
11	0.0402	0.0115	29	0.4945	0.0404	47	1.4591	0.0681	65	2.9123	0.0947
12	0.0517	0.0131	30	0.5349	0.0420	48	1.5272	0.0696	66	3.0070	0.0962
13	0.0648	0.0147	31	0.5769	0.0436	49	1.5968	0.0711	67	3.1032	0.0976
14	0.0795	0.0164	32	0.6205	0.0451	50	1.6679	0.0726	68	3.2008	0.0991
15	0.0959	0.0180	33	0.6656	0.0467	51	1.7405	0.0741	69	3.2999	0.1005
16	0.1139	0.0196	34	0.7123	0.0482	52	1.8145	0.0756	70	3.4004	0.1020
17	0.1335	0.0212	35	0.7606	0.0498	53	1.8901	0.0771	71	3.5024	0.1034
18	0.1547	0.0229	36	0.8103	0.0513	54	1.9672	0.0785	72	3.6058	0.1049
19	0.1776	0.0245	37	0.8617	0.0529	55	2.0457	0.0800	73	3.7107	0.1063
20	0.2020	0.0261	38	0.9145	0.0544	56	2.1257	0.0815	74	3.8170	0.1078
21	0.2281	0.0277	39	0.9690	0.0559	57	2.2072	0.0830	75	3.9248	0.1092
22	0.2558	0.0293	40	1.0249	0.0575	58	2.2902	0.0845	76	4.0340	0.1092

适用树种：榆树；适用地区：绥阳、穆棱、八面通、林口、柴河、东京城、海林、大海林、东方红、迎春；资料名称：林口林业局一元立木材积表、一元材种出材率表；编表人或作者：黑龙江省森林工业总局；刊印或发表时间：1995。

694. 林口林业局柞树一元立木材积表

$$V = 0.000061125534 D_{轮}^{1.8810091} H^{0.94462565}$$

$$H = 1.3 + 17.20929 e^{(-8.029995/D_{轮})}$$

$D_{轮} = 0.0719005 + 0.9880311 D_{围}$；表中$D$为围尺径；$D \leqslant 48$cm

D	V	ΔV	D	V	ΔV	D	V	ΔV	D	V	ΔV
5	0.0055	0.0038	16	0.1131	0.0168	27	0.3589	0.0289	38	0.7345	0.0404
6	0.0094	0.0050	17	0.1299	0.0179	28	0.3878	0.0299	39	0.7748	0.0414
7	0.0144	0.0062	18	0.1478	0.0190	29	0.4178	0.0310	40	0.8162	0.0424
8	0.0206	0.0074	19	0.1668	0.0202	30	0.4488	0.0321	41	0.8586	0.0434
9	0.0280	0.0086	20	0.1870	0.0213	31	0.4808	0.0331	42	0.9020	0.0444
10	0.0366	0.0098	21	0.2083	0.0224	32	0.5140	0.0342	43	0.9464	0.0454
11	0.0464	0.0110	22	0.2307	0.0235	33	0.5481	0.0352	44	0.9918	0.0464
12	0.0574	0.0122	23	0.2541	0.0246	34	0.5833	0.0362	45	1.0383	0.0474
13	0.0696	0.0133	24	0.2787	0.0257	35	0.6196	0.0373	46	1.0857	0.0484
14	0.0829	0.0145	25	0.3044	0.0267	36	0.6568	0.0383	47	1.1341	0.0494
15	0.0974	0.0156	26	0.3311	0.0278	37	0.6951	0.0393	48	1.1835	0.0494

适用树种：柞树（栎树）；适用地区：林口；资料名称：林口林业局一元立木材积表、一元材种出材率表；编表人或作者：黑龙江省森林工业总局；刊印或发表时间：1995。

黑

695. 林口林业局白桦一元立木材积表

$$V = 0.000051935163 D_{轮}^{1.8586884} H^{1.0038941}$$

$$H = 1.3 + 25.08724 e^{(-8.874166/D_{轮})}$$

$D_{轮} = 0.02197957 + 0.9883884 D_{围}$；表中$D$为围尺径；$D \leqslant 34$cm

D	V	ΔV	D	V	ΔV	D	V	ΔV	D	V	ΔV
5	0.0056	0.0044	13	0.0841	0.0168	21	0.2609	0.0287	29	0.5304	0.0400
6	0.0100	0.0059	14	0.1010	0.0184	22	0.2896	0.0302	30	0.5703	0.0413
7	0.0159	0.0074	15	0.1193	0.0199	23	0.3198	0.0316	31	0.6116	0.0427
8	0.0233	0.0090	16	0.1392	0.0214	24	0.3514	0.0330	32	0.6543	0.0440
9	0.0324	0.0106	17	0.1606	0.0229	25	0.3844	0.0344	33	0.6983	0.0454
10	0.0429	0.0122	18	0.1835	0.0244	26	0.4188	0.0358	34	0.7437	0.0454
11	0.0551	0.0137	19	0.2078	0.0258	27	0.4546	0.0372			
12	0.0689	0.0153	20	0.2336	0.0273	28	0.4918	0.0386			

适用树种：白桦；适用地区：林口；资料名称：林口林业局一元立木材积表、一元材种出材率表；编表人或作者：黑龙江省森林工业总局；刊印或发表时间：1995。

696. 林口林业局色木槭一元立木材积表

$$V = 0.000041960698 D_{轮}^{1.9094595} H^{1.0413892}$$

$$H = 1.3 + 20.72737 e^{(-10.03577/D_{轮})}$$

$D_{轮} = 0.0246978 + 0.9875086 D_{围}$；表中$D$为围尺径；$D \leqslant 78$cm

D	V	ΔV	D	V	ΔV	D	V	ΔV	D	V	ΔV
5	0.0038	0.0031	24	0.2950	0.0291	43	1.0733	0.0540	62	2.3143	0.0778
6	0.0069	0.0043	25	0.3241	0.0304	44	1.1272	0.0552	63	2.3921	0.0790
7	0.0113	0.0056	26	0.3545	0.0317	45	1.1825	0.0565	64	2.4711	0.0803
8	0.0169	0.0070	27	0.3862	0.0331	46	1.2390	0.0578	65	2.5514	0.0815
9	0.0239	0.0083	28	0.4193	0.0344	47	1.2968	0.0590	66	2.6329	0.0827
10	0.0323	0.0097	29	0.4537	0.0357	48	1.3558	0.0603	67	2.7156	0.0839
11	0.0420	0.0111	30	0.4894	0.0371	49	1.4161	0.0616	68	2.7995	0.0852
12	0.0531	0.0125	31	0.5265	0.0384	50	1.4777	0.0628	69	2.8847	0.0864
13	0.0656	0.0139	32	0.5649	0.0397	51	1.5405	0.0641	70	2.9711	0.0876
14	0.0796	0.0153	33	0.6046	0.0410	52	1.6046	0.0654	71	3.0587	0.0888
15	0.0949	0.0167	34	0.6456	0.0423	53	1.6700	0.0666	72	3.1475	0.0900
16	0.1116	0.0181	35	0.6880	0.0436	54	1.7366	0.0679	73	3.2375	0.0913
17	0.1297	0.0195	36	0.7316	0.0449	55	1.8045	0.0691	74	3.3288	0.0925
18	0.1492	0.0209	37	0.7765	0.0462	56	1.8736	0.0704	75	3.4213	0.0937
19	0.1701	0.0223	38	0.8228	0.0475	57	1.9439	0.0716	76	3.5150	0.0949
20	0.1923	0.0236	39	0.8703	0.0488	58	2.0155	0.0728	77	3.6098	0.0961
21	0.2160	0.0250	40	0.9191	0.0501	59	2.0884	0.0741	78	3.7059	0.0961
22	0.2409	0.0263	41	0.9692	0.0514	60	2.1624	0.0753			
23	0.2673	0.0277	42	1.0206	0.0527	61	2.2378	0.0766			

适用树种：色木槭；适用地区：绥阳、穆棱、八面通、林口、柴河、东京城、海林、大海林、东方红、迎春；资料名称：林口林业局一元立木材积表、一元材种出材率表；编表人或作者：黑龙江省森林工业总局；刊印或发表时间：1995。

697. 林口林业局枫桦一元立木材积表

$$V = 0.000041960698 D_{轮}^{1.9094595} H^{1.0413892}$$

$$H = 1.3 + 25.94746 e^{(-10.80806/D_{轮})}$$

$D_{轮} = 0.08243016 + 0.9884284 D_{围}$；表中$D$为围尺径；$D \leqslant 92$cm

D	V	ΔV	D	V	ΔV	D	V	ΔV	D	V	ΔV
5	0.0042	0.0036	27	0.4695	0.0407	49	1.7430	0.0763	71	3.7827	0.1104
6	0.0078	0.0050	28	0.5102	0.0424	50	1.8193	0.0779	72	3.8931	0.1120
7	0.0128	0.0066	29	0.5526	0.0440	51	1.8973	0.0795	73	4.0051	0.1135
8	0.0194	0.0082	30	0.5966	0.0457	52	1.9768	0.0811	74	4.1186	0.1150
9	0.0276	0.0099	31	0.6423	0.0473	53	2.0578	0.0826	75	4.2335	0.1165
10	0.0375	0.0116	32	0.6897	0.0490	54	2.1405	0.0842	76	4.3500	0.1180
11	0.0491	0.0133	33	0.7387	0.0506	55	2.2247	0.0858	77	4.4681	0.1195
12	0.0625	0.0151	34	0.7893	0.0523	56	2.3104	0.0873	78	4.5876	0.1210
13	0.0776	0.0168	35	0.8416	0.0539	57	2.3978	0.0889	79	4.7086	0.1226
14	0.0944	0.0185	36	0.8955	0.0555	58	2.4867	0.0904	80	4.8312	0.1241
15	0.1129	0.0203	37	0.9510	0.0572	59	2.5771	0.0920	81	4.9552	0.1256
16	0.1332	0.0220	38	1.0082	0.0588	60	2.6691	0.0935	82	5.0808	0.1271
17	0.1552	0.0237	39	1.0670	0.0604	61	2.7626	0.0951	83	5.2079	0.1286
18	0.1790	0.0255	40	1.1274	0.0620	62	2.8577	0.0966	84	5.3364	0.1301
19	0.2044	0.0272	41	1.1894	0.0636	63	2.9543	0.0982	85	5.4665	0.1316
20	0.2316	0.0289	42	1.2530	0.0652	64	3.0525	0.0997	86	5.5981	0.1331
21	0.2605	0.0306	43	1.3182	0.0668	65	3.1522	0.1013	87	5.7311	0.1346
22	0.2911	0.0323	44	1.3850	0.0684	66	3.2535	0.1028	88	5.8657	0.1360
23	0.3234	0.0340	45	1.4534	0.0700	67	3.3563	0.1043	89	6.0017	0.1375
24	0.3574	0.0357	46	1.5234	0.0716	68	3.4606	0.1058	90	6.1393	0.1390
25	0.3931	0.0374	47	1.5950	0.0732	69	3.5664	0.1074	91	6.2783	0.1405
26	0.4304	0.0390	48	1.6682	0.0748	70	3.6738	0.1089	92	6.4188	0.1405

适用树种：枫桦；适用地区：绥阳、穆棱、八面通、林口、柴河、东京城、海林、大海林、东方红、迎春；资料名称：林口林业局一元立木材积表、一元材种出材率表；编表人或作者：黑龙江省森林工业总局；刊印或发表时间：1995。

698. 林口林业局山杨一元立木材积表

$$V = 0.000053474319 D_{轮}^{1.8778994} H^{0.99982785}$$

$$H = 1.3 + 25.44387 e^{(-9.543574/D_{轮})}$$

$D_{轮} = -0.006495224 + 0.9903567 D_{围}$；表中$D$为围尺径；$D \leqslant 34$cm

D	V	ΔV	D	V	ΔV	D	V	ΔV	D	V	ΔV
5	0.0054	0.0043	13	0.0869	0.0179	21	0.2772	0.0312	29	0.5717	0.0439
6	0.0097	0.0059	14	0.1048	0.0196	22	0.3084	0.0328	30	0.6157	0.0455
7	0.0156	0.0076	15	0.1244	0.0213	23	0.3412	0.0344	31	0.6611	0.0470
8	0.0232	0.0093	16	0.1457	0.0230	24	0.3757	0.0360	32	0.7082	0.0486
9	0.0325	0.0110	17	0.1687	0.0246	25	0.4117	0.0376	33	0.7568	0.0501
10	0.0435	0.0127	18	0.1934	0.0263	26	0.4494	0.0392	34	0.8069	0.0501
11	0.0563	0.0145	19	0.2197	0.0279	27	0.4886	0.0408			
12	0.0708	0.0162	20	0.2476	0.0296	28	0.5294	0.0424			

适用树种：山杨；适用地区：林口；资料名称：林口林业局一元立木材积表、一元材种出材率表；编表人或作者：黑龙江省森林工业总局；刊印或发表时间：1995。

黑

699. 林口林业局人工落叶松一元立木材积表

$V = 0.0005394226 D_{轮}^{2.033663}$[注]；表中$D$为围尺径；$D \leqslant 42$cm

D	V	ΔV	D	V	ΔV	D	V	ΔV	D	V	ΔV
5	0.0103	0.0053	15	0.1270	0.0202	25	0.4088	0.0384	35	0.8828	0.0588
6	0.0156	0.0066	16	0.1472	0.0219	26	0.4472	0.0403	36	0.9416	0.0609
7	0.0222	0.0079	17	0.1691	0.0236	27	0.4875	0.0423	37	1.0025	0.0631
8	0.0301	0.0093	18	0.1928	0.0254	28	0.5298	0.0443	38	1.0656	0.0653
9	0.0395	0.0108	19	0.2182	0.0272	29	0.5741	0.0463	39	1.1308	0.0674
10	0.0502	0.0122	20	0.2453	0.0290	30	0.6204	0.0483	40	1.1983	0.0697
11	0.0625	0.0138	21	0.2743	0.0308	31	0.6687	0.0504	41	1.2679	0.0719
12	0.0762	0.0153	22	0.3051	0.0327	32	0.7191	0.0525	42	1.3398	0.0719
13	0.0915	0.0169	23	0.3378	0.0345	33	0.7716	0.0545			
14	0.1085	0.0185	24	0.3723	0.0365	34	0.8261	0.0567			

适用树种：人工落叶松；适用地区：林口；资料名称：林口林业局一元立木材积表、一元材种出材率表；编表人或作者：黑龙江省森林工业总局；刊印或发表时间：1995。注：材积方程和表中数据不一致（方程测试：$D = 20, V = 0.2387$），疑原资料印刷错误，有待考证修订。

700. 林口林业局人工杨树一元立木材积表

V=0.0003359151$D_{轮}^{2.199671}$；表中D为围尺径；D ⩽48cm

D	V	ΔV	D	V	ΔV	D	V	ΔV	D	V	ΔV
5	0.0116	0.0057	16	0.1496	0.0213	27	0.4729	0.0394	38	1.0028	0.0590
6	0.0173	0.0070	17	0.1709	0.0229	28	0.5123	0.0411	39	1.0618	0.0608
7	0.0243	0.0083	18	0.1938	0.0245	29	0.5534	0.0428	40	1.1226	0.0627
8	0.0326	0.0096	19	0.2183	0.0261	30	0.5962	0.0446	41	1.1853	0.0645
9	0.0422	0.0110	20	0.2444	0.0277	31	0.6408	0.0464	42	1.2498	0.0664
10	0.0532	0.0124	21	0.2721	0.0293	32	0.6872	0.0481	43	1.3162	0.0683
11	0.0656	0.0138	22	0.3014	0.0310	33	0.7353	0.0499	44	1.3845	0.0702
12	0.0794	0.0153	23	0.3323	0.0326	34	0.7852	0.0517	45	1.4546	0.0721
13	0.0947	0.0168	24	0.3650	0.0343	35	0.8369	0.0535	46	1.5267	0.0740
14	0.1115	0.0183	25	0.3992	0.0360	36	0.8904	0.0553	47	1.6006	0.0759
15	0.1298	0.0198	26	0.4352	0.0377	37	0.9457	0.0571	48	1.6765	0.0759

适用树种：人工杨树；适用地区：林口；资料名称：林口林业局一元立木材积表、一元材种出材率表；编表人或作者：黑龙江省森林工业总局；刊印或发表时间：1995。

701. 林口林业局柞树矮林一元立木材积表

$$V = 0.000061125534D_{轮}^{1.8810091}H^{0.99462565}$$

$$H = 1.3 + 14.44215e^{(-13.08308/D_{轮})}$$

$D_{轮} = -0.06540741 + 0.9897968D_{围}$；表中$D$为围尺径；$D$ ⩽52cm

D	V	ΔV	D	V	ΔV	D	V	ΔV	D	V	ΔV
5	0.0028	0.0021	17	0.0961	0.0149	29	0.3469	0.0278	41	0.7494	0.0402
6	0.0049	0.0030	18	0.1110	0.0160	30	0.3748	0.0289	42	0.7896	0.0412
7	0.0078	0.0040	19	0.1271	0.0171	31	0.4037	0.0299	43	0.8308	0.0422
8	0.0118	0.0050	20	0.1442	0.0182	32	0.4336	0.0310	44	0.8729	0.0432
9	0.0168	0.0061	21	0.1624	0.0193	33	0.4646	0.0320	45	0.9161	0.0442
10	0.0228	0.0071	22	0.1817	0.0204	34	0.4966	0.0330	46	0.9603	0.0452
11	0.0300	0.0082	23	0.2021	0.0215	35	0.5297	0.0341	47	1.0054	0.0462
12	0.0382	0.0094	24	0.2236	0.0225	36	0.5637	0.0351	48	1.0516	0.0471
13	0.0476	0.0105	25	0.2461	0.0236	37	0.5988	0.0361	49	1.0987	0.0481
14	0.0580	0.0116	26	0.2697	0.0247	38	0.6350	0.0371	50	1.1468	0.0491
15	0.0696	0.0127	27	0.2944	0.0257	39	0.6721	0.0382	51	1.1960	0.0501
16	0.0823	0.0138	28	0.3201	0.0268	40	0.7102	0.0392	52	1.2460	0.0501

适用树种：柞树（矮林）；适用地区：绥阳、穆棱、八面通、林口、柴河、东京城、海林、大海林、东方红、迎春；资料名称：林口林业局一元立木材积表、一元材种出材率表；编表人或作者：黑龙江省森林工业总局；刊印或发表时间：1995。

黑龙江国有林区立木地径胸径关系方程

资料来源：黑龙江省地方标准 DB 23/TB 989—2005；标准名称：黑龙江省国有林区立木根径胸径便查手册；编制单位：黑龙江省森林资源管理局；起草人：李志海，李忠，崔玉柱，李具来，娄志伟，孙惠杰，黄玉清，张少莉，尹龙海；发行机构：黑龙江省质量技术监督局（2005），中国林业出版社出版。

方程系根据原表数据拟合。树种名称后括号中的数字为地径 25 cm 时的胸径测试值（cm）。

黑龙江省国有林区区域划分：

小兴安岭北坡：乌伊岭、沾河 2 个林业局。

小兴安岭南坡：汤旺河、新青、红星、五营、上甘岭、友好、乌马河、翠峦、美溪、金山屯、南岔、带岭、朗乡、桃山、铁力、双丰、鹤北、清河、兴隆、绥棱、通北 22 个林业局。

完达山林区：东方红、迎春、双鸭山、桦南 4 个林业局。

黑

张广才岭林区：林口、绥阳、八面通、穆棱、柴河、海林、大海林、东京城、苇河、亚布力、山河屯、方正 12 个林业局。

全省人工林:

红松 (19.3) $D_{1.3}=0.8174D_0-1.1186$ ($D_0\leqslant$35cm)

云杉 (19.7) $D_{1.3}=0.819D_0-0.7706$ ($D_0\leqslant$40cm)

落叶松 (19.0) $D_{1.3}=0.7572D_0+0.0877$ ($D_0\leqslant$65cm)

樟子松 (20.1) $D_{1.3}=0.9D_0-2.4$ ($D_0\leqslant$35cm)

杨树 (20.6) $D_{1.3}=0.8123D_0+0.3117$ ($D_0\leqslant$55cm)

小兴安岭北坡天然林:

红松 (18.1) $D_{1.3}=0.8984D_0-4.3121$ ($D_0\leqslant$85cm)

云杉 (18.4) $D_{1.3}=0.7911D_0-1.4022$ ($D_0\leqslant$85cm)

冷杉 (18.9) $D_{1.3}=0.7662D_0-0.2613$ ($D_0\leqslant$85cm)

落叶松 (17.8) $D_{1.3}=0.7174D_0-0.0903$ ($D_0\leqslant$85cm)

柞树 (18.5) $D_{1.3}=0.791D_0-1.3059$ ($D_0\leqslant$85cm)

榆树 (17.5) $D_{1.3}=0.7476D_0-1.1743$ ($D_0\leqslant$100cm)

黑桦 (18.6) $D_{1.3}=0.7941D_0-1.2748$ ($D_0\leqslant$85cm)

椴树 (19.9) $D_{1.3}=0.7437D_0+1.2576$ ($D_0\leqslant$100cm)

白桦 (17.5) $D_{1.3}=0.7672D_0-1.6379$ ($D_0\leqslant$80cm)

山杨 (19.1)　$D_{1.3} = 0.7867D_0 - 0.5313$ ($D_0 \leqslant 75$cm)

小兴安岭南坡天然林:

红松 (18.9)　$D_{1.3} = 0.844D_0 - 2.2055$ ($D_0 \leqslant 110$cm)
云杉 (18.5)　$D_{1.3} = 0.8211D_0 - 1.9801$ ($D_0 \leqslant 95$cm)
冷杉 (19.2)　$D_{1.3} = 0.7916D_0 - 0.556$ ($D_0 \leqslant 80$cm)
落叶松 (19.7)　$D_{1.3} = 0.8045D_0 - 0.4474$ ($D_0 \leqslant 80$cm)
柞树 (18.6)　$D_{1.3} = 0.8224D_0 - 1.9253$ ($D_0 \leqslant 85$cm)
榆树 (19.0)　$D_{1.3} = 0.7949D_0 - 0.8585$ ($D_0 \leqslant 100$cm)
黑桦 (19.5)　$D_{1.3} = 0.8381D_0 - 1.468$ ($D_0 \leqslant 85$cm)
椴树 (20.4)　$D_{1.3} = 0.8003D_0 + 0.3802$ ($D_0 \leqslant 100$cm)
白桦 (19.3)　$D_{1.3} = 0.8D_0 - 0.7$ ($D_0 \leqslant 80$cm)
山杨 (20.0)　$D_{1.3} = 0.7788D_0 + 0.5353$ ($D_0 \leqslant 80$cm)
水曲柳 (19.7)　$D_{1.3} = 0.8306D_0 - 1.0976$ ($D_0 \leqslant 80$cm)

完达山天然林:

红松 (19.8)　$D_{1.3} = 0.9236D_0 - 3.2923$ ($D_0 \leqslant 110$cm)
云杉 (18.8)　$D_{1.3} = 0.8252D_0 - 1.8733$ ($D_0 \leqslant 85$cm)
冷杉 (19.9)　$D_{1.3} = 0.782D_0 + 0.3686$ ($D_0 \leqslant 70$cm)
柞树 (20.0)　$D_{1.3} = 0.8652D_0 - 1.5839$ ($D_0 \leqslant 85$cm)
榆树 (20.8)　$D_{1.3} = 0.8601D_0 - 0.7052$ ($D_0 \leqslant 75$cm)
黑桦 (21.1)　$D_{1.3} = 0.8907D_0 - 1.1732$ ($D_0 \leqslant 85$cm)
椴树 (20.8)　$D_{1.3} = 0.8186D_0 + 0.3356$ ($D_0 \leqslant 105$cm)
白桦 (21.0)　$D_{1.3} = 0.8356D_0 + 0.1275$ ($D_0 \leqslant 70$cm)
山杨 (21.6)　$D_{1.3} = 0.8639D_0 + 0.0402$ ($D_0 \leqslant 75$cm)
水曲柳 (20.8)　$D_{1.3} = 0.8201D_0 + 0.2944$ ($D_0 \leqslant 70$cm)

张广才岭天然林:

红松 (19.3)　$D_{1.3} = 0.7912D_0 - 0.4527$ ($D_0 \leqslant 110$cm)
云杉 (19.6)　$D_{1.3} = 0.7731D_0 + 0.2847$ ($D_0 \leqslant 95$cm)
冷杉 (19.6)　$D_{1.3} = 0.8337D_0 - 1.2617$ ($D_0 \leqslant 85$cm)
落叶松 (18.2)　$D_{1.3} = 0.7946D_0 - 1.6603$ ($D_0 \leqslant 70$cm)
柞树 (18.9)　$D_{1.3} = 0.8767D_0 - 2.9834$ ($D_0 \leqslant 100$cm)
榆树 (19.6)　$D_{1.3} = 0.8784D_0 - 2.3812$ ($D_0 \leqslant 85$cm)
黑桦 (19.7)　$D_{1.3} = 0.8118D_0 - 0.5657$ ($D_0 \leqslant 80$cm)
椴树 (19.9)　$D_{1.3} = 0.8406D_0 - 1.1491$ ($D_0 \leqslant 105$cm)
白桦 (19.2)　$D_{1.3} = 0.8568D_0 - 2.2564$ ($D_0 \leqslant 70$cm)
山杨 (19.8)　$D_{1.3} = 0.8933D_0 - 2.5324$ ($D_0 \leqslant 70$cm)
水曲柳 (19.2)　$D_{1.3} = 0.8967D_0 - 3.1883$ ($D_0 \leqslant 75$cm)

9 江苏省立木材积表

江苏省杉木（→14 页）、马尾松（→15 页）、侧柏（→3 页）、阔叶树（→17 页）二元立木材积表使用部颁标准 (LY 208—1977)。江苏省立木材积表还适用于上海市（上海市没有单独发布材积表）。

江苏省一元立木材积表使用说明：

马尾松（一）适用于集约经营而生长良好的马尾松、国外松等林分。

马尾松（二）适用于一般马尾松林分。

林分阔叶树（一）适用于宁镇地区的麻栎、枫香、杨树等生长良好的林分。

林分阔叶树（二）适用于一般林分阔叶树。

平原湖区的林分阔叶树查本地区的四旁阔叶树一元立木材积表。

水杉，采用“四五”期间 (1970—1975 年) 南京附近地区水杉一元立木材积表。

侧柏，采用“四五”期间徐州地区侧柏一元立木材积表。

林分阔叶树（一），采用“四五”期间老山林场一元立木材积表。

林分阔叶树（二），采用“四五”期间立木材积表。

苏北四旁阔叶树，采用“四五”期间立木材积表。

苏南及徐州地区四旁阔叶树一元立木材积表和苏北四旁阔叶树一元立木材积表原表径阶距为 2 cm，本书通过线性内插调整为 1 cm。

从二元立木材积表导算一元立木材积表所用的树高回归方程：

杉木，$H = -2.2426 + 0.2021D + 6.6922\lg D$

赤松黑松，$H = 2.2030 + 0.38244D - 0.002827\lg D^2$

马尾松（一），$H = -1.8355 + 0.04508D + 9.86172\lg D$

马尾松（二），$H = 0.5447 + 0.1372D + 5.5370\lg D$

苏南及徐州地区四旁阔叶树，$H = 2.5586 + 0.4728D - 0.0033D^2$

702. 江苏杉木一元立木材积表

D	V	ΔV	D	V	ΔV	D	V	ΔV	D	V	ΔV
5	0.0040	0.0031	12	0.0473	0.0107	19	0.1551	0.0218	26	0.3463	0.0350
6	0.0071	0.0040	13	0.0580	0.0122	20	0.1769	0.0236	27	0.3813	0.0372
7	0.0111	0.0049	14	0.0702	0.0137	21	0.2005	0.0253	28	0.4185	0.0392
8	0.0160	0.0062	15	0.0839	0.0154	22	0.2258	0.0272	29	0.4577	0.0414
9	0.0222	0.0072	16	0.0993	0.0172	23	0.2530	0.0291	30	0.4991	0.0414
10	0.0294	0.0080	17	0.1165	0.0185	24	0.2821	0.0311			
11	0.0374	0.0099	18	0.1350	0.0201	25	0.3132	0.0331			

适用树种：杉木；适用地区：江苏；资料名称：江苏省森林调查常用数表；编表人或作者：江苏农林局林业勘察设计队编印；出版机构：江苏省农林局林业勘察设计队编印；刊印或发表时间：1979。

703. 江苏水杉一元立木材积表

D	V	ΔV	D	V	ΔV	D	V	ΔV	D	V	ΔV
5	0.0073	0.0045	12	0.0705	0.0157	19	0.2208	0.0298	26	0.4765	0.0456
6	0.0118	0.0058	13	0.0862	0.0175	20	0.2506	0.0325	27	0.5221	0.0479
7	0.0176	0.0073	14	0.1037	0.0195	21	0.2831	0.0336	28	0.5700	0.0500
8	0.0249	0.0089	15	0.1232	0.0215	22	0.3167	0.0366	29	0.6200	0.0522
9	0.0338	0.0106	16	0.1447	0.0233	23	0.3533	0.0389	30	0.6722	0.0550
10	0.0444	0.0123	17	0.1680	0.0251	24	0.3922	0.0409	31	0.7272	0.0576
11	0.0567	0.0138	18	0.1931	0.0277	25	0.4331	0.0434	32	0.7848	0.0576

适用树种：水杉；适用地区：江苏；资料名称：江苏省森林调查常用数表；编表人或作者：江苏农林局林业勘察设计队编印；出版机构：江苏省农林局林业勘察设计队编印；刊印或发表时间：1979。

704. 江苏赤松、黑松一元立木材积表

D	V	ΔV	D	V	ΔV	D	V	ΔV	D	V	ΔV
5	0.0047	0.0025	12	0.0368	0.0079	19	0.1130	0.0150	26	0.2389	0.0220
6	0.0072	0.0030	13	0.0447	0.0090	20	0.1280	0.0161	27	0.2609	0.0232
7	0.0102	0.0038	14	0.0537	0.0098	21	0.1441	0.0168	28	0.2841	0.0243
8	0.0140	0.0044	15	0.0635	0.0108	22	0.1609	0.0178	29	0.3084	0.0254
9	0.0184	0.0054	16	0.0743	0.0118	23	0.1787	0.0190	30	0.3338	0.0260
10	0.0238	0.0061	17	0.0861	0.0128	24	0.1977	0.0198	31	0.3598	0.0261
11	0.0299	0.0069	18	0.0989	0.0141	25	0.2175	0.0214	32	0.3859	0.0261

适用树种：赤松、黑松；适用地区：江苏；资料名称：江苏省森林调查常用数表；编表人或作者：江苏农林局林业勘察设计队编印；出版机构：江苏省农林局林业勘察设计队编印；刊印或发表时间：1979。

705. 江苏马尾松一元立木材积表（一）

D	V	ΔV	D	V	ΔV	D	V	ΔV	D	V	ΔV
5	0.0061	0.0037	17	0.1193	0.0166	29	0.3994	0.0312	41	0.8645	0.0477
6	0.0098	0.0047	18	0.1359	0.0178	30	0.4306	0.0329	42	0.9122	0.0493
7	0.0145	0.0056	19	0.1537	0.0191	31	0.4635	0.0341	43	0.9615	0.0501
8	0.0201	0.0067	20	0.1728	0.0201	32	0.4976	0.0354	44	1.0116	0.0517
9	0.0268	0.0077	21	0.1929	0.0214	33	0.5330	0.0367	45	1.0633	0.0532
10	0.0345	0.0088	22	0.2143	0.0228	34	0.5697	0.0381	46	1.1165	0.0542
11	0.0433	0.0099	23	0.2371	0.0239	35	0.6078	0.0395	47	1.1707	0.0563
12	0.0532	0.0110	24	0.2610	0.0251	36	0.6473	0.0407	48	1.2270	0.0572
13	0.0642	0.0120	25	0.2861	0.0263	37	0.6880	0.0421	49	1.2842	0.0588
14	0.0762	0.0132	26	0.3124	0.0278	38	0.7301	0.0436	50	1.3430	0.0588
15	0.0894	0.0143	27	0.3402	0.0289	39	0.7737	0.0447			
16	0.1037	0.0156	28	0.3691	0.0303	40	0.8184	0.0461			

适用树种：马尾松；适用地区：江苏；资料名称：江苏省森林调查常用数表；编表人或作者：江苏农林局林业勘察设计队编印；出版机构：江苏省农林局林业勘察设计队编印；刊印或发表时间：1979。

706. 江苏马尾松一元立木材积表（二）

D	V	ΔV	D	V	ΔV	D	V	ΔV	D	V	ΔV
5	0.0044	0.0030	12	0.0408	0.0086	19	0.1220	0.0160	26	0.2575	0.0241
6	0.0074	0.0035	13	0.0494	0.0095	20	0.1380	0.0169	27	0.2816	0.0256
7	0.0109	0.0042	14	0.0589	0.0106	21	0.1549	0.0189	28	0.3072	0.0268
8	0.0151	0.0051	15	0.0695	0.0116	22	0.1738	0.0185	29	0.3340	0.0281
9	0.0202	0.0060	16	0.0811	0.0126	23	0.1923	0.0205	30	0.3621	0.0281
10	0.0262	0.0068	17	0.0937	0.0137	24	0.2128	0.0216			
11	0.0330	0.0078	18	0.1074	0.0146	25	0.2344	0.0231			

适用树种：马尾松；适用地区：江苏；资料名称：江苏省森林调查常用数表；编表人或作者：江苏农林局林业勘察设计队编印；出版机构：江苏省农林局林业勘察设计队编印；刊印或发表时间：1979。

707. 江苏侧柏一元立木材积表

D	V	ΔV	D	V	ΔV	D	V	ΔV	D	V	ΔV
5	0.0057	0.0034	11	0.0411	0.0096	17	0.1152	0.0157	23	0.2242	0.0214
6	0.0091	0.0044	12	0.0507	0.0107	18	0.1309	0.0168	24	0.2456	0.0226
7	0.0135	0.0054	13	0.0614	0.0118	19	0.1477	0.0177	25	0.2682	0.0226
8	0.0189	0.0063	14	0.0732	0.0130	20	0.1654	0.0186			
9	0.0252	0.0075	15	0.0862	0.0140	21	0.1840	0.0196			
10	0.0327	0.0084	16	0.1002	0.0150	22	0.2036	0.0206			

适用树种：侧柏；适用地区：江苏；资料名称：江苏省森林调查常用数表；编表人或作者：江苏农林局林业勘察设计队编印；出版机构：江苏省农林局林业勘察设计队编印；刊印或发表时间：1979。

708. 江苏林分阔叶树一元立木材积表（一）

D	V	ΔV	D	V	ΔV	D	V	ΔV	D	V	ΔV
5	0.0060	0.0037	14	0.0904	0.0174	23	0.3155	0.0340	32	0.6779	0.0475
6	0.0097	0.0049	15	0.1078	0.0195	24	0.3495	0.0352	33	0.7254	0.0479
7	0.0146	0.0064	16	0.1273	0.0216	25	0.3847	0.0369	34	0.7733	0.0492
8	0.0210	0.0075	17	0.1489	0.0237	26	0.4216	0.0384	35	0.8225	0.0490
9	0.0285	0.0092	18	0.1726	0.0251	27	0.4600	0.0401	36	0.8715	0.0501
10	0.0377	0.0105	19	0.1977	0.0269	28	0.5001	0.0421	37	0.9216	0.0512
11	0.0482	0.0124	20	0.2246	0.0284	29	0.5422	0.0443	38	0.9728	0.0515
12	0.0606	0.0140	21	0.2530	0.0306	30	0.5865	0.0454	39	1.0243	0.0513
13	0.0746	0.0158	22	0.2836	0.0319	31	0.6319	0.0460	40	1.0756	0.0513

适用树种：麻栎、枫香、杨树；适用地区：宁镇地区；资料名称：江苏省森林调查常用数表；编表人或作者：江苏农林局林业勘察设计队编印；出版机构：江苏省农林局林业勘察设计队编印；刊印或发表时间：1979。

709. 江苏林分阔叶树一元立木材积表（二）

D	V	ΔV	D	V	ΔV	D	V	ΔV	D	V	ΔV
5	0.0056	0.0031	14	0.0688	0.0129	23	0.2403	0.0273	32	0.5514	0.0438
6	0.0087	0.0038	15	0.0817	0.0145	24	0.2676	0.0289	33	0.5952	0.0464
7	0.0125	0.0048	16	0.0962	0.0159	25	0.2965	0.0309	34	0.6416	0.0481
8	0.0173	0.0058	17	0.1121	0.0173	26	0.3274	0.0329	35	0.6897	0.0490
9	0.0231	0.0067	18	0.1294	0.0189	27	0.3603	0.0344	36	0.7387	0.0512
10	0.0298	0.0079	19	0.1483	0.0204	28	0.3947	0.0364	37	0.7899	0.0518
11	0.0377	0.0091	20	0.1687	0.0222	29	0.4311	0.0378	38	0.8417	0.0534
12	0.0468	0.0103	21	0.1909	0.0240	30	0.4689	0.0402	39	0.8951	0.0543
13	0.0571	0.0117	22	0.2149	0.0254	31	0.5091	0.0423	40	0.9494	0.0543

适用树种：阔叶树；适用地区：江苏；资料名称：江苏省森林调查常用数表；编表人或作者：江苏农林局林业勘察设计队编印；出版机构：江苏省农林局林业勘察设计队编印；刊印或发表时间：1979。

710. 江苏苏南及徐州地区四旁阔叶树一元立木材积表

D	V	ΔV	D	V	ΔV	D	V	ΔV	D	V	ΔV
6	0.0080	0.0041	18	0.1229	0.0189	30	0.4473	0.0390	42	1.0219	0.0601
7	0.0121	0.0041	19	0.1418	0.0189	31	0.4863	0.0390	43	1.0820	0.0601
8	0.0161	0.0059	20	0.1606	0.0219	32	0.5253	0.0426	44	1.1421	0.0630
9	0.0220	0.0059	21	0.1825	0.0219	33	0.5679	0.0426	45	1.2051	0.0630
10	0.0279	0.0081	22	0.2043	0.0255	34	0.6105	0.0464	46	1.2680	0.0670
11	0.0360	0.0081	23	0.2298	0.0255	35	0.6569	0.0464	47	1.3350	0.0670
12	0.0441	0.0105	24	0.2552	0.0285	36	0.7032	0.0496	48	1.4020	0.0696
13	0.0546	0.0105	25	0.2837	0.0285	37	0.7528	0.0496	49	1.4716	0.0696
14	0.0650	0.0131	26	0.3122	0.0321	38	0.8023	0.0533	50	1.5412	0.0696
15	0.0781	0.0131	27	0.3443	0.0321	39	0.8556	0.0533			
16	0.0912	0.0159	28	0.3763	0.0355	40	0.9088	0.0566			
17	0.1071	0.0159	29	0.4118	0.0355	41	0.9654	0.0566			

适用树种：四旁阔叶树；适用地区：苏南及徐州地区；资料名称：江苏省森林调查常用数表；编表人或作者：江苏农林局林业勘察设计队编印；出版机构：江苏省农林局林业勘察设计队编印；刊印或发表时间：1979。

711. 江苏苏北四旁阔叶树一元立木材积表

苏

D	V	ΔV	D	V	ΔV	D	V	ΔV	D	V	ΔV
6	0.0067	0.0040	18	0.1077	0.0152	30	0.3542	0.0285	42	0.7651	0.0428
7	0.0107	0.0040	19	0.1229	0.0152	31	0.3827	0.0285	43	0.8080	0.0429
8	0.0146	0.0056	20	0.1381	0.0173	32	0.4112	0.0306	44	0.8508	0.0450
9	0.0202	0.0056	21	0.1554	0.0173	33	0.4418	0.0306	45	0.8958	0.0450
10	0.0258	0.0074	22	0.1726	0.0194	34	0.4723	0.0329	46	0.9408	0.0477
11	0.0332	0.0074	23	0.1920	0.0194	35	0.5052	0.0329	47	0.9885	0.0477
12	0.0405	0.0093	24	0.2113	0.0217	36	0.5381	0.0356	48	1.0362	0.0501
13	0.0498	0.0092	25	0.2330	0.0217	37	0.5737	0.0356	49	1.0863	0.0500
14	0.0590	0.0112	26	0.2546	0.0239	38	0.6093	0.0378	50	1.1363	0.0500
15	0.0702	0.0112	27	0.2785	0.0239	39	0.6471	0.0378			
16	0.0813	0.0132	28	0.3023	0.0260	40	0.6848	0.0402			
17	0.0945	0.0132	29	0.3283	0.0260	41	0.7250	0.0402			

适用树种：四旁阔叶树；适用地区：苏北；资料名称：江苏省森林调查常用数表；编表人或作者：江苏农林局林业勘察设计队编印；出版机构：江苏省农林局林业勘察设计队编印；刊印或发表时间：1979。

712. 江苏泗洪县水杉一元立木材积表

$V = -0.208793 + 0.0177715D + 0.0002023688832D^2$ ；$D \leqslant 30$cm

D	V	ΔV	D	V	ΔV	D	V	ΔV	D	V	ΔV
12	0.0336	0.0228	17	0.1518	0.0249	22	0.2801	0.0269	27	0.4186	0.0289
13	0.0564	0.0232	18	0.1767	0.0253	23	0.3070	0.0273	28	0.4475	0.0293
14	0.0797	0.0236	19	0.2019	0.0257	24	0.3343	0.0277	29	0.4768	0.0297
15	0.1033	0.0240	20	0.2276	0.0261	25	0.3620	0.0281	30	0.5065	0.0297
16	0.1274	0.0244	21	0.2537	0.0265	26	0.3901	0.0285			

适用树种：水杉；适用地区：江苏省泗洪县；资料名称：泗洪县水杉一元立木商品材积表的编制；编表人或作者：于成景；出版机构：江苏林业科技；刊印或发表时间：1996。其他说明：样本株数 576。

713. 江苏黑杨派四个无性系二元立木材积表

$V = 0.0000267(H + 3)D^2$；$D \leqslant 44$cm, $H \leqslant 28$m

D	H	V	D	H	V	D	H	V	D	H	V	D	H	V
4	4	0.0030	13	9	0.0541	22	15	0.2326	31	20	0.5902	40	26	1.2389
5	5	0.0053	14	10	0.0680	23	16	0.2684	32	21	0.6562	41	27	1.3465
6	5	0.0077	15	11	0.0841	24	16	0.2922	33	22	0.7269	42	27	1.4130
7	6	0.0118	16	11	0.0957	25	17	0.3338	34	22	0.7716	43	28	1.5304
8	6	0.0154	17	12	0.1157	26	17	0.3610	35	23	0.8504	44	28	1.6024
9	7	0.0216	18	13	0.1384	27	18	0.4088	36	24	0.9343			
10	8	0.0294	19	13	0.1542	28	19	0.4605	37	24	0.9869			
11	8	0.0355	20	14	0.1816	29	19	0.4940	38	25	1.0795			
12	9	0.0461	21	14	0.2002	30	20	0.5527	39	25	1.1371			

适用树种：黑杨派(63、69、72、214杨)；适用地区：江苏省；资料名称：黑杨派四个无性系立木材积表编制；编表人或作者：高丽春、赵荣堂、徐焕圻；出版机构：南京林学院学报；刊印或发表时间：1984。其他说明：样本株数 385。

714. 江苏紫金山林区马尾松一元立木材积表

$V = 0.000159D^{2.3643}$；$D \leqslant 38\text{cm}$

D	V	ΔV	D	V	ΔV	D	V	ΔV	D	V	ΔV
10	0.0368	0.0093	18	0.1477	0.0201	26	0.3522	0.0329	34	0.6642	0.0471
11	0.0461	0.0105	19	0.1678	0.0216	27	0.3851	0.0346	35	0.7113	0.0490
12	0.0566	0.0118	20	0.1894	0.0232	28	0.4197	0.0363	36	0.7603	0.0509
13	0.0684	0.0131	21	0.2126	0.0247	29	0.4560	0.0381	37	0.8111	0.0528
14	0.0815	0.0144	22	0.2373	0.0263	30	0.4940	0.0398	38	0.8639	0.0528
15	0.0959	0.0158	23	0.2636	0.0279	31	0.5339	0.0416			
16	0.1118	0.0172	24	0.2915	0.0295	32	0.5755	0.0434			
17	0.1290	0.0187	25	0.3210	0.0312	33	0.6189	0.0453			

适用树种：马尾松；适用地区：江苏南京紫金山林区；资料名称：应用望高法求积式编制地径材积表方法的探讨；编表人或作者：余国宝、钱祖煜、朱建雄；出版机构：云南林业调查规划设计；刊印或发表时间：1996。其他说明：样本株数 298。

715. 江苏盱眙县湿地松、火炬松一元立木材积表

$V = 0.000638D^2 - 0.007328D + 0.03967$；$D \leqslant 30\text{cm}$

D	V	ΔV	D	V	ΔV	D	V	ΔV	D	V	ΔV
6	0.0187	0.0010	13	0.0522	0.0099	20	0.1483	0.0188	27	0.3069	0.0278
7	0.0196	0.0022	14	0.0621	0.0112	21	0.1671	0.0201	28	0.3347	0.0290
8	0.0219	0.0035	15	0.0733	0.0125	22	0.1872	0.0214	29	0.3637	0.0303
9	0.0254	0.0048	16	0.0858	0.0137	23	0.2086	0.0227	30	0.3940	0.0303
10	0.0302	0.0061	17	0.0995	0.0150	24	0.2313	0.0239			
11	0.0363	0.0073	18	0.1145	0.0163	25	0.2552	0.0252			
12	0.0436	0.0086	19	0.1308	0.0176	26	0.2804	0.0265			

适用树种：湿地松、火炬松；适用地区：江苏省盱眙县；资料名称：盱眙湿地松、火炬松一元材积表的编制；编表人或作者：陈尧、张明海、姚景德；出版机构：江苏林业科技；刊印或发表时间：1995。其他说明：样本株数 224。

716. 江苏苏柳172二元立木材积方程

$$V = 0.0011123283 + 0.000016967763D^2H - 0.0000011459963D^3H + 0.000038933335D^2 + 0.000027459931D^2H\lg D$$

$D \leqslant 24\text{cm}, H \leqslant 16\text{m}$

D	H	V	D	H	V	D	H	V	D	H	V	D	H	V
4	3	0.0031	9	6	0.0202	14	10	0.0722	19	13	0.1574	24	16	0.2757
5	4	0.0051	10	7	0.0281	15	10	0.0820	20	14	0.1834			
6	4	0.0070	11	8	0.0377	16	11	0.1003	21	14	0.1986			
7	5	0.0109	12	8	0.0446	17	12	0.1208	22	15	0.2277			
8	6	0.0161	13	9	0.0574	18	12	0.1335	23	16	0.2587			

适用树种：苏柳172；适用地区：江苏洪泽县、泗洪县、江宁县；山东泰安市、平阴县；浙江富阳县；安徽无为县；资料名称：苏柳172，194人工林生长规律的研究；编表人或作者：郭群、涂忠虞、潘明健、王宝松；出版机构：江苏林业科技；刊印或发表时间：1995。其他说明：样本株数 299。

717. 江苏苏柳194二元立木材积方程

$$V = -0.0007120403 + 0.00006013258D^2H - 0.0000004562236D^3H + 0.00000374667D^2 + 0.00001694113D^2H\lg D$$；$D \leqslant 18\text{cm}, H \leqslant 14\text{m}$

D	H	V	D	H	V	D	H	V	D	H	V	D	H	V
4	3	0.0026	7	5	0.0169	10	8	0.0577	13	10	0.1234	16	13	0.2440
5	4	0.0064	8	6	0.0271	11	9	0.0790	14	11	0.1578	17	13	0.2755
6	5	0.0121	9	7	0.0405	12	9	0.0944	15	12	0.1978	18	14	0.3325

适用树种：苏柳194；适用地区：江苏洪泽县、泗洪县、江宁县；山东泰安市、平阴县；浙江富阳县；安徽无为县；资料名称：苏柳172，194人工林生长规律的研究；编表人或作者：郭群、涂忠虞、潘明健、王宝松；出版机构：江苏林业科技；刊印或发表时间：1995。其他说明：样本株数 241。

718. 江苏盱眙县湿地松、火炬松地径材积表

$V = 0.0003618D_0^2 - 0.00470242D_0 + 0.0203539$；表中$D$为地径；$D_0 \leqslant$40cm

D	V	ΔV	D	V	ΔV	D	V	ΔV	D	V	ΔV
10	0.0095	0.0029	18	0.0529	0.0087	26	0.1427	0.0145	34	0.2787	0.0203
11	0.0124	0.0036	19	0.0616	0.0094	27	0.1571	0.0152	35	0.2990	0.0210
12	0.0160	0.0043	20	0.0710	0.0101	28	0.1723	0.0159	36	0.3200	0.0217
13	0.0204	0.0051	21	0.0812	0.0109	29	0.1883	0.0166	37	0.3417	0.0224
14	0.0254	0.0058	22	0.0920	0.0116	30	0.2049	0.0174	38	0.3641	0.0232
15	0.0312	0.0065	23	0.1036	0.0123	31	0.2223	0.0181	39	0.3873	0.0239
16	0.0377	0.0072	24	0.1159	0.0130	32	0.2404	0.0188	40	0.4111	0.0239
17	0.0450	0.0080	25	0.1289	0.0137	33	0.2592	0.0195			

适用树种：湿地松、火炬松；适用地区：江苏省盱眙县；资料名称：盱眙湿地松、火炬松一元材积表的编制；编表人或作者：陈尧、张明海、姚景德；出版机构：江苏林业科技；刊印或发表时间：1995。其他说明：样本株数 224。

719. 江苏紫金山林区马尾松二元立木材积表

$V = 0.000030D^2(H + 3)$；$D \leqslant$38cm, $H \leqslant$16m

D	H	V	D	H	V	D	H	V	D	H	V	D	H	V
10	8	0.0330	16	10	0.0998	22	12	0.2178	28	14	0.3998	34	15	0.6242
11	8	0.0399	17	10	0.1127	23	12	0.2381	29	14	0.4289	35	16	0.6983
12	9	0.0518	18	10	0.1264	24	12	0.2592	30	14	0.4590	36	16	0.7387
13	9	0.0608	19	11	0.1516	25	13	0.3000	31	15	0.5189	37	16	0.7803
14	9	0.0706	20	11	0.1680	26	13	0.3245	32	15	0.5530	38	17	0.8664
15	10	0.0878	21	11	0.1852	27	13	0.3499	33	15	0.5881			

适用树种：马尾松；适用地区：江苏南京紫金山林区；资料名称：应用望高法求积式编制地径材积表方法的探讨；编表人或作者：余国宝、钱祖煜、朱建雄；出版机构：云南林业调查规划设计；刊印或发表时间：1996。其他说明：样本株数 298。

720. 江苏杨树地径材积表

D	V	ΔV	D	V	ΔV	D	V	ΔV	D	V	ΔV
6	0.0076	0.0037	16	0.0830	0.0143	26	0.2737	0.0260	36	0.5755	0.0360
7	0.0113	0.0037	17	0.0973	0.0143	27	0.2997	0.0260	37	0.6115	0.0360
8	0.0149	0.0054	18	0.1115	0.0167	28	0.3257	0.0282	38	0.6475	0.0378
9	0.0203	0.0054	19	0.1282	0.0167	29	0.3539	0.0282	39	0.6853	0.0378
10	0.0256	0.0073	20	0.1449	0.0191	30	0.3821	0.0303	40	0.7231	0.0395
11	0.0329	0.0073	21	0.1640	0.0191	31	0.4124	0.0303	41	0.7626	0.0395
12	0.0402	0.0096	22	0.1831	0.0215	32	0.4427	0.0323	42	0.8021	0.0395
13	0.0498	0.0096	23	0.2046	0.0215	33	0.4750	0.0323			
14	0.0593	0.0119	24	0.2261	0.0238	34	0.5072	0.0342			
15	0.0712	0.0119	25	0.2499	0.0238	35	0.5414	0.0342			

适用树种：杨树；适用地区：江苏；资料名称：林业执法手册；编表人或作者：江苏省农林厅林业局、镇江市农林局；刊印或发表时间：1999。

721. 江苏阔叶树地径材积表（一）

D	V	ΔV	D	V	ΔV	D	V	ΔV	D	V	ΔV
6	0.0059	0.0030	16	0.0710	0.0127	26	0.2427	0.0238	36	0.5206	0.0334
7	0.0089	0.0030	17	0.0837	0.0127	27	0.2665	0.0238	37	0.5540	0.0334
8	0.0119	0.0046	18	0.0963	0.0149	28	0.2903	0.0259	38	0.5874	0.0351
9	0.0165	0.0046	19	0.1112	0.0149	29	0.3162	0.0259	39	0.6226	0.0352
10	0.0210	0.0063	20	0.1261	0.0172	30	0.3420	0.0279	40	0.6577	0.0368
11	0.0273	0.0063	21	0.1433	0.0172	31	0.3699	0.0279	41	0.6945	0.0367
12	0.0336	0.0083	22	0.1605	0.0195	32	0.3978	0.0298	42	0.7312	0.0367
13	0.0419	0.0083	23	0.1800	0.0195	33	0.4276	0.0298			
14	0.0502	0.0104	24	0.1994	0.0217	34	0.4574	0.0316			
15	0.0606	0.0104	25	0.2211	0.0217	35	0.4890	0.0316			

适用树种：麻栎、枫香、杨树；适用地区：江苏；资料名称：林业执法手册；编表人或作者：江苏省农林厅林业局、镇江市农林局；刊印或发表时间：1999。

722. 江苏阔叶树地径材积表（二）

D	V	ΔV	D	V	ΔV	D	V	ΔV	D	V	ΔV
6	0.0068	0.0027	16	0.0561	0.0089	26	0.1784	0.0176	36	0.3933	0.0276
7	0.0095	0.0027	17	0.0650	0.0089	27	0.1960	0.0176	37	0.4209	0.0276
8	0.0121	0.0037	18	0.0739	0.0105	28	0.2136	0.0195	38	0.4485	0.0296
9	0.0158	0.0037	19	0.0844	0.0105	29	0.2331	0.0195	39	0.4781	0.0296
10	0.0194	0.0048	20	0.0949	0.0122	30	0.2525	0.0215	40	0.5077	0.0317
11	0.0242	0.0048	21	0.1071	0.0122	31	0.2740	0.0215	41	0.5395	0.0318
12	0.0290	0.0061	22	0.1192	0.0139	32	0.2954	0.0235	42	0.5712	0.0318
13	0.0351	0.0061	23	0.1331	0.0139	33	0.3189	0.0235			
14	0.0412	0.0075	24	0.1470	0.0157	34	0.3424	0.0255			
15	0.0487	0.0075	25	0.1627	0.0157	35	0.3679	0.0255			

适用树种：阔叶树；适用地区：江苏；资料名称：林业执法手册；编表人或作者：江苏省农林厅林业局、镇江市农林局；刊印或发表时间：1999。

723. 江苏苏南及徐州四旁阔叶树地径材积表

苏

D	V	ΔV	D	V	ΔV	D	V	ΔV	D	V	ΔV
6	0.0062	0.0027	16	0.0584	0.0097	26	0.1910	0.0190	36	0.4214	0.0292
7	0.0089	0.0027	17	0.0681	0.0097	27	0.2100	0.0190	37	0.4506	0.0292
8	0.0116	0.0038	18	0.0777	0.0114	28	0.2290	0.0210	38	0.4797	0.0311
9	0.0154	0.0038	19	0.0891	0.0114	29	0.2500	0.0210	39	0.5108	0.0311
10	0.0192	0.0051	20	0.1005	0.0132	30	0.2710	0.0231	40	0.5419	0.0331
11	0.0243	0.0051	21	0.1137	0.0132	31	0.2941	0.0231	41	0.5750	0.0331
12	0.0294	0.0065	22	0.1269	0.0151	32	0.3171	0.0251	42	0.6081	0.0331
13	0.0359	0.0065	23	0.1420	0.0151	33	0.3422	0.0251			
14	0.0423	0.0081	24	0.1570	0.0170	34	0.3672	0.0271			
15	0.0504	0.0081	25	0.1740	0.0170	35	0.3943	0.0271			

适用树种：四旁阔叶树；适用地区：苏南、徐州；资料名称：林业执法手册；编表人或作者：江苏省农林厅林业局、镇江市农林局；刊印或发表时间：1999。

724. 江苏苏北四旁阔叶树地径材积表

D	V	ΔV	D	V	ΔV	D	V	ΔV	D	V	ΔV
6	0.0024	0.0022	16	0.0446	0.0077	26	0.1470	0.0143	36	0.3183	0.0215
7	0.0046	0.0022	17	0.0523	0.0077	27	0.1613	0.0143	37	0.3398	0.0215
8	0.0067	0.0031	18	0.0599	0.0089	28	0.1756	0.0157	38	0.3613	0.0230
9	0.0098	0.0031	19	0.0688	0.0089	29	0.1913	0.0157	39	0.3843	0.0230
10	0.0129	0.0042	20	0.0777	0.0103	30	0.2070	0.0171	40	0.4073	0.0245
11	0.0171	0.0042	21	0.0880	0.0103	31	0.2241	0.0171	41	0.4318	0.0245
12	0.0212	0.0053	22	0.0982	0.0115	32	0.2412	0.0186	42	0.4563	0.0245
13	0.0265	0.0053	23	0.1097	0.0115	33	0.2598	0.0186			
14	0.0317	0.0065	24	0.1212	0.0129	34	0.2783	0.0200			
15	0.0382	0.0065	25	0.1341	0.0129	35	0.2983	0.0200			

适用树种：四旁阔叶树；适用地区：苏北；资料名称：林业执法手册；编表人或作者：江苏省农林厅林业局、镇江市农林局；刊印或发表时间：1999。

725. 江苏杉木地径材积表

D	V	ΔV	D	V	ΔV	D	V	ΔV	D	V	ΔV
6	0.0048	0.0025	23	0.1318	0.0141	40	0.5161	0.0334	57	1.2548	0.0555
7	0.0073	0.0025	24	0.1458	0.0159	41	0.5495	0.0334	58	1.3103	0.0586
8	0.0098	0.0037	25	0.1617	0.0159	42	0.5829	0.0360	59	1.3689	0.0585
9	0.0135	0.0037	26	0.1776	0.0178	43	0.6189	0.0360	60	1.4274	0.0617
10	0.0171	0.0048	27	0.1954	0.0178	44	0.6548	0.0385	61	1.4891	0.0617
11	0.0219	0.0048	28	0.2132	0.0198	45	0.6933	0.0385	62	1.5508	0.0649
12	0.0267	0.0061	29	0.2330	0.0198	46	0.7318	0.0412	63	1.6157	0.0649
13	0.0328	0.0061	30	0.2528	0.0219	47	0.7730	0.0412	64	1.6806	0.0681
14	0.0389	0.0075	31	0.2747	0.0219	48	0.8141	0.0439	65	1.7488	0.0681
15	0.0464	0.0075	32	0.2965	0.0241	49	0.8580	0.0439	66	1.8169	0.0715
16	0.0539	0.0091	33	0.3206	0.0241	50	0.9019	0.0467	67	1.8884	0.0715
17	0.0630	0.0090	34	0.3446	0.0263	51	0.9486	0.0467	68	1.9599	0.0749
18	0.0720	0.0106	35	0.3709	0.0263	52	0.9952	0.0496	69	2.0348	0.0749
19	0.0826	0.0106	36	0.3971	0.0286	53	1.0448	0.0496	70	2.1097	0.0749
20	0.0932	0.0123	37	0.4257	0.0286	54	1.0943	0.0525			
21	0.1055	0.0123	38	0.4543	0.0309	55	1.1468	0.0525			
22	0.1177	0.0141	39	0.4852	0.0309	56	1.1993	0.0555			

适用树种：杉木；适用地区：江苏；资料名称：林业执法手册；编表人或作者：江苏省农林厅林业局、镇江市农林局；刊印或发表时间：1999。

726. 江苏水杉地径材积表

D	V	ΔV	D	V	ΔV	D	V	ΔV	D	V	ΔV
6	0.0065	0.0031	21	0.1416	0.0170	36	0.5285	0.0356	51	1.1690	0.0503
7	0.0096	0.0031	22	0.1586	0.0192	37	0.5641	0.0356	52	1.2193	0.0518
8	0.0127	0.0046	23	0.1778	0.0192	38	0.5997	0.0383	53	1.2711	0.0518
9	0.0173	0.0046	24	0.1969	0.0217	39	0.6380	0.0383	54	1.3229	0.0548
10	0.0219	0.0063	25	0.2186	0.0217	40	0.6763	0.0399	55	1.3777	0.0548
11	0.0282	0.0063	26	0.2403	0.0241	41	0.7162	0.0399	56	1.4325	0.0552
12	0.0344	0.0081	27	0.2644	0.0241	42	0.7561	0.0422	57	1.4877	0.0552
13	0.0425	0.0081	28	0.2885	0.0265	43	0.7983	0.0422	58	1.5429	0.0583
14	0.0506	0.0102	29	0.3150	0.0265	44	0.8405	0.0441	59	1.6013	0.0584
15	0.0608	0.0102	30	0.3415	0.0288	45	0.8847	0.0442	60	1.6596	0.0595
16	0.0709	0.0123	31	0.3703	0.0288	46	0.9288	0.0464	61	1.7191	0.0595
17	0.0832	0.0123	32	0.3991	0.0313	47	0.9752	0.0464	62	1.7785	0.0616
18	0.0955	0.0146	33	0.4304	0.0313	48	1.0216	0.0485	63	1.8401	0.0616
19	0.1101	0.0146	34	0.4616	0.0335	49	1.0701	0.0485	64	1.9016	0.0616
20	0.1246	0.0170	35	0.4951	0.0335	50	1.1186	0.0504			

适用树种：水杉；适用地区：江苏；资料名称：林业执法手册；编表人或作者：江苏省农林厅林业局、镇江市农林局；刊印或发表时间：1999。

727. 江苏池杉地径材积表

D	V	ΔV	D	V	ΔV	D	V	ΔV	D	V	ΔV
6	0.0047	0.0022	21	0.0939	0.0112	36	0.3549	0.0245	51	0.8025	0.0356
7	0.0069	0.0022	22	0.1051	0.0128	37	0.3794	0.0245	52	0.8381	0.0368
8	0.0090	0.0031	23	0.1179	0.0128	38	0.4038	0.0264	53	0.8749	0.0368
9	0.0121	0.0031	24	0.1306	0.0145	39	0.4302	0.0264	54	0.9117	0.0385
10	0.0151	0.0042	25	0.1451	0.0145	40	0.4565	0.0277	55	0.9502	0.0385
11	0.0193	0.0042	26	0.1596	0.0161	41	0.4842	0.0277	56	0.9887	0.0401
12	0.0234	0.0054	27	0.1757	0.0161	42	0.5119	0.0297	57	1.0288	0.0400
13	0.0288	0.0054	28	0.1918	0.0179	43	0.5416	0.0297	58	1.0688	0.0414
14	0.0341	0.0067	29	0.2097	0.0179	44	0.5713	0.0308	59	1.1102	0.0414
15	0.0408	0.0067	30	0.2275	0.0195	45	0.6022	0.0309	60	1.1515	0.0431
16	0.0474	0.0081	31	0.2470	0.0195	46	0.6330	0.0329	61	1.1946	0.0431
17	0.0555	0.0081	32	0.2665	0.0212	47	0.6659	0.0328	62	1.2376	0.0435
18	0.0636	0.0095	33	0.2877	0.0212	48	0.6987	0.0341	63	1.2811	0.0435
19	0.0732	0.0096	34	0.3088	0.0231	49	0.7328	0.0341	64	1.3246	0.0435
20	0.0827	0.0112	35	0.3319	0.0231	50	0.7669	0.0356			

适用树种：池杉；适用地区：江苏；资料名称：林业执法手册；编表人或作者：江苏省农林厅林业局、镇江市农林局；刊印或发表时间：1999。

728. 江苏马尾松地径材积表（一）

D	V	ΔV	D	V	ΔV	D	V	ΔV	D	V	ΔV
6	0.0033	0.0026	20	0.0971	0.0127	34	0.3428	0.0243	48	0.7576	0.0369
7	0.0059	0.0026	21	0.1098	0.0127	35	0.3671	0.0243	49	0.7945	0.0369
8	0.0084	0.0039	22	0.1224	0.0143	36	0.3914	0.0261	50	0.8314	0.0388
9	0.0123	0.0039	23	0.1367	0.0143	37	0.4175	0.0261	51	0.8702	0.0388
10	0.0161	0.0052	24	0.1509	0.0159	38	0.4435	0.0278	52	0.9090	0.0407
11	0.0213	0.0052	25	0.1668	0.0159	39	0.4713	0.0278	53	0.9497	0.0407
12	0.0265	0.0066	26	0.1827	0.0175	40	0.4991	0.0296	54	0.9904	0.0426
13	0.0331	0.0066	27	0.2002	0.0175	41	0.5287	0.0296	55	1.0330	0.0426
14	0.0397	0.0081	28	0.2177	0.0192	42	0.5583	0.0314	56	1.0756	0.0445
15	0.0478	0.0081	29	0.2369	0.0192	43	0.5897	0.0314	57	1.1201	0.0445
16	0.0558	0.0096	30	0.2560	0.0209	44	0.6210	0.0333	58	1.1646	0.0465
17	0.0654	0.0096	31	0.2769	0.0209	45	0.6543	0.0333	59	1.2111	0.0464
18	0.0750	0.0111	32	0.2977	0.0226	46	0.6875	0.0351	60	1.2575	0.0464
19	0.0861	0.0111	33	0.3203	0.0226	47	0.7226	0.0351			

适用树种：马尾松；适用地区：江苏；资料名称：林业执法手册；编表人或作者：江苏省农林厅林业局、镇江市农林局；刊印或发表时间：1999。

729. 江苏马尾松地径材积表（二）

D	V	ΔV	D	V	ΔV	D	V	ΔV	D	V	ΔV
6	0.0025	0.0019	20	0.0740	0.0101	34	0.2777	0.0210	48	0.6487	0.0342
7	0.0044	0.0019	21	0.0841	0.0101	35	0.2987	0.0210	49	0.6830	0.0343
8	0.0062	0.0028	22	0.0941	0.0115	36	0.3197	0.0228	50	0.7172	0.0363
9	0.0090	0.0028	23	0.1056	0.0115	37	0.3425	0.0228	51	0.7535	0.0363
10	0.0118	0.0039	24	0.1170	0.0130	38	0.3653	0.0246	52	0.7898	0.0385
11	0.0157	0.0039	25	0.1300	0.0130	39	0.3899	0.0246	53	0.8283	0.0385
12	0.0196	0.0050	26	0.1429	0.0145	40	0.4144	0.0264	54	0.8667	0.0406
13	0.0246	0.0050	27	0.1574	0.0145	41	0.4408	0.0264	55	0.9073	0.0406
14	0.0295	0.0062	28	0.1718	0.0160	42	0.4672	0.0283	56	0.9478	0.0428
15	0.0357	0.0062	29	0.1878	0.0160	43	0.4955	0.0283	57	0.9906	0.0428
16	0.0418	0.0074	30	0.2038	0.0177	44	0.5238	0.0303	58	1.0333	0.0450
17	0.0492	0.0074	31	0.2215	0.0177	45	0.5541	0.0303	59	1.0783	0.0450
18	0.0566	0.0087	32	0.2391	0.0193	46	0.5843	0.0322	60	1.1233	0.0450
19	0.0653	0.0087	33	0.2584	0.0193	47	0.6165	0.0322			

适用树种：马尾松；适用地区：江苏；资料名称：林业执法手册；编表人或作者：江苏省农林厅林业局、镇江市农林局；刊印或发表时间：1999。

730. 江苏赤松、黑松地径材积表

D	V	ΔV	D	V	ΔV	D	V	ΔV	D	V	ΔV
6	0.0032	0.0017	20	0.0641	0.0087	34	0.2108	0.0332	48	0.5561	0.0282
7	0.0049	0.0017	21	0.0728	0.0086	35	0.2440	0.0332	49	0.5843	0.0282
8	0.0065	0.0024	22	0.0814	0.0099	36	0.2772	0.0196	50	0.6125	0.0296
9	0.0089	0.0024	23	0.0913	0.0099	37	0.2968	0.0196	51	0.6421	0.0296
10	0.0113	0.0033	24	0.1012	0.0112	38	0.3164	0.0211	52	0.6717	0.0309
11	0.0146	0.0033	25	0.1124	0.0112	39	0.3375	0.0211	53	0.7026	0.0309
12	0.0179	0.0042	26	0.1236	0.0126	40	0.3586	0.0226	54	0.7335	0.0323
13	0.0221	0.0042	27	0.1362	0.0126	41	0.3812	0.0226	55	0.7658	0.0323
14	0.0262	0.0052	28	0.1488	0.0139	42	0.4037	0.0240	56	0.7980	0.0335
15	0.0314	0.0052	29	0.1627	0.0139	43	0.4277	0.0240	57	0.8315	0.0335
16	0.0366	0.0063	30	0.1766	0.0154	44	0.4516	0.0255	58	0.8649	0.0347
17	0.0429	0.0063	31	0.1920	0.0154	45	0.4771	0.0255	59	0.8996	0.0347
18	0.0492	0.0075	32	0.2073	0.0018	46	0.5025	0.0268	60	0.9343	0.0347
19	0.0567	0.0075	33	0.2091	0.0017	47	0.5293	0.0268			

适用树种：赤松、黑松；适用地区：江苏；资料名称：林业执法手册；编表人或作者：江苏省农林厅林业局、镇江市农林局；刊印或发表时间：1999。

731. 江苏侧柏地径材积表

D	V	ΔV	D	V	ΔV	D	V	ΔV	D	V	ΔV
6	0.0056	0.0027	20	0.0974	0.0116	34	0.3082	0.0184	48	0.6100	0.0246
7	0.0083	0.0027	21	0.1090	0.0116	35	0.3266	0.0184	49	0.6347	0.0247
8	0.0110	0.0039	22	0.1206	0.0129	36	0.3450	0.0201	50	0.6593	0.0263
9	0.0149	0.0039	23	0.1335	0.0129	37	0.3651	0.0201	51	0.6856	0.0263
10	0.0188	0.0052	24	0.1464	0.0141	38	0.3852	0.0207	52	0.7119	0.0270
11	0.0240	0.0052	25	0.1605	0.0141	39	0.4059	0.0207	53	0.7389	0.0270
12	0.0291	0.0065	26	0.1745	0.0153	40	0.4265	0.0219	54	0.7658	0.0267
13	0.0356	0.0065	27	0.1898	0.0153	41	0.4484	0.0219	55	0.7925	0.0267
14	0.0420	0.0079	28	0.2050	0.0161	42	0.4702	0.0211	56	0.8192	0.0285
15	0.0499	0.0079	29	0.2211	0.0161	43	0.4914	0.0212	57	0.8477	0.0285
16	0.0578	0.0092	30	0.2371	0.0172	44	0.5125	0.0245	58	0.8761	0.0284
17	0.0670	0.0092	31	0.2543	0.0172	45	0.5370	0.0245	59	0.9045	0.0284
18	0.0762	0.0106	32	0.2714	0.0184	46	0.5615	0.0243	60	0.9329	0.0284
19	0.0868	0.0106	33	0.2898	0.0184	47	0.5858	0.0243			

适用树种：侧柏；适用地区：江苏；资料名称：林业执法手册；编表人或作者：江苏省农林厅林业局、镇江市农林局；刊印或发表时间：1999。

732. 江苏紫金山林区马尾松地径材积表

$V = 0.00030675D_0^2 - 0.0045$；表中$D$为地径；$D_0 \leqslant$52cm

D	V	ΔV	D	V	ΔV	D	V	ΔV	D	V	ΔV
12	0.0397	0.0077	23	0.1578	0.0144	34	0.3501	0.0212	45	0.6167	0.0279
13	0.0473	0.0083	24	0.1722	0.0150	35	0.3713	0.0218	46	0.6446	0.0285
14	0.0556	0.0089	25	0.1872	0.0156	36	0.3930	0.0224	47	0.6731	0.0291
15	0.0645	0.0095	26	0.2029	0.0163	37	0.4154	0.0230	48	0.7023	0.0298
16	0.0740	0.0101	27	0.2191	0.0169	38	0.4384	0.0236	49	0.7320	0.0304
17	0.0842	0.0107	28	0.2360	0.0175	39	0.4621	0.0242	50	0.7624	0.0310
18	0.0949	0.0113	29	0.2535	0.0181	40	0.4863	0.0248	51	0.7934	0.0316
19	0.1062	0.0120	30	0.2716	0.0187	41	0.5111	0.0255	52	0.8250	0.0316
20	0.1182	0.0126	31	0.2903	0.0193	42	0.5366	0.0261			
21	0.1308	0.0132	32	0.3096	0.0199	43	0.5627	0.0267			
22	0.1440	0.0138	33	0.3296	0.0206	44	0.5894	0.0273			

适用树种：马尾松；适用地区：江苏南京紫金山林区；资料名称：应用望高法求积式编制地径材积表方法的探讨；编表人或作者：余国宝、钱祖煜、朱建雄；出版机构：云南林业调查规划设计；刊印或发表时间：1996。其他说明：样本株数 297。

10 浙江省立木材积表

地径材积表中材积方程中的 D 为胸径处轮尺直径，D_0 为基部直径。

二元立木材积表（一）适用于干形比较饱满、经营比较合理和生长良好的立木，平均实验形数值为：松 0.39，杉 0.42，阔叶树 0.41；二元立木材积表（二）适用于立木干形、经营水平、生长状况一般的林区，平均实验形数值为：松 0.39，杉 0.39，阔叶树 0.38。

立木材积表分松、杉、阔叶树三个树种组。柏木一般可用杉木材积表。

一元立木材积表根据部颁二元立木材积表 (LY 208—1977) 导算，并根据各地区树高方程建立分地区一元立木材积表。分区如下：

浙西北：长兴、吴兴、德清、海宁、海盐、安吉、平湖、开化、江山、常山、杭州地区八个县；

浙东：乐清、玉环、温岭、黄岩、临海、三门、宁波地区八个县；

浙中：东阳、义乌、浦江、兰溪、金华、巨县、武义、永康、天台、仙居、绍兴地区五个县；

浙南：丽水地区七个县，温州地区七个县（除乐清外）。

733. 浙江杉木一元材积表（围尺）

$$V = 0.00005806186(0.98845D - 0.30765)^{1.9553351}(104.19628 - 17792.457/(0.98845D - 0.30765 + 172))^{0.89403304}$$

表中D为围尺径；$D \leqslant 60$cm

D	V	ΔV	D	V	ΔV	D	V	ΔV	D	V	ΔV
4	0.0019	0.0017	19	0.1458	0.0221	34	0.7125	0.0579	49	1.8928	0.1040
5	0.0035	0.0024	20	0.1679	0.0241	35	0.7704	0.0607	50	1.9968	0.1073
6	0.0059	0.0032	21	0.1919	0.0261	36	0.8310	0.0635	51	2.1041	0.1107
7	0.0091	0.0041	22	0.2181	0.0282	37	0.8946	0.0664	52	2.2148	0.1141
8	0.0132	0.0051	23	0.2463	0.0304	38	0.9610	0.0693	53	2.3289	0.1176
9	0.0184	0.0063	24	0.2767	0.0326	39	1.0303	0.0723	54	2.4465	0.1210
10	0.0246	0.0075	25	0.3093	0.0349	40	1.1026	0.0753	55	2.5675	0.1246
11	0.0321	0.0088	26	0.3442	0.0373	41	1.1779	0.0783	56	2.6921	0.1281
12	0.0409	0.0102	27	0.3815	0.0397	42	1.2562	0.0814	57	2.8202	0.1316
13	0.0511	0.0117	28	0.4212	0.0421	43	1.3376	0.0845	58	2.9518	0.1352
14	0.0627	0.0132	29	0.4633	0.0446	44	1.4222	0.0877	59	3.0870	0.1388
15	0.0759	0.0148	30	0.5079	0.0472	45	1.5098	0.0909	60	3.2259	0.1388
16	0.0908	0.0165	31	0.5551	0.0498	46	1.6007	0.0941			
17	0.1073	0.0183	32	0.6049	0.0524	47	1.6948	0.0974			
18	0.1256	0.0202	33	0.6573	0.0551	48	1.7922	0.1006			

适用树种：杉木、柳杉、柏木、水杉等；适用地区：浙江省；资料名称：浙江省立木材积表；编表人或作者：浙江省林业局勘察设计队；刊印或发表时间：1979。其他说明：根据部颁材积表 (LY 208—1977) 导算。

734. 浙江松木一元材积表（围尺）

$$V = 0.000060049144(0.98477D - 0.28049)^{1.8719753}(65.471055 - 6193.0847/(0.98477D - 0.28049 + 96))^{0.97180232}$$

表中D为围尺径；$D \leqslant 90$cm

D	V	ΔV	D	V	ΔV	D	V	ΔV	D	V	ΔV
4	0.0022	0.0018	26	0.3406	0.0353	48	1.6446	0.0873	70	4.1774	0.1463
5	0.0040	0.0026	27	0.3760	0.0374	49	1.7319	0.0899	71	4.3237	0.1491
6	0.0066	0.0035	28	0.4134	0.0396	50	1.8218	0.0925	72	4.4728	0.1519
7	0.0101	0.0044	29	0.4530	0.0417	51	1.9142	0.0951	73	4.6247	0.1547
8	0.0145	0.0055	30	0.4947	0.0439	52	2.0093	0.0977	74	4.7793	0.1574
9	0.0199	0.0066	31	0.5387	0.0461	53	2.1070	0.1003	75	4.9368	0.1602
10	0.0265	0.0078	32	0.5848	0.0484	54	2.2073	0.1030	76	5.0970	0.1630
11	0.0344	0.0091	33	0.6332	0.0507	55	2.3103	0.1056	77	5.2600	0.1658
12	0.0434	0.0105	34	0.6839	0.0530	56	2.4159	0.1083	78	5.4259	0.1686
13	0.0539	0.0119	35	0.7368	0.0553	57	2.5242	0.1109	79	5.5945	0.1714
14	0.0658	0.0134	36	0.7921	0.0576	58	2.6351	0.1136	80	5.7659	0.1742
15	0.0792	0.0149	37	0.8498	0.0600	59	2.7487	0.1163	81	5.9401	0.1771
16	0.0941	0.0166	38	0.9098	0.0624	60	2.8650	0.1190	82	6.1172	0.1799
17	0.1107	0.0182	39	0.9722	0.0648	61	2.9840	0.1217	83	6.2971	0.1827
18	0.1289	0.0199	40	1.0370	0.0672	62	3.1057	0.1244	84	6.4798	0.1855
19	0.1489	0.0217	41	1.1043	0.0697	63	3.2301	0.1271	85	6.6653	0.1883
20	0.1706	0.0235	42	1.1739	0.0722	64	3.3572	0.1298	86	6.8536	0.1912
21	0.1941	0.0254	43	1.2461	0.0747	65	3.4870	0.1326	87	7.0448	0.1940
22	0.2195	0.0273	44	1.3208	0.0772	66	3.6196	0.1353	88	7.2388	0.1968
23	0.2468	0.0293	45	1.3979	0.0797	67	3.7549	0.1381	89	7.4356	0.1997
24	0.2761	0.0313	46	1.4776	0.0822	68	3.8930	0.1408	90	7.6353	0.1997
25	0.3074	0.0333	47	1.5598	0.0848	69	4.0338	0.1436			

适用树种：马尾松、短叶松、黑松、金钱松等；适用地区：浙江省；资料名称：浙江省立木材积表；编表人或作者：浙江省林业局勘察设计队；刊印或发表时间：1979。其他说明：根据部颁材积表 (LY 208—1977) 导算。

735. 浙江阔叶树一元材积表（围尺）

$$V = 0.000050479055(0.98003D - 0.1334)^{1.9085054}(46.855148 - 3990.9663/(0.98003D - 0.1334 + 92))^{0.99076507}$$

表中D为围尺径；$D \leqslant 90$cm

D	V	ΔV	D	V	ΔV	D	V	ΔV	D	V	ΔV
4	0.0033	0.0022	26	0.3027	0.0298	48	1.3783	0.0713	70	3.4346	0.1184
5	0.0055	0.0029	27	0.3325	0.0315	49	1.4495	0.0733	71	3.5531	0.1207
6	0.0084	0.0037	28	0.3640	0.0332	50	1.5228	0.0754	72	3.6737	0.1229
7	0.0121	0.0046	29	0.3972	0.0349	51	1.5982	0.0775	73	3.7966	0.1251
8	0.0167	0.0055	30	0.4321	0.0367	52	1.6757	0.0795	74	3.9218	0.1274
9	0.0222	0.0064	31	0.4687	0.0384	53	1.7552	0.0816	75	4.0491	0.1296
10	0.0286	0.0075	32	0.5072	0.0402	54	1.8368	0.0837	76	4.1787	0.1318
11	0.0361	0.0085	33	0.5474	0.0420	55	1.9206	0.0859	77	4.3105	0.1341
12	0.0446	0.0097	34	0.5894	0.0439	56	2.0064	0.0880	78	4.4446	0.1363
13	0.0543	0.0109	35	0.6333	0.0457	57	2.0944	0.0901	79	4.5810	0.1386
14	0.0651	0.0121	36	0.6790	0.0476	58	2.1845	0.0922	80	4.7196	0.1409
15	0.0772	0.0134	37	0.7266	0.0495	59	2.2767	0.0944	81	4.8604	0.1431
16	0.0906	0.0147	38	0.7761	0.0514	60	2.3711	0.0965	82	5.0035	0.1454
17	0.1053	0.0160	39	0.8275	0.0533	61	2.4677	0.0987	83	5.1489	0.1477
18	0.1213	0.0174	40	0.8808	0.0553	62	2.5664	0.1009	84	5.2966	0.1499
19	0.1387	0.0189	41	0.9360	0.0572	63	2.6672	0.1031	85	5.4465	0.1522
20	0.1576	0.0203	42	0.9933	0.0592	64	2.7703	0.1052	86	5.5987	0.1545
21	0.1779	0.0218	43	1.0524	0.0612	65	2.8755	0.1074	87	5.7532	0.1568
22	0.1997	0.0234	44	1.1136	0.0631	66	2.9830	0.1096	88	5.9099	0.1590
23	0.2231	0.0249	45	1.1767	0.0652	67	3.0926	0.1118	89	6.0690	0.1613
24	0.2480	0.0265	46	1.2419	0.0672	68	3.2044	0.1140	90	6.2303	0.1613
25	0.2746	0.0281	47	1.3091	0.0692	69	3.3184	0.1162			

适用树种：栎类、槠栲类等硬阔叶树；适用地区：浙江省；资料名称：浙江省立木材积表；编表人或作者：浙江省林业局勘察设计队；刊印或发表时间：1979。其他说明：根据部颁材积表 (LY 208—1977) 导算。

736. 浙西北杉木一元材积表（围尺）

$$V = 0.00005806186(0.98845D - 0.30765)^{1.9553351}(86.737064 - 11724.553/(0.98845D - 0.30765 + 136))^{0.89403304}$$

表中D为围尺径；$D \leqslant 60$cm

D	V	ΔV	D	V	ΔV	D	V	ΔV	D	V	ΔV
4	0.0018	0.0016	19	0.1464	0.0222	34	0.7108	0.0573	49	1.8705	0.1015
5	0.0034	0.0024	20	0.1686	0.0241	35	0.7681	0.0600	50	1.9720	0.1047
6	0.0058	0.0032	21	0.1927	0.0262	36	0.8281	0.0627	51	2.0767	0.1079
7	0.0090	0.0041	22	0.2189	0.0282	37	0.8908	0.0655	52	2.1846	0.1111
8	0.0131	0.0052	23	0.2471	0.0304	38	0.9563	0.0683	53	2.2957	0.1144
9	0.0183	0.0063	24	0.2775	0.0326	39	1.0247	0.0712	54	2.4101	0.1177
10	0.0246	0.0075	25	0.3101	0.0348	40	1.0959	0.0741	55	2.5278	0.1210
11	0.0321	0.0088	26	0.3449	0.0372	41	1.1700	0.0770	56	2.6488	0.1243
12	0.0410	0.0102	27	0.3821	0.0395	42	1.2470	0.0800	57	2.7731	0.1277
13	0.0512	0.0117	28	0.4216	0.0419	43	1.3269	0.0830	58	2.9007	0.1310
14	0.0629	0.0133	29	0.4635	0.0444	44	1.4099	0.0860	59	3.0318	0.1344
15	0.0762	0.0149	30	0.5079	0.0469	45	1.4959	0.0890	60	3.1662	0.1344
16	0.0912	0.0166	31	0.5547	0.0494	46	1.5849	0.0921			
17	0.1078	0.0184	32	0.6042	0.0520	47	1.6770	0.0952			
18	0.1262	0.0202	33	0.6561	0.0546	48	1.7722	0.0983			

适用树种：杉木、柳杉、柏木、水杉等；适用地区：长兴、吴兴、德清、海宁、海盐、安吉、平湖、开化、江山、常山、杭州地区八个县；资料名称：浙江省立木材积表；编表人或作者：浙江省林业局勘察设计队；刊印或发表时间：1979。其他说明：根据部颁材积表 (LY 208—1977) 导算。

737. 浙西北松木一元材积表（围尺）

$$V = 0.000060049144(0.98477D - 0.28049)^{1.8719753}(95.134547 - 14124.212/(0.98477D - 0.28049 + 150))^{0.97180232}$$

表中D为围尺径；$D \leqslant 90$cm

D	V	ΔV	D	V	ΔV	D	V	ΔV	D	V	ΔV
4	0.0021	0.0018	26	0.3441	0.0366	48	1.7364	0.0954	70	4.5674	0.1666
5	0.0039	0.0025	27	0.3806	0.0388	49	1.8318	0.0985	71	4.7340	0.1701
6	0.0064	0.0034	28	0.4194	0.0412	50	1.9303	0.1015	72	4.9041	0.1735
7	0.0098	0.0043	29	0.4606	0.0435	51	2.0318	0.1046	73	5.0776	0.1770
8	0.0140	0.0053	30	0.5041	0.0459	52	2.1364	0.1077	74	5.2545	0.1804
9	0.0194	0.0065	31	0.5501	0.0484	53	2.2441	0.1108	75	5.4350	0.1839
10	0.0258	0.0077	32	0.5985	0.0509	54	2.3549	0.1139	76	5.6188	0.1874
11	0.0335	0.0090	33	0.6494	0.0534	55	2.4688	0.1171	77	5.8062	0.1909
12	0.0425	0.0103	34	0.7028	0.0560	56	2.5859	0.1203	78	5.9971	0.1944
13	0.0528	0.0118	35	0.7588	0.0586	57	2.7062	0.1235	79	6.1915	0.1979
14	0.0646	0.0133	36	0.8175	0.0613	58	2.8297	0.1267	80	6.3894	0.2015
15	0.0779	0.0149	37	0.8787	0.0639	59	2.9564	0.1299	81	6.5909	0.2050
16	0.0929	0.0166	38	0.9427	0.0667	60	3.0863	0.1332	82	6.7959	0.2086
17	0.1095	0.0183	39	1.0093	0.0694	61	3.2195	0.1365	83	7.0044	0.2121
18	0.1278	0.0201	40	1.0787	0.0722	62	3.3559	0.1397	84	7.2166	0.2157
19	0.1479	0.0220	41	1.1509	0.0750	63	3.4957	0.1431	85	7.4322	0.2193
20	0.1699	0.0239	42	1.2259	0.0778	64	3.6387	0.1464	86	7.6515	0.2229
21	0.1938	0.0259	43	1.3037	0.0807	65	3.7851	0.1497	87	7.8744	0.2265
22	0.2197	0.0279	44	1.3844	0.0836	66	3.9348	0.1531	88	8.1008	0.2301
23	0.2476	0.0300	45	1.4680	0.0865	67	4.0879	0.1564	89	8.3309	0.2337
24	0.2776	0.0321	46	1.5545	0.0895	68	4.2443	0.1598	90	8.5646	0.2337
25	0.3097	0.0343	47	1.6440	0.0924	69	4.4042	0.1632			

适用树种：马尾松、短叶松、黑松、金钱松等；适用地区：长兴、吴兴、德清、海宁、海盐、安吉、平湖、开化、江山、常山、杭州地区八个县；资料名称：浙江省立木材积表；编表人或作者：浙江省林业局勘察设计队；刊印或发表时间：1979。其他说明：根据部颁材积表 (LY 208—1977) 导算。

738. 浙西北阔叶树一元材积表（围尺）

$$V = 0.000050479055(0.98003D - 0.1334)^{1.9085054}(37.329510 - 2053.1848/(0.98003D - 0.1334 + 60))^{0.99076507}$$

表中D为围尺径；$D \leqslant 90$cm

D	V	ΔV	D	V	ΔV	D	V	ΔV	D	V	ΔV
4	0.0032	0.0023	26	0.3127	0.0303	48	1.3783	0.0692	70	3.3360	0.1110
5	0.0055	0.0030	27	0.3430	0.0320	49	1.4474	0.0710	71	3.4470	0.1129
6	0.0085	0.0038	28	0.3750	0.0336	50	1.5184	0.0729	72	3.5599	0.1148
7	0.0124	0.0047	29	0.4086	0.0353	51	1.5913	0.0748	73	3.6747	0.1168
8	0.0171	0.0057	30	0.4439	0.0370	52	1.6661	0.0766	74	3.7915	0.1187
9	0.0228	0.0067	31	0.4808	0.0387	53	1.7427	0.0785	75	3.9102	0.1206
10	0.0296	0.0078	32	0.5195	0.0404	54	1.8212	0.0804	76	4.0308	0.1226
11	0.0374	0.0089	33	0.5599	0.0421	55	1.9016	0.0823	77	4.1534	0.1245
12	0.0463	0.0101	34	0.6020	0.0438	56	1.9839	0.0842	78	4.2779	0.1264
13	0.0564	0.0114	35	0.6458	0.0456	57	2.0681	0.0861	79	4.4043	0.1284
14	0.0678	0.0126	36	0.6914	0.0473	58	2.1542	0.0880	80	4.5327	0.1303
15	0.0804	0.0139	37	0.7387	0.0491	59	2.2421	0.0899	81	4.6630	0.1323
16	0.0943	0.0153	38	0.7878	0.0509	60	2.3320	0.0918	82	4.7953	0.1342
17	0.1096	0.0167	39	0.8387	0.0527	61	2.4238	0.0937	83	4.9294	0.1361
18	0.1263	0.0181	40	0.8914	0.0545	62	2.5175	0.0956	84	5.0656	0.1381
19	0.1443	0.0195	41	0.9459	0.0563	63	2.6131	0.0975	85	5.2036	0.1400
20	0.1638	0.0210	42	1.0021	0.0581	64	2.7106	0.0994	86	5.3437	0.1420
21	0.1848	0.0225	43	1.0603	0.0599	65	2.8100	0.1014	87	5.4856	0.1439
22	0.2073	0.0240	44	1.1202	0.0618	66	2.9114	0.1033	88	5.6295	0.1458
23	0.2313	0.0256	45	1.1819	0.0636	67	3.0147	0.1052	89	5.7753	0.1478
24	0.2568	0.0271	46	1.2455	0.0654	68	3.1199	0.1071	90	5.9231	0.1478
25	0.2840	0.0287	47	1.3110	0.0673	69	3.2270	0.1090			

适用树种：栎类、槠栲类等硬阔叶树；适用地区：长兴、吴兴、德清、海宁、海盐、安吉、平湖、开化、江山、常山、杭州地区八个县；资料名称：浙江省立木材积表；编表人或作者：浙江省林业局勘察设计队；刊印或发表时间：1979。其他说明：根据部颁材积表 (LY 208—1977) 导算。

739. 浙东杉木一元材积表（围尺）

$$V = 0.00005806186(0.98845D - 0.30765)^{1.9553351}(59.481482 - 4952.3338/(0.98845D - 0.30765 + 84))^{0.89403304}$$

表中D为围尺径；$D \leqslant 60$cm

D	V	ΔV	D	V	ΔV	D	V	ΔV	D	V	ΔV
4	0.0019	0.0017	19	0.1502	0.0223	34	0.7027	0.0549	49	1.7934	0.0938
5	0.0037	0.0025	20	0.1725	0.0242	35	0.7576	0.0574	50	1.8872	0.0966
6	0.0062	0.0034	21	0.1967	0.0261	36	0.8150	0.0598	51	1.9838	0.0993
7	0.0095	0.0043	22	0.2228	0.0281	37	0.8749	0.0623	52	2.0831	0.1021
8	0.0139	0.0054	23	0.2509	0.0301	38	0.9372	0.0649	53	2.1852	0.1049
9	0.0193	0.0066	24	0.2810	0.0322	39	1.0021	0.0674	54	2.2900	0.1076
10	0.0259	0.0078	25	0.3132	0.0343	40	1.0695	0.0699	55	2.3977	0.1104
11	0.0337	0.0092	26	0.3475	0.0365	41	1.1394	0.0725	56	2.5081	0.1133
12	0.0429	0.0106	27	0.3840	0.0387	42	1.2119	0.0751	57	2.6214	0.1161
13	0.0534	0.0121	28	0.4227	0.0409	43	1.2871	0.0777	58	2.7375	0.1189
14	0.0655	0.0136	29	0.4636	0.0432	44	1.3648	0.0804	59	2.8564	0.1218
15	0.0791	0.0152	30	0.5068	0.0455	45	1.4452	0.0830	60	2.9782	0.1218
16	0.0943	0.0169	31	0.5522	0.0478	46	1.5282	0.0857			
17	0.1112	0.0186	32	0.6000	0.0501	47	1.6139	0.0884			
18	0.1298	0.0204	33	0.6502	0.0525	48	1.7023	0.0911			

适用树种：杉木、柳杉、柏木、水杉等；适用地区：乐清、玉环、温岭、黄岩、临海、三门、宁波地区八个县；资料名称：浙江省立木材积表；编表人或作者：浙江省林业局勘察设计队；刊印或发表时间：1979。其他说明：根据部颁材积表 (LY 208—1977) 导算。

740. 浙东松木一元材积表（围尺）

$$V = 0.000060049144(0.98477D - 0.28049)^{1.8719753}(39.725015 - 1620.4795/(0.98477D - 0.28049 + 40))^{0.97180232}$$

表中D为围尺径；$D \leqslant 90$cm

D	V	ΔV	D	V	ΔV	D	V	ΔV	D	V	ΔV
4	0.0017	0.0018	26	0.3520	0.0351	48	1.5678	0.0777	70	3.7326	0.1210
5	0.0035	0.0026	27	0.3871	0.0370	49	1.6456	0.0797	71	3.8535	0.1229
6	0.0062	0.0036	28	0.4241	0.0389	50	1.7253	0.0817	72	3.9765	0.1249
7	0.0098	0.0047	29	0.4629	0.0408	51	1.8069	0.0836	73	4.1013	0.1268
8	0.0145	0.0058	30	0.5037	0.0427	52	1.8906	0.0856	74	4.2281	0.1288
9	0.0203	0.0071	31	0.5463	0.0446	53	1.9762	0.0876	75	4.3569	0.1307
10	0.0274	0.0084	32	0.5909	0.0465	54	2.0638	0.0896	76	4.4876	0.1327
11	0.0358	0.0098	33	0.6374	0.0484	55	2.1533	0.0915	77	4.6203	0.1346
12	0.0456	0.0112	34	0.6858	0.0503	56	2.2448	0.0935	78	4.7549	0.1365
13	0.0568	0.0127	35	0.7361	0.0523	57	2.3383	0.0955	79	4.8914	0.1385
14	0.0695	0.0143	36	0.7884	0.0542	58	2.4338	0.0974	80	5.0299	0.1404
15	0.0838	0.0158	37	0.8426	0.0561	59	2.5312	0.0994	81	5.1703	0.1423
16	0.0997	0.0175	38	0.8987	0.0581	60	2.6306	0.1014	82	5.3126	0.1443
17	0.1171	0.0191	39	0.9568	0.0600	61	2.7320	0.1033	83	5.4569	0.1462
18	0.1362	0.0208	40	1.0169	0.0620	62	2.8353	0.1053	84	5.6031	0.1481
19	0.1570	0.0225	41	1.0789	0.0640	63	2.9406	0.1073	85	5.7512	0.1501
20	0.1796	0.0243	42	1.1428	0.0659	64	3.0479	0.1092	86	5.9013	0.1520
21	0.2038	0.0260	43	1.2087	0.0679	65	3.1571	0.1112	87	6.0533	0.1539
22	0.2298	0.0278	44	1.2766	0.0699	66	3.2683	0.1131	88	6.2072	0.1558
23	0.2576	0.0296	45	1.3465	0.0718	67	3.3814	0.1151	89	6.3630	0.1578
24	0.2872	0.0314	46	1.4183	0.0738	68	3.4965	0.1171	90	6.5208	0.1578
25	0.3187	0.0333	47	1.4921	0.0758	69	3.6136	0.1190			

适用树种：马尾松、短叶松、黑松、金钱松等；适用地区：乐清、玉环、温岭、黄岩、临海、三门、宁波地区八个县；资料名称：浙江省立木材积表；编表人或作者：浙江省林业局勘察设计队；刊印或发表时间：1979。其他说明：根据部颁材积表 (LY 208—1977) 导算。

741. 浙东阔叶树一元材积表（围尺）

$$V = 0.000050479055(0.98003D - 0.1334)^{1.9085054}(37.904366 - 2183.3090/(0.98003D - 0.1334 + 62))^{0.99076507}$$

表中D为围尺径；$D \leqslant 90$cm

D	V	ΔV	D	V	ΔV	D	V	ΔV	D	V	ΔV
4	0.0030	0.0021	26	0.3042	0.0298	48	1.3581	0.0687	70	3.3085	0.1108
5	0.0051	0.0028	27	0.3340	0.0314	49	1.4268	0.0706	71	3.4194	0.1128
6	0.0079	0.0036	28	0.3654	0.0331	50	1.4974	0.0724	72	3.5321	0.1147
7	0.0116	0.0045	29	0.3985	0.0347	51	1.5698	0.0743	73	3.6468	0.1167
8	0.0161	0.0055	30	0.4332	0.0364	52	1.6441	0.0762	74	3.7635	0.1186
9	0.0215	0.0065	31	0.4696	0.0381	53	1.7203	0.0781	75	3.8821	0.1206
10	0.0280	0.0075	32	0.5077	0.0398	54	1.7984	0.0800	76	4.0027	0.1225
11	0.0355	0.0086	33	0.5476	0.0415	55	1.8784	0.0819	77	4.1252	0.1245
12	0.0441	0.0098	34	0.5891	0.0433	56	1.9603	0.0838	78	4.2497	0.1264
13	0.0539	0.0110	35	0.6324	0.0450	57	2.0441	0.0857	79	4.3761	0.1284
14	0.0649	0.0122	36	0.6774	0.0468	58	2.1298	0.0876	80	4.5045	0.1303
15	0.0771	0.0135	37	0.7242	0.0486	59	2.2175	0.0895	81	4.6349	0.1323
16	0.0906	0.0148	38	0.7728	0.0504	60	2.3070	0.0915	82	4.7672	0.1343
17	0.1055	0.0162	39	0.8231	0.0521	61	2.3985	0.0934	83	4.9014	0.1362
18	0.1217	0.0176	40	0.8753	0.0540	62	2.4919	0.0953	84	5.0377	0.1382
19	0.1393	0.0190	41	0.9292	0.0558	63	2.5872	0.0972	85	5.1758	0.1402
20	0.1583	0.0205	42	0.9850	0.0576	64	2.6844	0.0992	86	5.3160	0.1421
21	0.1788	0.0220	43	1.0426	0.0594	65	2.7836	0.1011	87	5.4581	0.1441
22	0.2008	0.0235	44	1.1020	0.0613	66	2.8847	0.1030	88	5.6022	0.1460
23	0.2243	0.0250	45	1.1633	0.0631	67	2.9877	0.1050	89	5.7482	0.1480
24	0.2494	0.0266	46	1.2264	0.0650	68	3.0927	0.1069	90	5.8962	0.1480
25	0.2760	0.0282	47	1.2913	0.0668	69	3.1997	0.1089			

适用树种：栎类、槠栲类等硬阔叶树；适用地区：乐清、玉环、温岭、黄岩、临海、三门、宁波地区八个县；资料名称：浙江省立木材积表；编表人或作者：浙江省林业局勘察设计队；刊印或发表时间：1979。其他说明：根据部颁材积表 (LY 208—1977) 导算。

742. 浙中杉木一元材积表（围尺）

$$V = 0.00005806186(0.98845D - 0.30765)^{1.9553351}(191.169080 - 63224.2560/(0.98845D - 0.30765 + 332))^{0.89403304}$$

表中D为围尺径；$D \leqslant 60\text{cm}$

D	V	ΔV	D	V	ΔV	D	V	ΔV	D	V	ΔV
4	0.0018	0.0016	19	0.1456	0.0224	34	0.7329	0.0610	49	1.9994	0.1133
5	0.0034	0.0023	20	0.1680	0.0245	35	0.7939	0.0641	50	2.1128	0.1173
6	0.0057	0.0031	21	0.1925	0.0266	36	0.8581	0.0673	51	2.2300	0.1212
7	0.0089	0.0040	22	0.2192	0.0289	37	0.9253	0.0705	52	2.3512	0.1252
8	0.0129	0.0051	23	0.2480	0.0312	38	0.9958	0.0738	53	2.4764	0.1293
9	0.0180	0.0062	24	0.2792	0.0335	39	1.0696	0.0771	54	2.6057	0.1333
10	0.0242	0.0074	25	0.3127	0.0360	40	1.1467	0.0805	55	2.7390	0.1375
11	0.0316	0.0087	26	0.3487	0.0385	41	1.2272	0.0839	56	2.8765	0.1417
12	0.0403	0.0101	27	0.3872	0.0411	42	1.3111	0.0874	57	3.0182	0.1459
13	0.0504	0.0116	28	0.4283	0.0437	43	1.3985	0.0910	58	3.1640	0.1502
14	0.0620	0.0132	29	0.4721	0.0465	44	1.4895	0.0946	59	3.3142	0.1545
15	0.0752	0.0149	30	0.5185	0.0493	45	1.5841	0.0982	60	3.4687	0.1545
16	0.0901	0.0166	31	0.5678	0.0521	46	1.6823	0.1019			
17	0.1068	0.0185	32	0.6199	0.0550	47	1.7842	0.1057			
18	0.1252	0.0204	33	0.6749	0.0580	48	1.8899	0.1095			

适用树种：杉木、柳杉、柏木、水杉等；适用地区：东阳、义乌、浦江、兰溪、金华、巨县、武义、永康、天台、仙居、绍兴地区五个县；资料名称：浙江省立木材积表；编表人或作者：浙江省林业局勘察设计队；刊印或发表时间：1979。其他说明：根据部颁材积表 (LY 208—1977) 导算。

743. 浙中松木一元材积表（围尺）

$$V = 0.000060049144(0.98477D - 0.28049)^{1.8719753}(118.212730 - 24226.1710/(0.98477D - 0.28049 + 208))^{0.97180232}$$

表中D为围尺径；$D \leqslant 90$cm

D	V	ΔV	D	V	ΔV	D	V	ΔV	D	V	ΔV
4	0.0025	0.0019	26	0.3397	0.0359	48	1.7198	0.0955	70	4.5828	0.1702
5	0.0044	0.0026	27	0.3756	0.0382	49	1.8153	0.0986	71	4.7529	0.1738
6	0.0070	0.0035	28	0.4137	0.0405	50	1.9139	0.1017	72	4.9268	0.1775
7	0.0105	0.0044	29	0.4542	0.0428	51	2.0156	0.1049	73	5.1043	0.1812
8	0.0149	0.0054	30	0.4970	0.0452	52	2.1205	0.1081	74	5.2855	0.1849
9	0.0203	0.0065	31	0.5422	0.0477	53	2.2286	0.1114	75	5.4704	0.1886
10	0.0268	0.0077	32	0.5899	0.0502	54	2.3400	0.1146	76	5.6590	0.1924
11	0.0344	0.0089	33	0.6401	0.0527	55	2.4546	0.1179	77	5.8514	0.1962
12	0.0433	0.0103	34	0.6928	0.0553	56	2.5725	0.1212	78	6.0476	0.1999
13	0.0536	0.0117	35	0.7481	0.0579	57	2.6937	0.1246	79	6.2475	0.2037
14	0.0653	0.0131	36	0.8060	0.0606	58	2.8183	0.1279	80	6.4513	0.2076
15	0.0784	0.0147	37	0.8666	0.0633	59	2.9462	0.1313	81	6.6588	0.2114
16	0.0931	0.0163	38	0.9299	0.0660	60	3.0776	0.1348	82	6.8702	0.2152
17	0.1094	0.0180	39	0.9959	0.0688	61	3.2123	0.1382	83	7.0854	0.2191
18	0.1275	0.0198	40	1.0648	0.0716	62	3.3505	0.1417	84	7.3045	0.2230
19	0.1472	0.0216	41	1.1364	0.0745	63	3.4922	0.1452	85	7.5275	0.2269
20	0.1688	0.0235	42	1.2109	0.0774	64	3.6374	0.1487	86	7.7543	0.2308
21	0.1922	0.0254	43	1.2883	0.0803	65	3.7860	0.1522	87	7.9851	0.2347
22	0.2176	0.0274	44	1.3686	0.0833	66	3.9382	0.1558	88	8.2198	0.2386
23	0.2450	0.0294	45	1.4519	0.0863	67	4.0940	0.1593	89	8.4584	0.2426
24	0.2744	0.0315	46	1.5382	0.0893	68	4.2533	0.1629	90	8.7010	0.2426
25	0.3060	0.0337	47	1.6275	0.0924	69	4.4162	0.1665			

适用树种：马尾松、短叶松、黑松、金钱松等；适用地区：东阳、义乌、浦江、兰溪、金华、巨县、武义、永康、天台、仙居、绍兴地区五个县；资料名称：浙江省立木材积表；编表人或作者：浙江省林业局勘察设计队；刊印或发表时间：1979。其他说明：根据部颁材积表 (LY 208—1977) 导算。

744. 浙中阔叶树一元材积表（围尺）

$$V = 0.000050479055(0.98003D - 0.1334)^{1.9085054}(62.012452 - 8025.0582/(0.98003D - 0.1334 + 138))^{0.99076507}$$

表中D为围尺径；$D \leqslant 90\text{cm}$

D	V	ΔV	D	V	ΔV	D	V	ΔV	D	V	ΔV
4	0.0034	0.0023	26	0.3036	0.0302	48	1.4150	0.0749	70	3.6141	0.1286
5	0.0057	0.0030	27	0.3338	0.0319	49	1.4899	0.0772	71	3.7427	0.1311
6	0.0086	0.0037	28	0.3657	0.0337	50	1.5671	0.0795	72	3.8738	0.1337
7	0.0124	0.0046	29	0.3993	0.0355	51	1.6466	0.0818	73	4.0075	0.1363
8	0.0169	0.0055	30	0.4348	0.0373	52	1.7284	0.0841	74	4.1439	0.1389
9	0.0224	0.0064	31	0.4722	0.0392	53	1.8125	0.0865	75	4.2828	0.1416
10	0.0288	0.0074	32	0.5114	0.0411	54	1.8990	0.0888	76	4.4244	0.1442
11	0.0363	0.0085	33	0.5525	0.0431	55	1.9878	0.0912	77	4.5685	0.1468
12	0.0448	0.0096	34	0.5956	0.0450	56	2.0790	0.0936	78	4.7154	0.1495
13	0.0544	0.0108	35	0.6406	0.0470	57	2.1727	0.0960	79	4.8648	0.1521
14	0.0652	0.0120	36	0.6876	0.0490	58	2.2687	0.0985	80	5.0170	0.1548
15	0.0773	0.0133	37	0.7366	0.0510	59	2.3672	0.1009	81	5.1717	0.1575
16	0.0906	0.0146	38	0.7877	0.0531	60	2.4681	0.1034	82	5.3292	0.1601
17	0.1052	0.0160	39	0.8408	0.0552	61	2.5714	0.1058	83	5.4893	0.1628
18	0.1213	0.0174	40	0.8960	0.0573	62	2.6773	0.1083	84	5.6521	0.1655
19	0.1387	0.0189	41	0.9532	0.0594	63	2.7856	0.1108	85	5.8176	0.1682
20	0.1576	0.0204	42	1.0127	0.0616	64	2.8964	0.1133	86	5.9858	0.1709
21	0.1779	0.0219	43	1.0742	0.0637	65	3.0097	0.1158	87	6.1567	0.1736
22	0.1998	0.0235	44	1.1380	0.0659	66	3.1255	0.1183	88	6.3304	0.1763
23	0.2233	0.0251	45	1.2039	0.0681	67	3.2438	0.1209	89	6.5067	0.1791
24	0.2484	0.0267	46	1.2720	0.0704	68	3.3647	0.1234	90	6.6858	0.1791
25	0.2752	0.0284	47	1.3424	0.0726	69	3.4881	0.1260			

适用树种：栎类、槠栲类等硬阔叶树；适用地区：东阳、义乌、浦江、兰溪、金华、巨县、武义、永康、天台、仙居、绍兴地区五个县；资料名称：浙江省立木材积表；编表人或作者：浙江省林业局勘察设计队；刊印或发表时间：1979。其他说明：根据部颁材积表 (LY 208—1977) 导算。

745. 浙南杉木一元材积表（围尺）

$$V = 0.00005806186(0.98845D - 0.30765)^{1.9553351}(119.583900 - 24448.214/(0.98845D - 0.30765 + 206))^{0.89403304}$$

表中D为围尺径；$D \leqslant 60$cm

D	V	ΔV	D	V	ΔV	D	V	ΔV	D	V	ΔV
4	0.0019	0.0017	19	0.1444	0.0219	34	0.7084	0.0579	49	1.8936	0.1049
5	0.0036	0.0024	20	0.1663	0.0239	35	0.7662	0.0607	50	1.9985	0.1083
6	0.0059	0.0032	21	0.1901	0.0259	36	0.8269	0.0636	51	2.1068	0.1118
7	0.0091	0.0041	22	0.2160	0.0280	37	0.8905	0.0665	52	2.2185	0.1153
8	0.0132	0.0051	23	0.2440	0.0302	38	0.9570	0.0695	53	2.3339	0.1189
9	0.0183	0.0062	24	0.2742	0.0324	39	1.0264	0.0725	54	2.4527	0.1224
10	0.0245	0.0074	25	0.3066	0.0347	40	1.0989	0.0755	55	2.5751	0.1261
11	0.0319	0.0087	26	0.3413	0.0371	41	1.1744	0.0786	56	2.7012	0.1297
12	0.0406	0.0101	27	0.3784	0.0395	42	1.2531	0.0818	57	2.8309	0.1334
13	0.0507	0.0115	28	0.4179	0.0419	43	1.3348	0.0849	58	2.9643	0.1371
14	0.0622	0.0131	29	0.4598	0.0445	44	1.4198	0.0882	59	3.1014	0.1408
15	0.0753	0.0147	30	0.5043	0.0470	45	1.5079	0.0914	60	3.2422	0.1408
16	0.0899	0.0164	31	0.5513	0.0497	46	1.5994	0.0947			
17	0.1063	0.0181	32	0.6010	0.0523	47	1.6941	0.0981			
18	0.1244	0.0200	33	0.6533	0.0551	48	1.7922	0.1014			

适用树种：杉木、柳杉、柏木、水杉等；适用地区：丽水地区七个县，温州地区七个县（除乐清外）；资料名称：浙江省立木材积表；编表人或作者：浙江省林业局勘察设计队；刊印或发表时间：1979。其他说明：根据部颁材积表 (LY 208—1977) 导算。

746. 浙南松木一元材积表（围尺）

$$V = 0.000060049144(0.98477D - 0.28049)^{1.8719753}(78.711008 - 10051.620/(0.98477D - 0.28049 + 130))^{0.97180232}$$

表中D为围尺径；$D \leqslant 90$cm

D	V	ΔV	D	V	ΔV	D	V	ΔV	D	V	ΔV
4	0.0023	0.0018	26	0.3308	0.0345	48	1.6272	0.0880	70	4.2144	0.1512
5	0.0041	0.0026	27	0.3654	0.0366	49	1.7152	0.0907	71	4.3656	0.1542
6	0.0067	0.0034	28	0.4020	0.0388	50	1.8059	0.0934	72	4.5198	0.1573
7	0.0101	0.0043	29	0.4408	0.0410	51	1.8993	0.0962	73	4.6771	0.1603
8	0.0144	0.0053	30	0.4818	0.0432	52	1.9955	0.0989	74	4.8373	0.1633
9	0.0197	0.0064	31	0.5249	0.0454	53	2.0944	0.1017	75	5.0007	0.1664
10	0.0261	0.0076	32	0.5703	0.0477	54	2.1961	0.1045	76	5.1671	0.1694
11	0.0337	0.0088	33	0.6181	0.0500	55	2.3007	0.1073	77	5.3365	0.1725
12	0.0424	0.0101	34	0.6681	0.0524	56	2.4080	0.1102	78	5.5090	0.1756
13	0.0525	0.0115	35	0.7204	0.0547	57	2.5182	0.1130	79	5.6846	0.1787
14	0.0640	0.0129	36	0.7752	0.0571	58	2.6312	0.1159	80	5.8633	0.1818
15	0.0769	0.0144	37	0.8323	0.0596	59	2.7471	0.1188	81	6.0451	0.1849
16	0.0914	0.0160	38	0.8919	0.0620	60	2.8658	0.1216	82	6.2299	0.1880
17	0.1074	0.0176	39	0.9539	0.0645	61	2.9875	0.1245	83	6.4179	0.1911
18	0.1250	0.0193	40	1.0185	0.0670	62	3.1120	0.1275	84	6.6090	0.1942
19	0.1443	0.0210	41	1.0855	0.0696	63	3.2395	0.1304	85	6.8032	0.1973
20	0.1653	0.0228	42	1.1551	0.0721	64	3.3699	0.1333	86	7.0006	0.2005
21	0.1882	0.0247	43	1.2272	0.0747	65	3.5032	0.1363	87	7.2011	0.2036
22	0.2128	0.0266	44	1.3020	0.0773	66	3.6395	0.1392	88	7.4047	0.2068
23	0.2394	0.0285	45	1.3793	0.0800	67	3.7787	0.1422	89	7.6114	0.2099
24	0.2679	0.0305	46	1.4593	0.0826	68	3.9210	0.1452	90	7.8213	0.2099
25	0.2983	0.0325	47	1.5419	0.0853	69	4.0662	0.1482			

适用树种：马尾松、短叶松、黑松、金钱松等；适用地区：丽水地区七个县，温州地区七个县（除乐清外）；资料名称：浙江省立木材积表；编表人或作者：浙江省林业局勘察设计队；刊印或发表时间：1979。其他说明：根据部颁材积表 (LY 208—1977) 导算。

747. 浙南阔叶树一元材积表（围尺）

$$V = 0.000050479055(0.98003D - 0.1334)^{1.9085054}(58.208230 - 6994.739/(0.98003D - 0.1334 + 128))^{0.99076507}$$

表中D为围尺径；$D \leqslant 90$cm

D	V	ΔV	D	V	ΔV	D	V	ΔV	D	V	ΔV
4	0.0032	0.0022	26	0.2969	0.0296	48	1.3853	0.0732	70	3.5308	0.1252
5	0.0054	0.0029	27	0.3264	0.0313	49	1.4585	0.0754	71	3.6560	0.1277
6	0.0083	0.0036	28	0.3577	0.0330	50	1.5339	0.0777	72	3.7836	0.1302
7	0.0119	0.0044	29	0.3907	0.0348	51	1.6116	0.0799	73	3.9138	0.1327
8	0.0163	0.0053	30	0.4255	0.0366	52	1.6916	0.0822	74	4.0465	0.1352
9	0.0216	0.0062	31	0.4621	0.0384	53	1.7738	0.0845	75	4.1817	0.1377
10	0.0278	0.0072	32	0.5006	0.0403	54	1.8582	0.0868	76	4.3194	0.1402
11	0.0351	0.0083	33	0.5409	0.0422	55	1.9450	0.0891	77	4.4596	0.1428
12	0.0434	0.0094	34	0.5831	0.0441	56	2.0341	0.0914	78	4.6024	0.1453
13	0.0528	0.0106	35	0.6272	0.0461	57	2.1255	0.0937	79	4.7477	0.1479
14	0.0633	0.0118	36	0.6733	0.0480	58	2.2192	0.0961	80	4.8956	0.1504
15	0.0751	0.0130	37	0.7213	0.0500	59	2.3153	0.0985	81	5.0460	0.1530
16	0.0881	0.0143	38	0.7713	0.0520	60	2.4138	0.1008	82	5.1990	0.1556
17	0.1025	0.0157	39	0.8233	0.0540	61	2.5146	0.1032	83	5.3546	0.1582
18	0.1181	0.0171	40	0.8773	0.0561	62	2.6178	0.1056	84	5.5127	0.1607
19	0.1352	0.0185	41	0.9334	0.0582	63	2.7235	0.1080	85	5.6735	0.1633
20	0.1537	0.0200	42	0.9916	0.0603	64	2.8315	0.1104	86	5.8368	0.1659
21	0.1737	0.0215	43	1.0519	0.0624	65	2.9419	0.1129	87	6.0027	0.1685
22	0.1951	0.0230	44	1.1143	0.0645	66	3.0548	0.1153	88	6.1713	0.1712
23	0.2182	0.0246	45	1.1788	0.0667	67	3.1701	0.1178	89	6.3424	0.1738
24	0.2428	0.0262	46	1.2454	0.0688	68	3.2879	0.1202	90	6.5162	0.1738
25	0.2690	0.0279	47	1.3143	0.0710	69	3.4081	0.1227			

适用树种：栎类、槠栲类等硬阔叶树；适用地区：丽水地区七个县，温州地区七个县（除乐清外）；资料名称：浙江省立木材积表；编表人或作者：浙江省林业局勘察设计队；刊印或发表时间：1979。其他说明：根据部颁材积表 (LY 208—1977) 导算。

748. 浙江杉木一元材积表（轮尺）

$$V = 0.00005806186D^{1.9553351}(104.19628 - 17792.457/(D+172))^{0.89403304}$$

表中D为轮尺径；$D \leqslant 60$cm

D	V	ΔV	D	V	ΔV	D	V	ΔV	D	V	ΔV
4	0.0024	0.0019	19	0.1573	0.0234	34	0.7532	0.0606	49	1.9845	0.1082
5	0.0043	0.0027	20	0.1807	0.0255	35	0.8138	0.0635	50	2.0927	0.1117
6	0.0070	0.0036	21	0.2062	0.0276	36	0.8773	0.0664	51	2.2044	0.1152
7	0.0106	0.0046	22	0.2338	0.0298	37	0.9437	0.0694	52	2.3195	0.1187
8	0.0152	0.0057	23	0.2636	0.0321	38	1.0131	0.0724	53	2.4382	0.1222
9	0.0208	0.0069	24	0.2957	0.0344	39	1.0855	0.0755	54	2.5604	0.1258
10	0.0277	0.0081	25	0.3301	0.0368	40	1.1610	0.0786	55	2.6863	0.1294
11	0.0358	0.0095	26	0.3669	0.0392	41	1.2395	0.0817	56	2.8157	0.1331
12	0.0453	0.0110	27	0.4061	0.0417	42	1.3213	0.0849	57	2.9488	0.1367
13	0.0563	0.0125	28	0.4478	0.0442	43	1.4062	0.0881	58	3.0855	0.1404
14	0.0688	0.0141	29	0.4920	0.0468	44	1.4943	0.0914	59	3.2260	0.1442
15	0.0829	0.0158	30	0.5388	0.0495	45	1.5857	0.0947	60	3.3701	0.1442
16	0.0988	0.0176	31	0.5883	0.0522	46	1.6804	0.0980			
17	0.1164	0.0195	32	0.6405	0.0549	47	1.7784	0.1014			
18	0.1359	0.0214	33	0.6955	0.0577	48	1.8797	0.1048			

适用树种：杉木、柳杉、柏木、水杉等；适用地区：浙江省；资料名称：浙江省立木材积表；编表人或作者：浙江省林业局勘察设计队；刊印或发表时间：1979。其他说明：根据部颁材积表 (LY 208—1977) 导算。

749. 浙江松木一元材积表（轮尺）

$$V = 0.000060049144D^{1.8719753}(65.471055 - 6193.0847/(D+96))^{0.97180232}$$

表中D为轮尺径；$D \leqslant 90$cm

D	V	ΔV	D	V	ΔV	D	V	ΔV	D	V	ΔV
4	0.0027	0.0021	26	0.3647	0.0374	48	1.7343	0.0914	70	4.3782	0.1525
5	0.0049	0.0029	27	0.4021	0.0396	49	1.8257	0.0940	71	4.5306	0.1553
6	0.0078	0.0039	28	0.4416	0.0418	50	1.9197	0.0967	72	4.6859	0.1582
7	0.0117	0.0049	29	0.4834	0.0440	51	2.0164	0.0994	73	4.8441	0.1611
8	0.0166	0.0060	30	0.5274	0.0463	52	2.1158	0.1021	74	5.0052	0.1639
9	0.0226	0.0072	31	0.5737	0.0486	53	2.2180	0.1049	75	5.1692	0.1668
10	0.0298	0.0085	32	0.6223	0.0510	54	2.3228	0.1076	76	5.3360	0.1697
11	0.0383	0.0099	33	0.6733	0.0533	55	2.4304	0.1103	77	5.5057	0.1726
12	0.0482	0.0113	34	0.7266	0.0557	56	2.5407	0.1131	78	5.6783	0.1755
13	0.0595	0.0128	35	0.7824	0.0581	57	2.6538	0.1158	79	5.8538	0.1784
14	0.0723	0.0144	36	0.8405	0.0606	58	2.7697	0.1186	80	6.0322	0.1813
15	0.0867	0.0160	37	0.9011	0.0630	59	2.8883	0.1214	81	6.2135	0.1842
16	0.1027	0.0177	38	0.9641	0.0655	60	3.0096	0.1242	82	6.3977	0.1871
17	0.1205	0.0195	39	1.0296	0.0680	61	3.1338	0.1270	83	6.5849	0.1900
18	0.1399	0.0213	40	1.0977	0.0706	62	3.2608	0.1298	84	6.7749	0.1930
19	0.1612	0.0231	41	1.1682	0.0731	63	3.3906	0.1326	85	6.9679	0.1959
20	0.1843	0.0250	42	1.2413	0.0757	64	3.5232	0.1354	86	7.1637	0.1988
21	0.2094	0.0270	43	1.3170	0.0782	65	3.6586	0.1382	87	7.3625	0.2017
22	0.2364	0.0290	44	1.3952	0.0808	66	3.7968	0.1411	88	7.5642	0.2046
23	0.2654	0.0310	45	1.4760	0.0834	67	3.9379	0.1439	89	7.7689	0.2076
24	0.2964	0.0331	46	1.5595	0.0861	68	4.0818	0.1468	90	7.9764	0.2076
25	0.3295	0.0352	47	1.6456	0.0887	69	4.2285	0.1496			

适用树种：马尾松、短叶松、黑松、金钱松等；适用地区：浙江省；资料名称：浙江省立木材积表；编表人或作者：浙江省林业局勘察设计队；刊印或发表时间：1979。其他说明：根据部颁材积表 (LY 208—1977) 导算。

750. 浙江阔叶树一元材积表（轮尺）

$$V = 0.000050479055D^{1.9085054}(46.855148 - 3990.9663/(D+92))^{0.99076507}$$

表中D为轮尺径；$D \leqslant 90$cm

D	V	ΔV	D	V	ΔV	D	V	ΔV	D	V	ΔV
4	0.0037	0.0024	26	0.3224	0.0316	48	1.4578	0.0751	70	3.6207	0.1244
5	0.0061	0.0032	27	0.3539	0.0333	49	1.5329	0.0772	71	3.7451	0.1267
6	0.0093	0.0040	28	0.3873	0.0351	50	1.6101	0.0794	72	3.8718	0.1291
7	0.0133	0.0049	29	0.4224	0.0369	51	1.6894	0.0816	73	4.0009	0.1314
8	0.0182	0.0059	30	0.4593	0.0388	52	1.7710	0.0837	74	4.1323	0.1337
9	0.0241	0.0069	31	0.4981	0.0406	53	1.8547	0.0859	75	4.2660	0.1361
10	0.0310	0.0080	32	0.5387	0.0425	54	1.9407	0.0881	76	4.4021	0.1384
11	0.0390	0.0091	33	0.5812	0.0444	55	2.0288	0.0903	77	4.5405	0.1408
12	0.0481	0.0103	34	0.6257	0.0464	56	2.1191	0.0926	78	4.6813	0.1431
13	0.0585	0.0116	35	0.6720	0.0483	57	2.2117	0.0948	79	4.8244	0.1455
14	0.0701	0.0129	36	0.7203	0.0503	58	2.3065	0.0970	80	4.9699	0.1478
15	0.0830	0.0142	37	0.7706	0.0522	59	2.4035	0.0993	81	5.1177	0.1502
16	0.0972	0.0156	38	0.8228	0.0542	60	2.5028	0.1015	82	5.2679	0.1526
17	0.1128	0.0171	39	0.8770	0.0563	61	2.6044	0.1038	83	5.4205	0.1549
18	0.1299	0.0185	40	0.9333	0.0583	62	2.7082	0.1061	84	5.5754	0.1573
19	0.1484	0.0200	41	0.9916	0.0603	63	2.8142	0.1083	85	5.7327	0.1597
20	0.1685	0.0216	42	1.0519	0.0624	64	2.9226	0.1106	86	5.8923	0.1620
21	0.1900	0.0232	43	1.1143	0.0645	65	3.0332	0.1129	87	6.0544	0.1644
22	0.2132	0.0248	44	1.1788	0.0666	66	3.1461	0.1152	88	6.2188	0.1668
23	0.2380	0.0264	45	1.2454	0.0687	67	3.2613	0.1175	89	6.3856	0.1692
24	0.2644	0.0281	46	1.3141	0.0708	68	3.3788	0.1198	90	6.5548	0.1692
25	0.2925	0.0298	47	1.3849	0.0729	69	3.4986	0.1221			

适用树种：栎类、槠栲类等硬阔叶树；适用地区：浙江省；资料名称：浙江省立木材积表；编表人或作者：浙江省林业局勘察设计队；刊印或发表时间：1979。其他说明：根据部颁材积表 (LY 208—1977) 导算。

751. 浙西北杉木一元材积表（轮尺）

$$V = 0.00005806186D^{1.9553351}(86.737064 - 11724.553/(D + 136))^{0.89403304}$$

表中D为轮尺径；$D \leqslant 60$cm

D	V	ΔV	D	V	ΔV	D	V	ΔV	D	V	ΔV
4	0.0023	0.0019	19	0.1580	0.0235	34	0.7511	0.0599	49	1.9601	0.1055
5	0.0042	0.0027	20	0.1815	0.0255	35	0.8110	0.0627	50	2.0656	0.1088
6	0.0069	0.0036	21	0.2070	0.0276	36	0.8737	0.0656	51	2.1744	0.1121
7	0.0105	0.0046	22	0.2346	0.0298	37	0.9393	0.0684	52	2.2866	0.1155
8	0.0151	0.0057	23	0.2645	0.0320	38	1.0077	0.0713	53	2.4021	0.1188
9	0.0208	0.0069	24	0.2965	0.0343	39	1.0790	0.0743	54	2.5209	0.1222
10	0.0277	0.0082	25	0.3308	0.0367	40	1.1533	0.0773	55	2.6431	0.1256
11	0.0359	0.0096	26	0.3675	0.0391	41	1.2306	0.0803	56	2.7687	0.1291
12	0.0454	0.0110	27	0.4066	0.0415	42	1.3109	0.0833	57	2.8978	0.1325
13	0.0565	0.0126	28	0.4481	0.0440	43	1.3942	0.0864	58	3.0303	0.1360
14	0.0691	0.0142	29	0.4921	0.0465	44	1.4806	0.0895	59	3.1663	0.1395
15	0.0833	0.0159	30	0.5386	0.0491	45	1.5702	0.0927	60	3.3058	0.1395
16	0.0992	0.0177	31	0.5877	0.0518	46	1.6629	0.0959			
17	0.1169	0.0196	32	0.6395	0.0544	47	1.7587	0.0991			
18	0.1365	0.0215	33	0.6939	0.0572	48	1.8578	0.1023			

适用树种：杉木、柳杉、柏木、水杉等；适用地区：长兴、吴兴、德清、海宁、海盐、安吉、平湖、开化、江山、常山、杭州地区八个县；资料名称：浙江省立木材积表；编表人或作者：浙江省林业局勘察设计队；刊印或发表时间：1979。其他说明：根据部颁材积表 (LY 208—1977) 导算。

752. 浙西北松木一元材积表（轮尺）

$$V = 0.000060049144D^{1.8719753}(95.134547 - 14124.212/(D+150))^{0.97180232}$$

表中D为轮尺径；$D \leqslant 90$cm

D	V	ΔV	D	V	ΔV	D	V	ΔV	D	V	ΔV
4	0.0027	0.0021	26	0.3689	0.0387	48	1.8345	0.1001	70	4.7961	0.1740
5	0.0047	0.0029	27	0.4076	0.0411	49	1.9346	0.1032	71	4.9701	0.1776
6	0.0076	0.0038	28	0.4488	0.0435	50	2.0378	0.1064	72	5.1477	0.1811
7	0.0113	0.0048	29	0.4923	0.0460	51	2.1442	0.1096	73	5.3288	0.1847
8	0.0161	0.0059	30	0.5383	0.0485	52	2.2538	0.1128	74	5.5135	0.1883
9	0.0220	0.0071	31	0.5869	0.0511	53	2.3666	0.1161	75	5.7018	0.1919
10	0.0290	0.0084	32	0.6380	0.0537	54	2.4827	0.1193	76	5.8936	0.1955
11	0.0374	0.0097	33	0.6917	0.0564	55	2.6020	0.1226	77	6.0891	0.1991
12	0.0472	0.0112	34	0.7480	0.0590	56	2.7246	0.1259	78	6.2883	0.2028
13	0.0584	0.0127	35	0.8071	0.0618	57	2.8505	0.1292	79	6.4910	0.2064
14	0.0711	0.0144	36	0.8688	0.0645	58	2.9797	0.1326	80	6.6975	0.2101
15	0.0855	0.0160	37	0.9334	0.0673	59	3.1123	0.1359	81	6.9075	0.2137
16	0.1015	0.0178	38	1.0007	0.0701	60	3.2482	0.1393	82	7.1213	0.2174
17	0.1193	0.0196	39	1.0708	0.0730	61	3.3875	0.1427	83	7.3387	0.2211
18	0.1389	0.0215	40	1.1438	0.0759	62	3.5302	0.1461	84	7.5598	0.2248
19	0.1604	0.0235	41	1.2197	0.0788	63	3.6763	0.1495	85	7.7847	0.2285
20	0.1839	0.0255	42	1.2985	0.0818	64	3.8259	0.1530	86	8.0132	0.2323
21	0.2094	0.0275	43	1.3803	0.0848	65	3.9789	0.1565	87	8.2455	0.2360
22	0.2369	0.0297	44	1.4650	0.0878	66	4.1353	0.1599	88	8.4814	0.2397
23	0.2666	0.0319	45	1.5528	0.0908	67	4.2953	0.1634	89	8.7211	0.2435
24	0.2984	0.0341	46	1.6436	0.0939	68	4.4587	0.1669	90	8.9646	0.2435
25	0.3325	0.0364	47	1.7375	0.0970	69	4.6256	0.1705			

适用树种：马尾松、短叶松、黑松、金钱松等；适用地区：长兴、吴兴、德清、海宁、海盐、安吉、平湖、开化、江山、常山、杭州地区八个县；资料名称：浙江省立木材积表；编表人或作者：浙江省林业局勘察设计队；刊印或发表时间：1979。其他说明：根据部颁材积表 (LY 208—1977) 导算。

753. 浙西北阔叶树一元材积表（轮尺）

$$V = 0.000050479055D^{1.9085054}(37.329510 - 2053.1848/(D+60))^{0.99076507}$$

表中D为轮尺径；$D \leqslant 90$cm

D	V	ΔV	D	V	ΔV	D	V	ΔV	D	V	ΔV
4	0.0037	0.0025	26	0.3327	0.0321	48	1.4555	0.0727	70	3.5103	0.1163
5	0.0062	0.0033	27	0.3648	0.0338	49	1.5281	0.0746	71	3.6266	0.1183
6	0.0094	0.0042	28	0.3986	0.0355	50	1.6028	0.0766	72	3.7449	0.1204
7	0.0136	0.0051	29	0.4341	0.0373	51	1.6794	0.0785	73	3.8653	0.1224
8	0.0187	0.0061	30	0.4713	0.0390	52	1.7579	0.0805	74	3.9877	0.1244
9	0.0249	0.0072	31	0.5104	0.0408	53	1.8384	0.0825	75	4.1120	0.1264
10	0.0321	0.0084	32	0.5512	0.0426	54	1.9209	0.0844	76	4.2384	0.1284
11	0.0405	0.0096	33	0.5938	0.0444	55	2.0053	0.0864	77	4.3668	0.1304
12	0.0500	0.0108	34	0.6382	0.0462	56	2.0918	0.0884	78	4.4973	0.1324
13	0.0608	0.0121	35	0.6844	0.0481	57	2.1801	0.0904	79	4.6297	0.1345
14	0.0729	0.0134	36	0.7324	0.0499	58	2.2705	0.0923	80	4.7642	0.1365
15	0.0864	0.0148	37	0.7823	0.0517	59	2.3628	0.0943	81	4.9006	0.1385
16	0.1012	0.0162	38	0.8341	0.0536	60	2.4572	0.0963	82	5.0392	0.1405
17	0.1175	0.0177	39	0.8877	0.0555	61	2.5535	0.0983	83	5.1797	0.1425
18	0.1352	0.0192	40	0.9432	0.0574	62	2.6518	0.1003	84	5.3222	0.1446
19	0.1543	0.0207	41	1.0005	0.0593	63	2.7521	0.1023	85	5.4668	0.1466
20	0.1750	0.0223	42	1.0598	0.0612	64	2.8544	0.1043	86	5.6134	0.1486
21	0.1973	0.0238	43	1.1209	0.0631	65	2.9587	0.1063	87	5.7620	0.1506
22	0.2211	0.0254	44	1.1840	0.0650	66	3.0650	0.1083	88	5.9126	0.1527
23	0.2466	0.0271	45	1.2490	0.0669	67	3.1733	0.1103	89	6.0652	0.1547
24	0.2736	0.0287	46	1.3159	0.0688	68	3.2836	0.1123	90	6.2199	0.1547
25	0.3023	0.0304	47	1.3847	0.0708	69	3.3959	0.1143			

适用树种：栎类、槠栲类等硬阔叶树；适用地区：长兴、吴兴、德清、海宁、海盐、安吉、平湖、开化、江山、常山、杭州地区八个县；资料名称：浙江省立木材积表；编表人或作者：浙江省林业局勘察设计队；刊印或发表时间：1979。其他说明：根据部颁材积表 (LY 208—1977) 导算。

754. 浙东杉木一元材积表（轮尺）

$$V = 0.00005806186D^{1.9553351}(59.481482 - 4952.3338/(D+84))^{0.89403304}$$

表中D为轮尺径；$D \leqslant 60$cm

D	V	ΔV	D	V	ΔV	D	V	ΔV	D	V	ΔV
4	0.0025	0.0020	19	0.1619	0.0236	34	0.7414	0.0573	49	1.8762	0.0974
5	0.0045	0.0028	20	0.1854	0.0255	35	0.7987	0.0599	50	1.9736	0.1002
6	0.0073	0.0038	21	0.2110	0.0275	36	0.8586	0.0624	51	2.0738	0.1030
7	0.0111	0.0048	22	0.2385	0.0296	37	0.9210	0.0650	52	2.1768	0.1059
8	0.0159	0.0060	23	0.2681	0.0317	38	0.9860	0.0676	53	2.2827	0.1087
9	0.0219	0.0072	24	0.2998	0.0339	39	1.0535	0.0702	54	2.3914	0.1116
10	0.0291	0.0085	25	0.3337	0.0361	40	1.1237	0.0728	55	2.5030	0.1145
11	0.0376	0.0099	26	0.3697	0.0383	41	1.1965	0.0755	56	2.6174	0.1174
12	0.0475	0.0114	27	0.4080	0.0406	42	1.2720	0.0781	57	2.7348	0.1203
13	0.0588	0.0129	28	0.4486	0.0429	43	1.3501	0.0808	58	2.8551	0.1232
14	0.0717	0.0145	29	0.4914	0.0452	44	1.4309	0.0835	59	2.9783	0.1261
15	0.0863	0.0162	30	0.5366	0.0476	45	1.5145	0.0863	60	3.1044	0.1261
16	0.1025	0.0180	31	0.5842	0.0500	46	1.6008	0.0890			
17	0.1205	0.0198	32	0.6341	0.0524	47	1.6898	0.0918			
18	0.1402	0.0216	33	0.6865	0.0549	48	1.7816	0.0946			

适用树种：杉木、柳杉、柏木、水杉等；适用地区：乐清、玉环、温岭、黄岩、临海、三门、宁波地区八个县；资料名称：浙江省立木材积表；编表人或作者：浙江省林业局勘察设计队；刊印或发表时间：1979。其他说明：根据部颁材积表 (LY 208—1977) 导算。

755. 浙东松木一元材积表（轮尺）

$$V = 0.000060049144D^{1.8719753}(39.725015 - 1620.4795/(D+40))^{0.97180232}$$

表中D为轮尺径；$D \leqslant 90$cm

D	V	ΔV	D	V	ΔV	D	V	ΔV	D	V	ΔV
4	0.0023	0.0021	26	0.3759	0.0370	48	1.6477	0.0810	70	3.8985	0.1256
5	0.0044	0.0030	27	0.4129	0.0389	49	1.7287	0.0830	71	4.0240	0.1276
6	0.0074	0.0041	28	0.4518	0.0409	50	1.8117	0.0851	72	4.1516	0.1296
7	0.0115	0.0052	29	0.4926	0.0428	51	1.8968	0.0871	73	4.2812	0.1316
8	0.0167	0.0065	30	0.5354	0.0448	52	1.9839	0.0891	74	4.4128	0.1336
9	0.0232	0.0078	31	0.5802	0.0467	53	2.0730	0.0912	75	4.5464	0.1356
10	0.0309	0.0092	32	0.6270	0.0487	54	2.1642	0.0932	76	4.6820	0.1376
11	0.0401	0.0106	33	0.6757	0.0507	55	2.2574	0.0952	77	4.8196	0.1396
12	0.0507	0.0121	34	0.7264	0.0527	56	2.3526	0.0973	78	4.9592	0.1416
13	0.0628	0.0137	35	0.7791	0.0547	57	2.4499	0.0993	79	5.1008	0.1436
14	0.0765	0.0153	36	0.8338	0.0567	58	2.5491	0.1013	80	5.2443	0.1456
15	0.0918	0.0169	37	0.8906	0.0587	59	2.6505	0.1033	81	5.3899	0.1476
16	0.1087	0.0186	38	0.9493	0.0607	60	2.7538	0.1054	82	5.5375	0.1496
17	0.1274	0.0204	39	1.0100	0.0628	61	2.8592	0.1074	83	5.6871	0.1516
18	0.1477	0.0221	40	1.0728	0.0648	62	2.9666	0.1094	84	5.8386	0.1535
19	0.1699	0.0239	41	1.1376	0.0668	63	3.0760	0.1114	85	5.9922	0.1555
20	0.1938	0.0257	42	1.2044	0.0688	64	3.1874	0.1135	86	6.1477	0.1575
21	0.2195	0.0275	43	1.2732	0.0708	65	3.3009	0.1155	87	6.3052	0.1595
22	0.2470	0.0294	44	1.3440	0.0729	66	3.4164	0.1175	88	6.4647	0.1615
23	0.2764	0.0313	45	1.4169	0.0749	67	3.5339	0.1195	89	6.6262	0.1634
24	0.3077	0.0332	46	1.4918	0.0769	68	3.6534	0.1215	90	6.7896	0.1634
25	0.3408	0.0351	47	1.5687	0.0790	69	3.7749	0.1235			

适用树种：马尾松、短叶松、黑松、金钱松等；适用地区：乐清、玉环、温岭、黄岩、临海、三门、宁波地区八个县；资料名称：浙江省立木材积表；编表人或作者：浙江省林业局勘察设计队；刊印或发表时间：1979。其他说明：根据部颁材积表 (LY 208—1977) 导算。

756. 浙东阔叶树一元材积表（轮尺）

$$V = 0.000050479055D^{1.9085054}(37.904366 - 2183.3090/(D + 628))^{0.99076507}$$

表中D为轮尺径；$D \leqslant 90$cm

D	V	ΔV	D	V	ΔV	D	V	ΔV	D	V	ΔV
4	0.0034	0.0023	26	0.3239	0.0315	48	1.4348	0.0722	70	3.4825	0.1162
5	0.0057	0.0031	27	0.3554	0.0332	49	1.5070	0.0742	71	3.5987	0.1182
6	0.0088	0.0039	28	0.3886	0.0350	50	1.5812	0.0761	72	3.7170	0.1203
7	0.0127	0.0049	29	0.4236	0.0367	51	1.6574	0.0781	73	3.8372	0.1223
8	0.0176	0.0059	30	0.4603	0.0385	52	1.7355	0.0801	74	3.9595	0.1243
9	0.0235	0.0069	31	0.4987	0.0402	53	1.8156	0.0821	75	4.0839	0.1264
10	0.0304	0.0080	32	0.5390	0.0420	54	1.8976	0.0840	76	4.2102	0.1284
11	0.0385	0.0092	33	0.5810	0.0438	55	1.9817	0.0860	77	4.3386	0.1304
12	0.0477	0.0104	34	0.6249	0.0457	56	2.0677	0.0880	78	4.4691	0.1325
13	0.0581	0.0117	35	0.6705	0.0475	57	2.1557	0.0900	79	4.6015	0.1345
14	0.0699	0.0130	36	0.7180	0.0493	58	2.2457	0.0920	80	4.7361	0.1366
15	0.0829	0.0144	37	0.7674	0.0512	59	2.3377	0.0940	81	4.8726	0.1386
16	0.0973	0.0158	38	0.8186	0.0531	60	2.4317	0.0960	82	5.0112	0.1406
17	0.1131	0.0172	39	0.8716	0.0549	61	2.5278	0.0980	83	5.1519	0.1427
18	0.1304	0.0187	40	0.9266	0.0568	62	2.6258	0.1000	84	5.2945	0.1447
19	0.1491	0.0202	41	0.9834	0.0587	63	2.7258	0.1020	85	5.4393	0.1468
20	0.1693	0.0218	42	1.0421	0.0606	64	2.8279	0.1041	86	5.5860	0.1488
21	0.1911	0.0233	43	1.1028	0.0625	65	2.9319	0.1061	87	5.7349	0.1509
22	0.2144	0.0249	44	1.1653	0.0645	66	3.0380	0.1081	88	5.8857	0.1529
23	0.2393	0.0265	45	1.2298	0.0664	67	3.1461	0.1101	89	6.0386	0.1549
24	0.2658	0.0282	46	1.2962	0.0683	68	3.2562	0.1121	90	6.1936	0.1549
25	0.2940	0.0298	47	1.3645	0.0703	69	3.3684	0.1142			

适用树种：栎类、楮栲类等硬阔叶树；适用地区：乐清、玉环、温岭、黄岩、临海、三门、宁波地区八个县；资料名称：浙江省立木材积表；编表人或作者：浙江省林业局勘察设计队；刊印或发表时间：1979。其他说明：根据部颁材积表 (LY 208—1977) 导算。

757. 浙中杉木一元材积表（轮尺）

$$V = 0.00005806186D^{1.9553351}(191.169080 - 63224.2560/(D+332))^{0.89403304}$$

表中D为轮尺径；$D \leqslant 60\text{cm}$

D	V	ΔV	D	V	ΔV	D	V	ΔV	D	V	ΔV
4	0.0023	0.0019	19	0.1573	0.0238	34	0.7758	0.0640	49	2.0994	0.1182
5	0.0042	0.0026	20	0.1811	0.0260	35	0.8398	0.0672	50	2.2176	0.1222
6	0.0068	0.0035	21	0.2071	0.0282	36	0.9070	0.0705	51	2.3398	0.1263
7	0.0103	0.0045	22	0.2353	0.0305	37	0.9774	0.0738	52	2.4661	0.1305
8	0.0148	0.0056	23	0.2658	0.0329	38	1.0512	0.0772	53	2.5966	0.1346
9	0.0204	0.0068	24	0.2988	0.0354	39	1.1284	0.0806	54	2.7312	0.1389
10	0.0272	0.0081	25	0.3342	0.0380	40	1.2091	0.0842	55	2.8701	0.1431
11	0.0352	0.0094	26	0.3721	0.0406	41	1.2932	0.0877	56	3.0132	0.1475
12	0.0447	0.0109	27	0.4127	0.0433	42	1.3809	0.0913	57	3.1607	0.1518
13	0.0556	0.0125	28	0.4560	0.0460	43	1.4723	0.0950	58	3.3125	0.1563
14	0.0681	0.0142	29	0.5020	0.0489	44	1.5673	0.0987	59	3.4688	0.1607
15	0.0823	0.0159	30	0.5508	0.0517	45	1.6660	0.1025	60	3.6295	0.1607
16	0.0982	0.0178	31	0.6026	0.0547	46	1.7686	0.1064			
17	0.1160	0.0197	32	0.6573	0.0577	47	1.8749	0.1103			
18	0.1356	0.0217	33	0.7150	0.0608	48	1.9852	0.1142			

适用树种：杉木、柳杉、柏木、水杉等；适用地区：东阳、义乌、浦江、兰溪、金华、巨县、武义、永康、天台、仙居、绍兴地区五个县；资料名称：浙江省立木材积表；编表人或作者：浙江省林业局勘察设计队；刊印或发表时间：1979。其他说明：根据部颁材积表 (LY 208—1977) 导算。

758. 浙中松木一元材积表（轮尺）

$$V = 0.000060049144D^{1.8719753}(118.212730 - 24226.1710/(D+208))^{0.97180232}$$

表中D为轮尺径；$D \leqslant 90$cm

D	V	ΔV	D	V	ΔV	D	V	ΔV	D	V	ΔV
4	0.0030	0.0022	26	0.3641	0.0380	48	1.8179	0.1002	70	4.8164	0.1779
5	0.0052	0.0030	27	0.4021	0.0404	49	1.9181	0.1035	71	4.9943	0.1817
6	0.0082	0.0039	28	0.4425	0.0428	50	2.0216	0.1067	72	5.1760	0.1855
7	0.0121	0.0049	29	0.4853	0.0453	51	2.1283	0.1101	73	5.3616	0.1894
8	0.0169	0.0059	30	0.5306	0.0478	52	2.2384	0.1134	74	5.5509	0.1932
9	0.0229	0.0071	31	0.5784	0.0504	53	2.3518	0.1168	75	5.7441	0.1971
10	0.0300	0.0083	32	0.6288	0.0530	54	2.4686	0.1202	76	5.9412	0.2010
11	0.0383	0.0097	33	0.6818	0.0556	55	2.5887	0.1236	77	6.1422	0.2049
12	0.0480	0.0111	34	0.7374	0.0583	56	2.7123	0.1270	78	6.3471	0.2088
13	0.0591	0.0126	35	0.7958	0.0611	57	2.8394	0.1305	79	6.5559	0.2128
14	0.0717	0.0141	36	0.8568	0.0639	58	2.9699	0.1340	80	6.7687	0.2167
15	0.0858	0.0158	37	0.9207	0.0667	59	3.1039	0.1376	81	6.9854	0.2207
16	0.1016	0.0175	38	0.9874	0.0695	60	3.2415	0.1411	82	7.2061	0.2247
17	0.1191	0.0193	39	1.0569	0.0724	61	3.3826	0.1447	83	7.4308	0.2287
18	0.1384	0.0211	40	1.1294	0.0754	62	3.5273	0.1483	84	7.6595	0.2327
19	0.1595	0.0230	41	1.2048	0.0784	63	3.6755	0.1519	85	7.8922	0.2367
20	0.1825	0.0250	42	1.2831	0.0814	64	3.8275	0.1556	86	8.1289	0.2408
21	0.2075	0.0270	43	1.3645	0.0844	65	3.9830	0.1592	87	8.3698	0.2449
22	0.2345	0.0291	44	1.4490	0.0875	66	4.1423	0.1629	88	8.6146	0.2489
23	0.2636	0.0313	45	1.5365	0.0906	67	4.3052	0.1666	89	8.8636	0.2530
24	0.2949	0.0335	46	1.6271	0.0938	68	4.4719	0.1704	90	9.1166	0.2530
25	0.3283	0.0357	47	1.7209	0.0970	69	4.6422	0.1741			

适用树种：马尾松、短叶松、黑松、金钱松等；适用地区：东阳、义乌、浦江、兰溪、金华、巨县、武义、永康、天台、仙居、绍兴地区五个县；资料名称：浙江省立木材积表；编表人或作者：浙江省林业局勘察设计队；刊印或发表时间：1979。其他说明：根据部颁材积表 (LY 208—1977) 导算。

759. 浙中阔叶树一元材积表（轮尺）

$$V = 0.000050479055D^{1.9085054}(62.012452 - 8025.0582/(D+138))^{0.99076507}$$

表中D为轮尺径；$D \leqslant 90\text{cm}$

D	V	ΔV	D	V	ΔV	D	V	ΔV	D	V	ΔV
4	0.0039	0.0025	26	0.3235	0.0320	48	1.4986	0.0790	70	3.8161	0.1353
5	0.0063	0.0032	27	0.3555	0.0338	49	1.5777	0.0814	71	3.9514	0.1380
6	0.0095	0.0040	28	0.3893	0.0357	50	1.6591	0.0839	72	4.0895	0.1407
7	0.0136	0.0049	29	0.4250	0.0376	51	1.7429	0.0863	73	4.2302	0.1435
8	0.0185	0.0059	30	0.4626	0.0396	52	1.8292	0.0887	74	4.3737	0.1462
9	0.0244	0.0069	31	0.5021	0.0415	53	1.9180	0.0912	75	4.5199	0.1489
10	0.0313	0.0080	32	0.5437	0.0435	54	2.0092	0.0937	76	4.6688	0.1517
11	0.0392	0.0091	33	0.5872	0.0456	55	2.1029	0.0962	77	4.8205	0.1544
12	0.0483	0.0103	34	0.6328	0.0476	56	2.1990	0.0987	78	4.9749	0.1572
13	0.0586	0.0115	35	0.6804	0.0497	57	2.2978	0.1012	79	5.1322	0.1600
14	0.0702	0.0128	36	0.7301	0.0518	58	2.3990	0.1038	80	5.2921	0.1628
15	0.0830	0.0142	37	0.7820	0.0540	59	2.5028	0.1063	81	5.4549	0.1656
16	0.0972	0.0156	38	0.8359	0.0561	60	2.6091	0.1089	82	5.6205	0.1684
17	0.1128	0.0170	39	0.8921	0.0583	61	2.7180	0.1115	83	5.7889	0.1712
18	0.1298	0.0185	40	0.9504	0.0605	62	2.8295	0.1141	84	5.9601	0.1740
19	0.1484	0.0201	41	1.0109	0.0628	63	2.9436	0.1167	85	6.1341	0.1768
20	0.1684	0.0217	42	1.0737	0.0650	64	3.0603	0.1193	86	6.3109	0.1797
21	0.1901	0.0233	43	1.1388	0.0673	65	3.1797	0.1220	87	6.4905	0.1825
22	0.2134	0.0249	44	1.2061	0.0696	66	3.3016	0.1246	88	6.6730	0.1853
23	0.2383	0.0266	45	1.2757	0.0719	67	3.4263	0.1273	89	6.8584	0.1882
24	0.2650	0.0284	46	1.3477	0.0743	68	3.5535	0.1299	90	7.0466	0.1882
25	0.2933	0.0302	47	1.4220	0.0767	69	3.6835	0.1326			

适用树种：栎类、槠栲类等硬阔叶树；适用地区：东阳、义乌、浦江、兰溪、金华、巨县、武义、永康、天台、仙居、绍兴地区五个县；资料名称：浙江省立木材积表；编表人或作者：浙江省林业局勘察设计队；刊印或发表时间：1979。其他说明：根据部颁材积表 (LY 208—1977) 导算。

760. 浙南杉木一元材积表（轮尺）

$$V = 0.00005806186D^{1.9553351}(119.583900 - 24448.214/(D+206))^{0.89403304}$$

表中D为轮尺径；$D \leqslant 60$cm

D	V	ΔV	D	V	ΔV	D	V	ΔV	D	V	ΔV
4	0.0024	0.0019	19	0.1558	0.0232	34	0.7491	0.0606	49	1.9861	0.1092
5	0.0044	0.0027	20	0.1790	0.0253	35	0.8097	0.0635	50	2.0953	0.1127
6	0.0071	0.0036	21	0.2043	0.0274	36	0.8732	0.0665	51	2.2080	0.1163
7	0.0106	0.0045	22	0.2317	0.0296	37	0.9397	0.0695	52	2.3244	0.1200
8	0.0151	0.0056	23	0.2613	0.0318	38	1.0092	0.0726	53	2.4443	0.1236
9	0.0208	0.0068	24	0.2931	0.0342	39	1.0817	0.0757	54	2.5680	0.1273
10	0.0275	0.0080	25	0.3273	0.0366	40	1.1574	0.0789	55	2.6953	0.1311
11	0.0356	0.0094	26	0.3638	0.0390	41	1.2363	0.0821	56	2.8264	0.1348
12	0.0450	0.0108	27	0.4028	0.0415	42	1.3184	0.0853	57	2.9612	0.1386
13	0.0558	0.0124	28	0.4444	0.0441	43	1.4037	0.0886	58	3.0998	0.1425
14	0.0682	0.0140	29	0.4884	0.0467	44	1.4923	0.0919	59	3.2423	0.1463
15	0.0822	0.0157	30	0.5351	0.0494	45	1.5842	0.0953	60	3.3886	0.1463
16	0.0979	0.0174	31	0.5845	0.0521	46	1.6796	0.0987			
17	0.1153	0.0193	32	0.6365	0.0549	47	1.7783	0.1022			
18	0.1346	0.0212	33	0.6914	0.0577	48	1.8804	0.1057			

适用树种：杉木、柳杉、柏木、水杉等；适用地区：丽水地区七个县，温州地区七个县（除乐清外）；资料名称：浙江省立木材积表；编表人或作者：浙江省林业局勘察设计队；刊印或发表时间：1979。其他说明：根据部颁材积表 (LY 208—1977) 导算。

761. 浙南松木一元材积表（轮尺）

$$V = 0.000060049144D^{1.8719753}(78.711008 - 10051.620/(D + 130))^{0.97180232}$$

表中D为轮尺径；$D \leqslant 90$cm

D	V	ΔV	D	V	ΔV	D	V	ΔV	D	V	ΔV
4	0.0029	0.0021	26	0.3543	0.0366	48	1.7176	0.0922	70	4.4219	0.1578
5	0.0050	0.0029	27	0.3909	0.0388	49	1.8098	0.0950	71	4.5797	0.1609
6	0.0079	0.0038	28	0.4296	0.0410	50	1.9048	0.0978	72	4.7405	0.1640
7	0.0117	0.0048	29	0.4706	0.0433	51	2.0027	0.1007	73	4.9046	0.1672
8	0.0165	0.0058	30	0.5139	0.0456	52	2.1034	0.1036	74	5.0717	0.1703
9	0.0223	0.0070	31	0.5594	0.0479	53	2.2069	0.1065	75	5.2420	0.1735
10	0.0293	0.0082	32	0.6073	0.0503	54	2.3134	0.1094	76	5.4155	0.1766
11	0.0375	0.0095	33	0.6576	0.0527	55	2.4228	0.1123	77	5.5922	0.1798
12	0.0470	0.0109	34	0.7103	0.0551	56	2.5350	0.1152	78	5.7720	0.1830
13	0.0579	0.0124	35	0.7655	0.0576	57	2.6503	0.1182	79	5.9550	0.1862
14	0.0703	0.0139	36	0.8231	0.0601	58	2.7685	0.1211	80	6.1412	0.1894
15	0.0842	0.0155	37	0.8832	0.0627	59	2.8896	0.1241	81	6.3306	0.1926
16	0.0997	0.0171	38	0.9459	0.0652	60	3.0137	0.1271	82	6.5232	0.1958
17	0.1168	0.0188	39	1.0111	0.0678	61	3.1409	0.1301	83	6.7190	0.1990
18	0.1357	0.0206	40	1.0789	0.0704	62	3.2710	0.1332	84	6.9181	0.2023
19	0.1563	0.0224	41	1.1494	0.0731	63	3.4041	0.1362	85	7.1204	0.2055
20	0.1787	0.0243	42	1.2224	0.0757	64	3.5403	0.1392	86	7.3259	0.2088
21	0.2030	0.0262	43	1.2982	0.0784	65	3.6796	0.1423	87	7.5346	0.2120
22	0.2292	0.0282	44	1.3766	0.0811	66	3.8219	0.1454	88	7.7466	0.2153
23	0.2574	0.0302	45	1.4577	0.0839	67	3.9672	0.1485	89	7.9619	0.2185
24	0.2876	0.0323	46	1.5416	0.0866	68	4.1157	0.1515	90	8.1804	0.2185
25	0.3199	0.0344	47	1.6282	0.0894	69	4.2672	0.1546			

适用树种：马尾松、短叶松、黑松、金钱松等；适用地区：丽水地区七个县，温州地区七个县（除乐清外）；资料名称：浙江省立木材积表；编表人或作者：浙江省林业局勘察设计队；刊印或发表时间：1979。其他说明：根据部颁材积表 (LY 208—1977) 导算。

762. 浙南阔叶树一元材积表（轮尺）

$$V = 0.000050479055D^{1.9085054}(58.208230 - 6994.739/(D+128))^{0.99076507}$$

表中D为轮尺径；$D \leqslant 90$cm

D	V	ΔV	D	V	ΔV	D	V	ΔV	D	V	ΔV
4	0.0037	0.0024	26	0.3164	0.0313	48	1.4670	0.0773	70	3.7275	0.1317
5	0.0060	0.0031	27	0.3477	0.0332	49	1.5443	0.0796	71	3.8592	0.1343
6	0.0091	0.0039	28	0.3809	0.0350	50	1.6239	0.0819	72	3.9935	0.1369
7	0.0130	0.0048	29	0.4159	0.0369	51	1.7058	0.0843	73	4.1305	0.1396
8	0.0178	0.0057	30	0.4527	0.0388	52	1.7901	0.0867	74	4.2701	0.1422
9	0.0235	0.0067	31	0.4915	0.0407	53	1.8768	0.0891	75	4.4123	0.1448
10	0.0302	0.0078	32	0.5322	0.0427	54	1.9659	0.0915	76	4.5571	0.1475
11	0.0379	0.0089	33	0.5749	0.0447	55	2.0574	0.0939	77	4.7046	0.1501
12	0.0468	0.0101	34	0.6195	0.0467	56	2.1513	0.0963	78	4.8547	0.1528
13	0.0569	0.0113	35	0.6662	0.0487	57	2.2476	0.0988	79	5.0075	0.1555
14	0.0682	0.0126	36	0.7149	0.0508	58	2.3464	0.1013	80	5.1630	0.1582
15	0.0807	0.0139	37	0.7657	0.0529	59	2.4477	0.1037	81	5.3212	0.1608
16	0.0946	0.0153	38	0.8186	0.0550	60	2.5514	0.1062	82	5.4820	0.1635
17	0.1099	0.0167	39	0.8735	0.0571	61	2.6576	0.1087	83	5.6455	0.1662
18	0.1265	0.0182	40	0.9307	0.0593	62	2.7663	0.1112	84	5.8118	0.1689
19	0.1447	0.0197	41	0.9899	0.0615	63	2.8776	0.1138	85	5.9807	0.1717
20	0.1644	0.0212	42	1.0514	0.0637	64	2.9913	0.1163	86	6.1524	0.1744
21	0.1856	0.0228	43	1.1150	0.0659	65	3.1076	0.1188	87	6.3267	0.1771
22	0.2084	0.0244	44	1.1809	0.0681	66	3.2265	0.1214	88	6.5038	0.1798
23	0.2328	0.0261	45	1.2490	0.0704	67	3.3479	0.1240	89	6.6837	0.1826
24	0.2590	0.0278	46	1.3194	0.0727	68	3.4718	0.1265	90	6.8662	0.1826
25	0.2868	0.0296	47	1.3921	0.0749	69	3.5984	0.1291			

适用树种：栎类、槠栲类等硬阔叶树；适用地区：丽水地区七个县，温州地区七个县（除乐清外）；资料名称：浙江省立木材积表；编表人或作者：浙江省林业局勘察设计队；刊印或发表时间：1979。其他说明：根据部颁材积表 (LY 208—1977) 导算。

763. 浙江杉木二元材积表(一)（轮尺）

$V = 1.3194689D^2(H+3)/40000$ ；表中D为轮尺径；$D \leqslant$64cm, $H \leqslant$30m

D	H	V	D	H	V	D	H	V	D	H	V	D	H	V
4	2	0.0026	17	8	0.1049	30	14	0.5047	43	21	1.4638	56	27	3.1034
5	2	0.0041	18	9	0.1283	31	15	0.5706	44	21	1.5327	57	27	3.2152
6	3	0.0071	19	9	0.1429	32	15	0.6080	45	21	1.6032	58	28	3.4400
7	3	0.0097	20	10	0.1715	33	16	0.6825	46	22	1.7450	59	28	3.5596
8	4	0.0148	21	10	0.1891	34	16	0.7245	47	22	1.8217	60	29	3.8001
9	4	0.0187	22	11	0.2235	35	17	0.8082	48	23	1.9760	61	29	3.9278
10	5	0.0264	23	11	0.2443	36	17	0.8550	49	23	2.0592	62	30	4.1844
11	5	0.0319	24	12	0.2850	37	18	0.9483	50	24	2.2266	63	30	4.3205
12	6	0.0428	25	12	0.3093	38	18	1.0003	51	24	2.3166	64	31	4.5939
13	6	0.0502	26	12	0.3345	39	19	1.1038	52	25	2.4975			
14	7	0.0647	27	13	0.3848	40	19	1.1611	53	25	2.5945			
15	7	0.0742	28	13	0.4138	41	20	1.2754	54	26	2.7895			
16	8	0.0929	29	14	0.4716	42	20	1.3383	55	26	2.8938			

适用树种：杉木、柳杉、柏木、水杉等；适用地区：浙江省；资料名称：浙江省立木材积表；编表人或作者：浙江省林业局勘察设计队；刊印或发表时间：1979。其他说明：适用于干形比较饱满、经营比较合理和生长比较良好的地区。

764. 浙江松木二元材积表(一)（轮尺）

$V = 1.2252211D^2(H+3)/40000$ ；表中D为轮尺径；$D \leqslant$64cm, $H \leqslant$30m

D	H	V	D	H	V	D	H	V	D	H	V	D	H	V
4	2	0.0025	17	8	0.0974	30	14	0.4686	43	21	1.3593	56	27	2.8817
5	2	0.0038	18	9	0.1191	31	15	0.5298	44	21	1.4232	57	27	2.9856
6	3	0.0066	19	9	0.1327	32	15	0.5646	45	21	1.4886	58	28	3.1943
7	3	0.0090	20	10	0.1593	33	16	0.6338	46	22	1.6204	59	28	3.3054
8	4	0.0137	21	10	0.1756	34	16	0.6728	47	22	1.6916	60	29	3.5286
9	4	0.0174	22	11	0.2076	35	17	0.7504	48	23	1.8349	61	29	3.6472
10	5	0.0245	23	11	0.2268	36	17	0.7939	49	23	1.9121	62	30	3.8855
11	5	0.0297	24	12	0.2646	37	18	0.8806	50	24	2.0676	63	30	4.0119
12	6	0.0397	25	12	0.2872	38	18	0.9288	51	24	2.1511	64	31	4.2657
13	6	0.0466	26	12	0.3106	39	19	1.0250	52	25	2.3191			
14	7	0.0600	27	13	0.3573	40	19	1.0782	53	25	2.4092			
15	7	0.0689	28	13	0.3842	41	20	1.1843	54	26	2.5902			
16	8	0.0863	29	14	0.4379	42	20	1.2427	55	26	2.6871			

适用树种：马尾松、短叶松、黑松、金钱松等；适用地区：浙江省；资料名称：浙江省立木材积表；编表人或作者：浙江省林业局勘察设计队；刊印或发表时间：1979。其他说明：适用于干形比较饱满、经营比较合理和生长比较良好的地区。

765. 浙江阔叶树二元材积表(一)（轮尺）

$V=1.288053D^2(H+3)/40000$；表中D为轮尺径；$D\leqslant$64cm, $H\leqslant$30m

D	H	V	D	H	V	D	H	V	D	H	V	D	H	V
4	2	0.0026	17	8	0.1024	30	14	0.4927	43	21	1.4290	56	27	3.0295
5	2	0.0040	18	9	0.1252	31	15	0.5570	44	21	1.4962	57	27	3.1387
6	3	0.0070	19	9	0.1395	32	15	0.5935	45	21	1.5650	58	28	3.3581
7	3	0.0095	20	10	0.1674	33	16	0.6663	46	22	1.7035	59	28	3.4749
8	4	0.0144	21	10	0.1846	34	16	0.7073	47	22	1.7783	60	29	3.7096
9	4	0.0183	22	11	0.2182	35	17	0.7889	48	23	1.9290	61	29	3.8343
10	5	0.0258	23	11	0.2385	36	17	0.8347	49	23	2.0102	62	30	4.0848
11	5	0.0312	24	12	0.2782	37	18	0.9258	50	24	2.1736	63	30	4.2176
12	6	0.0417	25	12	0.3019	38	18	0.9765	51	24	2.2614	64	31	4.4845
13	6	0.0490	26	12	0.3265	39	19	1.0775	52	25	2.4380			
14	7	0.0631	27	13	0.3756	40	19	1.1335	53	25	2.5327			
15	7	0.0725	28	13	0.4039	41	20	1.2450	54	26	2.7231			
16	8	0.0907	29	14	0.4604	42	20	1.3065	55	26	2.8249			

适用树种：栎类、槠栲类等硬阔叶树；适用地区：浙江省；资料名称：浙江省立木材积表；编表人或作者：浙江省林业局勘察设计队；刊印或发表时间：1979。其他说明：适用于干形比较饱满、经营比较合理和生长比较良好的地区。

766. 浙江杉木二元材积表(二)

$V=0.0000826242D^{1.8711722}H^{0.84584568}$；$D\leqslant$64cm, $H\leqslant$30m

D	H	V	D	H	V	D	H	V	D	H	V	D	H	V
4	2	0.0020	17	8	0.0962	30	14	0.4472	43	21	1.2360	56	27	2.5060
5	2	0.0030	18	9	0.1183	31	15	0.5041	44	21	1.2903	57	27	2.5904
6	3	0.0060	19	9	0.1309	32	15	0.5349	45	21	1.3457	58	28	2.7597
7	3	0.0080	20	10	0.1575	33	16	0.5984	46	22	1.4585	59	28	2.8494
8	4	0.0131	21	10	0.1726	34	16	0.6328	47	22	1.5184	60	29	3.0290
9	4	0.0163	22	11	0.2041	35	17	0.7032	48	23	1.6399	61	29	3.1241
10	5	0.0240	23	11	0.2218	36	17	0.7413	49	23	1.7044	62	30	3.3143
11	5	0.0286	24	12	0.2585	37	18	0.8189	50	24	1.8349	63	30	3.4151
12	6	0.0393	25	12	0.2791	38	18	0.8608	51	24	1.9042	64	31	3.6161
13	6	0.0457	26	12	0.3003	39	19	0.9460	52	25	2.0440			
14	7	0.0598	27	13	0.3449	40	19	0.9919	53	25	2.1182			
15	7	0.0680	28	13	0.3692	41	20	1.0849	54	26	2.2676			
16	8	0.0859	29	14	0.4197	42	20	1.1349	55	26	2.3468			

适用树种：杉木、柳杉、柏木、水杉等；适用地区：浙江省；资料名称：浙江省立木材积表的编制；编表人或作者：毛忠志（浙江省林业勘察设计院）；出版机构：浙江林学院学报（期刊）；刊印或发表时间：1988。其他说明：文献中仅给出株数，未列出直径范围，暂采用老版浙江省立木材积表胸径树高范围。

767. 浙江松木二元材积表(二)

$$V = 0.0000748202D^{1.8299281}H^{0.93083394};\ D \leqslant 64\text{cm},\ H \leqslant 30\text{m}$$

D	H	V	D	H	V	D	H	V	D	H	V	D	H	V
4	2	0.0018	17	8	0.0925	30	14	0.4405	43	21	1.2414	56	27	2.5435
5	2	0.0027	18	9	0.1146	31	15	0.4987	44	21	1.2947	57	27	2.6273
6	3	0.0055	19	9	0.1266	32	15	0.5285	45	21	1.3491	58	28	2.8056
7	3	0.0073	20	10	0.1533	33	16	0.5938	46	22	1.4666	59	28	2.8948
8	4	0.0122	21	10	0.1677	34	16	0.6271	47	22	1.5255	60	29	3.0843
9	4	0.0152	22	11	0.1995	35	17	0.6997	48	23	1.6524	61	29	3.1790
10	5	0.0226	23	11	0.2164	36	17	0.7367	49	23	1.7159	62	30	3.3800
11	5	0.0269	24	12	0.2537	37	18	0.8169	50	24	1.8525	63	30	3.4805
12	6	0.0374	25	12	0.2733	38	18	0.8577	51	24	1.9209	64	31	3.6932
13	6	0.0433	26	12	0.2937	39	19	0.9459	52	25	2.0674			
14	7	0.0573	27	13	0.3390	40	19	0.9908	53	25	2.1408			
15	7	0.0650	28	13	0.3623	41	20	1.0873	54	26	2.2976			
16	8	0.0828	29	14	0.4140	42	20	1.1363	55	26	2.3761			

适用树种：马尾松、短叶松、黑松、金钱松等；适用地区：浙江省；资料名称：浙江省立木材积表的编制；编表人或作者：毛忠志（浙江省林业勘察设计院）；出版机构：浙江林学院学报（期刊）；刊印或发表时间：1988。其他说明：文献中仅给出株数，为列出直径范围，暂且采用老版浙江省立木材积表胸径树高范围。

768. 浙江阔叶树二元材积表(二)

$$V = 0.0000535818D^{1.9878571}H^{0.87614661};\ D \leqslant 64\text{cm},\ H \leqslant 30\text{m}$$

D	H	V	D	H	V	D	H	V	D	H	V	D	H	V
4	2	0.0015	17	8	0.0925	30	14	0.4672	43	21	1.3633	56	27	2.8724
5	2	0.0024	18	9	0.1149	31	15	0.5297	44	21	1.4270	57	27	2.9753
6	3	0.0049	19	9	0.1280	32	15	0.5642	45	21	1.4922	58	28	3.1797
7	3	0.0067	20	10	0.1554	33	16	0.6347	46	22	1.6237	59	28	3.2896
8	4	0.0113	21	10	0.1712	34	16	0.6735	47	22	1.6946	60	29	3.5075
9	4	0.0142	22	11	0.2042	35	17	0.7524	48	23	1.8372	61	29	3.6247
10	5	0.0213	23	11	0.2230	36	17	0.7958	49	23	1.9141	62	30	3.8567
11	5	0.0258	24	12	0.2619	37	18	0.8834	50	24	2.0682	63	30	3.9813
12	6	0.0360	25	12	0.2841	38	18	0.9315	51	24	2.1512	64	31	4.2276
13	6	0.0422	26	12	0.3071	39	19	1.0285	52	25	2.3173			
14	7	0.0559	27	13	0.3551	40	19	1.0816	53	25	2.4068			
15	7	0.0642	28	13	0.3817	41	20	1.1882	54	26	2.5852			
16	8	0.0820	29	14	0.4367	42	20	1.2465	55	26	2.6812			

适用树种：栎类、槠栲类等硬阔叶树；适用地区：浙江省；资料名称：浙江省立木材积表的编制；编表人或作者：毛忠志（浙江省林业勘察设计院）；出版机构：浙江林学院学报（期刊）；刊印或发表时间：1988。其他说明：文献中仅给出株数，未列出直径范围，暂采用老版浙江省立木材积表胸径树高范围。

769. 浙江杉木地径材积表

$$V = 0.00005806186D_{1.3}^{1.9553351}H^{0.89403304}$$

$$D_{1.3} = 0.98845e^{(-0.086460493+1.0174224\ln D_0)} - 0.30765$$

$H = 104.19628 - 17792.457/(D_{1.3}+172)$；表中$D$为地径；$D_0 \leqslant$100cm

D	V	ΔV	D	V	ΔV	D	V	ΔV	D	V	ΔV
6	0.0051	0.0028	30	0.4718	0.0447	54	2.3396	0.1179	78	6.1994	0.2100
7	0.0078	0.0036	31	0.5164	0.0472	55	2.4575	0.1215	79	6.4094	0.2141
8	0.0115	0.0046	32	0.5637	0.0498	56	2.5790	0.1250	80	6.6236	0.2183
9	0.0160	0.0056	33	0.6135	0.0525	57	2.7040	0.1286	81	6.8418	0.2225
10	0.0216	0.0067	34	0.6659	0.0552	58	2.8326	0.1322	82	7.0643	0.2266
11	0.0284	0.0079	35	0.7211	0.0579	59	2.9648	0.1359	83	7.2909	0.2309
12	0.0363	0.0092	36	0.7790	0.0607	60	3.1007	0.1395	84	7.5218	0.2351
13	0.0455	0.0106	37	0.8397	0.0635	61	3.2402	0.1432	85	7.7569	0.2393
14	0.0561	0.0120	38	0.9032	0.0664	62	3.3834	0.1470	86	7.9962	0.2436
15	0.0681	0.0136	39	0.9696	0.0693	63	3.5304	0.1507	87	8.2398	0.2479
16	0.0817	0.0152	40	1.0390	0.0723	64	3.6811	0.1545	88	8.4877	0.2522
17	0.0969	0.0169	41	1.1113	0.0753	65	3.8356	0.1583	89	8.7398	0.2565
18	0.1137	0.0186	42	1.1866	0.0784	66	3.9939	0.1621	90	8.9963	0.2608
19	0.1323	0.0204	43	1.2650	0.0815	67	4.1560	0.1660	91	9.2572	0.2652
20	0.1528	0.0223	44	1.3464	0.0846	68	4.3220	0.1699	92	9.5223	0.2696
21	0.1751	0.0243	45	1.4310	0.0878	69	4.4919	0.1738	93	9.7919	0.2739
22	0.1994	0.0263	46	1.5188	0.0910	70	4.6656	0.1777	94	10.0658	0.2783
23	0.2257	0.0284	47	1.6098	0.0942	71	4.8434	0.1817	95	10.3442	0.2828
24	0.2541	0.0306	48	1.7040	0.0975	72	5.0250	0.1857	96	10.6269	0.2872
25	0.2847	0.0328	49	1.8015	0.1008	73	5.2107	0.1897	97	10.9141	0.2916
26	0.3175	0.0350	50	1.9023	0.1042	74	5.4003	0.1937	98	11.2057	0.2961
27	0.3525	0.0374	51	2.0065	0.1076	75	5.5940	0.1977	99	11.5018	0.3006
28	0.3898	0.0397	52	2.1141	0.1110	76	5.7918	0.2018	100	11.8024	0.3006
29	0.4296	0.0422	53	2.2251	0.1145	77	5.9935	0.2059			

适用树种：杉木、柳杉、柏木、水杉等；适用地区：浙江省；资料名称：浙江省林木地径材积表及其数学模型；编表人或作者：浙江省林业局勘察设计队；出版机构：华东森林经理（期刊）；刊印或发表时间：1979。其他说明：地径模型根据浙江省一元立木材积结合地径与胸径的关系推算得到。

770. 浙江松木地径材积表

$$V = 0.000060049144D_{1.3}^{1.8719753}H^{0.97180232}$$

$$D_{1.3} = 0.98477e^{-0.1000306981+1.01976759\ln D_0} - 0.28049$$

$H = 65.471055 - 6193.0847/(D_{1.3} + 96)$；表中$D$为地径；$D_0 \leqslant$100cm

D	V	ΔV	D	V	ΔV	D	V	ΔV	D	V	ΔV
6	0.0056	0.0030	30	0.4543	0.0413	54	2.0940	0.0998	78	5.2473	0.1666
7	0.0085	0.0038	31	0.4956	0.0434	55	2.1938	0.1025	79	5.4139	0.1695
8	0.0123	0.0048	32	0.5390	0.0456	56	2.2963	0.1052	80	5.5833	0.1723
9	0.0171	0.0058	33	0.5846	0.0478	57	2.4015	0.1079	81	5.7557	0.1752
10	0.0229	0.0069	34	0.6324	0.0501	58	2.5094	0.1106	82	5.9309	0.1781
11	0.0298	0.0081	35	0.6825	0.0524	59	2.6200	0.1133	83	6.1090	0.1810
12	0.0379	0.0093	36	0.7349	0.0547	60	2.7332	0.1160	84	6.2900	0.1839
13	0.0472	0.0107	37	0.7896	0.0570	61	2.8492	0.1187	85	6.4740	0.1868
14	0.0579	0.0120	38	0.8466	0.0594	62	2.9680	0.1215	86	6.6608	0.1897
15	0.0699	0.0135	39	0.9060	0.0618	63	3.0895	0.1242	87	6.8505	0.1927
16	0.0834	0.0150	40	0.9678	0.0642	64	3.2137	0.1270	88	7.0432	0.1956
17	0.0984	0.0166	41	1.0319	0.0666	65	3.3407	0.1298	89	7.2387	0.1985
18	0.1150	0.0182	42	1.0985	0.0690	66	3.4705	0.1326	90	7.4373	0.2014
19	0.1332	0.0199	43	1.1676	0.0715	67	3.6031	0.1354	91	7.6387	0.2044
20	0.1531	0.0216	44	1.2391	0.0740	68	3.7384	0.1382	92	7.8430	0.2073
21	0.1747	0.0234	45	1.3131	0.0765	69	3.8766	0.1410	93	8.0503	0.2102
22	0.1981	0.0252	46	1.3896	0.0790	70	4.0175	0.1438	94	8.2606	0.2132
23	0.2233	0.0271	47	1.4686	0.0816	71	4.1613	0.1466	95	8.4738	0.2161
24	0.2504	0.0290	48	1.5502	0.0841	72	4.3079	0.1494	96	8.6899	0.2191
25	0.2793	0.0309	49	1.6343	0.0867	73	4.4574	0.1523	97	8.9090	0.2220
26	0.3103	0.0329	50	1.7211	0.0893	74	4.6097	0.1551	98	9.1310	0.2250
27	0.3432	0.0350	51	1.8104	0.0919	75	4.7648	0.1580	99	9.3560	0.2279
28	0.3782	0.0370	52	1.9023	0.0945	76	4.9228	0.1608	100	9.5839	0.2279
29	0.4152	0.0391	53	1.9968	0.0972	77	5.0836	0.1637			

适用树种：马尾松、短叶松、黑松、金钱松等；适用地区：浙江省；资料名称：浙江省林木地径材积表及其数学模型；编表人或作者：浙江省林业局勘察设计队；出版机构：华东森林经理（期刊）；刊印或发表时间：1979。其他说明：地径模型根据浙江省一元立木材积结合地径与胸径的关系推算得到。

771. 浙江阔叶树地径材积表

$$V = 0.000050479055D_{1.3}^{1.9085054}H^{0.99076507}$$

$$D_{1.3} = 0.98003/(-0.000196171 + 1.03537912/D_0) - 0.1334$$

$H = 46.855148 - 3990.9663/(D_{1.3} + 92)$；表中$D$为地径；$D_0 \leqslant 100\text{cm}$

D	V	ΔV	D	V	ΔV	D	V	ΔV	D	V	ΔV
6	0.0078	0.0034	30	0.4020	0.0343	54	1.7306	0.0798	78	4.2397	0.1322
7	0.0112	0.0042	31	0.4363	0.0360	55	1.8105	0.0819	79	4.3719	0.1345
8	0.0154	0.0050	32	0.4723	0.0377	56	1.8924	0.0840	80	4.5065	0.1368
9	0.0205	0.0059	33	0.5100	0.0395	57	1.9764	0.0861	81	4.6433	0.1391
10	0.0264	0.0069	34	0.5495	0.0412	58	2.0625	0.0882	82	4.7824	0.1414
11	0.0333	0.0079	35	0.5907	0.0430	59	2.1507	0.0903	83	4.9238	0.1437
12	0.0412	0.0089	36	0.6337	0.0448	60	2.2411	0.0925	84	5.0675	0.1460
13	0.0501	0.0100	37	0.6785	0.0466	61	2.3335	0.0946	85	5.2135	0.1483
14	0.0602	0.0112	38	0.7250	0.0484	62	2.4281	0.0968	86	5.3618	0.1507
15	0.0714	0.0124	39	0.7735	0.0503	63	2.5249	0.0989	87	5.5125	0.1530
16	0.0838	0.0136	40	0.8237	0.0521	64	2.6238	0.1011	88	5.6655	0.1553
17	0.0974	0.0149	41	0.8759	0.0540	65	2.7249	0.1032	89	5.8208	0.1577
18	0.1122	0.0162	42	0.9299	0.0559	66	2.8281	0.1054	90	5.9785	0.1600
19	0.1284	0.0175	43	0.9858	0.0578	67	2.9335	0.1076	91	6.1385	0.1624
20	0.1459	0.0189	44	1.0436	0.0598	68	3.0412	0.1098	92	6.3008	0.1647
21	0.1648	0.0203	45	1.1034	0.0617	69	3.1510	0.1120	93	6.4655	0.1671
22	0.1851	0.0217	46	1.1651	0.0637	70	3.2630	0.1142	94	6.6326	0.1694
23	0.2069	0.0232	47	1.2288	0.0657	71	3.3773	0.1165	95	6.8020	0.1718
24	0.2301	0.0247	48	1.2945	0.0676	72	3.4937	0.1187	96	6.9738	0.1742
25	0.2548	0.0263	49	1.3621	0.0696	73	3.6125	0.1209	97	7.1480	0.1766
26	0.2811	0.0278	50	1.4318	0.0717	74	3.7334	0.1232	98	7.3246	0.1789
27	0.3089	0.0294	51	1.5034	0.0737	75	3.8566	0.1254	99	7.5035	0.1813
28	0.3383	0.0310	52	1.5771	0.0757	76	3.9820	0.1277	100	7.6848	0.1813
29	0.3693	0.0327	53	1.6528	0.0778	77	4.1097	0.1300			

适用树种：栎类、楮栲类等硬阔叶树；适用地区：浙江省；资料名称：浙江省林木地径材积表及其数学模型；编表人或作者：浙江省林业局勘察设计队；出版机构：华东森林经理（期刊）；刊印或发表时间：1979。其他说明：地径模型根据浙江省一元立木材积结合地径与胸径的关系推算得到。

772. 浙西北杉木地径材积表

$$V = 0.00005806186 D_{1.3}^{1.9553351} H^{0.89403304}$$

$$D_{1.3} = 0.98845/(0.0001539118 + 1.032298219/D_0) - 0.30765$$

$H = 86.737064 - 11724.553/(D_{1.3} + 136)$；表中$D$为地径；$D_0 \leqslant 100$cm

D	V	ΔV	D	V	ΔV	D	V	ΔV	D	V	ΔV
6	0.0053	0.0029	30	0.4606	0.0424	54	2.1729	0.1055	78	5.5448	0.1798
7	0.0082	0.0038	31	0.5030	0.0447	55	2.2784	0.1084	79	5.7246	0.1831
8	0.0120	0.0047	32	0.5476	0.0470	56	2.3868	0.1114	80	5.9077	0.1863
9	0.0167	0.0057	33	0.5946	0.0493	57	2.4982	0.1144	81	6.0940	0.1896
10	0.0224	0.0069	34	0.6440	0.0517	58	2.6126	0.1173	82	6.2836	0.1929
11	0.0293	0.0081	35	0.6957	0.0542	59	2.7299	0.1203	83	6.4765	0.1961
12	0.0373	0.0093	36	0.7499	0.0566	60	2.8502	0.1233	84	6.6726	0.1994
13	0.0466	0.0107	37	0.8065	0.0591	61	2.9736	0.1264	85	6.8721	0.2027
14	0.0573	0.0121	38	0.8656	0.0616	62	3.0999	0.1294	86	7.0748	0.2060
15	0.0694	0.0136	39	0.9272	0.0642	63	3.2293	0.1325	87	7.2808	0.2093
16	0.0829	0.0151	40	0.9914	0.0668	64	3.3618	0.1355	88	7.4901	0.2126
17	0.0980	0.0167	41	1.0582	0.0694	65	3.4974	0.1386	89	7.7028	0.2160
18	0.1147	0.0184	42	1.1276	0.0720	66	3.6360	0.1417	90	7.9188	0.2193
19	0.1331	0.0201	43	1.1996	0.0747	67	3.7777	0.1448	91	8.1380	0.2226
20	0.1532	0.0219	44	1.2743	0.0774	68	3.9226	0.1480	92	8.3607	0.2260
21	0.1751	0.0237	45	1.3516	0.0801	69	4.0705	0.1511	93	8.5866	0.2293
22	0.1988	0.0256	46	1.4317	0.0828	70	4.2216	0.1543	94	8.8160	0.2327
23	0.2245	0.0275	47	1.5145	0.0856	71	4.3759	0.1574	95	9.0486	0.2360
24	0.2520	0.0295	48	1.6001	0.0884	72	4.5333	0.1606	96	9.2846	0.2394
25	0.2815	0.0316	49	1.6885	0.0912	73	4.6939	0.1638	97	9.5240	0.2428
26	0.3131	0.0336	50	1.7797	0.0940	74	4.8576	0.1670	98	9.7668	0.2461
27	0.3467	0.0358	51	1.8737	0.0969	75	5.0246	0.1702	99	10.0129	0.2495
28	0.3825	0.0379	52	1.9705	0.0997	76	5.1948	0.1734	100	10.2624	0.2495
29	0.4204	0.0401	53	2.0702	0.1026	77	5.3682	0.1766			

适用树种：杉木、柳杉、柏木、水杉等；适用地区：长兴、吴兴、德清、海宁、海盐、安吉、平湖、开化、江山、常山、杭州地区八个县；资料名称：浙江省林木地径材积表及其数学模型；编表人或作者：浙江省林业局勘察设计队；出版机构：华东森林经理（期刊）；刊印或发表时间：1979。其他说明：地径模型根据浙江省一元立木材积结合地径与胸径的关系推算得到。

773. 浙西北松木地径材积表

$$V = 0.000060049144D_{1.3}^{1.8719753}H^{0.97180232}$$

$$D_{1.3} = 0.98477e^{(-0.1032963802+1.021785189\ln D_0)} - 0.28049$$

$H = 95.134547 - 14124.212/(D_{1.3} + 150)$；表中$D$为地径；$D_0 \leqslant 100\text{cm}$

D	V	ΔV	D	V	ΔV	D	V	ΔV	D	V	ΔV
6	0.0054	0.0029	30	0.4664	0.0435	54	2.2574	0.1118	78	5.8724	0.1947
7	0.0083	0.0037	31	0.5099	0.0460	55	2.3692	0.1150	79	6.0671	0.1984
8	0.0120	0.0047	32	0.5559	0.0484	56	2.4842	0.1183	80	6.2655	0.2021
9	0.0167	0.0057	33	0.6043	0.0509	57	2.6025	0.1215	81	6.4675	0.2057
10	0.0223	0.0068	34	0.6552	0.0535	58	2.7240	0.1248	82	6.6733	0.2094
11	0.0291	0.0080	35	0.7087	0.0561	59	2.8488	0.1281	83	6.8827	0.2132
12	0.0371	0.0093	36	0.7648	0.0587	60	2.9769	0.1315	84	7.0959	0.2169
13	0.0464	0.0106	37	0.8234	0.0614	61	3.1084	0.1348	85	7.3128	0.2206
14	0.0570	0.0121	38	0.8848	0.0641	62	3.2432	0.1382	86	7.5334	0.2244
15	0.0691	0.0136	39	0.9489	0.0668	63	3.3814	0.1416	87	7.7578	0.2282
16	0.0827	0.0151	40	1.0157	0.0696	64	3.5230	0.1450	88	7.9860	0.2319
17	0.0978	0.0168	41	1.0852	0.0724	65	3.6680	0.1484	89	8.2179	0.2357
18	0.1146	0.0185	42	1.1576	0.0752	66	3.8164	0.1519	90	8.4537	0.2395
19	0.1331	0.0203	43	1.2329	0.0781	67	3.9683	0.1554	91	8.6932	0.2433
20	0.1533	0.0221	44	1.3110	0.0810	68	4.1237	0.1589	92	8.9366	0.2472
21	0.1754	0.0240	45	1.3920	0.0840	69	4.2826	0.1624	93	9.1837	0.2510
22	0.1994	0.0260	46	1.4760	0.0870	70	4.4450	0.1659	94	9.4347	0.2548
23	0.2254	0.0280	47	1.5630	0.0900	71	4.6109	0.1695	95	9.6896	0.2587
24	0.2533	0.0300	48	1.6529	0.0930	72	4.7803	0.1730	96	9.9483	0.2626
25	0.2834	0.0322	49	1.7459	0.0961	73	4.9534	0.1766	97	10.2108	0.2664
26	0.3155	0.0343	50	1.8420	0.0992	74	5.1300	0.1802	98	10.4772	0.2703
27	0.3499	0.0366	51	1.9411	0.1023	75	5.3101	0.1838	99	10.7475	0.2742
28	0.3864	0.0388	52	2.0434	0.1054	76	5.4939	0.1874	100	11.0217	0.2742
29	0.4253	0.0412	53	2.1488	0.1086	77	5.6813	0.1911			

适用树种：马尾松、短叶松、黑松、金钱松等；适用地区：长兴、吴兴、德清、海宁、海盐、安吉、平湖、开化、江山、常山、杭州地区八个县；资料名称：浙江省林木地径材积表及其数学模型；编表人或作者：浙江省林业局勘察设计队；出版机构：华东森林经理（期刊）；刊印或发表时间：1979。其他说明：地径模型根据浙江省一元立木材积结合地径与胸径的关系推算得到。

774. 浙西北阔叶树地径材积表

$$V = 0.000050479055 D_{1.3}^{1.9085054} H^{0.99076507}$$

$$D_{1.3} = 0.98003/(-0.0005009161 + 1.046511842/D_0) - 0.1334$$

$H = 37.329510 - 2053.1848/(D_{1.3} + 60)$；表中$D$为地径；$D_0 \leqslant 100$cm

D	V	ΔV	D	V	ΔV	D	V	ΔV	D	V	ΔV
6	0.0077	0.0035	30	0.4115	0.0348	54	1.7403	0.0790	78	4.2059	0.1293
7	0.0112	0.0043	31	0.4463	0.0365	55	1.8194	0.0810	79	4.3352	0.1315
8	0.0155	0.0052	32	0.4829	0.0382	56	1.9004	0.0830	80	4.4667	0.1337
9	0.0206	0.0061	33	0.5210	0.0399	57	1.9834	0.0851	81	4.6005	0.1359
10	0.0267	0.0071	34	0.5609	0.0416	58	2.0685	0.0871	82	4.7364	0.1381
11	0.0338	0.0081	35	0.6026	0.0434	59	2.1556	0.0891	83	4.8745	0.1404
12	0.0420	0.0092	36	0.6459	0.0451	60	2.2447	0.0912	84	5.0149	0.1426
13	0.0512	0.0104	37	0.6910	0.0469	61	2.3358	0.0932	85	5.1574	0.1448
14	0.0616	0.0115	38	0.7379	0.0487	62	2.4290	0.0953	86	5.3023	0.1471
15	0.0731	0.0128	39	0.7866	0.0505	63	2.5243	0.0973	87	5.4493	0.1493
16	0.0859	0.0140	40	0.8371	0.0523	64	2.6216	0.0994	88	5.5986	0.1516
17	0.0999	0.0153	41	0.8893	0.0541	65	2.7210	0.1015	89	5.7502	0.1538
18	0.1153	0.0167	42	0.9435	0.0560	66	2.8225	0.1036	90	5.9040	0.1561
19	0.1319	0.0180	43	0.9994	0.0578	67	2.9261	0.1057	91	6.0601	0.1584
20	0.1499	0.0194	44	1.0572	0.0597	68	3.0318	0.1078	92	6.2185	0.1607
21	0.1694	0.0208	45	1.1169	0.0616	69	3.1396	0.1099	93	6.3792	0.1629
22	0.1902	0.0223	46	1.1785	0.0635	70	3.2495	0.1120	94	6.5421	0.1652
23	0.2125	0.0238	47	1.2420	0.0654	71	3.3615	0.1142	95	6.7073	0.1675
24	0.2363	0.0253	48	1.3074	0.0673	72	3.4757	0.1163	96	6.8749	0.1699
25	0.2616	0.0268	49	1.3747	0.0692	73	3.5920	0.1185	97	7.0447	0.1722
26	0.2884	0.0284	50	1.4439	0.0712	74	3.7104	0.1206	98	7.2169	0.1745
27	0.3168	0.0300	51	1.5150	0.0731	75	3.8311	0.1228	99	7.3914	0.1768
28	0.3467	0.0316	52	1.5882	0.0751	76	3.9538	0.1250	100	7.5682	0.1768
29	0.3783	0.0332	53	1.6633	0.0771	77	4.0788	0.1271			

适用树种：栎类、槠栲类等硬阔叶树；适用地区：长兴、吴兴、德清、海宁、海盐、安吉、平湖、开化、江山、常山、杭州地区八个县；资料名称：浙江省林木地径材积表及其数学模型；编表人或作者：浙江省林业局勘察设计队；出版机构：华东森林经理（期刊）；刊印或发表时间：1979。其他说明：地径模型根据浙江省一元立木材积结合地径与胸径的关系推算得到。

775. 浙东杉木地径材积表

$$V = 0.00005806186^{1.9553351} H^{0.89403304}$$

$$D_{1.3} = 0.98845/(0.0000900616 + 1.026556095/D_0) - 0.30765$$

$H = 59.481482 - 4952.3338/(D_{1.3} + 84)$；表中$D$为地径；$D_0 \leqslant 100$cm

D	V	ΔV	D	V	ΔV	D	V	ΔV	D	V	ΔV
6	0.0057	0.0031	30	0.4698	0.0421	54	2.1190	0.0994	78	5.2317	0.1633
7	0.0088	0.0040	31	0.5119	0.0443	55	2.2184	0.1020	79	5.3950	0.1660
8	0.0129	0.0050	32	0.5562	0.0464	56	2.3204	0.1045	80	5.5610	0.1688
9	0.0179	0.0061	33	0.6026	0.0486	57	2.4249	0.1071	81	5.7298	0.1715
10	0.0240	0.0073	34	0.6513	0.0509	58	2.5321	0.1097	82	5.9013	0.1743
11	0.0313	0.0085	35	0.7022	0.0531	59	2.6418	0.1124	83	6.0756	0.1770
12	0.0398	0.0098	36	0.7553	0.0554	60	2.7542	0.1150	84	6.2526	0.1798
13	0.0496	0.0112	37	0.8107	0.0577	61	2.8691	0.1176	85	6.4324	0.1825
14	0.0607	0.0126	38	0.8684	0.0600	62	2.9867	0.1202	86	6.6149	0.1853
15	0.0734	0.0141	39	0.9284	0.0624	63	3.1070	0.1229	87	6.8002	0.1881
16	0.0875	0.0157	40	0.9908	0.0647	64	3.2299	0.1255	88	6.9883	0.1908
17	0.1031	0.0173	41	1.0555	0.0671	65	3.3554	0.1282	89	7.1791	0.1936
18	0.1204	0.0189	42	1.1226	0.0695	66	3.4836	0.1309	90	7.3727	0.1964
19	0.1394	0.0206	43	1.1921	0.0719	67	3.6145	0.1335	91	7.5690	0.1991
20	0.1600	0.0224	44	1.2640	0.0743	68	3.7480	0.1362	92	7.7682	0.2019
21	0.1824	0.0242	45	1.3383	0.0768	69	3.8842	0.1389	93	7.9701	0.2047
22	0.2066	0.0260	46	1.4151	0.0792	70	4.0231	0.1416	94	8.1748	0.2075
23	0.2327	0.0279	47	1.4943	0.0817	71	4.1647	0.1443	95	8.3822	0.2102
24	0.2606	0.0299	48	1.5761	0.0842	72	4.3090	0.1470	96	8.5925	0.2130
25	0.2904	0.0318	49	1.6603	0.0867	73	4.4560	0.1497	97	8.8055	0.2158
26	0.3223	0.0338	50	1.7470	0.0892	74	4.6057	0.1524	98	9.0213	0.2186
27	0.3561	0.0358	51	1.8362	0.0917	75	4.7581	0.1551	99	9.2399	0.2214
28	0.3919	0.0379	52	1.9279	0.0943	76	4.9132	0.1579	100	9.4613	0.2214
29	0.4298	0.0400	53	2.0222	0.0968	77	5.0711	0.1606			

适用树种：杉木、柳杉、柏木、水杉等；适用地区：乐清、玉环、温岭、黄岩、临海、三门、宁波地区八个县；资料名称：浙江省林木地径材积表及其数学模型；编表人或作者：浙江省林业局勘察设计队；出版机构：华东森林经理（期刊）；刊印或发表时间：1979。其他说明：地径模型根据浙江省一元立木材积结合地径与胸径的关系推算得到。

776. 浙东松木地径材积表

$$V = 0.000060049144 D_{1.3}^{1.8719753} H^{0.97180232}$$

$$D_{1.3} = 0.98477 e^{(-0.0973479752 + 1.019786406 \ln D_0)} - 0.28049$$

$H = 39.725015 - 1620.4795/(D_{1.3} + 40)$；表中$D$为地径；$D_0 \leqslant 100$cm

D	V	ΔV	D	V	ΔV	D	V	ΔV	D	V	ΔV
6	0.0051	0.0031	30	0.4674	0.0405	54	1.9774	0.0877	78	4.6384	0.1360
7	0.0082	0.0041	31	0.5079	0.0424	55	2.0652	0.0897	79	4.7744	0.1380
8	0.0123	0.0051	32	0.5504	0.0443	56	2.1549	0.0917	80	4.9125	0.1400
9	0.0174	0.0063	33	0.5947	0.0462	57	2.2466	0.0938	81	5.0525	0.1420
10	0.0237	0.0075	34	0.6410	0.0482	58	2.3404	0.0958	82	5.1945	0.1441
11	0.0311	0.0088	35	0.6891	0.0501	59	2.4362	0.0978	83	5.3386	0.1461
12	0.0399	0.0101	36	0.7392	0.0520	60	2.5340	0.0998	84	5.4847	0.1481
13	0.0500	0.0115	37	0.7912	0.0540	61	2.6338	0.1018	85	5.6327	0.1501
14	0.0615	0.0130	38	0.8452	0.0559	62	2.7356	0.1038	86	5.7828	0.1521
15	0.0745	0.0145	39	0.9011	0.0579	63	2.8394	0.1058	87	5.9349	0.1541
16	0.0889	0.0160	40	0.9590	0.0598	64	2.9452	0.1079	88	6.0889	0.1561
17	0.1049	0.0176	41	1.0189	0.0618	65	3.0531	0.1099	89	6.2450	0.1581
18	0.1225	0.0192	42	1.0807	0.0638	66	3.1629	0.1119	90	6.4031	0.1601
19	0.1417	0.0209	43	1.1445	0.0658	67	3.2748	0.1139	91	6.5631	0.1621
20	0.1626	0.0225	44	1.2102	0.0677	68	3.3887	0.1159	92	6.7252	0.1641
21	0.1851	0.0242	45	1.2780	0.0697	69	3.5046	0.1179	93	6.8893	0.1661
22	0.2093	0.0260	46	1.3477	0.0717	70	3.6226	0.1199	94	7.0553	0.1680
23	0.2353	0.0277	47	1.4194	0.0737	71	3.7425	0.1220	95	7.2234	0.1700
24	0.2630	0.0295	48	1.4931	0.0757	72	3.8644	0.1240	96	7.3934	0.1720
25	0.2925	0.0313	49	1.5689	0.0777	73	3.9884	0.1260	97	7.5654	0.1740
26	0.3238	0.0331	50	1.6466	0.0797	74	4.1144	0.1280	98	7.7395	0.1760
27	0.3570	0.0350	51	1.7263	0.0817	75	4.2424	0.1300	99	7.9155	0.1780
28	0.3919	0.0368	52	1.8080	0.0837	76	4.3724	0.1320	100	8.0935	0.1780
29	0.4287	0.0387	53	1.8917	0.0857	77	4.5044	0.1340			

适用树种：马尾松、短叶松、黑松、金钱松等；适用地区：乐清、玉环、温岭、黄岩、临海、三门、宁波地区八个县；资料名称：浙江省林木地径材积表及其数学模型；编表人或作者：浙江省林业局勘察设计队；出版机构：华东森林经理（期刊）；刊印或发表时间：1979。其他说明：地径模型根据浙江省一元立木材积结合地径与胸径的关系推算得到。

777. 浙东阔叶树地径材积表

$$V = 0.000050479055 D_{1.3}^{1.9085054} H^{0.99076507}$$

$$D_{1.3} = 0.98003 e^{(-0.0095589656+0.9913979448 \ln D_0)} - 0.1334$$

$H = 37.904366 - 2183.3090/(D_{1.3} + 62)$；表中$D$为地径；$D_0 \leqslant 100$cm

D	V	ΔV	D	V	ΔV	D	V	ΔV	D	V	ΔV
6	0.0075	0.0034	30	0.3937	0.0329	54	1.6203	0.0717	78	3.8126	0.1129
7	0.0109	0.0042	31	0.4265	0.0344	55	1.6920	0.0734	79	3.9255	0.1146
8	0.0150	0.0050	32	0.4609	0.0359	56	1.7654	0.0751	80	4.0402	0.1164
9	0.0201	0.0059	33	0.4968	0.0374	57	1.8404	0.0768	81	4.1565	0.1181
10	0.0260	0.0069	34	0.5343	0.0390	58	1.9172	0.0785	82	4.2746	0.1198
11	0.0329	0.0079	35	0.5732	0.0406	59	1.9957	0.0802	83	4.3945	0.1216
12	0.0408	0.0090	36	0.6138	0.0421	60	2.0758	0.0819	84	4.5161	0.1233
13	0.0498	0.0100	37	0.6559	0.0437	61	2.1577	0.0836	85	4.6394	0.1251
14	0.0598	0.0112	38	0.6996	0.0453	62	2.2413	0.0853	86	4.7645	0.1268
15	0.0710	0.0123	39	0.7449	0.0469	63	2.3266	0.0870	87	4.8913	0.1285
16	0.0834	0.0135	40	0.7918	0.0485	64	2.4136	0.0887	88	5.0198	0.1303
17	0.0969	0.0148	41	0.8403	0.0501	65	2.5023	0.0904	89	5.1501	0.1320
18	0.1116	0.0160	42	0.8904	0.0517	66	2.5928	0.0922	90	5.2821	0.1337
19	0.1277	0.0173	43	0.9422	0.0534	67	2.6849	0.0939	91	5.4158	0.1355
20	0.1450	0.0186	44	0.9956	0.0550	68	2.7788	0.0956	92	5.5513	0.1372
21	0.1636	0.0199	45	1.0506	0.0567	69	2.8744	0.0973	93	5.6885	0.1390
22	0.1835	0.0213	46	1.1072	0.0583	70	2.9717	0.0991	94	5.8275	0.1407
23	0.2048	0.0227	47	1.1655	0.0600	71	3.0708	0.1008	95	5.9682	0.1424
24	0.2275	0.0241	48	1.2255	0.0616	72	3.1716	0.1025	96	6.1106	0.1442
25	0.2516	0.0255	49	1.2871	0.0633	73	3.2741	0.1042	97	6.2548	0.1459
26	0.2771	0.0269	50	1.3504	0.0650	74	3.3783	0.1060	98	6.4007	0.1477
27	0.3041	0.0284	51	1.4154	0.0666	75	3.4843	0.1077	99	6.5484	0.1494
28	0.3325	0.0299	52	1.4820	0.0683	76	3.5920	0.1094	100	6.6978	0.1494
29	0.3623	0.0314	53	1.5503	0.0700	77	3.7015	0.1112			

适用树种：栎类、槠栲类等硬阔叶树；适用地区：乐清、玉环、温岭、黄岩、临海、三门、宁波地区八个县；资料名称：浙江省林木地径材积表及其数学模型；编表人或作者：浙江省林业局勘察设计队；出版机构：华东森林经理（期刊）；刊印或发表时间：1979。其他说明：地径模型根据浙江省一元立木材积结合地径与胸径的关系推算得到。

778. 浙中杉木地径材积表

$$V = 0.00005806186D_{1.3}^{1.9553351}H^{0.89403304}$$

$$D_{1.3} = 0.98845(-0.3950466381 + 0.9914649433D_0) - 0.30765$$

$H = 191.169080 - 63224.2560/(D_{1.3} + 332)$；表中$D$为地径；$D_0 \leqslant$100cm

D	V	ΔV	D	V	ΔV	D	V	ΔV	D	V	ΔV
6	0.0046	0.0027	30	0.4880	0.0470	54	2.4948	0.1287	78	6.7796	0.2365
7	0.0073	0.0036	31	0.5350	0.0498	55	2.6235	0.1327	79	7.0161	0.2415
8	0.0109	0.0045	32	0.5848	0.0526	56	2.7562	0.1368	80	7.2576	0.2465
9	0.0154	0.0056	33	0.6374	0.0555	57	2.8931	0.1409	81	7.5041	0.2515
10	0.0210	0.0067	34	0.6928	0.0584	58	3.0340	0.1451	82	7.7556	0.2565
11	0.0278	0.0080	35	0.7513	0.0614	59	3.1791	0.1493	83	8.0121	0.2616
12	0.0358	0.0093	36	0.8127	0.0645	60	3.3284	0.1535	84	8.2737	0.2667
13	0.0451	0.0108	37	0.8772	0.0676	61	3.4819	0.1578	85	8.5405	0.2719
14	0.0559	0.0123	38	0.9448	0.0708	62	3.6397	0.1621	86	8.8123	0.2770
15	0.0681	0.0139	39	1.0156	0.0740	63	3.8019	0.1665	87	9.0894	0.2822
16	0.0820	0.0156	40	1.0896	0.0773	64	3.9684	0.1709	88	9.3716	0.2875
17	0.0976	0.0173	41	1.1669	0.0806	65	4.1393	0.1754	89	9.6591	0.2927
18	0.1149	0.0192	42	1.2475	0.0840	66	4.3147	0.1799	90	9.9518	0.2980
19	0.1340	0.0211	43	1.3316	0.0875	67	4.4945	0.1844	91	10.2498	0.3033
20	0.1551	0.0231	44	1.4191	0.0910	68	4.6789	0.1889	92	10.5531	0.3087
21	0.1782	0.0252	45	1.5101	0.0945	69	4.8679	0.1935	93	10.8618	0.3141
22	0.2034	0.0273	46	1.6046	0.0981	70	5.0614	0.1982	94	11.1759	0.3195
23	0.2307	0.0295	47	1.7028	0.1018	71	5.2596	0.2028	95	11.4953	0.3249
24	0.2602	0.0318	48	1.8046	0.1055	72	5.4624	0.2076	96	11.8202	0.3304
25	0.2920	0.0342	49	1.9101	0.1093	73	5.6700	0.2123	97	12.1506	0.3358
26	0.3262	0.0366	50	2.0193	0.1131	74	5.8823	0.2171	98	12.4864	0.3413
27	0.3629	0.0391	51	2.1324	0.1169	75	6.0993	0.2219	99	12.8278	0.3469
28	0.4020	0.0417	52	2.2493	0.1208	76	6.3212	0.2267	100	13.1747	0.3469
29	0.4437	0.0443	53	2.3701	0.1247	77	6.5480	0.2316			

适用树种：杉木、柳杉、柏木、水杉等；适用地区：东阳、义乌、浦江、兰溪、金华、巨县、武义、永康、天台、仙居、绍兴地区五个县；资料名称：浙江省林木地径材积表及其数学模型；编表人或作者：浙江省林业局勘察设计队；出版机构：华东森林经理（期刊）；刊印或发表时间：1979。其他说明：地径模型根据浙江省一元立木材积结合地径与胸径的关系推算得到。

779. 浙中松木地径材积表

$$V = 0.000060049144D_{1.3}^{1.8719753}H^{0.97180232}$$

$$D_{1.3} = 0.98477e^{(-0.0687807808+1.007355267\ln D_0)} - 0.28049$$

$H = 118.212730 - 24226.1710/(D_{1.3} + 208)$；表中$D$为地径；$D_0 \leqslant$100cm

D	V	ΔV	D	V	ΔV	D	V	ΔV	D	V	ΔV
6	0.0061	0.0030	30	0.4424	0.0406	54	2.1111	0.1044	78	5.5053	0.1838
7	0.0091	0.0038	31	0.4830	0.0428	55	2.2155	0.1074	79	5.6891	0.1874
8	0.0129	0.0047	32	0.5259	0.0451	56	2.3229	0.1105	80	5.8765	0.1909
9	0.0176	0.0057	33	0.5710	0.0474	57	2.4334	0.1136	81	6.0674	0.1945
10	0.0233	0.0067	34	0.6184	0.0498	58	2.5470	0.1167	82	6.2620	0.1981
11	0.0301	0.0078	35	0.6682	0.0522	59	2.6637	0.1199	83	6.4601	0.2017
12	0.0379	0.0090	36	0.7204	0.0546	60	2.7836	0.1231	84	6.6618	0.2054
13	0.0470	0.0103	37	0.7750	0.0571	61	2.9067	0.1262	85	6.8672	0.2090
14	0.0572	0.0116	38	0.8321	0.0596	62	3.0329	0.1295	86	7.0762	0.2127
15	0.0689	0.0130	39	0.8917	0.0622	63	3.1624	0.1327	87	7.2889	0.2164
16	0.0819	0.0145	40	0.9539	0.0648	64	3.2951	0.1360	88	7.5053	0.2201
17	0.0963	0.0160	41	1.0187	0.0674	65	3.4311	0.1393	89	7.7253	0.2238
18	0.1123	0.0175	42	1.0860	0.0700	66	3.5703	0.1426	90	7.9491	0.2275
19	0.1298	0.0192	43	1.1561	0.0727	67	3.7129	0.1459	91	8.1766	0.2312
20	0.1490	0.0209	44	1.2288	0.0755	68	3.8588	0.1493	92	8.4078	0.2350
21	0.1699	0.0226	45	1.3043	0.0782	69	4.0081	0.1526	93	8.6428	0.2387
22	0.1925	0.0244	46	1.3825	0.0810	70	4.1607	0.1560	94	8.8815	0.2425
23	0.2169	0.0263	47	1.4635	0.0838	71	4.3167	0.1594	95	9.1240	0.2463
24	0.2432	0.0282	48	1.5473	0.0867	72	4.4761	0.1629	96	9.3703	0.2501
25	0.2713	0.0301	49	1.6340	0.0896	73	4.6390	0.1663	97	9.6204	0.2539
26	0.3014	0.0321	50	1.7235	0.0925	74	4.8053	0.1698	98	9.8743	0.2577
27	0.3336	0.0342	51	1.8160	0.0954	75	4.9750	0.1733	99	10.1320	0.2616
28	0.3677	0.0363	52	1.9114	0.0984	76	5.1483	0.1768	100	10.3936	0.2616
29	0.4040	0.0384	53	2.0097	0.1014	77	5.3250	0.1803			

适用树种：马尾松、短叶松、黑松、金钱松等；适用地区：东阳、义乌、浦江、兰溪、金华、巨县、武义、永康、天台、仙居、绍兴地区五个县；资料名称：浙江省林木地径材积表及其数学模型；编表人或作者：浙江省林业局勘察设计队；出版机构：华东森林经理（期刊）；刊印或发表时间：1979。其他说明：地径模型根据浙江省一元立木材积结合地径与胸径的关系推算得到。

780. 浙中阔叶树地径材积表

$$V = 0.000050479055 D_{1.3}^{1.9085054} H^{0.99076507}$$

$$D_{1.3} = 0.98003 e^{(-0.0716631735+1.012803223 \ln D_0)} - 0.1334$$

$H = 62.012452 - 8025.0582/(D_{1.3} + 138)$；表中$D$为地径；$D_0 \leqslant 100$cm

D	V	ΔV	D	V	ΔV	D	V	ΔV	D	V	ΔV
6	0.0077	0.0034	30	0.4052	0.0353	54	1.8039	0.0856	78	4.5353	0.1458
7	0.0111	0.0041	31	0.4404	0.0371	55	1.8895	0.0879	79	4.6810	0.1484
8	0.0152	0.0050	32	0.4775	0.0389	56	1.9774	0.0903	80	4.8295	0.1511
9	0.0202	0.0059	33	0.5164	0.0408	57	2.0677	0.0927	81	4.9805	0.1537
10	0.0261	0.0068	34	0.5572	0.0427	58	2.1604	0.0951	82	5.1343	0.1564
11	0.0329	0.0078	35	0.5999	0.0446	59	2.2554	0.0975	83	5.2907	0.1591
12	0.0407	0.0089	36	0.6445	0.0466	60	2.3529	0.0999	84	5.4498	0.1618
13	0.0495	0.0100	37	0.6910	0.0485	61	2.4528	0.1023	85	5.6116	0.1645
14	0.0595	0.0111	38	0.7395	0.0505	62	2.5551	0.1048	86	5.7761	0.1672
15	0.0706	0.0123	39	0.7901	0.0526	63	2.6599	0.1073	87	5.9433	0.1699
16	0.0829	0.0136	40	0.8426	0.0546	64	2.7672	0.1098	88	6.1133	0.1727
17	0.0964	0.0148	41	0.8972	0.0567	65	2.8770	0.1122	89	6.2860	0.1754
18	0.1113	0.0162	42	0.9539	0.0588	66	2.9892	0.1148	90	6.4614	0.1781
19	0.1275	0.0176	43	1.0127	0.0609	67	3.1040	0.1173	91	6.6395	0.1809
20	0.1450	0.0190	44	1.0736	0.0631	68	3.2213	0.1198	92	6.8204	0.1837
21	0.1640	0.0204	45	1.1367	0.0652	69	3.3411	0.1224	93	7.0041	0.1864
22	0.1845	0.0219	46	1.2019	0.0674	70	3.4634	0.1249	94	7.1905	0.1892
23	0.2064	0.0235	47	1.2693	0.0696	71	3.5883	0.1275	95	7.3797	0.1920
24	0.2299	0.0251	48	1.3389	0.0718	72	3.7158	0.1301	96	7.5716	0.1948
25	0.2550	0.0267	49	1.4107	0.0741	73	3.8459	0.1327	97	7.7664	0.1975
26	0.2816	0.0283	50	1.4848	0.0763	74	3.9785	0.1353	98	7.9639	0.2003
27	0.3100	0.0300	51	1.5611	0.0786	75	4.1138	0.1379	99	8.1643	0.2031
28	0.3400	0.0317	52	1.6398	0.0809	76	4.2517	0.1405	100	8.3674	0.2031
29	0.3717	0.0335	53	1.7207	0.0832	77	4.3922	0.1431			

适用树种：栎类、槠栲类等硬阔叶树；适用地区：东阳、义乌、浦江、兰溪、金华、巨县、武义、永康、天台、仙居、绍兴地区五个县；资料名称：浙江省林木地径材积表及其数学模型；编表人或作者：浙江省林业局勘察设计队；出版机构：华东森林经理（期刊）；刊印或发表时间：1979。其他说明：地径模型根据浙江省一元立木材积结合地径与胸径的关系推算得到。

浙

781. 浙南杉木地径材积表

$$V = 0.00005806186 D_{1.3}^{1.9553351} H^{0.89403304}$$

$$D_{1.3} = 0.98845 e^{(-0.1163624152+1.027682534 \ln D_0)} - 0.30765$$

$H = 119.583900 - 24448.214/(D_{1.3} + 206)$；表中$D$为地径；$D_0 \leqslant 100$cm

D	V	ΔV	D	V	ΔV	D	V	ΔV	D	V	ΔV
6	0.0049	0.0027	30	0.4747	0.0456	54	2.4143	0.1240	78	6.5198	0.2255
7	0.0077	0.0036	31	0.5203	0.0483	55	2.5383	0.1278	79	6.7453	0.2301
8	0.0112	0.0045	32	0.5685	0.0510	56	2.6661	0.1317	80	6.9754	0.2348
9	0.0157	0.0055	33	0.6195	0.0538	57	2.7978	0.1356	81	7.2102	0.2394
10	0.0212	0.0066	34	0.6733	0.0566	58	2.9334	0.1395	82	7.4496	0.2441
11	0.0278	0.0078	35	0.7299	0.0595	59	3.0729	0.1435	83	7.6938	0.2488
12	0.0356	0.0091	36	0.7894	0.0625	60	3.2164	0.1475	84	7.9426	0.2536
13	0.0447	0.0105	37	0.8519	0.0655	61	3.3640	0.1516	85	8.1962	0.2584
14	0.0552	0.0119	38	0.9174	0.0685	62	3.5156	0.1557	86	8.4545	0.2631
15	0.0671	0.0135	39	0.9859	0.0716	63	3.6713	0.1598	87	8.7177	0.2680
16	0.0806	0.0151	40	1.0575	0.0748	64	3.8311	0.1640	88	8.9856	0.2728
17	0.0958	0.0168	41	1.1323	0.0780	65	3.9950	0.1682	89	9.2584	0.2777
18	0.1126	0.0186	42	1.2104	0.0813	66	4.1632	0.1724	90	9.5361	0.2826
19	0.1312	0.0205	43	1.2916	0.0846	67	4.3356	0.1766	91	9.8186	0.2875
20	0.1517	0.0224	44	1.3762	0.0880	68	4.5122	0.1809	92	10.1061	0.2924
21	0.1741	0.0244	45	1.4642	0.0914	69	4.6932	0.1853	93	10.3985	0.2973
22	0.1985	0.0265	46	1.5555	0.0948	70	4.8785	0.1896	94	10.6958	0.3023
23	0.2250	0.0287	47	1.6503	0.0983	71	5.0681	0.1940	95	10.9982	0.3073
24	0.2537	0.0309	48	1.7486	0.1018	72	5.2621	0.1984	96	11.3055	0.3123
25	0.2846	0.0332	49	1.8505	0.1054	73	5.4605	0.2029	97	11.6178	0.3174
26	0.3178	0.0355	50	1.9559	0.1091	74	5.6633	0.2073	98	11.9352	0.3224
27	0.3533	0.0380	51	2.0650	0.1127	75	5.8707	0.2118	99	12.2576	0.3275
28	0.3913	0.0404	52	2.1777	0.1164	76	6.0825	0.2164	100	12.5852	0.3275
29	0.4317	0.0430	53	2.2941	0.1202	77	6.2989	0.2209			

适用树种：杉木、柳杉、柏木、水杉等；适用地区：丽水地区七个县，温州地区七个县（除乐清外）；资料名称：浙江省林木地径材积表及其数学模型；编表人或作者：浙江省林业局勘察设计队；出版机构：华东森林经理（期刊）；刊印或发表时间：1979。其他说明：地径模型根据浙江省一元立木材积结合地径与胸径的关系推算得到。

782. 浙南松木地径材积表

$$V = 0.000060049144 D_{1.3}^{1.8719753} H^{0.97180232}$$

$$D_{1.3} = 0.98477 e^{(-0.13624260+1.030730083 \ln D_0)} - 0.28049$$

$H = 78.711008 - 10051.620/(D_{1.3} + 130)$；表中$D$为地径；$D_0 \leqslant 100$cm

D	V	ΔV	D	V	ΔV	D	V	ΔV	D	V	ΔV
6	0.0054	0.0028	30	0.4433	0.0411	54	2.1213	0.1042	78	5.4771	0.1801
7	0.0083	0.0036	31	0.4844	0.0433	55	2.2256	0.1072	79	5.6571	0.1834
8	0.0119	0.0045	32	0.5277	0.0456	56	2.3328	0.1102	80	5.8405	0.1867
9	0.0164	0.0055	33	0.5733	0.0479	57	2.4430	0.1132	81	6.0273	0.1901
10	0.0219	0.0066	34	0.6212	0.0503	58	2.5561	0.1162	82	6.2174	0.1935
11	0.0285	0.0077	35	0.6716	0.0527	59	2.6724	0.1192	83	6.4108	0.1968
12	0.0362	0.0089	36	0.7243	0.0552	60	2.7916	0.1223	84	6.6077	0.2002
13	0.0451	0.0102	37	0.7795	0.0576	61	2.9139	0.1254	85	6.8079	0.2036
14	0.0553	0.0115	38	0.8371	0.0602	62	3.0393	0.1285	86	7.0115	0.2070
15	0.0668	0.0130	39	0.8973	0.0627	63	3.1678	0.1316	87	7.2186	0.2105
16	0.0798	0.0144	40	0.9600	0.0653	64	3.2994	0.1347	88	7.4290	0.2139
17	0.0942	0.0160	41	1.0253	0.0679	65	3.4341	0.1379	89	7.6429	0.2173
18	0.1102	0.0176	42	1.0931	0.0705	66	3.5720	0.1410	90	7.8602	0.2208
19	0.1278	0.0193	43	1.1637	0.0732	67	3.7130	0.1442	91	8.0810	0.2242
20	0.1470	0.0210	44	1.2369	0.0759	68	3.8572	0.1474	92	8.3052	0.2277
21	0.1680	0.0228	45	1.3127	0.0786	69	4.0046	0.1506	93	8.5329	0.2311
22	0.1908	0.0246	46	1.3914	0.0814	70	4.1552	0.1538	94	8.7640	0.2346
23	0.2154	0.0265	47	1.4727	0.0841	71	4.3090	0.1571	95	8.9986	0.2381
24	0.2419	0.0284	48	1.5568	0.0869	72	4.4661	0.1603	96	9.2367	0.2416
25	0.2704	0.0304	49	1.6438	0.0898	73	4.6264	0.1636	97	9.4783	0.2451
26	0.3008	0.0325	50	1.7335	0.0926	74	4.7899	0.1668	98	9.7234	0.2486
27	0.3332	0.0345	51	1.8262	0.0955	75	4.9568	0.1701	99	9.9720	0.2521
28	0.3678	0.0367	52	1.9216	0.0984	76	5.1269	0.1734	100	10.2241	0.2521
29	0.4045	0.0388	53	2.0200	0.1013	77	5.3003	0.1767			

适用树种：马尾松、短叶松、黑松、金钱松等；适用地区：丽水地区七个县，温州地区七个县（除乐清外）；资料名称：浙江省林木地径材积表及其数学模型；编表人或作者：浙江省林业局勘察设计队；出版机构：华东森林经理（期刊）；刊印或发表时间：1979。其他说明：地径模型根据浙江省一元立木材积结合地径与胸径的关系推算得到。

783. 浙南阔叶树地径材积表

$$V = 0.000050479055 D_{1.3}^{1.9085054} H^{0.99076507}$$

$$D_{1.3} = 0.98003 e^{(-0.0190304854 + 0.9983965315 \ln D_0)} - 0.1334$$

$H = 58.208230 - 6994.739/(D_{1.3} + 128)$；表中$D$为地径；$D_0 \leqslant 100\text{cm}$

D	V	ΔV	D	V	ΔV	D	V	ΔV	D	V	ΔV
6	0.0078	0.0034	30	0.4001	0.0344	54	1.7443	0.0814	78	4.3189	0.1364
7	0.0113	0.0042	31	0.4345	0.0361	55	1.8257	0.0836	79	4.4553	0.1388
8	0.0154	0.0050	32	0.4705	0.0378	56	1.9092	0.0858	80	4.5941	0.1412
9	0.0205	0.0059	33	0.5084	0.0396	57	1.9950	0.0879	81	4.7353	0.1436
10	0.0264	0.0068	34	0.5480	0.0414	58	2.0829	0.0901	82	4.8788	0.1460
11	0.0332	0.0078	35	0.5894	0.0432	59	2.1731	0.0924	83	5.0249	0.1484
12	0.0410	0.0089	36	0.6326	0.0451	60	2.2654	0.0946	84	5.1733	0.1509
13	0.0499	0.0099	37	0.6776	0.0469	61	2.3600	0.0968	85	5.3241	0.1533
14	0.0598	0.0111	38	0.7246	0.0488	62	2.4569	0.0991	86	5.4775	0.1557
15	0.0709	0.0123	39	0.7734	0.0507	63	2.5560	0.1013	87	5.6332	0.1582
16	0.0832	0.0135	40	0.8241	0.0526	64	2.6573	0.1036	88	5.7914	0.1606
17	0.0966	0.0147	41	0.8767	0.0546	65	2.7609	0.1059	89	5.9520	0.1631
18	0.1114	0.0160	42	0.9313	0.0565	66	2.8668	0.1082	90	6.1151	0.1656
19	0.1274	0.0174	43	0.9878	0.0585	67	2.9750	0.1105	91	6.2807	0.1680
20	0.1448	0.0188	44	1.0463	0.0605	68	3.0855	0.1128	92	6.4488	0.1705
21	0.1636	0.0202	45	1.1069	0.0625	69	3.1983	0.1151	93	6.6193	0.1730
22	0.1837	0.0216	46	1.1694	0.0646	70	3.3134	0.1175	94	6.7923	0.1755
23	0.2054	0.0231	47	1.2340	0.0666	71	3.4309	0.1198	95	6.9678	0.1780
24	0.2285	0.0246	48	1.3006	0.0687	72	3.5507	0.1221	96	7.1458	0.1805
25	0.2531	0.0262	49	1.3693	0.0708	73	3.6728	0.1245	97	7.3262	0.1830
26	0.2793	0.0278	50	1.4400	0.0729	74	3.7973	0.1268	98	7.5092	0.1855
27	0.3071	0.0294	51	1.5129	0.0750	75	3.9241	0.1292	99	7.6947	0.1880
28	0.3364	0.0310	52	1.5879	0.0771	76	4.0534	0.1316	100	7.8826	0.1880
29	0.3674	0.0327	53	1.6650	0.0792	77	4.1850	0.1340			

适用树种：栎类、槠栲类等硬阔叶树；适用地区：丽水地区七个县，温州地区七个县（除乐清外）；资料名称：浙江省林木地径材积表及其数学模型；编表人或作者：浙江省林业局勘察设计队；出版机构：华东森林经理（期刊）；刊印或发表时间：1979。其他说明：地径模型根据浙江省一元立木材积结合地径与胸径的关系推算得到。

784. 浙江开化县杉木二元立木材积表

$$V = 0.0000262101 D^x H^y$$

$$x = (2.3764098727 - 0.00199636241634755(D + 0.5H))$$

$$y = 0.933531615179043 - 0.00401256141310878(D + 0.5H)$$

$D \leqslant 30\text{cm}, H \leqslant 20\text{m}$

D	H	V	D	H	V	D	H	V	D	H	V	D	H	V
4	4	0.0025	10	8	0.0362	16	12	0.1378	22	15	0.3078	28	19	0.5630
5	5	0.0050	11	8	0.0447	17	12	0.1563	23	16	0.3504	29	20	0.6178
6	5	0.0076	12	9	0.0596	18	13	0.1864	24	17	0.3954	30	20	0.6554
7	6	0.0127	13	10	0.0771	19	13	0.2080	25	17	0.4269			
8	7	0.0197	14	10	0.0904	20	14	0.2432	26	18	0.4761			
9	7	0.0256	15	11	0.1126	21	15	0.2811	27	18	0.5101			

适用树种：杉木；适用地区：浙江省开化县；资料名称：浙江省开化县林场杉木立木材积表编制方法研究；编表人或作者：李林；出版机构：北京林业大学；刊印或发表时间：2011。其他说明：硕士论文。

785. 浙江开化县杉木一元立木材积表

$$V = 0.621844/(2.51457(33.757559/D - 1)^{1.81518} + 1)\ ;\ D \leqslant 30\text{cm}$$

D	V	ΔV	D	V	ΔV	D	V	ΔV	D	V	ΔV
4	0.0064	0.0038	11	0.0597	0.0142	18	0.2090	0.0311	25	0.4524	0.0335
5	0.0102	0.0048	12	0.0740	0.0164	19	0.2401	0.0332	26	0.4858	0.0309
6	0.0150	0.0060	13	0.0904	0.0187	20	0.2733	0.0349	27	0.5167	0.0276
7	0.0210	0.0073	14	0.1091	0.0212	21	0.3082	0.0360	28	0.5443	0.0238
8	0.0283	0.0088	15	0.1303	0.0237	22	0.3442	0.0365	29	0.5681	0.0197
9	0.0371	0.0104	16	0.1540	0.0263	23	0.3808	0.0363	30	0.5878	0.0197
10	0.0475	0.0123	17	0.1803	0.0288	24	0.4171	0.0353			

适用树种：杉木；适用地区：浙江省开化县；资料名称：浙江省开化县林场杉木立木材积表编制方法研究；编表人或作者：李林；出版机构：北京林业大学；刊印或发表时间：2011。其他说明：硕士论文。

786. 浙江开化县杉木地径立木材积表

$V = 0.00018D_0^{2.30572}$ ；表中D为地径；$D_0 \leqslant 40$cm

D	V	ΔV	D	V	ΔV	D	V	ΔV	D	V	ΔV
3	0.0023	0.0021	13	0.0666	0.0124	23	0.2483	0.0256	33	0.5709	0.0407
4	0.0044	0.0030	14	0.0791	0.0136	24	0.2739	0.0270	34	0.6116	0.0423
5	0.0074	0.0038	15	0.0927	0.0149	25	0.3010	0.0285	35	0.6538	0.0439
6	0.0112	0.0048	16	0.1076	0.0161	26	0.3295	0.0300	36	0.6977	0.0455
7	0.0160	0.0058	17	0.1237	0.0174	27	0.3594	0.0314	37	0.7432	0.0471
8	0.0218	0.0068	18	0.1411	0.0187	28	0.3909	0.0329	38	0.7903	0.0488
9	0.0285	0.0078	19	0.1599	0.0201	29	0.4238	0.0345	39	0.8391	0.0504
10	0.0364	0.0089	20	0.1799	0.0214	30	0.4582	0.0360	40	0.8896	0.0504
11	0.0453	0.0101	21	0.2013	0.0228	31	0.4942	0.0375			
12	0.0554	0.0112	22	0.2241	0.0242	32	0.5318	0.0391			

适用树种：杉木；适用地区：浙江省开化县；资料名称：浙江省开化县林场杉木立木材积表编制方法研究；编表人或作者：李林；出版机构：北京林业大学；刊印或发表时间：2011。其他说明：硕士论文。

浙

11 安徽省立木材积表

安徽省立木材积表根据 LY 208—1977 全国二元立木材积表导算而来。

在研究立地条件和主要乔木树种生长特点的基础上，将全省分为五大材积类型区：（1）祁门、休宁县；（2）徽州（除祁门、休宁县）、池州地区；（3）芜湖、安庆、六安地区；（4）滁县、巢湖地区；（5）宿县、阜阳地区。

本表根据各类型区样本材料整理，用图解法求出理论高，查全国二元立木材积表，得各直径材积。用内插法计算获得各类型一元材积表。

787. 安徽祁门、休宁地区杉木一元立木材积表

D	V	ΔV	FH	D	V	ΔV	FH	D	V	ΔV	FH
5	0.006	0.003	2.883	21	0.243	0.029	6.972	37	1.019	0.067	9.461
6	0.009	0.006	3.269	22	0.272	0.036	7.173	38	1.086	0.072	9.575
7	0.015	0.005	3.582	23	0.308	0.035	7.372	39	1.158	0.071	9.678
8	0.020	0.008	3.894	24	0.343	0.039	7.570	40	1.229	0.077	9.781
9	0.028	0.007	4.174	25	0.382	0.039	7.745	41	1.306	0.077	9.890
10	0.035	0.011	4.454	26	0.421	0.044	7.920	42	1.383	0.082	9.999
11	0.046	0.010	4.717	27	0.465	0.043	8.083	43	1.465	0.081	10.084
12	0.056	0.014	4.979	28	0.508	0.048	8.245	44	1.546	0.086	10.169
13	0.070	0.014	5.225	29	0.556	0.048	8.395	45	1.632	0.085	10.250
14	0.084	0.018	5.471	30	0.604	0.054	8.544	46	1.717	0.091	10.331
15	0.102	0.018	5.702	31	0.658	0.053	8.694	47	1.808	0.090	10.411
16	0.120	0.021	5.933	32	0.711	0.058	8.843	48	1.898	0.099	10.491
17	0.141	0.021	6.150	33	0.769	0.057	8.970	49	1.997	0.099	10.582
18	0.162	0.026	6.366	34	0.826	0.063	9.096	50	2.096	0.099	10.673
19	0.188	0.025	6.569	35	0.889	0.062	9.222				
20	0.213	0.030	6.771	36	0.951	0.068	9.347				

编表人或作者：安徽省林业勘察设计院；资料名称：林业调查设计常用手册；刊印或发表时间：1985。

788. 安徽滁州、巢湖地区松树类一元立木材积表

D	V	ΔV	FH	D	V	ΔV	FH	D	V	ΔV	FH
5	0.006	0.002	2.660	17	0.106	0.013	4.631	29	0.308	0.020	4.655
6	0.008	0.005	2.910	18	0.119	0.014	4.683	30	0.328	0.021	4.642
7	0.013	0.004	3.138	19	0.133	0.014	4.681	31	0.349	0.021	4.621
8	0.017	0.007	3.366	20	0.147	0.016	4.678	32	0.370	0.023	4.600
9	0.024	0.006	3.588	21	0.163	0.015	4.680	33	0.393	0.023	4.590
10	0.030	0.009	3.810	22	0.178	0.017	4.681	34	0.416	0.024	4.580
11	0.039	0.009	4.003	23	0.195	0.017	4.684	35	0.440	0.024	4.571
12	0.048	0.010	4.195	24	0.212	0.018	4.687	36	0.464	0.025	4.562
13	0.058	0.010	4.328	25	0.230	0.018	4.682	37	0.489	0.024	4.545
14	0.068	0.012	4.460	26	0.248	0.020	4.676	38	0.513	0.026	4.527
15	0.080	0.012	4.520	27	0.268	0.019	4.672	39	0.539	0.026	4.510
16	0.092	0.014	4.579	28	0.287	0.021	4.667	40	0.565	0.026	4.493

编表人或作者：安徽省林业勘察设计院；资料名称：林业调查设计常用手册；刊印或发表时间：1985。

789. 安徽祁门、休宁地区松树类一元立木材积表

D	V	ΔV	FH	D	V	ΔV	FH	D	V	ΔV	FH
5	0.005	0.004	2.603	27	0.399	0.034	6.959	49	1.505	0.064	7.977
6	0.009	0.005	2.992	28	0.433	0.038	7.036	50	1.569	0.067	7.991
7	0.014	0.004	3.334	29	0.471	0.038	7.114	51	1.636	0.067	8.006
8	0.018	0.008	3.676	30	0.509	0.040	7.192	52	1.703	0.071	8.020
9	0.026	0.008	3.967	31	0.549	0.040	7.261	53	1.774	0.070	8.036
10	0.034	0.010	4.258	32	0.589	0.044	7.330	54	1.844	0.074	8.051
11	0.044	0.009	4.492	33	0.633	0.043	7.388	55	1.918	0.073	8.068
12	0.053	0.013	4.725	34	0.676	0.047	7.446	56	1.991	0.075	8.084
13	0.066	0.013	4.957	35	0.723	0.047	7.506	57	2.066	0.074	8.092
14	0.079	0.016	5.188	36	0.770	0.049	7.565	58	2.140	0.075	8.099
15	0.095	0.016	5.366	37	0.819	0.048	7.605	59	2.215	0.074	8.097
16	0.111	0.020	5.543	38	0.867	0.052	7.644	60	2.289	0.080	8.095
17	0.131	0.019	5.709	39	0.919	0.052	7.684	61	2.369	0.080	8.104
18	0.150	0.023	5.875	40	0.971	0.056	7.724	62	2.449	0.080	8.112
19	0.173	0.023	6.051	41	1.027	0.055	7.766	63	2.529	0.080	8.112
20	0.196	0.025	6.227	42	1.082	0.058	7.807	64	2.609	0.083	8.111
21	0.221	0.025	6.347	43	1.140	0.057	7.839	65	2.692	0.083	8.104
22	0.246	0.028	6.467	44	1.197	0.059	7.870	66	2.775	0.086	8.097
23	0.274	0.028	6.576	45	1.256	0.059	7.893	67	2.861	0.086	8.105
24	0.302	0.032	6.685	46	1.315	0.063	7.915	68	2.947	0.088	8.113
25	0.334	0.031	6.783	47	1.378	0.063	7.939	69	3.035	0.088	8.114
26	0.365	0.034	6.881	48	1.441	0.064	7.962	70	3.123	0.088	8.114

编表人或作者：安徽省林业勘察设计院；资料名称：林业调查设计常用手册；刊印或发表时间：1985。

790. 安徽滁州、巢湖地区阔叶树一元立木材积表

皖

D	V	ΔV	FH	D	V	ΔV	FH	D	V	ΔV	FH
5	0.006	0.003	3.009	17	0.113	0.014	4.916	29	0.345	0.023	5.208
6	0.009	0.005	3.273	18	0.127	0.016	4.973	30	0.368	0.025	5.203
7	0.014	0.005	3.515	19	0.143	0.016	5.021	31	0.393	0.025	5.199
8	0.019	0.007	3.756	20	0.159	0.018	5.068	32	0.418	0.027	5.195
9	0.026	0.007	3.959	21	0.177	0.017	5.093	33	0.445	0.026	5.192
10	0.033	0.009	4.162	22	0.194	0.020	5.118	34	0.471	0.029	5.188
11	0.042	0.008	4.314	23	0.214	0.020	5.144	35	0.500	0.028	5.186
12	0.050	0.012	4.466	24	0.234	0.022	5.170	36	0.528	0.029	5.184
13	0.062	0.011	4.582	25	0.256	0.021	5.186	37	0.557	0.028	5.171
14	0.073	0.013	4.697	26	0.277	0.022	5.202	38	0.585	0.030	5.158
15	0.086	0.012	4.778	27	0.299	0.022	5.208	39	0.615	0.030	5.146
16	0.098	0.015	4.858	28	0.321	0.024	5.213	40	0.645	0.030	5.134

编表人或作者：安徽省林业勘察设计院；资料名称：林业调查设计常用手册；刊印或发表时间：1985。

791. 安徽祁门、休宁地区阔叶树一元立木材积表

D	V	ΔV	FH	D	V	ΔV	FH	D	V	ΔV	FH
5	0.007	0.003	3.227	24	0.291	0.030	6.427	43	1.092	0.053	7.512
6	0.010	0.005	3.432	25	0.321	0.031	6.530	44	1.145	0.056	7.529
7	0.015	0.005	3.646	26	0.352	0.033	6.633	45	1.201	0.056	7.547
8	0.019	0.007	3.860	27	0.385	0.034	6.714	46	1.257	0.059	7.564
9	0.026	0.007	4.062	28	0.419	0.035	6.795	47	1.316	0.059	7.582
10	0.033	0.010	4.263	29	0.454	0.036	6.865	48	1.375	0.060	7.600
11	0.043	0.010	4.452	30	0.490	0.039	6.934	49	1.435	0.060	7.608
12	0.053	0.012	4.640	31	0.529	0.040	7.004	50	1.495	0.063	7.615
13	0.065	0.012	4.828	32	0.569	0.041	7.074	51	1.558	0.063	7.623
14	0.077	0.015	5.016	33	0.610	0.041	7.122	52	1.621	0.065	7.631
15	0.092	0.015	5.167	34	0.651	0.045	7.169	53	1.686	0.065	7.640
16	0.107	0.018	5.318	35	0.696	0.044	7.218	54	1.751	0.066	7.648
17	0.125	0.018	5.481	36	0.740	0.047	7.266	55	1.817	0.066	7.646
18	0.143	0.023	5.643	37	0.787	0.048	7.315	56	1.883	0.068	7.644
19	0.166	0.024	5.782	38	0.835	0.048	7.364	57	1.951	0.068	7.643
20	0.190	0.023	5.920	39	0.883	0.049	7.391	58	2.019	0.071	7.641
21	0.213	0.023	6.059	40	0.932	0.053	7.418	59	2.090	0.070	7.640
22	0.236	0.027	6.197	41	0.985	0.054	7.457	60	2.160	0.070	7.640
23	0.263	0.028	6.312	42	1.039	0.053	7.495				

编表人或作者：安徽省林业勘察设计院；资料名称：林业调查设计常用手册；刊印或发表时间：1985。

792. 安徽徽州、池州地区杉木一元立木材积表

D	V	ΔV	FH	D	V	ΔV	FH	D	V	ΔV	FH
5	0.005	0.003	2.663	17	0.138	0.020	6.030	29	0.522	0.044	7.872
6	0.008	0.006	3.082	18	0.158	0.025	6.223	30	0.566	0.048	8.000
7	0.014	0.005	3.423	19	0.183	0.024	6.403	31	0.614	0.048	8.117
8	0.019	0.008	3.764	20	0.207	0.028	6.582	32	0.662	0.053	8.234
9	0.027	0.007	4.059	21	0.235	0.028	6.749	33	0.715	0.052	8.340
10	0.034	0.011	4.353	22	0.263	0.032	6.916	34	0.767	0.057	8.445
11	0.045	0.010	4.616	23	0.295	0.031	7.058	35	0.824	0.057	8.550
12	0.055	0.014	4.879	24	0.326	0.036	7.200	36	0.881	0.062	8.654
13	0.069	0.013	5.114	25	0.362	0.035	7.342	37	0.943	0.062	8.759
14	0.082	0.018	5.349	26	0.397	0.040	7.483	38	1.005	0.066	8.864
15	0.100	0.018	5.593	27	0.437	0.040	7.613	39	1.071	0.066	8.953
16	0.118	0.020	5.836	28	0.477	0.045	7.743	40	1.137	0.066	9.051
17	0.138	0.020	6.030	29	0.522	0.044	7.872				

编表人或作者：安徽省林业勘察设计院；资料名称：林业调查设计常用手册；刊印或发表时间：1985。

793. 安徽徽州、池州地区松树类一元立木材积表

D	V	ΔV	FH	D	V	ΔV	FH	D	V	ΔV	FH
5	0.005	0.003	2.519	27	0.371	0.033	6.456	49	1.398	0.060	7.406
6	0.008	0.004	2.801	28	0.404	0.036	6.558	50	1.458	0.061	7.422
7	0.012	0.004	3.058	29	0.440	0.035	6.639	51	1.519	0.060	7.429
8	0.016	0.007	3.314	30	0.475	0.040	6.719	52	1.579	0.062	7.436
9	0.023	0.007	3.562	31	0.515	0.039	6.800	53	1.641	0.062	7.435
10	0.030	0.009	3.810	32	0.554	0.041	6.881	54	1.703	0.066	7.433
11	0.039	0.009	4.015	33	0.595	0.041	6.942	55	1.769	0.066	7.442
12	0.048	0.012	4.219	34	0.636	0.044	7.003	56	1.835	0.067	7.450
13	0.060	0.011	4.432	35	0.680	0.043	7.054	57	1.902	0.067	7.450
14	0.071	0.015	4.645	36	0.723	0.046	7.105	58	1.969	0.069	7.450
15	0.086	0.015	4.819	37	0.769	0.046	7.147	59	2.038	0.069	7.450
16	0.101	0.017	4.993	38	0.815	0.049	7.189	60	2.107	0.074	7.450
17	0.118	0.017	5.154	39	0.864	0.048	7.221	61	2.181	0.074	7.460
18	0.135	0.021	5.315	40	0.912	0.050	7.253	62	2.255	0.078	7.470
19	0.156	0.021	5.474	41	0.962	0.050	7.277	63	2.333	0.077	7.481
20	0.177	0.024	5.632	42	1.012	0.052	7.300	64	2.410	0.077	7.491
21	0.201	0.023	5.768	43	1.064	0.052	7.324	65	2.487	0.077	7.493
22	0.224	0.027	5.903	44	1.116	0.055	7.348	66	2.564	0.080	7.494
23	0.251	0.026	6.016	45	1.171	0.055	7.363	67	2.644	0.079	7.496
24	0.277	0.030	6.129	46	1.226	0.056	7.377	68	2.723	0.082	7.498
25	0.307	0.030	6.242	47	1.282	0.056	7.384	69	2.805	0.082	7.500
26	0.337	0.034	6.354	48	1.338	0.060	7.390	70	2.887	0.082	7.502

编表人或作者：安徽省林业勘察设计院；资料名称：林业调查设计常用手册；刊印或发表时间：1985。

794. 安徽徽州、池州地区阔叶树一元立木材积表

D	V	ΔV	FH	D	V	ΔV	FH	D	V	ΔV	FH
5	0.007	0.003	3.281	24	0.278	0.031	6.148	43	1.054	0.051	7.248
6	0.010	0.005	3.486	25	0.309	0.030	6.264	44	1.105	0.053	7.266
7	0.015	0.004	3.660	26	0.339	0.033	6.379	45	1.158	0.052	7.273
8	0.019	0.007	3.834	27	0.372	0.033	6.473	46	1.210	0.055	7.280
9	0.026	0.007	4.011	28	0.405	0.035	6.566	47	1.265	0.055	7.288
10	0.033	0.009	4.187	29	0.440	0.034	6.636	48	1.320	0.056	7.295
11	0.042	0.009	4.352	30	0.474	0.039	6.706	49	1.376	0.055	7.292
12	0.051	0.012	4.516	31	0.513	0.038	6.777	50	1.431	0.058	7.289
13	0.063	0.012	4.680	32	0.551	0.041	6.848	51	1.489	0.058	7.287
14	0.075	0.014	4.844	33	0.592	0.040	6.908	52	1.547	0.061	7.285
15	0.089	0.014	4.984	34	0.632	0.043	6.967	53	1.608	0.060	7.284
16	0.103	0.017	5.124	35	0.675	0.042	7.005	54	1.668	0.063	7.282
17	0.120	0.017	5.264	36	0.717	0.045	7.042	55	1.731	0.062	7.281
18	0.137	0.021	5.404	37	0.762	0.045	7.081	56	1.793	0.065	7.279
19	0.158	0.020	5.532	38	0.807	0.048	7.119	57	1.858	0.065	7.278
20	0.178	0.024	5.660	39	0.855	0.047	7.147	58	1.923	0.067	7.277
21	0.202	0.023	5.788	40	0.902	0.050	7.174	59	1.990	0.067	7.276
22	0.225	0.027	5.916	41	0.952	0.050	7.202	60	2.057	0.067	7.275
23	0.252	0.026	6.032	42	1.002	0.052	7.230				

编表人或作者：安徽省林业勘察设计院；资料名称：林业调查设计常用手册；刊印或发表时间：1985。

795. 安徽芜湖、安庆、六安地区杉木一元立木材积表

D	V	ΔV	FH	D	V	ΔV	FH	D	V	ΔV	FH
5	0.005	0.003	2.358	17	0.127	0.019	5.524	29	0.487	0.040	7.355
6	0.007	0.004	2.644	18	0.146	0.023	5.744	30	0.527	0.044	7.451
7	0.012	0.004	2.915	19	0.169	0.023	5.921	31	0.571	0.044	7.547
8	0.016	0.006	3.187	20	0.192	0.027	6.108	32	0.615	0.046	7.643
9	0.023	0.006	3.463	21	0.219	0.027	6.289	33	0.661	0.046	7.716
10	0.029	0.010	3.739	22	0.246	0.030	6.469	34	0.707	0.049	7.788
11	0.039	0.010	4.021	23	0.276	0.030	6.613	35	0.756	0.049	7.850
12	0.049	0.013	4.303	24	0.306	0.033	6.758	36	0.805	0.053	7.911
13	0.062	0.012	4.568	25	0.339	0.034	6.889	37	0.858	0.053	7.972
14	0.074	0.016	4.832	26	0.373	0.037	7.020	38	0.911	0.054	8.033
15	0.090	0.017	5.067	27	0.410	0.037	7.140	39	0.965	0.054	8.072
16	0.107	0.020	5.303	28	0.447	0.040	7.259	40	1.019	0.054	8.111

编表人或作者：安徽省林业勘察设计院；资料名称：林业调查设计常用手册；刊印或发表时间：1985。

796. 安徽芜湖、安庆、六安地区松树类一元立木材积表

D	V	ΔV	FH	D	V	ΔV	FH	D	V	ΔV	FH
5	0.004	0.003	2.585	24	0.243	0.027	5.334	43	1.014	0.056	6.973
6	0.007	0.004	2.758	25	0.270	0.027	5.484	44	1.070	0.059	7.038
7	0.011	0.003	2.928	26	0.297	0.030	5.592	45	1.129	0.059	7.092
8	0.014	0.006	3.095	27	0.327	0.029	5.688	46	1.188	0.061	7.147
9	0.020	0.006	3.259	28	0.356	0.033	5.785	47	1.249	0.061	7.174
10	0.026	0.008	3.420	29	0.389	0.033	5.880	48	1.310	0.061	7.202
11	0.034	0.008	3.578	30	0.422	0.036	5.976	49	1.371	0.060	7.245
12	0.042	0.010	3.732	31	0.458	0.037	6.061	50	1.431	0.062	7.289
13	0.052	0.010	3.883	32	0.495	0.039	6.146	51	1.493	0.062	7.306
14	0.062	0.013	4.031	33	0.534	0.039	6.231	52	1.555	0.065	7.323
15	0.075	0.012	4.176	34	0.573	0.043	6.315	53	1.620	0.066	7.341
16	0.087	0.015	4.317	35	0.616	0.042	6.390	54	1.686	0.068	7.358
17	0.102	0.016	4.455	36	0.658	0.047	6.464	55	1.754	0.067	7.376
18	0.118	0.018	4.590	37	0.705	0.047	6.549	56	1.821	0.069	7.394
19	0.136	0.018	4.722	38	0.752	0.049	6.633	57	1.890	0.069	7.404
20	0.154	0.021	4.851	39	0.801	0.049	6.697	58	1.959	0.071	7.413
21	0.175	0.021	4.977	40	0.850	0.054	6.761	59	2.030	0.071	7.422
22	0.196	0.024	5.099	41	0.904	0.054	6.835	60	2.101	0.071	7.432
23	0.220	0.023	5.218	42	0.958	0.056	6.909				

编表人或作者：安徽省林业勘察设计院；资料名称：林业调查设计常用手册；刊印或发表时间：1985；原表$D \leqslant$24cm部分的形高数据有误，本书根据$D >$24cm部分的形高拟合方程进行估算订正。

797. 安徽滁州、巢湖地区杉木一元立木材积表

皖

D	V	ΔV	FH	D	V	ΔV	FH	D	V	ΔV	FH
5	0.005	0.003	2.414	14	0.074	0.015	4.807	23	0.252	0.025	6.035
6	0.008	0.005	2.727	15	0.089	0.014	4.970	24	0.277	0.026	6.122
7	0.013	0.004	3.063	16	0.103	0.018	5.132	25	0.303	0.026	6.162
8	0.017	0.007	3.398	17	0.121	0.018	5.293	26	0.329	0.029	6.202
9	0.024	0.006	3.646	18	0.139	0.021	5.454	27	0.358	0.029	6.242
10	0.030	0.010	3.894	19	0.160	0.020	5.590	28	0.387	0.032	6.282
11	0.040	0.010	4.137	20	0.180	0.023	5.726	29	0.419	0.031	6.322
12	0.050	0.012	4.379	21	0.203	0.023	5.837	30	0.450	0.031	6.362
13	0.062	0.012	4.593	22	0.226	0.026	5.948				

编表人或作者：安徽省林业勘察设计院；资料名称：林业调查设计常用手册；刊印或发表时间：1985。

798. 安徽芜湖、安庆、六安地区阔叶树一元立木材积表

D	V	ΔV	FH	D	V	ΔV	FH	D	V	ΔV	FH
5	0.006	0.003	2.847	24	0.266	0.029	5.869	43	1.071	0.057	7.369
6	0.009	0.004	3.060	25	0.295	0.029	5.985	44	1.128	0.057	7.419
7	0.013	0.004	3.279	26	0.324	0.033	6.102	45	1.185	0.057	7.448
8	0.017	0.006	3.498	27	0.357	0.032	6.208	46	1.242	0.063	7.476
9	0.024	0.006	3.678	28	0.389	0.036	6.313	47	1.305	0.063	7.516
10	0.030	0.009	3.858	29	0.425	0.036	6.419	48	1.368	0.063	7.556
11	0.039	0.008	4.025	30	0.461	0.040	6.524	49	1.431	0.064	7.585
12	0.047	0.012	4.192	31	0.501	0.039	6.618	50	1.495	0.065	7.615
13	0.059	0.011	4.359	32	0.540	0.041	6.712	51	1.560	0.065	7.634
14	0.070	0.014	4.526	33	0.581	0.041	6.784	52	1.625	0.071	7.653
15	0.084	0.013	4.680	34	0.622	0.045	6.855	53	1.696	0.070	7.683
16	0.097	0.017	4.834	35	0.667	0.046	6.926	54	1.766	0.072	7.712
17	0.114	0.016	4.975	36	0.713	0.047	6.998	55	1.838	0.071	7.732
18	0.130	0.020	5.117	37	0.760	0.047	7.058	56	1.909	0.075	7.751
19	0.150	0.019	5.246	38	0.807	0.047	7.119	57	1.984	0.075	7.771
20	0.169	0.023	5.376	39	0.854	0.046	7.180	58	2.059	0.077	7.790
21	0.192	0.022	5.505	40	0.900	0.057	7.241	59	2.136	0.078	7.810
22	0.214	0.026	5.634	41	0.957	0.057	7.280	60	2.214	0.078	7.830
23	0.240	0.026	5.751	42	1.014	0.057	7.319				

编表人或作者：安徽省林业勘察设计院；资料名称：林业调查设计常用手册；刊印或发表时间：1985。

12 福建省立木材积表

本书收录的福建省二元立木材积表共有 4 个树种（组），其中 3 个采用部颁标准（LY 208—1977）：杉木二元立木材积表（二）（→14 页）、马尾松二元立木材积表（一）（→15 页）、南亚热带阔叶树二元立木材积表（→18 页）；木麻黄二元立木材积表为福建省独立编制。

福建省各市县一元立木材积表是根据上述二元材积表导算的，将全省分 5 个区域分别轮尺径和围尺径编制（由福建省林业厅发布），本书只收录其中的围尺径材积表。木麻黄一元材积表未分区编制，全省通用。书中引用的《福建省地方森林资源监测体系抽样调查用表》（2016）的数据均来自《森林调查用表》（福建省林业勘察设计院，1978）。本书在编辑过程中利用原资料给出的二元材积方程和树高方程，对全部一元材积表（木麻黄除外，因没有树高方程）重新进行了计算验证。计算结果和原表数据略有不同，主要是材积的第三、四位小数不完全一致，原因可能是当初编表时的计算工具不够发达以及计算过程中小数位数取舍所致。本书给出的是重新计算的结果。

福建省还针对国营林场编制了材积表，表中给出了各径阶的平均树高，其中杉木和马尾松各分 3 个类型区编制，使用时需要首先对待测算林分进行树高和胸径的预调查并绘制树高–胸径曲线，然后与本书各类型区的树高–胸径曲线进行比较，选用曲线形状最接近的材积表作为测算工具。国营林场导算一元立木材积表所用的人工杉木和人工马尾松二元材积式分别为：

杉　木 $V = 1.00188 \times 0.000093621 D^{1.75641} H^{0.932386}$

$D \leqslant 40\text{cm}，H \leqslant 30\text{m}$

马尾松 $V = 1.001384 \times 0.0000990166 D^{1.80886} H^{0.819825}$

$D \leqslant 40\text{cm}，H \leqslant 22\text{m}$

本书还收录了学术期刊发表的一部分立木材积表以及福建省立木材积表地方标准等。

[illegible]

[illegible]

[illegible]

[illegible]

闽

[illegible]

799. 福建人工杉木一元立木材积表（一）（围尺）

$$V = 0.0000872D^{1.785388607}H^{0.9313923697}；D \leqslant 88\text{cm}$$

$$H = 78.762 - 6702.142/(D + 83.226)$$

D	V	ΔV	D	V	ΔV	D	V	ΔV	D	V	ΔV
5	0.0040	0.0031	26	0.4191	0.0426	47	1.8342	0.0957	68	4.4046	0.1519
6	0.0071	0.0042	27	0.4616	0.0449	48	1.9299	0.0984	69	4.5565	0.1546
7	0.0114	0.0055	28	0.5065	0.0473	49	2.0283	0.1010	70	4.7111	0.1573
8	0.0169	0.0069	29	0.5538	0.0497	50	2.1293	0.1037	71	4.8683	0.1600
9	0.0237	0.0083	30	0.6036	0.0522	51	2.2330	0.1063	72	5.0283	0.1626
10	0.0320	0.0099	31	0.6557	0.0546	52	2.3393	0.1090	73	5.1909	0.1653
11	0.0419	0.0115	32	0.7103	0.0571	53	2.4483	0.1117	74	5.3562	0.1680
12	0.0534	0.0132	33	0.7674	0.0596	54	2.5600	0.1143	75	5.5242	0.1707
13	0.0665	0.0150	34	0.8270	0.0621	55	2.6743	0.1170	76	5.6949	0.1734
14	0.0815	0.0168	35	0.8891	0.0646	56	2.7913	0.1197	77	5.8683	0.1760
15	0.0983	0.0187	36	0.9537	0.0671	57	2.9110	0.1224	78	6.0443	0.1787
16	0.1170	0.0207	37	1.0208	0.0697	58	3.0334	0.1250	79	6.2230	0.1814
17	0.1377	0.0227	38	1.0905	0.0723	59	3.1584	0.1277	80	6.4044	0.1841
18	0.1603	0.0247	39	1.1628	0.0748	60	3.2861	0.1304	81	6.5885	0.1867
19	0.1850	0.0268	40	1.2376	0.0774	61	3.4165	0.1331	82	6.7752	0.1894
20	0.2119	0.0290	41	1.3150	0.0800	62	3.5496	0.1358	83	6.9646	0.1921
21	0.2408	0.0311	42	1.3950	0.0826	63	3.6854	0.1385	84	7.1567	0.1947
22	0.2720	0.0334	43	1.4776	0.0852	64	3.8239	0.1411	85	7.3515	0.1974
23	0.3053	0.0356	44	1.5628	0.0878	65	3.9650	0.1438	86	7.5489	0.2001
24	0.3409	0.0379	45	1.6506	0.0905	66	4.1089	0.1465	87	7.7489	0.2027
25	0.3788	0.0402	46	1.7411	0.0931	67	4.2554	0.1492	88	7.9517	0.2027

适用树种：人工杉木；适用地区：南平市；资料名称：福建省地方森林资源监测体系抽样调查用表；编表人或作者：福建省林业厅；刊印或发表时间：2016。

800. 福建人工杉木一元立木材积表（二）（围尺）

$$V = 0.0000872D^{1.785388607}H^{0.9313923697};\ D \leqslant 88\text{cm}$$

$$H = 92.856 - 10186.041/(D + 107.907)$$

D	V	ΔV	D	V	ΔV	D	V	ΔV	D	V	ΔV
5	0.0038	0.0029	26	0.4053	0.0418	47	1.8219	0.0972	68	4.4649	0.1579
6	0.0067	0.0040	27	0.4471	0.0442	48	1.9191	0.1000	69	4.6228	0.1608
7	0.0107	0.0052	28	0.4913	0.0466	49	2.0191	0.1028	70	4.7836	0.1638
8	0.0159	0.0065	29	0.5379	0.0491	50	2.1219	0.1057	71	4.9474	0.1667
9	0.0224	0.0079	30	0.5870	0.0516	51	2.2276	0.1085	72	5.1141	0.1697
10	0.0303	0.0094	31	0.6386	0.0541	52	2.3361	0.1114	73	5.2837	0.1726
11	0.0396	0.0109	32	0.6928	0.0567	53	2.4474	0.1142	74	5.4563	0.1756
12	0.0505	0.0126	33	0.7494	0.0592	54	2.5617	0.1171	75	5.6319	0.1785
13	0.0631	0.0143	34	0.8087	0.0618	55	2.6788	0.1200	76	5.8104	0.1815
14	0.0774	0.0161	35	0.8705	0.0645	56	2.7987	0.1229	77	5.9919	0.1844
15	0.0935	0.0180	36	0.9350	0.0671	57	2.9216	0.1257	78	6.1763	0.1874
16	0.1115	0.0199	37	1.0021	0.0698	58	3.0473	0.1286	79	6.3637	0.1904
17	0.1313	0.0219	38	1.0718	0.0724	59	3.1760	0.1315	80	6.5541	0.1933
18	0.1532	0.0239	39	1.1442	0.0751	60	3.3075	0.1345	81	6.7474	0.1963
19	0.1771	0.0260	40	1.2194	0.0778	61	3.4420	0.1374	82	6.9437	0.1992
20	0.2031	0.0281	41	1.2972	0.0806	62	3.5793	0.1403	83	7.1429	0.2022
21	0.2312	0.0303	42	1.3777	0.0833	63	3.7196	0.1432	84	7.3451	0.2052
22	0.2615	0.0325	43	1.4610	0.0860	64	3.8628	0.1461	85	7.5503	0.2081
23	0.2940	0.0348	44	1.5471	0.0888	65	4.0089	0.1491	86	7.7584	0.2111
24	0.3288	0.0371	45	1.6359	0.0916	66	4.1580	0.1520	87	7.9695	0.2141
25	0.3659	0.0394	46	1.7275	0.0944	67	4.3100	0.1549	88	8.1836	0.2141

适用树种：人工杉木；适用地区：三明市；资料名称：福建省地方森林资源监测体系抽样调查用表；编表人或作者：福建省林业厅；刊印或发表时间：2016。

801. 福建人工杉木一元立木材积表（三）（围尺）

$$V = 0.0000872D^{1.785388607}H^{0.9313923697};\ D \leqslant 82\text{cm}$$

$$H = 96.554 - 11464.35/(D + 116.963)$$

D	V	ΔV	D	V	ΔV	D	V	ΔV	D	V	ΔV
5	0.0037	0.0028	25	0.3571	0.0386	45	1.6086	0.0906	65	3.9655	0.1485
6	0.0065	0.0039	26	0.3957	0.0410	46	1.6992	0.0934	66	4.1140	0.1515
7	0.0104	0.0050	27	0.4367	0.0434	47	1.7927	0.0962	67	4.2655	0.1545
8	0.0154	0.0063	28	0.4801	0.0458	48	1.8889	0.0991	68	4.4199	0.1574
9	0.0217	0.0076	29	0.5259	0.0482	49	1.9880	0.1019	69	4.5774	0.1604
10	0.0294	0.0091	30	0.5741	0.0507	50	2.0899	0.1048	70	4.7378	0.1634
11	0.0384	0.0106	31	0.6248	0.0532	51	2.1946	0.1076	71	4.9012	0.1664
12	0.0491	0.0122	32	0.6780	0.0558	52	2.3022	0.1105	72	5.0676	0.1694
13	0.0613	0.0139	33	0.7338	0.0583	53	2.4127	0.1134	73	5.2370	0.1724
14	0.0752	0.0157	34	0.7921	0.0609	54	2.5261	0.1163	74	5.4094	0.1754
15	0.0909	0.0175	35	0.8530	0.0635	55	2.6423	0.1191	75	5.5847	0.1784
16	0.1084	0.0194	36	0.9165	0.0661	56	2.7615	0.1221	76	5.7631	0.1814
17	0.1278	0.0213	37	0.9826	0.0688	57	2.8835	0.1250	77	5.9445	0.1844
18	0.1491	0.0233	38	1.0514	0.0714	58	3.0085	0.1279	78	6.1289	0.1874
19	0.1724	0.0254	39	1.1228	0.0741	59	3.1364	0.1308	79	6.3163	0.1904
20	0.1978	0.0275	40	1.1970	0.0768	60	3.2672	0.1338	80	6.5067	0.1934
21	0.2253	0.0296	41	1.2738	0.0796	61	3.4010	0.1367	81	6.7001	0.1964
22	0.2549	0.0318	42	1.3534	0.0823	62	3.5377	0.1396	82	6.8966	0.1964
23	0.2867	0.0341	43	1.4357	0.0851	63	3.6773	0.1426			
24	0.3207	0.0363	44	1.5208	0.0878	64	3.8199	0.1456			

适用树种：人工杉木；适用地区：龙岩地区；资料名称：福建省地方森林资源监测体系抽样调查用表；编表人或作者：福建省林业厅；刊印或发表时间：2016。

802. 福建人工杉木一元立木材积表（四）（围尺）

$$V = 0.0000872D^{1.785388607}H^{0.9313923697}；D \leqslant 76\text{cm}$$

$$H = 100.022 - 12692.996/(D + 124.553)$$

D	V	ΔV	D	V	ΔV	D	V	ΔV	D	V	ΔV
5	0.0030	0.0026	23	0.2749	0.0331	41	1.2428	0.0784	59	3.0869	0.1300
6	0.0056	0.0036	24	0.3080	0.0354	42	1.3213	0.0812	60	3.2169	0.1329
7	0.0091	0.0047	25	0.3434	0.0377	43	1.4024	0.0840	61	3.3498	0.1359
8	0.0138	0.0059	26	0.3810	0.0400	44	1.4864	0.0867	62	3.4857	0.1389
9	0.0197	0.0072	27	0.4210	0.0423	45	1.5731	0.0895	63	3.6246	0.1419
10	0.0269	0.0086	28	0.4634	0.0447	46	1.6626	0.0923	64	3.7665	0.1449
11	0.0355	0.0101	29	0.5081	0.0472	47	1.7550	0.0952	65	3.9114	0.1479
12	0.0455	0.0117	30	0.5553	0.0496	48	1.8501	0.0980	66	4.0592	0.1509
13	0.0572	0.0133	31	0.6050	0.0521	49	1.9481	0.1009	67	4.2101	0.1539
14	0.0705	0.0150	32	0.6571	0.0547	50	2.0490	0.1037	68	4.3640	0.1569
15	0.0855	0.0168	33	0.7117	0.0572	51	2.1527	0.1066	69	4.5209	0.1599
16	0.1023	0.0187	34	0.7690	0.0598	52	2.2593	0.1095	70	4.6808	0.1629
17	0.1210	0.0206	35	0.8287	0.0624	53	2.3688	0.1124	71	4.8437	0.1660
18	0.1416	0.0225	36	0.8911	0.0650	54	2.4812	0.1153	72	5.0097	0.1690
19	0.1641	0.0246	37	0.9561	0.0677	55	2.5965	0.1182	73	5.1787	0.1720
20	0.1886	0.0266	38	1.0238	0.0703	56	2.7147	0.1211	74	5.3507	0.1751
21	0.2153	0.0287	39	1.0941	0.0730	57	2.8358	0.1241	75	5.5258	0.1781
22	0.2440	0.0309	40	1.1671	0.0757	58	2.9599	0.1270	76	5.7039	0.1781

适用树种：人工杉木；适用地区：沿海内山县，包括古田、屏南、仙游、永泰、德化、平和、南靖、华安；资料名称：福建省地方森林资源监测体系抽样调查用表；编表人或作者：福建省林业厅；刊印或发表时间：2016。

803. 福建人工杉木一元立木材积表（五）（围尺）

$$V = 0.0000872D^{1.785388607}H^{0.9313923697};\ D \leqslant 46\text{cm}$$

$$H = 52.756 - 3259.88/(D + 60.374)$$

D	V	ΔV	D	V	ΔV	D	V	ΔV	D	V	ΔV
5	0.0041	0.0030	16	0.1058	0.0181	27	0.4012	0.0378	38	0.9226	0.0591
6	0.0071	0.0040	17	0.1239	0.0198	28	0.4390	0.0397	39	0.9817	0.0611
7	0.0111	0.0051	18	0.1437	0.0215	29	0.4787	0.0416	40	1.0428	0.0630
8	0.0162	0.0063	19	0.1652	0.0232	30	0.5203	0.0435	41	1.1058	0.0650
9	0.0225	0.0076	20	0.1884	0.0250	31	0.5638	0.0454	42	1.1708	0.0670
10	0.0301	0.0089	21	0.2134	0.0267	32	0.6092	0.0474	43	1.2378	0.0690
11	0.0391	0.0103	22	0.2401	0.0285	33	0.6566	0.0493	44	1.3067	0.0709
12	0.0494	0.0118	23	0.2686	0.0304	34	0.7059	0.0513	45	1.3776	0.0729
13	0.0612	0.0133	24	0.2990	0.0322	35	0.7571	0.0532	46	1.4506	0.0729
14	0.0745	0.0149	25	0.3312	0.0340	36	0.8103	0.0552			
15	0.0894	0.0165	26	0.3652	0.0359	37	0.8655	0.0571			

适用树种：人工杉木；适用地区：福州市、莆田市、泉州市、厦门市、漳州市，以宁德地区除注1外的各县（市、区）；资料名称：福建省地方森林资源监测体系抽样调查用表；编表人或作者：福建省林业厅；刊印或发表时间：2016。

闽

804. 福建人工马尾松一元立木材积表（一）（围尺）

$$V = 0.0000942941D^{1.832223553}H^{0.8197255549}；D \leqslant 100\text{cm}$$

$$H = 78.334 - 6628.446/(D + 83.838)$$

D	V	ΔV	D	V	ΔV	D	V	ΔV	D	V	ΔV
5	0.0053	0.0034	29	0.5165	0.0449	53	2.2045	0.0988	77	5.2195	0.1549
6	0.0087	0.0045	30	0.5614	0.0471	54	2.3033	0.1011	78	5.3744	0.1572
7	0.0132	0.0057	31	0.6085	0.0492	55	2.4044	0.1034	79	5.5316	0.1596
8	0.0189	0.0070	32	0.6577	0.0513	56	2.5078	0.1057	80	5.6912	0.1619
9	0.0258	0.0083	33	0.7090	0.0535	57	2.6135	0.1081	81	5.8531	0.1643
10	0.0341	0.0097	34	0.7625	0.0557	58	2.7216	0.1104	82	6.0174	0.1666
11	0.0438	0.0112	35	0.8182	0.0579	59	2.8320	0.1127	83	6.1840	0.1690
12	0.0550	0.0127	36	0.8761	0.0601	60	2.9448	0.1151	84	6.3529	0.1713
13	0.0678	0.0143	37	0.9362	0.0623	61	3.0598	0.1174	85	6.5242	0.1736
14	0.0821	0.0160	38	0.9985	0.0645	62	3.1772	0.1197	86	6.6979	0.1760
15	0.0981	0.0177	39	1.0631	0.0668	63	3.2970	0.1221	87	6.8738	0.1783
16	0.1158	0.0194	40	1.1298	0.0690	64	3.4191	0.1244	88	7.0521	0.1806
17	0.1352	0.0212	41	1.1988	0.0713	65	3.5435	0.1268	89	7.2328	0.1830
18	0.1564	0.0230	42	1.2701	0.0735	66	3.6703	0.1291	90	7.4157	0.1853
19	0.1794	0.0249	43	1.3436	0.0758	67	3.7994	0.1315	91	7.6010	0.1876
20	0.2043	0.0268	44	1.4194	0.0781	68	3.9308	0.1338	92	7.7887	0.1900
21	0.2311	0.0287	45	1.4975	0.0803	69	4.0646	0.1361	93	7.9786	0.1923
22	0.2597	0.0306	46	1.5778	0.0826	70	4.2008	0.1385	94	8.1709	0.1946
23	0.2904	0.0326	47	1.6605	0.0849	71	4.3393	0.1408	95	8.3655	0.1969
24	0.3230	0.0346	48	1.7454	0.0872	72	4.4801	0.1432	96	8.5625	0.1993
25	0.3576	0.0366	49	1.8326	0.0895	73	4.6233	0.1455	97	8.7617	0.2016
26	0.3942	0.0387	50	1.9221	0.0918	74	4.7688	0.1479	98	8.9633	0.2039
27	0.4329	0.0407	51	2.0139	0.0941	75	4.9167	0.1502	99	9.1672	0.2062
28	0.4737	0.0428	52	2.1081	0.0965	76	5.0669	0.1526	100	9.3735	0.2062

闽

适用树种：人工马尾松；适用地区：南平市；资料名称：福建省地方森林资源监测体系抽样调查用表；编表人或作者：福建省林业厅；刊印或发表时间：2016。

805. 福建人工马尾松一元立木材积表（二）（围尺）

$$V = 0.0000942941D^{1.832223553}H^{0.8197255549};\ D \leqslant 110\text{cm}$$

$$H = 81.06 - 6689.313/(D + 81.024)$$

D	V	ΔV	D	V	ΔV	D	V	ΔV	D	V	ΔV
5	0.0048	0.0034	32	0.6771	0.0532	59	2.9304	0.1168	86	6.9350	0.1822
6	0.0081	0.0045	33	0.7303	0.0554	60	3.0473	0.1192	87	7.1172	0.1846
7	0.0126	0.0057	34	0.7857	0.0577	61	3.1665	0.1217	88	7.3018	0.1870
8	0.0183	0.0070	35	0.8434	0.0600	62	3.2882	0.1241	89	7.4888	0.1894
9	0.0253	0.0084	36	0.9034	0.0623	63	3.4123	0.1265	90	7.6782	0.1918
10	0.0337	0.0099	37	0.9656	0.0646	64	3.5388	0.1289	91	7.8701	0.1942
11	0.0435	0.0114	38	1.0302	0.0669	65	3.6677	0.1314	92	8.0643	0.1966
12	0.0549	0.0130	39	1.0970	0.0692	66	3.7991	0.1338	93	8.2609	0.1990
13	0.0679	0.0147	40	1.1662	0.0715	67	3.9329	0.1362	94	8.4600	0.2014
14	0.0826	0.0164	41	1.2377	0.0739	68	4.0691	0.1386	95	8.6614	0.2038
15	0.0990	0.0181	42	1.3116	0.0762	69	4.2077	0.1410	96	8.8653	0.2062
16	0.1171	0.0200	43	1.3878	0.0786	70	4.3487	0.1435	97	9.0715	0.2086
17	0.1371	0.0218	44	1.4663	0.0809	71	4.4922	0.1459	98	9.2802	0.2110
18	0.1589	0.0237	45	1.5473	0.0833	72	4.6381	0.1483	99	9.4912	0.2134
19	0.1826	0.0256	46	1.6305	0.0856	73	4.7864	0.1507	100	9.7046	0.2158
20	0.2083	0.0276	47	1.7162	0.0880	74	4.9372	0.1532	101	9.9205	0.2182
21	0.2359	0.0296	48	1.8042	0.0904	75	5.0903	0.1556	102	10.1387	0.2206
22	0.2655	0.0316	49	1.8946	0.0928	76	5.2459	0.1580	103	10.3593	0.2230
23	0.2971	0.0337	50	1.9874	0.0952	77	5.4039	0.1604	104	10.5823	0.2254
24	0.3308	0.0358	51	2.0826	0.0976	78	5.5644	0.1629	105	10.8076	0.2278
25	0.3666	0.0379	52	2.1801	0.1000	79	5.7272	0.1653	106	11.0354	0.2301
26	0.4044	0.0400	53	2.2801	0.1024	80	5.8925	0.1677	107	11.2655	0.2325
27	0.4445	0.0422	54	2.3825	0.1048	81	6.0602	0.1701	108	11.4980	0.2349
28	0.4866	0.0443	55	2.4872	0.1072	82	6.2303	0.1725	109	11.7329	0.2373
29	0.5309	0.0465	56	2.5944	0.1096	83	6.4029	0.1750	110	11.9702	0.2373
30	0.5774	0.0487	57	2.7040	0.1120	84	6.5778	0.1774			
31	0.6262	0.0509	58	2.8160	0.1144	85	6.7552	0.1798			

适用树种：人工马尾松；适用地区：三明市；资料名称：福建省地方森林资源监测体系抽样调查用表；编表人或作者：福建省林业厅；刊印或发表时间：2016。

806. 福建人工马尾松一元立木材积表（三）（围尺）

$$V = 0.0000942941D^{1.832223553}H^{0.8197255549};\ D \leqslant 106\text{cm}$$

$$H = 108.206 - 14878.041/(D + 137.943)$$

D	V	ΔV	D	V	ΔV	D	V	ΔV	D	V	ΔV
5	0.0057	0.0034	31	0.5970	0.0491	57	2.6557	0.1134	83	6.4796	0.1840
6	0.0092	0.0044	32	0.6461	0.0513	58	2.7691	0.1161	84	6.6637	0.1868
7	0.0136	0.0056	33	0.6974	0.0536	59	2.8852	0.1187	85	6.8505	0.1896
8	0.0192	0.0068	34	0.7510	0.0559	60	3.0039	0.1214	86	7.0401	0.1924
9	0.0259	0.0080	35	0.8069	0.0582	61	3.1252	0.1240	87	7.2324	0.1951
10	0.0339	0.0094	36	0.8652	0.0606	62	3.2492	0.1267	88	7.4276	0.1979
11	0.0433	0.0108	37	0.9258	0.0630	63	3.3759	0.1294	89	7.6255	0.2007
12	0.0541	0.0123	38	0.9887	0.0653	64	3.5053	0.1321	90	7.8262	0.2035
13	0.0664	0.0138	39	1.0541	0.0677	65	3.6374	0.1347	91	8.0297	0.2063
14	0.0802	0.0154	40	1.1218	0.0702	66	3.7721	0.1374	92	8.2360	0.2091
15	0.0956	0.0171	41	1.1920	0.0726	67	3.9095	0.1401	93	8.4451	0.2119
16	0.1127	0.0188	42	1.2646	0.0751	68	4.0497	0.1429	94	8.6570	0.2147
17	0.1315	0.0205	43	1.3397	0.0775	69	4.1925	0.1456	95	8.8717	0.2175
18	0.1521	0.0223	44	1.4172	0.0800	70	4.3381	0.1483	96	9.0892	0.2203
19	0.1744	0.0242	45	1.4972	0.0825	71	4.4864	0.1510	97	9.3094	0.2231
20	0.1986	0.0261	46	1.5797	0.0850	72	4.6374	0.1537	98	9.5325	0.2259
21	0.2247	0.0280	47	1.6647	0.0875	73	4.7911	0.1565	99	9.7584	0.2287
22	0.2527	0.0300	48	1.7523	0.0901	74	4.9476	0.1592	100	9.9871	0.2315
23	0.2826	0.0320	49	1.8423	0.0926	75	5.1068	0.1620	101	10.2185	0.2343
24	0.3146	0.0340	50	1.9350	0.0952	76	5.2688	0.1647	102	10.4528	0.2371
25	0.3486	0.0361	51	2.0302	0.0978	77	5.4335	0.1675	103	10.6899	0.2399
26	0.3846	0.0382	52	2.1279	0.1003	78	5.6009	0.1702	104	10.9298	0.2427
27	0.4228	0.0403	53	2.2283	0.1029	79	5.7712	0.1730	105	11.1725	0.2455
28	0.4631	0.0424	54	2.3312	0.1055	80	5.9441	0.1757	106	11.4181	0.2455
29	0.5055	0.0446	55	2.4368	0.1082	81	6.1199	0.1785			
30	0.5502	0.0468	56	2.5449	0.1108	82	6.2984	0.1813			

适用树种：人工马尾松；适用地区：龙岩地区；资料名称：福建省地方森林资源监测体系抽样调查用表；编表人或作者：福建省林业厅；刊印或发表时间：2016。

807. 福建人工马尾松一元立木材积表（四）（围尺）

$$V = 0.0000942941D^{1.832223553}H^{0.8197255549};\ D \leqslant 106\text{cm}$$

$$H = 75.536 - 6185.134/(D + 80.868)$$

D	V	ΔV	D	V	ΔV	D	V	ΔV	D	V	ΔV
5	0.0050	0.0033	31	0.5996	0.0485	57	2.5726	0.1062	83	6.0771	0.1657
6	0.0084	0.0044	32	0.6481	0.0506	58	2.6788	0.1085	84	6.2427	0.1679
7	0.0128	0.0056	33	0.6987	0.0527	59	2.7873	0.1108	85	6.4107	0.1702
8	0.0183	0.0068	34	0.7514	0.0549	60	2.8981	0.1131	86	6.5809	0.1725
9	0.0252	0.0082	35	0.8063	0.0570	61	3.0111	0.1153	87	6.7534	0.1748
10	0.0333	0.0096	36	0.8633	0.0592	62	3.1265	0.1176	88	6.9281	0.1770
11	0.0429	0.0110	37	0.9225	0.0614	63	3.2441	0.1199	89	7.1052	0.1793
12	0.0539	0.0125	38	0.9839	0.0636	64	3.3640	0.1222	90	7.2845	0.1816
13	0.0664	0.0141	39	1.0474	0.0657	65	3.4862	0.1245	91	7.4661	0.1839
14	0.0805	0.0158	40	1.1132	0.0679	66	3.6107	0.1268	92	7.6499	0.1861
15	0.0963	0.0174	41	1.1811	0.0702	67	3.7375	0.1291	93	7.8361	0.1884
16	0.1137	0.0191	42	1.2513	0.0724	68	3.8665	0.1314	94	8.0245	0.1907
17	0.1329	0.0209	43	1.3236	0.0746	69	3.9979	0.1336	95	8.2152	0.1929
18	0.1538	0.0227	44	1.3982	0.0768	70	4.1315	0.1359	96	8.4081	0.1952
19	0.1765	0.0245	45	1.4751	0.0791	71	4.2674	0.1382	97	8.6033	0.1975
20	0.2010	0.0264	46	1.5541	0.0813	72	4.4057	0.1405	98	8.8007	0.1997
21	0.2274	0.0283	47	1.6354	0.0835	73	4.5462	0.1428	99	9.0005	0.2020
22	0.2557	0.0302	48	1.7190	0.0858	74	4.6890	0.1451	100	9.2025	0.2042
23	0.2859	0.0322	49	1.8048	0.0881	75	4.8341	0.1474	101	9.4067	0.2065
24	0.3181	0.0341	50	1.8928	0.0903	76	4.9814	0.1497	102	9.6132	0.2087
25	0.3522	0.0361	51	1.9831	0.0926	77	5.1311	0.1519	103	9.8219	0.2110
26	0.3883	0.0381	52	2.0757	0.0948	78	5.2830	0.1542	104	10.0329	0.2133
27	0.4265	0.0402	53	2.1706	0.0971	79	5.4373	0.1565	105	10.2462	0.2155
28	0.4667	0.0422	54	2.2677	0.0994	80	5.5938	0.1588	106	10.4617	0.2155
29	0.5089	0.0443	55	2.3670	0.1017	81	5.7526	0.1611			
30	0.5532	0.0464	56	2.4687	0.1039	82	5.9137	0.1634			

适用树种：人工马尾松；适用地区：沿海内山县，包括古田、屏南、仙游、永泰、德化、平和、南靖、华安；资料名称：福建省地方森林资源监测体系抽样调查用表；编表人或作者：福建省林业厅；刊印或发表时间：2016。

808. 福建人工马尾松一元立木材积表（五）（围尺）

$$V = 0.0000942941D^{1.832223553}H^{0.8197255549}；D \leqslant 72\text{cm}$$

$$H = 78.012 - 8092.516/(D + 102.81)$$

D	V	ΔV	D	V	ΔV	D	V	ΔV	D	V	ΔV
5	0.0044	0.0029	22	0.2249	0.0269	39	0.9389	0.0599	56	2.2470	0.0965
6	0.0072	0.0038	23	0.2518	0.0287	40	0.9988	0.0620	57	2.3435	0.0987
7	0.0111	0.0048	24	0.2804	0.0305	41	1.0608	0.0641	58	2.4421	0.1009
8	0.0159	0.0059	25	0.3109	0.0323	42	1.1249	0.0662	59	2.5430	0.1031
9	0.0218	0.0071	26	0.3432	0.0341	43	1.1911	0.0683	60	2.6461	0.1053
10	0.0289	0.0083	27	0.3773	0.0360	44	1.2595	0.0704	61	2.7514	0.1075
11	0.0372	0.0096	28	0.4133	0.0379	45	1.3299	0.0726	62	2.8589	0.1098
12	0.0468	0.0110	29	0.4513	0.0398	46	1.4025	0.0747	63	2.9687	0.1120
13	0.0578	0.0124	30	0.4911	0.0418	47	1.4772	0.0769	64	3.0807	0.1142
14	0.0701	0.0138	31	0.5329	0.0437	48	1.5541	0.0790	65	3.1949	0.1164
15	0.0840	0.0153	32	0.5766	0.0457	49	1.6331	0.0812	66	3.3113	0.1187
16	0.0993	0.0169	33	0.6223	0.0477	50	1.7142	0.0833	67	3.4300	0.1209
17	0.1161	0.0184	34	0.6700	0.0497	51	1.7976	0.0855	68	3.5509	0.1232
18	0.1346	0.0201	35	0.7197	0.0517	52	1.8831	0.0877	69	3.6740	0.1254
19	0.1546	0.0217	36	0.7715	0.0538	53	1.9708	0.0899	70	3.7994	0.1276
20	0.1763	0.0234	37	0.8252	0.0558	54	2.0607	0.0921	71	3.9271	0.1299
21	0.1998	0.0251	38	0.8810	0.0579	55	2.1527	0.0943	72	4.0570	0.1299

适用树种：人工马尾松；适用地区：福州市、莆田市、泉州市、厦门市、漳州市，以宁德地区除注1外的各县（市、区）；资料名称：福建省地方森林资源监测体系抽样调查用表；编表人或作者：福建省林业厅；刊印或发表时间：2016。

809. 福建人工木麻黄一元立木材积表

$V = 0.000065504D^{1.802326}H^{0.977007}$；$D \leqslant 30\text{cm}, H \leqslant 27\text{m}$

D	V	ΔV	D	V	ΔV	D	V	ΔV	D	V	ΔV
5	0.0094	0.0051	12	0.0784	0.0169	19	0.2402	0.0321	26	0.5159	0.0497
6	0.0145	0.0067	13	0.0953	0.0188	20	0.2723	0.0343	27	0.5656	0.0524
7	0.0212	0.0081	14	0.1141	0.0209	21	0.3066	0.0368	28	0.6180	0.0551
8	0.0293	0.0097	15	0.1350	0.0230	22	0.3434	0.0393	29	0.6731	0.0580
9	0.0390	0.0113	16	0.1580	0.0252	23	0.3827	0.0418	30	0.7311	0.0580
10	0.0503	0.0131	17	0.1832	0.0274	24	0.4245	0.0444			
11	0.0634	0.0150	18	0.2106	0.0296	25	0.4689	0.0470			

适用树种：人工木麻黄；适用地区：福建省；资料名称：福建省地方森林资源监测体系抽样调查用表；编表人或作者：福建省林业厅；刊印或发表时间：2016。该材积表为原资料数据，没有树高方程。

810. 福建桉树一元立木材积表（围尺）

D	V	ΔV	D	V	ΔV	D	V	ΔV	D	V	ΔV
2	0.0007	0.0016	12	0.0926	0.0216	22	0.3856	0.0311	32	0.8613	0.0477
3	0.0023	0.0023	13	0.1142	0.0158	23	0.4167	0.0560	33	0.9090	0.0934
4	0.0046	0.0047	14	0.1300	0.0266	24	0.4727	0.0350	34	1.0024	0.0522
5	0.0093	0.0052	15	0.1566	0.0299	25	0.5077	0.0635	35	1.0546	0.0533
6	0.0145	0.0068	16	0.1865	0.0209	26	0.5712	0.0390	36	1.1079	0.0544
7	0.0213	0.0116	17	0.2074	0.0357	27	0.6102	0.0401	37	1.1623	0.0555
8	0.0329	0.0114	18	0.2431	0.0396	28	0.6503	0.0412	38	1.2178	0.0566
9	0.0443	0.0136	19	0.2827	0.0266	29	0.6915	0.0779	39	1.2744	0.0578
10	0.0579	0.0160	20	0.3093	0.0461	30	0.7694	0.0454	40	1.3322	0.0578
11	0.0739	0.0187	21	0.3554	0.0302	31	0.8148	0.0465			

适用树种：桉树；适用地区：福建省；资料名称：福建省地方森林资源监测体系抽样调查用表；编表人或作者：福建省林业厅；刊印或发表时间：2016。

811. 福建人工阔叶树一元立木材积表（一）（围尺）

$$V = 0.000052764291D^{1.8821611}H^{1.0093166}\text{；}D \leqslant 98\text{cm}$$

$$H = 49.842 - 3571.891/(D + 77.068)$$

D	V	ΔV	D	V	ΔV	D	V	ΔV	D	V	ΔV
5	0.0070	0.0037	29	0.4951	0.0430	53	2.1387	0.0975	77	5.1539	0.1566
6	0.0107	0.0047	30	0.5381	0.0451	54	2.2362	0.0999	78	5.3105	0.1591
7	0.0154	0.0058	31	0.5832	0.0472	55	2.3361	0.1023	79	5.4696	0.1616
8	0.0212	0.0069	32	0.6303	0.0493	56	2.4385	0.1048	80	5.6312	0.1641
9	0.0281	0.0081	33	0.6797	0.0515	57	2.5432	0.1072	81	5.7953	0.1666
10	0.0362	0.0094	34	0.7311	0.0536	58	2.6504	0.1096	82	5.9619	0.1691
11	0.0456	0.0108	35	0.7848	0.0558	59	2.7600	0.1120	83	6.1310	0.1716
12	0.0564	0.0122	36	0.8406	0.0580	60	2.8720	0.1145	84	6.3026	0.1741
13	0.0686	0.0137	37	0.8987	0.0603	61	2.9865	0.1169	85	6.4767	0.1766
14	0.0823	0.0152	38	0.9589	0.0625	62	3.1035	0.1194	86	6.6534	0.1792
15	0.0975	0.0168	39	1.0214	0.0648	63	3.2229	0.1218	87	6.8325	0.1817
16	0.1142	0.0184	40	1.0862	0.0670	64	3.3447	0.1243	88	7.0142	0.1842
17	0.1327	0.0201	41	1.1532	0.0693	65	3.4690	0.1268	89	7.1984	0.1867
18	0.1527	0.0218	42	1.2225	0.0716	66	3.5958	0.1292	90	7.3851	0.1892
19	0.1745	0.0236	43	1.2941	0.0739	67	3.7250	0.1317	91	7.5743	0.1917
20	0.1981	0.0254	44	1.3680	0.0762	68	3.8567	0.1342	92	7.7660	0.1942
21	0.2235	0.0272	45	1.4443	0.0786	69	3.9909	0.1367	93	7.9603	0.1968
22	0.2507	0.0291	46	1.5228	0.0809	70	4.1276	0.1391	94	8.1571	0.1993
23	0.2797	0.0310	47	1.6037	0.0832	71	4.2667	0.1416	95	8.3563	0.2018
24	0.3107	0.0329	48	1.6869	0.0856	72	4.4083	0.1441	96	8.5581	0.2043
25	0.3436	0.0349	49	1.7725	0.0880	73	4.5525	0.1466	97	8.7625	0.2068
26	0.3784	0.0369	50	1.8605	0.0903	74	4.6991	0.1491	98	8.9693	0.2068
27	0.4153	0.0389	51	1.9508	0.0927	75	4.8482	0.1516			
28	0.4542	0.0409	52	2.0436	0.0951	76	4.9998	0.1541			

闽　适用树种：人工阔叶树；适用地区：南平市；资料名称：福建省地方森林资源监测体系抽样调查用表；编表人或作者：福建省林业厅；刊印或发表时间：2016。

812. 福建人工阔叶树一元立木材积表（二）（围尺）

$$V = 0.000052764291D^{1.8821611}H^{1.0093166}；D \leqslant 106\text{cm}$$

$$H = 34.862 - 1042.227/(D + 29.953)$$

D	V	ΔV	D	V	ΔV	D	V	ΔV	D	V	ΔV
5	0.0056	0.0036	31	0.6173	0.0483	57	2.5074	0.0990	83	5.7057	0.1487
6	0.0092	0.0047	32	0.6656	0.0502	58	2.6064	0.1010	84	5.8544	0.1506
7	0.0139	0.0060	33	0.7158	0.0522	59	2.7074	0.1029	85	6.0050	0.1524
8	0.0199	0.0073	34	0.7680	0.0541	60	2.8102	0.1048	86	6.1574	0.1543
9	0.0273	0.0088	35	0.8221	0.0561	61	2.9151	0.1067	87	6.3117	0.1562
10	0.0360	0.0102	36	0.8782	0.0580	62	3.0218	0.1087	88	6.4679	0.1581
11	0.0463	0.0118	37	0.9362	0.0600	63	3.1305	0.1106	89	6.6260	0.1599
12	0.0580	0.0134	38	0.9962	0.0619	64	3.2411	0.1125	90	6.7859	0.1618
13	0.0714	0.0150	39	1.0582	0.0639	65	3.3536	0.1145	91	6.9477	0.1637
14	0.0864	0.0167	40	1.1221	0.0659	66	3.4681	0.1164	92	7.1114	0.1655
15	0.1031	0.0184	41	1.1879	0.0678	67	3.5844	0.1183	93	7.2769	0.1674
16	0.1215	0.0201	42	1.2557	0.0698	68	3.7027	0.1202	94	7.4443	0.1693
17	0.1416	0.0219	43	1.3255	0.0717	69	3.8229	0.1221	95	7.6136	0.1711
18	0.1635	0.0237	44	1.3972	0.0737	70	3.9451	0.1240	96	7.7847	0.1730
19	0.1872	0.0255	45	1.4709	0.0756	71	4.0691	0.1259	97	7.9576	0.1748
20	0.2127	0.0273	46	1.5466	0.0776	72	4.1950	0.1278	98	8.1325	0.1767
21	0.2401	0.0292	47	1.6242	0.0796	73	4.3229	0.1298	99	8.3091	0.1785
22	0.2693	0.0311	48	1.7037	0.0815	74	4.4526	0.1317	100	8.4877	0.1804
23	0.3003	0.0329	49	1.7852	0.0835	75	4.5843	0.1336	101	8.6680	0.1822
24	0.3333	0.0348	50	1.8687	0.0854	76	4.7178	0.1355	102	8.8503	0.1841
25	0.3681	0.0367	51	1.9541	0.0874	77	4.8533	0.1373	103	9.0343	0.1859
26	0.4048	0.0386	52	2.0414	0.0893	78	4.9906	0.1392	104	9.2202	0.1877
27	0.4435	0.0406	53	2.1307	0.0912	79	5.1299	0.1411	105	9.4080	0.1896
28	0.4840	0.0425	54	2.2220	0.0932	80	5.2710	0.1430	106	9.5976	0.1896
29	0.5265	0.0444	55	2.3152	0.0951	81	5.4140	0.1449			
30	0.5709	0.0463	56	2.4103	0.0971	82	5.5589	0.1468			

适用树种：人工阔叶树；适用地区：三明市；资料名称：福建省地方森林资源监测体系抽样调查用表；编表人或作者：福建省林业厅；刊印或发表时间：2016。

813. 福建人工阔叶树一元立木材积表（三）（围尺）

$$V = 0.000052764291D^{1.8821611}H^{1.0093166}；D \leqslant 116\text{cm}$$

$$H = 38.308 - 1478.203/(D + 39.705)$$

D	V	ΔV	D	V	ΔV	D	V	ΔV	D	V	ΔV
5	0.0058	0.0035	33	0.7028	0.0521	61	2.9435	0.1102	89	6.8111	0.1679
6	0.0093	0.0046	34	0.7549	0.0542	62	3.0537	0.1123	90	6.9791	0.1700
7	0.0139	0.0058	35	0.8091	0.0562	63	3.1660	0.1143	91	7.1490	0.1720
8	0.0197	0.0071	36	0.8653	0.0583	64	3.2803	0.1164	92	7.3210	0.1740
9	0.0268	0.0084	37	0.9236	0.0603	65	3.3968	0.1185	93	7.4951	0.1761
10	0.0352	0.0098	38	0.9839	0.0624	66	3.5153	0.1206	94	7.6712	0.1781
11	0.0450	0.0113	39	1.0462	0.0644	67	3.6359	0.1227	95	7.8493	0.1801
12	0.0563	0.0128	40	1.1107	0.0665	68	3.7585	0.1247	96	8.0294	0.1822
13	0.0691	0.0144	41	1.1772	0.0686	69	3.8832	0.1268	97	8.2116	0.1842
14	0.0835	0.0161	42	1.2457	0.0706	70	4.0100	0.1289	98	8.3958	0.1862
15	0.0996	0.0177	43	1.3163	0.0727	71	4.1389	0.1309	99	8.5820	0.1882
16	0.1174	0.0195	44	1.3891	0.0748	72	4.2699	0.1330	100	8.7702	0.1903
17	0.1368	0.0212	45	1.4638	0.0769	73	4.4029	0.1351	101	8.9605	0.1923
18	0.1580	0.0230	46	1.5407	0.0789	74	4.5380	0.1371	102	9.1527	0.1943
19	0.1810	0.0248	47	1.6196	0.0810	75	4.6751	0.1392	103	9.3470	0.1963
20	0.2059	0.0267	48	1.7007	0.0831	76	4.8143	0.1413	104	9.5434	0.1983
21	0.2325	0.0285	49	1.7838	0.0852	77	4.9556	0.1433	105	9.7417	0.2003
22	0.2610	0.0304	50	1.8689	0.0873	78	5.0989	0.1454	106	9.9420	0.2023
23	0.2914	0.0323	51	1.9562	0.0894	79	5.2443	0.1474	107	10.1444	0.2044
24	0.3237	0.0342	52	2.0456	0.0914	80	5.3918	0.1495	108	10.3487	0.2064
25	0.3580	0.0362	53	2.1370	0.0935	81	5.5413	0.1516	109	10.5551	0.2084
26	0.3942	0.0381	54	2.2305	0.0956	82	5.6928	0.1536	110	10.7634	0.2104
27	0.4323	0.0401	55	2.3261	0.0977	83	5.8464	0.1557	111	10.9738	0.2124
28	0.4724	0.0421	56	2.4238	0.0998	84	6.0021	0.1577	112	11.1862	0.2144
29	0.5145	0.0441	57	2.5236	0.1019	85	6.1598	0.1598	113	11.4006	0.2164
30	0.5585	0.0461	58	2.6255	0.1039	86	6.3196	0.1618	114	11.6169	0.2184
31	0.6046	0.0481	59	2.7294	0.1060	87	6.4814	0.1638	115	11.8353	0.2204
32	0.6527	0.0501	60	2.8354	0.1081	88	6.6452	0.1659	116	12.0556	0.2204

适用树种：人工阔叶树；适用地区：龙岩地区；资料名称：福建省地方森林资源监测体系抽样调查用表；编表人或作者：福建省林业厅；刊印或发表时间：2016。

814. 福建人工阔叶树一元立木材积表（四）（围尺）

$$V = 0.000052764291D^{1.8821611}H^{1.0093166};\ D \leqslant 94\text{cm}$$

$$H = 29.065 - 595.466/(D + 20.044)$$

D	V	ΔV	D	V	ΔV	D	V	ΔV	D	V	ΔV
5	0.0059	0.0038	28	0.4780	0.0405	51	1.8371	0.0792	74	4.0723	0.1165
6	0.0097	0.0051	29	0.5185	0.0422	52	1.9163	0.0809	75	4.1888	0.1181
7	0.0148	0.0063	30	0.5607	0.0439	53	1.9972	0.0825	76	4.3069	0.1197
8	0.0211	0.0077	31	0.6045	0.0456	54	2.0797	0.0842	77	4.4267	0.1213
9	0.0288	0.0091	32	0.6501	0.0473	55	2.1639	0.0858	78	4.5480	0.1229
10	0.0380	0.0106	33	0.6974	0.0490	56	2.2497	0.0874	79	4.6709	0.1245
11	0.0486	0.0121	34	0.7463	0.0507	57	2.3371	0.0891	80	4.7954	0.1261
12	0.0607	0.0137	35	0.7970	0.0524	58	2.4262	0.0907	81	4.9215	0.1276
13	0.0744	0.0153	36	0.8494	0.0541	59	2.5169	0.0924	82	5.0491	0.1292
14	0.0897	0.0169	37	0.9035	0.0558	60	2.6093	0.0940	83	5.1783	0.1308
15	0.1066	0.0185	38	0.9592	0.0575	61	2.7032	0.0956	84	5.3091	0.1324
16	0.1251	0.0202	39	1.0167	0.0591	62	2.7988	0.0972	85	5.4415	0.1339
17	0.1453	0.0218	40	1.0758	0.0608	63	2.8961	0.0989	86	5.5755	0.1355
18	0.1671	0.0235	41	1.1367	0.0625	64	2.9949	0.1005	87	5.7110	0.1371
19	0.1906	0.0252	42	1.1992	0.0642	65	3.0954	0.1021	88	5.8481	0.1386
20	0.2157	0.0268	43	1.2634	0.0659	66	3.1975	0.1037	89	5.9867	0.1402
21	0.2426	0.0285	44	1.3292	0.0676	67	3.3012	0.1053	90	6.1269	0.1418
22	0.2711	0.0302	45	1.3968	0.0692	68	3.4066	0.1069	91	6.2687	0.1433
23	0.3014	0.0319	46	1.4660	0.0709	69	3.5135	0.1085	92	6.4120	0.1449
24	0.3333	0.0336	47	1.5369	0.0726	70	3.6221	0.1102	93	6.5569	0.1464
25	0.3669	0.0353	48	1.6095	0.0742	71	3.7322	0.1118	94	6.7033	0.1464
26	0.4023	0.0370	49	1.6837	0.0759	72	3.8440	0.1134			
27	0.4393	0.0387	50	1.7596	0.0775	73	3.9573	0.1150			

适用树种：人工阔叶树；适用地区：沿海内山县，包括古田、屏南、仙游、永泰、德化、平和、南靖、华安；资料名称：福建省地方森林资源监测体系抽样调查用表；编表人或作者：福建省林业厅；刊印或发表时间：2016。

815. 福建人工阔叶树一元立木材积表（五）（围尺）

$$V = 0.000052764291D^{1.8821611}H^{1.0093166}；D \leqslant 72\text{cm}$$

$$H = 29.898 - 962.264/(D + 33.662)$$

D	V	ΔV	D	V	ΔV	D	V	ΔV	D	V	ΔV
5	0.0055	0.0033	22	0.2291	0.0261	39	0.8911	0.0537	56	2.0286	0.0818
6	0.0088	0.0042	23	0.2551	0.0276	40	0.9447	0.0553	57	2.1104	0.0834
7	0.0130	0.0053	24	0.2828	0.0292	41	1.0001	0.0570	58	2.1938	0.0851
8	0.0183	0.0064	25	0.3120	0.0308	42	1.0570	0.0586	59	2.2789	0.0867
9	0.0247	0.0075	26	0.3428	0.0324	43	1.1157	0.0603	60	2.3656	0.0884
10	0.0322	0.0088	27	0.3752	0.0340	44	1.1760	0.0619	61	2.4540	0.0900
11	0.0410	0.0101	28	0.4093	0.0356	45	1.2379	0.0636	62	2.5440	0.0917
12	0.0511	0.0114	29	0.4449	0.0373	46	1.3015	0.0653	63	2.6357	0.0933
13	0.0624	0.0127	30	0.4821	0.0389	47	1.3668	0.0669	64	2.7290	0.0949
14	0.0751	0.0141	31	0.5210	0.0405	48	1.4337	0.0686	65	2.8239	0.0966
15	0.0893	0.0155	32	0.5615	0.0421	49	1.5023	0.0702	66	2.9205	0.0982
16	0.1048	0.0170	33	0.6037	0.0438	50	1.5725	0.0719	67	3.0187	0.0998
17	0.1218	0.0184	34	0.6475	0.0454	51	1.6444	0.0735	68	3.1185	0.1015
18	0.1402	0.0199	35	0.6929	0.0471	52	1.7179	0.0752	69	3.2200	0.1031
19	0.1601	0.0214	36	0.7400	0.0487	53	1.7931	0.0768	70	3.3231	0.1047
20	0.1816	0.0230	37	0.7887	0.0504	54	1.8699	0.0785	71	3.4278	0.1064
21	0.2046	0.0245	38	0.8390	0.0520	55	1.9484	0.0801	72	3.5342	0.1064

适用树种：人工阔叶树；适用地区：福州市、莆田市、泉州市、厦门市、漳州市，以宁德地区除注1外的各县（市、区）；资料名称：福建省地方森林资源监测体系抽样调查用表；编表人或作者：福建省林业厅；刊印或发表时间：2016。

816. 福建国营林场人工杉木一元立木材积表（一）

D	H	V	ΔV	FH	D	H	V	ΔV	FH
4	3.1	0.0240	0.0032	2.385	23	16.3	1.4265	0.0334	7.450
5	4.0	0.0330	0.0032	2.871	24	16.8	1.4960	0.0369	7.608
6	4.8	0.0420	0.0054	3.357	25	17.3	1.5700	0.0369	7.736
7	5.6	0.0540	0.0054	3.689	26	17.8	1.6440	0.0402	7.864
8	6.3	0.0660	0.0081	4.020	27	18.3	1.7180	0.0402	7.974
9	7.1	0.0805	0.0081	4.301	28	18.7	1.7920	0.0446	8.084
10	7.8	0.0950	0.0113	4.582	29	19.2	1.8700	0.0446	8.195
11	8.6	0.1135	0.0113	4.889	30	19.6	1.9480	0.0478	8.306
12	9.3	0.1320	0.0145	5.195	31	20.0	2.0295	0.0478	8.399
13	10.0	0.1520	0.0145	5.445	32	20.4	2.1110	0.0522	8.491
14	10.7	0.1720	0.0184	5.694	33	20.8	2.1915	0.0522	8.579
15	11.4	0.1960	0.0184	5.942	34	21.2	2.2720	0.0568	8.667
16	12.1	0.2200	0.0213	6.189	35	21.6	2.3555	0.0568	8.757
17	12.7	0.2480	0.0213	6.380	36	22.0	2.4390	0.0574	8.847
18	13.3	0.2760	0.0254	6.571	37	22.3	2.5205	0.0574	8.901
19	13.9	0.3070	0.0254	6.752	38	22.6	2.6020	0.0616	8.954
20	14.5	0.3380	0.0297	6.933	39	22.9	2.6915	0.0616	9.006
21	15.1	0.3725	0.0297	7.113	40	23.2	2.7810	0.0616	9.057
22	15.7	0.4070	0.0334	7.292					

适用树种：人工杉木；适用地区：福建省各国营林场；资料名称：森林调查用表；编表人或作者：福建省林业勘察设计院；刊印或发表时间：1978。

闽

817. 福建国营林场人工杉木一元立木材积表（二）

D	H	V	ΔV	FH	D	H	V	ΔV	FH
4	3.1	0.0031	0.0031	2.385	20	13.2	0.1994	0.0257	6.350
5	3.9	0.0062	0.0031	2.836	21	13.7	0.2251	0.0257	6.474
6	4.7	0.0092	0.0052	3.286	22	14.1	0.2507	0.0294	6.597
7	5.4	0.0144	0.0052	3.593	23	14.6	0.2801	0.0294	6.721
8	6.1	0.0195	0.0077	3.900	24	15.0	0.3094	0.0322	6.845
9	6.8	0.0272	0.0077	4.159	25	15.4	0.3416	0.0322	6.942
10	7.5	0.0349	0.0107	4.418	26	15.8	0.3737	0.0360	7.038
11	8.2	0.0456	0.0107	4.700	27	16.2	0.4097	0.0360	7.137
12	8.9	0.0563	0.0134	4.982	28	16.6	0.4457	0.0399	7.235
13	9.5	0.0697	0.0134	5.186	29	17.0	0.4856	0.0399	7.334
14	10.1	0.0830	0.0163	5.390	30	17.4	0.5255	0.0426	7.433
15	10.7	0.0993	0.0163	5.571	31	17.8	0.5681	0.0426	7.514
16	11.2	0.1156	0.0198	5.751	32	18.1	0.6106	0.0465	7.595
17	11.8	0.1354	0.0198	5.931	33	18.5	0.6571	0.0465	7.672
18	12.3	0.1552	0.0221	6.110	34	18.8	0.7036	0.0465	7.749
19	12.8	0.1773	0.0221	6.230					

适用树种：人工杉木；适用地区：福建省各国营林场；资料名称：森林调查用表；编表人或作者：福建省林业勘察设计院；刊印或发表时间：1978。

818. 福建国营林场人工杉木一元立木材积表（三）

D	H	V	ΔV	FH	D	H	V	ΔV	FH
4	2.9	0.0029	0.0028	2.231	14	8.7	0.0723	0.0135	4.695
5	3.6	0.0057	0.0028	2.769	15	9.1	0.0858	0.0135	4.815
6	4.3	0.0085	0.0048	3.306	16	9.5	0.0992	0.0156	4.935
7	5.0	0.0133	0.0048	3.453	17	9.9	0.1148	0.0156	5.029
8	5.6	0.0180	0.0069	3.600	18	10.2	0.1304	0.0175	5.123
9	6.2	0.0249	0.0069	3.813	19	10.5	0.1479	0.0175	5.196
10	6.8	0.0318	0.0090	4.025	20	10.8	0.1654	0.0193	5.268
11	7.3	0.0408	0.0090	4.216	21	11.1	0.1847	0.0193	5.317
12	7.8	0.0498	0.0113	4.407	22	11.3	0.2039	0.0193	5.366
13	8.3	0.0611	0.0113	4.551					

适用树种：人工杉木；适用地区：福建省各国营林场；资料名称：森林调查用表；编表人或作者：福建省林业勘察设计院；刊印或发表时间：1978。

819. 福建国营林场人工马尾松一元立木材积表（一）

D	H	V	ΔV	FH	D	H	V	ΔV	FH
4	4.0	0.0038	0.0035	3.016	23	17.0	0.2943	0.0297	7.062
5	4.9	0.0073	0.0035	3.399	24	17.5	0.3240	0.0346	7.162
6	5.8	0.0107	0.0058	3.781	25	18.0	0.3586	0.0346	7.284
7	6.7	0.0165	0.0058	4.098	26	18.5	0.3932	0.0372	7.406
8	7.5	0.0222	0.0083	4.414	27	19.0	0.4304	0.0372	7.499
9	8.3	0.0305	0.0083	4.672	28	19.4	0.4675	0.0400	7.592
10	9.0	0.0387	0.0112	4.930	29	19.8	0.5075	0.0400	7.668
11	9.8	0.0499	0.0112	5.162	30	20.2	0.5474	0.0427	7.744
12	10.5	0.0610	0.0142	5.393	31	20.6	0.5901	0.0427	7.806
13	11.2	0.0752	0.0142	5.601	32	20.9	0.6327	0.0450	7.867
14	11.9	0.0894	0.0169	5.809	33	21.2	0.6777	0.0450	7.913
15	12.5	0.1063	0.0169	5.968	34	21.5	0.7226	0.0470	7.959
16	13.1	0.1232	0.0203	6.126	35	21.8	0.7696	0.0470	7.991
17	13.7	0.1435	0.0203	6.279	36	22.0	0.8166	0.0487	8.022
18	14.3	0.1637	0.0234	6.432	37	22.2	0.8653	0.0487	8.040
19	14.9	0.1871	0.0234	6.566	38	22.4	0.9139	0.0518	8.058
20	15.4	0.2105	0.0271	6.700	39	22.6	0.9657	0.0518	8.077
21	16.0	0.2376	0.0271	6.831	40	22.8	1.0174	0.0518	8.096
22	16.5	0.2646	0.0297	6.961					

适用树种：人工马尾松；适用地区：福建省各国营林场；资料名称：森林调查用表；编表人或作者：福建省林业勘察设计院；刊印或发表时间：1978。

闽

820. 福建国营林场人工马尾松一元立木材积表（二）

D	H	V	ΔV	FH	D	H	V	ΔV	FH
4	4.0	0.0038	0.0033	3.016	20	12.2	0.1739	0.0205	5.535
5	4.8	0.0071	0.0033	3.346	21	12.5	0.1944	0.0205	5.595
6	5.6	0.0104	0.0053	3.675	22	12.8	0.2149	0.0224	5.654
7	6.3	0.0157	0.0053	3.925	23	13.1	0.2373	0.0224	5.696
8	7.0	0.0210	0.0073	4.175	24	13.3	0.2596	0.0248	5.738
9	7.6	0.0283	0.0073	4.349	25	13.6	0.2844	0.0248	5.781
10	8.1	0.0355	0.0094	4.522	26	13.8	0.3092	0.0264	5.824
11	8.6	0.0449	0.0094	4.662	27	14.0	0.3356	0.0264	5.851
12	9.1	0.0543	0.0116	4.801	28	14.2	0.3620	0.0276	5.878
13	9.6	0.0659	0.0116	4.919	29	14.4	0.3896	0.0276	5.890
14	10.0	0.0775	0.0138	5.036	30	14.5	0.4172	0.0299	5.902
15	10.4	0.0913	0.0138	5.131	31	14.7	0.4471	0.0299	5.916
16	10.8	0.1051	0.0159	5.226	32	14.8	0.4769	0.0320	5.930
17	11.2	0.1210	0.0159	5.303	33	15.0	0.5089	0.0320	5.944
18	11.5	0.1369	0.0185	5.379	34	15.1	0.5408	0.0320	5.957
19	11.9	0.1554	0.0185	5.457					

适用树种：人工马尾松；适用地区：福建省各国营林场；资料名称：森林调查用表；编表人或作者：福建省林业勘察设计院；刊印或发表时间：1978。

821. 福建国营林场人工马尾松一元立木材积表（三）

D	H	V	ΔV	FH	D	H	V	ΔV	FH
4	3.9	0.0037	0.0030	2.936	14	8.4	0.0672	0.0113	4.366
5	4.5	0.0067	0.0030	3.164	15	8.7	0.0785	0.0113	4.413
6	5.1	0.0096	0.0047	3.392	16	8.9	0.0897	0.0122	4.460
7	5.7	0.0143	0.0047	3.585	17	9.1	0.1019	0.0122	4.470
8	6.2	0.0190	0.0063	3.777	18	9.2	0.1140	0.0138	4.479
9	6.6	0.0253	0.0063	3.895	19	9.4	0.1278	0.0138	4.493
10	7.0	0.0315	0.0082	4.013	20	9.5	0.1416	0.0155	4.507
11	7.4	0.0397	0.0082	4.120	21	9.7	0.1571	0.0155	4.524
12	7.8	0.0478	0.0097	4.226	22	9.8	0.1726	0.0155	4.541
13	8.1	0.0575	0.0097	4.296					

适用树种：人工马尾松；适用地区：福建省各国营林场；资料名称：森林调查用表；编表人或作者：福建省林业勘察设计院；刊印或发表时间：1978。

822. 福建三明市杉木一元立木材积表（围尺）

$$V=0.00005806186(0.98632576D-0.22832250)^{1.95533510}(55.581427-3255.6648/(D+58))^{0.89403304}$$；表中D为围尺径；$D\leqslant$47cm

$$D=-0.803883+0.899501D_0-0.002264D_0^2$$

D	V	ΔV	D	V	ΔV	D	V	ΔV	D	V	ΔV
4	0.0021	0.0020	15	0.0931	0.0179	26	0.4049	0.0418	37	1.0024	0.0698
5	0.0041	0.0029	16	0.1110	0.0198	27	0.4468	0.0443	38	1.0722	0.0725
6	0.0070	0.0040	17	0.1309	0.0218	28	0.4910	0.0467	39	1.1447	0.0752
7	0.0109	0.0051	18	0.1527	0.0239	29	0.5377	0.0492	40	1.2199	0.0779
8	0.0160	0.0064	19	0.1766	0.0260	30	0.5869	0.0517	41	1.2977	0.0806
9	0.0224	0.0078	20	0.2026	0.0281	31	0.6386	0.0542	42	1.3783	0.0833
10	0.0302	0.0093	21	0.2307	0.0303	32	0.6928	0.0567	43	1.4616	0.0861
11	0.0395	0.0108	22	0.2610	0.0325	33	0.7495	0.0593	44	1.5477	0.0888
12	0.0504	0.0125	23	0.2935	0.0348	34	0.8088	0.0619	45	1.6365	0.0916
13	0.0629	0.0142	24	0.3283	0.0371	35	0.8707	0.0645	46	1.7281	0.0944
14	0.0771	0.0160	25	0.3654	0.0395	36	0.9353	0.0672	47	1.8225	0.0944

适用树种：杉木；适用地区：福建三明市；资料名称：沙县杉木、马尾松、阔叶树地径一元材积表编制的研究；编表人或作者：李宝银、朱德培、江正铨、林友朋、王文斌；出版机构：福建林业科技；刊印或发表时间：1993。其他说明：根据 LY 208—1977 导算。

823. 福建三明市马尾松一元立木材积表（围尺）

$$V=0.000062341802(0.98375886D-0.21481104)^{1.8551497}(57.597575-3309.5367/(D+58))^{0.95682492}$$；表中D为围尺径；$D\leqslant$47cm

$$D=-0.493268+0.807088D_0-0.00155D_0^2$$

D	V	ΔV	D	V	ΔV	D	V	ΔV	D	V	ΔV
4	0.0028	0.0024	15	0.0984	0.0180	26	0.4031	0.0400	37	0.9653	0.0647
5	0.0052	0.0033	16	0.1165	0.0198	27	0.4431	0.0422	38	1.0300	0.0670
6	0.0085	0.0044	17	0.1363	0.0217	28	0.4853	0.0444	39	1.0970	0.0694
7	0.0130	0.0056	18	0.1580	0.0236	29	0.5297	0.0466	40	1.1664	0.0717
8	0.0186	0.0069	19	0.1816	0.0256	30	0.5763	0.0488	41	1.2381	0.0740
9	0.0255	0.0083	20	0.2071	0.0275	31	0.6251	0.0510	42	1.3122	0.0764
10	0.0338	0.0097	21	0.2347	0.0295	32	0.6761	0.0533	43	1.3885	0.0788
11	0.0435	0.0113	22	0.2642	0.0316	33	0.7294	0.0555	44	1.4673	0.0811
12	0.0548	0.0129	23	0.2958	0.0337	34	0.7849	0.0578	45	1.5484	0.0835
13	0.0677	0.0145	24	0.3295	0.0358	35	0.8427	0.0601	46	1.6319	0.0858
14	0.0822	0.0162	25	0.3652	0.0379	36	0.9029	0.0624	47	1.7177	0.0858

适用树种：马尾松；适用地区：福建三明市；资料名称：沙县杉木、马尾松、阔叶树地径一元材积表编制的研究；编表人或作者：李宝银、朱德培、江正铨、林友朋、王文斌；出版机构：福建林业科技；刊印或发表时间：1993。其他说明：根据 LY 208—1977 导算。

824. 福建三明市阔叶树一元立木材积表（围尺）

$$V = 0.000052764291(0.98336649D - 0.16799128)^{1.8821611}(35.970928 - 1064.7206/(D+30))^{1.0093166}$$ ；表中D为围尺径；$D \leqslant 47$cm

$$D = -0.305334 + 0.850208D_0 - 0.000086D_0^2$$

D	V	ΔV	D	V	ΔV	D	V	ΔV	D	V	ΔV
4	0.0030	0.0026	15	0.1031	0.0184	26	0.4048	0.0386	37	0.9362	0.0600
5	0.0056	0.0036	16	0.1215	0.0201	27	0.4435	0.0406	38	0.9961	0.0619
6	0.0092	0.0047	17	0.1416	0.0219	28	0.4840	0.0425	39	1.0581	0.0639
7	0.0139	0.0060	18	0.1635	0.0237	29	0.5265	0.0444	40	1.1220	0.0659
8	0.0199	0.0073	19	0.1872	0.0255	30	0.5709	0.0463	41	1.1878	0.0678
9	0.0273	0.0088	20	0.2127	0.0273	31	0.6173	0.0483	42	1.2556	0.0698
10	0.0360	0.0102	21	0.2401	0.0292	32	0.6655	0.0502	43	1.3254	0.0717
11	0.0463	0.0118	22	0.2693	0.0311	33	0.7158	0.0522	44	1.3971	0.0737
12	0.0581	0.0134	23	0.3003	0.0329	34	0.7679	0.0541	45	1.4708	0.0756
13	0.0714	0.0150	24	0.3333	0.0348	35	0.8221	0.0561	46	1.5464	0.0776
14	0.0864	0.0167	25	0.3681	0.0367	36	0.8781	0.0580	47	1.6240	0.0776

适用树种：阔叶树；适用地区：福建三明市；资料名称：沙县杉木、马尾松、阔叶树地径一元材积表编制的研究；编表人或作者：李宝银、朱德培、江正铨、林友朋、王文斌；出版机构：福建林业科技；刊印或发表时间：1993。其他说明：根据 LY 208—1977 导算。

825. 福建武夷山黄山松一元立木材积表

$$V = 4.3362D^{-19.836/D}$$ ；$D \leqslant 40$cm

D	V	ΔV	D	V	ΔV	D	V	ΔV	D	V	ΔV
6	0.0116	0.0059	15	0.1207	0.0187	24	0.3136	0.0236	33	0.5301	0.0241
7	0.0175	0.0075	16	0.1394	0.0196	25	0.3372	0.0238	34	0.5541	0.0240
8	0.0250	0.0092	17	0.1590	0.0204	26	0.3611	0.0240	35	0.5781	0.0239
9	0.0342	0.0108	18	0.1794	0.0211	27	0.3851	0.0241	36	0.6020	0.0237
10	0.0450	0.0124	19	0.2005	0.0217	28	0.4092	0.0242	37	0.6257	0.0236
11	0.0574	0.0139	20	0.2222	0.0222	29	0.4333	0.0242	38	0.6493	0.0234
12	0.0713	0.0153	21	0.2444	0.0227	30	0.4575	0.0242	39	0.6728	0.0233
13	0.0866	0.0165	22	0.2671	0.0231	31	0.4818	0.0242	40	0.6961	0.0233
14	0.1031	0.0177	23	0.2902	0.0234	32	0.5059	0.0241			

适用树种：黄山松；适用地区：福建武夷山、茫荡山、戴云山、仁山；资料名称：黄山松立木一元材积模型建模技术；编表人或作者：华伟平、丘甜、黄烺增、盖新敏、张元法、江希钿；出版机构：林业科技通讯；刊印或发表时间：2015。其他说明：样木株数 291。

826. 福建阔叶树二元立木材积表

$$V = 0.0000685634D^{1.933221}H^{0.867885}; \ D \leqslant 92\text{cm}, H \leqslant 33\text{m}$$

D	H	V	D	H	V	D	H	V	D	H	V	D	H	V
4	3	0.0026	22	9	0.1817	40	16	0.9512	58	22	2.5719	76	28	5.3467
5	3	0.0040	23	10	0.2170	41	16	0.9977	59	22	2.6583	77	28	5.4836
6	4	0.0073	24	10	0.2356	42	16	1.0453	60	23	2.8541	78	29	5.7959
7	4	0.0098	25	10	0.2550	43	17	1.1530	61	23	2.9468	79	29	5.9404
8	4	0.0127	26	11	0.2988	44	17	1.2054	62	23	3.0409	80	29	6.0867
9	5	0.0194	27	11	0.3214	45	17	1.2589	63	24	3.2545	81	30	6.4208
10	5	0.0238	28	11	0.3448	46	18	1.3804	64	24	3.3551	82	30	6.5749
11	5	0.0286	29	12	0.3980	47	18	1.4390	65	24	3.4572	83	31	6.9251
12	6	0.0396	30	12	0.4249	48	18	1.4988	66	25	3.6891	84	31	7.0873
13	6	0.0462	31	12	0.4527	49	19	1.6347	67	25	3.7980	85	31	7.2513
14	6	0.0534	32	13	0.5160	50	19	1.6998	68	25	3.9083	86	32	7.6243
15	7	0.0697	33	13	0.5476	51	19	1.7661	69	26	4.1594	87	32	7.7967
16	7	0.0790	34	13	0.5802	52	20	1.9171	70	26	4.2767	88	32	7.9708
17	8	0.0997	35	14	0.6544	53	20	1.9890	71	26	4.3956	89	33	8.3674
18	8	0.1113	36	14	0.6910	54	20	2.0622	72	27	4.6664	90	33	8.5501
19	8	0.1236	37	14	0.7286	55	21	2.2291	73	27	4.7925	91	33	8.7347
20	9	0.1512	38	15	0.8145	56	21	2.3081	74	27	4.9203	92	34	9.1554
21	9	0.1661	39	15	0.8564	57	21	2.3885	75	28	5.2115			

适用树种：阔叶树；适用地区：福建；资料名称：福建省阔叶树二元材积方程修订；编表人或作者：施恭明、江希钿，林力、洪桢华、潘俊忠；出版机构：武夷学院学报；刊印或发表时间：2015。其他说明：样木株数1052。

827. 福建南平市人工峦大杉二元材积表

$$V = 0.0000818D^{1.73}H^{1.04}; \ D \leqslant 34\text{cm}, H \leqslant 25\text{m}$$

D	H	V	D	H	V	D	H	V	D	H	V	D	H	V
6	5	0.0097	12	9	0.0592	18	14	0.1890	24	18	0.4036	30	22	0.7316
7	6	0.0153	13	10	0.0758	19	14	0.2075	25	19	0.4582	31	23	0.8110
8	6	0.0192	14	11	0.0952	20	15	0.2436	26	19	0.4904	32	24	0.8955
9	7	0.0277	15	12	0.1174	21	16	0.2835	27	20	0.5522	33	25	0.9855
10	8	0.0382	16	12	0.1313	22	17	0.3272	28	21	0.6186	34	25	1.0377
11	9	0.0509	17	13	0.1585	23	17	0.3534	29	22	0.6900			

适用树种：人工峦大杉；适用地区：福建南平、三明；资料名称：福建省峦大杉人工林二元材积表的研制；编表人或作者：鲍晓红、张纪卯、陈文荣、吴火和、康永武、张璐颖、高楠；出版机构：福建林业科技；刊印或发表时间：2014。其他说明：样木株数 130，树高范围人工给定。

828. 福建武夷山黄山松二元立木材积表

$$V = 0.23551D^{-17.153/D}H^{0.988}\ ;\ D \leqslant 52\text{cm}, H \leqslant 23\text{m}$$

D	H	V	D	H	V	D	H	V	D	H	V	D	H	V
10	4	0.0178	19	8	0.1288	28	12	0.3562	37	17	0.7256	46	21	1.1438
11	4	0.0220	20	9	0.1581	29	13	0.4051	38	17	0.7492	47	21	1.1698
12	5	0.0331	21	9	0.1717	30	13	0.4246	39	17	0.7725	48	22	1.2518
13	5	0.0392	22	10	0.2058	31	14	0.4777	40	18	0.8418	49	22	1.2784
14	6	0.0545	23	10	0.2210	32	14	0.4984	41	18	0.8659	50	23	1.3632
15	6	0.0625	24	11	0.2597	33	15	0.5555	42	19	0.9386	51	23	1.3902
16	7	0.0824	25	11	0.2765	34	15	0.5772	43	19	0.9634	52	24	1.4778
17	7	0.0924	26	11	0.2934	35	16	0.6382	44	20	1.0393			
18	8	0.1170	27	12	0.3380	36	16	0.6609	45	20	1.0648			

适用树种：黄山松；适用地区：福建武夷山、茫荡山、戴云山、仁山；资料名称：基于交叉建模检验的黄山松二元材积模型建模技术；编表人或作者：华伟平、丘甜、盖新敏、黄烺增、许木正、江希钿；出版机构：武夷学院学报；刊印或发表时间：2015。其他说明：样木株数 291。

829. 福建木荷二元立木材积表

$$V = 0.00006801D^{1.865613}H^{0.918129};\ D \leqslant 33\text{cm}, H \leqslant 24\text{m}$$

D	H	V	D	H	V	D	H	V	D	H	V	D	H	V
6	4	0.0069	12	9	0.0527	18	13	0.1575	24	18	0.3631	30	22	0.6620
7	5	0.0112	13	9	0.0612	19	14	0.1864	25	18	0.3918	31	23	0.7330
8	6	0.0171	14	10	0.0774	20	15	0.2186	26	19	0.4430	32	24	0.8087
9	6	0.0212	15	11	0.0961	21	15	0.2394	27	20	0.4983	33	24	0.8565
10	7	0.0298	16	12	0.1174	22	16	0.2770	28	21	0.5577			
11	8	0.0402	17	12	0.1315	23	17	0.3182	29	21	0.5954			

适用树种：木荷；适用地区：福建；资料名称：木荷二元材积表的研制；编表人或作者：曾永祥；出版机构：福建林业科技；刊印或发表时间：2006。其他说明：样木株数 355。

830. 福建永安市人工尾叶桉二元立木材积表

$V = 0.00006628D^{1.87796083}H^{0.91774413}$；$D \leqslant 25\text{cm}, H \leqslant 27\text{m}$

D	H	V	D	H	V	D	H	V	D	H	V	D	H	V
6	4	0.0068	10	9	0.0376	14	14	0.1061	18	18	0.2142	22	23	0.3909
7	5	0.0112	11	10	0.0495	15	15	0.1286	19	20	0.2611	23	24	0.4419
8	6	0.0170	12	11	0.0636	16	16	0.1541	20	21	0.3007	24	26	0.5152
9	8	0.0277	13	12	0.0801	17	17	0.1825	21	22	0.3439	25	27	0.5758

适用树种：人工尾叶桉；适用地区：福建省永安市；资料名称：尾叶桉人工林二元材积表的研制；编表人或作者：罗明永；出版机构：福建林业科技；刊印或发表时间：2009。其他说明：样木株数 322。

831. 福建漳州市黑荆树一元立木材积表

$V = 0.00009764480669(D + 0.2)^{2.6198122}$；$D \leqslant 20\text{cm}$

D	V	ΔV	D	V	ΔV	D	V	ΔV	D	V	ΔV
3	0.0021	0.0021	8	0.0242	0.0085	13	0.0842	0.0178	18	0.1953	0.0294
4	0.0042	0.0031	9	0.0327	0.0102	14	0.1020	0.0199	19	0.2247	0.0320
5	0.0073	0.0043	10	0.0429	0.0119	15	0.1219	0.0221	20	0.2567	0.0320
6	0.0116	0.0056	11	0.0548	0.0138	16	0.1440	0.0245			
7	0.0172	0.0070	12	0.0685	0.0157	17	0.1685	0.0269			

适用树种：黑荆树；适用地区：福建省漳州市；资料名称：黑荆树经营数表编制的研究(Ⅰ)立木材积表的编制；编表人或作者：林杰、陈平留、黄健儿、方玉霖；出版机构：福建林学院学报；刊印或发表时间：1987。其他说明：样木株数 333。

832. 福建人工木荷一元立木材积表

$V = 0.000357D^{2.18617}$；$D \leqslant 36\text{cm}$

D	V	ΔV	D	V	ΔV	D	V	ΔV	D	V	ΔV
5	0.0120	0.0059	13	0.0973	0.0171	21	0.2775	0.0297	29	0.5620	0.0432
6	0.0179	0.0072	14	0.1144	0.0186	22	0.3072	0.0314	30	0.6052	0.0450
7	0.0251	0.0085	15	0.1330	0.0202	23	0.3386	0.0330	31	0.6502	0.0467
8	0.0336	0.0099	16	0.1531	0.0217	24	0.3716	0.0347	32	0.6969	0.0485
9	0.0435	0.0113	17	0.1748	0.0233	25	0.4063	0.0364	33	0.7454	0.0503
10	0.0548	0.0127	18	0.1981	0.0249	26	0.4426	0.0381	34	0.7957	0.0521
11	0.0675	0.0141	19	0.2230	0.0265	27	0.4807	0.0398	35	0.8477	0.0539
12	0.0816	0.0156	20	0.2494	0.0281	28	0.5205	0.0415	36	0.9016	0.0539

适用树种：人工木荷；适用地区：福建；资料名称：木荷一元材积表和地径材积表的研制；编表人或作者：林通；出版机构：福建林业科技；刊印或发表时间：2007。其他说明：样木株数 155。

833. 福建人工木荷地径材积表

$V = 0.000277D_0^{2.115752}$；表中$D$为地径；$D \leqslant 44$cm

D	V	ΔV	D	V	ΔV	D	V	ΔV	D	V	ΔV
5	0.0083	0.0039	15	0.0853	0.0125	25	0.2513	0.0217	35	0.5121	0.0314
6	0.0123	0.0047	16	0.0977	0.0134	26	0.2730	0.0227	36	0.5435	0.0324
7	0.0170	0.0056	17	0.1111	0.0143	27	0.2957	0.0237	37	0.5760	0.0334
8	0.0226	0.0064	18	0.1254	0.0152	28	0.3194	0.0246	38	0.6094	0.0344
9	0.0289	0.0072	19	0.1406	0.0161	29	0.3440	0.0256	39	0.6438	0.0354
10	0.0362	0.0081	20	0.1567	0.0170	30	0.3696	0.0265	40	0.6793	0.0364
11	0.0442	0.0089	21	0.1738	0.0180	31	0.3961	0.0275	41	0.7157	0.0374
12	0.0532	0.0098	22	0.1917	0.0189	32	0.4236	0.0285	42	0.7531	0.0384
13	0.0630	0.0107	23	0.2106	0.0198	33	0.4521	0.0295	43	0.7916	0.0395
14	0.0737	0.0116	24	0.2305	0.0208	34	0.4816	0.0305	44	0.8310	0.0395

适用树种：人工木荷；适用地区：福建；资料名称：木荷一元材积表和地径材积表的研制；编表人或作者：林通；出版机构：福建林业科技；刊印或发表时间：2007。其他说明：样木株数 155。

834. 福建大田县凹叶厚朴一元材积表

$V = 0.0005405367D^{1.980692}$；$D \leqslant 22$cm

D	V	ΔV	D	V	ΔV	D	V	ΔV	D	V	ΔV
4	0.0084	0.0047	9	0.0420	0.0097	14	0.1007	0.0147	19	0.1843	0.0197
5	0.0131	0.0057	10	0.0517	0.0107	15	0.1154	0.0157	20	0.2041	0.0207
6	0.0188	0.0067	11	0.0624	0.0117	16	0.1312	0.0167	21	0.2248	0.0217
7	0.0255	0.0077	12	0.0742	0.0127	17	0.1479	0.0177	22	0.2465	0.0217
8	0.0332	0.0087	13	0.0869	0.0137	18	0.1656	0.0187			

闽

适用树种：凹叶厚朴；适用地区：福建省大田县；资料名称：凹叶厚朴一元立木材积方程的研究；编表人或作者：田有圳、黄金桃、林照授、涂育合、叶功富；出版机构：浙江林学院学报；刊印或发表时间：2002。其他说明：样木株数 239。

835. 福建大田县凹叶厚朴二元立木材积表

$V = 0.00006286996D^{1.699758}H^{1.093993}$；$D \leqslant 24\text{cm}, H \leqslant 24\text{m}$

D	H	V	D	H	V	D	H	V	D	H	V	D	H	V
4	4	0.0030	9	9	0.0291	14	14	0.1001	19	19	0.2349	24	24	0.4512
5	5	0.0056	10	10	0.0391	15	15	0.1214	20	20	0.2711			
6	6	0.0094	11	11	0.0510	16	16	0.1454	21	21	0.3107			
7	7	0.0144	12	12	0.0651	17	17	0.1722	22	22	0.3539			
8	8	0.0210	13	13	0.0814	18	18	0.2020	23	23	0.4007			

适用树种：凹叶厚朴；适用地区：福建省大田县；资料名称：凹叶厚朴二元立木材积方程的研究；编表人或作者：叶功富、涂育合、田有圳、黄金桃、林照授；出版机构：北华大学学报(自然科学版)；刊印或发表时间：2002。其他说明：样木株数 239。

836. 福建华安县肉桂一元立木材积表

$V = 0.0000262D^{2.171929}$；$D \leqslant 20\text{cm}$

D	V	ΔV	D	V	ΔV	D	V	ΔV	D	V	ΔV
4	0.0005	0.0003	9	0.0031	0.0008	14	0.0081	0.0013	19	0.0157	0.0018
5	0.0009	0.0004	10	0.0039	0.0009	15	0.0094	0.0014	20	0.0175	0.0018
6	0.0013	0.0005	11	0.0048	0.0010	16	0.0108	0.0015			
7	0.0018	0.0006	12	0.0058	0.0011	17	0.0123	0.0016			
8	0.0024	0.0007	13	0.0069	0.0012	18	0.0140	0.0017			

适用树种：肉桂；适用地区：福建省华安县；资料名称：肉桂立木材积表的编制及优化；编表人或作者：梁一池、江希钿、陈毅建、吴仕勇；出版机构：亚热带植物通讯；刊印或发表时间：2000。其他说明：样木株数 143。

837. 福建华安县肉桂二元立木材积表

$V = 0.00005773D^{1.527986}H^{1.355306}$；$D \leqslant 20\text{cm}, H \leqslant 14\text{m}$

D	H	V	D	H	V	D	H	V	D	H	V	D	H	V
4	3	0.0021	8	6	0.0157	12	9	0.0505	16	11	0.1030	20	14	0.2008
5	4	0.0044	9	7	0.0232	13	9	0.0571	17	12	0.1271			
6	4	0.0058	10	7	0.0272	14	10	0.0738	18	13	0.1546			
7	5	0.0100	11	8	0.0377	15	11	0.0933	19	14	0.1856			

适用树种：肉桂；适用地区：福建省华安县；资料名称：肉桂立木材积表的编制及优化；编表人或作者：梁一池、江希钿、陈毅建、吴仕勇；出版机构：亚热带植物通讯；刊印或发表时间：2000。其他说明：样木株数 143。

838. 闽东人工柳杉一元立木材积表

$V = 0.00009133D^{2.542342}$ ； $D \leqslant 30\text{cm}$

D	V	ΔV	D	V	ΔV	D	V	ΔV	D	V	ΔV
4	0.0031	0.0024	11	0.0406	0.0100	18	0.1419	0.0209	25	0.3271	0.0343
5	0.0055	0.0032	12	0.0506	0.0114	19	0.1628	0.0227	26	0.3614	0.0364
6	0.0087	0.0042	13	0.0620	0.0129	20	0.1855	0.0245	27	0.3978	0.0385
7	0.0129	0.0052	14	0.0749	0.0144	21	0.2100	0.0264	28	0.4363	0.0407
8	0.0181	0.0063	15	0.0893	0.0159	22	0.2363	0.0283	29	0.4770	0.0429
9	0.0244	0.0075	16	0.1052	0.0175	23	0.2646	0.0302	30	0.5199	0.0429
10	0.0318	0.0087	17	0.1227	0.0192	24	0.2948	0.0322			

适用树种：人工柳杉；适用地区：闽东；资料名称：闽东柳杉人工林立木材积表和地位指数表的编制；编表人或作者：黄烺增；出版机构：福建林业科技；刊印或发表时间：1997。其他说明：样木株数 258。

839. 闽东人工柳杉二元立木材积表

$V = 0.00007565D^{2.123273}H^{0.5722456}$； $D \leqslant 30\text{cm}, H \leqslant 22\text{m}$

D	H	V	D	H	V	D	H	V	D	H	V	D	H	V
4	2	0.0021	10	7	0.0306	16	11	0.1075	22	16	0.2619	28	21	0.5107
5	3	0.0043	11	7	0.0375	17	12	0.1285	23	17	0.2980	29	21	0.5502
6	4	0.0075	12	8	0.0486	18	13	0.1519	24	18	0.3371	30	22	0.6072
7	4	0.0104	13	9	0.0617	19	14	0.1778	25	18	0.3676			
8	5	0.0157	14	10	0.0767	20	14	0.1982	26	19	0.4120			
9	6	0.0224	15	11	0.0937	21	15	0.2287	27	20	0.4597			

适用树种：柳杉；适用地区：闽东；资料名称：闽东柳杉人工林立木材积表和地位指数表的编制；编表人或作者：黄烺增；出版机构：福建林业科技；刊印或发表时间：1997。其他说明：样木株数 258。

840. 福建福建柏地径一元立木材积表

$$V = 0.00005685(0.886414D_0 - 1.014541)^{1.629996}(0.97295(0.886414D_0 - 1.014541) - 2.39414)^{1.261954}$$；表中D为地径；$D \leqslant 32\text{cm}$

D	V	ΔV	D	V	ΔV	D	V	ΔV	D	V	ΔV
6	0.0013	0.0016	13	0.0353	0.0107	20	0.1547	0.0269	27	0.4084	0.0499
7	0.0029	0.0024	14	0.0460	0.0126	21	0.1816	0.0298	28	0.4583	0.0538
8	0.0053	0.0034	15	0.0585	0.0146	22	0.2114	0.0328	29	0.5121	0.0577
9	0.0087	0.0046	16	0.0731	0.0168	23	0.2442	0.0360	30	0.5698	0.0618
10	0.0132	0.0059	17	0.0899	0.0191	24	0.2802	0.0393	31	0.6317	0.0661
11	0.0191	0.0073	18	0.1090	0.0216	25	0.3194	0.0427	32	0.6977	0.0661
12	0.0264	0.0089	19	0.1305	0.0242	26	0.3621	0.0462			

适用树种：福建柏；适用地区：福建省；资料名称：福建柏地径一元材积表编制的探讨；编表人或作者：林銮勇；出版机构：林业勘察设计；刊印或发表时间：1997。

841. 福建福建柏二元立木材积表

$$V = 0.00005685D^{1.629996}H^{1.261954};\ D \leqslant 40\text{cm},\ H \leqslant 30\text{m}$$

D	H	V	D	H	V	D	H	V	D	H	V	D	H	V
4	4	0.0031	12	10	0.0597	20	16	0.2483	28	22	0.6422	36	27	1.2526
5	5	0.0060	13	11	0.0767	21	16	0.2688	29	22	0.6800	37	28	1.3713
6	5	0.0080	14	11	0.0865	22	17	0.3131	30	23	0.7601	38	29	1.4971
7	6	0.0130	15	12	0.1081	23	18	0.3618	31	24	0.8461	39	30	1.6301
8	7	0.0196	16	13	0.1328	24	19	0.4151	32	24	0.8910	40	30	1.6988
9	8	0.0282	17	13	0.1466	25	19	0.4437	33	25	0.9864			
10	8	0.0334	18	14	0.1767	26	20	0.5046	34	26	1.0881			
11	9	0.0453	19	15	0.2105	27	21	0.5707	35	27	1.1964			

适用树种：福建柏；适用地区：福建省；资料名称：主要针叶造林树种抚育间伐技术规程；编表人或作者：刘步铨等；刊印或发表时间：1996。其他说明：福建省地方标准 DB35/T 76—1996 。

842. 福建漳州市湿地松地径材积表

$V = 0.000016D_0^{2.958}$；表中D为地径；$D \leqslant 32$cm

D	V	ΔV	D	V	ΔV	D	V	ΔV	D	V	ΔV
6	0.0032	0.0019	13	0.0316	0.0077	20	0.1129	0.0175	27	0.2742	0.0311
7	0.0051	0.0024	14	0.0393	0.0089	21	0.1304	0.0192	28	0.3054	0.0334
8	0.0075	0.0031	15	0.0482	0.0101	22	0.1496	0.0210	29	0.3388	0.0357
9	0.0106	0.0039	16	0.0583	0.0115	23	0.1707	0.0229	30	0.3745	0.0381
10	0.0145	0.0047	17	0.0698	0.0129	24	0.1935	0.0248	31	0.4126	0.0406
11	0.0193	0.0057	18	0.0826	0.0143	25	0.2184	0.0269	32	0.4533	0.0406
12	0.0249	0.0067	19	0.0970	0.0159	26	0.2453	0.0290			

适用树种：湿地松；适用地区：福建省漳州市；资料名称：湿地松地径材积表的编制；编表人或作者：郑建鹏；出版机构：林业勘察设计；刊印或发表时间：1997。其他说明：样木株数 165。

843. 福建湿地松一元立木材积表

$V = 0.000052846D^{2.779867}$；$D \leqslant 36$cm

D	V	ΔV	D	V	ΔV	D	V	ΔV	D	V	ΔV
4	0.0025	0.0021	13	0.0660	0.0151	22	0.2849	0.0375	31	0.7393	0.0682
5	0.0046	0.0031	14	0.0811	0.0171	23	0.3224	0.0405	32	0.8075	0.0721
6	0.0077	0.0041	15	0.0983	0.0193	24	0.3629	0.0436	33	0.8796	0.0761
7	0.0118	0.0053	16	0.1176	0.0216	25	0.4065	0.0468	34	0.9557	0.0802
8	0.0171	0.0066	17	0.1392	0.0240	26	0.4534	0.0501	35	1.0359	0.0844
9	0.0238	0.0081	18	0.1631	0.0265	27	0.5035	0.0536	36	1.1203	0.0844
10	0.0318	0.0097	19	0.1896	0.0291	28	0.5571	0.0571			
11	0.0415	0.0114	20	0.2186	0.0318	29	0.6142	0.0607			
12	0.0528	0.0132	21	0.2504	0.0346	30	0.6749	0.0644			

适用树种：湿地松；适用地区：福建省；资料名称：湿地松优化立木材积表的编制；编表人或作者：郑郁善、董建文、陈礼光；出版机构：江西农业大学学报；刊印或发表时间：1999。其他说明：样木株数 223。

844. 福建漳州市黑荆树二元立木材积表

$$V = 0.00003534050816(D+0.7)^{2.14874358}H^{0.870196922}$$

$D \leqslant 20\text{cm}, H \leqslant 16\text{m}$

D	H	V	D	H	V	D	H	V	D	H	V	D	H	V
3	3	0.0015	7	6	0.0135	11	9	0.0472	15	12	0.1140	19	15	0.2255
4	4	0.0033	8	7	0.0201	12	10	0.0617	16	13	0.1396	20	16	0.2653
5	5	0.0060	9	8	0.0285	13	11	0.0789	17	14	0.1687			
6	5	0.0085	10	8	0.0352	14	12	0.0990	18	15	0.2016			

适用树种：黑荆树；适用地区：福建省漳州市；资料名称：黑荆树经营数表编制的研究(Ⅰ)立木材积表的编制；编表人或作者：林杰、陈平留、黄健儿、方玉霖；出版机构：福建林学院学报；刊印或发表时间：1987。其他说明：样木株数 333。

845. 福建湿地松二元立木材积表

$V = 0.000059398D^{2.159967}H^{0.6678276}$；$D \leqslant 36\text{cm}, H \leqslant 28\text{m}$

D	H	V	D	H	V	D	H	V	D	H	V	D	H	V
4	4	0.0030	11	9	0.0458	18	15	0.1864	25	20	0.4593	32	25	0.9087
5	5	0.0056	12	10	0.0592	19	15	0.2095	26	21	0.5165	33	26	0.9969
6	6	0.0094	13	11	0.0750	20	16	0.2444	27	21	0.5604	34	27	1.0905
7	6	0.0131	14	12	0.0933	21	17	0.2828	28	22	0.6253	35	27	1.1609
8	7	0.0194	15	12	0.1083	22	18	0.3248	29	23	0.6949	36	28	1.2641
9	8	0.0274	16	13	0.1314	23	18	0.3576	30	24	0.7692			
10	9	0.0372	17	14	0.1574	24	19	0.4064	31	24	0.8257			

适用树种：湿地松；适用地区：福建省；资料名称：湿地松优化立木材积表的编制；编表人或作者：郑郁善、董建文、陈礼光；出版机构：江西农业大学学报；刊印或发表时间：1999。其他说明：样木株数 223。

闽

846. 闽南湿地松一元立木材积表

$V = 0.000109D^{2.4977}$；$D \leqslant 24\text{cm}$

D	V	ΔV	D	V	ΔV	D	V	ΔV	D	V	ΔV
6	0.0096	0.0045	11	0.0435	0.0106	16	0.1109	0.0181	21	0.2187	0.0270
7	0.0141	0.0056	12	0.0541	0.0120	17	0.1290	0.0198	22	0.2457	0.0289
8	0.0196	0.0067	13	0.0660	0.0134	18	0.1488	0.0215	23	0.2745	0.0308
9	0.0264	0.0079	14	0.0795	0.0149	19	0.1704	0.0233	24	0.3053	0.0308
10	0.0343	0.0092	15	0.0944	0.0165	20	0.1936	0.0251			

适用树种：湿地松；适用地区：闽南；资料名称：应用削度方程编制湿地松材积表和出材率表的研究；编表人或作者：吴忠远；出版机构：福建林业科技；刊印或发表时间：2005。其他说明：样木株数 165。

847. 闽南湿地松二元立木材积表

$$V = 0.00005841D^{2.2338}H^{0.5653}；D \leqslant 24\text{cm}, H \leqslant 16\text{m}$$

D	H	V	D	H	V	D	H	V	D	H	V	D	H	V
6	3	0.0059	10	6	0.0276	14	9	0.0735	18	12	0.1516	22	15	0.2692
7	4	0.0099	11	7	0.0372	15	10	0.0910	19	13	0.1789	23	16	0.3083
8	4	0.0133	12	7	0.0452	16	10	0.1051	20	13	0.2007	24	16	0.3391
9	5	0.0196	13	8	0.0583	17	11	0.1270	21	14	0.2333			

适用树种：湿地松；适用地区：闽南；资料名称：应用削度方程编制湿地松材积表和出材率表的研究；编表人或作者：吴忠远；出版机构：福建林业科技；刊印或发表时间：2005。其他说明：样木株数 165。

848. 福建三明市人工杉木地径材积表

$$V = 0.0000872(0.882914456D_0 - 0.7134133097)^{1.785388607}(51.2248 - 2384.3870/(0.882914456D_0 - 0.7134133097 + 45))^{0.931392397}$$

表中D为地径；$D \leqslant 44\text{cm}$

D	V	ΔV	D	V	ΔV	D	V	ΔV	D	V	ΔV
6	0.0038	0.0027	16	0.0796	0.0144	26	0.2893	0.0292	36	0.6521	0.0450
7	0.0065	0.0036	17	0.0941	0.0158	27	0.3185	0.0308	37	0.6971	0.0466
8	0.0102	0.0046	18	0.1099	0.0173	28	0.3493	0.0323	38	0.7437	0.0482
9	0.0148	0.0057	19	0.1272	0.0187	29	0.3816	0.0339	39	0.7919	0.0498
10	0.0205	0.0068	20	0.1459	0.0202	30	0.4155	0.0355	40	0.8417	0.0514
11	0.0272	0.0080	21	0.1660	0.0216	31	0.4510	0.0371	41	0.8930	0.0530
12	0.0352	0.0092	22	0.1877	0.0231	32	0.4880	0.0386	42	0.9460	0.0546
13	0.0444	0.0104	23	0.2108	0.0246	33	0.5267	0.0402	43	1.0006	0.0562
14	0.0548	0.0117	24	0.2354	0.0262	34	0.5669	0.0418	44	1.0568	0.0562
15	0.0666	0.0131	25	0.2616	0.0277	35	0.6087	0.0434			

适用树种：人工杉木；适用地区：福建省三明市；资料名称：杉木人工林地径材积表的编制及应用的研究；编表人或作者：喻明光；出版机构：林业资源管理；刊印或发表时间：1991。其他说明：样木株数 400。

13 江西省立木材积表

江西省二元立木材积表（杉木、马尾松、阔叶树）采用全国二元立木材积表 (部颁标准 LY 208—1977)。

一元材积表根据二元材积表分地区导算各地区一元立木材积表。

地区分为：赣南林区，井冈山林区，幕阜山、石花尖林区，信江、乐安河林区，抚河林区。

1986 年江西省林业厅颁发了江西省杉木二元立木材积表。

赣

849. 江西国营井冈山垦殖场杉木一元立木材积表

$$V = 0.000087168887D^{2.56734806} ；D \leqslant 56\text{cm}$$

D	V	ΔV	D	V	ΔV	D	V	ΔV	D	V	ΔV
4	0.0031	0.0024	18	0.1456	0.0217	32	0.6377	0.0524	46	1.6190	0.0919
5	0.0054	0.0032	19	0.1673	0.0235	33	0.6901	0.0550	47	1.7109	0.0950
6	0.0087	0.0042	20	0.1908	0.0255	34	0.7451	0.0576	48	1.8059	0.0982
7	0.0129	0.0053	21	0.2163	0.0274	35	0.8026	0.0602	49	1.9041	0.1014
8	0.0182	0.0064	22	0.2437	0.0295	36	0.8628	0.0629	50	2.0054	0.1046
9	0.0246	0.0076	23	0.2731	0.0315	37	0.9257	0.0656	51	2.1100	0.1079
10	0.0322	0.0089	24	0.3047	0.0337	38	0.9913	0.0684	52	2.2179	0.1112
11	0.0411	0.0103	25	0.3383	0.0358	39	1.0597	0.0712	53	2.3290	0.1145
12	0.0514	0.0117	26	0.3742	0.0381	40	1.1309	0.0740	54	2.4435	0.1179
13	0.0631	0.0132	27	0.4123	0.0403	41	1.2049	0.0769	55	2.5614	0.1213
14	0.0764	0.0148	28	0.4526	0.0427	42	1.2818	0.0798	56	2.6827	0.1213
15	0.0912	0.0164	29	0.4953	0.0450	43	1.3616	0.0828			
16	0.1076	0.0181	30	0.5403	0.0475	44	1.4444	0.0858			
17	0.1257	0.0199	31	0.5878	0.0499	45	1.5301	0.0888			

适用树种：杉木；适用地区：井冈山林区；资料名称：江西省国营井冈山综合垦殖场森林经营方案（第三册专业调查报告）；编表人或作者：江西省国营井冈山垦殖场；刊印或发表时间：1988。

850. 江西国营井冈山垦殖场杉木二元立木材积表

$$V = 0.000070511834D^{1.798838059031}H^{0.991179776772}；D \leqslant 56\text{cm}, H \leqslant 30\text{m}$$

D	H	V	D	H	V	D	H	V	D	H	V	D	H	V
4	2	0.0017	15	8	0.0723	26	14	0.3385	37	20	0.9094	48	26	1.8838
5	3	0.0038	16	9	0.0912	27	15	0.3879	38	21	1.0014	49	27	2.0295
6	3	0.0053	17	9	0.1017	28	15	0.4142	39	21	1.0493	50	27	2.1046
7	4	0.0092	18	10	0.1252	29	16	0.4703	40	22	1.1500	51	28	2.2610
8	4	0.0117	19	10	0.1379	30	16	0.4999	41	22	1.2022	52	28	2.3414
9	5	0.0181	20	11	0.1663	31	17	0.5631	42	23	1.3120	53	29	2.5087
10	5	0.0219	21	11	0.1815	32	17	0.5962	43	23	1.3688	54	29	2.5945
11	6	0.0311	22	12	0.2151	33	18	0.6668	44	24	1.4880	55	30	2.7732
12	6	0.0364	23	12	0.2331	34	18	0.7036	45	24	1.5494	56	30	2.8646
13	7	0.0489	24	13	0.2724	35	19	0.7821	46	25	1.6784			
14	7	0.0559	25	13	0.2931	36	20	0.8657	47	26	1.8138			

适用树种：杉木；适用地区：井冈山林区；资料名称：江西省国营井冈山综合垦殖场森林经营方案（第三册专业调查报告）；编表人或作者：江西省国营井冈山垦殖场；刊印或发表时间：1988。

851. 江西井冈山林区杉木一元立木材积表（围尺）

D	V	ΔV	D	V	ΔV	D	V	ΔV	D	V	ΔV
5	0.0040	0.0030	17	0.1230	0.0200	29	0.4960	0.0450	41	1.1920	0.0740
6	0.0070	0.0040	18	0.1430	0.0220	30	0.5410	0.0470	42	1.2660	0.0760
7	0.0110	0.0050	19	0.1650	0.0240	31	0.5880	0.0500	43	1.3420	0.0790
8	0.0160	0.0060	20	0.1890	0.0260	32	0.6380	0.0520	44	1.4210	0.0810
9	0.0220	0.0080	21	0.2150	0.0270	33	0.6900	0.0540	45	1.5020	0.0840
10	0.0300	0.0080	22	0.2420	0.0300	34	0.7440	0.0570	46	1.5860	0.0870
11	0.0380	0.0100	23	0.2720	0.0320	35	0.8010	0.0590	47	1.6730	0.0890
12	0.0480	0.0120	24	0.3040	0.0340	36	0.8600	0.0610	48	1.7620	0.0920
13	0.0600	0.0130	25	0.3380	0.0360	37	0.9210	0.0640	49	1.8540	0.0940
14	0.0730	0.0150	26	0.3740	0.0390	38	0.9850	0.0670	50	1.9480	0.0940
15	0.0880	0.0170	27	0.4130	0.0400	39	1.0520	0.0680			
16	0.1050	0.0180	28	0.4530	0.0430	40	1.1200	0.0720			

适用树种：杉木；适用地区：井冈山林区；资料名称：林业调查常用表；编表人或作者：江西省农林垦殖勘察设计院；刊印或发表时间：1982。

852. 江西井冈山林区马尾松一元立木材积表（围尺）

D	V	ΔV	D	V	ΔV	D	V	ΔV	D	V	ΔV
5	0.0040	0.0030	23	0.2250	0.0260	41	0.9400	0.0560	59	2.2350	0.0900
6	0.0070	0.0030	24	0.2510	0.0270	42	0.9960	0.0580	60	2.3250	0.0910
7	0.0100	0.0050	25	0.2780	0.0280	43	1.0540	0.0600	61	2.4160	0.0940
8	0.0150	0.0050	26	0.3060	0.0300	44	1.1140	0.0620	62	2.5100	0.0950
9	0.0200	0.0070	27	0.3360	0.0320	45	1.1760	0.0640	63	2.6050	0.0970
10	0.0270	0.0070	28	0.3680	0.0340	46	1.2400	0.0650	64	2.7020	0.0990
11	0.0340	0.0090	29	0.4020	0.0350	47	1.3050	0.0670	65	2.8010	0.1010
12	0.0430	0.0100	30	0.4370	0.0370	48	1.3720	0.0690	66	2.9020	0.1030
13	0.0530	0.0110	31	0.4740	0.0390	49	1.4410	0.0710	67	3.0050	0.1050
14	0.0640	0.0120	32	0.5130	0.0400	50	1.5120	0.0730	68	3.1100	0.1060
15	0.0760	0.0130	33	0.5530	0.0420	51	1.5850	0.0750	69	3.2160	0.1090
16	0.0890	0.0160	34	0.5950	0.0440	52	1.6600	0.0770	70	3.3250	0.1100
17	0.1050	0.0160	35	0.6390	0.0460	53	1.7370	0.0780	71	3.4350	0.1120
18	0.1210	0.0180	36	0.6850	0.0470	54	1.8150	0.0800	72	3.5470	0.1140
19	0.1390	0.0190	37	0.7320	0.0490	55	1.8950	0.0820	73	3.6610	0.1160
20	0.1580	0.0210	38	0.7810	0.0510	56	1.9770	0.0840	74	3.7770	0.1180
21	0.1790	0.0220	39	0.8320	0.0530	57	2.0610	0.0860	75	3.8950	0.1200
22	0.2010	0.0240	40	0.8850	0.0550	58	2.1470	0.0880	76	4.0150	0.1200

适用树种：马尾松；适用地区：井冈山林区；资料名称：林业调查常用表；编表人或作者：江西省农林垦殖勘察设计院；刊印或发表时间：1982。

853. 江西井冈山林区阔叶树一元立木材积表（围尺）

D	V	ΔV	D	V	ΔV	D	V	ΔV	D	V	ΔV
5	0.0060	0.0030	24	0.2750	0.0280	43	1.1040	0.0600	62	2.5610	0.0950
6	0.0090	0.0040	25	0.3030	0.0310	44	1.1640	0.0630	63	2.6560	0.0960
7	0.0130	0.0060	26	0.3340	0.0320	45	1.2270	0.0640	64	2.7520	0.0980
8	0.0190	0.0060	27	0.3660	0.0330	46	1.2910	0.0660	65	2.8500	0.1000
9	0.0250	0.0070	28	0.3990	0.0350	47	1.3570	0.0680	66	2.9500	0.1020
10	0.0320	0.0090	29	0.4340	0.0370	48	1.4250	0.0700	67	3.0520	0.1030
11	0.0410	0.0090	30	0.4710	0.0380	49	1.4950	0.0710	68	3.1550	0.1050
12	0.0500	0.0110	31	0.5090	0.0400	50	1.5660	0.0730	69	3.2600	0.1070
13	0.0610	0.0120	32	0.5490	0.0420	51	1.6390	0.0750	70	3.3670	0.1090
14	0.0730	0.0140	33	0.5910	0.0440	52	1.7140	0.0770	71	3.4760	0.1100
15	0.0870	0.0150	34	0.6350	0.0450	53	1.7910	0.0780	72	3.5860	0.1130
16	0.1020	0.0160	35	0.6800	0.0470	54	1.8690	0.0810	73	3.6990	0.1140
17	0.1180	0.0180	36	0.7270	0.0480	55	1.9500	0.0820	74	3.8130	0.1160
18	0.1360	0.0200	37	0.7750	0.0510	56	2.0320	0.0840	75	3.9290	0.1170
19	0.1560	0.0200	38	0.8260	0.0520	57	2.1160	0.0850	76	4.0460	0.1200
20	0.1760	0.0230	39	0.8780	0.0540	58	2.2010	0.0870	77	4.1660	0.1210
21	0.1990	0.0230	40	0.9320	0.0550	59	2.2880	0.0900	78	4.2870	0.1210
22	0.2220	0.0260	41	0.9870	0.0580	60	2.3780	0.0910			
23	0.2480	0.0270	42	1.0450	0.0590	61	2.4690	0.0920			

适用树种：阔叶树；适用地区：井冈山林区；资料名称：林业调查常用表；编表人或作者：江西省农林垦殖勘察设计院；刊印或发表时间：1982。

854. 江西赣南林区杉木一元立木材积表（围尺）

D	V	ΔV	D	V	ΔV	D	V	ΔV	D	V	ΔV
5	0.0030	0.0030	17	0.1190	0.0190	29	0.4540	0.0390	41	1.0280	0.0590
6	0.0060	0.0040	18	0.1380	0.0210	30	0.4930	0.0400	42	1.0870	0.0600
7	0.0100	0.0050	19	0.1590	0.0220	31	0.5330	0.0420	43	1.1470	0.0630
8	0.0150	0.0060	20	0.1810	0.0240	32	0.5750	0.0430	44	1.2100	0.0640
9	0.0210	0.0070	21	0.2050	0.0250	33	0.6180	0.0460	45	1.2740	0.0650
10	0.0280	0.0090	22	0.2300	0.0270	34	0.6640	0.0470	46	1.3390	0.0670
11	0.0370	0.0100	23	0.2570	0.0290	35	0.7110	0.0480	47	1.4060	0.0690
12	0.0470	0.0110	24	0.2860	0.0300	36	0.7590	0.0510	48	1.4750	0.0710
13	0.0580	0.0130	25	0.3160	0.0320	37	0.8100	0.0520	49	1.5460	0.0730
14	0.0710	0.0150	26	0.3480	0.0340	38	0.8620	0.0530	50	1.6190	0.0740
15	0.0860	0.0170	27	0.3820	0.0350	39	0.9150	0.0560	51	1.6930	0.0760
16	0.1030	0.0160	28	0.4170	0.0370	40	0.9710	0.0570	52	1.7690	0.0760

适用树种：杉木；适用地区：赣南林区；资料名称：林业调查常用表；编表人或作者：江西省农林垦殖勘察设计院；刊印或发表时间：1982。

855. 江西赣南林区马尾松一元立木材积表（围尺）

D	V	ΔV	D	V	ΔV	D	V	ΔV	D	V	ΔV
5	0.0050	0.0030	24	0.2510	0.0260	43	1.0140	0.0560	62	2.3670	0.0880
6	0.0080	0.0040	25	0.2770	0.0280	44	1.0700	0.0580	63	2.4550	0.0890
7	0.0120	0.0050	26	0.3050	0.0290	45	1.1280	0.0590	64	2.5440	0.0920
8	0.0170	0.0060	27	0.3340	0.0300	46	1.1870	0.0620	65	2.6360	0.0930
9	0.0230	0.0060	28	0.3640	0.0330	47	1.2490	0.0630	66	2.7290	0.0940
10	0.0290	0.0080	29	0.3970	0.0330	48	1.3120	0.0640	67	2.8230	0.0970
11	0.0370	0.0090	30	0.4300	0.0360	49	1.3760	0.0660	68	2.9200	0.0980
12	0.0460	0.0100	31	0.4660	0.0370	50	1.4420	0.0680	69	3.0180	0.0990
13	0.0560	0.0110	32	0.5030	0.0380	51	1.5100	0.0700	70	3.1170	0.1020
14	0.0670	0.0120	33	0.5410	0.0400	52	1.5800	0.0710	71	3.2190	0.1030
15	0.0790	0.0140	34	0.5810	0.0420	53	1.6510	0.0730	72	3.3220	0.1040
16	0.0930	0.0150	35	0.6230	0.0430	54	1.7240	0.0740	73	3.4260	0.1070
17	0.1080	0.0160	36	0.6660	0.0450	55	1.7980	0.0760	74	3.5330	0.1080
18	0.1240	0.0180	37	0.7110	0.0460	56	1.8740	0.0790	75	3.6410	0.1100
19	0.1420	0.0190	38	0.7570	0.0480	57	1.9530	0.0790	76	3.7510	0.1110
20	0.1610	0.0200	39	0.8050	0.0500	58	2.0320	0.0810	77	3.8620	0.1130
21	0.1810	0.0220	40	0.8550	0.0510	59	2.1130	0.0830	78	3.9750	0.1150
22	0.2030	0.0230	41	0.9060	0.0530	60	2.1960	0.0840	79	4.0900	0.1150
23	0.2260	0.0250	42	0.9590	0.0550	61	2.2800	0.0870			

适用树种：马尾松；适用地区：赣南林区；资料名称：林业调查常用表；编表人或作者：江西省农林垦殖勘察设计院；刊印或发表时间：1982。

856. 江西幕阜山、石花尖林区杉木一元立木材积表（围尺）

D	V	ΔV	D	V	ΔV	D	V	ΔV	D	V	ΔV
5	0.0030	0.0030	18	0.1510	0.0230	31	0.6010	0.0480	44	1.3940	0.0760
6	0.0060	0.0040	19	0.1740	0.0250	32	0.6490	0.0510	45	1.4700	0.0780
7	0.0100	0.0050	20	0.1990	0.0260	33	0.7000	0.0530	46	1.5480	0.0800
8	0.0150	0.0070	21	0.2250	0.0290	34	0.7530	0.0540	47	1.6280	0.0820
9	0.0220	0.0080	22	0.2540	0.0310	35	0.8070	0.0570	48	1.7100	0.0840
10	0.0300	0.0090	23	0.2850	0.0320	36	0.8640	0.0590	49	1.7940	0.0870
11	0.0390	0.0110	24	0.3170	0.0350	37	0.9230	0.0610	50	1.8810	0.0880
12	0.0500	0.0130	25	0.3520	0.0360	38	0.9840	0.0630	51	1.9690	0.0910
13	0.0630	0.0140	26	0.3880	0.0390	39	1.0470	0.0660	52	2.0600	0.0930
14	0.0770	0.0160	27	0.4270	0.0400	40	1.1130	0.0670	53	2.1530	0.0930
15	0.0930	0.0170	28	0.4670	0.0430	41	1.1800	0.0690			
16	0.1100	0.0200	29	0.5100	0.0440	42	1.2490	0.0720			
17	0.1300	0.0210	30	0.5540	0.0470	43	1.3210	0.0730			

适用树种：杉木；适用地区：幕阜山、石花尖林区；资料名称：林业调查常用表；编表人或作者：江西省农林垦殖勘察设计院；刊印或发表时间：1982。

857. 江西幕阜山、石花尖林区马尾松一元立木材积表（围尺）

D	V	ΔV	D	V	ΔV	D	V	ΔV	D	V	ΔV
5	0.0020	0.0030	23	0.2660	0.0290	41	1.0480	0.0590	59	2.3580	0.0880
6	0.0050	0.0040	24	0.2950	0.0310	42	1.1070	0.0610	60	2.4460	0.0890
7	0.0090	0.0050	25	0.3260	0.0330	43	1.1680	0.0620	61	2.5350	0.0910
8	0.0140	0.0070	26	0.3590	0.0350	44	1.2300	0.0640	62	2.6260	0.0930
9	0.0210	0.0070	27	0.3940	0.0360	45	1.2940	0.0660	63	2.7190	0.0940
10	0.0280	0.0100	28	0.4300	0.0370	46	1.3600	0.0670	64	2.8130	0.0960
11	0.0380	0.0100	29	0.4670	0.0400	47	1.4270	0.0690	65	2.9090	0.0970
12	0.0480	0.0120	30	0.5070	0.0410	48	1.4960	0.0700	66	3.0060	0.0990
13	0.0600	0.0140	31	0.5480	0.0420	49	1.5660	0.0720	67	3.1050	0.1000
14	0.0740	0.0150	32	0.5900	0.0450	50	1.6380	0.0740	68	3.2050	0.1020
15	0.0890	0.0160	33	0.6350	0.0460	51	1.7120	0.0750	69	3.3070	0.1040
16	0.1050	0.0180	34	0.6810	0.0470	52	1.7870	0.0770	70	3.4110	0.1050
17	0.1230	0.0200	35	0.7280	0.0490	53	1.8640	0.0780	71	3.5160	0.1060
18	0.1430	0.0210	36	0.7770	0.0510	54	1.9420	0.0800	72	3.6220	0.1080
19	0.1640	0.0230	37	0.8280	0.0530	55	2.0220	0.0820	73	3.7300	0.1080
20	0.1870	0.0250	38	0.8810	0.0540	56	2.1040	0.0830			
21	0.2120	0.0260	39	0.9350	0.0560	57	2.1870	0.0850			
22	0.2380	0.0280	40	0.9910	0.0570	58	2.2720	0.0860			

适用树种：马尾松；适用地区：幕阜山、石花尖林区；资料名称：林业调查常用表；编表人或作者：江西省农林垦殖勘察设计院；刊印或发表时间：1982。

赣

858. 江西幕阜山、石花尖林区阔叶树一元立木材积表（围尺）

D	V	ΔV	D	V	ΔV	D	V	ΔV	D	V	ΔV
5	0.0040	0.0030	23	0.2730	0.0310	41	1.1280	0.0670	59	2.6290	0.1020
6	0.0070	0.0040	24	0.3040	0.0330	42	1.1950	0.0680	60	2.7310	0.1050
7	0.0110	0.0050	25	0.3370	0.0350	43	1.2630	0.0700	61	2.8360	0.1060
8	0.0160	0.0060	26	0.3720	0.0370	44	1.3330	0.0730	62	2.9420	0.1090
9	0.0220	0.0080	27	0.4090	0.0390	45	1.4060	0.0740	63	3.0510	0.1100
10	0.0300	0.0090	28	0.4480	0.0400	46	1.4800	0.0760	64	3.1610	0.1130
11	0.0390	0.0100	29	0.4880	0.0430	47	1.5560	0.0780	65	3.2740	0.1140
12	0.0490	0.0120	30	0.5310	0.0440	48	1.6340	0.0810	66	3.3880	0.1170
13	0.0610	0.0140	31	0.5750	0.0470	49	1.7150	0.0820	67	3.5050	0.1180
14	0.0750	0.0150	32	0.6220	0.0480	50	1.7970	0.0840	68	3.6230	0.1210
15	0.0900	0.0170	33	0.6700	0.0500	51	1.8810	0.0870	69	3.7440	0.1220
16	0.1070	0.0180	34	0.7200	0.0530	52	1.9680	0.0880	70	3.8660	0.1250
17	0.1250	0.0210	35	0.7730	0.0540	53	2.0560	0.0910	71	3.9910	0.1270
18	0.1460	0.0220	36	0.8270	0.0560	54	2.1470	0.0920	72	4.1180	0.1280
19	0.1680	0.0230	37	0.8830	0.0590	55	2.2390	0.0940	73	4.2460	0.1280
20	0.1910	0.0260	38	0.9420	0.0600	56	2.3330	0.0970			
21	0.2170	0.0270	39	1.0020	0.0620	57	2.4300	0.0980			
22	0.2440	0.0290	40	1.0640	0.0640	58	2.5280	0.1010			

适用树种：阔叶树；适用地区：幕阜山、石花尖林区；资料名称：林业调查常用表；编表人或作者：江西省农林垦殖勘察设计院；刊印或发表时间：1982。

赣

859. 江西赣南林区阔叶树一元立木材积表（围尺）

D	V	ΔV	D	V	ΔV	D	V	ΔV	D	V	ΔV
5	0.0050	0.0040	24	0.2730	0.0280	43	1.0890	0.0600	62	2.5140	0.0930
6	0.0090	0.0040	25	0.3010	0.0300	44	1.1490	0.0610	63	2.6070	0.0930
7	0.0130	0.0050	26	0.3310	0.0320	45	1.2100	0.0640	64	2.7000	0.0960
8	0.0180	0.0060	27	0.3630	0.0320	46	1.2740	0.0640	65	2.7960	0.0970
9	0.0240	0.0080	28	0.3950	0.0350	47	1.3380	0.0670	66	2.8930	0.0990
10	0.0320	0.0080	29	0.4300	0.0370	48	1.4050	0.0680	67	2.9920	0.1010
11	0.0400	0.0100	30	0.4670	0.0380	49	1.4730	0.0700	68	3.0930	0.1020
12	0.0500	0.0110	31	0.5050	0.0390	50	1.5430	0.0710	69	3.1950	0.1040
13	0.0610	0.0120	32	0.5440	0.0410	51	1.6140	0.0740	70	3.2990	0.1060
14	0.0730	0.0130	33	0.5850	0.0430	52	1.6880	0.0750	71	3.4050	0.1070
15	0.0860	0.0150	34	0.6280	0.0450	53	1.7630	0.0760	72	3.5120	0.1100
16	0.1010	0.0170	35	0.6730	0.0460	54	1.8390	0.0790	73	3.6220	0.1100
17	0.1180	0.0170	36	0.7190	0.0480	55	1.9180	0.0800	74	3.7320	0.1130
18	0.1350	0.0190	37	0.7670	0.0500	56	1.9980	0.0820	75	3.8450	0.1140
19	0.1540	0.0210	38	0.8170	0.0510	57	2.0800	0.0830	76	3.9590	0.1160
20	0.1750	0.0220	39	0.8680	0.0530	58	2.1630	0.0850	77	4.0750	0.1180
21	0.1970	0.0240	40	0.9210	0.0540	59	2.2480	0.0870	78	4.1930	0.1190
22	0.2210	0.0250	41	0.9750	0.0560	60	2.3350	0.0890	79	4.3120	0.1190
23	0.2460	0.0270	42	1.0310	0.0580	61	2.4240	0.0900			

适用树种：阔叶树；适用地区：赣南林区；资料名称：林业调查常用表；编表人或作者：江西省农林垦殖勘察设计院；刊印或发表时间：1982。

860. 江西信江、乐安河林区杉木一元立木材积表（围尺）

D	V	ΔV	D	V	ΔV	D	V	ΔV	D	V	ΔV
5	0.0030	0.0030	18	0.1370	0.0210	31	0.5540	0.0460	44	1.3030	0.0720
6	0.0060	0.0040	19	0.1580	0.0230	32	0.6000	0.0470	45	1.3750	0.0740
7	0.0100	0.0040	20	0.1810	0.0250	33	0.6470	0.0500	46	1.4490	0.0760
8	0.0140	0.0060	21	0.2060	0.0260	34	0.6970	0.0510	47	1.5250	0.0790
9	0.0200	0.0070	22	0.2320	0.0280	35	0.7480	0.0540	48	1.6040	0.0800
10	0.0270	0.0090	23	0.2600	0.0310	36	0.8020	0.0550	49	1.6840	0.0820
11	0.0360	0.0100	24	0.2910	0.0310	37	0.8570	0.0580	50	1.7660	0.0850
12	0.0460	0.0110	25	0.3220	0.0340	38	0.9150	0.0600	51	1.8510	0.0860
13	0.0570	0.0130	26	0.3560	0.0360	39	0.9750	0.0610	52	1.9370	0.0890
14	0.0700	0.0140	27	0.3920	0.0380	40	1.0360	0.0640	53	2.0260	0.0890
15	0.0840	0.0160	28	0.4300	0.0390	41	1.1000	0.0660			
16	0.1000	0.0180	29	0.4690	0.0420	42	1.1660	0.0670			
17	0.1180	0.0190	30	0.5110	0.0430	43	1.2330	0.0700			

适用树种：杉木；适用地区：信江、乐安河林区；资料名称：林业调查常用表；编表人或作者：江西省农林垦殖勘察设计院；刊印或发表时间：1982。

861. 江西抚河林区阔叶树一元立木材积表（围尺）

D	V	ΔV	D	V	ΔV	D	V	ΔV	D	V	ΔV
5	0.0050	0.0030	22	0.2040	0.0240	39	0.8100	0.0490	56	1.8690	0.0770
6	0.0080	0.0030	23	0.2280	0.0250	40	0.8590	0.0510	57	1.9460	0.0780
7	0.0110	0.0050	24	0.2530	0.0260	41	0.9100	0.0530	58	2.0240	0.0800
8	0.0160	0.0060	25	0.2790	0.0280	42	0.9630	0.0540	59	2.1040	0.0820
9	0.0220	0.0060	26	0.3070	0.0300	43	1.0170	0.0560	60	2.1860	0.0830
10	0.0280	0.0080	27	0.3370	0.0310	44	1.0730	0.0580	61	2.2690	0.0850
11	0.0360	0.0090	28	0.3680	0.0320	45	1.1310	0.0590	62	2.3540	0.0860
12	0.0450	0.0100	29	0.4000	0.0340	46	1.1900	0.0610	63	2.4400	0.0880
13	0.0550	0.0110	30	0.4340	0.0350	47	1.2510	0.0620	64	2.5280	0.0900
14	0.0660	0.0130	31	0.4690	0.0380	48	1.3130	0.0640	65	2.6180	0.0910
15	0.0790	0.0140	32	0.5070	0.0380	49	1.3770	0.0650	66	2.7090	0.0930
16	0.0930	0.0150	33	0.5450	0.0400	50	1.4420	0.0680	67	2.8020	0.0940
17	0.1080	0.0160	34	0.5850	0.0420	51	1.5100	0.0680	68	2.8960	0.0960
18	0.1240	0.0180	35	0.6270	0.0430	52	1.5780	0.0710	69	2.9920	0.0980
19	0.1420	0.0200	36	0.6700	0.0450	53	1.6490	0.0720	70	3.0900	0.0990
20	0.1620	0.0200	37	0.7150	0.0470	54	1.7210	0.0730	71	3.1890	0.1010
21	0.1820	0.0220	38	0.7620	0.0480	55	1.7940	0.0750	72	3.2900	0.1010

适用树种：阔叶树；适用地区：江西省抚河林区；资料名称：林业调查常用表；编表人或作者：江西省农林垦殖勘察设计院；刊印或发表时间：1982。

862. 江西抚河林区杉木一元立木材积表（围尺）

D	V	ΔV	D	V	ΔV	D	V	ΔV	D	V	ΔV
5	0.0040	0.0040	19	0.1680	0.0230	33	0.6580	0.0490	47	1.5160	0.0760
6	0.0080	0.0040	20	0.1910	0.0250	34	0.7070	0.0500	48	1.5920	0.0780
7	0.0120	0.0050	21	0.2160	0.0270	35	0.7570	0.0530	49	1.6700	0.0790
8	0.0170	0.0060	22	0.2430	0.0290	36	0.8100	0.0550	50	1.7490	0.0820
9	0.0230	0.0080	23	0.2720	0.0300	37	0.8650	0.0560	51	1.8310	0.0840
10	0.0310	0.0090	24	0.3020	0.0320	38	0.9210	0.0590	52	1.9150	0.0850
11	0.0400	0.0110	25	0.3340	0.0340	39	0.9800	0.0600	53	2.0000	0.0870
12	0.0510	0.0120	26	0.3680	0.0360	40	1.0400	0.0620	54	2.0870	0.0900
13	0.0630	0.0130	27	0.4040	0.0380	41	1.1020	0.0640	55	2.1770	0.0910
14	0.0760	0.0150	28	0.4420	0.0390	42	1.1660	0.0660	56	2.2680	0.0940
15	0.0910	0.0170	29	0.4810	0.0420	43	1.2320	0.0680	57	2.3620	0.0950
16	0.1080	0.0180	30	0.5230	0.0430	44	1.3000	0.0700	58	2.4570	0.0950
17	0.1260	0.0200	31	0.5660	0.0450	45	1.3700	0.0720			
18	0.1460	0.0220	32	0.6110	0.0470	46	1.4420	0.0740			

适用树种：杉木；适用地区：江西省抚河林区；资料名称：林业调查常用表；编表人或作者：江西省农林垦殖勘察设计院；刊印或发表时间：1982。

863. 江西信江、乐安河林区马尾松一元立木材积表（围尺）

D	V	ΔV	D	V	ΔV	D	V	ΔV	D	V	ΔV
5	0.0020	0.0030	23	0.2530	0.0280	41	1.0380	0.0600	59	2.3980	0.0870
6	0.0050	0.0030	24	0.2810	0.0310	42	1.0980	0.0620	60	2.4850	0.0930
7	0.0080	0.0050	25	0.3120	0.0320	43	1.1600	0.0640	61	2.5780	0.0960
8	0.0130	0.0060	26	0.3440	0.0340	44	1.2240	0.0660	62	2.6740	0.0970
9	0.0190	0.0070	27	0.3780	0.0360	45	1.2900	0.0670	63	2.7710	0.0980
10	0.0260	0.0080	28	0.4140	0.0370	46	1.3570	0.0690	64	2.8690	0.1010
11	0.0340	0.0100	29	0.4510	0.0400	47	1.4260	0.0710	65	2.9700	0.1020
12	0.0440	0.0110	30	0.4910	0.0400	48	1.4970	0.0730	66	3.0720	0.1040
13	0.0550	0.0130	31	0.5310	0.0430	49	1.5700	0.0740	67	3.1760	0.1060
14	0.0680	0.0140	32	0.5740	0.0450	50	1.6440	0.0760	68	3.2820	0.1070
15	0.0820	0.0160	33	0.6190	0.0460	51	1.7200	0.0780	69	3.3890	0.1090
16	0.0980	0.0170	34	0.6650	0.0480	52	1.7980	0.0800	70	3.4980	0.1110
17	0.1150	0.0190	35	0.7130	0.0500	53	1.8780	0.0810	71	3.6090	0.1130
18	0.1340	0.0200	36	0.7630	0.0510	54	1.9590	0.0840	72	3.7220	0.1140
19	0.1540	0.0220	37	0.8140	0.0530	55	2.0430	0.0840	73	3.8360	0.1140
20	0.1760	0.0240	38	0.8670	0.0550	56	2.1270	0.0870			
21	0.2000	0.0260	39	0.9220	0.0570	57	2.2140	0.0890			
22	0.2260	0.0270	40	0.9790	0.0590	58	2.3030	0.0950			

适用树种：马尾松；适用地区：信江、乐安河林区；资料名称：林业调查常用表；编表人或作者：江西省农林垦殖勘察设计院；刊印或发表时间：1982。

赣

864. 江西信江、乐安河林区阔叶树一元立木材积表（围尺）

D	V	ΔV	D	V	ΔV	D	V	ΔV	D	V	ΔV
5	0.0040	0.0030	23	0.2620	0.0310	41	1.1220	0.0680	59	2.6970	0.1100
6	0.0070	0.0040	24	0.2930	0.0320	42	1.1900	0.0710	60	2.8070	0.1110
7	0.0110	0.0050	25	0.3250	0.0340	43	1.2610	0.0720	61	2.9180	0.1140
8	0.0160	0.0060	26	0.3590	0.0360	44	1.3330	0.0750	62	3.0320	0.1170
9	0.0220	0.0070	27	0.3950	0.0380	45	1.4080	0.0770	63	3.1490	0.1190
10	0.0290	0.0090	28	0.4330	0.0410	46	1.4850	0.0800	64	3.2680	0.1210
11	0.0380	0.0100	29	0.4740	0.0420	47	1.5650	0.0820	65	3.3890	0.1230
12	0.0480	0.0110	30	0.5160	0.0440	48	1.6470	0.0840	66	3.5120	0.1260
13	0.0590	0.0130	31	0.5600	0.0470	49	1.7310	0.0860	67	3.6380	0.1280
14	0.0720	0.0140	32	0.6070	0.0480	50	1.8170	0.0890	68	3.7660	0.1300
15	0.0860	0.0160	33	0.6550	0.0510	51	1.9060	0.0900	69	3.8960	0.1330
16	0.1020	0.0180	34	0.7060	0.0530	52	1.9960	0.0940	70	4.0290	0.1350
17	0.1200	0.0190	35	0.7590	0.0550	53	2.0900	0.0950	71	4.1640	0.1380
18	0.1390	0.0210	36	0.8140	0.0570	54	2.1850	0.0980	72	4.3020	0.1390
19	0.1600	0.0230	37	0.8710	0.0600	55	2.2830	0.1000	73	4.4410	0.1390
20	0.1830	0.0240	38	0.9310	0.0610	56	2.3830	0.1020			
21	0.2070	0.0270	39	0.9920	0.0640	57	2.4850	0.1050			
22	0.2340	0.0280	40	1.0560	0.0660	58	2.5900	0.1070			

适用树种：阔叶树；适用地区：信江、乐安河林区；资料名称：林业调查常用表；编表人或作者：江西省农林垦殖勘察设计院；刊印或发表时间：1982。

赣

865. 江西抚河林区马尾松一元立木材积表（围尺）

D	V	ΔV	D	V	ΔV	D	V	ΔV	D	V	ΔV
5	0.0040	0.0020	23	0.2360	0.0280	41	1.0510	0.0660	59	2.6100	0.1100
6	0.0060	0.0040	24	0.2640	0.0300	42	1.1170	0.0690	60	2.7200	0.1120
7	0.0100	0.0040	25	0.2940	0.0320	43	1.1860	0.0700	61	2.8320	0.1160
8	0.0140	0.0050	26	0.3260	0.0300	44	1.2560	0.0740	62	2.9480	0.1180
9	0.0190	0.0070	27	0.3560	0.0390	45	1.3300	0.0750	63	3.0660	0.1200
10	0.0260	0.0070	28	0.3950	0.0380	46	1.4050	0.0780	64	3.1860	0.1230
11	0.0330	0.0090	29	0.4330	0.0390	47	1.4830	0.0800	65	3.3090	0.1260
12	0.0420	0.0100	30	0.4720	0.0420	48	1.5630	0.0830	66	3.4350	0.1280
13	0.0520	0.0120	31	0.5140	0.0380	49	1.6460	0.0850	67	3.5630	0.1310
14	0.0640	0.0120	32	0.5520	0.0520	50	1.7310	0.0880	68	3.6940	0.1330
15	0.0760	0.0150	33	0.6040	0.0480	51	1.8190	0.0900	69	3.8270	0.1360
16	0.0910	0.0160	34	0.6520	0.0500	52	1.9090	0.0930	70	3.9630	0.1390
17	0.1070	0.0170	35	0.7020	0.0530	53	2.0020	0.0950	71	4.1020	0.1410
18	0.1240	0.0190	36	0.7550	0.0550	54	2.0970	0.0970	72	4.2430	0.1440
19	0.1430	0.0210	37	0.8100	0.0560	55	2.1940	0.1000	73	4.3870	0.1440
20	0.1640	0.0220	38	0.8660	0.0600	56	2.2940	0.1030			
21	0.1860	0.0240	39	0.9260	0.0610	57	2.3970	0.1050			
22	0.2100	0.0260	40	0.9870	0.0640	58	2.5020	0.1080			

适用树种：马尾松；适用地区：江西省抚河林区；资料名称：林业调查常用表；编表人或作者：江西省农林垦殖勘察设计院；刊印或发表时间：1982。

14 山东省立木材积表

山东省编表地区划分：

鲁东地区：烟台地区、潍坊地区（胶县、胶南、五莲、平度）、临沂地区（日照、莒南、莒县）、青岛地区（市区、崂山县）。

鲁西地区：菏泽地区、聊城地区、济宁地区（金乡、嘉祥、鱼台、汶上、济宁、衮州）。

鲁北地区：德州地区、惠民地区（阳信、桓台、博兴、高青、邹平、广饶、惠民、滨县）。

鲁中南地区：泰安地区、临沂地区（临沂、郯城、苍山、沂水、沂源、沂南、蒙阴、平邑、费县）、济宁地区（滕县、邹县、泗水、曲阜）、潍坊地区（临朐、益都、诸城、安邱、高密、昌乐）、济南市、枣庄市、淄博市。

鲁北滨海地区：潍坊地区（寿光、潍县、昌邑）、惠民地区（垦利、利津、无棣、沾化）。

鲁东丘陵区：青岛市、烟台市、威海市、日照市、临沂市（莒南县）。

鲁中低山丘陵区：枣庄市、泰安市、莱芜市、济南市（除济阳县、商河县）、淄博市（除桓台县、高青县）、潍坊市（临朐县、青州市、诸城市、安丘市、高密市、昌乐县、奎文区、坊子区、潍城区）、临沂市（除莒南县）、济宁市（邹城市、曲阜市、泗水县）。

鲁西北平原区：菏泽市、聊城市、济宁市（金乡县、嘉祥县、鱼台县、汶上县、任城区、济宁市中区、兖州市、梁山县、微山县）、德州市、济南市（济阳县、商河县）、淄博市（桓台县、高青县）、东营市、滨州市、潍坊市（寿光市、昌邑县、寒亭区）。

鲁

14 山东省立木材积表

[illegible]

鲁

866. 鲁东地区赤松一元立木材积表

D	V	ΔV	D	V	ΔV	D	V	ΔV	D	V	ΔV
6	0.0069	0.0036	9	0.0192	0.0052	12	0.0431	0.0056	15	0.0643	0.0100
7	0.0105	0.0036	10	0.0244	0.0094	13	0.0487	0.0056	16	0.0742	0.0100
8	0.0140	0.0052	11	0.0338	0.0094	14	0.0543	0.0100			

适用树种：赤松；适用地区：鲁东地区；资料名称：山东省主要树种一元立木材积表；编表人或作者：山东省林业勘察设计队；刊印或发表时间：1982。

867. 鲁东地区刺槐一元立木材积表

D	V	ΔV	D	V	ΔV	D	V	ΔV	D	V	ΔV
6	0.0102	0.0056	13	0.0747	0.0141	20	0.2087	0.0255	27	0.4121	0.0337
7	0.0158	0.0056	14	0.0887	0.0171	21	0.2342	0.0255	28	0.4458	0.0370
8	0.0214	0.0080	15	0.1058	0.0171	22	0.2596	0.0289	29	0.4828	0.0370
9	0.0294	0.0080	16	0.1228	0.0202	23	0.2885	0.0289	30	0.5197	0.0370
10	0.0373	0.0117	17	0.1430	0.0202	24	0.3174	0.0305			
11	0.0490	0.0117	18	0.1632	0.0228	25	0.3479	0.0305			
12	0.0606	0.0141	19	0.1860	0.0228	26	0.3784	0.0337			

适用树种：刺槐；适用地区：鲁东地区；资料名称：山东省主要树种一元立木材积表；编表人或作者：山东省林业勘察设计队；刊印或发表时间：1982。

868. 鲁东地区榆树一元立木材积表

D	V	ΔV	D	V	ΔV	D	V	ΔV	D	V	ΔV
6	0.0069	0.0067	15	0.0914	0.0143	24	0.2654	0.0259	33	0.5338	0.0344
7	0.0136	0.0067	16	0.1057	0.0166	25	0.2913	0.0259	34	0.5682	0.0370
8	0.0202	0.0073	17	0.1223	0.0166	26	0.3172	0.0285	35	0.6052	0.0370
9	0.0275	0.0073	18	0.1389	0.0172	27	0.3457	0.0285	36	0.6422	0.0396
10	0.0347	0.0096	19	0.1561	0.0172	28	0.3741	0.0307	37	0.6818	0.0396
11	0.0443	0.0096	20	0.1733	0.0226	29	0.4048	0.0307	38	0.7213	0.0422
12	0.0539	0.0116	21	0.1959	0.0226	30	0.4355	0.0320	39	0.7635	0.0422
13	0.0655	0.0116	22	0.2184	0.0235	31	0.4675	0.0320	40	0.8057	0.0422
14	0.0771	0.0143	23	0.2419	0.0235	32	0.4994	0.0344			

适用树种：榆树；适用地区：鲁东地区；资料名称：山东省主要树种一元立木材积表；编表人或作者：山东省林业勘察设计队；刊印或发表时间：1982。

869. 鲁东地区杨树一元立木材积表

D	V	ΔV	D	V	ΔV	D	V	ΔV	D	V	ΔV
6	0.0105	0.0054	15	0.0968	0.0154	24	0.2923	0.0291	33	0.5949	0.0376
7	0.0159	0.0054	16	0.1121	0.0188	25	0.3214	0.0291	34	0.6325	0.0423
8	0.0212	0.0075	17	0.1309	0.0188	26	0.3505	0.0322	35	0.6748	0.0423
9	0.0287	0.0075	18	0.1496	0.0212	27	0.3827	0.0322	36	0.7171	0.0433
10	0.0362	0.0097	19	0.1708	0.0212	28	0.4148	0.0349	37	0.7604	0.0433
11	0.0459	0.0097	20	0.1919	0.0240	29	0.4497	0.0349	38	0.8037	0.0462
12	0.0555	0.0130	21	0.2159	0.0240	30	0.4845	0.0364	39	0.8499	0.0462
13	0.0685	0.0130	22	0.2398	0.0263	31	0.5209	0.0364	40	0.8960	0.0462
14	0.0814	0.0154	23	0.2661	0.0263	32	0.5573	0.0376			

适用树种：杨树；适用地区：鲁东地区；资料名称：山东省主要树种一元立木材积表；编表人或作者：山东省林业勘察设计队；刊印或发表时间：1982。

870. 鲁中南地区松树类一元立木材积表

D	V	ΔV	D	V	ΔV	D	V	ΔV	D	V	ΔV
6	0.0071	0.0039	11	0.0340	0.0079	16	0.0867	0.0147	21	0.1722	0.0179
7	0.0110	0.0039	12	0.0418	0.0100	17	0.1014	0.0147	22	0.1900	0.0213
8	0.0148	0.0057	13	0.0518	0.0100	18	0.1160	0.0192	23	0.2113	0.0213
9	0.0205	0.0057	14	0.0617	0.0125	19	0.1352	0.0192	24	0.2326	0.0213
10	0.0261	0.0079	15	0.0742	0.0125	20	0.1543	0.0179			

适用树种：松树类；适用地区：鲁中南地区；资料名称：山东省主要树种一元立木材积表；编表人或作者：山东省林业勘察设计队；刊印或发表时间：1982。

871. 鲁中南地区柏树一元立木材积表

D	V	ΔV	D	V	ΔV	D	V	ΔV	D	V	ΔV
6	0.0065	0.0035	12	0.0359	0.0081	18	0.0944	0.0131	24	0.1811	0.0170
7	0.0100	0.0035	13	0.0440	0.0081	19	0.1075	0.0131	25	0.1981	0.0170
8	0.0134	0.0048	14	0.0521	0.0101	20	0.1205	0.0143	26	0.2150	0.0187
9	0.0182	0.0048	15	0.0622	0.0101	21	0.1348	0.0143	27	0.2337	0.0187
10	0.0229	0.0065	16	0.0722	0.0111	22	0.1490	0.0161	28	0.2524	0.0187
11	0.0294	0.0065	17	0.0833	0.0111	23	0.1651	0.0161			

适用树种：柏树；适用地区：鲁中南地区；资料名称：山东省主要树种一元立木材积表；编表人或作者：山东省林业勘察设计队；刊印或发表时间：1982。

872. 鲁东地区柳树一元立木材积表

D	V	ΔV	D	V	ΔV	D	V	ΔV	D	V	ΔV
6	0.0073	0.0034	15	0.0646	0.0100	24	0.1943	0.0201	33	0.3951	0.0254
7	0.0107	0.0034	16	0.0745	0.0125	25	0.2144	0.0201	34	0.4205	0.0274
8	0.0141	0.0049	17	0.0870	0.0125	26	0.2344	0.0210	35	0.4479	0.0274
9	0.0190	0.0049	18	0.0994	0.0142	27	0.2554	0.0210	36	0.4753	0.0269
10	0.0239	0.0067	19	0.1136	0.0142	28	0.2763	0.0231	37	0.5022	0.0269
11	0.0306	0.0067	20	0.1277	0.0152	29	0.2994	0.0231	38	0.5290	0.0285
12	0.0373	0.0087	21	0.1429	0.0152	30	0.3225	0.0236	39	0.5575	0.0285
13	0.0460	0.0087	22	0.1580	0.0182	31	0.3461	0.0236	40	0.5859	0.0285
14	0.0546	0.0099	23	0.1762	0.0182	32	0.3697	0.0254			

适用树种：柳树；适用地区：鲁东地区；资料名称：山东省主要树种一元立木材积表；编表人或作者：山东省林业勘察设计队；刊印或发表时间：1982。

873. 鲁东地区泡桐一元立木材积表

D	V	ΔV	D	V	ΔV	D	V	ΔV	D	V	ΔV
6	0.0082	0.0038	15	0.0672	0.0103	24	0.1986	0.0191	33	0.4028	0.0259
7	0.0120	0.0038	16	0.0774	0.0123	25	0.2177	0.0191	34	0.4286	0.0278
8	0.0158	0.0051	17	0.0897	0.0123	26	0.2368	0.0212	35	0.4564	0.0278
9	0.0209	0.0051	18	0.1019	0.0144	27	0.2580	0.0212	36	0.4841	0.0298
10	0.0260	0.0068	19	0.1163	0.0144	28	0.2791	0.0234	37	0.5140	0.0299
11	0.0328	0.0068	20	0.1307	0.0159	29	0.3025	0.0234	38	0.5438	0.0291
12	0.0396	0.0087	21	0.1466	0.0159	30	0.3258	0.0256	39	0.5729	0.0291
13	0.0483	0.0087	22	0.1625	0.0181	31	0.3514	0.0256	40	0.6020	0.0291
14	0.0569	0.0103	23	0.1806	0.0181	32	0.3769	0.0259			

适用树种：泡桐；适用地区：鲁东地区；资料名称：山东省主要树种一元立木材积表；编表人或作者：山东省林业勘察设计队；刊印或发表时间：1982。

874. 鲁中南地区刺槐一元立木材积表

D	V	ΔV	D	V	ΔV	D	V	ΔV	D	V	ΔV
6	0.0092	0.0053	12	0.0553	0.0126	18	0.1441	0.0188	24	0.2689	0.0246
7	0.0145	0.0053	13	0.0679	0.0126	19	0.1629	0.0188	25	0.2935	0.0246
8	0.0198	0.0077	14	0.0804	0.0156	20	0.1816	0.0207	26	0.3180	0.0258
9	0.0275	0.0077	15	0.0960	0.0156	21	0.2023	0.0207	27	0.3438	0.0258
10	0.0351	0.0101	16	0.1115	0.0163	22	0.2229	0.0230	28	0.3696	0.0258
11	0.0452	0.0101	17	0.1278	0.0163	23	0.2459	0.0230			

适用树种：刺槐；适用地区：鲁中南地区；资料名称：山东省主要树种一元立木材积表；编表人或作者：山东省林业勘察设计队；刊印或发表时间：1982。

875. 鲁中南地区榆树一元立木材积表

D	V	ΔV	D	V	ΔV	D	V	ΔV	D	V	ΔV
6	0.0104	0.0050	14	0.0782	0.0155	22	0.2281	0.0288	30	0.4756	0.0358
7	0.0154	0.0050	15	0.0937	0.0155	23	0.2569	0.0288	31	0.5115	0.0359
8	0.0204	0.0072	16	0.1092	0.0174	24	0.2856	0.0292	32	0.5473	0.0372
9	0.0276	0.0072	17	0.1266	0.0174	25	0.3148	0.0292	33	0.5845	0.0372
10	0.0348	0.0098	18	0.1440	0.0208	26	0.3439	0.0313	34	0.6216	0.0398
11	0.0446	0.0098	19	0.1648	0.0208	27	0.3752	0.0313	35	0.6614	0.0398
12	0.0543	0.0120	20	0.1855	0.0213	28	0.4065	0.0346	36	0.7011	0.0398
13	0.0663	0.0120	21	0.2068	0.0213	29	0.4411	0.0346			

适用树种：榆树；适用地区：鲁中南地区；资料名称：山东省主要树种一元立木材积表；编表人或作者：山东省林业勘察设计队；刊印或发表时间：1982。

876. 鲁中南地区杨树一元立木材积表

D	V	ΔV	D	V	ΔV	D	V	ΔV	D	V	ΔV
6	0.0098	0.0052	15	0.0981	0.0159	24	0.2981	0.0310	33	0.6194	0.0425
7	0.0150	0.0052	16	0.1140	0.0188	25	0.3291	0.0310	34	0.6618	0.0441
8	0.0202	0.0077	17	0.1328	0.0188	26	0.3601	0.0337	35	0.7059	0.0440
9	0.0279	0.0077	18	0.1516	0.0216	27	0.3938	0.0337	36	0.7499	0.0495
10	0.0355	0.0103	19	0.1732	0.0216	28	0.4275	0.0357	37	0.7994	0.0495
11	0.0458	0.0103	20	0.1947	0.0250	29	0.4632	0.0357	38	0.8489	0.0508
12	0.0560	0.0131	21	0.2197	0.0250	30	0.4989	0.0390	39	0.8997	0.0508
13	0.0691	0.0131	22	0.2447	0.0267	31	0.5379	0.0390	40	0.9504	0.0508
14	0.0822	0.0159	23	0.2714	0.0267	32	0.5769	0.0425			

适用树种：杨树；适用地区：鲁中南地区；资料名称：山东省主要树种一元立木材积表；编表人或作者：山东省林业勘察设计队；刊印或发表时间：1982。

877. 鲁中南地区柳树一元立木材积表

D	V	ΔV	D	V	ΔV	D	V	ΔV	D	V	ΔV
6	0.0079	0.0040	14	0.0608	0.0112	22	0.1786	0.0205	30	0.3705	0.0284
7	0.0119	0.0040	15	0.0720	0.0112	23	0.1991	0.0205	31	0.3989	0.0284
8	0.0158	0.0055	16	0.0832	0.0137	24	0.2196	0.0221	32	0.4273	0.0309
9	0.0213	0.0055	17	0.0969	0.0137	25	0.2417	0.0221	33	0.4582	0.0309
10	0.0268	0.0076	18	0.1105	0.0161	26	0.2637	0.0260	34	0.4891	0.0334
11	0.0344	0.0076	19	0.1266	0.0161	27	0.2897	0.0260	35	0.5225	0.0334
12	0.0419	0.0095	20	0.1427	0.0180	28	0.3157	0.0274	36	0.5559	0.0334
13	0.0514	0.0095	21	0.1607	0.0180	29	0.3431	0.0274			

适用树种：柳树；适用地区：鲁中南地区；资料名称：山东省主要树种一元立木材积表；编表人或作者：山东省林业勘察设计队；刊印或发表时间：1982。

878. 鲁中南地区泡桐一元立木材积表

D	V	ΔV	D	V	ΔV	D	V	ΔV	D	V	ΔV
6	0.0104	0.0047	15	0.0843	0.0130	24	0.2541	0.0264	33	0.5375	0.0396
7	0.0151	0.0047	16	0.0973	0.0155	25	0.2805	0.0264	34	0.5770	0.0412
8	0.0198	0.0065	17	0.1128	0.0155	26	0.3069	0.0296	35	0.6182	0.0412
9	0.0263	0.0065	18	0.1283	0.0183	27	0.3365	0.0296	36	0.6594	0.0446
10	0.0328	0.0087	19	0.1466	0.0183	28	0.3661	0.0314	37	0.7040	0.0446
11	0.0415	0.0087	20	0.1649	0.0204	29	0.3975	0.0314	38	0.7486	0.0456
12	0.0501	0.0106	21	0.1853	0.0204	30	0.4289	0.0345	39	0.7942	0.0456
13	0.0607	0.0106	22	0.2057	0.0242	31	0.4634	0.0345	40	0.8398	0.0456
14	0.0713	0.0130	23	0.2299	0.0242	32	0.4979	0.0396			

适用树种：泡桐；适用地区：鲁中南地区；资料名称：山东省主要树种一元立木材积表；编表人或作者：山东省林业勘察设计队；刊印或发表时间：1982。

879. 鲁西地区刺槐一元立木材积表

D	V	ΔV	D	V	ΔV	D	V	ΔV	D	V	ΔV
6	0.0098	0.0055	14	0.0784	0.0141	22	0.2154	0.0224	30	0.4193	0.0315
7	0.0153	0.0055	15	0.0925	0.0141	23	0.2378	0.0224	31	0.4508	0.0315
8	0.0207	0.0076	16	0.1065	0.0157	24	0.2601	0.0245	32	0.4822	0.0310
9	0.0283	0.0076	17	0.1222	0.0157	25	0.2846	0.0245	33	0.5132	0.0310
10	0.0358	0.0098	18	0.1379	0.0181	26	0.3090	0.0267	34	0.5442	0.0310
11	0.0456	0.0098	19	0.1560	0.0181	27	0.3357	0.0267			
12	0.0553	0.0116	20	0.1741	0.0207	28	0.3623	0.0285			
13	0.0669	0.0116	21	0.1948	0.0207	29	0.3908	0.0285			

适用树种：刺槐；适用地区：鲁西地区；资料名称：山东省主要树种一元立木材积表；编表人或作者：山东省林业勘察设计队；刊印或发表时间：1982。

880. 鲁西地区榆树一元立木材积表

D	V	ΔV	D	V	ΔV	D	V	ΔV	D	V	ΔV
6	0.0090	0.0050	10	0.0332	0.0096	14	0.0776	0.0152	18	0.1450	0.0209
7	0.0140	0.0050	11	0.0428	0.0096	15	0.0928	0.0152	19	0.1659	0.0209
8	0.0190	0.0071	12	0.0524	0.0126	16	0.1080	0.0185	20	0.1868	0.0209
9	0.0261	0.0071	13	0.0650	0.0126	17	0.1265	0.0185			

适用树种：榆树；适用地区：鲁西地区；资料名称：山东省主要树种一元立木材积表；编表人或作者：山东省林业勘察设计队；刊印或发表时间：1982。

881. 鲁西地区杨树一元立木材积表

D	V	ΔV	D	V	ΔV	D	V	ΔV	D	V	ΔV
6	0.0082	0.0056	13	0.0650	0.0122	20	0.1851	0.0241	27	0.3857	0.0343
7	0.0138	0.0056	14	0.0771	0.0153	21	0.2092	0.0241	28	0.4199	0.0381
8	0.0194	0.0073	15	0.0924	0.0153	22	0.2332	0.0277	29	0.4580	0.0381
9	0.0267	0.0073	16	0.1076	0.0181	23	0.2609	0.0277	30	0.4960	0.0419
10	0.0339	0.0095	17	0.1257	0.0181	24	0.2886	0.0314	31	0.5380	0.0420
11	0.0434	0.0095	18	0.1437	0.0207	25	0.3200	0.0314	32	0.5799	0.0420
12	0.0528	0.0122	19	0.1644	0.0207	26	0.3514	0.0343			

适用树种：杨树；适用地区：鲁西地区；资料名称：山东省主要树种一元立木材积表；编表人或作者：山东省林业勘察设计队；刊印或发表时间：1982。

882. 鲁西地区柳树一元立木材积表

D	V	ΔV	D	V	ΔV	D	V	ΔV	D	V	ΔV
6	0.0061	0.0038	14	0.0608	0.0123	22	0.1785	0.0195	30	0.3608	0.0260
7	0.0099	0.0038	15	0.0731	0.0123	23	0.1980	0.0195	31	0.3868	0.0260
8	0.0137	0.0058	16	0.0853	0.0132	24	0.2175	0.0219	32	0.4127	0.0281
9	0.0195	0.0058	17	0.0985	0.0132	25	0.2394	0.0219	33	0.4408	0.0281
10	0.0252	0.0081	18	0.1117	0.0156	26	0.2612	0.0234	34	0.4688	0.0313
11	0.0333	0.0081	19	0.1273	0.0156	27	0.2846	0.0234	35	0.5001	0.0313
12	0.0413	0.0097	20	0.1428	0.0179	28	0.3080	0.0264	36	0.5314	0.0313
13	0.0511	0.0098	21	0.1607	0.0179	29	0.3344	0.0264			

适用树种：柳树；适用地区：鲁西地区；资料名称：山东省主要树种一元立木材积表；编表人或作者：山东省林业勘察设计队；刊印或发表时间：1982。

883. 鲁北地区刺槐一元立木材积表

D	V	ΔV	D	V	ΔV	D	V	ΔV	D	V	ΔV
6	0.0094	0.0050	14	0.0763	0.0147	22	0.2245	0.0250	30	0.4467	0.0335
7	0.0144	0.0050	15	0.0910	0.0147	23	0.2495	0.0250	31	0.4802	0.0335
8	0.0193	0.0022	16	0.1057	0.0175	24	0.2745	0.0266	32	0.5136	0.0362
9	0.0215	0.0022	17	0.1232	0.0175	25	0.3011	0.0266	33	0.5498	0.0362
10	0.0237	0.0145	18	0.1406	0.0197	26	0.3276	0.0288	34	0.5859	0.0362
11	0.0382	0.0145	19	0.1603	0.0197	27	0.3564	0.0288			
12	0.0526	0.0119	20	0.1799	0.0223	28	0.3851	0.0308			
13	0.0645	0.0119	21	0.2022	0.0223	29	0.4159	0.0308			

适用树种：刺槐；适用地区：鲁北地区；资料名称：山东省主要树种一元立木材积表；编表人或作者：山东省林业勘察设计队；刊印或发表时间：1982。

884. 鲁北地区榆树一元立木材积表

D	V	ΔV	D	V	ΔV	D	V	ΔV	D	V	ΔV
6	0.0094	0.0046	10	0.0315	0.0088	14	0.0710	0.0136	18	0.1301	0.0185
7	0.0140	0.0046	11	0.0403	0.0088	15	0.0846	0.0136	19	0.1486	0.0185
8	0.0185	0.0065	12	0.0490	0.0110	16	0.0981	0.0160	20	0.1671	0.0185
9	0.0250	0.0065	13	0.0600	0.0110	17	0.1141	0.0160			

适用树种：榆树；适用地区：鲁北地区；资料名称：山东省主要树种一元立木材积表；编表人或作者：山东省林业勘察设计队；刊印或发表时间：1982。

885. 鲁北地区杨树一元立木材积表

D	V	ΔV	D	V	ΔV	D	V	ΔV	D	V	ΔV
6	0.0095	0.0049	15	0.0898	0.0143	24	0.2703	0.0272	33	0.5574	0.0385
7	0.0144	0.0049	16	0.1040	0.0170	25	0.2975	0.0272	34	0.5958	0.0416
8	0.0193	0.0071	17	0.1210	0.0170	26	0.3247	0.0297	35	0.6374	0.0416
9	0.0264	0.0071	18	0.1380	0.0196	27	0.3544	0.0297	36	0.6789	0.0448
10	0.0334	0.0093	19	0.1576	0.0196	28	0.3840	0.0323	37	0.7238	0.0449
11	0.0427	0.0093	20	0.1771	0.0223	29	0.4163	0.0323	38	0.7686	0.0463
12	0.0520	0.0118	21	0.1994	0.0223	30	0.4486	0.0352	39	0.8149	0.0463
13	0.0638	0.0118	22	0.2216	0.0244	31	0.4838	0.0352	40	0.8611	0.0463
14	0.0755	0.0143	23	0.2460	0.0244	32	0.5189	0.0385			

适用树种：杨树；适用地区：鲁北地区；资料名称：山东省主要树种一元立木材积表；编表人或作者：山东省林业勘察设计队；刊印或发表时间：1982。

886. 鲁北地区柳树一元立木材积表

D	V	ΔV	D	V	ΔV	D	V	ΔV	D	V	ΔV
6	0.0073	0.0040	15	0.0710	0.0114	24	0.2203	0.0228	33	0.4709	0.0345
7	0.0113	0.0040	16	0.0823	0.0136	25	0.2431	0.0228	34	0.5054	0.0357
8	0.0152	0.0056	17	0.0959	0.0136	26	0.2659	0.0229	35	0.5411	0.0357
9	0.0208	0.0056	18	0.1094	0.0163	27	0.2888	0.0229	36	0.5767	0.0405
10	0.0264	0.0072	19	0.1257	0.0163	28	0.3117	0.0314	37	0.6172	0.0405
11	0.0336	0.0072	20	0.1420	0.0188	29	0.3431	0.0314	38	0.6576	0.0678
12	0.0408	0.0094	21	0.1608	0.0188	30	0.3744	0.0310	39	0.7254	0.0678
13	0.0502	0.0094	22	0.1795	0.0204	31	0.4054	0.0310	40	0.7932	0.0678
14	0.0596	0.0114	23	0.1999	0.0204	32	0.4364	0.0345			

适用树种：柳树；适用地区：鲁北地区；资料名称：山东省主要树种一元立木材积表；编表人或作者：山东省林业勘察设计队；刊印或发表时间：1982。

887. 鲁北滨海地区刺槐一元立木材积表

D	V	ΔV	D	V	ΔV	D	V	ΔV	D	V	ΔV
6	0.0097	0.0052	14	0.0814	0.0147	22	0.2260	0.0238	30	0.4440	0.0341
7	0.0149	0.0052	15	0.0961	0.0147	23	0.2498	0.0238	31	0.4781	0.0341
8	0.0201	0.0080	16	0.1107	0.0170	24	0.2736	0.0260	32	0.5121	0.0361
9	0.0281	0.0080	17	0.1277	0.0170	25	0.2996	0.0260	33	0.5482	0.0361
10	0.0360	0.0103	18	0.1447	0.0192	26	0.3255	0.0284	34	0.5843	0.0361
11	0.0463	0.0103	19	0.1639	0.0192	27	0.3539	0.0284			
12	0.0565	0.0125	20	0.1830	0.0215	28	0.3823	0.0309			
13	0.0690	0.0125	21	0.2045	0.0215	29	0.4132	0.0309			

适用树种：刺槐；适用地区：鲁北滨海地区；资料名称：山东省主要树种一元立木材积表；编表人或作者：山东省林业勘察设计队；刊印或发表时间：1982。

888. 鲁北滨海地区杨树一元立木材积表

D	V	ΔV	D	V	ΔV	D	V	ΔV	D	V	ΔV
6	0.0107	0.0055	15	0.1054	0.0176	24	0.3418	0.0379	33	0.7565	0.0569
7	0.0162	0.0055	16	0.1230	0.0216	25	0.3797	0.0379	34	0.8134	0.0625
8	0.0217	0.0080	17	0.1446	0.0216	26	0.4175	0.0416	35	0.8759	0.0625
9	0.0297	0.0080	18	0.1661	0.0245	27	0.4591	0.0416	36	0.9383	0.0661
10	0.0377	0.0110	19	0.1906	0.0245	28	0.5006	0.0479	37	1.0044	0.0660
11	0.0487	0.0110	20	0.2150	0.0294	29	0.5485	0.0479	38	1.0704	0.0725
12	0.0597	0.0141	21	0.2444	0.0294	30	0.5964	0.0516	39	1.1429	0.0724
13	0.0738	0.0141	22	0.2738	0.0340	31	0.6480	0.0516	40	1.2153	0.0724
14	0.0878	0.0176	23	0.3078	0.0340	32	0.6995	0.0570			

适用树种：杨树；适用地区：鲁北滨海地区；资料名称：山东省主要树种一元立木材积表；编表人或作者：山东省林业勘察设计队；刊印或发表时间：1982。

889. 鲁北滨海地区柳树一元立木材积表

D	V	ΔV	D	V	ΔV	D	V	ΔV	D	V	ΔV
6	0.0066	0.0032	15	0.0603	0.0098	24	0.1912	0.0211	33	0.4218	0.0313
7	0.0098	0.0032	16	0.0701	0.0118	25	0.2123	0.0211	34	0.4531	0.0345
8	0.0130	0.0046	17	0.0819	0.0118	26	0.2334	0.0236	35	0.4876	0.0345
9	0.0176	0.0046	18	0.0936	0.0139	27	0.2570	0.0236	36	0.5220	0.0368
10	0.0222	0.0063	19	0.1075	0.0139	28	0.2806	0.0263	37	0.5588	0.0368
11	0.0285	0.0063	20	0.1214	0.0172	29	0.3069	0.0263	38	0.5956	0.0402
12	0.0347	0.0079	21	0.1386	0.0172	30	0.3331	0.0287	39	0.6358	0.0402
13	0.0426	0.0079	22	0.1558	0.0177	31	0.3618	0.0287	40	0.6760	0.0402
14	0.0505	0.0098	23	0.1735	0.0177	32	0.3905	0.0313			

适用树种：柳树；适用地区：鲁北滨海地区；其他：同上表。

890. 鲁北滨海地区泡桐一元立木材积表

D	V	ΔV	D	V	ΔV	D	V	ΔV	D	V	ΔV
6	0.0099	0.0046	15	0.0832	0.0130	24	0.2506	0.0266	33	0.5326	0.0380
7	0.0145	0.0046	16	0.0961	0.0154	25	0.2772	0.0266	34	0.5706	0.0407
8	0.0190	0.0065	17	0.1115	0.0154	26	0.3037	0.0290	35	0.6113	0.0407
9	0.0255	0.0065	18	0.1269	0.0181	27	0.3327	0.0290	36	0.6519	0.0435
10	0.0319	0.0085	19	0.1450	0.0181	28	0.3616	0.0308	37	0.6954	0.0435
11	0.0404	0.0085	20	0.1630	0.0204	29	0.3924	0.0308	38	0.7389	0.0453
12	0.0489	0.0107	21	0.1834	0.0204	30	0.4231	0.0358	39	0.7842	0.0453
13	0.0596	0.0107	22	0.2038	0.0234	31	0.4589	0.0358	40	0.8295	0.0453
14	0.0702	0.0130	23	0.2272	0.0234	32	0.4946	0.0380			

适用树种：泡桐；适用地区：鲁北滨海地区；资料名称：山东省主要树种一元立木材积表；编表人或作者：山东省林业勘察设计队；刊印或发表时间：1982。

891. 鲁东地区刺槐（四旁）一元立木材积表

D	V	ΔV	D	V	ΔV	D	V	ΔV	D	V	ΔV
6	0.0102	0.0050	13	0.0647	0.0118	20	0.1766	0.0217	27	0.3517	0.0295
7	0.0152	0.0050	14	0.0765	0.0142	21	0.1983	0.0217	28	0.3812	0.0334
8	0.0201	0.0072	15	0.0907	0.0142	22	0.2199	0.0237	29	0.4146	0.0334
9	0.0273	0.0072	16	0.1048	0.0166	23	0.2436	0.0237	30	0.4480	0.0468
10	0.0344	0.0093	17	0.1214	0.0166	24	0.2672	0.0275	31	0.4948	0.0468
11	0.0437	0.0093	18	0.1379	0.0194	25	0.2947	0.0275	32	0.5415	0.0468
12	0.0529	0.0118	19	0.1573	0.0194	26	0.3222	0.0295			

适用树种：刺槐（四旁树）；适用地区：鲁东地区；资料名称：山东省主要树种一元立木材积表；编表人或作者：山东省林业勘察设计队；刊印或发表时间：1982。

892. 鲁东地区杨树（四旁）一元立木材积表

D	V	ΔV	D	V	ΔV	D	V	ΔV	D	V	ΔV
6	0.0101	0.0050	15	0.0907	0.0142	24	0.2732	0.0269	33	0.5620	0.0375
7	0.0151	0.0050	16	0.1049	0.0171	25	0.3001	0.0269	34	0.5994	0.0406
8	0.0200	0.0072	17	0.1220	0.0171	26	0.3270	0.0295	35	0.6400	0.0406
9	0.0272	0.0072	18	0.1391	0.0196	27	0.3565	0.0295	36	0.6805	0.0413
10	0.0343	0.0093	19	0.1587	0.0196	28	0.3859	0.0333	37	0.7218	0.0413
11	0.0436	0.0093	20	0.1782	0.0226	29	0.4192	0.0333	38	0.7630	0.0440
12	0.0528	0.0119	21	0.2008	0.0226	30	0.4524	0.0361	39	0.8070	0.0440
13	0.0647	0.0119	22	0.2234	0.0249	31	0.4885	0.0361	40	0.8510	0.0440
14	0.0765	0.0142	23	0.2483	0.0249	32	0.5245	0.0375			

适用树种：杨树（四旁树）；适用地区：鲁东地区；资料名称：山东省主要树种一元立木材积表；编表人或作者：山东省林业勘察设计队；刊印或发表时间：1982。

893. 鲁中南地区刺槐（四旁）一元立木材积表

D	V	ΔV	D	V	ΔV	D	V	ΔV	D	V	ΔV
6	0.0100	0.0052	15	0.0914	0.0143	24	0.2630	0.0255	33	0.5193	0.0320
7	0.0152	0.0052	16	0.1057	0.0166	25	0.2885	0.0255	34	0.5512	0.0341
8	0.0203	0.0071	17	0.1223	0.0166	26	0.3139	0.0278	35	0.5853	0.0341
9	0.0274	0.0071	18	0.1389	0.0189	27	0.3417	0.0278	36	0.6194	0.0341
10	0.0344	0.0095	19	0.1578	0.0189	28	0.3694	0.0290	37	0.6535	0.0341
11	0.0439	0.0095	20	0.1766	0.0209	29	0.3984	0.0290	38	0.6876	0.0358
12	0.0534	0.0119	21	0.1975	0.0209	30	0.4274	0.0300	39	0.7235	0.0359
13	0.0653	0.0119	22	0.2184	0.0223	31	0.4574	0.0300	40	0.7593	0.0359
14	0.0771	0.0143	23	0.2407	0.0223	32	0.4873	0.0320			

适用树种：刺槐（四旁树）；适用地区：鲁中南地区；资料名称：山东省主要树种一元立木材积表；编表人或作者：山东省林业勘察设计队；刊印或发表时间：1982。

894. 鲁中南地区杨树（四旁）一元立木材积表

D	V	ΔV	D	V	ΔV	D	V	ΔV	D	V	ΔV
6	0.0104	0.0052	15	0.0940	0.0147	24	0.2828	0.0288	33	0.5795	0.0385
7	0.0156	0.0052	16	0.1086	0.0176	25	0.3116	0.0288	34	0.6179	0.0416
8	0.0207	0.0074	17	0.1262	0.0176	26	0.3404	0.0308	35	0.6595	0.0416
9	0.0281	0.0074	18	0.1437	0.0207	27	0.3712	0.0308	36	0.7010	0.0424
10	0.0355	0.0094	19	0.1644	0.0207	28	0.4020	0.0340	37	0.7434	0.0424
11	0.0449	0.0094	20	0.1851	0.0225	29	0.4360	0.0340	38	0.7858	0.0452
12	0.0543	0.0125	21	0.2076	0.0225	30	0.4699	0.0356	39	0.8310	0.0451
13	0.0668	0.0125	22	0.2300	0.0264	31	0.5055	0.0356	40	0.8761	0.0451
14	0.0793	0.0147	23	0.2564	0.0264	32	0.5410	0.0385			

适用树种：杨树（四旁树）；适用地区：鲁中南地区；资料名称：山东省主要树种一元立木材积表；编表人或作者：山东省林业勘察设计队；刊印或发表时间：1982。

895. 鲁西地区刺槐（四旁）一元立木材积表

D	V	ΔV	D	V	ΔV	D	V	ΔV	D	V	ΔV
6	0.0098	0.0055	12	0.0544	0.0117	18	0.1379	0.0180	24	0.2637	0.0241
7	0.0153	0.0055	13	0.0661	0.0117	19	0.1559	0.0180	25	0.2878	0.0241
8	0.0208	0.0075	14	0.0778	0.0140	20	0.1738	0.0208	26	0.3119	0.0264
9	0.0283	0.0075	15	0.0918	0.0140	21	0.1946	0.0208	27	0.3383	0.0264
10	0.0358	0.0093	16	0.1057	0.0161	22	0.2154	0.0242	28	0.3647	0.0264
11	0.0451	0.0093	17	0.1218	0.0161	23	0.2396	0.0242			

适用树种：刺槐（四旁树）；适用地区：鲁西地区；资料名称：山东省主要树种一元立木材积表；编表人或作者：山东省林业勘察设计队；刊印或发表时间：1982。

896. 鲁中南地区柳树（四旁）一元立木材积表

D	V	ΔV	D	V	ΔV	D	V	ΔV	D	V	ΔV
6	0.0079	0.0040	15	0.0703	0.0111	24	0.2070	0.0210	33	0.4276	0.0292
7	0.0119	0.0040	16	0.0814	0.0127	25	0.2280	0.0210	34	0.4567	0.0294
8	0.0158	0.0055	17	0.0941	0.0127	26	0.2490	0.0235	35	0.4861	0.0294
9	0.0213	0.0055	18	0.1068	0.0150	27	0.2725	0.0235	36	0.5154	0.0315
10	0.0268	0.0073	19	0.1218	0.0150	28	0.2960	0.0245	37	0.5469	0.0315
11	0.0341	0.0073	20	0.1368	0.0164	29	0.3205	0.0245	38	0.5783	0.0363
12	0.0413	0.0090	21	0.1532	0.0164	30	0.3449	0.0268	39	0.6146	0.0363
13	0.0503	0.0090	22	0.1696	0.0187	31	0.3717	0.0268	40	0.6509	0.0363
14	0.0592	0.0111	23	0.1883	0.0187	32	0.3984	0.0292			

适用树种：柳树（四旁树）；适用地区：鲁中南地区；资料名称：山东省主要树种一元立木材积表；编表人或作者：山东省林业勘察设计队；刊印或发表时间：1982。

897. 鲁西地区榆树（四旁）一元立木材积表

D	V	ΔV	D	V	ΔV	D	V	ΔV	D	V	ΔV
6	0.0100	0.0052	11	0.0449	0.0098	16	0.1080	0.0165	21	0.1994	0.0203
7	0.0152	0.0052	12	0.0547	0.0121	17	0.1245	0.0165	22	0.2197	0.0237
8	0.0204	0.0074	13	0.0668	0.0121	18	0.1409	0.0191	23	0.2434	0.0237
9	0.0278	0.0074	14	0.0789	0.0146	19	0.1600	0.0191	24	0.2671	0.0237
10	0.0351	0.0098	15	0.0935	0.0146	20	0.1791	0.0203			

适用树种：榆树（四旁树）；适用地区：鲁西地区；资料名称：山东省主要树种一元立木材积表；编表人或作者：山东省林业勘察设计队；刊印或发表时间：1982。

898. 鲁西地区杨树（四旁）一元立木材积表

D	V	ΔV	D	V	ΔV	D	V	ΔV	D	V	ΔV
6	0.0096	0.0050	15	0.0925	0.0152	24	0.2848	0.0289	33	0.5970	0.0430
7	0.0146	0.0050	16	0.1076	0.0181	25	0.3137	0.0289	34	0.6400	0.0448
8	0.0196	0.0072	17	0.1257	0.0181	26	0.3425	0.0323	35	0.6848	0.0448
9	0.0268	0.0072	18	0.1437	0.0207	27	0.3748	0.0323	36	0.7295	0.0484
10	0.0339	0.0097	19	0.1644	0.0207	28	0.4071	0.0358	37	0.7779	0.0484
11	0.0436	0.0097	20	0.1851	0.0233	29	0.4429	0.0358	38	0.8263	0.0521
12	0.0533	0.0120	21	0.2084	0.0233	30	0.4786	0.0377	39	0.8785	0.0522
13	0.0653	0.0120	22	0.2316	0.0266	31	0.5163	0.0377	40	0.9306	0.0522
14	0.0773	0.0152	23	0.2582	0.0266	32	0.5540	0.0430			

适用树种：杨树（四旁树）；适用地区：鲁西地区；资料名称：山东省主要树种一元立木材积表；编表人或作者：山东省林业勘察设计队；刊印或发表时间：1982。

899. 鲁西地区柳树（四旁）一元立木材积表

D	V	ΔV	D	V	ΔV	D	V	ΔV	D	V	ΔV
6	0.0106	0.0051	14	0.0861	0.0168	22	0.2597	0.0298	30	0.5237	0.0389
7	0.0157	0.0051	15	0.1029	0.0168	23	0.2895	0.0298	31	0.5626	0.0389
8	0.0208	0.0078	16	0.1197	0.0196	24	0.3192	0.0315	32	0.6015	0.0422
9	0.0286	0.0078	17	0.1393	0.0196	25	0.3507	0.0315	33	0.6437	0.0422
10	0.0364	0.0105	18	0.1589	0.0233	26	0.3821	0.0350	34	0.6859	0.0414
11	0.0469	0.0105	19	0.1822	0.0233	27	0.4171	0.0350	35	0.7273	0.0414
12	0.0573	0.0144	20	0.2054	0.0272	28	0.4520	0.0359	36	0.7687	0.0414
13	0.0717	0.0144	21	0.2326	0.0272	29	0.4879	0.0359			

适用树种：柳树（四旁树）；适用地区：鲁西地区；资料名称：山东省主要树种一元立木材积表；编表人或作者：山东省林业勘察设计队；刊印或发表时间：1982。

900. 鲁北地区刺槐（四旁）一元立木材积表

D	V	ΔV	D	V	ΔV	D	V	ΔV	D	V	ΔV
6	0.0093	0.0050	14	0.0692	0.0122	22	0.1934	0.0205	30	0.3799	0.0284
7	0.0143	0.0050	15	0.0814	0.0122	23	0.2139	0.0205	31	0.4083	0.0284
8	0.0192	0.0069	16	0.0936	0.0146	24	0.2344	0.0222	32	0.4367	0.0298
9	0.0261	0.0069	17	0.1082	0.0146	25	0.2566	0.0222	33	0.4665	0.0298
10	0.0329	0.0079	18	0.1227	0.0168	26	0.2788	0.0247	34	0.4962	0.0298
11	0.0408	0.0079	19	0.1395	0.0168	27	0.3035	0.0247			
12	0.0487	0.0103	20	0.1563	0.0186	28	0.3281	0.0259			
13	0.0590	0.0103	21	0.1749	0.0186	29	0.3540	0.0259			

适用树种：刺槐（四旁树）；适用地区：鲁北地区；资料名称：山东省主要树种一元立木材积表；编表人或作者：山东省林业勘察设计队；刊印或发表时间：1982。

901. 鲁北地区榆树（四旁）一元立木材积表

D	V	ΔV	D	V	ΔV	D	V	ΔV	D	V	ΔV
6	0.0102	0.0048	15	0.0875	0.0139	24	0.2677	0.0283	33	0.5750	0.0415
7	0.0150	0.0048	16	0.1013	0.0165	25	0.2960	0.0283	34	0.6164	0.0455
8	0.0197	0.0065	17	0.1178	0.0165	26	0.3243	0.0317	35	0.6619	0.0455
9	0.0262	0.0065	18	0.1342	0.0193	27	0.3560	0.0317	36	0.7074	0.0488
10	0.0326	0.0094	19	0.1535	0.0193	28	0.3876	0.0348	37	0.7562	0.0488
11	0.0420	0.0094	20	0.1728	0.0223	29	0.4224	0.0348	38	0.8049	0.0522
12	0.0514	0.0111	21	0.1951	0.0223	30	0.4572	0.0382	39	0.8571	0.0522
13	0.0625	0.0111	22	0.2174	0.0252	31	0.4954	0.0382	40	0.9093	0.0522
14	0.0736	0.0139	23	0.2426	0.0252	32	0.5335	0.0415			

适用树种：榆树（四旁树）；适用地区：鲁北地区；资料名称：山东省主要树种一元立木材积表；编表人或作者：山东省林业勘察设计队；刊印或发表时间：1982。

902. 鲁北地区杨树（四旁）一元立木材积表

D	V	ΔV	D	V	ΔV	D	V	ΔV	D	V	ΔV
6	0.0102	0.0048	15	0.0880	0.0137	24	0.2622	0.0264	33	0.5437	0.0370
7	0.0150	0.0048	16	0.1017	0.0162	25	0.2886	0.0264	34	0.5807	0.0394
8	0.0198	0.0068	17	0.1179	0.0162	26	0.3150	0.0294	35	0.6201	0.0394
9	0.0266	0.0068	18	0.1341	0.0187	27	0.3444	0.0294	36	0.6595	0.0416
10	0.0334	0.0091	19	0.1528	0.0187	28	0.3737	0.0319	37	0.7011	0.0416
11	0.0425	0.0091	20	0.1714	0.0218	29	0.4056	0.0319	38	0.7426	0.0443
12	0.0515	0.0114	21	0.1932	0.0218	30	0.4375	0.0346	39	0.7869	0.0442
13	0.0629	0.0114	22	0.2149	0.0237	31	0.4721	0.0346	40	0.8311	0.0442
14	0.0743	0.0137	23	0.2386	0.0237	32	0.5067	0.0370			

适用树种：杨树（四旁树）；适用地区：鲁北地区；资料名称：山东省主要树种一元立木材积表；编表人或作者：山东省林业勘察设计队；刊印或发表时间：1982。

903. 鲁北地区柳树（四旁）一元立木材积表

D	V	ΔV	D	V	ΔV	D	V	ΔV	D	V	ΔV
6	0.0075	0.0038	15	0.0670	0.0104	24	0.1927	0.0181	33	0.3750	0.0242
7	0.0113	0.0038	16	0.0773	0.0122	25	0.2108	0.0181	34	0.3991	0.0246
8	0.0151	0.0053	17	0.0895	0.0122	26	0.2288	0.0189	35	0.4237	0.0246
9	0.0204	0.0053	18	0.1017	0.0138	27	0.2477	0.0189	36	0.4483	0.0257
10	0.0256	0.0070	19	0.1155	0.0138	28	0.2666	0.0209	37	0.4740	0.0257
11	0.0326	0.0070	20	0.1293	0.0151	29	0.2875	0.0209	38	0.4997	0.0270
12	0.0396	0.0085	21	0.1444	0.0151	30	0.3084	0.0212	39	0.5267	0.0270
13	0.0481	0.0085	22	0.1595	0.0166	31	0.3296	0.0212	40	0.5537	0.0270
14	0.0566	0.0104	23	0.1761	0.0166	32	0.3508	0.0242			

适用树种：柳树（四旁树）；适用地区：鲁北地区；资料名称：山东省主要树种一元立木材积表；编表人或作者：山东省林业勘察设计队；刊印或发表时间：1982。

904. 鲁北滨海地区刺槐（四旁）一元立木材积表

D	V	ΔV	D	V	ΔV	D	V	ΔV	D	V	ΔV
6	0.0094	0.0048	14	0.0726	0.0134	22	0.2079	0.0229	30	0.4129	0.0298
7	0.0142	0.0048	15	0.0860	0.0134	23	0.2308	0.0229	31	0.4427	0.0298
8	0.0190	0.0067	16	0.0993	0.0157	24	0.2537	0.0242	32	0.4724	0.0320
9	0.0257	0.0067	17	0.1150	0.0157	25	0.2779	0.0242	33	0.5044	0.0320
10	0.0324	0.0090	18	0.1306	0.0180	26	0.3020	0.0267	34	0.5363	0.0320
11	0.0414	0.0090	19	0.1486	0.0180	27	0.3287	0.0267			
12	0.0504	0.0111	20	0.1666	0.0207	28	0.3554	0.0288			
13	0.0615	0.0111	21	0.1873	0.0207	29	0.3842	0.0288			

适用树种：刺槐（四旁树）；适用地区：鲁北滨海地区；资料名称：山东省主要树种一元立木材积表；编表人或作者：山东省林业勘察设计队；刊印或发表时间：1982。

905. 鲁北滨海地区榆树（四旁）一元立木材积表

D	V	ΔV	D	V	ΔV	D	V	ΔV	D	V	ΔV
6	0.0097	0.0047	15	0.0883	0.0142	24	0.2717	0.0280	33	0.5728	0.0396
7	0.0144	0.0047	16	0.1025	0.0169	25	0.2997	0.0280	34	0.6123	0.0405
8	0.0191	0.0068	17	0.1194	0.0169	26	0.3276	0.0318	35	0.6528	0.0405
9	0.0259	0.0068	18	0.1362	0.0198	27	0.3594	0.0318	36	0.6932	0.0419
10	0.0327	0.0091	19	0.1560	0.0198	28	0.3911	0.0345	37	0.7351	0.0419
11	0.0418	0.0091	20	0.1758	0.0227	29	0.4256	0.0345	38	0.7770	0.0419
12	0.0509	0.0116	21	0.1985	0.0227	30	0.4600	0.0366	39	0.8189	0.0419
13	0.0625	0.0116	22	0.2211	0.0253	31	0.4966	0.0366	40	0.8608	0.0419
14	0.0741	0.0142	23	0.2464	0.0253	32	0.5332	0.0396			

适用树种：榆树（四旁树）；适用地区：鲁北滨海地区；资料名称：山东省主要树种一元立木材积表；编表人或作者：山东省林业勘察设计队；刊印或发表时间：1982。

906. 鲁北滨海地区杨树（四旁）一元立木材积表

D	V	ΔV	D	V	ΔV	D	V	ΔV	D	V	ΔV
6	0.0105	0.0049	15	0.0886	0.0139	24	0.2687	0.0284	33	0.5762	0.0418
7	0.0154	0.0049	16	0.1024	0.0166	25	0.2971	0.0284	34	0.6179	0.0452
8	0.0202	0.0068	17	0.1190	0.0166	26	0.3254	0.0313	35	0.6631	0.0452
9	0.0270	0.0068	18	0.1356	0.0193	27	0.3567	0.0313	36	0.7083	0.0489
10	0.0337	0.0091	19	0.1549	0.0193	28	0.3879	0.0350	37	0.7572	0.0489
11	0.0428	0.0091	20	0.1741	0.0222	29	0.4229	0.0350	38	0.8061	0.0517
12	0.0519	0.0114	21	0.1963	0.0222	30	0.4579	0.0383	39	0.8578	0.0517
13	0.0633	0.0114	22	0.2185	0.0251	31	0.4962	0.0383	40	0.9094	0.0517
14	0.0747	0.0139	23	0.2436	0.0251	32	0.5344	0.0418			

适用树种：杨树（四旁树）；适用地区：鲁北滨海地区；资料名称：山东省主要树种一元立木材积表；编表人或作者：山东省林业勘察设计队；刊印或发表时间：1982。

907. 山东松树类一元立木材积表

D	V	ΔV	D	V	ΔV	D	V	ΔV	D	V	ΔV
5	0.0043	0.0025	8	0.0144	0.0052	11	0.0331	0.0085	14	0.0626	0.0125
6	0.0068	0.0034	9	0.0196	0.0062	12	0.0416	0.0098	15	0.0751	0.0141
7	0.0102	0.0042	10	0.0258	0.0073	13	0.0514	0.0112	16	0.0892	0.0141

适用树种：松树类；适用地区：全省；资料名称：山东省主要树种一元立木材积表；编表人或作者：山东省林业勘察设计队；刊印或发表时间：1982。

908. 鲁北滨海地区柳树（四旁）一元立木材积表

D	V	ΔV	D	V	ΔV	D	V	ΔV	D	V	ΔV
6	0.0069	0.0035	15	0.0643	0.0103	24	0.1923	0.0196	33	0.3939	0.0260
7	0.0104	0.0035	16	0.0746	0.0117	25	0.2119	0.0196	34	0.4199	0.0277
8	0.0138	0.0051	17	0.0863	0.0117	26	0.2314	0.0204	35	0.4476	0.0277
9	0.0189	0.0051	18	0.0980	0.0142	27	0.2518	0.0204	36	0.4753	0.0293
10	0.0239	0.0067	19	0.1122	0.0142	28	0.2722	0.0233	37	0.5046	0.0293
11	0.0306	0.0067	20	0.1264	0.0172	29	0.2955	0.0233	38	0.5339	0.0311
12	0.0372	0.0084	21	0.1436	0.0172	30	0.3188	0.0246	39	0.5650	0.0311
13	0.0456	0.0084	22	0.1607	0.0158	31	0.3434	0.0246	40	0.5961	0.0311
14	0.0540	0.0103	23	0.1765	0.0158	32	0.3679	0.0260			

适用树种：柳树（四旁树）；适用地区：鲁北滨海地区；资料名称：山东省主要树种一元立木材积表；编表人或作者：山东省林业勘察设计队；刊印或发表时间：1982。

909. 山东侧柏一元立木材积表

D	V	ΔV	D	V	ΔV	D	V	ΔV	D	V	ΔV
5	0.0052	0.0029	8	0.0161	0.0051	11	0.0337	0.0073	14	0.0575	0.0090
6	0.0081	0.0036	9	0.0212	0.0059	12	0.0410	0.0080	15	0.0665	0.0094
7	0.0117	0.0044	10	0.0271	0.0066	13	0.0490	0.0085	16	0.0759	0.0094

适用树种：侧柏；适用地区：全省；资料名称：山东省主要树种一元立木材积表；编表人或作者：山东省林业勘察设计队；刊印或发表时间：1982。

910. 山东刺槐一元立木材积表

D	V	ΔV	D	V	ΔV	D	V	ΔV	D	V	ΔV
5	0.0056	0.0034	9	0.0259	0.0081	13	0.0666	0.0137	17	0.1304	0.0196
6	0.0090	0.0044	10	0.0340	0.0095	14	0.0803	0.0152	18	0.1500	0.0211
7	0.0134	0.0057	11	0.0435	0.0108	15	0.0955	0.0167	19	0.1711	0.0224
8	0.0191	0.0068	12	0.0543	0.0123	16	0.1122	0.0182	20	0.1935	0.0224

适用树种：刺槐；适用地区：全省；资料名称：山东省主要树种一元立木材积表；编表人或作者：山东省林业勘察设计队；刊印或发表时间：1982。

911. 山东杨树一元立木材积表

D	V	ΔV	D	V	ΔV	D	V	ΔV	D	V	ΔV
5	0.0056	0.0034	9	0.0258	0.0080	13	0.0659	0.0134	17	0.1275	0.0187
6	0.0090	0.0045	10	0.0338	0.0094	14	0.0793	0.0147	18	0.1462	0.0187
7	0.0135	0.0055	11	0.0432	0.0100	15	0.0940	0.0161			
8	0.0190	0.0068	12	0.0532	0.0127	16	0.1101	0.0174			

适用树种：杨树；适用地区：全省；资料名称：山东省主要树种一元立木材积表；编表人或作者：山东省林业勘察设计队；刊印或发表时间：1982。

912. 山东杨树二元立木材积表

$$V = 0.016743 + 0.000116D^2 + 0.00002D^2H - 0.002123H + 0.00001DH^2$$

$$D \leqslant 40\text{cm},\ H \leqslant 18\text{m}$$

D	H	V	D	H	V	D	H	V	D	H	V	D	H	V
6	3	0.0173	13	6	0.0486	20	9	0.1322	27	13	0.3089	34	16	0.5738
7	3	0.0196	14	7	0.0589	21	10	0.1559	28	13	0.3312	35	16	0.6065
8	4	0.0221	15	7	0.0668	22	10	0.1705	29	14	0.3769	36	17	0.6757
9	4	0.0256	16	8	0.0807	23	11	0.1990	30	14	0.4022	37	17	0.7118
10	5	0.0302	17	8	0.0904	24	11	0.2160	31	14	0.4283	38	18	0.7890
11	5	0.0350	18	8	0.1007	25	12	0.2498	32	15	0.4829	39	18	0.8289
12	6	0.0423	19	9	0.1199	26	12	0.2694	33	15	0.5122	40	19	0.9144

适用树种：杨树；适用地区：全省；编表人或作者：山东省林业局；刊印或发表时间：2009。

913. 鲁西北平原杨树一元立木材积表

$$V = -0.009535 - 0.00231D + 0.000737D^2$$

$$D_{1.3} = -0.304121 + 0.830457D_r$$；表中为胸径

D	V	ΔV	D	V	ΔV	D	V	ΔV	D	V	ΔV
6	0.0031	0.0073	15	0.1216	0.0205	24	0.3595	0.0338	33	0.7168	0.0471
7	0.0104	0.0087	16	0.1422	0.0220	25	0.3933	0.0353	34	0.7639	0.0485
8	0.0192	0.0102	17	0.1642	0.0235	26	0.4286	0.0368	35	0.8124	0.0500
9	0.0294	0.0117	18	0.1877	0.0250	27	0.4654	0.0382	36	0.8625	0.0515
10	0.0411	0.0132	19	0.2126	0.0264	28	0.5036	0.0397	37	0.9139	0.0530
11	0.0542	0.0146	20	0.2391	0.0279	29	0.5433	0.0412	38	0.9669	0.0544
12	0.0689	0.0161	21	0.2670	0.0294	30	0.5845	0.0426	39	1.0214	0.0559
13	0.0850	0.0176	22	0.2964	0.0309	31	0.6271	0.0441	40	1.0773	0.0559
14	0.1026	0.0191	23	0.3272	0.0323	32	0.6712	0.0456			

适用树种：杨树；适用地区：鲁西北平原；编表人或作者：山东省林业局；刊印或发表时间：2009。

914. 山东刺槐一元立木材积表

D	V	ΔV	D	V	ΔV	D	V	ΔV	D	V	ΔV
5	0.0040	0.0030	8	0.0163	0.0063	11	0.0383	0.0094	14	0.0686	0.0108
6	0.0070	0.0041	9	0.0226	0.0074	12	0.0477	0.0101			
7	0.0111	0.0052	10	0.0300	0.0083	13	0.0578	0.0108			

适用树种：刺槐；适用地区：全省；资料名称：山东省主要树种一元立木材积表；编表人或作者：山东省林业勘察设计队；刊印或发表时间：1982。

915. 鲁东丘陵区杨树一元立木材积表

$$V = 0.000197D^{2.341992}$$

$D_{1.3} = 0.022406 + 0.823878D_r$；表中为胸径

D	V	ΔV	D	V	ΔV	D	V	ΔV	D	V	ΔV
6	0.0131	0.0057	15	0.1119	0.0183	24	0.3364	0.0338	33	0.7093	0.0514
7	0.0188	0.0069	16	0.1302	0.0199	25	0.3702	0.0356	34	0.7606	0.0534
8	0.0257	0.0082	17	0.1500	0.0215	26	0.4058	0.0375	35	0.8141	0.0555
9	0.0338	0.0095	18	0.1715	0.0232	27	0.4433	0.0394	36	0.8696	0.0576
10	0.0433	0.0108	19	0.1947	0.0248	28	0.4827	0.0413	37	0.9272	0.0598
11	0.0541	0.0122	20	0.2195	0.0266	29	0.5241	0.0433	38	0.9870	0.0619
12	0.0664	0.0137	21	0.2461	0.0283	30	0.5674	0.0453	39	1.0489	0.0641
13	0.0800	0.0152	22	0.2744	0.0301	31	0.6127	0.0473	40	1.1130	0.0641
14	0.0952	0.0167	23	0.3045	0.0319	32	0.6600	0.0493			

适用树种：杨树；适用地区：鲁东丘陵区；编表人或作者：山东省林业局；刊印或发表时间：2009。

916. 鲁中南低山丘陵区松树类一元材积表

$$V = 0.004113 - 0.002979D + 0.000578D^2$$

$D_{1.3} = -0.911349 + 0.802097D_r$；表中为胸径

D	V	ΔV	D	V	ΔV	D	V	ΔV	D	V	ΔV
6	0.0070	0.0045	13	0.0631	0.0126	20	0.1757	0.0207	27	0.3450	0.0288
7	0.0116	0.0057	14	0.0757	0.0138	21	0.1965	0.0219	28	0.3739	0.0300
8	0.0173	0.0068	15	0.0895	0.0149	22	0.2183	0.0230	29	0.4038	0.0311
9	0.0241	0.0080	16	0.1044	0.0161	23	0.2414	0.0242	30	0.4349	0.0311
10	0.0321	0.0092	17	0.1205	0.0173	24	0.2655	0.0253			
11	0.0413	0.0103	18	0.1378	0.0184	25	0.2909	0.0265			
12	0.0516	0.0115	19	0.1562	0.0196	26	0.3174	0.0277			

适用树种：松树类；适用地区：鲁中南低山丘陵区；编表人或作者：山东省林业局；刊印或发表时间：2010。

917. 山东松树类二元立木材积表

$$V = 0.010254 - 0.004214D + 0.000331D^2 + 0.000350DH + 0.000011D^2H$$

$$D \leqslant 30\text{cm},\ H \leqslant 13\text{m}$$

D	H	V	D	H	V	D	H	V	D	H	V	D	H	V
6	3	0.0044	11	5	0.0299	16	7	0.0865	21	10	0.1897	26	12	0.3229
7	3	0.0059	12	6	0.0421	17	8	0.1073	22	10	0.2080	27	12	0.3474
8	4	0.0117	13	6	0.0499	18	8	0.1206	23	10	0.2271	28	13	0.3913
9	4	0.0153	14	7	0.0655	19	9	0.1453	24	11	0.2619	29	13	0.4186
10	5	0.0242	15	7	0.0756	20	9	0.1610	25	11	0.2837	30	14	0.4673

适用树种：松树类；适用地区：全省；编表人或作者：山东省林业局；刊印或发表时间：2010。

918. 鲁中南低山丘陵区杨树一元立木材积表

$$V = 0.033941 - 0.008794D + 0.000979D^2$$

$$D_{1.3} = -1.095497 + 0.888774D_r；\text{表中为胸径}$$

D	V	ΔV	D	V	ΔV	D	V	ΔV	D	V	ΔV
6	0.0164	0.0039	15	0.1223	0.0216	24	0.3868	0.0392	33	0.8099	0.0568
7	0.0204	0.0059	16	0.1439	0.0235	25	0.4260	0.0411	34	0.8667	0.0588
8	0.0262	0.0078	17	0.1674	0.0255	26	0.4671	0.0431	35	0.9254	0.0607
9	0.0341	0.0098	18	0.1928	0.0274	27	0.5102	0.0451	36	0.9861	0.0627
10	0.0439	0.0118	19	0.2203	0.0294	28	0.5552	0.0470	37	1.0488	0.0646
11	0.0557	0.0137	20	0.2497	0.0313	29	0.6023	0.0490	38	1.1134	0.0666
12	0.0694	0.0157	21	0.2810	0.0333	30	0.6512	0.0509	39	1.1800	0.0685
13	0.0851	0.0176	22	0.3143	0.0353	31	0.7021	0.0529	40	1.2486	0.0685
14	0.1027	0.0196	23	0.3496	0.0372	32	0.7550	0.0548			

适用树种：杨树；适用地区：鲁中南山丘陵区；编表人或作者：山东省林业局；刊印或发表时间：2009。

919. 鲁东丘陵区松树类一元材积表

$$V = 0.00153 - 0.002193D + 0.000525D^2$$

$$D_{1.3} = -0.657871 + 0.766232D_r；\text{表中为胸径}$$

D	V	ΔV	D	V	ΔV	D	V	ΔV	D	V	ΔV
6	0.0073	0.0046	13	0.0617	0.0120	20	0.1677	0.0193	27	0.3250	0.0267
7	0.0119	0.0057	14	0.0737	0.0130	21	0.1870	0.0204	28	0.3517	0.0277
8	0.0176	0.0067	15	0.0868	0.0141	22	0.2074	0.0214	29	0.3795	0.0288
9	0.0243	0.0078	16	0.1008	0.0151	23	0.2288	0.0225	30	0.4082	0.0288
10	0.0321	0.0088	17	0.1160	0.0162	24	0.2513	0.0235			
11	0.0409	0.0099	18	0.1322	0.0172	25	0.2748	0.0246			
12	0.0508	0.0109	19	0.1494	0.0183	26	0.2994	0.0256			

适用树种：松树类；适用地区：鲁东丘陵区；编表人或作者：山东省林业局；刊印或发表时间：2010。

15 河南省立木材积表

河南省二元材积表方程中$D_{1.3}$为围尺径，D_{r}为地径。杉、柏类暂用杉木立木材积表。

豫

920. 河南杉木二元立木材积表（围尺）

$$V = 0.000058777042(-0.0533 + 0.97174D_{围})^{1.9699831}H^{0.89646157}$$

表中D为围尺径；$D \leqslant 60\text{cm}$, $H \leqslant 34\text{m}$

$$D_{1.3} = 0.7685502D_{\text{r}}^{0.9923581}$$

D	H	V	D	H	V	D	H	V	D	H	V	D	H	V
2	2	0.0004	14	9	0.0716	26	15	0.3843	38	22	1.1456	50	29	2.5216
3	3	0.0012	15	9	0.0820	27	16	0.4387	39	23	1.2548	51	29	2.6220
4	3	0.0022	16	10	0.1024	28	17	0.4977	40	23	1.3191	52	30	2.8084
5	4	0.0045	17	10	0.1154	29	17	0.5333	41	24	1.4388	53	31	3.0029
6	4	0.0064	18	11	0.1408	30	18	0.6002	42	24	1.5088	54	31	3.1156
7	5	0.0107	19	12	0.1693	31	18	0.6404	43	25	1.6394	55	32	3.3237
8	5	0.0139	20	12	0.1874	32	19	0.7156	44	25	1.7155	56	32	3.4439
9	6	0.0207	21	13	0.2217	33	19	0.7604	45	26	1.8574	57	33	3.6660
10	6	0.0256	22	13	0.2431	34	20	0.8445	46	27	2.0064	58	33	3.7939
11	7	0.0354	23	14	0.2836	35	20	0.8942	47	27	2.0934	59	34	4.0304
12	8	0.0475	24	14	0.3084	36	21	0.9876	48	28	2.2545	60	34	4.1662
13	8	0.0556	25	15	0.3557	37	22	1.0869	49	28	2.3480			

适用树种：杉木；适用地区：全省；资料名称：林业调查用表；编表人或作者：河南省勘察设计院；刊印或发表时间：1987。

921. 河南油松二元立木材积表（围尺）

$$V = 0.000076051908(-0.3153 + 0.98317D_{围})^{1.9030339}H^{0.86055052}$$

表中D为围尺径；$D \leqslant 40\text{cm}$, $H \leqslant 30\text{m}$

$$D_{1.3} = 0.6078239D_{\text{r}}^{1.0844880}$$

D	H	V	D	H	V	D	H	V	D	H	V	D	H	V
2	2	0.0004	10	8	0.0331	18	14	0.1688	26	20	0.4668	34	26	0.9803
3	3	0.0012	11	9	0.0442	19	15	0.1989	27	21	0.5236	35	27	1.0707
4	3	0.0023	12	9	0.0524	20	15	0.2196	28	21	0.5616	36	27	1.1302
5	4	0.0046	13	10	0.0671	21	16	0.2552	29	22	0.6253	37	28	1.2291
6	5	0.0080	14	11	0.0842	22	17	0.2941	30	23	0.6935	38	29	1.3333
7	6	0.0128	15	12	0.1038	23	18	0.3366	31	24	0.7662	39	30	1.4429
8	6	0.0167	16	12	0.1176	24	18	0.3654	32	24	0.8144	40	30	1.5148
9	7	0.0240	17	13	0.1418	25	19	0.4142	33	25	0.8949			

适用树种：油松；适用地区：全省；资料名称：林业调查用表；编表人或作者：河南省勘察设计院；刊印或发表时间：1987。

922. 河南马尾松二元立木材积表（围尺）

$$V = 0.000062341803(-0.0625 + 0.96915D_{围})^{1.8551497}H^{0.95682492}$$

表中D为围尺径；$D \leqslant 86\text{cm}, H \leqslant 30\text{m}$

$$D_{1.3} = 0.6078239D_{\text{r}}^{1.0844880}$$

D	H	V	D	H	V	D	H	V	D	H	V	D	H	V
2	2	0.0004	19	8	0.1007	36	14	0.5648	53	19	1.5520	70	25	3.3830
3	2	0.0008	20	8	0.1108	37	14	0.5943	54	20	1.6876	71	26	3.6061
4	3	0.0021	21	8	0.1214	38	14	0.6245	55	20	1.7461	72	26	3.7010
5	3	0.0033	22	9	0.1481	39	15	0.7001	56	20	1.8056	73	26	3.7970
6	3	0.0046	23	9	0.1609	40	15	0.7338	57	21	1.9551	74	27	4.0374
7	4	0.0081	24	10	0.1926	41	15	0.7683	58	21	2.0193	75	27	4.1393
8	4	0.0103	25	10	0.2078	42	16	0.8547	59	21	2.0844	76	27	4.2423
9	4	0.0129	26	10	0.2235	43	16	0.8929	60	22	2.2484	77	28	4.5005
10	5	0.0194	27	11	0.2627	44	16	0.9318	61	22	2.3185	78	28	4.6096
11	5	0.0232	28	11	0.2811	45	17	1.0296	62	22	2.3895	79	28	4.7199
12	5	0.0273	29	11	0.3000	46	17	1.0725	63	23	2.5686	80	29	4.9964
13	6	0.0377	30	12	0.3473	47	17	1.1162	64	23	2.6448	81	29	5.1130
14	6	0.0433	31	12	0.3691	48	18	1.2260	65	23	2.7220	82	29	5.2308
15	6	0.0493	32	12	0.3915	49	18	1.2738	66	24	2.9167	83	30	5.5262
16	7	0.0644	33	13	0.4476	50	18	1.3226	67	24	2.9993	84	30	5.6505
17	7	0.0721	34	13	0.4731	51	19	1.4450	68	25	3.2058	85	30	5.7760
18	7	0.0802	35	13	0.4993	52	19	1.4980	69	25	3.2938	86	31	6.0909

适用树种：马尾松；适用地区：全省；资料名称：林业调查用表；编表人或作者：河南省勘察设计院；刊印或发表时间：1987。

923. 河南刺槐二元立木材积表（围尺）

$$V = 0.000071182290(-0.0225 + 0.97491D_{围})^{1.9414874}H^{0.81487080}$$

表中D为围尺径；$D \leqslant 34$cm, $H \leqslant 25$m

$$D_{1.3} = -0.7411499 + 0.9013405D_r - 0.003433108D_r^2$$

D	H	V	D	H	V	D	H	V	D	H	V	D	H	V
2	2	0.0004	9	7	0.0234	16	12	0.1114	23	17	0.2996	30	22	0.6195
3	3	0.0014	10	8	0.0321	17	13	0.1338	24	18	0.3409	31	23	0.6846
4	3	0.0024	11	9	0.0425	18	14	0.1588	25	19	0.3857	32	24	0.7538
5	4	0.0047	12	9	0.0504	19	14	0.1764	26	19	0.4163	33	25	0.8273
6	5	0.0081	13	10	0.0641	20	15	0.2062	27	20	0.4671	34	25	0.8767
7	6	0.0127	14	11	0.0800	21	16	0.2389	28	21	0.5216			
8	6	0.0164	15	11	0.0915	22	17	0.2748	29	22	0.5800			

适用树种：刺槐；适用地区：全省；资料名称：林业调查用表；编表人或作者：河南省勘察设计院；刊印或发表时间：1987。

924. 河南毛白杨一元材积表（围尺）

$V = 0.000163885D^{2.35855}$；表中$D$为围尺径；$D \leqslant 60$cm

D	V	ΔV	D	V	ΔV	D	V	ΔV	D	V	ΔV
4	0.0043	0.0030	19	0.1700	0.0219	34	0.6708	0.0475	49	1.5884	0.0775
5	0.0073	0.0039	20	0.1919	0.0234	35	0.7183	0.0493	50	1.6659	0.0797
6	0.0112	0.0049	21	0.2153	0.0250	36	0.7676	0.0512	51	1.7455	0.0818
7	0.0161	0.0060	22	0.2403	0.0266	37	0.8189	0.0532	52	1.8273	0.0840
8	0.0221	0.0071	23	0.2668	0.0282	38	0.8720	0.0551	53	1.9113	0.0861
9	0.0292	0.0082	24	0.2950	0.0298	39	0.9271	0.0570	54	1.9975	0.0883
10	0.0374	0.0094	25	0.3248	0.0315	40	0.9842	0.0590	55	2.0858	0.0906
11	0.0469	0.0107	26	0.3563	0.0332	41	1.0432	0.0610	56	2.1764	0.0928
12	0.0575	0.0120	27	0.3895	0.0349	42	1.1042	0.0630	57	2.2691	0.0950
13	0.0695	0.0133	28	0.4244	0.0366	43	1.1672	0.0650	58	2.3641	0.0973
14	0.0827	0.0146	29	0.4610	0.0384	44	1.2323	0.0671	59	2.4614	0.0995
15	0.0974	0.0160	30	0.4993	0.0402	45	1.2993	0.0691	60	2.5609	0.0995
16	0.1134	0.0174	31	0.5395	0.0419	46	1.3685	0.0712			
17	0.1308	0.0189	32	0.5814	0.0438	47	1.4397	0.0733			
18	0.1497	0.0204	33	0.6252	0.0456	48	1.5130	0.0754			

适用树种：毛白杨；适用地区：全省；资料名称：河南省主要树种一元立木材积及生长量表（试用表）；编表人或作者：河南省农林局林技站。

925. 河南阔叶树二元立木材积表（围尺）

$$V = 0.000057468552(0.1647 + 0.96678D_{围})^{1.9155590}H^{0.92659720}$$

表中D为围尺径；$D \leqslant 48$cm, $H \leqslant 25$m

$$D_{1.3} = 0.7246661D_{r}^{1.02434}$$

D	H	V	D	H	V	D	H	V	D	H	V	D	H	V
2	2	0.0005	12	7	0.0392	22	12	0.2038	32	17	0.5742	42	22	1.2246
3	3	0.0014	13	8	0.0516	23	13	0.2388	33	18	0.6420	43	23	1.3347
4	3	0.0023	14	8	0.0594	24	13	0.2590	34	18	0.6796	44	23	1.3946
5	4	0.0045	15	9	0.0755	25	14	0.2998	35	19	0.7551	45	24	1.5142
6	4	0.0064	16	9	0.0853	26	14	0.3230	36	19	0.7968	46	24	1.5791
7	5	0.0104	17	10	0.1055	27	15	0.3700	37	20	0.8804	47	25	1.7087
8	5	0.0134	18	10	0.1176	28	15	0.3965	38	20	0.9263	48	25	1.7788
9	6	0.0198	19	11	0.1423	29	16	0.4500	39	21	1.0183			
10	6	0.0241	20	11	0.1569	30	16	0.4800	40	21	1.0687			
11	7	0.0333	21	12	0.1866	31	17	0.5405	41	22	1.1696			

适用树种：阔叶树；适用地区：全省；资料名称：林业调查用表；编表人或作者：河南省勘察设计院；刊印或发表时间：1987。

926. 河南加拿大杨一元材积表（围尺）

$V = 0.000138455D^{2.41198}$；表中$D$为围尺径；$D \leqslant 50$cm

D	V	ΔV	D	V	ΔV	D	V	ΔV	D	V	ΔV
4	0.0039	0.0028	16	0.1111	0.0175	28	0.4284	0.0378	40	1.0126	0.0621
5	0.0067	0.0037	17	0.1286	0.0190	29	0.4662	0.0397	41	1.0748	0.0643
6	0.0104	0.0047	18	0.1476	0.0206	30	0.5059	0.0416	42	1.1391	0.0665
7	0.0151	0.0057	19	0.1681	0.0221	31	0.5476	0.0436	43	1.2056	0.0687
8	0.0209	0.0069	20	0.1903	0.0238	32	0.5912	0.0455	44	1.2743	0.0710
9	0.0277	0.0080	21	0.2140	0.0254	33	0.6367	0.0475	45	1.3453	0.0732
10	0.0358	0.0092	22	0.2394	0.0271	34	0.6842	0.0496	46	1.4186	0.0755
11	0.0450	0.0105	23	0.2665	0.0288	35	0.7338	0.0516	47	1.4941	0.0778
12	0.0555	0.0118	24	0.2954	0.0306	36	0.7854	0.0537	48	1.5719	0.0802
13	0.0673	0.0132	25	0.3259	0.0323	37	0.8390	0.0557	49	1.6521	0.0825
14	0.0805	0.0146	26	0.3583	0.0341	38	0.8948	0.0579	50	1.7346	0.0825
15	0.0951	0.0160	27	0.3924	0.0360	39	0.9526	0.0600			

适用树种：加拿大杨；适用地区：全省；资料名称：河南省主要树种一元立木材积及生长量表（试用表）；编表人或作者：河南省农林局林技站。

927. 河南泡桐一元材积表（围尺）

$V=0.000160236D^{2.25185}$；表中D为围尺径；$D\leqslant$60cm

D	V	ΔV	D	V	ΔV	D	V	ΔV	D	V	ΔV
4	0.0036	0.0024	19	0.1214	0.0149	34	0.4502	0.0304	49	1.0252	0.0477
5	0.0060	0.0031	20	0.1363	0.0158	35	0.4806	0.0315	50	1.0730	0.0489
6	0.0091	0.0038	21	0.1521	0.0168	36	0.5121	0.0326	51	1.1219	0.0501
7	0.0128	0.0045	22	0.1689	0.0178	37	0.5446	0.0337	52	1.1720	0.0514
8	0.0173	0.0053	23	0.1867	0.0188	38	0.5784	0.0348	53	1.2234	0.0526
9	0.0226	0.0060	24	0.2055	0.0198	39	0.6132	0.0360	54	1.2760	0.0538
10	0.0286	0.0069	25	0.2253	0.0208	40	0.6492	0.0371	55	1.3298	0.0551
11	0.0355	0.0077	26	0.2461	0.0218	41	0.6863	0.0383	56	1.3849	0.0563
12	0.0431	0.0085	27	0.2679	0.0229	42	0.7246	0.0394	57	1.4412	0.0576
13	0.0517	0.0094	28	0.2908	0.0239	43	0.7640	0.0406	58	1.4988	0.0588
14	0.0610	0.0103	29	0.3147	0.0250	44	0.8046	0.0418	59	1.5576	0.0601
15	0.0713	0.0112	30	0.3396	0.0260	45	0.8463	0.0429	60	1.6177	0.0601
16	0.0825	0.0121	31	0.3657	0.0271	46	0.8893	0.0441			
17	0.0945	0.0130	32	0.3928	0.0282	47	0.9334	0.0453			
18	0.1075	0.0139	33	0.4209	0.0293	48	0.9787	0.0465			

适用树种：泡桐；适用地区：全省；资料名称：河南省主要树种一元立木材积及生长量表（试用表）；编表人或作者：河南省农林局林技站。

928. 河南杉木一元材积表（围尺）

$V=0.000111673D^{2.48462}$；表中D为围尺径；$D\leqslant$42cm

D	V	ΔV	D	V	ΔV	D	V	ΔV	D	V	ΔV
4	0.0035	0.0026	14	0.0786	0.0147	24	0.3001	0.0320	34	0.7130	0.0532
5	0.0061	0.0035	15	0.0933	0.0162	25	0.3321	0.0340	35	0.7663	0.0556
6	0.0096	0.0045	16	0.1096	0.0178	26	0.3661	0.0360	36	0.8218	0.0579
7	0.0141	0.0055	17	0.1274	0.0194	27	0.4021	0.0380	37	0.8797	0.0603
8	0.0196	0.0067	18	0.1468	0.0211	28	0.4401	0.0401	38	0.9400	0.0627
9	0.0262	0.0079	19	0.1679	0.0228	29	0.4802	0.0422	39	1.0026	0.0651
10	0.0341	0.0091	20	0.1908	0.0246	30	0.5224	0.0443	40	1.0677	0.0676
11	0.0432	0.0104	21	0.2154	0.0264	31	0.5668	0.0465	41	1.1353	0.0700
12	0.0536	0.0118	22	0.2417	0.0282	32	0.6133	0.0487	42	1.2053	0.0700
13	0.0654	0.0132	23	0.2700	0.0301	33	0.6620	0.0510			

适用树种：杉木；适用地区：全省；资料名称：河南省主要树种一元立木材积及生长量表（试用表）；编表人或作者：河南省农林局林技站。

929. 河南大官杨一元材积表（围尺）

$V = 0.000197861D^{2.29955}$；表中$D$为围尺径；$D \leqslant 50$cm

D	V	ΔV	D	V	ΔV	D	V	ΔV	D	V	ΔV
4	0.0048	0.0032	16	0.1162	0.0174	28	0.4209	0.0354	40	0.9558	0.0558
5	0.0080	0.0042	17	0.1336	0.0188	29	0.4563	0.0370	41	1.0117	0.0576
6	0.0122	0.0052	18	0.1524	0.0202	30	0.4933	0.0386	42	1.0693	0.0595
7	0.0174	0.0062	19	0.1726	0.0216	31	0.5319	0.0403	43	1.1288	0.0613
8	0.0236	0.0073	20	0.1942	0.0231	32	0.5722	0.0420	44	1.1900	0.0631
9	0.0310	0.0085	21	0.2172	0.0245	33	0.6141	0.0436	45	1.2532	0.0650
10	0.0394	0.0097	22	0.2417	0.0260	34	0.6578	0.0453	46	1.3181	0.0668
11	0.0491	0.0109	23	0.2677	0.0275	35	0.7031	0.0471	47	1.3849	0.0687
12	0.0600	0.0121	24	0.2953	0.0291	36	0.7502	0.0488	48	1.4536	0.0706
13	0.0721	0.0134	25	0.3243	0.0306	37	0.7989	0.0505	49	1.5242	0.0725
14	0.0855	0.0147	26	0.3549	0.0322	38	0.8495	0.0523	50	1.5967	0.0725
15	0.1002	0.0160	27	0.3871	0.0338	39	0.9018	0.0541			

适用树种：大官杨；适用地区：全省；资料名称：河南省主要树种一元立木材积及生长量表（试用表）；编表人或作者：河南省农林局林技站。

930. 河南柳树一元材积表

$V = 0.000228791560D^{2.17038}$[注]；表中$D$为围尺径；$D \leqslant 60$cm

D	V	ΔV	D	V	ΔV	D	V	ΔV	D	V	ΔV
4	0.0047	0.0033	19	0.1383	0.0155	34	0.4869	0.0322	49	1.0779	0.0478
5	0.0079	0.0033	20	0.1537	0.0177	35	0.5191	0.0322	50	1.1258	0.0501
6	0.0112	0.0049	21	0.1714	0.0177	36	0.5513	0.0344	51	1.1758	0.0501
7	0.0161	0.0049	22	0.1891	0.0197	37	0.5857	0.0344	52	1.2259	0.0524
8	0.0210	0.0065	23	0.2088	0.0197	38	0.6201	0.0366	53	1.2783	0.0524
9	0.0275	0.0065	24	0.2284	0.0217	39	0.6566	0.0366	54	1.3307	0.0547
10	0.0341	0.0083	25	0.2501	0.0217	40	0.6932	0.0388	55	1.3854	0.0547
11	0.0424	0.0083	26	0.2718	0.0238	41	0.7319	0.0388	56	1.4401	0.0570
12	0.0507	0.0101	27	0.2956	0.0238	42	0.7707	0.0410	57	1.4972	0.0570
13	0.0607	0.0101	28	0.3193	0.0258	43	0.8117	0.0410	58	1.5542	0.0594
14	0.0708	0.0119	29	0.3451	0.0258	44	0.8527	0.0432	59	1.6136	0.0594
15	0.0827	0.0119	30	0.3710	0.0279	45	0.8959	0.0432	60	1.6730	0.0594
16	0.0946	0.0141	31	0.3989	0.0279	46	0.9392	0.0455			
17	0.1087	0.0141	32	0.4268	0.0301	47	0.9846	0.0455			
18	0.1228	0.0155	33	0.4569	0.0301	48	1.0301	0.0478			

适用树种：柳树；适用地区：全省；资料名称：河南省主要树种一元立木材积及生长量表（试用表）；编表人或作者：河南省农林局林技站。注：材积式计算结果和表中数据不一致，本表采用的是原表数据，材积式参数需要进一步考证。

931. 河南刺槐一元材积表

$V = 0.000223872114D^{2.24419}$[注]；表中$D$为围尺径；$D \leqslant 50$cm

D	V	ΔV	D	V	ΔV	D	V	ΔV	D	V	ΔV
4	0.0050	0.0037	16	0.1119	0.0169	28	0.3928	0.0329	40	0.8746	0.0551
5	0.0087	0.0037	17	0.1288	0.0169	29	0.4257	0.0329	41	0.9298	0.0551
6	0.0124	0.0056	18	0.1457	0.0194	30	0.4586	0.0357	42	0.9849	0.0492
7	0.0180	0.0056	19	0.1652	0.0194	31	0.4943	0.0357	43	1.0340	0.0492
8	0.0236	0.0077	20	0.1846	0.0220	32	0.5301	0.0386	44	1.0832	0.0568
9	0.0313	0.0077	21	0.2066	0.0220	33	0.5687	0.0386	45	1.1400	0.0568
10	0.0390	0.0099	22	0.2286	0.0247	34	0.6073	0.0416	46	1.1969	0.0600
11	0.0488	0.0099	23	0.2533	0.0247	35	0.6489	0.0416	47	1.2568	0.0600
12	0.0587	0.0121	24	0.2779	0.0273	36	0.6905	0.0445	48	1.3168	0.0632
13	0.0708	0.0121	25	0.3053	0.0273	37	0.7350	0.0445	49	1.3800	0.0632
14	0.0829	0.0145	26	0.3326	0.0301	38	0.7795	0.0476	50	1.4432	0.0632
15	0.0974	0.0145	27	0.3627	0.0301	39	0.8271	0.0476			

适用树种：刺槐；适用地区：全省；资料名称：河南省主要树种一元立木材积及生长量表（试用表）；编表人或作者：河南省农林局林技站。注：材积式计算结果和表中数据不一致，本表采用的是原表数据，材积式参数需要进一步考证。

932. 河南青冈栎一元材积表（围尺）

$V = 0.000152111D^{2.40253}$；表中$D$为围尺径；$D \leqslant 60$cm

D	V	ΔV	D	V	ΔV	D	V	ΔV	D	V	ΔV
4	0.0043	0.0030	19	0.1796	0.0236	34	0.7271	0.0524	49	1.7495	0.0870
5	0.0073	0.0040	20	0.2032	0.0253	35	0.7795	0.0546	50	1.8365	0.0895
6	0.0113	0.0050	21	0.2285	0.0270	36	0.8341	0.0568	51	1.9260	0.0920
7	0.0163	0.0062	22	0.2555	0.0288	37	0.8909	0.0589	52	2.0179	0.0945
8	0.0225	0.0074	23	0.2843	0.0306	38	0.9498	0.0612	53	2.1124	0.0970
9	0.0298	0.0086	24	0.3149	0.0324	39	1.0110	0.0634	54	2.2095	0.0996
10	0.0384	0.0099	25	0.3473	0.0343	40	1.0744	0.0657	55	2.3091	0.1022
11	0.0483	0.0112	26	0.3817	0.0362	41	1.1400	0.0680	56	2.4112	0.1047
12	0.0596	0.0126	27	0.4179	0.0382	42	1.2080	0.0703	57	2.5160	0.1074
13	0.0722	0.0141	28	0.4560	0.0401	43	1.2783	0.0726	58	2.6233	0.1100
14	0.0863	0.0156	29	0.4962	0.0421	44	1.3508	0.0749	59	2.7333	0.1126
15	0.1018	0.0171	30	0.5383	0.0441	45	1.4258	0.0773	60	2.8459	0.1126
16	0.1189	0.0186	31	0.5824	0.0462	46	1.5031	0.0797			
17	0.1375	0.0202	32	0.6285	0.0482	47	1.5828	0.0821			
18	0.1578	0.0219	33	0.6768	0.0503	48	1.6649	0.0846			

适用树种：青冈栎；适用地区：全省；资料名称：河南省主要树种一元立木材积及生长量表（试用表）；编表人或作者：河南省农林局林技站。

933. 河南榆树一元材积表（围尺）

$V = 0.000147907D^{2.38840}$；表中$D$为围尺径；$D \leqslant 50$cm

D	V	ΔV	D	V	ΔV	D	V	ΔV	D	V	ΔV
4	0.0041	0.0029	16	0.1112	0.0173	28	0.4230	0.0370	40	0.9916	0.0602
5	0.0069	0.0038	17	0.1285	0.0188	29	0.4600	0.0388	41	1.0519	0.0623
6	0.0107	0.0048	18	0.1473	0.0203	30	0.4988	0.0406	42	1.1142	0.0644
7	0.0154	0.0058	19	0.1676	0.0218	31	0.5395	0.0425	43	1.1786	0.0665
8	0.0212	0.0069	20	0.1894	0.0234	32	0.5820	0.0444	44	1.2451	0.0687
9	0.0281	0.0080	21	0.2128	0.0250	33	0.6263	0.0463	45	1.3138	0.0708
10	0.0362	0.0092	22	0.2378	0.0266	34	0.6726	0.0482	46	1.3846	0.0730
11	0.0454	0.0105	23	0.2644	0.0283	35	0.7208	0.0502	47	1.4576	0.0752
12	0.0559	0.0118	24	0.2927	0.0300	36	0.7710	0.0521	48	1.5327	0.0774
13	0.0677	0.0131	25	0.3227	0.0317	37	0.8232	0.0541	49	1.6101	0.0796
14	0.0808	0.0145	26	0.3544	0.0334	38	0.8773	0.0562	50	1.6897	0.0796
15	0.0953	0.0159	27	0.3878	0.0352	39	0.9334	0.0582			

适用树种：榆树；适用地区：全省；资料名称：河南省主要树种一元立木材积及生长量表（试用表）；编表人或作者：河南省农林局林技站。

934. 河南麻栎一元材积表（围尺）

$V = 0.000164475D^{2.37691}$；表中$D$为围尺径；$D \leqslant 60$cm

D	V	ΔV	D	V	ΔV	D	V	ΔV	D	V	ΔV
4	0.0044	0.0031	19	0.1801	0.0234	34	0.7183	0.0512	49	1.7122	0.0842
5	0.0075	0.0041	20	0.2035	0.0250	35	0.7695	0.0533	50	1.7964	0.0866
6	0.0116	0.0051	21	0.2285	0.0267	36	0.8228	0.0554	51	1.8830	0.0889
7	0.0168	0.0063	22	0.2552	0.0284	37	0.8782	0.0575	52	1.9719	0.0913
8	0.0230	0.0074	23	0.2837	0.0302	38	0.9356	0.0596	53	2.0632	0.0937
9	0.0305	0.0087	24	0.3139	0.0320	39	0.9952	0.0617	54	2.1570	0.0962
10	0.0392	0.0100	25	0.3458	0.0338	40	1.0569	0.0639	55	2.2531	0.0986
11	0.0491	0.0113	26	0.3796	0.0356	41	1.1208	0.0661	56	2.3517	0.1010
12	0.0604	0.0127	27	0.4153	0.0375	42	1.1869	0.0683	57	2.4528	0.1035
13	0.0731	0.0141	28	0.4528	0.0394	43	1.2552	0.0705	58	2.5563	0.1060
14	0.0872	0.0155	29	0.4921	0.0413	44	1.3257	0.0727	59	2.6623	0.1085
15	0.1027	0.0170	30	0.5334	0.0432	45	1.3984	0.0750	60	2.7708	0.1085
16	0.1197	0.0186	31	0.5767	0.0452	46	1.4734	0.0773			
17	0.1383	0.0201	32	0.6219	0.0472	47	1.5507	0.0796			
18	0.1584	0.0217	33	0.6691	0.0492	48	1.6303	0.0819			

适用树种：麻栎；适用地区：全省；资料名称：河南省主要树种一元立木材积及生长量表（试用表）；编表人或作者：河南省农林局林技站。

935. 河南侧柏一元材积表（围尺）

$V = 0.000115356D^{2.39364}$；表中$D$为围尺径；$D \leqslant 50\text{cm}$

D	V	ΔV	D	V	ΔV	D	V	ΔV	D	V	ΔV
4	0.0032	0.0022	16	0.0880	0.0137	28	0.3357	0.0294	40	0.7885	0.0480
5	0.0054	0.0030	17	0.1017	0.0149	29	0.3652	0.0309	41	0.8365	0.0497
6	0.0084	0.0038	18	0.1166	0.0161	30	0.3960	0.0323	42	0.8862	0.0513
7	0.0122	0.0046	19	0.1327	0.0173	31	0.4284	0.0338	43	0.9375	0.0530
8	0.0167	0.0055	20	0.1501	0.0186	32	0.4622	0.0353	44	0.9905	0.0547
9	0.0222	0.0064	21	0.1686	0.0199	33	0.4975	0.0369	45	1.0453	0.0565
10	0.0286	0.0073	22	0.1885	0.0212	34	0.5344	0.0384	46	1.1018	0.0582
11	0.0359	0.0083	23	0.2097	0.0225	35	0.5728	0.0400	47	1.1600	0.0600
12	0.0442	0.0093	24	0.2322	0.0238	36	0.6127	0.0415	48	1.2199	0.0617
13	0.0535	0.0104	25	0.2560	0.0252	37	0.6543	0.0431	49	1.2816	0.0635
14	0.0639	0.0115	26	0.2812	0.0266	38	0.6974	0.0447	50	1.3451	0.0635
15	0.0754	0.0126	27	0.3078	0.0280	39	0.7421	0.0464			

适用树种：侧柏；适用地区：全省；资料名称：河南省主要树种一元立木材积及生长量表（试用表）；编表人或作者：河南省农林局林技站。

936. 河南黄山松一元材积表（围尺）

$V = 0.000087088D^{2.54478}$；表中$D$为围尺径；$D \leqslant 60\text{cm}$

D	V	ΔV	D	V	ΔV	D	V	ΔV	D	V	ΔV
4	0.0030	0.0023	19	0.1564	0.0218	34	0.6874	0.0526	49	1.7424	0.0919
5	0.0052	0.0031	20	0.1782	0.0236	35	0.7401	0.0550	50	1.8343	0.0948
6	0.0083	0.0040	21	0.2017	0.0253	36	0.7951	0.0574	51	1.9291	0.0977
7	0.0123	0.0050	22	0.2271	0.0272	37	0.8525	0.0599	52	2.0268	0.1007
8	0.0173	0.0060	23	0.2542	0.0291	38	0.9124	0.0623	53	2.1275	0.1036
9	0.0234	0.0072	24	0.2833	0.0310	39	0.9747	0.0649	54	2.2311	0.1067
10	0.0305	0.0084	25	0.3143	0.0330	40	1.0396	0.0674	55	2.3378	0.1097
11	0.0389	0.0096	26	0.3473	0.0350	41	1.1070	0.0700	56	2.4475	0.1128
12	0.0486	0.0110	27	0.3824	0.0371	42	1.1770	0.0726	57	2.5602	0.1159
13	0.0595	0.0124	28	0.4194	0.0392	43	1.2496	0.0753	58	2.6761	0.1190
14	0.0719	0.0138	29	0.4586	0.0413	44	1.3249	0.0780	59	2.7950	0.1221
15	0.0857	0.0153	30	0.4999	0.0435	45	1.4029	0.0807	60	2.9172	0.1221
16	0.1010	0.0168	31	0.5434	0.0457	46	1.4836	0.0835			
17	0.1178	0.0184	32	0.5892	0.0480	47	1.5670	0.0862			
18	0.1363	0.0201	33	0.6372	0.0503	48	1.6533	0.0891			

适用树种：黄山松；适用地区：信阳；资料名称：河南省主要树种一元立木材积及生长量表（试用表）；编表人或作者：河南省农林局林技站。

937. 河南油松一元材积表（围尺）

$V=0.000104061D^{2.47580}$；表中D为围尺径；$D\leqslant$50cm

D	V	ΔV	D	V	ΔV	D	V	ΔV	D	V	ΔV
4	0.0032	0.0024	16	0.0996	0.0161	28	0.3983	0.0361	40	0.9631	0.0607
5	0.0056	0.0032	17	0.1158	0.0176	29	0.4344	0.0380	41	1.0238	0.0629
6	0.0088	0.0041	18	0.1334	0.0191	30	0.4724	0.0400	42	1.0868	0.0652
7	0.0129	0.0050	19	0.1525	0.0206	31	0.5124	0.0419	43	1.1519	0.0675
8	0.0179	0.0061	20	0.1731	0.0222	32	0.5543	0.0439	44	1.2194	0.0698
9	0.0240	0.0071	21	0.1954	0.0238	33	0.5982	0.0459	45	1.2892	0.0721
10	0.0311	0.0083	22	0.2192	0.0255	34	0.6441	0.0479	46	1.3613	0.0744
11	0.0394	0.0095	23	0.2447	0.0272	35	0.6920	0.0500	47	1.4357	0.0768
12	0.0489	0.0107	24	0.2719	0.0289	36	0.7420	0.0521	48	1.5125	0.0792
13	0.0596	0.0120	25	0.3008	0.0307	37	0.7940	0.0542	49	1.5918	0.0816
14	0.0716	0.0133	26	0.3315	0.0325	38	0.8482	0.0563	50	1.6734	0.0816
15	0.0849	0.0147	27	0.3640	0.0343	39	0.9046	0.0585			

适用树种：油松；适用地区：全省；资料名称：河南省主要树种一元立木材积及生长量表（试用表）；编表人或作者：河南省农林局林技站。

938. 河南马尾松一元材积表（围尺）

$V=0.000101988D^{2.50147}$；表中D为围尺径；$D\leqslant$50cm

D	V	ΔV	D	V	ΔV	D	V	ΔV	D	V	ΔV
4	0.0033	0.0024	16	0.1049	0.0172	28	0.4252	0.0390	40	1.0377	0.0661
5	0.0057	0.0033	17	0.1220	0.0188	29	0.4642	0.0411	41	1.1038	0.0686
6	0.0090	0.0042	18	0.1408	0.0204	30	0.5053	0.0432	42	1.1724	0.0711
7	0.0133	0.0053	19	0.1612	0.0221	31	0.5485	0.0453	43	1.2434	0.0736
8	0.0185	0.0063	20	0.1832	0.0238	32	0.5938	0.0475	44	1.3170	0.0762
9	0.0249	0.0075	21	0.2070	0.0256	33	0.6413	0.0497	45	1.3932	0.0787
10	0.0324	0.0087	22	0.2326	0.0274	34	0.6910	0.0520	46	1.4719	0.0814
11	0.0411	0.0100	23	0.2599	0.0292	35	0.7430	0.0542	47	1.5533	0.0840
12	0.0511	0.0113	24	0.2891	0.0311	36	0.7972	0.0566	48	1.6373	0.0867
13	0.0624	0.0127	25	0.3202	0.0330	37	0.8538	0.0589	49	1.7240	0.0894
14	0.0751	0.0141	26	0.3532	0.0350	38	0.9127	0.0613	50	1.8133	0.0894
15	0.0892	0.0156	27	0.3882	0.0370	39	0.9740	0.0637			

适用树种：马尾松；适用地区：全省；资料名称：河南省主要树种一元立木材积及生长量表（试用表）；编表人或作者：河南省农林局林技站。

939. 河南华山松一元材积表（围尺）

$V = 0.000146670D^{2.38698}$；表中$D$为围尺径；$D \leqslant 50$cm

D	V	ΔV	D	V	ΔV	D	V	ΔV	D	V	ΔV
4	0.0040	0.0028	16	0.1098	0.0171	28	0.4175	0.0365	40	0.9782	0.0594
5	0.0068	0.0037	17	0.1269	0.0185	29	0.4540	0.0383	41	1.0376	0.0614
6	0.0106	0.0047	18	0.1454	0.0200	30	0.4923	0.0401	42	1.0990	0.0635
7	0.0153	0.0057	19	0.1655	0.0216	31	0.5323	0.0419	43	1.1625	0.0656
8	0.0210	0.0068	20	0.1870	0.0231	32	0.5743	0.0438	44	1.2281	0.0677
9	0.0278	0.0080	21	0.2101	0.0247	33	0.6180	0.0456	45	1.2958	0.0698
10	0.0358	0.0091	22	0.2348	0.0263	34	0.6637	0.0475	46	1.3656	0.0719
11	0.0449	0.0104	23	0.2611	0.0279	35	0.7112	0.0495	47	1.4375	0.0741
12	0.0552	0.0116	24	0.2890	0.0296	36	0.7607	0.0514	48	1.5116	0.0763
13	0.0669	0.0129	25	0.3186	0.0313	37	0.8121	0.0534	49	1.5878	0.0784
14	0.0798	0.0143	26	0.3498	0.0330	38	0.8655	0.0554	50	1.6663	0.0784
15	0.0941	0.0157	27	0.3828	0.0347	39	0.9208	0.0574			

适用树种：华山松；适用地区：全省；资料名称：河南省主要树种一元立木材积及生长量表（试用表）；编表人或作者：河南省农林局林技站。

940. 河南栓皮栎一元材积表（围尺）

$V = 0.000149317D^{2.39882}$；表中$D$为围尺径；$D \leqslant 60$cm

D	V	ΔV	D	V	ΔV	D	V	ΔV	D	V	ΔV
4	0.0042	0.0029	19	0.1744	0.0228	34	0.7045	0.0507	49	1.6927	0.0841
5	0.0071	0.0039	20	0.1973	0.0245	35	0.7552	0.0528	50	1.7768	0.0864
6	0.0110	0.0049	21	0.2218	0.0262	36	0.8080	0.0549	51	1.8632	0.0888
7	0.0159	0.0060	22	0.2479	0.0279	37	0.8629	0.0570	52	1.9521	0.0913
8	0.0219	0.0072	23	0.2758	0.0296	38	0.9199	0.0591	53	2.0433	0.0937
9	0.0291	0.0084	24	0.3055	0.0314	39	0.9790	0.0613	54	2.1370	0.0962
10	0.0374	0.0096	25	0.3369	0.0332	40	1.0403	0.0635	55	2.2332	0.0986
11	0.0470	0.0109	26	0.3701	0.0351	41	1.1038	0.0657	56	2.3318	0.1011
12	0.0579	0.0123	27	0.4052	0.0369	42	1.1695	0.0679	57	2.4330	0.1036
13	0.0702	0.0137	28	0.4422	0.0388	43	1.2374	0.0702	58	2.5366	0.1062
14	0.0838	0.0151	29	0.4810	0.0408	44	1.3075	0.0724	59	2.6428	0.1087
15	0.0989	0.0166	30	0.5217	0.0427	45	1.3800	0.0747	60	2.7515	0.1087
16	0.1155	0.0181	31	0.5644	0.0447	46	1.4547	0.0770			
17	0.1336	0.0196	32	0.6091	0.0467	47	1.5317	0.0793			
18	0.1532	0.0212	33	0.6558	0.0487	48	1.6110	0.0817			

适用树种：栓皮栎；适用地区：全省；资料名称：河南省主要树种一元立木材积及生长量表（试用表）；编表人或作者：河南省农林局林技站。

0.1062
0.1087
0.1087

主要树种一元
局林技站。

16 湖北省立木材积表

湖北省编表地区划分：

鄂西北：郧阳地区、神农架林区、十堰市、襄阳地区、宜昌远安县。

鄂西南：恩施地区、宜昌地区兴山县、宜昌县、长阳县、五峰县、秭归县。

鄂东：黄冈地区（新洲县除外）、咸宁地区（鄂城、嘉鱼县除外）、黄石市、孝感地区（云梦、应城、汉川县除外）、荆州地区荆门县、钟祥县、京山县、松滋县、宜昌地区的枝江县、宜都县、当阳县。

941. 鄂西北马尾松一元立木材积表（围尺）

$$V = 0.0000600491 D_{轮}^{1.871975} H^{0.97180232}$$

$$H = 22.154621 - 401.74642/(D_{围} + 17)$$

$D_{轮} = -0.12811477 + 0.98667991 D_{围}$；表中$D$为围尺径；$D_{围} \leqslant 62$cm

D	V	ΔV	D	V	ΔV	D	V	ΔV	D	V	ΔV
3	0.0009	0.0013	18	0.1291	0.0180	33	0.5302	0.0367	48	1.2080	0.0550
4	0.0022	0.0020	19	0.1471	0.0193	34	0.5669	0.0379	49	1.2630	0.0560
5	0.0042	0.0030	20	0.1664	0.0205	35	0.6048	0.0391	50	1.3190	0.0570
6	0.0072	0.0040	21	0.1869	0.0217	36	0.6439	0.0403	51	1.3760	0.0590
7	0.0112	0.0049	22	0.2086	0.0230	37	0.6842	0.0416	52	1.4350	0.0590
8	0.0161	0.0060	23	0.2316	0.0243	38	0.7258	0.0428	53	1.4940	0.0610
9	0.0221	0.0072	24	0.2559	0.0255	39	0.7686	0.0440	54	1.5550	0.0620
10	0.0293	0.0083	25	0.2814	0.0267	40	0.8126	0.0453	55	1.6170	0.0630
11	0.0376	0.0094	26	0.3081	0.0280	41	0.8579	0.0464	56	1.6800	0.0640
12	0.0470	0.0106	27	0.3361	0.0292	42	0.9043	0.0476	57	1.7440	0.0660
13	0.0576	0.0119	28	0.3653	0.0305	43	0.9519	0.0491	58	1.8100	0.0660
14	0.0695	0.0131	29	0.3958	0.0318	44	1.0010	0.0500	59	1.8760	0.0680
15	0.0826	0.0142	30	0.4276	0.0329	45	1.0510	0.0510	60	1.9440	0.0710
16	0.0968	0.0156	31	0.4605	0.0342	46	1.1020	0.0530	61	2.0150	0.0680
17	0.1124	0.0167	32	0.4947	0.0355	47	1.1550	0.0530	62	2.0830	0.0680

适用树种：马尾松；适用地区：鄂西北（郧阳地区、神农架林区、十堰市、襄阳地区、宜昌远安县）；资料名称：湖北省一元立木材积表；编表人或作者：湖北省林业勘察设计院；刊印或发表时间：1979。

942. 鄂西北硬阔叶树一元立木材积表（围尺）

$$V = 0.0000504791 D_{轮}^{1.908505} H^{0.99076507}$$

$$H = 47.58559 - 2982.16380/(D_{围} + 65)$$

$D_{轮} = -0.08545945 + 0.98378931 D_{围}$；表中$D$为围尺径；$D_{围} \leqslant 70$cm

D	V	ΔV	D	V	ΔV	D	V	ΔV	D	V	ΔV
2	0.0005	0.0009	20	0.1802	0.0241	38	0.9146	0.0608	56	2.3590	0.1024
3	0.0014	0.0014	21	0.2043	0.0259	39	0.9754	0.0631	57	2.4614	0.1049
4	0.0028	0.0022	22	0.2302	0.0277	40	1.0385	0.0652	58	2.5663	0.1072
5	0.0050	0.0030	23	0.2579	0.0296	41	1.1037	0.0676	59	2.6735	0.1096
6	0.0080	0.0039	24	0.2875	0.0315	42	1.1713	0.0698	60	2.7831	0.1121
7	0.0119	0.0049	25	0.3190	0.0335	43	1.2411	0.0721	61	2.8952	0.1144
8	0.0168	0.0060	26	0.3525	0.0354	44	1.3132	0.0743	62	3.0096	0.1169
9	0.0228	0.0071	27	0.3879	0.0375	45	1.3875	0.0767	63	3.1265	0.1192
10	0.0299	0.0084	28	0.4254	0.0394	46	1.4642	0.0789	64	3.2457	0.1217
11	0.0383	0.0097	29	0.4648	0.0415	47	1.5431	0.0813	65	3.3674	0.1241
12	0.0480	0.0111	30	0.5063	0.0436	48	1.6244	0.0836	66	3.4915	0.1265
13	0.0591	0.0126	31	0.5499	0.0457	49	1.7080	0.0859	67	3.6180	0.1290
14	0.0717	0.0140	32	0.5956	0.0478	50	1.7939	0.0883	68	3.7470	0.1314
15	0.0857	0.0156	33	0.6434	0.0499	51	1.8822	0.0906	69	3.8784	0.1338
16	0.1013	0.0172	34	0.6933	0.0521	52	1.9728	0.0930	70	4.0122	0.1338
17	0.1185	0.0189	35	0.7454	0.0542	53	2.0658	0.0954			
18	0.1374	0.0205	36	0.7996	0.0564	54	2.1612	0.1077			
19	0.1579	0.0223	37	0.8560	0.0586	55	2.2689	0.0901			

适用树种：硬阔叶树；适用地区：鄂西北（郧阳地区、神农架林区、十堰市、襄阳地区、宜昌远安县）；资料名称：湖北省一元立木材积表；编表人或作者：湖北省林业勘察设计院；刊印或发表时间：1979。

943. 鄂西北软阔叶树一元立木材积表（围尺）

$$V = 0.0000504791 D_{轮}^{1.908505} H^{0.99076507}$$

$$H = 45.80041 - 2312.63240/(D_{围} + 53)$$

$D_{轮} = -0.00865256 + 0.98022711 D_{围}$；表中$D$为围尺径；$D_{围} \leqslant 70$cm

D	V	ΔV	D	V	ΔV	D	V	ΔV	D	V	ΔV
2	0.0007	0.0011	20	0.2038	0.0266	38	0.9978	0.0647	56	2.5172	0.1067
3	0.0018	0.0017	21	0.2304	0.0285	39	1.0625	0.0671	57	2.6239	0.1091
4	0.0035	0.0026	22	0.2589	0.0305	40	1.1296	0.0693	58	2.7330	0.1114
5	0.0061	0.0036	23	0.2894	0.0325	41	1.1989	0.0716	59	2.8444	0.1139
6	0.0097	0.0045	24	0.3219	0.0344	42	1.2705	0.0739	60	2.9583	0.1162
7	0.0142	0.0057	25	0.3563	0.0366	43	1.3444	0.0762	61	3.0745	0.1186
8	0.0199	0.0070	26	0.3929	0.0386	44	1.4206	0.0785	62	3.1931	0.1210
9	0.0269	0.0082	27	0.4315	0.0406	45	1.4991	0.0809	63	3.3141	0.1234
10	0.0351	0.0097	28	0.4721	0.0428	46	1.5800	0.0831	64	3.4375	0.1258
11	0.0448	0.0110	29	0.5149	0.0449	47	1.6631	0.0855	65	3.5633	0.1282
12	0.0558	0.0127	30	0.5598	0.0471	48	1.7486	0.0879	66	3.6915	0.1306
13	0.0685	0.0141	31	0.6069	0.0492	49	1.8365	0.0901	67	3.8221	0.1330
14	0.0826	0.0159	32	0.6561	0.0514	50	1.9266	0.0926	68	3.9551	0.1353
15	0.0985	0.0175	33	0.7075	0.0536	51	2.0192	0.0948	69	4.0904	0.1378
16	0.1160	0.0192	34	0.7611	0.0559	52	2.1140	0.0973	70	4.2282	0.1378
17	0.1352	0.0210	35	0.8170	0.0580	53	2.2113	0.0996			
18	0.1562	0.0229	36	0.8750	0.0603	54	2.3109	0.1019			
19	0.1791	0.0247	37	0.9353	0.0625	55	2.4128	0.1044			

适用树种：软阔叶树；适用地区：鄂西北（郧阳地区、神农架林区、十堰市、襄阳地区、宜昌远安县）；资料名称：湖北省一元立木材积表；编表人或作者：湖北省林业勘察设计院；刊印或发表时间：1979。

944. 鄂西南马尾松一元立木材积表（围尺）

$$V = 0.0000600491 D_{轮}^{1.871975} H^{0.97180232}$$

$$H = 45.77979 - 2765.87010/(D_{围} + 63)$$

$D_{轮} = -0.37465281 + 0.99843150 D_{围}$；表中$D$为围尺径；$D_{围} \leqslant 50$cm

D	V	ΔV	D	V	ΔV	D	V	ΔV	D	V	ΔV
2	0.0005	0.0009	15	0.0878	0.0157	28	0.4255	0.0388	41	1.0860	0.0650
3	0.0014	0.0015	16	0.1035	0.0174	29	0.4643	0.0407	42	1.1510	0.0670
4	0.0029	0.0022	17	0.1209	0.0189	30	0.5050	0.0427	43	1.2180	0.0690
5	0.0051	0.0031	18	0.1398	0.0206	31	0.5477	0.0447	44	1.2870	0.0720
6	0.0082	0.0041	19	0.1604	0.0223	32	0.5924	0.0466	45	1.3590	0.0730
7	0.0123	0.0050	20	0.1827	0.0241	33	0.6390	0.0487	46	1.4320	0.0760
8	0.0173	0.0062	21	0.2068	0.0257	34	0.6877	0.0507	47	1.5080	0.0780
9	0.0235	0.0074	22	0.2325	0.0276	35	0.7384	0.0527	48	1.5860	0.0800
10	0.0309	0.0086	23	0.2601	0.0294	36	0.7911	0.0547	49	1.6660	0.0820
11	0.0395	0.0100	24	0.2895	0.0312	37	0.8458	0.0568	50	1.7480	0.0820
12	0.0495	0.0105	25	0.3207	0.0330	38	0.9026	0.0589			
13	0.0600	0.0135	26	0.3537	0.0350	39	0.9615	0.0605			
14	0.0735	0.0143	27	0.3887	0.0368	40	1.0220	0.0640			

适用树种：马尾松；适用地区：鄂西南（恩施地区、宜昌地区兴山县、宜昌县、长阳县、五峰县、秭归县）；资料名称：湖北省一元立木材积表；编表人或作者：湖北省林业勘察设计院；刊印或发表时间：1979。

945. 湖北省柏木一元立木材积表（围尺）

$$V = 0.0000571736 D_{轮}^{1.881331} H^{0.99568845}$$

$$H = 21.09867 - 320.36347/(D_{围} + 14)$$

$D_{轮} = -0.25500680 + 0.99234336 D_{围}$；表中$D$为围尺径；$D_{围} \leqslant 34$cm

D	V	ΔV	D	V	ΔV	D	V	ΔV	D	V	ΔV
3	0.0008	0.0014	11	0.0403	0.0101	19	0.1576	0.0205	27	0.3585	0.0310
4	0.0022	0.0022	12	0.0504	0.0115	20	0.1781	0.0219	28	0.3895	0.0323
5	0.0044	0.0032	13	0.0619	0.0127	21	0.2000	0.0231	29	0.4218	0.0336
6	0.0076	0.0042	14	0.0746	0.0140	22	0.2231	0.0245	30	0.4554	0.0348
7	0.0118	0.0054	15	0.0886	0.0153	23	0.2476	0.0257	31	0.4902	0.0362
8	0.0172	0.0065	16	0.1039	0.0166	24	0.2733	0.0271	32	0.5264	0.0375
9	0.0237	0.0077	17	0.1205	0.0179	25	0.3004	0.0284	33	0.5639	0.0387
10	0.0314	0.0089	18	0.1384	0.0192	26	0.3288	0.0297	34	0.6026	0.0387

鄂

适用树种：柏木；适用地区：全省；资料名称：湖北省一元立木材积表；编表人或作者：湖北省林业勘察设计院；刊印或发表时间：1979。

946. 鄂西南硬阔叶树一元立木材积表（围尺）

$$V = 0.0000504791 D_{轮}^{1.908505} H^{0.99076507}$$

$$H = 28.86990 - 657.13107/(D_{围} + 21)$$

$D_{轮} = -0.38281345 + 0.99516880 D_{围}$；表中$D$为围尺径；$D_{围} \leqslant 70$cm

D	V	ΔV	D	V	ΔV	D	V	ΔV	D	V	ΔV
3	0.0005	0.0010	20	0.1838	0.0243	37	0.8239	0.0529	54	1.9534	0.0816
4	0.0015	0.0018	21	0.2081	0.0259	38	0.8768	0.0546	55	2.0350	0.0833
5	0.0033	0.0027	22	0.2340	0.0275	39	0.9314	0.0563	56	2.1183	0.0850
6	0.0060	0.0038	23	0.2615	0.0292	40	0.9877	0.0580	57	2.2033	0.0866
7	0.0098	0.0049	24	0.2907	0.0309	41	1.0457	0.0597	58	2.2899	0.0883
8	0.0147	0.0062	25	0.3216	0.0326	42	1.1054	0.0613	59	2.3782	0.0900
9	0.0209	0.0074	26	0.3542	0.0342	43	1.1667	0.0631	60	2.4682	0.0917
10	0.0283	0.0088	27	0.3884	0.0360	44	1.2298	0.0648	61	2.5599	0.0933
11	0.0371	0.0102	28	0.4244	0.0376	45	1.2946	0.0664	62	2.6532	0.0950
12	0.0473	0.0117	29	0.4620	0.0393	46	1.3610	0.0682	63	2.7482	0.0966
13	0.0590	0.0131	30	0.5013	0.0410	47	1.4292	0.0698	64	2.8448	0.0983
14	0.0721	0.0147	31	0.5423	0.0427	48	1.4990	0.0715	65	2.9431	0.1000
15	0.0868	0.0162	32	0.5850	0.0444	49	1.5705	0.0732	66	3.0431	0.1016
16	0.1030	0.0178	33	0.6294	0.0461	50	1.6437	0.0749	67	3.1447	0.1033
17	0.1208	0.0194	34	0.6755	0.0478	51	1.7186	0.0766	68	3.2480	0.1049
18	0.1402	0.0210	35	0.7233	0.0495	52	1.7952	0.0783	69	3.3529	0.1066
19	0.1612	0.0226	36	0.7728	0.0511	53	1.8735	0.0799	70	3.4595	0.1066

适用树种：硬阔叶树；适用地区：鄂西南（恩施地区、宜昌地区兴山县、宜昌县、长阳县、五峰县、秭归县）；资料名称：湖北省一元立木材积表；编表人或作者：湖北省林业勘察设计院；刊印或发表时间：1979。

947. 鄂西南软阔叶树一元立木材积表（围尺）

$$V = 0.0000504791 D_{轮}^{1.908505} H^{0.99076507}$$

$$H = 31.84014 - 879.79900/(D_{围} + 27)$$

$D_{轮} = -0.14939824 + 0.98795891 D_{围}$；表中$D$为围尺径；$D_{围} \leqslant 70\text{cm}$

D	V	ΔV	D	V	ΔV	D	V	ΔV	D	V	ΔV
2	0.0002	0.0007	20	0.1894	0.0248	38	0.9030	0.0566	56	2.1987	0.0891
3	0.0009	0.0013	21	0.2142	0.0264	39	0.9596	0.0585	57	2.2878	0.0909
4	0.0022	0.0021	22	0.2406	0.0282	40	1.0181	0.0602	58	2.3787	0.0927
5	0.0043	0.0030	23	0.2688	0.0299	41	1.0783	0.0620	59	2.4714	0.0946
6	0.0073	0.0041	24	0.2987	0.0316	42	1.1403	0.0639	60	2.5660	0.0963
7	0.0114	0.0052	25	0.3303	0.0334	43	1.2042	0.0656	61	2.6623	0.0981
8	0.0166	0.0064	26	0.3637	0.0352	44	1.2698	0.0675	62	2.7604	0.0999
9	0.0230	0.0077	27	0.3989	0.0369	45	1.3373	0.0693	63	2.8603	0.1017
10	0.0307	0.0090	28	0.4358	0.0387	46	1.4066	0.0710	64	2.9620	0.1035
11	0.0397	0.0105	29	0.4745	0.0404	47	1.4776	0.0729	65	3.0655	0.1053
12	0.0502	0.0119	30	0.5149	0.0422	48	1.5505	0.0747	66	3.1708	0.1071
13	0.0621	0.0135	31	0.5571	0.0441	49	1.6252	0.0765	67	3.2779	0.1089
14	0.0756	0.0149	32	0.6012	0.0458	50	1.7017	0.0783	68	3.3868	0.1105
15	0.0905	0.0165	33	0.6470	0.0476	51	1.7800	0.0801	69	3.4973	0.1125
16	0.1070	0.0182	34	0.6946	0.0494	52	1.8601	0.0820	70	3.6098	0.1125
17	0.1252	0.0198	35	0.7440	0.0512	53	1.9421	0.0837			
18	0.1450	0.0214	36	0.7952	0.0530	54	2.0258	0.0855			
19	0.1664	0.0230	37	0.8482	0.0548	55	2.1113	0.0874			

适用树种：软阔叶树；适用地区：鄂西南（恩施地区、宜昌地区兴山县、宜昌县、长阳县、五峰县、秭归县）；资料名称：湖北省一元立木材积表；编表人或作者：湖北省林业勘察设计院；刊印或发表时间：1979。

948. 鄂西南杉木一元立木材积表（围尺）

$$V=0.0000587770D_{轮}^{1.9699831}H^{0.89646157}$$
$$H=56.01256-4023.91050/(D_{围}+73)$$
$D_{轮}=-0.22853712+0.98797212D_{围}$；表中$D$为围尺径；$D_{围}\leqslant$42cm

D	V	ΔV	D	V	ΔV	D	V	ΔV	D	V	ΔV
2	0.0004	0.0008	13	0.0635	0.0140	24	0.3247	0.0366	35	0.8635	0.0645
3	0.0012	0.0014	14	0.0775	0.0158	25	0.3613	0.0390	36	0.9280	0.0672
4	0.0026	0.0021	15	0.0933	0.0176	26	0.4003	0.0414	37	0.9952	0.0698
5	0.0047	0.0031	16	0.1109	0.0195	27	0.4417	0.0439	38	1.0650	0.0730
6	0.0078	0.0040	17	0.1304	0.0214	28	0.4856	0.0463	39	1.1380	0.0750
7	0.0118	0.0052	18	0.1518	0.0235	29	0.5319	0.0488	40	1.2130	0.0790
8	0.0170	0.0065	19	0.1753	0.0255	30	0.5807	0.0513	41	1.2920	0.0810
9	0.0235	0.0078	20	0.2008	0.0277	31	0.6320	0.0540	42	1.3730	0.0810
10	0.0313	0.0092	21	0.2285	0.0308	32	0.6860	0.0565			
11	0.0405	0.0107	22	0.2593	0.0311	33	0.7425	0.0592			
12	0.0512	0.0123	23	0.2904	0.0343	34	0.8017	0.0618			

适用树种：杉木；适用地区：鄂西南（恩施地区、宜昌地区兴山县、宜昌县、长阳县、五峰县、秭归县）；资料名称：湖北省一元立木材积表；编表人或作者：湖北省林业勘察设计院；刊印或发表时间：1979。

949. 鄂东马尾松一元立木材积表（围尺）

$$V=0.0000600491D_{轮}^{1.871975}H^{0.97180232}$$
$$H=24.26924-591.97756/(D_{围}+24)$$
$D_{轮}=-0.13210336+0.97787017D_{围}$；表中$D$为围尺径；$D_{围}\leqslant$38cm

D	V	ΔV	D	V	ΔV	D	V	ΔV	D	V	ΔV
2	0.0003	0.0006	12	0.0438	0.0100	22	0.1982	0.0223	32	0.4795	0.0352
3	0.0009	0.0013	13	0.0538	0.0111	23	0.2205	0.0236	33	0.5147	0.0365
4	0.0022	0.0019	14	0.0649	0.0123	24	0.2441	0.0249	34	0.5512	0.0378
5	0.0041	0.0028	15	0.0772	0.0136	25	0.2690	0.0262	35	0.5890	0.0392
6	0.0069	0.0036	16	0.0908	0.0148	26	0.2952	0.0275	36	0.6282	0.0404
7	0.0105	0.0046	17	0.1056	0.0160	27	0.3227	0.0288	37	0.6686	0.0416
8	0.0151	0.0055	18	0.1216	0.0172	28	0.3515	0.0300	38	0.7102	0.0416
9	0.0206	0.0067	19	0.1388	0.0185	29	0.3815	0.0314			
10	0.0273	0.0077	20	0.1573	0.0198	30	0.4129	0.0326			
11	0.0350	0.0088	21	0.1771	0.0211	31	0.4455	0.0340			

适用树种：马尾松；适用地区：鄂东（黄冈地区（新洲县除外）、咸宁地区（鄂城、嘉鱼县除外）、黄石市、孝感地区（云梦、应城、汉川县除外）、荆州地区荆门县、钟祥县、京山县、松滋县、宜昌地区的枝江县、宜都县、当阳县）；资料名称：湖北省一元立木材积表；编表人或作者：湖北省林业勘察设计院；刊印或发表时间：1979。

950. 鄂东阔叶树一元立木材积表（围尺）

$$V = 0.0000504791 D_{轮}^{1.908505} H^{0.99076507}$$

$$H = 17.82339 - 272.42014/(D_{围} + 17)$$

$D_{轮} = -0.21700621 + 0.98481055 D_{围}$；表中$D$为围尺径；$D_{围} \leqslant 48\text{cm}$

D	V	ΔV	D	V	ΔV	D	V	ΔV	D	V	ΔV
2	0.0005	0.0009	14	0.0648	0.0115	26	0.2718	0.0241	38	0.6309	0.0368
3	0.0014	0.0016	15	0.0763	0.0126	27	0.2959	0.0252	39	0.6677	0.0378
4	0.0030	0.0022	16	0.0889	0.0135	28	0.3211	0.0262	40	0.7055	0.0389
5	0.0052	0.0030	17	0.1024	0.0147	29	0.3473	0.0273	41	0.7444	0.0399
6	0.0082	0.0038	18	0.1171	0.0156	30	0.3746	0.0284	42	0.7843	0.0409
7	0.0120	0.0047	19	0.1327	0.0167	31	0.4030	0.0294	43	0.8252	0.0420
8	0.0167	0.0056	20	0.1494	0.0178	32	0.4324	0.0304	44	0.8672	0.0431
9	0.0223	0.0066	21	0.1672	0.0188	33	0.4628	0.0315	45	0.9103	0.0440
10	0.0289	0.0075	22	0.1860	0.0199	34	0.4943	0.0326	46	0.9543	0.0451
11	0.0364	0.0085	23	0.2059	0.0209	35	0.5269	0.0336	47	0.9994	0.0466
12	0.0449	0.0094	24	0.2268	0.0220	36	0.5605	0.0347	48	1.0460	0.0466
13	0.0543	0.0105	25	0.2488	0.0230	37	0.5952	0.0357			

适用树种：阔叶树；适用地区：鄂东（黄冈地区（新洲县除外）、咸宁地区（鄂城、嘉鱼县除外）、黄石市、孝感地区（云梦、应城、汉川县除外）、荆州地区荆门县、钟祥县、京山县、松滋县、宜昌地区的枝江县、宜都县、当阳县）；资料名称：湖北省一元立木材积表；编表人或作者：湖北省林业勘察设计院；刊印或发表时间：1979。

951. 通城县黄龙林场人工杉木一元立木材积表（围尺）

$$V = 0.0000587770 D_{轮}^{1.9699831} H^{0.89646157}$$

$$H = 0.19545 + 0.64377 D_{轮} - 0.00222 D_{轮}^{2}$$

$D_{轮} = -0.111685 + 0.998340 D_{围}$；表中$D$为围尺径；$D_{围} \leqslant 27\text{cm}$

D	V	ΔV	D	V	ΔV	D	V	ΔV	D	V	ΔV
5	0.0040	0.0026	11	0.0370	0.0104	17	0.1263	0.0220	23	0.2943	0.0371
6	0.0066	0.0037	12	0.0474	0.0120	18	0.1483	0.0243	24	0.3314	0.0398
7	0.0103	0.0047	13	0.0594	0.0138	19	0.1726	0.0266	25	0.3712	0.0428
8	0.0150	0.0060	14	0.0732	0.0156	20	0.1992	0.0291	26	0.4140	0.0457
9	0.0210	0.0073	15	0.0888	0.0178	21	0.2283	0.0317	27	0.4597	0.0457
10	0.0283	0.0087	16	0.1066	0.0197	22	0.2600	0.0343			

适用树种：人工杉木；适用地区：通城县黄龙林场；资料名称：湖北省一元立木材积表；编表人或作者：湖北省林业勘察设计院；刊印或发表时间：1979。

952. 鄂东杉木一元立木材积表（围尺）

$$V = 0.0000587770 D_{轮}^{1.9699831} H^{0.89646157}$$

$$H = 30.56158 - 985.48275/(D_{围} + 33)$$

$D_{轮} = -0.19621508 + 0.98505739 D_{围}$；表中$D$为围尺径；$D_{围} \leqslant 40\text{cm}$

D	V	ΔV	D	V	ΔV	D	V	ΔV	D	V	ΔV
2	0.0004	0.0008	12	0.0511	0.0118	22	0.2404	0.0281	32	0.6035	0.0465
3	0.0012	0.0015	13	0.0629	0.0133	23	0.2685	0.0299	33	0.6500	0.0485
4	0.0027	0.0023	14	0.0762	0.0149	24	0.2984	0.0318	34	0.6985	0.0503
5	0.0050	0.0031	15	0.0911	0.0164	25	0.3302	0.0335	35	0.7488	0.0522
6	0.0081	0.0042	16	0.1075	0.0180	26	0.3637	0.0353	36	0.8010	0.0542
7	0.0123	0.0052	17	0.1255	0.0196	27	0.3990	0.0372	37	0.8552	0.0561
8	0.0175	0.0065	18	0.1451	0.0212	28	0.4362	0.0390	38	0.9113	0.0580
9	0.0240	0.0077	19	0.1663	0.0230	29	0.4752	0.0409	39	0.9693	0.0597
10	0.0317	0.0090	20	0.1893	0.0247	30	0.5161	0.0428	40	1.0290	0.0597
11	0.0407	0.0104	21	0.2140	0.0264	31	0.5589	0.0446			

适用树种：杉木；适用地区：鄂东（黄冈地区（新洲县除外）、咸宁地区（鄂城、嘉鱼县除外）、黄石市、孝感地区（云梦、应城、汉川县除外）、荆州地区荆门县、钟祥县、京山县、松滋县、宜昌地区的枝江县、宜都县、当阳县）；资料名称：湖北省一元立木材积表；编表人或作者：湖北省林业勘察设计院；刊印或发表时间：1979。

953. 罗田县马尾松一元立木材积表（围尺）

$$V = 0.0000600491 D_{轮}^{1.871975} H^{0.97180232}$$

$$H = 1.98507 + 0.60303 D_{轮} - 0.00622 D_{轮}^2$$

$D_{轮} = -0.291211 + 0.994017 D_{围}$；表中$D$为围尺径；$D_{围} \leqslant 30\text{cm}$

D	V	ΔV	D	V	ΔV	D	V	ΔV	D	V	ΔV
5	0.0050	0.0030	12	0.0460	0.0100	19	0.1480	0.0210	26	0.3210	0.0300
6	0.0080	0.0040	13	0.0560	0.0120	20	0.1690	0.0210	27	0.3510	0.0320
7	0.0120	0.0040	14	0.0680	0.0130	21	0.1900	0.0230	28	0.3830	0.0340
8	0.0160	0.0060	15	0.0810	0.0140	22	0.2130	0.0250	29	0.4170	0.0360
9	0.0220	0.0060	16	0.0950	0.0170	23	0.2380	0.0280	30	0.4530	0.0360
10	0.0280	0.0090	17	0.1120	0.0170	24	0.2660	0.0280			
11	0.0370	0.0090	18	0.1290	0.0190	25	0.2940	0.0270			

适用树种：马尾松；适用地区：罗田县；资料名称：湖北省一元立木材积表；编表人或作者：湖北省林业勘察设计院；刊印或发表时间：1979。

954. 鄂西北马尾松一元立木材积表（轮尺）

$$V = 0.0000600491D_{轮}^{1.871975}H^{0.97180232}$$

$$H = 22.15461 - 401.74642/(D_{围} + 17)$$

$D_{围} = (D_{轮} + 0.12811477)/0.98667991$；表中$D$为轮尺径；$D_{轮} \leqslant 69\text{cm}$

D	V	ΔV	D	V	ΔV	D	V	ΔV	D	V	ΔV
2	0.0003	0.0007	19	0.1544	0.0200	36	0.6686	0.0417	53	1.5450	0.0630
3	0.0010	0.0015	20	0.1744	0.0213	37	0.7103	0.0429	54	1.6080	0.0640
4	0.0025	0.0023	21	0.1957	0.0226	38	0.7532	0.0442	55	1.6720	0.0650
5	0.0048	0.0032	22	0.2183	0.0238	39	0.7974	0.0454	56	1.7370	0.0660
6	0.0080	0.0042	23	0.2421	0.0252	40	0.8428	0.0469	57	1.8030	0.0670
7	0.0122	0.0052	24	0.2673	0.0264	41	0.8897	0.0477	58	1.8700	0.0690
8	0.0174	0.0064	25	0.2937	0.0277	42	0.9374	0.0491	59	1.9390	0.0700
9	0.0238	0.0076	26	0.3214	0.0290	43	0.9865	0.0505	60	2.0090	0.0710
10	0.0314	0.0087	27	0.3504	0.0303	44	1.0370	0.0510	61	2.0800	0.0720
11	0.0401	0.0099	28	0.3807	0.0315	45	1.0880	0.0560	62	2.1520	0.0730
12	0.0500	0.0111	29	0.4122	0.0328	46	1.1440	0.0510	63	2.2250	0.0750
13	0.0611	0.0124	30	0.4450	0.0341	47	1.1950	0.0560	64	2.3000	0.0750
14	0.0735	0.0137	31	0.4791	0.0354	48	1.2510	0.0560	65	2.3750	0.0750
15	0.0872	0.0149	32	0.5145	0.0366	49	1.3070	0.0580	66	2.4500	0.0800
16	0.1021	0.0161	33	0.5511	0.0379	50	1.3650	0.0590	67	2.5300	0.0800
17	0.1182	0.0175	34	0.5890	0.0392	51	1.4240	0.0600	68	2.6100	0.0800
18	0.1357	0.0187	35	0.6282	0.0404	52	1.4840	0.0610	69	2.6900	0.0800

适用树种：马尾松；适用地区：鄂西北（郧阳地区、神农架林区、十堰市、襄阳地区、宜昌远安县）；资料名称：湖北省一元立木材积表；编表人或作者：湖北省林业勘察设计院；刊印或发表时间：1979。

955. 鄂西北硬阔叶树一元立木材积表（轮尺）

$$V = 0.0000504791 D_{轮}^{1.908505} H^{0.99076507}$$

$$H = 47.58559 - 2982.16380/(D_{围} + 65)$$

$D_{围} = (D_{轮} + 0.08545945)/0.98378931$；表中$D$为轮尺径；$D_{轮} \leqslant 70$cm

D	V	ΔV	D	V	ΔV	D	V	ΔV	D	V	ΔV
2	0.0006	0.0013	20	0.1900	0.0262	38	0.9577	0.0646	56	2.4624	0.1079
3	0.0019	0.0013	21	0.2162	0.0262	39	1.0223	0.0646	57	2.5703	0.1079
4	0.0031	0.0028	22	0.2424	0.0301	40	1.0869	0.0693	58	2.6781	0.1128
5	0.0059	0.0028	23	0.2725	0.0301	41	1.1562	0.0693	59	2.7909	0.1128
6	0.0086	0.0047	24	0.3025	0.0340	42	1.2255	0.0740	60	2.9037	0.1178
7	0.0133	0.0047	25	0.3365	0.0340	43	1.2995	0.0740	61	3.0215	0.1178
8	0.0180	0.0070	26	0.3705	0.0382	44	1.3734	0.0787	62	3.1393	0.1228
9	0.0250	0.0070	27	0.4087	0.0382	45	1.4521	0.0786	63	3.2621	0.1228
10	0.0319	0.0096	28	0.4468	0.0423	46	1.5307	0.0835	64	3.3848	0.1278
11	0.0415	0.0096	29	0.4891	0.0423	47	1.6142	0.0835	65	3.5126	0.1278
12	0.0511	0.0125	30	0.5314	0.0467	48	1.6977	0.0883	66	3.6404	0.1328
13	0.0636	0.0125	31	0.5781	0.0467	49	1.7860	0.0883	67	3.7732	0.1328
14	0.0760	0.0156	32	0.6247	0.0510	50	1.8743	0.0931	68	3.9059	0.1379
15	0.0916	0.0156	33	0.6757	0.0510	51	1.9674	0.0931	69	4.0438	0.1379
16	0.1072	0.0190	34	0.7267	0.0555	52	2.0605	0.0980	70	4.1816	0.1379
17	0.1262	0.0190	35	0.7822	0.0555	53	2.1586	0.0981			
18	0.1451	0.0225	36	0.8377	0.0600	54	2.2566	0.1029			
19	0.1676	0.0225	37	0.8977	0.0600	55	2.3595	0.1029			

适用树种：硬阔叶树；适用地区：鄂西北（郧阳地区、神农架林区、十堰市、襄阳地区、宜昌远安县）；资料名称：湖北省一元立木材积表；编表人或作者：湖北省林业勘察设计院；刊印或发表时间：1979。

956. 鄂西北软阔叶树一元立木材积表（轮尺）

$$V = 0.0000504791 D_{轮}^{1.908505} H^{0.99076507}$$

$$H = 45.80041 - 2312.63240/(D_{围} + 53)$$

$D_{围} = (D_{轮} + 0.00865256)/0.98022711$；表中$D$为轮尺径；$D_{轮} \leqslant 70\text{cm}$

D	V	ΔV	D	V	ΔV	D	V	ΔV	D	V	ΔV
2	0.0007	0.0015	20	0.2141	0.0289	38	1.0466	0.0691	56	2.6369	0.1129
3	0.0022	0.0015	21	0.2430	0.0289	39	1.1157	0.0691	57	2.7498	0.1129
4	0.0037	0.0032	22	0.2719	0.0331	40	1.1847	0.0738	58	2.8626	0.1178
5	0.0069	0.0032	23	0.3050	0.0331	41	1.2585	0.0738	59	2.9804	0.1178
6	0.0101	0.0054	24	0.3380	0.0372	42	1.3323	0.0786	60	3.0982	0.1228
7	0.0155	0.0054	25	0.3753	0.0373	43	1.4109	0.0786	61	3.2210	0.1228
8	0.0209	0.0080	26	0.4125	0.0416	44	1.4895	0.0834	62	3.3437	0.1278
9	0.0289	0.0080	27	0.4541	0.0416	45	1.5729	0.0834	63	3.4715	0.1278
10	0.0369	0.0109	28	0.4957	0.0460	46	1.6563	0.0882	64	3.5992	0.1328
11	0.0478	0.0109	29	0.5417	0.0460	47	1.7446	0.0882	65	3.7320	0.1328
12	0.0586	0.0141	30	0.5877	0.0505	48	1.8328	0.0932	66	3.8647	0.1378
13	0.0727	0.0141	31	0.6382	0.0505	49	1.9260	0.0931	67	4.0025	0.1378
14	0.0868	0.0175	32	0.6886	0.0551	50	2.0191	0.0981	68	4.1402	0.1427
15	0.1043	0.0175	33	0.7437	0.0550	51	2.1172	0.0980	69	4.2829	0.1427
16	0.1218	0.0212	34	0.7987	0.0597	52	2.2152	0.1030	70	4.4256	0.1427
17	0.1430	0.0212	35	0.8584	0.0597	53	2.3182	0.1030			
18	0.1641	0.0250	36	0.9180	0.0643	54	2.4211	0.1079			
19	0.1891	0.0250	37	0.9823	0.0643	55	2.5290	0.1079			

适用树种：软阔叶树；适用地区：鄂西北（郧阳地区、神农架林区、十堰市、襄阳地区、宜昌远安县）；资料名称：湖北省一元立木材积表；编表人或作者：湖北省林业勘察设计院；刊印或发表时间：1979。

957. 鄂西南马尾松一元立木材积表（轮尺）

$$V = 0.0000600491D_{轮}^{1.871975}H^{0.97180232}$$

$$H = 45.77979 - 2765.87010/(D_{围} + 63)$$

$D_{围} = (D_{轮} + 0.37465281)/0.99843150$；表中$D$为轮尺径；$D_{轮} \leqslant 59$cm

D	V	ΔV	D	V	ΔV	D	V	ΔV	D	V	ΔV
1	0.0002	0.0005	16	0.1103	0.0180	31	0.5664	0.0457	46	1.4660	0.0570
2	0.0007	0.0012	17	0.1283	0.0196	32	0.6121	0.0475	47	1.5230	0.0990
3	0.0019	0.0017	18	0.1479	0.0214	33	0.6596	0.0496	48	1.6220	0.0810
4	0.0036	0.0026	19	0.1693	0.0230	34	0.7092	0.0516	49	1.7030	0.0830
5	0.0062	0.0035	20	0.1923	0.0248	35	0.7608	0.0537	50	1.7860	0.0850
6	0.0097	0.0044	21	0.2171	0.0265	36	0.8145	0.0617	51	1.8710	0.0880
7	0.0141	0.0055	22	0.2436	0.0284	37	0.8762	0.0518	52	1.9590	0.0900
8	0.0196	0.0067	23	0.2720	0.0301	38	0.9280	0.0599	53	2.0490	0.0910
9	0.0263	0.0078	24	0.3021	0.0321	39	0.9879	0.0621	54	2.1400	0.0950
10	0.0341	0.0092	25	0.3342	0.0339	40	1.0500	0.0640	55	2.2350	0.0960
11	0.0433	0.0105	26	0.3681	0.0358	41	1.1140	0.0660	56	2.3310	0.0980
12	0.0538	0.0119	27	0.4039	0.0377	42	1.1800	0.0680	57	2.4290	0.1010
13	0.0657	0.0133	28	0.4416	0.0396	43	1.2480	0.0710	58	2.5300	0.1030
14	0.0790	0.0149	29	0.4812	0.0416	44	1.3190	0.0720	59	2.6330	0.1030
15	0.0939	0.0164	30	0.5228	0.0436	45	1.3910	0.0750			

适用树种：马尾松；适用地区：鄂西南（恩施地区、宜昌地区兴山县、宜昌县、长阳县、五峰县、秭归县）；资料名称：湖北省一元立木材积表；编表人或作者：湖北省林业勘察设计院；刊印或发表时间：1979。

958. 鄂西南硬阔叶树一元立木材积表（轮尺）

$$V = 0.0000504791 D_{轮}^{1.908505} H^{0.99076507}$$

$$H = 28.86990 - 657.13107/(D_{围} + 21)$$

$D_{围} = (D_{轮} + 0.38281345)/0.99516880$；表中$D$为轮尺径；$D_{轮} \leqslant 70$cm

D	V	ΔV	D	V	ΔV	D	V	ΔV	D	V	ΔV
2	0.0001	0.0010	20	0.1953	0.0260	38	0.9077	0.0567	56	2.1739	0.0873
3	0.0011	0.0010	21	0.2213	0.0260	39	0.9644	0.0567	57	2.2613	0.0873
4	0.0021	0.0027	22	0.2473	0.0294	40	1.0211	0.0601	58	2.3486	0.0907
5	0.0048	0.0027	23	0.2767	0.0294	41	1.0812	0.0601	59	2.4393	0.0907
6	0.0074	0.0049	24	0.3060	0.0328	42	1.1413	0.0635	60	2.5300	0.0941
7	0.0123	0.0049	25	0.3388	0.0328	43	1.2048	0.0635	61	2.6241	0.0941
8	0.0172	0.0074	26	0.3715	0.0361	44	1.2683	0.0670	62	2.7181	0.0974
9	0.0246	0.0074	27	0.4076	0.0361	45	1.3353	0.0670	63	2.8156	0.0974
10	0.0319	0.0102	28	0.4437	0.0396	46	1.4023	0.0703	64	2.9130	0.1008
11	0.0421	0.0102	29	0.4833	0.0396	47	1.4727	0.0703	65	3.0138	0.1008
12	0.0523	0.0132	30	0.5228	0.0430	48	1.5430	0.0738	66	3.1145	0.1042
13	0.0655	0.0132	31	0.5658	0.0430	49	1.6168	0.0738	67	3.2187	0.1042
14	0.0786	0.0163	32	0.6088	0.0464	50	1.6905	0.0772	68	3.3228	0.1075
15	0.0949	0.0163	33	0.6552	0.0464	51	1.7677	0.0772	69	3.4303	0.1075
16	0.1111	0.0194	34	0.7015	0.0498	52	1.8449	0.0806	70	3.5377	0.1075
17	0.1305	0.0194	35	0.7514	0.0499	53	1.9255	0.0805			
18	0.1499	0.0227	36	0.8012	0.0533	54	2.0060	0.0840			
19	0.1726	0.0227	37	0.8545	0.0532	55	2.0900	0.0840			

适用树种：硬阔叶树；适用地区：鄂西南（恩施地区、宜昌地区兴山县、宜昌县、长阳县、五峰县、秭归县）；资料名称：湖北省一元立木材积表；编表人或作者：湖北省林业勘察设计院；刊印或发表时间：1979。

959. 鄂西南软阔叶树一元立木材积表（轮尺）

$$V = 0.0000504791 D_{轮}^{1.908505} H^{0.99076507}$$

$$H = 31.84014 - 879.79900/(D_{围} + 27)$$

$D_{围} = (D_{轮} + 0.14939824)/0.98795891$；表中$D$为轮尺径；$D_{轮} \leqslant 70\text{cm}$

D	V	ΔV	D	V	ΔV	D	V	ΔV	D	V	ΔV
2	0.0003	0.0012	20	0.1990	0.0266	38	0.9376	0.0594	56	2.2728	0.0927
3	0.0015	0.0012	21	0.2256	0.0266	39	0.9970	0.0594	57	2.3655	0.0927
4	0.0026	0.0028	22	0.2522	0.0302	40	1.0563	0.0631	58	2.4582	0.0963
5	0.0054	0.0028	23	0.2824	0.0302	41	1.1194	0.0631	59	2.5546	0.0964
6	0.0081	0.0050	24	0.3125	0.0338	42	1.1825	0.0667	60	2.6509	0.1001
7	0.0131	0.0050	25	0.3463	0.0338	43	1.2493	0.0668	61	2.7510	0.1001
8	0.0181	0.0075	26	0.3800	0.0373	44	1.3160	0.0705	62	2.8510	0.1037
9	0.0256	0.0075	27	0.4173	0.0373	45	1.3865	0.0705	63	2.9547	0.1037
10	0.0330	0.0103	28	0.4546	0.0410	46	1.4570	0.0741	64	3.0584	0.1074
11	0.0433	0.0103	29	0.4956	0.0410	47	1.5312	0.0741	65	3.1658	0.1074
12	0.0536	0.0133	30	0.5365	0.0446	48	1.6053	0.0779	66	3.2731	0.0961
13	0.0669	0.0133	31	0.5811	0.0446	49	1.6832	0.0779	67	3.3692	0.0961
14	0.0802	0.0165	32	0.6257	0.0483	50	1.7611	0.0816	68	3.4652	0.1297
15	0.0967	0.0165	33	0.6740	0.0483	51	1.8427	0.0816	69	3.5949	0.1297
16	0.1132	0.0198	34	0.7223	0.0520	52	1.9243	0.0853	70	3.7245	0.1297
17	0.1330	0.0198	35	0.7743	0.0520	53	2.0096	0.0853			
18	0.1527	0.0232	36	0.8263	0.0557	54	2.0949	0.0890			
19	0.1759	0.0232	37	0.8820	0.0557	55	2.1839	0.0890			

适用树种：软阔叶树；适用地区：鄂西南（恩施地区、宜昌地区兴山县、宜昌县、长阳县、五峰县、秭归县）；资料名称：湖北省一元立木材积表；编表人或作者：湖北省林业勘察设计院；刊印或发表时间：1979。

960. 鄂西南杉木一元立木材积表（轮尺）

$$V = 0.0000587770 D_{轮}^{1.9699831} H^{0.89646157}$$

$$H = 56.01256 - 4023.91050/(D_{围} + 73)$$

$D_{围} = (D_{轮} + 0.22853712)/0.98797212$；表中$D$为轮尺径；$D_{轮} \leqslant 49\text{cm}$

D	V	ΔV	D	V	ΔV	D	V	ΔV	D	V	ΔV
1	0.0001	0.0004	14	0.0837	0.0167	27	0.4660	0.0457	40	1.2690	0.0820
2	0.0005	0.0010	15	0.1004	0.0186	28	0.5117	0.0484	41	1.3510	0.0840
3	0.0015	0.0016	16	0.1190	0.0205	29	0.5601	0.0509	42	1.4350	0.0870
4	0.0031	0.0024	17	0.1395	0.0226	30	0.6110	0.0536	43	1.5220	0.0900
5	0.0055	0.0034	18	0.1621	0.0247	31	0.6646	0.0562	44	1.6120	0.0930
6	0.0089	0.0045	19	0.1868	0.0269	32	0.7208	0.0588	45	1.7050	0.0960
7	0.0134	0.0056	20	0.2137	0.0290	33	0.7796	0.0616	46	1.8010	0.1000
8	0.0190	0.0070	21	0.2427	0.0313	34	0.8412	0.0644	47	1.9010	0.1020
9	0.0260	0.0083	22	0.2740	0.0336	35	0.9056	0.0671	48	2.0030	0.1050
10	0.0343	0.0099	23	0.3076	0.0360	36	0.9727	0.0703	49	2.1080	0.1050
11	0.0442	0.0115	24	0.3436	0.0383	37	1.0430	0.0720			
12	0.0557	0.0131	25	0.3819	0.0408	38	1.1150	0.0760			
13	0.0688	0.0149	26	0.4227	0.0433	39	1.1910	0.0780			

适用树种：杉木；适用地区：鄂西南（恩施地区、宜昌地区兴山县、宜昌县、长阳县、五峰县、秭归县）；资料名称：湖北省一元立木材积表；编表人或作者：湖北省林业勘察设计院；刊印或发表时间：1979。

961. 鄂东马尾松一元立木材积表（轮尺）

$$V = 0.0000600491 D_{轮}^{1.871975} H^{0.97180232}$$

$$H = 24.26924 - 591.97756/(D_{围} + 24)$$

$D_{围} = (D_{轮} + 0.13210336)/0.97787017$；表中$D$为轮尺径；$D_{轮} \leqslant 39\text{cm}$

D	V	ΔV	D	V	ΔV	D	V	ΔV	D	V	ΔV
2	0.0004	0.0007	12	0.0474	0.0107	22	0.2111	0.0236	32	0.5073	0.0370
3	0.0011	0.0015	13	0.0581	0.0119	23	0.2347	0.0222	33	0.5443	0.0384
4	0.0026	0.0021	14	0.0700	0.0131	24	0.2569	0.0290	34	0.5827	0.0397
5	0.0047	0.0030	15	0.0831	0.0144	25	0.2859	0.0276	35	0.6224	0.0410
6	0.0077	0.0030	16	0.0975	0.0156	26	0.3135	0.0288	36	0.6634	0.0424
7	0.0107	0.0059	17	0.1131	0.0170	27	0.3423	0.0304	37	0.7058	0.0437
8	0.0166	0.0060	18	0.1301	0.0183	28	0.3727	0.0316	38	0.7495	0.0451
9	0.0226	0.0072	19	0.1484	0.0196	29	0.4043	0.0327	39	0.7946	0.0451
10	0.0298	0.0082	20	0.1680	0.0209	30	0.4370	0.0346			
11	0.0380	0.0094	21	0.1889	0.0222	31	0.4716	0.0357			

适用树种：马尾松；适用地区：鄂东（黄冈地区（新洲县除外）、咸宁地区（鄂城、嘉鱼县除外）、黄石市、孝感地区（云梦、应城、汉川县除外）、荆州地区荆门县、钟祥县、京山县、松滋县、宜昌地区的枝江县、宜都县、当阳县）；资料名称：湖北省一元立木材积表；编表人或作者：湖北省林业勘察设计院；刊印或发表时间：1979。

962. 鄂东阔叶树一元立木材积表（轮尺）

$$V=0.0000504791D_{轮}^{1.908505}H^{0.99076507}$$

$$H=17.82339-272.42014/(D_{围}+17)$$

$D_{围}=(D_{轮}+0.21700621)/0.98481055$；表中$D$为轮尺径；$D_{轮}\leqslant$49cm

D	V	ΔV	D	V	ΔV	D	V	ΔV	D	V	ΔV
1	0.0001	0.0006	14	0.0697	0.0122	27	0.3118	0.0263	40	0.7380	0.0403
2	0.0007	0.0011	15	0.0819	0.0132	28	0.3381	0.0273	41	0.7783	0.0415
3	0.0018	0.0017	16	0.0951	0.0143	29	0.3654	0.0285	42	0.8198	0.0425
4	0.0035	0.0025	17	0.1094	0.0153	30	0.3939	0.0295	43	0.8623	0.0436
5	0.0060	0.0033	18	0.1247	0.0165	31	0.4234	0.0306	44	0.9059	0.0446
6	0.0093	0.0042	19	0.1412	0.0175	32	0.4540	0.0317	45	0.9505	0.0457
7	0.0135	0.0051	20	0.1587	0.0186	33	0.4857	0.0328	46	0.9962	0.0468
8	0.0186	0.0060	21	0.1773	0.0197	34	0.5185	0.0339	47	1.0430	0.0480
9	0.0246	0.0070	22	0.1970	0.0208	35	0.5524	0.0349	48	1.0910	0.0490
10	0.0316	0.0080	23	0.2178	0.0219	36	0.5873	0.0361	49	1.1400	0.0490
11	0.0396	0.0092	24	0.2397	0.0229	37	0.6234	0.0371			
12	0.0488	0.0098	25	0.2626	0.0241	38	0.6605	0.0382			
13	0.0586	0.0111	26	0.2867	0.0251	39	0.6987	0.0393			

适用树种：阔叶树；适用地区：鄂东（黄冈地区（新洲县除外）、咸宁地区（鄂城、嘉鱼县除外）、黄石市、孝感地区（云梦、应城、汉川县除外）、荆州地区荆门县、钟祥县、京山县、松滋县、宜昌地区的枝江县、宜都县、当阳县）；资料名称：湖北省一元立木材积表；编表人或作者：湖北省林业勘察设计院；刊印或发表时间：1979。

963. 罗田县马尾松一元立木材积表（轮尺）

$$V=0.0000600491D_{轮}^{1.871975}H^{0.97180232}$$

$H=1.98507+0.60303D_{轮}-0.00622D_{轮}^{2}$；表中$D$为轮尺径；$D_{轮}\leqslant$30cm

D	V	ΔV	D	V	ΔV	D	V	ΔV	D	V	ΔV
6	0.0090	0.0045	13	0.0615	0.0115	20	0.1770	0.0230	27	0.3675	0.0315
7	0.0135	0.0045	14	0.0730	0.0190	21	0.2000	0.0230	28	0.3990	0.0355
8	0.0180	0.0065	15	0.0920	0.0190	22	0.2230	0.0275	29	0.4345	0.0355
9	0.0245	0.0065	16	0.1110	0.0125	23	0.2505	0.0275	30	0.4700	0.0355
10	0.0310	0.0095	17	0.1235	0.0125	24	0.2780	0.0290			
11	0.0405	0.0095	18	0.1360	0.0205	25	0.3070	0.0290			
12	0.0500	0.0115	19	0.1565	0.0205	26	0.3360	0.0315			

适用树种：马尾松；适用地区：罗田县；资料名称：湖北省一元立木材积表；编表人或作者：湖北省林业勘察设计院；刊印或发表时间：1979。

964. 湖北省柏木一元立木材积表（轮尺）

$$V=0.0000571736D_{轮}^{1.881331}H^{0.99568845}$$

$$H=21.09867-320.36347/(D_{围}+14)$$

$D_{围}=(D_{轮}+0.25500680)/0.99234336$；表中$D$为轮尺径；$D_{轮}\leqslant$39cm

D	V	ΔV	D	V	ΔV	D	V	ΔV	D	V	ΔV
2	0.0003	0.0009	12	0.0543	0.0120	22	0.2334	0.0252	32	0.5451	0.0384
3	0.0012	0.0016	13	0.0663	0.0132	23	0.2586	0.0266	33	0.5835	0.0397
4	0.0028	0.0025	14	0.0795	0.0146	24	0.2852	0.0278	34	0.6232	0.0410
5	0.0053	0.0035	15	0.0941	0.0159	25	0.3130	0.0292	35	0.6642	0.0423
6	0.0088	0.0046	16	0.1100	0.0173	26	0.3422	0.0306	36	0.7065	0.0436
7	0.0134	0.0057	17	0.1273	0.0185	27	0.3728	0.0318	37	0.7501	0.0449
8	0.0191	0.0070	18	0.1458	0.0199	28	0.4046	0.0332	38	0.7950	0.0462
9	0.0261	0.0081	19	0.1657	0.0212	29	0.4378	0.0344	39	0.8412	0.0462
10	0.0342	0.0094	20	0.1869	0.0226	30	0.4722	0.0358			
11	0.0436	0.0107	21	0.2095	0.0239	31	0.5080	0.0371			

适用树种：柏木；适用地区：全省；资料名称：湖北省一元立木材积表；编表人或作者：湖北省林业勘察设计院；刊印或发表时间：1979。

965. 鄂东杉木一元立木材积表（轮尺）

$$V=0.0000587770D_{轮}^{1.9699831}H^{0.89646157}$$

$$H=30.56158-985.48275/(D_{围}+33)$$

$D_{围}=(D_{轮}+0.19621508)/0.98505739$；表中$D$为轮尺径；$D_{轮}\leqslant$49cm

D	V	ΔV	D	V	ΔV	D	V	ΔV	D	V	ΔV
1	0.0001	0.0004	14	0.0822	0.0157	27	0.4214	0.0389	40	1.0790	0.0650
2	0.0005	0.0010	15	0.0979	0.0173	28	0.4603	0.0408	41	1.1440	0.0660
3	0.0015	0.0017	16	0.1152	0.0190	29	0.5011	0.0428	42	1.2100	0.0690
4	0.0032	0.0025	17	0.1342	0.0207	30	0.5439	0.0446	43	1.2790	0.0700
5	0.0057	0.0035	18	0.1549	0.0224	31	0.5885	0.0467	44	1.3490	0.0730
6	0.0092	0.0046	19	0.1773	0.0242	32	0.6352	0.0485	45	1.4220	0.0740
7	0.0138	0.0057	20	0.2015	0.0259	33	0.6837	0.0505	46	1.4960	0.0770
8	0.0195	0.0069	21	0.2274	0.0278	34	0.7342	0.0525	47	1.5730	0.0790
9	0.0264	0.0083	22	0.2552	0.0295	35	0.7867	0.0545	48	1.6520	0.0800
10	0.0347	0.0097	23	0.2847	0.0314	36	0.8412	0.0565	49	1.7320	0.0800
11	0.0444	0.0110	24	0.3161	0.0332	37	0.8977	0.0585			
12	0.0554	0.0126	25	0.3493	0.0351	38	0.9562	0.0608			
13	0.0680	0.0142	26	0.3844	0.0370	39	1.0170	0.0620			

适用树种：杉木；适用地区：鄂东（黄冈地区（新洲县除外）、咸宁地区（鄂城、嘉鱼县除外）、黄石市、孝感地区（云梦、应城、汉川县除外）、荆州地区荆门县、钟祥县、京山县、松滋县、宜昌地区的枝江县、宜都县、当阳县）；资料名称：湖北省一元立木材积表；编表人或作者：湖北省林业勘察设计院；刊印或发表时间：1979。

17 湖南省立木材积表

湖南省杉木、马尾松和阔叶树采用部颁二元材积式 (LY 208—1977)。

湘

湘

966. 湖南杨树二元立木材积表

$$V=0.000041028005D^{1.8006303}H^{1.13059897}\text{；}D\leqslant 60\text{cm}, H\leqslant 35\text{m}$$

D	H	V	D	H	V	D	H	V	D	H	V	D	H	V
4	2	0.0011	16	10	0.0816	28	16	0.3804	40	23	1.0898	52	31	2.4496
5	3	0.0026	17	11	0.1014	29	17	0.4340	41	24	1.1956	53	31	2.5351
6	4	0.0050	18	11	0.1124	30	18	0.4921	42	25	1.3076	54	32	2.7177
7	5	0.0084	19	12	0.1367	31	18	0.5220	43	25	1.3642	55	32	2.8090
8	5	0.0107	20	12	0.1499	32	19	0.5876	44	26	1.4863	56	33	3.0044
9	6	0.0163	21	12	0.1637	33	19	0.6210	45	26	1.5476	57	34	3.2081
10	7	0.0234	22	13	0.1949	34	20	0.6945	46	27	1.6803	58	34	3.3102
11	7	0.0278	23	13	0.2111	35	20	0.7317	47	28	1.8200	59	35	3.5274
12	8	0.0378	24	14	0.2478	36	21	0.8134	48	28	1.8903	60	35	3.6358
13	9	0.0499	25	15	0.2884	37	22	0.9007	49	29	2.0412			
14	9	0.0570	26	15	0.3095	38	22	0.9450	50	29	2.1168			
15	10	0.0727	27	16	0.3563	39	23	1.0413	51	30	2.2794			

适用树种：杨树；适用地区：湖南全省；资料名称：湖南省森林资源调查常用数表；编表人或作者：湖南省农林工业勘察设计研究院、湖南省林业厅资源林政处；刊印或发表时间：1999。

967. 湖南国外松二元立木材积表

$$V=0.000086791543D^{x}H^{y}$$

$$x=1.663800058+0.009429976(D+10H)$$

$$y=0.969340486-0.029203083(D+2.5H)$$

$$D\leqslant 40\text{cm}, H\leqslant 22\text{m}$$

D	H	V	D	H	V	D	H	V	D	H	V	D	H	V
4	2	0.0019	12	8	0.0503	20	11	0.1832	28	16	0.4874	36	20	0.9661
5	3	0.0042	13	9	0.0645	21	12	0.2164	29	16	0.5235	37	21	1.0620
6	4	0.0075	14	9	0.0754	22	12	0.2382	30	17	0.5882	38	21	1.1186
7	5	0.0120	15	10	0.0937	23	13	0.2774	31	17	0.6284	39	22	1.2242
8	5	0.0156	16	10	0.1074	24	13	0.3027	32	18	0.7013	40	22	1.2850
9	6	0.0227	17	11	0.1304	25	14	0.3485	33	18	0.7456			
10	7	0.0314	18	11	0.1472	26	14	0.3775	34	19	0.8271			
11	7	0.0382	19	12	0.1754	27	15	0.4304	35	20	0.9138			

适用树种：国外松；适用地区：湖南全省；资料名称：湖南省森林资源调查常用数表；编表人或作者：湖南省农林工业勘察设计研究院、湖南省林业厅资源林政处；刊印或发表时间：1999。

968. 湖南洞庭湖区“三杉”二元立木材积表

$$V = 0.005790496050 + 0.0000660932D^2H - 0.00000046921D^3H - 0.000183034D^2 - 0.00000319288D^2H\ln D$$

$$D \leqslant 60\text{cm}, H \leqslant 35\text{m}$$

D	H	V	D	H	V	D	H	V	D	H	V	D	H	V
4	2	0.0048	16	10	0.0863	28	16	0.3931	40	23	1.0211	52	31	1.9483
5	3	0.0056	17	11	0.1089	29	17	0.4485	41	24	1.1101	53	31	1.9776
6	4	0.0075	18	11	0.1191	30	18	0.5078	42	25	1.2023	54	32	2.0866
7	5	0.0107	19	12	0.1467	31	18	0.5319	43	25	1.2348	55	32	2.1133
8	5	0.0119	20	12	0.1589	32	19	0.5969	44	26	1.3309	56	33	2.2223
9	6	0.0176	21	12	0.1713	33	19	0.6226	45	26	1.3634	57	34	2.3318
10	7	0.0253	22	13	0.2060	34	20	0.6931	46	27	1.4630	58	34	2.3541
11	7	0.0288	23	13	0.2204	35	20	0.7204	47	28	1.5651	59	35	2.4621
12	8	0.0399	24	14	0.2607	36	21	0.7963	48	28	1.5976	60	35	2.4802
13	9	0.0537	25	15	0.3047	37	22	0.8757	49	29	1.7023			
14	9	0.0601	26	15	0.3231	38	22	0.9057	50	29	1.7335			
15	10	0.0780	27	16	0.3728	39	23	0.9902	51	30	1.8402			

适用树种：杉树；适用地区：洞庭湖区；资料名称：湖南省森林资源调查常用数表；编表人或作者：湖南省农林工业勘察设计研究院；刊印或发表时间：1999。

湘

18 广东省立木材积表

广东省立木材积表也适用于香港特别行政区和澳门特别行政区。

粤

粤

969. 广东杉木二元立木材积表

$V = 0.0000697483D^{1.81583}H^{0.9961}$；$D \leqslant 70$cm, $H \leqslant 32$m

D	H	V	D	H	V	D	H	V	D	H	V	D	H	V
5	3	0.0039	19	9	0.1306	33	16	0.6314	47	22	1.6480	61	28	3.3644
6	3	0.0054	20	10	0.1593	34	16	0.6666	48	23	1.7898	62	29	3.5884
7	4	0.0095	21	10	0.1740	35	17	0.7464	49	23	1.8581	63	29	3.6942
8	4	0.0121	22	11	0.2082	36	17	0.7855	50	23	1.9275	64	30	3.9320
9	5	0.0187	23	11	0.2257	37	18	0.8740	51	24	2.0846	65	30	4.0442
10	5	0.0227	24	12	0.2659	38	18	0.9173	52	24	2.1594	66	31	4.2960
11	6	0.0323	25	12	0.2864	39	18	0.9616	53	25	2.3282	67	31	4.4149
12	6	0.0379	26	13	0.3330	40	19	1.0626	54	25	2.4085	68	32	4.6810
13	7	0.0511	27	13	0.3567	41	19	1.1113	55	26	2.5894	69	32	4.8067
14	7	0.0584	28	13	0.3810	42	20	1.2219	56	26	2.6755	70	33	5.0876
15	8	0.0756	29	14	0.4372	43	20	1.2752	57	27	2.8687			
16	8	0.0850	30	14	0.4649	44	21	1.3958	58	27	2.9607			
17	8	0.0949	31	15	0.5286	45	21	1.4539	59	28	3.1668			
18	9	0.1184	32	15	0.5599	46	22	1.5849	60	28	3.2649			

适用树种：杉木；适用地区：广东全省；资料名称：广东省森林资源调查常用数表；编表人或作者：广东省林业局、广东省林业调查规划院；刊印或发表时间：2009。

970. 广东马尾松二元立木材积表

$V = 0.000079852D^{1.7422}H^{1.01198}$；$D \leqslant 70$cm, $H \leqslant 32$m

D	H	V	D	H	V	D	H	V	D	H	V	D	H	V
5	3	0.0040	19	9	0.1247	33	16	0.5840	47	22	1.4925	61	28	3.0004
6	3	0.0055	20	10	0.1517	34	16	0.6151	48	23	1.6195	62	29	3.1982
7	4	0.0096	21	10	0.1651	35	17	0.6879	49	23	1.6788	63	29	3.2886
8	4	0.0122	22	11	0.1972	36	17	0.7225	50	23	1.7389	64	30	3.4981
9	5	0.0187	23	11	0.2131	37	18	0.8030	51	24	1.8791	65	30	3.5939
10	5	0.0225	24	12	0.2506	38	18	0.8412	52	24	1.9438	66	31	3.8153
11	6	0.0319	25	12	0.2691	39	18	0.8801	53	25	2.0941	67	31	3.9165
12	6	0.0371	26	13	0.3124	40	19	0.9716	54	25	2.1635	68	32	4.1502
13	7	0.0499	27	13	0.3337	41	19	1.0143	55	26	2.3242	69	32	4.2571
14	7	0.0568	28	13	0.3555	42	20	1.1141	56	26	2.3983	70	33	4.5032
15	8	0.0733	29	14	0.4073	43	20	1.1607	57	27	2.5697			
16	8	0.0820	30	14	0.4321	44	21	1.2693	58	27	2.6488			
17	8	0.0912	31	15	0.4906	45	21	1.3200	59	28	2.8311			
18	9	0.1135	32	15	0.5185	46	22	1.4376	60	28	2.9153			

适用树种：马尾松、松树类；适用地区：广东全省；资料名称：广东省森林资源调查常用数表；编表人或作者：广东省林业局、广东省林业调查规划院；刊印或发表时间：2009。

971. 广东湿地松二元立木材积表

$V = 0.0000781515D^{1.79967}H^{0.98178}$ ；$D \leqslant 70\text{cm}, H \leqslant 32\text{m}$

D	H	V	D	H	V	D	H	V	D	H	V	D	H	V
5	3	0.0042	19	9	0.1352	33	16	0.6426	47	22	1.6601	61	28	3.3630
6	3	0.0058	20	10	0.1645	34	16	0.6781	48	23	1.8011	62	29	3.5843
7	4	0.0101	21	10	0.1796	35	17	0.7582	49	23	1.8692	63	29	3.6890
8	4	0.0129	22	11	0.2144	36	17	0.7976	50	23	1.9384	64	30	3.9235
9	5	0.0198	23	11	0.2323	37	18	0.8863	51	24	2.0944	65	30	4.0345
10	5	0.0239	24	12	0.2731	38	18	0.9299	52	24	2.1689	66	31	4.2826
11	6	0.0340	25	12	0.2940	39	18	0.9744	53	25	2.3363	67	31	4.4001
12	6	0.0397	26	13	0.3412	40	19	1.0754	54	25	2.4163	68	32	4.6620
13	7	0.0534	27	13	0.3652	41	19	1.1243	55	26	2.5954	69	32	4.7861
14	7	0.0610	28	13	0.3899	42	20	1.2347	56	26	2.6810	70	33	5.0623
15	8	0.0787	29	14	0.4467	43	20	1.2882	57	27	2.8722			
16	8	0.0884	30	14	0.4748	44	21	1.4084	58	27	2.9635			
17	8	0.0986	31	15	0.5390	45	21	1.4666	59	28	3.1672			
18	9	0.1227	32	15	0.5707	46	22	1.5970	60	28	3.2645			

适用树种：湿地松、国外松、杂交松；适用地区：广东全省；资料名称：广东省森林资源调查常用数表；编表人或作者：广东省林业局、广东省林业调查规划院；刊印或发表时间：2009。

972. 广东桉树类二元立木材积表

$V = 0.0000871419D^{1.94801}H^{0.74929}$ ；$D \leqslant 65\text{cm}, H \leqslant 34\text{m}$

D	H	V	D	H	V	D	H	V	D	H	V	D	H	V
5	5	0.0067	18	11	0.1465	31	18	0.6109	44	24	1.4992	57	31	3.0071
6	5	0.0095	19	12	0.1737	32	18	0.6499	45	25	1.6150	58	31	3.1107
7	6	0.0148	20	12	0.1920	33	19	0.7186	46	25	1.6856	59	32	3.2935
8	6	0.0192	21	13	0.2242	34	19	0.7616	47	26	1.8102	60	32	3.4031
9	7	0.0271	22	13	0.2454	35	20	0.8374	48	26	1.8859	61	33	3.5965
10	7	0.0332	23	14	0.2829	36	20	0.8846	49	27	2.0195	62	33	3.7122
11	8	0.0442	24	14	0.3074	37	21	0.9679	50	27	2.1006	63	34	3.9164
12	8	0.0524	25	15	0.3505	38	21	1.0195	51	28	2.2435	64	34	4.0384
13	9	0.0669	26	15	0.3783	39	22	1.1105	52	28	2.3300	65	35	4.2536
14	9	0.0773	27	16	0.4273	40	22	1.1666	53	29	2.4825			
15	10	0.0956	28	16	0.4587	41	23	1.2655	54	29	2.5746			
16	10	0.1084	29	17	0.5140	42	23	1.3264	55	30	2.7369			
17	11	0.1311	30	17	0.5491	43	24	1.4336	56	30	2.8347			

适用树种：桉树；适用地区：广东全省；资料名称：广东省森林资源调查常用数表；编表人或作者：广东省林业局、广东省林业调查规划院；刊印或发表时间：2009。

973. 广东速生相思树二元立木材积表

$V = 0.0000732715D^{1.65483}H^{1.08069}$ ；$D \leqslant 70\text{cm}, H \leqslant 32\text{m}$

D	H	V	D	H	V	D	H	V	D	H	V	D	H	V
5	3	0.0034	19	9	0.1029	33	16	0.4776	47	22	1.2098	61	28	2.4170
6	3	0.0047	20	10	0.1255	34	16	0.5018	48	23	1.3143	62	29	2.5789
7	4	0.0082	21	10	0.1360	35	17	0.5621	49	23	1.3600	63	29	2.6481
8	4	0.0102	22	11	0.1629	36	17	0.5890	50	23	1.4062	64	30	2.8195
9	5	0.0158	23	11	0.1753	37	18	0.6555	51	24	1.5214	65	30	2.8927
10	5	0.0188	24	12	0.2066	38	18	0.6851	52	24	1.5711	66	31	3.0738
11	6	0.0269	25	12	0.2211	39	18	0.7152	53	25	1.6946	67	31	3.1512
12	6	0.0310	26	13	0.2572	40	19	0.7907	54	25	1.7478	68	32	3.3422
13	7	0.0418	27	13	0.2738	41	19	0.8237	55	26	1.8797	69	32	3.4239
14	7	0.0473	28	13	0.2908	42	20	0.9060	56	26	1.9366	70	33	3.6249
15	8	0.0613	29	14	0.3339	43	20	0.9420	57	27	2.0772			
16	8	0.0682	30	14	0.3531	44	21	1.0315	58	27	2.1378			
17	8	0.0753	31	15	0.4017	45	21	1.0706	59	28	2.2873			
18	9	0.0941	32	15	0.4233	46	22	1.1675	60	28	2.3518			

适用树种：相思树；适用地区：广东全省；资料名称：广东省森林资源调查常用数表；编表人或作者：广东省林业局、广东省林业调查规划院；刊印或发表时间：2009。

974. 广东黧蒴栲二元立木材积表

$V = 0.0000629692D^{1.81296}H^{1.01545}$ ；$D \leqslant 70\text{cm}, H \leqslant 32\text{m}$

D	H	V	D	H	V	D	H	V	D	H	V	D	H	V
5	3	0.0036	19	9	0.1220	33	16	0.5955	47	22	1.5622	61	28	3.2017
6	3	0.0049	20	10	0.1490	34	16	0.6286	48	23	1.6979	62	29	3.4171
7	4	0.0088	21	10	0.1628	35	17	0.7046	49	23	1.7626	63	29	3.5177
8	4	0.0112	22	11	0.1952	36	17	0.7415	50	23	1.8284	64	30	3.7463
9	5	0.0173	23	11	0.2115	37	18	0.8258	51	24	1.9789	65	30	3.8531
10	5	0.0210	24	12	0.2496	38	18	0.8667	52	24	2.0498	66	31	4.0954
11	6	0.0300	25	12	0.2688	39	18	0.9085	53	25	2.2116	67	31	4.2085
12	6	0.0351	26	13	0.3130	40	19	1.0049	54	25	2.2878	68	32	4.4648
13	7	0.0475	27	13	0.3352	41	19	1.0509	55	26	2.4613	69	32	4.5845
14	7	0.0543	28	13	0.3580	42	20	1.1565	56	26	2.5431	70	33	4.8550
15	8	0.0705	29	14	0.4114	43	20	1.2069	57	27	2.7286			
16	8	0.0793	30	14	0.4374	44	21	1.3222	58	27	2.8160			
17	8	0.0885	31	15	0.4979	45	21	1.3772	59	28	3.0139			
18	9	0.1106	32	15	0.5274	46	22	1.5025	60	28	3.1071			

适用树种：黧蒴栲；适用地区：广东全省；资料名称：广东省森林资源调查常用数表；编表人或作者：广东省林业局、广东省林业调查规划院；刊印或发表时间：2009。

975. 广东软阔叶树二元立木材积表

$$V = 0.0000674286D^{1.87657}H^{0.92888}\text{；}D \leqslant 70\text{cm}, H \leqslant 32\text{m}$$

D	H	V	D	H	V	D	H	V	D	H	V	D	H	V
5	3	0.0038	19	9	0.1303	33	16	0.6265	47	22	1.6353	61	28	3.3372
6	3	0.0054	20	10	0.1582	34	16	0.6626	48	23	1.7729	62	29	3.5546
7	4	0.0094	21	10	0.1734	35	17	0.7402	49	23	1.8429	63	29	3.6629
8	4	0.0121	22	11	0.2067	36	17	0.7804	50	23	1.9141	64	30	3.8935
9	5	0.0186	23	11	0.2247	37	18	0.8663	51	24	2.0667	65	30	4.0084
10	5	0.0226	24	12	0.2638	38	18	0.9108	52	24	2.1434	66	31	4.2525
11	6	0.0321	25	12	0.2848	39	18	0.9563	53	25	2.3072	67	31	4.3742
12	6	0.0377	26	13	0.3303	40	19	1.0545	54	25	2.3896	68	32	4.6321
13	7	0.0506	27	13	0.3545	41	19	1.1045	55	26	2.5651	69	32	4.7608
14	7	0.0582	28	13	0.3795	42	20	1.2120	56	26	2.6533	70	33	5.0329
15	8	0.0749	29	14	0.4343	43	20	1.2667	57	27	2.8407			
16	8	0.0846	30	14	0.4628	44	21	1.3838	58	27	2.9350			
17	8	0.0948	31	15	0.5247	45	21	1.4434	59	28	3.1348			
18	9	0.1177	32	15	0.5569	46	22	1.5706	60	28	3.2352			

适用树种：南洋楹、木麻黄、木荷、软阔叶树；适用地区：广东全省；资料名称：广东省森林资源调查常用数表；编表人或作者：广东省林业局、广东省林业调查规划院；刊印或发表时间：2009。

976. 广东硬阔叶树二元立木材积表

$$V = 0.0000601228D^{1.8755}H^{0.98496}\text{；}D \leqslant 70\text{cm}, H \leqslant 32\text{m}$$

D	H	V	D	H	V	D	H	V	D	H	V	D	H	V
5	3	0.0036	19	9	0.1310	33	16	0.6502	47	22	1.7270	61	28	3.5712
6	3	0.0051	20	10	0.1600	34	16	0.6876	48	23	1.8770	62	29	3.8113
7	4	0.0091	21	10	0.1753	35	17	0.7707	49	23	1.9510	63	29	3.9274
8	4	0.0116	22	11	0.2101	36	17	0.8125	50	23	2.0263	64	30	4.1825
9	5	0.0181	23	11	0.2284	37	18	0.9049	51	24	2.1930	65	30	4.3059
10	5	0.0220	24	12	0.2695	38	18	0.9513	52	24	2.2743	66	31	4.5764
11	6	0.0315	25	12	0.2910	39	18	0.9988	53	25	2.4538	67	31	4.7073
12	6	0.0371	26	13	0.3389	40	19	1.1046	54	25	2.5413	68	32	4.9937
13	7	0.0502	27	13	0.3637	41	19	1.1570	55	26	2.7339	69	32	5.1323
14	7	0.0577	28	13	0.3894	42	20	1.2732	56	26	2.8279	70	33	5.4350
15	8	0.0749	29	14	0.4474	43	20	1.3307	57	27	3.0340			
16	8	0.0845	30	14	0.4767	44	21	1.4577	58	27	3.1346			
17	8	0.0947	31	15	0.5426	45	21	1.5205	59	28	3.3548			
18	9	0.1184	32	15	0.5759	46	22	1.6587	60	28	3.4622			

适用树种：台湾相思、椎、栲、硬阔叶树；适用地区：广东全省；资料名称：广东省森林资源调查常用数表；编表人或作者：广东省林业局、广东省林业调查规划院；刊印或发表时间：2009。

977. 广东杉木一元立木材积表

$$V = 0.000058777042D^{1.96998310}H^{0.89646157}\ ;\ D \leqslant 60\text{cm}$$
$$H = 32.97241 - 1019.29340/(D+30)$$

D	V	ΔV	D	V	ΔV	D	V	ΔV	D	V	ΔV
5	0.0047	0.0033	19	0.1825	0.0256	33	0.7227	0.0541	47	1.6763	0.0844
6	0.0080	0.0044	20	0.2081	0.0275	34	0.7768	0.0562	48	1.7607	0.0866
7	0.0124	0.0056	21	0.2356	0.0295	35	0.8330	0.0584	49	1.8473	0.0888
8	0.0180	0.0070	22	0.2650	0.0314	36	0.8914	0.0605	50	1.9362	0.0911
9	0.0250	0.0084	23	0.2965	0.0334	37	0.9519	0.0627	51	2.0272	0.0933
10	0.0334	0.0099	24	0.3299	0.0354	38	1.0146	0.0648	52	2.1205	0.0955
11	0.0432	0.0114	25	0.3653	0.0374	39	1.0794	0.0670	53	2.2160	0.0977
12	0.0546	0.0130	26	0.4027	0.0395	40	1.1464	0.0692	54	2.3136	0.0999
13	0.0677	0.0147	27	0.4422	0.0415	41	1.2155	0.0713	55	2.4135	0.1021
14	0.0824	0.0164	28	0.4837	0.0436	42	1.2869	0.0735	56	2.5156	0.1043
15	0.0988	0.0182	29	0.5273	0.0457	43	1.3604	0.0757	57	2.6200	0.1065
16	0.1170	0.0200	30	0.5730	0.0478	44	1.4361	0.0779	58	2.7265	0.1088
17	0.1370	0.0218	31	0.6208	0.0499	45	1.5139	0.0801	59	2.8353	0.1110
18	0.1588	0.0237	32	0.6707	0.0520	46	1.5940	0.0823	60	2.9462	0.1110

适用树种：杉木；适用地区：广东全省；资料名称：国家森林资源和生态状况综合监测试点总结报告；编表人或作者：广东省林业调查规划院；刊印或发表时间：2008。

978. 广东柠檬桉一元立木材积表

$$V = 0.000077945312D^{1.79016000}H^{0.90786000}\ ;\ D \leqslant 50\text{cm}$$
$$H = 25.04080 - 180.48782/(D+5)$$

D	V	ΔV	D	V	ΔV	D	V	ΔV	D	V	ΔV
5	0.0081	0.0055	17	0.1613	0.0208	29	0.4848	0.0339	41	0.9583	0.0458
6	0.0136	0.0069	18	0.1822	0.0220	30	0.5187	0.0350	42	1.0042	0.0468
7	0.0205	0.0083	19	0.2041	0.0231	31	0.5537	0.0360	43	1.0510	0.0477
8	0.0288	0.0096	20	0.2273	0.0242	32	0.5897	0.0370	44	1.0987	0.0487
9	0.0384	0.0109	21	0.2515	0.0254	33	0.6266	0.0380	45	1.1474	0.0496
10	0.0494	0.0123	22	0.2769	0.0265	34	0.6646	0.0390	46	1.1970	0.0506
11	0.0616	0.0135	23	0.3033	0.0276	35	0.7037	0.0400	47	1.2476	0.0515
12	0.0752	0.0148	24	0.3309	0.0286	36	0.7436	0.0410	48	1.2990	0.0524
13	0.0900	0.0160	25	0.3596	0.0297	37	0.7846	0.0420	49	1.3515	0.0533
14	0.1060	0.0173	26	0.3893	0.0308	38	0.8266	0.0429	50	1.4048	0.0533
15	0.1232	0.0185	27	0.4201	0.0318	39	0.8695	0.0439			
16	0.1417	0.0196	28	0.4519	0.0329	40	0.9135	0.0449			

适用树种：柠檬桉；适用地区：广东全省；资料名称：国家森林资源和生态状况综合监测试点总结报告；编表人或作者：广东省林业调查规划院；刊印或发表时间：2008。

979. 广东马尾松一元立木材积表

$$V = 0.000062341803D^{1.85514970}H^{0.95682492}\text{；}D \leqslant 100\text{cm}$$

$$H = 33.99299 - 1086.24026/(D+30)$$

D	V	ΔV	D	V	ΔV	D	V	ΔV	D	V	ΔV
5	0.0035	0.0028	29	0.4455	0.0379	53	1.8065	0.0771	77	4.0960	0.1151
6	0.0062	0.0038	30	0.4834	0.0395	54	1.8836	0.0787	78	4.2111	0.1166
7	0.0100	0.0048	31	0.5229	0.0411	55	1.9622	0.0803	79	4.3277	0.1182
8	0.0148	0.0060	32	0.5640	0.0428	56	2.0425	0.0819	80	4.4459	0.1197
9	0.0209	0.0072	33	0.6068	0.0444	57	2.1244	0.0835	81	4.5656	0.1212
10	0.0281	0.0085	34	0.6512	0.0461	58	2.2079	0.0851	82	4.6868	0.1228
11	0.0366	0.0099	35	0.6973	0.0477	59	2.2931	0.0867	83	4.8096	0.1243
12	0.0465	0.0113	36	0.7450	0.0493	60	2.3798	0.0883	84	4.9339	0.1259
13	0.0578	0.0127	37	0.7943	0.0510	61	2.4681	0.0899	85	5.0598	0.1274
14	0.0705	0.0141	38	0.8453	0.0526	62	2.5580	0.0915	86	5.1872	0.1289
15	0.0846	0.0156	39	0.8980	0.0543	63	2.6495	0.0931	87	5.3161	0.1305
16	0.1002	0.0171	40	0.9522	0.0559	64	2.7426	0.0947	88	5.4466	0.1320
17	0.1173	0.0186	41	1.0082	0.0576	65	2.8372	0.0963	89	5.5786	0.1335
18	0.1360	0.0202	42	1.0657	0.0592	66	2.9335	0.0978	90	5.7121	0.1350
19	0.1561	0.0217	43	1.1249	0.0608	67	3.0313	0.0994	91	5.8471	0.1366
20	0.1779	0.0233	44	1.1857	0.0625	68	3.1307	0.1010	92	5.9837	0.1381
21	0.2012	0.0249	45	1.2482	0.0641	69	3.2317	0.1026	93	6.1217	0.1396
22	0.2261	0.0265	46	1.3123	0.0657	70	3.3343	0.1041	94	6.2613	0.1411
23	0.2526	0.0281	47	1.3780	0.0674	71	3.4384	0.1057	95	6.4024	0.1426
24	0.2807	0.0297	48	1.4454	0.0690	72	3.5441	0.1073	96	6.5450	0.1441
25	0.3104	0.0313	49	1.5143	0.0706	73	3.6514	0.1088	97	6.6891	0.1456
26	0.3418	0.0330	50	1.5849	0.0722	74	3.7602	0.1104	98	6.8348	0.1471
27	0.3747	0.0346	51	1.6572	0.0738	75	3.8706	0.1119	99	6.9819	0.1486
28	0.4093	0.0362	52	1.7310	0.0755	76	3.9825	0.1135	100	7.1305	0.1486

适用树种：马尾松；适用地区：广东全省；资料名称：国家森林资源和生态状况综合监测试点总结报告；编表人或作者：广东省林业调查规划院；刊印或发表时间：2008。

粤

980. 广东阔叶树一元立木材积表

$$V = 0.000052764291D^{1.88216110}H^{1.00931600}\text{；}D \leqslant 110\text{cm}$$

$$H = 25.67812 - 496.12664/(D + 20)$$

D	V	ΔV	D	V	ΔV	D	V	ΔV	D	V	ΔV
5	0.0065	0.0039	32	0.5948	0.0426	59	2.2653	0.0824	86	4.9873	0.1204
6	0.0103	0.0050	33	0.6373	0.0441	60	2.3476	0.0838	87	5.1077	0.1218
7	0.0153	0.0062	34	0.6814	0.0456	61	2.4314	0.0852	88	5.2295	0.1232
8	0.0214	0.0074	35	0.7270	0.0471	62	2.5167	0.0867	89	5.3527	0.1246
9	0.0288	0.0087	36	0.7740	0.0486	63	2.6033	0.0881	90	5.4773	0.1259
10	0.0375	0.0100	37	0.8226	0.0501	64	2.6914	0.0895	91	5.6032	0.1273
11	0.0476	0.0114	38	0.8727	0.0516	65	2.7810	0.0910	92	5.7306	0.1287
12	0.0589	0.0128	39	0.9242	0.0530	66	2.8719	0.0924	93	5.8593	0.1301
13	0.0717	0.0142	40	0.9773	0.0545	67	2.9643	0.0938	94	5.9893	0.1314
14	0.0859	0.0156	41	1.0318	0.0560	68	3.0581	0.0952	95	6.1207	0.1328
15	0.1015	0.0171	42	1.0878	0.0575	69	3.1533	0.0966	96	6.2535	0.1342
16	0.1186	0.0185	43	1.1453	0.0590	70	3.2500	0.0981	97	6.3877	0.1355
17	0.1372	0.0200	44	1.2043	0.0605	71	3.3480	0.0995	98	6.5232	0.1369
18	0.1572	0.0215	45	1.2648	0.0619	72	3.4475	0.1009	99	6.6601	0.1382
19	0.1787	0.0230	46	1.3268	0.0634	73	3.5484	0.1023	100	6.7984	0.1396
20	0.2016	0.0245	47	1.3902	0.0649	74	3.6506	0.1037	101	6.9380	0.1410
21	0.2261	0.0260	48	1.4551	0.0664	75	3.7543	0.1051	102	7.0789	0.1423
22	0.2521	0.0275	49	1.5214	0.0678	76	3.8594	0.1065	103	7.2213	0.1437
23	0.2796	0.0290	50	1.5893	0.0693	77	3.9660	0.1079	104	7.3649	0.1450
24	0.3086	0.0305	51	1.6585	0.0708	78	4.0739	0.1093	105	7.5100	0.1464
25	0.3391	0.0320	52	1.7293	0.0722	79	4.1832	0.1107	106	7.6563	0.1477
26	0.3711	0.0335	53	1.8015	0.0737	80	4.2939	0.1121	107	7.8041	0.1491
27	0.4046	0.0350	54	1.8752	0.0751	81	4.4060	0.1135	108	7.9532	0.1504
28	0.4396	0.0365	55	1.9503	0.0766	82	4.5195	0.1149	109	8.1036	0.1518
29	0.4761	0.0380	56	2.0269	0.0780	83	4.6343	0.1163	110	8.2554	0.1518
30	0.5142	0.0395	57	2.1049	0.0795	84	4.7506	0.1177			
31	0.5537	0.0411	58	2.1844	0.0809	85	4.8683	0.1190			

适用树种：阔叶树；适用地区：广东全省；资料名称：国家森林资源和生态状况综合监测试点总结报告；编表人或作者：广东省林业调查规划院；刊印或发表时间：2008。

981. 广东窿缘桉一元立木材积表

$$V = 0.000065975920D^{1.64959000}H^{1.10245000}\ ; \ D \leqslant 49\text{cm}$$
$$H = 20.63908 - 181.05940/(D+8)$$

D	V	ΔV	D	V	ΔV	D	V	ΔV	D	V	ΔV
5	0.0077	0.0044	17	0.1235	0.0153	29	0.3561	0.0239	41	0.6835	0.0311
6	0.0120	0.0054	18	0.1388	0.0161	30	0.3800	0.0245	42	0.7146	0.0317
7	0.0175	0.0064	19	0.1549	0.0169	31	0.4045	0.0252	43	0.7464	0.0323
8	0.0239	0.0074	20	0.1718	0.0176	32	0.4296	0.0258	44	0.7786	0.0328
9	0.0313	0.0084	21	0.1894	0.0184	33	0.4554	0.0264	45	0.8114	0.0334
10	0.0397	0.0093	22	0.2078	0.0191	34	0.4818	0.0270	46	0.8448	0.0339
11	0.0490	0.0102	23	0.2269	0.0198	35	0.5089	0.0276	47	0.8787	0.0345
12	0.0592	0.0111	24	0.2467	0.0205	36	0.5365	0.0282	48	0.9132	0.0350
13	0.0704	0.0120	25	0.2672	0.0212	37	0.5647	0.0288	49	0.9482	0.0350
14	0.0824	0.0129	26	0.2884	0.0219	38	0.5935	0.0294			
15	0.0952	0.0137	27	0.3103	0.0226	39	0.6230	0.0300			
16	0.1090	0.0145	28	0.3329	0.0232	40	0.6529	0.0306			

适用树种：窿缘桉；适用地区：广东全省；资料名称：国家森林资源和生态状况综合监测试点总结报告；编表人或作者：广东省林业调查规划院；刊印或发表时间：2008。

982. 广东木麻黄一元立木材积表

$$V = 0.000064190000D^{1.79689100}H^{0.94828532}\ ; \ D \leqslant 50\text{cm}$$
$$H = 31.63210 - 480.34470/(D+15)$$

D	V	ΔV	D	V	ΔV	D	V	ΔV	D	V	ΔV
5	0.0079	0.0046	17	0.1500	0.0205	29	0.4825	0.0360	41	0.9948	0.0505
6	0.0126	0.0059	18	0.1705	0.0219	30	0.5184	0.0372	42	1.0453	0.0516
7	0.0184	0.0072	19	0.1924	0.0232	31	0.5557	0.0385	43	1.0969	0.0528
8	0.0256	0.0085	20	0.2155	0.0245	32	0.5942	0.0397	44	1.1497	0.0539
9	0.0341	0.0098	21	0.2400	0.0258	33	0.6339	0.0409	45	1.2036	0.0551
10	0.0438	0.0111	22	0.2658	0.0271	34	0.6748	0.0421	46	1.2587	0.0562
11	0.0550	0.0125	23	0.2929	0.0284	35	0.7169	0.0433	47	1.3149	0.0574
12	0.0674	0.0138	24	0.3213	0.0297	36	0.7602	0.0445	48	1.3723	0.0585
13	0.0812	0.0152	25	0.3510	0.0310	37	0.8048	0.0457	49	1.4308	0.0596
14	0.0964	0.0165	26	0.3820	0.0322	38	0.8505	0.0469	50	1.4904	0.0596
15	0.1129	0.0179	27	0.4142	0.0335	39	0.8974	0.0481			
16	0.1308	0.0192	28	0.4477	0.0347	40	0.9455	0.0493			

适用树种：木麻黄；适用地区：广东全省；资料名称：国家森林资源和生态状况综合监测试点总结报告；编表人或作者：广东省林业调查规划院；刊印或发表时间：2008。

19 广西壮族自治区立木材积表

源于文献中的广西杉木 (I)、(II)、(III)、马尾松 (I)、(II)、云南松、栎类、桉树、阔叶树 (I)、(II) 材积式未注明直径适用范围，在此统一设为 4~60 cm。

983. 广西马尾松二元立木材积表

$V = 0.0000714265437D^{1.867008}H^{0.9014632}$；$D \leqslant 74\text{cm}, H \leqslant 42\text{m}$

D	H	V	D	H	V	D	H	V	D	H	V	D	H	V
4	2	0.0018	19	12	0.1637	34	17	0.6643	49	20	1.5216	64	38	4.4682
5	3	0.0039	20	12	0.1802	35	17	0.7012	50	20	1.5801	65	38	4.5994
6	4	0.0071	21	13	0.2121	36	18	0.7782	51	21	1.7133	66	39	4.8445
7	5	0.0115	22	13	0.2314	37	18	0.8190	52	21	1.7766	67	39	4.9824
8	5	0.0148	23	13	0.2514	38	18	0.8608	53	21	1.8409	68	40	5.2404
9	6	0.0217	24	14	0.2910	39	18	0.9036	54	21	1.9063	69	40	5.3852
10	7	0.0304	25	14	0.3141	40	18	0.9473	55	21	1.9727	70	41	5.6564
11	7	0.0363	26	15	0.3596	41	19	1.0416	56	21	2.0402	71	41	5.8082
12	8	0.0482	27	15	0.3859	42	19	1.0895	57	22	2.1991	72	42	6.0928
13	9	0.0622	28	15	0.4130	43	19	1.1384	58	22	2.2716	73	42	6.2517
14	9	0.0714	29	16	0.4673	44	19	1.1884	59	22	2.3453	74	43	6.5500
15	10	0.0894	30	16	0.4979	45	20	1.2979	60	22	2.4201			
16	10	0.1008	31	16	0.5293	46	20	1.3523	61	36	3.8908			
17	11	0.1230	32	16	0.5616	47	20	1.4077	62	37	4.1110			
18	11	0.1368	33	17	0.6283	48	20	1.4641	63	37	4.2356			

适用树种：马尾松；适用地区：广西；资料名称：森林调查手册；编表人或作者：广西林业勘测设计院、广西农学院林学分院；刊印或发表时间：1986。

984. 广西大叶桉二元立木材积表

$V = 0.000087124D^{1.982279}H^{0.742118}$；$D \leqslant 50\text{cm}, H \leqslant 30\text{m}$

D	H	V	D	H	V	D	H	V	D	H	V	D	H	V
6	9	0.0155	15	13	0.1254	24	18	0.4052	33	22	0.8841	42	27	1.6600
7	9	0.0211	16	14	0.1505	25	18	0.4393	34	23	0.9694	43	27	1.7393
8	10	0.0297	17	14	0.1697	26	19	0.4943	35	23	1.0268	44	28	1.8702
9	10	0.0375	18	15	0.2001	27	19	0.5327	36	24	1.1206	45	28	1.9554
10	11	0.0496	19	15	0.2227	28	20	0.5947	37	24	1.1831	46	29	2.0963
11	11	0.0599	20	16	0.2587	29	20	0.6376	38	25	1.2857	47	29	2.1876
12	12	0.0759	21	16	0.2849	30	21	0.7070	39	25	1.3537	48	30	2.3390
13	12	0.0890	22	17	0.3268	31	21	0.7545	40	26	1.4654	49	30	2.4366
14	13	0.1093	23	17	0.3569	32	22	0.8318	41	26	1.5389	50	31	2.5986

适用树种：大叶桉；适用地区：广西；资料名称：森林调查手册；编表人或作者：广西林业勘测设计院、广西农学院林学系；刊印或发表时间：1974。

985. 广西杉木二元立木材积表

$$V = 0.000065671D^{1.769412}H^{1.069769}\ ;\ D \leqslant 64\text{cm}, H \leqslant 40\text{m}$$

D	H	V	D	H	V	D	H	V	D	H	V	D	H	V
6	4	0.0069	18	11	0.1421	30	16	0.5238	42	19	1.1417	54	21	1.9823
7	5	0.0115	19	12	0.1716	31	16	0.5551	43	19	1.1902	55	21	2.0477
8	5	0.0146	20	12	0.1879	32	16	0.5871	44	19	1.2396	56	21	2.1140
9	6	0.0218	21	13	0.2231	33	17	0.6615	45	20	1.3627	57	22	2.2926
10	7	0.0310	22	13	0.2423	34	17	0.6974	46	20	1.4167	58	22	2.3642
11	7	0.0367	23	13	0.2621	35	17	0.7341	47	20	1.4717	59	22	2.4368
12	8	0.0493	24	14	0.3059	36	18	0.8203	48	20	1.5275	60	22	2.5104
13	9	0.0644	25	14	0.3288	37	18	0.8610	49	20	1.5843	61	22	2.5849
14	9	0.0735	26	15	0.3795	38	18	0.9026	50	20	1.6419	62	22	2.6603
15	10	0.0929	27	15	0.4057	39	18	0.9451	51	21	1.7916	63	40	5.1878
16	10	0.1042	28	15	0.4327	40	18	0.9884	52	21	1.8542	64	40	5.3344
17	11	0.1284	29	16	0.4933	41	19	1.0940	53	21	1.9178			

适用树种：杉木；适用地区：广西；资料名称：森林调查手册；编表人或作者：广西林业勘测设计院、广西农学院林学分院；刊印或发表时间：1986。

986. 广西细叶云南松二元立木材积表

$$V = 0.00005044D^{1.943725}H^{0.977397}\ ;\ D \leqslant 74\text{cm}, H \leqslant 42\text{m}$$

D	H	V	D	H	V	D	H	V	D	H	V	D	H	V
4	2	0.0015	19	12	0.1750	34	17	0.7624	49	20	1.8183	64	38	5.7223
5	3	0.0034	20	12	0.1934	35	17	0.8066	50	20	1.8912	65	38	5.8973
6	4	0.0064	21	13	0.2299	36	18	0.9009	51	21	2.0614	66	39	6.2312
7	5	0.0107	22	13	0.2517	37	18	0.9502	52	21	2.1407	67	39	6.4160
8	5	0.0138	23	13	0.2744	38	18	1.0008	53	21	2.2214	68	40	6.7689
9	6	0.0208	24	14	0.3204	39	18	1.0526	54	21	2.3036	69	40	6.9637
10	7	0.0297	25	14	0.3469	40	18	1.1057	55	21	2.3872	70	41	7.3362
11	7	0.0357	26	15	0.4005	41	19	1.2230	56	21	2.4723	71	41	7.5412
12	8	0.0482	27	15	0.4310	42	19	1.2817	57	22	2.6779	72	42	7.9337
13	9	0.0632	28	15	0.4626	43	19	1.3416	58	22	2.7700	73	42	8.1493
14	9	0.0730	29	16	0.5274	44	19	1.4030	59	22	2.8635	74	43	8.5624
15	10	0.0925	30	16	0.5634	45	20	1.5409	60	22	2.9586			
16	10	0.1049	31	16	0.6004	46	20	1.6082	61	36	4.9441			
17	11	0.1295	32	16	0.6387	47	20	1.6769	62	37	5.2414			
18	11	0.1447	33	17	0.7194	48	20	1.7469	63	37	5.4070			

适用树种：细叶云南松；适用地区：广西；资料名称：同上表。

987. 广西阔叶树二元立木材积表

$$V = 0.0000667054 D^{1.8479545} H^{0.96657509};\ D \leqslant 90\text{cm}, H \leqslant 49\text{m}$$

D	H	V	D	H	V	D	H	V	D	H	V	D	H	V
6	4	0.0070	23	13	0.2614	40	18	0.9954	57	22	2.3254	74	42	7.0373
7	5	0.0115	24	14	0.3038	41	19	1.0978	58	22	2.4013	75	43	7.3800
8	5	0.0147	25	14	0.3276	42	19	1.1478	59	22	2.4784	76	43	7.5629
9	6	0.0219	26	15	0.3765	43	19	1.1988	60	22	2.5566	77	44	7.9219
10	7	0.0308	27	15	0.4037	44	19	1.2508	61	22	2.6359	78	44	8.1131
11	7	0.0368	28	15	0.4317	45	20	1.3701	62	22	2.7163	79	44	8.3063
12	8	0.0491	29	16	0.4903	46	20	1.4269	63	37	4.6243	80	45	8.6884
13	9	0.0638	30	16	0.5220	47	20	1.4848	64	38	4.8852	81	45	8.8901
14	9	0.0732	31	16	0.5546	48	20	1.5437	65	38	5.0272	82	46	9.2893
15	10	0.0921	32	16	0.5881	49	20	1.6037	66	39	5.3025	83	46	9.4997
16	10	0.1037	33	17	0.6601	50	20	1.6647	67	39	5.4519	84	47	9.9163
17	11	0.1272	34	17	0.6976	51	21	1.8101	68	39	5.6032	85	47	10.1356
18	11	0.1414	35	17	0.7360	52	21	1.8762	69	40	5.8990	86	48	10.5699
19	12	0.1700	36	18	0.8193	53	21	1.9434	70	40	6.0580	87	48	10.7982
20	12	0.1869	37	18	0.8619	54	21	2.0117	71	41	6.3691	88	49	11.2507
21	13	0.2209	38	18	0.9054	55	21	2.0811	72	41	6.5359	89	49	11.4881
22	13	0.2408	39	18	0.9499	56	21	2.1516	73	42	6.8626	90	50	11.9590

适用树种：阔叶树；适用地区：广西；资料名称：森林调查手册；编表人或作者：广西林业勘测设计院、广西农学院林学分院；刊印或发表时间：1986。

988. 广西速丰桉二元立木材积表

$$V = 0.000109154145 D^{1.87892370-0.00569185503(D+H)} H^{0.65259805+0.00784753507(D+H)}$$

$$D \leqslant 36\text{cm}, H \leqslant 36\text{m}$$

D	H	V	D	H	V	D	H	V	D	H	V	D	H	V
5	6	0.0076	12	13	0.0721	19	20	0.2536	26	26	0.6007	33	33	1.2538
6	7	0.0120	13	14	0.0893	20	21	0.2933	27	27	0.6733	34	34	1.3788
7	8	0.0178	14	15	0.1090	21	22	0.3372	28	28	0.7521	35	35	1.5131
8	9	0.0250	15	16	0.1315	22	22	0.3662	29	29	0.8375	36	36	1.6573
9	10	0.0338	16	17	0.1570	23	23	0.4172	30	30	0.9299			
10	11	0.0445	17	18	0.1857	24	24	0.4730	31	31	1.0299			
11	12	0.0572	18	19	0.2178	25	25	0.5341	32	32	1.1377			

适用树种：速丰桉；适用地区：广西；资料名称：广西速丰桉数表；编表人或作者：广西壮族自治区林业局、广西区林业勘测设计院；刊印或发表时间：2006。

989. 广西桉树二元带皮材积表

$$V = 0.0434785 - 0.00675245D + 0.000273652D^2 + 0.000502044DH + 0.0000154609D^2H - 0.00335291H\ (D>8\text{cm})$$

$$V = 0.000126803D^{2.00698}(D^{\lg D})^{-0.02876}H^{0.171793}(H^{\lg H})^{0.318743}\ (6\leqslant D\leqslant 8\text{cm})$$

$$D\leqslant 56\text{cm},\ H\leqslant 40\text{m}$$

D	H	V	D	H	V	D	H	V	D	H	V	D	H	V
6	9	0.0126	17	16	0.1622	28	23	0.5939	39	30	1.3886	50	37	2.6248
7	10	0.0186	18	17	0.1924	29	23	0.6346	40	30	1.4552	51	37	2.7221
8	10	0.0241	19	17	0.2140	30	24	0.7021	41	31	1.5665	52	38	2.8856
9	11	0.0315	20	18	0.2496	31	25	0.7738	42	32	1.6828	53	38	2.9883
10	12	0.0419	21	18	0.2745	32	25	0.8212	43	32	1.7574	54	39	3.1616
11	12	0.0508	22	19	0.3157	33	26	0.9000	44	33	1.8822	55	40	3.3410
12	13	0.0655	23	20	0.3604	34	27	0.9832	45	33	1.9618	56	40	3.4534
13	13	0.0772	24	20	0.3911	35	27	1.0376	46	34	2.0954			
14	14	0.0965	25	21	0.4418	36	28	1.1283	47	35	2.2345			
15	15	0.1186	26	22	0.4962	37	28	1.1872	48	35	2.3227			
16	15	0.1351	27	22	0.5331	38	29	1.2855	49	36	2.4709			

适用树种：桉树；适用地区：广西；资料名称：森林调查手册；编表人或作者：广西林业勘测设计院、广西农学院林学分院；刊印或发表时间：1986。

990. 广西湿地松短周期用材林二元立木材积表

$$V = -0.036509 + 0.010357D - 0.000730D^2 - 0.000498DH + 0.000084D^2H + 0.001466H$$

$$D\leqslant 20\text{cm},\ H\leqslant 20\text{m}$$

桂

D	H	V	D	H	V	D	H	V	D	H	V
5	3	0.0003	9	6	0.0203	13	9	0.0575	17	11	0.1186
6	4	0.0054	10	7	0.0283	14	9	0.0640	18	11	0.1303
7	5	0.0107	11	7	0.0322	15	10	0.0836	19	12	0.1647
8	5	0.0139	12	8	0.0433	16	10	0.0923	20	12	0.1799

适用树种：湿地松；适用地区：广西；资料名称：广西湿地松短周期工业用材林二元材积表的研制；编表人或作者：苏杰南、周全连；出版机构：中国农学通报；刊印或发表时间：2011。

991. 广西杉木 (I) 一元立木材积表

$V = 0.000058777D^{1.96998}[81.130(1-e^{-0.00094675D})^{0.44399}]^{0.89646}$； $D \leqslant 60\text{cm}$

D	V	ΔV	D	V	ΔV	D	V	ΔV	D	V	ΔV
4	0.0050	0.0035	19	0.2012	0.0259	34	0.7961	0.0564	49	1.8862	0.0921
5	0.0085	0.0046	20	0.2272	0.0278	35	0.8525	0.0586	50	1.9782	0.0946
6	0.0132	0.0058	21	0.2550	0.0296	36	0.9111	0.0609	51	2.0728	0.0971
7	0.0190	0.0070	22	0.2846	0.0315	37	0.9720	0.0632	52	2.1700	0.0997
8	0.0260	0.0084	23	0.3161	0.0335	38	1.0352	0.0655	53	2.2697	0.1023
9	0.0344	0.0097	24	0.3496	0.0354	39	1.1007	0.0678	54	2.3719	0.1049
10	0.0441	0.0112	25	0.3850	0.0374	40	1.1684	0.0701	55	2.4768	0.1075
11	0.0552	0.0126	26	0.4224	0.0394	41	1.2386	0.0725	56	2.5843	0.1101
12	0.0679	0.0141	27	0.4618	0.0414	42	1.3111	0.0749	57	2.6944	0.1128
13	0.0820	0.0157	28	0.5032	0.0435	43	1.3859	0.0773	58	2.8072	0.1154
14	0.0977	0.0173	29	0.5467	0.0456	44	1.4632	0.0797	59	2.9226	0.1181
15	0.1151	0.0190	30	0.5923	0.0477	45	1.5429	0.0821	60	3.0407	0.1181
16	0.1340	0.0207	31	0.6400	0.0498	46	1.6250	0.0846			
17	0.1547	0.0224	32	0.6899	0.0520	47	1.7096	0.0871			
18	0.1771	0.0242	33	0.7419	0.0542	48	1.7966	0.0895			

适用树种：杉木；适用地区：广西；资料名称：论广西一元立木材积表的改进方法；编表人或作者：曾伟生、陈雪峰；出版机构：中南林业调查规划；刊印或发表时间：2006。其他说明：由原广西一元立木材积推算出优化的胸径树高关系，结合农林部发布的二元立木材积式（部颁标准LY 208—1977）推算出优化的一元立木材积式。

桂

992. 广西杉木 (II) 一元立木材积表

$V = 0.000058777D^{1.96998}[24.472(1 - e^{-0.060127})^{1.5326}]^{0.89646}$；$D \leqslant 60$cm

D	V	ΔV	D	V	ΔV	D	V	ΔV	D	V	ΔV
4	0.0019	0.0020	19	0.2013	0.0298	34	0.8879	0.0634	49	2.0490	0.0927
5	0.0039	0.0030	20	0.2312	0.0321	35	0.9513	0.0655	50	2.1417	0.0945
6	0.0068	0.0042	21	0.2633	0.0344	36	1.0168	0.0676	51	2.2362	0.0963
7	0.0110	0.0055	22	0.2977	0.0367	37	1.0843	0.0696	52	2.3325	0.0981
8	0.0165	0.0071	23	0.3345	0.0391	38	1.1539	0.0716	53	2.4306	0.0999
9	0.0236	0.0087	24	0.3735	0.0413	39	1.2256	0.0736	54	2.5305	0.1017
10	0.0324	0.0105	25	0.4149	0.0436	40	1.2992	0.0756	55	2.6321	0.1034
11	0.0429	0.0124	26	0.4585	0.0459	41	1.3748	0.0776	56	2.7356	0.1052
12	0.0553	0.0144	27	0.5044	0.0482	42	1.4524	0.0795	57	2.8407	0.1069
13	0.0697	0.0165	28	0.5526	0.0504	43	1.5319	0.0815	58	2.9477	0.1087
14	0.0862	0.0186	29	0.6030	0.0526	44	1.6134	0.0834	59	3.0563	0.1104
15	0.1048	0.0208	30	0.6556	0.0548	45	1.6968	0.0853	60	3.1667	0.1104
16	0.1256	0.0230	31	0.7104	0.0570	46	1.7820	0.0871			
17	0.1486	0.0252	32	0.7674	0.0592	47	1.8692	0.0890			
18	0.1738	0.0275	33	0.8266	0.0613	48	1.9582	0.0908			

适用树种：杉木；适用地区：广西；资料名称：论广西一元立木材积表的改进方法；编表人或作者：曾伟生、陈雪峰；出版机构：中南林业调查规划；刊印或发表时间：2006。其他说明：由原广西一元立木材积推算出优化的胸径树高关系，结合农林部发布的二元立木材积式（部颁标准LY 208—1977）推算出优化的一元立木材积式。

桂

993. 广西杉木 (III) 一元立木材积表

$V = 0.000058777D^{1.96998}[22.469(1-e^{-0.042770D})^{1.0534}]^{0.89646}$；$D \leqslant 60\text{cm}$

D	V	ΔV	D	V	ΔV	D	V	ΔV	D	V	ΔV
4	0.0026	0.0023	19	0.1817	0.0257	34	0.7740	0.0554	49	1.8059	0.0837
5	0.0048	0.0032	20	0.2074	0.0276	35	0.8293	0.0573	50	1.8896	0.0855
6	0.0080	0.0043	21	0.2350	0.0295	36	0.8866	0.0593	51	1.9751	0.0873
7	0.0123	0.0055	22	0.2645	0.0315	37	0.9459	0.0612	52	2.0625	0.0891
8	0.0179	0.0068	23	0.2961	0.0335	38	1.0071	0.0631	53	2.1516	0.0909
9	0.0247	0.0083	24	0.3295	0.0355	39	1.0703	0.0651	54	2.2425	0.0927
10	0.0330	0.0097	25	0.3650	0.0375	40	1.1353	0.0670	55	2.3352	0.0944
11	0.0427	0.0113	26	0.4025	0.0395	41	1.2023	0.0689	56	2.4296	0.0962
12	0.0540	0.0129	27	0.4419	0.0415	42	1.2712	0.0708	57	2.5258	0.0979
13	0.0670	0.0146	28	0.4834	0.0435	43	1.3420	0.0727	58	2.6238	0.0997
14	0.0816	0.0164	29	0.5269	0.0454	44	1.4147	0.0745	59	2.7234	0.1014
15	0.0980	0.0182	30	0.5723	0.0474	45	1.4892	0.0764	60	2.8248	0.1014
16	0.1161	0.0200	31	0.6197	0.0494	46	1.5656	0.0782			
17	0.1361	0.0219	32	0.6692	0.0514	47	1.6438	0.0801			
18	0.1580	0.0237	33	0.7206	0.0534	48	1.7239	0.0819			

适用树种：杉木；适用地区：广西；资料名称：论广西一元立木材积表的改进方法；编表人或作者：曾伟生、陈雪峰；出版机构：中南林业调查规划；刊印或发表时间：2006。其他说明：由原广西一元立木材积推算出优化的胸径树高关系，结合农林部发布的二元立木材积式（部颁标准LY 208—1977）推算出优化的一元立木材积式。

994. 广西马尾松 (I) 一元立木材积表

$V = 0.000062342D^{1.8551}[31.559(1-e^{-0.031859D})^{1.2056}]^{0.95682}$; $D \leqslant 60\text{cm}$

D	V	ΔV	D	V	ΔV	D	V	ΔV	D	V	ΔV
4	0.0019	0.0018	19	0.1607	0.0237	34	0.7298	0.0546	49	1.7645	0.0850
5	0.0037	0.0026	20	0.1844	0.0257	35	0.7844	0.0567	50	1.8495	0.0869
6	0.0063	0.0035	21	0.2101	0.0277	36	0.8410	0.0588	51	1.9364	0.0888
7	0.0098	0.0046	22	0.2377	0.0297	37	0.8998	0.0608	52	2.0253	0.0907
8	0.0144	0.0058	23	0.2674	0.0317	38	0.9607	0.0629	53	2.1160	0.0926
9	0.0201	0.0070	24	0.2991	0.0337	39	1.0236	0.0650	54	2.2087	0.0945
10	0.0271	0.0084	25	0.3328	0.0358	40	1.0886	0.0670	55	2.3032	0.0964
11	0.0355	0.0098	26	0.3685	0.0378	41	1.1556	0.0691	56	2.3995	0.0982
12	0.0454	0.0114	27	0.4064	0.0399	42	1.2247	0.0711	57	2.4977	0.1000
13	0.0567	0.0130	28	0.4463	0.0420	43	1.2958	0.0731	58	2.5978	0.1019
14	0.0697	0.0146	29	0.4883	0.0441	44	1.3689	0.0751	59	2.6996	0.1037
15	0.0843	0.0164	30	0.5324	0.0462	45	1.4441	0.0771	60	2.8033	0.1037
16	0.1007	0.0181	31	0.5786	0.0483	46	1.5212	0.0791			
17	0.1189	0.0200	32	0.6269	0.0504	47	1.6003	0.0811			
18	0.1388	0.0218	33	0.6773	0.0525	48	1.6814	0.0831			

适用树种：马尾松；适用地区：广西；资料名称：论广西一元立木材积表的改进方法；编表人或作者：曾伟生、陈雪峰；出版机构：中南林业调查规划；刊印或发表时间：2006。其他说明：由原广西一元立木材积推算出优化的胸径树高关系，结合农林部发布的二元立木材积式（部颁标准LY 208—1977）推算出优化的一元立木材积式。

995. 广西马尾松 (II)一元立木材积表

$V = 0.000062342D^{1.8551}[26.125(1-e^{-0.0225998D})^{0.81355}]^{0.95682}$； $D \leqslant 60$cm

D	V	ΔV	D	V	ΔV	D	V	ΔV	D	V	ΔV
4	0.0028	0.0022	19	0.1469	0.0199	34	0.6040	0.0429	49	1.4143	0.0666
5	0.0049	0.0030	20	0.1668	0.0213	35	0.6469	0.0445	50	1.4809	0.0681
6	0.0079	0.0038	21	0.1881	0.0228	36	0.6914	0.0461	51	1.5490	0.0697
7	0.0117	0.0048	22	0.2110	0.0243	37	0.7375	0.0477	52	1.6187	0.0712
8	0.0165	0.0058	23	0.2352	0.0258	38	0.7852	0.0493	53	1.6900	0.0728
9	0.0223	0.0069	24	0.2610	0.0273	39	0.8345	0.0509	54	1.7627	0.0743
10	0.0292	0.0080	25	0.2884	0.0288	40	0.8854	0.0525	55	1.8370	0.0758
11	0.0372	0.0092	26	0.3172	0.0304	41	0.9379	0.0540	56	1.9129	0.0773
12	0.0464	0.0104	27	0.3476	0.0319	42	0.9919	0.0556	57	1.9902	0.0789
13	0.0568	0.0117	28	0.3795	0.0335	43	1.0475	0.0572	58	2.0691	0.0804
14	0.0685	0.0130	29	0.4130	0.0350	44	1.1047	0.0588	59	2.1494	0.0819
15	0.0815	0.0143	30	0.4481	0.0366	45	1.1635	0.0603	60	2.2313	0.0819
16	0.0958	0.0157	31	0.4847	0.0382	46	1.2238	0.0619			
17	0.1114	0.0170	32	0.5229	0.0398	47	1.2857	0.0635			
18	0.1285	0.0185	33	0.5626	0.0414	48	1.3492	0.0650			

适用树种：马尾松；适用地区：广西；资料名称：论广西一元立木材积表的改进方法；编表人或作者：曾伟生、陈雪峰；出版机构：中南林业调查规划；刊印或发表时间：2006。其他说明：由原广西一元立木材积推算出优化的胸径树高关系，结合农林部发布的二元立木材积式（部颁标准LY 208—1977）推算出优化的一元立木材积式。

996. 广西云南松一元立木材积表

$V=0.000058290D^{1.9796}[29.416(1-e^{-0.035055D})^{1.3968}]^{0.90715}$；$D\leqslant 60$cm

D	V	ΔV	D	V	ΔV	D	V	ΔV	D	V	ΔV
4	0.0015	0.0015	19	0.1708	0.0270	34	0.8519	0.0675	49	2.1621	0.1097
5	0.0030	0.0023	20	0.1978	0.0295	35	0.9194	0.0704	50	2.2718	0.1125
6	0.0053	0.0033	21	0.2273	0.0320	36	0.9898	0.0732	51	2.3843	0.1152
7	0.0085	0.0044	22	0.2592	0.0345	37	1.0630	0.0761	52	2.4995	0.1179
8	0.0129	0.0056	23	0.2937	0.0371	38	1.1390	0.0789	53	2.6174	0.1206
9	0.0185	0.0070	24	0.3309	0.0398	39	1.2179	0.0817	54	2.7380	0.1233
10	0.0255	0.0085	25	0.3706	0.0424	40	1.2997	0.0846	55	2.8612	0.1259
11	0.0341	0.0102	26	0.4131	0.0451	41	1.3843	0.0874	56	2.9872	0.1286
12	0.0443	0.0120	27	0.4582	0.0479	42	1.4717	0.0902	57	3.1158	0.1312
13	0.0562	0.0138	28	0.5061	0.0506	43	1.5619	0.0931	58	3.2470	0.1339
14	0.0701	0.0158	29	0.5567	0.0534	44	1.6549	0.0959	59	3.3809	0.1365
15	0.0859	0.0179	30	0.6101	0.0562	45	1.7508	0.0987	60	3.5174	0.1365
16	0.1038	0.0201	31	0.6663	0.0590	46	1.8495	0.1014			
17	0.1239	0.0223	32	0.7254	0.0618	47	1.9509	0.1042			
18	0.1462	0.0246	33	0.7872	0.0647	48	2.0551	0.1070			

适用树种：云南松；适用地区：广西；资料名称：论广西一元立木材积表的改进方法；编表人或作者：曾伟生、陈雪峰；出版机构：中南林业调查规划；刊印或发表时间：2006。其他说明：由原广西一元立木材积推算出优化的胸径树高关系，结合农林部发布的二元立木材积式（部颁标准LY 208—1977）推算出优化的一元立木材积式。

桂

997. 广西栎类一元立木材积表

$V=0.000052764D^{1.8822}[32.249(1-e^{-0.0089056D})^{0.54853}]^{1.0093}$；$D\leqslant 60$cm

D	V	ΔV	D	V	ΔV	D	V	ΔV	D	V	ΔV
4	0.0037	0.0027	19	0.1601	0.0209	34	0.6378	0.0451	49	1.5005	0.0721
5	0.0064	0.0036	20	0.1810	0.0224	35	0.6829	0.0468	50	1.5726	0.0740
6	0.0100	0.0045	21	0.2034	0.0239	36	0.7297	0.0485	51	1.6465	0.0758
7	0.0145	0.0055	22	0.2272	0.0254	37	0.7782	0.0503	52	1.7223	0.0777
8	0.0200	0.0066	23	0.2526	0.0269	38	0.8285	0.0521	53	1.8000	0.0796
9	0.0266	0.0077	24	0.2796	0.0285	39	0.8806	0.0538	54	1.8796	0.0815
10	0.0343	0.0089	25	0.3081	0.0301	40	0.9344	0.0556	55	1.9611	0.0834
11	0.0431	0.0101	26	0.3381	0.0317	41	0.9901	0.0574	56	2.0444	0.0853
12	0.0532	0.0113	27	0.3698	0.0333	42	1.0475	0.0592	57	2.1297	0.0872
13	0.0645	0.0126	28	0.4031	0.0349	43	1.1067	0.0610	58	2.2168	0.0891
14	0.0770	0.0139	29	0.4381	0.0366	44	1.1678	0.0629	59	2.3059	0.0910
15	0.0909	0.0152	30	0.4746	0.0383	45	1.2306	0.0647	60	2.3969	0.0910
16	0.1061	0.0166	31	0.5129	0.0399	46	1.2953	0.0665			
17	0.1227	0.0180	32	0.5528	0.0416	47	1.3619	0.0684			
18	0.1407	0.0194	33	0.5945	0.0433	48	1.4302	0.0702			

适用树种：栎类；适用地区：广西；资料名称：论广西一元立木材积表的改进方法；编表人或作者：曾伟生、陈雪峰；出版机构：中南林业调查规划；刊印或发表时间：2006。其他说明：由原广西一元立木材积推算出优化的胸径树高关系，结合农林部发布的二元立木材积式（部颁标准LY 208—1977）推算出优化的一元立木材积式。

998. 广西桉树一元立木材积表

$V=0.000079542D^{1.9431}[22.561(1-e^{-0.086556D})^{1.2549}]^{0.73965}$；$D\leqslant60\text{cm}$

D	V	ΔV	D	V	ΔV	D	V	ΔV	D	V	ΔV
4	0.0038	0.0031	19	0.1995	0.0250	34	0.7171	0.0448	49	1.5135	0.0624
5	0.0069	0.0043	20	0.2244	0.0264	35	0.7619	0.0460	50	1.5759	0.0635
6	0.0112	0.0056	21	0.2508	0.0278	36	0.8079	0.0472	51	1.6394	0.0646
7	0.0168	0.0070	22	0.2787	0.0292	37	0.8552	0.0484	52	1.7040	0.0658
8	0.0238	0.0084	23	0.3079	0.0306	38	0.9036	0.0496	53	1.7698	0.0669
9	0.0322	0.0099	24	0.3385	0.0320	39	0.9532	0.0508	54	1.8367	0.0680
10	0.0421	0.0114	25	0.3705	0.0333	40	1.0040	0.0520	55	1.9048	0.0692
11	0.0535	0.0129	26	0.4038	0.0347	41	1.0560	0.0531	56	1.9739	0.0703
12	0.0664	0.0144	27	0.4385	0.0360	42	1.1091	0.0543	57	2.0443	0.0714
13	0.0809	0.0160	28	0.4744	0.0373	43	1.1634	0.0555	58	2.1157	0.0726
14	0.0969	0.0175	29	0.5117	0.0386	44	1.2189	0.0566	59	2.1883	0.0737
15	0.1144	0.0190	30	0.5503	0.0398	45	1.2755	0.0578	60	2.2620	0.0737
16	0.1334	0.0205	31	0.5901	0.0411	46	1.3333	0.0589			
17	0.1539	0.0220	32	0.6312	0.0423	47	1.3922	0.0601			
18	0.1760	0.0235	33	0.6736	0.0436	48	1.4523	0.0612			

适用树种：桉树；适用地区：广西；资料名称：论广西一元立木材积表的改进方法；编表人或作者：曾伟生、陈雪峰；出版机构：中南林业调查规划；刊印或发表时间：2006。其他说明：由原广西一元立木材积推算出优化的胸径树高关系，结合农林部发布的二元立木材积式（部颁标准LY 208—1977）推算出优化的一元立木材积式。

999. 广西阔叶树 (I) 一元立木材积表

$V=0.000050479D^{1.9085}[29.789(1-e^{-0.017104D})^{0.67374}]^{0.99077}$； $D\leqslant 60\text{cm}$

D	V	ΔV	D	V	ΔV	D	V	ΔV	D	V	ΔV
4	0.0034	0.0026	19	0.1708	0.0231	34	0.7063	0.0509	49	1.6790	0.0810
5	0.0059	0.0035	20	0.1938	0.0248	35	0.7572	0.0528	50	1.7600	0.0831
6	0.0094	0.0045	21	0.2186	0.0265	36	0.8100	0.0548	51	1.8431	0.0851
7	0.0139	0.0056	22	0.2451	0.0283	37	0.8648	0.0568	52	1.9282	0.0871
8	0.0195	0.0068	23	0.2734	0.0301	38	0.9216	0.0588	53	2.0153	0.0892
9	0.0263	0.0080	24	0.3035	0.0319	39	0.9804	0.0608	54	2.1045	0.0912
10	0.0343	0.0093	25	0.3353	0.0337	40	1.0412	0.0628	55	2.1957	0.0933
11	0.0436	0.0107	26	0.3690	0.0355	41	1.1039	0.0648	56	2.2890	0.0953
12	0.0543	0.0121	27	0.4045	0.0374	42	1.1687	0.0668	57	2.3843	0.0973
13	0.0664	0.0135	28	0.4419	0.0393	43	1.2356	0.0688	58	2.4816	0.0994
14	0.0799	0.0150	29	0.4812	0.0412	44	1.3044	0.0709	59	2.5810	0.1014
15	0.0949	0.0166	30	0.5224	0.0431	45	1.3753	0.0729	60	2.6824	0.1014
16	0.1115	0.0181	31	0.5655	0.0450	46	1.4481	0.0749			
17	0.1296	0.0197	32	0.6105	0.0469	47	1.5231	0.0770			
18	0.1494	0.0214	33	0.6575	0.0489	48	1.6000	0.0790			

适用树种：阔叶树；适用地区：广西；资料名称：论广西一元立木材积表的改进方法；编表人或作者：曾伟生、陈雪峰；出版机构：中南林业调查规划；刊印或发表时间：2006。其他说明：由原广西一元立木材积推算出优化的胸径树高关系，结合农林部发布的二元立木材积式（部颁标准LY 208—1977）推算出优化的一元立木材积式。

1000. 广西阔叶树 (II) 一元立木材积表

$V=0.000052764D^{1.8822}[35.438(1-e^{-0.011994D})^{0.68317}]^{1.0093}$；$D\leqslant 60\text{cm}$

D	V	ΔV	D	V	ΔV	D	V	ΔV	D	V	ΔV
4	0.0032	0.0024	19	0.1647	0.0225	34	0.6937	0.0508	49	1.6774	0.0829
5	0.0056	0.0033	20	0.1872	0.0242	35	0.7445	0.0529	50	1.7603	0.0851
6	0.0090	0.0043	21	0.2114	0.0259	36	0.7974	0.0549	51	1.8454	0.0873
7	0.0133	0.0054	22	0.2373	0.0277	37	0.8523	0.0570	52	1.9327	0.0895
8	0.0186	0.0065	23	0.2650	0.0295	38	0.9093	0.0591	53	2.0222	0.0918
9	0.0251	0.0077	24	0.2945	0.0313	39	0.9685	0.0612	54	2.1140	0.0940
10	0.0328	0.0089	25	0.3258	0.0332	40	1.0297	0.0633	55	2.2079	0.0962
11	0.0417	0.0103	26	0.3590	0.0350	41	1.0930	0.0655	56	2.3042	0.0985
12	0.0520	0.0116	27	0.3940	0.0369	42	1.1585	0.0676	57	2.4026	0.1007
13	0.0636	0.0130	28	0.4310	0.0389	43	1.2261	0.0698	58	2.5034	0.1030
14	0.0766	0.0145	29	0.4698	0.0408	44	1.2959	0.0719	59	2.6063	0.1052
15	0.0911	0.0160	30	0.5106	0.0428	45	1.3678	0.0741	60	2.7115	0.1052
16	0.1072	0.0176	31	0.5534	0.0448	46	1.4420	0.0763			
17	0.1247	0.0192	32	0.5982	0.0468	47	1.5182	0.0785			
18	0.1439	0.0208	33	0.6449	0.0488	48	1.5967	0.0807			

适用树种：阔叶树；适用地区：广西；资料名称：论广西一元立木材积表的改进方法；编表人或作者：曾伟生、陈雪峰；出版机构：中南林业调查规划；刊印或发表时间：2006。其他说明：由原广西一元立木材积推算出优化的胸径树高关系，结合农林部发布的二元立木材积式（部颁标准LY 208—1977）推算出优化的一元立木材积式。

1001. 广西公益林区栎类地径材积表

$$V=0.000052764(2.2592+0.7183D_0)^{1.8822}[32.249[1-e^{-0.008906(2.2592+0.7183D_0)}]^{0.5485}]^{1.0093}；D_0\leqslant 40\text{cm}$$

D	V	ΔV	D	V	ΔV	D	V	ΔV	D	V	ΔV
6	0.0124	0.0035	15	0.0649	0.0089	24	0.1704	0.0154	33	0.3370	0.0226
7	0.0160	0.0041	16	0.0738	0.0096	25	0.1858	0.0161	34	0.3596	0.0234
8	0.0200	0.0046	17	0.0834	0.0103	26	0.2019	0.0169	35	0.3830	0.0242
9	0.0247	0.0052	18	0.0937	0.0110	27	0.2188	0.0177	36	0.4072	0.0251
10	0.0298	0.0058	19	0.1047	0.0117	28	0.2365	0.0185	37	0.4323	0.0259
11	0.0356	0.0064	20	0.1164	0.0124	29	0.2550	0.0193	38	0.4582	0.0268
12	0.0420	0.0070	21	0.1288	0.0131	30	0.2743	0.0201	39	0.4849	0.0276
13	0.0490	0.0076	22	0.1419	0.0139	31	0.2944	0.0209	40	0.5126	0.0276
14	0.0566	0.0083	23	0.1558	0.0146	32	0.3153	0.0217			

桂

适用树种：栎类；适用地区：广西；资料名称：广西公益林区主要树种地径材积模型的研建；编表人或作者：农胜奇、蔡会德、江锦烽、张伟；出版机构：广西林业科学；刊印或发表时间：2012。其他说明：地径材积表通过广西优化后的一元立木材积表结合胸径地径关系推算得到；地径范围未给出，由文献中胸径地径拟合图得到。

1002. 广西公益林区马尾松 (I) 地径材积表

$$V = 0.000062342(-1.4317+0.8704D_0)^{1.8551}[31.5598[1-e^{-0.031859(-1.4317+0.8704D_0)}]^{1.2056}]^{0.95682};\ D_0 \leqslant 70\text{cm}$$

D	V	ΔV	D	V	ΔV	D	V	ΔV	D	V	ΔV
6	0.0016	0.0014	23	0.1514	0.0199	40	0.6972	0.0463	57	1.6964	0.0725
7	0.0030	0.0019	24	0.1713	0.0213	41	0.7435	0.0479	58	1.7689	0.0740
8	0.0049	0.0026	25	0.1926	0.0228	42	0.7914	0.0494	59	1.8428	0.0754
9	0.0076	0.0034	26	0.2154	0.0243	43	0.8408	0.0510	60	1.9183	0.0769
10	0.0109	0.0042	27	0.2397	0.0258	44	0.8918	0.0526	61	1.9951	0.0783
11	0.0151	0.0051	28	0.2655	0.0273	45	0.9444	0.0542	62	2.0735	0.0798
12	0.0202	0.0061	29	0.2929	0.0289	46	0.9986	0.0557	63	2.1532	0.0812
13	0.0262	0.0071	30	0.3218	0.0304	47	1.0543	0.0573	64	2.2344	0.0826
14	0.0333	0.0082	31	0.3522	0.0320	48	1.1116	0.0589	65	2.3170	0.0840
15	0.0415	0.0093	32	0.3842	0.0336	49	1.1705	0.0604	66	2.4010	0.0854
16	0.0508	0.0105	33	0.4178	0.0352	50	1.2309	0.0619	67	2.4864	0.0868
17	0.0613	0.0117	34	0.4530	0.0367	51	1.2928	0.0635	68	2.5732	0.0882
18	0.0730	0.0130	35	0.4897	0.0383	52	1.3563	0.0650	69	2.6614	0.0895
19	0.0860	0.0143	36	0.5280	0.0399	53	1.4213	0.0665	70	2.7509	0.0895
20	0.1003	0.0157	37	0.5679	0.0415	54	1.4878	0.0680			
21	0.1160	0.0170	38	0.6094	0.0431	55	1.5559	0.0695			
22	0.1330	0.0184	39	0.6525	0.0447	56	1.6254	0.0710			

适用树种：马尾松；适用地区：广西；资料名称：广西公益林区主要树种地径材积模型的研建；编表人或作者：农胜奇、蔡会德、江锦烽、张伟；出版机构：广西林业科学；刊印或发表时间：2012。其他说明：地径材积表通过广西优化后的一元立木材积表结合胸径地径关系推算得到；地径范围未给出，由文献中胸径地径拟合图得到。

1003. 广西公益林区马尾松 (II) 地径材积表

$$V=0.000062342(-1.4317+0.8704D_0)^{1.8551}[26.125[1-e^{-0.022599(-1.4317+0.8704D_0)}]^{0.8136}]^{0.95682};\ D_0\leqslant 70\text{cm}$$

D	V	ΔV	D	V	ΔV	D	V	ΔV	D	V	ΔV
6	0.0024	0.0017	23	0.1391	0.0167	40	0.5783	0.0364	57	1.3608	0.0568
7	0.0041	0.0023	24	0.1558	0.0178	41	0.6147	0.0376	58	1.4176	0.0579
8	0.0064	0.0029	25	0.1736	0.0189	42	0.6524	0.0388	59	1.4756	0.0591
9	0.0093	0.0036	26	0.1925	0.0200	43	0.6912	0.0400	60	1.5347	0.0603
10	0.0129	0.0044	27	0.2126	0.0212	44	0.7312	0.0412	61	1.5950	0.0615
11	0.0173	0.0051	28	0.2337	0.0223	45	0.7725	0.0424	62	1.6564	0.0626
12	0.0224	0.0059	29	0.2560	0.0234	46	0.8149	0.0436	63	1.7191	0.0638
13	0.0283	0.0068	30	0.2794	0.0246	47	0.8586	0.0448	64	1.7829	0.0650
14	0.0351	0.0077	31	0.3040	0.0258	48	0.9034	0.0460	65	1.8478	0.0661
15	0.0428	0.0086	32	0.3298	0.0269	49	0.9495	0.0472	66	1.9139	0.0673
16	0.0514	0.0095	33	0.3567	0.0281	50	0.9967	0.0484	67	1.9812	0.0684
17	0.0609	0.0105	34	0.3848	0.0293	51	1.0451	0.0496	68	2.0496	0.0695
18	0.0714	0.0115	35	0.4141	0.0305	52	1.0948	0.0508	69	2.1191	0.0707
19	0.0829	0.0125	36	0.4445	0.0316	53	1.1456	0.0520	70	2.1898	0.0707
20	0.0954	0.0135	37	0.4762	0.0328	54	1.1976	0.0532			
21	0.1089	0.0146	38	0.5090	0.0340	55	1.2509	0.0544			
22	0.1235	0.0156	39	0.5431	0.0352	56	1.3053	0.0556			

适用树种：马尾松；适用地区：广西；资料名称：广西公益林区主要树种地径材积模型的研建；编表人或作者：农胜奇、蔡会德、江锦烽、张伟；出版机构：广西林业科学；刊印或发表时间：2012。其他说明：地径材积表通过广西优化后的一元立木材积表结合胸径地径关系推算得到；地径范围未给出，由文献中胸径地径拟合图得到。

桂

1004. 广西公益林区阔叶树地径材积表

$$V=0.000052764(1.7059+0.6901D_0)^{1.8822}[34.023[1-e^{-0.012422(1.7059+0.6901D_0)}]^{0.6555}]^{1.0093}；D_0\leqslant 70\text{cm}$$

D	V	ΔV	D	V	ΔV	D	V	ΔV	D	V	ΔV
6	0.0089	0.0029	23	0.1392	0.0139	40	0.4881	0.0284	57	1.0991	0.0447
7	0.0117	0.0034	24	0.1531	0.0147	41	0.5165	0.0293	58	1.1438	0.0456
8	0.0151	0.0039	25	0.1678	0.0155	42	0.5458	0.0302	59	1.1895	0.0466
9	0.0190	0.0044	26	0.1833	0.0163	43	0.5761	0.0312	60	1.2361	0.0476
10	0.0235	0.0050	27	0.1995	0.0171	44	0.6072	0.0321	61	1.2837	0.0486
11	0.0285	0.0056	28	0.2166	0.0179	45	0.6393	0.0330	62	1.3324	0.0496
12	0.0341	0.0062	29	0.2345	0.0187	46	0.6724	0.0340	63	1.3820	0.0506
13	0.0403	0.0068	30	0.2533	0.0196	47	0.7064	0.0349	64	1.4326	0.0517
14	0.0471	0.0075	31	0.2729	0.0204	48	0.7413	0.0359	65	1.4843	0.0527
15	0.0545	0.0081	32	0.2933	0.0213	49	0.7772	0.0368	66	1.5370	0.0537
16	0.0627	0.0088	33	0.3146	0.0221	50	0.8140	0.0378	67	1.5906	0.0547
17	0.0715	0.0095	34	0.3367	0.0230	51	0.8519	0.0388	68	1.6453	0.0557
18	0.0809	0.0102	35	0.3597	0.0239	52	0.8906	0.0397	69	1.7010	0.0567
19	0.0911	0.0109	36	0.3836	0.0248	53	0.9304	0.0407	70	1.7577	0.0567
20	0.1020	0.0116	37	0.4084	0.0257	54	0.9711	0.0417			
21	0.1137	0.0124	38	0.4341	0.0266	55	1.0128	0.0427			
22	0.1261	0.0131	39	0.4607	0.0275	56	1.0555	0.0437			

适用树种：阔叶树；适用地区：广西；资料名称：广西公益林区主要树种地径材积模型的研建；编表人或作者：农胜奇、蔡会德、江锦烽、张伟；出版机构：广西林业科学；刊印或发表时间：2012。其他说明：地径材积表通过广西优化后的一元立木材积表结合胸径地径关系推算得到；地径范围未给出，由文献中胸径地径拟合图得到。

1005. 广西林朵林场人工杉木地径材积表

$$V = 0.000065671(1.5369 + 0.7152D_0)^{1.76941}[8.2928 + 0.6359(1.5369 + 0.7152D_0) - 0.0048(1.5369 + 0.7152D_0)^2]^{1.069769}；D_0 \leqslant 50\text{cm}$$

D	V	ΔV	D	V	ΔV	D	V	ΔV	D	V	ΔV
10	0.0486	0.0090	21	0.2014	0.0201	32	0.4859	0.0329	43	0.9132	0.0459
11	0.0576	0.0099	22	0.2216	0.0213	33	0.5188	0.0341	44	0.9592	0.0471
12	0.0676	0.0109	23	0.2428	0.0224	34	0.5529	0.0353	45	1.0063	0.0482
13	0.0784	0.0118	24	0.2652	0.0235	35	0.5882	0.0365	46	1.0545	0.0494
14	0.0903	0.0128	25	0.2887	0.0247	36	0.6246	0.0377	47	1.1039	0.0505
15	0.1031	0.0138	26	0.3134	0.0258	37	0.6623	0.0389	48	1.1544	0.0516
16	0.1169	0.0148	27	0.3392	0.0270	38	0.7012	0.0400	49	1.2060	0.0527
17	0.1317	0.0158	28	0.3662	0.0282	39	0.7412	0.0412	50	1.2587	0.0527
18	0.1475	0.0169	29	0.3944	0.0293	40	0.7825	0.0424			
19	0.1644	0.0180	30	0.4237	0.0305	41	0.8249	0.0436			
20	0.1824	0.0190	31	0.4542	0.0317	42	0.8685	0.0448			

适用树种：人工杉木；适用地区：广西林朵林场；资料名称：桂西北杉木人工林伐根直径材积表编制及应用；编表人或作者：邓绍林；出版机构：广西林业科学；刊印或发表时间：1999。其他说明：地径材积表通过广西杉木二元立木材积式，结合桂西北各林场杉木胸径树高关系、地径胸径关系推算得到。

1006. 广西凤旁林场人工杉木地径材积表

$$V = 0.000065671(2.1791 + 0.6986D_0)^{1.76941}[11.89585 + 0.2446318(2.1791 + 0.6986D_0) - 0.00104(2.1791 + 0.6986D_0)^2]^{1.069770}；D_0 \leqslant 54\text{cm}$$

D	V	ΔV	D	V	ΔV	D	V	ΔV	D	V	ΔV
12	0.0736	0.0098	23	0.2175	0.0172	34	0.4465	0.0253	45	0.7675	0.0339
13	0.0834	0.0104	24	0.2347	0.0179	35	0.4718	0.0261	46	0.8014	0.0347
14	0.0938	0.0111	25	0.2526	0.0186	36	0.4979	0.0268	47	0.8361	0.0355
15	0.1049	0.0117	26	0.2712	0.0193	37	0.5247	0.0276	48	0.8716	0.0363
16	0.1166	0.0124	27	0.2905	0.0201	38	0.5523	0.0284	49	0.9079	0.0371
17	0.1290	0.0130	28	0.3106	0.0208	39	0.5807	0.0292	50	0.9451	0.0379
18	0.1420	0.0137	29	0.3314	0.0215	40	0.6099	0.0299	51	0.9830	0.0387
19	0.1557	0.0144	30	0.3529	0.0223	41	0.6398	0.0307	52	1.0218	0.0396
20	0.1701	0.0151	31	0.3752	0.0230	42	0.6705	0.0315	53	1.0613	0.0404
21	0.1852	0.0158	32	0.3982	0.0238	43	0.7021	0.0323	54	1.1017	0.0404
22	0.2010	0.0165	33	0.4220	0.0245	44	0.7344	0.0331			

适用树种：人工杉木；适用地区：广西凤旁林场；资料名称：桂西北杉木人工林伐根直径材积表编制及应用；编表人或作者：邓绍林；出版机构：广西林业科学；刊印或发表时间：1999。其他说明：地径材积表通过广西杉木二元立木材积式，结合桂西北各林场杉木胸径树高关系、地径胸径关系推算得到。

1007. 广西坡桃林场人工杉木地径材积表

$$V = 0.000065671(2.2840 + 0.6975D_0)^{1.76941}[3.53751 + 0.7740451(2.2840 + 0.6975D_0) - 0.005617419(2.2840 + 0.6975D_0)^2]^{1.069771}\ ;\ D_0 \leqslant 60\text{cm}$$

D	V	ΔV	D	V	ΔV	D	V	ΔV	D	V	ΔV
10	0.0405	0.0078	23	0.2166	0.0210	36	0.5822	0.0367	49	1.1562	0.0527
11	0.0483	0.0087	24	0.2375	0.0221	37	0.6189	0.0380	50	1.2089	0.0538
12	0.0570	0.0095	25	0.2597	0.0233	38	0.6569	0.0392	51	1.2627	0.0550
13	0.0665	0.0105	26	0.2829	0.0245	39	0.6961	0.0405	52	1.3177	0.0561
14	0.0770	0.0114	27	0.3074	0.0256	40	0.7365	0.0417	53	1.3738	0.0573
15	0.0884	0.0124	28	0.3330	0.0269	41	0.7782	0.0430	54	1.4311	0.0584
16	0.1008	0.0134	29	0.3599	0.0281	42	0.8212	0.0442	55	1.4895	0.0595
17	0.1141	0.0144	30	0.3879	0.0293	43	0.8654	0.0454	56	1.5490	0.0606
18	0.1285	0.0154	31	0.4172	0.0305	44	0.9108	0.0467	57	1.6096	0.0616
19	0.1440	0.0165	32	0.4477	0.0317	45	0.9575	0.0479	58	1.6712	0.0627
20	0.1605	0.0176	33	0.4795	0.0330	46	1.0053	0.0491	59	1.7339	0.0637
21	0.1781	0.0187	34	0.5125	0.0342	47	1.0544	0.0503	60	1.7976	0.0637
22	0.1968	0.0198	35	0.5467	0.0355	48	1.1047	0.0515			

适用树种：人工杉木；适用地区：广西坡桃林场；资料名称：桂西北杉木人工林伐根直径材积表编制及应用；编表人或作者：邓绍林；出版机构：广西林业科学；刊印或发表时间：1999。其他说明：地径材积表通过广西杉木二元立木材积式，结合桂西北各林场杉木胸径树高关系、地径胸径关系推算得到。

1008. 广西绿兰林场人工杉木地径材积表

$$V = 0.000065671(1.1196 + 0.74D_0)^{1.76941}[1.652516 + 1.033066(1.1196 + 0.74D_0) - 0.01439(1.1196 + 0.74D_0)^2]^{1.069772}\ ;\ D_0 \leqslant 42\text{cm}$$

D	V	ΔV	D	V	ΔV	D	V	ΔV	D	V	ΔV
10	0.0320	0.0075	19	0.1362	0.0169	28	0.3257	0.0260	37	0.5880	0.0324
11	0.0395	0.0085	20	0.1531	0.0179	29	0.3517	0.0269	38	0.6204	0.0328
12	0.0480	0.0095	21	0.1710	0.0190	30	0.3786	0.0277	39	0.6532	0.0332
13	0.0575	0.0105	22	0.1900	0.0201	31	0.4063	0.0285	40	0.6864	0.0335
14	0.0679	0.0115	23	0.2101	0.0211	32	0.4349	0.0293	41	0.7198	0.0337
15	0.0795	0.0126	24	0.2312	0.0221	33	0.4642	0.0300	42	0.7536	0.0337
16	0.0921	0.0136	25	0.2534	0.0231	34	0.4942	0.0307			
17	0.1057	0.0147	26	0.2765	0.0241	35	0.5249	0.0313			
18	0.1204	0.0158	27	0.3006	0.0251	36	0.5562	0.0319			

适用树种：人工杉木；适用地区：广西绿兰林场；资料名称：桂西北杉木人工林伐根直径材积表编制及应用；编表人或作者：邓绍林；出版机构：广西林业科学；刊印或发表时间：1999。其他说明：地径材积表通过广西杉木二元立木材积式，结合桂西北各林场杉木胸径树高关系、地径胸径关系推算得到。

20 海南省立木材积表

海南省桉树使用部颁二元材积表 (LY 208—1977)。

海南省尖峰岭、坝王岭一元材积公式：

$V = 0.00004530232(37.703191 - 935.87387/(D+25))^{0.9946288}$, 未标明适用树种。

琼

1009. 海南桉树一元立木材积表

$$V = 0.000179000D^{2.46890}\ ;\ D \leqslant 34\text{cm}$$

D	V	ΔV	D	V	ΔV	D	V	ΔV	D	V	ΔV
4	0.0055	0.0040	12	0.0827	0.0181	20	0.2917	0.0373	28	0.6695	0.0606
5	0.0095	0.0054	13	0.1007	0.0202	21	0.3291	0.0400	29	0.7301	0.0637
6	0.0149	0.0069	14	0.1209	0.0225	22	0.3691	0.0428	30	0.7938	0.0669
7	0.0218	0.0085	15	0.1434	0.0248	23	0.4119	0.0456	31	0.8607	0.0702
8	0.0304	0.0103	16	0.1682	0.0271	24	0.4576	0.0485	32	0.9309	0.0735
9	0.0406	0.0121	17	0.1953	0.0296	25	0.5061	0.0515	33	1.0044	0.0768
10	0.0527	0.0140	18	0.2249	0.0321	26	0.5575	0.0544	34	1.0812	0.0768
11	0.0667	0.0160	19	0.2570	0.0347	27	0.6120	0.0575			

适用树种：桉树；适用地区：海南全省；资料名称：海南省林业主要树种常用数表；编表人或作者：国家林业局中南林业调查规划设计院；刊印或发表时间：2012。

1010. 海南木麻黄一元立木材积表

$$V = 0.000160000D^{2.51340}\ ;\ D \leqslant 34\text{cm}$$

D	V	ΔV	D	V	ΔV	D	V	ΔV	D	V	ΔV
5	0.0091	0.0053	13	0.1009	0.0207	21	0.3368	0.0418	29	0.7581	0.0674
6	0.0145	0.0068	14	0.1216	0.0230	22	0.3786	0.0448	30	0.8255	0.0709
7	0.0213	0.0085	15	0.1446	0.0255	23	0.4233	0.0478	31	0.8964	0.0745
8	0.0298	0.0103	16	0.1700	0.0280	24	0.4711	0.0509	32	0.9709	0.0781
9	0.0400	0.0121	17	0.1980	0.0306	25	0.5220	0.0541	33	1.0489	0.0817
10	0.0522	0.0141	18	0.2286	0.0333	26	0.5761	0.0573	34	1.1307	0.0817
11	0.0663	0.0162	19	0.2619	0.0360	27	0.6334	0.0606			
12	0.0825	0.0184	20	0.2979	0.0389	28	0.6941	0.0640			

适用树种：木麻黄；适用地区：海南全省；资料名称：海南省林业主要树种常用数表；编表人或作者：国家林业局中南林业调查规划设计院；刊印或发表时间：2012。

1011. 海南马占相思一元立木材积表

$$V = 0.000116000D^{2.58950}\ ;\ D \leqslant 34\text{cm}$$

D	V	ΔV	D	V	ΔV	D	V	ΔV	D	V	ΔV
5	0.0075	0.0045	13	0.0889	0.0188	21	0.3079	0.0394	29	0.7101	0.0652
6	0.0120	0.0059	14	0.1077	0.0211	22	0.3473	0.0424	30	0.7753	0.0687
7	0.0179	0.0074	15	0.1288	0.0234	23	0.3896	0.0454	31	0.8440	0.0723
8	0.0253	0.0090	16	0.1522	0.0259	24	0.4350	0.0485	32	0.9163	0.0760
9	0.0343	0.0108	17	0.1781	0.0284	25	0.4835	0.0517	33	0.9923	0.0798
10	0.0451	0.0126	18	0.2065	0.0310	26	0.5352	0.0549	34	1.0721	0.0798
11	0.0577	0.0146	19	0.2376	0.0337	27	0.5902	0.0583			
12	0.0723	0.0166	20	0.2713	0.0365	28	0.6484	0.0617			

适用树种：马占相思；适用地区：海南全省；资料名称：海南省林业主要树种常用数表；编表人或作者：国家林业局中南林业调查规划设计院；刊印或发表时间：2012。

1012. 海南马占相思二元立木材积表

$$V = 0.000128D^{2.081192-0.013679(D+H)}H^{0.34143+0.017777(D+H)}$$

$$D \leqslant 34\text{cm},\ H \leqslant 24\text{m}$$

D	H	V	D	H	V	D	H	V	D	H	V	D	H	V
3	5	0.0024	10	9	0.0377	17	14	0.1476	24	18	0.3569	31	23	0.7613
4	6	0.0048	11	10	0.0490	18	14	0.1635	25	19	0.4093	32	23	0.8011
5	6	0.0075	12	11	0.0624	19	15	0.1933	26	19	0.4371	33	24	0.8981
6	7	0.0118	13	11	0.0724	20	16	0.2270	27	20	0.4979	34	24	0.9415
7	8	0.0174	14	12	0.0896	21	16	0.2471	28	21	0.5652			
8	8	0.0226	15	13	0.1095	22	17	0.2871	29	21	0.5987			
9	9	0.0309	16	13	0.1231	23	18	0.3319	30	22	0.6761			

适用树种：马占相思；适用地区：海南全省；资料名称：海南省林业主要树种常用数表；编表人或作者：国家林业局中南林业调查规划设计院；刊印或发表时间：2012。

1013. 海南天然阔叶林一元立木材积表

$$V = 0.0000475302D^{1.92495}[-1471.5203/(D+40)+38.2276]^{0.99463}$$

$D \leqslant 100\text{cm}$

D	V	ΔV	D	V	ΔV	D	V	ΔV	D	V	ΔV
5	0.0058	0.0035	29	0.5168	0.0447	53	2.1838	0.0969	77	5.1274	0.1507
6	0.0092	0.0045	30	0.5616	0.0468	54	2.2807	0.0992	78	5.2781	0.1529
7	0.0138	0.0057	31	0.6084	0.0489	55	2.3798	0.1014	79	5.4310	0.1552
8	0.0195	0.0070	32	0.6573	0.0510	56	2.4812	0.1036	80	5.5862	0.1574
9	0.0265	0.0083	33	0.7083	0.0531	57	2.5848	0.1058	81	5.7436	0.1596
10	0.0348	0.0097	34	0.7615	0.0553	58	2.6907	0.1081	82	5.9032	0.1619
11	0.0445	0.0112	35	0.8168	0.0574	59	2.7988	0.1103	83	6.0651	0.1641
12	0.0557	0.0128	36	0.8742	0.0596	60	2.9091	0.1126	84	6.2292	0.1664
13	0.0685	0.0144	37	0.9337	0.0617	61	3.0216	0.1148	85	6.3956	0.1686
14	0.0828	0.0160	38	0.9954	0.0639	62	3.1364	0.1170	86	6.5642	0.1708
15	0.0988	0.0177	39	1.0593	0.0660	63	3.2535	0.1193	87	6.7350	0.1731
16	0.1165	0.0194	40	1.1254	0.0682	64	3.3727	0.1215	88	6.9081	0.1753
17	0.1360	0.0212	41	1.1936	0.0704	65	3.4943	0.1238	89	7.0834	0.1776
18	0.1572	0.0230	42	1.2640	0.0726	66	3.6180	0.1260	90	7.2610	0.1798
19	0.1803	0.0249	43	1.3366	0.0748	67	3.7440	0.1282	91	7.4408	0.1820
20	0.2052	0.0268	44	1.4114	0.0770	68	3.8723	0.1305	92	7.6228	0.1843
21	0.2319	0.0287	45	1.4883	0.0792	69	4.0028	0.1327	93	7.8070	0.1865
22	0.2606	0.0306	46	1.5675	0.0814	70	4.1355	0.1350	94	7.9935	0.1887
23	0.2912	0.0326	47	1.6489	0.0836	71	4.2705	0.1372	95	8.1823	0.1910
24	0.3238	0.0346	48	1.7325	0.0858	72	4.4077	0.1395	96	8.3732	0.1932
25	0.3584	0.0366	49	1.8183	0.0880	73	4.5471	0.1417	97	8.5664	0.1954
26	0.3949	0.0386	50	1.9063	0.0902	74	4.6888	0.1439	98	8.7618	0.1976
27	0.4335	0.0406	51	1.9966	0.0925	75	4.8328	0.1462	99	8.9595	0.1999
28	0.4741	0.0427	52	2.0891	0.0947	76	4.9790	0.1484	100	9.1593	0.1999

适用树种：阔叶树（热带天然）；适用地区：海南全省；资料名称：海南省林业主要树种常用数表；编表人或作者：国家林业局中南林业调查规划设计院；刊印或发表时间：2012。

1014. 海南桉树二元立木材积表

$$V = 0.000105D^{1.7406+0.012415(D+H)}H^{0.790662-0.019672D}$$

$$D \leqslant 34\text{cm},\ H \leqslant 24\text{m}$$

D	H	V	D	H	V	D	H	V	D	H	V	D	H	V
3	4	0.0022	10	9	0.0367	17	13	0.1347	24	18	0.3492	31	22	0.6936
4	5	0.0043	11	9	0.0437	18	14	0.1604	25	18	0.3766	32	23	0.7731
5	5	0.0064	12	10	0.0561	19	15	0.1893	26	19	0.4282	33	24	0.8594
6	6	0.0104	13	11	0.0706	20	15	0.2081	27	20	0.4847	34	24	0.9074
7	7	0.0155	14	11	0.0810	21	16	0.2425	28	20	0.5183			
8	7	0.0198	15	12	0.0994	22	16	0.2643	29	21	0.5828			
9	8	0.0274	16	13	0.1204	23	17	0.3046	30	22	0.6532			

适用树种：桉树；适用地区：海南全省；资料名称：海南省林业主要树种常用数表；编表人或作者：国家林业局中南林业调查规划设计院；刊印或发表时间：2012。

1015. 海南木麻黄二元立木材积表

$$V = 0.0000503D^{1.968247-0.005282(D+H)}H^{0.910567+0.0056423(D+H)}$$

$$D \leqslant 34\text{cm},\ H \leqslant 24\text{m}$$

D	H	V	D	H	V	D	H	V	D	H	V	D	H	V
3	5	0.0019	10	9	0.0347	17	14	0.1466	24	18	0.3568	31	23	0.7352
4	6	0.0040	11	10	0.0462	18	14	0.1624	25	19	0.4074	32	23	0.7751
5	6	0.0062	12	11	0.0600	19	15	0.1929	26	19	0.4358	33	24	0.8587
6	7	0.0103	13	11	0.0695	20	16	0.2270	27	20	0.4934	34	24	0.9019
7	8	0.0157	14	12	0.0873	21	16	0.2474	28	21	0.5558			
8	8	0.0203	15	13	0.1078	22	17	0.2874	29	21	0.5898			
9	9	0.0285	16	13	0.1213	23	18	0.3313	30	22	0.6598			

适用树种：木麻黄；适用地区：海南全省；资料名称：海南省林业主要树种常用数表；编表人或作者：国家林业局中南林业调查规划设计院；刊印或发表时间：2012。

1016. 海南热带阔叶树二元立木材积表

$$V=0.0000475302D^{1.9249507}H^{0.99462884}\text{；}D\leqslant 60\text{cm}, H\leqslant 24\text{m}$$

$$H=38.227589-1471.5235/(D+40)$$

D	H	V	D	H	V	D	H	V	D	H	V	D	H	V
3	4	0.0016	15	11	0.0948	27	16	0.4265	39	20	1.0808	51	22	1.9915
4	5	0.0034	16	12	0.1170	28	17	0.4859	40	20	1.1347	52	22	2.0673
5	6	0.0063	17	12	0.1315	29	17	0.5198	41	20	1.1900	53	22	2.1445
6	6	0.0089	18	13	0.1590	30	17	0.5549	42	20	1.2465	54	23	2.3236
7	7	0.0139	19	13	0.1764	31	18	0.6256	43	20	1.3042	55	23	2.4071
8	8	0.0206	20	14	0.2096	32	18	0.6650	44	21	1.4310	56	23	2.4921
9	8	0.0258	21	14	0.2302	33	18	0.7056	45	21	1.4943	57	23	2.5784
10	9	0.0356	22	14	0.2518	34	18	0.7473	46	21	1.5589	58	23	2.6662
11	9	0.0427	23	15	0.2938	35	19	0.8339	47	21	1.6248	59	23	2.7554
12	10	0.0561	24	15	0.3188	36	19	0.8804	48	22	1.7721	60	24	2.9691
13	10	0.0654	25	16	0.3678	37	19	0.9280	49	22	1.8439			
14	11	0.0830	26	16	0.3966	38	19	0.9769	50	22	1.9170			

适用树种：阔叶树（热带）；适用地区：海南全省。

1017. 海南窿缘桉二元立木材积表

$$V=0.00006597592D^{1.64959}H^{1.10245}\text{；}D\leqslant 60\text{cm}, H\leqslant 18\text{m}$$

$$H=20.639078-181.0594/(D+8)$$

D	H	V	D	H	V	D	H	V	D	H	V	D	H	V
3	4	0.0019	15	13	0.0972	27	15	0.3000	39	17	0.6317	51	18	1.0473
4	6	0.0047	16	13	0.1081	28	16	0.3420	40	17	0.6586	52	18	1.0813
5	7	0.0080	17	13	0.1195	29	16	0.3624	41	17	0.6860	53	18	1.1159
6	8	0.0125	18	14	0.1424	30	16	0.3833	42	17	0.7138	54	18	1.1508
7	9	0.0184	19	14	0.1557	31	16	0.4046	43	17	0.7421	55	18	1.1862
8	9	0.0230	20	14	0.1695	32	16	0.4263	44	17	0.7708	56	18	1.2220
9	10	0.0313	21	14	0.1837	33	16	0.4485	45	17	0.7999	57	18	1.2582
10	11	0.0414	22	15	0.2140	34	16	0.4712	46	17	0.8294	58	18	1.2948
11	11	0.0485	23	15	0.2303	35	16	0.4943	47	17	0.8593	59	18	1.3318
12	12	0.0616	24	15	0.2470	36	17	0.5535	48	17	0.8897	60	18	1.3692
13	12	0.0703	25	15	0.2642	37	17	0.5791	49	17	0.9205			
14	12	0.0794	26	15	0.2819	38	17	0.6052	50	18	1.0136			

适用树种：窿缘桉；适用地区：海南全省。

1018. 海南柠檬桉二元立木材积表

$$V = 0.000077945312D^{1.79016}H^{0.90786} \text{；} D \leqslant 60\text{cm}, H \leqslant 22\text{m}$$

$$H = 25.0408 - 180.48782/(D+5)$$

D	H	V	D	H	V	D	H	V	D	H	V	D	H	V
3	2	0.0010	15	16	0.1231	27	19	0.4122	39	21	0.8718	51	22	1.4701
4	5	0.0040	16	16	0.1382	28	20	0.4609	40	21	0.9123	52	22	1.5221
5	7	0.0081	17	17	0.1628	29	20	0.4908	41	21	0.9535	53	22	1.5749
6	9	0.0142	18	17	0.1803	30	20	0.5215	42	21	0.9955	54	22	1.6285
7	10	0.0205	19	18	0.2092	31	20	0.5530	43	21	1.0384	55	22	1.6829
8	11	0.0284	20	18	0.2293	32	20	0.5853	44	21	1.0820	56	22	1.7380
9	12	0.0380	21	18	0.2503	33	20	0.6185	45	21	1.1264	57	22	1.7940
10	13	0.0493	22	18	0.2720	34	20	0.6524	46	22	1.2221	58	22	1.8507
11	14	0.0626	23	19	0.3093	35	21	0.7183	47	22	1.2701	59	22	1.9082
12	14	0.0732	24	19	0.3338	36	21	0.7555	48	22	1.3189	60	22	1.9665
13	15	0.0899	25	19	0.3591	37	21	0.7934	49	22	1.3685			
14	16	0.1088	26	19	0.3853	38	21	0.8322	50	22	1.4189			

适用树种：柠檬桉；适用地区：海南全省。

1019. 海南木麻黄二元立木材积表

$$V = 0.00006419D^{1.796891}H^{0.94828532} \text{；} D \leqslant 60\text{cm}, H \leqslant 25\text{m}$$

$$H = 31.6321 - 480.3447/(D+15)$$

D	H	V	D	H	V	D	H	V	D	H	V	D	H	V
3	5	0.0021	15	16	0.1155	27	20	0.4104	39	23	0.9073	51	24	1.5297
4	6	0.0042	16	16	0.1297	28	20	0.4381	40	23	0.9495	52	24	1.5841
5	8	0.0083	17	17	0.1532	29	21	0.4887	41	23	0.9926	53	25	1.7039
6	9	0.0129	18	17	0.1698	30	21	0.5194	42	23	1.0365	54	25	1.7621
7	10	0.0188	19	18	0.1975	31	21	0.5510	43	23	1.0813	55	25	1.8212
8	11	0.0262	20	18	0.2166	32	21	0.5833	44	23	1.1269	56	25	1.8811
9	12	0.0351	21	18	0.2364	33	22	0.6443	45	24	1.2216	57	25	1.9419
10	12	0.0424	22	19	0.2706	34	22	0.6798	46	24	1.2709	58	25	2.0036
11	13	0.0543	23	19	0.2931	35	22	0.7161	47	24	1.3209	59	25	2.0661
12	14	0.0682	24	19	0.3164	36	22	0.7533	48	24	1.3719	60	25	2.1294
13	14	0.0787	25	20	0.3574	37	22	0.7913	49	24	1.4236			
14	15	0.0960	26	20	0.3835	38	23	0.8659	50	24	1.4763			

适用树种：木麻黄；适用地区：海南全省。

1020. 海南杉树二元立木材积表

$V = 0.000058777042D^{1.9699831}H^{0.89646157}$；$D \leqslant 60\text{cm}, H \leqslant 22\text{m}$

$H = 32.972405 - 1019.2934/(D + 30)$

D	H	V	D	H	V	D	H	V	D	H	V	D	H	V
3	2	0.0010	15	10	0.0961	27	15	0.4398	39	18	1.0688	51	20	1.9926
4	3	0.0024	16	11	0.1188	28	15	0.4725	40	18	1.1234	52	21	2.1628
5	4	0.0049	17	11	0.1339	29	16	0.5365	41	19	1.2380	53	21	2.2455
6	5	0.0085	18	12	0.1620	30	16	0.5735	42	19	1.2982	54	21	2.3298
7	5	0.0115	19	12	0.1802	31	16	0.6118	43	19	1.3598	55	21	2.4155
8	6	0.0176	20	13	0.2142	32	17	0.6877	44	19	1.4228	56	21	2.5028
9	7	0.0255	21	13	0.2358	33	17	0.7306	45	19	1.4872	57	21	2.5916
10	7	0.0314	22	13	0.2584	34	17	0.7749	46	20	1.6261	58	21	2.6819
11	8	0.0427	23	14	0.3015	35	17	0.8204	47	20	1.6964	59	22	2.8919
12	9	0.0563	24	14	0.3278	36	18	0.9129	48	20	1.7683	60	22	2.9893
13	9	0.0659	25	14	0.3553	37	18	0.9635	49	20	1.8416			
14	10	0.0839	26	15	0.4083	38	18	1.0154	50	20	1.9163			

适用树种：杉树；适用地区：海南全省。

1021. 海南马尾松二元立木材积表

$V = 0.000062341803D^{1.8551497}H^{0.95682492}$；$D \leqslant 60\text{cm}, H \leqslant 22\text{m}$

$H = 33.992991 - 1086.240259/(D + 30)$

D	H	V	D	H	V	D	H	V	D	H	V	D	H	V
4	2	0.0016	16	10	0.0967	28	15	0.4025	40	18	0.9288	52	21	1.7513
5	3	0.0035	17	11	0.1185	29	16	0.4570	41	19	1.0239	53	21	1.8143
6	4	0.0065	18	11	0.1318	30	16	0.4866	42	19	1.0708	54	21	1.8783
7	5	0.0107	19	12	0.1584	31	16	0.5171	43	19	1.1185	55	21	1.9433
8	5	0.0138	20	12	0.1742	32	16	0.5485	44	19	1.1673	56	21	2.0094
9	6	0.0204	21	13	0.2058	33	17	0.6154	45	20	1.2782	57	22	2.1710
10	7	0.0287	22	13	0.2244	34	17	0.6505	46	20	1.3314	58	22	2.2422
11	7	0.0343	23	13	0.2437	35	17	0.6864	47	20	1.3856	59	22	2.3144
12	8	0.0458	24	14	0.2831	36	18	0.7639	48	20	1.4408	60	22	2.3877
13	9	0.0595	25	14	0.3054	37	18	0.8037	49	20	1.4969			
14	9	0.0682	26	15	0.3508	38	18	0.8445	50	20	1.5541			
15	10	0.0858	27	15	0.3763	39	18	0.8862	51	21	1.6893			

适用树种：马尾松；适用地区：海南全省。

21 四川省立木材积表

四川省的一元立木材积表是利用部颁二元材积表 (LY 208—1977) 导算的，适用于四川省和重庆市（重庆市没有独立编表）。二元材积表采用的是轮尺径，而一元材积表的径阶为围尺径。在导算时，需要把围尺径转换为轮尺径，同时利用树高-直径回归方程将二元材积式变换为一元材积式，即：

$V=a(f(D_{围}))^b(f(D_{围}))^c$，其中：$D_{轮}=f(D_{围})$，$H=f(D_{围})$。

编表地区划分：

高原区：若尔盖、红原、阿坝、壤圹、炉霍、色达、甘孜、德格、石渠、邓柯。

峡谷区：南坪、松潘、黑水、茂汶、理县、汶川、马尔康、金川、小金、丹巴、道孚、新龙、雅江、白玉、巴塘、理塘、德容、乡城、稻城、康定、九龙、木里、乾宁、义敦。

盆地区：不属于上述地区的县均列为盆地区。

注：以上是粗略的划分，仅供查表时参考。

四川省于 2012 年发布了由四川省林业调查规划院编制的 5 个树种的二元立木材积表地方标准，下面给出材积式（围尺径）。括号内数字为胸径 20 cm 树高 15 m 时的材积测试值（m^3）。

（1）柳杉（人工林）（0.2331）

$V=0.00005611664D^{1.802483}H^{1.082741}$, $D\leqslant 76\text{cm}$, $H\leqslant 35\text{m}$

标准名称：柳杉二元立木材积表、单木出材率表，DB 51/T 1462。

（2）杉木（人工林）（0.2412）

$V=0.00006588635D^{1.944122}H^{0.8793488}$, $D\leqslant 62\text{cm}$, $H\leqslant 35\text{m}$

标准名称：杉木二元立木材积表、单木出材率表，DB 51/T 1464。

（3）云南松（人工林和飞播林）（0.2466）

$V=0.00008712394D^{1.917252}H^{0.814087}$, $D\leqslant 60\text{cm}$, $H\leqslant 35\text{m}$

标准名称：云南松二元立木材积表、单木出材率表，DB 51/T 1465。

（4）马尾松（人工林）（0.2481）

$V=0.00006808595D^{1.858728}H^{0.9721861}$, $D\leqslant 60\text{cm}$, $H\leqslant 35\text{m}$

标准名称：马尾松二元立木材积表、单木出材率表，DB 51/T 1466。

（5）柏木（人工林）（0.1971 m^3）

$V = 0.0000687928D^{1.593567}H^{1.176727}$, $D \leqslant 60$cm, $H \leqslant 35$m

标准名称：柏木二元立木材积表、单木出材率表，DB 51/T 1467。

1022. 四川高原冷杉一元立木材积表

$$V = 0.000063219426 D_{轮}^{1.9006108} H^{0.96265927}$$

$$H = D_{围}/(1.0246184 + 0.016312831 D_{围})；\ D_{围} \leqslant 163\text{cm}$$

$$D_{轮} = -0.21797692 + 0.99982812 D_{围}；\ 表中D为围尺径$$

D	V	ΔV	D	V	ΔV	D	V	ΔV	D	V	ΔV
4	0.0028	0.0025	44	1.8626	0.1065	84	8.7735	0.2438	124	21.2533	0.3836
5	0.0053	0.0036	45	1.9691	0.1098	85	9.0173	0.2473	125	21.6369	0.3870
6	0.0089	0.0049	46	2.0788	0.1131	86	9.2645	0.2508	126	22.0239	0.3905
7	0.0138	0.0063	47	2.1919	0.1164	87	9.5153	0.2543	127	22.4144	0.3940
8	0.0201	0.0079	48	2.3083	0.1197	88	9.7696	0.2578	128	22.8084	0.3975
9	0.0280	0.0095	49	2.4280	0.1231	89	10.0274	0.2613	129	23.2059	0.4009
10	0.0375	0.0113	50	2.5511	0.1264	90	10.2887	0.2648	130	23.6068	0.4044
11	0.0488	0.0132	51	2.6775	0.1298	91	10.5535	0.2683	131	24.0112	0.4079
12	0.0620	0.0152	52	2.8073	0.1332	92	10.8218	0.2718	132	24.4190	0.4113
13	0.0772	0.0173	53	2.9404	0.1365	93	11.0936	0.2753	133	24.8304	0.4148
14	0.0944	0.0194	54	3.0770	0.1399	94	11.3689	0.2788	134	25.2452	0.4183
15	0.1139	0.0217	55	3.2169	0.1433	95	11.6476	0.2823	135	25.6634	0.4217
16	0.1355	0.0240	56	3.3602	0.1467	96	11.9299	0.2858	136	26.0852	0.4252
17	0.1595	0.0264	57	3.5070	0.1501	97	12.2157	0.2893	137	26.5104	0.4287
18	0.1859	0.0288	58	3.6571	0.1536	98	12.5050	0.2928	138	26.9390	0.4321
19	0.2148	0.0314	59	3.8107	0.1570	99	12.7978	0.2963	139	27.3711	0.4356
20	0.2461	0.0339	60	3.9677	0.1604	100	13.0941	0.2998	140	27.8067	0.4390
21	0.2800	0.0366	61	4.1281	0.1639	101	13.3939	0.3033	141	28.2457	0.4425
22	0.3166	0.0392	62	4.2919	0.1673	102	13.6972	0.3068	142	28.6882	0.4459
23	0.3558	0.0420	63	4.4592	0.1707	103	14.0040	0.3103	143	29.1342	0.4494
24	0.3978	0.0447	64	4.6299	0.1742	104	14.3143	0.3138	144	29.5836	0.4528
25	0.4425	0.0475	65	4.8041	0.1776	105	14.6280	0.3173	145	30.0364	0.4563
26	0.4900	0.0504	66	4.9818	0.1811	106	14.9453	0.3208	146	30.4927	0.4597
27	0.5404	0.0533	67	5.1629	0.1846	107	15.2661	0.3243	147	30.9524	0.4632
28	0.5937	0.0562	68	5.3474	0.1880	108	15.5904	0.3278	148	31.4156	0.4666
29	0.6499	0.0592	69	5.5355	0.1915	109	15.9181	0.3313	149	31.8823	0.4701
30	0.7091	0.0621	70	5.7270	0.1950	110	16.2494	0.3348	150	32.3524	0.4735
31	0.7712	0.0652	71	5.9219	0.1984	111	16.5841	0.3382	151	32.8259	0.4770
32	0.8364	0.0682	72	6.1204	0.2019	112	16.9224	0.3417	152	33.3029	0.4804
33	0.9046	0.0713	73	6.3223	0.2054	113	17.2641	0.3452	153	33.7833	0.4838
34	0.9759	0.0744	74	6.5277	0.2089	114	17.6093	0.3487	154	34.2671	0.4873
35	1.0503	0.0775	75	6.7366	0.2124	115	17.9581	0.3522	155	34.7544	0.4907
36	1.1278	0.0806	76	6.9489	0.2158	116	18.3103	0.3557	156	35.2451	0.4942
37	1.2084	0.0838	77	7.1648	0.2193	117	18.6660	0.3592	157	35.7393	0.4976
38	1.2922	0.0870	78	7.3841	0.2228	118	19.0251	0.3627	158	36.2369	0.5010
39	1.3792	0.0902	79	7.6069	0.2263	119	19.3878	0.3661	159	36.7379	0.5045
40	1.4694	0.0934	80	7.8332	0.2298	120	19.7539	0.3696	160	37.2423	0.5079
41	1.5628	0.0967	81	8.0631	0.2333	121	20.1236	0.3731	161	37.7502	0.5113
42	1.6595	0.0999	82	8.2964	0.2368	122	20.4967	0.3766	162	38.2615	0.5148
43	1.7594	0.1032	83	8.5332	0.2403	123	20.8733	0.3801	163	38.7763	0.5148

适用树种：冷杉（高原）；适用地区：四川省；资料名称：四川省一元立木材积表；编表人或作者：四川省林业勘察设计院；刊印或发表时间：1980。

1023. 四川峡谷冷杉一元立木材积表

$$V = 0.000063219426 D_{轮}^{1.9006108} H^{0.96265927}$$

$$H = 45.79737 - 1837.2261/(D_{围} + 38.406037)；\ D_{围} \leqslant 227\text{cm}$$

$$D_{轮} = -0.1027115 + 0.995766 D_{围}；\ 表中D为围尺径$$

D	V	ΔV	D	V	ΔV	D	V	ΔV	D	V	ΔV
4	0.0020	0.0023	42	1.5503	0.0902	80	6.9053	0.1944	118	16.1951	0.2968
5	0.0043	0.0034	43	1.6405	0.0929	81	7.0996	0.1971	119	16.4919	0.2995
6	0.0077	0.0047	44	1.7334	0.0956	82	7.2968	0.1999	120	16.7914	0.3021
7	0.0123	0.0061	45	1.8290	0.0984	83	7.4966	0.2026	121	17.0935	0.3048
8	0.0185	0.0077	46	1.9274	0.1011	84	7.6992	0.2053	122	17.3983	0.3074
9	0.0262	0.0094	47	2.0284	0.1038	85	7.9045	0.2080	123	17.7057	0.3101
10	0.0355	0.0111	48	2.1323	0.1066	86	8.1125	0.2107	124	18.0158	0.3127
11	0.0467	0.0130	49	2.2388	0.1093	87	8.3233	0.2135	125	18.3285	0.3154
12	0.0597	0.0150	50	2.3482	0.1121	88	8.5367	0.2162	126	18.6439	0.3180
13	0.0746	0.0170	51	2.4602	0.1148	89	8.7529	0.2189	127	18.9619	0.3207
14	0.0916	0.0191	52	2.5750	0.1176	90	8.9718	0.2216	128	19.2826	0.3233
15	0.1107	0.0212	53	2.6926	0.1203	91	9.1934	0.2243	129	19.6059	0.3259
16	0.1320	0.0234	54	2.8129	0.1230	92	9.4177	0.2270	130	19.9318	0.3286
17	0.1554	0.0257	55	2.9359	0.1258	93	9.6447	0.2297	131	20.2604	0.3312
18	0.1811	0.0280	56	3.0617	0.1285	94	9.8744	0.2324	132	20.5916	0.3339
19	0.2091	0.0303	57	3.1903	0.1313	95	10.1069	0.2351	133	20.9255	0.3365
20	0.2395	0.0327	58	3.3216	0.1341	96	10.3420	0.2378	134	21.2619	0.3391
21	0.2722	0.0351	59	3.4556	0.1368	97	10.5798	0.2405	135	21.6011	0.3418
22	0.3073	0.0376	60	3.5924	0.1396	98	10.8204	0.2432	136	21.9428	0.3444
23	0.3449	0.0401	61	3.7320	0.1423	99	11.0636	0.2459	137	22.2872	0.3470
24	0.3850	0.0426	62	3.8743	0.1451	100	11.3095	0.2486	138	22.6342	0.3496
25	0.4275	0.0451	63	4.0193	0.1478	101	11.5582	0.2513	139	22.9838	0.3523
26	0.4726	0.0476	64	4.1671	0.1506	102	11.8095	0.2540	140	23.3361	0.3549
27	0.5202	0.0502	65	4.3177	0.1533	103	12.0635	0.2567	141	23.6910	0.3575
28	0.5704	0.0528	66	4.4710	0.1561	104	12.3202	0.2594	142	24.0485	0.3601
29	0.6232	0.0554	67	4.6270	0.1588	105	12.5796	0.2621	143	24.4086	0.3627
30	0.6786	0.0580	68	4.7858	0.1615	106	12.8416	0.2647	144	24.7713	0.3653
31	0.7366	0.0606	69	4.9474	0.1643	107	13.1064	0.2674	145	25.1367	0.3680
32	0.7972	0.0633	70	5.1117	0.1670	108	13.3738	0.2701	146	25.5046	0.3706
33	0.8605	0.0659	71	5.2787	0.1698	109	13.6439	0.2728	147	25.8752	0.3732
34	0.9264	0.0686	72	5.4485	0.1725	110	13.9167	0.2755	148	26.2484	0.3758
35	0.9950	0.0713	73	5.6210	0.1753	111	14.1922	0.2781	149	26.6242	0.3784
36	1.0662	0.0739	74	5.7963	0.1780	112	14.4703	0.2808	150	27.0026	0.3810
37	1.1402	0.0766	75	5.9743	0.1807	113	14.7511	0.2835	151	27.3836	0.3836
38	1.2168	0.0793	76	6.1550	0.1835	114	15.0346	0.2861	152	27.7672	0.3862
39	1.2961	0.0820	77	6.3385	0.1862	115	15.3207	0.2888	153	28.1534	0.3888
40	1.3781	0.0847	78	6.5247	0.1889	116	15.6095	0.2915	154	28.5422	0.3914
41	1.4629	0.0875	79	6.7136	0.1917	117	15.9010	0.2941	155	28.9336	0.3940

（续表）

D	V	ΔV	D	V	ΔV	D	V	ΔV	D	V	ΔV
156	29.3276	0.3966	174	36.8622	0.4431	192	45.2292	0.4891	210	54.4206	0.5347
157	29.7242	0.3992	175	37.3053	0.4456	193	45.7183	0.4916	211	54.9552	0.5372
158	30.1234	0.4018	176	37.7509	0.4482	194	46.2099	0.4942	212	55.4924	0.5397
159	30.5252	0.4044	177	38.1991	0.4508	195	46.7040	0.4967	213	56.0321	0.5422
160	30.9296	0.4070	178	38.6499	0.4533	196	47.2007	0.4992	214	56.5743	0.5447
161	31.3366	0.4096	179	39.1032	0.4559	197	47.7000	0.5018	215	57.1191	0.5472
162	31.7461	0.4121	180	39.5591	0.4585	198	48.2018	0.5043	216	57.6663	0.5498
163	32.1583	0.4147	181	40.0176	0.4610	199	48.7061	0.5068	217	58.2161	0.5523
164	32.5730	0.4173	182	40.4786	0.4636	200	49.2129	0.5094	218	58.7683	0.5548
165	32.9903	0.4199	183	40.9422	0.4661	201	49.7223	0.5119	219	59.3231	0.5573
166	33.4102	0.4225	184	41.4083	0.4687	202	50.2342	0.5144	220	59.8804	0.5598
167	33.8327	0.4251	185	41.8770	0.4712	203	50.7487	0.5170	221	60.4402	0.5623
168	34.2578	0.4276	186	42.3482	0.4738	204	51.2656	0.5195	222	61.0026	0.5648
169	34.6854	0.4302	187	42.8220	0.4763	205	51.7852	0.5220	223	61.5674	0.5673
170	35.1156	0.4328	188	43.2983	0.4789	206	52.3072	0.5246	224	62.1347	0.5698
171	35.5484	0.4354	189	43.7772	0.4814	207	52.8318	0.5271	225	62.7046	0.5723
172	35.9838	0.4379	190	44.2587	0.4840	208	53.3588	0.5296	226	63.2769	0.5748
173	36.4217	0.4405	191	44.7426	0.4865	209	53.8885	0.5321	227	63.8517	0.5748

适用树种：冷杉（峡谷）；适用地区：四川省；资料名称：四川省一元立木材积表；编表人或作者：四川省林业勘察设计院；刊印或发表时间：1980。

1024. 四川盆地冷杉一元立木材积表

$$V = 0.000063219426 D_{轮}^{1.9006108} H^{0.96265927}$$

$$H = D_{围}/(1.1882851 + 0.020225291 D_{围});\ D_{围} \leqslant 163\text{cm}$$

$$D_{轮} = -0.41976961 + 0.98313007 D_{围};\ 表中D为围尺径$$

D	V	ΔV	D	V	ΔV	D	V	ΔV	D	V	ΔV
4	0.0021	0.0020	44	1.5086	0.0860	84	7.0640	0.1954	124	17.0386	0.3060
5	0.0041	0.0029	45	1.5946	0.0886	85	7.2593	0.1981	125	17.3446	0.3087
6	0.0069	0.0039	46	1.6833	0.0913	86	7.4574	0.2009	126	17.6533	0.3115
7	0.0108	0.0051	47	1.7745	0.0939	87	7.6583	0.2037	127	17.9647	0.3142
8	0.0159	0.0063	48	1.8685	0.0966	88	7.8620	0.2064	128	18.2789	0.3169
9	0.0222	0.0077	49	1.9651	0.0993	89	8.0685	0.2092	129	18.5959	0.3197
10	0.0299	0.0092	50	2.0644	0.1020	90	8.2777	0.2120	130	18.9156	0.3224
11	0.0391	0.0107	51	2.1663	0.1046	91	8.4897	0.2148	131	19.2380	0.3252
12	0.0498	0.0123	52	2.2710	0.1073	92	8.7045	0.2175	132	19.5632	0.3279
13	0.0621	0.0140	53	2.3783	0.1100	93	8.9220	0.2203	133	19.8911	0.3306
14	0.0761	0.0158	54	2.4884	0.1127	94	9.1423	0.2231	134	20.2217	0.3334
15	0.0919	0.0176	55	2.6011	0.1155	95	9.3654	0.2259	135	20.5551	0.3361
16	0.1095	0.0195	56	2.7166	0.1182	96	9.5913	0.2286	136	20.8912	0.3389
17	0.1290	0.0214	57	2.8347	0.1209	97	9.8199	0.2314	137	21.2301	0.3416
18	0.1504	0.0234	58	2.9556	0.1236	98	10.0513	0.2342	138	21.5717	0.3443
19	0.1739	0.0255	59	3.0793	0.1264	99	10.2855	0.2370	139	21.9160	0.3471
20	0.1993	0.0276	60	3.2056	0.1291	100	10.5225	0.2397	140	22.2630	0.3498
21	0.2269	0.0297	61	3.3347	0.1318	101	10.7622	0.2425	141	22.6128	0.3525
22	0.2566	0.0319	62	3.4665	0.1346	102	11.0047	0.2453	142	22.9653	0.3552
23	0.2885	0.0341	63	3.6011	0.1373	103	11.2499	0.2480	143	23.3205	0.3580
24	0.3225	0.0363	64	3.7384	0.1401	104	11.4980	0.2508	144	23.6785	0.3607
25	0.3589	0.0386	65	3.8784	0.1428	105	11.7488	0.2536	145	24.0392	0.3634
26	0.3975	0.0409	66	4.0212	0.1456	106	12.0023	0.2563	146	24.4026	0.3661
27	0.4383	0.0432	67	4.1668	0.1483	107	12.2587	0.2591	147	24.7687	0.3689
28	0.4816	0.0456	68	4.3151	0.1511	108	12.5177	0.2619	148	25.1376	0.3716
29	0.5272	0.0480	69	4.4662	0.1538	109	12.7796	0.2646	149	25.5092	0.3743
30	0.5752	0.0504	70	4.6200	0.1566	110	13.0442	0.2674	150	25.8835	0.3770
31	0.6255	0.0528	71	4.7766	0.1593	111	13.3116	0.2701	151	26.2605	0.3797
32	0.6784	0.0553	72	4.9359	0.1621	112	13.5818	0.2729	152	26.6402	0.3824
33	0.7336	0.0578	73	5.0980	0.1649	113	13.8547	0.2757	153	27.0226	0.3852
34	0.7914	0.0602	74	5.2629	0.1676	114	14.1303	0.2784	154	27.4078	0.3879
35	0.8516	0.0628	75	5.4305	0.1704	115	14.4088	0.2812	155	27.7956	0.3906
36	0.9144	0.0653	76	5.6010	0.1732	116	14.6900	0.2839	156	28.1862	0.3933
37	0.9797	0.0678	77	5.7741	0.1759	117	14.9739	0.2867	157	28.5795	0.3960
38	1.0475	0.0704	78	5.9501	0.1787	118	15.2606	0.2895	158	28.9755	0.3987
39	1.1179	0.0730	79	6.1288	0.1815	119	15.5500	0.2922	159	29.3742	0.4014
40	1.1908	0.0755	80	6.3103	0.1843	120	15.8423	0.2950	160	29.7756	0.4041
41	1.2664	0.0781	81	6.4945	0.1870	121	16.1372	0.2977	161	30.1797	0.4068
42	1.3445	0.0807	82	6.6816	0.1898	122	16.4349	0.3005	162	30.5865	0.4095
43	1.4253	0.0834	83	6.8714	0.1926	123	16.7354	0.3032	163	30.9961	0.4095

适用树种：冷杉（盆地）；适用地区：四川省；资料名称：同上表。

1025. 四川高原云杉一元立木材积表

$$V = 0.000056790543 D_{轮}^{1.851732} H^{1.0334624}$$

$$H = D_{围}/(1.1122673 + 0.015431251 D_{围})；\ D_{围} \leqslant 163\text{cm}$$

$$D_{轮} = 0.05826205 + 0.99198249 D_{围}；\ 表中径阶为围尺径$$

D	V	ΔV	D	V	ΔV	D	V	ΔV	D	V	ΔV
4	0.0027	0.0023	44	1.6941	0.0974	84	8.0494	0.2247	124	19.5519	0.3533
5	0.0050	0.0033	45	1.7915	0.1005	85	8.2741	0.2279	125	19.9053	0.3565
6	0.0083	0.0044	46	1.8920	0.1035	86	8.5020	0.2311	126	20.2618	0.3597
7	0.0127	0.0057	47	1.9955	0.1066	87	8.7331	0.2344	127	20.6215	0.3629
8	0.0184	0.0071	48	2.1021	0.1097	88	8.9675	0.2376	128	20.9844	0.3661
9	0.0254	0.0086	49	2.2119	0.1128	89	9.2051	0.2408	129	21.3504	0.3692
10	0.0340	0.0102	50	2.3247	0.1159	90	9.4460	0.2441	130	21.7197	0.3724
11	0.0442	0.0119	51	2.4406	0.1190	91	9.6900	0.2473	131	22.0921	0.3756
12	0.0560	0.0137	52	2.5596	0.1222	92	9.9374	0.2505	132	22.4677	0.3788
13	0.0697	0.0155	53	2.6818	0.1253	93	10.1879	0.2538	133	22.8464	0.3819
14	0.0852	0.0175	54	2.8071	0.1284	94	10.4417	0.2570	134	23.2283	0.3851
15	0.1027	0.0195	55	2.9355	0.1316	95	10.6987	0.2602	135	23.6134	0.3883
16	0.1222	0.0216	56	3.0671	0.1347	96	10.9589	0.2635	136	24.0017	0.3914
17	0.1438	0.0238	57	3.2018	0.1379	97	11.2224	0.2667	137	24.3931	0.3946
18	0.1676	0.0260	58	3.3398	0.1411	98	11.4891	0.2699	138	24.7877	0.3977
19	0.1936	0.0283	59	3.4808	0.1443	99	11.7590	0.2731	139	25.1854	0.4009
20	0.2219	0.0306	60	3.6251	0.1474	100	12.0321	0.2764	140	25.5863	0.4040
21	0.2526	0.0330	61	3.7725	0.1506	101	12.3085	0.2796	141	25.9904	0.4072
22	0.2856	0.0355	62	3.9231	0.1538	102	12.5881	0.2828	142	26.3976	0.4104
23	0.3211	0.0380	63	4.0770	0.1570	103	12.8709	0.2860	143	26.8079	0.4135
24	0.3591	0.0405	64	4.2340	0.1602	104	13.1569	0.2893	144	27.2214	0.4166
25	0.3996	0.0431	65	4.3942	0.1634	105	13.4462	0.2925	145	27.6381	0.4198
26	0.4427	0.0457	66	4.5576	0.1666	106	13.7387	0.2957	146	28.0579	0.4229
27	0.4884	0.0484	67	4.7242	0.1698	107	14.0344	0.2989	147	28.4808	0.4261
28	0.5367	0.0510	68	4.8940	0.1730	108	14.3333	0.3021	148	28.9069	0.4292
29	0.5878	0.0538	69	5.0670	0.1762	109	14.6354	0.3053	149	29.3361	0.4323
30	0.6415	0.0565	70	5.2433	0.1795	110	14.9408	0.3086	150	29.7684	0.4355
31	0.6980	0.0593	71	5.4228	0.1827	111	15.2493	0.3118	151	30.2039	0.4386
32	0.7573	0.0621	72	5.6054	0.1859	112	15.5611	0.3150	152	30.6425	0.4417
33	0.8194	0.0649	73	5.7914	0.1891	113	15.8760	0.3182	153	31.0842	0.4449
34	0.8843	0.0678	74	5.9805	0.1924	114	16.1942	0.3214	154	31.5291	0.4480
35	0.9521	0.0707	75	6.1728	0.1956	115	16.5156	0.3246	155	31.9771	0.4511
36	1.0228	0.0736	76	6.3684	0.1988	116	16.8402	0.3278	156	32.4282	0.4542
37	1.0963	0.0765	77	6.5672	0.2020	117	17.1680	0.3310	157	32.8824	0.4574
38	1.1728	0.0794	78	6.7693	0.2053	118	17.4989	0.3342	158	33.3398	0.4605
39	1.2522	0.0824	79	6.9746	0.2085	119	17.8331	0.3374	159	33.8003	0.4636
40	1.3346	0.0854	80	7.1831	0.2117	120	18.1705	0.3406	160	34.2638	0.4667
41	1.4200	0.0884	81	7.3948	0.2150	121	18.5111	0.3438	161	34.7305	0.4698
42	1.5083	0.0914	82	7.6098	0.2182	122	18.8548	0.3470	162	35.2003	0.4729
43	1.5997	0.0944	83	7.8280	0.2214	123	19.2018	0.3501	163	35.6732	0.4729

适用树种：云杉（高原）；适用地区：四川省；资料名称：四川省一元立木材积表；编表人或作者：四川省林业勘察设计院；刊印或发表时间：1980。

1026. 四川峡谷云杉一元立木材积表

$$V = 0.000056790543D_{轮}^{1.851732}H^{1.0334624}$$

$$H = D_{围}/(1.1294737 + 0.01611167D_{围})；\ D_{围} \leqslant 227\text{cm}$$

$$D_{轮} = 0.37388055 + 0.97209938D_{围}$$；表中径阶为围尺径

D	V	ΔV	D	V	ΔV	D	V	ΔV	D	V	ΔV
4	0.0029	0.0024	42	1.4351	0.0862	80	6.7577	0.1979	118	16.3783	0.3111
5	0.0053	0.0033	43	1.5213	0.0890	81	6.9556	0.2009	119	16.6894	0.3141
6	0.0086	0.0044	44	1.6103	0.0918	82	7.1565	0.2039	120	17.0035	0.3170
7	0.0130	0.0056	45	1.7022	0.0947	83	7.3605	0.2069	121	17.3205	0.3200
8	0.0187	0.0070	46	1.7968	0.0975	84	7.5674	0.2099	122	17.6405	0.3229
9	0.0257	0.0084	47	1.8944	0.1004	85	7.7773	0.2129	123	17.9634	0.3259
10	0.0341	0.0099	48	1.9948	0.1033	86	7.9902	0.2159	124	18.2893	0.3288
11	0.0440	0.0116	49	2.0981	0.1062	87	8.2061	0.2189	125	18.6181	0.3317
12	0.0556	0.0133	50	2.2042	0.1090	88	8.4250	0.2219	126	18.9498	0.3347
13	0.0689	0.0150	51	2.3133	0.1119	89	8.6468	0.2249	127	19.2845	0.3376
14	0.0839	0.0169	52	2.4252	0.1149	90	8.8717	0.2279	128	19.6221	0.3405
15	0.1008	0.0188	53	2.5401	0.1178	91	9.0996	0.2308	129	19.9626	0.3435
16	0.1196	0.0208	54	2.6578	0.1207	92	9.3304	0.2338	130	20.3061	0.3464
17	0.1404	0.0229	55	2.7785	0.1236	93	9.5643	0.2368	131	20.6525	0.3493
18	0.1633	0.0250	56	2.9021	0.1266	94	9.8011	0.2398	132	21.0019	0.3523
19	0.1883	0.0271	57	3.0287	0.1295	95	10.0409	0.2428	133	21.3541	0.3552
20	0.2154	0.0293	58	3.1582	0.1324	96	10.2837	0.2458	134	21.7093	0.3581
21	0.2448	0.0316	59	3.2906	0.1354	97	10.5295	0.2488	135	22.0674	0.3610
22	0.2763	0.0339	60	3.4260	0.1383	98	10.7783	0.2518	136	22.4284	0.3639
23	0.3102	0.0362	61	3.5643	0.1413	99	11.0300	0.2547	137	22.7924	0.3669
24	0.3465	0.0386	62	3.7056	0.1443	100	11.2847	0.2577	138	23.1593	0.3698
25	0.3851	0.0410	63	3.8499	0.1472	101	11.5425	0.2607	139	23.5290	0.3727
26	0.4262	0.0435	64	3.9971	0.1502	102	11.8032	0.2637	140	23.9017	0.3756
27	0.4697	0.0460	65	4.1473	0.1532	103	12.0668	0.2667	141	24.2773	0.3785
28	0.5156	0.0485	66	4.3004	0.1561	104	12.3335	0.2696	142	24.6558	0.3814
29	0.5641	0.0511	67	4.4566	0.1591	105	12.6031	0.2726	143	25.0372	0.3843
30	0.6152	0.0536	68	4.6157	0.1621	106	12.8757	0.2756	144	25.4216	0.3872
31	0.6688	0.0562	69	4.7777	0.1651	107	13.1513	0.2785	145	25.8088	0.3901
32	0.7250	0.0589	70	4.9428	0.1680	108	13.4298	0.2815	146	26.1989	0.3930
33	0.7839	0.0615	71	5.1108	0.1710	109	13.7113	0.2845	147	26.5919	0.3959
34	0.8454	0.0642	72	5.2819	0.1740	110	13.9958	0.2874	148	26.9878	0.3988
35	0.9096	0.0669	73	5.4559	0.1770	111	14.2833	0.2904	149	27.3866	0.4017
36	0.9764	0.0696	74	5.6329	0.1800	112	14.5737	0.2934	150	27.7883	0.4046
37	1.0460	0.0723	75	5.8129	0.1830	113	14.8671	0.2963	151	28.1929	0.4075
38	1.1183	0.0750	76	5.9959	0.1860	114	15.1634	0.2993	152	28.6004	0.4104
39	1.1934	0.0778	77	6.1818	0.1890	115	15.4627	0.3023	153	29.0108	0.4132
40	1.2712	0.0806	78	6.3708	0.1920	116	15.7649	0.3052	154	29.4240	0.4161
41	1.3517	0.0834	79	6.5627	0.1949	117	16.0702	0.3082	155	29.8401	0.4190

（续表）

D	V	ΔV	D	V	ΔV	D	V	ΔV	D	V	ΔV
156	30.2591	0.4219	174	38.2914	0.4733	192	47.2444	0.5242	210	57.1067	0.5744
157	30.6810	0.4248	175	38.7647	0.4762	193	47.7685	0.5270	211	57.6811	0.5771
158	31.1058	0.4276	176	39.2409	0.4790	194	48.2955	0.5298	212	58.2582	0.5799
159	31.5334	0.4305	177	39.7199	0.4819	195	48.8252	0.5326	213	58.8381	0.5827
160	31.9639	0.4334	178	40.2018	0.4847	196	49.3578	0.5354	214	59.4208	0.5854
161	32.3973	0.4362	179	40.6865	0.4875	197	49.8932	0.5382	215	60.0062	0.5882
162	32.8336	0.4391	180	41.1740	0.4903	198	50.4313	0.5410	216	60.5944	0.5910
163	33.2727	0.4420	181	41.6643	0.4932	199	50.9723	0.5437	217	61.1854	0.5937
164	33.7146	0.4448	182	42.1575	0.4960	200	51.5160	0.5465	218	61.7791	0.5965
165	34.1595	0.4477	183	42.6535	0.4988	201	52.0626	0.5493	219	62.3756	0.5992
166	34.6072	0.4506	184	43.1523	0.5016	202	52.6119	0.5521	220	62.9748	0.6020
167	35.0577	0.4534	185	43.6540	0.5045	203	53.1640	0.5549	221	63.5768	0.6048
168	35.5111	0.4563	186	44.1585	0.5073	204	53.7189	0.5577	222	64.1816	0.6075
169	35.9674	0.4591	187	44.6657	0.5101	205	54.2766	0.5605	223	64.7891	0.6103
170	36.4265	0.4620	188	45.1758	0.5129	206	54.8371	0.5633	224	65.3993	0.6130
171	36.8884	0.4648	189	45.6887	0.5157	207	55.4003	0.5660	225	66.0123	0.6158
172	37.3533	0.4677	190	46.2045	0.5185	208	55.9663	0.5688	226	66.6281	0.6185
173	37.8209	0.4705	191	46.7230	0.5213	209	56.5351	0.5716	227	67.2466	0.6185

适用树种：云杉（峡谷）；适用地区：四川省；资料名称：四川省一元立木材积表；编表人或作者：四川省林业勘察设计院；刊印或发表时间：1980。

1027. 四川盆地云杉一元立木材积表

$$V = 0.000056790543D_{轮}^{1.851732}H^{1.0334624}$$

$$H = D_{围}/(1.2018791 + 0.019490405D_{围});\ D_{围} \leqslant 147\text{cm}$$

$$D_{轮} = 0.37388055 + 0.97209938D_{围};\ 表中径阶为围尺径$$

D	V	ΔV	D	V	ΔV	D	V	ΔV	D	V	ΔV
4	0.0027	0.0022	40	1.1338	0.0710	76	5.2373	0.1601	112	12.5723	0.2496
5	0.0049	0.0031	41	1.2048	0.0733	77	5.3974	0.1626	113	12.8219	0.2520
6	0.0080	0.0041	42	1.2781	0.0758	78	5.5600	0.1651	114	13.0739	0.2545
7	0.0121	0.0052	43	1.3539	0.0782	79	5.7251	0.1676	115	13.3284	0.2569
8	0.0173	0.0064	44	1.4320	0.0806	80	5.8927	0.1701	116	13.5853	0.2594
9	0.0237	0.0077	45	1.5126	0.0830	81	6.0629	0.1726	117	13.8447	0.2618
10	0.0314	0.0091	46	1.5956	0.0854	82	6.2355	0.1751	118	14.1066	0.2643
11	0.0405	0.0106	47	1.6811	0.0879	83	6.4106	0.1776	119	14.3708	0.2667
12	0.0511	0.0121	48	1.7690	0.0903	84	6.5883	0.1801	120	14.6376	0.2692
13	0.0632	0.0137	49	1.8593	0.0928	85	6.7684	0.1826	121	14.9067	0.2716
14	0.0769	0.0154	50	1.9521	0.0953	86	6.9511	0.1851	122	15.1783	0.2740
15	0.0922	0.0171	51	2.0473	0.0977	87	7.1362	0.1876	123	15.4524	0.2765
16	0.1093	0.0189	52	2.1451	0.1002	88	7.3238	0.1901	124	15.7288	0.2789
17	0.1282	0.0207	53	2.2453	0.1027	89	7.5139	0.1926	125	16.0078	0.2813
18	0.1488	0.0226	54	2.3479	0.1051	90	7.7066	0.1951	126	16.2891	0.2838
19	0.1714	0.0245	55	2.4531	0.1076	91	7.9017	0.1976	127	16.5729	0.2862
20	0.1959	0.0264	56	2.5607	0.1101	92	8.0993	0.2001	128	16.8591	0.2886
21	0.2223	0.0284	57	2.6708	0.1126	93	8.2994	0.2026	129	17.1477	0.2911
22	0.2507	0.0304	58	2.7834	0.1151	94	8.5020	0.2051	130	17.4388	0.2935
23	0.2811	0.0325	59	2.8985	0.1176	95	8.7070	0.2076	131	17.7323	0.2959
24	0.3136	0.0346	60	3.0160	0.1201	96	8.9146	0.2100	132	18.0282	0.2983
25	0.3482	0.0367	61	3.1361	0.1226	97	9.1246	0.2125	133	18.3265	0.3007
26	0.3849	0.0389	62	3.2587	0.1251	98	9.3372	0.2150	134	18.6272	0.3032
27	0.4238	0.0410	63	3.3837	0.1276	99	9.5522	0.2175	135	18.9304	0.3056
28	0.4648	0.0432	64	3.5113	0.1301	100	9.7697	0.2200	136	19.2359	0.3080
29	0.5080	0.0454	65	3.6413	0.1326	101	9.9896	0.2224	137	19.5439	0.3104
30	0.5535	0.0477	66	3.7739	0.1351	102	10.2121	0.2249	138	19.8543	0.3128
31	0.6011	0.0499	67	3.9090	0.1376	103	10.4370	0.2274	139	20.1671	0.3152
32	0.6511	0.0522	68	4.0465	0.1401	104	10.6644	0.2299	140	20.4823	0.3176
33	0.7033	0.0545	69	4.1866	0.1426	105	10.8942	0.2323	141	20.7999	0.3200
34	0.7578	0.0568	70	4.3292	0.1451	106	11.1266	0.2348	142	21.1199	0.3224
35	0.8146	0.0591	71	4.4743	0.1476	107	11.3614	0.2373	143	21.4423	0.3248
36	0.8737	0.0615	72	4.6218	0.1501	108	11.5986	0.2397	144	21.7671	0.3272
37	0.9352	0.0638	73	4.7719	0.1526	109	11.8384	0.2422	145	22.0943	0.3296
38	0.9991	0.0662	74	4.9245	0.1551	110	12.0806	0.2447	146	22.4239	0.3320
39	1.0652	0.0686	75	5.0796	0.1576	111	12.3252	0.2471	147	22.7559	0.3320

适用树种：云杉（盆地）；适用地区：四川省；资料名称：同上表。

1028. 四川高原桦木一元立木材积表

$$V = 0.000048941911D_{轮}^{2.0172708}H^{0.88580889}$$

$H = D_{围}/(0.60156264 + 0.045978797D_{围})$；$D_{围} \leqslant 115\text{cm}$

$D_{轮} = -0.71541913 + 1.0509503D_{围}$；表中径阶为围尺径

D	V	ΔV	D	V	ΔV	D	V	ΔV	D	V	ΔV
4	0.0026	0.0025	32	0.6361	0.0470	60	2.6246	0.0971	88	6.0306	0.1481
5	0.0051	0.0036	33	0.6831	0.0487	61	2.7217	0.0989	89	6.1787	0.1499
6	0.0087	0.0048	34	0.7318	0.0505	62	2.8206	0.1007	90	6.3286	0.1518
7	0.0134	0.0060	35	0.7823	0.0523	63	2.9214	0.1025	91	6.4803	0.1536
8	0.0195	0.0074	36	0.8345	0.0540	64	3.0239	0.1043	92	6.6339	0.1554
9	0.0268	0.0088	37	0.8885	0.0558	65	3.1282	0.1062	93	6.7893	0.1572
10	0.0356	0.0102	38	0.9443	0.0576	66	3.2344	0.1080	94	6.9466	0.1591
11	0.0458	0.0117	39	1.0019	0.0594	67	3.3424	0.1098	95	7.1056	0.1609
12	0.0576	0.0132	40	1.0613	0.0611	68	3.4522	0.1116	96	7.2665	0.1627
13	0.0708	0.0148	41	1.1224	0.0629	69	3.5638	0.1134	97	7.4293	0.1646
14	0.0856	0.0164	42	1.1853	0.0647	70	3.6772	0.1152	98	7.5939	0.1664
15	0.1020	0.0180	43	1.2500	0.0665	71	3.7925	0.1171	99	7.7603	0.1682
16	0.1199	0.0196	44	1.3165	0.0683	72	3.9095	0.1189	100	7.9285	0.1701
17	0.1395	0.0212	45	1.3848	0.0701	73	4.0284	0.1207	101	8.0986	0.1719
18	0.1608	0.0229	46	1.4548	0.0719	74	4.1491	0.1225	102	8.2705	0.1737
19	0.1837	0.0246	47	1.5267	0.0737	75	4.2717	0.1244	103	8.4443	0.1756
20	0.2082	0.0262	48	1.6003	0.0754	76	4.3960	0.1262	104	8.6199	0.1774
21	0.2344	0.0279	49	1.6758	0.0772	77	4.5222	0.1280	105	8.7973	0.1793
22	0.2624	0.0296	50	1.7530	0.0790	78	4.6502	0.1298	106	8.9765	0.1811
23	0.2920	0.0313	51	1.8321	0.0808	79	4.7800	0.1316	107	9.1576	0.1829
24	0.3233	0.0330	52	1.9129	0.0826	80	4.9116	0.1335	108	9.3406	0.1848
25	0.3563	0.0348	53	1.9956	0.0844	81	5.0451	0.1353	109	9.5253	0.1866
26	0.3911	0.0365	54	2.0800	0.0863	82	5.1804	0.1371	110	9.7119	0.1884
27	0.4276	0.0382	55	2.1663	0.0881	83	5.3175	0.1389	111	9.9004	0.1903
28	0.4658	0.0400	56	2.2543	0.0899	84	5.4565	0.1408	112	10.0907	0.1921
29	0.5057	0.0417	57	2.3442	0.0917	85	5.5973	0.1426	113	10.2828	0.1940
30	0.5474	0.0435	58	2.4359	0.0935	86	5.7399	0.1444	114	10.4768	0.1958
31	0.5909	0.0452	59	2.5293	0.0953	87	5.8843	0.1463	115	10.6726	0.1958

适用树种：桦木（高原）；适用地区：四川省；资料名称：四川省一元立木材积表；编表人或作者：四川省林业勘察设计院；刊印或发表时间：1980。

1029. 四川峡谷桦树一元立木材积表

$$V = 0.000048941911 D_{轮}^{2.0172708} H^{0.88580889}$$

$$H = 33.272677 - 1031.4484/(D_{围} + 31.549341)；\ D_{围} \leqslant 179\text{cm}$$

$$D_{轮} = -0.3302824 + 0.98390498 D_{围}；表中D为围尺径$$

D	V	ΔV	D	V	ΔV	D	V	ΔV	D	V	ΔV
4	0.0023	0.0021	42	1.2042	0.0699	80	5.4182	0.1549	118	12.9250	0.2428
5	0.0044	0.0030	43	1.2742	0.0721	81	5.5731	0.1572	119	13.1678	0.2451
6	0.0074	0.0040	44	1.3463	0.0743	82	5.7302	0.1595	120	13.4129	0.2474
7	0.0114	0.0051	45	1.4205	0.0764	83	5.8897	0.1618	121	13.6603	0.2498
8	0.0165	0.0063	46	1.4970	0.0786	84	6.0515	0.1641	122	13.9101	0.2521
9	0.0229	0.0076	47	1.5756	0.0808	85	6.2156	0.1664	123	14.1622	0.2544
10	0.0305	0.0090	48	1.6563	0.0830	86	6.3819	0.1687	124	14.4166	0.2568
11	0.0394	0.0104	49	1.7393	0.0852	87	6.5506	0.1710	125	14.6734	0.2591
12	0.0498	0.0119	50	1.8245	0.0874	88	6.7215	0.1733	126	14.9325	0.2614
13	0.0617	0.0134	51	1.9118	0.0896	89	6.8948	0.1756	127	15.1940	0.2638
14	0.0751	0.0150	52	2.0014	0.0918	90	7.0704	0.1779	128	15.4577	0.2661
15	0.0901	0.0166	53	2.0932	0.0940	91	7.2482	0.1802	129	15.7239	0.2685
16	0.1067	0.0183	54	2.1871	0.0962	92	7.4284	0.1825	130	15.9923	0.2708
17	0.1250	0.0200	55	2.2833	0.0984	93	7.6109	0.1848	131	16.2631	0.2731
18	0.1450	0.0218	56	2.3818	0.1006	94	7.7956	0.1871	132	16.5362	0.2755
19	0.1668	0.0236	57	2.4824	0.1029	95	7.9827	0.1894	133	16.8117	0.2778
20	0.1904	0.0254	58	2.5853	0.1051	96	8.1721	0.1917	134	17.0895	0.2802
21	0.2158	0.0272	59	2.6904	0.1073	97	8.3638	0.1940	135	17.3697	0.2825
22	0.2430	0.0291	60	2.7977	0.1096	98	8.5578	0.1963	136	17.6522	0.2848
23	0.2721	0.0310	61	2.9073	0.1118	99	8.7542	0.1986	137	17.9370	0.2872
24	0.3031	0.0329	62	3.0191	0.1141	100	8.9528	0.2010	138	18.2242	0.2895
25	0.3360	0.0348	63	3.1331	0.1163	101	9.1537	0.2033	139	18.5137	0.2919
26	0.3708	0.0368	64	3.2494	0.1186	102	9.3570	0.2056	140	18.8056	0.2942
27	0.4076	0.0388	65	3.3680	0.1208	103	9.5626	0.2079	141	19.0998	0.2966
28	0.4463	0.0408	66	3.4888	0.1231	104	9.7705	0.2102	142	19.3964	0.2989
29	0.4871	0.0428	67	3.6119	0.1253	105	9.9807	0.2125	143	19.6953	0.3012
30	0.5299	0.0448	68	3.7372	0.1276	106	10.1933	0.2149	144	19.9965	0.3036
31	0.5746	0.0468	69	3.8648	0.1299	107	10.4081	0.2172	145	20.3001	0.3059
32	0.6215	0.0489	70	3.9946	0.1321	108	10.6253	0.2195	146	20.6061	0.3083
33	0.6703	0.0509	71	4.1267	0.1344	109	10.8448	0.2218	147	20.9143	0.3106
34	0.7213	0.0530	72	4.2611	0.1367	110	11.0666	0.2242	148	21.2250	0.3130
35	0.7743	0.0551	73	4.3978	0.1389	111	11.2908	0.2265	149	21.5380	0.3153
36	0.8294	0.0572	74	4.5367	0.1412	112	11.5173	0.2288	150	21.8533	0.3177
37	0.8865	0.0593	75	4.6779	0.1435	113	11.7461	0.2311	151	22.1710	0.3200
38	0.9458	0.0614	76	4.8214	0.1458	114	11.9772	0.2335	152	22.4910	0.3224
39	1.0072	0.0635	77	4.9672	0.1480	115	12.2107	0.2358	153	22.8134	0.3247
40	1.0708	0.0657	78	5.1152	0.1503	116	12.4465	0.2381	154	23.1381	0.3271
41	1.1364	0.0678	79	5.2655	0.1526	117	12.6846	0.2404	155	23.4652	0.3295

D	V	ΔV	D	V	ΔV	D	V	ΔV	D	V	ΔV
156	23.7947	0.3318	162	25.8207	0.3459	168	27.9314	0.3600	174	30.1271	0.3742
157	24.1264	0.3341	163	26.1666	0.3483	169	28.2915	0.3624	175	30.5013	0.3766
158	24.4606	0.3365	164	26.5148	0.3506	170	28.6539	0.3648	176	30.8778	0.3789
159	24.7971	0.3388	165	26.8655	0.3530	171	29.0186	0.3671	177	31.2567	0.3813
160	25.1359	0.3412	166	27.2184	0.3553	172	29.3858	0.3695	178	31.6380	0.3836
161	25.4771	0.3436	167	27.5738	0.3577	173	29.7552	0.3718	179	32.0216	0.3836

适用树种：桦树（峡谷）；适用地区：四川省；资料名称：四川省一元立木材积表；编表人或作者：四川省林业勘察设计院；刊印或发表时间：1980。

1030. 四川水青冈一元立木材积表

$$V = 0.000059599783D_{\text{轮}}^{1.8564005}H^{0.98056202}$$

$$H = D_{\text{围}}/(0.832271 + 0.035995311D_{\text{围}})；\ D_{\text{围}} \leqslant 83\text{cm}$$

$$D_{\text{轮}} = 0.27415423 + 0.95625085D_{\text{围}}；\ \text{表中径阶为围尺径}$$

D	V	ΔV	D	V	ΔV	D	V	ΔV	D	V	ΔV
4	0.0033	0.0025	24	0.2750	0.0272	44	1.0744	0.0539	64	2.3995	0.0797
5	0.0058	0.0034	25	0.3022	0.0286	45	1.1283	0.0553	65	2.4792	0.0809
6	0.0092	0.0044	26	0.3308	0.0299	46	1.1836	0.0566	66	2.5601	0.0822
7	0.0136	0.0055	27	0.3607	0.0313	47	1.2402	0.0579	67	2.6423	0.0834
8	0.0191	0.0066	28	0.3919	0.0326	48	1.2980	0.0592	68	2.7258	0.0847
9	0.0257	0.0077	29	0.4245	0.0340	49	1.3572	0.0605	69	2.8105	0.0859
10	0.0334	0.0089	30	0.4585	0.0353	50	1.4177	0.0618	70	2.8964	0.0872
11	0.0423	0.0101	31	0.4938	0.0366	51	1.4795	0.0631	71	2.9836	0.0884
12	0.0525	0.0114	32	0.5304	0.0380	52	1.5425	0.0644	72	3.0721	0.0897
13	0.0639	0.0126	33	0.5684	0.0393	53	1.6069	0.0657	73	3.1617	0.0909
14	0.0765	0.0139	34	0.6078	0.0407	54	1.6726	0.0669	74	3.2527	0.0922
15	0.0904	0.0152	35	0.6484	0.0420	55	1.7395	0.0682	75	3.3448	0.0934
16	0.1056	0.0165	36	0.6904	0.0433	56	1.8077	0.0695	76	3.4382	0.0946
17	0.1221	0.0178	37	0.7338	0.0447	57	1.8772	0.0708	77	3.5329	0.0959
18	0.1400	0.0192	38	0.7785	0.0460	58	1.9480	0.0721	78	3.6287	0.0971
19	0.1591	0.0205	39	0.8245	0.0473	59	2.0201	0.0733	79	3.7258	0.0983
20	0.1796	0.0218	40	0.8718	0.0487	60	2.0934	0.0746	80	3.8241	0.0995
21	0.2015	0.0232	41	0.9205	0.0500	61	2.1681	0.0759	81	3.9237	0.1008
22	0.2246	0.0245	42	0.9705	0.0513	62	2.2439	0.0772	82	4.0244	0.1020
23	0.2492	0.0259	43	1.0218	0.0526	63	2.3211	0.0784	83	4.1264	0.1020

适用树种：水青冈；适用地区：四川省；资料名称：四川省一元立木材积表；编表人或作者：四川省林业勘察设计院；刊印或发表时间：1980。

1031. 四川盆地桦树一元立木材积表

$$V = 0.000049841911D_{轮}^{2.0172708}H^{0.88580889}$$

$$H = D_{围}/(29.536839 - 730.3551D_{围})；\ D_{围} \leqslant 163\text{cm}$$

$$D_{轮} = -0.50029025 + 0.99987831D_{围}；$$ 表中径阶为围尺径

D	V	ΔV	D	V	ΔV	D	V	ΔV	D	V	ΔV
4	0.0025	0.0022	44	1.3436	0.0728	84	5.8908	0.1573	124	13.8662	0.2439
5	0.0047	0.0032	45	1.4164	0.0748	85	6.0481	0.1594	125	14.1101	0.2460
6	0.0079	0.0042	46	1.4912	0.0769	86	6.2075	0.1616	126	14.3561	0.2482
7	0.0121	0.0054	47	1.5681	0.0790	87	6.3691	0.1637	127	14.6043	0.2504
8	0.0175	0.0066	48	1.6471	0.0810	88	6.5328	0.1659	128	14.8547	0.2526
9	0.0241	0.0080	49	1.7281	0.0831	89	6.6987	0.1680	129	15.1073	0.2547
10	0.0321	0.0094	50	1.8112	0.0852	90	6.8667	0.1702	130	15.3620	0.2569
11	0.0415	0.0108	51	1.8964	0.0873	91	7.0369	0.1723	131	15.6190	0.2591
12	0.0523	0.0123	52	1.9837	0.0894	92	7.2092	0.1745	132	15.8781	0.2613
13	0.0646	0.0139	53	2.0730	0.0914	93	7.3837	0.1766	133	16.1394	0.2635
14	0.0784	0.0155	54	2.1645	0.0935	94	7.5603	0.1788	134	16.4028	0.2657
15	0.0939	0.0171	55	2.2580	0.0956	95	7.7392	0.1810	135	16.6685	0.2678
16	0.1110	0.0188	56	2.3536	0.0977	96	7.9201	0.1831	136	16.9363	0.2700
17	0.1298	0.0205	57	2.4514	0.0998	97	8.1032	0.1853	137	17.2064	0.2722
18	0.1502	0.0222	58	2.5512	0.1019	98	8.2885	0.1874	138	17.4786	0.2744
19	0.1724	0.0240	59	2.6531	0.1040	99	8.4760	0.1896	139	17.7529	0.2766
20	0.1964	0.0258	60	2.7572	0.1061	100	8.6656	0.1918	140	18.0295	0.2788
21	0.2222	0.0276	61	2.8633	0.1083	101	8.8573	0.1939	141	18.3083	0.2809
22	0.2497	0.0294	62	2.9715	0.1104	102	9.0513	0.1961	142	18.5892	0.2831
23	0.2791	0.0312	63	3.0819	0.1125	103	9.2473	0.1983	143	18.8723	0.2853
24	0.3104	0.0331	64	3.1944	0.1146	104	9.4456	0.2004	144	19.1576	0.2875
25	0.3435	0.0350	65	3.3090	0.1167	105	9.6460	0.2026	145	19.4451	0.2897
26	0.3785	0.0369	66	3.4257	0.1188	106	9.8486	0.2048	146	19.7348	0.2919
27	0.4153	0.0388	67	3.5445	0.1210	107	10.0534	0.2069	147	20.0267	0.2941
28	0.4541	0.0407	68	3.6655	0.1231	108	10.2603	0.2091	148	20.3207	0.2962
29	0.4949	0.0427	69	3.7886	0.1252	109	10.4694	0.2113	149	20.6170	0.2984
30	0.5375	0.0446	70	3.9138	0.1273	110	10.6806	0.2134	150	20.9154	0.3006
31	0.5821	0.0466	71	4.0411	0.1295	111	10.8940	0.2156	151	21.2160	0.3028
32	0.6287	0.0485	72	4.1706	0.1316	112	11.1096	0.2178	152	21.5188	0.3050
33	0.6773	0.0505	73	4.3022	0.1337	113	11.3274	0.2199	153	21.8238	0.3072
34	0.7278	0.0525	74	4.4359	0.1359	114	11.5473	0.2221	154	22.1310	0.3094
35	0.7803	0.0545	75	4.5718	0.1380	115	11.7695	0.2243	155	22.4404	0.3116
36	0.8348	0.0565	76	4.7098	0.1401	116	11.9937	0.2265	156	22.7520	0.3138
37	0.8913	0.0585	77	4.8499	0.1423	117	12.2202	0.2286	157	23.0657	0.3159
38	0.9498	0.0605	78	4.9922	0.1444	118	12.4488	0.2308	158	23.3817	0.3181
39	1.0104	0.0626	79	5.1366	0.1466	119	12.6796	0.2330	159	23.6998	0.3203
40	1.0730	0.0646	80	5.2831	0.1487	120	12.9126	0.2351	160	24.0202	0.3225
41	1.1376	0.0666	81	5.4318	0.1508	121	13.1477	0.2373	161	24.3427	0.3247
42	1.2042	0.0687	82	5.5827	0.1530	122	13.3851	0.2395	162	24.6674	0.3269
43	1.2729	0.0707	83	5.7357	0.1551	123	13.6246	0.2417	163	24.9943	0.3269

适用树种：桦树（盆地）；适用地区：四川省；资料名称：同上表。

1032. 四川铁杉一元立木材积表

$$V = 0.000057173591 D_{轮}^{1.8813305} H^{0.99568845}$$

$$H = D_{围}/(1.1354066 + 0.023356616 D_{围})；\ D_{围} \leqslant 243\text{cm}$$

$$D_{轮} = -0.1843827 + 0.94888642 D_{围}；$$ 表中径阶为围尺径

D	V	ΔV	D	V	ΔV	D	V	ΔV	D	V	ΔV
4	0.0021	0.0019	42	1.1389	0.0668	80	5.1515	0.1467	118	12.1970	0.2258
5	0.0039	0.0027	43	1.2056	0.0688	81	5.2983	0.1488	119	12.4229	0.2279
6	0.0066	0.0036	44	1.2745	0.0709	82	5.4471	0.1509	120	12.6508	0.2299
7	0.0102	0.0046	45	1.3454	0.0730	83	5.5980	0.1530	121	12.8807	0.2320
8	0.0148	0.0057	46	1.4184	0.0751	84	5.7511	0.1551	122	13.1127	0.2340
9	0.0206	0.0069	47	1.4934	0.0772	85	5.9062	0.1572	123	13.3467	0.2361
10	0.0275	0.0082	48	1.5706	0.0792	86	6.0635	0.1593	124	13.5828	0.2381
11	0.0357	0.0095	49	1.6498	0.0813	87	6.2228	0.1614	125	13.8210	0.2402
12	0.0452	0.0109	50	1.7312	0.0834	88	6.3842	0.1635	126	14.0612	0.2422
13	0.0562	0.0124	51	1.8146	0.0855	89	6.5478	0.1656	127	14.3034	0.2443
14	0.0685	0.0139	52	1.9001	0.0876	90	6.7134	0.1677	128	14.5477	0.2463
15	0.0824	0.0154	53	1.9878	0.0897	91	6.8812	0.1698	129	14.7940	0.2484
16	0.0979	0.0170	54	2.0775	0.0918	92	7.0510	0.1719	130	15.0423	0.2504
17	0.1149	0.0187	55	2.1693	0.0939	93	7.2229	0.1740	131	15.2927	0.2524
18	0.1336	0.0204	56	2.2633	0.0961	94	7.3969	0.1761	132	15.5452	0.2545
19	0.1539	0.0221	57	2.3593	0.0982	95	7.5730	0.1782	133	15.7996	0.2565
20	0.1760	0.0238	58	2.4575	0.1003	96	7.7512	0.1803	134	16.0561	0.2585
21	0.1998	0.0256	59	2.5578	0.1024	97	7.9315	0.1824	135	16.3146	0.2606
22	0.2254	0.0274	60	2.6602	0.1045	98	8.1139	0.1844	136	16.5752	0.2626
23	0.2527	0.0292	61	2.7647	0.1066	99	8.2983	0.1865	137	16.8378	0.2646
24	0.2819	0.0310	62	2.8713	0.1087	100	8.4848	0.1886	138	17.1024	0.2666
25	0.3130	0.0329	63	2.9800	0.1108	101	8.6735	0.1907	139	17.3690	0.2687
26	0.3459	0.0348	64	3.0908	0.1129	102	8.8641	0.1928	140	17.6377	0.2707
27	0.3807	0.0367	65	3.2038	0.1151	103	9.0569	0.1949	141	17.9084	0.2727
28	0.4174	0.0386	66	3.3188	0.1172	104	9.2518	0.1969	142	18.1811	0.2747
29	0.4560	0.0406	67	3.4360	0.1193	105	9.4487	0.1990	143	18.4558	0.2767
30	0.4966	0.0425	68	3.5553	0.1214	106	9.6477	0.2011	144	18.7326	0.2788
31	0.5391	0.0445	69	3.6767	0.1235	107	9.8488	0.2031	145	19.0113	0.2808
32	0.5835	0.0465	70	3.8002	0.1256	108	10.0519	0.2052	146	19.2921	0.2828
33	0.6300	0.0484	71	3.9259	0.1277	109	10.2571	0.2073	147	19.5749	0.2848
34	0.6784	0.0505	72	4.0536	0.1299	110	10.4644	0.2094	148	19.8597	0.2868
35	0.7289	0.0525	73	4.1834	0.1320	111	10.6738	0.2114	149	20.1466	0.2888
36	0.7814	0.0545	74	4.3154	0.1341	112	10.8852	0.2135	150	20.4354	0.2908
37	0.8358	0.0565	75	4.4495	0.1362	113	11.0987	0.2155	151	20.7262	0.2929
38	0.8924	0.0585	76	4.5857	0.1383	114	11.3142	0.2176	152	21.0191	0.2949
39	0.9509	0.0606	77	4.7240	0.1404	115	11.5318	0.2197	153	21.3139	0.2969
40	1.0115	0.0626	78	4.8644	0.1425	116	11.7515	0.2217	154	21.6108	0.2989
41	1.0741	0.0647	79	5.0069	0.1446	117	11.9732	0.2238	155	21.9097	0.3009

（续表）

D	V	ΔV	D	V	ΔV	D	V	ΔV	D	V	ΔV
156	22.2105	0.3029	178	29.3335	0.3466	200	37.4113	0.3896	222	46.4312	0.4322
157	22.5134	0.3049	179	29.6801	0.3485	201	37.8009	0.3916	223	46.8634	0.4341
158	22.8183	0.3069	180	30.0286	0.3505	202	38.1925	0.3935	224	47.2976	0.4360
159	23.1251	0.3089	181	30.3791	0.3525	203	38.5861	0.3955	225	47.7336	0.4380
160	23.4340	0.3109	182	30.7316	0.3544	204	38.9816	0.3974	226	48.1715	0.4399
161	23.7449	0.3129	183	31.0860	0.3564	205	39.3790	0.3994	227	48.6114	0.4418
162	24.0577	0.3148	184	31.4424	0.3584	206	39.7783	0.4013	228	49.0532	0.4437
163	24.3726	0.3168	185	31.8008	0.3603	207	40.1796	0.4032	229	49.4969	0.4456
164	24.6894	0.3188	186	32.1611	0.3623	208	40.5829	0.4052	230	49.9426	0.4475
165	25.0082	0.3208	187	32.5234	0.3643	209	40.9881	0.4071	231	50.3901	0.4495
166	25.3290	0.3228	188	32.8877	0.3662	210	41.3952	0.4091	232	50.8395	0.4514
167	25.6519	0.3248	189	33.2539	0.3682	211	41.8042	0.4110	233	51.2909	0.4533
168	25.9766	0.3268	190	33.6221	0.3701	212	42.2152	0.4129	234	51.7442	0.4552
169	26.3034	0.3288	191	33.9922	0.3721	213	42.6281	0.4149	235	52.1994	0.4571
170	26.6322	0.3307	192	34.3643	0.3740	214	43.0430	0.4168	236	52.6565	0.4590
171	26.9629	0.3327	193	34.7383	0.3760	215	43.4598	0.4187	237	53.1155	0.4609
172	27.2956	0.3347	194	35.1143	0.3780	216	43.8785	0.4206	238	53.5764	0.4628
173	27.6304	0.3367	195	35.4923	0.3799	217	44.2991	0.4226	239	54.0392	0.4647
174	27.9670	0.3387	196	35.8722	0.3819	218	44.7217	0.4245	240	54.5040	0.4666
175	28.3057	0.3406	197	36.2540	0.3838	219	45.1462	0.4264	241	54.9706	0.4685
176	28.6463	0.3426	198	36.6378	0.3858	220	45.5726	0.4283	242	55.4391	0.4704
177	28.9889	0.3446	199	37.0236	0.3877	221	46.0010	0.4303	243	55.9096	0.4704

适用树种：铁杉；适用地区：四川省；资料名称：四川省一元立木材积表；编表人或作者：四川省林业勘察设计院；刊印或发表时间：1980。

1033. 四川落叶松一元立木材积表

$$V = 0.000054381398D_{轮}^{1.8288952}H^{1.0666428}$$

$H = D_{围}/(1.0015491 + 0.027188681D_{围})$； $D_{围} \leqslant 179\text{cm}$

$D_{轮} = 1.914734 + 0.8944415D_{围}$；表中径阶为围尺径

D	V	ΔV	D	V	ΔV	D	V	ΔV	D	V	ΔV
4	0.0048	0.0030	42	1.0798	0.0583	80	4.3941	0.1171	118	9.8735	0.1722
5	0.0078	0.0040	43	1.1381	0.0599	81	4.5111	0.1186	119	10.0458	0.1737
6	0.0118	0.0050	44	1.1980	0.0615	82	4.6297	0.1200	120	10.2194	0.1751
7	0.0168	0.0061	45	1.2595	0.0631	83	4.7497	0.1215	121	10.3945	0.1765
8	0.0228	0.0072	46	1.3226	0.0647	84	4.8713	0.1230	122	10.5709	0.1779
9	0.0300	0.0084	47	1.3873	0.0663	85	4.9943	0.1245	123	10.7488	0.1793
10	0.0384	0.0096	48	1.4536	0.0678	86	5.1188	0.1260	124	10.9281	0.1807
11	0.0481	0.0109	49	1.5214	0.0694	87	5.2448	0.1275	125	11.1088	0.1821
12	0.0590	0.0123	50	1.5908	0.0710	88	5.3723	0.1290	126	11.2908	0.1835
13	0.0712	0.0136	51	1.6618	0.0726	89	5.5012	0.1304	127	11.4743	0.1849
14	0.0848	0.0150	52	1.7343	0.0741	90	5.6316	0.1319	128	11.6592	0.1863
15	0.0998	0.0164	53	1.8085	0.0757	91	5.7635	0.1334	129	11.8454	0.1876
16	0.1162	0.0178	54	1.8842	0.0773	92	5.8969	0.1348	130	12.0331	0.1890
17	0.1341	0.0193	55	1.9614	0.0788	93	6.0318	0.1363	131	12.2221	0.1904
18	0.1534	0.0208	56	2.0402	0.0804	94	6.1681	0.1378	132	12.4125	0.1918
19	0.1742	0.0223	57	2.1206	0.0819	95	6.3058	0.1392	133	12.6043	0.1932
20	0.1964	0.0238	58	2.2025	0.0835	96	6.4451	0.1407	134	12.7975	0.1946
21	0.2202	0.0253	59	2.2860	0.0850	97	6.5858	0.1422	135	12.9921	0.1960
22	0.2455	0.0268	60	2.3711	0.0866	98	6.7279	0.1436	136	13.1881	0.1973
23	0.2723	0.0284	61	2.4577	0.0881	99	6.8715	0.1451	137	13.3854	0.1987
24	0.3006	0.0299	62	2.5458	0.0897	100	7.0166	0.1465	138	13.5841	0.2001
25	0.3305	0.0315	63	2.6355	0.0912	101	7.1631	0.1480	139	13.7842	0.2015
26	0.3620	0.0330	64	2.7267	0.0928	102	7.3111	0.1494	140	13.9857	0.2028
27	0.3950	0.0346	65	2.8195	0.0943	103	7.4605	0.1508	141	14.1885	0.2042
28	0.4296	0.0361	66	2.9138	0.0958	104	7.6113	0.1523	142	14.3927	0.2056
29	0.4657	0.0377	67	3.0096	0.0974	105	7.7636	0.1537	143	14.5983	0.2069
30	0.5035	0.0393	68	3.1070	0.0989	106	7.9173	0.1552	144	14.8052	0.2083
31	0.5428	0.0409	69	3.2059	0.1004	107	8.0725	0.1566	145	15.0135	0.2097
32	0.5836	0.0425	70	3.3064	0.1020	108	8.2291	0.1580	146	15.2232	0.2110
33	0.6261	0.0441	71	3.4083	0.1035	109	8.3871	0.1595	147	15.4342	0.2124
34	0.6702	0.0456	72	3.5118	0.1050	110	8.5466	0.1609	148	15.6466	0.2137
35	0.7158	0.0472	73	3.6168	0.1065	111	8.7075	0.1623	149	15.8604	0.2151
36	0.7630	0.0488	74	3.7233	0.1080	112	8.8698	0.1637	150	16.0755	0.2165
37	0.8118	0.0504	75	3.8313	0.1095	113	9.0335	0.1652	151	16.2919	0.2178
38	0.8623	0.0520	76	3.9409	0.1110	114	9.1987	0.1666	152	16.5097	0.2192
39	0.9142	0.0536	77	4.0519	0.1126	115	9.3653	0.1680	153	16.7289	0.2205
40	0.9678	0.0552	78	4.1645	0.1141	116	9.5333	0.1694	154	16.9494	0.2219
41	1.0230	0.0568	79	4.2785	0.1156	117	9.7027	0.1708	155	17.1713	0.2232

（续表）

D	V	ΔV	D	V	ΔV	D	V	ΔV	D	V	ΔV
156	17.3945	0.2246	162	18.7620	0.2326	168	20.1776	0.2406	174	21.6411	0.2485
157	17.6190	0.2259	163	18.9946	0.2339	169	20.4182	0.2419	175	21.8896	0.2499
158	17.8450	0.2272	164	19.2285	0.2353	170	20.6601	0.2433	176	22.1395	0.2512
159	18.0722	0.2286	165	19.4638	0.2366	171	20.9034	0.2446	177	22.3907	0.2525
160	18.3008	0.2299	166	19.7004	0.2379	172	21.1480	0.2459	178	22.6432	0.2538
161	18.5307	0.2313	167	19.9384	0.2393	173	21.3939	0.2472	179	22.8970	0.2538

适用树种：落叶松；适用地区：四川省；资料名称：四川省一元立木材积表；编表人或作者：四川省林业勘察设计院；刊印或发表时间：1980。

1034. 四川栓皮栎一元立木材积表

$$V = 0.000059599783 D_{轮}^{1.8564005} H^{0.98056206}$$

$$H = 13.05865 - 217.66198/(D_{围} + 18.824672)；D_{围} \leqslant 83\text{cm}$$

$$D_{轮} = 0.69595276 + 0.93366043 D_{围}$$；表中D为围尺径

D	V	ΔV	D	V	ΔV	D	V	ΔV	D	V	ΔV
4	0.0032	0.0019	24	0.1553	0.0142	44	0.5588	0.0266	64	1.2043	0.0384
5	0.0051	0.0024	25	0.1695	0.0149	45	0.5855	0.0272	65	1.2428	0.0390
6	0.0076	0.0030	26	0.1844	0.0155	46	0.6127	0.0278	66	1.2817	0.0396
7	0.0105	0.0035	27	0.1999	0.0161	47	0.6405	0.0284	67	1.3213	0.0401
8	0.0141	0.0041	28	0.2160	0.0168	48	0.6690	0.0290	68	1.3614	0.0407
9	0.0182	0.0047	29	0.2327	0.0174	49	0.6980	0.0296	69	1.4021	0.0413
10	0.0230	0.0053	30	0.2501	0.0180	50	0.7276	0.0302	70	1.4434	0.0418
11	0.0283	0.0060	31	0.2682	0.0186	51	0.7579	0.0308	71	1.4852	0.0424
12	0.0343	0.0066	32	0.2868	0.0193	52	0.7887	0.0314	72	1.5277	0.0430
13	0.0408	0.0072	33	0.3061	0.0199	53	0.8201	0.0320	73	1.5706	0.0435
14	0.0481	0.0078	34	0.3260	0.0205	54	0.8521	0.0326	74	1.6142	0.0441
15	0.0559	0.0085	35	0.3465	0.0211	55	0.8847	0.0332	75	1.6583	0.0447
16	0.0644	0.0091	36	0.3676	0.0218	56	0.9179	0.0338	76	1.7029	0.0452
17	0.0735	0.0098	37	0.3894	0.0224	57	0.9517	0.0344	77	1.7482	0.0458
18	0.0833	0.0104	38	0.4118	0.0230	58	0.9860	0.0349	78	1.7940	0.0463
19	0.0937	0.0110	39	0.4347	0.0236	59	1.0209	0.0355	79	1.8403	0.0469
20	0.1047	0.0117	40	0.4583	0.0242	60	1.0565	0.0361	80	1.8872	0.0475
21	0.1164	0.0123	41	0.4825	0.0248	61	1.0926	0.0367	81	1.9347	0.0480
22	0.1287	0.0130	42	0.5074	0.0254	62	1.1293	0.0373	82	1.9827	0.0486
23	0.1417	0.0136	43	0.5328	0.0260	63	1.1665	0.0378	83	2.0313	0.0486

适用树种：栓皮栎；适用地区：四川省；资料名称：四川省一元立木材积表；编表人或作者：四川省林业勘察设计院；刊印或发表时间：1980。

1035. 四川杉木一元立木材积表

$$V = 0.000058777042D_{轮}^{1.9699831}H^{0.8964656156}$$

$$H = 1.231308985\ln D_{围};\ D_{围} \leqslant 115\text{cm}$$

$$D_{轮} = 0.056577129 + 0.99150783\ln D_{围};\ \text{表中}D\text{为围尺径}$$

D	V	ΔV	D	V	ΔV	D	V	ΔV	D	V	ΔV
4	0.0025	0.0021	32	0.5922	0.0465	60	2.6578	0.1038	88	6.3661	0.1633
5	0.0045	0.0029	33	0.6387	0.0484	61	2.7616	0.1059	89	6.5294	0.1655
6	0.0075	0.0039	34	0.6871	0.0504	62	2.8675	0.1080	90	6.6949	0.1676
7	0.0114	0.0049	35	0.7375	0.0524	63	2.9756	0.1101	91	6.8624	0.1697
8	0.0163	0.0061	36	0.7898	0.0543	64	3.0857	0.1123	92	7.0322	0.1719
9	0.0224	0.0073	37	0.8442	0.0563	65	3.1980	0.1144	93	7.2041	0.1740
10	0.0297	0.0086	38	0.9005	0.0583	66	3.3123	0.1165	94	7.3781	0.1761
11	0.0383	0.0099	39	0.9588	0.0604	67	3.4288	0.1186	95	7.5542	0.1783
12	0.0482	0.0113	40	1.0192	0.0624	68	3.5474	0.1207	96	7.7325	0.1804
13	0.0596	0.0128	41	1.0816	0.0644	69	3.6682	0.1228	97	7.9129	0.1826
14	0.0724	0.0143	42	1.1460	0.0664	70	3.7910	0.1250	98	8.0955	0.1847
15	0.0867	0.0159	43	1.2124	0.0685	71	3.9160	0.1271	99	8.2802	0.1868
16	0.1025	0.0174	44	1.2809	0.0705	72	4.0431	0.1292	100	8.4670	0.1890
17	0.1200	0.0191	45	1.3514	0.0726	73	4.1723	0.1313	101	8.6560	0.1911
18	0.1391	0.0207	46	1.4240	0.0746	74	4.3036	0.1335	102	8.8471	0.1933
19	0.1598	0.0224	47	1.4986	0.0767	75	4.4371	0.1356	103	9.0404	0.1954
20	0.1822	0.0242	48	1.5753	0.0788	76	4.5727	0.1377	104	9.2358	0.1975
21	0.2064	0.0259	49	1.6541	0.0808	77	4.7104	0.1399	105	9.4333	0.1997
22	0.2323	0.0277	50	1.7349	0.0829	78	4.8503	0.1420	106	9.6330	0.2018
23	0.2600	0.0295	51	1.8178	0.0850	79	4.9923	0.1441	107	9.8348	0.2040
24	0.2894	0.0313	52	1.9028	0.0871	80	5.1364	0.1462	108	10.0388	0.2061
25	0.3207	0.0331	53	1.9898	0.0891	81	5.2826	0.1484	109	10.2449	0.2082
26	0.3539	0.0350	54	2.0790	0.0912	82	5.4310	0.1505	110	10.4531	0.2104
27	0.3888	0.0369	55	2.1702	0.0933	83	5.5815	0.1526	111	10.6635	0.2125
28	0.4257	0.0388	56	2.2635	0.0954	84	5.7341	0.1548	112	10.8760	0.2147
29	0.4645	0.0407	57	2.3589	0.0975	85	5.8889	0.1569	113	11.0906	0.2168
30	0.5051	0.0426	58	2.4565	0.0996	86	6.0458	0.1590	114	11.3074	0.2189
31	0.5477	0.0445	59	2.5561	0.1017	87	6.2049	0.1612	115	11.5264	0.2189

适用树种：杉木；适用地区：四川省；资料名称：四川省一元立木材积表；编表人或作者：四川省林业勘察设计院；刊印或发表时间：1980。

1036. 四川柳杉一元立木材积表

$$V = 0.000057173591 D_{轮}^{1.8813305} H^{0.99568845}$$

$$H = D_{围}/(0.82592758 + 0.034909691 D_{围})；D_{围} \leqslant 115\text{cm}$$

$$D_{轮} = 0.12635659 + 0.98855764 D_{围}；表中径阶为围尺径$$

D	V	ΔV	D	V	ΔV	D	V	ΔV	D	V	ΔV
4	0.0033	0.0027	32	0.6225	0.0455	60	2.5226	0.0916	88	5.6885	0.1359
5	0.0060	0.0037	33	0.6680	0.0472	61	2.6142	0.0932	89	5.8244	0.1374
6	0.0097	0.0049	34	0.7152	0.0489	62	2.7074	0.0948	90	5.9618	0.1389
7	0.0146	0.0061	35	0.7641	0.0505	63	2.8022	0.0964	91	6.1007	0.1405
8	0.0207	0.0074	36	0.8146	0.0522	64	2.8986	0.0980	92	6.2412	0.1420
9	0.0281	0.0087	37	0.8668	0.0539	65	2.9966	0.0996	93	6.3833	0.1436
10	0.0368	0.0101	38	0.9207	0.0555	66	3.0962	0.1012	94	6.5268	0.1451
11	0.0469	0.0115	39	0.9762	0.0572	67	3.1974	0.1028	95	6.6720	0.1467
12	0.0584	0.0130	40	1.0333	0.0588	68	3.3002	0.1044	96	6.8186	0.1482
13	0.0714	0.0145	41	1.0922	0.0605	69	3.4047	0.1060	97	6.9668	0.1497
14	0.0860	0.0161	42	1.1527	0.0622	70	3.5107	0.1076	98	7.1166	0.1513
15	0.1020	0.0176	43	1.2148	0.0638	71	3.6182	0.1092	99	7.2678	0.1528
16	0.1196	0.0192	44	1.2786	0.0655	72	3.7274	0.1108	100	7.4206	0.1543
17	0.1388	0.0208	45	1.3441	0.0671	73	3.8382	0.1123	101	7.5750	0.1559
18	0.1596	0.0224	46	1.4112	0.0688	74	3.9505	0.1139	102	7.7308	0.1574
19	0.1820	0.0240	47	1.4799	0.0704	75	4.0645	0.1155	103	7.8882	0.1589
20	0.2060	0.0256	48	1.5503	0.0720	76	4.1800	0.1171	104	8.0471	0.1604
21	0.2316	0.0273	49	1.6224	0.0737	77	4.2971	0.1187	105	8.2075	0.1620
22	0.2589	0.0289	50	1.6961	0.0753	78	4.4157	0.1202	106	8.3695	0.1635
23	0.2878	0.0306	51	1.7714	0.0770	79	4.5360	0.1218	107	8.5330	0.1650
24	0.3183	0.0322	52	1.8484	0.0786	80	4.6578	0.1234	108	8.6980	0.1665
25	0.3505	0.0339	53	1.9269	0.0802	81	4.7811	0.1249	109	8.8645	0.1680
26	0.3844	0.0355	54	2.0072	0.0819	82	4.9061	0.1265	110	9.0325	0.1695
27	0.4199	0.0372	55	2.0890	0.0835	83	5.0326	0.1281	111	9.2020	0.1710
28	0.4571	0.0389	56	2.1725	0.0851	84	5.1607	0.1296	112	9.3731	0.1726
29	0.4960	0.0405	57	2.2576	0.0867	85	5.2903	0.1312	113	9.5456	0.1741
30	0.5365	0.0422	58	2.3443	0.0883	86	5.4215	0.1327	114	9.7197	0.1756
31	0.5787	0.0439	59	2.4327	0.0900	87	5.5542	0.1343	115	9.8952	0.1756

适用树种：柳杉；适用地区：四川省；资料名称：四川省一元立木材积表；编表人或作者：四川省林业勘察设计院；刊印或发表时间：1980。

1037. 四川油松一元立木材积表

$$V = 0.000066492454 D_{轮}^{1.8655617} H^{0.93768879}$$

$$H = -9.9109753 + 8.0113972 \ln D_{围}; \quad D_{围} \leqslant 115\text{cm}$$

$$D_{轮} = -0.19006179 + 1.0134423 \ln D_{围}; \quad \text{表中}D\text{为围尺径}$$

D	V	ΔV	D	V	ΔV	D	V	ΔV	D	V	ΔV
4	0.0010	0.0026	32	0.6464	0.0473	60	2.6500	0.0981	88	6.1034	0.1507
5	0.0036	0.0038	33	0.6937	0.0490	61	2.7480	0.0999	89	6.2541	0.1526
6	0.0074	0.0051	34	0.7428	0.0508	62	2.8480	0.1018	90	6.4067	0.1545
7	0.0125	0.0065	35	0.7936	0.0526	63	2.9497	0.1036	91	6.5612	0.1564
8	0.0189	0.0079	36	0.8462	0.0544	64	3.0534	0.1055	92	6.7176	0.1583
9	0.0268	0.0093	37	0.9005	0.0561	65	3.1589	0.1074	93	6.8759	0.1602
10	0.0361	0.0108	38	0.9567	0.0579	66	3.2663	0.1092	94	7.0360	0.1621
11	0.0468	0.0123	39	1.0146	0.0597	67	3.3755	0.1111	95	7.1982	0.1640
12	0.0591	0.0138	40	1.0743	0.0615	68	3.4866	0.1130	96	7.3622	0.1659
13	0.0729	0.0154	41	1.1358	0.0633	69	3.5996	0.1148	97	7.5281	0.1678
14	0.0883	0.0169	42	1.1991	0.0651	70	3.7144	0.1167	98	7.6959	0.1697
15	0.1052	0.0185	43	1.2642	0.0669	71	3.8312	0.1186	99	7.8656	0.1716
16	0.1237	0.0201	44	1.3312	0.0687	72	3.9497	0.1205	100	8.0373	0.1736
17	0.1438	0.0217	45	1.3999	0.0705	73	4.0702	0.1223	101	8.2108	0.1755
18	0.1656	0.0234	46	1.4704	0.0724	74	4.1926	0.1242	102	8.3863	0.1774
19	0.1890	0.0250	47	1.5428	0.0742	75	4.3168	0.1261	103	8.5637	0.1793
20	0.2140	0.0267	48	1.6169	0.0760	76	4.4429	0.1280	104	8.7430	0.1812
21	0.2407	0.0284	49	1.6929	0.0778	77	4.5709	0.1299	105	8.9242	0.1831
22	0.2690	0.0300	50	1.7708	0.0796	78	4.7008	0.1318	106	9.1073	0.1850
23	0.2991	0.0317	51	1.8504	0.0815	79	4.8325	0.1336	107	9.2923	0.1870
24	0.3308	0.0334	52	1.9319	0.0833	80	4.9662	0.1355	108	9.4793	0.1889
25	0.3642	0.0351	53	2.0152	0.0851	81	5.1017	0.1374	109	9.6682	0.1908
26	0.3994	0.0368	54	2.1003	0.0870	82	5.2391	0.1393	110	9.8590	0.1927
27	0.4362	0.0386	55	2.1873	0.0888	83	5.3784	0.1412	111	10.0517	0.1946
28	0.4748	0.0403	56	2.2762	0.0907	84	5.5196	0.1431	112	10.2463	0.1966
29	0.5151	0.0420	57	2.3668	0.0925	85	5.6627	0.1450	113	10.4429	0.1985
30	0.5571	0.0438	58	2.4594	0.0944	86	5.8077	0.1469	114	10.6414	0.2004
31	0.6009	0.0455	59	2.5537	0.0962	87	5.9546	0.1488	115	10.8418	0.2004

适用树种：油松；适用地区：四川省；资料名称：四川省一元立木材积表；编表人或作者：四川省林业勘察设计院；刊印或发表时间：1980。

1038. 四川云南松一元立木材积表

$$V = 0.000058290117D_{轮}^{1.9796344}H^{0.90715154}$$

$$H = D_{围}/(1.2349114 + 0.022093234D_{围})；\ D_{围} \leqslant 147\text{cm}$$

$$D_{轮} = -0.020569558 + 0.99518806D_{围}；$$ 表中径阶为围尺径

D	V	ΔV	D	V	ΔV	D	V	ΔV	D	V	ΔV
4	0.0024	0.0021	40	1.2303	0.0786	76	5.8797	0.1845	112	14.4712	0.2964
5	0.0046	0.0031	41	1.3089	0.0813	77	6.0642	0.1875	113	14.7676	0.2996
6	0.0076	0.0041	42	1.3902	0.0841	78	6.2517	0.1906	114	15.0671	0.3027
7	0.0117	0.0053	43	1.4743	0.0869	79	6.4423	0.1937	115	15.3699	0.3059
8	0.0170	0.0066	44	1.5612	0.0897	80	6.6360	0.1967	116	15.6757	0.3090
9	0.0236	0.0080	45	1.6509	0.0925	81	6.8327	0.1998	117	15.9847	0.3121
10	0.0315	0.0094	46	1.7434	0.0953	82	7.0326	0.2029	118	16.2969	0.3153
11	0.0409	0.0110	47	1.8387	0.0982	83	7.2355	0.2060	119	16.6122	0.3184
12	0.0519	0.0127	48	1.9369	0.1010	84	7.4414	0.2091	120	16.9306	0.3216
13	0.0646	0.0144	49	2.0380	0.1039	85	7.6505	0.2122	121	17.2522	0.3248
14	0.0790	0.0162	50	2.1419	0.1068	86	7.8627	0.2153	122	17.5770	0.3279
15	0.0952	0.0181	51	2.2487	0.1097	87	8.0779	0.2183	123	17.9049	0.3311
16	0.1133	0.0200	52	2.3583	0.1126	88	8.2963	0.2214	124	18.2359	0.3342
17	0.1333	0.0220	53	2.4709	0.1155	89	8.5177	0.2245	125	18.5701	0.3374
18	0.1553	0.0240	54	2.5864	0.1184	90	8.7423	0.2277	126	18.9075	0.3405
19	0.1793	0.0262	55	2.7048	0.1213	91	8.9699	0.2308	127	19.2480	0.3437
20	0.2055	0.0283	56	2.8262	0.1243	92	9.2007	0.2339	128	19.5917	0.3468
21	0.2338	0.0305	57	2.9505	0.1272	93	9.4345	0.2370	129	19.9385	0.3500
22	0.2643	0.0328	58	3.0777	0.1302	94	9.6715	0.2401	130	20.2885	0.3532
23	0.2970	0.0350	59	3.2079	0.1331	95	9.9116	0.2432	131	20.6417	0.3563
24	0.3321	0.0374	60	3.3410	0.1361	96	10.1548	0.2463	132	20.9980	0.3595
25	0.3694	0.0397	61	3.4772	0.1391	97	10.4011	0.2494	133	21.3574	0.3626
26	0.4091	0.0421	62	3.6162	0.1421	98	10.6506	0.2526	134	21.7201	0.3658
27	0.4513	0.0446	63	3.7583	0.1451	99	10.9031	0.2557	135	22.0859	0.3690
28	0.4958	0.0470	64	3.9034	0.1481	100	11.1588	0.2588	136	22.4548	0.3721
29	0.5429	0.0495	65	4.0515	0.1511	101	11.4176	0.2619	137	22.8269	0.3753
30	0.5924	0.0520	66	4.2026	0.1541	102	11.6795	0.2651	138	23.2022	0.3784
31	0.6444	0.0546	67	4.3566	0.1571	103	11.9446	0.2682	139	23.5806	0.3816
32	0.6990	0.0572	68	4.5137	0.1601	104	12.2128	0.2713	140	23.9622	0.3848
33	0.7562	0.0598	69	4.6739	0.1631	105	12.4841	0.2745	141	24.3470	0.3879
34	0.8159	0.0624	70	4.8370	0.1662	106	12.7586	0.2776	142	24.7349	0.3911
35	0.8783	0.0650	71	5.0032	0.1692	107	13.0362	0.2807	143	25.1260	0.3943
36	0.9433	0.0677	72	5.1724	0.1723	108	13.3169	0.2839	144	25.5203	0.3974
37	1.0110	0.0704	73	5.3447	0.1753	109	13.6007	0.2870	145	25.9177	0.4006
38	1.0814	0.0731	74	5.5200	0.1784	110	13.8877	0.2901	146	26.3183	0.4038
39	1.1545	0.0758	75	5.6983	0.1814	111	14.1779	0.2933	147	26.7221	0.4038

适用树种：云南松；适用地区：四川省；资料名称：四川省一元立木材积表；编表人或作者：四川省林业勘察设计院；刊印或发表时间：1980。

1039. 四川马尾松一元立木材积表

$$V = 0.000060049144D_{轮}^{1.8719753}H^{0.97180232}$$

$$H = D_{围}/(1.1388838 + 0.020715501D_{围})；\ D_{围} \leqslant 115\text{cm}$$

$$D_{轮} = -0.19006179 + 1.0134423D_{围}；\ \text{表中径阶为围尺径}$$

D	V	ΔV	D	V	ΔV	D	V	ΔV	D	V	ΔV
4	0.0024	0.0021	32	0.6552	0.0523	60	3.0006	0.1184	88	7.2283	0.1860
5	0.0045	0.0030	33	0.7075	0.0545	61	3.1189	0.1208	89	7.4143	0.1884
6	0.0075	0.0041	34	0.7620	0.0568	62	3.2397	0.1232	90	7.6027	0.1908
7	0.0116	0.0052	35	0.8188	0.0591	63	3.3629	0.1256	91	7.7935	0.1932
8	0.0168	0.0065	36	0.8779	0.0614	64	3.4885	0.1280	92	7.9867	0.1956
9	0.0233	0.0078	37	0.9392	0.0637	65	3.6165	0.1304	93	8.1823	0.1980
10	0.0311	0.0092	38	1.0029	0.0660	66	3.7470	0.1329	94	8.3803	0.2004
11	0.0403	0.0107	39	1.0689	0.0683	67	3.8798	0.1353	95	8.5807	0.2028
12	0.0510	0.0123	40	1.1371	0.0706	68	4.0151	0.1377	96	8.7835	0.2052
13	0.0632	0.0139	41	1.2078	0.0730	69	4.1528	0.1401	97	8.9887	0.2076
14	0.0771	0.0156	42	1.2807	0.0753	70	4.2929	0.1425	98	9.1963	0.2100
15	0.0927	0.0173	43	1.3561	0.0777	71	4.4355	0.1450	99	9.4062	0.2124
16	0.1100	0.0191	44	1.4337	0.0800	72	4.5804	0.1474	100	9.6186	0.2147
17	0.1291	0.0209	45	1.5138	0.0824	73	4.7278	0.1498	101	9.8333	0.2171
18	0.1500	0.0228	46	1.5961	0.0848	74	4.8776	0.1522	102	10.0505	0.2195
19	0.1728	0.0247	47	1.6809	0.0871	75	5.0298	0.1546	103	10.2700	0.2219
20	0.1976	0.0267	48	1.7681	0.0895	76	5.1844	0.1570	104	10.4919	0.2243
21	0.2243	0.0287	49	1.8576	0.0919	77	5.3415	0.1595	105	10.7162	0.2267
22	0.2529	0.0307	50	1.9495	0.0943	78	5.5009	0.1619	106	10.9429	0.2290
23	0.2836	0.0328	51	2.0438	0.0967	79	5.6628	0.1643	107	11.1719	0.2314
24	0.3164	0.0348	52	2.1405	0.0991	80	5.8271	0.1667	108	11.4033	0.2338
25	0.3512	0.0369	53	2.2396	0.1015	81	5.9938	0.1691	109	11.6371	0.2362
26	0.3882	0.0391	54	2.3411	0.1039	82	6.1630	0.1715	110	11.8733	0.2385
27	0.4272	0.0412	55	2.4450	0.1063	83	6.3345	0.1739	111	12.1119	0.2409
28	0.4685	0.0434	56	2.5513	0.1087	84	6.5085	0.1764	112	12.3528	0.2433
29	0.5119	0.0456	57	2.6600	0.1111	85	6.6848	0.1788	113	12.5961	0.2457
30	0.5574	0.0478	58	2.7711	0.1135	86	6.8636	0.1812	114	12.8417	0.2480
31	0.6052	0.0500	59	2.8846	0.1159	87	7.0448	0.1836	115	13.0897	0.2480

适用树种：马尾松；适用地区：四川省；资料名称：四川省一元立木材积表；编表人或作者：四川省林业勘察设计院；刊印或发表时间：1980。

1040. 四川华山松一元立木材积表

$$V = 0.000059973839D_{轮}^{1.8334312}H^{1.0295315}$$

$$H = D_{围}/(1.0626046 + 0.030852205D_{围})；\ D_{围} \leqslant 115\text{cm}$$

$$D_{轮} = -0.23824869 + 1.0090879D_{围}；$$ 表中径阶为围尺径

D	V	ΔV	D	V	ΔV	D	V	ΔV	D	V	ΔV
4	0.0024	0.0021	32	0.5855	0.0444	60	2.4811	0.0925	88	5.6983	0.1386
5	0.0046	0.0031	33	0.6299	0.0461	61	2.5736	0.0942	89	5.8369	0.1402
6	0.0076	0.0041	34	0.6761	0.0479	62	2.6677	0.0959	90	5.9771	0.1418
7	0.0117	0.0052	35	0.7239	0.0496	63	2.7636	0.0975	91	6.1189	0.1434
8	0.0168	0.0063	36	0.7736	0.0513	64	2.8611	0.0992	92	6.2623	0.1450
9	0.0232	0.0076	37	0.8249	0.0531	65	2.9603	0.1009	93	6.4073	0.1466
10	0.0308	0.0089	38	0.8780	0.0548	66	3.0612	0.1026	94	6.5539	0.1482
11	0.0397	0.0103	39	0.9328	0.0565	67	3.1638	0.1042	95	6.7021	0.1498
12	0.0499	0.0117	40	0.9893	0.0583	68	3.2680	0.1059	96	6.8519	0.1514
13	0.0616	0.0131	41	1.0475	0.0600	69	3.3739	0.1075	97	7.0033	0.1530
14	0.0747	0.0146	42	1.1075	0.0617	70	3.4814	0.1092	98	7.1563	0.1545
15	0.0893	0.0161	43	1.1693	0.0634	71	3.5906	0.1109	99	7.3108	0.1561
16	0.1054	0.0177	44	1.2327	0.0652	72	3.7015	0.1125	100	7.4669	0.1577
17	0.1231	0.0192	45	1.2979	0.0669	73	3.8140	0.1142	101	7.6247	0.1593
18	0.1423	0.0208	46	1.3648	0.0686	74	3.9282	0.1158	102	7.7839	0.1609
19	0.1632	0.0225	47	1.4334	0.0703	75	4.0440	0.1175	103	7.9448	0.1624
20	0.1856	0.0241	48	1.5037	0.0721	76	4.1614	0.1191	104	8.1072	0.1640
21	0.2097	0.0257	49	1.5758	0.0738	77	4.2806	0.1207	105	8.2712	0.1656
22	0.2354	0.0274	50	1.6495	0.0755	78	4.4013	0.1224	106	8.4368	0.1671
23	0.2628	0.0291	51	1.7250	0.0772	79	4.5237	0.1240	107	8.6039	0.1687
24	0.2919	0.0307	52	1.8022	0.0789	80	4.6477	0.1256	108	8.7726	0.1703
25	0.3226	0.0324	53	1.8811	0.0806	81	4.7733	0.1273	109	8.9429	0.1718
26	0.3551	0.0341	54	1.9617	0.0823	82	4.9006	0.1289	110	9.1147	0.1734
27	0.3892	0.0358	55	2.0440	0.0840	83	5.0295	0.1305	111	9.2880	0.1749
28	0.4250	0.0375	56	2.1281	0.0857	84	5.1600	0.1321	112	9.4630	0.1765
29	0.4626	0.0393	57	2.2138	0.0874	85	5.2922	0.1338	113	9.6394	0.1780
30	0.5018	0.0410	58	2.3012	0.0891	86	5.4259	0.1354	114	9.8174	0.1796
31	0.5428	0.0427	59	2.3903	0.0908	87	5.5613	0.1370	115	9.9970	0.1796

适用树种：华山松；适用地区：四川省；资料名称：四川省一元立木材积表；编表人或作者：四川省林业勘察设计院；刊印或发表时间：1980。

1041. 四川高山松一元立木材积表

$$V = 0.000061238922 D_{轮}^{2.0023969} H^{0.85927542}$$

$$H = -11.548233 + 8.4595080 \ln D_{围};\ D_{围} \leqslant 147\text{cm}$$

$$D_{轮} = 0.030935748 + 0.98672762 \ln D_{围};\ \text{表中}D\text{为围尺径}$$

D	V	ΔV	D	V	ΔV	D	V	ΔV	D	V	ΔV
4	0.0002	0.0026	40	1.2461	0.0751	76	5.5517	0.1688	112	13.4085	0.2718
5	0.0028	0.0037	41	1.3212	0.0775	77	5.7204	0.1715	113	13.6803	0.2748
6	0.0066	0.0051	42	1.3986	0.0799	78	5.8919	0.1743	114	13.9550	0.2777
7	0.0116	0.0065	43	1.4785	0.0824	79	6.0662	0.1770	115	14.2328	0.2807
8	0.0181	0.0080	44	1.5609	0.0848	80	6.2433	0.1798	116	14.5135	0.2837
9	0.0261	0.0096	45	1.6457	0.0873	81	6.4231	0.1826	117	14.7972	0.2867
10	0.0357	0.0112	46	1.7330	0.0898	82	6.6057	0.1854	118	15.0838	0.2896
11	0.0470	0.0129	47	1.8228	0.0923	83	6.7911	0.1882	119	15.3735	0.2926
12	0.0599	0.0147	48	1.9150	0.0948	84	6.9793	0.1910	120	15.6661	0.2956
13	0.0746	0.0165	49	2.0098	0.0973	85	7.1703	0.1938	121	15.9617	0.2986
14	0.0911	0.0183	50	2.1071	0.0998	86	7.3641	0.1966	122	16.2603	0.3016
15	0.1094	0.0202	51	2.2069	0.1024	87	7.5607	0.1995	123	16.5619	0.3046
16	0.1296	0.0221	52	2.3093	0.1049	88	7.7602	0.2023	124	16.8666	0.3076
17	0.1517	0.0240	53	2.4142	0.1075	89	7.9625	0.2051	125	17.1742	0.3106
18	0.1757	0.0260	54	2.5216	0.1100	90	8.1676	0.2080	126	17.4848	0.3137
19	0.2017	0.0280	55	2.6317	0.1126	91	8.3755	0.2108	127	17.7985	0.3167
20	0.2298	0.0300	56	2.7443	0.1152	92	8.5863	0.2137	128	18.1152	0.3197
21	0.2598	0.0321	57	2.8595	0.1178	93	8.8000	0.2165	129	18.4349	0.3227
22	0.2919	0.0342	58	2.9773	0.1204	94	9.0165	0.2194	130	18.7576	0.3258
23	0.3261	0.0363	59	3.0977	0.1230	95	9.2359	0.2222	131	19.0834	0.3288
24	0.3624	0.0384	60	3.2207	0.1256	96	9.4581	0.2251	132	19.4122	0.3319
25	0.4008	0.0406	61	3.3463	0.1283	97	9.6832	0.2280	133	19.7441	0.3349
26	0.4414	0.0427	62	3.4746	0.1309	98	9.9112	0.2309	134	20.0790	0.3379
27	0.4841	0.0449	63	3.6055	0.1336	99	10.1421	0.2338	135	20.4169	0.3410
28	0.5290	0.0472	64	3.7391	0.1362	100	10.3759	0.2367	136	20.7579	0.3441
29	0.5762	0.0494	65	3.8753	0.1389	101	10.6125	0.2396	137	21.1020	0.3471
30	0.6256	0.0516	66	4.0142	0.1416	102	10.8521	0.2425	138	21.4491	0.3502
31	0.6772	0.0539	67	4.1558	0.1443	103	11.0946	0.2454	139	21.7993	0.3533
32	0.7311	0.0562	68	4.3001	0.1469	104	11.3400	0.2483	140	22.1525	0.3563
33	0.7873	0.0585	69	4.4470	0.1496	105	11.5883	0.2512	141	22.5089	0.3594
34	0.8458	0.0608	70	4.5967	0.1524	106	11.8395	0.2542	142	22.8683	0.3625
35	0.9067	0.0632	71	4.7490	0.1551	107	12.0936	0.2571	143	23.2307	0.3656
36	0.9698	0.0655	72	4.9041	0.1578	108	12.3507	0.2600	144	23.5963	0.3687
37	1.0353	0.0679	73	5.0619	0.1605	109	12.6107	0.2630	145	23.9650	0.3717
38	1.1032	0.0703	74	5.2224	0.1633	110	12.8737	0.2659	146	24.3367	0.3748
39	1.1735	0.0726	75	5.3857	0.1660	111	13.1396	0.2689	147	24.7115	0.3748

适用树种：高山松；适用地区：四川省；资料名称：四川省一元立木材积表；编表人或作者：四川省林业勘察设计院；刊印或发表时间：1980。

1042. 四川柏木一元立木材积表

$$V = 0.000057173591 D_{轮}^{1.8813305} H^{0.99568845}$$

$$H = D_{围}/(0.74595341 + 0.046672977 D_{围})；\ D_{围} \leqslant 115\text{cm}$$

$$D_{轮} = 0.082547805 + 0.96794776 D_{围}；\ 表中径阶为围尺径$$

D	V	ΔV	D	V	ΔV	D	V	ΔV	D	V	ΔV
4	0.0032	0.0026	32	0.5182	0.0364	60	1.9957	0.0700	88	4.3915	0.1020
5	0.0058	0.0035	33	0.5545	0.0376	61	2.0658	0.0712	89	4.4935	0.1031
6	0.0093	0.0045	34	0.5921	0.0388	62	2.1370	0.0724	90	4.5966	0.1042
7	0.0139	0.0056	35	0.6310	0.0401	63	2.2094	0.0735	91	4.7008	0.1053
8	0.0194	0.0067	36	0.6711	0.0413	64	2.2829	0.0747	92	4.8062	0.1064
9	0.0261	0.0078	37	0.7124	0.0425	65	2.3576	0.0759	93	4.9126	0.1076
10	0.0340	0.0090	38	0.7549	0.0438	66	2.4334	0.0770	94	5.0202	0.1087
11	0.0430	0.0102	39	0.7987	0.0450	67	2.5105	0.0782	95	5.1288	0.1098
12	0.0532	0.0114	40	0.8436	0.0462	68	2.5886	0.0793	96	5.2386	0.1109
13	0.0646	0.0126	41	0.8898	0.0474	69	2.6679	0.0805	97	5.3495	0.1120
14	0.0772	0.0139	42	0.9373	0.0486	70	2.7484	0.0816	98	5.4615	0.1131
15	0.0911	0.0151	43	0.9859	0.0498	71	2.8300	0.0828	99	5.5746	0.1142
16	0.1062	0.0163	44	1.0357	0.0510	72	2.9128	0.0839	100	5.6887	0.1153
17	0.1225	0.0176	45	1.0868	0.0523	73	2.9967	0.0851	101	5.8040	0.1164
18	0.1401	0.0188	46	1.1390	0.0535	74	3.0818	0.0862	102	5.9204	0.1175
19	0.1589	0.0201	47	1.1925	0.0547	75	3.1679	0.0873	103	6.0379	0.1186
20	0.1790	0.0214	48	1.2471	0.0559	76	3.2553	0.0885	104	6.1565	0.1197
21	0.2004	0.0226	49	1.3030	0.0570	77	3.3437	0.0896	105	6.2762	0.1208
22	0.2230	0.0239	50	1.3600	0.0582	78	3.4334	0.0907	106	6.3969	0.1219
23	0.2469	0.0251	51	1.4183	0.0594	79	3.5241	0.0919	107	6.5188	0.1230
24	0.2720	0.0264	52	1.4777	0.0606	80	3.6160	0.0930	108	6.6418	0.1240
25	0.2984	0.0276	53	1.5383	0.0618	81	3.7090	0.0941	109	6.7658	0.1251
26	0.3260	0.0289	54	1.6001	0.0630	82	3.8031	0.0953	110	6.8909	0.1262
27	0.3549	0.0301	55	1.6631	0.0642	83	3.8984	0.0964	111	7.0172	0.1273
28	0.3851	0.0314	56	1.7273	0.0653	84	3.9948	0.0975	112	7.1445	0.1284
29	0.4165	0.0326	57	1.7926	0.0665	85	4.0923	0.0986	113	7.2729	0.1295
30	0.4491	0.0339	58	1.8592	0.0677	86	4.1909	0.0998	114	7.4023	0.1306
31	0.4830	0.0351	59	1.9269	0.0689	87	4.2906	0.1009	115	7.5329	0.1306

适用树种：柏木；适用地区：四川省；资料名称：四川省一元立木材积表；编表人或作者：四川省林业勘察设计院；刊印或发表时间：1980。

1043. 四川大果园柏一元立木材积表

$$V = 0.000057173591 D_{轮}^{1.8813305} H^{0.99568845}$$

$$H = 25.857007 - 861.13344/(D_{围} + 33.466212);\ D_{围} \leqslant 179\text{cm}$$

$D_{轮} = 0.11983702 + 0.95647173 D_{围}$；表中$D$为围尺径

D	V	ΔV	D	V	ΔV	D	V	ΔV	D	V	ΔV
4	0.0022	0.0018	42	0.8548	0.0478	80	3.6199	0.0989	118	8.2930	0.1481
5	0.0039	0.0025	43	0.9026	0.0491	81	3.7188	0.1002	119	8.4411	0.1494
6	0.0064	0.0032	44	0.9517	0.0505	82	3.8189	0.1015	120	8.5904	0.1506
7	0.0096	0.0041	45	1.0022	0.0518	83	3.9204	0.1028	121	8.7411	0.1519
8	0.0137	0.0050	46	1.0541	0.0532	84	4.0232	0.1041	122	8.8929	0.1532
9	0.0187	0.0059	47	1.1073	0.0546	85	4.1274	0.1054	123	9.0461	0.1544
10	0.0246	0.0069	48	1.1618	0.0559	86	4.2328	0.1068	124	9.2005	0.1557
11	0.0315	0.0080	49	1.2177	0.0573	87	4.3395	0.1081	125	9.3562	0.1570
12	0.0394	0.0090	50	1.2750	0.0586	88	4.4476	0.1094	126	9.5132	0.1582
13	0.0485	0.0101	51	1.3336	0.0600	89	4.5570	0.1107	127	9.6714	0.1595
14	0.0586	0.0113	52	1.3936	0.0613	90	4.6677	0.1120	128	9.8308	0.1607
15	0.0699	0.0124	53	1.4550	0.0627	91	4.7797	0.1133	129	9.9916	0.1620
16	0.0823	0.0136	54	1.5177	0.0641	92	4.8930	0.1146	130	10.1536	0.1633
17	0.0959	0.0148	55	1.5817	0.0654	93	5.0076	0.1159	131	10.3168	0.1645
18	0.1107	0.0160	56	1.6471	0.0668	94	5.1235	0.1172	132	10.4813	0.1658
19	0.1267	0.0173	57	1.7139	0.0681	95	5.2407	0.1185	133	10.6471	0.1670
20	0.1440	0.0185	58	1.7820	0.0695	96	5.3592	0.1198	134	10.8141	0.1683
21	0.1625	0.0198	59	1.8515	0.0708	97	5.4790	0.1211	135	10.9824	0.1695
22	0.1823	0.0211	60	1.9223	0.0722	98	5.6001	0.1224	136	11.1519	0.1708
23	0.2034	0.0223	61	1.9944	0.0735	99	5.7225	0.1237	137	11.3227	0.1720
24	0.2257	0.0236	62	2.0679	0.0749	100	5.8462	0.1250	138	11.4947	0.1733
25	0.2494	0.0249	63	2.1428	0.0762	101	5.9712	0.1263	139	11.6680	0.1745
26	0.2743	0.0263	64	2.2190	0.0775	102	6.0975	0.1276	140	11.8425	0.1758
27	0.3006	0.0276	65	2.2965	0.0789	103	6.2251	0.1289	141	12.0183	0.1770
28	0.3281	0.0289	66	2.3754	0.0802	104	6.3540	0.1302	142	12.1953	0.1783
29	0.3570	0.0302	67	2.4556	0.0816	105	6.4841	0.1315	143	12.3736	0.1795
30	0.3873	0.0316	68	2.5372	0.0829	106	6.6156	0.1327	144	12.5531	0.1808
31	0.4188	0.0329	69	2.6201	0.0842	107	6.7483	0.1340	145	12.7339	0.1820
32	0.4517	0.0342	70	2.7043	0.0856	108	6.8824	0.1353	146	12.9158	0.1832
33	0.4860	0.0356	71	2.7899	0.0869	109	7.0177	0.1366	147	13.0991	0.1845
34	0.5215	0.0369	72	2.8768	0.0882	110	7.1543	0.1379	148	13.2836	0.1857
35	0.5585	0.0383	73	2.9650	0.0896	111	7.2921	0.1392	149	13.4693	0.1870
36	0.5967	0.0396	74	3.0546	0.0909	112	7.4313	0.1404	150	13.6562	0.1882
37	0.6364	0.0410	75	3.1455	0.0922	113	7.5717	0.1417	151	13.8444	0.1894
38	0.6774	0.0423	76	3.2377	0.0936	114	7.7134	0.1430	152	14.0339	0.1907
39	0.7197	0.0437	77	3.3313	0.0949	115	7.8564	0.1443	153	14.2245	0.1919
40	0.7634	0.0451	78	3.4262	0.0962	116	8.0007	0.1455	154	14.4164	0.1931
41	0.8084	0.0464	79	3.5224	0.0975	117	8.1462	0.1468	155	14.6095	0.1944

（续表）

D	V	ΔV	D	V	ΔV	D	V	ΔV	D	V	ΔV
156	14.8039	0.1956	162	15.9959	0.2030	168	17.2321	0.2103	174	18.5122	0.2176
157	14.9995	0.1968	163	16.1989	0.2042	169	17.4424	0.2115	175	18.7298	0.2188
158	15.1963	0.1981	164	16.4031	0.2054	170	17.6539	0.2127	176	18.9486	0.2200
159	15.3944	0.1993	165	16.6085	0.2066	171	17.8667	0.2140	177	19.1687	0.2213
160	15.5937	0.2005	166	16.8151	0.2079	172	18.0806	0.2152	178	19.3899	0.2225
161	15.7942	0.2017	167	17.0230	0.2091	173	18.2958	0.2164	179	19.6124	0.2225

适用树种：大果园柏；适用地区：四川省；资料名称：四川省一元立木材积表；编表人或作者：四川省林业勘察设计院；刊印或发表时间：1980。

1044. 四川木荷一元立木材积表

$$V = 0.000052750716D_{轮}^{1.9450324}H^{0.9388533}$$

$$H = D_{围}/(0.47946061 + 0.046199076D_{围})；\ D_{围} \leqslant 83\text{cm}$$

$$D_{轮} = 0.053351778 + 1.0050781D_{围}；\ 表中径阶为围尺径$$

D	V	ΔV	D	V	ΔV	D	V	ΔV	D	V	ΔV
4	0.0044	0.0034	24	0.3312	0.0314	44	1.2344	0.0602	64	2.7085	0.0885
5	0.0078	0.0046	25	0.3626	0.0329	45	1.2947	0.0617	65	2.7970	0.0899
6	0.0124	0.0058	26	0.3955	0.0343	46	1.3563	0.0631	66	2.8869	0.0913
7	0.0182	0.0071	27	0.4298	0.0358	47	1.4194	0.0645	67	2.9781	0.0927
8	0.0253	0.0085	28	0.4656	0.0372	48	1.4839	0.0659	68	3.0708	0.0941
9	0.0338	0.0098	29	0.5029	0.0387	49	1.5499	0.0674	69	3.1649	0.0955
10	0.0436	0.0112	30	0.5415	0.0401	50	1.6172	0.0688	70	3.2604	0.0969
11	0.0548	0.0126	31	0.5817	0.0416	51	1.6860	0.0702	71	3.3572	0.0983
12	0.0674	0.0140	32	0.6232	0.0430	52	1.7562	0.0716	72	3.4555	0.0997
13	0.0815	0.0155	33	0.6663	0.0445	53	1.8278	0.0730	73	3.5552	0.1010
14	0.0969	0.0169	34	0.7107	0.0459	54	1.9008	0.0744	74	3.6562	0.1024
15	0.1139	0.0183	35	0.7566	0.0473	55	1.9752	0.0758	75	3.7586	0.1038
16	0.1322	0.0198	36	0.8040	0.0488	56	2.0511	0.0773	76	3.8624	0.1052
17	0.1520	0.0212	37	0.8528	0.0502	57	2.1283	0.0787	77	3.9677	0.1066
18	0.1732	0.0227	38	0.9030	0.0517	58	2.2070	0.0801	78	4.0742	0.1080
19	0.1959	0.0241	39	0.9546	0.0531	59	2.2871	0.0815	79	4.1822	0.1094
20	0.2201	0.0256	40	1.0077	0.0545	60	2.3685	0.0829	80	4.2916	0.1107
21	0.2457	0.0271	41	1.0623	0.0560	61	2.4514	0.0843	81	4.4023	0.1121
22	0.2727	0.0285	42	1.1182	0.0574	62	2.5357	0.0857	82	4.5145	0.1135
23	0.3013	0.0300	43	1.1756	0.0588	63	2.6214	0.0871	83	4.6280	0.1135

适用树种：木荷；适用地区：四川省；资料名称：四川省一元立木材积表；编表人或作者：四川省林业勘察设计院；刊印或发表时间：1980。

1045. 四川樟树一元立木材积表

$$V = 0.000052750716D_{轮}^{1.9450324}H^{0.9388533}$$

$$H = D_{围}/(0.73187361 + 0.049410696D_{围})；D_{围} \leqslant 99\text{cm}$$

$$D_{轮} = 0.21659313 + 0.96557819D_{围}；$$ 表中径阶为围尺径

D	V	ΔV	D	V	ΔV	D	V	ΔV	D	V	ΔV
4	0.0032	0.0025	28	0.3693	0.0303	52	1.4390	0.0600	76	3.2143	0.0891
5	0.0057	0.0034	29	0.3996	0.0316	53	1.4990	0.0612	77	3.3034	0.0903
6	0.0090	0.0043	30	0.4312	0.0328	54	1.5602	0.0624	78	3.3937	0.0915
7	0.0134	0.0053	31	0.4640	0.0341	55	1.6226	0.0636	79	3.4852	0.0927
8	0.0187	0.0064	32	0.4981	0.0353	56	1.6863	0.0649	80	3.5779	0.0939
9	0.0251	0.0075	33	0.5334	0.0365	57	1.7511	0.0661	81	3.6718	0.0951
10	0.0325	0.0086	34	0.5699	0.0378	58	1.8172	0.0673	82	3.7669	0.0963
11	0.0411	0.0097	35	0.6077	0.0390	59	1.8845	0.0685	83	3.8632	0.0975
12	0.0508	0.0109	36	0.6468	0.0403	60	1.9530	0.0697	84	3.9607	0.0987
13	0.0617	0.0120	37	0.6870	0.0415	61	2.0227	0.0710	85	4.0594	0.0999
14	0.0737	0.0132	38	0.7285	0.0427	62	2.0937	0.0722	86	4.1593	0.1011
15	0.0869	0.0144	39	0.7713	0.0440	63	2.1659	0.0734	87	4.2604	0.1023
16	0.1013	0.0156	40	0.8152	0.0452	64	2.2392	0.0746	88	4.3627	0.1035
17	0.1169	0.0168	41	0.8604	0.0464	65	2.3138	0.0758	89	4.4662	0.1047
18	0.1337	0.0180	42	0.9069	0.0477	66	2.3896	0.0770	90	4.5708	0.1059
19	0.1517	0.0192	43	0.9546	0.0489	67	2.4667	0.0782	91	4.6767	0.1071
20	0.1710	0.0205	44	1.0035	0.0501	68	2.5449	0.0794	92	4.7838	0.1083
21	0.1914	0.0217	45	1.0536	0.0514	69	2.6243	0.0807	93	4.8920	0.1094
22	0.2131	0.0229	46	1.1050	0.0526	70	2.7050	0.0819	94	5.0015	0.1106
23	0.2361	0.0242	47	1.1576	0.0538	71	2.7869	0.0831	95	5.1121	0.1118
24	0.2602	0.0254	48	1.2114	0.0551	72	2.8699	0.0843	96	5.2239	0.1130
25	0.2856	0.0266	49	1.2665	0.0563	73	2.9542	0.0855	97	5.3370	0.1142
26	0.3123	0.0279	50	1.3228	0.0575	74	3.0397	0.0867	98	5.4512	0.1154
27	0.3401	0.0291	51	1.3803	0.0587	75	3.1264	0.0879	99	5.5666	0.1154

适用树种：樟树；适用地区：四川省；资料名称：四川省一元立木材积表；编表人或作者：四川省林业勘察设计院；刊印或发表时间：1980。

1046. 四川楠木一元立木材积表

$$V = 0.000052750716D_{轮}^{1.9450324}H^{0.9388533}$$

$$H = D_{围}/(0.87937754 + 0.034274269D_{围})；D_{围} \leqslant 99\text{cm}$$

$$D_{轮} = -0.14595262 + 1.0122958D_{围}$$；表中径阶为围尺径

D	V	ΔV	D	V	ΔV	D	V	ΔV	D	V	ΔV
4	0.0027	0.0024	28	0.4500	0.0395	52	1.9046	0.0837	76	4.4263	0.1282
5	0.0051	0.0033	29	0.4895	0.0413	53	1.9884	0.0856	77	4.5545	0.1301
6	0.0084	0.0044	30	0.5309	0.0432	54	2.0739	0.0874	78	4.6846	0.1319
7	0.0128	0.0056	31	0.5740	0.0450	55	2.1614	0.0893	79	4.8165	0.1338
8	0.0183	0.0068	32	0.6190	0.0468	56	2.2507	0.0912	80	4.9503	0.1356
9	0.0252	0.0081	33	0.6658	0.0486	57	2.3419	0.0930	81	5.0859	0.1374
10	0.0333	0.0095	34	0.7144	0.0504	58	2.4349	0.0949	82	5.2233	0.1393
11	0.0428	0.0110	35	0.7648	0.0523	59	2.5297	0.0967	83	5.3626	0.1411
12	0.0538	0.0124	36	0.8171	0.0541	60	2.6265	0.0986	84	5.5037	0.1430
13	0.0662	0.0140	37	0.8712	0.0560	61	2.7251	0.1004	85	5.6467	0.1448
14	0.0802	0.0155	38	0.9272	0.0578	62	2.8255	0.1023	86	5.7915	0.1467
15	0.0957	0.0171	39	0.9850	0.0596	63	2.9278	0.1042	87	5.9382	0.1485
16	0.1128	0.0187	40	1.0446	0.0615	64	3.0320	0.1060	88	6.0867	0.1503
17	0.1315	0.0204	41	1.1061	0.0633	65	3.1380	0.1079	89	6.2370	0.1522
18	0.1519	0.0220	42	1.1694	0.0652	66	3.2458	0.1097	90	6.3892	0.1540
19	0.1739	0.0237	43	1.2346	0.0670	67	3.3555	0.1116	91	6.5432	0.1558
20	0.1976	0.0254	44	1.3016	0.0689	68	3.4671	0.1134	92	6.6990	0.1577
21	0.2231	0.0272	45	1.3705	0.0707	69	3.5805	0.1153	93	6.8567	0.1595
22	0.2502	0.0289	46	1.4412	0.0726	70	3.6958	0.1171	94	7.0162	0.1613
23	0.2791	0.0306	47	1.5138	0.0744	71	3.8129	0.1190	95	7.1775	0.1632
24	0.3097	0.0324	48	1.5883	0.0763	72	3.9319	0.1208	96	7.3407	0.1650
25	0.3421	0.0342	49	1.6646	0.0782	73	4.0527	0.1227	97	7.5057	0.1668
26	0.3763	0.0359	50	1.7427	0.0800	74	4.1754	0.1245	98	7.6725	0.1687
27	0.4123	0.0377	51	1.8228	0.0819	75	4.2999	0.1264	99	7.8412	0.1687

适用树种：楠木；适用地区：四川省；资料名称：四川省一元立木材积表；编表人或作者：四川省林业勘察设计院；刊印或发表时间：1980。

1047. 四川丝栗一元立木材积表

$$V = 0.000048346625 D_{轮}^{1.8905785} H^{1.07694}$$

$$H = D_{围}/(0.92274017 + 0.037240688 D_{围})；\ D_{围} \leqslant 179\text{cm}$$

$$D_{轮} = 0.27415423 + 0.95625085 D_{围}；$$ 表中径阶为围尺径

D	V	ΔV	D	V	ΔV	D	V	ΔV	D	V	ΔV
4	0.0029	0.0024	42	1.1070	0.0609	80	4.5840	0.1233	118	10.3864	0.1832
5	0.0052	0.0033	43	1.1679	0.0625	81	4.7074	0.1249	119	10.5696	0.1848
6	0.0085	0.0043	44	1.2304	0.0642	82	4.8323	0.1266	120	10.7544	0.1863
7	0.0129	0.0055	45	1.2946	0.0659	83	4.9589	0.1282	121	10.9407	0.1879
8	0.0183	0.0067	46	1.3605	0.0676	84	5.0870	0.1298	122	11.1286	0.1894
9	0.0250	0.0079	47	1.4281	0.0692	85	5.2168	0.1314	123	11.3180	0.1909
10	0.0329	0.0092	48	1.4973	0.0709	86	5.3482	0.1330	124	11.5089	0.1925
11	0.0422	0.0106	49	1.5682	0.0726	87	5.4811	0.1346	125	11.7014	0.1940
12	0.0528	0.0120	50	1.6408	0.0742	88	5.6157	0.1362	126	11.8954	0.1956
13	0.0648	0.0135	51	1.7150	0.0759	89	5.7518	0.1377	127	12.0910	0.1971
14	0.0783	0.0149	52	1.7909	0.0776	90	5.8896	0.1393	128	12.2881	0.1986
15	0.0932	0.0165	53	1.8684	0.0792	91	6.0289	0.1409	129	12.4867	0.2002
16	0.1097	0.0180	54	1.9476	0.0809	92	6.1698	0.1425	130	12.6869	0.2017
17	0.1276	0.0195	55	2.0285	0.0825	93	6.3123	0.1441	131	12.8885	0.2032
18	0.1472	0.0211	56	2.1110	0.0842	94	6.4564	0.1457	132	13.0918	0.2047
19	0.1683	0.0227	57	2.1952	0.0858	95	6.6021	0.1473	133	13.2965	0.2063
20	0.1910	0.0243	58	2.2811	0.0875	96	6.7494	0.1488	134	13.5028	0.2078
21	0.2153	0.0259	59	2.3686	0.0891	97	6.8982	0.1504	135	13.7106	0.2093
22	0.2412	0.0275	60	2.4577	0.0908	98	7.0487	0.1520	136	13.9199	0.2108
23	0.2687	0.0292	61	2.5485	0.0924	99	7.2007	0.1536	137	14.1307	0.2124
24	0.2979	0.0308	62	2.6409	0.0941	100	7.3542	0.1552	138	14.3431	0.2139
25	0.3287	0.0324	63	2.7350	0.0957	101	7.5094	0.1567	139	14.5570	0.2154
26	0.3611	0.0341	64	2.8307	0.0974	102	7.6661	0.1583	140	14.7724	0.2169
27	0.3952	0.0358	65	2.9281	0.0990	103	7.8244	0.1599	141	14.9893	0.2184
28	0.4309	0.0374	66	3.0271	0.1006	104	7.9843	0.1614	142	15.2078	0.2200
29	0.4684	0.0391	67	3.1277	0.1023	105	8.1457	0.1630	143	15.4277	0.2215
30	0.5074	0.0408	68	3.2300	0.1039	106	8.3087	0.1646	144	15.6492	0.2230
31	0.5482	0.0424	69	3.3339	0.1055	107	8.4733	0.1661	145	15.8722	0.2245
32	0.5906	0.0441	70	3.4394	0.1072	108	8.6394	0.1677	146	16.0967	0.2260
33	0.6347	0.0458	71	3.5466	0.1088	109	8.8071	0.1693	147	16.3227	0.2275
34	0.6805	0.0474	72	3.6554	0.1104	110	8.9764	0.1708	148	16.5503	0.2290
35	0.7279	0.0491	73	3.7658	0.1120	111	9.1472	0.1724	149	16.7793	0.2305
36	0.7770	0.0508	74	3.8778	0.1137	112	9.3195	0.1739	150	17.0098	0.2320
37	0.8278	0.0525	75	3.9915	0.1153	113	9.4935	0.1755	151	17.2419	0.2336
38	0.8803	0.0542	76	4.1068	0.1169	114	9.6690	0.1770	152	17.4754	0.2351
39	0.9345	0.0558	77	4.2237	0.1185	115	9.8460	0.1786	153	17.7105	0.2366
40	0.9903	0.0575	78	4.3422	0.1201	116	10.0246	0.1801	154	17.9470	0.2381
41	1.0478	0.0592	79	4.4623	0.1217	117	10.2047	0.1817	155	18.1851	0.2396

D	V	ΔV	D	V	ΔV	D	V	ΔV	D	V	ΔV
156	18.4247	0.2411	162	19.8935	0.2500	168	21.4161	0.2590	174	22.9923	0.2679
157	18.6657	0.2426	163	20.1436	0.2515	169	21.6751	0.2605	175	23.2602	0.2694
158	18.9083	0.2441	164	20.3951	0.2530	170	21.9356	0.2620	176	23.5296	0.2708
159	19.1524	0.2456	165	20.6481	0.2545	171	22.1975	0.2634	177	23.8004	0.2723
160	19.3979	0.2471	166	20.9026	0.2560	172	22.4610	0.2649	178	24.0728	0.2738
161	19.6450	0.2485	167	21.1586	0.2575	173	22.7259	0.2664	179	24.3466	0.2738

适用树种：丝栗；适用地区：四川省；资料名称：四川省一元立木材积表；编表人或作者：四川省林业勘察设计院；刊印或发表时间：1980。

1048. 四川枫香一元立木材积表

$$V = 0.000052750716D_{轮}^{1.9450324}H^{0.9388533}$$
$$H = D_{围}/(0.77837203 + 0.037902833D_{围})；\ D_{围} \leqslant 83\text{cm}$$
$$D_{轮} = -0.2087605 + 1.0239729D_{围}；\ 表中径阶为围尺径$$

D	V	ΔV	D	V	ΔV	D	V	ΔV	D	V	ΔV
4	0.0029	0.0025	24	0.3176	0.0325	44	1.2976	0.0673	64	2.9756	0.1022
5	0.0054	0.0036	25	0.3502	0.0343	45	1.3649	0.0691	65	3.0778	0.1039
6	0.0090	0.0047	26	0.3844	0.0360	46	1.4339	0.0708	66	3.1817	0.1057
7	0.0137	0.0059	27	0.4204	0.0377	47	1.5047	0.0726	67	3.2874	0.1074
8	0.0196	0.0072	28	0.4581	0.0394	48	1.5773	0.0743	68	3.3948	0.1091
9	0.0268	0.0086	29	0.4975	0.0411	49	1.6516	0.0761	69	3.5039	0.1109
10	0.0354	0.0100	30	0.5387	0.0429	50	1.7277	0.0778	70	3.6148	0.1126
11	0.0454	0.0114	31	0.5815	0.0446	51	1.8055	0.0795	71	3.7273	0.1143
12	0.0568	0.0129	32	0.6262	0.0464	52	1.8850	0.0813	72	3.8417	0.1161
13	0.0698	0.0145	33	0.6725	0.0481	53	1.9663	0.0830	73	3.9577	0.1178
14	0.0842	0.0160	34	0.7206	0.0498	54	2.0493	0.0848	74	4.0755	0.1195
15	0.1002	0.0176	35	0.7704	0.0516	55	2.1341	0.0865	75	4.1950	0.1212
16	0.1178	0.0192	36	0.8220	0.0533	56	2.2206	0.0883	76	4.3163	0.1230
17	0.1370	0.0208	37	0.8753	0.0551	57	2.3089	0.0900	77	4.4392	0.1247
18	0.1578	0.0225	38	0.9304	0.0568	58	2.3989	0.0918	78	4.5639	0.1264
19	0.1803	0.0241	39	0.9872	0.0586	59	2.4907	0.0935	79	4.6903	0.1281
20	0.2044	0.0258	40	1.0458	0.0603	60	2.5842	0.0952	80	4.8185	0.1299
21	0.2302	0.0275	41	1.1061	0.0621	61	2.6794	0.0970	81	4.9484	0.1316
22	0.2576	0.0291	42	1.1682	0.0638	62	2.7764	0.0987	82	5.0799	0.1333
23	0.2868	0.0308	43	1.2320	0.0656	63	2.8751	0.1005	83	5.2132	0.1333

适用树种：枫香；适用地区：四川省；资料名称：四川省一元立木材积表；编表人或作者：四川省林业勘察设计院；刊印或发表时间：1980。

1049. 四川栎类一元立木材积表

$$V = 0.000059599783D_{轮}^{1.8564005}H^{0.98056206}$$

$$H = D_{围}/(0.78064739 + 0.04066669D_{围})；D_{围} \leqslant 131\text{cm}$$

$$D_{轮} = 0.32819914 + 0.96596294D_{围}；表中径阶为围尺径$$

D	V	ΔV	D	V	ΔV	D	V	ΔV	D	V	ΔV
4	0.0035	0.0027	36	0.6695	0.0412	68	2.5766	0.0787	100	5.6469	0.1139
5	0.0062	0.0036	37	0.7106	0.0424	69	2.6554	0.0799	101	5.7608	0.1150
6	0.0097	0.0046	38	0.7530	0.0436	70	2.7352	0.0810	102	5.8758	0.1161
7	0.0143	0.0056	39	0.7966	0.0448	71	2.8162	0.0821	103	5.9919	0.1171
8	0.0200	0.0067	40	0.8414	0.0460	72	2.8984	0.0832	104	6.1090	0.1182
9	0.0267	0.0078	41	0.8874	0.0472	73	2.9816	0.0844	105	6.2272	0.1193
10	0.0345	0.0090	42	0.9347	0.0484	74	3.0660	0.0855	106	6.3465	0.1203
11	0.0435	0.0102	43	0.9831	0.0496	75	3.1515	0.0866	107	6.4668	0.1214
12	0.0537	0.0114	44	1.0327	0.0508	76	3.2381	0.0877	108	6.5882	0.1224
13	0.0651	0.0126	45	1.0835	0.0520	77	3.3258	0.0888	109	6.7106	0.1235
14	0.0777	0.0138	46	1.1356	0.0532	78	3.4146	0.0899	110	6.8341	0.1246
15	0.0915	0.0151	47	1.1888	0.0544	79	3.5046	0.0911	111	6.9587	0.1256
16	0.1066	0.0163	48	1.2432	0.0556	80	3.5956	0.0922	112	7.0843	0.1267
17	0.1229	0.0175	49	1.2988	0.0568	81	3.6878	0.0933	113	7.2110	0.1277
18	0.1404	0.0188	50	1.3555	0.0580	82	3.7811	0.0944	114	7.3387	0.1288
19	0.1592	0.0200	51	1.4135	0.0591	83	3.8755	0.0955	115	7.4675	0.1298
20	0.1792	0.0213	52	1.4726	0.0603	84	3.9709	0.0966	116	7.5973	0.1309
21	0.2005	0.0225	53	1.5329	0.0615	85	4.0675	0.0977	117	7.7281	0.1319
22	0.2230	0.0238	54	1.5944	0.0626	86	4.1652	0.0988	118	7.8601	0.1330
23	0.2468	0.0250	55	1.6571	0.0638	87	4.2640	0.0999	119	7.9930	0.1340
24	0.2719	0.0263	56	1.7209	0.0650	88	4.3638	0.1010	120	8.1270	0.1350
25	0.2982	0.0275	57	1.7858	0.0661	89	4.4648	0.1020	121	8.2621	0.1361
26	0.3257	0.0288	58	1.8520	0.0673	90	4.5668	0.1031	122	8.3982	0.1371
27	0.3545	0.0300	59	1.9193	0.0685	91	4.6700	0.1042	123	8.5353	0.1382
28	0.3845	0.0313	60	1.9877	0.0696	92	4.7742	0.1053	124	8.6735	0.1392
29	0.4158	0.0325	61	2.0573	0.0708	93	4.8795	0.1064	125	8.8127	0.1402
30	0.4484	0.0338	62	2.1281	0.0719	94	4.9859	0.1075	126	8.9529	0.1413
31	0.4821	0.0350	63	2.2000	0.0730	95	5.0934	0.1086	127	9.0942	0.1423
32	0.5171	0.0362	64	2.2730	0.0742	96	5.2019	0.1096	128	9.2365	0.1433
33	0.5534	0.0375	65	2.3472	0.0753	97	5.3115	0.1107	129	9.3799	0.1444
34	0.5909	0.0387	66	2.4226	0.0765	98	5.4222	0.1118	130	9.5243	0.1454
35	0.6296	0.0399	67	2.4990	0.0776	99	5.5340	0.1129	131	9.6697	0.1454

适用树种：栎类；适用地区：四川省；资料名称：四川省一元立木材积表；编表人或作者：四川省林业勘察设计院；刊印或发表时间：1980。

1050. 四川高山栎一元立木材积表

$$V = 0.000048346625D_{轮}^{1.8905785}H^{1.07694}$$

$$H = D_{围}/(1.1068988 + 0.038317588D_{围});\ D_{围} \leqslant 147\text{cm}$$

$$D_{轮} = 0.66922634 + 0.94611747D_{围}$$；表中径阶为围尺径

D	V	ΔV	D	V	ΔV	D	V	ΔV	D	V	ΔV
4	0.0028	0.0022	40	0.8984	0.0526	76	3.7778	0.1086	112	8.6405	0.1627
5	0.0050	0.0030	41	0.9510	0.0542	77	3.8864	0.1101	113	8.8032	0.1642
6	0.0080	0.0039	42	1.0052	0.0558	78	3.9966	0.1117	114	8.9674	0.1657
7	0.0119	0.0049	43	1.0610	0.0574	79	4.1083	0.1132	115	9.1331	0.1671
8	0.0168	0.0060	44	1.1184	0.0589	80	4.2215	0.1147	116	9.3002	0.1686
9	0.0228	0.0071	45	1.1773	0.0605	81	4.3362	0.1162	117	9.4688	0.1701
10	0.0299	0.0083	46	1.2378	0.0621	82	4.4524	0.1178	118	9.6389	0.1715
11	0.0382	0.0095	47	1.2999	0.0636	83	4.5702	0.1193	119	9.8104	0.1730
12	0.0477	0.0108	48	1.3635	0.0652	84	4.6895	0.1208	120	9.9834	0.1745
13	0.0584	0.0121	49	1.4287	0.0668	85	4.8103	0.1223	121	10.1579	0.1759
14	0.0705	0.0134	50	1.4955	0.0683	86	4.9326	0.1238	122	10.3339	0.1774
15	0.0839	0.0147	51	1.5638	0.0699	87	5.0565	0.1254	123	10.5113	0.1789
16	0.0986	0.0161	52	1.6337	0.0715	88	5.1818	0.1269	124	10.6902	0.1803
17	0.1148	0.0175	53	1.7052	0.0730	89	5.3087	0.1284	125	10.8705	0.1818
18	0.1323	0.0190	54	1.7782	0.0746	90	5.4371	0.1299	126	11.0523	0.1833
19	0.1513	0.0204	55	1.8528	0.0762	91	5.5670	0.1314	127	11.2355	0.1847
20	0.1717	0.0219	56	1.9290	0.0777	92	5.6984	0.1329	128	11.4203	0.1862
21	0.1935	0.0233	57	2.0067	0.0793	93	5.8312	0.1344	129	11.6064	0.1876
22	0.2169	0.0248	58	2.0859	0.0808	94	5.9657	0.1359	130	11.7941	0.1891
23	0.2417	0.0263	59	2.1668	0.0824	95	6.1016	0.1374	131	11.9831	0.1905
24	0.2680	0.0278	60	2.2492	0.0839	96	6.2390	0.1389	132	12.1737	0.1920
25	0.2959	0.0294	61	2.3331	0.0855	97	6.3779	0.1404	133	12.3657	0.1934
26	0.3252	0.0309	62	2.4186	0.0870	98	6.5183	0.1419	134	12.5591	0.1949
27	0.3561	0.0324	63	2.5056	0.0886	99	6.6602	0.1434	135	12.7540	0.1963
28	0.3885	0.0339	64	2.5942	0.0901	100	6.8036	0.1449	136	12.9503	0.1978
29	0.4224	0.0355	65	2.6844	0.0917	101	6.9485	0.1464	137	13.1481	0.1992
30	0.4579	0.0370	66	2.7761	0.0932	102	7.0949	0.1479	138	13.3474	0.2007
31	0.4950	0.0386	67	2.8693	0.0948	103	7.2427	0.1494	139	13.5480	0.2021
32	0.5335	0.0401	68	2.9641	0.0963	104	7.3921	0.1509	140	13.7501	0.2036
33	0.5737	0.0417	69	3.0604	0.0979	105	7.5430	0.1523	141	13.9537	0.2050
34	0.6154	0.0433	70	3.1583	0.0994	106	7.6953	0.1538	142	14.1587	0.2064
35	0.6586	0.0448	71	3.2577	0.1009	107	7.8491	0.1553	143	14.3652	0.2079
36	0.7034	0.0464	72	3.3587	0.1025	108	8.0044	0.1568	144	14.5730	0.2093
37	0.7498	0.0479	73	3.4612	0.1040	109	8.1612	0.1583	145	14.7824	0.2108
38	0.7978	0.0495	74	3.5652	0.1056	110	8.3195	0.1598	146	14.9931	0.2122
39	0.8473	0.0511	75	3.6707	0.1071	111	8.4793	0.1612	147	15.2053	0.2122

适用树种：高山栎；适用地区：四川省；资料名称：四川省一元立木材积表；编表人或作者：四川省林业勘察设计院；刊印或发表时间：1980。

1051. 四川石栎一元立木材积表

$$V = 0.000059599783 D_{轮}^{1.8564005} H^{0.98056206}$$

$$H = -9.0030464 + 6.8393105 \ln D_{围};\ D_{围} \leqslant 115\text{cm}$$

$$D_{轮} = 0.2833758 + 0.97277021 \ln D_{围};\ 表中D为围尺径$$

D	V	ΔV	D	V	ΔV	D	V	ΔV	D	V	ΔV
4	0.0004	0.0021	32	0.5001	0.0366	60	2.0499	0.0759	88	4.7236	0.1167
5	0.0025	0.0030	33	0.5367	0.0379	61	2.1258	0.0773	89	4.8403	0.1182
6	0.0055	0.0040	34	0.5746	0.0393	62	2.2032	0.0788	90	4.9585	0.1197
7	0.0095	0.0050	35	0.6139	0.0407	63	2.2819	0.0802	91	5.0782	0.1211
8	0.0145	0.0061	36	0.6546	0.0420	64	2.3621	0.0817	92	5.1993	0.1226
9	0.0206	0.0072	37	0.6966	0.0434	65	2.4438	0.0831	93	5.3219	0.1241
10	0.0279	0.0084	38	0.7400	0.0448	66	2.5269	0.0846	94	5.4460	0.1256
11	0.0363	0.0095	39	0.7848	0.0462	67	2.6115	0.0860	95	5.5716	0.1270
12	0.0458	0.0107	40	0.8310	0.0476	68	2.6975	0.0875	96	5.6986	0.1285
13	0.0565	0.0119	41	0.8786	0.0490	69	2.7849	0.0889	97	5.8271	0.1300
14	0.0684	0.0131	42	0.9275	0.0504	70	2.8738	0.0904	98	5.9571	0.1315
15	0.0815	0.0143	43	0.9779	0.0518	71	2.9642	0.0918	99	6.0886	0.1330
16	0.0959	0.0156	44	1.0296	0.0532	72	3.0560	0.0933	100	6.2216	0.1345
17	0.1115	0.0168	45	1.0828	0.0546	73	3.1492	0.0947	101	6.3561	0.1359
18	0.1283	0.0181	46	1.1373	0.0560	74	3.2440	0.0962	102	6.4920	0.1374
19	0.1464	0.0194	47	1.1933	0.0574	75	3.3401	0.0976	103	6.6294	0.1389
20	0.1657	0.0206	48	1.2507	0.0588	76	3.4378	0.0991	104	6.7683	0.1404
21	0.1864	0.0219	49	1.3095	0.0602	77	3.5369	0.1006	105	6.9087	0.1419
22	0.2083	0.0232	50	1.3697	0.0616	78	3.6374	0.1020	106	7.0506	0.1434
23	0.2315	0.0245	51	1.4313	0.0630	79	3.7394	0.1035	107	7.1940	0.1449
24	0.2561	0.0258	52	1.4943	0.0645	80	3.8429	0.1049	108	7.3388	0.1463
25	0.2819	0.0272	53	1.5588	0.0659	81	3.9479	0.1064	109	7.4852	0.1478
26	0.3091	0.0285	54	1.6247	0.0673	82	4.0543	0.1079	110	7.6330	0.1493
27	0.3376	0.0298	55	1.6920	0.0687	83	4.1622	0.1094	111	7.7824	0.1508
28	0.3674	0.0312	56	1.7607	0.0702	84	4.2715	0.1108	112	7.9332	0.1523
29	0.3986	0.0325	57	1.8308	0.0716	85	4.3823	0.1123	113	8.0855	0.1538
30	0.4311	0.0339	58	1.9024	0.0730	86	4.4946	0.1138	114	8.2393	0.1553
31	0.4649	0.0352	59	1.9755	0.0745	87	4.6084	0.1152	115	8.3946	0.1553

适用树种：石栎；适用地区：四川省；资料名称：四川省一元立木材积表；编表人或作者：四川省林业勘察设计院；刊印或发表时间：1980。

1052. 四川鹅耳枥一元立木材积表

$$V = 0.000052750716 D_{轮}^{1.9450324} H^{0.9388533}$$

$$H = D_{围}/(0.81586047 + 0.045549371 D_{围})；\ D_{围} \leqslant 115\text{cm}$$

$$D_{轮} = 0.10644293 + 0.90883213 D_{围}；表中径阶为围尺径$$

D	V	ΔV	D	V	ΔV	D	V	ΔV	D	V	ΔV
4	0.0025	0.0020	32	0.4471	0.0324	60	1.7975	0.0652	88	4.0610	0.0975
5	0.0046	0.0028	33	0.4794	0.0335	61	1.8627	0.0664	89	4.1585	0.0987
6	0.0074	0.0036	34	0.5130	0.0347	62	1.9290	0.0675	90	4.2572	0.0998
7	0.0110	0.0045	35	0.5477	0.0359	63	1.9966	0.0687	91	4.3570	0.1010
8	0.0155	0.0054	36	0.5836	0.0371	64	2.0653	0.0699	92	4.4580	0.1021
9	0.0210	0.0064	37	0.6207	0.0383	65	2.1351	0.0710	93	4.5601	0.1033
10	0.0274	0.0074	38	0.6589	0.0394	66	2.2061	0.0722	94	4.6634	0.1044
11	0.0348	0.0084	39	0.6983	0.0406	67	2.2783	0.0733	95	4.7678	0.1055
12	0.0432	0.0095	40	0.7390	0.0418	68	2.3517	0.0745	96	4.8733	0.1067
13	0.0527	0.0106	41	0.7807	0.0430	69	2.4262	0.0757	97	4.9800	0.1078
14	0.0633	0.0116	42	0.8237	0.0441	70	2.5018	0.0768	98	5.0878	0.1090
15	0.0749	0.0127	43	0.8678	0.0453	71	2.5786	0.0780	99	5.1968	0.1101
16	0.0877	0.0139	44	0.9131	0.0465	72	2.6566	0.0791	100	5.3069	0.1112
17	0.1015	0.0150	45	0.9596	0.0477	73	2.7357	0.0803	101	5.4181	0.1124
18	0.1165	0.0161	46	1.0073	0.0488	74	2.8160	0.0814	102	5.5305	0.1135
19	0.1326	0.0172	47	1.0561	0.0500	75	2.8975	0.0826	103	5.6440	0.1146
20	0.1499	0.0184	48	1.1061	0.0512	76	2.9801	0.0837	104	5.7586	0.1158
21	0.1682	0.0195	49	1.1573	0.0523	77	3.0638	0.0849	105	5.8744	0.1169
22	0.1878	0.0207	50	1.2096	0.0535	78	3.1487	0.0861	106	5.9913	0.1181
23	0.2085	0.0218	51	1.2631	0.0547	79	3.2348	0.0872	107	6.1094	0.1192
24	0.2303	0.0230	52	1.3178	0.0559	80	3.3220	0.0884	108	6.2286	0.1203
25	0.2533	0.0242	53	1.3737	0.0570	81	3.4103	0.0895	109	6.3489	0.1215
26	0.2775	0.0253	54	1.4307	0.0582	82	3.4998	0.0907	110	6.4704	0.1226
27	0.3028	0.0265	55	1.4889	0.0594	83	3.5905	0.0918	111	6.5930	0.1237
28	0.3293	0.0277	56	1.5483	0.0605	84	3.6823	0.0930	112	6.7167	0.1249
29	0.3570	0.0288	57	1.6089	0.0617	85	3.7752	0.0941	113	6.8415	0.1260
30	0.3859	0.0300	58	1.6706	0.0629	86	3.8693	0.0952	114	6.9675	0.1271
31	0.4159	0.0312	59	1.7334	0.0640	87	3.9646	0.0964	115	7.0946	0.1271

适用树种：鹅耳枥；适用地区：四川省；资料名称：四川省一元立木材积表；编表人或作者：四川省林业勘察设计院；刊印或发表时间：1980。

1053. 四川椴树一元立木材积表

$$V = 0.000052750716 D_{轮}^{1.9450324} H^{0.9388533}$$

$$H = -10.095174 + 8.6964092 \ln D_{围};\ D_{围} \leqslant 147\text{cm}$$

$$D_{轮} = 0.4989625 + 0.96609377 \ln D_{围};\ 表中D为围尺径$$

D	V	ΔV	D	V	ΔV	D	V	ΔV	D	V	ΔV
4	0.0017	0.0032	40	1.2024	0.0700	76	5.1211	0.1513	112	12.0819	0.2386
5	0.0049	0.0044	41	1.2723	0.0721	77	5.2724	0.1537	113	12.3205	0.2410
6	0.0093	0.0058	42	1.3444	0.0742	78	5.4261	0.1560	114	12.5615	0.2435
7	0.0151	0.0072	43	1.4187	0.0764	79	5.5821	0.1584	115	12.8051	0.2460
8	0.0224	0.0087	44	1.4951	0.0786	80	5.7405	0.1608	116	13.0511	0.2485
9	0.0311	0.0103	45	1.5736	0.0807	81	5.9013	0.1632	117	13.2996	0.2510
10	0.0414	0.0119	46	1.6544	0.0829	82	6.0645	0.1655	118	13.5506	0.2535
11	0.0532	0.0135	47	1.7373	0.0851	83	6.2300	0.1679	119	13.8041	0.2560
12	0.0667	0.0151	48	1.8224	0.0873	84	6.3979	0.1703	120	14.0601	0.2585
13	0.0818	0.0168	49	1.9097	0.0895	85	6.5682	0.1727	121	14.3186	0.2610
14	0.0987	0.0186	50	1.9993	0.0917	86	6.7409	0.1751	122	14.5796	0.2635
15	0.1172	0.0203	51	2.0910	0.0939	87	6.9160	0.1775	123	14.8431	0.2660
16	0.1376	0.0221	52	2.1849	0.0962	88	7.0935	0.1799	124	15.1092	0.2685
17	0.1597	0.0239	53	2.2811	0.0984	89	7.2734	0.1823	125	15.3777	0.2710
18	0.1836	0.0257	54	2.3795	0.1006	90	7.4557	0.1847	126	15.6487	0.2736
19	0.2093	0.0276	55	2.4802	0.1029	91	7.6404	0.1871	127	15.9223	0.2761
20	0.2369	0.0295	56	2.5831	0.1051	92	7.8275	0.1895	128	16.1984	0.2786
21	0.2664	0.0313	57	2.6882	0.1074	93	8.0170	0.1920	129	16.4770	0.2811
22	0.2977	0.0333	58	2.7956	0.1097	94	8.2090	0.1944	130	16.7581	0.2837
23	0.3310	0.0352	59	2.9053	0.1119	95	8.4034	0.1968	131	17.0418	0.2862
24	0.3661	0.0371	60	3.0172	0.1142	96	8.6002	0.1992	132	17.3279	0.2887
25	0.4033	0.0391	61	3.1314	0.1165	97	8.7994	0.2017	133	17.6167	0.2912
26	0.4423	0.0411	62	3.2479	0.1188	98	9.0011	0.2041	134	17.9079	0.2938
27	0.4834	0.0430	63	3.3667	0.1211	99	9.2052	0.2066	135	18.2017	0.2963
28	0.5264	0.0450	64	3.4877	0.1234	100	9.4118	0.2090	136	18.4980	0.2989
29	0.5715	0.0471	65	3.6111	0.1257	101	9.6208	0.2114	137	18.7969	0.3014
30	0.6185	0.0491	66	3.7367	0.1280	102	9.8322	0.2139	138	19.0983	0.3039
31	0.6676	0.0511	67	3.8647	0.1303	103	10.0461	0.2163	139	19.4022	0.3065
32	0.7187	0.0532	68	3.9950	0.1326	104	10.2625	0.2188	140	19.7087	0.3090
33	0.7719	0.0552	69	4.1276	0.1349	105	10.4813	0.2213	141	20.0177	0.3116
34	0.8271	0.0573	70	4.2625	0.1373	106	10.7025	0.2237	142	20.3293	0.3141
35	0.8844	0.0594	71	4.3998	0.1396	107	10.9263	0.2262	143	20.6435	0.3167
36	0.9438	0.0615	72	4.5394	0.1419	108	11.1525	0.2287	144	20.9602	0.3193
37	1.0053	0.0636	73	4.6813	0.1443	109	11.3811	0.2311	145	21.2794	0.3218
38	1.0689	0.0657	74	4.8255	0.1466	110	11.6122	0.2336	146	21.6013	0.3244
39	1.1346	0.0678	75	4.9722	0.1490	111	11.8459	0.2361	147	21.9256	0.3244

适用树种：椴树；适用地区：四川省；资料名称：四川省一元立木材积表；编表人或作者：四川省林业勘察设计院；刊印或发表时间：1980。

1054. 四川桤木一元立木材积表

$$V = 0.000052750716D_{轮}^{1.9450324}H^{0.9388533}$$

$$H = D_{围}/(0.96230798 + 0.028855744D_{围})；\ D_{围} \leqslant 99\text{cm}$$

$$D_{轮} = 1.617869 + 0.9081574D_{围}；表中径阶为围尺径$$

D	V	ΔV	D	V	ΔV	D	V	ΔV	D	V	ΔV
4	0.0045	0.0029	28	0.4301	0.0368	52	1.7806	0.0778	76	4.1299	0.1197
5	0.0075	0.0038	29	0.4668	0.0384	53	1.8584	0.0796	77	4.2496	0.1215
6	0.0113	0.0048	30	0.5052	0.0401	54	1.9380	0.0813	78	4.3711	0.1232
7	0.0161	0.0059	31	0.5453	0.0418	55	2.0193	0.0831	79	4.4943	0.1249
8	0.0220	0.0070	32	0.5870	0.0434	56	2.1024	0.0848	80	4.6192	0.1267
9	0.0291	0.0082	33	0.6305	0.0451	57	2.1872	0.0865	81	4.7459	0.1284
10	0.0373	0.0095	34	0.6756	0.0468	58	2.2737	0.0883	82	4.8743	0.1302
11	0.0468	0.0108	35	0.7224	0.0485	59	2.3620	0.0900	83	5.0045	0.1319
12	0.0576	0.0121	36	0.7709	0.0502	60	2.4520	0.0918	84	5.1364	0.1336
13	0.0697	0.0135	37	0.8211	0.0519	61	2.5438	0.0935	85	5.2700	0.1354
14	0.0832	0.0149	38	0.8730	0.0536	62	2.6373	0.0953	86	5.4054	0.1371
15	0.0981	0.0163	39	0.9266	0.0553	63	2.7326	0.0970	87	5.5426	0.1389
16	0.1144	0.0178	40	0.9820	0.0571	64	2.8296	0.0988	88	5.6814	0.1406
17	0.1322	0.0193	41	1.0390	0.0588	65	2.9283	0.1005	89	5.8220	0.1423
18	0.1515	0.0208	42	1.0978	0.0605	66	3.0289	0.1023	90	5.9644	0.1441
19	0.1722	0.0223	43	1.1583	0.0622	67	3.1311	0.1040	91	6.1085	0.1458
20	0.1946	0.0239	44	1.2205	0.0639	68	3.2351	0.1057	92	6.2543	0.1476
21	0.2184	0.0254	45	1.2845	0.0657	69	3.3408	0.1075	93	6.4019	0.1493
22	0.2438	0.0270	46	1.3501	0.0674	70	3.4483	0.1092	94	6.5512	0.1510
23	0.2708	0.0286	47	1.4175	0.0691	71	3.5576	0.1110	95	6.7022	0.1528
24	0.2995	0.0302	48	1.4867	0.0709	72	3.6685	0.1127	96	6.8550	0.1545
25	0.3297	0.0318	49	1.5576	0.0726	73	3.7813	0.1145	97	7.0095	0.1562
26	0.3615	0.0335	50	1.6302	0.0743	74	3.8957	0.1162	98	7.1657	0.1580
27	0.3949	0.0351	51	1.7045	0.0761	75	4.0120	0.1180	99	7.3237	0.1580

适用树种：桤木；适用地区：四川省；资料名称：四川省一元立木材积表；编表人或作者：四川省林业勘察设计院；刊印或发表时间：1980。

1055. 四川杨树一元立木材积表

$$V = 0.000052750716D_{轮}^{1.9450324}H^{0.9388533}$$

$$H = D_{围}/(0.74622904 + 0.042052847D_{围})；D_{围} \leqslant 115\text{cm}$$

$$D_{轮} = -0.51619463 + 1.0942555D_{围}$$；表中径阶为围尺径

D	V	ΔV	D	V	ΔV	D	V	ΔV	D	V	ΔV
4	0.0029	0.0027	32	0.6691	0.0492	60	2.7329	0.1000	88	6.2089	0.1500
5	0.0056	0.0038	33	0.7183	0.0510	61	2.8329	0.1018	89	6.3588	0.1517
6	0.0094	0.0050	34	0.7693	0.0528	62	2.9346	0.1036	90	6.5106	0.1535
7	0.0145	0.0064	35	0.8221	0.0546	63	3.0382	0.1054	91	6.6641	0.1553
8	0.0208	0.0078	36	0.8768	0.0565	64	3.1435	0.1072	92	6.8194	0.1571
9	0.0286	0.0093	37	0.9332	0.0583	65	3.2507	0.1090	93	6.9764	0.1588
10	0.0379	0.0108	38	0.9915	0.0601	66	3.3596	0.1107	94	7.1353	0.1606
11	0.0487	0.0123	39	1.0516	0.0619	67	3.4704	0.1125	95	7.2958	0.1624
12	0.0610	0.0139	40	1.1135	0.0637	68	3.5829	0.1143	96	7.4582	0.1641
13	0.0750	0.0156	41	1.1773	0.0656	69	3.6972	0.1161	97	7.6223	0.1659
14	0.0905	0.0172	42	1.2428	0.0674	70	3.8134	0.1179	98	7.7882	0.1676
15	0.1078	0.0189	43	1.3102	0.0692	71	3.9313	0.1197	99	7.9558	0.1694
16	0.1267	0.0206	44	1.3794	0.0710	72	4.0510	0.1215	100	8.1252	0.1712
17	0.1474	0.0224	45	1.4504	0.0728	73	4.1725	0.1233	101	8.2964	0.1729
18	0.1697	0.0241	46	1.5232	0.0746	74	4.2958	0.1251	102	8.4693	0.1747
19	0.1938	0.0258	47	1.5978	0.0764	75	4.4208	0.1269	103	8.6440	0.1764
20	0.2197	0.0276	48	1.6743	0.0783	76	4.5477	0.1286	104	8.8204	0.1782
21	0.2473	0.0294	49	1.7525	0.0801	77	4.6763	0.1304	105	8.9986	0.1800
22	0.2767	0.0312	50	1.8326	0.0819	78	4.8068	0.1322	106	9.1786	0.1817
23	0.3078	0.0329	51	1.9145	0.0837	79	4.9390	0.1340	107	9.3603	0.1835
24	0.3408	0.0347	52	1.9982	0.0855	80	5.0730	0.1358	108	9.5438	0.1852
25	0.3755	0.0365	53	2.0837	0.0873	81	5.2087	0.1375	109	9.7290	0.1870
26	0.4120	0.0383	54	2.1710	0.0891	82	5.3463	0.1393	110	9.9160	0.1887
27	0.4504	0.0401	55	2.2602	0.0909	83	5.4856	0.1411	111	10.1047	0.1905
28	0.4905	0.0419	56	2.3511	0.0927	84	5.6267	0.1429	112	10.2952	0.1922
29	0.5324	0.0437	57	2.4438	0.0945	85	5.7696	0.1447	113	10.4874	0.1940
30	0.5762	0.0456	58	2.5384	0.0964	86	5.9142	0.1464	114	10.6813	0.1957
31	0.6217	0.0474	59	2.6347	0.0982	87	6.0607	0.1482	115	10.8771	0.1957

适用树种：杨树；适用地区：四川省；资料名称：四川省一元立木材积表；编表人或作者：四川省林业勘察设计院；刊印或发表时间：1980。

1056. 四川槭树一元立木材积表

$$V = 0.000052750716D_{轮}^{1.9450324}H^{0.9388533}$$

$$H = D_{围}/(0.84117804 + 0.038125488D_{围})；\ D_{围} \leqslant 115\text{cm}$$

$$D_{轮} = 0.4989625 + 0.96609377D_{围}；$$ 表中径阶为围尺径

D	V	ΔV	D	V	ΔV	D	V	ΔV	D	V	ΔV
4	0.0034	0.0026	32	0.5654	0.0414	60	2.3080	0.0847	88	5.2593	0.1276
5	0.0060	0.0035	33	0.6068	0.0429	61	2.3927	0.0862	89	5.3869	0.1291
6	0.0095	0.0045	34	0.6497	0.0444	62	2.4789	0.0877	90	5.5160	0.1306
7	0.0141	0.0056	35	0.6941	0.0460	63	2.5666	0.0893	91	5.6466	0.1321
8	0.0197	0.0068	36	0.7401	0.0475	64	2.6559	0.0908	92	5.7787	0.1337
9	0.0265	0.0080	37	0.7877	0.0491	65	2.7468	0.0924	93	5.9124	0.1352
10	0.0345	0.0092	38	0.8367	0.0506	66	2.8391	0.0939	94	6.0475	0.1367
11	0.0437	0.0105	39	0.8874	0.0522	67	2.9330	0.0954	95	6.1842	0.1382
12	0.0542	0.0118	40	0.9395	0.0537	68	3.0285	0.0970	96	6.3224	0.1397
13	0.0661	0.0132	41	0.9932	0.0553	69	3.1255	0.0985	97	6.4622	0.1412
14	0.0793	0.0146	42	1.0485	0.0568	70	3.2240	0.1001	98	6.6034	0.1428
15	0.0938	0.0160	43	1.1053	0.0584	71	3.3240	0.1016	99	6.7462	0.1443
16	0.1098	0.0174	44	1.1637	0.0599	72	3.4256	0.1031	100	6.8904	0.1458
17	0.1272	0.0188	45	1.2236	0.0615	73	3.5288	0.1047	101	7.0362	0.1473
18	0.1460	0.0203	46	1.2850	0.0630	74	3.6334	0.1062	102	7.1835	0.1488
19	0.1662	0.0217	47	1.3481	0.0646	75	3.7396	0.1077	103	7.3323	0.1503
20	0.1880	0.0232	48	1.4126	0.0661	76	3.8473	0.1093	104	7.4826	0.1518
21	0.2111	0.0247	49	1.4787	0.0677	77	3.9566	0.1108	105	7.6345	0.1533
22	0.2358	0.0262	50	1.5464	0.0692	78	4.0674	0.1123	106	7.7878	0.1548
23	0.2620	0.0277	51	1.6156	0.0708	79	4.1797	0.1138	107	7.9426	0.1564
24	0.2896	0.0292	52	1.6863	0.0723	80	4.2936	0.1154	108	8.0990	0.1579
25	0.3188	0.0307	53	1.7586	0.0738	81	4.4089	0.1169	109	8.2569	0.1594
26	0.3494	0.0322	54	1.8325	0.0754	82	4.5258	0.1184	110	8.4162	0.1609
27	0.3816	0.0337	55	1.9079	0.0769	83	4.6443	0.1200	111	8.5771	0.1624
28	0.4153	0.0352	56	1.9848	0.0785	84	4.7642	0.1215	112	8.7395	0.1639
29	0.4506	0.0368	57	2.0633	0.0800	85	4.8857	0.1230	113	8.9034	0.1654
30	0.4873	0.0383	58	2.1433	0.0816	86	5.0087	0.1245	114	9.0688	0.1669
31	0.5256	0.0398	59	2.2249	0.0831	87	5.1332	0.1261	115	9.2356	0.1669

适用树种：槭树；适用地区：四川省；资料名称：四川省一元立木材积表；编表人或作者：四川省林业勘察设计院；刊印或发表时间：1980。

1057. 四川野胡桃一元立木材积表

$$V = 0.000052750716D_{轮}^{1.9450324}H^{0.9388533}$$

$$H = D_{围}/(0.95395109 + 0.032786132D_{围})；D_{围} \leqslant 211\text{cm}$$

$$D_{轮} = 0.10644293 + 0.90883213D_{围}；表中径阶为围尺径$$

D	V	ΔV	D	V	ΔV	D	V	ΔV	D	V	ΔV
4	0.0023	0.0019	42	0.9551	0.0536	80	4.0865	0.1128	118	9.4597	0.1714
5	0.0043	0.0027	43	1.0087	0.0552	81	4.1993	0.1143	119	9.6311	0.1730
6	0.0070	0.0036	44	1.0638	0.0567	82	4.3136	0.1159	120	9.8041	0.1745
7	0.0106	0.0045	45	1.1206	0.0583	83	4.4295	0.1174	121	9.9785	0.1760
8	0.0151	0.0055	46	1.1788	0.0598	84	4.5469	0.1190	122	10.1546	0.1776
9	0.0206	0.0066	47	1.2386	0.0614	85	4.6659	0.1205	123	10.3321	0.1791
10	0.0272	0.0077	48	1.3000	0.0629	86	4.7865	0.1221	124	10.5112	0.1806
11	0.0348	0.0088	49	1.3629	0.0645	87	4.9086	0.1236	125	10.6918	0.1821
12	0.0437	0.0100	50	1.4274	0.0660	88	5.0322	0.1252	126	10.8739	0.1837
13	0.0537	0.0113	51	1.4934	0.0676	89	5.1574	0.1267	127	11.0576	0.1852
14	0.0650	0.0125	52	1.5610	0.0691	90	5.2841	0.1283	128	11.2428	0.1867
15	0.0775	0.0138	53	1.6302	0.0707	91	5.4124	0.1298	129	11.4295	0.1882
16	0.0914	0.0151	54	1.7009	0.0723	92	5.5423	0.1314	130	11.6178	0.1898
17	0.1065	0.0165	55	1.7732	0.0738	93	5.6737	0.1329	131	11.8076	0.1913
18	0.1230	0.0179	56	1.8470	0.0754	94	5.8066	0.1345	132	11.9989	0.1928
19	0.1408	0.0192	57	1.9224	0.0769	95	5.9411	0.1360	133	12.1917	0.1943
20	0.1601	0.0206	58	1.9993	0.0785	96	6.0771	0.1376	134	12.3860	0.1959
21	0.1807	0.0220	59	2.0778	0.0801	97	6.2147	0.1391	135	12.5819	0.1974
22	0.2028	0.0235	60	2.1579	0.0816	98	6.3538	0.1407	136	12.7793	0.1989
23	0.2262	0.0249	61	2.2395	0.0832	99	6.4944	0.1422	137	12.9782	0.2004
24	0.2511	0.0264	62	2.3227	0.0847	100	6.6367	0.1437	138	13.1786	0.2020
25	0.2775	0.0278	63	2.4074	0.0863	101	6.7804	0.1453	139	13.3806	0.2035
26	0.3053	0.0293	64	2.4937	0.0879	102	6.9257	0.1468	140	13.5841	0.2050
27	0.3346	0.0308	65	2.5816	0.0894	103	7.0725	0.1484	141	13.7891	0.2065
28	0.3654	0.0323	66	2.6710	0.0910	104	7.2209	0.1499	142	13.9956	0.2080
29	0.3977	0.0338	67	2.7620	0.0925	105	7.3708	0.1515	143	14.2037	0.2096
30	0.4315	0.0353	68	2.8545	0.0941	106	7.5223	0.1530	144	14.4132	0.2111
31	0.4667	0.0368	69	2.9486	0.0957	107	7.6753	0.1545	145	14.6243	0.2126
32	0.5035	0.0383	70	3.0443	0.0972	108	7.8298	0.1561	146	14.8369	0.2141
33	0.5418	0.0398	71	3.1415	0.0988	109	7.9859	0.1576	147	15.0510	0.2156
34	0.5816	0.0413	72	3.2403	0.1003	110	8.1435	0.1591	148	15.2666	0.2171
35	0.6229	0.0428	73	3.3406	0.1019	111	8.3026	0.1607	149	15.4838	0.2187
36	0.6657	0.0444	74	3.4425	0.1034	112	8.4633	0.1622	150	15.7024	0.2202
37	0.7101	0.0459	75	3.5459	0.1050	113	8.6255	0.1638	151	15.9226	0.2217
38	0.7560	0.0474	76	3.6509	0.1066	114	8.7893	0.1653	152	16.1443	0.2232
39	0.8035	0.0490	77	3.7575	0.1081	115	8.9546	0.1668	153	16.3675	0.2247
40	0.8525	0.0505	78	3.8656	0.1097	116	9.1214	0.1684	154	16.5922	0.2262
41	0.9030	0.0521	79	3.9753	0.1112	117	9.2898	0.1699	155	16.8185	0.2277

（续表）

D	V	ΔV	D	V	ΔV	D	V	ΔV	D	V	ΔV
156	17.0462	0.2293	170	20.3932	0.2504	184	24.0353	0.2714	198	27.9712	0.2923
157	17.2755	0.2308	171	20.6436	0.2519	185	24.3067	0.2729	199	28.2635	0.2938
158	17.5062	0.2323	172	20.8955	0.2534	186	24.5796	0.2744	200	28.5574	0.2953
159	17.7385	0.2338	173	21.1489	0.2549	187	24.8540	0.2759	201	28.8527	0.2968
160	17.9723	0.2353	174	21.4037	0.2564	188	25.1299	0.2774	202	29.1495	0.2983
161	18.2076	0.2368	175	21.6601	0.2579	189	25.4073	0.2789	203	29.4479	0.2998
162	18.4444	0.2383	176	21.9180	0.2594	190	25.6862	0.2804	204	29.7477	0.3013
163	18.6827	0.2398	177	22.1774	0.2609	191	25.9666	0.2819	205	30.0490	0.3028
164	18.9226	0.2413	178	22.4383	0.2624	192	26.2485	0.2834	206	30.3518	0.3043
165	19.1639	0.2428	179	22.7007	0.2639	193	26.5319	0.2849	207	30.6560	0.3058
166	19.4068	0.2444	180	22.9647	0.2654	194	26.8167	0.2864	208	30.9618	0.3073
167	19.6511	0.2459	181	23.2301	0.2669	195	27.1031	0.2879	209	31.2691	0.3087
168	19.8970	0.2474	182	23.4970	0.2684	196	27.3910	0.2894	210	31.5778	0.3102
169	20.1443	0.2489	183	23.7654	0.2699	197	27.6803	0.2909	211	31.8881	0.3102

适用树种：野胡桃；适用地区：四川省；资料名称：四川省一元立木材积表；编表人或作者：四川省林业勘察设计院；刊印或发表时间：1980。

1058. 四川四照花一元立木材积表

$$V = 0.000052750716D_{轮}^{1.9450324}H^{0.9388533}$$

$$H = D_{围}/(0.89025916 + 0.030562134D_{围});\ D_{围} \leqslant 243\text{cm}$$

$$D_{轮} = 0.00055668949 + 0.99772667D_{围}$$；表中径阶为围尺径

D	V	ΔV	D	V	ΔV	D	V	ΔV	D	V	ΔV
4	0.0028	0.0024	42	1.2161	0.0684	80	5.2176	0.1442	118	12.0898	0.2193
5	0.0052	0.0034	43	1.2845	0.0704	81	5.3618	0.1462	119	12.3091	0.2213
6	0.0086	0.0045	44	1.3550	0.0724	82	5.5079	0.1482	120	12.5304	0.2232
7	0.0131	0.0057	45	1.4274	0.0744	83	5.6561	0.1502	121	12.7536	0.2252
8	0.0188	0.0069	46	1.5018	0.0764	84	5.8063	0.1521	122	12.9788	0.2271
9	0.0257	0.0083	47	1.5781	0.0784	85	5.9584	0.1541	123	13.2059	0.2291
10	0.0340	0.0097	48	1.6565	0.0804	86	6.1125	0.1561	124	13.4350	0.2311
11	0.0437	0.0112	49	1.7369	0.0823	87	6.2687	0.1581	125	13.6661	0.2330
12	0.0549	0.0127	50	1.8192	0.0843	88	6.4268	0.1601	126	13.8991	0.2350
13	0.0676	0.0143	51	1.9035	0.0863	89	6.5869	0.1621	127	14.1341	0.2369
14	0.0819	0.0159	52	1.9899	0.0883	90	6.7489	0.1641	128	14.3711	0.2389
15	0.0977	0.0175	53	2.0782	0.0903	91	6.9130	0.1660	129	14.6100	0.2408
16	0.1153	0.0192	54	2.1685	0.0923	92	7.0790	0.1680	130	14.8508	0.2428
17	0.1345	0.0209	55	2.2608	0.0943	93	7.2471	0.1700	131	15.0936	0.2448
18	0.1555	0.0227	56	2.3551	0.0963	94	7.4171	0.1720	132	15.3384	0.2467
19	0.1781	0.0245	57	2.4515	0.0983	95	7.5891	0.1740	133	15.5851	0.2487
20	0.2026	0.0262	58	2.5498	0.1003	96	7.7630	0.1759	134	15.8337	0.2506
21	0.2288	0.0280	59	2.6501	0.1023	97	7.9390	0.1779	135	16.0843	0.2526
22	0.2569	0.0299	60	2.7524	0.1043	98	8.1169	0.1799	136	16.3369	0.2545
23	0.2867	0.0317	61	2.8567	0.1063	99	8.2968	0.1819	137	16.5914	0.2565
24	0.3185	0.0336	62	2.9629	0.1083	100	8.4787	0.1839	138	16.8479	0.2584
25	0.3520	0.0354	63	3.0712	0.1103	101	8.6626	0.1858	139	17.1063	0.2604
26	0.3875	0.0373	64	3.1815	0.1123	102	8.8484	0.1878	140	17.3667	0.2623
27	0.4248	0.0392	65	3.2938	0.1143	103	9.0362	0.1898	141	17.6290	0.2643
28	0.4640	0.0411	66	3.4081	0.1163	104	9.2260	0.1918	142	17.8932	0.2662
29	0.5051	0.0430	67	3.5244	0.1183	105	9.4177	0.1937	143	18.1594	0.2681
30	0.5481	0.0450	68	3.6427	0.1203	106	9.6115	0.1957	144	18.4276	0.2701
31	0.5931	0.0469	69	3.7629	0.1223	107	9.8072	0.1977	145	18.6977	0.2720
32	0.6400	0.0488	70	3.8852	0.1243	108	10.0048	0.1996	146	18.9697	0.2740
33	0.6888	0.0508	71	4.0095	0.1263	109	10.2045	0.2016	147	19.2437	0.2759
34	0.7395	0.0527	72	4.1357	0.1283	110	10.4061	0.2036	148	19.5196	0.2779
35	0.7923	0.0547	73	4.2640	0.1302	111	10.6097	0.2055	149	19.7975	0.2798
36	0.8469	0.0566	74	4.3942	0.1322	112	10.8152	0.2075	150	20.0773	0.2817
37	0.9035	0.0586	75	4.5265	0.1342	113	11.0227	0.2095	151	20.3590	0.2837
38	0.9621	0.0605	76	4.6607	0.1362	114	11.2322	0.2114	152	20.6427	0.2856
39	1.0226	0.0625	77	4.7969	0.1382	115	11.4437	0.2134	153	20.9283	0.2876
40	1.0852	0.0645	78	4.9351	0.1402	116	11.6571	0.2154	154	21.2159	0.2895
41	1.1496	0.0665	79	5.0754	0.1422	117	11.8725	0.2173	155	21.5054	0.2914

（续表）

D	V	ΔV	D	V	ΔV	D	V	ΔV	D	V	ΔV
156	21.7968	0.2934	178	28.6973	0.3358	200	36.5289	0.3780	222	45.2856	0.4199
157	22.0902	0.2953	179	29.0332	0.3378	201	36.9069	0.3799	223	45.7055	0.4218
158	22.3855	0.2972	180	29.3709	0.3397	202	37.2868	0.3818	224	46.1274	0.4237
159	22.6827	0.2992	181	29.7106	0.3416	203	37.6686	0.3837	225	46.5511	0.4256
160	22.9819	0.3011	182	30.0522	0.3435	204	38.0523	0.3856	226	46.9767	0.4275
161	23.2830	0.3030	183	30.3957	0.3454	205	38.4380	0.3876	227	47.4043	0.4294
162	23.5861	0.3050	184	30.7411	0.3474	206	38.8255	0.3895	228	47.8337	0.4313
163	23.8911	0.3069	185	31.0885	0.3493	207	39.2150	0.3914	229	48.2650	0.4332
164	24.1980	0.3088	186	31.4378	0.3512	208	39.6064	0.3933	230	48.6982	0.4351
165	24.5068	0.3108	187	31.7890	0.3531	209	39.9997	0.3952	231	49.1333	0.4370
166	24.8176	0.3127	188	32.1421	0.3550	210	40.3948	0.3971	232	49.5704	0.4389
167	25.1303	0.3146	189	32.4971	0.3569	211	40.7919	0.3990	233	50.0093	0.4408
168	25.4449	0.3166	190	32.8540	0.3589	212	41.1909	0.4009	234	50.4501	0.4427
169	25.7615	0.3185	191	33.2129	0.3608	213	41.5918	0.4028	235	50.8928	0.4446
170	26.0800	0.3204	192	33.5737	0.3627	214	41.9946	0.4047	236	51.3374	0.4465
171	26.4004	0.3224	193	33.9364	0.3646	215	42.3993	0.4066	237	51.7839	0.4484
172	26.7228	0.3243	194	34.3010	0.3665	216	42.8060	0.4085	238	52.2322	0.4503
173	27.0471	0.3262	195	34.6675	0.3684	217	43.2145	0.4104	239	52.6825	0.4522
174	27.3733	0.3281	196	35.0360	0.3704	218	43.6249	0.4123	240	53.1347	0.4541
175	27.7014	0.3301	197	35.4063	0.3723	219	44.0372	0.4142	241	53.5887	0.4560
176	28.0314	0.3320	198	35.7786	0.3742	220	44.4515	0.4161	242	54.0447	0.4578
177	28.3634	0.3339	199	36.1528	0.3761	221	44.8676	0.4180	243	54.5025	0.4578

适用树种：四照花；适用地区：四川省；资料名称：四川省一元立木材积表；编表人或作者：四川省林业勘察设计院；刊印或发表时间：1980。

1059. 四川青冈一元立木材积表

$$V = 0.000059599783D_{轮}^{1.8564005}H^{0.98056206}$$

$$H = 28.238195 - 890.55173/(D_{围} + 32.205787);\ D_{围} \leqslant 195\text{cm}$$

$$D_{轮} = 0.047611611 + 0.97987013D_{围}$$；表中D为围尺径

D	V	ΔV	D	V	ΔV	D	V	ΔV	D	V	ΔV
4	0.0027	0.0021	42	0.9123	0.0499	80	3.7527	0.1005	118	8.4664	0.1484
5	0.0048	0.0029	43	0.9622	0.0512	81	3.8532	0.1018	119	8.6149	0.1497
6	0.0077	0.0038	44	1.0135	0.0526	82	3.9550	0.1031	120	8.7645	0.1509
7	0.0115	0.0047	45	1.0661	0.0540	83	4.0581	0.1044	121	8.9154	0.1521
8	0.0162	0.0057	46	1.1200	0.0553	84	4.1625	0.1057	122	9.0676	0.1534
9	0.0219	0.0067	47	1.1753	0.0567	85	4.2681	0.1070	123	9.2209	0.1546
10	0.0286	0.0078	48	1.2320	0.0580	86	4.3751	0.1082	124	9.3755	0.1558
11	0.0364	0.0089	49	1.2901	0.0594	87	4.4833	0.1095	125	9.5313	0.1570
12	0.0453	0.0101	50	1.3495	0.0607	88	4.5929	0.1108	126	9.6883	0.1582
13	0.0553	0.0112	51	1.4102	0.0621	89	4.7037	0.1121	127	9.8466	0.1595
14	0.0666	0.0124	52	1.4723	0.0635	90	4.8157	0.1134	128	10.0060	0.1607
15	0.0790	0.0137	53	1.5358	0.0648	91	4.9291	0.1146	129	10.1667	0.1619
16	0.0927	0.0149	54	1.6006	0.0662	92	5.0437	0.1159	130	10.3286	0.1631
17	0.1076	0.0162	55	1.6667	0.0675	93	5.1596	0.1172	131	10.4917	0.1643
18	0.1238	0.0175	56	1.7342	0.0688	94	5.2768	0.1185	132	10.6561	0.1655
19	0.1412	0.0187	57	1.8031	0.0702	95	5.3953	0.1197	133	10.8216	0.1668
20	0.1600	0.0201	58	1.8732	0.0715	96	5.5150	0.1210	134	10.9884	0.1680
21	0.1800	0.0214	59	1.9448	0.0729	97	5.6360	0.1223	135	11.1563	0.1692
22	0.2014	0.0227	60	2.0176	0.0742	98	5.7582	0.1235	136	11.3255	0.1704
23	0.2241	0.0240	61	2.0918	0.0755	99	5.8817	0.1248	137	11.4959	0.1716
24	0.2481	0.0254	62	2.1673	0.0769	100	6.0065	0.1260	138	11.6674	0.1728
25	0.2735	0.0267	63	2.2442	0.0782	101	6.1326	0.1273	139	11.8402	0.1740
26	0.3002	0.0280	64	2.3224	0.0795	102	6.2598	0.1286	140	12.0142	0.1752
27	0.3282	0.0294	65	2.4019	0.0808	103	6.3884	0.1298	141	12.1894	0.1764
28	0.3576	0.0308	66	2.4828	0.0822	104	6.5182	0.1311	142	12.3658	0.1776
29	0.3884	0.0321	67	2.5649	0.0835	105	6.6493	0.1323	143	12.5434	0.1788
30	0.4205	0.0335	68	2.6484	0.0848	106	6.7816	0.1336	144	12.7222	0.1800
31	0.4540	0.0348	69	2.7332	0.0861	107	6.9151	0.1348	145	12.9022	0.1812
32	0.4888	0.0362	70	2.8194	0.0874	108	7.0500	0.1361	146	13.0834	0.1824
33	0.5250	0.0376	71	2.9068	0.0888	109	7.1860	0.1373	147	13.2657	0.1836
34	0.5626	0.0389	72	2.9956	0.0901	110	7.3233	0.1385	148	13.4493	0.1848
35	0.6015	0.0403	73	3.0857	0.0914	111	7.4619	0.1398	149	13.6341	0.1860
36	0.6418	0.0417	74	3.1770	0.0927	112	7.6017	0.1410	150	13.8200	0.1871
37	0.6835	0.0430	75	3.2697	0.0940	113	7.7427	0.1423	151	14.0072	0.1883
38	0.7265	0.0444	76	3.3637	0.0953	114	7.8850	0.1435	152	14.1955	0.1895
39	0.7709	0.0458	77	3.4590	0.0966	115	8.0285	0.1447	153	14.3850	0.1907
40	0.8167	0.0471	78	3.5556	0.0979	116	8.1732	0.1460	154	14.5757	0.1919
41	0.8638	0.0485	79	3.6535	0.0992	117	8.3192	0.1472	155	14.7676	0.1931

（续表）

D	V	ΔV	D	V	ΔV	D	V	ΔV	D	V	ΔV
156	14.9607	0.1943	166	16.9563	0.2060	176	19.0692	0.2177	186	21.2983	0.2293
157	15.1549	0.1954	167	17.1624	0.2072	177	19.2869	0.2189	187	21.5275	0.2304
158	15.3504	0.1966	168	17.3696	0.2084	178	19.5057	0.2200	188	21.7579	0.2316
159	15.5470	0.1978	169	17.5779	0.2095	179	19.7258	0.2212	189	21.9895	0.2327
160	15.7448	0.1990	170	17.7875	0.2107	180	19.9469	0.2223	190	22.2222	0.2339
161	15.9438	0.2002	171	17.9982	0.2119	181	20.1693	0.2235	191	22.4561	0.2350
162	16.1439	0.2013	172	18.2100	0.2130	182	20.3927	0.2246	192	22.6911	0.2362
163	16.3453	0.2025	173	18.4231	0.2142	183	20.6174	0.2258	193	22.9272	0.2373
164	16.5478	0.2037	174	18.6373	0.2154	184	20.8432	0.2270	194	23.1645	0.2384
165	16.7515	0.2049	175	18.8527	0.2165	185	21.0701	0.2281	195	23.4030	0.2384

适用树种：青冈；适用地区：四川省；资料名称：四川省一元立木材积表；编表人或作者：四川省林业勘察设计院；刊印或发表时间：1980。

22 贵州省立木材积表

1060. 贵州杉木二元立木材积表（中心产区）

$$V = 0.000080597D^{(1.96709-0.0059006(D+H))}H^{(0.7699+0.0072346(D+H))}$$

$D \leqslant 58\text{cm},\ H \leqslant 30\text{m}$

D	H	V	D	H	V	D	H	V	D	H	V	D	H	V
4	2	0.0021	15	8	0.0805	26	14	0.3714	37	19	0.9452	48	25	2.0130
5	3	0.0044	16	8	0.0905	27	14	0.3963	38	20	1.0491	49	26	2.1890
6	3	0.0062	17	9	0.1127	28	15	0.4541	39	20	1.0944	50	26	2.2586
7	4	0.0106	18	9	0.1249	29	15	0.4821	40	21	1.2094	51	27	2.4495
8	4	0.0136	19	10	0.1523	30	16	0.5480	41	22	1.3325	52	27	2.5236
9	5	0.0206	20	10	0.1668	31	16	0.5792	42	22	1.3851	53	28	2.7303
10	5	0.0251	21	11	0.1997	32	17	0.6538	43	23	1.5204	54	28	2.8090
11	6	0.0351	22	11	0.2168	33	17	0.6883	44	23	1.5771	55	29	3.0323
12	6	0.0412	23	12	0.2558	34	18	0.7720	45	24	1.7253	56	29	3.1156
13	7	0.0548	24	13	0.2991	35	18	0.8100	46	24	1.7862	57	30	3.3562
14	7	0.0628	25	13	0.3211	36	19	0.9036	47	25	1.9478	58	30	3.4444

适用树种：杉木；适用地区：中心产区，指贵州省锦屏、黎平、从江、榕江、雷山、台江、剑河、天柱、三都等 9 个杉木生产力较高的县；资料名称：贵州省地方标准 DB52/T702—2011；编表人或作者：贵州省森林资源管理站；刊印或发表时间：2011。

1061. 贵州柏木二元立木材积表

$$V = 0.000085626D^{(1.9148-0.0045828(D+H))}H^{(0.74041+0.00668(D+H))}$$

$D \leqslant 58\text{cm},\ H \leqslant 30\text{m}$

D	H	V	D	H	V	D	H	V	D	H	V	D	H	V
6	3	0.0059	17	9	0.1034	28	15	0.4237	39	20	1.0593	50	26	2.2912
7	4	0.0100	18	9	0.1147	29	15	0.4512	40	21	1.1753	51	27	2.4973
8	4	0.0128	19	10	0.1397	30	16	0.5142	41	21	1.2278	52	27	2.5840
9	5	0.0191	20	10	0.1534	31	16	0.5453	42	22	1.3569	53	28	2.8100
10	5	0.0232	21	11	0.1837	32	17	0.6173	43	23	1.4959	54	28	2.9038
11	6	0.0324	22	11	0.1998	33	17	0.6521	44	23	1.5580	55	29	3.1510
12	6	0.0380	23	12	0.2360	34	18	0.7338	45	24	1.7120	56	29	3.2522
13	7	0.0504	24	13	0.2764	35	18	0.7727	46	24	1.7797	57	30	3.5221
14	7	0.0577	25	13	0.2975	36	19	0.8649	47	25	1.9499	58	30	3.6311
15	8	0.0738	26	14	0.3447	37	19	0.9080	48	25	2.0237			
16	8	0.0830	27	14	0.3689	38	20	1.0117	49	26	2.2111			

适用树种：柏木；适用地区：贵州省；资料名称：贵州省地方标准 DB52/T773—2012；编表人或作者：贵州省森林资源管理站；刊印或发表时间：2012。

1062. 贵州杉木二元立木材积表（一般产区）

$$V = 0.000088296D^{(1.94097-0.0044583(D+H))}H^{(0.76012+0.0056841(D+H))}$$

$D \leqslant 56\text{cm}, H \leqslant 32\text{m}$

D	H	V	D	H	V	D	H	V	D	H	V	D	H	V
4	2	0.0022	15	8	0.0818	26	15	0.3997	37	21	1.0598	48	28	2.3158
5	3	0.0046	16	9	0.1023	27	15	0.4275	38	22	1.1692	49	28	2.3974
6	3	0.0065	17	10	0.1258	28	16	0.4868	39	22	1.2227	50	29	2.5911
7	4	0.0110	18	10	0.1396	29	17	0.5515	40	23	1.3435	51	29	2.6782
8	4	0.0141	19	11	0.1683	30	17	0.5854	41	24	1.4723	52	30	2.8879
9	5	0.0212	20	11	0.1847	31	18	0.6586	42	24	1.5342	53	31	3.1093
10	6	0.0300	21	12	0.2190	32	18	0.6963	43	25	1.6756	54	31	3.2072
11	6	0.0359	22	13	0.2573	33	19	0.7785	44	25	1.7424	55	32	3.4460
12	7	0.0482	23	13	0.2787	34	20	0.8671	45	26	1.8970	56	32	3.5500
13	7	0.0559	24	14	0.3235	35	20	0.9120	46	27	2.0610			
14	8	0.0720	25	14	0.3479	36	21	1.0107	47	27	2.1373			

适用树种：杉木；适用地区：一般产区，指贵州省除锦屏、黎平、从江、榕江、雷山、台江、剑河、天柱、三都等 9 个县以外的其他杉木分布区域；资料名称：贵州省地方标准 DB52/T702—2011；编表人或作者：贵州省森林资源管理站；刊印或发表时间：2011。

1063. 贵州华山松二元立木材积表

$$V = 0.00011996D^{(2.019601-0.0083683(D+H))}H^{(0.47225+0.012475(D+H))}$$

$D \leqslant 58\text{cm}, H \leqslant 30\text{m}$

D	H	V	D	H	V	D	H	V	D	H	V	D	H	V
6	3	0.0074	17	9	0.1139	28	15	0.4648	39	20	1.1989	50	26	2.7511
7	4	0.0119	18	9	0.1267	29	15	0.4955	40	21	1.3408	51	27	3.0326
8	4	0.0154	19	10	0.1532	30	16	0.5666	41	21	1.4013	52	27	3.1394
9	5	0.0222	20	10	0.1685	31	16	0.6013	42	22	1.5622	53	28	3.4542
10	5	0.0272	21	11	0.2008	32	17	0.6837	43	23	1.7381	54	28	3.5711
11	6	0.0369	22	11	0.2188	33	17	0.7228	44	23	1.8111	55	29	3.9226
12	6	0.0435	23	12	0.2577	34	18	0.8179	45	24	2.0097	56	29	4.0503
13	7	0.0565	24	13	0.3016	35	18	0.8617	46	24	2.0903	57	30	4.4420
14	7	0.0650	25	13	0.3250	36	19	0.9708	47	25	2.3139	58	30	4.5815
15	8	0.0819	26	14	0.3769	37	19	1.0198	48	25	2.4026			
16	8	0.0925	27	14	0.4038	38	20	1.1444	49	26	2.6537			

适用树种：华山松；适用地区：贵州省海拔 1200m 以上区域的华山松；资料名称：贵州省地方标准 DB52/T768—2012；编表人或作者：贵州省森林资源管理站；刊印或发表时间：2012。

1064. 贵州云南松二元立木材积表

$$V = 0.00010729D^{(1.95029-0.0047643(D+H))}H^{(0.63241+0.0075891(D+H))}$$

$D \leqslant 58\text{cm}, H \leqslant 30\text{m}$

D	H	V	D	H	V	D	H	V	D	H	V	D	H	V
6	3	0.0071	17	9	0.1174	28	15	0.4831	39	20	1.2351	50	26	2.7531
7	4	0.0116	18	9	0.1307	29	15	0.5159	40	21	1.3732	51	27	3.0113
8	4	0.0150	19	10	0.1586	30	16	0.5882	41	21	1.4384	52	27	3.1244
9	5	0.0221	20	10	0.1746	31	16	0.6254	42	22	1.5936	53	28	3.4102
10	5	0.0270	21	11	0.2085	32	17	0.7085	43	23	1.7616	54	28	3.5335
11	6	0.0371	22	11	0.2275	33	17	0.7506	44	23	1.8396	55	29	3.8492
12	6	0.0438	23	12	0.2682	34	18	0.8457	45	24	2.0274	56	29	3.9835
13	7	0.0575	24	13	0.3136	35	18	0.8929	46	24	2.1133	57	30	4.3315
14	7	0.0661	25	13	0.3385	36	19	1.0010	47	25	2.3226	58	30	4.4777
15	8	0.0840	26	14	0.3920	37	19	1.0538	48	25	2.4170			
16	8	0.0948	27	14	0.4207	38	20	1.1763	49	26	2.6498			

适用树种：云南松；适用地区：贵州省毕节、黔西南、六盘水地区的云南松；资料名称：贵州省地方标准 DB52/T763—2012；编表人或作者：贵州省森林资源管理站；刊印或发表时间：2012。

1065. 贵州硬阔二元立木材积表

$$V = 0.000099985D^{(1.94225-0.0076853(D+2H))}H^{(0.64053+0.014257(D+H))}$$

$D \leqslant 58\text{cm}, H \leqslant 30\text{m}$

D	H	V	D	H	V	D	H	V	D	H	V	D	H	V
4	3	0.0030	15	9	0.0839	26	14	0.3537	37	20	1.0195	48	25	2.2358
5	4	0.0056	16	9	0.0945	27	15	0.4079	38	20	1.0726	49	26	2.4552
6	4	0.0079	17	10	0.1162	28	15	0.4365	39	21	1.1959	50	26	2.5553
7	5	0.0125	18	10	0.1292	29	16	0.4995	40	21	1.2553	51	27	2.7996
8	5	0.0161	19	11	0.1560	30	16	0.5321	41	22	1.3945	52	27	2.9100
9	6	0.0231	20	11	0.1715	31	17	0.6049	42	22	1.4608	53	28	3.1815
10	6	0.0281	21	12	0.2040	32	17	0.6421	43	23	1.6174	54	28	3.3031
11	7	0.0381	22	12	0.2224	33	18	0.7257	44	23	1.6911	55	29	3.6043
12	7	0.0447	23	13	0.2613	34	18	0.7677	45	24	1.8668	56	29	3.7379
13	8	0.0581	24	13	0.2828	35	19	0.8634	46	24	1.9486	57	30	4.0713
14	8	0.0666	25	14	0.3289	36	19	0.9107	47	25	2.1452	58	30	4.2181

适用树种：壳斗科栎属、栲属、青冈属、水青冈属、栗属等硬阔树种（组）；适用地区：贵州省；资料名称：贵州省地方标准 DB52/T826—2013；编表人或作者：贵州省森林资源管理站、贵州省林业调查规划院；刊印或发表时间：2013。

1066. 贵州软阔二元立木材积表

$$V = 0.000073624D^{1.89885}H^{(0.85616+0.00064635(D+H))}$$

$D \leqslant 52$cm, $H \leqslant 30$m

D	H	V	D	H	V	D	H	V	D	H	V	D	H	V
4	3	0.0026	14	9	0.0749	24	14	0.3142	34	20	0.8597	44	26	1.8330
5	4	0.0052	15	9	0.0855	25	15	0.3621	35	21	0.9525	45	26	1.9169
6	4	0.0073	16	10	0.1063	26	16	0.4144	36	21	1.0068	46	27	2.0766
7	5	0.0119	17	10	0.1194	27	16	0.4460	37	22	1.1100	47	28	2.2451
8	5	0.0154	18	11	0.1451	28	17	0.5061	38	22	1.1700	48	28	2.3417
9	6	0.0225	19	12	0.1741	29	17	0.5419	39	23	1.2842	49	29	2.5248
10	6	0.0276	20	12	0.1922	30	18	0.6103	40	24	1.4056	50	29	2.6292
11	7	0.0378	21	13	0.2269	31	18	0.6507	41	24	1.4761	51	30	2.8276
12	8	0.0502	22	13	0.2483	32	19	0.7279	42	25	1.6096	52	30	2.9403
13	8	0.0586	23	14	0.2893	33	20	0.8108	43	25	1.6867			

适用树种：枫香、桦木、香椿、杨、柳、桉、檫、泡桐、楝、枫杨、榆、木荷、其他软阔等；适用地区：贵州省；资料名称：贵州省地方标准 DB52/T822—2013；编表人或作者：贵州省森林资源管理站、贵州省林业调查规划院；刊印或发表时间：2013。

1067. 贵州人工马尾松二元立木材积表（中心产区）

$$V = 0.000094602D^{(1.88156-0.0030651(D+H))}H^{(0.76840+0.0046574(D+H))}$$

$D \leqslant 66$cm, $H \leqslant 36$m

D	H	V	D	H	V	D	H	V	D	H	V	D	H	V
4	2	0.0022	17	9	0.1101	30	16	0.5372	43	24	1.6038	56	31	3.5424
5	3	0.0046	18	10	0.1345	31	17	0.6069	44	24	1.6722	57	31	3.6582
6	3	0.0064	19	10	0.1485	32	18	0.6825	45	25	1.8270	58	32	3.9346
7	4	0.0107	20	11	0.1782	33	18	0.7218	46	25	1.9014	59	33	4.2265
8	4	0.0137	21	11	0.1947	34	19	0.8071	47	26	2.0714	60	33	4.3579
9	5	0.0206	22	12	0.2301	35	19	0.8507	48	26	2.1521	61	34	4.6735
10	5	0.0250	23	13	0.2695	36	20	0.9464	49	27	2.3382	62	34	4.8141
11	6	0.0347	24	13	0.2912	37	20	0.9947	50	28	2.5360	63	35	5.1546
12	6	0.0407	25	14	0.3373	38	21	1.1015	51	28	2.6289	64	35	5.3048
13	7	0.0539	26	14	0.3622	39	21	1.1547	52	29	2.8446	65	36	5.6717
14	8	0.0694	27	15	0.4155	40	22	1.2734	53	29	2.9448	66	36	5.8319
15	8	0.0788	28	15	0.4439	41	23	1.4006	54	30	3.1796			
16	9	0.0985	29	16	0.5051	42	23	1.4633	55	30	3.2874			

适用树种：人工马尾松；适用地区：中心产区，指贵州省锦屏、黎平、从江、榕江、雷山、台江、剑河、天柱、丹寨、三都等 10 个人工马尾松生产力较高的县；资料名称：贵州省地方标准 DB52/T703—2011；编表人或作者：贵州省森林资源管理站；刊印或发表时间：2011。

1068. 贵州人工马尾松二元立木材积表（一般产区）

$$V = 0.000094147D^{(1.93896-0.0042676(D+H))}H^{(0.70998+0.0059256(D+H))}$$

$D \leqslant 66\text{cm}, H \leqslant 38\text{m}$

D	H	V	D	H	V	D	H	V	D	H	V	D	H	V
4	2	0.0022	17	10	0.1224	30	17	0.5726	43	25	1.6703	56	33	3.7882
5	3	0.0046	18	10	0.1360	31	18	0.6447	44	25	1.7400	57	33	3.9077
6	3	0.0066	19	11	0.1637	32	18	0.6826	45	26	1.8980	58	34	4.1964
7	4	0.0110	20	11	0.1799	33	19	0.7640	46	27	2.0664	59	34	4.3239
8	4	0.0141	21	12	0.2131	34	20	0.8519	47	27	2.1467	60	35	4.6359
9	5	0.0210	22	13	0.2501	35	20	0.8974	48	28	2.3310	61	35	4.7717
10	6	0.0296	23	13	0.2713	36	21	0.9958	49	28	2.4175	62	36	5.1081
11	6	0.0353	24	14	0.3147	37	21	1.0459	50	29	2.6188	63	37	5.4628
12	7	0.0472	25	14	0.3391	38	22	1.1556	51	30	2.8324	64	37	5.6149
13	7	0.0548	26	15	0.3895	39	23	1.2733	52	30	2.9310	65	38	5.9965
14	8	0.0704	27	16	0.4448	40	23	1.3322	53	31	3.1634	66	38	6.1580
15	8	0.0800	28	16	0.4752	41	24	1.4625	54	31	3.2691			
16	9	0.0998	29	17	0.5386	42	24	1.5266	55	32	3.5213			

适用树种：人工马尾松；适用地区：一般产区，指贵州省除锦屏、黎平、从江、榕江、雷山、台江、剑河、天柱、丹寨、三都等 10 个县以外的其他人工马尾松分布区域；资料名称：贵州省地方标准 DB52/T703—2011；编表人或作者：贵州省森林资源管理站；刊印或发表时间：2011。

1069. 贵州人工马尾松地径材积表（中心产区）

$$V = 0.000072311D^{2.56883}\text{；}D \leqslant 100\text{cm}$$

D	V	ΔV	D	V	ΔV	D	V	ΔV	D	V	ΔV
6	0.0072	0.0035	30	0.4505	0.0396	54	2.0391	0.0984	78	5.2441	0.1744
7	0.0107	0.0044	31	0.4901	0.0416	55	2.1375	0.1013	79	5.4186	0.1779
8	0.0151	0.0053	32	0.5317	0.0437	56	2.2387	0.1041	80	5.5965	0.1815
9	0.0204	0.0064	33	0.5755	0.0459	57	2.3429	0.1070	81	5.7780	0.1850
10	0.0268	0.0074	34	0.6213	0.0480	58	2.4499	0.1100	82	5.9630	0.1886
11	0.0342	0.0086	35	0.6693	0.0502	59	2.5599	0.1129	83	6.1516	0.1922
12	0.0428	0.0098	36	0.7196	0.0525	60	2.6728	0.1159	84	6.3438	0.1958
13	0.0526	0.0110	37	0.7721	0.0547	61	2.7888	0.1190	85	6.5396	0.1995
14	0.0636	0.0123	38	0.8268	0.0571	62	2.9077	0.1220	86	6.7391	0.2031
15	0.0759	0.0137	39	0.8839	0.0594	63	3.0297	0.1251	87	6.9422	0.2068
16	0.0896	0.0151	40	0.9432	0.0618	64	3.1548	0.1282	88	7.1491	0.2106
17	0.1047	0.0166	41	1.0050	0.0642	65	3.2830	0.1313	89	7.3596	0.2143
18	0.1213	0.0181	42	1.0692	0.0666	66	3.4143	0.1345	90	7.5739	0.2181
19	0.1393	0.0196	43	1.1358	0.0691	67	3.5488	0.1377	91	7.7920	0.2219
20	0.1590	0.0212	44	1.2049	0.0716	68	3.6864	0.1409	92	8.0139	0.2257
21	0.1802	0.0229	45	1.2765	0.0741	69	3.8273	0.1441	93	8.2395	0.2295
22	0.2031	0.0246	46	1.3507	0.0767	70	3.9714	0.1474	94	8.4690	0.2334
23	0.2276	0.0263	47	1.4274	0.0793	71	4.1188	0.1507	95	8.7024	0.2373
24	0.2539	0.0281	48	1.5067	0.0820	72	4.2695	0.1540	96	8.9397	0.2412
25	0.2820	0.0299	49	1.5887	0.0846	73	4.4235	0.1573	97	9.1809	0.2451
26	0.3119	0.0318	50	1.6733	0.0873	74	4.5808	0.1607	98	9.4260	0.2491
27	0.3437	0.0337	51	1.7606	0.0900	75	4.7415	0.1641	99	9.6750	0.2530
28	0.3773	0.0356	52	1.8507	0.0928	76	4.9056	0.1675	100	9.9281	0.2530
29	0.4129	0.0376	53	1.9435	0.0956	77	5.0732	0.1710			

适用树种：人工马尾松；适用地区：中心产区，指贵州省除锦屏、黎平、从江、榕江、雷山、台江、剑河、天柱、丹寨、三都等 10 个人工马尾松生产力较高的县；资料名称：贵州省地方标准 DB52/T705—2011；编表人或作者：贵州省森林资源管理站；刊印或发表时间：2011。其他说明：地径指单株立木根颈以上 10 cm 处直径。

1070. 贵州人工马尾松地径材积表（一般产区）

$V = 0.000068574D^{2.58619}$；$D \leqslant 88$cm

D	V	ΔV	D	V	ΔV	D	V	ΔV	D	V	ΔV
6	0.0071	0.0035	27	0.3451	0.0340	48	1.5282	0.0837	69	3.9064	0.1481
7	0.0105	0.0043	28	0.3791	0.0360	49	1.6119	0.0865	70	4.0545	0.1515
8	0.0148	0.0053	29	0.4151	0.0380	50	1.6983	0.0892	71	4.2060	0.1549
9	0.0201	0.0063	30	0.4532	0.0401	51	1.7876	0.0921	72	4.3609	0.1584
10	0.0264	0.0074	31	0.4933	0.0422	52	1.8796	0.0949	73	4.5193	0.1618
11	0.0338	0.0085	32	0.5355	0.0444	53	1.9745	0.0978	74	4.6811	0.1654
12	0.0424	0.0097	33	0.5799	0.0465	54	2.0723	0.1007	75	4.8465	0.1689
13	0.0521	0.0110	34	0.6264	0.0488	55	2.1730	0.1037	76	5.0153	0.1725
14	0.0631	0.0123	35	0.6752	0.0510	56	2.2767	0.1066	77	5.1878	0.1760
15	0.0755	0.0137	36	0.7262	0.0533	57	2.3833	0.1096	78	5.3638	0.1797
16	0.0892	0.0151	37	0.7795	0.0557	58	2.4930	0.1127	79	5.5435	0.1833
17	0.1043	0.0166	38	0.8352	0.0580	59	2.6057	0.1158	80	5.7268	0.1870
18	0.1209	0.0181	39	0.8932	0.0604	60	2.7214	0.1189	81	5.9138	0.1907
19	0.1391	0.0197	40	0.9537	0.0629	61	2.8403	0.1220	82	6.1044	0.1944
20	0.1588	0.0214	41	1.0165	0.0654	62	2.9623	0.1252	83	6.2988	0.1981
21	0.1802	0.0230	42	1.0819	0.0679	63	3.0874	0.1283	84	6.4970	0.2019
22	0.2032	0.0248	43	1.1498	0.0704	64	3.2158	0.1316	85	6.6989	0.2057
23	0.2280	0.0265	44	1.2202	0.0730	65	3.3473	0.1348	86	6.9046	0.2096
24	0.2545	0.0283	45	1.2932	0.0756	66	3.4821	0.1381	87	7.1142	0.2134
25	0.2828	0.0302	46	1.3689	0.0783	67	3.6202	0.1414	88	7.3276	0.2134
26	0.3130	0.0321	47	1.4472	0.0810	68	3.7616	0.1447			

适用树种：人工马尾松；适用地区：一般产区，指贵州省除锦屏、黎平、从江、榕江、雷山、台江、剑河、天柱、丹寨、三都等 10 个县以外的其他人工马尾松分布区域；资料名称：贵州省地方标准 DB52/T705—2011；编表人或作者：贵州省森林资源管理站；刊印或发表时间：2011。其他说明：地径指单株立木根颈以上 10 cm 处直径。

1071. 贵州杉木地径材积表（中心产区）

$V = 0.000084603D^{2.45982}$；$D \leqslant 70$cm

D	V	ΔV	D	V	ΔV	D	V	ΔV	D	V	ΔV
6	0.0069	0.0032	23	0.1892	0.0209	40	0.7382	0.0462	57	1.7641	0.0771
7	0.0101	0.0039	24	0.2101	0.0222	41	0.7844	0.0479	58	1.8412	0.0791
8	0.0141	0.0047	25	0.2323	0.0235	42	0.8323	0.0496	59	1.9203	0.0811
9	0.0188	0.0056	26	0.2558	0.0249	43	0.8819	0.0513	60	2.0013	0.0830
10	0.0244	0.0064	27	0.2807	0.0263	44	0.9332	0.0530	61	2.0844	0.0851
11	0.0308	0.0074	28	0.3070	0.0277	45	0.9863	0.0548	62	2.1694	0.0871
12	0.0382	0.0083	29	0.3347	0.0291	46	1.0410	0.0566	63	2.2565	0.0891
13	0.0465	0.0093	30	0.3638	0.0306	47	1.0976	0.0583	64	2.3457	0.0912
14	0.0558	0.0103	31	0.3943	0.0320	48	1.1559	0.0601	65	2.4368	0.0933
15	0.0661	0.0114	32	0.4264	0.0335	49	1.2161	0.0620	66	2.5301	0.0953
16	0.0775	0.0125	33	0.4599	0.0350	50	1.2780	0.0638	67	2.6254	0.0974
17	0.0900	0.0136	34	0.4949	0.0366	51	1.3418	0.0656	68	2.7229	0.0996
18	0.1035	0.0147	35	0.5315	0.0381	52	1.4075	0.0675	69	2.8224	0.1017
19	0.1183	0.0159	36	0.5697	0.0397	53	1.4750	0.0694	70	2.9241	0.1017
20	0.1342	0.0171	37	0.6094	0.0413	54	1.5444	0.0713			
21	0.1513	0.0183	38	0.6507	0.0429	55	1.6157	0.0732			
22	0.1696	0.0196	39	0.6936	0.0446	56	1.6889	0.0752			

适用树种：杉木；适用地区：指贵州省锦屏、黎平、从江、榕江、雷山、台江、剑河、天柱、三都等 9 个杉木生产力较高的县；资料名称：贵州省地方标准 DB52/T704—2011；编表人或作者：贵州省森林资源管理站；刊印或发表时间：2011。其他说明：地径指单株立木根颈以上 10 cm 处直径。

1072. 贵州杉木地径材积表（一般产区）

$$V = 0.000097507D^{2.41616}；D \leqslant 70\text{cm}$$

D	V	ΔV	D	V	ΔV	D	V	ΔV	D	V	ΔV
6	0.0074	0.0033	23	0.1902	0.0206	40	0.7242	0.0445	57	1.7042	0.0731
7	0.0107	0.0041	24	0.2108	0.0219	41	0.7687	0.0461	58	1.7773	0.0749
8	0.0148	0.0049	25	0.2326	0.0231	42	0.8148	0.0477	59	1.8522	0.0768
9	0.0197	0.0057	26	0.2558	0.0244	43	0.8625	0.0493	60	1.9290	0.0786
10	0.0254	0.0066	27	0.2802	0.0257	44	0.9118	0.0509	61	2.0076	0.0804
11	0.0320	0.0075	28	0.3059	0.0271	45	0.9626	0.0525	62	2.0881	0.0823
12	0.0395	0.0084	29	0.3330	0.0284	46	1.0151	0.0541	63	2.1704	0.0842
13	0.0479	0.0094	30	0.3614	0.0298	47	1.0693	0.0558	64	2.2545	0.0861
14	0.0573	0.0104	31	0.3912	0.0312	48	1.1251	0.0575	65	2.3406	0.0880
15	0.0677	0.0114	32	0.4224	0.0326	49	1.1826	0.0592	66	2.4285	0.0899
16	0.0791	0.0125	33	0.4550	0.0340	50	1.2417	0.0609	67	2.5184	0.0918
17	0.0916	0.0136	34	0.4890	0.0355	51	1.3026	0.0626	68	2.6102	0.0937
18	0.1052	0.0147	35	0.5245	0.0369	52	1.3651	0.0643	69	2.7039	0.0957
19	0.1199	0.0158	36	0.5615	0.0384	53	1.4294	0.0660	70	2.7995	0.0957
20	0.1357	0.0170	37	0.5999	0.0399	54	1.4955	0.0678			
21	0.1527	0.0182	38	0.6398	0.0414	55	1.5633	0.0696			
22	0.1708	0.0194	39	0.6812	0.0430	56	1.6328	0.0713			

适用树种：杉木；适用地区：指贵州省除锦屏、黎平、从江、榕江、雷山、台江、剑河、天柱、三都等 9 个县以外的其他杉木分布区域；资料名称：贵州省地方标准 DB52/T704—2011；编表人或作者：贵州省森林资源管理站；刊印或发表时间：2011。其他说明：地径指单株立木根颈以上 10 cm 处直径。

1073. 贵州柏木地径材积表

$V = 0.000064415D^{2.57535}$；$D \leqslant 68$cm

D	V	ΔV	D	V	ΔV	D	V	ΔV	D	V	ΔV
6	0.0065	0.0032	22	0.1846	0.0224	38	0.7542	0.0522	54	1.8643	0.0902
7	0.0097	0.0040	23	0.2070	0.0240	39	0.8064	0.0543	55	1.9545	0.0928
8	0.0136	0.0048	24	0.2309	0.0256	40	0.8607	0.0565	56	2.0473	0.0955
9	0.0185	0.0058	25	0.2565	0.0273	41	0.9172	0.0587	57	2.1428	0.0982
10	0.0242	0.0067	26	0.2838	0.0290	42	0.9759	0.0610	58	2.2409	0.1009
11	0.0310	0.0078	27	0.3128	0.0307	43	1.0369	0.0632	59	2.3418	0.1036
12	0.0387	0.0089	28	0.3435	0.0325	44	1.1002	0.0656	60	2.4454	0.1063
13	0.0476	0.0100	29	0.3760	0.0343	45	1.1657	0.0679	61	2.5517	0.1091
14	0.0576	0.0112	30	0.4103	0.0362	46	1.2336	0.0703	62	2.6609	0.1119
15	0.0688	0.0124	31	0.4464	0.0380	47	1.3038	0.0726	63	2.7728	0.1148
16	0.0813	0.0137	32	0.4845	0.0400	48	1.3765	0.0751	64	2.8876	0.1176
17	0.0950	0.0151	33	0.5244	0.0419	49	1.4516	0.0775	65	3.0052	0.1205
18	0.1101	0.0164	34	0.5663	0.0439	50	1.5291	0.0800	66	3.1257	0.1234
19	0.1265	0.0179	35	0.6102	0.0459	51	1.6091	0.0825	67	3.2491	0.1264
20	0.1444	0.0193	36	0.6562	0.0480	52	1.6916	0.0851	68	3.3755	0.1264
21	0.1637	0.0208	37	0.7041	0.0501	53	1.7766	0.0876			

适用树种：柏木；适用地区：贵州省；资料名称：贵州省地方标准 DB52/T772—2012；编表人或作者：贵州省森林资源管理站；刊印或发表时间：2012。其他说明：地径指单株立木根颈以上 10 cm 处直径。

贵

1074. 贵州华山松地径材积表

$$V = 0.000043567D^{2.63339} \; ; \; D \leqslant 66\text{cm}$$

D	V	ΔV	D	V	ΔV	D	V	ΔV	D	V	ΔV
6	0.0049	0.0024	22	0.1494	0.0186	38	0.6300	0.0446	54	1.5894	0.0787
7	0.0073	0.0031	23	0.1679	0.0199	39	0.6746	0.0465	55	1.6681	0.0811
8	0.0104	0.0038	24	0.1878	0.0213	40	0.7211	0.0484	56	1.7491	0.0835
9	0.0142	0.0045	25	0.2092	0.0228	41	0.7696	0.0504	57	1.8326	0.0859
10	0.0187	0.0053	26	0.2319	0.0242	42	0.8200	0.0524	58	1.9185	0.0883
11	0.0241	0.0062	27	0.2562	0.0257	43	0.8724	0.0544	59	2.0068	0.0908
12	0.0303	0.0071	28	0.2819	0.0273	44	0.9269	0.0565	60	2.0976	0.0933
13	0.0374	0.0081	29	0.3092	0.0289	45	0.9834	0.0586	61	2.1909	0.0959
14	0.0454	0.0091	30	0.3381	0.0305	46	1.0420	0.0607	62	2.2868	0.0984
15	0.0545	0.0101	31	0.3685	0.0321	47	1.1027	0.0629	63	2.3852	0.1010
16	0.0646	0.0112	32	0.4007	0.0338	48	1.1655	0.0650	64	2.4862	0.1036
17	0.0758	0.0123	33	0.4345	0.0355	49	1.2306	0.0672	65	2.5898	0.1062
18	0.0881	0.0135	34	0.4700	0.0373	50	1.2978	0.0695	66	2.6960	0.1062
19	0.1015	0.0147	35	0.5073	0.0391	51	1.3673	0.0717			
20	0.1162	0.0159	36	0.5464	0.0409	52	1.4390	0.0740			
21	0.1322	0.0172	37	0.5873	0.0427	53	1.5130	0.0763			

适用树种：华山松；适用地区：贵州省海拔 1200m 以上区域的华山松；资料名称：贵州省地方标准 DB52/T767—2012；编表人或作者：贵州省森林资源管理站；刊印或发表时间：2012。其他说明：地径指单株立木根颈以上 10 cm 处直径。

1075. 贵州软阔地径材积表

$$V = 0.000075091D^{2.56048}\text{；}D \leqslant 62\text{cm}$$

D	V	ΔV	D	V	ΔV	D	V	ΔV	D	V	ΔV
6	0.0074	0.0036	21	0.1824	0.0231	36	0.7252	0.0527	51	1.7692	0.0902
7	0.0110	0.0045	22	0.2055	0.0248	37	0.7779	0.0550	52	1.8594	0.0929
8	0.0154	0.0054	23	0.2303	0.0265	38	0.8329	0.0573	53	1.9524	0.0957
9	0.0208	0.0065	24	0.2568	0.0283	39	0.8902	0.0596	54	2.0481	0.0985
10	0.0273	0.0075	25	0.2851	0.0301	40	0.9498	0.0620	55	2.1466	0.1014
11	0.0348	0.0087	26	0.3152	0.0320	41	1.0118	0.0644	56	2.2480	0.1042
12	0.0435	0.0099	27	0.3472	0.0339	42	1.0762	0.0668	57	2.3522	0.1071
13	0.0534	0.0112	28	0.3811	0.0358	43	1.1430	0.0693	58	2.4593	0.1100
14	0.0646	0.0125	29	0.4169	0.0378	44	1.2123	0.0718	59	2.5693	0.1130
15	0.0771	0.0139	30	0.4547	0.0398	45	1.2841	0.0743	60	2.6823	0.1160
16	0.0909	0.0153	31	0.4945	0.0419	46	1.3585	0.0769	61	2.7983	0.1190
17	0.1062	0.0167	32	0.5364	0.0440	47	1.4354	0.0795	62	2.9172	0.1190
18	0.1229	0.0183	33	0.5804	0.0461	48	1.5149	0.0821			
19	0.1412	0.0198	34	0.6265	0.0483	49	1.5970	0.0848			
20	0.1610	0.0214	35	0.6748	0.0505	50	1.6818	0.0875			

适用树种：枫香、桦木、香椿、杨、柳、桉、檫、泡桐、楝、枫杨、榆、木荷、其他软阔等；适用地区：贵州省；资料名称：贵州省地方标准 DB52/T821—2013；编表人或作者：贵州省森林资源管理站、贵州省林业调查规划院；刊印或发表时间：2013。其他说明：地径指单株立木根颈以上 10 cm 处直径。

1076. 贵州硬阔地径材积表

$$V = 0.000075109D^{2.51679}\text{；}D \leqslant 68\text{cm}$$

D	V	ΔV	D	V	ΔV	D	V	ΔV	D	V	ΔV
6	0.0068	0.0032	22	0.1796	0.0213	38	0.7107	0.0480	54	1.7209	0.0813
7	0.0101	0.0040	23	0.2009	0.0227	39	0.7587	0.0499	55	1.8023	0.0836
8	0.0141	0.0049	24	0.2236	0.0242	40	0.8086	0.0518	56	1.8859	0.0859
9	0.0189	0.0058	25	0.2477	0.0257	41	0.8605	0.0538	57	1.9718	0.0882
10	0.0247	0.0067	26	0.2735	0.0272	42	0.9143	0.0558	58	2.0600	0.0906
11	0.0314	0.0077	27	0.3007	0.0288	43	0.9700	0.0578	59	2.1506	0.0929
12	0.0391	0.0087	28	0.3295	0.0304	44	1.0278	0.0598	60	2.2435	0.0953
13	0.0478	0.0098	29	0.3599	0.0321	45	1.0876	0.0619	61	2.3388	0.0977
14	0.0576	0.0109	30	0.3920	0.0337	46	1.1495	0.0639	62	2.4365	0.1001
15	0.0685	0.0121	31	0.4257	0.0354	47	1.2134	0.0660	63	2.5366	0.1026
16	0.0806	0.0133	32	0.4611	0.0371	48	1.2794	0.0681	64	2.6392	0.1050
17	0.0939	0.0145	33	0.4983	0.0389	49	1.3476	0.0703	65	2.7442	0.1075
18	0.1084	0.0158	34	0.5372	0.0407	50	1.4179	0.0725	66	2.8517	0.1100
19	0.1242	0.0171	35	0.5778	0.0425	51	1.4903	0.0746	67	2.9617	0.1125
20	0.1413	0.0185	36	0.6203	0.0443	52	1.5650	0.0769	68	3.0742	0.1125
21	0.1597	0.0198	37	0.6645	0.0461	53	1.6418	0.0791			

适用树种：壳斗科栎属、栲属、青冈属、水青冈属、栗属等硬阔树种（组）；资料名称：贵州省地方标准 DB52/T825—2013；编表人或作者：贵州省森林资源管理站、贵州省林业调查规划院；刊印或发表时间：2013。其他说明：地径指单株立木根颈以上 10 cm 处直径。

1077. 贵州云南松地径材积表

$$V = 0.000046332D^{2.70461}\text{；}D \leqslant 52\text{cm}$$

D	V	ΔV	D	V	ΔV	D	V	ΔV	D	V	ΔV
6	0.0059	0.0030	18	0.1151	0.0181	30	0.4581	0.0425	42	1.1380	0.0748
7	0.0089	0.0039	19	0.1332	0.0198	31	0.5005	0.0449	43	1.2128	0.0778
8	0.0128	0.0048	20	0.1530	0.0216	32	0.5454	0.0473	44	1.2906	0.0809
9	0.0176	0.0058	21	0.1746	0.0234	33	0.5927	0.0498	45	1.3714	0.0840
10	0.0235	0.0069	22	0.1980	0.0253	34	0.6426	0.0524	46	1.4554	0.0872
11	0.0304	0.0081	23	0.2233	0.0272	35	0.6950	0.0550	47	1.5426	0.0904
12	0.0384	0.0093	24	0.2505	0.0292	36	0.7500	0.0577	48	1.6330	0.0937
13	0.0477	0.0106	25	0.2797	0.0313	37	0.8077	0.0604	49	1.7266	0.0970
14	0.0583	0.0120	26	0.3111	0.0334	38	0.8681	0.0632	50	1.8236	0.1003
15	0.0703	0.0134	27	0.3445	0.0356	39	0.9313	0.0660	51	1.9239	0.1037
16	0.0837	0.0149	28	0.3801	0.0378	40	0.9973	0.0689	52	2.0277	0.1037
17	0.0986	0.0165	29	0.4179	0.0401	41	1.0662	0.0718			

适用树种：云南松；适用地区：贵州省毕节、黔西南、六盘水地区的云南松；资料名称：贵州省地方标准 DB52/T762—2012；编表人或作者：贵州省森林资源管理站；刊印或发表时间：2012。其他说明：地径指单株立木根颈以上 10 cm 处直径。

1078. 贵州杉木一元材积表

$$V = 0.000065447D^{2.681924908}\ ;\ D \leqslant 60\text{cm}$$

D	V	ΔV	D	V	ΔV	D	V	ΔV	D	V	ΔV
5	0.0049	0.0031	19	0.1760	0.0259	33	0.7734	0.0645	47	1.9968	0.1160
6	0.0080	0.0041	20	0.2019	0.0282	34	0.8379	0.0677	48	2.1128	0.1201
7	0.0121	0.0052	21	0.2301	0.0306	35	0.9057	0.0711	49	2.2329	0.1243
8	0.0173	0.0064	22	0.2607	0.0330	36	0.9767	0.0745	50	2.3572	0.1286
9	0.0237	0.0077	23	0.2937	0.0355	37	1.0512	0.0779	51	2.4858	0.1329
10	0.0315	0.0092	24	0.3292	0.0381	38	1.1291	0.0815	52	2.6187	0.1373
11	0.0406	0.0107	25	0.3673	0.0407	39	1.2106	0.0851	53	2.7559	0.1417
12	0.0513	0.0123	26	0.4081	0.0435	40	1.2957	0.0887	54	2.8976	0.1462
13	0.0636	0.0140	27	0.4515	0.0463	41	1.3844	0.0924	55	3.0438	0.1507
14	0.0776	0.0158	28	0.4978	0.0491	42	1.4768	0.0962	56	3.1945	0.1553
15	0.0933	0.0176	29	0.5469	0.0521	43	1.5730	0.1000	57	3.3498	0.1599
16	0.1110	0.0196	30	0.5990	0.0551	44	1.6730	0.1039	58	3.5097	0.1647
17	0.1306	0.0216	31	0.6540	0.0581	45	1.7770	0.1079	59	3.6744	0.1694
18	0.1522	0.0238	32	0.7122	0.0613	46	1.8849	0.1119	60	3.8438	0.1694

适用树种：杉木；适用地区：贵州省；资料名称：立木蓄积与原木材积表；编表人或作者：王定江、邓锦光、王雄伟、胡勇；出版机构：贵州科技出版社；刊印或发表时间：2004。其他说明：采用贵州省林业资源区划办公室编《贵州省森林调查常用数表》（1984）中的计算式编制。

1079. 贵州马尾松一元材积表

$$V = 0.000075828D^{2.595633977}；D \leqslant 60\text{cm}$$

D	V	ΔV	D	V	ΔV	D	V	ΔV	D	V	ΔV
5	0.0049	0.0030	19	0.1581	0.0225	33	0.6627	0.0534	47	1.6595	0.0932
6	0.0079	0.0039	20	0.1806	0.0244	34	0.7161	0.0560	48	1.7527	0.0964
7	0.0118	0.0049	21	0.2050	0.0263	35	0.7721	0.0586	49	1.8491	0.0996
8	0.0167	0.0060	22	0.2313	0.0283	36	0.8307	0.0612	50	1.9487	0.1028
9	0.0227	0.0072	23	0.2596	0.0303	37	0.8919	0.0639	51	2.0514	0.1060
10	0.0299	0.0084	24	0.2900	0.0324	38	0.9558	0.0667	52	2.1575	0.1094
11	0.0383	0.0097	25	0.3224	0.0345	39	1.0225	0.0694	53	2.2668	0.1127
12	0.0480	0.0111	26	0.3569	0.0367	40	1.0919	0.0723	54	2.3795	0.1161
13	0.0590	0.0125	27	0.3937	0.0390	41	1.1642	0.0751	55	2.4956	0.1195
14	0.0716	0.0140	28	0.4326	0.0413	42	1.2393	0.0781	56	2.6151	0.1229
15	0.0856	0.0156	29	0.4739	0.0436	43	1.3174	0.0810	57	2.7380	0.1264
16	0.1012	0.0173	30	0.5175	0.0460	44	1.3984	0.0840	58	2.8645	0.1300
17	0.1185	0.0189	31	0.5635	0.0484	45	1.4824	0.0870	59	2.9944	0.1335
18	0.1374	0.0207	32	0.6119	0.0509	46	1.5694	0.0901	60	3.1279	0.1335

适用树种：马尾松；适用地区：贵州省；资料名称：立木蓄积与原木材积表；编表人或作者：王定江、邓锦光、王雄伟、胡勇；出版机构：贵州科技出版社；刊印或发表时间：2004。其他说明：采用贵州省林业资源区划办公室编《贵州省森林调查常用数表》（1984）中的计算式编制。

1080. 贵州云南松一元材积表

$$V = 0.000059324D^{2.724529025}\text{；}D \leqslant 60\text{cm}$$

D	V	ΔV	D	V	ΔV	D	V	ΔV	D	V	ΔV
5	0.0048	0.0031	19	0.1808	0.0271	33	0.8137	0.0689	47	2.1326	0.1259
6	0.0078	0.0041	20	0.2079	0.0296	34	0.8827	0.0725	48	2.2585	0.1305
7	0.0119	0.0052	21	0.2375	0.0321	35	0.9552	0.0762	49	2.3890	0.1352
8	0.0171	0.0065	22	0.2696	0.0347	36	1.0314	0.0799	50	2.5242	0.1399
9	0.0236	0.0079	23	0.3043	0.0374	37	1.1113	0.0838	51	2.6641	0.1447
10	0.0315	0.0093	24	0.3417	0.0402	38	1.1951	0.0876	52	2.8089	0.1496
11	0.0408	0.0109	25	0.3819	0.0431	39	1.2827	0.0916	53	2.9585	0.1546
12	0.0517	0.0126	26	0.4250	0.0460	40	1.3743	0.0956	54	3.1131	0.1596
13	0.0643	0.0144	27	0.4710	0.0491	41	1.4700	0.0997	55	3.2726	0.1647
14	0.0787	0.0163	28	0.5201	0.0522	42	1.5697	0.1039	56	3.4373	0.1698
15	0.0950	0.0183	29	0.5722	0.0554	43	1.6736	0.1082	57	3.6071	0.1750
16	0.1132	0.0203	30	0.6276	0.0586	44	1.7818	0.1125	58	3.7822	0.1803
17	0.1335	0.0225	31	0.6863	0.0620	45	1.8943	0.1169	59	3.9625	0.1857
18	0.1560	0.0248	32	0.7483	0.0654	46	2.0112	0.1214	60	4.1482	0.1857

适用树种：云南松；适用地区：贵州省；资料名称：立木蓄积与原木材积表；编表人或作者：王定江、邓锦光、王雄伟、胡勇；出版机构：贵州科技出版社；刊印或发表时间：2004。其他说明：采用贵州省林业资源区划办公室编《贵州省森林调查常用数表》（1984）中的计算式编制。

1081. 贵州华山松一元材积表

$$V = 0.000063075D^{2.629417486}\text{；}D \leqslant 60\text{cm}$$

D	V	ΔV	D	V	ΔV	D	V	ΔV	D	V	ΔV
5	0.0043	0.0027	19	0.1453	0.0210	33	0.6204	0.0507	47	1.5722	0.0895
6	0.0070	0.0035	20	0.1663	0.0228	34	0.6710	0.0531	48	1.6617	0.0926
7	0.0105	0.0044	21	0.1890	0.0246	35	0.7242	0.0557	49	1.7542	0.0957
8	0.0149	0.0054	22	0.2136	0.0265	36	0.7799	0.0583	50	1.8499	0.0989
9	0.0204	0.0065	23	0.2401	0.0284	37	0.8381	0.0609	51	1.9488	0.1021
10	0.0269	0.0077	24	0.2685	0.0304	38	0.8990	0.0635	52	2.0509	0.1053
11	0.0345	0.0089	25	0.2990	0.0325	39	0.9626	0.0663	53	2.1562	0.1086
12	0.0434	0.0102	26	0.3314	0.0346	40	1.0288	0.0690	54	2.2649	0.1120
13	0.0536	0.0115	27	0.3660	0.0367	41	1.0978	0.0718	55	2.3768	0.1153
14	0.0651	0.0129	28	0.4028	0.0389	42	1.1697	0.0747	56	2.4921	0.1187
15	0.0780	0.0144	29	0.4417	0.0412	43	1.2443	0.0775	57	2.6109	0.1222
16	0.0925	0.0160	30	0.4829	0.0435	44	1.3218	0.0805	58	2.7330	0.1256
17	0.1084	0.0176	31	0.5263	0.0458	45	1.4023	0.0834	59	2.8587	0.1292
18	0.1260	0.0193	32	0.5722	0.0482	46	1.4857	0.0864	60	2.9879	0.1292

适用树种：华山松；适用地区：贵州省；资料名称：立木蓄积与原木材积表；编表人或作者：王定江、邓锦光、王雄伟、胡勇；出版机构：贵州科技出版社；刊印或发表时间：2004。其他说明：采用贵州省林业资源区划办公室编《贵州省森林调查常用数表》（1984）中的计算式编制。

1082. 贵州柏木一元材积表

$V = 0.000076934D^{2.64469957}$；$D \leqslant 60$cm

D	V	ΔV	D	V	ΔV	D	V	ΔV	D	V	ΔV
5	0.0054	0.0034	19	0.1854	0.0269	33	0.7982	0.0656	47	2.0338	0.1165
6	0.0088	0.0044	20	0.2123	0.0292	34	0.8638	0.0688	48	2.1503	0.1205
7	0.0132	0.0056	21	0.2415	0.0316	35	0.9326	0.0721	49	2.2708	0.1246
8	0.0188	0.0069	22	0.2732	0.0341	36	1.0048	0.0755	50	2.3954	0.1288
9	0.0257	0.0083	23	0.3072	0.0366	37	1.0803	0.0789	51	2.5242	0.1330
10	0.0339	0.0097	24	0.3438	0.0392	38	1.1592	0.0824	52	2.6572	0.1373
11	0.0437	0.0113	25	0.3830	0.0419	39	1.2417	0.0860	53	2.7945	0.1416
12	0.0550	0.0130	26	0.4249	0.0446	40	1.3277	0.0896	54	2.9362	0.1460
13	0.0679	0.0147	27	0.4695	0.0474	41	1.4173	0.0933	55	3.0822	0.1504
14	0.0827	0.0165	28	0.5169	0.0503	42	1.5105	0.0970	56	3.2326	0.1549
15	0.0992	0.0185	29	0.5672	0.0532	43	1.6075	0.1008	57	3.3875	0.1595
16	0.1177	0.0205	30	0.6204	0.0562	44	1.7083	0.1046	58	3.5470	0.1640
17	0.1381	0.0225	31	0.6766	0.0593	45	1.8129	0.1085	59	3.7110	0.1687
18	0.1607	0.0247	32	0.7358	0.0624	46	1.9214	0.1125	60	3.8797	0.1687

适用树种：柏木；适用地区：贵州省；资料名称：立木蓄积与原木材积表；编表人或作者：王定江、邓锦光、王雄伟、胡勇；出版机构：贵州科技出版社；刊印或发表时间：2004。其他说明：采用贵州省林业资源区划办公室编《贵州省森林调查常用数表》（1984）中的计算式编制。

1083. 贵州阔叶树一元材积表

$$V = 0.000083056D^{2.582627286}\text{；} D \leqslant 60\text{cm}$$

D	V	ΔV	D	V	ΔV	D	V	ΔV	D	V	ΔV
5	0.0053	0.0032	19	0.1667	0.0236	33	0.6936	0.0556	47	1.7289	0.0966
6	0.0085	0.0042	20	0.1903	0.0256	34	0.7492	0.0582	48	1.8255	0.0998
7	0.0126	0.0052	21	0.2159	0.0276	35	0.8075	0.0609	49	1.9254	0.1031
8	0.0179	0.0063	22	0.2434	0.0296	36	0.8684	0.0637	50	2.0285	0.1064
9	0.0242	0.0076	23	0.2730	0.0317	37	0.9321	0.0665	51	2.1350	0.1098
10	0.0318	0.0089	24	0.3047	0.0339	38	0.9985	0.0693	52	2.2448	0.1132
11	0.0406	0.0102	25	0.3386	0.0361	39	1.0678	0.0722	53	2.3579	0.1166
12	0.0509	0.0117	26	0.3747	0.0384	40	1.1400	0.0751	54	2.4746	0.1201
13	0.0626	0.0132	27	0.4131	0.0407	41	1.2150	0.0780	55	2.5947	0.1236
14	0.0758	0.0148	28	0.4538	0.0430	42	1.2931	0.0810	56	2.7182	0.1271
15	0.0905	0.0164	29	0.4968	0.0455	43	1.3741	0.0841	57	2.8454	0.1307
16	0.1069	0.0181	30	0.5423	0.0479	44	1.4581	0.0871	58	2.9761	0.1343
17	0.1251	0.0199	31	0.5902	0.0504	45	1.5453	0.0903	59	3.1104	0.1380
18	0.1450	0.0217	32	0.6406	0.0530	46	1.6355	0.0934	60	3.2484	0.1380

适用树种：阔叶树；适用地区：贵州省；资料名称：立木蓄积与原木材积表；编表人或作者：王定江、邓锦光、王雄伟、胡勇；出版机构：贵州科技出版社；刊印或发表时间：2004。其他说明：采用贵州省林业资源区划办公室编《贵州省森林调查常用数表》（1984）中的计算式编制。

23 云南省立木材积表

云南省一元立木材积表是从部颁标准 LY 208—1977 导算的。

云南省编表地区划分：

金沙江流域：丽江、楚雄州、中甸县。

澜沧江上游：大理州、兰坪县、德钦县、维西县。

怒江流域：怒江州（除兰坪县）、德宏州、保山地区、临沧地区。

滇东南：文山州。

滇中、滇东北：昆明市、玉溪、曲靖、昭通、东川市。

滇南地区：红河州、思茅、西双版纳。

《云南省林业调查规划用表选编》（1973）收录的部分树种二元立木积式：

云南松：$V = 0.000063445D^{1.976}H^{0.8843}$ （$D \leqslant 62$ cm, $H \leqslant 40$ m）

思茅松：$V = 0.000050249D^{1.94526}H^{0.96515}$ （$D \leqslant 60$ cm, $H \leqslant 40$ m）

高山松：$V = 0.000084902D^{1.70326}H^{1.11186}$ （$D \leqslant 70$ cm, $H \leqslant 40$ m）

落叶松：$V = 0.000083403D^{1.86932}H^{0.88805}$ （$D \leqslant 60$ cm, $H \leqslant 40$ m）

云杉：$V = 0.00006677D^{1.81147}H^{1.04038}$ （$D \leqslant 120$ cm, $H \leqslant 58$ m）

冷杉：$V = 0.0000668882756D^{1.91036}H^{0.9442}$ （$D \leqslant 78$ cm, $H \leqslant 47$ m）

23 云南省立木材积表

1084. 云南金沙江流域云南松一元材积表（围尺）

$$V = 0.00005829012(0.97D_{围})^{1.979634}H^{0.907152}$$
$$H = 57.279 - 2916.293/(0.97D_{围} + 51)$$

D	V	ΔV	D	V	ΔV	D	V	ΔV	D	V	ΔV
3	0.001	0.002	25	0.454	0.048	47	2.235	0.119	69	5.646	0.196
4	0.003	0.003	26	0.502	0.052	48	2.354	0.121	70	5.842	0.200
5	0.006	0.004	27	0.554	0.054	49	2.475	0.126	71	6.042	0.203
6	0.010	0.005	28	0.608	0.057	50	2.601	0.129	72	6.245	0.206
7	0.015	0.006	29	0.665	0.060	51	2.730	0.132	73	6.451	0.210
8	0.021	0.008	30	0.725	0.064	52	2.862	0.136	74	6.661	0.214
9	0.029	0.010	31	0.789	0.066	53	2.998	0.139	75	6.875	0.218
10	0.039	0.012	32	0.855	0.070	54	3.137	0.142	76	7.093	0.221
11	0.051	0.014	33	0.925	0.072	55	3.279	0.146	77	7.314	0.224
12	0.065	0.015	34	0.997	0.076	56	3.425	0.150	78	7.538	0.229
13	0.080	0.018	35	1.073	0.079	57	3.575	0.153	79	7.767	0.232
14	0.098	0.020	36	1.152	0.082	58	3.728	0.157	80	7.999	0.235
15	0.118	0.022	37	1.234	0.085	59	3.885	0.160	81	8.234	0.240
16	0.140	0.025	38	1.319	0.089	60	4.045	0.164	82	8.474	0.243
17	0.165	0.027	39	1.408	0.091	61	4.209	0.167	83	8.717	0.246
18	0.192	0.029	40	1.499	0.096	62	4.376	0.171	84	8.963	0.250
19	0.221	0.032	41	1.595	0.098	63	4.547	0.174	85	9.213	0.254
20	0.253	0.035	42	1.693	0.102	64	4.721	0.178	86	9.467	0.258
21	0.288	0.037	43	1.795	0.105	65	4.899	0.181	87	9.725	0.261
22	0.325	0.040	44	1.900	0.108	66	5.080	0.186	88	9.986	0.261
23	0.365	0.043	45	2.008	0.112	67	5.266	0.188			
24	0.408	0.046	46	2.120	0.115	68	5.454	0.192			

适用树种：云南松；适用地区：金沙江流域（丽江、楚雄州、中甸县）；资料名称：云南省一元材积表；编表人或作者：云南省森林资源调查管理处；刊印或发表时间：1978。

1085. 云南澜沧江上游云南松一元材积表（围尺）

$$V = 0.00005829012(0.97D_{围})^{1.979634}H^{0.907152}$$
$$H = 66.538 - 5260.696/(0.97D_{围} + 79)$$

D	V	ΔV	D	V	ΔV	D	V	ΔV	D	V	ΔV
3	0.001	0.001	28	0.525	0.051	53	2.751	0.133	78	7.192	0.227
4	0.002	0.002	29	0.576	0.054	54	2.884	0.136	79	7.419	0.231
5	0.004	0.003	30	0.630	0.057	55	3.020	0.141	80	7.650	0.236
6	0.007	0.005	31	0.687	0.060	56	3.161	0.144	81	7.886	0.239
7	0.012	0.005	32	0.747	0.063	57	3.305	0.147	82	8.125	0.243
8	0.017	0.006	33	0.810	0.066	58	3.452	0.152	83	8.368	0.247
9	0.023	0.009	34	0.876	0.069	59	3.604	0.154	84	8.615	0.250
10	0.032	0.009	35	0.945	0.073	60	3.758	0.159	85	8.865	0.255
11	0.041	0.011	36	1.018	0.075	61	3.917	0.162	86	9.120	0.259
12	0.052	0.013	37	1.093	0.078	62	4.079	0.167	87	9.379	0.263
13	0.065	0.015	38	1.171	0.082	63	4.246	0.169	88	9.642	0.266
14	0.080	0.017	39	1.253	0.085	64	4.415	0.174	89	9.908	0.271
15	0.097	0.019	40	1.338	0.088	65	4.589	0.177	90	10.179	0.275
16	0.116	0.021	41	1.426	0.092	66	4.766	0.181	91	10.454	0.279
17	0.137	0.023	42	1.518	0.095	67	4.947	0.185	92	10.733	0.282
18	0.160	0.022	43	1.613	0.098	68	5.132	0.189	93	11.015	0.287
19	0.182	0.031	44	1.711	0.102	69	5.321	0.192	94	11.302	0.291
20	0.213	0.030	45	1.813	0.105	70	5.513	0.197	95	11.593	0.295
21	0.243	0.032	46	1.918	0.108	71	5.710	0.200	96	11.888	0.298
22	0.275	0.035	47	2.026	0.112	72	5.910	0.204	97	12.186	0.303
23	0.310	0.038	48	2.138	0.116	73	6.114	0.208	98	12.489	0.307
24	0.348	0.040	49	2.254	0.119	74	6.322	0.212	99	12.796	0.311
25	0.388	0.043	50	2.373	0.122	75	6.534	0.215	100	13.107	0.315
26	0.431	0.045	51	2.495	0.126	76	6.749	0.220	101	13.422	0.319
27	0.476	0.049	52	2.621	0.130	77	6.969	0.223	102	13.741	0.319

适用树种：云南松；适用地区：澜沧江上游（大理州、兰坪县、德钦县、维西县）；资料名称：云南省一元材积表；编表人或作者：云南省森林资源调查管理处；刊印或发表时间：1978。

1086. 云南怒江流域云南松一元材积表（围尺）

$$V = 0.00005829012(0.97D_{围})^{1.979634}H^{0.907152}$$
$$H = 48.979 - 1925.329/(0.97D_{围} + 39)$$

D	V	ΔV	D	V	ΔV	D	V	ΔV	D	V	ΔV
3	0.001	0.002	25	0.454	0.048	47	2.170	0.112	69	5.371	0.182
4	0.003	0.003	26	0.502	0.050	48	2.282	0.116	70	5.553	0.185
5	0.006	0.004	27	0.552	0.053	49	2.398	0.119	71	5.738	0.189
6	0.010	0.005	28	0.605	0.056	50	2.517	0.122	72	5.927	0.191
7	0.015	0.007	29	0.661	0.059	51	2.639	0.125	73	6.118	0.195
8	0.022	0.008	30	0.720	0.062	52	2.764	0.128	74	6.313	0.198
9	0.030	0.010	31	0.782	0.064	53	2.892	0.131	75	6.511	0.201
10	0.040	0.012	32	0.846	0.068	54	3.023	0.134	76	6.712	0.205
11	0.052	0.014	33	0.914	0.070	55	3.157	0.138	77	6.917	0.208
12	0.066	0.016	34	0.984	0.073	56	3.295	0.140	78	7.125	0.211
13	0.082	0.018	35	1.057	0.077	57	3.435	0.144	79	7.336	0.214
14	0.100	0.020	36	1.134	0.079	58	3.579	0.147	80	7.550	0.217
15	0.120	0.022	37	1.213	0.082	59	3.726	0.150	81	7.767	0.221
16	0.142	0.025	38	1.295	0.085	60	3.876	0.154	82	7.988	0.224
17	0.167	0.027	39	1.380	0.088	61	4.030	0.156	83	8.212	0.227
18	0.194	0.030	40	1.468	0.091	62	4.186	0.160	84	8.439	0.230
19	0.224	0.032	41	1.559	0.094	63	4.346	0.163	85	8.669	0.234
20	0.256	0.034	42	1.653	0.098	64	4.509	0.166	86	8.903	0.237
21	0.290	0.037	43	1.751	0.100	65	4.675	0.169	87	9.140	0.240
22	0.327	0.040	44	1.851	0.103	66	4.844	0.172	88	9.380	0.240
23	0.367	0.042	45	1.954	0.106	67	5.016	0.176			
24	0.409	0.045	46	2.060	0.110	68	5.192	0.179			

适用树种：云南松；适用地区：怒江流域（怒江州（除兰坪县）、德宏州、保山地区、临沧地区）；资料名称：云南省一元材积表；编表人或作者：云南省森林资源调查管理处；刊印或发表时间：1978。

1087. 滇东南云南松一元材积表（围尺）

$$V = 0.00005829012(0.97D_{围})^{1.979634}H^{0.907152}$$
$$H = 49.070 - 2253.593/(0.97D_{围} + 44)$$

D	V	ΔV	D	V	ΔV	D	V	ΔV	D	V	ΔV
4	0.002	0.002	26	0.442	0.046	48	2.102	0.110	70	5.220	0.178
5	0.004	0.002	27	0.488	0.049	49	2.212	0.112	71	5.398	0.181
6	0.006	0.005	28	0.537	0.051	50	2.324	0.115	72	5.579	0.184
7	0.011	0.005	29	0.588	0.054	51	2.439	0.119	73	5.763	0.188
8	0.016	0.007	30	0.642	0.057	52	2.558	0.121	74	5.951	0.190
9	0.023	0.008	31	0.699	0.059	53	2.679	0.125	75	6.141	0.194
10	0.031	0.010	32	0.758	0.063	54	2.804	0.127	76	6.335	0.197
11	0.041	0.012	33	0.821	0.065	55	2.931	0.131	77	6.532	0.200
12	0.053	0.013	34	0.886	0.068	56	3.062	0.134	78	6.732	0.203
13	0.066	0.016	35	0.954	0.071	57	3.196	0.137	79	6.935	0.207
14	0.082	0.017	36	1.025	0.073	58	3.333	0.140	80	7.142	0.209
15	0.099	0.020	37	1.098	0.077	59	3.473	0.143	81	7.351	0.213
16	0.119	0.022	38	1.175	0.079	60	3.616	0.146	82	7.564	0.216
17	0.141	0.024	39	1.254	0.083	61	3.762	0.150	83	7.780	0.220
18	0.165	0.026	40	1.337	0.085	62	3.912	0.152	84	8.000	0.222
19	0.191	0.028	41	1.422	0.088	63	4.064	0.156	85	8.222	0.226
20	0.219	0.031	42	1.510	0.092	64	4.220	0.159	86	8.448	0.229
21	0.250	0.034	43	1.602	0.094	65	4.379	0.162	87	8.677	0.232
22	0.284	0.035	44	1.696	0.097	66	4.541	0.165	88	8.909	0.232
23	0.319	0.039	45	1.793	0.100	67	4.706	0.168			
24	0.358	0.040	46	1.893	0.103	68	4.874	0.172			
25	0.398	0.044	47	1.996	0.106	69	5.046	0.174			

适用树种：云南松；适用地区：滇东南（文山州）；资料名称：云南省一元材积表；编表人或作者：云南省森林资源调查管理处；刊印或发表时间：1978。

1088. 滇中、滇东北云南松一元材积表（围尺）

$$V=0.00005829012(0.97D_{围})^{1.979634}H^{0.907152}$$
$$H=28.722-750.391/(0.97D_{围}+25)$$

D	V	ΔV	D	V	ΔV	D	V	ΔV	D	V	ΔV
3	0.001	0.001	16	0.109	0.019	29	0.490	0.043	42	1.192	0.067
4	0.002	0.002	17	0.128	0.020	30	0.533	0.044	43	1.259	0.070
5	0.004	0.003	18	0.148	0.022	31	0.577	0.046	44	1.329	0.072
6	0.007	0.004	19	0.170	0.024	32	0.623	0.048	45	1.401	0.073
7	0.011	0.006	20	0.194	0.026	33	0.671	0.050	46	1.474	0.076
8	0.017	0.006	21	0.220	0.027	34	0.721	0.052	47	1.550	0.077
9	0.023	0.008	22	0.247	0.029	35	0.773	0.054	48	1.627	0.080
10	0.031	0.009	23	0.276	0.031	36	0.827	0.056	49	1.707	0.082
11	0.040	0.011	24	0.307	0.033	37	0.883	0.058	50	1.789	0.083
12	0.051	0.012	25	0.340	0.035	38	0.941	0.059	51	1.872	0.086
13	0.063	0.014	26	0.375	0.037	39	1.000	0.062	52	1.958	0.088
14	0.077	0.015	27	0.412	0.038	40	1.062	0.064	53	2.046	0.089
15	0.092	0.017	28	0.450	0.040	41	1.126	0.066	54	2.135	0.089

适用树种：云南松；适用地区：滇中、滇东北（昆明市、玉溪、曲靖、昭通、东川市）；资料名称：云南省一元材积表；编表人或作者：云南省森林资源调查管理处；刊印或发表时间：1978。

1089. 云南人工云南松一元材积表（围尺）

$$V=0.00008715105(0.97D_{围})^{1.954479}H^{0.755833}$$
$$H=107.566-13613.704/(0.97D_{围}+128)$$

D	V	ΔV	D	V	ΔV	D	V	ΔV	D	V	ΔV
2	0.001	0.001	11	0.048	0.013	20	0.224	0.030	29	0.578	0.052
3	0.002	0.002	12	0.061	0.013	21	0.254	0.032	30	0.630	0.054
4	0.004	0.003	13	0.074	0.016	22	0.286	0.034	31	0.684	0.058
5	0.007	0.003	14	0.090	0.017	23	0.320	0.037	32	0.742	0.060
6	0.010	0.005	15	0.107	0.020	24	0.357	0.039	33	0.802	0.063
7	0.015	0.006	16	0.127	0.021	25	0.396	0.042	34	0.865	0.065
8	0.021	0.008	17	0.148	0.023	26	0.438	0.044	35	0.930	0.069
9	0.029	0.009	18	0.171	0.026	27	0.482	0.047	36	0.999	0.069
10	0.038	0.010	19	0.197	0.027	28	0.529	0.049			

适用树种：人工云南松；适用地区：云南全省；资料名称：云南省一元材积表；编表人或作者：云南省森林资源调查管理处；刊印或发表时间：1978。

1090. 滇南云南松一元材积表（围尺）

$$V = 0.00005829012(0.97D_{围})^{1.979634}H^{0.907152}$$
$$H = 44.486 - 2488.909/(0.97D_{围} + 57)$$

D	V	ΔV	D	V	ΔV	D	V	ΔV	D	V	ΔV
3	0.001	0.002	22	0.250	0.031	41	1.223	0.075	60	3.110	0.126
4	0.003	0.002	23	0.281	0.033	42	1.298	0.078	61	3.236	0.129
5	0.005	0.003	24	0.314	0.035	43	1.376	0.081	62	3.365	0.132
6	0.008	0.004	25	0.349	0.037	44	1.457	0.083	63	3.497	0.135
7	0.012	0.005	26	0.386	0.039	45	1.540	0.086	64	3.632	0.138
8	0.017	0.007	27	0.425	0.041	46	1.626	0.089	65	3.770	0.140
9	0.024	0.007	28	0.466	0.044	47	1.715	0.091	66	3.910	0.143
10	0.031	0.009	29	0.510	0.046	48	1.806	0.094	67	4.053	0.146
11	0.040	0.011	30	0.556	0.049	49	1.900	0.096	68	4.199	0.149
12	0.051	0.012	31	0.605	0.051	50	1.996	0.099	69	4.348	0.151
13	0.063	0.013	32	0.656	0.053	51	2.095	0.102	70	4.499	0.155
14	0.076	0.016	33	0.709	0.055	52	2.197	0.105	71	4.654	0.157
15	0.092	0.017	34	0.764	0.058	53	2.302	0.107	72	4.811	0.160
16	0.109	0.019	35	0.822	0.061	54	2.409	0.110	73	4.971	0.163
17	0.128	0.020	36	0.883	0.063	55	2.519	0.113	74	5.134	0.166
18	0.148	0.023	37	0.946	0.065	56	2.632	0.115	75	5.300	0.168
19	0.171	0.024	38	1.011	0.068	57	2.747	0.118	76	5.468	0.171
20	0.195	0.027	39	1.079	0.071	58	2.865	0.121	77	5.639	0.175
21	0.222	0.028	40	1.150	0.073	59	2.986	0.124	78	5.814	0.175

适用树种：云南松；适用地区：滇南地区（红河州、思茅、西双版纳）；资料名称：云南省一元材积表；编表人或作者：云南省森林资源调查管理处；刊印或发表时间：1978。

1091. 云南思茅松一元材积表（围尺）

$$V=0.00005157771(0.97D_{围})^{1.985218}H^{0.920351}$$
$$H=56.525-3391.181/(0.97D_{围}+62)$$

D	V	ΔV	D	V	ΔV	D	V	ΔV	D	V	ΔV
2	0.001	0.001	24	0.357	0.040	46	1.859	0.102	68	4.830	0.172
3	0.002	0.001	25	0.397	0.042	47	1.961	0.104	69	5.002	0.176
4	0.003	0.003	26	0.439	0.045	48	2.065	0.108	70	5.178	0.179
5	0.006	0.004	27	0.484	0.047	49	2.173	0.111	71	5.357	0.182
6	0.010	0.004	28	0.531	0.050	50	2.284	0.115	72	5.539	0.186
7	0.014	0.006	29	0.581	0.053	51	2.399	0.117	73	5.725	0.189
8	0.020	0.008	30	0.634	0.055	52	2.516	0.120	74	5.914	0.192
9	0.028	0.008	31	0.689	0.058	53	2.636	0.124	75	6.106	0.196
10	0.036	0.011	32	0.747	0.060	54	2.760	0.127	76	6.302	0.199
11	0.047	0.012	33	0.807	0.064	55	2.887	0.130	77	6.501	0.203
12	0.059	0.013	34	0.871	0.066	56	3.017	0.133	78	6.704	0.206
13	0.072	0.016	35	0.937	0.069	57	3.150	0.136	79	6.910	0.209
14	0.088	0.017	36	1.006	0.072	58	3.286	0.140	80	7.119	0.213
15	0.105	0.019	37	1.078	0.075	59	3.426	0.143	81	7.332	0.216
16	0.124	0.022	38	1.153	0.078	60	3.569	0.146	82	7.548	0.219
17	0.146	0.023	39	1.231	0.081	61	3.715	0.150	83	7.767	0.223
18	0.169	0.026	40	1.312	0.083	62	3.865	0.152	84	7.990	0.226
19	0.195	0.028	41	1.395	0.087	63	4.017	0.156	85	8.216	0.230
20	0.223	0.030	42	1.482	0.090	64	4.173	0.159	86	8.446	0.230
21	0.253	0.032	43	1.572	0.092	65	4.332	0.163			
22	0.285	0.035	44	1.664	0.096	66	4.495	0.166			
23	0.320	0.037	45	1.760	0.099	67	4.661	0.169			

适用树种：思茅松；适用地区：云南全省；资料名称：云南省一元材积表；编表人或作者：云南省森林资源调查管理处；刊印或发表时间：1978。

1092. 云南人工思茅松一元材积表（围尺）

$$V=0.00008870845(0.97D_{围})^{1.920414}H^{0.744896}$$
$$H=12.876-157.087/(0.97D_{围}+14)$$

D	V	ΔV	D	V	ΔV	D	V	ΔV	D	V	ΔV
2	0.001	0.001	7	0.012	0.004	12	0.041	0.008	17	0.088	0.012
3	0.002	0.001	8	0.016	0.006	13	0.049	0.009	18	0.100	0.013
4	0.003	0.003	9	0.022	0.005	14	0.058	0.009	19	0.113	0.013
5	0.006	0.003	10	0.027	0.007	15	0.067	0.010	20	0.126	0.013
6	0.009	0.003	11	0.034	0.007	16	0.077	0.011			

适用树种：人工思茅松；适用地区：云南全省；资料名称：云南省一元材积表；编表人或作者：云南省森林资源调查管理处；刊印或发表时间：1978。

1093. 云南金沙江流域冷杉一元材积表（围尺）

$$V = 0.00007117125(0.97D_{围})^{1.932733}H^{0.911612}$$
$$H = 62.705 - 4235.793/(0.97D_{围} + 69)$$

D	V	ΔV	D	V	ΔV	D	V	ΔV	D	V	ΔV
2	0.001	0.001	46	2.096	0.114	90	10.427	0.270	134	25.829	0.434
3	0.002	0.002	47	2.210	0.117	91	10.697	0.275	135	26.263	0.437
4	0.004	0.003	48	2.327	0.121	92	10.972	0.278	136	26.700	0.440
5	0.007	0.004	49	2.448	0.123	93	11.250	0.281	137	27.140	0.445
6	0.011	0.006	50	2.571	0.128	94	11.531	0.286	138	27.585	0.448
7	0.017	0.007	51	2.699	0.130	95	11.817	0.289	139	28.033	0.452
8	0.024	0.008	52	2.829	0.135	96	12.106	0.292	140	28.485	0.456
9	0.032	0.010	53	2.964	0.137	97	12.398	0.297	141	28.941	0.459
10	0.042	0.012	54	3.101	0.141	98	12.695	0.300	142	29.400	0.463
11	0.054	0.014	55	3.242	0.145	99	12.995	0.304	143	29.863	0.467
12	0.068	0.016	56	3.387	0.148	100	13.299	0.307	144	30.330	0.470
13	0.084	0.017	57	3.535	0.151	101	13.606	0.311	145	30.800	0.474
14	0.101	0.020	58	3.686	0.155	102	13.917	0.315	146	31.274	0.478
15	0.121	0.022	59	3.841	0.159	103	14.232	0.319	147	31.752	0.482
16	0.143	0.025	60	4.000	0.162	104	14.551	0.322	148	32.234	0.485
17	0.168	0.027	61	4.162	0.166	105	14.873	0.326	149	32.719	0.489
18	0.195	0.029	62	4.328	0.169	106	15.199	0.330	150	33.208	0.493
19	0.224	0.032	63	4.497	0.173	107	15.529	0.333	151	33.701	0.496
20	0.256	0.034	64	4.670	0.176	108	15.862	0.337	152	34.197	0.500
21	0.290	0.037	65	4.846	0.180	109	16.199	0.341	153	34.697	0.504
22	0.327	0.039	66	5.026	0.183	110	16.540	0.344	154	35.201	0.507
23	0.366	0.043	67	5.209	0.187	111	16.884	0.348	155	35.708	0.512
24	0.409	0.045	68	5.396	0.191	112	17.232	0.352	156	36.220	0.514
25	0.454	0.047	69	5.587	0.194	113	17.584	0.356	157	36.734	0.519
26	0.501	0.051	70	5.781	0.198	114	17.940	0.359	158	37.253	0.522
27	0.552	0.054	71	5.979	0.201	115	18.299	0.363	159	37.775	0.526
28	0.606	0.056	72	6.180	0.205	116	18.662	0.367	160	38.301	0.530
29	0.662	0.059	73	6.385	0.209	117	19.029	0.370	161	38.831	0.533
30	0.721	0.063	74	6.594	0.212	118	19.399	0.374	162	39.364	0.537
31	0.784	0.065	75	6.806	0.216	119	19.773	0.378	163	39.901	0.541
32	0.849	0.069	76	7.022	0.219	120	20.151	0.381	164	40.442	0.544
33	0.918	0.071	77	7.241	0.224	121	20.532	0.386	165	40.986	0.549
34	0.989	0.075	78	7.465	0.226	122	20.918	0.389	166	41.535	0.551
35	1.064	0.077	79	7.691	0.231	123	21.307	0.392	167	42.086	0.556
36	1.141	0.081	80	7.922	0.234	124	21.699	0.396	168	42.642	0.559
37	1.222	0.084	81	8.156	0.237	125	22.095	0.400	169	43.201	0.563
38	1.306	0.088	82	8.393	0.242	126	22.495	0.404	170	43.764	0.567
39	1.394	0.090	83	8.635	0.245	127	22.899	0.408	171	44.331	0.570
40	1.484	0.094	84	8.880	0.248	128	23.307	0.411	172	44.901	0.574
41	1.578	0.097	85	9.128	0.253	129	23.718	0.415	173	45.475	0.578
42	1.675	0.100	86	9.381	0.256	130	24.133	0.418	174	46.053	0.578
43	1.775	0.104	87	9.637	0.259	131	24.551	0.423			
44	1.879	0.107	88	9.896	0.264	132	24.974	0.425			
45	1.986	0.110	89	10.160	0.267	133	25.399	0.430			

适用树种：冷杉；适用地区：金沙江流域（丽江、楚雄州、中甸县）；资料名称：云南省一元材积表；编表人或作者：云南省森林资源调查管理处；刊印或发表时间：1978。

1094. 云南澜沧江、怒江流域冷杉一元材积表（围尺）

$$V=0.00007117125(0.97D_{围})^{1.932733}H^{0.911612}$$
$$H=81.026-6549.093/(0.97D_{围}+81)$$

D	V	ΔV	D	V	ΔV	D	V	ΔV	D	V	ΔV
3	0.002	0.001	46	2.355	0.131	89	11.833	0.318	132	29.623	0.515
4	0.003	0.003	47	2.486	0.135	90	12.151	0.322	133	30.138	0.520
5	0.006	0.004	48	2.621	0.139	91	12.473	0.326	134	30.658	0.524
6	0.010	0.006	49	2.760	0.143	92	12.799	0.332	135	31.182	0.529
7	0.016	0.007	50	2.903	0.148	93	13.131	0.336	136	31.711	0.534
8	0.023	0.008	51	3.051	0.151	94	13.467	0.340	137	32.245	0.538
9	0.031	0.011	52	3.202	0.155	95	13.807	0.345	138	32.783	0.543
10	0.042	0.012	53	3.357	0.160	96	14.152	0.350	139	33.326	0.547
11	0.054	0.015	54	3.517	0.164	97	14.502	0.354	140	33.873	0.552
12	0.069	0.016	55	3.681	0.168	98	14.856	0.358	141	34.425	0.557
13	0.085	0.019	56	3.849	0.172	99	15.214	0.363	142	34.982	0.561
14	0.104	0.022	57	4.021	0.177	100	15.577	0.368	143	35.543	0.566
15	0.126	0.024	58	4.198	0.180	101	15.945	0.372	144	36.109	0.571
16	0.150	0.026	59	4.378	0.185	102	16.317	0.377	145	36.680	0.575
17	0.176	0.029	60	4.563	0.190	103	16.694	0.382	146	37.255	0.580
18	0.205	0.032	61	4.753	0.193	104	17.076	0.386	147	37.835	0.585
19	0.237	0.035	62	4.946	0.198	105	17.462	0.390	148	38.420	0.589
20	0.272	0.037	63	5.144	0.202	106	17.852	0.395	149	39.009	0.593
21	0.309	0.041	64	5.346	0.207	107	18.247	0.400	150	39.602	0.599
22	0.350	0.043	65	5.553	0.211	108	18.647	0.405	151	40.201	0.603
23	0.393	0.047	66	5.764	0.215	109	19.052	0.409	152	40.804	0.607
24	0.440	0.050	67	5.979	0.219	110	19.461	0.413	153	41.411	0.613
25	0.490	0.053	68	6.198	0.224	111	19.874	0.418	154	42.024	0.616
26	0.543	0.057	69	6.422	0.229	112	20.292	0.423	155	42.640	0.622
27	0.600	0.059	70	6.651	0.233	113	20.715	0.427	156	43.262	0.626
28	0.659	0.063	71	6.884	0.237	114	21.142	0.432	157	43.888	0.631
29	0.722	0.067	72	7.121	0.241	115	21.574	0.437	158	44.519	0.636
30	0.789	0.070	73	7.362	0.246	116	22.011	0.441	159	45.155	0.640
31	0.859	0.074	74	7.608	0.251	117	22.452	0.446	160	45.795	0.644
32	0.933	0.077	75	7.859	0.254	118	22.898	0.450	161	46.439	0.650
33	1.010	0.081	76	8.113	0.260	119	23.348	0.455	162	47.089	0.653
34	1.091	0.084	77	8.373	0.263	120	23.803	0.460	163	47.742	0.659
35	1.175	0.088	78	8.636	0.269	121	24.263	0.464	164	48.401	0.663
36	1.263	0.092	79	8.905	0.272	122	24.727	0.469	165	49.064	0.668
37	1.355	0.096	80	9.177	0.277	123	25.196	0.473	166	49.732	0.673
38	1.451	0.099	81	9.454	0.282	124	25.669	0.478	167	50.405	0.676
39	1.550	0.104	82	9.736	0.286	125	26.147	0.483	168	51.081	0.682
40	1.654	0.107	83	10.022	0.291	126	26.630	0.488	169	51.763	0.686
41	1.761	0.111	84	10.313	0.295	127	27.118	0.491	170	52.449	0.692
42	1.872	0.115	85	10.608	0.299	128	27.609	0.497	171	53.141	0.695
43	1.987	0.119	86	10.907	0.304	129	28.106	0.501	172	53.836	0.700
44	2.106	0.123	87	11.211	0.309	130	28.607	0.506	173	54.536	0.705
45	2.229	0.126	88	11.520	0.313	131	29.113	0.510	174	55.241	0.705

适用树种：冷杉；适用地区：澜沧江、怒江流域（怒江州、大理州、德钦县、维西县）；资料名称：云南省一元材积表；编表人或作者：云南省森林资源调查管理处；刊印或发表时间：1978。

1095. 滇西北云杉一元材积表（围尺）

$$V = 0.00006411620(0.97D_{围})^{1.837483}H^{1.028063}$$
$$H = 90.600 - 8183.079/(0.97D_{围} + 90)$$

D	V	ΔV	D	V	ΔV	D	V	ΔV	D	V	ΔV
3	0.001	0.002	46	2.258	0.126	89	11.380	0.305	132	28.342	0.488
4	0.003	0.002	47	2.384	0.130	90	11.685	0.309	133	28.830	0.493
5	0.005	0.004	48	2.514	0.135	91	11.994	0.313	134	29.323	0.497
6	0.009	0.005	49	2.649	0.138	92	12.307	0.318	135	29.820	0.501
7	0.014	0.006	50	2.787	0.142	93	12.625	0.321	136	30.321	0.505
8	0.020	0.008	51	2.929	0.146	94	12.946	0.326	137	30.826	0.510
9	0.028	0.010	52	3.075	0.150	95	13.272	0.331	138	31.336	0.513
10	0.038	0.011	53	3.225	0.154	96	13.603	0.334	139	31.849	0.518
11	0.049	0.014	54	3.379	0.158	97	13.937	0.339	140	32.367	0.523
12	0.063	0.015	55	3.537	0.162	98	14.276	0.343	141	32.890	0.526
13	0.078	0.018	56	3.699	0.166	99	14.619	0.348	142	33.416	0.531
14	0.096	0.020	57	3.865	0.170	100	14.967	0.351	143	33.947	0.535
15	0.116	0.023	58	4.035	0.174	101	15.318	0.356	144	34.482	0.539
16	0.139	0.025	59	4.209	0.179	102	15.674	0.361	145	35.021	0.543
17	0.164	0.027	60	4.388	0.182	103	16.035	0.364	146	35.564	0.548
18	0.191	0.030	61	4.570	0.187	104	16.399	0.369	147	36.112	0.551
19	0.221	0.033	62	4.757	0.191	105	16.768	0.373	148	36.663	0.556
20	0.254	0.036	63	4.948	0.195	106	17.141	0.378	149	37.219	0.561
21	0.290	0.039	64	5.143	0.199	107	17.519	0.381	150	37.780	0.564
22	0.329	0.041	65	5.342	0.203	108	17.900	0.386	151	38.344	0.569
23	0.370	0.045	66	5.545	0.207	109	18.286	0.390	152	38.913	0.573
24	0.415	0.048	67	5.752	0.212	110	18.676	0.395	153	39.486	0.577
25	0.463	0.051	68	5.964	0.215	111	19.071	0.399	154	40.063	0.581
26	0.514	0.054	69	6.179	0.220	112	19.470	0.400	155	40.644	0.585
27	0.568	0.057	70	6.399	0.224	113	19.870	0.410	156	41.229	0.590
28	0.625	0.061	71	6.623	0.229	114	20.280	0.412	157	41.819	0.594
29	0.686	0.063	72	6.852	0.232	115	20.692	0.416	158	42.413	0.598
30	0.749	0.068	73	7.084	0.237	116	21.108	0.420	159	43.011	0.602
31	0.817	0.070	74	7.321	0.241	117	21.528	0.424	160	43.613	0.606
32	0.887	0.075	75	7.562	0.245	118	21.952	0.429	161	44.219	0.611
33	0.962	0.077	76	7.807	0.249	119	22.381	0.433	162	44.830	0.615
34	1.039	0.082	77	8.056	0.254	120	22.814	0.437	163	45.445	0.619
35	1.121	0.085	78	8.310	0.258	121	23.251	0.442	164	46.064	0.623
36	1.206	0.088	79	8.568	0.262	122	23.693	0.445	165	46.687	0.627
37	1.294	0.092	80	8.830	0.266	123	24.138	0.450	166	47.314	0.632
38	1.386	0.096	81	9.096	0.271	124	24.588	0.455	167	47.946	0.635
39	1.482	0.099	82	9.367	0.275	125	25.043	0.458	168	48.581	0.640
40	1.581	0.104	83	9.642	0.279	126	25.501	0.463	169	49.221	0.644
41	1.685	0.107	84	9.921	0.283	127	25.964	0.467	170	49.865	0.648
42	1.792	0.111	85	10.204	0.288	128	26.431	0.471	171	50.513	0.652
43	1.903	0.114	86	10.492	0.292	129	26.902	0.476	172	51.165	0.657
44	2.017	0.119	87	10.784	0.296	130	27.378	0.480	173	51.822	0.660
45	2.136	0.122	88	11.080	0.300	131	27.858	0.484	174	52.482	0.660

适用树种：云杉；适用地区：滇西北地区（丽江、保山、临沧、迪庆、楚雄、大理、怒江、德宏州）；资料名称：云南省一元材积表；编表人或作者：云南省森林资源调查管理处；刊印或发表时间：1978。

1096. 云南怒江流域阔叶树一元材积表（围尺）

$$V = 0.00005276429(0.97D_{围})^{1.882161}H^{1.009317}$$
$$H = 58.305 - 4374.501/(0.97D_{围} + 80)$$

D	V	ΔV	D	V	ΔV	D	V	ΔV	D	V	ΔV
2	0.001	0.001	38	1.006	0.066	74	4.999	0.160	110	12.490	0.259
3	0.002	0.002	39	1.072	0.069	75	5.159	0.163	111	12.749	0.262
4	0.004	0.003	40	1.141	0.071	76	5.322	0.166	112	13.011	0.264
5	0.007	0.004	41	1.212	0.073	77	5.488	0.168	113	13.275	0.268
6	0.011	0.005	42	1.285	0.076	78	5.656	0.171	114	13.543	0.270
7	0.016	0.006	43	1.361	0.079	79	5.827	0.173	115	13.813	0.273
8	0.022	0.007	44	1.440	0.081	80	6.000	0.177	116	14.086	0.275
9	0.029	0.008	45	1.521	0.083	81	6.177	0.179	117	14.361	0.279
10	0.037	0.010	46	1.604	0.086	82	6.356	0.182	118	14.640	0.281
11	0.047	0.011	47	1.690	0.089	83	6.538	0.185	119	14.921	0.284
12	0.058	0.012	48	1.779	0.091	84	6.723	0.187	120	15.205	0.287
13	0.070	0.015	49	1.870	0.093	85	6.910	0.190	121	15.492	0.289
14	0.085	0.015	50	1.963	0.097	86	7.100	0.193	122	15.781	0.292
15	0.100	0.018	51	2.060	0.098	87	7.293	0.195	123	16.073	0.295
16	0.118	0.019	52	2.158	0.102	88	7.488	0.199	124	16.368	0.298
17	0.137	0.021	53	2.260	0.104	89	7.687	0.201	125	16.666	0.301
18	0.158	0.023	54	2.364	0.106	90	7.888	0.204	126	16.967	0.303
19	0.181	0.024	55	2.470	0.109	91	8.092	0.206	127	17.270	0.306
20	0.205	0.027	56	2.579	0.112	92	8.298	0.210	128	17.576	0.309
21	0.232	0.028	57	2.691	0.115	93	8.508	0.212	129	17.885	0.310
22	0.260	0.031	58	2.806	0.117	94	8.720	0.215	130	18.195	0.316
23	0.291	0.032	59	2.923	0.119	95	8.935	0.218	131	18.511	0.317
24	0.323	0.034	60	3.042	0.123	96	9.153	0.220	132	18.828	0.319
25	0.357	0.037	61	3.165	0.125	97	9.373	0.223	133	19.147	0.323
26	0.394	0.039	62	3.290	0.127	98	9.596	0.226	134	19.470	0.325
27	0.433	0.041	63	3.417	0.131	99	9.822	0.229	135	19.795	0.328
28	0.474	0.043	64	3.548	0.133	100	10.051	0.231	136	20.123	0.331
29	0.517	0.045	65	3.681	0.136	101	10.282	0.234	137	20.454	0.334
30	0.562	0.047	66	3.817	0.138	102	10.516	0.237	138	20.788	0.336
31	0.609	0.050	67	3.955	0.141	103	10.753	0.240	139	21.124	0.339
32	0.659	0.052	68	4.096	0.144	104	10.993	0.243	140	21.463	0.342
33	0.711	0.054	69	4.240	0.146	105	11.236	0.245	141	21.805	0.345
34	0.765	0.057	70	4.386	0.150	106	11.481	0.248	142	22.150	0.347
35	0.822	0.059	71	4.536	0.151	107	11.729	0.251	143	22.497	0.350
36	0.881	0.061	72	4.687	0.155	108	11.980	0.253	144	22.847	0.350
37	0.942	0.064	73	4.842	0.157	109	12.233	0.257			

适用树种：阔叶树；适用地区：怒江流域南亚热带（怒江州（除兰坪县外）、德宏州、保山地区、临沧地区）；资料名称：云南省一元材积表；编表人或作者：云南省森林资源调查管理处；刊印或发表时间：1978。

1097. 滇东南阔叶树一元材积表（围尺）

$$V = 0.00005276429(0.97D_{\text{围}})^{1.882161}H^{1.009317}$$
$$H = 37.222 - 737.584/(0.97D_{\text{围}} + 17)$$

D	V	ΔV	D	V	ΔV	D	V	ΔV	D	V	ΔV
4	0.001	0.003	33	0.820	0.059	62	3.360	0.117	91	7.563	0.174
5	0.004	0.003	34	0.879	0.061	63	3.477	0.120	92	7.737	0.175
6	0.007	0.005	35	0.940	0.063	64	3.597	0.122	93	7.912	0.179
7	0.012	0.007	36	1.003	0.065	65	3.719	0.123	94	8.091	0.178
8	0.019	0.008	37	1.068	0.068	66	3.842	0.126	95	8.269	0.181
9	0.027	0.010	38	1.136	0.069	67	3.968	0.128	96	8.450	0.183
10	0.037	0.012	39	1.205	0.071	68	4.096	0.129	97	8.633	0.185
11	0.049	0.014	40	1.276	0.074	69	4.225	0.131	98	8.818	0.187
12	0.063	0.015	41	1.350	0.075	70	4.356	0.134	99	9.005	0.189
13	0.078	0.018	42	1.425	0.078	71	4.490	0.135	100	9.194	0.190
14	0.096	0.020	43	1.503	0.079	72	4.625	0.138	101	9.384	0.193
15	0.116	0.021	44	1.582	0.082	73	4.763	0.139	102	9.577	0.194
16	0.137	0.024	45	1.664	0.083	74	4.902	0.141	103	9.771	0.196
17	0.161	0.025	46	1.747	0.086	75	5.043	0.143	104	9.967	0.198
18	0.186	0.028	47	1.833	0.088	76	5.186	0.145	105	10.165	0.200
19	0.214	0.030	48	1.921	0.089	77	5.331	0.147	106	10.365	0.202
20	0.244	0.032	49	2.010	0.092	78	5.478	0.149	107	10.567	0.204
21	0.276	0.034	50	2.102	0.094	79	5.627	0.151	108	10.771	0.205
22	0.310	0.035	51	2.196	0.096	80	5.778	0.153	109	10.976	0.207
23	0.345	0.039	52	2.292	0.098	81	5.931	0.154	110	11.183	0.210
24	0.384	0.040	53	2.390	0.099	82	6.085	0.157	111	11.393	0.211
25	0.424	0.042	54	2.489	0.102	83	6.242	0.158	112	11.604	0.212
26	0.466	0.044	55	2.591	0.104	84	6.400	0.161	113	11.816	0.215
27	0.510	0.047	56	2.695	0.106	85	6.561	0.162	114	12.031	0.217
28	0.557	0.048	57	2.801	0.108	86	6.723	0.164	115	12.248	0.218
29	0.605	0.051	58	2.909	0.109	87	6.887	0.166	116	12.466	0.220
30	0.656	0.052	59	3.018	0.112	88	7.053	0.168	117	12.686	0.222
31	0.708	0.055	60	3.130	0.114	89	7.221	0.170	118	12.908	0.222
32	0.763	0.057	61	3.244	0.116	90	7.391	0.172			

适用树种：阔叶树；适用地区：滇东南地区南亚热带（文山州）；资料名称：云南省一元材积表；编表人或作者：云南省森林资源调查管理处；刊印或发表时间：1978。

1098. 滇中、滇东北阔叶树一元材积表（围尺）

$$V = 0.00005276429(0.97D_{围})^{1.882161}H^{1.009317}$$
$$H = 32.704 - 928.331/(0.97D_{围} + 28)$$

D	V	ΔV	D	V	ΔV	D	V	ΔV	D	V	ΔV
3	0.001	0.001	25	0.326	0.033	47	1.444	0.071	69	3.400	0.108
4	0.002	0.003	26	0.359	0.035	48	1.515	0.073	70	3.508	0.110
5	0.005	0.003	27	0.394	0.036	49	1.588	0.074	71	3.618	0.112
6	0.008	0.004	28	0.430	0.037	50	1.662	0.076	72	3.730	0.114
7	0.012	0.005	29	0.467	0.040	51	1.738	0.078	73	3.844	0.115
8	0.017	0.007	30	0.507	0.041	52	1.816	0.079	74	3.959	0.117
9	0.024	0.007	31	0.548	0.043	53	1.895	0.081	75	4.076	0.119
10	0.031	0.009	32	0.591	0.045	54	1.976	0.083	76	4.195	0.120
11	0.040	0.011	33	0.636	0.046	55	2.059	0.085	77	4.315	0.122
12	0.051	0.012	34	0.682	0.049	56	2.144	0.086	78	4.437	0.124
13	0.063	0.013	35	0.731	0.050	57	2.230	0.088	79	4.561	0.125
14	0.076	0.015	36	0.781	0.051	58	2.318	0.090	80	4.686	0.127
15	0.091	0.016	37	0.832	0.054	59	2.408	0.091	81	4.813	0.129
16	0.107	0.018	38	0.886	0.055	60	2.499	0.094	82	4.942	0.131
17	0.125	0.019	39	0.941	0.057	61	2.593	0.094	83	5.073	0.132
18	0.144	0.021	40	0.998	0.058	62	2.687	0.097	84	5.205	0.133
19	0.165	0.023	41	1.056	0.061	63	2.784	0.098	85	5.338	0.136
20	0.188	0.024	42	1.117	0.062	64	2.882	0.100	86	5.474	0.137
21	0.212	0.026	43	1.179	0.064	65	2.982	0.102	87	5.611	0.139
22	0.238	0.028	44	1.243	0.065	66	3.084	0.104	88	5.750	0.140
23	0.266	0.029	45	1.308	0.067	67	3.188	0.105	89	5.890	0.142
24	0.295	0.031	46	1.375	0.069	68	3.293	0.107	90	6.032	0.142

适用树种：阔叶树；适用地区：滇中、滇东北地区南亚热带（昆明市、东川市、玉溪地区、曲靖地区、昭通地区）；资料名称：云南省一元材积表；编表人或作者：云南省森林资源调查管理处；刊印或发表时间：1978。

1099. 滇南阔叶树一元材积表（围尺）

$$V = 0.00005276429(0.97D_{围})^{1.882161}H^{1.009317}$$
$$H = 33.070 - 696.312/(0.97D_{围} + 19)$$

D	V	ΔV	D	V	ΔV	D	V	ΔV	D	V	ΔV
4	0.002	0.002	36	0.877	0.057	68	3.591	0.114	100	8.083	0.168
5	0.004	0.003	37	0.934	0.059	69	3.705	0.116	101	8.251	0.169
6	0.007	0.005	38	0.993	0.061	70	3.821	0.117	102	8.420	0.172
7	0.012	0.006	39	1.054	0.062	71	3.938	0.119	103	8.592	0.173
8	0.018	0.007	40	1.116	0.065	72	4.057	0.121	104	8.765	0.175
9	0.025	0.009	41	1.181	0.066	73	4.178	0.123	105	8.940	0.176
10	0.034	0.011	42	1.247	0.068	74	4.301	0.124	106	9.116	0.178
11	0.045	0.012	43	1.315	0.069	75	4.425	0.126	107	9.294	0.180
12	0.057	0.013	44	1.384	0.072	76	4.551	0.128	108	9.474	0.181
13	0.070	0.016	45	1.456	0.073	77	4.679	0.129	109	9.655	0.183
14	0.086	0.017	46	1.529	0.075	78	4.808	0.131	110	9.838	0.184
15	0.103	0.019	47	1.604	0.077	79	4.939	0.133	111	10.022	0.187
16	0.122	0.020	48	1.681	0.079	80	5.072	0.135	112	10.209	0.187
17	0.142	0.022	49	1.760	0.080	81	5.207	0.136	113	10.396	0.190
18	0.164	0.025	50	1.840	0.083	82	5.343	0.138	114	10.586	0.191
19	0.189	0.025	51	1.923	0.084	83	5.481	0.139	115	10.777	0.193
20	0.214	0.028	52	2.007	0.085	84	5.620	0.142	116	10.970	0.194
21	0.242	0.030	53	2.092	0.088	85	5.762	0.143	117	11.164	0.196
22	0.272	0.031	54	2.180	0.089	86	5.905	0.144	118	11.360	0.198
23	0.303	0.033	55	2.269	0.092	87	6.049	0.147	119	11.558	0.199
24	0.336	0.035	56	2.361	0.092	88	6.196	0.148	120	11.757	0.201
25	0.371	0.037	57	2.453	0.095	89	6.344	0.149	121	11.958	0.202
26	0.408	0.039	58	2.548	0.097	90	6.493	0.152	122	12.160	0.204
27	0.447	0.040	59	2.645	0.098	91	6.645	0.153	123	12.364	0.206
28	0.487	0.043	60	2.743	0.100	92	6.798	0.155	124	12.570	0.208
29	0.530	0.044	61	2.843	0.101	93	6.953	0.156	125	12.778	0.208
30	0.574	0.046	62	2.944	0.104	94	7.109	0.158	126	12.986	0.211
31	0.620	0.048	63	3.048	0.105	95	7.267	0.160	127	13.197	0.212
32	0.668	0.049	64	3.153	0.107	96	7.427	0.161	128	13.409	0.212
33	0.717	0.052	65	3.260	0.109	97	7.588	0.163			
34	0.769	0.053	66	3.369	0.110	98	7.751	0.165			
35	0.822	0.055	67	3.479	0.112	99	7.916	0.167			

适用树种：阔叶树；适用地区：滇南地区南亚热带（红河州、思茅地区、西双版纳州）；资料名称：云南省一元材积表；编表人或作者：云南省森林资源调查管理处；刊印或发表时间：1978。

云

1100. 滇西北阔叶树一元材积表（围尺）

$$V = 0.00005275072(0.97D_{围})^{1.945032}H^{0.938853}$$
$$H = 24.297 - 355.277/(0.97D_{围} + 13)$$

D	V	ΔV	D	V	ΔV	D	V	ΔV	D	V	ΔV
3	0.001	0.001	25	0.326	0.031	47	1.357	0.064	69	3.102	0.096
4	0.002	0.003	26	0.357	0.033	48	1.421	0.065	70	3.198	0.097
5	0.005	0.003	27	0.390	0.034	49	1.486	0.067	71	3.295	0.099
6	0.008	0.004	28	0.424	0.036	50	1.553	0.068	72	3.394	0.101
7	0.012	0.006	29	0.460	0.037	51	1.621	0.070	73	3.495	0.101
8	0.018	0.007	30	0.497	0.039	52	1.691	0.071	74	3.596	0.104
9	0.025	0.008	31	0.536	0.040	53	1.762	0.073	75	3.700	0.104
10	0.033	0.010	32	0.576	0.042	54	1.835	0.074	76	3.804	0.107
11	0.043	0.011	33	0.618	0.043	55	1.909	0.076	77	3.911	0.107
12	0.054	0.012	34	0.661	0.044	56	1.985	0.077	78	4.018	0.109
13	0.066	0.014	35	0.705	0.047	57	2.062	0.079	79	4.127	0.111
14	0.080	0.015	36	0.752	0.047	58	2.141	0.080	80	4.238	0.112
15	0.095	0.016	37	0.799	0.049	59	2.221	0.081	81	4.350	0.113
16	0.111	0.018	38	0.848	0.051	60	2.302	0.083	82	4.463	0.115
17	0.129	0.020	39	0.899	0.052	61	2.385	0.085	83	4.578	0.116
18	0.149	0.021	40	0.951	0.054	62	2.470	0.086	84	4.694	0.118
19	0.170	0.022	41	1.005	0.055	63	2.556	0.087	85	4.812	0.119
20	0.192	0.024	42	1.060	0.056	64	2.643	0.089	86	4.931	0.121
21	0.216	0.025	43	1.116	0.058	65	2.732	0.090	87	5.052	0.122
22	0.241	0.027	44	1.174	0.060	66	2.822	0.092	88	5.174	0.122
23	0.268	0.028	45	1.234	0.061	67	2.914	0.093			
24	0.296	0.030	46	1.295	0.062	68	3.007	0.095			

适用树种：阔叶树；适用地区：滇西北（迪庆州、丽江地区、大理州、楚雄州）；资料名称：云南省一元材积表；编表人或作者：云南省森林资源调查管理处；刊印或发表时间：1978。

1101. 云南怒江流域栎类一元材积表（围尺）

$$V = 0.00005959979(0.97D_{围})^{1.856401}H^{0.980562}$$
$$H = 55.609 - 3912.181/(0.97D_{围} + 74)$$

D	V	ΔV	D	V	ΔV	D	V	ΔV	D	V	ΔV
2	0.001	0.001	29	0.478	0.042	56	2.338	0.100	83	5.831	0.162
3	0.002	0.002	30	0.520	0.043	57	2.438	0.102	84	5.993	0.164
4	0.004	0.002	31	0.563	0.045	58	2.540	0.104	85	6.157	0.166
5	0.006	0.004	32	0.608	0.048	59	2.644	0.106	86	6.323	0.168
6	0.010	0.004	33	0.656	0.050	60	2.750	0.109	87	6.491	0.171
7	0.014	0.006	34	0.706	0.051	61	2.859	0.119	88	6.662	0.173
8	0.020	0.007	35	0.757	0.054	62	2.978	0.105	89	6.835	0.176
9	0.027	0.007	36	0.811	0.056	63	3.083	0.116	90	7.011	0.177
10	0.034	0.009	37	0.867	0.057	64	3.199	0.118	91	7.188	0.180
11	0.043	0.011	38	0.924	0.060	65	3.317	0.120	92	7.368	0.183
12	0.054	0.012	39	0.984	0.063	66	3.437	0.122	93	7.551	0.185
13	0.066	0.013	40	1.047	0.064	67	3.559	0.125	94	7.736	0.186
14	0.079	0.015	41	1.111	0.066	68	3.684	0.127	95	7.922	0.190
15	0.094	0.016	42	1.177	0.069	69	3.811	0.129	96	8.112	0.191
16	0.110	0.018	43	1.246	0.071	70	3.940	0.132	97	8.303	0.194
17	0.128	0.019	44	1.317	0.073	71	4.072	0.134	98	8.497	0.196
18	0.147	0.021	45	1.390	0.075	72	4.206	0.136	99	8.693	0.199
19	0.168	0.023	46	1.465	0.077	73	4.342	0.139	100	8.892	0.201
20	0.191	0.025	47	1.542	0.080	74	4.481	0.141	101	9.093	0.203
21	0.216	0.026	48	1.622	0.081	75	4.622	0.143	102	9.296	0.205
22	0.242	0.028	49	1.703	0.084	76	4.765	0.145	103	9.501	0.208
23	0.270	0.030	50	1.787	0.086	77	4.910	0.148	104	9.709	0.210
24	0.300	0.032	51	1.873	0.089	78	5.058	0.150	105	9.919	0.212
25	0.332	0.034	52	1.962	0.091	79	5.208	0.152	106	10.131	0.215
26	0.366	0.035	53	2.053	0.092	80	5.360	0.155	107	10.346	0.217
27	0.401	0.038	54	2.145	0.096	81	5.515	0.157	108	10.563	0.217
28	0.439	0.039	55	2.241	0.097	82	5.672	0.159			

适用树种：栎类；适用地区：怒江流域（怒江州（除兰坪县外）、德宏州、保山地区、临沧地区）；资料名称：云南省一元材积表；编表人或作者：云南省森林资源调查管理处；刊印或发表时间：1978。

1102. 滇东南栎类一元材积表（围尺）

$$V = 0.00005959979(0.97D_{围})^{1.856401}H^{0.980562}$$

$$H = 42.623 - 2035.164/(0.97D_{围} + 50)$$

D	V	ΔV	D	V	ΔV	D	V	ΔV	D	V	ΔV
2	0.001	0.001	32	0.581	0.044	62	2.717	0.100	92	6.537	0.156
3	0.002	0.001	33	0.625	0.046	63	2.817	0.102	93	6.693	0.158
4	0.003	0.003	34	0.671	0.048	64	2.919	0.104	94	6.851	0.160
5	0.006	0.003	35	0.719	0.050	65	3.023	0.106	95	7.011	0.162
6	0.009	0.005	36	0.769	0.052	66	3.129	0.108	96	7.173	0.163
7	0.014	0.005	37	0.821	0.053	67	3.237	0.109	97	7.336	0.166
8	0.019	0.006	38	0.874	0.055	68	3.346	0.112	98	7.502	0.167
9	0.025	0.008	39	0.929	0.058	69	3.458	0.113	99	7.669	0.169
10	0.033	0.009	40	0.987	0.059	70	3.571	0.115	100	7.838	0.171
11	0.042	0.010	41	1.046	0.061	71	3.686	0.118	101	8.009	0.172
12	0.052	0.012	42	1.107	0.062	72	3.804	0.119	102	8.181	0.175
13	0.064	0.013	43	1.169	0.065	73	3.923	0.120	103	8.356	0.176
14	0.077	0.014	44	1.234	0.066	74	4.043	0.123	104	8.532	0.178
15	0.091	0.016	45	1.300	0.069	75	4.166	0.125	105	8.710	0.180
16	0.107	0.017	46	1.369	0.070	76	4.291	0.126	106	8.890	0.182
17	0.124	0.019	47	1.439	0.072	77	4.417	0.129	107	9.072	0.183
18	0.143	0.020	48	1.511	0.074	78	4.546	0.130	108	9.255	0.186
19	0.163	0.022	49	1.585	0.076	79	4.676	0.132	109	9.441	0.187
20	0.185	0.024	50	1.661	0.077	80	4.808	0.134	110	9.628	0.189
21	0.209	0.025	51	1.738	0.080	81	4.942	0.136	111	9.817	0.191
22	0.234	0.027	52	1.818	0.081	82	5.078	0.137	112	10.008	0.192
23	0.261	0.029	53	1.899	0.083	83	5.215	0.140	113	10.200	0.195
24	0.290	0.030	54	1.982	0.086	84	5.355	0.141	114	10.395	0.196
25	0.320	0.032	55	2.068	0.087	85	5.496	0.143	115	10.591	0.198
26	0.352	0.034	56	2.155	0.089	86	5.639	0.145	116	10.789	0.200
27	0.386	0.035	57	2.244	0.091	87	5.784	0.147	117	10.989	0.202
28	0.421	0.037	58	2.335	0.092	88	5.931	0.149	118	11.191	0.202
29	0.458	0.039	59	2.427	0.095	89	6.080	0.151			
30	0.497	0.041	60	2.522	0.096	90	6.231	0.152			
31	0.538	0.043	61	2.618	0.099	91	6.383	0.154			

适用树种：栎类；适用地区：滇东南地区（文山州）；资料名称：云南省一元材积表；编表人或作者：云南省森林资源调查管理处；刊印或发表时间：1978。

1103. 滇中、滇东北栎类一元材积表（围尺）

$$V = 0.00005959979(0.97D_{围})^{1.856401}H^{0.980562}$$
$$H = 28.383 - 684.745/(0.97D_{围} + 23)$$

D	V	ΔV	D	V	ΔV	D	V	ΔV	D	V	ΔV
3	0.001	0.001	40	0.869	0.049	77	3.604	0.099	114	8.112	0.145
4	0.002	0.002	41	0.918	0.051	78	3.703	0.100	115	8.257	0.147
5	0.004	0.003	42	0.969	0.052	79	3.803	0.102	116	8.404	0.148
6	0.007	0.004	43	1.021	0.054	80	3.905	0.103	117	8.552	0.149
7	0.011	0.005	44	1.075	0.055	81	4.008	0.104	118	8.701	0.150
8	0.016	0.006	45	1.130	0.057	82	4.112	0.106	119	8.851	0.151
9	0.022	0.007	46	1.187	0.057	83	4.218	0.106	120	9.002	0.153
10	0.029	0.008	47	1.244	0.060	84	4.324	0.108	121	9.155	0.154
11	0.037	0.010	48	1.304	0.060	85	4.432	0.110	122	9.309	0.155
12	0.047	0.011	49	1.364	0.062	86	4.542	0.110	123	9.464	0.157
13	0.058	0.012	50	1.426	0.063	87	4.652	0.112	124	9.621	0.157
14	0.070	0.013	51	1.489	0.065	88	4.764	0.113	125	9.778	0.159
15	0.083	0.015	52	1.554	0.066	89	4.877	0.115	126	9.937	0.160
16	0.098	0.016	53	1.620	0.067	90	4.992	0.115	127	10.097	0.161
17	0.114	0.018	54	1.687	0.069	91	5.107	0.117	128	10.258	0.163
18	0.132	0.019	55	1.756	0.070	92	5.224	0.118	129	10.421	0.163
19	0.151	0.020	56	1.826	0.072	93	5.342	0.120	130	10.584	0.165
20	0.171	0.021	57	1.898	0.072	94	5.462	0.120	131	10.749	0.166
21	0.192	0.023	58	1.970	0.074	95	5.582	0.122	132	10.915	0.167
22	0.215	0.025	59	2.044	0.076	96	5.704	0.124	133	11.082	0.168
23	0.240	0.025	60	2.120	0.077	97	5.828	0.124	134	11.250	0.170
24	0.265	0.028	61	2.197	0.078	98	5.952	0.126	135	11.420	0.170
25	0.293	0.028	62	2.275	0.079	99	6.078	0.127	136	11.590	0.173
26	0.321	0.030	63	2.354	0.081	100	6.205	0.128	137	11.763	0.173
27	0.351	0.032	64	2.435	0.082	101	6.333	0.129	138	11.936	0.174
28	0.383	0.032	65	2.517	0.083	102	6.462	0.131	139	12.110	0.176
29	0.415	0.035	66	2.600	0.085	103	6.593	0.132	140	12.286	0.176
30	0.450	0.035	67	2.685	0.086	104	6.725	0.133	141	12.462	0.178
31	0.485	0.037	68	2.771	0.087	105	6.858	0.134	142	12.640	0.179
32	0.522	0.039	69	2.858	0.089	106	6.992	0.136	143	12.819	0.180
33	0.561	0.039	70	2.947	0.090	107	7.128	0.137	144	12.999	0.182
34	0.600	0.042	71	3.037	0.091	108	7.265	0.138	145	13.181	0.182
35	0.642	0.042	72	3.128	0.093	109	7.403	0.139	146	13.363	0.184
36	0.684	0.044	73	3.221	0.094	110	7.542	0.141	147	13.547	0.185
37	0.728	0.046	74	3.315	0.095	111	7.683	0.141	148	13.732	0.185
38	0.774	0.046	75	3.410	0.096	112	7.824	0.143			
39	0.820	0.049	76	3.506	0.098	113	7.967	0.145			

适用树种：栎类；适用地区：滇中、滇东北地区（昆明市、东川市、玉溪、曲靖、昭通地区）；资料名称：同上表。

1104. 滇南栎类一元材积表（围尺）

$$V = 0.00005959979(0.97D_{\text{围}})^{1.856401}H^{0.980562}$$

$$H = 44.655 - 3146.156/(0.97D_{\text{围}} + 78)$$

D	V	ΔV	D	V	ΔV	D	V	ΔV	D	V	ΔV
2	0.001	0.001	34	0.606	0.043	66	2.847	0.100	98	6.956	0.159
3	0.002	0.002	35	0.649	0.045	67	2.947	0.102	99	7.115	0.161
4	0.004	0.003	36	0.694	0.046	68	3.049	0.103	100	7.276	0.163
5	0.007	0.004	37	0.740	0.048	69	3.152	0.105	101	7.439	0.164
6	0.011	0.004	38	0.788	0.050	70	3.257	0.108	102	7.603	0.167
7	0.015	0.005	39	0.838	0.051	71	3.365	0.108	103	7.770	0.168
8	0.020	0.007	40	0.889	0.053	72	3.473	0.111	104	7.938	0.170
9	0.027	0.007	41	0.942	0.055	73	3.584	0.113	105	8.108	0.172
10	0.034	0.008	42	0.997	0.057	74	3.697	0.115	106	8.280	0.173
11	0.042	0.010	43	1.054	0.058	75	3.812	0.116	107	8.453	0.176
12	0.052	0.011	44	1.112	0.060	76	3.928	0.118	108	8.629	0.177
13	0.063	0.011	45	1.172	0.062	77	4.046	0.120	109	8.806	0.180
14	0.074	0.013	46	1.234	0.063	78	4.166	0.122	110	8.986	0.181
15	0.087	0.015	47	1.297	0.066	79	4.288	0.124	111	9.167	0.183
16	0.102	0.015	48	1.363	0.067	80	4.412	0.125	112	9.350	0.185
17	0.117	0.017	49	1.430	0.069	81	4.537	0.128	113	9.535	0.186
18	0.134	0.019	50	1.499	0.071	82	4.665	0.129	114	9.721	0.189
19	0.153	0.019	51	1.570	0.072	83	4.794	0.131	115	9.910	0.190
20	0.172	0.021	52	1.642	0.074	84	4.925	0.133	116	10.100	0.192
21	0.193	0.023	53	1.716	0.076	85	5.058	0.135	117	10.292	0.194
22	0.216	0.024	54	1.792	0.078	86	5.193	0.137	118	10.486	0.196
23	0.240	0.026	55	1.870	0.080	87	5.330	0.139	119	10.682	0.198
24	0.266	0.027	56	1.950	0.082	88	5.469	0.140	120	10.880	0.199
25	0.293	0.028	57	2.032	0.083	89	5.609	0.142	121	11.079	0.201
26	0.321	0.030	58	2.115	0.085	90	5.751	0.145	122	11.280	0.203
27	0.351	0.032	59	2.200	0.087	91	5.896	0.146	123	11.483	0.205
28	0.383	0.033	60	2.287	0.089	92	6.042	0.147	124	11.688	0.207
29	0.416	0.035	61	2.376	0.090	93	6.189	0.150	125	11.895	0.209
30	0.451	0.036	62	2.466	0.093	94	6.339	0.152	126	12.104	0.210
31	0.487	0.038	63	2.559	0.094	95	6.491	0.153	127	12.314	0.213
32	0.525	0.040	64	2.653	0.096	96	6.644	0.155	128	12.527	0.213
33	0.565	0.041	65	2.749	0.098	97	6.799	0.157			

适用树种：栎类；适用地区：滇南（适用于红河州、思茅地区、西双版纳州）；资料名称：云南省一元材积表；编表人或作者：云南省森林资源调查管理处；刊印或发表时间：1978。

1105. 云南金沙江、澜沧江栎类一元材积表（围尺）

$$V = 0.00005959979(0.97D_{围})^{1.856401}H^{0.980562}$$
$$H = 26.359 - 468.887/(0.97D_{围} + 15)$$

D	V	ΔV	D	V	ΔV	D	V	ΔV	D	V	ΔV
4	0.001	0.002	38	0.790	0.047	72	3.103	0.090	106	6.825	0.129
5	0.003	0.003	39	0.837	0.048	73	3.193	0.091	107	6.954	0.132
6	0.006	0.004	40	0.885	0.050	74	3.284	0.092	108	7.086	0.132
7	0.010	0.005	41	0.935	0.051	75	3.376	0.093	109	7.218	0.133
8	0.015	0.006	42	0.986	0.052	76	3.469	0.095	110	7.351	0.134
9	0.021	0.008	43	1.038	0.053	77	3.564	0.096	111	7.485	0.136
10	0.029	0.009	44	1.091	0.055	78	3.660	0.097	112	7.621	0.137
11	0.038	0.010	45	1.146	0.056	79	3.757	0.098	113	7.758	0.138
12	0.048	0.011	46	1.202	0.057	80	3.855	0.100	114	7.896	0.139
13	0.059	0.013	47	1.259	0.059	81	3.955	0.100	115	8.035	0.140
14	0.072	0.014	48	1.318	0.060	82	4.055	0.102	116	8.175	0.141
15	0.086	0.016	49	1.378	0.061	83	4.157	0.103	117	8.316	0.143
16	0.102	0.017	50	1.439	0.062	84	4.260	0.105	118	8.459	0.143
17	0.119	0.018	51	1.501	0.064	85	4.365	0.105	119	8.602	0.145
18	0.137	0.019	52	1.565	0.065	86	4.470	0.107	120	8.747	0.146
19	0.156	0.022	53	1.630	0.066	87	4.577	0.107	121	8.893	0.146
20	0.178	0.022	54	1.696	0.068	88	4.684	0.109	122	9.039	0.148
21	0.200	0.024	55	1.764	0.069	89	4.793	0.111	123	9.187	0.150
22	0.224	0.025	56	1.833	0.070	90	4.904	0.111	124	9.337	0.150
23	0.249	0.026	57	1.903	0.071	91	5.015	0.112	125	9.487	0.151
24	0.275	0.028	58	1.974	0.072	92	5.127	0.114	126	9.638	0.153
25	0.303	0.030	59	2.046	0.074	93	5.241	0.115	127	9.791	0.153
26	0.333	0.030	60	2.120	0.075	94	5.356	0.116	128	9.944	0.155
27	0.363	0.032	61	2.195	0.077	95	5.472	0.117	129	10.099	0.156
28	0.395	0.034	62	2.272	0.077	96	5.589	0.118	130	10.255	0.157
29	0.429	0.035	63	2.349	0.079	97	5.707	0.120	131	10.412	0.158
30	0.464	0.036	64	2.428	0.080	98	5.827	0.121	132	10.570	0.159
31	0.500	0.037	65	2.508	0.081	99	5.948	0.121	133	10.729	0.161
32	0.537	0.039	66	2.589	0.083	100	6.069	0.123	134	10.890	0.161
33	0.576	0.040	67	2.672	0.084	101	6.192	0.125	135	11.051	0.163
34	0.616	0.042	68	2.756	0.085	102	6.317	0.125	136	11.214	0.163
35	0.658	0.043	69	2.841	0.086	103	6.442	0.126	137	11.377	0.165
36	0.701	0.044	70	2.927	0.087	104	6.568	0.128	138	11.542	0.165
37	0.745	0.045	71	3.014	0.089	105	6.696	0.129			

适用树种：栎类；适用地区：金沙江、澜沧江（迪庆州、丽江地区、大理州、楚雄州、兰坪县）；资料名称：云南省一元材积表；编表人或作者：云南省森林资源调查管理处；刊印或发表时间：1978。

1106. 滇西北油杉一元材积表（围尺）

$$V = 0.00005717359(0.97D_{围})^{1.881331}H^{0.995688}$$
$$H = 39.488 - 1915.24/(0.97D_{围} + 51)$$

D	V	ΔV	D	V	ΔV	D	V	ΔV	D	V	ΔV
2	0.001	0.001	19	0.162	0.022	36	0.777	0.053	53	1.942	0.087
3	0.002	0.001	20	0.184	0.024	37	0.830	0.055	54	2.029	0.088
4	0.003	0.003	21	0.208	0.025	38	0.885	0.056	55	2.117	0.091
5	0.006	0.003	22	0.233	0.027	39	0.941	0.059	56	2.208	0.092
6	0.009	0.004	23	0.260	0.029	40	1.000	0.061	57	2.300	0.095
7	0.013	0.005	24	0.289	0.031	41	1.061	0.062	58	2.395	0.096
8	0.018	0.007	25	0.320	0.032	42	1.123	0.065	59	2.491	0.099
9	0.025	0.007	26	0.352	0.034	43	1.188	0.066	60	2.590	0.100
10	0.032	0.009	27	0.386	0.036	44	1.254	0.069	61	2.690	0.103
11	0.041	0.010	28	0.422	0.038	45	1.323	0.070	62	2.793	0.104
12	0.051	0.012	29	0.460	0.040	46	1.393	0.073	63	2.897	0.107
13	0.063	0.012	30	0.500	0.041	47	1.466	0.074	64	3.004	0.108
14	0.075	0.015	31	0.541	0.043	48	1.540	0.077	65	3.112	0.111
15	0.090	0.015	32	0.584	0.046	49	1.617	0.078	66	3.223	0.111
16	0.105	0.018	33	0.630	0.047	50	1.695	0.081			
17	0.123	0.018	34	0.677	0.049	51	1.776	0.082			
18	0.141	0.021	35	0.726	0.051	52	1.858	0.084			

适用树种：油杉、黄杉、柏树；适用地区：滇西北地区（迪庆州、丽江地区、楚雄州、大理州、怒江州、德宏州、保山地区、临沧地区）；资料名称：云南省一元材积表；编表人或作者：云南省森林资源调查管理处；刊印或发表时间：1978。

1107. 滇中、滇东北、滇东南油杉一元材积表（围尺）

$$V = 0.00005717359(0.97D_{围})^{1.881331}H^{0.995688}$$
$$H = 43.460 - 2864.617/(0.97D_{围} + 67)$$

D	V	ΔV	D	V	ΔV	D	V	ΔV	D	V	ΔV
3	0.001	0.001	29	0.402	0.036	55	1.970	0.087	81	4.933	0.143
4	0.002	0.002	30	0.438	0.038	56	2.057	0.090	82	5.076	0.144
5	0.004	0.002	31	0.476	0.040	57	2.147	0.092	83	5.220	0.147
6	0.006	0.004	32	0.516	0.042	58	2.239	0.094	84	5.367	0.150
7	0.010	0.004	33	0.558	0.043	59	2.333	0.096	85	5.517	0.151
8	0.014	0.005	34	0.601	0.046	60	2.429	0.098	86	5.668	0.153
9	0.019	0.006	35	0.647	0.047	61	2.527	0.100	87	5.821	0.156
10	0.025	0.007	36	0.694	0.049	62	2.627	0.102	88	5.977	0.158
11	0.032	0.008	37	0.743	0.051	63	2.729	0.104	89	6.135	0.160
12	0.040	0.010	38	0.794	0.054	64	2.833	0.107	90	6.295	0.162
13	0.050	0.011	39	0.848	0.055	65	2.940	0.108	91	6.457	0.164
14	0.061	0.012	40	0.903	0.057	66	3.048	0.111	92	6.621	0.166
15	0.073	0.013	41	0.960	0.059	67	3.159	0.113	93	6.787	0.169
16	0.086	0.015	42	1.019	0.061	68	3.272	0.115	94	6.956	0.170
17	0.101	0.016	43	1.080	0.063	69	3.387	0.117	95	7.126	0.173
18	0.117	0.018	44	1.143	0.065	70	3.504	0.119	96	7.299	0.175
19	0.135	0.019	45	1.208	0.067	71	3.623	0.122	97	7.474	0.177
20	0.154	0.021	46	1.275	0.069	72	3.745	0.123	98	7.651	0.179
21	0.175	0.023	47	1.344	0.071	73	3.868	0.126	99	7.830	0.182
22	0.198	0.024	48	1.415	0.073	74	3.994	0.127	100	8.012	0.183
23	0.222	0.026	49	1.488	0.075	75	4.121	0.130	101	8.195	0.186
24	0.248	0.027	50	1.563	0.077	76	4.251	0.132	102	8.381	0.187
25	0.275	0.029	51	1.640	0.080	77	4.383	0.135	103	8.568	0.190
26	0.304	0.031	52	1.720	0.081	78	4.518	0.136	104	8.758	0.190
27	0.335	0.032	53	1.801	0.083	79	4.654	0.138			
28	0.367	0.035	54	1.884	0.086	80	4.792	0.141			

适用树种：油杉、黄杉、柏树；适用地区：滇中、滇东北、滇东南地区（昆明、东川市、曲靖、昭通、思茅、玉溪地区、红河、文山、西双版纳州）；资料名称：云南省一元材积表；编表人或作者：云南省森林资源调查管理处；刊印或发表时间：1978。

1108. 滇西北地区华山松一元材积表（围尺）

$$V = 0.00005997384(0.97D_{围})^{1.833431}H^{1.029532}$$
$$H = 34.763 - 1331.287/(0.97D_{围} + 55)$$

D	V	ΔV	D	V	ΔV	D	V	ΔV	D	V	ΔV
2	0.002	0.003	32	0.686	0.047	62	2.791	0.095	92	6.351	0.143
3	0.005	0.004	33	0.733	0.048	63	2.886	0.097	93	6.494	0.145
4	0.009	0.006	34	0.781	0.050	64	2.983	0.099	94	6.639	0.146
5	0.015	0.006	35	0.831	0.051	65	3.082	0.100	95	6.785	0.148
6	0.021	0.008	36	0.882	0.053	66	3.182	0.102	96	6.933	0.150
7	0.029	0.009	37	0.935	0.055	67	3.284	0.104	97	7.083	0.151
8	0.038	0.010	38	0.990	0.056	68	3.388	0.105	98	7.234	0.153
9	0.048	0.011	39	1.046	0.058	69	3.493	0.107	99	7.387	0.154
10	0.059	0.013	40	1.104	0.060	70	3.600	0.108	100	7.541	0.155
11	0.072	0.014	41	1.164	0.061	71	3.708	0.110	101	7.696	0.158
12	0.086	0.016	42	1.225	0.063	72	3.818	0.111	102	7.854	0.159
13	0.102	0.017	43	1.288	0.064	73	3.929	0.114	103	8.013	0.160
14	0.119	0.019	44	1.352	0.066	74	4.043	0.114	104	8.173	0.162
15	0.138	0.020	45	1.418	0.068	75	4.157	0.117	105	8.335	0.163
16	0.158	0.021	46	1.486	0.069	76	4.274	0.118	106	8.498	0.165
17	0.179	0.023	47	1.555	0.071	77	4.392	0.119	107	8.663	0.167
18	0.202	0.025	48	1.626	0.073	78	4.511	0.121	108	8.830	0.168
19	0.227	0.026	49	1.699	0.074	79	4.632	0.123	109	8.998	0.169
20	0.253	0.027	50	1.773	0.076	80	4.755	0.124	110	9.167	0.172
21	0.280	0.029	51	1.849	0.077	81	4.879	0.126	111	9.339	0.172
22	0.309	0.031	52	1.926	0.079	82	5.005	0.128	112	9.511	0.174
23	0.340	0.032	53	2.005	0.081	83	5.133	0.129	113	9.685	0.176
24	0.372	0.034	54	2.086	0.083	84	5.262	0.130	114	9.861	0.177
25	0.406	0.035	55	2.169	0.084	85	5.392	0.133	115	10.038	0.179
26	0.441	0.037	56	2.253	0.085	86	5.525	0.133	116	10.217	0.180
27	0.478	0.038	57	2.338	0.088	87	5.658	0.136	117	10.397	0.182
28	0.516	0.041	58	2.426	0.089	88	5.794	0.137	118	10.579	0.184
29	0.557	0.041	59	2.515	0.090	89	5.931	0.138	119	10.763	0.184
30	0.598	0.044	60	2.605	0.092	90	6.069	0.140	120	10.947	0.184
31	0.642	0.044	61	2.697	0.094	91	6.209	0.142			

适用树种：华山松；适用地区：滇西北地区（迪庆州、丽江地区、楚雄州、大理州、怒江州、德宏州、保山地区、临沧地区）；资料名称：云南省一元材积表；编表人或作者：云南省森林资源调查管理处；刊印或发表时间：1978。

1109. 滇中、滇东北、滇东南华山松一元材积表（围尺）

$$V = 0.00005997384(0.97D_{围})^{1.833431}H^{1.029532}$$
$$H = 24.635 - 526.415/(0.97D_{围} + 20)$$

D	V	ΔV	D	V	ΔV	D	V	ΔV	D	V	ΔV
3	0.001	0.001	16	0.096	0.016	29	0.403	0.033	42	0.930	0.050
4	0.002	0.002	17	0.112	0.017	30	0.436	0.034	43	0.980	0.051
5	0.004	0.003	18	0.129	0.018	31	0.470	0.035	44	1.031	0.052
6	0.007	0.004	19	0.147	0.020	32	0.505	0.037	45	1.083	0.053
7	0.011	0.004	20	0.167	0.021	33	0.542	0.038	46	1.136	0.055
8	0.015	0.006	21	0.188	0.022	34	0.580	0.039	47	1.191	0.055
9	0.021	0.007	22	0.210	0.024	35	0.619	0.041	48	1.246	0.058
10	0.028	0.008	23	0.234	0.025	36	0.660	0.042	49	1.304	0.058
11	0.036	0.010	24	0.259	0.026	37	0.702	0.043	50	1.362	0.059
12	0.046	0.011	25	0.285	0.027	38	0.745	0.044	51	1.421	0.061
13	0.057	0.011	26	0.312	0.029	39	0.789	0.046	52	1.482	0.061
14	0.068	0.014	27	0.341	0.030	40	0.835	0.047			
15	0.082	0.014	28	0.371	0.032	41	0.882	0.048			

适用树种：华山松；适用地区：滇中、滇东北、滇东南地区（昆明、东川市、曲靖、昭通、思茅、玉溪地区、红河、文山、西双版纳州）；资料名称：云南省一元材积表；编表人或作者：云南省森林资源调查管理处；刊印或发表时间：1978。

1110. 云南扭曲云南松一元材积表（围尺）

$$V = 0.00005829012(0.97D_{围})^{1.979634}H^{0.907152}$$
$$H = 43.492 - 2433.754/(0.97D_{围} + 56)$$

D	V	ΔV	D	V	ΔV	D	V	ΔV	D	V	ΔV
3	0.001	0.001	18	0.140	0.021	33	0.682	0.054	48	1.751	0.091
4	0.002	0.002	19	0.161	0.024	34	0.736	0.056	49	1.842	0.094
5	0.004	0.003	20	0.185	0.026	35	0.792	0.059	50	1.936	0.097
6	0.007	0.004	21	0.211	0.027	36	0.851	0.061	51	2.033	0.099
7	0.011	0.004	22	0.238	0.030	37	0.912	0.064	52	2.132	0.102
8	0.015	0.006	23	0.268	0.031	38	0.976	0.066	53	2.234	0.105
9	0.021	0.007	24	0.299	0.034	39	1.042	0.069	54	2.339	0.107
10	0.028	0.009	25	0.333	0.036	40	1.111	0.071	55	2.446	0.110
11	0.037	0.010	26	0.369	0.038	41	1.182	0.074	56	2.556	0.113
12	0.047	0.011	27	0.407	0.040	42	1.256	0.076	57	2.669	0.116
13	0.058	0.013	28	0.447	0.042	43	1.332	0.078	58	2.785	0.118
14	0.071	0.015	29	0.489	0.045	44	1.410	0.081	59	2.903	0.120
15	0.086	0.016	30	0.534	0.047	45	1.491	0.084	60	3.023	0.124
16	0.102	0.018	31	0.581	0.049	46	1.575	0.087	61	3.147	0.126
17	0.120	0.020	32	0.630	0.052	47	1.662	0.089	62	3.273	0.126

适用树种：云南松（扭曲）；适用地区：云南全省；资料名称：同上表。

1111. 云南人工华山松一元材积表（围尺）

$$V = 0.00007353502(0.97D_{围})^{2.001569}H^{0.788884}$$
$$H = 23.677 - 667.08/(0.97D_{围} + 31)$$

D	V	ΔV	D	V	ΔV	D	V	ΔV	D	V	ΔV
2	0.001	0.001	10	0.033	0.009	18	0.138	0.019	26	0.330	0.030
3	0.002	0.002	11	0.042	0.010	19	0.157	0.020	27	0.360	0.032
4	0.004	0.002	12	0.052	0.011	20	0.177	0.022	28	0.392	0.034
5	0.006	0.004	13	0.063	0.012	21	0.199	0.023	29	0.426	0.035
6	0.010	0.004	14	0.075	0.014	22	0.222	0.025	30	0.461	0.035
7	0.014	0.005	15	0.089	0.015	23	0.247	0.026			
8	0.019	0.007	16	0.104	0.016	24	0.273	0.028			
9	0.026	0.007	17	0.120	0.018	25	0.301	0.029			

适用树种：人工华山松；适用地区：云南全省；资料名称：云南省一元材积表；编表人或作者：云南省森林资源调查管理处；刊印或发表时间：1978。

1112. 云南高山松一元材积表（围尺）

$$V = 0.00006123892(0.97D_{围})^{2.002397}H^{0.859275}$$
$$H = 34.432 - 894.4/(0.97D_{围} + 24)$$

D	V	ΔV	D	V	ΔV	D	V	ΔV	D	V	ΔV
4	0.002	0.002	22	0.283	0.034	40	1.230	0.074	58	2.927	0.116
5	0.004	0.003	23	0.317	0.036	41	1.304	0.077	59	3.043	0.120
6	0.007	0.005	24	0.353	0.038	42	1.381	0.079	60	3.163	0.121
7	0.012	0.006	25	0.391	0.040	43	1.460	0.081	61	3.284	0.124
8	0.018	0.007	26	0.431	0.043	44	1.541	0.084	62	3.408	0.126
9	0.025	0.009	27	0.474	0.044	45	1.625	0.086	63	3.534	0.129
10	0.034	0.011	28	0.518	0.047	46	1.711	0.088	64	3.663	0.131
11	0.045	0.012	29	0.565	0.049	47	1.799	0.091	65	3.794	0.134
12	0.057	0.014	30	0.614	0.052	48	1.890	0.093	66	3.928	0.136
13	0.071	0.016	31	0.666	0.053	49	1.983	0.095	67	4.064	0.138
14	0.087	0.017	32	0.719	0.056	50	2.078	0.098	68	4.202	0.141
15	0.104	0.020	33	0.775	0.058	51	2.176	0.100	69	4.343	0.143
16	0.124	0.021	34	0.833	0.061	52	2.276	0.103	70	4.486	0.146
17	0.145	0.024	35	0.894	0.062	53	2.379	0.104	71	4.632	0.148
18	0.169	0.025	36	0.956	0.065	54	2.483	0.108	72	4.780	0.148
19	0.194	0.028	37	1.021	0.068	55	2.591	0.109			
20	0.222	0.029	38	1.089	0.069	56	2.700	0.112			
21	0.251	0.032	39	1.158	0.072	57	2.812	0.115			

适用树种：高山松；适用地区：云南全省；资料名称：云南省一元材积表；编表人或作者：云南省森林资源调查管理处；刊印或发表时间：1978。

1113. 云南桦树一元材积表（围尺）

$$V = 0.00004894191(0.97D_{围})^{2.017271}H^{0.885809}$$
$$H = 53.213 - 2841.531/(0.97D_{围} + 53)$$

D	V	ΔV	D	V	ΔV	D	V	ΔV	D	V	ΔV
3	0.001	0.001	30	0.585	0.052	57	2.969	0.129	84	7.569	0.216
4	0.002	0.002	31	0.637	0.055	58	3.098	0.133	85	7.785	0.218
5	0.004	0.003	32	0.692	0.057	59	3.231	0.136	86	8.003	0.222
6	0.007	0.004	33	0.749	0.060	60	3.367	0.138	87	8.225	0.225
7	0.011	0.005	34	0.809	0.063	61	3.505	0.142	88	8.450	0.228
8	0.016	0.006	35	0.872	0.065	62	3.647	0.145	89	8.678	0.232
9	0.022	0.008	36	0.937	0.068	63	3.792	0.148	90	8.910	0.235
10	0.030	0.009	37	1.005	0.071	64	3.940	0.152	91	9.145	0.238
11	0.039	0.011	38	1.076	0.073	65	4.092	0.154	92	9.383	0.241
12	0.050	0.012	39	1.149	0.077	66	4.246	0.158	93	9.624	0.245
13	0.062	0.014	40	1.226	0.079	67	4.404	0.160	94	9.869	0.248
14	0.076	0.016	41	1.305	0.082	68	4.564	0.164	95	10.117	0.252
15	0.092	0.018	42	1.387	0.085	69	4.728	0.167	96	10.369	0.254
16	0.110	0.019	43	1.472	0.088	70	4.895	0.170	97	10.623	0.258
17	0.129	0.022	44	1.560	0.090	71	5.065	0.174	98	10.881	0.261
18	0.151	0.024	45	1.650	0.094	72	5.239	0.176	99	11.142	0.265
19	0.175	0.025	46	1.744	0.096	73	5.415	0.180	100	11.407	0.268
20	0.200	0.028	47	1.840	0.100	74	5.595	0.183	101	11.675	0.271
21	0.228	0.031	48	1.940	0.102	75	5.778	0.186	102	11.946	0.275
22	0.259	0.032	49	2.042	0.105	76	5.964	0.189	103	12.221	0.277
23	0.291	0.035	50	2.147	0.109	77	6.153	0.193	104	12.498	0.282
24	0.326	0.037	51	2.256	0.111	78	6.346	0.196	105	12.780	0.284
25	0.363	0.039	52	2.367	0.114	79	6.542	0.199	106	13.064	0.288
26	0.402	0.042	53	2.481	0.118	80	6.741	0.202	107	13.352	0.291
27	0.444	0.045	54	2.599	0.120	81	6.943	0.206	108	13.643	0.291
28	0.489	0.047	55	2.719	0.123	82	7.149	0.208			
29	0.536	0.049	56	2.842	0.127	83	7.357	0.212			

适用树种：桦树、桤木；适用地区：云南全省；资料名称：云南省一元材积表；编表人或作者：云南省森林资源调查管理处；刊印或发表时间：1978。

1114. 云南落叶松一元材积表（围尺）

$$V = 0.00005438140(0.97D_{围})^{1.828895}H^{1.066643}$$
$$H = 55.337 - 3072.074/(0.97D_{围} + 56)$$

D	V	ΔV	D	V	ΔV	D	V	ΔV	D	V	ΔV
3	0.001	0.002	26	0.424	0.040	49	2.022	0.100	72	4.986	0.160
4	0.003	0.002	27	0.464	0.045	50	2.122	0.102	73	5.146	0.163
5	0.005	0.004	28	0.509	0.047	51	2.224	0.106	74	5.309	0.166
6	0.009	0.004	29	0.556	0.050	52	2.330	0.108	75	5.475	0.168
7	0.013	0.006	30	0.606	0.052	53	2.438	0.110	76	5.643	0.171
8	0.019	0.007	31	0.658	0.054	54	2.548	0.113	77	5.814	0.173
9	0.026	0.008	32	0.712	0.057	55	2.661	0.116	78	5.987	0.176
10	0.034	0.010	33	0.769	0.060	56	2.777	0.118	79	6.163	0.179
11	0.044	0.012	34	0.829	0.061	57	2.895	0.121	80	6.342	0.181
12	0.056	0.013	35	0.890	0.065	58	3.016	0.124	81	6.523	0.184
13	0.069	0.015	36	0.955	0.066	59	3.140	0.126	82	6.707	0.186
14	0.084	0.017	37	1.021	0.070	60	3.266	0.129	83	6.893	0.189
15	0.101	0.019	38	1.091	0.072	61	3.395	0.132	84	7.082	0.191
16	0.120	0.021	39	1.163	0.074	62	3.527	0.134	85	7.273	0.195
17	0.141	0.022	40	1.237	0.077	63	3.661	0.137	86	7.468	0.196
18	0.163	0.025	41	1.314	0.079	64	3.798	0.139	87	7.664	0.200
19	0.188	0.027	42	1.393	0.082	65	3.937	0.142	88	7.864	0.202
20	0.215	0.029	43	1.475	0.085	66	4.079	0.145	89	8.066	0.204
21	0.244	0.031	44	1.560	0.087	67	4.224	0.147	90	8.270	0.207
22	0.275	0.033	45	1.647	0.090	68	4.371	0.150	91	8.477	0.210
23	0.308	0.036	46	1.737	0.092	69	4.521	0.152	92	8.687	0.212
24	0.344	0.038	47	1.829	0.095	70	4.673	0.155	93	8.899	0.215
25	0.382	0.042	48	1.924	0.098	71	4.828	0.158	94	9.114	0.215

适用树种：落叶松；适用地区：云南全省；资料名称：云南省一元材积表；编表人或作者：云南省森林资源调查管理处；刊印或发表时间：1978。

1115. 云南铁杉一元材积表（围尺）

$$V = 0.00005717359(0.97D_{围})^{1.881331}H^{0.995688}$$
$$H = 68.067 - 7655.513/(0.97D_{围} + 128)$$

D	V	ΔV	D	V	ΔV	D	V	ΔV	D	V	ΔV
2	0.002	0.002	43	1.447	0.081	84	6.993	0.196	125	17.492	0.320
3	0.004	0.003	44	1.528	0.083	85	7.189	0.198	126	17.812	0.324
4	0.007	0.005	45	1.611	0.086	86	7.387	0.201	127	18.136	0.327
5	0.012	0.005	46	1.697	0.088	87	7.588	0.205	128	18.463	0.330
6	0.017	0.006	47	1.785	0.091	88	7.793	0.207	129	18.793	0.333
7	0.023	0.008	48	1.876	0.094	89	8.000	0.211	130	19.126	0.336
8	0.031	0.009	49	1.970	0.096	90	8.211	0.213	131	19.462	0.339
9	0.040	0.011	50	2.066	0.099	91	8.424	0.217	132	19.801	0.342
10	0.051	0.012	51	2.165	0.102	92	8.641	0.219	133	20.143	0.345
11	0.063	0.013	52	2.267	0.104	93	8.860	0.222	134	20.488	0.349
12	0.076	0.015	53	2.371	0.107	94	9.082	0.226	135	20.837	0.352
13	0.091	0.016	54	2.478	0.110	95	9.308	0.228	136	21.189	0.354
14	0.107	0.018	55	2.588	0.112	96	9.536	0.232	137	21.543	0.358
15	0.125	0.020	56	2.700	0.115	97	9.768	0.234	138	21.901	0.361
16	0.145	0.021	57	2.815	0.118	98	10.002	0.238	139	22.262	0.364
17	0.166	0.023	58	2.933	0.121	99	10.240	0.241	140	22.626	0.367
18	0.189	0.025	59	3.054	0.123	100	10.481	0.243	141	22.993	0.371
19	0.214	0.027	60	3.177	0.126	101	10.724	0.247	142	23.364	0.373
20	0.241	0.029	61	3.303	0.129	102	10.971	0.250	143	23.737	0.377
21	0.270	0.031	62	3.432	0.132	103	11.221	0.253	144	24.114	0.379
22	0.301	0.032	63	3.564	0.134	104	11.474	0.255	145	24.493	0.383
23	0.333	0.035	64	3.698	0.138	105	11.729	0.259	146	24.876	0.386
24	0.368	0.037	65	3.836	0.140	106	11.988	0.262	147	25.262	0.389
25	0.405	0.038	66	3.976	0.143	107	12.250	0.265	148	25.651	0.392
26	0.443	0.041	67	4.119	0.146	108	12.515	0.268	149	26.043	0.395
27	0.484	0.043	68	4.265	0.149	109	12.783	0.272	150	26.438	0.399
28	0.527	0.045	69	4.414	0.151	110	13.055	0.274	151	26.837	0.401
29	0.572	0.048	70	4.565	0.155	111	13.329	0.277	152	27.238	0.405
30	0.620	0.049	71	4.720	0.157	112	13.606	0.281	153	27.643	0.407
31	0.669	0.052	72	4.877	0.160	113	13.887	0.283	154	28.050	0.411
32	0.721	0.054	73	5.037	0.164	114	14.170	0.287	155	28.461	0.414
33	0.775	0.057	74	5.201	0.166	115	14.457	0.289	156	28.875	0.417
34	0.832	0.058	75	5.367	0.169	116	14.746	0.293	157	29.292	0.421
35	0.890	0.061	76	5.536	0.171	117	15.039	0.296	158	29.713	0.423
36	0.951	0.064	77	5.707	0.175	118	15.335	0.299	159	30.136	0.426
37	1.015	0.066	78	5.882	0.178	119	15.634	0.302	160	30.562	0.430
38	1.081	0.068	79	6.060	0.181	120	15.936	0.305	161	30.992	0.430
39	1.149	0.071	80	6.241	0.183	121	16.241	0.308	162	31.422	0.437
40	1.220	0.073	81	6.424	0.187	122	16.549	0.311	163	31.859	0.440
41	1.293	0.076	82	6.611	0.190	123	16.860	0.314	164	32.299	0.442
42	1.369	0.078	83	6.801	0.192	124	17.174	0.318	165	32.741	0.442

适用树种：铁杉；适用地区：云南全省；资料名称：云南省一元材积表；编表人或作者：云南省森林资源调查管理处；刊印或发表时间：1978。

1116. 云南杉木一元材积表（围尺）

$$V = 0.00005877704(0.97D_{围})^{1.969983}H^{0.896462}$$
$$H = 68.849 - 5607.556/(0.97D_{围} + 82)$$

D	V	ΔV	D	V	ΔV	D	V	ΔV	D	V	ΔV
3	0.001	0.002	12	0.053	0.013	21	0.238	0.032	30	0.612	0.054
4	0.003	0.002	13	0.066	0.014	22	0.270	0.034	31	0.666	0.058
5	0.005	0.003	14	0.080	0.017	23	0.304	0.036	32	0.724	0.060
6	0.008	0.004	15	0.097	0.018	24	0.340	0.039	33	0.784	0.063
7	0.012	0.006	16	0.115	0.020	25	0.379	0.041	34	0.847	0.066
8	0.018	0.006	17	0.135	0.023	26	0.420	0.044	35	0.913	0.069
9	0.024	0.008	18	0.158	0.025	27	0.464	0.046	36	0.982	0.072
10	0.032	0.010	19	0.183	0.026	28	0.510	0.050	37	1.054	0.075
11	0.042	0.011	20	0.209	0.029	29	0.560	0.052	38	1.129	0.075

适用树种：杉木、柳杉、秃杉；适用地区：云南全省；资料名称：云南省一元材积表；编表人或作者：云南省森林资源调查管理处；刊印或发表时间：1978。

1117. 云南人工杉木一元材积表（围尺）

$$V = 0.00007947559(0.97D_{围})^{1.828954}H^{0.912844}$$
$$H = 76.312 - 9519.404/(0.97D_{围} + 127)$$

D	V	ΔV	D	V	ΔV	D	V	ΔV	D	V	ΔV
2	0.001	0.001	9	0.022	0.007	16	0.094	0.015	23	0.234	0.027
3	0.002	0.001	10	0.029	0.007	17	0.109	0.017	24	0.261	0.028
4	0.003	0.002	11	0.036	0.009	18	0.126	0.019	25	0.289	0.030
5	0.005	0.003	12	0.045	0.010	19	0.145	0.020	26	0.319	0.030
6	0.008	0.004	13	0.055	0.012	20	0.165	0.021			
7	0.012	0.004	14	0.067	0.013	21	0.186	0.023			
8	0.016	0.006	15	0.080	0.014	22	0.209	0.025			

适用树种：人工杉木；适用地区：云南全省；资料名称：云南省一元材积表；编表人或作者：云南省森林资源调查管理处；刊印或发表时间：1978。

1118. 云南金沙江流域云南松一元材积表（轮尺）

$$V = 0.00005829012D_{轮}^{1.979634}H^{0.907152}$$

$$H = 57.279 - 2916.293/(D_{轮} + 51)$$

D	V	ΔV	D	V	ΔV	D	V	ΔV	D	V	ΔV
3	0.002	0.001	25	0.491	0.052	47	2.408	0.128	69	6.069	0.209
4	0.003	0.003	26	0.543	0.056	48	2.536	0.131	70	6.278	0.214
5	0.006	0.004	27	0.599	0.058	49	2.667	0.134	71	6.492	0.218
6	0.010	0.006	28	0.657	0.062	50	2.801	0.139	72	6.710	0.221
7	0.016	0.007	29	0.719	0.065	51	2.940	0.142	73	6.931	0.225
8	0.023	0.009	30	0.784	0.068	52	3.082	0.145	74	7.156	0.229
9	0.032	0.011	31	0.852	0.072	53	3.227	0.150	75	7.385	0.233
10	0.043	0.012	32	0.924	0.075	54	3.377	0.153	76	7.618	0.237
11	0.055	0.015	33	0.999	0.078	55	3.530	0.157	77	7.855	0.241
12	0.070	0.017	34	1.077	0.081	56	3.687	0.160	78	8.096	0.244
13	0.087	0.019	35	1.158	0.085	57	3.847	0.165	79	8.340	0.248
14	0.106	0.022	36	1.243	0.089	58	4.012	0.168	80	8.588	0.253
15	0.128	0.024	37	1.332	0.092	59	4.180	0.172	81	8.841	0.256
16	0.152	0.027	38	1.424	0.095	60	4.352	0.175	82	9.097	0.260
17	0.179	0.029	39	1.519	0.099	61	4.527	0.180	83	9.357	0.264
18	0.208	0.032	40	1.618	0.102	62	4.707	0.183	84	9.621	0.268
19	0.240	0.034	41	1.720	0.106	63	4.890	0.187	85	9.889	0.271
20	0.274	0.038	42	1.826	0.109	64	5.077	0.190	86	10.160	0.276
21	0.312	0.040	43	1.935	0.113	65	5.267	0.195	87	10.436	0.280
22	0.352	0.041	44	2.048	0.117	66	5.462	0.198	88	10.716	0.280
23	0.393	0.049	45	2.165	0.120	67	5.660	0.203			
24	0.442	0.049	46	2.285	0.123	68	5.863	0.206			

适用树种：云南松；适用地区：金沙江流域（丽江、楚雄州、中甸县）；资料名称：云南省一元材积表；编表人或作者：云南省森林资源调查管理处；刊印或发表时间：1978。

1119. 云南澜沧江上游云南松一元材积表（轮尺）

$$V = 0.00005829012 D_{轮}^{1.979634} H^{0.907152}$$

$$H = 66.538 - 5260.696/(D_{轮} + 79)$$

D	V	ΔV	D	V	ΔV	D	V	ΔV	D	V	ΔV
3	0.001	0.002	28	0.569	0.056	53	2.971	0.143	78	7.747	0.244
4	0.003	0.002	29	0.625	0.058	54	3.114	0.147	79	7.991	0.248
5	0.005	0.003	30	0.683	0.062	55	3.261	0.151	80	8.239	0.253
6	0.008	0.005	31	0.745	0.065	56	3.412	0.155	81	8.492	0.257
7	0.013	0.005	32	0.810	0.068	57	3.567	0.159	82	8.749	0.260
8	0.018	0.008	33	0.878	0.071	58	3.726	0.163	83	9.009	0.265
9	0.026	0.008	34	0.949	0.075	59	3.889	0.167	84	9.274	0.270
10	0.034	0.011	35	1.024	0.078	60	4.056	0.171	85	9.544	0.273
11	0.045	0.012	36	1.102	0.084	61	4.227	0.174	86	9.817	0.278
12	0.057	0.014	37	1.186	0.082	62	4.401	0.179	87	10.095	0.282
13	0.071	0.016	38	1.268	0.088	63	4.580	0.183	88	10.377	0.286
14	0.087	0.018	39	1.356	0.092	64	4.763	0.186	89	10.663	0.291
15	0.105	0.021	40	1.448	0.095	65	4.949	0.191	90	10.954	0.295
16	0.126	0.023	41	1.543	0.099	66	5.140	0.195	91	11.249	0.299
17	0.149	0.025	42	1.642	0.102	67	5.335	0.199	92	11.548	0.303
18	0.174	0.027	43	1.744	0.106	68	5.534	0.202	93	11.851	0.307
19	0.201	0.030	44	1.850	0.110	69	5.736	0.207	94	12.158	0.312
20	0.231	0.033	45	1.960	0.113	70	5.943	0.211	95	12.470	0.316
21	0.264	0.035	46	2.073	0.117	71	6.154	0.215	96	12.786	0.321
22	0.299	0.038	47	2.190	0.121	72	6.369	0.220	97	13.107	0.325
23	0.337	0.040	48	2.311	0.124	73	6.589	0.223	98	13.432	0.329
24	0.377	0.044	49	2.435	0.128	74	6.812	0.228	99	13.761	0.333
25	0.421	0.046	50	2.563	0.132	75	7.040	0.231	100	14.094	0.338
26	0.467	0.050	51	2.695	0.136	76	7.271	0.236	101	14.432	0.342
27	0.517	0.052	52	2.831	0.140	77	7.507	0.240	102	14.774	0.342

适用树种：云南松；适用地区：澜沧江上游（大理州、兰坪县、德钦县、维西县）；资料名称：云南省一元材积表；编表人或作者：云南省森林资源调查管理处；刊印或发表时间：1978。

1120. 云南怒江流域云南松一元材积表（轮尺）

$$V = 0.00005829012 D_{轮}^{1.979634} H^{0.907152}$$

$$H = 48.979 - 1925.329/(D_{轮} + 39)$$

D	V	ΔV	D	V	ΔV	D	V	ΔV	D	V	ΔV
3	0.001	0.002	25	0.491	0.051	47	2.335	0.120	69	5.763	0.195
4	0.003	0.003	26	0.542	0.054	48	2.455	0.124	70	5.958	0.198
5	0.006	0.005	27	0.596	0.058	49	2.579	0.128	71	6.156	0.202
6	0.011	0.005	28	0.654	0.060	50	2.707	0.130	72	6.358	0.205
7	0.016	0.008	29	0.714	0.063	51	2.837	0.134	73	6.563	0.208
8	0.024	0.009	30	0.777	0.067	52	2.971	0.137	74	6.771	0.212
9	0.033	0.011	31	0.844	0.069	53	3.108	0.141	75	6.983	0.215
10	0.044	0.013	32	0.913	0.073	54	3.249	0.144	76	7.198	0.219
11	0.057	0.015	33	0.986	0.075	55	3.393	0.147	77	7.417	0.222
12	0.072	0.017	34	1.061	0.079	56	3.540	0.151	78	7.639	0.226
13	0.089	0.019	35	1.140	0.082	57	3.691	0.154	79	7.865	0.229
14	0.108	0.022	36	1.222	0.085	58	3.845	0.158	80	8.094	0.232
15	0.130	0.024	37	1.307	0.088	59	4.003	0.160	81	8.326	0.236
16	0.154	0.027	38	1.395	0.092	60	4.163	0.165	82	8.562	0.239
17	0.181	0.029	39	1.487	0.094	61	4.328	0.167	83	8.801	0.243
18	0.210	0.032	40	1.581	0.098	62	4.495	0.171	84	9.044	0.246
19	0.242	0.035	41	1.679	0.101	63	4.666	0.174	85	9.290	0.250
20	0.277	0.037	42	1.780	0.105	64	4.840	0.178	86	9.540	0.253
21	0.314	0.040	43	1.885	0.107	65	5.018	0.181	87	9.793	0.256
22	0.354	0.043	44	1.992	0.111	66	5.199	0.185	88	10.049	0.256
23	0.397	0.045	45	2.103	0.114	67	5.384	0.188			
24	0.442	0.049	46	2.217	0.118	68	5.572	0.191			

适用树种：云南松；适用地区：怒江流域（怒江州（除兰坪县）、德宏州、保山地区、临沧地区）；资料名称：云南省一元材积表；编表人或作者：云南省森林资源调查管理处；刊印或发表时间：1978。

1121. 滇东南云南松一元材积表（轮尺）

$$V = 0.00005829012 D_{轮}^{1.979634} H^{0.907152}$$

$$H = 49.070 - 2253.593/(D_{轮} + 44)$$

D	V	ΔV	D	V	ΔV	D	V	ΔV	D	V	ΔV
4	0.002	0.002	26	0.479	0.049	48	2.266	0.117	70	5.609	0.191
5	0.004	0.003	27	0.528	0.053	49	2.383	0.121	71	5.800	0.194
6	0.007	0.005	28	0.581	0.055	50	2.504	0.124	72	5.994	0.197
7	0.012	0.005	29	0.636	0.059	51	2.628	0.127	73	6.191	0.200
8	0.017	0.008	30	0.695	0.061	52	2.755	0.130	74	6.391	0.204
9	0.025	0.009	31	0.756	0.064	53	2.885	0.134	75	6.595	0.208
10	0.034	0.011	32	0.820	0.067	54	3.019	0.137	76	6.803	0.210
11	0.045	0.013	33	0.887	0.070	55	3.156	0.140	77	7.013	0.215
12	0.058	0.014	34	0.957	0.074	56	3.296	0.143	78	7.228	0.217
13	0.072	0.017	35	1.031	0.076	57	3.439	0.147	79	7.445	0.221
14	0.089	0.019	36	1.107	0.082	58	3.586	0.151	80	7.666	0.225
15	0.108	0.021	37	1.189	0.080	59	3.737	0.153	81	7.891	0.227
16	0.129	0.024	38	1.269	0.085	60	3.890	0.157	82	8.118	0.232
17	0.153	0.026	39	1.354	0.089	61	4.047	0.160	83	8.350	0.234
18	0.179	0.028	40	1.443	0.091	62	4.207	0.164	84	8.584	0.238
19	0.207	0.031	41	1.534	0.095	63	4.371	0.166	85	8.822	0.242
20	0.238	0.034	42	1.629	0.098	64	4.537	0.171	86	9.064	0.245
21	0.272	0.036	43	1.727	0.102	65	4.708	0.173	87	9.309	0.248
22	0.308	0.038	44	1.829	0.104	66	4.881	0.177	88	9.557	0.248
23	0.346	0.042	45	1.933	0.108	67	5.058	0.181			
24	0.388	0.044	46	2.041	0.111	68	5.239	0.183			
25	0.432	0.047	47	2.152	0.114	69	5.422	0.187			

适用树种：云南松；适用地区：滇东南（文山州）；资料名称：云南省一元材积表；编表人或作者：云南省森林资源调查管理处；刊印或发表时间：1978。

1122. 滇中、滇东北云南松一元材积表（轮尺）

$$V = 0.00005829012 D_{轮}^{1.979634} H^{0.907152}$$
$$H = 28.722 - 750.391/(D_{轮} + 25)$$

D	V	ΔV	D	V	ΔV	D	V	ΔV	D	V	ΔV
3	0.001	0.001	16	0.118	0.020	29	0.528	0.046	42	1.280	0.072
4	0.002	0.003	17	0.138	0.022	30	0.574	0.047	43	1.352	0.075
5	0.005	0.003	18	0.160	0.024	31	0.621	0.050	44	1.427	0.077
6	0.008	0.004	19	0.184	0.026	32	0.671	0.051	45	1.504	0.078
7	0.012	0.006	20	0.210	0.027	33	0.722	0.054	46	1.582	0.081
8	0.018	0.007	21	0.237	0.030	34	0.776	0.056	47	1.663	0.083
9	0.025	0.009	22	0.267	0.031	35	0.832	0.057	48	1.746	0.086
10	0.034	0.010	23	0.298	0.034	36	0.889	0.060	49	1.832	0.087
11	0.044	0.011	24	0.332	0.035	37	0.949	0.062	50	1.919	0.089
12	0.055	0.013	25	0.367	0.037	38	1.011	0.064	51	2.008	0.092
13	0.068	0.015	26	0.404	0.040	39	1.075	0.066	52	2.100	0.094
14	0.083	0.017	27	0.444	0.041	40	1.141	0.069	53	2.194	0.095
15	0.100	0.018	28	0.485	0.043	41	1.210	0.070	54	2.289	0.095

适用树种：云南松；适用地区：滇中、滇东北（昆明市、玉溪、曲靖、昭通、东川市）；资料名称：云南省一元材积表；编表人或作者：云南省森林资源调查管理处；刊印或发表时间：1978。

1123. 云南人工云南松一元材积表（轮尺）

$$V = 0.00008715105 D_{轮}^{1.954479} H^{0.755833}$$
$$H = 107.566 - 13613.704/(D_{轮} + 128)$$

D	V	ΔV	D	V	ΔV	D	V	ΔV	D	V	ΔV
2	0.001	0.001	11	0.052	0.013	20	0.242	0.033	29	0.625	0.056
3	0.002	0.002	12	0.065	0.015	21	0.275	0.034	30	0.681	0.058
4	0.004	0.003	13	0.080	0.017	22	0.309	0.037	31	0.739	0.062
5	0.007	0.004	14	0.097	0.019	23	0.346	0.040	32	0.801	0.065
6	0.011	0.006	15	0.116	0.021	24	0.386	0.042	33	0.866	0.068
7	0.017	0.006	16	0.137	0.023	25	0.428	0.045	34	0.934	0.071
8	0.023	0.008	17	0.160	0.025	26	0.473	0.048	35	1.005	0.073
9	0.031	0.010	18	0.185	0.028	27	0.521	0.050	36	1.078	0.073
10	0.041	0.011	19	0.213	0.029	28	0.571	0.054			

适用树种：人工云南松；适用地区：云南全省；资料名称：云南省一元材积表；编表人或作者：云南省森林资源调查管理处；刊印或发表时间：1978。

1124. 滇南云南松一元材积表（轮尺）

$$V = 0.00005829012 D_{轮}^{1.979634} H^{0.907152}$$

$$H = 44.486 - 2488.909/(D_{轮} + 57)$$

D	V	ΔV	D	V	ΔV	D	V	ΔV	D	V	ΔV
3	0.001	0.002	22	0.271	0.033	41	1.319	0.081	60	3.347	0.135
4	0.003	0.002	23	0.304	0.035	42	1.400	0.084	61	3.482	0.139
5	0.005	0.004	24	0.339	0.038	43	1.484	0.087	62	3.621	0.142
6	0.009	0.004	25	0.377	0.040	44	1.571	0.090	63	3.763	0.144
7	0.013	0.006	26	0.417	0.042	45	1.661	0.092	64	3.907	0.148
8	0.019	0.007	27	0.459	0.045	46	1.753	0.095	65	4.055	0.150
9	0.026	0.008	28	0.504	0.048	47	1.848	0.098	66	4.205	0.154
10	0.034	0.010	29	0.552	0.049	48	1.946	0.101	67	4.359	0.156
11	0.044	0.011	30	0.601	0.052	49	2.047	0.104	68	4.515	0.160
12	0.055	0.013	31	0.653	0.055	50	2.151	0.106	69	4.675	0.162
13	0.068	0.015	32	0.708	0.058	51	2.257	0.110	70	4.837	0.166
14	0.083	0.016	33	0.766	0.059	52	2.367	0.112	71	5.003	0.168
15	0.099	0.019	34	0.825	0.063	53	2.479	0.115	72	5.171	0.172
16	0.118	0.020	35	0.888	0.065	54	2.594	0.118	73	5.343	0.174
17	0.138	0.023	36	0.953	0.068	55	2.712	0.121	74	5.517	0.178
18	0.161	0.024	37	1.021	0.070	56	2.833	0.124	75	5.695	0.180
19	0.185	0.027	38	1.091	0.073	57	2.957	0.127	76	5.875	0.184
20	0.212	0.028	39	1.164	0.076	58	3.084	0.130	77	6.059	0.187
21	0.240	0.031	40	1.240	0.079	59	3.214	0.133	78	6.246	0.187

适用树种：云南松；适用地区：滇南地区（红河州、思茅、西双版纳）；资料名称：云南省一元材积表；编表人或作者：云南省森林资源调查管理处；刊印或发表时间：1978。

1125. 云南思茅松一元材积表（轮尺）

$$V = 0.00005157771 D_{轮}^{1.985218} H^{0.920351}$$

$$H = 56.525 - 3391.181/(D_{轮} + 62)$$

D	V	ΔV	D	V	ΔV	D	V	ΔV	D	V	ΔV
2	0.001	0.001	24	0.386	0.043	46	2.004	0.110	68	5.196	0.185
3	0.002	0.002	25	0.429	0.046	47	2.114	0.113	69	5.381	0.189
4	0.004	0.002	26	0.475	0.048	48	2.227	0.116	70	5.570	0.192
5	0.006	0.004	27	0.523	0.051	49	2.343	0.119	71	5.762	0.195
6	0.010	0.005	28	0.574	0.054	50	2.462	0.123	72	5.957	0.200
7	0.015	0.007	29	0.628	0.057	51	2.585	0.126	73	6.157	0.202
8	0.022	0.008	30	0.685	0.059	52	2.711	0.130	74	6.359	0.207
9	0.030	0.009	31	0.744	0.063	53	2.841	0.133	75	6.566	0.210
10	0.039	0.011	32	0.807	0.065	54	2.974	0.136	76	6.776	0.213
11	0.050	0.013	33	0.872	0.069	55	3.110	0.140	77	6.989	0.217
12	0.063	0.015	34	0.941	0.071	56	3.250	0.143	78	7.206	0.221
13	0.078	0.017	35	1.012	0.075	57	3.393	0.146	79	7.427	0.224
14	0.095	0.019	36	1.087	0.077	58	3.539	0.150	80	7.651	0.228
15	0.114	0.021	37	1.164	0.081	59	3.689	0.154	81	7.879	0.232
16	0.135	0.023	38	1.245	0.084	60	3.843	0.157	82	8.111	0.235
17	0.158	0.025	39	1.329	0.087	61	4.000	0.160	83	8.346	0.239
18	0.183	0.028	40	1.416	0.090	62	4.160	0.164	84	8.585	0.242
19	0.211	0.030	41	1.506	0.093	63	4.324	0.167	85	8.827	0.246
20	0.241	0.033	42	1.599	0.097	64	4.491	0.171	86	9.073	0.246
21	0.274	0.035	43	1.696	0.099	65	4.662	0.175			
22	0.309	0.037	44	1.795	0.103	66	4.837	0.178			
23	0.346	0.040	45	1.898	0.106	67	5.015	0.181			

适用树种：思茅松；适用地区：云南全省；资料名称：云南省一元材积表；编表人或作者：云南省森林资源调查管理处；刊印或发表时间：1978。

1126. 云南人工思茅松一元材积表（轮尺）

$$V = 0.00008870845 D_{轮}^{1.920414} H^{0.744896}$$

$$H = 12.876 - 157.087/(D_{轮} + 14)$$

D	V	ΔV	D	V	ΔV	D	V	ΔV	D	V	ΔV
2	0.001	0.001	7	0.013	0.005	12	0.044	0.008	17	0.095	0.012
3	0.002	0.002	8	0.018	0.005	13	0.052	0.010	18	0.107	0.014
4	0.004	0.002	9	0.023	0.006	14	0.062	0.010	19	0.121	0.014
5	0.006	0.003	10	0.029	0.007	15	0.072	0.011	20	0.135	0.014
6	0.009	0.004	11	0.036	0.008	16	0.083	0.012			

适用树种：人工思茅松；适用地区：云南全省；资料名称：云南省一元材积表；编表人或作者：云南省森林资源调查管理处；刊印或发表时间：1978。

1127. 云南金沙江流域冷杉一元材积表（轮尺）

$$V = 0.00007117125 D_{轮}^{1.932733} H^{0.911612}$$

$$H = 62.705 - 4235.793/(D_{轮} + 69)$$

D	V	ΔV	D	V	ΔV	D	V	ΔV	D	V	ΔV
2	0.001	0.001	46	2.259	0.122	90	11.189	0.290	134	27.649	0.463
3	0.002	0.002	47	2.381	0.126	91	11.479	0.293	135	28.112	0.467
4	0.004	0.004	48	2.507	0.130	92	11.772	0.298	136	28.579	0.470
5	0.008	0.004	49	2.637	0.133	93	12.070	0.301	137	29.049	0.475
6	0.012	0.006	50	2.770	0.136	94	12.371	0.305	138	29.524	0.478
7	0.018	0.007	51	2.906	0.141	95	12.676	0.310	139	30.002	0.483
8	0.025	0.010	52	3.047	0.144	96	12.986	0.313	140	30.485	0.486
9	0.035	0.011	53	3.191	0.148	97	13.299	0.317	141	30.971	0.490
10	0.046	0.012	54	3.339	0.151	98	13.616	0.321	142	31.461	0.494
11	0.058	0.015	55	3.490	0.155	99	13.937	0.325	143	31.955	0.499
12	0.073	0.017	56	3.645	0.159	100	14.262	0.328	144	32.454	0.502
13	0.090	0.020	57	3.804	0.163	101	14.590	0.333	145	32.956	0.506
14	0.110	0.021	58	3.967	0.166	102	14.923	0.337	146	33.462	0.510
15	0.131	0.024	59	4.133	0.171	103	15.260	0.340	147	33.972	0.513
16	0.155	0.027	60	4.304	0.174	104	15.600	0.345	148	34.485	0.518
17	0.182	0.029	61	4.478	0.177	105	15.945	0.348	149	35.003	0.522
18	0.211	0.031	62	4.655	0.182	106	16.293	0.353	150	35.525	0.526
19	0.242	0.035	63	4.837	0.185	107	16.646	0.356	151	36.051	0.529
20	0.277	0.037	64	5.022	0.189	108	17.002	0.360	152	36.580	0.534
21	0.314	0.040	65	5.211	0.193	109	17.362	0.365	153	37.114	0.537
22	0.354	0.042	66	5.404	0.197	110	17.727	0.368	154	37.651	0.542
23	0.396	0.046	67	5.601	0.200	111	18.095	0.372	155	38.193	0.545
24	0.442	0.048	68	5.801	0.205	112	18.467	0.376	156	38.738	0.549
25	0.490	0.052	69	6.006	0.208	113	18.843	0.380	157	39.287	0.553
26	0.542	0.055	70	6.214	0.212	114	19.223	0.384	158	39.840	0.557
27	0.597	0.057	71	6.426	0.216	115	19.607	0.388	159	40.397	0.561
28	0.654	0.061	72	6.642	0.219	116	19.995	0.391	160	40.958	0.565
29	0.715	0.064	73	6.861	0.224	117	20.386	0.396	161	41.523	0.569
30	0.779	0.067	74	7.085	0.227	118	20.782	0.400	162	42.092	0.573
31	0.846	0.071	75	7.312	0.232	119	21.182	0.403	163	42.665	0.577
32	0.917	0.074	76	7.544	0.235	120	21.585	0.408	164	43.242	0.580
33	0.991	0.077	77	7.779	0.239	121	21.993	0.411	165	43.822	0.585
34	1.068	0.080	78	8.018	0.243	122	22.404	0.416	166	44.407	0.588
35	1.148	0.085	79	8.261	0.246	123	22.820	0.419	167	44.995	0.593
36	1.233	0.086	80	8.507	0.251	124	23.239	0.424	168	45.588	0.596
37	1.319	0.090	81	8.758	0.255	125	23.663	0.427	169	46.184	0.600
38	1.409	0.094	82	9.013	0.258	126	24.090	0.431	170	46.784	0.604
39	1.503	0.098	83	9.271	0.262	127	24.521	0.435	171	47.388	0.609
40	1.601	0.101	84	9.533	0.267	128	24.956	0.439	172	47.997	0.611
41	1.702	0.104	85	9.800	0.270	129	25.395	0.443	173	48.608	0.616
42	1.806	0.108	86	10.070	0.274	130	25.838	0.447	174	49.224	0.616
43	1.914	0.111	87	10.344	0.278	131	26.285	0.451			
44	2.025	0.115	88	10.622	0.281	132	26.736	0.455			
45	2.140	0.119	89	10.903	0.286	133	27.191	0.458			

适用树种：冷杉；适用地区：金沙江流域（丽江、楚雄州、中甸县）；资料名称：云南省一元材积表；编表人或作者：云南省森林资源调查管理处；刊印或发表时间：1978。

云

1128. 云南澜沧江、怒江流域冷杉一元材积表（轮尺）

$$V = 0.00007117125 D_{轮}^{1.932733} H^{0.911612}$$

$$H = 81.026 - 6549.093/(D_{轮} + 81)$$

D	V	ΔV	D	V	ΔV	D	V	ΔV	D	V	ΔV
2	0.001	0.001	46	2.543	0.141	90	13.059	0.345	134	32.861	0.561
3	0.002	0.002	47	2.684	0.145	91	13.404	0.350	135	33.422	0.565
4	0.004	0.003	48	2.829	0.150	92	13.754	0.352	136	33.987	0.570
5	0.007	0.004	49	2.979	0.154	93	14.106	0.363	137	34.557	0.575
6	0.011	0.006	50	3.133	0.158	94	14.469	0.365	138	35.132	0.580
7	0.017	0.008	51	3.291	0.163	95	14.834	0.369	139	35.712	0.585
8	0.025	0.009	52	3.454	0.167	96	15.203	0.374	140	36.297	0.590
9	0.034	0.011	53	3.621	0.172	97	15.577	0.379	141	36.887	0.595
10	0.045	0.014	54	3.793	0.176	98	15.956	0.384	142	37.482	0.600
11	0.059	0.016	55	3.969	0.181	99	16.340	0.389	143	38.082	0.604
12	0.075	0.018	56	4.150	0.185	100	16.729	0.394	144	38.686	0.610
13	0.093	0.020	57	4.335	0.190	101	17.123	0.399	145	39.296	0.614
14	0.113	0.023	58	4.525	0.194	102	17.522	0.403	146	39.910	0.620
15	0.136	0.026	59	4.719	0.199	103	17.925	0.409	147	40.530	0.624
16	0.162	0.029	60	4.918	0.203	104	18.334	0.413	148	41.154	0.629
17	0.191	0.031	61	5.121	0.208	105	18.747	0.418	149	41.783	0.634
18	0.222	0.035	62	5.329	0.213	106	19.165	0.423	150	42.417	0.640
19	0.257	0.037	63	5.542	0.217	107	19.588	0.428	151	43.057	0.644
20	0.294	0.041	64	5.759	0.222	108	20.016	0.433	152	43.701	0.649
21	0.335	0.044	65	5.981	0.227	109	20.449	0.437	153	44.350	0.653
22	0.379	0.047	66	6.208	0.231	110	20.886	0.443	154	45.003	0.659
23	0.426	0.051	67	6.439	0.236	111	21.329	0.447	155	45.662	0.664
24	0.477	0.054	68	6.675	0.240	112	21.776	0.453	156	46.326	0.669
25	0.531	0.057	69	6.915	0.245	113	22.229	0.457	157	46.995	0.673
26	0.588	0.061	70	7.160	0.250	114	22.686	0.462	158	47.668	0.679
27	0.649	0.065	71	7.410	0.255	115	23.148	0.467	159	48.347	0.683
28	0.714	0.068	72	7.665	0.259	116	23.615	0.472	160	49.030	0.688
29	0.782	0.072	73	7.924	0.264	117	24.087	0.477	161	49.718	0.693
30	0.854	0.076	74	8.188	0.268	118	24.564	0.482	162	50.411	0.699
31	0.930	0.079	75	8.456	0.274	119	25.046	0.486	163	51.110	0.703
32	1.009	0.083	76	8.730	0.278	120	25.532	0.492	164	51.813	0.708
33	1.092	0.088	77	9.008	0.283	121	26.024	0.496	165	52.521	0.713
34	1.180	0.091	78	9.291	0.288	122	26.520	0.502	166	53.234	0.717
35	1.271	0.095	79	9.579	0.292	123	27.022	0.506	167	53.951	0.723
36	1.366	0.099	80	9.871	0.297	124	27.528	0.511	168	54.674	0.728
37	1.465	0.103	81	10.168	0.322	125	28.039	0.516	169	55.402	0.732
38	1.568	0.107	82	10.490	0.287	126	28.555	0.521	170	56.134	0.738
39	1.675	0.112	83	10.777	0.312	127	29.076	0.526	171	56.872	0.742
40	1.787	0.115	84	11.089	0.316	128	29.602	0.531	172	57.614	0.748
41	1.902	0.120	85	11.405	0.321	129	30.133	0.536	173	58.362	0.752
42	2.022	0.124	86	11.726	0.326	130	30.669	0.541	174	59.114	0.752
43	2.146	0.128	87	12.052	0.331	131	31.210	0.545			
44	2.274	0.132	88	12.383	0.335	132	31.755	0.551			
45	2.406	0.137	89	12.718	0.341	133	32.306	0.555			

适用树种：冷杉；适用地区：澜沧江、怒江流域（怒江州、大理州、德钦县、维西县）；资料名称：同上表。

1129. 滇西北云杉一元材积表（轮尺）

$$V = 0.00006411620 D_{轮}^{1.837483} H^{1.028063}$$

$$H = 90.600 - 8183.079/(D_{轮} + 90)$$

D	V	ΔV	D	V	ΔV	D	V	ΔV	D	V	ΔV
3	0.001	0.002	46	2.439	0.136	89	12.229	0.326	132	30.362	0.522
4	0.003	0.003	47	2.575	0.140	90	12.555	0.331	133	30.884	0.525
5	0.006	0.004	48	2.715	0.144	91	12.886	0.336	134	31.409	0.531
6	0.010	0.005	49	2.859	0.149	92	13.222	0.340	135	31.940	0.535
7	0.015	0.007	50	3.008	0.153	93	13.562	0.344	136	32.475	0.539
8	0.022	0.009	51	3.161	0.157	94	13.906	0.349	137	33.014	0.544
9	0.031	0.010	52	3.318	0.161	95	14.255	0.354	138	33.558	0.548
10	0.041	0.013	53	3.479	0.166	96	14.609	0.358	139	34.106	0.553
11	0.054	0.014	54	3.645	0.170	97	14.967	0.362	140	34.659	0.557
12	0.068	0.017	55	3.815	0.174	98	15.329	0.368	141	35.216	0.562
13	0.085	0.020	56	3.989	0.179	99	15.697	0.371	142	35.778	0.566
14	0.105	0.021	57	4.168	0.183	100	16.068	0.377	143	36.344	0.571
15	0.126	0.025	58	4.351	0.187	101	16.445	0.381	144	36.915	0.575
16	0.151	0.027	59	4.538	0.192	102	16.826	0.385	145	37.490	0.580
17	0.178	0.030	60	4.730	0.196	103	17.211	0.390	146	38.070	0.584
18	0.208	0.033	61	4.926	0.200	104	17.601	0.394	147	38.654	0.589
19	0.241	0.035	62	5.126	0.205	105	17.995	0.399	148	39.243	0.593
20	0.276	0.039	63	5.331	0.210	106	18.394	0.404	149	39.836	0.598
21	0.315	0.042	64	5.541	0.213	107	18.798	0.408	150	40.434	0.602
22	0.357	0.045	65	5.754	0.218	108	19.206	0.413	151	41.036	0.606
23	0.402	0.048	66	5.972	0.223	109	19.619	0.417	152	41.642	0.611
24	0.450	0.052	67	6.195	0.227	110	20.036	0.422	153	42.253	0.616
25	0.502	0.055	68	6.422	0.232	111	20.458	0.426	154	42.869	0.620
26	0.557	0.058	69	6.654	0.236	112	20.884	0.431	155	43.489	0.624
27	0.615	0.062	70	6.890	0.240	113	21.315	0.435	156	44.113	0.629
28	0.677	0.066	71	7.130	0.245	114	21.750	0.440	157	44.742	0.633
29	0.743	0.069	72	7.375	0.250	115	22.190	0.445	158	45.375	0.637
30	0.812	0.072	73	7.625	0.254	116	22.635	0.449	159	46.012	0.643
31	0.884	0.077	74	7.879	0.258	117	23.084	0.453	160	46.655	0.646
32	0.961	0.080	75	8.137	0.263	118	23.537	0.458	161	47.301	0.651
33	1.041	0.084	76	8.400	0.267	119	23.995	0.463	162	47.952	0.655
34	1.125	0.088	77	8.667	0.272	120	24.458	0.467	163	48.607	0.660
35	1.213	0.091	78	8.939	0.277	121	24.925	0.472	164	49.267	0.665
36	1.304	0.096	79	9.216	0.281	122	25.397	0.476	165	49.932	0.668
37	1.400	0.099	80	9.497	0.285	123	25.873	0.481	166	50.600	0.673
38	1.499	0.103	81	9.782	0.290	124	26.354	0.485	167	51.273	0.678
39	1.602	0.108	82	10.072	0.295	125	26.839	0.490	168	51.951	0.682
40	1.710	0.111	83	10.367	0.299	126	27.329	0.494	169	52.633	0.686
41	1.821	0.115	84	10.666	0.303	127	27.823	0.499	170	53.319	0.691
42	1.936	0.120	85	10.969	0.308	128	28.322	0.503	171	54.010	0.695
43	2.056	0.123	86	11.277	0.313	129	28.825	0.508	172	54.705	0.700
44	2.179	0.128	87	11.590	0.317	130	29.333	0.512	173	55.405	0.703
45	2.307	0.132	88	11.907	0.322	131	29.845	0.517	174	56.108	0.703

适用树种：云杉；适用地区：滇西北地区（丽江、保山、临沧、迪庆、楚雄、大理、怒江、德宏州）；资料名称：云南省一元材积表；编表人或作者：云南省森林资源调查管理处；刊印或发表时间：1978。

1130. 云南怒江流域阔叶树一元材积表（轮尺）

$$V = 0.00005276429 D_{轮}^{1.882161} H^{1.009317}$$

$$H = 58.305 - 4374.501/(D_{轮} + 80)$$

D	V	ΔV	D	V	ΔV	D	V	ΔV	D	V	ΔV
2	0.001	0.001	38	1.084	0.071	74	5.370	0.171	110	13.382	0.277
3	0.002	0.003	39	1.155	0.074	75	5.541	0.174	111	13.659	0.280
4	0.005	0.003	40	1.229	0.077	76	5.715	0.178	112	13.939	0.283
5	0.008	0.004	41	1.306	0.079	77	5.893	0.180	113	14.222	0.285
6	0.012	0.005	42	1.385	0.081	78	6.073	0.183	114	14.507	0.289
7	0.017	0.006	43	1.466	0.085	79	6.256	0.186	115	14.796	0.291
8	0.023	0.008	44	1.551	0.087	80	6.442	0.189	116	15.087	0.295
9	0.031	0.009	45	1.638	0.089	81	6.631	0.192	117	15.382	0.297
10	0.040	0.010	46	1.727	0.093	82	6.823	0.194	118	15.679	0.301
11	0.050	0.012	47	1.820	0.095	83	7.017	0.198	119	15.980	0.303
12	0.062	0.014	48	1.915	0.098	84	7.215	0.201	120	16.283	0.306
13	0.076	0.015	49	2.013	0.100	85	7.416	0.203	121	16.589	0.309
14	0.091	0.017	50	2.113	0.104	86	7.619	0.206	122	16.898	0.312
15	0.108	0.019	51	2.217	0.106	87	7.825	0.210	123	17.210	0.315
16	0.127	0.021	52	2.323	0.108	88	8.035	0.212	124	17.525	0.318
17	0.148	0.022	53	2.431	0.112	89	8.247	0.215	125	17.843	0.321
18	0.170	0.025	54	2.543	0.114	90	8.462	0.218	126	18.164	0.324
19	0.195	0.026	55	2.657	0.118	91	8.680	0.221	127	18.488	0.326
20	0.221	0.029	56	2.775	0.120	92	8.901	0.224	128	18.814	0.330
21	0.250	0.031	57	2.895	0.122	93	9.125	0.227	129	19.144	0.333
22	0.281	0.032	58	3.017	0.126	94	9.352	0.230	130	19.477	0.335
23	0.313	0.035	59	3.143	0.129	95	9.582	0.233	131	19.812	0.339
24	0.348	0.038	60	3.272	0.131	96	9.815	0.236	132	20.151	0.341
25	0.386	0.039	61	3.403	0.134	97	10.051	0.238	133	20.492	0.344
26	0.425	0.042	62	3.537	0.137	98	10.289	0.242	134	20.836	0.347
27	0.467	0.044	63	3.674	0.140	99	10.531	0.245	135	21.183	0.350
28	0.511	0.046	64	3.814	0.142	100	10.776	0.247	136	21.533	0.353
29	0.557	0.049	65	3.956	0.146	101	11.023	0.250	137	21.886	0.356
30	0.606	0.051	66	4.102	0.148	102	11.273	0.254	138	22.242	0.359
31	0.657	0.054	67	4.250	0.152	103	11.527	0.256	139	22.601	0.362
32	0.711	0.056	68	4.402	0.154	104	11.783	0.259	140	22.963	0.365
33	0.767	0.058	69	4.556	0.157	105	12.042	0.262	141	23.328	0.367
34	0.825	0.061	70	4.713	0.160	106	12.304	0.265	142	23.695	0.371
35	0.886	0.064	71	4.873	0.162	107	12.569	0.268	143	24.066	0.373
36	0.950	0.066	72	5.035	0.166	108	12.837	0.271	144	24.439	0.373
37	1.016	0.068	73	5.201	0.169	109	13.108	0.274			

适用树种：阔叶树；适用地区：怒江流域南亚热带（怒江州（除兰坪县外）、德宏州、保山地区、临沧地区）；资料名称：云南省一元材积表；编表人或作者：云南省森林资源调查管理处；刊印或发表时间：1978。

1131. 滇东南阔叶树一元材积表（轮尺）

$$V = 0.00005276429 D_{轮}^{1.882161} H^{1.009317}$$
$$H = 37.222 - 737.584/(D_{轮} + 17)$$

D	V	ΔV	D	V	ΔV	D	V	ΔV	D	V	ΔV
4	0.002	0.002	33	0.880	0.063	62	3.587	0.125	91	8.057	0.184
5	0.004	0.004	34	0.943	0.065	63	3.712	0.128	92	8.241	0.187
6	0.008	0.006	35	1.008	0.068	64	3.840	0.129	93	8.428	0.188
7	0.014	0.007	36	1.076	0.069	65	3.969	0.132	94	8.616	0.191
8	0.021	0.009	37	1.145	0.072	66	4.101	0.133	95	8.807	0.192
9	0.030	0.011	38	1.217	0.074	67	4.234	0.136	96	8.999	0.195
10	0.041	0.013	39	1.291	0.076	68	4.370	0.138	97	9.194	0.196
11	0.054	0.014	40	1.367	0.079	69	4.508	0.140	98	9.390	0.199
12	0.068	0.017	41	1.446	0.080	70	4.648	0.142	99	9.589	0.200
13	0.085	0.019	42	1.526	0.083	71	4.790	0.144	100	9.789	0.203
14	0.104	0.021	43	1.609	0.085	72	4.934	0.146	101	9.992	0.204
15	0.125	0.024	44	1.694	0.087	73	5.080	0.148	102	10.196	0.207
16	0.149	0.025	45	1.781	0.089	74	5.228	0.150	103	10.403	0.208
17	0.174	0.028	46	1.870	0.091	75	5.378	0.152	104	10.611	0.210
18	0.202	0.029	47	1.961	0.094	76	5.530	0.154	105	10.821	0.213
19	0.231	0.032	48	2.055	0.095	77	5.684	0.157	106	11.034	0.214
20	0.263	0.034	49	2.150	0.098	78	5.841	0.158	107	11.248	0.216
21	0.297	0.037	50	2.248	0.100	79	5.999	0.160	108	11.464	0.218
22	0.334	0.038	51	2.348	0.102	80	6.159	0.163	109	11.682	0.221
23	0.372	0.041	52	2.450	0.104	81	6.322	0.164	110	11.903	0.222
24	0.413	0.043	53	2.554	0.107	82	6.486	0.166	111	12.125	0.224
25	0.456	0.045	54	2.661	0.108	83	6.652	0.169	112	12.349	0.226
26	0.501	0.048	55	2.769	0.111	84	6.821	0.170	113	12.575	0.228
27	0.549	0.050	56	2.880	0.112	85	6.991	0.173	114	12.803	0.230
28	0.599	0.051	57	2.992	0.115	86	7.164	0.174	115	13.033	0.232
29	0.650	0.055	58	3.107	0.117	87	7.338	0.177	116	13.265	0.233
30	0.705	0.056	59	3.224	0.119	88	7.515	0.178	117	13.498	0.236
31	0.761	0.059	60	3.343	0.121	89	7.693	0.181	118	13.734	0.236
32	0.820	0.060	61	3.464	0.123	90	7.874	0.183			

适用树种：阔叶树；适用地区：滇东南地区南亚热带（文山州）；资料名称：云南省一元材积表；编表人或作者：云南省森林资源调查管理处；刊印或发表时间：1978。

1132. 滇中、滇东北阔叶树一元材积表（轮尺）

$$V = 0.00005276429 D_{轮}^{1.882161} H^{1.009317}$$

$$H = 32.704 - 928.331/(D_{轮} + 28)$$

D	V	ΔV	D	V	ΔV	D	V	ΔV	D	V	ΔV
3	0.001	0.002	25	0.352	0.035	47	1.548	0.075	69	3.633	0.116
4	0.003	0.002	26	0.387	0.037	48	1.623	0.078	70	3.749	0.117
5	0.005	0.003	27	0.424	0.038	49	1.701	0.079	71	3.866	0.120
6	0.008	0.005	28	0.462	0.041	50	1.780	0.081	72	3.986	0.121
7	0.013	0.006	29	0.503	0.042	51	1.861	0.083	73	4.107	0.122
8	0.019	0.007	30	0.545	0.044	52	1.944	0.085	74	4.229	0.125
9	0.026	0.008	31	0.589	0.047	53	2.029	0.087	75	4.354	0.126
10	0.034	0.010	32	0.636	0.047	54	2.116	0.088	76	4.480	0.129
11	0.044	0.011	33	0.683	0.050	55	2.204	0.090	77	4.609	0.130
12	0.055	0.013	34	0.733	0.052	56	2.294	0.092	78	4.739	0.131
13	0.068	0.014	35	0.785	0.053	57	2.386	0.094	79	4.870	0.134
14	0.082	0.016	36	0.838	0.055	58	2.480	0.096	80	5.004	0.135
15	0.098	0.018	37	0.893	0.058	59	2.576	0.098	81	5.139	0.137
16	0.116	0.019	38	0.951	0.059	60	2.674	0.099	82	5.276	0.139
17	0.135	0.021	39	1.010	0.060	61	2.773	0.101	83	5.415	0.141
18	0.156	0.023	40	1.070	0.063	62	2.874	0.103	84	5.556	0.142
19	0.179	0.024	41	1.133	0.065	63	2.977	0.105	85	5.698	0.144
20	0.203	0.026	42	1.198	0.066	64	3.082	0.107	86	5.842	0.146
21	0.229	0.028	43	1.264	0.068	65	3.189	0.108	87	5.988	0.148
22	0.257	0.030	44	1.332	0.070	66	3.297	0.110	88	6.136	0.149
23	0.287	0.031	45	1.402	0.072	67	3.407	0.112	89	6.285	0.151
24	0.318	0.034	46	1.474	0.074	68	3.519	0.114	90	6.436	0.151

适用树种：阔叶树；适用地区：滇中、滇东北地区南亚热带（昆明市、东川市、玉溪地区、曲靖地区、昭通地区）；资料名称：云南省一元材积表；编表人或作者：云南省森林资源调查管理处；刊印或发表时间：1978。

云

1133. 滇南阔叶树一元材积表（轮尺）

$$V = 0.00005276429 D_{轮}^{1.882161} H^{1.009317}$$

$$H = 33.070 - 696.312/(D_{轮} + 19)$$

D	V	ΔV	D	V	ΔV	D	V	ΔV	D	V	ΔV
3	0.001	0.001	35	0.882	0.059	67	3.714	0.119	99	8.431	0.177
4	0.002	0.002	36	0.941	0.061	68	3.833	0.121	100	8.608	0.178
5	0.004	0.004	37	1.002	0.063	69	3.954	0.123	101	8.786	0.181
6	0.008	0.005	38	1.065	0.064	70	4.077	0.125	102	8.967	0.182
7	0.013	0.007	39	1.129	0.067	71	4.202	0.127	103	9.149	0.184
8	0.020	0.008	40	1.196	0.069	72	4.329	0.128	104	9.333	0.185
9	0.028	0.009	41	1.265	0.070	73	4.457	0.131	105	9.518	0.188
10	0.037	0.011	42	1.335	0.073	74	4.588	0.132	106	9.706	0.189
11	0.048	0.013	43	1.408	0.074	75	4.720	0.134	107	9.895	0.191
12	0.061	0.015	44	1.482	0.076	76	4.854	0.136	108	10.086	0.192
13	0.076	0.017	45	1.558	0.078	77	4.990	0.137	109	10.278	0.194
14	0.093	0.018	46	1.636	0.081	78	5.127	0.140	110	10.472	0.196
15	0.111	0.020	47	1.717	0.082	79	5.267	0.141	111	10.668	0.198
16	0.131	0.023	48	1.799	0.083	80	5.408	0.143	112	10.866	0.200
17	0.154	0.024	49	1.882	0.086	81	5.551	0.145	113	11.066	0.201
18	0.178	0.026	50	1.968	0.088	82	5.696	0.146	114	11.267	0.203
19	0.204	0.027	51	2.056	0.089	83	5.842	0.149	115	11.470	0.205
20	0.231	0.030	52	2.145	0.092	84	5.991	0.150	116	11.675	0.206
21	0.261	0.032	53	2.237	0.093	85	6.141	0.152	117	11.881	0.208
22	0.293	0.034	54	2.330	0.096	86	6.293	0.154	118	12.089	0.210
23	0.327	0.035	55	2.426	0.097	87	6.447	0.155	119	12.299	0.212
24	0.362	0.038	56	2.523	0.099	88	6.602	0.158	120	12.511	0.213
25	0.400	0.039	57	2.622	0.100	89	6.760	0.159	121	12.724	0.215
26	0.439	0.042	58	2.722	0.103	90	6.919	0.161	122	12.939	0.217
27	0.481	0.043	59	2.825	0.105	91	7.080	0.163	123	13.156	0.218
28	0.524	0.045	60	2.930	0.106	92	7.243	0.164	124	13.374	0.220
29	0.569	0.047	61	3.036	0.108	93	7.407	0.166	125	13.594	0.222
30	0.616	0.050	62	3.144	0.111	94	7.573	0.168	126	13.816	0.224
31	0.666	0.051	63	3.255	0.112	95	7.741	0.170	127	14.040	0.225
32	0.717	0.053	64	3.367	0.113	96	7.911	0.172	128	14.265	0.225
33	0.770	0.055	65	3.480	0.116	97	8.083	0.173			
34	0.825	0.057	66	3.596	0.118	98	8.256	0.175			

适用树种：阔叶树；适用地区：滇南地区南亚热带（红河州、思茅地区、西双版纳州）；资料名称：云南省一元材积表；编表人或作者：云南省森林资源调查管理处；刊印或发表时间：1978。

1134. 滇西北阔叶树一元材积表（轮尺）

$$V = 0.00005275072 D_{轮}^{1.945032} H^{0.938853}$$

$$H = 24.297 - 355.277/(D_{轮} + 13)$$

D	V	ΔV	D	V	ΔV	D	V	ΔV	D	V	ΔV
3	0.001	0.001	25	0.350	0.033	47	1.450	0.068	69	3.308	0.103
4	0.002	0.003	26	0.383	0.035	48	1.518	0.070	70	3.411	0.103
5	0.005	0.004	27	0.418	0.037	49	1.588	0.071	71	3.514	0.106
6	0.009	0.005	28	0.455	0.038	50	1.659	0.073	72	3.620	0.107
7	0.014	0.006	29	0.493	0.040	51	1.732	0.075	73	3.727	0.108
8	0.020	0.007	30	0.533	0.041	52	1.807	0.075	74	3.835	0.110
9	0.027	0.009	31	0.574	0.043	53	1.882	0.078	75	3.945	0.111
10	0.036	0.010	32	0.617	0.045	54	1.960	0.079	76	4.056	0.113
11	0.046	0.012	33	0.662	0.046	55	2.039	0.081	77	4.169	0.115
12	0.058	0.013	34	0.708	0.047	56	2.120	0.082	78	4.284	0.116
13	0.071	0.015	35	0.755	0.050	57	2.202	0.083	79	4.400	0.117
14	0.086	0.016	36	0.805	0.050	58	2.285	0.086	80	4.517	0.120
15	0.102	0.018	37	0.855	0.053	59	2.371	0.086	81	4.637	0.120
16	0.120	0.019	38	0.908	0.054	60	2.457	0.089	82	4.757	0.122
17	0.139	0.021	39	0.962	0.055	61	2.546	0.090	83	4.879	0.124
18	0.160	0.023	40	1.017	0.058	62	2.636	0.091	84	5.003	0.125
19	0.183	0.024	41	1.075	0.058	63	2.727	0.093	85	5.128	0.127
20	0.207	0.025	42	1.133	0.061	64	2.820	0.095	86	5.255	0.128
21	0.232	0.027	43	1.194	0.061	65	2.915	0.096	87	5.383	0.130
22	0.259	0.029	44	1.255	0.064	66	3.011	0.097	88	5.513	0.130
23	0.288	0.030	45	1.319	0.065	67	3.108	0.100			
24	0.318	0.032	46	1.384	0.066	68	3.208	0.100			

适用树种：阔叶树；适用地区：滇西北（迪庆州、丽江地区、大理州、楚雄州）；资料名称：云南省一元材积表；编表人或作者：云南省森林资源调查管理处；刊印或发表时间：1978。

1135. 云南怒江流域栎类一元材积表（轮尺）

$$V = 0.00005959979 D_{轮}^{1.856401} H^{0.980562}$$

$$H = 55.609 - 3912.181/(D_{轮} + 74)$$

D	V	ΔV	D	V	ΔV	D	V	ΔV	D	V	ΔV
2	0.001	0.001	29	0.515	0.045	56	2.512	0.107	83	6.251	0.172
3	0.002	0.002	30	0.560	0.047	57	2.619	0.109	84	6.423	0.175
4	0.004	0.003	31	0.607	0.048	58	2.728	0.112	85	6.598	0.178
5	0.007	0.004	32	0.655	0.052	59	2.840	0.114	86	6.776	0.180
6	0.011	0.005	33	0.707	0.053	60	2.954	0.116	87	6.956	0.183
7	0.016	0.005	34	0.760	0.055	61	3.070	0.119	88	7.139	0.185
8	0.021	0.008	35	0.815	0.058	62	3.189	0.122	89	7.324	0.187
9	0.029	0.008	36	0.873	0.060	63	3.311	0.123	90	7.511	0.190
10	0.037	0.010	37	0.933	0.062	64	3.434	0.127	91	7.701	0.192
11	0.047	0.011	38	0.995	0.065	65	3.561	0.128	92	7.893	0.195
12	0.058	0.013	39	1.060	0.066	66	3.689	0.131	93	8.088	0.197
13	0.071	0.014	40	1.126	0.069	67	3.820	0.134	94	8.285	0.200
14	0.085	0.016	41	1.195	0.072	68	3.954	0.136	95	8.485	0.202
15	0.101	0.018	42	1.267	0.073	69	4.090	0.138	96	8.687	0.205
16	0.119	0.019	43	1.340	0.076	70	4.228	0.141	97	8.892	0.207
17	0.138	0.021	44	1.416	0.079	71	4.369	0.143	98	9.099	0.209
18	0.159	0.022	45	1.495	0.080	72	4.512	0.146	99	9.308	0.212
19	0.181	0.025	46	1.575	0.083	73	4.658	0.148	100	9.520	0.215
20	0.206	0.027	47	1.658	0.086	74	4.806	0.151	101	9.735	0.217
21	0.233	0.028	48	1.744	0.087	75	4.957	0.153	102	9.952	0.219
22	0.261	0.030	49	1.831	0.090	76	5.110	0.156	103	10.171	0.221
23	0.291	0.032	50	1.921	0.093	77	5.266	0.158	104	10.392	0.225
24	0.323	0.035	51	2.014	0.095	78	5.424	0.160	105	10.617	0.226
25	0.358	0.036	52	2.109	0.097	79	5.584	0.163	106	10.843	0.229
26	0.394	0.038	53	2.206	0.100	80	5.747	0.165	107	11.072	0.232
27	0.432	0.041	54	2.306	0.102	81	5.912	0.168	108	11.304	0.232
28	0.473	0.042	55	2.408	0.104	82	6.080	0.171			

适用树种：栎类；适用地区：怒江流域（怒江州（除兰坪县外）、德宏州、保山地区、临沧地区）；资料名称：云南省一元材积表；编表人或作者：云南省森林资源调查管理处；刊印或发表时间：1978。

1136. 滇东南栎类一元材积表（轮尺）

$$V = 0.00005959979 D_{轮}^{1.856401} H^{0.980562}$$

$$H = 42.623 - 2035.164/(D_{轮} + 50)$$

D	V	ΔV	D	V	ΔV	D	V	ΔV	D	V	ΔV
2	0.001	0.001	32	0.625	0.047	62	2.911	0.107	92	6.986	0.167
3	0.002	0.002	33	0.672	0.050	63	3.018	0.109	93	7.153	0.168
4	0.004	0.002	34	0.722	0.051	64	3.127	0.111	94	7.321	0.170
5	0.006	0.004	35	0.773	0.054	65	3.238	0.113	95	7.491	0.173
6	0.010	0.005	36	0.827	0.055	66	3.351	0.115	96	7.664	0.174
7	0.015	0.005	37	0.882	0.057	67	3.466	0.117	97	7.838	0.176
8	0.020	0.007	38	0.939	0.060	68	3.583	0.119	98	8.014	0.178
9	0.027	0.009	39	0.999	0.061	69	3.702	0.121	99	8.192	0.180
10	0.036	0.009	40	1.060	0.063	70	3.823	0.123	100	8.372	0.182
11	0.045	0.011	41	1.123	0.065	71	3.946	0.125	101	8.554	0.184
12	0.056	0.013	42	1.188	0.068	72	4.071	0.127	102	8.738	0.186
13	0.069	0.014	43	1.256	0.069	73	4.198	0.129	103	8.924	0.187
14	0.083	0.015	44	1.325	0.071	74	4.327	0.131	104	9.111	0.190
15	0.098	0.017	45	1.396	0.073	75	4.458	0.133	105	9.301	0.192
16	0.115	0.019	46	1.469	0.075	76	4.591	0.135	106	9.493	0.193
17	0.134	0.020	47	1.544	0.077	77	4.726	0.137	107	9.686	0.196
18	0.154	0.022	48	1.621	0.079	78	4.863	0.139	108	9.882	0.197
19	0.176	0.024	49	1.700	0.081	79	5.002	0.141	109	10.079	0.199
20	0.200	0.025	50	1.781	0.084	80	5.143	0.142	110	10.278	0.202
21	0.225	0.027	51	1.865	0.085	81	5.285	0.145	111	10.480	0.203
22	0.252	0.029	52	1.950	0.087	82	5.430	0.147	112	10.683	0.205
23	0.281	0.031	53	2.037	0.089	83	5.577	0.149	113	10.888	0.207
24	0.312	0.033	54	2.126	0.091	84	5.726	0.150	114	11.095	0.209
25	0.345	0.034	55	2.217	0.093	85	5.876	0.153	115	11.304	0.210
26	0.379	0.036	56	2.310	0.095	86	6.029	0.155	116	11.514	0.213
27	0.415	0.038	57	2.405	0.097	87	6.184	0.156	117	11.727	0.215
28	0.453	0.040	58	2.502	0.099	88	6.340	0.159	118	11.942	0.215
29	0.493	0.042	59	2.601	0.101	89	6.499	0.161			
30	0.535	0.044	60	2.702	0.103	90	6.660	0.162			
31	0.579	0.046	61	2.805	0.106	91	6.822	0.164			

适用树种：栎类；适用地区：滇东南地区（文山州）；资料名称：云南省一元材积表；编表人或作者：云南省森林资源调查管理处；刊印或发表时间：1978。

云

1137. 滇中、滇东北栎类一元材积表（轮尺）

$$V = 0.00005959979 D_{轮}^{1.856401} H^{0.980562}$$

$$H = 28.383 - 684.745/(D_{轮} + 23)$$

D	V	ΔV	D	V	ΔV	D	V	ΔV	D	V	ΔV
3	0.001	0.001	40	0.930	0.053	77	3.842	0.105	114	8.630	0.154
4	0.002	0.003	41	0.983	0.054	78	3.947	0.107	115	8.784	0.156
5	0.005	0.003	42	1.037	0.056	79	4.054	0.108	116	8.940	0.157
6	0.008	0.004	43	1.093	0.057	80	4.162	0.109	117	9.097	0.158
7	0.012	0.005	44	1.150	0.059	81	4.271	0.111	118	9.255	0.160
8	0.017	0.007	45	1.209	0.060	82	4.382	0.112	119	9.415	0.160
9	0.024	0.007	46	1.269	0.062	83	4.494	0.114	120	9.575	0.163
10	0.031	0.009	47	1.331	0.063	84	4.608	0.114	121	9.738	0.163
11	0.040	0.011	48	1.394	0.065	85	4.722	0.117	122	9.901	0.165
12	0.051	0.011	49	1.459	0.066	86	4.839	0.117	123	10.066	0.165
13	0.062	0.014	50	1.525	0.067	87	4.956	0.119	124	10.231	0.168
14	0.076	0.014	51	1.592	0.069	88	5.075	0.120	125	10.399	0.168
15	0.090	0.016	52	1.661	0.070	89	5.195	0.122	126	10.567	0.170
16	0.106	0.017	53	1.731	0.072	90	5.317	0.122	127	10.737	0.171
17	0.123	0.019	54	1.803	0.073	91	5.439	0.125	128	10.908	0.172
18	0.142	0.020	55	1.876	0.075	92	5.564	0.125	129	11.080	0.174
19	0.162	0.022	56	1.951	0.076	93	5.689	0.127	130	11.254	0.175
20	0.184	0.023	57	2.027	0.077	94	5.816	0.128	131	11.429	0.176
21	0.207	0.025	58	2.104	0.079	95	5.944	0.130	132	11.605	0.177
22	0.232	0.026	59	2.183	0.080	96	6.074	0.131	133	11.782	0.179
23	0.258	0.028	60	2.263	0.082	97	6.205	0.132	134	11.961	0.180
24	0.286	0.029	61	2.345	0.083	98	6.337	0.133	135	12.141	0.181
25	0.315	0.030	62	2.428	0.085	99	6.470	0.135	136	12.322	0.182
26	0.345	0.032	63	2.513	0.086	100	6.605	0.136	137	12.504	0.184
27	0.377	0.034	64	2.599	0.087	101	6.741	0.138	138	12.688	0.185
28	0.411	0.035	65	2.686	0.089	102	6.879	0.138	139	12.873	0.186
29	0.446	0.037	66	2.775	0.090	103	7.017	0.140	140	13.059	0.188
30	0.483	0.038	67	2.865	0.091	104	7.157	0.142	141	13.247	0.188
31	0.521	0.039	68	2.956	0.093	105	7.299	0.142	142	13.435	0.190
32	0.560	0.041	69	3.049	0.094	106	7.441	0.144	143	13.625	0.191
33	0.601	0.043	70	3.143	0.096	107	7.585	0.146	144	13.816	0.193
34	0.644	0.044	71	3.239	0.097	108	7.731	0.146	145	14.009	0.193
35	0.688	0.045	72	3.336	0.099	109	7.877	0.148	146	14.202	0.195
36	0.733	0.047	73	3.435	0.099	110	8.025	0.149	147	14.397	0.197
37	0.780	0.049	74	3.534	0.102	111	8.174	0.151	148	14.594	0.197
38	0.829	0.050	75	3.636	0.102	112	8.325	0.152			
39	0.879	0.051	76	3.738	0.104	113	8.477	0.153			

适用树种：栎类；适用地区：滇中、滇东北地区（昆明市、东川市、玉溪、曲靖、昭通地区）；资料名称：云南省一元材积表；编表人或作者：云南省森林资源调查管理处；刊印或发表时间：1978。

1138. 滇南栎类一元材积表（轮尺）

$$V = 0.00005959979 D_{轮}^{1.856401} H^{0.980562}$$

$$H = 44.655 - 3146.156/(D_{轮} + 78)$$

D	V	ΔV	D	V	ΔV	D	V	ΔV	D	V	ΔV
2	0.001	0.002	34	0.651	0.046	66	3.053	0.107	98	7.444	0.169
3	0.003	0.002	35	0.697	0.048	67	3.160	0.108	99	7.613	0.172
4	0.005	0.003	36	0.745	0.050	68	3.268	0.111	100	7.785	0.174
5	0.008	0.003	37	0.795	0.051	69	3.379	0.113	101	7.959	0.175
6	0.011	0.005	38	0.846	0.054	70	3.492	0.114	102	8.134	0.178
7	0.016	0.006	39	0.900	0.055	71	3.606	0.117	103	8.312	0.179
8	0.022	0.007	40	0.955	0.057	72	3.723	0.118	104	8.491	0.182
9	0.029	0.008	41	1.012	0.059	73	3.841	0.121	105	8.673	0.183
10	0.037	0.009	42	1.071	0.061	74	3.962	0.122	106	8.856	0.186
11	0.046	0.010	43	1.132	0.062	75	4.084	0.125	107	9.042	0.187
12	0.056	0.011	44	1.194	0.065	76	4.209	0.126	108	9.229	0.189
13	0.067	0.013	45	1.259	0.066	77	4.335	0.128	109	9.418	0.191
14	0.080	0.014	46	1.325	0.068	78	4.463	0.131	110	9.609	0.194
15	0.094	0.015	47	1.393	0.070	79	4.594	0.132	111	9.803	0.195
16	0.109	0.017	48	1.463	0.072	80	4.726	0.134	112	9.998	0.197
17	0.126	0.018	49	1.535	0.074	81	4.860	0.137	113	10.195	0.199
18	0.144	0.020	50	1.609	0.076	82	4.997	0.138	114	10.394	0.201
19	0.164	0.021	51	1.685	0.077	83	5.135	0.140	115	10.595	0.203
20	0.185	0.023	52	1.762	0.080	84	5.275	0.142	116	10.798	0.205
21	0.208	0.024	53	1.842	0.082	85	5.417	0.144	117	11.003	0.207
22	0.232	0.026	54	1.924	0.083	86	5.561	0.146	118	11.210	0.208
23	0.258	0.027	55	2.007	0.085	87	5.707	0.148	119	11.418	0.211
24	0.285	0.029	56	2.092	0.088	88	5.855	0.150	120	11.629	0.213
25	0.314	0.031	57	2.180	0.089	89	6.005	0.152	121	11.842	0.214
26	0.345	0.032	58	2.269	0.091	90	6.157	0.154	122	12.056	0.217
27	0.377	0.034	59	2.360	0.093	91	6.311	0.156	123	12.273	0.218
28	0.411	0.036	60	2.453	0.095	92	6.467	0.158	124	12.491	0.221
29	0.447	0.037	61	2.548	0.097	93	6.625	0.160	125	12.712	0.222
30	0.484	0.040	62	2.645	0.099	94	6.785	0.162	126	12.934	0.225
31	0.524	0.040	63	2.744	0.101	95	6.947	0.163	127	13.159	0.226
32	0.564	0.043	64	2.845	0.103	96	7.110	0.166	128	13.385	0.226
33	0.607	0.044	65	2.948	0.105	97	7.276	0.168			

适用树种：栎类；适用地区：滇南（红河州、思茅地区、西双版纳州）；资料名称：云南省一元材积表；编表人或作者：云南省森林资源调查管理处；刊印或发表时间：1978。

1139. 云南金沙江、澜沧江栎类一元材积表（轮尺）

$$V = 0.00005959979 D_{轮}^{1.856401} H^{0.980562}$$
$$H = 26.359 - 468.887/(D_{轮} + 15)$$

D	V	ΔV	D	V	ΔV	D	V	ΔV	D	V	ΔV
4	0.001	0.002	38	0.846	0.049	72	3.304	0.096	106	7.255	0.137
5	0.003	0.004	39	0.895	0.052	73	3.400	0.097	107	7.392	0.140
6	0.007	0.004	40	0.947	0.052	74	3.497	0.098	108	7.532	0.140
7	0.011	0.005	41	0.999	0.054	75	3.595	0.099	109	7.672	0.141
8	0.016	0.007	42	1.053	0.056	76	3.694	0.100	110	7.813	0.143
9	0.023	0.008	43	1.109	0.057	77	3.794	0.102	111	7.956	0.144
10	0.031	0.010	44	1.166	0.058	78	3.896	0.103	112	8.100	0.145
11	0.041	0.011	45	1.224	0.060	79	3.999	0.105	113	8.245	0.146
12	0.052	0.012	46	1.284	0.061	80	4.104	0.105	114	8.391	0.147
13	0.064	0.014	47	1.345	0.062	81	4.209	0.107	115	8.538	0.149
14	0.078	0.015	48	1.407	0.064	82	4.316	0.108	116	8.687	0.150
15	0.093	0.017	49	1.471	0.065	83	4.424	0.110	117	8.837	0.151
16	0.110	0.018	50	1.536	0.066	84	4.534	0.110	118	8.988	0.152
17	0.128	0.020	51	1.602	0.068	85	4.644	0.112	119	9.140	0.153
18	0.148	0.021	52	1.670	0.069	86	4.756	0.113	120	9.293	0.155
19	0.169	0.022	53	1.739	0.071	87	4.869	0.115	121	9.448	0.156
20	0.191	0.024	54	1.810	0.072	88	4.984	0.115	122	9.604	0.157
21	0.215	0.026	55	1.882	0.073	89	5.099	0.117	123	9.761	0.158
22	0.241	0.027	56	1.955	0.074	90	5.216	0.118	124	9.919	0.159
23	0.268	0.028	57	2.029	0.076	91	5.334	0.120	125	10.078	0.161
24	0.296	0.030	58	2.105	0.077	92	5.454	0.121	126	10.239	0.162
25	0.326	0.031	59	2.182	0.079	93	5.575	0.121	127	10.401	0.163
26	0.357	0.033	60	2.261	0.079	94	5.696	0.123	128	10.564	0.164
27	0.390	0.034	61	2.340	0.082	95	5.819	0.125	129	10.728	0.165
28	0.424	0.036	62	2.422	0.082	96	5.944	0.125	130	10.893	0.166
29	0.460	0.037	63	2.504	0.084	97	6.069	0.127	131	11.059	0.168
30	0.497	0.039	64	2.588	0.085	98	6.196	0.128	132	11.227	0.169
31	0.536	0.040	65	2.673	0.086	99	6.324	0.130	133	11.396	0.170
32	0.576	0.041	66	2.759	0.088	100	6.454	0.130	134	11.566	0.171
33	0.617	0.043	67	2.847	0.089	101	6.584	0.132	135	11.737	0.172
34	0.660	0.044	68	2.936	0.090	102	6.716	0.133	136	11.909	0.174
35	0.704	0.046	69	3.026	0.091	103	6.849	0.134	137	12.083	0.174
36	0.750	0.047	70	3.117	0.093	104	6.983	0.135	138	12.257	0.174
37	0.797	0.049	71	3.210	0.094	105	7.118	0.137			

适用树种：栎类；适用地区：金沙江、澜沧江（迪庆州、丽江地区、大理州、楚雄州、兰坪县）；资料名称：云南省一元材积表；编表人或作者：云南省森林资源调查管理处；刊印或发表时间：1978。

1140. 滇西北油杉一元材积表（轮尺）

$$V = 0.00005717359 D_{轮}^{1.881331} H^{0.995688}$$

$$H = 39.488 - 1915.24/(D_{轮} + 51)$$

D	V	ΔV	D	V	ΔV	D	V	ΔV	D	V	ΔV
2	0.001	0.001	19	0.175	0.023	36	0.836	0.057	53	2.085	0.093
3	0.002	0.002	20	0.198	0.026	37	0.893	0.058	54	2.178	0.094
4	0.004	0.002	21	0.224	0.027	38	0.951	0.061	55	2.272	0.097
5	0.006	0.004	22	0.251	0.029	39	1.012	0.063	56	2.369	0.099
6	0.010	0.004	23	0.280	0.032	40	1.075	0.065	57	2.468	0.101
7	0.014	0.006	24	0.312	0.032	41	1.140	0.067	58	2.569	0.103
8	0.020	0.007	25	0.344	0.035	42	1.207	0.070	59	2.672	0.106
9	0.027	0.008	26	0.379	0.037	43	1.277	0.071	60	2.778	0.107
10	0.035	0.009	27	0.416	0.039	44	1.348	0.073	61	2.885	0.110
11	0.044	0.011	28	0.455	0.040	45	1.421	0.076	62	2.995	0.112
12	0.055	0.012	29	0.495	0.043	46	1.497	0.078	63	3.107	0.114
13	0.067	0.014	30	0.538	0.045	47	1.575	0.079	64	3.221	0.116
14	0.081	0.016	31	0.583	0.046	48	1.654	0.082	65	3.337	0.118
15	0.097	0.017	32	0.629	0.049	49	1.736	0.084	66	3.455	0.118
16	0.114	0.018	33	0.678	0.050	50	1.820	0.086			
17	0.132	0.021	34	0.728	0.053	51	1.906	0.089			
18	0.153	0.022	35	0.781	0.055	52	1.995	0.090			

云

适用树种：油杉、黄杉、柏树；适用地区：滇西北地区（迪庆州、丽江地区、楚雄州、大理州、怒江州、德宏州、保山地区、临沧地区）；资料名称：云南省一元材积表；编表人或作者：云南省森林资源调查管理处；刊印或发表时间：1978。

1141. 滇中、滇东北、滇东南油杉一元材积表（轮尺）

$$V = 0.00005717359D_{轮}^{1.881331}H^{0.995688}$$

$$H = 43.460 - 2864.617/(D_{轮} + 67)$$

D	V	ΔV	D	V	ΔV	D	V	ΔV	D	V	ΔV
3	0.001	0.001	29	0.434	0.039	55	2.120	0.094	81	5.294	0.153
4	0.002	0.002	30	0.473	0.041	56	2.214	0.096	82	5.447	0.155
5	0.004	0.003	31	0.514	0.043	57	2.310	0.099	83	5.602	0.157
6	0.007	0.003	32	0.557	0.045	58	2.409	0.100	84	5.759	0.160
7	0.010	0.005	33	0.602	0.047	59	2.509	0.103	85	5.919	0.162
8	0.015	0.005	34	0.649	0.049	60	2.612	0.105	86	6.081	0.164
9	0.020	0.007	35	0.698	0.051	61	2.717	0.108	87	6.245	0.166
10	0.027	0.008	36	0.749	0.053	62	2.825	0.109	88	6.411	0.169
11	0.035	0.009	37	0.802	0.055	63	2.934	0.112	89	6.580	0.171
12	0.044	0.010	38	0.857	0.057	64	3.046	0.114	90	6.751	0.173
13	0.054	0.012	39	0.914	0.059	65	3.160	0.117	91	6.924	0.176
14	0.066	0.013	40	0.973	0.062	66	3.277	0.118	92	7.100	0.178
15	0.079	0.014	41	1.035	0.063	67	3.395	0.121	93	7.278	0.180
16	0.093	0.016	42	1.098	0.066	68	3.516	0.123	94	7.458	0.182
17	0.109	0.018	43	1.164	0.068	69	3.639	0.126	95	7.640	0.185
18	0.127	0.019	44	1.232	0.070	70	3.765	0.128	96	7.825	0.187
19	0.146	0.021	45	1.302	0.072	71	3.893	0.129	97	8.012	0.189
20	0.167	0.023	46	1.374	0.074	72	4.022	0.133	98	8.201	0.191
21	0.190	0.024	47	1.448	0.076	73	4.155	0.134	99	8.392	0.194
22	0.214	0.026	48	1.524	0.079	74	4.289	0.137	100	8.586	0.196
23	0.240	0.028	49	1.603	0.080	75	4.426	0.139	101	8.782	0.198
24	0.268	0.029	50	1.683	0.083	76	4.565	0.141	102	8.980	0.201
25	0.297	0.032	51	1.766	0.086	77	4.706	0.144	103	9.181	0.203
26	0.329	0.033	52	1.852	0.087	78	4.850	0.146	104	9.384	0.203
27	0.362	0.035	53	1.939	0.089	79	4.996	0.148			
28	0.397	0.037	54	2.028	0.092	80	5.144	0.150			

适用树种：油杉、黄杉、柏树；适用地区：滇中、滇东北、滇东南地区（昆明、东川市、曲靖、昭通、思茅、玉溪地区、红河、文山、西双版纳州）；资料名称：云南省一元材积表；编表人或作者：云南省森林资源调查管理处；刊印或发表时间：1978。

1142. 滇西北华山松一元材积表（轮尺）

$$V = 0.00005997384 D_{轮}^{1.833431} H^{1.029532}$$

$$H = 34.763 - 1331.287/(D_{轮} + 55)$$

D	V	ΔV	D	V	ΔV	D	V	ΔV	D	V	ΔV
2	0.003	0.003	32	0.732	0.050	62	2.975	0.102	92	6.763	0.152
3	0.006	0.004	33	0.782	0.051	63	3.077	0.103	93	6.915	0.154
4	0.010	0.006	34	0.833	0.054	64	3.180	0.105	94	7.069	0.156
5	0.016	0.006	35	0.887	0.054	65	3.285	0.107	95	7.225	0.157
6	0.022	0.008	36	0.941	0.057	66	3.392	0.109	96	7.382	0.159
7	0.030	0.010	37	0.998	0.058	67	3.501	0.110	97	7.541	0.160
8	0.040	0.011	38	1.056	0.060	68	3.611	0.112	98	7.701	0.162
9	0.051	0.012	39	1.116	0.062	69	3.723	0.113	99	7.863	0.164
10	0.063	0.014	40	1.178	0.063	70	3.836	0.115	100	8.027	0.166
11	0.077	0.015	41	1.241	0.066	71	3.951	0.117	101	8.193	0.167
12	0.092	0.017	42	1.307	0.067	72	4.068	0.119	102	8.360	0.169
13	0.109	0.018	43	1.374	0.068	73	4.187	0.120	103	8.529	0.170
14	0.127	0.020	44	1.442	0.071	74	4.307	0.123	104	8.699	0.172
15	0.147	0.021	45	1.513	0.072	75	4.430	0.123	105	8.871	0.174
16	0.168	0.023	46	1.585	0.074	76	4.553	0.126	106	9.045	0.175
17	0.191	0.025	47	1.659	0.075	77	4.679	0.127	107	9.220	0.177
18	0.216	0.026	48	1.734	0.078	78	4.806	0.129	108	9.397	0.179
19	0.242	0.027	49	1.812	0.079	79	4.935	0.130	109	9.576	0.180
20	0.269	0.030	50	1.891	0.081	80	5.065	0.133	110	9.756	0.182
21	0.299	0.031	51	1.972	0.082	81	5.198	0.134	111	9.938	0.183
22	0.330	0.033	52	2.054	0.085	82	5.332	0.135	112	10.121	0.185
23	0.363	0.034	53	2.139	0.086	83	5.467	0.137	113	10.306	0.187
24	0.397	0.036	54	2.225	0.088	84	5.604	0.139	114	10.493	0.188
25	0.433	0.038	55	2.313	0.089	85	5.743	0.141	115	10.681	0.190
26	0.471	0.039	56	2.402	0.091	86	5.884	0.142	116	10.871	0.192
27	0.510	0.041	57	2.493	0.093	87	6.026	0.144	117	11.063	0.193
28	0.551	0.043	58	2.586	0.095	88	6.170	0.146	118	11.256	0.194
29	0.594	0.044	59	2.681	0.096	89	6.316	0.147	119	11.450	0.197
30	0.638	0.047	60	2.777	0.099	90	6.463	0.149	120	11.647	0.197
31	0.685	0.047	61	2.876	0.099	91	6.612	0.151			

适用树种：华山松；适用地区：滇西北地区（迪庆州、丽江地区、楚雄州、大理州、怒江州、德宏州、保山地区、临沧地区）；资料名称：云南省一元材积表；编表人或作者：云南省森林资源调查管理处；刊印或发表时间：1978。

1143. 滇中、滇东北、滇东南华山松一元材积表（轮尺）

$$V = 0.00005997384 D_{轮}^{1.833431} H^{1.029532}$$

$$H = 24.635 - 526.415/(D_{轮} + 20)$$

D	V	ΔV	D	V	ΔV	D	V	ΔV	D	V	ΔV
3	0.001	0.001	16	0.104	0.017	29	0.432	0.035	42	0.995	0.053
4	0.002	0.002	17	0.121	0.018	30	0.467	0.037	43	1.048	0.054
5	0.004	0.003	18	0.139	0.020	31	0.504	0.037	44	1.102	0.055
6	0.007	0.004	19	0.159	0.021	32	0.541	0.040	45	1.157	0.057
7	0.011	0.006	20	0.180	0.022	33	0.581	0.040	46	1.214	0.058
8	0.017	0.006	21	0.202	0.024	34	0.621	0.042	47	1.272	0.060
9	0.023	0.008	22	0.226	0.025	35	0.663	0.044	48	1.332	0.060
10	0.031	0.009	23	0.251	0.027	36	0.707	0.044	49	1.392	0.062
11	0.040	0.010	24	0.278	0.028	37	0.751	0.046	50	1.454	0.064
12	0.050	0.011	25	0.306	0.029	38	0.797	0.048	51	1.518	0.065
13	0.061	0.013	26	0.335	0.031	39	0.845	0.048	52	1.583	0.065
14	0.074	0.014	27	0.366	0.033	40	0.893	0.050			
15	0.088	0.016	28	0.399	0.033	41	0.943	0.052			

适用树种：华山松；适用地区：滇中、滇东北、滇东南地区（昆明、东川市、曲靖、昭通、思茅、玉溪地区、红河、文山、西双版纳州）；资料名称：云南省一元材积表；编表人或作者：云南省森林资源调查管理处；刊印或发表时间：1978。

1144. 云南扭曲云南松一元材积表（轮尺）

$$V = 0.00005829012 D_{轮}^{1.979634} H^{0.907152}$$

$$H = 43.492 - 2433.754/(D_{轮} + 56)$$

D	V	ΔV	D	V	ΔV	D	V	ΔV	D	V	ΔV
3	0.001	0.001	18	0.152	0.023	33	0.737	0.058	48	1.887	0.099
4	0.002	0.003	19	0.175	0.026	34	0.795	0.061	49	1.986	0.101
5	0.005	0.002	20	0.201	0.027	35	0.856	0.064	50	2.087	0.104
6	0.007	0.005	21	0.228	0.030	36	0.920	0.066	51	2.191	0.107
7	0.012	0.005	22	0.258	0.032	37	0.986	0.068	52	2.298	0.109
8	0.017	0.006	23	0.290	0.034	38	1.054	0.071	53	2.407	0.113
9	0.023	0.008	24	0.324	0.036	39	1.125	0.074	54	2.520	0.115
10	0.031	0.009	25	0.360	0.039	40	1.199	0.077	55	2.635	0.118
11	0.040	0.011	26	0.399	0.041	41	1.276	0.079	56	2.753	0.121
12	0.051	0.012	27	0.440	0.044	42	1.355	0.082	57	2.874	0.124
13	0.063	0.014	28	0.484	0.045	43	1.437	0.084	58	2.998	0.127
14	0.077	0.016	29	0.529	0.049	44	1.521	0.088	59	3.125	0.130
15	0.093	0.018	30	0.578	0.050	45	1.609	0.090	60	3.255	0.132
16	0.111	0.019	31	0.628	0.054	46	1.699	0.093	61	3.387	0.136
17	0.130	0.022	32	0.682	0.055	47	1.792	0.095	62	3.523	0.136

适用树种：云南松（扭曲）；适用地区：云南全省；资料名称：云南省一元材积表；编表人或作者：云南省森林资源调查管理处；刊印或发表时间：1978。

1145. 云南人工华山松一元材积表（轮尺）

$$V = 0.00007353502 D_{轮}^{2.001569} H^{0.788884}$$

$$H = 23.677 - 667.08/(D_{轮} + 31)$$

D	V	ΔV	D	V	ΔV	D	V	ΔV	D	V	ΔV
2	0.001	0.001	10	0.036	0.009	18	0.148	0.020	26	0.354	0.033
3	0.002	0.002	11	0.045	0.011	19	0.168	0.022	27	0.387	0.035
4	0.004	0.003	12	0.056	0.012	20	0.190	0.024	28	0.422	0.036
5	0.007	0.003	13	0.068	0.013	21	0.214	0.025	29	0.458	0.037
6	0.010	0.005	14	0.081	0.014	22	0.239	0.026	30	0.495	0.037
7	0.015	0.006	15	0.095	0.017	23	0.265	0.028			
8	0.021	0.007	16	0.112	0.017	24	0.293	0.030			
9	0.028	0.008	17	0.129	0.019	25	0.323	0.031			

适用树种：人工华山松；适用地区：云南全省；资料名称：云南省一元材积表；编表人或作者：云南省森林资源调查管理处；刊印或发表时间：1978。

1146. 云南高山松一元材积表（轮尺）

$$V = 0.00006123892 D_{轮}^{2.002397} H^{0.859275}$$

$$H = 34.432 - 894.4/(D_{轮} + 24)$$

D	V	ΔV	D	V	ΔV	D	V	ΔV	D	V	ΔV
3	0.001	0.001	21	0.272	0.034	39	1.245	0.077	57	3.016	0.122
4	0.002	0.003	22	0.306	0.036	40	1.322	0.080	58	3.138	0.125
5	0.005	0.003	23	0.342	0.039	41	1.402	0.082	59	3.263	0.127
6	0.008	0.005	24	0.381	0.041	42	1.484	0.085	60	3.390	0.130
7	0.013	0.007	25	0.422	0.043	43	1.569	0.087	61	3.520	0.133
8	0.020	0.008	26	0.465	0.046	44	1.656	0.089	62	3.653	0.135
9	0.028	0.009	27	0.511	0.048	45	1.745	0.092	63	3.788	0.137
10	0.037	0.012	28	0.559	0.050	46	1.837	0.095	64	3.925	0.140
11	0.049	0.013	29	0.609	0.053	47	1.932	0.097	65	4.065	0.143
12	0.062	0.015	30	0.662	0.055	48	2.029	0.099	66	4.208	0.145
13	0.077	0.017	31	0.717	0.057	49	2.128	0.102	67	4.353	0.148
14	0.094	0.019	32	0.774	0.060	50	2.230	0.105	68	4.501	0.150
15	0.113	0.021	33	0.834	0.063	51	2.335	0.107	69	4.651	0.153
16	0.134	0.023	34	0.897	0.065	52	2.442	0.110	70	4.804	0.156
17	0.157	0.026	35	0.962	0.067	53	2.552	0.112	71	4.960	0.158
18	0.183	0.027	36	1.029	0.070	54	2.664	0.115	72	5.118	0.158
19	0.210	0.030	37	1.099	0.072	55	2.779	0.117			
20	0.240	0.032	38	1.171	0.074	56	2.896	0.120			

适用树种：高山松；适用地区：云南全省；资料名称：云南省一元材积表；编表人或作者：云南省森林资源调查管理处；刊印或发表时间：1978。

1147. 云南桦树一元材积表（轮尺）

$$V=0.00004894191D_{轮}^{2.017271}H^{0.885809}$$

$$H=53.213-2841.531/(D_{轮}+53)$$

D	V	ΔV	D	V	ΔV	D	V	ΔV	D	V	ΔV
3	0.001	0.001	30	0.633	0.057	57	3.199	0.139	84	8.135	0.231
4	0.002	0.003	31	0.690	0.059	58	3.338	0.143	85	8.366	0.234
5	0.005	0.003	32	0.749	0.061	59	3.481	0.146	86	8.600	0.238
6	0.008	0.004	33	0.810	0.065	60	3.627	0.149	87	8.838	0.241
7	0.012	0.005	34	0.875	0.068	61	3.776	0.152	88	9.079	0.245
8	0.017	0.007	35	0.943	0.070	62	3.928	0.156	89	9.324	0.248
9	0.024	0.009	36	1.013	0.073	63	4.084	0.159	90	9.572	0.251
10	0.033	0.009	37	1.086	0.077	64	4.243	0.162	91	9.823	0.256
11	0.042	0.012	38	1.163	0.079	65	4.405	0.166	92	10.079	0.258
12	0.054	0.013	39	1.242	0.082	66	4.571	0.169	93	10.337	0.262
13	0.067	0.016	40	1.324	0.085	67	4.740	0.173	94	10.599	0.266
14	0.083	0.017	41	1.409	0.089	68	4.913	0.175	95	10.865	0.269
15	0.100	0.019	42	1.498	0.091	69	5.088	0.180	96	11.134	0.273
16	0.119	0.021	43	1.589	0.095	70	5.268	0.182	97	11.407	0.276
17	0.140	0.024	44	1.684	0.097	71	5.450	0.186	98	11.683	0.280
18	0.164	0.025	45	1.781	0.101	72	5.636	0.190	99	11.963	0.283
19	0.189	0.028	46	1.882	0.104	73	5.826	0.192	100	12.246	0.287
20	0.217	0.031	47	1.986	0.107	74	6.018	0.197	101	12.533	0.290
21	0.248	0.032	48	2.093	0.110	75	6.215	0.199	102	12.823	0.294
22	0.280	0.036	49	2.203	0.113	76	6.414	0.203	103	13.117	0.298
23	0.316	0.037	50	2.316	0.117	77	6.617	0.207	104	13.415	0.301
24	0.353	0.040	51	2.433	0.119	78	6.824	0.210	105	13.716	0.304
25	0.393	0.043	52	2.552	0.123	79	7.034	0.213	106	14.020	0.308
26	0.436	0.045	53	2.675	0.126	80	7.247	0.217	107	14.328	0.312
27	0.481	0.048	54	2.801	0.130	81	7.464	0.220	108	14.640	0.312
28	0.529	0.051	55	2.931	0.132	82	7.684	0.224			
29	0.580	0.053	56	3.063	0.136	83	7.908	0.227			

适用树种：桦树、桤木；适用地区：云南全省；资料名称：云南省一元材积表；编表人或作者：云南省森林资源调查管理处；刊印或发表时间：1978。

1148. 云南落叶松一元材积表（轮尺）

$$V=0.00005438140D_{轮}^{1.828895}H^{1.066643}$$

$$H=55.337-3072.074/(D_{轮}+56)$$

D	V	ΔV	D	V	ΔV	D	V	ΔV	D	V	ΔV
3	0.001	0.002	26	0.456	0.046	49	2.174	0.108	72	5.346	0.172
4	0.003	0.003	27	0.502	0.048	50	2.282	0.110	73	5.518	0.174
5	0.006	0.003	28	0.550	0.051	51	2.392	0.113	74	5.692	0.177
6	0.009	0.005	29	0.601	0.053	52	2.505	0.115	75	5.869	0.179
7	0.014	0.006	30	0.654	0.056	53	2.620	0.119	76	6.048	0.183
8	0.020	0.008	31	0.710	0.059	54	2.739	0.121	77	6.231	0.185
9	0.028	0.009	32	0.769	0.061	55	2.860	0.124	78	6.416	0.188
10	0.037	0.011	33	0.830	0.064	56	2.984	0.127	79	6.604	0.191
11	0.048	0.013	34	0.894	0.066	57	3.111	0.129	80	6.795	0.193
12	0.061	0.014	35	0.960	0.069	58	3.240	0.132	81	6.988	0.196
13	0.075	0.016	36	1.029	0.072	59	3.372	0.136	82	7.184	0.199
14	0.091	0.019	37	1.101	0.074	60	3.508	0.138	83	7.383	0.202
15	0.110	0.020	38	1.175	0.078	61	3.646	0.140	84	7.585	0.205
16	0.130	0.022	39	1.253	0.079	62	3.786	0.144	85	7.790	0.207
17	0.152	0.025	40	1.332	0.083	63	3.930	0.146	86	7.997	0.210
18	0.177	0.027	41	1.415	0.085	64	4.076	0.149	87	8.207	0.212
19	0.204	0.029	42	1.500	0.088	65	4.225	0.152	88	8.419	0.216
20	0.233	0.031	43	1.588	0.091	66	4.377	0.155	89	8.635	0.218
21	0.264	0.034	44	1.679	0.094	67	4.532	0.157	90	8.853	0.221
22	0.298	0.036	45	1.773	0.096	68	4.689	0.160	91	9.074	0.224
23	0.334	0.038	46	1.869	0.099	69	4.849	0.163	92	9.298	0.226
24	0.372	0.041	47	1.968	0.102	70	5.012	0.166	93	9.524	0.229
25	0.413	0.043	48	2.070	0.104	71	5.178	0.168	94	9.753	0.229

适用树种：落叶松；适用地区：云南全省；资料名称：云南省一元材积表；编表人或作者：云南省森林资源调查管理处；刊印或发表时间：1978。

1149. 云南铁杉一元材积表（轮尺）

$$V = 0.00005717359 D_{轮}^{1.881331} H^{0.995688}$$
$$H = 68.067 - 7655.513/(D_{轮} + 128)$$

D	V	ΔV	D	V	ΔV	D	V	ΔV	D	V	ΔV
2	0.002	0.002	43	1.555	0.087	84	7.507	0.210	125	18.748	0.343
3	0.004	0.004	44	1.642	0.089	85	7.717	0.212	126	19.091	0.346
4	0.008	0.004	45	1.731	0.093	86	7.929	0.216	127	19.437	0.350
5	0.012	0.006	46	1.824	0.095	87	8.145	0.219	128	19.787	0.353
6	0.018	0.007	47	1.919	0.097	88	8.364	0.223	129	20.140	0.356
7	0.025	0.008	48	2.016	0.101	89	8.587	0.225	130	20.496	0.359
8	0.033	0.010	49	2.117	0.103	90	8.812	0.229	131	20.855	0.363
9	0.043	0.011	50	2.220	0.107	91	9.041	0.232	132	21.218	0.366
10	0.054	0.013	51	2.327	0.109	92	9.273	0.235	133	21.584	0.369
11	0.067	0.014	52	2.436	0.112	93	9.508	0.238	134	21.953	0.373
12	0.081	0.016	53	2.548	0.115	94	9.746	0.242	135	22.326	0.376
13	0.097	0.018	54	2.663	0.118	95	9.988	0.245	136	22.702	0.379
14	0.115	0.019	55	2.781	0.120	96	10.233	0.248	137	23.081	0.382
15	0.134	0.021	56	2.901	0.124	97	10.481	0.251	138	23.463	0.386
16	0.155	0.023	57	3.025	0.126	98	10.732	0.254	139	23.849	0.389
17	0.178	0.025	58	3.151	0.130	99	10.986	0.258	140	24.238	0.393
18	0.203	0.027	59	3.281	0.132	100	11.244	0.261	141	24.631	0.396
19	0.230	0.029	60	3.413	0.136	101	11.505	0.264	142	25.027	0.399
20	0.259	0.031	61	3.549	0.138	102	11.769	0.268	143	25.426	0.402
21	0.290	0.033	62	3.687	0.142	103	12.037	0.270	144	25.828	0.406
22	0.323	0.035	63	3.829	0.144	104	12.307	0.274	145	26.234	0.409
23	0.358	0.037	64	3.973	0.148	105	12.581	0.278	146	26.643	0.413
24	0.395	0.039	65	4.121	0.150	106	12.859	0.280	147	27.056	0.415
25	0.434	0.042	66	4.271	0.154	107	13.139	0.284	148	27.471	0.419
26	0.476	0.044	67	4.425	0.156	108	13.423	0.287	149	27.890	0.423
27	0.520	0.046	68	4.581	0.160	109	13.710	0.290	150	28.313	0.425
28	0.566	0.049	69	4.741	0.162	110	14.000	0.294	151	28.738	0.429
29	0.615	0.051	70	4.903	0.166	111	14.294	0.297	152	29.167	0.433
30	0.666	0.053	71	5.069	0.169	112	14.591	0.300	153	29.600	0.435
31	0.719	0.056	72	5.238	0.172	113	14.891	0.303	154	30.035	0.439
32	0.775	0.058	73	5.410	0.175	114	15.194	0.307	155	30.474	0.442
33	0.833	0.060	74	5.585	0.178	115	15.501	0.310	156	30.916	0.446
34	0.893	0.064	75	5.763	0.181	116	15.811	0.313	157	31.362	0.449
35	0.957	0.065	76	5.944	0.185	117	16.124	0.316	158	31.811	0.452
36	1.022	0.068	77	6.129	0.187	118	16.440	0.320	159	32.263	0.456
37	1.090	0.071	78	6.316	0.191	119	16.760	0.323	160	32.719	0.458
38	1.161	0.074	79	6.507	0.193	120	17.083	0.327	161	33.177	0.463
39	1.235	0.076	80	6.700	0.197	121	17.410	0.329	162	33.640	0.465
40	1.311	0.078	81	6.897	0.200	122	17.739	0.333	163	34.105	0.469
41	1.389	0.082	82	7.097	0.204	123	18.072	0.337	164	34.574	0.472
42	1.471	0.084	83	7.301	0.206	124	18.409	0.339	165	35.046	0.472

适用树种：铁杉；适用地区：云南全省；资料名称：云南省一元材积表；编表人或作者：云南省森林资源调查管理处；刊印或发表时间：1978。

1150. 云南杉木一元材积表（轮尺）

$$V = 0.00005877704 D_{轮}^{1.969983} H^{0.896462}$$

$$H = 68.849 - 5607.556/(D_{轮} + 82)$$

D	V	ΔV	D	V	ΔV	D	V	ΔV	D	V	ΔV
3	0.001	0.002	12	0.057	0.014	21	0.259	0.034	30	0.662	0.059
4	0.003	0.002	13	0.071	0.016	22	0.293	0.036	31	0.721	0.062
5	0.005	0.004	14	0.087	0.018	23	0.329	0.039	32	0.783	0.066
6	0.009	0.004	15	0.105	0.020	24	0.368	0.042	33	0.849	0.068
7	0.013	0.006	16	0.125	0.022	25	0.410	0.045	34	0.917	0.071
8	0.019	0.007	17	0.147	0.024	26	0.455	0.048	35	0.988	0.075
9	0.026	0.009	18	0.171	0.027	27	0.503	0.050	36	1.063	0.078
10	0.035	0.010	19	0.198	0.029	28	0.553	0.053	37	1.141	0.081
11	0.045	0.012	20	0.227	0.032	29	0.606	0.056	38	1.222	0.081

适用树种：杉木、柳杉、秃杉；适用地区：云南全省；资料名称：云南省一元材积表；编表人或作者：云南省森林资源调查管理处；刊印或发表时间：1978。

1151. 云南人工杉木一元材积表（轮尺）

$$V = 0.00007947559 D_{轮}^{1.828954} H^{0.912844}$$

$$H = 76.312 - 9519.404/(D_{轮} + 127)$$

D	V	ΔV	D	V	ΔV	D	V	ΔV	D	V	ΔV
2	0.001	0.001	9	0.024	0.007	16	0.101	0.017	23	0.253	0.029
3	0.002	0.001	10	0.031	0.008	17	0.118	0.018	24	0.282	0.030
4	0.003	0.003	11	0.039	0.010	18	0.136	0.020	25	0.312	0.032
5	0.006	0.003	12	0.049	0.011	19	0.156	0.022	26	0.344	0.032
6	0.009	0.004	13	0.060	0.012	20	0.178	0.023			
7	0.013	0.005	14	0.072	0.014	21	0.201	0.025			
8	0.018	0.006	15	0.086	0.015	22	0.226	0.027			

适用树种：人工杉木；适用地区：云南全省；资料名称：云南省一元材积表；编表人或作者：云南省森林资源调查管理处；刊印或发表时间：1978。

24 西藏自治区立木材积表

西藏地区下列二元立木材积表采用部颁标准 LY 208—1977。

云南松：云南松二元立木材积表（→20页）。

柏木：西南地区柏、杉类二元立木材积表（→27页），含红豆杉、铁杉等其他杉类。

桦木：西南地区桦木二元立木材积表（→28页）。

华山松：华山松二元立木材积表（→33页）。

云杉：西藏地区云杉二元立木材积表（→41页）。

高山松、落叶松：西藏地区高山松二元立木材积表（→42页）。

冷杉：西藏地区冷杉二元立木材积表（→43页）。

乔松：西藏地区乔松二元立木材积表（→44页）。

1152. 西藏栎类二元立木材积表

$$V = 0.000068768D^{1.85513}H^{0.95919};\ D \leqslant 140\text{cm},\ H \leqslant 46\text{m}$$

D	H	V	D	H	V	D	H	V	D	H	V	D	H	V
2	2	0.0005	30	11	0.3772	58	20	2.2736	86	29	6.7430	114	38	14.7409
3	2	0.0010	31	11	0.4008	59	20	2.3468	87	30	7.1168	115	39	15.3597
4	3	0.0026	32	12	0.4621	60	21	2.5372	88	30	7.2693	116	39	15.6084
5	3	0.0039	33	12	0.4893	61	21	2.6162	89	30	7.4233	117	39	15.8589
6	3	0.0055	34	12	0.5172	62	21	2.6963	90	30	7.5788	118	40	16.5073
7	4	0.0096	35	13	0.5893	63	22	2.9043	91	31	7.9829	119	40	16.7678
8	4	0.0123	36	13	0.6209	64	22	2.9904	92	31	8.1464	120	40	17.0301
9	4	0.0153	37	13	0.6533	65	22	3.0776	93	31	8.3115	121	41	17.7088
10	5	0.0231	38	14	0.7370	66	23	3.3039	94	32	8.7402	122	41	17.9813
11	5	0.0275	39	14	0.7733	67	23	3.3974	95	32	8.9134	123	41	18.2557
12	5	0.0323	40	14	0.8105	68	23	3.4921	96	32	9.0883	124	41	18.5320
13	6	0.0447	41	15	0.9066	69	24	3.7374	97	33	9.5422	125	42	19.2500
14	6	0.0513	42	15	0.9480	70	24	3.8386	98	33	9.7255	126	42	19.5367
15	6	0.0583	43	15	0.9903	71	24	3.9409	99	33	9.9104	127	42	19.8253
16	7	0.0762	44	16	1.0995	72	25	4.2060	100	34	10.3902	128	43	20.5751
17	7	0.0852	45	16	1.1463	73	25	4.3150	101	34	10.5838	129	43	20.8743
18	7	0.0948	46	16	1.1940	74	25	4.4253	102	34	10.7790	130	43	21.1755
19	8	0.1191	47	17	1.3170	75	26	4.7108	103	35	11.2854	131	44	21.9575
20	8	0.1310	48	17	1.3694	76	26	4.8280	104	35	11.4895	132	44	22.2695
21	8	0.1434	49	17	1.4228	77	26	4.9465	105	35	11.6953	133	44	22.5835
22	8	0.1563	50	18	1.5604	78	27	5.2531	106	36	12.2287	134	45	23.3985
23	9	0.1901	51	18	1.6188	79	27	5.3787	107	36	12.4436	135	45	23.7234
24	9	0.2057	52	18	1.6782	80	27	5.5057	108	36	12.6602	136	45	24.0505
25	9	0.2218	53	19	1.8311	81	28	5.8341	109	37	13.2215	137	46	24.8990
26	10	0.2640	54	19	1.8957	82	28	5.9684	110	37	13.4474	138	46	25.2372
27	10	0.2831	55	19	1.9613	83	28	6.1042	111	37	13.6751	139	46	25.5775
28	10	0.3029	56	19	2.0280	84	29	6.4549	112	38	14.2648	140	47	26.4602
29	11	0.3542	57	20	2.2014	85	29	6.5982	113	38	14.5020			

适用树种：栎类；适用地区：西藏自治区；资料名称：西藏自治区立木材积表；编表人或作者：国家林业局中南森林资源监测中心、国家林业局中南调查规划设计院；刊印或发表时间：2001。

藏

1153. 西藏阔叶树二元立木材积表

$V = 0.000050058D^{1.78065}H^{1.12044}$；$D \leqslant 160\text{cm}, H \leqslant 50\text{m}$

D	H	V	D	H	V	D	H	V	D	H	V	D	H	V
2	2	0.0004	34	12	0.4322	66	22	2.7768	98	32	8.5424	130	41	18.6507
3	2	0.0008	35	12	0.4551	67	22	2.8522	99	32	8.6982	131	42	19.4243
4	3	0.0020	36	12	0.4785	68	22	2.9284	100	32	8.8553	132	42	19.6891
5	3	0.0030	37	13	0.5495	69	23	3.1590	101	33	9.3298	133	42	19.9555
6	3	0.0042	38	13	0.5763	70	23	3.2410	102	33	9.4949	134	43	20.7638
7	4	0.0076	39	13	0.6035	71	23	3.3239	103	33	9.6613	135	43	21.0405
8	4	0.0096	40	14	0.6860	72	24	3.5742	104	33	9.8290	136	43	21.3188
9	4	0.0118	41	14	0.7169	73	24	3.6631	105	34	10.3380	137	44	22.1623
10	4	0.0143	42	14	0.7483	74	24	3.7529	106	34	10.5139	138	44	22.4512
11	5	0.0217	43	15	0.8430	75	24	3.8437	107	34	10.6912	139	44	22.7417
12	5	0.0254	44	15	0.8783	76	25	4.1196	108	35	11.2286	140	45	23.6212
13	5	0.0293	45	15	0.9141	77	25	4.2166	109	35	11.4144	141	45	23.9225
14	6	0.0409	46	16	1.0219	78	25	4.3146	110	35	11.6015	142	45	24.2254
15	6	0.0463	47	16	1.0618	79	26	4.6119	111	36	12.1681	143	45	24.5300
16	6	0.0519	48	16	1.1024	80	26	4.7163	112	36	12.3639	144	46	25.4555
17	7	0.0688	49	16	1.1436	81	26	4.8218	113	36	12.5612	145	46	25.7712
18	7	0.0761	50	17	1.2688	82	27	5.1412	114	37	13.1576	146	46	26.0885
19	7	0.0838	51	17	1.3143	83	27	5.2534	115	37	13.3638	147	47	27.0516
20	8	0.1067	52	17	1.3606	84	27	5.3666	116	37	13.5715	148	47	27.3801
21	8	0.1163	53	18	1.5006	85	28	5.7088	117	37	13.7805	149	47	27.7104
22	8	0.1264	54	18	1.5514	86	28	5.8290	118	38	14.4153	150	48	28.7118
23	8	0.1368	55	18	1.6029	87	28	5.9502	119	38	14.6335	151	48	29.0535
24	9	0.1684	56	19	1.7585	88	29	6.3161	120	38	14.8532	152	48	29.3970
25	9	0.1811	57	19	1.8148	89	29	6.4444	121	39	15.5195	153	49	30.4374
26	9	0.1942	58	19	1.8719	90	29	6.5739	122	39	15.7486	154	49	30.7925
27	10	0.2337	59	20	2.0439	91	29	6.7046	123	39	15.9792	155	49	31.1495
28	10	0.2493	60	20	2.1060	92	30	7.1010	124	40	16.6777	156	49	31.5082
29	10	0.2654	61	20	2.1689	93	30	7.2390	125	40	16.9180	157	50	32.5984
30	11	0.3137	62	20	2.2327	94	30	7.3782	126	40	17.1597	158	50	32.9690
31	11	0.3326	63	21	2.4263	95	31	7.7999	127	41	17.8912	159	50	33.3415
32	11	0.3519	64	21	2.4953	96	31	7.9467	128	41	18.1428	160	51	34.4723
33	12	0.4098	65	21	2.5651	97	31	8.0947	129	41	18.3960			

适用树种：阔叶树；适用地区：西藏自治区；资料名称：西藏自治区立木材积表；编表人或作者：国家林业局中南森林资源监测中心、国家林业局中南调查规划设计院；刊印或发表时间：2001。

1154. 西藏冷杉一元立木材积表

$V=0.00058333D^{2.1603}$；$D\leqslant 180$cm

D	V	ΔV	D	V	ΔV	D	V	ΔV	D	V	ΔV
2	0.0026	0.0037	47	2.3886	0.1111	92	10.1926	0.2408	137	24.0919	0.3815
3	0.0063	0.0054	48	2.4998	0.1139	93	10.4335	0.2439	138	24.4734	0.3847
4	0.0117	0.0072	49	2.6136	0.1166	94	10.6773	0.2469	139	24.8582	0.3880
5	0.0189	0.0091	50	2.7302	0.1193	95	10.9242	0.2499	140	25.2461	0.3912
6	0.0280	0.0111	51	2.8496	0.1221	96	11.1742	0.2530	141	25.6373	0.3944
7	0.0390	0.0131	52	2.9716	0.1248	97	11.4271	0.2560	142	26.0317	0.3976
8	0.0521	0.0151	53	3.0965	0.1276	98	11.6832	0.2591	143	26.4294	0.4009
9	0.0672	0.0172	54	3.2241	0.1304	99	11.9422	0.2621	144	26.8303	0.4041
10	0.0844	0.0193	55	3.3544	0.1331	100	12.2043	0.2652	145	27.2344	0.4074
11	0.1037	0.0214	56	3.4876	0.1359	101	12.4695	0.2682	146	27.6418	0.4106
12	0.1251	0.0236	57	3.6235	0.1387	102	12.7378	0.2713	147	28.0524	0.4139
13	0.1487	0.0258	58	3.7623	0.1415	103	13.0091	0.2744	148	28.4663	0.4171
14	0.1745	0.0281	59	3.9038	0.1443	104	13.2835	0.2775	149	28.8834	0.4204
15	0.2026	0.0303	60	4.0481	0.1472	105	13.5609	0.2805	150	29.3038	0.4237
16	0.2329	0.0326	61	4.1953	0.1500	106	13.8415	0.2836	151	29.7275	0.4269
17	0.2655	0.0349	62	4.3453	0.1528	107	14.1251	0.2867	152	30.1544	0.4302
18	0.3004	0.0372	63	4.4981	0.1557	108	14.4118	0.2898	153	30.5846	0.4335
19	0.3376	0.0396	64	4.6538	0.1585	109	14.7017	0.2929	154	31.0181	0.4368
20	0.3772	0.0419	65	4.8123	0.1614	110	14.9946	0.2960	155	31.4549	0.4400
21	0.4191	0.0443	66	4.9736	0.1642	111	15.2906	0.2991	156	31.8949	0.4433
22	0.4634	0.0467	67	5.1379	0.1671	112	15.5898	0.3023	157	32.3382	0.4466
23	0.5101	0.0491	68	5.3050	0.1700	113	15.8920	0.3054	158	32.7849	0.4499
24	0.5592	0.0516	69	5.4749	0.1729	114	16.1974	0.3085	159	33.2348	0.4532
25	0.6108	0.0540	70	5.6478	0.1757	115	16.5059	0.3116	160	33.6880	0.4565
26	0.6648	0.0565	71	5.8235	0.1786	116	16.8176	0.3148	161	34.1445	0.4598
27	0.7213	0.0590	72	6.0022	0.1815	117	17.1323	0.3179	162	34.6043	0.4631
28	0.7802	0.0614	73	6.1837	0.1845	118	17.4502	0.3210	163	35.0674	0.4664
29	0.8417	0.0640	74	6.3682	0.1874	119	17.7713	0.3242	164	35.5338	0.4697
30	0.9056	0.0665	75	6.5556	0.1903	120	18.0955	0.3273	165	36.0035	0.4730
31	0.9721	0.0690	76	6.7458	0.1932	121	18.4228	0.3305	166	36.4766	0.4764
32	1.0411	0.0716	77	6.9391	0.1961	122	18.7533	0.3337	167	36.9529	0.4797
33	1.1127	0.0741	78	7.1352	0.1991	123	19.0869	0.3368	168	37.4326	0.4830
34	1.1868	0.0767	79	7.3343	0.2020	124	19.4238	0.3400	169	37.9156	0.4863
35	1.2635	0.0793	80	7.5363	0.2050	125	19.7637	0.3432	170	38.4019	0.4897
36	1.3427	0.0819	81	7.7413	0.2079	126	20.1069	0.3463	171	38.8916	0.4930
37	1.4246	0.0845	82	7.9493	0.2109	127	20.4532	0.3495	172	39.3846	0.4963
38	1.5091	0.0871	83	8.1602	0.2139	128	20.8027	0.3527	173	39.8809	0.4997
39	1.5962	0.0897	84	8.3740	0.2169	129	21.1554	0.3559	174	40.3806	0.5030
40	1.6859	0.0924	85	8.5909	0.2198	130	21.5113	0.3591	175	40.8836	0.5064
41	1.7783	0.0950	86	8.8107	0.2228	131	21.8703	0.3623	176	41.3900	0.5097
42	1.8734	0.0977	87	9.0335	0.2258	132	22.2326	0.3655	177	41.8997	0.5131
43	1.9710	0.1004	88	9.2593	0.2288	133	22.5981	0.3687	178	42.4128	0.5164
44	2.0714	0.1030	89	9.4882	0.2318	134	22.9667	0.3719	179	42.9292	0.5198
45	2.1744	0.1057	90	9.7200	0.2348	135	23.3386	0.3751	180	43.4490	0.5198
46	2.2802	0.1084	91	9.9548	0.2378	136	23.7137	0.3783			

资料名称：西藏自治区立木材积表。

1155. 西藏云杉一元立木材积表

$V=0.0002756D^{2.2603}$；$D \leqslant 180\text{cm}$

D	V	ΔV	D	V	ΔV	D	V	ΔV	D	V	ΔV
2	0.0013	0.0020	47	1.6585	0.0808	92	7.5688	0.1872	137	18.6170	0.3086
3	0.0033	0.0030	48	1.7394	0.0830	93	7.7561	0.1898	138	18.9255	0.3114
4	0.0063	0.0041	49	1.8223	0.0851	94	7.9458	0.1923	139	19.2369	0.3142
5	0.0105	0.0053	50	1.9075	0.0873	95	8.1382	0.1949	140	19.5512	0.3171
6	0.0158	0.0066	51	1.9948	0.0895	96	8.3331	0.1975	141	19.8682	0.3199
7	0.0224	0.0079	52	2.0843	0.0917	97	8.5306	0.2001	142	20.1882	0.3228
8	0.0303	0.0092	53	2.1760	0.0939	98	8.7307	0.2027	143	20.5109	0.3256
9	0.0396	0.0106	54	2.2699	0.0961	99	8.9333	0.2053	144	20.8366	0.3285
10	0.0502	0.0121	55	2.3660	0.0984	100	9.1386	0.2079	145	21.1651	0.3314
11	0.0622	0.0135	56	2.4644	0.1006	101	9.3465	0.2105	146	21.4964	0.3342
12	0.0758	0.0150	57	2.5650	0.1028	102	9.5569	0.2131	147	21.8306	0.3371
13	0.0908	0.0166	58	2.6678	0.1051	103	9.7700	0.2157	148	22.1678	0.3400
14	0.1074	0.0181	59	2.7729	0.1074	104	9.9857	0.2183	149	22.5078	0.3429
15	0.1255	0.0197	60	2.8803	0.1096	105	10.2041	0.2210	150	22.8506	0.3458
16	0.1452	0.0213	61	2.9899	0.1119	106	10.4250	0.2236	151	23.1964	0.3487
17	0.1665	0.0230	62	3.1019	0.1142	107	10.6487	0.2263	152	23.5451	0.3516
18	0.1895	0.0246	63	3.2161	0.1165	108	10.8749	0.2289	153	23.8967	0.3545
19	0.2141	0.0263	64	3.3326	0.1189	109	11.1039	0.2316	154	24.2511	0.3574
20	0.2404	0.0280	65	3.4515	0.1212	110	11.3355	0.2343	155	24.6085	0.3603
21	0.2685	0.0298	66	3.5727	0.1235	111	11.5697	0.2369	156	24.9689	0.3632
22	0.2982	0.0315	67	3.6962	0.1259	112	11.8067	0.2396	157	25.3321	0.3662
23	0.3298	0.0333	68	3.8221	0.1282	113	12.0463	0.2423	158	25.6983	0.3691
24	0.3631	0.0351	69	3.9503	0.1306	114	12.2886	0.2450	159	26.0674	0.3720
25	0.3981	0.0369	70	4.0809	0.1330	115	12.5336	0.2477	160	26.4394	0.3750
26	0.4351	0.0387	71	4.2138	0.1353	116	12.7813	0.2504	161	26.8144	0.3779
27	0.4738	0.0406	72	4.3492	0.1377	117	13.0317	0.2531	162	27.1923	0.3809
28	0.5144	0.0425	73	4.4869	0.1401	118	13.2848	0.2558	163	27.5732	0.3838
29	0.5568	0.0443	74	4.6270	0.1425	119	13.5406	0.2586	164	27.9570	0.3868
30	0.6012	0.0463	75	4.7696	0.1450	120	13.7992	0.2613	165	28.3438	0.3898
31	0.6474	0.0482	76	4.9145	0.1474	121	14.0604	0.2640	166	28.7336	0.3927
32	0.6956	0.0501	77	5.0619	0.1498	122	14.3245	0.2668	167	29.1263	0.3957
33	0.7457	0.0521	78	5.2117	0.1522	123	14.5912	0.2695	168	29.5220	0.3987
34	0.7978	0.0540	79	5.3640	0.1547	124	14.8607	0.2723	169	29.9207	0.4017
35	0.8518	0.0560	80	5.5187	0.1572	125	15.1330	0.2750	170	30.3224	0.4047
36	0.9078	0.0580	81	5.6758	0.1596	126	15.4080	0.2778	171	30.7270	0.4077
37	0.9658	0.0600	82	5.8354	0.1621	127	15.6858	0.2806	172	31.1347	0.4106
38	1.0258	0.0620	83	5.9975	0.1646	128	15.9664	0.2833	173	31.5453	0.4137
39	1.0878	0.0641	84	6.1621	0.1671	129	16.2497	0.2861	174	31.9590	0.4167
40	1.1519	0.0661	85	6.3291	0.1696	130	16.5358	0.2889	175	32.3756	0.4197
41	1.2180	0.0682	86	6.4987	0.1721	131	16.8247	0.2917	176	32.7953	0.4227
42	1.2862	0.0703	87	6.6707	0.1746	132	17.1164	0.2945	177	33.2180	0.4257
43	1.3565	0.0723	88	6.8453	0.1771	133	17.4109	0.2973	178	33.6437	0.4287
44	1.4288	0.0745	89	7.0224	0.1796	134	17.7082	0.3001	179	34.0724	0.4318
45	1.5033	0.0766	90	7.2020	0.1821	135	18.0083	0.3029	180	34.5042	0.4318
46	1.5798	0.0787	91	7.3841	0.1847	136	18.3112	0.3057			

资料名称：西藏自治区立木材积表。

藏

1156. 西藏柏木一元立木材积表

$V = 0.000037221D^{2.7194}$；$D \leqslant 180\text{cm}$

D	V	ΔV	D	V	ΔV	D	V	ΔV	D	V	ΔV
2	0.0002	0.0005	47	1.3119	0.0773	92	8.1492	0.2431	137	24.0650	0.4807
3	0.0007	0.0009	48	1.3892	0.0801	93	8.3923	0.2477	138	24.5457	0.4867
4	0.0016	0.0013	49	1.4693	0.0830	94	8.6400	0.2522	139	25.0324	0.4928
5	0.0030	0.0019	50	1.5523	0.0859	95	8.8922	0.2569	140	25.5252	0.4989
6	0.0049	0.0025	51	1.6382	0.0888	96	9.1491	0.2615	141	26.0240	0.5050
7	0.0074	0.0032	52	1.7270	0.0918	97	9.4106	0.2662	142	26.5290	0.5111
8	0.0106	0.0040	53	1.8188	0.0948	98	9.6767	0.2709	143	27.0401	0.5173
9	0.0146	0.0049	54	1.9136	0.0979	99	9.9476	0.2756	144	27.5574	0.5235
10	0.0195	0.0058	55	2.0115	0.1010	100	10.2232	0.2804	145	28.0810	0.5298
11	0.0253	0.0067	56	2.1126	0.1042	101	10.5036	0.2852	146	28.6107	0.5360
12	0.0320	0.0078	57	2.2167	0.1074	102	10.7889	0.2901	147	29.1468	0.5424
13	0.0398	0.0089	58	2.3241	0.1106	103	11.0789	0.2950	148	29.6891	0.5487
14	0.0487	0.0101	59	2.4347	0.1139	104	11.3739	0.2999	149	30.2378	0.5551
15	0.0588	0.0113	60	2.5485	0.1172	105	11.6737	0.3048	150	30.7929	0.5615
16	0.0700	0.0126	61	2.6657	0.1205	106	11.9786	0.3098	151	31.3544	0.5679
17	0.0826	0.0139	62	2.7862	0.1239	107	12.2884	0.3148	152	31.9222	0.5743
18	0.0965	0.0153	63	2.9101	0.1273	108	12.6032	0.3199	153	32.4966	0.5808
19	0.1117	0.0167	64	3.0375	0.1308	109	12.9231	0.3250	154	33.0774	0.5874
20	0.1285	0.0182	65	3.1683	0.1343	110	13.2480	0.3301	155	33.6648	0.5939
21	0.1467	0.0198	66	3.3026	0.1379	111	13.5781	0.3352	156	34.2587	0.6005
22	0.1665	0.0214	67	3.4405	0.1414	112	13.9133	0.3404	157	34.8592	0.6071
23	0.1879	0.0231	68	3.5819	0.1451	113	14.2538	0.3456	158	35.4663	0.6138
24	0.2109	0.0248	69	3.7270	0.1487	114	14.5994	0.3509	159	36.0801	0.6204
25	0.2357	0.0265	70	3.8757	0.1524	115	14.9503	0.3562	160	36.7005	0.6271
26	0.2622	0.0283	71	4.0281	0.1562	116	15.3065	0.3615	161	37.3276	0.6339
27	0.2906	0.0302	72	4.1843	0.1599	117	15.6680	0.3668	162	37.9615	0.6406
28	0.3208	0.0321	73	4.3442	0.1637	118	16.0348	0.3722	163	38.6021	0.6474
29	0.3529	0.0341	74	4.5079	0.1676	119	16.4070	0.3776	164	39.2495	0.6542
30	0.3870	0.0361	75	4.6755	0.1715	120	16.7847	0.3831	165	39.9038	0.6611
31	0.4231	0.0381	76	4.8470	0.1754	121	17.1678	0.3886	166	40.5649	0.6680
32	0.4612	0.0403	77	5.0224	0.1794	122	17.5564	0.3941	167	41.2328	0.6749
33	0.5015	0.0424	78	5.2018	0.1834	123	17.9505	0.3996	168	41.9077	0.6818
34	0.5439	0.0446	79	5.3851	0.1874	124	18.3501	0.4052	169	42.5896	0.6888
35	0.5885	0.0469	80	5.5725	0.1915	125	18.7553	0.4108	170	43.2784	0.6958
36	0.6353	0.0491	81	5.7640	0.1956	126	19.1662	0.4165	171	43.9742	0.7028
37	0.6845	0.0515	82	5.9595	0.1997	127	19.5827	0.4222	172	44.6770	0.7099
38	0.7360	0.0539	83	6.1593	0.2039	128	20.0048	0.4279	173	45.3869	0.7170
39	0.7898	0.0563	84	6.3632	0.2081	129	20.4327	0.4336	174	46.1039	0.7241
40	0.8461	0.0588	85	6.5713	0.2124	130	20.8663	0.4394	175	46.8280	0.7313
41	0.9049	0.0613	86	6.7836	0.2167	131	21.3057	0.4452	176	47.5593	0.7384
42	0.9662	0.0638	87	7.0003	0.2210	132	21.7509	0.4510	177	48.2977	0.7456
43	1.0300	0.0664	88	7.2213	0.2253	133	22.2019	0.4569	178	49.0434	0.7529
44	1.0965	0.0691	89	7.4466	0.2297	134	22.6588	0.4628	179	49.7962	0.7602
45	1.1656	0.0718	90	7.6764	0.2342	135	23.1216	0.4687	180	50.5564	0.7602
46	1.2373	0.0745	91	7.9105	0.2386	136	23.5903	0.4747			

适用树种：柏木；适用地区：西藏；资料名称：西藏自治区立木材积表。

1157. 西藏落叶松一元立木材积表

$V = 0.00040721D^{2.1852}$；$D \leqslant 100\text{cm}$

D	V	ΔV	D	V	ΔV	D	V	ΔV	D	V	ΔV
2	0.0019	0.0026	27	0.5466	0.0452	52	2.2889	0.0973	77	5.3973	0.1544
3	0.0045	0.0039	28	0.5918	0.0472	53	2.3862	0.0995	78	5.5517	0.1567
4	0.0084	0.0053	29	0.6389	0.0491	54	2.4857	0.1017	79	5.7084	0.1591
5	0.0137	0.0067	30	0.6881	0.0511	55	2.5874	0.1039	80	5.8675	0.1615
6	0.0204	0.0082	31	0.7392	0.0531	56	2.6913	0.1061	81	6.0289	0.1638
7	0.0286	0.0097	32	0.7923	0.0551	57	2.7974	0.1084	82	6.1928	0.1662
8	0.0383	0.0112	33	0.8474	0.0571	58	2.9058	0.1106	83	6.3590	0.1686
9	0.0495	0.0128	34	0.9045	0.0591	59	3.0164	0.1128	84	6.5276	0.1710
10	0.0624	0.0144	35	0.9636	0.0612	60	3.1292	0.1151	85	6.6986	0.1734
11	0.0768	0.0161	36	1.0248	0.0632	61	3.2443	0.1174	86	6.8720	0.1758
12	0.0929	0.0178	37	1.0881	0.0653	62	3.3617	0.1196	87	7.0478	0.1782
13	0.1107	0.0195	38	1.1534	0.0674	63	3.4813	0.1219	88	7.2261	0.1806
14	0.1301	0.0212	39	1.2207	0.0694	64	3.6032	0.1242	89	7.4067	0.1831
15	0.1513	0.0229	40	1.2901	0.0715	65	3.7273	0.1265	90	7.5898	0.1855
16	0.1742	0.0247	41	1.3617	0.0736	66	3.8538	0.1287	91	7.7753	0.1879
17	0.1989	0.0265	42	1.4353	0.0757	67	3.9825	0.1310	92	7.9632	0.1904
18	0.2253	0.0283	43	1.5110	0.0778	68	4.1136	0.1333	93	8.1536	0.1928
19	0.2536	0.0301	44	1.5889	0.0800	69	4.2469	0.1357	94	8.3464	0.1953
20	0.2837	0.0319	45	1.6689	0.0821	70	4.3825	0.1380	95	8.5416	0.1977
21	0.3156	0.0338	46	1.7510	0.0843	71	4.5205	0.1403	96	8.7393	0.2002
22	0.3494	0.0356	47	1.8352	0.0864	72	4.6608	0.1426	97	8.9395	0.2026
23	0.3850	0.0375	48	1.9216	0.0886	73	4.8034	0.1450	98	9.1421	0.2051
24	0.4225	0.0394	49	2.0102	0.0907	74	4.9484	0.1473	99	9.3472	0.2076
25	0.4620	0.0413	50	2.1009	0.0929	75	5.0957	0.1496	100	9.5547	0.2076
26	0.5033	0.0433	51	2.1938	0.0951	76	5.2453	0.1520			

适用树种：落叶松；适用地区：西藏自治区；资料名称：西藏自治区立木材积表；编表人或作者：国家林业局中南森林资源监测中心、国家林业局中南调查规划设计院；刊印或发表时间：2001。

1158. 西藏华山松一元立木材积表

$$V = 0.00023546D^{2.3698};\ D \leqslant 100\text{cm}$$

D	V	ΔV	D	V	ΔV	D	V	ΔV	D	V	ΔV
2	0.0012	0.0020	27	0.5807	0.0523	52	2.7447	0.1267	77	6.9586	0.2161
3	0.0032	0.0031	28	0.6330	0.0549	53	2.8715	0.1301	78	7.1747	0.2199
4	0.0063	0.0044	29	0.6879	0.0575	54	3.0015	0.1334	79	7.3946	0.2237
5	0.0107	0.0058	30	0.7454	0.0602	55	3.1349	0.1368	80	7.6183	0.2276
6	0.0164	0.0073	31	0.8056	0.0630	56	3.2717	0.1401	81	7.8459	0.2315
7	0.0237	0.0088	32	0.8686	0.0657	57	3.4118	0.1436	82	8.0774	0.2354
8	0.0325	0.0105	33	0.9343	0.0685	58	3.5554	0.1470	83	8.3128	0.2393
9	0.0430	0.0122	34	1.0028	0.0713	59	3.7024	0.1504	84	8.5521	0.2432
10	0.0552	0.0140	35	1.0741	0.0742	60	3.8528	0.1539	85	8.7954	0.2472
11	0.0692	0.0158	36	1.1483	0.0770	61	4.0067	0.1574	86	9.0426	0.2512
12	0.0850	0.0178	37	1.2253	0.0799	62	4.1642	0.1609	87	9.2937	0.2551
13	0.1027	0.0197	38	1.3052	0.0829	63	4.3251	0.1645	88	9.5489	0.2592
14	0.1225	0.0218	39	1.3881	0.0858	64	4.4895	0.1680	89	9.8080	0.2632
15	0.1442	0.0238	40	1.4739	0.0888	65	4.6576	0.1716	90	10.0712	0.2672
16	0.1681	0.0260	41	1.5628	0.0918	66	4.8292	0.1752	91	10.3384	0.2713
17	0.1940	0.0281	42	1.6546	0.0949	67	5.0044	0.1788	92	10.6097	0.2753
18	0.2222	0.0304	43	1.7495	0.0980	68	5.1832	0.1825	93	10.8850	0.2794
19	0.2525	0.0326	44	1.8474	0.1011	69	5.3656	0.1861	94	11.1644	0.2835
20	0.2852	0.0350	45	1.9485	0.1042	70	5.5518	0.1898	95	11.4479	0.2876
21	0.3201	0.0373	46	2.0527	0.1073	71	5.7416	0.1935	96	11.7356	0.2918
22	0.3574	0.0397	47	2.1600	0.1105	72	5.9350	0.1972	97	12.0273	0.2959
23	0.3971	0.0421	48	2.2705	0.1137	73	6.1322	0.2009	98	12.3232	0.3001
24	0.4393	0.0446	49	2.3842	0.1169	74	6.3332	0.2047	99	12.6233	0.3043
25	0.4839	0.0471	50	2.5011	0.1202	75	6.5379	0.2085	100	12.9276	0.3043
26	0.5310	0.0497	51	2.6213	0.1234	76	6.7464	0.2123			

适用树种：华山松；适用地区：西藏自治区；资料名称：西藏自治区立木材积表；编表人或作者：国家林业局中南森林资源监测中心、国家林业局中南调查规划设计院；刊印或发表时间：2001。

1159. 西藏云南松一元立木材积表

$V = 0.00025034D^{2.3802}$；$D \leqslant 100\text{cm}$

D	V	ΔV	D	V	ΔV	D	V	ΔV	D	V	ΔV
2	0.0013	0.0021	27	0.6389	0.0578	52	3.0406	0.1410	77	7.7403	0.2414
3	0.0034	0.0034	28	0.6967	0.0607	53	3.1816	0.1448	78	7.9817	0.2457
4	0.0068	0.0048	29	0.7574	0.0637	54	3.3264	0.1485	79	8.2274	0.2501
5	0.0115	0.0063	30	0.8211	0.0666	55	3.4749	0.1523	80	8.4774	0.2544
6	0.0178	0.0079	31	0.8877	0.0697	56	3.6272	0.1561	81	8.7319	0.2588
7	0.0257	0.0096	32	0.9574	0.0728	57	3.7832	0.1599	82	8.9906	0.2632
8	0.0353	0.0114	33	1.0301	0.0759	58	3.9431	0.1637	83	9.2538	0.2676
9	0.0468	0.0133	34	1.1060	0.0790	59	4.1069	0.1676	84	9.5214	0.2720
10	0.0601	0.0153	35	1.1850	0.0822	60	4.2745	0.1715	85	9.7934	0.2765
11	0.0754	0.0173	36	1.2672	0.0854	61	4.4460	0.1754	86	10.0699	0.2809
12	0.0927	0.0195	37	1.3526	0.0886	62	4.6215	0.1794	87	10.3508	0.2854
13	0.1122	0.0216	38	1.4412	0.0919	63	4.8009	0.1834	88	10.6362	0.2899
14	0.1338	0.0239	39	1.5331	0.0952	64	4.9843	0.1874	89	10.9262	0.2945
15	0.1577	0.0262	40	1.6284	0.0986	65	5.1716	0.1914	90	11.2207	0.2990
16	0.1839	0.0285	41	1.7269	0.1019	66	5.3630	0.1954	91	11.5197	0.3036
17	0.2124	0.0310	42	1.8289	0.1054	67	5.5584	0.1995	92	11.8233	0.3082
18	0.2434	0.0334	43	1.9342	0.1088	68	5.7580	0.2036	93	12.1315	0.3128
19	0.2768	0.0359	44	2.0430	0.1123	69	5.9615	0.2077	94	12.4443	0.3174
20	0.3128	0.0385	45	2.1553	0.1158	70	6.1693	0.2118	95	12.7617	0.3221
21	0.3513	0.0411	46	2.2710	0.1193	71	6.3811	0.2160	96	13.0837	0.3267
22	0.3924	0.0438	47	2.3903	0.1228	72	6.5971	0.2202	97	13.4105	0.3314
23	0.4362	0.0465	48	2.5132	0.1264	73	6.8173	0.2244	98	13.7419	0.3361
24	0.4827	0.0493	49	2.6396	0.1300	74	7.0417	0.2286	99	14.0780	0.3408
25	0.5320	0.0521	50	2.7696	0.1337	75	7.2703	0.2329	100	14.4188	0.3408
26	0.5840	0.0549	51	2.9033	0.1373	76	7.5031	0.2371			

适用树种：云南松；适用地区：西藏自治区；资料名称：西藏自治区立木材积表；编表人或作者：国家林业局中南森林资源监测中心、国家林业局中南调查规划设计院；刊印或发表时间：2001。

1160. 西藏高山松一元立木材积表

$$V = 0.00017318D^{2.4224};\ D \leqslant 100\text{cm}$$

D	V	ΔV	D	V	ΔV	D	V	ΔV	D	V	ΔV
2	0.0009	0.0016	27	0.5080	0.0468	52	2.4851	0.1174	77	6.4318	0.2042
3	0.0025	0.0025	28	0.5547	0.0492	53	2.6025	0.1205	78	6.6360	0.2080
4	0.0050	0.0036	29	0.6040	0.0517	54	2.7230	0.1238	79	6.8440	0.2118
5	0.0085	0.0047	30	0.6557	0.0542	55	2.8468	0.1270	80	7.0557	0.2156
6	0.0133	0.0060	31	0.7099	0.0567	56	2.9738	0.1303	81	7.2713	0.2194
7	0.0193	0.0074	32	0.7666	0.0593	57	3.1041	0.1336	82	7.4907	0.2232
8	0.0267	0.0088	33	0.8259	0.0619	58	3.2376	0.1369	83	7.7139	0.2271
9	0.0355	0.0103	34	0.8879	0.0646	59	3.3745	0.1402	84	7.9409	0.2309
10	0.0458	0.0119	35	0.9525	0.0673	60	3.5147	0.1436	85	8.1719	0.2348
11	0.0577	0.0135	36	1.0197	0.0700	61	3.6583	0.1470	86	8.4067	0.2388
12	0.0712	0.0152	37	1.0897	0.0727	62	3.8053	0.1504	87	8.6455	0.2427
13	0.0865	0.0170	38	1.1624	0.0755	63	3.9557	0.1538	88	8.8882	0.2466
14	0.1035	0.0188	39	1.2379	0.0783	64	4.1095	0.1573	89	9.1348	0.2506
15	0.1223	0.0207	40	1.3162	0.0811	65	4.2668	0.1608	90	9.3854	0.2546
16	0.1430	0.0226	41	1.3974	0.0840	66	4.4275	0.1643	91	9.6401	0.2586
17	0.1656	0.0246	42	1.4813	0.0869	67	4.5918	0.1678	92	9.8987	0.2627
18	0.1902	0.0266	43	1.5682	0.0898	68	4.7596	0.1713	93	10.1613	0.2667
19	0.2168	0.0287	44	1.6580	0.0928	69	4.9309	0.1749	94	10.4280	0.2708
20	0.2455	0.0308	45	1.7508	0.0957	70	5.1058	0.1785	95	10.6988	0.2749
21	0.2763	0.0330	46	1.8466	0.0987	71	5.2843	0.1821	96	10.9737	0.2790
22	0.3093	0.0352	47	1.9453	0.1018	72	5.4664	0.1857	97	11.2526	0.2831
23	0.3445	0.0374	48	2.0471	0.1048	73	5.6521	0.1894	98	11.5357	0.2872
24	0.3819	0.0397	49	2.1519	0.1079	74	5.8415	0.1931	99	11.8229	0.2914
25	0.4216	0.0420	50	2.2599	0.1110	75	6.0346	0.1968	100	12.1143	0.2914
26	0.4636	0.0444	51	2.3709	0.1142	76	6.2313	0.2005			

适用树种：高山松；适用地区：西藏自治区；资料名称：西藏自治区立木材积表；编表人或作者：国家林业局中南森林资源监测中心、国家林业局中南调查规划设计院；刊印或发表时间：2001。

1161. 西藏乔松一元立木材积表

$V = 0.00020306D^{2.3028}$；$D \leqslant 100$cm

D	V	ΔV	D	V	ΔV	D	V	ΔV	D	V	ΔV
2	0.0010	0.0015	27	0.4016	0.0351	52	1.8165	0.0815	77	4.4858	0.1353
3	0.0025	0.0024	28	0.4367	0.0368	53	1.8980	0.0835	78	4.6210	0.1376
4	0.0049	0.0033	29	0.4734	0.0384	54	1.9814	0.0855	79	4.7586	0.1399
5	0.0083	0.0043	30	0.5118	0.0401	55	2.0670	0.0876	80	4.8985	0.1422
6	0.0126	0.0054	31	0.5520	0.0419	56	2.1545	0.0896	81	5.0406	0.1445
7	0.0179	0.0065	32	0.5939	0.0436	57	2.2442	0.0917	82	5.1851	0.1468
8	0.0244	0.0076	33	0.6375	0.0454	58	2.3359	0.0938	83	5.3318	0.1491
9	0.0320	0.0088	34	0.6828	0.0471	59	2.4296	0.0959	84	5.4809	0.1514
10	0.0408	0.0100	35	0.7300	0.0489	60	2.5255	0.0980	85	5.6324	0.1538
11	0.0508	0.0113	36	0.7789	0.0507	61	2.6235	0.1001	86	5.7861	0.1561
12	0.0621	0.0126	37	0.8296	0.0525	62	2.7236	0.1022	87	5.9422	0.1585
13	0.0746	0.0139	38	0.8822	0.0544	63	2.8258	0.1044	88	6.1007	0.1608
14	0.0885	0.0152	39	0.9365	0.0562	64	2.9302	0.1065	89	6.2615	0.1632
15	0.1037	0.0166	40	0.9928	0.0581	65	3.0367	0.1087	90	6.4247	0.1656
16	0.1204	0.0180	41	1.0509	0.0600	66	3.1454	0.1108	91	6.5903	0.1680
17	0.1384	0.0195	42	1.1108	0.0619	67	3.2562	0.1130	92	6.7583	0.1704
18	0.1579	0.0209	43	1.1727	0.0638	68	3.3692	0.1152	93	6.9286	0.1728
19	0.1788	0.0224	44	1.2364	0.0657	69	3.4844	0.1174	94	7.1014	0.1752
20	0.2012	0.0239	45	1.3021	0.0676	70	3.6018	0.1196	95	7.2766	0.1776
21	0.2251	0.0255	46	1.3697	0.0695	71	3.7214	0.1218	96	7.4542	0.1800
22	0.2506	0.0270	47	1.4392	0.0715	72	3.8432	0.1240	97	7.6342	0.1825
23	0.2776	0.0286	48	1.5107	0.0735	73	3.9672	0.1263	98	7.8166	0.1849
24	0.3062	0.0302	49	1.5842	0.0754	74	4.0935	0.1285	99	8.0015	0.1873
25	0.3364	0.0318	50	1.6596	0.0774	75	4.2220	0.1308	100	8.1889	0.1873
26	0.3682	0.0334	51	1.7371	0.0794	76	4.3527	0.1330			

适用树种：乔松；适用地区：西藏自治区；资料名称：西藏自治区立木材积表；编表人或作者：国家林业局中南森林资源监测中心、国家林业局中南调查规划设计院；刊印或发表时间：2001。

1162. 西藏栎类一元立木材积表

$V=0.00019383D^{2.3035}$；$D\leqslant 140\text{cm}$

D	V	ΔV	D	V	ΔV	D	V	ΔV	D	V	ΔV
2	0.0010	0.0015	37	0.7939	0.0503	72	3.6795	0.1188	107	9.1645	0.1985
3	0.0024	0.0023	38	0.8442	0.0521	73	3.7983	0.1209	108	9.3629	0.2009
4	0.0047	0.0032	39	0.8963	0.0538	74	3.9192	0.1231	109	9.5639	0.2033
5	0.0079	0.0041	40	0.9501	0.0556	75	4.0423	0.1252	110	9.7672	0.2057
6	0.0120	0.0051	41	1.0057	0.0574	76	4.1675	0.1274	111	9.9729	0.2082
7	0.0171	0.0062	42	1.0631	0.0592	77	4.2949	0.1296	112	10.1811	0.2106
8	0.0233	0.0073	43	1.1223	0.0610	78	4.4245	0.1318	113	10.3917	0.2131
9	0.0306	0.0084	44	1.1834	0.0629	79	4.5562	0.1339	114	10.6048	0.2155
10	0.0390	0.0096	45	1.2462	0.0647	80	4.6902	0.1361	115	10.8203	0.2180
11	0.0486	0.0108	46	1.3109	0.0666	81	4.8263	0.1384	116	11.0382	0.2204
12	0.0593	0.0120	47	1.3775	0.0685	82	4.9647	0.1406	117	11.2587	0.2229
13	0.0713	0.0133	48	1.4460	0.0703	83	5.1053	0.1428	118	11.4816	0.2254
14	0.0846	0.0146	49	1.5163	0.0722	84	5.2481	0.1450	119	11.7069	0.2279
15	0.0992	0.0159	50	1.5885	0.0741	85	5.3931	0.1473	120	11.9348	0.2303
16	0.1151	0.0173	51	1.6627	0.0761	86	5.5404	0.1495	121	12.1651	0.2328
17	0.1324	0.0186	52	1.7387	0.0780	87	5.6899	0.1518	122	12.3980	0.2353
18	0.1510	0.0200	53	1.8167	0.0799	88	5.8417	0.1540	123	12.6333	0.2378
19	0.1710	0.0214	54	1.8967	0.0819	89	5.9957	0.1563	124	12.8712	0.2404
20	0.1925	0.0229	55	1.9785	0.0838	90	6.1520	0.1586	125	13.1115	0.2429
21	0.2154	0.0244	56	2.0624	0.0858	91	6.3106	0.1609	126	13.3544	0.2454
22	0.2397	0.0258	57	2.1482	0.0878	92	6.4715	0.1632	127	13.5998	0.2479
23	0.2656	0.0274	58	2.2360	0.0898	93	6.6347	0.1655	128	13.8477	0.2505
24	0.2929	0.0289	59	2.3258	0.0918	94	6.8002	0.1678	129	14.0982	0.2530
25	0.3218	0.0304	60	2.4176	0.0938	95	6.9680	0.1701	130	14.3512	0.2556
26	0.3522	0.0320	61	2.5115	0.0959	96	7.1381	0.1724	131	14.6068	0.2581
27	0.3842	0.0336	62	2.6073	0.0979	97	7.3105	0.1748	132	14.8649	0.2607
28	0.4178	0.0352	63	2.7052	0.0999	98	7.4853	0.1771	133	15.1256	0.2633
29	0.4530	0.0368	64	2.8052	0.1020	99	7.6624	0.1795	134	15.3889	0.2658
30	0.4897	0.0384	65	2.9071	0.1041	100	7.8419	0.1818	135	15.6547	0.2684
31	0.5282	0.0401	66	3.0112	0.1061	101	8.0237	0.1842	136	15.9231	0.2710
32	0.5682	0.0417	67	3.1173	0.1082	102	8.2079	0.1865	137	16.1941	0.2736
33	0.6100	0.0434	68	3.2256	0.1103	103	8.3944	0.1889	138	16.4677	0.2762
34	0.6534	0.0451	69	3.3359	0.1124	104	8.5834	0.1913	139	16.7439	0.2788
35	0.6985	0.0468	70	3.4483	0.1145	105	8.7747	0.1937	140	17.0226	0.2788
36	0.7454	0.0486	71	3.5628	0.1167	106	8.9684	0.1961			

适用树种：栎类；适用地区：西藏自治区；资料名称：西藏自治区立木材积表；编表人或作者：国家林业局中南森林资源监测中心、国家林业局中南调查规划设计院；刊印或发表时间：2001。

1163. 西藏桦树一元立木材积表

$V = 0.000093527D^{2.5431}$；$D \leqslant 80\text{cm}$

D	V	ΔV	D	V	ΔV	D	V	ΔV	D	V	ΔV
2	0.0005	0.0010	22	0.2426	0.0290	42	1.2561	0.0775	62	3.3820	0.1405
3	0.0015	0.0016	23	0.2716	0.0310	43	1.3336	0.0803	63	3.5224	0.1439
4	0.0032	0.0024	24	0.3027	0.0331	44	1.4138	0.0832	64	3.6663	0.1474
5	0.0056	0.0033	25	0.3358	0.0352	45	1.4970	0.0861	65	3.8138	0.1510
6	0.0089	0.0043	26	0.3710	0.0374	46	1.5831	0.0890	66	3.9648	0.1546
7	0.0132	0.0053	27	0.4084	0.0396	47	1.6720	0.0920	67	4.1193	0.1582
8	0.0185	0.0065	28	0.4479	0.0418	48	1.7640	0.0950	68	4.2775	0.1618
9	0.0250	0.0077	29	0.4897	0.0441	49	1.8590	0.0980	69	4.4393	0.1655
10	0.0327	0.0090	30	0.5338	0.0464	50	1.9570	0.1011	70	4.6047	0.1691
11	0.0416	0.0103	31	0.5803	0.0488	51	2.0581	0.1042	71	4.7739	0.1729
12	0.0519	0.0117	32	0.6290	0.0512	52	2.1622	0.1073	72	4.9467	0.1766
13	0.0637	0.0132	33	0.6803	0.0537	53	2.2696	0.1105	73	5.1233	0.1804
14	0.0769	0.0147	34	0.7339	0.0561	54	2.3801	0.1137	74	5.3037	0.1842
15	0.0916	0.0163	35	0.7901	0.0587	55	2.4938	0.1169	75	5.4879	0.1880
16	0.1079	0.0180	36	0.8487	0.0612	56	2.6107	0.1202	76	5.6759	0.1919
17	0.1259	0.0197	37	0.9100	0.0639	57	2.7309	0.1235	77	5.8677	0.1957
18	0.1456	0.0215	38	0.9738	0.0665	58	2.8544	0.1268	78	6.0635	0.1997
19	0.1671	0.0233	39	1.0403	0.0692	59	2.9812	0.1302	79	6.2631	0.2036
20	0.1904	0.0251	40	1.1095	0.0719	60	3.1114	0.1336	80	6.4667	0.2036
21	0.2155	0.0271	41	1.1814	0.0747	61	3.2450	0.1370			

适用树种：桦树；适用地区：西藏自治区；资料名称：西藏自治区立木材积表；编表人或作者：国家林业局中南森林资源监测中心、国家林业局中南调查规划设计院；刊印或发表时间：2001。

1164. 西藏阔叶树一元立木材积表

$V = 0.0002929D^{2.2335}$；$D \leqslant 160\text{cm}$

D	V	ΔV	D	V	ΔV	D	V	ΔV	D	V	ΔV
2	0.0014	0.0020	42	1.2366	0.0667	82	5.5109	0.1512	122	13.3846	0.2463
3	0.0034	0.0031	43	1.3034	0.0687	83	5.6621	0.1535	123	13.6308	0.2488
4	0.0065	0.0042	44	1.3721	0.0706	84	5.8156	0.1558	124	13.8796	0.2512
5	0.0107	0.0054	45	1.4427	0.0726	85	5.9714	0.1580	125	14.1308	0.2537
6	0.0160	0.0066	46	1.5153	0.0746	86	6.1295	0.1603	126	14.3846	0.2562
7	0.0226	0.0079	47	1.5898	0.0765	87	6.2898	0.1626	127	14.6408	0.2587
8	0.0305	0.0092	48	1.6664	0.0785	88	6.4524	0.1649	128	14.8995	0.2612
9	0.0396	0.0105	49	1.7449	0.0805	89	6.6173	0.1672	129	15.1608	0.2637
10	0.0501	0.0119	50	1.8254	0.0826	90	6.7845	0.1695	130	15.4245	0.2663
11	0.0620	0.0133	51	1.9080	0.0846	91	6.9541	0.1718	131	15.6908	0.2688
12	0.0753	0.0147	52	1.9926	0.0866	92	7.1259	0.1742	132	15.9596	0.2713
13	0.0901	0.0162	53	2.0792	0.0886	93	7.3001	0.1765	133	16.2309	0.2738
14	0.1063	0.0177	54	2.1678	0.0907	94	7.4765	0.1788	134	16.5047	0.2764
15	0.1240	0.0192	55	2.2585	0.0927	95	7.6553	0.1812	135	16.7811	0.2789
16	0.1433	0.0208	56	2.3512	0.0948	96	7.8365	0.1835	136	17.0600	0.2814
17	0.1640	0.0223	57	2.4461	0.0969	97	8.0200	0.1858	137	17.3414	0.2840
18	0.1864	0.0239	58	2.5429	0.0990	98	8.2058	0.1882	138	17.6254	0.2865
19	0.2103	0.0255	59	2.6419	0.1011	99	8.3940	0.1906	139	17.9120	0.2891
20	0.2358	0.0271	60	2.7430	0.1032	100	8.5846	0.1929	140	18.2010	0.2917
21	0.2630	0.0288	61	2.8461	0.1053	101	8.7775	0.1953	141	18.4927	0.2942
22	0.2918	0.0305	62	2.9514	0.1074	102	8.9728	0.1977	142	18.7869	0.2968
23	0.3222	0.0321	63	3.0588	0.1095	103	9.1705	0.2000	143	19.0837	0.2994
24	0.3543	0.0338	64	3.1683	0.1116	104	9.3705	0.2024	144	19.3830	0.3019
25	0.3882	0.0355	65	3.2799	0.1138	105	9.5729	0.2048	145	19.6850	0.3045
26	0.4237	0.0373	66	3.3937	0.1159	106	9.7778	0.2072	146	19.9895	0.3071
27	0.4610	0.0390	67	3.5096	0.1181	107	9.9850	0.2096	147	20.2966	0.3097
28	0.5000	0.0408	68	3.6277	0.1202	108	10.1946	0.2120	148	20.6062	0.3123
29	0.5407	0.0425	69	3.7479	0.1224	109	10.4067	0.2144	149	20.9185	0.3149
30	0.5833	0.0443	70	3.8703	0.1246	110	10.6211	0.2169	150	21.2334	0.3175
31	0.6276	0.0461	71	3.9949	0.1268	111	10.8380	0.2193	151	21.5508	0.3201
32	0.6737	0.0479	72	4.1217	0.1290	112	11.0573	0.2217	152	21.8709	0.3227
33	0.7216	0.0498	73	4.2506	0.1312	113	11.2790	0.2242	153	22.1936	0.3253
34	0.7714	0.0516	74	4.3818	0.1334	114	11.5031	0.2266	154	22.5189	0.3279
35	0.8230	0.0534	75	4.5151	0.1356	115	11.7297	0.2290	155	22.8468	0.3305
36	0.8764	0.0553	76	4.6507	0.1378	116	11.9588	0.2315	156	23.1773	0.3331
37	0.9317	0.0572	77	4.7885	0.1400	117	12.1902	0.2339	157	23.5105	0.3358
38	0.9889	0.0591	78	4.9285	0.1422	118	12.4242	0.2364	158	23.8462	0.3384
39	1.0480	0.0610	79	5.0707	0.1445	119	12.6606	0.2389	159	24.1847	0.3410
40	1.1090	0.0629	80	5.2152	0.1467	120	12.8994	0.2413	160	24.5257	0.3410
41	1.1719	0.0648	81	5.3619	0.1490	121	13.1408	0.2438			

适用树种：阔叶树；适用地区：西藏自治区；资料名称：西藏自治区立木材积表；编表人或作者：国家林业局中南森林资源监测中心、国家林业局中南调查规划设计院；刊印或发表时间：2001。

1165. 西藏察隅-波密地区长苞冷杉一元立木材积表

$$V = 0.0000668882756D^{1.91036}H^{0.9442};\ D \leqslant 136\text{cm}$$

$$D < 52\text{cm时}:H = 1.3238 + 0.7718D - 0.0013D^2$$

$$D \geqslant 52\text{cm时}:H = 12.683 + 0.6061D - 0.0021D^2$$

D	V	ΔV	D	V	ΔV	D	V	ΔV	D	V	ΔV
8	0.0236	0.0087	41	2.0493	0.1402	74	9.2585	0.2976	107	21.5804	0.4469
9	0.0323	0.0106	42	2.1895	0.1461	75	9.5561	0.3026	108	22.0273	0.4506
10	0.0429	0.0126	43	2.3356	0.1521	76	9.8587	0.3076	109	22.4779	0.4543
11	0.0555	0.0148	44	2.4877	0.1582	77	10.1663	0.3126	110	22.9322	0.4579
12	0.0703	0.0171	45	2.6459	0.1644	78	10.4789	0.3175	111	23.3901	0.4614
13	0.0874	0.0196	46	2.8103	0.1706	79	10.7964	0.3225	112	23.8515	0.4650
14	0.1070	0.0222	47	2.9809	0.1770	80	11.1189	0.3273	113	24.3165	0.4683
15	0.1292	0.0250	48	3.1579	0.1835	81	11.4462	0.3323	114	24.7848	0.4716
16	0.1542	0.0278	49	3.3414	0.1900	82	11.7785	0.3372	115	25.2564	0.4750
17	0.1820	0.0309	50	3.5314	0.1966	83	12.1157	0.3419	116	25.7314	0.4781
18	0.2129	0.0341	51	3.7280	0.2033	84	12.4576	0.3468	117	26.2095	0.4812
19	0.2470	0.0373	52	3.9313	0.2436	85	12.8044	0.3516	118	26.6907	0.4843
20	0.2843	0.0408	53	4.1749	0.1918	86	13.1560	0.3564	119	27.1750	0.4873
21	0.3251	0.0444	54	4.3667	0.1968	87	13.5124	0.3611	120	27.6623	0.4901
22	0.3695	0.0480	55	4.5635	0.2017	88	13.8735	0.3657	121	28.1524	0.4929
23	0.4175	0.0519	56	4.7652	0.2068	89	14.2392	0.3705	122	28.6453	0.4957
24	0.4694	0.0558	57	4.9720	0.2117	90	14.6097	0.3751	123	29.1410	0.4983
25	0.5252	0.0599	58	5.1837	0.2168	91	14.9848	0.3796	124	29.6393	0.5009
26	0.5851	0.0641	59	5.4005	0.2218	92	15.3644	0.3842	125	30.1402	0.5033
27	0.6492	0.0684	60	5.6223	0.2268	93	15.7486	0.3887	126	30.6435	0.5057
28	0.7176	0.0728	61	5.8491	0.2319	94	16.1373	0.3932	127	31.1492	0.5081
29	0.7904	0.0773	62	6.0810	0.2369	95	16.5305	0.3976	128	31.6573	0.5102
30	0.8677	0.0820	63	6.3179	0.2420	96	16.9281	0.4020	129	32.1675	0.5123
31	0.9497	0.0868	64	6.5599	0.2471	97	17.3301	0.4064	130	32.6798	0.5144
32	1.0365	0.0916	65	6.8070	0.2522	98	17.7365	0.4106	131	33.1942	0.5162
33	1.1281	0.0966	66	7.0592	0.2572	99	18.1471	0.4149	132	33.7104	0.5181
34	1.2247	0.1017	67	7.3164	0.2623	100	18.5620	0.4190	133	34.2285	0.5199
35	1.3264	0.1069	68	7.5787	0.2673	101	18.9810	0.4232	134	34.7484	0.5214
36	1.4333	0.1122	69	7.8460	0.2724	102	19.4042	0.4273	135	35.2698	0.5230
37	1.5455	0.1176	70	8.1184	0.2775	103	19.8315	0.4313	136	35.7928	0.5230
38	1.6631	0.1231	71	8.3959	0.2825	104	20.2628	0.4353			
39	1.7862	0.1287	72	8.6784	0.2875	105	20.6981	0.4393			
40	1.9149	0.1344	73	8.9659	0.2926	106	21.1374	0.4430			

适用树种：长苞冷杉；适用地区：西藏察隅-波密地区；资料名称：西藏察隅-波密地区主要树种立木材积表的编制（油印，中国科学院地理科学与资源研究所馆藏）；编表人或作者：中国科学院青藏高原综合科学考察队；刊印时间：1974。其他说明：样木 80 株；树高方程根据原资料数据重新拟合；二元材积式来自“西南地区冷杉二元立木材积表”（云南省林业调查规划院，1973）。

藏

1166. 西藏波密地区丽江云杉二元立木材积表

$V = 0.0000660572D^{1.77818}H^{1.07704}$；$D \leqslant 140\text{cm}, H \leqslant 72\text{m}$

D <24cm时：$H = 246 + 0.5432D + 0.0067D^2$；

D ⩾24cm时：$H = -4.8159 + 1.1124D - 0.004D^2$

D	H	V	D	H	V	D	H	V	D	H	V	D	H	V
8	7	0.0217	35	20	0.9264	62	34	4.5350	89	47	12.2237	116	61	25.9280
9	7	0.0267	36	21	1.0266	63	34	4.6659	90	48	12.7550	117	61	26.3268
10	8	0.0372	37	21	1.0778	64	35	4.9506	91	48	13.0081	118	62	27.2005
11	8	0.0441	38	22	1.1882	65	35	5.0890	92	49	13.5612	119	62	27.6117
12	9	0.0584	39	22	1.2444	66	36	5.3901	93	49	13.8244	120	63	28.5128
13	9	0.0674	40	23	1.3655	67	36	5.5362	94	50	14.3998	121	63	28.9367
14	10	0.0861	41	23	1.4268	68	37	5.8542	95	50	14.6733	122	64	29.8656
15	10	0.0973	42	24	1.5592	69	37	6.0082	96	51	15.2713	123	64	30.3023
16	11	0.1210	43	24	1.6258	70	38	6.3435	97	51	15.5553	124	65	31.2594
17	11	0.1347	44	25	1.7698	71	38	6.5055	98	52	16.1764	125	65	31.7091
18	12	0.1638	45	25	1.8419	72	39	6.8585	99	52	16.4711	126	66	32.6948
19	12	0.1803	46	26	1.9980	73	39	7.0288	100	53	17.1157	127	66	33.1576
20	13	0.2154	47	26	2.0758	74	40	7.4000	101	53	17.4212	128	67	34.1723
21	13	0.2349	48	27	2.2444	75	40	7.5788	102	54	18.0897	129	67	34.6485
22	14	0.2763	49	27	2.3282	76	41	7.9685	103	54	18.4062	130	68	35.6925
23	14	0.2990	50	28	2.5098	77	41	8.1559	104	55	19.0989	131	68	36.1822
24	15	0.3474	51	28	2.5998	78	42	8.5646	105	55	19.4267	132	69	37.2560
25	15	0.3736	52	29	2.7948	79	42	8.7609	106	56	20.1441	133	69	37.7594
26	16	0.4294	53	29	2.8910	80	43	9.1890	107	56	20.4832	134	70	38.8633
27	16	0.4592	54	30	3.0999	81	43	9.3942	108	57	21.2257	135	70	39.3805
28	17	0.5230	55	30	3.2027	82	44	9.8421	109	57	21.5764	136	71	40.5150
29	17	0.5566	56	31	3.4259	83	44	10.0566	110	58	22.3443	137	71	41.0462
30	18	0.6288	57	31	3.5354	84	45	10.5247	111	58	22.7068	138	72	42.2116
31	18	0.6665	58	32	3.7733	85	45	10.7486	112	59	23.5005	139	72	42.7570
32	19	0.7475	59	32	3.8897	86	46	11.2373	113	59	23.8749	140	73	43.9537
33	19	0.7896	60	33	4.1428	87	46	11.4707	114	60	24.6949			
34	20	0.8799	61	33	4.2664	88	47	11.9805	115	60	25.0814			

适用树种：丽江云杉；适用地区：西藏波密地区；资料名称：西藏察隅-波密地区主要树种立木材积表的编制（油印，中国科学院地理科学与资源研究所馆藏）；编表人或作者：中国科学院青藏高原综合科学考察队；刊印时间：1974。

1167. 西藏波密地区丽江云杉一元立木材积表

$$V = 0.0000660572D^{1.77818}H^{1.07704}\text{；}D \leqslant 140\text{cm}$$

$$D < 24\text{cm时：}H = 2.46 + 0.5432D + 0.0067D^2$$

$$D \geqslant 24\text{cm时：}H = -4.8159 + 1.1124D - 0.004D^2$$

D	V	ΔV	D	V	ΔV	D	V	ΔV	D	V	ΔV
8	0.0225	0.0079	42	2.3228	0.1572	76	11.2605	0.3747	110	26.9602	0.5350
9	0.0304	0.0096	43	2.4800	0.1635	77	11.6352	0.3809	111	27.4952	0.5378
10	0.0400	0.0115	44	2.6435	0.1696	78	12.0161	0.3868	112	28.0330	0.5403
11	0.0515	0.0136	45	2.8131	0.1758	79	12.4029	0.3928	113	28.5733	0.5429
12	0.0651	0.0157	46	2.9889	0.1821	80	12.7957	0.3987	114	29.1162	0.5452
13	0.0808	0.0181	47	3.1710	0.1884	81	13.1944	0.4045	115	29.6614	0.5474
14	0.0989	0.0208	48	3.3594	0.1947	82	13.5989	0.4103	116	30.2088	0.5494
15	0.1197	0.0235	49	3.5541	0.2012	83	14.0092	0.4160	117	30.7582	0.5513
16	0.1432	0.0265	50	3.7553	0.2075	84	14.4252	0.4216	118	31.3095	0.5530
17	0.1697	0.0298	51	3.9628	0.2140	85	14.8468	0.4272	119	31.8625	0.5546
18	0.1995	0.0331	52	4.1768	0.2204	86	15.2740	0.4327	120	32.4171	0.5560
19	0.2326	0.0368	53	4.3972	0.2270	87	15.7067	0.4381	121	32.9731	0.5573
20	0.2694	0.0406	54	4.6242	0.2334	88	16.1448	0.4434	122	33.5304	0.5583
21	0.3100	0.0447	55	4.8576	0.2400	89	16.5882	0.4487	123	34.0887	0.5593
22	0.3547	0.0490	56	5.0976	0.2465	90	17.0369	0.4538	124	34.6480	0.5600
23	0.4037	0.0566	57	5.3441	0.2530	91	17.4907	0.4589	125	35.2080	0.5607
24	0.4603	0.0598	58	5.5971	0.2596	92	17.9496	0.4639	126	35.7687	0.5610
25	0.5201	0.0644	59	5.8567	0.2661	93	18.4135	0.4687	127	36.3297	0.5612
26	0.5845	0.0691	60	6.1228	0.2727	94	18.8822	0.4736	128	36.8909	0.5614
27	0.6536	0.0738	61	6.3955	0.2792	95	19.3558	0.4782	129	37.4523	0.5611
28	0.7274	0.0789	62	6.6747	0.2857	96	19.8340	0.4829	130	38.0134	0.5609
29	0.8063	0.0838	63	6.9604	0.2922	97	20.3169	0.4873	131	38.5743	0.5604
30	0.8901	0.0890	64	7.2526	0.2988	98	20.8042	0.4916	132	39.1347	0.5598
31	0.9791	0.0942	65	7.5514	0.3053	99	21.2958	0.4960	133	39.6945	0.5589
32	1.0733	0.0996	66	7.8567	0.3117	100	21.7918	0.5001	134	40.2534	0.5578
33	1.1729	0.1050	67	8.1684	0.3181	101	22.2919	0.5042	135	40.8112	0.5566
34	1.2779	0.1105	68	8.4865	0.3246	102	22.7961	0.5080	136	41.3678	0.5551
35	1.3884	0.1161	69	8.8111	0.3310	103	23.3041	0.5119	137	41.9229	0.5535
36	1.5045	0.1218	70	9.1421	0.3374	104	23.8160	0.5156	138	42.4764	0.5517
37	1.6263	0.1275	71	9.4795	0.3437	105	24.3316	0.5191	139	43.0281	0.5496
38	1.7538	0.1333	72	9.8232	0.3500	106	24.8507	0.5226	140	43.5777	0.5496
39	1.8871	0.1393	73	10.1732	0.3562	107	25.3733	0.5258			
40	2.0264	0.1452	74	10.5294	0.3625	108	25.8991	0.5291			
41	2.1716	0.1512	75	10.8919	0.3686	109	26.4282	0.5320			

适用树种：丽江云杉；适用地区：西藏波密地区；资料名称：西藏察隅-波密地区主要树种立木材积表的编制（油印，中国科学院地理科学与资源研究所馆藏）；编表人或作者：中国科学院青藏高原综合科学考察队；刊印时间：1974。其他说明：样木 209 株；根据原资料重新计算订正。

1168. 西藏察隅地区云南松一元立木材积表

$$V = 0.0000634454D^{1.976}H^{0.8843}；D \leqslant 108\text{cm}$$

$$H = -1.7609 + 0.9571D - 0.0044D^2$$

D	V	ΔV	D	V	ΔV	D	V	ΔV	D	V	ΔV
8	0.0178	0.0077	34	1.1894	0.0984	60	5.3833	0.2311	86	12.9345	0.3466
9	0.0255	0.0096	35	1.2878	0.1031	61	5.6144	0.2363	87	13.2811	0.3500
10	0.0351	0.0117	36	1.3909	0.1079	62	5.8507	0.2413	88	13.6311	0.3531
11	0.0468	0.0138	37	1.4988	0.1128	63	6.0920	0.2465	89	13.9842	0.3563
12	0.0606	0.0162	38	1.6116	0.1177	64	6.3385	0.2514	90	14.3405	0.3593
13	0.0768	0.0187	39	1.7293	0.1226	65	6.5899	0.2564	91	14.6998	0.3622
14	0.0955	0.0214	40	1.8519	0.1276	66	6.8463	0.2614	92	15.0620	0.3649
15	0.1169	0.0242	41	1.9795	0.1326	67	7.1077	0.2663	93	15.4269	0.3675
16	0.1411	0.0271	42	2.1121	0.1377	68	7.3740	0.2711	94	15.7944	0.3701
17	0.1682	0.0302	43	2.2498	0.1427	69	7.6451	0.2759	95	16.1645	0.3723
18	0.1984	0.0333	44	2.3925	0.1479	70	7.9210	0.2807	96	16.5368	0.3746
19	0.2317	0.0367	45	2.5404	0.1531	71	8.2017	0.2853	97	16.9114	0.3767
20	0.2684	0.0402	46	2.6935	0.1582	72	8.4870	0.2900	98	17.2881	0.3786
21	0.3086	0.0436	47	2.8517	0.1634	73	8.7770	0.2946	99	17.6667	0.3804
22	0.3522	0.0474	48	3.0151	0.1686	74	9.0716	0.2990	100	18.0471	0.3821
23	0.3996	0.0511	49	3.1837	0.1738	75	9.3706	0.3035	101	18.4292	0.3835
24	0.4507	0.0550	50	3.3575	0.1790	76	9.6741	0.3078	102	18.8127	0.3848
25	0.5057	0.0589	51	3.5365	0.1843	77	9.9819	0.3121	103	19.1975	0.3861
26	0.5646	0.0630	52	3.7208	0.1896	78	10.2940	0.3163	104	19.5836	0.3870
27	0.6276	0.0672	53	3.9104	0.1947	79	10.6103	0.3204	105	19.9706	0.3878
28	0.6948	0.0713	54	4.1051	0.2000	80	10.9307	0.3244	106	20.3584	0.3886
29	0.7661	0.0758	55	4.3051	0.2052	81	11.2551	0.3284	107	20.7470	0.3890
30	0.8419	0.0801	56	4.5103	0.2105	82	11.5835	0.3322	108	21.1360	0.3890
31	0.9220	0.0845	57	4.7208	0.2156	83	11.9157	0.3360			
32	1.0065	0.0891	58	4.9364	0.2209	84	12.2517	0.3396			
33	1.0956	0.0938	59	5.1573	0.2260	85	12.5913	0.3432			

适用树种：云南松；适用地区：西藏察隅地区；资料名称：西藏察隅-波密地区主要树种立木材积表的编制（油印，中国科学院地理科学与资源研究所馆藏）；编表人或作者：中国科学院青藏高原综合科学考察队；刊印时间：1974。其他说明：样木 176 株；树高方程根据原资料重新拟合；二元材积式来自“滇西北地区云南松二元立木材积表”（云南省林业调查规划院，1973）。

25 陕西省立木材积表

陕西省编表地区划分：

桥山、黄龙山区域：桥山、黄龙山、崂山林区，凡渭河以北范围，均查该区域一元材积表，关山林区亦属于此区域。

秦岭东部与西部两区域：渭河以南，汉江以北。

秦岭东部、西部界线为西安市、宁陕、石泉与蓝田、柞水、镇安、汉阴相邻的县界。此界以西（包括西安市、宁陕、石泉）为秦岭西部区域；以东（包括蓝田、柞水、镇安、汉阴）为秦岭东部区域。

巴山区域：汉江以南。

凡样地落入以上区域范围内，即查该区域的一元材积表，如勤勉县跨越秦岭西部巴山区域，以汉江为界分别查之。在汉江上游不易区分区域的县，为便于查表，规定略阳县全县均属秦岭西部区域。宁强县全县均属巴山区域。样地如落在秦岭东部、西部区域界线上，一律查东部区域一元材积表。马尾松、杉木、侧柏三树种不分区域。

树种组划分：

侧柏表：包括侧柏、杜松。

油松表：包括油松、樟子松、白皮松。

华山松表：包括华山松、落叶松、云杉、铁杉。

马尾松表：马尾松。

杉木表：包括杉木、水杉。

栎类表：包括各种栎及栗。

桦类表：包括红桦、光皮桦、白桦等。

杨类表：包括山杨、卜氏杨、青杨、小叶杨及其他杨树。

阔杂类表：包括刺槐、柳、泡桐、漆、枫杨、槭、杜梨、榆、臭椿、毛红桦及其他阔叶树等。

1169. 陕西通用马尾松一元立木材积表

径级 60 cm 以上材积式：$V = 0.0010554D^{1.87196}$

D	V	ΔV	D	V	ΔV	D	V	ΔV	D	V	ΔV
4	0.0030	0.0030	19	0.1610	0.0210	34	0.6460	0.0455	49	1.4615	0.0635
5	0.006	0.0030	20	0.1820	0.0230	35	0.6915	0.0455	50	1.5250	0.0670
6	0.0090	0.0045	21	0.2050	0.0230	36	0.7370	0.0485	51	1.5920	0.0670
7	0.0135	0.0045	22	0.2280	0.0270	37	0.7855	0.0485	52	1.6590	0.0700
8	0.0180	0.0070	23	0.2550	0.0270	38	0.8340	0.0505	53	1.7290	0.0700
9	0.0250	0.0070	24	0.2820	0.0290	39	0.8845	0.0505	54	1.7990	0.0740
10	0.0320	0.0095	25	0.3110	0.0290	40	0.9350	0.0535	55	1.8730	0.0740
11	0.0415	0.0095	26	0.3400	0.0335	41	0.9885	0.0535	56	1.9470	0.0710
12	0.0510	0.0120	27	0.3735	0.0335	42	1.0420	0.0570	57	2.0180	0.0710
13	0.0630	0.0120	28	0.4070	0.0365	43	1.0990	0.0570	58	2.0890	0.0800
14	0.0750	0.0150	29	0.4435	0.0365	44	1.1560	0.0570	59	2.1690	0.0800
15	0.0900	0.0150	30	0.4800	0.0395	45	1.2130	0.0570	60	2.2490	0.0800
16	0.1050	0.0175	31	0.5195	0.0395	46	1.2700	0.0640			
17	0.1225	0.0175	32	0.5590	0.0435	47	1.3340	0.0640			
18	0.1400	0.0210	33	0.6025	0.0435	48	1.3980	0.0635			

适用树种：马尾松；适用地区：陕西全省；资料名称：林业工作手册；编表人或作者：陕西省林业厅；刊印或发表时间：1985。

1170. 陕西通用杉木一元立木材积表

径级 50 cm 以上材积式：$V = 0.00068593D^{1.96998}$

D	V	ΔV	D	V	ΔV	D	V	ΔV	D	V	ΔV
4	0.0030	0.0025	16	0.1080	0.0185	28	0.4130	0.0350	40	0.9140	0.0520
5	0.006	0.0025	17	0.1265	0.0185	29	0.4480	0.0350	41	0.9660	0.0520
6	0.0080	0.0050	18	0.1450	0.0215	30	0.4830	0.0365	42	1.0180	0.0595
7	0.0130	0.0050	19	0.1665	0.0215	31	0.5195	0.0365	43	1.0775	0.0595
8	0.0180	0.0065	20	0.1880	0.0245	32	0.5560	0.0410	44	1.1370	0.0635
9	0.0245	0.0065	21	0.2125	0.0245	33	0.5970	0.0410	45	1.2005	0.0635
10	0.0310	0.0105	22	0.2370	0.0275	34	0.6380	0.0430	46	1.2640	0.0675
11	0.0415	0.0105	23	0.2645	0.0275	35	0.6810	0.0430	47	1.3315	0.0675
12	0.0520	0.0125	24	0.2920	0.0285	36	0.7240	0.0460	48	1.3990	0.0630
13	0.0645	0.0125	25	0.3205	0.0285	37	0.7700	0.0460	49	1.4620	0.0630
14	0.0770	0.0155	26	0.3490	0.0320	38	0.8160	0.0490	50	1.5250	0.0630
15	0.0925	0.0155	27	0.3810	0.0320	39	0.8650	0.0490			

适用树种：杉木；适用地区：陕西全省；资料名称：林业工作手册；编表人或作者：陕西省林业厅；刊印或发表时间：1985。

1171. 陕西通用侧柏一元立木材积表

径级 50 cm 以上材积式：$V = 0.0065064D^{1.88133}$

D	V	ΔV	D	V	ΔV	D	V	ΔV	D	V	ΔV
4	0.0030	0.0025	16	0.0770	0.0115	28	0.2720	0.0220	40	0.6080	0.0355
5	0.006	0.0025	17	0.0885	0.0115	29	0.2940	0.0220	41	0.6435	0.0355
6	0.0080	0.0035	18	0.1000	0.0145	30	0.3160	0.0265	42	0.6790	0.0380
7	0.0115	0.0035	19	0.1145	0.0145	31	0.3425	0.0265	43	0.7170	0.0380
8	0.0150	0.0025	20	0.1290	0.0155	32	0.3690	0.0265	44	0.7550	0.0405
9	0.0175	0.0025	21	0.1445	0.0155	33	0.3955	0.0265	45	0.7955	0.0405
10	0.0200	0.0100	22	0.1600	0.0170	34	0.4220	0.0290	46	0.8360	0.0430
11	0.0300	0.0100	23	0.1770	0.0170	35	0.4510	0.0290	47	0.8790	0.0430
12	0.0400	0.0080	24	0.1940	0.0185	36	0.4800	0.0310	48	0.9220	0.0455
13	0.0480	0.0080	25	0.2125	0.0185	37	0.5110	0.0310	49	0.9675	0.0455
14	0.0560	0.0105	26	0.2310	0.0205	38	0.5420	0.0330	50	1.0130	0.0455
15	0.0665	0.0105	27	0.2515	0.0205	39	0.5750	0.0330			

适用树种：侧柏；适用地区：陕西全省；资料名称：林业工作手册；编表人或作者：陕西省林业厅；刊印或发表时间：1985。

1172. 黄龙、桥山区油松一元立木材积表

径级 50 cm 以上材积式：$V = 0.00081944D^{1.9078}$

D	V	ΔV	D	V	ΔV	D	V	ΔV	D	V	ΔV
4	0.0030	0.0025	16	0.0940	0.0160	28	0.3720	0.0330	40	0.8610	0.0520
5	0.006	0.0025	17	0.1100	0.0160	29	0.4050	0.0330	41	0.9130	0.0520
6	0.0080	0.0040	18	0.1260	0.0190	30	0.4380	0.0365	42	0.9650	0.0590
7	0.0120	0.0040	19	0.1450	0.0190	31	0.4745	0.0365	43	1.0240	0.0590
8	0.0160	0.0060	20	0.1640	0.0220	32	0.5110	0.0405	44	1.0830	0.0560
9	0.0220	0.0060	21	0.1860	0.0220	33	0.5515	0.0405	45	1.1390	0.0560
10	0.0280	0.0085	22	0.2080	0.0235	34	0.5920	0.0415	46	1.1950	0.0585
11	0.0365	0.0085	23	0.2315	0.0235	35	0.6335	0.0415	47	1.2535	0.0585
12	0.0450	0.0110	24	0.2550	0.0285	36	0.6750	0.0445	48	1.3120	0.0590
13	0.0560	0.0110	25	0.2835	0.0285	37	0.7195	0.0445	49	1.3710	0.0590
14	0.0670	0.0135	26	0.3120	0.0300	38	0.7640	0.0485	50	1.4300	0.0590
15	0.0805	0.0135	27	0.3420	0.0300	39	0.8125	0.0485			

适用树种：油松；适用地区：黄龙、桥山区；资料名称：林业工作手册；编表人或作者：陕西省林业厅；刊印或发表时间：1985。

1173. 黄龙、桥山区栎类一元立木材积表

径级 50 cm 以上材积式：$V = 0.00069915D^{1.89983}$

D	V	ΔV	D	V	ΔV	D	V	ΔV	D	V	ΔV
4	0.0030	0.0025	16	0.0910	0.0145	28	0.3330	0.0280	40	0.7330	0.0415
5	0.006	0.0025	17	0.1055	0.0145	29	0.3610	0.0280	41	0.7745	0.0415
6	0.0080	0.0045	18	0.1200	0.0170	30	0.3890	0.0290	42	0.8160	0.0415
7	0.0125	0.0045	19	0.1370	0.0170	31	0.4180	0.0290	43	0.8575	0.0415
8	0.0170	0.0065	20	0.1540	0.0200	32	0.4470	0.0350	44	0.8990	0.0465
9	0.0235	0.0065	21	0.1740	0.0200	33	0.4820	0.0350	45	0.9455	0.0465
10	0.0300	0.0080	22	0.1940	0.0195	34	0.5170	0.0350	46	0.9920	0.0500
11	0.0380	0.0080	23	0.2135	0.0195	35	0.5520	0.0350	47	1.0420	0.0500
12	0.0460	0.0105	24	0.2330	0.0245	36	0.5870	0.0365	48	1.0920	0.0435
13	0.0565	0.0105	25	0.2575	0.0245	37	0.6235	0.0365	49	1.1355	0.0435
14	0.0670	0.0120	26	0.2820	0.0255	38	0.6600	0.0365	50	1.1790	0.0435
15	0.0790	0.0120	27	0.3075	0.0255	39	0.6965	0.0365			

适用树种：栎类；适用地区：黄龙、桥山区；资料名称：林业工作手册；编表人或作者：陕西省林业厅；刊印或发表时间：1985。

1174. 黄龙、桥山区桦树一元立木材积表

径级 50 cm 以上材积式：$V = 0.0081475D^{1.85936}$

D	V	ΔV	D	V	ΔV	D	V	ΔV	D	V	ΔV
4	0.0040	0.0025	16	0.1030	0.0160	28	0.3620	0.0280	40	0.7500	0.0385
5	0.007	0.0025	17	0.1190	0.0160	29	0.3900	0.0280	41	0.7885	0.0385
6	0.0090	0.0050	18	0.1350	0.0180	30	0.4180	0.0300	42	0.8270	0.0400
7	0.0140	0.0050	19	0.1530	0.0180	31	0.4480	0.0300	43	0.8670	0.0400
8	0.0190	0.0065	20	0.1710	0.0205	32	0.4780	0.0325	44	0.9070	0.0425
9	0.0255	0.0065	21	0.1915	0.0205	33	0.5105	0.0325	45	0.9495	0.0425
10	0.0320	0.0095	22	0.2120	0.0230	34	0.5430	0.0325	46	0.9920	0.0450
11	0.0415	0.0095	23	0.2350	0.0230	35	0.5755	0.0325	47	1.0370	0.0450
12	0.0510	0.0120	24	0.2580	0.0240	36	0.6080	0.0345	48	1.0820	0.0465
13	0.0630	0.0120	25	0.2820	0.0240	37	0.6425	0.0345	49	1.1285	0.0465
14	0.0750	0.0140	26	0.3060	0.0280	38	0.6770	0.0365	50	1.1750	0.0465
15	0.0890	0.0140	27	0.3340	0.0280	39	0.7135	0.0365			

适用树种：桦树；适用地区：黄龙、桥山区；资料名称：林业工作手册；编表人或作者：陕西省林业厅；刊印或发表时间：1985。

1175. 黄龙、桥山区杨类一元立木材积表

径级 50 cm 以上材积式：$V = 0.00080829D^{1.94402}$

D	V	ΔV	D	V	ΔV	D	V	ΔV	D	V	ΔV
4	0.0030	0.0030	16	0.1120	0.0190	28	0.4400	0.0395	40	1.0040	0.0555
5	0.006	0.0030	17	0.1310	0.0190	29	0.4795	0.0395	41	1.0595	0.0555
6	0.0090	0.0050	18	0.1500	0.0225	30	0.5190	0.0415	42	1.1150	0.0595
7	0.0140	0.0050	19	0.1725	0.0225	31	0.5605	0.0415	43	1.1745	0.0595
8	0.0190	0.0070	20	0.1950	0.0255	32	0.6020	0.0455	44	1.2340	0.0625
9	0.0260	0.0070	21	0.2205	0.0255	33	0.6475	0.0455	45	1.2965	0.0625
10	0.0330	0.0100	22	0.2460	0.0290	34	0.6930	0.0490	46	1.3590	0.0665
11	0.0430	0.0100	23	0.2750	0.0290	35	0.7420	0.0490	47	1.4255	0.0665
12	0.0530	0.0130	24	0.3040	0.0325	36	0.7910	0.0490	48	1.4920	0.0660
13	0.0660	0.0130	25	0.3365	0.0325	37	0.8400	0.0490	49	1.5580	0.0660
14	0.0790	0.0165	26	0.3690	0.0355	38	0.8890	0.0575	50	1.6240	0.0660
15	0.0955	0.0165	27	0.4045	0.0355	39	0.9465	0.0575			

适用树种：杨树；适用地区：黄龙、桥山区；资料名称：林业工作手册；编表人或作者：陕西省林业厅；刊印或发表时间：1985。

1176. 黄龙、桥山区阔叶树一元立木材积表

径级 50 cm 以上材积式：$V = 0.00061365D^{1.84458}$

D	V	ΔV	D	V	ΔV	D	V	ΔV	D	V	ΔV
4	0.0030	0.0025	16	0.0760	0.0115	28	0.2640	0.0195	40	0.5430	0.0260
5	0.006	0.0025	17	0.0875	0.0115	29	0.2835	0.0195	41	0.5690	0.0260
6	0.0080	0.0040	18	0.0990	0.0130	30	0.3030	0.0220	42	0.5950	0.0295
7	0.0120	0.0040	19	0.1120	0.0130	31	0.3250	0.0220	43	0.6245	0.0295
8	0.0160	0.0045	20	0.1250	0.0155	32	0.3470	0.0240	44	0.6540	0.0280
9	0.0205	0.0045	21	0.1405	0.0155	33	0.3710	0.0240	45	0.6820	0.0280
10	0.0250	0.0070	22	0.1560	0.0165	34	0.3950	0.0245	46	0.7100	0.0325
11	0.0320	0.0070	23	0.1725	0.0165	35	0.4195	0.0245	47	0.7425	0.0325
12	0.0390	0.0090	24	0.1890	0.0185	36	0.4440	0.0230	48	0.7750	0.0300
13	0.0480	0.0090	25	0.2075	0.0185	37	0.4670	0.0230	49	0.8050	0.0300
14	0.0570	0.0095	26	0.2260	0.0190	38	0.4900	0.0265	50	0.8350	0.0300
15	0.0665	0.0095	27	0.2450	0.0190	39	0.5165	0.0265			

适用树种：阔叶树；适用地区：黄龙、桥山区；资料名称：林业工作手册；编表人或作者：陕西省林业厅；刊印或发表时间：1985。

1177. 秦岭西部区冷杉一元立木材积表

径级 60 cm 以上材积式：$V = 0.0011361D^{1.89548}$

D	V	ΔV	D	V	ΔV	D	V	ΔV	D	V	ΔV
4	0.0030	0.0025	19	0.1860	0.0250	34	0.7700	0.0540	49	1.7465	0.0765
5	0.006	0.0025	20	0.2110	0.0285	35	0.8240	0.0540	50	1.8230	0.0800
6	0.0080	0.0055	21	0.2395	0.0285	36	0.8780	0.0585	51	1.9030	0.0800
7	0.0135	0.0055	22	0.2680	0.0325	37	0.9365	0.0585	52	1.9830	0.0840
8	0.0190	0.0075	23	0.3005	0.0325	38	0.9950	0.0600	53	2.0670	0.0840
9	0.0265	0.0075	24	0.3330	0.0365	39	1.0550	0.0600	54	2.1510	0.0825
10	0.0340	0.0110	25	0.3695	0.0365	40	1.1150	0.0670	55	2.2335	0.0825
11	0.0450	0.0110	26	0.4060	0.0405	41	1.1820	0.0670	56	2.3160	0.0860
12	0.0560	0.0135	27	0.4465	0.0405	42	1.2490	0.0690	57	2.4020	0.0860
13	0.0695	0.0135	28	0.4870	0.0445	43	1.3180	0.0690	58	2.4880	0.0890
14	0.0830	0.0175	29	0.5315	0.0445	44	1.3870	0.0690	59	2.5770	0.0890
15	0.1005	0.0175	30	0.5760	0.0475	45	1.4560	0.0690	60	2.6660	0.0890
16	0.1180	0.0215	31	0.6235	0.0475	46	1.5250	0.0725			
17	0.1395	0.0215	32	0.6710	0.0495	47	1.5975	0.0725			
18	0.1610	0.0250	33	0.7205	0.0495	48	1.6700	0.0765			

适用树种：冷杉；适用地区：秦岭西部区；资料名称：林业工作手册；编表人或作者：陕西省林业厅；刊印或发表时间：1985。

陕

1178. 秦岭西部区油松一元立木材积表

径级 60 cm 以上材积式：$V = 0.0012733D^{1.8655}$

D	V	ΔV	D	V	ΔV	D	V	ΔV	D	V	ΔV
4	0.0030	0.0035	19	0.1900	0.0250	34	0.7790	0.0540	49	1.7545	0.0745
5	0.007	0.0035	20	0.2150	0.0285	35	0.8330	0.0540	50	1.8290	0.0775
6	0.0100	0.0055	21	0.2435	0.0285	36	0.8870	0.0590	51	1.9065	0.0775
7	0.0155	0.0055	22	0.2720	0.0330	37	0.9460	0.0590	52	1.9840	0.0810
8	0.0210	0.0075	23	0.3050	0.0330	38	1.0050	0.0600	53	2.0650	0.0810
9	0.0285	0.0075	24	0.3380	0.0365	39	1.0650	0.0600	54	2.1460	0.0795
10	0.0360	0.0110	25	0.3745	0.0365	40	1.1250	0.0650	55	2.2255	0.0795
11	0.0470	0.0110	26	0.4110	0.0400	41	1.1900	0.0650	56	2.3050	0.0835
12	0.0580	0.0150	27	0.4510	0.0400	42	1.2550	0.0685	57	2.3885	0.0835
13	0.0730	0.0150	28	0.4910	0.0435	43	1.3235	0.0685	58	2.4720	0.0960
14	0.0880	0.0180	29	0.5345	0.0435	44	1.3920	0.0700	59	2.5680	0.0960
15	0.1060	0.0180	30	0.5780	0.0490	45	1.4620	0.0700	60	2.6640	0.0960
16	0.1240	0.0205	31	0.6270	0.0490	46	1.5320	0.0740			
17	0.1445	0.0205	32	0.6760	0.0515	47	1.6060	0.0740			
18	0.1650	0.0250	33	0.7275	0.0515	48	1.6800	0.0745			

适用树种：油松；适用地区：秦岭西部区；资料名称：林业工作手册；编表人或作者：陕西省林业厅；刊印或发表时间：1985。

1179. 秦岭西部区华山松一元立木材积表

径级 60 cm 以上材积式：$V = 0.0012565D^{1.83343}$

D	V	ΔV	D	V	ΔV	D	V	ΔV	D	V	ΔV
4	0.0030	0.0030	19	0.1845	0.0245	34	0.7250	0.0475	49	1.5445	0.0665
5	0.006	0.0030	20	0.2090	0.0290	35	0.7725	0.0475	50	1.6110	0.0645
6	0.0090	0.0050	21	0.2380	0.0290	36	0.8200	0.0475	51	1.6755	0.0645
7	0.0140	0.0050	22	0.2670	0.0310	37	0.8675	0.0475	52	1.7400	0.0675
8	0.0190	0.0080	23	0.2980	0.0310	38	0.9150	0.0545	53	1.8075	0.0675
9	0.0270	0.0080	24	0.3290	0.0335	39	0.9695	0.0545	54	1.8750	0.0705
10	0.0350	0.0105	25	0.3625	0.0335	40	1.0240	0.0575	55	1.9455	0.0705
11	0.0455	0.0105	26	0.3960	0.0380	41	1.0815	0.0575	56	2.0160	0.0665
12	0.0560	0.0140	27	0.4340	0.0380	42	1.1390	0.0570	57	2.0825	0.0665
13	0.0700	0.0140	28	0.4720	0.0385	43	1.1960	0.0570	58	2.1490	0.0690
14	0.0840	0.0170	29	0.5105	0.0385	44	1.2530	0.0575	59	2.2180	0.0690
15	0.1010	0.0170	30	0.5490	0.0420	45	1.3105	0.0575	60	2.2870	0.0690
16	0.1180	0.0210	31	0.5910	0.0420	46	1.3680	0.0550			
17	0.1390	0.0210	32	0.6330	0.0460	47	1.4230	0.0550			
18	0.1600	0.0245	33	0.6790	0.0460	48	1.4780	0.0665			

适用树种：华山松；适用地区：秦岭西部区；资料名称：林业工作手册；编表人或作者：陕西省林业厅；刊印或发表时间：1985。

1180. 秦岭西部区栎类一元立木材积表

径级 60 cm 以上材积式：$V = 0.0010092D^{1.87351}$

D	V	ΔV	D	V	ΔV	D	V	ΔV	D	V	ΔV
4	0.0040	0.0030	19	0.1710	0.0210	34	0.6570	0.0450	49	1.4430	0.0590
5	0.007	0.0030	20	0.1920	0.0250	35	0.7020	0.0450	50	1.5020	0.0650
6	0.0100	0.0055	21	0.2170	0.0250	36	0.7470	0.0470	51	1.5670	0.0650
7	0.0155	0.0055	22	0.2420	0.0265	37	0.7940	0.0470	52	1.6320	0.0640
8	0.0210	0.0075	23	0.2685	0.0265	38	0.8410	0.0470	53	1.6960	0.0640
9	0.0285	0.0075	24	0.2950	0.0305	39	0.8880	0.0470	54	1.7600	0.0665
10	0.0360	0.0100	25	0.3255	0.0305	40	0.9350	0.0555	55	1.8265	0.0665
11	0.0460	0.0100	26	0.3560	0.0330	41	0.9905	0.0555	56	1.8930	0.0645
12	0.0560	0.0125	27	0.3890	0.0330	42	1.0460	0.0535	57	1.9575	0.0645
13	0.0685	0.0125	28	0.4220	0.0360	43	1.0995	0.0535	58	2.0220	0.0710
14	0.0810	0.0155	29	0.4580	0.0360	44	1.1530	0.0565	59	2.0930	0.0710
15	0.0965	0.0155	30	0.4940	0.0400	45	1.2095	0.0565	60	2.1640	0.0710
16	0.1120	0.0190	31	0.5340	0.0400	46	1.2660	0.0590			
17	0.1310	0.0190	32	0.5740	0.0415	47	1.3250	0.0590			
18	0.1500	0.0210	33	0.6155	0.0415	48	1.3840	0.0590			

适用树种：栎类；适用地区：秦岭西部区；资料名称：林业工作手册；编表人或作者：陕西省林业厅；刊印或发表时间：1985。

1181. 秦岭西部区桦树一元立木材积表

径级 60 cm 以上材积式：$V = 0.001135D^{1.85936}$

D	V	ΔV	D	V	ΔV	D	V	ΔV	D	V	ΔV
4	0.0050	0.0035	19	0.2030	0.0250	34	0.7560	0.0470	49	1.5770	0.0600
5	0.009	0.0035	20	0.2280	0.0295	35	0.8030	0.0470	50	1.6370	0.0620
6	0.0120	0.0065	21	0.2575	0.0295	36	0.8500	0.0520	51	1.6990	0.0620
7	0.0185	0.0065	22	0.2870	0.0310	37	0.9020	0.0520	52	1.7610	0.0640
8	0.0250	0.0090	23	0.3180	0.0310	38	0.9540	0.0530	53	1.8250	0.0640
9	0.0340	0.0090	24	0.3490	0.0350	39	1.0070	0.0530	54	1.8890	0.0660
10	0.0430	0.0120	25	0.3840	0.0350	40	1.0600	0.0530	55	1.9550	0.0660
11	0.0550	0.0120	26	0.4190	0.0375	41	1.1130	0.0530	56	2.0210	0.0680
12	0.0670	0.0150	27	0.4565	0.0375	42	1.1660	0.0590	57	2.0890	0.0680
13	0.0820	0.0150	28	0.4940	0.0420	43	1.2250	0.0590	58	2.1570	0.0700
14	0.0970	0.0195	29	0.5360	0.0420	44	1.2840	0.0555	59	2.2270	0.0700
15	0.1165	0.0195	30	0.5780	0.0435	45	1.3395	0.0555	60	2.2970	0.0700
16	0.1360	0.0210	31	0.6215	0.0435	46	1.3950	0.0610			
17	0.1570	0.0210	32	0.6650	0.0455	47	1.4560	0.0610			
18	0.1780	0.0250	33	0.7105	0.0455	48	1.5170	0.0600			

适用树种：桦树；适用地区：秦岭西部区；资料名称：林业工作手册；编表人或作者：陕西省林业厅；刊印或发表时间：1985。

陕

1182. 秦岭西部区杨类一元立木材积表

径级 60 cm 以上材积式：$V = 0.0010363D^{1.94402}$

D	V	ΔV	D	V	ΔV	D	V	ΔV	D	V	ΔV
4	0.0040	0.0035	19	0.2135	0.0275	34	0.8680	0.0595	49	1.9395	0.0845
5	0.008	0.0035	20	0.2410	0.0320	35	0.9275	0.0595	50	2.0240	0.0890
6	0.0110	0.0065	21	0.2730	0.0320	36	0.9870	0.0645	51	2.1130	0.0890
7	0.0175	0.0065	22	0.3050	0.0375	37	1.0515	0.0645	52	2.2020	0.0935
8	0.0240	0.0085	23	0.3425	0.0375	38	1.1160	0.0665	53	2.2955	0.0935
9	0.0325	0.0085	24	0.3800	0.0410	39	1.1825	0.0665	54	2.3890	0.0925
10	0.0410	0.0125	25	0.4210	0.0410	40	1.2490	0.0705	55	2.4815	0.0925
11	0.0535	0.0125	26	0.4620	0.0440	41	1.3195	0.0705	56	2.5740	0.0960
12	0.0660	0.0160	27	0.5060	0.0440	42	1.3900	0.0720	57	2.6700	0.0960
13	0.0820	0.0160	28	0.5500	0.0485	43	1.4620	0.0720	58	2.7660	0.1000
14	0.0980	0.0200	29	0.5985	0.0485	44	1.5340	0.0765	59	2.8660	0.1000
15	0.1180	0.0200	30	0.6470	0.0535	45	1.6105	0.0765	60	2.9660	0.1000
16	0.1380	0.0240	31	0.7005	0.0535	46	1.6870	0.0840			
17	0.1620	0.0240	32	0.7540	0.0570	47	1.7710	0.0840			
18	0.1860	0.0275	33	0.8110	0.0570	48	1.8550	0.0845			

适用树种：杨树；适用地区：秦岭西部区；资料名称：林业工作手册；编表人或作者：陕西省林业厅；刊印或发表时间：1985。

1183. 秦岭西部区阔叶树一元立木材积表

径级 60 cm 以上材积式：$V = 0.0010021D^{1.84458}$

D	V	ΔV	D	V	ΔV	D	V	ΔV	D	V	ΔV
4	0.0040	0.0030	19	0.1585	0.0205	34	0.6010	0.0395	49	1.2830	0.0520
5	0.007	0.0030	20	0.1790	0.0230	35	0.6405	0.0395	50	1.3350	0.0540
6	0.0100	0.0050	21	0.2020	0.0230	36	0.6800	0.0405	51	1.3890	0.0540
7	0.0150	0.0050	22	0.2250	0.0250	37	0.7205	0.0405	52	1.4430	0.0560
8	0.0200	0.0070	23	0.2500	0.0250	38	0.7610	0.0425	53	1.4990	0.0560
9	0.0270	0.0070	24	0.2750	0.0270	39	0.8035	0.0425	54	1.5550	0.0585
10	0.0340	0.0090	25	0.3020	0.0270	40	0.8460	0.0450	55	1.6135	0.0585
11	0.0430	0.0090	26	0.3290	0.0305	41	0.8910	0.0450	56	1.6720	0.0560
12	0.0520	0.0120	27	0.3595	0.0305	42	0.9360	0.0475	57	1.7280	0.0560
13	0.0640	0.0120	28	0.3900	0.0335	43	0.9835	0.0475	58	1.7840	0.0625
14	0.0760	0.0140	29	0.4235	0.0335	44	1.0310	0.0475	59	1.8465	0.0625
15	0.0900	0.0140	30	0.4570	0.0355	45	1.0785	0.0475	60	1.9090	0.0625
16	0.1040	0.0170	31	0.4925	0.0355	46	1.1260	0.0525			
17	0.1210	0.0170	32	0.5280	0.0365	47	1.1785	0.0525			
18	0.1380	0.0205	33	0.5645	0.0365	48	1.2310	0.0520			

适用树种：阔叶树；适用地区：秦岭西部区；资料名称：林业工作手册；编表人或作者：陕西省林业厅；刊印或发表时间：1985。

1184. 秦岭东部区油松一元立木材积表

径级 60 cm 以上材积式：$V = 0.0010257D^{1.86556}$

D	V	ΔV	D	V	ΔV	D	V	ΔV	D	V	ΔV
4	0.0020	0.0030	19	0.1440	0.0180	34	0.5980	0.0425	49	1.3710	0.0600
5	0.005	0.0030	20	0.1620	0.0220	35	0.6405	0.0425	50	1.4310	0.0665
6	0.0080	0.0040	21	0.1840	0.0220	36	0.6830	0.0455	51	1.4975	0.0665
7	0.0120	0.0040	22	0.2060	0.0255	37	0.7285	0.0455	52	1.5640	0.0660
8	0.0160	0.0060	23	0.2315	0.0255	38	0.7740	0.0490	53	1.6300	0.0660
9	0.0220	0.0060	24	0.2570	0.0275	39	0.8230	0.0490	54	1.6960	0.0690
10	0.0280	0.0080	25	0.2845	0.0275	40	0.8720	0.0500	55	1.7650	0.0690
11	0.0360	0.0080	26	0.3120	0.0325	41	0.9220	0.0500	56	1.8340	0.0670
12	0.0440	0.0110	27	0.3445	0.0325	42	0.9720	0.0535	57	1.9010	0.0670
13	0.0550	0.0110	28	0.3770	0.0350	43	1.0255	0.0535	58	1.9680	0.0695
14	0.0660	0.0130	29	0.4120	0.0350	44	1.0790	0.0560	59	2.0375	0.0695
15	0.0790	0.0130	30	0.4470	0.0350	45	1.1350	0.0560	60	2.1070	0.0695
16	0.0920	0.0170	31	0.4820	0.0350	46	1.1910	0.0600			
17	0.1090	0.0170	32	0.5170	0.0405	47	1.2510	0.0600			
18	0.1260	0.0180	33	0.5575	0.0405	48	1.3110	0.0600			

适用树种：油松；适用地区：秦岭东部区；资料名称：林业工作手册；编表人或作者：陕西省林业厅；刊印或发表时间：1985。

1185. 秦岭东部区华山松一元立木材积表

径级 62 cm 以上材积式：$V = 0.0011086D^{1.83343}$

D	V	ΔV	D	V	ΔV	D	V	ΔV	D	V	ΔV
4	0.0020	0.0030	19	0.1385	0.0175	34	0.5740	0.0415	49	1.3165	0.0575
5	0.005	0.0030	20	0.1560	0.0205	35	0.6155	0.0415	50	1.3740	0.0610
6	0.0080	0.0040	21	0.1765	0.0205	36	0.6570	0.0450	51	1.4350	0.0610
7	0.0120	0.0040	22	0.1970	0.0240	37	0.7020	0.0450	52	1.4960	0.0585
8	0.0160	0.0060	23	0.2210	0.0240	38	0.7470	0.0450	53	1.5545	0.0585
9	0.0220	0.0060	24	0.2450	0.0270	39	0.7920	0.0450	54	1.6130	0.0665
10	0.0280	0.0075	25	0.2720	0.0270	40	0.8370	0.0490	55	1.6795	0.0665
11	0.0355	0.0075	26	0.2990	0.0310	41	0.8860	0.0490	56	1.7460	0.0635
12	0.0430	0.0105	27	0.3300	0.0310	42	0.9350	0.0515	57	1.8095	0.0635
13	0.0535	0.0105	28	0.3610	0.0330	43	0.9865	0.0515	58	1.8730	0.0605
14	0.0640	0.0130	29	0.3940	0.0330	44	1.0380	0.0560	59	1.9335	0.0605
15	0.0770	0.0130	30	0.4270	0.0360	45	1.0940	0.0560	60	1.9940	0.0680
16	0.0900	0.0155	31	0.4630	0.0360	46	1.1500	0.0545	61	2.0620	0.0680
17	0.1055	0.0155	32	0.4990	0.0375	47	1.2045	0.0545	62	2.1300	0.0680
18	0.1210	0.0175	33	0.5365	0.0375	48	1.2590	0.0575			

适用树种：华山松；适用地区：秦岭东部区；资料名称：林业工作手册；编表人或作者：陕西省林业厅；刊印或发表时间：1985。

1186. 秦岭东部区桦类一元立木材积表

径级 64 cm 以上材积式：$V = 0.0010746D^{1.85936}$

D	V	ΔV	D	V	ΔV	D	V	ΔV	D	V	ΔV
4	0.0040	0.0025	20	0.1740	0.0225	36	0.7150	0.0480	52	1.6150	0.0680
5	0.007	0.0025	21	0.1965	0.0225	37	0.7630	0.0480	53	1.6830	0.0680
6	0.0090	0.0050	22	0.2190	0.0265	38	0.8110	0.0485	54	1.7510	0.0660
7	0.0140	0.0050	23	0.2455	0.0265	39	0.8595	0.0485	55	1.8170	0.0660
8	0.0190	0.0065	24	0.2720	0.0290	40	0.9080	0.0515	56	1.8830	0.0685
9	0.0255	0.0065	25	0.3010	0.0290	41	0.9595	0.0515	57	1.9515	0.0685
10	0.0320	0.0090	26	0.3300	0.0325	42	1.0110	0.0580	58	2.0200	0.0715
11	0.0410	0.0090	27	0.3625	0.0325	43	1.0690	0.0580	59	2.0915	0.0715
12	0.0500	0.0110	28	0.3950	0.0355	44	1.1270	0.0555	60	2.1630	0.0740
13	0.0610	0.0110	29	0.4305	0.0355	45	1.1825	0.0555	61	2.2370	0.0740
14	0.0720	0.0140	30	0.4660	0.0390	46	1.2380	0.0620	62	2.3110	0.0705
15	0.0860	0.0140	31	0.5050	0.0390	47	1.3000	0.0620	63	2.3815	0.0705
16	0.1000	0.0170	32	0.5440	0.0395	48	1.3620	0.0615	64	2.4520	0.0705
17	0.1170	0.0170	33	0.5835	0.0395	49	1.4235	0.0615			
18	0.1340	0.0200	34	0.6230	0.0460	50	1.4850	0.0650			
19	0.1540	0.0200	35	0.6690	0.0460	51	1.5500	0.0650			

适用树种：桦树；适用地区：秦岭东部区；资料名称：林业工作手册；编表人或作者：陕西省林业厅；刊印或发表时间：1985。

1187. 秦岭东部区阔叶树一元立木材积表

径级 64 cm 以上材积式：$V = 0.00078136D^{1.84458}$

D	V	ΔV	D	V	ΔV	D	V	ΔV	D	V	ΔV
4	0.0030	0.0025	20	0.1450	0.0175	36	0.5400	0.0330	52	1.1350	0.0410
5	0.006	0.0025	21	0.1625	0.0175	37	0.5730	0.0330	53	1.1760	0.0410
6	0.0080	0.0045	22	0.1800	0.0200	38	0.6060	0.0350	54	1.2170	0.0425
7	0.0125	0.0045	23	0.2000	0.0200	39	0.6410	0.0350	55	1.2595	0.0425
8	0.0170	0.0055	24	0.2200	0.0215	40	0.6760	0.0340	56	1.3020	0.0480
9	0.0225	0.0055	25	0.2415	0.0215	41	0.7100	0.0340	57	1.3500	0.0480
10	0.0280	0.0080	26	0.2630	0.0255	42	0.7440	0.0365	58	1.3980	0.0455
11	0.0360	0.0080	27	0.2885	0.0255	43	0.7805	0.0365	59	1.4435	0.0455
12	0.0440	0.0095	28	0.3140	0.0260	44	0.8170	0.0380	60	1.4890	0.0465
13	0.0535	0.0095	29	0.3400	0.0260	45	0.8550	0.0380	61	1.5355	0.0465
14	0.0630	0.0120	30	0.3660	0.0280	46	0.8930	0.0400	62	1.5820	0.0475
15	0.0750	0.0120	31	0.3940	0.0280	47	0.9330	0.0400	63	1.6295	0.0475
16	0.0870	0.0135	32	0.4220	0.0285	48	0.9730	0.0415	64	1.6770	0.0475
17	0.1005	0.0135	33	0.4505	0.0285	49	1.0145	0.0415			
18	0.1140	0.0155	34	0.4790	0.0305	50	1.0560	0.0395			
19	0.1295	0.0155	35	0.5095	0.0305	51	1.0955	0.0395			

适用树种：阔叶树；适用地区：秦岭东部区；资料名称：林业工作手册；编表人或作者：陕西省林业厅；刊印或发表时间：1985。

1188. 巴山区油松一元立木材积表

径级 66 cm 以上材积式：$V = 0.0010204D^{1.86556}$

D	V	ΔV	D	V	ΔV	D	V	ΔV	D	V	ΔV
4	0.0030	0.0030	20	0.1600	0.0205	36	0.6870	0.0505	52	1.6060	0.0630
5	0.006	0.0030	21	0.1805	0.0205	37	0.7375	0.0505	53	1.6690	0.0630
6	0.0090	0.0040	22	0.2010	0.0250	38	0.7880	0.0520	54	1.7320	0.0650
7	0.0130	0.0040	23	0.2260	0.0250	39	0.8400	0.0520	55	1.7970	0.0650
8	0.0170	0.0060	24	0.2510	0.0280	40	0.8920	0.0540	56	1.8620	0.0630
9	0.0230	0.0060	25	0.2790	0.0280	41	0.9460	0.0540	57	1.9250	0.0630
10	0.0290	0.0085	26	0.3070	0.0310	42	1.0000	0.0575	58	1.9880	0.0650
11	0.0375	0.0085	27	0.3380	0.0310	43	1.0575	0.0575	59	2.0530	0.0650
12	0.0460	0.0100	28	0.3690	0.0345	44	1.1150	0.0580	60	2.1180	0.0670
13	0.0560	0.0100	29	0.4035	0.0345	45	1.1730	0.0580	61	2.1850	0.0670
14	0.0660	0.0130	30	0.4380	0.0380	46	1.2310	0.0620	62	2.2520	0.0685
15	0.0790	0.0130	31	0.4760	0.0380	47	1.2930	0.0620	63	2.3205	0.0685
16	0.0920	0.0155	32	0.5140	0.0420	48	1.3550	0.0650	64	2.3890	0.0710
17	0.1075	0.0155	33	0.5560	0.0420	49	1.4200	0.0650	65	2.4600	0.0710
18	0.1230	0.0185	34	0.5980	0.0445	50	1.4850	0.0605	66	2.5310	0.0710
19	0.1415	0.0185	35	0.6425	0.0445	51	1.5455	0.0605			

适用树种：油松；适用地区：巴山区；资料名称：同上表。

1189. 秦岭东部区杨类一元立木材积表

径级 78 cm 以上材积式：$V = 0.00091874D^{1.94402}$

D	V	ΔV	D	V	ΔV	D	V	ΔV	D	V	ΔV
4	0.0030	0.0030	23	0.2625	0.0285	42	1.1630	0.0710	61	2.6805	0.0855
5	0.006	0.0030	24	0.2910	0.0330	43	1.2340	0.0710	62	2.7660	0.0945
6	0.0090	0.0050	25	0.3240	0.0330	44	1.3050	0.0725	63	2.8605	0.0945
7	0.0140	0.0050	26	0.3570	0.0360	45	1.3775	0.0725	64	2.9550	0.0910
8	0.0190	0.0075	27	0.3930	0.0360	46	1.4500	0.0745	65	3.0460	0.0910
9	0.0265	0.0075	28	0.4290	0.0400	47	1.5245	0.0745	66	3.1370	0.0940
10	0.0340	0.0095	29	0.4690	0.0400	48	1.5990	0.0780	67	3.2310	0.0940
11	0.0435	0.0095	30	0.5090	0.0445	49	1.6770	0.0780	68	3.3250	0.1040
12	0.0530	0.0125	31	0.5535	0.0445	50	1.7550	0.0785	69	3.4290	0.1040
13	0.0655	0.0125	32	0.5980	0.0490	51	1.8335	0.0785	70	3.5330	0.0995
14	0.0780	0.0145	33	0.6470	0.0490	52	1.9120	0.0820	71	3.6325	0.0995
15	0.0925	0.0145	34	0.6960	0.0520	53	1.9940	0.0820	72	3.7320	0.1020
16	0.1070	0.0180	35	0.7480	0.0520	54	2.0760	0.0865	73	3.8340	0.1020
17	0.1250	0.0180	36	0.8000	0.0570	55	2.1625	0.0865	74	3.9360	0.1050
18	0.1430	0.0215	37	0.8570	0.0570	56	2.2490	0.0845	75	4.0410	0.1050
19	0.1645	0.0215	38	0.9140	0.0610	57	2.3335	0.0845	76	4.1460	0.1070
20	0.1860	0.0240	39	0.9750	0.0610	58	2.4180	0.0885	77	4.2530	0.1070
21	0.2100	0.0240	40	1.0360	0.0635	59	2.5065	0.0885	78	4.3600	0.1070
22	0.2340	0.0285	41	1.0995	0.0635	60	2.5950	0.0855			

适用树种：杨树；适用地区：秦岭东部区；资料名称：林业工作手册；编表人或作者：陕西省林业厅；刊印或发表时间：1985。

1190. 巴山区栎类一元立木材积表

径级 50 cm 以上材积式：$V = 0.0009512D^{1.87351}$

D	V	ΔV	D	V	ΔV	D	V	ΔV	D	V	ΔV
4	0.0040	0.0035	16	0.1180	0.0180	28	0.4220	0.0350	40	0.9150	0.0495
5	0.008	0.0035	17	0.1360	0.0180	29	0.4570	0.0350	41	0.9645	0.0495
6	0.0110	0.0055	18	0.1540	0.0210	30	0.4920	0.0375	42	1.0140	0.0520
7	0.0165	0.0055	19	0.1750	0.0210	31	0.5295	0.0375	43	1.0660	0.0520
8	0.0220	0.0085	20	0.1960	0.0245	32	0.5670	0.0395	44	1.1180	0.0545
9	0.0305	0.0085	21	0.2205	0.0245	33	0.6065	0.0395	45	1.1725	0.0545
10	0.0390	0.0105	22	0.2450	0.0260	34	0.6460	0.0445	46	1.2270	0.0545
11	0.0495	0.0105	23	0.2710	0.0260	35	0.6905	0.0445	47	1.2815	0.0545
12	0.0600	0.0130	24	0.2970	0.0295	36	0.7350	0.0440	48	1.3360	0.0570
13	0.0730	0.0130	25	0.3265	0.0295	37	0.7790	0.0440	49	1.3930	0.0570
14	0.0860	0.0160	26	0.3560	0.0330	38	0.8230	0.0460	50	1.4500	0.0570
15	0.1020	0.0160	27	0.3890	0.0330	39	0.8690	0.0460			

适用树种：栎类；适用地区：巴山区；资料名称：林业工作手册；编表人或作者：陕西省林业厅；刊印或发表时间：1985。

1191. 秦岭东部区栎类一元立木材积表

径级 70 cm 以上材积式：$V = 0.00092212D^{1.87351}$

D	V	ΔV	D	V	ΔV	D	V	ΔV	D	V	ΔV
4	0.0030	0.0025	21	0.1740	0.0200	38	0.7070	0.0455	55	1.6320	0.0600
5	0.006	0.0025	22	0.1940	0.0220	39	0.7525	0.0455	56	1.6920	0.0675
6	0.0080	0.0050	23	0.2160	0.0220	40	0.7980	0.0490	57	1.7595	0.0675
7	0.0130	0.0050	24	0.2380	0.0245	41	0.8470	0.0490	58	1.8270	0.0650
8	0.0180	0.0055	25	0.2625	0.0245	42	0.8960	0.0525	59	1.8920	0.0650
9	0.0235	0.0055	26	0.2870	0.0280	43	0.9485	0.0525	60	1.9570	0.0675
10	0.0290	0.0080	27	0.3150	0.0280	44	1.0010	0.0530	61	2.0245	0.0675
11	0.0370	0.0080	28	0.3430	0.0310	45	1.0540	0.0530	62	2.0920	0.0700
12	0.0450	0.0100	29	0.3740	0.0310	46	1.1070	0.0525	63	2.1620	0.0700
13	0.0550	0.0100	30	0.4050	0.0340	47	1.1595	0.0525	64	2.2320	0.0660
14	0.0650	0.0125	31	0.4390	0.0340	48	1.2120	0.0600	65	2.2980	0.0660
15	0.0775	0.0125	32	0.4730	0.0360	49	1.2720	0.0600	66	2.3640	0.0680
16	0.0900	0.0145	33	0.5090	0.0360	50	1.3320	0.0585	67	2.4320	0.0680
17	0.1045	0.0145	34	0.5450	0.0390	51	1.3905	0.0585	68	2.5000	0.0700
18	0.1190	0.0175	35	0.5840	0.0390	52	1.4490	0.0615	69	2.5700	0.0700
19	0.1365	0.0175	36	0.6230	0.0420	53	1.5105	0.0615	70	2.6400	0.0700
20	0.1540	0.0200	37	0.6650	0.0420	54	1.5720	0.0600			

适用树种：栎类；适用地区：秦岭东部区；资料名称：林业工作手册；编表人或作者：陕西省林业厅；刊印或发表时间：1985。

1192. 巴山区柏类一元立木材积表

径级 60 cm 以上材积式：$V = 0.00093501D^{1.94402}$

D	V	ΔV	D	V	ΔV	D	V	ΔV	D	V	ΔV
4	0.0040	0.0035	19	0.1990	0.0250	34	0.8210	0.0595	49	1.7785	0.0745
5	0.0080	0.0035	20	0.2240	0.0305	35	0.8805	0.0595	50	1.8530	0.0735
6	0.0110	0.0055	21	0.2545	0.0305	36	0.9400	0.0590	51	1.9265	0.0735
7	0.0165	0.0055	22	0.2850	0.0345	37	0.9990	0.0590	52	2.0000	0.0760
8	0.0220	0.0085	23	0.3195	0.0345	38	1.0580	0.0610	53	2.0760	0.0760
9	0.0305	0.0085	24	0.3540	0.0380	39	1.1190	0.0610	54	2.1520	0.0845
10	0.0390	0.0115	25	0.3920	0.0380	40	1.1800	0.0645	55	2.2365	0.0845
11	0.0505	0.0115	26	0.4300	0.0425	41	1.2445	0.0645	56	2.3210	0.0870
12	0.0620	0.0150	27	0.4725	0.0425	42	1.3090	0.0620	57	2.4080	0.0870
13	0.0770	0.0150	28	0.5150	0.0465	43	1.3710	0.0620	58	2.4950	0.0905
14	0.0920	0.0185	29	0.5615	0.0465	44	1.4330	0.0680	59	2.5855	0.0905
15	0.1105	0.0185	30	0.6080	0.0505	45	1.5010	0.0680	60	2.6760	0.0905
16	0.1290	0.0225	31	0.6585	0.0505	46	1.5690	0.0675			
17	0.1515	0.0225	32	0.7090	0.0560	47	1.6365	0.0675			
18	0.1740	0.0250	33	0.7650	0.0560	48	1.7040	0.0745			

适用树种：柏类；适用地区：巴山区；资料名称：同上表。

26 甘肃省立木材积表

甘肃省各地区二元立木材积式中，有几个树种的二项式方程参数有误，这些方程的基本形式为 $V = aD^2H + bDH + cD^2$，包括的树种有：迭部地区云杉、迭部地区油松、舟曲地区云杉、舟曲地区冷杉、舟曲地区油松、白水江地区冷杉、白水江地区油松和华山松、小陇山地区华山松。分析该错误的产生原因可能是在拟合方程过程中胸径的单位没有换算，其中参数 a 和 c 对应的自变量为 D^2，即 cm^2 和 m^2 之间为 10000 倍的关系，而参数 b 对应的自变量为 DH，即 cm 和 m 之间为 100 倍的关系。经过测试，将原方程的系数 a 和 c 除以 10000、b 除以 100，比较符合实际。本书经过测试考证进行了相应订正。

子午岭林区阔叶二元立木材积式（围尺）原表给出的参数 c 为 0.005100197，经测试订正为 1.005100197。

子午岭林区栎类二元立木材积式（轮尺）原表中给出的参数 b 为 1.322305576，分析可能为打字错误，经测试订正为 1.822305576。

子午岭林区阔叶二元立木材积式(轮尺)原表中给出的参数 c 为 0.302011279，分析可能为打字错误，经测试订正为 1.0302011279。

以上方程参数需谨慎使用。

甘肃天然林区立木材积式（围尺径）

树种	测试	材积式
白龙江云杉	0.2265	$V=0.000030235585D^2H+0.00017604492DH$ $-0.000019342879D^2$
白龙江冷杉	0.2588	$V=0.00006699611D^{1.8954787}H^{0.95298464}$
白龙江油松	0.2253	$V=0.000066492455D^{1.8655617}H^{0.93768879}$
白龙江桦树	0.2139	$V=0.000052286055D^{1.8593621}H^{1.0140715}$
白龙江栎树	0.2138	$V=0.000060970532D^{1.8735078}H^{0.94157465}$
小陇山华山松	0.2367	$V=0.000059973839D^{1.8334312}H^{1.0295315}$
小陇山桦树	0.2139	$V=0.0000522860555D^{1.8593621}H^{1.0140715}$
小陇山杨树	0.2272	$V=0.000054031091D^{1.9440215}H^{0.93067368}$
小陇山栎树	0.2138	$V=0.000060970532D^{1.8735078}H^{0.94157465}$
小陇山阔叶树	0.2070	$V=0.000057887451D^{1.8445849}H^{0.98088457}$
洮河云杉	0.2354	$V=0.000067685613D^{1.79952945}H^{1.02034972}$
洮河冷杉	0.2588	$V=0.00006699611D^{1.8954787}H^{0.95298464}$
洮河柏木	0.2111	$V=0.000083511385D^{1.75642408}H^{0.95026784}$
洮河桦树	0.2139	$V=0.000052286055D^{1.8593621}H^{1.0140715}$
洮河杨树	0.2272	$V=0.000054031091D^{1.9440215}H^{0.93067368}$
祁连山云杉	0.2308	$V=0.000062936619D^{1.79324}H^{1.0469707}$
祁连山桦树	0.2139	$V=0.000052286055D^{1.8593621}H^{1.0140715}$
祁连山杨树	0.2272	$V=0.000054031091D^{1.9440215}H^{0.93067368}$
子午岭油松	0.2421	$V=0.00005627721813D^{1.869664691}H^{1.021253346}$
子午岭山杨	0.2344	$V=0.000061245D^{1.889113739}H^{0.956709519}$
子午岭桦树	0.2128	$V=0.00005215416489D^{1.770427509}H^{1.111534035}$
子午岭栎树	0.2073	$V=0.0000570182538D^{1.803102201}H^{1.032742041}$
子午岭阔叶树	0.2205	$V=0.00006403918547D^{1.810074231}H^{1.005100197}$

资料名称：甘肃省天然林区一元立木材积表；编表人或作者：甘肃省林业勘察设计院；刊印或发表时间：1988。甘肃省地方标准 DB6200 B68 1—87。表中测试值为直径 20 cm 树高 15 m 时的材积值。

甘肃天然林区立木材积式（轮尺径）

树种	测试	材积式
白龙江云杉	0.2265	$V=0.000030235585D^2H+0.00017604492DH-0.000019342879D^2$
白龙江冷杉	0.2588	$V=0.00006699611D^{1.8954787}H^{0.95298464}$
白龙江油松	0.2253	$V=0.000066492455D^{1.8655617}H^{0.93768879}$
白龙江桦树	0.2139	$V=0.000052286055D^{1.8593621}H^{1.0140715}$
白龙江栎树	0.2138	$V=0.000060970532D^{1.8735078}H^{0.94157465}$
小陇山华山松	0.2367	$V=0.000059973839D^{1.8334312}H^{1.0295315}$
小陇山桦树	0.2139	$V=0.000052286055D^{1.8593621}H^{1.0140715}$
小陇山杨树	0.2272	$V=0.000054031091D^{1.9440215}H^{0.93067368}$
小陇山栎树	0.2138	$V=0.000060970532D^{1.8735078}H^{0.94157465}$
小陇山阔叶树	0.2070	$V=0.000057887451D^{1.8445849}H^{0.98088457}$
洮河云杉	0.2354	$V=0.000067685613D^{1.79952945}H^{1.02034972}$
洮河冷杉	0.2588	$V=0.00006699611D^{1.8954787}H^{0.95298464}$
洮河柏木	0.2111	$V=0.000083511385D^{1.75642408}H^{0.95026734}$
洮河桦树	0.2139	$V=0.000052286055D^{1.859362}H^{1.0140715}$
洮河杨树	0.2272	$V=0.000054031091D^{1.9440215}H^{0.93067368}$
祁连山云杉	0.2308	$V=0.000062936619D^{1.79324}H^{1.0469707}$
祁连山桦树	0.2139	$V=0.000052286055D^{1.8593621}H^{1.0140715}$
祁连山杨树	0.2272	$V=0.000054031091D^{1.9440215}H^{0.93067368}$
子午岭油松	0.2430	$V=0.0000575150625D^{1.87836714}H^{1.005023709}$
子午岭山杨	0.2329	$V=0.00006046964817D^{1.86195234}H^{0.9889740598}$
子午岭桦树	0.2113	$V=0.00005368988089D^{1.759123038}H^{1.110674314}$
子午岭栎树[1]	0.2370	$V=0.00005987222637D^{1.822305576}H^{1.042953592}$
子午岭阔叶树[2]	0.2757	$V=0.00006479766294D^{1.857977761}H^{1.0302011279}$

注[1]：原书中系数 b 为 1.322305576，分析为打字错误，订正为 1.822305576；注[2]：原书中系数 c 为 0.302011279，分析为输入错误，订正为 1.0302011279。谨慎使用。资料名称：甘肃省天然林区一元立木材积表；编表人或作者：甘肃省林业勘察设计院；刊印或发表时间：1988。甘肃省地方标准 DB6200 B68 1—87。表中测试值为直径 20 cm 树高 15 m 时的材积值。

甘肃各地区立木材积式

树种	测试	材积式
洮河地区冷杉	0.2471	$V = 0.00006195299D^{1.75896}H^{1.115903}$
洮河地区云杉	0.2354	$V = 0.00006768954D^{1.79952945}H^{1.02034972}$
洮河地区桦树	0.2086	$V = 0.0000573663448D^{1.82483032}H^{1.008876}$
洮河地区山杨	0.2290	$V = 0.0000515119870039D^{1.97943579}H^{0.91194471}$
洮河地区柏树	0.2111	$V = 0.0000835139D^{1.75642408}H^{0.95026784}$
祁连山地区云杉	0.2317	$V = 0.0000783906D^{1.778515}H^{0.983566}$
迭部地区云杉[1]	0.2144	$V = 0.000031646377D^2H+0.000075119369DH + 0.000004978053D^2$
迭部地区油松	0.2228	$V = 0.000033123D^2H + 0.0000805DH - 0.000000274D^2$
迭部地区青冈	0.2312	$V = 0.000045702318D^{1.828025}H^{1.127181}$
迭部地区桦树	0.2123	$V = 0.000052492209D^{1.80336}H^{1.071799}$
舟曲地区云杉[1]	0.2144	$V = 0.000031646377D^2H+0.000075119369DH + 0.000004978053D^2$
舟曲地区冷杉[1]	0.2447	$V = 0.00003612001D^2H + 0.000085752704DH + 0.000005682709D^2$
舟曲地区油松[1]	0.2228	$V = 0.000033123D^2H + 0.0000805DH - 0.000000274D^2$
舟曲地区桦树	0.2155	$V = 0.000052492209D^{1.80836}H^{1.071799}$
舟曲地区青冈	0.2294	$V = 0.000055877956D^{1.80836}H^{1.071799}$
白水江地区冷杉[1]	0.2447	$V = 0.000036126001D^2H+0.000085752704DH + 0.00000562709D^2$
白水江地区桦树	0.2154	$V = 0.000052492209D^{1.80836}H^{1.071709}$
白水江地区青冈	0.2293	$V = 0.000055877956D^{1.80836}H^{1.071709}$
白水江地区油松、华山松[1]	0.2228	$V = 0.000033123D^2H + 0.0000805DH - 0.000000274D^2$
天水地区刺槐	0.2184	$V = 0.00007155D^{1.9322}H^{0.8254}$
小陇山地区山杨	0.2926	$V = 0.000051554D^{1.84135}H^{1.15501}$
小陇山地区华山松[1]	0.2313	$V = 0.000033229894D^2H + 0.0000297112DH + 0.000057605907D^2$
小陇山地区红桦	0.2101	$V = 0.000056311D^{1.7698}H^{1.07928}$
小陇山地区青冈	0.2222	$V = 0.000055964D^{1.80188}H^{1.06675}$
小陇山地区杂木	0.2170	$V = 0.000055927D^{1.80567}H^{1.05406}$
大夏河地区冷杉	0.2213	$V = 0.00027719D^{2.23077}$
大夏河地区云杉	0.2272	$V = 0.00010965D^{2.549}$
张掖地区杨树	0.1941	$V = 0.00004746172D^{1.82505}H^{1.05206}$
酒泉地区胡杨	0.2147	$V = 0.0000550174D^{2.09001}H^{0.741507}$
武威地区沙枣[2]	0.3394	$V = 0.00012769D^{1.59583468}H^{1.14642833}$

注[1]：含 D^2 项的系数（a 和 c）订正为原书的 1/1000，含 DH 项的系数（b）订正为原书的 1/100；注[2]：系数 a 订正为原书的 10 倍。谨慎使用。材积式中直径轮围不详。表中测试值为直径 20 cm 树高 15 m 时的材积值。资料来源见第 1014 页。

1193. 白龙江林区云杉一元立木材积表（围尺）

D	V	ΔV	D	V	ΔV	D	V	ΔV	D	V	ΔV
5	0.0065	0.0037	34	0.7979	0.0594	63	3.5830	0.1370	92	8.7300	0.2220
6	0.0102	0.0048	35	0.8573	0.0619	64	3.7200	0.1400	93	8.9520	0.2240
7	0.0150	0.0060	36	0.9192	0.0643	65	3.8600	0.1430	94	9.1760	0.2280
8	0.0210	0.0072	37	0.9835	0.0665	66	4.0030	0.1450	95	9.4040	0.2300
9	0.0282	0.0085	38	1.0500	0.0700	67	4.1480	0.1490	96	9.6340	0.2330
10	0.0367	0.0100	39	1.1200	0.0720	68	4.2970	0.1510	97	9.8670	0.2370
11	0.0467	0.0115	40	1.1920	0.0740	69	4.4480	0.1540	98	10.1040	0.2390
12	0.0582	0.0130	41	1.2660	0.0770	70	4.6020	0.1570	99	10.3430	0.2420
13	0.0712	0.0146	42	1.3430	0.0800	71	4.7590	0.1600	100	10.5850	0.2460
14	0.0858	0.0164	43	1.4230	0.0820	72	4.9190	0.1630	101	10.8310	0.2480
15	0.1022	0.0181	44	1.5050	0.0850	73	5.0820	0.1660	102	11.0790	0.2510
16	0.1203	0.0199	45	1.5900	0.0880	74	5.2480	0.1690	103	11.3300	0.2540
17	0.1402	0.0218	46	1.6780	0.0900	75	5.4170	0.1710	104	11.5840	0.2580
18	0.1620	0.0237	47	1.7680	0.0930	76	5.5880	0.1750	105	11.8420	0.2600
19	0.1857	0.0256	48	1.8610	0.0960	77	5.7630	0.1770	106	12.1020	0.2630
20	0.2113	0.0277	49	1.9570	0.0980	78	5.9400	0.1800	107	12.3650	0.2660
21	0.2390	0.0297	50	2.0550	0.1010	79	6.1200	0.1830	108	12.6310	0.2700
22	0.2687	0.0318	51	2.1560	0.1040	80	6.3030	0.1860	109	12.9010	0.2720
23	0.3005	0.0339	52	2.2600	0.1060	81	6.4890	0.1890	110	13.1730	0.2750
24	0.3344	0.0361	53	2.3660	0.1090	82	6.6780	0.1920	111	13.4480	0.2790
25	0.3705	0.0383	54	2.4750	0.1120	83	6.8700	0.1950	112	13.7270	0.2810
26	0.4088	0.0405	55	2.5870	0.1150	84	7.0650	0.1980	113	14.0080	0.2840
27	0.4493	0.0428	56	2.7020	0.1170	85	7.2630	0.2010	114	14.2920	0.2880
28	0.4921	0.0451	57	2.8190	0.1210	86	7.4640	0.2040	115	14.5800	0.2900
29	0.5372	0.0473	58	2.9400	0.1230	87	7.6680	0.2060	116	14.8700	0.2930
30	0.5845	0.0498	59	3.0630	0.1260	88	7.8740	0.2100	117	15.1630	0.2970
31	0.6343	0.0521	60	3.1890	0.1280	89	8.0840	0.2120	118	15.4600	0.2990
32	0.6864	0.0545	61	3.3170	0.1320	90	8.2960	0.2160	119	15.7590	0.3030
33	0.7409	0.0570	62	3.4490	0.1340	91	8.5120	0.2180	120	16.0620	0.3030

适用树种：云杉；适用地区：白龙江林区；资料名称：甘肃省天然林区一元立木材积表；编表人或作者：甘肃省林业勘察设计院；刊印或发表时间：1988。

甘

1194. 白龙江林区冷杉一元立木材积表（围尺）

D	V	ΔV	D	V	ΔV	D	V	ΔV	D	V	ΔV
5	0.0051	0.0040	34	0.8731	0.0607	63	3.4920	0.1210	92	7.8490	0.1810
6	0.0091	0.0054	35	0.9338	0.0629	64	3.6130	0.1240	93	8.0300	0.1820
7	0.0145	0.0069	36	0.9967	0.0653	65	3.7370	0.1260	94	8.2120	0.1850
8	0.0214	0.0085	37	1.0620	0.0670	66	3.8630	0.1280	95	8.3970	0.1860
9	0.0299	0.0102	38	1.1290	0.0690	67	3.9910	0.1300	96	8.5830	0.1890
10	0.0401	0.0119	39	1.1980	0.0710	68	4.1210	0.1320	97	8.7720	0.1900
11	0.0520	0.0137	40	1.2690	0.0740	69	4.2530	0.1340	98	8.9620	0.1930
12	0.0657	0.0155	41	1.3430	0.0760	70	4.3870	0.1360	99	9.1550	0.1940
13	0.0812	0.0174	42	1.4190	0.0770	71	4.5230	0.1380	100	9.3490	0.1970
14	0.0986	0.0193	43	1.4960	0.0800	72	4.6610	0.1400	101	9.5460	0.1980
15	0.1179	0.0212	44	1.5760	0.0820	73	4.8010	0.1420	102	9.7440	0.2010
16	0.1391	0.0233	45	1.6580	0.0840	74	4.9430	0.1440	103	9.9450	0.2020
17	0.1624	0.0252	46	1.7420	0.0860	75	5.0870	0.1470	104	10.1470	0.2040
18	0.1876	0.0272	47	1.8280	0.0890	76	5.2340	0.1480	105	10.3510	0.2070
19	0.2148	0.0293	48	1.9170	0.0900	77	5.3820	0.1500	106	10.5580	0.2080
20	0.2441	0.0313	49	2.0070	0.0920	78	5.5320	0.1530	107	10.7660	0.2100
21	0.2754	0.0334	50	2.0990	0.0950	79	5.6850	0.1540	108	10.9760	0.2130
22	0.3088	0.0355	51	2.1940	0.0970	80	5.8390	0.1560	109	11.1890	0.2140
23	0.3443	0.0375	52	2.2910	0.0980	81	5.9950	0.1590	110	11.4030	0.2160
24	0.3818	0.0397	53	2.3890	0.1010	82	6.1540	0.1600	111	11.6190	0.2180
25	0.4215	0.0417	54	2.4900	0.1030	83	6.3140	0.1630	112	11.8370	0.2200
26	0.4632	0.0438	55	2.5930	0.1050	84	6.4770	0.1640	113	12.0570	0.2220
27	0.5070	0.0460	56	2.6980	0.1070	85	6.6410	0.1670	114	12.2790	0.2240
28	0.5530	0.0480	57	2.8050	0.1100	86	6.8080	0.1680	115	12.5030	0.2260
29	0.6010	0.0502	58	2.9150	0.1110	87	6.9760	0.1710	116	12.7290	0.2280
30	0.6512	0.0523	59	3.0260	0.1130	88	7.1470	0.1720	117	12.9570	0.2300
31	0.7035	0.0544	60	3.1390	0.1160	89	7.3190	0.1750	118	13.1870	0.2320
32	0.7579	0.0565	61	3.2550	0.1170	90	7.4940	0.1770	119	13.4190	0.2340
33	0.8144	0.0587	62	3.3720	0.1200	91	7.6710	0.1780	120	13.6530	0.2340

适用树种：冷杉；适用地区：白龙江林区；资料名称：甘肃省天然林区一元立木材积表；编表人或作者：甘肃省林业勘察设计院；刊印或发表时间：1988。

1195. 白龙江林区油松一元立木材积表（围尺）

D	V	ΔV	D	V	ΔV	D	V	ΔV	D	V	ΔV
5	0.0060	0.0034	26	0.3797	0.0375	47	1.6270	0.0840	68	3.9090	0.1360
6	0.0094	0.0044	27	0.4172	0.0396	48	1.7110	0.0870	69	4.0450	0.1380
7	0.0138	0.0055	28	0.4568	0.0417	49	1.7980	0.0890	70	4.1830	0.1400
8	0.0193	0.0066	29	0.4985	0.0437	50	1.8870	0.0920	71	4.3230	0.1430
9	0.0259	0.0080	30	0.5422	0.0460	51	1.9790	0.0940	72	4.4660	0.1450
10	0.0339	0.0093	31	0.5882	0.0480	52	2.0730	0.0970	73	4.6110	0.1480
11	0.0432	0.0106	32	0.6362	0.0503	53	2.1700	0.0990	74	4.7590	0.1510
12	0.0538	0.0122	33	0.6865	0.0524	54	2.2690	0.1010	75	4.9100	0.1530
13	0.0660	0.0136	34	0.7389	0.0546	55	2.3700	0.1040	76	5.0630	0.1550
14	0.0796	0.0152	35	0.7935	0.0569	56	2.4740	0.1060	77	5.2180	0.1580
15	0.0948	0.0169	36	0.8504	0.0591	57	2.5800	0.1090	78	5.3760	0.1600
16	0.1117	0.0186	37	0.9095	0.0613	58	2.6890	0.1110	79	5.5360	0.1630
17	0.1303	0.0202	38	0.9708	0.0632	59	2.8000	0.1130	80	5.6990	0.1650
18	0.1505	0.0221	39	1.0340	0.0660	60	2.9130	0.1160	81	5.8640	0.1680
19	0.1726	0.0239	40	1.1000	0.0690	61	3.0290	0.1180	82	6.0320	0.1700
20	0.1965	0.0257	41	1.1690	0.0700	62	3.1470	0.1210	83	6.2020	0.1730
21	0.2222	0.0276	42	1.2390	0.0730	63	3.2680	0.1230	84	6.3750	0.1750
22	0.2498	0.0295	43	1.3120	0.0750	64	3.3910	0.1260	85	6.5500	0.1750
23	0.2793	0.0315	44	1.3870	0.0780	65	3.5170	0.1280			
24	0.3108	0.0334	45	1.4650	0.0800	66	3.6450	0.1310			
25	0.3442	0.0355	46	1.5450	0.0820	67	3.7760	0.1330			

适用树种：油松；适用地区：白龙江林区；资料名称：甘肃省天然林区一元立木材积表；编表人或作者：甘肃省林业勘察设计院；刊印或发表时间：1988。

1196. 白龙江林区桦木一元立木材积表（围尺）

D	V	ΔV	D	V	ΔV	D	V	ΔV	D	V	ΔV
5	0.0058	0.0036	21	0.2251	0.0266	37	0.8441	0.0525	53	1.8770	0.0780
6	0.0094	0.0048	22	0.2517	0.0281	38	0.8966	0.0541	54	1.9550	0.0790
7	0.0142	0.0058	23	0.2798	0.0298	39	0.9507	0.0553	55	2.0340	0.0820
8	0.0200	0.0072	24	0.3096	0.0314	40	1.0060	0.0580	56	2.1160	0.0820
9	0.0272	0.0084	25	0.3410	0.0330	41	1.0640	0.0590	57	2.1980	0.0850
10	0.0356	0.0098	26	0.3740	0.0346	42	1.1230	0.0600	58	2.2830	0.0860
11	0.0454	0.0113	27	0.4086	0.0362	43	1.1830	0.0620	59	2.3690	0.0870
12	0.0567	0.0126	28	0.4448	0.0379	44	1.2450	0.0640	60	2.4560	0.0890
13	0.0693	0.0141	29	0.4827	0.0395	45	1.3090	0.0650	61	2.5450	0.0910
14	0.0834	0.0156	30	0.5222	0.0411	46	1.3740	0.0670	62	2.6360	0.0920
15	0.0990	0.0172	31	0.5633	0.0427	47	1.4410	0.0690	63	2.7280	0.0940
16	0.1162	0.0186	32	0.6060	0.0444	48	1.5100	0.0700	64	2.8220	0.0950
17	0.1348	0.0202	33	0.6504	0.0460	49	1.5800	0.0720	65	2.9170	0.0950
18	0.1550	0.0218	34	0.6964	0.0476	50	1.6520	0.0730			
19	0.1768	0.0234	35	0.7440	0.0492	51	1.7250	0.0750			
20	0.2002	0.0249	36	0.7932	0.0509	52	1.8000	0.0770			

适用树种：桦木；适用地区：白龙江林区；资料名称：甘肃省天然林区一元立木材积表；编表人或作者：甘肃省林业勘察设计院；刊印或发表时间：1988。

1197. 白龙江林区栎类一元立木材积表（围尺）

D	V	ΔV	D	V	ΔV	D	V	ΔV	D	V	ΔV
5	0.0055	0.0032	21	0.1839	0.0209	37	0.6623	0.0400	53	1.4430	0.0590
6	0.0087	0.0041	22	0.2048	0.0222	38	0.7023	0.0412	54	1.5020	0.0600
7	0.0128	0.0051	23	0.2270	0.0233	39	0.7435	0.0424	55	1.5620	0.0600
8	0.0179	0.0060	24	0.2503	0.0245	40	0.7859	0.0436	56	1.6220	0.0630
9	0.0239	0.0072	25	0.2748	0.0257	41	0.8295	0.0447	57	1.6850	0.0630
10	0.0311	0.0082	26	0.3005	0.0270	42	0.8742	0.0459	58	1.7480	0.0640
11	0.0393	0.0093	27	0.3275	0.0281	43	0.9201	0.0471	59	1.8120	0.0660
12	0.0486	0.0104	28	0.3556	0.0293	44	0.9672	0.0478	60	1.8780	0.0660
13	0.0590	0.0115	29	0.3849	0.0305	45	1.0150	0.0500	61	1.9440	0.0680
14	0.0705	0.0127	30	0.4154	0.0317	46	1.0650	0.0500	62	2.0120	0.0690
15	0.0832	0.0138	31	0.4471	0.0329	47	1.1150	0.0520	63	2.0810	0.0700
16	0.0970	0.0151	32	0.4800	0.0341	48	1.1670	0.0530	64	2.1510	0.0710
17	0.1121	0.0161	33	0.5141	0.0353	49	1.2200	0.0540	65	2.2220	0.0710
18	0.1282	0.0174	34	0.5494	0.0364	50	1.2740	0.0550			
19	0.1456	0.0186	35	0.5858	0.0377	51	1.3290	0.0570			
20	0.1642	0.0197	36	0.6235	0.0388	52	1.3860	0.0570			

适用树种：栎类；适用地区：白龙江林区；资料名称：甘肃省天然林区一元立木材积表；编表人或作者：甘肃省林业勘察设计院；刊印或发表时间：1988。

1198. 小陇山林区华山松一元立木材积表（围尺）

D	V	ΔV	D	V	ΔV	D	V	ΔV	D	V	ΔV
5	0.0052	0.0030	20	0.1715	0.0225	35	0.6941	0.0498	50	1.6520	0.0800
6	0.0082	0.0039	21	0.1940	0.0241	36	0.7439	0.0518	51	1.7320	0.0830
7	0.0121	0.0048	22	0.2181	0.0259	37	0.7957	0.0537	52	1.8150	0.0840
8	0.0169	0.0058	23	0.2440	0.0275	38	0.8494	0.0557	53	1.8990	0.0860
9	0.0227	0.0069	24	0.2715	0.0293	39	0.9051	0.0577	54	1.9850	0.0890
10	0.0296	0.0081	25	0.3008	0.0310	40	0.9628	0.0602	55	2.0740	0.0910
11	0.0377	0.0093	26	0.3318	0.0328	41	1.0230	0.0610	56	2.1650	0.0930
12	0.0470	0.0106	27	0.3646	0.0347	42	1.0840	0.0640	57	2.2580	0.0950
13	0.0576	0.0119	28	0.3993	0.0364	43	1.1480	0.0660	58	2.3530	0.0970
14	0.0695	0.0133	29	0.4357	0.0384	44	1.2140	0.0680	59	2.4500	0.0990
15	0.0828	0.0147	30	0.4741	0.0402	45	1.2820	0.0700	60	2.5490	0.1010
16	0.0975	0.0162	31	0.5143	0.0420	46	1.3520	0.0720	61	2.6500	0.1040
17	0.1137	0.0177	32	0.5563	0.0440	47	1.4240	0.0740	62	2.7540	0.1050
18	0.1314	0.0193	33	0.6003	0.0459	48	1.4980	0.0760	63	2.8590	0.1080
19	0.1507	0.0208	34	0.6462	0.0479	49	1.5740	0.0780	64	2.9670	0.1080

甘

适用树种：华山松；适用地区：小陇山林区；资料名称：甘肃省天然林区一元立木材积表；编表人或作者：甘肃省林业勘察设计院；刊印或发表时间：1988。

1199. 小陇山林区桦木一元立木材积表（围尺）

D	V	ΔV	D	V	ΔV	D	V	ΔV	D	V	ΔV
5	0.0062	0.0039	21	0.2238	0.0261	37	0.7900	0.0468	53	1.6950	0.0670
6	0.0101	0.0051	22	0.2499	0.0257	38	0.8368	0.0481	54	1.7620	0.0690
7	0.0152	0.0062	23	0.2756	0.0279	39	0.8849	0.0494	55	1.8310	0.0700
8	0.0214	0.0076	24	0.3035	0.0293	40	0.9343	0.0507	56	1.9010	0.0710
9	0.0290	0.0088	25	0.3328	0.0307	41	0.9850	0.0520	57	1.9720	0.0720
10	0.0378	0.0101	26	0.3635	0.0320	42	1.0370	0.0530	58	2.0440	0.0740
11	0.0479	0.0114	27	0.3955	0.0334	43	1.0900	0.0550	59	2.1180	0.0750
12	0.0593	0.0128	28	0.4289	0.0347	44	1.1450	0.0560	60	2.1930	0.0760
13	0.0721	0.0142	29	0.4636	0.0361	45	1.2010	0.0570	61	2.2690	0.0770
14	0.0863	0.0155	30	0.4997	0.0375	46	1.2580	0.0590	62	2.3460	0.0790
15	0.1018	0.0169	31	0.5372	0.0388	47	1.3170	0.0590	63	2.4250	0.0800
16	0.1187	0.0183	32	0.5760	0.0401	48	1.3760	0.0620	64	2.5050	0.0810
17	0.1370	0.0196	33	0.6161	0.0415	49	1.4380	0.0620	65	2.5860	0.0810
18	0.1566	0.0210	34	0.6576	0.0428	50	1.5000	0.0640			
19	0.1776	0.0225	35	0.7004	0.0441	51	1.5640	0.0640			
20	0.2001	0.0237	36	0.7445	0.0455	52	1.6280	0.0670			

适用树种：桦木；适用地区：小陇山林区；资料名称：同上表。

1200. 小陇山林区杨树一元立木材积表（围尺）

D	V	ΔV	D	V	ΔV	D	V	ΔV	D	V	ΔV
5	0.0071	0.0038	21	0.2340	0.0286	37	0.9409	0.0631	53	2.2310	0.1010
6	0.0109	0.0049	22	0.2626	0.0305	38	1.0040	0.0650	54	2.3320	0.1030
7	0.0158	0.0059	23	0.2931	0.0325	39	1.0690	0.0670	55	2.4350	0.1060
8	0.0217	0.0072	24	0.3256	0.0345	40	1.1360	0.0700	56	2.5410	0.1090
9	0.0289	0.0085	25	0.3601	0.0366	41	1.2060	0.0730	57	2.6500	0.1110
10	0.0374	0.0098	26	0.3967	0.0387	42	1.2790	0.0740	58	2.7610	0.1130
11	0.0472	0.0113	27	0.4354	0.0407	43	1.3530	0.0770	59	2.8740	0.1160
12	0.0585	0.0128	28	0.4761	0.0429	44	1.4300	0.0790	60	2.9900	0.1190
13	0.0713	0.0144	29	0.5190	0.0450	45	1.5090	0.0820	61	3.1090	0.1210
14	0.0857	0.0159	30	0.5640	0.0472	46	1.5910	0.0840	62	3.2300	0.1240
15	0.1016	0.0176	31	0.6112	0.0493	47	1.6750	0.0870	63	3.3540	0.1260
16	0.1192	0.0194	32	0.6605	0.0516	48	1.7620	0.0890	64	3.4800	0.1280
17	0.1386	0.0211	33	0.7121	0.0538	49	1.8510	0.0910	65	3.6080	0.1280
18	0.1597	0.0229	34	0.7659	0.0561	50	1.9420	0.0940			
19	0.1826	0.0248	35	0.8220	0.0583	51	2.0360	0.0960			
20	0.2074	0.0266	36	0.8803	0.0606	52	2.1320	0.0990			

适用树种：杨树；适用地区：小陇山林区；资料名称：甘肃省天然林区一元立木材积表；编表人或作者：甘肃省林业勘察设计院；刊印或发表时间：1988。

甘

1201. 小陇山林区栎类一元立木材积表（围尺）

D	V	ΔV	D	V	ΔV	D	V	ΔV	D	V	ΔV
5	0.0055	0.0033	20	0.1781	0.0219	35	0.6518	0.0427	50	1.4370	0.0630
6	0.0088	0.0043	21	0.2000	0.0233	36	0.6945	0.0441	51	1.5000	0.0650
7	0.0131	0.0054	22	0.2233	0.0246	37	0.7386	0.0454	52	1.5650	0.0660
8	0.0185	0.0064	23	0.2479	0.0261	38	0.7840	0.0468	53	1.6310	0.0670
9	0.0249	0.0076	24	0.2740	0.0274	39	0.8308	0.0483	54	1.6980	0.0690
10	0.0325	0.0088	25	0.3014	0.0287	40	0.8791	0.0496	55	1.7670	0.0700
11	0.0413	0.0100	26	0.3301	0.0302	41	0.9287	0.0510	56	1.8370	0.0710
12	0.0513	0.0113	27	0.3603	0.0316	42	0.9797	0.0523	57	1.9080	0.0730
13	0.0626	0.0126	28	0.3919	0.0329	43	1.0320	0.0540	58	1.9810	0.0740
14	0.0752	0.0138	29	0.4248	0.0344	44	1.0860	0.0550	59	2.0550	0.0760
15	0.0890	0.0152	30	0.4592	0.0357	45	1.1410	0.0560	60	2.1310	0.0760
16	0.1042	0.0164	31	0.4949	0.0372	46	1.1970	0.0580	61	2.2070	0.0780
17	0.1206	0.0179	32	0.5321	0.0385	47	1.2550	0.0590	62	2.2850	0.0800
18	0.1385	0.0188	33	0.5706	0.0399	48	1.3140	0.0610	63	2.3650	0.0810
19	0.1573	0.0208	34	0.6105	0.0413	49	1.3750	0.0620	64	2.4460	0.0810

适用树种：栎类；适用地区：小陇山林区；资料名称：甘肃省天然林区一元立木材积表；编表人或作者：甘肃省林业勘察设计院；刊印或发表时间：1988。

1202. 小陇山林区阔叶树一元立木材积表（围尺）

D	V	ΔV	D	V	ΔV	D	V	ΔV	D	V	ΔV
5	0.0065	0.0035	21	0.2012	0.0236	37	0.7630	0.0486	53	1.7340	0.0740
6	0.0100	0.0045	22	0.2248	0.0251	38	0.8116	0.0501	54	1.8080	0.0760
7	0.0145	0.0054	23	0.2499	0.0266	39	0.8617	0.0518	55	1.8840	0.0780
8	0.0199	0.0064	24	0.2765	0.0281	40	0.9135	0.0533	56	1.9620	0.0790
9	0.0263	0.0076	25	0.3046	0.0296	41	0.9668	0.0552	57	2.0410	0.0810
10	0.0339	0.0087	26	0.3342	0.0311	42	1.0220	0.0560	58	2.1220	0.0830
11	0.0426	0.0099	27	0.3653	0.0327	43	1.0780	0.0590	59	2.2050	0.0840
12	0.0525	0.0112	28	0.3980	0.0343	44	1.1370	0.0590	60	2.2890	0.0860
13	0.0637	0.0124	29	0.4323	0.0358	45	1.1960	0.0620	61	2.3750	0.0870
14	0.0761	0.0138	30	0.4681	0.0374	46	1.2580	0.0630	62	2.4620	0.0900
15	0.0899	0.0150	31	0.5055	0.0389	47	1.3210	0.0650	63	2.5520	0.0900
16	0.1049	0.0165	32	0.5444	0.0406	48	1.3860	0.0660	64	2.6420	0.0930
17	0.1214	0.0178	33	0.5850	0.0421	49	1.4520	0.0680	65	2.7350	0.0930
18	0.1392	0.0192	34	0.6271	0.0437	50	1.5200	0.0700			
19	0.1584	0.0207	35	0.6708	0.0453	51	1.5900	0.0710			
20	0.1791	0.0221	36	0.7161	0.0469	52	1.6610	0.0730			

适用树种：阔叶树；适用地区：小陇山林区；资料名称：甘肃省天然林区一元立木材积表；编表人或作者：甘肃省林业勘察设计院；刊印或发表时间：1988。

1203. 洮河林区杨树一元立木材积表（围尺）

D	V	ΔV	D	V	ΔV	D	V	ΔV	D	V	ΔV
5	0.0059	0.0035	19	0.1725	0.0231	33	0.6510	0.0473	47	1.4770	0.0730
6	0.0094	0.0045	20	0.1956	0.0248	34	0.6983	0.0491	48	1.5500	0.0750
7	0.0139	0.0057	21	0.2204	0.0264	35	0.7474	0.0508	49	1.6250	0.0760
8	0.0196	0.0069	22	0.2468	0.0281	36	0.7982	0.0527	50	1.7010	0.0780
9	0.0265	0.0081	23	0.2749	0.0298	37	0.8509	0.0545	51	1.7790	0.0800
10	0.0346	0.0095	24	0.3047	0.0315	38	0.9054	0.0563	52	1.8590	0.0820
11	0.0441	0.0108	25	0.3362	0.0332	39	0.9617	0.0583	53	1.9410	0.0830
12	0.0549	0.0123	26	0.3694	0.0350	40	1.0200	0.0600	54	2.0240	0.0860
13	0.0672	0.0137	27	0.4044	0.0367	41	1.0800	0.0610	55	2.1100	0.0870
14	0.0809	0.0152	28	0.4411	0.0384	42	1.1410	0.0640	56	2.1970	0.0890
15	0.0961	0.0168	29	0.4795	0.0402	43	1.2050	0.0650	57	2.2860	0.0910
16	0.1129	0.0182	30	0.5197	0.0420	44	1.2700	0.0680	58	2.3770	0.0930
17	0.1311	0.0199	31	0.5617	0.0437	45	1.3380	0.0690	59	2.4700	0.0950
18	0.1510	0.0215	32	0.6054	0.0456	46	1.4070	0.0700	60	2.5650	0.0950

适用树种：杨树；适用地区：洮河林区；资料名称：同上表。

1204. 洮河林区柏木一元立木材积表（围尺）

D	V	ΔV	D	V	ΔV	D	V	ΔV	D	V	ΔV
5	0.0061	0.0032	20	0.1377	0.0152	35	0.4437	0.0261	50	0.9078	0.0362
6	0.0093	0.0040	21	0.1529	0.0159	36	0.4698	0.0269	51	0.9440	0.0368
7	0.0133	0.0047	22	0.1688	0.0167	37	0.4967	0.0276	52	0.9808	0.0372
8	0.0180	0.0055	23	0.1855	0.0174	38	0.5243	0.0283	53	1.0180	0.0380
9	0.0235	0.0064	24	0.2029	0.0182	39	0.5526	0.0289	54	1.0560	0.0390
10	0.0299	0.0071	25	0.2211	0.0190	40	0.5815	0.0296	55	1.0950	0.0400
11	0.0370	0.0080	26	0.2401	0.0197	41	0.6111	0.0303	56	1.1350	0.0400
12	0.0450	0.0088	27	0.2598	0.0204	42	0.6414	0.0310	57	1.1750	0.0400
13	0.0538	0.0096	28	0.2802	0.0212	43	0.6724	0.0317	58	1.2150	0.0420
14	0.0634	0.0104	29	0.3014	0.0219	44	0.7041	0.0323	59	1.2570	0.0410
15	0.0738	0.0112	30	0.3233	0.0227	45	0.7364	0.0329	60	1.2980	0.0430
16	0.0850	0.0120	31	0.3460	0.0233	46	0.7693	0.0337	61	1.3410	0.0430
17	0.0970	0.0128	32	0.3693	0.0241	47	0.8030	0.0343	62	1.3840	0.0440
18	0.1098	0.0135	33	0.3934	0.0248	48	0.8373	0.0349	63	1.4280	0.0440
19	0.1233	0.0144	34	0.4182	0.0255	49	0.8722	0.0356	64	1.4720	0.0440

适用树种：柏木；适用地区：洮河林区；资料名称：甘肃省天然林区一元立木材积表；编表人或作者：甘肃省林业勘察设计院；刊印或发表时间：1988。

1205. 洮河林区桦木一元立木材积表（围尺）

D	V	ΔV	D	V	ΔV	D	V	ΔV	D	V	ΔV
5	0.0043	0.0033	20	0.1765	0.0211	35	0.6163	0.0385	50	1.3110	0.0550
6	0.0076	0.0044	21	0.1976	0.0223	36	0.6548	0.0397	51	1.3660	0.0560
7	0.0120	0.0055	22	0.2199	0.0235	37	0.6945	0.0407	52	1.4220	0.0570
8	0.0175	0.0066	23	0.2434	0.0246	38	0.7352	0.0419	53	1.4790	0.0580
9	0.0241	0.0078	24	0.2680	0.0259	39	0.7771	0.0430	54	1.5370	0.0590
10	0.0319	0.0090	25	0.2939	0.0270	40	0.8201	0.0441	55	1.5960	0.0610
11	0.0409	0.0102	26	0.3209	0.0282	41	0.8642	0.0452	56	1.6570	0.0610
12	0.0511	0.0114	27	0.3491	0.0294	42	0.9094	0.0464	57	1.7180	0.0620
13	0.0625	0.0127	28	0.3785	0.0305	43	0.9558	0.0472	58	1.7800	0.0640
14	0.0752	0.0138	29	0.4090	0.0317	44	1.0030	0.0490	59	1.8440	0.0640
15	0.0890	0.0151	30	0.4407	0.0328	45	1.0520	0.0490	60	1.9080	0.0660
16	0.1041	0.0163	31	0.4735	0.0340	46	1.1010	0.0510	61	1.9740	0.0670
17	0.1204	0.0175	32	0.5075	0.0351	47	1.1520	0.0520	62	2.0410	0.0670
18	0.1379	0.0187	33	0.5426	0.0363	48	1.2040	0.0530	63	2.1080	0.0690
19	0.1566	0.0199	34	0.5789	0.0374	49	1.2570	0.0540	64	2.1770	0.0690

适用树种：桦木；适用地区：洮河林区；资料名称：甘肃省天然林区一元立木材积表；编表人或作者：甘肃省林业勘察设计院；刊印或发表时间：1988。

1206. 洮河林区冷杉一元立木材积表（围尺）

D	V	ΔV	D	V	ΔV	D	V	ΔV	D	V	ΔV
5	0.0059	0.0044	24	0.3763	0.0374	43	1.3950	0.0710	62	3.0490	0.1050
6	0.0103	0.0059	25	0.4137	0.0392	44	1.4660	0.0730	63	3.1540	0.1060
7	0.0162	0.0074	26	0.4529	0.0410	45	1.5390	0.0750	64	3.2600	0.1070
8	0.0236	0.0089	27	0.4939	0.0428	46	1.6140	0.0770	65	3.3670	0.1100
9	0.0325	0.0106	28	0.5367	0.0446	47	1.6910	0.0780	66	3.4770	0.1110
10	0.0431	0.0123	29	0.5813	0.0464	48	1.7690	0.0800	67	3.5880	0.1130
11	0.0554	0.0140	30	0.6277	0.0483	49	1.8490	0.0820	68	3.7010	0.1140
12	0.0694	0.0157	31	0.6760	0.0500	50	1.9310	0.0840	69	3.8150	0.1160
13	0.0851	0.0175	32	0.7260	0.0519	51	2.0150	0.0850	70	3.9310	0.1180
14	0.1026	0.0192	33	0.7779	0.0536	52	2.1000	0.0880	71	4.0490	0.1200
15	0.1218	0.0211	34	0.8315	0.0554	53	2.1880	0.0880	72	4.1690	0.1210
16	0.1429	0.0228	35	0.8869	0.0573	54	2.2760	0.0910	73	4.2900	0.1230
17	0.1657	0.0246	36	0.9442	0.0588	55	2.3670	0.0920	74	4.4130	0.1240
18	0.1903	0.0265	37	1.0030	0.0610	56	2.4590	0.0940	75	4.5370	0.1270
19	0.2168	0.0283	38	1.0640	0.0630	57	2.5530	0.0960	76	4.6640	0.1280
20	0.2451	0.0301	39	1.1270	0.0640	58	2.6490	0.0980	77	4.7920	0.1290
21	0.2752	0.0319	40	1.1910	0.0660	59	2.7470	0.0990	78	4.9210	0.1310
22	0.3071	0.0337	41	1.2570	0.0680	60	2.8460	0.1010	79	5.0520	0.1330
23	0.3408	0.0355	42	1.3250	0.0700	61	2.9470	0.1020	80	5.1850	0.1330

甘

适用树种：冷杉；适用地区：洮河林区；资料名称：甘肃省天然林区一元立木材积表；编表人或作者：甘肃省林业勘察设计院；刊印或发表时间：1988。

1207. 祁连山林区云杉一元立木材积表（围尺）

D	V	ΔV	D	V	ΔV	D	V	ΔV	D	V	ΔV
5	0.0057	0.0036	17	0.1485	0.0233	29	0.5503	0.0463	41	1.2191	0.0662
6	0.0093	0.0049	18	0.1718	0.0255	30	0.5966	0.0486	42	1.2853	0.0684
7	0.0142	0.0059	19	0.1973	0.0263	31	0.6452	0.0491	43	1.3537	0.0671
8	0.0201	0.0077	20	0.2236	0.0283	32	0.6943	0.0514	44	1.4208	0.0689
9	0.0278	0.0094	21	0.2519	0.0306	33	0.7457	0.0537	45	1.4897	0.0672
10	0.0372	0.0112	22	0.2825	0.0327	34	0.7994	0.0561	46	1.5569	0.0688
11	0.0484	0.0126	23	0.3152	0.0351	35	0.8555	0.0537	47	1.6257	0.0705
12	0.0610	0.0139	24	0.3503	0.0363	36	0.9092	0.0581	48	1.6962	0.0720
13	0.0749	0.0156	25	0.3866	0.0385	37	0.9673	0.0603	49	1.7682	0.0738
14	0.0905	0.0172	26	0.4251	0.0395	38	1.0276	0.0598	50	1.8420	0.0738
15	0.1077	0.0191	27	0.4646	0.0402	39	1.0874	0.0647			
16	0.1268	0.0217	28	0.5048	0.0455	40	1.1521	0.0670			

适用树种：云杉；适用地区：祁连山林区；资料名称：甘肃省天然林区一元立木材积表；编表人或作者：甘肃省林业勘察设计院；刊印或发表时间：1988。

1208. 洮河林区云杉一元立木材积表（围尺）

D	V	ΔV	D	V	ΔV	D	V	ΔV	D	V	ΔV
5	0.0053	0.0037	24	0.3173	0.0319	43	1.1970	0.0620	62	2.6320	0.0900
6	0.0090	0.0048	25	0.3492	0.0336	44	1.2590	0.0630	63	2.7220	0.0920
7	0.0138	0.0060	26	0.3828	0.0352	45	1.3220	0.0650	64	2.8140	0.0930
8	0.0198	0.0074	27	0.4180	0.0368	46	1.3870	0.0670	65	2.9070	0.0950
9	0.0272	0.0087	28	0.4548	0.0384	47	1.4540	0.0680	66	3.0020	0.0960
10	0.0359	0.0101	29	0.4932	0.0400	48	1.5220	0.0690	67	3.0980	0.0970
11	0.0460	0.0116	30	0.5332	0.0416	49	1.5910	0.0720	68	3.1950	0.0990
12	0.0576	0.0131	31	0.5748	0.0432	50	1.6630	0.0720	69	3.2940	0.1010
13	0.0707	0.0146	32	0.6180	0.0447	51	1.7350	0.0740	70	3.3950	0.1020
14	0.0853	0.0161	33	0.6627	0.0464	52	1.8090	0.0760	71	3.4970	0.1030
15	0.1014	0.0176	34	0.7091	0.0479	53	1.8850	0.0770	72	3.6000	0.1040
16	0.1190	0.0193	35	0.7570	0.0495	54	1.9620	0.0790	73	3.7040	0.1060
17	0.1383	0.0207	36	0.8065	0.0511	55	2.0410	0.0800	74	3.8100	0.1080
18	0.1590	0.0224	37	0.8576	0.0526	56	2.1210	0.0810	75	3.9180	0.1090
19	0.1814	0.0240	38	0.9102	0.0542	57	2.2020	0.0830	76	4.0270	0.1100
20	0.2054	0.0256	39	0.9644	0.0556	58	2.2850	0.0850	77	4.1370	0.1110
21	0.2310	0.0271	40	1.0200	0.0580	59	2.3700	0.0860	78	4.2480	0.1130
22	0.2581	0.0288	41	1.0780	0.0580	60	2.4560	0.0870	79	4.3610	0.1150
23	0.2869	0.0304	42	1.1360	0.0610	61	2.5430	0.0890	80	4.4760	0.1150

适用树种：云杉；适用地区：洮河林区；资料名称：甘肃省天然林区一元立木材积表；编表人或作者：甘肃省林业勘察设计院；刊印或发表时间：1988。

1209. 祁连山林区桦木一元立木材积表（围尺）

D	V	ΔV	D	V	ΔV	D	V	ΔV	D	V	ΔV
5	0.0059	0.0034	17	0.1192	0.0173	29	0.4142	0.0333	41	0.9011	0.0492
6	0.0093	0.0044	18	0.1365	0.0187	30	0.4475	0.0345	42	0.9503	0.0507
7	0.0137	0.0053	19	0.1552	0.0199	31	0.4820	0.0360	43	1.0010	0.0520
8	0.0190	0.0065	20	0.1751	0.0213	32	0.5180	0.0372	44	1.0530	0.0530
9	0.0255	0.0075	21	0.1964	0.0226	33	0.5552	0.0386	45	1.1060	0.0540
10	0.0330	0.0086	22	0.2190	0.0239	34	0.5938	0.0399	46	1.1600	0.0560
11	0.0416	0.0099	23	0.2429	0.0252	35	0.6337	0.0412	47	1.2160	0.0570
12	0.0515	0.0110	24	0.2681	0.0265	36	0.6749	0.0426	48	1.2730	0.0590
13	0.0625	0.0123	25	0.2946	0.0279	37	0.7175	0.0439	49	1.3320	0.0590
14	0.0748	0.0135	26	0.3225	0.0293	38	0.7614	0.0453	50	1.3910	0.0590
15	0.0883	0.0148	27	0.3518	0.0305	39	0.8067	0.0465			
16	0.1031	0.0161	28	0.3823	0.0319	40	0.8532	0.0479			

适用树种：桦木；适用地区：祁连山林区；资料名称：甘肃省天然林区一元立木材积表；编表人或作者：甘肃省林业勘察设计院；刊印或发表时间：1988。

1210. 祁连山林区杨树一元立木材积表（围尺）

D	V	ΔV	D	V	ΔV	D	V	ΔV	D	V	ΔV
5	0.0047	0.0039	17	0.1440	0.0211	29	0.4967	0.0391	41	1.0630	0.0570
6	0.0086	0.0052	18	0.1651	0.0227	30	0.5358	0.0406	42	1.1200	0.0580
7	0.0138	0.0065	19	0.1878	0.0242	31	0.5764	0.0421	43	1.1780	0.0600
8	0.0203	0.0079	20	0.2120	0.0256	32	0.6185	0.0435	44	1.2380	0.0610
9	0.0282	0.0093	21	0.2376	0.0272	33	0.6620	0.0450	45	1.2990	0.0630
10	0.0375	0.0108	22	0.2648	0.0286	34	0.7070	0.0465	46	1.3620	0.0640
11	0.0483	0.0122	23	0.2934	0.0302	35	0.7535	0.0480	47	1.4260	0.0660
12	0.0605	0.0137	24	0.3236	0.0316	36	0.8015	0.0494	48	1.4920	0.0660
13	0.0742	0.0152	25	0.3552	0.0332	37	0.8509	0.0510	49	1.5580	0.0690
14	0.0894	0.0166	26	0.3884	0.0346	38	0.9019	0.0523	50	1.6270	0.0690
15	0.1060	0.0183	27	0.4230	0.0361	39	0.9542	0.0538			
16	0.1243	0.0197	28	0.4591	0.0376	40	1.0080	0.0550			

适用树种：杨树；适用地区：祁连山林区；资料名称：甘肃省天然林区一元立木材积表；编表人或作者：甘肃省林业勘察设计院；刊印或发表时间：1988。

1211. 子午岭林区油松一元立木材积表（围尺）

D	V	ΔV	D	V	ΔV	D	V	ΔV	D	V	ΔV
5	0.0092	0.0042	14	0.0813	0.0131	23	0.2439	0.0248	32	0.5115	0.0387
6	0.0134	0.0049	15	0.0944	0.0142	24	0.2687	0.0263	33	0.5502	0.0360
7	0.0183	0.0061	16	0.1086	0.0155	25	0.2950	0.0251	34	0.5862	0.0420
8	0.0244	0.0071	17	0.1241	0.0167	26	0.3201	0.0292	35	0.6282	0.0389
9	0.0315	0.0078	18	0.1408	0.0179	27	0.3493	0.0307	36	0.6671	0.0455
10	0.0393	0.0087	19	0.1587	0.0193	28	0.3800	0.0291	37	0.7126	0.0419
11	0.0480	0.0104	20	0.1780	0.0206	29	0.4091	0.0337	38	0.7545	0.0419
12	0.0584	0.0109	21	0.1986	0.0219	30	0.4428	0.0355			
13	0.0693	0.0120	22	0.2205	0.0234	31	0.4783	0.0332			

适用树种：油松；适用地区：子午岭林区；资料名称：甘肃省天然林区一元立木材积表；编表人或作者：甘肃省林业勘察设计院；刊印或发表时间：1988。

1212. 子午岭林区山杨一元立木材积表（围尺）

D	V	ΔV	D	V	ΔV	D	V	ΔV	D	V	ΔV
5	0.0070	0.0037	17	0.1382	0.0207	29	0.5001	0.0363	41	1.0025	0.0467
6	0.0107	0.0049	18	0.1589	0.0226	30	0.5364	0.0411	42	1.0492	0.0477
7	0.0156	0.0058	19	0.1815	0.0245	31	0.5775	0.0357	43	1.0969	0.0487
8	0.0214	0.0070	20	0.2060	0.0264	32	0.6132	0.0406	44	1.1456	0.0497
9	0.0284	0.0084	21	0.2324	0.0286	33	0.6538	0.0420	45	1.1953	0.0506
10	0.0368	0.0097	22	0.2610	0.0306	34	0.6958	0.0434	46	1.2459	0.0592
11	0.0465	0.0118	23	0.2916	0.0329	35	0.7392	0.0404	47	1.3051	0.0529
12	0.0583	0.0122	24	0.3245	0.0351	36	0.7796	0.0414	48	1.3580	0.0621
13	0.0705	0.0145	25	0.3596	0.0326	37	0.8210	0.0425	49	1.4201	0.0552
14	0.0850	0.0162	26	0.3922	0.0343	38	0.8635	0.0434	50	1.4753	0.0552
15	0.1012	0.0171	27	0.4265	0.0359	39	0.9069	0.0499			
16	0.1183	0.0199	28	0.4624	0.0377	40	0.9568	0.0457			

适用树种：山杨；适用地区：子午岭林区；资料名称：甘肃省天然林区一元立木材积表；编表人或作者：甘肃省林业勘察设计院；刊印或发表时间：1988。

1213. 子午岭林区桦木一元立木材积表（围尺）

D	V	ΔV	D	V	ΔV	D	V	ΔV	D	V	ΔV
5	0.0091	0.0042	17	0.1315	0.0178	29	0.4230	0.0326	41	0.9058	0.0514
6	0.0133	0.0053	18	0.1493	0.0179	30	0.4556	0.0376	42	0.9572	0.0532
7	0.0186	0.0064	19	0.1672	0.0190	31	0.4932	0.0358	43	1.0104	0.0485
8	0.0250	0.0076	20	0.1862	0.0218	32	0.5290	0.0335	44	1.0589	0.0497
9	0.0326	0.0085	21	0.2080	0.0216	33	0.5625	0.0387	45	1.1086	0.0511
10	0.0411	0.0091	22	0.2296	0.0228	34	0.6012	0.0402	46	1.1597	0.0523
11	0.0502	0.0108	23	0.2524	0.0241	35	0.6414	0.0419	47	1.2120	0.0460
12	0.0610	0.0114	24	0.2765	0.0277	36	0.6833	0.0434	48	1.2580	0.0547
13	0.0724	0.0135	25	0.3042	0.0294	37	0.7267	0.0451	49	1.3127	0.0560
14	0.0859	0.0139	26	0.3336	0.0284	38	0.7718	0.0468	50	1.3687	0.0560
15	0.0998	0.0152	27	0.3620	0.0298	39	0.8186	0.0430			
16	0.1150	0.0165	28	0.3918	0.0312	40	0.8616	0.0442			

适用树种：桦木；适用地区：子午岭林区；资料名称：甘肃省天然林区一元立木材积表；编表人或作者：甘肃省林业勘察设计院；刊印或发表时间：1988。

1214. 子午岭林区栎类一元立木材积表（围尺）

D	V	ΔV	D	V	ΔV	D	V	ΔV	D	V	ΔV
5	0.0062	0.0035	17	0.1059	0.0138	29	0.3327	0.0239	41	0.6575	0.0346
6	0.0097	0.0043	18	0.1197	0.0149	30	0.3566	0.0249	42	0.6921	0.0300
7	0.0140	0.0051	19	0.1346	0.0159	31	0.3815	0.0258	43	0.7221	0.0364
8	0.0191	0.0062	20	0.1505	0.0169	32	0.4073	0.0267	44	0.7585	0.0314
9	0.0253	0.0069	21	0.1674	0.0180	33	0.4340	0.0240	45	0.7899	0.0319
10	0.0322	0.0085	22	0.1854	0.0191	34	0.4580	0.0285	46	0.8218	0.0325
11	0.0407	0.0085	23	0.2045	0.0202	35	0.4865	0.0253	47	0.8543	0.0331
12	0.0492	0.0096	24	0.2247	0.0193	36	0.5118	0.0303	48	0.8874	0.0336
13	0.0588	0.0107	25	0.2440	0.0224	37	0.5421	0.0267	49	0.9210	0.0342
14	0.0695	0.0108	26	0.2664	0.0212	38	0.5688	0.0320	50	0.9552	0.0342
15	0.0803	0.0128	27	0.2876	0.0247	39	0.6008	0.0280			
16	0.0931	0.0128	28	0.3123	0.0204	40	0.6288	0.0287			

适用树种：栎类；适用地区：子午岭林区；资料名称：甘肃省天然林区一元立木材积表；编表人或作者：甘肃省林业勘察设计院；刊印或发表时间：1988。

1215. 子午岭林区阔叶树一元立木材积表（围尺）

D	V	ΔV	D	V	ΔV	D	V	ΔV	D	V	ΔV
5	0.0056	0.0028	17	0.1016	0.0136	29	0.3337	0.0242	41	0.6625	0.0295
6	0.0084	0.0039	18	0.1152	0.0158	30	0.3579	0.0252	42	0.6920	0.0301
7	0.0123	0.0044	19	0.1310	0.0157	31	0.3831	0.0261	43	0.7221	0.0307
8	0.0167	0.0054	20	0.1467	0.0184	32	0.4092	0.0271	44	0.7528	0.0313
9	0.0221	0.0063	21	0.1651	0.0180	33	0.4363	0.0242	45	0.7841	0.0318
10	0.0284	0.0073	22	0.1831	0.0192	34	0.4605	0.0289	46	0.8159	0.0324
11	0.0357	0.0085	23	0.2023	0.0203	35	0.4894	0.0256	47	0.8483	0.0329
12	0.0442	0.0096	24	0.2226	0.0214	36	0.5150	0.0306	48	0.8812	0.0335
13	0.0538	0.0100	25	0.2440	0.0204	37	0.5456	0.0270	49	0.9147	0.0341
14	0.0638	0.0111	26	0.2644	0.0212	38	0.5726	0.0276	50	0.9488	0.0341
15	0.0749	0.0132	27	0.2856	0.0249	39	0.6002	0.0281			
16	0.0881	0.0135	28	0.3105	0.0232	40	0.6283	0.0342			

适用树种：阔叶树；适用地区：子午岭林区；资料名称：甘肃省天然林区一元立木材积表；编表人或作者：甘肃省林业勘察设计院；刊印或发表时间：1988。

1216. 白龙江林区云杉一元立木材积表（轮尺）

D	V	ΔV	D	V	ΔV	D	V	ΔV	D	V	ΔV
5	0.0057	0.0037	34	0.8896	0.0671	63	4.0450	0.1560	92	9.8820	0.2510
6	0.0094	0.0050	35	0.9567	0.0703	64	4.2010	0.1590	93	10.1330	0.2550
7	0.0144	0.0062	36	1.0270	0.0720	65	4.3600	0.1620	94	10.3880	0.2570
8	0.0206	0.0076	37	1.0990	0.0760	66	4.5220	0.1650	95	10.6450	0.2610
9	0.0282	0.0091	38	1.1750	0.0790	67	4.6870	0.1680	96	10.9060	0.2650
10	0.0373	0.0107	39	1.2540	0.0810	68	4.8550	0.1720	97	11.1710	0.2680
11	0.0480	0.0125	40	1.3350	0.0840	69	5.0270	0.1750	98	11.4390	0.2710
12	0.0605	0.0142	41	1.4190	0.0880	70	5.2020	0.1780	99	11.7100	0.2750
13	0.0747	0.0160	42	1.5070	0.0900	71	5.3800	0.1810	100	11.9850	0.2780
14	0.0907	0.0180	43	1.5970	0.0930	72	5.5610	0.1850	101	12.2630	0.2810
15	0.1087	0.0199	44	1.6900	0.0960	73	5.7460	0.1880	102	12.5440	0.2850
16	0.1286	0.0221	45	1.7860	0.1000	74	5.9340	0.1910	103	12.8290	0.2880
17	0.1507	0.0241	46	1.8860	0.1020	75	6.1250	0.1940	104	13.1170	0.2910
18	0.1748	0.0264	47	1.9880	0.1050	76	6.3190	0.1980	105	13.4080	0.2950
19	0.2012	0.0285	48	2.0930	0.1080	77	6.5170	0.2010	106	13.7030	0.2990
20	0.2297	0.0309	49	2.2010	0.1120	78	6.7180	0.2050	107	14.0020	0.3010
21	0.2606	0.0332	50	2.3130	0.1140	79	6.9230	0.2070	108	14.3030	0.3050
22	0.2938	0.0356	51	2.4270	0.1180	80	7.1300	0.2110	109	14.6080	0.3090
23	0.3294	0.0380	52	2.5450	0.1210	81	7.3410	0.2150	110	14.9170	0.3120
24	0.3674	0.0405	53	2.6660	0.1230	82	7.5560	0.2170	111	15.2290	0.3150
25	0.4079	0.0430	54	2.7890	0.1270	83	7.7730	0.2210	112	15.5440	0.3190
26	0.4509	0.0456	55	2.9160	0.1300	84	7.9940	0.2250	113	15.8630	0.3220
27	0.4965	0.0481	56	3.0460	0.1340	85	8.2190	0.2270	114	16.1850	0.3250
28	0.5446	0.0508	57	3.1800	0.1360	86	8.4460	0.2310	115	16.5100	0.3290
29	0.5954	0.0534	58	3.3160	0.1390	87	8.6770	0.2350	116	16.8390	0.3320
30	0.6488	0.0561	59	3.4550	0.1430	88	8.9120	0.2370	117	17.1710	0.3360
31	0.7049	0.0588	60	3.5980	0.1460	89	9.1490	0.2410	118	17.5070	0.3390
32	0.7637	0.0616	61	3.7440	0.1490	90	9.3900	0.2450	119	17.8460	0.3430
33	0.8253	0.0643	62	3.8930	0.1520	91	9.6350	0.2470	120	18.1890	0.3430

适用树种：云杉；适用地区：白龙江林区；资料名称：甘肃省天然林区一元立木材积表；编表人或作者：甘肃省林业勘察设计院；刊印或发表时间：1988。

1217. 白龙江林区冷杉一元立木材积表（轮尺）

D	V	ΔV	D	V	ΔV	D	V	ΔV	D	V	ΔV
5	0.0039	0.0038	34	0.9629	0.0681	63	3.9020	0.1370	92	8.7990	0.2030
6	0.0077	0.0054	35	1.0310	0.0700	64	4.0390	0.1390	93	9.0020	0.2050
7	0.0131	0.0070	36	1.1010	0.0730	65	4.1780	0.1410	94	9.2070	0.2080
8	0.0201	0.0087	37	1.1740	0.0750	66	4.3190	0.1430	95	9.4150	0.2100
9	0.0288	0.0107	38	1.2490	0.0780	67	4.4620	0.1460	96	9.6250	0.2110
10	0.0395	0.0126	39	1.3270	0.0800	68	4.6080	0.1490	97	9.8360	0.2150
11	0.0521	0.0146	40	1.4070	0.0820	69	4.7570	0.1500	98	10.0510	0.2160
12	0.0667	0.0167	41	1.4890	0.0850	70	4.9070	0.1530	99	10.2670	0.2190
13	0.0834	0.0189	42	1.5740	0.0870	71	5.0600	0.1550	100	10.4860	0.2210
14	0.1023	0.0210	43	1.6610	0.0900	72	5.2150	0.1580	101	10.7070	0.2230
15	0.1233	0.0232	44	1.7510	0.0920	73	5.3730	0.1600	102	10.9300	0.2250
16	0.1465	0.0254	45	1.8430	0.0940	74	5.5330	0.1620	103	11.1550	0.2280
17	0.1719	0.0278	46	1.9370	0.0970	75	5.6950	0.1640	104	11.3830	0.2290
18	0.1997	0.0300	47	2.0340	0.0990	76	5.8590	0.1670	105	11.6120	0.2320
19	0.2297	0.0323	48	2.1330	0.1010	77	6.0260	0.1690	106	11.8440	0.2350
20	0.2620	0.0347	49	2.2340	0.1040	78	6.1950	0.1710	107	12.0790	0.2360
21	0.2967	0.0370	50	2.3380	0.1060	79	6.3660	0.1740	108	12.3150	0.2390
22	0.3337	0.0393	51	2.4440	0.1090	80	6.5400	0.1760	109	12.5540	0.2400
23	0.3730	0.0417	52	2.5530	0.1110	81	6.7160	0.1780	110	12.7940	0.2430
24	0.4147	0.0441	53	2.6640	0.1130	82	6.8940	0.1800	111	13.0370	0.2460
25	0.4588	0.0464	54	2.7770	0.1150	83	7.0740	0.1830	112	13.2830	0.2470
26	0.5052	0.0489	55	2.8920	0.1180	84	7.2570	0.1850	113	13.5300	0.2500
27	0.5541	0.0512	56	3.0100	0.1210	85	7.4420	0.1870	114	13.7800	0.2510
28	0.6053	0.0536	57	3.1310	0.1220	86	7.6290	0.1890	115	14.0310	0.2550
29	0.6589	0.0560	58	3.2530	0.1250	87	7.8180	0.1920	116	14.2860	0.2560
30	0.7149	0.0584	59	3.3780	0.1280	88	8.0100	0.1940	117	14.5420	0.2580
31	0.7733	0.0608	60	3.5060	0.1290	89	8.2040	0.1960	118	14.8000	0.2610
32	0.8341	0.0632	61	3.6350	0.1320	90	8.4000	0.1980	119	15.0610	0.2630
33	0.8973	0.0656	62	3.7670	0.1350	91	8.5980	0.2010	120	15.3240	0.2630

适用树种：冷杉；适用地区：白龙江林区；资料名称：甘肃省天然林区一元立木材积表；编表人或作者：甘肃省林业勘察设计院；刊印或发表时间：1988。

1218. 白龙江林区油松一元立木材积表（轮尺）

D	V	ΔV	D	V	ΔV	D	V	ΔV	D	V	ΔV
5	0.0066	0.0037	26	0.4216	0.0416	47	1.8010	0.0930	68	4.3150	0.1490
6	0.0103	0.0049	27	0.4632	0.0439	48	1.8940	0.0960	69	4.4640	0.1520
7	0.0152	0.0061	28	0.5071	0.0461	49	1.9900	0.0980	70	4.6160	0.1540
8	0.0213	0.0075	29	0.5532	0.0485	50	2.0880	0.1010	71	4.7700	0.1570
9	0.0288	0.0088	30	0.6017	0.0509	51	2.1890	0.1040	72	4.9270	0.1600
10	0.0376	0.0103	31	0.6526	0.0532	52	2.2930	0.1070	73	5.0870	0.1630
11	0.0479	0.0118	32	0.7058	0.0556	53	2.4000	0.1090	74	5.2500	0.1650
12	0.0597	0.0135	33	0.7614	0.0581	54	2.5090	0.1110	75	5.4150	0.1680
13	0.0732	0.0152	34	0.8195	0.0604	55	2.6200	0.1150	76	5.5830	0.1710
14	0.0884	0.0170	35	0.8799	0.0630	56	2.7350	0.1170	77	5.7540	0.1730
15	0.1054	0.0187	36	0.9429	0.0651	57	2.8520	0.1190	78	5.9270	0.1760
16	0.1241	0.0206	37	1.0080	0.0680	58	2.9710	0.1230	79	6.1030	0.1790
17	0.1447	0.0226	38	1.0760	0.0700	59	3.0940	0.1250	80	6.2820	0.1820
18	0.1673	0.0245	39	1.1460	0.0730	60	3.2190	0.1270	81	6.4640	0.1840
19	0.1918	0.0265	40	1.2190	0.0760	61	3.3460	0.1310	82	6.6480	0.1870
20	0.2183	0.0285	41	1.2950	0.0780	62	3.4770	0.1330	83	6.8350	0.1890
21	0.2468	0.0307	42	1.3730	0.0800	63	3.6100	0.1350	84	7.0240	0.1930
22	0.2775	0.0327	43	1.4530	0.0830	64	3.7450	0.1390	85	7.2170	0.1930
23	0.3102	0.0349	44	1.5360	0.0860	65	3.8840	0.1410			
24	0.3451	0.0372	45	1.6220	0.0880	66	4.0250	0.1430			
25	0.3823	0.0393	46	1.7100	0.0910	67	4.1680	0.1470			

适用树种：油松；适用地区：白龙江林区；资料名称：甘肃省天然林区一元立木材积表；编表人或作者：甘肃省林业勘察设计院；刊印或发表时间：1988。

1219. 白龙江林区桦木一元立木材积表（轮尺）

D	V	ΔV	D	V	ΔV	D	V	ΔV	D	V	ΔV
5	0.0063	0.0040	21	0.2521	0.0298	37	0.9440	0.0590	53	2.0940	0.0870
6	0.0103	0.0053	22	0.2819	0.0315	38	1.0030	0.0600	54	2.1810	0.0890
7	0.0156	0.0066	23	0.3134	0.0333	39	1.0630	0.0620	55	2.2700	0.0900
8	0.0222	0.0080	24	0.3467	0.0351	40	1.1250	0.0640	56	2.3600	0.0920
9	0.0302	0.0094	25	0.3818	0.0370	41	1.1890	0.0660	57	2.4520	0.0940
10	0.0396	0.0110	26	0.4188	0.0387	42	1.2550	0.0670	58	2.5460	0.0960
11	0.0506	0.0126	27	0.4575	0.0405	43	1.3220	0.0690	59	2.6420	0.0970
12	0.0632	0.0142	28	0.4980	0.0423	44	1.3910	0.0710	60	2.7390	0.0990
13	0.0774	0.0158	29	0.5403	0.0442	45	1.4620	0.0730	61	2.8380	0.1010
14	0.0932	0.0175	30	0.5845	0.0459	46	1.5350	0.0750	62	2.9390	0.1020
15	0.1107	0.0192	31	0.6304	0.0478	47	1.6100	0.0760	63	3.0410	0.1040
16	0.1299	0.0210	32	0.6782	0.0495	48	1.6860	0.0780	64	3.1450	0.1060
17	0.1509	0.0227	33	0.7277	0.0514	49	1.7640	0.0800	65	3.2510	0.1060
18	0.1736	0.0244	34	0.7791	0.0531	50	1.8440	0.0820			
19	0.1980	0.0262	35	0.8322	0.0550	51	1.9260	0.0830			
20	0.2242	0.0279	36	0.8872	0.0568	52	2.0090	0.0850			

适用树种：桦木；适用地区：白龙江林区；资料名称：甘肃省天然林区一元立木材积表；编表人或作者：甘肃省林业勘察设计院；刊印或发表时间：1988。

1220. 白龙江林区栎类一元立木材积表（轮尺）

D	V	ΔV	D	V	ΔV	D	V	ΔV	D	V	ΔV
5	0.0058	0.0034	21	0.2031	0.0231	37	0.7324	0.0442	53	1.5950	0.0640
6	0.0092	0.0045	22	0.2262	0.0245	38	0.7766	0.0456	54	1.6590	0.0660
7	0.0137	0.0056	23	0.2507	0.0259	39	0.8222	0.0468	55	1.7250	0.0680
8	0.0193	0.0067	24	0.2766	0.0271	40	0.8690	0.0481	56	1.7930	0.0680
9	0.0260	0.0079	25	0.3037	0.0285	41	0.9171	0.0494	57	1.8610	0.0700
10	0.0339	0.0090	26	0.3322	0.0298	42	0.9665	0.0505	58	1.9310	0.0710
11	0.0429	0.0103	27	0.3620	0.0311	43	1.0170	0.0520	59	2.0020	0.0720
12	0.0532	0.0115	28	0.3931	0.0325	44	1.0690	0.0540	60	2.0740	0.0740
13	0.0647	0.0128	29	0.4256	0.0337	45	1.1230	0.0540	61	2.1480	0.0740
14	0.0775	0.0140	30	0.4593	0.0351	46	1.1770	0.0560	62	2.2220	0.0760
15	0.0915	0.0154	31	0.4944	0.0364	47	1.2330	0.0570	63	2.2980	0.0780
16	0.1069	0.0166	32	0.5308	0.0377	48	1.2900	0.0580	64	2.3760	0.0780
17	0.1235	0.0179	33	0.5685	0.0390	49	1.3480	0.0600	65	2.4540	0.0780
18	0.1414	0.0192	34	0.6075	0.0403	50	1.4080	0.0610			
19	0.1606	0.0206	35	0.6478	0.0416	51	1.4690	0.0620			
20	0.1812	0.0219	36	0.6894	0.0430	52	1.5310	0.0640			

适用树种：栎类；适用地区：白龙江林区；资料名称：同上表。

1221. 小陇山林区华山松一元立木材积表（轮尺）

D	V	ΔV	D	V	ΔV	D	V	ΔV	D	V	ΔV
5	0.0058	0.0033	20	0.1881	0.0246	35	0.7572	0.0541	50	1.7960	0.0870
6	0.0091	0.0043	21	0.2127	0.0263	36	0.8113	0.0563	51	1.8830	0.0890
7	0.0134	0.0053	22	0.2390	0.0282	37	0.8676	0.0583	52	1.9720	0.0920
8	0.0187	0.0064	23	0.2672	0.0300	38	0.9259	0.0605	53	2.0640	0.0930
9	0.0251	0.0076	24	0.2972	0.0319	39	0.9864	0.0626	54	2.1570	0.0960
10	0.0327	0.0089	25	0.3291	0.0339	40	1.0490	0.0650	55	2.2530	0.0980
11	0.0416	0.0102	26	0.3630	0.0358	41	1.1140	0.0670	56	2.3510	0.1010
12	0.0518	0.0116	27	0.3988	0.0377	42	1.1810	0.0690	57	2.4520	0.1020
13	0.0634	0.0130	28	0.4365	0.0397	43	1.2500	0.0710	58	2.5540	0.1050
14	0.0764	0.0146	29	0.4762	0.0417	44	1.3210	0.0740	59	2.6590	0.1080
15	0.0910	0.0161	30	0.5179	0.0438	45	1.3950	0.0760	60	2.7670	0.1090
16	0.1071	0.0178	31	0.5617	0.0458	46	1.4710	0.0780	61	2.8760	0.1120
17	0.1249	0.0193	32	0.6075	0.0478	47	1.5490	0.0800	62	2.9880	0.1140
18	0.1442	0.0211	33	0.6553	0.0499	48	1.6290	0.0820	63	3.1020	0.1160
19	0.1653	0.0228	34	0.7052	0.0520	49	1.7110	0.0850	64	3.2180	0.1160

适用树种：华山松；适用地区：小陇山林区；资料名称：甘肃省天然林区一元立木材积表；编表人或作者：甘肃省林业勘察设计院；刊印或发表时间：1988。

1222. 小陇山林区桦木一元立木材积表（轮尺）

D	V	ΔV	D	V	ΔV	D	V	ΔV	D	V	ΔV
5	0.0062	0.0042	21	0.2463	0.0279	37	0.8743	0.0519	53	1.8770	0.0750
6	0.0104	0.0055	22	0.2742	0.0295	38	0.9262	0.0534	54	1.9520	0.0760
7	0.0159	0.0068	23	0.3037	0.0309	39	0.9796	0.0544	55	2.0280	0.0780
8	0.0227	0.0082	24	0.3346	0.0325	40	1.0340	0.0570	56	2.1060	0.0790
9	0.0309	0.0096	25	0.3671	0.0341	41	1.0910	0.0570	57	2.1850	0.0800
10	0.0405	0.0111	26	0.4012	0.0355	42	1.1480	0.0600	58	2.2650	0.0820
11	0.0516	0.0126	27	0.4367	0.0370	43	1.2080	0.0600	59	2.3470	0.0830
12	0.0642	0.0141	28	0.4737	0.0386	44	1.2680	0.0620	60	2.4300	0.0840
13	0.0783	0.0157	29	0.5123	0.0400	45	1.3300	0.0640	61	2.5140	0.0860
14	0.0940	0.0171	30	0.5523	0.0416	46	1.3940	0.0640	62	2.6000	0.0870
15	0.1111	0.0187	31	0.5939	0.0430	47	1.4580	0.0670	63	2.6870	0.0890
16	0.1298	0.0202	32	0.6369	0.0445	48	1.5250	0.0670	64	2.7760	0.0900
17	0.1500	0.0218	33	0.6814	0.0460	49	1.5920	0.0700	65	2.8660	0.0900
18	0.1718	0.0233	34	0.7274	0.0475	50	1.6620	0.0700			
19	0.1951	0.0248	35	0.7749	0.0490	51	1.7320	0.0720			
20	0.2199	0.0264	36	0.8239	0.0504	52	1.8040	0.0730			

适用树种：桦木；适用地区：小陇山林区；资料名称：甘肃省天然林区一元立木材积表；编表人或作者：甘肃省林业勘察设计院；刊印或发表时间：1988。

1223. 小陇山林区杨树一元立木材积表（轮尺）

D	V	ΔV	D	V	ΔV	D	V	ΔV	D	V	ΔV
5	0.0070	0.0040	21	0.2556	0.0315	37	1.0390	0.0700	53	2.4700	0.1120
6	0.0110	0.0052	22	0.2871	0.0338	38	1.1090	0.0720	54	2.5820	0.1150
7	0.0162	0.0063	23	0.3209	0.0360	39	1.1810	0.0750	55	2.6970	0.1180
8	0.0225	0.0078	24	0.3569	0.0382	40	1.2560	0.0780	56	2.8150	0.1200
9	0.0303	0.0091	25	0.3951	0.0405	41	1.3340	0.0800	57	2.9350	0.1230
10	0.0394	0.0107	26	0.4356	0.0428	42	1.4140	0.0820	58	3.0580	0.1260
11	0.0501	0.0123	27	0.4784	0.0451	43	1.4960	0.0860	59	3.1840	0.1290
12	0.0624	0.0140	28	0.5235	0.0475	44	1.5820	0.0880	60	3.3130	0.1310
13	0.0764	0.0157	29	0.5710	0.0499	45	1.6700	0.0900	61	3.4440	0.1350
14	0.0921	0.0175	30	0.6209	0.0524	46	1.7600	0.0940	62	3.5790	0.1360
15	0.1096	0.0194	31	0.6733	0.0547	47	1.8540	0.0960	63	3.7150	0.1400
16	0.1290	0.0213	32	0.7280	0.0572	48	1.9500	0.0980	64	3.8550	0.1430
17	0.1503	0.0232	33	0.7852	0.0597	49	2.0480	0.1020	65	3.9980	0.1430
18	0.1735	0.0253	34	0.8449	0.0622	50	2.1500	0.1040			
19	0.1988	0.0273	35	0.9071	0.0647	51	2.2540	0.1070			
20	0.2261	0.0295	36	0.9718	0.0672	52	2.3610	0.1090			

适用树种：杨树；适用地区：小陇山林区；资料名称：甘肃省天然林区一元立木材积表；编表人或作者：甘肃省林业勘察设计院；刊印或发表时间：1988。

1224. 小陇山林区栎类一元立木材积表（轮尺）

D	V	ΔV	D	V	ΔV	D	V	ΔV	D	V	ΔV
5	0.0063	0.0036	20	0.1930	0.0235	35	0.6993	0.0455	50	1.5350	0.0670
6	0.0099	0.0048	21	0.2165	0.0250	36	0.7448	0.0469	51	1.6020	0.0680
7	0.0147	0.0059	22	0.2415	0.0264	37	0.7917	0.0484	52	1.6700	0.0710
8	0.0206	0.0070	23	0.2679	0.0279	38	0.8401	0.0499	53	1.7410	0.0710
9	0.0276	0.0083	24	0.2958	0.0293	39	0.8900	0.0514	54	1.8120	0.0730
10	0.0359	0.0096	25	0.3251	0.0308	40	0.9414	0.0528	55	1.8850	0.0740
11	0.0455	0.0109	26	0.3559	0.0323	41	0.9942	0.0538	56	1.9590	0.0760
12	0.0564	0.0122	27	0.3882	0.0337	42	1.0480	0.0560	57	2.0350	0.0770
13	0.0686	0.0136	28	0.4219	0.0352	43	1.1040	0.0570	58	2.1120	0.0790
14	0.0822	0.0149	29	0.4571	0.0367	44	1.1610	0.0590	59	2.1910	0.0800
15	0.0971	0.0164	30	0.4938	0.0382	45	1.2200	0.0600	60	2.2710	0.0810
16	0.1135	0.0177	31	0.5320	0.0396	46	1.2800	0.0610	61	2.3520	0.0830
17	0.1312	0.0192	32	0.5716	0.0411	47	1.3410	0.0630	62	2.4350	0.0850
18	0.1504	0.0206	33	0.6127	0.0425	48	1.4040	0.0650	63	2.5200	0.0850
19	0.1710	0.0220	34	0.6552	0.0441	49	1.4690	0.0660	64	2.6050	0.0850

适用树种：栎类；适用地区：小陇山林区；资料名称：同上表。

1225. 小陇山林区阔叶树一元立木材积表（轮尺）

D	V	ΔV	D	V	ΔV	D	V	ΔV	D	V	ΔV
5	0.0073	0.0039	21	0.2172	0.0253	37	0.8174	0.0518	53	1.8500	0.0790
6	0.0112	0.0048	22	0.2425	0.0269	38	0.8692	0.0534	54	1.9290	0.0810
7	0.0160	0.0059	23	0.2694	0.0285	39	0.9226	0.0551	55	2.0100	0.0820
8	0.0219	0.0070	24	0.2979	0.0300	40	0.9777	0.0573	56	2.0920	0.0850
9	0.0289	0.0082	25	0.3279	0.0317	41	1.0350	0.0580	57	2.1770	0.0860
10	0.0371	0.0095	26	0.3596	0.0333	42	1.0930	0.0600	58	2.2630	0.0870
11	0.0466	0.0107	27	0.3929	0.0350	43	1.1530	0.0620	59	2.3500	0.0900
12	0.0573	0.0121	28	0.4279	0.0366	44	1.2150	0.0640	60	2.4400	0.0910
13	0.0694	0.0134	29	0.4645	0.0383	45	1.2790	0.0650	61	2.5310	0.0930
14	0.0828	0.0148	30	0.5028	0.0399	46	1.3440	0.0670	62	2.6240	0.0940
15	0.0976	0.0162	31	0.5427	0.0416	47	1.4110	0.0690	63	2.7180	0.0960
16	0.1138	0.0177	32	0.5843	0.0432	48	1.4800	0.0710	64	2.8140	0.0980
17	0.1315	0.0192	33	0.6275	0.0450	49	1.5510	0.0720	65	2.9120	0.0980
18	0.1507	0.0206	34	0.6725	0.0466	50	1.6230	0.0740			
19	0.1713	0.0222	35	0.7191	0.0483	51	1.6970	0.0750			
20	0.1935	0.0237	36	0.7674	0.0500	52	1.7720	0.0780			

适用树种：阔叶树；适用地区：小陇山林区；资料名称：甘肃省天然林区一元立木材积表；编表人或作者：甘肃省林业勘察设计院；刊印或发表时间：1988。

1226. 洮河林区杨树一元立木材积表（轮尺）

D	V	ΔV	D	V	ΔV	D	V	ΔV	D	V	ΔV
5	0.0069	0.0039	20	0.2105	0.0263	35	0.7931	0.0536	50	1.7940	0.0820
6	0.0108	0.0050	21	0.2368	0.0281	36	0.8467	0.0554	51	1.8760	0.0830
7	0.0158	0.0063	22	0.2649	0.0297	37	0.9021	0.0573	52	1.9590	0.0870
8	0.0221	0.0075	23	0.2946	0.0316	38	0.9594	0.0596	53	2.0460	0.0870
9	0.0296	0.0088	24	0.3262	0.0333	39	1.0190	0.0610	54	2.1330	0.0900
10	0.0384	0.0103	25	0.3595	0.0352	40	1.0800	0.0630	55	2.2230	0.0910
11	0.0487	0.0116	26	0.3947	0.0369	41	1.1430	0.0640	56	2.3140	0.0930
12	0.0603	0.0132	27	0.4316	0.0388	42	1.2070	0.0670	57	2.4070	0.0960
13	0.0735	0.0147	28	0.4704	0.0405	43	1.2740	0.0690	58	2.5030	0.0970
14	0.0882	0.0163	29	0.5109	0.0424	44	1.3430	0.0700	59	2.6000	0.0990
15	0.1045	0.0179	30	0.5533	0.0443	45	1.4130	0.0730	60	2.6990	0.1010
16	0.1224	0.0195	31	0.5976	0.0461	46	1.4860	0.0740	61	2.8000	0.1030
17	0.1419	0.0212	32	0.6437	0.0479	47	1.5600	0.0760	62	2.9030	0.1040
18	0.1631	0.0229	33	0.6916	0.0498	48	1.6360	0.0780	63	3.0070	0.1070
19	0.1860	0.0245	34	0.7414	0.0517	49	1.7140	0.0800	64	3.1140	0.1070

适用树种：杨树；适用地区：洮河林区；资料名称：甘肃省天然林区一元立木材积表；编表人或作者：甘肃省林业勘察设计院；刊印或发表时间：1988。

1227. 洮河林区柏木一元立木材积表（轮尺）

D	V	ΔV	D	V	ΔV	D	V	ΔV	D	V	ΔV
5	0.0063	0.0034	20	0.1501	0.0166	35	0.4855	0.0287	50	0.9938	0.0392
6	0.0097	0.0043	21	0.1667	0.0175	36	0.5142	0.0294	51	1.0330	0.0410
7	0.0140	0.0051	22	0.1842	0.0183	37	0.5436	0.0302	52	1.0740	0.0410
8	0.0191	0.0060	23	0.2025	0.0191	38	0.5738	0.0310	53	1.1150	0.0420
9	0.0251	0.0070	24	0.2216	0.0200	39	0.6048	0.0317	54	1.1570	0.0420
10	0.0321	0.0078	25	0.2416	0.0208	40	0.6365	0.0325	55	1.1990	0.0430
11	0.0399	0.0087	26	0.2624	0.0216	41	0.6690	0.0332	56	1.2420	0.0440
12	0.0486	0.0096	27	0.2840	0.0224	42	0.7022	0.0339	57	1.2860	0.0440
13	0.0582	0.0105	28	0.3064	0.0232	43	0.7361	0.0347	58	1.3300	0.0460
14	0.0687	0.0113	29	0.3296	0.0240	44	0.7708	0.0353	59	1.3760	0.0450
15	0.0800	0.0123	30	0.3536	0.0248	45	0.8061	0.0361	60	1.4210	0.0470
16	0.0923	0.0132	31	0.3784	0.0256	46	0.8422	0.0369	61	1.4680	0.0470
17	0.1055	0.0140	32	0.4040	0.0264	47	0.8791	0.0375	62	1.5150	0.0480
18	0.1195	0.0149	33	0.4304	0.0272	48	0.9166	0.0382	63	1.5630	0.0480
19	0.1344	0.0157	34	0.4576	0.0279	49	0.9548	0.0390	64	1.6110	0.0480

适用树种：柏木；适用地区：洮河林区；资料名称：甘肃省天然林区一元立木材积表；编表人或作者：甘肃省林业勘察设计院；刊印或发表时间：1988。

1228. 洮河林区桦木一元立木材积表（轮尺）

D	V	ΔV	D	V	ΔV	D	V	ΔV	D	V	ΔV
5	0.0057	0.0039	20	0.2017	0.0236	35	0.6916	0.0427	50	1.4600	0.0610
6	0.0096	0.0052	21	0.2253	0.0250	36	0.7343	0.0440	51	1.5210	0.0610
7	0.0148	0.0064	22	0.2503	0.0263	37	0.7783	0.0452	52	1.5820	0.0640
8	0.0212	0.0078	23	0.2766	0.0276	38	0.8235	0.0464	53	1.6460	0.0640
9	0.0290	0.0090	24	0.3042	0.0288	39	0.8699	0.0476	54	1.7100	0.0650
10	0.0380	0.0104	25	0.3330	0.0302	40	0.9175	0.0489	55	1.7750	0.0670
11	0.0484	0.0117	26	0.3632	0.0314	41	0.9664	0.0496	56	1.8420	0.0680
12	0.0601	0.0130	27	0.3946	0.0327	42	1.0160	0.0520	57	1.9100	0.0680
13	0.0731	0.0144	28	0.4273	0.0340	43	1.0680	0.0520	58	1.9780	0.0700
14	0.0875	0.0157	29	0.4613	0.0353	44	1.1200	0.0540	59	2.0480	0.0720
15	0.1032	0.0170	30	0.4966	0.0365	45	1.1740	0.0550	60	2.1200	0.0720
16	0.1202	0.0184	31	0.5331	0.0377	46	1.2290	0.0560	61	2.1920	0.0730
17	0.1386	0.0197	32	0.5708	0.0391	47	1.2850	0.0570	62	2.2650	0.0750
18	0.1583	0.0210	33	0.6099	0.0402	48	1.3420	0.0580	63	2.3400	0.0760
19	0.1793	0.0224	34	0.6501	0.0415	49	1.4000	0.0600	64	2.4160	0.0760

适用树种：桦木；适用地区：洮河林区；资料名称：甘肃省天然林区一元立木材积表；编表人或作者：甘肃省林业勘察设计院；刊印或发表时间：1988。

1229. 洮河林区云杉一元立木材积表（轮尺）

D	V	ΔV	D	V	ΔV	D	V	ΔV	D	V	ΔV
5	0.0045	0.0036	24	0.3449	0.0354	43	1.3220	0.0690	62	2.9180	0.1010
6	0.0081	0.0049	25	0.3803	0.0372	44	1.3910	0.0700	63	3.0190	0.1020
7	0.0130	0.0063	26	0.4175	0.0389	45	1.4610	0.0730	64	3.1210	0.1040
8	0.0193	0.0077	27	0.4564	0.0409	46	1.5340	0.0740	65	3.2250	0.1050
9	0.0270	0.0093	28	0.4973	0.0426	47	1.6080	0.0750	66	3.3300	0.1070
10	0.0363	0.0108	29	0.5399	0.0444	48	1.6830	0.0780	67	3.4370	0.1080
11	0.0471	0.0125	30	0.5843	0.0461	49	1.7610	0.0790	68	3.5450	0.1110
12	0.0596	0.0141	31	0.6304	0.0480	50	1.8400	0.0810	69	3.6560	0.1110
13	0.0737	0.0158	32	0.6784	0.0497	51	1.9210	0.0820	70	3.7670	0.1130
14	0.0895	0.0176	33	0.7281	0.0515	52	2.0030	0.0840	71	3.8800	0.1150
15	0.1071	0.0193	34	0.7796	0.0533	53	2.0870	0.0860	72	3.9950	0.1170
16	0.1264	0.0211	35	0.8329	0.0550	54	2.1730	0.0880	73	4.1120	0.1180
17	0.1475	0.0228	36	0.8879	0.0567	55	2.2610	0.0890	74	4.2300	0.1190
18	0.1703	0.0246	37	0.9446	0.0584	56	2.3500	0.0900	75	4.3490	0.1210
19	0.1949	0.0264	38	1.0030	0.0600	57	2.4400	0.0930	76	4.4700	0.1230
20	0.2213	0.0282	39	1.0630	0.0620	58	2.5330	0.0940	77	4.5930	0.1240
21	0.2495	0.0300	40	1.1250	0.0640	59	2.6270	0.0950	78	4.7170	0.1260
22	0.2795	0.0318	41	1.1890	0.0660	60	2.7220	0.0980	79	4.8430	0.1270
23	0.3113	0.0336	42	1.2550	0.0670	61	2.8200	0.0980	80	4.9700	0.1270

适用树种：云杉；适用地区：洮河林区；资料名称：甘肃省天然林区一元立木材积表；编表人或作者：甘肃省林业勘察设计院；刊印或发表时间：1988。

1230. 子午岭林区油松一元立木材积表（轮尺）

D	V	ΔV	D	V	ΔV	D	V	ΔV	D	V	ΔV
5	0.0091	0.0042	14	0.0827	0.0134	23	0.2482	0.0253	32	0.5206	0.0393
6	0.0133	0.0051	15	0.0961	0.0156	24	0.2735	0.0267	33	0.5599	0.0367
7	0.0184	0.0059	16	0.1117	0.0158	25	0.3002	0.0283	34	0.5966	0.0427
8	0.0243	0.0071	17	0.1275	0.0171	26	0.3285	0.0298	35	0.6393	0.0397
9	0.0314	0.0082	18	0.1446	0.0185	27	0.3583	0.0284	36	0.6790	0.0410
10	0.0396	0.0088	19	0.1631	0.0197	28	0.3867	0.0329	37	0.7200	0.0424
11	0.0484	0.0104	20	0.1828	0.0193	29	0.4196	0.0311	38	0.7624	0.0424
12	0.0588	0.0110	21	0.2021	0.0224	30	0.4507	0.0361			
13	0.0698	0.0129	22	0.2245	0.0237	31	0.4868	0.0338			

适用树种：油松；适用地区：子午岭林区；资料名称：甘肃省天然林区一元立木材积表；编表人或作者：甘肃省林业勘察设计院；刊印或发表时间：1988。

1231. 洮河林区冷杉一元立木材积表（轮尺）

D	V	ΔV	D	V	ΔV	D	V	ΔV	D	V	ΔV
5	0.0056	0.0045	24	0.4078	0.0408	43	1.5230	0.0780	62	3.3370	0.1140
6	0.0101	0.0061	25	0.4486	0.0429	44	1.6010	0.0810	63	3.4510	0.1170
7	0.0162	0.0078	26	0.4915	0.0449	45	1.6820	0.0820	64	3.5680	0.1180
8	0.0240	0.0095	27	0.5364	0.0467	46	1.7640	0.0840	65	3.6860	0.1200
9	0.0335	0.0114	28	0.5831	0.0490	47	1.8480	0.0860	66	3.8060	0.1220
10	0.0449	0.0132	29	0.6321	0.0508	48	1.9340	0.0880	67	3.9280	0.1230
11	0.0581	0.0150	30	0.6829	0.0528	49	2.0220	0.0890	68	4.0510	0.1260
12	0.0731	0.0171	31	0.7357	0.0548	50	2.1110	0.0920	69	4.1770	0.1270
13	0.0902	0.0189	32	0.7905	0.0568	51	2.2030	0.0940	70	4.3040	0.1290
14	0.1091	0.0209	33	0.8473	0.0588	52	2.2970	0.0950	71	4.4330	0.1310
15	0.1300	0.0229	34	0.9061	0.0607	53	2.3920	0.0980	72	4.5640	0.1330
16	0.1529	0.0249	35	0.9668	0.0622	54	2.4900	0.0990	73	4.6970	0.1350
17	0.1778	0.0268	36	1.0290	0.0650	55	2.5890	0.1010	74	4.8320	0.1360
18	0.2046	0.0289	37	1.0940	0.0670	56	2.6900	0.1030	75	4.9680	0.1390
19	0.2335	0.0308	38	1.1610	0.0680	57	2.7930	0.1050	76	5.1070	0.1400
20	0.2643	0.0329	39	1.2290	0.0710	58	2.8980	0.1070	77	5.2470	0.1420
21	0.2972	0.0348	40	1.3000	0.0720	59	3.0050	0.1090	78	5.3890	0.1440
22	0.3320	0.0369	41	1.3720	0.0750	60	3.1140	0.1110	79	5.5330	0.1460
23	0.3689	0.0389	42	1.4470	0.0760	61	3.2250	0.1120	80	5.6790	0.1460

甘

适用树种：冷杉；适用地区：洮河林区；资料名称：甘肃省天然林区一元立木材积表；编表人或作者：甘肃省林业勘察设计院；刊印或发表时间：1988。

1232. 祁连山林区桦木一元立木材积表（轮尺）

D	V	ΔV	D	V	ΔV	D	V	ΔV	D	V	ΔV
5	0.0067	0.0038	17	0.1328	0.0193	29	0.4592	0.0367	41	0.9953	0.0537
6	0.0105	0.0049	18	0.1521	0.0207	30	0.4959	0.0381	42	1.0490	0.0560
7	0.0154	0.0060	19	0.1728	0.0221	31	0.5340	0.0396	43	1.1050	0.0570
8	0.0214	0.0071	20	0.1949	0.0235	32	0.5736	0.0410	44	1.1620	0.0580
9	0.0285	0.0084	21	0.2184	0.0250	33	0.6146	0.0425	45	1.2200	0.0600
10	0.0369	0.0097	22	0.2434	0.0265	34	0.6571	0.0440	46	1.2800	0.0610
11	0.0466	0.0110	23	0.2699	0.0279	35	0.7011	0.0454	47	1.3410	0.0630
12	0.0576	0.0123	24	0.2978	0.0293	36	0.7465	0.0469	48	1.4040	0.0640
13	0.0699	0.0137	25	0.3271	0.0309	37	0.7934	0.0483	49	1.4680	0.0660
14	0.0836	0.0150	26	0.3580	0.0323	38	0.8417	0.0498	50	1.5340	0.0660
15	0.0986	0.0164	27	0.3903	0.0337	39	0.8915	0.0512			
16	0.1150	0.0178	28	0.4240	0.0352	40	0.9427	0.0526			

适用树种：桦木；适用地区：祁连山林区；资料名称：同上表。

1233. 祁连山林区杨树一元立木材积表（轮尺）

D	V	ΔV	D	V	ΔV	D	V	ΔV	D	V	ΔV
5	0.0056	0.0043	17	0.1554	0.0226	29	0.5298	0.0414	41	1.1290	0.0600
6	0.0099	0.0057	18	0.1780	0.0241	30	0.5712	0.0429	42	1.1890	0.0610
7	0.0156	0.0071	19	0.2021	0.0257	31	0.6141	0.0442	43	1.2500	0.0630
8	0.0227	0.0086	20	0.2278	0.0273	32	0.6583	0.0463	44	1.3130	0.0650
9	0.0313	0.0101	21	0.2551	0.0288	33	0.7046	0.0476	45	1.3780	0.0660
10	0.0414	0.0116	22	0.2839	0.0304	34	0.7522	0.0492	46	1.4440	0.0670
11	0.0530	0.0132	23	0.3143	0.0320	35	0.8014	0.0507	47	1.5110	0.0690
12	0.0662	0.0147	24	0.3463	0.0336	36	0.8521	0.0522	48	1.5800	0.0710
13	0.0809	0.0163	25	0.3799	0.0351	37	0.9043	0.0538	49	1.6510	0.0720
14	0.0972	0.0178	26	0.4150	0.0367	38	0.9581	0.0549	50	1.7230	0.0720
15	0.1150	0.0194	27	0.4517	0.0383	39	1.0130	0.0570			
16	0.1344	0.0210	28	0.4900	0.0398	40	1.0700	0.0590			

适用树种：杨树；适用地区：祁连山林区；资料名称：甘肃省天然林区一元立木材积表；编表人或作者：甘肃省林业勘察设计院；刊印或发表时间：1988。

1234. 子午岭林区山杨一元立木材积表（轮尺）

D	V	ΔV	D	V	ΔV	D	V	ΔV	D	V	ΔV
5	0.0070	0.0038	17	0.1448	0.0213	29	0.4989	0.0357	41	0.9914	0.0455
6	0.0108	0.0052	18	0.1661	0.0232	30	0.5346	0.0371	42	1.0369	0.0528
7	0.0160	0.0061	19	0.1893	0.0236	31	0.5717	0.0385	43	1.0897	0.0477
8	0.0221	0.0079	20	0.2129	0.0270	32	0.6102	0.0399	44	1.1374	0.0486
9	0.0300	0.0091	21	0.2399	0.0272	33	0.6501	0.0413	45	1.1860	0.0496
10	0.0391	0.0101	22	0.2671	0.0290	34	0.6914	0.0383	46	1.2356	0.0580
11	0.0492	0.0122	23	0.2961	0.0309	35	0.7297	0.0439	47	1.2936	0.0517
12	0.0614	0.0134	24	0.3270	0.0328	36	0.7736	0.0405	48	1.3453	0.0526
13	0.0748	0.0150	25	0.3598	0.0323	37	0.8141	0.0415	49	1.3979	0.0536
14	0.0898	0.0168	26	0.3921	0.0339	38	0.8556	0.0477	50	1.4515	0.0536
15	0.1066	0.0177	27	0.4260	0.0356	39	0.9033	0.0436			
16	0.1243	0.0205	28	0.4616	0.0373	40	0.9469	0.0445			

适用树种：山杨；适用地区：子午岭林区；资料名称：甘肃省天然林区一元立木材积表；编表人或作者：甘肃省林业勘察设计院；刊印或发表时间：1988。

1235. 子午岭林区桦木一元立木材积表（轮尺）

D	V	ΔV	D	V	ΔV	D	V	ΔV	D	V	ΔV
5	0.0097	0.0044	17	0.1308	0.0176	29	0.4182	0.0353	41	0.8863	0.0501
6	0.0141	0.0053	18	0.1484	0.0177	30	0.4535	0.0303	42	0.9364	0.0519
7	0.0194	0.0063	19	0.1661	0.0203	31	0.4838	0.0350	43	0.9883	0.0535
8	0.0257	0.0074	20	0.1864	0.0201	32	0.5188	0.0365	44	1.0418	0.0554
9	0.0331	0.0085	21	0.2065	0.0231	33	0.5553	0.0380	45	1.0972	0.0501
10	0.0416	0.0096	22	0.2296	0.0226	34	0.5933	0.0352	46	1.1473	0.0587
11	0.0512	0.0104	23	0.2522	0.0260	35	0.6285	0.0409	47	1.2060	0.0529
12	0.0616	0.0114	24	0.2782	0.0254	36	0.6694	0.0424	48	1.2589	0.0543
13	0.0730	0.0126	25	0.3036	0.0291	37	0.7118	0.0391	49	1.3132	0.0636
14	0.0856	0.0138	26	0.3327	0.0281	38	0.7509	0.0453	50	1.3768	0.0636
15	0.0994	0.0151	27	0.3608	0.0267	39	0.7962	0.0471			
16	0.1145	0.0163	28	0.3875	0.0307	40	0.8433	0.0430			

甘

适用树种：桦木；适用地区：子午岭林区；资料名称：甘肃省天然林区一元立木材积表；编表人或作者：甘肃省林业勘察设计院；刊印或发表时间：1988。

1236. 子午岭林区栎类一元立木材积表（轮尺）

D	V	ΔV	D	V	ΔV	D	V	ΔV	D	V	ΔV
5	0.0067	0.0035	17	0.1227	0.0161	29	0.3856	0.0280	41	0.7672	0.0345
6	0.0102	0.0047	18	0.1388	0.0174	30	0.4136	0.0291	42	0.8017	0.0351
7	0.0149	0.0059	19	0.1562	0.0185	31	0.4427	0.0303	43	0.8368	0.0358
8	0.0208	0.0064	20	0.1747	0.0198	32	0.4730	0.0273	44	0.8726	0.0365
9	0.0272	0.0080	21	0.1945	0.0211	33	0.5003	0.0322	45	0.9091	0.0446
10	0.0352	0.0089	22	0.2156	0.0224	34	0.5325	0.0289	46	0.9537	0.0381
11	0.0441	0.0101	23	0.2380	0.0238	35	0.5614	0.0344	47	0.9918	0.0388
12	0.0542	0.0115	24	0.2618	0.0226	36	0.5958	0.0305	48	1.0306	0.0395
13	0.0657	0.0128	25	0.2844	0.0237	37	0.6263	0.0364	49	1.0701	0.0401
14	0.0785	0.0134	26	0.3081	0.0248	38	0.6627	0.0322	50	1.1102	0.0401
15	0.0919	0.0147	27	0.3329	0.0289	39	0.6949	0.0328			
16	0.1066	0.0161	28	0.3618	0.0238	40	0.7277	0.0395			

适用树种：栎类；适用地区：子午岭林区；资料名称：甘肃省天然林区一元立木材积表；编表人或作者：甘肃省林业勘察设计院；刊印或发表时间：1988。

1237. 子午岭林区阔叶树一元立木材积表（轮尺）

D	V	ΔV	D	V	ΔV	D	V	ΔV	D	V	ΔV
5	0.0053	0.0029	17	0.1007	0.0146	29	0.3302	0.0243	41	0.6536	0.0299
6	0.0082	0.0038	18	0.1153	0.0158	30	0.3545	0.0223	42	0.6835	0.0250
7	0.0120	0.0043	19	0.1311	0.0158	31	0.3768	0.0261	43	0.7085	0.0310
8	0.0163	0.0053	20	0.1469	0.0169	32	0.4029	0.0270	44	0.7395	0.0315
9	0.0216	0.0062	21	0.1638	0.0180	33	0.4299	0.0246	45	0.7710	0.0321
10	0.0278	0.0076	22	0.1818	0.0191	34	0.4545	0.0288	46	0.8031	0.0328
11	0.0354	0.0084	23	0.2009	0.0202	35	0.4833	0.0260	47	0.8359	0.0333
12	0.0438	0.0088	24	0.2211	0.0215	36	0.5093	0.0266	48	0.8692	0.0340
13	0.0526	0.0106	25	0.2426	0.0205	37	0.5359	0.0272	49	0.9032	0.0345
14	0.0632	0.0118	26	0.2631	0.0214	38	0.5631	0.0325	50	0.9377	0.0345
15	0.0750	0.0123	27	0.2845	0.0224	39	0.5956	0.0287			
16	0.0873	0.0134	28	0.3069	0.0233	40	0.6243	0.0293			

适用树种：阔叶树；适用地区：子午岭林区；资料名称：甘肃省天然林区一元立木材积表；编表人或作者：甘肃省林业勘察设计院；刊印或发表时间：1988。

1238. 张掖地区杨树一元材积表

D	V	ΔV	D	V	ΔV	D	V	ΔV	D	V	ΔV
6	0.0097	0.0045	18	0.1312	0.0200	30	0.4838	0.0402	42	1.0009	0.0472
7	0.0142	0.0045	19	0.1512	0.0200	31	0.5240	0.0402	43	1.0481	0.0472
8	0.0186	0.0064	20	0.1712	0.0235	32	0.5641	0.0439	44	1.0953	0.0460
9	0.0250	0.0064	21	0.1947	0.0235	33	0.6080	0.0439	45	1.1413	0.0460
10	0.0313	0.0085	22	0.2182	0.0282	34	0.6519	0.0437	46	1.1873	0.0492
11	0.0398	0.0085	23	0.2464	0.0282	35	0.6956	0.0437	47	1.2365	0.0492
12	0.0483	0.0110	24	0.2745	0.0305	36	0.7393	0.0434	48	1.2856	0.0525
13	0.0593	0.0110	25	0.3050	0.0305	37	0.7827	0.0434	49	1.3381	0.0525
14	0.0703	0.0138	26	0.3355	0.0357	38	0.8260	0.0422	50	1.3906	0.0525
15	0.0841	0.0138	27	0.3712	0.0357	39	0.8682	0.0422			
16	0.0979	0.0167	28	0.4068	0.0385	40	0.9103	0.0453			
17	0.1146	0.0167	29	0.4453	0.0385	41	0.9556	0.0453			

适用树种：杨树；适用地区：张掖地区；资料名称：甘肃省天然林区一元立木材积表；编表人或作者：甘肃省林业勘察设计院；刊印或发表时间：1988。其他说明：轮围不详。

27 青海省立木材积表

青海省编表地区划分：

次生林区：门源、互助、大通、湟源、湟中、西宁、民和、乐都、循化、化隆、贵德、贵南、尖扎、同仁等。

原始林区：玉树州、玛沁县、祁连、兴海、同德、泽库等县。

玛可河林区：玛可河林场、班玛县。

柴达木林区：海西州。

青

树种组划分：

云杉：各种云杉、冷杉。

油松：油松、华山松、落叶松。

桦木：白桦、红桦、糠皮桦。

山杨：山杨、青杨、小叶杨。

柏树：藏桧、柴达木桧。

辽东栎：辽东栎。

若立木胸径超过表列范围，其材积可按下列公式求算：

云　杉：$V = 0.000053108582D^{1.7786670}H^{1.12805160}$

油　松：$V = 0.000066492455D^{1.8655617}H^{0.93768879}$

桦　木：$V = 0.000052286055D^{1.8593621}H^{1.01407150}$

山　杨：$V = 0.000054031091D^{1.9440215}H^{0.93067368}$

柏　树：$V = 0.000057135910D^{1.8813305}H^{0.99568845}$

辽东栎：$V = 0.000060970532D^{1.8735078}H^{0.94157465}$

青

1239. 青海次生林区云杉立木一元材积表

D	V	ΔV	D	V	ΔV	D	V	ΔV	D	V	ΔV
5	0.006	0.002	21	0.236	0.029	37	0.937	0.060	53	2.138	0.091
6	0.008	0.005	22	0.265	0.031	38	0.997	0.063	54	2.229	0.093
7	0.013	0.005	23	0.296	0.032	39	1.060	0.063	55	2.322	0.093
8	0.018	0.007	24	0.328	0.036	40	1.123	0.067	56	2.415	0.096
9	0.025	0.008	25	0.364	0.037	41	1.190	0.068	57	2.511	0.096
10	0.033	0.011	26	0.401	0.040	42	1.258	0.070	58	2.607	0.108
11	0.044	0.011	27	0.441	0.040	43	1.328	0.071	59	2.715	0.109
12	0.055	0.014	28	0.481	0.043	44	1.399	0.075	60	2.824	0.109
13	0.069	0.014	29	0.524	0.044	45	1.474	0.076	61	2.933	0.109
14	0.083	0.018	30	0.568	0.048	46	1.550	0.078	62	3.042	0.110
15	0.101	0.017	31	0.616	0.048	47	1.628	0.079	63	3.152	0.110
16	0.118	0.021	32	0.664	0.051	48	1.707	0.083	64	3.262	0.117
17	0.139	0.021	33	0.715	0.052	49	1.790	0.083	65	3.379	0.117
18	0.160	0.024	34	0.767	0.055	50	1.873	0.087	66	3.496	0.121
19	0.184	0.024	35	0.822	0.056	51	1.960	0.088	67	3.617	0.122
20	0.208	0.028	36	0.878	0.059	52	2.048	0.090	68	3.739	0.122

适用树种：各种云杉、冷杉；适用地区：次生林区；资料名称：青海省立木一元材积表；编表人或作者：青海省林业勘察设计队；刊印或发表时间：1978。

1240. 青海次生林区辽东栎立木一元材积表

D	V	ΔV	D	V	ΔV	D	V	ΔV	D	V	ΔV
5	0.006	0.002	13	0.070	0.014	21	0.228	0.025	29	0.460	0.034
6	0.008	0.005	14	0.084	0.017	22	0.253	0.027	30	0.494	0.035
7	0.013	0.006	15	0.101	0.017	23	0.280	0.027	31	0.529	0.035
8	0.019	0.007	16	0.118	0.019	24	0.307	0.028	32	0.564	0.037
9	0.026	0.008	17	0.137	0.020	25	0.335	0.028	33	0.601	0.038
10	0.034	0.011	18	0.157	0.023	26	0.363	0.032	34	0.639	0.040
11	0.045	0.012	19	0.180	0.023	27	0.395	0.032	35	0.679	0.040
12	0.057	0.013	20	0.203	0.025	28	0.427	0.033	36	0.719	0.040

适用树种：辽东栎；适用地区：次生林区；资料名称：青海省立木一元材积表；编表人或作者：青海省林业勘察设计队；刊印或发表时间：1978。

1241. 青海次生林区油松立木一元材积表

D	V	ΔV	D	V	ΔV	D	V	ΔV	D	V	ΔV
5	0.007	0.003	19	0.174	0.023	33	0.656	0.047	47	1.472	0.070
6	0.010	0.005	20	0.197	0.026	34	0.703	0.050	48	1.542	0.073
7	0.015	0.005	21	0.223	0.026	35	0.753	0.050	49	1.615	0.073
8	0.020	0.007	22	0.249	0.029	36	0.803	0.054	50	1.688	0.075
9	0.027	0.008	23	0.278	0.029	37	0.857	0.054	51	1.763	0.075
10	0.035	0.010	24	0.307	0.033	38	0.911	0.057	52	1.838	0.079
11	0.045	0.011	25	0.340	0.033	39	0.968	0.057	53	1.917	0.079
12	0.056	0.013	26	0.373	0.036	40	1.025	0.059	54	1.996	0.082
13	0.069	0.013	27	0.409	0.036	41	1.084	0.060	55	2.078	0.082
14	0.082	0.016	28	0.445	0.038	42	1.144	0.063	56	2.160	0.085
15	0.098	0.016	29	0.483	0.041	43	1.207	0.064	57	2.245	0.085
16	0.114	0.019	30	0.524	0.043	44	1.271	0.066	58	2.330	0.088
17	0.133	0.019	31	0.567	0.043	45	1.337	0.066	59	2.418	0.089
18	0.152	0.022	32	0.610	0.046	46	1.403	0.069	60	2.507	0.089

青

适用树种：油松、华山松、落叶松；适用地区：次生林区；资料名称：青海省立木一元材积表；编表人或作者：青海省林业勘察设计队；刊印或发表时间：1978。

1242. 青海次生林区桦木立木一元材积表

D	V	ΔV	D	V	ΔV	D	V	ΔV	D	V	ΔV
5	0.007	0.003	19	0.164	0.020	33	0.563	0.038	47	1.193	0.051
6	0.010	0.005	20	0.184	0.022	34	0.601	0.040	48	1.244	0.057
7	0.015	0.006	21	0.206	0.022	35	0.641	0.040	49	1.301	0.057
8	0.021	0.007	22	0.228	0.025	36	0.681	0.041	50	1.358	0.055
9	0.028	0.007	23	0.253	0.025	37	0.722	0.041	51	1.413	0.056
10	0.035	0.010	24	0.278	0.027	38	0.763	0.043	52	1.469	0.062
11	0.045	0.010	25	0.305	0.027	39	0.806	0.043	53	1.531	0.063
12	0.055	0.012	26	0.332	0.030	40	0.849	0.046	54	1.594	0.061
13	0.067	0.012	27	0.362	0.030	41	0.895	0.047	55	1.655	0.061
14	0.079	0.015	28	0.392	0.031	42	0.942	0.048	56	1.716	0.063
15	0.094	0.015	29	0.423	0.031	43	0.990	0.049	57	1.779	0.063
16	0.109	0.017	30	0.454	0.036	44	1.039	0.051	58	1.842	0.065
17	0.126	0.018	31	0.490	0.036	45	1.090	0.052	59	1.907	0.066
18	0.144	0.020	32	0.526	0.037	46	1.142	0.051	60	1.973	0.066

适用树种：白桦、红桦、棘皮桦；适用地区：次生林区；资料名称：青海省立木一元材积表；编表人或作者：青海省林业勘察设计队；刊印或发表时间：1978。

1243. 青海次生林区山杨立木一元材积表

D	V	ΔV	D	V	ΔV	D	V	ΔV	D	V	ΔV
5	0.007	0.003	17	0.137	0.020	29	0.494	0.040	41	1.092	0.061
6	0.010	0.005	18	0.157	0.023	30	0.534	0.043	42	1.153	0.063
7	0.015	0.005	19	0.180	0.023	31	0.577	0.043	43	1.216	0.064
8	0.020	0.008	20	0.203	0.026	32	0.620	0.046	44	1.280	0.067
9	0.028	0.008	21	0.229	0.027	33	0.666	0.046	45	1.347	0.068
10	0.036	0.010	22	0.256	0.030	34	0.712	0.049	46	1.415	0.072
11	0.046	0.011	23	0.286	0.030	35	0.761	0.050	47	1.487	0.072
12	0.057	0.013	24	0.316	0.032	36	0.811	0.053	48	1.559	0.076
13	0.070	0.014	25	0.348	0.033	37	0.864	0.054	49	1.635	0.076
14	0.084	0.017	26	0.381	0.036	38	0.918	0.057	50	1.711	0.076
15	0.101	0.017	27	0.417	0.037	39	0.975	0.057			
16	0.118	0.019	28	0.454	0.040	40	1.032	0.060			

适用树种：山杨、青杨、小叶杨；适用地区：次生林区；资料名称：青海省立木一元材积表；编表人或作者：青海省林业勘察设计队；刊印或发表时间：1978。

1244. 青海次生林区柏木立木一元材积表

D	V	ΔV	D	V	ΔV	D	V	ΔV	D	V	ΔV
5	0.005	0.002	23	0.203	0.021	41	0.738	0.037	59	1.595	0.057
6	0.007	0.004	24	0.224	0.022	42	0.775	0.042	60	1.652	0.059
7	0.011	0.004	25	0.246	0.022	43	0.817	0.043	61	1.711	0.060
8	0.015	0.006	26	0.268	0.024	44	0.860	0.041	62	1.771	0.061
9	0.021	0.006	27	0.292	0.025	45	0.901	0.041	63	1.832	0.062
10	0.027	0.008	28	0.317	0.027	46	0.942	0.047	64	1.894	0.064
11	0.035	0.008	29	0.344	0.027	47	0.989	0.048	65	1.958	0.064
12	0.043	0.010	30	0.371	0.029	48	1.037	0.045	66	2.022	0.058
13	0.053	0.010	31	0.400	0.030	49	1.082	0.046	67	2.080	0.059
14	0.063	0.011	32	0.430	0.030	50	1.128	0.048	68	2.139	0.068
15	0.074	0.012	33	0.460	0.030	51	1.176	0.048	69	2.207	0.068
16	0.086	0.012	34	0.490	0.033	52	1.224	0.050	70	2.275	0.062
17	0.098	0.012	35	0.523	0.033	53	1.274	0.051	71	2.337	0.062
18	0.110	0.018	36	0.556	0.035	54	1.325	0.052	72	2.399	0.072
19	0.128	0.018	37	0.591	0.035	55	1.377	0.052	73	2.471	0.073
20	0.146	0.018	38	0.626	0.037	56	1.429	0.055	74	2.544	0.073
21	0.164	0.018	39	0.663	0.038	57	1.484	0.055			
22	0.182	0.021	40	0.701	0.037	58	1.539	0.056			

适用树种：柏树、藏桧、柴达木桧；适用地区：次生林区；资料名称：青海省立木一元材积表；编表人或作者：青海省林业勘察设计队；刊印或发表时间：1978。

1245. 青海原始林区云杉立木一元材积表

D	V	ΔV	D	V	ΔV	D	V	ΔV	D	V	ΔV
5	0.004	0.003	34	0.728	0.057	63	3.391	0.132	92	8.067	0.195
6	0.007	0.004	35	0.785	0.058	64	3.523	0.131	93	8.262	0.195
7	0.011	0.004	36	0.843	0.065	65	3.654	0.131	94	8.457	0.184
8	0.015	0.007	37	0.908	0.064	66	3.785	0.145	95	8.641	0.185
9	0.022	0.007	38	0.972	0.068	67	3.930	0.144	96	8.826	0.197
10	0.029	0.008	39	1.040	0.068	68	4.074	0.143	97	9.023	0.198
11	0.037	0.009	40	1.108	0.074	69	4.217	0.143	98	9.221	0.193
12	0.046	0.012	41	1.182	0.074	70	4.360	0.140	99	9.414	0.194
13	0.058	0.012	42	1.256	0.077	71	4.500	0.140	100	9.608	0.196
14	0.070	0.015	43	1.333	0.077	72	4.640	0.155	101	9.804	0.197
15	0.085	0.015	44	1.410	0.086	73	4.795	0.154	102	10.001	0.196
16	0.100	0.018	45	1.496	0.086	74	4.949	0.161	103	10.197	0.196
17	0.118	0.019	46	1.582	0.093	75	5.110	0.161	104	10.393	0.157
18	0.137	0.023	47	1.675	0.093	76	5.271	0.157	105	10.550	0.158
19	0.160	0.023	48	1.768	0.095	77	5.428	0.156	106	10.708	0.200
20	0.183	0.025	49	1.863	0.094	78	5.584	0.163	107	10.908	0.201
21	0.208	0.026	50	1.957	0.096	79	5.747	0.162	108	11.109	0.245
22	0.234	0.030	51	2.053	0.096	80	5.909	0.168	109	11.354	0.246
23	0.264	0.031	52	2.149	0.102	81	6.077	0.167	110	11.600	0.201
24	0.295	0.035	53	2.251	0.102	82	6.244	0.174	111	11.801	0.201
25	0.330	0.035	54	2.353	0.102	83	6.418	0.173	112	12.002	0.201
26	0.365	0.040	55	2.455	0.102	84	6.591	0.180	113	12.203	0.202
27	0.405	0.040	56	2.557	0.113	85	6.771	0.179	114	12.405	0.200
28	0.445	0.043	57	2.670	0.113	86	6.950	0.185	115	12.605	0.201
29	0.488	0.044	58	2.783	0.113	87	7.135	0.185	116	12.806	0.201
30	0.532	0.042	59	2.896	0.112	88	7.320	0.191	117	13.007	0.201
31	0.574	0.043	60	3.008	0.126	89	7.511	0.191	118	13.208	0.250
32	0.617	0.055	61	3.134	0.125	90	7.702	0.183	119	13.458	0.250
33	0.672	0.056	62	3.259	0.132	91	7.885	0.182	120	13.708	0.250

适用树种：各种云杉、冷杉；适用地区：原始林区；资料名称：青海省立木一元材积表；编表人或作者：青海省林业勘察设计队；刊印或发表时间：1978。

青

1246. 青海原始林区桦立木一元材积表

D	V	ΔV	D	V	ΔV	D	V	ΔV	D	V	ΔV
5	0.006	0.002	19	0.153	0.019	33	0.550	0.039	47	1.196	0.055
6	0.008	0.004	20	0.172	0.022	34	0.589	0.039	48	1.251	0.053
7	0.012	0.005	21	0.194	0.022	35	0.628	0.040	49	1.304	0.054
8	0.017	0.006	22	0.216	0.024	36	0.668	0.042	50	1.358	0.055
9	0.023	0.007	23	0.240	0.024	37	0.710	0.043	51	1.413	0.056
10	0.030	0.009	24	0.264	0.027	38	0.753	0.045	52	1.469	0.058
11	0.039	0.009	25	0.291	0.027	39	0.798	0.046	53	1.527	0.058
12	0.048	0.012	26	0.318	0.030	40	0.844	0.049	54	1.585	0.058
13	0.060	0.012	27	0.348	0.030	41	0.893	0.049	55	1.643	0.058
14	0.072	0.014	28	0.378	0.032	42	0.942	0.048	56	1.701	0.059
15	0.086	0.014	29	0.410	0.032	43	0.990	0.049	57	1.760	0.059
16	0.100	0.017	30	0.442	0.035	44	1.039	0.051	58	1.819	0.060
17	0.117	0.017	31	0.477	0.035	45	1.090	0.052	59	1.879	0.060
18	0.134	0.019	32	0.512	0.038	46	1.142	0.054	60	1.939	0.060

适用树种：白桦、红桦、棘皮桦；适用地区：原始林区；资料名称：青海省立木一元材积表；编表人或作者：青海省林业勘察设计队；刊印或发表时间：1978。

1247. 青海玛可河林区云冷杉立木一元材积表

D	V	ΔV	D	V	ΔV	D	V	ΔV	D	V	ΔV
5	0.008	0.005	22	0.359	0.044	39	1.458	0.088	56	3.300	0.125
6	0.013	0.007	23	0.403	0.044	40	1.546	0.095	57	3.425	0.126
7	0.020	0.007	24	0.447	0.050	41	1.641	0.095	58	3.551	0.137
8	0.027	0.010	25	0.497	0.050	42	1.736	0.098	59	3.688	0.138
9	0.037	0.010	26	0.547	0.053	43	1.834	0.098	60	3.826	0.136
10	0.047	0.014	27	0.600	0.054	44	1.932	0.104	61	3.962	0.137
11	0.061	0.015	28	0.654	0.060	45	2.036	0.105	62	4.099	0.142
12	0.076	0.018	29	0.714	0.060	46	2.141	0.106	63	4.241	0.142
13	0.094	0.018	30	0.774	0.066	47	2.247	0.107	64	4.383	0.139
14	0.112	0.022	31	0.840	0.066	48	2.354	0.108	65	4.522	0.140
15	0.134	0.023	32	0.906	0.073	49	2.462	0.109	66	4.662	0.144
16	0.157	0.029	33	0.979	0.073	50	2.571	0.119	67	4.806	0.144
17	0.186	0.029	34	1.052	0.078	51	2.690	0.119	68	4.950	0.148
18	0.215	0.033	35	1.130	0.078	52	2.809	0.119	69	5.098	0.149
19	0.248	0.033	36	1.208	0.081	53	2.928	0.120	70	5.247	0.149
20	0.281	0.039	37	1.289	0.082	54	3.048	0.126			
21	0.320	0.039	38	1.371	0.087	55	3.174	0.126			

适用树种：各种云杉、冷杉；适用地区：玛可河林区；资料名称：青海省立木一元材积表；编表人或作者：青海省林业勘察设计队；刊印或发表时间：1978。

1248. 青海原始林区山杨立木一元材积表

D	V	ΔV	D	V	ΔV	D	V	ΔV	D	V	ΔV
5	0.004	0.002	17	0.104	0.017	29	0.405	0.034	41	0.874	0.045
6	0.006	0.004	18	0.121	0.020	30	0.439	0.035	42	0.919	0.047
7	0.010	0.004	19	0.141	0.020	31	0.474	0.036	43	0.966	0.047
8	0.014	0.005	20	0.161	0.022	32	0.510	0.037	44	1.013	0.047
9	0.019	0.006	21	0.183	0.023	33	0.547	0.038	45	1.060	0.048
10	0.025	0.007	22	0.206	0.025	34	0.585	0.039	46	1.108	0.050
11	0.032	0.008	23	0.231	0.025	35	0.624	0.039	47	1.158	0.051
12	0.040	0.010	24	0.256	0.027	36	0.663	0.041	48	1.209	0.050
13	0.050	0.011	25	0.283	0.028	37	0.704	0.041	49	1.259	0.051
14	0.061	0.013	26	0.311	0.030	38	0.745	0.041	50	1.310	0.051
15	0.074	0.014	27	0.341	0.031	39	0.786	0.044			
16	0.088	0.016	28	0.372	0.033	40	0.830	0.044			

适用树种：山杨、青杨、小叶杨；适用地区：原始林区；资料名称：青海省立木一元材积表；编表人或作者：青海省林业勘察设计队；刊印或发表时间：1978。

1249. 青海柴达木林区云杉立木一元材积表

D	V	ΔV	D	V	ΔV	D	V	ΔV	D	V	ΔV
5	0.003	0.001	23	0.178	0.021	41	0.821	0.055	59	2.047	0.080
6	0.004	0.002	24	0.199	0.023	42	0.876	0.059	60	2.127	0.084
7	0.006	0.003	25	0.222	0.023	43	0.935	0.059	61	2.211	0.084
8	0.009	0.005	26	0.245	0.026	44	0.994	0.060	62	2.295	0.088
9	0.014	0.005	27	0.271	0.027	45	1.054	0.061	63	2.383	0.089
10	0.019	0.005	28	0.298	0.029	46	1.115	0.060	64	2.472	0.092
11	0.024	0.006	29	0.327	0.030	47	1.175	0.060	65	2.564	0.092
12	0.030	0.008	30	0.357	0.036	48	1.235	0.065	66	2.656	0.088
13	0.038	0.008	31	0.393	0.036	49	1.300	0.065	67	2.744	0.089
14	0.046	0.009	32	0.429	0.037	50	1.365	0.068	68	2.833	0.092
15	0.055	0.010	33	0.466	0.038	51	1.433	0.069	69	2.925	0.092
16	0.065	0.013	34	0.504	0.041	52	1.502	0.073	70	3.017	0.095
17	0.078	0.013	35	0.545	0.041	53	1.575	0.073	71	3.112	0.095
18	0.091	0.015	36	0.586	0.043	54	1.648	0.077	72	3.207	0.099
19	0.106	0.015	37	0.629	0.044	55	1.725	0.078	73	3.306	0.099
20	0.121	0.018	38	0.673	0.047	56	1.803	0.082	74	3.405	0.099
21	0.139	0.018	39	0.720	0.047	57	1.885	0.082			
22	0.157	0.021	40	0.767	0.054	58	1.967	0.080			

适用树种：各种云杉、冷杉；适用地区：柴达木林区；资料名称：青海省立木一元材积表；编表人或作者：青海省林业勘察设计队；刊印或发表时间：1978。

1250. 青海原始林区柏树立木一元材积表

D	V	ΔV	D	V	ΔV	D	V	ΔV	D	V	ΔV
5	0.005	0.002	32	0.470	0.035	59	1.857	0.068	86	4.098	0.098
6	0.007	0.003	33	0.505	0.036	60	1.925	0.071	87	4.196	0.098
7	0.010	0.004	34	0.541	0.038	61	1.996	0.071	88	4.294	0.100
8	0.014	0.005	35	0.579	0.038	62	2.067	0.072	89	4.394	0.101
9	0.019	0.006	36	0.617	0.040	63	2.139	0.073	90	4.495	0.100
10	0.025	0.007	37	0.657	0.040	64	2.212	0.075	91	4.595	0.101
11	0.032	0.008	38	0.697	0.043	65	2.287	0.075	92	4.696	0.106
12	0.040	0.010	39	0.740	0.044	66	2.362	0.078	93	4.802	0.106
13	0.050	0.010	40	0.784	0.046	67	2.440	0.078	94	4.908	0.105
14	0.060	0.013	41	0.830	0.046	68	2.518	0.078	95	5.013	0.105
15	0.073	0.013	42	0.876	0.048	69	2.596	0.079	96	5.118	0.107
16	0.086	0.015	43	0.924	0.048	70	2.675	0.081	97	5.225	0.108
17	0.101	0.015	44	0.972	0.051	71	2.756	0.082	98	5.333	0.110
18	0.116	0.018	45	1.023	0.052	72	2.838	0.084	99	5.443	0.110
19	0.134	0.018	46	1.075	0.053	73	2.922	0.085	100	5.553	0.108
20	0.152	0.020	47	1.128	0.054	74	3.007	0.085	101	5.661	0.109
21	0.172	0.020	48	1.182	0.055	75	3.092	0.085	102	5.770	0.112
22	0.192	0.023	49	1.237	0.056	76	3.177	0.089	103	5.882	0.113
23	0.215	0.023	50	1.293	0.058	77	3.266	0.089	104	5.995	0.113
24	0.238	0.025	51	1.351	0.058	78	3.355	0.090	105	6.108	0.113
25	0.263	0.026	52	1.409	0.061	79	3.445	0.091	106	6.221	0.117
26	0.289	0.027	53	1.470	0.062	80	3.536	0.091	107	6.338	0.117
27	0.316	0.027	54	1.532	0.062	81	3.627	0.092	108	6.455	0.117
28	0.343	0.030	55	1.594	0.063	82	3.719	0.093	109	6.572	0.118
29	0.373	0.031	56	1.657	0.066	83	3.812	0.094	110	6.690	0.119
30	0.404	0.033	57	1.723	0.066	84	3.906	0.096	111	6.809	0.120
31	0.437	0.033	58	1.789	0.068	85	4.002	0.096	112	6.929	0.120

适用树种：柏树、藏桧、柴达木桧；适用地区：原始林区；资料名称：青海省立木一元材积表；编表人或作者：青海省林业勘察设计队；刊印或发表时间：1978。

1251. 青海柴达木林区柏树立木一元材积表

D	V	ΔV	D	V	ΔV	D	V	ΔV	D	V	ΔV
5	0.003	0.002	25	0.147	0.015	45	0.599	0.033	65	1.421	0.049
6	0.005	0.002	26	0.162	0.015	46	0.632	0.034	66	1.470	0.050
7	0.007	0.002	27	0.177	0.015	47	0.666	0.035	67	1.520	0.051
8	0.009	0.003	28	0.192	0.016	48	0.701	0.036	68	1.571	0.052
9	0.012	0.004	29	0.208	0.017	49	0.737	0.037	69	1.623	0.052
10	0.016	0.004	30	0.225	0.020	50	0.774	0.039	70	1.675	0.054
11	0.020	0.005	31	0.245	0.021	51	0.813	0.040	71	1.729	0.055
12	0.025	0.005	32	0.266	0.020	52	0.853	0.041	72	1.784	0.056
13	0.030	0.006	33	0.286	0.020	53	0.894	0.042	73	1.840	0.057
14	0.036	0.006	34	0.306	0.022	54	0.936	0.038	74	1.897	0.058
15	0.042	0.007	35	0.328	0.023	55	0.974	0.039	75	1.955	0.059
16	0.049	0.008	36	0.351	0.024	56	1.013	0.040	76	2.014	0.050
17	0.057	0.008	37	0.375	0.024	57	1.053	0.041	77	2.064	0.051
18	0.065	0.010	38	0.399	0.026	58	1.094	0.048	78	2.115	0.051
19	0.075	0.009	39	0.425	0.026	59	1.142	0.049	79	2.166	0.052
20	0.084	0.011	40	0.451	0.028	60	1.191	0.044	80	2.218	0.053
21	0.095	0.011	41	0.479	0.028	61	1.235	0.045	81	2.271	0.053
22	0.106	0.013	42	0.507	0.030	62	1.280	0.046	82	2.324	0.054
23	0.119	0.013	43	0.537	0.030	63	1.326	0.047	83	2.378	0.054
24	0.132	0.015	44	0.567	0.032	64	1.373	0.048	84	2.432	0.054

适用树种：柏树、藏桧、柴达木桧；适用地区：柴达木林区；资料名称：青海省立木一元材积表；编表人或作者：青海省林业勘察设计队；刊印或发表时间：1978。

28 宁夏回族自治区立木材积表

以下树种一元材积表采用部颁二元材积表 (LY 208—1977) 导算：

贺兰山山杨、六盘山桦木、六盘山辽东栎、六盘山阔叶树、柳树、小叶杨、合作杨、新疆杨、箭杆杨。

宁

1252. 六盘山山杨一元立木材积表（轮尺）

$$V = 0.000054031091 D_{轮}^{1.9440215} H^{0.93067368}$$

$H = 2.5547 + 0.6486 D_{轮} - 0.0099 D_{轮}^{2}$；表中$D$为轮尺径；$D \leqslant 30$cm

D	V	ΔV	D	V	ΔV	D	V	ΔV	D	V	ΔV
4	0.0036	0.0025	11	0.0419	0.0100	18	0.1390	0.0191	25	0.2977	0.0270
5	0.0061	0.0034	12	0.0518	0.0113	19	0.1581	0.0203	26	0.3247	0.0279
6	0.0095	0.0043	13	0.0631	0.0126	20	0.1784	0.0216	27	0.3526	0.0287
7	0.0138	0.0053	14	0.0757	0.0139	21	0.2000	0.0228	28	0.3813	0.0294
8	0.0191	0.0064	15	0.0895	0.0152	22	0.2227	0.0239	29	0.4107	0.0300
9	0.0255	0.0076	16	0.1047	0.0165	23	0.2467	0.0250	30	0.4407	0.0300
10	0.0331	0.0088	17	0.1212	0.0178	24	0.2717	0.0260			

适用树种：山杨；适用地区：宁夏；资料名称：宁夏林业调查用表；编表人或作者：宁夏林业勘察设计院；刊印或发表时间：1998。

1253. 六盘山桦木一元立木材积表（轮尺）

$$V = 0.000052286055 D_{轮}^{1.8598021} H^{1.01401715}$$

$H = 2.8943 + 0.7992 D_{轮} - 0.0149 D_{轮}^{2}$；表中$D$为轮尺径；$D \leqslant 30$cm

D	V	ΔV	D	V	ΔV	D	V	ΔV	D	V	ΔV
4	0.0041	0.0028	11	0.0461	0.0106	18	0.1457	0.0187	25	0.2927	0.0231
5	0.0070	0.0038	12	0.0568	0.0119	19	0.1644	0.0196	26	0.3158	0.0232
6	0.0108	0.0048	13	0.0686	0.0131	20	0.1840	0.0205	27	0.3390	0.0232
7	0.0156	0.0059	14	0.0817	0.0143	21	0.2045	0.0212	28	0.3622	0.0230
8	0.0215	0.0070	15	0.0960	0.0155	22	0.2257	0.0219	29	0.3852	0.0226
9	0.0285	0.0082	16	0.1115	0.0166	23	0.2475	0.0224	30	0.4078	0.0226
10	0.0367	0.0094	17	0.1281	0.0177	24	0.2699	0.0228			

适用树种：桦木；适用地区：宁夏；资料名称：宁夏林业调查用表；编表人或作者：宁夏林业勘察设计院；刊印或发表时间：1998。

1254. 六盘山辽东栎一元立木材积表（轮尺）

$$V = 0.000060970532D_{轮}^{1.8375078}H^{0.94157465}$$

$H = 1.0853 + 0.7877D_{轮} - 0.0139D_{轮}^2$；表中$D$为轮尺径；$D \leqslant 30$cm

D	V	ΔV	D	V	ΔV	D	V	ΔV	D	V	ΔV
4	0.0029	0.0021	11	0.0357	0.0085	18	0.1157	0.0151	25	0.2361	0.0192
5	0.0050	0.0029	12	0.0442	0.0095	19	0.1308	0.0159	26	0.2553	0.0194
6	0.0079	0.0037	13	0.0536	0.0105	20	0.1467	0.0167	27	0.2747	0.0195
7	0.0116	0.0046	14	0.0641	0.0115	21	0.1634	0.0174	28	0.2942	0.0195
8	0.0162	0.0055	15	0.0756	0.0124	22	0.1808	0.0179	29	0.3137	0.0193
9	0.0217	0.0065	16	0.0880	0.0134	23	0.1987	0.0185	30	0.3330	0.0193
10	0.0282	0.0075	17	0.1014	0.0143	24	0.2172	0.0189			

适用树种：辽东栎；适用地区：宁夏；资料名称：宁夏林业调查用表；编表人或作者：宁夏林业勘察设计院；刊印或发表时间：1998。

宁

1255. 六盘山阔叶树一元立木材积表（轮尺）

$$V = 0.000057887451D_{轮}^{1.8445849}H^{0.98088457}$$

$H = 4.1423 + 0.3336D_{轮} - 0.0038D_{轮}^2$；表中$D$为轮尺径；$D \leqslant 30$cm

D	V	ΔV	D	V	ΔV	D	V	ΔV	D	V	ΔV
4	0.0039	0.0023	11	0.0341	0.0073	18	0.1023	0.0131	25	0.2121	0.0190
5	0.0062	0.0029	12	0.0414	0.0081	19	0.1155	0.0140	26	0.2312	0.0198
6	0.0092	0.0036	13	0.0495	0.0089	20	0.1295	0.0148	27	0.2510	0.0206
7	0.0127	0.0043	14	0.0584	0.0097	21	0.1443	0.0157	28	0.2715	0.0213
8	0.0170	0.0050	15	0.0681	0.0106	22	0.1600	0.0165	29	0.2929	0.0220
9	0.0220	0.0057	16	0.0786	0.0114	23	0.1766	0.0174	30	0.3149	0.0220
10	0.0277	0.0065	17	0.0901	0.0123	24	0.1939	0.0182			

适用树种：阔叶树；适用地区：宁夏；资料名称：宁夏林业调查用表；编表人或作者：宁夏林业勘察设计院；刊印或发表时间：1998。

1256. 六盘山山杨一元立木材积表（围尺）

$$V = 0.000054031091 D_{轮}^{1.9440215} H^{0.93067368}$$

$$H = 2.5547 + 0.6486 D_{轮} - 0.0099 D_{轮}^{2}$$

$D_{轮} = 0.0421 + 0.9678 D_{围}$；表中$D$为围尺径；$D \leqslant 30$cm

D	V	ΔV	D	V	ΔV	D	V	ΔV	D	V	ΔV
4	0.0034	0.0024	11	0.0390	0.0093	18	0.1292	0.0178	25	0.2778	0.0254
5	0.0057	0.0031	12	0.0483	0.0105	19	0.1470	0.0190	26	0.3032	0.0263
6	0.0089	0.0040	13	0.0587	0.0117	20	0.1660	0.0201	27	0.3295	0.0271
7	0.0129	0.0050	14	0.0704	0.0129	21	0.1861	0.0213	28	0.3566	0.0278
8	0.0179	0.0060	15	0.0833	0.0141	22	0.2074	0.0224	29	0.3844	0.0285
9	0.0238	0.0070	16	0.0974	0.0153	23	0.2298	0.0235	30	0.4129	0.0285
10	0.0309	0.0081	17	0.1127	0.0166	24	0.2533	0.0245			

适用树种：山杨；适用地区：宁夏；资料名称：宁夏林业调查用表；编表人或作者：宁夏林业勘察设计院；刊印或发表时间：1998。

1257. 六盘山桦木一元立木材积表（围尺）

$$V = 0.000052286055 D_{轮}^{1.8598021} H^{1.01401715}$$

$$H = 2.8943 + 0.7992 D_{轮} - 0.0149 D_{轮}^{2}$$

$D_{轮} = 0.0006 + 0.9722 D_{围}$；表中$D$为围尺径；$D \leqslant 30$cm

D	V	ΔV	D	V	ΔV	D	V	ΔV	D	V	ΔV
4	0.0039	0.0027	11	0.0431	0.0100	18	0.1368	0.0177	25	0.2769	0.0223
5	0.0065	0.0035	12	0.0531	0.0111	19	0.1544	0.0186	26	0.2991	0.0225
6	0.0101	0.0045	13	0.0642	0.0123	20	0.1730	0.0194	27	0.3216	0.0226
7	0.0146	0.0055	14	0.0765	0.0134	21	0.1924	0.0202	28	0.3442	0.0225
8	0.0201	0.0066	15	0.0899	0.0145	22	0.2126	0.0209	29	0.3667	0.0223
9	0.0266	0.0077	16	0.1045	0.0156	23	0.2335	0.0214	30	0.3890	0.0223
10	0.0343	0.0088	17	0.1201	0.0167	24	0.2549	0.0219			

适用树种：桦木；适用地区：宁夏；资料名称：宁夏林业调查用表；编表人或作者：宁夏林业勘察设计院；刊印或发表时间：1998。

宁

1258. 六盘山辽东栎一元立木材积表（围尺）

$$V = 0.000060970532 D_{轮}^{1.8375078} H^{0.94157465}$$

$$H = 1.0853 + 0.7877 D_{轮} - 0.0139 D_{轮}^2$$

$D_{轮} = -0.1801 + 0.9815 D_{围}$；表中$D$为围尺径；$D \leqslant 30$cm

D	V	ΔV	D	V	ΔV	D	V	ΔV	D	V	ΔV
4	0.0025	0.0019	11	0.0327	0.0079	18	0.1082	0.0144	25	0.2239	0.0187
5	0.0044	0.0026	12	0.0406	0.0089	19	0.1227	0.0152	26	0.2425	0.0189
6	0.0070	0.0034	13	0.0495	0.0099	20	0.1379	0.0160	27	0.2615	0.0191
7	0.0104	0.0042	14	0.0594	0.0108	21	0.1539	0.0167	28	0.2806	0.0192
8	0.0146	0.0051	15	0.0702	0.0118	22	0.1705	0.0173	29	0.2997	0.0191
9	0.0197	0.0060	16	0.0820	0.0127	23	0.1878	0.0178	30	0.3188	0.0191
10	0.0257	0.0070	17	0.0947	0.0136	24	0.2056	0.0183			

适用树种：辽东栎；适用地区：宁夏；资料名称：宁夏林业调查用表；编表人或作者：宁夏林业勘察设计院；刊印或发表时间：1998。

1259. 六盘山阔叶树一元立木材积表（围尺）

$$V = 0.000057887451 D_{轮}^{1.8445849} H^{0.98088457}$$

$$H = 4.1423 + 0.3336 D_{轮} - 0.0038 D_{轮}^2$$

$D_{轮} = -0.0856 + 0.9741 D_{围}$；表中$D$为围尺径；$D \leqslant 30$cm

D	V	ΔV	D	V	ΔV	D	V	ΔV	D	V	ΔV
4	0.0035	0.0021	11	0.0317	0.0068	18	0.0955	0.0123	25	0.1987	0.0179
5	0.0057	0.0027	12	0.0384	0.0075	19	0.1078	0.0131	26	0.2167	0.0187
6	0.0084	0.0033	13	0.0460	0.0083	20	0.1209	0.0140	27	0.2353	0.0194
7	0.0117	0.0040	14	0.0543	0.0091	21	0.1349	0.0148	28	0.2548	0.0202
8	0.0157	0.0046	15	0.0634	0.0099	22	0.1496	0.0156	29	0.2750	0.0209
9	0.0203	0.0053	16	0.0733	0.0107	23	0.1652	0.0164	30	0.2958	0.0209
10	0.0256	0.0060	17	0.0840	0.0115	24	0.1816	0.0172			

适用树种：阔叶树；适用地区：宁夏；资料名称：宁夏林业调查用表；编表人或作者：宁夏林业勘察设计院；刊印或发表时间：1998。

1260. 宁夏人工榆树一元立木材积表

$$V=(0.0002221072+0.000000432D)D^{2.138012382}$$

D	V	ΔV	D	V	ΔV	D	V	ΔV	D	V	ΔV
4	0.0043	0.0027	11	0.0382	0.0079	18	0.1110	0.0138	25	0.2270	0.0203
5	0.0070	0.0034	12	0.0461	0.0087	19	0.1248	0.0147	26	0.2473	0.0213
6	0.0104	0.0041	13	0.0548	0.0095	20	0.1396	0.0156	27	0.2686	0.0223
7	0.0144	0.0048	14	0.0644	0.0104	21	0.1552	0.0165	28	0.2908	0.0232
8	0.0192	0.0056	15	0.0747	0.0112	22	0.1717	0.0175	29	0.3141	0.0242
9	0.0248	0.0063	16	0.0860	0.0121	23	0.1892	0.0184	30	0.3383	0.0242
10	0.0311	0.0071	17	0.0980	0.0130	24	0.2076	0.0194			

适用树种：人工榆树；适用地区：宁夏；资料名称：宁夏林业调查用表；编表人或作者：宁夏林业勘察设计院；刊印或发表时间：1998。

宁

1261. 宁夏人工沙枣一元立木材积表

$$V=0.000165911D^{2.1858057}$$

D	V	ΔV	D	V	ΔV	D	V	ΔV	D	V	ΔV
4	0.0034	0.0022	11	0.0313	0.0066	18	0.0920	0.0115	25	0.1886	0.0169
5	0.0056	0.0027	12	0.0379	0.0072	19	0.1035	0.0123	26	0.2055	0.0177
6	0.0083	0.0033	13	0.0452	0.0079	20	0.1158	0.0130	27	0.2231	0.0185
7	0.0117	0.0040	14	0.0531	0.0086	21	0.1288	0.0138	28	0.2416	0.0193
8	0.0156	0.0046	15	0.0617	0.0094	22	0.1426	0.0146	29	0.2609	0.0201
9	0.0202	0.0052	16	0.0711	0.0101	23	0.1572	0.0153	30	0.2809	0.0201
10	0.0254	0.0059	17	0.0812	0.0108	24	0.1725	0.0161			

适用树种：人工沙枣；适用地区：宁夏；资料名称：宁夏林业调查用表；编表人或作者：宁夏林业勘察设计院；刊印或发表时间：1998。

1262. 宁夏人工柳树一元立木材积表

$$V=0.00005788745D^{1.8445849}(3.388547+0.5155018D-0.003112803D^2)^{0.98088457}$$

D	V	ΔV	D	V	ΔV	D	V	ΔV	D	V	ΔV
4	0.0039	0.0025	11	0.0402	0.0094	18	0.1331	0.0189	25	0.2988	0.0303
5	0.0064	0.0033	12	0.0496	0.0106	19	0.1521	0.0204	26	0.3290	0.0320
6	0.0097	0.0041	13	0.0602	0.0119	20	0.1725	0.0220	27	0.3610	0.0337
7	0.0138	0.0051	14	0.0720	0.0132	21	0.1945	0.0236	28	0.3947	0.0355
8	0.0189	0.0060	15	0.0852	0.0146	22	0.2181	0.0252	29	0.4302	0.0372
9	0.0249	0.0071	16	0.0998	0.0160	23	0.2433	0.0269	30	0.4675	0.0372
10	0.0320	0.0082	17	0.1157	0.0174	24	0.2702	0.0286			

适用树种：人工柳树；适用地区：宁夏；资料名称：宁夏林业调查用表；编表人或作者：宁夏林业勘察设计院；刊印或发表时间：1998。

1263. 宁夏人工小叶杨一元立木材积表

$$V = 0.000054031091D^{1.9440251}(3.882634 + 0.6669148D - 0.003335713D^2)^{0.93067368}$$

D	V	ΔV	D	V	ΔV	D	V	ΔV	D	V	ΔV
4	0.0046	0.0031	11	0.0524	0.0128	18	0.1829	0.0272	25	0.4256	0.0452
5	0.0077	0.0042	12	0.0652	0.0146	19	0.2101	0.0296	26	0.4708	0.0480
6	0.0119	0.0053	13	0.0798	0.0165	20	0.2397	0.0320	27	0.5188	0.0509
7	0.0172	0.0066	14	0.0963	0.0185	21	0.2717	0.0345	28	0.5696	0.0538
8	0.0238	0.0080	15	0.1148	0.0205	22	0.3062	0.0371	29	0.6234	0.0567
9	0.0318	0.0095	16	0.1353	0.0227	23	0.3434	0.0398	30	0.6801	0.0567
10	0.0413	0.0111	17	0.1580	0.0249	24	0.3831	0.0424			

适用树种：人工小叶杨；适用地区：宁夏；资料名称：宁夏林业调查用表；编表人或作者：宁夏林业勘察设计院；刊印或发表时间：1998。

1264. 宁夏人工合作杨一元立木材积表

$$V = 0.00005403109D^{1.9440215}(5.285542 + 0.4362203D - 0.0007931462D^2)^{0.93067368}$$

D	V	ΔV	D	V	ΔV	D	V	ΔV	D	V	ΔV
4	0.0049	0.0031	11	0.0487	0.0112	18	0.1607	0.0230	25	0.3657	0.0382
5	0.0080	0.0040	12	0.0599	0.0127	19	0.1837	0.0250	26	0.4039	0.0407
6	0.0120	0.0050	13	0.0726	0.0142	20	0.2087	0.0271	27	0.4446	0.0431
7	0.0170	0.0061	14	0.0868	0.0159	21	0.2358	0.0292	28	0.4877	0.0457
8	0.0231	0.0073	15	0.1027	0.0175	22	0.2649	0.0313	29	0.5334	0.0483
9	0.0304	0.0085	16	0.1202	0.0193	23	0.2963	0.0336	30	0.5817	0.0483
10	0.0389	0.0098	17	0.1395	0.0211	24	0.3298	0.0359			

适用树种：人工合作杨；适用地区：宁夏；资料名称：宁夏林业调查用表；编表人或作者：宁夏林业勘察设计院；刊印或发表时间：1998。

1265. 宁夏人工新疆杨一元立木材积表

$$V = 0.00005403109D^{1.9440215}(-0.00183872 + 1.066183D - 0.001963016D^2)^{0.93067368}$$

D	V	ΔV	D	V	ΔV	D	V	ΔV	D	V	ΔV
4	0.0031	0.0027	11	0.0554	0.0156	18	0.2256	0.0375	25	0.5730	0.0672
5	0.0058	0.0040	12	0.0711	0.0182	19	0.2631	0.0413	26	0.6402	0.0721
6	0.0098	0.0054	13	0.0893	0.0210	20	0.3044	0.0452	27	0.7123	0.0771
7	0.0152	0.0071	14	0.1103	0.0240	21	0.3496	0.0493	28	0.7893	0.0822
8	0.0223	0.0089	15	0.1343	0.0271	22	0.3989	0.0536	29	0.8715	0.0875
9	0.0313	0.0110	16	0.1614	0.0304	23	0.4525	0.0580	30	0.9590	0.0875
10	0.0422	0.0132	17	0.1918	0.0339	24	0.5104	0.0625			

适用树种：人工新疆杨；适用地区：宁夏；资料名称：宁夏林业调查用表；编表人或作者：宁夏林业勘察设计院；刊印或发表时间：1998。

1266. 宁夏人工箭杆杨一元立木材积表

$$V = 0.00005403109D^{1.9440215}(4.835469 + 0.7098399D - 0.00224368D^2)^{0.93067368}$$

D	V	ΔV	D	V	ΔV	D	V	ΔV	D	V	ΔV
4	0.0053	0.0036	11	0.0594	0.0144	18	0.2067	0.0308	25	0.4833	0.0519
5	0.0089	0.0047	12	0.0738	0.0165	19	0.2375	0.0336	26	0.5353	0.0553
6	0.0136	0.0060	13	0.0903	0.0186	20	0.2711	0.0364	27	0.5906	0.0587
7	0.0197	0.0075	14	0.1089	0.0208	21	0.3075	0.0393	28	0.6493	0.0622
8	0.0271	0.0090	15	0.1297	0.0232	22	0.3469	0.0424	29	0.7115	0.0658
9	0.0362	0.0107	16	0.1529	0.0256	23	0.3892	0.0455	30	0.7773	0.0658
10	0.0469	0.0125	17	0.1785	0.0282	24	0.4347	0.0487			

适用树种：人工箭杆杨；适用地区：宁夏；资料名称：宁夏林业调查用表；编表人或作者：宁夏林业勘察设计院；刊印或发表时间：1998。

宁

1267. 贺兰山云杉一元立木材积表（围尺）

D	V	ΔV	D	V	ΔV	D	V	ΔV	D	V	ΔV
1	0.0001	0.0004	12	0.0441	0.0097	23	0.2162	0.0231	34	0.5407	0.0372
2	0.0005	0.0008	13	0.0538	0.0109	24	0.2393	0.0243	35	0.5779	0.0386
3	0.0013	0.0015	14	0.0647	0.0120	25	0.2636	0.0256	36	0.6165	0.0399
4	0.0028	0.0020	15	0.0767	0.0132	26	0.2892	0.0270	37	0.6564	0.0411
5	0.0048	0.0029	16	0.0899	0.0143	27	0.3162	0.0281	38	0.6975	0.0425
6	0.0077	0.0037	17	0.1042	0.0156	28	0.3443	0.0295	39	0.7400	0.0437
7	0.0114	0.0045	18	0.1198	0.0168	29	0.3738	0.0308	40	0.7837	0.0450
8	0.0159	0.0056	19	0.1366	0.0180	30	0.4046	0.0322	41	0.8287	0.0464
9	0.0215	0.0065	20	0.1546	0.0193	31	0.4368	0.0333	42	0.8751	0.0464
10	0.0280	0.0075	21	0.1739	0.0205	32	0.4701	0.0346			
11	0.0355	0.0086	22	0.1944	0.0218	33	0.5047	0.0360			

适用树种：云杉；适用地区：宁夏；资料名称：宁夏林业调查用表；编表人或作者：宁夏林业勘察设计院；刊印或发表时间：1998。

1268. 贺兰山油松一元立木材积表（围尺）

D	V	ΔV	D	V	ΔV	D	V	ΔV	D	V	ΔV
3	0.0014	0.0016	13	0.0550	0.0105	23	0.2146	0.0231	33	0.5060	0.0409
4	0.0030	0.0025	14	0.0655	0.0117	24	0.2377	0.0241	34	0.5469	0.0430
5	0.0055	0.0032	15	0.0772	0.0129	25	0.2618	0.0259	35	0.5899	0.0443
6	0.0087	0.0042	16	0.0901	0.0140	26	0.2877	0.0271	36	0.6342	0.0480
7	0.0129	0.0047	17	0.1041	0.0153	27	0.3148	0.0284	37	0.6822	0.0522
8	0.0176	0.0055	18	0.1194	0.0164	28	0.3432	0.0299	38	0.7344	0.0541
9	0.0231	0.0065	19	0.1358	0.0179	29	0.3731	0.0309	39	0.7885	0.0572
10	0.0296	0.0074	20	0.1537	0.0188	30	0.4040	0.0329	40	0.8457	0.0572
11	0.0370	0.0085	21	0.1725	0.0206	31	0.4369	0.0335			
12	0.0455	0.0095	22	0.1931	0.0215	32	0.4704	0.0356			

适用树种：油松；适用地区：宁夏；资料名称：宁夏林业调查用表；编表人或作者：宁夏林业勘察设计院；刊印或发表时间：1998。

1269. 贺兰山山杨一元立木材积表（围尺）

D	V	ΔV	D	V	ΔV	D	V	ΔV	D	V	ΔV
3	0.0019	0.0017	10	0.0311	0.0080	17	0.1163	0.0184	24	0.2848	0.0325
4	0.0036	0.0024	11	0.0391	0.0095	18	0.1347	0.0201	25	0.3173	0.0345
5	0.0060	0.0032	12	0.0486	0.0105	19	0.1548	0.0218	26	0.3518	0.0376
6	0.0092	0.0040	13	0.0591	0.0130	20	0.1766	0.0241	27	0.3894	0.0394
7	0.0132	0.0049	14	0.0721	0.0126	21	0.2007	0.0258	28	0.4288	0.0423
8	0.0181	0.0060	15	0.0847	0.0149	22	0.2265	0.0280	29	0.4711	0.0454
9	0.0241	0.0070	16	0.0996	0.0167	23	0.2545	0.0303	30	0.5165	0.0454

适用树种：山杨；适用地区：宁夏；资料名称：宁夏林业调查用表；编表人或作者：宁夏林业勘察设计院；刊印或发表时间：1998。

1270. 贺兰山杜松一元立木材积表

D	V	ΔV	D	V	ΔV	D	V	ΔV	D	V	ΔV
4	0.0035	0.0027	8	0.0162	0.0048	12	0.0375	0.0069	16	0.0673	0.0080
5	0.0062	0.0027	9	0.0210	0.0048	13	0.0444	0.0069			
6	0.0088	0.0037	10	0.0258	0.0059	14	0.0513	0.0080			
7	0.0125	0.0037	11	0.0317	0.0059	15	0.0593	0.0080			

适用树种：杜松；适用地区：宁夏；资料名称：宁夏林业调查用表；编表人或作者：宁夏林业勘察设计院；刊印或发表时间：1998。

1271. 贺兰山云杉地径立木材积表

D	V	ΔV	D	V	ΔV	D	V	ΔV	D	V	ΔV
6	0.0039	0.0020	15	0.0423	0.0075	24	0.1366	0.0143	33	0.2945	0.0217
7	0.0059	0.0025	16	0.0498	0.0082	25	0.1509	0.0151	34	0.3162	0.0224
8	0.0084	0.0030	17	0.0580	0.0090	26	0.1660	0.0160	35	0.3386	0.0233
9	0.0114	0.0036	18	0.0670	0.0097	27	0.1820	0.0167	36	0.3619	0.0241
10	0.0150	0.0041	19	0.0767	0.0104	28	0.1987	0.0175	37	0.3860	0.0249
11	0.0191	0.0048	20	0.0871	0.0112	29	0.2162	0.0184	38	0.4109	0.0259
12	0.0239	0.0055	21	0.0983	0.0120	30	0.2346	0.0191	39	0.4368	0.0265
13	0.0294	0.0061	22	0.1103	0.0161	31	0.2537	0.0200	40	0.4633	0.0265
14	0.0355	0.0068	23	0.1264	0.0102	32	0.2737	0.0208			

宁

适用树种：云杉；适用地区：宁夏；资料名称：宁夏林业调查用表；编表人或作者：宁夏林业勘察设计院；刊印或发表时间：1998。

1272. 贺兰山油松地径立木材积表

D	V	ΔV	D	V	ΔV	D	V	ΔV	D	V	ΔV
6	0.0049	0.0018	15	0.0394	0.0070	24	0.1179	0.0110	33	0.2473	0.0196
7	0.0067	0.0028	16	0.0464	0.0065	25	0.1289	0.0121	34	0.2669	0.0182
8	0.0095	0.0029	17	0.0529	0.0072	26	0.1410	0.0127	35	0.2851	0.0188
9	0.0124	0.0037	18	0.0601	0.0077	27	0.1537	0.0150	36	0.3039	0.0220
10	0.0161	0.0036	19	0.0678	0.0081	28	0.1687	0.0139	37	0.3259	0.0201
11	0.0197	0.0040	20	0.0759	0.0102	29	0.1826	0.0169	38	0.3460	0.0209
12	0.0237	0.0052	21	0.0861	0.0095	30	0.1995	0.0128	39	0.3669	0.0209
13	0.0289	0.0050	22	0.0956	0.0114	31	0.2123	0.0180			
14	0.0339	0.0055	23	0.1070	0.0109	32	0.2303	0.0170			

适用树种：油松；适用地区：宁夏；资料名称：宁夏林业调查用表；编表人或作者：宁夏林业勘察设计院；刊印或发表时间：1998。

1273. 贺兰山山杨地径立木材积表

D	V	ΔV	D	V	ΔV	D	V	ΔV	D	V	ΔV
6	0.0066	0.0023	15	0.0505	0.0075	24	0.1591	0.0175	33	0.3629	0.0265
7	0.0089	0.0034	16	0.0580	0.0106	25	0.1766	0.0191	34	0.3894	0.0313
8	0.0123	0.0033	17	0.0686	0.0104	26	0.1957	0.0200	35	0.4207	0.0336
9	0.0156	0.0042	18	0.0790	0.0100	27	0.2157	0.0219	36	0.4543	0.0346
10	0.0198	0.0049	19	0.0890	0.0122	28	0.2376	0.0198	37	0.4889	0.0368
11	0.0247	0.0056	20	0.1012	0.0133	29	0.2574	0.0243	38	0.5257	0.0332
12	0.0303	0.0062	21	0.1145	0.0145	30	0.2817	0.0255	39	0.5589	0.0332
13	0.0365	0.0062	22	0.1290	0.0154	31	0.3072	0.0273			
14	0.0427	0.0078	23	0.1444	0.0147	32	0.3345	0.0284			

适用树种：山杨；适用地区：宁夏；资料名称：宁夏林业调查用表；编表人或作者：宁夏林业勘察设计院；刊印或发表时间：1998。

1274. 六盘山山杨地径立木材积表

D	V	ΔV	D	V	ΔV	D	V	ΔV	D	V	ΔV
6	0.0067	0.0024	15	0.0508	0.0077	24	0.1483	0.0157	33	0.3030	0.0190
7	0.0091	0.0033	16	0.0585	0.0082	25	0.1640	0.0123	34	0.3220	0.0221
8	0.0124	0.0034	17	0.0667	0.0103	26	0.1763	0.0171	35	0.3441	0.0199
9	0.0158	0.0045	18	0.0770	0.0096	27	0.1934	0.0178	36	0.3640	0.0202
10	0.0203	0.0045	19	0.0866	0.0119	28	0.2112	0.0162	37	0.3842	0.0235
11	0.0248	0.0059	20	0.0985	0.0110	29	0.2274	0.0168	38	0.4077	0.0209
12	0.0307	0.0057	21	0.1095	0.0117	30	0.2442	0.0199	39	0.4286	0.0212
13	0.0364	0.0064	22	0.1212	0.0141	31	0.2641	0.0179	40	0.4498	0.0212
14	0.0428	0.0080	23	0.1353	0.0130	32	0.2820	0.0210			

适用树种：山杨；适用地区：宁夏；资料名称：宁夏林业调查用表；编表人或作者：宁夏林业勘察设计院；刊印或发表时间：1998。其他说明：依据原资料中的地径-胸径关系，结合材积方程计算出的材积值与原表数据有差异，故给出原表数据。

1275. 六盘山辽东栎地径立木材积表

D	V	ΔV	D	V	ΔV	D	V	ΔV	D	V	ΔV
6	0.0055	0.0015	15	0.0349	0.0049	24	0.0959	0.0097	33	0.1879	0.0108
7	0.0070	0.0023	16	0.0398	0.0078	25	0.1056	0.0086	34	0.1987	0.0129
8	0.0093	0.0032	17	0.0476	0.0041	26	0.1142	0.0089	35	0.2116	0.0112
9	0.0125	0.0022	18	0.0517	0.0060	27	0.1231	0.0108	36	0.2228	0.0114
10	0.0147	0.0031	19	0.0577	0.0060	28	0.1339	0.0096	37	0.2342	0.0134
11	0.0178	0.0033	20	0.0637	0.0074	29	0.1435	0.0115	38	0.2476	0.0115
12	0.0211	0.0044	21	0.0711	0.0081	30	0.1550	0.0118	39	0.2591	0.0136
13	0.0255	0.0041	22	0.0792	0.0075	31	0.1668	0.0087	40	0.2727	0.0136
14	0.0296	0.0053	23	0.0867	0.0092	32	0.1755	0.0124			

适用树种：辽东栎；适用地区：宁夏；资料名称：宁夏林业调查用表；编表人或作者：宁夏林业勘察设计院；刊印或发表时间：1998。其他说明：依据原资料中的地径-胸径关系，结合材积方程计算出的材积值与原表数据有差异，故给出原表数据。

1276. 六盘山桦木地径立木材积表

D	V	ΔV	D	V	ΔV	D	V	ΔV	D	V	ΔV
6	0.0073	0.0026	15	0.0524	0.0078	24	0.1476	0.0130	33	0.2813	0.0183
7	0.0099	0.0031	16	0.0602	0.0084	25	0.1606	0.0135	34	0.2996	0.0139
8	0.0130	0.0042	17	0.0686	0.0091	26	0.1741	0.0139	35	0.3135	0.0185
9	0.0172	0.0036	18	0.0777	0.0110	27	0.1880	0.0144	36	0.3320	0.0163
10	0.0208	0.0055	19	0.0887	0.0103	28	0.2024	0.0168	37	0.3483	0.0162
11	0.0263	0.0053	20	0.0990	0.0109	29	0.2192	0.0151	38	0.3645	0.0161
12	0.0316	0.0060	21	0.1099	0.0114	30	0.2343	0.0154	39	0.3806	0.0182
13	0.0376	0.0075	22	0.1213	0.0120	31	0.2497	0.0157	40	0.3988	0.0182
14	0.0451	0.0073	23	0.1333	0.0143	32	0.2654	0.0159			

适用树种：桦木；适用地区：宁夏；资料名称：宁夏林业调查用表；编表人或作者：宁夏林业勘察设计院；刊印或发表时间：1998。其他说明：依据原资料中的地径-胸径关系，结合材积方程计算出的材积值与原表数据有差异，故给出原表数据。

1277. 六盘山阔叶树地径立木材积表

D	V	ΔV	D	V	ΔV	D	V	ΔV	D	V	ΔV
6	0.0050	0.0018	15	0.0377	0.0060	24	0.1088	0.0108	33	0.2216	0.0154
7	0.0068	0.0024	16	0.0437	0.0058	25	0.1196	0.0113	34	0.2370	0.0160
8	0.0092	0.0028	17	0.0495	0.0070	26	0.1309	0.0119	35	0.2530	0.0164
9	0.0120	0.0032	18	0.0565	0.0076	27	0.1428	0.0108	36	0.2694	0.0148
10	0.0152	0.0037	19	0.0641	0.0081	28	0.1536	0.0129	37	0.2842	0.0174
11	0.0189	0.0036	20	0.0722	0.0087	29	0.1665	0.0135	38	0.3016	0.0178
12	0.0225	0.0046	21	0.0809	0.0080	30	0.1800	0.0139	39	0.3194	0.0178
13	0.0271	0.0050	22	0.0889	0.0097	31	0.1939	0.0127			
14	0.0321	0.0056	23	0.0986	0.0102	32	0.2066	0.0150			

适用树种：阔叶树；适用地区：宁夏；资料名称：宁夏林业调查用表；编表人或作者：宁夏林业勘察设计院；刊印或发表时间：1998。其他说明：依据原资料中的地径-胸径关系，结合材积方程计算出的材积值与原表数据有差异，故给出原表数据。

1278. 宁夏人工柳树地径立木材积表

D	V	ΔV	D	V	ΔV	D	V	ΔV	D	V	ΔV
6	0.0086	0.0031	15	0.0568	0.0091	24	0.1683	0.0150	33	0.3545	0.0265
7	0.0117	0.0035	16	0.0659	0.0099	25	0.1833	0.0181	34	0.3810	0.0242
8	0.0152	0.0042	17	0.0758	0.0108	26	0.2014	0.0192	35	0.4052	0.0287
9	0.0194	0.0042	18	0.0866	0.0116	27	0.2206	0.0202	36	0.4339	0.0298
10	0.0236	0.0054	19	0.0982	0.0110	28	0.2408	0.0212	37	0.4637	0.0309
11	0.0290	0.0061	20	0.1092	0.0133	29	0.2620	0.0195	38	0.4946	0.0309
12	0.0351	0.0069	21	0.1225	0.0143	30	0.2815	0.0232			
13	0.0420	0.0066	22	0.1368	0.0133	31	0.3047	0.0243			
14	0.0486	0.0082	23	0.1501	0.0182	32	0.3290	0.0255			

适用树种：人工柳树；适用地区：宁夏；资料名称：宁夏林业调查用表；编表人或作者：宁夏林业勘察设计院；刊印或发表时间：1998。其他说明：依据原资料中的地径-胸径关系，结合材积方程计算出的材积值与原表数据有差异，故给出原表数据。

1279. 宁夏人工小叶杨地径立木材积表

D	V	ΔV	D	V	ΔV	D	V	ΔV	D	V	ΔV
6	0.0054	0.0030	14	0.0573	0.0121	22	0.1962	0.0254	30	0.4569	0.0423
7	0.0084	0.0039	15	0.0694	0.0136	23	0.2216	0.0274	31	0.4992	0.0446
8	0.0123	0.0043	16	0.0830	0.0151	24	0.2490	0.0294	32	0.5438	0.0470
9	0.0166	0.0058	17	0.0981	0.0148	25	0.2784	0.0314	33	0.5908	0.0493
10	0.0224	0.0069	18	0.1129	0.0203	26	0.3098	0.0336	34	0.6401	0.0459
11	0.0293	0.0080	19	0.1332	0.0201	27	0.3434	0.0356	35	0.6860	0.0459
12	0.0373	0.0094	20	0.1533	0.0219	28	0.3790	0.0378			
13	0.0467	0.0106	21	0.1752	0.0210	29	0.4168	0.0401			

适用树种：人工小叶杨；适用地区：宁夏；资料名称：宁夏林业调查用表；编表人或作者：宁夏林业勘察设计院；刊印或发表时间：1998。其他说明：依据原资料中的地径-胸径关系，结合材积方程计算出的材积值与原表数据有差异，故给出原表数据。

1280. 宁夏人工箭杆杨地径立木材积表

D	V	ΔV	D	V	ΔV	D	V	ΔV	D	V	ΔV
6	0.0077	0.0039	14	0.0664	0.0138	22	0.2157	0.0283	30	0.4884	0.0415
7	0.0116	0.0043	15	0.0802	0.0136	23	0.2440	0.0271	31	0.5299	0.0493
8	0.0159	0.0059	16	0.0938	0.0171	24	0.2711	0.0326	32	0.5792	0.0521
9	0.0218	0.0070	17	0.1109	0.0166	25	0.3037	0.0310	33	0.6313	0.0486
10	0.0288	0.0064	18	0.1275	0.0206	26	0.3347	0.0372	34	0.6799	0.0575
11	0.0352	0.0094	19	0.1481	0.0199	27	0.3719	0.0351	35	0.7374	0.0535
12	0.0446	0.0109	20	0.1680	0.0243	28	0.4070	0.0419	36	0.7909	0.0535
13	0.0555	0.0109	21	0.1923	0.0234	29	0.4489	0.0395			

适用树种：人工箭杆杨；适用地区：宁夏；资料名称：宁夏林业调查用表；编表人或作者：宁夏林业勘察设计院；刊印或发表时间：1998。其他说明：依据原资料中的地径-胸径关系，结合材积方程计算出的材积值与原表数据有差异，故给出原表数据。

1281. 宁夏人工新疆杨地径立木材积表

D	V	ΔV	D	V	ΔV	D	V	ΔV	D	V	ΔV
6	0.0076	0.0036	15	0.0798	0.0154	24	0.2872	0.0301	33	0.6825	0.0595
7	0.0112	0.0046	16	0.0952	0.0173	25	0.3173	0.0368	34	0.7420	0.0549
8	0.0158	0.0057	17	0.1125	0.0191	26	0.3541	0.0394	35	0.7969	0.0657
9	0.0215	0.0059	18	0.1316	0.0212	27	0.3935	0.0421	36	0.8626	0.0691
10	0.0274	0.0079	19	0.1528	0.0202	28	0.4356	0.0450	37	0.9317	0.0726
11	0.0353	0.0093	20	0.1730	0.0251	29	0.4806	0.0416	38	1.0043	0.0726
12	0.0446	0.0093	21	0.1981	0.0238	30	0.5222	0.0504			
13	0.0539	0.0138	22	0.2219	0.0332	31	0.5726	0.0534			
14	0.0677	0.0121	23	0.2551	0.0321	32	0.6260	0.0565			

宁

适用树种：人工新疆杨；适用地区：宁夏；资料名称：宁夏林业调查用表；编表人或作者：宁夏林业勘察设计院；刊印或发表时间：1998。其他说明：依据原资料中的地径-胸径关系，结合材积方程计算出的材积值与原表数据有差异，故给出原表数据。

1282. 宁夏人工合作杨地径立木材积表

D	V	ΔV	D	V	ΔV	D	V	ΔV	D	V	ΔV
6	0.0063	0.0028	15	0.0564	0.0096	24	0.1813	0.0197	33	0.4079	0.0325
7	0.0091	0.0034	16	0.0660	0.0107	25	0.2010	0.0210	34	0.4404	0.0341
8	0.0125	0.0040	17	0.0767	0.0116	26	0.2220	0.0223	35	0.4745	0.0358
9	0.0165	0.0047	18	0.0883	0.0127	27	0.2443	0.0237	36	0.5103	0.0373
10	0.0212	0.0054	19	0.1010	0.0138	28	0.2680	0.0250	37	0.5476	0.0391
11	0.0266	0.0054	20	0.1148	0.0148	29	0.2930	0.0265	38	0.5867	0.0407
12	0.0320	0.0078	21	0.1296	0.0161	30	0.3195	0.0280	39	0.6274	0.0407
13	0.0398	0.0078	22	0.1457	0.0172	31	0.3475	0.0294			
14	0.0476	0.0088	23	0.1629	0.0184	32	0.3769	0.0310			

适用树种：人工合作杨；适用地区：宁夏；资料名称：宁夏林业调查用表；编表人或作者：宁夏林业勘察设计院；刊印或发表时间：1998。其他说明：依据原资料中的地径-胸径关系，结合材积方程计算出的材积值与原表数据有差异，故给出原表数据。

1283. 宁夏人工榆树地径立木材积表

D	V	ΔV	D	V	ΔV	D	V	ΔV	D	V	ΔV
6	0.0056	0.0023	14	0.0405	0.0065	22	0.1110	0.0124	30	0.2230	0.0161
7	0.0079	0.0032	15	0.0470	0.0069	23	0.1234	0.0116	31	0.2391	0.0187
8	0.0111	0.0033	16	0.0539	0.0085	24	0.1350	0.0138	32	0.2578	0.0173
9	0.0144	0.0043	17	0.0624	0.0081	25	0.1488	0.0129	33	0.2751	0.0203
10	0.0187	0.0043	18	0.0705	0.0097	26	0.1617	0.0152	34	0.2954	0.0187
11	0.0230	0.0055	19	0.0802	0.0093	27	0.1769	0.0141	35	0.3141	0.0217
12	0.0285	0.0054	20	0.0895	0.0111	28	0.1910	0.0147	36	0.3358	0.0201
13	0.0339	0.0066	21	0.1006	0.0104	29	0.2057	0.0173	37	0.3559	0.0201

适用树种：人工榆树；适用地区：宁夏；资料名称：宁夏林业调查用表；编表人或作者：宁夏林业勘察设计院；刊印或发表时间：1998。其他说明：依据原资料中的地径-胸径关系，结合材积方程计算出的材积值与原表数据有差异，故给出原表数据。

1284. 宁夏人工沙枣地径立木材积表

D	V	ΔV	D	V	ΔV	D	V	ΔV	D	V	ΔV
6	0.0034	0.0013	14	0.0301	0.0057	22	0.0909	0.0102	30	0.1886	0.0151
7	0.0047	0.0022	15	0.0358	0.0064	23	0.1011	0.0109	31	0.2037	0.0158
8	0.0069	0.0027	16	0.0422	0.0074	24	0.1120	0.0115	32	0.2195	0.0165
9	0.0096	0.0032	17	0.0496	0.0069	25	0.1235	0.0121	33	0.2360	0.0151
10	0.0128	0.0037	18	0.0565	0.0080	26	0.1356	0.0113	34	0.2511	0.0177
11	0.0165	0.0042	19	0.0645	0.0086	27	0.1469	0.0133	35	0.2688	0.0183
12	0.0207	0.0042	20	0.0731	0.0081	28	0.1602	0.0139	36	0.2871	0.0183
13	0.0249	0.0052	21	0.0812	0.0097	29	0.1741	0.0145			

适用树种：人工沙枣；适用地区：宁夏；资料名称：宁夏林业调查用表；编表人或作者：宁夏林业勘察设计院；刊印或发表时间：1998。其他说明：依据原资料中的地径-胸径关系，结合材积方程计算出的材积值与原表数据有差异，故给出原表数据。

29 新疆维吾尔自治区立木材积表

新疆维吾尔自治区编表地区划分：

天山西部：伊犁河系各山地分布的林区，包括昭苏、特克斯、巩留、新源、察布查尔、伊宁、霍城、尼勒克、和静等县的山地森林（南疆云杉林可参照该林区计算）。

天山中部：东起木垒县，经奇台、吉木萨尔、阜康、米泉、乌鲁木齐、昌吉、呼图壁、玛纳斯等县，西至沙湾境内（博乐、乌苏、精河等准噶尔西部山地天山云杉林可参照该林区计算）。

天山东部：主要指哈密林区，包括巴里坤、哈密、伊吾等县。

主要林区树种的地域分布：

新疆落叶松（西伯利亚落叶松）主要分布于阿尔泰山林区和哈密林区；

新疆云杉（西伯利亚云杉）主要分布于阿尔泰山林区；

天山云杉（雪岭云杉）主要分布于天山林区；

新疆冷杉（西伯利亚冷杉）和新疆五针松（西伯利亚红松）主要分布于阿尔泰山西北部的喀纳斯与库姆河的上游林区。

其他说明：

阿尔泰山及哈密地区西伯利亚落叶松一元材积表：哈密林区包括巴里坤在内。

天山中东部及昭苏林区天山云杉一元材积表：昭苏林区包括查布察尔、伊宁县、二台等林区，天山东部指乌鲁木齐以东，天山中部指乌鲁木齐南山至精河、博乐之间。

1285. 新疆西伯利亚落叶松二元立木材积表

$$V = 0.000064961D^{1.7762}H^{1.045}; \ D \leqslant 100\text{cm}, H \leqslant 42\text{m}$$

D	H	V	D	H	V	D	H	V	D	H	V	D	H	V
8	5	0.0140	27	13	0.3305	46	21	1.4053	65	28	3.5078	84	36	7.1927
9	5	0.0173	28	13	0.3525	47	21	1.4600	66	29	3.7388	85	36	7.3455
10	6	0.0252	29	14	0.4054	48	21	1.5156	67	29	3.8400	86	37	7.7176
11	6	0.0299	30	14	0.4305	49	22	1.6505	68	30	4.0846	87	37	7.8777
12	7	0.0410	31	14	0.4564	50	22	1.7108	69	30	4.1919	88	38	8.2664
13	7	0.0472	32	15	0.5189	51	23	1.8563	70	30	4.3004	89	38	8.4340
14	7	0.0539	33	15	0.5481	52	23	1.9214	71	31	4.5638	90	39	8.8398
15	8	0.0700	34	16	0.6183	53	23	1.9875	72	31	4.6786	91	39	9.0150
16	8	0.0785	35	16	0.6509	54	24	2.1481	73	32	4.9564	92	39	9.1917
17	9	0.0989	36	16	0.6843	55	24	2.2192	74	32	5.0777	93	40	9.6211
18	9	0.1095	37	17	0.7654	56	25	2.3913	75	32	5.2002	94	40	9.8056
19	9	0.1205	38	17	0.8026	57	25	2.4677	76	33	5.4980	95	41	10.2528
20	10	0.1474	39	18	0.8922	58	25	2.5451	77	33	5.6271	96	41	10.4453
21	10	0.1608	40	18	0.9332	59	26	2.7333	78	34	5.9400	97	41	10.6394
22	11	0.1929	41	18	0.9751	60	26	2.8161	79	34	6.0759	98	42	11.1113
23	11	0.2087	42	19	1.0769	61	27	3.0167	80	34	6.2132	99	42	11.3135
24	12	0.2466	43	19	1.1228	62	27	3.1051	81	35	6.5472	100	43	11.8039
25	12	0.2651	44	20	1.2340	63	27	3.1946	82	35	6.6914			
26	12	0.2842	45	20	1.2843	64	28	3.4125	83	36	7.0413			

适用树种：西伯利亚落叶松（也称新疆落叶松）；适用地区：新疆；资料名称：新疆主要树种立木材积表的编制（油印）；编表人或作者：新疆农林局林业调查设计处、新疆玛纳斯八一农学院林学系；刊印或发表时间：1976。其他说明：原表最小径阶 8cm 最小树高 5m。（表 1285~表 1290资料来源相同）。

1286. 新疆天山云杉二元立木材积表

$V = 0.000063126D^{1.8095}H^{1.0283[注]}$；$D \leqslant 120\text{cm}, H \leqslant 60\text{m}$

D	H	V	D	H	V	D	H	V	D	H	V	D	H	V
8	5	0.0142	31	16	0.5463	54	28	2.6490	77	39	7.0804	100	51	14.9731
9	5	0.0178	32	17	0.6155	55	28	2.7397	78	40	7.4362	101	51	15.2425
10	6	0.0257	33	17	0.6510	56	29	2.9344	79	40	7.6123	102	52	15.8247
11	6	0.0307	34	18	0.7281	57	29	3.0300	80	41	7.9887	103	52	16.1117
12	7	0.0419	35	18	0.7680	58	30	3.2363	81	41	8.1693	104	53	16.7230
13	7	0.0487	36	19	0.8540	59	30	3.3395	82	42	8.5594	105	53	17.0121
14	8	0.0635	37	19	0.8977	60	31	3.5606	83	42	8.7522	106	54	17.6368
15	8	0.0722	38	20	0.9924	61	31	3.6687	84	43	9.1641	107	54	17.9447
16	9	0.0913	39	20	1.0409	62	32	3.9020	85	43	9.3612	108	55	18.6001
17	9	0.1018	40	21	1.1454	63	32	4.0183	86	44	9.7869	109	55	18.9094
18	10	0.1259	41	21	1.1980	64	33	4.2674	87	44	9.9972	110	56	19.5781
19	10	0.1392	42	22	1.3119	65	33	4.3886	88	45	10.4460	111	56	19.9075
20	11	0.1680	43	22	1.3698	66	34	4.6504	89	45	10.6603	112	57	20.6086
21	11	0.1838	44	23	1.4944	67	34	4.7806	90	46	11.1231	113	57	20.9387
22	12	0.2183	45	23	1.5567	68	35	5.0593	91	46	11.3515	114	58	21.6526
23	12	0.2370	46	24	1.6914	69	35	5.1944	92	47	11.8387	115	58	22.0043
24	13	0.2775	47	24	1.7595	70	36	5.4860	93	47	12.0707	116	59	22.7525
25	13	0.2996	48	25	1.9059	71	36	5.6308	94	48	12.5720	117	59	23.1040
26	14	0.3461	49	25	1.9785	72	37	5.9406	95	48	12.8192	118	60	23.8644
27	14	0.3710	50	26	2.1356	73	37	6.0902	96	49	13.3464	119	60	24.2391
28	15	0.4250	51	26	2.2146	74	38	6.4132	97	49	13.5968	120	60	24.6137
29	15	0.4532	52	27	2.3843	75	38	6.5733	98	50	14.1378			
30	16	0.5143	53	27	2.4681	76	39	6.9156	99	50	14.4046			

适用树种：天山云杉（通常称雪岭云杉）；适用地区：天山；资料名称：新疆主要树种立木材积表的编制；编表人或作者：新疆农林局林业调查设计处、新疆玛纳斯八一农学院林学系；刊印或发表时间：1976。注：材积式计算结果和表中数据不一致，本表采用的是原表数据，材积式参数需要考证。

1287. 新疆阿尔泰山林区西伯利亚落叶松一元立木材积表

D	H	V	ΔV	FH	D	H	V	ΔV	FH
8	8.5	0.024	0.009	4.777	45	22.1	1.427	0.070	8.968
9	9.2	0.033	0.009	5.064	46	22.3	1.496	0.074	9.006
10	9.8	0.042	0.012	5.350	47	22.5	1.570	0.074	9.048
11	10.4	0.054	0.012	5.595	48	22.7	1.644	0.074	9.090
12	11.0	0.066	0.015	5.839	49	22.9	1.718	0.074	9.111
13	11.5	0.081	0.015	6.007	50	23.0	1.792	0.078	9.131
14	12.0	0.095	0.019	6.174	51	23.2	1.870	0.078	9.154
15	12.6	0.114	0.019	6.371	52	23.3	1.948	0.082	9.177
16	13.1	0.132	0.020	6.568	53	23.5	2.030	0.082	9.200
17	13.5	0.152	0.020	6.666	54	23.6	2.111	0.080	9.222
18	13.9	0.172	0.024	6.763	55	23.7	2.192	0.080	9.226
19	14.3	0.196	0.024	6.885	56	23.8	2.272	0.084	9.229
20	14.7	0.220	0.028	7.006	57	23.9	2.356	0.083	9.233
21	15.1	0.248	0.028	7.135	58	24.0	2.439	0.082	9.236
22	15.5	0.276	0.031	7.264	59	24.1	2.521	0.081	9.222
23	15.9	0.307	0.031	7.370	60	24.1	2.602	0.090	9.207
24	16.2	0.338	0.035	7.475	61	24.2	2.692	0.090	9.212
25	16.6	0.373	0.035	7.573	62	24.3	2.781	0.086	9.216
26	16.9	0.407	0.039	7.670	63	24.3	2.867	0.086	9.200
27	17.3	0.446	0.039	7.767	64	24.3	2.953	0.098	9.184
28	17.6	0.484	0.043	7.864	65	24.5	3.051	0.098	9.195
29	18.0	0.527	0.043	7.966	66	24.6	3.148	0.093	9.206
30	18.3	0.570	0.044	8.068	67	24.7	3.241	0.093	9.196
31	18.6	0.614	0.044	8.121	68	24.7	3.334	0.088	9.185
32	18.8	0.657	0.051	8.173	69	24.7	3.422	0.088	9.155
33	19.2	0.708	0.051	8.269	70	24.7	3.510	0.098	9.125
34	19.5	0.759	0.055	8.364	71	24.8	3.608	0.098	9.116
35	19.8	0.814	0.055	8.453	72	24.8	3.706	0.097	9.107
36	20.0	0.869	0.054	8.542	73	24.9	3.804	0.098	9.091
37	20.3	0.923	0.054	8.576	74	24.9	3.901	0.106	9.075
38	20.5	0.976	0.060	8.610	75	25.0	4.007	0.106	9.073
39	20.8	1.036	0.060	8.668	76	25.0	4.113	0.107	9.071
40	21.0	1.096	0.063	8.726	77	25.1	4.220	0.107	9.066
41	21.3	1.159	0.063	8.772	78	25.1	4.327	0.108	9.060
42	21.5	1.221	0.068	8.818	79	25.2	4.435	0.108	9.051
43	21.7	1.289	0.068	8.874	80	25.2	4.542	0.108	9.041
44	21.9	1.357	0.069	8.929					

适用地区：阿尔泰山。随机样木 1040 株。H 为径阶平均高；FH 为形高。新疆地区的一元立木材积表均根据二元材积式导算。

1288. 新疆哈密林区西伯利亚落叶松一元立木材积表

D	H	V	ΔV	FH	D	H	V	ΔV	FH
8	7.4	0.021	0.009	4.180	45	21.2	1.363	0.063	8.566
9	8.2	0.030	0.009	4.511	46	21.3	1.426	0.068	8.585
10	8.9	0.038	0.012	4.841	47	21.5	1.494	0.067	8.608
11	9.6	0.050	0.012	5.119	48	21.6	1.561	0.063	8.631
12	10.3	0.061	0.015	5.396	49	21.7	1.624	0.063	8.611
13	10.9	0.076	0.015	5.623	50	21.7	1.686	0.070	8.591
14	11.4	0.090	0.017	5.849	51	21.8	1.756	0.070	8.597
15	11.9	0.107	0.017	5.985	52	21.9	1.826	0.067	8.602
16	12.3	0.123	0.021	6.121	53	22.0	1.894	0.068	8.585
17	12.8	0.144	0.021	6.304	54	22.0	1.961	0.070	8.567
18	13.3	0.165	0.023	6.487	55	22.1	2.032	0.071	8.553
19	13.7	0.188	0.023	6.604	56	22.1	2.102	0.073	8.539
20	14.1	0.211	0.028	6.720	57	22.2	2.175	0.073	8.526
21	14.6	0.239	0.028	6.874	58	22.2	2.248	0.070	8.513
22	15.0	0.267	0.030	7.027	59	22.2	2.318	0.070	8.482
23	15.4	0.297	0.030	7.119	60	22.2	2.388	0.078	8.450
24	15.7	0.326	0.035	7.210	61	22.3	2.466	0.078	8.439
25	16.1	0.361	0.035	7.336	62	22.3	2.543	0.074	8.427
26	16.5	0.396	0.039	7.462	63	22.3	2.617	0.073	8.397
27	16.9	0.435	0.039	7.574	64	22.3	2.690	0.082	8.366
28	17.2	0.473	0.040	7.686	65	22.4	2.772	0.082	8.356
29	17.5	0.513	0.040	7.757	66	22.4	2.854	0.078	8.346
30	17.8	0.553	0.045	7.827	67	22.4	2.932	0.078	8.319
31	18.1	0.598	0.045	7.907	68	22.4	3.010	0.080	8.292
32	18.4	0.642	0.049	7.987	69	22.4	3.090	0.079	8.266
33	18.7	0.691	0.049	8.071	70	22.4	3.169	0.081	8.239
34	19.0	0.740	0.051	8.155	71	22.4	3.251	0.082	8.214
35	19.3	0.791	0.051	8.216	72	22.4	3.332	0.083	8.188
36	19.5	0.842	0.052	8.276	73	22.4	3.415	0.083	8.163
37	19.7	0.894	0.052	8.311	74	22.4	3.498	0.093	8.137
38	19.9	0.946	0.046	8.346	75	22.5	3.592	0.094	8.132
39	20.1	0.992	0.046	8.305	76	22.5	3.685	0.087	8.127
40	20.3	1.038	0.070	8.264	77	22.5	3.772	0.087	8.103
41	20.5	1.108	0.070	8.386	78	22.5	3.858	0.089	8.078
42	20.7	1.178	0.061	8.507	79	22.5	3.947	0.089	8.056
43	20.9	1.239	0.061	8.527	80	22.5	4.036	0.089	8.033
44	21.0	1.299	0.064	8.547					

适用地区：哈密地区、巴里坤。

新

1289. 新疆巩留林区天山云杉一元立木材积表

D	H	V	ΔV	FH	D	H	V	ΔV	FH
8	7.8	0.022	0.009	4.379	47	29.7	2.188	0.119	12.603
9	8.4	0.031	0.009	4.674	48	30.1	2.306	0.131	12.750
10	9.0	0.039	0.012	4.968	49	30.6	2.437	0.131	12.915
11	9.6	0.051	0.012	5.227	50	31.1	2.567	0.136	13.080
12	10.2	0.062	0.015	5.485	51	31.6	2.703	0.136	13.225
13	10.9	0.077	0.015	5.732	52	32.0	2.838	0.145	13.370
14	11.5	0.092	0.019	5.979	53	32.5	2.983	0.145	13.516
15	12.1	0.111	0.019	6.224	54	32.9	3.127	0.154	13.661
16	12.7	0.130	0.024	6.469	55	33.4	3.281	0.154	13.805
17	13.3	0.154	0.024	6.714	56	33.8	3.434	0.163	13.949
18	13.9	0.177	0.028	6.959	57	34.3	3.597	0.163	14.092
19	14.5	0.205	0.028	7.190	58	34.7	3.759	0.172	14.235
20	15.1	0.233	0.033	7.420	59	35.2	3.931	0.172	14.377
21	15.7	0.266	0.033	7.645	60	35.6	4.103	0.176	14.519
22	16.3	0.299	0.038	7.870	61	36.0	4.279	0.176	14.642
23	16.9	0.337	0.038	8.071	62	36.4	4.455	0.185	14.764
24	17.4	0.374	0.045	8.271	63	36.8	4.640	0.185	14.885
25	18.0	0.419	0.045	8.508	64	37.2	4.825	0.195	15.006
26	18.6	0.464	0.049	8.744	65	37.6	5.020	0.195	15.127
27	19.2	0.513	0.049	8.938	66	38.0	5.214	0.204	15.248
28	19.7	0.562	0.056	9.132	67	38.4	5.418	0.204	15.368
29	20.3	0.618	0.056	9.336	68	38.8	5.622	0.215	15.488
30	20.8	0.674	0.062	9.540	69	39.2	5.837	0.215	15.611
31	21.4	0.736	0.062	9.734	70	39.6	6.052	0.224	15.734
32	21.9	0.798	0.070	9.927	71	40.0	6.276	0.224	15.854
33	22.5	0.868	0.070	10.127	72	40.4	6.500	0.226	15.973
34	23.0	0.937	0.077	10.326	73	40.8	6.726	0.226	16.073
35	23.6	1.014	0.077	10.520	74	41.1	6.952	0.245	16.172
36	24.1	1.090	0.081	10.714	75	41.5	7.197	0.245	16.293
37	24.6	1.172	0.081	10.884	76	41.9	7.442	0.246	16.413
38	25.1	1.253	0.092	11.054	77	42.3	7.688	0.246	16.513
39	25.7	1.345	0.092	11.248	78	42.6	7.934	0.256	16.612
40	26.2	1.437	0.097	11.441	79	43.0	8.190	0.256	16.712
41	26.7	1.535	0.097	11.614	80	43.3	8.446	0.256	16.811
42	27.2	1.632	0.105	11.786	81	43.6	8.702	0.256	16.891
43	27.7	1.737	0.105	11.953	82	43.9	8.958	0.254	16.971
44	28.2	1.842	0.114	12.120	83	44.2	9.212	0.254	17.031
45	28.7	1.956	0.114	12.288	84	44.4	9.466	0.264	17.090
46	29.2	2.069	0.119	12.456	85	44.7	9.730	0.263	17.151

（续表）

D	H	V	ΔV	FH	D	H	V	ΔV	FH
86	44.9	9.993	0.272	17.212	104	48.5	15.257	0.318	17.969
87	45.2	10.265	0.272	17.272	105	48.7	15.575	0.317	17.994
88	45.4	10.536	0.269	17.332	106	48.8	15.892	0.326	18.018
89	45.6	10.805	0.269	17.373	107	49.0	16.218	0.325	18.043
90	45.8	11.073	0.290	17.414	108	49.1	16.543	0.333	18.067
91	46.1	11.363	0.289	17.476	109	49.3	16.876	0.333	18.093
92	46.3	11.652	0.285	17.537	110	49.4	17.209	0.341	18.118
93	46.5	11.937	0.285	17.579	111	49.6	17.550	0.340	18.143
94	46.7	12.222	0.293	17.620	112	49.7	17.890	0.349	18.168
95	46.9	12.515	0.293	17.662	113	49.9	18.239	0.349	18.194
96	47.1	12.808	0.302	17.704	114	50.0	18.588	0.337	18.220
97	47.3	13.110	0.301	17.747	115	50.1	18.925	0.336	18.227
98	47.5	13.411	0.310	17.789	116	50.2	19.261	0.343	18.234
99	47.7	13.721	0.310	17.832	117	50.3	19.604	0.343	18.242
100	47.9	14.031	0.303	17.874	118	50.4	19.947	0.350	18.249
101	48.1	14.334	0.303	17.898	119	50.5	20.297	0.350	18.257
102	48.2	14.637	0.310	17.922	120	50.6	20.647	0.350	18.265
103	48.4	14.947	0.310	17.946					

适用地区：巩留地区。天山云杉也称雪岭云杉。随机样木 73 株。

1290. 新疆胡杨二元材积表

$$V = 0.000050156D^{2.08997}H^{0.741585[注]}；D \leqslant 60\text{cm}, H \leqslant 15\text{m}$$

D	H	V	D	H	V	D	H	V	D	H	V	D	H	V
4	4	0.0028	16	7	0.0765	28	9	0.2969	40	12	0.7745	52	14	1.5025
5	4	0.0047	17	7	0.0872	29	9	0.3200	41	12	0.8161	53	14	1.5642
6	4	0.0065	18	7	0.0979	30	9	0.3430	42	12	0.8577	54	15	1.7112
7	5	0.0109	19	7	0.1100	31	10	0.3977	43	12	0.9015	55	15	1.7788
8	5	0.0140	20	7	0.1220	32	10	0.4244	44	12	0.9453	56	15	1.8463
9	5	0.0182	21	8	0.1496	33	10	0.4531	45	13	1.0519	57	15	1.9166
10	5	0.0223	22	8	0.1644	34	10	0.4817	46	13	1.1007	58	15	1.9869
11	5	0.0275	23	8	0.1808	35	11	0.5498	47	13	1.1519	59	16	2.0598
12	6	0.0374	24	8	0.1972	36	11	0.5429	48	13	1.2031	60	16	2.1327
13	6	0.0445	25	8	0.2152	37	11	0.6175	49	13	1.2567			
14	6	0.0516	26	9	0.2543	38	11	0.6523	50	14	1.3843			
15	6	0.0600	27	9	0.2756	39	11	0.6892	51	14	1.4434			

适用树种：胡杨；适用地区：新疆；资料名称：新疆主要树种立木材积表的编制；编表人或作者：新疆农林局林业调查设计处、新疆玛纳斯八一农学院林学系；刊印或发表时间：1976。注：材积式计算结果和表中数据不一致，本表采用的是原表数据，材积式参数需要考证。

1291. 新疆新源及特克斯林区天山云杉一元立木材积表

D	H	V	ΔV	FH	D	H	V	ΔV	FH
8	8.0	0.023	0.009	4.578	47	26.5	1.945	0.101	11.207
9	8.6	0.032	0.009	4.837	48	26.8	2.046	0.108	11.312
10	9.2	0.040	0.012	5.096	49	27.2	2.154	0.108	11.419
11	9.8	0.052	0.012	5.335	50	27.5	2.262	0.115	11.526
12	10.4	0.063	0.015	5.573	51	27.9	2.377	0.115	11.633
13	11.0	0.078	0.015	5.809	52	28.2	2.492	0.118	11.740
14	11.6	0.093	0.019	6.044	53	28.5	2.610	0.118	11.827
15	12.2	0.112	0.019	6.282	54	28.8	2.727	0.129	11.913
16	12.8	0.131	0.023	6.519	55	29.2	2.856	0.129	12.019
17	13.4	0.154	0.023	6.739	56	29.5	2.985	0.131	12.125
18	13.9	0.177	0.027	6.959	57	29.8	3.116	0.131	12.211
19	14.5	0.204	0.027	7.158	58	30.1	3.247	0.139	12.296
20	15.0	0.231	0.032	7.357	59	30.4	3.386	0.139	12.383
21	15.6	0.263	0.032	7.561	60	30.7	3.524	0.145	12.470
22	16.1	0.295	0.038	7.764	61	31.0	3.669	0.145	12.555
23	16.7	0.333	0.038	7.974	62	31.3	3.814	0.153	12.639
24	17.2	0.370	0.042	8.183	63	31.6	3.967	0.153	12.714
25	17.7	0.412	0.042	8.360	64	31.9	4.120	0.152	12.789
26	18.2	0.453	0.046	8.537	65	32.2	4.272	0.152	12.864
27	18.7	0.499	0.046	8.696	66	32.4	4.424	0.168	12.938
28	19.1	0.545	0.050	8.855	67	32.7	4.592	0.168	13.026
29	19.5	0.595	0.050	8.985	68	33.0	4.760	0.167	13.114
30	19.9	0.644	0.057	9.115	69	33.3	4.927	0.167	13.179
31	20.4	0.701	0.057	9.266	70	33.5	5.094	0.174	13.243
32	20.8	0.757	0.061	9.417	71	33.8	5.269	0.175	13.309
33	21.2	0.818	0.061	9.546	72	34.0	5.443	0.182	13.375
34	21.6	0.878	0.066	9.675	73	34.3	5.625	0.182	13.441
35	22.0	0.945	0.067	9.806	74	34.5	5.806	0.183	13.507
36	22.4	1.011	0.073	9.937	75	34.8	5.989	0.183	13.560
37	22.8	1.084	0.073	10.068	76	35.0	6.172	0.193	13.612
38	23.2	1.156	0.073	10.198	77	35.2	6.365	0.193	13.672
39	23.6	1.230	0.074	10.286	78	35.4	6.558	0.194	13.731
40	23.9	1.303	0.087	10.374	79	35.6	6.752	0.194	13.779
41	24.3	1.390	0.087	10.520	80	35.8	6.946	0.211	13.826
42	24.7	1.477	0.090	10.666	81	36.1	7.157	0.211	13.892
43	25.1	1.568	0.091	10.788	82	36.3	7.367	0.209	13.957
44	25.4	1.658	0.093	10.910	83	36.5	7.576	0.209	14.005
45	25.8	1.751	0.093	11.006	84	36.7	7.784	0.215	14.053
46	26.1	1.844	0.101	11.101	85	36.9	7.999	0.214	14.100

新

（续表）

D	H	V	ΔV	FH	D	H	V	ΔV	FH
86	37.1	8.213	0.210	14.146	104	39.8	12.449	0.268	14.662
87	37.3	8.423	0.210	14.174	105	40.0	12.717	0.268	14.692
88	37.4	8.633	0.227	14.201	106	40.1	12.985	0.243	14.722
89	37.6	8.861	0.228	14.247	107	40.2	13.228	0.243	14.717
90	37.8	9.088	0.237	14.293	108	40.3	13.470	0.280	14.711
91	38.0	9.325	0.237	14.342	109	40.4	13.750	0.280	14.741
92	38.2	9.562	0.229	14.391	110	40.5	14.030	0.269	14.771
93	38.4	9.791	0.229	14.419	111	40.6	14.299	0.269	14.783
94	38.5	10.020	0.237	14.446	112	40.7	14.568	0.256	14.794
95	38.7	10.257	0.237	14.476	113	40.8	14.824	0.256	14.788
96	38.8	10.494	0.242	14.505	114	40.8	15.080	0.281	14.782
97	39.0	10.736	0.242	14.533	115	40.9	15.361	0.281	14.795
98	39.1	10.978	0.255	14.561	116	41.0	15.641	0.260	14.807
99	39.3	11.233	0.255	14.598	117	41.1	15.902	0.261	14.797
100	39.4	11.488	0.235	14.634	118	41.1	16.162	0.276	14.786
101	39.5	11.723	0.235	14.638	119	41.2	16.438	0.276	14.786
102	39.6	11.958	0.246	14.642	120	41.2	16.714	0.276	14.786
103	39.7	12.204	0.246	14.652					

适用地区：新源及特克斯林区。随机样木 177 株。

1292. 新疆平原人工杨树二元立木材积表

$V = 0.00005000666D^{1.912099}H^{0.9363676}$；$D \leqslant 60\text{cm}, H \leqslant 44\text{m}$

D	H	V	D	H	V	D	H	V	D	H	V	D	H	V
4	2	0.0014	16	10	0.0867	28	15	0.3693	40	18	0.8664	52	21	1.6530
5	3	0.0030	17	11	0.1064	29	16	0.4195	41	19	0.9555	53	21	1.7143
6	4	0.0056	18	11	0.1187	30	16	0.4476	42	19	1.0005	54	21	1.7767
7	5	0.0093	19	12	0.1428	31	16	0.4766	43	19	1.0466	55	21	1.8402
8	5	0.0120	20	12	0.1575	32	16	0.5064	44	19	1.0936	56	21	1.9047
9	6	0.0179	21	13	0.1863	33	17	0.5685	45	20	1.1978	57	22	2.0580
10	7	0.0253	22	13	0.2037	34	17	0.6019	46	20	1.2492	58	22	2.1275
11	7	0.0303	23	13	0.2217	35	17	0.6362	47	20	1.3016	59	22	2.1982
12	8	0.0406	24	14	0.2578	36	18	0.7083	48	20	1.3551	60	22	2.2700
13	9	0.0528	25	14	0.2788	37	18	0.7464	49	20	1.4096			
14	9	0.0608	26	15	0.3205	38	18	0.7855	50	20	1.4651			
15	10	0.0766	27	15	0.3445	39	18	0.8255	51	21	1.5928			

适用树种：人工杨树；适用地区：新疆。

新

1293. 天山东部林区天山云杉一元立木材积表

D	H	V	ΔV	FH	D	H	V	ΔV	FH
8	6.7	0.019	0.008	3.782	45	21.7	1.467	0.073	9.222
9	7.4	0.027	0.008	4.121	46	21.9	1.540	0.073	9.271
10	8.1	0.035	0.011	4.459	47	22.1	1.613	0.073	9.297
11	8.8	0.046	0.011	4.751	48	22.2	1.686	0.073	9.322
12	9.4	0.057	0.014	5.042	49	22.3	1.759	0.073	9.329
13	10.0	0.071	0.014	5.284	50	22.4	1.832	0.081	9.335
14	10.6	0.085	0.018	5.525	51	22.6	1.913	0.081	9.365
15	11.2	0.103	0.018	5.748	52	22.7	1.994	0.076	9.394
16	11.7	0.120	0.021	5.971	53	22.8	2.070	0.076	9.385
17	12.2	0.141	0.021	6.151	54	22.8	2.146	0.083	9.375
18	12.7	0.161	0.024	6.330	55	22.9	2.229	0.083	9.382
19	13.2	0.185	0.024	6.493	56	23.0	2.311	0.082	9.388
20	13.6	0.209	0.029	6.656	57	23.1	2.393	0.082	9.379
21	14.1	0.238	0.029	6.842	58	23.1	2.474	0.084	9.369
22	14.6	0.267	0.032	7.027	59	23.2	2.558	0.084	9.359
23	15.0	0.299	0.032	7.163	60	23.2	2.642	0.081	9.349
24	15.4	0.330	0.038	7.298	61	23.2	2.723	0.080	9.319
25	15.9	0.368	0.038	7.465	62	23.2	2.803	0.090	9.289
26	16.3	0.405	0.041	7.632	63	23.3	2.893	0.090	9.282
27	16.7	0.446	0.041	7.765	64	23.3	2.982	0.085	9.274
28	17.1	0.486	0.044	7.897	65	23.3	3.068	0.086	9.248
29	17.5	0.530	0.044	8.011	66	23.3	3.153	0.087	9.221
30	17.8	0.574	0.049	8.125	67	23.3	3.241	0.087	9.195
31	18.2	0.623	0.049	8.236	68	23.3	3.328	0.090	9.168
32	18.5	0.671	0.052	8.347	69	23.3	3.418	0.090	9.143
33	18.8	0.723	0.052	8.438	70	23.3	3.507	0.092	9.117
34	19.1	0.774	0.054	8.529	71	23.3	3.599	0.092	9.094
35	19.4	0.828	0.054	8.595	72	23.3	3.691	0.094	9.070
36	19.6	0.881	0.059	8.660	73	23.3	3.785	0.094	9.046
37	19.9	0.940	0.059	8.732	74	23.3	3.878	0.096	9.021
38	20.1	0.998	0.062	8.804	75	23.3	3.974	0.096	8.999
39	20.4	1.060	0.062	8.869	76	23.3	4.070	0.098	8.976
40	20.6	1.122	0.067	8.933	77	23.3	4.168	0.098	8.954
41	20.9	1.190	0.067	9.006	78	23.3	4.266	0.100	8.932
42	21.1	1.257	0.069	9.078	79	23.3	4.366	0.100	8.911
43	21.3	1.326	0.069	9.126	80	23.3	4.466	0.100	8.889
44	21.5	1.394	0.073	9.173					

适用地区：天山东部，即乌鲁木齐以东。随机样木 182 株。

1294. 天山中部林区天山云杉一元立木材积表

D	H	V	ΔV	FH	D	H	V	ΔV	FH
8	6.5	0.019	0.008	3.782	45	23.9	1.620	0.079	10.184
9	7.3	0.027	0.008	4.057	46	24.1	1.699	0.083	10.228
10	8.0	0.034	0.012	4.331	47	24.3	1.783	0.084	10.273
11	8.7	0.046	0.012	4.687	48	24.5	1.866	0.084	10.317
12	9.4	0.057	0.014	5.042	49	24.7	1.950	0.084	10.341
13	10.0	0.071	0.014	5.284	50	24.8	2.034	0.084	10.364
14	10.6	0.085	0.020	5.525	51	24.9	2.118	0.084	10.369
15	11.4	0.105	0.020	5.848	52	25.0	2.202	0.093	10.374
16	12.1	0.124	0.023	6.170	53	25.2	2.295	0.092	10.401
17	12.7	0.147	0.023	6.408	54	25.3	2.387	0.086	10.428
18	13.3	0.169	0.028	6.645	55	25.4	2.473	0.086	10.412
19	13.9	0.197	0.028	6.890	56	25.4	2.559	0.095	10.395
20	14.5	0.224	0.032	7.134	57	25.5	2.654	0.095	10.403
21	15.1	0.256	0.032	7.357	58	25.6	2.749	0.087	10.410
22	15.7	0.288	0.036	7.580	59	25.6	2.836	0.087	10.377
23	16.2	0.324	0.036	7.760	60	25.6	2.923	0.099	10.343
24	16.7	0.359	0.041	7.940	61	25.6	3.022	0.099	10.342
25	17.2	0.400	0.041	8.116	62	25.6	3.120	0.083	10.340
26	17.7	0.440	0.045	8.292	63	25.6	3.203	0.083	10.279
27	18.2	0.485	0.045	8.452	64	25.6	3.285	0.094	10.217
28	18.6	0.530	0.045	8.612	65	25.6	3.379	0.094	10.187
29	19.0	0.575	0.045	8.687	66	25.6	3.473	0.196	10.157
30	19.4	0.619	0.058	8.762	67	25.6	3.669	0.196	10.401
31	19.8	0.677	0.058	8.953	68	25.6	3.864	0.051	10.645
32	20.2	0.735	0.057	9.144	69	25.6	3.915	0.051	10.478
33	20.6	0.792	0.057	9.250	70	25.6	3.966	0.050	10.311
34	20.9	0.849	0.063	9.356	71	25.6	4.016	0.050	10.152
35	21.3	0.912	0.063	9.465	72	25.6	4.066	0.103	9.992
36	21.6	0.974	0.065	9.574	73	25.6	4.169	0.103	9.965
37	21.9	1.040	0.066	9.661	74	25.6	4.272	0.106	9.938
38	22.2	1.105	0.071	9.748	75	25.6	4.378	0.106	9.914
39	22.5	1.176	0.071	9.834	76	25.6	4.484	0.108	9.889
40	22.8	1.246	0.073	9.920	77	25.6	4.592	0.108	9.864
41	23.1	1.319	0.073	9.983	78	25.6	4.699	0.111	9.839
42	23.3	1.391	0.075	10.045	79	25.6	4.810	0.111	9.816
43	23.5	1.466	0.075	10.093	80	25.6	4.920	0.111	9.793
44	23.7	1.541	0.079	10.140					

适用地区：天山中部，即乌鲁木齐南山至精河、博乐之间。随机样木 286 株。

1295. 新疆昭苏林区天山云杉一元立木材积表

D	H	V	ΔV	FH	D	H	V	ΔV	FH
8	6.0	0.017	0.007	3.384	50	24.3	1.992	0.096	10.150
9	6.6	0.024	0.007	3.667	51	24.6	2.088	0.096	10.220
10	7.2	0.031	0.011	3.949	52	24.8	2.184	0.102	10.289
11	7.9	0.042	0.011	4.275	53	25.1	2.286	0.102	10.359
12	8.6	0.052	0.014	4.600	54	25.3	2.387	0.107	10.428
13	9.3	0.066	0.014	4.868	55	25.6	2.494	0.107	10.497
14	9.9	0.079	0.018	5.135	56	25.8	2.601	0.113	10.566
15	10.6	0.097	0.018	5.404	57	26.1	2.714	0.113	10.636
16	11.2	0.114	0.022	5.673	58	26.3	2.827	0.113	10.705
17	11.8	0.136	0.022	5.923	59	26.5	2.940	0.113	10.753
18	12.4	0.157	0.024	6.173	60	26.7	3.052	0.119	10.800
19	12.9	0.181	0.024	6.335	61	26.9	3.171	0.119	10.850
20	13.3	0.204	0.028	6.497	62	27.1	3.289	0.124	10.900
21	13.8	0.232	0.028	6.670	63	27.3	3.413	0.124	10.949
22	14.2	0.260	0.032	6.843	64	27.5	3.536	0.130	10.997
23	14.7	0.292	0.032	7.005	65	27.7	3.666	0.130	11.048
24	15.1	0.324	0.035	7.166	66	27.9	3.795	0.128	11.098
25	15.5	0.359	0.035	7.296	67	28.1	3.923	0.128	11.128
26	15.9	0.394	0.040	7.425	68	28.2	4.050	0.132	11.158
27	16.3	0.434	0.040	7.564	69	28.4	4.182	0.132	11.187
28	16.7	0.474	0.045	7.702	70	28.5	4.314	0.138	11.215
29	17.1	0.519	0.045	7.843	71	28.7	4.452	0.138	11.246
30	17.5	0.564	0.050	7.983	72	28.8	4.589	0.143	11.277
31	17.9	0.614	0.050	8.122	73	29.0	4.732	0.142	11.308
32	18.3	0.664	0.055	8.260	74	29.1	4.874	0.148	11.338
33	18.7	0.719	0.055	8.395	75	29.3	5.022	0.148	11.369
34	19.1	0.774	0.059	8.529	76	29.4	5.169	0.144	11.400
35	19.5	0.833	0.059	8.644	77	29.5	5.313	0.144	11.412
36	19.8	0.891	0.064	8.758	78	29.6	5.456	0.148	11.424
37	20.2	0.955	0.064	8.870	79	29.7	5.604	0.148	11.437
38	20.5	1.018	0.069	8.981	80	29.8	5.752	0.152	11.449
39	20.9	1.087	0.069	9.093	81	29.9	5.904	0.152	11.461
40	21.2	1.156	0.075	9.204	82	30.0	6.056	0.146	11.473
41	21.6	1.231	0.075	9.318	83	30.1	6.202	0.146	11.466
42	21.9	1.306	0.077	9.431	84	30.1	6.347	0.150	11.459
43	22.2	1.383	0.077	9.519	85	30.2	6.497	0.150	11.453
44	22.5	1.460	0.083	9.607	86	30.2	6.646	0.153	11.447
45	22.8	1.543	0.083	9.698	87	30.3	6.799	0.153	11.442
46	23.1	1.626	0.089	9.789	88	30.3	6.952	0.156	11.436
47	23.4	1.715	0.089	9.879	89	30.4	7.109	0.157	11.431
48	23.7	1.803	0.095	9.969	90	30.4	7.265	0.157	11.426
49	24.0	1.898	0.095	10.060					

适用地区：昭苏林区，即查布察尔、伊宁县、二台等林区。随机样木 184 株。

1296. 新疆赤杨、欧洲赤杨、桦树等阔叶树一元材积表

$$V = 0.0001026164D^{2.501268};\ D \leqslant 25\text{cm}$$

$$V = 0.028222 - 0.0084933D + 0.000809777D^2;\ 25 < D \leqslant 70\text{cm}$$

D	V	ΔV	D	V	ΔV	D	V	ΔV	D	V	ΔV
4	0.0033	0.0025	21	0.2082	0.0257	38	0.8748	0.0539	55	2.0107	0.0814
5	0.0057	0.0033	22	0.2339	0.0275	39	0.9287	0.0555	56	2.0921	0.0830
6	0.0091	0.0043	23	0.2614	0.0294	40	0.9841	0.0571	57	2.1751	0.0846
7	0.0133	0.0053	24	0.2907	0.0313	41	1.0412	0.0587	58	2.2597	0.0863
8	0.0186	0.0064	25	0.3220	0.0328	42	1.1000	0.0603	59	2.3460	0.0879
9	0.0250	0.0075	26	0.3548	0.0344	43	1.1603	0.0620	60	2.4338	0.0895
10	0.0325	0.0088	27	0.3892	0.0360	44	1.2222	0.0636	61	2.5233	0.0911
11	0.0413	0.0100	28	0.4253	0.0377	45	1.2858	0.0652	62	2.6144	0.0927
12	0.0513	0.0114	29	0.4629	0.0393	46	1.3510	0.0668	63	2.7071	0.0943
13	0.0627	0.0128	30	0.5022	0.0409	47	1.4178	0.0684	64	2.8015	0.0960
14	0.0755	0.0142	31	0.5431	0.0425	48	1.4863	0.0701	65	2.8975	0.0976
15	0.0897	0.0157	32	0.5856	0.0441	49	1.5563	0.0717	66	2.9951	0.0992
16	0.1054	0.0173	33	0.6298	0.0458	50	1.6280	0.0733	67	3.0943	0.1008
17	0.1227	0.0189	34	0.6756	0.0474	51	1.7013	0.0749	68	3.1951	0.1024
18	0.1416	0.0205	35	0.7229	0.0490	52	1.7762	0.0765	69	3.2975	0.1041
19	0.1621	0.0222	36	0.7719	0.0506	53	1.8527	0.0782	70	3.4016	0.1041
20	0.1843	0.0239	37	0.8226	0.0522	54	1.9309	0.0798			

适用树种：赤杨、欧洲山杨、桦树等阔叶树；适用地区：新疆。

30 台湾省立木材积表

台湾省的材积表是根据文献中的材积式计算得出的，原方程没有给出适用的直径和树高区间，本书的表格适用区间（4$\leqslant D \leqslant$60cm, 4$\leqslant H \leqslant$30m）是编者根据实际情况设定的，使用时需要检验。

1297. 台湾帝杉二元立木材积表

$$V = 0.0000625D^{1.77924}H^{1.05866}$$

D	H	V	D	H	V	D	H	V	D	H	V	D	H	V
4	4	0.0032	16	10	0.0993	28	15	0.4129	40	21	1.1120	52	27	2.3141
5	4	0.0048	17	10	0.1106	29	16	0.4705	41	22	1.2206	53	27	2.3939
6	5	0.0083	18	11	0.1355	30	16	0.4998	42	22	1.2741	54	28	2.5720
7	5	0.0110	19	11	0.1491	31	17	0.5649	43	22	1.3286	55	28	2.6574
8	6	0.0168	20	12	0.1791	32	17	0.5978	44	23	1.4507	56	29	2.8478
9	6	0.0208	21	12	0.1954	33	18	0.6708	45	23	1.5099	57	29	2.9389
10	7	0.0295	22	13	0.2310	34	18	0.7074	46	24	1.6425	58	30	3.1420
11	7	0.0349	23	13	0.2500	35	19	0.7887	47	24	1.7065	59	30	3.2391
12	8	0.0470	24	13	0.2697	36	19	0.8292	48	25	1.8499	60	31	3.4553
13	8	0.0542	25	14	0.3137	37	20	0.9193	49	25	1.9191			
14	9	0.0700	26	14	0.3364	38	20	0.9639	50	26	2.0736			
15	9	0.0792	27	15	0.3870	39	21	1.0630	51	26	2.1480			

适用地区：台湾全省；编表人或作者：刘慎孝；刊印或发表时间：1964。

1298. 台湾二叶松二元立木材积表

$$V = 0.0001547675D^{1.700988}H^{0.721114}$$

D	H	V	D	H	V	D	H	V	D	H	V	D	H	V
4	4	0.0044	16	10	0.0910	28	15	0.3158	40	21	0.7383	52	27	1.3828
5	4	0.0065	17	10	0.1009	29	16	0.3512	41	22	0.7962	53	27	1.4283
6	5	0.0104	18	11	0.1191	30	16	0.3720	42	22	0.8296	54	28	1.5137
7	5	0.0135	19	11	0.1306	31	17	0.4109	43	22	0.8634	55	28	1.5616
8	6	0.0194	20	12	0.1517	32	17	0.4337	44	23	0.9271	56	29	1.6515
9	6	0.0237	21	12	0.1648	33	18	0.4763	45	23	0.9632	57	29	1.7020
10	7	0.0316	22	13	0.1890	34	18	0.5011	46	24	1.0311	58	30	1.7965
11	7	0.0372	23	13	0.2038	35	19	0.5473	47	24	1.0695	59	30	1.8495
12	8	0.0475	24	13	0.2191	36	19	0.5742	48	25	1.1416	60	31	1.9487
13	8	0.0544	25	14	0.2478	37	20	0.6243	49	25	1.1824			
14	9	0.0672	26	14	0.2649	38	20	0.6532	50	26	1.2588			
15	9	0.0756	27	15	0.2968	39	21	0.7072	51	26	1.3019			

适用地区：台湾全省；编表人或作者：罗绍麟、冯丰隆；刊印或发表时间：1986。

台

1299. 台湾贵重阔叶树二元立木材积表

$$V = 0.000035555D^2H$$

D	H	V	D	H	V	D	H	V	D	H	V	D	H	V
4	4	0.0023	16	10	0.0910	28	15	0.4181	40	21	1.1946	52	27	2.5958
5	4	0.0036	17	10	0.1028	29	16	0.4784	41	22	1.3149	53	27	2.6966
6	5	0.0064	18	11	0.1267	30	16	0.5120	42	22	1.3798	54	28	2.9030
7	5	0.0087	19	11	0.1412	31	17	0.5809	43	22	1.4463	55	28	3.0115
8	6	0.0137	20	12	0.1707	32	17	0.6189	44	23	1.5832	56	29	3.2335
9	6	0.0173	21	12	0.1882	33	18	0.6969	45	23	1.6560	57	29	3.3500
10	7	0.0249	22	13	0.2237	34	18	0.7398	46	24	1.8056	58	30	3.5882
11	7	0.0301	23	13	0.2445	35	19	0.8275	47	24	1.8850	59	30	3.7130
12	8	0.0410	24	13	0.2662	36	19	0.8755	48	25	2.0480	60	31	3.9679
13	8	0.0481	25	14	0.3111	37	20	0.9735	49	25	2.1342			
14	9	0.0627	26	14	0.3365	38	20	1.0268	50	26	2.3111			
15	9	0.0720	27	15	0.3888	39	21	1.1357	51	26	2.4044			

适用地区：台湾全省。

1300. 台湾红桧二元立木材积表

$$V = 0.0000944D^{1.9947405}H^{0.659691}$$

D	H	V	D	H	V	D	H	V	D	H	V	D	H	V
4	4	0.0037	16	10	0.1088	28	15	0.4340	40	21	1.1039	52	27	2.1989
5	4	0.0058	17	10	0.1228	29	16	0.4858	41	22	1.1958	53	27	2.2841
6	5	0.0097	18	11	0.1465	30	16	0.5197	42	22	1.2546	54	28	2.4284
7	5	0.0132	19	11	0.1632	31	17	0.5775	43	22	1.3149	55	28	2.5190
8	6	0.0195	20	12	0.1915	32	17	0.6153	44	23	1.4176	56	29	2.6723
9	6	0.0246	21	12	0.2110	33	18	0.6794	45	23	1.4826	57	29	2.7683
10	7	0.0337	22	13	0.2441	34	18	0.7211	46	24	1.5931	58	30	2.9309
11	7	0.0407	23	13	0.2668	35	19	0.7917	47	24	1.6630	59	30	3.0325
12	8	0.0529	24	13	0.2904	36	19	0.8375	48	25	1.7816	60	31	3.2045
13	8	0.0621	25	14	0.3308	37	20	0.9150	49	25	1.8564			
14	9	0.0778	26	14	0.3577	38	20	0.9650	50	26	1.9835			
15	9	0.0892	27	15	0.4037	39	21	1.0495	51	26	2.0634			

适用地区：台湾全省；编表人或作者：叶楷勋；刊印或发表时间：1973。

1301. 台湾红桧、台湾杉、肖楠二元立木材积表

$$V = 0.0000996D^{1.8505211}H^{0.7734288}$$

D	H	V	D	H	V	D	H	V	D	H	V	D	H	V
4	4	0.0038	16	10	0.1000	28	15	0.3854	40	21	0.9673	52	27	1.9091
5	4	0.0057	17	10	0.1119	29	16	0.4323	41	22	1.0496	53	27	1.9775
6	5	0.0095	18	11	0.1338	30	16	0.4603	42	22	1.0975	54	28	2.1055
7	5	0.0127	19	11	0.1479	31	17	0.5125	43	22	1.1463	55	28	2.1783
8	6	0.0187	20	12	0.1740	32	17	0.5435	44	23	1.2379	56	29	2.3141
9	6	0.0232	21	12	0.1904	33	18	0.6014	45	23	1.2905	57	29	2.3911
10	7	0.0318	22	13	0.2208	34	18	0.6356	46	24	1.3891	58	30	2.5349
11	7	0.0379	23	13	0.2397	35	19	0.6992	47	24	1.4455	59	30	2.6164
12	8	0.0494	24	13	0.2594	36	19	0.7366	48	25	1.5511	60	31	2.7684
13	8	0.0573	25	14	0.2962	37	20	0.8063	49	25	1.6114			
14	9	0.0720	26	14	0.3185	38	20	0.8471	50	26	1.7243			
15	9	0.0818	27	15	0.3603	39	21	0.9230	51	26	1.7887			

适用地区：台湾全省；编表人或作者：罗绍麟、冯丰隆；刊印或发表时间：1986。

1302. 台湾栲槠类二元立木材积表

$$V = 0.000099116D^{1.8751297}H^{0.745544}$$

D	H	V	D	H	V	D	H	V	D	H	V	D	H	V
4	4	0.0037	16	10	0.0999	28	15	0.3860	40	21	0.9682	52	27	1.9099
5	4	0.0057	17	10	0.1119	29	16	0.4326	41	22	1.0499	53	27	1.9794
6	5	0.0095	18	11	0.1338	30	16	0.4610	42	22	1.0985	54	28	2.1063
7	5	0.0126	19	11	0.1480	31	17	0.5129	43	22	1.1480	55	28	2.1801
8	6	0.0186	20	12	0.1739	32	17	0.5443	44	23	1.2390	56	29	2.3147
9	6	0.0232	21	12	0.1906	33	18	0.6017	45	23	1.2923	57	29	2.3929
10	7	0.0317	22	13	0.2207	34	18	0.6364	46	24	1.3901	58	30	2.5355
11	7	0.0379	23	13	0.2399	35	19	0.6996	47	24	1.4473	59	30	2.6181
12	8	0.0493	24	13	0.2598	36	19	0.7375	48	25	1.5521	60	31	2.7687
13	8	0.0573	25	14	0.2964	37	20	0.8067	49	25	1.6133			
14	9	0.0719	26	14	0.3191	38	20	0.8480	50	26	1.7253			
15	9	0.0818	27	15	0.3605	39	21	0.9234	51	26	1.7905			

适用地区：台湾全省；编表人或作者：林子玉；刊印或发表时间：1975。

台

1303. 台湾阔叶树二元立木材积表

$$V = 0.0000834D^{1.8761885}H^{0.8058127}$$

D	H	V	D	H	V	D	H	V	D	H	V	D	H	V
4	4	0.0034	16	10	0.0969	28	15	0.3837	40	21	0.9826	52	27	1.9684
5	4	0.0052	17	10	0.1085	29	16	0.4317	41	22	1.0685	53	27	2.0401
6	5	0.0088	18	11	0.1305	30	16	0.4601	42	22	1.1180	54	28	2.1757
7	5	0.0117	19	11	0.1444	31	17	0.5138	43	22	1.1684	55	28	2.2519
8	6	0.0175	20	12	0.1705	32	17	0.5453	44	23	1.2644	56	29	2.3962
9	6	0.0218	21	12	0.1869	33	18	0.6049	45	23	1.3189	57	29	2.4771
10	7	0.0301	22	13	0.2175	34	18	0.6398	46	24	1.4223	58	30	2.6301
11	7	0.0360	23	13	0.2364	35	19	0.7056	47	24	1.4809	59	30	2.7158
12	8	0.0472	24	13	0.2561	36	19	0.7439	48	25	1.5921	60	31	2.8779
13	8	0.0548	25	14	0.2934	37	20	0.8162	49	25	1.6549			
14	9	0.0693	26	14	0.3159	38	20	0.8581	50	26	1.7740			
15	9	0.0788	27	15	0.3584	39	21	0.9371	51	26	1.8412			

适用树种：赤杨、加合欢、楠木、泡桐、桉树、柚木、枫香、榉树；适用地区：台湾全省；编表人或作者：罗绍麟、冯丰隆；刊印或发表时间：1986。

1304. 台湾柳杉二元立木材积表

$$V = 0.00005979663D^{1.8753322}H^{0.974034}$$

D	H	V	D	H	V	D	H	V	D	H	V	D	H	V
4	4	0.0031	16	10	0.1021	28	15	0.4326	40	21	1.1721	52	27	2.4488
5	4	0.0047	17	10	0.1143	29	16	0.4921	41	22	1.2845	53	27	2.5378
6	5	0.0083	18	11	0.1397	30	16	0.5244	42	22	1.3439	54	28	2.7232
7	5	0.0110	19	11	0.1546	31	17	0.5915	43	22	1.4046	55	28	2.8185
8	6	0.0169	20	12	0.1852	32	17	0.6278	44	23	1.5313	56	29	3.0167
9	6	0.0211	21	12	0.2030	33	18	0.7032	45	23	1.5972	57	29	3.1185
10	7	0.0299	22	13	0.2394	34	18	0.7437	46	24	1.7349	58	30	3.3301
11	7	0.0357	23	13	0.2602	35	19	0.8277	47	24	1.8063	59	30	3.4386
12	8	0.0479	24	13	0.2819	36	19	0.8726	48	25	1.9553	60	31	3.6639
13	8	0.0556	25	14	0.3271	37	20	0.9657	49	25	2.0323			
14	9	0.0717	26	14	0.3520	38	20	1.0152	50	26	2.1930			
15	9	0.0816	27	15	0.4041	39	21	1.1177	51	26	2.2760			

适用地区：台湾全省；编表人或作者：罗绍麟、冯丰隆；刊印或发表时间：1985。

1305. 台湾马尾松二元立木材积表

$$V = 0.0000625D^{1.77924}H^{1.05866}$$

D	H	V	D	H	V	D	H	V	D	H	V	D	H	V
4	4	0.0032	16	10	0.0993	28	15	0.4129	40	21	1.1120	52	27	2.3141
5	4	0.0048	17	10	0.1106	29	16	0.4705	41	22	1.2206	53	27	2.3939
6	5	0.0083	18	11	0.1355	30	16	0.4998	42	22	1.2741	54	28	2.5720
7	5	0.0110	19	11	0.1491	31	17	0.5649	43	22	1.3286	55	28	2.6574
8	6	0.0168	20	12	0.1791	32	17	0.5978	44	23	1.4507	56	29	2.8478
9	6	0.0208	21	12	0.1954	33	18	0.6708	45	23	1.5099	57	29	2.9389
10	7	0.0295	22	13	0.2310	34	18	0.7074	46	24	1.6425	58	30	3.1420
11	7	0.0349	23	13	0.2500	35	19	0.7887	47	24	1.7065	59	30	3.2391
12	8	0.0470	24	13	0.2697	36	19	0.8292	48	25	1.8499	60	31	3.4553
13	8	0.0542	25	14	0.3137	37	20	0.9193	49	25	1.9191			
14	9	0.0700	26	14	0.3364	38	20	0.9639	50	26	2.0736			
15	9	0.0792	27	15	0.3870	39	21	1.0630	51	26	2.1480			

适用地区：台湾全省；编表人或作者：刘慎孝；刊印或发表时间：1964。

1306. 台湾楠木、樟树二元立木材积表

$$V = 0.0000464D^{1.53575}H^{1.50657}$$

D	H	V	D	H	V	D	H	V	D	H	V	D	H	V
4	4	0.0031	16	10	0.1053	28	15	0.4580	40	21	1.3149	52	27	2.8729
5	4	0.0044	17	10	0.1155	29	16	0.5327	41	22	1.4649	53	27	2.9582
6	5	0.0082	18	11	0.1456	30	16	0.5612	42	22	1.5201	54	28	3.2158
7	5	0.0104	19	11	0.1582	31	17	0.6466	43	22	1.5761	55	28	3.3077
8	6	0.0168	20	12	0.1952	32	17	0.6789	44	23	1.7458	56	29	3.5851
9	6	0.0202	21	12	0.2104	33	18	0.7758	45	23	1.8071	57	29	3.6839
10	7	0.0299	22	13	0.2549	34	18	0.8122	46	24	1.9929	58	30	3.9819
11	7	0.0346	23	13	0.2729	35	19	0.9212	47	24	2.0598	59	30	4.0878
12	8	0.0484	24	13	0.2913	36	19	0.9619	48	25	2.2624	60	31	4.4071
13	8	0.0547	25	14	0.3468	37	20	1.0839	49	25	2.3352			
14	9	0.0732	26	14	0.3684	38	20	1.1292	50	26	2.5555			
15	9	0.0813	27	15	0.4331	39	21	1.2648	51	26	2.6344			

适用地区：台湾全省；编表人或作者：罗绍麟、冯丰隆；刊印或发表时间：1986。

台

1307. 台湾楠木二元立木材积表

$$V = 0.0000489823D^{1.6045}H^{1.25502}$$

D	H	V	D	H	V	D	H	V	D	H	V	D	H	V
4	4	0.0026	16	10	0.0753	28	15	0.3076	40	21	0.8317	52	27	1.7368
5	4	0.0037	17	10	0.0830	29	16	0.3529	41	22	0.9173	53	27	1.7907
6	5	0.0065	18	11	0.1026	30	16	0.3726	42	22	0.9535	54	28	1.9314
7	5	0.0084	19	11	0.1119	31	17	0.4238	43	22	0.9902	55	28	1.9891
8	6	0.0131	20	12	0.1355	32	17	0.4460	44	23	1.0863	56	29	2.1397
9	6	0.0158	21	12	0.1465	33	18	0.5034	45	23	1.1262	57	29	2.2013
10	7	0.0227	22	13	0.1746	34	18	0.5281	46	24	1.2306	58	30	2.3620
11	7	0.0264	23	13	0.1875	35	19	0.5920	47	24	1.2738	59	30	2.4277
12	8	0.0359	24	13	0.2007	36	19	0.6194	48	25	1.3869	60	31	2.5988
13	8	0.0408	25	14	0.2352	37	20	0.6903	49	25	1.4335			
14	9	0.0533	26	14	0.2505	38	20	0.7205	50	26	1.5555			
15	9	0.0595	27	15	0.2902	39	21	0.7986	51	26	1.6057			

适用地区：台湾全省；编表人或作者：罗绍麟、冯丰隆；刊印或发表时间：1986。

1308. 台湾杉类二元立木材积表

$$V = 0.0000702D^{1.8942224}H^{0.8869654}$$

D	H	V	D	H	V	D	H	V	D	H	V	D	H	V
4	4	0.0033	16	10	0.1033	28	15	0.4273	40	21	1.1318	52	27	2.3249
5	4	0.0051	17	10	0.1159	29	16	0.4836	41	22	1.2359	53	27	2.4103
6	5	0.0087	18	11	0.1405	30	16	0.5156	42	22	1.2936	54	28	2.5790
7	5	0.0117	19	11	0.1557	31	17	0.5790	43	22	1.3526	55	28	2.6702
8	6	0.0177	20	12	0.1853	32	17	0.6149	44	23	1.4696	56	29	2.8503
9	6	0.0221	21	12	0.2033	33	18	0.6857	45	23	1.5335	57	29	2.9475
10	7	0.0309	22	13	0.2383	34	18	0.7256	46	24	1.6602	58	30	3.1392
11	7	0.0370	23	13	0.2593	35	19	0.8042	47	24	1.7293	59	30	3.2425
12	8	0.0492	24	13	0.2811	36	19	0.8483	48	25	1.8660	60	31	3.4462
13	8	0.0572	25	14	0.3243	37	20	0.9350	49	25	1.9403			
14	9	0.0731	26	14	0.3493	38	20	0.9835	50	26	2.0874			
15	9	0.0833	27	15	0.3989	39	21	1.0788	51	26	2.1671			

适用树种：台湾杉、杉木、香杉、柳杉；适用地区：台湾全省；编表人或作者：罗绍麟、冯丰隆；刊印或发表时间：1986。

1309. 台湾杉木二元立木材积表

$$V = 0.0000844D^{1.679}H^{1.0655}$$

D	H	V	D	H	V	D	H	V	D	H	V	D	H	V
4	4	0.0038	16	10	0.1032	28	15	0.4067	40	21	1.0593	52	27	2.1509
5	4	0.0055	17	10	0.1142	29	16	0.4621	41	22	1.1603	53	27	2.2209
6	5	0.0095	18	11	0.1392	30	16	0.4891	42	22	1.2082	54	28	2.3822
7	5	0.0123	19	11	0.1524	31	17	0.5513	43	22	1.2569	55	28	2.4567
8	6	0.0187	20	12	0.1822	32	17	0.5815	44	23	1.3697	56	29	2.6287
9	6	0.0228	21	12	0.1978	33	18	0.6508	45	23	1.4224	57	29	2.7080
10	7	0.0320	22	13	0.2329	34	18	0.6842	46	24	1.5443	58	30	2.8908
11	7	0.0376	23	13	0.2510	35	19	0.7609	47	24	1.6011	59	30	2.9749
12	8	0.0502	24	13	0.2695	36	19	0.7978	48	25	1.7324	60	31	3.1689
13	8	0.0574	25	14	0.3124	37	20	0.8823	49	25	1.7934			
14	9	0.0737	26	14	0.3336	38	20	0.9227	50	26	1.9345			
15	9	0.0827	27	15	0.3826	39	21	1.0152	51	26	1.9999			

适用树种：杉木；适用地区：台湾全省；编表人或作者：刘慎孝等；刊印或发表时间：1964。

1310. 台湾松树类、帝杉二元立木材积表

$$V = 0.0000625D^{1.7792}H^{1.0587}$$

D	H	V	D	H	V	D	H	V	D	H	V	D	H	V
4	4	0.0032	16	10	0.0993	28	15	0.4128	40	21	1.1120	52	27	2.3141
5	4	0.0048	17	10	0.1106	29	16	0.4705	41	22	1.2206	53	27	2.3938
6	5	0.0083	18	11	0.1355	30	16	0.4998	42	22	1.2741	54	28	2.5719
7	5	0.0110	19	11	0.1491	31	17	0.5649	43	22	1.3285	55	28	2.6573
8	6	0.0168	20	12	0.1791	32	17	0.5977	44	23	1.4507	56	29	2.8477
9	6	0.0208	21	12	0.1954	33	18	0.6708	45	23	1.5099	57	29	2.9388
10	7	0.0295	22	13	0.2310	34	18	0.7074	46	24	1.6424	58	30	3.1420
11	7	0.0349	23	13	0.2500	35	19	0.7887	47	24	1.7065	59	30	3.2390
12	8	0.0470	24	13	0.2697	36	19	0.8292	48	25	1.8499	60	31	3.4552
13	8	0.0542	25	14	0.3137	37	20	0.9192	49	25	1.9190			
14	9	0.0700	26	14	0.3364	38	20	0.9639	50	26	2.0736			
15	9	0.0792	27	15	0.3870	39	21	1.0630	51	26	2.1479			

适用地区：台湾全省；编表人或作者：刘慎孝等；刊印或发表时间：1964。

台

1311. 台湾松类、湿地松、琉球松二元立木材积表

$$V = 0.000143D^{1.7009164}H^{0.7410436}$$

D	H	V	D	H	V	D	H	V	D	H	V	D	H	V
4	4	0.0042	16	10	0.0880	28	15	0.3079	40	21	0.7247	52	27	1.3640
5	4	0.0062	17	10	0.0976	29	16	0.3428	41	22	0.7822	53	27	1.4089
6	5	0.0099	18	11	0.1154	30	16	0.3632	42	22	0.8150	54	28	1.4942
7	5	0.0129	19	11	0.1265	31	17	0.4016	43	22	0.8482	55	28	1.5415
8	6	0.0185	20	12	0.1472	32	17	0.4239	44	23	0.9116	56	29	1.6314
9	6	0.0226	21	12	0.1600	33	18	0.4660	45	23	0.9471	57	29	1.6813
10	7	0.0304	22	13	0.1837	34	18	0.4903	46	24	1.0147	58	30	1.7758
11	7	0.0357	23	13	0.1982	35	19	0.5361	47	24	1.0525	59	30	1.8282
12	8	0.0457	24	13	0.2130	36	19	0.5625	48	25	1.1244	60	31	1.9275
13	8	0.0524	25	14	0.2412	37	20	0.6121	49	25	1.1645			
14	9	0.0649	26	14	0.2579	38	20	0.6405	50	26	1.2408			
15	9	0.0729	27	15	0.2894	39	21	0.6941	51	26	1.2833			

适用地区：台湾全省；编表人或作者：罗绍麟、冯丰隆；刊印或发表时间：1986。

1312. 台湾台湾杉二元立木材积表

$$V = 0.0000944D^{1.9947405}H^{0.659691}$$

D	H	V	D	H	V	D	H	V	D	H	V	D	H	V
4	4	0.0037	16	10	0.1088	28	15	0.4340	40	21	1.1039	52	27	2.1989
5	4	0.0058	17	10	0.1228	29	16	0.4858	41	22	1.1958	53	27	2.2841
6	5	0.0097	18	11	0.1465	30	16	0.5197	42	22	1.2546	54	28	2.4284
7	5	0.0132	19	11	0.1632	31	17	0.5775	43	22	1.3149	55	28	2.5190
8	6	0.0195	20	12	0.1915	32	17	0.6153	44	23	1.4176	56	29	2.6723
9	6	0.0246	21	12	0.2110	33	18	0.6794	45	23	1.4826	57	29	2.7683
10	7	0.0337	22	13	0.2441	34	18	0.7211	46	24	1.5931	58	30	2.9309
11	7	0.0407	23	13	0.2668	35	19	0.7917	47	24	1.6630	59	30	3.0325
12	8	0.0529	24	13	0.2904	36	19	0.8375	48	25	1.7816	60	31	3.2045
13	8	0.0621	25	14	0.3308	37	20	0.9150	49	25	1.8564			
14	9	0.0778	26	14	0.3577	38	20	0.9650	50	26	1.9835			
15	9	0.0892	27	15	0.4037	39	21	1.0495	51	26	2.0634			

适用地区：台湾全省；编表人或作者：叶楷勋；刊印或发表时间：1973。

1313. 台湾铁杉二元立木材积表

$$V = 0.0000728D^{1.944924}H^{0.8002212}$$

D	H	V	D	H	V	D	H	V	D	H	V	D	H	V
4	4	0.0033	16	10	0.1010	28	15	0.4148	40	21	1.0866	52	27	2.2133
5	4	0.0051	17	10	0.1136	29	16	0.4677	41	22	1.1833	53	27	2.2968
6	5	0.0086	18	11	0.1371	30	16	0.4996	42	22	1.2401	54	28	2.4522
7	5	0.0116	19	11	0.1522	31	17	0.5589	43	22	1.2982	55	28	2.5413
8	6	0.0174	20	12	0.1804	32	17	0.5945	44	23	1.4067	56	29	2.7069
9	6	0.0219	21	12	0.1983	33	18	0.6607	45	23	1.4696	57	29	2.8017
10	7	0.0304	22	13	0.2314	34	18	0.7002	46	24	1.5869	58	30	2.9778
11	7	0.0366	23	13	0.2523	35	19	0.7736	47	24	1.6547	59	30	3.0784
12	8	0.0483	24	13	0.2741	36	19	0.8172	48	25	1.7811	60	31	3.2653
13	8	0.0564	25	14	0.3149	37	20	0.8980	49	25	1.8539			
14	9	0.0716	26	14	0.3399	38	20	0.9458	50	26	1.9897			
15	9	0.0819	27	15	0.3865	39	21	1.0344	51	26	2.0678			

适用地区：台湾全省；编表人或作者：叶楷勋；刊印或发表时间：1973。

1314. 台湾相思树二元立木材积表

$$V = 0.0002045D^{1.4366684}H^{0.8480426}$$

D	H	V	D	H	V	D	H	V	D	H	V	D	H	V
4	4	0.0049	16	10	0.0774	28	15	0.2439	40	21	0.5415	52	27	0.9770
5	4	0.0067	17	10	0.0844	29	16	0.2709	41	22	0.5837	53	27	1.0041
6	5	0.0105	18	11	0.0994	30	16	0.2844	42	22	0.6042	54	28	1.0637
7	5	0.0131	19	11	0.1074	31	17	0.3139	43	22	0.6250	55	28	1.0921
8	6	0.0185	20	12	0.1245	32	17	0.3285	44	23	0.6708	56	29	1.1546
9	6	0.0220	21	12	0.1335	33	18	0.3604	45	23	0.6928	57	29	1.1843
10	7	0.0291	22	13	0.1527	34	18	0.3762	46	24	0.7413	58	30	1.2497
11	7	0.0334	23	13	0.1628	35	19	0.4106	47	24	0.7646	59	30	1.2808
12	8	0.0424	24	13	0.1731	36	19	0.4276	48	25	0.8158	60	31	1.3491
13	8	0.0475	25	14	0.1954	37	20	0.4645	49	25	0.8403			
14	9	0.0584	26	14	0.2068	38	20	0.4827	50	26	0.8943			
15	9	0.0645	27	15	0.2315	39	21	0.5222	51	26	0.9202			

适用地区：台湾全省；编表人或作者：罗绍麟、冯丰隆；刊印或发表时间：1986。

台

1315. 台湾香杉、红豆杉、铁杉二元立木材积表

$$V = 0.0000728D^{1.9449}H^{0.8002}$$

D	H	V	D	H	V	D	H	V	D	H	V	D	H	V
4	4	0.0033	16	10	0.1010	28	15	0.4148	40	21	1.0865	52	27	2.2129
5	4	0.0051	17	10	0.1136	29	16	0.4676	41	22	1.1832	53	27	2.2964
6	5	0.0086	18	11	0.1370	30	16	0.4995	42	22	1.2399	54	28	2.4518
7	5	0.0116	19	11	0.1522	31	17	0.5588	43	22	1.2980	55	28	2.5408
8	6	0.0174	20	12	0.1803	32	17	0.5944	44	23	1.4065	56	29	2.7064
9	6	0.0219	21	12	0.1983	33	18	0.6606	45	23	1.4693	57	29	2.8012
10	7	0.0304	22	13	0.2314	34	18	0.7001	46	24	1.5866	58	30	2.9772
11	7	0.0366	23	13	0.2523	35	19	0.7735	47	24	1.6544	59	30	3.0779
12	8	0.0483	24	13	0.2741	36	19	0.8170	48	25	1.7808	60	31	3.2647
13	8	0.0564	25	14	0.3149	37	20	0.8979	49	25	1.8536			
14	9	0.0716	26	14	0.3398	38	20	0.9457	50	26	1.9894			
15	9	0.0819	27	15	0.3865	39	21	1.0343	51	26	2.0675			

适用地区：台湾全省；编表人或作者：叶楷勋；刊印或发表时间：1973。

1316. 台湾肖楠二元立木材积表

$$V = 0.0000944D^{1.9947405}H^{0.659691}$$

D	H	V	D	H	V	D	H	V	D	H	V	D	H	V
4	4	0.0037	16	10	0.1088	28	15	0.4340	40	21	1.1039	52	27	2.1989
5	4	0.0058	17	10	0.1228	29	16	0.4858	41	22	1.1958	53	27	2.2841
6	5	0.0097	18	11	0.1465	30	16	0.5197	42	22	1.2546	54	28	2.4284
7	5	0.0132	19	11	0.1632	31	17	0.5775	43	22	1.3149	55	28	2.5190
8	6	0.0195	20	12	0.1915	32	17	0.6153	44	23	1.4176	56	29	2.6723
9	6	0.0246	21	12	0.2110	33	18	0.6794	45	23	1.4826	57	29	2.7683
10	7	0.0337	22	13	0.2441	34	18	0.7211	46	24	1.5931	58	30	2.9309
11	7	0.0407	23	13	0.2668	35	19	0.7917	47	24	1.6630	59	30	3.0325
12	8	0.0529	24	13	0.2904	36	19	0.8375	48	25	1.7816	60	31	3.2045
13	8	0.0621	25	14	0.3308	37	20	0.9150	49	25	1.8564			
14	9	0.0778	26	14	0.3577	38	20	0.9650	50	26	1.9835			
15	9	0.0892	27	15	0.4037	39	21	1.0495	51	26	2.0634			

适用地区：台湾全省；编表人或作者：叶楷勋；刊印或发表时间：1973。

1317. 台湾阔叶树二元立木材积表

$$V = 0.00008626D^{1.8742}H^{0.8671}$$

D	H	V	D	H	V	D	H	V	D	H	V	D	H	V
4	4	0.0039	16	10	0.1147	28	15	0.4654	40	21	1.2159	52	27	2.4722
5	4	0.0059	17	10	0.1285	29	16	0.5257	41	22	1.3259	53	27	2.5620
6	5	0.0100	18	11	0.1554	30	16	0.5602	42	22	1.3871	54	28	2.7384
7	5	0.0134	19	11	0.1720	31	17	0.6278	43	22	1.4497	55	28	2.8342
8	6	0.0201	20	12	0.2042	32	17	0.6663	44	23	1.5730	56	29	3.0221
9	6	0.0251	21	12	0.2237	33	18	0.7417	45	23	1.6406	57	29	3.1240
10	7	0.0349	22	13	0.2616	34	18	0.7844	46	24	1.7739	58	30	3.3238
11	7	0.0417	23	13	0.2844	35	19	0.8680	47	24	1.8469	59	30	3.4320
12	8	0.0551	24	13	0.3080	36	19	0.9150	48	25	1.9904	60	31	3.6440
13	8	0.0641	25	14	0.3545	37	20	1.0071	49	25	2.0688			
14	9	0.0815	26	14	0.3816	38	20	1.0587	50	26	2.2230			
15	9	0.0928	27	15	0.4348	39	21	1.1595	51	26	2.3071			

适用地区：台湾全省；编表人或作者：陈松藩；刊印或发表时间：1972。

1318. 台湾云冷杉二元立木材积表

$$V = 0.0001136D^{1.7102}H^{0.9712}$$

D	H	V	D	H	V	D	H	V	D	H	V	D	H	V
4	4	0.0047	16	10	0.1219	28	15	0.4705	40	21	1.2005	52	27	2.4001
5	4	0.0068	17	10	0.1352	29	16	0.5319	41	22	1.3102	53	27	2.4796
6	5	0.0116	18	11	0.1635	30	16	0.5636	42	22	1.3653	54	28	2.6521
7	5	0.0151	19	11	0.1794	31	17	0.6323	43	22	1.4213	55	28	2.7367
8	6	0.0227	20	12	0.2131	32	17	0.6676	44	23	1.5436	56	29	2.9202
9	6	0.0277	21	12	0.2316	33	18	0.7438	45	23	1.6040	57	29	3.0099
10	7	0.0386	22	13	0.2711	34	18	0.7828	46	24	1.7358	58	30	3.2046
11	7	0.0454	23	13	0.2925	35	19	0.8669	47	24	1.8008	59	30	3.2997
12	8	0.0600	24	13	0.3145	36	19	0.9097	48	25	1.9423	60	31	3.5058
13	8	0.0688	25	14	0.3625	37	20	1.0020	49	25	2.0120			
14	9	0.0875	26	14	0.3876	38	20	1.0488	50	26	2.1636			
15	9	0.0985	27	15	0.4421	39	21	1.1496	51	26	2.2381			

适用地区：台湾全省；编表人或作者：叶楷勋；刊印或发表时间：1973。

1319. 台湾樟树二元立木材积表

$$V = 0.0000489823D^{1.6045}H^{1.25502}$$

D	H	V	D	H	V	D	H	V	D	H	V	D	H	V
4	4	0.0026	16	10	0.0753	28	15	0.3076	40	21	0.8317	52	27	1.7368
5	4	0.0037	17	10	0.0830	29	16	0.3529	41	22	0.9173	53	27	1.7907
6	5	0.0065	18	11	0.1026	30	16	0.3726	42	22	0.9535	54	28	1.9314
7	5	0.0084	19	11	0.1119	31	17	0.4238	43	22	0.9902	55	28	1.9891
8	6	0.0131	20	12	0.1355	32	17	0.4460	44	23	1.0863	56	29	2.1397
9	6	0.0158	21	12	0.1465	33	18	0.5034	45	23	1.1262	57	29	2.2013
10	7	0.0227	22	13	0.1746	34	18	0.5281	46	24	1.2306	58	30	2.3620
11	7	0.0264	23	13	0.1875	35	19	0.5920	47	24	1.2738	59	30	2.4277
12	8	0.0359	24	13	0.2007	36	19	0.6194	48	25	1.3869	60	31	2.5988
13	8	0.0408	25	14	0.2352	37	20	0.6903	49	25	1.4335			
14	9	0.0533	26	14	0.2505	38	20	0.7205	50	26	1.5555			
15	9	0.0595	27	15	0.2902	39	21	0.7986	51	26	1.6057			

适用地区：台湾全省；编表人或作者：罗绍麟、冯丰隆；刊印或发表时间：1986。

1320. 台湾大雪山红桧二元立木材积表

$$V = 0.00010092D^{1.541061}H^{1.155141}$$

D	H	V	D	H	V	D	H	V	D	H	V	D	H	V
4	4	0.0042	16	10	0.1035	28	15	0.3915	40	21	1.0005	52	27	2.0039
5	4	0.0060	17	10	0.1136	29	16	0.4452	41	22	1.0966	53	27	2.0636
6	5	0.0102	18	11	0.1385	30	16	0.4691	42	22	1.1381	54	28	2.2150
7	5	0.0130	19	11	0.1505	31	17	0.5292	43	22	1.1802	55	28	2.2785
8	6	0.0197	20	12	0.1801	32	17	0.5557	44	23	1.2871	56	29	2.4396
9	6	0.0236	21	12	0.1942	33	18	0.6225	45	23	1.3325	57	29	2.5071
10	7	0.0332	22	13	0.2288	34	18	0.6518	46	24	1.4479	58	30	2.6780
11	7	0.0385	23	13	0.2450	35	19	0.7255	47	24	1.4967	59	30	2.7495
12	8	0.0513	24	13	0.2617	36	19	0.7577	48	25	1.6207	60	31	2.9306
13	8	0.0581	25	14	0.3035	37	20	0.8386	49	25	1.6730			
14	9	0.0746	26	14	0.3225	38	20	0.8738	50	26	1.8059			
15	9	0.0829	27	15	0.3701	39	21	0.9622	51	26	1.8618			

适用地区：大雪山；编表人或作者：陈朝圳；刊印或发表时间：1985。

1321. 台湾东部南部地区光腊树二元立木材积表

$$V = 0.0000772D^{1.87802777}H^{0.8124601}$$

D	H	V	D	H	V	D	H	V	D	H	V	D	H	V
4	4	0.0032	16	10	0.0915	28	15	0.3639	40	21	0.9345	52	27	1.8761
5	4	0.0049	17	10	0.1025	29	16	0.4096	41	22	1.0166	53	27	1.9444
6	5	0.0083	18	11	0.1234	30	16	0.4365	42	22	1.0636	54	28	2.0742
7	5	0.0110	19	11	0.1365	31	17	0.4877	43	22	1.1117	55	28	2.1470
8	6	0.0164	20	12	0.1614	32	17	0.5176	44	23	1.2034	56	29	2.2851
9	6	0.0205	21	12	0.1768	33	18	0.5745	45	23	1.2553	57	29	2.3623
10	7	0.0283	22	13	0.2059	34	18	0.6076	46	24	1.3542	58	30	2.5089
11	7	0.0339	23	13	0.2239	35	19	0.6704	47	24	1.4100	59	30	2.5908
12	8	0.0445	24	13	0.2425	36	19	0.7069	48	25	1.5164	60	31	2.7460
13	8	0.0517	25	14	0.2781	37	20	0.7759	49	25	1.5762			
14	9	0.0654	26	14	0.2993	38	20	0.8157	50	26	1.6902			
15	9	0.0744	27	15	0.3398	39	21	0.8911	51	26	1.7542			

适用地区：台湾东部南部；编表人或作者：罗绍麟、冯丰隆；刊印或发表时间：1986。

1322. 台湾高雄六龟区红桧二元立木材积表

$$V = 0.07753 - 0.04222D + 0.03052H + 0.00137D^2$$

D	H	V	D	H	V	D	H	V	D	H	V	D	H	V
12	8	0.0123	22	13	0.2085	32	17	0.6482	42	22	1.3924	52	27	2.4106
13	8	0.0044	23	13	0.2280	33	18	0.7256	43	23	1.4972	53	27	2.5122
14	9	0.0296	24	14	0.2807	34	18	0.7751	44	23	1.5741	54	28	2.6471
15	9	0.0272	25	14	0.3056	35	19	0.8580	45	23	1.6538	55	28	2.7542
16	10	0.0579	26	15	0.3637	36	19	0.9130	46	24	1.7668	56	29	2.8946
17	10	0.0609	27	15	0.3941	37	20	1.0013	47	24	1.8520	57	29	3.0072
18	11	0.0972	28	16	0.4578	38	20	1.0619	48	25	1.9705	58	30	3.1531
19	11	0.1056	29	16	0.4936	39	21	1.1556	49	25	2.0611	59	30	3.2711
20	12	0.1474	30	16	0.5323	40	21	1.2217	50	26	2.1851	60	31	3.4225
21	12	0.1613	31	17	0.6041	41	22	1.3209	51	26	2.2812			

适用地区：高雄六龟区；编表人或作者：黄岗；刊印或发表时间：1977。

台

1323. 台湾莲花池杉木一元立木材积表

$$V = 0.000182978D^{2.4739}$$

D	V	ΔV	D	V	ΔV	D	V	ΔV	D	V	ΔV
4	0.0056	0.0042	19	0.2666	0.0361	34	1.1249	0.0836	49	2.7783	0.1424
5	0.0098	0.0056	20	0.3027	0.0388	35	1.2086	0.0872	50	2.9207	0.1466
6	0.0154	0.0071	21	0.3415	0.0417	36	1.2958	0.0909	51	3.0673	0.1509
7	0.0225	0.0088	22	0.3832	0.0445	37	1.3867	0.0946	52	3.2183	0.1553
8	0.0314	0.0106	23	0.4277	0.0475	38	1.4812	0.0983	53	3.3735	0.1597
9	0.0420	0.0125	24	0.4752	0.0505	39	1.5796	0.1021	54	3.5332	0.1641
10	0.0545	0.0145	25	0.5257	0.0536	40	1.6817	0.1059	55	3.6973	0.1685
11	0.0690	0.0166	26	0.5793	0.0567	41	1.7876	0.1098	56	3.8658	0.1730
12	0.0855	0.0187	27	0.6360	0.0599	42	1.8974	0.1137	57	4.0389	0.1776
13	0.1043	0.0210	28	0.6959	0.0631	43	2.0111	0.1177	58	4.2164	0.1821
14	0.1253	0.0233	29	0.7590	0.0664	44	2.1288	0.1217	59	4.3986	0.1867
15	0.1486	0.0257	30	0.8254	0.0697	45	2.2505	0.1258	60	4.5853	0.1867
16	0.1743	0.0282	31	0.8951	0.0731	46	2.3763	0.1299			
17	0.2025	0.0308	32	0.9683	0.0766	47	2.5061	0.1340			
18	0.2332	0.0334	33	1.0448	0.0801	48	2.6401	0.1382			

适用地区：莲花池；编表人或作者：洪良斌；刊印或发表时间：1969。

1324. 台湾能高林场杉木一元立木材积表

$$V = 0.00023963D^{2.36107}$$

D	V	ΔV	D	V	ΔV	D	V	ΔV	D	V	ΔV
4	0.0063	0.0044	19	0.2505	0.0322	34	0.9896	0.0701	49	2.3454	0.1146
5	0.0107	0.0058	20	0.2827	0.0345	35	1.0597	0.0729	50	2.4600	0.1177
6	0.0165	0.0072	21	0.3172	0.0368	36	1.1326	0.0757	51	2.5777	0.1209
7	0.0237	0.0088	22	0.3541	0.0392	37	1.2083	0.0785	52	2.6986	0.1241
8	0.0325	0.0104	23	0.3933	0.0416	38	1.2868	0.0814	53	2.8228	0.1274
9	0.0429	0.0121	24	0.4348	0.0440	39	1.3682	0.0843	54	2.9501	0.1306
10	0.0550	0.0139	25	0.4788	0.0465	40	1.4525	0.0872	55	3.0808	0.1339
11	0.0689	0.0157	26	0.5253	0.0490	41	1.5397	0.0901	56	3.2147	0.1372
12	0.0846	0.0176	27	0.5742	0.0515	42	1.6298	0.0931	57	3.3518	0.1405
13	0.1022	0.0196	28	0.6257	0.0541	43	1.7230	0.0961	58	3.4924	0.1438
14	0.1218	0.0215	29	0.6798	0.0566	44	1.8191	0.0991	59	3.6362	0.1472
15	0.1433	0.0236	30	0.7364	0.0593	45	1.9182	0.1022	60	3.7834	0.1472
16	0.1669	0.0257	31	0.7957	0.0619	46	2.0204	0.1052			
17	0.1926	0.0278	32	0.8576	0.0646	47	2.1256	0.1083			
18	0.2205	0.0300	33	0.9223	0.0674	48	2.2339	0.1114			

适用地区：能高林场；编表人或作者：林子玉；刊印或发表时间：1963。

1325. 台湾中南部地区相思树二元立木材积表

$$V = 0.000083136D^{1.599870}H^{1.089275}$$

D	H	V	D	H	V	D	H	V	D	H	V	D	H	V
4	4	0.0035	16	10	0.0862	28	15	0.3282	40	21	0.8378	52	27	1.6762
5	4	0.0049	17	10	0.0950	29	16	0.3724	41	22	0.9169	53	27	1.7280
6	5	0.0084	18	11	0.1155	30	16	0.3932	42	22	0.9529	54	28	1.8525
7	5	0.0108	19	11	0.1259	31	17	0.4427	43	22	0.9894	55	28	1.9076
8	6	0.0163	20	12	0.1502	32	17	0.4657	44	23	1.0774	56	29	2.0399
9	6	0.0197	21	12	0.1624	33	18	0.5207	45	23	1.1169	57	29	2.0985
10	7	0.0276	22	13	0.1909	34	18	0.5461	46	24	1.2118	58	30	2.2389
11	7	0.0321	23	13	0.2050	35	19	0.6068	47	24	1.2542	59	30	2.3010
12	8	0.0427	24	13	0.2195	36	19	0.6347	48	25	1.3561	60	31	2.4496
13	8	0.0485	25	14	0.2540	37	20	0.7013	49	25	1.4016			
14	9	0.0621	26	14	0.2704	38	20	0.7318	50	26	1.5108			
15	9	0.0693	27	15	0.3097	39	21	0.8045	51	26	1.5595			

适用地区：台湾中南部；编表人或作者：林子玉、杨豐昌、伍木林；刊印或发表时间：1978。

1326. 台湾中埔地区杉木一元立木材积表

$$V = 0.000188049D^{2.37078}$$

D	V	ΔV	D	V	ΔV	D	V	ΔV	D	V	ΔV
4	0.0050	0.0035	19	0.2023	0.0262	34	0.8037	0.0572	49	1.9114	0.0938
5	0.0085	0.0046	20	0.2284	0.0280	35	0.8608	0.0595	50	2.0052	0.0964
6	0.0132	0.0058	21	0.2564	0.0299	36	0.9203	0.0618	51	2.1016	0.0990
7	0.0190	0.0071	22	0.2863	0.0318	37	0.9820	0.0641	52	2.2006	0.1017
8	0.0260	0.0084	23	0.3181	0.0338	38	1.0461	0.0664	53	2.3022	0.1043
9	0.0344	0.0098	24	0.3519	0.0358	39	1.1126	0.0688	54	2.4065	0.1070
10	0.0442	0.0112	25	0.3877	0.0378	40	1.1814	0.0712	55	2.5135	0.1097
11	0.0554	0.0127	26	0.4255	0.0398	41	1.2526	0.0736	56	2.6232	0.1124
12	0.0680	0.0142	27	0.4653	0.0419	42	1.3263	0.0761	57	2.7357	0.1152
13	0.0823	0.0158	28	0.5072	0.0440	43	1.4024	0.0786	58	2.8508	0.1179
14	0.0981	0.0174	29	0.5512	0.0461	44	1.4809	0.0810	59	2.9687	0.1207
15	0.1155	0.0191	30	0.5973	0.0483	45	1.5620	0.0835	60	3.0894	0.1207
16	0.1346	0.0208	31	0.6456	0.0505	46	1.6455	0.0861			
17	0.1554	0.0225	32	0.6961	0.0527	47	1.7316	0.0886			
18	0.1779	0.0243	33	0.7487	0.0549	48	1.8202	0.0912			

适用地区：中埔地区；编表人或作者：洪良斌；刊印或发表时间：1953。

1327. 台湾中南部地区二叶松二元立木材积表

$$V = 0.000062512D^{1.77924}H^{1.05866}$$

D	H	V	D	H	V	D	H	V	D	H	V	D	H	V
4	4	0.0032	16	10	0.0993	28	15	0.4129	40	21	1.1122	52	27	2.3146
5	4	0.0048	17	10	0.1106	29	16	0.4706	41	22	1.2208	53	27	2.3944
6	5	0.0083	18	11	0.1355	30	16	0.4999	42	22	1.2743	54	28	2.5725
7	5	0.0110	19	11	0.1492	31	17	0.5650	43	22	1.3288	55	28	2.6579
8	6	0.0168	20	12	0.1792	32	17	0.5979	44	23	1.4510	56	29	2.8483
9	6	0.0208	21	12	0.1954	33	18	0.6709	45	23	1.5102	57	29	2.9394
10	7	0.0295	22	13	0.2311	34	18	0.7075	46	24	1.6428	58	30	3.1426
11	7	0.0350	23	13	0.2501	35	19	0.7888	47	24	1.7069	59	30	3.2397
12	8	0.0470	24	13	0.2698	36	19	0.8294	48	25	1.8503	60	31	3.4559
13	8	0.0542	25	14	0.3138	37	20	0.9194	49	25	1.9194			
14	9	0.0701	26	14	0.3364	38	20	0.9641	50	26	2.0740			
15	9	0.0792	27	15	0.3871	39	21	1.0632	51	26	2.1484			

适用地区：台湾中南部；编表人或作者：黄昆岗；刊印或发表时间：1970。

索引

索引给出的是树种或所属树种组所在的页码，所以有些目标页码关于材积表或材积方程的适用树种说明中并无所要查找的特定树种，而只有所属树种组的名称，这时可查阅相应地区材积表开头部分关于树种组划分的总体说明。例如：索引中关于椴树给出很多目标页码，其中第 169 页（吉林省）的适用树种标注中并未出现椴树，只有“一类阔叶”（树种组），但在前面（第 154 页）关于吉林省材积表的总体说明中注明了该树种组包括椴树。此外，未标注起源（人工）的为天然林或起源有待确认。

策划编辑：肖基浒
责任编辑：肖基浒　苏　梅
封面图片：刘琪璟 提供
封面设计：睿思视界视觉设计

ISBN 978-7-5038-8935-6

9 787503 889356 >

定价：168.00元